SPECIAL COUPON

2025 쿠폰

거래가격 온라인

통합회원 3개월 이용권

유효기간 : 25. 12. 31

- 온라인 거래가격
- 온라인 건설적산

쿠폰코드 : C3D3JQX

등록방법
- 01 로그인 — 거래가격 홈페이지에 로그인을 합니다. (비회원의 경우, 회원가입)
- 02 이용권 등록 — 주문·결제 메뉴의 "이용권 등록" 배너를 클릭 하신 후 쿠폰코드를 입력하여 등록합니다.
- 03 서비스 이용 — 서비스 이용을 위해 새로그인을 합니다.

이용안내
- 한 번 등록하신 쿠폰코드는 다시 사용하실 수 없습니다.
- 건설공사 표준품셈 이용권 등록으로 부여받으신 통합회원 권한은 3개월간 무료로 제공됩니다.
- 등록하신 이용권은 등록시점부터 바로 적용되며, 현재 유료회원이신 분들은 아래와 같이 이용기간이 조정됩니다.
  - 물가회원·물가실속회원 | 등록일로부터 3개월간 통합회원 권한부여, 만료 후 기존 권한/이용기간으로 전환
  - 통합회원·통합실속회원 | 현 이용기간 + 추가 3개월 연장

www.cmpi.or.kr   CAK 대한건설협회 거래가격   · 문의전화 : 02-2075-8300(代)

www.kfinco.co.kr

KFINCO
Korea Finance for Construction

**전문건설공제조합이
케이핀코로 새롭게 시작합니다**

6만 조합원과 함께 건설산업 상생

6조 건설금융을 일군 36년

이제, 고객과의 지속적인 성장을 위해

새로운 얼굴 새로운 열정을 담아

대한민국 대표 건설금융 플랫폼으로

한발 더 나아가겠습니다

Moody's	Fitch Ratings
A3 (Stable)	A (Stable)

KFINCO 전문건설공제조합
Korea Finance for Construction

Create
Improved
Guarantee

" 더 나은 미래를 만듭니다 "

조합원들의 행복 파트너 CIG가
탄탄한 자본, 든든한 혜택을 바탕으로
더 나은 보장, 더 좋은 미래를
설계합니다

반석 TVS
TOTAL VALUE SOLUTION

기획부터 설계 생산 시공 관리까지
원가절감 그 이상의 솔루션

건축물 공사비 절감 혁신기업

400여건의 현장 적용실적

- **10%** Cost Saving
- **15%** Time Saving
- **30%** Material Saving

BSG 무해체 데크보

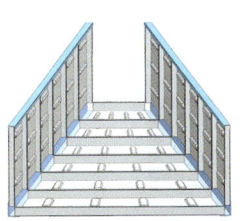
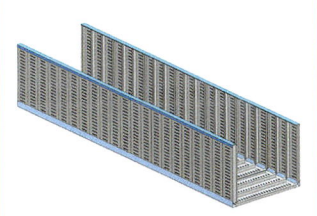
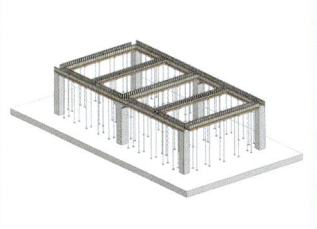

TVS 무량판 중공 슬래브 | **PRS 일방향 장선 슬래브** | **PWS 무량판 와플 슬래브**

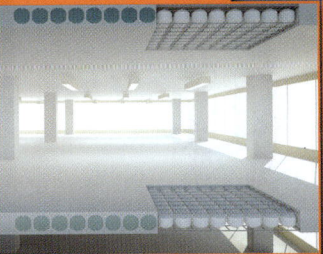

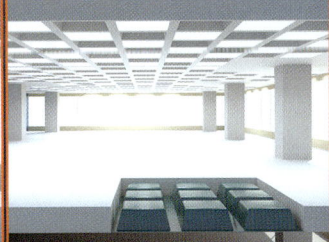

반석 TVS 서울특별시 송파구 법원로 114 엠스테이트빌딩 B동 1201호
Tel : 02.583.6088   Fax : 02.583.6089

www.tvscorea.com
tvscorea@daum.net

PROJECT 여의도 SIFC 서울국제금융센터
METHOD 도심지 대형지(지하41m) 공사
HEIGHT 285m

CM CONSTRUCTION MANAGEMENT

대한민국의 스카이라인을 CM합니다

현대GBC사옥, Parc.1, 여의도IFC, DDP, 반포주공1단지 …
초고층건물에서 랜드마크빌딩 그리고 재건축사업까지
건설사업에는 **건원엔지니어링 CM**이 있습니다

"대한민국 NO.1 대상14관왕 선정!"

"함께 만든 10년! 앞으로도 든든한 파트너가 되겠습니다."

국내 1위 건설현장
사무집기·냉난방·컨테이너 렌탈

" 방문견적, 레이아웃, 배송, 셋팅, A/S, 회수 까지
맞춤형 원스톱서비스 제공 "

- 초기비용 절감
- 간편한 회계처리

- 현장방문 맞춤설계
- 합리적인 가격제시

- 철저한 제품관리
- 고객만족보증제 실시

- 신속한 A/S
- 업계최고 속도처리

| 사무가구 | 냉난방 | 컨테이너 | 계절가전 | 생활가전 | OA기기 | 생활가구 |

| 영업본부 | 경기도 용인시 처인구 신기로 167 |
| 물류센터 | 경기도 용인시 처인구 남동 466-1 / 부산광역시 북구 금곡대로 506-17 |

1600-9136

지니코퍼레이션

12개 직영점 군포점, 용인점, 인천점, 부천점, 목동점, 파주점, 수원점, 평택점, 분당점, 동부산점, 서부산점, 리오렌탈

환경을 생각하는 최첨단 발파해체 기술

특수발파해체 선두 기업인 **코리아카코**의 정밀제어 발파 기술이
대한민국 발파해체의 미래를 이끌어 갑니다.

▶ 국내 최초 발파해체사업 해외 진출
▶ 국내 최고의 발파해체 시공 실적
▶ 건축구조물, 토목구조물, 특수구조물 발파해체 기술 및 특허 보유

아파트

교량

사일로

진주 남강댐

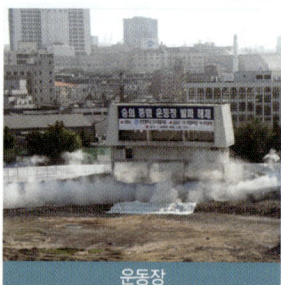
운동장

철골 구조물

사원모집	기술부(0명) 공무 및 현장관리	
	자격요건	초대졸이상(신입, 경력직)
	접수방법	이력서, 자기소개서 / 이메일 접수(kacoh@hanmail.net)
	우대조건	건축 · 토목 · 화약류관리기사 / 건설 · 산업안전기사

www.kacoh.co.kr
서울특별시 강남구 논현로30길 14, 4층(도곡동, KK빌딩)
· TEL 02) 834-4590~1 · FAX 02) 834-4592 · E-mail kacoh@hanmail.net

(주)코리아카코
KOREA KACOH CO., LTD.

AI형 자동염수분사장치

블랙아이스(도로살얼음) 제거 장치

도로살얼음 위험
겨울철 도로 위의 "암살자" 완벽 해결

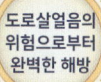
도로살얼음의 위험으로부터 완벽한 해방

중대재해법 대처 방안

돌아온 '도로 위 암살자' 블랙아이스...
대구·경북 안전지대 아냐

5년새 경북서만 18명 사망, 대구는 부상 90명
육안 확인 어렵고 눈길보다 6배 미끄러워
안전거리 확보, 급가속·급정지 안 돼

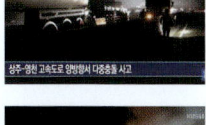

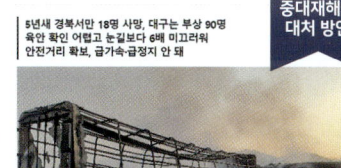

주소 및 연락처 (주)에스알디코리아 tel : 053-815-6419 fax : 053-816-0771 home page : http://www.srdkorea.net

2024 한국품질만족지수 3개부문 1위
KS-QEI | 시멘트 15년 연속 | 레미탈 16년 연속 | 레미콘 5년 연속

25kg 레미탈
프리미엄의 기준을 바꿨다

크기와 무게는 줄이고
품질의 기준은 높였습니다.

미장 작업도 한번으로 끝!
작업자의 안전과 환경까지
생각한 25kg 레미탈

프리미엄의 기준은 오직
25kg 레미탈입니다.

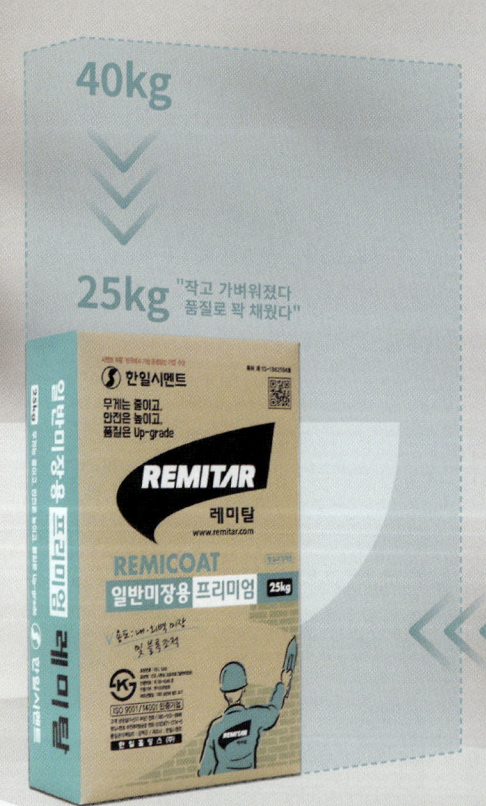

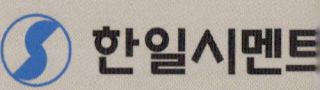
한일시멘트

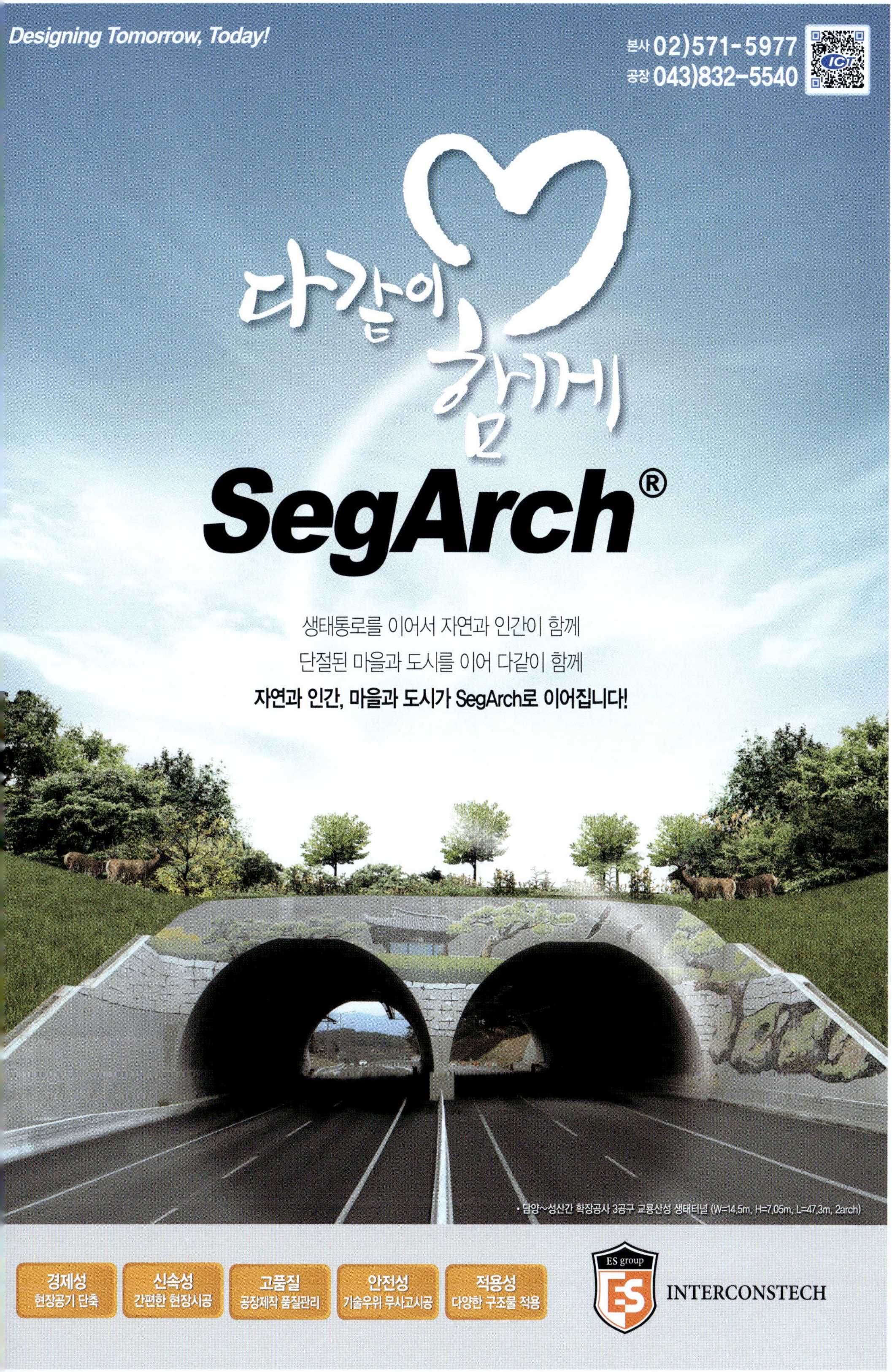

Designing Tomorrow, Today!
본사 02)571-5977
공장 043)832-5540
다같이 함께
SegArch®
생태통로를 이어서 자연과 인간이 함께
단절된 마을과 도시를 이어 다같이 함께
자연과 인간, 마을과 도시가 SegArch로 이어집니다!
• 담양~성산간 확장공사 3공구 교룡산성 생태터널 (W=14.5m, H=7.05m, L=47.3m, 2arch)
경제성 현장공기 단축
신속성 간편한 현장시공
고품질 공장제작 품질관리
안전성 기술우위 무사고시공
적용성 다양한 구조물 적용
ES group
INTERCONSTECH

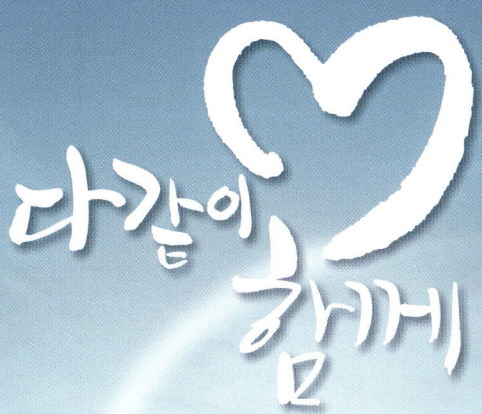

인간과 자연을 이어주는 기업

녹색기술 개발의 기업

광희엔지니어링(주)

"스마트 홍수관리시스템" 광희엔지니어링㈜

지능형 원터치 수문권양기 특징

1. **어떠한 악조건**에서도 **강제 폐문이 가능**한 지능형 원터치 수문권양기
2. 시·군청 상황실(원격지)에서 **정전·단전시에도 고속하강 긴급폐문**(2.0x2.0기준 : 45초 이내)
3. 공회전이 아닌 **정확한 과부하 검출**에 의한 강제폐문 및 재해예방
4. **강력한 압하력**(권양용량 이상)에 의한 신속한 강제폐문
5. 원터치로 **조작이 간편**(감속브레이크, 풋 브레이크, 전·수동전환클러치 등 불필요)

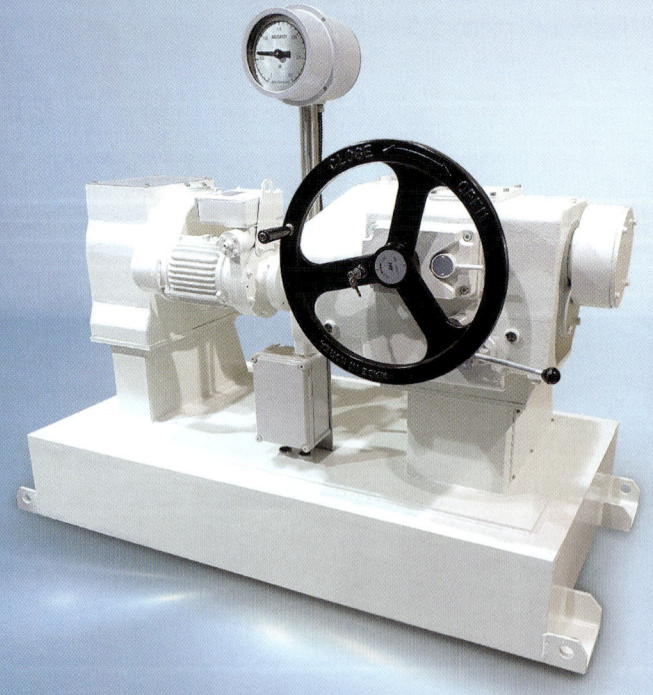

수문권양기 중요성

배수통문 역류 도심농경지 30만평 침수피해

자동조작 및 수동조작이 안돼
신고후 10시간만에 포크레인을 이용
강제적으로 수문을 닫았다

광주인터넷뉴스 기사발취(2020.08.08)
http://www.gjinews.kr/news/articleView.html?idxno=1199

| | 각종 최신형 수문비·권양기 전문 제조 업체 | 본사·공장: 충남 천안시 서북구 직산읍 관방길 64-31 | Tel. 041-581-8113~4 Fax. 041-581-8115 |
| 광희ENG(주)·(주)광희 | 화순공장: 전남 화순군 도곡면 도곡농공길 29-5(도곡 농공단지 내) | Tel. 061-371-8113~6 Fax. 061-371-8117 |

Environment-Friendly Coating Technology
masonry preserver & waterproofer

100년 역사의 미국 Creto사의 기술 그대로의 콘크리트 Solution

콘크리트 방수공법 · 보수공법, 플랜트 보수 공법
완벽하고 반영구적인 친환경 방수 · 보수 보강 공법

EVC 에버콘

품질을 최우선으로 하는 기업
(주)한영에버콘

제품소개

- 구체결합 침투재
- 침투성 탄성도포재
- 표면강화 발수재
- 난연성 단열재
- 투명목재 보호재
- 침투성 세척제
- 반응성 방청제

RO-FM
〈 PPS 공법 〉
폴리머 개질 초속경 보수 몰탈

RO-M
〈 PPS 공법 〉
폴리머 개질 보수 몰탈

RO-SM
〈 PPS 공법 〉
폴리머 개질 표면 보호 몰탈

서울특별시 중구 마른내로 97 (예관동) | Tel. 02-785-0881 | Fax. 02-785-0883 | www.evercon.co.kr

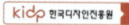 

국내 최장 길이 8m x 2,270m
국내 최대 경간 10m x 65m
국내 최대 통과하중 모듈트레일러 488ton
지하차도 복공 지간거리 : 25.5m+21.5m
지하철 복공 지간거리 : 37m
대형, 고층건물 복공 지간거리 : 30.5m

안전한 대한민국의 건설미래, 스틸코리아가 만들어 갑니다

튼튼하고 안전한
임시 가설교량/가시설복공(TSB)!

국내 최초! 재활용성과 안전성이 검증된 복잡하지 않고 간단한 임시 가설교량 출현.

지금까지 임시 가설교량/가시설복공은
구조적 안전성이 미흡해 사실상 재활용이 불가능 했습니다.

그럼에도 불구하고 실제 건설현장에서는 경제성을 사유로 재활용 자재에 대한 구조 안전성 검토를 거쳐
일부에서 선택적으로 적용하고 있는게 현실입니다.

따라서 우리회사에서는 **국내 최초로 재활용성과 구조 안전성을 신기술 인증 단계를 통해 검증받고, 적용 부재 등에 대한 표준화 단계**
를 거쳐서 **간단하고 안전한 임시 가설교량**을 건설시장에 자신있게 내놓습니다.

 **대한민국 1호**

장지간 임시 가설 교량 ATOM공법, TSB 공법
중간기둥 없는 **장지간 가시설 공법** TSB+공법, ATOM+복공판

Steel Korea Co., Ltd 서울시 강남구 압구정로 104 보암빌딩 6F, 7F T.(대표전화) 02) 587-8080 F.02) 587-8181
기술협약 종합건물 (주)와이비아이앤씨 T.061)723-2817 비정형구조물 제작 (주)재원인더스트리 T.031)355-5404

(주)스틸코리아 보유기술들 (Only Long Span) | 가설교량(TSB) | 가시설복공(TSB+) | 가시설벤트(SRB) | 보도교/인도교/보행교(STP) | 합성보(SBM) | 긴급복구교량(SSB) | 비정형구조물

//// TERRACO®

//// BUILD BETTER

For over 40 years, Terraco has been developing innovative and class leading sustainable solutions for the construction industry. We believe in working closely with customers to accomplish projects together. We are committed to help customers in construction, build better structures and better buildings.

Terraco. Build Better.

www.terraco.com

테라코 코리아㈜ www.terraco.co.kr

서울사무소 서울시 송파구 법원로 11길 7 6BL, C동, 301~306 대표전화 (02)561-1551 ｜ 본사 및 제천공장 충북 제천시 송학면 송학로 10길 21 대표전화 (043)645-8814
대전사무소 대전시 유성구 테크노4로 대덕비즈센터 B동, 607호 대표전화 (042)935-4604 ｜ 광주공장 및 중앙물류센터 경기 광주읍 오포읍 매자리길 204-10 대표전화 (031)767-4610

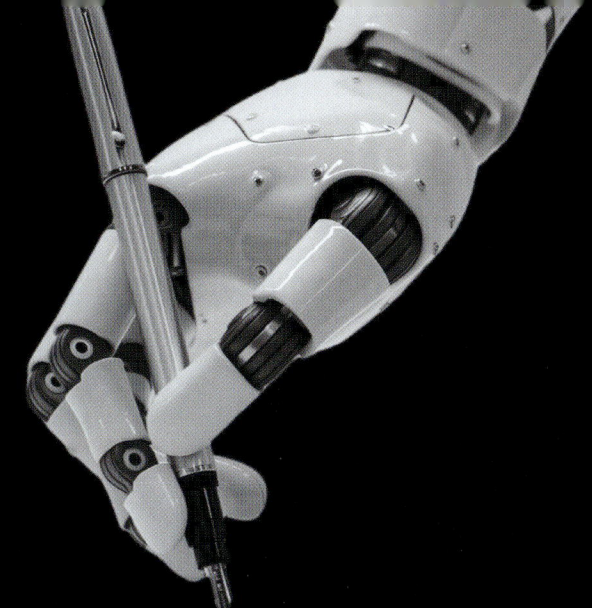

AI시대,
왜? 건설현장만
종이로 일을 하나

종이에서 데이터로

콘업

실시간 전자검측서 작성
공사일지·기술인일지
품질·안전관리서류
공사사진보드·사진첩
모바일 펀치리스트
검측동영상 자동캡션

흙막이 가시설 기술영업, 가시설 설계 및 가시설 강재 임대 전문업체 - 윤준에스티

High-Performance Steel

고성능 지하굴착 흙막이구조체 [버팀보, 띠장, CIP벽체]

최고의 퍼포먼스를 보여주는 HPS

지하굴착 흙막이 가시설 시스템의 성능 최적화를 위한
Flange & Web이 보강된 강관 구조체

- H형강 & 원형강관의 장점을 접목한 HPS를 이용한 흙막이 가시설 공법
- 버팀보, 띠장, 주형보, 벽체 말뚝 및 가교 등의 다양한 용도로 적용
- 본체와 일체화된 연결재를 사용하여 볼트체결로 연결 시공
- 버팀보 설치간격을 4.0m ~ 10.0m 설치간격 증대

볼트 조립식 설치

보강 브레이싱 설치 불필요

기술의 장점만을 모은 HPS

강관에 Flange 및 Web을 보강하여 성능 개선

강관 + H형강 = HPS

H형강 및 강관의 특성 조합

- 구조용 강재중에서 동일 압축력에 소요되는 재료가 최소
- 동일 중량당 구조용 강재중에서 I, Z, r 값이 크고 좌굴에 유리
- 비틀림과 모든 방향에 대한 휨응력, 국부좌굴에 대해서도 다른 구조용 강재에 비해 월등한 저항성능

- 형상이 개방되어 있어 타제품과의 연결 및 조합성이 우수
- 말뚝, 띠장, 버팀보, 주형보 등 다양한 용도로 사용
- 모든 강구조물과의호환성이 우수

강관의 특성 / HPS / H형강의 특성

Togeter Tomorrow HPS

안전하고
안전성
- 가시설 부재의 이상 변위 발생시 보수보강이 빠르고 간단함
- 띠장 및 버팀보 연결부보강으로 안전성 확보
- 부재의 폭이 450mm로 안전통로로 이용 가능
- HPS부재의 휨, 좌굴, 비틀림 등의 구조적성능 우수

빠르며
공기단축
- H형강 공사 대비 약 20%의 공기 단축
- 버팀보 설치수량 감소
- 버팀보 수평, 수직브레이싱 생략으로 공기 단축
- 버팀보 및 중앙파일간격 증대
  → 빠른 굴착시공 & 구조물 공기 단축

저렴하고
경제성
- 버팀보 설치수량 및 중앙파일 설치수량 감소 4.0 ~ 10.0m 적용(강재량 감소)
- 가시설 설치 기간 단축 → 지하 구조물 공기 단축
- H형강 대비 최소 10% 이상 공사비 절감
- 지하공간 확보 → 토목 및 본 구조물시공시 원가절감

쉬워집니다
시공성
- 버팀보 설치간격을 중앙파일 설치수량 감소 4.0 ~ 10.0m 적용
- 일체화된 연결재(부속자재 없음)
- 띠장 및 버팀보 연결
  → 볼트체결 시공(용접 및 연결판 없음)
- H형강 및 타공법과호환성 우수
- 자재의 일원화로현장 적재 용이

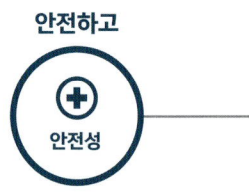

서부간선도로 지하차도 1공구
버팀보 최대길이 24.5m 수평간격 3.0m

한국○○은행 IT센터
버팀보 최대길이 72.6m 수평간격 6.0m

천안 불당동 1485번지 복합상업시설
버팀보 최대길이 61.7m 수평간격 6.0m

남양주 다산진건지구 블루웨이 1차
버팀보 최대길이 70.0m 수평간격 8.0m

창원시 양덕동 자동차관련시설
버팀보 최대길이 93.4m 수평간격 5.5m

YUNJUN ㈜ 윤준에스티
본사 : 서울특별시 마포구 동교로 12안길 14, 4층
TEL. 02-304-0230 FAX. 02-304-0231 yjst@yunjunst.co.kr

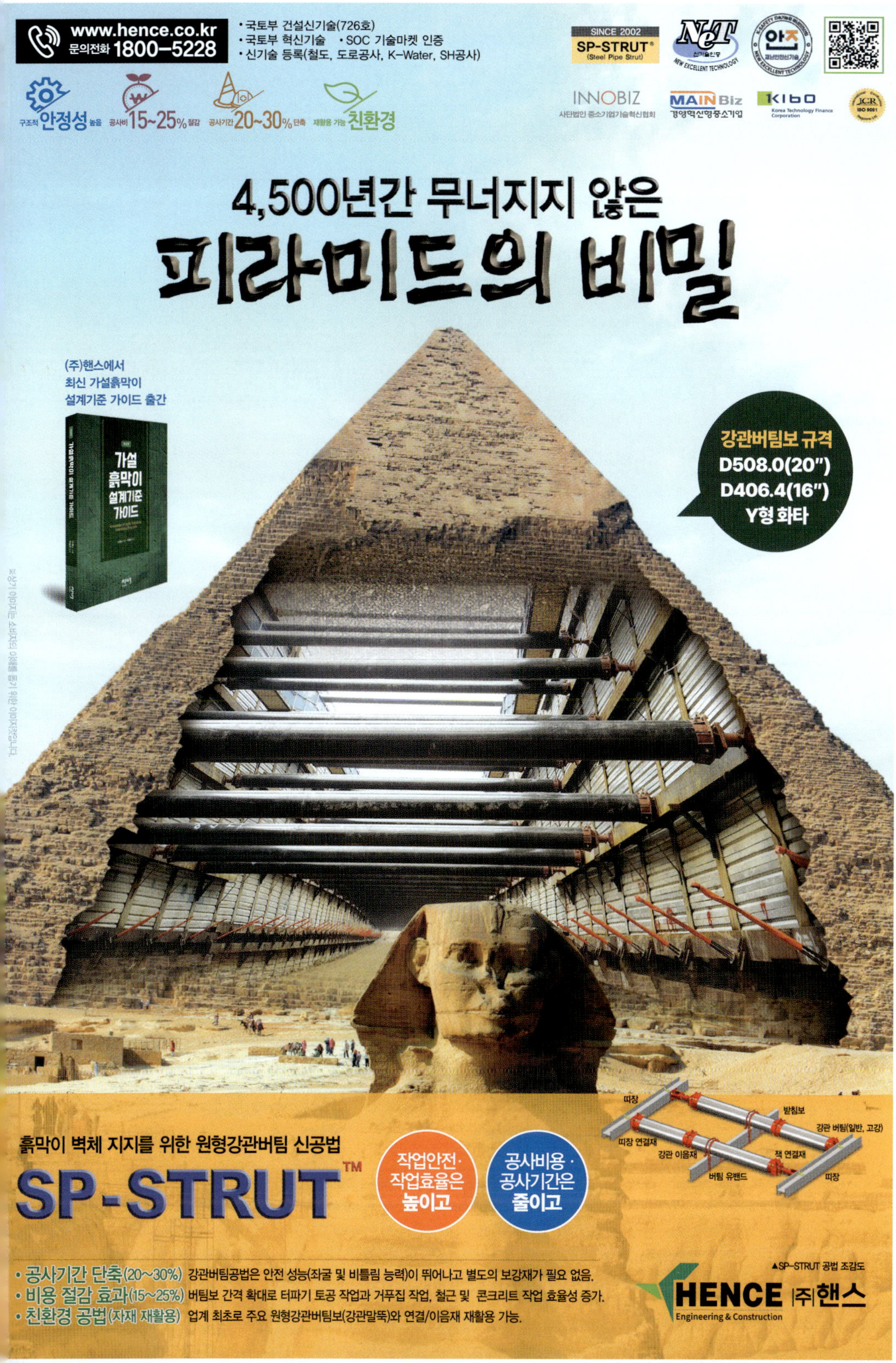

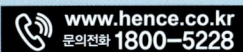

- 국토부 건설신기술 (726호)
- 국토부 혁신기술 • SOC 기술마켓 인증
- 신기술 등록(철도, 도로공사, K-Water, SH공사)

4,500년간 무너지지 않은
피라미드의 비밀

(주)핸스에서 최신 가설흙막이 설계기준 가이드 출간

강관버팀보 규격
D508.0(20")
D406.4(16")
Y형 화타

흙막이 벽체 지지를 위한 원형강관버팀 신공법

SP-STRUT™

작업안전·작업효율은 **높이고**
공사비용·공사기간은 **줄이고**

▲SP-STRUT 공법 조감도

- **공사기간 단축** (20~30%) 강관버팀공법은 안전 성능(좌굴 및 비틀림 능력)이 뛰어나고 별도의 보강재가 필요 없음.
- **비용 절감 효과** (15~25%) 버팀보 간격 확대로 터파기 토공 작업과 거푸집 작업, 철근 및 콘크리트 작업 효율성 증가.
- **친환경 공법** (자재 재활용) 업계 최초로 주요 원형강관버팀보(강관말뚝)와 연결/이음재 재활용 가능.

HENCE Engineering & Construction (주)핸스

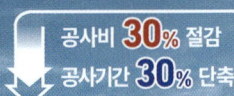

차수용 흙막이 가시설공사의 대명사

TCM (Trench Cutting-Mixing Method)  완벽차수용 가설벽체

- 가시설 벽체
- 제방차수

UCIP, C-Ⅲ공법의 특허회사 → 겹침시공 주열식 차수벽체

- 지하수 높은 해안가 및 사석층 완벽차수
- 하천주변 지하수 처리현장

사업분야 가시설 벽체 공법 : C-Ⅲ 공법, TCM 공법, UCIP 공법
  그라우팅 주입공법 : Eco CGS, JCG(고압분사), BSG 공법
  지반개량공법 : DC(동다짐), RIC(유압해머), SCW공법
  SC공법

한미기초건설㈜ 서울특별시 서초구 방배동 828-11, 3층
TEL. 02-858-4530 FAX. 02-859-4530,
E-mail : hanmicor20@hanmail.net
H P : https://hanmicor.co.kr

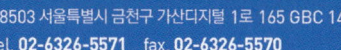

Class 가 다른 상위 0.1%를 위한 브랜드

세계 초일류 기술
골프채 부문

① **고반발 기술 1위** → C.O.R 0.962 **초격차**

② **경량화 기술 1위** → 드라이버 205g **30%↓**

③ **최적화 기술 1위** → 20,684,160 가지 스펙 **초격차**
세계적인 프로처럼 개개인의 스윙에 딱맞는 스펙의 클럽을 제공

예약제 시행
본사 매장 - 예약자 우선
가격 영원 불변 정책

(주)뱅골프코리아 | 문의전화 : 1544-8070 | 경기도 성남시 분당구 야탑로 26 한국골프회관 1층 | www.banggolf.co.kr | Made in Japan, Fitting in

건설공사 적산의 지침서

2025 건설공사 표준품셈

공통 토목 건축 기계설비 유지관리

발 간 사

대한건설협회는 '96년부터 '03년까지 국토교통부로부터 「표준품셈관리단체」로 지정받아 총 8년간 품셈관리업무를 수행하였으며, 현재까지도 토목, 건축, 기계설비부문 표준품셈 제·개정 심의 및 연구·조사, 보급 등 품셈에 관한 전반적인 업무를 수행하고 있습니다.

이에 따라 우리 협회에서는 각 발주기관 및 건설업계 등의 협조를 받아 현행 품셈 중 불합리한 품의 개정 보완 및 신기술·신공법의 개발에 따른 새로운 품의 신설을 요청하는 등 표준품셈의 합리적 제·개정 업무에 심혈을 기울이고 있습니다.

금년도 새로이 제·개정된 항목은 공통, 토목, 건축, 기계설비, 유지관리 부문에서 토공사, 철근콘크리트공사, 도로포장공사, 관부설 및 접합공사, 조적공사 등 357개 항목으로 그간 건설현장에서 품의 신설이나 보완이 요구되었던 항목들이 포함되어 있습니다.

또한 기존 품을 작업조 기반 원가방식으로 전환하여 인력과 장비가 조합된 작업조의 일일 생산량을 제시하는 한편, 스마트안전시설물 및 스마트 토공 등 스마트건설공사 원가기준을 확대하여 건설관련 제도의 변화와 건설현장의 요구사항을 최대한 반영하였습니다.

아무쪼록 본 표준품셈의 발간으로 발주기관 및 건설업체 실무자들이 공사비 산정업무에 적정을 기하고 나아가 건설기술을 향상시키는 계기가 되어 줄 것을 기대합니다.

끝으로 본 표준품셈이 완성되기까지 적극 협조하여 주신 국토교통부 및 관계기관, 건설업계 관계자 여러분 그리고 품셈심의위원들의 노고에 깊은 사의를 표하는 바입니다.

2025년 1월

표준품셈 제·개정 경위

'68. 8. 26   대통령 특별지시에 따라 건설공사단가(품셈)를 경제기획원
             (주관 : 예산관리관실)에서 검토
'70. 1. 16   '70년도 표준품셈 의결
'70. 1. 20   '70년도 표준품셈 시행
'71. 1. 23   '71년도 표준품셈 시행
'71. 11. 13 전기공사 표준품셈 72종목 검토
'72. 1. 17   '72년도 표준품셈 시행
'73. 1. 17   '73년도 표준품셈 시행
'73. 9. 14   대통령 특별지시로 미제정품셈 대폭 보완
'73. 12. 28 토목, 건축, 전기, 설비, 기계공사품셈보완 종합심의
'74. 1. 19   '74년도 표준품셈 확정
'74. 11. 30 '75년도 표준품셈 확정
'75. 12. 24 '76년도 표준품셈 확정
'76. 12. 6   제36차 경제장관회의('76.12.1)의 의결에 따라 표준품셈 업무를
             경제기획원에서 각 부처로 이관, 토목, 건축은 건설부 담당
'76. 12. 20 '77년도 표준품셈 확정
'77. 12. 17 '78년도 표준품셈 확정
'78. 12. 5   '79년도 표준품셈 확정
'79. 12. 6   '80년도 표준품셈 확정
'80. 11. 29 '81년도 표준품셈 확정
'81. 12. 10 '82년도 표준품셈 확정
'82. 12. 10 '83년도 표준품셈 확정
'83. 12.   '84년도 표준품셈 확정
'84. 12.   '85년도 표준품셈 확정
'85. 12.   '86년도 표준품셈 확정
'86. 12.   '87년도 표준품셈 확정
'87. 12.   '88년도 표준품셈 확정

'88. 12.	'89년도 표준품셈 확정
'89. 1. 1	기계설비표준품셈업무를 상공부 국립공업시험원에서 건설부기술관리실로 이관
'89. 12. 20	'90년도 표준품셈 확정
'90. 12. 15	'91년도 표준품셈 확정
'91. 12. 11	'92년도 표준품셈 확정
'92. 12. 15	'93년도 표준품셈 확정
'93. 12. 23	'94년도 표준품셈 확정
'94. 12.	'95년도 표준품셈 확정
'95. 12.	'96년도 표준품셈 확정
'95. 12. 28	동 표준품셈(토목, 건축, 기계설비부문) 업무를 건설교통부에서 대한건설협회(표준품셈관리단체)로 이관
'96. 12. 17	'97년도 표준품셈 확정
'97. 12. 29	'98년도 표준품셈 확정
'98. 12. 30	'99년도 표준품셈 확정
'99. 12. 31	2000년도 표준품셈 확정
'00. 12. 21	2001년도 표준품셈 확정
'01. 12. 20	2002년도 표준품셈 확정
'02. 12. 23	2003년도 표준품셈 확정
'03. 12. 23	2004년도 표준품셈 확정
'04. 1. 1	동 표준품셈(토목, 건축, 기계설비부문) 업무를 대한건설협회에서 한국건설기술연구원(표준품셈관리기관)으로 이관
'04. 12. 31	2005년도 표준품셈 확정
'05. 12. 30	2006년도 표준품셈 확정
'07. 1. 3	2007년도 표준품셈 확정
'08. 1. 2	2008년도 표준품셈 확정
'09. 1. 2	2009년도 표준품셈 확정
'10. 1. 4	2010년도 표준품셈 확정
'11. 1. 3	2011년도 표준품셈 확정
'12. 1. 2	2012년도 표준품셈 확정
'13. 1. 2	2013년도 표준품셈 확정

'14. 1. 2	2014년도 표준품셈 확정
'15. 1. 1	2015년도 표준품셈 확정
'16. 1. 1	2016년도 표준품셈 확정
'17. 1. 1	2017년도 표준품셈 확정
'18. 1. 1	2018년도 표준품셈 확정
'19. 1. 1	2019년도 표준품셈 확정
'20. 1. 1	2020년도 표준품셈 확정
'21. 1. 1	2021년도 표준품셈 확정
'22. 1. 1	2022년도 표준품셈 확정
'23. 1. 1	2023년도 표준품셈 확정
'24. 1. 1	2024년도 표준품셈 확정
'25. 1. 1	2025년도 표준품셈 확정

목 차

공통부문

제 1 장 적용기준 ·· 81
 1-1 일반사항 ··· 81
  1-1-1 목 적 ·· 81
  1-1-2 적용범위('12년 보완) ·· 81
  1-1-3 적용방법('05, '08, '09, '12, '14, '23년 보완) ······························· 81
 1-2 설계 및 수량 ··· 82
  1-2-1 수량의 계산('05, '23년 보완) ··· 82
  1-2-2 단위표준('12, '23년 보완) ·· 83
  1-2-3 토질('99, '14, '23년 보완) ··· 86
  1-2-4 재료 및 자재의 단가('05, '06, '14, '22, '23년 보완) ···················· 89
  1-2-5 인력('22, '23, '25년 보완) ··· 94
  1-2-6 공구 및 경장비('93, '23년 보완) ·· 94
  1-2-7 운반('08, '10, '16, '22, '23년 보완) ··· 95
  1-2-8 작업조 구성 및 적용('24년 신설) ·· 99
 1-3 재료 및 노임의 할증 ··· 100
  1-3-1 재료의 할증('06, '11, '12, '19, '22, '23년 보완) ························ 100
  1-3-2 노임의 할증('25년 보완) ·· 105
 1-4 품의 할증('97, '01, '03, '11, '14, '15, '16, '17년 보완) ····················· 106
  1-4-1 적용기준('23년 보완) ··· 106
  1-4-2 할증의 중복가산요령 ··· 106
  1-4-3 작업지연('23, '25년 보완) ·· 107
  1-4-4 지세/지형('23, '25년 보완) ·· 108
  1-4-5 위험('23년 보완) ··· 110

1-4-6 작업제한('23, '24년 보완) ·· 112
1-4-7 작업환경('23년 보완) ·· 113
1-5 기타 ·· 114
  1-5-1 품질관리비('04, '06, '11, '14년 보완) ·· 114
  1-5-2 산업안전보건관리비('04, '06, '12, '20, '23년 보완) ······················ 114
  1-5-3 산업재해보상 보험료 및 기타 ·· 114
  1-5-4 환경관리비('11, '14, '17, '20년 보완) ·· 114
  1-5-5 안전관리비('04, '06, '11, '14, '23년 보완) ···································· 115
  1-5-6 사용료 ·· 115
  1-5-7 현장시공상세도면의 작성('11, '14, '20년 보완) ···························· 116
  1-5-8 종합시운전 및 조정비 ·· 116
  1-5-9 시공측량비('22년 신설) ·· 116
  1-5-10 표준품셈 보완실사 ·· 116

제 2 장 가설공사 ·· 125

2-1 가설물의 한도 ·· 125
  2-1-1 현장사무소 등의 규모(토목)('02, '22년 보완) ································ 125
  2-1-2 현장사무소 등의 규모(건축 및 기계설비)('02, '22년 보완) ············ 126
2-2 손율 ·· 128
  2-2-1 적용기준('22, '23년 보완) ·· 128
  2-2-2 주요자재('22년 보완) ·· 129
    [참고자료] 가설 교량 설치 및 해체 ··· 130
               가설 교량, 복공체 거더 가설구조물 등의 설치 및 해체
               (특허 제10-2317849호) ·· 132
               복공체 설치 및 해체(특허 제10-2317849호) ························ 133
  2-2-3 가설시설물('22년 보완) ·· 134
    [참고자료] 가설교량 설치 및 해체(특허 제10-0722809호) ················· 136
  2-2-4 구조물 동바리('22년 보완) ·· 138
  2-2-5 구조물 비계('22년 보완) ·· 138
  2-2-6 축중계('09년 신설, '10년 보완) ·· 138

2-2-7 규준틀('22년 신설) ··· 139
2-3 가설건축물 ·· 139
   2-3-1 철제조립식 가설건축물 설치 및 해체('92년 신설, '09, '22년 보완) ··· 139
   2-3-2 콘테이너형 가설건축물 설치 및 해체('09, '22년 보완) ············ 139
2-4 가설울타리 및 가설방음벽('09, '10, '17년 보완) ··············· 140
   2-4-1 강관 지주 설치 및 해체 ·· 140
   2-4-2 H형강 지주 설치 및 해체 ·· 140
   2-4-3 가설울타리판 설치 및 해체 ·· 140
   2-4-4 세로형 가설방음판 설치 및 해체 ································· 141
   2-4-5 가로형 가설방음판 설치 및 해체 ································· 141
2-5 규준틀 ·· 141
   2-5-1 토공의 비탈규준틀 설치 및 철거('09년 보완) ·················· 141
   2-5-2 도로용 목재 수평규준틀 설치 및 철거 ·························· 142
   2-5-3 도로용 철재 수평규준틀 설치 및 철거 ·························· 143
   2-5-4 평·귀 규준틀 설치 및 철거 ·· 143
2-6 동바리 ·· 143
   2-6-1 강관 동바리 설치 및 해체(토목)('09, '16년 보완) ············ 143
   2-6-2 강관 동바리 설치 및 해체(건축 및 기계설비)('16년 보완) ······ 144
   2-6-3 시스템 동바리 설치 및 해체('01년 신설, '09, '16년 보완) ··· 145
   2-6-4 알루미늄 폼 동바리 설치 및 해체('09년 신설, '16년 보완) ··· 145
   2-6-5 잭서포트 설치 및 해체('22년 신설) ······························ 145
2-7 비계 ··· 146
   2-7-1 강관비계 설치 및 해체('09, '16년 보완) ························ 146
   2-7-2 시스템비계 설치 및 해체('16년 신설) ···························· 146
   2-7-3 강관틀 비계 설치 및 해체('16년 보완) ·························· 146
   2-7-4 강관 조립말비계(이동식)설치 및 해체('09, '16년 보완) ······· 147
   2-7-5 경사형 가설 계단 설치 및 해체('09년 신설, '16년 보완) ····· 147
   2-7-6 타워형 가설 계단 설치 및 해체 ·································· 148
   2-7-7 비계용 브라켓 설치 및 해체('16년 보완) ······················· 148
2-8 추락재해방지시설 ·· 148
   2-8-1 낙하물 방지망(비계) 설치 및 해체('20년 보완) ················ 148

2-8-2 낙하물 방지망(플라잉넷) 설치 및 해체('09년 신설, '17, '20년 보완) 149
 2-8-3 낙하물 방지망(시스템방호) 설치 및 해체('20년 신설) ·············· 149
 2-8-4 교량 방호선반 설치 및 해체('11년 신설, '23년 보완) ············· 150
 2-8-5 교량 낙하물방지망 설치 및 해체('23년 신설) ·························· 150
 2-8-6 철골 안전망 설치 및 해체('18년 보완) ···································· 150
 2-8-7 비계주위 보호망 설치 및 해체('17년 신설) ····························· 151
 2-8-8 갱폼주위 보호망 설치 및 해체('09년 신설, '17년 보완) ·········· 151
 2-8-9 수직형 추락방망 설치 및 해체('20년 신설) ····························· 152
 2-8-10 안전난간대 설치 및 해체('20년 신설) ····································· 152
 2-8-11 계단난간대 설치 및 해체('20년 신설) ····································· 152
 2-8-12 안전난간대 설치 및 해체(토목)('21년 신설) ··························· 153
 2-8-13 엘리베이터 난간틀 설치 및 해체('20년 신설) ························ 153
 2-8-14 엘리베이터 추락방호망 설치 및 해체('20년 신설) ················· 153
 2-8-15 개구부 수평보호덮개 설치 및 해체('22년 신설) ···················· 154
 2-8-16 강재거푸집 작업용 난간 설치 및 해체('22년 신설) ··············· 154
 2-8-17 수평지지로프 설치 및 해체('23년 신설) ································· 154
2-9 통행안전시설 ·· 154
 2-9-1 타워크레인 방호울타리 설치 및 해체('20년 신설) ··················· 154
 2-9-2 건설용리프트 방호선반 설치 및 해체('23년 신설) ··················· 155
 2-9-3 보행자 안전통로 설치 및 해체('21년 신설) ······························· 155
 2-9-4 PE드럼 설치 및 해체('22년 신설) ··· 155
 2-9-5 PE가설방호벽 설치 및 해체('22년 신설) ·································· 155
 2-9-6 PC가설방호벽 설치 및 해체('22년 신설) ·································· 156
 2-9-7 가설휀스(H-Beam기초) 설치 및 해체('22년 신설) ··················· 156
 2-9-8 PE가설휀스 설치 및 해체('23년 신설) ······································ 156
 2-9-9 가림막 가설휀스 설치 및 해체('23년 신설) ····························· 156
 2-9-10 점멸등 설치 및 해체('23년 신설) ·· 157
 2-9-11 유도등 설치 및 해체('23년 신설) ·· 157
 2-9-12 사각지대 충돌방지장치 설치 및 해체('25년 신설) ················· 157
2-10 피해방지시설 ·· 157
 2-10-1 비계주위 보호막 설치 및 해체('09, '17년 보완) ···················· 157

2-10-2 방진망 설치 및 해체('17년 보완) ·· 158
2-10-3 터널방음문 설치 및 해체('19년 신설) ·· 158
2-10-4 박스형 간이흙막이 설치 및 해체('22년 신설) ·································· 159
2-10-5 조립식 간이흙막이 설치 및 해체('22년 신설) ·································· 159
2-10-6 비탈면 보양('23년 신설) ·· 159
2-11 현장관리 ··· 160
  2-11-1 건축물보양('23년 보완) ·· 160
  2-11-2 건축물 현장정리('23년 보완) ·· 160
    참고자료 스마트 안전관리 플랫폼 ·· 161
                스마트 안전장비 및 관제시스템 ······························ 164
                스마트 계측관리 시스템 ·· 166
  2-11-3 준공청소('23년 신설) ·· 167
  2-11-4 입주청소('23년 신설) ·· 167
  2-11-5 비산먼지 발생 억제를 위한 살수('02년 신설, '09년 보완) ·············· 167
  2-11-6 자동세륜기 설치 및 해체('09, '12, '19년 보완) ···························· 168
  2-11-7 슬러지 제거('19년 신설) ·· 168
  2-11-8 지능형 CCTV 설치 및 해체('24년 신설) ···································· 168
  2-11-9 지능형 출입관리 설치 및 해체('24년 신설) ·································· 169
2-12 공통장비 ··· 169
  2-12-1 건설용리프트 설치 및 해체('09, '23년 보완) ······························· 169
  2-12-2 마스트 설치 및 해체('23년 신설) ·· 169
  2-12-3 축중계 설치 및 해체('09년 신설, '10년 보완) ······························ 170
  2-12-4 파이프 루프공('92년 신설) ·· 170
    건설신기술 연속화된 일체형 가로보와 교축방향으로 배치한 복공판을 이용한 가설
             교량 공법(CAP공법 : The Continuous Across Plan) ······ 172

제 3 장 토공사 ··· 181

3-1 공통사항 ··· 181
  3-1-1 적용기준('20, '25년 보완) ·· 181
  3-1-2 작업조 및 품의 변화('25년 신설) ·· 181

3-2 굴착 ·· 182
  3-2-1 굴착(인력/토사)('08, '20, '25년 보완) ································· 182
  3-2-2 굴착(인력/암반)('20년 보완) ·· 182
  3-2-3 흙깎기(기계)('25년 신설) ··· 182
  3-2-4 터파기(기계)('25년 신설) ··· 184
3-3 암발파 및 파쇄 ·· 185
  3-3-1 암발파(미진동굴착 TYPE-Ⅰ)('20년 보완) ···························· 185
    참고자료 비화약 폭연성 파쇄제를 이용한 파암공법(노넥스공법) ············· 186
    진동과 소음이 저감된 친환경 카트리지 발파 공법
    (카트리지 발파 공법) ·· 187
  3-3-2 암발파(정밀진동제어발파 TYPE-Ⅱ)('20년 보완) ··················· 188
  3-3-3 암발파(소규모진동제어발파 TYPE-Ⅲ)('20년 보완) ··············· 188
  3-3-4 암발파(중규모진동제어발파 TYPE-Ⅳ)('20년 보완) ··············· 188
  3-3-5 암발파(일반발파 TYPE-Ⅴ)('20년 보완) ······························· 188
  3-3-6 암발파(대규모발파 TYPE-Ⅵ)('20년 보완) ···························· 189
  3-3-7 암발파(소형브레이커)('20년 보완) ··· 190
  3-3-8 암파쇄(유압식 할암공법)('20년 보완) ···································· 191
    참고자료 비폭성 파쇄제 팽창성 몰탈을 이용한 암파쇄 공법 ················· 192
  3-3-9 수중발파('20년 보완) ·· 194
3-4 쌓기 ··· 195
  3-4-1 흙쌓기('25년 신설) ··· 195
  3-4-2 암쌓기('03년 신설, '08, '20, '25년 보완) ···························· 195
    참고자료 무진동 암반 파쇄공법(SUPER WEDGE) 공법 ······················· 196
  3-4-3 흙 다지기('25년 신설) ·· 197
  3-4-4 뒤채움 및 다짐(소형장비)('20, '25년 보완) ························· 197
  3-4-5 뒤채움 및 다짐(대형장비)('20, '25년 보완) ························· 197
  3-4-6 되메우기 및 다짐(소형장비)('25년 신설) ······························ 198
  3-4-7 되메우기 및 다짐(대형장비)('25년 신설) ······························ 198
  3-4-8 기초지정('20, '25년 보완) ·· 199
3-5 절토부대공 ·· 199
  3-5-1 절토면 고르기('08, '20, '25년 보완) ··································· 199

3-5-2 암반청소('08, '14, '20, '25년 보완) ································· 199
3-6 성토부대공 ··· 200
  3-6-1 성토면 고르기('08, '14, '16, '20, '25년 보완) ······················ 200
  3-6-2 식재면 고르기('13년 신설, '19, '25년 보완) ························ 200
3-7 비탈면 보호공 ·· 200
  3-7-1 프리캐스트 콘크리트 블록설치('25년 보완) ························ 200
  3-7-2 지압판블록 설치('20년 신설, '25년 보완) ·························· 201
  3-7-3 천연섬유사면보호공 설치('06년 신설, '08, '20, '25년 보완) ·········· 201
  3-7-4 절토사면 녹화('98, '13, '19, '25년 보완) ··························· 202
  참고자료 비탈면보호식재용 코매트조성물 및 이를 이용한 녹화공법 ······· 204
        산성배수가 발생하는 특수지질지역의 녹화공법 ················· 206
        비탈면보호 식재용 조성물 및 이를 이용한 녹화공법 ············· 208
        친환경 멀칭제 및 이를 이용한 녹화공법 ······················ 210
        그린네트를 이용한 녹화공법 ································ 211
        방초매트를 이용한 식생차단공법 ···························· 212
        길어깨 풀 식생억제시설(방초매트) ··························· 213
        생태복원 SS녹화공법시스템 ································ 214
        반건식 SS녹화공법시스템 ································· 216
        P.Y 복합 NET 법면 보호공(절토면용) ························ 218
        거적덮기 법면보호공(성토면용) ····························· 218
        생태복원SS+거적덮기 ····································· 218
        암녹토 암절개면 보호 녹화공(두꺼운 식생기반재취부공) ········· 219
        소일 화이바(Soil Fiber) 공법 ······························· 220
        비탈면 토양 조성물 및 이를 이용한 시공방법
          (특허 제10-1951824호) ································ 222
        비탈면보호식재용 조성물 및 식재공법(특허 제10-0359316호) · 226
        AGRON 환경복원 및 사면보강시스템 ······················· 230
        AGRON SOIL(산림토) 녹화공 ······························ 230
        REG 친환경복원 녹화공법(REG : Rare Earth and go Green)
          ·· 232
        하천식생복원공법 ·· 234

연속섬유보강토공법(GEOFIBER)(특허 제10-0683960호,
　　제10-1108002호, 제10-1035264호) ·············· 238
원지반식생정착공법(CODRA)
　　(특허 제10-0612767호, 제10-0852358호) ·············· 240
생태복원(SSAF-SOIL)공법/생분해성녹화칩(S.R.C)공법 ·········· 242
산성배수녹화(P.N.S)공법 ··· 243
생태복원(SSAF-SOIL)유실사면 표토 안정녹화공법 ·········· 245
천연식생매트공법 ··· 246
친환경사석매트공법(Eco-M.S) ································ 247
미세먼지 저감시스템 설치(설비공사 제외) ·················· 249
후리졸 녹산토녹화공법
　　(식생녹화용 기반재 및 그를 이용한 경사면 녹화방법) ········ 250
절개지녹화 MMC공법 ··· 253
자연표토복원공법(절취사면의 생태복원형 녹화공법)녹화 System
　　(특허 제166343호, 제166164호, 제10-0602008호,
　　제10-0602009호, 제10-0611049호) ·············· 255
자연표토복원공법 SF/SF-I/R2N ································ 256
자연표토복원공법 SF-III(암반녹화용)/SF-IV(조기녹화용) ········ 257
자연표토복원공법 SF-II/NS(인공지반용) ·················· 258
지반안정화재설치공사 ··· 259
3-7-5 비탈면 보강공('08년 신설, '14, '20, '25년 보완) ·············· 260
　참고자료　AGP 그라우트 공법(A, B재) ·················· 262
　　AGP 그라우트 공법(S재) ···································· 263
　　토탈옹벽블록 설치(특허 제10-2338930호) ·············· 264
　　그로스폼(G-25) 격자블록(절·성토) ························ 266
　　그로스폼(G-6)(하천) ··· 267
　　고강도 텐션(테코)네트 시스템(특허 제10-1929702호) ·············· 268
　　링네트 토석류 방호(RDFB) 시스템(특허 제10-2396989호) ······ 269
　　고화매트를 이용한 산마루측구, 수로 설치 공법 ·············· 270
　　섬유대혼합공(섬유대몰탈 격자블럭공) ·················· 271
　　REB 공법(대형블럭 옹벽) ··································· 272

SRP, ARP 공법(절토부 패널식 옹벽) ·················· 273
크레타블록쌓기(Free Standing) ·················· 274
그라비월 블록 설치 ·················· 274
마블스템(인조계단돌) 설치 ·················· 274
3-8 보강토 옹벽 ·················· 275
3-8-1 패널 설치('20년 보완) ·················· 275
  참고자료 컨츄리매너식 경관블록 쌓기
       (컨츄리매너, 컨츄리매너 베이직, 센츄리가든, 스템블럭 등) ·· 276
  소모그린백 보강토 옹벽 쌓기(특허 제10-0557703호) ·············· 276
  JS자립 시스템 공법 ·················· 277
  유연성 토석류 방호시스템(O-NET)(특허 제10-1920459호) ····· 278
  파일 네일링(HT-NET) ·················· 280
  현장타설 격자블럭(FDS) ·················· 281
  PC 격자블럭 ·················· 282
3-8-2 블록설치('07년 신설, '08, '15, '20년 보완) ·················· 283
  참고자료 S.P.A(Semi Precast Panel Anchor) 옹벽
       (특허 제10-0873408호) ·················· 284
  P.P.N(Precast Panel Nailing) 옹벽(특허 제10-0964716호) ·· 285
  그린메쉬월 식생 보강토 옹벽(특허 제10-0479163호) ············ 286
  도담 블록(EM) 쌓기 ·················· 287
  친환경 식생토낭블록 보강토 옹벽 쌓기 및 사면 쌓기 ·············· 288
  친환경 식생토낭블록 보강토 옹벽 쌓기(특허공법 10-1710980) 290
  친환경 식생토낭블록 사면 쌓기(특허공법 10-1710980) ············ 290
  친환경 식생토낭블록 하천 쌓기(특허공법 10-1710980) ············ 291
  친환경 식생토낭블록 배수로 쌓기(특허공법 10-1710980) ········ 291
  CONEW 중력식 옹벽 설치 ·················· 292
  시스템 축조블록(대형) 설치 ·················· 293
  식생 야생화토낭 보강토 옹벽 및 사면쌓기(특허 제10-2540299호,
     제10-2170544호) ·················· 294
  녹화슈퍼네트(부착망 설치) 비탈면 녹화공법(특허 제10-2651115호,

          제10-2651112호) ··· 295
     3-8-3 버팀목 설치·해체('20년 보완) ································ 296
          참고자료 P&G(GT) 가시설 공법 ······························· 297
                JADE 중력식 옹벽 ····································· 297
     3-8-4 뒤채움 및 다짐('15년 신설, '20년 보완) ······················· 298
  3-9 벌개제근 ·· 298
     3-9-1 벌목('08, '18, '20년 보완) ·· 298
     3-9-2 뿌리뽑기('20년 보완) ··· 299
  3-10 개간 ·· 300
     3-10-1 답면고르기('03년 신설) ·· 300
  3-11 스마트 토공 ·· 300
     3-11-1 머신 가이던스(MG) 굴착기('23년 신설, '24, '25년 보완) ············· 300
     3-11-2 머신 컨트롤(MC) 굴착기('24년 신설) ··························· 301
     3-11-3 머신 가이던스(MG) 불도저('24년 신설, '25년 보완) ··············· 302
     3-11-4 머신 컨트롤(MC) 불도우저('25년 신설) ························· 303

제 4 장 조경공사 ··· 310
  4-1 잔디 및 초화류 ·· 310
     4-1-1 잔디붙임('06, '13, '19, '24년 보완) ······························ 310
     4-1-2 초류종자 살포(기계살포)('07, '13, '19, '24년 보완) ············· 310
     4-1-3 초화류 식재('13, '19, '24년 보완) ······························· 311
     4-1-4 거적덮기('07년 신설, '13, '19, '24년 보완) ······················ 311
  4-2 관목 ··· 312
     4-2-1 굴 취('13, '19, '24년 보완) ·· 312
     4-2-2 식재(단식(單植))('13, '19, '24년 보완) ··························· 312
     4-2-3 식재(군식(群植))('02년 신설, '13, '19, '24년 보완) ·············· 313
  4-3 교목 ··· 313
     4-3-1 뿌리돌림('13, '19년 보완) ·· 313
     4-3-2 굴취(나무높이)('13, '19, '24년 보완) ···························· 314
     4-3-3 굴취(근원직경)('19, '24년 보완) ···································· 315
     4-3-4 식재(나무높이)('02, '13, '19, '24년 보완) ······················· 316

4-3-5 식재(흉고직경)('19, '24년 보완) ··· 316
4-4 조경구조물 ··· 317
　4-4-1 정원석 쌓기 및 놓기('03, '19년 보완) ··· 317
　4-4-2 조경유용석 쌓기 및 놓기('13년 신설, '24년 보완) ····················· 317
　4-4-3 잔디블록 포장('19년 신설, '24년 보완) ··· 318
　　|참고자료| 자연형 계단블록 설치 ··· 319
　4-4-4 야자섬유매트포장('22년 신설, '24년 보완) ····································· 320

제 5 장 기초공사 ·· 323

5-1 흙막이 및 물막이 ·· 323
　5-1-1 P.P마대 및 톤마대 쌓기·헐기('09, '14, '21년 보완) ··················· 323
　5-1-2 H-Beam 설치 ··· 324
　5-1-3 H-Beam 철거 ··· 325
　5-1-4 흙막이판 설치·철거('09, '14, '21년 보완) ······································· 327
　　|참고자료| 중간지지대를 가진 흙막이벽 지지 프리스트레스 가시설 IPS공법
　　　　　　 (Innovative Prestressed Support system) ······················· 328
　　　　　　 차수성 흙막이 및 가물막이 공법[M.D.S(Mid-support Double
　　　　　　 Sheet pile)공법, S.S(Stiffened Sheet pile)공법] ················ 330
　　　　　　 강관버팀보 설치를 위한 체결공법(MSTRUT공법) ··············· 332
　　　　　　 조립식 간이 흙막이 공법 (SK판넬/TS(SBH) 판넬) ············ 333
　　　　　　 조립식(조절식) 간이 흙막이 공법
　　　　　　 [TS판넬(Trench Shoring System)] ···································· 334
　　　　　　 흙막이벽체 지지를 위한 원형 강관 버팀보 체결공법
　　　　　　 (SP-STRUT 공법) ··· 336
　5-1-5 어스앵커 공법('20년 보완) ··· 345
5-2 연약지반처리 ··· 348
　5-2-1 매트부설('08, '16, '18, '21년 보완) ··· 348
　5-2-2 고압분사 주입공법('09, '15, '21년 보완) ······································· 349
　　|참고자료| CRM(Compound type soft ground Reinforcement Method)
　　　　　　 지반개량 공법(특허 제10-2245060호) ······································· 353

　　　　퍼즐쏘일(Puzzle Soil) 2세대 지반보강공법
　　　　　　(특허 제10-1426496호, 제10-2566540호) ·············356
　　　　퍼즐말뚝(Puzzle Pillar) ·············357
　　　　지중고형체 ·············358
　　　　저유동성 친환경주입재 자동제어장치 및 다중분배주입 기법을 이용한
　　　　　　충전식 그라우팅[EcoCG(Eco Compaction Grouting)공법 360
　　　　복합주입(급결, 완결)이 가능한 팩커형 차수 및 지반보강 그라우팅
　　　　　　- P.A.G 공법(Progressive All Grouting method) ·········366
　　　　골재치환 지반보강공법 ·············370
　　　　지반보강·침하구조물 복원공법 ·············372
　　　　경량기포 그라우팅 연약지반보강(경량 에코 그라우트) ·············374
　5-2-3 플라스틱 보드 드레인(PBD)('13년 신설, '21년 보완) ·············375
　5-2-4 다짐말뚝('15, '21년 보완) ·············377
5-3 말뚝 ·············379
　5-3-1 기성말뚝 기초('99년 신설, '15, '16, '20년 보완) ·············379
　　참고자료 프리스트레스트 두부일체 마이크로파일공법 ·············384
　　　　DYNA Force® EM센서 설치 ·············385
　　　　DYNA Force® EM센서 초기화 ·············386
　5-3-2 말뚝박기용 천공('08, '15, '16, '20년 보완) ·············387
　　참고자료 Big Double Plate Helical Pile공사 ·············390
　5-3-3 말뚝두부정리(강관)('08, '09, '15, '20년 보완) ·············393
　5-3-4 말뚝두부정리(콘크리트)('20년 보완) ·············393
　5-3-5 현장타설말뚝('15, '21년 보완) ·············394
　　참고자료 수평조절 양방향재하시험(SLOT) ·············399
　　　　겹침주열말뚝(S-Wall)을 이용한 옹벽 및 교대 ·············400
5-4 차수 ·············403
　5-4-1 차수재공 ·············403
　　참고자료 지하수 처리공법(강제배수공법, Well Point 공법) ·············404
　　건설신기술 특수케이싱과 렉기어가 장착된 일체형 오거를 이용한 사석·암반층
　　　　시트파일 시공법 ·············405

제 6 장 철근콘크리트공사 ··· 411

  6-1 콘크리트('25년 보완) ··· 411
    6-1-1 레디믹스트콘크리트 타설('24년 보완) ······················· 411
    6-1-2 현장비빔타설 ··· 412
    6-1-3 표면 마무리 ··· 412
    6-1-4 콘크리트 펌프차 타설('08, '09, '17, '22, '24년 보완) ········ 412
    6-1-5 에폭시(Epoxy) 콘크리트 접착제 바르기('04, '08, '11, '22년 보완) ··· 415
      |참고자료| 알칼리 회복 방청 및 무기계 폴리머 몰탈 조성물을 이용한 콘크리트 구
          조물의 보수 보강방법(뉴라파공법, 특허 제10-1712378호) ··416
          섬유강화 준불연 패널과 이를 이용한 구조물의 단면보강 및 내진보강
          공법[섬유강화 준불연 패널공법(QN-FREP공법, 난연R-FRP공
          법, R-SRST 내진공법)](특허 제10-1679065호, 제10-2021760
          호, 제10-2021761호) ·· 418
          하이브리드 보수 모르타르를 이용한 철근 콘크리트의 보수방법
          (특허 제10-0736884호) ··· 420
          소듐오쏘실리케이트와 황산아연을 이용한 방수기능을 가진 속경성
          보수용 모르타르 조성물 및 이를 이용한 보수방법
          (특허 제10-0991234호) ··· 422
          누수면 복합 보수 방법(특허 제10-1235646호) ··············· 423
          하이브리드 외벽/옥상방수공사 ······································ 423
          강재 중방식 도장 ··· 424
          콘크리트 균열보수공사 ·· 424
          하이브리드 탄소섬유판과 폴리머 모르타르를 이용한 콘크리트
          구조물의 보수 및 보강 방법(특허 제10-1014198호) ········· 425
          도로의 구조물 보수공법(특허 제10-1646933호) ············· 426
          친환경 초중방식·초내후성 방식 및 오염방지공법
          (Knix공법 특허 제10-0867682호, 제10-2110386호) ······ 429
          페인탈 공법(특허 제10-1446245호, 내구성이 우수한
          칼라 폴리머 모르타르 단면보수 공법) ······························ 430

　　　　NPS보수보호공법, NPS보강공법, NPS수중손상보수, 관로보수공법 ‥ 433
　　　　정수장 및 저수조 STS 라이닝 제작 및 설치
　　　　　　(발명특허등록 제10-2026864호[콘크리트 정수장 및 저수조에
　　　　　　부착 설치되는 스테인리스 라이닝 패널]) ……………………… 436
　　　　정수장 여과사 세척, 선별 및 투입, 고르기
　　　　　　(발명특허등록 제10-2368131호[광촉매산화 OH라디칼수산기를
　　　　　　이용한 악취제거와 수질환경개선 및 여과재 재생시스템]) ‥‥ 437
　　　　광촉매수산기를 이용한 관세척 및 세척수를 최소화하는
　　　　　　스마트 관로 세척시스템 ……………………………………… 440
　　　　금속혼합물 도료(CORUSEAL)를 이용한 콘크리트 구조물 염해·중성화
　　　　　　방지 및 방수·방식공법(특허 제0385115호, 제0933249호) ‥ 442
　　　　코러실(CORUSEAL)공법
　　　　　　(특허 제10-0385115호, 제10-0933249호) …………………… 445
　　　　산화그래핀이 함유된 금속 혼합물 도료를 이용한 철재 및 콘크리트
　　　　　　표면 보수·보호 공법(CORUSEAL-GR 공법)
　　　　　　(특허 제10-1937975호, 제10-2181034호) …………………… 446
　　　　보수·보강 및 방수·방식을 포함하는 구조물의 내구성 증진공법 ·450
　　　　콘크리트 구조물의 보수 및 보강재 조성물 및
　　　　　　콘크리트 구조물의 보수 및 보강공법 ……………………… 452
　　　　수용성 PVAc 및 구체결합 침투재를 이용한 콘크리트 구조물의 보수,
　　　　　　보강 복합공법 (P.P.S복합공법, PVAc, Penetrating Sealer
　　　　　　Hybrid System) ……………………………………………… 454
　　　　SMR 공법(콘크리트 구조물 단면보수보강공법) …………………… 456
　　6-1-6 콘크리트 치핑(Chipping)('08, '21년 보완) ……………………… 458
6-2 철근 …………………………………………………………………………… 458
　　6-2-1 적용범위('22년 신설, '24년 보완) …………………………………… 458
　　6-2-2 현장가공('08, '14, '22, '24년 보완) ………………………………… 459
　　6-2-3 현장조립('08, '14, '22, '24년 보완) ………………………………… 459
　　6-2-4 공장가공('08년 신설, '09, '22년 보완) ……………………………… 460
　　6-2-5 철근의 기계적 이음 ………………………………………………… 460
6-3 거푸집 ………………………………………………………………………… 461

6-3-1 합판거푸집 설치 및 해체('01, '08, '09, '17, '18, '22, '24년 보완) ···· 461
　　참고자료 Maru Form(교량 일반부) 설치 및 해체 ·· 464
　　　　　　Maru Form(교량 난간부) 설치 및 해체 ·· 465
6-3-2 강재거푸집 설치 및 해체('04, '07, '08, '17, '22, '24년 보완) ············ 466
6-3-3 유로폼 설치 및 해체('08, '09, '17, '22년 보완) ······································ 467
6-3-4 문양거푸집(판넬) 설치 및 해체('16년 신설) ·· 468
6-3-5 합성수지(P.E)원형 맨홀 거푸집 설치 및 해체('08년 보완) ················ 469
6-3-6 슬립폼 공법 ··· 469
6-3-7 알루미늄폼 설치 및 해체('08년 신설, '17, '24년 보완) ······················· 470
6-3-8 갱폼 설치 및 해체('08, '09, '17, '24년 보완) ·· 471
6-3-9 지수판 설치('18년 보완) ·· 472
6-3-10 신축이음(Expansion Joint) 설치('18년 신설) ··································· 473
6-4 포스트텐션(Post Tension) 구조물 제작 ·· 474
　6-4-1 PSC빔 제작('16, '21, '25년 보완) ·· 474
　6-4-2 PSC BOX 설치('16, '21년 보완) ··· 477
6-5 교량 가설공 ··· 480
　6-5-1 빔 가설공('08, '21, '25년 보완) ··· 480
　6-5-2 솔 플레이트(Sole Plate) 용접('25년 신설) ······································· 481
6-6 교량 부대공 ··· 482
　6-6-1 교량받침 설치(육상)('16, '21, '24년 보완) ····································· 482
　　참고자료 받침블럭 깨기(2000바(Bar)형 도깨비 방망이 크랙 형성장치 및 이를
　　　　　　통한 교량받침 콘크리트 구조물용 콘크리트 나비효과형 면접촉
　　　　　　타격력 깨기 해체 공법(특허 제 10-2621502호) ················ 484
　6-6-2 교량받침 설치(수상)('21, '24년 보완) ·· 486
　6-6-3 교량신축이음장치 설치(도로교)('21, '24년 보완) ······················· 487
　6-6-4 교량신축이음장치 설치(철도교)('21년 신설, '24년 보완) ··········· 488
　6-6-5 교량점검시설 점검통로 설치('08, '17, '21, '24년 보완) ············· 488
　6-6-6 교량점검시설 점검계단 설치('08, '17, '21, '24년 보완) ············· 489
　　참고자료 알루미늄 교량점검시설 ··· 490
　　　　　　기존 도로 및 교량 확장(자전거 전용도로, 인도부) ··················· 491
　　　　　　교량점검시설 ·· 492

6-6-7 프리캐스트 콘크리트 패널 설치('08년 신설, '21, '24년 보완) ············496
　　참고자료 DHP시스템 공법 ···497
　6-6-8 교량배수시설 설치('18년 신설, '21, '24년 보완) ···························499
　　참고자료 교량배수시설 ···500
　　　　　교량배수시설(점배수, 선배수) ·····································502,503,506
　　　　　개선형 선배수 그레이팅
　　　　　　(특허 제10-2350582호, 제30-1151333호) ·················504
　　　　　교량배수시설(오물배출식) ··505
6-7 조립식 구조물 설치공 ··507
　6-7-1 플륨관 설치('01, '06, '09, '16, '18, '21, '25년 보완) ················507
　6-7-2 조립식 PC맨홀 설치('07년 신설, '17, '21년 보완) ······················507
　6-7-3 PC BOX 설치('23년 신설, '24년 보완) ·······································508
　6-7-4 PC기둥 설치('23년 신설, '24년 보완) ···509
　6-7-5 PC벽체 설치('24년 신설) ···509
　6-7-6 PC거더 설치('23년 신설, '24년 보완) ···510
　6-7-7 PC슬래브 설치('23년 신설, '24년 보완) ·····································510
　6-7-8 모르타르 주입('24년 신설) ···511
　6-7-9 모듈러 건축 설치('24년 신설, '25년 보완) ·································511
　　건설신기술 황마섬유 혼입 폴리머 모르타르와 나노메탈 함유 표면보호재를 항온정
　　　　　량배합 분사장비로 시공하는 보수·보호 공법 (ECOTECT공법)
　　　　　　(특허 0933249, 1044824, 1044825, 1103881, 1119750호) ·512
　　　　　슬러리월 내진 설계용 수평 철근 기계적 이음공법(SMS) ········517
　　　　　면외 거동 방지용 가이드부가 구비된 강재 이력형 감쇠장치를 이용한
　　　　　　철근콘크리트 골조 내진 보강 공법 (ENTA 공법) ··············518
　　　　　원형단면 중심부에 관통홀을 형성한 강재 통공앵커를 사용한
　　　　　　교량받침 교체 공법(EPF 교량받침교체공법) ·······················519
　　　　　초경량 보수재와 급결제를 선 혼입형 삼중 노즐로 동시 뿜칠하여
　　　　　　시공효율을 향상시킨 콘크리트 보수공법
　　　　　　(LARM REPAIR SYSTEM) ···520
　　　　　내부양생효과를 증진한 고흡수성수지(SAP) 콘크리트와 철근배근
　　　　　　일체식 자동화 페이버를 이용한 박층연속 철근 콘크리트 덧씌우기

    포장 공법(UT-CRCP) ·· 522
    U자형 벽식구조 프리캐스트 콘크리트 모듈 상부로부터
    박스형 인필모듈을 삽입하는 방식의 탈현장 건설공법 ········ 523

제 7 장 돌 공 사 ·· 530

 7-1 돌쌓기 ·· 530
  7-1-1 메쌓기('12, '19년 보완) ··· 530
  7-1-2 찰쌓기('12, '18, '19년 보완) ··· 530
 7-2 돌붙임 ·· 531
  7-2-1 메붙임('12, '19년 보완) ··· 531
  7-2-2 찰붙임('12, '19년 보완) ··· 531
 7-3 전석쌓기 및 깔기 ·· 533
  7-3-1 전석쌓기('92년 신설, '12, '18년 보완) ······························ 533
  7-3-2 전석깔기('18년 신설) ··· 533
 7-4 석재판 붙임 ·· 534
  7-4-1 습식공법('12, '19년 보완) ·· 534
  7-4-2 앵커지지 공법('19년 보완) ·· 534
  7-4-3 강재트러스 지지공법('19년 보완) ····································· 535

제 8 장 건설기계 ·· 537

 8-1 적용기준 ·· 537
  8-1-1 건설기계 선정기준('17, '25년 보완) ·································· 537
  8-1-2 공사규모별 표준건설기계('04, '17, '25년 보완) ················ 538
  8-1-3 운반 및 수송('10, '17년 보완) ·· 538
  8-1-4 시공능력 산정 기본식 ·· 540
  8-1-5 기계경비 용어와 정의 ·· 541
  8-1-6 기계경비 적산요령('06년 보완) ··· 542
  8-1-7 손료보정 등('25년 보완) ·· 542
 8-2 시공능력 ·· 543
  8-2-1 불도저('25년 보완) ··· 543

8-2-2 리퍼(유압식)('25년 보완) ·· 545
8-2-3 굴착기('04, '07, '09, '25년 보완) ······································ 547
8-2-4 트랜처 ··· 549
8-2-5 로더('07, '20년 보완) ·· 550
8-2-6 모터 스크레이퍼 ··· 552
8-2-7 모터 그레이더('25년 보완) ·· 554
8-2-8 덤프트럭('17년 보완) ··· 556
8-2-9 롤러('04, '17, '25년 보완) ·· 559
8-2-10 아스팔트 플랜트 ··· 562
8-2-11 스테이빌라이저(노상안정기) ··· 563
8-2-12 크러셔 ··· 563
8-2-13 대형브레이커('14, '17, '25년 보완) ···································· 571
8-2-14 압쇄기(콘크리트 소할용)('04년 신설) ·································· 572
8-2-15 법면다짐기 ·· 573
8-2-16 골재세척설비('01년 신설) ·· 573
8-2-17 콘크리트 믹서 ·· 573
8-2-18 콘크리트 배치 플랜트(강제 혼합식)('00년, '02년, '11년 보완) ········ 574
8-2-19 콘크리트 운반 ·· 574
8-2-20 기관차 ··· 576
8-2-21 경운기 ··· 576
8-2-22 디젤 파일 해머 ·· 577
8-2-23 유압 파일 해머 ·· 582
8-2-24 진동파일 해머('96년 보완) ··· 586
8-2-25 진동파일해머(워터제트 병용 압입공) ···································· 592
8-2-26 유압식 압입 인발기(유압식 압입 인발공) ······························· 595
8-2-27 수중펌프 ··· 598
8-2-28 터널전단면 굴착기(TBM) ··· 599
8-2-29 펌프식 준설선('10, '11년 보완) ··· 600
8-2-30 그래브 준설선('10, '11년 보완) ··· 606
8-2-31 쇄암선(중추식)('11년 보완) ·· 610
8-2-32 이동식 임목파쇄기('07년 신설, '11년 보완) ·························· 611

8-2-33 하천골재채취선('05년 신설) ·············· 612
8-3 기계손료 ·············· 614
  8-3-1 [00]토공기계('19년 보완) ·············· 614
    (0101) 불도저(무한궤도) ·············· 614
    (0102) 불도저(타이어) ·············· 614
    (0103) 유압식 리퍼 ·············· 614
    (0121) 습지 불도저 ·············· 615
    (0201) 굴착기(무한궤도) ·············· 615
    (0211) 굴착기(타이어) ·············· 615
    (0221) 습지굴착기(무한궤도) ·············· 616
    (0230) 대형 브레이커 ·············· 616
    (0240) 유압식 진동콤팩터(굴착기 부착용) ·············· 616
    (0250) 암쇄기(펄버라이저) ·············· 616
    (0260) 트랜처('96년 신설) ·············· 617
    (0301) 로더(무한궤도) ·············· 617
    (0302) 로더(타이어) ·············· 617
    (0406) 스크레이퍼(자주식) ·············· 618
    (0407) 스크레이퍼(피견인식) ·············· 618
    (0502) 모터그레이더(일반용) ·············· 618
    (0503) 모터그레이더(사리도)('11년 신설) ·············· 619
    (0602) 덤프트럭 ·············· 619
    (0610) 덤프트럭 자동덮개시설 ·············· 619
  8-3-2 [10]다짐기계 ·············· 620
    (1106) 머캐덤 롤러(자주식) ·············· 620
    (1206) 탠덤롤러(자주식) ·············· 620
    (1209) 탠덤롤러(진동 자주식) ·············· 620
    (1305) 진동롤러(핸드가이드식) ·············· 621
    (1306) 진동롤러(자주식) ·············· 621
    (1406) 타이어 롤러(자주식) ·············· 621
    (1506) 양족식 롤러(자주식) ·············· 622
    (1630) 래 머 ·············· 622

(1730) 플레이트 콤팩터 ·· 622
8-3-3 [20]운반 및 하역기계 ·· 623
　(2101) 크레인(무한궤도) ··· 623
　(2104) 크레인(타이어)('21년 보완) ······································ 624
　(2105) 트럭탑재형 크레인 ·· 624
　(2106) 고소작업차('20년 신설) ··· 625
　(2107) 터널용고소작업차('20년 신설) ··································· 625
　(2115) 리더(Leader : 고정형) ·· 625
　(2116) 리더(Leader : 회전형) ·· 625
　(2117) 케이싱(Casing) ··· 626
　(2118) 스킵버킷(Skip Bucket) ··· 626
　(2208) 타워크레인 ·· 626
　(2210) 건설용리프트(인화물용) ·· 626
　(2330) 디젤 기관차 ··· 627
　(2402) 경운기 ·· 627
　(2502) 지게차 ·· 627
　(2602) 트랙터(타이어) ··· 627
　(2702) 트럭 트랙터 및 평판트레일러('11년 보완) ···················· 628
8-3-4 [30]포장기계 ··· 628
　(3108) 아스팔트 믹싱플랜트 ·· 628
　(3201) 아스팔트 피니셔 ··· 628
　(3302) 아스팔트 디스트리뷰터 ··· 629
　(3430) 아스팔트 스프레이어 ··· 629
　(3450) 현장가열 표층재생기 ··· 629
　(3530) 스테이빌라이저(안정기) ·· 629
　(3601) 콘크리트 피니셔(포장용)('20년 보완) ·························· 630
　(3611) 콘크리트 피니셔(중앙분리대용) ································ 630
　(3701) 콘크리트 스프레더 ·· 630
　(3801) 콘크리트 조면 마무리기 ··· 630
　(3805) 콘크리트 롤러페이버('08년 신설) ······························ 631
　(3901) 슬러리실 기계 ·· 631

8-3-5 [40]콘크리트기계 ·· 631
  (4108) 콘크리트 배치플랜트 ····································· 631
  (4115) 사일로(SILO) ·· 632
  (4205) 콘크리트 믹서 ·· 632
  (4304) 콘크리트 믹서트럭 ·· 632
  (4430) 커터(콘크리트 및 아스팔트용) ······················· 633
  (4504) 콘크리트 펌프차 ··· 633
  (4505) 콘크리트 펌프 ·· 633
  (4506) 초고압펌프 ··· 634
  (4611) 콘크리트 진동기 ··· 634
8-3-6 [50]골재생산기계 등 ··· 634
  (5105) 크러셔(이동식)('11년 보완) ···························· 634
  (5111) 벨트 컨베이어 ·· 635
  (5112) 에이프런 피더 ·· 635
  (5113) 죠 크러셔 ··· 636
  (5114) 롤 크러셔 ··· 637
  (5115) 콘 크러셔 ··· 638
  (5116) 스크린(2단식) ··· 638
  (5117) 스크린(3단식) ··· 639
  (5118) 아그리게이트빈 ··· 640
  (5119) 골재세척설비 ·· 640
  (5202) 파이프추진기(오거부착유압식) ······················· 641
  (5203) 파이프추진기(공압식) ···································· 641
  (5204) 유압잭 ·· 641
  (5205) 공기압축기(이동식) ······································· 642
  (5210) 소형브레이커(공압식) ···································· 642
  (5220) 소형브레이커(전기식) ···································· 643
  (5330) 드릴웨곤 ·· 643
  (5401) 크롤러드릴(공기식) ······································· 643
  (5405) 크롤러드릴(탑승유압식)('08년 신설) ············· 643
  (5501) 유압식할암기('20년 신설) ······························ 644

(5701) 노면파쇄기 …………………………………………… 644
(5702) 소형노면파쇄기('20년 신설) ……………………… 644
(5801) 터널전단면 굴착기(TBM) ……………………… 644
(5805) 점보드릴('07년 신설) …………………………… 645
(5901) 코아드릴('14년 보완) …………………………… 645

8-3-7 [60]기초공사용 기계 ……………………………… 645
(6105) 그라우팅 믹서 …………………………………… 645
(6202) 그라우팅 펌프 …………………………………… 646
(6330) 디젤 파일해머 …………………………………… 646
(6408) 보링 기계 ………………………………………… 646
(6410) 오거 ……………………………………………… 647
(6510) 오실레이터, 로테이터 …………………………… 647
(6515) 유압파워팩 ……………………………………… 647
(6516) 강연선인장기('14년 신설) ……………………… 648
(6517) 리버스서큘레이션드릴 ………………………… 648
(6518) 전회전식천공기('15년 신설) …………………… 648
(6530) 진동파일 해머(전동식) ………………………… 649
(6532) 진동파일 해머(유압식) ………………………… 649
(6540) 워터젯트 ………………………………………… 649
(6550) 유압식 압입 인발기 …………………………… 649
(6630) 유압 파일 해머 ………………………………… 649
(6701) PBD천공기(유압식)('13년 신설) ……………… 650
(6801) 고압분사전용장비('15년 신설) ………………… 650
(6802) 파일천공전용장비('15년 신설) ………………… 650
(6803) 다짐말뚝 전용장비('21년 신설) ………………… 650
(6901) 자동화 믹서플랜드('15년 신설) ………………… 651

8-3-8 [70]기타기계 ……………………………………… 651
(7101) 고성능 착정기 …………………………………… 651
(7103) 하수관 천공기 …………………………………… 651
(7104) 상수도관 천공기 ………………………………… 651
(7106) 골재 살포기(자주식) …………………………… 652

(7110) 진공흡입 준설차('08년 신설, '12년 보완) ················· 652
(7120) 버킷식준설기 ················· 652
(7202) 자동세륜기(롤 타입)('12년 보완) ················· 652
(7204) 물탱크(살수차) ················· 653
(7205) 이동식 임목파쇄기('07년 신설, '11년 보완) ················· 653
(7206) 부착용 집게('07년 신설, '11, '12년 보완) ················· 653
(7210) 동력분무기('14년 신설) ················· 653
(7330) 라인 마커 ················· 654
(7360) 차선 제거기('20년 보완) ················· 654
(7430) 윈치(수동) ················· 654
(7431) 윈치(자동) ················· 655
(7505) 발전기 ················· 655
(7611) 용접기(교류) ················· 656
(7612) 용접기(직류) ················· 656
(7613) 융착기 ················· 656
(7614) 알곤 용접기 ················· 657
(7620) 절단기 ················· 657
(7621) 프라즈마 절단기 ················· 657
(7730) 건설용펌프(자흡식) ················· 657
(7740) 수중모터 펌프 ················· 658
(7750) 취부기(녹생토 암절개면 보호식재용) ················· 658
(7770) 실사출기 ················· 658
(7811) 엔진(가솔린) ················· 658
(7812) 엔진(디젤) ················· 659
(7830) 우레탄폼 분사용기구('15년 신설) ················· 659
(7930) 모터 ················· 659
(7935) 모터(쉴드TBM용)('08년 신설) ················· 660
(7950) 레일천공기('12년 보완) ················· 660
(7951) 파워렌치('12년 보완) ················· 660
(7952) 침목천공기('12년 보완) ················· 660
(7953) 타이템퍼('12년 보완) ················· 660

(7954) 양로기('12년 보완) ·· 661
(7991) 모르타르펌프('14년 보완) ······································· 661
(7992) 모르타르 믹서 ··· 661
(7993) 양수기 ·· 661
(7994) Power Trowel ·· 661
(7995) 배관파이프 ··· 661
8-3-9 [80]스마트 건설장비 ·· 662
 (8201) 3D GNSS 머신 가이던스(굴착기용)('23년 신설) ·············· 662
 (8202) 3D GNSS 머신 컨트롤(MC)(굴착기용)('24년 신설) ········· 662
 (8203) 3D GNSS 머신 가이던스(MG)(불도저용)('24년 신설) ······ 662
 (8204) 3D GNSS 머신 컨트롤(불도우저용)('25년 신설) ·············· 663
8-3-10 [90]해상장비 ··· 663
 (9010) 펌프 준설선('10년 보완) ··· 663
 (9020) 그래브 준설선('11년 보완) ······································· 664
 (9030) 예선('10년, '11년 보완) ·· 664
 (9040) 양묘선(앵커바지)('11년 보완) ·································· 665
 (9050) 기중기선(비자항)('11년 보완) ·································· 665
 (9060) 토운선('11년 보완) ··· 666
 (9070) 이우선(비자항)('11년 보완) ······································ 666
 (9080) 대선('11년 보완) ·· 667
 (9090) 하천골재채취선('11년 보완) ···································· 667
8-4 운전경비 산정('08~'17년 보완) ·· 668
 8-4-1 [00]토공기계 ··· 668
 8-4-2 [10]다짐기계 ··· 670
 8-4-3 [20]운반 및 하역기계('21년 보완) ····························· 671
 8-4-4 [30]포장기계 ··· 674
 8-4-5 [40]콘크리트기계 ·· 675
 8-4-6 [50]골재생산기계 등 ·· 676
 8-4-7 [60]기초공사용 기계('21년 보완) ······························· 677
 8-4-8 [70]기타기계('24년 보완) ·· 678
 8-4-9 [90]해상기계 ··· 680

32 | 목 차

 (9010) 펌프준설선('10, '11년 보완) ··· 680
 (9020) 그래브 준설선('10, '11년 보완) ·· 681
 (9030) 예 선('10, '11년 보완) ··· 681
 (9040) 양묘선(앵커바지)('11년 보완) ··· 681
 (9050) 기중기선(비자항)('11년 보완) ··· 682
 (9060) 토운선('11년 보완) ·· 682
 (9070) 이우선(비자항)('11년 보완) ··· 682
 (9080) 대선('11년 보완) ·· 682
 (9090) 하천골재채취선('11년 보완) ··· 683
8-5 기계가격 ··· 684
 8-5-1 [00]토공기계 ··· 684
 8-5-2 [10]다짐기계 ··· 686
 8-5-3 [20]운반 및 하역기계 ·· 687
 8-5-4 [30]포장기계 ··· 689
 8-5-5 [40]콘크리트기계 ·· 690
 8-5-6 [50]골재생산기계 등 ··· 691
 8-5-7 [60]기초공사용기계 ··· 694
 8-5-8 [70]기타기계 ··· 696
 8-5-9 [80]스마트 건설장비 ·· 699
 8-5-10 [90]해상기계 ··· 700
 참고자료 해양 준설작업이 가능한 구동장치 방식의 자항기술
    (특허 1853391, 2041508, 2119844호) ································ 702
   수륙양용준설선을 이용한 펌프준설 공법 ······························ 702
   수륙양용준설선을 이용한 버켓준설 공법 ······························ 704

건설기계경비 산출표 ·· 711

토목부문

제 1 장 도로포장공사 ··········· 739

- 1-1 공통사항 ··········· 739
  - 1-1-1 교통통제 및 안전처리('08년 신설, '17, '23년 보완) ··········· 739
  - 1-1-2 유도선 설치 및 해체('08년 신설, '17, '21년 보완) ··········· 739
- 1-2 동상방지층('08년 신설, '17, '21년 보완) ··········· 739
  - 1-2-1 인력식 소규모장비 포설 ··········· 739
  - 1-2-2 기계포설(길어깨) ··········· 740
  - 1-2-3 기계포설(본선) ··········· 740
- 1-3 보조기층('08년 신설, '17, '21년 보완) ··········· 741
  - 1-3-1 인력식 소규모장비 포설 ··········· 741
  - 1-3-2 기계포설(길어깨) ··········· 741
  - 1-3-3 기계포설(본선) ··········· 742
- 1-4 입도조정기층('08년 신설, '17, '21년 보완) ··········· 742
  - 1-4-1 인력식 소규모장비 포설 ··········· 742
  - 1-4-2 기계포설(길어깨) ··········· 743
  - 1-4-3 기계포설(본선) ··········· 743
- 1-5 아스콘 포장('08년 신설, '17, '21년 보완) ··········· 744
  - 1-5-1 텍코팅 및 프라임 코팅 살포 ··········· 744
  - 1-5-2 아스팔트 기층 소규모포설 ··········· 744
  - 1-5-3 아스팔트 기층 기계포설(소형장비) ··········· 745
  - 1-5-4 아스팔트 기층 기계포설(대형장비)('24년 보완) ··········· 745
  - 1-5-5 아스팔트 표층 소규모포설('08년 보완) ··········· 746
  - 1-5-6 아스팔트 표층 기계포설(소형장비) ··········· 746
  - 1-5-7 아스팔트 표층 기계포설(대형장비)('24년 보완) ··········· 747
  - 1-5-8 쇄석 매스틱 아스팔트(SMA) 표층 포설('24, '25년 보완) ··········· 747
  - 1-5-9 배수성·저소음 아스팔트 표층 포설('24, '25년 보완) ··········· 748

1-6 콘크리트 포장('08년 신설, '17, '21년 보완) ·················· 748
  1-6-1 린 콘크리트 기층 포설 ·················· 748
  1-6-2 표층 인력포설 ·················· 749
  1-6-3 콘크리트 표층 기계포설(소형장비)('20년 보완) ·················· 749
  1-6-4 콘크리트 표층 기계포설(대형장비) ·················· 750
  1-6-5 기계포설 장비조립 및 해체('21년 신설) ·················· 750
  1-6-6 포장줄눈 절단('24년 보완) ·················· 751
  1-6-7 포장줄눈 설치 ·················· 751
1-7 저속도로포장('08년 신설) ·················· 751
  1-7-1 보도용 블록 설치(소형)('08, '12, '21, '24년 보완) ·················· 751
  1-7-2 보도용 블록 설치(대형)('24년 신설) ·················· 752
  1-7-3 투수아스팔트 표층 소규모포설('21년 신설, '25년 보완) ·················· 753
  1-7-4 투수아스팔트 표층 기계포설(소형장비)('21년 신설, '25년 보완) ········ 753
  1-7-5 탄성포장재 포설('21년 신설) ·················· 753
1-8 교통시설공 ·················· 754
  1-8-1 교통 안전표지판 설치('08년 신설, '20년 보완) ·················· 754
  1-8-2 도로 표지판 설치('08년 신설, '20년 보완) ·················· 754
  1-8-3 도로반사경 설치('08, '16, '20년 보완) ·················· 755
  1-8-4 도로표지병 설치('08, '16, '20년 보완) ·················· 755
  1-8-5 시선유도표지 설치('08, '16, '20년 보완) ·················· 755
  1-8-6 볼라드 설치('16년 신설, '20년 보완) ·················· 756
  1-8-7 주차 블록 설치('16년 신설, '20년 보완) ·················· 756
  1-8-8 차선규제봉 설치('16년 신설, '20년 보완) ·················· 756
  1-8-9 차선도색('08, '14, '16, '17, '20, '25년 보완) ·················· 757
  1-8-10 가드레일 설치('08, '17, '20년 보완) ·················· 760
  참고자료 방초매트를 이용한 식생차단공법 ·················· 761
            가드레일 ·················· 762
            방초매트(S1-MAT, 특허 제10-1641670호) ·················· 765
            가드레일 설치 ·················· 766
            교량용방호책(강재방호책) 설치 ·················· 766
            가드케이블 설치 ·················· 767

방초고화매트를 이용한 식생차단 및 피난이동로 설치 공법 ········ 768
1-8-11 중앙분리대 설치(가드레일식)('08년 신설, '17, '20년 보완) ············ 769
  |참고자료| 차량 방호울타리 설치 ·· 770
1-8-12 중앙분리대 설치(콘크리트 포설식)('08년 신설, '17, '20, '24년 보완) ···· 771
1-8-13 유색포장(미끄럼방지)('25년 신설) ·· 771
  |참고자료| 그루빙 공법 ··· 772
    노면요철(특허 제10-1483778호, 제10-2380122호) ············· 776
    SCB 그루빙 공법(특허 제10-2371472호) ······················ 777
    비대칭 그루빙(GL-type Grooving, 제10-2049018호) ············ 778
    노면요철 공법 ·· 780
    노면 그루빙 구조
      (RGS-type Grooving, 특허 제10-2468730호) ··········· 782
    건식 그루빙 공법 ·· 784
    SBR 건식그루빙 ·· 786
1-8-14 표시못 설치('20, '24년 보완) ··· 787
1-8-15 L형측구 설치(포설식)('21년 신설, '24년 보완) ······························· 787
1-9 부대공 ··· 788
1-9-1 방음벽 설치('08, '17, '21년 보완) ·· 788
  |참고자료| 방음터널 설치 ·· 790
    도로 방호블록 연결기구 설치공사 ·· 793
    도로교통 통제 ·· 793
1-9-2 보차도 및 도로경계블록 설치('21, '24년 보완) ···························· 794
1-9-3 낙석방지책 설치('08년 신설, '22년 보완) ··· 794
  |참고자료| 고강도 낙석방지망 설치 ·· 796
    고강도 낙석방지망 부자재 설치 ·· 796
    토사유실방지 식생매트 설치 ·· 796
    낙석방지책 설치 ·· 797
1-9-4 낙석방지망 설치 ·· 798
  |건설신기술| 원격제어 노면표시 도색장치를 이용한 도장공법(알봇공법) ········ 800
    콘크리트 거더 가설시 가로보의 길이 조정으로 횡변위 조정이

가능한 강관가로보 및 그 시공방법 ·················· 801

제 2 장 하천공사 ·················· 808

  2-1 사 석 ·················· 808
    2-1-1 사석부설('08, '12년 보완) ·················· 808
    2-1-2 사석 고르기('12년 신설, '19년 보완) ·················· 808
  2-2 돌망태 ·················· 809
    2-2-1 타원형 돌망태 설치('07, '12, '19년 보완) ·················· 809
    2-2-2 매트리스형 돌망태 설치('07, '12년 보완) ·················· 809
    [참고자료] 아이스하버식 어도블록 설치 ·················· 810
    2-2-3 돌망태형옹벽 설치('12, '19년 보완) ·················· 811
    [참고자료] 랩스톤(호박돌형 앵커)-급구배 호안공법
         (특허 제10-1971015호) ·················· 812
        스톤네트(자연석 고착 철망)-완구배/친수호안공법
         (특허 제10-0371215호) ·················· 813
        스톤네트 계단설치(특허 제10-0371215호) ·················· 813
        울트라매트(스톤네트와 스톤매트 결합기술)
         -세굴방지공, 징검다리공 ·················· 814
        스톤매트(자연석 고착 사각 철망)-세굴방지공
         (특허 제10-0500660호) ·················· 814
        자연석 고착 철망(네일스톤네트, 특허 제10-1193948호) ·················· 815
        자연석 앵커 와이어형(네일스톤네트, 특허 제10-1282594호) ·················· 816
        자연석 사각 고착 철망(네일스톤매트, 특허 제10-1193948호) ·················· 816
        자연석 앵커 옹벽형(특허 제10-1245252호) ·················· 817
        자연석 고착망(네일스톤매트리스, 특허 제10-1609761호) ·················· 817
        수문시설 설치 공사 ·················· 818
  2-3 하천호안공 ·················· 821
    2-3-1 식생매트 설치('12년 신설, '19년 보완) ·················· 821
    [참고자료] 식생매트(흙망태) 설치(특허등록 제10-1262294호) ·················· 822
    2-3-2 블록 붙이기(인력)('12년 보완) ·················· 823

2-3-3 블록 붙이기(기계)('12년 보완) ·· 823
　참고자료　YP치수방재식생매트 ·· 824
　　　　　스톤매트리스(자연석 고착망)
　　　　　　　(특허 제10-0774880호, 제10-0754979호) ············ 826
　　　　　에코넷매트리스(특허 제10-1492056호) ······················ 826
　　　　　자연석 연결계단(친수계단) ··· 827
　　　　　앵커스톤(자연석 고착망 공법)(특허 제10-0525327호) ········· 827
　　　　　리버월스톤(특허 제10-1605024호) ···································· 828
　　　　　와이어스톤 ·· 828

제 3 장　터널공사 ··· 829

3-1 공통사항 ··· 829
　3-1-1 터널노임 산정식('07, '13, '20년 보완) ····························· 829
　3-1-2 터널 여굴(餘掘)량('07, '13, '17년 보완) ························· 830
3-2 터널굴착 ··· 830
　3-2-1 터널굴착 1발파당 싸이클 시간(Cycle Time)('07, '13, '20년 보완) ·· 830
　3-2-2 기계굴착의 능력('07, '20년 보완) ····································· 831
　3-2-3 천공기계의 천공속도('07, '13, '20년 보완) ······················· 832
　3-2-4 터널 굴착시 천공 및 버력처리 장비의 조합('07, '20년 보완) ······· 833
　3-2-5 터널굴착 1발파당 작업인원('07, '20년 보완) ···················· 834
　　참고자료　3차원 터널전방예측 탄성파탐사(3D TSP 탐사) ········· 835
3-3 현장 타설 콘크리트 라이닝 ··· 836
　3-3-1 터널 철재거푸집 설치·해체·이동('07, '13, '20년 보완) ········· 836
　　참고자료　경량기포 그라우팅 터널동공 충진(급결성이 우수한
　　　　　　경량기포콘크리트 제조방법, 특허 제10-1392433호) ··········· 837
3-4 부대공 ·· 838
　3-4-1 터널 방수('13년 신설, '20년 보완) ································· 838
　　참고자료　이음부 고드름생성 방지 이음판(특허 제10-2140536호) ········ 839
　3-4-2 작업대차 조립 및 해체('20년 신설) ································· 840
　3-4-3 터널바닥 암반청소('13년 신설, '20년 보완) ···················· 840

|건설신기술| 재생수지를 활용한 URO시트 및 엠보시트와 이를 이용한
터널내 방수구조 및 시공방법(TDM 방수공법) ················ 841

제 4 장 궤도공사 ················ 842

4-1 공통공사 ················ 842
4-1-1 철도안전처리('23년 신설) ················ 842
4-2 자갈궤도 ················ 842
4-2-1 궤광조립('11년 신설, '19년 보완) ················ 842
4-2-2 궤도양로('11년 신설, '19년 보완) ················ 843
4-2-3 자갈살포('11년 신설, '19년 보완) ················ 843
4-2-4 자갈고르기('11년 신설, '19년 보완) ················ 843
4-3 콘크리트 궤도 ················ 844
4-3-1 궤광조립('11년 신설, '19년 보완) ················ 844
4-3-2 궤광거치('11년 신설, '19년 보완) ················ 844
4-3-3 타설후 정리('11년 신설, '19년 보완) ················ 845
4-4 분기기 ················ 846
4-4-1 분기기 부설('11년 신설, '19년 보완) ················ 846
4-4-2 신축이음매 부설('11년 신설) ················ 846
4-5 궤도용접 ················ 847
4-5-1 가스압접('19년 보완) ················ 847
4-5-2 테르밋 용접('19년 보완) ················ 848
4-5-3 장대레일 설정('11년 신설, '19년 보완) ················ 848
4-6 부대공사 ················ 849
4-6-1 자갈채집 및 운반('12년 보완) ················ 849
4-6-2 레일 절단('12, '19년 보완) ················ 849
4-6-3 레일 천공('12, '19년 보완) ················ 849
4-6-4 침목천공('12, '19년 보완) ················ 850
4-6-5 파워렌치 조임 및 해체('12, '19년 보완) ················ 850
4-6-6 타이템퍼 다짐('12, '19년 보완) ················ 850
4-6-7 교상발판 설치('12년 보완) ················ 850
4-6-8 교상가드레일 설치('12, '19년 보완) ················ 851

4-6-9 교량침목고정장치 설치('12년 보완) ·············851
4-6-10 목침목 탄성체결장치 설치('12년 보완) ·············851

제 5 장 강구조공사 ·············852

5-1 강교제작(공장제작) ·············852
  5-1-1 강교 기본제작공수('24년 보완) ·············852
    [참고자료] 힌지형 거더 지지장치와 PS강봉을 이용하여 강재거더의 단부에 연직방
        향 긴장력을 도입한 공법(ATA 합성거더, 특허 제10-1431640호,
        제10-2258993호) ·············853
        I형 콘크리트 충전 강관거더공법
          (TCB 강관거더, 특허 제10-1059578호) ·············853
        단부 절개면을 갖는 강관거더공법
          (ECT 강관거더, 특허 제10-2226271호) ·············853
        강관 거더의 보강 시스템
          (RTB 강관거더, 특허 제10-2484233호) ·············854
        프리스트레스 거더 제작방법(DP 거더, 특허 제10-1467410호) 854
        I형과 Box형 거더를 복합 사용한 이중 합성형 거더교 제작공법
          (CPB 거더, 특허 제10-1547538호, 제10-2031915호) ·······854
  5-1-2 강교 제작공수 산정방법('24년 신설) ·············857
  5-1-3 재료비('08, '13, '14, '24년 보완) ·············860
5-2 강교도장 ·············861
  5-2-1 소재 표면처리 ·············861
  5-2-2 제품 표면처리 ·············861
  5-2-3 도장재료 사용량('08, '24년 보완) ·············861
  5-2-4 도장('24년 보완) ·············862
    [참고자료] 금속혼합물도료(CORUSEAL)를 이용한 철재/비철재 구조물
        부식방지 도장공법(특허 제0503561호) ·············863
        산화그래핀이 함유된 금속 혼합물 도료를 이용한 철재 및 콘크리트
        표면 보수·보호 공법(CORUSEAL-GR 공법)
          (특허 제10-1937975호, 제10-2181034호) ·············866

40 | 목 차

5-3 강재거더 가설 ·· 869
  5-3-1 강재거더 지조립('24년 신설) ·· 869
  5-3-2 강재거더 가설('08, '21, '24년 보완) ······························ 870
    [참고자료] 강교 제작(공장 제작) 및 가설 구조물 및 복공 가설 주형보
        설치 및 해체(특허 제10-2061515호) ···························· 871
        플레이트 강재 거더 및 합성형 라멘 가설
        (특허 제10-2061515호) ··· 872
  5-3-3 기타 부재 설치('24년 신설) ·· 873

제 6 장 관부설 및 접합공사 ··· 874

6-1 공통사항 ··· 874
  6-1-1 적용기준 및 범위('18년 신설, '23, '25년 보완) ··············· 874
6-2 주철관 ··· 875
  6-2-1 타이튼 접합 및 부설('23, '25년 보완) ···························· 875
    [참고자료] Tyton 주철관 부설 및 접합 ································· 877
  6-2-2 K.P 메커니컬 접합 및 부설('23, '25년 보완) ·················· 878
  6-2-3 관 절단('23년 보완) ·· 879
6-3 강관 ·· 880
  6-3-1 부설('23, '25년 보완) ·· 880
  6-3-2 용접 접합('11, '23, '25년 보완) ····································· 881
  6-3-3 도장('93, '00, '11, '23년 보완) ····································· 882
    [참고자료] 강관 접합부도장 재료 ··· 883
  6-3-4 절단('23년 보완) ··· 884
6-4 P.V.C관('10, '11, '18년 보완) ·· 885
  6-4-1 T.S 접합 및 부설('23, '25년 보완) ································ 885
  6-4-2 고무링 접합 및 부설('23, '25년 보완) ··························· 885
    [참고자료] 스테인리스 폴리우레아 코팅강관(SPU 파이프)접합 및 부설 ······· 886
6-5 P.E관('10, '11, '18년 보완) ··· 887
  6-5-1 조임식 접합 및 부설('23, '25년 보완) ··························· 887
  6-5-2 밴드 접합 및 부설('23, '25년 보완) ······························ 887

6-5-3 소켓융착 접합 및 부설('23년 신설, '25년 보완) ·················· 888
6-5-4 바트융착 접합 및 부설('23년, '25년 보완) ······················ 888
6-5-5 분기관 천공 및 접합('23년 보완) ······························ 889
6-6 원심력 철근콘크리트관('10, '18년 보완) ····························· 890
6-6-1 소켓관 부설 및 접합('23, '25년 보완) ·························· 890
6-6-2 수밀밴드 접합 및 부설('23, '25년 보완) ······················· 891
6-6-3 절단('23년 보완) ······································ 892
6-6-4 천공 및 접합('23년 보완) ····································· 893
　│참고자료│ 뉴보텍 하수관 접합 및 부설 ······························ 894
　　　　　 내충격 수도관 ASA HI-NP 접합 및 부설 ·················· 894
　　　　　 다짐롤러, 라이닝 프로파일 및 이들을 이용한 비굴착 라이닝 시공방법
　　　　　 (NPR공법)(특허 제10-0912378호)/PVC프로파일 형상가이드
　　　　　 시스템을 이용한 비굴착 제관 보수기술 ························ 895
6-7 기타관 ·· 899
6-7-1 PC관 부설 및 접합('10, '18, '23년 보완) ······················ 899
6-7-2 파형강관 부설 및 접합('10, '14, '18, '23년 보완) ·············· 900
6-7-3 유리섬유복합관 부설 및 접합('10년 신설, '11, '18, '23년 보완) ········ 901
6-7-4 내충격PVC수도관 부설 및 접합('23년 신설) ····················· 902
　│참고자료│ 고강도셀을 이용한 우수저류조 축조공법 ···················· 903
6-7-5 강관압입추진공 ·· 904
　│참고자료│ 친환경적인 비개착 해저 암반 터널 굴착 관로 매설 공법
　　　　　 (특허 제10-0935439호) ···································· 906
　　　　　 GeoNex 추진기를 이용한 전토층 수평 굴착 공법 ··············· 908
　　　　　 다각도 천공 공법(Multi Boring System)/
　　　　　 다각도천공추진공법(Multi Boring Driving System) ········ 910
　　　　　 체결형 패널(열연강판)과 접이식 버팀보로 구성된 조립식 트랜치형
　　　　　 굴착(S.W.A.P) 공법[조립식 차수형 흙막이 관로 가시설
　　　　　 (Sheet Pile대체)공법] ···································· 913
6-8 밸브 ··· 916
6-8-1 주철제 게이트 제수밸브 부설 및 접합('23년 보완) ················ 916

6-8-2 강관제 게이트 제수밸브 부설 및 접합('23년 보완) ·················917
　참고자료 복합패널밸브실(일반설치 Type)(특허 제10-1952136호,
　　　　　　제10-1017030호, 제10-2029621호) ·························918
　　　　　　복합패널밸브실(부단수 설치 Type) ···························919
　　　　　　재생밸브실 ··919
　　　　　　기존관 폐쇄(압송 충전/EPC 공법)(특허 제10-0907434호,
　　　　　　제10-1592396호, 제10-1590932호) ·························920
　　　　　　경량기포 그라우팅 폐관채움(폐관침하에 의한 싱크홀 방지공법,
　　　　　　특허 제10-1553599호) ···921
6-8-3 주철제·강관제 버터플라이 제수밸브 부설 및 접합('23년 보완) ·········922
6-8-4 부단수 할정자관 부설 및 접합('11년 보완) ······················923
　참고자료 핫멜트와 PE 필름 라이너를 활용한 상수도관 비굴착 갱생공법
　　　　　　(HP공법) ···924
　　　　　　탈취장비와 분리형 반전장치를 구비한 하수관 보수 공법
　　　　　　(SEPR공법) ···930
6-8-5 부단수 천공 분기점 분기('00, '11, '21년 보완) ···············934
6-8-6 부단수 천공 새들분수전 분기점 분기('11년 신설) ············935
6-8-7 플랜지 조인트 접합('92, '94, '06, '11, '18년 보완) ········936

제 7 장 항만공사 ···940

7-1 설계기준 ···940
　7-1-1 수중공사('10, '11년 보완) ···940
　7-1-2 예인선 조합 ···941
　7-1-3 준설선 선단 조합 ···941
　7-1-4 준설선 취업시간 및 운전시간 ···942
7-2 사석 ···942
　7-2-1 적재 및 운반 ···942
　7-2-2 해상투하('19년 보완) ···943
　7-2-3 육상투하('14년 신설, '19년 보완) ··944
　7-2-4 수상고르기('21년 보완) ··944

7-2-5 수중고르기('21년 보완) ·· 944
7-3 블록 ··· 946
   7-3-1 케이슨 진수 ·· 946
   7-3-2 케이슨 거치 ·· 946
   7-3-3 일반블록 거치 ·· 946
   [참고자료] 해안 침식방지 계단식 통수블록(SW블록) 설치 ············· 947
   7-3-4 소파블록 거치 ·· 948
7-4 준설 ··· 949
   7-4-1 배송관 접합 ·· 949
   7-4-2 배송관 띄우개(부함) 접합 ·· 950
   7-4-3 배송관 진수 ·· 951
   7-4-4 준설여굴('10년 보완) ··· 952
   7-4-5 펌프준설 매립시의 유보율 등('10년 보완) ······················· 952
   7-4-6 펌프준설 매립시의 유실률 ·· 952
   7-4-7 매립설계수량 ·· 952

제 8 장 지반조사 ·· 954

8-1 보링 ··· 954
   8-1-1 기계기구 설치 ·· 954
   8-1-2 천공(토사, 자갈 및 호박돌층)('08년 보완) ························ 954
   8-1-3 천공(암반층) ·· 955
8-2 시험 ··· 956
   8-2-1 표준관입시험 ·· 956
   8-2-2 베인전단시험('08년 신설) ·· 956
   8-2-3 자연시료 채취('08년 보완) ·· 957
   8-2-4 평판재하시험('08년 신설) ·· 957
   8-2-5 동재하시험('08년 신설) ··· 958
   8-2-6 정재하시험('08년 신설) ··· 958
   [참고자료] 지하수 오염방지시설 ·· 959
            지열 지중열교환기의 열교환 코일관에 하중 부가재 설치와 누출

44 | 목 차

센서를 부설한 고심도 수직 밀폐형 지열시스템 시공기술 ····· 963
- 8-2-7 콘관입시험('09년 신설) ·· 965
- 8-3 물리탐사 ·· 965
  - 8-3-1 굴절법 탄성파 탐사('08년 보완) ······································ 965
  - 8-3-2 2차원 전기비저항탐사('08년 보완) ·································· 966
- 8-4 대구경 보링(지하수개발) ·· 966
  - 8-4-1 천공(토사, 모래, 자갈 및 호박돌층) ································ 966
  - 8-4-2 천공(암반층)('06년 보완) ·· 968
  - 8-4-3 폐공 되메우기 ·· 970
- 건설신기술 레이저와 카메라를 이용한 비접촉 무타겟 영상 처리기반 교량 변위 측정 기술 ·· 971

제 9 장 측 량 ·· 972

- 9-1 기준점 측량 ··· 972
  - 9-1-1 GNSS에 의한 기준점 측량('21년 보완) ····························· 972
  - 9-1-2 1급 기준점 측량 ··· 973
  - 9-1-3 2급 기준점 측량 ··· 975
  - 9-1-4 3급 기준점 측량 ··· 976
  - 9-1-5 4급 기준점 측량 ··· 978
- 9-2 수준측량 ··· 980
  - 9-2-1 기본 수준측량('25년 보완) ·· 980
  - 9-2-2 1급 수준측량 ··· 982
  - 9-2-3 2급 수준측량 ··· 984
  - 9-2-4 3급 GNSS 높이측량('21년 신설) ·· 986
  - 9-2-5 4급 GNSS 높이측량('21년 신설) ·· 987
- 9-3 지형 및 토지측량 ··· 989
  - 9-3-1 지형현황('08년 보완) ·· 989
  - 9-3-2 하천측량 ··· 993
  - 9-3-3 택지조성측량 ··· 996
  - 9-3-4 구획정리 확정측량 ·· 1000
  - 9-3-5 용지측량 ··· 1008

9-3-6 도시계획선(인선) ·· 1010
9-4 노선측량 ·· 1011
　　9-4-1 노선측량(철도, 도로 신설, 시가지)('24년 보완) ··············· 1011
　　9-4-2 수도노선측량 ·· 1013
　　9-4-3 디지털 도로대장 작성('25년 보완) ····························· 1015
9-5 지도제작 ·· 1022
　　9-5-1 항공사진촬영('10, '21년 보완) ··································· 1022
　　9-5-2 대공표지('21년 보완) ·· 1032
　　9-5-3 사진 기준점 측량('21년 보완) ································· 1033
　　9-5-4 수치지도 작성('21, '22, '24년 보완) ··························· 1033
　　9-5-5 건물 및 지상물체 항공사진「판독작업」···················· 1077
　　9-5-6 지도제작(기본도) ·· 1077
　　9-5-7 토지이용 현황도 제작 ··· 1080
　　9-5-8 상각비 산정 ·· 1081
　　9-5-9 정밀도로지도 구축('19년 신설, '20년 보완) ················ 1082
　　9-5-10 무인비행장치 측량('20년 신설) ······························ 1083
9-6 지적기준점측량 ··· 1087
　　9-6-1 지적삼각측량('05년 보완) ····································· 1087
　　9-6-2 지적도근점측량 ·· 1089
　　9-6-3 지적기준점현황조사('21년 신설) ······························ 1091
9-7 신규등록측량 ·· 1093
　　9-7-1 신규등록측량(도해)('25년 보완) ······························ 1093
　　9-7-2 신규등록측량(수치)('05년 신설, '25년 보완) ··············· 1095
　　9-7-3 토지구획정리 신규등록 측량(수치)('05년 신설, '11, '25년 보완) ····· 1097
　　9-7-4 경지구획정리 신규등록 측량(수치)('05년 신설, '11, '25년 보완) ····· 1099
9-8 등록전환 측량 ··· 1101
　　9-8-1 등록전환 측량(도해)('25년 보완) ······························ 1101
　　9-8-2 등록전환 측량(수치)('25년 보완) ······························ 1103
9-9 분할측량 ··· 1104
　　9-9-1 분할측량(도해)('05, '23, '25년 보완) ··························· 1104
　　9-9-2 분할측량(수치)('23, '25년 보완) ······························· 1106

9-10 축척변경 측량 ··· 1108
　9-10-1 축척변경 측량(도해지역에서 도해지역으로)('25년 보완) ·············· 1108
　9-10-2 축척변경 측량(도해지역에서 수치지역으로)('25년 보완) ·············· 1109
9-11 지적확정측량 ·· 1111
　9-11-1 토지구획정리 지적확정측량('11, '25년 보완) ······························ 1111
　9-11-2 경지구획정리 지적확정측량('25년 보완) ···································· 1114
9-12 예정지적좌표도 작성업무 ·· 1116
　9-12-1 예정지적좌표도 작성업무('11, '25년 보완) ································ 1116
9-13 지적재조사측량 ·· 1117
　9-13-1 지적재조사측량('25년 보완) ·· 1117
9-14 경계복원 측량 ·· 1119
　9-14-1 경계복원 측량(도해)('23, '25년 보완) ······································ 1119
　9-14-2 경계복원 측량(수치)('23, '25년 보완) ······································ 1121
9-15 지적현황 측량 ·· 1123
　9-15-1 지적현황 측량(도해)('23, '25년 보완) ······································ 1123
　9-15-2 지적현황 측량(수치)('23, '25년 보완) ······································ 1125
　9-15-3 지적불부합지조사 측량(도해)('25년 보완) ································ 1127
9-16 도시계획선명시 측량 ·· 1128
　9-16-1 도시계획선명시 측량(도해)('25년 신설) ···································· 1128
　9-16-2 도시계획선명시 측량(수치)('25년 신설) ···································· 1130
9-17 도면작성 및 조서작성 ·· 1132
　9-17-1 자동제도(좌표독취) ·· 1132
　9-17-2 자동제도(좌표입력) ·· 1133
　9-17-3 자동제도(파일제공) ·· 1134
　9-17-4 도면작성 ·· 1135
　9-17-5 조서작성('05년 신설) ·· 1136

건축부문

제 1 장 철골공사 ····· 1139

- 1-1 철골 가공 조립(공장생산) ····· 1139
  - 1-1-1 기본철골공수('08, '13년 보완) ····· 1139
  - 1-1-2 철골공수 산정방법('23년 보완) ····· 1139
  - 1-1-3 기본용접공수 ····· 1140
  - 1-1-4 용접공수 산정방법 ····· 1141
- 1-2 철골 세우기 ····· 1141
  - 1-2-1 현장 세우기('08, '18년 보완) ····· 1141
  - 1-2-2 탑다운공법 지하 현장 세우기('23년 신설) ····· 1143
  - 1-2-3 철골세우기 장비의 작업능력('18, '23년 보완) ····· 1143
  - 1-2-4 고장력 볼트 본조임('08, '18, '23년 보완) ····· 1144
  - 1-2-5 현장용접('08, '18, '23년 보완) ····· 1144
  - 1-2-6 앵커 볼트 설치('08, '18년 보완) ····· 1145
  - 1-2-7 철골세우기용 장비의 가설 및 해체이동 ····· 1145
- 1-3 데크플레이트 ····· 1146
  - 1-3-1 데크플레이트 가스절단('18년 보완) ····· 1146
  - 1-3-2 데크플레이트 플라즈마 절단('18년 신설) ····· 1146
  - 1-3-3 데크플레이트 설치('08, '18, '23년 보완) ····· 1147
  - 참고자료 데크플레이트 설치공법(무지주공법) ····· 1148
- 1-4 부대공사 ····· 1149
  - 1-4-1 부대철골 설치('08, '18년 보완) ····· 1149
  - 1-4-2 스터드볼트(Stud bolt) 설치('18, '23년 보완) ····· 1149
  - 1-4-3 철골 내화 피복뿜칠('18년 보완) ····· 1150
  - 1-4-4 경량형강철골조 조립설치 ····· 1150
  - 건설신기술 원호 형상의 90도로 절곡된 라운드 앵글과 띠철근을 이용한

선조립 합성기둥(FAC 기둥) ·· 1151

제 2 장 조적공사 ·· 1157

2-1 벽돌 ·· 1157
  2-1-1 벽돌 쌓기('13, '19, '25년 보완) ·· 1157
  2-1-2 치장쌓기 및 줄눈설치('13, '19, '25년 보완) ····················· 1158
    참고자료 치장벽돌 보강공법(특허 제10-2359500호) 앵커용 케미컬 캡슐
             가드 및 앵커용 케미컬 캡슐 가드를 이용한 앵커 시공방법 1159
             치장벽돌외벽 창호인방 보강공법 케미컬앵커 및 강판을 이용한
             치장벽돌외벽 창호인방 보수보강공법 ··················· 1159
             적벽돌 보강공법(특허 제10-1681139호) ····················· 1160
             적벽돌 보강공법(특허 제10-2112096호) ····················· 1160
             JS투명발수우레아 ·· 1161
             JS투명방수우레아 ·· 1161
             내진단열 일체형 패널 설치 ·· 1161
             동적내진 트러스 설치 ·· 1162
             동적내진 프로파일 보강 지지대(대형, 조적벽용) ······ 1162
             동적내진 프로파일 보강 지지대(소형) ······················ 1162
  2-1-3 아치쌓기('13년 보완) ·· 1163
  2-1-4 아치쌓기 치장줄눈 설치('13년 보완) ·································· 1163
  2-1-5 인방보 설치('25년 신설) ·· 1164
2-2 블록 ·· 1165
  2-2-1 블록쌓기('13, '19, '25년 보완) ·· 1165
  2-2-2 블록 보강쌓기('13, '19, '25년 보완) ···································· 1166
    참고자료 조적벽체 보강공법 ·· 1167
2-3 ALC ·· 1171
  2-3-1 ALC블록 쌓기('13, '19, '25년 보완) ···································· 1171
  2-3-2 ALC패널 설치('13, '25년 보완) ·· 1172
    참고자료 경량단열블록(eco블록) 쌓기 ······································ 1173

제3장 타일공사 ·········· 1178

3-1 공통공사 ·········· 1178
  3-1-1 바탕 고르기('98년 신설, '13, '14, '20, '25년 보완) ·········· 1178
  3-1-2 타일줄눈 설치('98년 신설, '13, '20년 보완) ·········· 1178
3-2 타일 붙임 ·········· 1179
  3-2-1 떠붙이기('07, '13, '16, '20, '25년 보완) ·········· 1179
  3-2-2 압착 붙이기('13, '20, '25년 보완) ·········· 1180
  |참고자료| Nix-Tile-Panel 공법
         (특허 제10-1053089호, 제10-1048752호) ·········· 1181
  3-2-3 접착 붙이기('98년 신설, '13, '16, '20, '25년 보완) ·········· 1182
  3-2-4 접착 붙이기(에폭시 접착제)('25년 신설) ·········· 1182

제 4 장 목공사 ·········· 1183

4-1 구조목공사 ·········· 1183
  4-1-1 먹매김('15년 보완) ·········· 1183
  4-1-2 마루틀 설치('24년 보완) ·········· 1183
  4-1-3 마루바탕 설치('24년 보완) ·········· 1183
  4-1-4 마루널 설치('24년 보완) ·········· 1184
4-2 수장목공사 ·········· 1184
  4-2-1 벽체틀 설치('24년 보완) ·········· 1184
  4-2-2 칸막이벽틀 설치('24년 보완) ·········· 1184
  4-2-3 벽체합판 설치('24년 보완) ·········· 1185
  4-2-4 수장합판 설치('24년 보완) ·········· 1185
  4-2-5 커튼박스 설치 ·········· 1185
4-3 부대목공사 ·········· 1186
  4-3-1 토대설치('15년 신설) ·········· 1186
  4-3-2 목재데크틀 설치('24년 보완) ·········· 1186
  4-3-3 목재데크 설치('24년 보완) ·········· 1186

제 5 장 수장공사 ·· 1188

- 5-1 바닥 ··· 1188
  - 5-1-1 PVC계 바닥재 설치('15, '24년 보완) ·············· 1188
  - 5-1-2 카페트 설치('24년 보완) ································ 1188
  - 5-1-3 플로어링 마루 설치('06년 신설, '15, '24년 보완) ··· 1189
  - 5-1-4 이중바닥 설치('22년 신설, '24년 보완) ············ 1189
- 5-2 천장 ··· 1189
  - 5-2-1 흡음텍스 설치('24년 보완) ···························· 1189
  - 5-2-2 열경화성수지천장판 설치('22년 신설, '24년 보완) ··· 1190
  - 5-2-3 석고판 설치(나사고정)('22년 신설, '24년 보완) ··· 1190
- 5-3 벽 ··· 1190
  - 5-3-1 석고판 설치(나사고정)('15, '24년 보완) ············ 1190
  - 5-3-2 석고판 설치(접착제 붙임)('24년 보완) ············· 1191
  - 5-3-3 샌드위치(단열)패널 설치('24년 보완) ············· 1191
  - 5-3-4 흡음판 설치('15, '24년 보완) ························· 1192
  - 5-3-5 걸레받이 설치('16, '24년 보완) ······················ 1192
  - 5-3-6 마루귀틀 설치('22년 신설) ····························· 1193
  - 5-3-7 도배바름('15, '24년 보완) ······························ 1193
- 5-4 단열 ··· 1194
  - 5-4-1 단열재 공간넣기('22, '24년 보완) ··················· 1194
  - 5-4-2 단열재 접착제 붙이기('22, '24년 보완) ············ 1194
  - 5-4-3 단열재 격자넣기('22, '24년 보완) ··················· 1195
  - 5-4-4 단열재 핀사용 붙이기('22, '24년 보완) ············ 1195
  - |참고자료| 진공단열재 SUPERVACS ······················ 1196
  - 5-4-5 단열재 타정 부착('22년 신설, '24년 보완) ········ 1200
  - 5-4-6 단열재 콘크리트타설 부착('22, '24년 보완) ······ 1200
  - 5-4-7 단열재 슬래브위 깔기('22, '24년 보완) ············ 1201
  - 5-4-8 방습필름설치('15년 보완) ······························ 1201
  - 5-4-9 외벽단열공법('99년 신설, '15, '22년 보완) ········ 1202
  - |참고자료| 창호 주위 열교차단재(준불연) ··············· 1203

STAR 차음이(방바닥 소음잡이) ·· 1206
내진형 열교차단 브래킷 시스템 ·· 1206

제 6 장 방수공사 ·· 1212

6-1 공통공사 ··· 1212
  6-1-1 바탕처리('18, '23년 보완) ·· 1212
    |참고자료| 지하밀폐형 구조물 바탕 건조 RPFD공법
         (Rust Prevent Fast Dry Method, 정·배수지부분
         특허 제10-1854085호, 관로부분 특허 제10-2473237호) 1213
  6-1-2 방수프라이머 바름('18년 보완) ···································· 1215
  6-1-3 방수층보호재 붙임('18년 보완) ···································· 1215
  6-1-4 방수층 누름철물 설치('18년 신설) ······························· 1215
6-2 도막방수 ·· 1216
  6-2-1 도막바름('23년 보완) ··· 1216
    |참고자료| 아스팔트 쉬글 탈락 방지 기능을 갖는 방수공법
         (특허 제10-2184648호) ·· 1217
         폴리우레아-우레탄 하이브리드 방수재 ·················· 1218
         SERA(Self-healing Rubber-modified Asphalt) 교면방수공법
         (특허 제10-2265535호) ·· 1220
         포장식 방수공법 ··· 1220
         알파복합방수공법(특허 제10-2115242호) ················· 1221
         URO·MBO터널방수공법
         (특허 제10-0740781호, 제10-2087620호) ················ 1221
  6-2-2 보강포 붙임('18년 신설) ··· 1222
  6-2-3 마감도료(Top-coat) 바름('18년 신설) ···························· 1222
    |참고자료| 옥상 우레탄방수 공법(워터킹 WTK-U)
         (특허 제10-2509181호) ·· 1223
         친환경 에폭시 토탈공사(ICE-D)(특허 제10-2464049호) ········ 1223
         SRU 우레탄(슈퍼마이크로 섬유 강화 우레탄) 방수공사
         - 노출형 바닥 3㎜(특허 제10-1643519호) ················ 1224

SRU 우레탄(슈퍼마이크로 섬유 강화 우레탄) 방수공사
 - 노출형 벽체 0.5㎜(특허 제10-1643519호) ·················1224
옥상 도막방수 성능검사 ·················1225
6-3 시트 방수 ·················1226
  6-3-1 가열식시트 붙임('18, '23년 보완) ·················1226
  6-3-2 접착식시트 붙임('18, '23년 보완) ·················1226
  6-3-3 자착식시트 붙임('18년 신설, '23년 보완) ·················1227
  참고자료 NATM 터널방수공법
       (도로, 철도, 지하철 전력구, 통신구 터널방수) ·················1228
      터널 개착부/토목·건축구조물 외부방수/지하차도 외부방수 ·······1228
      수처리장 구조물 수조내부 방수공법
       (정수장, 배수지, 하수처리장, 폐수처리장 등) ·················1229
      규산질계분말형도포방수재(모체침투) /
       콘크리트표면도포용흡수방지재(액체침투) ·················1229
      토목 및 건축 구조물 외부방수 ·················1230
      구조물 외부방수 보호재 ·················1230
      보호재일체형 시트 복합방수 ·················1230
      콘크리트 균열보수 공사(워터킹-I, 습식, 인젝션)
       (특허 제10-2290009호) ·················1231
      옥상 복합방수 공법(워터킹 WTK-P, 섬유쉬트)
       (특허 제10-2282177호) ·················1231
      옥상 롤슁글 쉬트방수 공법(워터킹 WTK-R)
       (특허 제10-2441491호) ·················1231
      침투형 콘크리트 중성화 회복 및 반영구 보호재(P2) ·················1232
6-4 시멘트 모르타르계 방수 ·················1233
  6-4-1 시멘트 액체방수 바름('09, '18, '23년 보완) ·················1233
  참고자료 콘크리트 방수·방식 공법(에폭시 수지계) ·················1234
      콘크리트 방수·방식 친환경 공법
       (세라믹메탈·폴리우레아·에피라UW-500) ·················1234
      에폭시 바닥재 ·················1235

　　　　세라폭시 방수·방식 공법(속경화성)(특허 제10-1798466호) … 1235
　　　　SRE 에폭시(슈퍼마이크로 섬유 강화 에폭시)
　　　　　　-지하주차장 통로 1㎜(특허 제10-1643519호) …………… 1236
　　　　SRE 에폭시(슈퍼마이크로 섬유 강화 에폭시)
　　　　　　-지하주차장 주차면 코팅 2회(특허 제10-1643519호) …… 1236
　　　　콘크리트 방수/방식 공법(에코멘트공법)(특허) ……………………… 1237
　　　　자착식 비노출 복합 방수공법·비노출 아스팔트 마스틱복합
　　　　　　방수공법(특허) ………………………………………………… 1237
　　　　차열성과 방수성이 우수한 도료 조성물 및 이를 이용한 콘크리트
　　　　　　시공방법(특허 제10-2481357호) …………………………… 1238
　　6-4-2 폴리머 시멘트 모르타르방수 바름('09년 신설, '23년 보완) …………… 1239
　　6-4-3 방수모르타르 바름('09, '15, '18년 보완) ……………………………… 1239
　　6-4-4 시멘트 혼입 폴리머계 도막방수 바름('09년 신설) …………………… 1239
6-5 기타방수 …………………………………………………………………………… 1240
　　6-5-1 규산질계 도포방수 바름('09년 신설, '18년 보완) ……………………… 1240
　　6-5-2 액상형 흡수방지방수 도포('09, '18년 보완) …………………………… 1240
　　6-5-3 벤토나이트방수 붙임('09, '18년 보완) ………………………………… 1241
6-6 부대공사 …………………………………………………………………………… 1242
　　6-6-1 수밀코킹('18년 보완) ………………………………………………… 1242
　　6-6-2 줄눈 절단('18년 신설) ………………………………………………… 1242
　　6-6-3 줄눈 설치('18년 신설) ………………………………………………… 1242
　　건설신기술 현장 타설 콘크리트와 일체화 특성을 갖는 재 유동형 복합시트를
　　　　활용한 방수공법(NaB Pre-Fab System) ………………………… 1243
　　　　PVC보강형 방수시트에 가교폼시트를 결합한 복합방수시트와
　　　　접합부에 수작업형 폴리우레아를 활용한 복합방수 공법
　　　　(ALL-IN System) ………………………………………………… 1244

제 7 장　지붕 및 홈통 공사 …………………………………………… 1248

7-1 지붕 ………………………………………………………………………………… 1248
　　7-1-1 금속기와 잇기('16년 신설, '22년 보완) ………………………………… 1248

7-1-2 금속판 평잇기('16년 신설) ·· 1248
7-1-3 금속판 돌출잇기 현장제작('16년 신설) ······························ 1249
7-1-4 금속판 돌출잇기 ·· 1249
7-1-5 아스팔트싱글 설치('16년 보완) ·· 1249
7-1-6 폴리카보네이트 설치('03년 신설, '16년 보완) ················· 1250
7-1-7 후레싱 설치('16년 신설) ··· 1250
7-2 홈통 ··· 1251
7-2-1 금속 처마홈통 설치('16년 보완) ······································· 1251
7-2-2 염화비닐 처마홈통 설치 ·· 1251
7-2-3 금속 선홈통 설치('18년 보완) ··· 1251
7-2-4 염화비닐 선홈통 설치 ·· 1252
7-2-5 물받이홈통 설치('16년 보완) ··· 1252
7-3 드레인 ··· 1252
7-3-1 루프드레인 설치('16년 보완) ··· 1252
[건설신기술] 침투수 배수기능이 적용된 높이 선택형 집수구와 선시공 앵커를
이용한 안전벨트 걸이형 교량배수시설 설치공법 ············· 1253

제 8 장   금속공사 ··· 1254

8-1 제품 ··· 1254
8-1-1 계단논슬립 설치('07, '18, '24년 보완) ···························· 1254
8-1-2 코너비드 설치('14년 보완) ·· 1254
8-1-3 와이어메시 바닥깔기('04, '07, '16년 보완) ···················· 1254
8-1-4 인서트(Insert) 설치('16년 보완) ······································· 1255
8-1-5 조이너 및 몰딩 설치('16년 보완) ···································· 1255
8-1-6 천장점검구 설치 ··· 1256
8-2 시설물 ··· 1256
8-2-1 용접식난간 설치('17, '24년 보완) ···································· 1256
8-2-2 앵커고정식난간 설치('97년 신설, '07, '16, '24년 보완) ··········· 1257
8-2-3 철조망 울타리 설치('02, '18, '24년 보완) ······················ 1257
8-2-4 경량천장철골틀 설치('02, '07, '16, '22, '24년 보완) ···· 1258
8-2-5 경량벽체철골틀 설치('22년 신설, '24년 보완) ··············· 1258

8-3 기타공사 ·· 1259
  8-3-1 잡철물 제작 및 설치('07, '22년 보완) ·· 1259
  참고자료 알루미늄 교량유지 점검통로 ·· 1260

제 9 장 미장공사 ·· 1264

9-1 모르타르 바름 및 타설 ·· 1264
  9-1-1 모르타르 배합('14, '19년 보완) ··· 1264
  9-1-2 모르타르 바름('14, '15, '19, '25년 보완) ··· 1265
  9-1-3 모르타르 타설('14, '15, '19, '22, '25년 보완) ································· 1266
  9-1-4 표면 마무리('14, '15, '19년 보완) ·· 1266
  9-1-5 라스 붙임('17년 신설) ··· 1267
9-2 콘크리트면 마무리 ·· 1267
  9-2-1 콘크리트면 정리('14, '19, '25년 보완) ··· 1267
  9-2-2 부분 마감('19년 신설, '25년 보완) ··· 1267
  9-2-3 전면 마감('14, '19, '25년 보완) ··· 1268
9-3 충전 ·· 1268
  9-3-1 창호주위 모르타르 충전('14, '20년 보완) ·· 1268
  9-3-2 창호주위 발포우레탄 충전('14년 신설, '20년 보완) ······················· 1269
  9-3-3 주각부 무수축 모르타르 충전('08, '18년 보완) ····························· 1269
  9-3-4 우레탄폼 분사 충전('15년 신설, '25년 보완) ································· 1270

제 10 장 창호 및 유리공사 ·· 1272

10-1 창호 ·· 1272
  10-1-1 목재창호 설치('14, '20년 보완) ·· 1272
  10-1-2 강재창호 설치('14, '20년 보완) ·· 1272
  10-1-3 알루미늄창호 설치('14, '20년 보완) ··· 1273
  10-1-4 합성수지창호 설치('14년 신설, '20년 보완) ·································· 1273
  10-1-5 셔터설치(장치포함)('20년 보완) ·· 1273
10-2 부속자재 ··· 1274

10-2-1 도어체크 설치('20년 보완) ·············· 1274
10-2-2 플로어힌지 설치('20년 보완) ·············· 1274
10-2-3 도어록 설치('20년 보완) ·············· 1274
10-3 유리 ·············· 1275
10-3-1 창호유리 설치('14, '20년 보완) ·············· 1275
10-3-2 커튼월유리 설치('14, '20년 보완) ·············· 1275
10-4 커튼월 ·············· 1276
10-4-1 알루미늄 프레임 설치('14, '20년 보완) ·············· 1276
10-4-2 외벽 패널 설치('14, '20년 보완) ·············· 1276
10-4-3 코킹('14년 신설, '20년 보완) ·············· 1277

제 11 장 칠공사 ·············· 1280

11-1 공통공사 ·············· 1280
11-1-1 콘크리트·모르타르면 바탕 만들기('15년 보완) ·············· 1280
11-1-2 석고보드면 바탕 만들기('06년 신설, '15년 보완) ·············· 1280
11-1-3 철재면 바탕 만들기('21년 신설) ·············· 1281
11-1-4 목재면 바탕 만들기('21년 신설) ·············· 1281
11-1-5 도장 후 퍼티 및 연마('15년 신설) ·············· 1281
11-1-6 비닐 보양('21년 신설) ·············· 1282
11-2 페인트 ·············· 1282
11-2-1 수성페인트 붓칠('15년 보완) ·············· 1282
11-2-2 수성페인트 롤러칠('98, '15년 보완) ·············· 1282
11-2-3 수성페인트 뿜칠('15년 보완) ·············· 1283
  참고자료 건강친화형 무기질도료(청초롱)(특허 제10-2446596호) ·············· 1284
11-2-4 유성페인트 붓칠('02년, '04년, '15년 보완) ·············· 1285
11-2-5 유성페인트 롤러칠('02, '04, '15년 보완) ·············· 1285
11-2-6 녹막이 페인트칠('15년 보완) ·············· 1286
11-2-7 오일스테인칠('17, '21년 보완) ·············· 1286
11-2-8 에폭시 페인트칠('01년 신설, '15년 보완) ·············· 1286
11-2-9 낙서방지용 페인트칠('02년 신설, '15년 보완) ·············· 1287

11-2-10 걸레받이용 페인트칠('02년 신설, '15년 보완) ·········· 1287
11-3 스프레이 ·········· 1288
11-3-1 무늬코트칠('15년 보완) ·········· 1288
11-3-2 탄성코트칠('15년 신설) ·········· 1288
11-3-3 석재도료칠('14년 신설) ·········· 1289

기계설비부문

제 1 장 배관공사 ··· 1293
  1-1 강관 ··· 1293
    1-1-1 용접접합('93, '13, '15, '19, '25년 보완) ··· 1293
    1-1-2 용접배관('93, '13, '15, '19, '25년 보완) ··· 1294
    1-1-3 나사식 접합 및 배관('04, '13, '19, '25년 보완) ································· 1295
    1-1-4 그루브조인트식 접합 및 배관('00년 신설, '04, '13, '19, '25년 보완) 1296
  1-2 동관 ··· 1297
    1-2-1 용접접합('93, '13, '15, '19년 보완) ·· 1297
    1-2-2 용접배관('93, '13, '15, '19, '25년 보완) ··· 1298
  1-3 스테인리스 강관 ··· 1299
    1-3-1 용접접합('92, '13, '19년 보완) ·· 1299
    1-3-2 용접배관('92, '13, '19, '25년 보완) ·· 1300
    1-3-3 그루브조인트식 접합 및 배관('25년 신설) ·· 1301
    1-3-4 프레스식 접합 및 배관('92, '13, '15, '19, '25년 보완) ······················· 1302
    1-3-5 주름관 접합 및 배관('92, '13, '19, '25년 보완) ································· 1303
  1-4 주철관 ··· 1303
    1-4-1 기계식접합 및 배관('96, '01, '13, '19, '25년 보완) ··························· 1303
    1-4-2 수밀밴드 접합 및 배관('13년 신설, '19, '25년 보완) ························ 1304
  1-5 경질관 ··· 1304
    1-5-1 접착제 접합 및 배관('13, '19, '25년 보완) ·· 1304
    1-5-2 고무링 캡조임 접합 및 배관(일반 PVC)
        ('13년 신설, '19, '25년 보완) ·· 1305
    1-5-3 고무링 캡조임 접합 및 배관(고강도PVC)('25년 신설) ····················· 1306

1-6 연질관 ··· 1306
  1-6-1 폴리부틸렌(PB) 일반접합 및 배관('96년 신설, '13, '19년 보완) ······ 1306
  1-6-2 폴리부틸렌(PB) 이중관 접합 및 배관 ('13, '19년 보완) ··············· 1307
  1-6-3 가교화 폴리에틸렌관 접합 및 배관('13, '19년 보완) ···················· 1307

제 2 장 덕트공사 ·· 1310

2-1 덕트 ·· 1310
  2-1-1 아연도금강판덕트(각형덕트) 설치('15, '16, '21, '24년 보완) ········· 1310
  2-1-2 아연도금강판덕트(스파이럴덕트) 설치('15, '16, '21, '24년 보완) ····· 1310
  2-1-3 스테인리스덕트(각형덕트) 설치('21, '24년 보완) ························ 1311
  2-1-4 PVC 덕트 설치('24년 보완) ·· 1311
  2-1-5 세대내 환기덕트 설치('21년 신설, '24년 보완) ··························· 1312
  2-1-6 플렉시블덕트 설치 ··· 1312
2-2 덕트기구 ··· 1313
  2-2-1 취출구 설치('21년 보완) ··· 1313
  2-2-2 흡입구 설치 ··· 1314
  2-2-3 덕트 플렉시블 조인트 설치 ··· 1314
  2-2-4 일반댐퍼(사각) 설치 ·· 1314
  2-2-5 일반댐퍼(원형) 설치('21년 신설) ··· 1315
  2-2-6 제연댐퍼 설치('21년 보완) ··· 1315

제 3 장 보온공사 ·· 1317

3-1 배관보온 ·· 1317
  3-1-1 일반마감 배관보온('92, '14, '20, '24년 보완) ··························· 1317
  3-1-2 칼라함석마감 배관보온('14, '20, '24년 보완) ··························· 1318
3-2 밸브보온 ·· 1319
  3-2-1 일반마감 밸브보온('92, '14, '20년 보완) ································· 1319
  3-2-2 함석마감 밸브보온('92년 신설, '15, '20년 보완) ························ 1320

3-3 덕트보온 ··· 1320
　3-3-1 각형덕트 보온('14, '20, '24년 보완) ······························ 1320
　3-3-2 원형덕트 보온('14, '20년 보완) ···································· 1320
3-4 발열선 ··· 1321
　3-4-1 발열선 설치('06년 신설, '14, '20년 보완) ······················ 1321
　3-4-2 분전함 설치('06년 신설, '14, '20년 보완) ······················ 1321

제 4 장 펌프 및 공기설비공사 ·· 1323

4-1 펌프 ··· 1323
　4-1-1 일반펌프 설치('14년 보완) ·· 1323
　4-1-2 집수정 배수펌프 설치('15년 신설, '25년 보완) ··············· 1323
　4-1-3 펌프 방진가대 설치('14년 보완) ···································· 1324
4-2 송풍기 및 환풍기 ··· 1325
　4-2-1 송풍기 설치('15년 보완) ·· 1325
　4-2-2 벽걸이 배기팬 설치('16, '21년 보완) ····························· 1326
　4-2-3 욕실배기팬 설치('21년 신설) ·· 1326
　4-2-4 무덕트 유인팬 설치('01년 신설, '21년 보완) ·················· 1326
　4-2-5 레인지후드 설치('96년 신설, '16년 보완) ······················· 1326

제 5 장 밸브설비공사 ·· 1328

5-1 밸브 ··· 1328
　5-1-1 일반밸브 및 콕류 설치('07, '13, '19년 보완) ·················· 1328
　5-1-2 감압밸브장치 설치('04, '13, '19년 보완) ························ 1328
5-2 증기트랩 ·· 1329
　5-2-1 스팀트랩 장치 설치('14, '19년 보완) ······························ 1329
5-3 플랙시블 이음 및 팽창이음 ·· 1329
　5-3-1 익스팬션조인트 설치('07, '19년 보완) ···························· 1329
　5-3-2 플랙시블커넥터 설치('07년 신설, '13, '19년 보완) ········· 1330
5-4 수격방지기 ··· 1330
　5-4-1 수격방지기 설치('02년 신설, '19년 보완) ······················· 1330

제 6 장 측정기기공사 ········· 1332

- 6-1 유량계 ········ 1332
  - 6-1-1 직독식 설치('92, '11, '14, '19년 보완) ······ 1332
  - 6-1-2 원격식 설치('14, '19년 보완) ······ 1332
- 6-2 적산열량계 ······ 1333
  - 6-2-1 세대용 설치('03, '04, '14년 보완) ······ 1333
  - 6-2-2 건물용 설치('14, '19년 보완) ······ 1333
  - 6-2-3 산업용 설치('19년 보완) ······ 1333

제 7 장 위생기구설비공사 ········· 1336

- 7-1 위생기구류 ········ 1336
  - 7-1-1 소변기 설치('14, '22년 보완) ······ 1336
  - 7-1-2 대변기 설치('14년 보완) ······ 1336
  - 7-1-3 도기세면기 설치('14년 보완) ······ 1336
  - 7-1-4 카운터형 세면기 설치(일체형)('14년 보완) ······ 1337
  - 7-1-5 카운터형 세면기 설치(분리형) ······ 1337
  - 7-1-6 욕조 설치('14년 보완) ······ 1337
  - 7-1-7 청소용 수채 설치('14년 신설) ······ 1337
- 7-2 수전 ······ 1338
  - 7-2-1 매립형 욕조수전 설치('14년 보완) ······ 1338
  - 7-2-2 샤워수전 설치('14, '22년 보완) ······ 1338
  - 7-2-3 세면기수전 설치('14년 보완) ······ 1338
  - 7-2-4 씽크수전 설치('14년 보완) ······ 1339
  - 7-2-5 손빨래수전 설치('14년 보완) ······ 1339
- 7-3 욕실 부착물 ······ 1339
  - 7-3-1 욕실거울 설치('22년 보완) ······ 1339
  - 7-3-2 욕실금구류 설치('07년 신설, '14, '22년 보완) ······ 1340
  - 7-3-3 바닥배수구 설치('93년 신설, '07, '14년 보완) ······ 1340
  - 7-3-4 안전손잡이 설치 ······ 1340

제 8 장 공기조화설비공사 ········· 1342

- 8-1 냉동기 및 냉각탑 ········· 1342
  - 8-1-1 냉동기 반입 ········· 1342
  - 8-1-2 냉동기 설치 ········· 1342
  - 8-1-3 냉각탑 설치 ········· 1343
- 8-2 공기조화기 ········· 1346
  - 8-2-1 공기가열기, 공기냉각기, 공기여과기 설치 ········· 1346
  - 8-2-2 패키지형 공기조화기 설치 ········· 1347
  - 8-2-3 공기조화기(Air Handling Unit) 설치 ········· 1347
  - 8-2-4 천장형 에어컨 설치('20년 신설) ········· 1348
  - 8-2-5 전열교환기 설치('20년 신설) ········· 1349
- 8-3 보일러 및 방열기 ········· 1349
  - 8-3-1 보일러 설치 ········· 1349
  - 8-3-2 경유보일러 설치 ········· 1349
  - 8-3-3 가스보일러(가정용) 설치('92년 신설, '16, '20년 보완) ········· 1350
  - 8-3-4 온수보일러 설치('98년 신설) ········· 1350
  - 8-3-5 전기보일러 설치('03년 신설) ········· 1350
  - 8-3-6 방열기('07년 보완) ········· 1351
  - 8-3-7 전기콘벡터 설치('20년 신설) ········· 1351
- 8-4 온수기 및 온수분배기 ········· 1351
  - 8-4-1 전기온수기 설치('03년 신설) ········· 1351
  - 8-4-2 전기온수기(벽걸이형) 설치('20년 신설) ········· 1352
  - 8-4-3 온수분배기 설치('13년 보완) ········· 1352
- 8-5 탱크 및 헤더 ········· 1352
  - 8-5-1 오일서비스탱크 설치 ········· 1352
- 8-6 부수장비 ········· 1353
  - 8-6-1 로터리 오일 버너 ········· 1353
  - 8-6-2 건타입 오일버너 ········· 1353

제 9 장 기타공사 ·········· 1355

9-1 지지금구 ·········· 1355
9-1-1 입상관 방진가대 설치('93년 신설, '19년 보완) ·········· 1355
9-1-2 잡철물 제작 및 설치('07, '22년 보완) ·········· 1355
9-2 도장 ·········· 1356
9-2-1 바탕만들기 ·········· 1356
9-2-2 녹막이페인트 칠('15년 보완) ·········· 1357
9-2-3 유성페인트 칠('03, '15년 보완) ·········· 1357
9-3 슬리브 ·········· 1358
9-3-1 슬리브 설치('13년 신설, '19년 보완) ·········· 1358
9-3-2 배관을 위한 구멍뚫기('14, '21년 보완) ·········· 1359
9-4 배관관리 및 시험 ·········· 1360
9-4-1 기밀시험('15, '19년 보완) ·········· 1360
9-4-2 시험점화 ·········· 1360
9-5 시운전 및 조정 ·········· 1361
9-5-1 시운전 ·········· 1361
9-5-2 건물의 냉난방 및 공조설비 정밀진단(T.A.B)('92년 보완) ·········· 1361

제 10 장 소방설비공사 ·········· 1363

10-1 소화함 ·········· 1363
10-1-1 옥내소화전함 설치('07, '14년 보완) ·········· 1363
10-1-2 소화용구 격납상자 설치 ·········· 1363
10-2 소방밸브 ·········· 1363
10-2-1 알람밸브 설치 ·········· 1363
10-2-2 준비작동식밸브 설치 ·········· 1364
10-2-3 드라이밸브 설치 ·········· 1364
10-2-4 관말시험밸브 설치 ·········· 1364
10-3 옥외소화전 ·········· 1364
10-3-1 지하식 설치 ·········· 1364
10-3-2 지상식 설치 ·········· 1365

64 | 목 차

10-4 송수구 ··· 1365
   10-4-1 일반송수구 설치 ·· 1365
   10-4-2 방수구 설치 ·· 1365
   10-4-3 연결송수구설치 ·· 1365
10-5 탱크 ··· 1365
   10-5-1 압력공기탱크설치 ·· 1365
   10-5-2 마중물탱크설치 ·· 1366
10-6 소방용 유량계 ·· 1366
   10-6-1 유량측정장치설치 ·· 1366
10-7 소화용 헤드 ·· 1366
   10-7-1 스프링클러 헤드설치 ·· 1366
   10-7-2 스프링클러 전기설비설치 ··· 1366
10-8 소화기 ··· 1367
   10-8-1 소화약제 소화설비설치('14년 보완) ··· 1367
   10-8-2 자동식 소화기 설치('99년 신설, '14년 보완) ································· 1368
10-9 피난기구 ·· 1368
   10-9-1 완강기 설치('04년 신설, '09, '14년 보완) ····································· 1368

제 11 장 가스설비공사 ·· **1369**

11-1 강관 ··· 1369
   11-1-1 용접접합('15년 보완) ·· 1369
   11-1-2 용접식 부설('15년 보완) ·· 1369
   11-1-3 나사식 접합 및 배관 ··· 1370
11-2 PE관 ·· 1371
   11-2-1 버트 융착식 접합 및 부설('15년 보완) ··· 1371
11-3 부속기기 ·· 1372
   11-3-1 분기공 설치('15년 보완) ·· 1372
   11-3-2 밸브 설치('15년 보완) ·· 1372
   11-3-3 직독식 가스미터 설치('15년 보완) ·· 1373
   11-3-4 원격식 가스미터 설치 ·· 1373

제 12 장 자동제어설비공사 ·········· 1374

  12-1 계기반 및 함류 ·········· 1374
    12-1-1 계기반 설치 ·········· 1374
    12-1-2 플랜트 계기 설치 ·········· 1375
  12-2 자동제어기기 ·········· 1377
    12-2-1 자동제어기기 설치 ·········· 1377
    12-2-2 계량기 설치 ·········· 1378
    12-2-3 도압배관 ·········· 1378
    12-2-4 Control Air 배관 ·········· 1379
    12-2-5 압축공기 발생장치 및 공기관 배관 ·········· 1380
  12-3 전선배선 ·········· 1381
    12-3-1 중앙처리장치(CPU) 설치('03년 신설) ·········· 1381
    12-3-2 입·출력장치(I/O Equipment) 설치('03년 신설) ·········· 1381
    12-3-3 콘솔(Console) 설치('03년 신설) ·········· 1381

제 13 장 플랜트설비공사 ·········· 1382

  13-1 플랜트 배관 ·········· 1382
    13-1-1 플랜트 배관 설치('92, '03년 보완) ·········· 1382
    13-1-2 관만곡(Pipe Bending) 설치 ·········· 1394
    13-1-3 밸브 취부 ·········· 1397
    13-1-4 Fitting 취부 ·········· 1399
    13-1-5 Flange 취부 ·········· 1400
    13-1-6 Oil Flushing ·········· 1403
    13-1-7 장거리 배관('93년 보완) ·········· 1403
    13-1-8 이중보온관 설치 ·········· 1404
  13-2 플랜트 용접 ·········· 1407
    13-2-1 강관절단('18년 보완) ·········· 1407
    13-2-2 강관절단('18년 보완) ·········· 1408
    13-2-3 강관용접('18년 보완) ·········· 1410
    13-2-4 강판 전기아크용접 ·········· 1413

13-2-5 예열(Electric Resistance Heating)('92년 보완) ······· 1417
13-2-6 응력제거 ······· 1418
13-2-7 아세틸렌량의 환산 ······· 1421
13-3 배관 및 기기보온 ······· 1422
  13-3-1 Pipe보온('04년 보완) ······· 1422
  13-3-2 기기보온 ······· 1428
13-4 강재 제작 설치 ······· 1429
  13-4-1 보통 철골재 ······· 1429
  13-4-2 철골 가공조립('18년 보완) ······· 1429
  13-4-3 Storage Tank ······· 1430
    참고자료 PCS공법 빗물저류·이용시설 제작, 조립, 설치 ······· 1434
  13-4-4 강재류 조립설치 ······· 1436
  13-4-5 도장 및 방청공사 ······· 1436
  13-4-6 기계설비 철거 및 이설공사 ······· 1436
  13-4-7 탱크청소 ······· 1437
13-5 화력발전 기계설비 ······· 1438
  13-5-1 보일러 설치 ······· 1438
  13-5-2 보일러 드럼 설치 ······· 1441
  13-5-3 덕트제작(Air, Gas) ······· 1443
  13-5-4 덕트 설치 ······· 1444
  13-5-5 공기예열기(Preheater) 설치 ······· 1445
  13-5-6 Soot Blower ······· 1446
  13-5-7 Fan 설치 ······· 1447
  13-5-8 터빈 설치 ······· 1448
  13-5-9 발전기 설치 ······· 1452
  13-5-10 복수기 설치 ······· 1454
  13-5-11 왕복압축기 설치 ······· 1455
  13-5-12 펌프 설치 ······· 1456
  13-5-13 Boiler Feed Pump 설치 ······· 1458
  13-5-14 Heater 및 Tank 설치 ······· 1459

13-6 수력발전 기계설비 ··· 1461
　13-6-1 수차 설치 ··· 1461
　13-6-2 발전기 설치 ·· 1465
　13-6-3 수문 제작 ··· 1469
　13-6-4 수문 설치 ··· 1473
　|참고자료| 수문시설 설치 공사 ··· 1477
　13-6-5 Stop-Log 제작 ·· 1480
　13-6-6 Stop-Log 설치 ·· 1482
　13-6-7 수문 Hoist 설치 ·· 1484
　13-6-8 Spiral Casing 설치 ··· 1486
　13-6-9 Steel Penstock 제작 ·· 1489
　13-6-10 Steel Penstock 현장설치 ·································· 1491
　13-6-11 Roller Gate Guide Metal 제작 ······················· 1493
　13-6-12 Roller Gate Guide Metal 설치 ······················· 1494
　13-6-13 Tainter Gate Guide Metal 제작 ······················ 1496
　13-6-14 Tainter Gate Guide Metal 설치 ······················ 1497
　13-6-15 Trash Rack 제작 ·· 1498
　13-6-16 Trash Rack 설치 ·· 1499
　13-6-17 Tainter Gate Anchorage 제관 ························ 1501
13-7 제철기계설비 ·· 1502
　13-7-1 고로본체 및 부속기기 설치 ······································ 1502
　13-7-2 노정장입 장치 기기 설치 ··· 1503
　13-7-3 노체 4본주 및 DECK 설치 ····································· 1504
　13-7-4 열풍로 본체 및 부속설비 설치 ································ 1504
　13-7-5 열풍로 DECK 설치 ··· 1505
　13-7-6 주선기 본체 및 부속기기 설치 ································ 1505
　13-7-7 Edge Mill 설치 ··· 1506
　13-7-8 제진기 본체 및 부속설비 설치 ································ 1506
　13-7-9 Ventri Scrubber 본체 및 부속설비 설치 ··············· 1507
　13-7-10 전등 Mud Gun 설치 ·· 1507

13-7-11 내화물(제철축로) 쌓기 1508
13-7-12 Craft 및 Tomlex Spray 공사 1509
13-7-13 Castable Spray 공사 1509
13-7-14 혼선로 및 전로 본체 조립 설치 1509
13-7-15 O2, N2 Spherical Gas Holder 조립설치 1510
13-7-16 가열로 본체 및 Recuperator실 조립설치 1510
13-7-17 균열로 본체 및 Recuperator실 조립설치 1511
13-7-18 가열로 및 균열로 부속기기 조립설치 1511
13-7-19 Mill Line 기기류 조립설치 1512
13-7-20 Roller Table 조립설치 1513
13-7-21 전기집진기 설치(Electric Precipitator) 1514
13-7-22 노 기밀 시험 1515
13-8 쓰레기소각 기계설비 1515
  13-8-1 소각로 설치('02년 신설, '03, '05년 보완) 1516
  13-8-2 폐열보일러 설치('02년 신설, '03, '05년 보완) 1518
  13-8-3 덕트 제작 및 설치('02년 신설) 1519
  13-8-4 반건식 반응탑 설치('03년 신설, '05년 보완) 1520
  13-8-5 탈질설비 설치('03년 신설, '05년 보완) 1521
  13-8-6 여과집진기 설치(Bag filter)('04년 신설, '05년 보완) 1523
  13-8-7 활성탄·반응조제 및 소석회 공급설비 설치('04년 신설, '05년 보완) 1524
13-9 하수처리 기계설비 1525
  13-9-1 수중펌프 설치('03년 신설) 1525
  13-9-2 모노레일 설치('03년 신설) 1526
  13-9-3 산기장치 설치('04년 신설) 1526
  13-9-4 오수처리시설 설치('04년 신설) 1527
13-10 운반기계설비 1528
  13-10-1 OPEN BELT CONVEYOR 설치('92년 보완) 1528
  13-10-2 OVER HEAD CRANE 설치 1529
  13-10-3 GANTRY CRANE 설치 1531
  13-10-4 천장크레인 레일설치 1533

13-11 기타 기계설비	1534
13-11-1 일반기기 설치	1534
13-11-2 Cooling Tower 설치	1534
13-11-3 Batcher Plant 설치	1535
13-11-4 가설자재 손료율	1537
13-11-5 공사별 설치 소모자재 [참고]	1538

유지관리부문

제1장 공 통 ··· 1551

1-1 토공사 ··· 1551
 1-1-1 비탈면 보강공('20년 신설, '25년 보완) ··············· 1551
 1-1-2 지압판블록 설치('20년 신설, '25년 보완) ············ 1552
 1-1-3 비탈면 점검로 설치('02년 신설, '20, '25년 보완) ···· 1553
1-2 조경공사 ··· 1554
 1-2-1 교통통제 및 안전처리('24년 신설) ······················ 1554
 1-2-2 일반전정('14, '19, '22년 보완) ··························· 1554
 1-2-3 조형전정('22년 신설) ·· 1555
 1-2-4 가로수 전정('03년 신설, '14, '19, '22년 보완) ······ 1556
 1-2-5 관목 전정('14년 신설, '19, '22년 보완) ··············· 1556
 1-2-6 수간보호('14, '19, '22년 보완) ··························· 1557
 1-2-7 줄기감싸기('22년 신설) ····································· 1557
 1-2-8 인력관수('19, '22년 보완) ·································· 1558
 1-2-9 살수차관수('19, '22년 보완) ······························· 1558
 1-2-10 제초('14, '19, '22년 보완) ······························· 1558
 1-2-11 잔디깎기('14, '19, '22년 보완) ························· 1559
 1-2-12 예초('13년 신설, '19, '22년 보완) ····················· 1559
 1-2-13 교목시비(喬木施肥)('14, '22년 보완) ················· 1560
 1-2-14 관목시비(灌木施肥)('22년 보완) ······················· 1560
 1-2-15 잔디시비('22년 보완) ······································ 1560
 1-2-16 약제살포(기계)('19, '22년 보완) ························ 1561
 1-2-17 약제살포(인력)('18년 신설, '19, '22년 보완) ······ 1561
 1-2-18 방풍벽 설치(거적세우기)('14년 신설, '22년 보완) ···· 1561
 1-2-19 은행나무 과실채취('22년 신설) ························ 1562

1-2-20 가로수 제거('24년 신설) ··· 1563
1-3 철근콘크리트공사 ··· 1564
1-3-1 콘크리트 균열 보수(표면처리공법)('21년 보완) ······················ 1564
1-3-2 콘크리트 균열 보수(주입공법)('21년 보완) ···························· 1564
참고자료 탄성 저장관과 스마트밸브가 일체화된 주입포트와 이동식 주입기를 이
용한 콘크리트 구조물의 균열보수 주입공법(TPS공법)(한국특허
0976846호, 일본특허 4827266호, 미국특허 8043029호) ·· 1565
에코크랙실 공법-콘크리트 표면 균열보수 고탄성퍼티 2회
(층간조인트, 누수균열) ·· 1566
에코크랙실 공법-콘크리트 표면 균열보수 고탄성퍼티 1회
(일반균열 0.2㎜ 이하) ·· 1566
에코크랙실 공법-콘크리트 표면 균열보수
(노출 철근 부위 보수) ··· 1566
1-3-3 콘크리트 균열 보수(패커주입공법)('21년 신설) ······················ 1567
1-3-4 콘크리트 균열 보수(충전공법)('21년 보완) ···························· 1567
1-3-5 콘크리트 단면처리('21년 신설) ··· 1568
1-3-6 콘크리트 단면복구('21년 신설) ··· 1568
참고자료 옥상 우레탄방수 공법(워터킹 WTK-U)
(특허 제10-2509181호) ··· 1569
에폭시 균열보수 공사(코트킹 CTK-1000)
(특허 제10-2283132호) ··· 1569
콘크리트 균열보수 공사(크랙킹 CRK-1000, 퍼티 도포형)
(특허 제10-2283133호) ··· 1569
콘크리트 단면복구 공사(몰탈킹 MTK-1000)
(특허 제10-2283131호) ··· 1569
수중 파일 건조 보수보강 공법 ·· 1570
수중 구조물 세굴이격 탈락부위 보수 보강공법 ································· 1570
물배출 앵커를 이용한 구조물 보수보강공법(ARA)
(특허 제 10-1389734호), 우산살 앵커를 이용한 구조물
보수보강공법(URA) ··· 1571

1-3-7 워터젯 치핑('21년 신설) ·· 1572
1-3-8 교량받침 교체('21년 신설) ·· 1573
1-3-9 교량신축이음 교체('21년 신설) ··· 1575
1-3-10 플륨관해체('22년 보완) ·· 1576
　[건설신기술] 내황산염 모르타르를 활용한 하수처리 콘크리트 구조물 보수공법
　　　　　　 (슈퍼에스알공법) ··· 1577

제 2 장 토 목 ·· 1583

2-1 도로포장공사 ·· 1583
　2-1-1 교통통제 및 안전처리('23년 신설) ···································· 1583
　2-1-2 포장 절단('21년 보완) ··· 1583
　2-1-3 아스팔트 포장 절삭 후 아스팔트 덧씌우기(1회 절삭, 1회 포장)
　　　　('20, '24년 보완) ·· 1584
　2-1-4 아스팔트 포장 절삭 후 아스팔트 덧씌우기(1회 절삭, 2회 포장)
　　　　('24년 신설) ··· 1585
　2-1-5 절삭 후 콘크리트 덧씌우기('20년 보완) ····························· 1586
　2-1-6 아스팔트 절삭 및 덧씌우기('14, '20, '24년 보완) ················ 1587
　　[참고자료] 교면포장상태 평가 기술 ··· 1588
　　　　　　　반강성 포장 ·· 1589
　　　　　　　구스아스팔트 방수 겸용 포장(콘크리트) ······················ 1590
　2-1-7 콘크리트 포장 절삭 후 아스팔트 덧씌우기('24년 신설) ········ 1592
　2-1-8 소파보수(표층)('20년 신설) ·· 1593
　2-1-9 소파보수(포장복구)('08년 신설, '09, '11, '14, '20년 보완) ··· 1594
　　[참고자료] 그린팔트 코트 도막방수 공법(특허 제10-1736261호) ·· 1596
　2-1-10 소파보수(도로복구)('09년 신설, '20년 보완) ····················· 1597
　2-1-11 맨홀보수('20년 보완) ··· 1598
　　[참고자료] PLC 맨홀 보수공법(특허 제10-1309212호) ················ 1599
　2-1-12 차선도색('08, '14, '16, '17, '20, '25년 보완) ····················· 1601
　2-1-13 차선도색제거('20년 보완) ··· 1604
　2-1-14 슬러리실 ··· 1604

2-1-15 표면평탄작업 ··· 1604
2-1-16 현장가열 표층재생공법 ·· 1605
2-1-17 재래난간 철거공 ··· 1605
2-1-18 교통 안전표지판 철거('20년 보완) ································· 1606
2-1-19 교통 안전표지판 교체('20년 보완) ································· 1606
2-1-20 도로반사경 철거('20년 보완) ·· 1607
2-1-21 도로반사경 교체('20년 보완) ·· 1607
2-1-22 도로표지병 제거('20년 보완) ·· 1607
2-1-23 시선유도표지 철거('20년 보완) ·· 1608
2-1-24 보도용 블록 인력철거('21, '24년 보완) ·························· 1608
2-1-25 보도용 블록 장비사용 철거('21년 신설, '24년 보완) ··· 1609
2-1-26 보도용 블록 재설치(소형)('21년 신설, '24년 보완) ······ 1609
2-1-27 보도용 블록 재설치(대형)('24년 신설) ···························· 1610
2-1-28 보도용 블록 소규모보수('21년 신설, '24년 보완) ········· 1611
2-1-29 보차도 및 도로경계블록 철거('21년 신설, '24년 보완) ··· 1611
2-1-30 보차도 및 도로경계블록 재설치('21년 신설, '24년 보완) ··· 1612
2-1-31 가드레일 철거('20년 신설) ··· 1612
2-2 궤도공사 ·· 1613
2-2-1 철도안전처리('23년 신설) ·· 1613
2-2-2 궤광철거('12, '19, '23년 보완) ··· 1613
2-2-3 분기기 철거('12, '19, '23년 보완) ····································· 1614
2-2-4 레일교환(인력)('12, '23년 보완) ··· 1614
2-2-5 레일교환(기계)('12, '19, '23년 보완) ································· 1615
2-2-6 침목교환(인력)('12, '23년 보완) ··· 1615
2-2-7 침목교환(기계)('12, '19년 보완) ··· 1616
2-2-8 분기기교환(인력)('12, '23년 보완) ····································· 1617
2-2-9 분기기교환(기계)('12, '19년 보완) ····································· 1618
2-2-10 도상자갈철거(인력)('11년 신설) ·· 1618
2-2-11 도상자갈철거(기계)('19년 신설) ·· 1619
2-2-12 도상갱환('11년 신설) ··· 1619

2-2-13 궤도정정 및 이설('12, '19, '23년 보완) ································ 1620
2-2-14 교상가드레일 철거('12, '19년 보완) ···································· 1621
2-2-15 목침목 탄성체결장치 철거('12, '19년 보완) ························ 1621
2-3 교량공사 ·· 1621
  2-3-1 강교보수 바탕처리(인력) ··· 1621
  2-3-2 강교보수 바탕처리(장비)('21년 신설) ··································· 1622
2-4 관부설 및 접합 ··· 1623
  2-4-1 상수관 세척('18년 신설) ·· 1623
  2-4-2 하수관 세정('21년 신설, '25년 보완) ··································· 1623
  2-4-3 관세관(스크레이퍼+워터젯트 병행 방법)('10, '11년 보완) ··· 1624
  2-4-4 하수관 수밀시험('93년 신설, '12, '18, '21년 보완) ············ 1625
    참고자료 파손예방 및 누수감지 시스템 구축 ···························· 1626
             누수감지 시스템 구축 ·· 1627
             지중 동공감지 시스템 구축 ·· 1628
             파손예방 시스템 구축 ·· 1629
  2-4-5 하수관 공기압시험('21년 신설) ·· 1630
  2-4-6 하수관 준설(버킷식)('93년 신설, '12, '18, '21년 보완) ···· 1630
  2-4-7 하수관 준설(흡입식)('12, '21년 보완) ·································· 1631
    참고자료 교량배수시설 ·· 1632
  2-4-8 하수도 수로암거 준설(흡입식)('21년 신설) ························ 1634
  2-4-9 빗물받이 준설(인력식)('25년 신설) ······································ 1634
  2-4-10 빗물받이 준설(흡입식)('25년 신설) ···································· 1635
  2-4-11 CCTV조사('12, '18, '21, '22년 보완) ································ 1635
    참고자료 하수처리장 준설(특허 제10-2140062호
             - 안전성이 확보된 친환경 준설슬러지 탈수처리장치) ······ 1636
             하수처리장 준설(특허 제10-1251568호
             - 환경친화적인 준설슬러지 탈수처리공법 및 그 장치) ···· 1637
  2-4-12 주철관 철거('22년 신설, '25년 보완) ································· 1638
  2-4-13 원심력철근콘크리트관 철거('22년 신설, '25년 보완) ······· 1638

| 건설신기술 | 1등급 천연 유색골재와 색차 평가기법을 적용하는
칼라아스팔트 포장 공법 ·· 1639

제 3 장 건 축 ·· 1648
3-1 구조물 철거공사 ··· 1648
    3-1-1 콘크리트구조물 헐기(인력)('25년 보완) ······················· 1648
    3-1-2 콘크리트구조물 헐기(기계)('21, '25년 보완) ················ 1648
    3-1-3 철골재 철거(인력)('25년 보완) ···································· 1649
    3-1-4 철골재 철거(기계)('21년 신설, '25년 보완) ··················· 1650
    3-1-5 석축헐기(인력)('22년 보완) ··· 1650
3-2 해체공사 ·· 1651
    3-2-1 금속기와 해체('22년 신설) ··· 1651
    3-2-2 흡음텍스 해체('22년 신설) ··· 1651
    3-2-3 경량천장철골틀 해체('22년 신설) ································ 1651
    3-2-4 조적벽 해체('22년 신설) ·· 1652
    3-2-5 경량벽체철골틀 해체('22년 신설) ································ 1652
    3-2-6 석고판 해체('22년 신설) ·· 1652
    3-2-7 도배 해체('22년 신설) ··· 1653
    3-2-8 PVC계바닥재 해체('22년 신설) ·································· 1653
    3-2-9 타일 해체('22년 신설) ··· 1653
    3-2-10 기존방수층 및 보호층 철거 ······································ 1654
    3-2-11 기존방수층 제거 및 바탕처리 ·································· 1654
    3-2-12 석면건축자재 해체('09년 신설, '11년 보완) ··············· 1654
    | 참고자료 | 다기능케이지 고소작업차량을 이용한 석면 슬레이트 해체·제거기술
        (슬레이터공법) ··· 1656
3-3 칠공사 ··· 1657
    3-3-1 재도장 시 바탕처리(콘크리트·모르타르면)('21년 신설) ········ 1657
    | 참고자료 | 탄성무기질 조성물을 이용한 면 처리 시공방법(GB-1800) ······ 1658
    3-3-2 재도장 시 바탕처리(철재면)('21년 신설) ······················ 1659
    3-3-3 재도장 시 바탕처리(목재면)('21년 신설) ······················ 1659

3-4 수선 및 보수공사 ··· 1660
  3-4-1 지붕 덧씌우기('22년 신설) ··· 1660
  3-4-2 지붕 재설치('22년 신설) ·· 1660
    [참고자료] 노후된 금속기와 지붕 보수공법(특허 제10-2177416호) ········· 1661
  3-4-3 도배 교체('22년 신설) ·· 1662
  3-4-4 PVC계바닥재 교체('22년 신설) ·· 1662
  3-4-5 타일 교체('22년 신설) ·· 1662

제 4 장 기계설비 ··· 1670

4-1 일반기계설비 해체 ·· 1670
  4-1-1 배관 해체('22년 신설) ·· 1670
  4-1-2 각형덕트 해체('22년 신설) ·· 1671
  4-1-3 스파이럴덕트 해체('22년 신설) ·· 1671
  4-1-4 배관보온 해체('22년 신설) ·· 1672
  4-1-5 덕트보온 해체('22년 신설) ·· 1673
  4-1-6 펌프 해체('22년 신설) ·· 1673
  4-1-7 일반기계설비 철거 및 이설('93년 보완) ······························· 1674
4-2 자동제어설비 해체 ··· 1675
  4-2-1 철거 및 이설 ··· 1675
4-3 수선 및 보수공사 ··· 1675
  4-3-1 유량계 교체('22년 보완) ·· 1675
  4-3-2 관갱생공 ··· 1676
  4-3-3 배관누수 검사('22년 신설) ·· 1677

참고자료

시중노임 ··· 1683
   Ⅰ. 조사 개요 ·· 1683
   Ⅱ. 임금적용 요령 ·· 1687
   Ⅲ. 개별직종 노임단가 ·· 1692
   Ⅳ. 직종 해설 ·· 1697

공종별색인

공종별색인 ··· 1705

2025건설공사 표준품셈

공 통 부 문

제 1 장 · 적용기준
제 2 장 · 가설공사
제 3 장 · 토공사
제 4 장 · 조경공사
제 5 장 · 기초공사
제 6 장 · 철근콘크리트공사
제 7 장 · 돌공사
제 8 장 · 건설기계

제 1 장 적용기준

1-1 일반사항

1-1-1 목 적
정부 등 공공기관에서 시행하는 건설공사의 적정한 예정가격을 산정하기 위한 일반적인 기준을 제공하는 데 있다.

1-1-2 적용범위('12년 보완)
국가, 지방자치단체, 공기업·준정부기관, 기타공공기관 및 위 기관의 감독과 승인을 요하는 기관에서는 본 표준품셈을 건설공사 예정가격 산정의 기초로 활용한다.

1-1-3 적용방법('05, '08, '09, '12, '14, '23년 보완)
1. 공사의 예정가격 산정은 본 표준품셈을 활용한다.
2. 본 표준품셈에서 제시된 품은 일일 작업시간 8시간을 기준한 것이다.
3. 본 표준품셈은 건설공사 중 대표적이고 보편적이며 일반화된 공종, 공법을 기준한 것이며 현장여건, 기후의 특성 및 조건에 따라 조정하여 적용하되, 예정가격작성기준 제2조에 의거 부당하게 감액하거나 과잉 계상되지 않도록 한다.
4. 본 표준품셈에 명시되지 않는 사항은 각종 사업을 시행하는 국가기관, 지방자치단체, 공기업·준정부기관, 기타공공기관 등의 장의 책임하에 적정한 예정가격 산정 기준을 적의 결정하여 사용한다.
5. 건설공사의 예정가격 산정시 공사규모, 공사기간 및 현장조건 등을 감안하여 가장 합리적인 공법을 채택 적용한다.
6. 본 표준품셈에 명시되지 않은 품으로서 타부문(전기, 통신, 문화재 등)의 표준품셈에 명시된 품은 그 부분의 품을 적용하고, 타부문과 유사한 공종의 품은 본 표준품셈을 우선하여 적용한다.
7. 소방법, 총포·도검·화약류 등 단속법, 산업안전보건법, 산업재해보상보험법, 건설기술진흥법, 대기환경보전법, 소음·진동규제법 등 관계법령이나 계약 조건에 따라 소요되는 비용은 별도로 계상한다.
8. 각 발주기관에서 4항에 의하여 별도로 결정하여 적용한 품셈이 표준품셈 보완에 반영할 필요가 있다고 인정될 경우에는 그 자료를 표준품셈 관리단체(한국건설기술연구원)에 제출한다.

1-2 설계 및 수량

1-2-1 수량의 계산('05, '23년 보완)
1. 수량의 단위 및 소수자리는 표준품셈 단위표준에 의한다.
2. 수량의 계산은 지정 소수자리 아래 1자리까지 산출하여 반올림 한다.
3. 계산에 쓰이는 분도(分度)는 분까지, 원둘레율(圓周率), 삼각함수(三角函數) 및 호도(弧度)의 유효숫자는 3자리(3位)로 한다.
4. 곱하거나 나눗셈에 있어서는 기재된 순서에 따라 계산한다.
5. 면적 및 체적의 계산은 측량 결과 또는 설계도서를 바탕으로 수학적 공식에 의해 산출함을 원칙으로 한다.
6. 다음에 열거하는 것의 체적과 면적은 구조물의 수량에서 공제하지 아니한다.
   가. 콘크리트 구조물 중의 말뚝머리
   나. 볼트의 구멍
   다. 모따기 또는 물구멍(水切)
   라. 이음줄눈의 간격
   마. 포장공종의 1개소당 0.1㎡ 이하의 구조물 자리
   바. 강(鋼)구조물의 리벳 구멍
   사. 철근 콘크리트 중의 철근
   아. 기타 전항에 준하는 것
7. 성토 및 사석공의 준공토량은 성토 및 사석공 설계도의 양으로 한다.
   그러나 지반침하량은 지반성질에 따라 가산할 수 있다.
8. 절토(切土)량은 자연상태의 설계도의 양으로 한다.

1-2-2 단위표준('12, '23년 보완)

1. 설계서의 단위 및 소수의 표준

종 목	규 격		단위 수량		비 고
	단 위	소수자리	단 위	소수자리	
공 사 연 장	m	2	m	-	
공 사 폭 원	-	-	〃	1	
직 공 인 부	-	-	인	2	
공 사 면 적	-	-	㎡	1	
용 지 면 적	-	-	〃	-	
토 적(높이, 너비)	-	-	m	2	
토 적 (단 면 적)	-	-	㎡	1	
〃 (체 적)	-	-	㎥	2	
〃 (체적합계)	-	-	〃	-	
떼	cm	-	㎡	1	
모 래, 자 갈	〃	-	㎥	2	
조 약 돌	〃	-	〃	2	
견 치 돌, 깬 돌	〃	-	㎡	1	
〃	〃	-	개	-	
야 면 석 (野面石)	〃	-	〃	-	
〃	〃	-	㎥	1	
〃	〃	-	㎡	1	
돌 쌓 기 및 돌 붙 임	〃	-	㎥	1	
〃	〃	-	㎡	1	
사 석 (捨石)	〃	-	㎥	1	
다 듬 돌 (切石, 板石)	〃	-	개	2	
벽 돌	mm	-	〃	-	
블 록	〃	-	〃	-	
시 멘 트	-	-	kg	-	
모 르 타 르	-	-	㎥	2	
콘 크 리 트	-	-	〃	2	
석 분	-	-	kg	-	
석 회	-	-	〃	-	

종 목	규 격		단위 수량		비 고
	단 위	소수자리	단 위	소수자리	
화 산 회	-	-	kg	-	
아 스 팔 트	-	-	〃	-	
목 재(판재)	길이 m	1	㎡	2	
〃	폭, 두께	1	㎥	3	
〃	cm	1	〃	3	
합 판	mm	-	장	1	
말 뚝	길이 m 지름 mm	1	개	-	
철 강 재	mm	-	kg	3	총량표시는 ton으로 한다.
용 접 봉	〃	-	〃	1	
구 리 판, 함 석 류	-	-	㎡	2	
철 근	mm	-	kg	-	
볼 트, 너 트	〃	-	개	-	
꺽 쇠	〃	-	〃	-	
철 선 류	〃	1	kg	2	
P C 강 선	-	-	〃	2	
돌 망 태	길이 m 지름 m 높이 m	1위 - -	m 개	1 -	망눈(網目)cm
로 프 류	mm	-	m	1	
못	길이 cm	1	kg	2	
석 유, 휘 발 유, 모 빌 유	-	-	ℓ	2	
구 리 스	-	-	kg	2	
닝 마	-	-	〃	2	
화 약 류	-	-	〃	3	
뇌 관	-	-	개	-	
도 화 선	-	-	m	-	
석 탄, 목 탄, 코 크 스	-	-	kg	1	
산 소	-	-	ℓ	-	
카 바 이 트	-	-	kg	1	

종 목	규 격		단위 수량		비 고
	단 위	소수자리	단 위	소수자리	
도 료(塗料)	-	-	ℓ 또는 kg	2	
도 장(塗裝)	-	-	㎡	1	
관 류(管類)	길이 m 지름 ㎜ 두께 ㎜	2 - -	개	-	
수 로 연 장	-	-	m	1	
옹 벽	-	-	㎡	1	
승강장옹벽 및 울타리	-	-	m	1	
궤 도 부 설	-	-	km	3	
시 험 하 중	-	-	ton	-	
보 오 링(試錐)	-	-	m	1	
방 수 면 적	-	-	㎡	1	
건 물(면적)	-	-	〃	2	
건 물 (지붕, 벽붙이기)	-	-	〃	1	
우 물	깊이	-	m	1	
마 대	-	-	매	-	

[주] ① 설계서 수량의 단위와 소수자리 표시는 본 표에 따르며, 반올림하여 적용한다.
② 품셈 각 항목에서 제시한 소수자리가 본 표의 내용과 상이할 경우 항목에서 제시하는 소수자리를 우선하여 적용한다.
③ 본 표에 제시하지 않은 품의 경우 유사 품의 규격과 단위수량을 참고하여 적용하며, C.G.S 단위로 하는 것을 원칙으로 한다.

2. 금액의 단위표준

종 목	단위	자리	비 고
설 계 서 의 총 액	원	1,000	미만 버림
설 계 서 의 소 계	〃	1	〃
설 계 서 의 금 액 란	〃	1	〃
일 위 대 가 표 의 계 금	〃	1	〃
일 위 대 가 표 의 금 액 란	〃	0.1	

[주] 일위대가표 금액란 또는 기초계산금액에서 소액이 산출되어 공종이 없어질 우려가 있어 소수자리 1자리 이하의 산출이 불가피할 경우에는 소수자리의 정도를 조정 계산할 수 있다.

1-2-3 토질('99, '14, '23년 보완)

1. 지반설계
지하지반은 토질조사시험에 따라 설계하는 것을 원칙으로 한다. 다만, 공사량이 소규모인 경우에는 지형 또는 표면상태에 의하여 추정설계 할 수 있다.

2. 토질 및 암의 분류
가. 보통토사
   보통 상태의 실트 및 점토 모래질 흙 및 이들의 혼합물로서 삽이나 괭이를 사용할 정도의 토질(삽작업을 하기 위하여 상체를 약간 구부릴 정도)
나. 경질 토사
   견고한 모래질 흙이나 점토로서 괭이나 곡괭이를 사용할 정도의 토질(체중을 이용하여 2~3회 동작을 요할 정도)
다. 고사 점토 및 자갈섞인 토사
   자갈질 흙 또는 견고한 실트, 점토 및 이들의 혼합물로서 곡괭이를 사용하여 파낼 수 있는 단단한 토질
라. 호박돌 섞인 토사
   호박돌 크기의 돌이 섞이고 굴착에 약간의 화약을 사용해야 할 정도로 단단한 토질
마. 풍화암
   일부는 곡괭이를 사용할 수 있으나 암질(岩質)이 부식되고 균열이 1~10cm로서 굴착 또는 절취에는 약간의 화약을 사용해야 할 암질
바. 연암
   혈암, 사암 등으로서 균열이 10~30cm 정도로서 굴착 또는 절취에는 화약을 사용해야 하나 석축용으로는 부적합한 암질
사. 보통암
   풍화상태는 엿볼 수 없으나 굴착 또는 절취에는 화약을 사용해야 하며 균열이 30~50cm 정도의 암질
아. 경암
   화강암, 안산암 등으로서 굴착 또는 절취에 화약을 사용해야 하며 균열상태가 1m 이내로서 석축용으로 쓸 수 있는 암질
자. 극경암
   암질이 아주 밀착된 단단한 암질

[주] 표준품셈에 표시되는 돌재료의 분류는 다음을 기준으로 한다.
① 모암(母岩) : 석산에 자연상태로 있는 암을 모암이라 한다.
② 원석(原石) : 모암에서 1차 파쇄된 암석을 원석이라 한다.
③ 건설공사용 석재 : 석재의 품질은 그 용도에 적합한 강도를 갖고 균열이나 결점이 없고 질이 좋은 치밀한 것이며 풍화나 동결의 해를 받지 않는 것이라야 한다.

④ 다듬돌(切石) : 각석(角石) 또는 주석(柱石)과 같이 일정한 규격으로 다듬어진 것으로서 건축이나 또는 포장등에 쓰이는 돌
⑤ 막다듬돌(荒切石) : 다듬돌을 만들기 위하여 다듬돌의 규격 치수의 가공에 필요한 여분의 치수를 가진 돌
⑥ 견치돌(間知石) : 형상은 재두각추체(裁頭角錐體)에 가깝고 전면은 거의 평면을 이루며 대략 정사각형으로서 뒷길이(控長), 접촉면의 폭(合端), 뒷면(後面) 등이 규격화 된 돌로서 4방락(四方落) 또는 2방락(二方落)의 것이 있으며 접촉면의 폭은 전면 1변의 길이의 1/10 이상이라야 하고 접촉면의 길이는 1변의 평균 길이의 1/2 이상인 돌

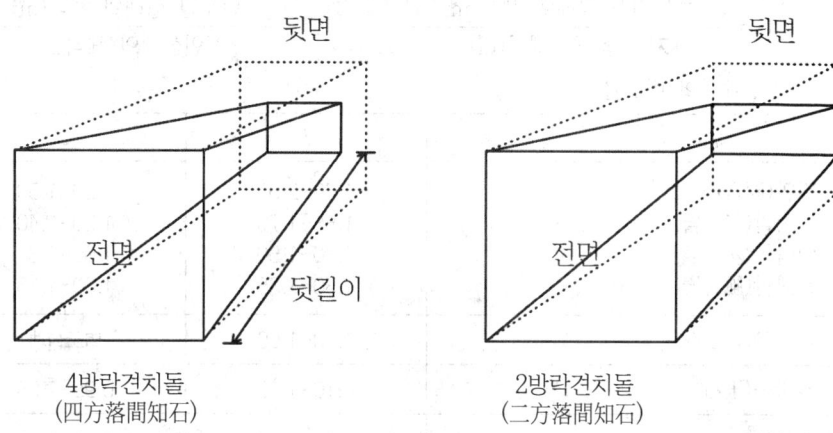

4방락견치돌
(四方落間知石)

2방락견치돌
(二方落間知石)

⑦ 깬돌(割石) : 견치돌에 준한 재두방추형(裁頭方錐形)으로서 견치돌보다 치수가 불규칙하고 일반적으로 뒷면(後面)이 없는 돌로서 접촉면의 폭(合端)과 길이는 각각 전면의 일변의 평균길이의 약1/20과 1/3이 되는 돌
⑧ 깬 잡석(雜割石) : 모암에서 일차 폭파한 원석을 깬 돌로서, 깬돌(割石)보다도 형상이 고르지 못한 돌로써 전면의 변의 평균 길이는 뒷길이의 약 2/3되는 돌
⑨ 사석(捨石) : 막 깬돌 중에서 유수에 견딜 수 있는 중량을 가진 큰 돌
⑩ 잡석(雜石) : 크기가 지름 10~30㎝ 정도의 것이 크고 작은 알로 고루고루 섞여져 있으며 형상이 고르지 못한 큰 돌
⑪ 전석(轉石) : 1개의 크기가 0.5㎥ 내·외의 정형화 되지 않은 석괴
⑫ 야면석(野面石) : 천연석으로 표면을 가공하지 않은 것으로서 운반이 가능하고 공사용으로 사용될 수 있는 비교적 큰 석괴
⑬ 호박돌(玉石) : 호박형의 천연석으로서 가공하지 않은 지름 18㎝ 이상의 크기의 돌
⑭ 조약돌(栗石) : 가공하지 않은 천연석으로서 지름 10~20㎝ 정도의 계란형의 돌
⑮ 부순돌(碎石) : 잡석을 지름 0.5~10㎝ 정도의 자갈 크기로 작게 깬 돌
⑯ 굵은 자갈(大砂利) : 가공하지 않은 천연석으로서 지름 7.5~20㎝ 정도의 돌
⑰ 자갈(砂利) : 천연석으로서 자갈보다 알이 작고 지름 0.5~7.5㎝ 정도의 둥근 돌
⑱ 역(礫) : 천연석인 굵은 자갈과 작은 자갈이 고루고루 섞여져 있는 상태의 돌
⑲ 굵은 모래(粗砂) : 천연산으로서 지름 0.25~2㎜ 정도의 알맹이의 돌
⑳ 잔모래(細砂) : 천연산으로서 지름 0.05~0.25㎜ 정도의 알맹이의 돌
㉑ 돌가루(石粉) : 돌을 바수어 가루로 만든 것

㉒ 고로슬래그 부순돌 : 제철소의 선철(銑鐵) 제조 과정에서 생산되는 고로슬래그를 0~40㎜로 파쇄 가공한 돌

3. 체적환산계수

가. 토공에 있어 토질 시험하여 적용하는 것을 원칙으로 하나 소량의 토량인 경우에는 표준품셈의 체적환산계수표에 따를 수도 있다.

나. 체적의 변화

$$L = \frac{흐트러진\ 상태의\ 체적(㎥)}{자연상태의\ 체적(㎥)} \qquad C = \frac{다져진\ 상태의\ 체적(㎥)}{자연상태의\ 체적(㎥)}$$

다. 체적의 변화율

종 별	L	C
경암(硬岩)	1.70~2.00	1.30~1.50
보통암(普通岩)	1.55~1.70	1.20~1.40
연암(軟岩)	1.30~1.50	1.00~1.30
풍화암(風化岩)	1.30~1.35	1.00~1.15
폐콘크리트	1.40~1.60	별도설계
호박돌(玉石)	1.10~1.15	0.95~1.05
역(礫)	1.10~1.20	1.05~1.10
역질토(礫質土)	1.15~1.20	0.90~1.00
고결(固結)된 역질토(礫質土)	1.25~1.45	1.10~1.30
모래(砂)	1.10~1.20	0.85~0.95
암괴(岩塊)나 호박돌이 섞인 모래	1.15~1.20	0.90~1.00
모래질흙	1.20~1.30	0.85~0.90
암괴(岩塊)나 호박돌이 섞인 모래질흙	1.40~1.45	0.90~0.95
점질토	1.25~1.35	0.85~0.95
역(礫)이 섞인 점질토(粘質土)	1.35~1.40	0.90~1.00
암괴(岩塊)나 호박돌이 섞인 점질토	1.40~1.45	0.90~0.95
점토(粘土)	1.20~1.45	0.85~0.95
역(礫)이 섞인 점질토	1.30~1.40	0.90~0.95
암괴(岩塊)나 호박돌이 섞인 점토	1.40~1.45	0.90~0.95

[주] 암(경암·보통암·연암)을 토사와 혼합 성토할 때는 공극 채움으로 인한 토사량을 계상할 수 있다.

라. 체적환산계수(f)표

구하는 Q 기준이 되는 q	자연 상태의 체적	흐트러진 상태의 체적	다져진 후의 체적
자연상태의 체적	1	L	C
흐트러진 상태의 체적	1/L	1	C/L

4. 토취장 및 골재원
   가. 토취장 및 골재원(석산, 콘크리트 및 포장용 재료, 기타)을 필요로 하는 공사에는 설계서에 그 위치를 명시할 수 있다.
   나. 토취장 및 골재원은 품질과 경제성(수량, 거리, 채집방법, 거래가격 등) 및 관련 법적규제 등을 고려하여 설계한다.
   다. 모암을 발파하여 깬돌 등 규격품을 채취할 경우 규격품으로 사용할 수 없는 파쇄된 돌의 발생량은 10~40%를 표준으로 하며, 이때 파쇄된 돌의 유용이 가능하여 유용할 경우 이에 따른 경비는 별도 계상하고, 그 발생량에 대해서는 무대(無代)로 한다.
   마. 잡석을 부순 돌(碎石)로 사용하려 할 때에는 채집비를 계상할 수 있다.
   바. 원석대와 채취장 및 기타 보상비는 실정에 따라 별도 계상할 수 있다.
   사. 국유지인 경우에는 필요한 조치를 취하여 사용토록 한다.
   아. 토취장 및 골재원은 사용 후 정리하여 사방을 하거나 조경을 하여야 하며 정리비, 사방비 및 조경비는 별도 계상한다.

5. 오픈케이슨 기초
   우물통 기초굴착시 굴착토량은 외토 침입률을 감안하여 산정한다.

1-2-4 재료 및 자재의 단가('05, '06, '14, '22, '23년 보완)

1. 주요자재
   가. 공사에 대한 주요자재의 관급은 "국가를당사자로하는계약에관한법률시행규칙" 및 기획재정부 회계예규 등 관계규정이나 계약조건에 따른다.
   나. 자재구입은 필요에 따라 시방서를 작성하고 그 물건의 기능, 특징, 용량, 제작방법, 성능, 시험방법, 부속품 등에 관하여 명시하여야 한다.
   다. 국내에서 생산되는 자재를 우선적으로 사용함을 원칙으로 하고 그중에서도 한국산업규격표시품(KS), 우수재활용제품(GR) 또는 건설기술진흥법 제60조제1항의 규정에 의한 국·공립시험기관의 시험결과 한국산업규격표시품과 동등 이상의 성능이 있다고 확인된 자재를 우선한다.
   라. 한국산업규격에 없는 제품 사용시 공사조건에 맞는 관련규격 및 시방(외국규격 등) 등을 검토하여 사용토록 한다.

2. 재료 및 자재의 단가
　가. 건설재료 및 자재의 단가는 거래실례가격 또는 통계법 제15조의 규정에 의한 지정기관이 조사하여 공표한 가격, 감정가격, 유사한 거래실례가격, 견적가격을 기준하며, 적용순서는 국가를 당사자로 하는 계약에 관한 법률 시행규칙 제7조의 규정에 따른다.
　나. 재료 및 자재단가에 운반비가 포함되어 있지 않은 경우 구입 장소로부터 현장까지의 운반비를 계상할 수 있다.
　다. 품셈의 각 항목에 명시되어 있지 않는 재료 및 자재는 설계수량을 적용하고, 잡재료 및 소모재료는 '[공통부문] 1-2-4/7. 잡재료 및 소모재료' 등을 따른다.

3. 재료의 단위 중량
　재료의 단위중량은 입경, 습윤도 등에 따라 달라지므로 시험에 의하여 결정하여야 하며, 일반적인 추정 단위중량은 다음과 같다.

종 별	형 상	단위중량(kg/㎥)	비 고
암 석	화 강 암	2,600~2,700	자연상태
〃	안 산 암	2,300~2,710	〃
〃	사 암	2,400~2,790	〃
〃	현 무 암	2,700~3,200	〃
자 갈	건 조	1,600~1,800	〃
〃	습 기	1,700~1,800	〃
〃	포 화	1,800~1,900	〃
모 래	건 조	1,500~1,700	〃
〃	습 기	1,700~1,800	〃
〃	포 화	1,800~2,000	〃
점 토	건 조	1,200~1,700	〃
〃	습 기	1,700~1,800	〃
〃	포 화	1,800~1,900	〃
점 질 토	보 통 의 것	1,500~1,700	〃
〃	력 이 섞 인 것	1,600~1,800	〃
〃	력이 섞이고 습한것	1,900~2,100	〃
모 래 질 흙		1,700~1,900	〃
자 갈 섞 인 토 사		1,700~2,000	〃
자 갈 섞 인 모 래		1,900~2,100	〃
호 박 돌		1,800~2,000	〃
사 석		2,000	〃
조 약 돌		1,700	〃
주 철		7,250	

종 별	형 상	단위중량(kg/㎥)	비 고
강, 주강, 단철		7,850	
스테인리스	STS 304	7,930	KSD3695
〃	STS 430	7,700	('93신설)
연 철		7,800	
놋 쇠		8,400	
구 리		8,900	
납 (鉛)		11,400	
목 재	생 송 재 (生松材)	800	
소 나 무	건 재 (乾材)	580	
소 나 무 (적송)	건 재	590	
미 송	〃	420~700	
시 멘 트		3,150	
〃		1,500	자연상태
철 근 콘 크 리 트		2,400	
콘 크 리 트		2,300	
시 멘 트 모 르 타 르		2,100	
역 청 포 장		2,350	'01 보완
역 청 재 (방수용)		1,100	
물		1,000	
해 수		1,030	
눈	분 말 상 (粉末狀)	160	
〃	동 결 (凍結)	480	
〃	수 분 포 화 (水分飽和)	800	
고 로 슬 래 그 부 순 돌		1,650~1,850	자연상태

[주] ① 부순돌 및 조약돌 등은 모암의 암질(巖質)을 고려하여 결정한다.
    ② 본 표에 없는 품종에 대하여서는 단위중량 시험에 의해 결정함을 원칙으로 하며, 필요시 (재료량이 소규모인 경우 등) 문헌에 의한 결과를 참고한다.

4. 재료시험 결과 이용

설계는 재료시험에 의하여 제원을 결정함을 원칙으로 한다.

5. 발생재의 처리

사용고재 등 발생재의 처리는 다음 표에 의하여 그 대금을 설계 당시 미리 공제한다.

품 명	공 제 율
사 용 고 재(시멘트공대 및 공드람 제외)	90%
강 재 스 크 랩(S c r a p)	70%
기 타 발 생 재	발 생 량

[주] ① 공제금액 계산 : 발생량×공제율×고재단가
② 기존시설물의 철거, 해체, 이설 등으로 인한 발생재는 '예정가격 작성기준 제17조'를 따른다.

6. 강관배관의 부자재 산정요율

가. 일반업무용 건물

(강관금액에 대한 %)

항목 시공부위별 \ 건물규모별	관 이 음 부 속			관 지 지 물		
	소	중	대	소	중	대
가. 냉 온 수 배 관						
- 기 계 실	75	70	65	30	15	15
- 옥 내 일 반	45	45	45	40	25	25
나. 냉 각 수 배 관						
- 기 계 실	75	75	75	7	7	7
- 옥 내 일 반	70	55	40	9	9	9
다. 증 기 배 관						
- 기 계 실	75	65	50	30	30	30
- 옥 내 일 반	45	45	45	30	30	30
라. 급 수·급 탕 배 관						
- 기 계 실	80	80	80	15	15	15
- 옥 내 일 반	60	60	60	15	15	15
마. 보 일 러 급 유 배 관	50	50	50	15	15	15
바. 통 기 배 관	30	30	30	10	10	10
사. 소 화 배 관						
- 옥 내 소 화 전	65	55	50	10	10	10
- 스 프 링 클 러	70	70	70	15	15	15

[주] ① 상기요율은 일반 업무용 건물의 배관재로 사용하는 일반탄소강관금액에 대한 관이음부속 및 관지지물의 금액비율이다.

② 건물규모별 소, 중, 대는 다음과 같다.
　소 : 연면적 5,000㎡ 이하의 건물
　중 : 연면적 5,000㎡ 초과 30,000㎡ 미만의 건물
　대 : 연면적 30,000㎡ 이상의 건물
③ 관이음부속류는 엘보, 티, reducer, 유니온, 소켓, 캡, 플러그, 니플, 부싱, 플랜지 등을 말한다.
④ 관이음부속류에는 각종 밸브장치, 증기트랩장치, By Pass관 장치 및 계량기장치의 관이음부속과 각종 펌프토출측의 연결용 플랜지는 제외되었다.
⑤ 관지지물류는 클레비스행거, 보온용 클레비스행거, 파이프 클램프, 롤러행거, 행거볼트, U-볼트, 파이프 앵커, 턴버클, 나비밴드 등을 말한다.
⑥ 관지지물에는 단열지지대 및 관지지대가 제외되어 있으므로 별도 계상한다.
⑦ 증기배관의 관지지물에는 ⑥항 및 롤러, 새들, 보온재 보호관이 제외되어 있으므로 별도 계상한다.
⑧ 통기배관의 요율은 환상통기식이므로 각개 통기방식일 때는 별도 계상할 수 있다.
⑨ 상기부자재 산정요율 계산방식과 도면에 의한 물량산출 방식을 병행사용 할 수 있다.

나. 병원건물

(강관금액에 대한 %)

시 공 부 위 별	관 이 음 부 속	관 지 지 물
가. 냉 · 온 수 배 관 　- 기　　계　　실 　- 옥 　내 　일 　반	 80 40	 50 30
나. 증 　기 　배 　관 　- 기 　　계 　　실	 55	 20
다. 급 수 · 급 탕 배 관 　- 기 　　계 　　실 　- 옥 　내 　일 　반	 70 50	 15 40
라. 통 　기 　　　관	30	8
마. 소 　화 　배 　관 　- 옥 내 소 화 전 배 관 　- 스 프 링 클 러 배 관	 45 75	 10 20

[주] ① 상기 요율은 병원건물의 배관재로 사용하는 일반 탄소 강관금액에 대한 관이음부속 및 관지지물의 금액비율이다.
　② 관이음 부속류는 엘보, 티, reducer, 유니온, 소켓, 캡, 플러그, 니플, 부싱, 플랜지 등을 말한다.
　③ 관이음 부속류에는 각종 밸브장치, 증기트랩장치, By Pass관 장치 및 계량기 장치의 관이음부속과 각종 펌프, 토출측의 연결용 플랜지는 제외되어 있다.
　④ 관지지물에는 단열 지지대 및 공동구내 관지지대, 롤러스탠드 새들, 보온재 보호관 등은 제외되어 있다.
　⑤ 소화배관 요율에는 소화펌프의 토출측 밸브류 방진이음용 플랜지 유니온은 제외되어 있다.
　⑥ 수직관은 2개층 마다 플랜지 또는 유니온을 적용하였다.

7. 잡재료 및 소모재료

각 항목에 명시되어 있는 잡재료 및 소모재료에 대해서는 이를 계상하고, 명시되어 있지 않는 잡재료 및 소모재료 등을 계상하고자 할 때에는 주재료비(재료비의 할증수량 제외)의 2~5%까지 별도 계상하되 산정근거를 명시하여야 한다.

1-2-5 인력('22, '23, '25년 보완)

1. 직종의 선정

각 항목에 명시되어 있는 직종은 보편적이며 일반화된 직종을 기준한 것이며, 통계법 제17조의 지정통계에 의한 「건설업 임금실태 조사 보고서」와 엔지니어링 산업진흥법에 의한 「엔지니어링업체 임금실태조사」의 직종해설에 따라 변경·적용할 수 있다.

2. 작업반장

작업조건에 따른 작업조의 편성 시 작업조장은 기능 인력을 중심으로 편성하며, 다수의 보통인부에 대한 원활한 지휘통제가 필요할 경우 작업반장을 계상할 수 있다.

[참고]

현장 작업 조건	작업 반장수
- 작업장이 광활하여 감독이 용이하고 고도의 기능이 필요치 않을 경우	보통인부 25인~50인에 1인
- 작업장이 협소하고 감독시야가 보통이며 약간의 기능을 요하는 경우	보통인부 15인~25인에 1인
- 고도의 기능과 철저한 감독이 요구되는 경우	보통인부 5인~15인에 1인

3. 신호수 등

공사 중 안전을 위해 배치되는 각종 신호수, 감시자 등의 인력은 각 항목에서 제외되어 있으며, 해당 법령(규정, 지침, 규칙 등)에서 규정하는 인력 및 설계자의 판단(현장여건 및 조건 등 고려)에 의해 필요한 인력은 별도 계상한다.

1-2-6 공구 및 경장비('93, '23년 보완)

각 항목에 명시되어 있는 공구손료 및 경장비의 기계경비에 대해서는 이를 계상하고, 명시되어 있지 않는 공구손료 및 경장비의 기계경비 등을 계상하고자 할 때에는 다음에 따라 별도 계상하되 산정근거를 명시하여야 한다.

1. 공구손료

일반공구 및 시험용 계측기구류의 손료로서 공사 중 상시 일반적으로 사용되는 것이며, 인력품(노임할증과 작업시간 증가에 의하지 않은 품할증 제외)의 3%까지 계상하며 특수공구(철골공사, 석공사 등) 및 검사용 특수계측기류의 손료는 별도 계상한다.

> **참 고**
> - 일반공구 및 일반시험용 계측기구 : 스패너류, 렌치류, 턴버클, 샤클, 스프레이건, 바이스, 클립 또는 클램프류, 용접봉건조통, 게이지류, V블록, 마이크로메타, 버어니어캘리퍼스 및 이와 유사한 것으로 공사 중 상시 일반적으로 사용하는 것으로서 별도의 동력을 필요로 하지 않는 것.

2. 경장비의 기계경비

아래 참고와 같은 경장비류의 손료 및 운전경비(운전원 제외)이며, 손료는 기계경비산정표에 명시된 가장 유사한 장비의 제수치(내용시간, 연간표준 가동시간, 상각비율, 정비비율, 연간관리비율 등)를 참조하여 계상한다.

> **참 고**
> - 경장비 : 휴대용 전기드릴, 휴대용 전기그라인더, 체인블럭, 콘크리트브레이커(기초수정용), 임팩트렌치, 전기용접기, 윈치, 세어링머신, 벤딩롤러, 수압펌프(수압시험용) 및 이와 유사한 것, 주로 동력에 의하여 구동되는 장비류로서 기계경비산정표에 명시되지 아니한 소규모의 것.

1-2-7 운반('08, '10, '16, '22, '23년 보완)

1. 소운반의 운반거리
   가. 품에서 자재의 소운반은 포함하며, 품에서 포함된 것으로 규정된 소운반 거리는 20m 이내의 거리를 의미한다.
   나. 경사면의 소운반 거리는 직고 1m를 수평거리 6m의 비율로 본다.
   다. 현장 내 운반거리가 소운반 범위를 초과하거나, 별도의 2차 운반이 발생될 경우 별도 계상한다.

2. 인력운반 기본공식

$$Q = N \times q$$

$$N = \frac{T}{\frac{60 \times L \times 2}{V} + t} = \frac{VT}{120L + Vt}$$

여기서 Q : 1일 운반량(㎥ 또는 kg)
   N : 1일 운반횟수
   q : 1회 운반량(㎥ 또는 kg)
   T : 1일 실작업시간(480분 - 30분)
   L : 운반거리(m)
   t : 적재적하 시간(분)

V : 평균왕복속도(m/hr)

[주] 삽으로 적재할 수 없는 자재(시멘트·목재·철근·말뚝·전주·관·큰석재 등)의 인력적사는 기본공식을 적용하되 25kg을 1인의 비율로 계산하고 t 및 V는 자재 및 현장여건을 감안하여 계상한다.

3. 지게운반

종류	구분	적재적하 시간(t)	평균 왕복속도(m/hr)		
			양 호	보 통	불 량
토 사 류		1.5분	3,000	2,500	2,000
석 재 류		2분			

[주] ① 절취는 별도 계상한다.
② 양호 : 운반로가 평탄하며 보행이 자유롭고 운반상 장애물이 없는 경우
  보통 : 운반로가 평탄하지만 다소 운반에 지장이 있는 경우
  불량 : 보행에 지장이 있는 운반로의 경우, 습지, 모래질, 자갈질, 암반 등 지장이 있는 운반로의 경우
③ 1회 운반량은 보통토사 25kg으로 하고, 삽작업이 가능한 토석재를 기준으로 한다.
④ 석재류라 함은 자갈, 부순돌 및 조약돌 등을 말한다.
⑤ 고갯길인 경우에는 직고(直高) 1m를 수평거리 6m의 비율로 본다.
⑥ 적재운반 적하는 1인을 기준으로 한다.

4. 벽돌운반

(1,000매 당)

구 분	단 위	층 수				
		1층	2층	3층	4층	5층
보 통 인 부	인	0.44	0.56	0.74	0.96	1.19
비 고	- 리프트를 사용할 경우 보통인부 0.31인을 적용한다.					

[주] 본 품은 기본벽돌(19×9×5.7cm)을 인력으로 층별(층고 3.6m) 운반하는 기준이다.

5. 인력운반(기계설비)
  장대물, 중량물 등 인력운반비 산출공식
  가. 기본공식

$$운반비 = \frac{M}{T} \times A \left(\frac{60 \times 2 \times L}{V} + t \right)$$

  여기에서, A : 인력운반공의 노임
       M : 필요한 인력운반공의 수(총운반량/1인당 1회운반량)
       L : 운반거리(km)

V : 왕복평균속도(km/hr)
T : 1일 실작업시간
t : 준비작업시간(2분)
인력운반공의 1회 운반량(25kg)
왕복평균속도 : 도로상태 양호 : 2km/hr
　　　　　　　도로상태 보통 : 1.5km/hr
　　　　　　　도로상태 불량 : 1km/hr
　　　　　　　도로상태 물논 : 0.5km/hr
※ 도로상태 구분은 토목부분 참조

나. 경사지 운반 환산계수(α)

경사도	%	10	20	30	40	50	60	70	80	90	100
	각도	6	11	17	22	27	31	35	39	42	45
환산계수(α)		2	3	4	5	6	7	8	9	10	11

경사지 환산거리 $\alpha \times L$

6. 운반로의 개설 및 유지보수

운반로의 신설 또는 유지보수는 작업량을 감안하여 작업속도가 증가됨으로써 신설 또는 유지 보수하지 않을 때보다 경제적일 경우에만 계상해야 한다.

7. 화물자동차의 적재량

　가. 중량으로 적재할 수 있는 품종에 대하여는 중량적재 하는 것을 원칙으로 한다.
　나. 중량적재가 곤란한 것에 대하여는 적재할 수 있는 실측치에 의한다.
　다. 화물자동차의 적재량은 중량적재나 용량적재 그 어느 쪽의 제한 범위도 벗어나지 않도록 해야 하며, 운반로의 종별(공도, 사도) 및 상태에 따라서도 달라질 수 있다.
　라. 화물자동차의 적재량은 중량으로 적재하거나 특수한 품목을 제외하고는 일반적으로 다음의 값을 기준으로 한다.

종별	규격	단위	적재량				비고
			6톤 차량	8톤 차량	11톤 차량	20톤 트레일러	
목 재(원 목)	길이가 긴 것은 날개	㎥	7.7	10	13	-	
목 재(제재목)	〃	〃	9.0	12	16	-	
경 유·휘발유	200ℓ	드럼	30	40	55	-	
아 스 팔 트	〃		24	35	50	-	

종별	규격	단위	적재량				비고
			6톤 차량	8톤 차량	11톤 차량	20톤 트레일러	
새 끼	12mm, 9.4kg	다발	480	640	-	-	
벽 돌	19cm×9cm×5.7cm (표준형)	개	2,930	3,900	5,300	-	
기 와	34cm×30cm×1.5cm	매	1,860	2,480	3,400	-	
보도블록	30cm×45cm×6cm	개	490	650	890	-	
견치돌 블록	뒷길이 45cm	개	100	135	180		
〃	두께 10cm	〃	650	860	1,180		
〃	두께 15cm	〃	450	600	820		
〃	두께 20cm	〃	350	460	630		
타 일	두께 6mm (8mm)	㎡	500 (350)	660 (460)	-	-	모자이크 포함
크링커타일	두께 24mm	〃	150	200	-	-	
합 판	12mm×900mm×1,800mm	매	450	600	820	-	
유 리	두께 3mm	㎡	700	930	-	-	
페 인 트	4ℓ(18ℓ)/통	통	1,300 (300)	1,720 (400)	2,365 (550)	-	
아스타일	3mm×30cm×30cm	매	9,600	12,800	17,600	-	
흄 관	ø 300mm, L=2.5m	본	27	36	52	-	
〃	ø 450 〃	〃	15	20	27		
〃	ø 600 〃	〃	8	12	15		
〃	ø 800 〃	〃	4	6	9		
〃	ø 900 〃	〃	4	5	7		
〃	ø1000 〃	〃	3	4	5	10	
〃	ø1200 〃	〃	2	3	4	7	
〃	ø1500 〃	〃	1	2	2	5	
콘크리트관	ø 250mm, L=1m	본	60	80	110	-	
〃	ø 300 〃	〃	52	70	96	-	
〃	ø 350 〃	〃	42	60	82	-	
〃	ø 450 〃	〃	25	30	41	-	
〃	ø 600 〃	〃	16	20	27	-	
〃	ø 900 〃	〃	9	12	16	-	
〃	ø1000~1500 〃	〃	3~6	4~8	5~10	12	

종 별	규 격	단위	적재량				비고
			6톤 차량	8톤 차량	11톤 차량	20톤 트레일러	
주 철 관	ø80mm~150mm, L=6.0m	본	42~111	46~123	-	-	
〃	ø 200~ø450 〃	〃	9~30	10~34	-	-	
〃	ø 500~ø600 〃	〃	6	6~9	-	-	
〃	ø 700~ø900 〃	〃	3	3~5	-	-	
〃	ø1000 〃	〃	2	2	-	-	
도복장강관	ø300mm~450mm, L=6.0m	본	10~18	14~22	-	-	
〃	ø 500~ø 700 〃	〃	3~ 9	6~10	-	-	
〃	ø 800~ø1000 〃	〃	1~ 3	3	-	-	
〃	ø1200~ø2100 〃	〃	1	1	-	-	
〃	ø2200~ø2300 〃	〃	-	1	-	-	
P·C 파 일	ø300mm~440mm, L=9.0m	본	-	-	6~10	11~18	
	ø450~ø500 〃	〃	-	-	4~ 5	8~ 9	
시 멘 트	40kg	대	150	200	275	637 (25.5톤 화물차는 풀카고 기준)	
전 주	10m(일반용)	본	-	-	12	23	
〃	체신주 8m	〃	-	17	23	43	

1-2-8 작업조 구성 및 적용('24년 신설)

1. 작업조 구성
   가. 표준품셈의 작업조는 대표적이고, 보편적이며 일반화된 투입 요소를 제시한다.
   나. 현장여건에 따라 투입자원(인력, 장비 등)의 변경이 필요한 경우 이를 보완할 수 있으며, 산정근거를 명시하여야 한다.

2. 작업조 적용
   가. 작업조는 일당시공량을 시공하기 위한 필수자원(인력, 장비)의 조합으로 제시 되어 있다.
   나. 시설물의 설계조건 및 현장여건에 따라 복수의 작업조를 적용할 수 있다.

3. 시공단위의 품 산정
   가. 작업조 기준의 일당시공량이 제시된 항목을 시공단위(m당, m²당, m³당, ton당 등)

의 품으로 산정하는 경우에는 다음 표를 참고하여 산출하되, 품의 규격과 단위수량을 고려하여 소수자리의 정도를 조정하여 적용할 수 있다.

일당시공량	1단위 이하	10단위	100단위	1,000단위	10,000단위
소 수 자 리	2	3	4	5	6

> **참고** 시공단위의 품으로 산정하는 경우 소수자리 표기 예시

구 분	단 위	수 량	일당 시공량(예시)				
			1단위 이하 (3㎡)	10단위 (30㎡)	100단위 (300㎡)	1,000단위 (3,000㎡)	10,000단위 (30,000㎡)
인력	인	1	0.33	0.033	0.0033	0.00033	0.000033
	〃	3	1.00	0.100	0.0100	0.00100	0.000100
	〃	5	1.67	0.167	0.0167	0.00167	0.000167
장비	대	1	2.67	0.267	0.0267	0.00267	0.000267

※ 인력품 산정(인) : 인력(인)÷시공량(일당)
※ 장비품 산정(hr) : 장비(대)×8(hr)÷시공량(일당)

1-3 재료 및 노임의 할증

1-3-1 재료의 할증('06, '11, '12, '19, '22, '23년 보완)

공사용 재료의 할증률은 일반적으로 다음표의 값 이내로 한다. 다만, 품셈의 각 항목에 할증률이 포함 또는 표시되어 있는 것에 대하여는 본 할증률을 적용하지 아니한다.

1. 콘크리트 및 포장용 재료

종 류	정 치 식 (%)	기 타 (%)
시 멘 트	2	3
잔 골 재 · 채 움 재	10	12
굵 은 골 재	3	5
아 스 팔 트	2	3
석 분	2	3
혼 화 재	2	-

[주] 속채움 재료의 경우에도 이 값을 준용한다.

2. 노상 및 노반재료(선택층, 보조기층, 기층 등)

종 류	할 증 률 (%)
모 래	6
부 순 돌 · 자 갈 · 막 자 갈	4
점 질 토	6

3. 관 및 구조물기초 부설재료

종 류	할 증 률 (%)
모 래	4

4. 토사(해상)

종 류	할증률(%)	비 고
치 환 모 래 (置換砂)	20	표면건조포화상태의 모래에 대한 할증률
깔 모 래 (敷 砂)	30	
사 항 용 모 래 (砂抗砂)	20	
압 입 모 래 (壓入砂)	40	

5. 사석(해상)

종 류 \ 사석두께 \ 지반	보통 지반		모래치환 지반		연약 지반	
	2m 미만	2m 이상	2m 미만	2m 이상	2m 미만	2m 이상
기 초 사 석	25%	20%	30%	25%	50%	40%
피 복 석 (被覆石)	15%	15%	15%	15%	20%	20%
뒤 채 움 사 석	20%	20%	20%	20%	25%	25%

[주] 사석의 재료할증률은 공사의 위치, 자연조건(수심, 조류, 파랑, 조위, 해저지질 등)과 제체의 규모 및 공사의 종류 등 현장조건에 적합하게 적용할 수 있다.

6. 속채움(해상)

종 류	할증률(%)	비 고
모 래	10%	케이슨 또는 세라 블록 등의 속채움시
사 석	10%	단, 블록 또는 콘크리트의 속채움재는 제외

7. 강재류

종 류	할 증 률 (%)
원 형 철 근	5
이 형 철 근	3
이 형 철 근 (교량·지하철 및 이와 유사한 복잡한 구조물의 주철근)	6~7
일 반 볼 트	5
고 장 력 볼 트 (H . T . B)	3
강 판 (板)	10
강 관	5
대 형 형 강 (形 鋼)	7
소 형 형 강	5
봉 강 (棒 鋼)	5
평 강 대 강	5
경 량 형 강, 각 파 이 프	5
리 벳 (제 품)	5
스 테 인 리 스 강 판	10
스 테 인 리 스 강 관	5
동 판	10
동 관	5
덕 트 용 금 속 판	28
프 레 스 접 합 식 스 테 인 리 스 강 관	5
이 음 부 속 류	5

[주] ① 이형철근의 경우, 해당 공사 또는 구조물의 시공실적에 따라 조정하여 적용할 수 있다.
② 강관, 스테인리스강관의 할증률(%)은 옥외공사를 기준한 것이며 옥내공사용 재료의 할증률은 10% 이내로 한다.
③ 형강(形鋼)의 대형구분은 100㎜ 이상을 말한다.
④ 현장 여건상 절단 및 가공 등이 불필요한 경우, 상기 할증률을 조정하여 적용할 수 있다.

8. 기타재료

재 료 별	할 증 률(%)
목재 — 각재	5
목재 — 판재	10
합판 — 일반용합판	3
합판 — 수장용합판	5
쉬 즈 관	8
쉬 즈 판	8
P V C 관 / P E 관	5('23 신설)
원심력철근콘크리트관	3
조립식구조물(U형플륨관등)	3('92 신설)
도 료	2
벽돌 — 붉은벽돌	3
벽돌 — 시멘트벽돌	5
벽돌 — 내화벽돌	3
벽돌 — 경계블록	3
벽돌 — 콘크리트블록	4
벽돌 — 호안블록	5
원 석 (마 름 돌 용)	30
석재판붙임용재 — 정형돌	10
석재판붙임용재 — 부정형돌	30
조 경 용 수 목	10
잔 디 및 초 화 류	10
래디믹스트콘크리트타설 (현장플랜트 포함) — 무근구조물	2
래디믹스트콘크리트타설 (현장플랜트 포함) — 철근구조물	1
래디믹스트콘크리트타설 (현장플랜트 포함) — 철골구조물	1

재 료 별		할 증 률(%)
현장혼합콘크리트타설 (인력 및 믹서)	무 근 구 조 물	3
	철 근 구 조 물	2
	소 형 구 조 물	5
콘 크 리 트 포 장 혼 합 물 의 포 설		4
아 스 팔 트 콘 크 리 트 포 설(현장플랜트 포함)		2
졸 대		20
텍 스		5
석 고 판 (못 붙 임 용)		5
석 고 판 (본 드 붙 임 용)		8
콜 크 판		5
단 열 재		10
유 리		1
테 라 콧 타		3
블 록		4
기 와		5
슬 레 이 트		3
타 일	모 자 이 크 기	3
	도 자 기	3
	자 기 기	3
	아 리 스 팔 트 륨	5
	리 노 늴	5
	비 닐	5
	비 닐 랙 스	5
	크 링 카	3
테 라 죠 판		6('18 신설)
위 생 기 구 (도 기 , 자 기 류)		2

[주] ① 거푸집 및 동바리, 가건축물 또는 품셈에 할증률이 포함 또는 표시되어 있는 것에 대하여는 본 할증률을 적용하지 아니한다.
② 개별 부재의 설계조건에 의해 제작이 완료된 상태의 PC부재(PC암거, 건축용 구조부재 등)는

할증수량을 적용하지 않는다.
③ PVC, PE관의 할증률(%)은 옥외공사 기준이며 옥내공사용 재료의 할증률은 10% 이내로 한다.
④ 현장 여건상 절단 및 가공 등이 불필요한 경우, 상기 할증률을 조정하여 적용할 수 있다.

1-3-2 노임의 할증('25년 보완)

1. 노임은 관계법령의 규정에 따른다.
2. 근로시간을 벗어난 시간외, 유급휴일, 야간 및 휴일의 근무가 불가피한 경우에는 근로기준법 제50조, 제55조, 제56조, 유해 위험작업인 경우 산업안전보건법 제139조에 정하는 바에 따른다.

【참고자료】 ■ 유해 작업장의 정의

산업안전보건법에서는 유해 작업장에 대한 정의를 명시하지 않았으나 동법 제38조에서는 사업주가 필요한 안전 조치를 하여야 할 유해 작업장 및 위험작업을 명시하고 동법 제58조, 동법 시행령 51조 에서는 고용노동부 장관의 승인을 받지 아니하고 그 작업만 분리하여 도급(하도급을 포함한다)을 줄 수 없는 유해한 작업을 명시하였다. 동법 139조 및 동법 시행령 제99조에서는 근로시간(연장근로 포함)이 제한되는 유해·위험작업의 종류를 명시하였으며, 또한 동법 제42조 및 동법 시행령 제42조에서는 사업주가 당해 사업에 관계있는 건설물, 기계, 기구 및 설비 등을 설치·이전하거나 그 주요 부분을 변경할 때 고용노동부 장관에게 유해위험방지계획서를 제출하여야 할 대상사업을 명시하였다. 이와 같이 산업안전보건법에서는 여러 경우에 따라 유해작업을 분류하고 있으며 한마디로 정의하기 어려우나 일반적으로 근로자의 안전에 위험을 가져오거나 건강에 장애를 가져올 우려가 있는 작업을 하는 장소를 유해작업장이라 함이 일반적이다.

고용별 시간당 노임 산정
· 상여계수 : 상여금 300%, 퇴직적립금 100%일 때 16/12
· 휴지계수 : 25/20

1. 일시고용의 시간당 노임산출
   · 보통작업의 시간당 노임
     보통인부 : A1×1/8=0.125 A1(원/n)
   · 위해, 위험작업의 시간당 노임
     짐수부 : A2×1/6-0.166 A2(원/n)
2. 노무비 산출
   노무비 = {노임단가×(1+노임할증)}×{기본품×(1+품의 할증)}
   ① 주간 10시간 작업시의 노무비
      → A(8/8×1+2/8×1.5)=1.375A
   ② 야간 8시간 작업시의 노무비
      → A(8/8×1.5×1.25)=1.875A

③ 야간 10시간 작업시의 노무비(예를 들어 20:00~06:00일 경우)
→ A(2/8×1)+A(6/8×1.5×1.25)
  + A(2/8×(1+0.5+0.5)×1.25)=2.281A
④ 주·야간 각 10시간의 평균 노무비
→ 1.828A[(1.375A+2.281A)/2]

1일 2교대 노무비 산출방법
· 1조(08~20시, 12hr 작업조) → A(8/8×1+4/8×1.5)=1.75A
· 2조(20~08시, 12hr 작업조) →
    A(2/8×1)+A(6/8×1.5×1.25)+A(2/8×(1+0.5+0.5)×1.25)+A(2/8×1.5)=2.656A
※ 근로기준법상 야간근로 인정시간 : 22~06시

1-4 품의 할증('97, '01, '03, '11, '14, '15, '16, '17년 보완)

1-4-1 적용기준('23년 보완)

1. 품의 할증은 필요한 경우 다음의 기준 이내에서 적정공사비 산정을 위하여 공사규모, 현장조건 등을 감안하여 적용한다.
2. 할증의 적용은 품셈 각 항목에서 발생하는 보편적인 작업환경에서 벗어나는 경우에 고려되어야 하며, 항목별로 별도의 할증이 명시된 경우에는 각 항목별 할증을 우선 적용한다.
3. 품의 할증은 생산성에 영향을 받는 품 요소(인력 및 건설기계)에 적용함을 원칙으로 한다.
4. 품의 할증은 각각의 할증 요소에서 제시하고 있는 기준과 동일하거나 유사한 시공조건에서 적용할 수 있으며, 할증의 적용에 판단이 필요한 경우는 발주기관의 장 또는 계약 당사자간 협의하여 적용함을 원칙으로 한다.
5. 할증율(%)은 요소별 일반적인 작업조건을 기준으로 제시하였으며, 일부의 작업에 영향을 미치는 경우 할증율의 범위내에서 보완하여 적용할 수 있다.

1-4-2 할증의 중복가산요령

$W = 기본품 \times (1+a_1+a_2+a_3+\cdots\cdots a_n)$

단, 동일성격의 품할증요소의 이중적용은 불가함.
    여기서 W : 할증이 포함된 품
    기본품 : 각 항 [주]란의 필요한 할증·감 요소가 감안된 품
    a_1-a_n : 품 할증요소

1-4-3 작업지연('23, '25년 보완)

공사 수행 시 특정 시공조건 발생(출입통제, 중단, 이동 등)하여 일일 작업시간에 제약을 받는 경우를 대상으로 한다.

1. 현장조건

구 분	적 용 조 건	할증
통제보안지역	- 보안구역 등 작업인력의 출입통제로 작업에 지장을 받는 경우	20%
군(軍)통제지역	- 인근 사격훈련 등 군(軍) 관련 지역 내 출입통제 등으로 작업에 지장을 받는 경우	50%
도 서 지 역	- 본토와 도서지구간 인력의 이동(출퇴근) 발생으로 작업에 지장을 받는 경우	50%
공 항 지 역	- 공항 내 이착륙(1일 20회 이상)발생으로 작업에 지장을 받는 경우	50%

[주] ① 본 할증은 인력의 출입 및 작업 통제에 의해 실 작업시간이 줄어드는 경우에 적용한다.
② 도서지역에서 자원(인력, 자재, 건설기계)의 수급에 영향을 받는 경우는 본 할증과 무관하며, 별도 반영하여야 한다.

2. 열차의 운행빈도

구 분	적 용 조 건	할 증
본 선 상 작 업	- 열차운행횟수(8시간) 13회 이하 - 열차운행횟수(8시간) 14~18회 이하 - 열차운행횟수(8시간) 19회 이상	14% 25% 37%
열차운행선인접작업	- 열차운행횟수(8시간) 13회 이하 - 열차운행횟수(8시간) 14~18회 이하 - 열차운행횟수(8시간) 19회 이상	3% 5% 7%

[주] ① 열차 통과에 따라 작업이 중단(지장 또는 대피)되는 경우에 적용한다.
② 열차운행선 인접공사시 열차통과에 따라 작업이 중단되어 작업능률이 저하되는 경우 대피할증률을 적용하며, 선로와의 이격거리는 철도안전법 기준을 적용한다.

3. 건물 층수

구 분	적용조건	할 증
지 상 층	2~5층 10층 이하 15층 이하 20층 이하 25층 이하 30층 이하 30층 초과	1% 3% 4% 5% 6% 7% 5층 마다 1%씩 가산
지 하 층	지하 1층 지하 2층 지하 2층 초과	1% 2% 1층 마다 1%씩 가산

[주] ① 시설(건물 등) 내부에서 작업자의 이동에 따라 작업능률이 저하되는 경우에 적용한다.
② 층의 구분을 할 수 없는 경우 층고를 3.6m로 기준하여 환산한다.

1-4-4 지세/지형('23, '25년 보완)

시공위치의 형상(산지 등), 환경(교통, 주거 등) 등의 조건에 의해 작업효율에 영향을 받는 공종에 한하여 적용한다.

1. 지세

구 분	할 증		적 용 조 건
산지	산지 A	15%	- '산지의 등급 구분' 참조
	산지 B	25%	
	산지 C	50%	
경사지	경사지 A	10%	- 비탈면 등 경사면 작업으로 작업에 지장을 받는 경우
	경사지 B	20%	- '경사지의 등급 구분' 참조
습지/해안지		20%	- 습지(물이 있는 논 등) 또는 해안지역(갯벌, 간척지, 모래사장 등)에서 직접 작업하는 경우

[주] ① 시공위치의 형상 변화(간섭, 경사 등)로 인해 작업에 지장을 받는 경우에 적용한다.
② 작업 조건의 개선(지형 평탄화, 탑승장비 활용 등)으로 본 작업의 영향을 받지 않는 경우 적용하지 않는다.
③ '산지의 등급 구분'은 아래와 같다.

구 분	산지 A	산지 B	산지 C
적용대상	- 국도 주변 야산지 - 지방도 주변 야산지 - 시가지 주변 야산지 - 마을 주변 야산지	- 순수 야산지 - 해안 야산지	- 산악지

④ '경사지의 등급 구분'은 아래와 같다.

구 분	경사지 A	경사지 B
적용대상	- 수평각 15도~30도 미만 경사	- 수평각 30도 이상 경사

> **참 고** 지세구분

구 분	지 구	평 탄 지	산 지 A (국도 등 주변 야산지)	산 지 B (야 산 지)	산 지 C (산 악 지)
지 형		평지 또는 보통 야산으로 교통이 편리한 곳	험한 야산지대 및 수목이 우거진 보통 산악지대	험한 야산지대 및 수목이 우거진 보통 산악지대로서 교통이 불편한 곳	산림이 우거진 험준한 산악지대로서 교통이 극히 불편한 곳
지 세		평지 또는 보통 야산	험한 야산 또는 보통 산악	험한 야산 또는 보통 산악	험한 산악
높이 기준	해 발 표 고	100m 미만 50m 미만	300m 미만 150m 미만	300m 미만 150m 미만	400m 미만 200m 미만
통 행 조 건	도 로 구 배 통 행	대소로(유) 완 만 양 호	대소로(유) 완 만 양 호	대로(무) 완 급 불 편	대소로(무) 극 급 극히불량
자 연 환 경	지 세 수 목 기 상	양 호 소수 또는 소목 보 통	불 편 보통 또는 약간울창 불 편	불 편 보통 또는 약간울창 불 편	불 량 울 창 불 편
기 타 조 건	교 통 숙 소 통 신 인력동원	도로에서 500m 이내 편 리 〃 〃	도로에서 500m 이내 편 리 〃 〃	도로에서 1km 이내 불 편 〃 〃	도로에서 1km 이상 극히 불편 불 가 〃

[주] ① 교 통
- 도 로 : 도시·군계획시설의 결정·구조 및 설치기준에 관한 규칙 제9조 참고
- 편 리 : 대형차의 통행가능
- 불 편 : 소형차 또는 리어카 정도의 통행가능
- 극히불편 : 사람 이외의 통행불가
② 표 고 : 활동 중심구역에서의 거리 300m 기준
③ 구 배
- 완 만 : 사거리 100m 미만으로 수평각 15도 미만 정도
- 완 급 : 사거리 100m 이상의 수평각 30도 미만 정도
- 극 급 : 사거리 100m 이상으로 수평각 30도 이상 정도
④ 선정기준 : 상기 구분기준 중 4개 이상에 해당되는 경우를 대상으로 함

2. 도심지

구 분	할 증		적 용 조 건
도로점유 차도공사	차도 A (2차로)	30%	- 교행불가 발생으로 인해 작업에 영향을 받는 경우
	차도 B (4차로 이하)	25%	- 통행제한 또는 저속통행으로 인해 작업에 영향을 받는 경우
	차도 C (4차로 초과)	20%	- 교통량 과다로 인한 차량통행에 영향을 받는 경우
주거지 및 상업지공사	보행자 및 차량통행	15%	- 보행자 또는 차량통행으로 인해 작업에 영향을 받는 경우
	주거환경영향		- 주변환경 영향으로 인해 작업에 영향을 받는 경우
	현장협소		- 현장내 자재 적치 또는 장비의 설치/운전이 어려운 경우
	지하매설물	15%	- 지하매설물의 간섭으로 인해 작업에 영향을 받는 경우
지하 / 지반 공사	고층/초고층 건축물	10%	- 장시간 연속타설이 필요한 기초공사 등 - 초대형 장비(대구경 천공기/대형 크레인 등)의 설치/운전이 어려운 경우
	대심도 굴착 A	20%	- 대심도 수직구 굴착공사에서 도심지 작업으로 인해 작업에 영향을 받는 경우 (자재반입, 버력반출 제약 등) - 수직구 깊이 40m~60m 이하
	대심도 굴착 B	30%	- 대심도 수직구 굴착공사에서 도심지 작업으로 인해 작업에 영향을 받는 경우 (자재반입, 버력반출 제약 등) - 수직구 깊이 60m 초과

[주] ① 도로점유 차도 공사는 도로를 점유하여 작업하는 공종을 기준으로 한다.
② 주거 및 상업지 공사는 '국토의 계획 및 이용에 관한 법률'에 따른 주거지역 및 상업지역과 공업지역 중 준공업지역을 기준으로 하며, 그 밖의 지역에서 시공환경이 유사한 경우 이를 준용하여 적용할 수 있다.
③ 지하/지반 공사는 도시지역 내 현장부지가 협소하거나 보행자 및 차량통행 등으로 현장진입이 원활하지 않은 경우에 적용한다.
④ 고층 및 초고층 건축물의 구분은 '건축법' 및 '건축법 시행령'을 기준으로 한다.

1-4-5 위험('23년 보완)

작업 위치 및 환경에 따른 위험요소의 발생과 위험의 노출로 인해 작업능률의 저하가 예상되는 경우에 적용한다.

1. 고소작업

구 분	적 용 조 건	할 증
비 계 사 용	- 10m 미만 - 10m 이상 ~ 20m 미만 - 20m 이상 ~ 30m 미만 - 30m 이상 ~ 40m 미만 - 40m 이상 ~ 50m 미만 - 50m 이상 ~ 60m 미만 - 60m 초과	- 5% 8% 12% 16% 20% 10m 마다 4%씩 가산
고 소 작 업 차 사 용	- 10m 미만 - 10m 이상 ~ 20m 미만 - 20m 이상 ~ 30m 미만 - 30m 이상 ~ 40m 미만 - 40m 이상 ~ 50m 미만 - 50m 이상 ~ 60m 미만 - 60m 초과	- 4% 6% 8% 10% 12% 10m 마다 2%씩 가산

[주] ① 비계 사용은 기설치 된 비계(강관비계, 시스템비계 등)위에서 작업하는 기준이며, 고소작업차 사용은 고소작업차에 탑승하여 작업하는 기준이다.
② 굴착 등 지하에서 작업할 경우 본표의 높이별 할증율을 동일하게 적용하며 비계 또는 고소작업차의 설치 위치를 기준으로 한다.
③ 특수 조건의 고소작업(비계틀 불사용 등)은 별도 계상한다.

2. 교량상 작업

구 분	적 용 조 건	할 증
슬 래 브 (도 상) 위	- 작업자의 추락 위험이 비교적 낮은 작업	15%
무도상교량/난간설치및철거	- 작업자의 추락 위험이 높은 작업	30%

[주] 교량상 작업은 교량위에서 작업자의 안전시설(안전로프 등) 착용이 필요한 작업 기준이다.

3. 터널내 작업

구 분	적 용 조 건	할 증
노 도 / 보 행 터 널	- 삭업사의 대피가 용이한 터널	15%
철 도 터 널	- 작업자의 대피거리가 길고, 별도의 대피공간이 필요한 터널	30%
비 고	- 터널내 사다리작업으로 작업능률이 현저하게 저하될 시는 위 할증률에 10%까지 가산할 수 있다.	

[주] 터널내 작업은 완공되어 운영 중인 터널의 입구에서 25m이상 진입하여 보수 및 보강, 유지보수 등의 작업 시에 적용한다.

4. 유해 작업

구분	적용조건	할증
활 선 근 접	- 고온·고압기기 접근작업 [참고] AC140㎸급 이상(4m 이내), 60㎸급 이상(3m 이내), 7㎸급 이상(2m 이내), 600V 이상(1m 이내)	30%
기 타	- 고열·위험물·극독물의 보관실내 작업	20%
	- 정화조, 축전지실, 제방실내 등 유해가스 발생장소	10%

[주] 유해작업은 유해시설과 인접하여 작업하는 경우에 적용한다.

1-4-6 작업제한('23, '24년 보완)

휴전, 단수, 선로사용중지 등 작업시간 제한 발생 또는 1일 작업물량 미만의 소규모 시공 등 일일 작업시간(8시간) 미만의 시공이 발생하는 경우를 대상으로 한다.

1. 작업시간 제한

구 분	적 용 조 건	할 증
작 업 가 능 시 간	2시간 이하	50%
	3시간 〃	35%
	4시간 〃	25%
	5시간 〃	20%
	6시간 〃	15%

[주] ① 휴전, 단수, 선로사용중지 등 일일 작업시간이 제한되는 경우에 적용한다.
② 작업가능시간은 작업준비, 대기 등을 제외한 실질적인 시공위치의 점유가 가능한 시간이다.

2. 소규모(작업물량 제한)

"시공량/일"으로 명시된 항목 중 총 시공량이 본 품(시공량/일)의 기준 미만인 소규모 공사인 경우, 다음과 같이 적용하며, "시공량/일"이 제시되지 않는 항목의 경우 시공수량과 투입자원(인력, 장비)의 작업능력을 고려하여 산정한다.(재료량에는 적용하지 않는다.)

구 분	조 건	적용시공량
1	A ≤ B/2 일 경우	Q=B/2
2	B/2 〈 A ≤ B 일 경우	Q=B

[주] 시공량(A), 1일시공량(표준품셈)(B), 적용시공량(Q)

※ 시공량(A)은 일반적으로 총 시공량을 적용한다. 다만, 외부환경(교통통제 및 발주물량 제한으로 "시공량/일"이 제한되는 경우 등)으로 인해 "시공량/일" 미만이 발생되는 경우 해당 시공량으로 적용한다.

1-4-7 작업환경('23년 보완)

공사외적 시공환경(작업 시간대, 환경(소음·진동 등), 위치 이동 및 분산 등)변화 또는 특수작업이 발생하는 경우를 대상으로 한다.

1. 야간

구 분	적 용 조 건	할 증
야 간	- 정상작업시간에 추가하여 야간공사 수행(돌관공사) - 공사성격에 따라 야간작업으로 계획	25%

[주] 공정계획에 의해 정상작업(정상공기)에 의한 작업이 불가능한 경우 또는 공사성격 상 야간작업을 수행하는 경우에 적용한다.

2. 특수작업

구 분	적 용 조 건	할 증
특 수 작 업	- 중요기기 및 설비의 분해, 가공 또는 조립작업 - 특별한 사양 및 공법에 의한 작업 - 기타 중요한 기기 및 설비를 취급하는 작업	5%~10%
비 고	- 원자력 발전소와 같이 작업 단계별 품질 및 안전도 검사 등이 엄격히 적용되는 공정의 경우에는 각 공정에 따라 품 할증을 별도 가산한다.	

[주] 작업의 중요도가 높거나 특별 시방에 따라 특수한 기술과 안전관리가 필요한 작업(원자력 발전소 등)에 적용한다.

3. 기타

구 분	적 용 조 건	할 증
기 타	- 작업공간의 협소(작업간섭) - 동일장소에서 수종의 장비가동 - 소음·진동 발생 - 위험 발생	50%
	- 원거리, 계속이동작업, 분산작업 등 이동시간 과다발생	50%

[주] ① 현장 조건에 따라 작업능력 저하가 발생하는 경우에 적용한다.
② 1개 이상의 적용조건이 발생하는 경우 개별 할증을 중복 가산하지 않으며, 현장 전반의 작업환경을 종합적으로 고려하여 할증률을 적용한다.

③ 이동으로 인한 작업시간 손실이 1시간 이내의 경우는 할증을 적용하지 않는다.
④ 작업환경에 따라 작업시간 감소가 예상되는 경우 '1-4-6 작업제한/작업시간제한' 할증율 참고하여 적용한다.

1-5 기타

1-5-1 품질관리비('04, '06, '11, '14년 보완)

1. 건설공사의 품질관리에 필요한 비용은 건설기술진흥법 제56조제1항의 규정에 따라 공사금액에 계상하여야 한다.
2. 품질관리비는 동법시행규칙 제53조제1항에서 규정하고 있는 바와 같이 품질관리계획 또는 품질시험계획에 따른 품질관리활동에 필요한 비용을 말한다.

> **참고**
>
> 건설공사의 품질관리 시험비 계상시 건설기술진흥법 시행규칙에 명시되지 않은 것으로 고려할 사항은 시험시공비, 특수시험비(수압시험, X-Ray 시험 등) 특수공종의 측량 및 규격검측비 등이 있다.

1-5-2 산업안전보건관리비('04, '06, '12, '20, '23년 보완)

1. 건설공사현장에서 산업재해 예방에 필요한 비용인 산업안전보건관리비는 산업안전보건법 제72조제1항의 규정에 의거 공사금액에 계상하여야 한다.
2. 공사금액에 계상된 산업안전보건관리비는 고용노동부가 고시한 "건설업 산업안전보건관리비 계상 및 사용기준"에 따라 사용하여야 한다.
3. 산업안전보건기준에관한규칙 제146조 및 제241조의2에서 정하고 있는 타워크레인 신호업무담당자, 화재감시자의 인건비는 공사도급 내역서에 반영할 수 있다.

1-5-3 산업재해보상 보험료 및 기타

1. 공사원가계산에 있어 간접노무비, 경비, 일반관리비, 이윤과 산업재해보상보험료 및 기타 이와 유사한 사항은 기획재정부 회계예규와 산업재해보상보험법 등 관계규정에 따른다.
2. 시공과정에서 필요로 하는 보상비(직접, 간접 및 일시보상 등)는 현장실정에 따라 별도 계상할 수 있다.

1-5-4 환경관리비('11, '14, '17, '20년 보완)

1. 건설공사에서 환경오염을 방지하고 폐기물을 적정하게 처리하기 위해 필요한 환경보전비·폐기물처리 및 재활용비 등 환경관리비는 「건설기술진흥법 시행규칙」제61조의 규정을 따른다.
2. 공사현장에서 발생되는 건설폐기물의 일반적인 단위면적당 발생량의 산출은 다음을 참조할 수 있으며, 건축물 해체의 경우는 설계도서에 따라 산출함을 우선으로 한다.

(단위: ton/㎡)

구 분			폐콘크리트류	폐금속류	폐보드류	폐목재류	폐합성수지류	혼합폐기물
신축	주거용	단독주택	0.03200	-	0.00051	0.00300	0.00174	0.00653
		아파트	0.03561	-	0.00066	0.00416	0.00233	0.00874
	비주거용	철근콘크리트조	0.04888	-	0.00117	0.00141	0.00445	0.00664
		철골조	0.02920	-	0.00117	0.00071	0.00167	0.00353
		철골철근콘크리트조	0.04087	-	0.00117	0.00128	0.00167	0.00418
해체	주거용	단독주택	1.3321	0.0010	-	0.0968	0.0263	0.2030
		아파트	1.4770	0.0655	-	0.0150	0.0261	0.1637
	비주거용	철근콘크리트조	1.4028	0.0170	-	0.0638	0.0215	0.1348
		철골조	0.9167	0.0550	-	0.0194	0.0261	0.1348
		철골철근콘크리트조	1.5861	0.1220	-	0.0018	0.0245	0.1452

[주] ① 폐콘크리트류에는 폐콘크리트, 폐아스팔트 콘크리트, 폐벽돌, 폐기와 등이 포함되어 있다.
② 폐금속류는 구조물을 구성하는 철골량이 포함되어 있으며, 철골량은 실측에 의하여 별도 산정할 수 있다.
③ 지반 안정화를 위하여 파일 시공을 실시할 경우(연면적/건축면적)이 20미만일 경우 15%, 20을 초과할 경우 20%이내에서 폐콘크리트 수량을 증가할 수 있다.
④ 폐기물관리법 및 건설기술진흥법에 따른 공사현장 환경시설 중 진출입로에 세륜 시설을 설치할 경우 개소당 3% 이내에서 폐콘크리트의 수량을 증가할 수 있다.
⑤ 건축물의 특성, 시공방법 및 공사현장의 여건에 따라 조정하여 사용한다.

1-5-5 안전관리비('04, '06, '11, '14, '23년 보완)

1. 건설기술진흥법 제63조의 규정에 따라 건설공사의 안전관리에 필요한 안전관리비를 공사금액에 계상하여야 하며, 이 비용에는 동법 시행규칙 제60조 제1항의 규정에 따라 다음과 같은 항목이 포함되어야 한다.
2. 이 비용은 건설기술진흥법 시행규칙 제60조 제2항에서 규정하고 있는 기준에 따라 공사금액에 계상하여야 한다.

1-5-6 사용료

1. 계약에 따른 특허료와 기술료 등에 대한 비용을 계상할 수 있다.
2. 공사에 필요한 경비 중 전력비, 수도광열비, 운반비, 기계경비, 가설비, 시험검사비 등을 계상할 수 있다.

3. 공사용수

구 분	단 위	수 량
거 푸 집 씻 기	m^3/m^2	0.04
콘 크 리 트 혼 합 및 양 생	m^3/m^3	0.27
경 량 콘 크 리 트 혼 합 및 양 생	〃	0.24
보 통 벽 돌 쌓 기	m^3/1000매	0.18
돌 쌓 기 모 르 타 르	m^3/m^2(표면적)	0.06
돌 씻 기	〃	0.17
미 장	〃	0.02
타 일 붙 임 모 르 타 르	〃	0.01
타 일 씻 기	〃	0.013
잡 용 수	m^3	사용량비의 40~50%

[주] 본 표는 양생에 필요한 물의 양을 포함한 것이다.

1-5-7 현장시공상세도면의 작성('11, '14, '20년 보완)
1. 공사의 시공을 위하여 시공상세도면(입체도면 포함)을 작성하는 경우에는 이에 필요한 인건비, 소모품비 등 소요비용을 별도 계상하며, 엔지니어링진흥법 제31조제2항에 따른 「엔지니어링사업대가의 기준」을 적용할 수 있다.
2. 공사진행 단계별로 작성할 시공상세도면의 목록은 건설기술진흥법 시행규칙 제42조 규정에 의하여 발주청에서 공사시방서에 명시하여야 한다.

1-5-8 종합시운전 및 조정비
공사완공 후 각 기기의 단독시운전이 끝난 다음에 장치나 설비 전체의 종합적인 시운전 및 조정을 위하여 필요한 품은 계상할 수 있다.

1-5-9 시공측량비('22년 신설)
시공 중 발생되는 측량(시공 전 측량, 시공 측량, 준공 측량 등)은 필요 시 별도 계상한다. 다만, 품셈의 각 항목에 측량이 포함 또는 표시되어 있는 것에 대하여는 제외한다.

1-5-10 표준품셈 보완실사
품을 신설 또는 개정하기 위하여 항목을 배정받은 실사기관에서는 대상공사에 대하여 실사에 소요되는 조사자의 인건비, 소모품비 등 소요비용을 설계에 반영할 수 있다.

📋 품셈 유권해석

벽돌운반 중 보통인부 작업 범위

1-2 설계 및 수량 4. 벽돌운반의 비고란: 리프트사용시 보통인부 0.31인 적용한다
질의1. 상기의 품셈 0.31인은 운반 인건비, 리프트 기계손료, 설치, 해체 등 포함인지
질의2. 리프트기계손료, 설치, 해체비 미포함시 공통장비 2-12-1의 건설용리프트 설치해체를 적용하여야 하는지 질의드립니다.

답변내용

➡ 답변1. 표준품셈 공통부문 "1-2-7 운반/4.벽돌운반"에서 리프트(호이스트)를 사용할 경우 층수에 상관없이 벽돌 1,000매당 보통인부 0.31인을 적용하시면 되며 이는 인력품을 뜻합니다.
답변2. 리프트 비용은 "2-12-1 건설용리프트 설치 및 해체", "리프트 기계손료" 등을 참조하시기 바랍니다.

벽돌 운반시 층수에 대한 구분

1-2-7 운반중 4.벽돌운반 층수에 따른 구분 1층, 2층, 3층, 4층, 5층 으로 구분되어집니다. 단층건물(1층) 건물에는 벽돌운반이 1층 운반을 적용하는게 맞는지 아니라면 현재 품은 수직으로 1층에서 1층씩(2층) 올라가는 운반품인지 확인 부탁드립니다.

답변내용

➡ 공통부문 "1-5-1 소운반 및 인력운반 / 4. 벽돌운반"에서 층수는 건물의 층수를 뜻하며 층별 층고는 3.6m 기준입니다. 표준품셈 공통부문 "1-5-1 소운반 및 인력운반 / 4. 벽돌운반"에서 1층에서 2층으로 운반시에는 1층을 적용하시면 됩니다.

도심지의 인력과 건설기계 경비 할증

1-4-1 품의 할증 중 품의 할증은 생산성에 영향을 받는 품 요소(인력 및 건설기계)에 적용함을 원칙으로 한다. 도심지 할증의 경우 인력과 건설기계 경비에 대하여 할증을 적용해야 하나요?

답변내용

➡ 표준품셈 "1-4-1 적용기준"에서 '품의 할증은 생산성에 영향을 받는 품 요소(인력 및 건설기계)에 적용함을 원칙으로 한다.'로 정하고 있으며, 건설기계의 작업능률 저하로 인해 사용시간이 늘어나 기계품의 할증이 발생되는 경우, 해당되는 품을 기계손료 및 운전경비 산정에 계상하시면 됩니다.

터파기 작업 중 용수로 인한 작업 난이도 조정

질의1. 현장에서 터파기를 하던 도중 용수 발생으로 인하여 터파기를 하려하였으나 용수의 양이 많아서 거의 뻘에서 작업하다 시피하였기에 기존 내역에 있던 토사반출량 대비 실제 나간 덤프량이 맞지 않아 설계변경을 하여야 하는데 이런때는 어떤 적용방법이 있을지
질의2. 용수터파기는 물푸기 작업을 하였을 시 토사가 마른상태 기준인지
질의3. 물푸기작업을 하여도 젖은 상태의 흙에서의 작업은 수중터파기인지 질의드립니다.

답변내용

↪ **답변1.** 설계변경 및 계약변경, 내역서(일위대가 포함) 작성 및 판단에 관련된 사항은 계약과 관련된 사항으로 이는 표준품셈관리기관에서 답변드릴 수 없는 사항이며, 국가계약법 또는 지방계약법 등 관련규정에 따라 계약관련기관에서 답변드릴 사항이오니 어려우시더라도 해당기관으로 질의하여 주시기 바랍니다.
답변2. 용수작업인 경우 표준품셈 공통부문"3-1-2 인력굴착(토사)"는 주 4에 따라 본품의 50%까지 가산할 수 있으며, 표준품셈 공통부문 "8-2-3 굴삭기/2. 작업효율" 주3에 따라 작업장소가 수중 또는 용수작업인 경우 불량을 적용하시기 바랍니다.
답변3. 2024년 표준품셈에서는 용수터파기, 수중터파기 판단 기준을 정하고 있지 않습니다. 표준품셈에서 정하지 않는 사항은 동품셈 1-1-3의 4항을 참조하시어 적정한 예정가격산정기준을 적의 결정하여 사용하시기 바라며, 당해공사에서 표준품셈의 적용여부 및 판단에 관련된 사항은 해당공사의 특성을 고려하시고 표준품셈을 참조하시어 공사관계자가 직접 결정하실 사항임을 양지해 주시면 감사드리겠습니다.

기준 할증율보다 낮게 산정

자재 수량 산정 시 할증율을 필수로 적용하여 수량을 잡아하는지 궁금하며 기준 할증율보다 적게 할증율을 산정해도 상관은 없는지 궁금합니다.

답변내용

↪ 표준품셈 공통부문 "1-3-1 재료의 할증"에서 '할증률은 일반적으로 다음표 값의 이내로 한다. 다만, 품셈의 각 항목에 할증률이 포함 또는 표시되어 있는 것에 대하여는 본 할증률을 적용하지 아니한다' 를 참조하시기 바랍니다. 또한 재료의 할증 적용여부는 해당공사의 특성을 고려하시고 표준품셈을 참조하시어 공사관계자가 직접 결정하실 사항임을 양지해 주시면 감사드리겠습니다.

덕타일 주철관 할증

재료의 할증에서 강관의 할증은 5%로 나와있는데 덕타일 주철관의 할증도 5%로 적용해도 되는지 질의드립니다.

답변내용

➡ "1-3-1 재료의 할증"은 제작 및 설치하는데 따른 재료의 손실분을 보정해 주기 위한 것으로 주철관의 할증기준은 별도로 정하고 있지 않습니다. 귀하께서 질의하신 '주철관'의 재료의 할증기준은 표준품셈에서 별도로 정하고 있지는 않으나 할증이 필요 없다는 의미는 아닙니다. 표준품셈에서 정하지 않는 사항은 동품셈 1-1-3의 4항을 참조하시어 적정한 예정가격산정기준을 적의 결정하여 사용하시기 바랍니다.

일일 시공량의 항목의 시간당 작업 적용 가능여부

표준품셈 1-4-6 작업제한의 2항 소규모(작업물량 제한)에 의거 공사 총 시공량이 일일 시공량의 1/2이하일 경우 적용 시공량 Q를 1/2하여 적용하는 것으로 명시하고 있습니다.
헌데 총 시공량이 일일 시공량이 아닌 시간당 작업량 Q에 1/2이하 인 경우에도 동일하게 적용하는 것인지, 아니라면 어느정도의 할증을 주어야 하는지 질의 드립니다.

답변내용

➡ 표준품셈 공통부문 "1-4-6 작업제한/2. 소규모(작업물량 제한)"에서 "시공량/일"으로 명시된 항목 중 총 시공량이 본 품의 기준 미만인 소규모 공사인 경우 다음과 같이 적용하며, "시공량/일"이 제시되지 않는 항목의 경우 시공수량과 투입자원의 작업능력을 고려하여 산정한다'로 제시하고 있습니다.

야간근무 일용직에 대한 할증 적용 방법

열차감시원은 품셈에 의한 노무수량이 아닌 1일 근무에 대한 노임이 내역에 반영되어 있습니다.
이의 열차감시원에 대한 야간(01:10 ~ 04:30 근무) 노임을 산정할 때
1안) '표준품셈의 1-3-2 노임의 할증'을 적용하여
  노임 = 노임단가 × 1.5 = 노임단가의 1.5배 적용(1.5는 근로기준법 제56조 적용)
2안) '표준품셈의 1-3-2 노임의 할증'을 적용하여
  노임 = 노임단가 × 4/8 × 1.5 = 노임단가의 0.75배 적용
  (4/8은 근무시간 4시간, 1.5는 근로기준법 제56조 적용)
3안) '표준품셈의 1-4-2 품의 할증'을 적용하여

노임 = 노임단가 × 1.5 × (1+0.25+0.25) = 노임단가의 2.25배 적용
(1.5는 근로기준법 제56조 적용, 0.25는 작업시간제한(4시간이하), 0.25는 야간적용)
4안) '표준품셈의 1-4-2 품의 할증'을 적용하여
노임 = 노임단가 × (4/8) × 1.5 × (1+0.25+0.25) = 노임단가의 1.125배 적용
(4/8은 근무시간이 4시간, 1.5는 근로기준법 제56조 적용, 0.25는 작업시간제한(4시간 이하), 0.25는 야간적용)
일용직 노임에 대한 할증을 적용할 때 노임의 할증과 품의 할증 중 위에 4안 중 어느 안이 적절한지 질의드립니다.

답변내용

➡ 표준품셈 공통부문 "1-4-2 할증의 중복가산요령"의 각 항 [주]란의 필요한 할증 요소가 감안된 품기초로 품의할증과 노임의 할증을 모두 적용하여 노무비를 계산하면 다음과 같습니다.
노무비={기본품×(1+a1+a2+a3+··········+an)}×{노임단가×(1+b1)}
단, 동일성격의 품할증 요소의 이중적용은 부가함.
여기서 기본품 : 각 항 [주]란의 필요한 할증·감 요소가 감안된 품
　　　 a1-an : 품 할증요소
　　　 b1 : 노임할증
품의할증은 표준품셈 "1-4 품의할증"을 참조하시기 바라며, 노임은 "1-3-2 노임의 할증"에서는 근로기준법(56조, 연장·야간 및 휴일 근로)에 의거 노임할증을 적용하게 되어 있습니다.
표준품셈 "1-4-7 작업환경 /1.야간"에서는 공정계획에 의해 정상작업(정상공기)에 의한 작업이 불가능하여 야간작업을 할 경우나 공사 성질상 부득이 야간작업을 하여야 할 경우에는 품을 25%까지 가산하게 되어 있으며, 야간 근무시간에 따른 할증의 세부적인 기준은 별도로 제시하고 있지 않습니다.
야간할증은 야간작업 시 능률저하에 따른 생산성을 보정하는 값을 명시하고 있으며, 적용여부는 공사관계자가 직접 결정하실 사항임을 양지해 주시면 감사드리겠습니다.
표준품셈 공통부문 "1-4-6 작업제한/1.작업시간제한"은 휴전, 단수 선로사용중지 등 작업시간 제한 발생시 대상으로 하며 이와 유사하게 작업시간에 제한을 받는 성격의 공사인 경우, 1일 8시간의 작업을 수행하기 곤란할때 작업시간별 할증률을 부여하는 기준으로 휴전이 불필요하거나 운행선 상의 궤도공사가 아닐지라도 현장의 특성 상 1일 8시간의 작업 수행이 불가능 할 경우 할증을 부여할 수 있습니다. 해당 할증의 적용여부는 현장조건을 고려하시어 공사관계자가 직접 결정하실 사항임을 양지해 주시면 감사드리겠습니다.

제 1 장 적용기준

군 작전 지구에 대한 범위

'군 작전 지구내에서 할증률을 20%까지 가산할수 있다'라는 내용이 있는데 관련해서 민통선이나 전방 철책등 민간인이 출입하기에 상당히 어려운 부분에 해당되는지 궁금합니다.

답변내용

➡ 표준품셈 공통부문 "1-4-3 작업지연/1.통제보안지역"은 일반적으로 군 작전 지구내 등에서 작업인력의 출입을 통제하기 때문에 이에따른 작업능률 저하가 불가피하여 이를 보전해 주기 위한 것이며, 통제보안지역의 세부기준은 정하고 있지 않습니다. 해당 할증의 적용여부는 현장조건을 고려하시어 공사관계자가 직접 결정하실 사항임을 양지해 주시면 감사드리겠습니다.

작업시간제한(경찰서 도로공사신고 확인서) 반려

경찰서 도로안전과로 부터 도로공사를 신고하여 작업을 진행하는데 있어, 시,구도 및 이면도로 등의 모든 공사시간을 오전 10시 이후 부터 시행하라는 확인서를 받았기에 발주처에 경찰서와의 협의를 요구하였으나, 협의가 되지 않는다라는 통보와 함께 경찰서 지시 따라 공사시작을 오전 10시부터 17시까지 시행하라고 하여, 품셈에 있는 작업시간제한(6시간/10%)을 적용하여 실정보고 및 설계변경을 요청하였으나 이전 사례가 없다는 판단으로 반려한다고 합니다.

답변내용

➡ 표준품셈 공통부문 "1-4-6 작업제한/1.작업시간제한"은 휴전, 단수 선로사용중지 등 작업시간 제한 발생시 대상으로 하며 이와 유사하게 작업시간에 제한을 받는 성격의 공사인 경우, 1일 8시간의 작업을 수행하기 곤란할때 작업시간별 할증률을 부여하는 기준으로 휴전이 불필요하거나 운행선 상의 궤도공사가 아닐지라도 현장의 특성 상 1일 8시간의 작업 수행이 불가능 할 경우 할증을 부여할 수 있습니다. 해당 할증의 적용여부는 현장조건을 고려하시어 공사관계자가 직접 결정하실 사항임을 양지해 주시면 감사드리겠습니다. 또한 설계변경 및 계약변경은 계약과 관련된 사항으로 이는 표준품셈관리기관에서 답변드릴 수 없는 사항이며, 국가계약법 또는 지방계약법 등 관련규정에 따라 계약관련기관에서 답변드릴 사항이오니 어려우시더라도 해당기관으로 질의하여 주시기 바랍니다.

강관비계 사용에 대한 고소작업 할증 적용여부

강관비계 설치 또는 해체시 공통부문 제1장 적용기준 1-4품의 할증/고소작업 비계사용 할증이 적용되는지 알고싶습니다. 강관비계 설치작업 시 강관비계를 사용하여 설치하기 때문에 고소작업 할증이 붙을 것으로 사려됩니다. 강관비계 해체작업 또한 강관비계를 사용하여 해체하기 때문에 위와 동일하게 할증을 붙일 수 있다고 보여지는데 맞는지 답변 부탁드립니다.

> **답변내용**
>
> ➡ 공통부문 "1-4-5 위험 /1.고소작업"은 고소작업을 위해 비계 등의 가시설물 위에서 작업시 위험에 따른 생산성 저하를 보정해 주기 위한 할증입니다. 비계설치에서의 고소작업 할증은 본품에 높이별 품 구분으로 포함되어 있습니다.

추가공사에 따른 야간작업의 범위

부득이 심야시간대 3~4시간의 공사를 시행하여야만 하는 공종이 있으며, 설계시 단가산출서에는 품셈기준에 따라 노무비 할증이 아래와 같이 기본적으로 적용되어 있습니다.
노무비 할증(야간3시간기준) :
1.5(야간기본할증) + (1+야간작업능률저하할증25%+작업시간제한할증35%) = 2.40
작업장소에 따라 일부 공종은 지세할증도 추가로 적용되어 단가산출시 노무비 품의 할증을 적용받고 있습니다.
당 현장은 2023년 12월말 1차공사를 준공하였고 현재 2차공사를 진행중에 있으며, 최근 발주처에서는 야간작업능률저하할증(25%), 즉 표준품셈 공통부문 1-4-7 작업환경할증(공사성격에 따라 야간작업으로 계획) 25%는 일일 최대작업시간 8시간을 기준으로 산정하였기에 야간3시간 작업시에는 아래 산출식과 같이 9.375%만 적용하는 방안을 검토중에 있습니다,
25% × 3(실작업시간) / 8(일일최대작업시간) = 9.375%
작업환경에 따른 품의 할증(25%)을 상기와 같이 일일8시간 대비 실작업시간으로 산출하여 적용하는 것이 타당한지의 의견을 구하고자 합니다.

> **답변내용**
>
> ➡ "1-4-7 작업환경 /1.야간"에서는 공정계획에 의해 정상작업(정상공기)에 의한 작업이 불가능하여 야간작업을 할 경우나 공사 성질상 부득이 야간작업을 하여야 할 경우에는 품을 25%까지 가산하게 되어 있으며, 야간 근무시간에 따른 할증의 세부적인 기준은 별도로 제시하고 있지 않습니다. 야간할증은 야간작업 시 능률저하에 따른 생산성을 보정하는 값을 명시하고 있습니다.
> 또한 품의 할증은 "1-4-1 적용기준"에 따라 생산성에 영향을 받는 품요소에 적용하며, 이에 따라 표준품셈의 각 항목에 제시된 인력 및 장비의 생산성 저하 시 적용함을 원칙으로 하고 있습니다.
> 할증의 적용여부는 표준품셈을 참조하시고 공사관계자가 직접 결정하실 사항임을 양지해 주시면 감사드리겠습니다. 또한 할증은 작업 시간으로 나누어서 적용하는 기준은 표준품셈에서 정하고 있지 않습니다.

험악 산악지역에 대한 할증

공사지역은 산악(험한산악) 지역이고 공사조건은(높이 160m, 경사는 1:0.3~0.5)이며, 낙석 방지망 및 쇼크리트 작업을 하려 합니다.
당초는 크레인(1000ton) 사용한 작업이었으나 크레인 진입이 불가하여 밧줄을 이용한 인력 작업을 하려 합니다.
품의할증을 다음과 같이 적용하려 하는데 검토하여 주시면 감사하겠습니다.
1-4-4 지세/지형 - 산악지(험한산악) 50%
1-4-5 위험 - 고소작업 - 비계사용(실지 밧줄사용) 60m 미만 20%
　　　　　　　　　　　　　　　　　　　60m 초과 10m 마다 4%씩 가산
1-4-6 작업제한 - 작업시간(작업준비, 대기시간 제외) 6시간 이하 15%
1-4-7 작업환경 - 기타 (위험발생, 계속이동작업) 50%
위와 같이 적용 하려 합니다.
중복된것은 없는지 또는 추가할것은 없는지 질의드립니다.

답변내용

➡ 표준품셈 품의할증은 표준품셈 공통부문 "1-4 품의 할증"을 참조하시고 해당 현장 여건에 맞게 적용하시기 바랍니다.
할증의 중복적용은 표준품셈 "1-4-2 할증의 중복가산요령"을 참조하시기 바랍니다.
W=기본품×(1+a1+a2+a3+············+an)
단, 동일성격의 품할증 요소의 이중적용은 불가함.
여기서 W : 할증이 포함된 품
　　　　기본품 : 각 항 [주]란의 필요한 할증·감 요소가 감안된 품
　　　　　a1-an : 품 할증요소
품의 할증에서 동일성격의 품할증요소 이중적용은 불가합니다.
당해공사에서 표준품셈의 적용여부 및 판단, 수량산출 등에 관련된 사항은 해당공사의 특성을 고려하시고 표준품셈을 참조하시어 공사관계자가 직접 결정하실 사항임을 양지해 주시면 감사드리겠습니다.

일반 터파기 공사의 습지 할증 적용여부

현재 현장상황이 하천고수부지 옆 녹지에서 터파기를 진행 중입니다. 10월부터~3월까지는 눈/비가 지속적으로 와서 물이 있어 논처럼 장비가 빠지는 현상이 생겨 표토를 제거하고 작업을 진행을 해야됩니다.
건설품셈 공통부문 1-4-4 지세/지형 중 습지(물이 있는 논) 할증 20%가 있는데 위 설명과 같이 유사하게 적용이 가능한지 질의드립니다.

답변내용

➡ 공통부문 "1-4-4 지세/지형 /1. 지세"에서 산악지, 야산지, 습지, 경사지에 대한 시공위치의 형상변화(간섭, 경사 등)로 인해 작업에 지장을 받는 경우에 대한 할증률을 제시하고 있으니 이를 참조하시기 바랍니다. 할증적용 등 당해공사에서 표준품셈의 적용여부 및 판단에 관련된 사항은 해당공사의 특성을 고려하시고 표준품셈을 참조하시어 공사관계자가 직접 결정하실 사항임을 양지해 주시면 감사드리겠습니다.

폐콘크리트의 폐기물 산출식 적용 여부

1-1-5-4 환경관리비 관련 건물철거할 때 단위면적당 발생량의 폐기물 산출시 건물의 기초(지하)가 폐콘크리트류에 포함되어져 있는지 질의드립니다.

답변내용

➡ 표준품셈 공통부문 "1-5-4 환경관리비"는 건축물의 신축 및 해체 시 공사현장에서 발생되는 건설폐기물의 일반적인 단위면적당 발생량을 제시한 것으로서, 건축물의 경우 기초가 포함되어 있습니다.

신축공사에 대한 폐기물 산정

개보수 현장에 폐기물이 철거 폐기물만 잡혀져 있고 공사 중 폐기물이 누락되어 있는 상황입니다. 실정보고를 올리려고 하는데 품셈에는 신축과 해체부분만 잡혀져 있어서 개보수 현장 공사중 폐기물을 신축에 적용해도 되는지 질의드립니다.

답변내용

➡ 공통부문 "1-5-4 환경관리비"에서는 신축과 해체시 각각에 대한 폐기물 발생량을 단위면적당 톤으로 제시하고 있으며, 신축과 해체공사가 복합적으로 적용되어 있을경우에 대한 폐기물 발생량 기준은 별도로 정하고 있지 않습니다. 또한 개보수 현장 공사 구분 방법은 표준품셈에서 정하고 있지 않습니다.
표준품셈에서 정하지 않는 사항은 동품셈 1-1-3의 4항을 참조하시어 적정한 예정가격산정기준을 적의 결정하여 사용하시기 바라며, 당해공사에서 표준품셈의 적용여부 및 판단에 관련된 사항은 해당공사의 특성을 고려하시고 표준품셈을 참조하시어 공사관계자가 직접 결정하실 사항임을 양지해 주시면 감사드리겠습니다.

제 2 장 가설공사

2-1 가설물의 한도

2-1-1 현장사무소 등의 규모(토목)('02, '22년 보완)

직접 노무비	현장 사무소 (㎡)		기자재 창고 (㎡)	숙소 (㎡)
	감독·감리자	수급자		
1.5억 미만	40	50	40	60
1.5 ~ 3억	60	75	50	70
3 ~ 9억	80	100	60	80
9 ~ 30억	100	130	80	100
30 ~90억	150	200	100	180
90 ~150억	200	300	120	260
150~300억	260	440	130	360
300~500억	280	490	135	400
500억 이상	300	520	140	420

[주] ① 직접노무비는 가설물의 조립해체(부지조성비 포함)에 소요되는 노무비를 제외한 모든 직접노무비의 총금액으로 한다.
② 수급자 현장사무소의 면적은 원수급자 기준이며, 하수급자 현장사무소 면적은 하수급 규모, 운영기간, 상주인력 등을 고려하여 별도 계상한다.
③ 가설물 종류의 선택은 공사종류 및 규모에 따라 선정하여 적용한다.
④ 가설물은 공사의 성질과 소요재료의 수급계획에 따라 증감할 수 있다.
⑤ 시험실의 규모는 건설기술진흥법 시행규칙 [별표5. 건설공사 품질관리를 위한 시설 및 건설기술자 배치기준]규정에 따른다.
⑥ 가설물 부지조성비용은 별도 계상한다.
⑦ 가설공사비는 그 성질에 따라 계상할 수 있다.

2-1-2 현장사무소 등의 규모(건축 및 기계설비)('02, '22년 보완)

직접 노무비	현장 사무소 (㎡)		기자재 창고 (㎡)
	감독·감리자	수 급 자	
1.5억 미만	30	30	27
1.5~3억	40	50	30
3~9억	50	70	40
9~30억	70	90	50
30~90억	100	140	70
90~150억	140	210	80
150~300억	180	300	90
300~500억	190	330	95
500억 이상	210	360	100

[주] ① 직접노무비는 가설물의 조립해체(부지조성비 포함)에 소요되는 노무비를 제외한 모든 직접노무비의 총금액으로 한다.
② 수급자 현장사무소의 면적은 원수급자 기준이며, 하수급자 현장사무소 면적은 하수급 규모, 운영기간, 상주인력 등을 고려하여 별도 계상한다.
③ 가설물 종류의 선택은 공사종류 및 규모에 따라 선정하여 적용한다.
④ 가설물은 공사의 성질과 소요재료의 수급계획에 따라 증감할 수 있다.
⑤ 시험실의 규모는 건설기술진흥법 시행규칙 [별표5. 건설공사 품질관리를 위한 시설 및 건설기술자 배치기준]규정에 따른다.
⑥ 가설물 부지조성비용은 별도 계상한다.
⑦ 가설공사비는 그 성질에 따라 계상할 수 있다.

참고 가설물 면적
① 가설건물규모는 필요면적을 설계하여 산출하거나 본 표의 시설물 면적에 비례한 계산치를 적용할 수 있다.

〈시멘트 창고, 동력소 및 변전소 필요면적 산출〉

시멘트 창고	동력소 및 변전소
$A = 0.4 \times \dfrac{N}{n}$ (㎡) A=저장면적 N=저장할 수 있는 시멘트량 n=쌓기 단수(최고 13포대) 시멘트량이 600포대 이내일 때는 전량을 저장할 수 있는 창고를 가설하고, 시멘트량이 600포대 이상일 때는 공기에 따라서 전량의 1/3을 저장할 수 있는 것을 기준으로 한다.	$A = 3.3\sqrt{W}$ A=면적(㎡) W=전력용량(kWh)

② 식당, 근로자숙소, 휴게실, 화장실, 탈의실, 샤워장 등은 현장여건에 따라 다음의 가설물 면적에 의거하여 별도 계상할 수 있다.

〈가설물 면적〉

종 별	용 도	면 적	비 고
식 당	30인 이상일 때	1㎡	1인당
근 로 자 숙 소		4.2㎡	1인당
휴 게 실	기거자 3명당 3㎡	1.0㎡	1인당
화 장 실	대변기 : 남자 20명당 1기 여자 15명당 1기 소변기 : 남자 30명당 1기	2.2㎡	1변기당(대·소변)
탈 의 실·샤 워 장		2.0㎡	1인당
창 고	시멘트용	1식	수급계획에 의한 순환 저장용량 비교
목 공 작 업 장	거푸집용	20㎡	거푸집 사용량 1,000㎡당
철 근 공 작 업 장	가공, 보관	30~60㎡	사용량 100ton당
철 골 공 작 업 장	공작도 작성	30㎡	사용량 100ton당 (필요시)
미 장 공 작 업 장	현장가공 및 재료보관 믹서 및 재료설치	200㎡ 7~15㎡	사용량 100ton 미장면적 330㎡당
함 석 공 작 업 장	가공 및 재료설치	15~30㎡	함석 330㎡당
석 공 작 업 장	가공 및 공작도 작성	70~100㎡	매월 가공량 10㎡당 (필요시)
콘 크 리 트 골 재 적 치 장	주위벽 막을 때 주위벽 안할 때	0.7㎡ 1.0㎡	골재 1㎥당 골재 1㎥당

③ 자재창고

(㎡ 당)

구 분	자재종류	규 격	단위	수 량	쌓기 단수
미장재료창고	석 회	17kg들이	포	75~100	15~20
철물잡품창고	함 석	#28.90cm×180cm	매	100~300	200~600
	못	60kg/통, 직경 48cm	통	4~8	1~2
	철 선	50kg/권, #10경	권	5~7	5~7
	루 핑	100cm, 높이 17cm 19.8㎡/권, 경 21cm 길이 97cm	권	23~46	1~2
	합 판	두께 6mm, 90cm×180cm	매	50~100	100~200
	텍 스	두께 12mm, 90cm×180cm	매	50~75	100~150
도 료 창 고	페인트	25kg, 22cm×40cm	통	12~36	1~3

④ 가설전등

(등/㎡ 당)

구 분	수 량	비 고
사 무 소	0.15	1. 등당 100W를 기준함.
창 고	0.06	2. 전등 설치에 필요한 재료 및 품은 별도계상
작 업 장 (일 간)	0.10	
숙 소	0.075	

⑤ 인공조명 또는 야간작업이 필요한 개소 및 장소에서의 가설전등은 별도 계상할 수 있다.
⑥ 위생시설(오폐수처리시설 등) 및 전기·수도 인입시설, 층별간이화장실(기성제품), 소각장은 현장여건에 따라 별도 계상한다.
⑦ 건설기계 주기장 산정

대당 소요면적	기준
36㎡	- 대당 소요면적은 덤프트럭, 기중기 등 대형 타이어식 건설기계를 기준한 것이며, 기타 주기장에 주기할 필요가 있는 건설기계에 대하여는 실제대당 소요면적의 1.2배 기준으로 한다. - 주기장 면적은 주기장에 주기를 필요로 하는 건설기계대수가 가장 많을 때의 소요면적의 70%로 한다. 단, 공사성질상 주기장이 불필요한 현장에서는 계상하지 아니한다.

2-2 손율

2-2-1 적용기준('22, '23년 보완)

사용기간 및 횟수에 따라 감가상각되는 가설시설물의 재료비는 거래형태 등을 고려하여 손료 또는 임대비로 산정한다.
- 손료 : 표준품셈 제시 손율과 자재수량을 참고하여 적용한다.
- 임대비 : 현장거래 임대료 또는 전문가격조사기관이 공표한 가격 등을 참고하여 적용한다.

2-2-2 주요자재('22년 보완)

구분 \ 사용기간별	3개월 (%)	6개월 (%)	1개년 (%)	1개년초과 평균손율 (%)
철 물	30	45	60	80
창 호	30	40	60	80
흄 관	80	100	100	100
강 재 류	15	30	50	75

[주] ① 철물 및 강재류의 경우 다음 사항을 고려한다.
  ㉮ 재료의 길이가 2m 이하인 것은 1회 사용 후 손율은 100%로 계상한다.
  ㉯ 강재(강널말뚝, 강관파일, H파일, 복공판 등)는 토류벽과 가교 등의 재료로 사용할 때의 기준이다.
② 강재의 손료 산정방법은 다음과 같다.
  ㉮ 강재를 절단하지 않고 사용하는 경우
    손료 = 강재수량×(1+재료의 할증률)×신재단가×손율
  ㉯ 강재를 절단하여 사용하는 경우(할증량이 스크랩으로 발생되는 경우)
    손료 = 강재수량×신재단가×손율+할증량×신재단가-할증량×공제율×고재단가

■ 가설 교량 설치 및 해체

1. 가공 및 조립

(강재 ton 당)

구 분	단 위	수 량	구 분	단 위	수 량
철 골 공	인	5.62	보 통 인 부	인	0.15
용 접 공	〃	0.70	작 업 반 장	〃	0.07

[주] ① 품 증가율에 따른 철골공의 계산은 다음 식에 의한다.
　　　N =(1+α+β)
　　　ⓐ α의 값 : 강재 중량 감소에 따른 품 증감계수
　　　　본 품은 300ton 이상을 기준한 것이므로 다음에 따라 품을 가산한다.
　　　　· 100~300 ton 일 때는 품을 15% 가산한다.
　　　　· 50~100 ton 일 때는 품을 25% 가산한다.
　　　　· 50 ton 이하 일 때는 품을 35% 가산한다.
　　　ⓑ β의 값 : 작업의 난이도에 따른 품 증감계수
　　　　· 구조가 보통이고 종류가 많을 때는 품을 10% 가산한다.
　　　　· 구조가 복잡하고 종류가 적을 때는 품을 15% 가산한다.
　　　　· 구조가 복잡하고 종류가 많을 때는 품을 20% 가산한다.
② 잡소모품 및 부재는 다음을 표준으로 한다.

(강재 ton 당)

구 분	단 위	수 량	구 분	단 위	수 량
산 소	ℓ	4,500	아 세 틸 렌	kg	2
용 접 봉	kg	4.6			

③ 철골공에는 비계공이 포함되어 있다.
④ 철골공에는 공장 간접비가 포함되어 있다.
⑤ 본 품에는 공장 가공된 철골의 운반 및 현장 세우기 품이 포함되어 있지 않다.
⑥ 기계기구 손료는 노무비의 15%로 한다.
⑦ 잡재료비는 재료비의 15%로 한다.

2. 현장 세우기

(강재 ton 당)

구 분	단 위	수 량
철 골 공	인	2.71
용 접 공	〃	0.25
보 통 인 부	〃	0.3
작 업 반 장	〃	0.15
현 장 부 자 재 소 모 품	식	상기 노무비의 15%를 계상
일 반 공 구 의 손 료	〃	상기 노무비의 3%를 계상

[주] ① 본 품은 육상작업 기준이며, 수상 및 고소 작업시는 품을 할증한다. [공통부문 제1장 적용기준 참조]
② 현장 세우기 장비는 현장여건을 고려하여 선택 사용한다.
③ 현장 세우기 장비의 장비 능력은 15ton/일을 기준으로 한다.
④ 기초공사(파일기초, 콘크리트기초 등)는 현장여건을 고려하여 별도 계상한다.
⑤ 본 품의 적용 범위는 상부 주형 거더 및 보강 강재, 하부 벤트 및 보강 강재를 포함한다.

3. 철골재 철거

(강재 ton 당)

구 분	단 위	수 량	구 분	단 위	수 량
용 접 공	인	2.20	아 세 틸 렌	kg	2.50
보 통 인 부	〃	1.20	L . P . G	〃	2.00
산 소	병	0.70			

[주] ① 본 품은 육상작업 기준이며, 수상 및 고소 작업시는 품을 할증한다. [공통부문 제1장 적용기준 참조]
② 철골재 철거 장비는 현장 여건을 고려하여 선택 사용한다.
③ 철골재 철거 장비의 장비 능력은 15ton/일을 기준으로 한다.
④ 기초공사(파일기초, 콘크리트기초 등)는 현장여건을 고려하여 별도 계상한다.
⑤ 본 품의 적용 범위는 상부 주형 거더 및 보강 강재, 하부 벤트 및 보강 강재를 포함한다.

4. 강봉 인장비

(1개소 당)

구 분	단 위	수 량	구 분	단 위	수 량
기 계 설 치 공	인	0.872	특 별 인 부	인	2.293
기 계 공	〃	3.353	기 계 기 구 손 료	식	노무비의 24%를 계상

[주] 본 품은 육상작업 기준이며 수상 및 고소 작업시 품을 할증한다. [공통부문 제1장 적용기준 참조]

■ 가설 교량, 복공체 거더 가설구조물 등의 설치 및 해체(특허 제10-2317849호)

1. 가공 및 조립

(강재 ton 당)

구 분	단 위	수 량	구 분	단 위	수 량
철골공	인	4.34	보통인부	인	0.15
용접공	〃	1.10	작업반장	〃	0.07

[주] ① 품 증가율에 따른 철골공 및 용접공의 계산은 다음 식에 의한다.
  $N = (1 + \alpha + \beta)$
  ⓐ α의 값 : 강재중량 감소에 따른 품 증감계수
    본 품은 200ton 이상을 기준한 것이므로 다음에 따라 품을 가산한다.
    100~200 ton 일 때는 품을 20% 가산한다.
    50 ton 이하인 경우는 품을 40% 가산한다.
  ⓑ β의 값 : 작업의 난이도에 따른 품 증감계수
    사각이 45도 미만인 경우에는 품을 20% 가산한다.
    라멘-상, 하부부구조가 모두 프레임 구조이면 40% 가산한다.
② 잡소모품 및 부재는 다음을 표준으로 한다.

(강재 ton 당)

구 분	단 위	수 량	구 분	단 위	수 량
산소	ℓ	4,500	아세틸렌	kg	2.3
용접봉	kg	3.6			

③ 철골공에는 비계공이 포함되어 있다.
④ 철골공에는 공장간접비가 포함되어 있다.
⑤ 본 품에는 공장 가공된 철골의 운반 및 현장 세우기 품이 포함되어 있지 않다.
⑥ 기계기구 손료는 노무비의 15%로 한다.
⑦ 잡재료비는 재료비의 15%로 한다.

2. 현장세우기

(강재 ton 당)

구 분	단 위	수 량
철골공	인	2.71
용접공	〃	0.25
보통인부	〃	0.3
작업반장	〃	0.15
현장부자재소모품	식	상기 노무비의 15%를 계상
일반공구의 손료	〃	상기 노무비의 3%를 계상

[주] ① 본 품은 육상작업 기준이며, 수상 및 고소 작업시는 품을 할증한다.[공통부문 제1장 적용기준 참조]
② 현장 세우기용 장비는 현장여건을 고려하여 선택 사용한다.
③ 철골 세우기 장비의 장비 능력은 15ton/일을 기준으로 한다.
④ 기초공사(파일기초, 콘크리트기초 등)는 현장여건을 고려하여 별도 계상한다.
⑤ 본 품의 적용 범위는 상부 주형 거더 및 보강 강재, 하부 벤트 및 보강 강재를 포함한다.

3. 철골재 철거 (현장세우기 동일 조건)

(강재 ton 당)

구 분	단 위	수 량	구 분	단 위	수 량
용접공	인	2.20	아세틸렌	kg	2.50
보통인부	〃	1.20	L.P.G	〃	2.00
산소	병	0.70			

○ 참고자료

■ 복공체 설치 및 해체(특허 제10-2317849호)

1. 가공 및 조립

(강재 ton 당)

구 분	단 위	수 량	구 분	단 위	수 량
철 골 공	인	3.34	보 통 인 부	인	0.15
용 접 공	〃	2.70	작 업 반 장	〃	0.07

[주] ① 품 증가율에 따른 철골공 및 용접공의 계산은 다음 식에 의한다.
　　　N =(1+α)
　　ⓐ α의 값: 미끄럼 방지 기능을 60 BPN 이상 적용해야 하는 복공체 설치 면적에 따른 품 증감계수 3.0㎡ 이하인 경우는 품을 30% 가산한다.

2. 복공체 설치

(강재 ton 당)

구 분	단 위	수 량
비 계 공	인	3.5
보 통 인 부	〃	1.0
작 업 반 장	〃	1.0

[주] 중기사용료는 시간당, 면적당 0.055hr/㎡

3. 복공체 철거

(강재 ton 당)

구 분	단 위	수 량
비 계 공	인	2.0
보 통 인 부	〃	0.7
작 업 반 장	〃	0.7

[주] 중기사용료는 시간당, 면적당 0.033hr/㎡

2-2-3 가설시설물('22년 보완)

1. 철제조립식 가설건축물

구 분	기 간	3개월	6개월	12개월	24개월	36개월	48개월	60개월 이상
손 율(%)		12	16	25	38	53	70	100
부자재율 (%)	사무실	36	28	19	13	11	9	7
	창고	42	32	22	15	12	10	8

[주] ① 부자재는 주자재의 손율에 대한 구성비율이다.
　　② 주자재는 [참고자료] 조립식 가설건축물의 주자재'를 참고한다.

참고 · 조립식 가설건축물의 주자재

(바닥면적 ㎡ 당)

구 분	규 격	단위	수 량	
			사무소	창고
Base Channel	두께 : 2.0 mm 이상	m	0.44	0.44
Top Channel	두께 : 2.0 mm 이상	〃	0.44	0.44
외 부 Panel (벽)	1,200×2,400 mm	매	0.20	0.23
〃　　　(창문)	〃	〃	0.12	0.08
〃　　　(철재문)	〃	〃	0.03	0.04
내 부 Panel (벽)	〃	〃	0.15	-
〃　　　(목재문)	〃	〃	0.05	-
Panel Joint (Al-Bar)	L=2,400 mm	조	0.31	0.31
Canopy (출입구채양)	600×1,200 mm	매	0.03	0.04
박　공　Panel	-	〃	0.02	0.02
Roof Sheet	0.5 mm Color Sheet	㎡	1.23	1.23
트　러　스	L=7.2m	개	0.07	0.07
중 도 리(Purin)	두께 : 2.0 이상	〃	1.52	1.52
천　장　판	미장합판+50mm Glass Wool	매	0.69	-
T-Bar	-	m	1.53	-

2. 콘테이너형 가설건축물

구분 \ 기간	3개월	6개월	12개월	24개월	36개월	48개월 이상
손 율(%)	18	23	34	56	78	100

3. 가설울타리 및 가설방음벽

사용시간 \ 재료	손 율 (%)		
	전기아연도금 강판	재생플라스틱 방음판	스틸 방음판
3 개월	29	31	33
6 개월	33	36	38
12 개월	43	45	47
24 개월	62	63	64
36 개월	81	82	82
48 개월	100	100	100

[주] 기둥 및 띠장은 '[공통부문] 2-2-5 구조물 비계'를 따른다.

■ 가설교량 설치 및 해체 (특허 제10-0722809호)

1. 가공 및 조립

(강재 ton 당)

구 분	단 위	수 량	구 분	단 위	수 량
철 골 공	인	5.60	보 통 인 부	인	0.15
용 접 공	〃	0.70	작 업 반 장	〃	0.07

[주] ① 품 증가율에 따른 철골공의 계산은 다음 식에 의한다.
　　　$N = (1 + α + β)$
　　　ⓐ α의 값 : 강재 중량 감소에 따른 품 증감계수
　　　　본 품은 300ton 이상을 기준한 것이므로 다음에 따라 품을 가산한다.
　　　　· 100~300ton일 때는 품을 15% 가산한다.
　　　　· 50~100ton일 때는 품을 25% 가산한다.
　　　　· 50이하일 때는 품을 35% 가산한다.
　　　ⓑ β의 값 : 작업의 난이도에 따른 품 증감계수
　　　　· 구조가 보통이고 종류가 많을 때는 품을 10% 가산한다.
　　　　· 구조가 복잡하고 종류가 적을 때는 품을 15% 가산한다.
　　　　· 구조가 복잡하고 종류가 많을 때는 품을 20% 가산한다.
② 잡소모품 및 부재는 다음을 표준으로 한다.

(강재 ton 당)

구 분	단 위	수 량	구 분	단 위	수 량
산　　　소	ℓ	4,500	아 세 틸 렌	kg	2
용 접 봉	kg	4.6			

③ 철골공에는 비계공이 포함되어 있다.
④ 철골공에는 공장간접비가 포함되어 있다.
⑤ 본 품에는 공장 가공된 철골의 운반 및 현장 세우기 품이 포함되어 있지 않다.
⑥ 기계기구 손료는 노무비의 15%로 한다.
⑦ 잡재료비는 재료비의 15%로 한다.

2. 현장세우기

(강재 ton 당)

구 분	단 위	수 량
철　　골　　공	인	2.71
용　　접　　공	〃	0.25
보　통　인　부	〃	0.30
작　업　반　장	〃	0.15
현 장 부 자 재 소 모 품	식	상기 노무비의 15%를 계상
일 반 공 구 의 손 료		상기 노무비의 3%를 계상

[주] ① 본 품은 육상작업 기준이며, 수상 및 고소 작업시는 품을 할증한다.[공통부문 제1장 적용기준 참조]
② 항 세우기용 장비는 현장여건을 고려하여 선택 사용한다.
③ 철골 세우기 장비의 장비 능력은 15ton/일을 기준으로 한다.
④ 기초공사(파일기초, 콘크리트 기초 등)는 현장여건을 고려하여 별도 계상한다.
⑤ 본 품의 적용 범위는 상부 주형거더 및 보강강재, 하부벤트 및 보강 강재를 포함한다.

3. 철골재 철거 (현장세우기 동일 조건)

(강재 ton 당)

구 분	단 위	수 량	구 분	단 위	수 량
용 접 공	인	2.20	아 세 틸 렌	kg	2.50
보 통 인 부	〃	1.20	L. P. G	〃	2.00
산 소	병	0.70			

[주] ① 본 품은 육상작업 기준이며, 추진식 가설 및 고소 작업시는 품을 할증한다.
　　　 N = (1+α+β)
　　　　ⓐ α의 값 : 추진식 가설 작업의 경우 품을 15% 가산한다.
　　　　ⓑ β의 값 : 7.0m 이상 고소작업의 경우 품을 15% 가산한다.

4. 추진식 Pile항타, 인발 및 천공

(일 당)

구	분	규 격	단 위	수 량
항 타 / 인 발	진 동 파 일 해 머	60~120kW	대	1.00
	크 레 인	50~150ton	〃	1.00
	발 전 기	200~250kW	〃	1.00
	지 게 차	5~7.5ton	〃	1.00
천 공	하 이 드 로 T4	25ton / 50ton	대	1.00
	공 기 압 축 기	3.5~10.3외(㎥/min)	〃	1.00
	오 거	59.68~111.90kW	〃	1.00
	지 게 차	5~7.5ton	〃	1.00

[주] 현장 작업 조건을 고려하여 장비규격 및 조합을 변경할 수 있다.

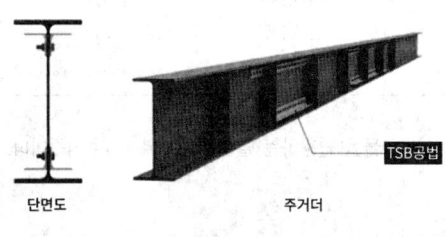

단면도　　주거더　　전체 주형 입체도

서해선(홍성~송산)복선전철 4공구

장지간 가설교량 거더공법
H빔에 **선택적(압축부)단면보강**으로 **강성증대**와 **중립축 이동**에 의한 응력 재분배로 **압축 저항 성능을 향상**시켜 압축과 인장응력을 동시에 허용응력에 도달시킨 응력 재분배 임시가설교량 공법

Tel. 02-587-8080　Fax. 02-587-8181
STEELKOREA　www.steelkorea.com

2-2-4 구조물 동바리('22년 보완)

구분 \ 기간	1개월	3개월	6개월	12개월
손 율(%)	4	6	10	19

[주] 강관 동바리, 시스템 동바리, 알루미늄폼 동바리 등에 적용한다.

2-2-5 구조물 비계('22년 보완)

공기 \ 재료	손 율			
	강관, 비계기본틀, 비계장선틀, 가새	받침철물 조절받침철물 비계안전발판	조임철물 이음철물	철물(앵커용)
3개월	6 %	9 %	12 %	100 %
6 〃	10 〃	15 〃	20 〃	100 〃
12 〃	19 〃	29 〃	38 〃	100 〃
18 〃	28 〃	42 〃	56 〃	100 〃
24 〃	37 〃	56 〃	74 〃	100 〃
30 〃	46 〃	69 〃	92 〃	100 〃
36 〃	55 〃	83 〃	100 〃	100 〃
42 〃	64 〃	96 〃	100 〃	100 〃
48 〃	73 〃	100 〃	100 〃	100 〃
54 〃	84 〃	100 〃	100 〃	100 〃
60 〃	91 〃	100 〃	100 〃	100 〃
66 〃	100 〃	100 〃	100 〃	100 〃

[주] ① 강재비계 내구년한 5.5년을 기준한 것이다.
② 비계매기용 강관, 강관틀, 받침철물, 조임철물, 이음철물을 활용하는 일반적인 비계 매기 기준이다.

2-2-6 축중계('09년 신설, '10년 보완)

구분 \ 기간	3개월	6개월	9개월	12개월	24개월	36개월	48개월	60개월	120개월
손 율(%)	3	5	8	10	20	30	40	50	100

2-2-7 규준틀('22년 신설)

구 분	목재규준틀	철재규준틀
손 율(%)	100%	'[공통부문] 2-2-2 주요자재'의 철물을 따른다.

2-3 가설건축물

2-3-1 철제조립식 가설건축물 설치 및 해체('92년 신설, '09, '22년 보완)

(바닥면적 ㎡ 당)

구 분	규 격	단 위	사무실	창고
건 축 목 공	-	인	0.26	0.20
보 통 인 부	-	〃	0.11	0.09
크 레 인	10ton	hr	0.19	0.15

[주] ① 본 품은 샌드위치판넬을 사용한 조립식 가설건축물의 설치 및 해체 기준이다.
② 창고는 내부 패널, 천장재가 없는 구조에 적용한다.
③ 본 품은 먹매김, 내·외부 패널(벽, 창문, 지붕 등) 설치, 지붕트러스, 천장판 설치를 포함한다.
④ 기초공사, 창호 및 유리공사, 수장공사, 전기 및 기계설비공사는 별도 계상한다.
⑤ 크레인 규격은 작업여건(작업범위, 위치 등)에 따라 변경할 수 있다.
⑥ 공구손료 및 경장비(절단기, 발전기 등)의 기계경비는 인력품의 2%로 계상한다.

2-3-2 콘테이너형 가설건축물 설치 및 해체('09, '22년 보완)

(개소 당)

구 분	규 격	단 위	3.0×3.0m	3.0×6.0m	3.0×9.0m
비 계 공	-	인	0.40	0.58	0.78
특 별 인 부	-	〃	0.18	0.34	0.38
크 레 인	10ton	hr	2.00	2.00	2.00

[주] ① 본 품은 콘테이너형 가설건축물의 설치 및 해체 기준이다.
② 기초공사, 전기 및 기계설비공사는 별도 계상한다.
③ 복층으로 설치하는 경우 계단, 난간, 캐노피 등은 별도 계상한다.
④ 가설건축물의 운반비는 별도 계상한다.
⑤ 크레인 규격은 작업여건(작업범위, 위치 등)에 따라 변경할 수 있다.

2-4 가설울타리 및 가설방음벽('09, '10, '17년 보완)

2-4-1 강관 지주 설치 및 해체

(10m 당)

구 분	규 격	단위	지주높이 3.5m 이하		지주높이 6m 이하	
			설치	해체	설치	해체
비 계 공	-	인	0.30	0.12	0.46	0.18
보 통 인 부	-	〃	0.11	0.04	0.16	0.06
굴 착 기	0.2㎥	hr	0.35	0.14	0.35	0.14

[주] ① 본 품은 강관을 사용한 지주(지주간격 2.0m)의 설치 및 해체 작업 기준이다.
② 본 품은 지반평탄작업, 강관매입, 보조기둥 설치 및 해체 작업을 포함한다.
③ 콘크리트 기초, 출입구문, 방진망 작업은 별도 계상한다.
④ 공구손료 및 경장비(전동드릴 등)의 기계경비는 인력품의 3%로 계상한다.
⑤ 재료량은 설계수량을 적용한다.

2-4-2 H형강 지주 설치 및 해체

(10m 당)

구 분	규 격	단위	지주높이 4m 이하		지주높이 7m 이하	
			설치	해체	설치	해체
비 계 공	-	인	0.49	0.20	0.99	0.40
보 통 인 부	-	〃	0.18	0.07	0.35	0.14
굴 착 기	0.2㎥	hr	0.63	0.25	0.63	0.25
트럭탑재형크레인	5ton	〃	0.73	0.29	1.09	0.44

[주] ① 본 품은 H형강을 사용한 지주(지주간격 2.0m)의 설치 및 해체 작업 기준이다.
② 본 품은 지반평탄작업, 강관매입, H형강 근입 및 해체 작업을 포함하며, H형강 설치를 위한 천공 작업은 제외되어 있다.
③ 콘크리트 기초, 출입구문, 방진망 작업은 별도 계상한다.
④ 공구손료 및 경장비(전동드릴 등)의 기계경비는 인력품의 2%로 계상한다.

2-4-3 가설울타리판 설치 및 해체

(10m 당)

구 분	단 위	설치높이 3m 이하		설치높이 6m 이하	
		설치	해체	설치	해체
비 계 공	인	0.26	0.10	0.30	0.12
보 통 인 부	〃	0.09	0.04	0.11	0.05

[주] ① 본 품은 후크볼트를 사용한 전기아연도금강판(EGI휀스, 폭 550㎜이하) 설치 및 해체 작업 기준이다.

② 문양이나 도색 등이 필요한 경우에 별도 계상한다.
③ 공구손료 및 경장비(전동드릴 등)의 기계경비는 인력품의 3%로 계상한다.

2-4-4 세로형 가설방음판 설치 및 해체

(10m 당)

구 분	단 위	설치높이 3m 이하		설치높이 6m 이하	
		설치	해체	설치	해체
비 계 공	인	0.24	0.10	0.28	0.11
보 통 인 부	〃	0.09	0.03	0.10	0.04

[주] ① 본 품은 조이너클립을 사용한 재생플라스틱 방음판(폭 650㎜ 이하) 설치 및 해체 작업 기준이다.
② 문양이나 도색 등이 필요한 경우에 별도 계상한다.
③ 공구손료 및 경장비(전동드릴 등)의 기계경비는 인력품의 3%로 계상한다.

2-4-5 가로형 가설방음판 설치 및 해체

(10m 당)

구 분	규 격	단 위	설치높이 3m 이하		설치높이 6m 이하	
			설치	해체	설치	해체
비 계 공	-	인	0.72	0.29	0.84	0.34
보 통 인 부	-	〃	0.26	0.10	0.30	0.12
트럭탑재형크레인	5ton	hr	0.95	0.38	1.11	0.44

[주] ① 본 품은 H-bar를 사용한 스틸 방음판(500㎜×30T×1,980㎜)설치 및 해체 작업 기준이다.
② H-bar 설치 및 해체를 포함하며, 문양이나 도색 등이 필요한 경우에 별도 계상한다.
③ 공구손료 및 경장비(전동드릴 등)의 기계경비는 인력품의 2%로 계상한다.

2-5 규준틀

2-5-1 토공의 비탈규준틀 설치 및 철거('09년 보완)

(개소 당)

구 분	단 위	수 량
건 축 목 공	인	0.16
보 통 인 부	〃	0.14

[주] 본 품은 높이 0.5m, 표지판 2개를 설치한 비탈규준틀의 제작, 도색, 가설, 철거를 포함한 것이다.

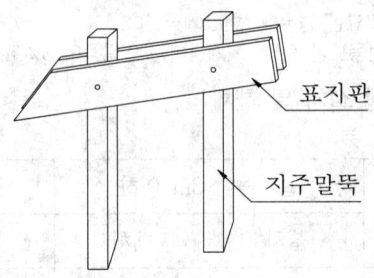

2-5-2 도로용 목재 수평규준틀 설치 및 철거

(개소 당)

구 분	단 위	수 량
건 축 목 공	인	0.21
보 통 인 부	〃	0.19

[주] 본 품은 높이 2.4m, 표지판 8개를 설치한 수평 규준틀의 제작, 도색, 가설, 철거를 포함한 것이다.

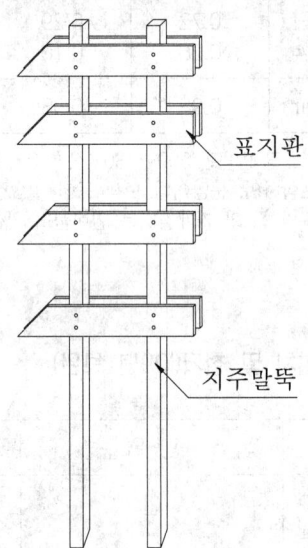

2-5-3 도로용 철재 수평규준틀 설치 및 철거

(개소 당)

구 분	단 위	규준틀 높이	
		5m 이하	10m 이하
건 축 목 공	인	0.14	0.17
보 통 인 부	〃	0.12	0.14

[주] 본 품은 제작된 수평규준틀을 기준한 것이며, 조립, 설치 및 철거 작업을 포함한다.

2-5-4 평·귀 규준틀 설치 및 철거

(개소 당)

구 분	단 위	종 별	
		평 규준틀	귀 규준틀
목 재	m³	0.014	0.022
건 축 목 공	인	0.15	0.30
보 통 인 부	〃	0.30	0.45

[주] 본 품은 제작, 도색, 가설, 철거 작업을 포함한 것이다.

2-6 동바리

2-6-1 강관 동바리 설치 및 해체(토목)('09, '16년 보완)

(10공㎥ 당)

구 분	단 위	수 량		
		2.5m 이하	2.5m 초과~3.5m 이하	3.5m 초과~4.2m 이하
형 틀 목 공	인	0.54	0.58	0.63
보 통 인 부	〃	0.21	0.23	0.25

비 고	○ 수평연결재가 필요한 경우는 다음과 같이 계상한다. (1단 설치일 때, ㎡ 당)				
	구 분	규 격	단 위	수 량	
	형 틀 목 공	설치, 해체	인	0.02	
	보 통 인 부	〃	〃	0.01	
	[주] 전체동바리 연결을 기준으로 산정된 것이다.				
	○ 설치간격에 따른 요율은 다음 기준을 적용한다.				
	설치간격	0.6m 이하	0.6m 초과~0.8m 이하	0.8m 초과	
	요율(%)	120%	100%	90%	
	[주] 설치간격은 멍에간격을 기준한 것이다.				

[주] ① 본 품은 강관동바리(설치높이 4.2m까지) 설치 및 해체 작업 기준이다.
② 본 품은 멍에의 설치, 해체 작업을 포함한다.
③ 동바리를 지반에 설치할 경우에 지반고르기 및 콘크리트타설 등은 별도 계상한다.
④ 잡재료 및 소모재료(고정못 등)는 주재료비의 5%로 계상한다.

2-6-2 강관 동바리 설치 및 해체(건축 및 기계설비)('16년 보완)

(㎡당)

구 분	단 위	수 량	
		3.5m 이하	3.5m 초과~4.2m 이하
형틀목공	인	0.05	0.06
보통인부	〃	0.01	0.01

비 고

- 수평연결재가 필요한 경우는 다음과 같이 계상한다.

(1단 설치일 때, ㎡당)

구 분	규 격	단 위	수 량
형틀목공	설치, 해체	인	0.02
보통인부	〃	〃	0.01

※ 전체동바리 연결을 기준으로 산정된 것이다.
- 설치간격에 따라 다음 요율을 적용한다.

설치간격	0.6m 이하	0.6m 초과~0.8m 이하	0.8m 초과
요율(%)	120%	100%	90%

※ 설치간격은 멍에간격을 기준한다.

[주] ① 본 품은 강관동바리(설치높이 4.2m까지)의 설치 및 해체 작업 기준이다.
② 본 품은 멍에의 설치, 해체 작업을 포함한다.
③ 동바리를 지반에 설치할 경우에 지반고르기 및 콘크리트 타설 등은 별도 계상한다.
④ 잡재료 및 소모재료(고정못 등)는 주재료비의 5%로 계상한다.

2-6-3 시스템 동바리 설치 및 해체('01년 신설, '09, '16년 보완)

(10공㎥ 당)

구 분	단위	수 량		
		10m 이하	10m 초과~20m 이하	20m 초과~30m 이하
형 틀 목 공	인	0.58	0.68	0.87
보 통 인 부	〃	0.18	0.21	0.27
크 레 인	hr	0.17	0.25	0.28

비고	○ 설치간격에 따라 다음 요율을 적용한다.			
	설치간격	0.6m 이하	0.6m 초과~1.2m 이하	1.2m 초과
	요율(%)	120%	100%	90%
	[주] 설치간격은 멍에간격을 기준한다.			

[주] ① 본 품은 시스템동바리의 설치 및 해체 작업 기준이다.
② 본 품은 멍에의 설치, 해체 작업을 포함한다.
③ 동바리를 지반에 설치할 경우에 지반고르기 및 콘크리트타설 등은 별도 계상한다.
④ 크레인 규격은 다음 기준을 적용하며, 작업여건에 따라 변경할 수 있다.

높 이	20m 이하	20m 초과~30m 이하
크 레 인 규 격	15톤	20톤

2-6-4 알루미늄 폼 동바리 설치 및 해체('09년 신설, '16년 보완)

(㎡ 당)

구 분	단위	수 량
형 틀 목 공	인	0.03
보 통 인 부	〃	0.01

[주] 본 품은 알루미늄 폼 동바리 설치 및 해체작업을 기준한 것이다.

2-6-5 잭서포트 설치 및 해체('22년 신설)

(개 당)

구 분	단위	수 량
형 틀 목 공	인	0.06
보 통 인 부	〃	0.02

[주] ① 본 품은 중하중 골조용 동바리(설치높이 5m 이하)를 설치 및 해체하는 기준이다.
② 본 품은 멍에(고무판)의 설치, 해체 작업을 포함한다.
③ 지반에 설치할 경우에 지반고르기 및 콘크리트 타설 등은 별도 계상한다.

2-7 비계

2-7-1 강관비계 설치 및 해체('09, '16년 보완)

(㎡당)

구 분	규 격	단위	수 량		
			10m 이하	10m 초과~20m 이하	20m 초과~30m 이하
비계공	설치, 해체	인	0.05	0.06	0.07
보통인부	〃	〃	0.02	0.02	0.02

[주] ① 본 품은 쌍줄비계의 설치 및 해체 작업 기준이다.
  ② 본 품은 비계(발판 및 이동용 내부계단) 설치, 해체 작업을 포함한다.
  ③ 높이 30m 초과 시 비계설치, 해체 및 비계안전 보강재 설치 품은 별도 계상한다.
  ④ 가설계단 및 방호시설은 별도 계상한다.
  ⑤ 공구손료 및 경장비(전동드릴 등)의 기계경비는 인력품의 2%로 계상한다.

2-7-2 시스템비계 설치 및 해체('16년 신설)

(㎡당)

구 분	규 격	단위	수 량		
			10m 이하	10m 초과~20m 이하	20m 초과~30m 이하
비계공	설치, 해체	인	0.04	0.05	0.06
보통인부	〃	〃	0.01	0.01	0.01

[주] ① 본 품은 시스템비계(연결핀 조립)의 설치 및 해체 작업 기준이다.
  ② 본 품은 비계(발판 및 내부계단 포함) 설치, 해체 작업을 포함한다.
  ③ 높이 30m 초과 시 비계설치, 해체 및 비계안전 보강재 설치 품은 별도 계상한다.
  ④ 가설 계단 및 방호시설은 별도 계상한다.
  ⑤ 현장여건에 따라 장비(크레인 등)가 필요한 경우 기계경비는 별도 계상한다.

2-7-3 강관틀 비계 설치 및 해체('16년 보완)

(㎡당)

구 분	규 격	단위	수 량	
			10m 이하	10m 초과~20m 이하
비계공	설치, 해체	인	0.02	0.03
보통인부	〃	〃	0.01	0.01

[주] ① 본 품은 강관틀 비계의 설치 및 해체 작업 기준이다.
  ② 본 품은 비계(발판 및 이동용 내부계단) 설치, 해체 작업을 포함한다.
  ③ 높이 20m 초과 시 비계설치, 해체 및 비계안전 보강재 설치 품은 별도 계상한다.
  ④ 가설계단 및 방호시설은 별도 계상한다.

2-7-4 강관 조립말비계(이동식)설치 및 해체('09, '16년 보완)

(1대 당)

구 분	규 격	단위	수 량	
			높이 2m	높이 4m
비 계 공	설치, 해체	인	0.25	0.41
보 통 인 부	〃	〃	0.14	0.24

[주] 본 품은 강관 조립말비계(이동식) 1회 설치, 해체작업을 기준한 것이다.

참고 강관 조립말비계(이동식) 재료량

(1대당 높이 2m기준)

구 분	규 격	단 위	수 량	비 고
비계기본틀(기둥)	H1700×W1219	개	2	
가 새	L1518-2개	조	2	
수 평 띠 장	L1829	개	4	
손 잡 이 기 둥		〃	4	
손 잡 이	L1219	개	2	
	L1829	〃	4	
바 퀴		개	4	
자 키		〃	4	
발 판	45×200×2000	장	7	

※ 1대당 비계기본틀(기둥)높이가 증가할 때는 연결핀 및 암록을 별도 계상한다.
※ 손율은 '[공통부문] 2-2-5 구조물비계'를 따른다.

2-7-5 경사형 가설 계단 설치 및 해체('09년 신설, '16년 보완)

(㎡ 당)

구 분	규 격	단 위	수 량
비 계 공	설치, 해체	인	0.27
보 통 인 부	〃	〃	0.09

[주] ① 본 품은 높이 6m이하에서 강관(ø48.6㎜), 조립형 발판을 사용하여 가설 계단을 경사 형태로 조립·설치하는 기준이다.
② 가설계단 폭은 0.9m이하, 면적은 디딤판의 면적(계단참 포함)을 기준한 것이다.
③ 본 품은 비계 및 발판 설치·해체 작업을 포함한다.
④ 방호시설은 별도 계상한다.
⑤ 공구손료 및 경장비(전동드릴 등)의 기계경비는 인력품의 2%로 계상한다.

2-7-6 타워형 가설 계단 설치 및 해체

(㎡당)

구 분	규 격	단 위	수 량
비 계 공	설치, 해체	인	0.20
보 통 인 부	〃	〃	0.07
크 레 인	10ton	hr	0.06

[주] ① 본 품은 일체형 발판을 사용하여 가설계단을 타워 형태로 설치하는 기준이다.
② 가설계단 폭은 0.9m이하, 면적은 디딤판의 면적(계단참 포함)을 기준한 것이다.
③ 본 품은 비계 및 발판 설치·해체 작업을 포함한다.
④ 방호시설은 별도 계상한다.
⑤ 크레인 규격은 현장여건을 고려하여 변경할 수 있다.

2-7-7 비계용 브라켓 설치 및 해체('16년 보완)

(10개소 당)

구 분	규 격	단 위	수 량			
			벽용		슬래브발코니, 난간용	
			설치	해체	설치	해체
비 계 공	설치, 해체	인	0.45	0.34	0.34	0.26

[주] 본 품은 벽, 슬래브, 난간에 비계용 브라켓의 설치 및 해체 작업 기준이다.

2-8 추락재해방지시설

2-8-1 낙하물 방지망(비계) 설치 및 해체('20년 보완)

(10㎡ 당)

구 분	규 격	단 위	수 량
비 계 공	설치, 해체	인	0.30
보 통 인 부	〃	〃	0.10

[주] ① 본 품은 비계 외부에 강관을 사용한 낙하물방지망(수평방향 3m 이하)을 설치 및 해체하는 기준이다.
② 본 품은 지지대, 연결재, 그물망 설치 및 해체 작업을 포함한다.
③ 타워크레인 또는 크레인이 필요한 경우 기계경비는 별도 계상한다.
④ 공구손료 및 경장비(전동드릴 등)의 기계경비는 인력품의 2%로 계상한다.
⑤ 재료량은 다음을 참고하며, 강관 및 부속철물의 손율은 '[공통부문] 2-2-5 구조물비계'를 따른다.

구 분	규 격	단위	수 량
강 관	ø48.6㎜×2.4㎜	m	2.70
브 라 켓		개	0.26
철 선		kg	0.25
클 램 프		개	0.27
그 물 망		㎡	1.24

※ 위 재료량은 할증이 포함되어 있으며, 그물망의 손율은 1회 사용 후 100%로 한다.

2-8-2 낙하물 방지망(플라잉넷) 설치 및 해체('09년 신설, '17, '20년 보완)

(10㎡ 당)

구 분	규 격	단 위	수 량
비 계 공	설치, 해체	인	0.20
보 통 인 부	〃	〃	0.10

[주] ① 본 품은 구조체 외부에 사다리(플라잉넷)를 사용한 낙하물방지망(수평방향 3m 이하)을 설치 및 해체하는 기준이다.
② 본 품은 브라켓, 사다리, 와이어로프, 그물망 설치 및 해체 작업을 포함한다.
③ 공구손료 및 경장비(전동드릴 등)의 기계경비는 인력품의 3%로 계상한다.
④ 재료량은 다음을 참고하며, 강관 및 부속철물의 손율은 '[공통부문] 2-2-5 구조물비계'를 따른다.

(㎡ 당)

구 분	규 격	단위	수 량
강 관	ø48.6㎜×2.4㎜	m	0.167
브 라 켓		개	0.116
사 다 리	폭 30㎝×길이 3m 기준	m	0.111
와 이 어 로 프	ø6	〃	0.764
클 램 프		개	0.127
그 물 망		㎡	1.390

※ 위 재료량은 할증이 포함되어 있으며, 그물망의 손율은 1회 사용 후 100%로 한다.

2-8-3 낙하물 방지망(시스템방호) 설치 및 해체('20년 신설)

(10㎡ 당)

구 분	단 위	수 량
비 계 공	인	0.25
보 통 인 부	〃	0.10

[주] ① 본 품은 구조체 외부에 강관을 사용한 낙하물방지망(수평방향 4m이하) 설치 및 해체하는 기준이다.
② 본 품은 지지대, 연결재, 그물망 설치 및 해체 작업을 포함한다.
③ 타워크레인 또는 크레인이 필요한 경우 기계경비는 별도 계상한다.
④ 공구손료 및 경장비(전동드릴 등)의 기계경비는 인력품의 2%로 계상한다.

2-8-4 교량 방호선반 설치 및 해체('11년 신설, '23년 보완)

(10㎡ 당)

구 분	규 격	단 위	수 량
비 계 공	-	인	0.25
특 별 인 부	-	〃	0.12
크 레 인	5ton	hr	0.10
고 소 작 업 차	〃	〃	0.43

[주] ① 본 품은 교량(거더 하부)에 방호선반을 설치 및 해체하는 기준이다.
② 본 품은 브라켓 및 비계파이프 설치, 합판 거치, 천막지 설치, 안전난간 및 보호망 설치 작업을 포함한다.
③ 장비의 규격은 작업여건(작업범위, 위치 등)을 고려하여 변경할 수 있다.
④ 공구손료 및 경장비(와이어윈치 등)의 기계경비는 인력품의 3%로 계상한다.

2-8-5 교량 낙하물방지망 설치 및 해체('23년 신설)

(10㎡ 당)

구 분	규 격	단 위	수 량
비 계 공	-	인	0.14
보 통 인 부	-	〃	0.07
고 소 작 업 차	5ton	hr	0.33

[주] ① 본 품은 교량 거더 하부에 낙하물방지망을 설치 및 해체하는 기준이다.
② 본 품은 브라켓 및 비계파이프 설치, 그물망 설치 작업을 포함한다.
③ 장비의 규격은 작업여건(작업범위, 위치 등)을 고려하여 변경할 수 있다.
④ 공구손료 및 경장비(와이어윈치 등)의 기계경비는 인력품의 3%로 계상한다.

2-8-6 철골 안전망 설치 및 해체('18년 보완)

(10㎡ 당)

구 분	단 위	수 량
비 계 공	인	0.17
보 통 인 부	〃	0.05

[주] ① 본 품은 철골공사 시공 중 철골사이에 설치되는 안전망의 설치 및 해체 작업 기준이다.
② 본 품은 안전대, 보강재 및 결속선의 설치 및 해체 작업을 포함한다.
③ 재료량은 다음을 참고하여 적용한다.

(10㎡ 당)

구 분	규 격	단 위	수 량
그 물 망	-	㎡	12.4
보 강 재	-	m	4.0
결 속 선	#10	kg	0.3~0.4

※ 재료량은 할증이 포함되어 있으며, 그물망의 손율은 1회 사용 후 100%로 한다.

2-8-7 비계주위 보호망 설치 및 해체('17년 신설)

(10㎡ 당)

구 분	단 위	수 량
비 계 공	인	0.10

[주] ① 본 품은 낙하물방지 등을 목적으로 비계주위에 설치하는 보호망(그물망 등) 설치 및 해체 작업 기준이다.
② 재료량은 다음을 참고하며, 설치에 필요한 부속재료는 별도 계상한다.

(㎡ 당)

구 분	단 위	수 량
보 호 망	㎡	1.05

※ 위 재료량은 할증이 포함되어 있으며, 보호망의 손율은 1회 사용 후 100%로 한다.

2-8-8 갱폼주위 보호망 설치 및 해체('09년 신설, '17년 보완)

(10㎡ 당)

구 분	단 위	수 량
비 계 공	인	0.04

[주] ① 본 품은 낙하물방지 등을 목적으로 갱폼주위에 설치하는 보호망(그물망 등) 설치 및 해체 작업 기준이다.
② 재료량은 다음을 참고하며, 설치에 필요한 부속재료는 별도 계상한다.

(㎡ 당)

구 분	단 위	수 량
보 호 망	㎡	1.05

※ 위 재료량은 할증이 포함되어 있으며, 보호망의 손율은 1회 사용 후 100%로 한다.

2-8-9 수직형 추락방망 설치 및 해체('20년 신설)

(10개소 당)

구 분	단위	개구부 면적				
		1.0㎡ 이하	1.0~3.0㎡ 이하	3.0~6.0㎡ 이하	6.0~9.0㎡ 이하	9.0~12.0㎡ 이하
비계공	인	0.49	0.63	1.01	1.30	1.60

[주] ① 본 품은 창호, 발코니 등 개구부에 추락의 위험을 방지하기 위한 수직형 방망을 설치 및 해체하는 기준이다.
② 본 품은 앵커 구멍뚫기, 방망 설치 및 해체 작업을 포함한다.
③ 공구손료 및 경장비(전동드릴 등)의 기계경비는 인력품의 2%로 계상한다.

2-8-10 안전난간대 설치 및 해체('20년 신설)

(10m 당)

구 분	단 위	브라켓형		앵커형	
		2단	3단	2단	3단
비계공	인	0.56	0.62	0.64	0.70
비 고	- 난간기둥 간격에 따라 다음 요율을 적용한다.				
	설치간격	1.0m 이하	1.5m 이하	1.5m 초과	
	요율	110%	100%	90%	

[주] ① 본 품은 발코니, 슬래브 등에 추락 등의 위험을 방지하기 위한 가설 난간대를 설치 및 해체하는 기준이다.
② 2단은 상부 난간대와 중앙에 중간 난간대를 설치하는 기준이며, 3단은 상부 난간대와 중간 난간대 2개소 설치하는 기준이다.
③ 본 품은 난간 기둥, 상부 난간대, 중간 난간대 설치 및 해체 작업을 포함한다.
④ 발끝막이판 및 보호망의 설치 및 해체는 별도 계상한다.
⑤ 공구손료 및 경장비(전동드릴 등)의 기계경비는 인력품의 2%로 계상한다.

2-8-11 계단난간대 설치 및 해체('20년 신설)

(10개소 당)

구 분	단 위	브라켓형	앵커형
비계공	인	1.40	1.45

[주] ① 본 품은 계단구간에 추락 등의 위험을 방지하기 위한 가설 난간대를 설치 및 해체하는 기준이다.
② 난간대 규격은 길이 2.5m 이하, 난간대 2단 기준이다.
③ 본 품은 난간 기둥, 상부 난간대, 중간 난간대 설치 및 해체 작업을 포함한다.
④ 발끝막이판 및 보호망의 설치 및 해체는 별도 계상한다.
⑤ 공구손료 및 경장비(전동드릴 등)의 기계경비는 인력품의 2%로 계상한다.

2-8-12 안전난간대 설치 및 해체(토목)('21년 신설)

(10m 당)

구 분	단 위	2단	3단
비 계 공	인	0.62	0.67
비 고	- 난간기둥 간격에 따라 다음 요율을 적용한다.		
	설치간격	1.0m이하	1.5m이하	1.5m초과
	요율	110%	100%	90%

[주] ① 본 품은 토공구간에 지주를 박아서 매설하는 가설 난간대의 설치 및 해체 기준이다.
② 2단은 상부 난간대와 중앙에 중간 난간대를 설치하는 기준이며, 3단은 상부 난간대와 중간 난간대 2개소 설치하는 기준이다.
③ 본 품은 난간 기둥, 상부 난간대, 중간 난간대 설치 및 해체 작업을 포함한다.
④ 보호망의 설치 및 해체는 별도 계상한다.
⑤ 공구손료 및 경장비(전동드릴 등)의 기계경비는 인력품의 2%로 계상한다.

2-8-13 엘리베이터 난간틀 설치 및 해체('20년 신설)

(10개소 당)

구 분	단 위	수 량
비 계 공	인	0.80

[주] ① 본 품은 엘리베이터 개구부에 추락 등의 위험을 방지하기 위한 가설 난간틀을 설치 및 해체하는 기준이다.
② 난간틀 규격은 높이 1.4m 이하, 길이 1.3m 이하를 기준한다.
③ 본 품은 난간틀 설치 및 해체 작업을 포함한다.

2-8-14 엘리베이터 추락방호망 설치 및 해체('20년 신설)

(10개소 당)

구 분	단 위	수 량
비 계 공	인	1.50

[주] ① 본 품은 엘리베이터 통로 내 추락 등의 위험을 방지하기 위한 수평방향의 방호망을 설치 및 해체하는 기준이다.
② 추락방호망 규격은 5~9㎡ 이하를 기준한다.
③ 본 품은 방호망 설치 및 해체작업을 포함한다.
④ 공구손료 및 경장비(전동드릴 등)의 기계경비는 인력품의 2%로 계상한다.

2-8-15 개구부 수평보호덮개 설치 및 해체('22년 신설)

(개 당)

구 분	단 위	개당 면적	
		1.0㎡ 이하	3.0㎡ 이하
비 계 공	인	0.05	0.07

[주] 본 품은 추락 등의 위험이 있는 수평개구부에 보호덮개를 설치 및 해체하는 기준이다.

2-8-16 강재거푸집 작업용 난간 설치 및 해체('22년 신설)

(10m 당)

구 분	단 위	수 량
비 계 공	인	0.82

[주] ① 본 품은 강재거푸집 상단에 작업자의 이동 및 작업을 위한 가설 난간대를 설치 및 해체하는 기준이다.
② 난간은 상부 난간대와 중앙에 중간 난간대를 설치하는 2단 난간 기준이다.
③ 본 품은 난간 기둥, 상부 난간대, 중간 난간대 발판 설치 및 해체 작업을 포함한다.
④ 발끝막이판 및 보호망의 설치 및 해체는 별도 계상한다.
⑤ 공구손료 및 경장비(전동드릴 등)의 기계경비는 인력품의 3%로 계상한다.

2-8-17 수평지지로프 설치 및 해체('23년 신설)

(m 당)

구 분	단 위	수 량
비 계 공	인	0.02

[주] ① 본 품은 고소작업 시 안전대를 걸기 위해 수평지지로프(구명줄)를 설치 및 해체하는 기준이다.
② 본 품은 브라켓 지주, 수평지지로프 설치 작업을 포함한다.

2-9 통행안전시설

2-9-1 타워크레인 방호울타리 설치 및 해체('20년 신설)

(m 당)

구 분	단 위	수 량
비 계 공	인	0.12

[주] ① 본 품은 타워크레인 주위에 방호울타리를 설치 및 해체하는 기준이다.
② 본 품은 울타리 높이 2.0m 기준이다.
③ 본 품은 앵커구멍 뚫기, 울타리 및 출입문 조립설치·해체 작업을 포함한다.
④ 우수방지책을 설치 및 해체는 별도 계상한다.
⑤ 공구손료 및 경장비(전동드릴 등)의 기계경비는 인력품의 2%로 계상한다.

2-9-2 건설용리프트 방호선반 설치 및 해체('23년 신설)

(개소 당)

구 분	단 위	수 량
비계공	인	0.95
보통인부	〃	0.26

[주] ① 본 품은 건설용리프트(싱글 1.2ton) 주위에 방호선반을 설치 및 해체하는 기준이다.
② 본 품은 방호선반틀(파이프) 조립, 경사로 설치, 발판 및 난간대 설치 작업을 포함한다.
③ 공사안내판 및 보호망의 작업은 별도 계상한다.
④ 공구손료 및 경장비(전동드릴 등)의 기계경비는 인력품의 2%로 계상한다.

2-9-3 보행자 안전통로 설치 및 해체('21년 신설)

(통로길이 m 당)

구 분	단 위	수 량
비계공	인	0.20

[주] ① 본 품은 강관파이프 및 발판을 조립하여 설치하는 보행자 안전통로의 설치 및 해체 기준이다.
② 본 품은 높이 3.0m이하, 폭 2.0m 기준이다.
③ 본 품은 통로틀, 바닥판 및 천장판, 보호망의 설치 및 해체 작업을 포함한다.
④ 안내판은 별도 계상한다.
⑤ 공구손료 및 경장비(전동드릴 등)의 기계경비는 인력품의 2%로 계상한다.

2-9-4 PE드럼 설치 및 해체('22년 신설)

(개 당)

구 분	단 위	수 량
특별인부	인	0.06

[주] ① 본 품은 가설 PE드럼을 설치 및 해체하는 기준이다.
② 본 품은 PE드럼 설치, 모래주머니 만들기, PE드럼 해체 작업을 포함한다.

2-9-5 PE가설방호벽 설치 및 해체('22년 신설)

(개 당)

구 분	규 격	단 위	수 량
특별인부	-	인	0.09
살수차	1,800ℓ	hr	0.03

[주] ① 본 품은 가설 PE방호벽을 설치 및 해체하는 기준이다.
② 본 품은 PE방호벽 설치 및 해체, 물충전 작업을 포함한다.

2-9-6 PC가설방호벽 설치 및 해체('22년 신설)

(개 당)

구 분	규 격	단 위	수 량
특 별 인 부	-	인	0.12
크 레 인	5ton	hr	0.21

[주] ① 본 품은 가설 PC방호벽을 설치 및 해체하는 기준이다.
② 본 품은 PC방호벽 설치 및 결속, 해체 작업을 포함한다.
③ 도색은 필요한 경우 별도 계상한다.

2-9-7 가설휀스(H-Beam기초) 설치 및 해체('22년 신설)

(m 당)

구 분	규 격	단 위	수 량
특 별 인 부	-	인	0.01
크 레 인	5ton	hr	0.02

[주] ① 본 품은 H-Beam을 기초로 제작된 가설휀스를 설치 및 해체하는 기준이다.
② 본 품은 가설휀스 설치 및 해체 작업을 포함한다.
③ 가설휀스 제작은 별도 계상한다.

2-9-8 PE가설휀스 설치 및 해체('23년 신설)

(개 당)

구 분	단 위	수 량
특 별 인 부	인	0.02

[주] ① 본 품은 PE가설휀스(L1.5×H0.9m)를 설치 및 해체하는 기준이다.
② 본 품은 휀스 조립 및 설치, 하부 보강(강관파이프, 모래주머니) 작업을 포함한다.

2-9-9 가림막 가설휀스 설치 및 해체('23년 신설)

(개 당)

구 분	단 위	수 량
특 별 인 부	인	0.04

[주] ① 본 품은 가림막 가설휀스(L2.0×H1.2~1.8m)를 설치 및 해체하는 기준이다.
② 본 품은 블록 고정, 휀스 및 지지대 설치 작업을 포함한다.

2-9-10 점멸등 설치 및 해체('23년 신설)

(개 당)

구 분	단 위	수 량
특 별 인 부	인	0.01

[주] 본 품은 점멸등(델리네이터)을 설치 및 해체하는 기준이다.

2-9-11 유도등 설치 및 해체('23년 신설)

(m 당)

구 분	단 위	수 량
특 별 인 부	인	0.01

[주] 본 품은 유도등(윙카호스)을 설치 및 해체하는 기준이다.

2-9-12 사각지대 충돌방지장치 설치 및 해체('25년 신설)

(개 당)

구 분	단 위	수 량
중 급 기 술 자	인	0.25
특 별 인 부	〃	0.25

[주] ① 본 품은 굴착기 사각지대 충돌방지장치를 설치 및 해체하는 기준이다.
② 본 품은 카메라 장착, 모니터 타공 및 고정, 통신라인 연결 및 조정, 작동 상태 확인 작업을 포함한다.
③ 공구손료 및 경장비(전동드릴 등)의 기계경비는 인력품의 1.0%로 계상한다.

2-10 피해방지시설

2-10-1 비계주위 보호막 설치 및 해체('09, '17년 보완)

(10㎡ 당)

구 분	단 위	수 량
비 계 공	인	0.20

[주] ① 본 품은 시공안전, 미관, 외부차단 등을 목적으로 비계에 설치하는 보호막 설치 및 해체 작업 기준이다.
② 재료량은 다음을 참고하며, 설치에 필요한 부속재료는 별도 계상한다.

(㎡ 당)

구 분	단 위	수 량
보 호 막	㎡	1.05

※ 위 재료량은 할증이 포함되어 있으며, 보호막의 손율은 1회 사용 후 100%로 한다.

2-10-2 방진망 설치 및 해체('17년 보완)

(10㎡ 당)

구 분	단 위	수 량
비계공	인	0.16

[주] ① 본 품은 가설울타리 및 가설방음벽 상부에 설치하는 그물망 설치 및 해체 작업 기준이다.
② 비계 등의 가시설이 필요한 경우는 별도 계상한다.
③ 재료량은 다음을 참고한다.

(㎡ 당)

구 분	단 위	수 량
방 진 망	㎡	1.06
철 선	kg	0.115

※ 위 재료량은 할증이 포함되어 있으며, 방진망의 손율은 1회 사용 후 100%로 한다.

2-10-3 터널방음문 설치 및 해체('19년 신설)

(개소 당)

구 분	규 격	단 위	수 량 설치	수 량 해체
철공	-	인	2.81	2.53
용접공	-	〃	1.13	-
보통인부	-	〃	1.13	1.02
크레인	50 ton	hr	8.0	5.6
〃	10 ton	〃	8.0	5.6

[주] ① 본 품은 제작된 터널방음문(3차로 이하)을 부위별로 반입하여 현장에서 조립설치·해체하는 기준이다.
② 앵커 구멍뚫기, 방음문 조립 및 해체, 보강(용접) 작업을 포함한다.
③ 기초 콘크리트, 환기설비에 대한 재료 및 품은 별도 계상한다.
④ 공구손료 및 경장비(용접기 등)의 기계경비는 인력품의 2%로 계상한다.

2-10-4 박스형 간이흙막이 설치 및 해체('22년 신설)

(개당)

구 분	규 격	단 위	설치깊이	
			H=3.0m 이하	4.0m 이하
특 별 인 부	-	인	0.17	0.24
보 통 인 부	-	〃	0.06	0.09
크 레 인	10ton	hr	0.26	0.44

[주] ① 본 품은 버팀대(연결대) 및 판넬이 Box형태로 조립된 상태의 간이흙막이를 설치 및 해체하는 기준이다.
② 간이흙막이(판넬)의 개당 길이는 3.0m이하, 폭은 2.0m이하 기준이다.
③ 가설흙막이 설치를 위한 터파기 및 뒤채우기 등의 토공작업은 별도 계상한다.

2-10-5 조립식 간이흙막이 설치 및 해체('22년 신설)

(m 당)

구 분	규 격	단 위	설치깊이			
			H=3.0m 이하	H=4.0m 이하	H=5.0m 이하	H=6.0m 이하
특별인부	-	인	0.19	0.28	0.40	0.57
보통인부	-	〃	0.07	0.10	0.15	0.22
크 레 인	10ton	hr	0.46	0.90	1.48	2.20

[주] ① 본 품은 간이흙막이를 조립하면서 설치 및 해체하는 기준이다.
② 본 품은 기둥(레일), 버팀대(연결대), 판넬의 조립, 설치 및 해체를 포함한다.
③ 가설흙막이 설치를 위한 터파기 및 뒤채우기 등의 토공작업은 별도 계상한다.

2-10-6 비탈면 보양('23년 신설)

(㎡ 당)

구 분	단 위	수 량
특 별 인 부	인	0.02
보 통 인 부	〃	0.01

[주] ① 본 품은 비탈면의 토사유출 등 방지하기 위해 보양재(천막 등)를 설치 및 해체하는 기준이다.
② 본 품은 보양재 설치, P.P마대 만들기 및 설치 작업을 포함한다.

2-11 현장관리

2-11-1 건축물보양('23년 보완)

(보양면적 ㎡ 당)

구 분	단 위	부직포 깔기	보양지 붙이기	목재 붙이기
건 축 목 공	인	-	-	0.03
보 통 인 부	〃	0.003	0.01	-

[주] ① 본 품은 시공부위의 파손 및 오염을 방지하기 위하여 보양재를 설치 및 철거하는 기준이다.
② 부직포 깔기는 보양재를 바닥에 깔기하는 작업 기준이다.
③ 보양지 붙이기는 천막지 및 골판지 등 보양지를 절단하여 테이프로 붙이는 작업 기준이다.
④ 목재 붙이기는 판재·각재로 주위를 보호하는 기준이다.
⑤ 보양재는 신품을 기준하며, 재료의 손율은 100%를 적용한다.
⑥ 재료량은 다음을 참고하여 적용한다.

구 분		단 위	수 량
부직포 깔기	부직포	㎡	1.10
보양지 붙이기	하드롱지	㎡	1.20
	풀	kg	0.06
목재 붙이기	목재	㎥	0.007
	못	kg	0.02

2-11-2 건축물 현장정리('23년 보완)

(연면적 ㎡)

구 분	단 위	철근콘크리트조, 철골·철근콘크리트조	목조, 철골조, 조적조
보 통 인 부	인	0.13	0.05

[주] ① 본 품은 공사 중 옥·내외를 청소하는 기준이다.
② 재료량(청소용 소모품 등)은 별도 계상한다.

■ 스마트 안전관리 플랫폼

구 분	규 격	단위	수량
1. 스마트 안전관리 통합 관제실 구축	건설현장 통합 안전관리 시스템(4개 내외 현장)		
1.1 건설안전 종합관리 플랫폼(통합관제 S/W)	S/W 라이선스 비용		
1) 스마트 안전관리 플랫폼(iMOS) 구축	· 맵 기반 통합 관리(단위 현장 연동) · 통합모니터링시스템, 클라우드서버, 웹&모바일뷰어 · 실시간장비데이터, 출역/위험근로자관리, 알림/공지, 장비/차량 등 · 협력사, 담당자, 근로자등록관리 · 플랫폼 팝업알림, SMS전송, 경광등 알람	식	1.0
1.1-1 (선택) 클라우드 플랫폼 서버 구축			
1) 클라우드 서버 구축 환경 설정	· IT 기획자	인	1.5
	· 시스템 SW 개발자	〃	1.5
	· IT 지원기술자	〃	3.0
2) 스마트 안전관리 플랫폼 운영 PC	· CPU i5, GTX 1650 급	개	1.0
1.1-2 (선택) 구축형 서버 플랫폼 구축	네트워크 구축 공사 필요시 비용 별도		
1) 스마트 안전관리 시스템 서버	· 1U, 8 core	〃	1.0
2) 보안 시스템(VPN) 구축(필요시)	· SSLVPN, 4 core, 1U	〃	1.0
	· VPN Client(라우터)	〃	5.0
	· VPN Client License	〃	12.0
3) 스마트 안전관리 플랫폼 운영 PC	· CPU i5, GTX 1650 급	〃	1.0
4) 서버랙 및 선반	· 15U, 750×600×1000, 선반 2개	〃	1.0
5) 서버 및 VPN 구축비	· 통신관련 산업기사	인	3.0
1.2 통합 관제실 구축			
1) 관제용 모니터	· 삼성 50", 4K	개	2.0
2) 모니터 거치대 듀얼	· 40~55"용, H1.4~1.5 m	〃	1.0
3) NVR 16CH (멀티형 2U4B)	· 4B(max 72TB), DC12V 8A	〃	1.0
4) AI 영상분석 서버 PC	· CPU i7, RTX 4060 급	〃	2.0
5) PC 부품 및 설치자재	· 입/출력, 통신 잡자재 포함	식	1.0
6) 시스템 장비 설치 및 사용 교육	· IT 지원기술자, 추가교육시 비용 별도	인	3.0
2. 스마트 안전관리 시스템 현장구축	AI CCTV 4개 적용 현장 기준		
2.1 스마트 안전관리 플랫폼(현장관리 S/W)	S/W 라이선스 비용		
1) 스마트 안전관리 플랫폼 현장 구축	· 현장별 Customizing	현장	4.0
└ (추가기능)스마트 TBM	· 건설사 Customizing	〃	1.0
2) 관제 모니터 32인치	· 32", 삼성	〃	4.0
3) NVR	· TTA 인증, 4CH, 4TB 잡자재 포함	〃	4.0
4) 시스템 셋팅 및 사용 교육	· IT 지원기술자, 추가교육시 비용 별도	현장별/인	3.0
2.2 AI CCTV			
1) 고정형 AI CCTV (4MP, PTZ, ×45)	· AI(안전모, 쓰러짐, 화재, 행동인식, 위험구역, 사다리 작업) · TTA인증, 유/무선통신	현장별/개	2.0
└ 설치/해체/현장내 이전설치	· 통신설비공	개/인	2.0
└ 해체비	〃	〃	2.0
└ 현장내 이전설치	〃	〃	2.0
└ 고소작업차 임차비	· 고소작업차(3.5ton)	식	1.0
2) 이동형 AI CCTV (2MP, PTZ, ×25)	· AI(안전모, 쓰러짐, 화재, 행동인식, 위험구역, 사다리작업) · TTA인증, 배터리24h, 유/무선통신	현장별/개	2.0
3) 통신비(CCTV 1대/월 기준, 2년 약정)	· LTE, 2GB/일, 초과시 4Mbps 제한, DDNS	개/월	1.0

* 다른 현장으로 고정형 CCTV의 이전 설치시에는 해체비+설치비가 적용됨
* CCTV의 기능 및 성능은 변경 가능, ~×45~2K(비용 별도)
* 통신비는 2년 약정을 기준으로 산정, 협의변경 가능

구 분	규 격	단위	수량
2.3 현장용 IoT 장비			
1) 이동형 접근 경보기	· AI RADAR, 경보알림, ~5m, Bat. 14h, LTE	현장별/개	1.0
2-1) (선택) 복합 가스 측정기 6종	· O₂, H₂S, CO, CH₄, 온/습도, LTE, 배터리 2일	〃	1.0
2-2) (선택) 복합 가스 측정기 7종	· O₂, H₂S, CO, CO₂, CH₄, 온/습도, LTE, 배터리 2일	〃	1.0
3) 붕괴·변위 위험 경보기 (S)	· 3축 기울기, LTE, 배터리 6개월	〃	3.0
4) AI BSD 중장비 접근 감지기(5m~15m)	· 4CH, 10.1", 알림램프, IP68, 128GB(88h), 3라인빔	〃	2.0
5) 바디캠	· WQHD, IR, 64GB(13h, ~256GB), 배터리 9h, 120g, 고정클립 2종	〃	2.0
6) 통신비(IoT 장비 1대 기준, 2년 약정)	· 기타 IoT 기기용, LTE M 50, 월 100MB * 통신비는 2년 약정을 기준으로 산정, 협의변경 가능	개/월	1.0
3. 운영 및 유지관리			
1) 통합관제시스템 운영 및 유지관리비	· 통합관제시스템 운영 및 유지관리	월	1.0
2) 현장별 시스템 운영 및 유지관리비	· 현장 안전관제 시스템 운영 및 유지관리	현장별/월	1.0
3) 월간 또는 분기별 점검(현장)	· 통신관련 산업기사	현장별/회	1.0
4) 월간 또는 분기별 보고서 작성	· IT 지원기술자, 월별 데이터/개선사항/성과분석 등	인/회	6.0
5) 추가 사용교육	· 통신관련 산업기사, 추가 교육 필요시	인	1.0
6) AS 및 기술지원	· 통신관련 산업기사	〃	1.0
4. 추가 선택 구축			
4.1 근로자/장비 위치관제 시스템			
1) iMOS DB 연동 (근로자/장비 위치 BLE)[2]	· 조감도, 층평면&터널, 근로자위치, 동/층/구획별 관리, 위험구역 설정	현장	1.0
2) 유지관리비 (근로자/장비 위치 BLE)	· 웹서버, 컴포넌트, 기술/원격지원 , S/W 업데이트	현장별/월	1.0
3) AP(Access Point) 센서	· BLE, IP68 , ~30m, 스마트폰 기반	개	1.0
4) AP(Access Point) 위험센서	· BLE, IP68 , ~30m, 스마트폰 기반	〃	1.0
5) AP 센서 설치비	· 특별인부(재료비=노무비 10%)	〃	0.1
4.2 IP Wall 구축			
1) Display 모니터	· 삼성 50" 4K	〃	4.0
└ 거치대 듀얼 (세로형 2단)	· 세로 2단, 40~65", ~2,015㎜	〃	2.0
2) NDS 4K (Display Server)	· 1 port 4K HDMI, 60Hz	〃	4.0
3) NTS (네트워크 HDMI 인코더)	· HDMI IN/OUT 1Port , FHD 30fps	〃	1.0
4) CMSStation (웹 컨트롤 서버)	· 960fps , Ubuntu 20.04	〃	1.0
└ CMS S/W license	· PC용 CMS S/W	〃	1.0
5) NVR 16CH (멀티형 2U4B)	· 4B(max 72TB) , DC12V 8A	〃	1.0
6) Ethenrnet Switch	· 24port	〃	1.0
7) 서버랙 및 선반	· 15U, 750×600×1000, 선반2식	〃	1.0
8) 기타자재비	· CAT6, HDMI 케이블 및 허브 등	식	1.0
9) IP Wall 셋팅 및 설치비	· 통신관련 산업기사	인	4.0
10) 유지관리비	· IT 지원기술자, 2년 약정	월	1.0
4.3 스마트 보건솔루션			
1) 키오스크	· 32" 삼성패널(UHD), PC : i3 급, QR, 웹캠	개	1.0
2) 키오스크 운영체계(S/W)	· 하드웨어 전용 Firmware S/W	〃	1.0
3) 혈압계	· 인바디 BPBIO	〃	1.0
4) MID(Mobile Internet Device)	· 인바디 BPBIO 혈압계, 클라우드서버 연동, 종이출력	〃	1.0
5) 배송 및 설치비	· 특별인부(경비 노무비의 10%)	〃	2.0
6) 건강측정시스템	· 국민건강보험공단 데이터 연동/현장별도·분리개설	〃	1.0
7) 보건 라이선스	· 2년 약정	현장별/월	1.0
8) 스마트 안전관리 시스템(기존) 연동	· 통합관리 연동, 고위험근로자 위치관제(AP센서/GPS)	개	1.0
9) 유지관리비	· IT 지원기술자, 2년 약정	현장별/월	1.0

참고자료

구 분	규 격	단위	수량
4.4 출입관리장비(시스템)			
1) 안면인식 출역관리 솔루션	· 근로자/공종/협력사별 출역현황, 안면인식 2개(얼굴, 모바일, 지문, PW 등), 고정식 턴게이트(2개), 더미게이트(1개), 운영 PC, 운영S/W 포함	조	1.0
2) 컨테이너 3×3	· 내부합판, 비닐장판	개	1.0
3) 시운전 및 교육비	· 통신관련 산업기사	식	1.0
4) 유지관리비	· IT 지원기술자, 2년 약정	월	1.0
컨테이너 운반비	운송료 기준 적용		
4.5 기타장비 및 시스템			
1) 복합 환경 센서	· 미세먼지, 온도, 습도, 소음, 풍속, 풍향, 강우량, Cat.M1	개	1.0
2) 개구부 오픈 감지기	· 3축 경사계 기반, Cat.M1	〃	1.0
3) 콘크리트 양생 모니터링 장비	· 강도추정모델 지원, T타입, 4CH, 1년 라이선스	식	1.0
4) 스마트 안전모	· 착용여부, 쓰러짐, SOS, 근로자 호출, 음성안내	개	1.0
5) 스마트 안전고리	· 사용감지, 고도감지, 추락/쓰러짐, SOS, 음성안내	〃	1.0
6) 스마트 밴드	· 고위험 근로자, 체온, 심박, 움직임, SOS, 위치파악	〃	1.0
7) 스마트 에어백	· 에어백, 인플레이터, 센서, 가스통, 외피, 모바일 연동	〃	1.0
8) 이동형 4채널 AI 블랙박스	· AI 카메라, 영역설정, 경보알림, 배터리 24h, 128GB(~512GB)	〃	1.0
9) IP 스피커+방송장치	· 20W, IP67, PC 방송장치, 라이선스	식	1.0
10) 중량물 낙하 경보기	· 최대 5대 컨트롤, ~300m, 경광/음성, 배터리 14h	개	1.0
11) 화재(불꽃) 감지기	· IR센서, ~50M, 시야각 90도, 배터리 2일	〃	1.0
12) 고정형 AI CCTV	· 불렛형, PTZ ×25~45, 옵션다양, 비용 협의	〃	1.0
13) 이동형 AI CCTV	· 불렛형, PTZ ×4~25 옵션다양, 비용협의	〃	1.0
14) VR 체험용 안전교육	· VR HMD, 태블릿, 컨테이너, 옵션다양, 비용 협의	식	1.0

[주] 기타 장비의 경우 다양한 옵션으로 협의 변경 가능하며, 통신장비의 경우 통신비 별도 적용

[공통사항]
① 현장 내 통신방식은 현장의 상황 및 조건에 따라 지향성 Wi-Fi로 변경 적용 가능함(Wi-Fi 패널 및 구축비 별도 협의)
② 출장경비 및 운송비의 경우 지역에 따라 변동 적용됨.
③ 현장이 4개로 구성된 통합관제 시스템과 각 현장의 관제 시스템에 대한 표준견적으로 현장 수량 및 적용 장비에 따라 통합관제 시스템 장비의 스펙 및 수량 변동 될 수 있음.
④ 통합관제 시스템, 현장관제 시스템, 스마트 출입관제 시스템, 스마트 보건 솔루션, 스마트 안전교육 시스템 설치 현장의 경우 유선 인터넷이 인입된 현장 기준임.(유선 인터넷 없을시 인입요청 필요)
⑤ 상기 가격은 물가 변동, 제품 구성 변경 등의 사유로 변경될 수 있음.

[A/S]
① 제품 납품 후 1년 이내 무상수리, 1년 초과시 유상수리.(단, 1년 이내 사용자 과실일 경우 유상처리)
② 제품 고장이 주요 부품 2회, 부속 부품 3회 동일 증상일 때 새 제품으로 교환.

▣ 스마트 안전장비 및 관제시스템

1. 스마트 안전장비 및 관제시스템(IoT)

(현장 당)

구 분	규 격	단위	수량
·추락 사고예방 스마트 안전	고소지역 적용	개소	
체결확인용안전장비	고도센서 적용	개	1.0
지역형통신안전장비	LoRa+BLE+LCD / 안전 방송	〃	1.0
·추락 사고예방 스마트 안전	개구부지역 적용	개소	
개구부센서장비	2종 센서	개	1.0
위험지역경고장비	인체감지센서(360도)	〃	1.0
·질식 사고예방 스마트 안전	밀폐지역 적용	개소	
가스측정용안전장비(4종)	황화수소+산소+일산화탄소+메탄+온·습도	개	1.0
가스측정용안전장비(6종)	4종+이산화탄소+TVOC	조	1.0
밀폐공간모니터링	24인치, PC/거치대포함(로컬), 제외가능	식	1.0
·협착 사고예방 스마트 안전	IoT_건설장비 적용	대	
건설기계용안전장비	협착 예방, 건설기계 외부설치	개	1.0
운전자용안전장비	협착 예방, 건설기계 내부설치	〃	1.0
근로자용안전장비(고급형)	탈부착, 인원수에 따라 수량적용	〃	1.0
·협착 사고예방 스마트 안전	AI카메라_건설장비 적용	대	
AI협착알리미_2CH	카메라2대+모니터+스피커(탈부착형)	개	1.0
AI협착알리미_4CH	카메라4대+모니터+스피커(탈부착형)	〃	1.0
·붕괴 사고예방 스마트 안전	가시설 구조물에 적용	개소	
변위감지용안전장비(실내형)	배터리 교환형, 선택 적용	개	1.0
변위감지용안전장비(실외형)	태양광 충전형, 선택 적용	〃	1.0
지역형통신안전장비	LoRa+BLE+LCD / 안전 방송	〃	1.0
변위감지용안전장비(고급형)	LoRa+BLE+GPS / 고정밀 / 단독운영	〃	1.0
·충돌 사고예방 스마트 안전	낙하물 위험 크레인 등에 적용	대	
크레인낙하안전장비	센서 1ea+알림장치 1ea	조	1.0
·근로자용 스마트 안전	인원수에 따라 수량적용	인	
근로자용안전장비(일반형)	배터리 교환형	개	1.0
근로자용안전장비(고급형)	충전형, 라이트 기능	〃	1.0
·위험지역 접근경보	위험구역/지역	대	
위험지역경고장비	인체감지센서(360도)	〃	1.0
·기타 스마트 안전장비			
충돌센서안전장비	라바콘 설치형	〃	1.0
이동식VMS안전장비	LED, 스피커, 배터리 포함	〃	1.0
무선통신안전알림장치	음향 증폭형(이동식 스피커)	〃	1.0
충전용크레들장치	근로자 장치 및 체결확인 장치	〃	1.0
·IoT 안전 관제 시스템	단위현장 당 1식 적용	식	
IoT안전관제시스템	50인치, PC/거치대포함(클라우드)	식	1.0
무선통신게이트웨이	LoRa to LTE(필요시 적용)	개	1.0
무선통신중계기	LoRa to LoRa(필요시 적용)	〃	1.0

[주] 무선통신 게이트웨이(LoRa to LTE)는 36개월 LTE 통신비용 포함(36개월 초과시 별도 통신비용 발생)
 /IoT 안전관제시스템을 위한 인터넷 비용은 별도 계상

2. 작업장 차량 안전 감시 시스템(엣지 AI 시스템)

(조 당)

구 분	규 격	단위	수량
차량안전AI CCTV(독립운영)	속도, 비정상 주행 검지(서버 내장)	개	1.0
충돌센서안전장비	라바콘 설치형	〃	3.0
이동식VMS안전장비	LED, 스피커, 배터리 포함	〃	1.0
무선통신안전알림장치	음향 증폭형(이동식 스피커)	〃	3.0
근로자용안전장비(고급형)	충전형, 라이트 기능	〃	5.0

[주] LTE 통신비용 및 위치 기반 스마트 안전시스템 운영을 위한 인터넷 비용은 별도 계상

3. 스마트 안전장비 및 관제시스템(CCTV)

참고자료 (현장 당)

구 분	규 격	단위	수량
· 이동식 CCTV	현장 여건 반영 품목 선택		
이동식 CCTV(핸디형B1-B)	2M/ 4배줌/30h사용/스피커	개	1.0
[임대]이동식 CCTV(핸디형B1-B)	〃	월	1.0
이동식 CCTV(핸디형B1-P)	2M/ 4배줌/30h사용/스피커	개	1.0
[임대]이동식 CCTV(핸디형B1-P)	〃	월	1.0
이동식 CCTV(핸디형B2)	4M/25배줌/24h사용/스피커	개	1.0
[임대]이동식 CCTV(핸디형B2)	〃	월	1.0
이동식 CCTV(휠타임S)	4M/25배줌/24h사용/스피커	개	1.0
[임대]이동식 CCTV(휠타임S)	〃	월	1.0
이동식 CCTV(휠타임S+)	4M/25배줌/상시사용/스피커	개	1.0
[임대]이동식 CCTV(휠타임S+)	〃	월	1.0
1인 이동 이동식 CCTV(듀얼)	CCTV 2ea(4M/25배줌)/24h/스피커	개	1.0
1인 이동 이동식 CCTV(듀얼/상시)	CCTV 2ea(4M/25배줌)/상시h/스피커	〃	1.0
· 지능형 AI 시스템	필요시 추가 및 선택 적용		
지 능 형 프 로 그 램	화재, 안전모, 쓰러짐, 침범	〃	1.0
[임대]지 능 형 프 로 그 램	〃	월	1.0
Edge AI CCTV(독립운영)	화재, 안전모, 쓰러짐, 침범(서버 내장)	개	1.0
· 웨어러블 카메라			
한 림 바 디 캠	FHD/64GB(기본제공)	개	1.0
· 기타 CCTV 부속자재	필요시 추가 구매		
핸 디 형 보 조 배 터 리	기본 제공 배터리 외 추가 구매시 KC인증/영하 20도 충전	〃	1.0
휠 타 입 보 조 배 터 리		〃	1.0
· CCTV 및 지능형 관제 시스템	단위현장 당 1식 적용(선택 적용)		
CCTV 안전관제시스템 (일반형)	NVR, 50인치, 거치대, 방송시스템	식	1.0
CCTV 안전관제시스템 (지능형)	NVR, 50인치, PC, 거치대, 방송시스템	〃	1.0

[주] 이동식 CCTV에는 24개월 LTE 통신비용 포함(24개월 초과시 별도 통신비용 발생, VPN 등 적용시 별도비용 발생)/CCTV 안전관제시스템을 위한 인터넷 비용은 별도 계상

4. 쌍방향 터널 안전관리 시스템

(터널 1km 기준)

구 분	규 격	단위	수량
근 로 자 안 전 장 비	위치정보, SOS 등	개	10.0
운 전 자 관 리 장 비	위치정보, 건설기계 탈부착	〃	5.0
데 이 터 수 집 장 비	안전정보 수집전송	〃	8.0
이 동 식 V M S	VMS, 스피커, 환경측정 등	조	2.0
이 동 식 스 피 커	안전전파, 작업팀 당	개	2.0
이 동 식 C C T V	B1-P	대	2.0
C C T V 통 신 중 계 기	현장 상황별 상이	〃	2.0
A I 영 상 분 석 시 스 템	안전상황 및 차량 상황	조	1.0
터 널 안 전 상 황 판	터널 출입구	개소	1.0
관 제 시 스 템	50인치, PC/거치대 포함	식	1.0
잡 재 료 비	재료비의 5%	〃	1.0

[주] LTE 통신비용 및 위치 기반 스마트 안전시스템 운영을 위한 인터넷 비용은 별도 계상

[공통해설]
[주] ① 모든 장치 및 시스템은 현장설치도(최초 1회 설치)를 기준으로 한 것이다.
② 모든 장치 및 시스템은 단위 현장 여건에 맞게 구성품 및 수량을 조정할 수 있다.
③ 모든 장치 및 시스템은 2024년 하반기 단가를 기준으로 한 것이다.

스마트 안전장비 및 안전관제시스템(다수의 공공기관 및 건설사)

본사) 053-626-1720   서울지사) 031-717-6114   E-mail. hanlim@hanlimce.co.kr   대구시 수성구 희망로 156, 2층, 3층

○ 참고자료

■ 스마트 계측관리 시스템

1. 이동식 자동경사계(센서식 MPI-70㎜)

구 분	규 격	단위	수량 보급형버전 (30)	보급형버전 (30)[임대]	고급형버전 (45)	고급형버전 (45)[임대]
이동식자동경사계	IR-RGI-4G-30	개	1.00	-	-	-
〃	IR-RGI-4G-45	〃	-	-	1.00	-
〃	IR-RGI-4G-30(임대)	년	-	1.00	-	-
〃	IR-RGI-4G-45(임대)	〃	-	-	-	1.00
중급기술자	-	인	0.50	0.50	0.50	0.50
초급기술자	-	〃	1.00	1.00	1.00	1.00
고급숙련기술자	-	〃	1.30	1.30	1.30	1.30
중급숙련기술자	-	〃	1.50	1.50	1.50	1.50
공구손료	노무비의 3%	식	1.00	1.00	1.00	1.00

구 분	규 격	단위	수량 특급형버전 (65)	특급형버전 (65)[임대]	특수형버전 (100)	특수형버전 (100)[임대]
이동식자동경사계	IR-RGI-4G-65	개	1.00	-	-	-
〃	IR-RGI-4G-100	〃	-	-	1.00	-
〃	IR-RGI-4G-65(임대)	년	-	1.00	-	-
〃	IR-RGI-4G-100(임대)	〃	-	-	-	1.00
중급기술자	-	인	0.50	0.50	0.50	0.50
초급기술자	-	〃	1.00	1.00	1.00	1.00
고급숙련기술자	-	〃	1.30	1.30	1.30	1.30
중급숙련기술자	-	〃	1.50	1.50	1.50	1.50
공구손료	노무비의 3%	식	1.00	1.00	1.00	1.00

[주] ① 제품 구매시 보증기간은 제품 구입일로부터 2년
② 이동식 자동경사계에는 12개월 LTE 통신비용 포함(12개월 초과시 별도 통신비용 발생)
③ 본 품은 지중변위 측정을 위한 이동식 자동경사계로 시공 중 계측시 적용하며, 일부 유지관리 계측에도 사용할 수 있다.
④ 이동식 자동경사계의 설치 및 시험계측을 포함한다.
⑤ 스마트 계측의 전원공급장치 설치는 "스마트 건설계측"에 의거하여 별도 계상한다.
⑥ 스마트 계측의 통신시스템 설치는 "스마트 건설계측"에 의거하여 별도 계상한다.
⑦ 공구손료 및 경장비의 기계경비는 노무비의 3%로 계상한다.

스마트 계측관리 시스템 전문기업
건설 시공 및 유지관리 전 과정에 3차원 정보모델을 활용하여 업무효율 극대화
국내 유일의 스마트 계측관리 시스템 보급!

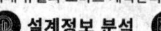 설계정보 분석 실시간 계측수집 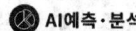 AI예측·분석 🛡 안정성 검토

본사 : 충북 청주시 상당구 남일면 쌍수관이길 5-28 기술연구소 : 경기도 의왕시 이미로 40, 인덕원IT밸리 D동 1005-1호
T. 043-232-3828 www.smartairis.co.kr 대표이사 : 김상윤 010-5515-5653

2-11-3 준공청소('23년 신설)

(연면적 ㎡)

구 분	단 위	수 량
보 통 인 부	인	0.02

[주] ① 본 품은 준공 시 시공으로 인한 오염물질을 제거하고 청소하는 기준이다.
　　② 본 품은 보양지 제거, 옥내·외 청소(마감재, 창호, 유리 등) 및 뒷정리 작업을 포함한다.
　　③ 재료량(청소용 소모품 등)은 별도 계상한다.

2-11-4 입주청소('23년 신설)

(바닥면적 ㎡)

구 분	단 위	수 량
보 통 인 부	인	0.03

[주] ① 본 품은 입주 시 실내를 청소하는 기준이다.
　　② 본 품은 마감재, 창호, 유리 등 청소 및 뒷정리 작업을 포함한다.
　　③ 재료량(청소용 소모품 등)은 별도 계상한다.

2-11-5 비산먼지 발생 억제를 위한 살수('02년 신설, '09년 보완)

(100㎡ 당)

구 분	규 격	단 위	수 량
물 탱 크 (살 수 차)	16,000ℓ	시간	0.008

[주] ① 본 품은 공사현장의 비산먼지 발생억제를 위하여 물탱크(살수차)로 살수하는 품이다.
　　② 본 품의 살수두께는 1.5㎜/회를 기준한 것이며, 살수폭은 4.0m를 기준한 것이다.
　　③ 본 품은 1회당의 살수작업을 기준한 것이므로, 살수면적은 살수횟수를 감안하여 산출해야 하며, 살수횟수는 현장여건을 고려하여 정한다.

　　〈살수면적 계산예〉
　　　ㅇ 폭이 6m이고 길이가 100m인 부지를 1일 5회 살수하며, 살수 일수가 10일인 경우
　　　　- 살수면적 = 6m × 100m × 5회/일 × 10일 = 30,000㎡

　　④ 살수에 필요한 물을 현장에서 구득하기 어려워 급수시설을 설치하거나 상수도 등을 이용해야 할 경우에는 그 비용을 별도 계상한다.

2-11-6 자동세륜기 설치 및 해체('09, '12, '19년 보완)

(회 당)

구 분	규 격	단 위	수 량	
			설치	해체
특 별 인 부	-	인	1.59	2.44
크 레 인	10ton	hr	2.60	3.30

[주] ① 본 품은 자동세륜기(8롤, 10롤)를 설치 및 철거하는 기준이다.
② 설치는 수조함 설치, 세륜기 설치, 슬러지함 설치 작업을 포함한다.
③ 해체는 슬러지 청소, 퇴수, 슬러지함 철거, 세륜기 철거, 수조함 철거 작업을 포함한다.
④ 터파기, 골재포설, 콘크리트 타설 및 깨기 작업은 별도 계상한다.
⑤ 자동세륜기 가동을 위한 전기배선 및 급수 등에 소요되는 재료 및 품은 별도 계상한다.
⑥ 공구손료 및 경장비(살수장비, 양수기 등)의 기계경비는 인력품의 2%로 계상한다.

2-11-7 슬러지 제거('19년 신설)

(회 당)

구 분	규 격	단 위	수 량
특 별 인 부	-	인	0.63
굴 착 기	0.2㎥	hr	1.00

[주] ① 본 품은 자동세륜기(슬러지함 2.0×1.2×1.2m) 슬러지를 제거하는 기준이다.
② 세륜기 세척, 슬러지 제거, 공급수 교체 작업을 포함한다.
③ 공구손료 및 경장비(살수장비, 양수기 등)의 기계경비는 인력품의 7%로 계상한다.

2-11-8 지능형 CCTV 설치 및 해체('24년 신설)

(개 당)

구 분	규 격	단 위	수 량	
			지상 또는 건물 설치	타워크레인 설치
S / W 시 험 사	설치	인	0.2	0.5
중 급 기 술 자	설치, 해체	〃	0.5	1.0
특 별 인 부	설치	〃	0.2	0.5

[주] ① 본 품은 건설현장 내 IT기반 지능형 CCTV(고정형)를 설치 및 해체하는 기준이다.
② 본 품은 CCTV설치 및 결선, 유무선연결, 시운전 및 교정을 포함하며 라인포설, 고정대(용접) 또는 폴대설치 등은 제외한다.
③ 브라켓 및 고정대 등 용접 작업, 고소작업차 등은 필요 시 별도 계상한다.
④ 공구손료 및 경장비(전동드릴 등)의 기계경비는 인력품의 1.0%로 계상한다.

2-11-9 지능형 출입관리 설치 및 해체('24년 신설)

(개 당)

구 분	규 격	단 위	수 량
S/W 시험사	설치	인	1.0
중급기술자	설치, 해체	〃	2.0
특별인부	설치	〃	1.0

[주] ① 본 품은 지능형 출입관리시스템 중 턴게이트 방식 및 안면인식 장비를 설치 및 해체하는 기준이다.
② 본 품은 턴게이트 및 안면인식장비 설치 및 결선, 소프트웨어 설치 및 통신연결, 시운전 및 교정, 해체 작업을 포함하며, 라인포설 작업은 제외한다.
③ 용접 작업은 필요 시 별도 계상한다.
④ 공구손료 및 경장비(전동드릴 등)의 기계경비는 인력품의 1.0%로 계상한다.

2-12 공통장비

2-12-1 건설용리프트 설치 및 해체('09, '23년 보완)

(대 당)

구 분	규 격	단 위	수 량
기계설비공	-	인	1.31
비계공	-	〃	2.04
보통인부	-	〃	0.87
지게차	5ton	hr	1.95

[주] ① 본 품은 건설용리프트(싱글 1.2ton)를 설치 및 해체하는 기준이다.
② 본 품은 운반구 설치, 구동장치 및 제어판 조립, 작동시험을 포함한다.
③ 기초콘크리트 및 전기 인입공사는 별도 계상한다.
④ 낙하물 방지를 위한 방호선반은 '2-9-2 건설용리프트 방호선반 설치 및 해체'를 따른다.
⑤ 지게차의 진입이 불가능 한 경우 크레인 등 장비를 변경할 수 있다.
⑥ 공구손료 및 경장비(윈치 등)의 기계경비는 인력품이 3%로 계상한다.

2-12-2 마스트 설치 및 해체('23년 신설)

(층 당)

구 분	단 위	수 량
비계공	인	0.80
보통인부	〃	0.27

[주] ① 본 품은 건설용리프트(싱글 1.2 ton)의 마스트를 설치 및 해체하는 기준이다.
② 본 품은 마스트 설치, 층간 출입구 및 작동센서 설치와 해체 작업을 포함한다.
③ 높이에 따라 다음 할증률에 의한 품을 가산할 수 있으며 19층 이상은 매 3층 증가마다 4%씩 가산할 수 있다.

지하층 및 1~3층	4~6층	7~9층	10~12층	13~15층	16~18층
0	5%	8%	12%	16%	20%

※ 외벽에서 층의 구분을 할 수 없을 때에는 층고를 3.6m로 기준하여 층수를 환산 적용한다.
④ 공구손료 및 경장비(윈치 등)의 기계경비는 인력품이 3%로 계상한다.

2-12-3 축중계 설치 및 해체('09년 신설, '10년 보완)

(회 당)

구 분	단 위	수 량
특 별 인 부	인	0.051

[주] 본 품은 이동식 축중계 및 계측기의 조립·설치·해체 기준이다.

2-12-4 파이프 루프공('92년 신설)

1. 장비 조립해체('09년 보완)

(회 당)

구 분	명 칭	규 격	단 위	수 량	비 고
편성인원	일반기계운전사 기계설비공 보통인부	- - -	인 〃 〃	1 1 2	파이프 추진기
편성장비	크레인(타이어)	20톤	대	1	
소요일수	조 립 해 체	- -	일 〃	3 2	

2. 작업편성인원

(일 당)

명 칭	단 위	추 진 관 경		
		300~600㎜	700~900㎜	1,000~1,200㎜
중 급 기 술 자 특 별 인 부 보 통 인 부 용 접 공	인 〃 〃 〃	1 2 1 2	1 2 1 2	1 2 2 2

3. 작업편성장비

(일당)

장 비 명	규 격	단위	수량	비 고
파 이 프 추 진 기	140~300톤	대	1	강관추진
크 레 인 (타 이 어)	20톤	〃	1	강관거치, 오거연결 운반
발 전 기	50kW	〃	1	
용 접 기	200AMP	〃	2	강관 및 기타용접

4. 작업능력

(m/일)

토 질 별	관 경(mm)	추 진 장				
		0~10m	0~20m	0~30m	0~40m	0~50m
점 토 · 실 트	300~ 500	13	12	11	10.5	10
	600~ 700	10.5	10	8.5	8	8
	800~1,000	7.5	7	6.5	6	6
	1,100~1,200	6.5	6	5	4.5	4.5
사 질 토	300~ 500	11.5	10.5	9.5	9	9
	600~ 700	9	8.5	7.5	7	7
	800~1,000	6.5	6	5.5	5	5
	1,100~1,200	5.5	5	4.5	4	4
자 갈 모 래 층 풍 화 암	300~ 500	8.5	7.5	7	6.5	6.5
	600~ 700	6.5	6	5.5	5	5
	800~1,000	4.5	4	4	4	3.5
	1,100~1,200	4	3.5	3	3	3
호박돌 섞인 자 갈 모 래 층	300~ 500	-	-	-	-	-
	600~ 700	5	4.5	4	4	4
	800~1,000	3.5	3	3	3	3
	1,100~1,200	3	2.5	2.5	2.5	2.5

5. 기계이동 설치

(회당)

이 동 구 분	이동용 장비	소요시간(분)	비 고
수 평 이 동	크레인(20톤)	90	
수 직 이 동	크레인(20톤) 잭	120 180	
경 사 이 동	크레인(20톤) 잭	150 240	

[주] ① 강관의 용접품은 포함되어 있으며 재료비는 별도 계상한다.
② 추진기의 이동설치에 필요한 인원편성은 강관추진공과 같다.
③ 강관Set, 추진, 오거인발 및 오거스크류의 소운반을 포함한다.
④ 본품은 강관장 6.0m를 기준으로 한 것이다.

건설신기술 제679호 | 연속화된 일체형 가로보와 교축방향으로 배치한 복공판을 이용한 가설교량 공법
2013. 1. 4 15년 | (CAP공법 : The Continuous Across Plan)(재난안전신기술 2021-17-2호)

1. 가설교량 제작 (공장제작)

(강재 ton 당)

구 분	단 위	수 량	구 분	단 위	수 량
철 골 공	인	8.15	보 통 인 부	인	0.15
용 접 공	〃	0.70	작 업 반 장	〃	0.07

[주] ① 잡소모품 및 부재는 다음을 표준으로 한다.

(강재 ton 당)

구 분	단 위	수 량	구 분	단 위	수 량
산 소	ℓ	4,500	아 세 틸 렌	kg	2.00
용 접 봉	kg	4.60			

② 기계기구 손료는 노무비의 15%로 한다.
③ 잡재료비는 재료비의 15%로 한다.

2. 현장 세우기

(강재 ton당)

구 분	단위	수 량	구 분	단위	수 량
철 골 공	인	2.71	용 접 공	인	0.25
보 통 인 부	〃	0.30	작 업 반 장	〃	0.15
현장부재자재소모품	식	상기 노무비의 15%를 계상	일반공구의 손료	식	상기 노무비의 3%를 계상

[주] ① 본 품은 육상작업 기준이며, 수상 및 고소 작업 시는 품을 할증한다. (1장 적용기준 참조)
② 현장세우기용 장비는 현장여건을 고려하여 선택 사용한다.
③ 현장세우기용 장비의 장비 능력은 15Ton/일을 기준으로 한다.

3. 철골재 철거

(강재 ton 당)

구 분	단 위	수 량	구 분	단 위	수 량
용 접 공	인	2.20	아 세 틸 렌	kg	2.50
보 통 인 부	〃	1.20	L . P . G	〃	2.00
산 소	병	0.70			

[주] 현장세우기 조건과 동일 조건.

4. 추진식 Pile 항타, 인발 및 천공
   (1) 장비편성

(일)

구 분		규 격	단 위	수 량
항 타 / 인 발	진 동 파 일 해 머	60~120kW	대	1.00
	크 레 인	50~150ton	〃	1.00
	발 전 기	200~250kW	〃	1.00
	지 게 차	5~7.5ton	〃	1.00
천 공	하 이 드 로 T 4	25ton	대	1.00
	공 기 압 축 기	3.5~10.3외(㎥/min)	〃	1.00
	오 거	59.68~111.90kW	〃	1.00
	지 게 차	5~7.5ton	〃	1.00

※ 현장 작업 조건을 고려하여 장비규격 및 조합을 변경할 수 있다.

(2) 장비작업요율

(본)

구 분	일 작업량	근입 깊이	요 율(α)
항 타 / 인 발	8본	6m	평균 근입 깊이 6.0m 이상일 경우 적용
천 공	4본	4m	평균 근입 깊이 4.0m 이상일 경우 적용

※ 항타/인발 평균 근입 깊이가 6.0m 이상일 경우 요율(α)를 계상하여야 한다. 항타/인발 $\alpha=\Sigma$평균 근입 깊이÷6.0m
※ 천공 평균 근입 깊이가 4.0m 이상일 경우 요율(α)를 계상하여야 한다. 천공 $\alpha=\Sigma$평균 근입 깊이÷4.0m
※ 상기 천공품은 풍화암 1m 조건임.

(3) 노무비

(인/일)

구 분	단 위	수 량
보 링 공	인	2.00
특 별 인 부	〃	1.00
보 통 인 부	〃	1.00
용 접 공	〃	1.00

※ 현장 작업 조건을 고려하여 장비규격 및 조합을 변경할 수 있다.

(4) 잡재료비는 노무비의 10%로 한다.

품셈 유권해석

건설용리프트의 마스트 설치

리프트설치 및 해체의 품셈구성에서 마스트설치 및 해체는 별도인가요?

> **답변내용**
>
> ➡ 표준품셈 공통부문 "2-1-2-1 건설용리프트 설치 및 해체"는 건설용 리프트(싱글 1.2ton)를 설치 및 해체하는 기준으로 마스트 설치 및 해체는 포함되어 있지 않으며, 마스트 설치 및 해체는 "2-1-2-2 마스트 설치 및 해체"를 참조바랍니다.

가설휀스 작업범위(용접)

공통부분 2-9-7 가설휀스(H-beamrlch) 설치 및 해체에 대해 질의 합니다. m당 단가를 보아서는 용접공도 없는데 가설휀스 설치 및 해체하는 기준으로 명시되어 있는데 감리단에서는 휀스제작은 별도이고 H-beam 설치 및 해체는 포함된 거라고 해서 질의합니다.
가설휀스의 규격과 H-beam의 규격을 알고 싶고 가설휀스 기초가 H-beam 단독기초를 말하는지, H-beam을 길게 누워 그 위에 가설휀스를 설치하는 방법인지? 5-1-2의 H-beam설치 품도 안되는 금액이 나오는데 정확한 해설을 부탁드립니다.

> **답변내용**
>
> ➡ 표준품셈 공통부문 "2-9-7 가설휀스(H-Beam기초) 설치 및 해체"는 H-Beam에 가설휀스가 부착되어 제작된 제작물을 현장에 설치하는 기준으로, 현장에서 별도의 용접작업은 발생하지 않습니다.
> 또한 가설휀스 규격은 안전난간대 수준인 1.2m이상이였으며, H-Beam의 규격에 따른 품구분은 하고 있지 않습니다. 또한 H-Beam을 길게 누워 그 위에 설치된 가설휀스를 뜻합니다.

현장사무소등의 규모 (주)⑦가설공사비 정의

2-1-1 현장사무소등의 규모 (주)⑦가설공사비는 어떤 공사의 종류인지 질의드립니다.

> **답변내용**
>
> ➡ 표준품셈 공통부문 "2-1-1 현장사무소 등의 규모"에서는 직접노무비에 따른 현장사무소의 규모를 제시하고 있으며 현장사무소의 가설공사비는 별도계상하도록 되어 있습니다. 이외에 구체적인 가설공사비 산정기준은 표준품셈에서 정하고 있지 않습니다.

손율 개월수에 따른 구분

자재 및 가설시설물들의 손율이 3개월, 6개월, 12개월, 24개월 등으로 구분되어 있습니다. 만약 3개월 손율이 3% 라면 이것은 사용기간이 1개월~3개월을 의미하는지, 2개월을 사용했을 경우는 2/3만 적용해야 하는지 궁금합니다.
품셈의 손율 기간 3개월, 6개월 12개월 등으로 나뉜 구분이 1개월~3개월까지, 4개월~ 6개월까지, 7개월~12개월까지의 의미인지 궁금합니다.

답변내용

➡ 표준품셈 공통부문 "2-2-4 구조물 동바리, 2-2-5 구조물 비계"에서 손율은 해당 시점(3개월, 6개월, 12개월 등)이며 1개월의 손율, 각각 항의 사이에 있는 기간에 대한 손율과 1개월 늘어날때마다의 손율 기준은 별도로 정하고 있지 않습니다. 표준품셈에서 정하지 않는 사항은 동품셈 1-1-3의 4항을 참조하시어 적정한 예정 가격산정기준을 적의 결정하여 사용하시기 바랍니다.

강재 손율 기준의 근거

질의1. 품셈에서의 강재 손율을 정한 특정 근거가 있는지에 대한 사항입니다.
현재 품셈 기준은 강재류의 경우 3개월 15%, 6개월 30%, 1개년 50%, 1개년 초과 평균 손율 75%입니다. 이 각각의 기간별 손율을 정함에 있어서 어떤 특정한 기준을 가지고 적용한 것인지에 대한 질문입니다.
질의2. 품셈 기준과 당 현장 여건과의 상이함으로 인해 별도의 손율을 정해 적용할 수 있는지에 대한 질문입니다
당 현장은 댐 하류에 가교를 놓고 하천을 횡단하는 교량공사를 하고 있는데 실제 가교 존치기간이 3년 2개월이라는 긴 공종이여서 품셈 기준인 '1개년 초과' 하고는 기간의 괴리감이 너무 큰 상황이고, 매년 댐 방류로 인해 가교에 데미지가 발생해 안전진단 및 보강을 시행하면서 공사를 진행 중에 있습니다.
가교를 구성하는 자재들이 너무 장기간 하천에 담수된 채로 존치되고 있으며 방류로 인한 강재의 파단 및 변형들이 발생되는 관계로 향후 철거 후 잔존가치가 거의 없을 것으로 예상되는 상황입니다. 이런 경우 1개년 초과라는 포괄적 기준이 아닌 당 현장 상황에 맞는 손율을 정하여 적용이 가능한지에 대한 질문입니다.

답변내용

➡ 답변1. 공통부문 "1-1 3항에 "에 따라 보편적인고 일반화되어 현장실적이 많은 규격을 대상으로 현장조사결과에 의해 산출된 기준입니다.
답변2. 현장조건이 특수한 경우 공통부문 "1-1-3 3. 본 표준품셈은 건설공사 중 대표적이고 보편적이며 일반화된 공종, 공법을 기준한 것이며 현장여건, 기후의

특성 및 조건에 따라 조정하여 적용하되, 예정가격작성기준 제2조에 의거 부당하게 감액하거나 과잉 계산되지 않도록 한다."를 참조하시기 바랍니다.

비계강관 사용에 대한 지침

현재 도로 공사중 H빔을 기초로 하여 강관비계 설치 후 EGI훼스를 설치하여 이동식 가설울타리를 제작하여 공사에 적용하려합니다.
현재 표준품셈에 따르면 주요강재류(H빔) 표준품셈 2-2-2 1년 초과시 75%로의 손율이 발생한다고 명시 되었으나 주석을 보면 강재는 토류벽과 가교 등의 재료로 사용할 때 기준으로 되어있습니다.
현재 국토교통부 도로 공사장 교통관리지침에 5장에 보면 60키로 이하 일반국도에서 철제 가설울타리를 사용할 수 있는데 이런 경우 손율에 대한 명확한 근거가 없어 2년 공사시 75%로 적용하려하였으나 여러 이견사항이 있습니다.
표줌품셈 2-2-5 구조물 비계 강관 2년으로 보고 37%적용으로 보는 경우도 있고 여러사례가 존재하여 국토교통부 지침에 있고 현재 도로 공사에 많이 쓰고 있으므로 품셈에 적용을 하든 명확한 답이 있었으면 좋겠습니다.

답변내용

➜ 공통부문 "2-2-3 가설시설물/3.가설울타리 및 가설방음벽"에서 주 '기둥 및 띠장은 2-2-5 구조물 비계를 따른다'에서 기둥 및 띠장은 강관으로 설치하는 가설울타리 및 가설방음벽의 기둥 및 띠장을 뜻하며, H형강 기둥을 2-2-5 구조물 비계를 따르라는 뜻은 아닙니다.
혼선을 드려 죄송하며 차후 개정시 수정반영하도록 하겠습니다.가설울타리 기둥을 H형강 적용시에는 "2-2-2 주요자재/강재류"를 적용하시기 바라며, 가설울타리 기둥을 비계로 적용시에는 "2-2-5 구조물 비계"를 참조하시기 바랍니다.

체적의 계수에 대한 근거

체적에 0.9를 곱하는 이유에 대해 질의드립니다.

답변내용

➜ 2-6-3 시스템동바리설치 및 해체"의 단위는 (10공㎥)이며, 여기서 공㎥는 상층바닥판 전체면적(개소당 1㎡ 이상의 개구부 면적은 공제함)에 층높이를 곱한 것의 90%를 의미하며, 시스템동바리는 시설물 유형과 높이 편차가 다양하므로 단위를 [10공㎥] 제시하고 있습니다. 참고로 "공"은 비어있다는 의미로 동바리 설치 시 일반적인 적산방법은 상층 바닥면판 면적(개소당 1m2이상의 개구부 면적은 공제함)에 층높이를 곱한 것의 90%(기붕, 보가 차지하는 부분을 10%로 봄)로 하는 의미입니다.

강관 동바리 설치 중 단위의 정의

2-6-1 강관 동바리 설치 및 해체 품 중 10공 ㎡당의 10공이 어떤 의미인지 질의드립니다.

답변내용

→ 표준품셈 공통부문 "2-6-1 강관동바리설치 및 해체"의 단위는 (10공㎡)이며, 여기서 공㎡는 상층바닥판 전체면적(개소당 1㎡ 이상의 개구부 면적은 공제함)에 층높이를 곱한 것의 90%를 의미하며, 시스템동바리는 시설물 유형과 높이 편차가 다양하므로 단위를 [10공㎡당] 제시하고 있습니다. 참고로 "공"은 비어있다는 의미로 동바리 설치 시 일반적인 적산방법은 상층 바닥면판 면적(개소당 1m2이상의 개구부 면적은 공제함)에 층높이를 곱한 것의 90%(기붕, 보가 차지하는 부문을 10%로 봄)로 하는 의미입니다.

시스템동바리 수평연결재에 대한 문의

데크 플레이트 슬래브로 보 부분에만 시스템 동바리가 적용되어 있으며 구조 검토서 상에 수평연결재를 시공하라고 명시되어 있습니다. 보 간격은 평균 2m로 시스템 동바리 폭은 90㎝이며 서로 독립된 시스템 동바리인데 수평 연결재 별도 적용하여야 하는지 궁금합니다.

답변내용

→ 표준품셈 공통부문 "2-6-3 시스템동바리 설치 및 해체"는 시스템동바리(수직재, 수평재, U-Head, J-Base, 멍에, 가새 등)를 일괄적으로 설치 및 해체하는 품으로, 수평연결재 설치.해체 품이 포함되어 있습니다. 수평연결재 설치기준은 산업안전보건기준에 관한 규칙을 참조하시기 바랍니다.

비계 작업발판의 설치기준

시스템 비계의 품셈의 작업발판은 1열(w:500)을 기준으로 한 것인지, 비계에서의 작업이 자재 적치(벽체 단열재)로 공간이 협소하여 2열 시공한다면 시공비에서는 변화가 없는 것인지 질의드립니다. 또한 비계 열수에 따라 시공비에 할증을 주었으면 합니다.

답변내용

→ 답변1. 표준품셈 공통부문 "2-7-2 시스템비계 설치 및 해체"는 1열 설치(시스템비계, 발판) 기준으로 2열, 3열 설치기준은 정하고 있지 않습니다. 표준품셈에서 정하지 않는 사항은 동품셈 1-1-3의 4항을 참조하시어 적정한 예정가격산정기준을 적의 결정하여 사용하시기 바랍니다.

가설계단의 외부설치에 따른 적용 품셈

2-7-2 시스템비계 설치 및 해체 문의드립니다. 발판 및 내부계단은 해당품에 포함되어있는데 가설계단 및 방호시설은 별도계상한다 라고 되어있습니다. 가설계단은 외부에 설치하는 것으로 판단되는데 시스템 비계설치시 별도의 가설계단을 설치해야하는지 질의드립니다.

> **답변내용**
>
> ➥ 공통부문 "2-7-2 시스템비계 설치 및 해체"의 내부계단은 비계내부에서 층과 층 사이를 이동하기 위한 가설계단으로 이에 대한 설치 및 해체는 시스템비계 설치 및 해체품에 포함되어 있습니다. 또한 동 품셈 "2-7-5 경사형 가설 계단 설치 및 해체"는 외부에서 비계로의 접근을 위한 계단을 의미하며, "2-7-6 타워형 가설계단 설치 및 해체"는 교각 등 설치에 필요한 타워형태의 가설계단을 의미합니다.

가드레일 델리네이터 설치의 적용 품

표준품셈 2-9-10의 점멸등(델리네이터) 설치 및 해체에서 델리네이터는 가드레일에 설치하는 델리네이터도 같은 품으로 적용 가능한지 질의드립니다.
만약 가능하다면 설치 및 해체가 포함된 품이 특별인부 0.01인인가요? 아니면 설치 0.01인 해체 0.01인으로 적용해야 할까요?

> **답변내용**
>
> ➥ 표준품셈 공통부문 "2-9-10 점멸등 설치 및 해체"는 가드레일에 설치할 경우에도 적용하시면 됩니다. 설치 및 해체를 포함한 품이며 설치와 해체 품을 구분하고 있지는 않습니다.

실내 시스템비계 설치의 면적 산출법

건물 내부 실 벽에서 시스템비계를 설치했는데 면적 산출계산은 10m(L)*5M(H)=50㎡ 이 맞는지 궁금하고 면적 산출계산이 부적합하다면 적합한 면적 산출법을 알려주시기 바랍니다.

> **답변내용**
>
> ➥ 공통부문 "2-7-1 강관비계, 2-7-2 시스템비계, 2-7-3 강관틀비계"는 외벽으로부터 90cm 이격된 지점에 비계면적(외주둘레×높이=㎡, 난간포함) ㎡당 설치기준입니다. 다만 설계서 작성시 비계면적 물량산출기준은 벽외면으로부터 90cm 이격된 지점의 지면에서 건물 높이까지의 외주면적(㎡)을 일반적으로 제시하고는 있으나 이는 가설공사안전지침 또는 시방서 등 전문서적에서 규정하는 것으로 표준품셈에서는 세부적인 수량산출 지침은 별도로 정하고 있지 않습니다. 수량산출 기준은

설계서, 안전관련 지침등을 참조하시기 바랍니다. 또한 표준품셈에서는 내부수평비계 수량산출기준, 품기준을 정하고 있지 않습니다. 표준품셈에서 정하지 않는 사항은 동 품셈 1-1-3의 4항을 참조하시어 적정한 예정가격산정기준을 적의 결정하여 사용하시기 바라며, 당해공사에서 표준품셈의 적용여부 및 판단에 관련된 사항은 해당공사의 특성을 고려하시고 표준품셈을 참조하시어 공사관계자가 직접 결정하실 사항임을 양지해 주시면 감사드리겠습니다

내부수평비계 수량산출시 단위 적용

신축공사중 층고가 최고15m, 최저9.5m로 천장작업시 내부수평시스템비계 누락으로 정리 중인데 단위를 표준품셈에 따라 ㎡인지 조달청에 따라 ㎥로 표기되는지 질의드립니다.

답변내용

➡ 표준품셈에서는 내부수평비계 수량산출기준, 품기준을 정하고 있지 않습니다. 표준품셈에서 정하지 않는 사항은 동 품셈 1-1-3의 4항을 참조하시어 적정한 예정가격산정기준을 적의 결정하여 사용하시기 바라며, 당해공사에서 표준품셈의 적용여부 및 판단에 관련된 사항은 해당공사의 특성을 고려하시고 표준품셈을 참조하시어 공사관계자가 직접 결정하실 사항임을 양지해 주시면 감사드리겠습니다. 공통부문 "2-7-1 강관비계, 2-7-2 시스템비계, 2-7-3 강관틀비계"는 외벽으로부터 90cm 이격된 지점에 비계폭 약 1.2m, 비계면적(외주둘레×높이=㎡, 난간포함) ㎡당 설치기준입니다. 다만 설계서 작성시 비계면적 물량산출기준은 벽외면으로부터 90cm 이격된 지점의 지면에서 건물 높이까지의 외주면적(㎡)을 일반적으로 제시하고 있으나 이는 가설공사안전지침 또는 시방서 등 전문서적에서 규정하는 것으로 표준품셈에서는 세부적인 수량산출 지침은 별도로 정하고 있지 않습니다. 수량산출 기준은 설계서, 안전관련 지침등을 참조하시기 바랍니다.

조립식 간이흙막이 폭 변경에 따른 적용

조립식 간이흙막이 설치 및 해체 설치깊이가 아닌 설치 폭이 넓어질 경우 품셈 변경 적용 여부에 대해 질의드립니다.
EX) 당초 : 배관 1열 간이흙막이 적용
변경 : 배관 2열 간이흙막이 적용 -> 당초 폭에 비해 약 1m정도 넓어짐

답변내용

➡ 공통부문 "2-8-25 조립식 간이흙막이 설치 및 해체"는 설치깊이별 품구분을 하고 있으며, 설치폭에 따른 품기준은 제시하고 있지 않습니다. 표준품셈에서 정하지 않는 사항은 동품셈 1-1-3의 4항을 참조하시어 적정한 예정가격산정기준을 적의 결정하여 사용하시기 바라며, 당해공사에서 표준품셈의 적용여부 및 판단에 관련된 사항은 해당공사의 특성을 고려하시고 표준품셈을 참조하시어 공사관계자가 직접 결정하실 사항임을 양지해 주시면 감사드리겠습니다.

복합 구조에 따른 품 적용

표준품셈에 따르면 건축물 현장정리 품은 구조별로 철근콘크리트조는 보통인부 0.13인/㎡, 철골조는 보통인부 0.05인/㎡으로 구분이 되어있습니다.
건축물 구조가 복합으로 바닥과 벽체 일부는 철근콘크리트, 기둥과 지붕(보) 구조는 철골로 공사비를 구분해도 50:50으로 비율이 같다면 건축물 현장정리 품을 철근콘크리트로 봐야할지, 철골조로 봐야할지, 혼합하여 평균인 (0.13+0.05)/2=0.09로 봐야할지에 대해 질의드립니다.

답변내용

➡ 공통부문 "2-11-2 건축물 현장정리"에서는 복합구조에 대한 기준은 정하고 있지 않습니다. 표준품셈에서 정하지 않는 사항은 동 품셈 1-1-3의 4항을 참조하시어 적정한 예정가격산정기준을 적의 결정하여 사용하시기 바라며, 당해공사에서 표준품셈의 적용여부 및 판단에 관련된 사항은 해당공사의 특성을 고려하시고 표준품셈을 참조하시어 공사관계자가 직접 결정하실 사항임을 양지해 주시면 감사드리겠습니다.

제 3 장　토공사

3-1 공통사항

3-1-1 적용기준('20, '25년 보완)

1. '제3장 토공사'는 보편적인 작업을 기준하며, 설계 및 현장 여건 변화로 인해 '제3장 토공사'의 규격, 시공량 등 적용이 어려운 경우 [제8장 건설기계 8-2 시공능력]의 작업능력(Q)을 산정하여 활용한다.
2. 토공사의 본 품은 현장시공에 투입되는 자원(인력, 장비)이며, 교통통제 및 안전처리를 위한 인력(신호수 등) 및 시설은 제외되어 있으므로 필요시 현장조건을 고려하여 별도 계상한다.

3-1-2 작업조 및 품의 변화('25년 신설)

1. 현장 여건에 따라 장비구성 및 조합을 변경하여 적용할 수 있다.
2. 시공량 변화
   가. 설계조건의 변화(토질 및 규모)가 확인되는 경우 해당 규격의 시공량을 적용한다.
   나. [1-4 품의 할증] 적용이 필요한 경우 할증 수량을 계상하여 적용한다.
3. 장비단독 작업의 현장관리 인력 반영
   가. 장비단독 작업(깎기, 터파기, 부대공 등)에 적용한다.
   나. 작업 위치의 현장관리(작업보조 등)에 인력이 투입되는 경우 [특별인부]를 작업조에 추가 반영한다.
   ※ 단, 아래와 같이 동일 작업구간에 복수의 작업이 발생하는 경우 통합 현장관리 여건을 고려하여 반영한다.
   ① 본 작업과 동일 장소에서 연계 시공되는 공종(운반 등)의 발생
   ② 복수의 작업조가 동일 구간에서 시공되는 경우

3-2 굴착

3-2-1 굴착(인력/토사)('08, '20, '25년 보완)

(일당)

구 분	단 위	수량	시공량(㎥)			
			보통토사	경질토사	고사점토 및 자갈 섞인 토사	호박돌 섞인 토사
특별인부	인	1	3.6	2.7	2.2	1.2
비 고	\- 현장 내에서 소운반하여 깔고 고르는 잔토처리는 ㎥당 보통인부 0.2인을 별도 계상한다. \- 주위에 장애물이 없고, 넓은 구역의 터파기인 경우에는 시공량을 40%까지 가산한다.					

[주] ① 본 품은 자연상태 토사를 기준한 것이며, 깊이 1m이하의 인력에 의한 구조물 터파기 또는 흙깎기 등에 적용한다.
② 본 품은 굴착 및 면고르기를 포함한다.
③ 흙막기 및 물푸기 품은 필요시 별도 계상한다.
④ 용수가 있는 곳은 시공량의 33%까지 감할 수 있다.

3-2-2 굴착(인력/암반)('20년 보완)

(㎥ 당)

암질	구분	착암공 (인)	보통인부 (인)	공기압축기 (시간)	소형브레이커 (시간)	비 고
풍화암		0.33	0.16	0.30	1.26	공기압축기 7.1㎥/min 소형브레이커 1.3㎥/min 4대 기준
연암		0.41	0.21	0.48	1.68	
보통암		0.58	0.29	0.60	2.40	
경암		0.94	0.48	0.96	3.90	

[주] ① 버럭적재 및 운반은 별도 계상한다.
② 굴착토량은 단위 개소당 10㎥ 미만의 경우 또는 대형브레이커나 화약사용이 불가능한 경우에 적용한다.
③ 기계 및 기구 경비는 별도 계상한다.
④ 잡재료는 인력품의 1%까지 계상할 수 있다.

3-2-3 흙깎기(기계)('25년 신설)

1. 토공 장비에 의한 깎기, 집토 작업을 포함한다.
2. 흙의 외부 반출을 위한 적재 및 운반 작업은 제외되어 있다.
3. 공사규모의 구분은 다음에 준하여 적용한다.

대규모	중규모	소규모
공사수량이 100,000㎥ 이상인 경우	공사수량이 100,000㎥ 미만인 경우	공사수량 10,000㎥ 미만인 경우 또는 작업공간이 협소 등 장비운영이 원활하지 않은 경우

※ 공사수량은 시설물(교량, 터널 등) 및 지형조건(하천, 도로, 철도 등)에 의해 단절되는 토공 작업구간의 시공량을 말하며, 공사기간 및 현장여건을 감안하여 공사규모를 판단한다.

4. 체적환산계수를 기반영한 것으로 자연상태의 토량에 적용한다.

가. 보통토사

(일당)

구 분	규 격	단 위	대규모		중규모		소규모	
			수량	시공량(㎥)	수량	시공량(㎥)	수량	시공량(㎥)
불도우저	32ton	대	1	930	-	560	-	310
불도우저	19ton	〃	-		1		-	
굴 착 기	1.0㎥	〃	-		-		1	

나. 혼합토사

(일당)

구 분	규 격	단 위	대규모		중규모		소규모	
			수량	시공량(㎥)	수량	시공량(㎥)	수량	시공량(㎥)
불도우저	32ton	대	1	640	-	390	-	230
불도우저	19ton	〃	-		1		-	
굴 착 기	1.0㎥	〃	-		-		1	

[주] ① 혼합토사는 다음을 준하여 적용할 수 있다.
　　㉮ 토질이 견고하여 리퍼 작업이 병행 시공 되는 경우
　　㉯ 호박돌, 자갈 등이 혼합되어 버킷을 가득 채우기 어려운 경우
② 유압식 리퍼의 경비는 깎기장비 기계경비(재료비, 노무비, 경비)의 2%로 계상한다.

다. 암

(일당)

구 분	규격	단 위	수량	시공량(㎥)			
				풍화암	연암	보통암	경암
굴 착 기	1.0㎥	대	1	65	50	30	25
대형브레이커	1.0㎥	〃	1				

[주] ① 본 품은 집토 작업을 포함하지 않으며, 집토 작업을 별도 수행하는 경우 다음을 따른다.

(일당)

구 분	규격	단위	수량	시공량(㎥)			
				풍화암	연암	보통암	경암
불 도 우 저	32ton	대	1	550	520	450	450

② 소모재료(치즐)는 깎기장비(굴착기) 기계경비(재료비, 노무비, 경비)에 다음 요율을 반영한다.

구분	풍화암	연암	보통암	경암
굴착기 기계경비의	1%	2%	5%	7%

3-2-4 터파기(기계)('25년 신설)

1. 토공 장비에 의한 터파기, 드러내기 작업을 포함한다.
2. 흙의 외부 반출을 위한 적재 및 운반 작업은 제외되어 있다.
3. 규격 구분은 다음에 준하여 적용한다.

구 분	적용기준
Type I	- 지반 및 현장조건이 일반적인 경우
Type II	- 지장물, 가시설 등에 의해 연속작업이 곤란하며 작업방해가 발생하는 조건
Type III	- 작업공간이 협소(측구 터파기 등)하여 작업효율이 현저하게 저하하는 경우

※ 도심지/주택가 지역에서 상하수도 관로부설 등의 공사시 작업장소가 협소하고 지하 매설물 등으로 인하여 작업이 현저하게 저하되는 경우에는 '[공통부문] 8-2-3 굴착기'를 적용하여 산정한다.

4. 체적환산 계수를 기 반영한 것으로 자연상태의 토량에 적용한다.

가. 보통토사

(일당)

구 분	규격	단위	Type I		Type II		Type III	
			수량	시공량(㎥)	수량	시공량(㎥)	수량	시공량(㎥)
굴 착 기	1.0㎥	대	1	560	1	420	-	190
굴 착 기	0.6㎥	〃	-		-		1	
비 고			- 용수 발생으로 인해 터파기 작업에 지장이 발생하는 경우 시공량을 25% 감하여 적용한다. - 굴착 깊이가 5m를 초과하는 경우 시공량을 9% 감하여 적용한다.					

나. 혼합토사

(일당)

구 분	규격	단위	Type I		Type II		Type III	
			수량	시공량(㎥)	수량	시공량(㎥)	수량	시공량(㎥)
굴 착 기	1.0㎥	대	1	390	1	300	-	150
굴 착 기	0.6㎥	〃	-		-		1	
비 고			- 용수 발생으로 인해 터파기 작업에 지장이 발생하는 경우 시공량을 25% 감하여 적용한다. - 굴착 깊이가 5m를 초과하는 경우 시공량을 9% 감하여 적용한다.					

[주] ① 혼합토사는 다음을 준하여 적용할 수 있다.
　　　㉮ 토질이 견고하여 리퍼 작업이 병행 시공 되는 경우
　　　㉯ 호박돌, 자갈 등이 혼합되어 버킷을 가득 채우기 어려운 경우
　　② 유압식 리퍼의 경비는 터파기장비 기계경비(재료비, 노무비, 경비)의 2%로 계상한다.

다. 암

(일 당)

구 분	규격	단위	수량	암분류	시공량(㎥)	
					Type I	Type II
굴 착 기	1.0㎥	대	1	풍화암	38	35
				연 암	30	28
대형브레이커	1.0㎥	〃	1	보통암	22	19
				경 암	16	14
비 고	용수 발생으로 인해 터파기 작업에 지장이 발생하는 경우 시공량을 25% 감하여 적용한다.					

[주] ① 소모재료(치즐)는 터파기 장비(굴착기) 기계경비(재료비, 노무비, 경비)에 다음 요율을 반영한다.

구 분	풍화암	연암	보통암	경암
굴착기 기계경비 의	1%	2%	5%	7%

3-3 암발파 및 파쇄

3-3-1 암발파(미진동굴착 TYPE-Ⅰ)('20년 보완)

(㎥ 당)

구 분	규격	단위	수량
화 약 취 급 공	-	인	0.040
보 통 인 부	-	〃	0.060
유압식 크롤러드릴	110kW	hr	0.100
굴착기 + 대형브레이커	1.0㎥	〃	0.040

◆ 참고자료

■ 비화약 폭연성 파세제를 이용한 파암공법(노넥스공법)

(㎥당, 보통암 기준)

노넥스 파암공법	단위	노천	지하터파기	수직구	
				직경 9m	직경 12m 이상
N R C	kg	0.721	0.942	1.94	1.54
전기식이니시에이터	개	1.202	1.507	3.23	2.56
화 약 취 급 공	인	0.04	0.04	0.046	0.036
특 별 인 부	〃	0.06	0.06	0.046	0.036
(유압·공압식)크롤러드릴	hr	0.10	0.10	0.206	0.129
굴 삭 기	〃	0.04	0.04	0.065	0.065

[주] ① 본 공법은 비화약 파쇄제를 사용하여 미진동 구간내에서 소음진동저감을 목적으로 하는 파암공법이다.
② 본 품의 각 현장별 구분은 보통암을 기준으로 따른다.
③ 본 공법은 보완건물 5~30m 이격거리 기준에 따른다.
④ 시공면의 면고르기가 필요한 경우에는 면고르기 품을 별도로 계상한다.

▶ 비화약류 조성의 폭연성 파쇄제를 이니시에이터로 외부적 자극에 의하여 조성물을 고온발열시켜, 순식간에 금속고체가 증기로 치환되어 체적팽창압이 발생하고(테르밋반응), 동시에 결정수가 기화분해되어 증기압이 발생함으로써, 취성체(암반)의 파쇄강도 이상의 압력을 생성하여 파암하는 거리별 진동저감 효과가 탁월한 파암공법.
▶ 본 공법은 미진동 공법으로 보완건물과 밀접하거나 민원이 극심한 곳에서는 무진동 공법과 복합 시공하는 것을 권장한다.

국내특허 10-2062839호, 10-0516799호, 10-0922597호 10-1143389호

노넥스 파암공법/NRC 증기압파쇄공법
거리별진동감쇄효과가 탁월한 비화약 둔감성파쇄제를 이용한 파암공법
• 국내 노천,지하터파기,수직구,터널,우물통 및 해외에서 공법 적용중 •

공장 : 경기도 여주시 가남읍 연삼로 344-58 1F
TEL : 031-881-4292, FAX : 031-881-4294
지사 : 서울시 강남구 도곡로 233
TEL : 02-508-4952, FAX : 02-412-4073
문의 : 담당자 박승환 부장 H.P : 010-3032-4563

○ 참고자료

■ 진동과 소음이 저감된 친환경 카트리지 발파 공법(카트리지 발파 공법)

(㎥ 당)

공종명		장약량 (kg)	뇌관수 (개)	카트리지수 (개)	화약취급공 (인)	보통인부 (인)	유압식 크롤러드릴 (hr)	굴삭기 (hr)
연 암	(미 진 동)	0.170	0.977	0.977	0.040	0.060	0.072	0.029
〃	(정밀진동)	0.223	0.631	0.631	0.023	0.032	0.057	0.018
〃	(소 규 모)	0.309	0.222	0.222	0.012	0.017	0.035	0.009
〃	(중 규 모)	0.290	0.077	0.077	0.007	0.009	0.017	0.007
〃	(일 반)	0.263	0.035	0.035	0.004	0.006	0.014	0.008
〃	(대 규 모)	0.257	0.013	0.013	0.002	0.003	0.012	0.004

[주] ① 본 공법은 발파공 내부에 카트리지를 삽입하여 화약 상부에 공극을 형성하여 화약이 주변 암석에 영향을 주는 범위가 증가되므로 암석이 고르게 파쇄되며 진동 및 소음이 저감되는 공법이다.
② 천공 깊이, 최소저항선, 천공간격 등은 평균적으로 제시한 수치이며, 공사시행 전 시험발파에 따라 현장별로 검토 적용한다.

공종명		천공깊이 (m)	저항선 (m)	간격 (m)	공종명		천공깊이 (m)	저항선 (m)	간격 (m)
연 암	(미 진 동)	1.6	0.8	0.8	연 암	(중규모)	3.6	1.75	2.05
〃	(정밀진동)	2.2	0.8	0.9	〃	(일 반)	5.7	2	2.5
〃	(소 규 모)	2.9	1.15	1.35	〃	(대규모)	8.7	2.8	3.2

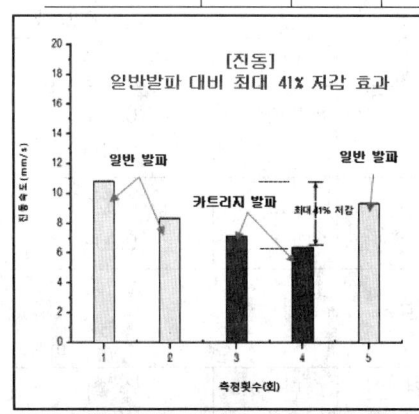

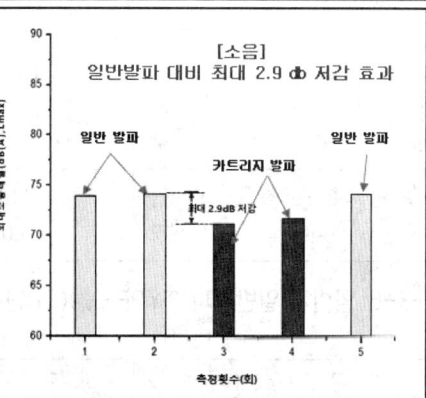

카트리지 발파 공법 (진동과 소음이 저감된 친환경 카트리지 발파 공법)
국내 노천/지하터파기 등 공법 적용 중
안전보건경영시스템인증서 ISO 45001 : 2018 No.24-O-2519
• 국내특허 제 10-2578632호
• 한국토질및기초기술사회 기술인증서 KAPE 24-003
• 경인히트상품 제2024-232호

경기도 성남시 분당구 장미로42, 408호 | blog. https://blog.naver.com/wj462
Tel. 031-701-0058 | Fax. 031-8017-4180 | E-mail. wj462@naver.com

3-3-2 암발파(정밀진동제어발파 TYPE-Ⅱ)('20년 보완)

(㎥당)

구 분	규 격	단 위	수 량
화 약 취 급 공	-	인	0.023
보 통 인 부	-	〃	0.032
유 압 식 크 롤 러 드 릴	110kW	hr	0.080
굴착기＋대형브레이커	1.0㎥	〃	0.025

3-3-3 암발파(소규모진동제어발파 TYPE-Ⅲ)('20년 보완)

(㎥당)

구 분	규 격	단 위	수 량
화 약 취 급 공	-	인	0.012
보 통 인 부	-	〃	0.017
유 압 식 크 롤 러 드 릴	110kW	hr	0.049
굴 착 기	1.0㎥	〃	0.013

3-3-4 암발파(중규모진동제어발파 TYPE-Ⅳ)('20년 보완)

(㎥당)

구 분	규 격	단 위	수 량
화 약 취 급 공	-	인	0.007
보 통 인 부	-	〃	0.009
유 압 식 크 롤 러 드 릴	110kW	hr	0.021
굴 착 기	1.0㎥	〃	0.009

3-3-5 암발파(일반발파 TYPE-Ⅴ)('20년 보완)

(㎥당)

구 분	규 격	단 위	수 량
화 약 취 급 공	-	인	0.004
보 통 인 부	-	〃	0.006
유 압 식 크 롤 러 드 릴	110kW	hr	0.014
굴 착 기	1.0㎥	〃	0.008

3-3-6 암발파(대규모발파 TYPE-Ⅵ)('20년 보완)

(㎥당)

구 분	규 격	단 위	수 량
화약취급공	-	인	0.002
보 통 인 부	-	〃	0.003
유압식크롤러드릴	110 kW	hr	0.012
굴 착 기	1.0 ㎥	〃	0.004

[주] ① 본 품의 각 공법별 구분은 국토교통부 "도로공사노천발파설계·시공지침"에 따른다.
② 본 품은 천공, 장약 및 전색재 채움, 발파선 설치, 발파, 발파암 허물기 작업이 포함되어 있으며, 적용범위는 다음과 같다.

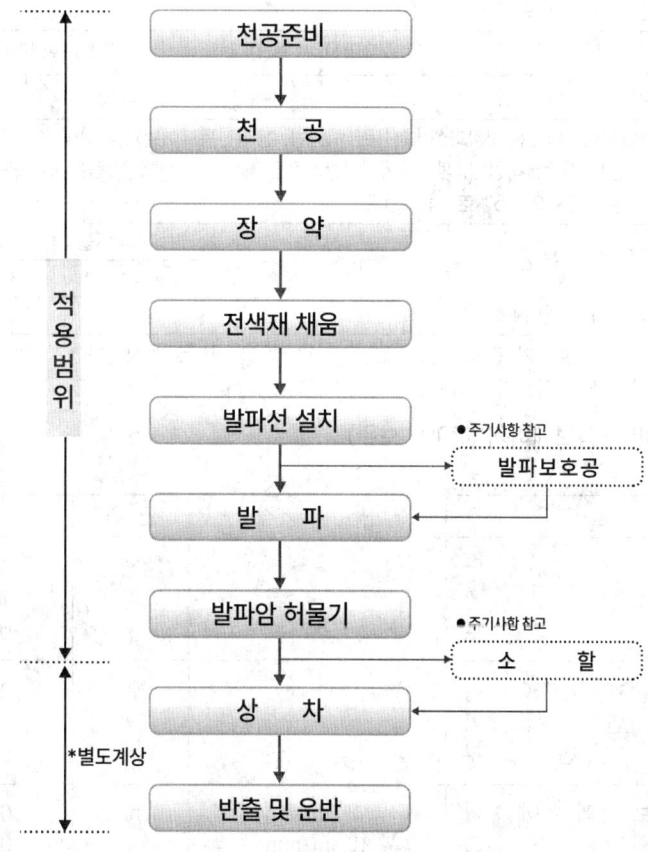

③ 미진동굴착공법과 정밀진동제어발파는 대형브레이커에 의한 2차 파쇄가 포함되어 있다.
④ 발파암 집토(필요시), 상차, 반출 및 운반은 별도 계상한다.
⑤ 뇌관은 M.S전기뇌관을 기준한 것으로 현장여건상 비전기식뇌관을 사용할 경우에는 별도로 계상한다.
⑥ 발파석의 비산방지를 위한 발파보호공이 필요한 경우에는 다음에 따라 계상한다.

(회 당)

구 분	규 격	단 위	수 량
보 통 인 부	-	인	0.125
굴 착 기	1.0㎥	hr	1.000

※ 보호매트의 재료비는 별도 계상한다.
⑦ 발파작업에 사용되는 재료(폭약, 뇌관)는 "도로공사노천발파설계·시공지침"에 따라 계상하고, 발파선, 전색재료 등의 잡재료는 재료비의 5%로 계상한다.
⑧ 유압식 크롤러드릴 및 대형브레이커의 소모자재(비트, 로드, 생크로드, 슬리브, 치즐) 비용은 다음과 같이 기계경비의 요율로 계상한다.

구 분	유압식 크롤러드릴	굴착기+대형브레이커
기 계 경 비 의 %	24	5

※ 굴착기+대형브레이커는 2차파쇄(미진동굴착공법, 정밀진동제어발파공법)에 적용한다.
⑨ 발파암 유용(미진동굴착공법, 정밀진동제어발파공법 제외)시 기계소할 품은 다음과 같으며, 이때 소할물량은 유용량의 15%로 적용한다.

구 분	규 격	작업능력(㎥/hr)	
		30cm 미만	30cm 이상
굴 착 기 + 대 형 브 레 이 커	0.6~0.8㎥	9	11

⑩ 시공면의 면 고르기가 필요한 경우에는 면고르기품을 별도로 계상한다.
⑪ 다공질암을 적용하는 경우에는 별도로 계상한다.

3-3-7 암발파(소형브레이커)('20년 보완)

(㎥ 당)

구 분	규 격	단 위	수 량
폭 약	-	kg	0.35
뇌 관	-	개	1.0
비 트	-	〃	0.008
화 약 취 급 공	-	인	0.041
착 암 공	-	〃	0.041
보 통 인 부	-	〃	0.103
소 형 브 레 이 커	2.7㎥/min	hr	0.203
공 기 압 축 기	10.3㎥/min	〃	0.074

[주] ① 본 품은 소형브레이커에 의한 천공 후 폭약을 장약하여 발파하는 공법으로, 절취폭이 4m 미만인 경우 등 작업장소가 협소하거나 현장여건상 크롤러드릴 사용이 곤란한 경우에 적용한다.
② 소형브레이커를 사용한 "터파기"의 경우에는 현장조건을 감안하여 재료비(폭약, 뇌관, 비트)를 제외한 품의 50%를 가산할 수 있다.

3-3-8 암파쇄(유압식 할암공법)('20년 보완)

(㎥당)

구 분	규 격	단 위	수 량
기 계 설 비 공	-	인	0.068
특 별 인 부	-	〃	0.271
유 압 식 크 롤 러 드 릴	110 kW	hr	0.121
발 전 기	25 kW	〃	0.486
유 압 식 할 암 기	ø80 mm	〃	0.486
굴 착 기 + 대 형 브 레 이 커	1.0㎥	〃	0.121

[주] ① 본 품은 천공 홀에 할암봉을 삽입하여 암반에 균열을 내서 파쇄하는 기준이다.
② 본 품은 천공, 암파쇄 및 허물기, 2차파쇄 작업을 포함한다.
③ 시공면의 면 고르기가 필요한 경우에는 면 고르기 품을 별도로 계상한다.
④ 유압식 크롤러드릴 및 대형브레이커의 소모자재(비트, 로드, 생크로드, 슬리브, 치즐) 비용은 다음과 같이 기계경비의 요율로 계상한다.

구 분	유압식 크롤러드릴	굴착기+대형브레이커
기 계 경 비 의 %	24	2

⑤ 유압할암봉 소모자재 비용은 별도 계상한다.

■ 비폭성 파쇄제 팽창성 몰탈을 이용한 암파쇄 공법
◉ 유압식 크롤러 드릴 기준

(단위 당)

품 명	규 격	단 위	수 량			
			노천 (70㎥)	지하터파기 (60㎥)	탑다운 흙막이 수직구 12m 이상 (30㎥)	터널, 협소공간, 수직구 9m 이하 (15㎥)
비폭성파쇄재	-	kg	910.00	780.00	390.00	195.00
작업반장	-	인	2.0000	2.4000	4.0000	5.5000
보통인부	-	〃	2.0000	2.4000	4.0000	5.5000
유압식드릴장비	150kW	hr	10.0000	10.5000	12.0000	12.0000
굴삭기(무한궤도)	1.0㎥	〃	10.0000	10.5000	12.0000	12.0000

[주] ① 비폭성 파쇄제를 이용한 공법은 암반의 압축강도와 별도로 인장강도에 따라 달라지므로 현장암반의 인장파괴 강도에 따라 달라질 수 있다.
② 천공하는 장비는 현장에서 소음에 영향이 없으면 발파드릴을 사용하고, 현장에서 소음이 문제가 될 경우에는 저소음장비인 타이타닉락 드릴을 사용한다.
③ 현장의 암반의 분포상태나 작업장의 공정상황에 따라 적용 단가가 달라질 수 있다.

◉ 타이타닉락 드릴 천공 기준

(단위 당)

품 명	규 격	단 위	수 량			
			노천 (50㎥)	지하터파기 (40㎥)	탑다운 흙막이 수직구 12m 이상 (30㎥)	터널, 협소공간, 수직구 9m 이하 (15㎥)
비폭성파쇄재	-	kg	650.00	520.00	390.00	195.00
PDC BIT	폴리크리스탈 다이아몬드	개	2.00	2.00	2.00	2.00
작업반장	-	인	2.0000	2.5000	3.0000	3.5000
보통인부	-	〃	2.0000	2.5000	3.0000	3.5000
유압식드릴장비	무소음 천공장비	hr	8.0000	8.0000	9.0000	10.0000
굴삭기(무한궤도)	1.0㎥	〃	8.0000	8.0000	9.0000	10.0000

[주] ① 비폭성 파쇄제를 이용한 공법은 암반의 압축강도와 별도로 인장강도에 따라 달라지므로 현장암반의 인장파괴 강도에 따라 달라질 수 있다.
② 천공하는 장비는 현장에서 소음에 영향이 없으면 발파드릴을 사용하고, 현장에서 소음이 문제가 될 경우에는 저소음장비인 타이타닉락 드릴을 사용한다.
③ 현장의 암반의 분포상태나 작업장의 공정상황에 따라 적용 단가가 달라질 수 있다.

제 3 장 토공사

● 굴삭기(무한궤도, 1.0㎥)

(hr 당)

품 명	규 격	단 위	수 량
경 유	저유황 0.001%	ℓ	19.50
잡 품	주연료의 22%	식	1.0000
건 설 기 계 운 전 사	-	인	0.2080
굴 삭 기 (무 한 궤 도)	1.0㎥	대/천원	0.2085

● 유압식드릴장비

(hr 당)

품 명	규 격	단 위	수 량
경 유	저유황 0.001%	ℓ	25.70
잡 품	주연료의 23%	식	1.0000
건 설 기 계 운 전 사	-	인	0.2080
크 롤 러 드 릴	150kw	대/천원	0.1548

● 유압식드릴장비(무소음천공장비)

(hr 당)

품 명	규 격	단 위	수 량
경 유	저유황 0.001%	ℓ	25.70
잡 품	주연료의 23%	식	1.0000
건 설 기 계 운 전 사	-	인	0.2080
크 롤 러 드 릴	무소음 천공장비	대/천원	0.1548

3-3-9 수중발파('20년 보완)

(㎥ 당)

구 분	규 격	단 위	수 량	
			우물통발파	우물통발파 이외
폭 약	-	kg	0.96	0.92
뇌 관	-	개	3.0	1.2
비 트	-	〃	0.009	0.006
화 약 취 급 공	-	인	0.11	0.07
착 암 공	-	〃	0.094(0)	0.064(0)
보 통 인 부	-	〃	0.19	0.11
잠 수 부	-	조	0.5(1.0)	0.3(0.6)
소 형 브 레 이 커	2.7㎥/min	hr	0.474	0.313
공 기 압 축 기	10.3㎥/min	〃	0.158	0.104

[주] ① 본 품은 천공발파를 기준한 것으로, ( )내는 잠수부 천공시의 품이다.
② 본 품은 수심 2.5m 이상~8m 미만을 기준한 것으로, 수심 2.5m 미만에서는 재료비(폭약, 뇌관)를 제외한 품의 20%를 감할 수 있으며, 수심이 8m 이상~15m 미만에서는 재료비(폭약, 뇌관)를 제외한 품의 50%를 가산할 수 있다.
③ 작업용 선박이나 가시설 등이 필요한 경우에는 별도로 계상한다.

3-4 쌓기

3-4-1 흙쌓기('25년 신설)

1. 토공 장비에 의한 포설, 다짐 작업을 포함한다.
2. 재료의 함수비 조절을 위한 살수작업을 포함한다.
3. 규격 구분은 다음에 준하여 적용한다.

구 분	두께 30㎝	두께 20㎝
다짐도(%)	90%이상	95%이상

4. 체적환산계수를 기반영한 것으로 다짐상태(비다짐: 흐트러진 상태)의 토량에 적용한다.

가. 흙쌓기(다짐)

(일 당)

구 분	규격	단 위	수량	시공량(㎥)	
				두께 30㎝	두께 20㎝
특 별 인 부	-	인	1	1,150	770
모터그레이더(일반용)	3.6m	대	1		
진동롤러(자주식)	10.0ton	〃	1		
굴 착 기	0.6㎥	〃	1		
물탱크(살수차)	16,000ℓ	〃	0.5		

나. 흙쌓기(비다짐)

(일 당)

구 분	규격	단 위	수량	시공량(㎥)
불 도 우 저	32ton	대	1	1,300

[주] 비다짐은 토공장비에 의한 정지작업을 기준한다.

3-4-2 암쌓기('03년 신설, '08, '20, '25년 보완)

(일 당)

구 분	규격	단 위	수 량	시공량(㎥)
특 별 인 부		인	1	
양족식롤러(자주식)	32ton	대	1	1,380
진 동 롤 러	10ton	〃	1	
불 도 우 저	32ton	〃	1	

[주] ① 본 품은 도로 노체 형성을 위한 암쌓기 기준이며, 다짐두께는 60㎝ 기준이다.
② 포설 및 다짐작업을 포함한다.

■ 무진동 암반 파쇄공법(SUPER WEDGE) 공법

1. 절취

(㎥ 당)

구 분		규 격	단위	풍화암	연암	보통암	경암
1. 천 공	보 통 인 부	-	인	0.07250	0.09000	0.09500	0.10500
	작 업 반 장	-	〃	0.03625	0.04500	0.04750	0.05250
	크 롤 러 드 릴	150kW	hr	0.29	0.36	0.38	0.42
	유 압 드 릴 비 트	Button Bit T38×76㎜	개	0.01001	0.01750	0.02083	0.02250
	유 압 드 릴 롯 트	T38×3050㎜	〃	0.003	0.00525	0.00625	0.00675
	유 압 드 릴 샹 크	T38× 380㎜	〃	0.003	0.00525	0.00625	0.00675
	유 압 드 릴 슬 리 브	T38× 190㎜	〃	0.00267	0.00467	0.00556	0.00600
2. 파 쇄	Super Wedge(파쇄기)	-	hr	0.19	0.22	0.23	0.25
	날 개	주문생산	조	0.00543	0.00629	0.00657	0.00714
	쐐 기	〃	개	0.00543	0.00629	0.00657	0.00714
	파 쇄 기 용 구 리 스	주문생산(파쇄기 전용)	kg	0.02714	0.03143	0.03286	0.03571
3. 집 토	굴 삭 기(유압식백호)	1.0㎥	hr	0.04938	0.05216	0.05973	0.06858

[주] ① 본 품은 절취 공종으로 천공-파쇄-집토의 품이다.
② 면적 1,000㎡, 수량 2,000㎥, 높이 2m 이상 기준 이하 또는 극경암에서는 최대 50% 까지 할증 할 수 있다.
③ 가시설 터파기는 30% 까지 할증 할 수 있다.
④ 버력반출, 시공면의 고르기, 2차 파쇄(소할) 등이 필요시에는 별도 계상한다.

2. 터널(굴진장 1.0m 기준)
1) 무진동굴착(Super Wedge)시 천공(ø76㎜) 기계의 천공속도

(단위 : m/min)

암 종	풍화암	연 암	보통암	경 암	비 고
굴진장 1.0m이하	0.75~0.85	0.65~0.75	0.60~0.70	0.55~0.65	점보드릴

2) 무진동굴착(Super Wedge) 버력처리시 적재장비의 K, E 값은 다음과 같다.

구 분	계 수	비 고
K	0.55	표준품셈 기계화 시공 참조
E	0.25	표준품셈 기계화 시공 참조

・토공사 ・토목공사 및 유사용 기계장비
・무진동암반파쇄공사 ・건설기계 임대업

www.byscw.co.kr

경기도 화성시 남양읍 주석로80번길 96-5
TEL : 02-855-5178, 02-804-2066 FAX : 02-802-2076

3-4-3 흙 다지기('25년 신설)

(일당)

구 분	규 격	단 위	수 량	다짐두께	시공량(㎥)	
					토사	점토
특 별 인 부	-	인	1	15cm	18	11
보 통 인 부	-	〃	1			
플레이트콤팩터	1.5ton	대	1	30cm	24	15
특 별 인 부	-	인	1	15cm	14	9
보 통 인 부	-	〃	1			
래 머	80kg	대	1	30cm	20	13

[주] ① 본 품은 흐트러진 상태의 흙 두께를 깔아서 다져진 상태의 토량 기준이다.
② 본 품은 흙다지기 및 흙고르기를 포함한다.
③ 플레이트 콤팩터, 래머 기계경비 산정시 조정원은 계상하지 않는다.
④ 모래밭은 적용되지 않는다.
⑤ 살수품은 물의 운반거리에 따라 별도 가산한다.

3-4-4 뒤채움 및 다짐(소형장비)('20, '25년 보완)

(일당)

구 분	규 격	단 위	수 량	시공량 (㎥)
특 별 인 부	-	인	1	
보 통 인 부	-	〃	1	
굴 착 기	0.2㎥	대	1	110
진동롤러(핸드가이드식)	0.7ton	〃	1	
살 수 차	5,500ℓ	〃	0.5	

[주] ① 본 품은 소형 다짐장비를 사용한 구조물 뒤채움 기준이다.
② 본 품은 포설 및 고르기, 다짐 작업을 포함한다.
③ 투입장비는 작업여건에 따라 장비조합을 변경하여 적용할 수 있다.
④ 진동롤러(핸드가이드식) 기계경비 산정시 조정원은 계상하지 않는다.

3-4-5 뒤채움 및 다짐(대형장비)('20, '25년 보완)

(일당)

구 분	규 격	단 위	수 량	시공량(㎥)
특 별 인 부	-	인	1	
보 통 인 부	-	〃	1	
굴 착 기	0.6㎥	대	1	250
진 동 롤 러	10ton	〃	1	
진동롤러(핸드가이드식)	0.7ton	〃	1	
살 수 차	5,500ℓ	〃	0.5	

[주] ① 본 품은 대형 다짐장비를 사용한 구조물 뒤채움 기준이다.
② 본 품은 포설 및 고르기, 다짐 작업을 포함한다.
③ 투입장비는 작업여건에 따라 장비조합을 변경하여 적용할 수 있다.
④ 진동롤러(핸드가이드식) 기계경비 산정시 조정원은 계상하지 않는다.

3-4-6 되메우기 및 다짐(소형장비)('25년 신설)

(일당)

구 분	규 격	단 위	수 량	시공량(㎡)
특 별 인 부	-	인	1	
보 통 인 부	-	〃	1	
굴 착 기	0.2㎥	대	1	130
진동롤러(핸드가이드식)	0.7ton	〃	1	
살 수 차	5,500ℓ	〃	0.5	

[주] ① 본 품은 소형 다짐장비를 사용한 되메우기 기준이다.
② 본 품은 포설 및 고르기, 다짐 작업을 포함한다.
③ 투입장비는 작업여건에 따라 장비조합을 변경하여 적용할 수 있다.
④ 진동롤러(핸드가이드식) 기계경비 산정시 조정원은 계상하지 않는다.

3-4-7 되메우기 및 다짐(대형장비)('25년 신설)

(일당)

구 분	규 격	단 위	수 량	시공량(㎡)
특 별 인 부	-	인	1	
보 통 인 부	-	〃	1	
굴 착 기	0.6㎥	대	1	290
진 동 롤 러	10ton	〃	1	
진동롤러(핸드가이드식)	0.7ton	〃	1	
살 수 차	5,500ℓ	〃	0.5	

[주] ① 본 품은 대형 다짐장비를 사용한 되메우기 기준이다.
② 본 품은 포설 및 고르기, 다짐 작업을 포함한다.
③ 투입장비는 작업여건에 따라 장비조합을 변경하여 적용할 수 있다.
④ 진동롤러(핸드가이드식) 기계경비 산정시 조정원은 계상하지 않는다.

3-4-8 기초지정('20, '25년 보완)

(일 당)

구분	규격	단위	모래지정 수량	모래지정 시공량(m^3)	자갈지정 수량	자갈지정 시공량(m^3)	잡석지정 수량	잡석지정 시공량(m^3)
특 별 인 부	-	인	1	110	1	100	1	90
보 통 인 부	-	〃	1		1		1	
굴 착 기	0.2m^3	대	1		1		1	
플 레 이 트 콤 팩 터	1.5ton	〃	1		-		-	
진동롤러(핸드가이드식)	0.7ton	〃	-		1		1	

[주] ① 본 품은 모래, 자갈, 잡석을 사용한 기초지정 기준이다.
② 본 품은 포설 및 고르기, 다짐 작업을 포함한다.
③ 투입장비는 작업여건에 따라 장비조합을 변경하여 적용할 수 있다.
④ 플레이트 콤팩터, 진동롤러(핸드가이드식) 기계경비 산정시 조정원은 계상하지 않는다.

3-5 절토부대공

3-5-1 절토면 고르기('08, '20, '25년 보완)

(일 당)

구 분	규격	단위	수량	토질(암) 분류	시공량(m^3)
굴 착 기	1.0m^3	대	1	모래·사질토·점토·점질토 연질토·불순자갈 호박돌 섞인 고결토·경질토 풍화암	390 250 230 120
굴 착 기	1.0m^3	대	1	연암	80
대형브레이커	1.0m^3	〃	1	보통암·경암	60

[주] ① 본 품은 굴착기를 사용한 절토 비탈면의 고르기 기준이다.
② 호박돌 섞인 고결토·경질토 및 풍화암은 리퍼를 사용한 기준이며, 리퍼의 기계경비는 굴착기 기계경비의 2%로 계상한다.

3-5-2 암반청소('08, '14, '20, '25년 보완)

(일 당)

구 분	규 격	단 위	수 량	시공량(m^3) 댐	시공량(m^3) 교량, 옹벽 등
특 별 인 부	-	인	2	19	25
보 통 인 부	-	〃	5		
굴 착 기	0.2m^3	대	1		

[주] ① 본 품은 압력살수에 의한 기초 바닥면 청소 기준이다.

② 본 품은 면 고르기(기계 및 인력), 살수, 청소 작업을 포함한다.
③ 물공급을 위한 살수차는 별도 계상한다.
④ 공구손료 및 경장비(양수기, 동력분무기 등)의 기계경비는 인력품의 2%로 계상한다.

3-6 성토부대공

3-6-1 성토면 고르기('08, '14, '16, '20, '25년 보완)

(일당)

구 분	규 격	단 위	수 량	시공량(㎡)
굴착기	1.0㎥	대	1	1,060

[주] ① 본 품은 하천제방, 램프 등 성토 비탈면의 고르기 기준이다.
② 본 품은 점토, 점질토, 모래, 사질토 기준이다.

3-6-2 식재면 고르기('13년 신설, '19, '25년 보완)

(일당)

구 분	단 위	수 량	시공량(㎡)
조 경 공	인	1	670
보 통 인 부	〃	5	

[주] ① 본 품은 부토 및 면고르기가 완료된 상태에서 인력으로 잔돌제거 등 식재면을 정비하는 기준이다.
② 본 품은 식재면고르기가 필요한 공종에 별도 계상한다.

3-7 비탈면 보호공

3-7-1 프리캐스트 콘크리트 블록설치('25년 보완)

(일당)

구 분		단 위	수 량	시공량(㎡)		
				비탈경사 1:1.5 이상	비탈경사 1:1.0 이상~ 1:1.5 미만	비탈경사 1:1.0 미만
인력	특별인부	인	2	27	24	22
	보통인부	〃	3			
기계	특별인부	인	2	41	38	35
	보통인부	〃	2			
	크레인	대	1			
비 고		- 비탈틀을 고정하기 위한 유항(留杭)을 설치하는 경우는 보통인부 0.4인/10본당을 계상한다.				

[주] ① 본 품은 비탈면 보호를 위해 프리캐스트 콘크리트 블록을 이용하여 비탈틀을 설치하는 기준이며, 시공범위는 수직고 20m이하 기준이다.
② 인력은 블록중량이 50kg/개 미만으로서 평균 비탈길이가 15m이하인 경우에 적용한다.
③ 기계는 블록중량이 50kg/개 이상인 경우 또는 50kg/개 미만 에도 평균 비탈길이가 15m를 초과하는 경우에 적용한다.

④ 본 품은 면고르기, 보호블록 설치를 위한 터파기 및 되메우기, 블록 설치 및 고정을 포함한다.
⑤ 속채움이 필요한 경우 품은 별도 계상한다.
⑥ 장비(크레인)의 규격은 작업여건(시공높이, 시공위치 등) 및 안전율(적정하중, 작업반경 등)을 고려하여 적합한 규격을 적용한다.

3-7-2 지압판블록 설치('20년 신설, '25년 보완)

(일당)

구 분	규 격	단 위	수 량	시공량(개소)
중 급 기 술 자	-	인	1	
보 링 공	-	〃	1	
특 별 인 부	-	〃	2	
보 통 인 부	-	〃	2	11
크 레 인	-	대	1	
고 소 작 업 차	-	〃	1	
강 연 선 인 장 기	60 ton	〃	1	

[주] ① 본 품은 비탈면에 앵커를 사용한 프리캐스트 콘크리트 블록(2ton이하) 설치 기준이다.
② 본 품은 비탈경사 1:1.5이하, 수직고 30m까지 기준이다.
③ 본 품은 블록 인양 및 설치, 지압판 및 웨지 조립, 인장 작업을 포함한다.
④ 장비(크레인, 고소작업차)의 규격은 작업여건(시공높이, 시공위치 등) 및 안전율(적정하중, 작업반경 등)을 고려하여 적합한 규격을 적용한다.
⑤ 공구손료 및 경장비(절단기, 발전기 등)의 기계경비는 인력품의 6%로 계상한다.

3-7-3 천연섬유사면보호공 설치('06년 신설, '08, '20, '25년 보완)

(일당)

구 분	단 위	수 량	시공량(㎡)
특 별 인 부	인	3	290
보 통 인 부	〃	2	

[주] ① 본 품은 토공사면(비탈경사 1:1.0~1.5)에 천연섬유매트 설치 기준이다.
② 본 품은 비탈경사 1:1.0~1.5이하, 높이 30m 기준이다.
③ 본 품은 인력 흙고르기, 매트깔기 작업을 포함한다.
④ 비탈면 고르기는 별도 계상한다.

3-7-4 절토사면 녹화('98, '13, '19, '25년 보완)

1. 부착망 설치

(일당)

구 분	단 위	수량	뿜어붙이기 두께	시공량(㎡)
특 별 인 부	인	3	10cm 이하	160
보 통 인 부	〃	1		
크 레 인	대	1	15cm	130
비 고	\- 수직고 20m 이상인 경우 시공량에 다음 할증률을 감한다.			
	수직고	20~30m	30~50m	50m 이상
	할증률(%)	18	24	30

[주] ① 본 품은 절토면의 식생기반제 뿜어붙이기를 위한 부착망 설치 작업으로 철망(PVC코팅) 설치 기준이다.
② 본 품은 부착망펼치기, 앵커핀 및 착지핀 설치, 정리작업을 포함한다.
③ 면 고르기가 필요할 경우 별도 계상한다.
④ 장비(크레인)의 규격은 작업여건(시공높이, 시공위치 등) 및 안전율(적정하중, 작업반경 등)을 고려하여 적합한 규격을 적용한다.
⑤ 공구손료 및 경장비의 기계경비(소형천공기, 발전기 등)는 인력품의 6%를 계상한다.
⑥ 잡재료비는 재료비의 3%를 계상한다.

【참 고】
재료량은 다음을 참고하여 적용한다.

구분	앵커핀(개)	착지핀(개)	부착망(㎡)	철선(m)
규격	ø16, 0.5m	ø16, 0.35m	ø3.258×58 PVC코팅	#8 PVC코팅
t=10cm 이하	2.3	5	13	13
t=15cm	4.6	5	13	17

* 재료 할증량은 포함되어 있다.

2. 식생기반제 뿜어붙이기

가. 기계기구 설치 및 해체

(회)

구 분	단 위	수 량
특 별 인 부	인	2
보 통 인 부	〃	0.5
크 레 인	hr	4

[주] ① 본 품은 식생기반재 뿜어붙이기 작업을 위한 기계기구 설치작업 기준이다.
② 본 품은 장비세팅, 배관연결, 시험운전, 작업 후 해체정리 작업을 포함한다.
③ 장비(크레인)의 규격은 작업여건(시공높이, 시공위치 등) 및 안전율(적정하중, 작업반경 등)을 고려하여 적합한 규격을 적용한다.

나. 뿜어붙이기

(일당)

구 분	규 격	단 위	수 량	뿜어붙이기 두께	시공량(㎡)
조 경 공	-	인	1		
기 계 설 비 공	-	〃	1		
특 별 인 부	-	〃	2		
보 통 인 부	-	〃	2	5cm	250
				7cm	200
취 부 기 (녹생토)	18.65kW	대	1	10cm	140
공 기 압 축 기	21㎥/min	〃	1	15cm	100
트럭탑재형크레인	-	〃	1		
물 탱 크	5,500ℓ	〃	1		
트 럭	6ton	〃	1		
비 고	- 수직고 20m 이상인 경우 시공량에 다음 할증률을 가한다.					
	수직고	20~30m		30~50m	50m 이상
	할증률(%)	18		24	30

[주] ① 본 품은 식생기반제와 종자를 혼합하여 비탈면에 뿜어붙이는 기준이며, 비탈면 녹화를 위한 유사 공법에 적용할 수 있다.
② 장비(크레인)의 규격은 작업여건(시공높이, 시공위치 등) 및 안전율(적정하중, 작업반경 등)을 고려하여 적합한 규격을 적용한다.
③ 공구손료 및 경장비의 기계경비(발전기 등)는 인력품의 4%를 계상한다.
④ 재료량은 각 공법의 설계기준에 따라 계상하며, 잡재료비는 재료비의 3%로 계상한다.

☞ 본품 p.260 이어서

■ 비탈면보호식재용 코매트조성물 및 이를 이용한 녹화공법

· 코매트(Co-Mat)공법

(㎡당)

구 분				성·절토부	절토부					
				1:1.2이상	1:1.2내외	1:1.0 내외		1:0.7 내외		1:0.5 내외
품 명		규 격	단위	일반 토사	경질 토사	풍화토 (암)	풍화암 (리핑암)	연암 보통암	경암	숏크리트면 석산복구
				T=1cm	T=2cm	T=3cm	T=5cm	T=7cm	T=10cm	T=15cm
1. 자재										
표면안정보조재	보조철망	#10 58×58 PVC코팅	㎡	필요시 별도 계상	필요시 별도 계상	필요시 별도 계상	필요시 별도 계상	1.30	1.30	1.30
	철 선	#8 PVC코팅	m					1.30	1.30	1.70
	착 지 핀	ø16, L=0.35m	개					0.50	0.50	0.50
	앵 커 핀	ø16, L=0.50m	〃					0.23	0.23	0.46
	잡재료비	재료비의 3%	식					1.0	1.0	1.0
코매트취부	코매트조성물	식생기반재(살포용)	kg	12.0	-	-	-	-	-	-
	〃	식생기반재(취부용)	㎥	-	0.024	0.036	0.060	0.084	0.120	0.180
	코매트장섬유	생분해성기반 안정재	g	13.0	26.0	39.0	65.0	91.0	130.0	195.0
	피복양생제	Fiber	〃	160.0	-	-	-	-	-	-
	침식안정제	C.M.C	〃	140.0	-	-	-	-	-	-
	혼합종자	생태복원형	〃	20.0	20.0	25.0	60.0	90.0	100.0	150.0
	잡재료비	재료비의 3%	식	1.0	1.0	1.0	1.0	1.0	1.0	1.0
2. 노무										
보조재설치	특별인부	-	인	필요시 별도 계상	필요시 별도 계상	필요시 별도 계상	필요시 별도 계상	0.0270	0.0270	0.0310
	보통인부	-	〃					0.0070	0.0070	0.0090
	공구손료	노무비의 2.5%	식					1.0	1.0	1.0
취부공	작업반장	-	인	0.0030	0.0035	0.0045	0.0070	0.0075	0.0080	0.0090
	특별인부	-	〃	0.0030	0.0035	0.0045	0.0070	0.0075	0.0080	0.0090
	기계설비공	-	〃	0.0050	0.0055	0.0075	0.0110	0.0125	0.0150	0.0180
	보통인부	-	〃	0.0040	0.0045	0.0065	0.0100	0.0115	0.0130	0.0170
	공구손료	노무비의 2%	식	1.0	1.0	1.0	1.0	1.0	1.0	1.0

○ 참고자료

구 분			성·절토부	절토부					
			1:1.2 이상	1:1.2 내외	1:1.0 내외		1:0.7 내외	1:0.5 내외	
품 명	규 격	단위	일반 토사	경질 토사	풍화토 (암)	풍화암 (리핑암)	연암 보통암	경암	숏크리트면 석산복구
			T=1cm	T=2cm	T=3cm	T=5cm	T=7cm	T=10cm	T=15cm
3. 장 비									
보조재설치 / 발 전 기	50kW	hr	필요시 별도 계상	필요시 별도 계상	필요시 별도 계상	필요시 별도 계상	0.023	0.023	0.031
트럭탑재형 크 레 인	5ton	〃					0.005	0.005	0.005
취부공 / 종자살포기	3,000ℓ	hr	0.024	-	-	-	-	-	-
실 사 출 기	4노즐	〃	0.024	0.024	0.038	0.053	0.056	0.060	0.070
취 부 기	18.65kW	〃	-	0.024	0.038	0.053	0.056	0.060	0.070
공 기 압 축 기	21㎥/min	〃	-	0.024	0.038	0.053	0.056	0.060	0.070
발 전 기	50kW	〃	-	0.024	0.038	0.053	0.056	0.060	0.070
트럭탑재형크레인	5ton	〃	0.024	0.024	0.038	0.053	0.056	0.060	0.070
물 탱 크	5,500ℓ	〃		0.024	0.038	0.053	0.056	0.060	0.070
덤 프 트 럭	6ton	〃	0.024	0.024	0.038	0.053	0.056	0.060	0.070

[주] ① 본 공법은 친환경조경자재를 사용하여 생태복원을 주목적으로 하는 친환경공법이다.
② 코매트조성물은 인위적인 성·절토 지역에 적용하는 생태복원용 식생기반재이다.
③ 코매트장섬유는 친환경 조경자재로서 친환경마크 인증제품을 사용하여야 한다.
④ 잡재료비는 재료비의 3%, 공구손료는 노무비의 2%를 계상한다.
⑤ 본 품은 재료할증이 포함된 것이고, 면고르기 품은 별도 계상한다.
⑥ 수직고 높이가 20m 이상인 경우에는 다음과 같은 기준에 따라 인력할증을 계상한다.

수직고	20~30m 미만	30~50m 미만	50m 이상
할 증 율 (%)	20	30	40

⑦ 시공두께 적용기준 : 시공두께는 절개지역의 경사, 토질 및 암질에 따라 구분, 적용한다.
⑧ 비탈면상태(암절토 기울기, 표면요철, 표층안정성)에 따라 표면안정보조재(PVC코팅 부착망, 유실방지네트, PE 망 등)를 품에 별도 계상하여 선택, 사용할 수 있다.
⑨ 종자사용량은 국토부『도로비탈면 녹화공사 설계 및 시공지침』에 준용하며, 현장여건에 따라 조정하여 사용할 수 있다.

〈시공두께 적용기준〉

구 분	시공두께	적용대상지역	비 고
성·절토부	T= 1cm	기울기 1:1.2이상 일반토사지역	
절토부	T= 2cm	기울기 1:1.2내외 경질토사지역	
	T= 3cm	기울기 1:1.0내외 풍화토(암)지역	고사점토 및 자갈이 약간 혼재된 지역
	T= 5cm	기울기 1:1.0내외 풍화암(리핑암)지역	호박돌이 약간 혼재된 지역
	T= 7cm	기울기 1:0.7내외 연암, 보통암지역	풍화암, 연암이 약간 혼재된 지역
	T=10cm	기울기 1:0.5내외 경암지역	경암 또는 절리가 발달된 보통암
	T=15cm	숏크리트사면 석산복구지역	기울기 1:0.3보다 급한지역은 식생이 불량

○ 참고자료

■ 산성배수가 발생하는 특수지질지역의 녹화공법

· S/A 코매트공법

(㎡당)

품 명		규 격	단위	1:1.2 이상 지역 토사구간 Spray	1:1.0 이상 지역 토사구간 T=1cm	1:1.0 내외 지역 토사구간 T=3cm	1:0.7 내외 풍화지역 풍화암(풍화토혼재) T=5cm	1:0.7 내외 발파지역 발파암(연암) T=7cm	1:0.5 내외 발파지역 발파암(보통암이상) T=10cm
1. 자재									
피막, 중화 및 표면 안정 보조재	S/A코팅제	피막형성제	kg	0.015	0.015	0.020	0.025	0.030	0.035
	S/A중화제	산성중화제	〃	0.1	0.1	0.15	0.20	0.25	0.35
	유실방지네트	ø3~6 25×25mm	㎡	1.2	1.2	1.2	-	-	-
	양 생 포	중화배수층	〃	필요시	필요시	필요시	1.2	1.2	1.2
	보조철망	#10 58×58 PVC코팅	〃	별도	별도	별도	1.3	1.3	1.3
	철 선	#8 PVC코팅	m	계상	계상	계상	0.8	0.8	0.8
	고 정 핀	ø16, L=0.35m	개	-	-	-	0.61	0.61	0.61
	고 정 핀 Ⅱ	L=200~400mm	〃	1.0	1.0	1.0	-	-	-
	잡 재 료 비	재료비의 3%	식	1.0	1.0	1.0	1.0	1.0	1.0
S/A 코매트 취부	S/A코매트조성물	식생기반재(중화처리첨가)	㎡	0.006	0.012	0.036	0.060	0.084	0.120
	코매트장섬유	생분해성기반 안정재	kg	0.010	0.013	0.039	0.065	0.091	0.130
	혼 합 종 자	생태복원형	〃	0.020	0.020	0.025	0.060	0.090	0.100
	잡 재 료 비	재료비의 3%	식	1.0	1.0	1.0	1.0	1.0	1.0
2. 노무									
중화층 형성 및 보조재 설치	작업반장	-	인	0.0001	0.0001	0.0002	0.0040	0.0040	0.0040
	조 경 공	-	〃	0.0012	0.0012	0.0014	-	-	-
	특별인부	-	〃	0.0014	0.0014	0.0032	0.0220	0.0220	0.0220
	보통인부	-	〃	0.0020	0.0020	0.0044	0.0320	0.0320	0.0320
	착 암 공	-	〃				0.0090	0.0090	0.0090
	공 구 손 료	노무비의 2%	식	1.0	1.0	1.0	1.0	1.0	1.0
취부공	작업반장	-	인	0.0001	0.0001	0.0014	0.0027	0.0040	0.0058
	특별인부	-	〃	0.0008	0.0008	0.0045	0.0082	0.0119	0.0156
	기 계 공	-	〃	0.0001	0.0001	0.0014	0.0027	0.0040	0.0058
	보통인부	-	〃	0.0015	0.0015	0.0089	0.0163	0.0237	0.0360
	공 구 손 료	노무비의 2%	식	1.0	1.0	1.0	1.0	1.0	1.0
3. 장비									
피막, 중화 및 S/A 코매트 취부	살 포 기	4노즐	hr	0.0180	0.0240	0.0442	0.0567	0.0692	0.0960
	취 부 기	18.65kW	〃	0.0180	0.0240	0.0442	0.0567	0.0692	0.0960
	공기압축기	21㎥/min	〃	0.0180	0.0240	0.0442	0.0567	0.0692	0.0960
	발 전 기	50kW	〃	0.0180	0.0240	0.0442	0.0567	0.0692	0.0960
	트럭탑재형크레인	5ton	〃	0.0270	0.0340	0.0545	0.0672	0.0799	0.1140
	물 탱 크	5,500ℓ	〃	0.0180	0.0240	0.0442	0.0567	0.0692	0.0960
	덤 프 트 럭	6ton	〃	0.0180	0.0240	0.0442	0.0567	0.0692	0.0960

[주] ① 본 공법은 비화작용(Swelling, Slaking) 현상으로 급속한 풍화가 진행되는 이암(셰일) 및 산성배수를 유발하는 암반과 같이 특수한 암질에 생태복원을 주 목적으로 하는 특수지질 비탈면녹화공법이다.
② S/A코매트조성물은 이암(셰일) 및 산성배수를 유발하는 암반과 같이 특수한 암질 지역에 적용하는 녹화기반재로 중화기능과 식생의 활착을 도와주는 특수지질용 식생기반재이다.
③ 본 공법의 적용은 국토교통부 지침(P30)에 따라 유사사례를 조사 및 분석하고 전문가의 자문을 받아 적정한 규격을 선정할 수 있다.
④ 코매트 장섬유는 친환경 조경자재로서 친환경마크 인증제품을 사용하여야 한다.
⑤ 잡재료비는 재료비의 3%, 공구손료는 노무비의 2%를 계상한다.
⑥ 본 품은 재료할증이 포함된 것이고, 면고르기 품은 별도 계상한다.
⑦ 수직고 높이가 20m 이상인 경우에는 다음과 같은 기준에 따라 인력할증을 계상한다.

수 직 고	20~30m 미만	30~50m 미만	50m 이상
할 증 률 (%)	20	30	40

⑧ 시공두께 적용기준은 국토교통부 특별시방서(산성배수 발생 암반 깎기 비탈면)를 기준으로 적용하며 현장여건(경사, pH, 표면절리 등) 및 전문가의 의견에 따라 시공두께 조정이 가능하다.
⑨ 비탈면상태(암절토 기울기, 표면요철, 표층안정성)에 따라 표면안정보조재(보조철망, 천연섬유망, PE망 등)를 품에 별도 계상하여 선택, 사용할 수 있다.
⑩ 종자사용량은 국토부 『도로비탈면 녹화공사 설계 및 시공지침』에 준용하며, 현장여건에 따라 조정하여 사용할 수 있다.

비탈면보호 식재용 조성물 및 이를 이용한 녹화공법

· 금비토공법

(㎡당)

구 분				성·절토부		절토부				
				1:1.2 이상	1:1.2 내외	1:1.0 내외		1:0.7 내외		1:0.5 내외
품 명		규 격	단위	일반 토사	경질 토사	풍화토 (암)	풍화암 (리핑암)	연암	보통암	경암
				T=1cm	T=2cm	T=3cm	T=5cm	T=7cm	T=10cm	T=15cm
1. 자재										
표면 안정 보조 재	보조철망	#10 58×58 PVC코팅	㎡	-	-	-	-	1.30	1.30	1.30
	철 선	#8 PVC코팅	m	-	-	-	-	1.30	1.30	1.70
	유실방지네트	ø3~6 25×25mm	㎡	1.20	1.20	1.20	1.20	-	-	-
	고정핀	L=200~400mm	개	1.00	1.00	1.00	1.00	-	-	-
	착지핀	ø16, L=0.35m	〃	-	-	-	-	0.50	0.50	0.50
	앵커핀	ø16, L=0.50m	〃	-	-	-	-	0.23	0.23	0.46
	잡재료비	재료비의 3%	식	1.0	1.0	1.0	1.0	1.0	1.0	1.0
취 부 공	금비토조성물	식생기반재	㎥	0.012	0.024	0.033	0.055	0.077	0.110	0.165
	혼합종자	생태복원형	g	30.0	30.0	30.0	60.0	90.0	100.0	150.0
	잡재료비	재료비의 3%	식	1.0	1.0	1.0	1.0	1.0	1.0	1.0
2. 노무										
보 조 재 설 치	특별인부	-	인	0.0080	0.0080	0.0080	0.0080	0.0270	0.0270	0.0310
	보통인부	-	〃	0.0120	0.0120	0.0120	0.0120	0.0070	0.0070	0.0090
	공구손료	노무비의 2.5%	식	1.0	1.0	1.0	1.0	1.0	1.0	1.0
취 부 공	작업반장	-	인	0.0030	0.0040	0.0050	0.0080	0.0090	0.0100	0.0130
	특별인부	-	〃	0.0030	0.0040	0.0050	0.0080	0.0090	0.0100	0.0130
	기계설비공	-	〃	0.0050	0.0060	0.0080	0.0120	0.0140	0.0170	0.0220
	보통인부	-	〃	0.0040	0.0050	0.0070	0.0110	0.0130	0.0150	0.0210
	공구손료	노무비의 2%	식	1.0	1.0	1.0	1.0	1.0	1.0	1.0
3. 장비										
보 조 재 설 치	발전기	50kW	hr	-	-	-	-	0.023	0.023	0.031
	트럭탑재형 크레인	5ton	〃	-	-	-	-	0.005	0.005	0.005
취 부 공	취부기	18.65kW	hr	0.019	0.024	0.040	0.057	0.061	0.068	0.079
	공기압축기	21㎥/min	〃	0.019	0.024	0.040	0.057	0.061	0.068	0.079
	발전기	50kW	〃	0.019	0.024	0.040	0.057	0.061	0.068	0.079
	트럭탑재형 크레인	5ton	〃	0.019	0.024	0.040	0.057	0.061	0.068	0.079
	물탱크	5,500ℓ	〃	0.019	0.024	0.040	0.057	0.061	0.068	0.079
	덤프트럭	6ton	〃	0.019	0.024	0.040	0.057	0.061	0.068	0.079

○ 참고자료

[주] ① 본 공법은 생태복원을 주목적으로 하는 친환경공법이다.
② 금비토란 식생기반 조성을 위해 특수배합된 생태복원용 인공토양이다.
③ 잔재료비는 재료비의 3%, 공구손료는 노무비의 2%를 계상한다.
④ 본 품은 재료할증이 포함된 것이고, 면고르기 품은 별도 계상한다.
⑤ 수직고 높이가 20m 이상인 경우에는 다음과 같은 기준에 따라 인력할증을 계상한다.

수 직 고	20~30m 미만	30~50m 미만	50m 이상
할 증 률 (%)	20	30	40

⑥ 시공두께 적용기준 : 시공두께는 절개지역의 경사, 암질에 따라 구분, 적용한다.
⑦ 종자사용량은 국토부 『도로비탈면 녹화공사 설계 및 시공지침』에 준용하며, 현장여건에 따라 조정하여 사용할 수 있다.

〈시공두께 적용기준〉

구 분	시공두께	적용대상지역	비 고
성·절토부	T= 1cm	기울기 1:1.2이상 일반토사지역	
절 토 부	T= 2cm	기울기 1:1.2내외 경질토사지역	고사점토 및 자갈이 약간 혼재된 지역
	T= 3cm	기울기 1:1.0내외 풍화토(암)지역	호박돌이 약간 혼재된 지역
	T= 5cm	기울기 1:1.0내외 풍화암(리핑암)지역	풍화암, 연암이 약간 혼재된 지역
	T= 7cm	기울기 1:0.7내외 연암지역	절리가 발달된 보통암
	T=10cm	기울기 1:0.7내외 보통암지역	기울기 1:0.3보다 급한지역은 식생이 불량
	T=15cm	기울기 1:0.5내외 경암지역	

■ 친환경 멀칭제 및 이를 이용한 녹화공법
· 에코씨드(Eco-Seed)/에코플렉스(Eco-Flex) 공법

(㎡ 당)

품 명	규 격	단위	에코씨드(Eco-Seed)		에코플렉스(Eco-Flex)	
			기울기 1:1.5 이상	기울기 1:1.2 이상	기울기 1:1.2 이상	기울기 1:1.2 이상
			일반토사	일반토사	성·절토 일반토사	성·절토 척박토사
1. 자재						
혼 합 종 자	생태복원형	g	20.0	20.0	20.0	30.0
에 코 플 렉 스	친환경멀칭제	ℓ	2.0	2.0	3.0	3.0
에코플렉스쏘일(살포용)	미생물유기질토양	〃	-	-	1.0	2.0
색 소	착색제	g	2.0	2.0	-	-
복 합 비 료	-	〃	100.0	100.0	-	-
거 적	볏짚거적	㎡	-	1.2	-	-
고 정 핀	L=200~400mm	개	-	0.7	-	-
잡 재 료 비	재료비의 3%	식	1.0	1.0	1.0	1.0
2. 노무						
작 업 반 장	-	인	0.0003	0.0003	0.0004	0.0009
특 별 인 부	-	〃	-	-	0.0012	0.0024
기 계 공	-	〃	-	-	0.0005	0.0009
보 통 인 부	-	〃	0.0004	0.0011	0.0025	0.0048
조 경 공	-	〃	0.0004	0.0024	-	-
공 구 손 료	노무비의 2%	식	1.0	1.0	1.0	1.0
3. 장비						
종 자 살 포 기	3,000ℓ	hr	0.0024	0.0024	0.0122	0.0240
트럭탑재형크레인	5ton	〃	-	-	0.0052	0.0103
덤 프 트 럭	4.5ton	〃	0.0024	0.0036	0.0052	0.0103

[주] ① 본 공법은 친환경 조경자재를 사용하여 생태복원을 주목적으로 하는 친환경공법이다.
② 본 품은 성토 및 절토 비탈면의 토사지역(기울기 1:1.2이상)에 생태복원을 목적으로 한다.
③ 에코플렉스(친환경멀칭제) 및 에코플렉스쏘일(미생물유기질토양)은 인위적인 성·절토 토사지역에 사용하는 생태복원용 친환경자재이다.
④ 성·절토 척박토사는 화강풍화토와 같이 건조척박한 토양에 적용하는 것으로 한다.
⑤ 잡재료비는 재료비의 3%, 공구손료는 노무비의 2%를 계상한다.
⑥ 본 품은 재료할증이 포함된 것이고, 면고르기 품은 별도 계상한다.
⑦ 비탈면상태(비탈면기울기, 표면요철, 표면안정성)에 따라 표면안정보조재(유실방지네트, PE망등)를 품에 별도 계상하여 선택, 사용할 수 있다.
⑧ 수직고 높이가 20m 이상인 경우에는 다음과 같은 기준에 따라 인력할증을 계상한다.

수 직 고	20~30m 미만	30~50m 미만	50m 이상
할 증 률 (%)	20	30	40

■ 그린네트를 이용한 녹화공법

• 그린네트(Green-Net)공법

(㎡ 당)

품 명	규 격	단위	비탈면기울기 1:1보다 완만한 일반토사 성토토사	절토토사
1. 자재				
그 린 네 트	생분해섬유망+볏짚	㎡	1.2	1.2
그 린 팩	식생기반재(토사용)	g	150.0	300.0
고 정 핀	L=200~400㎜	개	0.5	1.0
혼 합 종 자	생태복원형	g	25.0	30.0
피 복 양 생 제	Fiber	〃	60.0	60.0
침 식 안 정 제	C.M.C	〃	30.0	30.0
착 색 제	-	〃	2.0	2.0
비 료	복합비료	〃	50.0	50.0
잡 재 료 비	재료비의 3%	식	1.0	1.0
2. 노무				
골 파 기	작업반장	인	0.0010	0.0010
	특별인부	〃	0.0003	0.0005
	보통인부	〃	0.0026	0.0058
그 린 팩 포 설	〃	〃	0.0017	0.0039
그 린 네 트 설 치	특별인부	〃	0.0007	0.0015
	보통인부	〃	0.0022	0.0048
고 정 핀 설 치	〃	〃	0.0017	0.0039
종 자 살 포	특별인부	〃	0.0004	0.0009
	보통인부	〃	0.0030	0.0068
공 구 손 료	노무비의 2%	식	1.0	1.0
3. 장비				
살 포 기	3,000ℓ	hr	0.0020	0.0039
덤 프 트 럭	4.5ton	〃	0.0006	0.0012

[주] ① 본 공법은 친환경조경자재를 사용하여 생태복원을 주목적으로 하는 친환경 공법이다.
② 본 품은 성토 및 절토면의 일반 토사지역(기울기 1:1보다 완만)에 생태복원을 목적으로 한다.
③ 그린네트는 친환경조경자재로서 친환경마크 인증제품을 사용하여야 한다.
④ 잡재료비는 재료비의 3%, 공구손료는 노무비의 2%를 계상한다.
⑤ 본 품은 재료할증이 포함된 것이고, 면고르기 품은 별도 계상한다.
⑥ 수직고 높이가 20m 이상인 경우에는 다음과 같은 기준에 따라 인력할증을 계상한다.

수직고	20~30m 미만	30~50m 미만	50m 이상
할 증 률 (%)	20	30	40

■ 방초매트를 이용한 식생차단공법
· 그린가드(Green Guard)

(m 당)

구 분			신설도로		유지관리도로	
품 명	규 격	단위	지주 2m	지주 4m	지주 2m	지주 4m
1. 자 재						
식생차단시트	그린가드	㎡	1.1	1.1	1.1	1.1
그린가드홀더	ø140	개	0.5	0.25	0.5	0.25
고 정 팩	L=250mm	〃	4.0	4.0	4.0	4.0
고 정 대	W30, L=1000mm	〃	1.0	1.0	1.0	1.0
칼 브 럭	ø6, L=35mm	〃	5.0	5.0	5.0	5.0
잡 재 료 비	재료비의 3%	식	1.0	1.0	1.0	1.0
2. 노 무						
시트설치 및 면정리 - 작업반장	-	인	0.006	0.006	0.006	0.006
시트설치 및 면정리 - 특별인부	-	〃	0.041	0.041	0.041	0.041
시트설치 및 면정리 - 보통인부	-	〃	0.076	0.076	0.076	0.076
시트설치 및 면정리 - 공구손료	노무비의 2%	식	1.0	1.0	1.0	1.0
3. 장 비						
굴 삭 기	0.6㎥	hr	-	-	0.015	0.015

[주] ① 본 공법은 도로변 식생침입차단 및 시거확보를 유도하는 유지관리 공법이다.
② 잡재료비는 재료비의 3%, 공구손료는 노무비의 2%를 계상한다.
③ 면정리는 식생차단시트 설치를 위한 정리작업을 의미하는 것이며 잡석제거 및 토사면 다짐과 같은 면고르기 품은 현장여건에 따라 별도 계상한다.
④ 공사시방에 따라 장비조합을 변경할 수 있다.
⑤ 가드레일 단부구간은 자재할증을 별도로 계상한다.

■ 길어깨 풀 식생억제시설(방초매트)

(m 당)

품 명	규 격	단 위	신설도로		유지관리도로	
			지주 2m	지주 4m	지주 2m	지주 4m
1. 자재비						
방 초 매 트	1.0m×1.0m	m	1.0	1.0	1.0	1.0
방 초 매 트 보 강 재	300㎜×300㎜	개	0.50	0.25	0.50	0.25
고 정 링	140㎜×0.5㎜	〃	0.50	0.25	0.50	0.25
고 정 팩	200㎜×20㎜	〃	3.00	3.00	3.00	3.00
매 트 고 정 나 사	10㎜	〃	2.0	2.0	2.0	2.0
사각파이프고정나사	10㎜	〃	1.0	1.0	1.0	1.0
사 각 파 이 프	25㎜×25㎜	m	1.0	1.0	1.0	1.0
사각파이프고정바	45㎜×150㎜	개	1.0	1.0	1.0	1.0
매 트 전 용 접 착 제	실리콘(270㎖)	m	0.25	0.2	0.25	0.2
2. 노무비						
사각파이프 외 방초매트설치	작업반장	인	0.006	0.006	0.006	0.006
	특별인부	〃	0.041	0.041	0.041	0.041
	보통인부	〃	0.076	0.076	0.076	0.076
3. 노견 면고르기						
굴 삭 기	0.6㎥	hr	0.025	0.022	0.025	0.022
보 통 인 부	-	인	0.076	0.076	0.076	0.076
4. 노견제초 및 제거						
보 통 인 부	-	인	-	-	0.035	0.025

[주] ① 방초매트 시공시 현장여건상 토공면고르기 및 잡초제거가 필요한 경우 아래 품을 별도 계상한다.
② 잡재료비는 재료비의 3%, 공구손료는 노무비의 2%를 계상할 수 있다.
③ 가드레일 단부구간은 자재할증을 별도로 계상한다.
④ 가드레일 전이구간에 따라 자재 소요량은 별도로 계상한다.

■ 생태복원 SS녹화공법시스템

○ 참고자료

(1㎡ 당)

명 칭	규 격	단 위	SS (1T) 성토토사구간	SS (1.5T) 절토토사구간	SS (2.0T) 절토토사구간	SS (3T) 마사토
종 자	혼합종자	kg	0.025	0.030	0.030	0.036
SS 토 양	-	㎥	0.010	0.015	0.020	0.030
취 부 기/믹 서	25ℓ	hr	0.014	0.028	0.028	0.042
공 기 압 축 기	21㎥/min	〃	0.006	0.008	0.011	0.017
발 전 기	50㎾	〃	0.006	0.008	0.011	0.017
물 탱 크	5,500ℓ	〃	0.006	0.008	0.011	0.017
덤 프 트 럭	6ton	〃	0.006	0.008	0.011	0.017
크 레 인	5ton	〃	0.006	0.008	0.011	0.017
품	작업반장	인	0.006	0.008	0.011	0.017
	특별인부	〃	0.006	0.008	0.011	0.017
	기계공	〃	0.006	0.008	0.011	0.017
	보통인부	〃	0.006	0.008	0.011	0.017

(1㎡ 당)

명 칭	규 격	단 위	SS (6T) 강마사, 풍화토	SS (8T) 풍화암, 연암, 리핑암	SS (11T) 발파암구간	비 고
(1) 앵커핀 및 착지핀 홀 천공						
발 전 기	50㎾	hr	0.012	0.013	0.013	
품	착암공	인	0.007	0.008	0.008	
	보통인부	〃	0.007	0.008	0.008	
(2) 앵커핀 및 착지핀 설치						
착 지 핀	ø16, L:300	개	0.61	0.73	0.73	
품	특별인부	인	0.003	0.004	0.004	
	보통인부	〃	0.003	0.004	0.004	
(3) 부착망 설치						
부 착 망	#10, 58×58	㎡	1.300	1.300	1.300	
철 선	#8	m	0.800	1.300	1.300	
철 선 고 정 구	80×80	개	0.110	0.230	0.230	
품	작업반장	인	0.004	0.004	0.004	
	특별인부	〃	0.014	0.014	0.014	
	보통인부	〃	0.014	0.014	0.014	

○ 참고자료

명 칭	규 격	단 위	SS (6T) 강마사, 풍화토	SS (8T) 풍화암, 연암, 리핑암	SS (11T) 발파암구간	비 고
(4) SS 기반재 취부공						
SS 기 반 재	사면보호용	㎥	0.050	0.070	0.100	
종 자	혼합종자	kg	0.020	0.030	0.040	
취 부 기	25ℓ	hr	0.032	0.042	0.056	
공 기 압 축 기	21㎥/min	〃	0.032	0.042	0.056	
발 전 기	50kW	〃	0.032	0.042	0.056	
크 레 인	5ton	〃	0.036	0.049	0.063	
물 탱 크	5,500ℓ	〃	0.032	0.042	0.056	
덤 프 트 럭	6ton	〃	0.032	0.042	0.056	
품	작업반장	인	0.004	0.004	0.006	
	특별인부	〃	0.015	0.019	0.025	
	기계공	〃	0.004	0.004	0.006	
	보통인부	〃	0.027	0.036	0.049	
(5) SS 공법시스템시공						
종 자	혼합종자	kg	0.050	0.060	0.070	
SS 토 양	-	㎥	0.010	0.010	0.010	
취 부 기/믹 서	25ℓ	hr	0.014	0.014	0.014	
공 기 압 축 기	21㎥/min	〃	0.006	0.006	0.006	
발 전 기	50kW	〃	0.006	0.006	0.006	
물 탱 크	5,500ℓ	〃	0.006	0.006	0.006	
덤 프 트 럭	6ton	〃	0.006	0.006	0.006	
크 레 인	5ton	〃	0.006	0.006	0.006	
품	작업반장	인	0.006	0.006	0.006	
	특별인부	〃	0.006	0.006	0.006	
	기계공	〃	0.006	0.006	0.006	
	보통인부	〃	0.006	0.006	0.006	

[주] ① 잡재료비는 재료비의 3%를, 공구손료는 노무비의 2%를 계상한다.
② 앵커핀 및 착지핀 홀 천공시 드릴 및 비트 손료는 천공품의 2.5%를 계상한다.
③ 본 품은 면고르기 품은 포함되지 않는 것이다.
④ 본 공법은 습식공법으로 건조시 SS토양이 30~40%의 수축률이 있다.
⑤ SS기반재 및 SS토양은 10% 할증을 적용한다.

■ 반건식 SS녹화공법시스템

(1㎡ 당)

명 칭	규 격	단 위	SS (1T) 성토토사 구간	SS (2.0T) 절토토사구간	SS (3T) 마사토 구간	비 고
종 자	혼합종자	kg	0.026	0.031	0.036	
반건식SS토양	-	㎥	0.010	0.020	0.030	
취부기/믹서	25ℓ	hr	0.014	0.028	0.042	
공기압축기	21㎥/min	〃	0.006	0.011	0.017	
발 전 기	50kW	〃	0.006	0.011	0.017	
물 탱 크	5,500ℓ	〃	0.006	0.011	0.017	
덤 프 트 럭	6ton	〃	0.006	0.011	0.017	
크 레 인	5ton	〃	0.006	0.011	0.017	
품	작업반장	인	0.006	0.011	0.017	
	특별인부	〃	0.006	0.011	0.017	
	기계공	〃	0.006	0.011	0.017	
	보통인부	〃	0.006	0.011	0.017	

(1㎡ 당)

명 칭	규 격	단 위	SS (5T) 강마사, 풍화토, 리핑암	SS (7T) 풍화암, 연암, 리핑암	SS (10T) 발파암	SS (15T) 발파암
(1) 앵커핀 및 착지핀 홀 천공						
발 전 기	50kW	hr	0.011	0.012	0.013	0.014
품	착암공	인	0.007	0.007	0.008	0.010
	보통인부	〃	0.007	0.007	0.008	0.010
(2) 앵커핀 및 착지핀 설치						
착 지 핀	ø16, L:300	개	0.590	0.700	0.730	0.750
품	특별인부	인	0.003	0.003	0.004	0.005
	보통인부	〃	0.003	0.003	0.004	0.005
(3) 부착망 설치						
부 착 망	#10, 58×58	㎡	1.300	1.300	1.300	1.300
철 선	#8	〃	0.800	1.300	1.300	1.400
철선고정구	80×80	개	0.110	0.200	0.230	0.250
품	작업반장	인	0.003	0.003	0.003	0.003
	특별인부	〃	0.014	0.014	0.014	0.014
	보통인부	〃	0.014	0.014	0.014	0.014

명 칭	규 격	단위	SS (5T) 강마사, 풍화토, 리핑암	SS (7T) 풍화암, 연암, 리핑암	SS (10T) 발파암	SS (15T) 발파암
(4) SS 기반재 취부공						
반건식SS기반재	사면보호용	㎥	0.048	0.067	0.100	0.130
종 자	혼합종자	kg	0.020	0.027	0.040	0.060
취 부 기	25ℓ	hr	0.029	0.039	0.054	0.088
공 기 압 축 기	21㎥/min	〃	0.029	0.039	0.054	0.088
발 전 기	50㎾	〃	0.029	0.039	0.054	0.088
크 레 인	5ton	〃	0.034	0.046	0.061	0.102
물 탱 크	5,500ℓ	〃	0.029	0.039	0.054	0.088
덤 프 트 럭	6ton	〃	0.029	0.039	0.054	0.088
품	작업반장	인	0.003	0.004	0.005	0.088
	특별인부	〃	0.015	0.018	0.024	0.041
	기계공	〃	0.003	0.004	0.005	0.010
	보통인부	〃	0.026	0.035	0.048	0.082
(5) SS 공법시스템시공						
종 자	혼합종자	kg	0.055	0.060	0.070	0.150
반건식 SS 토양	-	㎥	0.010	0.010	0.010	0.010
취 부 기/믹 서	25ℓ	hr	0.014	0.014	0.014	0.014
공 기 압 축 기	21㎥/min	〃	0.005	0.005	0.005	0.005
발 전 기	50㎾	〃	0.005	0.005	0.005	0.005
물 탱 크	5,500ℓ	〃	0.005	0.005	0.005	0.005
덤 프 트 럭	6ton	〃	0.005	0.005	0.005	0.005
크 레 인	5ton	〃	0.005	0.005	0.005	0.005
품	작업반장	인	0.005	0.005	0.005	0.005
	특별인부	〃	0.005	0.005	0.005	0.005
	기계공	〃	0.005	0.005	0.005	0.005
	보통인부	〃	0.005	0.005	0.005	0.005

■ P.Y 복합 NET 법면 보호공(절토면용)

(㎡당)

공종	Net 설치					Seed-Spray 살포(2회 살포 기준)						품
품목	Coir-Net	앵커핀	착지핀	Net 보호판 (PE or Steel)	품	종자	비료	피복제	침식방지안정제	색소	종자살포기	품
규격 (단위)	ø5×20 ×20mm (㎡)	ø10mm, L=300mm (개)	L= 200mm (개)	85×45 mm (개)	보통 인부 (인)	혼합 종자 (g)	복합 비료 (g)	M-Fiber (g)	합성 접착제 (g)	M-Green (g)	2,500ℓ~ 3,000ℓ (hr)	특별 인부 (인)	보통 인부 (인)
수량	1.1	0.6	0.6	0.6	0.05	25×2	100	30	15	2×2	0.0064×2	0.002×2	0.018×2

[주] ① PY복합 NET 법면보호공 성토사면은 NET설치품의 보통인부를 0.026인 계상하여 산출한다.
② NET보호판(PE)은 재질특성상 ±10% 내외의 수축률이 있다.

■ 거적덮기 법면보호공(성토면용)

(㎡당)

공종	거적덮기 시공					Seed-Spray 살포(1회 살포 기준)						품
품목	거적	앵커핀	착지핀	매트고정판	비닐끈	품	종자	비료	피복제	침식방지안정제	색소	종자살포기	품
규격 (단위)	100× 100mm (㎡)	ø10mm, L=300mm (개)	L= 200mm (개)	거적고정용 (개)	ø3mm (m)	보통 인부 (인)	혼합 종자 (g)	복합 비료 (g)	M-Fiber (g)	합성 접착제 (g)	M-Green (g)	2,500ℓ~ 3,000ℓ (hr)	특별 인부 (인)	보통 인부 (인)
수량	1.1	0.6	0.5	0.6	1.5	0.0075	25	100	30	15	2	0.0064	0.003	0.007

[주] ① 거적덮기 법면보호공 중 절토면용은 성토면용의 노임품을 30% 높게 계상하여 산출한다.
② 매트고정판(PE)은 재질특성상 ±10% 내외의 수축률이 있다.

■ 생태복원SS+거적덮기

(㎡당)

공종	자재		장 비(hr)						품(인)			비고
품목	혼합종자	SS 토양	취부기/믹서	공기압축기	발전기	물탱크	덤프트럭	크레인	작업반장	특별인부	기계공	보통인부	
규격 (단위)	(g)	(㎥)	25ℓ	21㎥/min	50kW	5,500ℓ	6ton	5ton					
0.5T	30	0.005	0.015	0.006	0.006	0.006	0.006	0.006	0.006	0.006	0.006	0.006	
0.2T	25	0.002	0.011	0.0044	0.0044	0.0044	0.0044	0.0044	0.0044	0.0044	0.0044	0.0044	
0.1T	25	0.001	0.01	0.004	0.004	0.004	0.004	0.004	0.004	0.004	0.004	0.004	

[주] ① 거적설치는 일반거적덮기 설치품으로 계상한다.

암녹토 암절개면 보호 녹화공(두꺼운 식생기반재취부공)

(㎡ 당)

공 종	1. 앵커핀 및 착지핀홀 천공			2. 앵커핀 착지핀 설치			3. 망 설치				
품목	발전기 (hr)	품 (인)		앵커핀 (개)	착지핀 (개)	품 (인)	부착망 (㎡)	철선 (m)	철선고정구(개)	품 (인)	
규격 두께	50kW	착암공	보통 인부	ø16 L=0.3m	ø16 L=0.3m	특별 인부	보통 인부	#10×58×58 P.V.C코팅	#8 P.V.C코팅	80×80 (재질:PC)	작업 반장	특별 인부	보통 인부
T= 5cm	0.017	0.011	0.011	0.11	0.5	0.005	0.005	1.3	0.8	0.11	0.003	0.01	0.01
T= 7cm	0.019	0.12	0.12	0.23	0.5	0.005	0.005	1.3	1.3	0.23	0.003	0.01	0.01
T=10cm	0.019	0.12	0.12	0.23	0.5	0.006	0.006	1.3	1.3	0.23	0.003	0.01	0.01
T=15cm	0.026	0.016	0.016	0.46	0.5	0.008	0.008	1.3	1.7	0.23	0.003	0.01	0.01

공 종	4. 암녹토 취부공										
품목	암녹토 (㎥)	종자 (g)	취부기 (hr)	공기압축기 (hr)	발전기 (hr)	트럭탑재형 크레인(hr)	물탱크 (hr)	덤프트럭 (hr)	품 (인)		
규격 두께	암절 면용	혼합 종자	25ℓ	21㎥/min	50kW	5ton	5,500ℓ	6ton	작업 반장	특별 인부	기계공	보통 인부
T= 5cm	0.055	60	0.045	0.045	0.045	0.052	0.045	0.045	0.004	0.015	0.004	0.042
T= 7cm	0.077	84	0.06	0.06	0.06	0.07	0.06	0.06	0.005	0.02	0.005	0.056
T=10cm	0.11	120	0.08	0.08	0.08	0.09	0.08	0.08	0.006	0.025	0.006	0.070
T=15cm	0.165	180	0.10	0.10	0.10	0.12	0.10	0.10	0.0085	0.035	0.009	0.093

[주] ① 본 품의 시공두께는 비탈경사 및 암질에 따라 10~15cm로 구분 적용할 수 있다.
② 앵커핀 및 착지핀 홀 천공시 핸드드릴 및 비트의 공구손료는 천공품의 2.5%를 계상한다.
③ 잡재료비는 재료비의 3%를 별도 계상한다.
④ 수직높이 20m 이상인 때에는 품셈 적용 기준에 따라 할증 계상한다.

수직높이(m)	20~30 이하	30 이상~50 이하	50 이상
할증률(%)	20	30	40

⑤ 암녹토의 할증은 10%로 한다.
⑥ 면고르기 품은 포함되어 있지 않다.

■ 소일 화이바(Soil Fiber) 공법

공 종	규 격	단위	무망적용 T=0.5cm 쌓기부 토사	무망적용 T=0.7cm 쌓기부 토사	무망적용 T=1.0cm 쌓기부 토사	천연섬유네트 T=2.0cm 쌓기부/깍기부 토사	천연섬유네트 T=2.0cm 깍기부토사	천연섬유네트 T=3.0cm 깍기부토사	PVC코팅철망 T=5.0cm 리핑암	PVC코팅철망 T=5.0cm 연암	PVC코팅철망 T=7.0cm 경암	PVC코팅철망 T=10.0cm 경암	PVC코팅철망 T=15.0cm 경암	비고
1. 천연섬유네트														
천연섬유네트	ø5×30×30mm	㎡	-	-	-	1.2	1.2	1.2	-	-	-	-	-	
고 정 핀	L=200mm	개	-	-	-	1.0	1.0	1.0	-	-	-	-	-	
품	작업반장	인	-	-	-	0.002	0.002	0.002	-	-	-	-	-	
품	특별인부	〃	-	-	-	0.011	0.011	0.011	-	-	-	-	-	
품	보통인부	〃	-	-	-	0.01	0.01	0.01	-	-	-	-	-	
2. PVC코팅철망														
2-1. 앙카핀 및 착지핀 홀천공														
발 전 기	50kW	hr	-	-	-	-	-	-	0.013	0.013	0.013	0.013		
핸드드릴 및 비트손료	인건비의 2.5%	식	-	-	-	-	-	-	1.0	1.0	1.0	1.0		
품	착암공	인	-	-	-	-	-	-	0.008	0.008	0.008	0.008		
품	보통인부	〃	-	-	-	-	-	-	0.008	0.008	0.008	0.008		
2-2. 앙카핀 및 착지핀 설치														
앙 카 핀	ø16, L=350	개	-	-	-	-	-	-	0.23	0.23	0.23	0.23		
착 지 핀	ø16, L=300	〃	-	-	-	-	-	-	0.5	0.5	0.5	0.5		
품	특별인부	인	-	-	-	-	-	-	0.003	0.003	0.003	0.003		
품	보통인부	〃	-	-	-	-	-	-	0.003	0.003	0.003	0.003		
2-3. 부착망 설치														
P V C 코팅철망	#10, 58×58 PVC코팅	㎡	-	-	-	-	-	-	1.3	1.3	1.3	1.3		
P V C 코팅철선	#8, PVC코팅	m	-	-	-	-	-	-	1.3	1.3	1.3	1.3		
품	작업반장	인	-	-	-	-	-	-	0.0025	0.0025	0.0025	0.0025		
품	특별인부	〃	-	-	-	-	-	-	0.008	0.008	0.008	0.008		
품	보통인부	〃	-	-	-	-	-	-	0.009	0.009	0.009	0.009		

참고자료

3. 취부공

공 종	규 격	단위	T=0.5cm 무망적용 쌓기부 토사	T=0.7cm 무망적용 쌓기부 토사	T=1.0cm 무망적용 쌓기부 토사	T=2.0cm 무망적용 쌓기부 토사	T=2.0cm 천연섬유네트 쌓기부/깎기부 토사	T=3.0cm 천연섬유네트 깎기 부토사	T=5.0cm PVC코팅철망 리핑암	T=5.0cm PVC코팅철망 연암	T=7.0cm PVC코팅철망 경암	T=10.0cm PVC코팅철망 경암	T=15.0cm PVC코팅철망 경암	비고
식생기반재	Soil Fiber	m³	0.0055	0.0077	0.0110	0.0220	0.0220	0.0330	0.0550	0.0550	0.0770	0.1100	0.1650	
혼합종자	초본위주형	g	25.0	25.0	25.0	30.0	30.0	40.0	70.0	70.0	80.0	80.0	80.0	
공기압축기	21m³/min	hr	-	-	-	-	-	0.03300	0.03300	0.04820	0.05510	0.08260		
발전기	50kW	〃	-	-	-	-	-	0.03300	0.03300	0.04820	0.05510	0.08260		
트럭탑재형크레인	5ton	〃	0.01350	0.01900	0.02500	0.03500	0.03500	0.04500	0.04120	0.04120	0.05780	0.06870	0.10300	
물탱크	5,500ℓ	〃	0.01350	0.01900	0.02500	0.03500	0.03500	0.04500	0.03300	0.03300	0.04820	0.05510	0.08260	
덤프트럭	6ton	〃	0.01350	0.01900	0.02500	0.03500	0.03500	0.04500	0.04120	0.04120	0.05780	0.06870	0.10300	
품	작업반장	인	0.00070	0.00100	0.00200	0.00300	0.00300	0.00400	0.00480	0.00480	0.00710	0.00810	0.01210	
품	특별인부	〃	0.00140	0.00200	0.00300	0.00400	0.00400	0.00500	0.01670	0.01670	0.02440	0.02790	0.04180	
품	기계설비공	〃	0.00140	0.00200	0.00300	0.00400	0.00400	0.00500	0.00390	0.00390	0.00600	0.00660	0.00990	
품	보통인부	〃	0.00280	0.00400	0.00500	0.00500	0.00500	0.00600	0.03080	0.03080	0.04150	0.05140	0.07710	
취부기	25HP(18.65kW)	hr	0.01420	0.02000	0.03000	0.04000	0.04000	0.05000	0.03300	0.03300	0.04820	0.05510	0.08260	

[주] ① 본 공법은 [특허 제1294244호] "식물 섬유를 이용한 녹화재 조성물, 그 제조방법 및 이를 이용한 녹화시공방법"에 의해 특수 제조된 토양으로 재료 할증 10%가 포함됨.
② 면고르기 별도 계상한다.
③ 잡재료비는 재료비의 3%를 별도 계상한다.
④ 공구손료는 인건비의 2%를 별도 계상한다.
⑤ 상기 시공 두께는 취부직후의 평균 두께를 기준으로 한다.

소일화이바(Soil Fiber) 공법 천연섬유네트, 식생기반재, 조경식재

주식회사 창조조경개발

경상북도 영주시 구성로 210, 3층(휴천동) TEL : 054-638-5167 FAX : 054-638-6572

참고자료

■ 비탈면 토양 조성물 및 이를 이용한 시공방법(특허 제10-1951824호)
· Greenpol-EM 생태복원공법

(㎡ 당)

구 분				성토부	절토부			
품 명		규 격	단위	1:1.2 이상 일반 토사 S	1:1.2 이상 일반 토사 T=1cm	1:1.2 내외 경질 토사 T=2cm	1:1.0 내외 풍화토 T=3cm	1:1.0 내외 풍화암 (리핑암) T=5cm
1. 자재								
표면 안정 보조재	코이어네트	ø3~6, 20×20	㎡	-	(1.2)	(1.2)	(1.2)	(1.2)
	고 정 핀	L=200~300mm	개	-	(1.0)	(1.0)	(1.0)	(1.0)
	잡 재 료 비	재료비의 3%	식	-	(1.0)	(1.0)	(1.0)	(1.0)
GP-EM토 취부	유용미생물(EM)	-	ℓ	0.005	0.010	0.020	0.030	-
	GP-EM토	식생기반재	㎥	0.006	0.013	0.026	0.039	0.055
	그린폴장섬유	폴리프로필렌	g	-	-	-	30.0	50.0
	피복양생제	Fiber	〃	40.0	-	-	-	-
	침식안정제	C.M.C	〃	5.0	-	-	-	-
	혼 합 종 자	생태복원용	〃	25.0	25.0	25.0	40.0	60.0
	잡 재 료 비	재료비의 3%	식	1.0	1.0	1.0	1.0	1.0
2. 노무								
보조재 설치	작 업 반 장	-	인	-	(0.001)	(0.001)	(0.001)	(0.001)
	특 별 인 부	-	〃	-	(0.010)	(0.010)	(0.010)	(0.010)
	보 통 인 부	-	〃	-	(0.015)	(0.015)	(0.015)	(0.015)
	공 구 손 료	노무비의 2%	식	-	1.0	1.0	1.0	1.0
취부공	작 업 반 장	-	인	0.001	0.002	0.002	0.002	0.003
	특 별 인 부	-	〃	0.003	0.005	0.010	0.013	0.016
	기 계 공	-	〃	-	-	-	-	0.003
	보 통 인 부	-	〃	0.011	0.015	0.016	0.018	0.020
	공 구 손 료	노무비의 2%	식	1.0	1.0	1.0	1.0	1.0

자연을 사랑하는 사람들이 만든 친환경 녹화공법 GREENPOL 생태복원공법

토양고착제를 이용한 척박지 녹화의 선구자
EUNKANG GREENPOL ㈜은강조경산업

1. 발명특허 제 10-0359315호 : 비탈면 녹화용 토양고착제 및 그 제조방법
2. 발명특허 제 10-0359316호 : 비탈면보호식재용 조성물 및 식재공법
3. 발명특허 제 10-1951824호 : 비탈면 토양 조성물 및 이를 이용한 시공방법

본 사 : 서울시 강동구 성내로70 미주상가 202-1호
TEL : 02-412-7146 FAX : 02-412-7147

3. 장 비

취부공	종 자 살 포 기	EK-1	hr	0.010	0.015	0.024	0.036	-
	취 부 기	25ℓ	〃	-	-	-	-	0.035
	실 사 출 기	4노즐	〃	-	-	-	0.025	0.030
	공 기 압 축 기	21㎥/min	〃	-	-	-	-	0.035
	발 전 기	50kW	〃	-	-	-	-	0.035
	물 탱 크	5500ℓ	〃	0.005	0.010	0.018	0.025	0.035
	트럭탑재형크레인	5ton	〃	0.010	0.015	0.024	0.036	0.045
	덤 프 트 럭	6ton	〃	0.005	0.010	0.018	0.025	0.035

[주] ① Grenpol-EM 생태복원공법은 유용미생물(EM)을 이용한 리사이클 녹화공법으로 특허10-1951824호에 의해 제조된 친환경자재 GP-EM토를 사용하여 생태복원을 주목적으로 하는 친환경공법이다.
② GP-EM토는 인위적으로 조성된 절·성토지역에 식물발아에 필요한 양분을 공급하는 생태복원용 식생기반재이다.
③ 유용미생물(EM)은 토양 또는 뿌리 전염 병해에 대한 생물학적 방제 효과, 미생물이 분비하는 생장촉진 호르몬을 포함한 각종 영양물질과 생리활성 물질의 이용, 양수분 흡수 촉진 등으로 식물의 생장이 촉진되는데 영향을 준다.
④ 본 품은 재료 할증이 포함된 것이고, 면고르기 품은 별도 계상한다.
⑤ 수직고 높이가 20m 이상인 경우에는 아래와 같은 기준에 따라 인력할증을 계상한다.

수 직 고	20~30m 미만	30~50m 미만	50m 이상
할 증 율(%)	20	30	40

⑥ 시공두께 적용기준 : 시공두께는 절개지역의 경사, 토질 및 암질에 따라 구분, 적용한다.

[시공두께 적용기준]

구 분	시공두께	적용대상지역	비 고
성·절토부	T=1cm	기울기 1:1.2 이상 일반토사지역	
절 토 부	T=2cm	기울기 1:1.2 내외 경질토사지역	
	T=3cm	기울기 1:1.0 내외 풍화토지역	고사점토 및 자갈이 약간 혼재된 지역
	T=5cm	기울기 1:1.0 내외 풍화암(리핑암)지역	호박돌이 약간 혼재된 지역

⑦ 종자사용량은 국토부「도로비탈면 녹화공사 설계 및 시공지침」에 준용하며, 현장여건에 따라 조정하여 사용할 수 있다.

비탈면 토양 조성물 및 이를 이용한 시공방법(특허 제10-1951824호)

· Greenpol-EM 암절개면 생태복원공법

(㎡ 당)

구 분			절토부			
			1:0.7 이상	1:0.7 내외		1:0.5 내외
품 명	규 격	단 위	풍화암 (리핑암)	연암 보통암	경암	숏크리트사면
			T=5cm	T=7cm	T=10cm	T=15cm
1. 앵커핀 및 착지핀 홀천공						
발 전 기	50kW	hr	0.017	0.019	0.019	0.026
착 암 공	-	인	0.010	0.011	0.011	0.014
보 통 인 부	-	〃	0.010	0.011	0.011	0.014
2. 앵커핀 및 착지핀 설치						
앙 카 핀	ø16, L=0.3m	개	0.11	0.23	0.25	0.46
착 지 핀	ø16, L=0.2m	〃	0.5	0.5	0.5	0.5
특 별 인 부	-	인	0.002	0.003	0.003	0.004
보 통 인 부	-	〃	0.002	0.003	0.003	0.004
3. 부착망 설치						
부 착 망	#10, 58×58 PVC코팅	㎡	1.3	1.3	1.3	1.3
철 선	#8 PVC코팅	m	1.3	1.3	1.3	1.7
작 업 반 장	-	인	0.005	0.005	0.005	0.005
특 별 인 부	-	〃	0.010	0.010	0.012	0.015
보 통 인 부	-	〃	0.010	0.010	0.012	0.015
4. 취부공						
GP-EM토	식생기반재	㎡	0.055	0.077	0.110	0.165
혼 합 종 자	생태복원용	g	60.0	80.0	90.0	120.0
취 부 기	25ℓ	hr	0.035	0.045	0.060	0.080
공 기 압 축 기	21㎥/min	〃	0.035	0.045	0.060	0.080
발 전 기	50kW	〃	0.035	0.045	0.060	0.080
물 탱 크	5500ℓ	〃	0.035	0.045	0.060	0.080
트럭탑재형크레인	5ton	〃	0.045	0.055	0.070	0.100
덤 프 트 럭	6ton	〃	0.035	0.045	0.060	0.080
작 업 반 장	-	인	0.003	0.004	0.005	0.011
특 별 인 부	-	〃	0.016	0.022	0.025	0.035
기 계 공	-	〃	0.003	0.004	0.005	0.011
보 통 인 부	-	〃	0.020	0.025	0.030	0.035

자연을 사랑하는 사람들이 만든 친환경 녹화공법 GREENPOL 생태복원공법

EUNKANG GREENPOL

토양고착제를 이용한 척박지 녹화의 선구자

㈜ 은 강 조 경 산 업

1. 발명특허 제 10-0359315호 : 비탈면 녹화용 토양고착제 및 그 제조방법
2. 발명특허 제 10-0359316호 : 비탈면보호재용 조성물 및 식재공법
3. 발명특허 제 10-1951824호 : 비탈면 토양 조성물 및 이를 이용한 시공방법

본 사 : 서울시 강동구 성내로70 미주상가 202-1호
TEL : 02-412-7146 FAX : 02-412-7147

○ 참고자료

[주] ① Grenpol-EM 생태복원공법은 유용미생물(EM)을 이용한 리사이클 녹화공법으로 특허10-1951824호에 의해 제조된 친환경자재 GP-EM토를 사용하여 생태복원을 주목적으로 하는 친환경공법이다.
② GP-EM토는 인위적으로 조성된 절·성토지역에 식물발아에 필요한 양분을 공급하는 생태복원용 식생기반재이다.
③ 유용미생물(EM)은 토양 또는 뿌리 전염 병해에 대한 생물학적 방제 효과, 미생물이 분비하는 생장촉진 호르몬을 포함한 각종 영영물질과 생리활성 물질의 이용, 양수분 흡수 촉진 등으로 식물의 생장이 촉진되는데 영향을 준다.
④ 잡재료비는 재료비의 3%, 공구손료는 노무비의 2%를 계상한다.
⑤ 본 품은 재료 할증이 포함된 것이고, 면고르기 품은 별도 계상한다.
⑥ 수직고 높이가 20m 이상인 경우에는 아래와 같은 기준에 따라 인력할증을 계상한다.

수 직 고	20~30m 미만	30~50m 미만	50m 이상
할 증 율(%)	20	30	40

⑦ 시공두께 적용기준 : 시공두께는 절개지역의 경사, 토질 및 암질에 따라 구분, 적용한다.

[시공두께 적용기준]

구 분	시공두께	적용대상지역	비 고
절 토 부	T= 5cm	기울기 1:0.7 이상 풍화암(리핑암)지역	풍화암 및 리핑암이 혼재된 지역
	T= 7cm	기울기 1:0.7 내외 연암, 보통암지역	풍화암, 연암이 약간 혼재된 지역
	T=10cm	기울기 1:0.7 내외 보통암, 경암지역	경암 또는 절리가 발달된 보통암
	T=15cm	기울기 1:0.5 내외 숏크리트사면	구배가 1:0.5보다 급한지역은 식생불량

⑧ 종자사용량은 국토부 「도로비탈면 녹화공사 설계 및 시공지침」에 준용하며, 현장여건에 따라 조정하여 사용할 수 있다.

자연을 사랑하는 사람들이 만든 친환경 녹화공법   GREENPOL 생태복원공법

토양고착제를 이용한 척박지 녹화의 선구자
㈜ 은 강 조 경 산 업

1. 발명특허 제 10-0359315호 : 비탈면 녹화용 토양고착제 및 그 제조방법
2. 발명특허 제 10-0359316호 : 비탈면보호식재용 조성물 및 식재공법
3. 발명특허 제 10-1951824호 : 비탈면 토양 조성물 및 이를 이용한 시공방법

본 사 : 서울시 강동구 성내로70 미주상가 202-1호
TEL : 02-412-7146   FAX : 02-412-7147

비탈면보호식재용 조성물 및 식재공법(특허 제10-0359316호)

- Greenpol 생태복원공법

(㎡ 당)

구 분				성토부	절토부			
				1:1.2 이상	1:1.2 이상	1:1.2 내외	1:1.0 내외	
품 명		규 격	단위	일반토사	일반토사	경질토사	풍화토	풍화암(리핑암)
				S	T=1cm	T=2cm	T=3cm	T=5cm
1. 자 재								
표면안정보조재	코이어네트	ø3~6, 20×20	㎡	-	(1.2)	(1.2)	(1.2)	1.2
	결 속 선	#20, 0.9mm	kg	-	(0.005)	(0.005)	(0.005)	0.005
	고 정 핀	L=200~300mm	개	-	(1.0)	(1.0)	(1.0)	1.0
	잡 재 료 비	재료비의 3%	식	-	(1.0)	(1.0)	(1.0)	1.0
GP토취부	Greenpol	-	ℓ	0.6	1.2	1.2	1.5	-
	GP토	식생기반재	㎥	0.006	0.013	0.026	0.039	0.055
	그린폴장섬유	폴리프로필렌	g	-	-	-	30.0	50.0
	피복양생제	FIBER	〃	40.0				
	침식안정제	C.M.C	〃	5.0				
	혼합종자	생태복원용	〃	25.0	25.0	25.0	40.0	60.0
	잡 재 료 비	재료비의 3%	식	1.0	1.0	1.0	1.0	1.0
2. 노 무								
보조재설치	작업반장	-	인	-	(0.001)	(0.001)	(0.001)	(0.001)
	특별인부	-	〃	-	(0.010)	(0.010)	(0.010)	(0.010)
	보통인부	-	〃	-	(0.015)	(0.015)	(0.015)	(0.015)
	공구손료	노무비의 2%	식	-	1.0	1.0	1.0	1.0
취부공	작업반장	-	인	0.001	0.002	0.002	0.002	0.003
	특별인부	-	〃	0.002	0.004	0.008	0.010	0.016
	기계공	-	〃	-	-	-	-	0.003
	보통인부	-	〃	0.003	0.006	0.012	0.012	0.020
	공구손료	노무비의 2%	식	1.0	1.0	1.0	1.0	1.0

자연을 사랑하는 사람들이 만든 친환경 녹화공법 **GREENPOL 생태복원공법**

토양고착제를 이용한 척박지 녹화의 선구자

㈜ 은 강 조 경 산 업

1. 발명특허 제10-0359315호 : 비탈면 녹화용 토양고착제 및 그 제조방법
2. 발명특허 제10-0359316호 : 비탈면보호식재용 조성물 및 식재공법
3. 발명특허 제10-1951824호 : 비탈면 토양 조성물 및 이를 이용한 시공방법

본 사 : 서울시 강동구 성내로70 미주상가 202-1호
TEL : 02-412-7146   FAX : 02-412-7147

3. 장 비

	종 자 살 포 기	EK-1	hr	0.006	0.012	0.024	0.036	-
	취 부 기	25ℓ	〃	-	-	-	-	0.035
	실 사 출 기	4노즐	〃	-	-	-	0.018	0.030
취부공	공 기 압 축 기	21㎥/min	〃	-	-	-	-	0.035
	발 전 기	50kW	〃	-	-	-	-	0.035
	물 탱 크	5500ℓ	〃	0.003	0.006	0.012	0.018	0.035
	트럭탑재형크레인	5ton	〃	0.004	0.008	0.016	0.024	0.045
	덤 프 트 럭	6ton	〃	0.003	0.006	0.012	0.018	0.035

[주] ① 본 공법은 토양고착제(Greenpol)가 함유된 친환경자재 GP토를 사용하여 생태복원을 주목적으로 하는 친환경 공법이다.
② GP토는 인위적으로 조성된 절·성토지역에 식물발아에 필요한 양분을 공급하는 생태복원용 식생기반재이다.
③ 본 품은 재료 할증이 포함된 것이고, 면고르기 품은 별도 계상한다.
④ 수직고 높이가 20m 이상인 경우에는 아래와 같은 기준에 따라 인력할증을 계상한다.

수 직 고	20~30m 미만	30~50m 미만	50m 이상
할 증 율(%)	20	30	40

⑤ 시공두께 적용기준 : 시공두께는 절개지역의 경사, 토질 및 암질에 따라 구분, 적용한다.

[시공두께 적용기준]

구 분	시공두께	적용대상지역	비 고
성·절토부	T=1cm	기울기 1:1.2 이상 일반토사지역	
절 토 부	T=2cm	기울기 1:1.2 내외 경질토사지역	
	T=3cm	기울기 1:1.0 내외 풍화토지역	고사점토 및 자갈이 약간 혼재된 지역
	T=5cm	기울기 1:1.0 내외 풍화암(리핑암)지역	호박돌이 약간 혼재된 지역

⑥ 비탈면 상태(기울기, 표면요철, 표층안정성)에 따라 표면안정보조재(코이어네트, PE망 등)를 품에 별도 계상하여 선택, 사용할 수 있다.
⑦ 종자사용량은 국토부「도로비탈면 녹화공시 설계 및 시공지침」에 준용하며, 현장여건에 따라 조정하여 사용할 수 있다.

○ 참고자료

■ 비탈면보호식재용 조성물 및 식재공법(특허 제10-0359316호)
  · Greenpol 암절개면 생태복원공법

(㎡ 당)

구 분			절토부			
품 명	규 격	단위	1:0.7 이상 풍화암 (리핑암) T=5cm	1:0.7 내외 연암 보통암 T=7cm	1:0.7 내외 경암 T=10cm	1:0.5 내외 숏크리트사면 T=15cm
1. 앵커핀 및 착지핀 홀천공						
발 전 기	50kW	hr	0.017	0.019	0.019	0.026
착 암 공	-	인	0.010	0.011	0.011	0.014
보 통 인 부	-	〃	0.010	0.011	0.011	0.014
2. 앵커핀 및 착지핀 설치						
앵 카 핀	ø16, L=0.3m	개	0.11	0.23	0.25	0.46
착 지 핀	ø16, L=0.2m	〃	0.5	0.5	0.5	0.5
특 별 인 부	-	인	0.002	0.003	0.003	0.004
보 통 인 부	-	〃	0.002	0.003	0.003	0.004
3. 부착망 설치						
부 착 망	#10, 58×58 PVC코팅	㎡	1.3	1.3	1.3	1.3
철 선	#8 PVC코팅	m	1.3	1.3	1.3	1.7
작 업 반 장	-	인	0.005	0.005	0.005	0.005
특 별 인 부	-	〃	0.010	0.010	0.012	0.015
보 통 인 부	-	〃	0.010	0.010	0.012	0.015
4. 취부공						
Greenpol+GP토	식생기반재	㎡	0.055	0.077	0.110	0.165
혼 합 종 자	생태복원용	g	60.0	80.0	90.0	120.0
취 부 기	25ℓ	hr	0.035	0.045	0.060	0.080
공 기 압 축 기	21㎥/min	〃	0.035	0.045	0.060	0.080
발 전 기	50kW	〃	0.035	0.045	0.060	0.080
물 탱 크	5500ℓ	〃	0.035	0.045	0.060	0.080
트럭탑재형크레인	5ton	〃	0.045	0.055	0.070	0.100
덤 프 트 럭	6ton	〃	0.035	0.045	0.060	0.080
작 업 반 장	-	인	0.003	0.004	0.005	0.011
특 별 인 부	-	〃	0.016	0.022	0.025	0.035
기 계 공	-	〃	0.003	0.004	0.005	0.011
보 통 인 부	-	〃	0.020	0.025	0.030	0.035

자연을 사랑하는 사람들이 만든 친환경 녹화공법 GREENPOL 생태복원공법

토양고착제를 이용한 척박지 녹화의 선구자
(주)은 강 조 경 산 업

1. 발명특허 제 10-0359315호 : 비탈면 녹화용 토양고착제 및 그 제조방법
2. 발명특허 제 10-0359316호 : 비탈면보호식재용 조성물 및 식재공법
3. 발명특허 제 10-1951824호 : 비탈면 토양 조성물 및 이를 이용한 시공방법

본 사 : 서울시 강동구 성내로70 미주상가 202-1호
TEL : 02-412-7146   FAX : 02-412-7147

[주] ① 본 공법은 토양고착제(Greenpol)가 함유된 친환경자재 GP토를 사용하여 생태복원을 주목적으로 하는 친환경 공법이다.
② GP토는 인위적으로 조성된 절·성토지역에 식물발아에 필요한 양분을 공급하는 생태복원용 식생기반재이다.
③ 잡재료비는 재료비의 3%, 공구손료는 노무비의 2%를 계상한다.
④ 본 품은 재료 할증이 포함된 것이고, 면고르기 품은 별도 계상한다.
⑤ 수직고 높이가 20m 이상인 경우에는 아래와 같은 기준에 따라 인력할증을 계상한다.

수 직 고	20~30m 미만	30~50m 미만	50m 이상
할 증 율(%)	20	30	40

⑥ 시공두께 적용기준 : 시공두께는 절개지역의 경사, 토질 및 암질에 따라 구분, 적용한다.

[시공두께 적용기준]

구 분	시공두께	적용대상지역	비 고
절 토 부	T= 5cm	기울기 1:0.7 이상 풍화암(리핑암)지역	풍화암 및 리핑암이 혼재된 지역
	T= 7cm	기울기 1:0.7 내외 연암, 보통암지역	풍화암, 연암이 약간 혼재된 지역
	T=10cm	기울기 1:0.7 내외 보통암, 경암지역	경암 또는 절리가 발달된 보통암
	T=15cm	기울기 1:0.5 내외 숏크리트사면	구배가 1:0.5보다 급한지역은 식생불량

⑦ 종자사용량은 국토부 「도로비탈면 녹화공사 설계 및 시공지침」에 준용하며, 현장여건에 따라 조정하여 사용할 수 있다.

■ 비탈면보호식재용 조성물 및 식재공법(특허 제10-0359316호)

· Greenpol Seed 거적덮기공

(㎡ 당)

공종	거적덮기시공				Greenpol Seed Spray							품		
품목	거적	앵커핀	착지핀	황마끈	품	GP토	그린폴	종자	비료	트럭탑재형크레인	덤프트럭	종자살포기	물탱크	품		
규격	100×100cm	L=200~300	L=200~300	4mm	보통인부	습식토양	토양고착제	야생혼합	복합비료	5 ton	6 ton	습식취부기	5500 ℓ	작업반장	특별인부	보통인부
단위	㎡	개	개	m	인	㎡	ℓ	g	kg	hr	hr	hr	인	인	인
수량	1.2	0.6	0.5	1.5	0.0075	0.0005	0.06	20	0.1	0.003	0.003	0.006	0.004	0.001	0.002	0.006

■ AGRON 환경복원 및 사면보강시스템

1. 취부공

(㎡)

공 종	규 격	단위	수량 T=5cm	수량 T=10cm	공 종	규 격	단위	수량 T=5cm	수량 T=10cm
AGRON 보강안정제	혼합비5%	kg	4.8	9.6	덤 프 트 럭	6ton	hr	0.04	0.08
보강안정 SOIL	-	㎥	0.06	0.12	작 업 반 장	-	인	0.004	0.008
취 부 기	18.65kW	hr	0.04	0.08	특 별 인 부	-	〃	0.0175	0.035
공 기 압 축 기	이동식, 21㎥/min	〃	0.04	0.08	기 계 설 비 공	-	〃	0.004	0.008
발 전 기	50kW	〃	0.04	0.08	보 통 인 부	-	〃	0.035	0.07
트럭탑재형크레인	5ton	〃	0.045	0.09	기 구 손 료	노무비의2%	식	1	1
물 탱 크	5,500ℓ	〃	0.04	0.08					

[주] ① 본 공법은 친환경 무기질재료를 이용한 사면보강안정공법으로 절·성토 사면의 안정 및 붕괴지나 탈락 또는 풍화현상으로 인한 사면유실진행지역에 적용 가능하다.
② 면고르기 품은 적용되지 않았으며 별도 계상한다.
③ 고압취부 시 철망 설치를 원칙으로하고 현장여건에 따라 철근, 배수Pipe 등을 별도 계상할 수 있다.
④ 토질 및 사면의 상태에 따라 AGRON 사면보강안정제의 혼합비는 5%, 7%로 차등 적용할 수 있다.
⑤ 재료비는 20% 할증이 포함된 상태이며 추가 할증 계상할 수 있다.
⑥ 현장여건에 따른 사면보강두께 조정 시 위품을 준용하여 할증 계상할 수 있다.
⑦ 시공순서 면고르기-부착망설치-사면보강, 산림토녹화공
⑧ 시공두께가 10cm 초과 시 본 품의 비례산출한다.

■ AGRON SOIL(산림토) 녹화공

1. 부착망 설치공

(㎡)

구 분		적 용	재료비						노무비			기계경비		비고
			앙카핀	착지핀	고정핀	철선	부착망	천연섬유망	잡재료비	특별인부	보통인부	공구손료	발전기	트럭탑재형크레인	
			ø16 0.5m (개)	ø16 0.35m (개)	ø16 0.25m (개)	#8 PVC코팅 (m)	철망 ø2.3 58×58 (㎡)	섬유망 ø4~5× 50×50 (㎡)	재료비의 (%)	(인)	(인)	노무비의 (%)	50kW (hr)	5ton (hr)	
철 망	T=5cm~T=10cm		0.23	0.5	-	1.3	1.3	-	3	0.027	0.007	2	0.023	0.005	
	T=15cm		0.46	0.5	-	1.7	1.3	-	3	0.031	0.009	2	0.031	0.005	
천 연 섬유망	T=3cm T=5cm		-	-	0.4	-	-	1.2	3	0.008	0.012	2	-	-	

[주] ① T=5.0cm의 경우 1:1보다 완만한 경사는 천연섬유망, 1:1보다 급경사에는 철망설치를 원칙으로 한다.
② 시공두께 15cm 초과 시 본 품의 비례산출한다.

2. 취부공

(㎡)

공종		규격	단위	T=1.0cm 무망	T=3.0cm 섬유망	T=5.0cm 철망	T=7.0cm 철망	T=10.0cm 철망	T=12.0cm 철망	T=15.0cm 철망
1. 재료비	AGRON SOIL 식생기반재	식생기반조성 배합토양	㎥	0.011	0.033	0.055	0.077	0.11	0.132	0.165
	AGRON R	녹화토양안정단립 침식방지보습제	kg	0.22	0.66	1.1	1.54	2.2	2.64	3.3
	종자	생태복원 혼합종자	〃	0.015	0.025	0.05	0.05	0.07	0.1	0.12
2. 기계경비	취부기	11.94kW	hr	0.028	0.033	0.04	0.048	0.062	0.068	0.072
	공기압축기	17㎥/min	〃	0.028	0.033	0.04	0.048	0.062	0.068	0.072
	발전기	50kW	〃	0.028	0.033	0.04	0.048	0.062	0.068	0.072
	트럭탑재형크레인	5ton	〃	0.03	0.036	0.044	0.053	0.069	0.072	0.079
	물탱크	5,500ℓ	〃	0.028	0.033	0.04	0.048	0.062	0.068	0.072
	덤프트럭	6ton	〃	0.028	0.033	0.04	0.048	0.062	0.068	0.072
3. 노무비	작업반장	-	인	0.002	0.003	0.004	0.005	0.006	0.007	0.009
	특별인부	취부공	〃	0.013	0.014	0.015	0.017	0.023	0.026	0.032
	보통인부	-	〃	0.012	0.016	0.022	0.03	0.041	0.056	0.062
	기계설비공		〃	0.002	0.003	0.004	0.005	0.006	0.007	0.009

[주] ① 본 공법은 천연의 산림표층토와 유사한 연질의 식생기반을 조성하여 식생 전 강우등에 의한 세굴에 강한 특성을 가지는 친환경적인 생태복원 녹화공법이다.
② 면고르기 품은 적용되지 않았으며 별도 계상한다.
③ 재료비는 할증이 포함된 상태이며 7~10T의 경우, 암반굴곡부를 감안하여 추가 할증계상할 수 있다.
④ 잡재료비는 재료비의 3%, 공구손료는 인력품의 2%를 계상한다.
⑤ 수직고의 높이가 20m 이상인 경우에는 인력품에 다음의 할증률을 가산한다.
⑥ 시공두께가 15㎝ 초과 시 본 품의 비례 산출한다.

수직고	20~30m 미만	30m 이상~50m 미만	50m 이상
할증(%)	20	30	40

■ REG 친환경복원 녹화공법 (REG : Rare Earth and go Green)

품명	규격	단위	REG0.5	REG1	REG2	REG3	REG5	REG7	REG10	REG15
			1:1.2~1:1.8			1:0.8~1:1		1:0.5~1:0.7		
			토사			토사, 리핑암		리핑암, 발파암		
			T=0.5cm	T=1cm	T=2cm	T=3cm	T=5cm	T=7cm	T=10cm	T=15cm
1. 자재										
천연섬유망	ø3~5 2×20m	㎡	-	-	-	1.2	1.2	-	-	-
고 정 핀	L200(S/T)	개	-	-	-	0.5	0.5	-	-	-
부 착 망	#10 58, PVC코팅	㎡	-	-	-	-	-	1.3	1.3	1.3
철 선	#8, PVC코팅	m	-	-	-	-	-	1.3	1.3	1.7
착 지 핀	ø16, 0.35m	개	-	-	-	-	-	0.5	0.5	0.5
앵 커 핀	ø16, 0.5m	〃	-	-	-	-	-	0.23	0.23	0.46
REG식생기반재	-	ℓ	5.5	11	22	33	55	77	110	165
REG생육제	액상	㎖	1.375	2.75	5.5	8.25	13.75	-	-	-
REG생육제	입상	kg	-	-	-	-	-	0.007	0.010	0.015
입단형성제	토양구조형성제	g	1	2	4	6	10	-	-	-
혼합종자	생태복원형*	〃	25	25	25	30	60	90	120	150
2. 망설치										
발 전 기	50㎾	시간	-	-	-	-	-	0.023	0.023	0.031
크 레 인	5ton	〃	-	-	-	-	-	0.005	0.005	0.005
특별인부	-	인	-	-	-	0.008	0.008	0.027	0.027	0.031
보통인부	-	〃	-	-	-	0.012	0.012	0.007	0.007	0.009

○ 참고자료

구분			REG0.5	REG1	REG2	REG3	REG5	REG7	REG10	REG15
품명	규격	단위	1:1.2~1:1.8			1:0.8~1:1			1:0.5~1:0.7	
			토사			토사, 리핑암			리핑암, 발파암	
			T=0.5cm	T=1cm	T=2cm	T=3cm	T=5cm	T=7cm	T=10cm	T=15cm

3. 뿜어붙이기

품명	규격	단위	REG0.5	REG1	REG2	REG3	REG5	REG7	REG10	REG15
취 부 기	18.65kW	시간	0.008	0.016	0.028	0.036	0.044	0.052	0.060	0.076
공 기 압 축 기	21㎥/min	〃	0.008	0.016	0.028	0.036	0.044	0.052	0.060	0.076
발 전 기	50kW	〃	0.008	0.016	0.028	0.036	0.044	0.052	0.060	0.076
트럭탑재크레인	5ton	〃	0.008	0.016	0.028	0.036	0.044	0.052	0.060	0.076
물 탱 크	5500ℓ	〃	0.008	0.016	0.028	0.036	0.044	0.052	0.060	0.076
덤 프 트 럭	6ton	〃	0.008	0.016	0.028	0.036	0.044	0.052	0.060	0.076
조 경 공	-	인	0.001	0.002	0.004	0.005	0.006	0.007	0.008	0.010
기 계 설 비 공	-	〃	0.001	0.002	0.004	0.005	0.006	0.007	0.008	0.010
특 별 인 부	-	〃	0.002	0.004	0.007	0.009	0.011	0.013	0.015	0.019
보 통 인 부	-	〃	0.002	0.004	0.007	0.009	0.010	0.012	0.014	0.018

[주] ① 본 공법은 친환경 조경자재를 사용한 생태복원을 주목적으로 하는 친환경 공법이다.
② 본 품은 재료 할증을 포함한 것이며, 비탈면 고르기 품은 별도 계상한다.
③ 수직고가 20m 이상인 경우에는 다음과 같은 기준에 따라 인력을 할증한다.

수직고	20~30m 미만	30~50m 미만	50m 이상
할증률 (%)	20	30	40

④ 잡재료비는 재료비의 3%, 공구손료는 인력품의 2%로 계상한다.
⑤ 천연섬유망 및 부착망은 토질이나 경사도에 따라 황마 또는 얇은 철망으로 대체할 수 있다.
⑥ 복원 목표에 따라 혼합종자는 3기지(조기녹화형, 생태복원형, 경관형) 중 선택 가능하다.
⑦ 현장여건(토질, 토양경도, 구배, 향(向), 기후 등)을 종합적으로 고려하여 공법을 선정한다.

희토비료를 이용한 친환경 생태복원 녹화공법, REG공법!(특허10-1576988)

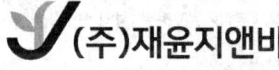

법면녹화 / 사면보강 / 조경공사 / 시설물유지관리
녹생토, 씨드스프레이, 거적덮기, 코아네트, REG친환경복원녹화공법, 숏크리트
락볼트, 네일링, 영구앵커, 판넬옹벽, 보링그라우팅, 조경식재공사
조경시설물설치공사, 시설물유지공사, 낙석보호망, 낙석방지책

본 사 : 경상남도 김해시 한림면 가동로 123
서울지사 : 서울시 서초구 마방로6길 8-37 제일빌딩 4층(양재동)
대구지사 : 대구광역시 남구 두류공원로 35(대명동)
TEL : 055-327-8287 / 8280   FAX : 055-327-8297
TEL : 02-3462-8287   FAX : 02-578-7002
TEL : 053-291-7128   FAX : 053-651-6401

■ 하천식생복원공법

1. 식생복원공법SCR, DK식생매트

(㎡당)

품 명	규 격	단위	SCR, T=1cm	SCR, T=2cm	DK 식생매트	비 고
1. 기반재 취부						
[재료비]						
PRS 기반재	토양섬유를 이용한 식생기반재	㎥	0.0030	0.0060	-	
DK 혼합종자	항온항습 혼합종자	kg	0.0250	0.0250	-	
[노무비]						
작업반장	취부공	인	0.0003	0.0006	-	
특별인부	〃	〃	0.0012	0.0024	-	
기계설비공	〃	〃	0.0003	0.0006	-	
보통인부	〃	〃	0.0015	0.0029	-	
[경비]						
물탱크	5,500ℓ	hr	0.0025	0.0047	-	
트럭탑재형크레인	5ton	〃	0.0025	0.0047	-	
덤프트럭	6ton	〃	0.0025	0.0047	-	
취부기	25hp	〃	0.0025	0.0047	-	
2. 기초망설치						
[재료비]						
SCR 씨줄네트	2m×20m/Roll	㎡	1.2000	-	-	
SCR 씨줄네트	2m×20m/Roll	〃	-	1.2000	-	
DK 식생매트	DK-T4㎜~T15㎜	㎡	-	-	1.2000	
굴삭기	0.6㎥	hr	-	-	0.031	
고정핀	T=220㎜	개	0.7500	0.7500	0.7500	
[노무비]						
작업반장	설치공	인	0.0020	0.0020	-	
특별인부	〃	〃	0.0110	0.0110	0.014	
보통인부	〃	〃	0.0100	0.0100	0.003	
굴삭기	0.6㎥	hr	-	-	0.031	
[경비]						
굴삭기	0.6㎥	hr	-	-	0.031	

[주] 식생복원공법SCR
① 본 공법은 저·고수호안 부위에 SCR씨줄네트와 PRS기반재를 취부하여 하천지반안정 및 침식방지 및 식생에 의한 고품질 녹화를 위한 친환경적 공법이다.
② 면고르기와 비탈면 정리비는 별도 계상한다.
③ 기초망 설치만 재료비의 3%로, 공구손료는 2%로 계상한다.

[주] DK식생매트
① 본 품은 식생매트를 인력과 장비(굴삭기)를 사용하여 설치하는 품으로 매트설치, 고정핀 설치 및 복토 품이 포함되어 있다.
② 본 품은 인력 흙고르기 품이 포함되어 있다.
③ 매트부설 이외 기타공종(종자살포, 잔디심기, 관수, 시비 등)는 별도 계상한다.
④ 공구손료 및 잡재료 비용은 별도 계상한다.

2. 자연식생복원공법PRS(무망)

○ 참고자료

품 명	규 격	단위	쌓기부 토사		깎기부 토사	
			1:1.2 이상	1:1.2 이하	1:1.1 이상	1:1.1 이하
			PRS Spray	T=1cm	T=1cm	T=2cm
[재료비]						
PRS 기반재	토양섬유를 이용한 상층 식생기반재	m³	0.0060	0.0110	0.0110	0.0220
DK 혼합종자	항온항습 혼합종자	kg	0.0300	0.0300	0.0300	0.0300
[노무비]						
작업반장	취부공	인	0.0006	0.0012	0.0012	0.0022
특별인부	〃	〃	0.0024	0.0047	0.0047	0.0089
기계설비공	〃	〃	0.0006	0.0012	0.0012	0.0022
보통인부	〃	〃	0.0029	0.0059	0.0059	0.0111
[경비]						
물탱크	5,500ℓ	hr	0.0047	0.0094	0.0094	0.0178
트럭탑재형크레인	5ton	〃	0.0047	0.0094	0.0094	0.0178
덤프트럭	6ton	〃	0.0047	0.0094	0.0094	0.0178
취부기	25hp	〃	0.0047	0.0094	0.0094	0.0178

[주] ① 본 공법은 PRS기반재, DK혼합종자를 이용하여 자연식생을 복원하는 친환경적인 공법이며, 절·성토 사면의 안정 및 침식방지와 식생에 의한 고품질 녹화를 위한 친환경적 공법이다.
② 먼지듣기와 유실지역 흙채움 및 비탈면 정리비는 별도 계상한다.
③ 본 품은 재료할증을 포함한 것이다.
④ 잡재료비는 재료비의 3%, 공구손료는 노무비의 2%를 계상한다.
⑤ 수직고 20m 이하에 준한다.
⑥ 수직고 20m 이상인 경우에는 노무비에 다음의 할증률을 가산한다.

수직고	20~30m 미만	30~50m 미만	50m 이상
할증률(%)	20	30	40

3. 자연식생복원공법PRS(유망)

(㎡당)

구 분	규 격	단위	풍화암, 리핑암			발파암		
			1:1.1 이상	1:1.0 이상	1:1.0 이하	1:1.0 이하	1:0.5 이상	1:0.5 이하
			T=2cm	T=3cm	T=5cm	T=5cm	T=7cm	T=10cm
			섬유망			능형망		
1.PRS기반재 취부								
[재료비]								
PRS 기반재	토양섬유를 이용한 상, 하층식생기반재	㎥	0.0220	0.0330	0.0550	0.0550	0.0770	0.1100
DK 혼합종자	항온항습 혼합종자	kg	0.0300	0.0300	0.0300	0.0300	0.0300	0.0300
[노무비]								
작업반장	취부공	인	0.0022	0.0033	0.0040	0.0040	0.0050	0.0070
특별인부	〃	〃	0.0089	0.0133	0.0080	0.0080	0.0100	0.0140
기계설비공	〃	〃	0.0022	0.0033	0.0040	0.0040	0.0050	0.0070
보통인부	〃	〃	0.0111	0.0167	0.0070	0.0070	0.0090	0.0120
[경비]								
물탱크	5,500ℓ	hr	0.0178	0.0267	0.0280	0.0280	0.0360	0.0510
공기압축기	21.0㎥/min	〃	0.0178	0.0267	0.0280	0.0280	0.0360	0.0510
발전기	50kW	〃	-	-	0.0280	0.0280	0.0360	0.0510
트럭탑재형크레인	5ton	〃	0.0178	0.0267	0.0280	0.0280	0.0360	0.0510
덤프트럭	6ton	〃	0.0178	0.0267	0.0280	0.0280	0.0360	0.0510
취부기	25hp	〃	0.0178	0.0267	0.0280	0.0280	0.0360	0.0510

구 분	규 격	단위	풍화암, 리핑암			발파암		
			1:1.1 이하 T=2cm	1:1.0 이상 T=3cm	1:1.0 이하 T=5cm	1:1.0 이상 T=5cm	1:0.5 이상 T=7cm	1:0.5 이하 T=10cm
			섬유망			능형망		
2. 기초망 설치								
[재료비]								
고정핀	T=220㎜	개	0.7500	0.7500	0.7500	-	-	-
천연섬유망	2m×20m/Roll	㎡	1.2000	1.2000	1.2000	-	-	-
PVC코팅망	# 8, 58×58	〃	-	-	-	1.3000	1.3000	1.3000
철선	# 8, PVC코팅	m	-	-	-	1.3000	1.3000	1.3000
앵커핀	ø16, L=500㎜	개	-	-	-	0.2300	0.2300	0.2300
착지핀	ø16, L=300㎜	〃	-	-	-	0.5000	0.5000	0.5000
[노무비]								
작업반장	취부공	인	0.0020	0.0020	0.0020	-	-	-
특별인부	〃	〃	0.0110	0.0110	0.0110	0.0270	0.0270	0.0270
보통인부	〃	〃	0.0100	0.0100	0.0100	0.0070	0.0070	0.0070
[경비]								
트럭탑재형크레인	5ton	hr	-	-	-	0.0050	0.0050	0.0050
발전기	50kW	〃	-	-	-	0.0230	0.0230	0.0230

[주] ① 본 공법은 본 공법은 PRS기반재, DK혼합종자를 이용한 상(보수력)·하층(보비력) 2층 취부공법이며, 절토(풍화, 리핑, 발파암)사면의 안정 및 침식방지와 식생에 의한 고품질 녹화를 위한 친환경적 공법이다.
② 면고르기와 유실지역 흙채움 및 비탈면 정리비는 별도 계상한다.
③ 본 품은 재료할증을 포함한 것이다.
④ 잡재료비는 재료비의 3%, 공구손료는 노무비의 2%를 계상한다.
⑤ 수직고 20m 이하에 준한다.
⑥ 수직고 20m 이상인 경우에는 노무비에 다음의 할증률을 가산한다.

수직고	20~30m 미만	30~50m 미만	50m 이상
할증률(%)	20	30	40

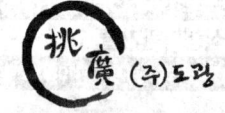

연속섬유보강토공법(GEOFIBER)
(건설신기술 제674호, 환경신기술 제285호, 특허 제10-0683960호, 특허 제10-1108002호, 특허 제10-1035264호)

○ 참고자료

구 분		규 격	단위	옹벽형 (㎥)	비탈면 보호형(㎡)								중기 운반 (회)
					토사부			암반부			하천 호안부		
					T=30cm	T=40cm	T=50cm	T=30cm	T=40cm	T=50cm	T=20cm		
자재	배 수 판	W300×L1000	개	-	1.000	1.000	1.000	1.000	1.000	1.000	1.000		-
	앵 커 핀	D 9×L 200	〃	-	2.000	2.000	2.000	2.000	2.000	2.000	2.000		-
	플레이트앵커	D19×L 800	〃	-	-	-	-	0.450	0.450	0.450	-		-
		D19×L1200		-	0.450	0.450	0.450	-	-	-	0.450		-
	유기물블록	200×100×100	〃	5.000	3.000	4.000	5.000	3.000	4.000	5.000	3.000		-
	모 래	20mm 이하	㎥	1.560	0.468	0.624	0.780	0.468	0.624	0.780	0.312		-
	PE 섬 유	150d±5d	kg	4.123	1.237	1.649	2.062	1.237	1.649	2.062	0.825		-
장비	취 부 기	18.65kW(25hp)	hr	0.707	0.214	0.283	0.354	0.214	0.283	0.354	0.141		-
	공기압축기	21㎥/min	〃	0.707	0.214	0.283	0.354	0.214	0.283	0.354	0.141		-
	발 전 기	50kW	〃	0.707	0.214	0.283	0.354	0.214	0.283	0.354	0.141		-
	타이어로더	1.34㎥	〃	0.707	0.214	0.283	0.354	0.214	0.283	0.354	0.141		-
	벨트콘베이어	3.73kW(5hp)	〃	0.707	0.214	0.283	0.354	0.214	0.283	0.354	0.141		-
	실사출기	4 Nozzle	〃	0.707	0.214	0.283	0.354	0.214	0.283	0.354	0.141		-
	물 탱 크 (살수차)	5,500ℓ	〃	0.707	0.214	0.283	0.354	0.214	0.283	0.354	0.141		-
	초고압펌프	200kg/㎠	〃	0.707	0.214	0.283	0.354	0.214	0.283	0.354	0.141		-
	드릴웨곤	7.4㎥/min	〃	0.707	0.214	0.283	0.354	0.214	0.283	0.354	0.141		-
	트럭탑재형 크레인	18 ton	〃	-	-	-	-	-	-	-	-		8.000
	지 게 차	5ton	〃	-	-	-	-	-	-	-	-		8.000

원지반식생정착공법(CODRA)
자연스러운 경관을 창출하는 생태적 녹화기술
건설신기술 제310호, 특허 제10-0852358호

연속섬유보강토공법(GEOFIBER)
지형복구 및 식생복원기술
건설신기술 제674호, 환경신기술 제285호, 특허 제10-1108002호

일송환경복원㈜ | 일송지오텍㈜
일송그린텍㈜ | 알앤비텍㈜

www.ilsong.co.kr
TEL : 031-898-4971~3   FAX : 031-898-8974
경기도 수원시 영통구 광교중앙로248번길 40(하동) 광교스마트법조프라자 2층 203호

참고자료

구 분		규 격	단위	옹벽형 (㎡)	비탈면 보호형(㎡)						하천 호안부	중기 운반 (회)
					토사부			암반부				
					T=30cm	T=40cm	T=50cm	T=30cm	T=40cm	T=50cm	T=20cm	
	(1) 배수공											
	작업반장	-	인	-	0.005	0.005	0.005	0.005	0.005	0.005	0.005	-
	착 암 공	-	〃	-	0.012	0.012	0.012	0.012	0.012	0.012	0.012	-
	특별인부	-	〃	-	0.012	0.012	0.012	0.012	0.012	0.012	0.012	-
	보통인부	-	〃	-	0.012	0.012	0.012	0.012	0.012	0.012	0.012	-
	(2) 플레이트앵커삽입공											
인	보 링 공	-	인	-	0.0437	0.0437	0.0437	0.0259	0.0259	0.0259	0.0437	-
력	특별인부	-	〃	-	0.0437	0.0437	0.0437	0.0173	0.0173	0.0173	0.0437	-
	보통인부	-	〃	-	0.0151	0.0151	0.0151	0.0086	0.0086	0.0086	0.0151	-
	(3) 보강토공											
	작업반장	-	인	0.092	0.028	0.037	0.046	0.028	0.037	0.046	0.018	-
	기계운전사	-	〃	0.086	0.027	0.035	0.044	0.027	0.035	0.044	0.017	-
	기반재분사공	-	〃	0.096	0.029	0.039	0.048	0.029	0.039	0.048	0.020	-
	실사출기분사공	-	〃	0.096	0.029	0.039	0.048	0.029	0.039	0.048	0.020	-
	보통인부	-	〃	0.548	0.165	0.220	0.274	0.165	0.220	0.274	0.110	-
	(4) 중기운반											
	작업반장	-	인	-	-	-	-	-	-	-	-	1.000
	보통인부	-	〃	-	-	-	-	-	-	-	-	3.000

[주] ① 옹벽형에서 배수공과 플레이트앵커삽입공은 별도 계상한다.
② 면고르기는 본 품에서 제외되었으며, 설계시 토질별 면고르기를 토공에 별도 계상한다.
③ 중기운반: 시공 현장간 이격거리가 70m이상일 경우 시공이 가능한 장소로 중기를 운반하여 시공한다.
④ 중앙집중식 배수구 등 배수를 목적으로 하는 암거공이나 연약지반의 보강을 위해 앵커공을 수행 할 경우 비용은 별도 계상한다.
⑤ 녹화공의 경우 T=3cm를 적용한다.
⑥ 옹벽형적용기준: (1) 쐐기형 붕괴로 인하여 균일한 두께로 지형 복구가 불가능한 경우
　　　　　　　　 (2) EPS블럭, 계단식옹벽 등의 상부를 보강토체로 덮는 경우
⑦ 시공수량이 아래의 기준 수량 미만인 경우 설계가를 50% 할증하여 적용한다.

구분	옹벽형	T=30cm	T=40cm	T=50cm	T=20cm(하천호안부)
기준소량	200㎡	500㎡	500㎡	500㎡	500㎡

⑧ 게비온 및 돌망태 등의 상부에 보강토체를 축조할 경우 요철 부위 충진을 위하여 50% 내 할증을 적용한다.
⑨ 수직고 높이가 10m 이상인 경우에는 아래와 같이 인력할증을 계상한다

수직고	10~15m미만	15~20m미만	20m이상
할증률(%)	20	30	40

원지반식생정착공법(CODRA)
(건설신기술 제310호, 특허 제10-0612767호, 특허 제10-0852358호)

○ 참고자료

(㎡ 당)

구분		규격	단위	성토토사 Spray (무망)	절토토사 T=1cm (무망)	절토토사 T=1cm (면네트)	리핑/풍화암 T=2cm (면네트)	연암/발파암 T=5cm (코팅철망)	연암/발파암 T=7cm (코팅철망)	연암/발파암 T=10cm (코팅철망)	비탈면 GEOFIBER 녹화용 T=3cm (아연도금망)
자재	종자	10종 이상	kg	0.030	0.045	0.045	0.060	0.060	0.090	0.100	0.060
	생육보조재	CODRA00	ℓ	2.500	-	-	-	-	-	-	-
	〃	CODRA10	〃	-	6.700	6.700	-	-	-	-	-
	〃	CODRA20	〃	-	-	-	15.950	-	-	-	-
	〃	CODRA30	〃	-	-	-	-	-	-	-	33.000
	생육기반재	CODRA70	〃	-	-	-	-	55.000	77.000	110.000	-
	고정핀	D3×L150	개	-	-	1.000	1.000	-	-	-	-
	면네트	35×45	㎡	-	-	1.500	1.500	-	-	-	-
	부착망	#10, 58×58, PVC코팅	〃	-	-	-	-	1.300	1.300	1.300	-
	철선	#8, PVC코팅	m	-	-	-	-	1.300	1.300	1.300	-
	부착망	아연도금, ø2.6, 50×50	㎡	-	-	-	-	-	-	-	1.300
	지오핀	D 9×L200	개	-	-	-	-	-	-	-	2.000
	앵커핀	D16×L350	〃	-	-	-	-	0.230	0.230	0.230	-
	착지핀	D16×L250	〃	-	-	-	-	0.500	0.500	0.500	-
장비	물탱크	5,500ℓ	hr	0.003	0.005	0.005	0.008	-	-	-	-
	덤프트럭	8ton	〃	0.003	0.005	0.005	0.008	-	-	-	-
	트럭탑재형 크레인	5ton	〃	0.003	0.005	0.005	0.008	0.035	0.042	0.060	0.030
	믹서와취부기	0.3㎥/11.94kW (16hp)	〃	0.003	0.005	0.005	0.008	-	-	-	-
	취부기	18.65kW(25hp)	〃	-	-	-	-	0.035	0.042	0.060	0.030
	공기압축기	21㎥/min	〃	-	-	-	-	0.035	0.042	0.060	0.030
	발전기 (취부공)	50kW	〃	-	-	-	-	0.035	0.042	0.060	0.030
	발전기 (천공)	50kW	〃	-	-	-	-	0.017	0.017	0.017	-
	핸드드릴 및 비트	천공 노무비의 2.5%	식	-	-	-	-	1.000	1.000	1.000	-

원지반식생정착공법(CODRA)
자연스러운 경관을 창출하는 생태적 녹화기술
건설신기술 제310호, 특허 제10-0852358호

연속섬유보강토공법(GEOFIBER)
지형복구 및 식생복원기술
건설신기술 제674호, 환경신기술 제285호, 특허 제10-1108002호

일송환경복원㈜ | 일송지오텍㈜
일송그린텍㈜ | 알앤비텍㈜
www.ilsong.co.kr
TEL : 031-898-4971~3 FAX : 031-898-4974
경기도 수원시 영통구 광교중앙로248번길 40(하동) 광교스마트법조프라자 2층 203호

(㎥ 당) 참고자료

구분		규격	단위	성토토사 Spray (무망)	절토토사 T=1cm (무망)	절토토사 T=1cm (면네트)	리핑/풍화암 T=2cm (면네트)	연암/발파암 T=5cm (코팅철망)	연암/발파암 T=7cm (코팅철망)	연암/발파암 T=10cm (코팅철망)	비탈면 GEOFIBER 녹화용 T=3cm (아연도금망)
인력	(1) 취부공										
	작업반장	-	인	0.002	0.002	0.002	0.003	0.005	0.006	0.008	0.003
	기계설비공	-	〃	0.001	0.002	0.002	0.003	0.004	0.005	0.006	0.003
	특별인부	-	〃	0.003	0.006	0.006	0.010	0.018	0.020	0.024	0.015
	보통인부	-	〃	0.003	0.008	0.008	0.016	0.030	0.040	0.044	0.020
	(2) 앵커 홀 천공										
	착암공	-	인	-	-	-	-	0.006	0.006	0.006	-
	보통인부	-	〃	-	-	-	-	0.006	0.006	0.006	-
	(3) 앵커핀, 착지핀, 고정핀, 지오핀 설치										
	특별인부	-	인	-	-	0.001	0.001	0.003	0.003	0.003	0.003
	보통인부	-	〃	-	-	-	-	0.003	0.003	0.003	0.003
	(4) 부착망, 면네트 설치										
	작업반장	-	인	-	-	-	-	0.003	0.003	0.003	0.003
	특별인부	-	〃	-	-	0.001	0.001	0.011	0.011	0.011	0.011
	보통인부	-	〃	-	-	0.001	0.001	0.011	0.011	0.011	0.011

[주] ① 시공면적이 각 두께별로 아래의 기준면적 미만인 경우 협의한다.

구분	Spray	T=1cm	T=2cm	T=5~10cm
기준면적	6,000㎡	3,000㎡	1,500㎡	1,000㎡

② 면고르기는 본 품에서 제외되었으며, 필요한 경우 별도 계상한다.
③ 수직고 높이가 20m 이상인 경우에는 아래와 같이 인력할증을 계상한다.

수직고	20~30m미만	30~50m미만	50m이상
할증률(%)	20	30	40

④ T=5cm는 경사도, 표면 상태 등 비탈면 조건에 따라 리핑/풍화암에도 적용할 수 있다.

■ 생태복원(SSAF-SOIL)공법/생분해성녹화칩(S.R.C)공법

참고자료 (㎡ 당)

품목 규격 두께	식생기반재(㎡) 생태복원토/ 생분해성녹화칩토	부착망(㎡) 천연섬유Net (ø3, 50×50)	부착망(㎡) 능형망 (ø32, 58×58)	철선(m) #8, PVC코팅	앵커(개) L=200 ~300	앵커(개) ø10, L=300	앵커(개) ø16, L=350	종자(g) 혼합종자
SSAF-SOIL Spray/ S.R.C Spray	0.0055	-	-	-	-	-	-	20
T= 1cm	0.011	-	-	-	-	-	-	25
T= 2cm	0.022	-	-	-	-	-	-	30
T= 3cm	0.033	1.3	-	1.2	-	-	-	30
T= 5cm(섬유망)	0.055	1.3	-	-	-	1.2	-	60
T= 5cm(능형망)	0.055	-	1.3	1.3	-	-	0.73	60
T= 7cm	0.077	-	1.3	1.3	-	-	0.73	70
T=10cm	0.110	-	1.3	1.3	-	-	0.73	90
T=15cm	0.165	-	1.3	1.3	-	-	0.73	120

품목 규격 두께	품(㎡) 작업반장 (인)	품(㎡) 기계공 (인)	품(㎡) 착암공 (인)	품(㎡) 보통인부 (인)	장비(㎡) 공기압축기 (hr)	장비(㎡) 취부기 (hr)	장비(㎡) 트럭탑재형크레인 5ton(hr)	장비(㎡) 물탱크 5500ℓ(hr)	장비(㎡) 발전기 (hr)
SSAF-SOIL Spray/ S.R.C Spray	0.002	0.003	-	0.004	0.005	0.010	0.011	-	-
T= 1cm	0.003	0.004	-	0.008	0.01	0.016	0.023	0.016(0.016)	-
T= 2cm	0.0035	0.005	-	0.01	0.015	0.024	0.035	0.024(0.024)	-
T= 3cm	0.004	0.006	-	0.012	0.02	0.032	0.046	0.032(0.032)	0.035
T= 5cm(섬유망)	0.008	0.012	-	0.025	0.03	0.048	0.069	0.048(0.048)	0.045
T= 5cm(능형망)	0.012	0.018	0.018	0.03	0.03	0.048	0.069	0.048(0.048)	0.065
T= 7cm	0.012	0.018	0.018	0.036	0.04	0.064	0.092	- (0.048)	0.065
T=10cm	0.015	0.023	0.018	0.045	0.05	0.080	0.115	- (0.048)	0.085
T=15cm	0.018	0.028	0.018	0.054	0.06	0.100	0.120	- (0.048)	0.1

[주] ① 본품은 생태복원(SSAF-SOIL)공법과 생분해성녹화칩(S.R.C)공법에 적용하는 품으로 물탱크의 ( )숫자는 S.R.C 공법에만 적용된다.
② 면고르기 품은 별도 계상한다.
③ 본 품은 재료의 할증이 포함된다.
④ 적용공법 T=3, 5, 7㎝공법 중 부착망을 설치하지 않을 경우 작업반장, 보통인부 품의 30%를 감한다.
⑤ 잡재료비는 재료비의 3%, 공구손료는 노무비의 2%를 계상한다.
⑥ 종자배합비율은 국토해양부(2009) 도로비탈면 녹화공사의 설계 및 시공지침 기준에 따라 초본위주형, 초본·관목혼합형, 목본군락형, 자연경관복원형으로 구분한다.
⑦ 수직고 20m 이상일 때는 인력품에 다음의 할증을 가산한다.

수직고	20m 이하	20~50m	50m 이상	비고
할증률(%)	0	10	20	

⑧ 현장 여건에 따라 섬유네트 시공시 횡선을 설치 할 수 있다.

제 3 장 토공사

⑨ 본 공법적용기준

○ 참고자료

시공두께(cm)	적용대상지역	구 배
SSAF-SOIL Spray/S.R.C Spray	절, 성토면, 양질토사	1:1 이상
T= 1cm	절, 성토면, 보통토사지역	1:1 이상
T= 2~3cm	경질토사, 자갈섞인토사	1:1 내외
T= 5cm	강마사, 리핑암	1:1 내외
T= 7cm	풍화암, 연암	1:0.7 내외
T=10cm	연암, 보통암	1:0.7 내외
T=15cm	경암, 급경사지역	1:0.7 이하

■ 산성배수녹화(P.N.S)공법

(㎡ 당)

품목 규격 두께	자재(㎡)									
	산성반응 억제제 PNS 억제제(ℓ)	산성 중화제 PNS 중화제(㎡)	식생 기반재 생태 복원토	부착망(㎡)		철선 (m) #8 PVC코팅	앵커(개)		종자 (g) 혼합 종자
				천연섬유 Net (ø3, 50×50)	능형망 (ø32, 58×58)		L=200 ~300	ø10, L=300	ø16, L=350	
PNS Spray	2.4	-	0.0055	-	-	-	-	-	-	20
T= 1cm	2.4	-	0.011	-	-	-	-	-	-	25
T= 2cm	2.4	0.011	0.011	-	-	-	-	-	-	25
T= 3cm	2.4	0.011	0.022	1.3	-	-	0.6	-	-	30
T= 5cm (섬유망)	2.4	0.022	0.033	1.3	-	-	-	0.6	-	30
T= 5cm (능형망)	2.4	0.022	0.033	-	1.3	1.3	-	-	0.73	30
T= 7cm	2.4	0.022	0.055	-	1.3	1.3	-	-	0.73	60
T=10cm	2.4	0.033	0.077	-	1.3	1.3	-	-	0.73	70
T=15cm	2.4	0.055	0.110	-	1.3	1.3	-	-	0.73	90

품목 규격 두께	품(㎡)					장비(㎡)			
	작업 반장 (인)	특별 인부 (인)	기계공 (인)	착암공 (인)	보통 인부 (인)	공기 압축기 (hr)	취부기 (hr)	트럭탑재형 크레인 5ton(hr)	물탱크 5500ℓ (hr)	발전기 (hr)
PNS Spray	0.002	0.003	0.003	-	0.0055	-	0.01	-	0.0208	-
T= 1cm	0.004	0.006	0.006	-	0.0135	-	0.016	0.023	0.268	-
T= 2cm	0.005	0.008	0.008	-	0.014	0.01	0.016	0.023	0.027	-
T= 3cm	0.006	0.01	0.01	-	0.020	0.015	0.024	0.035	0.035	-
T= 5cm (섬유망)	0.008	0.018	0.012	-	0.027	0.02	0.032	0.046	0.054	0.035
T= 5cm (능형망)	0.008	0.018	0.018	0.018	0.032	0.02	0.032	0.046	0.054	0.040
T= 7cm	0.012	0.023	0.018	0.018	0.038	0.04	0.064	0.092	0.059	0.045
T=10cm	0.015	0.023	0.023	0.018	0.047	0.05	0.080	0.115	0.075	0.065
T=15cm	0.018	0.028	0.028	0.018	0.056	0.05	0.080	0.115	0.091	0.085

○ 참고자료

[주] ① 본 공법은 국토해양부(2009) 도로비탈면 녹화공사의 설계 및 시공지침 기준(p30)에 의거 개발행위로 인한 절, 성토사면의 황화광물을 포함한 산성토양, 폐탄광, 폐중금속광산에서 발생되는 산성배수 유출에 따른 토양중금속 유출 문제를 해결하고 토양치환 없이 식생불량개선 등에 효과적인 친환경 생태복원공법이며, 암석의 경우 pH4.5이하에 적용하고 토양은 pH6.0이하를 적용 대상으로 한다.
② 산성배수 발생개연성은 문헌 및 현장조사, 시료화학적분석, 황화광물산출, 비탈면 pH6.0이하 산성배수, 침전물 색깔(붉은색, 흰색, 노란색) 등으로 판단 할 수 있다.
③ 본 품은 재료의 할증이 포함되며 면고르기 및 성토다짐 품은 별도 계상한다.
④ 본 적용공법 중 사면의 경사에 따라 부착망을 설치하지 않을 경우 작업반장, 특별인부, 보통인부의 품의 20%를 감한다.
⑤ 잡재료비는 재료비의 3%, 공구손료는 노무비의 2%를 계상한다.
⑥ 본 표의 종자는 산성토양 개선 효과가 큰 종자를 국토해양부 도로비탈면 녹화공사의 설계 및 시공지침 기준에 따라 사용한다.
⑦ 수직고 20m 이상일 때는 인력품에 다음의 할증을 가산한다.

수직고	20m 이하	20~50m	50m 이상	비고
할증률(%)	0	10	20	

⑧ 본 공법적용기준(본 공법의 시공두께는 pH 및 산성배수의 농도에 따라 전문가의 자문을 받아 두께를 조정할 수 있음)

시공두께(cm)	적용대상지역	구배 및 토질(암질)	pH기준
PNS Spray	성토구간	구배가 1:1보다 완만한 성토지역	pH6.0 이하
T=1~2cm	절, 성토구간	〃	〃
T=3~5cm	〃	구배가 1:1내외 경질토사지역	〃
T=7cm(능형망)	절토구간	구배가 1:1내외 강마사, 리핑암지역	pH4.5 이하
T=10cm	〃	구배가 1:0.7내외 풍화암, 연암지역	〃
T=15cm	〃	구배가 1:0.7이하 연암, 경암지역	〃

■ 생태복원(SSAF-SOIL)유실사면 표토 안정녹화공법

○ 참고자료

(㎡ 당)

두께	자재(㎡)								종자(g)
	록볼트 (개)	그라우팅 (개)	착지핀 (개)	지압판 (개)	너트 (개)	토압지지봉 (m)	부착망 (㎡)	식생기반재 (㎡)	
	ø25, L=1200~1500	레진캡슐	ø16, L=350	150×150×3	D25	D10㎜	#8, PVC 코팅망	생태 복원토	혼합종자
토사 (T= 5cm)	0.27	0.27	0.83	0.27	0.27	2.4	1.3	0.055	60
리핑암 (T= 7cm)	0.27	0.27	0.83	0.27	0.27	2.4	1.3	0.077	70
발파암 (T=10cm)	0.27	0.27	0.83	0.27	0.27	2.4	1.3	0.110	90

품목 규격 두께	품(㎡)					장비(㎡)			
	작업 반장 (인)	기계공 (인)	착암공 (인)	철공 (인)	보통 인부 (인)	취부기 (hr)	트럭탑재형 크레인 5ton(hr)	발전기 (hr)	공기 압축기 (hr)	착암기 (hr)
토사 (T= 5cm)	0.008	0.05	0.05	0.032	0.025	0.048	0.069	0.065	0.03	0.2
리핑암 (T= 7cm)	0.012	0.05	0.05	0.032	0.036	0.064	0.092	0.085	0.04	0.2
발파암 (T=10cm)	0.018	0.05	0.05	0.032	0.052	0.080	0.115	0.1	0.05	0.2

[주] ① 본 공법은 절, 성토사면의 표토유실 및 절리에 따른 불안정 사면에 적용하는 공법으로 전체적인 지반조건과 현장 여건에 부합한 사면안정성 평가가 이루어진 후 시행하는 표면유실에 관한 안정화 공법이다.(표토유실구간 안정화 두께는 Thk300~500㎜ 임)
② 표토유실사면의 정도에 따라 록볼트의 길이를 조정하여 시공할 수 있다.(토목 사면보강공법인 쏘일네일링 등과 혼용하여 시공할 수 있다)
③ 면고르기 및 유실지역 흙채움품은 별도 계상한다.
④ 본 품은 재료의 할증이 포함된다.
⑤ 잡새료비는 새료비의 3%, 공구손료는 노무비의 2%를 계상한다.
⑥ 종자배합비율은 국토해양부(2009) 도로비탈면 녹화공사의 설계 및 시공지침 기준에 따라 초본위주형, 초본·관목혼합형, 목본군락형, 자연경관복원형으로 구분한다.
⑦ 수직고 20m 이상일 때는 인력품에 다음의 할증을 가산한다.

수직고	20m 이하	20~50m	50m 이상	비고
할증률(%)	0	10	20	

⑧ 사면이 역구배나 요철이 심할 경우 토압지지봉 대신 와이어로프를 설치할 수 있다.
⑨ 그라우팅(레진캡슐)은 현장 여건을 고려하여 선택하여 적용할 수 있다.

■ 천연식생매트공법

품목	자재			
규격	식생기반재(㎥)	부착망(㎡)	고정핀(개)	종자(g)
두께	생태복원토	천연섬유Net(2중) ((ø3, 50×50)㎜)	L=200~300	혼합 종자
천연식생매트 (SSAF-SOIL-1)	0.0055	2.6	1.1	20
천연식생매트 (SSAF-SOIL-2)	0.011	2.6	1.1	25
천연식생매트 (SSAF-SOIL-3)	0.022	2.6	1.1	30

품목	취부공							네트설치공
규격	품(㎡)			장비(㎡)				
두께	작업 반장 (인)	기계공 (인)	보통 인부 (인)	취부기 (hr)	공기 압축기 (hr)	트럭 탑재형 크레인 5ton(hr)	물탱크 5500ℓ(hr)	보통인부 (섬유네트) (인)
천연식생매트 (SSAF-SOIL-1)	0.002	0.003	0.004	0.01	0.005	0.011	-	0.01
천연식생매트 (SSAF-SOIL-2)	0.003	0.004	0.008	0.016	0.01	0.023	0.016	0.01
천연식생매트 (SSAF-SOIL-3)	0.0035	0.005	0.01	0.024	0.015	0.035	0.024	0.01

[주] ① 본 공법은 하천의 둔치, 저·고수호안 부위에 천연섬유네트와 생태복원토를 취부하여 하천지반안정 및 침식방지와 식생에 의한 조기녹화, 계절별 경관향상을 도모하여 식생종의 다양성 확보를 유도하는 공법이다.
② 본 품 중 비탈면고르기는 별도 계상한다.
③ 재료비 할증은 포함되어 있으며 잔재료비는 재료비의 3%, 공구손료는 노무비의 2%를 계상한다.
④ 종자배합비율은 국토해양부(2009) 지침안에 기준하여 현장 여건에 따라 자연생태복원전문가의 자문을 득하여 조정 할 수 있다.

■ 친환경사석매트공법(Eco-M.S)

○ 참고자료

품목	자재							
규격	식생기반재 (㎥)	돌망태 (㎡)			현장채취토 (㎥)	섬유네트 (㎡)	식생매트 (PA)
두께	생태복원토	매트리스형 (0.2×1.0×1.0)	매트리스형 식생박스 (0.2×1.0×1.0)	매트리스형 식생박스 (0.3×1.0×1.0)	양질토	(ø3, 0×50)	T=15㎜
친환경사석매트 (Eco-M.S 1)	0.022	1.03	-	-	-	-	1.1
친환경사석매트 (Eco-M.S 2)	0.022	1.03	-	-	-	1.1	-
친환경사석매트 (Eco-M.S 3)	0.022	-	1.03	-	-	-	-
친환경사석매트 (Eco-M.S 4)	0.033	-	-	1.03	-	-	-

품목	자재						
규격	채움돌 (㎥)	고정말뚝 (개)	앙카핀(개)	종자(g)	식생형포트	구조지지대	초화류
두께	ø50~400㎜	ø60×1000	ø16×500	혼합종자	ø100	ø80	
친환경사석매트 (Eco-M.S 1)	0.162	0.525	-	30	-	-	-
친환경사석매트 (Eco-M.S 2)	0.162	0.525	-	30	-	-	-
친환경사석매트 (Eco-M.S 3)	0.162	-	1.2	30	0.5	2.2	0.5
친환경사석매트 (Eco-M.S 4)	0.243	-	1.2	30	1	2.2	1

품목	취부공						
규격	품(㎡)			장비(㎡)			
두께	작업반장 (인)	기계공 (인)	보통인부 (인)	취부기 (hr)	공기압축기 (hr)	트럭탑재형 크레인 5ton(hr)	물탱크 5,500ℓ(hr)
친환경사석매트 (Eco-M.S 1)	0.0035	0.005	0.01	0.024	0.015	0.035	0.024
친환경사석매트 (Eco-M.S 2)	0.0035	0.005	0.01	0.024	0.015	0.035	0.024
친환경사석매트 (Eco-M.S 3)	0.0035	0.005	0.01	0.024	0.015	0.035	0.024
친환경사석매트 (Eco-M.S 4)	0.004	0.006	0.012	0.032	0.02	0.046	0.032

공통부문

> 참고자료

두께 / 규격	설치공 보통인부 (돌망태 설치 외) (인)	설치공 특별인부 (돌망태 설치 외) (인)	초화류 식재 보통인부 (초화류식재) (인)	초화류 식재 조경공 (초화류식재) (인)	비 고
친환경사석매트 (Eco-M.S 1)	0.146	0.017	-	-	
친환경사석매트 (Eco-M.S 2)	0.146	0.017	-	-	
친환경사석매트 (Eco-M.S 3)	0.096	0.017	0.00075	0.0004	
친환경사석매트 (Eco-M.S 4)	0.128	0.024	0.0015	0.0008	

[주] ① 본 공법은 강성호안 등의 원지반에 돌망태를 설치하고 천연섬유망·PA매트·식생형포트·식생구조지지대를 사양별 선택 시공하고 생태복원토취부, 채움돌을 포설하는 친환경 식생 매트리스형 돌망태를 설치, 고정하는 방법으로 기존 돌망태공법은 사석 및 복토용 토사를 채취하여 반입하고 복구하는 등, 중복으로 공사비용이 소요되는 비효율적인 공사방법을 현장 채취 토석활용 및 식생도입으로 경제성, 경관성 등에서 우수한 친환경 사석매트 녹화공법이다.
② 본 품 중 비탈면 고르기는 별도 계상한다.
③ 현장 채취토양이 부적절할 경우 외부 반입 비용은 별도 계상한다.
④ 재료비 할증이 포함되어 있다.
⑤ 잡재료비는 재료비의 3%, 공구손료는 노무비의 2%를 계상한다.
⑥ 높이 5m 이상일 때는 품의 10%를 계상한다.
⑦ 종자배합비율은 국토해양부(2009) 지침 안에 기준하여 현장 여건에 따라 자연생태복원전문가의 자문을 득하여 조정 할 수 있다.
⑧ 고정말뚝과 앙카핀 중에서 현장 원지반의 여건을 고려하여 선택적으로 적용할 수 있다.
⑨ 구조지지대의 재질을 생분해성재질로 변경시 별도 계상한다.
⑩ 식생형 포트에 식재되는 초종 및 수량은 자연생태복원전문가의 자문을 받아 변경할 수 있다.

미세먼지 저감시스템 설치(설비공사 제외)

품 명	규 격	기계설비공 (인)	배관공 (인)	보통인부 (인)	크레인 (hr)	고소작업차 (hr)
미세먼지 저감시스템 (FDR-1)	H=20.0m	3.29	2.64	2.28	11.85	13.28
미세먼지 저감시스템 (FDR-2)	H=15.0m	2.25	1.82	1.56	8.12	9.1
미세먼지 저감시스템 (FDR-3)	H= 7.0m	1.92	1.51	1.28	6.96	7.56
미세먼지 저감시스템 (FDR-4)	H= 6.0m	1.63	1.28	1.09	5.92	6.44

[주] ① 본 품은 미세먼지 저감시스템을 설치하는 품이다.(설비공사 제외)
② 터파기, 되메우기, 잔토처리, 콘크리트 기초, 앵커볼트 설치는 별도 계상한다.
③ 현장교통정리 필요시 보통인부(0.13/조) 별도 계상한다.
④ 철거 50%, 재사용 철거 80%, 이설은 180%를 적용한다.
⑤ 기계장비의 경비(기계손료, 운전경비, 수송비)는 "기계경비산정"을 적용한다.
⑥ 본 품의 크레인 규격은 다음을 기준으로 한다.

높이(m)	규격(톤)	설치장비
6~10	5	트럭탑재형 크레인
11~20	10	크레인(타이어)

⑦ 현장조건상 본 품의 크레인 적용이 어려운 경우, 동급 또는 그 이상 규격(톤)의 크레인(무한궤도, 타이어)을 적용할 수 있다.
⑧ 본 품의 고소작업차 규격은 다음을 기준으로 한다.

높이(m)	장비규격
6~10	3 ton
11~20	5 ton

■ 후리졸 녹산토녹화공법(식생녹화용 기반재 및 그를 이용한 경사면 녹화방법)

1. 풍화암, 화강 풍화토 지역

(㎡ 당)

품 명	규 격	단위	얇은 식생기반재 취부 (경사 1:1.5~1:1.0)						두꺼운 식생기반재 취부 (경사1:1.0~1:0.7)
			성토토사 Thk:0.5㎝ (무망)	척박토사 Thk:1㎝ (무망)	화강풍화토 Thk:2㎝ (무망)	풍화토 경질토 Thk:2㎝ (섬유망)	경질토 Thk:3㎝ (무망)	경질토 마사토 Thk:3㎝ (섬유망)	리핑암· 경질마사토 Thk:5㎝ (섬유망)
•천연섬유망설치									
천 연 섬 유 망	ø5×20×20	㎡	-	-	-	1.3	-	1.3	1.3
고　정　핀	T1×200㎜	개	-	-	-	1.3	-	1.3	1.3
특 별 인 부	-	인	-	-	-	0.01	-	0.01	0.01
보 통 인 부	-	〃	-	-	-	0.02	-	0.02	0.02
•녹산토취부공									
후 리 졸 F	미생물활성제	g	40	70	140	140	210	210	240
후 리 졸 A	심근촉진제	〃	20	30	40	40	90	90	120
후 리 졸 S	표토안정제	〃	10	20	20	20	25	25	30
후 리 졸 EF	침식방지제	〃	10	20	40	40	60	60	80
녹　산　토	유기식생기반재	㎥	0.006	0.011	0.022	0.022	0.033	0.033	0.055
종　자　환	목본류	개	-	0.1	0.1	0.1	0.1	0.1	0.1
종　　자	혼합종자	g	30	30	30	30	30	30	30
취 부 기	3,000ℓ	hr	0.0040	0.0064	0.0112	0.0112	0.0160	0.0160	0.0259
크 레 인 트 럭	5ton	〃	0.0040	0.0064	0.0112	0.0112	0.0160	0.0160	0.0259
물　탱　크	5,500ℓ	〃	0.0040	0.0064	0.0112	0.0112	0.0160	0.0160	0.0259
조　경　공	-	인	0.0010	0.0010	0.0013	0.0013	0.0015	0.0015	0.0020
특 별 인 부	-	〃	0.0020	0.0020	0.0026	0.0026	0.0030	0.0030	0.0034
보 통 인 부	-	〃	0.0090	0.0180	0.0234	0.0234	0.0270	0.0270	0.0330
기 계 설 비 공	-	〃	0.0060	0.0120	0.0156	0.0156	0.0180	0.0180	0.0230

[주] ① 얇은 식생기반재 취부와 두꺼운 식생기반재 취부의 분리는 국토교통부 설계실무의 분류를 인용하여 사용자의 편의를 위하여 구분한 것이다.
② 종자환(목본류)은 현장여건(지역, 환경적 특성)에 따라 추가 또는 제외시킬 수 있다.
③ 면 고르기와 비탈면 정리비는 별도 계상한다.
④ 수직고 20m 이상인 경우에는 인력 품에 다음의 할증률을 가산한다.

수 직 고	20~30m 미만	30~50m 미만	50m 이상
할 증 률(%)	20	30	40

2. 암 절취 비탈면지역

(㎡당)

품 명	규 격	단위	두꺼운 식생기반재 취부 (경사1:1.0~1:0.5), 보강철망 설치		
			절리가 있는 연암 (일반암)	발파암 (보통암)	발파암 (경암)
•부착망 설치			Thk : 7cm	Thk : 10cm	Thk : 15cm
부 착 망	#10, 75×75	㎡	1.3	1.3	1.3
철 선	#8, PVC코팅	m	1.3	1.3	1.7
앵 커 핀	ø16, L=0.5m	개	0.27	0.27	0.46
착 지 핀	ø16, L=0.35m	〃	0.5	0.5	0.5
발 전 기	50 kW	hr	0.023	0.023	0.031
크 레 인 트 럭	5ton	〃	0.005	0.005	0.005
특 별 인 부	-	인	0.027	0.027	0.031
보 통 인 부	-	〃	0.007	0.007	0.009
핸드드릴및비트손료	PHD-38	-	품의 2.5%	품의 2.5%	품의 2.5%
•녹산토 취부공			Thk : 6cm	Thk : 9cm	Thk : 14cm
녹 산 토	유기식생기반재	㎡	0.066	0.099	0.154
취 부 기	25ℓ	hr	0.036	0.051	0.075
공 기 압 축 기	21㎥/min	〃	0.036	0.051	0.075
발 전 기	50kW	〃	0.036	0.051	0.075
크 레 인 트 럭	5ton	〃	0.036	0.051	0.075
덤 프 트 럭	6ton	〃	0.036	0.051	0.075
조 경 공	-	인	0.005	0.007	0.010
특 별 인 부	-	〃	0.010	0.014	0.019
보 통 인 부	-	〃	0.009	0.012	0.018
기 계 설 비 공	-	〃	0.005	0.007	0.010

(㎡당)

품 명	규 격	단위	두꺼운 식생기반재 취부 (경사1:1.0~1:0.5), 보강철망 설치		
			절리가 있는 연암 (일반암)	발파암 (보통암)	발파암 (경암)
• 후리졸녹산토 덧씌우기			Thk : 1cm	Thk : 1cm	Thk : 1cm
후 리 졸 F	미생물활성제	g	70	70	70
후 리 졸 A	심근촉진제	〃	30	30	30
후 리 졸 S	표토안정제	〃	20	20	20
후 리 졸 EF	침식방지제	〃	20	20	20
녹 산 토	유기식생기반재	㎥	0.011	0.011	0.011
종 자 환	목본류	개	0.1	0.1	0.1
종 자	혼합종자	g	30	30	30
취 부 기	3,000ℓ	hr	0.0064	0.0064	0.0064
크 레 인 트 럭	5ton	〃	0.0064	0.0064	0.0064
물 탱 크	5,500ℓ	〃	0.0064	0.0064	0.0064
조 경 공	-	인	0.0010	0.0010	0.0010
특 별 인 부	-	〃	0.0020	0.0020	0.0020
보 통 인 부	-	〃	0.0180	0.0180	0.0180
기 계 설 비 공	-	〃	0.0120	0.0120	0.0120

[주] ① 두꺼운 식생기반재 취부(Thk : 5, 7㎝)는 현장여건(비탈면구배, 토질특성 등)에 따라 보강철망 및 천연섬유망을 각각 설치 또는 제외시킬 수 있다.

■ 절개지녹화 MMC공법

1. 화강 풍화토, 경질토, 마사토지역

(㎡당)

품 명	규 격	단위	얇은 식생기반재 취부 (경사 1:1.5~1:1.2)			두꺼운 식생기반재 취부 (경사 1:1.2~1:1.0)
			척박토사 성토지역 (무망)	화강 풍화토 (무망)	경질토 (무망)	풍화암 마사토 (섬유망)
			Thk : 1cm	Thk : 2cm	Thk : 3cm	Thk : 5cm
•섬유망 설치						
천 연 섬 유 망	ø5×20×20mm	㎡	-	-	-	1.3
고 정 핀	T1×200㎜	개	-	-	-	1.3
특 별 인 부	-	인	-	-	-	0.01
보 통 인 부	-	〃	-	-	-	0.02
•녹산토MMC 취부공						
마 이 크 로 브 스F	미생물활성제	g	10	20	30	50
씨 아 노 파 워	표토안정제	〃	5	10	15	20
녹 산 토 MMC	유기식생기반재	㎡	0.011	0.022	0.033	0.055
종 자	혼합종자	g	30	30	30	70
취 부 기	3,000ℓ	hr	0.0064	0.0112	0.016	0.0259
크 레 인 트 럭	5ton	〃	0.0064	0.0112	0.016	0.0259
물 탱 크	5,500ℓ	〃	0.0064	0.0112	0.016	0.0259
덤 프 트 럭	6ton	〃	0.0064	0.0112	0.016	0.0259
조 경 공	-	인	0.0010	0.0015	0.002	0.003
특 별 인 부	-	〃	0.0030	0.0045	0.006	0.009
보 통 인 부	-	〃	0.0180	0.0270	0.036	0.045
기 계 설 비 공	-	〃	0.0120	0.0150	0.018	0.030

[주] ① 얇은 식생기반재 취부와 두꺼운 식생기반재 취부의 분리는 국토교통부 설계실무의 분류를 인용하여 사용자의 편의를 위하여 구분한 것이다.
② 면 고르기와 비탈면 정리비는 별도 계상한다.
③ 수직고 20m 이상인 경우에는 인력 품에 다음의 할증률을 가산한다.

수 직 고	20~30m 미만	30~50m 미만	50m 이상
할 증 률(%)	20	30	40

2. 암 절취 비탈면지역

(㎡ 당)

품 명	규 격	단위	두꺼운 식생기반재 취부 (경사1:1.0~1:0.5)			
			리핑암 (철망) Thk : 5cm	연암 (철망) Thk : 7cm	보통암 (철망) Thk : 10cm	경암 (철망) Thk : 15cm
•부착망 설치						
부 착 망	#10, 75×75	㎡	1.3	1.3	1.3	1.3
철 선	#8, PVC코팅	m	1.3	1.3	1.3	1.7
앵 커 핀	D16, L=0.5m	개	0.23	0.23	0.23	0.46
착 지 핀	D16, L=0.35m	〃	0.5	0.5	0.5	0.5
발 전 기	50㎾	hr	0.023	0.023	0.023	0.031
크 레 인 트 럭	5ton	〃	0.005	0.005	0.005	0.005
특 별 인 부	-	인	0.027	0.027	0.027	0.031
보 통 인 부	-	〃	0.007	0.007	0.007	0.009
•녹산토MMC 취부공						
마 이 크 로 브 스F	미생물활성제	g	50	70	70	70
씨 아 노 파 워	표토안정제	〃	20	20	20	20
녹 산 토 MMC	유기식생기반재	㎥	0.055	0.077	0.11	0.165
종 자	혼합종자	g	70	100	100	100
취 부 기	25ℓ	hr	0.035	0.043	0.056	0.080
공 기 압 축 기	21㎥/min	〃	0.035	0.043	0.056	0.080
발 전 기	50 ㎾	〃	0.035	0.043	0.056	0.080
크 레 인 트 럭	5ton	〃	0.035	0.043	0.056	0.080
물 탱 크	5,500ℓ	〃	0.035	0.043	0.056	0.080
덤 프 트 럭	6ton	〃	0.035	0.043	0.056	0.080
조 경 공	-	인	0.003	0.004	0.006	0.008
특 별 인 부	-	〃	0.017	0.021	0.028	0.035
보 통 인 부	-	〃	0.036	0.044	0.057	0.070
기 계 설 비 공	-	〃	0.003	0.004	0.006	0.008

◉ 참고자료

■ 자연표토복원공법(절취사면의 생태복원형 녹화공법)녹화 System
  (특허 제166343호, 특허 제166164호, 특허 제10-0602008호, 특허 제10-0602009호,
  특허 제10-0611049호)

■ 시공두께 적용기준

토 질	자연표토복원공법(절취사면의 생태복원형 녹화공법) 녹화 System							비고
	생태숲	생태복원용	특수지 반복원용	암반녹화용	조기녹화용	R2N	인공지반 녹화용	
	SF	SF-I	SF-II	SF-III	SF-IV		NS	
토사	멀칭	멀칭	-	-	-	멀칭	-	1:1.2 이상 완만한 일반토사
	THK-0.5	THK-0.5	-	THK-1	THK-1	THK-0.5	-	
	THK-1	THK-1	-	THK-2	THK-2	THK-1	-	1:1.2 미만 가파른 경질토사
	THK-2	THK-2	-	THK-3	THK-3	THK-2	-	
리핑암 풍화암	THK-3 +유망	THK-3 +유망	THK-6 +무망	THK-5 +유망	THK-5 +무망	THK-3 +유망	-	1:1.0 이상 완만한 리핑암
	THK-3 +기초철망	THK-3 +기초철망	THK-6 +유망	THK-5 +유망	THK-5 +유망	THK-3 +기초철망	-	1:1.0 미만 가파른 풍화암
발파암	THK-5 +기초철망	THK-4 +기초철망	THK-8 +유망	THK-7 +유망	THK-7 +유망	THK-5 +기초철망	-	1:0.5 이상 완만한 연,경암
	THK-7 +기초철망	THK-5 +기초철망	THK-10 +기초철망	THK-10 +기초철망	THK-10 +기초철망	THK-7 +기초철망	-	1:0.5 미만 가파른 연,경암
인공 지반	-	-	-	-	-	-	THK-8 +유망	숏크리트, 폐광지반 구조물 설치지역 등
							THK-10 +기초철망	
							THK-12 +기초철망	

[주] ① 본 품은 면고르기가 포함되지 않은 것이다.
    ② 경도, 경사, 굴곡, 균열, 산도 등 현장 여건에 따라 30% 범위 내에서 시공두께를 증감 조정할 수 있다.
    ③ 녹화기초공(천연섬유망, 천연섬유NET, 기초철망 등)이 필요한 경우에는 별도 계상한다.
    ④ 재료의 할증은 별도 계상한다.(토사지반 10%, 암반 20%)
    ⑤ 수직고 20m 이상인 경우에는 인력품에 다음의 할증을 가산한다.

수직고	20~30m 미만	30~50m 미만	50m 이상
할증률(%)	20	30	40

자연표토복원공법 SF/SF-I/R2N

(10㎡ 당)

구 분		규 격		단위	멀칭	THK-0.5	THK-1	THK-2	THK-3	THK-4	THK-5	THK-7
재료비	녹화기반토양	SF	Hi-그린	ℓ	-	55	110	220	330	440	550	770
		SF-I	Hi-그린I형									
		R2N	수변/생태복원									
	입단형성제	표토구조형성		g	-	10	20	40	60	80	100	140
	SF-멀칭재	멀칭층 조성용		ℓ	50	-	-	-	-	-	-	-
	SF-반응제	입체구성		g	10	-	-	-	-	-	-	-
	배합종자(표준)	다층구조산림형 목본군락형 초목관목혼합형		kg	0.2	0.2	0.2	0.2	0.2	0.2	0.2	0.2
	취부기	4.3㎥		hr		0.072	0.072	0.147	0.203	0.277	0.369	0.461	0.645
	트럭탑재크레인	5ton		〃		0.072	0.072	0.147	0.203	0.277	0.369	0.461	0.645
	덤프트럭	6ton		〃		0.072	0.072	0.147	0.203	0.277	0.369	0.461	0.645
	물탱크	5,500ℓ		〃		0.362	0.362	0.432	0.485	0.554	0.641	0.728	0.902
	잡재료비	재료비의 3%		식	-	-	-	-	-	-	-	-
노무비	취부기	4.3㎥		hr		0.072	0.072	0.147	0.203	0.277	0.369	0.461	0.645
	트럭탑재크레인	5ton		〃		0.072	0.072	0.147	0.203	0.277	0.369	0.461	0.645
	덤프트럭	6ton		〃		0.072	0.072	0.147	0.203	0.277	0.369	0.461	0.645
	물탱크	5,500ℓ		〃		0.362	0.362	0.432	0.485	0.554	0.641	0.728	0.902
	작업반장	-		인		0.019	0.019	0.025	0.034	0.046	0.061	0.076	0.106
	특별인부	-		〃		0.037	0.037	0.049	0.067	0.091	0.121	0.151	0.211
	보통인부	-		〃		0.123	0.123	0.145	0.178	0.223	0.279	0.335	0.447
	공구손료	노무비의 2%		식	-	-	-	-	-	-	-	-
경비	취부기	4.3㎥		hr		0.072	0.072	0.147	0.203	0.277	0.369	0.461	0.645
	트럭탑재크레인	5ton		〃		0.072	0.072	0.147	0.203	0.277	0.369	0.461	0.645
	덤프트럭	6ton		〃		0.072	0.072	0.147	0.203	0.277	0.369	0.461	0.645
	물탱크	5,500ℓ		〃		0.362	0.362	0.432	0.485	0.554	0.641	0.728	0.902
	자흡식펌프	100mm		〃		0.072	0.072	0.147	0.203	0.277	0.369	0.461	0.645

■ 자연표토복원공법 SF-Ⅲ(암반녹화용) / SF-Ⅳ(조기녹화용)

(10㎡ 당)

구분		규격 (SF-Ⅲ/SF-Ⅳ)	단위	THK-1	THK-2	THK-3	THK-5 (무망)	THK-5	THK-7	THK-10
재료비	녹화기반토양	Hi-토 Hi-G	㎥	0.11	0.22	0.33	0.55	0.55	0.77	1.10
	배합종자	초본관목혼합형 초본위주형	kg	0.12	0.24	0.36	0.60	0.60	0.84	1.20
	공기압축기	21㎥/min	hr	0.15	0.23	0.30	0.45	0.45	0.60	0.80
	발전기	50kW	〃	0.15	0.23	0.30	0.45	0.45	0.60	0.80
	트럭탑재크레인	5ton	〃	0.15	0.23	0.30	0.45	0.45	0.60	0.80
	물탱크	5,500ℓ	〃	0.15	0.23	0.30	0.45	0.45	0.60	0.80
	덤프트럭	6ton	〃	0.15	0.23	0.30	0.45	0.45	0.60	0.80
노무비	취부기	25ℓ	hr	0.15	0.23	0.30	0.45	0.45	0.60	0.80
	공기압축기	21㎥/min	〃	0.15	0.23	0.30	0.45	0.45	0.60	0.80
	발전기	50kW	〃	0.15	0.23	0.30	0.45	0.45	0.60	0.80
	트럭탑재크레인	5ton	〃	0.15	0.23	0.30	0.45	0.45	0.60	0.80
	물탱크	5,500ℓ	〃	0.15	0.23	0.30	0.45	0.45	0.60	0.80
	덤프트럭	6ton	〃	0.15	0.23	0.30	0.45	0.45	0.60	0.80
	작업반장	-	인	0.03	0.03	0.03	0.05	0.05	0.06	0.08
	특별인부	-	〃	0.13	0.13	0.20	0.22	0.22	0.27	0.35
노무비	기계공	-	〃	0.03	0.03	0.03	0.05	0.05	0.06	0.08
	보통인부	-	〃	0.03	0.03	0.03	0.05	0.05	0.30	0.47
경비	취부기	25ℓ	hr	0.15	0.23	0.30	0.45	0.45	0.60	0.80
	공기압축기	21㎥/min	〃	0.15	0.23	0.30	0.45	0.45	0.60	0.80
	발전기	50kW	〃	0.15	0.23	0.30	0.45	0.45	0.60	0.80
	트럭탑재크레인	5ton	〃	0.15	0.23	0.30	0.45	0.45	0.60	0.80
	물탱크	5,500ℓ	〃	0.15	0.23	0.30	0.45	0.45	0.60	0.80
	덤프트럭	6ton	〃	0.15	0.23	0.30	0.45	0.45	0.60	0.80

■ 자연표토복원공법 SF-II / NS(인공지반용)

(10㎡ 당)

구 분		규 격 (SF-II/NS)	단위	THK-6	THK-8	THK-10	THK-12
재료비	녹화기반토양	종자층	㎥	110	110	110	110
	SF-기반재	SF-II용	㎥	0.55	0.77	0.99	-
		NS용		-	0.77	0.99	1.21
	입단형성제	표토구조형성	kg	20	20	20	20
	배합종자	표준형	hr	0.2	0.2	0.2	0.2
	취부기	4.3㎥	〃	0.147	0.147	0.147	0.147
	공기압축기	21㎥/min	〃	0.45	0.60	0.80	0.90
	발전기	50kW	〃	0.60	0.60	0.80	0.90
	트럭탑재크레인	5ton	〃	0.52	0.70	0.90	0.90
	물탱크	5,500ℓ	〃	0.45	0.60	0.80	0.90
	덤프트럭	6ton	〃	0.45	0.60	0.80	0.90
노무비	취부기	4.3㎥	hr	0.147	0.147	0.147	0.147
		25ℓ		0.45	0.60	0.80	0.80
	공기압축기	21㎥/min	〃	0.45	0.60	0.80	0.90
	발전기	50kW	〃	0.45	0.60	0.80	0.90
	트럭탑재크레인	5ton	〃	0.52	0.70	0.90	0.90
	물탱크	5,500ℓ	〃	0.45	0.60	0.80	0.90
	덤프트럭	6ton	〃		0.60	0.80	0.90
	작업반장	-	인	0.05	0.06	0.08	0.13
	특별인부	-	〃	0.22	0.27	0.35	0.52
노무비	기계공	-	〃	0.05	0.06	0.08	0.08
	보통인부	-	〃	0.38	0.52	0.70	0.87
경비	취부기	4.3㎥	hr	0.147	0.147	0.147	0.147
		25ℓ		0.45	0.60	0.80	0.80
	공기압축기	21㎥/min	〃	0.45	0.60	0.80	0.90
	발전기	50kW	〃	0.45	0.60	0.80	0.90
	트럭탑재크레인	5ton	〃	0.52	0.70	0.90	0.90
	물탱크	5,500ℓ	〃	0.45	0.60	0.80	0.90
	덤프트럭	6ton	〃	0.45	0.60	0.80	0.90

지반안정화재설치공사

(10㎡ 당)

구 분		규 격	단위	천연섬유망 설치공	천연섬유Net 설치공	기초철망 설치공
재료비	천 연 섬 유 망	ø1, 5~100㎜	㎡	12.00	-	-
	천 연 섬 유 NET	ø3~6, 25~30㎜	〃	-	12.00	-
	고 정 핀	L-200~500	개	5.00	5.00	-
	철 망	#10(32-23)×58	㎡	-	-	13.00
	앵 커 핀	ø16, L-300	개	-	-	2.30
	착 지 핀	ø16, L-200~300	〃	-	-	5.00
	철 선	#8, PVC코팅	m	-	-	13.00
	발 전 기	50㎾	hr	-	-	0.19
	잡 재 료 비	재료비의 3%	식	1.00	1.00	-
노무비	작 업 반 장	-	인	-	0.02	0.05
	특 별 인 부	-	〃	0.10	0.18	0.26
	보 통 인 부	-	〃	0.20	0.25	0.38
	발 전 기	50㎾	hr	-	-	0.19
경비	발 전 기	50㎾	hr	-	-	0.19

3-7-5 비탈면 보강공('08년 신설, '14, '20, '25년 보완)

1. 장비조립·해체

(회 당)

구 분	단 위	수 량
특 별 인 부	인	1
보 통 인 부	〃	3
트 럭 탑 재 형 크 레 인	hr	8

[주] ① 본 품은 천공 및 그라우팅 작업을 위해 크레인으로 장비(그라우팅펌프, 그라우팅믹서, 공기압축기)를 최초 조립 및 해체하는 기준이며, 현장조건에 따라 이동, 조립 및 해체가 발생되는 경우 추가 적용한다.
② 장비(크레인)의 규격은 작업여건(시공높이, 시공위치 등) 및 안전율(적정하중, 작업반경 등)을 고려하여 적합한 규격을 적용한다.

2. 인력 및 장비 편성

(인/일)

구 분	규 격	단 위	수 량
보 링 공	-	인	1
특 별 인 부	-	〃	3
보 통 인 부	-	〃	1
크 롤 러 드 릴 (공 기 식)	17㎥/min	대	1
공 기 압 축 기	21㎥/min	〃	1
크 레 인	-	〃	1

[주] ① 본 품은 크롤러바퀴가 제거된 상태의 보링장비를 크레인을 활용하여 경사면에 위치하여 타격식으로 천공하는 기준이다.
② 장비(크레인)의 규격은 작업여건(시공높이, 시공위치 등) 및 안전율(적정하중, 작업반경 등)을 고려하여 적합한 규격을 적용한다.
③ 보링장비가 지반위에 위치할 수 있어 장비 및 자재의 이동이 원활한 경우 크레인을 제외할 수 있다.
④ 천공에 필요한 비트, 물 등 소모재료는 별도 계상한다.

3. 일당시공량

(일 당)

구 분	시공량(m)					
	토사	혼합층	풍화암	연암	보통암	경암
크 레 인 작 업	38	41	67	48	38	27
지 반 작 업	41	44	71	51	41	29

[주] ① 본 품의 시공량은 천공구경 105~127㎜의 타격식 기준이다.
② 본 품의 크레인작업은 보링장비의 크롤러바퀴가 제거된 상태에서 크레인에서 시공하는 기준이며, 지반작업은 보링장비가 지반위에 위치할 수 있어 크롤러바퀴를 제거하지 않고 시공하는 기준이다.
③ 토사층은 케이싱을 활용한 시공을 기준하며, 혼합층은 케이싱을 사용할 수 없는 지반에서 자갈, 전석, 지하수로, 공동 등으로 인해 홀 막힘이 발생되는 경우에 적용한다.
④ 본 품은 작업준비, 마킹, 천공, 보강재 삽입 작업을 포함한다.
⑤ 철근을 보강재로 사용하기 위해 현장에서 가공이 필요한 경우, '[공통부문] 6-2 철근'을 참조하여 적용하며, 보강재 조립(접착판, 스페이서 등 부착)품은 다음과 같다.

(일 당)

구 분	단 위	수 량	시공량(ton)
철 근 공	인	2	3.0
보 통 인 부	〃	1	

4. 그라우팅

(일 당)

구 분	규 격	단 위	수 량	시공량(㎥)
보 링 공	-	인	1	
기 계 설 비 공	-	〃	1	
특 별 인 부	-	〃	2	3.2
그 라 우 팅 믹 서	190×2ℓ	대	1	
그 라 우 팅 펌 프	30~60ℓ/min	〃	1	
고 소 작 업 차	-	〃	1	

[주] ① 본 품은 고소작업차를 활용하여 경사면에 직접 시공하는 기준이다.
② 작업인력이 지반에 위치하여 작업하는 경우 고소작업차를 제외한다.
③ 장비(고소작업차)의 규격은 작업여건(시공높이, 시공위치 등) 및 안전율(적정하중, 작업반경 등)을 고려하여 적합한 규격을 적용한다.
④ 물 공급을 위해 살수차 등의 장비가 필요한 경우 기계경비는 별도 계상한다.
⑤ 공구손료 및 경장비(발전기 등)의 기계경비는 인력품의 11%를 계상한다.
⑥ 소모재료(시멘트, 혼화재, 물)는 별도 계상한다.

■ AGP 그라우트 공법(A, B재)

○ 참고자료

1. AGP 그라우트 주입재의 배합비

구 분	주입량(ℓ)	A액 (200ℓ)			B액 (200ℓ)	
		AGP-A재 kg	시멘트 kg	물 kg	AGP-B재 kg	물 kg
배합비(급결용)	400	30	80	164	100	163
배합비(완결용)	400	30	80	164	50	182

2. AGP 그라우트 주입공

(㎥ 당)

명 칭	규 격	단 위	배 합		비 고
			급결용	완결용	
노 무 비	중급기술자	hr	0.41	0.41	
〃	보통인부	〃	0.41	0.41	
〃	특별인부	〃	0.83	0.83	
〃	기계설비공	〃	0.41	0.41	
잡 품 비	인건비의 5%	식	1	1	
그 라 우 팅 믹 서	360ℓ×5kW	hr	3.33	3.33	
그 라 우 팅 펌 프	40-125ℓ/min	〃	3.33	3.33	
그 라 우 팅 믹 서	190ℓ×2.5kW	〃	3.33	3.33	
유 량 압 력 측 정 기	2조	〃	6.66	6.66	
AGP-A	첨가제	kg	75	75	
시 멘 트	보통 포틀랜드	〃	200	200	
AGP-B	급결재	〃	250	125	

AGP 그라우트 공법

친환경식생방음터널, 터널보강그라우팅, 차수그라우팅, 코킹어셈블리, 방음벽 및 방음터널, 생태복원SS녹화공법 시스템, 암절개면보호식재공
알루미늄교량유지관리점검대, 교량점배수시설, 교량선배수시설, PY-BEAM교량, 외장재, 차량방호책, 절토부점검로, 알루미늄차광판, 교량난간, 거적덮기

ST (주)에스티

본   사 : 경기도 안양시 동안구 동편로 73 에스티빌딩
제 1 공장 : 충북 진천군 진천읍 장관리 609-4
제 2 공장 : 경상북도 경산시 남천면 흥산길 85(흥산리 235번지)

TEL : 031-426-0350
FAX : 031-426-0358
MAIL : alsts@chol.com

보유면허 : 토공, 보링그라우팅, 조경식재
철근콘크리트, 조경시설물, 철물

■ AGP 그라우트 공법(S재)

1. AGP 그라우트 주입재의 배합비

구 분	주입량(ℓ)	A액 (200ℓ)			B액 (200ℓ)	
		AGP-S재 kg	응결조절재 g	물 kg	시멘트 kg	물 kg
배합비(급결용)	400	100	-	166	120	162

2. AGP 그라우트 주입공

(㎥ 당)

명 칭	규 격	단 위	배합			비 고
			소구경	대구경	대구경 직천공	
노 무 비	중급기술자	hr	0.24	0.3	0.3	
〃	보링공	〃	0.4	0.5	0.5	
〃	보통인부	〃	0.4	0.5	0.5	
〃	건설기계운전사	〃	0.4	0.5	0.5	
〃	일반기계운전사	〃	0.4	0.5	0.5	
〃	건설기계 조장	〃	0.16	0.2	0.2	
잡 품 비	재료비의 5%	식	1	1	1	
그라우팅믹서	390ℓ×5kW	hr	0.3744	0.468	-	
그라우팅펌프	40~125ℓ/min	hr	0.3744	0.468	-	
AGP-S	급결재	kg	250	250	250	
시 멘 트	보통 포틀랜드	〃	300	300	300	

토탈옹벽블록 설치(특허 제10-2338930호)

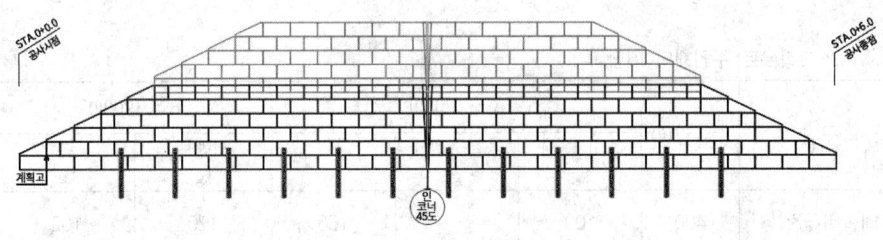

전 개 도

(㎡ 당)

구 분	항 목	규 격(mm)	단 위	수 량	비 고
자 재	기 초 블 록	2000(가로)×1000(세로)×850(폭)	㎥	1.00	
	중 간 블 록	2000(가로)×1000(세로)×850(폭)	〃	1.00	
	배 수 블 록	2000(가로)×1000(세로)×850(폭)	〃	1.00	상단부 설치
	L형 블 록	2000(가로)×1000(세로)×800(폭)	〃	1.00	〃
	코 너 블 록	-	〃	각도에 따라 상이	
	데 드 블 록	1000(가로)×600(세로)×500(폭)	〃	0.60	성토부 설치
	연결키블록	300(가로)×190(세로)×100(폭)	개	1.00	블록과 블록 사이에 설치
인 력	특 별 인 부	-	인	0.38	
	보 통 인 부	-	〃	0.47	
	철 근 공	-	〃	0.08	
	콘크리트공	-	〃	0.06	
장 비	굴 삭 기	10Lc	hr	0.18	
	진 동 롤 러	0.7 ton	〃	0.15	
	크 레 인	50 ton	〃	0.21	
운 반 및 하차비	보 통 인 부	-	인	0.031	
	굴 삭 기	10Lc	hr	0.117	
	25톤트럭	L=100km 이내, 구역화물	〃	0.043	
하차비	보 통 인 부	-	인	0.031	
	굴 삭 기	10Lc	hr	0.117	
소운반	보 통 인 부	-	인	0.031	
	굴 삭 기	10Lc	hr	0.117	
	덤 프 트 럭	4.5 ton, L=0.10 km	〃	0.134	

○ 참고자료

[주] ① 본 품은 토탈옹벽블록 제품의 설치 기준이다.
② 마감블록 용도에 따라 배수블록과 L형 블록 중 선택할 수 있다.
③ 본 품은 블록설치 및 마감면 정리 작업을 포함한다.
④ 재료량(토탈옹벽블록, 부직포, 와이어, 클립)은 설계 수량에 따른다.
⑤ 현장 여건에 따라 Soil Nail, H-Pile 보강이 가능하다.
⑥ Soil Nail, H-Pile 설치 품은 필요시 설계에 준하여 적용한다.
⑦ 터파기, 콘크리트 타설, 부직포설치, 철근가공 및 조립, 뒷채움 및 다짐은 별도 계상한다.
⑧ 덤프트럭, 굴삭기 등 장비가 추가로 필요한 경우 별도 계상한다.
⑨ 5m 이상 고소작업 시 인력/장비는 높이별 할증을 적용한다.
⑩ 육상 운반비 거리 증가 시 견적가를 적용한다.

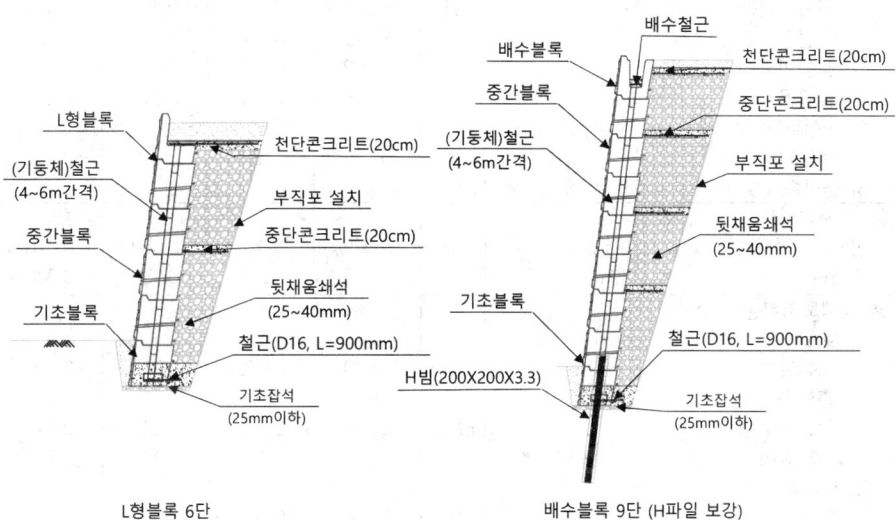

L형블록 6단   배수블록 9단 (H파일 보강)

절토부 옹벽의 최강자! (반일체식 공법 토탈옹벽블록)

특수공법으로 공사기간 단축, 국내유일 배수블록 & H파일 공법, 최적의 부지활용

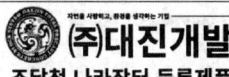

㈜대진개발
조달청 나라장터 등록제품

경기도 포천시 내촌면 부마로 503번길 89-11
TEL : 031-532-9778   FAX : 031-531-9778
www.totalblock.co.kr   E-mail : ljd5671@naver.com

그로스폼(G-25) 격자블록(절·성토)

> 참고자료

(㎡ 당)

구 분	규 격	단위	법면 길이 10m 이내	법면 길이 10~20m 이내	법면 길이 20~40m 이내	법면 길이 40~60m 이내
1. [재료비]						
1) 그로스폼(G-25)	T=10cm±10%	㎡	1.41	1.41	1.41	1.41
2) 모르터(Mortar)	(C:550kg 1:3)	㎥	0.055	0.055	0.055	0.055
3) 인장보강재	전폭 6cm	㎡	0.200	0.200	0.200	0.200
4) 잡재료비	재료비의 5%	식	1	1	1	1
2. [노무비]						
1) 모르터주입						
콘크리트공	-	인	0.017	0.020	0.021	0.023
특별인부	-	〃	0.022	0.024	0.026	0.028
보통인부	-	〃	0.028	0.030	0.032	0.034
배관공	-	〃	0.015	0.017	0.019	0.021
2) 식생부 필터절개						
보통인부	-	〃	0.015	0.017	0.018	0.019
3) 공구손료	노무비의 3%	식	1	1	1	1
3. [기계경비]						
콘크리트펌프차	80㎥/hr	hr	0.045	0.050	0.060	0.070
크레인	30 ton	〃	0.015	0.020	0.030	0.040
■ 녹생토취부공						
1) 재료비						
녹생토	-	t	0.070	0.070	0.070	0.070
혼합종자	-	g	84	84	84	84
녹생토수량	-	㎥/㎡	0.643	0.643	0.643	0.643
잡재료비	재료비의 3%	식	1	1	1	1
2) 노무비						
작업반장	-	인	0.006	0.006	0.006	0.006
특별인부	-	〃	0.027	0.027	0.027	0.027
보통인부	-	〃	0.032	0.032	0.032	0.032
공구손료	노무비의 2%	식	1	1	1	1
3) 기계경비						
취부기(25ℓ)	-	hr	0.051	0.051	0.051	0.051
공기압축기(21㎥/min)	-	〃	0.051	0.051	0.051	0.051
발전기(50kW)	-	〃	0.051	0.051	0.051	0.051
크레인(5ton)	-	〃	0.051	0.051	0.051	0.051
덤프트럭(6ton)	-	〃	0.051	0.051	0.051	0.051

[주] ① 설계시 현장 여건에 따라 법면 길이를 적용한다.
② 토공 및 사면 고르기 및 벌근제거, 마대쌓기 등의 품은 별도 계상한다.
③ 사면기울기는 1:1~1:3 기준.(1:03~1:0.7은 인력품 할증)
④ 자재 할증 포함. 몰탈 주입부 평균두께는 10cm±10% 기준.
⑤ 녹생토 취부공(식생부 필터부분) 평균두께는 7cm 기준.
⑥ 야간할증 품은 별도 계상한다.

■ 그로스폼(G-6)(하천)

→ 참고자료
(㎥ 당)

구 분	규 격	단위	육상
1. [재료비]			
1) 그로스폼(G-6)	T=10cm±10%	㎡	1.41
2) 모르터(Mortar)	(C:550kg 1:3)	㎡	0.116
3) 인장보강재	전폭 6cm	㎡	0.200
4) 잡재료비	재료비의 5%	식	1
2. [노무비]			
1) 그로스폼 설치			
특별인부	-	인	0.008
보통인부	-	〃	0.010
잠수부	-	4인 1조	0.0092
2) 면고르기			
보통인부	-	〃	0.010
3) 모르터 주입			
콘크리트공	-	〃	0.012
특별인부	-	〃	0.010
보통인부	-	〃	0.010
잠수부	-	4인 1조	0.013
4) 공구손료	노무비의 3%	식	1
3. [기계경비]			
콘크리트펌프차	80㎥/hr	hr	0.0326

① 압송관 40m 이내 적용한다.
  (40m 이상은 별도 계상한다)
② 설계시 모르터(Mortar) 재료비는 공사현장 현지(지역) 단가로 적용한다.
③ 토공 및 사면고르기, 벌근제거, 마대쌓기 등의 품은 별도 계상한다.
④ 본 품은 자재의 할증은 포함되어 있다. 평균 두께는 10cm±10% 기준.
⑤ 사면 기울기 1:1.5~1:3을 적용한다.
⑥ 수심 1m 이상의 수중 시공에 소요되는 인력 및 장비는 별도 계상한다.
⑦ 기초지반이 연약(포화) 지반일 경우에는 인력품을 할증할 수 있다.

◎ 물성표 및 몰탈 표준배합
■ 그로스폼 물성표

구 분	단위	경사	위사	시험방법
두 께	mm	0.32 이상		(KS K ISO 9863-1 : 2005, A법) 가압압력 2Kpa
중 량	g/㎡	350 이상		(KS K ISO 9864 : 2005)
재 질	-	폴리에스테르		(KS K 0210-1 : 2015)
신 도	%	10 이상	10 이상	(KS K 0743 : 2016) C.R.E, 그래브법
인 열 강 도	N	588 이상	588 이상	(KS K 0537 : 2019) 트래피 죠이드법
투 수 계 수	cm/sec	$a \times 10^{-3}$ 이상		(KS K ISO 11058 : 2011), 정두수법
인 장 강 도	N	1,274 이상	980 이상	(KS K 0743 : 2016) C.R.E 그래브법 Filter Point(두겹)
		980 이상	980 이상	(KS K 0743 : 2016) C.R.E 그래브법 Ground(두겹)
봉 합 강 도	N	980 이상		(KS K ISO 13935-2 : 2014)
인 장 보 강 재	N/전폭	5,883 이상		(KS K 0411 : 2017, C.R.E)

■ 그로스폼 주입 몰탈(Mortar)의 표준배합표

(㎥ 당)

구 분	비율(W/C)	시멘트(C)	물(W)	잔골재(S)	비 고
몰탈(Mortar)	70%	550kg	385kg~400kg	1,360kg	

※ 단, 상기 배합은 각 현장의 지역에 따라 잔골재의 함수율, 조립율, 날씨, 공사여건 및 사면 구배 등을 감안하여 W/C/S를 변경하여 주입이 원활하도록 시공할 수 있다.

■ 고강도 텐션(테코)네트 시스템(특허 제10-1929702호)

1. 고강도 텐션(테코)네트 설치공

(㎡당)

구 분	규 격	단 위	수 량	비 고
작 업 반 장	-	인	0.027	
특 별 인 부	-	〃	0.056	
보 통 인 부	-	〃	0.056	
고강도텐션네트	3×137×83㎜	㎡	1.15	
클 로 링 크	T3 clip	개	2.415	
경 계 로 프	-	m	별도계상	현장여건
클 립	-	개	〃	〃
네 일 또 는 록 볼 트	-	〃	〃	〃
특 수 지 압 판	7×330×205㎜	〃	〃	〃

2. 프리텐셔닝공

(공당)

구 분	규 격	단 위	수 량	비 고
작 업 반 장	-	인	0.013	
특 별 인 부	-	〃	0.027	
보 통 인 부	-	〃	0.027	

[주] ① 본 품은 고강도 텐션(테코)네트 시스템 시공을 위한 고강도 텐션(테코)네트 설치와 프리텐셔닝에 대한 것이다.
② 고강도 텐션(테코)네트 설치공은 작업준비, 네트 재단, 네트 펼치기/부착하기, 클로링크 체결, 경계로프 연결(꿰맴공 등)을 포함한다.
③ 프리텐셔닝공은 표면의 응력을 강화하고 네일(또는 록볼트)로 지반의 전단강도를 제고시켜 텐션네트·네일(또는 록볼트) 간의 힘을 상호 접선이동시킴으로써 전체비탈면을 일체화하여 표면의 낙석보호와 심층의 파괴에 대처하기 위한 것이다.
④ 네일공(또는 록볼트공)은 "공통부문 3-7-5 비탈면 보강공"을 적용한다.
⑤ 비탈면 고르기는 별도 계상한다.
⑥ 크레인 또는 비계가 필요한 경우, 별도 계상한다.

고강도 텐션(테코)네트·암부착망·링네트 낙석/토석류 방호 시스템

BRUGG Geobrugg
Safety is our nature
㈜지오브르그 코리아

서울시 마포구 월드컵북로 402, 905호(상암동, KGIT센터)
TEL : 02-3665-0631/2   FAX : 02-3665-2827
www.geobrugg.co.kr   info@geobrugg.co.kr

> 참고자료

■ 링네트 토석류 방호(RDFB) 시스템(특허 제10-2396989호)

1. 링네트 설치공

(㎡ 당)

구 분	규 격	단 위	수 량	비 고
작 업 반 장	-	인	0.314	
조 력 공	-	〃	1.257	
보 통 인 부	-	〃	0.629	
발 전 기	125㎾	hr	2.515	
잡 장 비	노무비의 %	%	5.000	
링 네 트	7, 12, 16, 19/3/300	㎡	1.00	
와 이 어 메 쉬	ø2.4㎜, 50×50㎜	〃	1.25	
와 이 어 로 프 앵 커	14.5, 18.5, 22.5㎜×2	개	별도계상	현장여건
와 이 어 로 프	지지로프, 경계로프	m	〃	〃
기 타 부 재	-	식	〃	〃

2. 와이어로프 설치공

(m 당)

구 분	규 격	단 위	수 량		비 고
			지지로프	경계로프	
작 업 반 장	-	인	0.200	0.200	
특 별 인 부	-	〃	0.533	0.507	
보 통 인 부	-	〃	0.933	0.767	
잡 장 비	노무비의 %	%	4.000	2.000	

[주] ① 본 품은 링네트 토석류 방호 시스템 시공을 위한 링네트와 와이어로프 설치에 대한 것이다.
② 와이어로프앵커공은 "공통부문 3-7-5 비탈면 보강공"을 적용한다.
③ 크레인 또는 비계가 필요한 경우, 별도 계상한다.

■ 고화매트를 이용한 산마루측구, 수로 설치 공법

1. 고화매트120

(㎡당)

구 분		품 명	규 격	단 위	수 량
자 재		고화매트120	1m×1m, 12kg	㎡	1.1
		매트고정핀	300mm×ø13	개	2.2
		못형매트고정핀	200mm	〃	4.95
		잡재료비	재료비의 3%	식	1.0
노 무	면고르기	보통인부	-	인	0.005
	매트설치	작업반장	-	〃	0.01
		특별인부	-	〃	0.03
		보통인부	-	〃	0.04
	살수작업	보통인부	-	〃	0.003
		공구손료	인건비의 2%	식	1.0
장 비		굴삭기	0.7㎥	-	0.015
		크레인(트럭탑재크레인)	18톤	-	0.08
		물탱크(살수차)	5,500ℓ	-	0.026

[주] ① 본품은 사면 보호공인 배수시설공법으로 시공성이 좋은 공법으로 산마루측구 소수로에 적합하다.
② 크레인은 트럭탑재크레인 18톤을 기본으로 작성하였으며, 수로의 위치가 더 높을 경우 현장 여건에 맞는 크레인으로 변경하여 계상한다.
③ 잡재료비는 재료비의 3%, 공구손료는 인건비의 2%를 계상한다.
④ 본품은 터파기 및 잔토처리는 포함되어 있지 않다.
⑤ 현장여건에 따라 장비의 조합을 변경할 수 있다.

고화매트
산마루측구, 수로, 방초매트

미끄럼방지 포장재
safekeeper t3
물품식별번호 : 22151048

주식회사 유시티 UBIQUITOUS CITY

강원특별자치도 홍천군 남면 홍성길 219(화전농공단지)
TEL : 033-436-0277 FAX : 033-436-0278
Webhard : ID/nonslip PW/nonslip

○ 참고자료

■ 섬유대혼합공(섬유대몰탈 격자블럭공)

(㎡ 당)

구 분	규 격	단위	사면고			
			10m 이내	10~20m	20~40m	40~60m
1. 섬유몰탈격자블럭공						
가. 재료비						
섬유대거푸집	8각 23×23	㎡	1.4	1.4	1.4	1.4
시멘트모르타르	500kg 1:3	〃	0.08	0.08	0.08	0.08
잡재료비	재료비 5%	식	1	1	1	1
나. 노무비						
1) 섬유거푸집 포설	-	-	-	-	-	-
및 몰탈타설공	-	-	-	-	-	-
콘크리트공	-	인	0.032	0.040	0.048	0.056
특별인부	-	〃	0.035	0.045	0.055	0.060
보통인부	-	〃	0.045	0.055	0.065	0.070
2) 제단 및 필터						
절개공	-	-	-	-	-	-
보통인부	-	인	0.030	0.040	0.045	0.050
특별인부	-	〃	0.020	0.025	0.030	0.035
공구손료	인건비 5%	식	1	1	1	1
다. 기계경비						
콘크리트펌프차	80 ㎡/hr	hr	0.050	0.055	0.063	0.073
크레인	30 ton	〃	0.020	0.025	0.033	0.043
라. 섬유거푸집						
마무리 물청소						
보통인부	-	인	0.012	0.015	0.018	0.021

사면안정	지반조사	안정해석	제작시공

「SRP, ARP공법」(쏘일네일 및 앵커형 판넬식 옹벽) ·특허 제 10-1027800호
• 2중가압식 Soil Nail (특허 제 10-0710866호) • Bar Type Anchor (특허 제 10-0776620호)

 (주)동평건설엔지니어링
www.dpenc.com

• 판넬식 옹벽 (특허 제 10-2019480호)
• 강연선 Soil Nail (특허 제 10-1052852호)
• 섬유대혼합공(특허 제 10-0795036호)

경상북도 안동시 송천3길 42-1, 105호(송천동)   TEL : 054-823-5650   www.dpenc.com

○ 참고자료

(㎡ 당)

구 분	규 격	단위	사면고			
			10m 이내	10~20m	20~40m	40~60m
2. 취부공						
가. 재료비						
녹생토	-	㎥	0.077	0.077	0.077	0.077
종자	혼합종자	g	84	84	84	84
나. 노무비						
작업반장	-	인	0.005	0.005	0.005	0.005
특별인부	-	〃	0.010	0.010	0.010	0.020
기계공	-	〃	0.005	0.005	0.005	0.005
보통인부	-	〃	0.009	0.009	0.009	0.056
다. 기계경비						
취부기	25ℓ	hr	0.036	0.036	0.036	0.060
공기압축기	21㎥/min	〃	0.036	0.036	0.036	0.060
발전기	50kW	〃	0.036	0.036	0.036	0.060
트럭탑재형크레인	5 ton	〃	0.036	0.036	0.036	0.070
덤프트럭	6 ton	〃	0.036	0.036	0.036	0.060

[주] ① 벌개제근 및 비탈면 고르기의 품은 별도 계상한다.
    ② 설계시 높이별 할증을 별도로 적용한다.
    ③ 취부공 두께는 7㎝ 기준이며, 취부면적은 36% 적용한다.

■ REB 공법(대형블럭 옹벽)

(㎡ 당)

구 분		규 격	단 위	수 량	비 고
블 록 설 치	특 별 인 부	-	인	0.20	
	보 통 인 부	-	〃	0.17	
	굴 삭 기	0.7㎥	hr	0.50	
	진 동 롤 러(자주식)	10 ton	〃	0.46	
	진 동 롤 러(핸드가이드식)	0.7 ton	〃	0.29	
	크 레 인(무한궤도)	25 ton	〃	0.50	
부직포설치	부 직 포	-	㎡	1.05	
	보 통 인 부	-	인	0.0015	

[주] ① 블록설치 외의 다른 공정은 별도 계상한다.
    ② 재료량(블럭, 보강재, 블록마감재 등)은 설계수량에 따른다.
    ③ 블록설치비는 계획고 5m를 기준으로 한 것으로 높이에 따라 할증을 적용한다.
    ④ 잡재료비는 재료비의 5%를 계상한다.

■ SRP, ARP 공법(절토부 패널식 옹벽)

1. 패널 설치공

(㎡ 당)

구 분		규 격	단 위	수 량	비 고
패널설치	작 업 반 장	-	인	0.055	
	특 별 인 부	-	〃	0.120	
	보 통 인 부	-	〃	0.215	
	철 근 공	-	〃	0.005	
	형 틀 목 공	-	〃	0.017	
	크 레 인	10 ton	hr	0.340	
	덤 프 트 럭	2.5 ton	〃	0.340	
부직포설치	부 직 포	-	㎡	1.05	
	보 통 인 부	-	인	0.0015	

2. 기초콘크리트 블록 설치공

(개당)

구 분		규 격	단 위	수 량	비 고
기초콘크리트블럭설치	특 별 인 부	-	인	0.18	
	보 통 인 부	-	〃	0.60	
	크 레 인	10 ton	hr	1.90	

[주] ① 패널 설치 외의 다른 공정은 별도 계상한다.
② 옹벽 크기(1.5m×1.5m)를 기준으로 한 것이다.
③ 터파기 되메움 별도.
④ 기초콘크리트 타설 별도.
⑤ 잡재료비는 재료비의 5%를 계상한다.

■ 크레타블록쌓기(Free Standing)

○ 참고자료

구 분	단 위	크레타/미니크레타쌓기(㎡당)	마감(아키텍쳐캡)블럭쌓기(m당)
작 업 반 장	인	0.034	0.01
조 적 공	〃	0.40	0.01
보 통 인 부	〃	0.20	0.05

[주] ① 미니크레타블록 시공시 10%, 0.6h 이하의 화단, 앉음벽 시공시 50% 할증 계상한다.
② 계단 시공시 80% 할증 계상한다.
③ 블록 운반비는 별도 계상한다.
④ 기초터파기, 되메우기, 잔토처리 및 보강토 다짐은 별도 계상한다.
⑤ 배면 보강재 설치가 필요시에는 별도 계상한다.
⑥ 잡재료비는 노무비의 3%로 한다.
⑦ 아키텍쳐필러(기둥재) 시공시 20% 할증 계상한다.
⑧ 본 품은 육각 커넥터 설치비를 포함한다.

■ 그라비월 블록 설치

(㎡당)

공 종	단 위/규 격	수 량
굴 삭 기	hr(0.6㎥)	0.25
특 별 인 부	인	0.46
보 통 인 부	〃	0.20

[주] ① 잡재료비는 재료비의 5%로 한다.
② 뒷채움잡석 및 다짐은 별도 계상한다.
③ 기타 토공사 및 기초 콘크리트 타설 비용은 별도 계상한다.
④ 본 품은 뒷블록 설치비가 포함되어 있다.

■ 마블스텝(인조계단돌) 설치

(㎡당)

공 종	단 위/규 격	수 량
굴 삭 기	hr(0.6㎥)	0.20
특 별 인 부	인	1.00
보 통 인 부	〃	0.20

[주] ① 잡재료비는 재료비의 5%로 한다.
② 본 품은 마블스텝설치 및 조정, 이음 모르타르를 포함한다.
③ 기타 토공사 및 기초 콘크리트, 타파기, 되메우기, 잔토처리는 별도 계상한다.
④ 본 품의 마블스텝 수량은 윗면을 기준으로 한다.

3-8 보강토 옹벽

3-8-1 패널 설치('20년 보완)

(㎡ 당)

구 분	규 격	단 위	수 량
특 별 인 부	-	인	0.10
보 통 인 부	-	〃	0.06
철 근 공	-	〃	0.03
형 틀 목 공	-	〃	0.04
크 레 인	10ton	hr	0.20

[주] ① 본 품은 보강재(그리드)를 사용한 패널식 옹벽(1.5m×1.5m) 설치 기준이다.
② 본 품은 패널 설치, 보강재 설치, 빗장고리 설치, 수평 및 수직채움재, 앵커철근 설치, 마감면 정리 작업을 포함한다.
③ 터파기 및 기초콘크리트 타설은 별도 계상한다.
④ 트럭이 필요한 경우 별도 계상한다.
⑤ 재료량(패널, 보강재, 빗장고리, 수평채움재, 수직채움재, 앵커철근)은 설계 수량에 따른다.

■ 컨츄리매너식 경관블록 쌓기(컨츄리매너, 컨츄리매너 베이직, 센츄리가든, 스텝블럭 등)

구 분	공 종	단 위	본체 블록 쌓기(㎡ 당)	마감 블록 쌓기(m 당)
작 업 반 장		인	0.034	0.01
조 적 공		〃	0.4	0.01
보 통 인 부		〃	0.2	0.05

[주] ① 블록 운반비는 별도로 계상한다.
② 기초터파기, 되메우기, 잔토처리 보강토 다짐은 별도로 계상한다.
③ 잡재료비는 노무비의 3%로 한다.
④ 계단 시공 시 80% 할증 계상한다.

■ 소모그린백 보강토 옹벽 쌓기(특허 제10-0557703호)

(㎡ 당)

구 분	공 종	단 위	소모그린백 흙담기	소모그린백 수직운반	소모그린백 소운반	소모그린백 쌓기	연결핀 설치
보 통 인 부		인	0.245	0.257	0.192	-	0.192
특 별 인 부		〃	-	-	-	0.192	-

[주] ① 백 및 연결핀 세트 운반비는 별도로 계상한다.
② 기초터파기, 되메우기, 잔토처리 보강토 다짐은 별도로 계상한다.
③ 배면 보강재 설치가 필요시에는 별도로 계상한다.
④ 잡재료비는 노무비의 3%로 한다.

○ 참고자료

■ JS자립 시스템 공법

1. JS자립 시스템 패널 설치(기본형)

(㎡ 당)

구 분	규 격	단 위	수 량	비 고
특 별 인 부	-	인	0.35	
보 통 인 부	-	〃	0.35	
철 근 공	-	〃	0.35	
형 틀 목 공	-	〃	0.35	
크 레 인(타이어)	50 ton	hr	0.2	

2. 보강용 철근 가공 조립(현장)

(ton 당)

구 분	규 격	단 위	수 량	
			철근 가공	철근 조립
철 근 공	-	인	1	1.73
보 통 인 부	-	〃	1	1
기 계 경 비	노무비의	%	9	-
손 료	〃	〃	-	2

3. 강판설치

(단위 당)

구 분	규 격	단 위	수 량	
			강판 절단(t=14㎜)	용접(t=6㎜)
산 소	6000/병	ℓ	168	-
LPG	-	kg	0.164	-
용 접 봉	-	〃	-	0.33
전 기	-	kW	-	2.25
용 접 공	(일반)	인	0.007	0.014
특 별 인 부	-	〃	0.035	0.004
기 구 손 료	노무비의	%	3	5

[주] ① 패널 설치의 할증은 80~110%로 현장에 맞게 적용한다.
② 패널, 강재 운반비는 별도로 계산한다.
③ 강판 및 용접 수량은 현장여건에 따라 변경 가능하다.
④ 보강 필요에 따른 철근 및 강관 설치는 별도 계상한다.

유연성 토석류 방호시스템(O-NET)(특허 제10-1920459호)

◎ 참고자료

◎ O-NET 망 설치

(㎡ 당)

구 분		규 격	단 위	수 량	비 고
인력	작업반장	-	인	0.053	
	특별인부	-	〃	0.202	
	보통인부	-	〃	0.332	
	조력공	-	〃	0.212	
자재	O-NET	6, 8, 10, 12, 16, 19/3,300	㎡	1.15	
	Q-NET	ø8, 200×200, 300×300	〃	1.15	
	DEX-NET	ø2mm이상, 56×56	〃	1.15	
	T-DEX	ø3, 1,770MPa	〃	1.15	
	기타부자재	-	식	별도	현장여건에 따름

[주] 잡장비는 노무비의 3%로 계상한다.

◎ HI-BEAM 지주설치

(m 당)

구 분		규 격	단 위	수 량	비 고
인력	작업반장	-	인	0.054	
	보통인부	-	〃	0.250	
	특별인부	-	〃	0.140	
자재	HI-BEAM	플레이트 포함	Set	1.00	
	HI-BEAM ANCHOR	ø25, 29	m	별도	현장여건에 따름

[주] 잡장비는 노무비의 5%로 계상한다.

◎ DEX-ROPE 설치

(m 당)

구 분		규 격	단 위	수 량	비 고
인력	작업반장	-	인	0.050	
	특별인부	-	〃	0.036	
	보통인부	-	〃	0.070	
	조력공	-	〃	0.030	
자재	DEX-ROPE	ø16, 18, 22, 24	m	별도	현장여건에 따름

[주] 잡장비는 노무비의 4%로 계상한다.

◎ 인력천공(ø42㎜)

(m 당)

구 분		단 위	토 사	풍화암	연 암	보통암	경 암	비 고
인 력	중급기술자	인	0.052	0.038	0.046	0.052	0.070	
	특별인부	〃	0.052	0.038	0.046	0.052	0.070	
	착 암 공	〃	0.104	0.076	0.092	0.104	0.139	
자 재	인서트비트	개	0.02	0.005	0.01	0.02	0.04	
	비트연마석	〃	0.02	0.02	0.02	0.02	0.02	
장 비	착 암 기	시간	0.418	0.305	0.368	0.418	0.556	
	공기압축기	〃	0.418	0.305	0.368	0.418	0.556	
	에 어 호 스	〃	0.418	0.305	0.368	0.418	0.556	

[주] ① 기초 거푸집 설치는 "6-3-1 합판 거푸집 설치 및 해체"에 따른다.
② 현장 기초콘크리트 타설은 "6-1-2 현장비빔타설"에 따른다.
③ DEX-NET 설치는 "토목부문 1-9-3 낙석방지책 설치"에 따른다.
④ 그라우팅은 "공통부문 3-7-5 비탈면 보강공"에 따른다.
⑤ 현장작업조건에 따른 품의 할증이 필요한 경우 "공통부문 1-4-3 품의 할증"을 적용한다.
⑥ 크레인 혹은 비계가 필요한 경우, 별도 계상한다.
⑦ 인력천공시 현장조건에 따라 양호(작업이 평탄하며 보행이 자유롭고 장애물이 없는 경우), 보통(작업공간의 경사가 20°~40°미만으로 작업이 평탄하지 않아 보행에 지장이 있는 경우), 불량(경사 40°이상으로 작업에 지장이 있는 절개면의 경우)으로 구분하고 작업효율을 양호 0.6~0.7, 보통 0.5~0.6, 불량 0.4~0.5를 적용한다.
⑧ 인력천공시 현장조건에 따라 장비의 이동, 조립 및 해체가 필요한 경우 "공통부문 3-7-5 1.장비 조립 및 해체"를 별도 계상한다.
⑨ 인력천공시 천공경 ø42㎜, 천공심도 3m이상의 경우 노미교체에 따른 사이클 타임을 고려하여 계상한다.

■ 파일 네일링(HT-NET)

구분	명칭	규격	단위	수량 1.5m×1.5m	수량 2m×2m	수량 3m×3m
자재	파 일 네 일	ø38×6T×3m	개	3.3	3.3	3.3
	파 일 커 플 러	ø45×120	〃	3.3	3	3
	파 일 헤드&정착콘	ø36×50	〃	1.1	1.1	1.1
	인장헤드&연선 콘	ø55×40	조	1.1	1	1
	파 일 스 크 류	ø100×1m	〃	2.2	2	2
	파 일 간 격 재	ø38×120mm	개	4	4	4
	지 압 판	ø200×200×8T	〃	1.1	1.1	1.1
	두 부 캡	ø80×200mm	〃	1.1	1.1	1.1
	H T - N E T	ø3×120×65	㎡	2.475	4.4	9.9
	호 그 링	ø2mm	개	8	17.6	35.2
	결 속 스 프 링	ø3×60	〃	6	8.8	13.2
	야자매트(고분자그리드)	T8mm	㎡	2.475	4.4	9.9
	H T - 와 이 어	ø13×24(철심)	〃	3.3	4.4	9
인력	작 업 반 장	-	인	0.100	0.120	0.140
	특 별 인 부	-	〃	0.686	1.245	1.686
	보 통 인 부	-	〃	0.796	1.796	1.896
	착 암 공	-	〃	0.420	0.420	0.420
장비	레 거 드 릴	27kg	hr	0.976	0.976	0.976
	공 기 압 축 기	17㎥/min	〃	0.764	0.764	0.764
	에 어 호 스	ø25mm	〃	4.192	4.192	4.192
	소형엔진오거	가솔린	〃	0.476	0.476	0.476

[주] ① 비탈면 고르기는 별도 계상한다.
② 자재의 할증은 포함되어 있다.
③ 수량란의 3×3m, 2×2m, 1.5×1.5m는 HT-와이어 설치간격을 의미한다.
④ HT-와이어 교차마다 파일 네일을 설치하며, 사면이 토사, 리핑암인 경우 야자매트+고분자 그리드를 병행하여 시공할 수 있다.
⑤ 인력설치 대신 강관비계를 설치할 수 있고, 크레인 제원은 사면높이 및 경사도에 따라 현장별로 별도 적용한다.
⑥ 수직고 20m 이상인 경우에는 인력품에 다음의 할증률을 가산한다.

수직고	20~30m 이상	30~50m 미만	50m 이상
할 증 률(%)	20	30	40

■ 현장타설 격자블럭(FDS)

구분	명칭	규격	단위	수량 200×200 (1.5m×1.5m)	수량 300×300 (2.0m×2.0m)	수량 400×400 (2.5m×2.5m)
블록틀 설치	격자프레임	#6, 100×100	m²	2.16	4.26	7.04
	격자거푸집	12×30.5×1.6×2.0	〃	1.04	2.04	3.36
	PVC 능형망	40-32(58×58)	〃	2.25	4.00	6.25
	잡철물제작설치	-	kg	7.35	14.49	23.94
Nail or Anchor 설치	Nail or Anchor	-	개	1.10	1.10	1.10
	모르타르	-	m	N	N	N
	비트	-	개	N	N	N
	플레이트	-	〃	1.00	1.00	1.00
	공기압축기	600C.F.M	hr	N	N	N
	크롤러드릴	17 m³/min	〃	N	N	N
	크레인	50 ton	〃	N	N	N
	에어호스	2"	〃	N	N	N
	중급기술자	-	인	0.36	0.64	1.00
	중급기능사	-	〃	0.01	0.02	0.03
	보링공	-	〃	1.03	1.83	2.86
	철골공	-	〃	0.28	0.49	0.78
	특별인부	-	〃	0.70	1.24	1.94
	보통인부	-	〃	0.10	0.18	0.28
숏크리트 설치	시멘트	-	kg	66.533	118.281	184.814
	모래	-	m³	0.147	0.261	0.409
	자갈	-	〃	0.086	0.153	0.239
	급결제	-	kg	3.326	5.912	9.238
	몰탈취부기	Aliva-260	hr	0.461	0.820	1.281
	공기압축기	600C.F.M	〃	0.461	0.820	1.281
	물펌프	50 m(2hp×10m)	〃	0.461	0.820	1.281
	콘크리트믹서	0.3 m³	〃	0.461	0.820	1.281
	발전기	125 kW	〃	0.461	0.820	1.281
	노즐공	-	인	0.056	0.100	0.156
	노즐공조수	-	〃	0.056	0.100	0.156
	기계공	-	〃	0.056	0.100	0.156
	특별인부	-	〃	0.056	0.100	0.156
	보통인부	-	〃	0.344	0.612	0.956

기대기식 옹벽

PC 판넬 옹벽

계단식 옹벽

격자 블럭

- 비탈면 설계 및 보강공사
- 사면안정 · 조사보고
- 안정해석 · 제작시공

본사 : 서울특별시 금천구 가산디지털1로 128, STX-V타워 1608호 | Tel. 02)2107-7100
공장 : 경기도 화성시 봉담읍 덕우공단2길 85-8 | Tel. 031)298-0176

www.slope.co.kr

(주)동아특수건설

282 | 공통부문

> 참고자료

[주] ① 필요시 철근을 배근할 수 있으며 철근가공조립 품을 적용하고, 수직고 10m 이내는 50% 할증, 10m 이상은 70% 할증을 가산한다.
② 블록의 단면은 Nail(Rock Bolt)의 경우 200×200㎜, Anchor의 경우는 400×400㎜ 기준이며 격자 설치 길이는 설계에 준한다.
③ 기타 비탈면 고르기가 필요시 인력품은 3-7 비탈면 보강공 품을 준용한다.
④ 보강재는 블록 설치 시 1.1개를 설치하되 길이는 도면에 준한다.
⑤ 네일 or 앵커 설치품은 필요시 설계에 준하여 적용한다.

■ PC 격자블럭

구분	명칭	규격	단위	수량 2.0×2.0m	수량 2.5×2.5m
자재	PC 격자 블럭	-	개	1.0	1.0
	Anchor	-	〃	1.0	1.0
	모르타르	-	m	N	N
	지압판(아연도금)	-	개	1.1	1.1
	보호 캡(Al합금)	-	〃	1.1	1.1
인력	중급기술자	-	인	0.64	1.00
	중급기능사	-	〃	0.02	0.03
	보링공	-	〃	1.83	2.86
	특별인부	-	〃	1.24	1.94
	보통인부	-	〃	0.18	0.28
장비	공기압축기	600C.F.M	hr	N	N
	크롤러드릴	17㎥/min	〃	N	N
	크레인	50 ton	〃	N	N
	에어호스	2"	인	N	N
	비트	-	개	N	N

[주] ① 수직고 10m 이내는 50%할증, 10m 이상은 70%할증을 가산한다.
② PC격자 블록의 단면 및 PC격자 설치 길이는 설계에 준한다.
③ 기타 비탈면 고르기가 필요시 인력품은 3-7 비탈면 보강공 품을 준용한다.
④ Anchor 설치 품은 필요시 설계에 준하여 적용한다.

|복합정착 앵커 |토석류 및 낙석 방호시스템
|비탈면 설계 및 보강공사
|사면안정.조사보고 |안정해석.제작시공

본사 : 서울특별시 금천구 가산디지털1로 128, STX-V타워 1608호
TEL : 02) 2107-7100   FAX : 02) 2107-7105
공장 : 경기도 화성시 봉담읍 덕우공단2길 85-4
TEL : 031) 298-0176   FAX : 031) 298-7500

  www.slope.co.kr (주)동아특수건설

3-8-2 블록설치('07년 신설, '08, '15, '20년 보완)

(㎡당)

구 분	규 격	단 위	수 량
특 별 인 부	-	인	0.21
보 통 인 부	-	〃	0.09
크 레 인	10 ton	hr	0.50

[주] ① 본 품은 보강재(그리드)를 사용한 블록식 옹벽 설치 기준이다.
② 본 품은 블록(기초블록, 마감블록 등) 설치, 유공관 및 보강재 설치를 포함한다.
③ 터파기 및 기초콘크리트 타설은 별도 계상한다.
④ 재료량(블록, 보강재, 쇄석, 유공관)은 설계수량에 따른다.

■ S.P.A(Semi Precast Panel Anchor) 옹벽(특허 제10-0873408호)

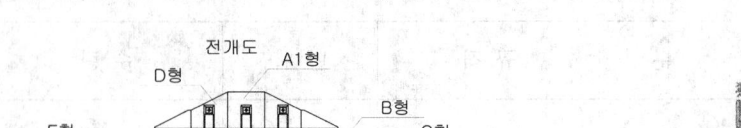
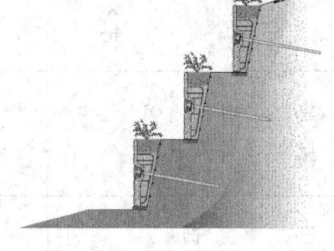

구 분	항 목	규 격 (m)	단 위	비 고
자 재	P . C 패 널	2.50×2.50, A1형	개	
		2.50×2.45~1.25, B형	〃	
		2.50×1.25~0.10, C형	〃	
		2.50×1.25~2.45, D형	〃	
		2.50×0.10~1.25, E형	〃	

[주] ① 본 공법은 Top-Down 방식의 절토부 옹벽으로 절토(깎기), 기초터파기, 기초콘크리트 타설, 거푸집(거친 마감) 등의 수량은 별도 계상한다.
② P.C 패널 설치비는 3-8 보강토옹벽 3-8-1 패널설치 표준품셈에 의하여 계상한다.
③ P.C 패널 시공 중 장비조립·해체, 어스앵커공 천공, 그라우팅, 인장 품셈은 5-1-5 어스앵커공법 표준품셈에 의하여 계상한다.
④ P.C 패널 배면에 설치하는 뒷채움 콘크리트, 거푸집(보통마감), 철근가공조립(보통), 집속 다발관(유공관 ø100mm), 배수관(패널 현장 타설부 ø125mm)의 재료량은 설계수량에 따르고 별도 계상한다.
⑤ 천공경은 P.C 강연선 ø12.7mm×4가닥까지 ø105mm, 5가닥부터는 ø125mm로 적용하여 계상한다.
⑥ P.C 패널 설치시에 필요한 앵커핀, 지그, 각재 등의 설치품은 별도 계상한다.

자연석 문양을 사용한 절토부 비탈면 보강공법(SPA공법)
재난안전신기술 제 92-4-1호, 제2020-23-1호, 조달청 혁신제품 제 2023-098호, 도공기술마켓, 서울시, LH 공법등록

본 사 : 충청남도 청양군 청양읍 중앙로18길 1, 2층(케렌시아)
연구소 : 경기도 안양시 동안구 부림로170번길41-22, 4층
TEL : 031-689-3144 FAX : 031-689-3145
www.environ2000.co.kr E-mail : geo3144@hanmail.net

○ 참고자료

■ P.P.N(Precast Panel Nailing) 옹벽(특허 제10-0964716호)

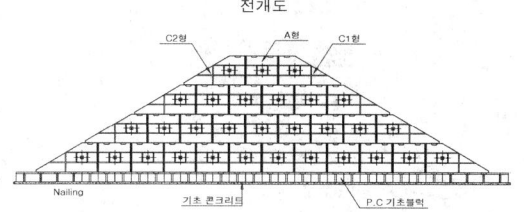
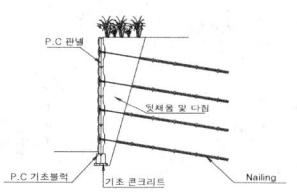

구 분	항 목	규 격 (m)	단 위	비 고
자 재	P . C 패 널	1.50×1.50, A형	개	
		2.25×1.50, B형	〃	
		2.85×1.50~0.10, C1형	〃	
		2.85×1.50~0.10, C2형	〃	
		(특수형)		
		1.50×2.00, A-1형	〃	
		2.25×2.00, B-1형	〃	
		2.85×2.0~0.10, C1-1형	〃	
		2.85×2.0~0.10, C2-1형	〃	

[주] ① 본 공법은 Top-Down 방식의 절토부 옹벽으로 절토(깎기), 기초터파기, 기초콘크리트 타설, 거푸집(거친 마감) 등의 수량은 별도 계상한다.
② P.C 패널 설치비는 3-8 보강토옹벽 3-8-1 패널설치 표준품셈에 의하여 계상한다.
③ P.C 패널 시공 중 장비조립·해체, 네일공 천공, 그라우팅 품셈은 3-7-5 비탈면보강공 표준품셈에 의하여 계상한다.
④ 천공경은 ø90㎜, 현장상황에 따라 천공경을 변경하여 ø105㎜로 적용할 수 있다.
⑤ P.C 패널 설치시 필요한 각재 등의 설치품은 별도 계상한다.

자연석 문양을 사용한 절토부 비탈면 보강공법(PPN공법)
재난안전신기술 제 92-4-1호, 제2020-23-1호, 조달청 혁신제품 제 2023-098호, 도공기술마켓, 서울시, LH 공법등록

본 사 : 충청남도 청양군 청양읍 중앙로18길 1, 2층(케렌시아)
연구소 : 경기도 안양시 동안구 부림로170번길41-22, 4층
TEL : 031-689-3144 FAX : 031-689-3145
www.environ2000.co.kr E-mail : geo3144@hanmail.net

그린메쉬월 식생 보강토 옹벽(특허 제10-0479163호)

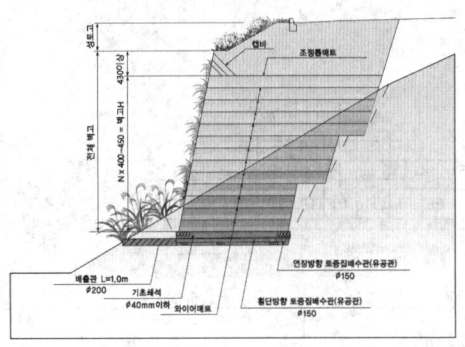

(㎡ 당)

구 분	항 목	규 격 (㎜)	단 위	수 량	비 고
자 재	와이어매트	1,830(폭)×644(높이)×L(보강재길이)	개	1.14	
	백 매 트	1,980(폭)×453(높이)	〃	1.14	
	식 생 매 트	500(높이)	m	2.22	
	지 오 메 쉬	440(높이)	〃	2.22	
	조 정 톱 매 트	1,830(폭)×1,200(높이)×L(보강재길이)	개	-	천단부 설치
	캡 매 트	1,830(폭)×18(높이)×L(보강재길이)	〃	-	〃
	톱 커 버	1,000(길이)	〃	-	〃
	캡 바	-	〃	-	〃
인 력	작 업 반 장	-	인	0.052	
	특 별 인 부	-	〃	0.153	
	보 통 인 부	-	〃	0.511	
	철 근 공	-	〃	0.005	

[주] ① 천단형상에 따라 천단 조정형과 천단 평탄형으로 구분되고 조정형은 캡바, 톱커버, 평탄형은 캡매트가 사용된다.
② 와이어매트 및 조정톱 매트의 보강재 길이는 구조 검토후 규격이 결정되어 적용된다.
③ 설치시 필요한 배수공(유공관, 부직포 및 조골재), 기초쇄석은 별도 계상한다.

환경친화적 식생녹화 보강토공법(GMW공법)
재난안전신기술 제 92-4-1호, 제2020-23-1호, 조달청 혁신제품 제 2023-098호, 도공기술마켓, 서울시, LH 공법등록

 ㈜지오환경

본 사 : 충청남도 청양군 청양읍 중앙로18길 1, 2층(케렌시아)
연구소 : 경기도 안양시 동안구 부림로170번길41-22, 4층
TEL : 031-689-3144   FAX : 031-689-3145
www.environ2000.co.kr E-mail : geo3144@hanmail.net

■ 도담 블록(EM) 쌓기

구 분	공 종	단 위	본체 블록 쌓기(㎡)당	마감 블록 쌓기(m)당
작 업 반 장		인	0.03	0.01
조 적 공		〃	0.36	0.01
보 통 인 부		〃	0.18	0.05

[주] ① 블록 운반비는 별도로 계상한다.
② 기초터파기, 되메우기, 잔토처리 보강토 다짐은 별도로 계상한다.
③ 배면 보강재 설치가 필요시에는 별도로 계상한다.
④ 잡재료비는 노무비의 3%로 한다.
⑤ 0.6h 이하 화단 시공 시 50% 할증 계상한다.
⑥ 계단 시공 시 80% 할증 계상한다.

■ 친환경 식생토낭블록 보강토 옹벽 쌓기 및 사면 쌓기

(매당)

품 명	규 격	단위	수량	비고
토 낭 쌓 기 (자재별도)	보강토 옹벽	㎡	-	
친 환 경 식 생 토 낭 (특허)	씨앗 부착형, 520×1,070mm	매	6.375	1.02 할증
결 속 판 (특허)	300(W)×90(D)×4.5(H)-일반형	개	6.375	1.02 할증
작 업 반 장	토낭 쌓기	인	0.015	
보 통 인 부	〃	〃	0.025	
크 레 인(15톤)	수직 운반	hr	0.08	필요시
보 통 인 부	결속판 설치	〃	0.0112	
토 낭 흙 채 움	만들기	㎡	-	
굴 삭 기(무한궤도)	0.2㎥	시간	0.016	
토 사 주 입 장 비	-	〃	0.016	
보 통 인 부	토낭 흙담기	인	0.065	
잡 재 료 비	인력품의	%	3	
토 낭 쌓 기 (자재별도)	사면	㎡	-	
친 환 경 식 생 토 낭 (특허)	씨앗 부착형, 520×1,070mm	매	6.375	1.02 할증
결 속 판 (특허)	300(W)×90(D)×4.5(H)-일반형	개	6.375	1.02 할증
작 업 반 장	토낭 쌓기	인	0.015	
보 통 인 부	〃	〃	0.025	
크 레 인(15톤)	수직 운반	hr	0.08	필요시
보 통 인 부	소운반	〃	0.044	
보 통 인 부	결속판 설치	〃	0.0112	
토 낭 흙 채 움	만들기	㎡	-	
굴 삭 기(무한궤도)	0.2㎥	시간	0.016	
토 사 주 입 장 비	-	〃	0.016	
보 통 인 부	토낭 흙담기	인	0.065	
잡 재 료 비	인력품의	%	3	
안전철망설치(자재별도)	1,000×1,000mm	㎡	-	
안 전 보 호 철 망	1,000×1,000mm	〃	1.05	
보 통 인 부	-	인	0.082	
잡 재 료 비	인력품의	%	3	
지오그리드설치(자재별도)	IAN 6T 60kN/m, 2×50m	㎡	-	
지 오 그 리 드	IAN 6T 60kN/m, 2×50m	〃	1.05	
보 통 인 부	-	인	0.022	
잡 재 료 비	인력품의	%	3	

※ 수직고 20m 이상인 경우 인력품, 기계품에 다음 할증을 가산한다.

수 직 고	20~30m	30~40m	40~50m	비 고
할 증 율(%)	20	30	40	

[주] ① 안전말뚝은 1개 설치시 품으로 계상한다(가로 1.0m×세로 0.6m).
② 사면시공시 사면 면고르기 필요시 별도 계상한다.
③ 기초 터파기, 되메우기, 잔토처리, 보강토 다짐은 별도 계상한다.
④ 특수한 공사에는 부속공사를 별도로 계상한다.(배수재, 안전말뚝, 비탈면보강운반, 녹화공사)

품 명	규 격	단 위	수 량
성 토 부 설 다 짐	보강토 옹벽	㎥	-
로 더(타이어)	1.34㎥	시간	0.015
모 터 그 레 이 더(일반용)	3.6m	〃	0.012
물 탱 크(살수차)	5,500ℓ	〃	0.016
진 동 롤 러(자주식)	4.4ton	〃	0.093
성 토 부 설 다 짐	사면	㎥	-
굴 삭 기(무한궤도)	0.7㎥	시간	0.012
보 통 인 부	-	인	0.09
플 래 이 트 콤 팩 터	1.0ton	시간	0.166
안 전 말 뚝 설 치	ø19×1.0m	㎡	-
고 장 력 철 근 말 뚝	ø19×1.0m	개	1
보 통 인 부	-	인	0.08
잡 재 료 비	인력품의	%	3
배 수 유 공 관 설 치	150mm, 사면, 옹벽	개	-
유 공 관	150mm	m	0.473
보 통 인 부	-	인	0.05
잡 재 료 비	재료비의	%	3
초 류 종 자 살 포(Seed Spray)	녹화공사	㎡	-
혼 합 종 자	법면녹화용	kg	0.025
복 합 비 료	22-11-12	〃	0.2
피 복 제	제지화이버	〃	0.3
침 식 방 지 안 정 제	CMC	〃	0.2
색 소	착색제	〃	0.002
공 기 압 축 기(이동식)	3.5㎥/min	시간	0.006
물 탱 크(살수차)	5,500ℓ	〃	0.008
특 별 인 부	-	인	0.002
보 통 인 부	-	〃	0.02
비 탈 면 보 강 운 반	-	㎥	-
크 레 인(무한궤도)	30ton(1.15㎥)	시간	0.35
보 통 인 부	-	인	0.23

○ 참고자료

■ 친환경 식생토낭블록 보강토 옹벽 쌓기(특허공법 10-1710980)

품 명	규 격	단 위	수 량
친환경식생토낭쌓기	[자재별도] 보강토 옹벽	㎡	-
터 파 기	기계90%+인력10%	㎥	0.14
되 메 우 기	기계90%+인력10%	〃	0.06
토 낭 흙 채 움	만들기	〃	6.25
토 낭 쌓 기(자재별도)	보강토 옹벽	㎡	0.85
성 토 부 설 다 짐	보강토 옹벽	〃	3.8
안전철망설치(자재별도)	1,000×1,000㎜	〃	1
지오그리드설치(자재별도)	IAN 6T 60kN/m, 2×50m	〃	1

[주] ① 본 공법은 토낭을 이용한 보강토 옹벽으로 전면벽체에 식생이 가능한 친환경 공법이다.
② 옹벽경사도 1:0.3, 높이 5.0m를 기준으로 산출하였다.
③ 기초 깊이는 0.5m, 기초폭은 1.0m로 산출하였다.(지하수 많은 곳: 기초잡석 15㎝)
④ 토사 및 운반, 잔토처리, 보강토 뒤채움 및 다짐 등 토공작업은 별도 계상한다.
⑤ 특수한 공사에는 부속공사를 별도로 계상한다.(배수재, 안전말뚝, 비탈면보강운반, 녹화공사)

■ 친환경 식생토낭블록 사면 쌓기(특허공법 10-1710980)

품 명	규 격	단 위	수 량
친환경식생토낭쌓기	[자재별도] 사면	㎡	-
터 파 기	기계90%+인력10%	㎥	0.1
되 메 우 기	기계90%+인력10%	〃	0.04
토 낭 흙 채 움	만들기	〃	6.25
토 낭 쌓 기(자재별도)	사면	㎡	0.85
성 토 부 설 다 짐	사면	〃	1
안전철망설치(자재별도)	1,000×1,000㎜	〃	1

[주] ① 본 공법은 토낭을 이용한 사면 쌓기 공법으로 사면에 식생이 가능한 친환경 공법이다.
② 사면경사도 1:1, 사면장 5.0m를 기준으로 산출하였다.
③ 기초 깊이는 0.5m, 기초 폭은 1.0m로 산출하였다.(지하수 많은 곳: 기초잡석 15㎝)
④ 토사 및 운반, 잔토처리 등 토공작업은 별도 계상한다.
⑤ 특수한 공사에는 부속공사를 별도로 계상한다.(배수재, 안전말뚝, 비탈면보강운반, 녹화공사)

○ 참고자료

■ 친환경 식생토낭블록 하천 쌓기(특허공법 10-1710980)

품 명	규 격	단위	수량
친 환 경 식 생 토 낭 쌓 기	[자재별도] 하천	㎡	-
토 낭 흙 채 움	만들기	㎥	6.25
토 낭 쌓 기(자재별도)	하천	㎥	0.85
성 토 부 설 다 짐	하천	〃	1
안 전 철 망 설 치(자재별도)	1,000×1,000㎜	〃	1

[주] ① 본 공법은 토낭을 이용한 사면 쌓기 공법으로 사면에 식생이 가능한 친환경 공법이다.
② 사면경사도 1:1, 사면장 5.0m를 기준으로 산출하였다.
③ 기초 깊이는 0.5m, 기초 폭은 1.0m로 산출하였다.(지하수 많은 곳: 기초잡석 15㎝)
④ 토사 및 운반, 잔토처리 등 토공작업은 별도 계상한다.
⑤ 특수한 공사에는 부속공사를 별도로 계상한다.(배수재, 안전말뚝, 비탈면보강운반, 녹화공사)

■ 친환경 식생토낭블록 배수로 쌓기(특허공법 10-1710980)

품 명	규 격	단위	수량
친 환 경 식 생 토 낭 쌓 기	[자재별도] 배수로	㎡	-
토 낭 흙 채 움	만들기	㎥	6.25
토 낭 쌓 기(자재별도)	하천	㎥	0.85
안 전 철 망 설 치(자재별도)	1,000×1,000㎜	〃	1

[주] ① 보강재의 규격 및 길이는 구조 검토에 따라 변경 적용된다.
② 터파기, 돼메우기, 잔토처리, 보강토 뒤채움 및 다짐 등 토공작업은 별도 계상한다.
③ 토사 및 운반, 잔토처리 등 토공작업은 별도 계상한다.
④ 특수한 공사에는 부속공사를 별도로 계상한다.(배수재, 안전말뚝, 비탈면보강운반, 녹화공사)

■ CONEW 중력식 옹벽 설치

(개소 당)

구 분	규 격	단위	코뉴월			코뉴락				캡블럭
			상단블럭	중단블럭	하단블럭	상단블럭	중단블럭	하단블럭	스텝다운	
특별인부	-	인	0.03	0.04	0.04	0.04	0.06	0.06	0.01	0.01
보통인부	-	〃	0.10	0.12	0.12	0.12	0.20	0.20	0.02	0.03
크 레 인	10 ton	hr	0.30	0.38	0.38	0.40	0.60	0.60	0.06	0.09

구 분	규 격	단위	가드락			버티락				경사석
			상단블럭	중단블럭	하단블럭	상단블럭	중단블럭	하단블럭	무공블럭	
특별인부	-	인	0.04	0.04	0.04	0.03	0.03	0.03	0.04	0.03
보통인부	-	〃	0.11	0.11	0.11	0.10	0.10	0.10	0.11	0.10
크 레 인	10 ton	hr	0.35	0.35	0.35	0.30	0.30	0.30	0.35	0.30

[주] ① 본 품은 터파기, 되메우기, 기초(콘크리트, 자갈) 등은 별도 계상한다.
② 본 품은 크레인 규격 10 ton을 기준한 것이다.

◼ 시스템 축조블록(대형) 설치

○ 참고자료

(100㎡ 당)

구 분	항 목	규 격	단 위	수 량
자 재	시스템 축조블록 A형	1,070×1,000×350	개	134
	시스템 축조블록 B형	1,070×790×350	〃	134
	지 오 그 리 드	3m 이상 적용	㎡	-
	뒷 채 움 잡 석	D40mm 이하	㎥	50
	복 토	양질토사	〃	28
	식 재 또 는 파 종	식재 현장여건 고려	주	134
		파종	㎡	19
인 력	작 업 반 장	-	인	2
	특 별 인 부	-	〃	3
	보 통 인 부	-	〃	8
장 비	크 레 인	10ton	hr	16
자 재 (1m 당)	기 초 콘 크 리 트	25-21-12	㎥	0.32
	천 단 콘 크 리 트	25-18-12	〃	0.1
	철 근	D16	ton	0.027
	합 판 거 부 집(6회)	-	㎡	0.9

· 기초콘크리트는 현장여건에 따라 조정 가능함.(연약지반 및 하천 세굴심도 검토)
· 3m 이하 축조시 기초콘크리트는 무근으로 적용한다.

[주] ① 시스템 축조블록의 소운반 및 할증(5%)은 별도 계상한다.
② 절토 및 성토(터파기, 되메우기, 면고르기)등은 별도 계상한다.
③ 높이가 6m 이상일 경우 1m 증가시마다 품의 3%씩 가산한다.
④ 3m 이상일 경우 지오그리드를 설치하되 그 이하에서도 현장 여건에 따라 적용가능하다.

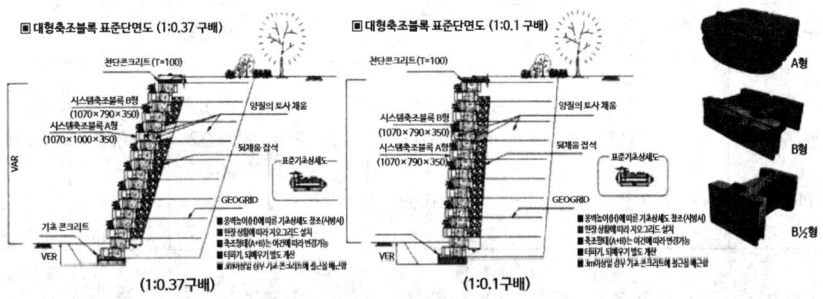

용도 : 옹벽축조, 도로옹벽축조 및 법면보호, 하천호안, 하천인접부지 확보용

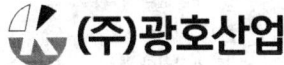

본사·공장 : 전남 나주시 동수농공단지길 137-18(동수동)
TEL : 061-335-0007 FAX : 061-335-6220

○ 참고자료

■ 더하나산업-식생 야생화토낭 보강토 옹벽 및 사면쌓기[특허 제10-2540299호(식생옹벽 시공방법), 특허 제10-2170544호(식생토낭 토사주입기)]

□ 더하나산업-식생토낭 쌓기, 토낭규격 : 400×800~850㎜, 토사채움규격 : 600×350×150, 특허공법

구 분	단 위	토낭 만들기	설치 (쌓기)	토낭 소운반	연결핀 설치	억지말뚝	그리드	다발관
작 업 반 장	인	-	0.010	-	-	-	-	-
특 별 인 부	식	-	0.016	-	-	0.102	-	0.0083
보 통 인 부	〃	0.04	-	0.043	0.007	0.0022	0.022	0.0167
철 근 공	〃	-	-	-	-	0.00107	-	-
크레인(10톤)	hr	-	-	0.05	-	-	-	-
비 고	-	-	-	-	-	개당 기준	1㎡ 기준	1m 기준

※ 장당기준

□ 더하나산업-식생토낭 쌓기, 토낭규격 : 500×880~900㎜, 토사채움규격 : 650×400×200, 특허공법

구 분	단 위	토낭 만들기	설치 (쌓기)	토낭 소운반	연결핀 설치	억지말뚝	그리드	다발관
작 업 반 장	인	-	0.013	-	-	-	-	-
특 별 인 부	식	-	0.022	-	-	0.102	-	0.0083
보 통 인 부	〃	0.055	-	0.048	0.010	0.0022	0.022	0.0167
철 근 공	〃	-	-	-	-	0.00107	-	-
크레인(10톤)	hr	-	-	0.065	-	-	-	-
비 고	-	-	-	-	-	개당 기준	1㎡ 기준	1m 기준

※ 장당기준

□ 더하나산업-식생토낭 쌓기, 토낭규격 : 500×1090~1060㎜, 토사채움규격 : 800×400×200, 특허공법

구 분	단 위	토낭 만들기	설치 (쌓기)	토낭 소운반	연결핀 설치	억지말뚝	그리드 설치	다발관
작 업 반 장	인	-	0.015	-	-	-	-	-
특 별 인 부	식	-	0.025	-	-	0.102	-	0.0083
보 통 인 부	〃	0.065	-	0.061	0.012	0.0022	0.022	0.0167
철 근 공	〃	-	-	-	-	0.00107	-	-
크레인(10톤)	hr	-	-	0.08	-	-	-	-
비 고	-	-	-	-	-	개당 기준	1㎡ 기준	1m 기준

※ 장당기준

수직고(사면고) 5m 이상인 경우 인력품 기계품에 다음 할증을 가산한다.

수직고	5~10m	10~20m	20~30m	30~40m	40~50m	비고
할증률(%)	20	25	30	35	40	

[주] ① 사면시공시 사면 면고르기 필요시 별도 계상한다.
② 기초터파기, 되메우기, 잔토처리, 보강토 다짐은 별도 계상한다.
③ 배면보강재 필요시 별도 계상한다. (설계내역에 따른다.)
④ 기초쇄석, 뒤채움쇄석, 배수용 다발관, 억지말뚝, 횡철근, 락볼트 등은 별도 계상한다.
⑤ 사면시공시 크레인 별도 계상한다.

→ 참고자료

■ 더하나산업-녹화슈퍼네트(부착망 설치) 비탈면 녹화공법(특허 제10-2651115호, 제10-2651112호)

☐ 더하나산업-녹화슈퍼네트(부착망 설치) 녹생토공법(3㎝~5㎝) 얇은 식생기반재 취부

(㎡ 당)

품 명	규 격	단 위	수 량
녹 화 슈 퍼 네 트 (특 허)	2.0×50m×1.9t (PET 소재)	㎡	1.3
고 정 핀	T1×200mm	ea	1.3
특 별 인 부	-	인	0.01
보 통 인 부	-	〃	0.02

☐ 더하나산업-녹화슈퍼네트(부착망 설치) 녹생토공법(T=3㎝~10T) 두꺼운 기반재 취부

(㎡ 당)

품 명	규 격	단 위	수 량
녹 화 슈 퍼 네 트 (특 허)	2.0×50m×1.9t(PET 소재)	㎡	1.3
브 레 이 드 특 수 로 프	#5, 브레이드 로프(PET 소재)	m	1.3
착 지 핀	D16, L=0.35m	ea	0.5
작 업 반 장	-	인	0.005
특 별 인 부	-	〃	0.02
보 통 인 부	-	〃	0.02

☐ 더하나산업-녹화슈퍼네트(식생기반재 취부공사)

(㎡ 당)

품 명	규 격	단 위	수 량
녹 생 토	식생기반재	㎡	0.033
종 자	혼합종자	g	30
취 부 기	25L	hr	0.038
공 기 압 축 기	21㎥/min	〃	0.038
발 전 기	50㎾	〃	0.038
크 레 인 트 럭	5ton	〃	0.045
물 탱 크	5,500ℓ	〃	0.038
덤 프 트 럭	6ton	〃	0.038
작 업 반 장	-	인	0.003
특 별 인 부	-	〃	0.017
보 통 인 부	-	〃	0.033
기 계 공	-	〃	0.003

[주] 높이별 할증 - 20~30m 미만 : 20% / 30~50m 미만 : 30% / 50m 이상 : 40%

3-8-3 버팀목 설치·해체('20년 보완)

(m 당)

구 분	규 격	단 위	수 량
형틀목공	-	인	0.06
보통인부	-	〃	0.03

[주] ① 본 품은 패널식옹벽 하부에 지지하기 위한 버팀목 설치 및 해체 기준이다.
② 본 품은 버팀목 제작 및 설치, 해체 작업을 포함한다.
③ 공구손료 및 경장비(절단기 등)의 기계경비는 인력품의 1%를 계상한다.
④ 재료량은 다음을 참고하여 적용한다.

구 분	규 격	단 위	수 량
각재	10cm×10cm	㎥	0.036

※ 잡재료비는 주재료(각재)비의 2%로 계상한다.

■ P&G(GT) 가시설 공법

1. 매트 부설 및 말기

(포설 면적 ㎡ 당)

구 분	규 격	단 위	수 량	비 고
특 별 인 부	-	인	0.004	
보 통 인 부	-	〃	0.012	

2. 전면성형

(전면 면적 ㎡ 당)

구 분	규 격	단 위	수 량	비 고
작 업 반 장	-	인	0.070	
형 틀 목 공	-	〃	0.090	
비 계 공	-	〃	0.090	
보 통 인 부	-	〃	0.140	
백 호 우	0.6㎥	hr	0.280	

[주] ① 본 품은 GT(P&G)가시설의 일반 성토부에 설치하는 것으로, 매트 가공비와 지오셀 설치, 뒷채움 다짐, 운반비, 소운반은 별도 계상한다.
② Polyester Mat 자재의 할증은 10%로 계상한다.
③ 자외선으로부터 매트를 보호하기 위해 차광막을 설치하는 경우 전면 면적 1㎡ 당 보통인부 0.05인과 재료비를 별도 계상한다.
④ 재료량(Polyester Mat, 지오셀, 성형틀)은 설계 수량에 따른다.
⑤ 잡재료비는 인건비의 5%로 계상한다.

■ JADE 중력식 옹벽

1. 제이드 중력식 옹벽 쌓기

(전면 면적 ㎡ 당)

구 분	규 격	단 위	수 량	비 고
작 업 반 장	-	인	0.02	
조 적 공	-	〃	0.30	
보 통 인 부	-	〃	0.10	
백 호 우	0.6㎥	hr	0.50	

[주] ① 본 품은 블록 쌓기 및 유공관, 부직포, 커플링 디바이스 설치를 포함한다.
② 운반, 기초 설치, 보강재 설치는 별도 계상한다.
③ 재료량은 설계 수량에 따른다.
④ 잡재료비는 인건비의 5%로 계상한다.

3-8-4 뒤채움 및 다짐('15년 신설, '20년 보완)

(10㎥당)

구 분	규 격	단 위	수 량
보 통 인 부	-	인	0.07
굴 착 기	0.6 ㎥	hr	0.31
진 동 롤 러	10 ton	〃	0.19
진동롤러(핸드가이드식)	0.7 ton	〃	0.18

[주] ① 본 품은 보강토 옹벽의 뒤채움 및 다짐 작업 기준이다.
② 본 품은 블록 속채움 및 뒤채움, 다짐 작업을 포함한다.
③ 지지력 시험은 별도 계상한다.
④ 투입장비는 작업여건에 따라 장비조합을 변경하여 적용할 수 있다.

3-9 벌개제근

3-9-1 벌목('08, '18, '20년 보완)

(1,000㎡당)

구 분	규 격	단 위	나 무 높 이		
			5m 미만	5m 이상~8m 미만	8m 이상
벌 목 부	-	인	2.14	2.80	3.65
보 통 인 부	-	〃	0.51	0.66	0.87
굴착기+부착용집게	0.2 ㎥	hr	2.71	3.54	4.61
비 고	- 본 품의 집재거리는 100m 까지를 기준한 것이므로, 이를 초과하는 경우 매 100m 증가마다 품을 30%씩 가산한다.				

[주] ① 본 품은 인력과 장비에 의한 벌목작업 기준이며, 나무높이는 평균높이로 한다.
② 본 품은 나무베기, 잔가지 정리, 집재 및 반출을 위한 정리작업을 포함한다.
③ 장비의 규격은 작업여건(작업범위, 위치 등)에 따라 변경할 수 있다.
④ 위험지역(가옥주변, 기존도로 인접구간 등)의 수목은 장비를 추가 반영 할 수 있다.
⑤ 공구손료 및 경장비(엔진톱, 톱날, 휘발유 등)의 기계경비는 인력품의 10%로 계상한다.

3-9-2 뿌리뽑기('20년 보완)

(1,000㎡ 당)

구 분	규 격	단 위	수 량
보 통 인 부	-	인	1.06
굴착기+부착용집게	0.2 ㎥	hr	3.76
비 고	- 본 품의 집재거리는 100m까지를 기준한 것이므로, 이를 초과하는 경우 매 100m 증가마다 품을 30%씩 가산한다.		

[주] ① 본 품은 벌목 후 지표에 있는 나무 뿌리, 초목 등을 제거하는 기준이다.
② 본 품은 입목본수도 50~60%, 수경 10~20㎝이하 기준이다.
③ 본 품은 뿌리 및 초목 제거, 집재 및 정리 작업을 포함한다.

참 고

입목본수도는 다음을 참고한다.

(992㎡ 당)

수경(樹經)	연료림	용재림	수경(樹經)	연료림	용재림
4 cm	314개	235개	28cm	57개	43개
6	272	204	30	52	39
8	231	174	32	48	36
10	187	140	34	44	33
12	154	115	36	40	30
14	131	98	38	37	28
16	110	82	40	35	26
18	97	73	42	32	24
20	84	63	44	29	22
22	75	57	46	28	21
24	68	51	48	26	20
26	63	47	50	24	18

3-10 개간

3-10-1 답면고르기('03년 신설)

블록크기 (㎡)	시간당 작업량 (㎡/hr)
2,000 미만	281
2,000 이상~ 4,000 미만	404
4,000 이상~ 6,000 미만	526
6,000 이상~ 8,000 미만	648
8,000 이상~10,000 미만	771

[주] ① 본 품은 습지불도우저(4톤)를 사용하여 답면(畓面)을 고르는 품으로, 블록간 이동이 포함된 것이다.
② 물 가두기가 필요한 경우에는 보통인부 1인을 별도로 계상한다.

3-11 스마트 토공

3-11-1 머신 가이던스(MG) 굴착기('23년 신설, '24, '25년 보완)

1. 3D GNSS 머신 가이던스 장비조립·해체

(회 당)

구 분	단 위	수 량
고 급 기 술 자	인	1
중 급 기 술 자	〃	1
용 접 공	〃	1
조 립	일	1
해 체	〃	1

[주] ① 본 품은 머신 가이던스 장치들을 굴착기에 조립 및 해체하는데 소요되는 품이며, GNSS(Global Navigation Satellite System)기준국(Base station) 설치 및 해체품은 별도 계상한다.
② 공구손료 및 경장비의 기계경비(측량기기, 용접기 등)는 별도 계상한다.

2. 3D GNSS 머신 가이던스 굴착기 작업능력

(일 당)

공 종	규 격	시공량	단 위
터 파 기	1.0㎥	850	㎥
	0.6㎥	500	〃
성 토 면 고 르 기	1.0㎥	1,200	㎡

[주] ① 머신 가이던스는 건설 장비의 위치와 자세 정보를 이용하여 설계 목표 대비 현재 작업정보(작업종류, 작업상황, 목표수치, 지면과의 거리 등)를 장비 조종자에게 실시간으로 제공하는 시스템이다.
② 3D GNSS 머신 가이던스는 3차원 도면과 GNSS를 이용한 머신 가이던스 시스템을 말한다.
③ 3D GNSS 머신 가이던스의 구성품은 머신 가이던스 장치(GNSS 이동국, 관성 측정 장치 (Inertial Measurement Unit; IMU), 케이블 및 브라켓, 메인 통합 컨트롤러, 머신 가이던스 디스플레이 화면) 등을 포함한다.
④ 본 품은 굴착기의 말단 장치(End-Effector)에 별도의 어태치먼트(예: 틸트, 로테이터 등)을 부착하지 않은 기본 버킷 규격품을 기준으로 한다.
⑤ 3D GNSS 머신 가이던스 굴착기의 운용에 3D 도면 제작·변환 작업이 필요한 경우 별도 계상한다.
⑥ 장비는 현장여건에 따라 장비 규격을 변경하여 적용할 수 있다.
⑦ 본 품은 전체 토공량이 중규모(10,000㎥)(8-1-2 공사규모별 표준건설기계) 이상의 공사 규모에 대한 품으로 중규모 미만의 공사에 적용할 수 없다.
⑧ 본 품은 연속터파기 작업이 가능하고 작업 방해가 없는 조건에 한하여 적용한다.
⑨ 3D GNSS 머신 가이던스를 사용하는 굴착기는 주연료에 15% 할증을 적용한다.

3-11-2 머신 컨트롤(MC) 굴착기('24년 신설)

1. 3D GNSS 머신 컨트롤 장비조립·해체

(회 당)

구 분	단 위	수 량
고급기술자	인	1
중급기술자	〃	1
용접공	〃	1
조 립	일	1.5
해 체	〃	1

[주] ① 본 품은 머신 컨트롤 장치들을 굴착기에 조립 및 해체하는데 소요되는 품이며, GNSS(Global Navigation Satellite System) 기준국(Base station) 설치 및 해체품은 별도 계상한다.
② 공구손료 및 경장비의 기계경비(측량기기, 용접기 등)는 별도 계상한다.

2. 3D GNSS 머신 컨트롤 굴착기 작업능력

(일 당)

공 종	시 공 량	단 위	비 고
터파기	880	㎥	

[주] ① 본 품은 3D GNSS 머신 컨트롤(Machine Control) 시스템을 1.0㎥ 굴착기에 적용하여 시공하는 기준이다.
② 머신 컨트롤(Machine Control)는 건설 장비의 위치와 자세 정보를 이용하여 설계 목표 대비

현재 작업정보(작업종류, 작업상황, 목표수치, 지면과의 거리 등)를 장비 조종자에게 실시간으로 제공함과 동시에 반자동 또는 자동으로 작업을 수행하는 시스템이다.
③ 3D GNSS 머신 컨트롤은 3차원 도면과 GNSS를 이용한 머신 컨트롤 시스템이다.
④ 3D GNSS 머신 컨트롤의 구성품은 머신 컨트롤 장치(GNSS 이동국, 관성 측정 장치(Inertial Measurement Unit; IMU, 유압 제어 키트), 케이블 및 브라켓, 메인 통합 컨트롤러, 머신 가이던스 디스플레이 화면, 머신 컨트롤용 조종 인터페이스 등)를 포함한다.
⑤ 본 품은 굴착기의 말단 장치(End-Effector)에 별도의 어태치먼트(예: 틸트, 로테이터 등)을 부착하지 않은 기본 버킷 규격품을 기준으로 한다.
⑥ 3D GNSS 머신 컨트롤 굴착기의 운용에 3D 도면 제작·변환 작업이 필요한 경우 별도 계상한다.
⑦ 장비는 현장여건에 따라 장비 규격을 변경하여 적용할 수 있다.
⑧ 본 품은 전체 토공량이 중규모(10,000㎥) (8-1-2 공사규모별 표준건설기계) 이상의 공사 규모에 대한 품으로 중규모 미만의 공사에 적용할 수 없다.
⑨ 본 품은 연속터파기 작업이 가능하고 작업 방해가 없는 조건에 한하여 적용한다.
⑩ 3D GNSS 머신 컨트롤을 사용하는 굴착기는 주유료에 15% 할증을 적용한다.

3-11-3 머신 가이던스(MG) 불도저('24년 신설, '25년 보완)

1. 3D GNSS 머신 가이던스 장비조립·해체

(회 당)

구 분	단 위	수 량
고급기술자	인	1
중급기술자	〃	1
용접공	〃	1
조립	일	1
해체	〃	1

[주] ① 본 품은 머신 가이던스(불도저용) 장치들을 불도저에 조립 및 해체하는데 소요되는 품이며, GNSS 기준국(Base station) 설치 및 해체품은 별도 계상한다.
② 공구손료 및 경장비의 기계경비(측량기기, 용접기 등)는 별도 계상한다.

2. 3D GNSS 머신 가이던스 불도저 작업능력

(일 당)

공 종	시공량	단 위	비 고
흙깎기	630	㎥	

[주] ① 본 품은 3D GNSS 머신 가이던스(Machine Guidance) 시스템을 19ton 무한궤도식 불도저에 적용하여 시공하는 기준이다.
② 머신 가이던스(Machine Guidance)는 건설 장비의 위치와 자세 정보를 이용하여 설계 목표

대비 현재 작업정보(작업종류, 작업상황, 목표수치, 지면과의 거리 등)를 장비 조종자에게 실시간으로 제공하는 시스템이다.
③ 3D GNSS 머신 가이던스는 3차원 도면과 GNSS를 이용한 머신 가이던스 시스템이다.
④ 3D GNSS 머신 가이던스의 구성품은 머신 가이던스 장치(GNSS 이동국, 관성 측정 장치(Inertial Measurement Unit; IMU), 케이블 및 브라켓, 메인 통합 컨트롤러, 머신 가이던스 디스플레이 화면 등을 포함한다.
⑤ 3D GNSS 머신 가이던스 불도저의 운용에 3D 도면 제작·변환 작업이 필요한 경우 별도 계상한다.
⑥ 장비는 현장여건에 따라 장비 규격을 변경하여 적용할 수 있다.
⑦ 본 품은 전체 토공량이 중규모(10,000㎥)(8-1-2 공사규모별 표준건설기계) 이상의 공사 규모에 대한 품으로 중규모 미만의 공사에 적용할 수 없다.
⑧ 본 품은 보통토사의 깎기, 집토 및 소운반 작업에 적용한다.
⑨ 3D GNSS 머신 가이던스를 사용하는 불도저는 주연료에 15% 할증을 적용한다.

3-11-4 머신 컨트롤(MC) 불도우저('25년 신설)

1. 3D GNSS 머신 컨트롤 장비조립·해체

(회당)

구 분	단 위	수 량
고 급 기 술 자	인	1
중 급 기 술 자	〃	1
용 접 공	〃	1
조 립	일	1.5
해 체	〃	1

[주] ① 본 품은 머신 컨트롤(불도우저용) 장치들을 불도우저에 조립 및 해체하는데 소요되는 품이며, GNSS 기준국(Base station) 설치 및 해체품은 별도 계상한다.
② 공구손료 및 경장비의 기계경비(측량기기, 용접기 등)는 별도 계상한다.

2. 3D GNSS 머신 컨트롤 불도우저 작업능력

(일 당)

공 종	시공량	단 위	비 고
흙 깎 기	320	㎥	

[주] ① 본 품은 3D GNSS 머신 컨트롤(Machine Control) 시스템을 10ton 무한궤도식 불도우저에 적용하여 시공하는 기준이다.
② 머신 컨트롤(Machine Control)은 건설 장비의 위치와 자세 정보를 이용하여 설계 목표 대비 현재 작업정보(작업종류, 작업상황, 목표수치, 지면과의 거리 등)를 장비 조종자에게 실시간으로 제공함과 동시에 반자동 또는 자동으로 작업을 수행하는 시스템이다.

③ 3D GNSS 머신 컨트롤은 3차원 도면과 GNSS를 이용한 머신 컨트롤 시스템이다.
④ 3D GNSS 머신 컨트롤의 구성품은 머신 컨트롤 장치(GNSS 이동국, 관성 측정 장치(Inertial Measurement Unit; IMU, 유압 제어 키트), 케이블 및 브라켓, 메인 통합 컨트롤러, 머신 가이던스 디스플레이 화면, 머신 컨트롤용 조종 인터페이스 등을 포함한다.
⑤ 3D GNSS 머신 컨트롤 불도우저의 운용에 3D 도면 제작·변환 작업이 필요한 경우 별도 계상한다.
⑥ 장비는 현장여건에 따라 장비 규격을 변경하여 적용할 수 있다.
⑦ 본 품은 전체 토공량이 중규모(10,000㎥)(8-1-2 공사규모별 표준건설기계) 이상의 공사 규모에 대한 품으로 중규모 미만의 공사에 적용할 수 없다.
⑧ 본 품은 보통토사의 깎기, 집토 및 소운반 작업에 적용한다.
⑨ 3D GNSS 머신 컨트롤을 사용하는 불도우저는 주연료에 15% 할증을 적용한다.

품셈 유권해석

콘크리트 블록의 비탈경사

조경공사에서 자주 쓰이는 컨츄리매너블럭쌓기에 대해 질의드립니다. 블럭을 쌓을 때 핀으로 고정하며 쌓는 경우와 에폭시몰탈 등으로 붙이는 경우가 다른 품셈이 적용되는지 질의드립니다.

답변내용

➥ 표준품셈 공통부문 "3-5-1 프리캐스트 콘크리트 블록설치"는 비탈면 보호를 위해 프리캐스트 콘크리트 블록을 이용하여 비탈틀을 설치하는 품으로 블록중량과 비탈길이에 따라 인력, 기계시공으로 구분하고 있으며 비탈경사에 따른 품을 제시하고 있으며, 비탈틀을 고정하기 위해 유항을 설치하는 경우 보통인부 0.4인/10본당을 계상하도록 주3에서 제시하고 있습니다. 또한 표준품셈 공통부문 "3-6-2 블록 설치"는 보강재를 사용한 블록식 옹벽 설치기준입니다.

암반청소의 작업범위

질의1. 당 현장의 암반청소 품셈을 1. 댐, 2 교량, 옹벽 등 어떤 품을 적용해야 하는지요?
질의2. 설계도면은 동등한 LEVEL인 평면적으로 산정되어 있는데 현장에서는 연약대 발생 및 암반청소로 인하여 완료후에는 굴곡이 발생한 사진과 같이 울퉁불퉁한 형상인 경사면이 형성됨, 물량 산정을 어떤 면적을 적용해야 하는지요?
질의3. 암반청소 횟수 및 비율산정?

답변내용

➥ 답변1. 표준품셈 공통부문"3-3-2 암반청소"는 댐, 교량, 옹벽 등의 설치를 위해 기초바닥면을 고르고, 살수, 청소, 뒷정리 하는 작업임을 참고하시기 바랍니다. 댐/교량, 옹벽 품 적용 여부는 공사관계자가 해당공사의 특성을 고려하시고 직접결정 하실 사항임을 양지해 주시면 감사드리겠습니다.
답변2.3 표준품셈 공통부문"3-3-2 암반청소" 는 10㎡당 기준으로 평면적, 경사면적의 수량 적용 기준은 정하고 있지 않습니다. 또한 암반청소 및 비율 산적기준도 정하고 있지 않습니다. 표준품셈에서 정하지 않는 사항은 동품셈 1-1-3의 4항을 참조하시어 적정한 예정가격산정기준을 적의 결정하여 사용하시기 바라며, 당해공사에서 표준품셈의 적용여부 및 판단에 관련된 사항은 해당공사의 특성을 고려하시고 표준품셈을 참조하시어 공사관계자가 직접 결정하실 사항임을 양지해 주시면 감사드리겠습니다.

인력굴착의 기준

표준품셈 공통부문 "3-1-2 인력굴착(토사)"에서 '깊이 1m이하의 인력에 의한 구조물 터파기 또는 흙깎기 등'은 인력에 의한 굴착깊이를 뜻합니다, 예를 들면 원지반 5m를 터파기 한다고 가정할때 굴삭기가 4m까지 터파기 하고 그 다음에 인력이 들어가서 1m 터파기 하면 0.2인 계상하는게 맞는지요? 그리고 현재 이품에는 던지기가 포함되어있는 품인지 질의드립니다.

> **답변내용**
>
> ➡ 표준품셈 공통부문 "3-1-2 인력굴착(토사)"는 깊이 1m이하의 인력에 의한 구조물 터파기 또는 흙깎기 기준이며, 굴삭기로 4m 터파기 후 인력이 들어가서 1m터파기시 적용 가능합니다. 또한 흙 적재장소로 던지기가 포함되어 있으나, 2차 집토 및 상차작업은 포함되어 있지 않습니다.

절토된 사면의 면고르기

절토면 고르기중 암에 해당되는 부분은 일반적으로 발파로 인한 거친 절취면의 면을 고르기 하는 것으로 설계 반영하는 것으로 인지하고 있는데 절토면의 암 깍기공법을 굴삭기+브레이커로 적용 시 에도 절토면 고르기 품을 적용 하는게 적정 한지 궁금해서 질의드립니다.

> **답변내용**
>
> ➡ 표준품셈 공통부문 "3-3-1 절토면고르기"는 절토된 사면을 공기압축기 또는 굴삭기 등의 장비와 인력을 사용하여 거칠게 면고르기를 수행하는 작업으로 절토 후 부석처리 등 절토면에 대한 정리작업기준으로 절토면의 암깎기 공법과는 별개 항목입니다.

벌목의 면적기준

벌목 및 뿌리뽑기 관련입니다. 뿌리뽑기에는 입목본수도를 참고하는데 벌목에는 없습니다. 다른 질의를 보니까 품셈산출을 벌목 시 평균 품으로 한 것 같은데 벌목 산출 시 입목본수도가 몇%가 평균이라 감안했는지요? 수량을 적용할 때 뿌리뽑기는 전체적인 토지면적으로 하는데 벌목은 제거하려는 수목 부분의 면적만 뽑아 수량을 적용하는 것인지요? 벌목 및 뿌리뽑기 수량이 토지 전체 면적이라면 각각 비탈면 면적인지 수평면적인지요?

> **답변내용**
>
> ➡ 표준품셈 공통부문 "3-7-1 벌목"에서는 입목본수도에 의한 품구분은 하고 있지 않습니다. 또한 "벌목"에서 면적은 전체 토지면적을 적용하시기 바라며, 제시된 단위(1,000m당)의 기준은 비탈면 면적 기준입니다.

80ton 크레인에 대한 적용방법

작업구 용수 터파기 작업시 80톤 크레인에 의한 B/H02를 인상 및 인하를 하는데 시공사에서는 80톤 크레인의 1대를 요구하는데 80톤 크레인의 품셈적용 방법에 대해서 문의합니다.

답변내용

→ 표준품셈 공통부문 "8-1-5 기계경비 용어와 정의" "8-1-6 기계경비 적산요령"에서 기계경비 산출 방법을 제시하고 있으며, "8-3 기계손료, 8-4 운전경비 산정, 8-5 기계가격" 에서 80톤 크레인을 참고하여 산출하시기 바랍니다.

암발파의 작업능력의 기준

표준품셈 3-1-10 암발파의 주 9번 항목에 따르면 발파암 유용시 작업능력은 30cm 미만 및 30cm 이상으로 구분되어 지는데 이 30cm 기준이 소할하고 난 이후의 암 크기를 의미하는지, 아니면 소할을 하여야 하는 암 크기 기준인지 질의합니다.

답변내용

→ 표준품셈 공통부문 "3-1-10 암발파"의 '주9'에서 제시하고 있는 30cm 이상/이하는 소할 후의 암의 크기를 기준으로 제시해드리고 있습니다.

하천 유수지장목 제거 적용 품셈 기준

일반적으로 많은 지차체에서 유수 지장목 제거 관련하여 정기적으로 발주를 하고 있는 상황입니다. 그런데 자치단체의 내역서를 비교해보니 모두 벌목 & 벌개제근으로 구성되어 있습니다. 일반적으로 벌목은 수목이 어느 정도는 빽빽하고 작업조건도 경사지 및 장비 이동도 원활하지 않은 조건입니다. 하천은 큰 나무가 듬성듬성 있고 잔나무들이 있으며 작업조건도 대부분 장비로 제거 가능할 정도로 좋은 조건입니다.
질의1. 하천 유수지장목제거에 벌목 품셈을 적용한 것이 적정한 조건인가요?
질의2. 벌목 품셈에 보면 평균높이를 기준으로 5m 미만/ 5~8m / 8m 이상으로 나와있는데 이 평균이라는 것을 어떻게 적용하나요?
질의3. 일반적인 산이라고 치면 비슷한 수령의 나무들로 구성되어 있어서 평균높이가 적용가능하나 하천지역은 큰 나무는 면적기준으로 10%도 안되는 정도로 분포하고 있습니다. 이런 경우에는 어떻게 적용할까요?

답변내용

➡ 답변1. 표준품셈의 적용과 관련해서는 현장조건을 고려하시고 표준품셈을 참조하시어 공사관계자가 직접결정하실 사항임을 양지해 주시면 감사드리겠습니다.

답변2. 표준품셈 공통부문 "3-7-1 벌목"에서 나무 높이는 평균높이로 적용하시기 바라며, 큰 나무 면적기준이 10%도 안될때 별도의 계산기준은 정하고 있지 않습니다. 표준품셈에서 정하지 않는 사항은 동품셈 1-3의 4항을 참조하시어 적정한 예정가격산정기준을 적의 결정하여 사용하시기 바랍니다.

답변 3.표준품셈에서 삭제된 항목 및 정하지 않는 사항은 동품셈 1-3의 4항을 참조하시어 적정한 예정가격산정기준을 적의 결정하여 사용하시기 바랍니다.

벌개제근 작업에 사용되는 기계할증

벌개제근과 관련하여 비고란에 "본 품의 집재거리는 100m까지를 기준한 것이므로, 이를 초과하는 경우 매 100m증가마다 품을 30%씩 가산한다."라고 적혀있습니다. 만약 집재거리가 100m를 초과한다면 벌목부, 보통인부, 굴삭기 모두 가산하여야 하는지 굴삭기만 가산하는지 질의합니다.

답변내용

➡ 표준품셈 공통부문 "1-4-1 적용기준"에서 '품의 할증은 생산성에 영향을 받는 품 요소(인력 및 건설기계)에 적용함을 원칙으로 한다.'로 정하고 있으며, 건설기계의 작업능률 저하로 인해 사용시간이 늘어나 기계품의 할증이 발생되는 경우, 적용하시면 됩니다.

벌목작업의 범위 및 가로수 제거의 기계변경에 따른 적용

현장 내에 묘목장이 존재하고 이를 제거해야 하는 상황입니다. 수량은 흉고직경 11㎝ 미만 4주, 흉고직경 11~21㎝미만 97주, 흉고직경 21~31㎝미만 198주, 흉고직경 31~41㎝미만 65주, 흉고직경 41~51㎝미만 9주, 흉고직경 51~61㎝미만 3주 등 총 376주 입니다. 묘목장의 특성 상 좁은 지역에 밀집해 있고 나무의 높이는 평균 4m 입니다. 면적이 1,514㎡에 4m 높이의 376주의 소나무가 작업대상으로 있는 상황 입니다.

이와 관련하여 현장에서 파악하고 있는 표준품셈(2024)의 기준은 "제3장 토공사 3-7. 벌개제근" 및 "유지관리부문 제1장 공통 1-2-20. 가로수 제거"로 파악하고 있습니다. 작업내용은 나무베기, 뿌리제거, 가지분리 등을 시행한 후, 임목폐기물 처리를 하여야 하는 상황입니다. 임목폐기물 처리 및 운반을 위해서 줄기(기둥)는 운반에 필요한 크기로 절단해야 합니다.

이를 고려하여 현장에서는 가로수제거 품을 적용하고자 하였으나 발주처에서는 공사비가 과다하다는 이유로 벌개제근 품을 적용하기를 요청하고 있습니다.

이에 아래와 같은 사항을 문의 드리고자 합니다.
벌개제근의 적용이 당현장과 같은 여건에서 표준품셈으로 적용 가능한지 질의드립니다.
질의1-1. 벌목은 나무의 높이로만 그 품이 정리되어 있는데 이를 적용할 경우 동일한 높이의 나무 수량에 관계없이 1000㎡당 일정한 단가를 적용하게 되는데 이가 적정한지 여부
질의1-2. 뿌리뽑기의 경우 입목본수 기준을 적용할 경우, 당 현장은 992㎡당 248주(평균 흉고 직경 25.7Cm)의 현실적인 입목본수 대신 품셈의 용재림을 적용할 경우 63주/992㎡라는 기준과 일치하지 않는데 이의 적용이 타당한지 여부
질의1-3. 상기 조건의 부적정함에도 불구하고 발주처와 합의점이 도출되지 않을 경우, 적용할 수 있는 기준이 있는지 여부
질의2-1. 상기의 벌개제근이 아니라 가로수 제거 품을 적용할 수 있는지 여부가 궁금합니다. 가로수 제거 품을 적용할 경우, 나무베기의 고소작업차 장비의 변경을 시행할 예정인 바, 이 방법이 발주처와 협의가 되면 그 적정성을 확보할 수 있는지 질의드립니다.

답변내용

➡ 답변1-1. 공통부문 "3-7-1 벌목"에서는 1000㎡당 나무 그루 수에 따른 품구분은 하고 있지 않습니다. 당해공사에서 표준품셈의 적용여부 및 판단에 관련된 사항은 해당공사의 특성을 고려하시고 표준품셈을 참조하시어 공사관계자가 직접 결정하실 사항임을 양지해 주시면 감사드리겠습니다.

답변1-2.3 "1-1-3 3. 본 표준품셈은 건설공사 중 대표적이고 보편적이며 일반화된 공종, 공법을 기준한 것이며 현장여건, 기후의 특성 및 조건에 따라 조정하여 적용하되, 예정가격작성기준 제2조에 의거 부당하게 감액하거나 과잉 계산되지 않도록 한다."에 의해 대표적이고 보편적인 현장조건을 기준으로 조사된 결과입니다.
당해공사에서 표준품셈의 적용여부 및 판단에 관련된 사항은 해당공사의 특성을 고려하시고 표준품셈을 참조하시어 공사관계자가 직접 결정하실 사항임을 양지해 주시면 감사드리겠습니다.

답변2-1. 유지관리부문 "1-2-20 가로수 제거"는 도로변에 있는 가로수를 제거하는 기준입니다. 도로변의 가로수를 제거하는 경우 적용하시기 바랍니다.

제 4 장 조경공사

4-1 잔디 및 초화류

4-1-1 잔디붙임('06, '13, '19, '24년 보완)

(일 당)

구 분	단 위	수 량	시공량(㎡)	
			줄 떼	평 떼
조 경 공	인	1	170	150
보 통 인 부	〃	4		

[주] ① 본 품은 재배잔디를 붙이는 기준이다.
　　② 줄떼는 10~30㎝ 간격을 표준으로 한다.
　　③ 흙파기, 펫밥주기, 물주기 및 마무리 작업을 포함한다.
　　④ 식재 시 1회 기준의 물주기는 포함되어 있으며, 유지관리는 '[유지관리부문] 1-2 조경공사'에 따라 별도 계상한다.
　　⑤ 물주기를 위해 살수차 등의 장비가 필요한 경우 기계경비는 별도 계상한다.

4-1-2 초류종자 살포(기계살포)('07, '13, '19, '24년 보완)

(일 당)

구 분	규 격	단 위	수 량	시공량(㎡)
조 경 공	-	인	2	3,100
보 통 인 부	-	〃	1	
취 부 기	11.94 kW	대	1	
트 럭	4.5 ton	〃	1	
펌 프	ø50 ㎜	〃	1	

[주] ① 본 품은 트럭에 종자살포기가 장착되어 살포하는 기준이다.
　　② 재료배합, 종자살포 작업을 포함한다.
　　③ 살수양생 및 객토가 필요한 때는 별도 계상한다.

참고 초류종자 살포(기계살포) 재료량

(100㎡ 당)

구 분	규 격	단 위	수 량
종 자	-	kg	2~3
비 료	복합비료	〃	10
피 복 제	화이버/펄프류	〃	18
침 식 방 지 안 정 제	합성접착제	〃	5~15
색 소	착색제	〃	0.2

4-1-3 초화류 식재('13, '19, '24년 보완)

(일 당)

구 분	단 위	수 량	시공량(주)		
			양호	보통	불량
조 경 공	인	3	2,700	1,800	1,100
보 통 인 부	〃	1			

[주] ① 본 품은 본 품은 초화류 식재, 물주기 및 마무리를 포함한다.
  ② 특수화단(화문화단, 리본화단, 포석화단)은 시공량을 17%까지 감할 수 있다.
  ③ 식재 시 1회 기준의 물주기는 포함되어 있으며, 유지관리는 '[유지관리부문] 1-2 조경공사'에 따라 별도 계상한다.
  ④ 물주기를 위해 살수차 등의 장비가 필요한 경우 기계경비는 별도 계상한다.
  ⑤ 초화류 식재품의 적용은 아래의 조건을 감안하여 적용한다.
   ㉮ 양호 : 작업장소가 넓고 평탄하며, 식재의 내용이 단순하여 작업속도가 충분히 기대되는 조건인 경우
   ㉯ 보통 : 작업장소에 교목류, 조경석 등 지장물이 있어 식재 작업에 지장을 받는 경우
   ㉰ 불량 : 작업장소가 경사지로서 작업조건이 복잡한 경우, 도로변·하천변·절개지 등 안전사고의 위험이 있는 경우

4-1-4 거적덮기('07년 신설, '13, '19, '24년 보완)

(일 당)

구 분	단 위	수 량	시공량(㎡)
조 경 공	인	3	1,600
보 통 인 부	〃	1	

[주] ① 본 품은 성토 또는 절토사면에 거적을 덮어 설치하는 기준이다.
  ② 거적깔기, 핀설치 및 고정 작업을 포함한다.
  ③ 재료량(거적, 고정핀, 착지핀, 매트고정판, 비닐끈 등)은 설계수량에 따라 별도 계상한다.

4-2 관목

4-2-1 굴 취('13, '19, '24년 보완)

(일 당)

구 분	단 위	수 량	나무높이(m)	시공량(주)
조 경 공	인	3	0.3미만	480
			0.3~0.7이하	230
보 통 인 부	〃	1	0.8~1.1이하	150
			1.2~1.5이하	100

[주] ① 본 품은 근원부에서 분지되어 다년생으로 자라는 관목수종의 굴취 기준이다.
② 본 품은 분을 보호하지 않은 상태(녹화마대, 녹화끈 등 활용)로 굴취하는 작업 기준이다.
③ 나무높이가 1.5m를 초과할 때는 나무높이에 비례하여 시공량을 감할 수 있다.
④ 나무높이보다 수관폭이 더 클 때는 그 크기를 나무높이로 본다.
⑤ 굴취수목의 운반을 위하여 운반로를 개설하여야 하는 경우에는 그 비용을 별도 계상한다.
⑥ 녹화마대, 녹화끈을 사용하여 분을 보호할 경우 '4-3-2 굴취(나무높이)'를 적용한다.
⑦ 굴취 시 야생일 경우에는 시공량을 17%까지 감할 수 있다.

4-2-2 식재(단식(單植))('13, '19, '24년 보완)

(일 당)

구 분	단 위	수 량	나무높이(m)	시공량(주)
조 경 공	인	3	0.3미만	160
			0.3~0.7이하	125
보 통 인 부	〃	1	0.8~1.1이하	75
			1.2~1.5이하	55

[주] ① 본 품은 근원부에서 분지되어 다년생으로 자라는 관목수종의 식재 기준이다.
② 터파기, 가지치기, 나무세우기, 묻기, 물주기, 손질, 뒷정리 작업을 포함한다.
③ 나무높이가 1.5m를 초과할 때는 나무높이에 비례하여 시공량을 감할 수 있다.
④ 나무높이보다 수관폭이 더 클 때에는 그 수관폭을 나무높이로 본다.
⑤ 식재 시 1회 기준의 물주기는 포함되어 있으며, 유지관리는 "[유지관리부문] 1-2 조경공사"에 따라 별도 계상한다.
⑥ 물주기를 위해 살수차 등의 장비가 필요한 경우 기계경비는 별도 계상한다.
⑦ 암반식재, 부적기식재 등 특수식재는 품을 별도 계상할 수 있다.

4-2-3 식재(군식(群植))('02년 신설, '13, '19, '24년 보완)

(일 당)

구 분	단 위	수 량	나무높이(m)	시공량(주)
조 경 공	인	3	0.3미만	440
			0.3~0.7이하	300
보 통 인 부	〃	1	0.8~1.1이하	200
			1.2~1.5이하	140

[주] ① 본 품은 근원부에서 분지되어 다년생으로 자라는 관목수종의 식재 기준이다.
② 터파기, 가지치기, 나무세우기, 묻기, 물주기, 손질, 뒷정리 작업을 포함한다.
③ 나무높이가 1.5m를 초과할 때는 나무높이에 비례하여 시공량을 감할 수 있다.
④ 나무높이보다 수관폭이 더 클 때에는 그 수관폭을 나무높이로 본다.
⑤ 식재 시 1회 기준의 물주기는 포함되어 있으며, 유지관리는 '[유지관리부문] 1-2 조경공사'에 따라 별도 계상한다.
⑥ 물주기를 위해 살수차 등의 장비가 필요한 경우 기계경비는 별도 계상한다.
⑦ 암반식재, 부적기식재 등 특수식재는 품을 별도 계상할 수 있다.
⑧ 군식은 일반적으로 아래의 식재밀도 이상인 경우이다.

(주/㎡)

수관폭(cm)	20	30	40	50	60	80	100
주수	32	14	8	5	4	2	1

4-3 교목

4-3-1 뿌리돌림('13, '19년 보완)

(주 당)

근원직경(cm)	수 량		근원직경(cm)	수 량	
	조경공(인)	보통인부(인)		조경공(인)	보통인부(인)
3	0.03	0.01	36	1.86	0.22
5	0.06	0.01	42	2.04	0.25
7	0.11	0.01	48	2.32	0.28
9	0.17	0.02	54	2.79	0.33
11	0.23	0.03	60	3.07	0.36
13	0.30	0.03	66	4.18	0.50
15	0.37	0.05	72	4.65	0.55
18	0.56	0.06	78	5.21	0.62
21	0.65	0.08	84	6.51	0.78
24	0.74	0.09	90	7.06	0.85
30	1.58	0.19	100	7.90	0.95

[주] ① 뿌리돌림은 수목 이식 전에 뿌리 분 밖으로 돌출된 뿌리를 깨끗이 절단하여 주근 가까운 곳의 측근과 잔뿌리의 발달을 촉진시키는 작업이다.
② 분은 근원직경의 4~5배로 한다.
③ 뿌리 절단 부위의 보호를 위한 재료비는 별도 계상한다.

4-3-2 굴취(나무높이)('13, '19, '24년 보완)

(일당)

구 분		규 격	단 위	수 량	나무높이(m)	시공량(주)
인력시공	조경공	-	인	4	2.0이하	70
					3.0이하	45
	보통인부	-	〃	2	5.0이하	30
기계시공	조경공	-	인	3	2.0이하	90
	보통인부	-	〃	1	3.0이하	60
	굴착기	0.4㎥	대	1	5.0이하	40
비 고	- 분이 없는 경우 시공량의 25%를 가산한다.					

[주] ① 본 품은 흉고직경 또는 근원직경을 추정하기 어려운 수종 기준이다.
② 분은 근원직경의 4~5배로 한다.
③ 준비, 구덩이파기, 뿌리절단, 분뜨기, 운반준비 작업을 포함한다.
④ 굴취시 야생일 경우에는 시공량의 17%까지 감할 수 있다.
⑤ 굴취수목의 운반을 위하여 운반로를 개설하여야 하는 경우에는 그 비용을 별도 계상한다.
⑥ 분뜨기, 운반준비를 위한 재료비는 별도 계상한다.

4-3-3 굴취(근원직경)('19, '24년 보완)

(일 당)

구 분		규 격	단 위	수 량	근원(흉고)직경 (㎝)	시공량 (주)
인력시공	조 경 공	-	인	4	5(4)이하	50
					6~7(5~6)	30
	보통인부	-	〃	2	8~9(7~8)	15
기계시공	조 경 공	-	인	3	5(4)이하	70
					6~7(5~6)	40
	보통인부	-	〃	1	8~9(7~8)	25
	굴 착 기	0.4㎥	대	1	10~14(8~12)	15
					15~19(13~16)	10
기계시공	조 경 공	-	인	3	20~29(17~24)	7
	보통인부	-	〃	1	30~39(25~32)	5
	굴 착 기	0.6㎥	대	1	40~49(33~41)	4
	크 레 인	-	〃	1	50~60(42~50)	3
비 고		- 분이 없는 경우 시공량의 25%를 가산한다.				

[주] ① 본 품은 교목류 수종의 굴취 기준이다.
② 분은 근원직경의 4~5배로 한다.
③ 준비, 구덩이파기, 뿌리절단, 분뜨기, 운반준비 작업을 포함한다.
④ 굴취시 야생일 경우에는 시공량의 17%까지 감할 수 있다.
⑤ 굴취수목의 운반을 위하여 운반로를 개설하여야 하는 경우에는 그 비용을 별도 계상한다.
⑥ 크레인의 규격은 작업여건(시공높이, 시공위치 등) 및 안전율(적정하중, 작업반경 등)을 고려하여 적합한 규격을 적용한다.
⑦ 분 뜨기, 운반준비를 위한 재료비는 별도 계상한다.

4-3-4 식재(나무높이)('02, '13, '19, '24년 보완)

(일 당)

구 분		규 격	단 위	수 량	나무높이(m)	시공량(주)
인력시공	조 경 공	-	인	4	2.0이하	40
	보통인부	-	〃	2	3.0이하	20
					5.0이하	12
기계시공	조 경 공	-	인	3	2.0이하	55
	보통인부	-	〃	1	3.0이하	30
	굴 착 기	0.4㎥	대	1	5.0이하	20
비 고		- 지주목을 세우지 않을 때는 시공량의 11%를 가산한다.				

[주] ① 본 품은 흉고 또는 근원직경을 추정하기 어려운 수종에 적용한다.
② 터파기, 나무세우기, 묻기, 물주기, 지주목세우기, 뒷정리 작업을 포함한다.
③ 식재 시 1회 기준의 물주기는 포함되어 있으며, 유지관리는 '[유지관리부문] 1-2 조경공사'에 따라 별도 계상한다.
④ 물주기를 위해 살수차 등의 장비가 필요한 경우 기계경비는 별도 계상한다.
⑤ 암반식재, 부적기식재 등 특수식재시는 품을 별도 계상할 수 있다.

4-3-5 식재(흉고직경)('19, '24년 보완)

(일 당)

구 분		규 격	단 위	수 량	흉고(근원)직경 (cm)	시공량 (주)
인력시공	조 경 공	-	인	4	5(6)이하	30
	보통인부	-	〃	2	6~7(7~8)	15
기계시공	조 경 공	-	인	3	5(6)이하	45
	보통인부	-	〃	1	6~7(7~8)	22
					8~9(9~11)	17
	굴 착 기	0.4㎥	대	1	10~17(12~20)	12
기계시공	조 경 공	-	인	3	18~24(21~29)	9
	보통인부	-	〃	1	25~34(30~41)	7
	굴 착 기	0.6㎥	대	1	35~44(42~53)	5
	크 레 인	-	〃	1	45~50(54~60)	4
비 고		- 지주목을 세우지 않을 때는 시공량의 11%를 가산한다.				

[주] ① 본 품은 교목류 수종을 식재하는 기준이다.

② 흉고직경은 지표면에서 높이 1.2m 부위의 나무줄기 지름이다.
③ 터파기, 나무세우기, 묻기, 물주기, 지주목세우기, 뒷정리 작업을 포함한다.
④ 식재 시 1회 기준의 물주기는 포함되어 있으며, 유지관리는 '[유지관리부문] 1-2 조경공사'에 따라 별도 계상한다.
⑤ 물주기를 위해 살수차 등의 장비가 필요한 경우 기계경비는 별도 계상한다.
⑥ 암반식재, 부적기식재 등 특수식재시는 품을 별도 계상할 수 있다.
⑦ 크레인의 규격은 작업여건(시공높이, 시공위치 등) 및 안전율(적정하중, 작업반경 등)을 고려하여 적합한 규격을 적용한다.

4-4 조경구조물

4-4-1 정원석 쌓기 및 놓기('03, '19년 보완)

(ton 당)

구분	규격	단위	수량			
			쌓기		놓기	
			20ton 미만	20ton 이상	20ton 미만	20ton 이상
조경공	-	인	1.212	1.040	0.968	0.836
굴착기	0.7㎥	hr	0.657	0.684	0.657	0.684

[주] ① 본 품은 수석, 자연석 또는 조경석을 단독 또는 무리로 설치하여 미관이 고려된 경관(글자석, 상징석 등)을 조성하는 경우에 적용한다.
② 본 품은 다짐 및 정지 작업을 포함한다.
③ 지형 등 작업의 난이도에 따라 20%까지 가산할 수 있다.
④ 공구손료는 인력품의 3%로 계상한다.
⑤ 사이목 식재는 별도 계상한다.

4-4-2 조경유용석 쌓기 및 놓기('13년 신설, '24년 보완)

(일 당)

구분	규격	단위	수량	시공량(ton)
조경공	-	인	1	13
석공	-	〃	3	
굴착기	0.6㎥	대	1	

[주] ① 본 품은 조경석이나 현장유용석을 활용하여 긴 선형의 화단, 수로 경계 등의 수직 방향의 사면을 조성하는 경우에 적용한다.
② 본 품은 위치선정, 쌓기 및 놓기, 다짐 및 정지 작업을 포함한다.
③ 석재 운반비 및 사이목 식재 비용은 별도 계상한다.
④ 부착용 집게를 사용하는 경우 기계손료를 추가 계상하고 시공량은 동일하게 적용한다.

4-4-3 잔디블록 포장('19년 신설, '24년 보완)

(일 당)

구 분	규 격	단 위	수 량	시공량(㎡)
조 경 공	-	인	3	65
보 통 인 부	-	〃	1	
굴 착 기	0.6 ㎥	대	1	
플레이트콤팩터	1.5 ton	〃	1	

[주] ① 본 품은 모래를 부설하면서 대형 잔디블록을 설치하는 기준이다.
② 모래 부설, 다짐 및 고르기, 잔디블록 절단 및 설치, 잔디식재 작업을 포함한다.
③ 장비의 규격은 작업여건(작업범위, 위치 등)에 따라 변경할 수 있다.
④ 블록절단 시 절단기를 사용할 경우 기계경비는 별도 계상한다.

■ 자연형 계단블록 설치

(1개 당)

명 칭	규 격	단 위	수 량	비 고
자 연 형 계 단 블 록	997×797×265	개	1	330 kg
크 레 인	유압식 10 ton	hr	0.154	
작 업 반 장	관리	인	0.020	
특 별 인 부	기술공	〃	0.038	
보 통 인 부	-	-	0.028	

[주] ① 블록의 운반비, 블록의 할증은 별도 계상한다.
② 법면 고르기품은 별도 계상 한다.
③ 계단 블록 연결철선, 부직포는 별도 계상한다.
④ 블록간 줄눈 시공품은 별도 계상한다.
⑤ 계단 구배의 설계는 현장의 여건에 따라 차이가 나기 때문에 설계전에 사전검토해야 한다.
⑥ 본 품은 제6장 철근코크리트공사 6-7 조립식 구조물 설치공의 콘크리트 중량구조물 설치품을 근거로 기준한 것이다.

표준단면도

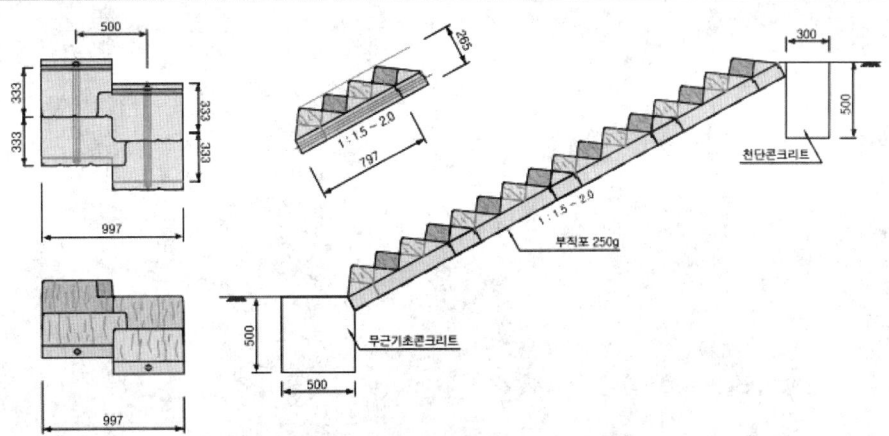

용도 : 옹벽축조, 도로옹벽축조 및 법면보호, 하천호안, 하천인접부지 확보용

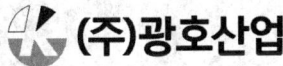

본사·공장 : 전남 나주시 동수농공단지길 137-18(동수동)
TEL : 061-335-0007 FAX : 061-335-6220

4-4-4 야자섬유매트포장('22년 신설, '24년 보완)

(일 당)

구 분	단 위	수 량	시공량(㎡)	
			폭 1.5m 이하	폭 2.0m 이하
조 경 공	인	2	90	130
보 통 인 부	〃	1		

[주] ① 본 품은 설치위치의 토공사가 완료된 상태에서 야자섬유매트로 포장하는 기준이다.
② 본 품은 매트포장면정리, 야자섬유매트 및 고정핀 설치, 매트연결 및 고정, 마무리 작업을 포함한다.
③ 설치위치의 토공작업은 필요시 별도 계상한다.

📋 품셈 유권해석

잔디블록의 기준

잔디블록 설치 품셈 적용과 관련하여, 잔디블록 사이즈가 332 *332 *80 인 잔디블록을 설치하는 일위대가를 작성중에 있습니다. 해당 사이즈의 잔디블록의 시공품은 4-4-3 잔디블록 포장을 적용하는 것이 맞는지, 토목부문 1-7-1 보도용 블록 설치를 적용하는 것이 맞는지 질의드립니다.

답변내용

➡ 표준품셈 공통부문 "4-4-3 잔디블록 포장"은 잔디블록을 설치하고 블록 사이에 잔디를 식재하는 공법 기준이며, 표준품셈 "1-7-1 보도용 블록 설치"는 규격 0.1㎡이하, 두께 8cm이하 보도용 블록의 설치 기준입니다. 당해공사에서 표준품셈의 적용여부 및 판단, 수량산출 등에 관련된 사항은 해당공사의 특성을 고려하시고 표준품셈을 참조하시어 공사관계자가 직접 결정하실 사항임을 양지해 주시면 감사드리겠습니다.

조경공사의 시비

건설공사 표춘품셈 제4장 조경공사 중 4-1-3 초화류 식재, 4-2-3 관목 식재, 4-3 교목식재 품셈에 유기질 비료(재료비) 계상 시 제1장 1-2-12 교목시비, 1-2-13 관목시비 품셈도 같이 계상하여야 하는지에 대한 질의드립니다.

답변내용

➡ 표준품셈 공통부문 "4-1-3 초화류 식재 , 4-2-2 식재(단식), 4-2-3 식재(군식), 4-3-4 식재(나무높이)"는 시비는 포함되어 있지 않으니 별도계상하시기 바랍니다.

굴취 및 뿌리돌림의 중복적용

굴취단가에 뿌리돌림단가를 별도로 적용하였을 경우 중복여부 질의드립니다. 건설표준품셈을 침고하여 보면 교목 굴취품에 뿌리절단, 분뜨기 등이 포함되어 있으며, 여기에 뿌리돌림 품을 별도로 봐주게 되었을때 중복적용 여부가 궁금합니다.

답변내용

➡ 표준품셈 공통부문 "4-3-1 뿌리돌림"은 뿌리돌림 작업만을 수행할때의 품이며, "4-3-2 굴취"와 함께 적용하면 중복계상이 됩니다.

굴취한 나무의 소운반 범위

조경공사 중 굴취와 관련하여 교목과 관목의 굴취의 품에 운반 차량까지의 소운반비가 포함되어 있는지 여부가 궁금합니다. 혹시 소운반비가 포함되지 않았다면, 굴취한 장소부터 차량까지의 소운반거리가 20m를 초과할 경우 소운반거리를 굴취한 장소부터 차량까지의 거리로 적용하는지 아니면 그 거리에서 20m를 공제한 거리로 하는지 질의드립니다.

답변내용

↳ 소운반은 일반적으로 품에서 포함된 것으로 품에서 포함된 것으로 규정된 소운반거리는 편도 20m 이내의 거리이며, 20m를 초과하는 경우에는 초과분에 대하여 표준품셈 공통부문 "1-2-7 운반/2.인력운반 기본공식" 등을 활용하여 별도 계상하도록 정하고 있습니다.
품항목과 무관하게 인력운반을 적용하실 경우 전체 운반거리를 적용하시기 바라며, 당해공사에서 표준품셈의 적용여부 및 판단, 수량산출 등에 관련된 사항은 해당공사의 특성을 고려하시고 표준품셈을 참조하시어 공사관계자가 직접 결정하실 사항임을 양지해 주시면 감사드리겠습니다.

제 5 장 기초공사

5-1 흙막이 및 물막이

5-1-1 P.P마대 및 톤마대 쌓기·헐기('09, '14, '21년 보완)

(10개 당)

구 분	규 격	단 위	P.P 마대(0.024㎥/개)			톤마대(0.7㎥/개)		
			만들기	쌓기	헐기	만들기	쌓기	헐기
보통인부	-	인	0.15	0.06	0.06	0.38	0.18	0.18
특별인부	-	〃	-	-	-	-	0.09	0.09
굴착기	0.2㎥	hr	-	-	-	1.34	-	-
	1.0㎥	〃	-	-	-	-	0.7	0.7

[주] 본 품은 P.P마대 및 톤마대의 만들기, 쌓기, 헐기하는 기준이며, 토사 채움을 기준한다.

5-1-2 H-Beam 설치

(본 당)

구 분		단위	H=300~500				
			5m 이하	6~8m	9~11m	12~14m	15~18m
띠장	철골공	인	0.16	0.18	0.21	0.23	0.25
	용접공	〃	0.38	0.41	0.49	0.54	0.59
	보통인부	〃	0.14	0.15	0.18	0.19	0.21
	크레인	hr	0.33	0.40	0.52	0.60	0.69
버팀보	철골공	인	0.34	0.36	0.40	0.43	0.45
	용접공	〃	0.17	0.19	0.20	0.22	0.23
	보통인부	〃	0.13	0.14	0.15	0.16	0.17
	크레인	hr	0.29	0.35	0.45	0.53	0.61

구 분		단위	H=600~800				
			5m 이하	6~8m	9~11m	12~14m	15~18m
띠장	철골공	인	0.21	0.23	0.27	0.29	0.32
	용접공	〃	0.48	0.54	0.62	0.68	0.74
	보통인부	〃	0.17	0.19	0.22	0.24	0.27
	크레인	hr	0.42	0.51	0.66	0.77	0.81
버팀보	철골공	인	0.43	0.46	0.51	0.54	0.58
	용접공	〃	0.22	0.24	0.26	0.28	0.29
	보통인부	〃	0.16	0.17	0.19	0.20	0.22
	크레인	hr	0.36	0.44	0.57	0.67	0.77

[주] ① 본 품은 수평지보공(H-Beam)의 띠장 및 버팀보 설치 품이다.
② 본 품은 소운반, H-Beam 가공, 연결재, 보강재, 충전재의 설치 작업을 포함한다.
③ 연결재, 보강재, 충전재의 현장 가공 및 제작은 제외되어 있다.
④ H-Beam 설치를 위한 받침대 및 브레이싱 설치는 별도 계상한다.
⑤ 소모재료는 설계수량에 따라 별도 계상한다.
⑥ 공구손료 및 경장비(용접기 등)의 기계경비는 인력품의 3%를 계상한다.
⑦ 크레인은 크레인(타이어) 25ton급을 기준하며, 작업여건에 따라 변경할 수 있다.
⑧ 본 품의 적용범위는 다음을 참고한다.

적용 항목	적용 범위	미적용 범위
사전작업 (제작장 작업)	·H-Beam 현장 절단 ·잭 및 연결재(쐐기 등)의 H-Beam 연결(볼트 연결) (구멍뚫기 제외)	·H-Beam 마감판 가공 및 접합 * 마감판 보강재 용접 포함 ·연결재, 보강재, 충전재 제작 ·연결재 구멍뚫기
H-Beam 현장설치	·H-Beam 이음 * 띠장 : 연결재 용접 * 버팀보 : 볼트/용접 이음 ·H-Beam 연결(볼트 연결) * H-Beam 구멍뚫기 포함	·브라켓 설치 * 피스브라켓 및 보걸이 ·브레이싱 설치
보강재 설치	·띠장 : 보강재, 충전재 설치 ·버팀보 : 보강재 설치	-

5-1-3 H-Beam 철거

(본 당)

구 분		단위	H=300~500				
			5m 이하	6~8m	9~11m	12~14m	15~18m
띠장	철 골 공	인	0.10	0.11	0.13	0.14	0.15
	용 접 공	〃	0.23	0.26	0.29	0.32	0.35
	보 통 인 부	〃	0.08	0.09	0.11	0.12	0.13
	크 레 인	hr	0.23	0.28	0.36	0.42	0.49
버팀보	철 골 공	인	0.20	0.22	0.24	0.26	0.27
	용 접 공	〃	0.10	0.11	0.12	0.13	0.14
	보 통 인 부	〃	0.08	0.08	0.09	0.10	0.10
	크 레 인	hr	0.20	0.24	0.32	0.37	0.43

구 분		단 위	H=600~800				
			5m 이하	6~8m	9~11m	12~14m	15~18m
띠장	철 골 공	인	0.12	0.14	0.16	0.18	0.19
	용 접 공	〃	0.29	0.32	0.37	0.41	0.45
	보 통 인 부	〃	0.10	0.12	0.13	0.15	0.16
	크 레 인	hr	0.29	0.36	0.46	0.54	0.62
버팀보	철 골 공	인	0.26	0.28	0.30	0.32	0.35
	용 접 공	〃	0.13	0.14	0.16	0.17	0.18
	보 통 인 부	〃	0.10	0.11	0.12	0.12	0.13
	크 레 인	hr	0.25	0.31	0.40	0.47	0.54

[주] ① 본 품은 수평지보공(H-Beam)의 띠장 및 버팀보 해체 품이다.
② 본 품은 소운반, 연결해체, H-Beam 해체, 재, 연결재, 보강재, 충전재의 해체 작업을 포함한다.
③ 운반을 위한 H-Beam의 상차 및 운반은 제외되어 있다.
④ 받침재 및 브레이싱 해체는 별도 계상한다.
⑤ 소모재료는 설계수량에 따라 별도 계상한다.
⑥ 공구손료 및 경장비(용접기 등)의 기계경비는 인력품의 3%를 계상한다.
⑦ 크레인은 크레인(타이어) 25ton급을 기준하며, 작업여건에 따라 변경할 수 있다.
⑧ 본 품의 적용범위는 다음을 참고한다.

적용 항목	적용 범위	미적용 범위
H-Beam 현장해체	- H-Beam 이음부 및 연결부 해체 * 볼트풀기 * 용접부 해체	-
철거	- H-Beam 내리기	-
보강재 철거	- 띠장 : 보강재, 충전재 분리 - 버팀보 : 연결재, 보강재 분리	·마감판 해체

5-1-4 흙막이판 설치·철거('09, '14, '21년 보완)

(10㎡ 당)

구 분	규 격	단 위	설 치	철 거
형틀목공	-	인	0.73	0.58
보통인부	-	〃	0.38	0.30
굴착기	0.2㎥	hr	1.92	1.54

[주] ① 본 품은 흙막이판(각재 및 강재, 높이 200㎜이하)의 절단, 설치, 뒤채우기 및 마무리 작업을 포함한다.
② 공구손료 및 경장비(엔진톱 등)의 기계경비와 잡재료(철선 등)는 인력품의 3%를 계상한다.
③ 흙막이판의 손율은 다음 표에 따른다.

구 분		손율(%)	비 고
사용횟수별	1회	50	1회당 사용기간이 3개월 미만인 경우에 적용
	2회	75	
	3회	90	
사용기간별	3월이상~6월미만	75	1회로서 사용기간이 3개월 이상인 경우에 적용
	6월이상~12월까지	90	
강 재	- '[공통부문] 2-2-2 주요자재/강재류'를 적용한다.		

■ 중간지지대를 가진 흙막이벽 지지 프리스트레스 가시설 IPS공법
(Innovative Prestressed Support system)(건설신기술지정 제433호)

1. IPS 띠장 설치 및 철거

(ton당)

구분		명칭	규격	단위	일반	FS Type			SS Type		
						8~13m	14~18m	19~23m	23~32m	34~40m	42~50m
설치	인력	비계공	-	인	0.897	0.748	0.674	0.607	0.645	0.607	0.582
		특별인부	-	〃	0.228	0.410	0.367	0.319	0.354	0.333	0.319
	장비	크레인(타이어)	25톤	hr	0.608	1.041	0.876	0.842	0.936	0.882	0.845
철거	인력	비계공	-	인	0.562	0.457	0.370	0.356	0.395	0.372	0.357
		특별인부	-	〃	0.137	0.241	0.195	0.187	0.208	0.196	0.188
	장비	굴삭기(타이어)	0.3㎥	hr	0.426	0.770	0.623	0.599	0.666	0.627	0.601

[주] ① 공구손료 및 경장비는 인력품의 5%로 한다.
② 작업여건에 따라 장비는 변경 할 수 있다.

2. IPS 버팀 설치 및 철거

(ton당)

구분		명칭	규격	단위	설치	철거
인력		비계공	-	인	0.753	0.467
		특별인부	-	〃	0.185	0.128
장비		크레인(타이어)	25톤	hr	0.617	-
		굴삭기(타이어)	0.3㎥	〃	-	0.418

[주] ① 부속자재 설치 품을 추가할 수 있으며, 부재 가공제작은 제외되어 있다.
② 공구손료 및 경장비는 인력품의 5%로 한다.
③ 작업여건에 따라 장비는 변경 할 수 있다.

3. 정착구 설치 및 철거

(개소당)

구분		명칭	규격	단위	정착구 규격		
					ø240	ø270	ø300
인력		용접공	-	인	0.045	0.048	0.052
		조력공	-	〃	0.021	0.023	0.025
소모품		CO_2 와이어	-	kg	0.312	0.338	0.365
		탄산가스	-	〃	0.156	0.169	0.182

[주] ① 철거비는 설치비의 70%로 한다.
② 공구손료 및 경장비는 인력품의 5%로 한다.

4. PC 강연선 설치 및 철거

(개소당)

구분	명칭	규격	단위	강연선 수량(개)					
				FS Type			SS Type		
				8~19	20~24	25~36	8~38	40~48	50~72
인력	고급숙련기술자	-	인	0.989	1.027	1.241	2.108	2.213	2.371
	비계공	-	〃	2.057	2.511	3.540	4.074	5.204	6.570
	특별인부	-	〃	1.089	1.497	2.317	2.017	3.167	4.224

[주] ① 철거비는 설치비의 70%로 한다.
② 공구손료 및 경장비는 인력품의 5%로 한다.

5. PC 강연선 인장

(개소당)

구 분	명 칭	규격	단위	강연선 수량(ea)				
				FS Type			SS Type	
				8~19	20~24	25~36	8~38	40~48	50~72
인력	고급숙련기술자	-	인	0.512	0.730	0.922	1.042	1.564	2.085
	비 계 공	-	〃	1.081	1.356	1.877	2.085	3.127	4.169
	특 별 인 부	-	〃	1.081	1.356	1.877	2.085	3.127	4.169
장비	단독인장실린더	18톤	hr	1.353	2.864	5.185	2.310	6.372	10.371

[주] ① 공구손료 및 경장비는 인력품의 5%로 한다.
② 소모재료는 별도 계상한다.
③ 강연선 인장기 규격은 소요 긴장력을 고려하여 변경할 수 있다.

6. 타이 케이블 설치

(ton당)

구 분	명 칭	규 격	단 위	수 량
인 력	중급숙련기술자	-	인	0.188
	비 계 공	-	〃	0.565
	특 별 인 부	-	〃	0.377
장 비	크 레 인(타이어)	25톤	hr	1.509

[주] ① 공구손료는 노무비의 3%로 한다.

7. FT 띠장 편심 가압 및 감압

(개소당)

구 분	명 칭	규 격	단 위	수 량
인 력	중급숙련기술자	-	인	0.151
	조 력 공	-	〃	0.233
장 비	복 동 램	100톤×150	개	0.020

[주] ① 공구손료는 노무비의 3%로 한다.

8. T형 홈메우기 설치 및 철거

(ton당)

구 분	명 칭	규 격	단 위	수 량
인 력	용 접 공	용접	인	0.199
	특 별 인 부	-	〃	0.0018
소 모 품	CO₂ 와 이 어	25톤	kg	0.42
	탄 산 가 스	0.3㎥	〃	0.21
	산 소	6000ℓ/병	ℓ	61
	LPG	-	kg	0.06

[주] ① C형 기준 품셈이며, B형은 2배, A형은 3배로 한다.
② 철거비는 설치비의 70%로 한다.
③ 공구손료 및 경장비는 인력품의 5%로 한다.

■ 차수성 흙막이 및 가물막이 공법(M.D.S (Mid-support Double Sheet pile)공법, S.S(Stiffened Sheet pile)공법)

※ 가물막이 모든 공정은 품셈을 준하되(품이 없는 경우는 아래의 품을 기준으로 한다.) 품셈은 육상작업 기준이므로 가물막이의 경우 수중 작업의 난이도와 위험성 등을 고려하여 인력과 장비에 50%까지 품 외 할증을 적용하여 계상할 수 있다.

1. Sheet pile 항타 및 항발
   - 15m 초과하는 길이의 장비조합은 아래의 표를 참조하여 현장상황에 맞게 적용하도록 하고 그 외 품은 기존 품셈을 준한다. (15m 미만의 길이는 기존 품셈을 준한다.)

기 종	규 격
크롤러크레인	80~120 ton
진동파일해머	90~120 kW
발전기	250 kW
크레인(타이어)	20 ton

2. M.S (Mid-Support) 구조물
   - 가공 및 조립

(강재 ton 당)

구 분	단 위	수 량
철 공 공	인	2.85
용 접 공	〃	1.30
보 통 인 부	〃	2.55
작 업 반 장	〃	1.30

[주] ① 현장부재자재 소모품은 상기 노무비의 15%로 한다.
   ② 일반공구의 손료는 상기 노무비의 3%로 한다.
   ③ 제작시 사용되는 장비의 장비 능력은 15ton/일을 기준으로 한다.
   ④ 주자재는 별도 계상한다.

   - 설치 및 해체

(강재 ton 당)

구 분	단 위	수 량
철 공 공	인	1.82
용 접 공	〃	0.83
보 통 인 부	〃	1.17
작 업 반 장	〃	0.51

[주] ① 현장부재자재 소모품은 상기 노무비의 15%로 한다.
   ② 일반공구의 손료는 상기 노무비의 3%로 한다.
   ③ 설치시 사용되는 장비의 장비 능력은 4ton/일을 기준으로 한다.
   ④ 해체비는 설치비의 70%를 적용한다.

3. 보강밤 제작 및 설치, 해체

(ton 당)

구 분	단 위	수량 제작	수량 설치	수량 해체
철 판 공	인	21.50	-	-
보 통 인 부	〃	0.60	0.2	0.14
용 접 공	〃	2.20	0.75	0.53
용 접 봉	kg	15.71	2.77	1.94
산 소	ℓ	5355	945	662
아 세 틸 렌	kg	2.4	0.4	0.28

[주] ① 상기 품은 육상작업 기준이므로 가물막이의 경우 수중 작업의 난이도와 위험성 등을 고려하여 인력과 장비에 50%까지 품의 할증을 적용하여 계상할 수 있다.
② 주자재는 별도 계상한다.
③ 사용되는 장비의 장비 능력은 15 ton/일을 기준으로 한다.

4. 차수벽 설치

- 면 고르기

(㎡ 당)

구 분	암 질 풍화암	연 암	보통암	경 암	비 고
착 암 공(인)	0.074	0.092	0.131	0.212	
보 통 인 부(인)	0.036	0.047	0.065	0.108	
공 기 압 축 기(시간)	0.068	0.108	0.135	0.216	7.1㎥/min
소 형 브 레 이 커(시간)	0.284	0.378	0.54	0.878	1.3㎥/min

[주] ① 잡재료비는 상기 노무비의 1%로 한다.

- 차수벽 설치

(㎡ 당)

구 분	단 위	설 치	비 고
형 틀 목 공	인	0.073	
콘 크 리 트 공	〃	0.053	
보 통 인 부	〃	0.066	
굴 삭 기	hr	0.192	0.2㎥
크 레 인	〃	0.002	30ton
펌 프 차	〃	1.5	80㎥/hr

[주] ① 공구손료 및 경장비의 기계경비와 잡새료비는 상기 노무비의 8%로 한다.
② 차수판 중 각재는 매몰재료로 손율은 100%를 적용한다.
③ 주자재는 별도 계상한다.

■ 강관버팀보 설치를 위한 체결공법(MSTRUT공법)

1. MSTRUT 단부(접합부속) 설치 및 철거-ø406.4

(개소 당)

항 목	규 격	개소당	비 고
볼 트 조 이 기	M22	2공	
볼 트 풀 기	M22	2공	
철 골 공	-	0.218인	
특 별 인 부	-	0.109인	- 띠장과 강관버팀보 연결
보 통 인 부	-	0.218인	
크 레 인(트럭)	15톤	0.107 hr	
강 판 구 멍 뚫 기	t=7~12㎜	2공	

[주] ① 단부설치는 강관버팀보와 띠장연결 한면(1개소)에 대한 품이다.
② 강판 구멍 뚫기는 강관버팀보 두께에 따라 정한다.
③ 공구(기구)손료는 노무비의 3%로 한다.
④ 철거비는 설치비(볼트조이기·풀기, 강판 구멍 뚫기 제외)의 80%를 적용한다.
⑤ 본 품의 접합부속 및 볼트의 제품비와 운반 상·하차비는 별도 계상한다.

2. MSTRUT 연결부(연결부속) 설치 및 철거-ø406.4

(개소 당)

항 목	규 격	개소당	비 고
볼 트 조 이 기	M22	6공	
볼 트 풀 기	M22	6공	
철 골 공	-	0.218인	
특 별 인 부	-	0.109인	- 강관버팀보와 강관버팀보 연결
보 통 인 부	-	0.218인	
크 레 인(트럭)	15톤	0.107 hr	

[주] ① 연결부 설치는 강관버팀보와 강관버팀보 연결 1개소에 대한 품이다.
② 공구(기구)손료는 노무비의 3%로 한다.
③ 철거비는 설치비(볼트조이기·풀기, 강판 구멍 뚫기 제외)의 80%를 적용한다.
④ 본 품의 연결부속 및 볼트의 제품비와 운반 상·하차비는 별도 계상한다.

엠스틸 인터내셔널
www.msteelinternational.com

강관버팀보 기술성+시공성+경제성+안전성=MSTRUT® 공법
(판매·임대·시공·설계지원)
• 지하차도, 지하철, 경전철, 교량기초 등의 흙막이 가시설 버팀보
• 건축물지하층, 지하주차장, 지하상가 등의 흙막이 가시설 버팀보

서울시 영등포구 은행로 37(여의도동, 기계회관 본관 7층)   TEL : 02-3780-6400 FAX : 02-780-1387

■ 조립식 간이 흙막이 공법 (SK판넬/TS(SBH) 판넬)

1. 판넬 적하(Ta)/조립(Tb) 시간 산정
  Ta=기재중량×ta(적하계수)/60
  Tb=기재중량×tb(조립계수)/60

구분 규격	ta 적하/적재	tb 조립/해체
SK	6.0min/ton	10min/ton
MB/CB	5.0min/ton	20min/ton
SS/DS	6.0min/ton	10min/ton
SF기본/조합	6/10min/ton	0/20min/ton

2. 박기(TA)/뽑기(TB) 작업 소요시간 산정
  TA=T0+T1+T2
  T0(굴착소요시간): L×B×H/Q
  T1(기타준비시간): 2×L×H×t1/60
  T2(판넬박기시간): 2×L×H×t2/60
  TB=1(2)×L×H×t3/60-SK/SS/DS는 ( ) 적용
  Q: 백호의 시간당 작업량
  H: 굴착깊이(m)
  B: 굴착폭(m)
  L: 시공길이(m)
  t1: 조립준비계수
  t2: 박기계수
  t3: 뽑기계수

TS판넬 압입준비 시간 t1		TS판넬 박기 시간 t2				TS판넬 뽑기 시간 t3			
굴착량	t1	현장조건	자연 상태			현장조건	자연 상태		
		토질별	양호1	보통1	불량1	토질별	양호1	보통1	불량1
20㎡ 이하	0.5								
40㎡ 이하	0.6	모래/사질토	4	5	6	모래/사질토	4	5	6
60㎡ 이하	0.7	자갈섞인흙/점성토	5	6	7	자갈섞인흙/점성토	5	6	7
80㎡ 이하	0.8	지하수위 50%이상	6	7	8	지하수위 50%이상	6	7	8
80㎡ 이상	0.9	연암	9	9	9	연암	3	3	3

3. 품의 할증

야간작업		소규모 공사		지세별	
주간	1	100㎡ 이상	1	평탄지	1
야간	1.5	100㎡ 이하	1.5	주택가	1.15
				2차선도로	1.3
				4차선도로	1.25
				물있는 논	1.5
				군부대	1.2
				강건너기 (강변)	1.5

4. 적재 및 적하시간(공통)

현장조건	작 업 조 건		
토질별	양호	보통	불량
모래/사질토	0.5	0.8	1.1
자갈섞인흙/점성토	0.6	1.05	1.5

5. 작업반 편성

직종명	보통인부	특별인부
기재 박기 인원	1	2
기재 뽑기 인원	1	2

SK판넬 / TS판넬 / SBH (조립식 간이 흙막이 공법 전문업체)
Mini Box - City Box - SK Panel - Single Slide - Double Slide - 특수용도흙막이

(주)서진산업 / SEOJIN INDUSTRY
본사 및 공장: 경기도 평택시 청북면 한산길 113-26
TEL: (031)683-0073 FAX: (031)683-1909
www.sjpannel.co.kr

특허 제 10-0566721호 / 제 10-0781883호 / 실용신안 0409153호
- 국내 최대 생산능력 및 납품실적 보유 -

■ 조립식(조절식) 간이 흙막이 공법[TS판넬(Trench Shoring System)]

1. 일반 간이 흙막이 구분
   (1) 조립식 간이 흙막이(Box Type)
      ① Light Weight : 작업 폭 0.75~2.2m, 1경간 길이 2.5m
      ② Light Box : 작업 폭 0.75~2.2m, 1경간 길이 3.0m
         * 굴착 폭 = 작업 폭+0.15m
   (2) 조절식 간이 흙막이 (Slide Type)
      ① Single Slide : 작업 폭 1.25~8.0m, 1경간 길이 4.27m
      ② Double Slide : 작업 폭 1.25m~10.0m, 1경간 길이 4.27m
         * 굴착 폭 = 작업 폭+0.44m(SS Type) 또는 0.75m(DS Type)

2. 공정별 소요시간 산정
   (1) 흙막이 설치 소요시간(TA) 산정
      $TA = T_1+T_2+T_3$
      ① T1(굴착 소요시간) = $L \times B \times H/Q$
      ② T2(흙막이 압입시간) = $2 \times L \times H \times t_1/60$(일반)
                           = $2 \times (L+B) \times H \times t_1/60$(사각기초)
      ③ T3(기타 준비시간) = $2 \times L \times H \times t_2/60$(일반)
                          = $2 \times (L+B) \times H \times t_2/60$(사각기초)
   (2) 흙막이 인발 소요시간(TB) 산정(Box Type 1 적용, Slide Type 2 적용)
      $TB = 1(2) \times L \times H \times t_3/60$(일반)
         = $2 \times (L+B) \times H \times t_3/60$(사각기초)

여기서, H = 굴착 깊이(m)
       B = 굴착 폭(m)
       L = 굴착 길이(일반), 굴착 폭(사각기초)(m)
       Q = 백호의 시간당 작업량(m^3/hr)

계 수	구 분	일 반(min/m^3)			사각기초(min/m^3)	
	조립식	SS	DS	SS	DS
t_1 (압입계수)	1~5	6~10	7~11	12~16	15~20
t_2 (준비계수)	0.5	0.6	0.7	0.8	0.9
t_3 (인발계수)	2~5	3~7	4~9	10~13	12~18

※ t_1, t_3는 당 현장의 토질 상태 및 작업 여건에 따라 적용하여야 한다.

3. 작업반 편성

작업구분	공 종	작업반장		보통인부		특별인부	
		Box	Slide	Box	Slide	Box	Slide
설	치	1	1	1	2	2	4
인	발	1	1	1	2	1.5	3

4. 손료 산정

내 용 연 수	연간관리 비 율	상 각 비 율	연간표준 공용일수	수 리 소모율	연평균 대출횟수
4년	10%	90%	150일	5%	3회

[주] ① 조립식/조절식 간이 흙막이 공의 1조는 30m로 한다.(단, 사각기초는 개소당 금액으로 산정한다.)
② 소운반, 운반비 및 기자재 손료는 별도 계상한다.
③ 표준품에 정의된 할증품은 현장 내 요인에 맞춰 계상한다.(ex. 지하 굴착고, 번화가, 주택가 및 지형별 할증품 등)

○ 참고자료

■ 흙막이벽체 지지를 위한 원형 강관 버팀보 체결공법(SP-STRUT 공법, 건설신기술 제 726호, 재난안전신기술 제 2023-25호)

가. D406.4 강관버팀보
1. 강관버팀보 연결재 설치 및 철거(D406.4)

(개소 당)

항 목	규 격	개소당	비 고
볼 트 조 이 기	M22	4공	
볼 트 풀 기	M22	4공	
철 골 공	-	0.238인	· 띠장과 강관버팀보 연결
특 별 인 부	-	0.119인	· 잭과 강관버팀보 연결
보 통 인 부	-	0.238인	
크 레 인(트럭)	15톤	0.101 hr	
강 판 구 멍 뚫 기(강관버팀보)	t=7~16mm	4공	

[주] ① 강관버팀보 연결재는 강관버팀보 1본의 양면에 각각 설치되며, 한면(1개소)에 대한 품이다.
② 강판 구멍 뚫기(강관버팀보)는 강관버팀보의 두께에 따라 정한다.
③ 공구(기구)손료는 노무품의 3%로 한다.
④ 볼트 조이기 풀기는 하중과 현장 여건에 따라 추가할 수 있다.
⑤ 본 품의 연결재 및 볼트의 제품비와 운반 및 상·하차비는 별도 계상한다.

2. 강관버팀보 이음재 설치 및 철거(D406.4)

(개소 당)

항 목	규 격	개소당	비 고
볼 트 조 이 기	M22	10공	
볼 트 풀 기	M22	10공	
철 골 공	-	0.238인	
특 별 인 부	-	0.119인	· 강관버팀보와 강관버팀보 이음
보 통 인 부	-	0.238인	
크 레 인(트럭)	15톤	0.101 hr	
강 판 구 멍 뚫 기(강관버팀보)	t=7~16mm	8공	

[주] ① 강관버팀보 이음재는 강관버팀보 길이 10m 마다 1개소에 대한 품이다.
② 강판 구멍 뚫기(강관버팀보)는 강관버팀보의 두께에 따라 정한다.
③ 공구(기구)손료는 노무품의 3%로 한다.
④ 볼트 조이기 풀기는 하중과 현장 여건에 따라 추가할 수 있다.
⑤ 본 품의 이음재 및 볼트의 제품비와 운반 및 상·하차비는 별도 계상한다.

3. 강관버팀보(D406.4) 유밴드 설치 및 철거(Type-A)

(조 당)

항 목	규 격	개소당	비 고
볼 트 조 이 기	M22	4공	
볼 트 풀 기	M22	4공	
L 형 강	L-90×90×10	2.793 kg	
고 재 대	-	2.793 kg	· 유밴드(Type-A) 1조당
강 판 절 단	t=10㎜	0.36 m	- 원형밴드 : 2개
필 렛 용 접	t=6㎜	0.40 m	- ㄷ형강밴드 : 2개
철 골 공	-	0.119 인	
특 별 인 부	-	0.060 인	
보 통 인 부	-	0.119 인	
크 레 인(트럭)	15톤	0.101 hr	

[주] ① 강관버팀보 유밴드(Type-A)는 강관버팀보와 ㄷ형강 받침보 1개소에 대한 품이다.
    ② 공구(기구)손료는 노무품의 3%로 한다.
    ③ 본 품의 유밴드(Type-A) 및 볼트의 제품비와 운반 및 상·하차비는 별도 계상한다.

4. 강관버팀보(D406.4) 유밴드 설치 및 철거(Type-B)

(조 당)

항 목	규 격	개소당	비 고
볼 트 조 이 기	M22	4공	
볼 트 풀 기	M22	4공	
L 형 강	L-90×90×10	8.379 kg	
고 재 대	-	8.379 kg	· 유밴드(Type-B) 1조당
강 판 절 단	t=10㎜	0.36 m	- 원형밴드 : 2개
필 렛 용 접	t=6㎜	1.20 m	- H형강밴드 : 2개
철 골 공	-	0.119 인	
특 별 인 부	-	0.060 인	
보 통 인 부	-	0.119 인	
크 레 인(트럭)	15톤	0.101 hr	

[주] ① 강관버팀보 유밴드(Type-B)는 강관버팀보와 H형강 받침보 1개소에 대한 품이다.
    ② 공구(기구)손료는 노무품의 3%로 한다.
    ③ 본 품의 유밴드(Type-B) 및 볼트의 제품비와 운반 및 상·하차비는 별도 계상한다.

5. 강관버팀보(D406.4) 유밴드 설치 및 철거(Type-C)

(조 당)

항 목	규 격	개소당	비 고
볼 트 조 이 기	M22	4공	
볼 트 풀 기	M22	4공	
L 형 강	L-90×90×10	5.586 kg	
고 재 대	-	5.586 kg	
강 판 절 단	t=10㎜	0.72 m	· 유밴드(Type-C) 1조당
필 렛 용 접	t=6㎜	0.80 m	- 원형밴드 : 2개
철 골 공	-	0.119인	- 원형밴드 : 2개
특 별 인 부	-	0.060인	
보 통 인 부	-	0.119인	
크 레 인(트럭)	15톤	0.101 hr	

[주] ① 강관버팀보 유밴드(Type-C)는 강관버팀보와 강관버팀보 1개소에 대한 품이다.
    ② 공구(기구)손료는 노무품의 3%로 한다.
    ③ 본 품의 유밴드(Type-C) 및 볼트의 제품비와 운반 및 상·하차비는 별도 계상한다.

6. 강관버팀보(D406.4) 피스 설치 및 철거

(개소 당)

항 목	규 격	개소당	비 고
볼 트 조 이 기	M22	8공	
볼 트 풀 기	M22	8공	
철 골 공	-	0.119인	
특 별 인 부	-	0.060인	
보 통 인 부	-	0.119인	
크 레 인(트럭)	15톤	0.101 hr	

[주] ① 강관버팀보 피스는 강관버팀보의 길이 조정 한면(1개소)에 대한 품이다.
    ② 공구(기구)손료는 노무품의 3%로 한다.
    ③ 본 품의 피스 및 볼트의 제품비와 운반 및 상·하차비는 별도 계상한다.

7. 강관버팀보 연결재 손료

(개 당)

항 목	규 격	개소당	비 고
강 관 버 팀 보 연 결 재	D406.4	1개	
육 각 일 반(볼트, 너트, 와샤)	M22×70ℓ×N1×W2	2개	· 품셈 손율 적용
양 산 일 반(볼트, 너트, 와샤)	M22×510ℓ×mm(N2W2)	2개	

[주] ① 강관버팀보 연결재는 강관버팀보의 양면에 각각 설치되며, 한면(1개소)에 대한 손율이다.
② 연결재와 볼트는 KS 규정의 공장 제품이다.(볼트는 고장력 8.8T 이상을 사용한다)
③ 하중과 현장 조건에 따라 양산볼트의 길이와 너트 수량을 추가 할 수 있다.
④ 연결재 및 볼트의 운반 및 상·하차비는 별도 계상한다.

8. 강관버팀보 이음재 손료

(개 당)

항 목	규 격	개소당	비 고
강 관 버 팀 보 이 음 재	D406.4	1개	
육 각 일 반(볼트, 너트, 와샤)	M22×80ℓ×N1×W2	2개	· 품셈 손율 적용
양 산 일 반(볼트, 너트, 와샤)	M22×510ℓ×mm(N2W2)	4개	

[주] ① 강관버팀보 이음재는 강관버팀보 길이가 10m 마다 1개소에 대한 손율이다.
② 이음재와 볼트는 KS 규정의 공장 제품이다.(볼트는 고장력 8.8T 이상을 사용한다)
③ 하중과 현장 조건에 따라 양산볼트의 길이와 너트 수량을 추가 할 수 있다.
④ 이음재 및 볼트의 운반 및 상·하차비는 별도 계상한다.

9. 강관버팀 유밴드(Type-A) 손료

(조 당)

항 목	규 격	개소당	비 고
원 형 밴 드	D406.4	2개	
ㄷ 형 밴 드	ㄷ-480×100	2개	· 품셈 손율 적용
육 각 일 반(볼트, 너트, 와샤)	M22×80ℓ×N1×W2	4개	

[주] ① 강관버팀보 유밴드(Type-A)는 강관버팀보와 ㄷ형강받침보의 체결에 대한 손율이다.
② 유밴드(Type-A) 및 볼트는 KS 규정의 공장 제품이다.(볼트는 고장력 8.8T 이상을 사용한다)
③ 유밴드(Type-A) 및 볼트의 운반 및 상·하차비는 별도 계상한다.

10. 강관버팀 유밴드(Type-B) 손료

(조 당)

항 목	규 격	개소당	비 고
원 형 밴 드	D406.4	2개	
H 형 밴 드	H-300×300(305), H-300×200	2개	· 품셈 손율 적용
육 각 일 반(볼트, 너트, 와샤)	M22×80ℓ×N1×W2	4개	

[주] ① 강관버팀보 유밴드(Type-B)는 강관버팀보와 H형강받침보의 체결에 대한 손율이다.
② 유밴드(Type-B) 및 볼트는 KS 규정의 공장 제품이다.(볼트는 고장력 8.8T 이상을 사용한다)
③ 유밴드(Type-B) 및 볼트의 운반 및 상·하차비는 별도 계상한다.

11. 강관버팀 유밴드(Type-C) 손료

(조 당)

항 목	규 격	개소당	비 고
원 형 밴 드	D406.4	2개	
원 형 밴 드	D406.4	2개	· 품셈 손율 적용
육 각 일 반(볼트, 너트, 와샤)	M22×80ℓ×N1×W2	4개	

[주] ① 강관버팀보 유밴드(Type-C)는 강관버팀보와 강관버팀 받침보의 체결에 대한 손율이다.
② 유밴드(Type-C) 및 볼트는 KS 규정의 공장 제품이다.(볼트는 고장력 8.8T 이상을 사용한다)
③ 유밴드(Type-C) 및 볼트의 운반 및 상·하차비는 별도 계상한다.

12. 강관버팀보 피스 손료

(조 당)

항 목	규 격	개소당	비 고
강 관 버 팀 보 피 스	D406.4	1개	· 품셈 손율 적용
육 각 일 반(볼트, 너트, 와샤)	M22×70ℓ×N1×W2	8개	

[주] ① 강관버팀보 피스는 제품의 체결에 대한 손율이다.
② 피스 및 볼트는 KS 규정의 공장 제품이다.(볼트는 고장력 8.8T 이상을 사용한다)
③ 피스 및 볼트의 운반 및 상·하차비는 별도 계상한다.

나. D508.0 강관버팀보
   1. 강관버팀보 연결재 설치 및 철거(D508.0)

(개소 당)

항 목	규 격	개소당	비 고
볼 트 조 이 기	M24	14공	·띠장과 강관버팀보 연결 ·잭과 강관버팀보 연결
볼 트 풀 기	M24	14공	
철 골 공	-	0.238인	
특 별 인 부	-	0.119인	
보 통 인 부	-	0.238인	
크 레 인(트럭)	15톤	0.101hr	
강 판 구 멍 뚫 기 (강관버팀보)	t=7~16㎜	2공	

[주] ① 강관버팀보 연결재는 강관버팀보 1본의 양면에 각각 설치되며, 한면(1개소)에 대한 품이다.
     ② 강관구멍뚫기(강관버팀보)는 강관버팀보의 두께에 따라 정한다.
     ③ 공구(기구)손료는 노무품의 3%로 한다.
     ④ 볼트 조이기 풀기는 하중과 현장 여건에 따라 추가할 수 있다.
     ⑤ 본 품의 연결재 및 볼트의 제품비와 운반 및 상·하차비는 별도 계상한다.

   2. 강관버팀보 이음재 설치 및 철거(D508.0)

(개소 당)

항 목	규 격	개소당	비 고
볼 트 조 이 기	M24	20공	·강관버팀보와 강관버팀보 이음
볼 트 풀 기	M24	20공	
철 골 공	-	0.238인	
특 별 인 부	-	0.119인	
보 통 인 부	-	0.238인	
크 레 인(트럭)	15톤	0.101hr	
강 판 구 멍 뚫 기 (강관버팀보)	t=7~16㎜	4공	

[주] ① 강관버팀보 이음재는 강관버팀보 길이 10m 마다 1개소에 대한 품이다.
     ② 강관구멍뚫기(강관버팀보)는 강관버팀보의 두께에 따라 정한다.
     ③ 공구(기구)손료는 노무품의 3%로 한다.
     ④ 볼트 조이기 풀기는 하중과 현장 여건에 따라 추가할 수 있다.
     ⑤ 본 품의 이음재 및 볼트의 제품비와 운반 및 상·하차비는 별도 계상한다.

3. 강관버팀보(D508.0) 유밴드 설치 및 철거(Type-P)

(개소 당)

항 목	규 격	개소당	비 고
볼 트 조 이 기	M24	6공	
볼 트 풀 기	M24	6공	
철 골 공	-	0.119인	·유밴드(Type-P) 1개소 당 - 원형밴드 : 1개 - 쐐기밴드 : 2개
특 별 인 부	-	0.060인	
보 통 인 부	-	0.119인	
크 레 인(트럭)	15톤	0.101hr	

[주] ① 강관버팀보 유밴드(Type-P)는 강관버팀보와 받침보 1개소에 대한 품이며, 버팀보 간격이 4m 이상일 경우 상기 1개소를 2개소로 설치할 수 있다.
② 공구(기구)손료는 노무비의 3%로 한다.
③ 본 품의 유밴드(Type-P) 및 볼트의 제품비와 운반 및 상·하차비는 별도 계상한다.

4. 강관버팀보(508.0) 피스 설치 및 철거

(개소 당)

항 목	규 격	개소당	비 고
볼 트 조 이 기	M24	4공	
볼 트 풀 기	M24	4공	
철 골 공	-	0.119인	
특 별 인 부	-	0.060인	
보 통 인 부	-	0.119인	
크 레 인(트럭)	15톤	0.101hr	

[주] ① 강관버팀보 피스는 강관버팀보의 길이 조정 한면(1개소)에 대한 품이다.
② 공구(기구)손료는 노무비의 3%로 한다.
③ 본 품의 피스 및 볼트의 제품비와 운반 및 상·하차비는 별도 계상한다.

5. 강관버팀보 연결재 손료

(개 당)

항 목	규 격	개소당	비 고
강관버팀보연결재	D508.0	1개	· 품셈 손율 적용
육각일반(볼트, 너트, 와샤)	M24×80ℓ×N1×W2	14개	

[주] ① 강관버팀보 연결재는 강관버팀보의 양면에 각각 설치되며, 한면(1개소)에 대한 손율이다.
② 연결재와 볼트는 KS 규정의 공장 제품이다.(볼트는 고장력 8.8T 이상을 사용한다)
③ 연결재 및 볼트의 운반 및 상·하차비는 별도 계상한다.

6. 강관버팀보 이음재 손료

(개 당)

항 목	규 격	개소당	비 고
강관버팀보이음재	D508.0	1개	· 품셈 손율 적용
육각일반(볼트, 너트, 와샤)	M24×80ℓ×N1×W2	20개	

[주] ① 강관버팀보 이음재는 강관버팀보 길이 10m 마다 1개소에 대한 손율이다.
② 이음재와 볼트는 KS 규정의 공장 제품이다.(볼트는 고장력 8.8T 이상을 사용한다)
③ 이음재 및 볼트의 운반 및 상·하차비는 별도 계상한다.

7. 강관버팀 유밴드(Type-P) 손료

(조 당)

항 목	규 격	개소당	비 고
원 형 밴 드	D508.0	1개	· 품셈 손율 적용
쐐 기 밴 드	-	2개	
일 반(볼트, 너트, 와샤)	M24×80ℓ×N1×W2	4개	

[주] ① 강관버팀보 유밴드(Type-P)는 강관버팀보와 받침보의 체결에 대한 손율이다.
② 유밴드(Type-P) 및 볼트는 KS 규정의 공장 제품이다.(볼트는 고장력 8.8T 이상을 사용한다)
③ 유밴드(Type-P) 및 볼트의 운반 및 상·하차비는 별도 계상한다.

8. 강관버팀보 피스 손료

(조 당)

항 목	규 격	개소당	비 고
강관버팀보피스	D508.0	1개	· 품셈 손율 적용
일 반(볼트, 너트, 와샤)	M24×80ℓ×N1×W2	4개	

[주] ① 강관버팀보 피스는 제품의 체결에 대한 손율이다.
    ② 피스 및 볼트는 KS 규정의 공장 제품이다.(볼트는 고장력 8.8T 이상을 사용한다)
    ③ 피스 및 볼트의 운반 및 상·하차비는 별도 계상한다.

다. 강관버팀보 설치 및 철거
  1) 강관버팀보의 설치 및 철거는 표준품셈 토목부문 5-2-1. 2. H-beam 설치·철거품을 따른다.
  2) 현장과 작업 조건에 따라 크레인(트럭) 15ton급을 추가한다.

5-1-5 어스앵커 공법('20년 보완)

1. 장비조립·해체

(회 당)

구 분	규 격	단 위	수 량
특 별 인 부	-	인	1
보 통 인 부	-	〃	3
트럭탑재형크레인	5 ton	hr	8

[주] 본 품은 천공 및 그라우팅 작업을 위해 크레인으로 장비(그라우팅펌프, 그라우팅믹서, 공기압축기)를 최초 조립 및 해체하는 기준이며, 현장조건에 따라 이동, 조립 및 해체가 발생되는 경우 추가 적용한다.

2. 인력 및 장비 편성

(인/일)

구 분	규 격	단 위	수 량 타격식	수 량 회전식
보 링 공	-	인	1	1
특 별 인 부	-	〃	2	3
보 통 인 부	-	〃	1	1
크롤러드릴(공기식)	17㎥/min	대	1	-
공 기 압 축 기	21㎥/min	〃	1	-
크롤러드릴(탑승유압식)	110kW	〃	-	1

[주] ① 본 품은 크롤러형 보링장비를 지반에 위치하여 천공하는 기준이다.
② 타격식은 케이싱 사용을 통한 2회 천공(1차 케이싱삽입, 2차 비트천공) 기준이며, 회전식은 유압 크롤러드릴과 케이싱을 활용하는 이수가압식천공 기준이다.
③ 천공에 필요한 비트, 물 등 소모재료는 별도 계상한다.

3. 작업소요시간

구 분	개 요	산출방법
T	작업소요시간	$T = t_1 / f$
t_1	천공시간	$t_1 : \Sigma(L_1 \times a_1)$ L_1 : 지층별 굴착연장, a_1 : 지층별 굴착시간
f	작업계수	0.8

[주] ① 천공시간은 작업준비, 마킹, 천공, 보강재 삽입이 포함된 것으로 천공구경은 105~127㎜ 기준이다.
② 타 공종(토공사 등)과 간섭, 작업시간 통제 등 공사시간의 제약으로 작업시간의 현저한 저하가 예상되는 경우 작업계수를 조정하여 적용할 수 있다.

○ 지층별 굴착시간(a_1)

(min/m)

구 분		토사	혼합층	풍화암	연암	보통암	경암
작업량	타격식	9.38	8.70	5.41	7.50	9.38	13.33
	회전식	5.36	-	-	-	-	-

※ 혼합층은 케이싱을 사용할 수 없는 지반에서 자갈, 전석, 지하수로, 공동 등으로 인해 홀 막힘이 발생되는 경우에 적용한다.

4. 그라우팅

(일 당)

구 분	규 격	단 위	수 량	시공량(㎥)
보 링 공	-	인	1	
기 계 설 비 공	-	〃	1	
특 별 인 부	-	〃	2	3.2
그 라 우 팅 믹 서	190×2ℓ	대	1	
그 라 우 팅 펌 프	30~60ℓ/min	〃	1	

[주] ① 물 공급을 위해 살수차 등의 장비가 필요한 경우 기계경비는 별도 계상한다.
② 공구손료 및 경장비(발전기 등)의 기계경비는 인력품의 11%를 계상한다.
③ 소모재료(시멘트, 혼화재, 물)는 별도 계상한다.

5. 인장

(일 당)

구 분	규 격	단 위	수 량	시공량(개소)
중급기술자	-	인	1	
보 링 공	-	〃	1	
특 별 인 부	-	〃	2	15
보 통 인 부	-	〃	1	
강연선인장기	60 ton	대	1	

[주] ① 본 품은 인장작업이 필요한 앵커체(강연선 4가닥 기준)의 인장작업에 적용한다.
② 본 품은 지압판 설치, 웨지조립 및 인장작업이 포함되어 있으며, 좌대는 기성제품 사용을 기준한다.
③ 인장에 필요한 좌대 설치는 다음 품을 적용한다.

(10개소 당)

구 분	단 위	수 량
철 공	인	0.41
보 통 인 부	〃	0.82

④ 인장을 위하여 별도의 브라켓 설치가 필요한 경우는 재료 및 품을 별도 계상한다.
⑤ 강연선 인장기 규격은 소요 긴장력을 고려하여 변경할 수 있다.
⑥ 공구손료 및 경장비(절단기, 발전기 등)의 기계경비는 인력품의 9%를 계상한다.
⑦ 소모재료는 별도 계상한다.

5-2 연약지반처리

5-2-1 매트부설('08, '16, '18, '21년 보완)

(100㎡ 당)

구 분	규격	단위	육상			수중	
			사면	연약지반		사면	연약지반
				도로/철도	매립지		
특 별 인 부	-	인	0.07	0.09	0.10	0.16	0.24
보 통 인 부	-	〃	0.04	0.05	0.05	0.12	0.12
잠 수 조	-	조	-	-	-	0.08	0.15
굴 착 기	0.4 ㎥	hr	0.10	0.15	0.19	-	-

[주] ① 본 품은 연약지반 및 호안 등 사면에 합성수지 계통 토목섬유 매트의 포설 및 봉합작업을 기준한 것이다.
② 본 품은 매트부설, 매트봉합 및 마무리 작업이 포함된 것이다.
③ 수중매트 부설에 따른 선박 등 기계경비는 별도 계상한다.
④ 항만 매립지 등에서 토질 특성으로 인해 시공장비 개선(철판, 연결로프 등 사용) 또는 특수장비를 활용한 시공이 필요한 별도 계상한다.
⑤ 수중부설의 수심은 10m 이하를 기준한 것이며, 수심이 10m 이상일 경우 현장조건에 따라 조정 적용한다.
⑥ 조수 및 파랑 등의 현장 조건에 따라 본 품을 조정 적용할 수 있다.
⑦ 공구손료 및 경장비(봉합기)의 기계경비는 인력품의 4%로 계상한다.
⑧ 장비(굴착기) 규격은 현장조건을 고려하여 적용한다.

참고

- 매트고정이 필요한 경우 재료량은 다음을 참고한다.

(100㎡ 당)

구 분	매트(㎡)	P.P로프(9mm)(m)	모래주머니(개)	철근(19mm)(m)
육 상 부 설	110	98	64	19
수 중 부 설	115	53	38	11

※ 재료량은 할증이 포함되어 있다.

5-2-2 고압분사 주입공법('09, '15, '21년 보완)

1. 적용범위

① 본 품은 고압분사 주입공법(유효직경 800~2,000㎜)을 기준한 것이다.
② 본 품은 장비조립 및 해체, 천공, 분사주입 작업을 포함하며, 적용범위는 다음과 같다.

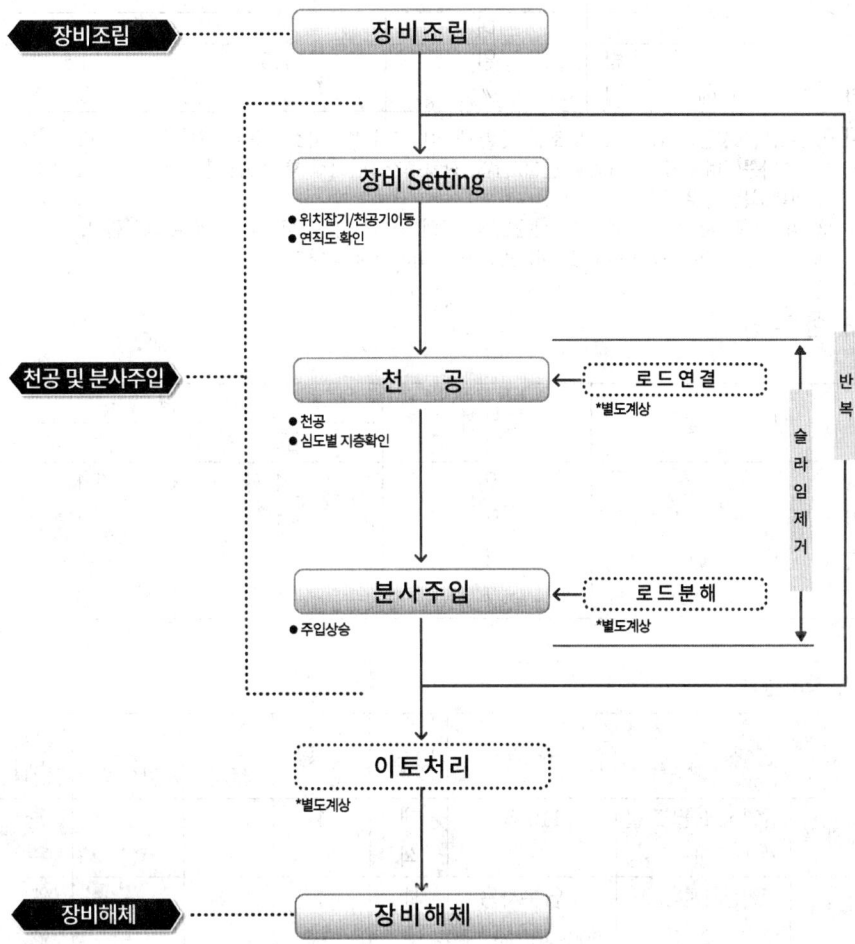

③ 이토처리는 별도 계상한다.

2. 장비 조립·해체

(회당)

구 분	단 위	외부 반출/반입	작업구간 이동
기 계 설 비 공	인	1	1
철 공	〃	2	2
특 별 인 부	〃	1	1
크 레 인	대	1	1
소요일수 조립	일	2.5	1.5
소요일수 해체	〃	1	0.5

[주] ① 본 품은 시공장비[전용장비 조립 및 부대설비(그라우팅 시스템 등) 설치]를 1회 조립 및 해체하는 기준이며, 시공조건(외부 반출/압입, 작업구간 내 해체 후 이동조립 등)에 따라 조립·해체가 반복되는 경우 추가 계상한다.
② 공구손료 및 경장비(발전기, 전동드릴 등)의 기계경비는 인력품의 3%로 계상한다.
③ 크레인 규격은 양중능력 및 현장조건을 고려하여 적용한다.

3. 인력편성

(인/일)

직 종	단 위	수 량	
		토사	자갈/호박돌
보 링 공	인	1	1
기 계 설 비 공	〃	1	1
특 별 인 부	〃	1	2
보 통 인 부	〃	1	2

4. 장비편성

명 칭		규 격	단 위	수 량	천공		분사주입
					토사	자갈/호박돌	
선천공	유압식크롤러드릴	110 kW	대	1	-	○	-
	케 이 싱	-	식	1	-	○	-
분사주입	고압분사전용장비	고압분사용	대	1	○	-	○
	초 고 압 펌 프	200~400 kg/㎠	〃	1~2	○	-	○
	공 기 압 축 기	10.3 ㎥/min	〃	1	○	-	○
	발 전 기	150 kW	〃	1	○	-	○
	자동화믹서플랜트	0.5 ㎥	〃	1	○	-	○
굴 착 기		0.4 ㎥	대	1	○	○	○

[주] ① 부속장비(사일로, 호스, 양수기, 모터 등)의 경비는 '3. 인력편성' 노무비에 다음 요율을 계상한다.

구 분	선천공 미수행시	선천공 수행시
요 율(%)	19	13

② 기종의 선정은 다음을 기준한다.

지질특성	시공유형	고압분사전용장비	유압식크롤러드릴
점토/모래	천공 분사+주입	○ ○	- -
자갈/호박돌	천공 분사+주입	- ○	○ -

※ 현장작업조건을 고려하여 장비조합 및 규격을 변경할 수 있다.

5. 장비소요시간

   $T = T_1 + T_2$
   T_1(천공시간) : $(\Sigma(L_1 \times t_1) + t_2)/f_1$
   L_1 : 지층별 천공길이
   t_1 : 지층별 천공시간

(min/m)

구분	천공구경 (㎜)	토사		자갈	전석/호박돌
		점질토	사질토		
고압분사전용장비	89	3.5	5.0	-	-
크롤러드릴	145	-	-	9.0	11.0

※ 크롤러 드릴은 케이싱 연결 및 해체 시간이 포함되어 있다.

   t_2(로드 연결) : 3min(개소당)
   ※ 로드연결은 장비조립 시 수행하며, 현장여건 따라 천공 중 로드연결이 필요한 경우에 적용한다.
   f_1(작업계수) : 0.8
   T_2(분사주입시간) : $(\Sigma(L_2 \times t_3) + t_4)/f_2$
   L_2 : 유효직경별 분사주입 길이
   t_3 : 유효직경별 분사주입 시간

(min/m)

구 분	유효직경(㎜)				
	800	1,000	1,200	1,500	2,000
분사주입시간(min/m)	3.61	5.64	8.12	12.69	22.57

t_t(로드분해) : 3min(개소당)
※ 로드분해는 장비해체 시 수행하며, 현장여건 따라 분사주입 중 로드분해가 필요한 경우에 적용한다.
f_a(작업계수) : 0.8

[참 고]

가. 2중관주입공법(J.S.P) 지층별 재원

(1본 당)

구 분	단위	점 토 층		모 래 층			자갈층·호박돌층	비고
		N 0~2	N 3~5	N 0~4	N 5~15	N 16~30		
유효직경	m	1.0	0.8	1.2	1.0	0.8	0.8	
단위분사량	ℓ/분	160	160	160	160	160	160	
시멘트량	kg/m	351	401	351	401	451	451	
물	ℓ	351	401	351	401	451	451	

나. 분사주입 재료비

(시간 당)

종 별	규격	단위	수 량	비 고
더블쉬벨본체		개	0.072	
더블쉬벨부품		조	0.240	
더 블 로 드	3.0 m	본	0.072	
N. J. V 본체		개	0.090	
N. J. V 부품		조	0.240	
노 즐		〃	0.240	

[주] 분사 재료비는 분사주입 시간(T_2)에 적용한다.

다. 천공 재료비

(시간 당)

종 별	규격	단위	수 량	
			점토층	모래층
메탈크라운비트		개	0.023	0.019
더블쉬벨본체		〃	0.003	0.003
더블쉬벨부품	-	조	0.023	0.020
더 블 로 드		본	0.007	0.006
N. J. V 본체		개	0.003	0.003
노 즐		〃	0.002	0.002

[주] ① 본 품은 고압분사전용장비에 의한 천공에 적용한다.
② 유압식크롤러드릴의 천공에 소요되는 케이싱 및 비트 손료는 별도 계상한다.

☞ 본품 p.375 이어서

■ CRM(Compound type soft ground Reinforcement Method) 지반개량 공법
  (특허 제10-2245060호)

1. 적용 범위
   ① 본 품은 원지반 교반공법(유효직경 1000㎜)을 기준한 것이다.
   ② 본 품은 장비조립 및 해체, 주입, 교반, 관입, 인발 작업을 포함하며, 적용범위는 다음과 같다.

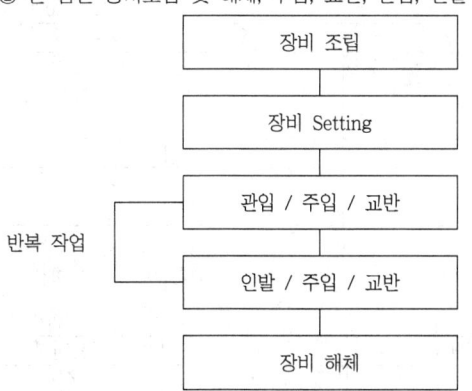
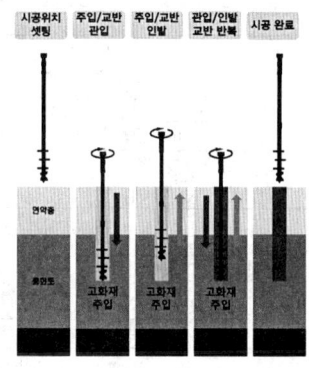

2. CRM공법 지층 및 심도별 천공 및 주입 시간 산출: 수직 1m 당
   ① 조건: 시공규격(지름) 0.8~1.0m를 기준
   ② 시공능력

$$Q = \frac{B \times L \times 60 \times E}{t_1 + t_2 + t_3 + t_4}$$

Q : 시간당 작업량(㎡/hr)
B : 1회 시공 유효폭(1.0m)
L : 깊이
t_1 : 장비 이동 및 거치(12분/회)
t_2 : 관입시간(분)
t_3 : 교반 및 오거 스크류 인발시간(2.0×ℓ분)
t_4 : 선단고화 처리시간(이토제거 : 1분/회)
E : 작업효율

$$t_2 = \sum (Hi \cdot \beta i \cdot \alpha i)$$

Hi : 지층별 천공시간(분/m)
βi : N치별 지층두께(m)
αi : 심도계수

지층별 관입 및 교반시간(Hi)	
점성토 및 사질토	비 고
15〉N	
1.8	

심도계수(αi)		
심도	L 〈 14m	15 〈 L 〈 30m
αi	0.8	1.0

작업효율 (E)

양 호	보 통	불 량
작업장이 넓고 인접 구조물의 제약을 받지 않는 경우	작업장이 좁고 인접 구조물의 제약을 다소 받는 경우	작업장이 좁고 인접 구조물의 제약을 많이 받는 경우
0.9	0.7	0.6

3. 장비조립 및 해체

(1회/100m 당)

구 분		규 격	단 위	수 량
인 력	기계설비공	-	인	2
	특별인부	-	〃	1.9
	보통인부	-	〃	0
장 비	크 레 인	-	대	1
소요일수	조 립	-	일	1
	해 체	-	〃	1

4. 장비 및 인력편성

(인/일 당)

구 분		기계공	특별인부	보통인부
인 원	포 대	2	2	4
	벌 크	1	1	1

(분/m 당)

구 분	규 격	장비편성	작업시간	비 고
굴삭기(무한궤도)	1.0㎥	1.0	3.4	굴삭 및 교반
굴삭기(타이어)	0.7㎥	1.0	3.4	정리 및 소운반
발 전 기	350kW	1.0	3.4	믹서플랜트 구동용
수 중 펌 프	100mm	1.0	3.4	그라우팅 생산
그라우팅믹서	390×2ℓ	1.0	2.0	그라우팅 생산
그라우팅펌프	50~200ℓ/min	1.0	4.0	그라우팅 주입
공기압축기	10.3㎥/min	1.0	3.4	그라우팅 주입
플랜트사일로	100㎥/hr(7.0kW)	1.0	2.0	고화재 저장

[주] T=Hi분/m×αi+2분/m

5. Bit 소모율

(개/m 당)

점성토 및 사질토	비 고
15)N	
0.00012	

◎ 참고자료

6. 지층 및 심도별 천공 및 주입 수직 1m 당 적용 수량 산출
  ① 작업시간 계산 : t_2 및 t_3 시간만 적용하여 수직 1m 당 작업시간 산출
    t_2 : Hi분/m×αi
    t_3 : 2분/m
    T : Hi분/m×αi+2분/m+효율
  ② 작업인원 계산 : 4. 장비 및 인력편성 의 벌크 사용 적용
    (작업원 인원)인/일×T분/m÷60분/시간÷8시간/일=인/m(천공 1m 당 작업 인원)
  ③ 장비사용시간 계산 : 4. 장비 및 인력편성 참조
    T분/m÷60분/시간=시간/m(천공 1m 당 장비사용시간)×효율
  ④ 수직 1m 당 적용 수량 산출

구 분	규 격	점성토 및 사질토	비 고
		15<N<30	
심 도	-	L<14	
천 공 시 간	Hi	1.8	
심 도 계 수	αi	0.8	
교 반 인 발	t_3+t_4	2.0	
기 계 설 비 공	1인	0.0119	
특 별 인 부	〃	0.0119	
보 통 인 부	〃	0.0119	
굴 삭 기	1.0㎥	0.0956	
〃	0.7㎥	0.0956	
발 전 기	350kW	0.0956	
수 중 펌 프	100㎜	0.0956	
그 라 우 팅 믹 서	390×2ℓ	0.0556	
그 라 우 팅 펌 프	50~200ℓ/min	0.112	
공 기 압 축 기	10.3㎥/min	0.0956	
플 랜 트 사 일 로	100㎥/hr(7.0kW)	0.0556	
비 트 소 모 율		0.00012	
주 입 재 료 비	-	1	

356 | 공통부문

○ 참고자료

■ 퍼즐쏘일(Puzzle Soil) 2세대 지반보강공법(신기술 제1079호/특허 제10-1426496호/특허 제10-2566540호)

구 분	규 격	단위	수량
1. Puzzle Soil 지반보강검토			
Puzzle Soil 검토	현황조사, 설계도서작성, 골재배합설계 등	건	1.0
시료채취 및 시험	교란시료채취, 체가름시험, 0.08㎜ 체통과량시험	회	1.0
2. Puzzle Soil 현장제작 및 준비			
원지반면 다짐	굴삭기 0.2㎥ 0.015hr / 롤러 10ton 0.015hr / 롤러 0.7ton 0.014hr / 보통인부 0.0035인	㎡	1.0
골재배합및교반	로더 1.72㎥ 0.04hr / 굴삭기 0.18㎥ 0.04hr / 굴삭기 0.6㎥ 0.04hr / 보통인부 0.01인	㎥	1.0
현장소운반	로더 1.34㎥ 0.08hr/굴삭기 0.6㎥ 0.04hr/보통인부 0.01인	〃	1.0
Puzzle Soil 골재(A)	퍼즐쏘일 골재 / 도착도	〃	1.0
Puzzle Soil 골재(B)	〃	〃	1.0
3. Puzzle Soil 포설 및 다짐			
Puzzle Soil 포설(T=250)	굴삭기 0.2㎥ 0.08hr / 굴삭기 0.6㎥ 0.04hr / 보통인부 0.01인 / 포설공 0.01인	㎥	1.0
Puzzle Soil 골재다짐(T=250)	롤러 10ton 0.04hr / 롤러 4.4ton 0.04hr / 롤러 0.7ton 0.04hr / 포설공 0.01인	〃	1.0
Final Leveling	굴삭기 0.6㎥ 0.021hr / 보통인부 0.009인	㎡	1.0
Pet Mat 시공	굴삭기 0.4㎥ 0.0019hr / 특별인부 0.001인 / 보통인부 0.0005인	〃	1.0
4. 부대공사			
현장장비반/출입	크레인(타이어) 25ton 8hr / 작업반장 1인 / 조력공 1인	회	1.0
신호수	-	일	1.0
평판재하시험	표준품셈 토목부문 8-2-4 참조	회	1.0
잡재료비 및 공구손료비	재료비 5%+노무비의 3%	ℓ/S	1.0

대표이사 **김 갑 부**
토질 및 기초 기술사

(주)**부시똘** 특허권자 및 원천기술개발자
(주)**사이똘** 계열사 시공법인

📞 02-6352-5536 / 010-3233-4234   ✉ puzzlesoil@puzzlesoil.com / kgbsns@daum.net
📍 서울시 강남구 개포로22길 5 정빌딩 3층 (우)06508   🌐 www.puzzlesoil.com

짝퉁(유사시공)시공자, 의뢰자 모두 원천기술자로부터 법적인 제재를 받을 수 있으니 유의하시기 바랍니다.

퍼즐말뚝 (Puzzle Pillar)

구 분	규 격	단위	수량
■ 퍼즐말뚝 D600 (H=4.0m)(1공 기준)			
[재료비]			
원통형 토목섬유 (PET)	-	m	4.60
퍼즐쏘일 골재(원통형 토목섬유)	퍼즐쏘일 골재 (규격A, B)	㎥	1.52
[노무비]			
작업반장	-	인	0.10
보링공	-	〃	0.10
특별인부	-	〃	0.20
보통인부	-	〃	0.10
[경비]			
천공기(유압식)	-	hr	0.80
오거(스크류)	-	〃	0.80
발전기	-	〃	0.80
공기압축기	-	〃	0.80
굴삭기 0.6㎥	-	〃	0.80
굴삭기 0.18㎥	-	〃	0.80
잔토처리(사토반출)	-	㎥	1.13
제경비	산출 노무비의	%	20.00
공구손료	산출 재료비의	〃	12.00
■ 퍼즐말뚝 D800(H=4.0m)(1공 기준)			
[재료비]			
원통형 토목섬유(PET)	-	m	4.60
퍼즐쏘일 골재(원통형 토목섬유)	퍼즐쏘일 골재 (규격 A, B)	㎥	2.71
[노무비]			
작업반장	-	인	0.14
보링공	-	〃	0.14
특별인부	-	〃	0.28
보통인부	-	〃	0.14
[경비]			
천공기(유압식)	-	hr	1.14
오거(스크류)	-	〃	1.14
발전기	-	〃	1.14
공기압축기	-	〃	1.14
굴삭기 0.6㎥	-	〃	1.14
굴삭기 0.18㎥	-	〃	1.14
잔토처리(사토반출)	-	㎥	2.01
제경비	-	%	20.000
공구손료	-	〃	12.000

지중고형체

구 분	규 격	단위	수량
■ 지중고형체 D75(H=4.0m)(1공 기준)			
[재료비]			
압력배관용 탄소강관	65A, 외경76.3mm, 두께5.16mm	m	4.00
연결핀	75mm Type 주문제작	개	1.00
하부슈	75mm Type 주문제작	〃	1.00
철판	25cm×25cm, T10mm	〃	1.00
[노무비]			
특별인부	-	인	0.04
보통인부	-	〃	0.04
[경비]			
굴삭기(타이어)	0.6㎥	hr	0.38
공구손료	산출 노무비의	%	3.00
■ 지중고형체 D50(H=4.0m)(1공 기준)			
[재료비]			
단관파이프	ø48.6mm	m	4.00
연결핀	-	개	1.00
철판	25cm×25cm, T10mm	〃	1.00
[노무비]			
특별인부	-	인	0.01
보통인부	-	〃	0.01
[경비]			
굴삭기(타이어)	0.6㎥	hr	0.15
공구손료	산출 노무비의	%	3.00
■ 지중고형체 D250(H=4.0m)(1공 기준)			
[재료비]			
철근	D19mm	kg	9.27
시멘트	40kg	포	6.74
혼화제	-	kg	2.69
비트	10" (6 Wing)	개	0.02
[노무비]			
보링공	-	인	0.22
특별인부	-	인	0.55
보통인부	-	포	0.22
기계설비공	-	인	0.11
[경비]			
공기압축기	21㎥/min	hr	0.94
크롤러드릴(공기식)	17㎥/min	〃	0.94
그라우팅믹서	190×2ℓ(2kW)	〃	0.94
그라우팅펌프	30~60ℓ/min(3.7kW)	〃	0.94
크레인(타이어)	25ton	〃	0.94
에어호스	(1.91ø)×3B×50m	〃	0.94
공구손료	산출 노무비의	%	11

■ 지중고형체 D200(H=4.0m)(1공 기준)

[재료비]

철근	D19mm	kg	9.27
시멘트	40kg	포	4.31
혼화제	-	kg	1.72
비트	8" (3 Wing)	개	0.02

[노무비]

보링공	-	인	0.20
특별인부	-	〃	0.50
보통인부	-	포	0.20
기계설비공	-	인	0.10

[경비]

공기압축기	21㎥/min	hr	0.81
크롤러드릴(공기식)	17㎥/min	〃	0.81
그라우팅믹서	190×2ℓ(2kW)	〃	0.81
그라우팅펌프	30~60ℓ/min(3.7kW)	〃	0.81
크레인(타이어)	25ton	〃	0.81
에어호스	(1.91㎝)×3B×50m	〃	0.81
공구손료	산출 노무비의	%	11.00

■ 지중고형체 D150(H=4.0m) 1공 기준

[재료비]

철근	D19mm	kg	9.27
시멘트	40kg	포	2.42
혼화제	-	kg	0.96
비트	6" (3 Wing)	개	0.02

[노무비]

보링공	-	인	0.18
특별인부	-	〃	0.45
보통인부	-	포	0.18
기계설비공	-	인	0.09

[경비]

공기압축기	21㎥/min	hr	0.78
크롤러드릴(공기식)	17㎥/min	〃	0.78
그라우팅믹서	190×2ℓ(2kW)	〃	0.78
그라우팅펌프	30~60ℓ/min(3.7kW)	〃	0.78
크레인(타이어)	25ton	〃	0.78
에어호스	(1.91㎝)×3B×50m	〃	0.78
공구손료	산출 노무비의	%	11.00

■ 저유동성 친환경주입재 자동제어장치 및 다중분배주입 기법을 이용한 충전식 그라우팅
  [EcoCG(Eco Compaction Grouting)공법, 재난안전신기술지정서 제99-1-1호]

1. 플랜트 설치 및 해체(1회당)

직 종	인 원					비 고
	플랜트 기계설치	배 관	배 선	재료적치대	계	
기계설치공	0.5	-	-	-	0.5	
전 공	-	-	0.5	-	0.5	
배 관 공	-	0.5	-	-	0.5	
형틀목공	-	-	-	0.5	0.5	
특별인부	5	1	1	-	7	
보통인부	5	-	-	1	6	

2. 천공

(천공기 20hp 기준)

구 분	토질별	점성토 (토사)	모래, 사질토 (풍화암)	사력층	호박돌층	무근 Con'c	철근 Con'c
1일(8hr)작업량(m/일)		28.0	24.0	10.5	10.0	8.0	5.0
편성인원	시간당작업량	3.500	3.000	1.310	1.250	1.000	0.630
	중급기술자	0.011	0.013	0.031	0.033	0.041	0.066
	보링공	0.035	0.041	0.095	0.100	0.125	0.200
	특별인부	0.035	0.041	0.095	0.100	0.125	0.200
	보통인부	0.035	0.041	0.095	0.100	0.125	0.200

EcoCG(Eco Compaction Grouting)공법, 재난안전신기술지정서 제99-1-1호

월드기초이앤씨㈜	T)02-555-7434, F)02-555-7436, wfenc@naver.com 서울시 강남구 도곡로 13길 28(역삼동, 한성빌딩 3층)
㈜태창기초	T)02-576-7202, F)02-576-7293, www.tcenc.com 서울시 강남구 개포로 22길 98(정산빌딩 3층)
한미기초건설㈜	T)02-858-4530, F)02-6442-4530, hanmicor20@hanmail.net 서울시 서초구 도구로 132, 3층(방배동, 영제빌딩)
㈜하이콘건설	T)02-410-3840, F)02-410-3841, highcon@highconok.com 서울시 송파구 송파대로 201, B동 908호(문정동, 송파테라타워2)

참고자료

구분	토질별	점성토 (토사)	모래, 사질토 (풍화암)	사력층	호박돌층	무근 Con'c	철근 Con'c
재료	코 어 튜 브	0.010	0.025	0.050	0.150	0.025	0.040
	메 탈 크 라 운 비 트	0.025	0.050	0.500	1.500	1.000	-
	드라이브파이프헤드	0.010	0.025	0.050	0.080	-	-
	드라이브파이프슈	0.010	0.025	0.050	0.080	-	-
	드 라 이 브 파 이 프	0.010	0.025	0.050	0.080	-	-
	다 이 아 몬 드 비 트	-	-	-	-	-	0.100
	코 어 리 프 터	-	-	-	-	0.100	0.100
	기 계 경 비	1.000	1.000	1.000	1.000	1.000	1.000

[주] ① 천공은 주입을 위한 주입관의 설치를 위한 pre-boring 작업을 말한다.(주입관은 ø50㎜ 이상의 케이싱 설치작업을 말한다).
② 천공은 지층의 상태 및 작업공간에 따라 천공장비를 선정할 수 있다.
• 토사층의 천공은 일반 Rotary 천공기를 기준으로 한다.
• 자갈 및 사석층의 천공작업은 Percussion Drilling 장비를 사용하되 천공 후 주입용 케이싱을 설치하여야 하므로 공벽의 붕괴를 방지 할 수 있는 이중관의 천공장비를 원칙으로 한다.(예: R.P.D, C-6, 크롤러드릴)
• 건물 내부 등에서 작업을 할 경우에는 작업공간이 협소하여 일반보링장비의 사용이 불가능할 경우에는 특수 천공장비인 Hand Drill 천공장비를 사용한다.

○ 천공각도 보정계수

경사각	60°	30°	0°(수평)	상향(각도에 따라)
보 정 계 수	1.14	1.24	1.37	1.37~2.0

[주] 천공방향에 따라, 표준 천공능력에 따라 보정계수를 곱하여 보정한다.

○ 작업환경 보정계수

작업조건	실내작업	협소한 작업공간	지하실, 해상작업
보 정 계 수	1.1	1.3	1.5

[주] 작업환경의 조건에 따라 작업능률이 크게 좌우되므로 보정계수로 보정한다. 둘 이상의 조건이 해당될 때에는, 원칙적으로 각각의 보정률을 상승 가산한다.

3. 조성직경에 따른 주입능력

구 분 \ 직경	단 위	400mm	500mm	600mm	800mm	1,000mm	1,200mm	1,800mm	비고
주입량㎥/m(q1)	㎥	0.125	0.196	0.282	0.502	0.785	1.130	2.543	
주입타수(m) qs=(q1÷q)	strokes	21	34	49	87	136	196	442	
주입시간(m) (qt1=qs×T1)	sec	168	238	245	348	544	784	1,768	m당 시간
주입시간(m) qt2=(1÷q)×T1	sec	1,391	1,217	869	695	695	695	695	㎥당 시간
주입관분해,조립시간 qt3=(1÷q)×T1	sec/㎥	800	510	354	199	127	88	39	㎥당 시간
Cycle time Cm=(qt2+at3)	sec/㎥	2,191	1,727	1,223	894	822	783	734	㎥당 시간
시간당주입계수 Q1=(3600÷Cm)	㎥/hr	1.643	2.084	2.943	4.026	4.379	4.597	4.904	
일주입량 Qd=Q1×R×E×k×f/Qs	㎥/day	12.076	15.317	21.631	29.591	32.185	33.787	36.044	R:8hr E:0.7 f:0.9 Qs:0.6
단위㎥당주입시간 Qhr=8hr÷Qd	hr/㎥	0.662	0.522	0.369	0.270	0.248	0.236	0.221	

[주] 일주입량 및 ㎥당 주입량은 작업효율(E)와 주입심도계수(f) 및 주입량 보정계수(Qs)조건에 의해 산정함.

○ 주입 고정 상수
  q(m) = (펌프 1회 평균 토출량) 0.00575㎥
  T1(sec) = (펌프 1회 Pumping속도) 4~8sec

직 경	ø400 mm	ø500 mm	ø600 mm	ø800 mm	ø1,000 mm	ø1,200 mm
일반 적용시간(sec)	8 sec	7 sec	5 sec	4 sec	4 sec	4 sec

  T2(sec) = (다중분배기에 의한 주입관 조립 및 해체) 90~110 sec 평균시간=100 sec
  R = (일 작업시간, hr/day) 8hr/day
  k = (작업계수) 작업손실시간 : 1.0(작업준비 : 0.5hr+청소 및 정비 : 0.5hr)
    = 7.0hr/8hr = 0.875

○ F(주입심도계수)

계 수	1	0.9	0.8	0.7
심 도	L < 10	10 ≤ L < 20	20 ≤ L < 30	30 ≤ L

[주] 시공심도가 증가할수록 주입속도 및 주입관 인발속도가 저하되므로 보정한다.

○ E(작업효율계수)

작업효율	0.9(양호)	0.7(보통)	0.5(불량)
조 건	작업현장이 넓고 인접 구조물의 제약을 받지 않는 경우	작업현장이 인접 구조물에 다소 제약을 받는 경우	작업현장이 좁고 인접 구조물의 영향을 많이 받는 경우
	주로 육상작업	육상 및 해상작업	주로 해상작업
적 용 예	-일반구조물보강 등 -도로 및 교량기초 -건축물기초	-호안, 방파제, 안벽 등 (일반보강 또는 내진보강) -기초지반보강 -공동, 폐광충진	-안벽, 물양장, 방파제 등 (연약지반개량 및 보강) -공동, 폐광충진(고지대) -기계기구가 설치된 공간 -지하실 작업

○ Qs(주입량보정계수)

작업효율	0.5	0.6	0.7	0.8
조 건	주입량 5,000㎥ 이상	주입량 2,000㎥ 이상	주입량 1,000㎥ 이상	주입량 1,000㎥ 이하

4. 주입

구 분		단위	투입인원	인 원(㎥)						
				ø400mm	ø500mm	ø600mm	ø800mm	ø1,000mm	ø1,200mm	ø1,800mm
편성인원	중급기술자	인	1	0.082	0.065	0.046	0.033	0.031	0.029	0.027
	초급기술자	〃	1	0.082	0.065	0.046	0.033	0.031	0.029	0.027
	보 링 공	〃	1	0.082	0.065	0.046	0.033	0.031	0.029	0.027
	특 별 인 부	〃	2	0.165	0.130	0.092	0.067	0.062	0.059	0.055
	보 통 인 부	〃	2	0.165	0.130	0.092	0.067	0.062	0.059	0.055
	기 계 운 전 원	〃	1	0.082	0.065	0.046	0.033	0.031	0.029	0.027
편성장비	EcoCG 믹서	hr	1	0.662	0.522	0.369	0.270	0.248	0.236	0.221
	EcoCG 펌프	〃	1	0.662	0.522	0.369	0.270	0.248	0.236	0.221
	인 발 기	〃	1	0.662	0.522	0.369	0.270	0.248	0.236	0.221
	다 중 분 배 기	〃	1	0.662	0.522	0.369	0.270	0.248	0.236	0.221
	자동주입시스템	〃	1	0.662	0.522	0.369	0.270	0.248	0.236	0.221
	굴 삭 기	〃	1	0.662	0.522	0.369	0.270	0.248	0.236	0.221
	발 전 기	〃	1	0.662	0.522	0.369	0.270	0.248	0.236	0.221

5. 주입장비조합

구 분	규 격	단 위	수 량	비 고
EcoCG 믹서	SCH 1000	대	1	주입재 혼합, 도입장비(미국)
EcoCG 펌프	50 hp 이상	〃	1	주입재 압송(국내 및 미국)
인 발 기	50 ton	〃	1	주입재 인발, 도입장비(미국)
다 중 분 배 기	-	〃	1	주입재 분배
굴 삭 기	1.0 ㎥	〃	1	주입재 공급
발 전 기	100 kW	〃	1	믹서 외 기계기구 동력원
양 수 기	50 hp	〃	1	작업용수 공급

6. 주입재료 세립토 가공

구 분	규 격	단 위	수 량	비 고
세 립 토 가 공(인부)	특별인부	㎥	0.10	
	보통인부	〃	0.45	
세립토가공운반(덤프트럭)	15 ton	㎥	0.312	
세 립 토 가 공 장 비(로더)	0.25 ㎥	〃	0.069	
세 립 토 가 공 운 반(스크린)	용접공	인	0.01	
	보통인부	〃	0.01	
	크러셔 스크린	㎥	0.04	
	ㄷ형강	kg	1.5	

7. 소모자재

(500㎥ 기준)

품 명	규 격	단 위	수 량	비 고
고 압 게 이 지	1000PSI	개	1	
고 압 호 스	ø2″	m	50	
케 이 싱	ø73 ㎜, 1.0 m/개	개	30	

[주] ① 잡자재는 주자재의 10%로 계산한다.
② 잔존율 20%를 적용한다.

8. 주입재 조합

(㎥ 당)

품 명	규 격	단 위	수 량	비 고
시 멘 트	40 kg(포장)	포	6~8	배합강도 30 kg/㎠~200 kg/㎠
세 립 토	-	㎥	0.618	점토성 마사 4 ㎜ 이하
쇄 석 골 재	-	〃	0.515	세립질 자갈, 모래 10 ㎜ 이하
기능성혼합재	-	ℓ	2.0	

[주] ① 세립토 : 0.5㎥×1.03(재료할증 3%)×1.2(스크린가공에 의한 손실 20%) = 0.618㎥
② 쇄석골재 : 0.5㎥×1.03(재료할증 3%) = 0.515㎥
③ 시공목적, 지질에 따라 시멘트 및 골재의 배합비를 변경·조절할 수 있다.

9. 손료 산정

장비	규격	내용시간	연간표준가동시간	상각비율	정비비율	연간관리비율	시간당(10^{-7})			
							상각비계수	정비비계수	관리비계수	계
EcoCG 믹서	6.0㎥	4,000	1,000	0.9	0.6	0.14	2,250	1,500	927	4,677
EcoCG Pump	50㎜ (50hp)	4,000	1,000	0.9	0.6	0.14	2,250	1,500	927	4,677
다중분배기	2구	4,000	1,000	0.9	0.6	0.14	2,250	1,500	927	4,677

EcoCG(Eco Compaction Grouting)공법, 재난안전신기술지정서 제99-1-1호

월드기초이앤씨㈜	T)02-555-7434, F)02-555-7436, wfenc@naver.com 서울시 강남구 도곡로 13길 28(역삼동, 한성빌딩 3층)
㈜태창기초	T)02-576-7202, F)02-576-7293, www.tcenc.com 서울시 강남구 개포로 22길 98(정산빌딩 3층)
한미기초건설㈜	T)02-858-4530, F)02-6442-4530, hanmicor20@hanmail.net 서울시 서초구 도구로 132, 3층(방배동, 영제빌딩)
㈜하이콘건설	T)02-410-3840, F)02-410-3841, highcon@highconok.com 서울시 송파구 송파대로 201, B동 908호(문정동, 송파테라타워2)

■ 복합주입(급결, 완결)이 가능한 팩커형 차수 및 지반보강 그라우팅
  - P.A.G 공법(Progressive All Grouting method)

1. PAG 천공

(m 당)

구분		토질별	단위	점토층	모래층	자갈층	풍화암층	연암층
1일(8hr) 작업량(m/일)			-	45.0	35.0	25.0	30.0	16.0
편성 인원	중급기술자 *		인	0.007	0.009	0.013	0.011	0.020
	보 링 공		〃	0.022	0.028	0.04	0.033	0.062
	특 별 인 부		〃	0.022	0.028	0.04	0.033	0.062
	보 통 인 부		〃	0.022	0.028	0.04	0.033	0.062
소모성 재료	메탈크라운비트		개	0.01	0.025	0.066	0.02	0.1
	드라이브파이프		〃	0.01	0.025	0.066	0.02	-
	드라이브파이프헤드		〃	0.01	0.025	0.066	0.02	-
	드라이브파이프슈		〃	0.01	0.025	0.066	0.02	-
	메탈리밍쉘		〃	-	-	-	-	0.025
	싱글코아바렐		〃	-	-	-	-	0.025
	코아리프터		〃	-	-	-	-	0.025
중기 사용	보링기 (6408-0015)		hr	0.178	0.229	0.32	0.267	0.5
	디젤엔진 (7812-0671)		〃	0.178	0.229	0.32	0.267	0.5
	건설용펌프 (7730-0050)		〃	0.178	0.229	0.32	0.267	0.5

[주] ① * 중급기술자만 천공장비 3대 동시관리
② 본 품은 수세식 보링기를 이용하여 지반을 천공하는 기준이며 전석층과 같이 공압식 천공기를 사용하는 지층은 별도 계상한다.
③ 다른 공종과 간섭되거나, 야간작업, 인접 철도구간 등 공사시간의 제약으로 작업시간의 현저한 저하가 예상되는 경우 작업계수를 조정하여 적용할 수 있다.
④ 터널 내 수평 및 경사 천공은 갱내할증 20%+경사할증 20%=40%를 노무비에 할증한다.

2. 주입외관 제작 및 설치

(m 당)

구분	규격	단위	제작	설치
보 통 인 부	-	인	0.008	0.008
주 입 외 관 (PE Pipe)	42㎜	m	1	-
잡 재 료 비	재료비의	%	20	-

3. PAG주입비

(m 당)

구분	토질별 주입유효경(mm)	단위	점토층 ø600 이하	점토층 ø800	점토층 ø1000 이상	모래층 ø600 이하	모래층 ø800	모래층 ø1000 이상	자갈층 ø600 이하	자갈층 ø800	자갈층 ø1000 이상
1일(8hr) 작업량(m/일)		-	46	40	38	30	26	24	24	20	16
편성인원	중급기술자*	인	0.01	0.012	0.014	0.016	0.019	0.020	0.02	0.025	0.031
편성인원	특 별 인 부	〃	0.021	0.025	0.026	0.033	0.038	0.041	0.041	0.050	0.062
편성인원	보 통 인 부	〃	0.021	0.025	0.026	0.033	0.038	0.041	0.041	0.050	0.062
주 입 재 료 비		-	- 별도 계상 -								
주 입 기 기 손 료		hr	0.173	0.200	0.210	0.266	0.307	0.333	0.333	0.400	0.500
PAG 팩 커 손 료		개	0.003	0.003	0.003	0.003	0.003	0.003	0.003	0.003	0.003

구분	토질별 주입유효경(mm)	단위	풍화암층 ø600 이하	풍화암층 ø800	풍화암층 ø1000 이상	연암층 ø600 이하	연암층 ø800	연암층 ø1000 이상
1일(8hr) 작업량(m/일)		-	70	60	50	120	90	70
편성인원	중급기술자*	인	0.007	0.008	0.010	0.004	0.005	0.007
편성인원	특 별 인 부	〃	0.014	0.016	0.020	0.008	0.011	0.014
편성인원	보 통 인 부	〃	0.014	0.016	0.020	0.008	0.011	0.014
주 입 재 료 비		-	- 별도 계상 -					
주 입 기 기 손 료		hr	0.114	0.133	0.160	0.066	0.088	0.114
PAG 팩 커 손 료		개	0.003	0.003	0.003	0.003	0.003	0.003

[주] ① * 중급기술자만 주입장비 2조 동시관리
② 주입 유효경이 1200㎜ 초과하는 경우에는 별도 계상한다.
③ 터널내 주입비 할증은 갱내할증 20%를 노무비에 할증한다.

4. PAG 주입재료비(㎥ 당)

1) 일반 건설현장 흙막이공사 주입재료(현탁액형)

(㎥ 당)

규산소다 3호	보통시멘트	PAG-1호	표준용적
150 ℓ	200 kg	25 kg	1000 ℓ

2) 중, 장기의 고강도, 친환경이 요구되는 현장(실리카졸계)

(㎥ 당)

PAG-S (실리카졸계)	보통시멘트	PAG-1호	표준용적
150 ℓ	200 kg	25 kg	1000 ℓ

3) 장기의 고내구성, 친환경이 요구되는 현장(실리카졸-용탈물질 1% 이하)

(㎥ 당)

실리카졸	보통시멘트	PAG-5호	표준용적
250 ℓ	200 kg	25 kg	1000 ℓ

5. 기계기구 설치

(1회/20m 당)

구 분	규 격	단 위	기계기구 설치
보 링 공	-	인	1
보 통 인 부	-	〃	1

6. 플랜트설치 및 해체

(1회/100m 당)

구	분	규 격	단 위	수 량
기 계 설 치	기 계 설 비 공	-	인	1
	특 별 인 부	-	〃	1
	보 통 인 부	-	〃	1
배 선 설 치	내 선 전 공	-	인	1
	특 별 인 부	-	〃	1
배 관 설 치	배 관 공	-	인	1
	특 별 인 부	-	〃	1
재료적치대설치	형 틀 목 공	-	인	1
	특 별 인 부	-	〃	1
	보 통 인 부	-	〃	1

7. 주입기기 손료

(hr 당)

구 분	분류번호	규 격	단 위	수 량
그라우팅펌프	(6202-0060)	30~60 ℓ/min	대	1
그라우팅믹서	(6105-0190)	190ℓ×2(2 kW)	〃	1
건설용펌프	(7730-0050)	50 ㎜	〃	1
자동유량압력기록장치	-	-	〃	1
주입기가변속기	-	-	〃	1
저수탱크	-	3000 ℓ	〃	1

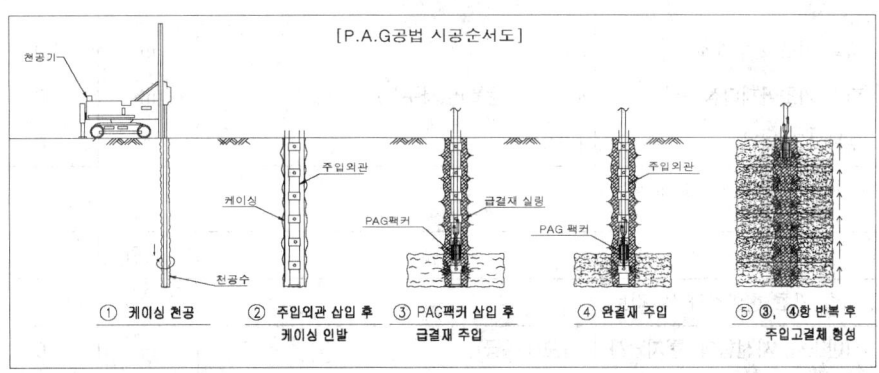

[P.A.G공법 시공순서도]

① 케이싱 천공 ② 주입외관 삽입 후 케이싱 인발 ③ PAG팩커 삽입 후 급결재 주입 ④ 완결재 주입 ⑤ ③, ④항 반복 후 주입고결체 형성

P.A.G 공법 협의회 회원사

나로지반기술㈜	서울특별시 송파구 정의로 70, 901호(문정동, 케이디유타워) TEL. 010-8895-5502 | naro333@naver.com
㈜대정이엔씨	대전광역시 동구 이사로 28(대별동 221-2번지) TEL. 042-286-8856 | FAX. 042-286-8857 | dae8858@hanmail.net
㈜세흥건설	경기도 용인시 수지구 성복2로 17, 112호(성복동, 수지골드프라자) TEL. 031-214-5277 | FAX. 031-217-5277 | j1good@naver.com

◙ 골재치환 지반보강공법

(단위 당)

구 분	규 격	단위	수량
■ 퍼즐 기초 지반보강공사			
퍼즐 기초현황조사 및 검토	검토서, 도면, 시방, 샘플	㎡	1.0
평판재하시험(PBT)	지정개소/동 당	회	1.0
	(평판재하시험은 필요시 추가 계상)		
잡재료비	실적공사비	LOT	1.0
장비 & 자재반출입	-	회	1.0
퍼즐기초현장제작	현장	㎡	1.0
퍼즐 기초 1차 포설	250T	〃	1.0
퍼즐 기초골재다짐	4.5ton 진동롤러(자주식)	㎡	1.0
퍼즐 기초 2차 포설	250T	㎡	1.0
퍼즐 기초골재다짐	4.5ton 진동롤러(자주식)	㎡	1.0
토목섬유 보강	10~20ton	〃	1.0

[주] 장비반출입 500㎡ 기준/㎡ 적용

구 분	규 격	단위	수량
1. 퍼즐 기초 현황조사 및 검토			
지반조사, 사전협의, 현지답사	(규모 5등급)	㎡	1.0
지질검토 및 보고서 작성	(건당, 자료)	〃	1.0
자연시료채취	골재, 주변 석산	㎡	1.0
교란시료채취	골재, 주변 석산(최소 2개)	〃	1.0
현황조사 및 확인	4급 기준점 측량(평지)	㎡	1.0
노상 및 노반면 정리(현장정리)	표준금액	〃	1.0

> 참고자료

2. 퍼즐 기초 현장 제작			
원지반면보수보강	토사면, 진동롤러(자주식), 보강골재	㎥	1.0
골재배합 및 교반	3(02)W, 6W, 8W	〃	1.0
현장장비반출입	-	〃	1.0
원지반면다짐	토사면, 4.4ton 진동롤러(자주식)	〃	1.0
지정골재(Type-A)	지정골재	〃	0.5
지정골재(Type-B)	지정골재	〃	0.5
현장소운반	-	〃	1.0
3. 평판재하시험(PBT)			
평판재하시험(PBT)	-	회	1.0
정재하시험(45~80ton이하)	실재하법, 500kPa	〃	1.0
4. 퍼즐 기초 골재 포설			
퍼즐 기초골재포설	기계 85%, 인력 15%(250T기준)	㎥	1.0
5. 퍼즐 기초 골재 다짐			
퍼즐 기초골재다짐	기계 85%, 인력 15%	㎡	1.0
6. 장비 및 자재 반출입			
장비 & 자재 반출입	-	회	1.0
7. 토목섬유 보강			
PET-MAT포 설	10~20ton	㎡	1.0

퍼즐 기초 공법 : 잡석치환 지반보강공법

1. 친환경 공법(민원 최소화)
2. LEAN CONSTRUCTION
3. 안정적 지내력 확보
4. 공기단축 및 공사비 절감
5. 안전관리 계획서 불필요
6. 지반보강 1,500여건 실적

㈜퍼즐기초
TEL : 02-561-0515 H.P : 010-6283-0515 E-mail : puzzlegicho@hanmail.net www.puzzlegicho.com

■ 지반보강·침하구조물 복원공법

1. 주입관 제작 및 설치

(m 당)

구 분	규 격	단 위	수 량
일 반 배 관 용 강 관 (외관)	백관 20A, ø27.2m/m	m	1.05
스 테 인 레 스 강 관 (내관)	흑관 8A, ø13.8m/m	〃	1.05
잡 자 재	재료비의 5%	식	1
제 작 비	재료비의 50%	〃	1
보 통 인 부	(설치비)2인/51.52m	인	0.038

2. 주입

(㎥ 당)

구 분	규 격	단 위	수 량 지반보강그라우팅 중결성	수 량 복원그라우팅 급결성
Water Glass	3종	ℓ	150	135
시 멘 트	-	kg	300	300
MS-B	-	〃	25	-
MS-P	-	〃	25	25
MS-β 하 드 너	-	ℓ	-	35
MS-A	-	kg	-	25
중 급 기 술 자	-	인	0.138	0.138
기 계 설 비 공	-	〃	0.138	0.138
특 별 인 부	-	〃	0.555	0.694
기 계 운 전 사	-	〃	0.277	0.277
보 통 인 부	-	〃	0.416	0.555
주 입 장 비 손 료	7.2㎥/일	식	1	1
소 모 품 비(Hose)	8hr/7.2㎥/일	〃	1	1
소모품비(부속자재)	0.01㎥/일	〃	1	1

3. 플랜트설치 및 철거

(100m/1회 당)

구 분	규 격	단 위	수 량
기 계 설 비 공	Plant	인	0.5
특 별 인 부	〃	〃	6.0
보 통 인 부	〃	〃	1.0
플 랜 트 배 관 공	배관	〃	0.5
특 별 인 부	〃	〃	2.0
플 랜 트 전 공	〃	〃	0.5
특 별 인 부	〃	〃	2.0
형 틀 목 공	재료 적치대	〃	0.5
특 별 인 부	〃	〃	3.0
보 통 인 부	〃	〃	6.0

4. 기계기구설치

(20m/1회 당)

구 분	규 격	단 위	수 량
보 링 공	-	인	1.0
특 별 인 부	-	〃	1.0
보 통 인 부	-	〃	1.0

○ 참고자료

■ 경량기포 그라우팅 연약지반보강(경량 에코 그라우트, 상표등록 제40-1189130호)

(㎥ 당)

품 목	규 격	단위	수량	비 고
모르타르펌프	37kW	hr	0.2	
모르타르믹서	SET	〃	0.2	
컨베이어	14.92kW	〃	0.2	
이동식경량기포콘크리트제조장치	-	〃	0.2	특허 제10-1666673호
양 수 기	1.49kW	〃	0.2	
배 관 파 이 프	ø50㎜-2.6m	〃	0.2	
발 전 기	150kW	〃	0.2	
물 탱 크(살수차)	16,000ℓ	〃	0.2	
Silo	100㎥	〃	0.2	
고압호스(ø50㎜,2W)손료	500㎥당 30m	식	1	
시 멘 트	포틀랜드시멘트/고로슬래그시멘트	kg	360	
친환경기포제	Form Creative	ℓ	0.2	특허 제10-1809246호
콘 크 리 트 공	1인/1Plant	인	0.025	
특 별 인 부	1인/1Plant	〃	0.025	
보 통 인 부	2인/1Plant	〃	0.05	
기 계 설 비 공	1인/1Plant	〃	0.025	
재 료 의 할 증	10%(소포율, 유실율 고려)	식	1	

[주] ① 본 품은 경량기포콘크리트로 연약지반을 보강하는 데 적용한다.
② 300㎥ 이상 주입을 기준으로 한 것으로, 300㎥ 미만일 경우 본 품을 30%까지 증하여 적용할 수 있다.
③ 장비운반 및 조립·해체 품은 별도 계상한다.
④ 공구손료 및 잡재료비는 별도 계상한다.

5-2-3 플라스틱 보드 드레인(PBD)('13년 신설, '21년 보완)

1. 적용범위
① 본 품은 유압식 PBD천공기를 활용하여 플라스틱 재질의 연직배수재를 설치하는 기준이다.
② 본 품은 PBD천공기 147㎾(리더 38m)는 평균심도 35m기준한 것으로 평균심도 35m 이상은 PBD천공기 184㎾(리더 53m)를 사용할 수 있다.
③ 본 품은 연속적인 작업이 가능한 조건에 적용하며, 선천공으로 인해 PBD 작업이 지속적으로 영향을 받는 경우 작업조건을 고려하여 별도 계상한다.

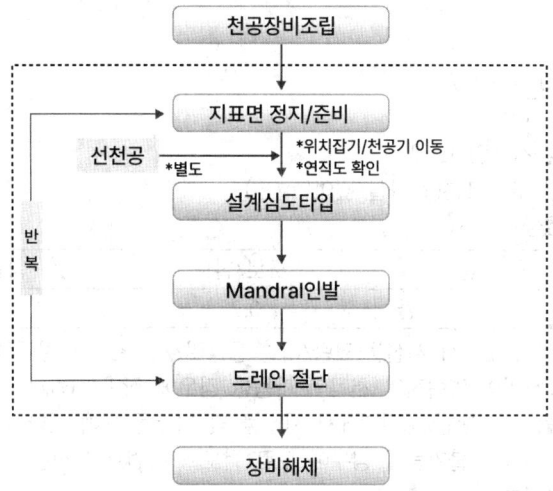

2. 장비조립 및 해체

(회 당)

구 분		단 위	수량
인 력	기 계 설 비 공	인	1
	철 공	〃	2
	특 별 인 부	〃	1
장 비	크 레 인	대	1
소 요 일 수	조 립	일	2
	해 체	〃	1

[주] ① 본 품은 PBD천공기를 1회 조립 및 해체하는 기준이며, 시공조건(외부 반입/반출)에 따라 조립·해체를 반복 적용한다.
② 공구손료 및 경장비(발전기 등)의 기계경비는 인력품의 3%로 계상한다.
③ 크레인 규격은 양중능력 및 현장조건에 고려하여 적용한다.

3. 장비 및 인력편성

구 분	명 칭	규 격	단 위	수 량
인 력	특별인부	-	인	2
	보통인부	-	〃	1
장 비	PBD천공기	147kW, 38m(리더길이)	대	1

[주] ① 부속장비(자동기록기, 계측기, 맨드릴 등)의 경비는 '인력편성' 노무비에 15%를 계상한다.
② 재료량(앵커, 드레인 보드(재료할증 4%))은 설계수량을 따른다.

4. 작업능력

$$Q = \frac{3,600 \times L \times E}{cm}$$

Q : 시간당 작업량 (m/hr)
L : 드레인 보드 1본당 타설 깊이(m/본)
E : 작업효율

구 분	도로/철도	항만/매립지
효 율	0.75	0.85

※ 도로/철도에서 시설물(교량/터널 등) 및 지형조건(하천 등) 등에 의한 작업방해 없이 연속적인 천공이 가능한 경우에 항만/매립지의 작업효율 적용이 가능하며, 항만/매립지에서 시설물 및 지장물 등에 의한 작업방해로 연속적인 천공이 불가능한 경우에 도로/철도의 작업효율 적용이 가능하다.

cm : 1회 싸이클 타임(sec)
cm = $t_1 + t_2 + t_3$
t_1 : 준비 및 이동시간(sec)

L	25 이하	30 이하	35 이하	40 이하	45 이하	50 이하	55 이하
t_1	27	31	35	39	43	47	51

t_2 : 타입시간 = $\frac{L}{V_1}$ (sec)

t_3 : 인발시간 = $\frac{L}{V_2}$ (sec)

V_1: 표준타입속도(m/sec), V_2: 표준인발속도(m/sec)

구 분	N치	
	5 미만	5 이상
V_1	2.54	1.52
V_2	2.33	1.40

5-2-4 다짐말뚝('15, '21년 보완)

1. 적용범위

   ① 본 품은 진동파일해머에 의한 천공 및 모래 및 자갈(쇄석) 말뚝조성 작업에 적용한다.

말 뚝 종 류	말 뚝 직 경(㎜)
다 짐 말 뚝	ø700㎜

   ② 본 품은 장비조립 및 해체, 말뚝 타설 및 다짐 작업이 포함된 것이며, 적용범위는 다음과 같다.

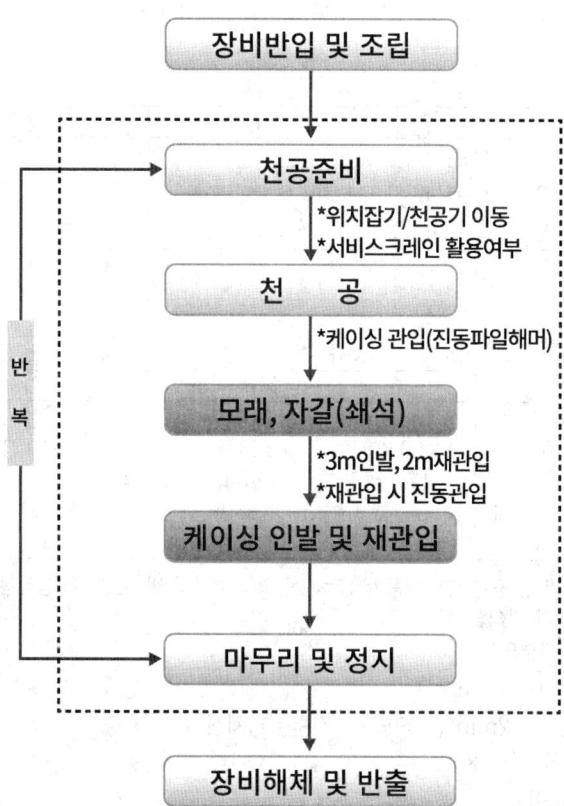

2. 장비조립·해체

(회당)

구 분	단 위	외부 반출/반입	작업구간 이동
기 계 설 비 공	인	1	1
철 공	〃	2	2
특 별 인 부	〃	1	1
크 레 인	대	1	1
소요일수 조 립	일	3	1.5
소요일수 해 체	〃	1.5	1

[주] ① 본 품은 말뚝 시공장비(전용장비 조립 및 부대설비 설치 등)를 1회 조립 및 해체하는 기준이며, 시공조건(외부 반출/반입, 작업구간 내 해체 후 이동조립 등)에 따라 조립·해체를 반복 적용한다.
② 공구손료 및 경장비(발전기, 전동드릴 등)의 기계경비는 인력품의 3%로 계상한다.
③ 크레인 규격은 양중능력 및 현장조건에 고려하여 적용한다.

3. 인력편성

구 분	단 위	수 량
보 링 공	인	1
특 별 인 부	〃	1
보 통 인 부	〃	1

4. 장비편성

구 분	규 격 L=20m 이하	규 격 L=20m~35m	단 위	수 량	작업시간	비 고
다 짐 말 뚝 전 용 장 비	100 ton	120 ton	대	1	T	
진 동 파 일 해 머	90 kW	120 kW	〃	1	T	
공 기 압 축 기	17.0 ㎥	21.0 ㎥	〃	1	T	
발 전 기	350 kW	350 kW	〃	1	T	
로 더	1.34 ㎥	1.34 ㎥	〃	1	T	

[주] 부속장비(스킵버킷, 공기탱크, 자동기록장치 등)의 기계경비 및 소모자재(용접봉, 호스 등)는 '3. 인력편성' 노무비의 9%를 계상한다.

5. 작업소요시간(본당)

$T = (T_1+T_2)/f$ (min/본)

T_1(준비시간) : 2min(본 작업 전 이동, 위치잡기)

T_2(시공시간) : $L_1 \times t_1$

L_1 : 타설길이

t_1 : 타설시간 : 1min

f(작업계수) : 0.8

5-3 말뚝

5-3-1 기성말뚝 기초('99년 신설, '15, '16, '20년 보완)

1. 적용범위
   ① 본 품은 다음 규격의 기성말뚝 천공 및 말뚝조성 작업에 적용한다.

말 뚝 종 류	말뚝직경(㎜)
강 관 말 뚝	400~800
기 성 콘 크 리 트 말 뚝	

   ② 본 품은 장비조립 및 해체, 천공, 말뚝조성 작업이 포함된 것이며, 적용범위는 다음과 같다.

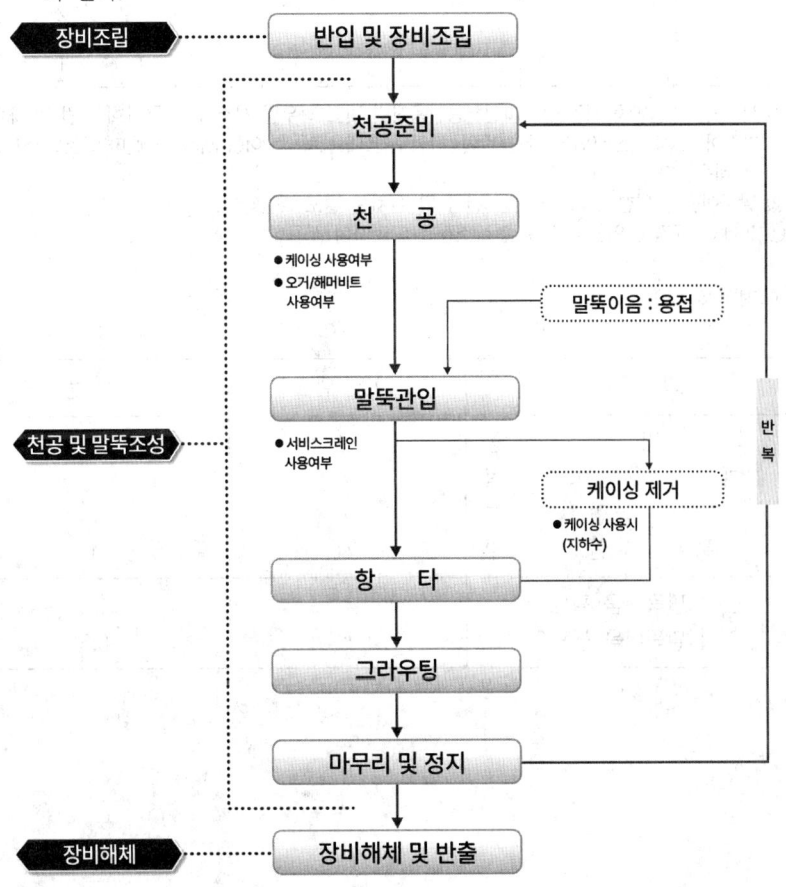

2. 장비조립·해체

(회당)

구 분		단 위	수 량	
			외부 반출/반입	작업구간내 이동
기 계 설 비 공		인	1	1
철 공		〃	2	2
특 별 인 부		〃	1	1
크 레 인		대	1	1
소 요 일 수	조 립	일	3	2
	해 체	〃	1.5	1

[주] ① 본 품은 기성말뚝 시공장비(파일천공전용장비 및 그라우팅 시스템 등)를 1회 조립 및 해체하는 기준이며, 시공조건(외부 반출/반입, 작업구간 내 해체 후 이동조립 등)에 따라 조립·해체를 반복 적용한다.
② 말뚝이음을 위한 서비스케이싱 천공 및 설치는 별도 계상한다.
③ 크레인 규격은 양중능력 및 현장조건을 고려하여 적용한다.

3. 인력편성

(인/일)

직 종		단 위	수 량
보 링 공		인	1
기 계 설 비 공		〃	1
특 별 인 부		〃	2
보 통 인 부		〃	1
용 접 공	말뚝이음 필요	〃	1.5
	말뚝이음 불필요	〃	0.5

4. 장비편성

구 분		규 격	단위	수량	비 고
파일천공전용장비		40~135 ton	대	1	리더 포함
오 거	스 크 류	59.68~149.2 kW	〃	1	
	케 이 싱	59.68~149.2 kW	〃	1	케이싱 사용시
발 전 기		450 kW	〃	1	오거 구동용
〃		100 kW	〃	1	믹서플랜트 구동용
〃		50 kW	〃	1	용접용
공 기 압 축 기	오거비트	21 ㎥/min	〃	1	
	해머비트	25.5 ㎥/min	〃	1~2	천공조건 반영
지 게 차		5 ton	〃	1	파일운반
굴 착 기		0.2 ㎥	〃	1	배토처리
크 레 인		50 ton	〃	1	말뚝근입/운반
비고		\- 시공조건(말뚝이음 유무, 동일 작업장에 2대 이상의 파일천공전용장비 가동, 타 공종과 병행사용 등)에 따라 투입장비 및 수량(적용시간)을 변경하여 적용한다.			

[주] ① 부속장비(그라우팅 장비, 용접장비, 드롭해머 등)의 경비는 '3. 인력편성' 노무비에 다음 요율을 계상한다.

구 분	단말뚝	이음말뚝
요 율(%)	16	13

② 소모자재(용접봉, 오거스크류, 오거헤드, 케이싱 등) 등의 손료는 '3. 인력편성' 노무비에 다음 요율을 계상한다.

구 분	단말뚝(%)	이음말뚝(%)
케 이 싱 사 용 시	28	30
케 이 싱 미 사 용 시	22	25

※ 해머비트(개량형 비트 포함)의 손료는 별도 계상한다.

③ 전용장비 규격의 기준은 다음과 같다.

말뚝직경(㎜)	천공길이(m)	파일천공 전용장비(ton)	오거(kW)
500 미만	20 미만	100 이하	59.68~89.52
	20 이상		89.52~111.90
500~600 미만	20 미만	100 이하	89.52~111.90
	20 이상	100~135 이하	111.9
600 이상	-	120~135 이하	111.9~149.2

※ 현장작업조건 및 말뚝의 종류·중량 등을 고려하여 장비조합을 변경할 수 있다.
※ 전용장비의 규격은 최대운전하중을 기준으로 한 것이다.

5. 작업소요시간(본당)

구분	개요	산출방법
T	작업소요시간	$T=(t_1+t_2+t_3+t_4)/f$ * 말뚝이음은 별도의 천공홀을 이용한 병행용접 기준이며, 천공홀에서 직접 용접할 경우 t_5(용접)시간을 추가 계상한다.
t_1	준비시간 (이동/위치잡기)	5 min
t_2	천공시간	$t_2 : \Sigma(L_i \times a_i)$ L_i : 지층별 굴착연장 a_i : 지층별 굴착시간(m 당)
t_3	말뚝근입/항타	케이싱 미사용시 : 5 min 케이싱 사용시 : 8 min
t_4	그라우팅	(min) <table><tr><td>직경(mm) 말뚝길이</td><td>400~600</td><td>700~800</td></tr><tr><td>10 m 미만</td><td>2</td><td>4</td></tr><tr><td>10~20 미만</td><td>4</td><td>6</td></tr><tr><td>20~30 미만</td><td>6</td><td>8</td></tr></table>
t_5	용접 (2회 용접 기준)	(min) <table><tr><td>직경(mm)</td><td>400</td><td>450</td><td>500</td><td>600</td><td>700</td><td>800</td></tr><tr><td>시간(min)</td><td>15</td><td>16</td><td>18</td><td>22</td><td>25</td><td>29</td></tr></table>
f	작업계수	- 도로/철도 교량기초 : 0.75 - 건축기초 : 0.85

○ 지층별 굴착시간(a_1)

(min/m)

구분	말뚝직경 (㎜)	토사		풍화암	연암	경암	혼합층
		점질토	사질토				
오거비트	500 미만	0.74	0.96	4.08	-	-	-
	500~600	0.91	1.18	4.99	-	-	-
	700~800	1.24	1.61	6.80	-	-	-
개량형비트	500 미만	0.74	0.96	3.80	-	-	3.28
	500~600	0.91	1.18	4.61	-	-	4.01
	700~800	1.24	1.61	6.32	-	-	5.46
해머비트	500 미만	-	-	3.66	8.56	11.93	-
	500~600	-	-	4.48	10.48	14.61	-
	700~800	-	-	6.12	14.32	19.96	-

※ 개량형비트는 오거비트와 해머비트가 복합된 비트이며, 혼합층(호박돌, 전석발생 등 지질 특성으로 오거비트에 의한 굴착이 어렵거나 작업효율의 현저한 저하가 예상되는 경우)에서 적용 가능하다.

■ 프리스트레스트 두부일체 마이크로파일공법

1. 장비조립·해체
표준품셈 [공통부분 5-1-5 어스앵커 공법 1. 장비조립·해체] 참조

2. 기초부 확공

(개소 당)

구 분	규 격	단 위	수 량
바닥 슬래브 코어천공 및 제거	ø350㎜	공	1.0
기초 상부 토사 천공	ø318㎜	m	1.0
기초 상부 케이싱 설치	ø300㎜	〃	1.0
기초콘크리트 상하부 평면연마	-	공	1.0
기초콘크리트 코어천공 및 제거	ø200㎜	〃	1.0
기초 하부 확공	ø300㎜	〃	1.0
중급기술자	-	인	0.040
중급숙련기술자	-	〃	0.213
보링공	-	〃	0.200
착암공	-	〃	1.508
특별인부	-	〃	0.113
보통인부	-	〃	1.728

[주] 부산물 처리 및 반출품은 별도 계상한다.

3. 천공 및 설치
표준품셈 [공통부분 5-1-5 어스앵커 공법 2. 인력 및 장비 편성, 3. 작업소요시간] 참조

[주] ① 본 품은 ø127~150㎜ 천공을 기준으로 환산한다.
② 작업시간의 현저한 저하가 예상되는 경우 작업계수를 조정하여 적용할 수 있다.
③ 품의 할증

실내작업	작업장소의협소
100%	50%

4. 그라우팅

표준품셈 [공통부문 5-1-5 어스앵커 공법 4. 그라우팅] 참조

5. 정착판 설치 및 인장

(개소 당)

구 분	규 격	단 위	수 량
상 부 정 착 판	-	개	1.0
하 부 정 착 판	-	〃	1.0
나 선 형 보 강 철 근	-	〃	1.0
인 장 기	60 ton	hr	0.53
유 압 펌 프	-	〃	0.53
중 급 기 술 자	-	인	0.067
보 링 공	-	〃	0.067
특 별 인 부	-	〃	0.133
보 통 인 부	-	〃	0.067

■ DYNA Force® EM센서 설치

(개소 당)

구 분	규 격	단 위	수 량
중 급 기 술 자	-	인	0.167
초 급 기 술 자	-	〃	0.5
중 급 숙 련 기 술 자	-	〃	0.5
특 별 인 부	-	〃	1.0
EM 센 서	5 m 케이블 포함	개	1.0
케 이 블 보 관 함 체	PVC(300×200×140)	〃	1.0
잡 재 료	재료비의	%	5.0

[주] 천공등의 선행작업 미포함

■ DYNA Force® EM센서 초기화

(개 당)

구 분	규 격	단 위	수 량
고 급 기 술 자	-	인	0.334
초 급 기 술 자	-	〃	1.0
중 급 숙 련 기 술 자	-	〃	1.0
특 별 인 부	-	〃	2.0
데 이 터 기 록 기	-	대	1.0
인 장 기	펌프 포함 관련 장비일체	hr	0.5
데 이 터 연 장 선	20m	롤	1.0
잡 비	비용의	%	5.0

[주] 상기 센서의 설치 및 초기화 이외의 사항은 일반적 건설공사 표준품셈에 따른다.

5-3-2 말뚝박기용 천공('08, '15, '16, '20년 보완)

1. 적용범위
① 본 품은 말뚝구경 500㎜ 미만의 말뚝박기용 천공을 기준한 것이다.
② 본 품은 장비조립 및 해체, 천공, 파일근입, 마무리 및 뒷정리 작업을 포함하며 품의 적용범위는 다음과 같다.

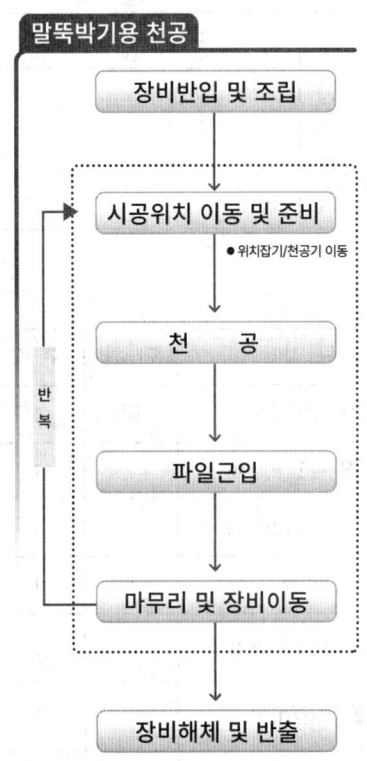

2. 장비조립·해체

(회 당)

구 분		단 위	수 량
특 별 인 부		인	1
보 통 인 부		〃	1
용 접 공		〃	1
크 레 인		대	1
소 요 일 수	조립	일	1
	해체	〃	0.5

[주] ① 본 품은 크레인으로 천공 장비를 최초 조립 및 해체하는 기준이며, 현장조건에 따라 조립·해체가 반복되는 경우 추가 계상한다.
② 크레인 규격은 양중능력 및 현장조건을 고려하여 적용한다.

3. 인력편성

(인/일)

구 분	단 위	수 량
보 링 공	인	1
특 별 인 부	〃	0.5
보 통 인 부	〃	1
용 접 공	〃	0.5

4. 장비편성

명 칭		규 격	단 위	수 량	비 고
파일천공전용장비		40~100 톤	대	1	리더 포함
오 거	스크류	59.68~111.90 kW	〃	1	
	케이싱	59.68~111.90 kW	〃	1	케이싱 사용시
발 전 기		450 kW	〃	1	오거 구동용
공 기 압축기	오거 비트	10.3~21 ㎥/min	〃	1	천공조건에 의해 용량결정
	해머 비트	25.5 ㎥/min	〃	1	
굴 착 기		0.18~0.2 ㎥	〃	1	배토처리
크 레 인		25 ton	〃	1	파일근입/이동
비 고		- 시공조건(말뚝이음 유무, 동일 작업장에 2대 이상의 파일천공전용장비 가동, 타공종과 병행사용 등)에 따라 투입장비 및 수량을 변경하여 적용한다.			

[주] ① 부속장비(용접장비 등)의 경비 및 소모자재(용접봉, 오거스크류, 케이싱 등) 손료는 '3. 인력편성' 노무비에 다음 요율을 계상한다.

구분	케이싱 미사용시	케이싱 사용시
요율(%)	8	9

② 해머비트(개량형 비트 포함) 손료는 별도 계상한다.
③ 전용장비 규격의 기준은 다음과 같다.

말뚝직경(mm)	천공길이(m)	전용장비(ton)	오거(kW)
500 미만	10m 미만	40 ton	59.68~89.52 kW
	10~20m 미만	60 ton	
	20m 이상	100 ton	89.52~111.90 kW

※ 현장작업조건 및 천공길이를 고려하여 장비규격 및 조합을 변경할 수 있다

5. 작업소요시간

 T (작업시간) : $(T_1+T_2+T_3)/f$
 T_1(준비시간) : 3 min (천공위치 확인, 천공준비)
 T_2(천공시간) : $\Sigma(L_i \times t_i)$
  L_i : 지층별 천공연장
  t_i : 지층별 천공시간(m 당)

(min/m)

구분	말뚝직경 (mm)	토사		풍화암	연암	경암	혼합층
		점질토	사질토				
오거비트	500 미만	0.74	0.96	4.08	-	-	-
개량형비트	500 미만	0.74	0.96	3.80	-	-	3.28
해머비트	500 미만	-	-	3.66	8.56	11.93	-

※ 개량형비트는 오거비트와 해머비트가 복합된 비트이며, 혼합층(호박돌, 전석발생 등 지질 특성으로 오거비트에 의한 굴착이 어렵거나 작업효율의 현저한 저하가 예상되는 경우)에서 적용 가능하다.

 T_3(말뚝근입시간) : 2min
 ※ 항타작업이 필요한 경우에는 "[공통부문] 5-3-1 기성말뚝 기초"의 t_3(말뚝근입/항타)의 작업시간을 참고하여 적용한다.
 f(작업계수) : 0.8

■ Big Double Plate Helical Pile공사

구 분	규 격	단 위	수 량	비 고
[BDPHP파일 회전, 근입]		m		
굴삭기	1.0 ㎥	hr	0.12825	
BHP 오거	-	〃	0.12825	
지게차	5톤	〃	0.02565	
[BDPHP파일 조성비]		m		
보링공	-	인	0.01603	
기계설비공	-	〃	0.01603	
특별인부	-	〃	0.03206	
보통인부	-	〃	0.01603	
용접공	-	〃	0.00801	
소모자재 손료	노무비의 22%	식	1	
[그라우팅 및 작업비 (0.19625㎥)]		m		
시멘트	보통 포틀랜트	포	2.20	
중급기술자	-	인	0.04219	
특별인부	-	〃	0.10596	
보통인부	-	〃	0.04121	
그라우팅믹서	390×2	hr	0.12825	
그라우팅펌프	50~200 ℓ/min	〃	0.12825	
발전기	100 kW	〃	0.12825	
[말뚝두부정리(BDPHP 165㎜) 및 재하판 설치]		본		
그라인더날	7"	개	0.0016	
할석공	-	인	0.016	
보통인부	-	〃	0.016	
특별인부	-	〃	0.02	
굴삭기	0.2㎥	hr	0.0259	
공구손료	노무비의 3%	식	1	
[장비조립, 해체]		식		
기계설비공	-	인	1.5	
특별인부	-	〃	1.5	
용접공	-	〃	1.5	
크레인	25톤 타이어	hr	12	

구 분	규 격	단 위	수 량	비 고
[BHP 자재비]				
BHP 165(파일)	O.D165, 8.0 t	m	1	
BHP 165재하판	300×300×20	개	1	
[BDPHP파일 천공 및 인발(암. 자갈층 필요시 적용)]		m		
굴삭기	1.0 ㎥	hr	0.12825	
BHP 오거	D85	〃	0.12825	
보링공	-	인	0.01603	
기계설비공	-	〃	0.01603	
특별인부	-	〃	0.03206	
보통인부	-	〃	0.01603	
소모자재 손료(오거드릴 포함)	노무비의 22%	식	1	
[BDPHP 작업장비]		hr		
굴삭기(무한궤도)	1.0 ㎥	대	0.2085	
경유	저유황	ℓ	19.5	
잡재료	주연료의 22%	식	1	
건설기계운전사	-	인	0.20833	
대형브레이커	1.0㎥용	대	0.6601	
공기압축기	25.5 ㎥/min	〃	0.1719	
경유	저유황	ℓ	32.3	
잡재료	주연료의 16%	식	1	
건설기계운전사	-	인	0.20833	
리더	24 m, 고전형	대	0.1750	
그라우팅믹서	390×2	〃	0.4355	
그라우팅펌프	50~200 ℓ/min	〃	0.4355	
에어호스	-	〃	0.5625	

구 분	규 격	단 위	수 량	비 고
굴삭기(무한궤도)	0.2 ㎥	대	0.2085	
경유	저유황	ℓ	5	
잡재료	주연료의 21%	식	1	
건설기계운전사	-	인	0.20833	
크레인(타이어)	25 ton	대	0.2057	
경유	저유황	ℓ	6.1	
잡재료	주연료의 39%	식	1	
건설기계운전사	-	인	0.20833	
오거	80P	대	0.3299	
발전기	100 kW	〃	0.2362	
경유	저유황	ℓ	17.4	
잡재료	주연료의 24%	식	1	
일반기계운전사	-	인	0.20833	
지게차	5 ton	대	0.15	
경유	저유황	ℓ	5.7	
잡재료	주연료의 37%	식	1	
건설기계운전사	-	인	0.20833	

[주] ① 본 품은 현장내 소운반 정리품이 포함된 것이다.
     (현장내 소운반 품의 거리는 100m 내로 한정 한다. 추가거리는 별도 산정한다.)
② 본 품외 추가되는 공종은 별도 계상한다.

5-3-3 말뚝두부정리(강관)('08, '09, '15, '20년 보완)

(본 당)

구 분	규 격	단 위	수 량				
			ø400	ø500	ø600	ø700	ø800
용 접 공	-	인	0.038	0.047	0.058	0.067	0.077
보 통 인 부	-	〃	0.038	0.047	0.058	0.067	0.077
굴 착 기	0.2 ㎥	hr	0.046	0.052	0.070	0.082	0.094

[주] ① 본 품은 강관말뚝 조성 완료 후 자동절단기(산소+LPG)를 사용하여 설계 높이에 맞게 말뚝두부를 절단하는 기준이며, 말뚝머리 보강에 필요한 품은 별도 계상한다.
② 본 품은 작업준비, 강관말뚝 절단, 작업정리 및 마무리 작업이 포함된 것이다.
③ 공구손료 및 경장비(자동절단기 등)의 기계경비는 인력품의 4%를 계상한다.
④ 자재소모량은 다음 기준을 적용한다.

구 분	단위	수 량				
		ø400	ø500	ø600	ø700	ø800
산 소	ℓ	95	113	138	185	220
L P G	kg	0.1	0.13	0.15	0.18	0.21

※ 산소량은 대기압상태의 기준량이며, 압축산소는 35℃에서 150기압으로 압축용기에 넣어 사용하는 것을 기준한다.

5-3-4 말뚝두부정리(콘크리트)('20년 보완)

(본 당)

구 분	규 격	단 위	수 량				
			ø400	ø500	ø600	ø700	ø800
할 석 공	-	인	0.039	0.054	0.063	0.071	0.080
보 통 인 부	-	〃	0.039	0.054	0.063	0.071	0.080
굴 착 기	0.2 ㎥	hr	0.063	0.089	0.102	0.114	0.127

[주] ① 본 품은 콘크리트파일 조성 완료 후 그라인더를 사용하여 설계높이에 맞게 자르는 기준이며, 말뚝머리 보강에 필요한 품은 별도 계상한다.
② 본 품은 작업준비, 콘크리트말뚝 절단, 작업정리 및 마무리 작업을 포함하며, 절단된 말뚝두부의 파쇄는 제외되어 있다.
③ 공구손료 및 경장비(그라인더 등)의 기계경비는 인력품의 3%로 계상한다.
④ 잡재료 및 소모재료(그라인더날, 철선, 파일캡 등)는 인력품의 9%로 계상한다.

5-3-5 현장타설말뚝('15, '21년 보완)

1. 적용범위

① 본 품은 다음 규격의 현장타설 말뚝에 적용한다.

적용공법	말뚝직경(㎜)
R.C.D(Reverse Circulation Drill)	1,000~3,000
요 동 식 올 케 이 싱	
전 회 전 식 올 케 이 싱	

② 본 품은 장비조립 및 해체, 천공 및 말뚝조성 작업이 포함된 것이며, 적용범위는 다음과 같다.

2. 장비조립·해체

(회당)

구 분	단위	외부 반출/반입	작업구간 이동
기 계 설 비 공	인	1	1
철 공	〃	2	2
특 별 인 부	〃	1	1
크 레 인	대	1	1
소요일수 조립	일	3	1.5
소요일수 해체	〃	1.5	1

[주] ① 본 품은 말뚝 시공장비(천공장비, 말뚝조성 및 철근망 제작장비 등)를 1회 조립 및 해체하는 기준이며, 시공조건(외부 반출/반입, 작업구간 내 해체 후 이동조립 등)에 따라 조립·해체를 반복 적용한다.
② 공구손료 및 경장비(발전기, 전동드릴 등)의 기계경비는 인력품의 3%로 계상한다.
③ 크레인 규격은 양중능력 및 현장조건에 고려하여 적용한다.

3. 굴착

가. 인력편성

(인/일)

직 종	단위	수량
보 링 공	인	1
특 별 인 부	〃	2
보 통 인 부	〃	1
용 접 공	〃	1

나. 장비편성

명 칭	규 격	단위	수량	작업시간	R.C.D	올케이싱 요동식	올케이싱 전회전식
크 레 인	70~120 ton	대	1	T	○	○	○
R.C.D 장비	1,000~3,000 ㎜	〃	1	T	○	-	-
오 실 레 이 터	1,000~3,000 ㎜	〃	1	T	-	○	-
전회전식천공기	1,000~3,000 ㎜	〃	1	T	-	-	○
발 전 기	150 kW	〃	1	T	○	○	○
공 기 압 축 기	25 ㎥/min	〃	1	T	○	-	-
굴 착 기	0.4~0.6 ㎥	〃	1	T	-	○	○

[주] ① 케이싱은 굴착 깊이+1.5m를 계상한다.
② 부속장비(강재탱크, 해머그래브, 용접기, 치즐 등)의 경비는 '가. 인력편성' 노무비에 다음 요율을 계상한다.

구 분	R.C.D	올케이싱
요 율	8%	16%

③ 소모자재(용접봉, 철판재, 호스 등)의 손료는 '가. 인력편성' 노무비의 11%를 계상한다.
④ 케이싱 및 비트 손료는 별도 계상한다.
⑤ 현장작업조건을 고려하여 장비조합 및 규격을 변경할 수 있다.

다. 작업소요시간(본당)

$T = (T_1+T_2)/f$

T_1(준비시간)

구 분	R.C.D	요동식	전회전식
소 요 시 간(hr)	2	2	2

[주] R.C.D공법은 올케이싱에 의한 굴착 후 후속 굴착작업을 기준한다.

T_2(천공시간) : $\Sigma(L_1 \times t_1)+t_2$
L_1 : 지층별 천공길이
t_1 : 지층별 천공시간

(hr/m)

구 분	말뚝직경 (mm)	토사			풍화암	연 암	경 암
		점질토	사질토	자 갈			
R.C.D	1,000	-	-	-	1.04	1.42	2.48
	1,500	-	-	-	1.23	1.71	2.97
	2,000	-	-	-	1.29	1.82	3.17
	2,500	-	-	-	1.35	1.95	3.38
	3,000	-	-	-	1.41	2.07	3.61
요동식	1,000	0.21	0.30	0.59	0.67	-	-
	1,500	0.26	0.35	0.62	0.69	-	-
	2,000	0.31	0.40	0.64	0.83	-	-
	2,500	0.36	0.45	0.67	0.97	-	-
	3,000	0.41	0.50	0.69	1.10	-	-
전회전식	1,000	0.20	0.29	0.57	0.64	1.18	1.88
	1,500	0.25	0.34	0.59	0.67	1.60	2.55
	2,000	0.29	0.39	0.62	0.80	2.02	3.23
	2,500	0.34	0.44	0.64	0.93	2.44	3.90
	3,000	0.39	0.48	0.66	1.06	2.86	4.57
비고	- 극경암 등 이상 지질층 발생으로 천공 효율이 떨어지는 경우 천공시간을 증가하여 적용할 수 있다.						

t_2 : 로드연결해체 및 케이싱 연결

(회 당)

구 분	로드연결/해체(R.C.D)	케이싱 연결(올케이싱)
소요시간(hr)	0.4	0.4

f : 공법별 작업계수

구 분	R.C.D	올케이싱
작업계수(f)	0.85	0.8

4. 말뚝조성

  가. 인력편성

(인/일)

직 종	단 위	수 량
보 링 공	인	1
콘 크 리 트 공	〃	1
특 별 인 부	〃	2

  나. 장비편성

명 칭		규 격	단위	수량	작업시간	R.C.D	올케이싱	
							요동식	전회전식
굴착전용장비	오실레이터	1,000~3,000 ㎜	대	1	T	○	○	-
	전회전식 굴착기	1,000~3,000 ㎜	〃	1	T	-	-	○
크 레 인		25 ton	〃	1	T	○	○	○
발 전 기		150 kW	〃	1	T	○	○	○

[주] ① 트레미파이프는 굴착 깊이+1.5.m를 계상한다.
② 부속장비(슬라임 제거기, 수중펌프, 트레미파이프 등) 경비 및 잡재료 손료(용접봉, 철판재, 호스 등)는 '가. 인력편성' 노무비에 다음 요율을 계상한다.

요동식+R.C.D	올케이싱
3.0%	5.0%

※ 요동식+R.C.D는 요동식과 R.C.D천공이 연속된 작업을 기준한다.
③ 현장작업조건을 고려하여 장비조합 및 규격을 변경할 수 있다.

다. 작업소요시간(본당)

  T = $(T_1+T_2+T_3+T_4)/f$
  T_1(준비시간) : 1.0hr
  T_2(이토제거)

구 분	R.C.D	올케이싱
소요시간(hr)	1.0	2.0

  T_3(타설준비) : t_1+t_2
  t_1(철근망 이동·설치 및 이음) : $0.17hr+a_1$
  a_1(철근망 이음)

(철근망이음 횟수 당)

구 분	1,000 ㎜	1,500 ㎜	2,000 ㎜	2,500 ㎜	3,000 ㎜
적용시간	0.26 hr	0.32 hr	0.39 hr	0.45 hr	0.51 hr

※ 철근망 가공 조립은 별도 계상한다.

  t_2(트레미파이프 설치) : 0.092 hr/개소당
  ※ 호퍼 및 수중펌프 설치 시간은 포함되어 있다.

  T_4(콘크리트 타설) : 0.037 hr/㎥ 당
  ※ ① 본 품은 케이싱 및 트레미파이프 해체 작업이 포함되어 있다.
    ② 1본당 타설량(Q)은 다음과 같다.
       Q = $\pi/4 \times D^2 \times L \times \beta$
       D : 말뚝직경(m)
       L : 말뚝길이(m)
       β : 보정계수

구 분	R.C.D	올케이싱
β	1.14	1.08

  f(작업계수) : 0.85

○ 참고자료

■ 수평조절 양방향재하시험(SLOT)

1. 현장타설 콘크리트말뚝의 재하시험 빈도(EXCS 11 50 10)
○ 양방향재하시험의 빈도는 구조물의 중요성, 지반조건 등을 고려하여 결정하여야 하며, 설계도서에 명시되지 않은 경우에는 고속도로의 행선에 관계없이 다음과 같이 실시한다.

구조물별 기초의 수	시험 빈도 (회)	시험 말뚝 위치
1~7기	1	공사감독자가 지정하는 위치
8~15기	2	
16~25기	3	
26기 이상	4	

※ 구조물별 기초의 수는 상·하행 구분 없이 상·하행선 중 기초수가 많은 행선의 기초수를 기준으로 함.

2. 공법개요 : 수평조절 양방향재하시험(SLOT)
○ 일반적인 양방향재하시험은 하중재하용 유압잭의 상하부에 재하판을 설치한 시험기기를 철근망에 용접하여 설치하므로, 재하판이 경사지면 하중재하시 편심의 영향으로 말뚝의 허용하중의 신뢰도가 떨어지므로,
○ 수평조절 양방향재하시험(SLOT)은 재하시험기기의 수평유지 및 수평 확인을 위한 수평 측정 장치와 수평조절용 유압잭을 설치하여 수평조절 및 수평유지가 가능하므로, 시험하중 재하시 하중이 균등하게 분포되어 시험결과의 신뢰도를 높일 수 있는 양방향재하시험 방법임.

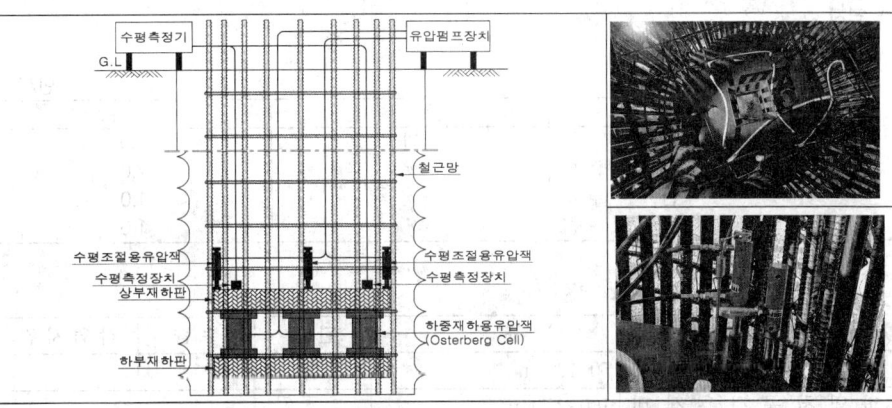

■ 겹침주열말뚝(S-Wall)을 이용한 옹벽 및 교대

1. 적용범위
① 본 품은 다음 규격의 케이싱을 사용하는 말뚝직경 600~1,200㎜의 겹침주열말뚝(S-Wall)을 이용한 옹벽 및 교대에 적용한다.
② 본 품은 장비조립 및 해체, 천공 및 말뚝조성 작업이 포함된 것이다.
③ 말뚝직경이 1,200㎜를 초과하는 경우는 '5-3-5 현장타설말뚝('15, '21년 보완)'를 참조한다.

2. 장비조립 · 해체

(회당)

구 분		단 위	외부 반출/반입	작업구간 이동
기 계 설 비 공		인	1	1
철 공		〃	2	2
특 별 인 부		〃	1	1
크 레 인		대	1	1
소 요 일 수	조 립	일	3.0	2.0
	해 체	〃	1.5	1.0

[주] ① 본 품은 말뚝 시공장비(천공장비, 말뚝조성 및 철근망 제작장비 등)를 1회 조립 및 해체하는 기준이며, 시공조건(외부 반출/반입, 작업구간 내 해체 후 이동조립 등)에 따라 조립 · 해체를 반복 적용한다.
② 공구손료 및 경장비(발전기, 전동드릴 등)의 기계경비는 인력품의 3%로 계상한다.
③ 크레인 규격은 양중능력 및 현장조건에 고려하여 적용한다.

3. 굴착
가. 인력편성

(인/일)

직 종	단 위	수 량
보 링 공	인	1.0
특 별 인 부	〃	2.0
보 통 인 부	〃	1.0
용 접 공	〃	1.0

나. 장비편성

명 칭		규 격	단 위	수 량	작 업 시 간
크 레 인		50~100ton	대	1	T
파 일 천 공 전 용 장 비		100~250ton	〃	1	T
오 거	스크류	59.68~149.2kW	〃	1	T
	케이싱	59.68~149.2kW	〃	1	T
발 전 기		450kW	〃	1	T
공 기 압 축 기		25.5㎥/min	〃	1-8	T
굴 삭 기		0.4~0.6㎥	〃	1	T

○ 참고자료

[주] ① 케이싱은 굴착 깊이+1.5m 이상을 계상한다.
② 부속장비(용접기 등)의 경비는 '가. 인력편성' 노무비의 16%의 요율을 계상한다.
③ 소모자재(용접봉, 철판재, 호스 등)의 손료는 '가. 인력편성' 노무비의 11%를 계상한다.
④ 케이싱 및 비트 손료는 별도 계상한다.
⑤ 현장작업조건을 고려하여 장비조합 및 규격을 변경할 수 있다.

다. 작업소요시간(본당)
$T = (T_1 + T_2)/f_1$
T_1(준비시간) : 0.2hr
T_2(천공시간) : $\Sigma(L_1 \times t_1) + t_2$
L_1 : 지층별 천공길이
t_1 : 지층별 천공시간

(hr/m)

구 분		토 사			풍화암	연암	경암
말뚝직경	말뚝시공순서	점질토	사질토	자갈			
600mm	1차 말뚝	0.02	0.02	0.08	0.10	0.21	0.30
	2차 말뚝	0.10	0.10	0.10	0.10	0.21	0.30
800mm	1차 말뚝	0.03	0.04	0.14	0.17	0.42	0.60
	2차 말뚝	0.17	0.17	0.17	0.17	0.42	0.60
1,000mm	1차 말뚝	0.10	0.15	0.45	0.51	1.18	1.88
	2차 말뚝	0.51	0.51	0.51	0.51	1.18	1.88
1,200mm	1차 말뚝	0.17	0.24	0.52	0.58	1.35	2.15
	2차 말뚝	0.58	0.58	0.58	0.58	1.35	2.15
비고	\- 1차말뚝은 설계강도 10~20MPa의 콘크리트로 시공되며 2차 말뚝은 1차 말뚝을 절삭하여 시공된다. \- 2차 말뚝 천공이 1차 말뚝 콘크리트 타설 후 10일 이상 경과하는 경우에는 점질토, 사질토, 자갈, 풍화암의 천공시간은 연암을 기준으로 한다. \- 극경암 등 이상 지질층 발생으로 천공 효율이 떨어지는 경우 천공 시간을 증가하여 적용할 수 있다.						

t_2 : 로드연결해체 및 케이싱 연결 : 0.4hr/회
f_1(공법별 작업계수) : 0.8

4. 말뚝조성
가. 인력편성

(인/일)

직 종	단 위	수 량
보 링 공	인	1
콘 크 리 트 공	〃	1
특 별 인 부	〃	2

나. 장비편성

명 칭	규 격	단위	수량	작업시간
파일전용장비	600~1,200mm	〃	1	T
크레인	25ton	〃	1	T

[주] ① 트레미파이프는 굴착 깊이+1.5m를 계상한다.
② 부속장비(슬라임 제거기, 수중펌프, 트레미파이프 등) 경비 및 잡재료 손료(용접봉, 철판재, 호스 등)는 '가. 인력편성' 노무비의 5% 요율을 계상한다.
③ 현장작업조건을 고려하여 장비조합 및 규격을 변경할 수 있다.

다. 작업소요기간(본당)
　$T=(T_1+T_2+T_3+T_4)/f_2$
　T_1(준비시간) : 0.2hr
　T_2(이토제거) : 0.5hr
　T_3(타설준비) : t_1+t_2
　t_1(철근망 이동·설치 및 이음) : $0.17hr+a_1$
　a_1(철근망 이음)

(철근망이음 횟수 당)

구 분	600mm	800mm	1,000mm	1,200mm
적용시간(hr)	0.20	0.23	0.26	0.32

※ 철근망 가공 조립은 별도 계상한다.

　t_2(트레미파이프 설치) : 0.092hr/개소당
　※ 호퍼 및 수중펌프 설치 시간은 포함되어 있다.
　T_4(콘크리트 타설) : 0.037hr/m³당
　※ ① 본 품은 케이싱 및 트레미파이프 해체 작업이 포함되어 있다.
　　 ② 1본당 타설량(Q)은 다음과 같다.
　　　$Q=\pi/4 \times D^2 \times L \times \beta$
　　　D : 말뚝직경(m)
　　　L : 말뚝길이(m)
　　　β(보정계수) : 1.08
　f_2(작업계수) : 0.85

5-4 차수

5-4-1 차수재공

(㎡당)

구분		명칭	규격	단위	수량
부직포	자재	부 직 포	-	㎡	1.1
	인력	방 수 공	-	인	0.002
		보 통 인 부	-	〃	0.001
	장비	크 레 인	-	hr	0.002
지오콤포지트	자재	지오콤포지트	6.0 mm	㎡	1.1
	인력	방 수 공	-	인	0.003
		보 통 인 부	-	〃	0.001
	장비	크 레 인	-	hr	0.002
벤토나이트매트	자재	벤토나이트매트	6.0mm	㎡	1.1
	인력	방 수 공	-	인	0.003
		보 통 인 부	-	〃	0.001
	장비	크 레 인	-	hr	0.002
HDPE시트	자재	HDPE시트	2~2.5mm	㎡	1.1
	인력	방 수 공	-	인	0.007
		보 통 인 부	-	〃	0.002
	장비	크 레 인	-	hr	0.006

[주] ① 본 품은 부직포, 지오콤포지트, 벤토나이트매트, HDPE Sheet(고밀도 폴리에틸렌)의 재료를 각각 1겹 설치하는 기준으로 2겹을 설치 할 경우에는 해당 품의 2회를 적용한다.
② 자재를 종류별로 선택하여 설치 할 경우에는 해당 자재품만 적용한다.
③ 재료의 할증은 포함되어 있다.
④ 본 품은 소운반, 부설, 연결 및 접합, 정리 작업을 포함한다.
⑤ 본 품은 수직고 50m 이하를 기준한 것으로, 높이 할증은 별도 계상하지 않는다.
⑥ 본 품의 크레인 규격은 다음 기준을 적용한다.

수 직 고	크레인 규격
30m 이하	30 톤급 크레인
30m 초과~50m 이하	50 톤급 크레인

⑦ 크레인의 규격은 작업여건(작업높이, 크레인 위치 등)에 따라 변경할 수 있다.
⑧ 공구손료 및 경장비(발전기, 자동용착기 등)의 기계경비는 구분(인력품)에 다음 요율을 적용한다.

구 분	부직포	지오콤포지트	벤토나이트매트	시트
요율	2%	2%	2%	5%

⑨ 지반고르기, 되메우기가 필요한 경우 별도 계상한다.

■ 지하수 처리공법(강제배수공법, Well Point 공법)

1. 설치

(Set 당)

공 종	구 분	단 위	수 량	비 고
설치노무비	일반기계운전사	인	10	
	배 관 공	〃	20	
	배 전 전 공	〃	10	
	작 업 반 장	〃	4	
	특 별 인 부	〃	6	
	보 통 인 부	〃	14	
설치장비비	굴 삭 기 06W	대	1	
	크 로 아 드 릴	〃	1	Water Jet
	공 기 압 축 기	〃	1	불가시 투입

[주] ① 1set 는 전장 100m에 100본 설치를 표준으로 하며 Well Point Riser Pipe의 규격은 D:40㎜, L:6.0m, Header Pipe의 규격은 D:150㎜, L:100m와 기타 잡자재 1식을 기준으로 한다.
② 1set 설치의 소요일수는 10일을 기준으로 한다.
③ 설치시의 소모재료는 인력품의 5%, 공구손료는 2%로 계상한다.
④ Jet Pump의 손료 및 설치 동력비는 별도 계상한다.
⑤ 본품은 현장의 토질 및 기타 작업조건에 따라 증감할 수 있다.
⑥ 본품은 설치품이며 철거품은 설치품의 50%로 계상한다.

2. 운전관리

(Set 일 당)

공 종	구 분	단 위	수 량	비 고
운전관리	일반기계운전사	인	0.5	
	배 관 공	〃	0.5	
	배 전 전 공	〃	0.5	
	작 업 반 장	〃	0.2	
	보 통 인 부	〃	1	

[주] ① Well Point 손료는 별도 계상하며 기계손료는 진공펌프, 수중펌프가 복합식으로 구성되어 있으므로 1식으로 별도 계상한다.
② 가동동력은 발전기로 하며 유류대는 별도 계상한다.
③ 소모재료 및 잡재료는 인력품의 5%로 한다.

| 건설신기술 제955호 | 특수케이싱과 렉기어가 장착된 일체형 오거를 이용한 사석·암반층 |
| 2023. 2. 15 8년 | 시트파일 시공법 (재난안전신기술 제2019-11호) |

· 시공절차 및 주요공정

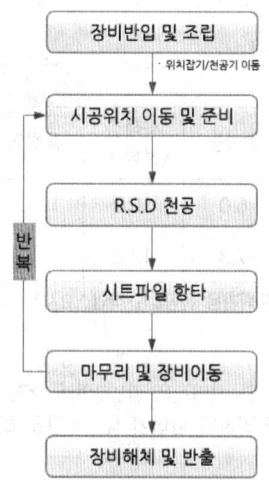

1. 장비조립 및 해체
   ☞ 표준품셈 [공통 5-3-2 말뚝박기용 천공/ 2. 장비조립·해체] 참조

2. R.S.D(Rock drilling Sheet pile Driving method) 천공
   가. 인력편성
   ☞ 표준품셈 [공통 5-3-2 말뚝박기용 천공/ 3. 인력편성] 참조

   나. 장비편성

구 분	규 격	단 위	수 량	비 고
파일천공전용장비	40~100ton	대	1	리더 포함
오 거	59.68~111.90kW	〃	1	R.S.D전용 오거
발 전 기	350~450kW	〃	1	오거 구동용
공 기 압 축 기	25.5㎥/min	〃	1~3	
굴 삭 기	0.18~0.2㎥	〃	1	배토처리

[주] ① 부속장비(용접장비 등)의 경비 및 소모자재(용접봉, 오거스크류, 케이싱 등) 손료는 '가. 인력편성' 노무비의 9%를 계상한다.
② 해머비트(개량형 비트 포함) 손료는 별도 계상한다.

다. 작업소요시간
T(작업시간) : $(T_1+T_2)/f$
- T_1(준비시간) : 3min(천공위치 확인, 천공준비)
- T_2(천공시간) : $\Sigma(L_1 \times t_1)$
- L_1 : 지층별 천공연장
- t_1 : 지층별 천공시간(m당)
- f(작업계수) : 1~0.90

(min/m)

구분	말뚝직경 (mm)	혼합층	호박돌	사석층 (전석층)	풍화암	연암	보통암	경암
천공능력	500미만	2.7	6.0	10.0	3.0	7.5	8.5	9.5
	500~600	3.3	7.3	12.2	3.7	9.2	10.4	11.6

* 토사층의 천공속도는 [공통 5-3-2 말뚝박기용 천공/ 5. 작업소요시간_개량형 비트] 참조

3. 시트파일 항타 및 항발
 ☞ 표준품셈[공통 8-2-24 진동파일 해머/ 2. 강널말뚝] 참조
 ☞ 현장작업조건 및 천공길이를 고려하여 항타기 대기시간을 최대 20% 추가 계상할 수 있다.

품셈 유권해석

말뚝박기천공의 케이싱 적용

표준품셈 5-3-2 말뚝박기천공에서 4.장비편성에 주) ②부속장비(용접장비 등)의 경비 및 소모자재(용접봉, 오거스크류, 케이싱 등) 손료는 노무비에 해당요율을 계상한다고 명시되어있어 이는 케이싱 자재에 대한 손료에 대해서만 해당되어 진다고 생각되는데, 케이싱 설치 및 철거에 대한 공사비도 이에 포함되었다고 봐야하는지 아니면 별도로 산출되어야 하는지 문의드립니다. 또한 장비편성의 오거장비는 케이싱 사용시 편성을 어떻게 적용해야 되는지도 문의드립니다(스크류+케이싱 또는 케이싱 단독)

답변내용

➥ 표준품셈 공통부문 "5-3-2 말뚝박기용 천공"에서는 케이싱 미사용시와 사용시에 대한 기준을 별도로 제시하고 있으니 참조하시기 바랍니다. '4.장비편성' 주1에서 '부속장비(용접장비 등)의 경비 및 소모자재(용접봉, 오거스크류, 케이싱 등) 손료는 '3. 인력편성'의 노무비에 케이싱 미사용시 8%, 케이싱 사용시 9%로 계상하시기 바라며, 케이싱 설치 및 해체품은 본 품에 포함되어 있습니다.
또한 '5. 작업소요시간'에서 T3 말뚝 근입시간은 항타작업이 필요한 경우 케이싱 사용/미사용시에 대한 시간을 제시하고 있으니 참조하시기 바랍니다. 또한 오거장비는 케이싱 사용시 오거스크류와 케이싱을 모두 적용하시기 바랍니다.

기성말뚝기초의 병행용접

표준품셈 토목부문 "5-3-1 기성말뚝기초 / 5.작업소요시간"에서 말뚝이음은 별도의 천공홀을 이용한 병행용접 기준이며 천공홀에서 직접 용접할 경우 t5(용접) 시간을 추가 계상한다. 로 제시되어 있습니다.
병행용접기준이라는 뜻을 이해하기 어렵네요. "병행용접"이란 용어를 어떻게 이해해야 되는지 질의드립니다

답변내용

➥ 표준품셈 공통부문 "5-3-1 기성말뚝기초" 5.작업소요시간(본답)"에서 T작업소요시간에 '말뚝이음은 별도의 천공홀을 이용한 병행용접기준이며, 천공홀에서 직접 용접할 경우 t(용접)시간을 추가 계상한다' 에서 병행용접은 말뚝이음을 위한 용접은 별도 천공홀에서 별도로 수행되는 기준이며 천공 및 말뚝조성을 위한 본 작업소요시간에 영향을 안미친다는 뜻입니다.
별도 천공홀이 아닌 시공되는 천공홀에서 직접 용접이음을 할경우는 t5(용접) 을 추가 계상하시기 바랍니다.

마대쌓기헐기의 운반

5-1-1 톤마대 쌓기 및 헐기 관련하여 상기되어있는 토사채움 외 쌓기에 필요한 순성토 운반 및 헐기후 사토운반, 토사의 구입비용 등은 별도계상인지 문의드립니다.

> **답변내용**
>
> ➡ 표준품셈 공통부문 "5-1-1 PP마대 및 톤마대 쌓기 헐기"는 토사채움 작업을 포함하고 있으며 토사의 채취 및 운반 작업은 포함되어 있지 않습니다. 또한 소운반은 일반적으로 품에서 포함된 것으로 품에서 포함된 것으로 규정된 소운반 거리는 20m 이내의 거리이며, 20m를 초과하는 경우에는 초과분에 대하여 표준품셈 "1-5-1 소운반 및 인력운반" 등을 활용하여 별도 계상하도록 정하고 있습니다. 품항목과 무관하게 인력운반을 적용하실 경우 전체 운반거리를 적용하시기 바랍니다. 당해공사에서 표준품셈의 적용여부 및 판단, 수량산출 등에 관련된 사항은 해당공사의 특성을 고려하시고 표준품셈을 참조하시어 공사관계자가 직접 결정하실 사항임을 양지해 주시면 감사드리겠습니다.

H-Beam의 구멍뚫기

5-1-2 H-beam 설치, 주) H-Beam 현장설치에서 H-Beam 연결(볼트 연결) H-Beam 구멍뚫기를 포함 한다고 되어 있습니다. 상기 내용 중 구멍뚫기는 H-Beam과 연결판이 있는데 전체를 포함하는건지 질의드립니다.

> **답변내용**
>
> ➡ 표준품셈 공통부문 "5-1-2 H-Beam 설치"에서는 H-Beam(볼트연결) 연결시 수행되는 구멍뚫기 작업을 포함하고 있으며 연결판의 구멍뚫기 작업은 포함하고 있지 않습니다.

기성말뚝 천공 지층별 굴착시간

S.D.A D609x14t 말뚝 천공 적용하려고 하는데 강관 700mm로 케이싱하려고 합니다. 지층별 굴착시간을 500~600을 적용해야할지 700~800 적용해야할지 질의드립니다.

> **답변내용**
>
> ➡ 표준품셈 공통부문 "5-3-1 기성말뚝 기초"에서 700mm강관은 7000~800 굴착시간을 적용하시기 바랍니다.

풍화암 오거비트 천공에 대한 품 적용

표준품셈 5-3-1 지층별 굴착시간에 오거비트로 풍화암 천공이 가능하다고 나와있습니다(시간 6.8min/m) 발주처에서 표준품셈에 오거비트로 천공가능한데 왜 다른 공법을 사용하였냐고 근거를 가지고 오라하는 상황에서 질의드립니다.
실제로 시공을 하게되면 풍화암을 오거비트로 천공을 하기는 불가합니다. 비트용접부위가 파단되거나 장비에 부하도 많이받아 T4공법을 사용하여야합니다. 풍화암 오거비트 천공에 대하여 답변부탁드립니다.

답변내용

➥ 표준품셈 공통부문 "5-3-1 기성말뚝 기초/5.작업소요시간"에서는 토질의 종류, 직경, 비트별 굴착시간(min/m)을 제시하고 있습니다. 오거, 개량형, 해머 비트의 선정은 당해현장의 지질특성 및 시방기준, 시공계획, 지질조사 등을 고려하여 적용하시기 바라며, 적정 공법(비트) 적용에 대한 판단은 표준품셈 관리기관에서 답변해 드릴 수 없는점 양지하여 주시기 바랍니다.
더불어, 오거비트에서 제시하는 풍화암 굴착 소요시간은 토사층에 천공할수 있을 정도의 풍화암이 소량 있을 경우 해당구간에 적용하기 위해 제시되고 있는것으로, 현장에서 오거비트를 천공이 어려운경우 다른 공법으로 적용하실 수 있습니다.
당해공사에서 표준품셈의 적용여부 및 판단에 관련된 사항은 해당공사의 특성을 고려하시고 표준품셈을 참조하시어 공사관계자가 직접 결정하실 사항임을 양지해 주시면 감사드리겠습니다.

기성말뚝기초에서 케이싱 연결이음

표준품셈 5-3-1 기성말뚝기초에서 굴착깊이가 26m로 깊어 케이싱을 10m를 사용하여 연결이음을 할 경우 소요되는 용접 및 절단품을 별도 산정해야 하는지 질의드립니다.
그런 상황이 아니라면 4.장비편성 ①, ② 항목에 재료비가 포함되어 있는지, 또한 3.인력편성에 인력품에 포함되어 있는지 질의 드립니다.

답변내용

➥ 표준품셈 공통부문 "5-3-1 기성말뚝기초 / 3.인력편성"에서 말뚝이음이 필요한 경우와 불필요한 경우를 구분하여 용접공의 품을 구분하여 제시하고 있으며, "2. 장비조립 해체"에서 주2 말뚝이음을 위한 서비스케이싱 천공 및 설치는 별도계상한다 로 제시되어 있습니다.
또한 "5.작업소요시간(본당)"에서 'T작업소요시간에 '말뚝이음은 별도의 천공홀을 이용한 병행용접기준이며, 천공홀에서 직접 용접할 경우 t(용접)시간을 추가 계상한다' 를 참조하시기 바랍니다.

말뚝박기 천공 시 케이싱 사용

당현장에서는 케이싱(8.5m)을 사용하여 12m를 천공중입니다. 표준품셈 5-3-2 말뚝박기용 천공에서는 케이싱 사용 시 천공에 대하여 노무비의 9%, 케이싱 미사용 시 천공에 대하여 노무비의 8%의 요율을 적용하고 있는 것으로 확인하였습니다.
질의1-1. 케이싱을 사용하여 천공 할 경우 천공길이(12m)에 상관없이 케이싱(8.5m)의 사용 유무만을 판단하여 케이싱 사용에 대한 요율 9%를 적용해야 하는지,
질의1-2. 12m 천공 시 케이싱(8.5m) 사용 부분에 대한 요율을 9% 적용한 내역과 케이싱 미사용(3.5m)부분에 대한 요율 8%를 적용하여 각각 분개된 단가를 산출해야 하는지
질의2. 케이싱 사용 시 '스크류용 오거'와 '케이싱용 오거' 2대를 산정하여야 하는지 질의드립니다.

답변내용

➡ 답변1-1. 공통부문 "5-3-2 말뚝박기용 천공/4. 장비편성"에서는 천공길이와 케이싱 길이에 따른 케이싱 사용 요율 구분은 하고 있지 않으며 케이싱 사용유무에 따른 요율구분만 제시하고 있습니다.
답변1-2. 공통부문 "5-3-2 말뚝박기용 천공"에서는 천공깊이와 케이싱 길이에 따른 단가 분개 기준은 정하고 있지 않습니다. 표준품셈에서 정하지 않는 사항은 동 품셈 1-1-3의 4항을 참조하시어 적정한 예정가격산정기준을 적의 결정하여 사용하시기 바랍니다.
답변2. 공통부문 "5-3-2 말뚝박기용 천공 / 4.장비편성"에서 오거는 스크류와 케이싱 장비를 제시한 것입니다. 케이싱을 사용할 경우 스크류오거와 케이싱오거 2대를 적용하시면 됩니다. 여기서 2대는 케이싱을 굴진시키는 오거와 스크류를 굴진시키는 오거를 뜻합니다. 케이싱 미사용시는 오거스크류만 반영하시기 바랍니다.

제 6 장   철근콘크리트공사

6-1 콘크리트('25년 보완)

- 콘크리트량이 많거나 소량이라 할지라도 그 품질상 필요한 경우에는 반드시 배합설계를 하여야 한다.
- 레미콘은 그 경제성 및 품질을 현장 콘크리트와 비교하여 사용여부를 결정하여야 한다.
- 본 품에서 타설 시 수행하는 양생준비 작업은 포함하고 있으며, 타설 이후 살수 양생을 하는 경우 특별인부를 추가 계상한다.

6-1-1 레디믹스트콘크리트 타설('24년 보완)

(일당)

유 형	구 분	규 격	단위	수량	시공량(㎥)	
					무근구조물	철근구조물
인력운반타설	콘크리트공	-	인	3	23	20
	보통인부	-	〃	3		
장비사용타설	콘크리트공	-	인	3	63	55
	보통인부	-	〃	1		
	굴착기	0.6~0.8㎥	대	1		
비 고	- 개소별 소량(12㎥ 이하)의 타설 위치가 산재하는 경우 본 시공량을 50%까지 감하여 적용한다. - 본 품의 타설유형은 다음의 경우에 적용한다. 	구분	내용
---	---
인력운반타설	- 인력운반 장비(손수레 등)로 콘크리트를 운반하여 시공하는 기준이다.
장비사용타설	- 믹서트러에서 콘크리트를 굴착기로 공급받아 근접된 타설 위치에 직접 시공하는 기준이다.						

[주] ① 본 품은 현장 내 콘크리트 운반, 타설, 다짐 및 양생준비를 포함한다.
② 미장공에 의한 표면 마무리가 필요한 경우 '[공통부문] 6-1-3 표면 마무리'를 따른다.
③ 양생은 양생방법 및 시간을 고려하여 별도 계상한다.
④ 공구손료 및 경장비(콘크리트 진동기 등) 기계경비는 인력품의 2%로 계상한다.

6-1-2 현장비빔타설

(㎥ 당)

유 형	구 분	단 위	수량		
			무근구조물	철근구조물	소형구조물
기계비빔타설	콘크리트공	인	0.15	0.17	0.24
	보통인부	〃	0.46	0.68	0.94
인력비빔타설	콘크리트공	〃	0.85	0.87	1.29
	보통인부	〃	0.82	0.99	1.36

[주] ① 본 품은 현장 내 콘크리트 운반, 타설, 다짐 및 양생준비를 포함한다.
② 소형구조물은 소량의 콘크리트 구조물(인력비빔 3㎥ 내외, 기계비빔 10㎥ 내외)이 산재되어 있는 경우에 적용한다.
③ 미장공에 의한 표면 마무리가 필요한 경우 '[공통부문] 6-1-3 표면 마무리'를 따른다.
④ 콘크리트 용수를 현장에서 구득하기 어려운 경우에는 운반비를 별도 계상한다.
⑤ 양생은 양생방법 및 시간을 고려하여 별도 계상한다.
⑥ 비빔 및 타설에 필요한 장비(배합기, 진동기 등)의 기계경비는 별도 계상한다.

6-1-3 표면 마무리

(100㎡ 당)

구 분	단 위	수 량
미 장 공	인	0.34

[주] 본 품은 콘크리트 타설 후 쇠흙손을 이용하여 마감하는 기준이다.

6-1-4 콘크리트 펌프차 타설('08, '09, '17, '22, '24년 보완)

1. 적용범위
   가. 본 품은 콘크리트펌프차(80㎥/hr 이상)를 활용한 콘크리트 타설에 적용한다.
   나. 펌프차 타설은 단일 구조물의 일일 타설(1회 셋팅 및 마감)을 기준으로 하며, 일 작업시간내에 인접되어 있는 두개 이상의 구조물을 연속하여 타설할 경우 타설량을 합산하여 계상한다.
   다. 본 품은 펌프차를 활용한 타설, 다짐, 양생준비 작업을 포함한다.
   라. 타설 횟수는 설계(시공단계에 따른 타설 위치) 및 시공조건(일 작업시간, 시공이음, 1회가능 타설수량 등)을 고려하여 적용한다.
   마. 타설 후 별도의 표면 마무리가 필요한 경우 '[공통부문] 6-1-3 표면 마무리'를 따른다.

바. 콘크리트 펌프차 규격은 타설높이 및 수평거리를 고려하여 선정한다.
배관타설은 붐 타설이 곤란한 경우, 혹은 현장조건 등에 따라 배관타설이 적당한 경우에 적용하며, 배관의 설치 및 철거는 '4. 압송관 설치 및 철거'를 따른다.
사. 양생은 양생방법 및 시간을 고려하여 별도 계상한다.
아. 소모재료(양생제 등)가 필요한 경우 별도 계상한다.

2. 인력 및 장비 편성

구 분	단 위	작업조		비 고
		무근콘크리트	철근콘크리트	
콘크리트공	인	3	4	타설/진동기/면정리
특별인부	〃	2	2	배관타설 : 1인 추가
보통인부	〃	1	1	현장정리/보조
콘크리트펌프차	대	1대(80㎥/hr 이상)		시공조건에 따른 규격 선정

[주] ① 본 편성인력은 콘크리트 진동기 사용 기준으로 진동기를 사용하지 않는 경우 콘크리트공과 특별인부를 각 1인 제외한다.
② 공구손료 및 경장비(콘크리트 진동기 등)의 기계경비는 편성인력 노무비의 5%를 적용한다.

3. 일일시공량

(일 당)

슬럼프	기준 시공량(㎥)	
	무근구조물	철근구조물
8~12cm	130	125
15cm	135	130
18cm 이상	145	140

[주] ① 본 시공량은 펌프차를 활용한 일일 타설량을 기준한다.
② 일당 시공량은 기준시공량에 시설유형(f1), 현장조건(f2)에 따라 시공량에 다음 계수를 곱하여 적용한다.
  - 시공량(㎥): 기준시공량×f1×f2
  ※ 펌프차의 타설범위(타설높이 및 수평거리)를 초과하여 펌프차 이동 및 재셋팅이 필요한 경우 회당 시공량의 5%를 감하여 적용한다.

가. 시설유형(f1)

유 형	Type-Ⅰ	Type-Ⅱ	Type-Ⅲ	Type-Ⅳ
f1	1.4	1.0	0.8	0.3

[주] ① 시설유형 별 적용기준은 다음과 같다.

구 분	적용기준
Type-Ⅰ	- 매트기초 등 펌프차 작업에 제약이 없는 시설물
Type-Ⅱ	- 벽, 기둥, 보, 슬라브, 교대, 교각 등 펌프차 작업에 큰 지장이 없어 일반적인 시공이 가능한 시설물
Type-Ⅲ	- 옹벽, 줄기초, 슬래브 없는[월거더:wall girder]구조의 기둥과 보 등 펌프차 작업에 제약을 받는 타설부위가 좁거나 깊은 시설물
Type-Ⅳ	- 절·성토부 비탈면에 시공되는 구조물 등 펌프차 작업에 제약이 매우 큰 시설물

나. 현장조건(f2)

유 형	Type-Ⅰ	Type-Ⅱ	Type-Ⅲ
f2	1.2	1.0	0.8

[주] ① 현장조건 별 적용기준은 다음과 같다.

구 분	적용기준
Type-Ⅰ	- 대기공간이 충분히 넓어 믹서트럭 2대가 병렬로 타설준비가 가능하며 지속적인 타설을 수행하는 경우
Type-Ⅱ	- 믹서트럭이 1대씩 직렬로 대기하며 순차적으로 타설준비하여 타설하는 일반적인 경우
Type-Ⅲ	- 믹서트럭의 대기공간이 매우 협소하고 진출입 길이가 길어 연속적인 타설이 어려운 경우

4. 압송관 설치 및 철거

(일 당)

구 분	단 위	수 량	시공량(m)	
			설치	철거
비 계 공	인	2	220	330

6-1-5 에폭시(Epoxy) 콘크리트 접착제 바르기('04, '08, '11, '22년 보완)

(㎡당)

구 분	재 료 명	단 위	수 량	도장공
신구-콘크리트 접착제 바르기	Epoxy신구-콘크리트접착제 시너	kg ℓ	1.2 0.2	0.12인
콘크리트 및 고무 기타 접착제 바르기	Epoxy-콘크리트고무접착제 시너	kg ℓ	1.2 0.2	0.12인
비 고	- 상부 슬래브 등 천정 시공은 본 품은 20% 가산한다.			

[주] ① 본 품은 신구(新舊) 콘크리트를 접착시키기 위하여 에폭시(Epoxy)접착제를 바르는 품이다.
② 비계 사용시 높이에 따라 다음 할증률에 의한 품을 가산할 수 있으며 19층 이상은 매 3층 증가마다 4%씩 가산할 수 있다.

지하층 및 1~3층	4~6층	7~9층	10~12층	13~15층	16~18층
0	5%	8%	12%	16%	20%

※ 층의 구분을 할 수 없을 때에는 층고를 3.6m로 기준하여 환산 적용한다.
③ 공구손료는 인력품의 2%로 계상한다.
④ 현장조건에 따라 부득이 바름 두께가 커질 때는 다음 산식을 적용한다.
    소요량= 1.0m×1.0×두께×비중(1.2)

■ 알칼리 회복 방청 및 무기계 폴리머 몰탈 조성물을 이용한 콘크리트 구조물의 보수 보강방법 (뉴라파공법, 특허 제10-1712378호)

1. 바탕처리

(㎡당)

공 종	규 격	단 위	수 량	비 고
바탕처리(그라인딩)	특별인부	인	0.12	
〃 (치핑)	〃	〃	0.23	10~20㎜ (치핑)
고압물세척	〃	〃	0.024	

[주] ① 본 품은 콘크리트 보수보강을 위한 바탕처리 및 열화부 제거를 위한 품이다.
② 본 품에는 준비, 청소, 정리품이 포함되어 있다.
③ 치핑 30㎜ 이상의 두께는 10~20㎜ 수량인 0.23 기준으로 10㎜ 마다 5%씩 할증하여 계상한다.
④ 바탕처리의 품은 현장상황에 따라 가감될 수 있다.
⑤ 기구손료는 노무비의 3%이내에서 계상한다.

2. 표면처리(바탕조정제 도포)(CP)

(㎡당)

구 분	단 위	수 량	비 고
콘플라스터(CP)	kg	2.00	
미 장 공	인	0.01	
보 통 인 부	〃	0.001	

[주] ① 기구손료는 인력품의 3%이내에서 계상한다.
② 천정의 경우 품을 20% 할증한다.

3. 단면복구

(1) 녹제거형 방청제 도포(RDS)

(㎡당)

구 분	단 위	수 량	비 고
라파다운(RDS)	kg	0.30	
도 장 공	인	0.02	
보 통 인 부	〃	0.02	

(2) 알칼리성 회복제 도포(RDA)

(㎡당)

구 분	단 위	수 량	비 고
라파알큐어(RDA)	kg	0.20	
도 장 공	인	0.02	
보 통 인 부	〃	0.02	

(3) 신, 구 콘크리트 접착제 도포(PB)

(㎡ 당)

구 분	단 위	수 량	비 고
라 파 본 드 (P B)	kg	0.20	
도 장 공	인	0.02	
보 통 인 부	〃	0.02	

(4) 무기계 폴리머 모르타르 도포

(㎡ 당)

구 분		단위	벽 체			비 고
			10mm	20mm	30mm	
스프레이 기계화시공	라 파 콘 (CR)	kg	20	40	60	30 mm 초과 시 비율대로 할증 적용
	몰 탈 스 프 레 이	㎥	0.01	0.02	0.03	
	미 장 공	인	0.05	0.05	0.05	
인 력 바 르 기	라 파 콘 (CR)	kg	20	40	60	
	미 장 공	인	0.15	0.19	0.23	
	보 통 인 부	〃	0.15	0.19	0.23	

[주] ① 철근 녹제거와 방청제 도포작업은 철근 노출시에만 시행한다.
② 천정의 경우 재료 및 품을 20% 할증한다.
③ 현장여건에 따라 기계화시공 또는 인력시공을 적용할 수 있다.
④ 기구손료는 인력품의 3%이내에서 계상한다.

4. 염해방지 표면 보호제 도포

(㎡ 당)

공 정	규 격	단 위	수 량	비 고
(1) 프라이머(CRG-P)-1회	C R G - P	kg	0.20	
라파가드(CRG) -2회	C R G	〃	0.60	
탑코팅(CRG-T) -1회	C R G - T	〃	0.20	유성
	도 장 공	인	0.08	
	보 통 인 부	〃	0.08	
(2) 라파가드(CRG) -2회	C R G	kg	0.80	
	도 장 공	인	0.06	수성
	보 통 인 부	〃	0.06	

[주] ① 기구손료는 인력품의 3%이내에서 계상한다.
② 천정의 경우 품을 20% 할증한다.

뉴라파공법 콘크리트 구조물 보수 보강 공법 (특허 제 10-1712378호)

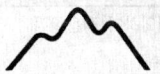 (합) 금산건설

강원도 원주시 소초면 치악로 2613, C동
TEL : 033-763-1375 FAX : 033-761-1375

■ 섬유강화 준불연 패널과 이를 이용한 구조물의 단면보강 및 내진보강공법
  (섬유강화 준불연 패널공법(QN-FREP공법, 난연R-FRP공법, R-SRST내진공법)
  (특허 제10-1679065호, 제10-2021760호, 제10-2021761호)

(㎡ 당)

품 명	규 격	단 위	수 량	비 고
표 면 처 리	-	㎡	1	
일반&난연&준불연FRP패널설치	-	〃	1	현장여건에 따라 차등적용
Epoxy 주 입 제 충 전	-	〃	1	
난 연&코 팅 도 료 제	-	〃	1	

1. 표면처리

(㎡ 당)

품 명	규 격	단 위	수 량	비 고
특 별 인 부	-	인	0.15	그라인더
기 구 손 료	노무비 3%	%	3	

2. 준불연 및 난연 FRP패널 설치

(㎡ 당)

품 명	규 격	단 위	수 량	비 고
준 불 연 패 널	T=5mm	㎡	1	준불연 적용시
일반및난연보강패널	T=5mm	〃	1	
실 링 제	KH-100, 101, 102	kg	0.8	현장여건에 따라 차등 적용
복 합 강 화 섬 유 망	5×5	㎡	1	내진공법 적용시
	Roving	〃	1.1	
웨 지 앵 커	ø6, 65, 90mm	개	9	
이 음 비 드	-	m	1	
철 골 공	-	인	0.72	
방 수 공	실링	〃	0.1	
특 별 인 부	-	〃	0.4	

[주] 내진 보강시 복합강화섬유망의 겹침 Ply 수는 구조물의 열화 상태에 따라 발주처와 협의하여 적용한다.
  ※ 일반적인 단면보강 및 습윤면은 복합강화섬유망을 삭제 할 수 있다.

3. 주입제 충전

(㎡ 당)

품 명	규 격	단 위	수 량	비 고
Epoxy 주 입 제	KH-200, 201, 202, 203	kg	7	현장여건에 따라 차등 적용
방 수 공	-	인	0.3	
보 통 인 부	-	〃	0.2	
기 구 손 료	노무비 3%	%	3	

[주] ① Epoxy 수량은 평균 접착두께 5㎜를 기준하였으며, 할증 수량이 포함되어 있다.
② 항만부두 단면보수 보강 및 철도터널 일반라이닝은 6㎜(7.88kg), 조적식은 8㎜(10.5kg)를 계상한다.
③ 교각기둥 내진보강시 복합강화섬유망 3ply 기준으로 1ply 추가시 에폭시 주입제를 1kg/㎡ 추가 적용한다.
④ 구조물의 열화상태에 따라 에폭시 충진제가 전체 설계량에 5% 이상 추가될 경우 정산하여 설계에 반영한다.

4. Coating

(㎡ 당)

품 명	규 격	단 위	수 량	비 고
난 연 코 팅 제	KH-300	kg	0.95	준불연공법 적용시
에 폭 시 도 료 제	KH-301	〃	0.42	일반, 난연공법 적용시
도 장 공	-	인	0.07	
기 구 손 료	노무비 3%	%	3	

[주] ① 난연 및 준불연 FRP패널은 평면제작을 기준하였으며 단면형상 및 규격, 제작 난이도에 따라 단가를 차등 적용하되, 그 단가는 업자 공표가격에 준한다.
㉮ Pile두부, 변실주위 등 원형 형태의 평면 : 10% 가산
㉯ 헌치, 터널라이닝, 원형기둥, 부두 안벽, 모서리 등 단순곡면 : 15% 가산
㉰ 교각 두부 모서리, 타원형 기둥 등 R값이 두 개 이상인 복합곡면 : 25% 가산
② 표면처리는 면갈이 품으로 파취량이 0.005㎥/㎡ 이상인 경우는 구조물 헐기 및 단면복구 수량을 별도 산정하여야 한다.
③ Anchor Bolt는 9개/㎡가 표준이나 보강형태에 따라 앵커수량을 별도 산정할 수 있으며, 규격은 ø6㎜, L65㎜를 표준으로 한다.
④ 철근부식 및 박리박락이 심할 경우 설계에 의하여 KH Mortar(Silica30 : Epoxy70)의 1차주입 비용을 별도 계상할 수 있다.
⑤ 비계 등 가설공사비는 별도 계상하며, 비계 사용시 6~9m까지는 품의 15%를 가산하고 높이 9m 이상은 매 3m마다 품의 5%를 가산한다.
⑥ 해상작업시 조수대기와 수중작업 비용은 별도 계상한다.
⑦ 유해 가스 및 화학물질 등에 대한 안전시설비는 별도 계상한다.
⑧ Coating 중 난연도료제(0.95kg/㎡)와 Epoxy 도료(0.45kg/㎡)는 현장 여건에 따라 선택 적용 한다.
⑨ 기타 일반적인 사항은 건설공사 표준품셈에 준한다.

■ 하이브리드 보수 모르타르를 이용한 철근 콘크리트의 보수방법(특허 제10-0736884호)

1. 철근콘크리트 컷트, 헐기, 표면처리, 고압물청소

비 목	규 격	단위	수 량			
			단면철거			고압물청소 (m^2)
			철거부위컷트 (m)	철근콘크리트 헐기(m^2)	콘크리트 표면정리(m^2)	
다이아몬드날	8"×3㎜	개	0.01	-	-	-
할 석 공	-	인	-	5.0	-	-
특 별 인 부	-	〃	0.01	-	0.12	0.032
기 구 손 료	노무비의 3%	식	1.0	1.0	1.0	1.0

[주] ① 단면철거시 발생되는 폐콘크리트 처리비는 별도 계상한다.

2. 철근방청제(1회) 도포 및 방식피복제 바름

비 목	규 격	단위	수 량		
			녹제거형 방청제 (HRM-CI)	발청억제형 방청제 (HRM-CPG)	방식피복제바름 (T=1㎜), (HRM-30)
녹제거형방청제	HRM-CI	kg	0.25	-	-
발청억제형방청제	HRM-CPG	〃	-	0.2	-
방 식 피 복 제	HRM-30	〃	-	-	2.2
도 장 공	-	인	0.019	0.019	0.059
보 통 인 부	-	〃	0.019	0.019	0.059
기 구 손 료	노무비의 2%	식	1.0	1.0	1.0

3. 알칼리성회복제, 신구접착제, 탄산화(중성화, 염해)방지 표면마감재 바르기

비 목	규 격	단위	수 량			
			알칼리성 회복제 (HRM-RA, 1회)	신구콘크리트 접착제 (HRM-50, 1회)	탄산화방지 표면마감재 (HRM-CG, 2회)	표면마감재 (상하수도 및 내외부 방수) (HRM-CG(U), 2회)
알칼리성회복제	HRM-RA	kg	0.20	-	-	-
신구콘크리트접착제	HRM-50	〃	-	0.25	-	-
탄산화방지표면마감재	HRM-CG	〃	-	-	0.40	-
표면마감재	HRM-CG(U)	〃	-	-	-	0.44
도 장 공	-	인	0.017	0.017	0.034	0.034
보 통 인 부	-	〃	0.017	0.017	0.034	0.034
기 구 손 료	노무비의 2%	식	1.0	1.0	1.0	1.0

4. 하이브리드 모르타르(HRM-400) 바르기(벽체기준)

비목	규격	단위	수량 T=10㎜	수량 T=30㎜	수량 T=50㎜
폴리머모르타르	HRM-400	kg	20.0	60.0	100.0
미장공	-	인	0.076	0.170	0.260
보통인부	-	〃	0.083	0.186	0.295
기구손료	노무비의 3%	식	1.0	1.0	1.0

5. 하이브리드 모르타르(HRM-600) 바르기(벽체기준)

비목	규격	단위	수량 T=10㎜	수량 T=30㎜	수량 T=50㎜
폴리머모르타르	HRM-600	kg	20.0	60.0	100.0
미장공	-	인	0.076	0.170	0.260
보통인부	-	〃	0.083	0.186	0.295
기구손료	노무비의 3%	식	1.0	1.0	1.0

[주] ① 하이브리드 모르타르 바르기 두께는 철근피복두께가 아닌 파손된 면으로 부터의 복구두께를 의미하는 것이며, 재료량도 이를 기준한 것이므로 기존 단면까지 복구할 경우에는 재료량을 조정, 적용해야 하며 인력품은 상기의 품을 그대로 적용함.
② 하이브리드 모르타르 바르기는 벽체시공 기준이며, 천정바르기 적용시 품을 20% 할증한다.
③ 하이브리드 모르타르 바르기시 모르타르 재료의 할증은 시멘트재료의 할증률에 준한다.
④ 하이브리드 모르타르 바르기 천정작업시 리바운딩을 고려한 재료의 추가할증을 할 수 있다.

※ 주요공정
· 표면처리 : 표면정리 → 고압물청소 → 알칼리회복제 도포 → 신구콘크리트접착제 도포 → 방식피복제 바름 → 탄산화방지표면마감제 도포
· 단면복구 : 단면철거 → 고압물청소 → 알칼리성회복제 도포 → 신구콘크리트접착제 도포 → 하이브리드모르타르 바르기 → 방식피복제 바름 → 탄산화방지표면마감제 도포
· 철근노출단면복구 : 단면철거 → 고압물청소 → 녹제거형방청제 도포 → 발청억제형방청제 도포 → 알칼리성회복제 도포 → 신구콘크리트접착제 도포 → 하이브리드모르타르 바르기 → 방식피복제바름 → 탄산화방지표면마감제도포

▣ 소듐오쏘실리케이트와 황산아연을 이용한 방수기능을 가진 속경성 보수용 모르타르 조성물 및 이를 이용한 보수방법(특허 제10-0991234호)

1. 표면정리, 단면철거, 고압수 세정

비목	규격	단위	수량			
			단면정리			고압수세정 (㎡)
			표면정리 (보수면)	표면정리 (신설면)	단면철거	
연 마 공	-	인	0.15	0.12	-	-
특 별 인 부	-	〃	-	-	0.35	0.036
기 구 손 료	노무비의 2%	식	1.0	1.0	1.0	1.0

[주] ① 단면철거시 발생되는 폐콘크리트 처리비는 별도 계상한다.

2. 콘크리트 접착제(2회), 철근방청제, 탄산화방지마감제(2회) 바름

비목	규격	단위	수량		
			콘크리트 접착제 (STARCOTE-CP200, 2회)	철근방청제 (NONOC-100)	탄산화방지마감제 (SUNCOTE, 2회)
콘크리트접착제	STARCOTE-H200	kg	0.35	-	-
철 근 방 청 제	NONOC-100	〃	-	0.8	-
탄산화방지마감제	SUNCOTE	〃	-	-	0.54
도 장 공	-	인	0.035	0.054	0.12
연 마 공	-	〃	-	0.080	-
기 구 손 료	노무비의 2%	식	1.0	1.0	1.0

3. 방청몰탈충진(벽체 기준)

비목	규격	단위	수량		
			T=10㎜	T=30㎜	T=50㎜
방 청 몰 탈	SUNTAR-H	kg	21.3	63.9	106.5
미 장 공	-	인	0.08	0.16	0.23
보 통 인 부	-	〃	0.08	0.16	0.23
기 구 손 료	노무비의 2%	식	1.0	1.0	1.0

[주] ① 방청몰탈 충진 두께는 철근피복두께가 아닌 파손된 면으로 부터의 복구두께를 의미하는 것이며, 재료량도 이를 기준한 것이므로 기존 단면까지 복구할 경우에는 재료량을 조정, 적용해야 하며 인력품은 상기의 품을 그대로 적용함.
② 방청몰탈 충진은 벽체시공 기준이며, 천정작업시 품을 20% 할증한다.
③ 방청몰탈 충진시 모르타르 재료의 할증은 시멘트재료의 할증률에 준한다.
④ 방청몰탈충진 천정작업시 리바운딩을 고려한 재료의 추가할증을 할 수 있다.

◾ 누수면 복합 보수 방법 (특허 제10-1235646호)

1. 신축이음 죠인트 설치공사

비 목	규 격	단위	수 량		
			백업재 설치	탄성우레탄 충진	하이팔론 죠인트 설치
백 업 재	50mm	m	1.10	-	-
접 착 제	수중접착에폭시	kg	0.20	-	-
우레탄프라이머	UC 100	〃	-	0.045	-
C/P 컨스트럭션	수중탄성씰란트	개	-	1.80	-
하 이 팔 론 시 트	B=150mm	m	-	-	1.05
하이팔론접착레진	-	kg	-	-	1.20
방 수 공	-	인	-	0.08	0.12
특 별 인 부	-	〃	0.05	-	-
보 통 인 부	-	〃	0.05	0.09	0.10
기 구 손 료	노무비의 2%	식	1.0	1.0	1.0

[주] ① 신축이음 죠인트재 설치시 누수에 대한 보수가 필요할 때에는 재료 및 품을 별도 계상한다.
※ 주요공정
· 표면정리 → 고압물청소 → 백업제 설치 → 탄성우레탄 설치 → 하이팔론 죠인트 설치

◾ 하이브리드 외벽/옥상방수공사

비 목	규 격	단위	수 량		
			외벽/옥상방수 (일반, 일액형)	외벽/옥상방수 (일반, 이액형)	외벽/옥상방수 (특수환경)
폴리우레탄방수재	HRM U-WP 일액형	kg	1.65	-	-
〃	HRM U-WP2K 이액형	〃	-	1.45	1.65
우레탄프라이머	UC 100	〃	0.45	0.45	0.45
알칼리성회복제	HRM-RA	〃	-	-	0.20
방식피복제	HRM-30	〃	-	-	2.20
보 통 인 부	-	인	0.05	0.05	0.07
특 별 인 부	-	〃	0.05	0.05	0.07
방 수 공	-	〃	0.05	0.06	0.09
기 구 손 료	노무비의 2%	식	1.0	1.0	1.0

■ 강재 중방식 도장

비 목	규 격	단위	수 량	
			강재 중방식 도장 (CERATEC CG)	특수환경용 중방식 도장 (수처리시설)
CERATEC CG-U	프라이머(강재용)	kg	0.15	0.15
CERATEC CG-T	세라믹도료(강재용)	〃	0.4	1.0
CERATEC CG-D	희석재(강재용)	〃	0.10	0.25
도 장 공	-	인	0.08	0.16
기 구 손 료	노무비의 5%	식	1.0	1.0

[주] ① 강재중방식 도장의 경우 표면처리 재료 및 품은 별도이며, 박스거더 내면의 도장은 인력품을 60% 할증한다.

■ 콘크리트 균열보수공사

비 목	규 격	단위	수 량	
			건 식	습 식
Epoxy 주입제	J-327	kg	0.12	-
씰 링 제	Grout Pack	㎖	107.0	-
씰링전처리제	Grout Pack 439	g	10.0	-
습식균열주입제	J-372	kg	-	0.3
습식씰링제	J-385	〃	-	0.28
비 트	-	개	-	0.0125
주 입 기	Grout Plug	〃	5.0	5.0
특 별 인 부	-	인	0.30	0.40
보 통 인 부	-	〃	0.35	0.48
기 구 손 료	노무비의 2%	식	1.0	1.0

[주] ① 균열폭은 0.3㎜~1.0㎜까지 기준으로 한 것이다.

○ 참고자료

■ 하이브리드 탄소섬유판과 폴리머 모르타르를 이용한 콘크리트 구조물의 보수 및 보강 방법 (특허 제10-1014198호)

1. 탄소섬유판(Carbo Plate) 보강공사

비 목	규 격	단위	수 량			
			HR Carbo P0514(부착)	HR Carbo P1014(부착)	HR Carbo P02514(매립)	HR Carbo P0514(매립)
탄 소 판	HR Carbo P1014	m	-	1.03	-	-
〃	HR Carbo P0514	〃	1.03	-	-	1.03
〃	HR Carbo P02514	〃	-	-	1.03	-
구 조 용 Seal	HR Epoxy-100(S)	kg	-	-	0.25	0.5
〃 Resin	HR Epoxy-100(R)	〃	1.1	2.2	0.5	1.0
콘 크 리 트 공	-	인	-	-	0.05	0.10
연 마 공	-	〃	0.1	0.1	-	-
특 별 인 부	-	〃	0.13	0.15	0.07	0.14
보 통 인 부	-	〃	0.13	0.15	0.07	0.14
기 구 손 료	노무비의 3%	식	1.0	1.0	1.0	1.0

[주] ① 탄소판 부착 및 매립보강은 구조검토 후 적합한 보강재 규격으로 보강간격이 산정되어야 함.
② 탄소판 부착 및 매립보강은 별도의 공정으로 m단위로 산정되어야 하나 상기표의 대가는 설계자의 이해를 돕기 위해 1.0m간격 보강으로 적의 산출된 단가이며, 실시 설계시는 탄소판 부착 매립보강(m단위)+표면마감, 보강 모르타르 바름, 단면복구, 방청/단면복구(㎡단위)로 구분하여 내역작성
③ 탄소판 부착 및 매립보강시 보강면 표면마감 필요시
 1) 탄산화방지 및 미세균열부위 표면처리, 2) 백태 및 누수부위 표면처리 방법으로 적용함.
④ 탄소판 매립보강시 재료분리 등의 단면손실부는 단면복구 후 매립보강으로 표준두께(T=30㎜) 기준이며, 임의두께(T=10~50㎜) 적용시는 공통 일위대가에서 기준에 적합한 내역을 적용하여 산출함.
⑤ 탄소판 매립보강시 철근노출로 인한 박리박락 단면손실부는 방청/단면복구 후 매립보강으로 표준두께(T=50㎜) 기준이며, 임의두께(T=10~50㎜) 적용시는 공통 일위대가에서 적합한 내역을 적용하여 산출한다.

※ 주요공정
· 콘크리트 표면정리 → 고압물청소 → 씰링제 충진 → 탑소판 삽입 → 에폭시 주입 → 알칼리성 회복제 도포 → 모르타르 바르기 → 방식피복제도포 → 탄산화방지 표면마감제도포

[HRM SYSTEM 공법]

특허 제10-0696184호 : 하이브리드 보수 모르타르 조성물
특허 제10-0715179호 : 하이브리드 보수 모르타르 배합방법
특허 제10-0736884호 : 하이브리드 보수 모르타르를 이용한 철근콘크리트의 보수 및 보강공법
특허 제10-1014198호 : 하이브리드 탄소섬유판과 폴리머모르타르를 이용한 콘크리트구조물의 보수 및 보강방법
특허 제10-0736884호 : 누수면 복합 보수 방법
특허 제10-0991234호 : 소듐오쏘실리게이트와 황산아연을 이용한 방수기능을 가진 속경성 보수용 모르타르 조성물 및 이를 이용한 보수방법

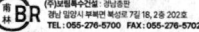

■ 도로의 구조물 보수공법(특허 제10-1646933호)

무기질 세라믹모르타르를 이용한 콘크리트 구조물 단면 보수 공법

1. 콘크리트 구조물 단면복구(인력시공)

(㎡당)

구 분	공 종	규 격	단 위	수 량
표 면 처 리	표면처리(그라인딩)	특별인부	인	0.12
	콘크리트 치핑	특별인부	인	0.23
	콘크리트 기계치핑	페이브먼트 브레이커 공기압축기 특별인부	hr 〃 인	1.2 0.45 0.1
	고압수 세척	특별인부	인	0.024
철근부식처리	철근녹제거	연마공	인	0.03
	방청제 도포	Rapid-D100 보통인부	kg 인	1 0.05
신구접착제도포	벽체, 천정	Rapid-A100 도장공 보통인부	kg 인 〃	0.25 0.018 0.018
단 면 복 구 (벽 체)	10mm	Rapid-E 미장공 보통인부	kg 인 〃	20 0.13 0.13
	20mm	Rapid-E 미장공 보통인부	kg 인 〃	40 0.16 0.16
	30mm	Rapid-E 미장공 보통인부	kg 인 〃	60 0.23 0.23
	40mm	Rapid-E 미장공 보통인부	kg 인 〃	80 0.3 0.3
	50mm	Rapid-E 미장공 보통인부	kg 인 〃	100 0.4 0.4

구 분	공 종	규 격	단 위	수 량
단 면 복 구 (천 장)	10mm	Rapid-E 미장공 보통인부	kg 인 〃	24 0.156 0.156
	20mm	Rapid-E 미장공 보통인부	kg 인 〃	48 0.192 0.192
	30mm	Rapid-E 미장공 보통인부	kg 인 〃	72 0.276 0.276
	40mm	Rapid-E 미장공 보통인부	kg 인 〃	96 0.36 0.36
	50mm	Rapid-E 미장공 보통인부	kg 인 〃	120 0.48 0.48
바 탕 조 정 재	벽체	Rapid-P 미장공 보통인부	kg 인 〃	2.4 0.05 0.05
중 성 화 방 지 재	2회 도포	Coat-200 도장공	kg 인	0.5 0.055
기 구 손 료	인건비의 3%	-	식	1.0

[주] ① 가설 및 보양, 폐기물처리는 별도 계상한다.
② 콘크리트치핑은 기계치핑을 기준으로 한다.
③ 철근녹제거는 철근 노출시에만 시행한다.
④ 단면복구 충진 두께는 철근피복두께가 아닌 파손된 면으로 부터의 복구두께를 의미하며, 재료량도 이를 기준한 것이므로 기존 단면까지 복구할 경우에는 재료량을 조정하여 적용하며 인력품은 상기의 품을 그대로 적용한다.
⑤ 몰탈충진 천정작업시 리바운딩을 고려하여 재료를 추가할증을 할 수 있다.
⑥ 상기품은 주간작업 기준이며, 야간 작업 및 위험공간 작업시 추가 할증을 할 수 있다.

2. 콘크리트 구조물 단면복구(기계화시공)

(㎡당)

구 분	공 종	규 격	단 위	벽체(mm)				
				10	20	30	40	50
단 면 복 구 (기계시공)	Rapid-E	보수재	kg	20	40	60	80	100
	그라우팅믹서	190×2ℓ 2kW	hr	0.035	0.1100	0.18	0.28	0.35
	그라우팅펌프	40~125ℓ 40Bar	〃	0.035	0.1100	0.18	0.28	0.35
	공기압축기 (이동식)	3.5㎥/min	〃	0.035	0.1100	0.18	0.28	0.35
	발전기	50kW	〃	0.035	0.1100	0.18	0.28	0.35
	특별인부	배합 및 비빔	인	0.0045	0.0140	0.023	0.03	0.037
	보통인부	〃	〃	0.0045	0.0140	0.023	0.03	0.037
	콘크리트공		〃	0.0045	0.0140	0.023	0.03	0.037
	미장공	뿜칠미장	〃	0.053	0.053	0.053	0.053	0.053
	보통인부	〃	〃	0.053	0.053	0.053	0.053	0.053

[주] ① 기구손료는 인력품의 3%를 계상한다.
② 상기 품은 벽체기준이며, 천장 시공 시 재료비의 5%, 품은 15%할증한다.
③ 상기품은 주간작업 기준이며, 야간 작업 및 위험공간 작업시 추가 할증을 할 수 있다.

○ 참고자료

■ 친환경 초중방식·초내후성 방식 및 오염방지공법(Knix공법 특허 제10-0867682호, 제10-2110386호)

1. 표면처리

(㎡)

공 종	규 격	단위	수량	비고
표 면 처 리(그라인딩)	보통인부	인	0.1	

[주] ① 표면처리(그라인딩)는 기구손료를 노무비의 3%이내로 적용할 수 있다.
② 고압세척작업이 필요한 경우는 별도 계상한다.

2. 바탕만들기

(㎡)

공 종	규 격	단위	수량	비고
바 탕 만 들 기(퍼티)	XPEED-PUTTY	kg	0.05	
	도장공	인	0.01	
	보통인부	〃	0.001	

[주] ① 콘크리트 공극을 채우기 위한 작업이며, 공구손료 및 잡재료비는 노무비의 3%로 계상한다.

3. 표면보수 및 보호도장

(㎡)

품 목	규 격	단위	수량	비고
친 환 경 도 료	XPEED-XT1	kg	0.225	
	XPEED-XT2	〃	0.159	
	XPEED-BioSN	ℓ	0.088	
	XPEED-XT3	kg	0.171	
노 임	도장공	인	0.052	
	보통인부	〃	0.012	

[주] ① 도료의 소요량은 기준도막 두께이며, 현장상황에 따라 변경될 수 있다.
② 공구손료 및 잡재료비는 노무비의 2%로 계상한다.
③ 내오염도장 및 중성화도장에도 같은 시스템으로 적용된다.
④ 위험, 분산 고소 등의 기타 할증은 별도로 적용한다.
⑤ 기타공종 및 가시설은 별도로 적용한다.

430 | 공통부문

○ 참고자료

■ 페인탈 공법(특허 제10-1446245호, 내구성이 우수한 칼라 폴리머 모르타르 단면보수 공법)

1. 전처리 과정

(㎡ 당)

공종	구 분	단 위	그라인딩	인력치핑	장비치핑
그 라 인 딩	특별인부	인	0.12	-	-
인 력 치 핑	〃	〃	-	0.23	-
장 비 치 핑	무진동 면삭치핑	식	-	-	1
고 압 물 세 척	특별인부	인	0.024	0.024	0.024
철 근 녹 제 거	연마공	〃	0.2	0.2	0.2

[주] ① 본 품은 콘크리트 보수를 위한 전처리과정을 위한 품이다.
② 본 품은 현장상황에 따라 증감될 수 있다.
③ 현장 여건에 따라 그라인딩, 인력치핑, 장비치핑 중 선택하여 시공한다.
④ 기구손료는 인력품의 3% 이내에서 계상한다.
⑤ 2022년도 기준 장비치핑(무진동 면삭치핑)은 약 20,000원/㎡이다.

2-1. 표면보호

(㎡ 당)

공 종	구분	단 위	벽 체(5mm)	비 고
페 인 탈 자 동 분 사	PT-W, Y, B, G	kg	9.6	
	Screw-Pump (20ℓ, 40Bar, 호스, 노즐포함)	hr	0.076	
	Turbo-Mixer(125ℓ)	〃	0.076	
	발전기 50kW	〃	0.076	
	공기압축기(3.5㎥/min)	〃	0.076	
	콘크리트공	인	0.0095	
	보통인부	〃	0.0095	
	특별인부	〃	0.0095	

[주] ① 전처리 과정으로 열화부 제거 후, 고압물세척 후에 표면보호 시공을 한다.
② 기구손료는 인력품의 2% 이내에서 계상한다.
③ 천장의 경우 재료는 5%, 품은 15% 할증한다.
④ 현장여건에 따라 인력시공을 적용 할 수 있다.

2-2. 단면복구

(㎡당)

공 종	구 분	단 위	벽 체(mm)				비 고
			10	20	30	50	
폐 인 탈 자 동 분 사	두께	mm	5				
	PT-W, Y, B, G	kg	9.6				
	Screw-Pump (20ℓ, 40Bar, 호스, 노즐포함)	hr	0.076				
	Turbo-Mixer(125ℓ)	〃	0.076				
	발전기 50kW	〃	0.076				
	공기압축기(3.5㎥/min)	〃	0.076				
	콘크리트공(노즐공)	인	0.0095				
	보통인부	〃	0.0095				
	특별인부	〃	0.0095				
단 면 복 구 몰탈자동분사	두께	mm	5	15	25	45	
	PT-M1(철근노출부 PT-M2사용)	kg	9.6	28.8	48	86.4	
	Screw-Pump (20ℓ, 40Bar, 호스, 노즐포함)	hr	0.035	0.106	0.139	0.249	
	Turbo-Mixer(125ℓ)	〃	0.035	0.106	0.139	0.249	
	발전기 50kW	〃	0.035	0.106	0.139	0.249	
	공기압축기(3.5㎥/min)	〃	0.035	0.106	0.139	0.249	
	콘크리트공	인	0.0045	0.0135	0.0173	0.0312	
	보통인부	〃	0.0045	0.0135	0.0173	0.0312	
	특별인부	〃	0.0045	0.0135	0.0173	0.0312	
마 감 미 장	미장공	〃	0.05	0.05	0.05	0.05	

[주] ① 전처리 과정에서 인력치핑 또는 장비치핑 중 선택하여 열화부 제거 후, 고압물세척 후에 단면복구 시공을 한다.
② 철근노출부의 경우, 열화부 제거 후에 철근녹제거와 고압물세척 후에 철근방청 단면복구 시공을 한다.
③ 기구손료는 인력품의 2% 이내에서 계상한다.
④ 천장의 경우 재료는 5%, 품은 15% 할증한다.
⑤ 현장여건에 따라 인력시공을 적용 할 수 있다.

2-3. 하수암거 단면복구

(㎡ 당)

공 종	구 분	단위	벽체(mm)					비고
			5	10	20	30	50	
단면복구 몰탈 자동분사	PT-OR	kg	9.6	19.2	38.4	57.6	96	
	SCREW-PUMP (20ℓ, 40Bar, 호스, 노즐포함)	hr	0.035	0.07	0.14	0.166	0.276	
	TUBO-MIXER(125ℓ)	〃	0.035	0.07	0.14	0.166	0.276	
	발전기 50kW	〃	0.035	0.07	0.14	0.166	0.276	
	공기압축기(3.5㎥/min)	〃	0.035	0.07	0.14	0.166	0.276	
	콘크리트공	인	0.0045	0.009	0.018	0.0204	0.034	
	보통인부	〃	0.0045	0.009	0.018	0.0204	0.034	
	특별인부	〃	0.0045	0.009	0.018	0.0204	0.034	
마감미장	미장공	〃	0	0.05	0.05	0.05	0.05	

[주] ① 전처리 과정에서 인력치핑 또는 장비치핑 중 선택하여 열화부 제거 후, 고압물세척 후에 단면복구 시공을 한다.
② 철근노출부의 경우, 열화부 제거 후에 철근녹제거와 고압물세척 후에 철근방청 단면복구 시공을 한다.
③ 기구손료는 인력품의 2% 이내에서 계상한다.
④ 천장의 경우 재료는 5%, 품은 15% 할증한다.
⑤ 현장여건에 따라 인력시공을 적용 할 수 있다.

3. 색소고착제 도포

공 종	구 분	단위	벽 체			비 고
			일반	터널 및 지하차도	수리 구조물, 하수암거	
색소고착제 도 포	PT-CO1	kg	0.098	0.098	0.197	
	PT-CO1(2)	〃	-	0.098	-	
	도장공	인	0.012	0.024	0.024	
	보통인부	〃	0.002	0.004	0.004	

[주] ① 상기 2-1, 2-2, 2-3 작업 후 색소고착제를 도포한다.
② 잔재료비는 재료비의 6%이내에서 계상한다.
③ 천장의 경우 품을 20% 할증한다.

제 6 장 철근콘크리트공사 | 433

○ 참고자료

■ NPS보수보호공법, NPS보강공법, NPS수중손상보수, 관로보수공법

1. NPS 보수보호공법

(㎡ 당)

구분/공종	규 격	단위	고압 세척 (㎡)	중성화 염해 방지	단면 복구 50mm	하이 브리트 탑코트	티슈 붙이기 (표면 처리)	수지 미장	초속경 몰탈 타설 100mm
도 장 공 (미장공)	인력	인	-	0.036	(0.375)	0.036	0.25	-	(0.5)
특 별 인 부	〃	〃	0.024	-	-	-	-	-	-
보 통 인 부	〃	〃	0.024	0.006	-	-	-	-	0.5
중성화염해방지프라이머	BA-ACP100	ℓ	-	0.2	-	-	-	-	-
중성화염해방지코팅제	BA-AC100	〃	-	0.45	-	-	-	-	-
단 면 복 구 재(50㎜)	BA-T100	kg	-	-	(82.4)	-	-	-	206
세 라 믹 프 라 이 머	BA-SP100	ℓ	-	-	-	0.2	0.2	-	-
하 이 브 리 트 코 팅 제	BA-EHC100	〃	-	-	-	0.45	0.45	-	-
티 슈	BA-GFT	㎡	-	-	-	-	1.1	-	-
수 지 미 장 몰 탈	BA-TC	kg	-	-	-	-	-	2.1	-
T100C 프 라 이 머	BA-TCP	ℓ	-	-	-	-	-	0.2	-

[주] ① 콘크리트면 정리, 콘크리트 바탕 만들기는 별도 계상한다. 콘크리트 컷팅 1인/15m
② 노무비품이 누락된 공정은 공통대가에서 확인, 잡재료비는 재료비의(5%), 공구손료는 노무비의(3%)
③ 두께별 단면복구품은 미장공사 인력바름 참조. 단면복구재는 50㎜와 103kg를 참조로 산출한다.
④ 보강이 필요시 티슈의 규격을 바꾸고, 겹수을 증가하여 별도 계상한다.
⑤ 철근방청제 0.125kg/㎡, 구체강화제 0.206kg/㎡, 녹제거 0.2인/㎡

2. NPS 보강공법

(㎡ 당)

구분/공종	규 격	단위	프라이머 도포	보강패널 설치(습식)	에폭시주입 (몰탈50mm)	보강섬유 부착(1겹)	내진댐퍼 가새설치
도 장 공	인력	인	0.039	-	-	-	0.2
연 마 공	〃	〃	-	-	-	0.25	0.25
특 별 인 부	〃	〃	-	0.2(0.3)	0.1(0.17)	0.4	2.5
보 통 인 부	〃	〃	0.008	0.2(0.3)	0.1(0.17)	0.4	2.5
BA-INE프라이머(시너)	BA-INEP	ℓ	0.25(0.06)	-	-	-	-
유리섬유패널(보강섬유)	BA-GFP	㎡	-	1.1	-	1.2	-
에 어 습 기 배 출 볼 트	BA-DB	개	-	1	-	-	-
고 정 앙 카	-	〃	-	9	-	9	8
에 폭 시 씰 링 제	BA-SE	kg	-	1.2	-	0.32	0.6
에 폭 시 주 입 제 BA-INE/시너(0.06ℓ)	양호한면	〃	-	-	7.2	1.2	4.2
	거친면	〃	-	-	8.7	-	-
	불량한면	〃	-	-	10.4	-	-
마 감 페 인 트 (내진댐퍼)	BA-CO	ℓ	-	-	0.256	-	(1)

[주] ① 콘크리트면 정리, 고압세척, 마감페인트는 별도 계상한다.
② 노무비품이 누락된 공정은 공통대가에서 확인, 잡재료비는 재료비의(5%), 공구손료는 노무비의(3%)
③ 비말대구간, 수중에 설치시 자재는 습식, 수중자재로, 노무비는 잠수부품으로 별도 계상한다.
④ 마감페인트도포 노무비는 별도 계상한다.

3. NPS 수중구조물 이격·세굴보수

(㎡ 당)

구분/공종	규 격	단위	전처리	손상 내측 폼(틀)설치	지지대& 패널설치	그라우트 (㎡)	잔골재 채우기(㎡)
잠 수 부 1조	인력	인	0.2	0.2(1)	2	0.2	0.6
특 별 인 부	〃	〃	-	-	-	1	1
섬 유 폼	-	㎡	-	1.2	-	-	-
유리섬유패널(현장별규격)	BA-GFP	㎡	-	-	1.1	-	-
고 정 앙 카	-	개	-	-	18	-	-
수중그라우팅용모르타르	-	kg	-	-	-	2,000	-

[주] ① 잠수부1조는 잠수부2인, 특별인부1인으로 한다.
　　② 잡재료비는 재료비의(5%), 공구손료는 노무비의(3%)
　　③ 내외측에 사용되는 강재는 별도 계상해서 반영한다.

4. NPS 수중구조물 보수보강공법

(㎡ 당)

구분/공종	규 격	단위	전처리 일반/ 100㎜	녹제거 및 방청	전면 패널 설치	단면복구 100㎜/ 에폭시	수중면 표면코팅	수중팻칭 단면복구
잠수부1조50㎜/100㎜	인력	조	0.25/0.5	0.2	1.5	0.2/0.1	0.4	1/1.5
특 별 인 부	〃	인	-	-	-	0.5/0.25	-	0.15/0.3
방 청 제	1회	kg	-	0.75	-	-	-	-
유리섬유패널(현장별규격)	BA-GFP	㎡	-	-	1.1	-	-	-
고 정 앙 카	-	개	-	-	12	-	-	-
씰 링 제(습식)	-	kg	-	-	2.88	-	-	-
단면복구재50㎜/100㎜	BA-T200W BA-T100W	〃	-	-	-	185.4/7.2	-	120/240
수 중 에 폭 시 페 인 트	BA-SCO	〃	-	-	-	-	1.5	-

[주] ① 보수깊이 50㎜ 이하를 "일반" 품 적용
　　② 잡재료비는 재료비의(5%), 공구손료는 노무비의(3%)
　　③ 에폭시 그라우트 주입공정 추가시, 자재 및 품 별도 산출한다.
　　④ 표면코팅은 수중구조물의 철재 및 콘크리트면을 보호하기 위해서 1~2회 별도 적용한다. (2회 600㎛)

○ 참고자료

5. 관로보수보강(특허 제10-2028822호) / 6. 습식면 균열보수 및 파일보강

(㎡ 당)

구분/공종	규 격	단위	전처리	프로파일 설치	주입(㎥)	습식/수중부 균열보수(m)	습식면 파일보강
특 별 인 부(잠수조)	인력	인	0.02	0.1	0.1	(0.5/1.0)	(2.5)
보 통 인 부	〃	〃	0.01	0.15	0.15	0.1	1.5
프로파일(FRP커버)	DH-R, DH-B	m(㎡)	-	6.7	-	-	(1.1)
결 합 클 립	DH-C	개(m)	-	32	-	-	-
씰 링 제 (주입제)	-	kg	-	0.25	0.1	0.6(0.1)	1.5(7.5)
몰 탈 주 입 재	-	〃	-	-	1950	-	-

[주] ① 잡재료비는 재료비의(5%), 공구손료는 노무비의(3%, 주입5%)
② 물돌리기, 물유도 작업, 지수작업, 철근가공설치는 별도 비용 산출한다.
③ 임시전력, 가지관처리는 별도 비용 산출한다.

7. 섬유 보강판넬을 이용한 구조물 보수보강공법 / 8. 수중부 누수보수공사(INLW공법)

(㎡ 당)

구분/공종	규 격	단위	바탕처리 치핑(50㎜)	고압세척	철구조물 설치	지주 및 판넬설치	몰탈주입 (㎥)	수중부 누수보수(m)
잠 수 조	인력	조	0.2	0.1	0.15	0.5	0.3	3
특 별 인 부	〃	인	-	-	-	-	3	-
지주/(M-Ring)	M-C300	m	-	-	(1)	1.98	-	-
판넬(차수판INLW)	M-P300	〃	-	-	-	1.1	-	(1.1)
앵 커	-	개	-	-	-	36	-	10
몰탈(수중씰링제)	BA-T200W	kg	-	-	-	-	2000	20(1.5)

[주] ① 잠수부 1조는 잠수부 2인, 특별인부 1인으로 한다.
② 철근가공설치, 치핑은 필요시 별도 산정
③ 잡재료비는 재료비의(5%), 공구손료는 노무비의(3%)
④ 육상부시공은 수중품의 30%내에서 산정
⑤ 수중부 누수보수 m 당 잠수조 : 기존차수판 철거(0.5)+면처리(0.3)+단면복구(0.2)+조인트씰링(1)+차수판설치(1)
⑥ 공통 15m초과 수심의 경우 수심조정비 적용(시설물 안전점검 수중 조사편 참조)

보수보강내진시스템(NPS공법)

부국/(주)부국에스티

• 특허번호 : 10-1456822
  10-1458744 외
  40건 특허 등록

경기도 용인시 기흥구 평촌2로 1번길 28-5
경기도 고양시 덕양구 마상로 136, 301호
TEL. 070-7613-9348 H.P : 010-5234-9348
FAX. 031-8039-4249 E-mail : hit6585@gmail.com

■ 정수장 및 저수조 STS 라이닝 제작 및 설치(발명특허등록 제10-2026864호[콘크리트 정수장 및 저수조에 부착 설치되는 스테인리스 라이닝 패널])

1. STS 304 라이닝 제작(1000×1000, 1.5T)

(㎡당)

구 분	규 격	단 위	수 량
철 판 공	-	인	0.01
보 통 인 부	-	〃	0.12
특 별 인 부	-	〃	0.10
공 구 손 료	노무비의 3%	%	3.00
절 단 기	40.64cm	hr	1.00
전 력	-	kWh	4.00
스 테 인 리 스 강 판(라이닝)	1.5T STS 304	kg	11.97

2. STS 304 라이닝 설치(1000×1000, 1.5T)

(㎡당)

구 분	규 격	단 위	수 량
용 접 봉	T316Lsi	kg	0.28
Argon	47ℓ/병	ℓ	0.20
철 판 공	-	인	0.05
용 접 공	-	〃	0.31
특 별 인 부	-	〃	0.10
보 통 인 부	-	〃	0.06
공 구 손 료	노무비의 3%	%	3.00
알 곤 용 접 기	300Amp	hr	1.00
전 력	-	kWh	5.00
앵 커 볼 트	M10×100mm	개	6.00

3. STS 329 라이닝 제작(1000×1000, 1.5T)

(㎡당)

구 분	규 격	단 위	수 량
철 판 공	-	인	0.02
보 통 인 부	-	〃	0.13
특 별 인 부	-	〃	0.10
공 구 손 료	노무비의 3%	%	3.00
절 단 기	40.64cm	hr	1.00
전 력	-	kWh	4.00
스테인리스강판(라이닝)	1.5T STS 329	kg	11.97

4. STS 329 라이닝 설치(1000×1000, 1.5T)

(㎡ 당)

구 분	규 격	단 위	수 량
용 접 봉	T316Lsi	kg	0.28
Argon	47ℓ/병	ℓ	0.20
철 공	-	인	0.05
용 접 공	-	〃	0.31
특 별 인 부	-	〃	0.10
보 통 인 부	-	〃	0.06
공 구 손 료	노무비의 3%	%	3.00
알 곤 용 접 기	300Amp	hr	1.00
전 력	-	kWh	5.00
앵 커 볼 트	M10×100㎜	개	6.00

■ 정수장 여과사 세척, 선별 및 투입, 고르기(발명특허등록 제10-2368131호[광촉매산화 OH라디칼수산기를 이용한 악취제거와 수질환경개선 및 여과재 재생시스템])

1. 여과사 굴상 및 세척선별

(㎡ 당)

구 분	규 격	단 위	수 량
잠 수 부	-	인	0.03
보 통 인 부	-	〃	0.02
특 별 인 부	-	〃	0.01
공 구 손 료	노무비의 3%	%	3.00
수 중 모 터 펌 프	100㎜	hr	1.00
골 재 세 척 설 비	15kW(62.5㎥/hr)	〃	1.00
살 균 설 비	오존+UV+광촉매	〃	1.00
전 력	-	kWh	10.00

2. 여과사리 굴상 및 세척선별

여과사리 40㎜ 이하(㎡ 당)

구 분	규 격	단 위	수 량
잠 수 부	-	인	0.07
보 통 인 부	-	〃	0.04
특 별 인 부	-	〃	0.02
공 구 손 료	노무비의 3%	%	3.00
수 중 모 터 펌 프	100㎜	hr	1.00
골 재 세 척 설 비	15kW(62.5㎥/hr)	〃	1.00
살 균 설 비	오존+UV+광촉매	〃	1.00
전 력	-	kWh	10.00

3. 활성탄 재이용공사(굴상 및 세척선별)

(㎥ 당)

구 분	규 격	단 위	수 량
잠 수 부	-	인	0.35
보 통 인 부	-	〃	0.29
특 별 인 부	-	〃	0.22
공 구 손 료	노무비의 3%	%	3.00
수 중 모 터 펌 프	100mm	hr	1.00
골 재 세 척 설 비	15kW(62.5㎥/hr)	〃	1.00
살 균 설 비	오존+UV+광촉매	〃	1.00
전 력	-	kWh	10.00

4. 안트라사이트 재이용공사(굴상 및 세척선별)

(㎥ 당)

구 분	규 격	단 위	수 량
잠 수 부	-	인	0.18
보 통 인 부	-	〃	0.15
특 별 인 부	-	〃	0.11
공 구 손 료	노무비의 3%	%	3.00
수 중 모 터 펌 프	100mm	hr	1.00
골 재 세 척 설 비	15kW(62.5㎥/hr)	〃	1.00
살 균 설 비	오존+UV+광촉매	〃	1.00
전 력	-	kWh	10.00

5. 여과재료 굴상(여과사, 여과사리, 안트라사이트, 활성탄)

여과사리 40mm 이하(㎥ 당)

구 분	규 격	단 위	수 량
잠 수 부	-	인	0.14
보 통 인 부	-	〃	0.10
특 별 인 부	-	〃	0.05
공 구 손 료	노무비의 3%	%	3.00
수 중 모 터 펌 프	100mm	hr	1.00
골 재 세 척 설 비	15kW(62.5㎥/hr)	〃	1.00
살 균 설 비	오존+UV+광촉매	〃	1.00
전 력	-	kWh	10.00

6. 여과재료 투입 고르기(여과사, 여과사리, 안트라사이트, 활성탄)

(㎥ 당)

구 분	규 격	단 위	수 량
보 통 인 부	-	인	0.10
특 별 인 부	-	〃	0.08
작 업 반 장	-	〃	0.07
공 구 손 료	노무비의 3%	%	3.00
수 중 모 터 펌 프	100㎜	hr	1.00
골 재 세 척 설 비	15kW(62.5㎥/hr)	〃	1.00
살 균 설 비	오존+UV+광촉매	〃	1.00
전 력	-	kWh	10.00

7. 여과재료 포장 및 적재(여과사, 여과사리, 안트라사이트, 활성탄)

(㎥ 당)

구 분	규 격	단 위	수 량
보 통 인 부	-	인	0.08
특 별 인 부	-	〃	0.06
공 구 손 료	노무비의 3%	%	3.00
지 게 차	3.5ton	hr	0.23
톤 백	1000×1000×1500	개	1.00

8. 여과재료 살균설비

(hr 당)

구 분	규 격	단 위	수 량
살 균 설 비	20㎥	hr	0.0001548
기 계 설 비 공	-	인	0.04

[주] ① 세척선별기와 기타장비 이동 관계상 여과사 최소(300㎥ 미만)의 경우에는 운반설치비를 별도 계상하여야 함.
② 모래, 자갈은 세척을 하면 할수록 품질이 향상되는 성질을 가지고 있음.
③ 전기 및 여과사 세척수는 발주처 공급임.
④ 본 품에는 소운반비는 별도로 산정됨.

■ 광촉매수산기를 이용한 관세척 및 세척수를 최소화하는 스마트 관로 세척시스템

1. 관경 100~300㎜ 미만

(m 당)

구 분	규 격	단 위	수 량
초 급 기 술 자	-	인	0.02
특 별 인 부	-	〃	0.02
보 통 인 부	-	〃	0.03
일 반 기 계 운 전 사	-	〃	0.01
발 전 기	25 kW	hr	0.05
정 수 차 량	5,500 ℓ	〃	0.04
윈 치	3 ton(22.38 kW)	〃	0.05
수 중 모 터 펌 프	80 ㎜	〃	0.03
광촉매수산기(피그형세척장치)	광촉매수산기+피그	〃	0.10
잡 재 료 비	노무비의 3%	%	3.00

2. 관경 500~700㎜ 미만

(m 당)

구 분	규 격	단 위	수 량
초 급 기 술 자	-	인	0.02
특 별 인 부	-	〃	0.04
보 통 인 부	-	〃	0.07
일 반 기 계 운 전 사	-	〃	0.01
발 전 기	25kW	hr	0.06
트 럭 탑 재 형 크 레 인	5ton	〃	0.01
정 수 차 량	5,500ℓ	〃	0.05
윈 치	3ton(22.38kW)	〃	0.06
수 중 모 터 펌 프	80㎜	〃	0.04
광촉매수산기(구동형세척장치)	광촉매수산기+세척장치	〃	0.32
잡 재 료 비	노무비의 3%	%	3.00

○ 참고자료

3. 관경 1,000~1,500㎜ 미만

(m 당)

구 분	규 격	단위	수 량
초 급 기 술 자	-	인	0.05
특 별 인 부	-	〃	0.15
보 통 인 부	-	〃	0.30
일 반 기 계 운 전 사	-	〃	0.02
발 전 기	25kW	hr	0.08
트 럭 탑 재 형 크 레 인	5ton	〃	0.01
정 수 차 량	5,500ℓ	〃	0.07
윈 치	3ton(22.38kW)	〃	0.08
수 중 모 터 펌 프	80㎜	〃	0.06
광촉매수산기(구동형세척장치)	광촉매수산기+세척장치	〃	1.10
잡 재 료 비	노무비의 3%	%	3.00

○ 참고자료

■ 금속혼합물 도료(CORUSEAL)를 이용한 콘크리트 구조물 염해·중성화 방지 및 방수·방식공법
   (국토해양부 지정 신기술 제345호, 특허 제0385115호, 제0933249호)

1. 표면처리
가. 표면바탕처리 및 세정

(㎡당)

공종	규격	단위	수량	비고	유형
바탕처리(그라인딩)	특별인부	인	0.13	비건전면 콘크리트면	(A)
〃	보통인부	〃	0.05	건전면 콘크리트면	
바탕처리(치핑)	특별인부	〃	0.23	단면복구용 바탕처리	(B)
고압수세정	〃	〃	0.024	-	(C)

나. 바탕면정리

(㎡당)

공종	규격	단위	수량	비고	유형
공극부 퍼티	ECO-PUTTY	kg	0.05	- 표면상태에 따른 선택적용 - 바탕면에 따라 조정재 두께 조정가능	(A)
	도장공	인	0.01		
	보통인부	〃	0.001		
바탕조정재 (1mm)	ECO-PT	kg	1.8		(B)
	미장공	인	0.012		
	보통인부	〃	0.005		

[주] 바탕조정재 두께는 현장 상황에 맞는 두께로 시공

2. 표면보호 및 코팅

가-a. 콘크리트염해/중성화/하폐수처리장/내오염/방수·방식
(1) 하도

(㎡당)

공종	규격	단위	수량	비고	유형
금속혼합물 표면보호재 하도	CORUSEAL-PM	kg	0.173	기준 도막 두께이며, 도막두께 증가시 소요량 비례 증가	(A)
	CORUSEAL-UL(c)	〃	0.294		(B)
	CRS-UL	〃	0.294		(C)
세척및희석제	SN-#1	ℓ		최대 희석비 20%미만	
노임	도장공	인	0.040	1회당	

(2) 중도

(㎡당)

공 종	규 격	단위	수량	비 고	유 형
금속혼합물 표면보호재중도	CORUSEAL-HB	kg	0.268	기준 도막 두께이며, 도막두께 증가시 소요량 비례 증가	(A)
	CRS-UL	〃	0.294		(B)
	CORUSEAL-UL(c)	〃	0.294		(C)
	CORUSEAL	〃	0.125		(D)
세척 및 희석제	SN-#1/SN-#2	ℓ		최대 희석비 20%미만	
노 임	도장공	인	0.040	1회당	

(3) 상도

(㎡당)

공 종	규 격	단위	수량	비 고	유 형
금속혼합물 표면보호재상도	CRS-AT	kg	0.2	기준 도막 두께이며, 도막두께 증가시 소요량 비례 증가	(A)
	CRS-UL	〃	0.294		(B)
	CORUSEAL	〃	0.125		(C)
세척 및 희석제	SN-#1/SN-#2	ℓ		최대 희석비 20%미만	
노 임	도장공	인	0.040	1회당	

[주] 세척 및 희석제 사용량은 공법사 별도제시(일위대가에 포함)

가-b. 지하차도, 터널

공 종	규 격	단위	수량	비 고	유 형
금속혼합물표면보호재하도	CORUSEAL-PM	kg	0.173	기준 도막 두께이며, 도막두께 증가시 소요량 비례 증가	(A)
금속혼합물표면보호재중도	CORUSEAL-HB	〃	0.215		(B)
금속혼합물표면보호재상도	CORUSEAL	〃	0.168		(C)
세 척 및 희 석 제	SN-#1/SN-#2	ℓ		최대 희석비 20%미만	
노 임	도장공	인	0.040	1회당	

나. 수처리 시설물

(1) 하도

(㎡당)

공 종	규 격	단위	수량		비 고	유 형
			밀폐형	개방형		
금속혼합물 표면보호재하도	CORUSEAL-UL(c)	kg	0.294		기준 도막 두께이며, 도막두께 증가시 소요량 비례 증가	(A)
	CRS-UL (KC인증제품)	〃		0.294		(B)
세 척 제	SN-#1	ℓ			장비, 기구 세척제 사용량 10%미만	
노 임	도장공	인	0.040		1회당	

(2) 중도

(㎡당)

공 종	규 격	단위	수량 밀폐형	수량 개방형	비 고	유형
금속혼합물 표면보호재중도	CORUSEAL-UL(c)	kg	0.294		기준 도막 두께이며, 도막두께 증가시 소요량 비례 증가	(A)
	CRS-UL (KC인증제품)	〃	0.294			(B)
세 척 제	SN-#1	ℓ	장비, 기구 세척제 사용량 10%미만			
노 임	도장공	인	0.040		1회당	

(3) 상도

(㎡당)

공 종	규 격	단위	수량 밀폐형	수량 개방형	비 고	유형
금속혼합물 표면보호재상도	CRS-AT (KC인증제품)	kg	-	0.2	기준 도막 두께이며, 도막두께 증가시 소요량 비례 증가	(A)
	CRS-UL (KC인증제품)	〃	0.294	-		(B)
세 척 제	SN-#1/SN-#2	ℓ	장비, 기구 세척제 사용량 10%미만			
노 임	도장공	인	0.040		1회당	

[주] 세척제 사용량은 공법사 별도제시 (일위대가에 포함)

다. 내오존 방수방식
(1) 상도

(㎡당)

공 종	규 격	단위	수량	비 고	유형
내오존도료	CRS-AOC (KC인증제품)	kg	0.19	-	(A)
세 척 제	SN-#4	ℓ	장비, 기구 세척제 사용량 10%미만		
노 임	도장공	인	0.040	1회당	

[주] 세척제 사용량은 공법사 별도제시 (일위대가에 포함)

3. 콘크리트 단면 보수공법 (ECOTAL)

(㎡당)

공 종	규 격	단위	두께 t=10㎜	두께 t=20㎜	두께 t=30㎜	두께 t=50㎜
단면복구재 (황마섬유 폴리머모르타르)	ECOTAL	kg	21	42	63	105
노 임	미장공	인	0.083	0.131	0.217	0.362
	보통인부	〃	0.033	0.053	0.074	0.123

[주] 발주처 및 현장상황에 따라 "표준품셈 미장공사"편을 따를 수 있음

4. 철근녹제거 및 방청재 바르기

○ 참고자료

(㎡당)

공 종	구 분	규 격	단위	수 량
철근녹제거 및 방청	철 근 방 청 재	CORUSEAL-PMS	kg	0.099
		SN-#1	ℓ	0.015
	녹 제 거 , 바 르 기	도장공	인	0.03

* 철근방청 도포작업은 붓을 이용하여 철근에 도포되는 실제 소요량을 산출하여 적용된 수치임.
  [주] ① 재료량은 두께증가 비율 및 구조물 특성에 따라 소요량이 변경될 수 있음.
      ② 본 품은 벽체 기준으로 작성 한 것이며, 천정 작업시에는 재료와 노임을 20% 가산함.
      ③ 본 품은 위험공간 작업시 할증 필요.
      ④ 특수장비, 가설재 필요시 별도 계상.
      ⑤ 도장시 붓칠, 롤러칠, 일반뿜칠에 따른 품은 동일 적용.
      ⑥ 기구손료는 인력품의 2%를 계상.
      ⑦ 상기품은 기준두께의 수량을 게재한 것이며, 현장여건에 따라 두께 조정을 위한 수량의 변동은 공법사 기술팀과 협의 후 진행.
      ⑧ 대표적인 제품을 표기한 것이며, 특수구조물은 별도의 제품과 수량을 따라야 함.

■ 코러실(CORUSEAL)공법 (특허 제10-0385115호, 제10-0933249호)

Ⅰ) 표면보호(보수): 1. 가(A, C)나(A) → 2. 가-a(1), (2), (3)(선택적용)
    ※ 하수암거, 농수로, 도로시설물, 하폐수처리장, 콘크리트 구조물 등

Ⅱ) 지하차도, 터널 방수방식(표면보호 및 표면보수)
    1. 가(A, C)나(A) (B)(선택적용) → 2.가-b(A, B, C)

Ⅲ) 수처리구조물 방수방식(표면보호 및 표면보수)
    1. 가(A, C),나(B) → 2. 나(1), (2), (3) (선택적용[밀폐형, 개방형])
    ※ 응집지, 침전지, 여과조, 혼화지, 배수지, 정수지, 하폐수 처리장 등 물과 접촉하는 콘크리트 구조물 등

Ⅳ) 단면보수(단면복구)
    1. 가(B, C) → 4. (철근노출시) → 3. (두께 선택적용) → 2. (선택적용)
    ※ 하수암거, 염해지역, 교각, 콘크리트 구조물 등 단면보수가 요구되는 모든 구조물
        (비고. 단면복구 작업 선행 공통적용 후 표면보호재 도포시 '선택적용2'를 반드시 확인)

BEST & FIRST 대한민국 건설문화 대상 수상기업
◆ 건설신기술 제642호 에코텍트공법   ◆ 건설신기술 제345호 코러실 공법   ◆ 염해·중성화방지, 내오존, 수처리구조물 방수방식
◆ 특허 10-0385115호, 10-0503561호, 10-0933249호, 10-1044824호   ◆ 강교, 철구조물 중방식   ◆ 단면보수·보강공법
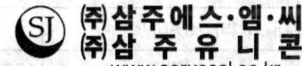 (주)삼주에스·엠·씨   ◆ 대심도 터널, 지하구조물 내오염 / 난연, 불연도장
         (주)삼주유니콘   ◆ 수처리구조물, 내오존 방수방식   ◆ 강관갱생 라이닝 공법(광역 상수도)
         www.coruseal.co.kr   ◆ 내화학코팅 방식, 균열보수
서울시 마포구 독막로8길 49(합정동, 유니타워 7층)   TEL.(02)784-8210   FAX.(02)336-9478

■ 산화그래핀이 함유된 금속 혼합물 도료를 이용한 철재 및 콘크리트 표면 보수·보호 공법
(CORUSEAL-GR 공법)(특허 제10-1937975호/특허 제10-2181034호)

1. 표면처리
  가. 표면바탕처리 및 세정

(㎡당)

공 종	규 격	단 위	수 량	비 고	유 형
바탕처리(그라인딩)	특별인부	인	0.13	비건전면 콘크리트면	(A)
〃	보통인부	〃	0.05	건전면 콘크리트면	
바 탕 처 리(치핑)	특별인부	〃	0.23	단면복구용 바탕처리	(B)
고 압 수 세 정	〃	〃	0.024	-	(C)

  나. 바탕면정리

(㎡당)

공 종	규 격	단 위	수 량	비 고	유 형
공극부퍼티	ECO-PUTTY	kg	0.05	- 표면상태에 따른 선택적용 - 바탕면에 따라 조정재 두께 조정가능	(A)
	도장공	인	0.01		
	보통인부	〃	0.001		
바탕조정재 (0.5~1mm)	ECO-PT	kg	1.8		(B)
	미장공	인	0.012		
	보통인부	〃	0.005		

[주] 바탕조정재 두께는 현장 상황에 맞는 두께로 시공

2. 표면보호 및 코팅
  가-a. 콘크리트염해/중성화/하폐수처리장/내오염/방수·방식
    (1) 하도

(㎡당)

공 종	규 격	단 위	수 량	비 고	유 형
산화그래핀함유 금 속 혼 합 물 표면보호재하도	CORUSEAL-GRPM	kg	0.16	기준도막두께이며, 도막두께 증가시 소요량 비례 증가	(A)
	CORUSEAL-GR(c)	〃	0.285		(B)
	CORUSEAL-GR	〃	0.285		(C)
세 척 및 희 석 제	SN-#1	ℓ		최대 희석비 20%미만	
노 임	도장공	인	0.033	1회당	

(2) 중도

(㎡당)

공 종	규 격	단위	수량	비 고	유 형
산화그래핀함유 금속혼합물 표면보호재 중도	CORUSEAL-GRM	kg	0.183	기준 도막 두께이며, 도막 두께 증가시 소요량 비례 증가	(A)
	CORUSEAL-GR(c)	〃	0.285		(B)
	CORUSEAL-GR	〃	0.285		(C)
세척 및 희석제	SN-#1/SN-#2	ℓ		최대 희석비 20%미만	
노 임	도장공	인	0.033	1회당	

(3) 상도

(㎡당)

공 종	규 격	단위	수량	비 고	유 형
산화그래핀함유 금속혼합물 표면보호재 상도	CORUSEAL-GRT	kg	0.24	일반	(A)
	CORUSEAL-GRT(KC)	〃	0.2	수처리	(C)
	CORUSEAL-GR	〃	0.285	수처리	(B)
세척 및 희석제	SN-#1/SN-#2	ℓ		최대 희석비 20%미만	
노 임	도장공	인	0.033	1회당	

[주] 세척 및 희석제 사용량은 공법사 별도제시(일위대가에 포함)

가-b. 지하차도, 터널

공 종	규 격	단위	수량	비 고	유 형
산화그래핀함유 금속혼합물표면보호재하도	CORUSEAL-GRPM	kg	0.16	기준 도막 두께이며, 도막 두께 증가시 소요량 비례 증가	(A)
산화그래핀함유 금속혼합물표면보호재중도	CORUSEAL-GRM	〃	0.183		(B)
산화그래핀함유 금속혼합물표면보호재상도	CORUSEAL-GRT	〃	0.2		(C)
세척 및 희석제	SN-#1/SN-#2	ℓ		최대 희석비 20%미만	
노 임	도장공	인	0.033	1회당	

나. 수처리 시설물

(1) 하도

(㎡당)

공 종	규 격	단위	수량 밀폐형	수량 개방형	비 고	유 형
산화그래핀함유 금속혼합물표면보호재하도	CORUSEAL-GR(c)	kg	0.285		기준 도막 두께이며, 도막 두께 증가시 소요량 비례 증가	(A)
	CORUSEAL-GR	〃		0.285		(B)
세 척 제	SN-#1	ℓ			장비, 기구 세척제 사용량 10%미만	
노 임	도장공	인	0.033		1회당	

(2) 중도

(㎡당)

공종	규격	단위	수량 밀폐형	수량 개방형	비고	유형
산화그래핀함유 금속혼합물표면보호재중도	CORUSEAL-GR(c)	kg	0.285		기준 도막 두께이며, 도막 두께 증가시 소요량 비례 증가	(A)
	CORUSEAL-GR	〃	0.285			(B)
세 척 제	SN-#1	ℓ	장비, 기구 세척제 사용량 10%미만			
노 임	도장공	인	0.033		1회당	

(3) 상도

(㎡당)

공종	규격	단위	수량 밀폐형	수량 개방형	비고	유형
산화그래핀함유 금속혼합물표면보호재상도	CORUSEAL-GRT(KC)	kg	-	0.2	기준 도막 두께이며, 도막 두께 증가시 소요량 비례 증가	(A)
	CORUSEAL-GR	〃	0.285	-		(B)
세 척 제	SN-#1/SN-#2	ℓ	장비, 기구 세척제 사용량 10%미만			
노 임	도장공	인	0.033		1회당	

[주] 세척제 사용량은 공법사 별도제시 (일위대가에 포함)

다. 내오존 방수방식
(1) 상도

(㎡당)

공종	규격	단위	수량	비고	유형
내오존도료	CRS-AOC(KC인증제품)	kg	0.19	-	(A)
세 척 제	SN-#4	ℓ	장비, 기구 세척제 사용량 10%미만		
노 임	도장공	인	0.040	1회당	

[주] ① 세척제 사용량은 공법사 별도제시 (일위대가에 포함)
② 도막두께 증가시 소요량 증가

3. 콘크리트 단면 보수공법

(㎡당)

공종	규격	단위	두께 t=10㎜	두께 t=20㎜	두께 t=30㎜	두께 t=50㎜
UNITAL	내수성강화모르타르	kg	20.4	40.8	61.2	102
노 임	미장공	인	0.083	0.131	0.217	0.362
	보통인부	〃	0.033	0.053	0.074	0.123

[주] 발주처 및 현장상황에 따라 "표준품셈 미장공사"편을 따를 수 있음

4. 철근녹제거 및 방청재 바르기

(㎡ 당)

공 종	구 분	규 격	단 위	수 량
철근 녹제거 및 방청	철근방청재	CORUSEAL-GRO	kg	0.09
		SN-#1	ℓ	0.011
	녹제거, 바르기	도장공	인	0.03

* 철근방청 도포작업은 붓을 이용하여 철근에 도포되는 실제 소요량을 산출하여 적용된 수치임.

[주] ① 재료량은 두께증가 비율 및 구조물 특성에 따라 소요량이 변경될 수 있음.
② 본 품은 벽체 기준으로 작성 한 것이며, 천정 작업시에는 재료와 노임을 20% 가산함.
③ 본 품은 위험공간 작업시 할증 필요.
④ 특수장비, 가설재 필요시 별도 계상.
⑤ 도장시 붓칠, 롤러칠, 일반뿜칠에 따른 품은 동일 적용.
⑥ 기구손료는 인력품의 2%를 계상.
⑦ 상기품은 기준두께의 수량을 게재한 것이며, 현장여건에 따라 두께 조정을 위한 수량의 변동은 공법사 기술팀과 협의 후 진행.
⑧ 대표적인 제품을 표기한 것이며, 특수구조물 및 특수두께의 시스템은 별도의 제품과 수량을 따라야 함.

■ 특허 제10-1937975호/특허 제10-2181034호

Ⅰ) 표면보호(보수) : 1. 가(A, C)나(A) → 2. 가-a(1), (2), (3)(선택적용)
   ※ 하수암거, 농수로, 도로시설물, 하폐수처리장, 콘크리트 구조물 등
Ⅱ) 지하차도, 터널 내오염도장(표면보호 및 표면보수)
   1. 가(A, C)나(A)(B)(선택적용) → 2. 가-b(A, B, C)
Ⅲ) 수처리구조물 방수방식(표면보호 및 표면보수)
   1. 가(A, C), 나(B) → 2. 나(1), (2), (3) (선택적용[밀폐형, 개방형])
   ※ 응집지, 침전지, 여과조, 혼화지, 배수지, 정수지, 하폐수 처리장 등 물과 접촉하는 콘크리트 구조물 등
Ⅳ) 단면보수(단면복구)
   1. 가(B, C) → 4. (철근노출시) → 3. (두께 선택적용) → 2. (선택적용)
   ※ 하수암거, 염해지역, 교각, 콘크리트 구조물 등 단면보수가 요구되는 모든 구조물
      (비고. 단면복구 작업 선행 공통적용 후 표면보호재 도포시 '선댁직용2'를 만드시 확인)

BEST & FIRST 대한민국 건설문화 대상 수상기업
◆ 건설신기술 제642호 에코텍트공법   ◆ 건설신기술 제345호 코러실 공법
◆ 특허 10-0385115호, 10-0503561호, 10-0933249호, 10-1044824호
㈜삼주에스·엠·씨
㈜삼주유니콘
www.coruseal.co.kr
◆ 염해·중성화방지, 내오존, 수처리구조물 방수방식
◆ 강교, 철구조물 중방식   ◆ 단면보수·보강공법
◆ 대심도 터널, 지하구조물 내오염 / 난연, 불연도장
◆ 수처리구조물, 내오존 방수방식   ◆ 강관갱생 라이닝 공법(광역 상수도)
◆ 내화학코팅 방식, 균열보수

서울시 마포구 독막로8길 49(합정동, 유니타워 7층)   TEL.(02)784-8210   FAX.(02)336-9478

■ 보수·보강 및 방수·방식을 포함하는 구조물의 내구성 증진공법

○ 참고자료

1. 콘크리트 바탕처리 및 열화부제거

(㎡ 당)

공 종	규 격	단 위	수 량	비 고
그 라 인 딩	특별인부	인	0.12	
치 핑	특별인부	〃	0.23	
문양콘크리트제거	착암공	〃	0.08	
	보통인부	〃	0.06	
고 압 물 세 척	특별인부	〃	0.024	
바 탕 면 정 리	보통인부	〃	0.015	

[주] ① 바탕처리의 공종 및 품은 현장상황에 따라 가감될 수 있다.
　　② 문양콘크리트 제거시 문양의 두께는 50㎜ 기준으로 산정하였음.
　　③ 기구손료는 노무비의 3%이내에서 계상한다.

2. 콘크리트 구조물 보수보강

구 분	규 격	미장공(인)	보통인부(인)	도장공(인)	CE-M(kg)	소요량(kg)
신 구 접 착 제	CUBE-NOP	-	-	0.022	-	0.115
녹제거방청제도포	CUBE-ESP	-	-	0.028	-	0.2
단 면 보 수	T=10㎜	0.09	0.04	-	20	-
	T=20㎜	0.18	0.08	-	40	-
	T=30㎜	0.27	0.12	-	60	-
	T=40㎜	0.36	0.16	-	80	-
	T=50㎜	0.45	0.2	-	100	-
표면보호제도포	CUBE-CP	-	-	0.022	-	0.16
	CUBE-UT	-	-	0.042	-	0.228

[주] ① 천청면, 연결부위 등의 재료 및 품은 20% 할증한다.
　　② 기구손료는 노무비의 3%이내에서 계상한다.

3. 하이브리드 조성물을 이용한 구조물의 보수보강(hd-Hibe)

구 분		규 격	T=10㎜	T=20㎜	T=30㎜	T=40㎜	T=50㎜
신구접착강화 및 구체강화제	hdf-NP	도장공(인)	0.12	0.12	0.12	0.12	0.12
철근방청처리	hdf-SP	도장공(인)	0.03	0.03	0.03	0.03	0.03
단면보수 및 염해중성화 방지마감 도 포	Hibe-단면보수	미장공(인)	0.1	0.2	0.3	0.4	0.5
		보통인부(인)	0.04	0.08	0.12	0.16	0.2
		도장공(인)	0.066	0.066	0.066	0.066	0.066
	hdf-MT	kg	21	42	63	84	105
	hdf-WCP	〃	0.18	0.18	0.18	0.18	0.18
	hdf-WUT	〃	0.23	0.23	0.23	0.23	0.23

[주] ① 바탕처리는 콘크리트 바탕처리 및 열화부 제거 품에 따른다.
　　② 벽체면 시공기준이며, 천청면, 연결부위 등의 재료 및 품은 20% 할증한다.
　　③ 현장여건에 따라 인력시공으로 적용 가능함.
　　④ 기구손료는 노무비의 3%이내에서 계상한다.

4. 구조물별 나노큐브(Nano CUBE)공법의 적용

◦ 참고자료

구 분		제1층	제2층	제3층	도장공(인)	방수공(인)(미장공(인))
콘크리트 표면보호	바 탕 조 정	CUBE-NOP 0.115kg	CE-500 0.8kg	CE-500 0.8kg	0.02	(0.03)
	보 수/신 설	CUBE-CP 0.16kg	CUBE-UT 0.114kg	CUBE-UT 0.114kg	0.06	-
방수·방식	습윤면, 열화부	CUBE-ECP 0.115kg	CE-1000 1.0kg	CE-1000 1.0kg	0.04	(0.04)
	수처리구조물 (외부)	CUBE-NC84 0.26kg	CUBE-UT 0.19kg	- -	0.06	0.02
	수처리구조물 (내부)	CUBE-NC84 0.26kg	CUBE-NC84 0.26kg	- -	0.08	0.02
교면방수	신 설/보 수 (도막시트복합식)	CUBE-PR 0.3	CUBE-SEAL 2.5kg	CUBE-SHEET 1.1㎡	0.035	0.053
	신 설/보 수 (도막식)	CUBE-PR 0.3	CUBE-SEAL 2.5kg	CUBE-FELT 1.1㎡	0.02	0.053
철재(강교) 구조물	신 설 (교량외부)	CUBE-INZ 0.186	CUBE-SAF 0.156	CUBE-NAO 0.222	0.06	-
	철재/강교 외 부 (보수)	CUBE-FIX 0.162	CUBE-FIX 0.146	CUBE-NAO 0.235	0.066	-
		CUBE-FIX 0.162	CUBE-SAF 0.156	CUBE-NAO 0.188	0.066	-
		CUBE-FIX 0.162	CUBE-SAF 0.195	CUBE-NAO 0.235	0.066	-
	내화학, 해양플랜트	CUBE-FIX 0.162	CUBE-FIX 0.162	CUBE-UT 0.228	0.088	-
	방 오 도 장	CUBE-FIX 0.162	CUBE-ESP 0.24	CUBE-AF25 0.48	0.1	-

[주] ① 현장도장의 경우 비계 등 작업대시설이 필요한 경우에는 별도 계상한다.
② 바탕처리를 위한 재료 및 품은 별도 계상한다.
③ 바탕처리에 따라 구도막 위에 도장시 기존도막과의 반응상태를 반드시 확인 후 도장을 실시한다.
④ 권청면, 연결부위 등의 재료 및 품은 20% 할증한다.
⑤ 각제품별 희석비율은 20% 내외이며, 전용희석제 사용을 원칙으로 한다.

주식회사 씨앤에스테크
나노큐브(NanoCUBE)조성물을 이용한 구조물 보호방식공법

서울시 은평구 진흥로1길 18-1, 2층   TEL : 02-388-9675   FAX : 02-388-9676
www.nanocube.co.kr   E-mail : cnstec@nanocube.co.kr

■ 콘크리트 구조물의 보수 및 보강재 조성물 및 콘크리트 구조물의 보수 및 보강공법
1. E.C.R 콘크리트 구조물 보수보강공법

(㎡)

공 종	규 격	단위	수량	비고
그 라 인 딩	연마공 기구손료(노무비의 3%)	인 식	0.09 1	
콘크리트 열화부 제거	특별인부 기구손료(노무비의 3%)	인 식	0.23 1	
콘크리트 열화부 제거 (철근노출)	특별인부 연마공 기구손료(노무비의 3%)	인 〃 식	0.23 0.03 1	
고 압 세 척	보통인부 공기압축기(3.5㎥/min)	인 hr	0.01 0.011	
퍼 티 제 바 름	퍼티제 미장공 보통인부	kg 인 〃	6.36 0.01 0.001	

규 격	단위	수 량		비 고
		철근 방청	철근 방청(천장)	
철근 방청제(ECR-#120) 도장공 보통인부 기구손료(노무비의 3%)	kg 인 〃 식	0.15 0.015 0.003 1	0.15 0.018 0.0036 1	

규 격	단위	수 량 (단면복구)				
		t=10mm	t=20mm	t=30mm	t=40mm	t=50mm
보수용 몰탈(ECR-#100) 미장공 보통인부 기구손료(노무비의 2%)	kg 인 〃 식	21.2 0.13 0.08 1	42.4 0.18 0.13 1	63.6 0.28 0.23 1	84.8 0.33 0.28 1	106.1 0.43 0.38 1

규 격	단위	수 량 (단면복구 천장)				
		t=10mm	t=20mm	t=30mm	t=40mm	t=50mm
보수용 몰탈(ECR-#100) 미장공 보통인부 기구손료(노무비의 2%)	kg 인 〃 식	21.6 0.15 0.1 1	43.3 0.23 0.18 1	64.9 0.31 0.26 1	86.5 0.35 0.3 1	108.2 0.46 0.41 1

○ 참고자료

(㎡)

규 격	단위	수 량			
		중성화방지 프라이머도포	중성화방지 프라이머도포(천장)	중성화방지제 도포	중성화방지제 도포(천장)
중성화방지 프라이머	kg	0.31	0.31	-	-
중성화 방지제	〃	-	-	0.43	0.43
도장공	인	0.02	0.021	0.04	0.042
보통인부	〃	0.008	0.009	0.016	0.018
잡재료비(주재료비의 6%)	식	1	1	1	1

규 격	단위	수 량		비고
		표면코팅제 도포	표면코팅제 도포(천장)	
표면코팅제	kg	0.32	0.32	
도장공	인	0.02	0.021	
보통인부	〃	0.008	0.009	
잡재료비(주재료비의 6%)	식	1	1	

[주] ① 가설 및 보양 및 폐기물 처리는 별도 계상한다.
② 본 품은 주간작업의 기준이며, 야간작업 및 현장여건에 따라 추가 할증을 할 수 있다.
③ 중성화방지제는 2회 도포를 기준으로 본 품을 산출하였음.
④ 단면복구 시공두께가 50㎜ 초과 시 본 품의 비례 산출한다.

2. E.C.R 균열 보수보강공법

(m)

규 격	단위	수 량		
		균열보수(t=0.3㎜)	균열보수(t=0.5㎜)	균열보수(t=1.0㎜)
Epoxy Grout(SP-1)	kg	0.043	0.07	0.14
Epoxy Putty(SP-2)	〃	0.765	0.765	0.765
주입파이프	개	5	5	5
잡재료비(주재료비의 5%)	식	1	1	1
특별인부	인	0.2	0.2	0.2
보통인부	〃	0.07	0.07	0.07
기구손료(노무비의 2%)	식	1	1	1

[주] 본 품은 주간작업의 기준이며, 야간작업 및 현장여건에 따라 추가 할증을 할 수 있다.

주식회사 세승

종 목 : 조경공사업, 시설물유지보수업
주소 : 강원도 원주시 소초면 노루고개길 34
전화 : 033-731-7520~1 FAX : 033-731-7523

• 콘크리트 구조물의 보수 및 보강재 조성물 및 보수 및 보강공법 (특허 제 10-1767139호)
• 콘크리트 구조물의 중성화 및 염해 방지 공법 및 조성물 (특허 제 10-1796256호)
• 콘크리트 구조물의 보수 및 보강용 섬유보강재 및 보수 및 보강공법 (특허 제 10-1876549호)
• 콘크리트 보수 공법 (특허 제 10-1876551호)

■ 수용성 PVAc 및 구체결합 침투재를 이용한 콘크리트 구조물의 보수, 보강 복합공법 (P.P.S 복합공법, PVAc, Penetrating Sealer Hybrid System)

1. 표면처리

(㎡당)

항 목		구 분	단 위	수 량
표면처리	표면처리 (그라인딩)	특별인부	인	0.12
	〃 (치 핑)	〃	〃	0.23
	고압물세척	〃	〃	0.024
철 근	철근녹부식물제거	특별인부	인	0.01
	철근방청제도포	RC-0709	ℓ	0.34
		보통인부	인	0.03

[주] ① 가설은 별도 계상한다.
② 상기 품은 벽체 기준으로, 천장 시공 시 품의 20%를 계상하고, 재료의 수량은 5%를 계상한다.
③ 기구손료는 인력품의 2%를 계상한다.

2. 탄산화·염해방지 보수 및 방수 공법(특허 제10-1035616호)

(㎡당)

항 목	구 분	단 위	수 량	
			신규구조물	열화구조물
1. 열화/염해방지	PS-0709	ℓ	0.30	0.30
	방수공	인	0.02	0.02
	보통인부	〃	0.01	0.01
2. 표면보수(t=1.0㎜ 기준)	RO-0709	kg	-	0.135
	RO-SM	〃	-	2.00
	미장공	인	-	0.035
	보통인부	〃	-	0.035
3. 표면보호	TS-0709	ℓ	0.25	-
	도장공	인	0.025	-

[주] ① 가설 및 보양은 별도 계상한다.
② 상기 품은 벽체 기준으로, 천장 시공 시 품의 20%를 계상한다.
③ 단면보수 수량은 벽체 기준으로, 천장 시공 시 수량의 5%를 계상한다.
④ 기구손료는 인력품의 2%를 계상한다.

3. 콘크리트 단면 열화부 보수 공법 (특허 제10-1035616호, 특허 제10-0788021호)

(㎡ 당)

항 목	구 분	단위	보 수 두 께					
			5mm	10mm	20mm	30mm	40mm	50mm
1. 알칼리 회복 (구체결합 방수제)	PS-0709	ℓ	0.30	0.30	0.30	0.30	0.30	0.30
	PS-0709	인	0.02	0.02	0.02	0.02	0.02	0.02
	보통인부	〃	0.01	0.01	0.01	0.01	0.01	0.01
2. 단면 보수	RO-0709	kg	0.177	0.299	0.357	0.360	0.425	0.478
	RO-M	〃	10.00	20.00	40.00	60.00	80.00	100.00
	미장공	인	0.03	0.07	0.11	0.15	0.19	0.23
	보통인부	〃	0.03	0.07	0.11	0.15	0.19	0.23
3. 초속경 단면보수	RO-0709	kg	-	0.299	0.357	0.360	0.425	0.478
	RO-FM	〃	-	20.00	40.00	60.00	80.00	100.00
	미장공	인	-	0.12	0.16	0.20	0.24	0.28
	보통인부	〃	-	0.12	0.16	0.20	0.24	0.28

[주] ① 가설 및 보양은 별도 계상한다.
② 상기 품은 벽체 기준으로, 천장 시공 시 품의 20%를 계상한다.
③ 단면보수 수량은 벽체 기준으로, 천장 시공 시 수량의 5%를 계상한다.
④ 단면보수 두께는 최대 250㎜까지 시공할 수 있다.
⑤ 기구손료는 인력품의 2%를 계상한다.

**PPS보수보강공법, MPC 포장공법
항만용자재(AL합금모서리보호공, SS차막이, 배수형차막이)**

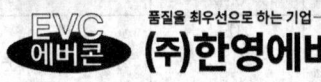

(주)한영에버콘

◆특허 1035616호 ◆특허 1658372호 ◆특허 0788021호
◆특허 1060508호 ◆특허 1670627호 ◆특허 1568106호

서울시 중구 마른내로 97 TEL : (02)785-0881 FAX : (02)785-0883 www.evercon.co.kr

■ SMR 공법(콘크리트 구조물 단면보수보강공법)

1. 콘크리트 열화부 처리

(㎡당)

구 분		규 격	단 위	수 량	비 고
콘크리트면처리	특 별 인 부	-	인	0.12	
콘크리트깨기 및 치핑	착 암 공	-	인	0.03	
	특 별 인 부	-	〃	0.15	
	보 통 인 부	-	〃	0.05	
	페이브먼트브레이커	25kg	hr	0.1	
	공 기 압 축 기	3.5㎥/min	〃	0.05	
철 근 녹 제 거	연 마 공	-	인	0.02	

[주] ① 본 품은 콘크리트 보수보강을 위한 바탕처리 및 열화부 제거를 위한 품이다.
② 본 품에는 준비, 청소, 정리품이 포함되어 있다.
③ 콘트리트 치핑은 기계 치핑을 기준으로 한다.
④ 철근 녹제거는 철근 노출시에만 시행한다.
⑤ 재료 및 부자재비는 해당 항목별로 별도 계상한다.
⑥ 공구손료는 인력품의 3%로 계상한다.
⑦ 콘크리트는 열화부 처리 후 고압물세척을 실시하며 이는 별도 계상한다.

2. 철근방청재 도포

(㎡당)

구 분	규 격	단 위	수 량	비 고
철 근 방 청 재	SM-C50	kg	0.244	
도 장 공	-	인	0.020	
보 통 인 부	-	〃	0.023	

[주] ① 철근 방청제 도포작업은 철근 노출시에만 시행한다.
② 공구손료는 인력품의 3%로 계상한다.

3. 단면복구

(㎡당)

구 분		규 격	단 위	수 량	비 고
단면복구재	벽 체	SM-M50	kg	63.8	T= 30mm 기준
	천 장	〃	〃	65.3	
미 장 공		-	인	0.20	
단면복구재	벽 체	SM-M50	kg	105.4	T= 50mm 기준
	천 장	〃	〃	107.9	
미 장 공		-	인	0.42	
단면복구재	벽 체	SM-M50	kg	209.5	T=100mm 기준
	천 장	〃	〃	214.3	
미 장 공		-	인	0.90	

[주] ① 본 품에는 준비, 청소, 정리품이 포함되어 있다.
　　② 재료 및 부자재비는 해당 항목별도 별도 계상한다.
　　③ 믹서기에 의해 교반된 모르타르를 뿜어 붙이는 작업 시에는 기계경비를 별도로 계상한다.
　　④ 공구손료는 인력품의 3%로 계상한다.

4. 프라이머 도포

(㎡당)

구 분	규 격	단 위	수 량	비 고
프 라 이 머	SM-P50	kg	0.38	
도 장 공	-	인	0.03	

[주] ① 본 품은 프라이머 1회 도포를 기준으로 한 것이다.
　　② 공구손료는 인력품의 3%로 계상한다.

5. 마감코팅재 도포

(㎡당)

구 분	규 격	단 위	수 량	비 고
마 감 코 팅 재	SM-V50	kg	0.6	
도 장 공	-	인	0.05	

[주] ① 본 품은 2회 도포를 기준으로 한 것이다.
　　② 공구손료는 인력품의 3%로 계상한다.
　　③ 본 품에는 준비, 청소, 정리품이 포함되어 있다.

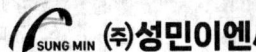

6-1-6 콘크리트 치핑(Chipping)('08, '21년 보완)

(㎡당)

구 분				단 위	수 량
특	별	인	부	인	0.12
보	통	인	부	〃	0.02

[주] ① 본 품은 소형치핑장비(소형브레이커, 치핑기)를 활용한 인력에 의한 작업 기준이다.
② 본 품에는 치핑, 청소 및 정리품을 포함한다.
③ 벽체, 천장 등 치핑을 위한 가시설물이 필요한 경우는 별도 계상한다.
④ 공구손료 및 경장비(소형브레이커, 치핑기 등)의 기계경비는 인력품의 8%로 계상한다.
⑤ 대형 장비(굴착기 등)를 활용한 기계치핑의 경우는 별도 계상한다.

6-2 철근

6-2-1 적용범위('22년 신설, '24년 보완)

- 인력에 의한 철근 가공 및 조립을 기준하며, 현장여건(주철근 규격 35㎜ 초과 등)으로 인하여 인력에 의한 단독시공이 불가능한 경우 크레인 등 기계경비를 별도 계상한다.
- 철근 시공상세도(shop drawing) 작성비용은 별도 계상한다.
- PC강선의 가공 및 조립은 별도 계상한다.
- 철근 가공 및 조립의 Type은 아래 표 유형의 각 호 중 어느 하나에 해당하는 경우에 적용한다.

1. 토목

구 분		유 형
Type-Ⅰ	Ⅰ-1	- 철근가공 및 조립 작업이 일반적인 토목시설(반중력식 옹벽, L형 옹벽, 교량 슬래브, 매트기초, 수문 등)
	Ⅰ-2	- 특정위치에서 철근의 가공 및 조립이 반복되는 경우(빔제작, 철근망 등)
Type-Ⅱ	Ⅱ-1	- 철근가공 및 조립 작업이 복잡한 토목시설(라멘교, 교대, 암거, 지하차도, 부벽식 옹벽 등) - Type-Ⅰ 시설에서 직경 13㎜ 이하 철근이 전 철근중량의 50% 이상인 경우
	Ⅱ-2	- 콘크리트대비 소량의 철근이 사용되는 경우(측구/개거, 중력식 옹벽, 일체형 중앙분리대 등)
Type-Ⅲ	Ⅲ	- 철근가공 및 조립 작업이 매우 복잡한 토목시설(교각, 구주식 교대 등) - 특수 구조시설물에서 철근직경 35㎜를 초과하여 인력에 의한 단독시공이 어려운 경우(플랜트, 원자력 발전소 등)

2. 건축

구 분	유 형
Type-Ⅰ	- 직경 13㎜ 이하 철근이 전 철근중량의 50% 미만인 경우
Type-Ⅱ	- 직경 13㎜ 이하 철근이 전 철근중량의 50% 이상인 경우 또는 철골과 병행 시공되는 경우 - 직경 13㎜ 이하 철근이 50% 미만이나 철근가공 및 조립 작업이 복잡한 구조시설물(하수종말처리장, 폐기물처리장 등)

6-2-2 현장가공('08, '14, '22, '24년 보완)

(일당)

구 분	단 위	수 량	시공량(ton)		
			Type-Ⅰ	Type-Ⅱ	Type-Ⅲ
철 근 공	인	3	4.5	4.0	3.5
보 통 인 부	〃	1			

[주] ① 가공은 절단, 절곡(밴딩) 등 철근의 변형을 요하는 작업이며, 가공수량은 전체 철근조립 수량을 기준한다.
② 철근가공에 사용되는 공구손료 및 경장비(철근 가공기 등)의 기계경비는 인력품의 9%를 계상한다.
③ 가공장과 조립 위치의 철근 운반 및 양중에 소요되는 크레인의 기계경비는 별도 계상한다.

6-2-3 현장조립('08, '14, '22, '24년 보완)

(일당)

구 분		유 형		인력(인)		시공량 (ton)
				철근공	보통인부	
토 목		Type-Ⅰ	Ⅰ-1	6	2	3.4
			Ⅰ-2	4	1	2.2
		Type-Ⅱ	Ⅱ-1	5	2	2.6
			Ⅱ-2	2	1	1.1
		Type-Ⅲ		5	2	2.4
건 축		Type-Ⅰ		6	2	3.4
		Type-Ⅱ		6	2	3.0
비 고	- 개소별 소량(0.5ton 미만)의 시공 위치가 산재하는 경우 시공량의 50%까지 감하여 적용한다. - 현장여건(고소작업, 철근 적재공간 협소 등)에 따라 상시적인 크레인을 활용한 시공이 필요한 경우 해당 장비를 작업조에 추가하여 계상하고, 시공량은 감하지 않는다.					

[주] ① 철근의 기계적 이음(나사 및 원터치식) 및 간격재 설치를 포함한다.
② D35mm이상에서 화약을 이용하여 용접하는 기계적 이음은 별도 계상한다.
③ 철근 조립에 사용되는 공구손료 및 경장비의 기계경비는 인력품의 2%를 계상한다.
④ 간격재, 결속선 등 소모재료 재료비는 별도 계상하며, 결속선의 표준 사용량은 다음을 참고한다.

(ton당)

구 분	Type-Ⅰ	Type-Ⅱ	Type-Ⅲ
사용량(kg)	6.5	8.0	9.5

6-2-4 공장가공('08년 신설, '09, '22년 보완)

(ton당)

구 분	단위	Type-Ⅰ	Type-Ⅱ	Type-Ⅲ
철 근 공	인	0.23	0.30	0.38
보 통 인 부	〃	0.03	0.04	0.06

[주] ① 본 품에는 가공 및 상차작업이 포함되어 있다.
② 운반비는 별도 계상한다.
③ 공장관리비는 노무품의 60%까지 계상할 수 있다.
④ 철근의 나사 가공 등 특수 공장가공은 별도 계상한다.

6-2-5 철근의 기계적 이음

(개소당)

구 분	단 위	수 량	비 고
아 세 틸 렌	ℓ	133	
산 소	〃	744	
용 접 공	인	0.06	수평, 수직 이음 공통
연 마 공	〃	0.15	
절 단 공	〃	0.09	
조 력 공	〃	0.11	
비 고		- 철근 두께 3mm 증가시마다 인력품의 5%를 가산한다.	

[주] ① 본 품은 D35mm 이상 철근의 기계적 이음중 화약을 이용하여 용접하는 품이다.
② 공구 손료 및 잡재료비는 별도 계상한다.
③ 본 품은 높이 10m 미만을 기준한 것이며 높이에 따라 다음과 같이 인력품을 별도 계상할 수 있다.

높 이	10m~20m 미만	20m 이상
할 증 률 (%)	10	20

④ 이음자재(Splices Kit)는 별도 계상한다.
⑤ 품질관리를 위한 검사비용은 별도 계상할 수 있다.
⑥ 본 품은 원자로 격납시설물 등 특수구조물의 철근 이음을 하는 경우 적용한다.

6-3 거푸집

6-3-1 합판거푸집 설치 및 해체('01, '08, '09, '17, '18, '22, '24년 보완)

1. 사용횟수
   - 사용횟수는 구조물 형상 또는 시공조건(타설 횟수, 시공물량, 복잡도 등)에 따라 반복 재사용이 가능한 사용횟수를 산출하여 적용한다.
   - 현장 여건상 특수거푸집(종이거푸집, 문양거푸집 등)을 사용할 경우 별도 계상한다.

【 참 고 】
   - 사용횟수에 따른 유형별 적용시설은 다음을 참고한다.

사용횟수	유 형	구 조 물
1~2회	제물치장	제물치장 콘크리트
2회	매우복잡	T형보, 난간, 복잡한 구조의 교각, 교대, 수문관의 본체 등 매우 복잡한 구조
3회	복잡	교대, 교각, 파라펫트, 날개벽 등 복잡한 벽체구조, 건축 라멘 구조의 보, 기둥
4회	보통	측구, 수로, 우물통 등 비교적 간단한 벽체구조, 교량 및 건축 슬래브
6회	간단	수문 또는 관의 기초, 호안 및 보호공의 기초 등 간단한 구조

2. 자재수량

(㎡당)

구 분	단 위	수량 1회	1회 사용 자재비의 %				
			2회	3회	4회	5회	6회
합 판	㎡	1.03	55.0%	44.3%	38.0%	35.0%	32.7%
각 재	㎥	0.038					
소 모 자 재 (박리재 등)	주자재비의 %	4.0%	7.0%	8.0%	9.0%	10.0%	11.0%

[주] ① 자재수량은 설계조건에 따라 별도 계상할 수 있다.
② 2회 이상에서는 1회 사용수량에 대해 해당 요율을 적용한다.
③ 제물치장에 소요되는 볼트, 나무덧쇠, 파이프 등은 별도 계상한다.
④ 폼타이(Form Tie) 사용시 소요수량은 콘크리트의 측압에 따라 다음에 의거 계상한다.

(조/㎡ 당)

규격 \ 측압	3t/㎡	4t/㎡	5t/㎡	6t/㎡
7.9㎜	1.07	1.42	1.80	2.14
9.5㎜	0.71	0.97	1.19	1.43
12.7㎜	0.53	0.72	0.88	1.07

㉮ 폼타이(D형1/2인치 경우) 소요량은 거푸집 ㎡당 2.14본(1.07조)으로 하고 사용횟수는 10회로 한다.
㉯ 특수한 경우(거푸집 측압이 6t/㎡이상)에는 폼타이 수량을 적의 조정하여 사용한다.
㉰ 세퍼레이터는 필요한 경우에 소모재료로 계상한다.

⑤ 폼 타이 제거 후 구멍땜이 필요한 경우 다음표를 기준으로 계상한다.

(100개소 당)

구 분	단 위	수 량	비 고
시 멘 트	kg	6.99	배합비 1 : 3 기준
모 래	㎥	0.015	
혼 화 재	g	-	(필요에 따라서 별도계상)
보 통 인 부	인	0.62	

※ 폼타이 규격은 12.7㎜를 기준한 것이며, 코킹재를 사용할 경우 별도 계상한다.

3. 설치 및 해체

(일 당)

구 분	단위	수량	시공량(㎡)				
			제물치장	매우복잡	복잡	보통	간단
형틀목공	인	5	20	25	30	45	50
보통인부	〃	2					

비 고	- 현장여건(고소작업, 거푸집 적재공간 협소 등)에 따라 상시적인 크레인을 활용한 시공이 필요한 경우 해당 장비를 작업조에 추가하여 계상하고, 시공량은 감하지 않는다. - 본 품은 수직고 7m까지 적용하며, 양중장비를 활용하지 않고 수직고가 7m를 초과하는 경우 매 3m마다 시공량을 9%까지 감한다. - 지붕 슬래브 설치(경사도 20° 미만)에서는 시공량의 17%를 감한다. - 조적턱, 창호턱 등 소량의 거푸집이 산재되어 시공되는 경우 '매우복잡'을 적용한다.

[주] ① 본 품은 설치면적을 기준한 것이며, 합판거푸집(내수합판 12㎜ 기준)의 가공, 제작, 조립, 해체를 포함한다.
② 본 품에는 청소, 박리제 바름 및 보수 품이 포함되어 있으며, 동바리 설치(재료 포함)는 제외되어 있다.
③ 곡면 및 특수형상 부분의 품은 별도 계상한다.
④ 공구손료 및 경장비의 기계경비는 인력품의 1%로 계상한다.

◉ Maru Form(교량 일반부) 설치 및 해체

(10㎡ 당)

구 분		규 격	단 위	수 량		비 고
				20m 이하	30m 이하	
비 계 공	설 치		인	0.250	0.300	
조 력 공			〃	0.500	0.600	
크 레 인(18t)			hr	0.220	0.260	
비 계 공	해 체		인	0.420	0.500	
조 력 공			〃	1.040	1.250	
고 소 작 업 차			hr	0.56	0.67	

[주] ① 본 품은 교량의 거더와 거더 사이에 마루폼을 이용한 설치 및 해체 작업을 기준한 것이다. 마루폼은 동바리와 거푸집이 포함된 일체형 제품이다.
② 공구 등의 기계 경비는 별도 계상한다(예-인건비 3%내)
③ 현장의 여건에 따라 장비가 필요한 경우 양중장비를 계상한다.
④ 본 품은 마루폼의 해체 이후 교량 하부 야적을 포함하며 이동품은 별도 계상한다.
⑤ 본 품에는 청소, 박리제 바름 및 보수의 품은 포함되어 있지 않다.
⑥ 본 품 설치 후 발생하는 개구부의 때움이 포함되어 있으며 이때 소요되는 거푸집 자재의 수량은 합판 거푸집 설치 및 해체의 "1회 사용"을 기준한다.
⑦ 거더 교량에 적용하며 거더 간격에 따라 type이 결정되고 사용 환경에 따라 사용 횟수를 조정 할 수 있다.

1. Maru Form (교량 일반부) 자재 수량

(10㎡ 당)

구 분	규 격	단 위	수 량	비 고
거 더 중 간 부	-	-	-	
Type 1	600×(800~1200)	조	16.67	
Type 2	600×(1200~1600)	〃	11.90	
Type 3	600×(1600~2000)	〃	9.26	
소 모 자 재	-	-	-	
거 치 브 래 킷	-	개	30	
고강도볼트&너트	m14	〃	30	
전 산 볼 트	3/8"	〃	15	
너 트 , 와 셔	3/8"	조	30	

[주] 위 재료량에는 할증 및 손율이 포함되어 있다.

■ Maru Form(교량 난간부) 설치 및 해체

(10㎡ 당)

구 분	규격		단 위	수 량		비 고
				20m 이하	30m 이하	
비 계 공	설치		인	0.510	0.610	
조 력 공			〃	0.510	0.610	
크 레 인(18t)			hr	1.010	1.210	
비 계 공	해체		인	0.400	0.480	
조 력 공			〃	0.400	0.480	
고 소 작 업 차			hr	1.62	1.94	

[주] ① 본 품은 교량의 거더와 거더 사이에 마루폼을 이용한 설치 및 해체 작업을 기준한 것이다. 마루폼은 동바리와 거푸집이 포함된 일체형 제품이다.
② 공구 등의 기계 경비는 별도 계상한다(예-인건비 3%내)
③ 본 품은 마루폼의 해체 이후 교량 하부 야적을 포함하며 이동품은 별도 계상한다.
④ 본 품에는 청소, 박리제 바름 및 보수의 품은 포함되어 있지 않다.
⑤ 본 폼 설치 후 발생하는 개구부의 때움이 포함되어 있으며 이때 소요되는 거푸집 자재의 수량은 합판 거푸집 설치 및 해체의 "1회 사용"을 기준한다.
⑥ 장비 규격은 현장의 환경에 따라 조정할수 있으며 추가분에 대하여는 별도 계상한다.

1. Maru Form(교량 난간부) 자재 수량

(10m 당)

구 분	규 격	단 위	수 량	비 고
거 더 중 간 부	-	-	-	
Type 1	1200×1100	조	8.3	
Type 2	1800×1100	-	5.56	
거 치 브 래 킷	-	개	15	
고 강 도 볼 트 & 너 트	m14	〃	15	
전 산 볼 트	3/8"	〃	8	
너 트 , 와 셔	3/8"	조	15	

[주] 위 재료량에는 할증 및 손율이 포함되어 있다.

6-3-2 강재거푸집 설치 및 해체('04, '07, '08, '17, '22, '24년 보완)

1. 사용횟수

구 조 물	사 용 횟 수	유 형	비 고
간 단 한 구 조	50~60	측구, 기초, 수로	
약 간 복 잡 한 구 조	40~50	옹벽, 교대, 호안	잔존율
복 잡 한 구 조	30~40	형교, 곡면거푸집, 우물통	10%
터 널	100		

[주] ① 강판의 두께와 형태에 따라 사용횟수를 조정하여 적용할 수 있다.
　　② 강재거푸집은 두께 3.2㎜(터널 6㎜)를 기준으로 한 것이다.
　　③ 강재거푸집 제작(현장제작 포함)은 별도 계상한다.

2. 인력 설치 및 해체

(100㎡ 당)

명 칭	단 위	설 치	해 체	계
형 틀 목 공	인	4.5	1.7	6.2
비 계 공	〃	4.5	4.5	9.0
보 통 인 부	〃	7.5	4.5	12.0
비 고	- 수직고 7m 이상인 경우에는 3m 증가마다 품을 10%까지 별도 가산할 수 있다.			

[주] ① 본 품은 인력에 의한 강재거푸집 설치 및 해체를 기준한 것이다.
　　② 본 품은 강재만으로 U클립, 핀, 볼트 및 너트 등으로 조립되는 거푸집을 기준한 것이다.
　　③ 고임 및 쐐기용 목재 손료는 별도 계상한다.

3. 장비조합 설치 및 해체

(일 당)

구 분		단 위	수 량	시공량(㎡)
일 반	형 틀 목 공	인	4	
	보 통 인 부	〃	1	80
	크 레 인	대	1	
코 핑	형 틀 목 공	인	5	
	보 통 인 부	〃	1	45
	크 레 인	대	1	
교 각	형 틀 목 공	인	4	
	보 통 인 부	〃	1	55
	크 레 인	대	1	

[주] ① 일반 유형은 빔 제작 등 고소 작업이 불필요하고 설치 및 해체가 동일 조건에서 반복 발생하는 시설에 적용하며, 코핑/교각은 고소작업이 필요한 교량의 교각 및 코핑과 같은 시공조건에서 강재거푸집을 설치·해체하는 기준이다.
② 본 품은 강재만으로 U클립, 핀, 볼트 및 너트 등으로 조립되는 거푸집을 기준한 것이다.
③ 크레인의 규격은 작업여건(시공높이, 시공위치 등) 및 안전율(적정하중, 작업반경 등)을 고려하여 적합한 규격을 적용한다.
④ 공구손료 및 경장비(전동드릴 등) 기계경비는 인력품의 4%로 계상한다.
⑤ 고임 및 쇄기용 목재손료는 별도 계상한다.

6-3-3 유로폼 설치 및 해체('08, '09, '17, '22년 보완)
- 본 품은 유로폼 패널의 벽체 설치 및 해체를 기준한다.

1. 사용 횟수

구 분	사용조작회수
패 널 류	12회 사용 잔존율 25%
보, 드롭헤드, 강관파이프, 후크클램프, 웨지핀	25회 사용 잔존율 10%

2. 자재수량
- 자재비는 거래형태 등을 고려하여 임대료 또는 손료로 산정하되, 임대료는 시중 물가지 등을 참고하여 결정한다.
- 자재수량은 일반적인 패널 규격과 난이도에 따른 부자재 사용량을 참고하여 계상한 결과이며, 구조물 형상, 시공조건(복잡도 등)에 따라 자재수량을 산출하여 적용한다.

(10㎡ 당)

구 분	규 격	단 위	수 량				
패 널	600×1,200㎜	매	0.89			
내 부 패 널	(200+200)×1,200㎜	〃	0.03			
부 자 재 (웨지핀, 플렛타이, 강관파이프, 후크)	주자재비의	%	- 설치 유형에 따라 다음 주자재비에 다음 요율을 적용한다			
			구분	간단	보통	복잡
			요율	24%	52%	79%
소모자재(박리재 등)	주자재비의	〃	5%			

[주] ① 재료량에는 재료의 할증 및 손율이 포함되어 있다.
② 플랫 타이(FLAT TIE) 대신 폼타이(Form Tie) 사용시 소요수량은 '[공통부문] 6-3-1 합판거푸집 설치 및 해체' 자재 기준을 따른다.

3. 설치 및 해체

(일 당)

구 분	단 위	수 량	시공량(㎡)		
			복 잡	보 통	간 단
형틀목공	인	4	25	35	40
보통인부	〃	1			
비 고	\multicolumn{5}{l}{- 현장여건(고소작업, 거푸집 적재공간 협소 등)에 따라 상시적인 크레인을 활용한 시공이 필요한 경우 해당 장비를 작업조에 추가하여 계상하고, 시공량은 감하지 않는다. - 본 품은 수직고 7m까지 적용하며, 양중장비를 활용하지 않고 수직고가 7m를 초과하는 경우 매 3m마다 시공량을 9%까지 감한다.}				

[주] ① 본 품은 유로폼 패널의 벽체조립 및 해체를 기준한 것이다.
② 본 품에는 청소, 박리제 바름 및 보수 품이 포함되어 있다.
③ 공구손료 및 경장비 기계경비는 인력품의 3%로 계상한다.
④ 유형별 적용시설은 다음표를 참고하며, 구조물 형상 또는 현장 조건에 제한을 받는 경우에는 이를 고려하여 결정할 수 있다.

구 분	유 형
복 잡	토목 : 교대, 날개벽 등 복잡하고 보강이 많은 구조 건축 : 외부 벽체, 보/기둥
보 통	측구, 수로, 옹벽, 일반적인 벽체, 박스 등
간 단	수문 또는 관의 기초, 건축 매트기초 등 간단한 구조

6-3-4 문양거푸집(판넬) 설치 및 해체('16년 신설)

(㎡ 당)

구 분	단 위	수 량
형틀목공	인	0.07
보통인부	〃	0.03

[주] ① 본 품은 거푸집에 문양거푸집(판넬)의 설치 및 해체 (1회 사용)작업을 기준한 것이다.
② 거푸집 설치(합판, 유로폼 등)는 별도 계상한다.
③ 잡재료 및 소모재료(고정못 등)는 주재료비의 2%로 계상한다.

6-3-5 합성수지(P.E)원형 맨홀 거푸집 설치 및 해체('08년 보완)

(개소당)

구 분	공 종	단위	ø740	ø900	ø1200	ø1500	ø1800	비 고
기초 및 슬래브	특별인부	인	0.13	0.14	0.15	0.17	0.21	
	보통인부	〃	0.17	0.25	0.30	0.40	0.50	
벽 체	특별인부	인	0.23	0.26	0.31	0.37	0.42	H=1.0m 기준
	보통인부	〃	0.39	0.47	0.63	0.80	0.97	

[주] ① 본 품은 기성 제품인 합성수지 원형 맨홀거푸집을 조립 해체하는 품이다.
② 본 품의 벽체는 높이 1.0m를 기준한 것으로 높이에 따라 벽체품을 계상 적용한다.
③ 수직고 H=2.0m 이상인 경우에는 비계를 별도 계상할 수 있다.
④ 합성수지 원형 맨홀거푸집의 사용횟수는 10회로 한다.

6-3-6 슬립폼 공법

1. 설치 및 해체

(㎡당)

설 치				해 체			
구 분	단 위		수 량	구 분	단 위		수 량
비 계 공	인		0.199	특수비계공	인		0.154
보 통 인 부	〃		0.091	보 통 인 부	〃		0.064
크 레 인	hr		0.132	크 레 인	hr		0.170

[주] ① 슬립폼 제작비용은 별도 계상하되, 단면형상은 고정단면을 기준으로 한 것이다.
② 거푸집은 높이 1.2m, 교량(교각)을 기준으로 제작된 것이다.
③ 크레인은 설치(50~100ton), 해체(80~200ton) 기준이다.
④ 고재처리비용은 별도 계상한다.

2. 인상(SLIP-UP)

(㎡당)

구 분	단 위	수 량
기 계 설 비 공	인	0.034
보 통 인 부	〃	0.073

[주] ① 거푸집 높이는 1.2m기준이나, 적용면적은 벽체 전체면적에 해당된다.
② 단면형상은 교량(교각)의 고정단면을 기준으로 한 것이다.
③ 슬립폼 거푸집은 당해 현장에서만 사용하며 전용회수는 별도로 정하지 않는다.
④ 슬립폼 인상은 24시간 연속작업으로 하며, 야간작업시 할증은 별도계상한다.
⑤ 본 품은 거푸집 인상에 따른 수직면 계측·정리, 호이스트 운행 및 마감면정리 작업이 포함되어 있다.

3. 철근조립 및 콘크리트타설

구 분	단 위	수 량
철 근 공	인/ton	0.887
콘 크 리 트 공	인/m³	0.125

[주] ① 본 품은 슬립폼 내부에서 철근조립 및 콘크리트 타설 기준이며, 철근가공은 '[공통부문] 6-2-2 현장가공'의 품에 준하여 적용한다.
② 단면형상은 교량(교각)의 고정단면을 기준으로 한 것이다.
③ 슬립폼 인상시 철근조립 및 콘크리트타설은 24시간 연속작업으로 하며, 야간작업시 할증은 별도 계상한다.
④ 철근운반 비용은 별도 계상한다.
⑤ 크레인 비용은 별도 계상한다.

6-3-7 알루미늄폼 설치 및 해체('08년 신설, '17, '24년 보완)

1. 적용범위

- 본 품은 철근콘크리트 벽식구조에서 일반 알루미늄폼의 조립·해체하는 기준이다.
- 본 품에는 조립, 해체, 청소, 보수작업이 포함되어 있으며, 동바리 설치 및 해체는 별도 계상한다.
- 알루미늄 판넬은 150회 사용을 기준한다.
- 재료 및 기계경비는 별도 계상한다.
- 알루미늄 폼의 품 적용은 다음을 참조한다.

구 조 물	적 용 면 적 (m²)
셋 팅 층	알루미늄폼이 설치되는 최저층
마 감 층	알루미늄폼이 해체되는 최상층
일 반 층	전체층수-2개층(셋팅층, 마감층)

- 본 품은 단면에 변화가 없는 기준이며, 단면의 형태 및 크기에 변화가 발생되는 경우 현장 여건에 따라 "2. 설치 및 해체"를 조정하여 별도 계상한다.

2. 설치 및 해체

(일 당)

구 분		단 위	수량	시공량(m²)
셋팅층	형틀목공	인	4	30
	보통인부	〃	1	
마감층	형틀목공	인	4	40
	보통인부	〃	1	
일반층	형틀목공	인	4	70
	보통인부	〃	1	

[주] ① 셋팅층은 알루미늄 폼을 현장 반입하여 최저층에서 최초 조립, 해체하는 기준이다.
② 마감층은 최상층에서 알루미늄 폼을 조립하여 해체 정리하는 기준이다.
③ 일반층은 셋팅층 이후 최상층 전까지 각 층마다 조립 후 해체하는 기준이다.

6-3-8 갱폼 설치 및 해체('08, '09, '17, '24년 보완)

1. 적용범위
   - 본 품은 철근콘크리트 구조의 갱폼을 조립·해체하는 기준이다.
   - 본 품에는 조립, 해체, 청소, 보수 작업을 포함한다.
   - 양중에 소요되는 장비(크레인 등)의 기계경비는 별도 계상한다.
   - 크레인의 규격은 작업여건(시공높이, 시공위치 등) 및 안전율(적정하중, 작업반경 등)을 고려하여 적합한 규격을 적용한다.
   - 공구손료 및 경장비(전동드릴 등)의 기계경비는 인력품의 2%로 계상한다.
   - 재료 및 손료는 별도 계상한다.
   - 갱폼용 핸드레일 및 작업발판의 재료 및 품은 별도 계상한다.
   - 갱폼의 품 적용은 다음을 참조한다.

구 조 물	적 용 면 적 (㎡)
셋 팅 층	갱폼이 설치되는 최저층
마 감 층	갱폼이 해체되는 최상층
일 반 층	전체층수-2개층(셋팅층, 마감층)

   - 본 품은 단면에 변화가 없는 기준이며, 단면의 형태 및 크기에 변화가 발생되는 경우 현장 여건에 따라 "2. 설치 및 해체"를 조정하여 별도 계상한다.

2. 설치 및 해체

(일 당)

구 분		단 위	수 량	시공량(㎡)
셋 팅 층	형 틀 목 공	인	5	40
	보 통 인 부	〃	1	
	크 레 인	대	1	
마 감 층	형 틀 목 공	인	5	50
	보 통 인 부	〃	1	
일 반 층	형 틀 목 공	인	5	90
	보 통 인 부	〃	1	

[주] ① 셋팅층은 갱폼을 현장 반입하여 최저층에서 최초 조립, 해체하는 기준이다.
② 마감층은 최상층에서 갱폼을 조립 및 해체 정리하는 기준이다.
③ 일반층은 셋팅층 이후 최상층전까지 각 층마다 조립 후 해체하는 기준이다.

6-3-9 지수판 설치('18년 보완)

1. PVC 용접

(m당)

구 분	단 위	수 량
특 별 인 부	인	0.151
보 통 인 부	〃	0.116

[주] ① 본 품은 PVC 용접기를 사용한 지수판 설치를 기준한 것이다.
② 공구손료 및 경장비(PVC 용접기 등)의 기계경비는 인력품의 3%로 계상한다.
③ 재료량은 다음을 참고하여 적용한다.

(m당)

구 분	규 격	단 위	수 량
PVC 지 수 판	200×5t	m	1.04
PVC 용 접 봉	-	kg	0.042
철 선	#8	〃	0.21

※ 재료량은 할증이 포함된 것이며, 설계에 따라 재료를 증감할 수 있다.

2. 소켓 연결

(m당)

구 분	단 위	수 량
특 별 인 부	인	0.085
보 통 인 부	〃	0.029

[주] ① 본 품은 지수판 연결재(소켓)를 사용한 지수판 설치를 기준한 것이다.
② 본 품은 지수판 절단 및 설치, 소켓 연결, 실란트 마감 작업이 포함된 것이다.

6-3-10 신축이음(Expansion Joint) 설치('18년 신설)

1. 다웰바 설치

(개당)

구 분	단 위	수 량
형틀목공	인	0.043
보통인부	〃	0.009

[주] ① 본 품은 콘크리트 구조물의 신축이음부 설치를 기준한 것이다.
② 다웰바의 설치 간격은 150㎜를 기준한 것이다.
③ 녹막이 페인트 작업은 '[건축부문] 11-2-6 녹막이페인트칠'을 따른다.

2. 채움재 설치

(㎡당)

구 분	단 위	수 량
형틀목공	인	0.029
보통인부	〃	0.006

[주] ① 본 품은 콘크리트 구조물의 신축이음부 설치를 기준한 것이다.
② 채움재(발포폴리스티렌)는 두께 20㎜를 기준한 것이다.

3. 실링 마감

(m당)

구 분	단 위	수 량
방수공	인	0.021
보통인부	〃	0.004

[주] ① 본 품은 콘크리트 구조물의 신축이음부 마감을 기준한 것이다.
② 본 품은 V컷팅, 프라이머 바름, 배엄재 삽입, 실링재 주입 작업이 포함된 것이다.
③ 공구손료는 인력품의 1%를 계상한다.

6-4 포스트텐션(Post Tension) 구조물 제작

6-4-1 PSC빔 제작('16, '21, '25년 보완)

1. 적용범위
   ① 본 품은 PSC빔제작 시 필요한 포스트텐션(Post Tension) 시공에 적용한다.
   ② 본 품은 제작대 설치 및 해체, 쉬즈관, 정착구, 강연선 설치, 인장 및 그라우팅 작업을 포함하며, 적용범위는 다음과 같다.

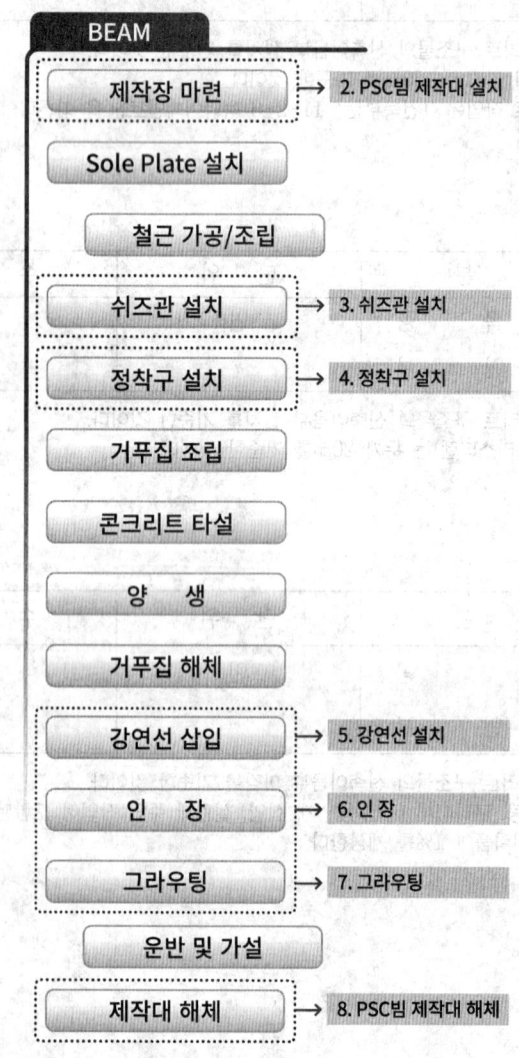

2. PSC빔 제작대 설치

(일 당)

구 분	규격	단위	수량	시공량(m)
형 틀 목 공	-	인	2	45
보 통 인 부	-	〃	1	
굴 착 기	0.6㎥	대	1	
지 게 차	2.5ton	〃	1	

[주] ① 본 품은 PSC빔을 제작하기 위한 제작대 설치작업 기준이다.
② 빔 제작장의 지반 조건이 불량하여 콘크리트 타설 등의 기초공사가 필요한 경우는 별도 계상한다.
③ 재료량 및 자재량은 설계수량을 적용한다.

3. 쉬즈관 설치

(일 당)

구 분	단위	수량	시공량(m)
철 근 공	인	2	90
보 통 인 부	〃	1	

[주] ① 본 품은 PSC빔 쉬즈관(ø85㎜ 이하)을 철근에 연결하여 설치하는 기준이다.
② 본 품은 쉬즈관 절단 및 조립, 쉬즈 보호호스 삽입 및 제거작업이 포함되어 있다.
③ 공구손료 및 경장비(절단기 등)의 기계경비는 인력품의 2%로 계상한다.
④ 잡재료 및 소모재료(결속선, 쉬즈 보호호스 등)는 주재료비의 5%로 계상한다.

4. 정착구 설치

(일 당)

구 분	단위	수량	시공량(개수)
형 틀 목 공	인	1	12
보 통 인 부	〃	1	

[주] ① 본 품은 PSC빔의 정착구(연결 쉬즈관규격 ø85㎜ 이하)를 설치하는 기준이다.
② 본 품은 정착구 고정 및 설치작업이 포함된 것이다.
③ 정착구 보강철근의 시공은 '[공통부문] 6-2-2 현장가공, 6-2-3 현장조립'을 적용한다.
④ 공구손료 및 경장비(드릴 등)의 기계경비는 인력품의 5%로 계상한다.

5. 강연선 설치

(일 당)

구 분	단위	수량	시공량(강연선 규격, ton)	
			ø12.7㎜	ø15.2㎜
기 계 설 비 공	인	1	5.0	6.0
철 근 공	〃	3		
보 통 인 부	〃	1		

[주] ① 본 품은 쉬즈관 내부에 강연선을 삽입하여 설치하는 기준이다.
② 본 품은 강연선 삽입, 절단작업이 포함되어 있다.
③ 공구손료 및 경장비(강연선삽입기, 절단기 등)의 기계경비는 인력품의 9%로 계상한다

6. 인장

(일 당)

구 분		규 격	단 위	수 량	수 량(강연선 규격, 개소)	
					ø12.7㎜	ø15.2㎜
인 력	기 계 설 비 공	-	인	1	22	20
	특 별 인 부	-	〃	3		
	보 통 인 부	-	〃	1		
장 비	강연선인장기	250t	대	1		
	크 레 인	5ton	〃	1		

[주] ① 본 품은 강연선의 양측면 인장작업 기준이다.
② 본 품은 앵커헤드 및 웨지설치, 인장작업 및 절단작업이 포함되어 있다.
③ 강연선 인장기의 규격은 소요 긴장력을 고려하여 변경할 수 있다.
④ 공구손료 및 경장비(절단기, 윈치 등)의 기계경비는 인력품의 5%로 계상한다.

7. 그라우팅

(일 당)

구 분		규 격	단 위	수 량	시공량(㎥)
인 력	기 계 설 비 공	-	인	1	1.50
	특 별 인 부	-	〃	3	
	보 통 인 부	-	〃	1	
장 비	그라우팅믹서	190×2ℓ	대	1	
	그라우팅펌프	30~60ℓ/min	〃	1	

[주] ① 본 품은 쉬즈관 내부 그라우팅 작업 기준이다.
② 본 품은 주입호스 설치 및 그라우팅 준비, 시멘트 배합 및 주입작업, 그라우팅 후 주입호스 정리 및 청소 작업이 포함되어 있다.
③ 물 공급을 위해 살수차 등의 장비가 필요한 경우 기계경비는 별도 계상한다.
④ 공구손료 및 경장비(주입장치, 발전기 등)의 기계경비는 인력품의 6%로 계상한다.
⑤ 잡재료 및 소모재료(시멘트, 혼화재, 물)는 별도 계상한다.

8. PSC빔 제작대 해체

(일 당)

구 분	규 격	단 위	수 량	시공량(m)
특 별 인 부	-	인	2	400
보 통 인 부	-	〃	4	
지 게 차	2.5ton	대	1	
트 럭	2.5ton	〃	1	

[주] ① 본 품은 PSC빔 제작을 위해 설치한 제작대를 해체하는 작업을 기준으로 한다.
② 빔 제작대 해체는 제작장에서 반출이 완료된 빔 제작대의 각재와 판재 등을 철거하고, 원활한 빔 반출을 위해 바닥을 정리하는 작업을 기준으로 한다.

6-4-2 PSC BOX 설치('16, '21년 보완)

1. 적용범위
① 본 품은 PSC BOX 제작 시 필요한 포스트텐션(Post Tension) 시공에 적용한다.
② 본 품은 정착구, 쉬즈관, 강연선 설치, 인장 및 그라우팅 작업을 포함하며, 적용범위는 다음과 같다.

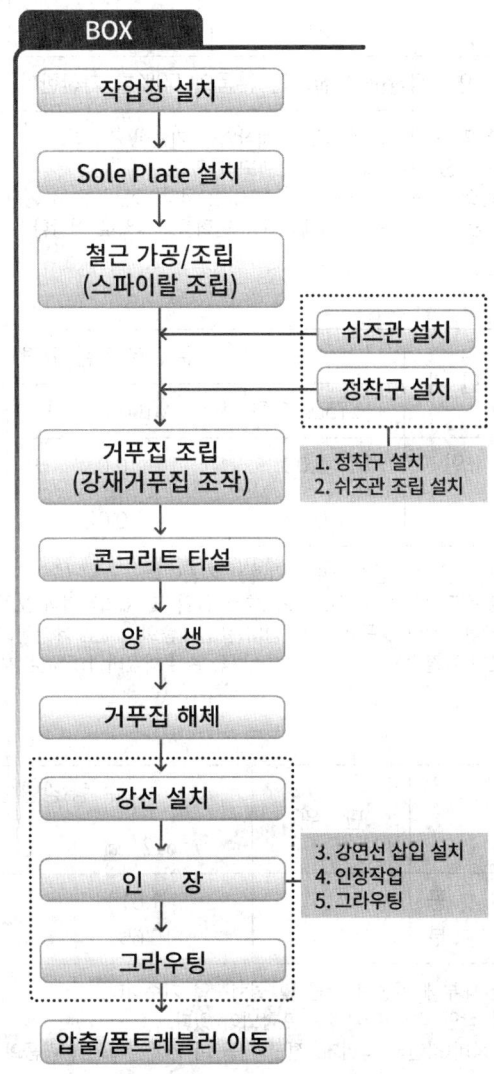

2. 정착구 설치

(개 당)

구 분	단 위	수 량(쉬즈관 규격)		
		ø75mm 이하	ø100mm 이하	ø130mm 이하
형틀목공	인	0.38	0.48	0.61
보통인부	〃	0.18	0.23	0.29
비 고		- 연결정착구의 설치는 본품의 50%를 가산한다.		

[주] ① 본 품은 긴장단 및 고정단의 정착구 설치작업을 기준한 것이다.
② 본 품은 정착구 고정 및 설치작업이 포함되어 있다.
③ 정착구 보강철근의 시공은 '[공통부문] 6-2-2 현장가공/6-2-3 현장조립'을 적용한다.
④ 공구손료 및 경장비(드릴 등)의 기계경비는 인력품의 4%로 계상한다.

3. 쉬즈관 설치

(m 당)

구 분	단 위	수 량(쉬즈관 규격)		
		ø75mm 이하	ø100mm 이하	ø130mm 이하
철근공	인	0.03	0.05	0.07
보통인부	〃	0.02	0.02	0.03

[주] ① 본 품은 쉬즈관을 철근에 연결하여 설치하는 기준이다.
② 본 품은 쉬즈관 절단 및 조립, 쉬즈 보호호스 삽입 및 제거작업이 포함되어 있다.
③ 공구손료 및 경장비(절단기 등)의 기계경비는 인력품의 2%로 계상한다.
④ 잡재료 및 소모재료(결속선, 쉬즈 보호호스 등)는 주재료비의 5%로 계상한다.

4. 강연선 설치

(ton 당)

구 분	단 위	수 량(강연선 규격)	
		ø12.7mm	ø15.2mm
철근공	인	1.61	1.39
보통인부	〃	0.65	0.56

[주] ① 본 품은 쉬즈관 내부에 강연선 삽입 및 설치작업 기준이다.
② 본 품은 강연선 삽입 및 절단작업이 포함되어 있다.
③ 공구손료 및 경장비(강연선 삽입기, 절단기 등)의 기계경비는 인력품의 5%로 계상한다.

5. 인장

(개소 당)

구 분		규격	단위	수 량(강연선 규격)							
				ø12.7mm				ø15.2mm			
				7	12	19	31	7	12	19	31
1단 인장	기계설비공	-	인	0.26	0.37	0.58	0.87	0.30	0.43	0.67	1.01
	특별인부	-	〃	0.21	0.31	0.48	0.71	0.25	0.35	0.55	0.83
	보통인부	-	〃	0.11	0.16	0.24	0.36	0.13	0.18	0.28	0.42
	강연선인장기	300t	hr	0.66	0.93	1.45	2.18	0.76	1.08	1.68	2.53
양단 인장	기계설비공	-	인	0.49	0.71	1.07	1.51	0.56	0.83	1.08	1.52
	특별인부	-	〃	0.40	0.58	0.87	1.23	0.46	0.67	0.88	1.24
	보통인부	-	〃	0.20	0.29	0.44	0.62	0.23	0.34	0.44	0.62
	강연선인장기	300t	hr	1.33	1.94	2.94	4.15	1.53	2.25	3.41	4.81

[주] ① 본 품은 강연선의 단측면 및 양측면 인장작업 기준이다.
② 본 품은 앵커헤드 및 웨지설치, 인장작업 및 절단작업이 포함되어 있다.
③ 강연선 인장기의 규격은 소요 긴장력에 따라 변경할 수 있다.
④ 공구손료 및 경장비(절단기, 윈치 등)의 기계경비는 인력품의 5%로 계상한다.

6. 그라우팅

(m^3 당)

	구 분	규 격	단 위	수 량
인력	기계설비공	-	인	1.43
	특별인부	-	〃	2.40
	보통인부	-	〃	1.12
장비	그라우팅믹서	190×2ℓ	hr	4.43
	그라우팅펌프	30~60ℓ/min	〃	4.43

[주] ① 본 품은 쉬즈관 내부 그라우팅 작업 기준이다.
② 본 품은 주입호스 설치 및 그라우팅 준비, 시멘트 배합 및 주입작업이 포함되어 있다.
③ 물 공급을 위해 살수차 등의 장비가 필요한 경우 기계경비는 별도 계상한다.
④ 공구손료 및 경장비(주입장치 등)의 기계경비는 인력품의 5%로 계상한다.
⑤ 잡재료 및 소모재료(시멘트, 혼화재, 물)는 별도 계상한다.

6-5 교량 가설공

6-5-1 빔 가설공('08, '21, '25년 보완)

(일당)

구분		규격	단위	수량	일당가설중량(본)		
					80ton/개 미만	80~160ton/개 미만	160ton/개 이상
빔가설	인력	특별인부	-	인	7		
		보통인부	-	〃	2		
		용접공	-	〃	3		
	장비	크레인	-	대	2	11	10	9
		고소작업차	5ton	〃	1			
빔상차	인력	특별인부	-	인	2			
		보통인부	-	〃	1			
	장비	크레인	-	대	2			
비고	- 교량을 확폭하거나, 가도교, 과선교 지하 통로내(낙석, 낙설방지)인 때는 일당 가설 본수를 15% 감한다.						

[주] ① 본 품은 제작 완료된 빔을 상차하고, 가설 위치로 운반이 완료된 상태의 빔을 장비(크레인)로 가설하는 기준이다. 다만, 가설 위치까지의 현장내 운반비는 현장여건과 거리에 따라 별도 계상한다.
② 본 품에서 가설은 빔 양중 및 가설, 위치고정, 전도방지시설 설치를 포함한다. 다만, 재료비(스크류잭, 쐐기목, 와이어로프, 턴버클 등)는 설계수량을 적용한다.
③ 본 품은 높이의 할증을 추가 계상하지 않는다.
④ 현장에 반입되어 조립이 완료된 크레인에 의하여 빔을 가설하는 기준으로, 크레인의 운반 및 조립은 별도 계상한다.
⑤ 빔 가설 중 크레인을 이동 설치를 위한 지면 평탄화 및 안정화, 접근로 정리에 굴착기가 필요한 경우 추가 반영한다.
⑥ 장비의 규격은 작업여건(가설높이, 작업반경, 시공위치 등)을 고려하여 적합한 규격의 크레인을 선정하여 계상한다.
⑦ 공구손료 및 경장비(용접기 등)의 기계경비는 인력품의 3%로 계상한다.
⑧ 크레인, 트레일러 등의 반입을 위한 토공사 및 가시설설치, 빔 가설용 가도 및 가교각 설치, 트레일러 진입 보조장비 등이 필요한 경우에는 별도 계상한다.
⑨ 포스트텐션 빔에 있어서 제작·가설 공정에 따라 필요한 회송비 및 시공도중에서의 회송비는 별도 계상한다.
⑩ 빔 가설위치가 하천통과구간, 지장물에 의한 저촉 등 가설조건이 불량한 경우 현장여건에 따라 500ton급을 초과하는 대형크레인의 적용이 가능하며, 가설품은 크레인 가설능력과 현장 상황에 따라 조정하여 별도 계상할 수 있다.

6-5-2 솔 플레이트(Sole Plate) 용접('25년 신설)

(개/일당)

구 분		규 격	단 위	수 량	시공량(m)		
					2.5m~ 3.0m 미만	3.0m~ 3.5m 미만	3.5m 이상
인 력	용 접 공	-	인	2	18	16	14
	보 통 인 부	-	〃	1			
장 비	고소작업차	5ton	대	1			

[주] ① 본 품은 가설된 빔의 솔 플레이트와 교량 받침(Shoe)을 용접으로 설치하는 기준이다.
② 본 품은 솔플레이트와 슈(Shoe)를 CO_2 용접으로 반자동 용접하는 기준이다.
③ 시공량 구분 기준은 솔플레이트 한 개를 슈(Shoe)에 용접하는 길이이다.
④ 본 품은 녹제거, 용접 준비, 용접 및 정리작업이 포함된 것이다.
⑤ 용접 완료 후 도장은 '[토목부문] 5-2-4 도장(현장도장)'을 적용한다.
⑥ 별도의 방풍설비가 필요한 경우 별도로 계상한다.
⑦ 공구손료 및 경장비(용접기, 발전기 등)의 기계경비는 인력품의 3%로 계상한다.
⑧ 솔 플레이트 용접을 위한 소모재료(용접봉, CO_2 와이어, 탄산가스 등)는 설계수량에 따른다.

6-6 교량 부대공

6-6-1 교량받침 설치(육상)('16, '21, '24년 보완)

(일 당)

구 분		단 위	수 량	시공량(개)		
				설치높이 20m 이하	설치높이 40m 이하	설치높이 40m 초과
교량받침 1기당 중량 0.2ton 이하	특별인부	인	2	8.5	7.0	5.5
	보통인부	〃	1			
	용접공	〃	1			
	크레인	대	1			
	고소작업차	〃	1			
교량받침 1기당 중량 0.3ton 이하	특별인부	인	2	6.0	5.0	4.0
	보통인부	〃	1			
	용접공	〃	1			
	크레인	대	1			
	고소작업차	〃	1			
교량받침 1기당 중량 0.5ton 이하	특별인부	인	3	5.0	4.0	3.5
	보통인부	〃	1			
	용접공	〃	1			
	크레인	대	1			
	고소작업차	〃	1			
교량받침 1기당 중량 1.0ton 이하	특별인부	인	3	4.0	3.5	3.0
	보통인부	〃	1			
	용접공	〃	1			
	크레인	대	1			
	고소작업차	〃	1			
교량받침 1기당 중량 1.5ton 이하	특별인부	인	4	3.5	3.0	2.5
	보통인부	〃	1			
	용접공	〃	1			
	크레인	대	1			
	고소작업차	〃	1			
교량받침 1기당 중량 1.5ton 초과	특별인부	인	4	3.0	2.5	2.0
	보통인부	〃	1			
	용접공	〃	1			
	크레인	대	1			
	고소작업차	〃	1			

[주] ① 본 품은 교량의 교대 및 교각의 교량받침(포트받침, 탄성받침 등)을 육상에서 설치하는 기준이다.
② 본 품은 콘크리트 치핑 및 청소, 용접, 위치확인, 받침설치, 무수축 모르타르 타설 및 양생작업이 포함되어 있다.
③ 비계 및 발판, 난간 등의 설치는 별도 계상한다.
④ 크레인 및 고소작업차의 규격은 작업여건(시공높이, 시공위치 등) 및 안전율(적정하중, 작업반경 등)을 고려하여 적합한 규격을 적용한다.
⑤ 공구손료 및 경장비(치핑기, 용접기, 발전기, 핸드믹서기 등)의 기계경비는 인력품의 3%로 계상한다.
⑥ 교량받침 설치를 위한 소모재료(무수축 모르타르 등)는 설계수량에 따른다.

■ 받침블럭 깨기(2000바(Bar)형 도깨비 방망이 크랙 형성장치 및 이를 통한 교량받침 콘크리트 구조물용 콘크리트 나비효과형 면접촉 타격력 깨기 해체 공법(특허 제 10-2621502호)

(일 당)

구 분			단위	교대 및 교각 높이					
				20m 이하		40m 이하		60m 이하	
				수량	시공량(개)	수량	시공량(개)	수량	시공량(개)
교량받침 1기당 중량 0.2ton 이하	인력	특 별 인 부	인	1	5	1	4.20	1	3.53
		보 통 인 부	〃	1		1		1	
		착 암 공	〃	3		3		3	
	장비	크 레 인	대	1		1		1	
		발 전 기 (25㎾)	〃	1		1		1	
		이동형진공먼지흡입장치	〃	2		2		2	
		2000bar2방향유압실린더	〃	2		2		2	
교량받침 1기당 중량 0.3ton 이하	인력	특 별 인 부	인	1	4.2	1	3.53	1	2.96
		보 통 인 부	〃	1		1		1	
		착 암 공	〃	3		3		3	
	장비	크 레 인	대	1		1		1	
		발 전 기 (25㎾)	〃	1		1		1	
		이동형진공먼지흡입장치	〃	2		2		2	
		2000bar2방향유압실린더	〃	2		2		2	
교량받침 1기당 중량 0.5ton 이하	인력	특 별 인 부	인	1	3.53	1	2.96	1	2.49
		보 통 인 부	〃	1		1		1	
		착 암 공	〃	4		4		4	
	장비	크 레 인	대	1		1		1	
		발 전 기 (25㎾)	〃	1		1		1	
		이동형진공먼지흡입장치	〃	2		2		2	
		2000bar2방향유압실린더	〃	2		2		2	
교량받침 1기당 중량 1.0ton 이하	인력	특 별 인 부	인	1	2.96	1	2.49	1	2.09
		보 통 인 부	〃	1		1		1	
		착 암 공	〃	4		4		4	
	장비	크 레 인	대	1		1		1	
		발 전 기 (25㎾)	〃	1		1		1	
		이동형진공먼지흡입장치	〃	2		2		2	
		2000bar2방향유압실린더	〃	2		2		2	
교량받침 1기당 중량 1.5ton 이하	인력	특 별 인 부	인	1	2.49	1	2.09	1	1.76
		보 통 인 부	〃	1		1		1	
		착 암 공	〃	5		5		5	
	장비	크 레 인	대	1		1		1	
		발 전 기 (25㎾)	〃	1		1		1	
		이동형진공먼지흡입장치	〃	2		2		2	
		2000bar2방향유압실린더	〃	2		2		2	

참고자료

구분			단위	교대 및 교각 높이					
				20m 이하		40m 이하		60m 이하	
				수량	시공량(개)	수량	시공량(개)	수량	시공량(개)
교량받침 1기당 중량 1.5ton 초과	인력	특 별 인 부	인	1	2.09	1	1.76	1	1.48
		보 통 인 부	〃	1		1		1	
		착 암 공	〃	5		5		5	
	장비	크 레 인	대	1		1		1	
		발 전 기 (25 kW)	〃	1		1		1	
		이동형진공먼지흡입장치	〃	2		2		2	
		2000bar2방향유압 실린더	〃	2		2		2	

[주] ① 교량 받침 콘크리트 천공시, 다채널 코아 천공기를 사용한다.
② 2000bar 2방향 유압 실린더 사용시 부스터펌프를 사용한다.
③ 이동형 먼지흡입 장치 사용 시 교각 고핑부에 전면 가림막을 설치한다.
④ 현장 여건에 따라 교량 받침 콘크리트의 크기가 상기 품셈에서 제시한 것을 초과할 경우, 추가로 투입 되는 착암공, 다채널 코아 천공기, 2000bar 2방향 유압 실린더의 추가 투입 수량은 공법사 기술팀과 협의 후 진행한다.

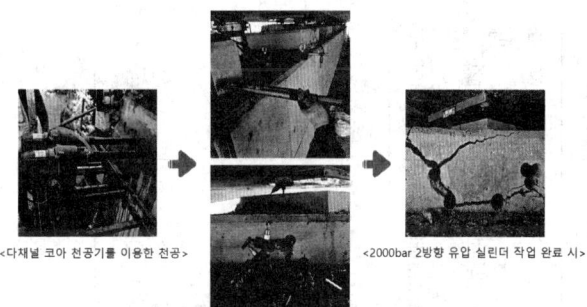

<다채널 코아 천공기를 이용한 천공>　<2000bar 2방향 유압 실린더 작업 완료 시>

<2000bar 2방향 유압 실린더 사용 예시>

<2000bar 2방향 유압 실린더>

교량 받침 유지 보수의 신기술 (주)지비엘

Global Bridge Leader

■ 대형 교량 구조물 유지보수의 신기술(JPC JACK, DIVIDERS SMART 인상시스템)
■ 콘크리트구조물 깨기공법(특허보유)

경기도 부천시 오정구 오정로232번길 39-13(경준 B/D 201호)
TEL : 032-684-9477~8 | FAX : 032-684-9479 | E-mail : jpcds@naver.com

6-6-2 교량받침 설치(수상)('21, '24년 보완)

(일 당)

구 분		단 위	수 량	시공량(개)		
				설치높이 20m 이하	설치높이 40m 이하	설치높이 40m 초과
교량받침 1기당 중량 0.2ton이하	특 별 인 부	인	2	5.0	4.0	3.5
	보 통 인 부	〃	1			
	용 접 공	〃	1			
	크 레 인	대	1			
	고 소 작 업 차	〃	1			
교량받침 1기당 중량 0.3ton이하	특 별 인 부	인	2	3.5	3.0	2.5
	보 통 인 부	〃	1			
	용 접 공	〃	1			
	크 레 인	대	1			
	고 소 작 업 차	〃	1			
교량받침 1기당 중량 0.5ton이하	특 별 인 부	인	3	3.0	2.5	2.0
	보 통 인 부	〃	1			
	용 접 공	〃	1			
	크 레 인	대	1			
	고 소 작 업 차	〃	1			
교량받침 1기당 중량 1.0ton이하	특 별 인 부	인	3	2.5	2.0	1.7
	보 통 인 부	〃	1			
	용 접 공	〃	1			
	크 레 인	대	1			
	고 소 작 업 차	〃	1			
교량받침 1기당 중량 1.5ton이하	특 별 인 부	인	4	2.3	1.8	1.5
	보 통 인 부	〃	1			
	용 접 공	〃	1			
	크 레 인	대	1			
	고 소 작 업 차	〃	1			
교량받침 1기당 중량 1.5ton초과	특 별 인 부	인	4	2.0	1.5	1.3
	보 통 인 부	〃	1			
	용 접 공	〃	1			
	크 레 인	대	1			
	고 소 작 업 차	〃	1			

[주] ① 본 품은 교량의 교대 및 교각의 교량받침(포트받침, 탄성받침 등)을 수상에서 설치하는 기준이다.
② 본 품은 콘크리트 치핑 및 청소, 용접, 위치확인, 받침설치, 무수축 모르타르 타설 및 양생작업이

포함되어 있다.
③ 비계 및 발판, 난간 등의 설치는 별도 계상한다.
④ 크레인 및 고소작업차의 규격은 작업여건(시공높이, 시공위치 등) 및 안전율(적정하중, 작업반경 등)을 고려하여 적합한 규격을 적용한다.
⑤ 공구손료 및 경장비(치핑기, 용접기, 발전기, 핸드믹서기 등)의 기계경비는 인력품의 3%로 계상한다.
⑥ 교량받침 설치를 위한 소모재료(무수축 모르타르 등)는 설계수량에 따른다.

6-6-3 교량신축이음장치 설치(도로교)('21, '24년 보완)

(일 당)

구 분	규 격	단 위	수 량	절단폭(mm)	시공량(m)
용 접 공	-	인	2	900 이하	17
콘크리트공	-	〃	1		
특 별 인 부	-	〃	3	1,200 이하	15
보 통 인 부	-	〃	1		
크 레 인		대	1	1,500 이하	13
굴착기+브레이커	0.2㎥	〃	1	1,800 이하	10

[주] ① 본 품은 교량에 설치되는 신축이음장치 설치 기준으로, 도로교에서 주로 사용되는 형태(모노셀형, 핑거형, 레일형 등)로 기존 포장 및 콘크리트 파쇄 후 설치하는 기준이다.
② 본 품은 포장절단 및 뜯기, 신축이음장치 설치, 철근가공조립, 보강철근 용접, 간격재(거푸집) 설치, 무수축 콘크리트 타설 및 양생을 포함한다.
③ 크레인의 규격은 작업여건(시공높이, 시공위치 등) 및 안전율(적정하중, 작업반경 등)을 고려하여 적합한 규격을 적용한다.
④ 공구손료 및 경장비(발전기, 소형브레이커, 용접기, 절단기 등)의 기계경비는 인력품의 6%로 계상한다.
⑤ 재료량은 설계수량을 적용한다.

6-6-4 교량신축이음장치 설치(철도교)('21년 신설, '24년 보완)

(일 당)

구 분	단 위	수량	시공량(m)
특 별 인 부	인	4	7.5
보 통 인 부	〃	1	

[주] ① 본 품은 교량에 설치되는 신축이음장치 설치 기준으로, 철도교에서 주로 사용되는 형태로 포장 및 콘크리트의 파쇄 없이 타설전에 매립하여 설치하는 기준이다.
② 본 품은 콘크리트 타설 전 고정레일(알루미늄 프레임) 설치, 고무배수판 삽입, 덮개판 시공을 포함한다.
③ 공구손료 및 경장비(드릴, 절단기 등)의 기계경비는 인력품의 3%로 계상한다.
④ 재료량은 설계수량을 적용한다.

6-6-5 교량점검시설 점검통로 설치('08, '17, '21, '24년 보완)

(일 당)

구 분	단 위	수량	시공량(발판면적 ㎡)	
			높이 20m이하	높이 40m이하
철 공	인	3	65	50
보 통 인 부	〃	1		
크 레 인	대	1		
고 소 작 업 차	〃	1		

[주] ① 본 품은 교량의 점검 및 유지관리를 위해 제작이 완료된 교량 점검시설을 교대 및 교각 등에 설치하는 기준이다.
② 본 품은 천공, 앵커볼트 설치, 점검통로 설치 및 고정, 난간 설치를 포함한다.
③ 본 품은 육상에서 크레인을 이용하여 시공하는 경우를 기준한 것으로, 크레인 진입이 불가하여 비계를 설치하여 작업하는 경우 및 교량상판 위에서 작업하는 경우, 육상이 아닌 해상에서 작업하는 경우 등에 있어서는 각각의 시공방법에 맞도록 별도로 계상하여야 한다.
④ 크레인 및 고소작업차의 규격은 작업여건(시공높이, 시공위치 등) 및 안전율(적정하중, 작업반경 등)을 고려하여 적합한 규격을 적용한다.
⑤ 공구손료 및 경장비(전동드릴 등)의 기계경비는 인력품의 3%로 계상한다.

6-6-6 교량점검시설 점검계단 설치('08, '17, '21, '24년 보완)

(일 당)

구 분	단 위	수 량	시공량(발판면적 ㎡)	
			높이 20m이하	높이 40m이하
철 공	인	3	17	15
보 통 인 부	〃	1		
크 레 인	대	1		
고 소 작 업 차	〃	1		

[주] ① 본 품은 교량의 점검 및 유지관리를 위해 제작이 완료된 교량 점검시설을 교대 및 교각 등에 설치하는 기준이다.
② 본 품은 교량 점검시설 출입을 위한 경사형 계단 기준으로 계단참을 포함한다.
③ 본 품은 천공, 앵커볼트 설치, 점검계단 설치 및 고정을 포함한다.
④ 본 품은 육상에서 크레인을 이용하여 시공하는 경우를 기준한 것으로, 크레인 진입이 불가하여 비계를 설치하여 작업하는 경우 및 교량상판 위에서 작업하는 경우, 육상이 아닌 해상에서 작업하는 경우 등에 있어서는 각각의 시공방법에 맞도록 별도로 계상하여야 한다.
⑤ 크레인 및 고소작업차의 규격은 작업여건(시공높이, 시공위치 등) 및 안전율(적정하중, 작업반경 등)을 고려하여 적합한 규격을 적용한다.
⑥ 공구손료 및 경장비(전동드릴 등)의 기계경비는 인력품의 3%로 계상한다.

■ 알루미늄 교량점검시설

1. 자재비 (AL)

품 명	규 격	단위	비 고
Main Bracket	Type-A, Type-B, Type-C, Type-D(L=900 이상 제작), 압착형(폼타이 활용)	개	
Handrail Post	Type-A, Type-B, Type-C, Type-D(H=1,100 이상 제작)	〃	
L Angle	100×60×6×8t, 75×75×8t(10t), 65×65×(5t, 6t), 60×60×6t, 50×50×3t(4t, 5t), 40×40×3t, 30×30×5t 등	m	
ㄷ Channel	200×100×5t, 120×50×6t, 150×75×6t(8t) 등	〃	
T-Bar	50×30×5t, 30×30×5t 등	〃	
Pipe	ø38.5×2.5t, ø36×2t(3t, 4t), ø33×2t, ø32×2.5t, ø31.8×1.5t, ø20×2t, ø25×3t, 42×34×1.5t 등	〃	
ㅁ-Pipe	70×50×3t, 50×40×2t, 50×50×3t(3.5t, 5t), 40×30×3t, 80×80×3t 등	〃	
ㅁ-Pipe	Main Pipe, 40×28×2t, 28×28×3t 등	〃	
Ex-Metal	5t, 6t 등	㎡	
타 공 판	2t, 3t 등	〃	
발 판	외측부, 내측부, 198×50×2t, 타공발판, 계단발판 등	m	
Flat-Bar	60×5t, 60×6t, 60×8t, 100×8t 등	〃	
Plate	AL(2t, 3t, 6t, 8t, 10t), STS(2t, 3t, 6t, 8t, 10t), 300×100×8t, 270×100×8t, 150×250×8t, 200×200×8t 등	개	
Embed Bolt	ø20 (SS275) 등	〃	
Anchor 및 Bolt (Wedge Anchor 포함)	ø12×(50L, 75L, 100L, 115L, 120L, 125L)STS, ø10×75L, ø16×(100L, 125L, 137L), ø19×(125L, 150L)STS, Bolt류 등	〃	
선매입 Anchor	ø20(STS, SS275 등)	〃	
기타 부자재	이음판, 마감판, 마감캡, 교각측부Block(9T, 10T), 방호벽덮개(STS, AL), 출입문, Joint Bracket(A, B), Bracket(220×220×8T, 220×350×8T) 등	〃	

2. 교량점검시설 제작(해체) 및 가공품
① 점검통로(제작 및 가공, 해체) 및 종방향점검로(설치품, 해체 포함)

(㎡ 당)

공 종	단위	점검통로		종방향/내부점검로	비 고
		제작 및 가공	해체	설치	
특 별 인 부	인	0.10	0.05	0.26	
보 통 인 부	〃	0.22	0.11	0.58	
철 공	〃	0.55	0.28	1.40	

교량점검시설, 교량배수시설, 교량받침/신축이음, 표지판 / 차선도색
방음벽 / 차폐시설, 비점오염저감장치, 도로환경시설물, 도로경관시설물

현빈개발(주)

교 량 점 검 시 설
설계 / 제작 / 시공 전문건설업체

본 사 : 서울시 서초구 논현로 79, 710호(양재동)
1공장 : 충남 금산군 복수면 다복리 443번지
2공장 : 경기도 안산시 단원구 엠티브이12로 21번길 27

TEL : 02-6242-1900(代) FAX : 02-6242-1903, 1909
www.hyunbin.co.kr / e-mail : albox7@naver.com
ISO 9001, ISO 14001, INNOBIZ, MAINBIZ 인증기업

② 출입사다리 및 점검계단(45°) (제작 및 가공품, 해체)

(단위 당)

공 종	단 위	출입사다리(m 당)		계단부(45°)(㎡ 당)		비 고
		제작 및 가공	해체	제작 및 가공	해체	
특 별 인 부	인	0.15	0.08	0.32	0.20	
보 통 인 부	〃	0.30	0.15	0.75	0.50	
철 공	〃	0.80	0.40	1.50	1.10	

③ 장비사용료(Truck Crane) (제작 및 가공품)

(1일 8시간 기준)

공 종	점검통로(길이"m")	작업일수	비 고
15ton Crane	~ 30m	1일	1. 수직사다리 및 계단부 합계 수량 적용한다. 2. 공장내 소운반비 포함
	31m ~ 50m	2일	
	50m 이상	3일	

[주] ① 본 품은 교량점검시설 제작 및 가공(용접 및 절단) 공정을 평균단가로 산출한 것이다.
② 본 품은 공장 제작품 및 가공품에 대한 기준이며, 설치품은 별도 계상한다.
③ 잡재료비는 재료비에 5%를 추가 계상한다.
④ 종방향 및 내부점검시설의 품은 하부여건 및 설치장비에 따라 장비품을 별도 계상한다.
⑤ 소량의 경우 제작 및 가공 물량을 고려하여 별도의 품을 계상할 수 있다.
⑥ 해체공사에 대한 장비비 및 교통통제비는 별도 계상한다.
⑦ JIG 브라켓, 선매입 Anchor 자재비 및 설치비는 별도 계상한다.

■ 기존 도로 및 교량 확장(자전거 전용도로, 인도부)

1. 기존 도로 및 교량확장 설치품 (재질:AL, STS, FRP, SS275)

(m 당)

공 종	단 위	수 량						비 고
		B=1.0m	B=1.2m	B=1.5m	B=1.8m	B=2.0m	B=2.5m	
특 별 인 부	인	0.20	0.24	0.29	0.35	0.40	0.50	
작 업 반 장	〃	0.10	0.12	0.14	0.17	0.20	0.24	
보 통 인 부	〃	0.45	0.54	0.64	0.76	0.90	1.07	
철 공	〃	1.10	1.31	1.56	1.86	2.20	2.63	

[주] ① 본 품은 자전거 전용도로 제작 및 설치 전 공정을 평균단가로 산출한 것이다.
② 본 품은 육상구간에의 작업을 기준한 것이며 수상구간 작업 시에는 예선, 대선사용품을 별도 계상한다.
③ 잡재료비는 재료비의 5%를 추가 계상한다.
④ 상부발판(타공판, 목재데크, 투수콘 등)은 현장 여건에 따라 별도 계상할 수 있다.

■ 교량점검시설(AL)

1. 자재비(재질 : AL, Steel)

품 명	규 격	단위	비고
고정BRACET	350(VAR)×150	개	
BASE BRACET	792×92	〃	
HANDRAIL POST	1320×40, 1410×50, 1500×50, 50×50	〃	
L-CHANNEL	100×60×6T×8T, 122×90×6T, 75×75×10T, 50×50×5,6T	m	
ㄷ-CHANNEL	150×75×8T, 150×75×6.5T×10T, 125×65×6T×8T	〃	
PLATE	610×220×12T, 270×100×8T, 250×200×8T, 60×42×6T 75×10T, 60×8T, 50×5T	〃	
RAIL PIPE	100×50×3T	〃	
PIPE	ø33×4T, ø33×2T, ø25×1T, ø20×2T	〃	
ㅁ-PIPE	50×40×2T, 40×30×2T, 28×28×3T	〃	
H-BAR, F-BAR	2T	〃	
타공판, 절곡형타공판, 분리형타공판	2T, 3T	〃	

2. 설치품(재질 : AL)-후설치앵커

1) 점검통로, 종방향점검로-육상구간

공 종	단위	800mm 폭	800mm 폭 이상	사다리(90도)	계단(45도)	비고
특 별 인 부	인	0.25	0.35	0.20	0.40	
보 통 인 부	〃	0.50	0.65	0.30	0.80	
철 공	〃	0.95	1.25	0.80	1.60	

2) 점검통로, 종방향점검로-수상구간/내부점검시설, 복합종방향점검로

공 종	단위	800mm 폭	800mm 폭 이상	사다리(90도)	계단(45도)	비고
특 별 인 부	인	0.30	0.40	0.20	0.40	
보 통 인 부	〃	0.55	0.70	0.30	0.80	
철 공	〃	1.00	1.75	0.80	1.60	

3) 장비사용료

공 종	육상구간		수상구간
	800mm 폭	작업일수	800mm 폭
Truck Crane 15ton	~20m	1일	수상구간 작업시에는 예선, 대선사용품을 별도 계상한다
	21m~40m	2일	
	20m 추가시	1일씩 추가	

[주] ① 본 품은 교량점검통로 제작 및 설치 전공정을 평균단가로 산출한 것이다.
② 잡재료비는 재료의 5%이내를 추가 계상한다.
③ 방음터널용 점검시설은 일반 품의 80%로 산정한다.

3. 설치품 (재질 : AL) - 선설치앵커

1) 점검통로, 종방향점검로 - 육상구간

공 종	단 위	800mm 폭	800mm 폭 이상	계단(45도)	비 고
특 별 인 부	인	0.35	0.50	0.56	
보 통 인 부	〃	0.70	0.90	1.12	
철 공	〃	1.35	1.75	2.24	

2) 점검통로, 종방향점검로 - 수상구간/내부점시시설, 복합종방향점검로

공 종	단 위	800mm 폭	800mm 폭 이상	계단(45도)	비 고
특 별 인 부	인	0.40	0.56	0.56	
보 통 인 부	〃	0.75	1.00	1.12	
철 공	〃	1.40	2.45	2.24	

3) 장비사용료

공 종	육상구간		수상구간
	800mm 폭	작업일수	800mm 폭
Truck Crane 15ton	~20m	1일	수상구간 작업시에는 예선, 대선사용품을 별도 계상한다
	21m~40m	2일	
	20m 추가시	1일씩 추가	

[주] ① 본 품은 교량점검통로 제작 및 설치 전공정을 평균단가로 산출한 것이다.
② 잡재료비는 재료의 5%이내를 추가 계상한다.

■ 교량점검시설

1. 자재비(재질 : AL)

품 명	규 격	단 위	비 고
Main Post	864×320×165, 870×320×170	개	
Handrail Post	1320×50, 1280×50, 1190×50, 1174×50, 1367×50	〃	
Angle	50×50×5T, 75×75×8T	m	
ㄷ-Channel	174×75×7T, 80×50×5T	〃	
Plate	4T, 5T, 6T, 7T, 8T	개	
Pipe	ø36.5×2.9T, ø34×1.2T, ø30×2T	m	
Bracket	240×360×8T, 240×210×8T, 290×95×5T	개	
타공판 Set	1.8T	m	
타공판	2T, 3T	m²	
기타 부자재	연결 H-bar, 마감 F-bar, 계단형 방호벽 출입문(SS), 점검시설 출입문(발판, 사다리용)	개	

2. 설치품(재질 : AL)

1) 점검통로 및 종방향 점검통로

(m 당)

공 종			단 위	점검통로	종방향 점검통로	비 고
특	별	인 부	인	0.20	0.26	800mm 폭 이상시 25% 할증을 준다.
보	통	인 부	〃	0.40	0.52	
철		공	〃	0.80	1.00	

2) 수직사다리 및 경사형 계단

(m 당)

공 종			단 위	수직사다리	경사형 계단	비 고
특	별	인 부	인	0.16	0.32	
보	통	인 부	〃	0.24	0.64	
철		공	〃	0.80	1.28	

3) 장비사용료(Truck Crane)

공 종	점검통로 길이(m)	작업일수	비 고
15ton	~30m	2~4일	수상구간 작업시 예선, 대선 사용품을 별도 계상한다.
	31m~40m	4~5일	
	41m~50m	5~6일	

[주] ① 본 품은 교량점검통로 제작 및 설치 전 공정을 평균단가로 산출한 것이다.
② 잡재료비는 재료비의 5%를 추가 계상한다.

○ 참고자료

■ 교량점검시설

1. 자재비(재질 : AL)

품 명	규 격	단위	비 고
Anchor Plate	186×100×450, 186×100×560	개	
Main Bracket	100×70×945, 100×70×1250, 100×70×1650	〃	
Handrail Post	50×50×1040, 50×50×1105, 50×50×1114, 50×50×1195	〃	
Slider	107.5×83	〃	
Slider Support	75×35	〃	
Plate	4T, 5T, 6T, 7T, 8T, 10T	〃	
Pipe	ø33×1.7T, ø33×3T, ø40×3T	m	
발 판	200×60, 200×26, 100×25, 225×60, 250×25, 15×125, 40×200	개	
타 공 판	3.0T, 2.0T	m²	
기 타 부 자 재	Cap, Sleeve, 연결 H-Bar, 마감 F-Bar, 계단형 방호벽 출입문 (STS), 점검시설 출입문(발판, 사다리용)	개	

2. 설치품(재질 : AL)

(m 당)

공 종	단 위	점검통로 및 종방향 점검통로		수직 사다리 및 경사형 계단		비 고
		점검통로	종방향 점검통로	수직 사다리	경사형 계단	
특 별 인 부	인	0.18	0.25	0.15	0.34	
보 통 인 부	〃	0.35	0.55	0.27	0.67	
철 공	〃	0.85	0.98	0.83	1.24	

[주] ① 점검통로 및 종방향 점검통로는 800㎜ 폭 이상시 27% 할증을 준다.

3. 장비사용료(Truck Crane)

공 종	점검통로길이 (m)	작업일수	비 고
15ton	~30m	2~4일	수상구간 작업시 예선, 대선 사용품을 별도 계상한다.
	31m~40m	4~5일	
	41m~50m	5~6일	

[주] ① 본 품은 교량점검통로 제작 및 설치 전 공정을 평균단가로 산출한 것이다.
② 잡재료비는 재료비의 5%를 추가 계상한다.

"미래 가치를 창조하는 기업"

주식회사 엠엔디
MND industry Co., Ltd.

☎ 02-6953-2093

토목
• 교량점검시설 • 교량배수시설(선형&점형)
• 초기우수처리시설, 염수분사시설, 조류방지시설
• 데크, 인도교, 난간, 방음벽, 방호책 • 캐노피, 외장재
• 교량신축이음, 교좌장치 • 도로시설물

설계
• 도로 및 철도 • 기본/실시/보완 • 턴키/대안

6-6-7 프리캐스트 콘크리트 패널 설치('08년 신설, '21, '24년 보완)

(일 당)

구 분		규 격	단 위	수 량	시공량(㎡)
대차시공	특 별 인 부	-	인	4	85
	보 통 인 부	-	〃	1	
	콘 크 리 트 공	-	〃	1	
	이동용대차+크레인	-	대	1	
	지 게 차	5ton	〃	1	
크레인시공	특 별 인 부	-	인	4	70
	보 통 인 부	-	〃	1	
	콘 크 리 트 공	-	〃	1	
	크 레 인	-	대	1	
	지 게 차	5ton	〃	1	

[주] ① 본 품은 교량 거더위에 콘크리트 패널을 설치하는 기준으로, 패널설치의 시공 타입은 다음을 기준한다.

구 분	적 용 기 준
대차시공	- 교량상부(거더)에 전용 대차(이동용대차+크레인)를 설치하여 시공하는 경우
크레인시공	- 교량 외부에서 크레인으로 시공하는 경우

② 본 품은 면정리, 고무패드 설치, 패널 설치, 이음부 모르타르 타설 작업을 포함한다.
③ 크레인과 대차를 활용하여 시공하는 기준이며, 레일을 사용한 대차의 레일 설치 및 철거 비용과 대차의 기계경비는 별도 계상한다.
④ 크레인의 규격은 작업여건(시공높이, 시공위치 등) 및 안전율(적정하중, 작업반경 등)을 고려하여 적합한 규격을 적용한다.

■ DHP시스템 공법(재난안전신기술 제2022-11-1호, LH신기술 제2020-토목4호)

○ 참고자료

1. PC(Precast Concrete)기둥, SOLID 벽체 설치

규격(㎡/개)	단위	크레인(hr)	특별인부(인)	보통인부(인)	비고
0.2~ 3.2 미만	㎥	0.67	0.58	0.25	
3.2~ 6.4 미만	〃	0.64	0.56	0.24	
6.4~10.0 미만	〃	0.62	0.54	0.23	

[주] ① 본 품은 소운반을 포함한 품이다.
② 본 품은 크레인 160ton을 기준한 것이며, 현장 여건(160ton크레인으로 설치가 어려운 경우)에 따라 같은 품수에 160ton 이상의 크레인을 적용할 수 있다.
③ 본 품은 기둥 앙카 설치, 몰탈 채움을 포함한 품이다.
④ 본 품은 Prop Support 설치는 별도 계상한다.
⑤ SOLID벽체 연결에 사용되는 접합플레이트는 설계에 따라 별도 계상한다.
⑥ 공구손료는 인력품의 2%로 계상한다.

2. PC(Precast Concrete)보 설치

규격(㎡/개)	단위	크레인(hr)	리프트트럭(hr)	특별인부(인)	보통인부(인)	비고
0.2~ 3.2 미만	㎥	0.50	1.00	0.50	0.19	
3.2~ 6.4 미만	〃	0.48	0.97	0.48	0.18	
6.4~10.0 미만	〃	0.47	0.94	0.47	0.18	

[주] ① 본 품은 소운반을 포함한 품이다.
② 본 품은 크레인 160ton을 기준한 것이며, 현장 여건(160ton 크레인으로 설치가 어려운 경우)에 따라 같은 품수에 160ton 이상의 크레인을 적용할 수 있다.
③ 본 품의 리프트트럭은 고소작업대(렌탈) 사용을 기준으로 한 것이며, 2대 사용 기준이다.
④ 공구손료는 인력품의 2%로 계상한다.

3. PC(Precast Concrete)벽체 설치

구분	규격(㎡/개)	단위	크레인(hr)	리프트트럭(hr)	특별인부(인)	보통인부(인)	비계공(인)	비고
Single Wall	3.0 미만	㎥	0.67	0.45	0.40	0.23	0.15	
	3.0 이상	〃	0.64	0.42	0.38	0.22	0.14	
Double Wall (3SW)	5.0 미만	㎥	0.57	1.14	0.36	0.21	0.14	
	5.0 이상	〃	0.55	1.10	0.34	0.21	0.14	

[주] ① 본 품은 소운반을 포함한 품이다.
② 본 품은 크레인 160ton을 기준한 것이며, 현장 여건(160ton 크레인으로 설치가 어려운 경우)에 따라 같은 품 수에 160ton 이상의 크레인을 적용할 수 있다.
③ 본 품의 리프트트럭은 고소작업대(렌탈) 사용을 기준으로 한 것이며, 2대 사용 기준이다.
④ 본 품은 벽체 하단부 무수축 몰탈 채움을 포함한 품이다.
⑤ 본 품은 벽체 조인트 코킹, Prop Support 설치는 별도 계상한다.
⑥ PC벽체 설치를 위한 반전기 사용 시 별도 계상한다.
⑦ 공구손료는 인력품의 2%로 계상한다.

4. PC(Precast Concrete) 슬래브 설치

규격(㎡/개)	단위	크레인(hr)	리프트트럭(hr)	특별인부(인)	보통인부(인)	비고
0.2~ 3.2 미만	㎥	0.45	0.94	0.48	0.17	
3.2~ 6.4 미만	〃	0.42	0.92	0.45	0.16	
6.4~10.0 미만	〃	0.4	0.91	0.43	0.15	

[주] ① 본 품은 소운반을 포함한 품이다.
② 본 품은 크레인 160ton을 기준한 것이며, 현장 여건(160ton 크레인으로 설치가 어려운 경우)에 따라 같은 품 수에 160ton 이상의 크레인을 적용할 수 있다.
③ 본 품의 리프트트럭은 고소작업대(렌탈) 사용을 기준으로 한 것이며, 2대 사용 기준이다.
④ 본 품은 슬래브 조인트 코킹, Jack Support 설치는 별도 계상한다.
⑤ 공구손료는 인력품의 2%로 계상한다.

5. 조인트 코킹

규 격	단 위	실링재(m)	백업재(m)	코킹공(인)	보통인부(인)	고소작업차(hr)	비 고
조 인 트 코 킹	m	1.1	1.1	0.015	0.007	0.08	

[주] ① 본 품은 PC조인트 사이 코킹(우레탄계)하는 품이며, 고소작업차 5ton을 기준한 것이다.
② 본 품은 자재할증이 포함되어 있으며, 실링재의 특징에 따라 할증은 조정할 수 있다.
③ 실링재의 재료 특성 및 현장 설치여건에 따라, 품은 별도 계상할 수 있다.

PC화 선두기업 PC구조물 설계, 제작, 시공 / 특허, 건설신기술 보유

경기도 안양시 동안구 벌말로 126 (관양동, 오비즈타워)
TEL. 031-420-1590 | http://kcipc.co.kr

우수저류조·지하차도·공동구·방음벽기초·옹벽·풍도슬래브·암거·수직구

6-6-8 교량배수시설 설치('18년 신설, '21, '24년 보완)

(일 당)

구 분	단 위	수 량	시공량(m)
배 관 공	인	3	14
보 통 인 부	〃	1	
고 소 작 업 차	대	1	

[주] ① 본 품은 교량의 노출 배수관 설치 기준이다.
② 배수관 규격은 ø150~250㎜ 이하이며, 재질은 알루미늄관, FRP관 기준이다.
③ 본 품은 지지철물 설치, 배수관(직관, 곡관) 절단 및 접합, 코킹 작업이 포함된 것이며, 배수구 및 매립 배수관 설치는 제외되어 있다.
④ 공구손료 및 경장비(전동드릴, 절단기 등)의 기계경비는 인력품의 3%로 계상한다.
⑤ 고소작업차의 규격은 작업여건(시공높이, 시공위치 등) 및 안전율(적정하중, 작업반경 등)을 고려하여 적합한 규격을 적용한다.

공통부문

■ 교량배수시설

1. 자재비 (재질: AL, STS, FRP, HI-VG2, 주철, 용융아연도금)

품 명	규 격	단 위	비 고
집 수 구	250×250(일반형/굴곡형), 250×500(일반형/굴곡형)	개	
	150×150(일반형/굴곡형), 250×250(특수제작형)	〃	
선 배 수	종배수관(Type-1~6), 트렌치배수관(102×50×3T, 132×50×3T, 140×50×3T), 트랜치유입관(3T), 횡배수관(3T), 종배수관 연결부(250×0.4T), 브라켓(6T, 10T)	m, 개	
연 결 배 수 구	4"×6", 6"×8"~24"×26", 26"×28"	개	
직 관	100A~800A	〃	
곡 관	45도, 90도, TEE관(100A~800A)	〃	
청소용 연결부	150A~800A	〃	탈착식 무용접
Hanger, Band	100A~800A	〃	
종배수관 고정대	AL, STS, 용융아연도금	〃	

2. 집수구 제작 및 가공, 설치품(재질 : AL, STS, FRP, HI-VG2, 주철, 용융아연도금)
  ① 집수구(제작 및 가공), 설치품

(개 당)

공 종	단위	제작 및 가공			설치품			비 고
		일반형	굴곡형	확장형	일반형	굴곡형	확장형	
특 별 인 부	인	0.10	0.10	0.12	0.10	0.12	0.15	
용 접 공		0.20	0.25	0.30	-	-	-	
보 통 인 부		0.35	0.40	0.40	0.15	0.20	0.25	

3. 교량배수시설 제작 및 설치품(재질:AL, STS, FRP, HI-VG2, 주철, 용융아연도금)
  ① 배수관, 연결부속(공장 가공), 설치품(점배수)

(m 당)

규 격	타 입	단위	공 종			비 고
			특별인부	배 관 공	보통인부	
1) 150A, 200A, 250A	표준	인	0.04	0.06	0.13	공장 가공
2) 300A, 350A	제작 및 설치	〃	0.20	0.59	0.98	제작, 가공, 설치품
3) 400A, 450A	〃	〃	0.26	0.77	1.27	제작, 가공, 설치품
4) 해 체 공 사	-		상기품의 70%			

※ 150A, 200A, 250A의 해체비는 표준 설치품의 80%적용, 500A 이상 사용 시 400A, 450A 품의 70% 할증적용
[주] ① 본 품은 교량배수시설 1)번 표준타입규격 제작 및 공장내(제품출하전)가공공정과 2)번, 3)번(300A, 350A, 400A, 450A)규격에 대한 제작 및 공장내(제품출하전)가공공정과 현장설치(절단 및 접합, 코킹 작업 포함)공정을 평균단가로 산출한 것이다.
  ② 본 자재 규격별 할증은 일반적인(강재류) 할증율을 적용한다.
  ③ 본 품은 육상작업에서의 작업을 기준한 것이며, 수상 작업 시에는 예선, 대선사용품을 별도 계상한다.
  ④ 잡재료비는 재료비의 5%를 추가 계상한다.
  ⑤ 직관류 구경 350A 이상은 Roll Bending 후 용접방식으로 제작한다.
  ⑥ 해체공사에 대한 장비비 및 교통통제비는 별도 계상한다.

② 설치품(선배수)

> 참고자료

(m 당)

규격	단위	공종			비고
		특별인부	배관공	보통인부	
Type-1	인	0.12	0.24	0.50	종배수관 규격
Type-2	〃	0.15	0.30	0.60	종배수관 규격
Type-3(VAR)	〃	0.20	0.40	0.80	제작형 규격

[주] ① 본 품은 선배수시설에 대한 제작 및 설치 전 공정을 평균단가로 산출한 것이다.
② 본 품은 육상구간에의 작업을 기준한 것이며, 수상구간 작업 시에는 예선, 대선사용품을 별도 계상한다.
③ 잡재료비는 재료비의 5%를 추가 계상한다.
④ 표에서 제시한 규격 외에는 규격별로 할증을 주어 별도로 계상한다.
⑤ 현장여건을 고려하여(교량의 형하고 등) 별도의 설치 품을 계상할 수 있다.

③ 장비사용료(Truck Crane)

(150A~800A)

공종	단위(길이 m)	작업일수	비고
15ton Crane	10~60m	1일	1일 8시간 기준

[주] 철도공사현장 시공 시 (점검시설, 배수시설 공통)
(1) 공비 : 1.50 (야간작업 시 노임할증 50%)
(2) 작업량 : 0.80 (야간작업 시 능률저하 20%-할증계수 : 1.5/0.8 = 1.875)
(3) 선로일시사용중지 할증 적용기준

야 간	2시간	3시간	4시간	5시간
적용요율(%)	35	30	25	20

(4) 열차운전 빈도별 할증 적용기준

열차회수	13회	16회	19회
적용요율(%)	14	25	37

(5) 열차대피 할증 적용기준

열차회수	13회	16회	19회
적용요율(%)	3	5	7

■ 교량배수시설(점배수, 선배수)

1. 자재비(재질 : AL, STS, FRP, 용융아연도금)

품 명	규 격	단위	비 고
집 수 구	일반형, 굴곡형, 제작형(250x250, 250x500)	개	
선 배 수	횡배수관, 종배수관(Type-A, B, C, D, 제작형), 브래킷(Type-A, B), 트렌치 배수관(150×50), 트렌치 유입판(100), 기타 선배수용 부자재	개, m	
연 결 배 수 구	150A~600A	개	
직 관	100A~600A	m	
곡 관	100A~600A, Elbow(45도), Elbow(90도), Teebow	개	
연결부(청소용)	100A~600A	〃	
Hanger, Band	100A~600A	〃	

2. 설치품(재질 : AL, STS, FRP, 용융아연도금)

1) 점배수

(m 당)

공 종	단위	AL				AL 외 기타			
		100A, 125A	150A, 200A	250A, 300A	350A, 400A	100A, 125A	150A, 200A	250A, 300A	350A, 400A
특 별 인 부	인	0.15	0.20	0.30	0.37	0.20	0.24	0.36	0.47
배 관 공	〃	0.32	0.36	0.48	0.60	0.37	0.40	0.57	0.75
보 통 인 부	〃	0.37	0.45	0.60	0.75	0.47	0.52	0.71	0.91

2) 선배수

(m 당)

공 종	단위	Type-A	Type-B	Type-C	Type-D	비 고
특 별 인 부	인	0.12	0.14	0.20	0.22	
배 관 공	〃	0.27	0.30	0.32	0.39	
보 통 인 부	〃	0.28	0.34	0.42	0.49	

3) 장비사용료(Truck Crane)

공 종	단 위(m)	작업일수	비 고
15 ton	~40m	1일	1일 8시간 기준

[주] ① 본 품은 교량배수시설 제작 및 설치 전 공정을 평균단가로 산출한 것이다.
② 잡 재료비는 재료비의 5%를 추가 계상한다.
③ 본 품은 교고 15m 이하 기준이며, 15m 이상시 별도로 장비와 품을 계상한다.
④ 본 품은 육상구간 작업에 품으로, 수중 작업 시에는 수중 작업에 소요되는 장비비(바지선 및 예선, 대선)를 별도 계상한다.

02-6953-2093

■ 교량배수시설(점배수, 선배수)

1. 자재비(재질 : AL, STS, GRP)

품 명	규 격	단 위	비 고
집 수 구	일반형, 굴곡형, 제작형(250×250, 250×500)	개	
선 배 수	종배수관집수거, 횡배수관, 종배수관(Type-1, 2, 3, 4), 기타선배수용부자재	m, 개, m	
연 결 배 수 구	100A~800A	개	
직 관	100A~800A	m	
곡 관	ELB, Tee	개	
연결부 (청소용)	100A~800A	〃	
〃 (Hanger)	100A~800A	〃	
〃 (Band)	100A~800A	〃	

2. 설치품(재질 : AL, STS, GRP)
  1) 점배수

공 종	단 위	100A, 125A	150A, 200A	250A, 300A	350A, 400A	비 고
특 별 인 부	인	0.18	0.23	0.33	0.41	
배 관 공	〃	0.33	0.37	0.52	0.68	AL
보 통 인 부	〃	0.41	0.47	0.66	0.84	
특 별 인 부	인	0.22	0.28	0.39	0.5	
배 관 공	〃	0.39	0.45	0.62	0.81	AL외 기타
보 통 인 부	〃	0.5	0.56	0.78	1.02	

  2) 선배수, 하이브리드 선배수

공 종	단 위	Type-1	Type-2	Type-3	Type-4	비 고
특 별 인 부	인	0.17	0.18	0.22	0.26	
배 관 공	〃	0.34	0.39	0.44	0.50	
보 통 인 부	〃	0.34	0.44	0.56	0.66	

  3) 장비사용료(Trunk Crane)

공 종	단 위	작업일수	비 고
15 ton	~40 m	1일	1일 8시간 기준

[주] ① 본 품은 교량배수시설 제작 및 설치 전 공정을 평균단가로 산출한 것이다.
② 자재별 할증은 일반적인(강재류) 할증률을 적용한다.
③ 잡재료비는 재료비의 5%를 추가 계상한다.
④ 본 품은 교고 15m이하 기준이며, 15m이상시 별도로 장비와 품을 계상한다.
⑤ 본 품은 육상구간에 대한 작업품으로, 수중 작업시에는 수중작업에 소요되는 장비비(바지선 및 예선, 대선)를 별도 계상한다.
⑥ 표에서 제시한 규격외에는 규격별로 할증을 주어 별도 계상한다.

■ 소단난간(특허 제10-2262175호)

1. 자재비

(m 당)

공종			구 분	규 격	단 위	수 량	비 고
	Pipe		GRP Pipe	D50×3T	m	3.45	
연	결	부	클램프	D50	개	2	
고 정	U-Band		STS	〃	〃	1	
마 감	캡		Cap	〃	〃	1.5	
지 주 고 정 장 치			Gun-Type	〃	개소	1	

2. 설치품

(m 당)

공 종			단 위	수 량	비 고
특 별 인 부			인	0.38	
비 계 공			〃	0.62	
보 통 인 부			〃	0.93	

[주] ① 본품은 소단난간 제작 및 설치 전공정을 평균단가로 산출한 것이다.
② 잡재료비는 재료비의 5%를 추가 계상한다.
③ 각 자재별 할증은 일반적인 할증률을 적용한다.
④ 본품은 지상 5m이하 기준이며 5m이상시 별도로 장비와 품을 계상한다.

■ 개선형 선배수 그레이팅(특허 제10-2350582호, 제30-1151333호)

1. 자재비

공 종	구 분	규 격	단 위	수 량	비 고
개선형선배수그레이팅	-	AL, h=50~100㎜, t=3㎜	m	1	

2. 설치품

(m 당)

공 종			단 위	AL, h=50~100㎜, t=3㎜	비 고
작 업 반 장			인	0.12	
특 별 인 부			〃	0.23	
철 공			〃	0.35	
보 통 인 부			〃	0.42	

[주] ① 본 품은 개선형 선배수 그레이팅 제작 및 설치 전공정을 평균단가로 산출한 것이다
② 잡재료비는 재료비의 5%를 추가 계상한다.
③ 각 자재별 할증은 일반적인 할증률을 적용한다.
④ 총 연장이 10m 이하의 개선형 선배수 그레이팅 설치품은 상기품의 50%를 별도 계상한다.
⑤ 교통 차단시 차단비는 별도 계상한다.

내구성 우수한 교량배수시설(GFRP) 전문기업

취급품목
· 교량배수시설(GFRP) · 교량점검시설 · 차선도색 · 터널내오염도장 · 방음벽 · 표지판
· 도로안전시설물 · 조경시설재 · 조경시설물 · 칼라신축이음커버플레이트
· 개선형선배수그레이팅배수판 · 절토부소단난간 · 하이브리드선배수시스템 · 자력식선매립앵커

㈜건교산업
ISO 14001, ISO 9001, ISO 45001

본 사 : 경기도 하남시 조정대로150 아이테코 블루존 R201호
공장/농장 : 경기도 가평군 설악면 용문천길 153-27
TEL : 031-790-0620   FAX : 031-790-0624
e-mail : gungyo@hanmail.net

교량배수시설(오물배출식) ○ 참고자료

1. 자재비(재질 : AL, STS, FRP, HI-VG2, 용융아연도금)

품 명	규 격	단 위	비 고
집 수 구	일반형, 굴곡형, 제작형(150×150, 250×250, 250×500)	개	
청 소 구	L, T, +, A1, A2, B-Type(100A~600A)	〃	
집적구청소구	+-Type(100A~600A)	〃	
Reducer	100A~600A	〃	STS
Band, Hanger	100A~600A	〃	
직관연결부(청소용)	100A~600A	〃	
Pipe	80A, 100A~600A	m	
곡 관	45도, 90도(100A~600A)	개	
Tee관	100A~600A	〃	
종배수로, 이음부	Type-1~Type-5	m	
고정브라켓	120×250×300~450	개	Steel

2. 설치품(재질 : AL, STS, FRP, HI-VG2, 용융아연도금)

1) 점배수

공 종	단 위	100A, 125A	150A, 200A	250A, 300A	350A, 400A	재 질
특 별 인 부	인	0.20	0.25	0.30	0.40	
배 관 공	〃	0.30	0.40	0.60	0.70	AL
보 통 인 부	〃	0.45	0.55	0.65	0.75	
특 별 인 부	인	0.30	0.35	0.40	0.50	
배 관 공	〃	0.40	0.45	0.70	0.90	AL 외 기타
보 통 인 부	〃	0.50	0.65	0.75	0.95	

2) 선배수

공 종	단 위	Type-1	Type-2	Type-3	비 고
특 별 인 부	인	0.15	0.20	0.25	
배 관 공	〃	0.25	0.30	0.35	
보 통 인 부	〃	0.40	0.45	0.65	

[주] ① 본 품은 육상구간의 장비비를 포함한 금액이다.
② 본 품의 규격 외는 100A 증가당 50% 추가 계상한다.
③ 잡재료비는 재료의 5%이내를 추가 계상한다.
④ 각 자재별 할증은 일반적인(강재류) 할증율을 적용한다.
⑤ 본 품은 집수구 제작 및 설치를 포함한다.
⑥ 본 품은 교고 15m 이하 기준이며 15m 이상시 별도로 장비비와 품을 계상한다.
⑦ 본 품은 육상구간 작업에 대한 품이므로, 수상 및 해상 작업시에는 본 품의 50%를 가산하고, 또한 수상 작업에 소요되는 징비비(바지선 및 예선, 대선)은 별도 계상한다.
⑧ 총Pipe 연장이 75m 이하의 배수시설 설치품은 상기품의 15%를 별도 계상한다.

오물배출식 교량배수시설[AL-STS]

친환경식생방음터널, 터널보강그라우팅, 차수그라우팅, 코킹어셈블리, 방음벽 및 방음터널, 생태복원SS녹화공법 시스템, 암절개면보호식재공
알루미늄교량유지관리점검대, 교량점배수시설, 교량선배수시설, PY-BEAM교량, 외장재, 차량방호책, 절토부점검로, 알루미늄차광판, 교량난간, 거적덮기

(주)에스티

본 사 : 경기도 안양시 동안구 동편로 73 에스티빌딩
제1공장 : 충북 진천군 진천읍 장관리 609-3
제2공장 : 경상북도 경산시 남천면 흥산길 235번지)

TEL : 031-426-0350
FAX : 031-426-0358
MAIL : alsts@chol.com

보유면허 : 토공, 보링그라우팅, 조경식재
철근콘크리트, 조경시설물, 철물

◉ 참고자료

■ 교량배수시설(점배수, 선배수)

1. 자재비(재질 : AL, STS, FRP, 용융아연도금)

품 명	규 격	단 위	비 고
집 수 구	일반형, 굴곡형, 제작형(250×250, 250×500)	개	
선 배 수	횡배수관, 종배수관(Type-1, 2, 3, 4, 5), 브라켓(Type-1, 2) 트렌치배수관(150×50), 트렌치유입관(116), 기타 선배수용 부자재	개, m	
연 결 배 수 구	100A×150A~550A×600A	개	
직 관	100A~600A	m	
곡 관	45도, 90도, TEE(100A~600A)	개	
연 결 부(청소용)	100A~600A	〃	
Hanger, Band	100A~600A	〃	

2. 설치품(재질 : AL, STS, FRP, 용융아연도금)

 1) 점배수

(m 당)

공 종	단 위	100A, 125A	150A, 200A	250A, 300A	350A, 400A	비 고
특 별 인 부	인	0.17	0.21	0.30	0.38	AL
배 관 공	〃	0.30	0.34	0.48	0.62	
보 통 인 부	〃	0.38	0.43	0.60	0.77	
특 별 인 부	인	0.20	0.26	0.36	0.46	AL 외 기타
배 관 공	〃	0.36	0.41	0.57	0.74	
보 통 인 부	〃	0.46	0.51	0.71	0.93	

 2) 선배수

(m 당)

공 종	단 위	Type-1	Type-2	Type-3	Type-4	Type-5	비 고
특 별 인 부	인	0.13	0.14	0.17	0.20	0.23	
배 관 공	〃	0.26	0.30	0.34	0.38	0.42	
보 통 인 부	〃	0.26	0.34	0.43	0.51	0.57	

 3) 장비사용료(Truck Crane)

공 종	단위(m)	작업일수	비 고
15ton	~40m	1일	1일 8시간 기준

[주] ① 본 품은 교량배수시설 제작 및 설치 전 공정을 평균단가로 산출한 것이다.
 ② 잡재료비는 재료비의 5%를 추가 계상한다.
 ③ 본 품은 교고 15m이하 기준이며, 15m 이상시 별도로 장비와 품을 계상한다.
 ④ 본 품은 육상구간에 대한 작업품으로, 수중 작업 시에는 수중작업에 소요되는 장비비(바지선 및 예선, 대선)를 별도 계상한다.

6-7 조립식 구조물 설치공

6-7-1 플륨관 설치('01, '06, '09, '16, '18, '21, '25년 보완)

(일 당)

구 분		단위	수량	시공량(본) / 본당 중량(kg)							
				50~150 미만	150~300 미만	300~500 미만	500~700 미만	700~900 미만	900~1,100 미만	1,100~1,300 미만	1,300~1,500 미만	1,500~1,800 미만	1,800~2,100 미만

구 분		단위	수량	50~150 미만	150~300 미만	300~500 미만	500~700 미만	700~900 미만	900~1,100 미만	1,100~1,300 미만	1,300~1,500 미만	1,500~1,800 미만	1,800~2,100 미만
인력	특별인부	인	2	75	63	52	42	36	31	27	23	20	17
	보통인부	〃	1										
장비	굴착기	대	1										

[주] ① 본 품은 철근 콘크리트 플륨관 및 벤치 플륨의 설치 기준이다.
② 본 품은 플륨관의 절단 및 설치, 이음 모르타르 설치 작업을 포함한다.
③ 터파기, 기초(콘크리트, 자갈, 모래), 지반고르기, 되메우기 등은 별도 계상한다.
④ 굴착기 규격은 작업여건(시공높이, 위치 등) 및 안전율을 고려하여 적합한 규격을 적용한다.
⑤ 공구손료 및 소모재료(이음 모르타르 등)는 인력품의 8%로 계상한다.

6-7-2 조립식 PC맨홀 설치('07년 신설, '17, '21년 보완)

(개 당)

구 분	규격	단위	수량							
			D900		D1,200		D1,500		D1,800	
			하부구체+상판	연직구체	하부구체+상판	연직구체	하부구체+상판	연직구체	하부구체+상판	연직구체
특별인부	-	인	0.48	0.25	0.64	0.33	0.80	0.41	0.96	0.46
보통인부	-	〃	0.23	0.12	0.30	0.15	0.38	0.19	0.48	0.23
크레인	10 ton	hr	0.98	0.50	1.12	0.57	1.25	0.64	1.44	0.83

[주] ① 본 품은 조립식 PC맨홀 설치를 기준한 것이다.
② 본 품의 연직구체는 1개 설치기준으로 설치수량에 따라 추가 계상한다.
③ 본 품은 맨홀 설치 및 조정, 접합부 연결(고무링, 연결핀, 모르타르 등)을 포함한다.

④ 터파기, 지반고르기, 되메우기, 맨홀뚜껑설치는 별도 계상한다.
⑤ 크레인 규격은 작업여건에 따라 변경할 수 있다.
⑥ 재료량은 별도계상 한다.

6-7-3 PC BOX 설치('23년 신설, '24년 보완)

(일 당)

구 분	단 위	규 격	수 량	단위중량 (ton)	시공량(개소)	
					Type-Ⅰ	Type-Ⅱ
기계설비공	인	-	2			
특 별 인 부	〃	-	4	5ton 미만	20	15
보 통 인 부	〃	-	2	10ton 미만	16	12
크 레 인	대	-	1	15ton 미만	14	11
강연선인장기	〃	120 ton	1			

[주] ① 본 품은 수로암거, 전력구, 공동구 등 일체형 1련 PC BOX를 설치하는 기준이다.
② 본 품은 PC구조물 인양 설치, 강연선 인장작업, 실링 및 정착구 마감 작업을 포함한다.
③ PC구조물 인양 및 설치 작업 환경 조건에 따라 Type-Ⅰ 또는 Type-Ⅱ를 적용한다.

구 분	작 업 환 경
Type-Ⅰ	- PC구조물 인양 및 설치 시 장애물이 없고 연속작업이 가능하거나 이에 준하는 작업환경일 경우
Type-Ⅱ	- 가설 흙막이, 지장물 등 장애물이 있고 연속작업이 어렵거나 이에 준하는 작업환경일 경우

④ 토공사(터파기, 되메우기, 고르기 등) 및 기초(콘크리트 등), 측량, 그라우팅 충전, 방수공사 작업은 별도 계상한다.
⑤ 크레인의 규격은 작업여건(시공높이, 시공위치 등) 및 안전율(적정하중, 작업반경 등)을 고려하여 적합한 규격을 적용한다.
⑥ 강연선인장기의 규격은 소요 긴장력에 따라 변경할 수 있다.
⑦ 공구손료 및 경장비(발전기, 절단기 등) 기계경비는 인력품의 2.5%로 계상한다.

6-7-4 PC기둥 설치('23년 신설, '24년 보완)

(일 당)

구 분	단 위	수 량	단위중량	시공량(개소)
형틀목공	인	3	2ton 미만	16
보통인부	〃	2	5ton 미만	15
			10ton 미만	13
			20ton 미만	10
크레인	대	1	30ton 미만	8
비 고	- 시공높이 30m를 초과하는 경우 시공량의 10%를 감하여 적용한다.			

[주] ① 본 품은 PC건축물의 기둥을 설치하는 기준이다.
② 본 품은 PC부재 인양 설치, 서포트 설치 및 해체, 수직도 확인 작업을 포함한다.
③ 기초콘크리트 및 기초 앵커볼트 설치 작업은 별도 계상한다.
④ 크레인의 규격은 작업여건(시공높이, 시공위치 등) 및 안전율(적정하중, 작업반경 등)을 고려하여 적합한 규격을 적용한다.
⑤ 공구손료 및 경장비(자체추진 고소작업대(시저형) 등) 기계경비는 인력품의 17%로 계상한다.

6-7-5 PC벽체 설치('24년 신설)

(일 당)

구 분	단 위	수 량	단위중량	시공량(개소)
형틀목공	인	3	2ton 미만	12
보통인부	〃	2	5ton 미만	11
			10ton 미만	10
			20ton 미만	8
크레인	대	1	30ton 미만	6
비 고	- 시공높이 30m를 초과하는 경우 시공량의 10%를 감하여 적용한다.			

[주] ① 본 품은 PC건축물의 벽체를 설치하는 기준이다.
② 본 품은 PC부재 인양 설치, 서포트 설치 및 해체, 수직도 확인 작업을 포함한다.
③ 기초콘크리트 및 기초 앵커볼트 설치 작업은 별도 계상한다.
④ 크레인의 규격은 작업여건(시공높이, 시공위치 등) 및 안전율(적정하중, 작업반경 등)을 고려하여 적합한 규격을 적용한다.
⑤ 공구손료 및 경장비(자체추진 고소작업대(시저형) 등) 기계경비는 인력품의 17%로 계상한다.

6-7-6 PC거더 설치('23년 신설, '24년 보완)

(일 당)

구 분	단 위	수 량	단위중량	시공량(개소)
형 틀 목 공	인	3	2ton 미만	21
특 별 인 부	〃	1	5ton 미만	19
보 통 인 부	〃	2	10ton 미만	17
			20ton 미만	15
크 레 인	대	1	30ton 미만	12
비	고	\- 시공높이 30m를 초과하는 경우 시공량의 10%를 감하여 적용한다.		

[주] ① 본 품은 PC건축물의 거더를 설치하는 기준이다.
② 본 품은 PC부재 인양설치, 다웰바 고정, 서포트 설치 및 해체, 우레탄폼 충전 및 실링 작업을 포함한다.
③ 크레인의 규격은 작업여건(시공높이, 시공위치 등) 및 안전율(적정하중, 작업반경 등)을 고려하여 적합한 규격을 적용한다.
④ 공구손료 및 경장비(자체추진 고소작업대(시저형) 등) 기계경비는 인력품의 15%로 계상한다.

6-7-7 PC슬래브 설치('23년 신설, '24년 보완)

(일 당)

구 분	단 위	수 량	단위중량	시공량(개소)
형 틀 목 공	인	3		
특 별 인 부	〃	1	2ton 미만	27
보 통 인 부	〃	2	5ton 미만	25
			10ton 미만	22
크 레 인	대	1		
비	고	\- 시공높이 30m를 초과하는 경우 시공량의 10%를 감하여 적용한다.		

[주] ① 본 품은 PC건축물의 슬래브를 설치하는 기준이다.
② 본 품은 PC부재 인양설치, 서포트 설치 및 해체, 우레탄폼 충전 및 실링 작업을 포함한다.
③ 크레인의 규격은 작업여건(시공높이, 시공위치 등) 및 안전율(적정하중, 작업반경 등)을 고려하여 적합한 규격을 적용한다.
④ 공구손료 및 경장비(자체추진 고소작업대(시저형) 등) 기계경비는 인력품의 15%로 계상한다.

6-7-8 모르타르 주입('24년 신설)

(일당)

구 분	단 위	수 량	시공량(㎡)
미 장 공	인	3	0.3
보 통 인 부	〃	1	

[주] ① 본 품은 PC건축물 부재(기둥, 벽)의 접합을 위해 모르타르를 충전하는 기준이다.
② 본 품은 거푸집 설치 및 해체, 모르타르 비빔 및 주입, 면정리 작업을 포함한다.
③ 공구손료 및 경장비(모르타르 믹서 등) 기계경비는 인력품의 5%로 계상한다.

6-7-9 모듈러 건축 설치('24년 신설, '25년 보완)

(일당)

구 분	단 위	수 량	단위규격	시공량(개소)		
				4층 이하	12층 이하	13층 이상
철 골 공	인	4	3.3m×12m 이내	12	6	4
특 별 인 부	〃	2				
보 통 인 부	〃	1				
크레인(크롤러)	대	1				

[주] ① 본 품은 동일 규격의 철골 모듈러 건축(적층식) 구조물 1개 유닛(공동주택, 학교 등)을 양중 및 설치하는 기준이다.
② 본 품은 모듈러 건축 구조물 인양 조립, 접합플레이트 설치 및 연결부 볼트 체결작업을 포함한다.
③ 모듈러 유닛 적층 후 실시하는 본조임은 제외한다.
④ 모듈러 내부 접합시 내외부 마감 작업은 별도 계상한다.
⑤ 크레인의 경우 작업여건(시공높이, 시공위치 등) 및 안전율을 고려하여 적합한 규격을 적용하며, 장애물 등 현장 여건 및 조건에 따라 양중장비 1대가 부족할 경우 추가 반영한다.
⑥ 공구손료 및 경장비(자체 추진 고소작업대 등) 기계경비는 인력품의 5.0%로 계상한다.

건설신기술 제642호	황마섬유 혼입 폴리머 모르타르와 나노메탈 함유 표면보호재를 항온정량배합 분사장비로 시공하는 보수·보호 공법 (ECOTECT공법) (특허 제0933249, 1044824, 1044825, 1103881, 1119750호)
2012. 2. 6 10년	

1. 표면처리
가. 표면바탕처리 및 세정

(㎡ 당)

공 종	규 격	단 위	수 량	비 고	유 형
바탕처리(그라인딩)	특별인부	인	0.13	비건전면 콘크리트면	(A)
〃	보통인부	〃	0.05	건전면 콘크리트면	
바탕처리(치핑)	특별인부	〃	0.23	단면복구용 바탕처리	(B)
고 압 수 세 정	〃	〃	0.024	-	(C)

나. 바탕면정리

(㎡ 당)

공 종	규 격	단 위	수 량	비 고	유 형
공극부퍼티	ECO-PUTTY	kg	0.05	- 표면 상태에 따른 선택적용 - 바탕면에 따라 조정재 두께 조정가능	(A)
	도장공	인	0.01		
	보통인부	〃	0.001		
바탕조정재 (1mm)	ECO-PT	kg	1.8		(B)
	미장공	인	0.012		
	보통인부	〃	0.005		

[주] 바탕조정재 두께는 현장 상황에 맞는 두께로 시공

2. 표면보호 및 코팅
가-a. 콘크리트염해/중성화/하폐수처리장/내오염/방수·방식
(1) 하도

(㎡ 당)

공 종	규 격	단 위	수 량	비 고	유 형
금속혼합물 표면보호재하도	ECOAT-PM	kg	0.173	기준 도막 두께이며, 도막 두께 증가시 소요량 비례 증가	(A)
	ECOAT/ECT(-200), (OT)	〃	0.294		(B)
세척 및 희석제	SN-#1	ℓ		최대 희석비 20% 미만	
노 임	도장공	인	0.040	1회당	

(2) 중도

(㎡ 당)

공 종	규 격	단 위	수 량	비 고	유 형
금 속 혼 합 물 표면보호재중도	ECOAT-HB	kg	0.215	기준 도막 두께이며, 도막 두께 증가시 소요량 비례 증가	(A)
	ECOAT/ECT(-200), (OT)	〃	0.294		(B)
세 척 및 희 석 제	SN-#1/SN-#2	ℓ		최대 희석비 20% 미만	-
노　　　　임	도장공	인	0.040	1회당	-

(3) 상도

(㎡ 당)

공 종	규 격	단 위	수 량	비 고	유 형
금 속 혼 합 물 표면보호재상도	ECT-AT	kg	0.2	기준 도막 두께이며, 도막 두께 증가시 소요량 비례 증가	(A)
	ECOAT/ECT(-200), (OT)	〃	0.294		(B)
	ECOAT-OT	〃	0.250		(C)
세 척 및 희 석 제	SN-#1/SN-#2	ℓ		최대 희석비 20% 미만	
노　　　　임	도장공	인	0.040	1회당	

[주] 세척 및 희석제 사용량은 공법사 별도제시 (일위대가에 포함)

가-b. 지하차도, 터널

공 종	규 격	단 위	수 량	비 고	유 형
금속혼합물표면보호재하도	ECOAT-PM	kg	0.173	기준 도막 두께이며, 도막 두께 증가시 소요량 비례 증가	(A)
금속혼합물표면보호재중도	ECOAT-HB	〃	0.215		(B)
금속혼합물표면보호재상도	ECOAT-OT	〃	0.168		(C)
세 척 및 희 석 제	SN-#1/SN-#2	ℓ		최대 희석비 20% 미만	
노　　　　임	도장공	인	0.040	1회당	

나. 수처리 시설물

(1) 하도

(㎡ 당)

공 종	규 격	단 위	수 량		비 고	유 형
			밀폐형	개방형		
금 속 혼 합 물 표면보호재하도	ECOAT/ECT(-200), (OT)	kg	0.294		기준 도막 두께이며, 도막 두께 증가시 소요량 비례 증가	(A)
	ECT (KC인증제품)	〃		0.294		(B)
세　척　　　제	SN-#1	ℓ			장비, 기구 세척제 사용량 10% 미만	
노　　　　임	도장공	인	0.040		1회당	

(2) 중도

(㎡당)

공종	규격	단위	수량 밀폐형	수량 개방형	비고	유형
금속혼합물 표면보호재중도	ECOAT/ECT(-200), (OT)	kg	0.294		기준 도막 두께이며, 도막 두께 증가시 소요량 비례 증가	(A)
	ECT (KC인증제품)	〃		0.294		(B)
세 척 제	SN-#1	ℓ	장비, 기구 세척제 사용량 10% 미만			
노 임	도장공	인	0.040		1회당	

(3) 상도

(㎡당)

공종	규격	단위	수량 밀폐형	수량 개방형	비고	유형
금속혼합물 표면보호재상도	ECT-AT (KC인증제품)	kg	-	0.2	기준 도막 두께이며, 도막 두께 증가시 소요량 비례 증가	(A)
	ECT (KC인증제품)	〃	0.294	-		(B)
세 척 제	SN-#1/SN-#2	ℓ	장비, 기구 세척제 사용량 10% 미만			
노 임	도장공	인	0.040		1회당	

[주] 세척제 사용량은 공법사 별도제시 (일위대가에 포함)

다. 내오존 방수방식
(1) 상도

(㎡당)

공종	규격	단위	수량	비고	유형
내오존도료	CRS-AOC (KC인증제품)	kg	0.19	-	(A)
세 척 제	SN-#4	ℓ	장비, 기구 세척제 사용량 10% 미만		
노 임	도장공	인	0.040	1회당	

[주] ① 세척제 사용량은 공법사 별도제시 (일위대가에 포함)
② 도막두께 증가시 소요량 증가

3. 콘크리트 단면 보수공법(ECOTAL)

(㎡당)

공 종	규 격	단 위	두 께			
			t=10mm	t=20mm	t=30mm	t=50mm
단면복구재 (황마섬유폴리머 모르타르)	ECOTAL	kg	21	42	63	105
노 임	미장공	인	0.083	0.131	0.217	0.362
	보통인부	〃	0.033	0.053	0.074	0.123

[주] 발주처 및 현장상황에 따라 "표준품셈 미장공사"편을 따를 수 있음

4. 철근 녹 제거 및 방청재 바르기

(㎡당)

공 종	구 분	규 격	단위	수 량
철근녹제거 및 방청	철 근 방 청 재	ECOAT-PMS	kg	0.099
		SN-#1	ℓ	0.015
	녹제거, 바르기	도장공	인	0.03

[주] 철근방청 도포작업은 붓을 이용하여 철근에 도포되는 실제 소요량을 산출하여 적용된 수치임.

5. 항온정량 분사장비

(㎡당)

공 종	규 격	단위	수 량
항온정량분사장비	ECOATER	hr	7.8
	도장공	인	0.006

6. 균열 보수

(m 당)

공 종	규 격	단 위	수 량
에코씰 균열 보수 (B=0.3~1.0㎜, T=150㎜ 기준)	ECO-200 (건식 주입제)	kg	0.1
	ECO-400 (건식 씰링재)	〃	0.23
	주입기	개	5
	유리섬유 피복제	m	1
	특별인부	인	0.1
	보통인부	〃	0.07
	잡재료비	식	재료비의 5%

* 균열 B=0.3㎜ 미만 적용시 주입제 표준소요량의 60% 소요.

[주] ① 재료량은 두께증가 비율 및 구조물 특성에 따라 소요량이 변경될 수 있음.
② 본 품은 벽체 기준으로 작성 한 것이며, 천정 작업시에는 재료와 노임을 20% 가산함.
③ 본 품은 위험공간 작업시 할증 필요.
④ 특수장비, 가설재 필요시 별도 계상.
⑤ 도장시 붓칠, 롤러칠, 일반뿜칠에 따른 품은 동일 적용.
⑥ 기구손료는 인력품의 2%를 계상.
⑦ 상기품은 기준두께의 수량을 게재한 것이며, 현장여건에 따라 두께 조정을 위한 수량의 변동은 공법사 기술팀과 협의 후 진행.
⑧ 대표적인 제품을 표기한 것이며, 특수구조물은 별도의 제품과 수량을 따라야 함.

■ 에코텍트(ECOTECT)공법 (신기술 제642호, 특허 제10-0933249, 10-1044824, 10-1044825, 10-1103881, 10-1119750호)

Ⅰ) 표면보호(보수): 1. 가(A, C)나(A) → 2. 가-a(1), (2), (3) (선택적용)
  ※ 하수암거, 농수로, 도로시설물, 하폐수처리장, 콘크리트 구조물 등

Ⅱ) 지하차도, 터널 방수방식(표면보호 및 표면보수)
  1. 가(A, C)나(A) (B)(선택적용) → 2. 가-b(A, B, C)

Ⅲ) 수처리구조물 방수방식(표면보호 및 표면보수)
  1. 가(A, C),나(B) → 2. 나(1), (2), (3) (선택적용[밀폐형, 개방형])
  ※ 응집지, 침전지, 여과조, 혼화지, 배수지, 정수지, 하폐수 처리장 등 물과 접촉하는 콘크리트 구조물 등

Ⅳ) 단면보수(단면복구)
  1. 가(B, C) → 4. (철근노출시) → 3. (두께 선택적용) → 2. (선택적용)
  ※ 하수암거, 염해지역, 교각, 콘크리트 구조물 등 단면보수가 요구되는 모든 구조물
  (비고. 단면복구 작업 선행 공통적용 후 표면보호재 도포시 '선택적용2'를 반드시 확인)

Ⅴ) 내오존 방수방식 시스템
  1. 가(A, C),나(B) → 2. 나(1), (2) (선택적용[밀폐형]) → 2. 다(1)
  ※ 고도처리시설, 염소투입실, 여과조 등 내오존 방수방식을 필요로 하는 모든 구조물

건설신기술 제1000호	슬러리월 내진 설계용 수평 철근 기계적 이음공법(SMS)
2024. 8. 19 8년	

- 시공절차 및 주요공정
  철근망 및 각관 조립 → 슬러리월 시공

1. 철근망 및 각관 조립
   ☞ 표준품셈 [공통 6-2-2 현장가공] 참조
   ☞ 표준품셈 [공통 6-2-3 현장조립] 참조

2. 슬러리월 시공

(개소당)

구 분		규 격	단 위	수 량
장 비	하이드로크레인	80ton	hr	0.2

[주] ① 본 품은 막음장치 설치·회수, 확대머리철근 설치를 포함하는 품이다.
② 슬러리월 시공은 별도 계상한다.
③ SMS 공법을 위한 막음장치 및 확대머리철근의 제작은 별도 계상한다.
④ 하이드로 크레인의 규격은 현장조건을 고려하여 변경될 수 있다.

건설신기술 제992호	면외 거동 방지용 가이드부가 구비된 강재 이력형 감쇠장치를 이용한 철근
2024. 6. 24 8년	콘크리트 골조 내진 보강 공법 (ENTA 공법)

· 시공절차 및 주요공정
  설치면 정리 → ENTA 보강프레임 가설치 → ENTA 보강프레임 본설치 → ENTA 댐퍼 설치 →
  정착부 실링 및 에폭시 주입 → 도장 보수

1. 설치면 정리
   ☞ 표준품셈 [공통 6-1-6 콘크리트 치핑] 참조
   [주] ① 가설 작업이 필요한 경우 현장 여건에 따라 별도 계상한다.
       ② 본 품에 소요되는 재료량은 설계수량에 따라 별도 계상한다.

2. ENTA 보강프레임 가설치
   ☞ 표준품셈 [건축 1-2-1 현장 세우기] 참조
   [주] ① 본 품은 ENTA 보강프레임 가설치를 위한 품이다.
       ② 가설 작업이 필요한 경우 현장 여건에 따라 별도 계상한다.
       ③ 본 품에 소요되는 재료량은 설계수량에 따라 별도 계상한다.

3. ENTA 보강프레임 본설치
   ☞ 표준품셈 [건축 1-2-6 앵커볼트 설치] 참조
   [주] ① 본 품은 ENTA 보강프레임 본설치를 위한 품이다.
       ② 가설 작업이 필요한 경우 현장 여건에 따라 별도 계상한다.
       ③ 본 품에 소요되는 재료량은 설계수량에 따라 별도 계상한다.

4. ENTA 댐퍼 설치
   ☞ 표준품셈 [건축 1-2-4 고장력볼트 본조임] 참조
   [주] ① 본 품은 ENTA 댐퍼 설치를 위한 품이다.
       ② 가설 작업이 필요한 경우 현장 여건에 따라 별도 계상한다.
       ③ 본 품에 소요되는 재료량은 설계수량에 따라 별도 계상한다.

5. 정착부 실링 및 에폭시 주입
   ☞ 표준품셈 [건축 6-6-1 수밀코킹] 참조
   [주] ① 가설 작업이 필요한 경우 현장 여건에 따라 별도 계상한다.
       ② 본 품에 소요되는 재료량은 설계수량에 따라 별도 계상한다.

6. 도장 보수
   ☞ 표준품셈 [건축 11-2-6 녹막이 페인트칠] 참조
   [주] ① 가설 작업이 필요한 경우 현장 여건에 따라 별도 계상한다.
       ② 본 품에 소요되는 재료량은 설계수량에 따라 별도 계상한다.

건설신기술 제986호	원형단면 중심부에 관통홀을 형성한 강재 통공앵커를 사용한 교량받침 교
2024. 3. 15 8년	체 공법(EPF 교량받침교체공법)

· 시공절차 및 주요공정

교량받침 교체 → 신구 콘크리트 접착제 바르기 → 철근 현장 가공 및 조립 → 합판거푸집 설치 및 해체 → SOLE PLATE 제작 및 설치 → 통공앵커볼트 설치 → 에폭시 주입 → 강재 도장 → 전기아크용접 → 무수축 시멘트타설

1. 교량받침 교체 / 2. 신구콘크리트 접착제 바르기 / 3. 철근 현장 가공 및 조립 / 4. 합판거푸집 설치 및 해체 / 8. 강재 도장 / 9. 전기아크용접 / 10. 무수축 시멘트 타설
  ☞ 표준품셈 [공통 1-3-8 교량받침 교체] 참조

[주] ① 본 품은 원형단면 중심부에 관통홀을 형성한 강재 통공앵커를 사용한 교량받침 교체 작업을 기준으로 한 것이다.
② 교량받침 교체를 위한 신구콘크리트 접착제, 철근, 합판거푸집, 강재 도장(유성페인트 붓칠 2회, 방청페인트 붓칠 1회 기준), 무수축 시멘트의 재료비는 별도 계상한다.

5. SOLE PLATE 제작 및 설치
  ☞ 표준품셈 [건축 8-3-1 잡철물 제작 및 설치] 참조

6. 통공앵커볼트 설치
  ☞ 표준품셈 [건축 8-3-1 잡철물 제작 및 설치] 참조

[주] ① 본 품은 강재 통공앵커볼트를 설치하는 작업을 기준으로 한 것이다.
② 본 품에 소요되는 재료량은 다음을 참고한다.

(개소당)

구 분	규 격	단 위	수 량
통공앵커볼트(EPF)	Ø=24, L=130㎜, 4㎏	개	4

7. 에폭시 주입

(㎡당)

구 분		규 격	단 위	수 량
인 력	미 장 공	-	인	0.28
	특 별 인 부	-	〃	0.55
	보 통 인 부	-	〃	1.1
장 비	공 기 압 축 기	3.5㎥/min	hr	1
	발 전 기	25kW	〃	1

[주] ① 본 품은 관통홀을 형성한 강재 통공앵커를 통해 에폭시를 주입하는 작업을 기준으로 한 것이다.
② 본 품은 에폭시 두께 6.0㎜를 기준으로 한 것이며, 에폭시 두께가 다른 경우에는 별도 계상한다.
③ 잡재료비 및 기구손료는 별도 계상한다.
④ 본 품에 소요되는 재료량은 설계수량에 따라 별도 계상한다.

520 | 공통부문

| 건설신기술 제984호 | 초경량 보수재와 급결제를 선 혼입형 삼중 노즐로 동시 뿜칠하여 시공효율 |
| 2024. 3. 7 8년 | 을 향상시킨 콘크리트 보수공법(LARM REPAIR SYSTEM) |

・시공절차 및 주요공정
  콘크리트 표면정리 → 고압수 세척 → 초경량 보수 모르타르 및 세라믹 급결재 동시뿜칠 → 중성화 프라이머 도포 → 중성화 코팅제 도포

1. 콘크리트 표면정리
☞ 표준품셈 [공통 6-1-6 콘크리트 치핑] 참조

2. 고압수 세척

(㎡당)

구 분	단 위	수 량
특 별 인 부	인	0.024

[주] 본 품은 고압수 세척이 필요한 경우 계상한다.

3. 초경량 보수 모르타르 및 세라믹 급결재 동시뿜칠

(㎡당)

구 분		규 격	단 위	수 량
인 력	미 장 공	-	인	1.40
	콘 크 리 트 공	-		0.46
	보 통 인 부	-		0.46
장 비	그 라 우 팅 믹 서	190×2ℓ	hr	3.74
	그 라 우 팅 펌 프	40-125ℓ/min		3.74
	공 기 압 축 기	3.5㎥/min		3.74
	발 전 기	50kW		3.74

[주] ① 본 품은 타설 장비에 의한 기계바름 기준이며 바름 두께 30mm부터 적용한다.
② 본 품은 상부, 벽체, 바닥에 적용한다.
③ 배합 품은 표준품셈 [건축 9-1-1 모르타르 배합]을 참고한다.
④ 재료량은 다음을 참고한다.

(㎡당)

구 분	규 격	단 위	수 량		비 고
			두께 30mm	두께 50mm	
경량 폴리머 보수용 몰탈	JETCON JC500	kg	51	85	할증 포함
알칼리 프리 계 액상 급결재	JETCON LAF	〃	1.53	2.55	

4. 중성화 프라이머 도포

(㎡당)

구 분	단 위	수 량
방 수 공	인	0.02
보 통 인 부	〃	0.01

[주] ① 본 품은 상부, 벽체에 적용한다.
② 본 품은 2회 바름을 기준으로 한다.
③ 재료량은 다음을 참고한다.

(㎡당)

구 분	규 격	단 위	수 량	비 고
중성화방지재프라이머	JETCON JC140 PRIMER	kg	0.193	할증 포함

5. 중성화 코팅제 도포

(㎡당)

구 분	단 위	수 량	
		상 부	벽 체
도 장 공	인	0.029	0.024
보 통 인 부	〃	0.005	0.004

[주] ① 본 품은 천정, 벽체에 적용한다.
② 본 품은 2회 바름을 기준으로 한다.
③ 재료량은 다음을 참고한다.

(㎡당)

구 분	규 격	단 위	수 량	비 고
중성화방지재표면코팅제	JETCON JC140 COAT	kg	0.419	할증 포함

522 | 공통부문

건설신기술 제981호	내부양생효과를 증진한 고흡수성수지(SAP) 콘크리트와 철근배근 일체식 자동화 페이버를 이용한 박층연속 철근 콘크리트 덧씌우기 포장 공법 (UT-CRCP)
2023. 12. 29 8년	

· 시공절차 및 주요공정
  철근가공조립 → UT-CRCP 포설, 양생 → 포장절단 및 줄눈설치

1. 철근가공조립
  ☞ 표준품셈 [공통 6-2-4 공장가공 : Type-Ⅱ] 참조
  ☞ 표준품셈 [공통 6-2-2 현장가공 : Type-Ⅱ] 참조
  ☞ 표준품셈 [공통 6-2-3 현장조립 : Type-Ⅱ] 참조
[주] ① 본 품은 연속철근 자동배근용 커플러 이음을 위한 공장가공, 현장가공 및 현장조립작업이 포함된다.
    ② 잡재료비와 공구손료는 별도 계상한다.
    ③ 운반비는 별도 계상한다.

2. UT-CRCP 포설, 양생

(일당)

구 분		규 격	단 위	수 량	시공량(㎡)
인 력	포 장 공	-	인	4	
	특 별 인 부	-	〃	1	
	보 통 인 부	-	〃	6	820
장 비	UT-CRCP 장비	224.0kW	대	1	
	물 탱 크 (살 수 차)	16,000ℓ	〃	1	
	트럭탑재형크레인	5~8ton	〃	1	

[주] ① 본 품은 UT-CRCP 장비를 이용한 박층 연속철근 콘크리트 덧씌우기 포장공법을 기준으로 한 것이다.
    ② 본 품은 1차로 기준이며, 철근의 자동배근, 콘크리트 포설, 면 마무리, 양생작업이 포함되어 있다.
    ③ 양생재, 비닐 등 재료비는 별도 계상한다.
    ④ 기계경비는 다음을 참고한다.

장비명	규격	시간당손료 (10^{-7})	가격 (천원)	주연료 (ℓ/hr)	잡재료 (주연료대비%)	조종원 (인/일)
UT-CRCP	224.0kW	2,299	421,105	28.9	14	1

3. 포장절단 및 줄눈설치
  ☞ 표준품셈 [유지관리 2-1-2 포장절단] 참조
  ☞ 표준품셈 [토목 1-6-7 포장줄눈 설치] 참조
[주] ① 본 품의 절단 깊이는 100㎜를 기준으로 한다.
    ② 줄눈재, 백업재 등 재료비는 별도 계상한다.

| 건설신기술 제971호 | U자형 벽식구조 프리캐스트 콘크리트 모듈 상부로부터 박스형 인필모듈을 |
| 2023. 11. 20 8년 | 삽입하는 방식의 탈현장 건설공법 |

· 시공절차 및 주요공정
  PC유닛 및 Infill모듈 제작 → PC유닛 및 Infill모듈 반입 → PC 모듈러 설치

1. PC유닛 및 Infill모듈 제작
   ※ PC유닛 및 Infill모듈 Set의 제작 비용은 별도 계상한다.

2. PC유닛 및 Infill모듈 반입
   ※ PC유닛 및 Infill모듈 Set의 제작 비용에 반입 비용을 포함한다.

3. PC 모듈러 설치
   가. 설치
   ☞ 표준품셈 [공통 6-7-4 PC기둥] 참조
   [주] 본 품은 공장에서 제작된 PC유닛 및 Infill모듈 Set을 설치하는 기준이다.

   나. 조립

(일당)

구 분		규 격	단 위	수량	시공량 (모듈러 Set)
인 력	보 통 인 부	-	인	4	6
재 료	볼 트	18mm	개	16	

[주] ① 본 품은 PC유닛 및 Infill모듈 Set의 부재 조립에 대한 기준이다.
    ② 공구손료는 인력품의 3%를 계상한다.

품셈 유권해석

유로폼의 강관파이프 적용

6-3-3 유로폼 설치 해체 품셈 내용 중 유포폼(자재수량)의 부자재에 강관파이프가 설치요율에 따라 적용요율이 달라지는데, 유로폼 설치 및 해체를 위한 가설비계용으로 강관파이프를 적용하였는지 아님 다른 용도가 적용하였는지가 궁금합니다.

> **답변내용**
> ➡ 표준품셈 공통부문 "6-3-3 유로폼 설치 및 해체/2. 자재수량"에서 강관파이프는 가설비계용이 아닌 유로폼 설치시 보강을 위해 후크와 함께 후면에 설치하는 자재입니다.

유로폼의 높이할증

질의1. 공통 6-3- 유로폼 설치 및 해체에서 건축물의 높이가 12m라면 7m 까지는 품셈 그대로 적용이고 7m초과분부터 인력품 10%를 할증해야 하나요?
질의2. 복잡의 기준에 있는 외부 벽체와 보통의 기준에 있는 내부 벽체의 차이점을 알고 싶습니다.

> **답변내용**
> ➡ 답변1. 표준품셈 공통부문 "6-3-3 유로폼 설치 및 해체"는 '수직고 7m를 초과하는 경우 매 3m 마다 인력품을 10%까지 가산한다.(현장 여건에 따라 장비가 필요한 경우 양중장비를 계상하고, 인력품을 가산하지 않는다.)' 를 참조하시기 바랍니다. 수직고는 일반적으로 내부의 경우 각 층의 바닥면에서, 외부의 경우 지반고에서부터 설치 높이까지를 기준으로 하고 있습니다. 높이에 따른 할증은 작업을 수행하는 해당구간에 한하여 적용하시기 바랍니다.
> 답변2. 표준품셈 공통부문 "6-3-3 유로폼설치 및 해체"에서 복잡의 '외부 벽체'는 건축물 외부의 벽면을 의미하며, 일반벽체는 건물내부벽체(면)을 의미합니다. 이는 외부벽체의 시공여건(비계위 작업)과 내부에서의 시공여건(슬라브 위)을 고려하여 구분하고 있습니다

현장가공의 철근조립수량

내역서에 철근 조립 수량 118톤 철근 가공 수량 50톤으로 반영되어져 있어 조립 수량과 가공 수량에 68톤의 차이가 발생되어져 있는 실정입니다. 수량 차이에 대해서 협의한 결과 전체 철근 중 하치장에서 받아서 가공 없이 사용하는 직선 철근이 68톤이므로 적정하게 반영되어져 있다는

의견과 22년 신설된 "표준품셈 제6장 철근콘크리트공사 6-2 철근 (주) ① 가공은 절단 ~ , 가공수량은 전체 철근조립 수량을 기준으로 한다" 라는 문구를 근거로 가공 수량을 당초 50톤에서 조립 수량인 118톤으로 설계 변경하여 반영되어져야 한다는 의견이 나누어져 어떤 수량을 적용하는 것이 적절한 것인지 문의를 드립니다.

답변내용

➥ 2022년 개정된 표준품셈 공통부문 "6-2-2 현장가공"의 가공수량은 전체 철근조립 수량을 기준으로 하며, 장철근(직선철근)을 포함한 전체 철근 조립 수량을 적용하시기 바랍니다. 이는 장철근 및 가공철근을 포함한 전체수량을 공장에서 납품받는 형태로 관리되고 있는 실태를 고려하였습니다.
또한 설계변경 및 계약변경은 계약과 관련된 사항으로 이는 표준품셈관리기관에서 답변드릴 수 없는 사항이며, 국가계약법 또는 지방계약법 등 관련규정에 따라 계약관련기관에서 답변드릴 사항이오니 어려우시더라도 해당기관으로 문의하여 주시기 바랍니다.

콘크리트치핑 소운반비

콘크리트 치핑 품에 콘크리트 치핑 장소에서 운반 차량까지의 폐기물 운반과 관련한 소운반비가 포함되어 있는지 여부를 알려주십시오.

답변내용

➥ 콘크리트치핑에서 폐기물을 운반차량까지 운반하는 소운반은 20m까지만 포함되어 있습니다. 소운반은 일반적으로 품에서 포함된 것으로 품에서 포함된 것으로 규정된 소운반 거리는 편도 20m 이내의 거리이며, 20m를 초과하는 경우에는 초과분에 대하여 표준품셈 공통부문 "1-2-7 운반/2.인력운반 기본공식" 등을 활용하여 별도 계상하도록 정하고 있습니다.
품항목과 무관하게 인력운반을 적용하실 경우 전체 운반거리를 적용하시기 바라며, 당해공사에서 표준품셈의 적용여부 및 판단, 수량산출 등에 관련된 사항은 해당공사의 특성을 고려하시고 표준품셈을 참조하시어 공사관계자가 직접 결정하실 사항임을 양지해 주시면 감사드리겠습니다.

프리캐스트 콘크리트 패널의 부자재 포함 여부

공통부분 6-6-7 프리캐스트 패널 설치('08년 신설, '24년 보완) 편에 2항 본품은 고무패드 설치, 이음부 모르타르 타설 작업 포함한다 라고 되어 있습니다. 이 내용은 고무패드, 모르타르 재료비 포함인지 여부가 궁금합니다.

답변내용

➜ 공통부문 "6-6-7 프리캐스트 패널설치"에서 고무패드, 모르타르 재료비는 포함되어 있지 않으니 별도 계상하시기 바랍니다.

철근 공장가공의 공장관리비

철근의 공장가공(6-2-4)에 공장관리비 항목이 나오는데 구체적으로 어떤 비용인가요?

답변내용

➜ 표준품셈 공통부문 "6-2-4 공장가공"은 철근을을 공장에서 생산하는 것으로, 공장관리비는 공장제작에 따른 제경비를 지칭하며 공장생산에 따른 중기임차료 및 유지비, 운반비(현장내운반), 외주가공비, 잡비 등을 말합니다.
현장제작시에는 공장제작비용을 제외하시기 바랍니다. 공장제작에 따른 제경비는 작업난이도가 반영된 노무품의 60%에 해당된다는 것을 의미하는 것으로 산재보험료·기타경비·간접노무비·일반관리비·이윤 등은 포함되어 있지 않습니다.

정규 철근 외 규격에 대한 적용

현장철근가공은 답변에서 조립 철근 전체 수량을 기준한다고 회신하여 주셨는데 6-2-4 공장가공의 주석에는 조립철근 전체 수량 적용이란 [주]란에 없어 현장 가공과 같이 9m철근의 경우 정규 철근 8m는 현장으로 나머지 1m는 공장 가공 후 현장으로 분리 반입하여 전체 철근을 조립합니다. 정규 철근 8m는 공장 가공이 필요하지 않아 공장 가공 수량은 1m만 적용하고 현장 조립은 8m +1m 전체로 구분하여 적용하여야 하는지 아니면 현장 가공 조립의 경우와 같이 전체 수량을 적용해야 하는지 질의드립니다.

답변내용

➜ 표준품셈 공통부문 "6-2-4 공장가공"에서 가공수량은 전체 철근 수량을 기준으로 하고 있습니다. 현장에서 공장가공과 현장가공이 병행되어 수행된다면, 현장가공 수량을 별도로 적용가능하나, 현장가공이 현장에서 발생되지 않는다면 전체 철근 조립 수량을 공장가공으로 반영하여야 합니다. 이는 장철근 및 가공철근을 포함한 전체수량을 공장에서 납품받는 형태로 관리되고 있는 실태를 고려하였습니다.

타설 완료 후 철근 절곡

BOX형 콘크리트 구조물을 시공 계획중인 시공사입니다. 콘크리트 구조물공사 중 띠장, 버팀보 등의 간섭으로 하부 콘크리트 타설완료 후 수직철근을 굽힘(절곡)하여 시공계획중입니다. 해당되는 철근의 수량을 표준품셈 6-2-2 철근 현장가공으로 적용가능한지 질의드립니다.

답변내용

➡ 공통부문 "6-2-2 현장가공"은 가공장에서 절곡기 가공도구 등을 사용하여 철근을 절단, 절곡하는 기준으로 타설완료 후 철근 절곡에 대한 기준은 아닙니다.

거푸집 중 소모자재, 부자재, 공구손료 요율적용 범위

유로폼의 경우 유형에 따라 각각 소모자재와, 부자재, 공구손료에 관하여 계상되어 있습니다. 알루미늄폼 및 보데크플레이트의 경우, 소모자재, 부자재, 공구손료의 적용에 있어 적용가능한지 질의드립니다.

답변내용

➡ 표준품셈 공통부문 "6-3-7 알루미늄폼 설치 및 해체"에서는 소모자재, 부자재, 공구손료의 적용기준은 별도로 제시하고 있지 않습니다.
잡재료 및 소모재료는 표준품셈 공통부문 "1-2-4 재료 및 자재의 단가/7. 잡재료 및 소모재료"를 참조하시기 바라며, 공구손료는 "1-2-6 공구 및 경장비"를 참조하시기 바랍니다.

기존 규격 이상의 채움재 설치

품셈 공통부분 6-3-10 신축이음재 2. 채움재 설치 에서 채움재 두께 20mm를 기준한 것이다. 라고 나오는데 채움재를 60mm로 하려면 재료는 20mm×3매이면 가능할거라 생각되는데 인건비도 3배를 하면 될지 질의드립니다.

답변내용

➡ 표준품셈 공통부문 "6-3-10 신축이음 설치"에서 2. 채움재 설치는 두께 20mm를 기준한 것으로 60mm에 대한 기준은 정하고 있지 않습니다. 표준품셈에서 정하지 않는 사항은 동품셈 1-1-3의 4항을 참조하시어 적정한 예정가격산정기준을 적의 결정하여 사용하시기 바라며, 당해공사에서 표준품셈의 적용여부 및 판단, 수량산출 등에 관련된 사항은 해당공사의 특성을 고려하시고 표준품셈을 참조하시어 공사관계자가 직접 결정하실 사항임을 양지해 주시면 감사드리겠습니다.

지하실도 7m까지 본품 적용 여부

건축표준품셈 제6장 철근콘크리트 공사의 거푸집 설치 해체품의 비고란에 본 품은 수직고 7m까지 적용한다고 기재되어 있는데 지하실도 지하 7m까지 본 품을 적용하는지 질의드립니다.

> **답변내용**
>
> ➡ 공통부문 "6장 철근콘크리트"에서 '수직고'는 장비 또는 인력이 작업할 수 있는 여건이 마련된 기준면에서부터의 수직으로 측정한 높이를 의미합니다. 외부의 경우 지반고에서부터 설치 높이까지를 기준으로 하고 있으며, 해당되는 높이의 품을 적용하시면 됩니다."

소운반 거리 계산 시작점

건축 표준품셈 1-2-7 운반. "소운반의 운반 거리에서 (1) 품에서 자재의 소운반은 포함이며, 품에서 포함된 것으로 규정된 소운반 거리는 20m 이내의 거리를 의미한다"에서 20m의 시작점은 어디에서 부터 20m의 거리가 시작되는지 질의드립니다.
예를 들어 현장 입구나 건축물 외벽 선(자재 운반 방향) 또는 1층 출입구, 또는 현장입구와 건축물 외벽선의 중간 지점 등 소운반 거리 20m의 시작점에 대한 답변 부탁드립니다.

> **답변내용**
>
> ➡ 소운반은 현장내에 반입된 자재를 작업위치까지 이동하는 것을 의미합니다. 여기서 소운반의 시작지점에 대한 기준은 표준품셈에서 별도로 제시하고 있지 않습니다.
> 표준품셈에서 정하지 않는 사항은 동 품셈 1-1-3의 4항을 참조하시어 적정한 예정가격산정기준을 적의 결정하여 사용하시기 바라며, 당해공사에서 표준품셈의 적용여부 및 판단에 관련된 사항은 해당공사의 특성을 고려하시어 표준품셈을 참조하시어 공사관계자가 직접 결정하실 사항임을 양지해 주시면 감사드리겠습니다.

철근, 거푸집, 동바리 등 인양용 장비비 산정

거푸집 설치 및 해체의 비고 에 현장여건에 따라 상시적인 크레인을 활용한 시공이 필요한 경우 해당 장비를 작업조에 추가하여 계상하고, 시공량은 감하지 않는다.
질의1. 상기 기준에서 상시적인 크레인을 활용한 시공이 필요한 경우는 어떠한 경우인가요?
질의2. 크레인을 활용한 시공이 필요한 경우 장비비 계상 기준은 어떤 기준을 이용해야 할까요? 크레인별 일일 양중처리 기준이 있는가요?
질의3. 거푸집 설치 및 해체의 비고에 본 품은 수직고 7m까지 적용하며 에서 수직고 7m까지의 의미는 1개 층의 높이를 의미하는지, 건물높이를 의미하는지 질의드립니다.

답변내용

➡ 답변1. 2 공통부문 "6장 철근콘크리트"에서 철근, 거푸집, 동바리의 경우 현장여건상 인력으로만 시공이 불가능하고 상시적으로 크레인을 활용할 경우에 해당되며, 크레인 장비 비용 계상 기준은 표준품셈 공통부문 "8장 건설기계"의 기계가격과 기계손료기준을 참조하시어 별도로 계상하시기 바랍니다. 크레인별 일일 양중처리 기준은 별도로 정하고 있지 않습니다. 표준품셈에서 정하지 않는 사항은 동품셈 1-1-3의 4항을 참조하시어 적정한 예정가격산정기준을 결정하여 사용하시기 바랍니다.
답변3. 표준품셈 공통부문 "6장 철근콘크리트"에서 '수직고'는 장비 또는 인력이 작업할 수 있는 여건이 마련된 기준면에서부터 수직으로 측정한 높이를 의미합니다. 외부의 경우 지반고에서부터 설치 높이까지를 기준으로 하고 있으며, 해당되는 높이의 품을 적용하시면 됩니다."

제시된 교량배수시설 규격 외 적용여부

교량배수시설 설치 품이 ø150~250mm 이하인데 이 외의 규격 Φ250mm 초과 부분에 대한 적용은 어떻게 해야할지 질의 드립니다.

답변내용

➡ 표준품셈 공통부문 "6-6-8 교량배수시설 설치"는 규격 150~250mm기준으로 250mm를 초과하는 규격에 대한 기준은 제시하고 있지 않습니다. 표준품셈에서 정하지 않는 사항은 동품셈 1-1-3의 4항을 참조하시어 적정한 예정가격산정기준을 적의 결정하여 사용하시기 바랍니다.
당해공사에서 표준품셈의 적용여부 및 판단, 수량산출 등에 관련된 사항은 해당공사의 특성을 고려하시고 표준품셈을 참조하시어 공사관계자가 직접 결정하실 사항임을 양지해 주시면 감사드리겠습니다.

지수제 부착 및 수밀코킹의 포함

6 7 3 PC BOX 설치 품에 '정착구 수팽창 지수제 부착' 및 '암거 접합면 수밀코킹' 작업이 포함되어 있는지 질의드립니다.

답변내용

➡ 표준품셈 공통부문 "6-7-3 PC BOX 설치는 주4에 따라 방수공사 작업은 별도계상하도록 되어 있습니다. 또한 주2에 따라 실링작업은 포함하고 있습니다.

제7장 돌공사

7-1 돌쌓기

7-1-1 메쌓기('12, '19년 보완)

(㎡당)

구 분	규 격	단 위	수 량(뒷길이)		
			35cm 이하	55cm 이하	75cm 이하
석 공	-	인	0.10	0.09	0.08
보 통 인 부	-	〃	0.05	0.04	0.03
굴착기+부착용집게	0.6㎡	hr	0.39	0.37	0.35

[주] ① 본 품은 잡석을 채움재로 사용하는 깬돌 및 깬잡석의 골쌓기 기준이다.
② 경사도가 1:1 보다 급한 경우이며, 높이 3m이하 기준이다.
③ 규준틀 설치, 돌쌓기, 잡석 채움, 배수파이프 설치 작업을 포함한다.
④ 기초다짐 및 뒤채움은 '[공통부문] 3-4-4/3-4-5 뒤채움 및 다짐'을 따른다.
⑤ 굴착기 규격은 작업여건(작업범위, 위치 등)에 따라 변경할 수 있다.
⑥ 재료량은 설계수량을 적용한다.

7-1-2 찰쌓기('12, '18, '19년 보완)

(㎡당)

구 분	규 격	단 위	수 량 (뒷길이)		
			35cm 이하	55cm 이하	75cm 이하
석 공	-	인	0.09	0.08	0.07
보 통 인 부	-	〃	0.05	0.04	0.03
굴착기+부착용집게	0.6㎡	hr	0.31	0.30	0.28

[주] ① 본 품은 콘크리트를 채움재로 사용하는 깬돌 및 깬잡석의 골쌓기 기준이다.
② 경사도가 1:1 보다 급한 경우이며, 높이 3m이하 기준이다.
③ 규준틀 설치, 돌쌓기, 콘크리트 채움, 배수파이프 설치, 줄눈메꿈 작업을 포함한다.
④ 기초다짐 및 뒤채움은 '[공통부문] 3-4-4/3-4-5 뒤채움 및 다짐'을 따른다.
⑤ 굴착기 규격은 작업여건(작업범위, 위치 등)에 따라 변경할 수 있다.
⑥ 재료량은 설계수량을 적용한다.

7-2 돌붙임

7-2-1 메붙임('12, '19년 보완)

(㎡ 당)

구 분	규 격	단 위	수 량 (뒷길이)		
			35cm 이하	55cm 이하	75cm 이하
석 공	-	인	0.13	0.12	0.11
보 통 인 부	-	〃	0.04	0.03	0.02
굴착기+부착용집게	0.6㎥	hr	0.25	0.24	0.22

[주] ① 본 품은 잡석을 채움재로 사용하는 깬돌 및 깬잡석의 돌붙임 기준이다.
　　② 경사도가 1:1 보다 완만한 경우이며, 높이 5m이하 기준이다.
　　③ 규준틀 설치, 돌붙임, 잡석 채움, 배수파이프 설치 작업을 포함한다.
　　④ 기초다짐 및 뒤채움은 '[공통부문] 3-4-4/3-4-5 뒤채움 및 다짐'을 따른다.
　　⑤ 굴착기 규격은 작업여건(작업범위, 위치 등)에 따라 변경할 수 있다.
　　⑥ 재료량은 설계수량을 적용한다.

7-2-2 찰붙임('12, '19년 보완)

(㎡ 당)

구 분	규 격	단 위	수 량 (뒷길이)		
			35cm 이하	55cm 이하	75cm 이하
석 공	-	인	0.11	0.10	0.09
보 통 인 부	-	〃	0.04	0.03	0.02
굴착기+부착용집게	0.6㎥	hr	0.22	0.21	0.20

[주] ① 본 품은 콘크리트를 채움재로 사용하는 깬돌 및 깬잡석의 돌붙임 기준이다.
　　② 경사도가 1:1 보다 완만한 경우이며, 높이 5m이하 기준이다.
　　③ 규준틀 설치, 돌쌓기, 잡석 채움, 배수파이프 설치, 줄눈메꿈 작업을 포함한다.
　　④ 기초다짐 및 뒤채움은 '[공통부문] 3-4-4/3-4-5 뒤채움 및 다짐'을 따른다.
　　⑤ 굴착기 규격은 작업여건(작업범위, 위치 등)에 따라 변경할 수 있다.
　　⑥ 재료량은 설계수량을 적용한다.

> **참 고** 돌쌓기 규격별 소요량

구분		단위	수 량(뒷길이)						
			25cm	30cm	35cm	45cm	55cm	60cm	75cm
돌의 전면 규격		cm	17×17	20×20	25×25	30×30	35×35	40×40	50×50
㎡당 개수		개	33	24	17	12	9	6	4
고임돌 (돌쌓기)	깬잡석	㎥	0.09	0.11	0.13	0.16	0.19	0.21	0.26
	깬 돌	〃	-	0.10	0.12	0.15	0.18	0.20	0.25
틈메우기돌(돌붙임)		〃	고임돌(돌쌓기)의 15%까지 계상할 수 있다						
채움콘크리트		〃	0.11	0.14	0.16	0.20	0.25	0.27	0.34
줄눈메꿈모르타르		〃	0.009	0.009	0.009	0.009	0.009	0.009	0.009

[주] 돌의 중량은 돌의 형상, 종류, 부피 등을 고려하고 '[공통부문] 1-3-3 재료의 단위중량'을 참고하여 계상한다.

> **참 고** 돌쌓기 표준도

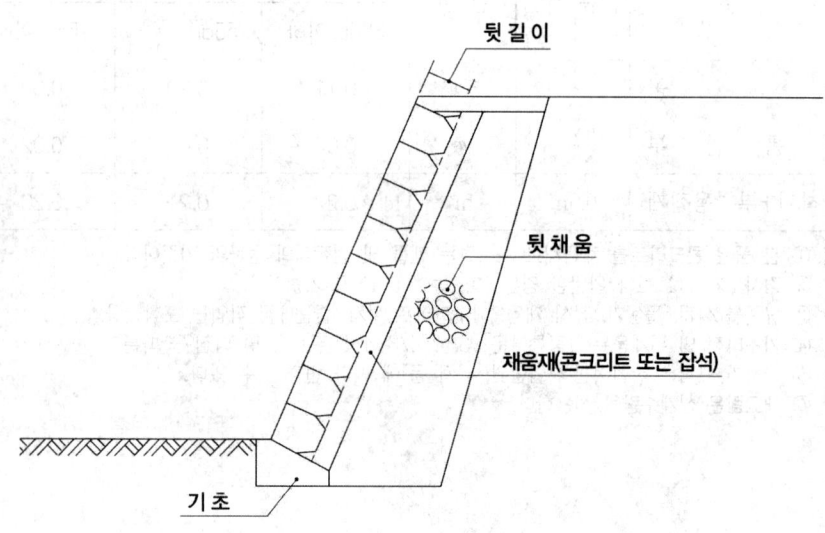

7-3 전석쌓기 및 깔기

7-3-1 전석쌓기('92년 신설, '12, '18년 보완)

(㎥ 당)

구 분	규 격	단 위	수 량
석 공	-	인	0.13
보 통 인 부	-	〃	0.02
굴 착 기	0.6 ㎥	hr	0.43

[주] ① 본 품은 굴착기를 이용하여 전석(0.3㎥~0.5㎥급)을 쌓는 품이다.
② 본 품은 전석쌓기, 고임돌 및 채움 콘크리트 시공이 포함된 것이다.
③ 기초 콘크리트, 고임돌 소요량은 별도 계상한다.
④ 기초 콘크리트 타설품은 별도 계상한다.
⑤ 장비의 규격은 작업여건(작업범위, 위치 등)에 따라 변경할 수 있다.
⑥ 재료량은 다음을 참고하여 적용한다.

(㎥ 당)

구 분	단 위	수 량
채 움 콘 크 리 트	㎥	0.2

7-3-2 전석깔기('18년 신설)

(㎡ 당)

구 분	규 격	단 위	수 량
석 공	-	인	0.06
보 통 인 부	-	〃	0.02
굴 착 기	0.6 ㎥	hr	0.17

[주] ① 본 품은 굴착기를 이용하여 전석(0.3㎥~0.5㎥급)을 바닥에 까는 품이다.
② 본 품은 전석깔기, 고임돌 시공이 포함된 것이다.
③ 콘크리트, 고임돌 소요량은 별도 계상한다.
④ 콘크리트 타설품은 별도 계상한다.
⑤ 장비의 규격은 작업여건(작업범위, 위치 등)에 따라 변경할 수 있다.

7-4 석재판 붙임

7-4-1 습식공법('12, '19년 보완)

(㎡당)

구 분	단 위	수 량			
		테라조판		화강석	
		바닥	계단부	바닥	계단부
석 공	인	0.26	0.29	0.31	0.35
보 통 인 부	〃	0.12	0.13	0.14	0.16

[주] ① 본 품은 모르타르를 사용한 바닥 및 계단부(계단챌판, 계단디딤판, 계단참)에 석재판을 붙이는 기준이다.
② 모르타르 비빔, 모르타르 포설 및 고르기, 석재판 절단 및 붙임, 줄눈채움, 보양 작업을 포함한다.
③ 공구손료 및 경장비(절단기 등)의 기계경비는 인력품의 1%로 계상한다.

7-4-2 앵커지지 공법('19년 보완)

(㎡당)

구 분	단 위	수 량(석재판 규격)	
		0.3 ㎡ 이하	0.3 ㎡ 초과~0.8 ㎡ 이하
석 공	인	0.39	0.35
보 통 인 부	〃	0.15	0.17

[주] ① 본 품은 구조물 벽체에 앵커로 고정하여 석재판을 설치하는 기준이다.
② 앵커 구멍뚫기, 지지철물 설치, 석재판 절단 및 설치, 줄눈코킹 작업을 포함한다.
③ 석재설치 후 보양을 하는 경우 '[공통부문] 2-11-1 건축물 보양'에 따른다.
④ 공구손료 및 경장비(절단기, 윈치 등)의 기계경비는 인력품의 3%로 계상한다.

7-4-3 강재트러스 지지공법('19년 보완)

(㎡당)

구 분	단위	수 량(석재판 규격)			
		0.3 ㎡ 이하		0.3 ㎡ 초과~0.8 ㎡ 이하	
		강재트러스 설치	석재판 붙임	강재트러스 설치	석재판 붙임
석 공	인	-	0.25	-	0.23
보 통 인 부	〃	-	0.16	-	0.15
용 접 공	〃	0.20	-	0.18	-
철 공	〃	0.07	-	0.06	-

[주] ① 본 품은 구조물 벽체에 강재트러스를 설치한 후 석재판을 설치하는 기준이다.
② 앵커 및 지지철물 설치, 강재트러스 절단 및 용접, 석재판 절단 및 설치, 줄눈(코킹) 작업을 포함한다.
③ 석재설치 후 보양을 하는 경우 '[공통부문] 2-11-1 건축물 보양'에 따른다.
④ 공구손료 및 경장비(절단기, 용접기 등)의 기계경비는 인력품의 3%로 계상한다.

품셈 유권해석

화강석 바닥깔기

"7-4-1 습식공법('12, '19년 보완)"의 화강석 바닥깔기 시공 품의 화강석 판재 두께 몇mm 를 기준으로 하는 품셈인지?
① 또한, 화강석 판재 깔기 60mm와 80mm의 경우는 시공 품을 어떻게 적용해야 될지 문의드립니다.
이경우 품셈 적용이 어려우면 견적서 적용이 올바른지 문의드립니다.

> **답변내용**
>
> ➥ 표준품셈 공통부문 "7-4-1 습식공법"에서 화강석의 두께는 3~6cm 기준으로 제시된 것입니다. 그 외 기준은 별도로 정하고 있지 않으며 표준품셈에서 정하지 않는 사항은 동품셈 1-3의 4항을 참조하시어 적정한 예정가격산정기준을 적의 결정하여 사용하시기 바랍니다.

두겁석 설치 품의 적용 방법

표준품셈 공통부문 7-4-1 습식공법의 인력 품에서는 '바닥'과 '계단부'에 따라 인력 품의 차이가 있습니다. 그렇다면 습식공사인 난간 두겁석의 인력 품의 경우 '바닥'과 '계단부' 중 어느 것을 적용하여야 하는지 질의드립니다.

> **답변내용**
>
> ➥ 표준품셈 공통부문 7-4-1 습식공법/화강석" 화강석(바닥)은 건축시설물의 바닥, 계단부(계단챌판, 계단디딤판, 계단참) 붙이기에 적용되는 것이며 화강석 두께는 3~6cm 기준으로 조사된 품입니다.
> 난간 두겁석에 대한 기준은 정하고 있지 않습니다. 표준품셈에서 정하지 않는 사항은 동품셈 공통부문 1-1-3의 4항을 참조하시어 적정한 예정가격산정기준을 적의 결정하여 사용하시기 바랍니다.

제 8 장   건설기계

8-1 적용기준
8-1-1 건설기계 선정기준('17, '25년 보완)
1. 작업종류별

작업종류	건 설 기 계 종 류
벌개, 제근	불도저(레이크도우저)
굴착	로더, 굴착기, 불도저, 리퍼
굴착, 적재	로더, 굴착기
굴착·운반	불도저, 스크레이퍼
운반	불도저, 덤프트럭, 벨트컨베이어
부설	불도저, 모터그레이더
함수량조절	살수차
다짐	롤러(타이어, 탬핑, 진동, 로드), 불도저, 플레이트 콤팩터, 래머, 탬퍼, 법면다짐기
정지	불도저, 모터그레이더

2. 운반거리별

작업구분	운반거리	표 준
절붕·압토	평균 20m	불도저
토운반	60m 이하	불도저
	60~100m	· 불도저 · 로더+덤프트럭 · 굴착기+덤프트럭
	100m 이상	· 로더+덤프트럭 · 굴착기+덤프트럭 · 모터스크레이퍼

8-1-2 공사규모별 표준건설기계('04, '17, '25년 보완)

1. 건설공사 설계시 적정 공사비 산정을 위해 건설현장의 제반사항(공사규모 및 난이도 등)을 고려하여 건설기계의 종류 및 규격을 선정하여 적용한다.
    가. 작업 규모별 구체적인 운반장비(덤프트럭)의 규격은 도로상태, 시공성, 시공규모 등을 감안하여 현장 실정에 맞도록 조정 적용한다.
2. 공사 규모의 구분은 다음을 참고한다.

대규모	중규모	소규모
공사수량이 100,000㎥ 이상인 경우	공사수량이 100,000㎥ 미만인 경우	공사수량 10,000㎥ 미만인 경우 또는 작업공간이 협소 등 장비운영이 원활하지 않은 경우

※ 공사수량은 시설물(교량, 터널 등) 및 지형조건(하천, 도로, 철도 등)에 의해 단절되는 토공 작업구간의 시공량을 말하며, 공사기간 및 현장여건을 감안하여 공사규모를 판단한다.

[주] ① 공사규모의 구분은 편의상 시공량으로 표시한 것인 바, 실제 적용과정에서는 공사량, 공사기간, 현장조건에 따라 공사규모를 판단하여야 한다.
② 선형공사(도로, 철도, 관로 등)의 경우는 공사여건을 감안하여 장비규격을 적정 선정한다.
③ 모든 공사목적에 완전히 부합되는 건설기계는 없으므로 실제 공사 시공과정에서는 여기에 선정된 표준기계에 절대적으로 구애받지 말고 선정된 표준기계를 기준하여 현장여건에 따라 탄력적으로 이를 보완 선정 하여야 한다.
④ 공사를 시행하는 데 있어 특정 기계 및 특정규격의 사용이 요구될 때는 본 기준에 의하지 않고 개별적으로 그 특성에 의한 작업능력과 제경비를 산정하여 적용한다.

8-1-3 운반 및 수송('10, '17년 보완)

1. 운반차량의 구분
    공사용 자재의 운반차량은 덤프트럭을 원칙으로 하되 덤핑으로 인하여 훼손 또는 파괴되거나 위험이 수반되는 기자재(드럼들이 아스팔트, 석유류, 시멘트, 관류 등)는 화물 자동차로 운반하는 것으로 한다.
2. 수송비('10년 보완)
    가. 건설용기계의 공사 현장까지의 왕복 수송비는 건설공사장에서 가장 가까운 시·도·군·구청소재지(서울특별시, 광역시 포함)로부터 공사현장까지의 수송에 필요한 경비(공인된 수속비, 인건비 등 포함)를 계상한다. 다만, 구득이 곤란하다고 인정되는 기종에 대하여는 그 기종이 소재한다고 인정되는 가장 가까운 시·도·군·구청소재지(서울특별시, 광역시 포함)로부터의 수송비를 계상할 수 있다.
    나. 자주식 건설기계로서 자주로 이동할 경우의 수송비는 다음의 이동속도를 기준으로 하여 수송비를 계상하며 이때의 경비는 건설기계 사용료와 운전 경비의 합계액으로 한다.

자주식 건설기계의 이동속도(km/hr)

도로구분 \ 기종	덤프 트럭	로더 (타이어)	크레인 (타이어)	모터 그레이더	스크 레이퍼	아스팔트 디스트리뷰터 슬러리실기계	트럭 트랙터 트레일러	리프트 트럭
포장도로 (고속4차선)	60	-	-	-	-	-	-	-
포장도로 (고속2차선)	50	-	-	-	-	50	50	-
포장도로	40	25	30	25	35	40	40	25
사리도로 (양 호)	25	15	15	15	25	25	20	15
사리도로 (불 량)	10	10	10	10	10	10	10	10

3. 회항비

 가. 작업선의 회항비는 공사에 제공되는 피예인선의 편도 수송시간에 대한 선원의 노임 예인선의 왕복운항시간에 대한 손료 및 운전경비와 예인선 및 피예인선의 회항보험금의 합계액으로 한다. 다만, 공사현장에 투입되는 예인선의 회항비는 편도 운항경비만을 계상한다.

 나. 자항작업선인 경우에는 편도수송시간에 대한 손료 및 운전경비와 회항보험금의 합계액으로 한다.

4. 분해조립비

 분해 및 조립을 필요로 하는 기계는 이에 소요되는 경비를 계상한다.

 가. 아스팔트 믹싱 플랜트(定置式)
 나. 크러싱 플랜트   (〃)
 다. 콘크리트 플랜트   (〃)
 라. 벨트 컨베이어   (〃)
 마. 디젤 파일 해머
 바. 크레인류
 사. 골재세척설비
 아. 기타 분해조립이 필요하다고 인정되는 기계

5. 운전사의 구분

구 분	해 당 기 계
건설기계 운 전 사	건설기계관리법 시행령 제2조에 규정한 기계로서 다음과 같은 기종을 말한다. 불도저, 굴착기, 로더, 지게차, 스크레이퍼, 덤프트럭(12ton 이상), 기중기(차륜 및 무한궤도), 모터 그레이더, 롤러, 노상안정기, 콘크리트배치플랜트, 콘크리트 피니셔, 콘크리트스프레더, 콘크리트 믹서(0.55㎥ 이상), 콘크리트 펌프(5㎥이상), 아스팔트 믹싱플랜트, 아스팔트피니셔, 아스팔트살포기, 슬러리실기계, 골재살포기, 쇄석기, 천공기, 항타 및 항발기(0.5ton 이상), 사리채취기, 노면파쇄기, 공기압축기(이동식, 2.83㎥/min 이상), 기타 이와 유사한 기계
화 물 차 운 전 사	자동차관리법시행규칙 제2조에 규정한 차량류로서 12ton 미만의 덤프트럭, 화물트럭, 살수차, 트랙터, 제설차, 노면청소차, 트럭탑재형크레인, 기타 공업용 소형트럭 등을 말한다.
일반기계 운 전 사	건설기계관리법 및 자동차관리법에 규정되어 있지 아니한 기계로서 소형의 공기압축기, 양수기, 소형믹서, 윈치, 소형항타기, 소형그라우트펌프, 벨트컨베이어, 발전기, 래머, 콤팩터, 콘크리트파쇄기, 기타 소형기계 등을 말한다.

6. 운전사 노임

　　운전사(건설기계운전사, 화물차운전사, 일반기계운전사)의 노임은 상시 고용일 경우에 월정액을 지급함을 원칙으로 하며 예정가격 작성기준(기획재정부 회계예규)에 의거 계상한다.

7. 운반기계의 유류산정

　　트럭 또는 기타 운반기계로 기자재를 운반할 경우 적재 또는 적하에 소요되는 시간이 10분을 초과할 때는 적재 또는 적하를 제외한 시간의 유류만을 계상한다.

8-1-4 시공능력 산정 기본식

$Q = n \cdot q \cdot f \cdot E$

여기서 Q : 시간당 작업량(㎥/hr 또는 ton/hr)
　　　　n : 시간당 작업사이클 수
　　　　q : 1회 작업사이클당 표준작업량(㎥ 또는 ton)
　　　　f : 체적환산계수
　　　　E : 작업효율

[주] ① 계산값의 맺음
　　　Q : 소수점 이하 3자리까지 계산하고 사사오입한다.
　　　n : 소수점 이하 2자리까지 계산하고 사사오입한다.
　　　㎝ : 소수점 이하 3자리까지 계산하고 사사오입한다.

② 기계의 작업시간
  기계의 시간당 작업량은 기계의 운전시간당 작업량으로 하고, 이 운전시간은 기계의 주기관이 회전하거나 주작동부가 가동하는 시간을 말하며 주목적의 작업을 하는 실작업시간외에 작업중의 기계이동, 기관 또는 주작동부의 예비가동, 운전시간중의 점검 또는 조정, 주유 조합기계 때의 대기 등이 포함된다.
③ 시간당 작업량(Q)
  토공에 있어서의 작업능력은 일반적으로 ㎥/hr로 표시되고 자연상태의 토량, 흐트러진 상태의 토량, 다져진 후의 토량의 세가지 표시방법이 있으며 기계종류에 따라서 (ton/hr), (㎡/hr), (m/hr) 등으로 작업량을 표시할 때도 있다.
④ 1회 작업 사이클당 표준작업량(q)
  기계는 일련의 동작을 되풀이 하는 작업을 하게 되고 이때의 1회 사이클의 동작으로 이루어지는 표준적인 작업조건과 작업관리 상태에 있어서의 작업량을 1회 작업 사이클당 표준작업량이라고 하며 토량인 경우에는 흐트러진 상태에서 취급되는 것이 일반적이고 보통 (㎥) 또는 (ton)으로 표시한다.
⑤ 시간당 작업사이클 수(n)

$$n = \frac{60}{cm\,(min)} \text{ 또는 } \frac{3,600}{cm\,(sec)}$$

으로 표시, cm는 사이클 시간으로서 기계의 작업속도나 주행속도에 따라 분(min) 또는 초(sec)로 표시한다.

⑥ 작업효율(E)
  기계의 시간당 작업량은 그 기계고유의 일정한 값이 아니고 작업현장의 제반조건에 따라 변화하는 것이므로 표준적인 작업 능력에 작업현장의 여러 가지 여건에 알맞는 효율을 고려하여 산정함이 필요하며 이 작업효율은 일반적으로 능력적 요소와 시간적 요소로 구분된다.
  작업효율(E)=현장 작업 능력계수×실작업 시간율
⑦ 현장작업 능력계수
  기계의 표준적인 작업능력에 영향을 미치는 기상, 지형, 토질, 공사규모, 시공방법, 기계의 종류, 기계 조정원의 기능도, 해상에서는 파도 및 풍향 등의 작업현장 여건을 고려한 계수를 말한다.
⑧ 실작업시간율
  기계의 상태, 공사규모, 시공방법 등에 의하여 변화하며 다음과 같이 표시한다.

$$\text{실작업시간율} = \frac{\text{실작업시간}}{\text{운전시간}}$$

8-1-5 기계경비 용어와 정의

1. 상각비 : 기계의 사용에 따르는 가치의 감가액을 말한다.
2. 정비비 : 기계를 사용함에 따라 발생하는 고장 또는 성능 저하부분의 회복을 목적으로 하는 분해수리 등 정비와 기계 기능을 유지하기 위한 정기 또는 수시 정비에 소요되는 비용을 말한다.
3. 정비비율 : 기계의 경제적 내용시간 동안에 소요되는 정비비누계액의 기계 취득가격에 대한 비율을 말한다.
4. 관리비 : 보유한 기계를 관리하는데 필요로 하는 이자 및 보관 격납비용을 말한다.
5. 연간관리비율 : 연간 소요되는 기계관리비의 평균취득 가격에 대한 비율을 말한다.

6. 평균취득가격 : 취득가격 $\times \dfrac{1.1 \times \text{경제적내용년수} + 0.9}{2 \times \text{경제적내용년수}}$ 로 계산한 값을 말한다.

7. 취득가격 : 수입가격에 대하여는 C.I.F 가격에 인정할 수 있는 수입에 따르는 제경비를 포함한 가격으로 하고 국산기계는 표준규격에 의한 표준시가로 한다.

8. 경제적 내용시간 : 잔존율이 취득가격의 10%인 경우에 경제적 사용이 가능하다고 인정되는 운전 시간을 말한다.

9. 잔존율 : 경제적 내용시간이 끝날 때의 기계잔존가치의 취득가격에 대한 비율을 말하며 0.1로 한다.

10. 연간표준가동시간 : 기계가 연간 운전하는데 가장 표준이라고 인정되는 시간을 말한다.

11. 경제적 내용년수 : 경제적 내용시간을 연간 표준가동시간으로 나눈 값을 말한다.

12. 시간당 손료 : 손료산정의 시간당 손료계수 합계에는 시간당 상각비 계수, 정비비 계수 및 평균취득가격에 의한 시간당 관리비 계수가 포함된 것으로서 시간당 손료는 취득가격에 시간당 손료계수의 합계를 곱한 값을 말한다.(원 미만의 값은 절사한다)

8-1-6 기계경비 적산요령('06년 보완)

1. 기계경비 : 기계손료, 운전경비 및 수송비의 합계액으로 하되 특히 필요하다고 인정될 때에는 조립 및 분해조립 비용을 포함한다.
2. 기계손료 : 상각비, 정비비 및 관리비의 합계액으로 한다. 다만, 관리비에 대하여는 1일 8시간을 초과할 경우라도 8시간으로 계산하여야 한다.
3. 운전경비 : 기계를 사용하는데 필요한 다음 각 호 경비의 합계액으로 한다.
    가. 연료·전력·윤활유 등
    나. 운전수의 급여 또는 임금과 기타의 운전 노무비
    다. 정비비에 포함되지 않는 소모품비
4. 건설기계 가격 : 건설기계 가격은 부가가치세가 제외된 것으로 단위는 천원이다.

8-1-7 손료보정 등('25년 보완)

1. 기계손료의 보정
    다음 건설기계가 암석굴착, 암석적재, 암석운반 등의 가혹한 작업에 사용되는 경우에는 그 손료(관리비 제외)를 다음과 같이 보정 가산할 수 있다.

기 종	가 산 비 율	
	암석작업(연암·보통암·경암)	전석 섞인 토사
불도저(19톤 이상 제외)	25	10
굴착기(무한궤도) 및 로더(무한궤도)	20	10
덤프트럭	25	10

[주] ① 전용덤프트럭(18톤 이상)과 불도저(19톤 이상)의 경우는 보정하지 않는다.
  단, 타이어 불도저, 습지 불도저는 보정할 수 있다.
② 전석 섞인 토사는 전석(0.5㎥ 이상)의 혼입율이 30% 이상 말한다.

2. 기계경비의 보정
  건설기계의 운전시간이 현장조건 및 공정계획상 연간 표준 가동시간보다 현저하게 저하될 경우에는 기계손료 중 관리비와 운전경비 중 인건비를 별도 산정할 수 있다.
3. 펌프식 준설선으로 자갈 및 역전석과 쇄암된 암이 포함된 흙을 준설할 때에는 과다마모로 인한 수리비의 증가를 고려하여 손료를 보정계상할 수 있다.
4. 손료산정에서 동력이 포함되어 있지 않은 경우에는 해당되는 디젤, 가솔린 엔진 또는 모터의 손료 및 운전경비를 적용한다.
5. 유류가격은 해당지역의 가격으로 한다.
6. 타이어, 삽날 등 기타 가격은 공신력 있는 기관에서 인정하는 가격으로 한다.
7. 불도저 집토 거리는 최소 20m를 표준으로 하며 현장여건에 따라 증가할 수 있다.
8. 사석적재 및 투하시의 기중기 효율
  사석을 적재할 때의 효율은 0.8로 하고 해상 작업시에는 0.75로 한다.

8-2 시공능력

8-2-1 불도저('25년 보완)

※ 굴착(깎기, 터파기)작업에 불도저를 활용하는 하는 경우 '[공통] 제3장 토공사'를 우선 적용하며, 해당 품의 작업조건과 상이하다고 판단되는 경우 본 항목을 활용하여 작업능력을 계상하여 적용한다.

$$Q = \frac{60 \cdot q \cdot f \cdot E}{cm} \quad q = q° \times e$$

여기서 Q : 시간당 작업량(㎥/hr)
  q : 삽날의 용량(㎥)
  q° : 거리를 고려하지 않은 삽날의 용량(㎥)
  e : 운반거리계수
  f : 체적환산계수
  E : 작업효율
  cm : 1회 사이클 시간

1. q°, e, E의 값

가. q°의 값(㎥)

급수(ton) 종별	4 (초습지)	7	10	12	13 (습지)	15	19	28	32	33
무한궤도	0.5	1.1	1.5	2.0	1.5	-	3.2	-	5.5	-
타 이 어	-	-	-	-	-	3.1	-	4.0	-	5.7

나. e의 값

운반거리(m)	10 이하	20	30	40	50	60	70	80
e	1.00	0.96	0.92	0.88	0.84	0.80	0.76	0.72

다. E의 값

토질명 \ 현장조건	자연 상태			흐트러진 상태		
	양호	보통	불량	양호	보통	불량
모 래, 사 질 토	0.80	0.65	0.50	0.85	0.70	0.55
자갈섞인흙, 점성토	0.70	0.55	0.40	0.75	0.60	0.45
파 쇄 암	-	-	-	-	0.35	0.25

[주] ① 양호 : 작업 현장이 넓고(배토판폭의 3배 이상), 지반의 요철 등에 의한 미끄럼이 없고, 또한 하향 구배 등으로서 작업속도가 충분히 기대되는 조건인 경우
② 보통 : 작업 현장은 넓으나 작업속도가 기대되지 않는 경우, 작업현장은 좁으나(배토관폭의 3배 미만) 작업속도가 충분히 기대되는 등 제조건이 중간으로 판단되는 경우
③ 불량 : 작업 현장이 좁고 지반상태를 고려한 미끄럼이 많고 또 상향 구배 등으로서 작업속도를 저해하는 조건인 경우
④ 정지작업을 겸하는 경우는 0.1을 뺀 값으로 한다.
⑤ 터파기에 대해서는 0.05를 뺀 값으로 한다.
⑥ 리핑한 것은 리핑된 상태를 고려하여 그 상태에 해당하는 토질에서의 값을 취한다.

2. 1회 사이클 시간

$$cm = \frac{L}{V_1} + \frac{L}{V_2} + t$$

여기서 cm : 1회 사이클 시간(분)
   L : 운반거리(m)
   V_1 : 전진속도(m/분)
   V_2 : 후진속도(m/분)
   t : 기어 변속시간(0.25분)

가. 무한궤도의 V_1 및 V_2의 값

규 격 (ton)	전진속도(m/분)				후진속도(m/분)		
	1 단	2 단	3 단	4 단	1 단	2 단	3 단
4(초습지)	40	57	100	-	63	85	-
7	43	67	92	116	53	78	107
10	42	64	88	116	50	75	105
12	40	55	75	107	48	70	100
13(습지)	40	55	75	-	48	70	-
19	40	55	75	103	46	70	98
32	40	52	70	91	43	58	78

[주] ① 굴착 또는 굴착운반, 발근, 석재류 집적 작업 등에는 전진 1단, 후진 1단을 사용한다.
② 흐트러진 상태의 토사운반 작업 등에는 전진 2단, 후진 2단을 사용한다.
③ 평탄하고 흐트러진 상태의 정지 전압작업 등의 작업에는 전진 3단, 후진 3단을 사용한다.
④ 제방과 같은 상향 작업시에는 전진 1단, 후진 2단을 사용한다.
⑤ 수중 작업시에는 전진 1단, 후진 1단을 사용한다.
⑥ 작업현장에서의 이동에는 전진 3단 또는 4단을 사용한다.

나. 타이어형 V_1 및 V_2 값

규 격 (ton)	전진속도(m/분)			후진속도(m/분)	
	1 단	2 단	3 단	1 단	2 단
15	83	200	415	92	125
28	92	200	482	92	200
33	92	210	546	110	250

[주] ① 흐트러진 상태의 토량운반, 연한 지반의 굴착 운반작업 등에는 전진 1단, 후진 1단을 사용한다.
② 평탄하고 흐트러진 상태에 정지 및 전압작업 등에는 전진 2단, 후진 2단을 사용한다.
③ 작업현장에서의 이동에는 전진 2단 또는 3단을 사용한다.

8-2-2 리퍼(유압식)('25년 보완)

※ 굴착(깎기, 터파기)작업에 리퍼(유압식)를 활용하는 하는 경우 '[공통] 제3장 토공사'를 우선 적용하며, 해당 품의 작업조건과 상이하다고 판단되는 경우 본 항목을 활용하여 자업능력을 계상하여 적용한다.

$$Q = \frac{60 \cdot An \cdot L \cdot f \cdot E}{cm}$$

여기서 Q : 운전시간 1시간당 파쇄량(㎥/hr)
　　　　L : 1회의 작업거리(m)
　　　　An : 1회 리핑 단면적(㎡)
　　　　f : 체적환산계수

E : 작업효율
cm : 1회 사이클 시간(분)
cm : 0.05L+0.25

1. 1회 리핑 단면적(An)

트랙터의 규격 (ton)	1회당 리핑 단면적(㎡)		
	1 본	2 본	3 본
20	0.15	0.30	0.45
30	0.20	0.40	0.60

[주] 리퍼의 cm은 불도저의 cm산정식과 같으므로 파쇄되는 암질과 상태에 따라 다르고 작업(전진)시에는 1단 속도가 0.6~0.9정도로 감소되므로 일반적으로 위의 산정식을 사용토록 한다.

2. 작업효율(E)

암 질	발톱수	20 ton 급		30 ton 급	
		탄성파 속도 (m/sec)	E	탄성파 속도 (m/sec)	E
연 질	3본	500	0.85	600	0.85
		700	0.65	800	0.65
		900	0.50	1,000	0.45
중 질	2본	700	0.80	900	0.70
		900	0.60	1,200	0.50
		1,200	0.40	1,400	0.40
경 질	1본	1,000	0.70	1,200	0.80
		1,300	0.50	1,500	0.50
		1,600	0.30	1,800	0.30

[주] 암질과 탄성파속도와의 관계는 다음과 같다.

암의종류 \ 암질 구분	탄 성 파 속 도(m/sec)		
	연 질	중 질	경 질
사 암(砂岩)	1,000 이하	1,000~1,500	1,500~2,000
점 판 암(粘板岩)	1,000	1,000~1,500	1,500~2,000
석 영 반 암(石英斑岩)	900	900~1,200	1,200~1,500
석 회 암(石灰巖), 혈 암(頁岩)	600	600~1,000	1,100~1,500
화 강 암(花崗岩)	600	600~1,000	1,100~1,500

8-2-3 굴착기('04, '07, '09, '25년 보완)

※ 굴착(깎기, 터파기)작업에 굴착기를 활용하는 하는 경우 '[공통] 제3장 토공사'를 우선 적용하며, 해당 품의 작업조건과 상이하다고 판단되는 경우 본 항목을 활용하여 작업능력을 계상하여 적용한다.

$$Q = \frac{3{,}600 \cdot q \cdot k \cdot f \cdot E}{cm}$$

여기서 Q : 시간당 작업량(㎥/hr)
       q : 버킷용량(㎥)
      f : 체적환산계수
      E : 작업효율
      K : 버킷계수
      cm : 1회 사이클 시간(초)

1. 버킷계수(K)

현 장 조 건	K
용이하게 굴착할 수 있는 연한 토질로서 버킷에 산적으로 가득찰 때가 많은 조건이 좋은 모래, 보통토인 경우	1.10
위의 토질보다 약간 단단한 토질로서 버킷에 거의 가득 채울 수 있는 모래, 보통토 및 조건이 좋은 점토인 경우	0.90
버킷에 가득 채우기가 어렵거나 가벼운 발파를 필요로 하는 것으로서 단단한 점토질, 점토, 역토질인 경우	0.70
버킷에 넣기 어렵고 불규칙한 공극이 생기는 것으로서 발파 또는 리퍼작업 등에 의하여 얻어진 암과 파쇄암, 호박돌, 역 등인 경우	0.55

[주] ① 굴착기는 위치한 지면보다 낮은 데 있는 토량의 굴착에 사용되는 것이 일반이다.
    ② 버킷계수는 굴착하는 토질과 굴착 작업의 높이 또는 깊이에 따라 다르나 작업현장 조건을 고려하여 기종이 선택되므로 특수한 경우를 제외하고는 굴착 작업의 깊이는 버킷계수에 영향을 주지 않는 것으로 한다.
    ③ 굴착기는 굴착된 토량을 운반하는 기계와의 상내가 작업상 균형이 유지되고 굴착기에 대한 운반기계의 적재높이가 적합토록 이루어져야 한다.

2. 작업효율(E)

토질명 \ 현장조건	자연 상태 양호	자연 상태 보통	자연 상태 불량	흐트러진 상태 양호	흐트러진 상태 보통	흐트러진 상태 불량
모 래, 사 질 토	0.85	0.70	0.55	0.90	0.75	0.60
자갈섞인흙, 점성토	0.75	0.60	0.45	0.80	0.65	0.50
파 쇄 암	-	-	-	-	0.45	0.35

[주] ① 자연상태의 굴삭시 작업효율
　　㉮ 양호 : 자연지반이 무르고, 절토작업이 최적으로 연속작업이 가능하고, 작업방해가 없는 등의 조건인 경우
　　㉯ 보통 : 자연지반은 단단하지만 절토작업이 최적인 경우, 또는 자연지반은 무르지만 절토작업이 곤란한 경우 등 제조건이 중간으로 판단되는 경우
　　㉰ 불량 : 자연지반이 단단하고 또한 연속작업이 곤란하며 작업방해가 많은 등의 조건인 경우
② 흐트러진 상태의 적용은 상기 1항의 조건중 자연지반 상태의 조건을 제외한 기타의 조건을 감안하여 결정한다.
③ 작업장소가 수중 또는 용수작업인 경우는 불량을 적용한다.
④ 터파기에 대하여는 0.05를 뺀 값으로 한다.
⑤ 리핑한 것은 리핑된 상태를 고려하여 그 상태에 해당되는 토질에서의 값을 취한다.
⑥ 굴착작업시 지하매설물(각종 매설관 등)로 인하여 작업이 현저하게 저하하는 경우는 작업효율을 별도로 정할 수 있다.
⑦ 주택가지역에서 상하수도관로부설 등의 공사시 작업장소가 협소하고 지하매설물 등으로 인하여 작업이 현저하게 저하하는 경우에는 다음의 작업효율(E)을 적용할 수 있다.

토질명 \ 현장조건	자연 상태 보통	자연 상태 불량
모 래, 사 질 토	0.30	0.19
자갈섞인 흙, 점성토	0.26	0.15

　　㉮ 보통 : 작업현장이 보통의 경우나, 지하장애물이 약간 있는 경우로서 연속적인 굴착이 불가능한 지역
　　㉯ 불량 : 작업현장이 협소한 경우나, 지하장애물이 많은 경우로서 연속적인 굴착이 불가능한 지역

3. 1회 사이클시간(cm)

규격(㎥) \ 각도(도)	싸이클시간(Sec) 45	90	135	180
0.12~0.4	13	15	18	20
0.6 ~0.8	16	18	20	22
1.0 ~1.2	17	19	21	23
2.0	22	25	27	30

8-2-4 트랜처

1. 적용범위 : 본 작업은 트랜처에 의한 농지의 지하배수시설의 시공에 적용한다.
2. 작업능력 산정

$$Q = \frac{60 \times L \times d \times E}{cm}$$

여기서 Q : 시간당 작업량(m/hr)
  L : 1열 실작업 거리(편도m)
  d : 굴착심도계수
  E : 작업효율
  cm : 1회 사이클 시간(분)
    $= t_1 + t_2 + t_3$

가. 굴착심도 계수(d)

굴착심도	0.6m	0.7m	0.8m	0.9m	1.0m	1.1m	비고
d	1.29	1.13	1.00	0.90	0.82	0.69	

나. 작업효율(E)

토질별	양 호	보 통	불 량
사 질 토	0.8	0.65	0.50
점 질 토	0.7	0.55	0.40

다. 1회(1열) 사이클 시간(분)

  cm = $t_1 + t_2 + t_3$

(1) 흡수관 삽입 및 수평조절시간(t_1)
  t_1 = 2.33분(열당)

(2) 1열 왕복시간(t_2) = $\frac{L_1}{V_1} + \frac{L_2}{V_2}$ (분)

  L_1 : 1열 전진거리(m)
  L_2 : 1열 후진거리(m)
  V_1 : 전진속도(5.3m/분) (d=0.7m 일때 기준)
  V_2 : 후진속도(15.6m/분)

(3) 회전 및 기어 변속시간 흡수관 끝봉합 시간(t_3) : 2.5분(열당)

[주] ① 작업보조인부는 트랜처에 왕겨적재 2인, 조절 1인, 유공관유도조정 1인등 4인 1조이다.
  ② 소요자재(유공관등)는 별도 계상한다.
  ③ 자재의 소운반은 별도 계상한다.
  ④ 되메우기 및 잔토처리는 별도 계상한다.
  ⑤ 본 품은 소수재를 왕겨로 기준한 것이므로 모래등일 때는 별도 산출한다.

8-2-5 로더('07, '20년 보완)

$$Q = \frac{3,600 \cdot q \cdot k \cdot f \cdot E}{cm}$$

여기서 Q : 운전시간당 작업량(㎥/hr)
  q : 버킷용량(㎥)
  K : 버킷계수
  E : 작업효율
  f : 체적환산계수
  cm : 1회 사이클 시간(초)
    cm = m·L + t_1 + t_2
  m : 계수(초/m) ┌ 무한궤도식 : 2.0
           └ 타이어식 : 1.8
  L : 편도주행거리(표준을 8m로 한다)
  t_1 : 버킷에 토량을 담는데 소요되는 시간(초)
  t_2 : 기어변화 등 기본 시간과 다음 운반기계가 도착될 때까지의 시간(14초)

1. t_1의 값

기종별	무 한 궤 도 식		타 이 어 식	
작업방법 현장조건	산적상태에서 담을 때	지면부터 굴착 집토하여 담을 때	산적상태에서 담을 때	지면부터 굴착 집토하여 담을 때
용 이 한 경 우	5	20	6	22
보 통 인 경 우	8	29	9	32
약간곤란한경우	9	36	14	41
곤 란 한 경 우	11	-	18	-

2. K의 값

현 장 조 건	계수
굴착기계로 깎거나 쌓아모은 산적상태에서 적재하는 것으로 굴착력을 필요로 하지 않고 쉽게 버킷에 산적할 수 있는 것, 즉 조건이 좋은 모래, 보통토 등	1.2
흐트러진 산적상태에서 적재하는 것으로 위 상태보다 약간 삽날이 들어가기 어려운 토질로서 버킷에 가득 채울 수 있는 것, 즉 점토, 역질토	1.0
모래, 사력보통토, 점토, 역질토 등 직접 자연상태에서 굴착적재 할 수 있는 여건으로 버킷에 평적에 약간 미달되게 채울 수 있는 것	0.9
버킷에 가득 채울 수 없는 것으로 다른 기계로 쌓아 모아놓은 부순돌 및 점질토나 역질토로서 굳어진 덩어리상태로 되어 있는 것	0.7
버킷에 넣기 어렵고 허술하며 불규칙한 공극이 생긴 것, 예를 들면 발파 또는 리퍼로 깎은 암괴, 호박돌, 역 등	0.55

[주] ① K치의 적용에 있어 토질 분류에 의한 판단보다는 실지 적재 가능한 양의 판단에 따라 적용하여야 한다.
② 위 표는 타이어식 로더를 기준으로 한 것이다.
단, 발파암 및 암괴 등을 적재할 경우는 무한궤도식 로더로 계상할 수 있다.
③ 함수 조건에 따라 차이가 있는 것으로 저지대 작업 등 특별한 경우는 현실에 맞게 조정할 수 있다.

3. E의 값

현장조건 토질명	자 연 상 태			흐트러진 상태		
	양호	보통	불량	양호	보통	불량
모 래, 사 질 토	0.70	0.55	0.40	0.75	0.60	0.45
자 갈 섞 인 흙, 점 성 토	0.60	0.45	0.30	0.60	0.50	0.35
파 쇄 암	-	-	-	0.55	0.35	0.25

[주] ① 양호 : 자연지반이 무르고, 적입형식이 덤프트럭 이동형으로서 작업방해가 없고 절토높이가 최적(1~3m) 등의 조건인 경우, 터널 내 암버럭 적재 시
② 보통 : 적입형식은 덤프트럭 이동형이지만 작업방해 등이 있는 경우, 또는 적입형식은 덤프트럭 정치형이지만 작업방해가 없는 경우등 제조건이 중간으로 판단되는 경우
③ 불량 : 자연지반이 단단하여 굴삭이 곤란하고, 적입형식은 덤프트럭 정치형으로서 작업방해가 많고, 절토높이가 최적이 아닌 경우
④ 흐트러진 상태의 토사적재의 경우는 상기의 조건중 단단한 조건을 뺀 기타의 조건을 감안하여 수치를 정하는 것으로 한다.

⑤ 터파기에 대하여는 0.05를 뺀 값으로 한다.
⑥ 리핑한 것은 리핑된 상태를 고려하여 그 상태에 해당되는 토질에서의 값을 취한다.
⑦ 작업방해란 도로개량공사등에서 시간당 최대교통량이 100대 이상이거나, 현장조건이 이와 유사하다고 판단되는 경우를 말한다.
⑧ 타이어식 로더의 적용은 흐트러진 상태에서 파쇄암 이외의 토질 적재시 현장조건은 양호한 것으로 한다.

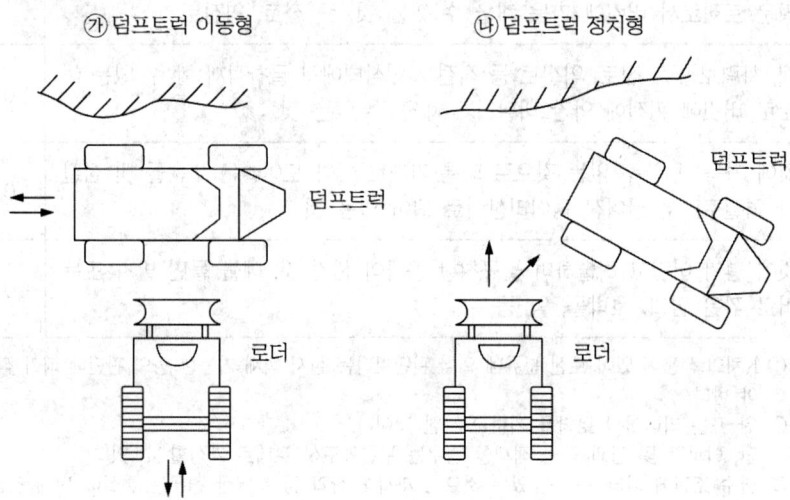

〈 적입형식 〉
㉮ 덤프트럭 이동형 ㉯ 덤프트럭 정치형

8-2-6 모터 스크레이퍼

$$Q = \frac{60 \cdot q \cdot f \cdot E}{cm}$$

여기서 Q : 시간당 작업량(㎥/hr)
      q : 적재함용적×적재계수(k)
      f : 체적환산계수
      E : 작업효율
      cm : 1회 사이클 시간

1. 적재계수(K)

토 질 상 태	적 재 계 수
조건이 좋은 보통토	1.13
조건이 좋은 모래, 보통토	1.00
역질토, 모래, 역이 섞인 점질토, 점토	0.90
조건이 좋은 점질토, 점토	0.90
조건이 나쁜 점질토, 점토, 암괴, 호박돌, 역	0.80

[주] ① 30㎝ 이상의 호박돌이 있을 때에는 사용하지 않는 것이 좋다.
② 좋은 조건이란 적재함에 산적이 되고 공극(空隙)이 적은 경우를 말한다.
③ 나쁜 조건이란 함수비가 극히 높고 적재된 토질이 덩어리가 되어 공극이 많은 경우를 말한다.

2. 작업효율(E)

현 장 조 건	E
작업현장이 넓으며 지형과 토질조건이 좋고 어느 정도 모여 있으므로 작업이 순조롭게 될 때	0.85
작업현장이 넓으나 함수비로 토질의 변화가 일어나기 쉬운 때 등으로 작업이 보통으로 진행될 때	0.80
작업현장이 넓지 않고 다른 작업기계와의 교차가 많고 토질조건도 좋지 않으므로 작업이 순조롭지 못할 때	0.70
작업현장이 좁고 작업이 복잡할 때, 또는 토질조건이 나쁘므로 작업진행이 불량할 때	0.60

3. 1회 싸이클시간(cm)

$$cm = \frac{L_1}{V_1} + \frac{L_2}{V_2} + t$$

여기서 cm : 1회 사이클 시간(분)
 L_1 : 적재시의 주행거리(m)
 L_2 : 공차시의 주행거리(m)
 V_1 : 적재시의 주행속도(m/분)
 V_2 : 공차시의 주행속도(m/분)
 t : 적토, 사토 및 기어변속시간(푸쉬도우저를 사용할 때 1.6분, 사용하지 않을 때 2.8분)

4. V_1 및 V_2 의 값

도로상태	구분	적재시주행 속도(m/분)	공차시주행 속도(m/분)
노면이 단단하고 안전한 도로로서 주행시 타이어가 노면에 침투되지 않고 살수 등 유지된 도로		400	600
노면상태가 별로 좋지 않고 주행시 타이어가 노면에 약간 침투되며 살수된 도로		300	400
노면상태가 잘 정비되어 있지 않으므로 다소 정비는 하나 주행시 타이어가 노면에 약간 침투되는 도로		200	300
노면이 차량에 의하여 울퉁불퉁하여졌고 잘 정비되어 있지 않아 주행시 타이어가 노면에 심하게 침투되는 도로		150	200
흐트러진 모래 또는 자갈		100	150
노면이 극히 불량한 상태		80	100

8-2-7 모터 그레이더('25년 보완)

※ 흙쌓기 및 도로포장 작업에 활용하는 모터 그레이더는 표준품셈 해당항목의 일당 시공량을 우선 적용하며, 해당 품의 작업조건과 상이하다고 판단되는 경우 본 항목을 활용하여 작업능력을 계상하여 적용할 수 있다.

$$A = \frac{60 \cdot D \cdot W \cdot E}{P_1 C_{m_1} + P_2 C_{m_2} + \cdots P_i C_{m_i}} \qquad Q = \frac{60 \cdot L \cdot D \cdot H \cdot f \cdot E}{P \cdot cm}$$

여기서
A : 1시간당 작업량(㎡/hr)
Q : 1시간당 작업량(㎥/hr)
D : 1회의 작업거리(편도m)
W : 작업장 전체의 폭(m)
E : 작업효율
P_i : 작업장 전체의 폭을 V_i 속도로 행하는 작업횟수
Cm_i : 작업속도 V_i 때의 사이클 시간(분)
H : 굴착 깊이 또는 흙고르기 두께(m)
L : 블레이드의 유효길이(m)
f : 체적환산계수
P : 부설횟수

1. cm 산출공식
   가. 방향변환 또는 블레이드를 선회하여 왕복작업을 할 때
   $$cm = 0.06 \times \frac{D}{V_1} + t$$
   나. 전진 작업만을 하고 후진으로 되돌아오거나 회송이 필요할 때
   $$cm = 0.06 \times (\frac{D}{V_1} + \frac{D}{V_2}) + 2t$$
   D : 작업거리 또는 되돌아 오는 거리(편도m)
   V_1 : 작업속도(km/hr)
   V_2 : 후진 또는 회송속도(km/hr)
   t : 방향 변환 또는 블레이드 선회 기어변속에 소요되는 시간(분)

   ○ V_1 및 V_2의 값(km/hr)

작업종류 \ 속도 현장조건	작업 양호	작업 보통	작업 불량	후진 양호	후진 보통	후진 불량	회송 양호	회송 보통	회송 불량
토 사 도 보 수	10	7	4	9	6.5	4	24	18	12
측 구 굴 착	4	3	2						
비 탈 면 의 마 무 리	3	2.5	2						
흙 고 르 기	8	6	4						
마 무 리	8	6	4						
혼 합	10	7	4						
제 설	10	8	6						

[주] ① 작업 및 후진속도에 있어서의 현장조건
  ㉮ 양호 : 작업현장이 넓고 토질의 상태, 지형, 교통량, 함수비 등 조건이 좋아서 목적하는대로 순조롭게 작업이 진행될 때
  ㉯ 보통 : 작업현장이 작업에 지장을 주지 않을 정도로 넓고 토질의 상태, 지형, 교통량, 함수비 등 조건이 고르지 않아서 작업속도에 약간의 변동이 있을 때
  ㉰ 불량 : 작업현장이 협소하고 토질의 상태, 지형, 교통량, 함수비 등 조건이 불량하여 작업속도에 영향을 가져올 때
② 회송속도의 현장조건
  ㉮ 양호 : 2차선 이상으로 완전한 포장도로 또는 노면이 좋은 토사도인 경우
  ㉯ 보통 : 2차선 미만이나 교차가 가능하고 노면보수가 좋은 도로인 경우
  ㉰ 불량 : 작업현장내의 도로 또는 노면보수가 불량한 경우

○ t의 값

작 업 종 류	t(분)
작업거리가 비교적 짧은 경우	2.5
도 로 보 수	1.5
흙 고 르 기	0.5

2. L의 값

작 업 종 류	블레이드의 작업각도	블레이드의 길이(3.6m)
단단한 토질에서의 깎기	45°	2.3
부드러운 토질에서의 깎기	55°	2.7
흙밀기, 제설(除雪)	60°	2.9
마 무 리	90°	3.4

3. E의 값

작 업 종 류	현 장 조 건		
	양 호	보 통	불 량
토사도의 보수 및 정지 등	0.8	0.7	0.6
흙 고 르 기 등	0.7	0.6	0.5

[주] ① 양호 : 작업현장이 넓고 지형 및 토질상태 기타 작업을 위한 여건이 좋아서 기대하는 작업속도를 충분히 얻을 수 있을 때
② 보통 : 작업현장이 작업에 지장을 주지 않을 정도의 넓이로서 작업속도에 영향을 주는 장애물이 없을 때
③ 불량 : 작업현장이 좁고 지형 및 토질상태가 작업속도에 영향을 주는 장애물이 있을 때

8-2-8 덤프트럭('17년 보완)

$$Q = \frac{60 \cdot q \cdot f \cdot E}{cm}$$

$$q = \frac{T}{\gamma_t} \cdot L$$

여기서 Q : 1시간당 작업량(㎥/hr)
q : 흐트러진 상태의 덤프트럭 1회 적재량(㎥)
γ_t : 자연상태에서의 토석의 단위 중량(습윤밀도)(t/㎥)
T : 덤프트럭의 적재용량(ton)
L : 체적환산계수에서의 체적변화율

$$L = \frac{흐트러진 상태의 체적(㎥)}{자연상태의 체적(㎥)}$$

f　: 체적환산계수
　　　E　: 작업효율(0.9)
　　　cm : 1회 사이클시간(분)
　　　　　　cm=$t_1+t_2+t_3+t_4+t_5+t_6$

1. 적재시간(t_1) : 적재방법에 따라 산출한다.
2. 왕복시간(t_2) :

$$왕복시간(분) = \frac{운반거리}{적재시 \ 평균주행속도} + \frac{운반거리}{공차시 \ 평균주행속도}$$

3. 운반도로와 평균주행속도(km/hr)('06년 보완)

도 로 상 태	평균속도	
	적재	공차
토취장 또는 토사장 등 열악한 조건의 도로	7	8
교차가 힘든 산간지도로 및 제방 등의 도로	10	15
교차가 가능한 산간지도로 및 제방도로, 미포장도로	15	20
2차로 이상의 공사용도로	30	35
2차로 교통량 및 교통대기가 많은 시가지 포장도로(7,000대/일 이상)	20	25
4차로 이상의 교통량 및 교통대기가 많은 시가지 포장도로 (40,000대/일 이상)		
2차로 시가지 포장도로(7,000~2,000대/일)	25	30
4차로 이상의 시가지 포장도로(40,000대/일 미만)	30	35
2차로 교외 포장도로(2,000대/일 이상)		
4차로 이상의 교외 포장도로(40,000대/일 이상)		
2차로 교외 포장도로(2,000대/일 미만)	35	35
4차로 이상의 교외 포장도로(40,000대/일 미만)		
2차로 고속도로 또는 교통량(편도) 1일 40,000대 이상의 4차로 고속도로	50	55
4차로 고속도로(편도 교통량 1일 40,000대 미만)	60	60

[주] 차로는 왕복기준이며, 주행속도는 차로수·교통량 등 현장 조건에 따라 주행속도를 측정하여 사용할 수 있다.

4. 적하시간(t_3)

적재한 토량을 내리는데 소요되는 시간으로 차례를 기다리는 시간이 포함된다.

토 질	작 업 조 건(분)		
	양 호	보 통	불 량
모 래, 역, 호 박 돌	0.5	0.8	1.1
점 질 토, 점 토	0.6	1.05	1.5

[주] ① 양호 : 사토장이 넓고 정지된 상태에서 일시에 적하하는 경우
② 보통 : 사토장이 넓으나 움직이는 상태에서 적하하는 경우
③ 불량 : 사토장이 넓지 않고 천천히 움직이는 상태에서 적하하는 경우

5. 적재장소에 도착한 때로부터 적재작업이 시작될 때까지의 시간(t_4)
   가. 적재장소가 넓어서 트럭이 자유로이 목적장소에 진입할 수 있을 때 ……… 0.15분
   나. 적재장소가 넓지는 않으나 목적장소에 불편없이 진입할 수 있을 때 ……… 0.42분
   다. 적재장소가 좁아서 목적장소에 진입하는데 불편을 느낄 때 ………………… 0.70분

6. 적재함 덮개 설치 및 해체시간(t_5)

구 분	인력에 의한 경우	자동덮개시설의 경우
시 간 (분)	3.77	0.5

7. 세륜기통과시간(t_6)

세륜시간(min)	1.5

8. 적재기계를 사용하는 경우에는 사이클 시간의 산정은 다음에 의한다.

$$cmt = \frac{cms \cdot n}{60 \cdot Es} + (t_2 + t_3 + t_4 + t_5 + t_6)$$

여기서 cmt : 덤프트럭의 1회 사이클 시간(분)
       cms : 적재기계의 1회 사이클 시간(초)
       Es : 적재기계의 작업효율
       n   : 덤프트럭 1대의 토량을 적재하는데 소요되는 적재기계의 사이클 횟수

$$n = \frac{Qt}{q \cdot k}$$

Qt : 덤프트럭 1대의 적재토량(㎥)
q : 적재기계의 덤퍼 또는 버킷용량(㎥)
k : 리퍼 또는 버킷계수

9. 인력 적재를 하는 경우에는 사이클 시간 및 적재비를 다음에 의거 산정한다.

종류 \ 구분	적재시간(분/㎥)	조건
토 사 류	10	적재인부 5인기준
석 재 류	12	평지인 경우

8-2-9 롤러('04, '17, '25년 보완)

※ 흙쌓기 및 도로포장 작업에 활용하는 롤러장비는 표준품셈 해당항목의 일당 시공량을 우선 적용하며, 해당 품의 작업조건과 상이하다고 판단되는 경우 본 항목을 활용하여 작업능력을 계상하여 적용할 수 있다.

$$Q = 1,000 \cdot V \cdot W \cdot D \cdot E \cdot \frac{f}{N}$$

$$A = 1,000 \cdot V \cdot W \cdot E \cdot \frac{1}{N}$$

여기서 Q : 시간당 다짐토량(㎥/hr)
 A : 시간당 다짐면적(㎡/hr)
 W : 롤러의 유효폭(m)
 D : 펴는 흙의 두께(m)
 f : 체적환산계수
 N : 소요다짐횟수
 V : 다짐속도(km/hr)
 E : 작업효율

[주] ① 다짐기계는 토질 및 지형조건에 따라 다음의 표를 참조하여 다짐효과를 얻을 수 있도록 선정하여야 한다.

다짐기계의 종류	암괴 호박돌 역	역질토	모 래	사질토	점토 및 점질토	역이섞인 점토 및 점질토	연약한 점토 및 점질토	단단한 점토 및 점질토
로 드 롤 러	B	A	A	A	B	B	C	C
자주식타이어롤러	B	A	A	A	A	A	C	B
탬 핑 롤 러	C	C	B	B	B	B	C	A
진 동 롤 러	A	A	A	A	C	B	C	C
콤 팩 터	A	A	A	A	C	B	C	C
래 머	B	A	A	A	B	B	C	C
불 도 저	A	A	A	A	B	B	C	A
습 지 불 도 저	C	C	C	C	B	B	A	C

㉮ 여기서 A는 효과적이고 적당한 방법이며, B는 따로 적당한 기계가 없을 때 사용하여야 하고, C는 부적당하다.
㉯ 로드롤러(머캐덤, 탠덤)는 노면 등의 마무리에 사용한다.
㉰ 타이어롤러로 하는 흙쌓기 부분의 다짐에는 일반으로 자주식을 사용하는 것이 경제적이나 지형이 복잡하고 여러 공구를 동시에 작업할 경우 등에는 견인식을 사용하는 것도 검토할 필요가 있다.
㉱ 불도저를 흙쌓기 비탈면의 다짐에 사용할 때에는 비탈면의 경사가 1 : 1.8 보다 낮아질 경우에 능률적이다.
㉲ 래머콤팩터는 구조물의 뒤채움 등 국부적인 장소의 다짐에 사용한다.
㉳ 습지도저를 흙쌓기 비탈면의 다짐에 사용할 경우에는 qc(콘지수)=4 이하의 대단히 연약한 점질토 점토 등에 적용한다.

1. 다짐기계의 유효다짐폭(W)과 다짐속도(V)

다짐기계	규격 (ton)	유효다짐폭 (m)	표준다짐속도(km/hr)		
			노체, 축제 노상	보조기층 기층	표층
머캐덤롤러	6~8 8~10 10~12 12~15	0.7 0.8 0.8 0.9	2.0	2.5	3.0
탠덤롤러	5~8 8~10 10~14	1.1 1.1 1.2	2.0	-	3.0
타이어롤러	5~8 8~15 15~25	1.4 1.8 2.0	2.5	4.0	4.0
불도저	12 19	0.7 0.8	4.0	-	-
자주식, 양족식 롤러	19	1.8	4.0	-	-
진동롤러 (자주식)	2.5 4.4 6.0 10.0	0.7 0.8 1.5 1.9	1.0 1.0 3.0 4.0	1.0 1.0 3.0 4.0	-

2. 소요다짐 횟수(N) 및 다짐두께(D)

공 종		다짐두께(㎝)	다 짐 기 계	규 격(ton)	다짐횟수	다짐도(%)
노 체		30	진 동 롤 러 타 이 어 롤 러	10 8~15	6 4	90 이상
노 상		20	진 동 롤 러 타 이 어 롤 러	10 8~15	6 4	95 이상
동상방지층		20	진 동 롤 러 타 이 어 롤 러	10 8~15	7 4	95 이상
보 조 기 층		15~20	진 동 롤 러 타 이 어 롤 러	10 8~15	8 4	95 이상
입 도 조 정 기 층		15	진 동 롤 러 타 이 어 롤 러	10 8~15	8 7	95 이상
기 층 (아스팔트 안정처리)		7.5~10	머 캐 덤 롤 러 타 이 어 롤 러 탠 덤 롤 러	10~12 8~15 10~14	4 10 4	96 이상
표 층		5	머 캐 덤 롤 러 타 이 어 롤 러 탠 덤 롤 러	8~10 8~15 10~14	2 10 4	96 이상
저수지	심 벽(점토)	20	양족식롤러(자주식)	19	10	95 이상
	성 토	30	〃	19	8	95 이상
축제	점 성 토	30	양족식롤러(자주식)	19	5	90 이상
	사 질 토	30	진 동 롤 러 타 이 어 롤 러	10 8~15	6 4	90 이상

[주] ① 다짐 횟수는 동일지점을 하중륜이 통과한 횟수로 한다.
② 다짐두께는 다져진 상태의 두께이다.
③ 다짐기계의 규격 및 조합은 보편화된 규격 및 조합방법을 기준한 것이다.
④ 성토용 다짐재료는 다짐이 용이한 실트질흙, 보조기층 재료는 부순 자갈을 기준한 것이다.
⑤ 다짐횟수는 보편화된 조건에서 표준적인 횟수를 정한 것이다.
⑥ 다짐횟수에 따른 다짐도는 다짐장비의 규격과 조합, 토질의 종류, 함수비, 입도 분포 등에 따라 각기 상이하므로 실제 적용 과정에서는 공사규모, 현장 조건 등에 따라 다짐 기계규격 및 조합방법을 결정하고 시험시공을 통하여 규정된 다짐 효과를 얻도록 다짐회수를 결정한다.
⑦ 다짐도는 최대건조 밀도에 대한 다짐 후 건조밀도의 백분율이다.

3. 작업효율(E)

공 종	다짐기계	현장조건 양 호	보 통	불 량
표 층	머 캐 덤 롤 러	0.75	0.55	0.35
	타 이 어 롤 러	0.65	0.45	0.25
	탠 덤 롤 러	0.60	0.45	0.30
기 층	진 동 롤 러	0.80	0.60	0.40
	머 캐 덤 롤 러	0.70	0.50	0.30
보조기층	타 이 어 롤 러	0.60	0.40	0.20
노 체 축 제	불 도 저			
	타 이 어 롤 러	0.80	0.60	0.40
	진 동 롤 러			
노 상	양 족 식 롤 러 (자주식)			

[주] 작업효율의 결정은 다음 사항을 고려하여 이들의 조건이 보통의 경우보다 좋을 때에는 양호측으로 나쁠 때에는 불량측의 값을 택한다.
 ① 흙쌓기 재료 또는 노반재료의 공급능력과 다짐 작업과의 균형(평형 또는 공급능력이 상회하였을 때에는 작업효율은 양호)
 ② 흙쌓기 재료 또는 노반재료의 토질, 함수비, 입도 배합 등의 적정
 ③ 작업현장에서의 작업방해의 정도
 ④ 작업현장의 요철(凹凸) 굴곡 등 지형상황

8-2-10 아스팔트 플랜트

1. 시간당 생산능력 표준(ton/hr)

플랜트규격(ton)	혼합재의 종류 A (ton)	B (ton)	C (ton)	D (ton)
40	32.0	28.8	25.6	19.2
60	48.0	43.2	38.4	28.8
80	64.0	57.6	51.2	38.4
100	80.0	72.0	64.0	48.0
120	96.0	86.4	76.8	57.6

[주] ① 아스팔트 플랜트의 기계효율을 80%로 한 시간당 생산량을 말한다.
 ② 혼합재의 종류는 다음과 같다.
   A. 밀 조립식 안정처리
   B. 아스팔트(콘크리트)
   C. 소일아스팔트(현지 흙을 사용할 경우)
   D. 샌드 아스팔트

2. 아스팔트 플랜트의 실작업시간
   가. 아스팔트 플랜트의 작업효율은 적용하지 아니한다.
   나. 아스팔트 플랜트의 일생산시간은 6시간으로 한다.
      (준비예열 및 끝맺음 시간은 1시간으로 한다)

8-2-11 스테이빌라이저(노상안정기)

$$A = \frac{W \cdot V \cdot E}{P}$$

여기서 A : 시간당 작업량(㎡/hr)
       W : 유효혼합폭(m)
       V : 작업속도(1,000m/hr)
       E : 작업효율
       P : 혼합횟수

1. 유효혼합폭(W)
   W= Rotor 폭-0.4m
2. 작업효율(E)
   용이한 경우 0.8
   보통의 경우 0.7
   곤란한 경우 0.6
3. 혼합횟수(평균 3회)
   재래의 사리노면을 안정처리할 경우 모터 그레이더의 스캐리 파이어 등으로 파 일으키는 것을 고려하여야 하므로 혼합횟수에 대해서는 실정에 맞도록 적용한다.

[주] ① 시멘트 및 역청안정처리 공법을 기준한 것이며 1층의 마무리 두께 7~12㎝의 것에 적용한다.
    ② 혼합기계는 자주식(타이어식)으로 횡축식 Road Stabilizer를 사용하는 것을 표준으로 한다.

8-2-12 크러셔

1. 정치식 크러셔
   가. 벨트컨베이어 운반능력(ton/hr)

폭(㎜)	운반능력	폭(㎜)	운반능력
400	120	750	450
450	150	900	600
600	300	-	-

[주] 컨베이어 속도 90m/min, 20°경사, 단위용적중량 1.6ton/㎥의 부순돌을 운반할 때를 기준으로 한다.

나. 에이프런 피더 운반능력(ton/hr)

속도(m/min) \ 폭(㎜)	750	900	1,050
10	246	354	494

[주] 암석단위용적중량 1.6ton/㎥, 피더 속도 10m/min을 기준으로 한 것으로 보통의 경우 효율을 75%로 본다.

다. 죠 크러셔 생산능력(ton/hr)

규격 \ 출구간격	025040	025060	045091	063101	106121
19	10~20	10~30	-	-	-
25	15~25	15~40	-	-	-
40	20~35	25~55	40~80	-	-
50	25~45	35~70	50~100	-	-
65	30~55	40~80	60~120	-	-
80	30~65	45~95	70~140	-	-
90	35~75	55~105	80~160	80~160	-
100	-	-	85~165	90~180	180~360
125	-	-	115~230	110~220	225~450
150	-	-	135~265	140~280	275~550
175	-	-	-	180~360	315~630
200	-	-	-	200~400	360~720
250	-	-	-	-	450~900

[주] ① 규격의 앞의 세 숫자는 죠간의 최대거리, 뒤의 세 숫자는 죠의 폭을 ㎝으로 각각 표시한다.
   (예시 : 063101은 죠간의 거리 63㎝, 폭 101㎝을 말함)
② 출구 간격은 ㎜ 단위이다.
③ 위의 표는 부순돌 상태에서 단위용적중량 1.6 ton/㎥을 기준으로 한 능력이다.
④ 생산능력은 투입되는 암석의 크기, 단위용적중량, 공급량, 운전조건, 암질 등 작업조건에 따라 변동되므로 작업효율을 아래와 같이 적용한다.
   가. 양호 : 위표의 최대치를 사용한다.
   나. 보통 : 위표의 평균치를 사용한다.
   다. 불량 : 위표의 최소치를 사용한다.
⑤ 1회 통과식(Open Circuit)에서의 생산 골재의 크기에 따른 시간당 생산량은 〈별표 1〉을 사용하여 산정한다.
⑥ 재투입식(Closed Circuit)에서의 생산 골재의 크기에 따르는 시간당 생산량은 〈별표 2〉를 사용하여 산정한다.
⑦ 이동식(견인식)의 경우에도 본 품을 적용한다.

〈별표 1〉

1회 통과시 크러셔의 골재크기에 따르는 생산량 비율(%)

출구간격(mm) 골재의 크기(mm)	19	25	40	50	65	80	90	100	125	150	175	200	250
250	-	-	-	-	-	-	-	-	-	6.0	18.0	27.0	40.0
250~225	-	-	-	-	-	-	-	-	-	6.0	6.0	5.0	5.0
225~200	-	-	-	-	-	-	-	-	7.0	8.0	7.0	7.0	5.0
200~175	-	-	-	-	-	-	-	10.0	8.0	7.0	7.0	6.0
175~150	-	-	-	-	-	-	10.0	9.0	9.0	8.0	6.5	5.5
150~125	-	-	-	-	-	4.0	13.0	12.0	10.0	9.0	7.0	6.5	6.5
125~100	-	-	-	-	5.0	12.0	13.0	13.0	10.0	8.0	7.0	7.0	5.0
100~ 90	-	-	-	-	8.0	8.0	8.0	7.0	6.0	5.0	4.5	3.5	3.5
90~ 80	-	-	-	7.0	9.0	9.0	8.0	6.0	5.0	4.5	4.0	3.5	3.0
80~ 70	-	-	-	5.0	4.5	4.5	4.0	3.5	3.0	2.5	2.0	2.0	1.5
70~ 65	-	-	4.0	6.0	5.5	4.5	4.0	3.5	3.0	2.5	2.5	2.0	1.5
65~ 56	-	-	3.0	6.0	5.0	4.5	3.5	3.5	3.0	2.5	2.0	1.7	1.5
56~ 50	-	-	6.0	7.0	6.0	4.5	4.0	3.5	3.0	2.5	2.0	1.8	1.6
50~ 45	-	2.0	7.0	7.0	5.0	5.0	4.0	3.5	3.0	2.5	2.5	2.0	1.8
45~ 40	-	6.0	9.0	7.5	7.0	5.5	4.5	4.0	3.5	3.0	2.5	2.5	1.6
40~ 30	3.0	6.0	8.5	6.5	5.0	4.5	4.0	3.5	2.5	2.5	2.1	1.8	1.4
30~ 25	7.0	13.0	10.5	8.0	6.5	5.5	5.0	4.5	3.5	3.0	2.5	2.0	1.7
25~ 22	4.0	7.0	5.5	4.0	3.5	2.5	2.5	2.4	2.0	1.5	1.5	1.1	0.9
22~ 19	11.0	11.0	7.5	5.5	4.5	4.0	3.5	2.8	2.5	2.0	1.7	1.5	1.2
19~ 16	8.0	5.5	3.8	3.3	2.7	2.5	2.0	1.8	1.5	1.2	1.1	0.9	0.6
16~ 13	11.0	8.0	5.4	4.2	3.4	3.0	2.2	2.2	1.7	1.6	1.3	1.1	0.9
13~ 10	14.0	10.5	7.3	5.5	4.8	3.8	3.6	3.1	2.6	2.2	1.9	1.7	1.2
10~ 8	4.0	3.0	2.5	1.8	1.4	1.4	1.2	1.1	0.8	0.7	0.7	0.5	0.3
8~ 6	6.5	5.0	3.0	2.7	2.0	1.6	1.4	1.3	1.1	1.0	0.8	0.7	0.5
6~ 4	7.5	5.5	4.2	3.0	2.7	2.3	2.0	1.9	1.5	1.3	1.0	0.9	0.6
No.4~No.8	10.5	7.6	5.5	4.3	3.6	3.1	2.8	2.5	2.0	1.6	1.4	1.1	0.7
No.8 미만	13.5	9.9	7.3	5.7	4.9	4.3	3.8	3.4	2.8	2.4	2.0	1.6	1.0
합 계 %	100	100	100	100	100	100	100	100	100	100	100	100	100

〈별표 2〉

재투입식 죠 크러셔의 골재 크기에 따르는 생산량 비율(%)

골재의 크기(mm) \ 출구간격(mm)	19	25	40	50	65	80	90	100
100 ~ 90	-	-	-	-	-	-	-	10
90 ~ 80	-	-	-	-	-	-	9	9
80 ~ 70	-	-	-	-	-	8	7	7
70 ~ 65	-	-	-	-	-	8	8	7
65 ~ 56	-	-	-	-	7	7	7	5
56 ~ 50	-	-	-	-	8	8	7	6
50 ~ 45	-	-	-	9	9	7	7	7
45 ~ 40	-	-	-	8	8	7	7	7
40 ~ 30	-	-	11	9	8	7	7	6
30 ~ 25	-	-	13	12	11	8	6	5
25 ~ 22	-	8	7	7	6	6	5	4
22 ~ 19	-	9	8	8	6	4	4	3
19 ~ 16	12	12	8	7	6	5	5	4
16 ~ 13	13	12	9	7	5	5	4	4
13 ~ 10	15	12	9	7	7	6	5	5
10 ~ 8	8	7	5	5	4	2	2	2
8 ~ 6	8	7	6	4	3	2	2	2
6 ~ No. 4	10	7	5	5	4	4	3	2
No. 4 ~ No. 8	15	11	7	4	2	2	1	1
No. 8 미만	19	15	12	8	6	4	4	4
합 계 (%)	100	100	100	100	100	100	100	100

〈별표 3〉

롤 크러셔의 골재크기에 따르는 생산량 비율(%)

골재의 크기(mm) \ 출구간격(mm)	6	13	19	25	30	40	45	50	56	65	70	80	90	100
125 ~	-	-	-	-	-	-	-	-	-	-	-	4.0	13.0	22.0
125 ~ 100	-	-	-	-	-	-	-	-	5.0	10.0	12.0	13.0	13.0	
100 ~ 90	-	-	-	-	-	-	-	7.0	8.0	9.0	8.0	8.0	7.0	
90 ~ 80	-	-	-	-	-	-	7.0	9.0	9.0	9.0	9.0	8.0	6.0	
80 ~ 70	-	-	-	-	-	4.0	5.0	4.5	4.5	4.5	4.5	4.0	3.5	
70 ~ 65	-	-	-	-	4.0	5.0	6.0	5.5	5.5	5.0	4.5	4.0	3.5	
65 ~ 56	-	-	-	-	3.0	6.0	6.0	5.5	5.0	4.5	4.5	3.5	3.5	
56 ~ 50	-	-	-	5.0	6.0	6.0	7.0	6.5	6.0	5.0	4.5	4.0	3.5	
50 ~ 45	-	-	2.0	5.0	7.0	7.0	7.0	6.0	5.0	5.0	5.0	4.0	3.5	
45 ~ 40	-	-	-	6.0	8.0	9.0	10.0	7.5	7.0	7.0	6.0	5.5	4.5	4.0
40 ~ 30	-	-	-	6.0	7.0	8.5	7.0	6.5	6.0	5.0	5.0	4.5	4.0	3.5
30 ~ 25	-	-	10.0	13.0	13.0	10.5	9.0	8.0	7.0	6.5	6.0	5.5	5.0	4.5
25 ~ 22	-	-	4.0	7.0	6.0	5.5	4.5	4.0	3.7	3.5	3.0	2.5	2.5	2.4
22 ~ 19	-	8.0	11.0	11.0	9.0	7.5	7.0	5.5	5.0	4.5	4.5	4.0	3.5	2.8
19 ~ 16	-	4.0	8.0	5.5	4.5	3.8	3.5	3.3	3.0	2.7	2.5	2.5	2.0	1.8
16 ~ 13	-	10.0	11.0	8.0	7.0	5.4	5.0	4.2	3.5	3.4	3.0	3.0	2.2	2.2
13 ~ 10	3.0	20.0	14.0	10.5	8.5	7.3	6.5	5.5	5.2	4.8	4.3	3.8	3.6	3.1
10 ~ 8	5.0	5.0	4.0	3.0	3.0	2.5	1.9	1.8	1.6	1.4	1.4	1.4	1.2	1.1
8 ~ 6	13.0	10.0	6.5	5.0	4.0	3.0	2.8	2.7	2.3	2.0	2.0	1.6	1.4	1.3
6 ~ No. 4	20.0	10.5	7.5	5.5	5.0	4.2	3.6	3.0	2.8	2.7	2.3	2.3	2.0	1.9
No. 4 ~ No. 8	26.0	14.5	10.5	7.6	6.5	5.5	4.8	4.3	3.9	3.6	3.4	3.1	2.8	2.5
No. 8 미만	33.0	18.0	13.5	9.9	8.5	7.3	6.4	5.7	5.2	4.9	4.6	4.3	3.8	3.4
합 계 (%)	100	100	100	100	100	100	100	100	100	100	100	100	100	100

라. 롤 크러셔의 생산능력(ton/hr)

출구간격(mm)	규격	040040	060040	076045	076063	076076	101063	104076	139076
	최대출구간격(cm)	28	47	66	66	66	82	82	82
	상용출구간격(cm)	19	40	56	56	56	80	80	80
100		-	-	-	-	-	-	-	1,245
90		-	-	-	-	-	964	1,092	1,092
80	-	-	-	-	-	-	825	936	936
70		-	-	-	-	858	743	858	858
65		-	-	468	639	780	673	780	780
56		-	-	432	585	702	614	702	702
50		-	333	378	519	624	548	624	624
45		-	291	327	456	548	482	548	548
40		-	249	282	390	468	413	468	468
25	-	168	168	186	261	312	274	312	312
19		126	126	141	165	234	205	234	234
13		84	84	93	129	156	139	156	156
6		42	42	45	96	78	69	78	78

[주] ① 규격의 앞 세 숫자는 롤의 직경, 뒤의 세 숫자는 롤의 폭을 cm으로 각각 표시한 것이다.
(예시 : 101063는 직경 101cm, 폭 63cm을 말함)
② 위 표는 부순돌 상태에서 단위용적중량 1.6 ton/㎥을 기준으로 한 능력이다.
③ 생산능력은 투입되는 암석의 크기, 단위용적중량, 공급중량, 운전조건, 암질 등 작업조건에 따라 변동되므로 작업효율을 아래와 같이 적용한다.
㉮ 양호 : 효율 65%를 사용한다.
㉯ 보통 : 효율 50%를 사용한다.
㉰ 불량 : 효율 35%를 사용한다.
④ 롤 크러셔의 생산골재 크기에 따르는 시간당 생산량은 〈별표 3〉을 사용하여 선정한다.

마. 스크린 통과능력(ton/hr)

체의 규격 \ 크러셔의 조합방법	1회 통과식	재투입식
2.5	0.65	0.85
5	1.10	1.50
6	1.35	1.90
10	1.70	2.45
13	2.05	2.95
16	2.40	3.45
19	2.70	3.85
22	2.95	4.20
25	3.10	4.45
30	3.55	5.05
40	3.90	5.60
45	4.20	6.00
50	4.50	6.45
65	4.95	7.10
80	5.40	7.70
90	5.65	8.10
100	5.90	8.40

[주] ① 체의 규격은 ㎜ 단위이다.
② 위의 표는 930㎠당 통과량을 말한다.
③ 위의 표는 깨어진 자갈(모래 등 포함)을 공급할 때를 기준으로 한다.
④ 롤 크러셔는 1회통과식을 적용한다.
⑤ 스크린의 효율을 고려한 전체 통과량은 〈별표 4〉를 사용하여 산정한다.
(예시) : 통과량(ton/hr) = 930㎠당 통과능력
$$(ton/hr) \times A \times B \times C \times D \times E \times 체적면적(㎠) \times \frac{1}{930}$$

〈별표 4〉

스크린의 효율

계수 A		계수 B		계수 C		계수 D		계수 E	
스크린택의 수에 따르는 계수		스크린규격 ½보다 작은 골재의 양(%)에 따르는 계수		돌을 스크린에 직접 분사할 때 스크린의 규격에 따르는 계수		스크린 규격보다 큰 골재의 양(%)에 따르는 계수		재료의 종류에 따르는 계수	
택의수	계수A	골재량(%)	계수B	스크린 규격(mm)	계수C	골재량(%)	계수D	재 료 분 석	계수E
1	1.00	0	0.40	2.5	2.60	10	1.07	1. 최고 5% 수분을 포함한 깨어지지 않는 자갈	1.15
2	0.90	5	0.47	5.0	2.50	20	1.04		
3	0.80	10	0.53	6.0	2.40	30	1.00		
4	0.70	15	0.59	10.0	2.10	40	0.95		
		20	0.66	13.0	1.85	50	0.90	2. 최고 5%수분을 포함한 50% 깨어진 자갈	1.00
		25	0.73	19.0	1.50	60	0.85		
		30	0.82	25.0	1.15	70	0.79		
		35	0.90	28.0	1.00	80	0.70		
		40	1.00			90	0.55	3. 5%수분을 포함한 100% 깨어진 자갈이나 부순돌	1.90
		45	1.10			92	0.50		
		50	1.20			94	0.44		
		55	1.30			96	0.35		
		60	1.40			98	0.20	4. 박판상(薄板狀) 또는 후판상(厚板狀)으로 100% 깨어진 부순돌	0.60
		65	1.50			100	0.00		
		70	1.60						
		80	1.80						
		90	1.92						
		100	2.00						

2. 이동식 크러셔

규격 (ton)	출구간격(mm) 입구간격(mm)	생산능력(ton/hr)								출력 (kW)
		10	13	16	20	25	30	40	50	
50	85× 90	20	25	30	38	45	50	(57)	-	93
100	125×140	(35)	45	55	70	80	90	105	-	155
150	170×190	(54)	72	90	110	135	155	185	200	260
200	180×200	(70)	(90)	110	130	160	180	215	230	326

[주] ① 이동식 크러셔는 죠 및 콘크러셔가 단일기계로 조합된 것이다.
② 본 품은 부순돌 상태에서 단위용적중량 1.6 ton/㎥을 기준으로 한 능력이다.
③ 생산능력은 투입되는 암석의 크기, 단위용적중량, 공급량, 운전조건, 암질에 따른 스크린 통과율 등 작업조건에 따라 변동되므로 작업효율을 아래와 같이 적용한다.

양 호	보 통	불 량
0.45	0.40	0.36

④ 강자갈의 경우 작업효율을 양호로 적용한다.

8-2-13 대형브레이커('14, '17, '25년 보완)

※ 굴착(깎기, 터파기) 작업에 대형 브레이커를 활용하는 하는 경우 해당항목의 일당 시공량을 우선 적용하며, 해당 품의 작업조건과 상이하다고 판단되는 경우 본 항목을 활용하여 작업능력을 계상하여 적용한다.

1. 조합기계
   대형 브레이커+굴착기(0.6~0.8㎥)
2. 작업능력
   가. 구조물 헐기

(㎥/hr)

구 분	무근 구조물	철근 구조물
구 조 물 의 평 균 두 께 30㎝ 미만	3.3~5.9	1.6~3.3
구 조 물 의 평 균 두 께 30㎝ 이상	2.6~4.6	1.4~2.7
간 이 철 근 구 조 물	2.8~5.0	-
교 량 상 부 강 교 슬 래 브	-	1.8~3.7
아 스 콘 포 장 30㎝ 미만	16.0	-
아 스 콘 포 장 30㎝ 이상	12.5	-

[주] ① 본 품은 도로(콘크리트, 아스콘), 하천, 해안 사방공사의 기설 콘크리트 및 구조물의 헐기품이다.
② 터파기, 되메우기, 파쇄물 집적 및 소운반, 싣기 및 운반 등은 포함되지 않았으므로 별도 계상한다.
③ 작업보조로서 보통인부 1인을 별도 계상한다.

④ 철근절단 및 절단기 손료는 별도 계산한다.
⑤ 굴착기 0.4㎥을 조합 사용하는 경우는 상기 작업능력의 하한치를 적용한다.(아스콘 포장 제외)
⑥ 인구 밀집지역의 소규모 지선도로 포장깨기에는 0.2㎥ 굴착기를 조합사용할 수 있으며 이때의 작업능력은 1.75㎥/hr를 적용한다.(아스콘 포장 제외)
⑦ 굴착기(0.4㎥ 이하)로 아스콘 포장 깨기를 하는 경우 다음을 기준으로 적용한다.

구 분	규 격	단 위	수 량	비 고
굴착기+브레이커	0.4㎥	㎥/hr	6.9	두께 20cm 이하
	0.2㎥	〃	4.1	

나. 굴착

(㎥/hr)

암분류 \ 시공형태	암파쇄	터파기
연 암	4.5~5.5	3.2~3.8
보 통 암	3.1~3.7	2.2~2.8
경 암	2.3~2.9	1.6~2.0

[주] ① 작업 범위는 상하 5m를 기준한다.
② 경사면 고르기, 파쇄물 집적, 적입 등 운반작업은 포함되지 않았다.
③ 시공형태가 지반 이하 또는 터파기라 하더라도 기계가 굴착 개소내에 들어가 작업할 수 있을 때에는 암파쇄를 적용한다.
④ 현무암 작업시는 30%까지 작업능력 감소를 감안할 수 있다.

다. 적용방법
① 작업현장이 넓고 장해물이 없이 작업이 순조롭게 진행될때 상한치
② 작업현장이 작업에 지장을 주지 않을 정도로 넓고 장해물이 있어 작업진행에 약간의 지장이 있을 때 평균치
③ 작업현장이 협소하고 장해물이 많아 작업진행에 영향을 가져올 때 하한치

라. 치즐 소모량

(본/hr)

구 분	연 암	구조물 헐기	보 통 암	경 암
0.4㎥용	-	0.008	-	-
0.7㎥용	0.006	0.01	0.02	0.03

8-2-14 압쇄기(콘크리트 소할용)('04년 신설)

1. 조합기계
   압쇄기(펄버라이저) + 굴착기(1.0㎥)
2. 작업능력
   $Q = q \times E$

여기서 Q : 시간당 작업량(㎥/hr)
q : 작업능력(3.26㎥/hr)
E : 작업효율(0.95)

[주] ① 본 품은 콘크리트구조물 헐기후 발생된 폐콘크리트를 성토용으로 재활용할 수 있도록 압쇄기(펄버라이저)를 이용하여 100㎜ 이하로 소할하는 품이다.
② 폐콘크리트가 여러곳에 산재되어 일정장소에 적치하여 소할할 경우 이에 따른 운반비는 별도 계상한다.
③ 철근 제거가 필요한 경우 보통인부 1인을 별도 계상한다.

8-2-15 법면다짐기

1. 장비조합
   굴착기 부착용 유압식 진동콤팩터+굴착기(0.7㎥) 또는 법면 다짐판+굴착기(1.0㎥)
2. 작업능력

구 분	다짐력	플레이트규격(㎝)	작업량(㎥/h)	비 고
유압식진동콤팩터	6~9톤	76×84	77.7	최대건조밀도 90% 이상 기준
법 면 다 짐 판	-	80×80	22.7	-

[주] ① 성토부 비탈면 다짐 또는 이와 유사한 작업에 적용할 수 있다.
② 법면 다짐판 사용시는 다짐판 손료는 계상하지 아니한다.

8-2-16 골재세척설비('01년 신설)

1. 적용범위
   본 공법은 콘크리트 등의 생산시 굵은골재 세척작업에 적용한다.
2. 작업능력 산정식
   Q = q×E
   여기서 Q : 시간당 작업량
   q : 시간당 표준작업량(62.5㎥/hr)
   E : 작업효율(0.8)

8-2-17 콘크리트 믹서

$$Q = \frac{60}{4} \cdot q \cdot E$$

여기서 Q : 콘크리트 믹서의 시간당 생산량(㎥/hr)
4 : 재료투입 혼합배출 등 작업시간(분)
q : 콘크리트 믹서용량(㎥)
E : 작업효율(0.8)

8-2-18 콘크리트 배치 플랜트(강제 혼합식)('00년, '02년, '11년 보완)

$$Q = \frac{60 \cdot q \cdot E}{cm}$$

여기서 Q : 시간당 작업량(㎥/hr)
      q : 믹서의 실용량
      E : 작업효율
      cm : 1회 사이클시간(1.5분)

[주] 본 품을 터널 숏크리트용 배치플랜트로 적용시 cm은, 강섬유를 혼합할 경우에는 2.5분, 혼합치 않을 경우에는 1.5분을 적용한다.

1. 믹서의 실용량(q)

규 격		60㎥/h (96kW)	90㎥/h (144kW)	120㎥/h (160kW)	150㎥/h (177kW)	180㎥/h (213kW)	210㎥/h (233kW)
슬럼프	5cm 이상	1.0 ㎥	1.5 ㎥	2 ㎥	2.5 ㎥	3.0 ㎥	3.5 ㎥
	5cm 미만	0.75㎥	1.13㎥	1.5㎥	1.88㎥	2.25㎥	2.63㎥

2. 작업효율(E)

현장조건 \ 공종	도로포장	교 량	터 널	사 방
양 호	0.90	0.50	0.75	0.85
보 통	0.70	0.45	0.65	0.75
불 량	0.50	0.40	0.55	0.65

[주] ① 타설조건과 조합기계로 인하여 콘크리트 배치플랜트의 대기시간이 적은 경우에는 양호, 대기시간이 많은 경우에는 불량으로 한다.
    ② 터널 숏크리트용 배치플랜트의 경우 현장조건이 매우 불량한 경우에는 작업효율을 0.40으로 적용할 수 있다.

8-2-19 콘크리트 운반

1. 콘크리트 믹서트럭 운반

$$Q = \frac{60 \times W \times E}{cm}$$

여기서 Q : 시간당 운반량(㎥/hr)
      W : 적재용량
      cm : $t_1 + t_2 + t_3 + t_4$(min)

t_1 : 적입시간
t_2 : 주행시간
t_3 : 배출시간
t_4 : 대기시간

$t_1 = \dfrac{W}{q} \cdot cmc$ (콘크리트플랜트 싸이클시간 참조)

$t_2 = \dfrac{운반거리}{적재시평균주행속도} + \dfrac{운반거리}{공차시평균주행속도}$

t_3 = 배출시간
  슬럼프 4㎝ 이하(3~4min)
  슬럼프 5㎝ 이상(2~3min)
  단, 콘크리트 펌프와 조합작업시는 10min을 가산한다.
t_4 = 대기시간(5~10min)
  E : 작업효율(0.95)

2. 덤프트럭 운반

$$Q = \dfrac{60 \times W \times E}{cm}$$

여기서 Q : 시간당 운반량(㎥/hr)
  W : 적재량(㎥)
  cm : $cm_1 + cm_2$
  cm_1 : 1회 사이클의 주행시간(min)
  cm_2 : 1회 사이클의 작업하역시간 및 대기시간의 합계(min)

가. 적재량

(㎥)

규 격	8 톤	10.5 톤	15 톤
W	3.3	4.4	6.0

나. 주행시간

(min)

표 준 치	cm_1 = 3L+5	비 고
범 위	±5	L : 편도운반거리(㎞) L : 15㎞까지 적용

$cm_2 = \dfrac{W}{q} cmc + t_1 + t_2 \text{(min)}$

여기서 $\frac{w}{q}$ cmc = 작업시간(콘크리트플랜트 사이클 시간 참조)

t_1 = 하역시간(1~2min)

t_2 = 대기시간(5~10min)

다. 작업효율 E(0.95)

[주] 콘크리트 운반은 콘크리트 믹서 트럭으로 운반함을 원칙으로 하되 콘크리트 포장 등과 같이 작업물량이 많고 슬럼프치가 낮아 믹서트럭 운반이 부적합할 경우에는 덤프트럭 운반으로 할 수 있다.

8-2-20 기관차

$$Q = C \cdot N \cdot f \cdot E$$

$$N = \frac{60}{t_1 + \frac{L}{V_1} + \frac{L}{V_2} + t_2}$$

$$C = n \times q$$

여기서 Q : 시간당 작업량(㎥/hr)

N : 1시간당 운반횟수

C : 1회 운반토량(㎥)

f : 체적환산계수

E : 작업효율

t_1 : 입환소요시간(5분)

t_2 : 적재 적하 소요시간(토사류는 17분, 석재류는 20분)

L : 평균 운반편도(m)

V_1 : 적재시 기관차의 주행속도(140m/분)

V_2 : 공차시 기관차의 주행속도(200m/분)

n : 1회운반시의 대차수(5t일 때 12대, 7t일 때 15대)

q : 대차의 용량(㎥)

8-2-21 경운기

작업량 산정식

$$Q = \frac{60 \cdot q \cdot f \cdot E}{cm}$$

여기서 Q : 시간당 작업량(㎥/hr)

q : 흐트러진 상태의 경운기 1회 적재량

f : 체적환산계수

E : 작업효율(0.9)

1. 사이클시간(cm)

$$cm = \frac{L}{V_1} + \frac{L}{V_2} + t$$

여기서 V_1 : 적재시 속도(m/분)
 V_2 : 공차시 속도(m/분)
 L : 거리(m)
 t : 적재 적하시간(분)

2. 적재 적하 시간 및 속도

구분 종류	적재 적하 시간	평균 주 행 속 도(m/분)					
		적 재			적 하		
		양호	보통	불량	양호	보통	불량
토 사 류	11분	83m/분	57m/분	35m/분	117m/분	83m/분	57m/분
석 재 류	13분						

[주] ① 삽작업이 가능한 토석재를 기준한다.
② 적재 적하는 2인을 기준한다.
③ 절취는 별도 계산한다.
④ 작업로에 따른 구분
 양호 : 작업로가 구배가 없고 평탄할 때
 보통 : 작업로가 약간 요철이 있는 경우
 불량 : 작업로가 구배가 약간 있고(7% 이하) 요철이 있는 경우

8-2-22 디젤 파일 해머

$$Tc = \frac{Tb+Tw+Ts+Tt+Te}{F}$$

여기서 Tc : 파일 1본당 시공시간(min)
 Tb : 파일 1본당 타격시간(min)
 Tw : 파일 1본당 용접시간(min)
 Ts : 파일 1본당 세우기 및 위치 조정시간(min)
 Tt : 파일 1본당 해머의 이동 및 준비시간(min)
 Te : 파일 1본당 해머의 점검 및 급유등 기타시간(min)
 F : 작업계수

1. 강관파일의 경우

 가. 파일 1본당 타격시간(분)·T_b

 $T_b = 0.05 \cdot \alpha \cdot \beta \cdot L(N+2)$

 α : 토질계수
 β : 해머 계수
 N : 파일 끝이 들어가는 전층의 평균 N치
 L : 파일 끝이 들어가는 전층의 길이(m)
  (파일이 들어가는 전장으로 표시)

(1) 토질계수(α)

계수\토질	점토 · 부식토	실트 · 로움 · 모래	자 갈
α	4.0	1.0	1.4

[주] 2종 이상의 토질로 구성되어 있는 경우는 토층의 두께에 따라 가중 평균을 내어 토질계수를 산출한다.

(2) 해머 계수(β)

파일경(m/m)	파 일 해 머 의 램 중 량			
	1.5t 급	2.2t 급	3.2t 급	4.0t 급
400	1.2	0.6	-	-
500	-	1.0	0.6	-
600	-	1.4	0.9	0.6
800	-	-	1.5	1.2
900	-	-	-	1.4
1,000	-	-	-	1.7

(3) 평균 N치 = $\dfrac{\text{파일이 들어가는 통과길이 1m 당 N치의 합계}}{\text{파일이 들어가는 전장}}$

단, N치 1 이하의 경우는 1로 한다.

[주] 토질별 N치

구 분		토 질		N 치
		상	태	
점 토 질 토		연	이	4 이하
		연	질	4~10
		중	질	10~20
		경	질	20~30
		최 경	질	30~40
		극 경	질	40~50
사 질 토 사		연	질	10 이하
		중	질	10~20
		경	질	20~30
		최 경	질	30~40
		극 경	질	40~50
자 갈 혼 합 사 질 토 토 사		연	질	30 이하
		경	질	30 이상
자 갈 혼 합 사 질 토 사		연	질	40~50
		경	질	50~60

나. 파일세우기 및 위치조정시간(분) : Ts
  Ts : 7Ns
  Ns : 파일세우기 횟수

다. 파일 1본당 이동 및 준비시간(분) : Tt

$$Tt = \frac{a + LS \cdot (S-1)/n}{V}$$

  a : 파일의 평균간격(m)
  LS : 블록간의 거리(m)
  S : 블록수
  n : 파일의 전 시공 본수
  V : 크롤러식 항타기의 자주에 의한 표준주행속도(2.5m/min)

[주] ① 블록간 이동에 분해수송이 필요한 경우의 소요비용은 별도 계상한다.
    ② 블록간 이동에 필요한 운반로의 조성등이 필요한 경우의 소요비용은 별도 계상한다.

라. 급유 점검 등의 기타시간(분) : Te

해 머 규 격	1.5t 급	2.2t 급	3.2t 급	4.0t 급
Te(분)	4	6	8	10

마. 작업계수(F)

항 타 현 장 조 건			
평 탄 성	작업 현장의 넓이와 상태	F
양 호	현장이 넓으며 작업에 장애물이 없는 경우	1.0
	현장이 협소하여 작업에 장애물이 있는 경우	0.8
불 량	현장이 넓으며 작업에 장애물이 없는 경우	0.8
	현장이 협소하여 작업에 장애물이 있는 경우	0.6

[주] ① 노면 상태가 지역이 넓고 평탄하며 보조크레인이 말뚝 운반에 지장이 없는 상태를 양호로 한다.
    ② 넓은 지역은 폭이 25m 이상 되는 지역을 말한다.
    ③ 장애물이란 가옥, 시설구조물, 노로, 철도 부근 등으로 안전관리를 요하는 것을 말한다.

바. 파일 1본당 용접시간(분) : Tw
  Tw = tw×Nw
  tw : 이음 1개소당 용접시간(분)
  Nw : 파일 1본당의 이음수

[주] 항판의 두께가 다른 경우는 박판을 기준한다.

(1) 반자동 아크(Arc) 용접기에 의한 용접이음 개소당 용접시간(분)

파일경 (m/m)	관 두 께(m/m)					
	8	9	10	12	14	16
400	20	20	20	20	25	30
500	20	20	25	25	30	30
600	20	25	25	30	35	35
800	25	30	30	35	40	45
900	30	30	35	35	45	50
1,000	30	30	35	40	45	50

[주] 작업준비, 검사, 냉각 등의 시간 10분을 포함한 용접작업 종료까지의 시간이다.

(2) 수동아크용접기에 의한 용접이음 1개소당 용접시간

파일경 (m/m)	관 두 께(m/m)					
	8	9	10	12	14	16
400	40	45	50	35	40	50
500	50	60	60	40	50	60
600	60	35	40	50	60	80
800	50	45	50	70	80	100
900	45	50	60	80	90	110
1,000	50	60	70	90	100	130

[주] 굵은 선내의 수치는 용접기 2대 사용의 것이다.

(3) 파일해머와 용접기의 조합

기 계 명	규 격	대 수	비 고
반자동 아크(Arc) 용접기	교류 500A 교류 아크(Arc)용 용접기가 딸림	1대	교류 아크(Arc) 용접기는 40㎸A(500A)를 표준으로 한다.
수동 아크(Arc) 용접기	교류 500A	1대 2대	교류 아크(Arc) 용접기는 20㎸A(500A)를 표준으로 한다.

(4) 수동 아크(Arc) 용접기에 의한 용접이음 1개소당의 용접봉 소요량(kg)

파일경 (m/m)	관 두 께(m/m)					
	8	9	10	12	14	16
400	0.9	1.0	1.4	1.8	2.3	2.8
500	1.1	1.3	1.7	2.2	2.8	3.5
600	1.3	1.5	2.1	2.6	3.4	4.1
800	1.8	2.0	2.8	3.5	4.5	5.5
900	2.0	2.3	3.1	4.0	5.1	6.2
1,000	2.2	2.5	3.5	4.4	5.7	6.9

(5) 용접이음 1개소당 전력 소비량(kW/h)

파일경 (mm)	관 두 께(mm)					
	8	9	10	12	14	16
400	5.7	6.9	7.6	10.7	13.9	17.0
500	7.1	8.6	9.4	13.4	17.3	21.2
600	8.5	10.3	11.3	16.0	20.7	25.4
800	11.0	13.7	15.0	21.3	27.6	33.9
900	13.0	15.0	17.0	24.0	31.2	38.2
1,000	14.0	17.3	18.9	26.7	34.5	42.4

2. 콘크리트 파일(PC, RC)의 경우

  가. 파일 1본당 타격시간(분) : Tb

    Tb = $0.08\alpha \cdot \beta \cdot L(N+2)$

    여기서 α : 토질계수(강관파일의 경우와 동일)

          β : 해머계수

          L : 파일 끝이 들어가는 전층의 길이(m)

             (파일이 들어가는 전장으로 표시)

          N : 평균 N치(강관 파일의 경우와 동일)

  ○ 헤머의 계수(β)

파일경(mm) 파일해머규격	250	300	350	400	450	500
1.5ton 급	0.6	0.8	1.0	-	-	-
2.2ton 급	-	-	-	0.6	0.8	1.0

나. 파일 세우기 및 위치조정시간(분) : Ts
  Ts : 3Ns(파일경이 250, 300mm의 경우)
  Ts : 5Ns(파일경이 350, 400, 450, 500mm의 경우)
다. 이동 및 준비시간(분) : Tt
  일률적으로 3분으로 한다.
라. 점검 및 급유 등 기타 시간(분) : Te

해 머 규 격	1.5톤 급	2.2톤 급
Te(분)	4	6

3. 파일해머와 크레인의 조합

파일해머규격	1.5t 급	2.2t 급	3.2t 급	4.0t 급
크레인규격	20ton	25ton	30ton	35ton

[주] ① 본 규격은 파일 12m를 기준한 것이며 파일의 길이, 현장작업조건 등을 감안하여 조정할 수 있다.
② 해상작업인 경우는 이에 준하지 않는다.

4. 배치인원(인/일)

비 계 공	보 통 인 부	용 접 공
3	2	1(2)

[주] ① 용접공은 강관파일의 경우에만 적용한다.
② ( )내의 숫자는 용접기 2대 사용의 경우이다.

8-2-23 유압 파일 해머

1. 작업시간

가. 강관파일의 경우

   Tc : $\alpha \cdot \beta \cdot$ Ta
   Tc : 파일 1본당 시공시간(min)
   α : 토질계수
   β : 판두께 계수
   Ta : 파일규격에 따른 시공시간(min/본)

   (1) 토질계수(α)

계 수	N치의 범위	20 미만	20 이상
	α	1.0	1.19

[주] N치는 타입층의 평균 N치로 한다.

$$평균\ N치 = \frac{파일이\ 들어가는\ 통과길이\ 1m\ 당\ N치의\ 합계}{파일이\ 들어가는\ 전장(m)}$$

단, N치 1 이하의 경우는 1로 한다.

(2) 판두께 계수(β)

항타길이 (m)	판 두 께 (mm)			
	8~10	12	14	16
16 이하	1.00	1.00	1.00	1.00
17~32	1.00	1.14	1.29	1.48
33~48	1.00	1.18	1.37	1.63
49~64	1.00	1.22	1.45	1.73

(3) 파일규격에 따른 시공시간(Ta)

항 타 길 이 (m)	파 일 경 (mm)		
	400~500	500~800	800~1,200
16 이하	58	58	58
17~32	86	110	120
33~48	134	168	182
49~64	163	216	241

[주] ① 블록간 이동에 분해수송이 필요한 경우의 소요비용은 별도 계상한다.
② 블록간 이동에 필요한 운반로의 조성 등이 필요한 경우의 소요비용은 별도 계상한다.
③ 말뚝두부정리에 필요한 소요비용은 별도 계상한다.
④ 파일이음에 따른 용접시간은 포함되어 있다.

나. 콘크리트 파일의 경우(PC, RC, PHC)

$Tc = \alpha \cdot Ta$

Tc : 파일 1본당 시공시간(min)
α : 토질계수
Ta : 파일규격에 따른 시공시간(min/본)

(1) 토질계수(α)

계 수	N치의 범위	20 미만	20 이상
α		1.0	1.13

[주] N치는 타입층의 평균 N치로 한다.

$$\text{평균 N치} = \frac{\text{파일이 들어가는 통과길이 1m당 N치의 합계}}{\text{파일이 들어가는 전장(m)}}$$

단, N치 1 이하의 경우는 1로 한다.

(2) 파일규격에 따른 시공시간(Ta)

(min/본)

항타길이 (m)	파일경(mm)	
	300~600	600~1,000
15 이하	48	58
16~22	82	101
23~29	96	115
30~36	130	158

[주] ① 블록간 이동에 분해수송이 필요한 경우의 소요비용은 별도 계상한다.
② 블록간 이동에 필요한 운반로의 조성등이 필요한 경우의 소요비용은 별도 계상한다.
③ 말뚝두부정리에 필요한 소요비용은 별도 계상한다.
④ 파일이음에 따른 용접시간은 포함되어 있다.

2. 파일해머의 선정

가. 강관파일의 경우

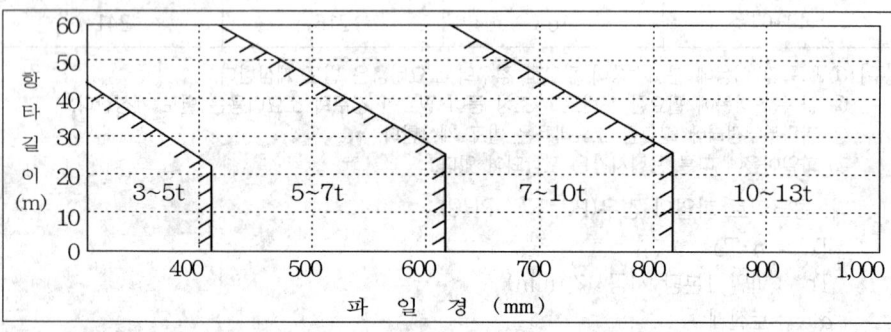

[주] ① 파일의 항타길이가 15m 이상으로 아래 조건의 경우에는 1등급 큰 규격을 사용한다.
  ㉮ N치가 30 이상으로 층두께 3m 이상의 모래층, 모래자갈의 중간층을 관통할 경우
  ㉯ 층두께 3m 이상의 점토(N치 15 이상) 등의 중간층을 관통할 경우
② 파일의 항타길이(m)에는 보조파일의 길이(m)를 포함한다.

나. 콘크리트파일의 경우

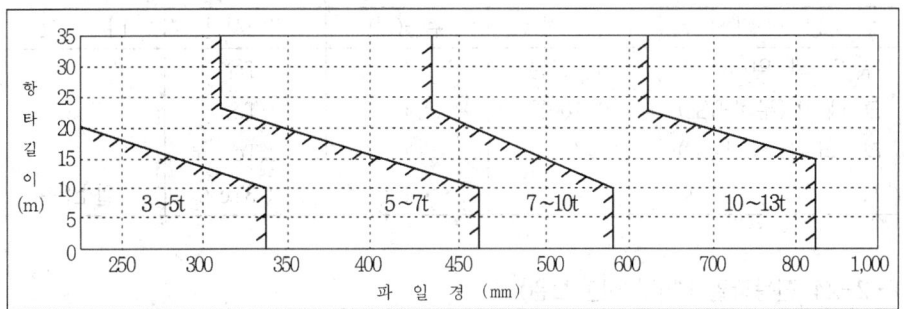

[주] ① 파일의 항타길이가 10m 이상으로 아래 조건의 경우에는 1등급 큰 규격을 사용한다.
　　　㉮ N치가 30 이상으로 층두께 3m 이상의 모래층, 모래자갈의 중간층을 관통할 경우
　　　㉯ 층두께 3m 이상의 점토(N치 15 이상) 등의 중간층을 관통할 경우
　　② 파일의 항타길이(m)에는 보조파일의 길이(m)를 포함한다.

3. 파일해머와 크레인의 조합

파일해머규격	3t	5t	7t	10t	13t
크 레 인 규 격	30톤	35톤	50톤	80톤	100톤

[주] ① 본 조합은 파일의 길이 및 현장작업조건 등을 감안하여 조정할 수 있다.
　　② 해상작업인 경우는 이에 준하지 않는다.

4. 배치인원(인/일)

비 계 공	보통인부	용 접 공
2	2	1(2)

[주] ① 강관파일의 직경 800㎜ 이상의 용접이음시에는 용접공을 2명으로 한다.
　　② 파일이음시공이 아닌 경우에는 용접공은 제외한다.

5. 잡재료 등 손료
　　직접노무비에 다음표의 비율을 곱한 것을 상한으로 한다.

구 분	단말뚝	이음말뚝
제 잡 비 율	17	22

[주] 잡재료 등 손료란 용접봉, 발판재, 용접기, 발전기손료, 비계재, Cushion재, 수직도 유지관리비 등을 말한다.

6. 장비조합

장 비	규 격	수량(대)	작업시간	비 고
유압파일해머	3~13톤	1	Tc	
크레인(무한궤도)	30~100톤	1	Tc	
리 더(Leader)	24m	1	Tc	
지 게 차	5톤	1	0.3Tc	파일소운반

8-2-24 진동파일 해머('96년 보완)

1. H파일

$$Tc = \frac{Ts + Tb}{F}$$

Tc : 파일 1본당 시공시간(분)
Ts : 파일 1본당 준비시간(분)
Tb : 파일 1본당 항타 또는 항발시간(분)
F : 작업계수

가. 파일 1본당 준비시간(분) : Ts

항 타	항 발
10	6

나. 파일 1본당 항타 또는 항발시간(분) : Tb

Tb : r×L×k
r : 토질별 항타 또는 항발시간(분/m)
L : 파일 근입장(m)
k : 해머계수

(1) 토질별 항타 또는 항발시간(분/m) : r

공 종	토 질	사질토, 역질토(r_1)	점질토(r_2)
항 타		$0.03N_1+0.6$	$0.05N_2+0.6$
항 발		0.50	0.80

[주] ① N_1, N_2 : 각 지질별 근입장에 대한 가중 평균 N치
② r의 산출은 r_1, r_2를 각각 산출하고 다음식에 따라 가중 평균한다.

$$r = \frac{r_1 \times L_1 + r_2 \times L_2}{L_1 + L_2}$$

r : 시공토질에 대한 항타 단위 작업시간(min/m)
r_1 : 사질토, 역질토에 대한 항타 단위 작업시간(min/m)
r_2 : 점질토에 대한 항타 단위 작업시간(min/m)
L_1 : r_1에 대한 근입장(m)
L_2 : r_2에 대한 근입장(m)

(2) 해머계수(k)

구분	파일크기	H200	H250	H300	H350
항타		0.8	0.95	1.0	1.05
항발		0.8	0.9	0.95	1.05

다. 작업계수(F)

$F = F_0 + (f_1 + f_2 + f_3 + f_4)$

(1) F_0 값

항 타	항 발
0.8	0.9

(2) 작업조건에 따른 보정계수 : $f_1 \sim f_4$

조 건		보정치	-0.05	0	+0.05	적 요
f_1	가옥, 철도, 교량, 도로, 시설, 구조물 등에 의한 장애의 정도		약간 있다	없다	-	작업중단의 유무 및 기계의 행동에 제약이 있다.
f_2	현장의 넓이에 의한 작업난이 정도		불량	보통	-	기계의 이동 널말뚝의 거치장소 널말뚝의 세워넣기 등에 충분한 넓이가 있다.
f_3	비계 상황에 따라 작업에 미치는 정도		불량	보통	양호	연약지반 등에 있어서 비계의 양부
f_4	시공규모		적다	보통	많다	시공수량 50~150본 정도를 표순으로 한다.

라. 진동해머, 크레인(무한궤도) 발전기의 조합

진동파일해머(kW)	크레인(톤)	동 력		비 고
		전력(kVA)	발 전 기	
30	25~35	75~100	100kW	
40~45	35	100~125	100kW	
60	40	125~200	100~150kW	

[주] ① 소운반용 보조 크레인은 10톤급을 표준으로 하고 다음의 경우에 적용한다.
   ㉮ 시공장소에서 30m 이내에 자재의 적치장을 설치할 수 없을 때
   ㉯ 민가, 기타시설, 구조물의 파손 또는 위험의 우려가 있을 때
   ㉰ 보조크레인의 파일 1본당 가동시간은 파일 1본당 항타 또는 항발시간(Tb)의 60%로 한다.
② 발전기는 전력설비(한국전력)가 없는 경우에 한한다.

마. 진동파일해머 선정

진동파일해머규격	항 타	항 발
30kW	L≦ 8 N≦15	-
40kW	8〈L≦10 15〈N≦25	L≦10
60kW	10〈L≦15 25〈N≦35	L〉10

바. 배치인원

(인/일)

비 계 공	보 통 인 부	작 업 반 장
2	1	1

2. 강널말뚝
   가. 적용범위
      본 공법은 전동식 진동파일해머 및 유압식진동파일해머에 의한 강널말뚝의 항타 및 항발의 육상시공에 적용한다.
   나. 작업능력 산정

$$Tc = \frac{\{(0.75 + \gamma \times Nmax) \times L + \alpha\} \times K}{F}$$

   Tc   : 파일 1본당 시공시간(min/본)
   α, γ : 항타 및 인발에 따른 정수
   L   : 항타길이와 인발길이(m)
   Nmax : 최대 N치
   K   : 강널말뚝 종류 및 기계 규격에 따른 계수
   F   : 작업계수

(1) α, r, k값

진동파일해머의 종류			전동식진동파일해머						유압식진동파일해머	
강널말뚝 종류	규격		30kW		45kW		60kW		162kW	
	정수및계수		α	K	α	K	α	K	α	K
Ⅱ-Type (400×100×10.5)	항	타	3.38	1.11	4.04	0.93	4.52	0.83	3.68	1.02
	인	발	3.24		3.87		4.34		1.70	
Ⅲ-Type (400×150×13)	항	타	2.82	1.33	3.38	1.11	3.75	1.00	3.98	1.22
	인	발	2.71		3.24		3.60		1.31	
Ⅳ-Type (400×170×15.5)	항	타	-	-	3.18	1.18	3.57	1.05	2.91	1.29
	인	발	-		3.05		3.43		1.58	
r	항	타	0.02							
	인	발	0							

(2) F : 작업계수

$F = F_0 + (f_1 + f_2 + f_3)$

○ F_0의 값

구 분	항 타	항 발
F_0	0.9	1.0

○ 작업조건에 따른 보정계수 : $f_1 \sim f_3$

조 건		보정치	-0.05	0	+0.05	적 요
f_1	가옥, 철도, 교량, 도로, 시설, 구조물 등에 의한 장애의 정도		약간 있음	없음	-	작업중단 유무, 기계의 행동에 제약 여부
f_2	현장 넓이에 의한 작업난이도의 정도		불량	보통	-	기계의 이동, 널말뚝의 거치장소, 파일을 세울 수 있는 넓이가 충분한지의 여부
f_3	시공규모		100본 미만	100본 이상 300본 미만	300본 이상	

다. 진동해머, 크레인(무한궤도), 발전기의 조합
  진동파일 해머의 조합장비의 규격은 다음표를 표준으로 하되 현장 조건에 따라 본 장비의 적용이 곤란한 경우는 별도로 적용할 수 있다.

기 종	전동식 진동 파일 해머			유압식진동파일해머
	30kW	45kW	60kW	162kW
크 롤 러 크 레 인 (기계식)	35톤		40톤	40톤
크 레 인 (타이어)(유압식)	20톤			20톤
발 전 기	100kVA (125kW)	125kVA (150kW)	220kVA (250kW)	-

[주] ① 크레인(타이어)(유압식)은 소운반용으로서 다음의 경우에 계상한다.
  ㉮ 시공장소에서 30m 이내의 장소에 강널말뚝 적치장을 설치할 수가 없을 경우
  ㉯ 작업장소가 협소하여 민가, 기타시설, 구조물 등의 파손 또는 위험의 우려가 있을 때
② 발전기는 전동식 진동파일해머 적용시 전력설비(한국전력)가 없는 경우에 계상한다.
③ 전기 용접기가 필요한 경우 별도 계상한다.
④ 유압식 진동 파일 해머에 의한 인발의 경우 크롤러 크레인 50ton을 사용한다.
⑤ 크레인(타이어)(유압식) 20ton의 파일 1본당 가동시간은 파일 1본당 가동시간(Tc)의 60%로 한다.

라. 진동파일 해머 선정
  (1) 항타시
    (가) 전동식 진동 파일 해머

토 질 별	규 격	항 타	비 고
점 성 토	30kW	L≤11 N≤15	
	45kW	11〈L≤13 15〈N≤30	
	60kW	13〈L≤16 30〈N≤40	
사질토, 역질토	30kW	L≤8 N≤30	
	45kW	8〈L≤11 30〈N≤40	
	60kW	11〈L≤20 40〈N≤50	

[주] 강널말뚝 Ⅳ형에서는 진동 파일 해머 30kW 범위라도 45kW를 사용한다.

(나) 유압식 진동 해머

토 질 별	규 격	항 타	비 고
점 성 토	162kW	L≤10 N≤20	
사질토, 역질토	162kW	L≤15 N≤50	

(2) 항발시
　　인발경우는 N치 등에 관계없이 다음 규격을 적용한다.

강널말뚝 종 류	전동식 진동 파일 해머		유압식 진동 파일 해머	
	인발길이	규격(kW)	인발길이	규격(kW)
Ⅱ-Type	-	30	-	162
Ⅲ, Ⅳ-Type	15m 이하	45	15m 이하	
	15m를 초과하는 경우	60		

마. 배치인원

(인/일)

작 업 반 장	비 계 공	보 통 인 부
1	2	1

바. 기타
　(1) 전기 용접이 필요한 경우 용접기와 용접공(대당 1인)을 2인까지 별도 계상할 수 있다.
　(2) 직선형 기준틀 제작

비 계 공	보 통 인 부	비 고
3	2	10m 1조당(H형강 4개)

　(3) 직선형 기준틀 사용이 곤란할 경우 현장여건에 따라 별도 계상할 수 있다.
　(4) 필요한 경우 쐐기형 강널말뚝을 강널말뚝 30본당 1본을 추가 적용할 수 있다. 이 경우 쐐기형 강널말뚝 제작비는 별도 계상하며 쐐기형 Sheet Pile은 5회 사용하는 것으로 한다.

8-2-25 진동파일해머(워터제트 병용 압입공)

1. 적용범위

    본 공법은 강널말뚝 시공에 있어서 진동파일해머로 항타가 곤란한 견고한 점성토, 모래자갈층 및 일반암층에 적용한다.

2. 작업능력산정

    $$Tc = \frac{To \times \alpha}{F} \text{(분/본당)}$$

    Tc : 파일 1본(장)당 시공시간(분)
    To : 파일 1본(장)당 기본시공시간(분)
    α : 토질계수
    F : 현장의 조건에 따른 작업계수

    가. 파일 1본당 기본 시공시간(분) : To

    $To = 0.05L(N + 42.5) + 9.6$

    L : 근입 길이(m)
    N : 근입 길이의 가중평균 N치

    나. 토질계수(α)

토 질	토질계수 (α)
사 질 토	0.60
점 성 토	0.70
모 래 · 자 갈 층	0.80
풍 화 암	1.00
연 암	1.20

[주] 여러 토질이 섞여 있는 경우는 근입 길이에 의한 가중 평균치를 계산하여 적용한다.

다. 작업계수(F)

$F = F_0 + (f_1 + f_2 + f_3 + f_4)$

(1) F_0의 값

구 분	강널말뚝
F_0	0.95

(2) 작업조건에 따른 보정계수 : $f_1 \sim f_4$

조건	보정치	-0.05	0	+0.05	적요
f_1	가옥, 철도, 교량, 도로, 시설, 구조물 등에 의한 장애의 정도	약간 있다	없다	-	작업중단의 유무 및 기계의 행동에 제약이 있다.
f_2	현장의 넓이에 의한 작업난이도의 정도	불량	보통	-	기계의 이동, 널말뚝의 거치장소, 널말뚝의 세워넣기 등에 충분한 넓이가 있다.
f_3	비계 상황에 따라 작업에 미치는 정도	불량	보통	양호	연약지반 등에 있어서 비계의 양부
f_4	시공규모	적다	보통	많다	1블록의 시공본수 100~300본 정도를 표준으로 한다.

3. 장비조합

   가. 진동 파일 해머 선정

토 질 별	규 격	파일연장(m)	최대N치 및 일축압축강도(qu)	비 고
점 성 토	60kW	12<L≤16	35<N≤ 45	
	90kW	16<L≤20	45<N≤ 50	
사 질 토, 역 질 토	60kW	15<L≤20	50<N≤100	
	90kW	20<L≤25	100<N≤150	
	120kW	20<L≤25	150<N≤200	
전 석 및 혼 합 자 갈 층	60kW	11<L≤15	N≤300	
	90kW	15<L≤20	300<N≤500	
	120kW	20<L≤25	300<N≤500	
풍 화 암	60kW	12<L≤15	N≤750	
	90kW	15<L≤20	N≤750	
	120kW	20<L≤25	N≤750	
암 반 층	60kW	7<L≤15	qu≤300	
	90kW	15<L≤20	qu≤300	
	120kW	20<L≤25	qu≤300	

[주] 암반층 항타에서는 강널말뚝 Ⅳ형 이상의 단면을 가진 파일을 사용한다.

나. 워터젯트 펌프선정

토질별	규격	대상 토질	비고
점성토	96kW×1대	30<평균N≤40, 40<Nmax≤70	
	96kW×2대	40<평균N≤50, 70<Nmax≤100	
사질토, 역질토	96kW×1대	30<평균N≤40, 50<Nmax≤100	
	96kW×2대	40<평균N≤50, 100<Nmax≤300	
전석 및 혼합 자갈층	96kW×2대	∅max≤100, Nmax≤100	
	96kW×3대	100<∅max≤150, 100<Nmax≤300	
	96kW×4대	150<∅max≤200, 300<Nmax≤500	
풍화암	96kW×1대	Nmax≤150	qu=50kg/cm² 이하 지층 대상
	96kW×2대	150<Nmax≤300	
	96kW×3대	300<Nmax≤750	
암반층	96kW×2대	qu≤50	암반층 두께 10m 이하 지층대상
	96kW×3대	50<qu≤150	
	96kW×4대	150<qu≤300	

[주] ① 각종 토층이 서로 층을 혼합 형성하고 있는 경우에는 각층의 최대 N치에 의해 기계규격을 선정하고 그중 최대규격의 것을 사용기종으로 한다.
② 워터젯트 96kW(토출압력 150kg/cm², 토출유량 325ℓ/min)를 2대 이상 사용하지 않고 대형워터젯트를 사용하는 경우의 조합은 다음과 같다.
 96kW × 2대 = 184kW
 96kW × 3대 = 221kW
 96kW × 4대 = 327kW
③ N치와 일축압축강도 qu와의 관계는 qu = $\frac{1}{8}$ × N치로 한다.

다. 진동해머, 크레인(무한궤도), 발전기의 조합
  진동파일해머의 조합장비의 규격은 다음표를 기준으로 하되 현장조건에 따라 본 장비의 적용이 곤란한 경우는 별도로 적용할 수 있다.

구분		크롤러 크레인(ton)		발전기	전기용접기
		L≤22	22<L≤30		
진동해머	60 kW	40	50	200kVA (250kW)	250A
	90 kW	50	60	300kVA (350kW)	
	120kW	60	80	400kVA (500kW)	

[주] ① 크레인(타이어) 20ton의 파일본당 가동시간은 파일 1본당 시공시간(Tc)의 60%로 하며 다음의 경우에 적용한다.
 ㉮ 시공장소에서 30m 이내의 장소에 강널말뚝 적치장을 설치할 수 없을 경우
 ㉯ 작업장소가 협소하여 민가, 기타시설, 구조물 등의 파손 또는 위험의 우려가 있을 때

② 발전기는 전동식 진동파일해머 적용시 전력설비(한국전력)가 없는 경우에 계상한다.

라. 수중 펌프 및 수조선정

워터젯트 사용대수		수중펌프	수조(㎥)	비 고
96kW	1대	ø 80	5	
	2대	ø100	10	
	3대	ø150	20	
	4대		30	

[주] 수원의 공급여건 및 용량에 따라 변경할 수 있다.

4. 배치인원

(인/일)

비 계 공	보 통 인 부	작 업 반 장	용 접 공
2	1	1	1

[주] 용접공 1인은 워터젯트 관입 강관 제작설치 및 해체에 적용되는 품이며, 강널말뚝 항타시 전기용접기가 필요한 경우 용접공 1인까지를 별도 계상할 수 있다.

5. 기타

가. 워터젯트에 소요되는 고압호스, 도수파이프, 노즐, 파이프밴드, 수중펌프장호스 등의 배관계 부재의 손료는 항타기(진동파일해머+워터젯트펌프)의 9%를 계상한다.

나. 용접시 필요한 용접기 및 소모자재는 별도 계상한다.

다. 직선형 기준틀 제작 및 쐐기형 강널말뚝은 '[공통부문] 8-2-25 진동파일해머'에 따라 적용한다.

8-2-26 유압식 압입 인발기(유압식 압입 인발공)

1. 적용범위

본 공법은 강널말뚝 시공에 있어서 유압 작동에 의한 정하중 압입 인발 공법으로 진동, 소음방지를 필요로 하는 시가지 공사 및 작업장의 높이와 공간이 제한된 현장에 적용한다.

2. 작업 능력 산정

$$\text{압입 } Tc = \frac{T_s + T_b}{F} \text{ (분/본)}$$

$$\text{인발 } Tc = \frac{1.10L + 4.76}{F} \text{ (분/본)}$$

  Tc : 강널말뚝 1본당 시공시간(분/본)
  Ts : 압입 강널말뚝 1본당 준비시간(분/본)
  Tb : 압입 강널말뚝 1본당 압입시간(분/본)

L : 강널말뚝 1본당 인발길이(m)
   F : 작업계수
단, 인발작업은 유압식 압입인발기와 크레인에 의해서 파일을 인발하는 경우가 있음.

가. 준비시간(Ts)
준비시간은 시공기계의 이동, 파일 매달기 및 조정시간 등을 말하며 다음과 같이 산출한다.
  Ts : 0.52L+5.12
  Ts : 준비시간(분/본)
  L : 파일길이(m)

나. 압입시간(Tb)
  Tb : r×L×k
  Tb : 파일 1본당 압입시간(분/본)
  r : 압입단위 작업시간(분/본)
  L : 파일 압입 길이(m)
  k : 기종·규격에 따른 계수
  (1) 압입 단위 작업 시간(r)
    r : 0.035Nmax+1.02
    Nmax : 압입길이에 따른 최대 N치
  (2) 기종·규격에 의한 계수(k)

유압식 압입 인발기 규격	k
100~130ton 급	1.00

다. 작업계수(F)
  F = 1.0+($f_1+f_2+f_3$)
○ 작업조건에 따른 보정계수 : f_1~f_3

조건 \ 보정계수	-0.05	0	+0.05	적 요
f_1 가옥, 철도, 교량, 도로, 시설, 구조물에 의한 장애의 정도	약간 있다	없다	-	작업중단의 유무, 기계의 행동에 제약 여부
f_2 현장의 넓이에 의한 난이도의 정도	불량	보통	-	기계의 이동, 파일의 설치 장소, 파일을 세울수 있는 넓이가 충분한지의 여부
f_3 시공규모(1블록)당	100본 미만	100본 이상 300본 미만	300본 이상	

3. 압입 인발기, 발전기의 조합

기 종	압입 인발기 규격	압입 및 인발
		100~130ton 급
크 레 인(타이어)(유압식)		25ton
발 전 기		125kW

[주] ① 현장조건이 위표와 다른 경우는 현장조건에 적합한 규격을 적용한다.
② 발전기는 전력설비(한국전력)가 없는 경우에 계상한다.

4. 압입 인발기 선정

압입 인발기 규격	압 입	인 발
100~130ton급	10〈N≤30, L≤20	10〈N≤50, L≤20

5. 배치인원

(인/일)

비 계 공	특 별 인 부	작 업 반 장
2	1	1

[주] 전기용접이 필요한 경우에는 용접기와 용접공(대당 1인)을 2인까지 별도 계상할 수 있다.

6. 유압식 말뚝 압입 인발기의 설치 및 해체

설치는 시공전 시공기계의 배치, 시운전조정, 반력가대의 설치와 반력파일의 압입 등을 말하며 해체는 시공후의 시공기계의 해체, 철거작업을 말한다.

가. 편성인원 및 조합기계

편성 인원 및 조합 기계는 시공시와 동일한 편성 및 조합으로 한다.

나. 설치·해체

(시간/대 당·회 당)

작업구분	항 목		설치해체시간	조합기계 운전시간		
				유압식 압입 항타기	트럭 크레인	발동 발전기
압 입	공사착공 및 현장내 이설	설치된 파일이 없는 경우	5.3	1.8	2.9	1.8
		설치된 파일이 있는 경우	3.3	0.8	1.5	0.8
인 발	공사착공 및 현장내 이설		3.3	0.8	1.5	0.8

[주] ① 공사 착공은 1개 공사에 기계 1조에 대해 1회 계상한다.
② 현장내 이설은 현장내에 일련의 파일 시공 후 현장내의 다른 장소로 이동하는 경우이며 이설 회수에 따라 계상한다.
③ 설치된 파일이 있는 경우(4매 이상)는 이미 설치된 파일에 유압식 압입 인발기를 직접 접속하는 경우에 적용하며 그 이외의 경우는 설치된 파일이 없는 경우를 적용한다.

8-2-27 수중펌프

1. 펌프의 선정

기 종	규 격		전동기출력
	구 경(mm)	양 정(m)	
수중펌프	100	0~10 이하	3.7kW
	150	0~10 이하	7.5kW

[주] ① 공기, 양정 현장여건이 상기표로서 곤란한 경우는, 현장조건에 맞는 기종, 규격의 펌프를 계상할 수 있다.
② 동력원은 상용전원 또는 발전기이며, 현장여건을 감안 적의 결정한다.
③ 배수작업은 작업시 배수, 상시 배수가 있다.
㉮ 작업시 배수는 작업전(1~3시간)부터 배수를 시작하여 작업종료 후에는 배수를 중지하는 방법이다. 단, 작업시 배수에는 콘크리트 타설전후 거푸집 조립, 양생 등의 일시적인 주·야 배수를 포함한다.
㉯ 상시배수는 주·야 연속적인 배수방법을 말한다.
④ 적용범위는 수문, 교대, 교각등의 수중막기, 지중막기의 배수공사에 적용하며 댐본체공사 등 대규모 공사의 배수공사에는 적용하지 않는다.

2. 펌프 운전공

(인/1개소·일)

배수방법 펌프종류 전원	작 업 시 배 수		상 시 배 수	
	상용전원	발 전 기	상용전원	발 전 기
수 중 펌 프	0.12	0.16	0.17	0.24

[주] ① 운전 일당 운전시간은 작업시 배수 8시간, 상시배수 24시간을 기준으로 한 것이다.
② 노임단가는 시간외 수당을 고려하지 않는다.
③ 배수현장 1개소당 펌프대수가 1~5대의 운전노무비를 표준으로 한 것이며, 여러 곳으로 분할된 현장의 경우는 물막이 한 개소를 1개소로 본다.

3. 전력소비량
작업시 배수 8시간, 상시배수 24시간

4. 잡재료 비율

(%)

작 업 시 배 수		상 시 배 수	
상 용 전 원	발 전 기	상 용 전 원	발 전 기
3	1	1	1

[주] 잡재료비=노무비, 기계손료 및 운전경비의 합×잡재료비율

5. 펌프설치 및 해체

(1개소 당)

명 칭	단 위	수 량
작 업 반 장	인	0.2
보 통 인 부	〃	2.8

[주] ① 인력품 및 운전일수는 한 개소당 펌프설치, 철거대수가 1~5대를 기준한다.
     ② 펌프설치 및 해체시 소운반비는 별도 계상한다.

8-2-28 터널전단면 굴착기(TBM)

$$Q = \frac{60 \cdot A \cdot L \cdot E}{cm}$$

여기서 Q : 1시간당 작업량(m^3/hr)
       L : 1회의 작업거리(m)
       A : 굴착면적(m^2)
       cm : 1회의 사이클 시간(분)
       E : 작업효율

1. 굴착면적(A) : $\frac{\pi D^2}{4}$

    D = 굴착직경(m)

2. 1회의 작업거리(L)

    장비 성능에 따라 결정(ø4.5m 경우 1.2m)

3. 작업효율(E)

구 분	양 호	보 통	불 량
작 업 효 율	0.75	0.65	0.55

[주] ① 양호 : 암질이 고르고 파쇄층이 5% 이하일 때, 석영분 함유 30% 이하 및 굴진연장 3km 이하일 경우
     ② 보통 : 파쇄층이 5% 이상 10% 이하일 때, 석영분 함유 30~40% 및 굴진연장 3~5km일 경우
     ③ 불량 : 파쇄층이 10% 이상일 때, 석영분이 45% 이상 및 굴진연장 5km 이상일 경우
     ④ 터널 굴진 연장에 따른 효율은 3km까지는 양호, 3~5km까지는 보통, 5km 이상은 불량으로 각각 구분하여 적용한다.

4. 1회 사이클 시간

    cm = $T_1 + T_2$

        T_1 = 1스트록 시간
        T_2 = 정치시간(10분)

$$T_1 = \frac{L}{R \times Pe} \times 100$$

R : 굴착면의 분당 회전속도
Pe : 굴착면 1회전당 컷터의 투과깊이(cm/회)

[주] ① R, Pe는 장비 제원에 따라 결정한다.
② 철분, 석영분 등 함유량이 상이한 경우 실적치를 참조하여 별도 계상할 수 있다.

8-2-29 펌프식 준설선('10, '11년 보완)

1. 작업능력

$$Q = \frac{q \cdot bo \cdot E}{746}$$

여기서 Q : 펌프준설선의 1시간당 준설능력(㎥/hr)
q : 펌프준설선의 전동환산(電動換算) 746kW의 1시간당 준설능력(㎥/hr)
bo : 펌프준설선의 전동환산 출력(kW)
E : 작업효율

2. 전동환산(q표)

전동환산 746 kW의 1시간당 준설능력(q) - 점성토 -

토질분류	기준 N값	배송거리 (m)						
		500	600	800	1,000	1,200	1,400	1,600
점성토	0	387	387	387	387	387	387	383
	2	341	341	341	341	341	341	335
	5	298	298	298	298	298	294	288
	10	265	265	265	265	265	260	253
	15	232	232	232	232	229	223	217
	20	199	199	199	199	193	188	182
	30	①147	147	147	②144	139	133	128
	40	③90	90	90	85	81	76	④71

토질분류	기준 N값	배송거리 (m)						
		1,800	2,000	2,200	2,400	2,600	2,800	3,000
점성토	0	①377	370	②361	355	③347	341	334
	2	328	322	315	309	303	296	290
	5	280	275	268	262	255	250	244
	10	248	242	235	230	223	218	④212
	15	212	205	200	193	187	182	175
	20	176	171	165	160	154	148	⑤142
	30	121	116	111	106	101	95	90
	40	66	⑤61	57	51	⑥47	42	36

토질분류	기준 N값	배송거리 (m)						
		3,200	3,400	3,600	3,800	4,000	4,200	4,400	4,600
점성토	0	327	④320	314	306	300	292	286	⑤278
	2	281	274	268	261	255	248	242	236
	5	④237	232	225	219	212	207	199	193
	10	206	199	191	187	182	175	169	163
	15	170	165	158	153	147	141	136	129
	20	⑤137	131	126	120	114	108	102	97
	30	85	79	74	69	–	–	–	–
	40	⑥32	–	–	–	–	–	–	–

토질분류	기준 N값	배송거리 (m)						
		4,800	5,000	5,200	5,400	5,600	5,800	6,000
점성토	0	270	264	257	250	243	236	⑥229
	2	229	223	216	210	203	196	189
	5	186	181	175	168	162	156	–
	10	157	151	145	140	133	–	–
	15	124	117	–	–	–	–	–
	20	92	–	–	–	–	–	–
	30	–	–	–	–	–	–	–
	40	–	–	–	–	–	–	–

전동환산 746 kW의 1시간당 준설능력(q) - 사질토 -

토질분류	기준 N값	배송거리 (m)						
		500	600	800	1,000	1,200	1,400	1,600
사질토	10	242	242	242	242	237	231	①225
	20	204	204	204	202	195	191	185
	30	①180	180	180	②174	170	165	161
	40	152	152	152	148	142	138	134
	50	③126	126	126	122	115	111	④107

토질분류	기준 N값	배송거리 (m)						
		1,800	2,000	2,200	2,400	2,600	2,800	3,000
사질토	10	219	②214	209	③203	197	190	④185
	20	180	175	170	165	160	155	150
	30	155	151	146	141	136	132	126
	40	128	124	119	113	109	104	⑤99
	50	101	97	⑤93	89	83	⑥79	75

토질분류	기준 N값	배송거리 (m)						
		3,200	3,400	3,600	3,800	4,000	4,200	4,400
사질토	10	④180	174	169	163	157	152	⑤146
	20	145	139	135	130	124	118	114
	30	⑤122	116	111	106	102	96	-
	40	95	90	86	81	-	-	-
	50	⑥70	65	-	-	-	-	-

토질분류	기준 N값	배송거리 (m)						
		4,600	4,800	5,000	5,200	5,400	5,600	5,800	6,000
사질토	10	141	135	130	124	117	112	⑥106	-
	20	108	103	99	-	-	-	-	-
	30	-	-	-	-	-	-	-	-
	40	-	-	-	-	-	-	-	-
	50	-	-	-	-	-	-	-	-

[주] ① 펌프준설선의 주기출력에 대응하는 계제선(階梯線)은 다음표에 의한다.

계제선 적용표

주기출력(主機馬力)		계제선(階梯線)의 번호	비 고
공칭(b)	전동환산(bo)		
895	716	①-①	전 동 식
1,641	1,313	②-②	전 동 식
2,462	1,970	③-③	전 동 식
2,984	2,387	④-④	전 동 식
4,476	3,581	⑤-⑤	전 동 식
5,968	4,774	⑥-⑥	전 동 식

bo : 펌프준설선의 전동환산 출력(kW)
bo = 디젤 공칭주기 출력×0.8
bo = 터빈 공칭주기 출력×0.9

② 본 표는 전동주기 746kW의 1시간당 준설토량을 나타낸 것이다.
③ 본 표에 규정된 토질이외의 특수한 토질(역전석 등)을 부득이 준설할 필요가 있을 경우에는 실적치를 참조하여 별도로 계상할 수 있다.

3. 단거리의 능력

전동환산표의 배송거리보다 짧은 경우의 746kW 당 준설능력은, 전동환산(q표)을 이용하여 다음식으로 산출한다.

$$q = \frac{q_1 + q_2}{2}$$

q : 단거리 능력(㎥/hr·746kW)
q_1 : 단거리의 환산능력(㎥/hr·746kW)
　　※ 해당토질(N값)과 배송거리의 교차값
q_2 : 적용 최단거리의 환산능력(㎥/hr·746kW)
　　※ 해당 주기출력의 최소배송거리 작업능력

단, 배송거리가 전동환산(q표)에서 정하는 보정한계 미만인 경우는 보정한계 거리로 산출한 단거리능력과 동일하게 한다.

규격별 보정한계거리(m)

토질 분류	기준N값	전동환산 출력			
		1,970kW	2,387kW	3,581kW	4,774kW
점성토	0	1,600	2,000	2,600	3,400
	2	1,600	1,800	2,600	3,400
	5	1,400	1,600	2,200	2,800
	10	1,200	1,400	2,000	2,600
	15	1,200	1,200	1,600	2,000
	20	1,000	1,200	1,600	1,800
	30	1,000	1,000	1,200	1,600
	40	-	800	1,000	1,200
사질토	10	1,200	1,400	2,200	3,000
	20	1,000	1,200	1,800	2,400
	30	800	1,000	1,400	1,800
	40	-	800	1,200	1,400
	50	-	800	1,000	1,200

[단거리 능력의 산정 예]

산정조건	단거리의 환산능력 (q_1)	적용 최단거리의 환산능력 (q_2)	단거리 능력 (q)
토질 : 사질토 N값 : 10 단거리 : 3,000 m 규격 : 3,581 kW (전동환산출력bo)	L : 3,000m $q_1 = 185$	L : 3,400m $q_2 = 174$	산정식에서 $q = \dfrac{185+174}{2}$

4. 작업효율(E)

$$E = E_1 \times E_2 \times E_3 \times E_4$$

E_1 : 흙의 두께에 따른 효율
E_2 : 평면형상에 따른 효율
E_3 : 단면형상에 따른 효율
E_4 : 해상조건에 따른 효율

가. 흙의 두께에 따른 효율(E_1)

구분	적당	약간 얇다	얇다
E_1	1.00	0.85	0.75

[흙의 두께 해설]

구분	적용 사항
적당	- 준설구간의 흙두께 또는 계획수심이 커터나이프의 길이보다 깊은 경우
약간 얇다	- 준설구간의 흙두께 또는 계획수심이 커터나이프의 길이보다 50% 이상인 경우
얇다	- 준설구간의 흙두께 또는 계획수심이 커터나이프의 길이보다 50% 미만인 경우

나. 평면형상에 따른 효율(E_2)

구분	적당	약간 산재한다	산재한다
E_2	1.10	1.00	0.90

[평면형상 해설]

구분	적용 사항
적당	- 평면형상이 거의 직사각형이며, 적당한 준설폭과 연장을 가지는 경우
약간 산재한다	- "적당"과 "산재한다" 중 어디에도 해당되지 않는 경우
산재한다	- 평면형상이 세로로 길고, 적당한 준설폭을 확보할 수 없는 경우 - 협각이 많거나, 준설개소가 산재해 있는 경우

다. 난년형상에 따른 효율(E_3)

구분	적당	약간 변화한다	변화한다
E_3	1.10	1.00	0.90

[단면형상 해설]

구분	적용 사항
적당	- 단면형상이 평탄한 지반인 경우
약간 변화한다	- "적당"과 "변화한다" 중 어디에도 해당되지 않는 경우
변화한다	- 단면형상의 변화가 큰 지반인 경우

라. 해상조건에 따른 효율(E_4)

구분	보통	약간 나쁘다	나쁘다
E_4	1.10	1.00	0.90

[해상조건 해설]

구분	적용 사항
보통	- 자연지형 또는 방파제 등으로 파랑 또는 너울의 영향을 받지 않는 공사로, 조류, 조위차가 크지 않은 경우
약간 나쁘다	- "보통"과 "나쁘다" 중 어디에도 해당되지 않는 경우
나쁘다	- 자연지형 또는 방파제 등에 의한 차단효과를 기대할 수 없고, 파랑 또는 너울의 영향을 받는 공사로, 조류, 조위차가 큰 경우

8-2-30 그래브 준설선('10, '11년 보완)

$$Q = \frac{3,600q \cdot k \cdot f \cdot E}{cm}$$

여기서 Q : 1시간당 준설량(㎥/hr)
       q : 버킷 또는 디퍼의 용량(㎥)
       k : 버킷 및 디퍼의 계수
       f : 현 지반의 토량을 기준하였을 때와의 준설토량의 변화율(체적환산계수)
      cm : 1회 사이클 시간(초)
       E : 작업효율

1. 체적환산계수(f)

구 분	상 태		N의 값	체적의 변화율(f)
점 토 질 토 사	연	니 (軟 泥)	4 이하	1.00
	연	질	4~10	0.95
	보 통	질	10~20	0.90
	경	질	20~30	0.85
	최 경	질	30~40	0.85
	극 경	질	40~50	0.80
모 래 질 토 사	연	질	10 이하	0.90
	보 통	질	10~20	0.85
	경	질	20~30	0.80
	최 경	질	30~40	0.80
	극 경	질	40~50	0.75
자 갈 섞 인 점 토 질 토 사	연	질	30 이하	0.85
	경	질	30 이상	0.75
자 갈 섞 인 모 래 질 토 사	연	질	30 이하	0.85
	경	질	30 이상	0.75
암 반	연	질	40~50	0.75
	연	질	50~60	0.75
	보 통	질		0.65
	경	질		(0.60)
	최 경	질		(0.60)
자 갈	느 슨 한 것			0.90
	다 져 진 것			0.75

[주] ( )내는 쇄암 또는 발파후의 준설을 표시한다.

2. 버킷계수(k)

토질			버킷용량			
분류	상태	N의 값	0.65㎥	1.0㎥	1.5㎥	3.0㎥
점토질토사	연 니	4 이하	0.90	0.90	0.90	0.90
	연 질	4~10	0.95	0.95	1.00	1.00
	보 통 질	10~20	0.65	0.65	0.75	0.80
	경 질	20~30	-	-	0.35	0.50
	최 경 질	30~40	-	-	(0.35)	(0.50)
	극 경 질	40~50	-	-	(0.35)	(0.50)
모래질토사	연 질	10 이하	0.90	0.90	0.95	0.95
	보 통 질	10~20	0.55	0.55	0.75	0.75
	경 질	20~30	-	-	0.40	0.55
	최 경 질	30~40	-	-	(0.40)	(0.55)
	극 경 질	40~50	-	-	(0.40)	(0.55)
점토질토사	연 질	30 이하	-	-	0.25	0.40
	경 질	30 이상	-	-	(0.25)	(0.40)
자갈섞인 모래질토사	연 질	30 이하	-	-	0.30	0.45
	경 질	30 이상	-	-	(0.30)	(0.45)
암 반	연 질	40~50	-	-	(0.25)	(0.40)
	연 질	50~60	-	-	(0.25)	(0.40)
	보 통 질	-	-	-	(0.25)	(0.40)
	경 질	-	-	-	(0.20)	(0.35)
	최 경 질	-	-	-	(0.15)	(0.30)
자 갈	느슨한 것	-	0.90	0.90	0.95	0.95
	다져진 것	-	-	-	0.50	0.60

[주] ① 모래 함유량 70% 이상을 모래질 토사 그 이하를 점토질 토사로 한다.
② 자갈 함유량 80% 이상의 모래질 토사를 자갈로 한다.
③ ( )내는 쇄암 또는 발파후의 준설을 표시한다.
④ 중량급 또는 초중량급 버킷은 경질(N치 20 이상)에서만 사용하며 준설토의 상태 및 현장조건에 따라 선택할 수 있으며 k의 값은 실적치에 의하여 산출한다.

3. 1회 싸이클시간(cm)

구 분	버킷 용량 (㎥)									
	0.65㎥	1.0㎥	1.5㎥	3.0㎥	5.0㎥	6.0㎥	7.5㎥	12.5㎥	16.0㎥	25.0㎥
싸이클시간(초)	66	69	72	77	111	118	124	147	151	183

[주] 본품은 수심(평균수심) 10m 깊이의 작업조건을 기준한 것이므로, 수심 1m 증감에 따라 2초씩 싸이클 시간을 증감한다.

4. 작업효율(E)

$E = E_1 \times E_2$

E_1 : 흙의 두께에 따른 효율
E_2 : 해상조건에 따른 효율

가. 흙의 두께에 따른 효율(E_1)

구 분	적 당	약간 얇다	얇 다	매우 얇다
E_1	0.85	0.70	0.60	0.50

[흙의두께 해설]

구 분	적 용 사 항
적당	- 준설구간의 흙두께 또는 계획수심이 그래브(버킷)의 길이보다 깊은 경우
약간 얇다	- 준설구간의 흙두께 또는 계획수심이 그래브(버킷)의 길이보다 50% 이상인 경우
얇다	- 준설구간의 흙두께 또는 계획수심이 그래브(버킷)의 길이보다 25% 이상~50% 미만인 경우
매우 얇다	- 준설구간의 흙두께 또는 계획수심이 그래브(버킷)의 길이보다 25% 미만인 경우

나. 해상조건에 따른 효율(E_2)

구 분	보 통	약간 나쁘다	나 쁘 다
E_2	0.95	0.90	0.80

[해상조건 해설]

구 분	적 용 사 항
보통	- 자연지형 또는 방파제 등으로 파랑 또는 너울의 영향을 받지 않는 공사로, 조류, 조위치가 크지 않은 경우
약간 나쁘다	- "보통"과 "나쁘다" 중 어디에도 해당되지 않는 경우
나쁘다	- 자연지형 또는 방파제 등에 의한 차단효과를 기대할 수 없고, 파랑 또는 너울의 영향을 받는 공사로, 조류, 조위차가 큰 경우

8-2-31 쇄암선(중추식)('11년 보완)

$$Q = \frac{60 \cdot d \cdot S \cdot E}{t + \dfrac{n}{P}}$$

여기서 Q : 시간당 작업능력(㎥/hr)
   d : 1층 쇄암 깊이(m) : (1m)
   S : 1본당 쇄암 면적(㎡)
   E : 작업효율
   t : 쇄암선이 쇄암 위치를 이동하는 소요시간 : 1분
   n : 1층의 쇄암 깊이(d)를 쇄암하는데 필요한 낙추횟수
   P : 중추의 1분당 낙추횟수 : (2회/min)

1. 1본당 쇄암 면적(S)

토질분류	상태	중추중량(ton)			
		10	20	30	52
자갈섞인토사	경질	2.0	4.0	6.0	7.5
암반	연질	2.5	5.0	7.0	8.7
	중질	2.5	5.0	7.0	8.7
	경질	2.0	4.0	6.0	7.5

2. 1층 쇄암하는데 필요한 낙추횟수(n)

토질분류	상태	쇄암장(m)	중추중량(ton)			
			10	20	30	52
자갈섞인토사	경질	1.0	2.9	3.9	4.5	5.1
암반	연질	1.0	10.0	9.0	8.4	7.4
	중질	1.0	28.5	22.9	19.7	17.2
	경질	1.0	-	-	48.7	42.8

3. 작업효율(E)

'[공통부문] 8-2-30 그래브 준설선/4. 작업효율(E)'를 적용한다.

8-2-32 이동식 임목파쇄기('07년 신설, '11년 보완)

1. 93.25kW

가. 작업량

Q = 6.0 ㎥/hr

[주] ① 생산능력 및 정산수량은 파쇄 후 생산량(파쇄량)으로 한다.
② 장비의 운반비는 별도 계상한다.
③ 동력은 발전기 250kW 기준으로 한다.
④ 작업보조인부 필요시 보통인부 2인을 별도 계상한다.
⑤ 임목파쇄기에 목재를 투입할 시, 굴착기(0.7㎥)에 부착용 집게를 부착하여 투입하고 작업량은 임목파쇄기의 작업량에 준한다.

나. 소모품 소모량

소모품	소모율	비고
메 인 파 쇄 기 날	0.00125개/hr	
분 쇄 기 날	0.005개/hr	42개

2. 354.35~402.84kW

가. 작업량

Q = q·K·S·E

Q : 임목파쇄기의 시간당 파쇄능력(㎥/hr)
q : 354.35kW의 시간당 표준파쇄량(㎥/hr)
K : 임목파쇄기의 규격별 능력계수
S : 임목파쇄기의 스크린계수
E : 작업효율

[주] ① 생산능력은 파쇄 후 생산량(파쇄량)으로 한다.
② 장비의 운반비는 별도 계상한다.
③ 작업보조인부 필요시 보통인부 1인을 별도 계상한다.
④ 임목파쇄기에 목재를 투입할 시, 굴착기(0.8㎥)에 부착용집게를 부착하여 투입하고, 작업량은 임목파쇄기의 작업량에 준한다.

나. 354.35kW의 시간당 표준파쇄량(q) = 26㎥/hr

다. 규격별 능력계수(K)

계수	규격	354.35kW	402.84kW
K		1.0	1.5

라. 스크린계수(S)

계수 \ 규격	50mm	75mm	100mm	125mm
S	0.8	1.0	1.1	1.3

마. 작업효율(E)

계수 \ 규격	불량	보통	양호
E	0.9	1.0	1.1

불량 : 뿌리류
보통 : 팔레트류
양호 : 가지, 잡목류

바. 소모품 소모량

소모품	규격	소모율	비고
햄　　　머	HD12/1:Bolt	0.02개/hr	20개 1조
햄 머 팁	78×74.5×41.5/1Hole	1개/hr	20개 1조
스 크 린	6×8HL/1	0.005개/hr	2개 1조

8-2-33 하천골재채취선('05년 신설)

1. 하천골재채취선 작업량

$$Q = \frac{q \cdot b \cdot E}{746}$$

여기서 Q : 시간당 준설량(㎥/hr)
　　　　q : 하천골재채취선 746㎾의 시간당 준설량(㎥/hr)
　　　　b : 하천골재채취선의 출력(㎾)
　　　　E : 작업효율

2. 하천골재채취선 746kW의 시간당 준설량(q표)

구 분	상 태	N치	100	150	200	300	400	500
모 래 질 토 사	연 질	10 이하	340	340	340	340	335	330
	중 질	10~20	305	305	305	300	295	285
	경 질	20 이상	270	270	270	265	260	250
자 갈 섞 인 모 래 질 토 사	연 질	30 이하	180	180	180	165	160	150
	경 질	30 이상	150	150	145	140	130	120

3. 작업효율(E)

천후, 평면형상, 위치 등 \ 유속	느 림	보 통	빠 름
보 통	0.93	0.79	0.68
약 간 나 쁘 다	0.88	0.77	0.64
나 쁘 다	0.78	0.68	0.56

4. 배사관 소모율

(시간당)

구 분	자갈함유량(%)	단위	소모율
모 래 질 토 사	-	개	1.7×10^{-4}
자 갈 섞 인 모 래 질 토 사	20 이하	〃	4.6×10^{-4}
	20 이상	〃	13.9×10^{-4}

[주] 배사관규격 12″(14″)×12m×12mm기준

8-3 기계손료

8-3-1 [00]토공기계('19년 보완)

(0101) 불도저(무한궤도)

분류 번호	규격 (ton)	내용 시간	연간 표준 가동 시간	상각 비율	정비 비율	연간 관리 비율	시 간 당(10^{-7})			
							상각비 계수	정비비 계수	관리비 계수	계
0101-0007	7	12,000	1,250	0.9	0.7	0.1	750	583	478	1,811
0010	10	12,000	1,250	0.9	0.7	0.1	750	583	478	1,811
0012	12	12,000	1,250	0.9	0.7	0.1	750	583	478	1,811
0019	19	12,000	1,250	0.9	0.7	0.1	750	583	478	1,811
0032	32	12,000	1,250	0.9	0.7	0.1	750	583	478	1,811

[주] ① 규격은 작업상태에서의 중량을 말한다.
② 삽날(귀삽날 포함)은 운전경비에서 별도 계상한다.

(0102) 불도저(타이어)

분류 번호	규격 (ton)	내용 시간	연간 표준 가동 시간	상각 비율	정비 비율	연간 관리 비율	시 간 당(10^{-7})			
							상각비 계수	정비비 계수	관리비 계수	계
0102-0015	15	12,000	1,250	0.9	0.6	0.1	750	500	478	1,728
0028	28	12,000	1,250	0.9	0.6	0.1	750	500	478	1,728
0033	33	12,000	1,250	0.9	0.6	0.1	750	500	478	1,728

[주] ① 규격은 작업상태에서의 중량을 말한다.
② 삽날(귀삽날 포함), 타이어는 운전경비에서 별도 계상한다.

(0103) 유압식 리퍼

분류번호	규격(ton)	내용시간	시 간 당(10^{-7})
0103-0016	16	12,000	795
0019	19	12,000	795
0023	23	12,000	795
0027	27	12,000	795
0032	32	12,000	795

[주] ① 규격은 해당 불도저의 규격을 말한다.
② 불도저의 부수물로서 사용된다.

(0121) 습지 불도저

분류번호	규격(ton)	내용시간	연간표준가동시간	상각비율	정비비율	연간관리비율	시 간 당(10^{-7})			
							상각비계수	정비비계수	관리비계수	계
0121-0004	4	12,000	1,250	0.9	0.7	0.1	750	583	478	1,811
0013	13	12,000	1,250	0.9	0.7	0.1	750	583	478	1,811

[주] ① 규격은 작업상태에서의 중량을 말한다.
② 삽날(귀삽날 포함)은 운전경비에서 별도 계상한다.

(0201) 굴착기(무한궤도)

분류번호	규격(㎥)	내용시간	연간표준가동시간	상각비율	정비비율	연간관리비율	시 간 당(10^{-7})			
							상각비계수	정비비계수	관리비계수	계
0201-0012	0.12	10,000	1,250	0.9	0.7	0.1	900	700	485	2,085
0020	0.2	10,000	1,250	0.9	0.0	0.1	900	700	485	2,085
0040	0.4	10,000	1,250	0.9	0.7	0.1	900	700	485	2,085
0060	0.6	10,000	1,250	0.9	0.7	0.1	900	700	485	2,085
0070	0.7	10,000	1,250	0.9	0.7	0.1	900	700	485	2,085
0080	0.8	10,000	1,250	0.9	0.7	0.1	900	700	485	2,085
0100	1.0	10,000	1,250	0.9	0.7	0.1	900	700	485	2,085
0120	1.2	10,000	1,250	0.9	0.7	0.1	900	700	485	2,085
0200	2.0	10,000	1,250	0.9	0.7	0.1	900	700	485	2,085

(0211) 굴착기(타이어)

분류번호	규격(㎥)	내용시간	연간표준가동시간	상각비율	정비비율	연간관리비율	시 간 당(10^{-7})			
							상각비계수	정비비계수	관리비계수	계
0211-0018	0.18	10,000	1,250	0.9	0.7	0.14	900	700	679	2,279
0060	0.6	10,000	1,250	0.9	0.7	0.14	900	700	679	2,279
0080	0.8	10,000	1,250	0.9	0.7	0.14	900	700	679	2,279
0100	1.0	10,000	1,250	0.9	0.7	0.14	900	700	679	2,279

(0221) 습지굴착기(무한궤도)

분류번호	규격 (㎥)	내용시간	연간표준가동시간	상각비율	정비비율	연간관리비율	시 간 당(10^{-7})			
							상각비계수	정비비계수	관리비계수	계
0221-0040	0.4	10,000	1,250	0.9	0.7	0.1	900	700	485	2,085
0070	0.7	10,000	1,250	0.9	0.7	0.1	900	700	485	2,085

(0230) 대형 브레이커

분류번호	규격 (㎥)	내용시간	연간표준가동시간	상각비율	정비비율	연간관리비율	시 간 당(10^{-7})			
							상각비계수	정비비계수	관리비계수	계
0230-0002	0.2	3,000	890	0.9	0.85	0.1	3,000	2,833	768	6,601
0004	0.4	3,000	890	0.9	0.85	0.1	3,000	2,833	768	6,601
0006	0.6	3,000	890	0.9	0.85	0.1	3,000	2,833	768	6,601
0007	0.7	3,000	890	0.9	0.85	0.1	3,000	2,833	768	6,601
0008	0.8	3,000	890	0.9	0.85	0.1	3,000	2,833	768	6,601
0010	1.0	3,000	890	0.9	0.85	0.1	3,000	2,833	768	6,601

(0240) 유압식 진동콤팩터(굴착기 부착용)

분류번호	규격 (㎥)	내용시간	연간표준가동시간	상각비율	정비비율	연간관리비율	시 간 당(10^{-7})			
							상각비계수	정비비계수	관리비계수	계
0240-0007	0.7	6,000	890	0.9	0.6	0.1	1,500	1,000	693	3,193

(0250) 압쇄기(펄버라이저)

분류번호	규격 (㎥)	내용시간	연간표준가동시간	상각비율	정비비율	연간관리비율	시 간 당(10^{-7})			
							상각비계수	정비비계수	관리비계수	계
0250-0080	0.8	3,000	890	0.9	0.85	0.1	3,000	2,833	768	6,601
0100	1.0	3,000	890	0.9	0.85	0.1	3,000	2,833	768	6,601

[주] 규격은 해당 굴착기의 규격을 말한다.

(0260) 트랜처('96년 신설)

분류번호	규격(ton)	내용시간	연간표준가동시간	상각비율	정비비율	연간관리비율	시 간 당(10^{-7})			
							상각비계수	정비비계수	관리비계수	계
0260-0355	3.55	3,600	540	0.9	1.15	0.1	2,500	3,194	1,144	6,838

(0301) 로더(무한궤도)

분류번호	규격(㎥)	내용시간	연간표준가동시간	상각비율	정비비율	연간관리비율	시 간 당(10^{-7})			
							상각비계수	정비비계수	관리비계수	계
0301-0057	0.57	10,000	1,250	0.9	1.0	0.1	900	1,000	485	2,385
0076	0.76	10,000	1,250	0.9	1.0	0.1	900	1,000	485	2,385
0095	0.95	10,000	1,250	0.9	1.0	0.1	900	1,000	485	2,385
0115	1.15	10,000	1,250	0.9	1.0	0.1	900	1,000	485	2,385
0134	1.34	10,000	1,250	0.9	1.0	0.1	900	1,000	485	2,385
0153	1.53	10,000	1,250	0.9	1.0	0.1	900	1,000	485	2,385
0172	1.72	10,000	1,250	0.9	1.0	0.1	900	1,000	485	2,385
0287	2.87	10,000	1,250	0.9	1.0	0.1	900	1,000	485	2,385

[주] ① 규격은 버킷용량을 말한다.
② 삽날은 운전경비에서 별도 계상한다.

(0302) 로더(타이어)

분류번호	규격(㎥)	내용시간	연간표준가동시간	상각비율	정비비율	연간관리비율	시 간 당(10^{-7})			
							상각비계수	정비비계수	관리비계수	계
0302-0025	0.25	10,000	1,250	0.9	0.7	0.1	900	700	485	2,085
0057	0.57	10,000	1,250	0.9	0.7	0.1	900	700	485	2,085
0095	0.95	10,000	1,250	0.9	0.7	0.1	900	700	485	2,085
0134	1.34	10,000	1,250	0.9	0.7	0.1	900	700	485	2,085
0172	1.72	10,000	1,250	0.9	0.7	0.1	900	700	485	2,085
0229	2.29	10,000	1,250	0.9	0.7	0.1	900	700	485	2,085
0287	2.87	10,000	1,250	0.9	0.7	0.1	900	700	485	2,085
0350	3.50	10,000	1,250	0.9	0.7	0.1	900	700	485	2,085
0500	5.00	10,000	1,250	0.9	0.7	0.1	900	700	485	2,085

[주] ① 규격은 버킷용량을 말한다.
② 삽날, 타이어는 운전경비에서 별도 계상한다.

(0406) 스크레이퍼(자주식)

분류번호	규격 (㎥)	내용시간	연간표준가동시간	상각비율	정비비율	연간관리비율	시 간 당(10^{-7})			
							상각비계수	정비비계수	관리비계수	계
0406-0054	5.4	12,000	1,250	0.9	0.7	0.1	750	583	478	1,811
0115	11.5	12,000	1,250	0.9	0.7	0.1	750	583	478	1,811
0161	16.1	12,000	1,250	0.9	0.7	0.1	750	583	478	1,811
0206	20.6	12,000	1,250	0.9	0.7	0.1	750	583	478	1,811

[주] ① 규격은 적재함 용량을 말한다.
② 삽날(귀삽날 포함), 타이어는 운전경비에서 별도 계상한다.

(0407) 스크레이퍼(피견인식)

분류번호	규격 (㎥)	내용시간	연간표준가동시간	상각비율	정비비율	연간관리비율	시 간 당(10^{-7})			
							상각비계수	정비비계수	관리비계수	계
0407-0054	5.4	12,000	1,250	0.9	0.3	0.1	750	250	478	1,478
0092	9.2	12,000	1,250	0.9	0.3	0.1	750	250	478	1,478
0107	10.7	12,000	1,250	0.9	0.3	0.1	750	250	478	1,478
0161	16.1	12,000	1,250	0.9	0.3	0.1	750	250	478	1,478
0206	20.6	12,000	1,250	0.9	0.3	0.1	750	250	478	1,478

[주] ① 규격은 적재함 용량을 말한다.
② 삽날(귀삽날 포함), 타이어는 운전경비에서 별도 계상한다.

(0502) 모터그레이더(일반용)

분류번호	규격 (m)	내용시간	연간표준가동시간	상각비율	정비비율	연간관리비율	시 간 당(10^{-7})			
							상각비계수	정비비계수	관리비계수	계
0502-0036	3.6	14,000	1,250	0.9	0.55	0.1	643	393	472	1,508

[주] ① 규격은 삽의 폭을 말한다.
② 삽날(귀삽날 포함), 타이어는 운전경비에서 별도 계상한다.

(0503) 모터그레이더(사리도)('11년 신설)

분류번호	규격(m)	내용시간	연간표준가동시간	상각비율	정비비율	연간관리비율	시 간 당(10^{-7})			
							상각비계수	정비비계수	관리비계수	계
0503-0036	3.6	14,000	1,250	0.9	0.55	0.1	643	393	472	1,508

(0602) 덤프트럭

분류번호	규격(ton)	내용시간	연간표준가동시간	상각비율	정비비율	연간관리비율	시 간 당(10^{-7})			
							상각비계수	정비비계수	관리비계수	계
0602-0025	2.5	7,500	1,250	0.9	0.8	0.14	1,200	1,067	700	2,967
0045	4.5	7,500	1,250	0.9	0.8	0.14	1,200	1,067	700	2,967
0060	6	7,500	1,250	0.9	0.8	0.14	1,200	1,067	700	2,967
0080	8	8,000	1,250	0.9	0.8	0.14	1,125	1,000	695	2,820
0105	10.5	10,000	1,250	0.9	0.7	0.14	900	700	679	2,279
0150	15	10,000	1,250	0.9	0.7	0.14	900	700	679	2,279
0200	20	10,000	1,250	0.9	0.65	0.14	900	650	679	2,229
0240	24	10,000	1,250	0.9	0.65	0.14	900	650	679	2,229
0320	32	10,000	1,250	0.9	0.65	0.14	900	650	679	2,229

[주] ① 규격은 적재중량을 말한다.
② 타이어는 운전경비에서 별도 계상한다.

(0610) 덤프트럭 자동덮개시설

분류번호	규격(ton)	내용시간	연간표준가동시간	상각비율	정비비율	연간관리비율	시 간 당(10^{-7})			
							상각비계수	정비비계수	관리비계수	계
0610-0150	15톤용	8,000	1,250	0.9	0.85	0.1	1,125	1,063	496	2,684
0200	20 〃	8,000	1,250	0.9	0.85	0.1	1,125	1,063	496	2,684
0240	24 〃	8,000	1,250	0.9	0.85	0.1	1,125	1,063	496	2,684

8-3-2 [10] 다짐기계

(1106) 머캐덤 롤러(자주식)

분류 번호	규격 (ton)	내용 시간	연간 표준 가동 시간	상각 비율	정비 비율	연간 관리 비율	시 간 당(10^{-7})			
							상각비 계수	정비비 계수	관리비 계수	계
1106-0010	8~10	12,000	1,070	0.9	0.6	0.1	750	500	552	1,802
0012	10~12	12,000	1,070	0.9	0.6	0.1	750	500	552	1,802
0015	12~15	12,000	1,070	0.9	0.6	0.1	750	500	552	1,802

[주] 규격의 최소치는 자체중량, 최대치는 드럼에 중량을 추가한 때를 말한다.

(1206) 탠덤롤러(자주식)

분류 번호	규격 (ton)	내용 시간	연간 표준 가동 시간	상각 비율	정비 비율	연간 관리 비율	시 간 당(10^{-7})			
							상각비 계수	정비비 계수	관리비 계수	계
1206-0008	5~8	12,000	890	0.9	0.55	0.1	750	458	655	1,863
0010	8~10	12,000	890	0.9	0.55	0.1	750	458	655	1,863
0014	10~14	12,000	890	0.9	0.55	0.1	750	458	655	1,863

[주] 규격의 최소치는 자체중량, 최대치는 드럼에 중량을 추가한 때를 말한다.

(1209) 탠덤롤러(진동 자주식)

분류 번호	규격 (ton)	내용 시간	연간 표준 가동 시간	상각 비율	정비 비율	연간 관리 비율	시 간 당(10^{-7})			
							상각비 계수	정비비 계수	관리비 계수	계
1209-0001	1	9,000	1,250	0.9	0.6	0.1	1,000	667	490	2,157
0002	2	9,000	1,250	0.9	0.6	0.1	1,000	667	490	2,157
0004	4	9,000	1,250	0.9	0.6	0.1	1,000	667	490	2,157
0006	6	9,000	1,250	0.9	0.6	0.1	1,000	667	490	2,157
0007	7	9,000	1,250	0.9	0.6	0.1	1,000	667	490	2,157
0008	8	9,000	1,250	0.9	0.6	0.1	1,000	667	490	2,157
0013	13	9,000	1,250	0.9	0.6	0.1	1,000	667	490	2,157

(1305) 진동롤러(핸드가이드식)

분류번호	규격(ton)	내용시간	연간표준가동시간	상각비율	정비비율	연간관리비율	시 간 당(10^{-7})			
							상각비계수	정비비계수	관리비계수	계
1305-0007	0.7	7,000	890	0.9	0.6	0.1	1,286	857	682	2,825

(1306) 진동롤러(자주식)

분류번호	규격(ton)	내용시간	연간표준가동시간	상각비율	정비비율	연간관리비율	시 간 당(10^{-7})			
							상각비계수	정비비계수	관리비계수	계
1306-0025	2.5	7,000	890	0.9	0.6	0.1	1,286	857	682	2,825
0044	4.4	7,000	890	0.9	0.6	0.1	1,286	857	682	2,825
0060	6	7,000	890	0.9	0.6	0.1	1,286	857	682	2,825
0100	10	7,000	890	0.9	0.6	0.1	1,286	857	682	2,825
0120	12	7,000	890	0.9	0.6	0.1	1,286	857	682	2,825

(1406) 타이어 롤러(자주식)

분류번호	규격(ton)	내용시간	연간표준가동시간	상각비율	정비비율	연간관리비율	시 간 당(10^{-7})			
							상각비계수	정비비계수	관리비계수	계
1406-0008	5~8	10,800	1,070	0.9	0.6	0.1	833	556	556	1,945
0015	8~15	10,800	1,070	0.9	0.6	0.1	833	556	556	1,945
0025	15~25	10,800	1,070	0.9	0.6	0.1	833	556	556	1,945

[주] ① 손료는 타이어 경비가 포함된 것이다.
② 규격의 최소치는 자체중량을 말하며 최대치는 작업시 모래 등 하중을 추가한 중량을 말한다.

(1506) 양족식 롤러(자주식)

분류 번호	규격 (ton)	내용 시간	연간 표준 가동 시간	상각 비율	정비 비율	연간 관리 비율	시 간 당(10^{-7})			
							상각비 계 수	정비비 계 수	관리비 계 수	계
1506-0011	11	10,500	1,250	0.9	0.6	0.1	857	571	483	1,911
0012	12	10,500	1,250	0.9	0.6	0.1	857	571	483	1,911
0015	15	10,500	1,250	0.9	0.6	0.1	857	571	483	1,911
0019	19	10,500	1,250	0.9	0.6	0.1	857	571	483	1,911
0025	25	10,500	1,250	0.9	0.6	0.1	857	571	483	1,911
0030	30	10,500	1,250	0.9	0.6	0.1	857	571	483	1,911
0032	32	10,500	1,250	0.9	0.6	0.1	857	571	483	1,911
0037	37	10,500	1,250	0.9	0.6	0.1	857	571	483	1,911

[주] 규격은 자체중량을 말한다.

(1630) 래 머

분류 번호	규격 (kg)	내용 시간	연간 표준 가동 시간	상각 비율	정비 비율	연간 관리 비율	시 간 당(10^{-7})			
							상각비 계 수	정비비 계 수	관리비 계 수	계
1630-0080	80	5,000	890	0.9	0.6	0.1	1,800	1,200	708	3,708

(1730) 플레이트 콤팩터

분류 번호	규격 (ton)	내용 시간	연간 표준 가동 시간	상각 비율	정비 비율	연간 관리 비율	시 간 당(10^{-7})			
							상각비 계 수	정비비 계 수	관리비 계 수	계
1730-0015	1.5	5,000	890	0.9	0.6	0.1	1,800	1,200	708	3,708

[주] ① 원동기(전동기)가 부착되어 있는 것으로 운전경비는 별도 계상한다.
② 규격은 전압력(Impacting Force)을 말한다.

8-3-3 [20]운반 및 하역기계

(2101) 크레인(무한궤도)

분류 번호	규격 (ton)	내용 시간	연간 표준 가동 시간	상각 비율	정비 비율	연간 관리 비율	시 간 당(10^{-7})			
							상각비 계 수	정비비 계 수	관리비 계 수	계
2101-0010	10 (0.29)	11,200	1,430	0.9	0.65	0.1	804	580	425	1,809
0015	15 (0.38)	12,800	1,430	0.9	0.65	0.1	703	508	420	1,631
0020	20 (0.57)	12,800	1,430	0.9	0.65	0.1	703	508	420	1,631
0025	25 (0.76)	12,800	1,430	0.9	0.65	0.1	703	508	420	1,631
0030	30 (1.15)	12,800	1,430	0.9	0.65	0.1	703	508	420	1,631
0035	35 (1.33)	12,800	1,430	0.9	0.65	0.1	703	508	420	1,631
0040	40 (1.53)	14,000	1,250	0.9	0.75	0.1	643	536	472	1,651
0050	50 (1.91)	14,000	1,250	0.9	0.75	0.1	643	536	472	1,651
0070	70 (2.29)	14,000	1,250	0.9	0.75	0.1	643	536	472	1,651
0080	80 (2.68)	14,000	1,250	0.9	0.75	0.1	643	536	472	1,651
0100	100	14,000	1,250	0.9	0.75	0.1	643	536	472	1,651
0150	150	14,000	1,250	0.9	0.75	0.1	643	536	472	1,651
0220	220	14,000	1,250	0.9	0.88	0.1	643	629	472	1,744
0280	280	14,000	1,250	0.9	0.88	0.1	643	629	472	1,744
0300	300	14,000	1,250	0.9	0.88	0.1	643	629	472	1,744

[주] ① 규격은 표준붐을 사용하였을 때 최대인양 하중을 말하며, ( )내는 버킷용량을 ㎥로 표시한 것이다.
② 위의 표는 기중기 작업상태 때를 기준으로 한 것이다.

(2104) 크레인(타이어)('21년 보완)

분류 번호	규격 (ton)	내용 시간	연간 표준 가동 시간	상각 비율	정비 비율	연간 관리 비율	시간 당(10⁻⁷)			
							상각비계수	정비비계수	관리비계수	계
2104-0010	10	8,400	1,250	0.9	0.45	0.14	1,071	536	691	2,298
0015	15	8,400	1,250	0.9	0.45	0.14	1,071	536	691	2,298
0020	20	8,400	1,250	0.9	0.45	0.14	1,071	536	691	2,298
0025	25	9,800	1,250	0.9	0.45	0.14	918	459	680	2,057
0030	30	12,600	1,250	0.9	0.45	0.14	714	357	666	1,737
0035	35	12,600	1,250	0.9	0.45	0.14	714	357	666	1,737
0040	40	12,600	1,250	0.9	0.45	0.14	714	357	666	1,737
0045	45	12,600	1,250	0.9	0.45	0.14	714	357	666	1,737
0050	50	12,600	1,250	0.9	0.45	0.14	714	357	666	1,737
0060	60	14,000	1,250	0.9	0.45	0.14	643	321	661	1,625
0070	70	14,000	1,250	0.9	0.45	0.14	643	321	661	1,625
0080	80	14,000	1,250	0.9	0.45	0.14	643	321	661	1,625
0100	100	14,000	1,250	0.9	0.45	0.14	643	321	661	1,625
0130	130	14,000	1,250	0.9	0.50	0.14	643	357	661	1,661
0160	160	14,000	1,250	0.9	0.50	0.14	643	357	661	1,661
0200	200	14,000	1,250	0.9	0.50	0.14	643	357	661	1,661
0220	220	14,000	1,250	0.9	0.50	0.14	643	357	661	1,661
0250	250	14,000	1,250	0.9	0.50	0.14	643	357	661	1,661
0300	300	14,000	1,250	0.9	0.50	0.14	643	357	661	1,661

[주] ① 규격은 표준붐을 사용하였을 때의 최대인양 하중을 말한다.
② 위의 표는 기중기 작업상태 때를 기준으로 한 것이다.
③ 타이어는 운전경비에서 별도 계상한다.

(2105) 트럭탑재형 크레인

분류 번호	규격 (ton)	내용 시간	연간 표준 가동 시간	상각 비율	정비 비율	연간 관리 비율	시간 당(10⁻⁷)			
							상각비계수	정비비계수	관리비계수	계
2105-0002	2	7,000	890	0.9	0.25	0.14	1,286	357	955	2,598
0003	3	7,000	890	0.9	0.25	0.14	1,286	357	955	2,598
0005	5	7,000	890	0.9	0.25	0.14	1,286	357	955	2,598
0010	10	7,000	890	0.9	0.25	0.14	1,286	357	955	2,598
0015	15	7,000	890	0.9	0.25	0.14	1,286	357	955	2,598
0018	18	7,000	890	0.9	0.25	0.14	1,286	357	955	2,598

(2106) 고소작업차('20년 신설)

분류 번호	규격 (ton)	내용 시간	연간 표준 가동 시간	상각 비율	정비 비율	연간 관리 비율	시 간 당(10^{-7})			
							상각비 계 수	정비비 계 수	관리비 계 수	계
2106-0002	2	7,000	890	0.9	0.25	0.14	1,286	357	955	2,598
0003	3	7,000	890	0.9	0.25	0.14	1,286	357	955	2,598
0005	5	7,000	890	0.9	0.25	0.14	1,286	357	955	2,598

(2107) 터널용고소작업차('20년 신설)

분류 번호	규격 (ton)	내용 시간	연간 표준 가동 시간	상각 비율	정비 비율	연간 관리 비율	시 간 당(10^{-7})			
							상각비 계 수	정비비 계 수	관리비 계 수	계
2107-0005	0.5	7,000	890	0.9	0.25	0.14	1,286	357	955	2,598

(2115) 리더(Leader : 고정형)

분류 번호	규격 (m)	내용 시간	연간 표준 가동 시간	상각 비율	정비 비율	연간 관리 비율	시 간 당(10^{-7})			
							상각비 계 수	정비비 계 수	관리비 계 수	계
2115-0024	24	14,000	1,250	0.9	0.9	0.1	643	643	472	1,758
0031	31	14,000	1,250	0.9	0.9	0.1	643	643	472	1,758
0036	36	14,000	1,250	0.9	0.9	0.1	643	643	472	1,758

(2116) 리더(Leader : 회전형)

분류 번호	규격 (m)	내용 시간	연간 표준 가동 시간	상각 비율	정비 비율	연간 관리 비율	시 간 당(10^{-7})			
							상각비 계 수	정비비 계 수	관리비 계 수	계
2116-0031	31	14,000	1,250	0.9	0.9	0.1	643	643	472	1,758
0036	36	14,000	1,250	0.9	0.9	0.1	643	643	472	1,758

(2117) 케이싱(Casing)

분류번호	규격(m)	내용시간	연간표준가동시간	상각비율	정비비율	연간관리비율	시 간 당(10^{-7})			
							상각비계수	정비비계수	관리비계수	계
2117-0022	22	2,800	1,250	0.9	0.9	0.1	3,214	3,214	601	7,029
0027	27	2,800	1,250	0.9	0.9	0.1	3,214	3,214	601	7,029

(2118) 스킵버킷(Skip Bucket)

분류번호	규격(㎥)	내용시간	연간표준가동시간	상각비율	정비비율	연간관리비율	시 간 당(10^{-7})			
							상각비계수	정비비계수	관리비계수	계
2118-0010	10	14,000	1,250	0.9	0.9	0.1	643	643	472	1,758

(2208) 타워크레인

분류번호	규격(m×ton)	내용시간	연간표준가동시간	상각비율	정비비율	연간관리비율	시 간 당(10^{-7})			
							상각비계수	정비비계수	관리비계수	계
2208-5008	50× 8	12,000	1,780	0.9	0.25	0.1	750	208	346	1,304
5010	50×10	12,000	1,780	0.9	0.25	0.1	750	208	346	1,304
5012	50×12	12,000	1,780	0.9	0.25	0.1	750	208	346	1,304
5016	50×16	12,000	1,780	0.9	0.25	0.1	750	208	346	1,304
5020	50×20	12,000	1,780	0.9	0.25	0.1	750	208	346	1,304

[주] ① 규격은 작업반경(m)×권상능력(ton)을 말한다.
② 부수물과 조립볼트는 별도로 계상한다.
③ 권상용 와이어 소모는 1set(18㎜×120m)를 기준으로 하여 시간당 소모율을 0.003으로 계상한다.

(2210) 건설용리프트(인화물용)

분류번호	규격	내용시간	연간표준가동시간	상각비율	정비비율	연간관리비율	시 간 당(10^{-7})			
							상각비계수	정비비계수	관리비계수	계
2210-0145	1×45	10,000	1,780	0.9	0.5	0.1	900	500	354	1,754

[주] ① 규격은 권상능력(ton)×작업높이(m)를 말한다.
② 산업안전보건법 검사규정에 의한 검사합격품에 적용한다.
③ 동력은 7.5㎾×2대로 한다.

(2330) 디젤 기관차

분류 번호	규격 (ton)	내용 시간	연간 표준 가동 시간	상각 비율	정비 비율	연간 관리 비율	시 간 당(10^{-7})			
							상각비 계 수	정비비 계 수	관리비 계 수	계
2330-0005	5	10,000	890	0.9	0.75	0.1	900	750	663	2,313
0007	7	10,000	890	0.9	0.75	0.1	900	750	663	2,313

(2402) 경운기

분류 번호	규격 (kg)	내용 시간	연간 표준 가동 시간	상각 비율	정비 비율	연간 관리 비율	시 간 당(10^{-7})			
							상각비 계 수	정비비 계 수	관리비 계 수	계
2402-0001	1,000	5,000	890	0.9	0.5	0.1	1,800	1,000	708	3,508

(2502) 지게차

분류 번호	규격 (ton)	내용 시간	연간 표준 가동 시간	상각 비율	정비 비율	연간 관리 비율	시 간 당(10^{-7})			
							상각비 계 수	정비비 계 수	관리비 계 수	계
2502-0020	2.0	10,500	1,340	0.9	0.2	0.1	857	190	453	1,500
0025	2.5	10,500	1,340	0.9	0.2	0.1	857	190	453	1,500
0035	3.5	10,500	1,340	0.9	0.2	0.1	857	190	453	1,500
0050	5.0	10,500	1,340	0.9	0.2	0.1	857	190	453	1,500
0075	7.5	10,500	1,340	0.9	0.2	0.1	857	190	453	1,500

[주] 타이어는 운전경비에서 별도 계상한다.

(2602) 트랙터(타이어)

분류 번호	규격 (ton)	내용 시간	연간 표준 가동 시간	상각 비율	정비 비율	연간 관리 비율	시 간 당(10^{-7})			
							상각비 계 수	정비비 계 수	관리비 계 수	계
2602-0015	1.5	9,000	1,340	0.9	0.5	0.1	1,000	556	460	2,016
0025	2.5	9,000	1,340	0.9	0.5	0.1	1,000	556	460	2,016
0035	3.5	9,000	1,340	0.9	0.5	0.1	1,000	556	460	2,016
0045	4.5	9,000	1,340	0.9	0.5	0.1	1,000	556	460	2,016

[주] 타이어는 운전경비에서 별도 계상한다.

(2702) 트럭 트랙터 및 평판트레일러('11년 보완)

분류 번호	규격 (ton)	내용 시간	연간 표준 가동 시간	상각 비율	정비 비율	연간 관리 비율	시 간 당(10^{-7})			
							상각비 계 수	정비비 계 수	관리비 계 수	계
2702-0020	20	7,000	1,250	0.9	0.55	0.1	1,286	786	504	2,576
0030	30	7,000	1,250	0.9	0.55	0.1	1,286	786	504	2,576
0040	40	7,000	1,250	0.9	0.55	0.1	1,286	786	504	2,576
0060	60	7,000	1,250	0.9	0.55	0.1	1,286	786	504	2,576

[주] 타이어는 운전경비에서 별도 계상한다.

8-3-4 [30]포장기계

(3108) 아스팔트 믹싱플랜트

분류 번호	규격 (ton/ hr)	내용 시간	연간 표준 가동 시간	상각 비율	정비 비율	연간 관리 비율	시 간 당(10^{-7})			
							상각비 계 수	정비비 계 수	관리비 계 수	계
3108-0040	40t (80kW)	9,000	890	0.9	0.75	0.1	1,000	833	668	2,501
0060	60t (120kW)	11,000	890	0.9	0.75	0.1	818	682	659	2,159
0080	80t (160kW)	11,000	890	0.9	0.75	0.1	818	682	659	2,159
0100	100t (200kW)	11,000	890	0.9	0.75	0.1	818	682	659	2,159
0120	120t (240kW)	11,000	890	0.9	0.75	0.1	818	682	659	2,159

[주] ① 원동기(전동기)가 부착되어 있는 것으로 정치식을 말하며 운전경비는 별도 계상한다.
② 자동기록장치등의 부착이 필요할 때는 이에 상당한 경비를 별도 계상할 수 있다.

(3201) 아스팔트 피니셔

분류 번호	규격 (m)	내용 시간	연간 표준 가동 시간	상각 비율	정비 비율	연간 관리 비율	시 간 당(10^{-7})			
							상각비 계 수	정비비 계 수	관리비 계 수	계
3201-0001	1.7	8,000	890	0.9	0.45	0.1	1,125	563	674	2,362
0003	3	8,000	890	0.9	0.45	0.1	1,125	563	674	2,362

(3302) 아스팔트 디스트리뷰터

분류번호	규격 (ℓ)	내용시간	연간표준가동시간	상각비율	정비비율	연간관리비율	시간 당(10^{-7})			
							상각비계수	정비비계수	관리비계수	계
3302-0030	3,000	8,000	890	0.9	0.4	0.14	1,125	500	944	2,569
0038	3,800	8,000	890	0.9	0.4	0.14	1,125	500	944	2,569
0047	4,700	8,000	890	0.9	0.4	0.14	1,125	500	944	2,569
0057	5,700	8,000	890	0.9	0.4	0.14	1,125	500	944	2,569

[주] ① 규격은 아스팔트 탱크의 용량을 말한다.
② 자주식을 말하며 타이어는 운전경비에서 별도 계상한다.

(3430) 아스팔트 스프레이어

분류번호	규격 (ℓ)	내용시간	연간표준가동시간	상각비율	정비비율	연간관리비율	시간 당(10^{-7})			
							상각비계수	정비비계수	관리비계수	계
3430-0300	300	8,000	890	0.9	0.6	0.1	1,125	750	674	2,549
0400	400	8,000	890	0.9	0.6	0.1	1,125	750	674	2,549

[주] ① 규격은 아스팔트 탱크의 용량을 말한다.
② 수동 견인식이다.

(3450) 현장가열 표층재생기

분류번호	규격 (㎾)	내용시간	연간표준가동시간	상각비율	정비비율	연간관리비율	시간 당(10^{-7})			
							상각비계수	정비비계수	관리비계수	계
3450-0642	479	5,250	670	0.9	0.35	0.1	1,714	667	907	3,288

(3530) 스테이빌라이저(안정기)

분류번호	규격 (㎾)	내용시간	연간표준가동시간	상각비율	정비비율	연간관리비율	시간 당(10^{-7})			
							상각비계수	정비비계수	관리비계수	계
3530-0015	1.5m (3.7)	9,000	890	0.9	0.45	0.1	1,000	500	668	2,168
0036	3.6m (9.0)	9,000	890	0.9	0.45	0.1	1,000	500	668	2,168

[주] 자주식으로 타이어는 별도 계상한다.

(3601) 콘크리트 피니셔(포장용)('20년 보완)

분류번호	규격 (kW)	내용시간	연간표준가동시간	상각비율	정비비율	연간관리비율	시간 당(10^{-7})			
							상각비계수	정비비계수	관리비계수	계
3601-0102	74.6	8,000	890	0.9	0.4	0.1	1,125	500	674	2,299
0202	160.4	8,000	890	0.9	0.4	0.1	1,125	500	674	2,299
0204	186.5	8,000	890	0.9	0.4	0.1	1,125	500	674	2,299
0302	224.0	8,000	890	0.9	0.4	0.1	1,125	500	674	2,299
0402	299.9	8,000	890	0.9	0.4	0.1	1,125	500	674	2,299

(3611) 콘크리트 피니셔(중앙분리대용)

분류번호	규격 (kW)	내용시간	연간표준가동시간	상각비율	정비비율	연간관리비율	시간 당(10^{-7})			
							상각비계수	정비비계수	관리비계수	계
3611-0142	105.9	8,000	890	0.9	0.5	0.1	1,125	625	674	2,424

(3701) 콘크리트 스프레더

분류번호	규격 (m)	내용시간	연간표준가동시간	상각비율	정비비율	연간관리비율	시간 당(10^{-7})			
							상각비계수	정비비계수	관리비계수	계
3701-0200	7.95	8,000	890	0.9	0.5	0.1	1,125	625	674	2,424

(3801) 콘크리트 조면 마무리기

분류번호	규격 (m)	내용시간	연간표준가동시간	상각비율	정비비율	연간관리비율	시간 당(10^{-7})			
							상각비계수	정비비계수	관리비계수	계
3801-0795	7.95	8,000	890	0.9	0.5	0.1	1,125	625	674	2,424
0120	12.0	8,000	890	0.9	0.5	0.1	1,125	625	674	2,424

(3805) 콘크리트 롤러페이버('08년 신설)

분류번호	규격 (m)	내용시간	연간표준가동시간	상각비율	정비비율	연간관리비율	시 간 당(10^{-7})			
							상각비계수	정비비계수	관리비계수	계
3805-0120	12.0	8,000	890	0.9	0.5	0.1	1,125	625	674	2,424

(3901) 슬러리실 기계

분류번호	규격 (m)	내용시간	연간표준가동시간	상각비율	정비비율	연간관리비율	시 간 당(10^{-7})			
							상각비계수	정비비계수	관리비계수	계
3901-0300	3.0-3.8	8,000	890	0.9	0.35	0.1	1,125	438	674	2,237

8-3-5 [40]콘크리트기계

(4108) 콘크리트 배치플랜트

분류번호	규격 (㎥/hr)	내용시간	연간표준가동시간	상각비율	정비비율	연간관리비율	시 간 당(10^{-7})			
							상각비계수	정비비계수	관리비계수	계
4108-0060	60 (96kW)	11,000	890	0.9	0.65	0.1	818	591	659	2,068
0090	90 (144kW)	11,000	890	0.9	0.65	0.1	818	591	659	2,068
0120	120 (160kW)	11,000	890	0.9	0.65	0.1	818	591	659	2,068
0150	150 (177kW)	11,000	890	0.9	0.65	0.1	818	591	659	2,068
0180	180 (213kW)	11,000	890	0.9	0.65	0.1	818	591	659	2,068
0210	210 (233kW)	11,000	890	0.9	0.65	0.1	818	591	659	2,068

[주] ① 원동기(전동기)가 부착되어 있는 것으로 진동식을 말하며 운전경비는 별도 계상한다.
② ( )숫자는 전동기 동력(kW)을 나타낸다.

(4115) 사일로(SILO)

분류 번호	규격 (㎥/hr)	내용 시간	연간 표준 가동 시간	상각 비율	정비 비율	연간 관리 비율	시 간 당(10^{-7})			
							상각비 계 수	정비비 계 수	관리비 계 수	계
4115-0100	100 (7.0kW)	10,000	890	0.9	0.3	0.1	900	300	663	1,863
0150	150 (7.0kW)	10,000	890	0.9	0.3	0.1	900	300	663	1,863
0200	200 (7.7kW)	10,000	890	0.9	0.3	0.1	900	300	663	1,863
0300	300 (7.7kW)	10,000	890	0.9	0.3	0.1	900	300	663	1,863

[주] ① 스크류컨베이어, 시멘트 압송관 등 사일로 운영에 필요한 부대설비가 포함된 것이다.
② ( ) 숫자는 전동기 동력(kW)을 나타낸다.

(4205) 콘크리트 믹서

분류 번호	규격 (㎥)	내용 시간	연간 표준 가동 시간	상각 비율	정비 비율	연간 관리 비율	시 간 당(10^{-7})			
							상각비 계 수	정비비 계 수	관리비 계 수	계
4205-0010	0.10	7,000	890	0.9	0.75	0.1	1,286	1,071	682	3,039
0017	0.17	7,000	890	0.9	0.75	0.1	1,286	1,071	682	3,039
0020	0.20	7,000	890	0.9	0.75	0.1	1,286	1,071	682	3,039
0030	0.30	7,000	890	0.9	0.75	0.1	1,286	1,071	682	3,039
0040	0.40	7,000	890	0.9	0.75	0.1	1,286	1,071	682	3,039
0045	0.45	7,000	890	0.9	0.75	0.1	1,286	1,071	682	3,039

[주] ① 동력이 포함되어 있다.
② 손료는 타이어 경비를 포함된 것이다.

(4304) 콘크리트 믹서트럭

분류 번호	규격 (㎥)	내용 시간	연간 표준 가동 시간	상각 비율	정비 비율	연간 관리 비율	시 간 당(10^{-7})			
							상각비 계 수	정비비 계 수	관리비 계 수	계
4304-0060	6.0	7,000	890	0.9	0.5	0.14	1,286	714	955	2,955
0061	6.0(L)	7,000	890	0.9	0.5	0.14	1,286	714	955	2,955

[주] ① (L)은 저슬럼프형 믹서트럭이다.
② 규격은 1회 운반경비에서 별도로 계상한다.
③ 타이어는 운전경비에서 별도로 계상한다.

(4430) 커터(콘크리트 및 아스팔트용)

분류 번호	규격 (mm)	내용 시간	연간 표준 가동 시간	상각 비율	정비 비율	연간 관리 비율	시간 당(10^{-7}) 상각비계수	정비비계수	관리비계수	계
4430-0400	320~400	2,250	670	0.9	0.3	0.1	4,000	1,333	1,021	6,354

(4504) 콘크리트 펌프차

분류 번호	규격 (m) [㎥/hr]	내용 시간	연간 표준 가동 시간	상각 비율	정비 비율	연간 관리 비율	시간 당(10^{-7}) 상각비계수	정비비계수	관리비계수	계
4504-0021	21 [65~75]	8,400	1,070	0.9	0.65	0.14	1,071	774	795	2,640
0028	28 [65~75]	8,400	1,070	0.9	0.65	0.14	1,071	774	795	2,640
0032	32 [80~95]	8,400	1,070	0.9	0.65	0.14	1,071	774	795	2,640
0036	36 [80~95]	8,400	1,070	0.9	0.65	0.14	1,071	774	795	2,640
0041	41 [80~95]	8,400	1,070	0.9	0.65	0.14	1,071	774	795	2,640
0043	43 [80~95]	8,400	1,070	0.9	0.65	0.14	1,071	774	795	2,640
0047	47 [80~95]	8,400	1,070	0.9	0.65	0.14	1,071	774	795	2,640
0052	52 [80~95]	8,400	1,070	0.9	0.65	0.14	1,071	774	795	2,640

[주] 시간당 토출량(㎥/hr)은 헤드쪽 기준이다.

(4505) 콘크리트 펌프

분류 번호	규격 (㎥/hr)	내용 시간	연간 표준 가동 시간	상각 비율	정비 비율	연간 관리 비율	시간 당(10^{-7}) 상각비계수	정비비계수	관리비계수	계
4505-0015	12~15 (22kW)	6,000	890	0.9	0.5	0.1	1,500	833	693	3,026
0026	20~26 (30kW)	6,000	890	0.9	0.5	0.1	1,500	833	693	3,026

[주] 동력과 파이프는 별도 계상한다.

(4506) 초고압펌프

분류 번호	규격 (kg/cm²)	내용 시간	연간 표준 가동 시간	상각 비율	정비 비율	연간 관리 비율	시 간 당(10⁻⁷)			
							상각비 계수	정비비 계수	관리비 계수	계
4506-0200	200	6,000	890	0.9	0.5	0.1	1,500	833	693	3,026
0400	400	6,000	890	0.9	0.5	0.1	1,500	833	693	3,026

(4611) 콘크리트 진동기

분류 번호	규격 (m/m)	내용 시간	연간 표준 가동 시간	상각 비율	정비 비율	연간 관리 비율	시 간 당(10⁻⁷)			
							상각비 계수	정비비 계수	관리비 계수	계
4611-0075	전기식 플렉시블형 ø45(0.75kW)	3,000	890	0.9	0.35	0.1	3,000	1,167	768	4,935
0350	엔진식 플렉시블형 ø45(2.6kW)	3,000	890	0.9	0.4	0.1	3,000	1,333	768	5,101

8-3-6 [50]골재생산기계 등

(5105) 크러셔(이동식)('11년 보완)

분류 번호	규격 (ton/hr) (kW)	내용 시간	연간 표준 가동 시간	상각 비율	정비 비율	연간 관리 비율	시 간 당(10⁻⁷)			
							상각비 계수	정비비 계수	관리비 계수	계
5105-0050	50(93)	9,000	890	0.9	0.85	0.1	1,000	944	668	2,612
0100	100(155)	9,000	890	0.9	0.85	0.1	1,000	944	668	2,612
0150	150(260)	9,000	890	0.9	0.85	0.1	1,000	944	668	2,612
0200	200(326)	9,000	890	0.9	0.85	0.1	1,000	944	668	2,612

[주] ① 죠, 콘, 스크린, 벨트컨베이어, 피더의 소모품비와 용접비용이 포함되어 있다.
② 손료에는 타이어 경비가 포함된 것이다.
③ 전동기가 부착되어 있는 것으로 운전경비는 별도 계상한다.

(5111) 벨트 컨베이어

분류 번호	규 격	내용 시간	연간표준 가동시간	상각 비율	정비 비율	연간 관리 비율	시 간 당(10^{-7})			계
							상각비 계 수	정비비 계 수	관리비 계 수	
5111- 0040	40.64cm× 15.24cm 3.73kW	7,000	890	0.9	0.25	0.1	1,286	357	682	2,325
0050	45.72cm× 15.24cm 5.60kW	7,000	890	0.9	0.25	0.1	1,286	357	682	2,325
0060	60.96cm× 15.24cm 7.46kW	7,000	890	0.9	0.25	0.1	1,286	357	682	2,325
0076	76.20cm× 15.24cm 11.19kW	7,000	890	0.9	0.25	0.1	1,286	357	682	2,325
0091	91.44cm× 15.24cm 14.92kW	7,000	890	0.9	0.25	0.1	1,286	357	682	2,325

[주] ① 규격의 앞 숫자는 벨트의 폭, 뒤 숫자는 컨베이어의 길이를 각각 표시한다.
　　② 동력이 포함되어 있지 않으므로 별도 계상한다.

(5112) 에이프런 피더

분류 번호	규 격	내용 시간	연간표준 가동시간	상각 비율	정비 비율	연간 관리 비율	시 간 당(10^{-7})			계
							상각비 계 수	정비비 계 수	관리비 계 수	
5112- 0001	76.20cm× 243.84cm 2.24kW	12,000	890	0.9	0.4	0.1	750	333	655	1,738
0002	91.44cm× 243.84cm 3.73kW	12,000	890	0.9	0.4	0.1	750	333	655	1,738
0003	91.44cm× 365.76cm 3.73kW	12,000	890	0.9	0.4	0.1	750	333	655	1,738
0004	106.68cm× 304.86cm 7.46kW	12,000	890	0.9	0.4	0.1	750	333	655	1,738
0005	106.68cm× 426.72cm 7.46kW	12,000	890	0.9	0.4	0.1	750	333	655	1,738

[주] ① 규격의 앞 숫자는 피더의 폭, 뒤 숫자는 피더의 길이를 각각 표시한다.
　　② 동력이 포함되어 있지 않으므로 별도 계상한다.

(5113) 죠 크러셔

분류번호	규격	내용시간	연간표준가동시간	상각비율	정비비율	연간관리비율	시간 당(10^{-7})			
							상각비계수	정비비계수	관리비계수	계
5113-0001	25.4cm×40.64cm 18.65kW	12,000	890	0.9	0.85	0.1	750	708	655	2,113
0002	25.4cm×50.8cm 22.38kW	12,000	890	0.9	0.85	0.1	750	708	655	2,113
0003	25.4cm×60.96cm 29.84kW	12,000	890	0.9	0.85	0.1	750	708	655	2,113
0004	25.4cm×91.44cm 44.76kW	12,000	890	0.9	0.85	0.1	750	708	655	2,113
0005	45.72cm×60.90cm 55.95kW	12,000	890	0.9	0.85	0.1	750	708	655	2,113
0006	45.72cm×91.44cm 82.06kW	12,000	890	0.9	0.85	0.1	750	708	655	2,113
0007	50.8cm×91.44cm 104.44kW	12,000	890	0.9	0.85	0.1	750	708	655	2,113
0008	63.5cm×101.6cm 111.90kW	12,000	890	0.9	0.85	0.1	750	708	655	2,113
0009	76.2cm×101.6cm 141.74kW	12,000	890	0.9	0.85	0.1	750	708	655	2,113
0010	76.2cm×106.68cm 141.74kW	12,000	890	0.9	0.85	0.1	750	708	655	2,113
0011	106.68cm×121.92cm 231.26kW	12,000	890	0.9	0.85	0.1	750	708	655	2,113

[주] ① 동력, 벨트컨베이어, 에이프런 피더 등은 별도로 계상한다.
② 정비비에는 죠의 교환 및 용접비용이 포함되어 있다.

(5114) 롤 크러셔

분류 번호	규격	내용 시간	연간 표준 가동 시간	상각 비율	정비 비율	연간 관리 비율	시 간 당(10^{-7})			
							상각비 계 수	정비비 계 수	관리비 계 수	계
5114- 0001	40.64cm× 40.64cm 44.76kW	12,000	890	0.9	0.85	0.1	750	708	655	2,113
0002	60.96cm× 40.64cm 55.95kW	12,000	890	0.9	0.85	0.1	750	708	655	2,113
0003	76.2cm× 45.72cm 111.90kW	12,000	890	0.9	0.85	0.1	750	708	655	2,113
0004	76.2cm× 63.5cm 130.55kW	12,000	890	0.9	0.85	0.1	750	708	655	2,113
0005	76.2cm× 76.2cm 223.80kW	12,000	890	0.9	0.85	0.1	750	708	655	2,113
0006	101.6cm× 66.04cm 149.20kW	12,000	890	0.9	0.85	0.1	750	708	655	2,113
0007	104.14cm × 76.2cm 223.80kW	12,000	890	0.9	0.85	0.1	750	708	655	2,113
0008	139.7cm× 76.2cm 242.45kW	12,000	890	0.9	0.85	0.1	750	708	655	2,113

[주] ① 동력, 벨트컨베이어 등은 별도로 계상한다.
② 롤의 교환 및 용접비용은 정비비에 포함되어 있다.

(5115) 콘 크러셔

분류 번호	규격	내용 시간	연간표준 가동시간	상각 비율	정비 비율	연간 관리 비율	시 간 당(10^{-7})			계
							상각비 계 수	정비비 계 수	관리비 계 수	
5115-0030	60.96cm (22kW)	12,000	890	0.9	0.7	0.1	750	583	655	1,988
0055	91.44cm (40.5kW)	12,000	890	0.9	0.7	0.1	750	583	655	1,988
0075	121.92cm (55kW)	12,000	890	0.9	0.7	0.1	750	583	655	1,988
0095	125.94cm (70kW)	12,000	890	0.9	0.7	0.1	750	583	655	1,988

[주] 동력, 벨트컨베이어 등은 별도로 계상한다.

(5116) 스크린(2단식)

분류 번호	규 격	내용 시간	연간표준 가동시간	상각 비율	정비 비율	연간 관리 비율	시 간 당(10^{-7})			계
							상각비 계 수	정비비 계 수	관리비 계 수	
5116-0001	91.44cm× 243.84cm 5.60kW	12,000	890	0.9	0.55	0.1	750	458	655	1,863
0002	91.44cm× 304.8cm 5.60kW	12,000	890	0.9	0.55	0.1	750	458	655	1,863
0003	121.91cm× 243.84cm 7.46kW	12,000	890	0.9	0.55	0.1	750	458	655	1,863
0004	121.91cm× 304.8cm 7.46kW	12,000	890	0.9	0.55	0.1	750	458	655	1,863
0005	121.91cm× 356.76cm 11.19kW	12,000	890	0.9	0.55	0.1	750	458	655	1,863
0006	121.91cm× 426.72cm 11.19kW	12,000	890	0.9	0.55	0.1	750	458	655	1,863
0007	152.4cm× 365.76cm 14.92kW	12,000	890	0.9	0.55	0.1	750	458	655	1,863
0008	152.4cm× 426.72cm 18.65kW	12,000	890	0.9	0.55	0.1	750	458	655	1,863

[주] 원동기(전동기)가 부착되어 있는 것으로 운전경비는 별도 계상한다.

(5117) 스크린(3단식)

분류 번호	규 격	내용 시간	연간 표준 가동 시간	상각 비율	정비 비율	연간 관리 비율	시 간 당(10^{-7})			
							상각비 계수	정비비 계수	관리비 계수	계
5117-0001	91.44cm× 243.84cm 7.46kW	12,000	890	0.9	0.55	0.1	750	458	655	1,863
0002	109.73cm× 304.8cm 7.46kW	12,000	890	0.9	0.55	0.1	750	458	655	1,863
0003	121.91cm× 304.8cm 11.19kW	12,000	890	0.9	0.55	0.1	750	458	655	1,863
0004	121.91cm× 356.76cm 14.92kW	12,000	890	0.9	0.55	0.1	750	458	655	1,863
0005	121.91cm× 426.72cm 14.92kW	12,000	890	0.9	0.55	0.1	750	458	655	1,863
0006	152.4cm× 365.76cm 22.38kW	12,000	890	0.9	0.55	0.1	750	458	655	1,863
0007	152.4cm× 426.72cm 22.38kW	12,000	890	0.9	0.55	0.1	750	458	655	1,863
0008	152.4cm× 487.68cm 29.84kW	12,000	890	0.9	0.55	0.1	750	458	655	1,863

[주] 원동기(전동기)가 부착되어 있는 것으로 운전경비는 별도 계상한다.

(5118) 아그리게이트빈

분류 번호	규격	내용 시간	연간 표준 가동 시간	상각 비율	정비 비율	연간 관리 비율	시 간 당(10^{-7})			
							상각비 계 수	정비비 계 수	관리비 계 수	계
5118- 0001	7.65㎥ 7.46kW	12,000	890	0.9	0.25	0.1	750	208	655	1,613
0002	16.06㎥ 11.19kW	12,000	890	0.9	0.25	0.1	750	208	655	1,613
0003	19.11㎥ 14.92kW	12,000	890	0.9	0.25	0.1	750	208	655	1,613
0004	22.94㎥ 14.92kW	12,000	890	0.9	0.25	0.1	750	208	655	1,613
0005	26.76㎥ 18.65kW	12,000	890	0.9	0.25	0.1	750	208	655	1,613
0006	34.41㎥ 22.38kW	12,000	890	0.9	0.25	0.1	750	208	655	1,613
0007	53.52㎥ 29.84kW	12,000	890	0.9	0.25	0.1	750	208	655	1,613

[주] 원동기(전동기)가 부착되어 있는 것으로 운전경비는 별도 계상한다.

(5119) 골재세척설비

분류 번호	규격	내용 시간	연간 표준 가동 시간	상각 비율	정비 비율	연간 관리 비율	시 간 당(10^{-7})			
							상각비 계 수	정비비 계 수	관리비 계 수	계
5119- 0625	15 (62.5 ㎥/hr)	6,000	1,070	0.9	0.6	0.1	1,500	1,000	589	3,089

[주] ① 규격은 전동기 동력(kW)을 말하며, ( )는 시간당 표준 골재세척능력을 말한다.
② 원동기(전동기)가 부착되어 있는 것으로, 정치식을 말한다.
③ 벨트컨베이어(2기)가 포함되어 있는 것이며, 규격은 60.96㎝×914㎝를 기준한 것이다.
④ 관정 및 침전조 등 부대시설은 별도 계상한다.

(5202) 파이프추진기(오거부착유압식)

분류번호	규격 규격 (ton)	규격 굴삭경 (m/m)	내용시간	연간표준가동시간	상각비율	정비비율	연간관리비율	시간 당(10^{-7}) 상각비계수	시간 당(10^{-7}) 정비비계수	시간 당(10^{-7}) 관리비계수	계
5202-0127	127	600-800	4,500	800	0.9	0.55	0.1	2,000	1,222	788	4,010
0240	240	600-1,300	4,500	800	0.9	0.55	0.1	2,000	1,222	788	4,010
0300	300	1,050	4,500	800	0.9	0.55	0.1	2,000	1,222	788	4,010

(5203) 파이프추진기(공압식)

분류번호	규격 램머직경(mm)	규격 추진파이프직경(mm)	규격 공기소비량(m^3/min)	내용시간	연간표준가동시간	상각비율	정비비율	연간관리비율	시간 당(10^{-7}) 상각비계수	시간 당(10^{-7}) 정비비계수	시간 당(10^{-7}) 관리비계수	계
5203-1800	180-195	100-400	5.5	4,000	890	0.9	0.6	0.1	2,250	1,500	730	4,480
2200	220-235	120-500	8.0	4,000	890	0.9	0.6	0.1	2,250	1,500	730	4,480
2700	270-330	200-600	12.0	4,000	890	0.9	0.6	0.1	2,250	1,500	730	4,480
3500	350-400	280-1000	20.0	4,000	890	0.9	0.6	0.1	2,250	1,500	730	4,480
4500	450-510	380-1400	35.0	4,000	890	0.9	0.6	0.1	2,250	1,500	730	4,480

(5204) 유압잭

분류번호	규격(ton)	내용시간	연간표준가동시간	상각비율	정비비율	연간관리비율	시간 당(10^{-7}) 상각비계수	시간 당(10^{-7}) 정비비계수	시간 당(10^{-7}) 관리비계수	계
5204-0200	200	4,500	800	0.9	0.8	0.1	2,000	1,778	788	4,566
0300	300	4,500	800	0.9	0.8	0.1	2,000	1,778	788	4,566
0400	400	4,500	800	0.9	0.8	0.1	2,000	1,778	788	4,566
0500	500	4,500	800	0.9	0.8	0.1	2,000	1,778	788	4,566
0600	600	4,500	800	0.9	0.8	0.1	2,000	1,778	788	4,566

[주] 유압펌프, 조작 Panel 및 회로, 유압호스 등이 포함되어 있다.

(5205) 공기압축기(이동식)

분류번호	규격 (㎥/min)	내용시간	연간표준가동시간	상각비율	정비비율	연간관리비율	시간 당(10^{-7})			
							상각비계수	정비비계수	관리비계수	계
5205-0035	3.5	12,000	1,070	0.9	0.5	0.1	750	417	552	1,719
0071	7.1	12,000	1,070	0.9	0.5	0.1	750	417	552	1,719
0103	10.3	12,000	1,070	0.9	0.5	0.1	750	417	552	1,719
0170	17.0	12,000	1,070	0.9	0.5	0.1	750	417	552	1,719
0210	21.0	12,000	1,070	0.9	0.5	0.1	750	417	552	1,719
0255	25.5	12,000	1,070	0.9	0.5	0.1	750	417	552	1,719

[주] ① 부수물(호스포함)은 별도 계상한다.
② 손료에는 타이어 경비가 포함되어 있다.

(5210) 소형브레이커(공압식)

분류번호	규 격	내용시간	시간당(10^{-7})
5210-0010	1.0㎥/min	3,600	2,500
0013	1.3㎥/min	3,600	2,500
0019	1.9㎥/min	3,600	2,500
0027	2.7㎥/min	3,600	2,500

[주] 공기압축기와 부수물의 관계는 다음과 같다.

(대)

공기압축기 규격(㎥/min) \ 부수물 규격 / 사용에어호스경(mm)	래그해머 2.7㎥/min	드릴웨곤 (100mm) 74〃	드릴무한궤도 (120mm) 15〃	소형브레이커				바이브레이터			
				1.0㎥/min	1.3㎥/min	1.9㎥/min	2.7㎥/min	25mm	37mm	45mm	60mm
	19	38	50	19	19	19	19				
3.5	1	-	-	3	2	1	1	3	3	3	3
7.1	2(1)	-	-	7	5	3	2	7	7	7	7
10.3	3(2)	1	-	13	8	5	3	10	10	10	10
17.0	5(4)	2	1	17	13	9	6	17	17	17	17
25.5	9(8)	3	1	25	19	13	9	25	25	25	25

*숫자는 부수물의 사용가능 대수를 말하며 ( )내의 수치는 수중 4m 이하에서 작업할 경우임.

(5220) 소형브레이커(전기식)

분류번호	규 격	내용시간	시간당(10^{-7})
5220-0015	1.5kW	8,000	2,500

(5330) 드릴웨곤

분류번호	규 격 (m^3/min)	내용시간	연간표준가동시간	상각비율	정비비율	연간관리비율	시 간 당(10^{-7})			
							상각비계수	정비비계수	관리비계수	계
5330-0074	7.4 (100㎜)	6,000	1,070	0.9	0.25	0.1	1,500	417	589	2,506

[주] ① 규격은 1분당 공기소모량을 말하며 ( )내는 드리프터의 피스톤 직경을 말한다.
② 위의 표에는 드릴이 포함되어 있다.
③ 부수물(호스포함)은 별도 계상한다.

(5401) 크롤러드릴(공기식)

분류번호	규격 (m^3/min)	내용시간	연간표준가동시간	상각비율	정비비율	연간관리비율	시 간 당(10^{-7})			
							상각비계수	정비비계수	관리비계수	계
5401-0015	15 (120㎜)	10,500	1,340	0.9	0.25	0.1	857	238	453	1,548
0017	17 (120㎜)	6,000	1,070	0.9	0.25	0.1	1,500	417	589	2,506

[주] ① 규격은 1분당 공기소모량을 말하며 ( )내는 드리프터의 피스톤 직경을 말한다.
② 위의 표에는 드릴이 포함되어 있다.
③ 부수물(호스포함)은 별도 계상한다.

(5405) 크롤러드릴(탑승유압식)('08년 신설)

분류번호	규격 (kW)	내용시간	연간표준가동시간	상각비율	정비비율	연간관리비율	시 간 당(10^{-7})			
							상각비계수	정비비계수	관리비계수	계
5405-0110	110	10,500	1,340	0.9	0.25	0.1	857	238	453	1,548
0150	150	10,500	1,340	0.9	0.25	0.1	857	238	453	1,548

[주] 규격은 엔진 출력을 말한다.

(5501) 유압식할암기('20년 신설)

분류 번호	규격 (mm)	내용 시간	연간 표준 가동 시간	상각 비율	정비 비율	연간 관리 비율	시 간 당(10^{-7})			
							상각비 계 수	정비비 계 수	관리비 계 수	계
5501-0080	ø80	6,300	800	0.9	0.7	0.1	1,429	1,111	759	3,299

[주] ① 규격은 할암봉 직경을 기준한 것이다.
　　② 유압펌프, 유압호스 등이 포함되어 있다.

(5701) 노면파쇄기

분류 번호	규격 (m)	내용 시간	연간 표준 가동 시간	상각 비율	정비 비율	연간 관리 비율	시 간 당(10^{-7})			
							상각비 계 수	정비비 계 수	관리비 계 수	계
5701-0010	1.0	4,500	670	0.9	0.5	0.1	2,000	1,111	921	4,032
0020	2.0	4,500	670	0.9	0.5	0.1	2,000	1,111	921	4,032

(5702) 소형노면파쇄기('20년 신설)

분류 번호	규격 (㎥)	내용 시간	연간 표준 가동 시간	상각 비율	정비 비율	연간 관리 비율	시 간 당(10^{-7})			
							상각비 계 수	정비비 계 수	관리비 계 수	계
5702-0095	0.95	4,500	670	0.9	0.5	0.1	2,000	1,111	921	4,032

(5801) 터널전단면 굴착기(TBM)

분류 번호	규격 (m)	내용 시간	연간 표준 가동 시간	상각 비율	정비 비율	연간 관리 비율	시 간 당(10^{-7})			
							상각비 계 수	정비비 계 수	관리비 계 수	계
5801-0030	3.0	24,000	1,780	0.9	0.4	0.1	375	167	328	870
0035	3.5	24,000	1,780	0.9	0.4	0.1	375	167	328	870
0045	4.5	24,000	1,780	0.9	0.4	0.1	375	167	328	870
0070	7.0	24,000	1,780	0.9	0.4	0.1	375	167	328	870

[주] ① 규격은 굴착경을 말한다.
　　② Cutter는 별도 계상한다.
　　③ 정비비에는 벨트 콘베이어의 롤러 교환, 수리비용이 포함되었다.

(5805) 점보드릴('07년 신설)

분류 번호	규격 (붐)	내용 시간	연간 표준 가동 시간	상각 비율	정비 비율	연간 관리 비율	시 간 당(10^{-7})			
							상각비 계 수	정비비 계 수	관리비 계 수	계
5805-0002	2	9,000	800	0.9	0.7	0.1	1,000	777	738	2,515
0003	3	9,000	800	0.9	0.7	0.1	1,000	777	738	2,515

(5901) 코아드릴('14년 보완)

분류 번호	규격 (cm)	내용 시간	연간 표준 가동 시간	상각 비율	정비 비율	연간 관리 비율	시 간 당(10^{-7})			
							상각비 계 수	정비비 계 수	관리비 계 수	계
5901-0006	15.24	3,000	890	0.9	0.45	0.1	3,000	1,500	768	5,268
0010	25.40	3,000	890	0.9	0.45	0.1	3,000	1,500	768	5,268
0016	40.64	3,000	890	0.9	0.45	0.1	3,000	1,500	768	5,268

[주] ① 규격은 최대 천공직경을 말한다.
② 동력은 별도 계상한다.

8-3-7 [60]기초공사용 기계

(6105) 그라우팅 믹서

분류 번호	규격 (ℓ)	내용 시간	연간 표준 가동 시간	상각 비율	정비 비율	연간 관리 비율	시 간 당(10^{-7})			
							상각비 계 수	정비비 계 수	관리비 계 수	계
6105-0190	190×2 (2kW)	4,000	890	0.9	0.55	0.1	2,250	1,375	730	4,355
0390	390×2 (5kW)	4,000	890	0.9	0.55	0.1	2,250	1,375	730	4,355

[주] ① 동력은 포함되어 있으며 ( )내의 숫자는 전동기 동력을 나타낸다.
② 시멘트를 주재료로 한 연동식 믹서를 기준한 것이다.

(6202) 그라우팅 펌프

분류 번호	규격 (ℓ/min)	내용 시간	연간 표준 가동 시간	상각 비율	정비 비율	연간 관리 비율	시 간 당(10^{-7})			
							상각비 계 수	정비비 계 수	관리비 계 수	계
6202-0060	30~ 60 (3.7)	4,000	890	0.9	0.55	0.1	2,250	1,375	730	4,355
0125	40~125 (7.5)	4,000	890	0.9	0.55	0.1	2,250	1,375	730	4,355
0200	50~200 (11)	4,000	890	0.9	0.55	0.1	2,250	1,375	730	4,355

[주] ① 시멘트를 주재료로 한 것이다.
② 동력은 포함되어 있으며 ( )내의 숫자는 전동기동력(㎾)을 나타낸다.
③ 호스파이프는 별도 계상한다.
④ 규격은 매분 토출량을 말한다.

(6330) 디젤 파일해머

분류 번호	규격 (ton)	내용 시간	연간 표준 가동 시간	상각 비율	정비 비율	연간 관리 비율	시 간 당(10^{-7})			
							상각비 계 수	정비비 계 수	관리비 계 수	계
6330-0015	1.5	7,000	890	0.9	0.5	0.1	1,286	714	682	2,682
0022	2.2	7,000	890	0.9	0.5	0.1	1,286	714	682	2,682
0032	3.2	7,000	890	0.9	0.5	0.1	1,286	714	682	2,682
0040	4.0	7,000	890	0.9	0.5	0.1	1,286	714	682	2,682

(6408) 보링 기계

분류 번호	규 격 (mm×m)	내용 시간	연간 표준 가동 시간	상각 비율	정비 비율	연간 관리 비율	시 간 당(10^{-7})			
							상각비 계 수	정비비 계 수	관리비 계 수	계
6408-0015	40.5×150(7.46)	6,300	800	0.9	0.7	0.1	1,429	1,111	759	3,299
0020	50 ×200(11.19)	6,300	800	0.9	0.7	0.1	1,429	1,111	759	3,299
0030	50 ×300(11.19)	6,300	800	0.9	0.7	0.1	1,429	1,111	759	3,299
0040	42 ×400(11.19)	6,300	800	0.9	0.7	0.1	1,429	1,111	759	3,299
0050	66.7×500(14.92)	6,300	800	0.9	0.7	0.1	1,429	1,111	759	3,299
0085	66.7×850(29.84)	6,300	800	0.9	0.7	0.1	1,429	1,111	759	3,299
0100	60×1,000(37.30)	6,300	800	0.9	0.7	0.1	1,429	1,111	759	3,299

[주] ① 규격은 상용, 로드 직경×최대보링 깊이를 나타내며 ( )내의 숫자는 kW를 말한다.
② 로드, 비트, 케이싱 등은 별도 계상한다.
③ 동력은 포함되어 있지 않다.

(6410) 오거

분류번호	규격 (kW)	내용 시간	연간 표준 가동 시간	상각 비율	정비 비율	연간 관리 비율	시 간 당(10^{-7})			
							상각비 계 수	정비비 계 수	관리비 계 수	계
6410-0080	59.68	6,300	800	0.9	0.7	0.1	1,429	1,111	759	3,299
0100	74.60	6,300	800	0.9	0.7	0.1	1,429	1,111	759	3,299
0120	89.52	6,300	800	0.9	0.7	0.1	1,429	1,111	759	3,299
0150	111.90	6,300	800	0.9	0.7	0.1	1,429	1,111	759	3,299
0200	149.20	6,300	800	0.9	0.7	0.1	1,429	1,111	759	3,299

(6510) 오실레이터, 로테이터

분류번호	규격 (mm)	내용 시간	연간 표준 가동 시간	상각 비율	정비 비율	연간 관리 비율	시 간 당(10^{-7})			
							상각비 계 수	정비비 계 수	관리비 계 수	계
6510-0100	1,000	9,800	1,250	0.9	0.7	0.1	918	714	486	2,118
0150	1,500	9,800	1,250	0.9	0.7	0.1	918	714	486	2,118
0200	2,000	9,800	1,250	0.9	0.7	0.1	918	714	486	2,118
0250	2,500	9,800	1,250	0.9	0.7	0.1	918	714	486	2,118
0300	3,000	9,800	1,250	0.9	0.7	0.1	918	714	486	2,118

[주] 파워팩은 포함되었다.

(6515) 유압파워팩

분류번호	규격 (kW)	내용 시간	연간 표준 가동 시간	상각 비율	정비 비율	연간 관리 비율	시 간 당(10^{-7})			
							상각비 계 수	정비비 계 수	관리비 계 수	계
6515-0090	67.14	6,300	800	0.9	0.7	0.1	1,429	1,111	759	3,299

(6516) 강연선인장기('14년 신설)

분류 번호	규격 (ton)	내용 시간	연간 표준 가동 시간	상각 비율	정비 비율	연간 관리 비율	시 간 당(10^{-7})			
							상각비 계 수	정비비 계 수	관리비 계 수	계
6516-0060	60	4,500	800	0.9	0.8	0.1	2,000	1,778	788	4,566
0120	120	4,500	800	0.9	0.8	0.1	2,000	1,778	788	4,566
0250	250	4,500	800	0.9	0.8	0.1	2,000	1,778	788	4,566
0300	300	4,500	800	0.9	0.8	0.1	2,000	1,778	788	4,566

[주] 유압펌프, 조작 Panel 및 회로, 유압호스 등이 포함되어 있다.

(6517) 리버스서큘레이션드릴

분류 번호	규격 (㎜)	내용 시간	연간 표준 가동 시간	상각 비율	정비 비율	연간 관리 비율	시 간 당(10^{-7})			
							상각비 계 수	정비비 계 수	관리비 계 수	계
6517-0100	1,000	14,000	1,250	0.9	0.7	0.1	643	500	472	1,615
0150	1,500	14,000	1,250	0.9	0.7	0.1	643	500	472	1,615
0200	2,000	14,000	1,250	0.9	0.7	0.1	643	500	472	1,615
0250	2,500	14,000	1,250	0.9	0.7	0.1	643	500	472	1,615
0300	3,000	14,000	1,250	0.9	0.7	0.1	643	500	472	1,615

(6518) 전회전식천공기('15년 신설)

분류 번호	규격 (㎜)	내용 시간	연간 표준 가동 시간	상각 비율	정비 비율	연간 관리 비율	시 간 당(10^{-7})			
							상각비 계 수	정비비 계 수	관리비 계 수	계
6518-0100	1,000	14,000	1,250	0.9	0.7	0.1	643	500	472	1,615
0150	1,500	14,000	1,250	0.9	0.7	0.1	643	500	472	1,615
0200	2,000	14,000	1,250	0.9	0.7	0.1	643	500	472	1,615
0250	2,500	14,000	1,250	0.9	0.7	0.1	643	500	472	1,615
0300	3,000	14,000	1,250	0.9	0.7	0.1	643	500	472	1,615

(6530) 진동파일 해머(전동식)

분류번호	규격 (kW)	내용시간	연간표준 가동시간	상각비율	정비비율	연간관리비율	시간 당(10^{-7})			
							상각비계수	정비비계수	관리비계수	계
6530-0030	30	7,000	890	0.9	0.5	0.1	1,286	714	682	2,682
0040	40	7,000	890	0.9	0.5	0.1	1,286	714	682	2,682
0045	45	7,000	890	0.9	0.5	0.1	1,286	714	682	2,682
0060	60	7,000	890	0.9	0.5	0.1	1,286	714	682	2,682
0090	90	7,000	890	0.9	0.5	0.1	1,286	714	682	2,682
0120	120	7,000	890	0.9	0.5	0.1	1,286	714	682	2,682

(6532) 진동파일 해머(유압식)

분류번호	규격 (kW)	내용시간	연간표준 가동시간	상각비율	정비비율	연간관리비율	시간 당(10^{-7})			
							상각비계수	정비비계수	관리비계수	계
6532-0220	162	7,000	890	0.9	0.5	0.1	1,286	714	682	2,682

(6540) 워터젯트

분류번호	규격 (kW)	내용시간	연간표준 가동시간	상각비율	정비비율	연간관리비율	시간 당(10^{-7})			
							상각비계수	정비비계수	관리비계수	계
6540-0131	96	6,000	1,070	0.9	1.1	0.1	1,500	1,833	589	3,922

(6550) 유압식 압입 인발기

분류번호	규격 (ton)	내용시간	연간표준 가동시간	상각비율	정비비율	연간관리비율	시간 당(10^{-7})			
							상각비계수	정비비계수	관리비계수	계
6550-0130	100~130	7,000	890	0.9	0.35	0.1	1,286	500	682	2,468

(6630) 유압 파일 해머

분류번호	규격 (ton)	내용시간	연간표준 가동시간	상각비율	정비비율	연간관리비율	시간 당(10^{-7})			
							상각비계수	정비비계수	관리비계수	계
6630-0003	3	7,000	890	0.9	0.5	0.1	1,286	714	682	2,682
0005	5	7,000	890	0.9	0.5	0.1	1,286	714	682	2,682
0007	7	7,000	890	0.9	0.5	0.1	1,286	714	682	2,682
0010	10	7,000	890	0.9	0.5	0.1	1,286	714	682	2,682
0013	13	7,000	890	0.9	0.5	0.1	1,286	714	682	2,682

[주] 파워백은 포함되었다.

(6701) PBD천공기(유압식)('13년 신설)

분류번호	규격	내용시간	연간표준 가동시간	상각비율	정비비율	연간관리비율	시간 당(10^{-7})			
							상각비계수	정비비계수	관리비계수	계
6701-0147	147kW (38m)	10,000	1,250	0.9	0.7	0.1	900	700	485	2,085
0184	184kW (53m)	10,000	1,250	0.9	0.7	0.1	900	700	485	2,085

[주] 본 장비는 리더를 포함한다.

(6801) 고압분사전용장비('15년 신설)

분류번호	규격 (ton)	내용시간	연간표준 가동시간	상각비율	정비비율	연간관리비율	시간 당(10^{-7})			
							상각비계수	정비비계수	관리비계수	계
6801-0010	20	14,000	1,250	0.9	0.7	0.1	643	500	472	1,615

(6802) 파일천공전용장비('15년 신설)

분류번호	규격 (ton)	내용시간	연간표준 가동시간	상각비율	정비비율	연간관리비율	시간 당(10^{-7})			
							상각비계수	정비비계수	관리비계수	계
6802-0040	40	14,000	1,250	0.9	0.7	0.1	643	500	472	1,615
0060	60	14,000	1,250	0.9	0.7	0.1	643	500	472	1,615
0100	100	14,000	1,250	0.9	0.7	0.1	643	500	472	1,615
0120	120	14,000	1,250	0.9	0.7	0.1	643	500	472	1,615
0135	135	14,000	1,250	0.9	0.7	0.1	643	500	472	1,615
0160	160	14,000	1,250	0.9	0.7	0.1	643	500	472	1,615

[주] ① 규격은 전용장비의 최대운전하중을 기준으로 한 것이다.
② 본 장비는 리더를 포함한다.

(6803) 다짐말뚝 전용장비('21년 신설)

분류번호	규격 (ton)	내용시간	연간표준 가동시간	상각비율	정비비율	연간관리비율	시간 당(10^{-7})			
							상각비계수	정비비계수	관리비계수	계
6803-0100	100	10,000	1,250	0.9	0.7	0.1	900	700	485	2,085
0120	120	10,000	1,250	0.9	0.7	0.1	900	700	485	2,085

(6901) 자동화 믹서플랜트('15년 신설)

분류 번호	규격 (㎥)	내용 시간	연간표준 가동시간	상각 비율	정비 비율	연간 관리 비율	시 간 당(10^{-7})			
							상각비 계 수	정비비 계 수	관리비 계 수	계
6901-0010	0.5	16,800	1,250	0.9	0.75	0.1	536	446	467	1,449

[주] 물탱크, 아지데이터, 모터 등 관련 부속기기가 포함되어있다.

8-3-8 [70]기타기계

(7101) 고성능 착정기

분류 번호	규격 (kW)	내용 시간	연간표준 가동시간	상각 비율	정비 비율	연간 관리 비율	시 간 당(10^{-7})			
							상각비 계 수	정비비 계 수	관리비 계 수	계
7101-0450	335.7	6,300	800	0.9	0.65	0.1	1,429	1,032	759	3,220

[주] ① 트럭 적재식이고 공기압축기 및 동력이 포함되어 있다.
② 로드, 비트, 케이싱 등은 별도 계상한다.
③ 지하수개발용이다.

(7103) 하수관 천공기

분류 번호	규격	내용 시간	연간표준 가동시간	상각 비율	정비 비율	연간 관리 비율	시 간 당(10^{-7})			
							상각비 계 수	정비비 계 수	관리비 계 수	계
7103-0010	수동식	6,300	800	0.9	0.65	0.1	1,429	1,032	759	3,220

[주] 드릴, 커터 등 소모성 공구가 포함되었다.

(7104) 상수도관 천공기

분류 번호	규격	내용 시간	연간표준 가동시간	상각 비율	정비 비율	연간 관리 비율	시 간 당(10^{-7})			
							상각비 계 수	정비비 계 수	관리비 계 수	계
7104-0010	수동식	6,300	800	0.9	0.65	0.1	1,429	1,032	759	3,220

[주] 어댑터, 드레인콕, 드릴 등 소모성 공구가 포함되었다.

(7106) 골재 살포기(자주식)

분류번호	규격(m)	내용시간	연간표준가동시간	상각비율	정비비율	연간관리비율	시 간 당(10^{-7})			
							상각비계수	정비비계수	관리비계수	계
7106-0035	3.5	8,000	890	0.9	0.65	0.1	1,125	813	674	2,612

(7110) 진공흡입 준설차('08년 신설, '12년 보완)

분류번호	규격	내용시간	연간표준가동시간	상각비율	정비비율	연간관리비율	시 간 당(10^{-7})			
							상각비계수	정비비계수	관리비계수	계
7110-0013	13톤(3.00㎥적)	8,400	1,070	0.9	0.65	0.1	1,071	774	568	2,413
0025	25톤(7.64㎥적)	8,400	1,070	0.9	0.65	0.1	1,071	774	568	2,413

(7120) 버킷식준설기

분류번호	규격(kW)	내용시간	연간표준가동시간	상각비율	정비비율	연간관리비율	시 간 당(10^{-7})			
							상각비계수	정비비계수	관리비계수	계
7120-0746	7.46	5,000	890	0.9	0.5	0.1	1,800	1,000	708	3,508

[주] 호퍼식+자동굴절형을 포함한다.

(7202) 자동세륜기(롤 타입)('12년 보완)

분류번호	규격(W×L×H)	내용시간	연간표준가동시간	상각비율	정비비율	연간관리비율	시 간 당(10^{-7})			
							상각비계수	정비비계수	관리비계수	계
7202-0008	2,200×5,150×1,000	3,000	540	0.9	0.7	0.1	3,000	2,333	1,169	6,502
0010	2,650×5,160×1,000	3,000	540	0.9	0.7	0.1	3,000	2,333	1,169	6,502

[주] 자동세륜기 설치 및 해체에 따른 콘크리트 타설 등은 별도 계상한다.

(7204) 물탱크(살수차)

분류 번호	규격 (ℓ)	내용 시간	연간 표준 가동 시간	상각 비율	정비 비율	연간 관리 비율	시간 당(10^{-7})			
							상각비 계수	정비비 계수	관리비 계수	계
7204-0018	1,800	11,000	890	0.9	0.7	0.1	818	636	659	2,113
0038	3,800	11,000	890	0.9	0.7	0.1	818	636	659	2,113
0055	5,500	11,000	890	0.9	0.7	0.1	818	636	659	2,113
0065	6,500	11,000	890	0.9	0.7	0.1	818	636	659	2,113
0160	16,000	11,000	890	0.9	0.7	0.1	818	636	659	2,113

[주] ① 트럭적재식이고 모터가 포함되어 있다.
② 타이어는 운전경비에서 별도 계상한다.

(7205) 이동식 임목파쇄기('07년 신설, '11년 보완)

분류 번호	규격 (kW)	내용 시간	연간 표준 가동 시간	상각 비율	정비 비율	연간 관리 비율	시간 당(10^{-7})			
							상각비 계수	정비비 계수	관리비 계수	계
7205-0125	93.25	8,000	890	0.9	1.1	0.1	1,125	1,375	674	3,174
0475	354.35	8,000	890	0.9	1.1	0.1	1,125	1,375	674	3,174
0540	402.84	8,000	890	0.9	1.1	0.1	1,125	1,375	674	3,174

(7206) 부착용 집게('07년 신설, '11, '12년 보완)

분류 번호	규격 (㎥)	내용 시간	연간 표준 가동 시간	상각 비율	정비 비율	연간 관리 비율	시간 당(10^{-7})			
							상각비 계수	정비비 계수	관리비 계수	계
7206-0020	0.2	3,000	890	0.9	1.1	0.1	3,000	3,667	768	7,435
0070	0.6~0.8	3,000	890	0.9	1.1	0.1	3,000	3,667	768	7,435

[주] 0.2㎥는 철도용 회전집게이며, 0.6~0.8㎥는 임목파쇄기용 부착집게를 의미한다.

(7210) 동력분무기('14년 신설)

분류 번호	규격 (kW)	내용 시간	연간 표준 가동 시간	상각 비율	정비 비율	연간 관리 비율	시간 당(10^{-7})			
							상각비 계수	정비비 계수	관리비 계수	계
7210-0485	4.85	8,000	890	0.9	0.8	0.1	1,125	1,000	674	2,799

(7330) 라인 마커

분류번호	규격 (km/hr)	내용시간	연간표준가동시간	상각비율	정비비율	연간관리비율	시 간 당(10^{-7})			
							상각비계수	정비비계수	관리비계수	계
7330-0010	10	8,000	890	0.9	0.45	0.1	1,125	563	674	2,362

[주] ① 규격은 시간당 작업속도를 나타낸다.
　　② 타이어는 운전경비에서 별도 계상한다.

(7360) 차선 제거기('20년 보완)

분류번호	규격 (kW)	내용시간	연간표준가동시간	상각비율	정비비율	연간관리비율	시 간 당(10^{-7})			
							상각비계수	정비비계수	관리비계수	계
7360-0055	4.10	8,000	890	0.9	0.8	0.1	1,125	1,000	674	2,799
0090	6.71	8,000	890	0.9	0.8	0.1	1,125	1,000	674	2,799

(7430) 윈치(수동)

분류번호	기종	규격(톤)	내용시간	연간표준가동시간	상각비율	정비비율	연간관리비율	시 간 당(10^{-7})			
								상각비계수	정비비계수	관리비계수	계
7430-1100	수동 싱글드럼	1 (11.19)	8,000	890	0.9	1.1	0.1	1,125	1,375	674	3,174
1300		3 (22.38)	8,000	890	0.9	1.1	0.1	1,125	1,375	674	3,174
1500		5 (37.30)	8,000	890	0.9	1.1	0.1	1,125	1,375	674	3,174
2300	더블드럼	3 (22.38)	8,000	890	0.9	1.1	0.1	1,125	1,375	674	3,174
2500		5 (37.30)	8,000	890	0.9	1.1	0.1	1,125	1,375	674	3,174

[주] ① 규격의 (　)내 단위는 kW이다.
　　② 원동기(전동기)가 부착되어 있는 것으로 운전경비는 별도 계상한다.
　　③ 정비비에는 와이어가 포함되어 있다.

(7431) 윈치(자동)

분류 번호	기종	규격 (톤)	내용 시간	연간 표준 가동 시간	상각 비율	정비 비율	연간 관리 비율	시 간 당(10^{-7})			
								상각비 계 수	정비비 계 수	관리비 계 수	계
7431-1100	자동 싱글 드럼	1 (11.19)	8,000	890	0.9	1.1	0.1	1,125	1,375	674	3,174
1300		3 (22.38)	8,000	890	0.9	1.1	0.1	1,125	1,375	674	3,174
2300	더블 드럼	3 (22.38)	8,000	890	0.9	1.1	0.1	1,125	1,375	674	3,174
2500		5 (37.30)	8,000	890	0.9	1.1	0.1	1,125	1,375	674	3,174

[주] ① 규격의 ( )내 단위는 kW이다.
② 원동기(전동기)가 부착되어 있는 것으로 운전경비는 별도 계상한다.
③ 정비비에는 와이어가 포함되어 있다.

(7505) 발전기

분류 번호	규 격 (kW)	내용 시간	연간표준 가동시간	상각 비율	정비 비율	연간 관리 비율	시 간 당(10^{-7})			
							상각비 계 수	정비비 계 수	관리비 계 수	계
7505-0025	25	8,000	890	0.9	0.45	0.1	1,125	563	674	2,362
0050	50	8,000	890	0.9	0.45	0.1	1,125	563	674	2,362
0100	100	8,000	890	0.9	0.45	0.1	1,125	563	674	2,362
0125	125	8,000	890	0.9	0.45	0.1	1,125	563	674	2,362
0150	150	8,000	890	0.9	0.45	0.1	1,125	563	674	2,362
0200	200	8,000	890	0.9	0.45	0.1	1,125	563	674	2,362
0250	250	8,000	890	0.9	0.45	0.1	1,125	563	674	2,362
0350	350	8,000	890	0.9	0.45	0.1	1,125	563	674	2,362
0450	450	8,000	890	0.9	0.45	0.1	1,125	563	674	2,362
0500	500	8,000	890	0.9	0.45	0.1	1,125	563	674	2,362
0700	700	8,000	890	0.9	0.45	0.1	1,125	563	674	2,362

[주] ① 원동기(전동기)가 부착되어 있는 것으로 운전경비는 별도 계상한다.
② 전선 기타 부속설비는 별도 계상한다.

(7611) 용접기(교류)

분류번호	규격(Amp)	내용시간	연간표준가동시간	상각비율	정비비율	연간관리비율	시 간 당(10^{-7})			
							상각비계수	정비비계수	관리비계수	계
7611-0200	200	8,000	890	0.9	0.45	0.1	1,125	563	674	2,362
0300	300	8,000	890	0.9	0.45	0.1	1,125	563	674	2,362
0400	400	8,000	890	0.9	0.45	0.1	1,125	563	674	2,362
0500	500	8,000	890	0.9	0.45	0.1	1,125	563	674	2,362

[주] 공구 및 전선 등은 별도 계상한다.

(7612) 용접기(직류)

분류번호	규격(Amp)	내용시간	연간표준가동시간	상각비율	정비비율	연간관리비율	시 간 당(10^{-7})			
							상각비계수	정비비계수	관리비계수	계
7612-0200	200	8,000	890	0.9	0.45	0.1	1,125	563	674	2,362
0300	300	8,000	890	0.9	0.45	0.1	1,125	563	674	2,362
0400	400	8,000	890	0.9	0.45	0.1	1,125	563	674	2,362

[주] 공구 및 전선은 별도 계상한다.

(7613) 융착기

분류번호	규격(㎜)	내용시간	연간표준가동시간	상각비율	정비비율	연간관리비율	시 간 당(10^{-7})			
							상각비계수	정비비계수	관리비계수	계
7613-0075	20- 75	8,000	890	0.9	0.45	0.1	1,125	563	674	2,362
0150	100-150	8,000	890	0.9	0.45	0.1	1,125	563	674	2,362
0300	200-300	8,000	890	0.9	0.45	0.1	1,125	563	674	2,362
0400	350-400	8,000	890	0.9	0.45	0.1	1,125	563	674	2,362
0600	450-600	8,000	890	0.9	0.45	0.1	1,125	563	674	2,362
0900	700-900	8,000	890	0.9	0.45	0.1	1,125	563	674	2,362

[주] 규격은 맞이음(버트융착식)접합 관경의 규격이다.

(7614) 알곤 용접기

분류 번호	규 격 (Amp)	내용 시간	연간표준 가동시간	상각 비율	정비 비율	연간 관리 비율	시 간 당(10^{-7})			
							상각비 계 수	정비비 계 수	관리비 계 수	계
7614-0300	300	8,000	890	0.9	0.45	0.1	1,125	563	674	2,362

[주] 공구, 전선 및 냉각장치 등은 별도 계상한다.

(7620) 절단기

분류 번호	규 격 (cm)	내용 시간	연간 표준 가동 시간	상각 비율	정비 비율	연간 관리 비율	시 간 당(10^{-7})			
							상각비 계 수	정비비 계 수	관리비 계 수	계
7620-0002	5.08~15.24	2,250	670	0.9	0.25	0.1	4,000	1,111	1,021	6,132
0003	40.64	2,250	670	0.9	0.25	0.1	4,000	1,111	1,021	6,132

(7621) 프라즈마 절단기

분류 번호	규 격 (Amp)	내용 시간	연간표준 가동시간	상각 비율	정비 비율	연간 관리 비율	시 간 당(10^{-7})			
							상각비 계 수	정비비 계 수	관리비 계 수	계
7621-0100	100	8,000	890	0.9	0.45	0.1	1,125	563	674	2,362

[주] 공구 및 전선 등은 별도 계상한다.

(7730) 건설용펌프(자흡식)

분류 번호	규 격 (mm)	내용 시간	연간 표준 가동 시간	상각 비율	정비 비율	연간 관리 비율	시 간 당(10^{-7})			
							상각비 계 수	정비비 계 수	관리비 계 수	계
7730-0050	50(1.49×10)	7,000	890	0.9	0.55	0.1	1,286	786	682	2,754
0080	80(3.73×15)	7,000	890	0.9	0.55	0.1	1,286	786	682	2,754
0100	100(3.73×20)	7,000	890	0.9	0.55	0.1	1,286	786	682	2,754
0125	125(11.19×20)	7,000	890	0.9	0.55	0.1	1,286	786	682	2,754
0150	150(14.92×20)	7,000	890	0.9	0.55	0.1	1,286	786	682	2,754

[주] ① 동력은 포함되어 있지 않으며 ( )내 숫자는 조합시 필요한 동력(kW)×양정(m)를 말한다.
② 규격은 파이프 직경을 나타낸다.
③ 파이프 또는 호스를 별도 계상한다.

(7740) 수중모터 펌프

분류 번호	규격 (mm)	내용 시간	연간표준 가동시간	상각 비율	정비 비율	연간 관리 비율	시 간 당(10^{-7})			
							상각비 계 수	정비비 계 수	관리비 계 수	계
7740-0080	80	6,000	1,070	0.9	1.0	0.1	1,500	1,667	589	3,756
0100	100	6,000	1,070	0.9	1.0	0.1	1,500	1,667	589	3,756
0150	150	6,000	1,070	0.9	1.0	0.1	1,500	1,667	589	3,756

[주] ① 모터, 수중케이블, 케이블밴드, 호스커플링이 포함된다.
② 동력은 포함되어 있지 않으며 규격은 파이프 직경을 나타낸다.

(7750) 취부기(녹생토 암절개면 보호식재용)

분류 번호	규격 (kW)	내용 시간	연간표준 가동시간	상각 비율	정비 비율	연간 관리 비율	시 간 당(10^{-7})			
							상각비 계 수	정비비 계 수	관리비 계 수	계
7750-0016	11.94	4,000	890	0.9	0.55	0.1	2,250	1,375	730	4,355
0025	18.65	4,000	890	0.9	0.55	0.1	2,250	1,375	730	4,355

(7770) 실사출기

분류 번호	규격 (노즐류)	내용 시간	연간표준 가동시간	상각 비율	정비 비율	연간 관리 비율	시 간 당(10^{-7})			
							상각비 계 수	정비비 계 수	관리비 계 수	계
7770-0004	4	4,000	890	0.9	0.55	0.1	2,250	1,375	730	4,355

(7811) 엔진(가솔린)

분류 번호	기종	규격 (kW)	내용 시간	연간 표준 가동 시간	상각 비율	정비 비율	연간 관리 비율	시 간 당(10^{-7})			
								상각비 계 수	정비비 계 수	관리비 계 수	계
7811-0025	가솔린	1.87	8,000	890	0.9	0.8	0.1	1,125	1,000	674	2,799
0030	엔 진	2.24	8,000	890	0.9	0.8	0.1	1,125	1,000	674	2,799
0040		2.98	8,000	890	0.9	0.8	0.1	1,125	1,000	674	2,799
0045		3.36	8,000	890	0.9	0.8	0.1	1,125	1,000	674	2,799
0070		5.22	8,000	890	0.9	0.8	0.1	1,125	1,000	674	2,799
0120		8.95	8,000	890	0.9	0.8	0.1	1,125	1,000	674	2,799

(7812) 엔진(디젤)

분류번호	기종	규격 (kW)	내용시간	연간표준가동시간	상각비율	정비비율	연간관리비율	시간 당(10^{-7})			
								상각비계수	정비비계수	관리비계수	계
7812-0005	디젤	3.73	8,000	890	0.9	0.8	0.1	1,125	1,000	674	2,799
0007	엔진	5.22	8,000	890	0.9	0.8	0.1	1,125	1,000	674	2,799
0009		6.71	8,000	890	0.9	0.8	0.1	1,125	1,000	674	2,799
0015		11.19	8,000	890	0.9	0.8	0.1	1,125	1,000	674	2,799
0018		13.43	8,000	890	0.9	0.8	0.1	1,125	1,000	674	2,799
0020		14.92	8,000	890	0.9	0.8	0.1	1,125	1,000	674	2,799
0035		26.11	8,000	890	0.9	0.8	0.1	1,125	1,000	674	2,799
0070		52.22	8,000	890	0.9	0.8	0.1	1,125	1,000	674	2,799
0100		74.60	8,000	890	0.9	0.8	0.1	1,125	1,000	674	2,799
0150		111.90	8,000	890	0.9	0.8	0.1	1,125	1,000	674	2,799
0200		149.20	8,000	890	0.9	0.8	0.1	1,125	1,000	674	2,799

(7830) 우레탄폼 분사용기구('15년 신설)

분류번호	규격 (kg/min)	내용시간	연간표준가동시간	상각비율	정비비율	연간관리비율	시간 당(10^{-7})			
							상각비계수	정비비계수	관리비계수	계
7830-0081	8.1	6,000	890	0.9	0.5	0.1	1,500	833	693	3,026

[주] 규격은 토출량을 기준으로 한 것이다.

(7930) 모터

분류번호	규격 (kW)	내용시간	연간표준가동시간	상각비율	정비비율	연간관리비율	시간 당(10^{-7})			
							상각비계수	정비비계수	관리비계수	계
7930-0001	0.75	12,100	980	0.9	0.25	0.1	744	207	598	1,549
0002	1.49	12,100	980	0.9	0.25	0.1	744	207	598	1,549
0003	2.24	12,100	980	0.9	0.25	0.1	744	207	598	1,549
0005	3.73	12,100	980	0.9	0.25	0.1	744	207	598	1,549
0007	5.60	12,100	980	0.9	0.25	0.1	744	207	598	1,549
0010	7.46	12,100	980	0.9	0.25	0.1	744	207	598	1,549
0015	11.19	12,100	980	0.9	0.25	0.1	744	207	598	1,549
0020	14.92	12,100	980	0.9	0.25	0.1	744	207	598	1,549
0025	18.65	12,100	980	0.9	0.25	0.1	744	207	598	1,549
0030	22.38	12,100	980	0.9	0.25	0.1	744	207	598	1,549
0040	29.84	12,100	980	0.9	0.25	0.1	744	207	598	1,549
0050	37.30	12,100	980	0.9	0.25	0.1	744	207	598	1,549
0075	55.95	12,100	980	0.9	0.25	0.1	744	207	598	1,549
0100	74.60	12,100	980	0.9	0.25	0.1	744	207	598	1,549

(7935) 모터(쉴드TBM용)('08년 신설)

분류 번호	규격 (kW)	내용 시간	연간표준 가동시간	상각 비율	정비 비율	연간 관리 비율	시 간 당(10^{-7})			
							상각비 계수	정비비 계수	관리비 계수	계
7935-0180	180	12,100	980	0.9	0.25	0.1	744	207	598	1,549

(7950) 레일천공기('12년 보완)

분류 번호	규격 (kW)	내용 시간	연간표준 가동시간	상각 비율	정비 비율	연간 관리 비율	시 간 당(10^{-7})			
							상각비 계수	정비비 계수	관리비 계수	계
7950-0149	1.49	6,300	800	0.9	0.65	0.1	1,429	1,032	759	3,220

(7951) 파워렌치('12년 보완)

분류 번호	규격 (kW)	내용 시간	연간표준 가동시간	상각 비율	정비 비율	연간 관리 비율	시 간 당(10^{-7})			
							상각비 계수	정비비 계수	관리비 계수	계
7951-0066	6.6	8,000	890	0.9	0.8	0.1	1,125	1,000	674	2,799

(7952) 침목천공기('12년 보완)

분류 번호	규격 (kW)	내용 시간	연간표준 가동시간	상각 비율	정비 비율	연간 관리 비율	시 간 당(10^{-7})			
							상각비 계수	정비비 계수	관리비 계수	계
7952-0246	2.46	6,300	800	0.9	0.65	0.1	1,429	1,032	759	3,220

(7953) 타이템퍼('12년 보완)

분류 번호	규격 (회/min)	내용 시간	연간표준 가동시간	상각 비율	정비 비율	연간 관리 비율	시 간 당(10^{-7})			
							상각비 계수	정비비 계수	관리비 계수	계
7953-3400	3400	3,000	890	0.9	0.35	0.1	3,000	1,167	768	4,935

(7954) 양로기('12년 보완)

분류번호	규격(kW)	내용시간	연간표준가동시간	상각비율	정비비율	연간관리비율	시간당(10^{-7})			
							상각비계수	정비비계수	관리비계수	계
7954-1119	11.19	8,000	890	0.9	0.8	0.1	1,125	1,000	674	2,799

(7991) 모르타르펌프('14년 보완)

분류번호	규 격	시 간 당(10^{-7})
7991-0050	3.73kW	4,677
0100	7.46kW	4,677
0500	37.00kW	4,677

(7992) 모르타르 믹서

분류번호	규 격	시 간 당(10^{-7})
7992-0001	0.3㎥	3,708

(7993) 양수기

분류번호	규 격	시 간 당(10^{-7})
7993-0020	1.49kW	3,375

(7994) Power Trowel

분류번호	규 격	시 간 당(10^{-7})
7994-0050	3.73kW	5,313

(7995) 배관파이프

분류번호	규 격	시 간 당(10^{-7})
7995-0050	ø50-2.6m	5,000

8-3-9 [80]스마트 건설장비

(8201) 3D GNSS 머신 가이던스(굴착기용)('23년 신설)

분류번호	규격 (kW)	내용시간	연간표준가동시간	상각비율	정비비율	연간관리비율	시 간 당(10^{-7})			
							상각비계수	정비비계수	관리비계수	계
8201-0100	3D GNSS MG	5,000	1,250	0.9	0.8	0.1	1,800	1,600	530	3,930

[주] 3D GNSS 머신 가이던스의 구성품은 GNSS 이동국, 관성 측정 장치(Inertial Measurement Unit : IMU), 케이블 및 브라켓, 메인 통합 컨트롤러, 머신 가이던스 디스플레이 화면 등이다.

(8202) 3D GNSS 머신 컨트롤(MC)(굴착기용)('24년 신설)

분류번호	규격 (m^3)	내용시간	연간표준가동시간	상각비율	정비비율	연간관리비율	시 간 당(10^{-7})			
							상각비계수	정비비계수	관리비계수	계
8202-0100	1.0 (3D GNSS MC)	5,000	1,250	0.9	0.8	0.1	1,800	1,600	530	3,930

[주] 3D GNSS 머신 컨트롤의 구성품은 머신 컨트롤 장치(GNSS 이동국, 관성 측정 장치(Inertial Measurement Unit : IMU, 유압 제어 키트), 케이블 및 브라켓, 메인 통합 컨트롤러, 머신가이던스 디스플레이 화면, 머신 컨트롤용 조종 인터페이스 등을 포함한다.

(8203) 3D GNSS 머신 가이던스(MG)(불도저용)('24년 신설)

분류번호	규격 (ton)	내용시간	연간표준가동시간	상각비율	정비비율	연간관리비율	시 간 당(10^{-7})			
							상각비계수	정비비계수	관리비계수	계
8203-0019	19ton (3D GNSS MG)	5,000	1,250	0.9	0.8	0.1	1,800	1,600	530	3,930

[주] 3D GNSS 머신 가이던스의 구성품은 GNSS 이동국, 관성 측정 장치(Inertial Measurement Unit : IMU), 케이블 및 브라켓, 메인 통합 컨트롤러, 머신 가이던스 디스플레이 화면 등이다.

(8204) 3D GNSS 머신 컨트롤(불도우저용)('25년 신설)

분류번호	규격(ton)	내용시간	연간표준가동시간	상각비율	정비비율	연간관리비율	시 간 당(10^{-7})			계
							상각비계수	정비비계수	관리비계수	
8204-0100	3D GNSS MC	5,000	1,250	0.9	0.8	0.1	1,800	1,600	530	3,930

[주] 3D GNSS 머신 컨트롤의 구성품은 GNSS 이동국, 관성 측정 장치(Inertial Measurement Unit : IMU), 케이블 및 브라켓, 메인 통합 컨트롤러, 머신 가이던스 디스플레이 화면, 머신 컨트롤용 조종 인터페이스 등이다.

8-3-10 [90]해상장비

(9010) 펌프 준설선('10년 보완)

분류번호	규격		내용시간	연간표준가동시간	상각비율	정비비율	연간관리비율	시 간 당(10^{-7})			계
	형식	출력(kW)						상각비계수	정비비계수	관리비계수	
9010-0003	비항	224	30,000	2,670	0.9	0.75	0.09	300	250	199	749
0006	SD	448	30,000	2,670	0.9	0.75	0.09	300	250	199	749
0010		746	30,000	2,670	0.9	0.75	0.09	300	250	199	749
0012		895	30,000	2,670	0.9	0.75	0.09	300	250	199	749
0020		1,492	30,000	2,670	0.9	0.75	0.09	300	250	199	749
0022		1,641	30,000	2,670	0.9	0.75	0.09	300	250	199	749
0033		2,462	30,000	2,670	0.9	0.75	0.09	300	250	199	749
0040		2,984	30,000	2,670	0.9	0.75	0.09	300	250	199	749
0044		3,282	30,000	2,670	0.9	0.75	0.09	300	250	199	749
0060		4,476	30,000	2,670	0.9	0.75	0.09	300	250	199	749
0080		5,968	30,000	2,670	0.9	0.75	0.09	300	250	199	749
0120		8,952	30,000	2,670	0.9	0.75	0.09	300	250	199	749
0200		14,920	30,000	2,670	0.9	0.75	0.09	300	250	199	749

(9020) 그래브 준설선('11년 보완)

분류번호	규격 형식	규격 출력(kW)	내용시간	연간표준가동시간	상각비율	정비비율	연간관리비율	시간 당(10^{-7}) 상각비계수	시간 당(10^{-7}) 정비비계수	시간 당(10^{-7}) 관리비계수	계
9020-	비항 SD										
0010	0.65㎥	75	20,000	1,780	0.9	0.75	0.1	450	375	331	1,156
0015	1.00	112	20,000	1,780	0.9	0.75	0.1	450	375	331	1,156
0016	1.50	119	20,000	1,780	0.9	0.75	0.1	450	375	331	1,156
0022	3.00	164	20,000	1,780	0.9	0.75	0.1	450	375	331	1,156
0035	5.00	261	20,000	1,780	0.9	0.75	0.1	450	375	331	1,156
0050	6.00	373	20,000	1,780	0.9	0.75	0.1	450	375	331	1,156
0072	7.50	537	20,000	1,780	0.9	0.75	0.1	450	375	331	1,156
0160	12.50	1,194	20,000	1,780	0.9	0.75	0.1	450	375	331	1,156
0180	16.00	1,343	20,000	1,780	0.9	0.75	0.1	450	375	331	1,156
0200	25.00	1,491	20,000	1,780	0.9	0.75	0.1	450	375	331	1,156

[주] 규격중 0010~0022는 경량급 버킷의 평적용량(Water Level)을 기준으로 한 것이며, 0035~0200은 중량급 버킷의 평적용량을 기준으로 한 것이다.

(9030) 예선('10년, '11년 보완)

분류번호	규격 형식	규격 출력(kW)	내용시간	연간표준가동시간	상각비율	정비비율	연간관리비율	시간 당(10^{-7}) 상각비계수	시간 당(10^{-7}) 정비비계수	시간 당(10^{-7}) 관리비계수	계
9030-	SD										
0016	10ton	119	28,000	1,430	0.9	0.8	0.1	321	286	401	1,008
0018	40ton	134	28,000	1,430	0.9	0.8	0.1	321	286	401	1,008
0025	50ton	187	28,000	1,430	0.9	0.8	0.1	321	286	401	1,008
0035	65ton	261	28,000	1,430	0.9	0.8	0.1	321	286	401	1,008
0045	80ton	336	28,000	1,430	0.9	0.8	0.1	321	286	401	1,008
0050	90ton	373	28,000	1,430	0.9	0.8	0.1	321	286	401	1,008
0080	120ton	597	28,000	1,430	0.9	0.8	0.1	321	286	401	1,008
0100	150ton	746	28,000	1,430	0.9	0.8	0.1	321	286	401	1,008
0240	-	1,790	28,000	1,430	0.9	0.8	0.1	321	286	401	1,008

(9040) 양묘선(앵커바지)('11년 보완)

분류번호	규격 형식	규격 출력(kW)	내용시간	연간표준가동시간	상각비율	정비비율	연간관리비율	시간 당(10^{-7}) 상각비계수	시간 당(10^{-7}) 정비비계수	시간 당(10^{-7}) 관리비계수	계
9040-	SD										
0010		7.5	28,800	1,430	0.9	0.8	0.1	313	278	400	991
0030		22.4	28,800	1,430	0.9	0.8	0.1	313	278	400	991
0050		37.3	28,800	1,430	0.9	0.8	0.1	313	278	400	991
0060		44.8	28,800	1,430	0.9	0.8	0.1	313	278	400	991
0100		74.6	28,800	1,430	0.9	0.8	0.1	313	278	400	991
0120		89.5	28,800	1,430	0.9	0.8	0.1	313	278	400	991
0200		149.2	28,800	1,430	0.9	0.8	0.1	313	278	400	991
0250		186.5	28,800	1,430	0.9	0.8	0.1	313	278	400	991
0300		223.8	28,800	1,430	0.9	0.8	0.1	313	278	400	991
0380		283.5	28,800	1,430	0.9	0.8	0.1	313	278	400	991
0680		507.3	28,800	1,430	0.9	0.8	0.1	313	278	400	991

(9050) 기중기선(비자항)('11년 보완)

분류번호	규격 형식	규격 출력(kW)	내용시간	연간표준가동시간	상각비율	정비비율	연간관리비율	시간 당(10^{-7}) 상각비계수	시간 당(10^{-7}) 정비비계수	시간 당(10^{-7}) 관리비계수	계
9050-	SD										
0075	15ton달기	56.0	19,200	1,430	0.9	0.75	0.1	469	391	408	1,268
0150	30ton	111.9	19,200	1,430	0.9	0.75	0.1	469	391	408	1,268
0450	60ton	335.7	19,200	1,430	0.9	0.75	0.1	469	391	408	1,268
0750	120ton	559.5	19,200	1,430	0.9	0.75	0.1	469	391	408	1,268
0850	150ton	634.1	19,200	1,430	0.9	0.75	0.1	469	391	408	1,268

(9060) 토운선('11년 보완)

분류번호	규격 형식	규격 출력(kW)	내용시간	연간표준가동시간	상각비율	정비비율	연간관리비율	시간 당(10^{-7}) 상각비계수	정비비계수	관리비계수	계
9060-0060	SD	60㎥	19,200	1,430	0.9	0.75	0.1	469	391	408	1,268
0100		100㎥	19,200	1,430	0.9	0.75	0.1	469	391	408	1,268
0200		200㎥	19,200	1,430	0.9	0.75	0.1	469	391	408	1,268
0300		300㎥	19,200	1,430	0.9	0.75	0.1	469	391	408	1,268
0500		500㎥	19,200	1,430	0.9	0.75	0.1	469	391	408	1,268
0600		600㎥	19,200	1,430	0.9	0.75	0.1	469	391	408	1,268

(9070) 이우선(비자항)('11년 보완)

분류번호	규격 형식	규격 출력(kW)	내용시간	연간표준가동시간	상각비율	정비비율	연간관리비율	시간 당(10^{-7}) 상각비계수	정비비계수	관리비계수	계
9070-0015	50ton대선 5ton달기	11.19	16,000	1,430	0.9	0.7	0.1	563	438	413	1,414
0020	80ton대선 8ton달기	14.92	16,000	1,430	0.9	0.7	0.1	563	438	413	1,414

(9080) 대선('11년 보완)

분류 번호	규격 형식	규격 출력 (kW)	내용 시간	연간표준 가동시간	상각 비율	정비 비율	연간 관리 비율	시간 당(10⁻⁷) 상각비계수	시간 당(10⁻⁷) 정비비계수	시간 당(10⁻⁷) 관리비계수	계
9080-	SD										
0050	50ton		19,200	1,430	0.9	0.7	0.1	469	365	408	1,242
0080	80ton		19,200	1,430	0.9	0.7	0.1	469	365	408	1,242
0100	100ton		19,200	1,430	0.9	0.7	0.1	469	365	408	1,242
0120	120ton		19,200	1,430	0.9	0.7	0.1	469	365	408	1,242
0150	150ton		19,200	1,430	0.9	0.7	0.1	469	365	408	1,242
0200	200ton		19,200	1,430	0.9	0.7	0.1	469	365	408	1,242
0300	300ton		19,200	1,430	0.9	0.7	0.1	469	365	408	1,242
0500	500ton		19,200	1,430	0.9	0.7	0.1	469	365	408	1,242
0700	700ton		19,200	1,430	0.9	0.7	0.1	469	365	408	1,242
1000	1,000ton		19,200	1,430	0.9	0.7	0.1	469	365	408	1,242
1100	1,100ton		19,200	1,430	0.9	0.7	0.1	469	365	408	1,242
1400	1,400ton		19,200	1,430	0.9	0.7	0.1	469	365	408	1,242
1500	1,500ton		19,200	1,430	0.9	0.7	0.1	469	365	408	1,242
1750	1,750ton		19,200	1,430	0.9	0.7	0.1	469	365	408	1,242
2000	2,000ton		19,200	1,430	0.9	0.7	0.1	469	365	408	1,242
3000	3,000ton		19,200	1,430	0.9	0.7	0.1	469	365	408	1,242

(9090) 하천골재채취선('11년 보완)

분류 번호	규격 형식	규격 출력 (kW)	내용 시간	연간표준 가동시간	상각 비율	정비 비율	연간 관리 비율	시간 당(10⁻⁷) 상각비계수	시간 당(10⁻⁷) 정비비계수	시간 당(10⁻⁷) 관리비계수	계
9090-											
0800		597	30,000	2,670	0.9	0.85	0.1	300	283	221	804
1000		746	30,000	2,670	0.9	0.85	0.1	300	283	221	804
1200		895	30,000	2,670	0.9	0.85	0.1	300	283	221	804
1300		970	30,000	2,670	0.9	0.85	0.1	300	283	221	804
1400		1,044	30,000	2,670	0.9	0.85	0.1	300	283	221	804
1500		1,119	30,000	2,670	0.9	0.85	0.1	300	283	221	804
1600		1,194	30,000	2,670	0.9	0.85	0.1	300	283	221	804

8-4 운전경비 산정('08~'17년 보완)

8-4-1 [00]토공기계

분류 번호	기 계 명	규 격	주연료 (ℓ/hr)	잡재료 (주연료의 %)	조종원 (인/일)
0101-0007	불도저 (무한궤도)	7ton	9.0	16	1
0010		10	12.5	16	1
0012		12	14.6	16	1
0019		19	25.0	16	1
0032		32	41.6	16	1
0102-0015	불도저 (타이어)	15ton	19.2	50	1
0028		28	36.0	50	1
0033		33	42.4	50	1
0121-0004	습지 불도저	4ton	5.4	23	1
0013		13	14.6	23	1
0201-0012	굴착기(무한궤도)	0.12㎥	3.2	21	1
0020		0.2	5.0	21	1
0040		0.4	9.9	22	1
0060		0.6	10.2	22	1
0070		0.7	11.6	22	1
0080		0.8	15.3	22	1
0100		1.0	19.5	22	1
0120		1.2	20.2	22	1
0200		2.0	32.8	22	1
0211-0018	굴착기(타이어)	0.18㎥	5.6	24	1
0060		0.6	11.6	24	1
0080		0.8	16.3	24	1
0100		1.0	20.5	24	1
0221-0040	습지굴착기(무한궤도)	0.4㎥	9.5	15	1
0070		0.7	11.0	15	1
0260-0355	트랜처	3.55톤	6.7	34	1

분류 번호	기 계 명	규 격	주연료 (ℓ/hr)	잡재료 (주연료의 %)	조종원 (인/일)
0301-0057	로더(무한궤도)	0.57㎥	4.8	21	1
0076		0.76	6.3	21	1
0095		0.95	7.4	21	1
0115		1.15	9.5	21	1
0134		1.34	11.3	21	1
0153		1.53	13.3	21	1
0172		1.72	14.6	21	1
0287		2.87	25.3	21	1
0302-0025	로더(타이어)	0.25㎥	3.3	44	1
0057		0.57	3.5	44	1
0095		0.95	6.2	44	1
0134		1.34	7.7	44	1
0172		1.72	9.8	44	1
0229		2.29	13.3	44	1
0287		2.87	16.4	44	1
0350		3.5	19.9	44	1
0500		5.0	29.4	44	1
0406-0054	스크레이퍼(자주식)	5.4㎥	19.5	22	1
0115		11.5	41.6	22	1
0161		16.1	53.6	22	1
0206		20.6	63.0	22	1
0502-0036	모터그레이더(일반용)	3.6m	16.2	39	1
0503-0036	모터그레이더(사리도)	3.6m	16.2	113	1
0602-0025	덤프트럭	2.5ton	2.9	38	1
0045		4.5	5.0	38	1
0060		6	8.0	38	1
0080		8	9.3	38	1
0105		10.5	14.1	38	1
0150		15	15.9	38	1
0200		20	20.0	38	1
0240		24	23.0	38	1
0320		32	29.1	38	1

8-4-2 [10]다짐기계

분류 번호	기 계 명	규 격	주연료 (ℓ/hr)	잡재료 (주연료의 %)	조종원 (인/일)
1106-0010	머캐덤롤러(자주식)	8~10ton	7.6	18	1
0012		10~12	9.3	18	1
0015		12~15	10.9	18	1
1206-0008	탠덤롤러(자주식)	5~ 8ton	5.0	18	1
0010		8~10	6.8	18	1
0014		10~14	8.4	18	1
1209-0001	탠덤롤러(진동자주식)	1ton	2.5	8	1
0002		2	4.1	8	1
0004		4	8.2	8	1
0006		6	10.2	8	1
0007		7	11.2	8	1
0008		8	11.2	8	1
0013		13	16.8	8	1
1305-0007	진동롤러(핸드가이드식)	0.7ton	2.2	13	1
1306-0025	진동롤러(자주식)	2.5ton	2.3	13	1
0044		4.4	3.2	13	1
0060		6	11.6	30	1
0100		10	14.4	30	1
0120		12	15.8	30	1
1406-0008	타이어롤러(자주식)	5~ 8ton	4.9	23	1
0015		8~15	8.0	23	1
0025		15~25	10.0	23	1
1506-0011	양족식롤러(자주식)	11ton	11.3	18	1
0012		12	13.7	18	1
0015		15	22.5	18	1
0019		19	27.2	18	1
0025		25	27.2	18	1
0030		30	32.6	18	1
0032		32	35.2	18	1
0037		37	41.4	18	1
1630-0080	래머	80kg	휘발유0.7	10	1
1730-0015	플레이트콤팩터	1.5ton	휘발유1.0	20	1

8-4-3 [20]운반 및 하역기계('21년 보완)

분류 번호	기 계 명	규 격	주연료 (ℓ/hr)	잡재료 (주연료의 %)	조종원 (인/일)
2101-0010	크레인(무한궤도)	10ton (0.29)	5.8	20	1
0015		15 (0.38)	7.2	20	1
0020		20 (0.57)	8.6	20	1
0025		25 (0.76)	9.6	20	1
0030		30 (1.15)	10.5	20	1
0035		35 (1.33)	11.2	20	1
0040		40ton (1.53)	11.5	20	1
0050		50 (1.91)	12.0	20	1
0070		70 (2.29)	17.2	20	1
0080		80 (2.68)	19.1	20	1
0100		100	23.9	20	1
0150		150	24.4	20	1
0220		220	25	20	1
0280		280	28	20	1
0300		300	28	20	1
2104-0010	크레인(타이어)	10ton	3.8	39	1
0015		15	4.7	39	1
0020		20	5.4	39	1
0025		25	6.1	39	1
0030		30	7.7	39	1
0035		35	7.7	39	1

분류 번호	기 계 명	규 격	주연료 (ℓ/hr)	잡재료 (주연료의 %)	조종원 (인/일)
0040	크레인(타이어)	40	8.5	57	1
0045		45	10.0	57	1
0050		50	10.0	57	1
0060		60	10.6	57	1
0070		70	12.3	57	1
0080		80	12.3	57	1
0100		100	15.9	57	1
0130		130	17.7	63	1
0160		160	19.6	63	1
0200		200	22.0	63	1
0220		220	22.0	63	1
0250		250	24.0	63	1
0300		300	24.0	63	1
2105-0002	트럭탑재형크레인	2ton	2.9	20	1
0003		3	3.1	20	1
0005		5	5.1	20	1
0010		10	10.3	20	1
0015		15	11	20	1
0018		18	11.3	20	1
2106-0002	고소작업차	2ton	2.9	20	1
0003		3	3.1	20	1
0005		5	5.1	20	1
2107-0005	터널용고소작업차	0.5ton	5.1	20	1
2208-5008	타워크레인	50× 8	-	-	1
5010		50×10	-	-	1
5012		50×12	-	-	1
5016		50×16	-	-	1
5020		50×20	-	-	1
2330-0005	디젤기관차	5ton	3.5	20.2	1
0007		7	4.2	20.2	1

분류 번호	기 계 명	규 격	주연료 (ℓ/hr)	잡재료 (주연료의 %)	조종원 (인/일)
2402-0001	경운기	1ton	1.3	20	1
2502-0020	지게차	2.0ton	4.0	37	1
0025		2.5	4.0	37	1
0035		3.5	5.7	37	1
0050		5.0	5.7	37	1
0075		7.5	6.6	37	1
2602-0015	트랙터(타이어)	1.5ton	4.5	29	1
0025		2.5	6.8	29	1
0035		3.5	9.2	29	1
0045		4.5	11.3	29	1
2702-0020	트럭트랙터 및 평판 트레일러	20ton	16.5	39	1
0030		30	17.2	39	1
0040		40	20.5	39	1
0060		60	26.3	39	1

8-4-4 [30]포장기계

분류 번호	기 계 명	규 격	주연료 (ℓ/hr)	잡재료 (주연료의 %)	조종원 (인/일)
3108-0040	아스팔트믹싱플랜트	40ton/hr(80kW)	중유487.2	-	2
0060		60(120)	614.7	-	2
0080		80(160)	678.4	-	2
0100		100(200)	746.7	-	2
0120		120(240)	819.6	-	2
3201-0001	아스팔트 피니셔	1.7m	7	7	1
0003		3	13	7	1
3302-0030	아스팔트 디스트리뷰터	3,000ℓ	8.9	25	1
0038		3,800	10.9	25	1
0047		4,700	11.3	25	1
0057		5,700	14.3	25	1
3430-0030	아스팔트 스프레어	300ℓ	휘발유0.8	6	1
0040		400ℓ	휘발유1.2	6	1
3450-0642	현장가열표층재생기	479kW	73.7+ 휘발유54.5	20	7
3530-0015	스테이빌라이저(안정기)	1.5m	17.0	27	1
0036		3.6	35.0	27	1
3601-0102	콘크리트피니셔(포장용)	74.6kW	9.6	14	1
0202		160.4	20.6	14	1
0204		186.5	24.0	14	1
0302		224.0	28.9	14	1
0402		299.9	38.7	14	1
3611-0142	콘크리트피니셔(중앙분리대용)	105.9kW	10.6	18	1
3701-0200	콘크리트 스프레더	7.95m	12.7	18	1
3801-0795	콘크리트조면마무리기	7.95m	3.9	18	1
0120		12	휘발유5.1	6	1
3805-0120	콘크리트롤러페이버	12m	휘발유4.1	6	1
3901-0300	슬러리실 기계	3.0-3.8m	23.4	29	1

8-4-5 [40]콘크리트기계

분류 번호	기 계 명	규 격	주연료 (ℓ/hr)	잡재료 (주연료의 %)	조종원 (인/일)
4108-0060	콘크리트배치플랜트	60㎥/hr(96kW)	-	-	1
0090		90㎥/hr(144kW)	-	-	1
0120		120㎥/hr(160kW)	-	-	1
0150		150㎥/hr(177kW)	-	-	1
0180		180㎥/hr(213kW)	-	-	1
0210		210㎥/hr(233kW)	-	-	1
4205-0010	콘크리트 믹서	0.10㎥	휘발유1.3	2	1
0017		0.17	휘발유1.3	2	1
0020		0.20	휘발유1.3	2	1
0030		0.30	휘발유2.0	2	1
0040		0.40	휘발유3.9	2	1
0045		0.45	휘발유3.9	2	1
4304-0060	콘크리트 믹서트럭	6.0㎥	13.0	44	1
0061		6.0(L)	13.0	44	1
4430-0400	커터(콘크리트 및 아스팔트용)	320~400㎜	휘발유5.6	20	1
4504-0021	콘크리트펌프차	21m	14.7	35	1
0028		28	15.3	35	1
0032		32	17.3	35	1
0036		36	17.7	35	1
0041		41	23.3	35	1
0043		43	26.3	35	1
0047		47	26.3	35	1
0052		52	31.0	35	1
4506-0200	초고압펌프	200(kg/㎠)	7.6	16	-
0400		400	21.7	16	-
4611-0350	콘크리트진동기	45ø	휘발유1.0	10	-

8-4-6 [50]골재생산기계 등

분류 번호	기 계 명	규 격	주연료 (ℓ/hr)	잡재료 (주연료의 %)	조종원 (인/일)
5105-0050	크러셔(이동식)	50ton/hr(93kW)	-	-	1
0100		100ton/hr(155kW)	-	-	1
0150		150ton/hr(260kW)	-	-	1
0200		200ton/hr(326kW)	-	-	1
5119-0625	골재세척설비	15kW (62.5㎥/hr)	-	-	1
5205-0035	공기압축기(이동식)	3.5㎥/min	6.2	16	1
0071		7.1	10	16	1
0103		10.3	14.2	16	1
0170		17.0	23.5	16	1
0210		21.0	27.6	16	1
0255		25.5	32.3	16	1
5401-0015	크롤러드릴(공기식)	15(120mm)	-	-	1
0017		17(120mm)	-	-	1
5405-0110	크롤러드릴(탑승유압식)	110kW	18.6	23	1
0150		150	25.7	23	1
5701-0010	노면파쇄기	1.0m	13.9	16	1
0020		2.0	52.7	16	1
5801-0045	터널전단면굴착기	4.5m	동력330kW	10	-
5805-0002	점보드릴	2붐	135kW	6	1
0003		3붐	239kW	10	1

8-4-7 [60]기초공사용 기계('21년 보완)

분류 번호	기 계 명	규 격	주연료 (ℓ/hr)	잡재료 (주연료의 %)	조종원 (인/일)
6330-0015	디젤파일해머	1.5ton	7.3	36	1
0022		2.2	11.8	36	1
0032		3.2	15.5	36	1
0040		4.0	20.0	36	1
6540-0131	워터젯트	96kW	25.0	18	-
6630-0003	유압파일해머	3ton	15.4	18	-
0005		5	19.3	18	-
0007		7	24.0	18	-
0010		10	31.8	18	-
0013		13	42.3	18	-
6701-0147	PBD천공기(유압식)	147kW(38m)	29.8	15	1
0184		184kW(53m)	37.5	15	1
6801-0010	고압분사전용장비	20ton	16.3	16	1
6802-0040	파일천공전용장비	40	9.02	20	1
0060		60	13.30	20	1
0100		100	18.69	20	1
0120		120	20.61	20	1
0135		135	21.85	20	1
0160		160	23.65	20	1
6803-0100	다짐말뚝전용장비	100ton	12	20	1
0120		120	19.1	20	1

8-4-8 [70]기타기계('24년 보완)

분류 번호	기 계 명	규 격	주연료 (ℓ/hr)	잡재료 (주연료의 %)	조종원 (인/일)
7101-0450	고성능착정기	335.7kW	39.5	50	1
7106-0035	골재살포기(자주식)	3.5m	3.2	24	1
7110-0013	진공흡입 준설차	13ton (3.00㎥적)	15.2	40	1
0025		25ton (7.64㎥적)	27.6	40	1
7120-0746	버킷식준설기	7.46kW	1.3	20	1
7202-0008	자동세륜기 (롤 타입)	2,200×5,150 ×1,000	동력 15.1kW	-	-
0010		2,650×5,160 ×1,000	동력 15.1kW	-	-
7204-0018	물탱크 (살수차)	1,800ℓ	8.2	30	1
0038		3,800	8.6	30	1
0055		5,500	9.3	30	1
0065		6,500	9.4	30	1
0160		16,000	12.9	30	1
7205-0125	이동식 임목파쇄기	93.25kW	-	-	1
0475		354.35	80.9	24	1
0540		402.84	95.8	24	1
7210-0485	동력분무기	4.85kW	휘발유1.3	20	-
7330-0010	라인마커	10km/hr	20.7	4	1
7360-0055	차선제거기	4.1kW	휘발유3.38	20	1
0090		6.71	휘발유5.53	20	1
7505-0025	발전기	25kW	4.3	24	1
0050		50	8.7	24	1
0100		100	17.4	24	1
0125		125	19.4	24	1

분류 번호	기 계 명	규 격	주연료 (ℓ/hr)	잡재료 (주연료의 %)	조종원 (인/일)
0150	발전기	150	23.0	24	1
0200		200	30.6	24	1
0250		250	38.3	24	1
0350		350	53.6	24	1
0450		450	68.9	24	1
0500		500	76.6	24	1
0700		700	107.3	24	1
7811-0025	엔진(가솔린)	1.87kW	휘발유0.5	20	-
0030		2.24	0.6	20	-
0040		2.98	0.8	20	-
0045		3.36	0.9	20	-
0070		5.22	1.4	20	-
0120		8.95	2.4	20	-
7812-0005	엔진(디젤)	3.73kW	0.5	16	-
0007		5.22	0.8	16	-
0009		6.71	1.0	16	-
0015		11.19	1.6	16	-
0018		13.43	2.0	16	-
0020		14.92	2.2	16	-
0035		26.11	3.8	16	-
0070		52.22	7.6	16	-
0100		74.60	10.8	16	-
0150		111.90	16.3	16	-
0200		149.20	21.7	16	-
7954-1119	양로기	11.19kW	1.6	16	1
7991-0050	모르타르펌프	3.73kW	3.73kW	-	-
0100		7.46	7.46kW	-	-
0500		37.00	37kW	-	-
7992-0001	모르타르 믹서	0.3㎥	1.87kW 휘발유1.3	2	-
7993-0020	양수기	1.49kW	1.49kW	-	-
7994-0050	Power Trowel	3.73kW	휘발유 1	10	-

[주] ① 휘발유 및 경유
   ㉮ 시간당 소비량을 말하며 엔진부하율(Load Factor) 70~80%, 실작업시간은 50/60을 각각 기준으로하여 산정한 것이다.
   ㉯ 보조엔진에 사용되는 유류는 위의 표에 포함되어 있다.
   ㉰ 주연료란에 휘발유 및 중유로 표시되지 아니한 것은 경유를 말한다.(해상장비 포함)
② 엔진유, 기어유, 유압유, 구리스, 넝마 등 잡재료는 크랑크케이스용량, 피스톤 및 링의 상태, 기어박스의 용량, 오일의 교환시간 등을 고려하여 보충량을 포함한 시간당 소비량을 주연료비의 비율로 표기한 것이다.
③ 삽날, 귀삽날, 타이어, 티스의 소모율은 잡재료에 포함되었다.
④ 크러셔(정치식)의 운전경비는 크러셔(이동식)의 운전경비를 준용한다.
⑤ 불도저 및 굴착기에 리퍼, 브레이커, 부착용집게를 조합하여 사용할 때는 불도저 및 굴착기의 잡재료 비율을 16%로 계상하고, 리퍼, 브레이커, 부착용 집게의 손료 및 치즐소모율을 추가하는 것이다.
⑥ 타워크레인의 연료 소모량은 별도 계상한다.

8-4-9 [90]해상기계

(9010) 펌프준설선('10, '11년 보완)

명칭	단위	규격(kW)												비고
		224	448	746	895	1,492	1,641	2,462	2,984	3,282	4,476	5,968	8,952	14,920	
주연료	ℓ/hr	50.1	101.9	163.1	222.8	370.0	409.0	560.2	649.4	753.8	1,268	1,690	2,291.9	3,819.9	
잡재료	%	36	27	27	27	23	23	23	23	23	23	23	13~18	13~18	주연료의 %
준설선 선장	인	1	1	1	1	1	1	1	1	1	1	1	1	1	
준설선 기관사	〃	2	2	2	3	3	3	3	3	3	3	3	3	3	
준설선 운전사	〃	2	2	2	2	2	2	2	2	2	2	2	2	2	
선원	〃	3	3	4	4	4	4	5	5	6	6	6	6	8	

(9020) 그래브 준설선('10, '11년 보완)

명칭	단위	규격										비고
		0.65㎥ 75kW	1.00㎥ 112kW	1.50㎥ 119kW	3.0㎥ 164kW	5.0㎥ 261kW	6.0㎥ 373kW	7.50㎥ 537kW	12.5㎥ 1,194kW	16.0㎥ 1,343kW	25.0㎥ 1,491kW	
주연료	ℓ/hr	12.7	19.1	20.4	28.0	67.9	79.9	91.7	203.7	224.2	250.5	
잡재료	%	63	63	63	54	54	27	27	23	23	23	주연료의 %
준설선 선장	인	1	1	1	1	1	1	1	1	1	1	
준설선 기관사	〃	-	1	1	2	2	2	2	3	3	3	
준설선 운전사	〃	1	1	1	1	1	1	1	1	1	1	
선원	〃	2	2	2	2	2	3	3	3	3	3	

[주] 주 연료는 주기관의 연료이며 잡재료에는 윤활유, 구리스, 작동유, 넝마 및 보조기관용 연료 등이 포함되어 있다.

(9030) 예 선('10, '11년 보완)

명칭	단위	규격(kW)								비고
		119	134	187	261	336	373	597	746	1,790	
주연료	ℓ/hr	23.2	26.2	36.4	50.9	65.5	72.8	116.4	145.5	349.2	
잡재료	%	45	45	36	36	32	32	27	27	18	주연료의 %
선원	인	3	3	3	3	3	4	4	4	4	

(9040) 양묘선(앵커바지)('11년 보완)

명칭	단위	규격(kW)									비고
		1ton 7.5	2t 22.4	3t 37.3	4t 44.8	10t 74.6	12t 89.5	20t 149.2	25t 186.5	30t 223.8	40t 283.5	70t 507.3
주연료	ℓ/hr	1.3	3.8	7.1	7.6	12.7	15.3	25.5	31.8	38.1	48.3	86.3
잡재료	%	63	63	63	63	63	63	63	63	63	63	63	주연료의 %
선원	인	2	2	2	2	2	3	3	3	3	3	

(9050) 기중기선(비자항)('11년 보완)

명 칭	단위	규 격					비 고
		15ton달기 56.0kW	30ton달기 111.9kW	60ton달기 335.7kW	120ton달기 559.5kW	150ton달기 634.1kW	
주 연 료	ℓ/hr	9.5	19.1	57.3	95.5	108.3	
잡 재 료	%	81	73	63	58	56	주연료의 %
건설기계운전사	인	1	1	1	1	1	
선 원	〃	2	2	3	4	4	

(9060) 토운선('11년 보완)

명 칭	단위	규 격						비 고
		S60m³적	S100m³적	S200m³적	S300m³적	S500m³적	S600m³적	
주 연 료	ℓ/hr	-	-	-	-	-	-	
잡 재 료	%	-	-	-	-	-	-	주연료의 %
선 원	인	1	1	1	1	1	1	

[주] 토운선 개폐에 대한 주연료 및 잡재료비는 별도 계상한다.

(9070) 이우선(비자항)('11년 보완)

명 칭	단위	규 격		비 고
		5ton 11.19kW	8ton 14.92kW	
주 연 료	ℓ/hr	1.9	2.5	
잡 재 료	%	63	63	주연료의 %
선 원	인	3	3	

(9080) 대선('11년 보완)

명칭	단위	규 격												비고
		S50 ton적	S80 ton적	S100 ton적	S120 ton적	S150 ton적	S200 ton적	S300 ton적	S500 ton적	S700 ton적	S1,000 ton적	S1,100 ton적	S1,400 ton적	S1,500 ton적	S1,750 ton적	S2,000 ton적	S3,000 ton적	
주연료	ℓ/hr	-	-	-	-	-	-	-	-	-	-	-	-	-	-	-	-	
잡재료	%	-	-	-	-	-	-	-	-	-	-	-	-	-	-	-	-	
선 원	인	1	1	1	2	2	2	2	2	2	2	2	2	2	2	2	2	

(9090) 하천골재채취선('11년 보완)

명 칭	단위	규 격(kW)							비 고
		597	746	895	970	1,044	1,119	1,194	
주 연 료	ℓ/hr	123.8	152.4	208.3	225.4	242.6	259.8	276.9	
잡 재 료	%	29	29	25	25	25	25	25	주연료의 %
준설선기관사	〃	1	1	1	1	1	1	1	
준설선운전사	〃	1	1	1	1	1	1	1	
선 원	〃	1	1	1	1	1	1	1	

[주] 잡재료는 윤활유, 구리스, 작동유 이외에 케이싱, 임펠라 등의 소모품비도 포함되어 있다.

8-5 기계가격
8-5-1 [00]토공기계

기 종	분 류 번 호	가 격 (₩)
불 도 저 (무 한 궤 도)	0101-0007	73,892
	0010	161,250
	0012	185,580
	0019	189,332
	0032	256,354
불 도 저 (타 이 어)	0102-0015	154,841
	0028	286,114
	0033	362,697
유 압 식 리 퍼	0103-0016	13,479
	0019	17,033
	0023	18,880
	0027	21,988
	0032	26,705
습 지 불 도 저	0121-0004	43,260
	0013	162,028
굴 착 기 (무 한 궤 도)	0201-0012	44,250
	0020	64,267
	0040	82,625
	0060	109,310
	0070	115,116
	0080	127,443
	0100	138,873
	0120	176,857
	0200	303,694
굴 착 기 (타 이 어)	0211-0018	68,088
	0060	116,118
	0080	135,400
	0100	140,633
습 지 굴 착 기 (무 한 궤 도)	0221-0040	97,533
	0070	157,234
대 형 브 레 이 커	0230-0002	4,434
	0004	8,125
	0006	13,787
	0007	16,817
	0008	22,031
	0010	27,909
유 압 식 진 동 콤 팩 터 (굴착기부착용)	0240-0007	11,386
압 쇄 기 (펄 버 라 이 저)	0250-0080	23,365
	0100	27,787

기 종	분류번호	가 격 (₩)
트 랜 처	0260-0355	256,808
로더 (무한궤도)	0301-0057	46,183
	0076	60,384
	0095	73,993
	0115	87,673
	0134	100,059
	0153	111,856
	0172	122,686
	0287	194,272
로더 (타 이 어)	0302-0025	29,626
	0057	34,714
	0095	45,060
	0134	89,443
	0172	114,868
	0229	125,961
	0287	149,385
	0350	181,315
	0500	310,000
스크레이퍼 (자주식)	0406-0054	98,358
	0115	182,974
	0161	242,197
	0206	306,453
스크레이퍼 (피견인식)	0407-0054	32,684
	0092	42,540
	0107	56,968
	0161	79,158
	0206	112,450
모터그레이더 (일반용)	0502-0036	300,000
모터그레이더 (사리도)	0503-0036	255,940
덤 프 트 럭	0602-0025	21,572
	0045	25,185
	0060	27,521
	0080	36,694
	0105	51,844
	0150	88,973
	0200	124,965
	0240	145,014
	0320	207,130
덤프트럭자동덮개시설	0610-0150	1,604
	0200	1,732
	0240	1,861

8-5-2 [10]다짐기계

기　　종	분　류　번　호	가　　격 (₩)
머캐덤롤러(자주식)	1106-0010 0012 0015	55,074 68,759 77,120
탠덤롤러(자주식)	1206-0008 0010 0014	46,748 48,577 56,021
탠덤롤러(진동자주식)	1209-0001 0002 0004 0006 0007 0008 0013	10,637 19,194 43,611 64,039 82,347 86,708 145,695
진동롤러(핸드가이드식)	1305-0007	6,733
진동롤러(자주식)	1306-0025 0044 0060 0100 0120	17,893 20,937 61,410 92,722 100,333
타이어롤러(자주식)	1406-0008 0015 0025	60,826 95,173 135,235
양족식롤러(자주식)	1506-0011 0012 0015 0019 0025 0030 0032 0037	108,125 122,178 140,682 202,584 255,796 306,940 328,971 384,046
래　　　　머	1630-0080	1,370
플레이트콤팩터	1730-0015	1,617

8-5-3 [20]운반 및 하역기계

기 종	분 류 번 호	가 격 (₩)
크 레 인 (무 한 궤 도)	2101-0010	76,836
	0015	126,625
	0020	161,604
	0025	186,931
	0030	242,405
	0035	319,171
	0040	321,421
	0050	435,347
	0070	494,752
	0080	626,828
	0100	683,362
	0150	965,718
	0220	1,243,509
	0280	2,308,777
	0300	2,836,279
크 레 인 (타 이 어)	2104-0010	134,000
	0015	182,749
	0020	229,276
	0025	282,532
	0030	324,232
	0035	336,201
	0040	387,342
	0045	426,176
	0050	511,858
	0060	563,290
	0070	663,591
	0080	825,317
	0100	982,277
	0130	1,323,712
	0160	1,771,738
	0200	1,854,367
	0220	2,291,039
	0250	2,672,880
	0300	3,686,778
트 럭 탑 재 형 크 레 인	2105-0002	32,918
	0003	36,530
	0005	39,750
	0010	86,757
	0015	112,752
	0018	119,553

기 종	분류번호	가 격 (₩)
고 소 작 업 차	2106-0002 0003 0005	40,010 65,322 138,119
터 널 용 고 소 작 업 차	2107-0005	86,111
리 더 (고 정 형)	2115-0024 0031 0036	25,380 32,784 38,071
리 더 (회 전 형)	2116-0031 0036	82,461 87,748
케 이 싱	2117-0022 0027	1,207 1,478
스 킵 버 킷	2118-0010	9,936
타 워 크 레 인	2208-5008 5010 5012 5016 5020	285,829 351,143 415,671 497,000 694,273
건설용리프트(인화물용)	2210-0145	24,404
디 젤 기 관 차	2330-0005 0007	13,141 18,403
경 운 기	2402-0001	2,019
지 게 차	2502-0020 0025 0035 0050 0075	24,458 26,816 33,468 46,922 62,696
트 랙 터 (타 이 어)	2602-0015 0025 0035 0045	10,766 15,741 19,515 25,048
트럭트랙터 및 평판트레일러	2702-0020 0030 0040 0060	65,504 88,264 116,448 163,025

8-5-4 [30]포장기계

기 종	분류번호	가 격 (₩)
아스팔트믹싱플랜트	3108-0040 0060 0080 0100 0120	335,350 441,849 566,600 684,375 761,250
아스팔트피니셔	3201-0001 0003	211,750 235,493
아스팔트디스트리뷰터	3302-0030 0038 0047 0057	48,369 60,405 72,136 82,337
아스팔트스프레이어	3430-0300 0400	2,223 3,025
현장가열표층재생기	3450-0642	4,433,492
스테빌라이저(안정기)	3530-0015 0036	111,992 142,488
콘크리트피니셔(포장용)	3601-0102 0202 0204 0302 0402	165,150 287,385 483,625 682,540 770,319
콘크리트피니셔(중앙분리대용)	3611-0142	247,636
콘크리트스프레더	3701-0200	362,696
콘크리트조면마무리기	3801-0795 0120	75,622 81,924
콘크리트롤러페이버	3805-0120	82,010
슬러리실기계	3901-0300	261,302

8-5-5 [40]콘크리트기계

기　　종	분 류 번 호	가　　격 (₩)
콘크리트배치플랜트	4108-0060 0090 0120 0150 0180 0210	198,320 266,078 368,002 441,563 445,833 515,667
사 일 로 (S i l o)	4115-0100 0150 0200 0300	31,004 38,405 45,808 53,208
콘 크 리 트 믹 서	4205-0010 0017 0020 0030 0040 0045	1,817 3,095 3,640 4,380 5,010 5,638
콘크리트믹서트럭	4304-0060 0061	85,083 85,729
커　　　　　터	4430-0400	3,118
콘 크 리 트 펌 프 차	4504-0021 0028 0032 0036 0041 0043 0047 0052	185,850 228,691 268,750 334,167 346,833 436,500 482,143 506,333
콘 크 리 트 펌 프	4505-0015 0026	50,309 71,637
초 고 압 펌 프	4506-0200 0400	65,891 279,073
콘 크 리 트 진 동 기	4611-0075 0350	141 261

8-5-6 [50]골재생산기계 등

기 종	분류번호	가 격 (₩)
크러셔 (이 동 식)	5105-0050	237,733
	0100	330,034
	0150	371,291
	0200	404,301
벨트콘베이어	5111-0040	6,237
	0050	6,538
	0060	7,746
	0076	8,867
	0091	10,469
에이프런피더	5112-0001	31,247
	0002	34,019
	0003	44,041
	0004	45,687
	0005	61,296
죠크러셔	5113-0001	28,746
	0002	30,850
	0003	36,232
	0004	38,837
	0005	52,120
	0006	78,814
	0007	81,635
	0008	126,582
	0009	153,061
	0010	157,384
	0011	364,229
롤크러셔	5114-0001	22,405
	0002	31,459
	0003	49,670
	0004	66,602
	0005	68,732
	0006	91,353
	0007	128,063
	0008	158,253
콘크러셔	5115-0030	58,805
	0055	90,208
	0075	137,977
	0095	152,907

기 종	분류번호	가 격 (₩)
스크린(2단식)	5116-0001	17,889
	0002	19,570
	0003	20,764
	0004	21,089
	0005	21,522
	0006	22,575
	0007	37,185
	0008	38,483
스크린(3단식)	5117-0001	22,049
	0002	22,420
	0003	24,453
	0004	25,681
	0005	27,176
	0006	41,146
	0007	42,803
	0008	48,701
아그리케이트빈	5118-0001	5,642
	0002	6,513
	0003	9,658
	0004	12,832
	0005	19,793
	0006	26,287
	0007	27,918
골재세척설비	5119-0625	66,843
파이프추진기 (오거부착유압식)	5202-0127	161,174
	0240	360,986
	0300	575,989
파이프추진기(공압식)	5203-1800	39,414
	2200	47,547
	2700	69,796
	3500	100,050
	4500	162,869
유압잭	5204-0200	49,813
	0300	54,917
	0400	57,893
	0500	65,142
	0600	74,955

기 종	분류번호	가 격 (₩)
공기압축기(이동식)	5205-0035 0071 0103 0170 0210 0255	13,748 19,899 33,498 36,062 45,116 70,932
소형브레이커(공압식)	5210-0010 0013 0019 0027	1,894 1,918 2,500 3,015
소형브레이커(전기식)	5220-0015	1,335
드 릴 웨 곤	5330-0074	17,689
크롤러드릴(공기식)	5401-0015 0017	102,119 50,618
크롤러드릴(탑승유압식)	5405-0110 0150	157,016 211,377
유 압 식 할 암 기	5501-0080	16,762
노 면 파 쇄 기	5701-0010 0020	310,000 423,166
소 형 노 면 파 쇄 기	5702-0095	28,067
점 보 드 릴	5805-0002 0003	585,464 1,114,943
코 아 드 릴	5901-0006 0010 0016	866 1,223 2,187

8-5-7 [60]기초공사용기계

기 종	분류번호	가 격(₩)
그 라 우 팅 믹 서	6105-0190	2,827
	0390	5,883
그 라 우 팅 펌 프	6202-0060	3,984
	0125	5,801
	0200	8,377
디 젤 파 일 해 머	6330-0015	34,421
	0022	44,454
	0032	66,676
	0040	83,763
보 링 기 계	6408-0015	7,388
	0020	8,302
	0030	8,846
	0040	14,717
	0050	18,101
	0085	22,633
	0100	25,462
오 거	6410-0080	67,000
	0100	77,190
	0120	91,933
	0150	181,750
	0200	218,837
오 실 레 이 터 로 테 이 터	6510-0100	331,898
	0150	385,786
	0200	440,898
	0250	551,122
	0300	738,504
유 압 파 워 팩	6515-0090	113,790
강 연 선 인 장 기	6516-0060	6,895
	0120	8,365
	0250	20,820
	0300	22,045
리버스서큘레이션드릴	6517-0100	674,635
	0150	725,644
	0200	799,127
	0250	871,385
	0300	1,006,435

기 종	분 류 번 호	가 격 (₩)
전회전식천공기	6518-0100 0150 0200 0250 0300	1,201,113 1,350,640 1,835,485 2,251,066 2,770,543
진동파일해머(전동식)	6530-0030 0040 0045 0060 0090 0120	80,470 100,413 111,924 143,708 228,009 295,639
진동파일해머(유압식)	6532-0220	459,369
워터젯트	6540-0131	210,051
유압식압입인발기	6550-0130	1,042,936
유압파일해머	6630-0003 0005 0007 0010 0013	123,367 168,766 186,530 257,591 310,884
PBD천공기(유압식)	6701-0147 0184	489,886 587,864
고압분사전용장비	6801-0010	250,426
파일천공전용장비	6802-0040 0060 0100 0120 0135 0160	125,835 287,732 347,645 510,095 1,048,369 1,917,492
다짐말뚝전용장비	6803-0100 0120	482,046 684,562
자동화믹서플랜트	6901-0010	90,203

8-5-8 [70]기타기계

기 종	분류번호	가 격 (₩)
고성능착정기	7101-0450	477,519
하수관천공기(수동식)	7103-0010	948
상수도관천공기(수동식)	7104-0010	1,814
골재살포기	7106-0035	59,323
진공흡입준설차	7110-0013	192,388
	0025	295,961
버킷식준설기	7120-0746	42,985
자동세륜기(롤타입)	7202-0008	16,454
	0010	21,240
물탱크(살수차)	7204-0018	34,361
	0038	39,849
	0055	46,215
	0065	50,255
	0160	88,637
이동식임목파쇄기	7205-0125	146,814
	0475	507,953
	0540	533,390
부착용집게	7206-0020	4,833
	0070	7,610
동력분무기	7210-0485	902
라인마커	7330-0010	66,782
차선제거기	7360-0055	12,785
	0090	13,146
윈치(수동)	7430-1100	1,387
	1300	2,283
	1500	3,044
	2300	4,871
	2500	6,393
윈치(자동)	7431-1100	3,777
	1300	6,393
	2300	9,894
	2500	22,831

기 종	분류번호	가 격 (₩)
발 전 기	7505-0025	14,132
	0050	19,415
	0100	23,589
	0125	28,757
	0150	29,673
	0200	38,595
	0250	51,212
	0350	62,548
	0450	91,099
	0500	101,848
	0700	152,932
용 접 기 (교류)	7611-0200	382
	0300	495
	0400	556
	0500	651
용 접 기 (직류)	7612-0200	1,472
	0300	1,677
	0400	2,422
융 착 기	7613-0075	3,546
	0150	5,327
	0300	7,306
	0400	9,894
	0600	12,633
	0900	33,391
알 곤 용 접 기	7614-0300	1,914
절 단 기	7620-0002	630
	0003	1,966
프라즈마절단기	7621-0100	3,393
건 설 용 펌 프 (자흡식)	7730-0050	253
	0080	312
	0100	359
	0125	862
	0150	1,130
수 중 모 터 펌 프	7740-0080	843
	0100	987
	0150	1,895

기 종	분류번호	가 격 (₩)
취 부 기	7750-0016 0025	45,569 70,354
실 사 출 기	7770-0004	17,900
엔 진 (가솔린)	7811-0025 0030 0040 0045 0070 0120	196 215 283 381 499 1,119
엔 진 (디젤)	7812-0005 0007 0009 0015 0018 0020 0035 0070 0100 0150 0200	302 351 444 1,161 2,357 3,155 3,679 4,724 5,619 7,113 13,490
우레탄폼분사용기구	7830-0081	27,803
모 터	7930-0001 0002 0003 0005 0007 0010 0015 0020 0025 0030 0040 0050 0075 0100	164 190 227 289 367 486 593 853 1,119 1,537 1,868 2,141 3,701 6,429

기 종	분류번호	가 격 (₩)
모 터 (쉴 드 T B M 용)	7935-0180	246,763
레 일 천 공 기	7950-0149	3,059
파 워 렌 치	7951-0066	7,341
침 목 천 공 기	7952-0246	975
타 이 템 퍼	7953-3400	18,352
양 로 기	7954-1119	32,299
모 르 타 르 펌 프	7991-0050 0100 0500	16,537 21,401 39,864
모 르 타 르 믹 서	7992-0001	5,569
양 수 기	7993-0020	37
Power Trowel	7994-0050	2,621
배 관 파 이 프	7995-0050	17

8-5-9 [80]스마트 건설장비

기 종	분류번호	가 격 (₩)
3D GNSS 머신 가이던스 (굴착기용)	8201-0100	55,000
3D GNSS 머신 컨트롤 (굴착기용)	8202-0100	70,000
3D GNSS 머신 가이던스 (불도저용)	8203-0019	60,000
3D GNSS 머신 컨트롤 (불도우지용)	8204-0100	75,000

8-5-10 [90]해상기계

기 종	분류번호	가 격 (₩)
펌프준설선	9010-0003	708,361
	0006	1,348,092
	0010	2,178,394
	0012	2,614,074
	0020	4,485,475
	0022	5,032,677
	0033	7,709,255
	0040	9,436,656
	0044	10,380,319
	0060	14,216,427
	0080	19,041,093
	0120	28,827,109
	0200	50,535,329
그래브준설선	9020-0010	196,345
	0015	305,428
	0016	418,875
	0022	702,882
	0035	860,663
	0050	1,190,823
	0072	1,890,425
	0160	3,563,357
	0180	4,008,776
	0200	4,486,339
예선	9030-0016	175,440
	0018	181,491
	0025	239,569
	0035	304,906
	0045	377,503
	0050	413,803
	0080	595,294
	0100	750,165
	0240	1,691,981
양묘선	9040-0010	25,406
	0030	39,927
	0050	65,336
	0060	78,041
	0100	163,341
	0120	196,137
	0200	326,896
	0250	408,620

기 종	분류번호	가 격 (₩)
	0300	491,888
	0380	625,177
	0680	1,124,839
기 중 기 선 (비자항)	9050-0075	167,257
	0150	269,068
	0450	488,444
	0750	739,162
	0850	821,243
토 운 선	9060-0060	64,848
	0100	94,096
	0200	178,656
	0300	240,329
	0500	381,403
	0600	455,766
이 우 선 (비자항)	9070-0015	31,155
	0020	41,059
대 선	9080-0050	32,603
	0080	40,614
	0100	45,956
	0120	54,731
	0150	67,470
	0200	86,814
	0300	118,899
	0500	158,060
	0700	200,995
	1000	279,317
	1100	284,877
	1400	350,938
	1500	407,652
	1750	428,009
	2000	528,437
	3000	649,222
하 천 골 재 채 취 선	9090-0800	630,880
	1000	844,664
	1200	892,406
	1300	967,954
	1400	1,042,412
	1500	1,116,869
	1600	1,191,327

해양수산신기술 제2021-04호			해양 준설작업이 가능한 구동장치 방식의 자항기술
2021. 2. 8		5년	(특허 제1853391, 2041508, 2119844호)

■ 수륙양용준설선을 이용한 펌프준설 공법

1. 적용 범위

구 분	규 격	비 고
	448kW(준설선)	
준 설 깊 이(m)	4.5 이하	
압 송 거 리(m)	1,500	최 대
토 출 관 경(㎜)	300	

[주] ① 본 품은 수륙양용준설선을 이용한 펌프준설 공법에 적용한다.
　　② 본 품은 하천, 저수지, 저류지 등 대형 준설선의 적용이 불가한 중소규모 준설현장에 적용한다.
　　③ 최대 압송거리를 초과하는 현장에서는 부스터펌프를 별도로 적용한다.

2. 작업능력 산정

1) 작업량 산출
표준품셈 제 8장 건설기계 8-2 시공능력 참조

2) 작업효율(E)
$E = E_1 \times E_2 \times E_3 \times E_4 \times (E_5)$

① 흙의 두께에 따른 효율(E_1)

구 분	적당	약간 얇다	얇다
E_1	0.85	0.75	0.65

[흙의두께 해설]

구 분	적용사항(커터나이프 1.0m)
적　　　당	- 준설구간의 흙두께 또는 계획수심이 커터나이프의 길이보다 깊은 경우
약 간 얇 다	- 준설구간의 흙두께 또는 계획수심이 커터나이프의 길이보다 50% 이상인 경우
얇　　　다	- 준설구간의 흙두께 또는 계획수심이 커터나이프의 길이보다 50% 이하인 경우

② 평면형상에 따른 효율(E_2)

구분	적당	약간 산재한다	산재한다
E_2	0.85	0.75	0.65

[평면형상 해설]

구 분	적용사항
적　　　당	- 평면형상이 거의 직사각형이며, 적당한 준설폭과 연장을 가지는 경우
약간산재한다	- "적당"과 "산재한다" 중 어디에도 해당되지 않는 경우
산 재 한 다	- 평면형상이 세로로 길고, 적당한 준설폭을 확보할 수 없는 경우 - 협각이 많거나, 준설개소가 산재해 있는 경우

③ 단면형상에 따른 효율(E_3)

구 분	적당	약간 변화한다	변화한다
E_3	0.85	0.75	0.65

[단면형상 해설]

구 분	적용사항
적 당	- 단면형상이 평탄한 지반인 경우
약간변화한다	- "적당"과 "변화한다" 중 어디에도 해당되지 않는 경우
변 화 한 다	- 단면형상의 변화가 큰 지반인 경우

④ 해상조건에 따른 효율(E_4)

구 분	보통	약간 나쁘다	나쁘다
E_4	0.85	0.75	0.65

[해상조건 해설]

구 분	적용사항
보 통	- 자연지형 또는 방파제 등으로 파랑 또는 너울의 영향을 받지 않는 공사로, 조류, 조위차가 크지 않은 경우
약 간 나 쁘 다	- "보통"과 "나쁘다" 중 어디에도 해당되지 않는 경우
나 쁘 다	- 자연지형 또는 방파제 등에 의한 차단효과를 기대할 수 없고, 파랑 또는 너울의 영향을 받는 공사로, 조류, 조위차가 큰 경우

⑤ 준설토 탈수공법 시공에 따른 효율(E_5)
   원심력분리기, 필터프레스, 탈수튜브 등의 탈수공법 병행시 적용

구 분	원심력분리기	필터프레스	탈수튜브
E_5	0.65	0.60	0.50

3. 기계경비 산정(펌프준설)

명 칭	단 위	규 격 448kW(300mm)	비 고
주 연 료	ℓ/hr	135	
잡 유	%	37	주연료의 %
준 설 선 선 장	인	1	
준 설 선 기 관 사	〃	1	
준 설 선 운 전 사	〃	1	
선 원	〃	2	
기 계 가 격	$	1,742,090	
기 계 손 료	-	749×10^{-7}	

4. 수륙양용준설선 조립 및 해체

구 분	규 격	단 위	수 량
크 레 인(타이어)	100ton	hr	16
노 무 비	기계설비공	인	14
노 무 비	보통인부	〃	4
기 구 손 료	노무비	%	3
잡자재비 및 소모품	〃	〃	2

[주] 해체비=조립비×80% 적용

5. 수륙양용준설선 운반비

구 분	규 격	단 위	수 량
트 럭 트 랙 터	30ton (평판트레일러)	대	7
크 레 인(타이어)	250ton	hr	4

[주] ① 배사관, 부함 등의 운반비는 별도로 산출한다.

▣ 수륙양용준설선을 이용한 버켓준설 공법

1. 적용 범위

구 분	규 격	비 고
	448kW(준설선)	
준 설 깊 이(m)	4.5 이하	
버 켓 용 량(m)	0.6㎥	

[주] ① 본 품은 하천, 저수지, 저류지 등 대형 준설선의 적용이 불가한 중소규모 버켓준설 현장에 적용한다.

2. 작업능력산정

1) 작업량 산출
   표준품셈 제 8장 건설기계 8-2 시공능력 참조

2) 작업효율(E)
   수중작업 터파기 조건 효율적용

3. 기계경비 산정(버켓준설)

명 칭	단 위	규 격 448kW(0.6㎥)	비 고
주 연 료	ℓ/hr	10.1	
잡 유	%	21	주연료의 %
준설선 운전사	인	1	
선 원	〃	1	
기 계 가 격	$	1,742,090	
기 계 손 료	-	$749×10^{-7}$	

4. 수륙양용준설선 조립 및 해체

구 분	규 격	단 위	수 량
크 레 인(타이어)	100ton	hr	16
노 무 비	기계설비공	인	14
노 무 비	보통인부	〃	4
기 구 손 료	노무비	%	3
잡자재비 및 소모품	〃	〃	2

[주] 해체비=조립비×80% 적용

5. 수륙양용준설선 운반비

구 분	규 격	단 위	수 량
트 럭 트 랙 터	30ton (평판트레일러)	대	7
크 레 인(타이어)	250ton	hr	4

[주]부속선 등의 운반비는 별도로 산출한다.

6. 버켓준설 작업시 선단조합
부속선(토운선, 예인선, 양묘선)의 척수와 용량은 작업조건에 따라 조정

품셈 유권해석

워터제트의 토출압력

워터제트 96kw(토출압력 150kg/cm2, 토출유량 325L/min)으로 여기에서 토출압력 150kg/cm2이 최대 토출압력인지?
아니면 워트제트 작업시 150kg/cm2 압력으로 연속작업 내용인지? 만약 허용(적정)압력이 있다면 얼마인지 알고 싶습니다. 워터제트 펌프산정에서 Nmax≤150 예시에서 Nmax는 무엇을 의미하는 것인지 알고 싶습니다.

> **답변내용**
>
> ➥ 표준품셈 공통부문 "8-2-28 진동파일해머(워터제트병용압입공)"에서 제시하는 96kw(토출압력 150kg/㎠, 토출유량 325L/min)는 펌프의 최대 토출압력과 토출량입니다. 또한 적정 허용압력은 제시하고 있지 않습니다.
> Nmax≤150 에서 N은 최대 N치를 뜻하며 이는 토질시험 중 표준관입시험을 통해 얻은 최대 N값을 뜻합니다.

상용전원과 발전기의 차이

수중펌프 中 상용전원과 발전기 사용시 펌프 운전공의 공량이 다릅니다. 발전기를 가동하는 노임이 필요한 까닭에 공량이 상용전원보다 발전기가 높은 것으로 추정됩니다. 그런데 8-4-8 [70] 기타기계를 보시면 발전기에 조종원 1인/일이 계상되어 있는데 이는 노무비가 중복 계상된게 아닌가 싶어 질의드립니다.

> **답변내용**
>
> ➥ 표준품셈 공통부문 "8-2-30 수중펌프/2 펌프운전공"은 수중펌프 작업시 투입되는 운전공의 품기준이며, 상시배수 기준은 상시배수(24시간)에 필요한 인력을 8시간으로 환산해서 상용전원(0.17인), 발전기(0.24인)으로 제시한 것입니다. 여기서 발전기 사용시 품이 더 높은 이유는 상용전원과 달리 발전기 사용시 발전기를 결선하고 가동하는데 들어가는 시간이 상용전원 사용시 보다 늘어남에 따라 작업시간 등이 증가하여 운전공의 품이 증가하는 것이며, 펌프운전공이 발전기를 가동하기 때문에 증가하는 것은 아닙니다.

터널용 고소작업차 및 절연버킷트럭

2024년도 건설기계경비 산출표 보시면 분류번호 2107-0005 터널용고소작업차(0.5톤)이 있는데 이 차량이 정확히 어떤 제품인지 궁금합니다. 그리고 건설기계경비 산출표에 절연버킷트럭

가격이 없는데 추가할 계획은 없으신지 또한 가격을 어디에서 알아보면 알수 있는지 궁금합니다.

┌─ 답변내용
│ ➡ 표준품셈에서 제시하는 터널용고소작업차는 터널공사 중 터널내 천장 구조물 설치, 배관작업, 조명설치, 발파시 장약설치, 발파후 암반제거, 라이닝 및 마감작업을 위해 활용되는 장비입니다. 또한 절연버킷트럭 기준은 정하고 있지 않습니다.
│   표준품셈에서 정하지 않는 사항은 동품셈 1-1-3의 4항을 참조하시어 적정한 예정가격산정기준을 적의 결정하여 사용하시기 바라며, 당해공사에서 표준품셈의 적용여부 및 판단에 관련된 사항은 해당공사의 특성을 고려하시고 표준품셈을 참조하시어 공사관계자가 직접 결정하실 사항임을 양지해 주시면 감사드리겠습니다.

기계경비 대선 예선 용량 및 단위

바지선은 보통 견적을 받을때 용량 기준을 'P'로 둡니다. 그러나 기계경비 발표시 대선은 'Ton'으로 발표하는데 P 와 Ton 어떤 식으로 변환 적용해야할지 질의드립니다.
예인선도 견적은 'HP' 기계경비는 'kW' 어떤식으로 변환 적용하는지 궁금합니다. 예를 들어 바지선 3000P+예인선 1600HP 는 어떤 대선, 예선으로 변경되는지 질의드립니다.

┌─ 답변내용
│ ➡ 표준품셈 공통부문 "8장 건설기계"에서 해상장비 중 예선의 규격중 톤수는 총톤수를 의미하며 kW는 출력을 의미합니다. 톤수와 출력 중 규격 선택기준은 별도로 제시하고 있지 않습니다. 표준품셈에서 정하지 않는 사항은 동품셈 1-1-3의 4항을 참조하시어 적정한 예정가격산정기준을 적의 결정하여 사용하시기 바랍니다. 건설공사 표준품셈에서 제시하고 있는 대선의 규격은 적재중량을 표기한 것입니다. 이외의 HP와 kW변환 적용기준은 바지선 예인선 변환기준 등은 정하고 있지 않으며 설계기준등을 참조하시기 바랍니다.

진동파일해머 기계경비품 중 N치 적용기준

표준품셈 8-2-26 진동파일해머 품 중 최대N치 적용기준에 대해 문의드립니다. 최대 N지값을 적용함에 있어 라)진동파일해머선정-(가)전동식 진동 파일해머의 표에 있는 토질 및 규격에 따른 N치를 적용하는 것인지 질의 드립니다. 지질주상도의 N값을 적용하는것인지, 지질주상도의 N값을 적용하는 것이라면 N값이 예를 들면 "11/30" 이거나 "5/50" 이런 식으로 RQD값이 상이한데 RQD값은 상관없이 TCR값을 적용하는 것인지 문의 드립니다.

답변내용

➡ 표준품셈 공통부문 "8-2-28 진동파일해머(워터제트병용압입공)"에서 제시하는 N은 토질시험 중 표준관입시험을 통해 얻은 N값을 뜻합니다. 이외에 RQD 값에 따른 N값 적용 여부 등의 기준은 표준품셈에서 정하고 있지 않습니다. 표준품셈에서 정하지 않는 사항은 동품셈 1-1-3의 4항을 참조하시어 적정한 예정가격산정 기준을 적의 결정하여 사용하시기 바랍니다. 당해공사에서 표준품셈의 적용여부 및 판단에 관련된 사항은 해당공사의 특성을 고려하시고 표준품셈을 참조하시어 공사관계자가 직접 결정하실 사항임을 양지해 주시면 감사드리겠습니다.

이동식 임목파쇄기의 운전사 구분

임목파쇄기는 공통품셈 8-1-3. 5. 운전사의 구분 상 건설기계 운전사나 화물차 운전사에 해당되지 않는 것으로 보이는데 기계경비 작성 시 일반기계운전사로 적용하면 될지 문의 드립니다.

답변내용

➡ 표준품셈 공통부문"8-1-3 운반 및 수송"에서 "건설기계운전사"는 '건설기계관리법'에 따라 건설기계로 분류된 기계의 운전사를 의미하며, "화물차 운전사"는 자동차관리법 시행규칙 제 2조에 규정한 차량류의 운전사를 말합니다. "일반기계운전사"는 '건설기계관리법' 및 '자동차관리법' 등에서 규정하지 않은 기계의 운전사를 의미합니다. 또 건설공사 표준품셈 부록 [직종 해설]에서 "건설기계운전사"는 '각종 건설기계의 운전과 조작을 하는 운전사'로, "일반기계운전사"는 '발동기, 발전기, 양수기, 윈치 등 경기계 조종원'으로 명시하고 있습니다. 운전사는 건설기계관리법과 자동차관리법, 노임 직종해설 을 참고하시어 귀 현장의 특성에 따라 공사관계자와 협의하여 결정하시기 바랍니다.

덤프트럭 운반도로 중 고속도로와 국도

3. 운반도로와 평균주행속도 관련하여 2차로 고속도로란 고속도로(한국도로공사)만 가능한지 2차로 자동차전용도로(국도)가 포함되는지 궁금합니다.

답변내용

➡ 표준품셈 "8-2-8 덤프트럭/3.운반도로와 평균주행속도"에서 고속도로는 '도로교통법 제1장-제2조(정의)'에서 제시하는 분류기준이며, '3. "고속도로"란 자동차의 고속 운행에만 사용하기 위하여 지정된 도로를 말한다.'라고 구분하여 정의 하고 있습니다.

대형브레이커 풍화암의 시간당 작업량

질의1. 표준품셈 건설기계편의 '대형브레이커'의 시간당 작업량을 보면 경암~연암까지만 주어져 있고 풍화암은 없는데 그 이유가 무엇이며 앞으로도 반영할 계획이 없는지 문의드립니다.
질의2. 풍화암의 시간당 작업량으로 적정한 물량을 제시해 주실 수 있는지 질의 드립니다.

답변내용

↪ 답변1. 표준품셈 공통부문 "8-2-15 대형 브레이커"에서는 암파쇄는 연암, 보통암, 경암의 시간당 작업능력을 제시하고 있으며, 귀하께서 질의하신 풍화암의 경우 현행 표준품셈에서 별도로 정하고 있지 않습니다. 표준품셈에서 정하지 않는 사항은 동품셈 1-1-3의 4항을 참조하시어 적정한 예정가격산정기준을 적의 결정하여 사용하시기 바랍니다.
답변2. 답변2. 귀하께서 제시하신 고견은 표준품셈의 제개정 요청에 해당되며, 이는 유관기관(발주기관인 국가, 지방자치단체, 공기업, 준정부기관, 기타공공기관), 건설회사의 경우 관련협회(대한건설협회, 전문건설협회, 대한설비건설협회 등)를 통해 요청해 주시면 감사드리겠습니다.

구조물 철거 중 바닥콘크리트 깨기

1. 8-2-16 압쇄기를 이용한 구조물 철거 품셈 반영에 대해 2. 지장건축물의 면적기준으로 수량산출한다. 해당 품셈의 세부내용에 바닥콘크리트 깨기가 반영되어 있는지 질의 드립니다.

답변내용

↪ 공통부문 "8-2-16 압쇄기(콘크리트 소할용)"은 콘크리트구조물헐기 후 발생된 폐콘크리트를 성토용으로 재활용할 수 있도록 압쇄기를 이용하여 100㎜ 이하로 소할하는 품으로 구조물 철거, 바닥콘크리트 깨기 품은 아닙니다.

굴삭기 작업효율

8-2-3 굴삭기 중 2. 작업효율(E)와 관련하여, 품셈 [주] ①, ③ 질의입니다
① 자연상태의 굴삭시 작업효율과 ③ 작업장소가 수중 또는 용수작업인 경우에 대하여
① 조건이 양호이며, ③ 작업장소가 수중 또는 용수작업(불량)인 경우 작업효율 적용에 대하여 질의 드립니다.

답변내용

↪ 공통부문 "8-2-3 굴삭기/2. 작업효율(E)"에서 작업장소가 수중 또는 용수작업인 경우 주 4에 따라 불량을 적용하시기 바랍니다.

콘크리트 운반하는 덤프트럭 주행시간

8-2-22 콘크리트 운반 덤프트럭 운반 중 주행시간 문의 드립니다.
주행시간 L = 15km까지 적용토록 하고있는데 거리가 15km 이상일 경우는 어떻게 적용을 해야 하는지 궁금합니다.

답변내용

➡ 공통부문 "8-2-21 콘크리트운반/ 2.덤프트럭운반/나.주행시간"에서 15km를 초과하는 운반기준은 별도로 정하고 있지 않습니다. 표준품셈에서 정하지 않는 사항은 동품셈 "1-1-3의 4항"을 참조하시어 적정한 예정가격산정기준을 적의 결정하여 사용하시기 바라며, 당해공사에서 표준품셈의 적용여부 및 판단에 관련된 사항은 해당공사의 특성을 고려하시고 표준품셈을 참조하시어 공사관계자가 직접 결정하실 사항임을 양지해 주시면 감사드리겠습니다.

참고자료 — 건설기계경비 산출표

기 종	분류번호	규 격	건설기계 가격 (천원)	시간당 손료 (원)	주연료 (ℓ/hr)	잡재료 (주연료의 %)	조종원 (인/일)
불 도 저 (무한궤도)	0101-0007	7ton	73,892	13,381	9.0	16	1
	0010	10ton	161,250	29,202	12.5	16	1
	0012	12ton	185,580	33,608	14.6	16	1
	0019	19ton	189,332	34,288	25.0	16	1
	0032	32ton	256,354	46,425	41.6	16	1
불 도 저 (타이어)	0102-0015	15ton	154,841	26,756	19.2	50	1
	0028	28ton	286,114	49,440	36.0	50	1
	0033	33ton	362,697	62,674	42.4	50	1
유압식 리퍼	0103-0016	16ton	13,479	1,071	-	-	-
	0019	19ton	17,033	1,354	-	-	-
	0023	23ton	18,880	1,500	-	-	-
	0027	27ton	21,988	1,748	-	-	-
	0032	32ton	26,705	2,123	-	-	-
습지 불도저	0121-0004	4ton	43,260	7,834	5.4	23	1
	0013	13ton	162,028	29,343	14.6	23	1
굴 착 기 (무한궤도)	0201-0012	0.12㎥	44,250	9,226	3.2	21	1
	0020	0.20㎥	64,267	13,399	5.0	21	1
	0040	0.40㎥	82,625	17,227	9.9	22	1
	0060	0.60㎥	109,310	22,791	10.2	22	1
	0070	0.70㎥	115,116	24,001	11.6	22	1
	0080	0.80㎥	127,443	26,571	15.3	22	1
	0100	1.00㎥	138,873	28,955	19.5	22	1
	0120	1.20㎥	176,857	36,874	20.2	22	1
	0200	2.00㎥	303,094	63,320	32.8	22	1
굴 착 기 (타이어)	0211-0018	0.18㎥	68,088	15,517	5.6	24	1
	0060	0.60㎥	116,118	26,463	11.6	24	1
	0080	0.80㎥	135,400	30,857	16.3	24	1
	0100	1.00㎥	140,633	32,050	20.5	24	1
습지 굴착기 (무한궤도)	0221-0040	0.4㎥	97,533	20,335	9.5	15	1
	0070	0.7㎥	157,234	32,783	11.0	15	1

기 종	분류번호	규 격	건설기계가격(천원)	시간당손료(원)	주연료(ℓ/hr)	잡재료(주연료의 %)	조종원(인/일)
대형브레이커	0230-0002	0.2㎥	4,434	2,926	-	-	-
	0004	0.4㎥	8,125	5,363	-	-	-
	0006	0.6㎥	13,787	9,100	-	-	-
	0007	0.7㎥	16,817	11,100	-	-	-
	0008	0.8㎥	22,031	14,542	-	-	-
	0010	1.0㎥	27,909	18,422	-	-	-
유압식진동콤팩터(굴착기부착용)	0240-0007	0.7㎥	11,386	3,635	-	-	-
압쇄기(펄버라이저)	0250-0080	0.8㎥	23,365	15,423	-	-	-
	0100	1.0㎥	27,787	18,342	-	-	-
트 랜 처	0260-0355	3.55ton	256,808	175,605	6.7	34	1
로 더 (무한궤도)	0301-0057	0.57㎥	46,183	11,014	4.8	21	1
	0076	0.76㎥	60,384	14,401	6.3	21	1
	0095	0.95㎥	73,993	17,647	7.4	21	1
	0115	1.15㎥	87,673	20,910	9.5	21	1
	0134	1.34㎥	100,059	23,864	11.3	21	1
	0153	1.53㎥	111,856	26,677	13.3	21	1
	0172	1.72㎥	122,686	29,260	14.6	21	1
	0287	2.87㎥	194,272	46,333	25.3	21	1
로 더 (타이어)	0302-0025	0.25㎥	29,626	6,177	3.3	44	1
	0057	0.57㎥	34,714	7,237	3.5	44	1
	0095	0.95㎥	45,060	9,395	6.2	44	1
	0134	1.34㎥	89,443	18,648	7.7	44	1
	0172	1.72㎥	114,868	23,949	9.8	44	1
	0229	2.29㎥	125,961	26,262	13.3	44	1
	0287	2.87㎥	149,385	31,146	16.4	44	1
	0350	3.50㎥	181,315	37,804	19.9	44	1
	0500	5.00㎥	310,000	64,635	29.4	44	1
스크레이퍼 (자주식)	0406-0054	5.4㎥	98,358	17,812	19.5	22	1
	0115	11.5㎥	182,974	33,136	41.6	22	1
	0161	16.1㎥	242,197	43,861	53.6	22	1
	0206	20.6㎥	306,453	55,498	63.0	22	1
스크레이퍼 (피견인식)	0407-0054	5.4㎥	32,684	4,830	-	-	-
	0092	9.2㎥	42,540	6,287	-	-	-

기 종	분류번호	규 격	건설기계 가격 (천원)	시간당 손료 (원)	주연료 (ℓ/hr)	잡재료 (주연료의 %)	조종원 (인/일)
		0107	10.7㎥	56,968	8,419	-	-	-
		0161	16.1㎥	79,158	11,699	-	-	-
		0206	20.6㎥	112,450	16,620	-	-	-
모터그레이더 (일반용)	0502-0036	3.6m(일반용)	300,000	45,240	16.2	39	1
모터그레이더 (사리도)	0503-0036	3.6m	255,940	38,595	16.2	113	1
덤프트럭	0602-0025	2.5ton	21,572	6,400	2.9	38	1
	0045	4.5ton	25,185	7,472	5.0	38	1
	0060	6.0ton	27,521	8,165	8.0	38	1
	0080	8.0ton	36,694	10,347	9.3	38	1
	0105	10.5ton	51,844	11,815	14.1	38	1
	0150	15.0ton	88,973	20,276	15.9	38	1
	0200	20.0ton	124,965	27,854	20.0	38	1
	0240	24.0ton	145,014	32,323	23.0	38	1
	0320	32.0ton	207,130	46,169	29.1	38	1
덤프트럭 자동덮개시설	0610-0150	15ton	1,604	430	-	-	-
	0200	20ton	1,732	464	-	-	-
	0240	24ton	1,861	499	-	-	-
머캐덤롤러 (자주식)	1106-0010	8~10ton	55,074	9,924	7.6	18	1
	0012	10~12ton	68,759	12,390	9.3	18	1
	0015	12~15ton	77,120	13,897	10.9	18	1
탠덤롤러 (자주식)	1206-0008	5~8ton	46,748	8,709	5.0	18	1
	0010	8~10ton	48,577	9,049	6.8	18	1
	0014	10~14ton	56,021	10,436	8.4	18	1
탠덤롤러 (진동자주식)	1209-0001	1ton	10,637	2,294	2.5	8	1
	0002	2ton	19,194	4,140	4.1	8	1
	0004	4ton	43,611	9,406	8.2	8	1
	0006	6ton	64,039	13,813	10.2	8	1
	0007	7ton	82,347	17,762	11.2	8	1
	0008	8ton	86,708	18,702	11.2	8	1
	0013	13ton	145,695	31,426	16.8	8	1
진동롤러 (핸드가이드식)	1305-0007	0.7ton	6,733	1,902	2.2	13	1

기 종	분류번호	규 격	건설기계 가격 (천원)	시간당 손료 (원)	주연료 (ℓ/hr)	잡재료 (주연료의 %)	조종원 (인/일)
진 동 롤 러 (자주식)	1306-0025	2.5ton	17,893	5,054	2.3	13	1
	0044	4.4ton	20,937	5,914	3.2	13	1
	0060	6.0ton	61,410	17,348	11.6	30	1
	0100	10.0ton	92,722	26,193	14.4	30	1
	0120	12.0ton	100,333	28,344	15.8	30	1
타 이 어 롤 러 (자주식)	1406-0008	5~8ton	60,826	11,830	4.9	23	1
	0015	8~15ton	95,173	18,511	8.0	23	1
	0025	15~25ton	135,235	26,303	10.0	23	1
양 족 식 롤 러 (자주식)	1506-0011	11ton	108,125	20,662	11.3	18	1
	0012	12ton	122,178	23,348	13.7	18	1
	0015	15ton	140,682	26,884	22.5	18	1
	0019	19ton	202,584	38,713	27.2	18	1
	0025	25ton	255,796	48,882	27.2	18	1
	0030	30ton	306,940	58,656	32.6	18	1
	0032	32ton	328,971	62,866	35.2	18	1
	0037	37ton	384,046	73,391	41.4	18	1
래 머	1630-0080	80kg	1,370	507	휘발유0.7	10	1
플레이트콤펙터	1730-0015	1.5ton	1,617	599	휘발유1.0	20	1
크 레 인 (무한궤도)	2101-0010	10ton (버킷용량 0.29㎥)	76,836	13,899	5.8	20	1
	0015	15ton (버킷용량 0.38㎥)	126,625	20,652	7.2	20	1
	0020	20ton (버킷용량 0.57㎥)	161,604	26,357	8.6	20	1
	0025	25ton (버킷용량 0.76㎥)	186,931	30,488	9.6	20	1
	0030	30ton (버킷용량 1.15㎥)	242,405	39,536	10.5	20	1
	0035	35ton (버킷용량 1.33㎥)	319,171	52,056	11.2	20	1
	0040	40ton (버킷용량 1.53㎥)	321,421	53,066	11.5	20	1
	0050	50ton (버킷용량 1.91㎥)	435,347	71,875	12.0	20	1

기 종	분류번호	규 격	건설기계 가격 (천원)	시간당 손료 (원)	주연료 (ℓ/hr)	잡재료 (주연료의 %)	조종원 (인/일)
	0070	70ton (버킷용량 2.29㎥)	494,752	81,683	17.2	20	1
	0080	80ton (버킷용량 2.68㎥)	626,828	103,489	19.1	20	1
	0100	100ton	683,362	112,823	23.9	20	1
	0150	150ton	965,718	159,440	24.4	20	1
	0220	220ton	1,243,509	216,867	25.0	20	1
	0280	280ton	2,308,777	402,650	28.0	20	1
	0300	300ton	2,836,279	494,647	28.0	20	1
크 레 인 (타이어)	2104-0010	10ton	134,000	30,793	3.8	39	1
	0015	15ton	182,749	41,995	4.7	39	1
	0020	20ton	229,276	52,687	5.4	39	1
	0025	25ton	282,532	58,116	6.1	39	1
	0030	30ton	324,232	56,319	7.7	39	1
	0035	35ton	336,201	58,398	7.7	39	1
	0040	40ton	387,342	67,281	8.5	57	1
	0045	45ton	426,176	74,026	10.0	57	1
	0050	50ton	511,858	88,909	10.0	57	1
	0060	60ton	563,290	91,534	10.6	57	1
	0070	70ton	663,591	107,833	12.3	57	1
	0080	80ton	825,317	134,114	12.3	57	1
	0100	100ton	982,277	159,620	15.9	57	1
	0130	130ton	1,323,712	219,868	17.7	63	1
	0160	160ton	1,771,738	294,285	19.6	63	1
	0200	200ton	1,854,367	308,010	22.0	63	1
	0220	220ton	2,291,039	380,541	22.0	63	1
	0250	250ton	2,672,880	443,965	24.0	63	1
	0300	300ton	3,686,778	612,373	24.0	63	1
트럭탑재형크레인	2105-0002	2ton	32,918	8,552	2.9	20	1
	0003	3ton	36,530	9,490	3.1	20	1
	0005	5ton	39,750	10,327	5.1	20	1
	0010	10ton	86,757	22,539	10.3	20	1
	0015	15ton	112,752	29,292	11.0	20	1
	0018	18ton	119,553	31,059	11.3	20	1

기 종	분류번호	규 격	건설기계 가격 (천원)	시간당 손료 (원)	주연료 (ℓ/hr)	잡재료 (주연료의 %)	조종원 (인/일)
고소작업차	2016-0002	2ton	40,010	10,394	2.9	20	1
	0003	3ton	65,322	16,970	3.1	20	1
	0005	5ton	138,119	35,883	5.1	20	1
터널용고소작업차	2107-0005	0.5ton	86,111	22,371	5.1	20	1
리 더 (고정형)	2115-0024	24m	25,380	4,461	-	-	-
	0031	31m	32,784	5,763	-	-	-
	0036	36m	38,071	6,692	-	-	-
리 더 (회전형)	2116-0031	31m	82,461	14,496	-	-	-
	0036	36m	87,748	15,426	-	-	-
케 이 싱	2117-0022	22m	1,207	848	-	-	-
	0027	27m	1,478	1,038	-	-	-
스킵버킷	2118-0010	10m³	9,936	1,746	-	-	-
타워크레인	2208-5008	50×8	285,829	37,272	-	-	1
	5010	50×10	351,143	45,789	-	-	1
	5012	50×12	415,671	54,203	-	-	1
	5016	50×16	497,000	64,808	-	-	1
	5020	50×20	694,273	90,533	-	-	1
건설용리프트 (인화물용)	2210-0145	1ton×45m	24,404	4,280	-	-	-
디젤기관차	2330-0005	5ton	13,141	3,039	3.5	20.2	1
	0007	7ton	18,403	4,256	4.2	20.2	1
경운기	2402-0001	1000kg	2,019	708	1.3	20	1
지게차	2502-0020	2.0ton	24,458	3,668	4.0	37	1
	0025	2.5ton	26,816	4,022	4.0	37	1
	0035	3.5ton	33,468	5,020	5.7	37	1
	0050	5.0ton	46,922	7,038	5.7	37	1
	0075	7.5ton	62,696	9,404	6.6	37	1
트랙터 (타이어)	2602-0015	1.5ton	10,766	2,170	4.5	29	1
	0025	2.5ton	15,741	3,173	6.8	29	1
	0035	3.5ton	19,515	3,934	9.2	29	1
	0045	4.5ton	25,048	5,049	11.3	29	1
트럭트랙터 및 평판트레일러	2702-0020	20ton	65,504	16,873	16.5	39	1
	0030	30ton	88,264	22,736	17.2	39	1
	0040	40ton	116,448	29,997	20.5	39	1

기 종	분류번호	규 격	건설기계가격 (천원)	시간당 손료 (원)	주연료 (ℓ/hr)	잡재료 (주연료의 %)	조종원 (인/일)
		0060 60ton	163,025	41,995	26.3	39	1
아스팔트 믹싱플랜트	3108-0040	40ton(80kW)	335,350	83,871	중유487.2	-	2
	0060	60ton(120kW)	441,849	95,736	〃614.7	-	2
	0080	80ton(160kW)	566,600	122,328	〃678.4	-	2
	0100	100ton(200kW)	684,375	147,756	〃746.7	-	2
	0120	120ton(240kW)	761,250	164,353	〃819.6	-	2
아스팔트피니셔	3201-0001	1.7m	211,750	50,015	7.0	7	1
	0003	3.0m	235,493	55,623	13.0	7	1
아스팔트 디스트리뷰터	3302-0030	3000ℓ(800G/A)	48,369	12,425	8.9	25	1
	0038	3800ℓ(1000G/A)	60,405	15,518	10.9	25	1
	0047	4700ℓ(1250G/A)	72,136	18,531	11.3	25	1
	0057	5700ℓ(1500G/A)	82,337	21,152	14.3	25	1
아스팔트 스프레이어	3430-0300	300ℓ	2,223	566	휘발유0.8	6	1
	0400	400ℓ	3,025	771	〃1.2	6	1
현장가열 표층재생기	3450-0642	479kW	4,433,492	1,457,732	73.7+ 휘발유54.5	20	7
스테이빌라이저 (안정기)	3530-0015	1.5m(3.7kW)	111,992	24,279	17.0	27	1
	0036	3.6m(9.0kW)	142,488	30,891	35.0	27	1
콘크리트피니셔 (포장용)	3601-0102	74.6kW	165,150	37,967	9.6	14	1
	0202	160.4kW	287,385	66,069	20.6	14	1
	0204	186.5kW	483,625	111,185	24.0	14	1
	0302	224.0kW	682,540	156,915	24.0	14	1
	0402	299.9kW	770,319	177,096	38.7	14	1
콘크리트피니셔 (중앙분리대용)	3611-0142	105.9kW	247,636	60,026	10.6	18	1
콘크리트스프레더	3701-0200	7.95m	362,696	87,917	12.7	18	1
콘크리트조면 마무리기	3801-0795	7.95m	75,622	18,330	3.9	18	1
	0120	12.0m	81,924	19,858	휘발유5.1	6	1
콘크리트롤러 페이버	3805-0120	12.0m	82,010	19,879	휘발유4.1	6	1
슬러리실기계	3901-0300	3.0~3.8m	261,302	58,453	23.4	29	1
콘크리트 배치플랜트	4108-0060	60㎥/hr(96kW)	198,320	41,012	-	-	1
	0090	90㎥/hr(144kW)	266,078	55,024	-	-	1
	0120	120㎥/hr(160kW)	368,002	76,102	-	-	1
	0150	150㎥/hr(177kW)	441,563	91,315	-	-	1

기 종	분류번호	규 격	건설기계가격(천원)	시간당손료(원)	주연료(ℓ/hr)	잡재료(주연료의 %)	조종원(인/일)
	0180	180㎥/hr(213kW)	445,833	92,198	-	-	1
	0210	210㎥/hr(233kW)	515,667	106,639	-	-	1
사 일 로	4115-0100	100(7.0kW)	31,004	5,776	-	-	-
	0150	150(7.0kW)	38,405	7,154	-	-	-
	0200	200(7.7kW)	45,808	8,534	-	-	-
	0300	300(7.7kW)	53,208	9,912	-	-	-
콘크리트믹서	4205-0010	0.10㎥	1,817	552	휘발유1.3	2	1
	0017	0.17㎥	3,095	940	〃1.3	2	1
	0020	0.20㎥	3,640	1,106	〃1.3	2	1
	0030	0.30㎥	4,380	1,331	〃2.0	2	1
	0040	0.40㎥	5,010	1,522	〃3.9	2	1
	0045	0.45㎥	5,638	1,713	〃3.9	2	1
콘크리트믹서트럭	4304-0060	6.0㎥	85,083	25,142	13.0	44	1
	0061	6.0㎥(L)	85,729	25,332	13.0	44	1
커 터 (콘크리트 및 아스팔트용)	4430-0400	320~400mm	3,118	1,981	휘발유5.6	20	1
콘크리트펌프차	4504-0021	21m, 65~75㎥/hr	185,850	49,064	14.7	35	1
	0028	28m, 65~75㎥/hr	228,691	60,374	15.3	35	1
	0032	32m, 80~95㎥/hr	268,750	70,950	17.3	35	1
	0036	36m, 80~95㎥/hr	334,167	88,220	17.7	35	1
	0041	41m, 80~95㎥/hr	346,833	91,563	23.3	35	1
	0043	43m, 80~95㎥/hr	436,500	115,236	26.3	35	1
	0047	47m, 80~95㎥/hr	482,143	127,285	26.3	35	1
	0052	52m, 80~95㎥/hr	506,333	133,671	31.0	35	1
콘크리트펌프	4505-0015	12~15㎥/hr(22kW)	50,309	15,223	-	-	-
	0026	20~26㎥/hr(30kW)	71,637	21,677	-	-	-
초고압펌프	4506-0200	200kg/㎠	65,891	19,938	7.6	16	-
	0400	400kg/㎠	279,073	84,447	21.7	16	-
콘크리트진동기	4611-0075	0.75kW(전기식)	141	69	-	-	-
	0350	2.60kW(엔진식)	261	133	휘발유1.0	10	-
크 러 셔 (이동식)	5105-0050	50ton/hr,93kW	237,733	62,095	-	-	1
	0100	100ton/hr,155kW	330,034	86,204	-	-	1
	0150	150ton/hr,260kW	371,291	96,981	-	-	1
	0200	200ton/hr,326kW	404,301	105,603	-	-	1

기 종	분류번호	규 격	건설기계 가격 (천원)	시간당 손료 (원)	주연료 (ℓ/hr)	잡재료 (주연료의 %)	조종원 (인/일)
벨트컨베이어	5111-0040	40.64cm×15.24m (16″×50ft)3.73kW	6,237	1,450	-	-	-
	0050	45.72cm×15.24m (18″×50ft)5.60kW	6,538	1,520	-	-	-
	0060	60.96cm×15.24m (24″×50ft)7.46kW	7,746	1,800	-	-	-
	0076	76.20cm×15.24m (30″×50ft)11.19kW	8,867	2,061	-	-	-
	0091	91.44cm×15.24m (36″×50ft)14.92kW	10,469	2,434	-	-	-
에이프런피더	5112-0001	76.20cm×243.84cm (30″×8ft)2.24kW	31,247	5,430	-	-	-
	0002	91.44cm×243.84cm (30″×8ft)3.73kW	34,019	5,912	-	-	-
	0003	91.44cm×365.76cm (30″×12ft)3.73kW	44,041	7,654	-	-	-
	0004	106.68cm×304.86cm (42″×10ft)7.46kW	45,687	7,940	-	-	-
	0005	106.68cm×426.72cm (42″×14ft)7.46kW	61,296	10,653	-	-	-
죠크러셔	5113-0001	25.40cm×40.64cm (10″×16″)18.65kW	28,746	6,074	-	-	-
	0002	25.40cm×50.80cm (10″×20″)22.38kW	30,850	6,518	-	-	-
	0003	25.40cm×60.96cm (10″×24″)29.84kW	36,232	7,655	-	-	-
	0004	25.40cm×91.44cm (10″×36″)44.76kW	38,837	8,206	-	-	-
	0005	45.72cm×60.90cm (18″×24″)55.95kW	52,120	11,012	-	-	-
	0006	45.72cm×91.44cm (18″×36″)82.06kW	78,814	16,653	-	-	-
	0007	50.80cm×91.44cm (20″×36″)104.44kW	81,635	17,249	-	-	-
	0008	63.50cm×101.60cm (25″×40″)111.90kW	126,582	26,746	-	-	-

기 종	분류번호	규 격	건설기계 가격 (천원)	시간당 손료 (원)	주연료 (ℓ/hr)	잡재료 (주연료의 %)	조종원 (인/일)
	0009	76.20cm×101.60cm (30″×42″)141.74kW	153,061	32,341	-	-	-
	0010	76.20cm×106.68cm (30″×42″)141.74kW	157,384	33,255	-	-	-
	0011	106.68cm×121.90cm (42″×48″)231.26kW	364,229	76,961	-	-	-
롤 크 러 셔	5114-0001	40.64cm×40.64cm (16″×16″) 44.76kW	22,405	4,734	-	-	-
	0002	60.96cm×40.64cm (24″×16″) 55.95kW	31,459	6,647	-	-	-
	0003	76.20cm×45.72cm (30″×18″)111.90kW	49,670	10,495	-	-	-
	0004	76.20cm×63.50cm (30″×25″)130.55kW	66,602	14,073	-	-	-
	0005	76.20cm×76.20cm (30″×30″)223.80kW	68,732	14,523	-	-	-
	0006	101.60cm×66.04cm (40″×28″)149.20kW	91,353	19,302	-	-	-
	0007	104.14cm×76.20cm (41″×30″)223.80kW	128,063	27,059	-	-	-
	0008	139.70cm×76.20cm (55″×30″)242.45kW	158,253	33,438	-	-	-
콘 크 러 셔	5115-0030	60.96cm(2.00ft) 22.0kW	58,805	11,690	-	-	-
	0055	91.44cm(3.00ft) 40.5kW	90,208	17,933	-	-	-
	0075	121.92cm(4.00ft) 55.0kW	137,977	27,429	-	-	-
	0095	125.94cm(4.25ft) 70.0kW	152,907	30,397	-	-	-
스 크 린 (2단식)	5116-0001	91.44cm×243.84cm (3ft×8ft)5.60kW	17,889	3,332	-	-	-
	0002	91.44cm×304.80cm (3ft×10ft)5.60kW	19,570	3,645	-	-	-
	0003	121.91cm×243.84cm (4ft× 8ft)7.46kW	20,764	3,868	-	-	-

기 종	분류번호	규 격	건설기계가격(천원)	시간당손료(원)	주연료(ℓ/hr)	잡재료(주연료의 %)	조종원(인/일)
		0004	121.91cm×304.80cm (4ft×10ft) 7.46kW	21,089	3,928	-	-	-
		0005	121.91cm×356.76cm (4ft×12ft)11.19kW	21,522	4,009	-	-	-
		0006	121.91cm×426.72cm (4ft×14ft)11.19kW	22,575	4,205	-	-	-
		0007	152.40cm×365.76cm (5ft×12ft)14.92kW	37,185	6,927	-	-	-
		0008	152.40cm×426.72cm (5ft×14ft)18.65kW	38,483	7,169	-	-	-
스 크 린 (3단식)	5117-0001	91.44cm×243.84cm (3ft×8ft)7.46kW	22,049	4,107	-	-	-
		0002	109.73cm×304.80cm (3ft×10ft)7.46kW	22,420	4,176	-	-	-
		0003	121.90cm×304.80cm (4ft×10ft)11.19kW	24,453	4,555	-	-	-
		0004	121.90cm×365.76cm (4ft×12ft)14.92kW	25,681	4,784	-	-	-
		0005	121.90cm×426.72cm (4ft×14ft)14.92kW	27,176	5,062	-	-	-
		0006	152.40cm×365.76cm (5ft×12ft)22.38kW	41,146	7,665	-	-	-
		0007	152.40cm×426.72cm (5ft×14ft)22.38kW	42,803	7,974	-	-	-
		0008	152.40cm×487.68cm (5ft×16ft)29.84kW	48,701	9,072	-	-	-
아그리게이트빈	5118-0001	7.65㎥(10cy),7.46kW	5,642	910	-	-	-
		0002	16.06㎥(21cy),11.19kW	6,513	1,050	-	-	-
		0003	19.11㎥(25cy),14.92kW	9,658	1,557	-	-	-
		0004	22.94㎥(30cy),14.92kW	12,832	2,069	-	-	-
		0005	26.76㎥(35cy),18.65kW	19,793	3,192	-	-	-
		0006	34.41㎥(45cy),22.38kW	26,287	4,240	-	-	-
		0007	53.52㎥(70cy),29.84kW	27,918	4,503	-	-	-
골재세척설비	5119-0625	15kW(62.5㎥/hr)	66,843	20,647	-	-	1
파이프추진기 (오거부착유압식)	5202-0127	127ton	161,174	64,630	-	-	-
	0240	240ton	360,986	144,755	-	-	-

기 종	분류번호	규 격	건설기계 가격 (천원)	시간당 손료 (원)	주연료 (ℓ/hr)	잡재료 (주연료의 %)	조종원 (인/일)
	0300	300ton	575,989	230,971	-	-	-
파이프추진기 (공압식)	5203-1800	180~195㎜	39,414	17,657	-	-	-
	2200	220~235㎜	47,547	21,301	-	-	-
	2700	270~330㎜	69,796	31,268	-	-	-
	3500	350~400㎜	100,050	44,822	-	-	-
	4500	450~510㎜	162,869	72,965	-	-	-
유압잭	5204-0200	200ton	49,813	22,744	-	-	-
	0300	300ton	54,917	25,075	-	-	-
	0400	400ton	57,893	26,433	-	-	-
	0500	500ton	65,142	29,743	-	-	-
	0600	600ton	74,955	34,224	-	-	-
공기압축기 (이동식)	5205-0035	3.5㎥/min	13,748	2,363	6.2	16	1
	0071	7.1㎥/min	19,899	3,420	10.0	16	1
	0103	10.3㎥/min	33,498	5,758	14.2	16	1
	0170	17.0㎥/min	36,062	6,199	23.5	16	1
	0210	21.0㎥/min	45,116	7,755	27.6	16	1
	0255	25.5㎥/min	70,932	12,193	32.3	16	1
소형브레이커 (공압식)	5210-0010	1.0㎥/min	1,894	473	-	-	-
	0013	1.3㎥/min	1,918	479	-	-	-
	0019	1.9㎥/min	2,500	625	-	-	-
	0027	2.7㎥/min	3,015	753	-	-	-
소형브레이커 (전기식)	5220-0015	1.5kW	1,335	333	-	-	-
드릴웨곤	5330-0074	7.4㎥/min(100㎜)	17,689	4,432	-	-	-
크롤러드릴 (공기식)	5401-0015	15㎥/min(120㎜)	102,119	15,808	-	-	1
	0017	17㎥/min(120㎜)	50,618	12,684	-	-	1
크롤러드릴 (탑승유압식)	5405-0110	110kW	157,016	24,306	18.6	23	1
	0150	150kW	211,377	32,721	25.7	23	1
유압식할암기	5501-0080	ø80	16,762	5,529	25.7	23	1
노면파쇄기	5701-0010	1.0m	310,000	124,992	13.9	16	1
	0020	2.0m	423,166	170,620	52.7	16	1
소형노면파쇄기	5702-0095	0.95㎡	28,067	11,316	52.7	16	1
점보드릴	5805-0002	2붐	585,464	147,244	135kW	6	1
	0003	3붐	1,114,943	280,408	239kW	10	1

기 종	분류번호	규 격	건설기계 가격 (천원)	시간당 손료 (원)	주연료 (ℓ/hr)	잡재료 (주연료의 %)	조종원 (인/일)
코 아 드 릴	5901-0006	15.24cm	866	456	-	-	-
	0010	25.40cm	1,223	644	-	-	-
	0016	40.64cm	2,187	1,152	-	-	-
그라우팅믹서	6105-0190	190ℓ×2(2kW)	2,827	1,231	-	-	-
	0390	390ℓ×2(5kW)	5,883	2,562	-	-	-
그라우팅펌프	6202-0060	30~60ℓ/min (3.7kW)	3,984	1,735	-	-	-
	0125	40~125ℓ/min (7.5kW)	5,801	2,526	-	-	-
	0200	50~200ℓ/min (11.0kW)	8,377	3,648	-	-	-
디젤파일해머	6330-0015	1.5ton	34,421	9,231	7.3	36	1
	0022	2.2ton	44,454	11,922	11.8	36	1
	0032	3.2ton	66,676	17,882	15.5	36	1
	0040	4.0ton	83,763	22,465	20.0	36	1
보링기계	6408-0015	40.5mm×150m (7.46kW)	7,388	2,437	-	-	-
	0020	50.0mm×200m (11.19kW)	8,302	2,738	-	-	-
	0030	50.0mm×300m (11.19kW)	8,846	2,918	-	-	-
	0040	42.0mm×400m (11.19kW)	14,717	4,855	-	-	-
	0050	66.7mm×500m (14.92kW)	18,101	5,971	-	-	-
	0085	66.7mm×850m (29.84kW)	22,633	7,466	-	-	-
	0100	60.0mm×1000m (37.30kW)	25,462	8,399	-	-	-
오 거	6410-0080	59.68kW	67,000	22,103	-	-	-
	0100	74.60kW	77,190	25,464	-	-	-
	0120	89.52kW	91,933	30,328	-	-	-
	0150	111.90kW	181,750	59,959	-	-	-
	0200	149.20kW	218,837	72,194	-	-	-
오실레이터, 로테이터	6510-0100	1000mm	331,898	70,295	-	-	-
	0150	1500mm	385,786	81,709	-	-	-

기 종	분류번호	규 격	건설기계가격(천원)	시간당손료(원)	주연료(ℓ/hr)	잡재료(주연료의 %)	조종원(인/일)
	0200	2000mm	440,898	93,382	-	-	-
	0250	2500mm	551,122	116,727	-	-	-
	0300	3000mm	738,504	156,415	-	-	-
유압파워팩	6515-0090	67.14kW	113,790	37,539	-	-	-
강연선인장기	6516-0060	60ton	6,895	3,148	-	-	-
	0120	120ton	8,365	3,819	-	-	-
	0250	250ton	20,820	9,506	-	-	-
	0300	300ton	22,045	10,065	-	-	-
리버스 서큘레이션드릴	6517-0100	1000mm	674,635	108,953	-	-	-
	0150	1500mm	725,644	117,191	-	-	-
	0200	2000mm	799,127	129,059	-	-	-
	0250	2500mm	871,385	140,728	-	-	-
	0300	3000mm	1,006,435	162,539	-	-	-
전회전식천공기	6518-0100	1000mm	1,201,113	193,979	-	-	-
	0150	1500mm	1,350,640	218,128	-	-	-
	0200	2000mm	1,835,485	296,430	-	-	-
	0250	2500mm	2,251,066	363,547	-	-	-
	0300	3000mm	2,770,543	447,442	-	-	-
진동파일해머(전동식)	6530-0030	30kW	80,470	21,582	-	-	-
	0040	40kW	100,413	26,930	-	-	-
	0045	45kW	111,924	30,018	-	-	-
	0060	60kW	143,708	38,542	-	-	-
	0090	90kW	228,009	61,152	-	-	-
	0120	120kW	295,639	79,290	-	-	-
진동파일해머(유압식)	6532-0220	162kW	459,369	123,202	-	-	-
워터젯트	6540-0131	96kW	210,051	82,382	25.0	18	-
유압식압입인발기	6550-0130	100~130ton	1,042,936	257,396	-	-	-
유압파일해머	6630-0003	3ton	123,367	33,087	15.4	18	-
	0005	5ton	168,766	45,263	19.3	18	-
	0007	7ton	186,530	50,027	24.0	18	-
	0010	10ton	257,591	69,085	31.8	18	-
	0013	13ton	310,884	83,379	42.3	18	-

기 종	분류번호	규 격	건설기계 가격 (천원)	시간당 손료 (원)	주연료 (ℓ/hr)	잡재료 (주연료의 %)	조종원 (인/일)
PBD천공기 (유압식)	6701-0147	147kW(38m)	489,886	102,141	29.8	15	1
	0184	184kW(53m)	587,864	122,569	37.5	15	1
고압분사전용장비	6801-0010	20ton	250,426	40,443	16.3	16	1
파일천공전용장비	6802-0040	40ton	125,835	20,322	9.02	20	1
	0060	60ton	287,732	46,468	13.3	20	1
	0100	100ton	347,645	56,144	18.69	20	1
	0120	120ton	510,095	82,380	20.61	20	1
	0135	135ton	1,048,369	169,311	21.85	20	1
	0160	160ton	1,917,492	309,674	23.65	20	1
다짐말뚝전용장비	6803-0100	100ton	482,046	100,506	12.00	20	1
	0120	120ton	684,562	142,731	19.10	20	1
자동화믹서플랜트	6901-0010	0.5㎥	90,203	13,070	-	-	-
고성능착정기	7101-0450	335.70kW	477,519	153,761	39.7	50	1
하수관천공기	7103-0010	수동식	948	305	-	-	-
상수도관천공기	7104-0010	수동식	1,814	584	-	-	-
골재살포기 (자주식)	7106-0035	3.5m	59,323	15,495	3.2	24	1
진공흡입준설차	7110-0013	13ton	192,388	46,423	15.2	40	1
	0025	25ton	295,961	71,415	27.6	40	1
버킷식준설기	7120-0746	7.46kW	42,985	15,079	1.3	20	1
자동세륜기 (롤타입)	7202-0008	2200×5150×1000	16,454	10,698	동력15.1kW	-	-
	0010	2650×5160×1000	21,240	13,810	동력15.1kW	-	-
물탱크 (살수차)	7204-0018	1800ℓ	34,361	7,260	8.2	30	1
	0038	3800ℓ	39,849	8,420	8.6	30	1
	0055	5500ℓ	46,215	9,765	9.3	30	1
	0065	6500ℓ	50,255	10,618	9.4	30	1
	0160	16000ℓ	88,637	18,728	12.9	30	1
이동식임목파쇄기	7205-0125	93.25kW	146,814	46,598	-	-	1
	0475	354.35kW	507,953	161,224	80.9	24	1
	0540	402.84kW	533,390	169,297	95.8	24	1
부착용집게	7206-0020	0.3㎥용	4,833	3,593	-	-	-
	0070	0.6~0.8㎥용	7,610	5,658	-	-	-
동력분무기	7210-0485	4.85kW	902	252	휘발유1.3	20	1
라인마커	7330-0010	10km/hr	66,782	15,773	20.7	4	1

기 종	분류번호	규 격	건설기계가격(천원)	시간당손료(원)	주연료(ℓ/hr)	잡재료(주연료의 %)	조종원(인/일)
차선제거기	7360-0055	4.10kW	12,785	3,578	휘발유3.38	20	1
	0090	6.71kW	13,146	3,679	휘발유5.53	20	1
윈 치 (수동식)	7430-1100	1ton(11.19kW)	1,387	440	-	-	-
	1300	3ton(22.38kW)	2,283	724	-	-	-
	1500	5ton(37.30kW)	3,044	966	-	-	-
	2300	3ton(22.38kW)	4,871	1,546	-	-	-
	2500	5ton(37.30kW)	6,393	2,029	-	-	-
윈 치 (자동식)	7431-1100	1ton(11.19kW)	3,777	1,198	-	-	-
	1300	3ton(22.38kW)	6,393	2,029	-	-	-
	2300	3ton(22.38kW)	9,894	3,140	-	-	-
	2500	5ton(37.30kW)	22,831	7,246	-	-	-
발전기	7505-0025	25kW	14,132	3,337	4.3	24	1
	0050	50kW	19,415	4,585	8.7	24	1
	0100	100kW	23,589	5,571	17.4	24	1
	0125	125kW	28,757	6,792	19.4	24	1
	0150	150kW	29,673	7,008	23.0	24	1
	0200	200kW	38,595	9,116	30.6	24	1
	0250	250kW	51,212	12,096	38.3	24	1
	0350	350kW	62,548	14,773	53.6	24	1
	0450	450kW	91,099	21,517	68.9	24	1
	0500	500kW	101,848	24,056	76.6	24	1
	0700	700kW	152,932	36,122	107.3	24	1
용접기 (교류)	7611-0200	200Amp	382	90	-	-	-
	0300	300Amp	495	116	-	-	-
	0400	400Amp	556	131	-	-	-
	0500	500Amp	651	153	-	-	-
용접기 (직류)	7612-0200	200Amp	1,472	347	-	-	-
	0300	300Amp	1,677	396	-	-	-
	0400	400Amp	2,422	572	-	-	-
융착기	7613-0075	20~75mm	3,546	837	-	-	-
	0150	100~150mm	5,327	1,258	-	-	-
	0300	200~300mm	7,306	1,725	-	-	-
	0400	350~400mm	9,894	2,336	-	-	-
	0600	450~600mm	12,633	2,983	-	-	-

기 종	분류번호	규 격	건설기계가격(천원)	시간당손료(원)	주연료(ℓ/hr)	잡재료(주연료의 %)	조종원(인/일)
		0900	700~900mm	33,341	7,875	-	-	-
알곤용접기	7614-0300	300Amp	1,914	452	-	-	-
절 단 기	7620-0002	5.08~15.24cm	630	386	-	-	-
	0003	40.64cm	1,966	1,205	-	-	-
프라즈마절단기	7621-0100	100Amp	3,393	801	-	-	-
건설용펌프(자흡식)	7730-0050	50mm(1.49kW×10mm)	253	69	-	-	-
	0080	80mm(3.73kW×15mm)	312	85	-	-	-
	0100	100mm(3.73kW×20mm)	359	98	-	-	-
	0125	125mm(11.19kW×20mm)	862	237	-	-	-
	0150	150mm(14.92kW×20mm)	1,130	311	-	-	-
수중모터펌프	7740-0080	80mm	843	316	-	-	-
	0100	100mm	987	370	-	-	-
	0150	150mm	1,895	711	-	-	-
취부기	7750-0016	11.94kW	45,569	19,845	-	-	-
	0025	18.65kW	70,354	30,639	-	-	-
실사출기	7770-0004	4노즐류	17,900	7,795	-	-	-
엔 진(가솔린엔진)	7811-0025	1.87kW	196	54	휘발유0.5	20	
	0030	2.24kW	215	60	〃 0.6	20	
	0040	2.98kW	283	79	〃 0.8	20	
	0045	3.36kW	381	106	〃 0.9	20	
	0070	5.22kW	499	139	〃 1.4	20	
	0120	8.95kW	1,119	313	〃 2.4	20	
엔 진(디젤엔진)	7812-0005	3.73kW	302	84	0.5	16	
	0007	5.22kW	351	98	0.8	16	
	0009	6.71kW	444	124	1.0	16	
	0015	11.19kW	1,161	324	1.6	16	
	0018	13.43kW	2,357	659	2.0	16	
	0020	14.92kW	3,155	883	2.2	16	
	0035	26.11kW	3,679	1,029	3.8	16	
	0070	52.22kW	4,724	1,322	7.6	16	
	0100	74.60kW	5,619	1,572	10.8	16	
	0150	111.90kW	7,113	1,990	16.3	16	
	0200	149.20kW	13,490	3,775	21.7	16	

기 종	분류번호	규 격	건설기계가격(천원)	시간당손료(원)	주연료(ℓ/hr)	잡재료(주연료의 %)	조종원(인/일)
우레탄폼 분사용기구	7830-0081	8.1kg/min	27,803	8,413	-	-	-
모 터	7930-0001	0.75kW	164	25	-	-	-
	0002	1.49kW	190	29	-	-	-
	0003	2.24kW	227	35	-	-	-
	0005	3.73kW	289	44	-	-	-
	0007	5.60kW	367	56	-	-	-
	0010	7.46kW	486	75	-	-	-
	0015	11.19kW	593	91	-	-	-
	0020	14.92kW	853	132	-	-	-
	0025	18.65kW	1,119	173	-	-	-
	0030	22.38kW	1,537	238	-	-	-
	0040	29.84kW	1,868	289	-	-	-
	0050	37.30kW	2,141	331	-	-	-
	0075	55.95kW	3,701	573	-	-	-
	0100	74.60kW	6,429	995	-	-	-
모터(쉴드TBM용)	7935-0180	180kW	246,763	38,223	-	-	-
레 일 천 공 기	7950-0149	1.49kW	3,059	984	-	-	-
파 워 렌 치	7951-0066	6.6kW	7,341	2,054	-	-	-
침 목 천 공 기	7952-0246	2.46kW	975	313	-	-	-
타 이 템 퍼	7953-3400	3400(진동수/min)	18,352	9,056	-	-	-
양 로 기	7954-1119	11.19kW	32,299	9,040	1.6	16	1
모르타르펌프	7991-0050	3.73kW	16,537	7,734	-	-	-
	0100	7.46kW	21,401	10,009	-	-	-
	0500	37.00kW	39,864	18,644	-	-	-
모르타르믹서	7992-0001	0.3㎥	5,569	2,064	휘발유1.3	2	-
양 수 기	7993-0020	1.49kW	37	12	-	-	-
Power Trowel	7994-0050	3.73kW	2,621	1,392	휘발유1.0	10	-
배 관 파 이 프	7995-0050	φ50-2.6m	17	8	-	-	-
3D GNSS 머신 가이던스(굴착기용)	8201-0100	3D GNSS MG	55,000	21,615	-	-	-

기 종	분류번호	규 격	건설기계 가격 (천원)	시간당 손료 (원)	주연료 (ℓ/hr)	잡재료 (주연료의 %)	조종원 (인/일)
3D GNSS 머신 컨트롤(MC) (굴착기용)	8202-0100	1.0(3D GNSS MC)	70,000	27,510	-	-	-
3D GNSS 머신 가이던스(MG) (불도저용)	8203-0019	19Ton(3D GNSS MG)	60,000	23,580	-	-	-
3D GNSS 머신 컨트롤 (불도우저용)	8204-0100	3D GNSS MC	75,000	29,475	-	-	-
펌프준설선	9010-0003	비항SD 224kW	708,361	53,056	50.1	36	별표참조
	0006	비항SD 448kW	1,348,092	100,972	101.9	27	〃
	0010	비항SD 746kW	2,178,394	163,161	163.1	27	〃
	0012	비항SD 895kW	2,614,074	195,794	222.8	27	〃
	0020	비항SD 1492kW	4,485,475	335,962	370.0	23	〃
	0022	비항SD 1641kW	5,032,677	376,947	409.0	23	〃
	0033	비항SD 2462kW	7,709,255	577,423	560.2	23	〃
	0040	비항SD 2984kW	9,436,656	706,805	649.4	23	〃
	0044	비항SD 3282kW	10,380,319	777,485	753.8	23	〃
	0060	비항SD 4476kW	14,216,427	1,064,810	1,268.0	23	〃
	0080	비항SD 5968kW	19,041,093	1,426,177	1,690.0	23	〃
	0120	비항SD 8952kW	28,827,109	2,159,150	2,291.9	13~18	〃
	0200	비항SD 14920kW	50,535,329	3,785,096	3,819.9	13~18	〃
그래브준설선	9020-0010	비항SD 0.65㎥, 75kW	196,345	22,697	12.7	63	〃
	0015	비항SD 1.00㎥, 112kW	305,428	35,307	19.1	63	〃
	0016	비항SD 1.50㎥, 119kW	418,875	48,421	20.4	63	〃
	0022	비항SD 3.00㎥, 164kW	702,882	81,253	28.0	54	〃
	0035	비항SD 5.00㎥, 261kW	860,663	99,492	67.9	54	〃
	0050	비항SD 6.00㎥, 373kW	1,190,823	137,659	79.5	27	〃
	0072	비항SD 7.50㎥, 537kW	1,890,425	218,533	91.7	27	〃
	0160	비항SD 12.50㎥, 1194kW	3,563,357	411,924	203.7	23	〃

기 종	분류번호	규 격	건설기계 가격 (천원)	시간당 손료 (원)	주연료 (ℓ/hr)	잡재료 (주연료의 %)	조종원 (인/일)
		0180	비항SD16.00㎥1343kW	4,008,776	463,414	224.2	23	〃
		0200	비항SD25.00㎥1491kW	4,486,339	518,620	250.5	23	〃
예 선	9030-0016	SD 10ton(119kW)	175,440	17,684	23.2	45	별표참조
	0018	SD 40ton(134kW)	181,491	18,294	26.2	45	〃
	0025	SD 50ton(187kW)	239,569	24,148	36.4	36	〃
	0035	SD 65ton(261kW)	304,906	30,734	50.9	36	〃
	0045	SD 80ton(336kW)	377,503	38,052	65.5	32	〃
	0050	SD 90ton(373kW)	413,803	41,711	72.8	32	〃
	0080	SD120ton(597kW)	595,294	60,005	116.4	27	〃
	0100	SD150ton(746kW)	750,165	75,616	145.5	27	〃
	0240	(1790kW)	1,691,981	170,551	349.2	18	〃
양 묘 선 (앵커버지)	9040-0010	7.5kW	25,406	2,517	1.3	63	〃
	0030	22.4kW	39,927	3,956	3.8	63	〃
	0050	37.3kW	65,336	6,474	7.1	63	〃
	0060	44.8kW	78,041	7,733	7.6	63	〃
	0100	74.6kW	163,341	16,187	12.7	63	〃
	0120	89.5kW	196,137	19,437	15.3	63	〃
	0200	149.2kW	326,896	32,395	25.5	63	〃
	0250	186.5kW	408,620	40,494	31.8	63	〃
	0300	223.8kW	491,888	48,746	38.1	63	〃
	0380	283.5kW	625,177	61,955	48.3	63	〃
	0680	507.3kW	1,124,839	111,471	86.3	63	〃
기 중 기 선 (비자항)	9050-0075	SD 15ton달기 (56.0kW)	167,257	21,208	9.5	81	〃
	0150	SD 30ton달기 (111.9kW)	269,068	34,117	19.1	73	〃
	0450	SD 60ton달기 (335.7kW)	488,444	61,934	57.3	63	〃
	0750	SD120ton달기 (559.5kW)	739,162	93,725	95.5	58	〃

기 종	분류번호	규 격	건설기계 가격 (천원)	시간당 손료 (원)	주연료 (ℓ/hr)	잡재료 (주연료의 %)	조종원 (인/일)
	0850	SD150ton달기 (634.1kW)	821,243	104,133	108.3	56	〃
토 운 선	9060-0060	SD60㎥	64,848	8,222	-	-	별표참조
	0100	SD100㎥	94,096	11,931	-	-	〃
	0200	SD200㎥	178,656	22,653	-	-	〃
	0300	SD300㎥	240,329	30,473	-	-	〃
	0500	SD500㎥	381,403	48,361	-	-	〃
	0600	SD600㎥	455,766	57,791	-	-	〃
이 우 선	9070-0015	50ton대선 5ton달기(11.19kW)	31,155	4,405	1.9	63	〃
	0020	80ton대선 8ton달기(14.92kW)	41,059	5,805	2.5	63	〃
대 선	9080-0050	SD 50ton	32,603	4,049	-	-	〃
	0080	SD 80ton	40,614	5,044	-	-	〃
	0100	SD 100ton	45,956	5,707	-	-	〃
	0120	SD 120ton	54,731	6,797	-	-	〃
	0150	SD 150ton	67,470	8,379	-	-	〃
	0200	SD 200ton	86,814	10,782	-	-	〃
	0300	SD 300ton	118,899	14,767	-	-	〃
	0500	SD 500ton	158,060	19,631	-	-	〃
	0700	SD 700ton	200,995	24,963	-	-	〃
	1000	SD 1000ton	279,317	34,691	-	-	〃
	1100	SD 1100ton	284,877	35,381	-	-	〃
	1400	SD 1400ton	350,938	43,586	-	-	〃
	1500	SD 1500ton	407,652	50,630	-	-	〃
	1750	SD 1750ton	428,009	53,158	-	-	〃
	2000	SD 2000ton	528,437	65,631	-	-	〃
	3000	SD 3000ton	649,222	80,633	-	-	〃
하천골재채취선	9090-0800	597kW	630,880	50,722	123.8	29	〃
	1000	746kW	844,664	67,910	152.4	29	〃

기 종	분류번호	규 격	건설기계가격(천원)	시간당손료(원)	주연료(ℓ/hr)	잡재료(주연료의 %)	조종원(인/일)
	1200	895kW	892,406	71,749	208.3	25	별표참조
	1300	970kW	967,954	77,823	225.4	25	〃
	1400	1044kW	1,042,412	83,809	242.6	25	〃
	1500	1119kW	1,116,869	89,796	259.8	25	〃
	1600	1194kW	1,191,327	95,782	276.9	25	〃

[별 표]

기 종	분류번호	규 격	준설선 선 장	준설선 기관사	준설선 운전사	선원
9010 펌프준설선	9010-0003	224kW	1	2	2	3
	9010-0006	448kW	1	2	2	3
	9010-0010	746kW	1	2	2	4
	9010-0012	895kW	1	3	2	4
	9010-0020	1492kW	1	3	2	4
	9010-0022	1641kW	1	3	2	4
	9010-0033	2462kW	1	3	2	4
	9010-0040	2984kW	1	3	2	5
	9010-0044	3282kW	1	3	2	5
	9010-0060	4476kW	1	3	2	6
	9010-0080	5968kW	1	3	2	6
	9010-0120	8952kW	1	3	2	6
	9010-0200	14920kW	1	3	2	8
9020 그래브준설선	9020-0010	비항SD 0.65㎥	1	-	1	2
	9020-0015	비항SD 1.00㎥	1	1	1	2
	9020-0016	비항SD 1.50㎥	1	1	1	2
	9020-0022	비항SD 3.00㎥	1	2	1	2
	9020-0035	비항SD 5.00㎥	1	2	1	2
	9020-0050	비항SD 6.00㎥	1	2	1	3
	9020-0072	비항SD 7.50㎥	1	2	1	3
	9020-0160	비항SD12.50㎥	1	3	1	3
	9020-0180	비항SD16.00㎥	1	3	1	3
	9020-0200	비항SD25.00㎥	1	3	1	3
9030 예 선	9030-0016	SD 10(119)	-	-	-	3
	9030-0018	SD 40(134)	-	-	-	3
	9030-0025	SD 50(187)	-	-	-	3
	9030-0035	SD 65(261)	-	-	-	3
	9030-0045	SD 80(336)	-	-	-	3
	9030-0050	SD 90(373)	-	-	-	3
	9030-0080	SD120(597)	-	-	-	4
	9030-0100	SD150(746)	-	-	-	4
	9030-0240	(1790)	-	-	-	4

기 종	분류번호	규 격	준설선 선 장	준설선 기관사	준설선 운전사	선원
9040 양 묘 선 (앵커버지)	9040-0010	7.5kW	-	-	-	2
	9040-0030	22.4kW	-	-	-	2
	9040-0050	37.3kW	-	-	-	2
	9040-0060	44.8kW	-	-	-	2
	9040-0100	74.6kW	-	-	-	2
	9040-0120	89.5kW	-	-	-	2
	9040-0200	149.2kW	-	-	-	3
	9040-0250	186.2kW	-	-	-	3
	9040-0300	223.8kW	-	-	-	3
	9040-0380	283.5kW	-	-	-	3
	9040-0680	507.3kW	-	-	-	3
9050 기 중 기 선	9050-0075	SD 15톤 달기 (56.0kW)	-	건설기계 운전사	1	2
	9050-0150	SD 30톤 달기 (111.9kW)	-	건설기계 운전사	1	2
	9050-0450	SD 60톤 달기 (335.7kW)	-	건설기계 운전사	1	3
	9050-0750	SD120톤 달기 (559.5kW)	-	건설기계 운전사	1	4
	9050-0750	SD150톤 달기 (634.1kW)	-	건설기계 운전사	1	4
9060 토 운 선	9060-0060	SD 60㎥	-	-	-	1
	9060-0100	SD100㎥	-	-	-	1
	9060-0200	SD200㎥	-	-	-	1
	9060-0300	SD300㎥	-	-	-	1
	9060-0500	SD500㎥	-	-	-	1
	9060-0600	SD600㎥	-	-	-	1

기 종	분류번호	규 격	준설선 선 장	준설선 기관사	준설선 운전사	선원
9070 예 우 선 (비자항)	9070-0015	50톤대선 5톤달기(11.19kW)	-	-	-	-
	9070-0020	80톤대선 8톤달기(14.92kW)	-	-	-	-
9080 대 선	9080-0050	SD 50ton	-	-	-	1
	9080-0080	SD 80ton	-	-	-	1
	9080-0100	SD 100ton	-	-	-	1
	9080-0120	SD 120ton	-	-	-	2
	9080-0150	SD 150ton	-	-	-	2
	9080-0200	SD 200ton	-	-	-	2
	9080-0300	SD 300ton	-	-	-	2
	9080-0500	SD 500ton	-	-	-	2
	9080-0700	SD 700ton	-	-	-	2
	9080-1000	SD1000ton	-	-	-	2
	9080-1100	SD1100ton	-	-	-	2
	9080-1400	SD1400ton	-	-	-	2
	9080-1500	SD1500ton	-	-	-	2
	9080-1750	SD1750ton	-	-	-	2
	9080-2000	SD2000ton	-	-	-	2
	9080-3000	SD3000ton	-	-	-	2
9090 하천골재채취선	9090-0800	597kW	-	1	1	1
	9090-1000	746kW	-	1	1	1
	9090-1200	895kW	-	1	1	1
	9090-1300	970kW	-	1	1	1
	9090-1400	1044kW	-	1	1	1
	9090-1500	1119kW	-	1	1	1
	9090-1600	1194kW	-	1	1	1

2025건설공사 표준품셈

토 목 부 문

제 1 장 · 도로포장공사
제 2 장 · 하천공사
제 3 장 · 터널공사
제 4 장 · 궤도공사
제 5 장 · 강구조공사
제 6 장 · 관부설 및 접합공사
제 7 장 · 항만공사
제 8 장 · 지반조사
제 9 장 · 측량

제 1 장 도로포장공사

1-1 공통사항

1-1-1 교통통제 및 안전처리('08년 신설, '17, '23년 보완)
- 도로의 확포장, 도로시설 유지보수 등 교통통제 및 안전처리를 위한 인력은 각 항목에서 제외되어 있으며, 필요시 배치인원은 현장조건(교통상황, 통제시간 및 범위 등)을 고려하여 별도 계상한다.
- 통행안전 및 교통소통을 위해 라바콘, 공사안내판 등 안전시설물을 시공하는 경우 특별인부 2인을 계상하고, 차량 등 장비가 필요한 경우 추가 계상한다.

1-1-2 유도선 설치 및 해체('08년 신설, '17, '21년 보완)

(일 당)

구 분	단 위	수 량	시공량(m)	
			설치간격 6m이하	설치간격 10m이하
특 별 인 부	인	2	1,350	1,560
보 통 인 부	〃	1		

[주] ① 본 품은 포설 시 위치 및 선형을 잡기 위한 유도선의 설치 및 해체 기준이다.
② 본 품은 위치확인, 스틱 및 유도선 설치 및 해체, 높이 측정 작업을 포함한다.
③ 스틱(철근) 설치를 위해 천공작업이 필요한 경우는 별도 계상한다.

1-2 동상방지층('08년 신설, '17, '21년 보완)

1-2-1 인력식 소규모장비 포설

(일 당)

구 분	규 격	단 위	수 량	시공량 (㎡)
포 설 공	-	인	2	165
보 통 인 부	-	〃	2	
굴 착 기	0.6㎥	대	1	
진동롤러(핸드가이드식)	0.7ton	〃	1	
살 수 차	5,500ℓ	〃	0.5	
비 고	- 순수 인력 살수 시에는 살수품을 100㎡당 1인 가산한다.			

[주] ① 본 품은 소형 다짐장비를 사용한 소규모구간의 동상방지층 포설 및 다짐 기준이다.
② 본 품은 포설준비, 포설 및 고르기, 다짐작업을 포함한다.
③ 장비는 현장여건 및 시험포장 결과에 따라 장비조합 및 규격을 변경하여 적용할 수 있다.
④ 두께 20㎝일 때 100㎡당 살수량은 일반적으로 2ton을 표준으로 한다.

1-2-2 기계포설(길어깨)

(일당)

구 분	규 격	단 위	수 량	시공량 (㎡)
포 설 공	-	인	2	
보 통 인 부	-	〃	2	
굴 착 기	1.0㎥	대	1	250
진 동 롤 러	12ton	〃	1	
살 수 차	16,000ℓ	〃	0.5	
비 고	- 순수 인력 살수 시에는 살수품을 100㎡당 1인 가산한다.			

[주] ① 본 품은 굴착기를 사용한 소로구간의 동상방지층 포설 및 다짐 기준이다.
② 본 품은 포설준비, 포설 및 고르기, 다짐작업을 포함한다.
③ 장비는 현장여건 및 시험포장 결과에 따라 장비조합 및 규격을 변경하여 적용할 수 있다.
④ 두께 20㎝일 때 100㎡당 살수량은 일반적으로 2ton을 표준으로 한다.

1-2-3 기계포설(본선)

(일당)

구 분	규 격	단 위	수 량	시공량 (㎡)
포 설 공	-	인	2	
모 터 그 레 이 더	3.6m	대	1	
진 동 롤 러	12ton	〃	1	600
살 수 차	16,000ℓ	〃	0.5	
비 고	- 순수 인력 살수 시에는 살수품을 100㎡당 1인 가산한다.			

[주] ① 본 품은 모터그레이더를 사용한 본선구간의 동상방지층 포설 및 다짐 기준이다.
② 본 품은 포설준비, 포설 및 고르기, 다짐작업을 포함한다.
③ 장비는 현장여건 및 시험포장 결과에 따라 장비조합 및 규격을 변경하여 적용할 수 있다.
④ 두께 20㎝일 때 100㎡당 살수량은 일반적으로 2ton을 표준으로 한다.

1-3 보조기층('08년 신설, '17, '21년 보완)
1-3-1 인력식 소규모장비 포설

(일 당)

구 분	규 격	단 위	수 량	시공량 (㎡)
포 설 공	-	인	2	
보 통 인 부	-	〃	2	
굴 착 기	0.6㎥	대	1	150
진동롤러(핸드가이드식)	0.7ton	〃	1	
살 수 차	5,500ℓ	〃	0.5	
비 고	- 순수 인력 살수 시에는 살수품을 100㎡당 1인 가산한다.			

[주] ① 본 품은 소형 다짐장비를 사용한 소규모구간의 보조기층 포설 및 다짐 기준이다.
② 본 품은 포설준비, 포설 및 고르기, 다짐작업을 포함한다.
③ 장비는 현장여건 및 시험포장 결과에 따라 장비조합 및 규격을 변경하여 적용할 수 있다.
④ 두께 20㎝일 때 100㎡당 살수량은 일반적으로 2ton을 표준으로 한다.

1-3-2 기계포설(길어깨)

(일 당)

구 분	규 격	단 위	수 량	시공량 (㎡)
포 설 공	-	인	2	
보 통 인 부	-	〃	1	
굴 착 기	1.0㎥	대	1	225
진 동 롤 러	12ton	〃	1	
살 수 차	16,000ℓ	〃	0.5	
비 고	- 순수 인력 살수 시에는 살수품을 100㎡당 1인 가산한다.			

[주] ① 본 품은 굴착기를 사용한 소로구간의 보조기층 포설 및 다짐 기준이다.
② 본 품은 포설준비, 포설 및 고르기, 다짐작업을 포함한다.
③ 장비는 현장여건 및 시험포장 결과에 따라 장비조합 및 규격을 변경하여 적용할 수 있다.
④ 두께 20㎝일 때 100㎡당 살수량은 일반적으로 2ton을 표준으로 한다.

1-3-3 기계포설(본선)

(일당)

구 분	규 격	단 위	수 량	시공량 (㎡)
포 설 공	-	인	2	
모터그레이더	3.6m	대	1	
진 동 롤 러	12ton	〃	1	550
살 수 차	16,000ℓ	〃	0.5	
비 고	- 순수 인력 살수 시에는 살수품을 100㎡당 1인 가산한다.			

[주] ① 본 품은 모터그레이더를 사용한 본선구간의 보조기층 포설 및 다짐 기준이다.
② 본 품은 포설준비, 포설 및 고르기, 다짐작업을 포함한다.
③ 장비는 현장여건 및 시험포장 결과에 따라 장비조합 및 규격을 변경하여 적용할 수 있다.
④ 두께 20㎝일 때 100㎡당 살수량은 일반적으로 2ton을 표준으로 한다.

1-4 입도조정기층('08년 신설, '17, '21년 보완)

1-4-1 인력식 소규모장비 포설

(일당)

구 분	규 격	단 위	수 량	시공량 (㎡)
포 설 공	-	인	2	
보 통 인 부	-	〃	2	
굴 착 기	0.6㎥	대	1	135
진동롤러(핸드가이드식)	0.7ton	〃	1	
살 수 차	5,500ℓ	〃	0.5	
비 고	- 순수 인력 살수 시에는 살수품을 100㎡당 1인 가산한다.			

[주] ① 본 품은 소형 다짐장비를 사용한 소규모구간의 입도조정기층 포설 및 다짐 기준이다.
② 본 품은 포설준비, 포설 및 고르기, 다짐작업을 포함한다.
③ 장비는 현장여건 및 시험포장 결과에 따라 장비조합 및 규격을 변경하여 적용할 수 있다.
④ 두께 20㎝일 때 100㎡당 살수량은 일반적으로 2ton을 표준으로 한다.

1-4-2 기계포설(길어깨)

(일 당)

구 분	규 격	단 위	수 량	시공량 (㎡)
포 설 공	-	인	2	200
보 통 인 부	-	〃	1	
굴 착 기	1.0㎥	대	1	
진 동 롤 러	12ton	〃	1	
살 수 차	16,000ℓ	〃	0.5	
비 고	순수 인력 살수 시에는 살수품을 100㎡당 1인 가산한다.			

[주] ① 본 품은 굴착기를 사용한 소로구간의 입도조정기층 포설 및 다짐 기준이다.
② 본 품은 포설준비, 포설 및 고르기, 다짐작업을 포함한다.
③ 장비는 현장여건 및 시험포장 결과에 따라 장비조합 및 규격을 변경하여 적용할 수 있다.
④ 두께 20㎝일 때 100㎡당 살수량은 일반적으로 2ton을 표준으로 한다.

1-4-3 기계포설(본선)

(일 당)

구 분	규 격	단 위	수 량	시공량 (㎡)
포 설 공	-	인	2	500
모 터 그 레 이 더	3.6m	대	1	
진 동 롤 러	12ton	〃	1	
살 수 차	16,000ℓ	〃	0.5	
비 고	순수 인력 살수 시에는 살수품을 100㎡당 1인 가산한다.			

[주] ① 본 품은 모터그레이더를 사용한 본선구간의 입도조정기층 포설 및 다짐 기준이다.
② 본 품은 포설준비, 포설 및 고르기, 다짐작업을 포함한다.
③ 장비는 현장여건 및 시험포장 결과에 따라 장비조합 및 규격을 변경하여 적용할 수 있다.
④ 두께 20㎝일 때 100㎡당 살수량은 일반적으로 2ton을 표준으로 한다.

1-5 아스콘 포장('08년 신설, '17, '21년 보완)

1-5-1 텍코팅 및 프라임 코팅 살포

(일 당)

구 분		규 격	단 위	수 량	시공량 (㎡)
인력식	보 통 인 부	-	인	2	8,000
	아스팔트스프레어 (수동식 살포기)	400ℓ	대	1	
기계식	보 통 인 부	-	인	1	20,000
	아스팔트디스트리뷰터 (폭 2.4m)	3,800ℓ	대	1	

비 고
- 역청재의 비산 방지가 필요한 때는 보통인부를 2,000ℓ당 1인을 가산한다.
- 양생에 모래가 필요할 때는 살포 인력품으로 보통인부를 모래 2㎥당 1인을 가산한다.

[주] ① 본 품은 텍코팅 및 프라임코팅 역청재 살포작업을 기준이다.
② 장비는 현장여건 및 시험포장 결과에 따라 장비조합 및 규격을 변경하여 적용할 수 있다.

1-5-2 아스팔트 기층 소규모포설

(일 당)

배치인원(인)	규 격	단 위	수 량	시공량(㎡)
포 장 공	-	인	2	320
보 통 인 부	-	〃	1	
플레이트콤팩터	1.5ton	대	1	
진동롤러(핸드가이드식)	0.7ton	〃	1	
로 더 (타이어)	0.57㎥	〃	1	
살 수 차	5,500ℓ	〃	0.5	

[주] ① 본 품은 소로, 주택가내 도로 등 피니셔를 사용하지 못하는 소규모 아스팔트 기층 포설 기준이다.
② 1층 포설두께는 7.5cm이하 기준이다.
③ 본 품은 포설 및 고르기, 다짐 작업을 포함한다.
④ 현장여건 및 시험포장 결과에 따라 장비조합 및 규격을 변경하여 적용할 수 있다.

1-5-3 아스팔트 기층 기계포설(소형장비)

(일 당)

구 분	규 격	단 위	수 량	시공량(㎡) 1층 포설두께 5~7cm	시공량(㎡) 1층 포설두께 8~10cm
포 장 공	-	인	3	1,750	1,600
보 통 인 부	-	〃	1		
아스팔트피니셔	1.7m	대	1		
굴 착 기	0.6㎥	〃	1		
머 캐 덤 롤 러	8~10ton	〃	1		
타 이 어 롤 러	5~8ton	〃	1		
탠 덤 롤 러	5~8ton	〃	1		
살 수 차	5,500ℓ	〃	0.5		

[주] ① 본 품은 소형장비(피니셔)를 사용한 아스팔트 기층 포설 기준이다.
　② 본 품은 포설 및 고르기, 다짐 작업을 포함한다.
　③ 현장여건 및 시험포장 결과에 따라 장비조합 및 규격을 변경하여 적용할 수 있다.

1-5-4 아스팔트 기층 기계포설(대형장비)('24년 보완)

(일 당)

구 분	규 격	단 위	수 량	시 공 량(㎡) 2m≤시공폭〈3m 1층 포설두께 5~7cm	시 공 량(㎡) 2m≤시공폭〈3m 1층 포설두께 8~10cm	시 공 량(㎡) 3m≤시공폭 1층 포설두께 5~7cm	시 공 량(㎡) 3m≤시공폭 1층 포설두께 8~10cm
포 장 공	-	인	4	2,700	2,500	4,900	4,500
보 통 인 부	-	〃	1				
아스팔트피니셔	3m	대	1				
머 캐 덤 롤 러	10~12ton	〃	1				
타 이 어 롤 러	8~15ton	〃	1				
탠 덤 롤 러	5~8t	〃	1				
살 수 차	16,000ℓ	〃	0.5				

[주] ① 본 품은 대형장비(피니셔)를 사용한 아스팔트 기층 포설 기준이다.
　② 본 품은 포설 및 고르기, 다짐 작업을 포함한다.
　③ 시공폭 2m이상 3m미만은 길어깨 등, 시공폭 3m이상은 본선에 적용한다.
　④ 본 품외의 장비(아스팔트온도조절장비 등)를 추가 투입하는 경우에 기계경비는 별도 계상한다.
　⑤ 현장여건 및 시험포장 결과에 따라 장비조합 및 규격을 변경하여 적용할 수 있다.

1-5-5 아스팔트 표층 소규모포설('08년 보완)

(일 당)

구 분	규 격	단 위	수 량	시공량 (㎡)
포 장 공	-	인	2	
보 통 인 부	-	〃	1	
플레이트콤팩터	1.5ton	대	1	300
진동롤러(핸드가이드식)	0.7ton	〃	1	
로 더(타이어)	0.57㎥	〃	1	
살 수 차	5,500ℓ	〃	0.5	

[주] ① 본 품은 소로, 주택가내 도로 등 피니셔를 사용하지 못하는 소규모 아스팔트 표층 및 중간층 포설 기준이다.
② 1층 포설두께는 7.5㎝이하 기준이다.
③ 본 품은 포설 및 고르기, 다짐 작업을 포함한다.
④ 현장여건 및 시험포장 결과에 따라 장비조합 및 규격을 변경하여 적용할 수 있다.

1-5-6 아스팔트 표층 기계포설(소형장비)

(일 당)

구 분	규 격	단 위	수 량	시공량 (㎡)
포 장 공	-	인	3	
보 통 인 부	-	〃	1	
아스팔트피니셔	1.7m	대	1	
굴 착 기	0.6㎥	〃	1	
머캐덤롤러	8~10ton	〃	1	1,600
타이어롤러	5~8ton	〃	1	
탠덤롤러	5~8ton	〃	1	
살 수 차	5,500ℓ	〃	0.5	

[주] ① 본 품은 소형장비(피니셔)를 사용한 아스팔트 표층 및 중간층 포설 기준이다.
② 1층 포설두께는 5~7㎝ 기준이다.
③ 본 품은 포설 및 고르기, 다짐 작업을 포함한다.
④ 현장여건 및 시험포장 결과에 따라 장비조합 및 규격을 변경하여 적용할 수 있다.

1-5-7 아스팔트 표층 기계포설(대형장비)('24년 보완)

(일 당)

구 분	규 격	단위	수량	시 공 량(㎡)	
				2m≤시공폭<3m	3m≤시공폭
포 장 공	-	인	4	2,600	4,800
보 통 인 부	-	〃	1		
아스팔트피니셔	3m	대	1		
머 캐 덤 롤 러	10~12ton	〃	1		
타 이 어 롤 러	8~15ton	〃	1		
탠 덤 롤 러	5~8ton	〃	1		
살 수 차	16,000ℓ	〃	0.5		

[주] ① 본 품은 대형장비(피니셔)를 사용한 아스팔트 표층 및 중간층 포설 기준이다.
② 1층 포설두께는 5~7㎝ 기준이다.
③ 시공폭 2m이상 3m미만은 피니셔를 활용하여 시공이 가능한 길어깨 등을 기준하며, 시공폭 3m 이상은 본선을 기준한다.
④ 본 품은 포설 및 고르기, 다짐 작업을 포함한다.
⑤ 본 품외의 장비(아스팔트온도조절장비 등)를 추가 투입하는 경우에 기계경비는 별도 계상한다.
⑥ 현장여건 및 시험포장 결과에 따라 장비조합 및 규격을 변경하여 적용할 수 있다.

1-5-8 쇄석 매스틱 아스팔트(SMA) 표층 포설('24, '25년 보완)

(일 당)

구 분	규 격	단위	수량	시 공 량(㎡)	
				2m≤시공폭<3m	3m≤시공폭
포 장 공	-	인	4	2,500	4,500
보 통 인 부	-	〃	1		
아스팔트피니셔	3m	대	1		
머 캐 덤 롤 러	10~12ton	〃	2		
탠 덤 롤 러	5~8t	〃	1		
살 수 차	16,000ℓ	〃	0.5		

[주] ① 본 품은 쇄석 매스틱 아스팔트(SMA) 표층을 포설하는 품으로, 1층 포설두께는 5㎝ 기준이다.
② 본선은 시공폭 3m이상을 기준하며, 길어깨는 피니셔를 활용한 시공을 수행하는 시공폭 2m이상을 기준한다.
③ 시공폭 2m미만은 '[토목부문] 1-5-6 아스팔트 표층 기계포설(소형장비)'을 적용한다.
④ 본 품은 표층의 포설 및 다짐을 포함한다.
⑤ 본 품외의 장비(아스팔트온도조절장비 등)를 추가 투입하는 경우에 기계경비는 별도 계상한다.
⑥ 현장여건 및 시험포장 결과에 따라 장비조합 및 규격을 변경하여 적용할 수 있다.

1-5-9 배수성·저소음 아스팔트 표층 포설('24, '25년 보완)

(일 당)

구 분	규 격	단 위	수 량	시 공 량(㎡)	
				2m≤시공폭<3m	3m≤시공폭
포 장 공	-	인	4	2,100	4,000
보 통 인 부	-	〃	1		
아스팔트피니셔	3m	대	1		
머캐덤롤러	10~12ton	〃	2		
탠덤롤러	5~8t	〃	1		
살 수 차	16,000ℓ	〃	0.5		

[주] ① 본 품은 배수성·저소음 아스팔트 표층을 포설하는 품으로, 1층 포설두께는 5㎝ 기준이다.
② 본선은 시공폭 3m이상을 기준하며, 길어깨는 피니셔를 활용한 시공을 수행하는 시공폭 2m이상을 기준한다.
③ 시공폭 2m미만은 '[토목부문] 1-5-6 아스팔트 표층 기계포설(소형장비)'을 적용한다.
④ 본 품은 표층의 포설 및 다짐을 포함한다.
⑤ 본 품외의 장비(아스팔트온도조절장비 등)를 추가 투입하는 경우에 기계경비는 별도 계상한다.
⑥ 현장여건 및 시험포장 결과에 따라 장비조합 및 규격을 변경하여 적용할 수 있다.

1-6 콘크리트 포장('08년 신설, '17, '21년 보완)

1-6-1 린 콘크리트 기층 포설

(일 당)

구 분	규 격	단 위	수 량	시 공 량(㎡)	
				일반포장	터널포장
포 장 공	-	인	2	550	500
보 통 인 부	-	〃	2		
아스팔트피니셔	3m	대	1		
타이어롤러	8~15ton	〃	1		
진 동 롤 러	10ton	〃	1		

[주] ① 본 품은 피니셔를 사용한 린 콘크리트의 기층 포설 기준이다.
② 본 품은 포설 및 다짐, 양생을 포함한다.
③ 현장여건 및 시험포장 결과에 따라 장비조합 및 규격을 변경하여 적용할 수 있다.

1-6-2 표층 인력포설

(일 당)

구 분	단위	수량	시공량(㎡) A-Type			시공량(㎡) B-Type		
			20cm	30cm	40cm	20cm	30cm	40cm
포 장 공	인	4	100	150	200	50	75	100
보 통 인 부	〃	2						

[주] ① 본 품은 콘크리트믹서트럭으로 직접 타설하는 콘크리트 포장의 인력포설 기준이다.
② 본 품은 비닐깔기 및 철망깔기, 콘크리트 포설, 양생 작업을 포함한다.
③ 거푸집 설치 및 해체, 줄눈작업은 별도 계상한다.
④ 현장 여건별 적용기준은 다음과 같다.

구분	적용기준
A-Type	- 콘크리트 믹서트럭으로 직접 타설하는 경우
B-Type	- 콘크리트 믹서트럭 후진 진입 또는 경운기 등으로 운반하여 타설하는 경우

※ 경운기 등 기타방법으로 콘크리트를 운반하는 경우 운반에 소요되는 비용은 별도 계상한다.
⑤ 콘크리트와 노반과의 접착부 처리품(모래층 깔기 등)은 별도 계상한다. 모래 부설시 일당시공량은 보통인부 2인기준 두께 3㎝가 660㎡, 두께 6㎝가 410㎡ 이다.
⑥ 공구손료 및 경장비(스크리드 등)의 기계경비는 인력품의 3%로 계상한다.
⑦ 비닐, 양생재, 철망 등 재료비 및 잡재료비는 별도 계상한다.

1-6-3 콘크리트 표층 기계포설(소형장비)('20년 보완)

(일 당)

구 분	규 격	단위	수 량	시공량(㎡) 일반포장	터널포장	공항포장
포 장 공	-	인	4			
특 별 인 부	-	〃	2			
보 통 인 부	-	〃	2	300	270	275
콘크리트페이버	160kW	대	1			
굴 착 기	1.0㎥	〃	1			
살 수 차	16,000ℓ	〃	0.5			
비 고	- 공항포장에서 집수정, 기초 등 지장물에 의해 이동이 빈번하게 발생하여 연속적인 포설이 불가능할 경우 시공량의 15%를 감한다.					

[주] ① 본 품은 소형장비(콘크리트 페이버)를 사용한 콘크리트포장의 표층 포설 기준이다.
② 공항포장은 포장두께 50㎝이하 포설 기준이다.
③ 본 품은 분리막 설치, 포설 및 다웰바, 타이바 등 철근설치, 면마무리 및 양생을 포함한다.
④ 현장여건 및 시험포장 결과에 따라 장비조합 및 규격을 변경하여 적용할 수 있다.
⑤ 양생제, 마대, 잡품 등 재료비는 별도 계상한다.

1-6-4 콘크리트 표층 기계포설(대형장비)

(일 당)

구 분	규 격	단 위	수 량	시공량(㎥)		
				일반포장	터널포장	공항포장
포 장 공	-	인	5	700	600	640
특 별 인 부	-	〃	2			
보 통 인 부	-	〃	2			
콘크리트페이버	300kW	대	1			
굴 착 기	1.0㎥	〃	1			
살 수 차	16,000ℓ	〃	0.5			
비 고	- 공항포장에서 집수정, 기초 등 지장물에 의해 이동이 빈번하게 발생하여 연속적인 포설이 불가능할 경우 시공량의 15%를 감한다.					

[주] ① 본 품은 대형장비(콘크리트 페이버)를 사용한 콘크리트포장의 표층 포설 기준이다
② 공항포장은 포장두께 50㎝이하 포설 기준이다.
③ 본 품은 분리막 설치, 포설 및 다웰바, 타이바 등 철근설치, 면마무리 및 양생을 포함한다.
④ 현장여건 및 시험포장 결과에 따라 장비조합 및 규격을 변경하여 적용할 수 있다.
⑤ 양생제, 마대, 잡품 등 재료비는 별도 계상한다.

1-6-5 기계포설 장비조립 및 해체('21년 신설)

(회 당)

구 분		단 위	수 량	소요일수(일)	
				조립	해체
외부반출/반입	기 계 설 비 공	인	1	3	2
	철 공	〃	3		
	특 별 인 부	〃	2		
	크 레 인	대	1		
작업구간이동	기 계 설 비 공	인	1	2	1
	철 공	〃	2		
	특 별 인 부	〃	2		
	크 레 인	대	1		

[주] ① 본 품은 포설장비(콘크리트페이버)를 조립 및 해체하는 기준이며, 시공조건(외부 반출/반입, 현장내 이동)에 따라 반복 적용한다.
② 외부 반출/반입은 외부로 운송하기 위해 조립 및 해체를 하는 경우 적용하며, 작업구간 이동은 작업구간 및 포장규격 변동으로 조립 및 해체를 하는 경우 적용한다.
③ 본 품은 몰드, 오실레이트빔, 기타 부속품(타이바 인서트, 스무더 등) 조립 및 해체, 날개판 등 용접, 부순물(콘크리트) 깨기, 작동시험 작업을 포함한다.
④ 크레인 규격은 현장여건(작업범위, 위치 등)을 고려하여 적용한다.
⑤ 공구손료 및 경장비(소형브레이커, 용접기 등)의 기계경비는 인력품의 3%로 계상한다.

1-6-6 포장줄눈 절단('24년 보완)

(일 당)

구 분	규 격	단 위	수 량	시공량(m)
특 별 인 부	-	인	1	600
보 통 인 부	-	〃	1	
커 터	320~400㎜	대	1	

[주] ① 본 품은 콘크리트포장 표층면을 절단(절단깊이 10㎝이하)하는 기준이다.
② 본 품은 포장절단, 절단면 물청소를 포함한다.
③ 공구손료 및 경장비(동력분무기 등)의 기계경비는 인력품의 3%로 계상한다.
④ 블레이드 및 물 소비량은 별도 계상한다.

1-6-7 포장줄눈 설치

(일 당)

구 분	단 위	수 량	시 공 량 (m)
특 별 인 부	인	3	900
보 통 인 부	〃	2	

[주] ① 본 품은 콘크리트포장 표층면 절단 부위에 줄눈을 설치하는 기준이다.
② 본 품은 백업재 설치, 프라이머 및 줄눈재 시공을 포함한다.
③ 줄눈재, 백업재 등 부대 재료비는 별도 계상한다.

1-7 저속도로포장('08년 신설)

1-7-1 보도용 블록 설치(소형)('08, '12, '21, '24년 보완)

(일 당)

구 분	규 격	단 위	A-Type		B-Type	
			수량	시공량(㎡)	수량	시공량(㎡)
포 장 공	-	인	3	300	2	190
특 별 인 부	-	〃	2		2	
보 통 인 부	-	〃	2		1	
굴 착 기	0.6㎥	대	1		-	
〃	0.4㎥	〃	-		1	
플레이트콤팩터	1.5ton	〃	1		1	
비 고	- 유도·점자블록을 설치하는 경우 시공량의 10%를 감하여 적용한다. - 블록 정밀절단(전동절단기)에 의한 시공이 아닌 경우, 특별인부 1인을 감하여 적용한다.					

[주] ① 본 품은 규격 0.1㎡ 이하, 두께 8㎝ 이하 보도용 블록의 설치 기준이다.
② 본 품은 모래 부설, 모래층 다짐 및 고르기, 블록 절단 및 설치, 줄눈채움, 블록설치 후 다짐 작업을 포함한다.

③ 현장 여건별 적용기준은 다음과 같다.

구 분	적 용 기 준
A-Type	- 공원, 단지·택지조성공사의 보도 등 장비이동 및 적재가 용이한 구간
B-Type	- 차도인접, 주택가 보도 등 장비이동 및 적재 공간이 협소한 구간

④ 기층에 콘크리트나 아스팔트 등의 안정처리기층을 사용하거나, 지반침하방지가 필요한 경우 별도 계상한다.
⑤ 공구손료 및 경장비(절단기 등)의 기계경비는 인력품의 5%, 블록 정밀절단(전동절단기)에 의한 시공이 아닌 경우 2%로 계상한다.

1-7-2 보도용 블록 설치(대형)('24년 신설)

(일 당)

구 분	규 격	단 위	A-Type		B-Type	
			수량	시공량 (㎡)	수량	시공량 (㎡)
포 장 공	-	인	3	190	2	120
특 별 인 부	-	〃	2		2	
보 통 인 부	-	〃	2		1	
굴 착 기	0.6㎥	대	1		-	
〃	0.4㎥	〃	-		1	
플레이트콤팩터	1.5ton	〃	1		1	
비 고	- 유도·점자블록을 설치하는 경우 시공량의 10%를 감하여 적용한다. - 블록 정밀절단(전동절단기)에 의한 시공이 아닌 경우, 특별인부 1인을 감하여 적용한다.					

[주] ① 본 품은 규격 0.10㎡ 초과 0.25㎡ 이하, 두께 8㎝ 이하 보도용 블록의 설치 기준이다.
② 본 품은 모래 부설, 모래층 다짐 및 고르기, 블록 절단 및 설치, 줄눈채움, 블록설치 후 다짐 작업을 포함한다.
③ 현장 여건별 적용기준은 다음과 같다.

구 분	적 용 기 준
A-Type	- 공원, 단지·택지조성공사의 보도 등 장비이동 및 적재가 용이한 구간
B-Type	- 차도인접, 주택가 보도 등 장비이동 및 적재 공간이 협소한 구간

④ 기층에 콘크리트나 아스팔트 등의 안정처리기층을 사용하거나, 지반침하방지가 필요한 경우 별도 계상한다.
⑤ 공구손료 및 경장비(절단기 등)의 기계경비는 인력품의 5%, 블록 정밀절단(전동절단기)에 의한 시공이 아닌 경우 2%로 계상한다.

1-7-3 투수아스팔트 표층 소규모포설('21년 신설, '25년 보완)

(일 당)

구 분	규 격	단 위	수 량	시공량(㎡)
포 장 공	-	인	2	
보 통 인 부	-	〃	1	
로 더(타이어)	0.57㎥	대	1	
진동롤러(핸드가이드식)	0.7ton	〃	1	250
플레이트콤팩터	1.5ton	〃	1	
살 수 차	5,500ℓ	〃	0.5	

[주] ① 본 품은 보도 및 자전거도로 등 피니셔를 사용하지 못하는 소규모 투수아스팔트 표층 포설 기준이다.
② 1층 포설두께는 5~7㎝ 기준이다.
③ 본 품은 표층 포설 및 고르기, 다짐 작업을 포함한다.
④ 필터층(모래층), 보조기층 및 기층 포설은 별도 계상한다.
⑤ 현장여건에 따라 장비조합 및 규격을 변경하여 적용할 수 있다.

1-7-4 투수아스팔트 표층 기계포설(소형장비)('21년 신설, '25년 보완)

(일 당)

구 분	규 격	단 위	수 량	시공량(㎡)
포 장 공	-	인	3	
보 통 인 부	-	〃	1	
아스팔트피니셔	1.7m	대	1	
굴 착 기	0.6㎥	〃	1	1,200
머캐덤롤러	8~10ton	〃	1	
탠 덤 롤 러	5~8ton	〃	1	
살 수 차	16,000ℓ	〃	0.5	

[주] ① 본 품은 보도 및 자전거도로 등 소형장비(피니셔)를 사용한 투수아스팔트 표층 포설 기준이다.
② 1층 포설두께는 5~7㎝ 기준이다.
③ 본 품은 표층 포설 및 고르기, 다짐 작업을 포함한다.
④ 필터층(모래층), 보조기층 및 기층 포설은 별도 계상한다.
⑤ 현장여건에 따라 장비조합 및 규격을 변경하여 적용할 수 있다.

1-7-5 탄성포장재 포설('21년 신설)

(일 당)

구 분	규 격	단 위	수 량	시공량(㎡)
특 별 인 부	-	인	5	
보 통 인 부	-	〃	3	120
믹 서	0.2㎥	대	1	

[주] ① 본 품은 탄성포장재(포장두께 7.5㎝ 이하)를 포설 및 다짐하는 기준이다.
② 본 품은 프라이머 바름, 탄성재 배합, 기층 및 표층 포설 및 다짐, 양생을 포함한다.
③ 표층을 다양한 무늬로 포설하는 경우 별도 계상한다.
④ 공구손료 및 경장비(발전기, 다짐롤러 등)의 기계경비는 인력품의 2%로 계상한다.

1-8 교통시설공

1-8-1 교통 안전표지판 설치('08년 신설, '20년 보완)

(일 당)

구 분	규 격	단 위	수 량	시공량(개소)	
				지주	표지판
특 별 인 부	-	인	2	12	-
보 통 인 부	-	〃	1		
크 레 인	5ton	대	1		
특 별 인 부	-	인	2	-	22
보 통 인 부	-	〃	1		

[주] ① 본 품은 단주식 지주와 교통안전표지 설치 기준이다.
② 지주의 규격은 ø60.5~89.1×3.2×3,000~3,600㎜이며, 안전표지판의 규격은 1.0㎡ 이하 기준이다.
③ 기초제작 및 폐자재 운반은 별도 계상한다.
④ 상기 품과 다른 형식 및 규격으로 표지를 설치할 경우 별도 계상할 수 있다.
⑤ 공구손료 및 경장비(드릴, 발전기 등)의 기계경비는 인력품의 2%로 계상한다.

1-8-2 도로 표지판 설치('08년 신설, '20년 보완)

(일 당)

구 분	단 위	수 량	시공량(개소)		
			복주식+표지판 (8㎡ 이하 1개)	편지식+표지판 (12㎡ 이하 1개)	문형식+표지판 (8㎡ 이하 2개)
특 별 인 부	인	3	8	8	1
보 통 인 부	〃	1			
크 레 인	대	1			

[주] ① 본 품은 복주식, 편지식, 문형식의 도로표지 설치 기준이다.
② 본 품은 형태별 지주 및 규격별 표지판 설치 작업을 포함한다.
③ 기초제작 및 폐자재 운반은 별도 계상한다.
④ 표지판을 추가 설치하는 경우에는 다음의 품을 적용한다.

구 분	규 격	단 위	표지판 설치 규격(개소 당)			
			4㎡ 이하	8㎡ 이하	12㎡ 이하	16㎡ 이하
특 별 인 부	-	인	0.09	0.11	0.14	0.16
보 통 인 부	-	〃	0.03	0.04	0.05	0.05
크 레 인	-	hr	0.24	0.29	0.36	0.43

⑤ 지주설치 크레인의 규격은 다음을 기준한 것이며, 작업여건에 따라 변경할 수 있다.

구 분	복주식	편지식	문형식
크 레 인	5ton	25ton	50ton

⑥ 공구손료 및 경장비(드릴, 발전기 등)의 기계경비는 인력품의 2%로 계상한다.

1-8-3 도로반사경 설치('08, '16, '20년 보완)

(일 당)

구 분	단 위	수 량	시공량(본)	
			1면	2면
특 별 인 부	인	1	4	3
보 통 인 부	〃	1		

[주] ① 본 품은 도로반사경과 지주의 설치 기준이다.
② 도로반사경의 규격은 아크릴 스테인리스제 ø800~1,000mm이며, 지주의 규격은 ø76.3×4.2×3,750mm 기준이다.
③ 공구손료 및 경장비(전동드릴, 발전기 등)의 기계경비는 인력품의 3%로 계상한다.

1-8-4 도로표지병 설치('08, '16, '20년 보완)

(일 당)

구 분	단 위	수 량	시 공 량 (개소)
특 별 인 부	인	1	70
보 통 인 부	〃	1	

[주] ① 본 품은 포장면에 천공하여 부착하는 표지병 설치 기준이다.
② 본 품은 천공, 접착제 도포, 표지병 설치를 포함한다.
③ 공구손료 및 경장비(전동드릴 등)의 기계경비는 인력품의 5%로 계상한다.
④ 잡재료비(접착제 등)는 주재료비의 5%로 계상한다.

1-8-5 시선유도표지 설치('08, '16, '20년 보완)

(일 당)

구 분	단 위	수 량	시공량(개소)		
			흙속매설용	가드레일용	옹벽용
특 별 인 부	인	1	60	150	60
보 통 인 부	〃	1			

[주] ① 본 품은 시선유도표지 설치 기준이다.
② 흙속 매설용은 지주를 박아서 매설하는 경우 또는 터파기 후 되메우기 하여 매설하는 경우에 적용하는 것이며, 콘크리트 기초를 두어 설치하는 경우에는 별도로 계상한다.
③ 공구손료 및 경장비(전동드릴 등)의 기계경비는 인력품의 3%로 계상한다.

1-8-6 볼라드 설치('16년 신설, '20년 보완)

(일 당)

구 분	단 위	수 량	시공량(개소)
특 별 인 부	인	2	13
보 통 인 부	〃	1	

[주] ① 본 품은 ø100㎜~150㎜의 볼라드 설치 기준이다.
② 본 품은 천공(코어뚫기), 볼라드 설치, 마무리 작업을 포함한다.
③ 공구손료 및 경장비(코어드릴, 발전기 등)의 기계경비는 인력품의 5%로 계상한다.

1-8-7 주차 블록 설치('16년 신설, '20년 보완)

(일 당)

구 분	단 위	수 량	시공량(개소)
특 별 인 부	인	2	90
보 통 인 부	〃	1	

[주] ① 본 품은 길이 750~1000㎜의 주차블록 설치 기준이다.
② 본 품은 천공, 앵커고정, 주차 블록 설치, 마무리 작업을 포함한다.
③ 공구손료 및 경장비(전동드릴, 발전기 등)의 기계경비는 인력품의 5%로 계상한다.

1-8-8 차선규제봉 설치('16년 신설, '20년 보완)

(일 당)

구 분	단 위	수 량	시공량(개소)
특 별 인 부	인	2	100
보 통 인 부	〃	1	

[주] ① 본 품은 높이 450~750㎜의 시선유도봉 설치 기준이다.
② 본 품은 천공, 앵커고정, 차선규제봉 설치, 마무리 작업을 포함한다.
③ 공구손료 및 경장비(전동드릴, 발전기 등)의 기계경비는 인력품의 5%로 계상한다.

1-8-9 차선도색('08, '14, '16, '17, '20, '25년 보완)

1. 차선 밑그림

(일 당)

구 분	규 격	단위	수량	시공량(㎡)			
				실선	파선	횡단보도, 주차장	문자, 기호
특별인부	-	인	2	900	450	342	162
보통인부	-	〃	2				
트 럭	2.5ton	대	1				

[주] ① 본 품은 도로 신설공사의 차선도색을 위한 사전 밑그림 작업 기준이다.
② 본 품은 먹줄치기, 밑그림 도색 작업을 포함한다.
③ 트럭은 자재, 공구 및 경장비의 현장내 운반 작업에 적용한다.
④ 사전 청소가 필요한 경우에는 별도 계상한다.

2. 수용성형 페인트 수동식

(일 당)

구 분	규 격	단위	수량	시공량(㎡)			
				실선	파선	횡단보도, 주차장	문자, 기호
특별인부	-	인	2	900	450	342	162
보통인부	-	〃	2				
트 럭	4.5ton	대	1				
비 고	- 노면에 표지병 등이 설치되어 작업능률이 저하되는 경우에는 시공량을 10%까지 감하여 적용한다.						

[주] ① 본 품은 도로 신설공사의 핸드가이드식 라인마커를 사용한 수용성형페인트 차선도색 기준이다.
② 본 품은 차선도색, 유리알 살포 작업을 포함한다.
③ 트럭은 자재, 공구 및 경장비의 현장내 운반 작업에 적용한다.
④ 사전 청소가 필요한 경우에는 별도 계상한다.
⑤ 공구손료 및 경장비(라인마커 등)의 기계경비는 인력품의 3%로 계상한다.
⑥ 잡재료 및 소모재료는 주재료비의 1%로 계상한다.
⑦ 페인트 재료량 및 유리알 살포량은 별도 계상한다.

3. 수용성형 페인트 기계식

(일 당)

구 분	규 격	단 위	수 량	시공량(㎡)	
				실선	파선
특 별 인 부	-	인	1	5,300	2,650
보 통 인 부	-	〃	1		
라 인 마 커 트 럭	10km/hr	대	1		
트 럭	2.5ton	〃	1		
비 고			- 노면에 표지병 등이 설치되어 작업능률이 저하되는 경우에는 시공량을 10%까지 감하여 적용한다.		

[주] ① 본 품은 도로 신설공사의 자주식 라인마커 트럭을 사용한 수용성형 페인트 차선도색 기준이다.
② 본 품은 차선도색, 유리알 살포 작업을 포함한다.
③ 트럭은 자재, 공구 및 경장비의 현장내 운반 작업에 적용한다.
④ 사전 청소가 필요한 경우에는 별도 계상한다.
⑤ 잡재료 및 소모재료는 주재료비의 1%로 계상한다.
⑥ 페인트 재료량 및 유리알 살포량은 별도 계상한다.

4. 융착식 도료 수동식

(일 당)

구 분	규 격	단 위	수 량	시공량(㎡)			
				실선	파선	횡단보도, 주차장	문자, 기호
특 별 인 부	-	인	2	700	350	266	126
보 통 인 부	-	〃	2				
트 럭	4.5ton	대	1				
〃	2.5ton	〃	1				
비 고			- 노면에 표지병 등이 설치되어 작업능률이 저하되는 경우에는 시공량을 10%까지 감하여 적용한다.				

[주] ① 본 품은 도로 신설공사의 핸드가이드식 라인마커를 사용한 융착식 도료 차선도색 기준이다.
② 본 품은 도료배합, 차선도색, 유리알 살포 작업을 포함한다.
③ 트럭은 다음의 작업에 적용한다.

구 분	4.5ton	2.5ton
작 업	용해기 운반	자재, 공구 및 경장비 운반

④ 사전 청소가 필요한 경우에는 별도 계상한다.
⑤ 공구손료 및 경장비(라인마커, 용해기 등)의 기계경비는 인력품의 10%로 계상한다.
⑥ 잡재료 및 소모재료는 주재료비의 1%로 계상한다.
⑦ 페인트 재료량 및 유리알 살포량은 별도 계상하고, 기타 자재의 수량은 다음을 참고한다.

(10㎡ 당)

구 분	단 위	수 량
프 라 이 머	kg	2.0
프 로 판 가 스	〃	2.0

※ 위 재료량은 할증이 포함되어 있다.

5. 상온경화형 플라스틱 도료 구동식

(일 당)

구 분	규 격	단 위	수 량	시공량 (㎡)			
				실선	파선	횡단보도, 주차장	문자, 기호
특별인부	-	인	2	730	365	275	130
보통인부	-	〃	2				
트 럭	2.5ton	대	2				
비 고				- 노면에 표지병 등이 설치되어 작업능률이 저하되는 경우에는 시공량을 10%까지 감하여 적용한다.			

[주] ① 본 품은 도로 신설공사의 라인마커(탑승형)를 사용한 상온경화형 플라스틱 도료를 차선도색 기준이다.
② 본 품은 차선도색, 유리알 살포 작업을 포함한다.
③ 트럭은 자재, 공구 및 경장비의 현상내 운반 작업에 적용한다.
④ 사전 청소가 필요한 경우에는 별도 계상한다.
⑤ 공구손료 및 경장비(핸드믹서 등)의 기계경비는 인력품의 2%로 계상하고, 라인마커의 기계경비는 별도계상한다.
⑥ 잡재료 및 소모재료는 주재료비의 1%로 계상한다.
⑦ 페인트 재료량 및 유리알 살포량은 별도 계상한다.

1-8-10 가드레일 설치('08, '17, '20년 보완)

1. 지주 설치

(일 당)

구 분	규 격	단 위	수 량	시공량(m)	
				지주간격 2m	지주간격 4m
특 별 인 부	-	인	2	420	840
보 통 인 부	-	〃	1		
굴착기+대형브레이커	0.6㎥	대	1		
트 럭	2.5ton	〃	1		

[주] ① 본 품은 노측의 토공구간에 가드레일 지주 설치 기준이다.
　　② 본 품은 기준선 설치, 지주 항타 및 보강재 설치를 포함한다.
　　③ 트럭은 자재, 공구 및 경장비의 현장내 운반 작업에 적용한다.

2. 판 설치

(일 당)

구 분	규 격	단 위	수 량	시공량 (m)			
				지주간격 2m		지주간격 4m	
				2W	3W	2W	3W
특 별 인 부	-	인	4	520	440	680	560
보 통 인 부	-	〃	2				
트 럭	2.5ton	대	1				

[주] ① 본 품은 본당길이 4m의 가드레일 판 설치 기준이다.
　　② 본 품은 간격재 조립, 판 설치 및 볼트고정, 단부마감 작업을 포함한다.
　　③ 트럭은 자재, 공구 및 경장비의 현장내 운반 작업에 적용한다.
　　④ 램프구간 등 곡선구간의 가드레일 설치시 시공량의 40%범위 내에서 감하여 적용할 수 있다.
　　⑤ 공구손료 및 경장비(전동드릴 등)의 기계경비는 인력품의 5%로 계상한다.

■ 방초매트를 이용한 식생차단공법

· 그린가드(Green Guard)

(m 당)

구 분				신설도로		유지관리도로	
품 명		규 격	단위	지주2m	지주4m	지주2m	지주4m
1. 자재							
식생차단시트		그린가드	㎡	1.1	1.1	1.1	1.1
그린가드홀더		ø140	개	0.5	0.25	0.5	0.25
고 정 팩		L=250㎜	〃	4.0	4.0	4.0	4.0
고 정 대		W30, L=1000㎜	〃	1.0	1.0	1.0	1.0
칼 브 럭		ø6, L=35㎜	〃	5.0	5.0	5.0	5.0
잡 재 료 비		재료비의 3%	식	1.0	1.0	1.0	1.0
2. 노무							
시트 설치 및 면정리	작업반장	-	인	0.006	0.006	0.006	0.006
	특별인부	-	〃	0.041	0.041	0.041	0.041
	보통인부	-	〃	0.076	0.076	0.076	0.076
	공구손료	노무비의 2%	식	1.0	1.0	1.0	1.0
3. 장비							
굴 삭 기		0.6㎥	hr	-	-	0.015	0.015

[주] ① 본 공법은 도로변 식생침입차단 및 시거확보를 유도하는 유지관리 공법이다.
② 잡재료비는 재료비의 3%, 공구손료는 노무비의 2%를 계상한다.
③ 면정리는 식생차단시트 설치를 위한 정리작업을 의미하는 것이며 잡석제거 및 토사면 다짐과 같은 면고르기 품은 현장여건에 따라 별도 계상한다.
④ 공사시방에 따라 장비조합을 변경할 수 있다.
⑤ 가드레일 단부구간은 자재할증을 별도로 계상한다.

■ 가드레일

1. 표준형 가드레일

구 분		규 격	단위	평지부, 성토부용		중앙분리대용		중앙분리대 긴급개구부
				SB2	SB4	SB4		SB5
				4m	2m	2m	3m	17m
인원 편성	특 별 인 부	-	인	0.080	0.051	0.050	0.038	2.469
	보 통 인 부	-	〃	0.160	0.103	0.100	0.075	2.491
	철 골 공	-	〃	-	-	-	-	3.264
장비 조합	3단 코 어 비 트	ø15.24cm (6inch)	개	-	-	0.200	0.250	3.091
	코 어 드 릴		〃	-	-	0.080	0.100	1.236
	발 전 기	25kW	hr	0.107	0.082	0.040	0.050	1.273
	백호(브레이커포함)	0.6㎥	〃	0.107	0.082	0.080	0.100	2.473
	덤 프 트 럭	2.5ton	〃	0.107	0.062	0.040	0.050	3.745

2. 개방형 가드레일

구 분		규 격	단위	자전거난간겸용	평지부, 성토부용				중앙분리대용	
				SB2	SB2, SB3		SB4	SB5	SB4	SB5
				3m	3m	4m	2m	2m	3m	2m
인원 편성	특 별 인 부	-	인	0.100	0.075	0.092	0.055	0.105	0.100	0.083
	보 통 인 부	-	〃	0.200	0.150	0.185	0.109	0.210	0.200	0.167
장비 조합	3단 코 어 비 트	ø15.24cm (6inch)	개	0.080	-	-	-	-	0.080	0.067
	코 어 드 릴		〃	0.160	-	-	-	-	0.160	0.133
	발 전 기	25kW	hr	0.240	0.100	0.123	0.073	0.076	0.240	0.200
	백호(브레이커포함)	0.6㎥	〃	0.160	0.100	0.123	0.073	0.114	0.160	0.133
	덤 프 트 럭	2.5ton	〃	0.240	0.200	0.246	0.145	0.190	0.240	0.200

3. 교량용 가드레일

구 분		규 격	단위	개방형 노측용 SB4 (3m) 케미컬앙카	개방형 노측용 SB4 (2m) 케미컬앙카	개방형 중앙분리대용 SB4 (3m) 케미컬앙카	관절형 노측용 SB5 (2m) L형앙카	관절형 중앙분리대용 SB5 (2m) L형앙카	개방형 노측용 SB6 (2m) L형앙카
인원 편성	특 별 인 부	-	인	0.150	0.133	0.167	0.146	0.157	0.167
	보 통 인 부	-	〃	0.300	0.267	0.333	0.292	0.314	0.333
	착 암 공	-	〃	0.020	0.020	0.022	-	-	-
장비 조합	3단코어비트	ø2.54cm (1inch)	개	0.010	0.010	0.011	-	-	-
	코 어 드 릴		〃	0.040	0.040	0.044	-	-	-
	발 전 기	25kw	hr	0.400	0.333	0.400	0.333	0.343	0.356
	덤 프 트 럭	2.5ton	〃	0.400	0.333	0.400	0.333	0.343	0.356

4. 교량전이구간

구 분		규 격	단 위	개방형		표준형
				SB4	SB5	SB4
				12m	12m	12m
인원 편성	특 별 인 부	-	인	1.673	1.958	1.594
	보 통 인 부	-	〃	2.367	3.181	2.578
	철 골 공	-	〃	1.306	0.979	0.816
장비 조합	발 전 기	25kW	hr	0.333	0.533	0.996
	백 호(브레이커포함)	0.6㎥	〃	2.933	3.886	2.774
	덤 프 트 럭	2.5ton	〃	3.267	4.419	3.768

5. 롤링가드배리어

구 분		규 격	단위	평지부용		성토부용				중앙분리대	
				SB4 (경간)	SB4 (m)	SB4 (경간)	SB4 (m)	SB5 (경간)	SB5 (m)	SB4 (경간)	SB4 (m)
인원 편성	특 별 인 부	-	인	0.047	0.070	0.057	0.081	0.071	0.101	0.049	0.070
	보 통 인 부	-	〃	0.093	0.139	0.113	0.161	0.143	0.204	0.098	0.140
장비 조합	3단 코 어 비 트	ø15.24cm	개	-	-	-	-	-	-	0.042	0.060
	코 어 드 릴	(6inch)	〃	-	-	-	-	-	-	0.084	0.120
	발 전 기	25kW	hr	0.080	0.120	0.121	0.173	0.057	0.081	0.084	0.120
	백호(브레이커포함)	0.6㎥	〃	0.080	0.120	0.076	0.109	0.114	0.163	0.084	0.120
	덤 프 트 럭	2.5ton	〃	0.147	0.220	0.150	0.214	0.286	0.409	0.126	0.180

6. 단부처리시설

구 분		규 격	단위	표준형				개방형		
				노측 성토부용 ET1	노측 성토부용 ET2	중앙분리 대용(2W) ET2	중앙분리 대용(3W) ET2	노측 성토부용 ET1	노측 성토부용 ET2	중앙분리 대용 ET2
인원 편성	철 골 공	-	인	2.00	2.00	2.00	2.00	2.00	2.00	2.00
	특 별 인 부	-	〃	3.00	3.00	3.00	3.00	3.00	3.00	3.00
	보 통 인 부	-	〃	4.00	4.00	4.00	4.00	4.00	4.00	4.00
장비 조합	몰 탈 채 움	무수축	kg	-	-	9.88	6.59	-	-	11.53
	3단 코 어 비 트	ø15.24cm	개	-	-	0.30	0.20	-	-	0.35
	코 어 드 릴	(6inch)	〃	-	-	1.92	1.28	-	-	2.24
	발 전 기	25kW	hr	1.45	2.03	1.08	0.72	1.17	1.64	1.26
	백호(브레이커포함)	0.6㎥	〃	1.45	2.03	1.00	0.67	1.09	1.52	1.17
	덤 프 트 럭	2.5ton	〃	1.45	2.03	0.90	0.60	1.17	1.64	1.05

7. 성토부 지주보강방안

구 분		규 격	단위	성토부 지주보강		
				보조지주공법	지지력보강판	측구앵커
인원 편성	특 별 인 부	-	인	0.05	0.04	-
	보 통 인 부	-	〃	0.05	0.04	0.09
	철 골 공	-	〃	-	-	0.10
장비 조합	백호(브레이커포함)	0.6㎥	hr	0.20	0.16	-
	덤 프 트 럭	2.5ton	〃	0.20	0.16	-

8. 보도용 방호울타리

구 분		규 격	단 위	수 량
인원 편성	특 별 인 부	-	인	0.057
	보 통 인 부	-	〃	0.114
장비 조합	발 전 기	25kW	hr	0.229
	덤 프 트 럭	2.5ton	〃	0.229

[주] ① 평지부 및 성토부용 품은 노측의 흙 속에 지주를 항타하여 세운 후 가드레일을 설치하는 품이다.
② 자전거난간겸용 품은 포장층을 천공 후 지주를 항타하여 세운 후 모르타르 등으로 고정시켜 설치하는 품이다.
③ 중앙분리대용 품은 포장층을 천공 후 지주를 항타하여 세운 후 모르타르 등으로 고정시켜 설치하는 품이다.
④ 교량용 가드레일 품은 교량부, 옹벽부 및 연석 등에 앵커를 설치한 후 방호책을 설치하는 품이다.
⑤ 교량용 가드레일 제품을 강상판등에 직접 앵커를 용접하여 시공할 경우에는 설치품에 30%할증을 적용한다.
⑥ 보도용 방호울타리 품의 터파기, 되메우기, 모르타르, 앵커 설치 등은 별도 계상한다.
⑦ 단부(라운드레일) 품은 상기 품의 50%를 적용한다.
⑧ 시공물량 300m 미만, 특수 제작 및 설치 시에는 별도 계상할 수 있다.
⑨ 기타 잡재료비 및 기구손료는 인력품의 3%까지 별도로 계상할 수 있다.

제 1 장 도로포장공사

→ 참고자료

■ 방초매트(S1-MAT, 특허 제 10-1641670호)

구 분	품 명	규 격	단 위	수 량	
				지주간격 2m	지주간격 4m
자 재 대	방 초 매 트	1.0 m×1.0 m	㎡	1.1	1.1
	반사지주홀더	ø140×68 ㎜	개	0.5	0.25
	고 정 팩	ø35×300 ㎜	〃	3.0	3.0
	고 정 핀	ø5×22 ㎜	〃	4.0	4.0
	접 착 제	270㎖	㎖	100.0	100.0
면고르기 및 매트설치	작 업 반 장	-	인	0.006	0.006
	특 별 인 부	-	〃	0.039	0.037
	보 통 인 부	-	〃	0.081	0.077
	공 구 손 료	인력품의 3%	식	1.0	1.0
장 비 대	굴 삭 기	-	-	0.018	0.018

[주] ① 본 품은 길어깨 잡초성장 억제를 통한 시인성 향상 및 주행안전성 확보를 위한 공법이다.
② 면고르기는 예초작업을 포함한다.
③ 인건비는 방초매트 포설 및 부자재 설치에 대한 품을 포함한다.
④ 공구손료는 인력품의 3%를 계상한다.

■ S1-Grid 그리드 생산
- 안정된 우수품질의 지오그리드 생산업체
- 구조검토 및 전체안정성 검토

■ S1-Mat 방초매트 제조
[특허 제10-1641670호]
- 길어깨용 방초매트 - 보도블록 방초매트

■ 식재조성물 그리드
[특허 제10-0984524]
- 사면보호 녹화

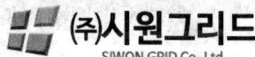

(주)시원그리드
SIWON GRID Co.,Ltd.

Tel. (033)733-1980 Fax. (033)733-1981
강원도 원주시 태장공단길 59, 1층

■ 가드레일 설치

1. 윙가드레일·개방형 가드레일

(경간 당)

구분		규격	단위	개방형 가드레일 (사각 2단)		절곡형가드레일 (절곡 2단)	성토부 2W 윙 가드레일+(케이블2줄)	성토부 2W 윙 가드레일+(케이블1줄)
				4m 경간 (SB 2등급)	3m 경간 (SB 4등급)	3m 경간 (SB 4등급)	3m 경간 (SB 4등급)	4m 경간 (SB 2등급)
인원 편성	특별인부	-	인	0.165	0.165	0.375	0.438	0.312
	보통인부	-	〃	0.260	0.260	0.750	0.687	0.625
장비 조합	대형브레이커	0.7㎥	시간	0.180	0.180	0.180	0.120	0.120
	경운기	-	〃	0.648	0.648	0.648	0.648	0.648
	굴삭기(타이어)	0.6㎥	〃	0.180	0.180	0.180	0.120	0.120

[주] ① 본 품은 노측의 흙 속에 지주를 항타하여 세운 후 가드레일을 설치하는 품이다.
② 시공물량 500m 미만은 30% 할증을 적용한다.
③ 앵커로 설치시에도 위와 동일한 설치품을 적용한다.
④ 기타 잡재료비 및 기구손료는 인력품의 3%까지 별도로 계상할 수 있다.

2. 윙가드레일·개방형 중분대

(경간 당)

구분		규격	단위	2W 중분대 윙가드레일 2m/경간 (SB 4등급)	2W 중분대 윙가드레일+케이블 2줄 3m/경간 (SB 4등급)	3W 중분대 윙가드레일 2m/경간 (SB 4등급)	개방형 중분대 3m/경간 (SB 4등급)
인원 편성	특별인부	-	인	0.312	0.312	0.375	0.375
	보통인부	-	〃	0.625	0.625	0.750	0.652
장비 조합	코어드릴	6인치	시간	0.532	0.532	0.532	0.532
	발전기	25kW	〃	0.316	0.474	0.316	0.474
	대형브레이커	0.7㎥	〃	0.220	0.220	0.220	0.324
	경운기	-	〃	0.432	0.648	0.648	0.648
	굴삭기(타이어)	0.6㎥	〃	0.220	0.220	0.220	0.324

[주] ① 본 품은 포장층(t=30cm 정도)을 천공 후 지주(2m 간격)를 포장면에서 1.0m정도까지 항타하여 세운 후 양면형 가드레일을 설치하는 품이다.
② 본 품에는 천공, 청소, 항타기준선 설치, 지주박기, 가드레일 설치, 모르타르 및 모래 채우기 등에 대한 소운반 품이 포함되어있다.
③ 시공물량 250m 미만은 30% 할증을 적용한다.
④ 앵커로 설치시에도 위와 동일한 설치품을 적용한다.
⑤ 기타 잡재료비 및 기구손료는 인력품의 3%까지 별도로 계상할 수 있다.

■ 교량용방호책(강재방호책) 설치

(경간 당)

구분		규격	단위	2단 강재방호책 3m/경간 (SB 5등급)	교량방호책+케이블1줄 3m/경간 (SB 4등급)	3단 강재방호책 3m/경간
인원 편성	특별인부	-	인	1.300	1.000	1.450
	보통인부	-	〃	1.800	1.300	1.360
장비 조합	발전기	25kW	시간	0.750	0.750	0.750
	경운기	-	〃	0.850	0.850	0.850

[주] ① 본 품은 교량부, 옹벽부 및 연석 등에 L형 앵커를 설치한 후 방호책을 설치하는 품이다.
② 기타 잡재료비 및 기구손료는 인력품의 3%까지 별도로 계상할 수 있다.

■ 가드케이블 설치

1. 가드케이블(경관형)

(경간 당)

구 분		규 격	단위	경관형 3단 KD 케이블		경관형 4단 KD 케이블		경관형 5단 KD 케이블
				4m/경간	7m/경간	4m/경간	7m/경간	4m/경간
인원 편성	특별인부	-	인	0.650	0.650	0.860	0.860	0.100
	보통인부	-	〃	1.150	1.150	1.200	1.200	1.260
장비 조합	대형브레이커	0.7㎥	시간	0.160	0.160	0.160	0.160	0.100
	경운기	-	〃	0.650	0.650	0.650	0.650	0.585
	굴삭기(타이어)	0.6㎥	〃	0.160	0.160	0.160	0.160	0.100

[주] ① 본 품은 노측의 흙 속에 지주(4m, 7m 간격)를 항타하여 세운 후 가드케이블을 설치하는 품이다.
② 본 품에는 천공, 청소, 항타기준선 설치, 지주박기, 가드케이블 설치, 모르타르 및 모래 채우기 등에 대한 소운반 품이 포함되어있다.
③ 시공물량 250m 미만은 30% 할증을 적용한다.
④ 앵커로 설치시에도 위와 동일한 설치품을 적용한다.
⑤ 기타 잡재료비 및 기구손료는 인력품의 3%까지 별도로 계상할 수 있다.

2. 가드케이블(자전거 전용)

(경간 당)

구 분		규 격	단위	자전거 전용 3단 KD 케이블 7m/경간	자전거 전용 5단 KD 케이블 7m/경간
편성 인원	특별인부	-	인	0.650	0.100
	보통인부	-	〃	1.150	1.260
장비 조합	대형브레이커	0.7㎥	〃	0.160	0.100
	경운기	-	〃	0.650	0.585
	굴삭기(타이어)	0.6㎥	〃	0.160	0.100

[주] ① 본 품은 노측의 흙 속에 지주(7m 간격)를 항타하여 세운 후 가드케이블을 설치하는 품이다.
② 본 품에는 천공, 청소, 항타기준선 설치, 지주박기, 가드케이블 설치, 모르타르 및 모래 채우기 등에 대한 소운반 품이 포함되어있다.
③ 시공물량 250m 미만은 30% 할증을 적용한다.
④ 앵커로 설치시에도 위와 동일한 설치품을 적용한다.
⑤ 기타 잡재료비 및 기구손료는 인력품의 3%까지 별도로 계상할 수 있다.
⑥ 케이블의 재질은 KSD 3514에 따른다.

◆ 윙가드레일, 고강성 홈파이프 지주, 교량방호책
◆ 일반가드레일, 원형 파이프 지주, 낙석방지책
◆ 토류방지책, 델리네이트, 통신 지주, 이정표

◆ 가드레일, 교량난간
◆ 낙석방지책, 디자인형 울타리
◆ 도로교통안전시설물, 금속창호온실공사

(주)금동강건 www.kdkk.co.kr
경남 밀양시 초동면 농공단지길 56 TEL : 055-391-1717 FAX : 055-391-4600

(주)성호로텍 www.shrt.co.kr
경남 김해시 진영읍 진산대로 242 TEL : 055-345-1779 FAX : 055-345-1790

○ 참고자료

■ 방초고화매트를 이용한 식생차단 및 피난이동로 설치 공법

구 분		품 명	규 격	단위	지주간격 2m	지주간격 3m	지주간격 4m
자 재		방초고화매트	1m×1m, 8kg	㎡	1.1	1.1	1.1
		원형밴드	ø150×30	개	0.5	0.33	0.25
		못형매트고정핀	200mm	〃	4.5	4.0	3.75
		매트고정핀	38mm	〃	3.5	3.5	3.5
		잡재료비	재료비의 3%	식	1.0	1.0	1.0
노 무	삭초작업	보통인부	-	인	0.01	0.01	0.01
	면고르기	보통인부	-	〃	0.005	0.005	0.005
	매트설치	작업반장	-	〃	0.01	0.01	0.01
		특별인부	-	〃	0.03	0.03	0.03
		보통인부	-	〃	0.04	0.04	0.04
	살수작업	보통인부	-	인	0.003	0.003	0.003
		공구손료	인건비의 2%	식	1.0	1.0	1.0
장 비		굴 삭 기	0.7㎥	-	0.015	0.015	0.015
		물탱크(살수차)	5,500ℓ	-	0.026	0.026	0.026

[주] ① 본 품은 도로변 잡초성장을 억제하고 시인성을 향상시켜 차량의 주행 안정성을 확보하고, 사고시 피난이동로로 사용할 수 있는 공법이다.
② 잡재료비는 재료비의 3%, 공구손료는 인건비의 2%를 계상한다.
③ 면고르기는 방초고화매트의 설치를 위한 정리작업으로 토사의 반입이나 반출품은 현장 여건에 따라 별도 계상한다.
④ 현장여건에 따라 장비의 조합을 변경할 수 있다.

고화매트
산마루측구, 수로, 방초매트

주식회사 유시티 UBIQUITOUS CITY

미끄럼방지 포장재
safekeeper t3
물품식별번호 : 22151048

강원특별자치도 홍천군 남면 홍성길 219(화전농공단지)
TEL : 033-436-0277 FAX : 033-436-0278
Webhard : ID/nonslip   PW/nonslip

1-8-11 중앙분리대 설치(가드레일식)('08년 신설, '17, '20년 보완)

1. 지주설치

(일 당)

구 분	규 격	단 위	수 량	시공량(m)	
				지주간격 2m	지주간격 4m
특 별 인 부	-	인	3	260	520
보 통 인 부	-	〃	1		
굴착기+대형브레이커	0.6㎥	대	1		
크 롤 러 드 릴(공기식)	17.0㎥/min	〃	1		
공 기 압 축 기	17.0㎥/min	〃	1		
트 럭	2.5ton	〃	1		

[주] ① 본 품은 포장층을 천공하는 중앙분리대 지주 설치 기준이다.
② 본 품은 천공, 청소, 항타기준선 설치, 지주 및 보강재 설치, 모르타르 및 모래채우기를 포함한다.
③ 트럭은 자재, 공구 및 경장비의 현장내 운반 작업에 적용한다.
④ 장비의 규격은 현장여건에 따라 변경할 수 있다.

2. 판 설치

(일 당)

구 분	규 격	단 위	수 량	시공량(m)			
				지주간격 2m		지주간격 4m	
				2W	3W	2W	3W
특 별 인 부	-	인	4	260	220	340	280
보 통 인 부	-	〃	2				
트 럭	2.5ton	대	1				

[주] ① 본 품은 본당김이 4m 가드레일의 양면에 판 설치 기준이다
② 본 품은 간격재 조립 및 판 설치, 볼트고정, 단부마감 작업을 포함한다.
③ 트럭은 자재, 공구 및 경장비의 현장내 운반 작업에 적용한다.
④ 공구손료 및 경장비(전동드릴 등)의 기계경비는 인력품의 5%로 계상한다.

■ 차량 방호울타리 설치

(경간 당)

품 명	경 간	특별인부	보통인부	철골공
보도용난간	6m/1경간	0.99	0.9	0.49
휀스	〃	0.9	0.72	0.39
자전거난간	〃	0.78	0.71	0.41
레일난간	〃	0.31	0.2	0.72
차도용난간	〃	0.75	0.68	0.37
방호울타리	〃	1.185	1.23	0.42
방호울타리	4m/1경간	0.79	0.82	0.28
보차겸용방호울타리	〃	0.94	0.96	0.37
알루미늄교량점검시설	m당	0.12	0.32	0.76

[주] ① 본 품은 알루미늄 난간, 방호울타리, 점검시설 설치에 대한 일반적인 기준이며, 제작에 소요되는 재료 및 품은 별도 계상한다.
② 특수제작 및 설치시는 별도 계상할 수 있다.
③ 설치용 장비를 사용할 경우에는 별도 계상할 수 있다.
④ 공구손료는 인건비의 3%를 계상할 수 있다.
⑤ 독립기초 설치시 별도 계상한다.

1-8-12 중앙분리대 설치(콘크리트 포설식)('08년 신설, '17, '20, '24년 보완)

(일 당)

구 분	규 격	단 위	수 량	시공량(m)	
				높이 0.81m	높이 1.27m
포 장 공	-	인	2	350	300
철 근 공	-	〃	1		
보 통 인 부	-	〃	2		
콘크리트피니셔	105.9kW	대	1		
굴 착 기	1.0㎥	〃	1		

[주] ① 본 품은 콘크리트 피니셔를 사용한 중앙분리대 포설 기준이다.
② 본 품은 철망 조립 및 설치, 콘크리트 포설, 신축이음재 설치, 면마무리 및 양생 작업을 포함한다.
③ 유도선 설치, 균열유발이음(수축줄눈) 설치 작업은 별도 계상한다.
④ 장비의 규격은 현장여건에 따라 변경할 수 있다.

1-8-13 유색포장(미끄럼방지)('25년 신설)

(일 당)

구 분	규 격	단 위	수 량	시공량(㎡)	
				A-Type	B-Type
도 장 공	-	인	3	300	200
보 통 인 부	-	〃	2		
트 럭	2.5ton	대	1		

[주] ① 본 품은 도로포장 노면에 미끄럼방지를 위해 유색포장(열경화성 아크릴수지+규사)를 도포하는 기준이다.
② 본 품은 노면 청소, 테이프 마킹 및 제거, 자재 혼합 및 도포, 요철마감 작업을 포함한다.
③ 각 유형별 적용기준은 다음과 같다.

구분	적용기준
A-Type	- 미끄럼 대상 전체 구간에 설치하는 전면처리방식
B-Type	- 미끄럼 대상 구간에 띠 모양으로 일정 간격씩 띄워 설치하는 이격식 처리방식

④ 트럭은 자재, 공구 및 경장비의 현장내 운반 작업에 적용한다.
⑤ 공구손료 및 경장비(핸드믹서 등)의 기계경비는 인력품의 3%로 계상한다.

■ 그루빙 공법

※ V형 그루빙 (Vtype Grooving, 특허 제10-1078600호)

1. V형 그루빙 Type 1

분류	포장구분	공종	규격 폭(W1~W2)×깊이×간격	단위	자재 블레이드(장)/소모량	인원(인) 작업반장	인원(인) 특별인부	인원(인) 보통인부	장비(hr) 그루버	장비(hr) 트럭탑재형크레인	장비(hr) 덤프트럭(4.5t)	폐기물(kg)
V형그루빙-1	아스팔트	종방향	(6~12)×4×63	㎡	0.0220	0.0031	0.0125	0.0125	0.0250	0.0125	0.0063	2.24
V형그루빙-2	아스팔트	횡방향	(6~12)×4×63	〃	0.0220	0.0017	0.0067	0.0067	0.0133	0.0067	0.0033	2.24
V형그루빙-3	아스팔트	배수홈	(25~35)×10	m	0.0215	0.0033	0.0133	0.0133	0.0267	0.0133	0.0067	0.85
V형그루빙-4	콘크리트	종방향	(6~12)×4×63	㎡	0.0220	0.0010	0.0040	0.0040	0.0080	0.0040	0.0020	2.24
V형그루빙-5	콘크리트	횡방향	(6~12)×4×63	〃	0.0220	0.0020	0.0080	0.0080	0.0160	0.0080	0.0040	2.24
V형그루빙-6	콘크리트	배수홈	(25~35)×10	m	0.0215	0.0033	0.0133	0.0133	0.0267	0.0133	0.0067	0.51

[주] 각 호표당 블레이드 소모량 : 블레이드수량÷1SET 시공량(1매당 유효사용길이×절삭폭)

2. V형 그루빙 Type 2

분류	포장구분	공종	규격 폭(W1~W2)×깊이×간격	단위	자재 블레이드(장)/소모량	인원(인) 작업반장	인원(인) 특별인부	인원(인) 보통인부	장비(hr) 그루버	장비(hr) 트럭탑재형크레인	장비(hr) 덤프트럭(4.5t)	폐기물(kg)
V형그루빙-1	아스팔트	종방향	(3~9)×4×63	㎡	0.0240	0.0031	0.0125	0.0125	0.0250	0.0125	0.0063	2.24
V형그루빙-2	아스팔트	횡방향	(3~9)×4×63	〃	0.0240	0.0063	0.0250	0.0250	0.0500	0.0250	0.0125	2.24
V형그루빙-3	아스팔트	배수홈	(25~35)×10	m	0.0215	0.0050	0.0200	0.0200	0.0400	0.0200	0.0100	0.85
V형그루빙-4	콘크리트	종방향	(3~9)×4×63	㎡	0.0240	0.0033	0.0133	0.0133	0.0267	0.0133	0.0067	2.24
V형그루빙-5	콘크리트	횡방향	(3~9)×4×63	〃	0.0240	0.0077	0.0308	0.0308	0.0615	0.0308	0.0154	2.24
V형그루빙-6	콘크리트	배수홈	(25~35)×10	m	0.0215	0.0056	0.0222	0.0222	0.0444	0.0222	0.0111	0.51

[주] 각 호표당 블레이드 소모량 : 블레이드수량÷1Set 시공량(1매당 유효사용길이×절삭폭)

3. V형 그루빙 Type 3

분 류	포장구분	공 종	규 격 폭(W1~W2)×깊이×간격	단위	자재 블레이드(장)/소모량	인 원(인) 작업반장	인 원(인) 특별인부	인 원(인) 보통인부	장 비(hr) 그루버	장 비(hr) 트럭탑재형크레인	장 비(hr) 덤프트럭(4.5t)	폐기물(kg)
V형그루빙-1	아스팔트	종방향	(2~5)×4×18	㎡	0.0280	0.0031	0.0125	0.0125	0.0250	0.0125	0.0063	2.24
V형그루빙-2	아스팔트	횡방향	(2~5)×4×18	〃	0.0280	0.0063	0.0250	0.0250	0.0500	0.0250	0.0125	2.24
V형그루빙-3	아스팔트	배수홈	(25~35)×10	m	0.0242	0.0050	0.0200	0.0200	0.0400	0.0200	0.0100	0.85
V형그루빙-4	콘크리트	종방향	(2~5)×4×18	㎡	0.0280	0.0033	0.0133	0.0133	0.0267	0.0133	0.0067	2.24
V형그루빙-5	콘크리트	횡방향	(2~5)×4×18	〃	0.0233	0.0077	0.0308	0.0308	0.0615	0.0308	0.0154	2.24
V형그루빙-6	콘크리트	배수홈	(18~25)×10	m	0.0242	0.0056	0.0222	0.0222	0.0444	0.0222	0.0111	0.51

[주] 각 호표당 블레이드 소모량 : 블레이드수량÷1Set 시공량(1매당 유효사용길이×절삭폭)

4. V형 그루빙 Type 4

분 류	포장구분	공 종	규 격 폭(W1~W2)×깊이×간격	단위	자재 블레이드(장)/소모량	인 원(인) 작업반장	인 원(인) 특별인부	인 원(인) 보통인부	장 비(hr) 그루버	장 비(hr) 트럭탑재형크레인	장 비(hr) 덤프트럭(4.5t)	폐기물(kg)
V형그루빙-1	아스팔트	종방향	(2~5)×4×39	㎡	0.0260	0.0031	0.0125	0.0125	0.0250	0.0125	0.0063	1.41
V형그루빙-2	아스팔트	횡방향	(2~5)×4×39	〃	0.0260	0.0063	0.0250	0.0250	0.0500	0.0250	0.0125	1.41
V형그루빙-3	아스팔트	배수홈	(25~35)×10	m	0.0242	0.0050	0.0200	0.0200	0.0400	0.0200	0.0100	0.85
V형그루빙-4	콘크리트	종방향	(2~5)×4×39	㎡	0.0260	0.0033	0.0133	0.0133	0.0267	0.0133	0.0067	1.41
V형그루빙-5	콘크리트	횡방향	(2~5)×4×39	〃	0.0217	0.0077	0.0308	0.0308	0.0615	0.0308	0.0154	1.41
V형그루빙-6	콘크리트	배수홈	(18~25)×10	m	0.0242	0.0056	0.0222	0.0222	0.0444	0.0222	0.0111	0.85

[주] 각 호표당 블레이드 소모량 : 블레이드수량÷1Set 시공량(1매당 유효사용길이×절삭폭)

5. V형 그루빙 Type 5

분류	포장구분	공종	규격 폭(W1~W2)× 깊이×간격	단위	자재 블레이드(장)/소모량	인 원(인) 작업반장	특별인부	보통인부	장 비(hr) 그루버	트럭탑재형크레인	덤프트럭(4.5t)	폐기물(kg)
V형그루빙-1	아스팔트	종방향	(1~3)×4×18	㎡	0.0320	0.0031	0.0125	0.0125	0.0250	0.0125	0.0063	2.24
V형그루빙-2	아스팔트	횡방향	(1~3)×4×18	〃	0.0320	0.0063	0.0250	0.0250	0.0500	0.0250	0.0125	2.24
V형그루빙-3	아스팔트	배수홈	(18~23)×8	m	0.0268	0.0050	0.0200	0.0200	0.0400	0.0200	0.0100	0.85
V형그루빙-4	콘크리트	종방향	(1~3)×4×18	㎡	0.0320	0.0033	0.0133	0.0133	0.0267	0.0133	0.0067	2.24
V형그루빙-5	콘크리트	횡방향	(1~3)×4×18	〃	0.0267	0.0077	0.0308	0.0308	0.0615	0.0308	0.0154	2.24
V형그루빙-6	콘크리트	배수홈	(18~25)×10	m	0.0268	0.0056	0.0222	0.0222	0.0444	0.0222	0.0111	0.51

[주] 각 호표당 블레이드 소모량 : 블레이드수량÷1Set 시공량(1매당 유효사용길이×절삭폭)

6. V형 그루빙 Type 6

분류	포장구분	공종	규격 폭(W1~W2)× 깊이×간격	단위	자재 블레이드(장)/소모량	인 원(인) 작업반장	특별인부	보통인부	장 비(hr) 그루버	트럭탑재형크레인	덤프트럭(4.5t)	폐기물(kg)
V형그루빙-1	아스팔트	종방향	(1~3)×4×39	㎡	0.0300	0.0031	0.0125	0.0125	0.0250	0.0125	0.0063	1.41
V형그루빙-2	아스팔트	횡방향	(1~3)×4×39	〃	0.0300	0.0063	0.0250	0.0250	0.0500	0.0250	0.0125	1.41
V형그루빙-3	아스팔트	배수홈	(18~23)×8	m	0.0268	0.0050	0.0200	0.0200	0.0400	0.0200	0.0100	0.85
V형그루빙-4	콘크리트	종방향	(1~3)×4×39	㎡	0.0300	0.0033	0.0133	0.0133	0.0267	0.0133	0.0067	1.41
V형그루빙-5	콘크리트	횡방향	(1~3)×4×39	〃	0.0250	0.0077	0.0308	0.0308	0.0615	0.0308	0.0154	1.41
V형그루빙-6	콘크리트	배수홈	(18~25)×10	m	0.0268	0.0056	0.0222	0.0222	0.0444	0.0222	0.0111	0.85

[주] 각 호표당 블레이드 소모량 : 블레이드수량÷1Set 시공량(1매당 유효사용길이×절삭폭)

7. V형 그루빙 Type 7

참고자료

분류	포장구분	공종	규격 폭(W1~W2)× 깊이×간격	단위	자재 블레이드(장)/소모량	인 원(인) 작업반장	인 원(인) 특별인부	인 원(인) 보통인부	장 비(hr) 그루버	장 비(hr) 트럭탑재형크레인	장 비(hr) 덤프트럭(4.5t)	폐기물(kg)
V형그루빙-1	아스팔트콘크리트	경고홈	(25~35)×6	㎡	0.0485	0.0033	0.0067	0.0067	0.0267	0.0067	0.0133	1.41
V형그루빙-2	아스팔트콘크리트	경고홈	(53~65)×6	〃	0.0440	0.0067	0.0133	0.0133	0.0533	0.0133	0.0267	1.41
V형그루빙-4	아스팔트콘크리트	경고홈	(25~35)×6	㎡	0.0635	0.0040	0.0080	0.0080	0.0320	0.0080	0.0160	1.41
V형그루빙-5	아스팔트콘크리트	경고홈	(53~65)×6	〃	0.0500	0.0100	0.0200	0.0200	0.0800	0.0200	0.0400	1.41

[주] 각 호표당 블레이드 소모량 : 블레이드수량÷1Set 시공량(1매당 유효사용길이×절삭폭)

[주] ① 본 품은 준비작업, 소운반, 현장이동에 대한 품이 포함된 것이다.
② 주로 차량통행이 빈번한 도로에 시설하므로 교통안전시설비를 별도 계상할 수 있으며, 난이한 현장이나 야간 및 소규모 현장의 경우 20%정도의 작업능률 저하를 적용할 수 있다.
③ 공구손료 및 잡재료는 재료비의 5%로 한다.
④ 발생 폐기물 처리비는 별도 계상한다.

※ 손료 및 운전경비

1. 그루버 손료

장비기초가격(원)	내용시간	연간표준가동시간	상각비율	정비비율	관리비율	시간당(10⁻⁷) 상각비계수	시간당(10⁻⁷) 정비비계수	시간당(10⁻⁷) 관리비계수	계
110,000,000	4,000	800	0.9	0.95	0.14	2,250	2,375	1,120	5,745

시간당 손료 (10^{-7})

상각비계수	정비비계수	관리비계수	합 계
2,250	2,375	1,120	5,745

2. 그루버 운전경비

주연료	잡재료 (ℓ/hr)	조정원(인/일)	조수(인/일)	건설기계조장(인/일)
16.7	20	1	-	-

■ 노면요철(특허 제10-1483778호, 특허 제10-2380122호)

(단위 : m)

분류	포장종별	규격(mm) 절삭연장(A) ×중심간격(B) ×절삭깊이(C) ×절삭폭(D)	단위	블레이드 사용량 /건식노면요철 그루버 1대	블레이드 소모량 (매)	인원(인)			장비(Hr)			폐기물 (kg)
						작업 반장	특별 인부	보통 인부	건식 노면 요철 그루버	덤프 트럭 (4.5ton)	트럭 탑재형 크레인 (5ton)	
1호표	아스콘	100×200× 7×300	m	12"×4㎜ 55매	0.0327	0.0049	0.0091	0.0187	0.0372	0.0186	0.0093	2.52
2호표		125×250× 8×300	〃	12"×4㎜ 55매	0.0312	0.0047	0.0089	0.0185	0.0367	0.0184	0.0092	2.64
3호표		150×300× 10×300	〃	12"×4㎜ 55매	0.0398	0.0045	0.0087	0.0183	0.0365	0.0183	0.0091	2.85
4호표	콘크리트	100×200× 7×250	m	12"×4㎜ 47매	0.0455	0.0049	0.0091	0.0187	0.0425	0.0213	0.0107	2.10
5호표		125×250× 8×250	〃	12"×4㎜ 47매	0.0418	0.0047	0.0089	0.0185	0.0412	0.0206	0.0103	2.20

[주] ① 본 품은 준비작업, 소운반, 현장이동에 대한 품이 포함된 것이다.
② 주로 차량통행이 빈번한 도로에 시설하므로 교통 안전 시설비를 별도 계상할 수 있으며, 난이한 현장이나 야간 작업시에는 20%의 작업능률 저하를 적용할 수 있다.
③ 공구손료 및 잡재료는 재료비의 5%로 한다.
④ 폐기물처리비는 별도 계상한다.

* 손료 및 운전경비

1. 건식 노면요철그루버 손료

장비 기초가격(원)	내용시간 (시간)	연간표준 가동시간 (시간)	상각 비율 (%)	정비 비율 (%)	연간관리 비율 (%)	시간당(손료)			
						상각비 계수	정비비 계수	관리비 계수	계
150,000,000	4,000	800	90	95	14	0.0002250	0.0002375	0.0001120	0.0005745

2. 건식 노면요철 그루버 운전경비

주연료	잡재료 (ℓ/hr)	조정원(인/일)	조수 (인/일)	건설기계조장 (인/일)
16.7	20	1	-	-

제 1 장 도로포장공사 | 777

▣ SCB 그루빙 공법(특허 제10-2371472호)

(단위: ㎡, m)

절단 방향	포장종별	규격(mm) 폭×간격×깊이	단위	블레이드 사용량 /그루버 1매	블레이드 소모량 (매)	인원(인) 작업반장	특별인부	보통인부	장비(hr) 건식그루버	덤프트럭 (4.5ton)	트럭탑재형크레인 (5ton)	폐기물 (kg)
종절단	아스팔트	6×35×5	㎡	12"×6mm 20매	0.0139	0.0042	0.0076	0.0155	0.0307	0.0152	0.0076	1.41
		8×48×4	〃	12"×4mm 34매	0.0198	0.0048	0.0082	0.0163	0.0315	0.0158	0.0078	1.56
	콘크리트	6×35×4	〃	12"×6mm 20매	0.0256	0.0042	0.0076	0.0155	0.0358	0.0152	0.0076	1.41
		8×48×4	〃	12"×4mm 34매	0.0347	0.0048	0.0082	0.0163	0.0373	0.0158	0.0078	1.56
횡절단	아스팔트	6×35×5	㎡	12"×6mm 20매	0.0140	0.0053	0.0139	0.0274	0.0315	0.0152	0.0076	1.41
		8×48×4	〃	12"×4mm 34매	0.0202	0.0058	0.0141	0.0279	0.0318	0.0158	0.0078	1.56
	콘크리트	6×35×4	〃	12"×6mm 20매	0.0258	0.0053	0.0139	0.0274	0.0362	0.0152	0.0076	1.41
		8×48×4	〃	12"×4mm 34매	0.0349	0.0058	0.0141	0.0279	0.0375	0.0158	0.0078	1.56
홈절단	아스팔트	36×10	m	12"×6mm 6매	0.0045	0.0041	0.0138	0.0275	0.0295	0.0253	0.0132	0.84
	콘크리트	36×5	〃	12"×6mm 6매	0.0187	0.0043	0.0143	0.0278	0.0297	0.0255	0.0135	0.41

[주] ① 본 품은 준비작업, 소운반, 현장이동에 대한 품이 포함된 것이다.
② 주로 차량통행이 빈번한 노보에 시설하느로 교통 안선 시설비를 별노 계상할 수 있으며, 난이한 현장이나 야간 작업시에는 20%의 작업능률 저하를 적용할 수 있다.
③ 공구손료 및 잡재료는 재료비의 5%로 한다.
④ 폐기물처리비는 별도 계상한다.

* 손료 및 운전경비

1. 건식 그루버 손료

장비기초가격 (원)	내용시간	연간표준가동시간	상각비율 (%)	정비비율 (%)	연간관리비율 (%)	시간당(손료) 상각비계수	정비비계수	관리비계수	계
120,000,000	4,000	800	90	95	14	0.0002250	0.0002375	0.0001120	0.0005745

2. 건식 그루버 운전경비

주연료	잡재료 (ℓ/hr)	조정원 (인/일)	조수 (인/일)	건설기계조장(인/일)
16.7	20	1	-	-

■ 비대칭 그루빙(GL-type Grooving, 특허 제10-2049018호)

1. 비대칭 그루빙 GL-Type 1

분류	포장구분	공종	규격 폭×깊이 (D1~D2) ×간격	단위	자재 블레이드(장) /소모량	인원(인) 작업반장	인원(인) 특별인부	인원(인) 보통인부	장비(Hr) 그루버	장비(Hr) 트럭탑재형크레인	장비(Hr) 덤프트럭(4.5t)	폐기물(kg)
비대칭 그루빙-1	아스팔트	종방향	9×(4~6)×(51~60)	㎡	0.0284	0.0009	0.0018	0.0018	0.0073	0.0018	0.0036	1.41
비대칭 그루빙-2	아스팔트	횡방향	9×(4~6)×(51~60)	〃	0.0361	0.0010	0.0020	0.0020	0.0080	0.0020	0.0040	1.41
비대칭 그루빙-3	아스팔트	배수홈	36×(7~10)	m	0.0250	0.0020	0.0040	0.0040	0.0160	0.0040	0.0080	0.85
비대칭 그루빙-4	콘크리트	종방향	9×(4~6)×(51~60)	㎡	0.0426	0.0010	0.0020	0.0020	0.0080	0.0020	0.0040	1.41
비대칭 그루빙-5	콘크리트	횡방향	9×(4~6)×(51~60)	〃	0.0502	0.0010	0.0020	0.0020	0.0080	0.0020	0.0040	1.41
비대칭 그루빙-6	콘크리트	배수홈	36×(7~10)	m	0.0231	0.0033	0.0067	0.0067	0.0267	0.0067	0.0133	0.85

2. 비대칭 그루빙 GL-Type 2

분류	포장구분	공종	규격 폭×깊이 (D1~D2) ×간격	단위	자재 블레이드(장) /소모량	인원(인) 작업반장	인원(인) 특별인부	인원(인) 보통인부	장비(Hr) 그루버	장비(Hr) 트럭탑재형크레인	장비(Hr) 덤프트럭(4.5t)	폐기물(kg)
비대칭 그루빙-1	아스팔트	종방향	4×(4~6)×36	㎡	0.0295	0.0009	0.0018	0.0018	0.0073	0.0018	0.0036	1.41
비대칭 그루빙-2	아스팔트	횡방향	4×(4~6)×36	〃	0.0424	0.0010	0.0020	0.0020	0.0080	0.0020	0.0040	1.41
비대칭 그루빙-3	아스팔트	배수홈	36×(7~10)	m	0.0251	0.0020	0.0040	0.0040	0.0160	0.0040	0.0080	0.85
비대칭 그루빙-4	콘크리트	종방향	4×(4~6)×36	㎡	0.0434	0.0010	0.0020	0.0020	0.0080	0.0020	0.0040	1.41
비대칭 그루빙-5	콘크리트	횡방향	4×(4~6)×36	〃	0.0515	0.0010	0.0020	0.0020	0.0080	0.0020	0.0040	1.41
비대칭 그루빙-6	콘크리트	배수홈	36×(7~10)	m	0.0239	0.0033	0.0067	0.0067	0.0267	0.0067	0.0133	0.85

3. 비대칭 그루빙 GL-Type 3

분류	포장구분	공종	규격 폭×깊이 (D1~D2) ×간격	단위	자재 블레이드(장)/소모량	인원(인) 작업반장	인원(인) 특별인부	인원(인) 보통인부	장비(Hr) 그루버	장비(Hr) 트럭탑재형크레인	장비(Hr) 덤프트럭(4.5t)	폐기물(kg)
비대칭그루빙-1	아스팔트	종방향	6×(4~6)×(35~60)	㎡	0.0300	0.0009	0.0018	0.0018	0.0073	0.0018	0.0036	1.41
비대칭그루빙-2	아스팔트	횡방향	6×(4~6)×(35~60)	〃	0.0430	0.0010	0.0020	0.0020	0.0080	0.0020	0.0040	1.41
비대칭그루빙-3	아스팔트	배수홈	36×(7~10)	m	0.0260	0.0020	0.0040	0.0040	0.0160	0.0040	0.0080	0.85
비대칭그루빙-4	콘크리트	종방향	6×(4~6)×(35~60)	㎡	0.0445	0.0010	0.0020	0.0020	0.0080	0.0020	0.0040	1.41
비대칭그루빙-5	콘크리트	횡방향	6×(4~6)×(35~60)	〃	0.0567	0.0010	0.0020	0.0020	0.0080	0.0020	0.0040	1.41
비대칭그루빙-6	콘크리트	배수홈	36×(7~10)	m	0.0246	0.0033	0.0067	0.0067	0.0267	0.0067	0.0133	0.85

[주] ① 본 품은 준비작업, 소분반, 현장이농에 대한 품이 포함된 것이다.
② 주로 차량통행이 빈번한 도로에 시설하므로 교통안전시설비를 별도 계상할 수 있으며, 난이한 현장이나 야간 및 소규모 현장의 경우 20%정도의 작업능률 저하를 적용할 수 있다.
③ 공구손료 및 잡재료는 재료비의 5%로 한다.
④ 발생 폐기물 처리비는 별도 계상한다.

[공통 주기] 각 호표당 블레이드 소모량 : 블레이드수량÷1Set 시공량(1매당 유효사용길이×절삭폭)

■ 노면요철 공법

1. 갓길 노면요철(RS-type Rumble Strip, 특허 제10-2179225호)

분류	포장구분	규격 폭×간격×연장×깊이 (D1~D2)	단위	자재 블레이드(장)/소모량	인원(인) 작업반장	특별인부	보통인부	장비(Hr) 그루버	트럭탑재형크레인	덤프트럭(4.5t)	폐기물(kg)
RS Type-1	아스팔트	200×100×100×(7~10)	m	0.0250	0.0035	0.0080	0.0170	0.0315	0.0070	0.0160	1.41
RS Type-2		250×100×100×(7~10)	〃	0.0297	0.0038	0.0080	0.0170	0.0315	0.0070	0.0160	1.96
RS Type-3		300×100×100×(7~10)	〃	0.0340	0.0040	0.0080	0.0170	0.0324	0.0070	0.0160	1.96
RS Type-4		400×100×100×(7~10)	〃	0.0380	0.0043	0.0080	0.0170	0.0340	0.0070	0.0160	1.96
RS Type-5	콘크리트	200×100×100×(7~10)	m	0.0400	0.0060	0.0080	0.0170	0.0450	0.0070	0.0160	1.41
RS Type-6		250×100×100×(7~10)	〃	0.0438	0.0074	0.0080	0.0170	0.0460	0.0070	0.0160	1.38
RS Type-7		300×100×100×(7~10)	〃	0.0473	0.0085	0.0080	0.0170	0.0480	0.0070	0.0160	1.38
RS Type-8		400×100×100×(7~10)	〃	0.0499	0.0090	0.0080	0.0170	0.0530	0.0070	0.0160	1.38

2. 차선 노면요철(LRS-type Lane Rumble Strip, 특허 제10-2179221호)

분류	포장구분	공종	규격 폭×깊이(D1~D2)×간격	단위	자재 블레이드(장)/소모량	인원(인) 작업반장	특별인부	보통인부	장비(Hr) 그루버	트럭탑재형크레인	덤프트럭(4.5t)	폐기물(kg)
LRS Type-1	아스팔트	본선	150×150×7~10×300	㎡	0.0100	0.0035	0.0135	0.0300	0.0230	0.0070	0.0161	1.41
		배수홈	20×10~7	〃	0.0070							
LRS Type-2	콘크리트	본선	150×150×7~10×300	㎡	0.0150	0.0055	0.0155	0.0360	0.0260	0.0070	0.0161	1.96
		배수홈	20×10~7	〃	0.0082							

[주] ① 본 품은 준비작업, 소운반, 현장이동에 대한 품이 포함된 것이다.
② 주로 차량통행이 빈번한 도로에 시설하므로 교통안전시설비를 별도 계상할 수 있으며, 난이한 현장이나 야간 및 소규모 현장의 경우 20%정도의 작업능률 저하를 적용할 수 있다.
③ 공구손료 및 잡재료는 재료비의 5%로 한다.
④ 발생 폐기물 처리비는 별도 계상한다.

[공통 주기] 각 호표당 블레이드 소모량 : 블레이드수량÷1Set 시공량(1매당 유효사용길이×절삭폭)

3. 그루버 손료

장비 기초 가격(원)	내용 시간	연간 표준 가동 시간	상각 비율	정비 비율	관리 비율	시간당 (10^{-7})			
						상각비계수	정비비계수	관리비계수	계
110,000,000	4,000	800	0.9	0.95	0.14	2,250	2,375	1,120	5,745

시간당 손료 (10^{-7})

상각비계수	정비비계수	관리비계수	합 계
2,250	2,375	1,120	5,745

4. 그루버 운전경비

주연료	잡재료 (ℓ/hr)	조정원(인/일)	조수(인/일)	건설기계조장(인/일)
16.7	20	1	-	-

노면 그루빙 구조(RGS-type Grooving, 특허 제10-2468730호)

1. 노면그루빙 구조 RGS-Type

분류	포장구분	공종	규격 폭×깊이×간격	단위	자재 블레이드(장)/소모량	인 원(인) 작업반장	인 원(인) 특별인부	인 원(인) 보통인부	장 비(Hr) 그루버	장 비(Hr) 트럭탑재형크레인	장 비(Hr) 덤프트럭(4.5t)	폐기물(kg)
노면그루빙 구조-1	아스팔트	종방향	9×(4~6)×(36~51)	㎡	0.0275	0.0009	0.0018	0.0018	0.0073	0.0018	0.0036	1.41
노면그루빙 구조-2	아스팔트	횡방향	9×(4~6)×(36~51)	〃	0.0345	0.0010	0.0020	0.0020	0.0080	0.0020	0.0040	1.41
노면그루빙 구조-3	아스팔트	배수홈	36×(7~10)	m	0.0240	0.0020	0.0040	0.0040	0.0160	0.0040	0.0080	0.85
노면그루빙 구조-4	콘크리트	종방향	9×(4~6)×(36~51)	㎡	0.0423	0.0010	0.0020	0.0020	0.0080	0.0020	0.0040	1.41
노면그루빙 구조-5	콘크리트	횡방향	9×(4~6)×(36~51)	〃	0.0502	0.0010	0.0020	0.0020	0.0080	0.0020	0.0040	1.41
노면그루빙 구조-6	콘크리트	배수홈	36×(7~10)	m	0.0222	0.0033	0.0067	0.0067	0.0267	0.0067	0.0133	0.85

[주] ① 블레이드 소모량 : 블레이드수량÷1Set 시공량 (1매당 유효사용길이 × 절삭폭)
② 본 품은 준비작업, 소운반, 현장이동에 대한 품이 포함된 것이다.
③ 주로 차량통행이 빈번한 도로에 시설하므로 교통안전시설비를 별도 계상할 수 있으며, 난이한 현장이나 야간 및 소규모 현장의 경우 20%정도의 작업능률 저하를 적용할 수 있다.
④ 공구손료 및 잡재료는 재료비의 5%로 한다.
⑤ 발생 폐기물 처리비는 별도 계상한다.

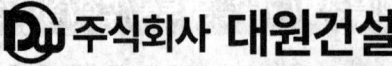

주식회사 대원건설

본 사 : 경상북도 청도군 금천면 금천로70, 2층 | E-mail : g63048683@daum.net
TEL : 054-372-2927　　FAX : 054-373-2927

1. 그루버 손료

장비 기초 가격(원)	내용시간	연간 표준 가동 시간	상각비율	정비비율	관리비율	시간당(10^{-7})		
						상각비계수		관리비계수
110,000,000	4,000	800	0.9	0.95	0.14	2,250	2,375	1,120	5,745

시간당 손료 (10^{-7})

상각비계수	정비비계수	관리비계수	합 계
2,250	2,375	1,120	5,745

2. 그루버 운전경비

주연료	잡재료 (ℓ/hr)	조정원(인/일)	조수(인/일)	건설기계조장(인/일)
16.7	20	1	1	-

[주] ① 본 품은 준비작업, 소운반, 현장이동에 대한 품이 포함된 것이다.
② 주로 차량통행이 빈번한 도로에 시설하므로 교통안전시설비를 별도 계상할 수 있으며, 난이한 현장이나 야간 및 소규모 현장의 경우 20%정도의 작업능률 저하를 적용할 수 있다.
③ 공구손료 및 잡재료는 재료비의 5%로 한다.
④ 발생 폐기물 처리비는 별도 계상한다.

[공통 주기] 각 호표당 블레이드 소모량 : 블레이드수량÷1Set 시공량(1매당 유효사용길이×절삭폭)

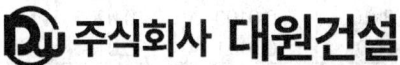

■ 건식 그루빙 공법

1. 자재

(㎡당, m당)

절단방향	포장종별	규 격(mm) 폭×깊이×간격	블레이드 사용량 /그루버 1대	블레이드 소모량(매)	폐기물 (kg)	비 고
종 절 단	아스팔트	6×4×34	12"×6mm 15매	0.0059	1.41	
		9×4×34	4mm 28매	0.0137	1.96	
		9×4×51	4mm 20매	0.0101	1.41	
	콘크리트	6×4×34	6mm 15매	0.0120	1.38	㎡당
		9×4×34	4mm 28매	0.0274	1.92	
		9×4×51	4mm 20매	0.0202	1.38	
횡 절 단	아스팔트	9×4×51	4mm 20매	0.0101	1.41	
		30×5×120	6mm 15매	0.0101	2.35	
	콘크리트	9×4×51	4mm 20매	0.0202	1.38	
홈 절 단	아스팔트	36×10	6mm 6매	0.0020	0.84	
		60×10	6mm 10매	0.0033	1.41	
		108×10	6mm 18매	0.0060	2.53	
		50×20	14"×4mm 11매	0.0044	2.35	m당
	콘크리트	36×5	6mm 6매	0.0027	0.42	
		60×5	6mm 10매	0.0045	0.70	
		108×5	6mm 18매	0.0082	1.26	

2. 인원

(㎡당, m당)

절단방향	포장종별	규 격(mm) 폭×깊이×간격	작업반장	특별인부	보통인부	비 고
종 절 단	아스팔트	6×4×34	0.0038	0.0076	0.0153	
		9×4×34	0.0043	0.0086	0.0173	
		9×4×51	0.0045	0.0090	0.0180	
	콘크리트	6×4×34	0.0059	0.0119	0.0238	㎡당
		9×4×34	0.0065	0.0130	0.0261	
		9×4×51	0.0067	0.0135	0.0270	
횡 절 단	아스팔트	9×4×51	0.0067	0.0135	0.0270	
		30×5×120	0.0112	0.0224	0.0449	
	콘크리트	9×4×51	0.0101	0.0202	0.0404	
홈 절 단	아스팔트	36×10	0.0068	0.0136	0.0272	
		60×10	0.0083	0.0166	0.0333	
		108×10	0.0100	0.0200	0.0400	
		50×20	0.0111	0.0181	0.0444	m당
	콘크리트	36×5	0.0090	0.0181	0.0363	
		60×5	0.0105	0.0210	0.0421	
		108×5	0.0119	0.0238	0.0476	

3. 장비

(㎡당, m당)

절단방향	포장종별	규 격(㎜) 폭×깊이×간격	사 용 시 간 (hr) 건식그루버	카고트럭 (5ton)	트럭탑재형 크레인(5ton)	비 고
종 절 단	아스팔트	6×4×34	0.0307	0.0153	0.0076	㎡당
		9×4×34	0.0347	0.0173	0.0086	
		9×4×51	0.0360	0.0180	0.0090	
	콘크리트	6×4×34	0.0476	0.0238	0.0119	
		9×4×34	0.0522	0.0261	0.0130	
		9×4×51	0.0540	0.0270	0.0135	
횡 절 단	아스팔트	9×4×51	0.0540	0.0270	0.0135	
		30×5×120	0.0898	0.0449	0.0224	
	콘크리트	9×4×51	0.0808	0.0404	0.0202	
홈 절 단	아스팔트	36×10	0.0544	0.0272	0.0136	m당
		60×10	0.0666	0.0333	0.0166	
		108×10	0.0800	0.0400	0.0200	
		50×20	0.0888	0.0444	0.0222	
	콘크리트	36×5	0.0727	0.0363	0.0181	
		60×5	0.0842	0.0421	0.0210	
		108×5	0.0952	0.0476	0.0238	

[주] ① 본 품은 준비작업, 소운반, 현장이동에 대한 품이 포함된 것이다.
② 주로 차량통행이 빈번한 도로에 시설하므로 교통 안전 시설비를 별도 계상할 수 있으며, 난이한 현장이나 야간 작업시에는 20%의 작업능률 저하를 적용할 수 있다.
③ 공구손료 및 잡재료는 재료비의 5%로 한다.
④ 발생 폐기물 처리비는 별도 계상한다.
⑤ 절삭면 강화 그루빙공은 침투성 발수 강화제를 적용하여 계상한다.

■ SBR 건식그루빙

공종	포장종류	규격 (상폭×하폭×깊이×간격)	자재(매) 블레이드	장비 (시간)			인원 (인)			폐기물 (kg)
				그루빙장비	카고트럭 5ton(장축)	트럭탑재형 크레인5ton	작업반장	특별인부	보통인부	
종방향	아스팔트	(8×3.5×4×62)	0.0300	0.0067	0.0033	0.0030	0.0008	0.0017	0.0017	1.41
		(8×3.5×4×34)	0.0310	0.0067	0.0033	0.0030	0.0008	0.0017	0.0017	1.41
횡방향		(8×3.5×4×62)	0.0380	0.0130	0.0033	0.0030	0.0016	0.0030	0.0030	1.41
		(8×3.5×4×34)	0.0390	0.0130	0.0033	0.0030	0.0016	0.0030	0.0030	1.41
배수홈		(36×25×10)	0.0350	0.0130	0.0033	0.0030	0.0020	0.0050	0.0050	0.85
종방향	콘크리트	(8×3.5×4×72)	0.0430	0.0130	0.0033	0.0030	0.0019	0.0040	0.0038	1.41
		(8×3.5×4×44)	0.0440	0.0130	0.0033	0.0030	0.0019	0.0040	0.0038	1.41
횡방향		(8×3.5×4×72)	0.0500	0.0200	0.0033	0.0030	0.0170	0.0032	0.0031	1.41
		(8×3.5×4×44)	0.0510	0.0200	0.0033	0.0030	0.0170	0.0032	0.0031	1.41
배수홈		(40×30×10)	0.0430	0.0200	0.0033	0.0030	0.0160	0.0030	0.0030	0.85
		(40×30×5)	0.0420	0.0200	0.0033	0.0030	0.0160	0.0030	0.0030	0.85

[주] 공구손료 및 잡재료는 재료비의 5%로 한다. 폐기물처리는 별도계상하며, 고속도로 및 교통량이 많은 구간 작업시 교통통제비용은 별도 계상할 수 있으며, 야간작업이나 작업이 난이한 현장에서는 20% 추가로 계상할 수 있다.

1-8-14 표시못 설치('20, '24년 보완)

(일 당)

구 분	규 격	단 위	수 량	시공량(개소)	
				A-Type	B-Type
특 별 인 부	-	인	1	20	60
보 통 인 부	-	〃	1		
트 럭	2.5ton	대	1		

[주] ① 본 품은 아스팔트, 콘크리트, 보도블록 노면에 관로표시못 설치 기준이다.
② 본 품은 천공, 접착제 도포, 표시못 설치 작업을 포함한다.
③ 트럭은 자재, 공구 및 경장비의 현장내 운반 작업에 적용한다.
④ 공사의 종류는 다음과 같이 구분한다.

구분	적용기준
A-Type	골목길 또는 주택가에 소화전 또는 수도관로 표시를 위해 표시못 위치가 산재되어 있는 구간
B-Type	일반도로 및 인도내에 표시못 위치가 밀집되어 있는 구간

⑤ 공구손료 및 경장비(전동드릴, 발전기 등)의 기계경비는 인력품에 다음 요율을 계상한다.

구 분	A-Type	B-Type
요율(%)	2	4

⑥ 잡재료(채움모르타르 등)는 주재료비의 2%로 계상한다.

1-8-15 L형측구 설치(포설식)('21년 신설, '24년 보완)

(일 당)

구 분	규 격	단 위	수 량	시공량(m)		
				H=0.5m 이하	H=1.2m	H=2.3m
포 장 공	-	인	3	550	350	220
보 통 인 부	-	〃	2			
콘크리드페이버	105.9kW	대	1			
굴 착 기	0.6m³	〃	1			

[주] ① 본 품은 콘크리트 페이버를 사용한 L형측구 포설 기준이며, H=1.2m는 2회 포설하는 기준이다.
② 본 품은 몰드 교체, 콘크리트 포설, 시공이음(철근) 설치, PVC관 매립, 신축이음재 설치, 면마무리 및 양생 작업을 포함한다.
③ 유도선 설치, 터파기 및 되메우기, 균열유발이음(수축줄눈) 설치 작업은 별도 계상한다.
④ 현장여건에 따라 장비조합 및 규격을 변경하여 적용할 수 있다.

1-9 부대공

1-9-1 방음벽 설치('08, '17, '21년 보완)

1. 앵커볼트 설치

(일 당)

구 분	단 위	수 량	시공량 (개)
철 공	인	2	40
보 통 인 부	〃	1	

[주] ① 본 품은 매설앵커볼트(L형)를 기준한 것이며, 이와 시공방법이 다를 경우에는 별도로 계상한다.
② 본 품은 앵커볼트와 철근의 용접을 포함한다.
③ 공구손료 및 경장비(용접기 등)의 기계경비는 인력품의 3%로 계상한다.

2. 지주설치

(일 당)

구 분	규 격	단 위	수 량	시 공 량 (개소)			
				지주높이	지주간격		
					2m	3m	4m
철 공	-	인	3	3m 이하	23	22	21
보 통 인 부	-	〃	1				
트럭탑재형크레인	5ton	대	1	7m 이하	20	19	18
철 공	-	인	3	9m 이하	17	-	-
보 통 인 부	-	〃	2				
트럭탑재형크레인	5ton	대	1	11m 이하	13		

[주] ① 본 품은 매설앵커방식으로 지주를 세울 경우에 적용하며, 이와 시공방법이 다를 경우에는 별도로 계상한다.
② 본 품은 지주세우기, 고정 및 조정, 마무리 작업을 포함한다.
③ 고가도로 등 현장여건에 따라 고소작업차가 필요한 경우, 추가 계상이 가능하다.
④ 현장작업조건을 고려하여 규격을 변경하여 적용 할 수 있다.
⑤ 공구손료 및 경장비(전동드릴 등)의 기계경비는 인력품의 3%로 계상한다.

3. 방음판 설치

(일당)

구 분	규격	단위	수량	시공량 (개)				
				지주높이	방음벽 개당 면적			
					1㎡ 이하	2㎡ 이하	3㎡ 이하	4㎡ 이하
철 공	-	인	4	3m 이하	109	87	85	72
보 통 인 부	-	〃	2					
트럭탑재형크레인	5ton	대	1					
철 공	-	인	4	5m 이하	138	121	111	77
보 통 인 부	-	〃	3	7m 이하	129	103	90	-
트럭탑재형크레인	5ton	대	1	9m 이하	119	95	-	-
고 소 작 업 차	3ton	〃	1	11m 이하	108	86	-	-

[주] ① 본 품은 금속제 및 투명 방음판의 설치 기준이다.
② 본 품은 방음벽 설치 및 고정, 하부 패드설치, 상부 마감을 포함한다.
③ 현장작업조건을 고려하여 규격을 변경하여 적용 할 수 있다.
④ 공구손료 및 경장비(전동드릴 등)의 기계경비는 인력품의 3%로 계상한다.

방음터널 설치

1. 앵커볼트 설치

(일 당)

배치인원(인)		시공량 (지주설치 개소)			
철 공	2	지주높이 1~3m	6	지주높이 6~7m	4
		지주높이 4~5m	5	지주높이 8~9m	3
		지주높이 9m 초과	2		
공구손료				인력품의 3%	

[주] ① 본 품은 매립형 앵커볼트(L형)에 적용하며 천공형 케미컬 앵커볼트 시공은 본품의 50%를 감하여 계상한다.
② 기타 시공방법일 경우 별도계상한다.
③ 본 품은 소운반 및 용접비용이 포함된 것이다.

2. 지주설치

(일 당)

배치인원(인)		사용기계 (1대)		시공량 (개소)	
		명 칭	규 격	지주간격	2m
철 공	1	트럭탑재형 크레인	5ton	지주높이 2m	14
보 통 인 부	2			지주높이 3m~6m	11
철 공	2	트럭탑재형 크레인	5ton	지주높이 7m~9m	8
보 통 인 부	2			지주높이 10m~12m	6
공 구 손 료				인력품의 3%	

[주] ① 본 품은 매설 앵커방식 및 천공 앵커방식으로 지주를 세울 경우에 적용한다.
② 현장여건상 장비진입이 불가능한 경우 시공량의 40%까지 감하여 적용할 수 있다.
③ 기타 시공방법일 경우 별도계상한다.
④ 본 품은 소운반이 포함된 것이다.

3. 방음판 설치

(일 당)

배치인원(인)		사용기계 (1대)		시공량 (매)	
		명 칭	규 격	지주간격	2m
철 공	2	트럭탑재형크레인	5ton	지주높이 2m	83
보 통 인 부	4			지주높이 3m~6m	111
철 공	4	트럭탑재형크레인 (2대)	5ton	지주높이 7m~9m	104
보 통 인 부	4			지주높이 10m~12m	94
공 구 손 료		인력품의 3%			

[주] ① 본 품은 금속제방음판(방음판높이 0.5m)를 기준으로 한 것이다.
② 합성목재방음판(방음판높이 0.25m)의 경우에는 일당 시공량을 10% 감하여 계상한다.
③ 투명방음판(방음판높이 1.0m)의 경우에는 일당 시공량을 20% 감하여 계상한다.
④ 현장여건상 장비진입이 불가능한 경우 시공량의 40%까지 감하여 적용할 수 있다.
⑤ 본 품은 소운반이 포함된 것이다.

4. 지붕철골 가공

강재 총사용량(t)	30 미만	30 이상	50 이상	100 이상	300 이상	500 이상	1,000 이상	2,000 이상
기본철골공수(인·일/t)	3.20	3.05	2.90	2.76	2.51	2.39	2.28	2.17

[주] ① 공장간접비율 200%를 포함하고 있는 공수다.
② 전용접부재(Built up) 제작을 기준으로 한 공수로서 H형강부재(Rolled shape) 제작의 경우는 기본 철골공수 ×0.71로 산정한다.
③ 용접품은 별도 계상한다.

▷ 지붕철골공수 산정방법 (지붕철골공수 = 기본철골공수 × 작업난이도)

구조공별	방음터널 B=15.0m 이하	방음터널 B=25.0m 이하	방음터널 B=25.0m 이상
난이도	1.0	1.10	1.20

5. 지붕철골 세우기

(ton 당)

구 분	규 격	단위	방음터널			비고
			B=15.0m 이하	B=25.0m 이하	B=25.0m 이상	
철 골 공	볼트본조임	인	0.65	0.88	1.12	손율 4%
비 계 공	-	〃	0.56	0.65	0.75	
특 별 인 부	-	〃	0.22	0.25	0.29	
트럭탑재형크레인	5ton	hr	0.53	0.72	0.87	

[주] ① 기계경비 및 가설·이동·해체에 소요되는 품은 별도 계상한다.
② 다음 표의 철골세우기 1일 작업량은 15ton을 기준으로 한 것이다.
③ 현장조립비 = 표준단가 × K_1 (보정계수 K_1= a)
   a. ㎡당강재사용량에 따른 보정치 ················ 〈표 a-1〉

〈표 a-1〉㎡당 강재 사용에 따른 보정치

강재사용량 (kg)	50 미만	50 이상 60 미만	60 이상 70 미만	70 이상 80 미만	80 이상 90 미만	90 이상 100 미만	100 이상 110 미만	110 이상 120 미만	120 이상
보정치(a)	1.30	1.26	1.23	1.19	1.16	1.12	1.09	1.05	1.00

6. 방음판 지붕설치

(일 당)

배치인원(인)		사용기계 (1대)		시공량 (㎡)	
		명 칭	규 격	방음터널 설치폭	2m
철 공	4	트럭탑재형크레인	5ton	B=15.0m 이하	96
보 통 인 부	4			B=25.0m 이하	85
				B=25.0m 이상	75
공 구 손 료					인력품의 3%

[주] ① 본 품은 투명형(B=1.0m)를 기준으로 한 것이다.
② 현장여건상 장비진입이 불가능한 경우 시공량의 40%까지 감하여 적용할 수 있다.
③ 본 품은 소운반이 포함된 것이다.
④ 공구손료는 인력품의 3%로 계상한다.

7. 잡철물 제작설치

[주] ① 건축편 금속공사 중 각종 잡철물 제작설치 참조 계상한다.

■ 도로 방호블록 연결기구 설치공사

(50개/일 당)

구 분	규 격	단 위	도로 방호블록 연결기구 설치
재 료 비			
연 결 기 구 세 트	B/N 포함	개	50.00
발 전 기	50kW	hr	8.00
트 럭	4.5ton	〃	8.00
공 구 손 료	노무비의 3%	식	-
노 무 비			
철 공	설치	인	3.00
발 전 기	50kW	hr	8.00
트 럭	4.5ton	〃	8.00
경 비			
발 전 기	50kW	hr	8.00
트 럭	4.5ton	〃	8.00

■ 도로교통 통제

(일 당)

구 분	규 격	단 위	도로교통 통제
재 료 비			
트 럭	4.5ton	hr	16.00
잡 재 료 비	주재료비의 5%	식	-
공 구 손 료	노무비의 3%	〃	-
노 무 비			
보 통 인 부	신호수	인	2.00
트 럭	4.5ton	hr	16.00
경 비			
트 럭	4.5ton	hr	16.00

[주] 재료운반에 필요한 트럭, 크레인 별도 계산

1-9-2 보차도 및 도로경계블록 설치('21, '24년 보완)

(일 당)

구 분		규 격	단 위	수 량	규격 (아래폭+높이㎜)	시공량(m)	
						직선구간	곡선구간
A-Type	특별인부	-	인	3	300 미만	170	150
	보통인부	-	〃	1	350 미만	145	125
					400 미만	130	110
	굴 착 기	0.4㎥	대	1	500 미만	90	80
					500 이상	60	50
B-Type	특별인부	-	인	2	300 미만	115	110
	보통인부	-	〃	1	350 미만	100	85
					400 미만	90	75
	굴 착 기	0.2㎥	대	1	500 미만	65	60
					500 이상	40	35

[주] ① 본 품은 화강암 및 콘크리트 경계블록(길이 1.0m)을 설치하는 기준이다.
② 본 품은 위치확인, 경계블록 절단 및 설치, 이음모르타르 바름 작업을 포함한다.
③ 기초 콘크리트, 거푸집, 터파기 및 되메우기, 잔토처리는 현장 여건에 따라 별도 계상한다.
④ 현장 여건별 적용기준은 다음과 같다.

구분	적용기준
A-Type	- 공원, 단지·택지조성공사의 보도 등 장비이동 및 적재가 용이한 구간
B-Type	- 차도인접, 주택가 보도 등 장비이동 및 적재 공간이 협소한 구간

⑤ 장비의 종류 및 규격은 현장여건에 따라 변경할 수 있다.
⑥ 공구손료 및 경장비(절단기 등)의 기계경비는 인력품의 2%로 계상한다.

1-9-3 낙석방지책 설치('08년 신설, '22년 보완)

1. 지주설치

(일 당)

구 분	규 격	단 위	수 량	시공량(개)
용 접 공	-	인	1	
특 별 인 부	-	〃	3	40
보 통 인 부	-	〃	2	
크 레 인	10ton	대	1	

[주] ① 본 품은 낙석방지책의 지주(높이 3m이하)를 설치하는 기준이다.
② 본 품은 앵커 설치, 지주 세우기 작업을 포함한다.
③ 터파기, 기초콘크리트, 되메우기 작업은 별도 계상한다.
④ 공구손료 및 경장비(용접기 등)의 기계경비는 인력품의 2%로 계상한다.

2. 와이어설치

(일 당)

구 분	단 위	수 량	시공량(m)
특 별 인 부	인	4	200
보 통 인 부	〃	2	

[주] ① 본 품은 높이 3m이하 낙석방지책의 와이어를 설치하는 기준이다.
② 본 품은 와이어 설치, 단부 고정, 간격유지장치 설치 작업을 포함한다.
③ 비계가 필요한 경우 별도 계상한다.
④ 공구손료 및 경장비(절단기 등)의 기계경비는 인력품의 2%로 계상한다.

3. 철망설치

(일 당)

구 분	단 위	수 량	시공량(㎡)
특 별 인 부	인	4	360
보 통 인 부	〃	2	

[주] ① 본 품은 높이 3m이하 낙석방지책의 철망을 설치하는 기준이다.
② 본 품은 철망 설치, 결속 작업을 포함한다.
③ 비계가 필요한 경우 별도 계상한다.
④ 공구손료 및 경장비(절단기 등)의 기계경비는 인력품의 2%로 계상한다.

■ 고강도 낙석방지망 설치

(㎡ 당)

구 분		규 격	단 위	수 량	시공량
인 력 식	작 업 반 장	-	인	1	75 ㎡
	특 별 인 부	-	〃	3	
	보 통 인 부	-	〃	2	

[주] ① 본 품은 고강도 낙석방지망(포켓식, 비포켓식)의 철망 및 와이어로프를 설치하는 기준이다.
② 본 품은 고강도 낙석방지망 및 와이어로프 설치 작업을 포함한다.
③ 본 품은 작업 사면의 경사에 따라 난이도와 위험성을 고려하여 인력품의 할증을 별도로 계상한다. 할증률은 아래 표를 참고한다.
④ 공구손료 및 경장비는 인력품의 5%로 계상한다.

구 분	사면경사	할증률	비 고
양 호	30~40도	없음	
어 려 움	41~60도	40%	
매 우 어 려 움	61도 이상	80%	

■ 고강도 낙석방지망 부자재 설치

(개 당)

구 분	규 격	단 위	수 량	시공량
보 통 인 부	-	인	2	개
특 별 인 부	-	〃	1	

[주] ① 본 품은 고강도 낙석방지망 시공간 지압판과 보호캡을 설치하는 기준이다.
② 공구손료 및 경장비는 인력품의 5%로 계상한다.

■ 토사유실방지 식생매트 설치

(㎡ 당)

구 분		규 격	단 위	수 량	비 고
인 력	조 경 공	-	인	1	
	특 별 인 부	-	〃	3	
	보 통 인 부	-	〃	2	
자 재	D A - G M	ø3~6, 20~25mm	㎡	1.15	
	착 지 핀	ℓ=0.2m	개	1	
	종 자	혼합종자	kg	0.03	

[주] ① 본 품은 유실 가능한 지반에 고강도 낙석방지망과 결합하여 주변 식생물의 자연활착을 유도하는 공법으로 토사 및 풍화암 지반에 적용한다.
② 본 품은 시공 및 매트/착지핀/종자 등 자재를 포함한다.
③ 비탈면 고르기와 벌목은 필요시 별도 계상한다.
④ 잡재료비는 재료비의 3%로 계상한다.

■ 낙석방지책 설치

1. 낙석방지책

(경간 당)

구 분		규 격	단 위	홈파이프형 낙석방지책(일반도로) 2m/경간
인원편성	특별인부	-	인	0.228
	보통인부	-	〃	1.759
장비조합	크레인	10ton	시간	0.200
경비조합	거푸집	-	㎡	1.586
	콘크리트타설	-	㎡	0.221
	터파기	-	〃	0.588
	잔토처리	-	〃	0.221
	되메우기	-	〃	0.367

[주] ① 본 품은 낙석방지책 설치의 지주설치, 철망설치에 대한 품이며, 지주높이 2.5m~3m, 지주간격 2m를 기준으로 한다.
② 본 품에는 소운반품이 포함되어 있다.
③ 본 품은 지주세우기를 위한 터파기, 기초 콘크리트, 되메우기 등이 포함되지 않았다.
④ 비계가 필요한 경우, 별도로 계상할 수 있다.

구 분		규 격	단 위	관통형형-낙석방지책 (일반도로) 2m/경간	U-볼트형-낙석방지책 (일반도로) 2m/경간	고정구형-낙석방지책 (일반도로) 2m/경간
인원편성	특별인부	-	인	0.850	0.850	0.850
	보통인부	-	〃	0.800	0.800	0.800
장비조합	크레인	10ton	시간	0.200	0.200	0.200
경비조합	거푸집	-	㎡	1.400	1.400	1.400
	콘크리트타설	-	㎡	0.140	0.140	0.140
	터파기	-	〃	0.343	0.343	0.343
	잔토처리	-	〃	0.168	0.168	0.168
	되메우기	-	〃	0.175	0.175	0.175

[주] ① 본 품은 낙석방지책 설치의 지주설치, 철망설치에 대한 품이며, 지주높이 2.5m~3m, 지주간격 2m를 기준으로 한다.
② 본 품에는 소운반품이 포함되어 있다.
③ 본 품은 지주세우기를 위한 터파기, 기초 콘크리트, 되메우기 등이 포함되지 않았다.
④ 비계가 필요한 경우, 별도로 계상할 수 있다.
⑤ 철망(PVC코팅망)은 KSD 7036과 KSD 7018에 따른다.

1-9-4 낙석방지망 설치

1. 기초 착암

(일 당)

구 분	규 격	단 위	수 량	시공량(㎡)
착 암 공	-	인	2	800
비 계 공	-	〃	3	
보 통 인 부	-	〃	2	
공 기 압 축 기	10.3㎥/min	대	1	
소 형 브 레 이 커	2.7㎥/min	〃	2	

[주] ① 본 품은 낙석방지망(포켓식, 비포켓식)의 설치를 위한 기초천공 작업 기준이다.
② 본 품은 기초천공, 고정핀 및 앵커볼트 삽입, 주입재 충전 작업을 포함한다.
③ 비탈면 고르기는 별도 계상한다.
④ 재료량은 설계수량을 적용한다.

2. 철망 및 와이어 설치

(일 당)

구 분		규 격	단 위	수 량	시공량(㎡)
기 계 식	특 별 인 부	-	인	2	400
	보 통 인 부	-	〃	3	
	크 레 인	50ton	대	1	
인 력 식	특 별 인 부	-	인	2	100
	보 통 인 부	-	〃	3	

[주] ① 본 품은 낙석방지망(포켓식, 비포켓식)의 철망 및 와이어로프를 설치하는 기준이다.
② 본 품은 철망 설치, 와이어로프 설치 및 결합, 조립구 고정 작업을 포함한다.
③ 재료량은 설계수량을 적용한다.

> **참 고** 낙석방지망 재료량

(㎡당)

구 분	단 위	수 량	비 고
철 망	㎡	1.15	
결 속 선	m	0.3	
에 폭 시	kg	0.01	포켓식의 경우에만 계상
산 출 기 준	\- 재료량(지주, 고정핀, 클립, 모르타르 등)은 설계에 따라 별도 계상 \- 와이어로프는 결속되는 지주 및 좌우 고정핀 1개소당 1m씩의 여유 길이를 고려하여 산정 \- 와이어로프 설치간격 　㉮ 포 켓 식: 종로프 2m, 횡로프 5m 　㉯ 비포켓식: 종로프 및 횡로프 각각 3m \- 조립구는 와이어로프 교차점마다 1개씩 계상 \- 결속선(철망겹침부의 결속 및 철망과 와이어로프의 결속) 대신 결속 스프링 사용가능		

건설신기술 제996호	원격제어 노면표시 도색장치를 이용한 도장공법(알봇공법)
2024. 7. 16 8년	

・시공절차 및 주요공정
  노면표시 도색

□ 노면표시 도색

(㎡당)

구 분		규 격	단 위	수 량
인력	특 별 인 부	-	인	0.01
	보 통 인 부	-	〃	0.01
장비	알봇(R-BOT)	-	hr	0.04
	견 인 차 량	-	〃	0.04

[주] ① 본 품은 원격제어 노면표시 도색장치를 이용한 도장공법을 기준으로 한 것이다.
  ② 잡재료비는 주재료의 1%, 공구손료는 인건비의 3%를 계상한다.
  ③ 알봇의 기계경비는 별도 계상한다.
  ④ 재료량은 다음을 참고한다.

(㎡당)

구 분	규 격	단 위	수 량
도로표지용페인트(수용성)	KSM-6080(백색, R5)	ℓ	0.42
유 리 알	고휘도 1호	kg	0.46

건설신기술 제980호	콘크리트 거더 가설시 가로보의 길이 조정으로 횡변위 조정이 가능한 강관
2023. 12. 29 8년	가로보 및 그 시공방법

· 시공절차 및 주요공정
  앵커볼트 설치 → 강관가로보 설치 → 거더 횡변위 조정

1. 앵커볼트 설치
☞ 표준품셈 [토목 1-9-1 방음벽 설치] 참조
[주] 본 품은 거더 제작 시 강관가로보를 위한 앵커볼트를 설치하는 경우 계상한다.

2. 강관가로보 설치

(개소당)

구 분		규 격	단 위	수 량
인 력	비 계 공	-	인	0.5
	특 별 인 부		〃	0.333
	보 통 인 부	-	〃	0.5
장비조합	크 레 인 (타 이 어)	25ton / 1대	hr	1.3333
	고 소 작 업 차	3ton / 2대		

[주] ① 본 품은 횡변위 조정이 가능한 강관가로보(Type-1) 설치를 위한 품이다.
② 강관가로보(Type-2)를 설치할 경우, 본 품의 50%를 계상한다.
③ 공구손료는 인력품의 3%를 계상한다.
④ 거더 횡변위 조정 필요 시 별도 계상한다.
⑤ 장비의 조합 및 규격은 현장여건에 따라 조정하여 적용할 수 있다.

품셈 유권해석

도로표지판의 앵커볼트 설치

1-8-1 교통 안전표시판 설치 및 1-8-2 도로 표지판 설치 중 주1 관련 문의드립니다. 여기서 설치 기준이 기초작업 후 지주를 세우기 위한 앵커볼트설치를 포함한 단가인지 여부와 공구손료 및 경장비(드릴, 발전기 등) 어떤 작업을 위해 계상된 품인지 궁금합니다.

> **답변내용**
>
> ➡ 표준품셈 토목부문"1-8-1 교통안전표지판설치, 1-8-2 도로표지판설치"는 앵커볼트 설치작업은 포함하고 있지 않습니다. 공구손료 및 경장비는 지주 및 표지판을 고정하는데 사용되는 공구를 위해 계상된 품입니다.

융착식 도료작업을 위한 운반장비

융착식 도료 수동식 파트에서 트럭 작업 구분을 용해기 운반 4.5톤, 자재 공무 및 경장비 운반 2.5톤으로 나눕니다. 여기서 말하는 4.5톤 트럭과, 2.5톤 트럭은 둘 다 건설기계가격의 덤프트럭을 준용하고 운전자만 12톤 미만 덤프트럭이라서 화물차 운전자로 적용하면 되는건가요? 궁금한 사항은 4.5톤과 2.5톤 트럭이 품셈설계상 덤프트럭인지 화물자동차인지 구분이 필요합니다.

> **답변내용**
>
> ➡ 표준품셈 토목부문 "1-10-9 차선도색/4. 융착식 도료 수동식"에서 4.5톤 트럭은 용해기운반을 위한 장비이며, 2.5톤 트럭은 자재, 공구 및 경장비 운반용 트럭입니다. 표준품셈에서 제시하는 장비가 전부 건설기계관리법에서 정하는 건설기계에 해당되는 것은 아니며, 공사비예정가격을 작성하기위해 건설현장에 투입되는 장비 및 기계류에 대한 가격 등을 제시하고 있습니다. 참고로, "8-1-3 운반 및 수송/5. 운전사의 구분"에서 덤프트럭 12ton미만의 규격에 대해서는 화물차운전사를 적용하도록 되어 있으니 이를 참조하시기 바랍니다. 당해공사에서 표준품셈의 적용여부 및 판단, 수량산출 등에 관련된 사항은 해당공사의 특성을 고려하시고 표준품셈을 참조하시어 공사관계자가 직접 결정하실 사항임을 양지해 주시면 감사드리겠습니다.

차선도색작업의 간섭

2019년 1-9-9 차선도색에서 미공용구간과 공용구간을 나누어 시공량을 달리하였는데 2020년부터는 구간을 나누지 않았습니다. 나누지 않은 이유가 미공용구간과 공용구간이 미공용구간(차량전면통제)하는 시공량과 동일시 해도 되는것인지 알고싶습니다.

답변내용

➡ 표준품셈 토목부문 "1-8-9 차선도색"은 신설공사 차선도색 기준입니다. 차량의 부분 통제, 신호간섭등으로 시공의 지장을 받는 경우는 표준품셈 유지관리부문 "2-1-10 차선도색"을 참조하시면 됩니다.

보도용 블록설치의 Type별 정의

보도용 블록 설치 (1-7-1)과 관련 시공량 적용관련 문의드립니다. 보도블럭에 장애인유도블럭 및 점자블록이 함께 설치가 되는데요. 그런경우는 보도블럭 설치의 시공량을 A-TYPE인 경우는 300M2을 적용하는것이 맞는지요.
아니면 비고에 사항을 적용하여 10%를 감한 270M2를 적용하는 것이 맞는지요? 추가로, 장애인 유도블럭의 경우는 작업량 산정에 어떠한 품셈을 적용하여야 하는지요? 위 보도용 블록 설치와 동일한 작업량을 적용하면 되는건지요?

답변내용

➡ 표준품셈 토목부문 "1-7-1 보도용블록 설치"에서 A-type은 공원 단지,택지조성공사의 보도 등 장비이동 및 적재가 용이한 구간에 적용하시기 바라며, B-type은 차도인접, 주택가 보도 등 장비이동 및 적재공간이 협소한 구간에 적용하시기 바랍니다.
또한 유도, 점자 블록을 설치하는 경우 시공량의 10%를 감하여 적용하시기 바람니다. A-type 현장여건인 경우 유도, 점자블록을 설치하신다면 시공량을 270㎡을 적용하시기 바랍니다.

주자재 운반의 범위

보도용 블록 소규모 보수 및 재설치 중 트럭 2.5ton 주자재 운반(골재 및 모래,보도블럭 등) 중간집하장에서 보수 현장까지 운반을 포함하는것 인지요?

답변내용

➡ 표준품셈 토목부문 "1-10-21 보도용 블록 인력철거, 1-10-22 보도용 블록 장비사용 철거, 1-10-23 보도용 블록 설치 재설치, 1-10-24 보도용 블록 소규모보수, 1-20-24 보차도 및 도로경계블록 철거, 1-10-25 보차도 및 도로경계블록 재설치"에 적용된 트럭 2.5톤은 유지보수 특성을 고려한 현장 운반장비에 대한 반영이며 주자재의 중간집하장에서 보수현장까지 운반을 포함하고 있지 않습니다.

콘크리트 포설의 살수차 용도

노후화된 기존 콘크리트 포장을 철거하고 전면 재포장하는 현장입니다.
콘크리트 포장 포설작업과정 중 포설 당일의 경우는 콘크리트 포설, 인력 마무리, 거친면 마무리, 피막양생으로 이루어지며, 거친면 마무리는 페이버 후면에 부착된 마포(폭 6m, 길이 2m)를 이용하여 페이버가 전진하면서 인력 마무리 면을 자동으로 거칠게 만드는 작업입니다. 이어서 피막양생제를 뿌리면 당일 작업은 마무리 됩니다. 포설 익일의 경우는 1차컷팅을 실시하고 마대(양생포)를 덮은 후 시방서에서 정한 양생기간동안 습윤양생(살수작업)을 반복합니다.
따라서, 습윤양생은 마대 설치, 살수차, 물값, 물운반비, 살수작업 및 마대 철거 등으로 구분할 수 있습니다. 우리현장의 작업조건 및 설계반영내용을 고려 할 때 이러한 이견에 대하여 "콘크리트표층 기계포설 품"에서 살수차 및 마대의 용도 그리고 동일품에 습윤양생의 포함 여부에 대하여 판단 부탁드립니다.

답변내용

➡ 표준품셈 토목부문 "1-6-3 콘크리트 표층 기계포설(소형장비)"에서 살수차는 콘크리트 포설과 비산먼지 억제 등을 위해 투입되는 살수차이며 습윤양생을 위한 살수차는 아닙니다. 또한 마대는 양생제 살포 후 양생을 위해 덮는 용도입니다. 또한 표준품셈 토목부문 "1-6-3 콘크리트 표층 기계포설(소형장비)"에서는 습윤양생 작업은 포함하고 있지 않습니다. 습윤양생작업은 별도 계상하시기 바랍니다.

통행안전을 위한 작업자의 구분

1-1-1 교통통제 및 안전처리
1) 도로의 확포장, 도로시설 유지보수 등 교통통제 및 안전처리를 위한 인력은 각 항목에서 제외되어 있으며, 필요시 배치인원은 현장조건을 고려하여 별도계상한다
2) 통행안전 및 교통소통을 위해 라바콘, 공사안내판 등 안전시설물을 시공하는 경우 특별인부 2인을 계상하고, 차량 등 장비가 필요한 경우 추가 계상 1) 내용은 필요시 배치인원을 별로로 계상한다로 명시되어있지만 특별인부인지, 보통인부인지 명확하지 않습니다. 어떤 노임의 형태로 적용하는 것이 맞는지 질의드립니다.

답변내용

➡ 표준품셈 토목부문 "1-1-1 교통통제 및 안전처리"에서는 교통통제 및 안전처리를 위한 배치인원의 직종을 정하고 있지 않습니다. 표준품셈에서 정하지 않는 사항은 동품셈 1-1-3의 4항을 참조하시어 적정한 예정가격산정기준을 적의 결정하여 사용하시기 바라며, 당해공사에서 표준품셈의 적용여부 및 판단에 관련된 사항은 해당공사의 특성을 고려하시고 표준품셈을 참조하시어 공사관계자가 직접 결정하실 사항임을 양지해 주시길 감사드리겠습니다.

콘크리트 포장 중 노반의 정의

1-6-2 표층 인력포설 질의 드립니다. [주] 5번 항목에 콘크리트와 노반과의 접착부 처리품(모래층 깔기 등)은 별도 계상한다. 로 수록된 바 일반적인 콘크리트포장 하부는 보조기층이 포설되는데 품셈의 모래층깔기는 어느 부분에 들어가는건지 질의드립니다. 노반이란 의미는 보조기층을 포설하지않고 토사지반에 직접 콘크리트포장을 할 경우를 말하는건지 궁금합니다.

답변내용

➡ 토목부문 "1-6-2 표층 인력포설"는 콘크리트믹서트럭으로 직접 타설하는 콘크리트 포장의 인력포설기준으로 '주5 콘크리트와 노반과의 접착부 처리품은 별도 계상한다'는 노반에 직접 타설시 모래층 깔기 작업이 포함되어 있지 않으니 별도 계상하라는 뜻입니다.
일반적인 고속도로나 국도는 포장 하부 기층, 보조기층이 있으며 콘크리트 페이버로 포설하는 기준이나 "1-6-2 표층 인력포설"은 현장여건상 콘크리트 페이버, 피니셔 등이 투입이 어려워 믹서트럭 또는 경운기 등으로 직접 타설하는 경우이며, 주5의 콘크리트 노반과의 접착부 처리는 노반에 직접 타설할 경우 참조하시기 바랍니다.

보도블럭(화강판석) 설치시 요율 인상방법

지하에 배관을 매설 후 보도를 원상복구를 하려고 합니다. 해당 공사구간이 일반 보도블럭이 아닌 화강판석으로 되어 있어 재사용이 불가하여 새로 설치를 하고 복구시에 절삭한(800㎜) 부분만 새로 하는 것이 아니라 화강석 특성상 잘 깨지기 때문에 요율 인상을 주고 내역서 작성 하려고 하는데 요율을 얼마만큼 주어야 하는지 문의 드립니다.

답변내용

➡ 표준품셈에서는 화강판석 복구 및 설치에 대한 요율기준은 정하고 있지 않습니다.
표준품셈에서 정하지 않는 사항은 동품셈 1-1-3의 4항을 참조하시어 적정한 예정가격산정기준을 적의 결정하여 사용하시기 바라며, 당해공사에서 표준품셈의 적용여부 및 판단에 관련된 사항은 해당공사의 특성을 고려하시고 표준품셈을 참조하시어 공사관계자가 직접 결성하실 사항임을 양지해 주시면 감사드리겠습니다.

보도용 블록 중 유도블록 설치

1-7-1 보도용 블록 설치 내용 중 "유도,점자블록을 설치하는 경우 시공량의 10% 감하여 적용한다" 해당 내용을 해석하자고 하면 보도블럭 B-Type 240㎡ 설치 예정인데 유도블럭과 점자블럭이 해당 240㎡에 포함이 된다면 216㎡으로 적용하는 건지 질의 드립니다.

답변내용

→ 토목부문 "1-7-1 보도용 블록 설치(소형)"에서 '유도·점자블록을 설치하는 경우 시공량의 10%를 감하여 적용한다.'는 유도 점자블록의 시공 난이도가 높아 하루 시공량이 줄어든다는 뜻으로 B-Type으로 유도·점자블록 설치시 제시된 작업조가 하루 시공량 190㎡에서 10%감해진 171㎡를 일당 시공한다는 뜻입니다.

콘크리트포장 중 양생의 범위

1-6-2 표층인력포장과 관련하여, 품셈〈주〉에는 양생작업을 포함한다 라고 되어있습니다. 해당작업은 타설초기 시행하는 피막양생 등을 말하는 것인지, 시멘트콘크리트 시공 지침 등에 따른 타설 이후 약 5일간 시행하는 습윤양생까지의 전체를 의미 하는 것 인지 질의드립니다.
〈주〉에서 의미하는 양생이 타설초기에 시행하는 부분이라면, 이후 이루어지는 습윤양생에 대하여는 별도 품을 반영하는것이 적정한 것으로 판단됩니다.
작업공종이 유사한 6-1-1 레디믹스콘트리트 타설의 경우 〈주〉에는 양생준비까지를 포함하며, 양생은 양생방법 및 시간을 고려하여 별도 계상토록 되어있습니다.

답변내용

→ 토목부문 "1-6-2 표층 인력포설"에서는 양생(양생제 살포, 마대덮기 및 제거)작업은 포함하고 있으나 습윤양생 작업은 포함하고 있지 않습니다. 습윤양생작업은 별도 계상하시기 바랍니다.

도로표지판 추가 설치

1-8-2 도로표지판 설치 관련하여 4번 표지판 추가 설치하는 경우는 어떤 경우에 품을 적용하는지 질의 드립니다.

답변내용

→ 토목부문 "1-8-2 도로 표지판 설치"에서 표지판을 추가 설치하는 경우에는 주4의 표를 참조하시기 바라며, 여기서 추가설치라 함은 지주와 표지판 설치품에 표지판을 추가하여 설치하는 경우를 뜻합니다.
당해공사에서 표준품셈의 적용여부 및 판단, 수량산출 등에 관련된 사항은 해당공사의 특성을 고려하시고 표준품셈을 참조하시어 공사관계자가 직접 결정하실 사항임을 양지해 주시면 감사드리겠습니다.

낙석방지책 와이어설치 길이의 정의

1-9-3 낙석방지책설치 중 와이어설치는 일일 시공량 200m입니다. 여기서 200m는 200m는 순수한 와이어의 길이인지 세로로 10줄을 포함한 낙석방지책의 길이인지 둘 중 어느 것이 맞는 정의인지 질의 드립니다.

답변내용

➥ 토목부문 "1-9-3 낙석방지책/2. 와이어설치"에서 시공량 200m는 와이어의 연장을 의미합니다.

보도용 블록 설치 중 TYPE 적용

보도용 블록설치(소형), (대형), a, b-type 적용 여부에 대해 질문 드립니다.

답변내용

➥ 토목부문 "1-7-1 보도용 블록설치(소형), 1-7-2 보도용 블록설치(대형)"에서 A-Type은 공원, 단지택지조성공사의 보도 등 장비이동 및 적재가 용이한 구간, B-Type은 차도인접, 주택가 보도 등 장비이동 및 적재공간이 협소한 구간에 적용하시면 됩니다. 주택가, 빈화가 공사는 B-Type을 석용하시면 됩니다.

제 2 장   하천공사

2-1 사 석

2-1-1 사석부설('08, '12년 보완)

(㎥당)

구 분	규 격	단 위	수 량
보 통 인 부	-	인	0.004
굴 착 기	1.0㎥	hr	0.027

[주] ① 본 품은 굴착기를 사용하여 사석을 부설하는 기준이다.
② 본 품은 사석 부설 및 정리 작업이 포함된 것이다.
③ 필터매트 설치는 '[공통부문] 5-2-1 매트부설'을 따른다.

2-1-2 사석 고르기('12년 신설, '19년 보완)

(㎥당)

구 분	규 격	단 위	수 량
보 통 인 부	-	인	0.005
굴착기+부착용집게	1.0㎥	hr	0.070

[주] ① 본 품은 사석 부설 후 굴착기(집게)를 사용하여 표면부 사석을 돌출되지 않게 고르는 기준이다.
② 사석 고르기, 잡석 채움 작업을 포함한다.

2-2 돌망태

2-2-1 타원형 돌망태 설치('07, '12, '19년 보완)

(㎡당)

구 분	규 격	단 위	수 량(돌망태 높이)				
			40cm	45cm	50cm	60cm	70cm
석 공	-	인	0.039	0.044	0.049	0.063	0.073
특 별 인 부	-	〃	0.013	0.014	0.016	0.019	0.024
보 통 인 부	-	〃	0.005	0.006	0.007	0.008	0.010
굴 착 기	1.0㎥	hr	0.026	0.030	0.033	0.040	0.046

[주] ① 본 품은 타원형 돌망태를 설치하는 기준이다.
　　② 망태석 포설, 망태 조립 및 설치, 망태석 채움, 망태조임 및 마무리 작업을 포함한다.
　　③ 필터매트를 설치할 경우 '[공통부문] 5-2-1 매트부설'을 따른다.

2-2-2 매트리스형 돌망태 설치('07, '12년 보완)

(㎡당)

구 분	규 격	단 위	수 량
석 공	-	인	0.027
특 별 인 부	-	〃	0.010
보 통 인 부	-	〃	0.010
굴 착 기	1.0㎥	hr	0.025

[주] ① 본 품은 매트리스형 돌망태(폭 200㎝, 높이 30㎝)를 설치하는 기준이다.
　　② 본 품은 망태 조립 및 설치, 망태석 채움, 덮개 조립 작업이 포함된 것이다.
　　③ 필터매트 설치는 '[공통부문] 5-2-1 매트부설'을 따른다.

■ 아이스하버식 어도블록 설치

> 참고자료

(1개 당)

명 칭	규 격	단 위	수 량	비 고
환 경 어 도 블 록	1,000×1,900×700(900)	개	1	월류형, 비월류형
크 레 인	유압식 10ton	hr	0.96	
특 별 인 부	기술공	인	0.09	
보 통 인 부	-	〃	0.30	

[주] ① 블록의 운반비, 블록의 할증은 별도 계상한다.
② 어도 본체 바닥 모래 포설 및 고르기품은 별도 계상 한다.
③ 어도 블록 연결고리(샤클)는 별도 계상한다.
④ 블록간 줄눈 시공품은 별도 계상한다.
⑤ 어도 본체의 설계는 현장의 하천 여건에 따라 차이가 나기 때문에 설계전에 사전검토해야 한다.
⑥ 본 품은 제6장 철근콘크리트공사 6-7 조립식 구조물 설치공의 콘크리트 중량구조물 설치품을 근거로 기준한 것이다.

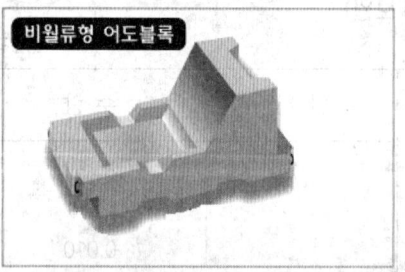

비월류형 어도블록
길이(L):1.9m 폭(W):1m 높이(H):0.9m

월류형 어도블록
길이(L):1.9m 폭(W):1m 높이(H):0.7m

취급품목 : 하상보호블록 / 해안침식방지 계단식 통수블록 / 소파블록

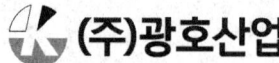

(주)광호산업

본사·공장 : 전남 나주시 동수농공단지길 137-18(동수동)
TEL : 061-335-0007 FAX : 061-335-6220

2-2-3 돌망태형옹벽 설치('12, '19년 보완)

(㎥당)

구 분	규 격	단 위	수량
석 공	-	인	0.190
특 별 인 부	-	〃	0.134
보 통 인 부	-	〃	0.117
굴 착 기	0.6㎥	hr	0.281

[주] ① 본 품은 높이 5m 이하의 돌망태옹벽(Gabion 철망태)을 설치하는 기준이다.
② 철망태의 조립 및 설치, 망태석 채움, 덮개조립 작업을 포함한다.
③ 터파기 및 지반고르기는 별도 계상한다.
④ 필터매트를 설치할 경우 '[공통부문] 5-2-1 매트부설'을 따른다.

■ 랩스톤(호박돌형 앵커)-급구배 호안공법(특허 제10-1971015호)

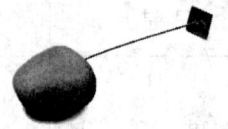

(㎡당)

구 분	항 목	규 격	단위	수량	비 고
자 재	랩 스 톤	500형	㎡	1.03	
		800형	〃	1.03	
		1,000형	〃	1.03	
		1,200형	〃	1.03	
	부직포(지급자재)	300g	㎡	1.15	
	뒷채움잡석 (지급자재)	ø150㎜~200㎜	㎥	0.561	500형
			〃	0.891	800형
			〃	1.111	1,000형
			〃	1.331	1,200형
인 력	특별인부	-	인	0.50	500형
			〃	0.55	800형
			〃	0.58	1,000형
			〃	0.617	1,200형
	보통인부	-	〃	0.50	500형
			〃	0.55	800형
			〃	0.58	1,000형
			〃	0.617	1,200형
장 비	굴 삭 기	0.7㎥	hr	0.070	500형
			〃	0.077	800형
			〃	0.082	1,000형
			〃	0.086	1,200형

[주] ① 자연석의 종류와 규격에 따라 호박돌, 가공석, 거석형 등이 있다.
② 제품형태의 결정은 하천 법면의 높이, 경사도 등에 의한 구조검토를 거쳐 결정된다.
③ 설치장소의 비탈면 고르기, 기초 터파기 등의 토공은 별도 계상한다.
④ 기초·천단, 날개벽 콘크리트는 별도 계상한다.
⑤ 기구손료는 품의 5%까지 계상할 수 있다.

○ 참고자료

■ 스톤네트(자연석 고착 철망) - 완구배 / 친수호안공법(특허 제10-0371215호)

(㎡ 당)

구 분	항 목	규 격	단위	수량	비 고
자 재	특수선재형	2000×2000	㎡	1.03	
	일 반 형	2000×2000	〃	1.03	
	징검다리형	1200×700×H700	〃	1.03	직사각형
		700×700×H700	〃	1.03	각형
	평 석 형	350×450×H180	〃	1.03	
인 력	특 별 인 부	-	인	0.105	
	보 통 인 부	-	〃	0.054	
장 비	크 레 인	10 ton	hr	0.150	
	굴 삭 기	0.7㎥	〃	0.040	

[주] ① 돌의 종류에 따라 호박돌, 가공석, 사석형으로 구분된다.
② 징검다리, 평석의 규격은 현장 여건에 따라 변경 가능하며, 제품은 현장의 평상시 수위를 고려하여 구조 검토 후 규격을 결정하여 적용한다.
③ 복토는 현장발생토를 사용하며, 식생 불가능한 토질인 경우의 복토는 별도 계상한다.(계단 및 평석은 ø25㎜내외, 하상제품은 ø100㎜내외)
④ 식생은 자생을 원칙으로 하나, 필요시 파종은 별도 계상한다.
⑤ 설치시 필요한 기초토공, 부직포(300g/㎡ 이상), 복토시 필요한 골재는 별도 계상한다.
⑥ 기구손료는 품의 5%까지 계상할 수 있다.

■ 스톤네트 계단설치(특허 제10-0371215호)

(㎡ 당)

구 분	항 목	규 격	단위	수량	비 고
자 재	계 단 형	980(490)×390×330/70	㎡	1.03	1.5형
		980(490)×420×280/70	〃	1.03	2.0형
인 력	특 별 인 부	-	인	0.210	
	보 통 인 부	-	〃	0.108	
장 비	크 레 인	10ton	hr	0.300	
	굴 삭 기	0.7㎥	〃	0.080	

[주] ① 계단 규격은 현장 여건에 따라 변경 가능하며, 제품은 현장의 평상시 수위를 고려하여 구조 검토 후 규격을 결정하여 적용한다.
② 복토는 현장발생토를 사용하며, 식생 불가능한 토질인 경우의 복토는 별도 계상한다.(계단 및 평석은 ø25㎜내외, 하상제품은 ø100㎜내외)
③ 설치시 필요한 기초토공, 부직포(300g/㎡ 이상), 복토시 필요한 골재는 별도 계상한다.
④ 기구손료는 품의 5%까지 계상할 수 있다.

814 | 토목부문

2025 건설공사 표준품셈

▷ 참고자료

■ 울트라매트(스톤네트와 스톤매트 결합기술)-세굴방지공, 징검다리공
  (재난안전신기술 제92-4-1호, 제2020-23-1호)

(㎡ 당)

구 분	항 목	규 격	단 위	수 량	비 고
자 재	4 0 0 형	2,000×2,000×H400	㎡	1.03	
	5 6 0 형	2,000×2,000×H560	〃	1.03	
	깬 돌 (지급자재)	ø150~200㎜	㎡ 〃	0.42 0.58	400형 560형
인 력	특 별 인 부	-	인	0.1753	
	보 통 인 부	-	〃	0.1243	
장 비	크 레 인	10ton	hr	0.150	
	굴 삭 기	0.7㎥	〃	0.070	

[주] ① 제품형태의 결정은 별도의 구조검토를 거쳐 결정된다.
② 설치장소의 비탈면 고르기, 기초터파기 등의 토공은 별도 계상한다.
③ 본 품에는 스톤매트의 조립 및 채움재의 포설이 포함되어 있다.
④ 채움석은 현장내 유용이 가능하다.
⑤ 윗 덮개로는 스톤네트의 종류별 형태로 설치해야 한다.
⑥ 기구손료는 품의 5%까지 계상할 수 있다.

■ 스톤매트(자연석 고착 사각 철망)-세굴방지공(특허 제10-0500660호)

(㎡ 당)

구 분	항 목	규 격	단 위	수 량	비 고
자 재	4 0 0 형	2,000×2,000×H400	㎡	1.03	
	5 6 0 형	2,000×2,000×H560	〃	1.03	
	깬 돌 (지급자재)	ø150~200㎜	㎡ 〃	0.42 0.58	400형 560형
인 력	특 별 인 부	-	인	0.0703	
	보 통 인 부	-	〃	0.0703	
장 비	굴 삭 기	0.7㎥	hr	0.030	

[주] ① 제품형태의 결정은 별도의 구조검토를 거쳐 결정된다.
② 설치장소의 비탈면 고르기, 기초터파기 등의 토공은 별도 계상한다.
③ 본 품에는 스톤매트의 조립 및 채움재의 포설이 포함되어 있다.
④ 채움석은 현장내 유용이 가능하다.
⑤ 윗 덮개로는 스톤네트의 종류별 형태로 설치해야 한다.
⑥ 기구손료는 품의 5%까지 계상할 수 있다.

울트라매트, 울트라매트 징검다리, 호박돌형앵커, 스톤네트, 스톤매트, 자연석 계단
재난안전신기술 제 92-4-1호, 제2020-23-1호, 조달청 혁신제품 제 2023-098호, 도공기술마켓, 서울시, LH 공법등록

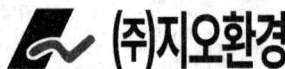
(주)지오환경

본 사 : 충청남도 청양군 청양읍 중앙로18길 1, 2층 (케렌시아)
연구소 : 경기도 안양시 동안구 부림로41-22, 4층
TEL : 031-689-3144   FAX : 031-689-3145
www.environ2000.co.kr E-mail : geo3144@hanmail.net

○ 참고자료

■ 자연석 고착 철망(네일스톤네트, 특허 제10-1193948호)

(㎡ 당)

구 분		항 목	규 격	단위	일반형	징검다리형	계단형	스탠드형	평석형	비고
자재		사 석	2000×2000	㎡	1.03	-	-	-	-	
		가 공 석	2000×2000	〃	1.03	-	-	-	-	
		호 박 돌	2000×2000	〃	1.03	-	-	-	-	
		징검다리형	1200×600×700(H)	〃	-	1.03	-	-	-	
		계 단 형	980×420×280(1:2) 980×390×330(1:1.5)	〃	-	-	1.03	-	-	
		스 탠 드 형	980×885×475	〃	-	-	-	1.03	-	
		평 석 형	980×450×180, 300	〃	-	-	-	-	1.03	
		네 일 앵 커	-	개	0.250	0.250	0.250	0.250	0.250	
인력		특 별 인 부	-	인	0.126	0.315	0.315	0.504	0.157	
		보 통 인 부	-	〃	0.065	0.162	0.162	0.260	0.081	
장비		크 레 인	10ton	hr	0.180	0.450	0.450	0.720	0.225	
		굴 삭 기	0.7㎡	〃	0.048	0.120	0.120	0.192	0.060	

[주] ① 징검다리, 계단, 평석의 규격은 현장여건에 따라 변경 가능하다.
② 설치 시 필요한 기초토공, 복토 시 필요한 골재 또는 토사, 필요시 식생 파종은 별도 계상한다.
③ 필터매트(부직포)를 설치할 경우, "매트부설"의 품을 준용하여 계상한다.
④ 네일 앵커는 현장여건 및 기초지반 토질의 상태에 따라 설치수량을 판단하여 적용한다.
⑤ 공구손료는 인력품의 5%까지 계상할 수 있다.

스톤네트, 스톤매트, 자연석 앵커 와이어형, 스톤매트리스, 계단, 징검다리, 하천 설계 및 시공

■ 조달청 다수공급자(MAS)등록업체   ■ 친환경 하천 설계 및 시공 전문기업

(주)태하 TAEHA Co., Ltd.

경기도 안양시 동안구 시민대로 383 디지털엠파이어 B동 201호
TEL : 031-202-1375   FAX : 031-273-1375
www.etaeha.co.kr   E-mail : etaeha@hanmail.net

■ 자연석 앵커 와이어형(네일스톤네트, 특허 제10-1282594호)

(㎡당)

구 분	항 목	규 격	단위	가공석	호박돌	비 고
자재	가 공 석	ø300~ø600	㎡	1.03	-	
	호 박 돌	ø300~ø600	〃	-	1.03	
	네 일 앵 커	-	개	0.20	0.20	
인력	특 별 인 부	-	인	0.126	0.126	
	보 통 인 부	-	〃	0.065	0.065	
장비	크 레 인	10ton	hr	0.225	0.225	
	굴 삭 기	0.7㎥	〃	0.060	0.060	

[주] ① 설치 시 필요한 기초토공, 복토 시 필요한 골재 또는 토사, 필요시 식생 파종은 별도 계상한다.
② 필터매트(부직포)를 설치할 경우, "매트부설"의 품을 준용하여 계상한다.
③ 네일 앵커는 현장여건 및 기초지반 토질의 상태에 따라 설치수량을 판단하여 적용한다.
④ 공구손료는 인력품의 5%까지 계상할 수 있다.

■ 자연석 사각 고착 철망(네일스톤매트, 특허 제10-1193948호)

(㎡당)

구 분	항 목	규 격	단위	400형	비 고
자재	4 0 0 형	2000×2000×400	㎡	1.03	지급자재
	채 움 석	ø150~200	㎥	0.42	
	네 일 앵 커	-	개	0.25	
인력	특 별 인 부	-	인	0.0844	
	보 통 인 부	-	〃	0.0844	
장비	굴 삭 기	0.7㎥	hr	0.0360	

[주] ① 설치장소의 비탈면 고르기, 기초 터파기 등의 토공은 별도 계상한다.
② 본 품에는 스톤매트의 조립 및 채움재의 포설이 포함되어 있다.
③ 채움석은 현장내 유용이 가능하다.
④ 필요에 따라 스톤네트의 각종 다양한 형태를 윗 덮개로 설치하고 별도 계상한다.
⑤ 네일 앵커는 현장여건 및 기초지반 토질의 상태에 따라 설치수량을 판단하여 적용한다.
(윗 덮개로와 네일 앵커 중복시 스톤매트의 네일앵커 수량으로 적용)
⑥ 공구손료는 인력품의 5%까지 계상할 수 있다.

제 2 장 하천공사

> 참고자료

■ 자연석 앵커 옹벽형(특허 제10-1245252호)

(㎡ 당)

구 분	항 목	규 격	단위	500형	800형	1000형	1200형	비 고
자 재	호 박 돌	-	㎥	1.03	1.03	1.03	1.03	
	부 직 포	300g	〃	1.15	1.15	1.15	1.15	지급자재
	뒷 채 움 석	150~200㎜	㎥	0.546	0.867	1.081	1.295	〃
인 력	특 별 인 부	-	인	0.600	0.660	0.696	0.740	
	보 통 인 부	-	〃	0.550	0.605	0.638	0.679	
장 비	굴 삭 기	0.7㎥	hr	0.084	0.092	0.098	0.103	

[주] ① 제품형태의 결정은 하천 법면의 높이, 경사도 등에 의한 구조검토를 거쳐 결정된다.
② 설치장소의 비탈면 고르기, 기초 터파기 등의 토공은 별도 계상한다.
③ 기초 및 천단 콘크리트는 별도 계상한다.
④ 전면 녹화시 초본류 별도.
⑤ 공구손료는 인력품의 5%까지 계상할 수 있다.

■ 자연석 고착망(네일스톤메트리스, 특허 제10-1609761호)

(㎡ 당)

구 분	항 목	규 격	단위	일반형	거석형	비 고
자 재	일 반 형	-	㎡	1.03	-	
	거 석 형	-	〃	-	1.03	
	네 일 앵 커	-	개	0.20	0.20	
인 력	특 별 인 부	-	인	0.105	0.133	
	보 통 인 부	-	〃	0.105	0.135	
장 비	굴 삭 기	0.6㎥	hr	0.104	0.130	

[주] ① 설치 시 필요한 기초토공, 복토 시 필요한 골재 또는 토사, 필요시 식생 파종은 별도 계상한다.
② 필터매트(부직포)를 설치할 경우, "매트부설"의 품을 준용하여 계상한다.
③ 네일 앵커는 현장여건 및 기초지반 토질의 상태에 따라 설치수량을 판단하여 적용한다.
④ 공구손료는 인력품의 5%까지 계상할 수 있다.

스톤네트, 스톤매트, 자연석 앵커 와이어형, 스톤매트리스, 계단, 징검다리, 하천 설계 및 시공

■ 조달청 다수공급자(MAS)등록업체   ■ 친환경 하천 설계 및 시공 전문기업

(주)태하 TAEHA Co., Ltd.

경기도 안양시 동안구 시민대로 383 디지털엠파이어 B동 201호
TEL : 031-202-1375   FAX : 031-273-1375
www.etaeha.co.kr   E-mail : etaeha@hanmail.net

■ 수문시설 설치 공사

문비 및 권양기 제작설치

1. 문비제작 (ton 당)

비 목	규 격	단위	수 량
[재료]			
산소	6,000ℓ	병	3
아세칠렌	4,500ℓ	〃	2.58
함석	#31×3×6	매	0.62
용접봉	SS41, ø4	kg	20
전력	-	kWh	310
트럭크레인	30ton	hr	0.423
[노무]			
기계기사	기술관리	인	0.5
기계산업기사	〃	〃	-
플랜트제관공	본뜨기	〃	0.437
〃	금긋기	〃	1.161
〃	절단	〃	0.318
〃	가공	〃	1.359
〃	구멍뚫기	〃	0.397
플랜트용접공	용접	〃	2.125
비계공	부품조립	〃	1.09
플랜트기계설치공	〃	〃	1.09
도장공	도장	〃	1.584
비계공	소운반조작	〃	0.818
〃	가조립	〃	0.864
플랜트제관공	〃	〃	1.766
플랜트용접공	〃	〃	0.853
플랜트기계설치공	〃	〃	0.143
특별인부	〃	〃	0.245
기술관리,도장제외10%	검사 및 교정	식	1
Over Head Crane	30ton	〃	1.269
Fork Lift	5ton	〃	0.423
[경비]			
Lathe	12FT×7.5HP	hr	0.536
Planer	4FT×8FT	〃	0.076
Boring M/C	HORI-TYPE-3HP	〃	1.436
Unionmelt Welder	5.5kVA	〃	2.72
A·C Welder	10kVA	〃	8.16
Gouging M/C	중형	〃	1.7
Gas Cutting M/C	AUTO형	〃	1.016
〃	수동	〃	1.016
Gas Heating T/C	중형	〃	3.328
Over Head Crane	30ton	〃	1.269
Hydro Press	100ton	〃	1.48
Bending Roller	23FT	〃	1.088
Shearing M/C	-	〃	0.256
Drilling M/C	3HP	〃	1.632
Compressor	7.1m/min	〃	3.17
Portable D/R	0.5HP	〃	1.221
Truck Crane	30ton	〃	0.423
Fork Lift	5ton	〃	0.423

2. 문비 설치 (ton 당)

비 목	규 격	단위	수 량
[재료]			
산소	6,000ℓ	병	0.46
아세칠렌	4,500ℓ	〃	0.39
용접봉	SS41, ø4	kg	5.4
트럭크레인	30ton	hr	16
[노무]			
기계기사	기술관리	인	0.5
플랜트제관공	구멍뚫기	〃	0.705
도장공	도장	〃	0.552
플랜트제관공	현장교정	〃	0.816
비계공	〃	〃	0.146
〃	소운반제작	〃	1.992
플랜트기계설치공	〃	〃	0.791
비계공	조립, 조정	〃	2.43
플랜트제관공	〃	〃	2.035
시공측량사	〃	〃	0.812
리벳공	-	〃	1.447
플랜트기계설치공	용접	〃	0.527
플랜트제관공	〃	〃	0.187
플랜트전공	전원배선	〃	0.187
기술관리제외10%	검사 및 교정	식	1
Truck Crane	30ton	〃	16
[경비]			
Truck Crane	30ton	hr	16
A.C Welder	5kW 130A	〃	8
Gas Cutting M/C	중형	〃	32
Portable Drill	0.5HP	〃	16
Portable Grinder	〃	〃	32
공구손료	노무비의 3%	식	1

	3. 문틀 제작			(ton 당)	4. 문틀 설치			(ton 당)
	비 목	규 격	단위	수 량	비 목	규 격	단위	수 량
재료	산소	6,000ℓ	병	2.3	산소	6,000ℓ	병	0.69
	아세칠렌	4,500ℓ	〃	0.75	아세칠렌	4,500ℓ	〃	0.09
	용접봉	SS41, ø4	kg	27.3	용접봉	SS41, ø4	kg	31.05
	〃	STS304.4㎜	〃	27.3				
	전력	-	kWh	550				
노무	기계기사	기술관리	인	2.5	기계기사	기술관리	인	5.33
	제도사	사도	〃	1	창호목공	박스해체	〃	0.34
	현도사(제조)	재료절단현도	〃	0.63	특별인부	〃	〃	0.34
	마킹원	괘서	〃	1.26	플랜트기계설치공	검측	〃	0.17
	철판공	절단	〃	0.33	특별인부	〃	〃	0.17
	플랜트제관공	교정	〃	0.6	플랜트기계설치공	수정 및 교정	〃	0.34
	마킹원	단재가공괘서	〃	1.26	특별인부	〃	〃	0.17
	철판공	절단	〃	0.16	석공	설치준비(Chipping)	〃	1.15
	절단원	EDGE가공	〃	0.17	특별인부	〃	〃	0.86
	플랜트용접공	용접	〃	1.3	플랜트기계설치공	가설장비설치	〃	0.19
	플랜트제관공	교정	〃	0.75	플랜트배관공	〃	〃	0.19
	〃	Holling	〃	0.15	절단원	〃	〃	0.12
	플랜트기계설치공	조립, 조정	〃	3.7	플랜트용접공	〃	〃	0.12
	플랜트용접공	용접	〃	8.4	특별인부	〃	〃	0.51
	철판공	절단	〃	0.1	절단원	앵커바정리작업	〃	0.56
	플랜트제관공	교정	〃	1.75	플랜트기계설치공	〃	〃	0.56
	기계설비공	기계가공	〃	1.26	특별인부	〃	〃	1.12
	연마원(기타)	〃	〃	0.126	특수비계공	조립	〃	0.79
	플랜트기계설치공	가조립, 조립	〃	2	플랜트기계설치공	〃	〃	0.59
	〃	해체	〃	1	절단원	〃	〃	0.29
	특수비계공	소운반조작	〃	5	플랜트기계설치공	〃	〃	0.29
	특별인부	보조	〃	14.4	플랜트용접공	〃	〃	1.6
	인력품의 7%	검사	식	1	특별인부	〃	〃	2.77
					특수비계공	쎈터링	〃	0.79
					플랜트용접공	〃	〃	4.9
					시공측량사	〃	〃	0.59
					절단원	〃	〃	0.59
					플랜트기계설치공	〃	〃	1.48
					특별인부	〃	〃	7.76
					절단원	거푸집앵커설치	〃	0.21
					플랜트용접공	〃	〃	1.6
					특별인부	〃	〃	1.81
					시공측량사	검사기록	〃	0.29
					플랜트기계설치공	〃	〃	0.73
					특별인부	〃	〃	2.29
					특수비계공	뒷정리	〃	0.22
					플랜트기계설치공	〃	〃	0.34
					절단원	〃	〃	0.22
					특별인부	〃	〃	0.56
					플랜트전공	전기설비, 설치유지	〃	4.25
					특별인부	〃	〃	4.25
경비	Compressor	7.1m/min	hr	3.17	A·C Welder	10kVA	hr	8
	Portable D/R	0.5HP	〃	1.221	공구손료	노무비의 3%	식	1
	Truck Crane	30ton	〃	0.423				
	Fork Lift	5ton	〃	0.423				

5. 권양기설치

(ton 당)

	비 목	규 격	단 위	수 량
재료	산소	6,000ℓ	병	0.38
	아세칠렌	4,500ℓ	〃	0.33
	용접봉	SS41, ø4	kg	3
	기어유	GL-4 80W/90	ℓ	3
	기타	상기자재의 10%	식	0.01
	트럭크레인	30ton	hr	8
노무	기계산업기사	기술관리	인	0.5
	플랜트용접공	용접	〃	1.03
	비계공	소운반조작	〃	1.105
	〃	조립, 조정	〃	1.928
	시공측량사	〃	〃	0.268
	플랜트기계설치공	〃	〃	2.115
	〃	시운전 및 조작	〃	0.36
	플랜트전공	〃	〃	0.413
	비계공	〃	〃	0.9
	기술관리를 제외한 10%	검사 및 교정	식	1
	Truck Crane	30ton	〃	8
경비	D.C Welder	300A 5.5kW	hr	8
	Truck Crane	30ton	〃	8
	Gas Cutting M/C	중형	〃	16
	Portable Grinder	0.5hp	〃	16
	공구손료	노무비의 3%	식	1

2-3 하천호안공
2-3-1 식생매트 설치('12년 신설, '19년 보완)

(㎡당)

구 분	규 격	단 위	수 량	
			식생매트설치	복토
특별인부	-	인	0.014	-
보통인부	-	〃	0.003	0.005
굴착기	0.6㎥	hr	-	0.031

[주] ① 본 품은 호안등사면에 식생매트를 설치하는 기준이다.
② 인력 흙고르기, 식생매트 깔기, 복토 작업을 포함한다.
③ 매트부설 이외 기타공종(종자살포, 잔디심기, 관수, 시비 등)는 별도 계상한다.

■ 식생매트(흙망태) 설치 (특허등록 제10-1262294호)

구분	규격 및 자재					
	규격	개비온철망	토석(㎥)	식생포트(매)	식생포(㎡)	비고
매트리스형	1000×1000×300	중첩형육각개비온 H=300	0.3	1	1	-
옹벽형	1000×1000×1000	사각개비온 H=1000(4mm)	1.0	1	1.3	-
	1000×1500×1000		1.5	1		-

구분	개비온조립설치			식생매트 설치	흙채움			흙다짐-기계다짐70% (플레이트콤팩터1.5T)			흙다짐-인력다짐 30%
	작업반장	특별인부	보통인부	보통인부	재료비	노무비	경비	재료비	노무비	경비	보통인부
매트리스형	건설표준품셈 2-2-2			0.02	굴삭기(hr/㎥)			/Q×0.3×70%			0.033
	-	0.010	0.010		0.025						
옹벽형	건설표준품셈 2-2-3			0.05	굴삭기(hr/0.6㎥)			/Q×70%			0.135
	-	0.134	0.117		0.281						

[주] ① 본 품 중 터파기, 비탈면 조성 및 고르기는 별도 계상한다.
② 채움재의 투입은 굴삭기로 상, 하5m 이내이며 그 이상일 때는 별도 계상한다.
③ 필터매트(부직포)를 설치할 경우 [공통부분]5-2-1 매트 부설 품을 준용하여 계상한다.

Build it Green River with us
R& GTECH 알앤지테크

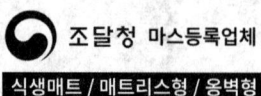

우 31475 충청남도 아산시 배방읍 휴대세교길 256   TEL. 041-543-1577   FAX. 050-4041-8433

2-3-2 블록 붙이기(인력)('12년 보완)

(㎡당)

구 분	규 격	단 위	수 량
특 별 인 부	-	인	0.076
보 통 인 부	-	〃	0.066

[주] ① 본 품은 하천제방에 인력으로 호안블록을 설치하는 기준이다.
② 본 품은 호안블록 설치, 철물 연결 작업이 포함된 것이다.
③ 비탈면 고르기, 흙 채움 및 잔디심기가 필요한 경우에는 별도 계상한다.

2-3-3 블록 붙이기(기계)('12년 보완)

(㎡당)

구 분	규 격	단 위	수 량
특 별 인 부	-	인	0.017
보 통 인 부	-	〃	0.007
크 레 인	10톤	시간	0.048

[주] ① 본 품은 하천제방에 장비를 사용하여 호안블록을 설치하는 기준이다.
② 본 품은 호안블록 설치, 철물 연결 작업이 포함된 것이다.
③ 비탈면 고르기, 흙 채움 및 잔디심기가 필요한 경우에는 별도 계상한다.
④ 현장여건에 따라 크레인을 굴착기(규격 0.2㎥, 사용시간 0.063hr)로 적용할 수 있다.

■ YP치수방재식생매트(신기술, 조달우수제품, 특허, 성능인증)

구 분	규 격	단위	GXP-A01 (직접 파종)	GXP-B01 (초류종자 살포)	YPGM-01 (직접 식재)	YP식생 개비온	비고
[재료비]							
치수방재식생매트	2.0×VAR	㎡	1.100	1.100	1.100	-	
식생개비온(GXP-G01)	1.0×1.0×1.0	조	-	-	-	1.000	
초화류	식재형포트	본	-	-	-	25.000	25구/㎡
시드스프레이	종자	kg	0.030	-	-	-	
	종자	〃	-	0.03	-	-	
	비료	〃	-	0.1	-	-	
	피복제	〃	-	0.18	-	-	
	침식방지안정제	〃	-	0.1	-	-	
	색소	〃	-	0.002	-	-	
잡재료비	재료비의 3%	%	3.000	3.000	3.000	3.000	
[노무비]							
• 매트설치							
작업반장	-	인	-	-	-	0.0125	
특별인부	-	〃	0.004	0.004	0.004	0.125	
보통인부	-	〃	0.097	0.097	0.097	0.250	
• 식재 및 관수			-	0.0007	-	0.0375	
조경공	-	인	0.025	-	0.025	-	
보통인부	-	〃	0.0125	0.0004	0.0125	0.0024	
[기계경비]							
공기압축기	21.0㎥/min	hr	0.028	0.028	0.028	-	
물탱크	3,800ℓ	〃	0.0132	-	0.0132	-	
종자살포기	2500~3500ℓ	〃	-	0.0024	-	-	
트럭	4.5t	〃	0.0024	0.0024	0.0024	-	
건설용펌프(자흡식)	ø50㎜	〃	-	0.0024	-	-	
굴삭기	백호0.2㎥	〃	-	-	-	0.087	
램머	80(kg)	㎡	-	-	-	1	

◦ 참고자료

[주] ① 본 공법은 특허 제10-0938809호 공법이다.
② 본 공법은 허용유속 6m/sec, 허용 소류력 30kg/㎡에 구조적으로 안전한 방재신기술 제106호 공법이다.
③ 본 제품은 성능인증 및 조달우수제품으로 나라장터 종합쇼핑몰에 등재된 제품이다.
④ 자재의 할증은 포함되어 있다.
⑤ 토공 비탈면고르기 품은 별도 계상한다.
⑥ 토질의 성분에 따라 복토가 필요 시 별도 계상한다.
⑦ 하상유실이 우려될 시에는 별도 보완한다.
⑧ 식생녹화제의 품목은 주변환경에 따라 변경할 수 있다.
⑨ 시드형 씨앗은 현장에 따라 추가시 별도 계상한다.
⑩ YPGM-01은 초화류가 25본/㎡ 포함되어 있다.

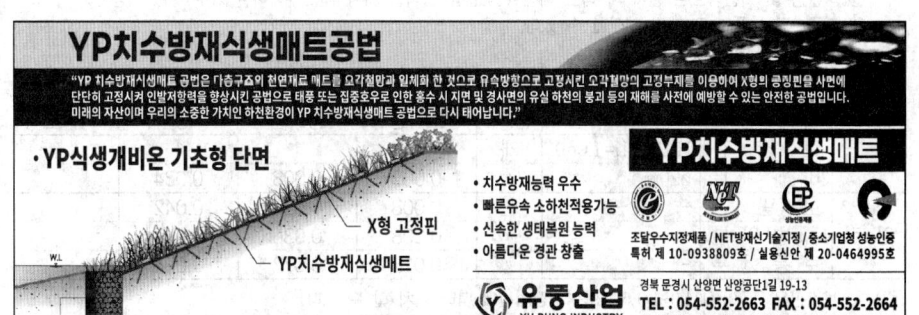

■ 스톤매트리스(자연석 고착망)(특허 제10-0774880호, 제10-0754979호)

(㎡당)

공종	구분	규격(mm)				단위	수량	비고
		밑망	망간격	윗망	망간격			
자재	일반형	4.0	150	3.0	250	㎡	1.03	STS Wire Rope
	거석형	4.0	150	4.0	350	〃	1.03	STS Wire Rope
	보급형	3.5	150	4.0	250	〃	1.03	PP Coated Wire Rope
	수중일반형	4.0	50	3.0	250	〃	1.03	STS Wire Rope

공종	구분	규격	단위	일반형	거석형	보급형	수중일반형	비고
인력	특별인부	-	인	0.070	0.090	0.070	0.095	
	보통인부	-	〃	0.078	0.10	0.078	0.105	
	잠수부	-	조	-	-	-	0.100	
장비	굴삭기	0.6㎥	hr	0.06	0.07	0.06	0.08	
	크레인	25ton	〃	-	-	-	0.09	

■ 에코넷매트리스(특허 제10-1492056호)

(㎡당)

공종	구분	규격(mm)				단위	수량	비고
		밑망	망간격	씨드로프	망간격			
자재	자연형	4.0	150	3.0	250	㎡	1.03	STS Wire Rope
	일반형	4.0	150	4.0	250	〃	1.03	STS Wire Rope
	기본형	4.0	150	4.0	250	〃	1.03	STS Wire Rope

공종	구분	규격	단위	자연형	일반형	기본형	비고
인력	특별인부	-	인	0.070	0.070	0.070	
	보통인부	-	〃	0.084	0.084	0.084	
장비	굴삭기	0.6㎥	hr	0.06	0.06	0.06	

[주] ① 자연석은 종류에 따라 호박돌, 가공석, 사석 등이 있다.
② 설치 장소의 비탈면 고르기, 터파기 등의 기초 토목공사는 별도 계상한다.
③ 복토는 현장발생토를 사용하나, 식생 불능의 토질인 경우 현장 반입 토사는 별도 계상한다.
④ 식생은 자생을 원칙으로 하나, 필요시 파종은 별도 계상한다.
⑤ 부직포는 별도 계상한다.
⑥ 여울공 및 하상공으로 설치 시 복토 대신 현장발생 잡석을 사용하며, 부득이한 경우 별도 계상한다.
⑦ 기구손료는 품의 5%까지 계상할 수 있다.

※ 보강핀

공종	구분	규격	단위	토사용	풍화암	연암	비고
자재	보강핀	H0.7m(L=1.0m)	개	1	1	1	
	비트	ø20mm	〃	0.005	0.008	0.034	
인력	보링공	-	인	0.008	0.036	0.042	
	특별인부	-	〃	0.008	0.036	0.042	
	보통인부	-	〃	0.015	0.072	0.084	

[주] ① 보강핀은 급구배(1:1.0~1:1.5) 또는 현장여건에 따라 설치 할 수 있다.
② 비트는 별도 계상한다.

■ 자연석 연결계단(친수계단)

○ 참고자료

(㎡ 당)

공종	항목	규격(mm)	단위	수량	비고
자 재	스 탠 드 형	538×400×L990 579×368×L990 780×350×L990	㎡	1.03	사면경사 1:1.5 사면경사 1:2.0 사면경사 1:3.0
	일 반 형	316×252×L990 335×210×L990 450×225×L990	〃	1.03	사면경사 1:1.5 사면경사 1:2.0 사면경사 1:3.0
	평 석	500×T180×L1000	〃	1.03	

공종	구 분	규 격	단 위	스탠드형	일반형	평석	비 고
인 력	특 별 인 부	-	인	0.30	0.28	0.28	
	보 통 인 부	-	〃	0.14	0.13	0.13	
장 비	굴 삭 기	0.6㎥	hr	0.10	0.10	0.10	
	크 레 인	10Ton	〃	0.19	0.19	0.19	

[주] ① 설치 장소의 비탈면 고르기, 터파기 등의 기초 토목공사는 별도 계상한다.
② 기초, 천단 콘크리트는 별도 계상한다.
③ 측면 마감은 별도 계상한다.
④ 부직포는 별도 계상한다.
⑤ 기구손료는 품의 5%까지 계상할 수 있다.

■ 앵커스톤(자연석 고착망 공법)(특허 제10-0525327호)

(㎡ 당)

공종	구 분	규 격(mm)	단 위	수 량	비 고
자 재	사 석 형 가 공 석 형 호 박 돌 형	밀망(아연도금) ø4, 망간격 50, 사석 ø300 내외	㎡	1.03	
	징 검 다 리 형	700×700×700H 1200×700×700H	〃	1.03	
인 력	특 별 인 부	-	인	0.105	
	보 통 인 부	-	〃	0.054	
장 비	굴 삭 기	0.6㎥	hr	0.040	
	크 레 인	10ton	〃	0.150	

[주] ① 설치 장소의 비탈면 고르기, 터파기 등의 기초 토목공사는 별도 계상한다.
② 밑다짐이 없는 경우 기초 콘크리트에 관하여 별도로 계상한다.
③ 부직포는 별도 계상한다.
④ 기구손료는 품의 5%까지 계상할 수 있다.

■ 리버월스톤(특허 제10-1605024호)

(㎡ 당)

공종	구분	규격(mm) 앵커철선(L)	규격(mm) 스토퍼(지압판)	규격(mm) 자연석(D)	단위	수량	비고
자재	500형	500	150×150	300이상	㎡	1.03	
	800형	800			〃	1.03	
	1000형	1000			〃	1.03	
	1500형	1500			〃	1.03	
	1800형	1800			〃	1.03	

공종	구분	규격	단위	500형	800형	1000형	1500형	1800형	비고
인력	특별인부	-	인	0.5	0.55	0.58	0.67	0.73	
	보통인부	-	〃	0.5	0.55	0.58	0.67	0.73	
장비	굴삭기	0.7㎥	hr	0.07	0.077	0.082	0.092	0.098	

[주] ① 자연석은 종류에 따라 호박돌, 가공석, 사석, 견치석 등이 있다.
② 설치 장소의 비탈면 고르기, 터파기 등의 기초공사는 별도 계상한다.
③ 부직포, 뒷채움 잡석은 별도로 계상한다.
④ 기구손료는 품의 5%까지 계상할 수 있다.

■ 와이어스톤

(㎡ 당)

공종	구분	규격(mm)	단위	수량	비고
자재	사석형 가공석형 호박돌형	선재 12(아연도금 Steel Wire) 사석 ø300~ø600	㎡	1.03	
인력	특별인부	-	인	0.084	
	보통인부	-	〃	0.054	
장비	굴삭기	0.6㎥	hr	0.258	

[주] ① 설치 장소의 비탈면 고르기, 터파기 등의 기초 토목공사는 별도 계상한다.
② 부직포는 별도 계상한다.
③ 기구손료는 품의 5%까지 계상할 수 있다.

제 3 장 터널공사

3-1 공통사항

3-1-1 터널노임 산정식('07, '13, '20년 보완)

노임구분		산정식	비 고
노 임 합 계	PW	P+PO	·터널작업 노임은 1일 8시간 기준 ·β : 할증률
기 본 노 임	P	P	
할 증 노 임	PO	P×β	

[주] ① 본 노임 산정표준은 연장 1,000m 까지의 일반터널의 경우이며, 장대터널은 별도 장대터널 할증을 가산할 수 있다.
② 3교대 이상인 때와 특수한 조건일 때 별도 계상할 수 있다.
③ 근로자에 대한 유해, 위험 예방조치에 필요한 비용은 별도 계상한다.
④ 장대 터널 할증률 (a_1)

갱구에서부터 뚫기점까지의 거리	할증률 (%)	갱구에서부터 뚫기점까지의 거리	할증률 (%)
갱구에서 500m 까지	-	3,000m~3,500m 까지	60
500m~1,000m 〃	10	3,500m~4,000m 〃	70
1,000m~1,500m 〃	20	4,000m~4,500m 〃	80
1,500m~2,000m 〃	30	4,500m~5,000m 〃	90
2,000m~2,500m 〃	40	5,000m 이상	100
2,500m~3,000m 〃	50		

⑤ 터널굴착시 발생하는 잡재료비(록볼트 표시기, 전설걸이, 마대 등) 및 경장비의 기계경비는 인력품의 3%로 계상한다.
⑥ 버력처리비(적재, 운반, 버리기), 조명비, 동바리비, 착암설비(컴프레서, 소형브레이커, 송기관, 공기탱크), 배수처리비, 기계장치비, 가설비, 환기설비 등 갱내외 설비비는 굴착공법과 조건에 따라 별도 계상한다.
⑦ 환기설비는 갱구에서 200m 이상일 때 필요에 따라 별도 계상하며, 갱구에서 200m 미만은 자연환기로 한다. 단, 200m 미만이라도 필요에 따라 환기시설을 별도 계상할 수 있다.
⑧ 터널연장이 1000m 이상 시에는 급·배기 시설을 별도 계상할 수 있다.

3-1-2 터널 여굴(餘掘)량('07, '13, '17년 보완)

터널굴착에 따른 여굴량은 다음 표를 표준으로 한다.

구 분	아 치	측 벽	바닥 및 인버트	비 고
여굴두께(㎝)	12~19	12~18	10~15	

[주] ① 본 여굴량은 발파공법(NATM)을 기준으로 한 것이다.
② 암질의 절리 및 풍화가 발달하여 터널타입과 관계없이 과다 여굴이 발생되거나, 해저터널에서 강관다단 등 터널보강이 필요하여 공법상 불가피하게 추가 여굴이 발생되는 경우에는 여굴기준의 20% 이내에서 추가 적용 할 수 있다.
③ "바닥 및 인버트"구간은 버럭을 제거한 후 콘크리트 등으로 채우는 경우에 적용하며, 암질에 따라 달리 적용 할 수 있다. 다만, 수로터널 등 단면이 적은 경우는 5㎝ 이내에서 현장 여건에 따라 적용할 수 있다.

3-2 터널굴착

3-2-1 터널굴착 1발파당 싸이클 시간(Cycle Time)('07, '13, '20년 보완)

작업종별		발파 굴착			비고 (하반)
		A군	B군	C군	
착암	천 공 준 비 (내공측량/암판정)	30	30	30	65%
	측 량 및 마 킹	5~10	10~15	15~20	65%
	천 공	T_1	T_1	T_1	공사물량
	장 약 및 발 파	30~40	40~50	50~60	65%
	환 기	15~20	20~25	25~30	100%
버럭처리	버 럭 처 리 준 비	10	10	10	100%
	버 럭 처 리	T_2	T_2	T_2	공사물량
	운 반 차 입 환	3~5	3~5	-	100%
	부석제거 및 뒷정리	20~30	30~40	40~50	65%
숏크리트	타 설 준 비	10	10	(10)	100%
	바닥청소및면정리	T_3	T_3	T_3	공사물량
	지 보 설 치	25~30	30~35	40~45	65%
	와이어메시설치	T_4	T_4	T_4	공사물량
	뿜 어 붙 이 기	T_5	T_5	T_5	공사물량
	잔 재 제 거	20	20	20	65%
	장 비 점 검	10	10	10	100%
록볼트	설 치 준 비	10	10	(10)	100%
	천 공 시 간 (분/공)	T_6	T_6	T_6	공사물량
	공 내 청 소 〃	1	1	1	공사물량
	충 진 〃	2	2	2	공사물량
	정 착 〃	2	2	2	공사물량
	이 동 및 기 타	15	15	15	100%

[주] ① 운반차 입환시간은 차량교행이 가능한 경우 계상하지 않는다.
② 숏크리트 타설 준비시간은 1, 2, 3차를 여러 스팬에 동시 타설하므로 준비시간은 1회에 한하여 계상한다.
③ 강섬유보강 숏크리트 적용시 T_4는 계상하지 않는다.
④ ( )은 차량교행이 가능하여 동시작업이 가능하므로 싸이클 타임에서는 제외하고 장비손료 산정 시에 적용한다.
⑤ A, B, C군의 상하반 분할굴착시 하반의 경우 비고를 따른다.
⑥ 터널굴착시 보조공법의 싸이클 타임은 필요시 별도로 계상할 수 있다.
⑦ 용수발생으로 굴착작업에 지장을 받는 경우 굴착 사이클을 30%까지 증가하여 계상할 수 있다.
⑧ 암질종류 및 단면적에 따라 싸이클 타임을 차등적용하거나 최소 및 최대치를 구분하여 적용할 수 있다.
⑨ 바닥청소 및 면 정리(T_3): 64 ㎡/hr
⑩ 와이어메시 설치(T_4)
  ㉮ Pin 구멍천공: 소형브레이커 사용천공
  ㉯ Pin 고정: 1분/개
⑪ 뿜어붙이기(T_5)
  Q=q×E(1-손실률)(㎥/hr)
  여기서, q: 뿜어붙임 기계의 능력(㎥/hr) E: 효율 (0.55)

$$손실률 = \frac{반발되어\ 떨어진\ 재료의\ 전중량(kg)}{뿜어붙임\ 콘크리트에\ 사용되는\ 재료\ 전중량(kg)} \times 100\%$$

$T_3 = \frac{V}{Q}$ 여기서, V: 숏크리트 타설 대상수량

⑫ 버력처리시 적재장비의 K, E 값은 '[공통부문] 8-2-5 로더'를 참고하며, 로더와 운반 장비의 원활한 조합이 어려운 경우(수직구를 이용한 반출 등) 작업효율(E)을 조정할 수 있다.
⑬ 소형터널(단면적 10㎡미만의 터널)의 싸이클 타임에서 착암 및 버력처리의 싸이클 타임은 A군을 적용하며, 숏크리트 및 록볼트 작업이 필요치 않은 경우에는 해당 작업의 싸이클 타임은 적용하지 않는다. 다만, 동바리 설치 시간은 다음과 같이 적용한다.

(분)

작업종별		소형터널
동바리	동바리 준비	10~20
	동바리세우기	40~80

3-2-2 기계굴착의 능력('07, '20년 보완)

구 분			작업능력(㎥/hr)	비 고
소형브레이커(1.3㎥/min)	풍 화	암	0.38	A군 터널에 적용
대형브레이커 + 굴착기 0.7㎥	풍 화	암	5.6~6.8	B, C군 터널에 적용
	연	암	4.5~5.5	
	보 통	암	3.1~3.7	
	경	암	2.3~2.9	

[주] ① A, B, C군의 구분은 '[토목부문] 3-2-4 터널 굴착시 천공 및 버력처리 장비의 조합 [주]④' 기준임.
② 현장조건에 따라 사용장비를 변경하여 적용할 수 있다.

3-2-3 천공기계의 천공속도('07, '13, '20년 보완)

구 분		소형브레이커	점보드릴	비고
암 종	풍 화 암	27cm/min	-	A군 터널에 적용
	연 암	20cm/min	-	
	보 통 암	16cm/min	-	
	경 암	12cm/min	-	
굴 진 장	1.2m 이하	-	75~ 85cm/min	B, C군 터널에 적용
	1.2~2.0m 이하	-	85~ 95cm/min	
	2.0~3.0m 이하	-	95~105cm/min	
	3.0m 초과	-	105~120cm/min	
비 고	- 점보드릴 천공능력은 풍화암~경암 구간에서 암 종류와 관계없이 굴진장에 따라 적용하나, 극경암 또는 토사 구간에서 점보드릴에 의한 천공효율에 영향을 받는 경우 천공시간을 조정하여 적용할 수 있다.			

[주] ① A, B, C군의 구분은 '[토목부문] 3-2-4 터널 굴착시 천공 및 버력처리 장비의 조합 [주] ④' 기준이다.
② 소형브레이커는 공기소비량 2.7㎥/min 기준이다.
③ 소형브레이커는 천공구멍 이동, 공 자리잡기, 공내청소, 비트 바꾸기를 포함하며, 점보 드릴은 천공구멍이동, 공 자리잡기, 공내청소 등을 포함한다.
④ 소형터널(단면적 10㎡미만의 터널)의 굴착에는 다음 기준을 적용한다.

구분	암질별	연암		보통암		경암	
	1발파 진행거리(m)	0.8	1.0	1.1	1.2	1.3	1.4	1.5
굴착단면 1㎡당천공수	도갱면적 (㎡) 5.3	2.1	2.4	3.3	3.5	3.8	4.1	4.5
	9.7	2.0	2.2	3.2	3.4	3.7	4.0	4.3
1구멍당 천공길이(m)		1.0	1.2	1.3	1.4	1.5	1.6	1.7
뚫기 1구멍 1m당 폭약량(kg/m)		0.25	0.30	0.30	0.32	0.35	0.38	0.40
심빼기 구멍수		4	5	6	6	7	8	9

※ 폭약은 V cut, Wedge cut, Pyramid cut 발파공법으로 다이나마이트 1호(KSM 4804) 사용을 기준으로 한 것이다.
※ 도화선 및 뇌관은 별도 계상한다.
※ 특수한 공법일 때에는 별도 계상한다.
※ 심빼기 1구멍 1m당 폭약량은 본 표의 1.5~2.0배를 표준으로 한다.
※ 풍화암은 연암의 1발파 진행 0.8m를 준용할 수 있다.
※ 도갱천공 후 넓히기는 싸이클 시간을 계상하지 않을 경우 도갱천공 싸이클 시간의 65%로 한다.

3-2-4 터널 굴착시 천공 및 버력처리 장비의 조합('07, '20년 보완)

구분	A군	B군	C군	비고
발파천공 및 록볼트 천공장비	소형브레이커 (2.7㎥/min 2~4대)	점보드릴 (2붐)	점보드릴 (3붐)	장비조합은 천공단면 크기 및 조건에 따라 적정하게 조합하여 적용
버력상차장비	로더 1.72㎥	로더 3.5㎥	로더 5.0㎥	
버력운반장비	로더 1.72㎥	덤프트럭 15톤	덤프트럭 15톤	

[주] ① 공기압축기의 소요대수는 굴착공법과 터널 연장 및 현지조건에 따라 계상한다.
② 전기는 한국전력 수급사용 혹은 발전기 사용으로 현지 조건에 따라 계상한다.
③ 버력상차 및 운반장비는 터널의 폭과 높이 등을 고려하여 별도 조합을 할 수 있다.
④ 터널의 구분은 아래 표와 같이 구분하여 적용한다.

A군	·기계굴착시 소형브레이커 사용이 가능한 소규모 터널 ·발파굴착시 소형브레이커로 천공할 수 있는 소규모 터널
B군	·기계굴착시 대형브레이커 사용이 가능한 단선급 터널 ·발파굴착시 점보드릴로 천공은 가능하나 덤프트럭과 로더의 작업이 원활하지 못하고 장비의 교행이 불가능한 규모의 단선급 터널
C군	·기계굴착시 대형브레이커 사용이 가능한 복선급 터널 또는 2차로 이상의 터널 ·발파굴착시 점보드릴로 천공이 가능하며, 차량 교행은 물론 덤프트럭과 로더의 작업이 원활하고 장비의 교행이 가능한 복선급 터널 또는 2차로 이상의 터널

※ A, B, C는 일반적인 기준이므로 굴착단면 크기 및 현장조건에 따라 장비 종류 및 장비규격을 별도로 조합하여 사용할 수 있다.

참고

구분	소형터널
발파천공 천공장비 버력상차장비 버력운반장비	소형브레이커(2대) 인력, 록커쇼벨 리어카, 경운기, 대차

※ 소형터널(단면적 10㎡미만의 터널)은 버력처리를 로더로 사용할 수 없는 단면에 적용한다.

3-2-5 터널굴착 1발파당 작업인원('07, '20년 보완)

(1발파 당)

작업종별		발파굴착			기계굴착		
		A군	B군	C군	A군	B군	C군
작 업 반 장	인	1	1	1	1	1	1
착 암 공	〃	2~4	-	-	2~4	-	-
점보드릴운전원	〃	-	1	1	-	-	-
고소대차운전원	〃	-	1	1	-	1	1
로 더 운 전 원	〃	-	1	1	-	1	1
굴 착 기 운 전 원	〃	-	1	1	-	1	1
숏크리트머신운전원	〃	1	1	1	1	1	1
기 계 운 전 원	〃	1	-	-	1	-	-
보 통 인 부	〃	2~4	1~3	2~4	3~5	4~6	6~8
특 별 인 부	〃	-	3	4	-	-	-
화 약 취 급 공	〃	1	1	1	-	-	-
소 계	〃	9~13	11~13	13~15	9~13	9~11	11~13
비 고	\multicolumn{7}{l}{- 터널 굴착시 병렬터널의 경우와 같이 일개 작업조가 두막장을 동시에 굴착하는 경우는 본 품의 59%를 적용한다. - 소형터널(단면적 10㎡ 미만의 터널)의 작업조는 아래와 같이 적용한다. ㉮ 작업조는 A군을 기준하여 산정하되 착암공은 2인을 적용하며, 로더 운전원은 록카쇼벨 사용시 적용한다. ㉯ 숏크리트 운전원 및 기계운전원 등은 숏크리트 사용시 적용하며, 동바리 설치시에는 적용하지 않는다. ㉰ 버력처리 인원은 별도 계상할 수 있다.}

[주] ① A, B, C군의 구분은 '[토목부문] 3-2-4 터널 굴착시 천공 및 버력처리 장비의 조합 [주] ④' 기준이다.
② 본 품은 '[토목부문] 3-2-1 터널굴착 1발파당 싸이클 시간(Cycle Time)'에 소요되는 인원이며, 보조공법 인원은 제외되어 있다.
③ 터널내 전기, 환기, 양수 등 설비 및 전기 공사 소요 인력은 별도 계상한다.
④ 굴착단면 크기 및 현장조건에 따라 장비투입을 달리 적용할 경우에는 필요한 인원을 조정하여 적용할 수 있다.

■ 3차원 터널전방예측 탄성파탐사(3D TSP 탐사)

(회 당)

구 분		단 위	수 량	비 고
계 획 및 준 비	기 술 사	인	0.5	
	특 급 기 술 자	〃	1	
측 정 및 해 석 (3차원)	기 술 사	인	4.5	
	특 급 기 술 자	〃	7.5	
	고 급 기 술 자	〃	8	
	중 급 기 술 자	〃	8	
	초 급 기 술 자	〃	2	
	초 급 숙 련 기 술 자	〃	2	
소 모 품	전 기 뇌 관	개	24	
	화 약	kg	2.4	
	고 착 제 및 캡	4	4	
	발 파 선	m	200	
	공 채 움 재	개	72	
	탄 성 파 탐 사 기 손 료	hr	8	
	공 곡 측 정 기 손 료	〃	8	
	수 진 기 케 이 블 손 료	〃	8	
	트 리 거 손 료	〃	8	
	트 리 거 케 이 블 손 료	〃	8	
	공 내 수 진 기 손 료	〃	8	
	소 모 품	%	재료비의 5%	
보 고 서 작 성	기 술 사	인	1.5	
	특 급 기 술 자	〃	3	

[주] ① 본품에서 탄성파수신기 및 발진공 설치를 위한 천공은 터널 시공 현장의 천공 장비를 이용한다.
② 현장에서 천공 장비의 지원이 안 될 경우 천공 비용은 별도 계산한다.

터널 막장전방 3차원 탄성파탐사(3D TSP)

터널 막장전방 지질예측을 통해 터널 시공시 위해(危害)를 사전파악
터널굴착 효용성 증대, 안전한 터널시공, 재해를 사전예방

- 막장전방 지질구조(단층,파쇄대), 함수대, 암반의 물리적 특성파악
- 시공 예정구간의 상세한 암반등급 산정, 굴착 효용성 증대
- 막장 전방 최대 200m까지 지질예측(터널 토피고 0.5배의 주변부)
- NATM 터널, Shield TBM, 확폭 터널 등에 적용

지오메카이엔지
Geo Mecca Engineering
www.gmeng.co.kr

경기도 용인시 수지구 신수로 767 분당수지 유타워 A동 612호 ㈜지오메카이엔지 Tel : 031-898-2400 l Fax : 031-898-2492 l E-mail : ihsgeo@naver.com

3-3 현장 타설 콘크리트 라이닝

3-3-1 터널 철재거푸집 설치·해체·이동('07, '13, '20년 보완)

(회당)

구 분	단 위	수 량
형 틀 목 공	인	6
콘 크 리 트 공	〃	2
특 별 인 부	〃	1
보 통 인 부	〃	2
콘 크 리 트 펌 프(차)	대	1
소 요 일 수 (설치/콘크리트타설/해체/이동)	일	1

[주] ① 본 품은 현장 조립이 완료된 상태의 철제거푸집 1span(2차로급 도로 또는 복선급 철도)을 방수면에 설치, 콘크리트 타설 및 양생, 해체, 이동하는 기준이다.
② 본 품은 레일설치, 마감면 합판거푸집 설치, 콘크리트 타설(펌프차) 작업을 포함하며, 거푸집 표면처리(샌딩) 작업은 제외되어 있다.
③ 콘크리트 펌프차 규격은 타설능력 및 현장조건을 고려하여 적용한다.
④ 철제레일, 침목, 박리재 등 소요자재는 제외되어 있다.

○ 참고자료

■ 경량기포 그라우팅 터널동공 충진(급결성이 우수한 경량기포콘크리트 제조방법, 특허 제10-1392433호)

(㎥ 당)

품 목	규 격	단위	수 량	비 고
모 르 타 르 펌 프	37kW	hr	0.2	
모 르 타 르 믹 서	SET	〃	0.2	
컨 베 이 어	14.92kW	〃	0.2	
이동식경량기포콘크리트제조장치	-	〃	0.2	특허 제10-1666673호
양 수 기	1.49kW	〃	0.2	
배 관 파 이 프	ø50mm-2.6m	〃	0.2	
발 전 기	150kW	〃	0.2	
물 탱 크(살수차)	16,000ℓ	〃	0.2	
Silo	100㎥	〃	0.2	
고압호스(ø50mm,2W)손료	500㎥당 30m	식	1	
시 멘 트	포틀랜드시멘트/고로슬래그시멘트	kg	320~360	
친 환 경 기 포 제	Form Creative	ℓ	0.2~0.18	특허 제10-1809246호
콘 크 리 트 공	1인/1Plant	인	0.025	
특 별 인 부	1인/1Plant	〃	0.025	
보 통 인 부	2인/1Plant	〃	0.05	
기 계 설 비 공	1인/1Plant	〃	0.025	
재 료 의 할 증	10%(소포율, 유실율고려)	식	1	

[주] ① 본 품은 경량기포콘크리트로 터널 동공을 충진하는 데 적용한다.
② 300㎥ 이상 주입을 기준으로 한 것으로, 300㎥ 미만일 경우 본 품을 30%까지 증하여 적용할 수 있다.
③ 장비운반 및 조립·해체 품은 별도 계상한다.
④ 공구손료 및 잡재료비는 별도 계상한다.

3-4 부대공

3-4-1 터널 방수('13년 신설, '20년 보완)

(㎡당)

구 분	단 위	수 량
방 수 공	인	0.011
보 통 인 부	〃	0.002

[주] ① 부직포가 방수시트에 부착되어 있는 일체식 터널 방수시트 설치 기준이다.
② 본 품은 숏크리트 면정리, 방수시트 설치, 봉합시험을 포함한다.
③ 공구손료 및 경장비(용접기, 타정기, 공기압축기, 시험기기 등) 기계경비는 인력품의 6%로 계상한다.
④ 재료량은 다음을 참고하여 적용한다.

(㎡당)

구 분	단 위	수 량
일 체 식 방 수 시 트	㎡	1.15

※ 재료량은 할증이 포함되어 있다.
※ 소모자재(타정못 등) 재료비는 별도 계상한다.

◦ 참고자료

■ 이음부 고드름생성 방지 이음판(특허 제10-2140536호)

1. 이음부 고드름생성 방지 이음판 설치(무동력)

(m 당)

구 분	항 목	단 위	수 량		비 고
			기본	패킹재	
재 료 비	이 음 판	m	1	-	
	단열(방수)고무판	〃			
	동결방지섬유	〃			
	부 자 재	〃			
	앙 카	개	4	-	
	유도배수패킹재	m	-	1	
노 무 비	작 업 반 장	인	0.04	0.01	
	배 관 공	〃	0.08	0.02	
	보 통 인 부	〃	0.08	0.02	
경 비	화 물 차 사 용	hr	0.32	0.05	

[주] ① 본 품은 터널 및 지하차도에 상부 슬래브 조인트에 발생하는 누수로 인한 겨울철 고드름 생성을 방지해주고, 아울러 누수를 유도배수하기 위함이다.
② 본 품은 주간 8시간 25m를 설치하는 조건으로 산정된 m당 기준이다.
③ 교통통제비 및 고소작업차 등은 별도의 품을 산정한다.
④ 본 품은 현장 상황(야간작업, 작업가능시간, 통행제한 등)에 따라 증감될 수 있다.
⑤ 한 구간(편도기준) 시공 수량이 25m 미만일 경우, 자재는 m, 노무비 및 경비는 1일(8시간)로 산정한다.
⑥ 시공위치(천정 신축이음부)의 노후화 정도, 터널 또는 지하차도 내 평균 누수량 대비 적정 배수환경의 유무, 위치에 따라 별도의 공종이 추가 될 수 있으며, 기존 유도배수관이 설치되어있는 경우 별도의 철거품을 산정 (노무비 및 경비 설치의 50%)한다.
⑦ 현장 상황(누수가 유도되는 방향과 상이한 경우, 물 번짐 현상이 많은 경우)에 따라 필요 시 유도배수 패킹재 를 사용하여 시공 한다.
⑧ 5℃ 이하 작업 시 공종 특성상 능률 저하로 인해 20% 할증을 계상한다.

3-4-2 작업대차 조립 및 해체('20년 신설)

(회 당)

구 분		단 위	수 량
비 계 공		인	5
보 통 인 부		〃	1
소 요 일 수	조 립	일	4
	해 체	〃	2

[주] ① 방수 작업용 대차(L=10m, 2차로급 도로 및 복선급 철도)의 조립 및 해체작업 기준이다.
② 작업 대차(발판, 이동용 내부계단 포함) 및 안전시설(낙하물방지망 등)의 설치를 포함 한다.
③ 공구손료 및 경장비(전동드릴 등) 기계경비는 인력품의 2%로 계상한다.
④ 재료량은 설계수량을 적용한다.
⑤ 재료 손율은 '[공통부문] 2-2-5 구조물 비계'를 따른다.

3-4-3 터널바닥 암반청소('13년 신설, '20년 보완)

(m^2 당)

구 분	규 격	단 위	수 량	
			공동구	바닥/인버트
특 별 인 부	-	인	0.014	0.009
보 통 인 부	-	〃	0.134	0.085
굴 착 기	0.2m^3	hr	0.141	-
〃	0.6m^3	〃	-	0.085
물 탱 크 (살수차)	5500ℓ	〃	0.123	0.074
동 력 분 무 기	4.85kW	〃	0.123	0.074

[주] 터널 바닥, 공동구, 인버트 등 콘크리트를 타설하는 구간에 적용한다.

| 건설신기술 제987호 | 재생수지를 활용한 URO시트 및 엠보시트와 이를 이용한 터널내 방수구조 |
| 2024. 3. 29 8년 | 및 시공방법(TDM 방수공법) |

· 시공절차 및 주요공정
  방·배수재 설치 → 열융착 → 봉합시험

1. 단일방수 / 2. 이중방수
  ☞ 표준품셈 [토목 3-4-1 터널 방수] 참조
[주] ① 본 품은 URO시트 및 엠보시트와 이를 이용한 터널내 방수구조 및 시공방법을 기준으로 한 것이다.
    ② 본 품은 숏크리트 면정리, 방수시트 설치, 봉합시험을 포함되어 있다.
    ③ 공구손료 및 경장비(용접기, 타정기, 공기압축기, 시험기기 등) 기계경비는 인력품의 6%로 계상한다.
    ④ 이중방수를 위해 추가되는 고정날개(2열) 고정작업, 배수재 열융착작업, 배수재 봉합시험은 별도 계상한다.
    ⑤ 재료량은 다음과 같으며, 할증이 포함되어 있다.

(㎡당)

구 분		규 격	단 위	수 량
단일방수	U R O 엠 보 시 트	T=1.0㎜+0.6㎜(돌기3.5㎜)	㎡	1.150
	타 정 못	ø32㎜	개	3.090
	와 샤	ø23㎜	〃	3.090
	카 트 리 지	화약	〃	3.090
이중방수	U R O 엠 보 시 트	T=1.0㎜+0.6㎜(이중방수용, 고정날개)	㎡	1.150
	타 정 못	ø32㎜	개	3.090
	와 샤	ø23㎜	〃	3.090
	카 트 리 지	화약	〃	3.090

제 4 장 궤도공사

4-1 공통공사

4-1-1 철도안전처리('23년 신설)

○ 궤도공사 중 철도운행 안전관리자(열차감시원, 장비유도원, 안전관리자 등)의 인력투입은 각 항목에서 제외되어 있으며, 필요시 배치인원은 현장조건(시공위치, 차단시간 등)을 고려하여 별도 계상한다.
○ 궤도 공사를 위한 임시신호기(서행신호기, 서행예고신호기, 서행해제신호기, 서행발리스), 서행구역통과측정표지, 선로작업표, 공사알림판 등의 설치는 현장조건에 따라 별도 계상한다.

4-2 자갈궤도

4-2-1 궤광조립('11년 신설, '19년 보완)

(일 당)

구 분	규 격	단 위	수 량	시공량 (m)	
				단선	복선
궤 도 공	-	인	16	250	270
보 통 인 부	-	〃	4		
측량중급기술자	-	〃	1		
지 게 차	5ton	대	1		
굴착기+부착용집게	0.2㎥	〃	1		
비 고	- 50kg 레일은 시공량을 5%까지 증하여 적용한다				

[주] ① 본 품은 PCT 구간 60kg 레일의 일반철도 기준이다.
② 중심선측량, 레일배열, 침목배열, 레일침목위올리기, 침목위치정정, 궤광조립을 포함한다.
③ 작업현장까지 자재 운반은 별도 계상한다.
④ 투입장비는 작업여건에 따라 장비조합을 변경하여 적용할 수 있다.

4-2-2 궤도양로('11년 신설, '19년 보완)

(일 당)

구 분	규 격	단 위	수 량	시공량(m)
궤 도 공	-	인	4	
보 통 인 부	-	〃	2	250
측 량 중 급 기 술 자	-	〃	1	
양 로 기	11.19kW	대	1	
비 고	- 50kg 레일은 시공량을 5%까지 증하여 적용한다			

[주] ① 본 품은 60kg 레일의 1회 양로작업(50㎜) 기준이다.
② 1차 깬자갈 살포작업 후 양로기(11.19kW)를 사용하여 1종 작업을 위한 작업단면을 형성하는 것이며, 삽다짐 및 측량을 포함한다.

4-2-3 자갈살포('11년 신설, '19년 보완)

(일 당)

구 분	규 격	단 위	수 량	시공량(㎥)
궤 도 공	-	인	1	
보 통 인 부	-	〃	1	240
모 터 카	-	대	1	
자 갈 화 차	30㎥	〃	1	

[주] ① 본 품은 자갈적치 장소에서 모터카와 자갈화차로 운반 후 살포하는 기준이다.
② 자갈상차 및 운반비는 별도 계상한다.
③ 모터카와 자갈화차의 운행시 작업자의 안전을 위하여 신호수(보통인부) 1인을 별도 계상할 수 있다.
④ 투입장비는 작업여건에 따라 장비조합을 변경하여 적용할 수 있다.

4-2-4 자갈고르기('11년 신설, '19년 보완)

(일 당)

구 분	규 격	단 위	수 량	시공량(㎥)
궤 도 공	-	인	1	
보 통 인 부	-	〃	1	240
굴 착 기 + 부 착 용 집 게	0.2㎥	대	1	

[주] ① 본 품은 살포한 자갈을 굴착기를 사용하여 궤도 위에 고르게 펴넣는 기준이다.
② 투입장비는 작업여건에 따라 장비조합을 변경하여 적용할 수 있다.

4-3 콘크리트 궤도

4-3-1 궤광조립('11년 신설, '19년 보완)

(일 당)

구 분		규 격	단 위	수 량	시공량(m)
침목매립식	궤 도 공	-	인	16	250
	보 통 인 부	-	〃	4	
	측량중급기술자	-	〃	1	
	지 게 차	5ton	대	1	
	굴착기+부착용집게	0.2㎥	〃	1	
직 결 식	궤 도 공	-	인	16	
	보 통 인 부	-	〃	6	
	측량중급기술자	-	〃	1	
	지 게 차	5ton	대	1	
	굴착기+부착용집게	0.2㎥	〃	0.5	
비 고		- 단선궤도는 시공량을 5%까지 감하여 적용한다.			

[주] ① 본 품은 60kg 레일의 복선 일반철도 기준이다.
② 중심선측량, 레일배열, 침목배열, 레일침목위 올리기, 침목 위치정정, 궤광조립을 포함한다.
③ 현장까지 자재 운반은 별도 계상한다.
④ 투입장비는 작업여건에 따라 장비조합을 변경하여 적용할 수 있다.
⑤ 기타 기계경비는 별도 계상한다.

4-3-2 궤광거치('11년 신설, '19년 보완)

(일 당)

구 분		규 격	단 위	수 량	시공량(m)
도상정리작업	특 별 인 부	-	인	1	250
	보 통 인 부	-	〃	9	
	살 수 차	16,000ℓ	대	1	
궤광조립대설치	궤 도 공	-	인	7	
	보 통 인 부	-	〃	3	
궤광높이기	궤 도 공	-	인	7	
	보 통 인 부	-	〃	3	
	측량중급기술자	-	〃	1	
	양 로 기	11.19kW	대	1	
궤광정정및타설준비	궤 도 공	-	인	8	
	보 통 인 부	-	〃	2	
	측량중급기술자	-	〃	1	
비 고		- 단선궤도는 시공량을 5%까지 감하여 적용한다			

[주] ① 본 품은 매립식과 직결식 궤광거치에 모두 적용되는 기준이다.
② 도상정리 작업, 궤광조립대 설치, 궤광높이기, 궤광 정정 및 타설준비를 포함한다.
③ 궤도상정리작업은 도상청소 및 물청소 등 콘크리트 타설을 위한 정리작업이다.
④ 광조립대 설치 작업은 궤광조립대 설치, 궤광 서포트 설치 작업이다.
⑤ 궤광높이기 작업은 양로기로 양로하여 궤광을 타설할 일정 높이로 올리는 작업으로 볼트조임, 좌우 서포트 설치, 버팀지지대 설치, 양로기 받침설치 및 이동작업을 포함한다.
⑥ 궤광 정정 및 타설준비는 측량을 하여 정정작업을 수행하는 것과 타설전 침목비닐감기 등이다.
⑦ 매립식(LVT) 콘크리트 궤도 부설의 방진상자 설치시 인원(보통인부 2인)을 궤광정정 및 타설준비에 추가 계상한다.
⑧ 본 품의 측량 작업은 궤광높이기와 궤광정정 및 타설준비 단계에 각각 1회 시행을 기준한 것이다.
⑨ 기타 기계경비는 별도 계상한다.
⑩ 콘크리트 타설은 '[공통부문] 제6장 철근콘크리트공사' 편을 따르며, 일반 직선구간과 수평마무리가 필요한 곡선구간으로 분리하여 계상할 수 있다.

4-3-3 타설후 정리('11년 신설, '19년 보완)

(일당)

구 분	규 격	단 위	수 량	시공량(m)
궤 도 공	-	인	9	
보 통 인 부	-	〃	6	250
측량중급기술자	-	〃	1	
양 로 기	11.19kW	대	1	
비 고	- 단선궤도는 시공량을 5%까지 감하여 적용한다			

[주] ① 본 품은 60㎏ 레일의 복선 일반철도 기준이다.
② 콘크리트 타설 후 체결구 풀기 및 조이기, 조립대 철거, 궤도검측 작업을 포함한다.
③ 기타 기계경비는 별도 계상한다.

4-4 분기기

4-4-1 분기기 부설('11년 신설, '19년 보완)

(틀 당)

구 분	규 격	단 위	수 량
궤 도 공	-	인	9
보 통 인 부	-	〃	3
측량중급기술자	-	〃	1
크 레 인	50ton	hr	3
굴착기+부착용집게	0.2㎥	〃	12

비 고
- 분기기 종류에 따라 다음의 할증을 적용한다.

구 분		#8	#10	#12	#15	#18
할증률	50kg	0.70	0.82	0.92	1.15	1.33
	60kg	0.75	0.90	1.00	1.20	1.39

[주] ① 본 품은 자갈궤도에서 #12 탄성분기기(PCT침목, 60kg 레일)를 분해된 상태에서 현장 재조립하는 기준이다.
② 포인트부를 제외한 모든 침목이 분해된 상태로 반입된 분기기를 기준한다.
③ 분기기 운반에 소요되는 운반비는 별도 계상한다.
④ 분기기 부설시 소요되는 용접은 별도 계상한다.

4-4-2 신축이음매 부설('11년 신설)

(틀 당)

구 분	규 격	단 위	수 량 일단	수 량 양단
궤 도 공	-	인	0.25	0.50
보 통 인 부	-	〃	0.13	0.25
측량중급기술자	-	〃	0.06	0.13
크 레 인	20ton	hr	0.33	0.66

[주] ① 본 품은 조립된 상태의 신축이음매(60kg레일)에 대한 조립 및 위치조정하는 기준이다.
② 신축이음매 운반에 소요되는 운반비는 별도 계상한다.
③ 신축이음매 부설시 소요되는 용접은 별도 계상한다.

4-5 궤도용접

4-5-1 가스압접('19년 보완)

(개소 당)

구 분	단 위	수 량 (레일규격)	
		50kg	60kg
용 접 공	인	0.25	0.28
궤 도 공	〃	0.15	0.17
보 통 인 부	〃	0.13	0.14
비 고		- 운행선 공사의 경우 열차감시원(보통인부) 0.07인을 개소당 추가 계상한다.	

[주] ① 본 품은 가스압접 작업장(기지)에서 문형크레인을 활용하여 레일을 장척화 용접하는 기준이다.
② 레일이동 및 교정, 용접작업, 레일연마, 용접부 육안검사 작업을 포함한다.
③ 외부검사비용, 운전경비, 기계경비, 시편제작비, 기지설치비는 별도 계상한다.
④ 작업기지의 이동 및 장비 가동비는 별도 계상한다.

참 고 · 레일공사 가스압접 소모재료

(개소 당)

품명	규 격	단위	수 량(레일규격)	
			50kg 장척화	60kg 장척화
아세틸렌	-	kg	1.588	1.905
산 소	KSM 1101, 99.5%	kℓ	2.143	2.571
바퀴숫돌	단면용 A36m B11호 A150×8×22 KSL 6501	개	0.250	0.300
	측면용 A24 QWV1호 A205×25×25 KSL 6501	〃	0.028	0.033
	평면용 A24 QWV1호 A205×25×25 KSL 6501	〃	0.024	0.028
	최종용 A24 QWV 5호 A205×22×22	〃	0.010	0.012
버 너	압접가열용	〃	0.0004	0.0005
노 즐	압접버너용	〃	0.236	0.283

[주] ① 기타 소모품비는 주재료비의 10%까지 계상할 수 있다.
② 산소량은 대기압상태의 기준량이며, 압축산소는 35℃에서 150기압으로 압축용기에 넣어 사용하는 것을 기준한다.

4-5-2 테르밋 용접('19년 보완)

(개소 당)

구 분	단 위	수 량
용 접 공	인	0.34
궤 도 공	〃	0.23
보 통 인 부	〃	0.12
비 고	- 운행선 공사의 경우 열차감시원(보통인부) 0.11인을 개소당 추가 계상한다.	

[주] ① 본 품은 시공 현장에서 레일(50kg~60kg)을 장대화 용접하는 기준이다.
② 용접작업, 레일연마, 용접부 육안검사 작업을 포함한다.
③ 외부검사비용, 운전경비, 기계경비는 별도 계상한다.

[참 고] 레일공사 테르밋 용접 소모재료

(개소 당)

품 명	규 격	단 위	수량(레일규격)	
			50kg	60kg
테 르 밋 용 재		포	1	1
몰 드		개	1	1
골 무	점화용	〃	1	1
퓨 즈		〃	1	1
산 소		kℓ	1.5	1.8
프 로 판 가 스		kg	1.5	1.8

[주] ① 기타 재료비는 주재료비의 30%까지 계상할 수 있다.
② 산소량은 대기압상태의 기준량이며, 압축산소는 35℃에서 150기압으로 압축용기에 넣어 사용하는 것을 기준한다.

4-5-3 장대레일 설정('11년 신설, '19년 보완)

(km 당)

구 분	단 위	수 량	
		레일인장법	자연대기온도법
궤 도 공	인	16.6	16.6
특 별 인 부	〃	2.2	-
보 통 인 부	〃	6.7	6.7

[주] ① 본 품은 신설공사에서 장대레일을 설정하는 기준이다.
② 레일 절단, 궤광해체, 롤러삽입, 레일타격, 궤광조립을 포함한다.
③ 용접은 별도 계상한다.
④ 기계경비는 별도 계상한다.

4-6 부대공사

4-6-1 자갈채집 및 운반('12년 보완)

(㎥당)

구 분		단위	부순자갈 현장채집							
			50m	100m	150m	200m	250m	300m	350m	400m
채 집	보통인부	인	0.79	0.79	0.79	0.79	0.79	0.79	0.79	0.79
운 반	〃	〃	0.22	0.27	0.34	0.40	0.46	0.52	0.59	0.65

[주] 본 품은 현장에서 자갈을 채집하여 트롤리로 운반하는 품이다.

4-6-2 레일 절단('12, '19년 보완)

(개소 당)

구 분	규 격	단 위	수 량 (레일규격)		
			37kg	50kg	60kg
궤 도 공	-	인	0.024	0.025	0.027
보 통 인 부	-	〃	0.024	0.025	0.027
절 단 기	40.64cm	hr	0.194	0.201	0.215

[주] ① 본 품은 절단기를 사용하여 레일을 절단하는 기준이다.
② 절단기의 주연료비와 잡재료비는 인력품의 5%로 계상하며, 커터 비용을 포함한다.

4-6-3 레일 천공('12, '19년 보완)

(공 당)

구 분	규 격	단 위	수 량
궤 도 공	-	인	0.006
보 통 인 부	-	〃	0.006
레 일 천 공 기	1.49kW	hr	0.049

[주] ① 본 품은 레일천공기를 사용하여 레일(37kg~60kg)을 천공하는 기준이다.
② 레일천공기의 주연료와 잡재료비는 인력품의 5%로 계상하며, 드릴 비용을 포함한다.

4-6-4 침목천공('12, '19년 보완)

(침목 개소 당)

구 분	규 격	단 위	수 량
궤 도 공	-	인	0.011
침 목 천 공 기	2.46kW	hr	0.090

[주] ① 본 품은 침목천공기를 사용하여 목침목에 나사 스파이크 설치(침목 1개소당 8개소)를 위해 구멍 뚫기하는 기준이다.
② 침목천공기의 주연료와 잡재료비는 인력품의 5%로 계상한다.

4-6-5 파워렌치 조임 및 해체('12, '19년 보완)

(침목 개소 당)

구 분	규 격	단 위	수 량	
			조임	해체
궤 도 공	-	인	0.010	0.010
보 통 인 부	-	〃	0.010	0.010
파 워 렌 치	6.6kW	hr	0.076	0.076

[주] ① 본 품은 파워렌치를 사용하여 나사 스파이크(침목 1개소당 8개소)를 조임 또는 해체하는 기준이다.
② 파워렌치의 주연료와 잡재료비는 인력품의 5%로 계상한다.

4-6-6 타이템퍼 다짐('12, '19년 보완)

(㎡ 당)

구 분	규 격	단 위	수 량
궤 도 공	-	인	0.014
타 이 템 퍼	3,400회/min	hr	0.111

[주] ① 본 품은 타이템퍼 진동수를 사용하여 자갈도상을 인력으로 다지는 기준이다.
② 타이템퍼의 주연료와 잡재료비는 인력품의 5%로 계상한다.

4-6-7 교상발판 설치('12년 보완)

(10m 당)

구 분	단 위	수 량
궤 도 공	인	0.687
보 통 인 부	〃	0.344

[주] ① 본 품은 교량상에 작업자의 이동을 위한 발판을 설치하는 기준이다.
　　② 발판설치, 발판고정 품을 포함한다.

4-6-8 교상가드레일 설치('12, '19년 보완)

(km 당)

구 분	규 격	단 위	수 량
궤 도 공	-	인	36
보 통 인 부	-	〃	14
굴착기+부착용집게	0.2㎥	hr	46.7

[주] ① 본 품은 교상에 가드레일을 설치하는 기준이다.
　　② 가드레일 부설, 침목천공, 나사 스파이크 박기 작업을 포함한다.

4-6-9 교량침목고정장치 설치('12년 보완)

(개 당)

구 분	단 위	수 량
궤 도 공	인	0.025
보 통 인 부	〃	0.012

[주] ① 본 품은 교량침목을 교량구조물에 고정하기 위해 앵커를 설치하는 기준이다.
　　② 침목천공, 후크볼트 설치, 후크볼트 조임 품을 포함한다.

4-6-10 목침목 탄성체결장치 설치('12년 보완)

(침목 개소 당)

구 분	단 위	수 량
궤 도 공	인	0.028
보 통 인 부	〃	0.022

[주] ① 본 품은 목침목에 탄성체결장치를 설치하는 기준이다.
　　② 침목천공, 탄성체결장치 부설, 나사 스파이크 조임 품을 포함한다.

제 5 장　강구조공사

5-1 강교제작(공장제작)

5-1-1 강교 기본제작공수('24년 보완)

(ton 당)

형식	공종 절단, 용접 및 단품제작		가조립(철공)	비고
	철판공	용접공		
플레이트거더	1.02	1.62	0.97	
박스거더	0.95	1.62	1.16	
강바닥판플레이트거더	2.00	1.28	1.19	
강바닥판박스거더	1.87	1.28	1.42	단위(주) 참조
트러스	1.40	0.98	1.08	
아치	2.26	1.30	1.60	
라멘	2.36	1.31	1.65	

[주] ① 본 기본제작공수는 KS 강재 규격에 의한 강종 SS 275, SM 275, SM 355, SM 420, HSB 380 등을 사용하는 강교를 제작하는 경우에 기준으로 한다.
② 본 기본제작공수는 절단, 용접 및 단품제작과 가조립 작업의 제작중량(ton) 당 철판공, 용접공, 철공의 기본공수로 단위는 "인/ton"이다.
③ 강교 형식에서 라멘이란 상하부구조가 모두 강재로 구성된 프레임(Frame) 구조를 의미한다.
④ 제작중량은 5-1-3 재료비의 강판을 기준으로 하며, 영구부재는 제작중량에 포함시킨다.
⑤ 공장제작에 따른 제경비는 표준제작공수의 60%로 계상하며, 산재보험료·기타경비·간접노무비·일반관리비·이윤 등은 제경비에 포함되지 않았다.

■ 힌지형 거더 지지장치와 PS강봉을 이용하여 강재거더의 단부에 연직방향 긴장력을 도입한
  공법(ATA 합성거더, 특허 제10-1431640호, 특허 제10-2258993호)
  [LH신기술(제품) 제2023-토목-7호, 행정안전부 재난안전신기술 제2020-22-6호,
  한국농어촌공사 KRC신기술 제2021-06호]

(ton 당)

형식 \ 공종	절단 및 용접		가조립 (철공)	비 고
	철판공	용접공		
A T A 합 성 거 더	0.92	1.46	0.87	

■ I형 콘크리트 충전 강관거더공법(TCB 강관거더, 특허 제10-1059578호)

(ton 당)

형식 \ 공종	절단 및 용접		가조립 (철공)	비 고
	철판공	용접공		
T C B 강 관 거 더	0.92	1.46	0.87	
강바닥판 T C B 강관거더	1.80	1.15	1.07	

■ 단부 절개면을 갖는 강관거더공법(ECT 강관거더, 특허 제10-2226271호)

(ton 당)

형식 \ 공종	절단 및 용접		가조립 (철공)	비 고
	철판공	용접공		
E C T 강 관 거 더	0.92	1.46	0.87	
강바닥판 E C T 강관거더	1.80	1.15	1.07	

■ 강관 거더의 보강 시스템(RTB 강관거더, 특허 제10-2484233호)

(ton 당)

형식 \ 공종	절단 및 용접		가조립 (철공)	비 고
	철판공	용접공		
R T B 강 관 거 더	0.92	1.46	0.87	
강바닥판 R T B 강관거더	1.80	1.15	1.07	

■ 프리스트레스 거더 제작방법(DP 거더, 특허 제10-1467410호)

(ton 당)

형식 \ 공종	절단 및 용접		가조립 (철공)	비 고
	철판공	용접공		
D P 거 더	1.00	1.59	0.95	
강 바 닥 판 D P 거 더	1.96	1.25	1.17	

■ I형과 Box형 거더를 복합 사용한 이중 합성형 거더교 제작공법
  (CPB 거더, 특허 제10-1547538호, 특허 제10-2031915호)
[행정안전부 재난안전신기술 제2020-19-6호, 한국농어촌공사 KRC신기술 제2021-05호, LH신기술(제품) 제2022-토목-3호, 건설신기술 제919호]

(ton 당)

형식		공종	절단 및 용접		가조립 (철공)	비 고
			철판공	용접공		
C P B 거더	플레이트부		1.36	2.17	1.29	
	박스거더부		1.27	2.17	1.55	
강 바 닥 판	CPB(플레이트부)		2.68	1.71	1.59	
	CPB(박스거더부)		2.50	1.71	1.90	

제 5 장 강구조공사

> 참고자료

◉ 적용기준
　① 본 기본제작공수는 KS 강재 규격에 의한 강종 SS 275, SM 275, SM 355, SM 420, HSB 380 등을 사용하는 강교를 제작하는 경우에 기준으로 한다.
　② 본 기본제작공수는 절단 및 용접과 가조립 작업의 제작중량(ton)당 철판공, 용접공, 철공의 기본공수로 단위는 "인/ton"이다.
　③ 거더를 제작하기 위해 사전에 준비하는 취부, 예열처리, 사상, 곡직, 구멍뚫기(연결판)는 별도 계상한다.
　④ 롤 벤딩, 고주파 벤딩, 절곡, 코스타 가공 등의 특수가공이 필요한 경우 별도 계상한다.
　⑤ 공장에서 제작된 거더를 가조립 하거나 현장운반 및 가설시에 필요한 부속공종(인양고리, 가피스, 버팀대 등)의 자재와 설치비는 별도 계상한다.
　⑥ 트러스 및 아치의 경우 거더부는 해당되는 본 기본제작공수를 적용하고 트러스 및 아치부는 표준품셈(토목) 5-1-1. 강교 기본제작공수 참조
　⑦ 제작중량은 표준품셈(토목) 5-1-3 재료비의 강판을 기준으로 하며, 영구부재는 제작중량에 포함시킨다.
　⑧ 공장제작에 따른 제경비는 표준제작공수의 60%로 계상하며, 산재보험료·기타경비·간접노무비·일반관리비·이윤 등은 제경비에 포함되지 않았다.

◉ 기본제작공수 산정방법
　강교 제작공수=(절단 및 용접 단품제작공수 + 가조립 공수)×강교 본체의 조건에 따른 보정계수
　2.1. 절단 및 용접 제작공수: 표준품셈(토목) 5-1-2-1. 절단, 용접 및 단품제작 공수 산정 참조
　2.2. 가조립 공수 : 표준품셈(토목) 5-1-2-2. 가조립 공수 참조
　2.3. 강교 본체의 조건에 따른 보정 : 표준품셈(토목) 5-1-2-3. 강교 본체의 조건에 따른 보정 참조

◉ 재료비
: 표준품셈(토목) 5-1-3. 재료비 참조

◉ 강교제작 사전작업
기본제작공수는 강판절단 후 후속 공종인 취부, 부재 용접 전 예열처리 및 부재용접 후 사상, 곡직, 연결판 구멍 뚫기는 제외되어 있으므로 별도 계상한다.

〈난쭘쥐부〉

(일 당)

구 분		단 위	수 량	시공량(seg)
플 레 이 트 거 더 (ATA, TCB, ECT, RTB, DP)	철판공	인	2	4.0
	용접공	〃	2	
CPB거더, 아치, 트러스	철판공	인	2	2.0
	용접공	〃	2	

〈부품취부〉

(일 당)

구 분		단 위	수 량	시공량(개)
플레이트거더 (ATA, TCB, ECT, RTB, DP)	철 판 공	인	1	20
	용 접 공	〃	1	
CPB거더, 아치, 트러스	철 판 공	인	1	10
	용 접 공	〃	1	

[주] ① 본 공종은 강판절단 후 제작도(Shop drawing)에 따라 제작순서에 맞게 조립하기 위하여 단품 및 부품의 부재배열, 단차조정, 용접, 제작장 이동, 가조립(가용접), 개선처리 등 거더 제작 전 사전작업을 하는 기준이다.
② 단품 및 부품취부에 소요되는 재료비 및 기계경비는 기본제작공수에 포함되어 있다.

〈열처리 : 용접부 예열처리〉

(m 당)

구 분	단 위	수 량
용 접 공	인	0.026
소 요 전 력	kWh	2.65

[주] ① 본 공종은 용접작업 시 급열에 의하여 모재에 발생할 수 있는 결함 및 손상을 방지하기 위하여 용접 전 용접기로 모재의 용접선 부근을 일정온도 이상으로 가열하여 건조작업을 하는 기준으로 아래 작업효율을 감안하여 계상한다.
　40%(공장가공), 30%(현장가공)
② 공구손료는 편성인력 노무비의 3%를 적용한다.
　[계산 예]
　공장 가공하는 경우의 용접공 품 : 0.026÷0.4=0.065인/m
　현장 가공하는 경우의 용접공 품 : 0.026÷0.3=0.087인/m

〈사상 : 용접부 슬러지 제거〉

(㎡ 당)

구 분	단 위	수 량
용 접 공	인	0.09

[주] ① 본 공종은 용접시 발생하는 스패터(슬러지)를 연마기(그라인더)로 제거하는 기준이다.
② 공구손료 및 경장비등은 편성인력 노무비의 3%를 적용한다.

〈연결판 볼트홀 천공〉
: 표준품셈(기계) 13-4-2-1. 강판구멍뚫기(송곳) 참조
[주] ① 본 품은 인력으로 강판에 구멍을 뚫는 기준이다
② 공구손료 및 경장비 등은 편성인력 노무비의 5%를 적용한다.

5-1-2 강교 제작공수 산정방법('24년 신설)

강교 제작공수=(절단, 용접 및 단품제작 공수+가조립 공수)×강교 본체의 조건에 따른 보정계수

1. 절단, 용접 및 단품제작 공수 산정

   절단, 용접 및 단품제작 공수=절단, 용접 및 단품제작 기본제작공수×고강도강 상당품 사용에 의한 보정×절단, 용접 및 단품제작 보정계수

   가. 고강도강 상당품 사용에 의한 보정

   고강도강 사용 보정계수=1+영향계수×고강도강재 상당품 비율

   〈영향계수〉

   (ton 당)

형 식	영 향 계 수 SM 460, HSB 460
플 레 이 트 거 더	0.28
상 기 이 외 의 형 식	0.25

   〈고강도강재 상당품 비율〉

   고강도강재 상당품 비율=고강도강재 사용 중량/전체 가공 중량

   나. 절단, 용접 및 단품제작 보정계수

   절단, 용접 및 단품제작 보정계수=대형단품계수×부품계수

   〈대형단품계수〉

구 분	a<10ton	10ton≤a<15ton	15ton≤a<20ton	20ton≤a
대형단품계수	1.0	0.97	0.92	0.88

   여기서, a: 대형단품 평균중량(ton)

   [주] ① 대형단품이란 공장에서 용접 등으로 조립한 단품으로서, 대형단품에 포함되는 범위는 중량이 큰 단품 순으로 누계한 단품 중량의 합이 최소 제작중량의 80% 이상이며, 계산한 대형단품계수의 값이 최소가 되도록 정한다.
   ② 대형단품계수는 절단, 용접 및 단품제작 시 철판공과 가조립 시 철공에만 적용한다.
   ③ 박스거더교의 경우, 공장 조립된 개별 박스거더 블록 중량의 합이 강교량 전체 중량의 대부분을 차지하게 되므로 개별 박스거더 블록의 평균중량을 대형단품 평균중량으로 사용할 수 있다.
   ④ 용접으로 박스거더와 일체가 되는 플랜지, 웨브, 종리브, 횡리브, 다이아프램 등은 **대형단품 중량** 산정에 포함되는 요소이지만, 박스거더의 볼트접합을 위한 이음판 등은 대형단품의 중량에 포함되지 않는다.
   ⑤ 대형단품의 비율은 제작중량(위 ④에 따름)에 대한 대형단품 중량 합계의 비율을 말한다.

   〈부품계수〉

구 분	b≤100kg	100kg<b<150kg	150kg≤b
부 품 계 수	1.00	0.95	0.90

   여기서, b : 부품 평균중량(kg)

[주] ① 부품은 용접 등으로 조립하기 위해 강판 등을 절단해 놓은 각각의 요소들로서, 부품의 평균중량 은 제작중량을 제작중량에 포함되는 부품의 개수로 나누어 산출한다.
② 여기서 제작중량에 포함되는 범위는 위 〈대형단품계수 ④〉에 따르되 스터드나 전단 연결재 부품 은 제외한다.
③ 부품계수는 절단, 용접 및 단품제작 시 철판공, 용접공에만 적용하고, 가조립에는 적용하지 않는다.

2. 가조립 공수

　가조립 공수=가조립 기본공수×대형단품계수

　※ 대형단품계수는 '② 절단, 용접 및 단품제작 보정계수'의 〈대형단품계수〉를 적용한다.

3. 강교 본체의 조건에 따른 보정

　강교 본체의 조건에 따른 보정계수=
1+(동일 거더 형식의 연속에 대한 증감계수)+(총중량에 의한 증감계수)+(사각과 곡률에 대한 증감계수 중 큰 값)+(거더 높이의 곡선변화에 따른 증감계수)

　가. 동일 거더 형식의 연속에 대한 증감계수(a)

연수	2	3내지 4	5내지 6	7이상
증 감 계 수	-0.03	-0.04	-0.06	-0.07

※ 상하행선이 분리된 경우는 2배로 보며, 폭원, 거더높이 및 구조가 동일한 치수로서 교량연장이 약간 다른 경우 및 종단곡선이 약간 다른 경우에도 이에 해당됨

　나. 총중량에 의한 증감계수(b)

형식 \ 중량	T<100톤	100≤T<300톤	300≤T<500톤	500≤T<1000톤	1,000≤T
플레이트거더	0.10	0.02	0.00	0.00	0.00
박 스 거 더	0.10	0.05	0.00	-0.02	-0.05
기 타 형 식	0.10	0.10	0.05	0.01	0.00

※ 교량 전체 중량을 기준으로 하며, 2종 이상의 다른 형식으로 된 경우에는 중량이 가장 큰 형식의 난을 적용

　다. 사각에 대한 증감계수(c)

형식 \ 사각	85°이상	85°미만~75°이상	75°미만~45°이상	45°미만
박스거더이외의형식	0.00	0.03	0.05	0.10
박 스 거 더	0.00	0.03	0.03	0.03

※ 교량단부가 경사진 교량(평면적으로 경사진 교량)에 대해 적용하며, 주거더자체가 구부러진 곡선교는 사각에 의한 공수 할증을 하지 않음

라. 곡률에 대한 증감계수(d)

[R : 곡률반경(m)]

형식 \ 중량	500≤R	500〉R≥250	250〉R≥100	100〉R
박스거더이외의형식	0.00	0.09	0.15	0.20
박 스 거 더	0.00	0.19	0.25	0.29

※ 주거더 자체만 구부린 경우에 적용하며, 곡선의 반경이 변화될 때에는 지간마다 곡선반경에 의한 공수를 할증함

마. 거더 높이의 곡선변화에 따른 증감계수(e)

형 식	증감계수
박 스 거 더	0.11
박 스 거 더 이 외 의 형 식	0.05

※ 거더 높이가 곡선으로 변화하는 구간에만 적용하며, 곡선으로 변화하는 구간의 곡률(R)이 500m 이상인 경우와 직선으로 변화하는 경우에는 적용하지 않는다.

5-1-3 재료비('08, '13, '14, '24년 보완)

품 명	단위	비 고
강 판	ton	1. 해당부재에 사용한 강판의 면적을 포함한 최소면적의 직사각형, 또는 정사각형으로 산출한다. 2. 웨브가 솟음이 있는 경우는 솟음을 포함한 가로치수와 직각인 세로치수로 산정한다. 단, 구멍이나 곡선부 등으로 공제된 부분의 강판을 별도의 가공 없이 사용할 수 있는 경우에는 예외로 한다. 3. 플랜지와 웨브에서 용접이음 등으로 인한 모서리따기, 베벨링, 스켈롭, 작업구 등의 절삭된 부분은 제작중량에 포함한다. 4. 다이아프레임에 통로용으로 절단한 부분이 0.5㎡ 이하인 경우에는 제작중량에 포함한다. 5. 보강재와 이음재에서 절단된 나머지 부분은 그 크기가 0.5㎡ 이상이거나 폭이 0.3m 이상이면 포함시키지 않는다. 6. 형강재에서 이음을 위한 모서리따기 부분과 구멍은 포함시킨다. 7. 설계중량에 의한 재료 손실량은 6% 이내로 한다.
앵 커 바	ton	러그, 스터드 및 다월 등은 포함시키며 연결용 볼트는 포함시키지 않는다. 러그, 스터드 및 다월 등의 예비품수는 설계수량의 3.5%로 한다.
기 타 재 료 소 요 량		(ton 당) | 품 명	단 위	수 량
용 접 봉	kg	26
산 소	㎥	15.0
LPG 가 스	kg	10.0
잡품·기타	식	1 | [주] ① 산소량은 대기압상태 기준이며, 압축산소는 35℃에서 150기압으로 압축용기에 넣어 사용하는 것을 기준한다. ② 잡품·기타는 용접 재료비의 5% 이내로 한다. ③ 각종 검사시험비(방사선투과시험, 초음파탐상시험 등) 및 시방서에서 특별히 요구하는 재료시험비 등은 별도 계상한다.

[주] ① 제작도(Shop drawing) 작성 비용은 별도 계상하되, 박스거더, 플레이트거더의 경우 0.4인/톤, 박스거더, 플레이트거더 이외의 경우 0.56인/톤을 적용할 수 있으며, 이에 대해서도 각종 조건에 따른 증감율을 적용한다. {직종은 중급숙련기술자(건설 및 기타) 적용}
② 본 품은 고장력 볼트 조임품이 제외된 것이다.
③ 강교의 제작중량은 강판을 기준으로 하며, 영구부재는 제작중량에 포함한다.

5-2 강교도장

5-2-1 소재 표면처리

(㎡당)

구 분	규 격	단 위	수 량
도 장 공	-	인	0.011
철 구(Shot ball)	-	kg	0.127
무기질아연말샵프라이머	도막두께 20㎛	ℓ	0.157

5-2-2 제품 표면처리

(㎡당)

구 분	단 위	수 량
도 장 공	인	0.031
철 편(Grit)	kg	0.245
비 고	- 제품 표면처리의 경우, BOX 형상의 내면에 대해서는 인력품을 60% 할증한다.	

[주] ① 본 품은 강교도장을 위하여 공장에서 행하는 표면처리를 기준한 것으로, 자재반입후의 소재 표면처리(Shot Blasting) 및 전처리프라이머, 강재제작후 도장전의 제품표면처리(Grit Blasting)를 대상으로 한 것이다.
② 표면처리 규격은 "도로교표준시방서"(국토교통부 제정)의 SSPC SP10(준나금속 블라스트 세정)을 기준한 것이다.
③ 본 품의 인력품에는 공장경비가 포함되어 있다.
④ 재료의 수량은 할증량이 포함된 것이다.

5-2-3 도장재료 사용량('08, '24년 보완)

(㎡당)

구 분	단위	사 용 량
도 료	ℓ	$\dfrac{도막두께(\mu)}{고형분용적비 \times 10} \times \dfrac{1}{1-손실률(\%)/100}$
희 석 재	〃	도료 사용량의 25%

[주] ① 도료사용량 산출식의 고형분용적비 및 손실율은 다음을 표준으로 한다.
　　㉮ 고형분용적비

도료종별	고형분용적비(%)
무 기 질 아 연 말 계 도 료	60
에 폭 시 계 방 청 도 료	50
고 고 형 분 에 폭 시 계 도 료	80
우 레 탄 계 도 료	50
불 소 수 지 계 도 료	30
실 록 산 계 도 료	60
세 라 믹 계 방 식 도 료	80
세 라 믹 계 우 레 탄 도 료	50

　　* 고형분 용적비는 도료 제작회사에 따라 변경이 가능하다.
　　㉯ 손실률

구 분	공장도장		현장도장	
	하도	중·상도	하도	중·상도
손 실 률(%)	36	32	44	40

② 잡재료는 도료와 희석재 합계액의 10%로 계상한다.
③ 희석재 사용량은 도료 희석 및 사용기구 세정에 사용되는 수량이다.
④ 표면처리면적 및 도장면적은 표준품셈 '5-1 용접교 표준제작 공수'의 강교제작 수량 산출기준에 따라 산출하며, 스터드 볼트 및 연결 볼트 등의 면적은 포함시키지 않는다.

5-2-4 도장('24년 보완)

(일 당)

구 분	단 위	공장도장		현장도장	
		수량	도장면적(㎡)	수량	도장면적(㎡)
도 장 공	인	1	100	1	60
특 별 인 부	〃	1		1	

[주] ① 본 품은 도장횟수 1회를 기준한 것이며, 신설교량의 도장을 대상으로 한 것이다.
② 공장도장의 인력품에는 공장경비가 포함되어 있다.
③ 박스거더 내면 도장과 같은 내면 도장의 경우 일당시공량(도장면적)을 33% 할감하여 적용한다.
④ 현장도장은 지조립장 혹은 가설현장에서 강재거더 연결부의 볼트 및 연결판, 현장용접부위와 기타 부재(가로보, 캔틸레버보, 엔드 빔, 브레이싱 등)를 설치하기 위한 볼트 및 연결판, 현장 용접부위를 도장하는 것을 기준한다.
⑤ 현장도장은 표면처리 "도로교표준시방서"(국토교통부 제정)의 SSPC SP3(동력공구세정) 기준이다.
⑥ 현장도장의 경우에는 공구손료 및 경장비(발전기, 에어리스 스프레이 등)의 기계경비를 인력품의 5%로 계상한다.
⑦ 현장도장의 경우 비계 등 작업시설과 고소작업차 등이 필요한 경우에는 별도 계상한다.

○ 참고자료

■ 금속혼합물도료(CORUSEAL)를 이용한 철재/비철재 구조물 부식방지 도장공법(특허 제0503561호)

1-1. 철재 방식도장

공 종	규 격	단 위	철재 및 강재	부식지역/강관외부	강관라이닝	비 고
하도	CORUSEAL-ALPM	ℓ	0.170	-	-	75㎛
	SN-#1	〃	0.034	-	-	
	CORUSEAL-ULPM	〃	-	0.292	-(별도)	150㎛ / 250㎛
	SN-#1	〃	-	0.058	-	
	도장공	인	0.022	0.022	0.04	
중도	CORUSEAL	ℓ	0.086	0.126	-	30㎛
	SN-#2	〃	0.017	0.025	-	
	도장공	인	0.022	0.022	0.04	
상도	CORUSEAL	ℓ	0.086	0.126	-	30㎛
	SN-#2	〃	0.017	0.025	-	
	CORUSEAL-UL(S)	〃	-	-	-(별도)	250㎛/350㎛
	SN-#5	-	-	-	-	
	도장공	인	0.022	0.022	0.04	-

[주] ① 특수장비, 가설재 및 표면처리 등은 별도 계상.
    ② 표면처리는 설계에서 정한 등급을 준수 할 것.
    ③ 강관라이닝 시스템의 경우 공법사 기술부 소요량 계산자료를 참고하여 적용(관경별 소요량에 따름)

1-2. 불소계 마감도장

구 분		공 정	규 격	소요량(ℓ)	도장공(인)	도막두께
보 수 및 신 설	강재및콘크리트 마 감 용	상도	CRS-ST(F)	0.254	0.12	60㎛
			SN-#6	0.051		

[주] ① 하도, 중도는 2. 강중방식 도장공법 교량외부 보수도장을 따른다.
    ② 도막두께 변경에 따라 도료 소요량이 변경될 수 있음.

2. 강교 중방식 도장공법(Type-Ⅰ/Type-Ⅱ)

구 분		공 정	규 격	소요량(ℓ) type-Ⅰ	소요량(ℓ) type-Ⅱ	도장공(인)	도막두께 (type-Ⅰ /type-Ⅱ)
신설	강교외부	공장	1차 하도	CRS-PMS1 0.186	0.186	0.02	75㎛
				SN-#3 0.037	0.037		
		공장	미스트코트 2차 중도	CRS-SM 0.172	0.216	0.02	80㎛ /100㎛
				SN-#1 0.034	0.043		
		공장	3차 상도	CRS-ST 0.086	0.114	0.02	30㎛ /40㎛
				SN-#2 0.017	0.023		
		현장	4차 상도	CRS-ST 0.120	0.160	0.022	30㎛ /40㎛
				SN-#2 0.024	0.032		
	강교내부 (상형BOX내면)	공장	1차 하도	CRS-PMS1 0.186	0.186	0.033	75㎛
				SN-#3 0.037	0.037		
		공장	미스트코트 2차 중도	CRS-SM 0.278	0.417	0.033	100㎛ /150㎛
				SN-#1 0.083	0.125		
		공장	3차 중도	CRS-SM -	0.417	0.033	- /150㎛
				SN-#1 -	0.125		
	내외부연결판 (SPLICE)	공장	1차 하도	CRS-PMS1 0.124	0.124	0.02	50㎛
				SN-#3 0.025	0.025		
	외부볼트 및 연결판(SPLICE)	현장	1차 하도	CRS-EZP 0.235	0.235	0.022	75㎛
				SN-#1 0.047	0.047		
		현장	2차 중도	CRS-SM 0.200	0.250	0.022	80㎛ /100㎛
				SN-#1 0.060	0.075		
		현장	3차 상도	CRS-ST 0.120	0.160	0.022	30㎛ /40㎛
				SN-#2 0.024	0.032		
		현장	4차 상도	CRS-ST 0.120	0.160	0.022	30㎛ /40㎛
				SN-#2 0.024	0.032		
	내부볼트 및 연결판(SPLICE)	현장	1차 하도	CRS-EZP 0.235	0.235	0.022	75㎛
				SN-#1 0.047	0.047		
		현장	2차 중도	CRS-SM 0.250	0.375	0.022	100㎛ /150㎛
				SN-#1 0.075	0.113		
		현장	3차 중도	CRS-SM -	0.375	0.022	- /150㎛
				SN-#1 -	0.113		
	외부포장면	공장	1차 하도	CRS-PMS1 0.186	0.186	0.02	75㎛
				SN-#3 0.037	0.037		
보수	교량 외부	현장		신설 "외부볼트 및 연결판" 사양과 동일적용			
	교량 내부 (상형BOX내면)	현장		신설 "내부볼트 및 연결판" 사양과 동일적용			

[주] ① 모든 분류 및 기준은 "도로교 표준시방서"에 준함.
② 바탕처리용 재료, 품 미포함. 미스트코트 소요량 미포함.
③ 표면처리는 설계에서 정한 등급을 준수하되 미 확정시(SSPC-SP10)으로 진행되어야 함.

3. 강교 중방식 도장공법 - 세라믹계 우레탄마감(Type-Ⅰ/Type-Ⅱ)

구 분		공 정	규 격	소요량(ℓ)		도장공(인)	도막두께 (type-Ⅰ /type-Ⅱ)
				type-Ⅰ	type-Ⅱ		
신설	강교외부	공장	1차 하도	CRS-PMS1 SN-#3	0.186 0.037	0.186 0.037	0.02	75㎛
			미스트코트 2차 중도	CRS-SM SN-#1	0.162 0.032	0.216 0.043	0.02	75㎛/100㎛
			3차 상도	CRS-ST SN-#2	0.114 0.023	0.114 0.023	0.02	40㎛/40㎛
		현장	4차 상도	CRS-ST SN-#2	0.140 0.028	0.140 0.028	0.022	35㎛/35㎛
	강교내부 (상형BOX내면)	공장	1차 하도	CRS-PMS1 SN-#3	0.186 0.037	0.186 0.037	0.033	75㎛
			2차 중도	CRS-SM SN-#1	0.333 0.100	0.208 0.063	0.033	120㎛/75㎛
			3차 상도	CRS-SM SN-#1	- -	0.208 0.063	0.033	- /75㎛
	내외부연결판 (SPLICE)	공장	1차 하도	CRS-PMS1 SN-#3	0.186 0.037	0.186 0.037	0.02	75㎛
	외부볼트 및 연결판(SPLICE)	현장	1차 하도	CRS-EZP SN-#1	0.157 0.031	0.188 0.038	0.022	50㎛/60㎛
			2차 중도	CRS-SM SN-#1	0.125 0.038	0.150 0.045	0.022	50㎛/60㎛
			3차 상도	CRS-ST SN-#2	0.100 0.020	0.120 0.024	0.022	25㎛/30㎛
			4차 상도	CRS-ST SN-#2	0.100 0.020	0.100 0.020	0.022	25㎛/25㎛
	내부볼트 및 연결판(SPLICE)	현장	1차 하도	CRS-EZP SN-#1	0.188 0.038	0.235 0.047	0.022	60㎛/75㎛
			2차 중도	CRS-SM SN-#1	0.150 0.045	0.188 0.056	0.022	60㎛/75㎛
	외부포장면	공장	1차 하도	CRS-PMS1 SN-#3	0.186 0.037	0.186 0.037	0.02	75㎛
보수	교량 외부	현장	신설 "외부볼트 및 연결판" 사양과 동일적용					
	교량 내부 (상형BOX내면)	현장	신설 "내부볼트 및 연결판" 사양과 동일적용					

[주] ① 모든 분류 및 기준은 "도로교 표준시방서"에 준함.
② 바탕처리용 재료, 품 미포함. 미스트코트 소요량 미포함.
③ 표면처리는 설계에서 정한 등급을 준수하되 미 확정시(SSPC-SP10)으로 진행되어야 함.

참고자료

■ 산화그래핀이 함유된 금속 혼합물 도료를 이용한 철재 및 콘크리트 표면 보수·보호 공법
(CORUSEAL-GR 공법)(특허 제10-1937975호, 특허 제10-2181034호)

1-1. 철재 방식도장

공 종	규 격	단위	철재 및 강재	부식지역/강관외부	강관라이닝	비 고
하 도	CORUSEAL-GRI	ℓ	0.170	-	-	75㎛
	SN-#1	〃	0.034	-	-	
	CORUSEAL-UL(s)PM	〃	-	0.292	-(별도)	150㎛/250㎛
	SN-#1	〃	-	0.058	-	
	도장공	인	0.022	0.022	0.04	
중 도	CORUSEAL-GRT	ℓ	0.086	0.126	-	30㎛
	SN-#2	〃	0.017	0.025	-	
	도장공	인	0.022	0.022	0.04	
상 도	CORUSEAL-GRT	ℓ	0.086	0.126	-	30㎛
	SN-#2	〃	0.017	0.025	-	
	CORUSEAL-UL(s)	〃	-	-	-(별도)	250㎛/350㎛
	SN-#5	-	-	-	-	
	도장공	인	0.022	0.022	0.04	

[주] ① 특수장비, 가설재 및 표면처리 등은 별도 계상.
② 표면처리는 설계에서 정한 등급을 준수 할 것.
③ 강관라이닝 시스템의 경우 공법사 기술부 소요량 계산 자료를 참고하여 적용(관경별 소요량에 따름)

1-2. 불소계 마감도장

구 분		공 정	규 격	소요량(ℓ)	도장공(인)	도막두께
보수 및 신설	강재 및 콘크리트 마감용	상도	CORUSEAL-GRT(F)	0.279	0.12	60㎛
			SN-#6	0.056		

[주] ① 하도, 중도는 2. 강중방식 도장공법 교량외부 보수도장을 따른다.
② 도막두께 변경에 따라 도료 소요량이 변경될 수 있음.

BEST & FIRST 대한민국 건설문화 대상 수상기업

◆ 건설신기술 제642호 에코텍트공법 ◆ 건설신기술 제345호 코러실 공법
◆ 특허 10-0385115호, 10-0503561호, 10-0933249호, 10-1044824호

㈜삼주에스·엠·씨
㈜삼주유니콘
www.coruseal.co.kr

◆ 염해·중성화방지, 내오존, 수처리구조물 방수방식
◆ 강교, 철구조물 중방식 ◆ 단면보수·보강공법
◆ 대심도 터널, 지하구조물 내오염 / 난연, 불연도장
◆ 수처리구조물, 내오존 방수방식 ◆ 강관갱생 라이닝 공법(광역 상수도)
◆ 내화학코팅 방식, 균열보수

서울시 마포구 독막로8길 49(합정동, 유니타워 7층)   TEL.(02)784-8210 FAX.(02)336-9478

2. 강교 중방식 도장공법 (Type-Ⅰ/Type-Ⅱ)(특허 제10-1937975호)

▶ 참고자료

구 분		공 정		규 격	소요량(ℓ) type-Ⅰ	소요량(ℓ) type-Ⅱ	도장공 (인)	도막두께 (type-Ⅰ /type-Ⅱ)
신설	강교외부	공장	1차 하도	CORUSEAL-GRI SN-#3	0.170 0.034	0.170 0.034	0.02	75㎛
			미스트코트 2차 중도	CORUSEAL-GRM SN-#1	0.167 0.050	0.208 0.062	0.02	80㎛ /100㎛
			3차 상도	CORUSEAL-GRT SN-#2	0.086 0.017	0.114 0.023	0.02	30㎛ /40㎛
		현장	4차 상도	CORUSEAL-GRT SN-#2	0.120 0.024	0.160 0.032	0.022	30㎛ /40㎛
	강교내부 (상형BOX내면)	공장	1차 하도	CORUSEAL-GRI SN-#3	0.170 0.034	0.170 0.034	0.033	75㎛
			미스트코트 2차 중도	CORUSEAL-GRM SN-#1	0.250 0.050	0.375 0.075	0.033	100㎛ /150㎛
			3차 중도	CORUSEAL-GRM SN-#1	- -	0.375 0.075	0.033	- /150㎛
	내외부연결판 (SPLICE)	공장	1차 하도	CORUSEAL-GRI SN-#3	0.122 0.024	0.122 0.024	0.02	50㎛
	외부볼트 및 연결판 (SPLICE)	현장	1차 하도	CORUSEAL-GRO SN-#1	0.259 0.052	0.259 0.052	0.022	75㎛
			2차 중도	CORUSEAL-GRM SN-#1	0.200 0.040	0.200 0.060	0.022	80㎛ /100㎛
			3차 상도	CORUSEAL-GRT SN-#2	0.120 0.024	0.160 0.032	0.022	30㎛ /40㎛
			4차 상도	CORUSEAL-GRT SN-#2	0.120 0.024	0.160 0.032	0.022	30㎛ /40㎛
	내부볼트 및 연결판 (SPLICE)	현장	1차 하도	CORUSEAL-GRO SN-#1	0.259 0.052	0.259 0.052	0.022	75㎛
			2차 중도	CORUSEAL-GRM SN-#1	0.250 0.050	0.375 0.113	0.022	100㎛ /150㎛
			3차 중도	CORUSEAL-GRM SN-#1	- -	0.375 0.113	0.022	- /150㎛
	외부포징면	공장	1차 하도	CORUSEAL-GRI SN-#3	0.170 0.034	0.170 0.034	0.02	75㎛
보수	교량 외부	현장		신설 "외부볼트 및 연결판" 사양과 동일적용				
	교량 내부 (상형BOX내면)	현장		신설 "내부볼트 및 연결판" 사양과 동일적용				

[주] ① 모든 분류 및 기준은 "도로교 표준시방서"에 준함.
② 바탕처리용 재료, 품 미포함. 미스트코트 소요량 미포함.
③ 표면처리는 설계에서 정한 등급을 준수하되 미 확정시 (SSPC-SP10)으로 진행되어야 함.

3. 강교 중방식 도장공법 - 세라믹계 우레탄마감 (Type-Ⅰ/Type-Ⅱ)(특허 제10-1937975호)

구 분		공 정	규 격	소요량(ℓ) type-Ⅰ	소요량(ℓ) type-Ⅱ	도장공 (인)	도막두께 (type-Ⅰ/type-Ⅱ)
신설	강교외부	공장	1차 하도	CORUSEAL-GRI SN-#3	0.170 0.034	0.170 0.034	0.02	75㎛
			미스트코트 2차 중도	CORUSEAL-GRM SN-#1	0.156 0.047	0.208 0.042	0.02	75㎛/100㎛
			3차 상도	CORUSEAL-GRT SN-#2	0.114 0.023	0.114 0.023	0.02	40㎛/40㎛
		현장	4차 상도	CORUSEAL-GRT SN-#2	0.140 0.028	0.140 0.028	0.022	35㎛/35㎛
	강교내부 (상형BOX내면)	공장	1차 하도	CORUSEAL-GRI SN-#3	0.170 0.034	0.170 0.034	0.033	75㎛
			2차 중도	CORUSEAL-GRM SN-#1	0.300 0.090	0.188 0.056	0.033	120㎛/75㎛
			3차 상도	CORUSEAL-GRM SN-#1	- -	0.188 0.056	0.033	-/75㎛
	내외부연결판 (SPLICE)	공장	1차 하도	CORUSEAL-GRI SN-#3	0.183 0.037	0.183 0.037	0.02	75㎛
	외부볼트 및 연결판 (SPLICE)	현장	1차 하도	CORUSEAL-GRO SN-#1	0.172 0.034	0.207 0.041	0.022	50㎛/60㎛
			2차 중도	CORUSEAL-GRM SN-#1	0.125 0.038	0.150 0.045	0.022	50㎛/60㎛
			3차 상도	CORUSEAL-GRT SN-#2	0.100 0.020	0.120 0.024	0.022	25㎛/30㎛
			4차 상도	CORUSEAL-GRT SN-#2	0.100 0.020	0.100 0.020	0.022	25㎛/25㎛
	내부볼트 및 연결판 (SPLICE)	현장	1차 하도	CORUSEAL-GRO SN-#1	0.207 0.041	0.259 0.052	0.022	60㎛/75㎛
			2차 중도	CORUSEAL-GRM SN-#1	0.150 0.045	0.188 0.056	0.022	60㎛/75㎛
	외부포장면	공장	1차 하도	CORUSEAL-GRI SN-#3	0.170 0.034	0.170 0.034	0.02	75㎛
보수	교량 외부	현장		신설 "외부볼트 및 연결판" 사양과 동일적용				
	교량 내부 (상형BOX내면)	현장		신설 "내부볼트 및 연결판" 사양과 동일적용				

[주] ① 모든 분류 및 기준은 "도로교 표준시방서(국토교통부)"에 준함.
② 바탕처리용 재료, 품 미포함. 미스트코트 소요량 미포함.
③ 표면처리는 설계에서 정한 등급을 준수하되 미 확정시(SSPC-SP10)으로 진행되어야 함.

5-3 강재거더 가설

5-3-1 강재거더 지조립('24년 신설)

(일 당)

구 분		규 격	단 위	수 량	기본조립개소수(개소)	
					개구제형	폐합형
인력	철 공	-	인	6	5.0	4.0
	특별인부	-	〃	2		
장비	크 레 인	100~300ton	대	1		

[주] ① 본 품은 공장에서 제작된 강재거더를 현장에 반입하여 지상에서 조립하는 것을 대상으로 하며, 강재더거를 직렬로 지조립하는 작업만 계상하며, 병렬로 지조립하는 것은 고려하지 않는다.
② 본 품의 '개소' 수는 공장에서 제작이 완료된 강재거더 단품과 단품을 연결판, 볼트 등을 이용하여 지조립장에서 연결하는 조인트의 개소수를 의미하며, 공장에서 지조립되어 온 조인트 '개소' 수는 포함하지 않는다.
③ 지조립장까지 운반이 완료된 상태의 거더를 조립하는 기준이며, 현장내 소운반(2차 운반)이 발생하는 경우는 별도 계상한다.
④ 본 품은 지조립장 여건이 '보통'인 경우를 기준으로 한 것이며, 다음과 같이 작업난이도에 따라 지조립 수량을 조정하여 산정한다.

〈작업난이도〉

(일 당)

구 분	지조립장 상태	작업난이도 (개소)
불량	지조립장이 경사지로서 작업자의 보행과 운반에 모두 지장이 있어 작업조건이 복잡한 경우, 도로변·하천변·절개지 등 안전사고의 위험이 있는 경우	-1.0
보통	지조립장이 평탄하며, 작업자의 보행이 자유롭지만, 다소 운반에 지장이 있어 작업에 지장을 받는 경우	-
양호	지조립장이 넓고 평탄하며, 작업자의 보행이 자유롭고 운반상 장애물이 없어 작업속도가 충분히 기대되는 경우	1.0

⑤ 지조립장 조성과 가설 벤트 설치는 포함하지 않는다.
⑥ 본 품은 지조립하는 강재거더 연결부 조립, 캠버 조정, 볼트 체결, 본조임 및 소임검사가 모두 포함된 것이다.
⑦ 장비의 규격은 작업여건을 고려하여 적합한 규격의 크레인을 선정하여 계상한다.
⑧ 공구손료 및 경장비(전기드릴, 용접기, 공기압축기, 레벨기 등)의 기계경비는 개구제형의 경우 인력품의 5%로 계상하고, 폐합형의 경우 인력품의 4%로 계상한다.

5-3-2 강재거더 가설('08, '21, '24년 보완)

(개/일 당)

구 분		규 격	단 위	수 량	가설 개수(개)	
					개구제형	폐합형
인력	철 공	-	인	6	4.0	3.0
	비 계 공	-	〃	2		
	특 별 인 부	-	〃	2		
	용 접 공	-	〃	2		
장비	크 레 인	100~300ton	대	2		
	고 소 작 업 차	5ton	〃	1		

[주] ① 본 품은 조립이 완료된 강재거더를 교량아래 육상에서 장비(크레인)로 가설하는 기준이다. 여기서 '가설 개수'는 지조립이 완료된 상태로 설치되는 거더의 개수를 의미한다.
② 공장에서 제작된 단일 강재거더를 가설 현장에서 지조립 없이 직접 인양하여 가설하는 경우에는 일당 시공량 1개를 추가 계상한다.
③ 본 품은 현장에 반입되어 조립이 완료된 크레인에 의하여 강재거더를 가설하는 기준이며, 크레인의 운반 및 조립은 별도 계상한다.
④ 본 품은 교량하부까지 운반이 완료된 상태의 거더를 가설하는 기준이며, 가설 지점까지의 현장내 소운반(2차운반)이 발생하는 경우는 별도 계상한다.
⑤ 교량을 확폭하거나, 과도교, 과선교 지하 통로내(낙석, 낙설방지)인 때는 일당 가설개수를 1개씩 차감한다.
⑥ 교량아래 해상에서 장비(크레인)로 가설하는 경우에는 비계공 2인, 특별인부 2인을 추가 계상한다. 이 경우 바지선, 예인선 등 가설을 위해 추가 장비가 필요한 경우 별도로 계상한다.
⑦ 본 품은 거더 양중 및 가설, 위치 고정 및 가조립, 본조임 및 조임검사와 전도방지시설 설치를 포함한다.
⑧ 본 품은 높이의 할증을 추가 계상하지 않는다.
⑨ 장비의 규격은 작업여건(가설높이, 작업반경, 시공위치 등)을 고려하여 적합한 규격의 크레인을 선정하여 계상한다.
⑩ 거더 가설위치가 하천통과구간, 지장물에 의한 저촉 등 가설조건이 불량한 경우 현장여건에 따라 300ton급을 초과하는 대형크레인의 적용이 가능하며, 300ton급을 초과하는 대형크레인이 투입될 경우 가설품과 크레인의 대수는 인양하중, 거더중량, 강교 거더 가설계획에 따라 조정하여 별도 계상한다.
⑪ 공구손료 및 경장비(전기드릴, 용접기, 공기압축기 등)의 기계경비는 강재거더 가설위치 및 단면 형상에 따라 인력품 대비 다음 표와 같은 비율에 따라 계상한다.

〈공구손료 및 경장비의 기계경비〉

구 분	육상		해상	
	개구제형	폐합형	개구제형	폐합형
인 력 품 대 비(%)	7	5	6	4

⑫ 크레인, 트레일러 등의 반입을 위한 토공사 및 가시설 설치 및 빔 가설용 가교각이 필요한 경우에는 별도 계상한다.

참고자료

■ 강교 제작(공장 제작) 및 가설 구조물 및 복공 가설 주형보 설치 및 해체
　(특허 제10-2061515호)

1. 가공 및 조립

(강재 ton 당)

구 분	단 위	수 량	구 분	단 위	수 량
철 골 공	인	4.34	작 업 반 장	인	0.07
용 접 공	〃	1.62	도 장 공	〃	0.15
보 통 인 부	〃	0.15			

[주] ① 품 증가율에 따른 철골공 및 용접공의 계산은 다음 식에 의한다.
　　　$N = (1 + \alpha + \beta)$
　　　ⓐ α의 값 : 강재중량 감소에 따른 품 증감계수
　　　　본 품은 200ton 이상을 기준한 것이므로 다음에 따라 품을 가산한다.
　　　　100~200ton 일 때는 품을 20% 가산한다.
　　　　50ton 이하인 경우는 품을 40% 가산한다.
　　　ⓑ β의 값 : 작업의 난이도에 따른 품 증감계수
　　　　사각이 45도 미만인 경우에는 품을 20% 가산한다.
　　　　라멘-상, 하부부구조가 모두 프레임 구조이면 40% 가산한다.
② 잡소모품 및 부재는 다음을 표준으로 한다.

(강재 ton 당)

구 분	단 위	수 량	구 분	단 위	수 량
산　　　소	ℓ	4,500	아 세 틸 렌	kg	2.3
용 접 봉	kg	3.6			

③ 철골공에는 비계공이 포함되어 있다.
④ 철골공에는 공장간접비가 포함되어 있다.
⑤ 본 품에는 공장 가공된 철골의 운반 및 현장 세우기 품이 포함되어 있지 않다.
⑥ 기계기구 손료는 노무비의 15%로 한다.
⑦ 잡재료비는 재료비의 15%로 한다.

2. 현장세우기

(강재 ton 당)

구 분	단 위	수 량
철 골 공	인	2.71
용 접 공	〃	0.25
보 통 인 부	〃	0.3
직 입 반 상	〃	0.15
현 장 부 자 재 소 모 품	식	상기 노무비의 15%를 계상
일 반 공 구 의 손 료	〃	상기 노무비의 3%를 계상

[주] ① 본 품은 육상작업 기준이며, 수상 및 고소 작업시는 품을 할증한다.[공통부문 제1장 적용기준 참조]
② 현장 세우기용 장비는 현장여건을 고려하여 선택 사용한다.
③ 철골 세우기 장비의 장비 능력은 15ton/일을 기준으로 한다.
④ 기초공사(파일기초, 콘크리트기초 등)는 현장여건을 고려하여 별도 계상한다.
⑤ 본 품의 적용 범위는 상부 주형 거더 및 보강 강재, 하부 벤트 및 보강 강재를 포함한다

3. 철골재 철거 (현장세우기 동일 조건)

(강재 ton 당)

구 분	단 위	수 량	구 분	단 위	수 량
용 접 공	인	2.20	아 세 틸 렌	kg	2.50
보 통 인 부	〃	1.20	L . P . G	〃	2.00
산 소	병	0.70			

■ 플레이트 강재 거더 및 합성형 라멘 가설(특허 제10-2061515호)

1. 가설공

(강재 ton 당)

구 분	단 위	수 량
철 골 공	인	6.3
용 접 공	〃	4
보 통 인 부	〃	3
작 업 반 장	〃	4.5
현 장 부 자 재 소 모 품	식	상기 노무비의 15%를 계상
가 설 기 구 의 손 료	〃	상기 노무비의 3%를 계상

[주] ① 본 품은 1SPAN분의 부재를 지상에서 조립하여 교각상에 가설하는 작업을 기준으로 한 것이다.
② 가설높이는 10m이내를 기준으로 한 것이다.
③ 크레인, 트레일러 등의 반입로 및 비계의 정비에 소요되는 비용은 별도 계상한다.
④ 볼트작업시 사용되는 공기 압축기/빔 가설용 가교각, 제작장 부지 정리 소요비용은 별도 계상한다.
⑤ 거더 가설위치에 따라 크레인 가설능력과 현장상황에 따라 별도 계상한다.

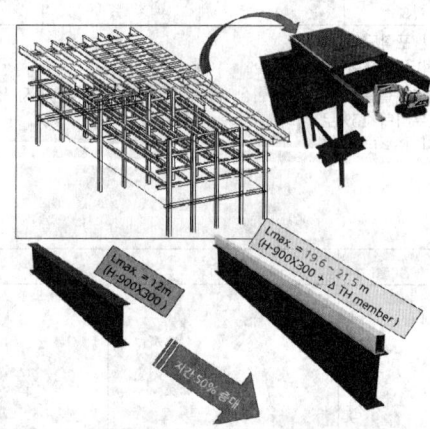

5-3-3 기타 부재 설치('24년 신설)

(ton/일 당)

구 분		규 격	단 위	수 량	설치 수량(ton)
인 력	철 공	-	인	2	5.0
	비 계 공	-	〃	2	
	특 별 인 부	-	〃	1	
	용 접 공	-	〃	1	
장 비	크 레 인	100~300ton	대	1	

[주] ① 본 품은 가설이 완료된 강재거더의 가로보, 캔틸레버보, 엔드 빔, 형강류 등 기타 부재를 육상에서 설치하는 기준이다.
② 기타 부재를 해상에서 설치하는 경우에는 특별인부 1인을 추가 계상한다.
③ 본 품은 기타 부재의 거치, 볼트 체결, 본조임 및 조임검사가 포함된 것이다.
④ 장비의 규격은 작업여건(가설높이, 작업반경, 시공위치 등)을 고려하여 적합한 규격의 크레인을 선정하여 계상한다.
⑤ 공구손료 및 경장비(전기드릴, 용접기, 공기압축기 등)의 기계경비는 인력품의 6%로 계상한다.
⑥ 기타 부재 설치 시 고소작업차가 필요한 경우 기계경비는 별도로 계상한다.
⑦ 본 품은 높이의 할증을 추가 계상하지 않는다.

제 6 장 관부설 및 접합공사

6-1 공통사항

6-1-1 적용기준 및 범위('18년 신설, '23, '25년 보완)

1. 본 장은 상수, 하수 등 신설 및 유지보수 관로공사를 대상으로 한다.
2. 관부설 및 접합공사는 일반화된 관종 및 공법 기준이며, 관의 재질 및 접합 방식이 유사한 관에는 본 품을 준용할 수 있다.
3. 관부설 및 접합공사에는 위치 및 높이 확인, 관로표시테이프 부설 작업을 포함한다.
4. 굴착공사, 기초공사, 관보호공, 복구공사는 별도계상한다.

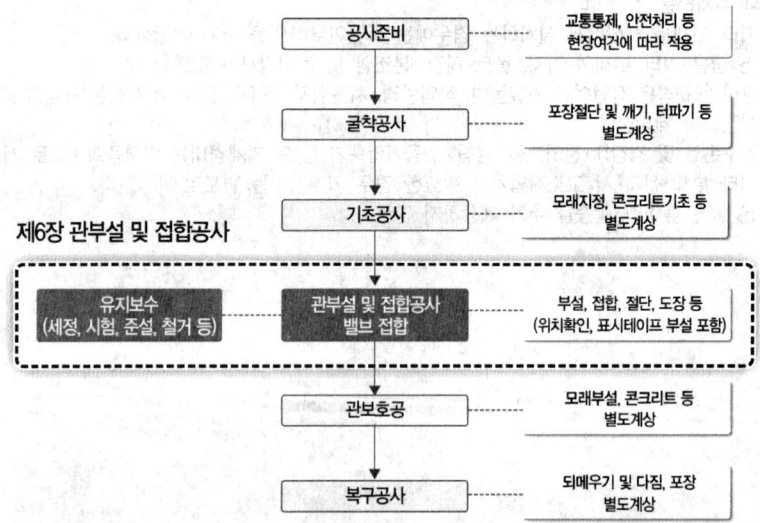

5. 교통통제 및 안전처리를 위한 인력은 제외되어 있으며, 필요시 배치인원은 현장조건(교통상황, 통제시간 및 범위 등)을 고려하여 별도계상한다.
6. 도면작성 또는 성과 확인을 위한 별도의 측량 작업은 제외되어 있다.
7. 양수 발생 시 양수작업에 소요되는 비용은 별도 계상한다.
8. 관부설 및 접합공사는 토공사(굴착 및 복구공사 등)에 영향을 받아 시공되는 기준으로 현장의 시공조건을 고려하여 다음과 같이 요율을 적용할 수 있다. 본 요율은 관부설 및 접합(강관도장 포함)에 적용한다.

구 분	내 용	요율 품	요율 시공량
시공조건 A	- 당일 굴착 및 복구공사에 영향을 받으며 시공하는 현장 - 통행제한, 지장물(매립물 등) 등으로 인해 연속적인 굴착이 불가능하여 굴착과 관부설 및 접합을 병행하여 반복적으로 시공하는 경우	-	-
시공조건 B	- 당일 굴착 및 복구공사에 영향을 받으며 시공하는 현장 - 굴착 작업이 분리 선행되어 부설 및 접합을 연속적으로 시공하는 경우	75%	133%
시공조건 C	- 굴착 및 복구공사의 영향없이 시공하는 현장 - 선행작업(굴착공사 또는 기초공사)이 완료된 상태의 개착구간으로 부설 및 접합을 단독으로 시공하는 경우	50%	200%

9. 주택가, 번화가 등 이와 유사한 현장에서 연속적인 작업이 불가능한 관부설 터파기 토공사는 '[공통부문] 제3장 토공사/3-2-4 터파기(기계)'를 참고하여 적용한다

6-2 주철관

6-2-1 타이튼 접합 및 부설('23, '25년 보완)

(일당)

구 분	단 위	수 량	관 경(mm)	시공량(본)
배관공(수도)	인	2	125 이하	18
보 통 인 부	〃	1	150	16
양 중 장 비	대	1	200	12
			250	10
			300	9
배관공(수도)	인	3	350	9
보 통 인 부	〃	1	400	8
양 중 장 비	대	1	450	7
			500	6

비 고	- 인력에 의한 부설 및 접합을 수행하는 경우 다음 품을 적용한다.

구 분	단 위	수 량	관경(mm)	시공량(본)
배관공(수도)	인	3	80	15
보 통 인 부	〃	1	100	13
배관공(수도)	인	4	120	13
보 통 인 부	〃	1	150	10

[주] ① 본 품은 직관(6m) 및 이형관(곡관, 이음관 등)을 부설하고, 부설된 주철관을 타이튼 접합하는

기준이다.
② 본 품은 관부설, 위치 및 구배 확인, 관로표시테이프 부설 작업, 윤활제 바르기, 고무링 끼우기, 관접합 작업을 포함한다.
③ 양중장비의 규격은 작업여건(시공높이, 시공위치 등) 및 안전율(적정하중, 작업반경 등)을 고려하여 적합한 규격을 적용한다.
④ 특수가공(분기개소 등), 계기측정(수압시험 등)이 필요한 때에는 별도 계상한다.
⑤ 공구손료 및 잡재료는 인력품의 2%로 계상한다.

◉ 참고자료

▣ Tyton 주철관 부설 및 접합

(본 당)

관경 (mm)	주철관 부설			Tyton 접합		비고
	배관공(수도)(인)	보통인부(인)	크레인(hr)	배관공(수도)(인)	보통인부(인)	
100 이하	0.06	0.03	0.30	0.06	0.03	
125	0.07	0.04	0.33	0.07	0.04	
150	0.09	0.05	0.36	0.08	0.04	
200	0.12	0.07	0.42	0.10	0.05	
250	0.16	0.08	0.48	0.12	0.07	
300	0.19	0.10	0.54	0.14	0.08	
350	0.22	0.12	0.60	0.16	0.09	
400	0.25	0.14	0.66	0.19	0.10	
450	0.29	0.15	0.72	0.21	0.11	
500	0.32	0.17	0.78	0.23	0.12	
600	0.38	0.21	0.90	0.27	0.14	
700	0.45	0.24	1.02	0.31	0.16	
800	0.51	0.28	1.14	0.35	0.18	
900	0.58	0.31	1.26	0.39	0.20	
1000	0.64	0.35	1.38	0.43	0.22	
1100	0.71	0.38	1.50	0.47	0.24	
1200	0.77	0.42	1.62	0.51	0.26	

· 주철관 부설
[주] ① 본 품은 직관(6m) 및 이형관(곡관, 이음관 등)을 부설하는 기준이다.
② 본 품은 관부설, 위치 및 구배 확인, 관로표시 테이프 부설 작업을 포함한다.
③ 크레인 규격은 다음을 참고하여 적용하며, 현장조건(작업범위, 위치 등)에 따라 변경할 수 있다.

구 분	관 경
크레인 10 ton 급	600 mm 이하
크레인 15 ton 급	700 mm 이상

· Tyton 접합
[주] ① 본 품은 부설된 주철관을 타이튼 접합하는 기준이다.
② 본 품은 윤활제 바르기, 고무링 끼우기, 관접합 작업을 포함한다.
③ 특수가공(분기개소 등), 계기측정(수압시험 등)이 필요할 때에는 별도 계상한다.
④ 공구손료 및 잡재료(윤활제 등)는 인력품의 2%로 계상한다.

6-2-2 K.P 메커니컬 접합 및 부설('23, '25년 보완)

(일당)

구 분	단 위	수 량	관 경(㎜)	시공량(본)
배관공(수도)	인	2	125 이하	17
보 통 인 부	〃	1	150	14
양 중 장 비	대	1	200	11
			250	10
			300	8
배관공(수도)	인	3	350	8.5
보 통 인 부	〃	1	400	7.5
양 중 장 비	대	1	450	6.5
			500	6.0
			600	5.0
배관공(수도)	인	4	700	5.0
보 통 인 부	〃	1	800	4.5
양 중 장 비	대	1	900	4.0
			1,000	3.5
			1,100~1,200	3.0

비 고	- 인력에 의한 부설 및 접합을 수행하는 경우 다음 품을 적용한다.				
	구 분	단 위	수 량	관경(㎜)	시공량(본)
	배관공(수도)	인	3	80	13
	보 통 인 부	〃	1	100	12
	배관공(수도)	인	4	120	13
	보 통 인 부	〃	1	150	9

[주] ① 본 품은 직관(6m) 및 이형관(곡관, 이음관 등)을 부설하고, 부설된 주철관을 K.P 메커니컬 접합하는 기준이다.
② 본 품은 관부설, 위치 및 구배 확인, 관로표시테이프 부설 작업, 윤활제 바르기, 고무링 끼우기, 관접합 작업을 포함한다.
③ 양중장비의 규격은 작업여건(시공높이, 시공위치 등) 및 안전율(적정하중, 작업반경 등)을 고려하여 적합한 규격을 적용한다.
④ 이탈방지 압륜을 사용하여 접합할 경우 본 품을 30%까지 증하여 적용 할 수 있다.
⑤ 특수가공(분기개소 등), 계기측정(수압시험 등)이 필요한 때에는 별도 계상한다.
⑥ 공구손료 및 경장비(임팩트렌치, 발전기 등)의 기계경비는 인력품에 다음 요율을 반영한다.

구 분	300㎜ 이하	350㎜~600㎜	700㎜~1,200㎜
인 력 품 의 %	4%	3%	2%

6-2-3 관 절단('23년 보완)

(개소 당)

관경(mm)	배관공(수도) (인)	관경(mm)	배관공(수도) (인)
100 이하	0.08	500	0.24
125	0.09	600	0.28
150	0.10	700	0.32
200	0.12	800	0.36
250	0.14	900	0.40
300	0.16	1,000	0.44
350	0.18	1,100	0.48
400	0.20	1,200	0.52
450	0.22		

[주] ① 본 품은 절단기를 사용하여 주철관을 절단하는 기준이다.
② 본 품은 관절단, 모따기, 삽입구 표시, 방식도장을 포함한다.
③ 보호조치를 위한 안전시설물 및 환경시설물의 비용은 별도계상한다.
④ 공구손료 및 경장비(절단기 등)의 기계경비는 인력품의 5%로 계상한다.
⑤ 소모재료(커터 등)비는 별도 계상한다.

6-3 강관

6-3-1 부설('23, '25년 보완)

(일 당)

구 분	단 위	수 량	관 경(mm)	시공량(본)
배관공(수도) 보통인부 양중장비	인 〃 대	2 1 1	125 이하 150 200 250 300 350 400 450 500 600 700	14 13 12 11 10 10 9 8 7 6 5
배관공(수도) 보통인부 양중장비	인 〃 대	3 1 1	800 900 1,000 1,100 1,200 1,350~1,500 1,650	5.5 4.5 3.5 3.0 2.5 2.0 1.5
배관공(수도) 보통인부 양중장비	인 〃 대	4 1 1	1,800~2,200 2,400	1.5 1.0
비 고	- 인력에 의한 부설을 수행하는 경우 다음 품을 적용한다.			
비 고	구 분	단 위	수 량	관 경(mm)	시공량(본)
비 고	배관공(수도) 보통인부	인 〃	2 1	80 100	8 6
비 고	배관공(수도) 보통인부	인 〃	3 1	125 150	7 6
비 고	배관공(수도) 보통인부	인 〃	4 1	200 250	5 4

[주] ① 본 품은 직관(6m) 및 이형관(곡관, 이음관 등)을 부설하는 기준이다.
② 본 품은 관부설, 위치 및 구배 확인, 관로표시테이프 부설 작업을 포함한다.
③ 양중장비의 규격은 작업여건(시공높이, 시공위치 등) 및 안전율(적정하중, 작업반경 등)을 고려하여 적합한 규격을 적용한다.

6-3-2 용접 접합('11, '23, '25년 보완)

(일 당)

구 분	단 위	수 량	관 경(㎜)	시공량(개소)		
				A종		B종
				겹치기 용접	베벨엔드 용접	겹치기 용접
용 접 공	인	1	125 이하	11.0	10.0	-
			150	10.0	9.0	-
			200	9.0	8.5	-
			250	7.5	7.0	-
			300	6.5	6.0	-
			350	5.5	5.0	-
용 접 공	인	2	400	9.5	8.5	-
			450	8.0	7.0	-
			500	6.5	6.0	-
			600	5.0	4.5	-
			700	3.5	3.0	-
용 접 공	인	3	800	2.5	-	4.0
			900	2.0	-	3.0
			1,000	1.5	-	2.5
			1,100	1.5	-	2.0
			1,200	1.0	-	2.0
			1,350	1.0	-	1.5
			1,500~1,650	1.0	-	1.5
용 접 공	인	4	1,800~2,000	1.0	-	1.5
			2,200	1.0	-	1.5
			2,400	1.0	-	1.0

[주] ① 본 품은 부설된 강관을 용접 접합하는 기준이며, 800㎜ 이상은 내·외부용접 기준이다.
② 본 품은 불순물 제거, 용접(내·외부), 단부 마무리 작업을 포함한다.
③ 특수가공(분기개소 등), 계기측정(수압시험, 용접시험 등)이 필요할 때에는 별도 계상한다.
④ 공구손료 및 경장비(용접기, 발전기 등)의 기계경비는 인력품의 6%로 계상한다.
⑤ 용접접합에 필요한 자재는 별도 계상한다.

6-3-3 도장('93, '00, '11, '23년 보완)

(개소 당)

관 경 (mm)	내부도장		외부도장	
	도장공(인)	보통인부(인)	도장공(인)	보통인부(인)
300	-	-	0.18	0.04
350	-	-	0.21	0.05
400	-	-	0.23	0.06
450	-	-	0.25	0.06
500	-	-	0.27	0.07
600	-	-	0.30	0.07
700	-	-	0.32	0.08
800	0.27	0.07	0.34	0.08
900	0.28	0.07	0.36	0.09
1,000	0.30	0.07	0.38	0.09
1,100	0.31	0.08	0.40	0.10
1,200	0.32	0.08	0.41	0.10
1,350	0.33	0.08	0.43	0.11
1,500	0.35	0.09	0.45	0.11
1,650	0.36	0.09	0.46	0.11
1,800	0.37	0.09	0.48	0.12
2,000	0.39	0.09	0.49	0.12
2,200	0.40	0.10	0.51	0.13
2,400	0.41	0.10	0.53	0.13

[주] ① 본 품은 상수도용 도복장강관의 내·외부 용접접합부를 도장하는 기준이다.
② 내부도장은 면정리, 프라이머바름, 에폭시 도장 작업을 포함한다.
③ 외부도장은 면정리, 프라이머바름, 매스틱 부착, 내·외부 테이핑 작업을 포함한다.
④ 소모재료는 설계수량에 따라 별도 계상한다.

◧ 참고자료

■ 강관 접합부도장 재료

(개소 당)

관경 (㎜)	내부 도장					
	프라이머	액상 에폭시	폴리 우레아	신너	도장공	보통인부
	kg	kg	kg	kg	인	인
700	0.20	0.77	0.60	0.09	0.25	0.06
800	0.25	0.88	0.69	0.11	0.26	0.06
900	0.28	0.99	0.78	0.12	0.28	0.07
1,000	0.32	1.10	0.86	0.14	0.30	0.07
1,100	0.35	1.21	0.95	0.15	0.32	0.08
1,200	0.42	1.32	1.03	0.18	0.33	0.09
1,350	0.48	1.48	1.16	0.21	0.35	0.09
1,500	0.50	1.65	1.29	0.23	0.37	0.09
1,650	0.58	1.81	1.42	0.25	0.37	0.09
1,800	0.77	1.98	1.55	0.33	0.39	0.09
2,000	0.85	2.20	1.72	0.37	0.41	0.10
2,200	0.94	2.42	1.90	0.41	0.42	0.10
2,400	1.020	2.64	2.07	0.45	0.43	0.11

[주] ① 본 품 상수도용 도복장강관의 용접 접합 및 접합연 마무리까지 기준한 것이다.
② 벨 엔드 접합에 의한 접합부의 도장에만 적용한 것이다.
③ 내부도장은 KSD 8502(수도용 액상에폭시 수지도료 도장 방법)에 의한 도장이다.
④ 프라이머 및 중도 상도가 같은 성분 이므로 특히 접착력이 우수하다.
⑤ 내부 도막두께는 0.5㎜ 이상을 기준한 것이다.
⑥ 인건비 품은 정부품셈 근거에 의거 직용이며, 삭엽난이노에 따라 10% 증감할 수 있다.

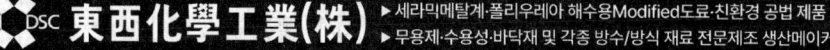

6-3-4 절단('23년 보완)

(개소 당)

관 경(mm)	A종 용접공(인)	B종 용접공(인)
80	0.08	-
100	0.08	-
125	0.09	-
150	0.10	-
200	0.13	-
250	0.16	-
300	0.20	-
350	0.26	-
400	0.31	-
450	0.36	-
500	0.41	-
600	0.46	-
700	0.62	0.54
800	0.71	0.65
900	0.79	0.70
1,000	0.96	0.85
1,100	1.04	0.87
1,200	1.20	0.99
1,350	1.47	1.23
1,500	1.88	1.48
1,650	2.14	1.71
1,800	2.26	1.84
2,000	2.55	2.32
2,200	2.78	2.40
2,400	3.06	2.66
비 고	금긋기 및, 절단품은 본 품의 70%, 선단가공(Beveling) 품은 본 품의 30%를 계상한다.	

[주] ① 본 품은 산소+LPG를 사용한 강관을 절단하는 기준이다.
② 본 품은 금긋기, 절단 및 선단가공(Beveling) 작업을 포함한다.
③ 공구손료 및 경장비(절단장비 등)의 기계경비는 인력품의 2%로 계상한다.

6-4 P.V.C관('10, '11, '18년 보완)

6-4-1 T.S 접합 및 부설('23, '25년 보완)

(일 당)

구 분	단 위	수 량	관 경(mm)	시공량(개소)
배관공(수도)	인	2	100	22
보통인부	〃	1	150	13

[주] ① 본 품은 P.V.C관(개량형 P.V.C관 포함)을 부설 및 접합(T.S)하는 기준이다.
② 본 품은 관 부설, 접합제 바름 및 관 연결, 위치 및 구배 확인, 관로표시테이프 부설 작업을 포함한다.

6-4-2 고무링 접합 및 부설('23, '25년 보완)

(일 당)

구 분	단 위	수 량	관 경(mm)	시공량(개소)
배관공(수도)	인	2	100	25
			150	19
			200	15
보통인부	〃	1	250	10
			300	9

[주] ① 본 품은 P.V.C관(개량형 P.V.C관 포함)을 부설 및 접합(고무링)하는 기준이다.
② 본 품은 관 부설, 윤활제 도포, 고무링 끼우기 및 관 연결, 위치 및 구배 확인, 관로표시테이프 부설 작업을 포함한다.
③ 접합재료(고무링 등)는 별도 계상한다.

■ 스테인리스 폴리우레아 코팅강관(SPU 파이프)접합 및 부설

구 분 관경(mm)	SPU 파이프 접합 및 부설(개소 당)		
	배관공(수도)(인)	보통인부(인)	크레인(hr)
ø 15	0.085	0.051	-
ø 20	0.101	0.062	-
ø 25	0.125	0.074	-
ø 32	0.146	0.087	-
ø 40	0.171	0.103	-
ø 50	0.216	0.141	-
ø 65	0.234	0.164	-
ø 80	0.267	0.188	-
ø100	0.297	0.198	-
ø150	0.169	0.171	0.53
ø200	0.174	0.186	0.56
ø250	0.189	0.222	0.61
ø300	0.204	0.251	0.69
ø350	0.243	0.32	0.81
ø400	0.378	0.439	0.89
ø500	0.487	0.607	0.96
ø600	0.672	0.766	1

[주] ① 본 품은 수압을 받는 스테인리스 폴리우레아 코팅강관(SPU)의 부설 및 접합품을 기준으로 한 것이다.
② 본 품은 수압을 받는 상수도관을 기준으로 한 것이다.
③ 본 품은 직관길이 6m를 기준한 것이며, 특수부설(수중, 터널, 정수장 등), 이형관 및 곡관부설은 별도 계상할 수 있다.
④ 본 품은 재료의 소운반이 포함되었으며, 관로의 터파기, 되메우기 잔토처리 등은 별도 계산한다.
⑤ 본 품의 부설장비 규격은 "10ton 급 트럭탑재형 크레인"을 기준으로 하며, 소운반을 포함한다.
⑥ 본 품은 현장 조건이 보통인 것으로 판단하여 작성된 품으로, 도로의 경우 교통량, 작업 공간의 협소 장애물 등 기타 현장조건에 따라 20%까지 증하여 적용할 수 있다.
⑦ 기계기구 및 잡재료비는 필요에 따라 인력품의3%로 계상 할 수 있다.
⑧ 본 품은 현장조건이 보통인 경우의 품이므로 현장 조건이 협소하고 장애물이 많은 경우 상기품의 +10% 증하여 적용할 수 있다.
⑨ SPU 파이프 절단품은 15A~100A 는 아래 품을 적용하고, 150A~600A는 "주철관 절단품"을 준용한다. (잡재료비는 커팅날 기타로 인건비의 10%)

(개소 당)

	ø15	20	25	32	40	50	65	80	100
보통인부(인)	0.02	0.03	0.04	0.06	0.08	0.12	0.16	0.2	0.22
잡재료비(%)	10	10	10	10	10	10	10	10	10

6-5 P.E관('10, '11, '18년 보완)

6-5-1 조임식 접합 및 부설('23, '25년 보완)

(일 당)

구 분	단 위	수 량	관 경(㎜)	시공량(개소)
배관공(수도)	인	2	32	22
			40	21
보 통 인 부	〃	1	50	17

[주] ① 본 품은 P.E관을 유니온으로 접합하는 기준이다.
② 본 품은 윤활제 바르기, 유니온(캡, 푸셔(pusher), 오링(O-ring)) 삽입 및 결합, 위치 및 구배 확인, 관로 표시 테이프 부설 작업을 포함한다.

6-5-2 밴드 접합 및 부설('23, '25년 보완)

(일 당)

구 분	단 위	수 량	관 경(㎜)	시공량(개소)
배관공(수도)	인	2	100	22
			150	16
			200	13
			250	11
			300	10
보 통 인 부	〃	1	350	8.5
			400	7.5
			450	7.0
			500	6.0

[주] ① 본 품은 P.E관을 밴드로 접합하는 기준이다.
② 본 품은 이물질 제거, 수밀시트 접합, 밴드 체결, 위치 및 구배 확인, 관로 표시 테이프 부설 작업을 포함한다.
③ 공구손료 및 잡재료는 인력품의 3%로 계상한다.
④ 접합재료(조임밴드)는 별도 계상한다.

6-5-3 소켓융착 접합 및 부설('23년 신설, '25년 보완)

(일당)

구 분	단 위	수 량	관 경(mm)	시공량(개소)
배관공(수도)	인	2	50	23
			65	15
보 통 인 부	〃	1	75	12

[주] ① 본 품은 P.E관(6m 이하)을 소켓이음부의 내면과 관 단면을 용융시켜 삽입하여 접합하는 기준이다.
② 본 품은 단면가공, 소켓 연결 및 융착, 소켓 해체, 관로표시테이프 부설 작업을 포함한다.
③ 공구손료 및 경장비(발전기, 융착기 등)의 기계경비는 인력품의 7%로 계상한다.

6-5-4 바트융착 접합 및 부설('23년, '25년 보완)

(일당)

구 분	단 위	수 량	관 경(mm)	시공량(개소)
배관공(수도)	인	2	50	20
			65	13
			75	10
			100	9
			125	7.5
			150	7.0
보 통 인 부	〃	1	200	5.5
			250	5.0
			300	4.5
배관공(수도)	인	3	350	6.0
			400	5.5
보 통 인 부	〃	1	450	5.0
			500~550	4.5
배관공(수도)	인	3		
보 통 인 부	〃	1	600	7.0
			700	5.5
양 중 장 비	대	1	800	4.0

[주] ① 본 품은 P.E관의 양 끝단을 융착기에 의해 맞이음하여 접합하는 기준이다.
② 본 품은 단면가공, 융착기 연결 및 융착, 융착기 해체, 관로표시테이프 부설 작업을 포함한다.
③ 양중장비의 규격은 작업여건(시공높이, 시공위치 등) 및 안전율(적정하중, 작업반경 등)을 고려하여 적합한 규격을 적용한다.
④ 공구손료 및 경장비(발전기, 융착기 등)의 기계경비는 다음을 참고하여 적용한다.

구 분	75mm 이하	100~150mm	200~600mm	700~800mm
인력품의 %	12	14	15	18

6-5-5 분기관 천공 및 접합('23년 보완)

(개소 당)

분기관 관경(mm)	배관공(수도) (인)	보통인부(인)
75	0.10	0.05
100	0.11	0.06
150	0.13	0.06
200	0.15	0.07
250	0.18	0.09
300	0.20	0.10

[주] ① 본 품은 P.E관의 외면과 새들 안장부분을 용융시켜 접합하는 기준이다.
② 본 품은 중심선 표시, 새들관 융착, 천공 작업을 포함한다.
③ 공구손료 및 경장비(발전기, 융착기 등)의 기계경비는 인력품의 5%로 계상한다.

6-6 원심력 철근콘크리트관('10, '18년 보완)
6-6-1 소켓관 부설 및 접합('23, '25년 보완)

(일당)

구 분	단 위	수 량	관 경(㎜)	시공량(본)
배관공(수도)	인	2	250	20
			300	15
			350	13
			400	11
보통인부	〃	1	450	9.0
			500	8.0
			600	6.5
양중장비	대	1	700	5.5
			800	5.0
배관공(수도)	인	3	900	5.0
			1,000	4.5
보통인부	〃	1	1,100	4.0
			1,200	3.5
양중장비	대	1	1,350	3.5
배관공(수도)	인	4	1,500	3.5
보통인부	〃	1	1,650~1,800	3.0
양중장비	대	1	2,000	2.5

[주] ① 본 품은 철근콘크리트 소켓관을 부설 및 접합하는 기준이다.
② 본 품은 관부설, 윤활제 바르기, 고무링 삽입 및 소켓연결, 위치 및 구배 확인, 관로표시테이프 부설 작업을 포함한다.
③ 양중장비의 규격은 작업여건(시공높이, 시공위치 등) 및 안전율(적정하중, 작업반경 등)을 고려하여 적합한 규격을 적용한다.
④ 공구손료 및 잡재료는 인력품의 2%로 계상한다.
⑤ 접합재료(고무링)는 별도 계상한다.

6-6-2 수밀밴드 접합 및 부설('23, '25년 보완)

(일당)

구 분	단 위	수 량	관 경(㎜)	시공량(본)
배관공(수도)	인	2	250	21
			300	16
			350	13
			400	11
보통인부	〃	1	450	10
			500	9
			600	7
양중장비	대	1	700	6
			800	5
배관공(수도)	인	3	900~1,000	5
보통인부	〃	1	1,100~1,200	4
양중장비	대	1	1,350	3.5
배관공(수도)	인	4	1,500	3.5
보통인부	〃	1	1,650~1,800	3
양중장비	대	1	2,000	2.5

[주] ① 본 품은 철근콘크리트관 부설 및 접합(수밀밴드)하는 기준이다.
② 본 품은 관부설, 수밀밴드 접합, 위치 및 구배 확인, 관로표시테이프 부설 작업을 포함한다.
③ 양중장비의 규격은 작업여건(시공높이, 시공위치 등) 및 안전율(적정하중, 작업반경 등)을 고려하여 적합한 규격을 적용한다.
④ 공구손료 및 잡재료는 인력품의 2%로 계상한다.
⑤ 접합재료(수밀밴드)는 별도 계상한다.

6-6-3 절단('23년 보완)

(개소 당)

관경 (㎜)	배관공(수도) (인)	보통인부 (인)	관경 (㎜)	배관공(수도) (인)	보통인부 (인)
250	0.02	0.02	900	0.11	0.11
300	0.03	0.03	1,000	0.13	0.13
350	0.03	0.03	1,100	0.14	0.14
400	0.04	0.04	1,200	0.16	0.16
450	0.04	0.04	1,350	0.18	0.18
500	0.05	0.05	1,500	0.20	0.20
600	0.07	0.07	1,650	0.22	0.22
700	0.08	0.08	1,800	0.25	0.25
800	0.10	0.10	2,000	0.28	0.28

[주] ① 본 품은 철근콘크리트관을 절단기를 사용하여 절단하는 기준이다.
② 본 품은 금긋기, 관절단, 물뿌리기 작업을 포함한다.
③ 공구손료 및 경장비(절단기 등)의 기계경비와 잡재료비는 인력품의 6%로 계상한다.
④ 절단기 커터의 손료는 별도 계상한다.

6-6-4 천공 및 접합('23년 보완)

(개소 당)

구 분		배관공(수도) (인)	보통인부(인)
본 관(mm)	연결관(mm)		
500 이하	150	0.050	0.050
	200	0.070	0.070
	250	0.090	0.090
	300	0.120	0.120
500 초과~900 이하	150	0.070	0.070
	200	0.090	0.090
	250	0.110	0.110
	300	0.130	0.130
900 초과~1200 이하	150	0.080	0.080
	200	0.110	0.110
	250	0.120	0.120
	300	0.150	0.150

[주] ① 본 품은 철근콘크리트관 본관을 천공하고 지관(단지관 등)을 접합하는 기준이다.
② 본 품은 중심점 표시, 본관 천공, 이물질 제거, 지관(단지관 등) 연결 작업을 포함한다.
③ 연결관으로 기타의 관(PVC관 등)을 사용하는 경우에도 동일하게 적용한다.
④ 공구손료 및 경장비(천공기 등)의 기계경비와 소모재료(비트 등)는 인력품의 5%로 계상한다.
⑤ 연결관 접합재료(모르타르, 단지관 등)는 별도 계상한다.

■ 뉴보텍 하수관 접합 및 부설

1. PVC 이중벽관/일체형 접합 부설

(개소 당)

규격	수도배관공	보통인부	규격	수도배관공	보통인부	기계사용(hr)
100	0.0465	0.0465	400	0.1750	0.1750	-
150	0.0597	0.0597	450	0.1812	0.1812	-
200	0.0847	0.0847	500	0.1635	0.0791	0.2416
250	0.1020	0.1020	600	0.2083	0.1083	0.3000
300	0.1229	0.1229	-	-	-	-

[주] ① 본 품은 소운반을 포함한 것이다.
   ② 관로의 터파기, 모래부설 및 다짐, 되메우기, 잔토처리는 별도 계상한다.
   ③ T형 접합은 본 품의 50%를 가산한다.

2. 관절단

규격	보통인부	규격	보통인부
100	0.004	400	0.016
150	0.006	450	0.018
200	0.008	500	0.020
250	0.010	600	0.025
300	0.012		

3. 분기관 천공

규격	보통인부
100	0.020
150	0.024
200	0.029
250	0.033

4. 분기관 접합(개소 당)

규격	보통인부
100	0.0333
150	0.040
200	0.050
250	0.067
300	0.077

■ 내충격 수도관 ASA HI-NP 접합 및 부설

(개소 당)

규격	관 접합		관 부설		관 절 단		이형관 접합품	
	수도배관공	보통인부	수도배관공	보통인부	보통인부	잡재료비	수도배관공	보통인부
16	-	-	0.015	0.020	0.01		0.010	0.010
20	-	-	0.016	0.020	0.02		0.013	0.013
25	-	-	0.018	0.030	0.02		0.014	0.014
35	-	-	0.020	0.030	0.04		0.016	0.016
40	-	-	0.025	0.035	0.05		0.017	0.017
50	0.020	0.025	0.040	0.060	0.08		0.020	0.020
65	0.025	0.025	0.040	0.070	0.12	인건비의 10%	0.025	0.025
75	0.040	0.040	0.050	0.080	0.15		0.030	0.030
100	0.050	0.050	0.060	0.090	0.19		0.035	0.030
125	0.060	0.060	0.070	0.100	0.22		0.045	0.030
150	0.070	0.070	0.090	0.120	0.24		0.060	0.040
200	0.090	0.080	0.110	0.150	0.30		0.080	0.050
250	0.110	0.090	0.140	0.250	0.34		0.130	0.070
300	0.130	0.120	0.170	0.320	0.37		0.140	0.080

[주] ① 본 품은 소운반을 포함한 것이며, 관로탐사 Tape를 포설할 경우 10%를 가산한다.
   ② 본 품은 인력을 기준한 것이며 기계를 사용할 경우에는 기계운전시간 품을 별도로 계상한다.
   ③ 본 품 50mm 이상은 6m(1본)를 기준한 것이며, 접합재료는 ASA HI-NP 편수칼라관을 적용한다. 단, 소켓접합 시 이형관 접합품을 적용한다.
   ④ 편수칼라관용 편수이탈방지용 Bell-Grip을 설치 사용할 경우 상기 품의 30%를 가산한다.
   ⑤ 기계기구 및 기타 재료는 필요에 따라 별도 계상한다.
   ⑥ 본 품은 옥내 배관시 50% 이상을 할증할 수 있다.
   ⑦ GIS(관로탐사)용 ASA HI-NP 내충격수도관은 상기품의 5%를 가산한다.

■ 다짐롤러, 라이닝 프로파일 및 이들을 이용한 비굴착 라이닝 시공방법(NPR공법)
(특허기술번호 : 제10-0912378호)/PVC프로파일 형상가이드 시스템을 이용한 비굴착 제관 보수기술(환경신기술 : 제574호)

○ 참고자료

1. 표면처리 및 세정

(㎡ 당)

구 분	단 위	특별인부	비 고
표 면 처 리(그라인딩)	인	0.12	
고 압 수 세 정	〃	0.024	

[주] 잡재료비는 노무비의 5% 이내 계상한다.

2. 프로파일 제관공

(일 당)

구 분	규 격	건설기계조장(인)	플랜트제관공(인)	플랜트특별인부(인)	특별인부(인)	보통인부(인)	프로파일(m)	제관기(시간)	유압유니트(시간)	발전기(시간)
원 형 (자유단면)	ø300~3000 (0.8×0.8 ~3.0×3.0)	1.00	2.00	2.00	2.00	2.00+α	별산	8.00	8.00	8.00

[주] ① 프로파일 수량: 제관둘레길이(m)×시공연장(m)÷프로파일폭(m)×할증(3%)
② 상기 내용은 작업구 간격 100m를 기준으로 하며 50m 추가시 보통인부 1명씩 가산하여 계상
③ 제관연장(m/일): 프로파일 송출속도÷m당 프로파일 연장×8(hr/일)×60(hr/분)×제관기 효율(E)
④ 프로파일 송출속도는 8m/분, 제관기효율(E)은 80%를 표준(ø900이하의 경우 속도9m/분, 효율90%)으로 작업여건에 따라 조정 가능함

3. 몰탈 주입공

(일 당)

구 분	규 격	특별인부(인)	보통인부(인)	NPR몰탈(kg)	몰탈주입기(시간)	발전기(시간)	물탱크(시간)	비고
원 형 (자유단면)	ø300~3000 (0.8×0.8 ~3.0×3.0)	2.00	2.00	별산	8.00	8.00	8.00	

[주] ① NPR몰탈 수량: (기설관단면적(㎡)-제관단면적(㎡))×시공연장(m)×할증(3%)×몰탈단위중량(kg/㎥)
② 몰탈주입연장(m/일): 1일몰탈 소모량÷(기존관 단면적-갱생관 단면적)×1m-프로파일 체적)×주입 효율(E)
③ 주입 효율(E)은 90%, 1일 몰탈소모량은 소구경 10,000kg, 중대구경 20,000kg을 표준으로 하고, 작업여건에 따라 조정가능함.

4. 주입구설치공

(개소 당)

구분	규격	PVC 파이프 (ø50㎜)m	PVC 파이프 (ø30㎜)m	PVC엘보 (개)	PVC 볼밸브 (ø50㎜)개	PVC 볼밸브 (ø30㎜)개	배관공 (인)	보통인부 (인)
원형	ø 300≤기설관≤ø700	1.03	2.06	2	2	8	0.838	0.117
	ø 700〈기설관≤ø1000	1.24	2.47	2	2	8	1.177	0.141
	ø1000〈기설관≤ø3000	2.47	3.71	2	6	12	2.091	0.237
자유 단면	0.8≤기설관≤□1.0m	1.24	2.47	2	2	8	1.177	0.141
	□1.0〈기설관≤□2.0	2.47	3.71	4	4	12	1.920	0.237
	□2.0〈기설관≤□3.0	3.71	3.71	6	6	12	2.233	0.289

[주] 시공연장 40m간격으로 1개소 설치(ø700이하의 경우 시, 종점부 각 1개소 설치)

5. 단부 마무리공

(개소 당)

구 분	규 격	마감몰탈(㎥)	견출공(인)	특별인부(인)	보통인부(인)	비 고
원 형	ø 300≤기설관≤ø700	별산	0.07	0.13	0.07	
	ø 800〈기설관≤ø1500	〃	0.10	0.19	0.10	
	ø1500〈기설관≤ø2200	〃	0.13	0.25	0.13	
	ø2200〈기설관≤ø3000	〃	0.19	0.38	0.19	
자 유 단 면	□0.8≤기설관≤□1.2m	〃	0.10	0.19	0.10	
	□1.2〈기설관≤□2.0	〃	0.13	0.25	0.13	
	□2.0〈기설관≤□3.0	〃	0.19	0.38	0.19	

[주] 마감몰탈 수량: (기설관단면적(㎡)-제관단면적(㎡))×0.05×2

6. 지보재 및 부상 방지 조립공

구 분	규격	특별 인부 (인)	보통 인부 (인)	앵글 지보대 (kg)	지보대 (kg)	지보대 (kg)	전산 볼트 (개)	전산 너트 (개)	지지판 (kg)	강봉 (kg)	비고
원형	ø 800〈기설관≤ø1200	0.13	0.63	16.5	222.5	28.0	4.5	10	9.8	22.6	
	ø1200〈기설관≤ø2000	0.25	0.75	16.5	356.1	62.6	6.3	16	14.8	55.0	
	ø2000〈기설관≤ø3000	0.25	0.88	16.5	712.2	102.2	11.4	32	28.0	87.3	
자유 단면	□0.8≤기설관≤□1.2m	0.13	0.63	16.5	222.5	28.0	4.5	10	9.8	22.6	
	□1.2〈기설관≤□2.0	0.25	0.75	16.5	356.1	62.6	6.3	16	14.8	55.0	
	□2.0〈기설관≤□3.0	0.25	0.88	16.5	712.2	102.2	11.4	32	28.0	87.3	

[주] 손율 적용 : 재료비는 재료비의 15% 이내 적용한다.

7. 지보재 및 부상 방지 설치·해체

(조 당)

구 분	규격	형틀목공(인)	보통인부(인)	비 고
원형 (자유단면)	ø800~3000 (0.8×0.8~3.0×3.0)	1.360	0.390	

8. 지보재 마무리공

(조 당)

구 분	지보구멍캡(ø50)개	에폭시수지(g)	마감모르타르(㎥)	견출공(인)	보통인부(인)	비 고
원 형	1.0	50.0	0.0002	0.03	0.06	
자유단면	2.0	100	0.0004	0.06	0.12	

9. 제관설비 설치·철거 및 제관기 조립공

(회 당)

구 분	건설기계조장(인)	플랜트제관공(인)	특별인부(인)	보통인부(인)	트럭크레인 5ton(시간)	비 고
제관설비설치및철거	0.42	0.84	1.26	0.42	3	
제관기반입및조립	0.40	0.80	1.20	0.40	2	
제관기분해및반출	0.25	0.50	0.75	0.25	2	

10. 추진링 작성공

(회 당)

구 분	건설기계조장(인)	플랜트제관공(인)	특별인부(인)	보통인부(인)	프로파일(m)	비 고
추 진 링 작 성	0.3	0.6	0.3	0.6	별산	

[주] 프로파일 수량: 원형은 1.0m, 자유단면은 1.5m 제관시 사용되는 프로파일 수량을 계상

11. 연결관 및 맨홀 절단 및 천공공

(개소 당)

구분	단위	절단공		천공공		비고
		800 미만	800이상	800 미만	800이상	
초급기술자	인	0.20	-	0.15	-	
작업반장	〃	0.25	0.15	0.20	0.15	
특별인부	〃	0.50	0.30	0.30	0.20	
보통인부	〃	0.30	0.20	0.25	0.15	
천공기차	hr	1.50	-	1.00	-	1 ton
공기압축기	〃	-	1.00	-	0.50	7.1 ㎥/min

[주] 잡재료비는 노무비의 5% 이내 계상한다.

12. 단차부 보수공

(㎡ 당)

구 분	규격	미장공(인)	보통인부(인)	씰모르타르(㎥)	콘크리트치핑(㎡)	비고
원형 (자유단면)	ø300~3000 (0.8×0.8~3.0×3.0)	1.17	0.31	1	1	

[주] 잡재료비는 노무비의 5% 이내 계상한다.

13. 공통사항
- 관거 내 준설 및 보수 작업은 필요시 별도 계상한다.
- 공구손료, 잡재료비는 노무비의 3% 이내 계상한다.
- 노임할증 기준표(특수한 작업여건에 대한 품의 할증은 품셈 할증편 참고)

관경	작업구 거리에 따른 할증			비고
	200m 이상	100~200m	100m 이하	
ø 800~ 900	30%	25%	20%	〈적용예〉 ø800, L=150m 시공시 25%할증 적용
ø1000~1200	25%	20%	15%	
ø1350~1650	20%	15%	10%	
ø1800~3000	15%	10%	-	

- 중기사용료

구분	중기 가격 (천원)	내용 시간	연간표준 가동시간	상각 비율	정비 비율	연간 관리비율	시간당(10⁻⁷)			
							상각비 계수	정비비 계수	관리비 계수	계
제 관 기	359,496	1,920	640	0.9	0.7	0.095	4,688	3,646	1,039	9,372
유 압 유 니 트	98,044	1,920	640	0.9	0.7	0.095	4,688	3,646	1,039	9,372

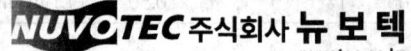

6-7 기타관

6-7-1 PC관 부설 및 접합('10, '18, '23년 보완)

(본당)

관 경(mm)	배관공(수도) (인)	보통인부(인)	크레인(hr)
500	0.94	0.37	0.71
600	1.17	0.47	0.83
700	1.32	0.53	0.92
800	1.48	0.59	1.00
900	1.63	0.65	1.09
1,000	1.86	0.75	1.21
1,100	2.10	0.84	1.34
1,200	2.33	0.93	1.46
1,350	2.87	1.15	1.76
1,500	3.33	1.33	2.01

[주] ① 본 품은 PC관의 부설 및 소켓식 접합 기준이다.
② 본 품은 관부설, 윤활제 바르기, 고무링 삽입 및 소켓연결, 위치 및 구배 확인, 관로표시테이프 부설, 현장정리 작업을 포함한다.
③ 크레인 규격은 다음을 참고하여 적용하며, 현장조건(작업범위, 위치 등)에 따라 변경할 수 있다.

구 분	관 경
크레인 10ton급	1,000mm 이하
크레인 20ton급	1,100mm 이상

④ 공구손료 및 잡재료는 인력품의 1%로 계상한다.
⑤ 접합재료(고무링)는 별도 계상한다.

6-7-2 파형강관 부설 및 접합('10, '14, '18, '23년 보완)

(본 당)

관 경(mm)	배관공(수도) (인)	보통인부(인)	크레인(hr)
250	0.04	0.02	0.12
300	0.06	0.03	0.13
400	0.10	0.05	0.16
450	0.12	0.06	0.17
500	0.13	0.07	0.18
600	0.17	0.08	0.20
700	0.21	0.10	0.23
800	0.24	0.12	0.25
1,000	0.32	0.16	0.30
1,200	0.39	0.19	0.35
1,500	0.50	0.25	0.43

[주] ① 본 품은 파형강관을 부설 및 접합(스틸밴드)하는 기준이다.
② 본 품은 이물질 제거, 수밀시트 접합, 밴드 체결, 위치 및 구배 확인, 관로표시테이프 부설 작업을 포함한다.
③ 파형강관 8m 직관에서는 크레인(시간)을 10%까지 가산하여 적용할 수 있다.
④ 크레인 규격은 현장여건(작업범위, 위치 등)에 따라 변경할 수 있다.
⑤ 공구손료 및 잡재료는 인력품의 2%로 계상한다.
⑥ 접합재료(커플링밴드)는 별도 계상한다.

6-7-3 유리섬유복합관 부설 및 접합('10년 신설, '11, '18, '23년 보완)

(본 당)

관경 (mm)	배관공(수도)(인)		보통인부(인)		크레인(hr)	
	비압력관	압력관	비압력관	압력관	비압력관	압력관
150	0.24	0.26	0.09	0.10	-	-
200	0.30	0.33	0.12	0.13	-	-
250	0.14	0.16	0.06	0.06	0.27	0.30
300	0.16	0.18	0.06	0.07	0.30	0.33
350	0.18	0.20	0.07	0.08	0.34	0.37
400	0.22	0.24	0.09	0.09	0.37	0.41
450	0.26	0.28	0.10	0.11	0.41	0.45
500	0.31	0.34	0.12	0.14	0.44	0.48
600	0.40	0.44	0.16	0.18	0.51	0.56
700	0.49	0.53	0.19	0.21	0.58	0.64
800	0.58	0.63	0.23	0.25	0.65	0.72
900	0.66	0.73	0.27	0.29	0.72	0.79
1,000	0.75	0.83	0.30	0.33	0.79	0.87
1,100	0.84	0.92	0.34	0.37	0.86	0.95
1,200	0.93	1.03	0.37	0.41	0.93	1.02
1,350	1.06	1.17	0.42	0.47	1.04	1.14
1,500	1.20	1.32	0.48	0.53	1.14	1.25
1,650	1.33	1.46	0.53	0.58	1.25	1.38
1,800	1.46	1.61	0.59	0.65	1.35	1.49
2,000	1.64	1.81	0.66	0.72	1.49	1.64
2,200	1.82	2.00	0.73	0.80	1.63	1.79
2,400	2.00	2.19	0.80	0.88	1.77	1.95

[주] ① 본 품은 유리섬유복합관(6m)을 소켓 접합하는 기준이다.
② 본 품은 관부설, 이물질 제거, 윤활제 도포, 접합장치 설치 및 삽입, 위치 및 구배 확인, 관로표시 테이프 부설 작업을 포함한다.
③ 크레인 규격은 다음을 참고하여 적용하며, 현장조건(작업범위, 위치 등)에 따라 변경할 수 있다.

구 분	관 경
크레인 5ton급	900mm 이하
크레인 10ton급	1,100mm 이하
크레인 15ton급	2,000mm 이하
크레인 20ton급	2,200mm 이상

④ 공구손료 및 잡재료는 인력품의 1%로 계상한다.

6-7-4 내충격PVC수도관 부설 및 접합('23년 신설)

(본 당)

관경(mm)	배관공(수도) (인)	보통인부(인)
50	0.07	0.04
75	0.09	0.05
100	0.11	0.06
150	0.15	0.08
200	0.19	0.10
250	0.23	0.12
300	0.27	0.14

[주] ① 본 품은 내충격PVC수도관을 부설 및 접합(이탈방지압륜)하는 기준이다.
② 본 품은 관 부설 및 접합, 위치 및 구배 확인, 관로표시테이프 부설 작업을 포함한다.
③ 공구손료 및 경장비(전동드릴 등)는 인력품의 2%로 계상한다.

◦ NET신기술

■ 고강도셀을 이용한 우수저류조 축조공법

구 분	명 칭	규 격	단위	수 량	비 고
기초설치 (㎡당)	쇄 석	C40 T=200㎜	㎥	0.2	
	모 래	강모래 T=50㎜	〃	0.05	
	보통인부	-	인	0.05	
보호시트설치 (㎡당)	보호시트	장섬유 300g	㎡	1.2	
	방 수 공	-	인	0.005	
	보통인부	-	〃	0.01	
차수시트설치 (㎡당)	차수시트	-	㎡	1.3	RM-1500
	방 수 공	-	인	0.05	
	보통인부	-	〃	0.07	
레인모아조립 (㎥당) 720×720×400	직 입 반 장	-	〃	0.05	
	특 별 인 부	-	〃	0.15	
	보통인부	-	〃	0.37	
토사억제파티션 설치(개소 당)	보 강 심	VG1, ø65	개	8	
	특 별 인 부	-	인	0.3	
	보통인부	-	〃	0.2	
되메우기 (㎥당)	보통인부	-	〃	0.03	장비 별도 계상

[주] ① 본 품은 굴착 및 가시설 설치는 제외 되었으며 별도 계상한다.
② 레인모아 시스템 블록의 재료는 제외.
③ 본 품은 소운반품이 포함되었으며, 공구손료는 인력품의 3%로 계상한다.
④ 점검구의 SUS지판은 제외.
⑤ 본 품에 필요한 장비는 별도 계상한다.

6-7-5 강관압입추진공

1. 장비조립 및 해체('10년 보완)

(회 당)

구 분	명 칭	규 격	단위	추 진 관 경 (mm)				
				800~900	1,000~1,200	1,350~1,650	1,800~2,400	2,600~3,000
편성인원	특 별 인 부	-	인	1	1	1	1	1
	일반기계운전사	-	〃	1	1	1	1	1
	기 계 설 비 공	-	〃	1	1	1	1	1
	비 계 공	-	〃	1	2	2	2	2
	보 통 인 부	-	〃	2	2	2	2	2
편성장비	트럭탑재형크레인	15톤	대	1	1	1	1	1
소요일수	조 립 및 해 체	-	일	1.5	1.5	2	2	2.5

[주] ① 추진구 및 도달구의 가시설 설치 및 철거, 터파기, 되메우기 등은 별도 계상하며, 여기서 가시설이란 토류벽, 콘크리트 반력벽, 바닥콘크리트 등으로 구성된다.
② 현장조건상 트럭탑재형 크레인의 적용이 어려운 경우, 동일한 규격의 크레인(무한궤도, 타이어)을 적용할 수 있다.

2. 작업편성인원

(일 당)

명 칭	단 위	추 진 관 경(mm)			
		800~1,100	1,200~1,800	2,000~2,200	2,400~3,000
일 반 기 계 운 전 사	인	1	1	1	1
특 별 인 부	〃	2	2	2	3
보 통 인 부	〃	1	1	2	2
갱 부	〃	2	2	3	4

3. 작업편성장비

(일 당)

명 칭	규 격	단 위	추 진 관 경(mm)				
			800~1,000	1,100~1,200	1,350~1,500	1,650~1,800	2,000~3,000
유 압 잭	200톤	대	2	-	-	-	-
	300톤	〃	-	2	-	-	-
	400톤	〃	-	-	2	-	-
	500톤	〃	-	-	-	2	-
	600톤	〃	-	-	-	-	2
트럭탑재형크레인	15톤	〃	1	1	1	1	1
발 전 기	100kW	〃	1	1	1	1	1

[주] 현장조건상 트럭탑재형 크레인의 적용이 어려운 경우, 동일한 규격의 크레인(무한궤도, 타이어)을 적용할 수 있다.

4. 작업능력

(m/일)

추진 관경 (㎜)	보통토사			경질토사			고사점토 및 자갈 섞인 토사		
	추진연장(m)			추진연장(m)			추진연장(m)		
	0~30	30~70	70~100	0~30	30~70	70~100	0~30	30~70	70~100
800	3.3	3.1	2.9	2.8	2.6	2.4	2.6	2.4	2.2
900	3.2	2.9	2.7	2.7	2.4	2.2	2.4	2.2	2.0
1,000	3.0	2.8	2.6	2.6	2.3	2.1	2.3	2.1	2.0
1,100	2.9	2.7	2.4	2.4	2.2	2.0	2.2	2.0	1.9
1,200	2.8	2.6	2.3	2.3	2.1	2.0	2.1	2.0	1.8
1,350	2.6	2.3	2.1	2.1	2.0	1.8	2.0	1.8	1.7
1,500	2.4	2.2	2.0	2.0	1.9	1.7	1.9	1.7	1.6
1,650	2.2	2.0	1.8	1.9	1.7	1.4	1.7	1.6	1.3
1,800	2.0	1.8	1.7	1.7	1.4	1.4	1.6	1.3	1.3
2,000	1.8	1.7	1.6	1.4	1.4	1.3	1.3	1.3	1.2
2,200	1.7	1.6	1.4	1.4	1.3	1.2	1.3	1.2	1.1
2,400	1.7	1.6	1.4	1.4	1.3	1.2	1.3	1.2	1.1
2,600	1.6	1.4	1.3	1.3	1.2	1.1	1.2	1.1	1.0
2,800	1.4	1.3	1.2	1.2	1.1	1.0	1.1	1.0	0.9
3,000	1.4	1.3	1.2	1.2	1.1	1.0	1.1	1.0	0.9

[주] ① 본 품은 강관장 6.0m를 기준한 것이다.
② 강관접합 및 강관절단은 별도 계상한다.
③ 선도관 및 추진대 제작비용은 별도 계상한다.
④ 경장비 및 공구손료는 인력품의 3%를 계상한다.
⑤ 조명시설이 필요한 경우 설치비용은 다음표에 따른다.

(m 당)

명 칭	규 격	단 위	수 량
내 선 전 공	-	인	0.013
공 구 손 료	노무비의 3%	식	1
I V 전 선	2.0㎜	m	1.5
백 열 등	100W	개	0.3
잡 재 료	재료비의 2%	식	1

■ 친환경적인 비개착 해저 암반 터널 굴착 관로 매설 공법(환경신기술 410호, 특허 제10-0935439호)

◦ 참고자료

(m 당)

지 층	구 분		규 격 (㎜)	중급 기술자 (인)	배관공 (인)	보통 인부 (인)	측량 기술자 (인)	굴착 장비 (hr)	해저용 벤토 나이트 (ton)
연암 (작업거리 2000m 이하) 암편내압강도 (kg/㎠) 1,000 이하	슈팅		220	0.09524	0.09524	0.09524	0.09524	0.7619	0.0900
	확공		350	0.06720	0.0672	0.0672	0.0672	0.53763	0.0182
	〃		450	0.14015	0.14015	0.14015	0.14015	1.12123	0.0407
	〃		550	0.22962	0.22962	0.22962	0.22962	1.83697	0.0685
	〃		650	0.33501	0.33501	0.33501	0.33501	2.68007	0.0876
	〃		750	0.45620	0.45620	0.45620	0.45620	3.64964	0.1397
	후레싱(청소)		-	0.01302	0.01302	0.01302	0.01302	0.1042	0.0041
	풀링	케이싱		0.01042	0.01042	0.01042	0.01042	0.0834	0.0033
	〃	본관		0.00521	0.00521	0.00521	0.00521	0.0417	-
보통암 (작업거리 2000m 이하) 암편내압강도 (kg/㎠) 1,000~1,300	슈팅		220	0.11905	0.11905	0.11905	0.11905	0.95237	0.11250
	확공		350	0.08400	0.08400	0.08400	0.08400	0.67203	0.02272
	〃		450	0.17518	0.17518	0.17518	0.17518	1.40153	0.05083
	〃		550	0.28702	0.28702	0.28702	0.28702	2.29621	0.08566
	〃		650	0.41876	0.41876	0.41876	0.41876	3.35008	0.10943
	〃		750	0.57025	0.57025	0.57025	0.57025	4.56205	0.17467
	후레싱(청소)		-	0.01302	0.01302	0.01302	0.01302	0.1042	0.0041
	풀링	케이싱		0.01042	0.01042	0.01042	0.01042	0.0834	0.0033
	〃	본관		0.00521	0.00521	0.00521	0.00521	0.0417	-
경암 (작업거리 2000m 이하) 암편내압강도 (kg/㎠) 1,300 이상	슈팅		220	0.13605	0.13605	0.13605	0.13605	1.08842	0.12857
	확공		350	0.09600	0.09600	0.09600	0.09600	0.76804	0.02597
	〃		450	0.20021	0.20021	0.20021	0.20021	1.60175	0.0581
	〃		550	0.32802	0.32802	0.32802	0.32802	2.62424	0.0979
	〃		650	0.47858	0.47858	0.47858	0.47858	3.82867	0.12507
	〃		750	0.65171	0.65171	0.65171	0.65171	5.21377	0.19962
	후레싱(청소)		-	0.01302	0.01302	0.01302	0.01302	0.1042	0.0041
	풀링	케이싱		0.01042	0.01042	0.01042	0.01042	0.0834	0.0033
	〃	본관		0.00521	0.00521	0.00521	0.00521	0.0417	-
연암 (작업거리 2000m 이상)	슈팅		240	0.10446	0.10446	0.10446	0.10446	0.83568	0.1071
	확공		350	0.06143	0.06143	0.06143	0.06143	0.4914	0.0159
			350mm 확공 이후는 2000m 이하 작업과 동일						

○ 참고자료

[주] ① 시작구, 도달구, 가설공사는 별도 계상한다.
② 운전경비, 운반경비, 급수시설 등의 소요경비는 별도 계상한다.
③ 극경암의 경우 경암품의 30% 가산.
④ 암반 증가비는 1998년 지반조사품셈자료 작업 능률표를 기준으로 산정.
⑤ 관경 600㎜ 이상 및 2000m 이상은 별도계상(본사 문의)
⑥ 손료계수(hr 당) : 굴착장비(2438×10^{-7}), 머드펌프(2686×10^{-7}), 스위벨펌프(2686×10^{-7})
⑦ 0m~1999m 600ton, 2000m~2999m 800ton, 3000m~3999m 1000ton, 4000m 이상 별도장비 적용
⑧ 장비 이동, 자재 이동에 필요한 도선비는 별도 계상한다.
⑨ 벤토나이트는 시방기준에 명기된 해저용 벤토나이트를 사용한다.
⑩ 해상측량 300m 당 1회.
⑪ 도킹작업시 슈팅 거리의 10% 증가.

친환경적인 해저관로 매설공법(환경신기술 410호) / 수평굴착공법(지식경제부 전력신기술71호)

프로몰엔지니어링 |주|
PROMOLE ENG .CO.. LTD
www.promole.kr

본   사 : 부산광역시 기장군 정관면 산단4로 33
       TEL : 051-727-3440~2   FAX : 051-727-3447
제2공장 : 전라남도 영암군 삼호읍 대불주거1로 150
       TEL : 061-463-0106   FAX : 061-463-0107

■ GeoNex 추진기를 이용한 전토층 수평 굴착 공법

1. 장비조립해체

구 분	명 칭	규격	단위	수량	비고
편 성 인 원	작 업 반 장	-	인	1	GeoNex 추진기
	일 반 기 계 운 전 사	-	〃	1	
	기 계 설 비 공	-	〃	1	
	보 통 인 부	-	〃	2	
편 성 장 비	크 레 인(타이어)	25톤(50톤)	대	1	HZR610(HZR 1200)
소 요 일 수	조 립	-	일	1	
	해 체	-	〃	1	

[주] ① ( )는 HZR 1200 사용시

2. 작업편성인원

(일 당)

명 칭	단 위	추진관경		
		300~600mm	700~900mm	1000~1200mm
고급기술자(기계설비)	인	1	1	1
특 별 인 부	〃	2	2	2
보 통 인 부	〃	1	1	1
용 접 공(플랜트)	〃	2	3	3
배 관 공	〃	1	1	1

3. 작업편성장비(자재)

(일 당)

장비명	규격	단위	수량	비고
GeoNex 추 진 기	HZR610~HZR1200	대	1	
파 워 팩	PP180	〃	1	강관추진
공 기 압 축 기	25㎥/min	〃	1~5	
크 레 인	25톤(50톤)	〃	1	강관부설, 오거연결 운반
진 공 흡 입 준 설 차	25톤	〃	1	배토처리
발 전 기	50kW	〃	1	
용 접 기	200AMP	〃	1	강관 용접
DTH Hammer	관경별	hr	8	
Ring Bit	〃	〃	8	
Start Casing	〃	〃	8	
Screw Auger	〃	〃	8	

[주] ① 관경 800mm, 50m 이상 추진은 HZR 1200사용
② 공기압축기: ~800mm, ~50m까지는 2대를 사용
800mm, 50~100m까지는 3대, 100m 이상 4대
1000~1200mm는 기본 3대를 사용하고 강한 암반시 5대까지 적용

4. 주요손료

품 명	가격	단위	시간당(10^{-7})
HZR 610	757,000	E	4,480
HZR 1200	1,342,000	〃	4,480
파워팩	435,000	〃	3,299
DTH Hammer	관경별	〃	3,750
Ring Bit	〃	〃	56,250
Start Casing	〃	〃	125,000
Screw Auger	〃	〃	3,299

[주] ① Hammer, Ring Bit, Start Casing, Screw Auger 가격은 별도 계상

5. 작업능력

(m/일)

토 질 별	관 경	추 진 장		
		0~50m	50~100m	100~150m
토 사	600~ 700	9	8	7.5
	800~1000	8	7.5	7
	1100~1200	7	6	5.5
자갈모래층풍화암	600~ 700	5.5	5	4.5
	800~1000	5.5	4.5	4
	1100 1200	5	4.5	4
전석층	600~ 700	6	5.5	5
	800~1000	5	4.5	4
	1100~1200	4.5	4	3.5
연암	600~ 700	5	4.5	4
	800~1000	5	4.5	4
	1100~1200	4	3.5	3
보통암 (100~130 Mpa)	600~ 700	4.5	4	4
	800~1000	4.5	4	3.5
	1100~1200	4	3.5	3
경암 (130~160 Mpa)	600~ 700	4	3.5	3.5
	800~1000	4	3.5	3
	1100~1200	3.5	3	3
극경암 (160 Mpa 이상)	600~ 700	3.5	3.3	3
	800~1000	3.5	3	3
	1100~1200	3	2.5	2.5

[주] ① 동일암반시 500m까지 가능(Hole Opener 공법 별도문의)

■ 다각도 천공 공법(Multi Boring System) / 다각도천공추진공법(Multi Boring Driving System)

1. 적용범위 : 직결식 다각도천공기를 이용해 도로를 부분 굴착하여 시설물(측구, Box구조물, 담장 및 대문, 각종 지장물 등)의 상부 또는 하부를 다각도로 천공 후 관로를 부설하는 공법.(비개착공법)
   ※ 본 공법은 전주도괴·담장·계단·대문파손 등의 민원 뿐 아니라 공기단축·하자예방에 유리한 공법임

2. 적용기준

구 분	다각도천공 + 강관추진		
굴 착 기 준	H=2.0m 이내		H=2.0~4.0m
도 로 폭	B〈6.0m		B〉6.0m
적 용 장 비	B/H 0.2㎥	B/H 0.4㎥	B/H 0.6㎥
적 용 관 경	150mm이하		200mm이상 400mm이하
스크류규격	200mm이하		250mm이상 450mm이하
천 공 기	Torque max 300NM at 75BAR	Torque max 490NM at 210BAR	Torque max 730NM at 200BAR

※ 최대 천공 길이는 개소 당 20.0m임

3. 다각도 천공 및 추진공법 작업편성
   1) 인원편성

구 분	단 위	수 량				비 고
		6m 이하	6~9 이하	9~12 이하	12~20 이하	
작 업 반 장	인	0.2	0.25	0.3	0.5	
보 링 공	〃	0.2	0.25	0.3	0.5	
특 별 인 부	〃	0.4	0.5	0.6	0.9	
보 통 인 부	〃	0.2	0.25	0.3	0.5	

[주] 인력품은 추진구, 도달구의 관리 및 천공 홀 유지품임.

   2) 장비편성

명 칭	규 격	단 위	수 량	비 고
굴 삭 기	0.2~0.8㎥	대	-	별도선정

* 천공 작업능력에 따라 적용

4. 작업능력
   가. 작업능력 산정

$$Q = \frac{60 \times S \times K \times E_1 \times E_2 \times D \times L}{Cm}$$

여기서 Q : 시간당 작업량(m/hr)
        S : 다각도 천공 스크류 규격(m)
        K : 다각도 천공 작업시 천공계수
        E : 작업효율
        D : 추진계수(추진 작업시 계수적용)
        L : 천공 길이에 대한 계수
        Cm : 1회 사이클 시간(분) $T_1 + T_2$

제 6 장 관부설 및 접합공사

> 참고자료

나. 스크류 규격(S)

적용관경	ø150mm이하	ø200mm	ø250mm	ø300mm	ø400mm	ø500mm
스크류직경	200mm	250mm	300mm	350mm	450mm	600mm

다. 다각도 천공계수(K)

굴착심도	0~1m	1~2m	2~3m	3~5m
천공계수	3.0	2.0	1.5	1.0

※ 스크류 직경은 관 외경보다 최소 50mm 이상이어야 한다.(4m 이상 천공시 최소관경 300mm, 600mm 천공시 2회 천공, 300mm 천공 후 600mm 확공 천공 최대연장 10m이내)

라. 다각도 추진계수(D)

부설관경	ø200mm 이하	ø250mm	ø300mm	ø400mm	ø500mm	ø600mm
추 진 계 수	1.3	1.0	0.8	0.6	0.4	0.2

[주] ① 추진강관의 규격은 부설관의 접합부속까지 감안하여 적용한다.
② 지장물 간섭으로 인한 본관하월 작업시 계수 효율은 50% 저감 적용한다.
③ 위 계수는 강관기준임

마. 작업효율(E)
1) 현장조건에 의한 효율(E_1)

토질별 \ 현장조건	도로폭(B) 〈6.0m			도로폭(B) 〉 6.0m		
	양호	보통	불량	양호	보통	불량
보 통 토 사	0.9	0.85	0.8	1.0	0.95	0.9
경 질 토 사	0.85	0.8	0.7	0.9	0.85	0.8
고사점토 및 자갈 섞인 토사	0.75	0.7	0.6	0.8	0.75	0.7

[주] ① 양호: 작업현장의 도로부분에 장애물 및 기타 지장물의 간섭이 없어서 연속적인 작업이 가능하고 순조롭게 작업이 진행되는 상태.
② 보통: 위 조건보다는 못하나 작업진행에 지장이 없는 상태.
③ 불량: 작업현장이 협소하고 장애물 등의 영향으로 연속적인 작업이 곤란한 경우.
④ 도로폭(B) 〈6.0m 에는 B/H 0.4㎥, 0.6㎥ 적용불가.

2) 장비에 의한 효율(E_2)

장비종류	B/H0.2㎥	B/H0.4㎥	B/H0.6㎥	B/H0.8㎥
효율(E_2)	0.8	1.0	1.1	1.1

바. 1회 사이클 시간(분)

규격 \ 구분	천공기조립해체(T1)	스크류조립해체(T2) 2.0m당	Cm									
			2.0	4.0	6.0	8.0	10.0	12.0	14.0	16.0	18.0	20.0
B/H0.2㎥	8min	4min	12	16	20	-	-	-	-	-	-	-
B/H0.4㎥	10min	5min	15	20	25	-	-	-	-	-	-	-
B/H0.6㎥	15min	6min	21	27	33	39	45	51	57	63	69	75

[주] ① 본 품은 각종 관로(하수관거 등)부설 작업시 도로를 부분 굴착하여 천공하는 공사에 적용한다.
② 잡재료비는 인력품의 5%로 한다.
③ 관로 부설 후 여굴에 대한 (밀크)모르타르 주입 품은 별도 계상한다.
④ 천공 후 잔토에 대한 처리비는 별도 계상한다.

사. 천공길이에 대한 계수(L)

구분\길이	6.0m 이하	9.0m	12.0m	15.0m	18.0m	20.0m
계수(L)	1.00	0.90	0.80	0.70	0.60	0.50

5. 다각도천공기의 기계손료

(장비비 1억 3천만원)

규격	내용시간	연간표준가동시간	상각비율	정비비율	연간관리비율	시간 당 (10^{-7})			
						상각비계수	정비비계수	관리비계수	계
0.2~0.6㎡	600	400	0.9	0.8	0.17	15,000	13,333	3,667	32,000

6. 천공 및 추진장비 조립 및 해체

구분	명칭	다각도 추진		다각도 천공		비고
		단위	수량	단위	수량	
편성인원	작업반장	인	0.2	인	0.20	
	기계설치공	〃	0.5	〃	0.50	
	용접공	〃	0.5	〃	-	
	보통인부	〃	0.5	〃	0.50	
편성장비	B/H	시간				

[주] ① 추진기지 및 도달기지의 굴착은 별도 계상.
② 지장물 조사 및 노출 후 작업가능
③ 작업 후 원상 복구비용, 작업장 안전비용은 별도임
④ 작업자 및 장비의 이동, 운반을 고려, 2개소 이하의 현장에서는 별도 견적 처리를 해야 한다.
※ 추진기지 1.2~1.5m×4m, 도달기지 1.2~1.5m×3m 이상, 굴착면 붕괴에 대한 안전대책 마련 필요.
※ 장비 운반 및 기타경비는 지역 환경에 준하여 별도 계상.

(주)일성엔지니어링
ILSUNG ENGINEERING CO., LTD

환경신기술 254호 [이노비즈 제8026-2647호]
분명한 차이를 제공하는 기업
www.ilsungeng.com

본 사 : 부산광역시 북구 덕천로 188, 상가 4층(만덕동, 호산스포렉스)
TEL : 051-526-7777 / FAX : 051-527-5888

▶하수관거 부분굴착 다각도 천공 공법

기술혁신형중소기업

벤처기업

제 6 장 관부설 및 접합공사

> ○ 참고자료

■ 체결형 패널(열연강판)과 접이식 버팀보로 구성된 조립식 트랜치형 굴착(S.W.A.P) 공법
  [조립식 차수형 흙막이 관로 가시설(Sheet Pile대체)공법]

1. 패널 항타 및 항발
   ☞ 표준품셈 [공통 8-2-24 진동파일 해머] 참조
   [주] ① 작업능력 산정할 때 필요한 항타 및 인발에 따른 정수는 Ⅳ-Type을 참고하며, 패널 규격에 따라 조정하여 적용한다.
       ② 가이드 빔이 필요한 경우에는 별도 계상한다.
       ③ Sheet Pile 1본 b=400 기준 품셈
         S.W.A.P 1본 B=1900 적용계수(1900÷400)=4.75
         적용 계수 N=4

2. 버팀레일(Hinge Guide Frame) 설치 철거

(min 당)

구 분		L=1.50m		L=1.95m		L=2.40m		L=2.85m		L=3.30m		L=3.75m		L=4.20m		L=4.65m		L=5.10m		L=5.55m	
		설치	해체	설치	해체	설치	해체	설치	해체	설치	해체	설치	해체	설치	해체	설치	해체	설치	해체	설치	해체
T1	Rope걸기	3	3	3	3	3	3	3	3	3	3	3	3	3	3	3	3	3	3	3	3
T2	들어올리기이동	4	4	4	4	4	4	4	4	5	5	5	5	5	5	6	6	6	6	6	6
T3	자리잡기 및 거치	13	-	15	-	17	-	19	-	22	-	25	-	28	-	32	-	36	-	40	-
T4	Rope풀기	3	3	3	3	3	3	3	3	3	3	3	3	3	3	3	3	3	3	3	3
	해 체	-	11	-	13	-	15	-	17	-	20	-	23	-	26	-	30	-	34	-	38
cm		23	21	25	23	27	25	29	27	33	31	36	34	39	37	44	42	48	46	52	50

3. 접이식 버팀보(Link Strut) 설치 철거

(min 당)

구 분		L=1.50m		L=1.80m		L=2.00m		L=2.30m		L=2.50m		L=2.80m		L=3.00m		L=3.50m		L=4.00m	
		설치	해체	설치	해체	설치	해체	설치	해체	설치	해체	설치	해체	설치	해체	설치	해체	설치	해체
T1	Rope걸기	3	3	3	3	3	3	3	3	3	3	3	3	3	3	3	3	3	3
T2	들어올리기이동	4	4	4	4	4	4	4	4	4	4	5	5	5	5	5	5	6	6
T3	자리잡기 및 거치	11	-	12	-	13	-	15	-	16	-	17	-	18	-	21	-	23	-
T4	Rope풀기	3	3	3	3	3	3	3	3	3	3	3	3	3	3	3	3	3	3
T5	해 체	-	9	-	10	-	11	-	13	-	14	-	15	-	16	-	19	-	21
cm		21	19	22	20	23	21	25	23	26	24	28	26	29	27	32	30	35	33

4. 리퍼병행 굴착

1) 인력편성

(인/일 당)

구 분	단 위	수 량
특 별 인 부	인	1.5
보 통 인 부	〃	1

2) 장비편성

명 칭	규 격	단 위	수 량	비 고
파 일 천 공 리퍼병행대체	굴 삭 기 B/H010	대	1	리퍼 굴착
굴 착 보 조	굴 삭 기 B/H010	〃	1	보조 굴착

[주] 패널 항타를 위한(N치≥20), 전석층, 풍화대를 preboring을 대체시공을 위한 시공으로 말뚝박기 천공품을 병용하여 S.W.A.P공법의 리퍼 병행 항타에 아래 품을 적용

3) 작업소요시간

T (작업시간) : $(T_1+T_2+T_3)/f$
T_1 (준비시간) : 3 min (천공위치 확인, 천공준비)
T_2 (천공시간) : $\Sigma(L_1 \times t_1)$
L_1 : 지층별 천공연장
t_1 : 지층별 천공시간(m 당)

(min/m 당)

구 분	말뚝직경 (㎜)	토사		풍화암	연암	경암	혼합층
		점질토	사질토				
리 퍼	500 미만	0.74	0.96	3.66	8.56	-	3.28
오 거 비 트	500 미만	0.74	0.96	4.08	-	-	-
개량형비트	500 미만	0.74	0.96	3.80	-	-	3.28
해 머 비 트	500 미만	-	-	3.66	8.56	11.93	-

[주] 리퍼 병행시공은 풍화암 이하, N치 20 이상의 지반, 중간층 호박돌(전석) 얕은 터파기 구간 적용
T_3 : 대기시간 2~5
f(작업계수) : 0.8

4) 리퍼손료

(개/m)

| 토사층 | 0.002 | 혼합층 | 0.003 | 전석층(풍화암) | 0.03 | 연암 | 0.005 |

5. 항타병행 터파기
   1) 8-2-3 굴삭기

   $$Q = \frac{3{,}600 \cdot q \cdot k \cdot f \cdot E}{cm}$$

   여기서 Q : 시간당 작업량(㎥/hr)
   q : 버킷용량(㎥)
   f : 체적환산계수
   E : 작업효율
   k : 버킷계수
   cm : 1회 싸이클 시간(초)
   t_1 : 항타 대기 시간 44.21(S.W.A.P 패널 1본 항타 시간)
   * 항타 대기시간은 일반적인 경우이며, 토질조건이 불량시 변경 할 수 있다.

6-8 밸브

6-8-1 주철제 게이트 제수밸브 부설 및 접합('23년 보완)

(기 당)

관 경(㎜)	배관공(수도) (인)	보통인부(인)	크레인(hr)
50	0.06	0.03	0.32
80	0.09	0.04	0.38
100	0.10	0.05	0.45
125	0.11	0.06	0.47
150	0.13	0.06	0.49
200	0.20	0.10	0.64
250	0.21	0.11	0.67
300	0.23	0.12	0.69
350	0.39	0.20	0.72
400	0.51	0.26	0.75
450	0.63	0.32	0.78
500	0.73	0.37	0.81
600	0.91	0.46	0.88
700	1.06	0.53	0.93
800	1.20	0.60	1.02
900	1.31	0.66	1.11
1,000	1.41	0.71	1.14
1,100	1.51	0.76	1.32
1,200	1.60	0.80	1.35
1,350	1.71	0.86	1.51
1,500	1.81	0.91	1.81

비고
- 인력에 의한 부설을 수행하는 경우 다음 품을 적용한다.

| 구분 | 관경(㎜) | 부 설 공 | |
		배관공(수도)(인)	보통인부(인)
인력	50	0.05	0.10
	80	0.10	0.15
	100	0.12	0.18
	125	0.14	0.20
	150	0.16	0.22

[주] ① 본 품은 주철제 게이트밸브의 부설 및 플랜지 접합하는 기준이다.

② 본 품은 밸브 조립 및 부설, 이음관 접합(플랜지) 작업을 포함한다.
③ 신축관의 접합 및 제수변실 설치는 별도 계상한다.
④ 크레인 규격은 다음을 참고하여 적용하며, 현장조건(작업범위, 위치 등)에 따라 변경할 수 있다.

구 분	관 경
크레인 5ton급	600mm 이하
크레인 10ton급	800mm 이하
크레인 15ton급	900mm 이상

⑤ 공구손료 및 잡재료는 인력품의 2%로 계상한다.

6-8-2 강관제 게이트 제수밸브 부설 및 접합('23년 보완)

(기 당)

관 경(mm)	배관공(수도) (인)	보통인부 (인)	크레인 (hr)
600	0.93	0.48	1.23
700	1.08	0.58	1.31
800	1.22	0.69	1.44
900	1.34	0.79	1.57
1,000	1.44	0.85	1.61
1,100	1.54	0.93	1.87
1,200	1.63	1.03	1.91
1,350	1.74	1.14	2.12
1,500	1.85	1.30	2.54
1,600	1.92	1.51	2.55
1,650	1.95	1.54	2.65
1,800	2.03	1.62	2.98
2,000	2.14	1.71	3.48

[주] ① 본 품은 강관제 게이트 제수밸브의 부설 및 플랜지 접합하는 기준이다.
② 본 품은 밸브 조립 및 부설, 이음관 접합(플랜지) 작업을 포함한다.
③ 신축관의 접합 및 제수변실 설치는 별도 계상한다.
④ 크레인 규격은 다음을 참고하여 적용하며, 현장조건(작업범위, 위치 등)에 따라 변경할 수 있다.

구 분	관 경
크레인 5ton급	700mm 이하
크레인 10ton급	900mm 이하
크레인 15ton급	1,600mm 이하
크레인 18ton급	1,650mm 이상

⑤ 공구손료 및 잡재료는 인력품의 2%로 계상한다.

■ 복합패널밸브실(일반설치 Type)
  (특허 제10-1952136호, 특허 제10-1017030호, 특허 제10-2029621호)

(개 당)

규격(kg/개)	특별인부(인)	보통인부(인)	수도배관공(인)	크레인(hr)
1,000 미만	0.12	0.41	0.29	1.19
1,000~ 2,000 미만	0.24	0.82	0.56	2.37
2,000~ 3,000 미만	0.4	1.36	0.95	3.94
3,000~ 4,000 미만	0.55	1.9	1.33	4.33
4,000~ 5,000 미만	0.71	2.45	1.72	4.76
5,000~ 6,000 미만	0.86	2.99	2.09	5.24
6,000~ 7,000 미만	1.02	3.53	2.46	5.76
7,000~ 8,000 미만	1.18	4.06	2.83	6.34
8,000~ 9,000 미만	1.33	4.58	3.2	6.97
9,000~10,000 미만	1.49	5.14	3.59	7.67
10,000~11,000 미만	1.66	5.7	3.98	8.44
11,000~12,000 미만	1.82	6.28	4.03	9.3
12,000~13,000 미만	1.99	6.86	4.81	10.26
13,000~14,000 미만	2.17	7.49	5.6	11.34
14,000~15,000 미만	2.35	8.11	6.4	12.42
15,000~16,000 미만	2.53	8.74	7.19	13.5
16,000~17,000 미만	2.71	9.38	7.99	14.66
17,000~18,000 미만	2.88	9.99	8.77	15.82
18,000~19,000 미만	3.04	10.6	9.4	16.94
19,000~20,000 미만	3.19	11.19	10.09	18.05
20,000~21,000 미만	3.35	11.75	10.81	19.07

[주] ① 본 품은 소운반이 포함된 것이며, 터파기, 지반고르기, 되메우기, 잔토처리, 맨홀뚜껑 설치 등은 별도 계상한다.
② 본 품의 부설장비 규격은 다음을 기준한다.

규격(kg/개)	부설장비의 규격 (현장여건 반영 변동가능)
4,000 미만	10ton 크레인
4,000~ 8,000 미만	20ton 크레인
8,000~12,000 미만	25ton 크레인
12,000~15,000 미만	50ton 크레인
15,000~21,000 미만	100ton 크레인

◆ 절연밸브실(특허 제 10-1952136호)
◆ 재생밸브실 및 그 시공방법(특허 제 10-2029621호)
◆ 정수장슬러지를 이용한 폐지하구조물 폐쇄방법 (특허 제 10-1590932호) / 한국환경공단 공동특허

삼영기술(주)

서울시 종로구 새문안로5가길28, 1214호
TEL : 02-734-8251   FAX : 02-734-8252
공장주소 : 경남 김해시 진례면 테크노밸리1로 93번길 33
TEL : 055-342-3541~2   FAX : 055-343-6150
국가산업클러스터 주소 : 대구시 달성군 구지면 국가산단로 40길 20

○ 참고자료

■ 복합패널밸브실(부단수 설치 Type)

(철물 ton 당)

구 분		단 위	소요량	비 고
재 료	용 접 봉	kg	25.87	
	산 소	ℓ	8820	대기압 상태 기준
	아 세 틸 렌	kg	3.92	
품	철 공	인	38.71	사용소재에 따라 철판공 필요할 때 계상
	보 통 인 부	〃	0.92	
	용 접 공	〃	3.64	
	특 별 인 부	〃	1.04	
기 타	용접기 손료	시간	29.16	
	전 력 소 요 량	kWh	176.4	

[주] ① 복합패널(부단수 설치 Type) 부설품은 일반설치 Type과 동일하게 적용한다.
② 복합패널(부단수 설치 Type) 현장 용접 설치품 중 기타 기계공구 손료는 인력품의 3%로 계상한다.

밸브실 폭 규격(m/개)	현장용접 철물설치 중량(ton)
0.8~1.5 이하	0.18
~2.0 이하	0.25
~2.5 이하	0.48
~3.0 이하	0.68

■ 재생밸브실

[주] ① 재생밸브실은 기존콘크리트 밸브실 상부 슬라브 철거품을 현장 여건에 따라 [유지부문] 3-1 구조물 철거공사의 3-1-1 콘크리트 구조물 헐기(인력) 또는 3-1-2 콘크리트 구조물 헐기(기계)를 참조, 폐기물 상차 및 운반 별도 계상한다.
② 재생밸브실 설치품은 부단수 설치 Type 기준, 30% 계상한다.
③ 충전재는 현장여건에 따라 몰탈 또는 경량기포로 [공통부문] 6-1-4 콘크리트 펌프차 타설로 산정하며, 소량일 경우 현장상황에 따라 별도 계상한다.

■ 기존관 폐쇄(압송 충전/EPC 공법)
[특허 제10-0907434호, 제10-1592396호, 제10-1590932호(한국환경공단 공동특허)]

(㎥ 당)

구분		규격	단위	수량	비고
인력	일반기계운전사	-	인	0.2	
	특별인부	-	〃	0.2	
	보통인부	-	〃	0.5	
폐공장비	펌프	(50~200ℓ/min, 1.1kW)	㎥	0.435	
	믹서	(190ℓ×2, 2kW)	-	0.23	
	사일로	이동식	㎥	0.23	
	발전기	150kW	〃	0.23	
	물탱크	5,500ℓ	〃	0.23	
기계기구 설치 및 철거	트럭탑재형크레인(해체)	5ton	hr	1	60㎥ 당 1회
	트럭탑재형크레인(조립)	5ton	〃	1	
	기계설치공	-	인	0.416	
	보통인부	-	〃	0.416	
배치플랜트 설치 및 철거	배치플랜트	120㎥/HP(160kW)	hr	2	60㎥ 당 1회
	건설기계운전사	-	인	0.208	

[주] ① 본 품은 기존관 폐공 및 기타 동공에 대한 폐공 충전작업에 적용한다.
② 본 품은 관경 ø700㎜ 이상 기준으로 하며, 관경 ø700㎜ 이하일 경우 품의 수량을 별도로(연장) 계상한다.
③ 본 품은 소운반이 포함된 것이며, 공구손료는 인력품의 5% 계상한다.
④ 75㎥/day 이상일 때 ㎥당 본 품으로 산정하며, 75㎥/day 이하 시 관경 및 연장에 따라 별도 계상한다.
⑤ 상 하수 부대공사(주입구, 맹판, 팩커) 관련 비용은 별도 계상한다.

◆ 절연밸브실(특허 제 10-1952136호)
◆ 재생밸브실 및 그 시공방법(특허 제 10-2029621호)
◆ 정수장슬러지를 이용한 폐지하구조물 폐쇄방법 (특허 제 10-1590932호) / 한국환경공단 공동특허

 삼영기술(주)

서울시 종로구 새문안로5가길28, 1214호
TEL : 02-734-8251   FAX : 02-734-8252
공장주소 : 경남 김해시 진례면 테크노밸리1로 93번길 33
TEL : 055-342-3541-2   FAX : 055-343-6161
국가물산업클러스터 주소 : 대구시 달성군 구지면 국가산단대로 40길 20

■ 경량기포 그라우팅 폐관채움(폐관침하에 의한 싱크홀 방지공법, 특허 제10-1553599호)

(㎥ 당)

품 목	규 격	단 위	수 량	비 고
모 르 타 르 펌 프	37kW	hr	0.2	
모 르 타 르 믹 서	SET	〃	0.2	
컨 베 이 어	14.92kW	〃	0.2	
이동식경량기포콘크리트제조장치	-	〃	0.2	특허 제10-1666673호
양 수 기	1.49kW	〃	0.2	
배 관 파 이 프	ø50㎜-2.6m	〃	0.2	
발 전 기	150kW	〃	0.2	
물 탱 크(살수차)	16,000ℓ	〃	0.2	
Silo	100㎥	〃	0.2	
고압호스(ø50㎜,2W)손료	500㎥당 30m	식	1	
시 멘 트	포틀랜드시멘트/고로슬래그시멘트	kg	320 360	
친 환 경 기 포 제	Form Creative	ℓ	0.25	특허 제10-1809246호
콘 크 리 트 공	1인/1Plant	인	0.025	
특 별 인 부	1인/1Plant	〃	0.025	
보 통 인 부	2인/1Plant	〃	0.05	
기 계 설 비 공	1인/1Plant	〃	0.025	
재 료 의 할 증	10%(소포율, 유실율 고려)	식	1	

[주] ① 본 품은 경량기포콘크리트로 폐관을 채움하는 데 적용한다.
② 300㎥ 이상 주입을 기준한 것으로, 300㎥ 미만일 경우 본 품을 30%까지 증하여 적용할 수 있다.
③ 장비운반 및 조립·해체 품은 별도 계상한다.
④ 공구손료 및 잡재료비는 별도 계상한다.

6-8-3 주철제·강관제 버터플라이 제수밸브 부설 및 접합('23년 보완)

(기 당)

관 경 (㎜)	배관공(수도) (인)	보통인부 (인)	크레인 (hr)
200	0.19	0.10	0.86
250	0.21	0.11	0.90
300	0.23	0.12	0.93
350	0.39	0.20	0.97
400	0.52	0.27	1.01
450	0.64	0.33	1.05
500	0.74	0.39	1.09
600	0.93	0.49	1.17
700	1.08	0.56	1.25
800	1.22	0.58	1.37
900	1.34	0.63	1.50
1,000	1.44	0.68	1.54
1,100	1.54	0.75	1.78
1,200	1.63	0.86	1.82
1,350	1.74	0.99	2.02
1,500	1.85	1.18	2.43
1,600	1.92	1.23	2.44
1,650	1.95	1.26	2.53
1,800	2.03	1.37	2.82
2,000	2.14	1.50	3.24
2,100	2.19	1.56	3.46
2,200	2.24	1.61	3.70
2,400	2.32	1.72	4.20

[주] ① 본 품은 버터플라이 제수밸브의 부설 및 플랜지 접합하는 기준이다.
② 본 품은 밸브 조립 및 부설, 이음관 접합(플랜지) 작업을 포함한다.
③ 신축관의 접합 및 제수변실 설치는 별도 계상한다.
④ 작업공간이 협소하여 장비투입이 불가능할 경우, 인력품을 별도 계상할 수 있다.
⑤ 크레인 규격은 다음을 참고하여 적용하며, 현장조건(작업범위, 위치 등)에 따라 변경할 수 있다.

구 분	주철제 관경	강관제 관경
크레인 5ton급	600㎜ 이하	700㎜ 이하
크레인 10ton급	800㎜ 이하	900㎜ 이하
크레인 15ton급	1,500㎜ 이하	1,600㎜ 이하
크레인 18ton급	2,000㎜ 이하	2,100㎜ 이하
크레인 20ton급	2,100㎜ 이상	2,200㎜ 이상

6-8-4 부단수 할정자관 부설 및 접합('11년 보완)

(개소 당)

관 경(mm)	배관공(수도) (인)	보통인부(인)	크레인(hr)
80	0.20	0.09	-
100	0.21	0.10	-
150	0.19	0.07	0.12
200	0.20	0.08	0.14
250	0.21	0.09	0.16
300	0.23	0.11	0.19
350	0.25	0.12	0.23
400	0.27	0.13	0.26
450	0.29	0.14	0.30
500	0.31	0.15	0.33
600	0.36	0.17	0.40
700	0.42	0.19	0.47
800	0.47	0.22	0.54
900	0.57	0.26	0.61

[주] ① 본 품은 부단수 천공에 선행되는 할정자관 부설 및 접합을 기준한 것이다.
② 본 품의 관경은 본관을 기준한 것이다.
③ 전공작엽, 버싸기, 되메우기, 잔토처리, 물푸기 작업은 제외되어 있다.
④ 본 품은 누수방지대 부설 및 접합에 적용이 가능하다.
⑤ 본 품의 크레인 규격은 다음을 참고하여 적용한다.

관 경(mm)	부설장비 규격
80~900 까지	5톤급 트럭탑재형 크레인

⑥ 공구손료 및 잡재료는 인력품의 2%로 계상한다.
⑦ 할정자관 표준규격 및 중량은 별표에 준한다.

〈별표〉 할정자관 중량표

(단위 : kg)

본관\지관	80mm	100	150	200	250	300	400	500	600
80mm	24.3	-	-	-	-	-	-	-	-
100	32.5	32.8	-	-	-	-	-	-	-
150	43.1	44.5	50.5	-	-	-	-	-	-
200	63.3	64.4	67.2	-	-	-	-	-	-
250	83.8	85.3	80.1	92.1	-	-	-	-	-
300	92.7	94.1	97.5	101.4	-	-	-	-	-
350	106.9	108.5	109.4	113.0	167.4	-	-	-	-
400	141.6	144.0	149.3	160.0	190.0	205.0	-	-	-
450	154.3	155.7	157.8	170.3	234.0	253.0	-	-	-
500	163.4	165.2	168.0	175.0	279.0	295.0	366.0	-	-
600	192.2	193.5	196.0	205.0	295.0	320.0	485.0	-	-
700	239.4	243.4	246.0	250.0	357.0	370.0	538.0	557.6	577.9
800	265.6	268.0	273.0	280.0	434.0	450.0	645.0	668.8	693.4
900	297.8	300.0	305.0	315.0	477.5	490.5	759.0	779.7	800.9

■ 핫멜트와 PE 필름 라이너를 활용한 상수도관 비굴착 갱생공법(HP공법, 환경신기술 제593호)

1. 관내 CCTV조사

구 분	규 격	단위	기존관(320m)	신설관(520m)
중급기술자	-	인	1	1
초급기술자	-	〃	1	1
보통인부	-	〃	2	2
CCTV 카메라	측시용(OC-3A)	hr	8	8
승합차	9인승	〃	8	8

2. 관내 CCTV 보고서 작성

구 분	규 격	단위	기존관(320m)	신설관(520m)
중급기술자	-	인	0.5	0.5
초급기술자	-	〃	0.5	0.5
S/W 시험사	-	〃	0.5	0.5
CD-R	-	장	2	2
잡재료비	인건비의 3%	%	3	3

3. 연결관 천공공

(개소 당)

구 분	규 격	단위	관경(mm) D800 미만(장비)	D800 이상(인력)
천공기차	1ton	hr	1	-
공기압축기	7.1㎥/min	〃	-	0.5
초급기술자	-	인	0.15	-
작업반장	-	〃	0.15	0.1
특별인부	-	〃	0.5	0.2
보통인부	-	〃	0.3	0.2
잡재료비	노무비	%	3	3

4. 관 세관공

(m 당)

구 분	규 격	단위	관 경(mm)			
			D300 이하	D400~500	D600~700	D800~900
진공흡입준설차	25ton	hr	0.07	0.09	0.12	0.15
워 터 젯 트	96kW	〃	0.07	0.09	0.12	0.15
스 크 레 이 퍼	400~500mm	〃	1	1	-	-
〃	600~700mm	〃	-	-	1	-
〃	800~900mm	〃	-	-	-	1
윈 치	싱글자동 3ton	〃	0.07	0.09	0.12	0.15
발 전 기	100kW	〃	0.07	0.09	0.12	0.15
물 탱 크(살수차)	5,500ℓ	〃	0.05	0.06	0.06	0.07
트럭탑재형크레인	3ton	〃	-	0.01	0.01	0.01
수 중 모 터 펌 프	ø100mm	〃	0.05	0.05	0.06	0.07
초 급 기 술 자	-	인	0.01	0.01	0.01	0.01
특 별 인 부	-	〃	0.04	0.05	0.08	0.11
보 통 인 부	-	〃	0.06	0.08	0.12	0.15
일 반 기 계 운 전 사	-	〃	0.02	0.02	0.02	0.02
잡 재 료 비	인건비의 3%	%	3	3	3	3

구 분	규 격	단위	관 경(mm)			
			D1000~1100	D1200	D1350	D1500
진공흡입준설차	25ton	hr	0.19	0.25	0.25	0.25
워 터 젯 트	96kW	〃	0.19	0.25	0.25	0.25
스 크 레 이 퍼	1000~1100mm	〃	1	-	-	-
〃	1200~1500mm	〃	-	1	1	1
윈 치	싱글자동 3ton	〃	0.19	0.25	0.25	0.25
발 전 기	100kW	〃	0.19	0.25	0.25	0.25
물 탱 크(살수차)	5,500ℓ	〃	0.10	0.13	0.13	0.13
트럭탑재형크레인	3ton	〃	0.01	-	-	-
〃	5ton	〃	-	0.01	0.01	0.01
수 중 모 터 펌 프	ø100mm	〃	0.10	0.13	0.13	0.13
초 급 기 술 자	-	인	0.01	0.01	0.01	0.01
특 별 인 부	-	〃	0.14	0.24	0.24	0.24
보 통 인 부	-	〃	0.18	0.24	0.24	0.24
일 반 기 계 운 전 사	-	〃	0.02	0.02	0.02	0.02
잡 재 료 비	인건비의 3%	%	3	3	3	3

5. 관로건조공

(m 당)

구 분	규 격	단위	관 경(mm)					
			D400 이하	D500~ 600	D700~ 800	D900~ 1000	D1000~ 1200	D1350~ 1500
트럭탑재형크레인	3ton	hr	0.008	0.008	0.008	0.008	0.008	0.008
발 전 기	50kW	〃	0.053	0.054	0.055	0.056	0.057	0.058
에 어 토 출 기	-	〃	0.053	0.054	0.055	0.056	0.057	0.058
에 어 뱅 크	600×1200	〃	0.053	0.054	0.055	0.056	0.057	0.058
윈 치	싱글자동 3ton	〃	0.053	0.054	0.055	0.056	0.057	0.058
와 이 어 로 프	10mm	회	0.053	0.054	0.055	0.056	0.057	0.058
발 전 기	5.5kW	hr	0.213	0.213	0.213	0.213	0.213	0.213
송 풍 기	5hp	〃	0.213	0.213	0.213	0.213	0.213	0.213
열 풍 기(등유)	등유	〃	0.213	0.213	0.213	0.213	0.213	0.213
모 터	3.7kW 5hp	〃	0.213	0.213	0.213	0.213	0.213	0.213
특 별 인 부	-	인	0.030	0.033	0.034	0.035	0.036	0.037
보 통 인 부	-	〃	0.020	0.030	0.040	0.050	0.060	0.070
CCTV	와이어로프견인	m	1	1	1	1	1	1
잡 재 료 비	인건비의 3%	%	3	3	3	3	3	3

6. 경화성튜브 제작공

(m 당)

구 분	규 격	단위	관 경(mm)							
			D150 1.5T	D200 1.5T	D250 1.5T	D300 1.5T	D400 1.5T	D450 1.5T	D500 1.5T	D600 1.5T
지 게 차	디젤식2.5ton	hr	0.03	0.03	0.06	0.07	0.09	0.10	0.10	0.12
초급기술자	-	인	0.02	0.02	0.03	0.03	0.04	0.04	0.04	0.05
작 업 반 장	-	〃	0.02	0.03	0.03	0.03	0.04	0.04	0.04	0.05
특 별 인 부	-	〃	0.04	0.05	0.05	0.06	0.07	0.07	0.08	0.10
보 통 인 부	-	〃	0.04	0.05	0.05	0.06	0.07	0.07	0.08	0.14
액상우레탄	-	kg	0.13	0.16	0.19	0.25	0.28	0.32	0.57	0.66
라이너튜브	-	m	1.05	1.05	1.05	1.05	1.05	1.05	1.05	1.05
잡 재 료 비	재료비의 1%	%	1	1	1	1	1	1	1	1

구 분	규 격	단위	관 경(mm)							
			D700 1.5T	D800 1.5T	D900 1.5T	D1000 1.5T	D1100 1.5T	D1200 1.5T	D1350 1.5T	D1500 1.5T
지 게 차	디젤식2.5ton	hr	0.19	0.33	0.35	0.36	0.42	0.43	0.45	0.51
초급기술자	-	인	0.08	0.08	0.09	0.10	0.10	0.11	0.12	0.20
작 업 반 장	-	〃	0.08	0.08	0.09	0.10	0.13	0.14	0.15	0.20
특 별 인 부	-	〃	0.15	0.16	0.18	0.19	0.21	0.22	0.23	0.39
보 통 인 부	-	〃	0.21	0.25	0.28	0.28	0.34	0.34	0.35	0.55
액상우레탄	-	kg	0.87	1.10	1.36	1.64	1.95	2.29	2.38	2.66
라이너튜브	-	m	1.05	1.05	1.05	1.05	1.05	1.05	1.05	1.05
잡 재 료 비	재료비의 1%	%	1	1	1	1	1	1	1	1

7. 반전공

(m 당)

구 분	규 격	단위	관 경(mm)							
			D150	D200	D250	D300	D400	D450	D500	D600
에 어 호 스	ø100(일반호스)	m	0.11	0.11	0.11	0.11	0.11	0.11	0.11	0.11
적 재 차 량	9.5ton	〃	0.04	0.04	0.04	0.04	0.05	0.07	0.08	0.09
반전제어장치	ø150~ø1000	hr	0.02	0.02	0.02	0.02	0.03	0.03	0.04	0.05
튜브운반차량	3.5톤냉동차량	〃	0.04	0.04	0.04	0.04	0.05	0.05	0.08	0.08
공 기 압 축 기	10.3㎥/min	〃	0.02	0.02	0.02	0.02	0.03	0.03	0.04	0.05
발 전 기	50kW	〃	0.02	0.02	0.02	0.02	0.03	0.03	0.04	0.05
초 급 기 술 자	-	인	0.01	0.01	0.01	0.01	0.01	0.01	0.01	0.01
작 업 반 장	-	〃	0.01	0.01	0.01	0.01	0.01	0.01	0.01	0.01
특 별 인 부	-	〃	0.01	0.01	0.01	0.01	0.02	0.02	0.03	0.03
보 통 인 부	-	〃	0.01	0.01	0.01	0.01	0.02	0.02	0.03	0.03
잡 재 료 비	인건비의 3%	%	3	3	3	3	3	3	3	3

구 분	규 격	단위	관 경(mm)							
			D700	D800	D900	D1000	D1100	D1200	D1350	D1500
에 어 호 스	ø100(일반호스)	m	0.11	0.11	0.11	0.11	0.11	0.11	0.11	0.11
적 재 차 량	9.5ton	〃	0.10	0.11	0.12	0.13	0.14	0.16	0.17	0.19
반 전 제 어 장 치	ø150~ø1000	hr	0.05	0.05	0.06	0.06	-	-	-	-
〃	ø1100~ø1500	〃	-	-	-	-	0.07	0.08	0.09	0.10
튜 브 운 반 차 량	3.5톤 냉동차량	〃	0.09	0.10	0.11	0.12	0.13	0.14	0.16	0.18
공 기 압 축 기	10.3㎥/min	〃	0.05	0.05	0.06	0.06	-	-	-	-
〃	17㎥/min	〃	-	-	-	-	0.07	0.08	0.09	0.10
발 전 기	50kW	〃	0.05	0.05	0.06	0.06	0.07	0.08	0.09	0.10
트럭탑재형크레인	3ton	〃	-	-	-	-	0.03	0.03	0.03	0.03
초 급 기 술 자	-	인	0.02	0.02	0.02	0.02	0.02	0.02	0.03	0.03
작 업 반 장	-	〃	0.02	0.02	0.02	0.02	0.02	0.02	0.03	0.03
특 별 인 부	-	〃	0.03	0.04	0.04	0.04	0.04	0.05	0.05	0.06
보 통 인 부	-	〃	0.03	0.04	0.04	0.04	0.04	0.05	0.05	0.06
잡 재 료 비	인건비의 3%	%	3	3	3	3	3	3	3	3

8. 경화공

(m 당)

구 분	규 격	단위	관 경(mm)							
			D150	D200	D250	D300	D400	D450	D500	D600
히 팅 호 스	ø100(일반호스)	m	0.106	0.106	0.106	0.106	0.106	0.106	0.106	0.106
보 일 러	1500kg/h	hr	0.019	0.021	0.023	0.026	0.032	0.041	0.051	0.045
적 재 차 량	9.5ton	〃	0.028	0.031	0.035	0.038	0.051	0.057	0.064	0.076
반전제어장치	ø150~ø1000	〃	0.014	0.016	0.018	0.019	0.026	0.029	0.032	0.038
공 기 압 축 기	10.3㎥/min	〃	0.014	0.016	0.018	0.019	0.026	0.029	0.032	0.038
발 전 기	100kW	〃	0.014	0.016	0.018	0.019	0.026	0.029	0.032	0.038
중 급 기 술 자	-	인	0.004	0.005	0.005	0.006	0.007	0.007	0.008	0.009
작 업 반 장	-	〃	0.006	0.007	0.007	0.008	0.010	0.011	0.012	0.014
특 별 인 부	-	〃	0.006	0.007	0.007	0.008	0.010	0.011	0.012	0.014
보 통 인 부	-	〃	0.011	0.013	0.014	0.016	0.016	0.021	0.023	0.027
잡 재 료 비	인건비의 3%	%	3	3	3	3	3	3	3	3

구 분	규 격	단위	관 경(mm)							
			D700	D800	D900	D1000	D1100	D1200	D1350	D1500
히 팅 호 스	ø100(일반호스)	m	0.106	0.106	0.106	0.106	0.106	0.106	0.106	0.106
보 일 러	1500kg/h	hr	0.051	0.058	0.062	0.068	0.080	0.088	0.177	0.190
적 재 차 량	9.5ton	〃	0.089	0.150	0.170	0.120	0.142	0.152	0.177	0.190
반전제어장치	ø150~ø1000	〃	0.045	0.053	0.058	0.060	-	-	-	-
〃	ø1100~ø1500	〃	-	-	-	-	0.074	0.076	0.089	0.095
공 기 압 축 기	10.3㎥/min	〃	0.045	0.053	0.058	0.060	-	-	-	-
〃	17㎥/min	〃	-	-	-	-	0.073	0.076	0.089	0.095
발 전 기	100kW	〃	0.045	0.053	0.058	0.060	0.069	0.076	0.086	0.095
중 급 기 술 자	-	인	0.010	0.012	0.013	0.014	0.016	0.017	0.017	0.019
작 업 반 장	-	〃	0.016	0.016	0.016	0.018	0.023	0.025	0.026	0.029
특 별 인 부	-	〃	0.016	0.016	0.016	0.018	0.023	0.025	0.026	0.029
보 통 인 부	-	〃	0.031	0.034	0.037	0.040	0.046	0.049	0.051	0.057
잡 재 료 비	인건비의 3%	%	3	3	3	3	3	3	3	3

9. 양생공

(m 당)

구 분	규 격	단위	관 경(mm)	
			D1000 이하	D1100 이상
보 일 러	1500kg/h	hr	0.015	0.030
적 재 차 량	9.5ton	〃	0.020	0.030
반전제어장치	ø300~1100	〃	0.015	-
〃	ø1100~1500	〃	-	0.015
공 기 압 축 기	10.3㎥/min	〃	0.015	-

(m 당)

구 분	규 격	단위	관 경(mm)	
			D1000 이하	D1100 이상
공 기 압 축 기	17㎥/min	〃	-	0.015
중 급 기 술 자	-	인	0.005	0.005
작 업 반 장	-	〃	0.010	0.160
특 별 인 부	-	〃	0.020	0.037
보 통 인 부	-	〃	0.020	0.037

10. 라이닝 절단공

(개소 당)

구 분	규 격	단위	관 경(mm)						
			D150~300	D400~450	D500~600	D700~800	D900~1000	D1100~1200	D1350	D1500
공기압축기	7.1㎥/min	hr	0.45	0.56	0.62	0.72	0.82	0.92	1.00	1.10
작 업 반 장	-	인	0.10	0.12	0.130	0.150	0.170	0.190	0.210	0.220
특 별 인 부	-	〃	0.10	0.12	0.130	0.150	0.170	0.190	0.210	0.220
보 통 인 부	-	〃	0.19	0.21	0.250	0.290	0.330	0.370	0.410	0.440
잡 재 료 비	인건비의 3%	%	3	3	3	3	3	3	3	3

11. 관단부 마무리

(개소 당)

구 분	규 격	단위	관 경(mm)						
			D150	D200	D250	D300	D400	D450	D500	D600
액상우레탄	-	kg	0.15	0.16	0.17	0.18	0.19	0.25	0.30	0.38
스 텐 링 구	SUS316	개	1	1	1	1	1	1	1	1
보 통 인 부	-	인	0.02	0.03	0.03	0.03	0.03	0.03	0.03	0.03
특 별 인 부	-	〃	0.20	0.21	0.22	0.23	0.24	0.25	0.27	0.30

구 분	규 격	단위	관 경(mm)						
			D700	D800	D900	D1000	D1100	D1200	D1350	D1500
액상우레탄	-	kg	0.44	0.50	0.55	0.63	0.70	0.75	0.88	1.00
스 텐 링 구	SUS316	개	1	1	1	1	1	1	1	1
보 통 인 부	-	인	0.04	0.04	0.04	0.04	0.04	0.04	0.05	0.05
특 별 인 부	-	〃	0.32	0.36	0.38	0.40	0.44	0.45	0.50	0.55

■ 탈취장비와 분리형 반전장치를 구비한 하수관 보수 공법(SEPR공법)(환경신기술 제456호)

1. 연결관 절단공

(개소 당)

구 분	규 격	단위	관 경(mm)	
			800미만	800이상
초급기술자	-	인	0.200	-
작업반장	-	〃	0.250	0.100
특별인부	-	〃	0.500	0.250
보통인부	-	〃	0.250	0.200
천공기차	1ton	시간	1.500	-
공기압축기	7.1㎥/min	〃	-	1.000

2. 연결관 천공공

(개소 당)

구 분	규 격	단위	관 경(mm)	
			800미만	800이상
초급기술자	-	인	0.150	-
작업반장	-	〃	0.200	0.100
특별인부	-	〃	0.300	0.150
보통인부	-	〃	0.250	0.100
천공기차	1ton	시간	1.000	-
공기압축기	7.1㎥/min	〃	-	0.250

[주] 잡재료비는 노무비의 3%를 계상한다.

3. 반전 세척공

(m 당)

구 분	규 격	단위	관 경(mm)	
			800 미만	800 이상
용 수	-	ton	0.385	0.785
특별인부	-	인	0.020	0.040
보통인부	-	〃	0.010	0.027
진공흡입세정차	25ton	시간	0.060	0.080
CCTV 카메라	측시용	〃	0.060	0.080
CCTV 적재차량	9인승	〃	0.060	0.080

4. 반전 준비공

(m 당)

초급기술자 (인)	특별인부 (인)	보통인부 (인)	반전장치 (hr)	냉동차 (5ton)
0.0032	0.0063	0.0063	0.02	0.02

5. SEPR 보강튜브 제작공

(m 당)

구 분	규 격	단위	관 경(mm)						
			300 3.0T	350 3.5T	400 4.0T	450 4.5T	500 5.0T	600 6.0T	700 7.0T	800 8.0T

구 분	규 격	단위	300 3.0T	350 3.5T	400 4.0T	450 4.5T	500 5.0T	600 6.0T	700 7.0T	800 8.0T
튜브제작설비	-	시간	0.0220	0.0251	0.0282	0.0313	0.0320	0.0335	0.0342	0.0374
함 침 설 비	-	〃	0.0740	0.0748	0.0756	0.0763	0.0770	0.0775	0.0783	0.0802
작 업 반 장	-	인	0.0308	0.0316	0.0324	0.0329	0.0335	0.0340	0.0347	0.0358
특 별 인 부	-	〃	0.0459	0.0471	0.0483	0.0492	0.0502	0.0514	0.0522	0.0542
보 통 인 부	-	〃	0.0459	0.0471	0.0483	0.0492	0.0502	0.0514	0.0522	0.0542
수 지	PT-203T	kg	3.4447	4.691	6.128	7.755	9.574	13.787	18.766	24.511
촉 매 제 A	Perkadox16	〃	0.03447	0.04691	0.06128	0.07755	0.09574	0.13787	0.18766	0.24511
〃 B	Trigonox C	〃	0.01724	0.02346	0.03064	0.03878	0.04787	0.06894	0.09383	0.12256
〃 C	Stylene Monomer	〃	0.03447	0.04691	0.06128	0.07755	0.09574	0.13787	0.18766	0.24511
드라이튜브	-	m	1.05	1.05	1.05	1.05	1.05	1.05	1.05	1.05

구 분	규 격	단위	900 9.0T	1000 10.0T	1100 11.0T	1200 12.0T	1300 13.0T	1400 14.0T	1500 15.0T
튜브제작설비	-	시간	0.0382	0.0394	0.0402	0.0410	0.0422	0.0434	0.0446
함 침 설 비	-	〃	0.0811	0.0820	0.0829	0.0838	0.0857	0.0876	0.0895
작 업 반 장	-	인	0.0364	0.0369	0.0375	0.0381	0.0414	0.0420	0.0426
특 별 인 부	-	〃	0.0554	0.0565	0.0576	0.0589	0.0598	0.0609	0.0620
보 통 인 부	-	〃	0.0554	0.0565	0.0576	0.0589	0.0598	0.0609	0.0620
수 지	PT-203T	kg	31.021	38.298	46.341	55.149	64.724	75.064	86.170
촉 매 제 A	Perkadox16	〃	0.31021	0.38298	0.46341	0.55149	0.64724	0.75064	0.86170
〃 B	Trigonox C	〃	0.15511	0.19149	0.23171	0.27575	0.32362	0.37532	0.43085
〃 C	Stylene Monomer	〃	0.31021	0.38298	0.46341	0.55149	0.64724	0.75064	0.86170
드라이튜브	-	m	1.05	1.05	1.05	1.05	1.05	1.05	1.05

[주] 잡재료비는 재료비의 5%를 계상한다.

6. 반전공

(m 당)

관경 (mm)	초급 기술자 (인)	특별인부 (인)	보통인부 (인)	SEPR 반전장치 (시간)	공기압축기 (7.1㎥/min) (시간)	반전장치 운반차량 (9.5ton) (시간)	발전기 (시간) (75kW)
300	0.0035	0.0070	0.0070	0.0250	0.0250	0.0250	0.0250
350	0.0037	0.0073	0.0073	0.0261	0.0261	0.0261	0.0261
400	0.0038	0.0076	0.0076	0.0270	0.0270	0.0270	0.0270
450	0.0039	0.0079	0.0079	0.0280	0.0280	0.0280	0.0280
500	0.0041	0.0082	0.0082	0.0291	0.0291	0.0291	0.0291
600	0.0042	0.0084	0.0084	0.0300	0.0300	0.0300	0.0300
700	0.0043	0.0087	0.0087	0.0309	0.0309	0.0309	0.0309
800	0.0046	0.0092	0.0092	0.0330	0.0330	0.0330	0.0330
900	0.0047	0.0096	0.0096	0.0340	0.0340	0.0340	0.0340
1000	0.0051	0.0101	0.0101	0.0363	0.0363	0.0363	0.0363
1100	0.0052	0.0106	0.0106	0.0374	0.0374	0.0374	0.0374
1200	0.0056	0.0111	0.0111	0.0399	0.0399	0.0399	0.0399
1300	0.0057	0.0117	0.0117	0.0411	0.0411	0.0411	0.0411
1400	0.0062	0.0122	0.0122	0.0439	0.0439	0.0439	0.0439
1500	0.0063	0.0129	0.0129	0.0452	0.0452	0.0452	0.0452

[주] ① 잡재료비는 노무비의 3%를 계상한다.
② 공기압 반전임

7. 경화 및 양생공

(m 당)

관경 (mm)	특별인부 (인)	보통인부 (인)	공기압축기 (7.1㎥/min) (시간)	SEPR 반전장치 (시간)	보일러 (1500kg/h) (시간)	탈취장비 (시간)	탈취장비 폐기물처리 (m)
300	0.0082	0.0164	0.0549	0.0549	0.0549	0.0549	0.00400
350	0.0105	0.0209	0.0700	0.0700	0.0700	0.0700	0.00500
400	0.0129	0.0258	0.0867	0.0867	0.0867	0.0867	0.00667
450	0.0154	0.0308	0.1033	0.1033	0.1033	0.1033	0.01000
500	0.0169	0.0338	0.1134	0.1134	0.1134	0.1134	0.01000
600	0.0209	0.0417	0.1200	0.1200	0.1200	0.1200	0.02000
700	0.0244	0.0487	0.1400	0.1400	0.1400	0.1400	0.02000
800	0.0273	0.0544	0.1566	0.1566	0.1566	0.1566	0.02000
900	0.0302	0.0603	0.1734	0.1734	0.1734	0.1734	0.02000
1000	0.0331	0.0661	0.1901	0.1901	0.1901	0.1901	0.02000
1100	0.0360	0.0719	0.1975	0.1975	0.1975	0.1975	0.02000
1200	0.0389	0.0777	0.2049	0.2049	0.2049	0.2049	0.02000
1300	0.0418	0.0835	0.2123	0.2123	0.2123	0.2123	0.02000
1400	0.0447	0.0893	0.2197	0.2197	0.2197	0.2197	0.02000
1500	0.0476	0.0951	0.2200	0.2200	0.2200	0.2200	0.02000

[주] 잡재료비는 노무비의 3.0%를 계상한다.

8. 관 절단공

(개소 당)

관경 (mm)	특별인부 (인)	보통인부 (인)	공기압축기 (7.1㎥/min) (시간)	관경 (mm)	특별인부 (인)	보통인부 (인)	공기압축기 (7.1㎥/min) (시간)
300	0.1350	0.1350	0.5000	900	0.4050	0.4050	1.1667
350	0.1575	0.1575	0.5834	1000	0.4500	0.4500	1.2500
400	0.1800	0.1800	0.6667	1100	0.4950	0.4950	1.3333
450	0.2025	0.2025	0.7500	1200	0.5400	0.5400	1.4166
500	0.2250	0.2250	0.8333	1300	0.5850	0.5850	1.4999
600	0.2700	0.2700	0.9167	1400	0.6300	0.6300	1.5832
700	0.3150	0.3150	1.0000	1500	0.6750	0.6750	1.6665
800	0.3600	0.3600	1.0834				

[주] 잡재료비는 노무비의 3%를 계상한다.

9. 관입구 마무리공

(개소 당)

관경 (mm)	관입구마감재 (초속경시멘트(kg))	보통인부 (인)	관경 (mm)	관입구마감재 (초속경시멘트(kg))	보통인부 (인)	비 고
300	3.57	0.2635	900	9.68	0.6302	
350	4.08	0.2689	1000	10.70	0.6617	
400	4.59	0.2744	1100	11.72	0.7342	
450	5.10	0.2800	1200	12.74	0.7657	
500	5.61	0.3584	1300	13.76	0.8382	
600	6.63	0.3656	1400	14.78	0.8697	
700	7.65	0.4935	1500	15.80	0.9422	
800	8.66	0.5577				

[주] 잡재료비는 재료비의 5%를 계상한다.

상수도관 갱생·하수관거 비굴착 보수

 덕산건설주식회사

충청북도 청주시 서원구 구룡산로 414(수곡동)
TEL : (043)284-4741 FAX : (043)284-6688

· 상수도관 갱생(환경 제 593호)
· 전체보수(환경 제 456호)
· 부분보수(환경 제 216호)

6-8-5 부단수 천공 분기점 분기('00, '11, '21년 보완)

(개소 당)

관 경(mm)	배관공(수도)(인)	보통인부(인)	크레인(hr)
80	0.33	0.17	1.12
100	0.36	0.18	1.16
150	0.43	0.22	1.21
200	0.45	0.23	1.43
250	0.50	0.25	1.51
300	0.54	0.27	1.60
350	0.76	0.38	1.69
400	0.96	0.48	1.79
450	1.14	0.57	1.91
500	1.32	0.66	2.02
600	1.64	0.82	2.27

[주] ① 본 품은 물이 흐르는 상수관의 천공과 제수밸브 접합을 기준한 것이다.
② 본 품의 관경은 지관을 기준한 것이다.
③ 터파기, 되메우기, 잔토처리, 물푸기 작업은 제외되어 있다.
④ 물이 흐르지 않는 단수상태에서는 본 품을 20%까지 감하여 적용한다.
⑤ 본 품의 크레인 규격은 다음을 참고하여 적용한다.

관 경(mm)	부설장비 규격
80~600까지	5톤급 트럭탑재형 크레인

⑥ 공구손료 및 경장비(천공기 등) 기계경비는 다음을 기준으로 계상한다.

관 경(mm)	80mm~300mm	350mm~600mm
요 율(%)	7%	12%

⑦ 부속자재(새들 등) 및 소모재료(커터날, 어댑터 등)비는 별도 계상한다.

6-8-6 부단수 천공 새들분수전 분기점 분기('11년 신설)

(개소 당)

구 분		배관공(수도) (인)	보통인부 (인)
본 관(mm)	지 관(mm)		
50	13~20	0.20	0.10
	25~32	0.24	0.12
	40~50	0.28	0.14
80	13~20	0.24	0.12
	25~32	0.28	0.14
	40~50	0.34	0.17
100	13~20	0.25	0.13
	25~32	0.29	0.15
	40~50	0.36	0.18
150	13~20	0.26	0.14
	25~32	0.30	0.16
	40~50	0.38	0.19
200	13~20	0.27	0.15
	25~32	0.32	0.17
	40~50	0.40	0.20
250	13~20	0.28	0.16
	25~32	0.34	0.18
	40~50	0.42	0.21
300	13~20	0.29	0.17
	25~32	0.36	0.19
	40~50	0.44	0.22
400	13~20	0.30	0.18
	25~32	0.38	0.20
	40~50	0.46	0.23

[주] ① 본 품은 지관 50mm 이하의 일체형 분기관(할정자관과 밸브가 결합)의 설치와 천공을 기준한 것이다.
② 터파기, 되메우기, 잔토처리, 물푸기 작업은 제외되어 있다.
③ 물이 흐르지 않는 단수상태에서는 본 품을 20%까지 감하여 적용할 수 있다.
④ 공구손료 및 경장비(천공기 등)의 기계경비는 인력품의 4%로 계상한다.
⑤ 소요자재(새들분수전 등)는 별도 계상한다.

6-8-7 플랜지 조인트 접합('92, '94, '06, '11, '18년 보완)

(개소 당)

관경(㎜)	볼트구멍 지름(㎜)	볼트구멍 수	배관공(수도)(인)	보통인부(인)
65	15	4	0.05	0.02
80	19	4	0.05	0.02
100	19	8	0.07	0.04
125	19	8	0.08	0.04
150	19	8	0.09	0.05
200	23	8	0.11	0.06
250	23	12	0.14	0.07
300	23	12	0.14	0.07
350	25	12	0.16	0.08
400	25	16	0.18	0.09
450	25	16	0.20	0.10
500	25	20	0.22	0.11
600	27	20	0.24	0.12
700	27	24	0.27	0.14
800	33	24	0.29	0.14
900	33	24	0.31	0.15
1,000	33	28	0.35	0.17
1,200	33	32	0.40	0.20
1,350	33	32	0.41	0.21
1,500	33	36	0.46	0.23
1,650	45	40	0.52	0.26
1,800	45	44	0.57	0.29
2,000	45	48	0.63	0.32
2,200	52	52	0.69	0.34
2,400	52	56	0.74	0.37

[주] ① 본 품은 관의 접합부에 링 개스킷을 사용하는 볼트 체결 플랜지 접합을 기준으로 한 것이다.
② 본 품은 호칭압력 5㎏/㎠를 기준으로 한 것으로, 이외 규격은 별도 계상한다.
③ 공구손료 및 경장비(전동렌치 등)의 기계경비는 인력품의 2%로 계상한다.

📋 품셈 유권해석

하수관 준설작업 살수차 사용

하수관 준설(흡입식) 품셈 관련 질의 있습니다.
질의1. 현장에서 물탱크를 사용하지 않는다면 물탱크 살수차를 제외하여도 되는지 여부
질의2. 준설작업을 위해 투입되는 세정수가 필요없는 습윤한 상태의 준설토는 세정수(물)의 양을 0으로 조정하여도 되는지 여부. 질의3. 표준품셈의 단가를 참고하여 발주처 자체해석으로 신규 단가를 적용가능 여부 질의드립니다.

답변내용

➡ 답변1,2,3 표준품셈 토목부문 "6-9-7 하수관 준설(흡입식)"는 물탱크(살수차) 투입기준으로 물탱크(살수차)를 제외한 기준은 제시하고 있지 않습니다. 또한 준설을 위해 투입되는 세정수의 양을 구하는 기준은 별도로 제시하고 있지 않습니다. 현장조건이 특수한 경우, 표준품셈 공통부문 "1-1-3 3. 본 표준품셈은 건설공사 중 대표적이고 보편적이며 일반화된 공종, 공법을 기준한 것이며 현장여건, 기후의 특성 및 조건에 따라 조정하여 적용하되, 예정가격작성기준 제2조에 의거 부당하게 감액하거나 과잉 계산되지 않도록 한다."를 참조하시기 바랍니다.

상하수도 공사의 범위

기계설비 6-1-1 적용기준 및 범위 1.본 장은 상수, 하수 등 신설및 유지보수 관로공사를 대상으로 한다 등에 대해 문의드립니다. 이 내용이 상수도 공사 하수도공사 만 대상인지 도로공사 중 상수. 하수공사도 포함 대상인지 알고 싶습니다. 예를 들어 우수관로 부설중 6-6 철근콘크리트관 6-6-1 소켓관부설및접합이 있는데 이품도 6-1-1 적용해야 하는지 문의드립니다.

답변내용

➡ 표준품셈 토목부문 "6-1-1 적용기준 및 범위" 에서 '본 장은 상수, 하수 등 신설 및 유지보수 관로공사를 대상으로 한다'를 참조하시기 바라며 여기서 상수, 하수는 도로의 상수, 하수 관로 공사도 포함되어 있습니다.

수도관 절단 작업의 포함

6-7-4 내충격PVC수도관 부설 및 접합안에 절단 비용이 포함 여부 및 6-7-4 내충격PVC수도관 부설 및 접합으로 곡관 및 단관과 같은 이형관들을 같이 적용 가능 여부 질의드립니다.

답변내용

➡ 2023년 표준품셈 토목부문 "6-7-4 내충격 PVC 수도관 부설 및 접합"은 절단 작업이 포함되어있으며 곡관, 단관에도 적용가능합니다.

관절단의 방식도장

6-2-4 관절단(2023 개정) <주>② 본 품은 관절단, 모따기, 삽입구 표시, 방식도장을 포함한다. 위 내용에서 방식도장에 대한 방식(방법)은 구체적으로 무엇인가요? 방식도장을 포함하면서 재료비 및 도장공 품을 적용하지 않은 사유는 무엇인가요?(2022년도 까지는 절단공 따로, 절단면 녹막이 페인트 따로 적용 받음)

답변내용

➡ 표준품셈 토목부문 "6-2-4 관 절단"에서 방식도장은 녹막이 페인트 작업이며, 배관공(수도) 직종에 포함하여 반영하였습니다.

소켓의 접합개소 산정

6-4-1. TS접합 및 부설과 6-4-2. 고무링 접합 및 부설 관련하여 직관 접합 및 부설(본당) 시 직관접합시 소요되는 소켓의 접합개소 수량은 1개소인지 2개소인지요? 이형관 접합 시 이형관 소켓 일자소켓(180도) 및 곡관소켓(22도,45도) 의 접합개소 수량은 1개소인지 2개소인가요? 융착식 접합의 경우 직관과 이음관의 접합면에 따라 밴드를 적용하여 수량을 산출하는 것이 맞는 것 또는 소켓식 접합의 경우 소켓자체가 관을 접합하는 것으로 직관과 이음관은 연결하는 밴드로 생각되는 것으로 나뉘어 질의드립니다.

답변내용

➡ 표준품셈 토목붐문"6-4-1 T.S 접합 및 부설, 고무링 접합 및 부설"은 관부설 및 접합이 포함된 것이며, 적용범위는 "개소당"으로 관길이, 곡관류 등에 상관없이 적용 가능합니다. 또한 단위 "개소당"은 접합개소당을 의미하는 것으로 소켓의 경우 2개소, T형관의 경우 3개소 등으로 적용하시기 바랍니다.

소켓 이음부 접합기준의 적용가능범위

6-5-3 소켓융착 접합 및 부설의 품은 pe관(6m이하)을 소켓이음부의 내면과 단면을 용융시켜 삽입하여 접합하는 기준이다. 위 내용은 본관 6m이하(1m,2m,3m,4m5m)의 모든 관에 적용 가능한지와 이형관 접합도 같이 적용이 가능한지 에 대하여 문의 드립니다.

답변내용

➡ 표준품셈 토목부문 "6-5-3 소켓융착 접합 및 부설"은 관경 75mm이하관에 소켓이음부의 내면과 관 단면을 용융시켜 접합하는 기준으로 6m이하 관 기준으로 이형관도 적용가능합니다.

제 6 장 관부설 및 접합공사

주철관 부설 또는 주철관 접합 관련 시공조건

표준품셈 토목 6-1-1 / 8에 따라 6-2-1 부설(단위 본당) 및 6-2-3 KP 메커니컬 조인트관 접합(단위 개소) 품에 각각 시공조건(B 또는 C) 요율 적용이 가능한지 궁금합니다.

답변내용

➡ 토목부문 "6-1-1 적용기준 및 범위"에서 주 8에서 제시하는 시공조건 요율은 토공사(굴착 및 복구공사 등)에 영향을 받는 항목인 관부설 및 접합(강관도장 포함)에 적용하시기 바랍니다.

TS 판넬 및 TS 맨홀의 반영

D800이상 용접 강관 관로 공사 예정입니다. 관로 터파기시 안전가시설이 반영되어 있지 않아 TS 판넬 및 TS 맨홀을 반영하려고 합니다.
1. TS 판넬은 2-10-5 조립식 간이흙막이 설치 및 해체를 적용하면 되는지요?
2. TS 맨홀은 관로용 TS 판넬과 규격이 상이한데 품셈에 있는걸 그대로 적용 하는지요?

답변내용

➡ 답변1. 표준품셈 공통부문 "2-10-4 박스형 간이흙막이 설치 및 해체"는 버팀대 및 판넬이 BOX형태로 조립된 상태의 간이흙막이를 설치 및 해체하는 기준이며, "2-10-5 조립식 간이흙막이 설치 및 해체"는 간이흙막이를 조립하면서 설치 및 해체하는 기준입니다. TS판넬과 SK판넬을 조립된 상태로 설치하는 경우 "2-10-4 박스형 간이흙막이 설치 및 해체"를 적용하시기 바라며, 조립하면서 설치 및 해체한다면 "2-10-5"를 적용하시기 바랍니다.
답변2. 표준품셈에서는 TS 맨홀에 대한 기준은 정하고 있지 않습니다. 표준품셈에서 정하지 않는 사항은 동품셈 1-1-3의 4항을 참조하시어 적정한 예정가격산정기준을 적의 결정하여 사용하시기 바라며, 당해공사에서 표준품셈의 적용여부 및 판단에 관련된 사항은 해당공사의 특성을 고려하시고 표준품셈을 참조하시어 공사관계자가 직접 결정하실 사항임을 양지해 주시면 감사드리겠습니다.

관 규격의 기준

6-5-4 버트 융착접합 및 부설 에서 관 규격은 내경기준인지 외경기준인지 궁금합니다.

답변내용

➡ 토목부문 "6-5-4 버트융착 접합 및 부설"의 규격은 내경기준 외경기준이 아닌 KS에서 규정하는 호칭규격입니다.

제 7 장   항만공사

7-1 설계기준

7-1-1 수중공사('10, '11년 보완)

1. 수중공사에 있어서 기초고르기의 여유 폭은 일반적으로 다음 표의 값 이내로 한다.

구 분	한쪽 여유폭(m)	양쪽 여유폭(m)
케 이 슨	1.0	2.0
L 형 또 는 방 괴	0.5	1.0
현 장 콘 크 리 트 타 설	0.5	1.0

2. 항만공사에서 수상과 수중의 한계는 평균수면을 기준으로 하고 품에서 수심이라 함은 평균수면 이하의 깊이를 말한다.
   평균수면이라 함은 삭망평균 간조면과 삭망평균 만조면과의 1/2수면을 말한다.
3. 준설 토량은 순 준설 토량의 토질에 따른 여굴 토량과 여쇄량(쇄암 및 발파시)을 가산하여 산출한다.
4. 준설 설계 수량에는 자연 매몰량을 감안하여 계상할 수 있다.
5. 개발(확장)준설시 항로 및 박지(泊地)에 대한 여유 폭은 실정에 따라서 선정할 수 있다. 다만, 유지 준설은 제외한다.
6. 수상 작업시 예선 운항속도는 다음의 값을 표준으로 한다.

   예인시 ┌ 적   재 : 5.5km/hr
          └ 공선(空船) : 9.3km/hr

   독항시(獨航時) : 12.9km/hr
7. 준설토(암포함) 운반량은 흐트러진 상태의 용량으로 산출한다. 다만, 펌프준설은 제외한다.

7-1-2 예인선 조합
회항시에 예인선의 조합은 다음을 표준으로 한다.

피 예 인 선		예 인 선		비 고
종 류	출력(kW)	종 류	출력(kW)	
펌 프 준 설 선	448 이하	예 선	119~336	
〃	746~1,492	〃	373~746	
〃	1,641~5,968	〃	746~1,790	
〃	8,952 이상	〃	1,790 이상	
그 래 브 준 설 선	75~1,492	〃	187~336	
토 운 선	60㎥~300㎥	〃	119~187	
〃	300㎥ 이상	〃	187~1,790	

[주] 토운선과 예선의 조합은 공사규모 및 현장여건 등을 감안하여 조정할 수 있다.

7-1-3 준설선 선단 조합
준설작업시 선단 조합은 다음 표와 같다.

1. 펌프준설선

준설선		부속선단 및 부속기계 기구		
선종	규격(kW)	예선(kW)	양묘선(kW)	연락선(kW)
비항 펌프선	224	119~134	7.5~37.3	29.8
	448	187	37.3~74.6	29.8
	746	261	89.5	29.8
	895	261	89.5	29.8
	1,492	336	89.5	29.8
	1,641	336	89.5	29.8
	2,462	373	149.2	29.8
	2,984	373~597	149.2	29.8
	3,282	597	149.2	29.8
	4,476~8,952	597~1,492	186.5 이상	29.8
	14,920	746 : 1척 1,790 : 1척		29.8

[주] 부속선의 척수와 용량은 작업조건에 따라 조정한다.

2. 그래브 준설선

준설선		부속선			
선종	규격(㎥)	예선(kW)	토운선(㎥)	양묘선(kW)	연락선(kW)
그래브 준설선	0.65㎥	-	척수와 용량은 작업조건에 따라서 조정	7.5	29.8
	1.00㎥	-		7.5	29.8
	1.50㎥	-		7.5	29.8
	3.00㎥	119	60	7.5	29.8
	5.00㎥	119	60	7.5	29.8
	6.00㎥	119	60, 100	22.4	29.8
	7.50㎥	119	60, 100	22.4	29.8
	12.50~25.00㎥	134	200	37.3	29.8
		187	300		
		336	500 이상		

[주] ① 부속선의 척수와 용량은 작업조건에 따라 조정한다.
② 양묘선은 해당준설선의 앵커중량에 따라 필요시에 적용한다.

7-1-4 준설선 취업시간 및 운전시간

준설선의 취업시간과 운전시간은 다음 표를 기준으로 한다.

종 류	취업시간	운전시간	비 고
펌 프 준 설 선	24hr	15hr	
그 래 브 준 설 선	12hr	10hr	
양 묘 선	모선과 동일	실운전시간	
토 운 선	〃	-	
예 선	〃	실운전시간	

7-2 사석

7-2-1 적재 및 운반

(10㎥ 당)

종 류	적재방법	특별인부(인)	보통인부(인)
0.03㎥ 이하	덤프트럭 대선 진입	-	0.06
0.1㎥ 이상	크레인 적재	0.09	0.10

[주] ① 본 품은 적재장소에서 적재하여 해상운반하는 것이다.
② 크레인 사용시는 10ton급 크레인 사용을 원칙으로 한다.
③ 장비 및 예선, 운반선은 별도 계상한다.
④ 잡재료는 본 품의 2% 이내로 계상한다.
⑤ 운반량은 다음 식에 따라 계상한다.
  $Q = N \times q \times E$
  여기서 Q : 1일당 운반량(㎥/일)
     N : 1일 운반횟수
     $N = \dfrac{T}{\dfrac{L}{V_1} + \dfrac{L}{V_2} + t}$
     T : 1일 작업시간(분)
     L : 운반거리(m)
     V_1 : 적재시의 예선속도(m/분)
     V_2 : 공선시의 예선속도(m/분)
     t : 토운선 연결 및 적재소요시간(분)
     q : 1회 운반량(㎥)
     E : 작업효율
⑥ 작업효율(E)는 다음 표를 참고로 한다.

구 분	천후 조류 파랑 지형		
	보 통	약간 나쁘다	나 쁘 다
해 상 운 반	0.8	0.75	0.7

㉮ 보통인 경우는 항내 운반일 때며 약간 나쁘다의 경우는 항외 운반일 때이다.
㉯ 나쁘다는 파고 0.5m 이상일 때이다.
㉰ 본 기준은 일반적인 경우로서, 조수의 대기 등은 별도로 감안해야 한다.

7-2-2 해상투하('19년 보완)

(10㎥ 당)

구 분	단 위	수 량	
		0.03㎥ 이하 굴착기 투하	0.1㎥ 이상 크레인 투하
잠 수 부	조	0.07	0.09
특 별 인 부	인	0.04	0.20
보 통 인 부	〃	0.12	0.22

[주] ① 본 품은 해상 투하장소에 도착하여 대선위에서 투하하는 것이다.
② 크레인 사용시는 10ton급 크레인 사용을 기준으로 한다.
③ 수상부분은 잠수부를 계상하지 않는다.
④ 기계경비는 별도 계상한다.

7-2-3 육상투하('14년 신설, '19년 보완)

(10㎥ 당)

구 분	단 위	수 량	
		0.03㎥ 이하 덤프트럭+굴착기 투하	0.1㎥ 이상 크레인 투하
잠 수 부	조	-	0.09
특 별 인 부	인	-	0.13
보 통 인 부	〃	0.008	0.13

[주] ① 0.03㎥ 이하 규격은 경사도 1:1 이하에 덤프트럭으로 사석을 투하한 후 굴착기로 정리하는 품이며, 덤프트럭의 회차가 가능한 경우를 기준한 것이다.
② 0.03㎥ 이하 규격에서 경사도 1:1보다 급한 경우, 별도 계상한다.
③ 굴착기는 1.0㎥, 크레인은 10ton을 기준한다.
④ 수상부분은 잠수부를 계상하지 않는다.
⑤ 기계경비는 별도 계상한다.

7-2-4 수상고르기('21년 보완)

(10㎥ 당)

구분	규격	단위	수량				
			기초 고르기	피복석 고르기	피복석거친 고르기	내부사석 고르기	필터사석 고르기
석 공	-	인	0.70	0.62	0.55	0.55	0.07
보 통 인 부	-	〃	0.42	0.39	0.36	0.36	-
굴 착 기	1.0㎥	hr	1.72	-	-	1.36	0.31
크 레 인	10ton	〃	-	1.53	1.36	-	-

7-2-5 수중고르기('21년 보완)

가. 작업능력

  A = a×E

  여기서 A : 잠수부 1조의 시간당 수중고르기 능력(㎡)
       a : 표준고르기면적(㎡/hr)
       E : 작업효율

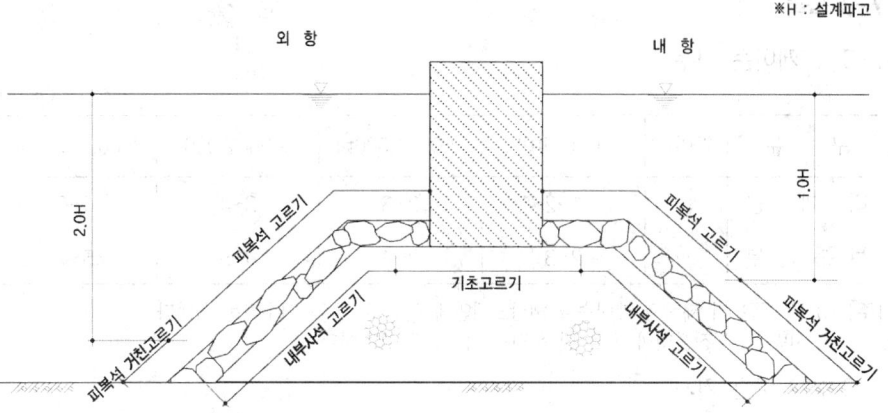

나. 표준고르기면적(a)

(㎡/hr)

기초고르기	피복석고르기	피복석거친고르기	내부사석고르기	필터사석고르기	비 고
1.6	3.5	3.8	3.8	8.4	수심 0~15m

다. 작업효율(E)

구분 수심(m)	천 후		조 류		명 암	
	조용할때	풍랑	0~2.8km/hr	2.8~5.5km/hr	보통	흐릴때
0~15	0.75	0.64	0.75	0.53	0.75	0.49
15~20	0.57	0.48	0.57	0.40	0.57	0.37
20~25	0.41	0.35	0.41	0.29	0.41	0.27
25~30	0.35	0.30	0.35	0.25	0.35	0.23

[주] ① 사석 고르기에 소요되는 선박 및 부장장비 손료 및 운전경비는 별도 계상한다.
② 천후는 월간 20일 정도의 작업일수를 취할 수 있을 경우 1.00으로 한다.
③ 명암은 바다물의 투명도, 상부 구조물의 유무 등에 따라 판단한다.
④ 작업효율의 값은 시공조건(천후, 조류, 명암)중 최악의 경우 하나만 택한다.

7-3 블록

7-3-1 케이슨 진수

(개 당)

구 분	단위	500t 미만	500~1,000t	1,000~2,000t	2,000~3,000t
비 계 공	인	1~2	2~3	3~4	4~6
보 통 인 부	〃	2~3	2~4	4~5	5~7

[주] ① 본 품은 기 제작된 케이슨을 해상크레인에 의해 권양 및 진수하는 품이다.
　　② 선박 및 부장장비의 손료 및 운전경비는 별도 계상한다.

7-3-2 케이슨 거치

(개 당)

구 분	단위	500t 미만	500~1,000t	1,000~2,000t	2,000~3,000t
잠 수 부	조	1~2	1~2	2~3	2~3
비 계 공	인	1~2	2~3	3~4	4~5
보 통 인 부	〃	2~3	3~4	4~6	5~7

[주] ① 본 품은 케이슨을 거치장소까지 이동하여 정위치에 거치시키는 품이다.
　　② 선박 및 부장장비의 손료 및 운전경비는 별도 계상한다.

7-3-3 일반블록 거치

(일 당)

구 분			5톤 미만	5~10t	10~15t	15~20t	20~30t	30t 이상
수상	작 업 량	개	14~20	12~16	10~14	8~12	6~8	5~7
	특별인부	인	1	1	2	2	3	3
	보통인부	〃	3~5	3~5	4~6	4~6	6~9	6~9
수중	작 업 량	개	12~18	11~15	9~12	8~10	6~9	5~7
	잠 수 부	조	1	1	1	1	2	2
	보통인부	인	3~4	3~4	4~6	4~6	5~7	5~7

[주] ① 작업량은 현장조건에 따라 증감할 수 있다.
　　② 선박 및 부장장비의 손료 및 운전경비는 별도 계상한다.

> 참고자료

■ 해안 침식방지 계단식 통수블록(SW블록) 설치

(1개 당)

명 칭	규 격	단 위	수 량	비 고
SW 블 록	2,500×1,100×800	개	1	1:1.5, 1:1.8, 1:2가능
크 레 인	유압식 10ton	hr	1.2	
특 별 인 부	기술공	인	0.11	
보 통 인 부	-		0.38	

[주] ① 블록의 운반비, 블록의 할증은 별도 계상한다.
② 법면 고르기품은 별도 계상한다.
③ SW 블록 뒷채움사석, 부직포는 별도 계상한다.
④ 블록간 줄눈 시공품은 별도 계상한다.
⑤ 블록 적용 구배의 설계는 현장의 여건에 따라 차이가 나기 때문에 설계전에 사전검토해야 한다.
⑥ 본 품은 제6장 철근코크리트공사 6-7 조립식 구조물 설치공의 콘크리트 중량구조물 설치품을 근거로 기준한 것이다.

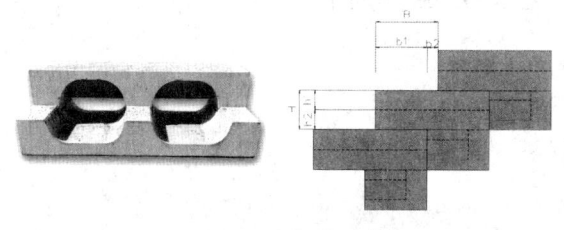

1:α	1:1.5	1:1.8	1:2.0
B	600	720	800
b1	500	380	300
b2	100	340	500
H	400	400	400
h1	200	200	200
h2	200	200	200

취급품목 : 하상보호블록 / 해안침식방지 계단식 통수블록 / 소파블록

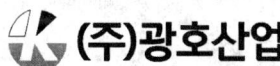
(주)광호산업   본사·공장 : 전남 나주시 동수농공단지길 137-18(동수동)
TEL : 061-335-0007   FAX : 061-335-6220

7-3-4 소파블록 거치

(일당)

구 분			2t 미만	2~5t	5~10t	10~15t	15~20t	20~30t	30t 이상
수상	작업량 (개/일)	층적	22~28	18~24	14~18	12~16	10~14	9~13	8~12
		난적	26~34	22~29	17~22	14~19	12~17	11~16	10~14
	특별인부	인	1	1	1	1	1	2	2
	보통인부	〃	2~4	2~4	2~4	2~4	2~4	3~5	3~5
수중	작업량 (개/일)	층적	18~26	16~22	12~16	10~14	8~12	8~10	6~10
		난적	22~31	19~26	14~19	12~17	10~14	10~12	7~12
	잠수부	조	1	1	1	1	1	1	1~2
	보통인부	인	3~4	3~4	3~4	3~4	3~4	4~6	4~6

[주] ① 1일 작업량은 현장조건에 따라 증감할 수 있다.
② 선박 및 부장장비의 손료 및 운전경비는 별도 계상한다.

7-4 준설

7-4-1 배송관 접합

(접합개소 당)

관경(mm)	구 분	배관공(수도) (인)	보통인부 (인)	크레인(hr) 플랜지접합	크레인(hr) 고무슬리브접합
250 이하		0.03	0.02	0.22	0.18
300		0.03	0.02	0.24	0.19
350		0.04	0.02	0.25	0.20
400		0.04	0.03	0.27	0.22
510		0.06	0.04	0.33	0.26
560		0.07	0.04	0.36	0.29
610		0.08	0.04	0.38	0.30
630		0.09	0.05	0.39	0.31
660		0.09	0.05	0.40	0.32
685		0.10	0.05	0.41	0.33
710		0.10	0.05	0.42	0.34
760		0.11	0.05	0.43	0.34
840		0.12	0.06	0.47	0.38
860		0.12	0.06	0.48	0.38
비 고	- 배송관 철거는 본품(인력+장비)을 30%까지 감하여 적용한다.				

[주] ① 본 품은 준설선용 배송관으로 플랜지 접합관일 경우 KSD 3503(일반 구조용 압연강재)을 고무슬리브 접합일 경우 KSM 6708를 기준으로 한다.
② 본 품은 6m 직관(KSV 3983)을 기준한 것이다.
③ 본 품은 소운반을 포함한 것이다.
④ 본 품의 크레인 규격은 다음을 기준으로 한다.

관 경(mm)	장 비 규 격
200~710 까지	10톤급 트럭탑재형 크레인
760 이상	15톤급 트럭탑재형 크레인

⑤ 현장조건상 트럭탑재형 크레인의 적용이 어려운 경우, 동일한 규격(톤)의 크레인(무한궤도, 타이어)을 적용할 수 있다.
⑥ 체결부 절단이 필요한 경우 절단비용은 별도 계상한다.

7-4-2 배송관 띄우개(부함) 접합

(본 당)

구분		특별인부 (인)	보통인부 (인)	크레인 (hr)	배송관 적용규격 (mm)
관경(mm)	길이(m)				
430	4.5	0.02	0.01	0.05	200
500	4.5	0.02	0.01	0.05	250
600	4.5	0.03	0.01	0.05	300
700	4.5	0.03	0.01	0.05	350
900	4.5	0.03	0.01	0.06	400
1,000	4.5	0.03	0.02	0.06	510
1,100	4.5	0.03	0.02	0.06	560
1,200	4.5	0.03	0.02	0.06	610~630
1,300	5.0	0.03	0.02	0.06	660
1,400	5.0	0.04	0.02	0.07	685~710
1,500	5.0	0.04	0.02	0.07	760
1,600	5.0	0.04	0.02	0.07	840~860
비고		- 배송관 띄우개 철거는 본품(인력+장비)을 30%까지 감하여 적용한다.			

[주] ① 본 품은 해상 배송관에 사용하는 띄우개(부함)로, KSD 3503(일반 구조용 압연강재)을 기준으로 한다.
② 본 품은 소운반을 포함한 것이다.
③ 본 품의 크레인 규격은 다음을 기준으로 한다.

관 경(mm)	장 비 규 격
430~1,400 까지	10톤급 트럭탑재형 크레인
1,500 이상	15톤급 트럭탑재형 크레인

④ 현장조건상 트럭탑재형 크레인의 적용이 어려운 경우, 동일한 규격(톤)의 크레인(무한궤도, 타이어)을 적용할 수 있다.
⑤ 체결부 절단이 필요한 경우 절단비용은 별도 계상한다.

7-4-3 배송관 진수

(set 당)

배송관 관경(㎜)	고무슬리브 길이(m)	배송관 띄우개 관경(㎜)	배송관 띄우개 길이(m)	보통인부 (인)	크레인 (hr)
200	0.8	430	4.5	0.02	0.06
250	0.8	500	4.5	0.02	0.07
300	0.9	600	4.5	0.02	0.08
350	1.0	700	4.5	0.02	0.09
400	1.0	900	4.5	0.03	0.10
510	1.2	1,000	4.5	0.03	0.13
560	1.3	1,100	4.5	0.04	0.16
610	1.3	1,200	4.5	0.04	0.18
630	1.4	1,200	4.5	0.05	0.18
660	1.5	1,300	5.0	0.05	0.20
685	1.5	1,400	5.0	0.05	0.20
710	1.6	1,400	5.0	0.05	0.21
760	1.7	1,500	5.0	0.05	0.21
840	1.9	1,600	5.0	0.06	0.25
860	1.9	1,600	5.0	0.07	0.27

[주] ① 본 품은 배송관을 육상에서 해상으로 진수시키는 작업으로, 배송관 예인 및 침설작업은 포함하지 않는다.
② 해상관은 "배송관 1본 + 고무슬리브 1본 + 배송관 띄우개 1본"을 1set로 한다.
③ 침설관은 "배송관 2본 + 고무슬리브 1본"을 1set로 한다.
④ 본 품의 크레인 규격은 다음을 기준으로 한다.

관 경(㎜)	장 비 규 격
200~710 까지	10톤급 트럭탑재형 크레인
760 이상	15톤급 트럭탑재형 크레인

⑤ 현장조건상 본 품의 장비를 적용하기 어려운 경우, 동일한 규격(톤)의 크레인(무한궤도, 타이어)을 적용할 수 있다.

7-4-4 준설여굴('10년 보완)

토 질	선 종	시공수심별 여굴 두께		
		5.5m	5.5~9.0m 미만	9.0m 이상
보통토사	펌프준설선	0.6m	0.7m	1.0m
	그래브준설선		0.5m	0.6m
암 반	그래브준설선		0.5m	

[주] 시공수심은 평균수면(M.S.L)을 기준으로 한 수심이다.

7-4-5 펌프준설 매립시의 유보율 등('10년 보완)

토질별	유보율(%)	비 고
점토 및 점토질 실트	70 이하	
모래질 및 사질 실트	70~95	
자 갈	95~100	

[주] 토사의 입경, 여수토의 위치, 높이, 배출구로부터의 거리, 매립면적, 매립고 등에 따라 차이가 있으므로 실험적방법으로 산정하는 것이 가장 정확하나, 그렇지 못할 경우 본품의 값을 적용할 수 있다.

7-4-6 펌프준설 매립시의 유실률

입경(mm)	유실율(%)	입경(mm)	유실율(%)
1.2 이상	없음	0.3~0.15	20~27
1.2~0.5	5~8	0.15~0.075	30~35
0.6~0.3	10~15	0.075 이하	30~100

7-4-7 매립설계수량

매립 설계수량에는 매립토의 유실, 더돋기, 압밀침하량 등을 감안하여 계상할 수 있다.

품셈 유권해석

준설공사 준설선별 취업시간 및 가동시간 산정 근거

준설공사 특성상 대형장비로 펌프준설선 및 그래브준설선 등은 거의 취업시간이 24시간 운영되는 장비인데 그래브 준설선만 2교대로 12시간 취업시간을 적용한 기준이 궁금합니다. 이에 감리회사는 그래브준설선 취업시간만큼만 일하고 야간작업을 하지 말라고 하고 있어서 당 시공사는 펌프준설선은 계속준설이 가능하나 그래브 준설선은 조합장비로 예선, 토운선, 언로도선의 작업에 따른 대기 휴지시간이 발생하므로 취업시간 및 가동시간이 적다고 주장하고 있습니다. 이에 명확한 답변 부탁드립니다.

답변내용

➥ 건설공사 표준품셈은 현장실사, 문헌조사 등 복합적인 검토를 통하여 산정되고 있습니다. 표준품셈 토목부문 "7-1-4 준설선 취업시간 및 운전시간"의 '취업시간'은 해당 선박이 작업을 위하여 해상에 위치하는 시간(1일기준)을, '운전시간'은 작업준비, 정비 시간 등을 제외한 실제로 작업이 이루어지는 시간(1일기준)을 제시하고 있는 사항으로 이를 참조하여 계상하시기 바랍니다.

제 8 장 지반조사

8-1 보링

8-1-1 기계기구 설치

(개소당)

구 분	단위	수량
보 링 공	인	1.0
특 별 인 부	〃	1.0
보 통 인 부	〃	1.0

[주] ① 본 품은 육상, 평지부를 기준한 것이므로 지형, 지물 등 현장조건에 따라 가산할 수 있다.
② 조사개소 이동을 위한 소운반은 포함되지 않았다.
③ 수상 작업시(축도, 선박, 가잔교 시설 등)에는 육상으로부터의 거리, 수심, 풍랑, 조수차 등의 상황을 고려 별도 계상한다.
④ 지장물 보상은 별도 계상한다.
⑤ 잡재료는 별도 계상한다.
⑥ 조사개소의 좌표 측량, 수준 측량, 기타 지형지물 등 현장조건에 따라 필요한 제반측량은 측량품셈에 의한다.
⑦ 1개소당 작업장 넓이는 20㎡내외로 한다.

8-1-2 천공(토사, 자갈 및 호박돌층)('08년 보완)

(m 당)

종 별	단위	점토층		모래층		자갈층		호박돌층	
		BX	NX	BX	NX	BX	NX	BX	NX
중 급 기 술 자	인	0.16	0.18	0.18	0.21	0.39	0.45	0.65	0.76
보 링 공	〃	0.29	0.35	0.34	0.40	0.62	0.72	0.81	0.96
특 별 인 부	〃	0.21	0.25	0.24	0.29	0.53	0.63	0.65	0.76
보 통 인 부	〃	0.29	0.35	0.34	0.40	0.62	0.73	0.81	0.96
싱 글 코 아 바 렐	개	0.010		0.025		0.05		0.15	
메 탈 크 라 운 비 트	〃	0.025		0.05		0.5		1.5	
쵸 핑 비 트	〃	-		-		-		0.5	
드라이브파이프헤드	〃	0.01		0.025		0.05		0.08	
드라이브파이프슈	〃	0.01		0.025		0.05		0.08	
드 라 이 브 파 이 프	〃	0.01		0.025		0.05		0.08	

8-1-3 천공(암반층)

(m 당)

종 별	단위	풍화암		연암		보통암		경암		극경암	
		BX	NX	BX	NX	BX	NX	BX	NX	BX	NX
중급기술자	인	0.16	0.19	0.17	0.21	0.17	0.20	0.33	0.39	0.37	0.43
보 링 공	〃	0.30	0.35	0.31	0.37	0.40	0.47	0.53	0.62	0.63	0.75
특 별 인 부	〃	0.22	0.26	0.24	0.28	0.20	0.24	0.44	0.51	0.47	0.56
보 통 인 부	〃	0.30	0.35	0.31	0.37	0.40	0.47	0.53	0.62	0.63	0.75
더블코아바렐	개	0.02		0.025		0.025		0.04		0.05	
메탈크라운비트	〃	0.8		1.0		1.0		-		-	
다이아몬드비트	〃	-		-		-		0.1		0.12	
메탈리밍쉘	〃	0.02		0.025		0.025		-		-	
다이아몬드리밍쉘	〃	-		-		-		0.03		0.04	
코아리프터	〃	0.1		0.1		0.1		0.1		0.1	

[주] ① 본 품은 보링 깊이 20m까지를 기준으로 한 것이며 깊이 10m 증가마다 인력품을 5%이내에서 가산할 수 있다.
② 본 품은 해석비, 결과작성 및 기술료를 포함한 것이다.
③ 시료상자 및 시료병은 별도 계상한다.
④ 기계기구의 손료, 유류비, 운전경비, 운반, 경비(警備), 급수시설 및 잡재료 등은 별도 계상한다.
⑤ 수상작업시 작업조건 및 바지선의 제작(또는 임대) 등의 소요경비는 별도 계상한다.
⑥ 경사시추의 경우 롯드의 승강, 슬라임 제거는 난이도 등을 고려하여 별도 계상한다.
⑦ 지층의 분류는 다음과 같다.
  ㉮ 점토층 : 점토, 실트
  ㉯ 모래층 : 모래 및 사질토
  ㉰ 자갈층 : 자갈 및 모래섞인 자갈
  ㉱ 호박돌층 : 전석 및 자갈섞인 호박돌
⑧ 중급기술자(책임기술자)는 작업을 계획, 준비, 지휘감독, 토질의 판단 등을 하는자를 말한다. 본 장에서의 중급기술자는 이 기준에 준한다.

8-2 시험

8-2-1 표준관입시험

(회 당)

종 별	단 위	수 량
중 급 기 술 자	인	0.02
보 링 공	〃	0.07
특 별 인 부	〃	0.06
보 통 인 부	〃	0.07
슈	개	0.1
샘 플 러	〃	0.015
경 유	ℓ	1.0
잡 유	%	30(경유의)

[주] ① 본 품은 보링과 병행하여 시행할 경우이며 목적에 따라서 관입시험을 시행할 경우에는 별도로 계상할 수 있다.
② 채취시료의 운반비 및 시료 조작비는 별도 계상한다.
③ 시료 조작비는 시료포장, 시료상자, 시료병, 표본시료제작비 등을 말한다.
④ 잡재료는 별도 계상한다.

8-2-2 베인전단시험('08년 신설)

(회 당)

종 별	세 목	단 위	Field Vane
인 건 비	중 급 기 능 자	인	0.3
	고 급 숙 련 기 술 자	〃	0.4
	중 급 숙 련 기 술 자	〃	0.4
	초 급 숙 련 기 술 자	〃	0.4
재 료 비	Vane Blade(대형)	개	0.1
	전 용 로 드 (ø16×750)	본	0.15
	로 드 (ø40.5×1m)	〃	0.2
	잡 품 (재료비의)	%	20.0
기 구 손 료	베 인 시 험 전 단 기	시간	3.2

[주] ① 연약한(N=0~2) 점성토 지반을 대상으로 하는 원위치 전단시험으로 본 품은 75×150×3㎜의 블레이드를 사용하는 압입식 베인전단시험에 해당한다.
② 시추기에 대한 기계손료는 필요시 별도 계상한다.

8-2-3 자연시료 채취('08년 보완)

(회 당)

종 별	단 위	수 량
중 급 기 술 자	인	0.12
보 링 공	〃	0.22
특 별 인 부	〃	0.16
보 통 인 부	〃	0.22
신 월 튜 브	개	1.0
경 유	ℓ	1.0
잡 유	%	60(경유의)

[주] ① 시료조작 및 운반비는 별도 계상한다.
② 시료조작비는 시료포장, 시료상자 및 시료병 등을 말한다.
③ 채취시료의 토질시험비는 필요에 따라 별도 계상한다.
④ 잡재료는 별도 계상한다.
⑤ 본 품은 KSF 2317을 기준으로 한 것이다.

8-2-4 평판재하시험('08년 신설)

(회 당)

종 별	단 위	수 량
중 급 기 술 자	인	1.06
초 급 기 능 사	〃	1.88
보 통 인 부	〃	2.19
표 준 사	kg	1.0

[주] ① 본 품은 구조물 기초설계에 필요한 지반반력계수나 극한지지력 등의 특성을 파악하기 위한 지반평판재하에 해당한다.
② 본 품은 반력장치로서 굴착기를 적용한 것을 기준으로 한 것으로 H-beam, Screw anchor 등을 사용하는 경우에는 별도 계상한다.
③ 굴착기는 허용지지력이 5ton 이하의 경우 0.6㎥을 10ton 이하의 경우 1.0㎥의 규격을 적용하여 별도 계상하며, 하중이 10ton 이상 필요하여 추가적인 반력장치가 소요되는 경우 그 비용은 추가 계상한다.
④ 운반비, 잡재료 및 손료는 별도 계상한다.

8-2-5 동재하시험('08년 신설)

(회 당)

종 별	단 위	수 량
중급기술자	인	0.46
초급기술사	〃	0.46
보통인부	〃	0.46

[주] ① 본 품은 말뚝항타시 항타에너지 및 응력측정에 의한 항타 관입성 분석 및 시공관리기준 제시를 위한 동재하 시험에 해당되는 것으로 기성말뚝을 대상으로 한 것이다.
② 항타기는 별도 계상하며 그 규격은 현장여건에 따라 다르게 적용될 수 있다.
③ 운반비, 잡재료 및 손료는 별도 계상한다.

8-2-6 정재하시험('08년 신설)

(회 당)

종 별	단 위	수 량
중급기술자	인	4.20
초급기술사	〃	4.41
보통인부	〃	4.10
단독콘	개	72.0

[주] ① 본 품은 기초말뚝의 지지력을 평가하기 위하여 주변파일의 반력을 이용하는 방법에 해당한다.
② 재하방법으로 실하중 재하방법, Anchor의 반력을 이용하는 경우 소요비용은 별도 계상한다.
③ 크레인은 별도 계상하며 그 규격은 현장 여건에 따라 다르게 적용될 수 있다.
④ 운반비, 잡재료 및 손료는 별도 계상한다.

■ 지하수 오염방지시설

1. 수중모터펌프 설치/인양

(회 당)

구 분	규 격	단위	수 량 설치	수 량 인양
중 급 기 술 자	-	인	0.5	0.5
중 급 기 능 사	-	〃	1.0	1.0
배 관 공	-	〃	1.0	1.0
보 통 인 부	-	〃	4.0	4.0
저 압 케 이 블 전 공	-	〃	0.5	-
트 럭 탑 재 형 크 레 인	5 ton	hr	6.0	6.0

[주] ① 본 품은 수중모터펌프의 규격 5HP 이하 설치심도 100m 이내에 설치 및 인양을 기준으로 한 것이며 수중모터펌프의 규격이 증가하거나 설치심도가 깊은 경우 및 현장 여건에 따라 할증하여 적용할 수 있다.
② 수중모터펌프의 설치 과정에서 소요되는 절연테이프 등 소모성 재료비는 포함한 것이다.

2. 예비팩커설치 및 인양

(회 당)

구 분	단 위	수 량
중 급 기 술 지	인	0.05
차 폐 팩 커	식	0.008
펌 프 설 치	〃	1
펌 프 인 양	〃	1
양 수 시 험	hr	24

[주] ① 본 품은 굴착 직경 6"(150㎜)~8"(200㎜), 설치심도 50m 이내에 수중모터펌프 5HP 이하를 설치하는 것을 기준으로 한 것이다.
② 예비 팩커 설치 심도가 50m 이상 설치하게 되는 경우 고심도용 예비 팩커를 사용하여야 하며 별도 견적가격에 의해 산출된다.
③ 양수시험은 24시간을 기준으로 하였으며 24시간 이상은 증가된 시간을 할증하여 산출한다.

3. 예비 양수시험

(시간 당)

구 분	규 격	단 위	수 량
특 급 기 술 자	-	인	0.06
중 급 기 술 자	-	〃	0.12
보 링 공	-	〃	0.12
특 별 인 부	-	〃	0.12
보 통 인 부	-	〃	0.37
V-놋 치 수 량 측 정	인건비의 2%	식	1.0
수 중 모 터 펌 프	계약품 사용	〃	1.0
발 전 기	50 kW	hr	1.0

[주] ① 본 품은 굴착 직경 6"(150㎜)~8"(200㎜), 설치심도 50m 이내에 수중모터펌프 5HP 이하를 설치하는 것을 기준으로 한 것이다.
② 수중모터펌프 용량이 5HP 이상 10HP 이내 사용되는 경우 20%의 품을 가산할 수 있다.
③ 고심도용 예비 팩커를 사용하여 양수시험을 시행하는 경우 설치심도와 수중모터펌프 규격에 따라 품을 가산하여 시행할 수 있다.

4. 지하수 관정 CCTV 촬영

(회 당)

구 분	단 위	수 량	비 고
고 급 기 술 자	인	0.5	
중 급 기 술 자	〃	2.5	
초 급 기 술 자	〃	2.0	
보 통 인 부	〃	1.0	
제 도 사	〃	1.0	
CCTV 카 메 라	hr	4	
CCTV 적 재 차 량	〃	4	
컴 퓨 터	〃	6	

[주] ① 본 품은 지하수 관정 깊이 100m 촬영을 기준으로 한 것이며 200m 이내는 20%, 400m 이내는 50%, 400m 이상은 견적가격으로 산출한다.

5. 팩커 그라우팅케이싱 설치

(m 당)

구 분	규 격	단 위	수 량
중 급 기 술 자	-	인	0.07
중 급 기 능 사	-	〃	0.15
보 링 공	-	〃	0.07
특 별 인 부	-	〃	0.07
보 통 인 부	-	〃	0.14
배 관 공	-	〃	0.20
고 성 능 착 정 기	450 hp	hr	0.33
수 중 카 메 라	작업용 포터블	〃	0.009

[주] ① 본 품은 차수벽용 그라우팅케이싱에 압축 팩커 유니트를 결합하고 압축 팩커 유니트 상단에 그라우팅 제재를 주입할 수 있도록 구성한 것이며 그라우팅 케이싱의 직경은 150㎜~200㎜ 설치를 기준으로 한 것이며 직경 250㎜인 경우 20%를 할증하여 적용한다.

6. 팩커그라우팅 차수벽 시공

(m 당)

구 분	규 격	단 위	수 량
중 급 기 술 자	-	인	0.02
중 급 기 능 사	-	〃	0.18
보 링 공	-	〃	0.10
특 별 인 부	-	〃	0.20
보 통 인 부	-	〃	0.20
배 관 공	-	〃	0.30
차 수 벽 처 리	시멘트 0.7+속경성 0.3	kg	117.80
수 중 카 메 라	작업용 포터블	hr	0.009
그 라 우 팅 믹 서	0.45 ㎥	〃	0.28
그 라 우 팅 펌 프	30~60ℓ/min	〃	0.28

[주] ① 본 품은 그라우팅 케이싱 직경 150㎜~200㎜ 설치를 기준으로 한 것이며 직경 250㎜인 경우 20%를 할증하여 적용한다.
② 팩커 그라우팅 차수벽 시공깊이가 30m 이상 설치되는 경우 20%, 60m 이상 깊이에 설치되는 경우 50% 할증하여 적용할 수 있다.

7. 팩커 불용공(폐공) 처리비

(공 당)

구 분	규 격	단 위	수 량
중 급 기 술 자	-	인	0.50
중 급 기 능 사	-	〃	2.00
특 별 인 부	-	〃	2.00
보 통 인 부	-	〃	4.00
모 르 터	시멘트:모래 배합비 1:1	㎥	1.47

[주] ① 본 품은 불용공(폐공) 팩커 설치깊이 30m 시공깊이를 기준으로 한 것이다. 30m 이상 시공시 20% 이내에서 할증하여 적용할 수 있다.
② 불용공 팩커는 별도 재료비에 산출하도록 한다.

8. 내부 우물자재(PVC Pipe) 절단 또는 천공

(천공 1개소 당)

구 분	규 격	단 위	수 량
중 급 기 술 자	-	인	0.39
중 급 기 능 사	-	〃	0.05
보 링 공	-	〃	0.2
특 별 인 부	-	〃	0.2
보 통 인 부	-	〃	0.3
관 절 단 기 또 는 천 공 장 치	유압식	hr	6.0
유 압 발 생 장 치	50hp 이하	〃	6.0
고 성 능 착 정 기	450hp	〃	0.06

9. 밀폐식 상부보호공 설치

(개소 당)

구 분	규 격	단 위	수 량
중 급 기 술 자	-	인	1.00
배 관 공	-	〃	2.00
용 접 공	-	〃	1.00
특 별 인 부	-	〃	2.00
보 통 인 부	-	〃	4.00
저 압 케 이 블 전 공	-	〃	0.5
굴 삭 기(타이어)	0.18 ㎥	hr	6.00

[주] ① 본 품은 케이싱 직경 150㎜~200㎜에 플랜지 용접 결합 후 밀폐식 상부보호공을 설치하는 것을 기준으로 한 것이다. 케이싱 직경 250㎜에 설치하는 경우 10%를 할증하여 적용한다.
② 기존 시설물을 철거한 후 설치하는 경우에는 설치비의 50%를 추가 계상하여 산출 적용한다.
③ 밀폐식 상부보호공 설치 주변 바닥마감재에 따른 시공비는 포함되지 않으며 별도 산출 적용한다.

10. 지열공 환수헤더 및 환수관 설치

(m 당)

구 분	규 격	단 위	수 량
중 급 기 술 자	-	인	0.015
중 급 기 능 사	-	〃	0.020
보 링 공	-	〃	0.065
특 별 인 부	-	〃	0.065
보 통 인 부	-	〃	0.040
배 관 공	-	〃	0.040
고 성 능 착 정 기	450hp	hr	0.060

[주] ① 본 품은 지열공 내 환수관헷더와 환수관(ø40㎜×3way), 공급관(ø50~75㎜ 이상×1way)를 설치 기준으로 한 것이다.

11. 지열공 내부케이싱(무공관, 유공관) 설치

(m 당)

구 분	규 격	단 위	수 량
중 급 기 술 자	-	인	0.015
중 급 기 능 사	-	〃	0.020
보 링 공	-	〃	0.020
특 별 인 부	-	〃	0.020
보 통 인 부	-	〃	0.040
권 선 기	200hp	hr	0.02

[주] ① 본 품은 개방형 지열공 내부에 HDPE 내부케이싱(무공관, 유공관) 설치하는 경우 적용한다.
② 본 품은 내부케이싱 직경 50A, 설치깊이 300m 이내를 기준으로 한 것이며, 설치깊이가 300m 이상일 경우 20%의 품을 가산할 수 있다.

○ 참고자료

12. 지열공 충전재(여과사리)시공

(㎥ 당)

구 분	규 격	단 위	수 량
중 급 기 술 자	-	인	0.015
중 급 기 능 사	-	〃	0.015
배 관 공	-	〃	0.200
특 별 인 부	-	〃	0.100
보 통 인 부	-	〃	0.520

[주] ① 본 품은 개방형 지열공 내부에 여과사리를 시공하는 경우 적용한다.

■ 지열 지중열교환기의 열교환 코일관에 하중 부가재 설치와 누출 센서를 부설한 고심도 수직 밀폐형 지열시스템 시공기술(건설신기술 제929호)

· 시공절차 및 주요공정
　천공 → 지중열교환기 설치(하중부가재 설치) → 트렌치 배관 설치 → 누출 센서 설치 및 스마트 테그 설치

1. 굴착
　☞ 표준품셈 [토목 8-4 대구경 보링] 참조

2. 지중열교환기 설치

(m 당)

구 분	단 위	수 량
보 통 인 부	인	0.005

[주] ① 본 품은 지중열교환기(HDPE관 40㎜, 50㎜), 2관식 및 4관식 설치를 기준으로 한 것이다.
　② 본 품에는 지중열교환기 설치, 수압인가 작업, 하중 밴드 및 하중 부가재 설치 작업이 포함되어 있다.
　③ 그라우팅 주입은 별도 계상한다.
　④ 케이싱 인발은 다음을 참고하며, 기계경비는 별도 계상한다.

(공 당)

구 분	단 위	수 량
보 통 인 부	인	0.017
보 링 공	〃	0.160

3. 트렌치 배관 설치
    ☞ 표준품셈 [토목 6-5-4 버트융착 접합 및 부설] 참조

4. 누출 센서 및 스마트 테그 설치

(개 당)

구 분	단 위	수 량
보 통 인 부	인	0.011
배 관 공	〃	0.013

[주] 본 품에는 누출 센서 설치, 스마트 테그 설치, 점검박스 설치 작업이 포함되어 있다.

8-2-7 콘관입시험('09년 신설)

(개소 당)

종 별	단위	수 량
중 급 기 술 자	인	1.5
고 급 숙 련 기 술 자	〃	1.5
중 급 숙 련 기 술 자	〃	1.0
초 급 숙 련 기 술 자	〃	1.0

[주] ① 점성토 지반을 대상으로 하는 원위치 시험으로 본 품은 정적콘관입시험 중 전기식 콘관입시험에 해당한다.
② 재료비, 동력비, 기계기구손료 및 경비는 별도 계상한다.
③ 간극수압 소산시험은 별도 계상한다.

8-3 물리탐사

8-3-1 굴절법 탄성파 탐사('08년 보완)

(측선 1km 당)

종 별	단 위	수 량
기 술 사	인	3.8
특 급 기 술 자	〃	5.1
고 급 기 술 자	〃	10.8
중 급 기 술 자	〃	14.6
특 별 인 부	〃	3.8
보 통 인 부	〃	13.3

[주] ① 본 품은 수진점 간격 5m를 기준으로 한 것으로 조사규모, 목적, 방법, 현장조건에 따라 가감할 수 있다.
② 본 품은 측량비 및 성과 분석비를 포함한 것이다.
③ 기계 기구 손료는 별도 계상한다.
④ 재료비는 별도 계상한다.

8-3-2 2차원 전기비저항탐사('08년 보완)

(측선 1km 당)

종 별	단 위	수 량
기 술 사	인	3.9
특 급 기 술 자	〃	5.2
고 급 기 술 자	〃	10.4
중 급 기 술 자	〃	20.2
특 별 인 부	〃	6.5
보 통 인 부	〃	16.3

[주] ① 본 품은 전극간격 10m를 기준으로 한 것으로 본품은 조사규모, 목적, 방법, 현장조건에 따라 가감할 수 있다.
② 본 품은 측량비 및 성과 분석비를 포함한 것이다.
③ 기계 기구 손료는 별도 계상한다.
④ 재료비는 별도 계상한다.

8-4 대구경 보링(지하수개발)

8-4-1 천공(토사, 모래, 자갈 및 호박돌층)

(m 당)

구분	지층 규격(㎜)	토 사 층								
		100	150	200	250	300	350	400	450	500
중 급 기 술 자	인	0.01	0.02	0.02	0.02	0.02	0.03	0.03	0.04	0.04
중급숙련기술자	〃	0.05	0.06	0.08	0.09	0.10	0.11	0.12	0.13	0.14
보 링 공	〃	0.05	0.06	0.08	0.09	0.10	0.11	0.12	0.13	0.14
특 별 인 부	〃	0.03	0.03	0.04	0.04	0.05	0.06	0.06	0.08	0.08
보 통 인 부	〃	0.05	0.06	0.08	0.09	0.10	0.11	0.12	0.13	0.14
고성능착정기	시간	0.21	0.25	0.30	0.35	0.40	0.45	0.49	0.54	0.59
윙 비 트	개	0.0032								
벤 토 나 이 트	kg	0.35	0.53	0.70	0.88	1.05	1.25	1.43	1.60	1.78

(m 당)

구분	지층 규격(mm)	모 래 층								
		100	150	200	250	300	350	400	450	500
중급기술자	인	0.02	0.02	0.03	0.03	0.04	0.04	0.05	0.05	0.06
중급숙련기술자	〃	0.07	0.09	0.11	0.13	0.15	0.16	0.19	0.21	0.24
보 링 공	〃	0.07	0.09	0.11	0.13	0.15	0.16	0.19	0.21	0.24
특 별 인 부	〃	0.03	0.04	0.05	0.06	0.07	0.08	0.09	0.10	0.12
보 통 인 부	〃	0.07	0.09	0.11	0.13	0.15	0.16	0.19	0.21	0.24
고성능착정기	시간	0.28	0.34	0.43	0.51	0.59	0.65	0.74	0.82	0.90
윙 비 트	개	0.0041								
벤토나이트	kg	0.35	0.53	0.70	0.88	1.05	1.25	1.43	1.60	1.78

(m 당)

구분	지층 규격(mm)	자 갈 층								
		100	150	200	250	300	350	400	450	500
중급기술자	인	0.02	0.03	0.04	0.05	0.06	0.07	0.08	0.09	0.10
중급숙련기술자	〃	0.10	0.13	0.16	0.20	0.24	0.28	0.32	0.36	0.40
보 링 공	〃	0.10	0.13	0.16	0.20	0.24	0.28	0.32	0.36	0.40
특 별 인 부	〃	0.05	0.06	0.08	0.10	0.12	0.14	0.16	0.18	0.20
보 통 인 부	〃	0.10	0.13	0.16	0.20	0.24	0.28	0.32	0.36	0.40
고성능착정기	시간	0.38	0.52	0.65	0.81	0.97	1.11	1.27	1.42	1.57
윙 비 트	개	0.0064								
벤토나이트	kg	0.35	0.53	0.70	0.88	1.05	1.25	1.43	1.60	1.78

(m 당)

구분	지층 규격(mm)	호 박 돌 층								
		100	150	200	250	300	350	400	450	500
중급기술자	인	0.04	0.05	0.07	0.09	0.12	0.14	0.16	0.18	0.20
중급숙련기술자	〃	0.15	0.21	0.29	0.37	0.47	0.56	0.66	0.75	0.84
보 링 공	〃	0.15	0.21	0.29	0.37	0.47	0.56	0.66	0.75	0.84
특 별 인 부	〃	0.07	0.11	0.14	0.19	0.23	0.28	0.33	0.38	0.43
보 통 인 부	〃	0.15	0.21	0.29	0.37	0.47	0.56	0.66	0.75	0.84
고성능착정기	시간	0.59	0.86	1.14	1.48	1.86	2.23	2.62	2.99	3.36
윙 비 트	개	0.012								
벤토나이트	kg	0.35	0.53	0.70	0.88	1.05	1.25	1.43	1.60	1.78

8-4-2 천공(암반층)('06년 보완)

(m 당)

구분	지층 규격(mm)	풍 화 암								
		100	150	200	250	300	350	400	450	500
중급기술자	인	0.02	0.02	0.03	0.03	0.04	0.04	0.05	0.05	0.06
중급숙련기술자	〃	0.07	0.09	0.11	0.14	0.16	0.18	0.21	0.23	0.25
보 링 공	〃	0.07	0.09	0.11	0.14	0.16	0.18	0.21	0.23	0.25
특 별 인 부	〃	0.03	0.04	0.06	0.07	0.08	0.09	0.10	0.11	0.12
보 통 인 부	〃	0.07	0.09	0.11	0.14	0.16	0.18	0.21	0.23	0.25
고성능착정기	시간	0.26	0.34	0.45	0.54	0.64	0.72	0.82	0.91	1.00
윙 비 트	개	0.044								
벤 토 나 이 트	kg	0.35	0.53	0.70	0.88	1.05	1.25	1.43	1.60	1.78

(m 당)

구분	지층 규격(mm)	연 암					
		100	150	200	250	300	350
중급기술자	인	0.01	0.01	0.01	0.02	0.02	0.03
중급숙련기술자	〃	0.03	0.04	0.05	0.07	0.09	0.13
보 링 공	〃	0.03	0.04	0.05	0.07	0.09	0.13
특 별 인 부	〃	0.02	0.02	0.02	0.03	0.05	0.07
보 통 인 부	〃	0.03	0.04	0.05	0.07	0.09	0.13
고성능착정기	시간	0.13	0.14	0.19	0.27	0.38	0.53
기 포 제	ℓ	0.10	0.19	0.38	0.98	2.11	4.20
에어해머	개	0.0004					
버튼(Button)비트	〃	0.0018					

(m 당)

구분	지층 규격(mm)	보 통 암					
		100	150	200	250	300	350
중급기술자	인	0.02	0.02	0.02	0.03	0.04	0.05
중급숙련기술자	〃	0.05	0.07	0.08	0.11	0.15	0.21
보 링 공	〃	0.05	0.07	0.08	0.11	0.15	0.21
특 별 인 부	〃	0.03	0.04	0.04	0.06	0.08	0.11
보 통 인 부	〃	0.05	0.07	0.08	0.11	0.15	0.21
고성능착정기	시간	0.26	0.29	0.31	0.45	0.60	0.84
기 포 제	ℓ	0.10	0.24	0.62	1.61	3.39	8.73
에어해머	개	0.0011					
버튼(Button)비트	〃	0.0043					

(m 당)

구 분	지층	경		암		
	규격(㎜)	100	150	200	250	300
중 급 기 술 자	인	0.02	0.03	0.04	0.05	0.06
중급숙련기술자	〃	0.07	0.10	0.15	0.20	0.24
보 링 공	〃	0.07	0.10	0.15	0.20	0.24
특 별 인 부	〃	0.03	0.05	0.07	0.10	0.12
보 통 인 부	〃	0.07	0.10	0.15	0.20	0.24
고성능 착정기	시간	0.29	0.41	0.58	0.82	0.98
기 포 제	ℓ	0.18	0.45	1.15	2.95	5.48
에 어 해 머	개	0.0033				
버튼(Button)비트	〃	0.0135				

[주] ① 본 품은 해머식 착정공법에 의한 암반지하수개발을 목적으로 하는 고성능 착정기(엔진 335.70 ㎾ 기준)를 이용하며, 굴착심도는 200m 이하를 기준으로 한다.
② 케이싱 설치, 에어써징, 우물설치 및 양수시험에 필요한 인력품은 아래와 같으며, 기계경비는 별도 계상한다.

구 분	단위	인 력 품					비 고
		중급 기술자	중급숙련 기술자	보링공	특별인부	보통인부	
케이싱설치	m	0.03	0.13	0.13	0.13	0.20	철재 케이싱 (250㎜)
에 어 써 징	m	0.004	0.01	0.01	0.01	0.02	
우 물 설 치	m	0.004	0.01	0.01	0.01	0.02	
양 수 시 험	시간	0.06	0.12	0.12	0.12	0.37	

③ 기타 기계기구 설치, 수중모터펌프 설치 및 진기검층에 필요한 경비는 별도로 계상한다.

8-4-3 폐공 되메우기

(10m 당)

직 종	단 위	수 량
중급기술자	인	0.067
중급숙련기술자	〃	0.133
특별인부	〃	0.267
보통인부	〃	0.267

[주] ① 본 품은 지하수개발 과정에서 발생된 폐공을 모래 및 시멘트밀크로 메우는 품으로서 공경(나공) 15.24㎝를 기준한 것이다.
② 본 품은 깊이 200m까지를 기준한 것이므로, 200m를 초과할 경우에는 100m 증가시마다 품을 20%까지 가산할 수 있다.
③ 본 품은 모래주입 및 시멘트밀크 비빔·주입, 모르타르 비빔·타설, 재료의 소운반을 포함하고 있는 것이므로, 터파기 및 되메우기, 케이싱(공벽유지를 위하여 기존에 설치되어 있는 것)인발이나 절단 등이 필요한 경우에는 별도로 계상한다.
④ 모래 등 재료량은 설계에 따른다.

〈모식도〉

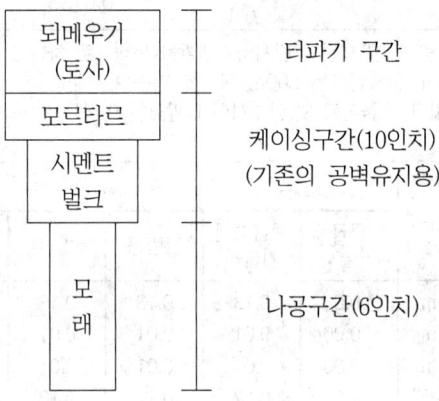

| 건설신기술 제991호 | 레이저와 카메라를 이용한 비접촉 무타겟 영상 처리기반 교량 변위 측정 기술 |
| 2024. 6. 7 | 8년 | |

- 시공절차 및 주요공정
  재하시험 계획수립 → 장비준비 → [외업] → 재하시험 결과정리 외업 : 현장이동 → 게이지 부착 및 점검 → 측정 → 해체

1. 현장이동
   ☞ 국토교통부 고시 『시설물의 안전 및 유지관리 실시 등에 관한 지침』 별표26. 선택과업 비용 기준
   - 9.비파괴재하시험 참조

2. 게이지 부착 및 점검
   ☞ 국토교통부 고시 『시설물의 안전 및 유지관리 실시 등에 관한 지침』 별표26. 선택과업 비용 기준
   - 9.비파괴재하시험의 83%로 계상

3. 측정
   ☞ 국토교통부 고시 『시설물의 안전 및 유지관리 실시 등에 관한 지침』 별표26.선택과업 비용 기준
   - 9.비파괴재하시험 참조
[주] 측정 절차에 소요되는 장비 및 재료비는 별도계상한다.

4. 해체
   ☞ 국토교통부 고시 『시설물의 안전 및 유지관리 실시 등에 관한 지침』 별표26. 선택과업 비용 기준
   - 9.비파괴재하시험의 76%로 계상

제9장 측 량

9-1 기준점 측량

9-1-1 GNSS에 의한 기준점 측량('21년 보완)

작업구분	일수	인원수 1일당					인원수 합계					비고
		특급기술자	고급기술자	중급기술자	초급기술자	인부	특급기술자	고급기술자	중급기술자	초급기술자	인부	
계획준비	(15)	(1)	(1)	(1)	(1)	-	(15)	(15)	(15)	(15)	-	
답사선점	0.5	-	0.5	1.5	1.5	2	-	0.25	0.75	0.75	1	
복 구	1	-	1	1	-	3	-	1	1	-	3	
관 측	1	0.2	-	0.4	0.8	1.4	0.2	-	0.4	0.8	1.4	
계 산	(1)	(0.2)	(0.4)	(0.2)	-	-	(0.2)	(0.4)	(0.2)	-	-	
정리점검	(20)	(1)	(1)	(1)	-	-	(20)	(20)	(20)	-	-	
계	-	-	-	-	-	-	0.2 (35.2)	1.25 (35.4)	2.15 (35.2)	1.55 (15)	5.4 -	

※ 1. ( )내는 내업을 표시함.
   2. 계획준비 및 정리점검은 100점당 1작업 단위임.

[주] ① GNSS에 의한 기준점측량이라 함은 국가기준점을 대상으로 국토지리정보원에서 시행하는 측량을 말한다.
② 작업방법은 국토지리정보원에서 정한 국가기준점측량 작업규정에 의한다.
③ 본 품에서 통합기준점의 경우 평균표고에 의한 증감 계수는 1.0을 적용한다.
④ 본 품에서 답사선점·복구·관측은 작업지역의 평균표고에 따라 다음의 증감 계수를 곱하여 계상할 수 있다.

구 분	500m 미만	500m~1,000m	1,000m 이상	비 고
계 수	1.0	1.2	1.4	

⑤ 본 품에서 계획준비·정리점검은 다음의 작업량 계수를 적용한다.
   작업량 계수(R)=0.8+20/Q (단, Q는 실시작업량)
   다만, 물량이 많을 경우에도 작업량 계수는 0.9까지만 적용한다.
⑥ 본 품은 점위치에서 가장 가까운 차도에서부터 가산한 것이며, 점간 이동 및 자재운반 등에 따르는 차량비는 별도 계상한다.
⑦ 보상비, 재료비 및 소모품비 등은 실정에 따라 별도 계상한다.
⑧ 본 품의 외업에 동원되는 기술인원에 대한 여비는 국토교통부장관이 고시한 측량대가의 기준에 따라 별도 계상한다.
⑨ 본 품에서 사용되는 측량기기의 상각비·정비비는 별도 계상한다.
⑩ 본 품은 국가기준점측량 작업규정에 의한 성과작성품이 포함된 것이다.

9-1-2 1급 기준점 측량

작업구분	일수	인 원 수										비고
		1일 당						합 계				
		특급기술자	고급기술자	중급기술자	초급기술자	초급기능사(측량)	인부	특급기술자	고급기술자	중급기술자	초급기술자	초급기능사(측량)	인부	
계획준비	(3)	(0.5)	(0.5)	(2)	(2)	-	-	(1.5)	(1.5)	(6)	(6)	-	-	( )내는 내업을 표시함
답사선점	5	-	1	1	1	1	-	-	5	5	5	5	-	
조표(매설)	5	-	-	1	1	1	2	-	-	5	5	5	10	
관 측	12	-	0.75	1.25	1	2	-	-	9	15	12	24	-	
계 산	(3)	-	(1)	(1)	(2)	-	-	-	(3)	(3)	(6)	-	-	
정리점검	(3)	(0.5)	(2)	(2)	-	-	-	(1.5)	(6)	(6)	-	-	-	
계	-	-	-	-	-	-	-	-(3.0)	14(10.5)	25(15)	22(12)	34	10	

[주] ① 1급 기준점 측량은 각 관측, 거리 관측 및 높이 관측 등을 하는 것으로 높이 관측은 간접수준측량방법을 기준으로 한 것이다.
② 관측용 장비는 GPS측량기, 거리측량기, 토탈스테이션, 각 관측 장비로 한다.
③ 본 품은 평지를 기준으로 한 것이며, 지형의 유형에 따라 다음의 계수 값 이내를 가산한다.
  ○ 지형 유형에 따른 계수(K)

지형구분	계수	비 고
밀집시가지	1.30	·건물 및 도로가 시가지 면적의 90% 이상 지형
시 가 지	1.15	·건물 및 도로가 시가지 면적의 70% 이상 지형
평 지	1.00	·시가지 주변과 촌락의 소도시를 포함한 구릉지형
산 지	1.20	·표고차 200m~400m
산 악 지	1.40	·표고차 400m 이상

④ 작업방법은 공공측량 작업규정에 의한다.
⑤ 본 품은 구하는점 10점, 주어진점 6점을 기준한 것으로 작업량에 따라 다음의 값을 가산한다. 다만, 영구표지 매설은 구하는 점 10점을 1작업 단위로 한 것이며, 조표품은 별도 적용 계상한다.

  ○ 작업량에 따른 계수(P)

작업량(점수)	1	5	10	16	20	32	비 고
계 수	4.00	1.44	1.12	1.00	0.96	0.90	

  ○ 작업량 계수(P)=0.8+$\dfrac{3.2}{작업량(점수)}$

  ○ 작업량(점수)=구하는점+주어진점
    구하는 점 : 기준점 측량에서 그 성과가 기지의 값으로 사용되는 점을 말한다.
    주어진 점 : 기준점 측량에 의하여 신설된 공공기준점 및 다시 측량된 점을 말한다.

○ 작업량이 32점 이상인 경우에도 작업량 계수는 0.90으로 적용한다.
⑥ 보상비, 재료비, 소모품비, 차량비 등은 실정에 따라 별도 계상한다.
⑦ 본 품은 다각측량 방법으로서 변장 1,000m를 기준으로 한 것이다.
⑧ 본 품의 외업에 동원되는 기술인원에 대한 여비는 국토교통부장관이 고시한 측량용역대가기준에 따라 별도 계상한다.
⑨ 본 품에서 점검측량 및 성과심사에 소요되는 비용은 별도 계상한다. 다만, 성과심사비는 국토교통부장관이 고시한 측량성과 심사수탁기관의 심사업무 및 지정절차 등에 관한 규정에 따른다.
⑩ 본 품에서 사용되는 측량기기의 상각비·정비비는 별도 계상한다.
⑪ 본 품에는 다음의 성과작성품이 포함되어 있다.
 ㉮ 성과표 및 관측계획도   1부
 ㉯ 관측수부 및 계산부   1부
 ㉰ 기준점현황조사서 및 점의조서   1부
 ㉱ 보고서   1부
 ㉲ 관측성과기록데이터(평균 계산 데이터 포함))   1부
※ 거리 및 각 관측을 기록하여 출력된 전자야장으로 관측수부를 대신할 수 있다.

[계산 예]

> 1) 구하는 점 6점, 주어진 점 4점일 경우
> 2) 산지지형으로 표고가 300m일 경우

[수량계산]

구 분	수 량 (T)	단가	금 액
특 급 기 술 자	3 ×10/16×1.2×1.12= 2.52	W_1	$W_1 = 2.52 \times w_1$
고 급 기 술 자	24.5×10/16×1.2×1.12=20.58	W_2	$W_2 = 20.58 \times w_2$
중 급 기 술 자	40.0×10/16×1.2×1.12=33.60	W_3	$W_3 = 33.60 \times w_3$
초 급 기 술 자	34.0×10/16×1.2×1.12=28.56	W_4	$W_4 = 28.56 \times w_4$
초 급 기 능 사(측량)	34.0×10/16×1.2×1.12=28.56	W_5	$W_5 = 28.56 \times w_5$
인 부	10.0×10/16×1.2×1.12= 8.40	W_6	$W_6 = 8.40 \times w_6$
계			ΣW_i

수량(T) 산정식은 다음과 같다.
 T= 인원수×표준작업량×K×P
  여기서, K는 지형유형에 따른 계수=1.20
     P는 작업량에 따른 계수=1.12

9-1-3 2급 기준점 측량

작업 구분	일수	인 원 수											비고
		1 일 당						합 계					
		특급기술자	고급기술자	중급기술자	초급기술자	초급기능사(측량)	인부	특급기술자	고급기술자	중급기술자	초급기술자	초급기능사(측량)	인부	
계 획 준 비	(2)	(0.5)	(0.5)	(2)	(2)	-	-	(1)	(1)	(4)	(4)	-	-	( )내는 내업을 표시함
답 사 선 점	4	-	1	1	1	1	-	-	4	4	4	4	-	
조표(매설)	4	-	-	1	1	1	2	-	-	4	4	4	8	
관 측	10	-	0.8	1	1	2	-	-	8	10	10	20	-	
계 산	(2)	-	(1)	(1)	(2)	-	-	-	(2)	(2)	(4)	-	-	
정 리 점 검	(2)	(0.5)	(1)	(0.5)	-	-	-	(1)	(2)	(1)	-	-	-	
계	-	-	-	-	-	-	-	-(2)	12(5)	18(7)	18(8)	28	8	

[주] ① 2급 기준점 측량은 각 관측, 거리 관측 및 높이 관측 등을 하는 것으로 높이 관측은 간접수준측량방법을 기준으로 한 것이다.
② 관측용 장비는 GPS측량기, 거리측량기, 토탈스테이션, 각 관측 장비로 한다.
③ 본 품은 평지를 기준으로 한 것이며, 지형 유형에 따라 다음의 계수 값 이내를 가산한다.
  ○ 지형 유형에 따른 계수(K)

지 형 구 분	계 수	비 고
밀 집 시 가 지	1.30	·건물 및 도로가 시가지 면적의 90% 이상 지형
시 가 지	1.15	·건물 및 도로가 시가지 면적의 70% 이상 지형
평 지	1.00	·시가지 주변과 촌락의 소도시를 포함한 구릉지형
산 지	1.20	·표고차 200m~400m
산 악 지	1.40	·표고차 400m 이상

④ 작업방법은 공공측량 작업규정에 의한다.
⑤ 본 품은 구하는점 10점, 주어진점 4점을 기준한 것으로 작업량에 따라 다음의 값을 가산한다. 다만, 영구표지 매설은 구하는 점 10점을 1작업 단위로 한 것이며, 조표품은 별도 적용 계상한다.
  ○ 작업량에 따른 증감 계수(P)

작업량(점수)	1	5	10	14	20	28	비고
계 수	3.60	1.36	1.08	1.00	0.94	0.90	

  ○ 작업량계수$(P)=0.8+\dfrac{2.8}{작업량(점수)}$
  ○ 작업량(점수)=구하는점+주어진점
  ○ 작업량이 28점 이상인 경우에도 작업량 계수는 0.90으로 적용한다.
⑥ 보상비, 재료비, 소모품비, 차량비 등은 실정에 따라 별도 계상한다.
⑦ 본 품은 다각측량 방법으로서 변장 500m를 기준으로 한 것이다.
⑧ 본 품의 외업에 동원되는 기술인원에 대한 여비는 국토교통부장관이 고시한 측량용역대가기준에 따라 별도 계상한다.

⑨ 본 품에서 점검측량 및 성과심사에 소요되는 비용은 별도 계상한다. 다만, 성과심사비는 국토교통부장관이 고시한 측량성과 심사수탁기관의 심사업무 및 지정절차 등에 관한 규정에 따른다.
⑩ 본 품에서 사용되는 측량기기의 상각비·정비비는 별도 계상한다.
⑪ 본 품에는 다음의 성과작성품이 포함되어 있다.
  ㉮ 성과표 및 관측계획도   1부
  ㉯ 관측수부 및 계산부   1부
  ㉰ 기준점현황조사서 및 점의조서   1부
  ㉱ 보고서   1부
  ㉲ 관측성과기록데이터(평균계산 데이터 포함)   1부
  ※ 거리 및 각 관측을 기록하여 출력된 전자야장으로 관측수부를 대신할 수 있다.

[계산 예]
1) 구하는 점 2점, 주어진 점 3점일 경우
2) 밀집시가지형인 경우

[수량계산]

구 분	수 량(T)	단 가	금 액
특급기술자	2.0×5/14×1.3×1.36= 1.26	W_1	W_1= 1.26×w_1
고급기술자	17.0×5/14×1.3×1.36=10.73	W_2	W_2=10.73×w_2
중급기술자	25.0×5/14×1.3×1.36=15.78	W_3	W_3=15.78×w_3
초급기술자	26.0×5/14×1.3×1.36=16.41	W_4	W_4=16.41×w_4
초급기능사(측량)	28.0×5/14×1.3×1.36=17.68	W_5	W_5=17.68×w_5
인 부	8.0×5/14×1.3×1.36= 5.05	W_6	W_6= 5.05×w_6
계			ΣW_i

수량(T) 산정식은 다음과 같다.
T= 인원수×표준작업량×K×P
여기서, K는 지형유형에 따른 계수=1.30
       P는 작업량에 따른 계수=1.36

9-1-4 3급 기준점 측량

작업구분	일수	인 원 수									비고
		1 일 당					합 계				
		고급기술자	중급기술자	초급기술자	초급기능사(측량)	인부	고급기술자	중급기술자	초급기술자	초급기능사(측량)	인부	
계획준비	(2)	(0.5)	(2)	(2)	-	-	(1)	(4)	(4)	-	-	( )내는 내업을 표시함
답사선점	2	0.75	1	1	1	-	1.5	2	2	2	-	
조표(매설)	2	-	1	1	1	2	-	2	2	2	4	
관 측	14	1	1	1	2	-	14	14	14	28	-	
계 산	(3)	(0.5)	(1)	(2)	-	-	(1.5)	(3)	(6)	-	-	
정리점검	(2)	(2)	(1)	-	-	-	(4)	(2)	-	-	-	
계	-	-	-	-	-	-	15.5 (6.5)	18 (9)	18 (10)	32 -	4 -	

[주] ① 3급 기준점 측량은 각 관측, 거리 관측 및 높이 관측 등을 하는 것으로 높이 관측은 간접수준측량방법을 기준으로 한 것이다.
② 관측용 장비는 GPS측량기, 거리측량기, 토탈스테이션, 각 관측 장비로 한다.
③ 본 품은 평지를 기준으로 한 것이며, 지형의 유형에 따라 다음의 계수 값 이내를 가산한다.
  ○ 지형 유형에 따른 계수(K)

지 형 구 분	계 수	비 고
밀 집 시 가 지	1.30	・건물 및 도로가 시가지 면적의 90% 이상 지형
시 가 지	1.15	・건물 및 도로가 시가지 면적의 70% 이상 지형
평 지	1.00	・시가지 주변과 촌락의 소도시를 포함한 구릉 지형
산 지	1.15	・표고차 200m~400m
산 악 지	1.30	・표고차 400m 이상

④ 작업방법은 공공측량 작업규정에 의한다.
⑤ 본 품은 구하는점 25점, 주어진점 5점을 기준한 것으로 작업량에 따라 다음의 값을 가산한다. 다만, 영구표지 매설은 구하는점 25점을 1작업 단위로 한 것이며, 조표품은 별도 적용 계상한다.
  ○ 작업량에 따른 계수(P)

작업량(점수)	5	10	20	30	40	60	비 고
계 수	2.00	1.40	1.10	1.00	0.95	0.90	

  ○ 작업량계수$(P) = 0.8 + \dfrac{6}{\text{작업량(점수)}}$

  ○ 작업량(점수)=구하는점+주어진점
  ○ 작업량이 60점 이상인 경우에도 작업량계수(P)는 0.90으로 적용한다.
⑥ 보상비, 재료비, 소모품비, 차량비 등은 실정에 따라 별도 계상한다.
⑦ 본 품은 다각측량 방법으로서 변장 200m를 기준으로 한 것이다.
⑧ 본 품의 외업에 동원되는 기술인원에 대한 여비는 국토교통부장관이 고시한 측량용역대가기준에 따라 별도 계상한다.
⑨ 본 품에서 점검측량 및 성과심사에 소요되는 비용은 별도 계상한다. 다만, 성과심사비는 국토교통부장관이 고시한 측량성과 심사수탁기관의 심사업무 및 지정절차 등에 관한 규정에 따른다.
⑩ 본 품에서 사용되는 측량기기의 상각비・정비비는 별도 계상한다.
⑪ 본 품에는 다음의 성과작성품이 포함되어 있다.
  ㉮ 성과표 및 관측계획서   1부
  ㉯ 관측수부 및 계산부   1부
  ㉰ 기준점현황조사서 및 점의조서   1부
  ㉱ 보고서   1부
  ㉲ 관측성과기록데이터(평균 계산 데이터 포함))   1부
  ※ 거리 및 관측을 기록하여 출력된 전자야장으로 관측수부를 대신할 수 있다.

[계산 예]
1) 구하는 점 50점, 주어진 점 10점일 경우
2) 산지지형으로 표고가 300m일 경우

[수량계산]

구 분	수 량(T)	단 가	금 액(Wi)
고 급 기 술 자	22×60/30×1.15×0.90=45.54	W_1	W_1=45.54×w_1
중 급 기 술 자	27×60/30×1.15×0.90=55.89	W_2	W_2=55.89×w_2
초 급 기 술 자	28×60/30×1.15×0.90=57.96	W_3	W_3=57.96×w_3
초 급 기 능 사(측량)	32×60/30×1.15×0.90=66.24	W_4	W_4=66.24×w_4
인 부	4×60/30×1.15×0.90= 8.28	W_5	W_5= 8.28×w_5
계			ΣWi

수량(T) 산정식은 다음과 같다.
T= 인원수×표준작업량×K×P
여기서, K는 지형유형에 따른 계수=1.15
P는 작업량에 따른 계수=0.90

9-1-5 4급 기준점 측량

작업 구분	일 수	인 원 수										비 고
		1 일 당					합 계					
		고급 기술자	중급 기술자	초급 기술자	초급 기능사 (측량)	인 부	고급 기술자	중급 기술자	초급 기술자	초급 기능사 (측량)	인 부	
계 획 준 비	(2)	(1)	(2)	(2)	-	-	(2)	(4)	(4)	-	-	( )내는
답 사 선 점	3	0.5	1	1	-	2	1.5	3	3	-	6	내업을
관 측	20	1	1	1	2	-	20	20	20	40	-	표시함
계 산	(5)	(1)	(1)	(2)	-	-	(5)	(5)	(10)	-	-	
정 리 점 검	(3)	(1)	(1)	-	-	-	(3)	(3)	-	-	-	
계	-	-	-	-	-	-	21.5 (10)	23 (12)	23 (14)	40	6	

[주] ① 4급 기준점 측량은 각 관측, 거리 관측 및 높이 관측 등을 하는 것으로 높이 관측은 간접수준측량방법을 기준으로 한 것이다.
② 관측용 장비는 GPS측량기, 거리측량기, 토탈스테이션, 각 관측 장비로 한다.
③ 본 품은 평지를 기준으로 한 것이며, 지형의 유형에 따라 다음의 계수 값 이내를 가산한다.
  ◦ 지형 유형에 따른 계수(K)

지 형 구 분	계 수	비 고
밀 집 시 가 지	1.30	·건물 및 도로가 시가지 면적의 90% 이상 지형
시 가 지	1.15	·건물 및 도로가 시가지 면적의 70% 이상 지형
평 지	1.00	·시가지 주변과 촌락의 소도시를 포함한 구릉지형
산 지	1.10	·표고차 200m~400m
산 악 지	1.20	·표고차 400m 이상

④ 작업방법은 공공측량 작업규정에 의한다.
⑤ 본 품은 구하는점 110점, 주어진점 40점을 기준한 것으로 작업량에 따라 다음의 값을 가산한다.

○ 작업량에 따른 계수(P)

작업량(점수)	30	50	80	150	200	300	비 고
계 수	1.80	1.40	1.17	1.00	0.95	0.90	

○ 작업량계수$(P) = 0.8 + \dfrac{30}{작업량(점수)}$

○ 작업량(점수)=구하는점+주어진점
○ 작업량이 300점 이상인 경우에도 작업량계수(P)는 0.90으로 적용한다.

○ 점간 거리별 증감계수(S)

거리(m)	40	60	70	80	100	비 고
증감계수	0.53	0.65	0.73	0.81	1.00	

⑥ 보상비, 재료비, 소모품비, 차량비 등은 별도 계상한다.
⑦ 본 품은 기준점측량 방법으로서 변장 50m를 기준으로 한 것이다.
⑧ 본 품의 외업에 동원되는 기술인원에 대한 여비는 국토교통부장관이 고시한 측량용역대가기준에 따라 별도 계상한다.
⑨ 본 품에서 점검측량 및 성과심사에 소요되는 비용은 별도 계상한다. 다만, 성과심사비는 국토교통부장관이 고시한 측량성과 심사수탁기관의 심사업무 및 지정절차 등에 관한 규정에 따른다.
⑩ 본 품에서 사용되는 측량기기의 상각비·정비비는 별도 계상한다.
⑪ 본 품에는 다음의 성과작성품이 포함되어 있다.
  ㉮ 성과표 및 관측계획도   1부
  ㉯ 관측수부 및 계산부   1부
  ㉰ 기준점현황조사서 및 점의조서   1부
  ㉱ 보고서   1부
  ㉲ 관측성과기록데이터(평균 계산 데이터 포함) 1부
  ※ 거리 및 각 관측을 기록하여 출력된 전자야장으로 관측수부를 대신할 수 있다.

9-2 수준측량

9-2-1 기본 수준측량('25년 보완)

작업구분		단위	특급 기술자	고급 기술자	중급 기술자	초급 기술자	인부	비고
계획준비		50km	(4.0)	(5.0)	(4.0)	(3.0)	-	( )내는 내업을 표시함
답사			-	5.0	5.0	-	-	
선점		점	-	2.0	2.0	-	-	
매설			-	-	1.5	1.5	3.0	
관측		50km	13.5	45.0	45.0	90.0	45.0	
계산			-	(13.5)	(13.5)	-	-	
성과정리			(3.5)	(12.0)	(10.0)	-	-	
계	답사/관측 내업	50km	13.5 (7.5)	50.0 (30.5)	50.0 (27.5)	90.0 (3.0)	45.0	
	선점/매설	점	-	2.0	3.5	1.5	3.0	

[주] ① 기본 수준측량이라 함은 1·2등 수준점 및 통합기준점을 대상으로 국토지리정보원에서 시행하는 수준측량을 말한다
② 기본 수준측량용 레벨은 1급 전자레벨이어야 하고 표척은 「인바」 합금으로 제작된 것이라야 한다.
③ 작업방법은 국토지리정보원에서 정한 수준측량 작업규정에 의한다.
④ 본 품은 표준지형, 수준점 간 표고차 100m 이하를 기준으로 한 것이며, 관측의 경우 지형/표고차 유형에 따라 다음의 계수 값 이내를 가산한다.
  ○ 지형/표고차 유형에 따른 계수(K)

지형	표고차	계수	비고
표준	100m 이하	1.00	
	100m 초과 200m 이하	1.10	
	200m 초과	1.20	① 지형 : 국토지형분류에 따라 노선의 80% 이상이 해당 지형 분류에 포함되는 경우 적용
산악지	100m 이하	1.25	
	100m 초과 200m 이하	1.35	② 표고차 : 수준점 간 표고차 기준
	200m 초과	1.45	③ 관측 공정만 해당
시가지	100m 이하	1.25	
	100m 초과 200m 이하	1.40	
	200m 초과	1.55	

⑤ 본 품은 작업근거지 이동을 위한 이동비, 운반비 등은 고려되지 않았으므로 이는 실정에 따라 별도 계상한다.
⑥ 매설작업의 자재운반에 따르는 차량비 및 유류비는 별도 계상한다.
⑦ 보상비, 재료비, 소모품비 등은 실정에 따라 계상한다.
⑧ 도하 및 도해 수준측량은 거리에 관계없이 1구간당 2~3시간 소요되는 것으로 보며, 이에 소요되는 측표재료비 및 용선료 등은 별도 계상한다.
⑨ 노선의 70% 이상이 터널, 교량에 해당하는 경우 관측 공정에 60%의 할증을 적용할 수 있다.
⑩ 관측작업량의 단위는 50km를 왕복한 100km를 1작업 단위로 계상한 것이며, 계획준비·답사·계산·성과정리 공정의 작업 단위는 실제 거리인 50km다.
⑪ 선점·매설의 작업 단위는 1점으로 실작업량에 따라 조정하여 적용한다.

⑫ 본 품의 외업에 동원되는 기술인원에 대한 여비는 국토지리정보원장이 고시한 측량대가의 기준에 따라 별도 계상한다.
⑬ 본 품에서 사용되는 측량기기의 상각비·정비비는 별도 계상한다.

[계산 예]

1등 수준점 13점을 설치할 경우(관측 150km, 매설 13점)

표준지형 표고차 "100m 이하" 해당거리 60km
           "100m 초과 200m 이하" 해당거리 20km
           "200m 초과" 해당거리 10km
산악지지형 표고차 "100m 이하" 해당거리 20km
           "100m 초과 200m 이하" 해당거리 10km
           "200m 초과" 해당거리 5km
시가지지형 표고차 "100m 이하" 해당거리 10km
           "100m 초과 200m 이하" 해당거리 10km
           "200m 초과" 해당거리 5km

[수량계산]

구분			수량(T)	단가	금액
관측	표준	특급기술자	13.5×(15/10)×{(6/15×1.00)+(2/15×1.10)+(1/15×1.25)}=12.6	w_1	$W_1=12.6×w_1$
		고급기술자	45.0×(15/10)×{(6/15×1.00)+(2/15×1.10)+(1/15×1.25)}=42.3	w_2	$W_2=42.3×w_2$
		중급기술자	45.0×(15/10)×{(6/15×1.00)+(2/15×1.10)+(1/15×1.25)}=42.3	w_3	$W_3=42.3×w_3$
		초급기술자	90.0×(15/10)×{(6/15×1.00)+(2/15×1.10)+(1/15×1.25)}=84.6	w_4	$W_4=84.6×w_4$
		인부	45.0×(15/10)×{(6/15×1.00)+(2/15×1.10)+(1/15×1.25)}=42.3	w_5	$W_5=42.3×w_5$
	산악	특급기술자	13.5×(15/10)×{(2/15×1.25)+(1/15×1.35)+(5/150×1.45)}=6.1	w_6	$W_6=6.1×w_6$
		고급기술자	45.0×(15/10)×{(2/15×1.25)+(1/15×1.35)+(5/150×1.45)}=20.5	w_7	$W_7=20.5×w_7$
		중급기술자	45.0×(15/10)×{(2/15×1.25)+(1/15×1.35)+(5/150×1.45)}=20.5	w_8	$W_8=20.5×w_8$
		초급기술자	90.0×(15/10)×{(2/15×1.25)+(1/15×1.35)+(5/150×1.45)}=41.1	w_9	$W_9=41.1×w_9$
		인부	45.0×(15/10)×{(2/15×1.25)+(1/15×1.35)+(5/150×1.45)}=20.5	w_{10}	$W_{10}=20.5×w_{10}$
	시가지	특급기술자	13.5×(15/10)×{(1/15×1.25)+(1/15×1.40)+(5/150×1.55)}=4.6	w_{11}	$W_{11}=4.6×w_{11}$
		고급기술자	45.0×(15/10)×{(1/15×1.25)+(1/15×1.40)+(5/150×1.55)}=15.4	w_{12}	$W_{12}=15.4×w_{12}$
		중급기술자	45.0×(15/10)×{(1/15×1.25)+(1/15×1.40)+(5/150×1.55)}=15.4	w_{13}	$W_{13}=15.4×w_{13}$
		초급기술자	90.0×(15/10)×{(1/15×1.25)+(1/15×1.40)+(5/150×1.55)}=30.8	w_{14}	$W_{14}=30.8×w_{14}$
		인부	45.0×(15/10)×{(1/15×1.25)+(1/15×1.40)+(5/150×1.55)}=15.4	w_{15}	$W_{15}=15.4×w_{15}$
계획준비/탐사/ 계산성과정리		고급기술자	7.5×(15/10)=11.2	w_{16}	$W_{16}=11.2×w_{16}$
		중급기술자	35.5×(15/10)=53.2	w_{17}	$W_{17}=53.2×w_{17}$
		초급기술자	32.5×(15/10)=48.7	w_{18}	$W_{18}=48.7×w_{18}$
		인부	3.0×(15/10)= 4.5	w_{19}	$W_{19}= 4.5×w_{19}$
선점/매설		고급기술자	2.0×13=26.0	w_{20}	$W_{20}=26.0×w_{20}$
		중급기술자	3.5×13=45.5	w_{21}	$W_{21}=45.5×w_{21}$
		초급기술자	1.5×13=19.5	w_{22}	$W_{22}=19.5×w_{22}$
		인부	3.0×13=39.0	w_{23}	$W_{23}=39.0×w_{23}$
계					ΣW_i

* 수량(T) 산정식은 다음과 같다.
T=인원수×작업량×K
여기서, K는 지형/표고차 유형에 따른 계수로 관측 공정에만 해당한다.

9-2-2 1급 수준측량

작업 구분	일수	1일당						합계						비고
		특급 기술자	고급 기술자	중급 기술자	초급 기술자	초급 기능사 (측량)	인부	특급 기술자	고급 기술자	중급 기술자	초급 기술자	초급 기능사 (측량)	인부	
계획준비	(1)	(0.5)	(0.5)	(1)	-	-	-	(0.5)	(0.5)	(1)	-	-	-	( )내는 내업을 표시함
답사선점	1	-	-	1	-	-	-	-	-	1	-	-	-	
관 측	10	-	0.2	1	1	1	1	-	2	10	10	10	10	
계 산	(1)	-	(0.5)	(0.5)	-	-	-	-	(0.5)	(0.5)	-	-	-	
정리점검	(1)	(0.5)	(0.5)	(1)	-	-	-	(0.5)	(0.5)	(1)	-	-	-	
계	-	-	-	-	-	-	-	(1.0)	2 (1.5)	11 (2.5)	10	10	10	

[주] ① 본 수준측량용 레벨은 기포관감도 40″/2㎜(원형기포관 10′/2㎜) 이상이어야 한다.
② 수준측량은 직접수준측량방법 또는 도해(하) 수준측량방법에 의한다.
③ 표척의 시준거리는 최대 70m 이내를 기준으로 한 것이며, 표척의 읽음 단위는 1㎜, 읽음 방법은 후시-전시로 한다.
④ 작업방법은 공공측량 작업규정에 의한다.
⑤ 본 품은 시준거리 최대 70m를 유지할 수 있는 지대의 평지를 기준으로 한 것이며, 지형의 유형에 따라 다음의 계수 값 이내를 가산한다.
  ○ 지형 유형에 따른 계수(K)

지형구분	계 수	비 고
밀집시가지	1.30	・건물 및 도로가 시가지 면적의 90% 이상 지형
시 가 지	1.20	・건물 및 도로가 시가지 면적의 70% 이상 지형
평 지	1.00	・평탄한 평야지형
구 릉 지	1.10	・시가지 주변 및 촌락의 소도시를 포함한 구릉지형
산 악 지	1.30	・수목이 우거진 야산지대 및 교통이 불편한 산지로 된 지형

⑥ 본 품은 15㎞(왕복 30㎞)구간을 기준으로 한 것이므로 작업량에 따라 다음의 값을 가산한다.
  ○ 작업량에 따른 계수(P)

작업량(거리:㎞)	5	10	15	20	25	30	비 고
계 수	1.40	1.10	1.00	0.95	0.92	0.90	

  ○ 작업량계수(P) = $0.8 + \dfrac{3}{작업량(점수)}$

  ○ 작업량이 30㎞ 이상인 경우에도 작업량계수(P)는 0.90으로 적용한다.

⑦ 측량표의 설치 자재운반에 따르는 차량비 등은 실정에 따라 별도 계상한다.
⑧ 보상비, 재료비, 소모품비, 차량비 등은 실정에 따라 별도 계상한다.
⑨ 도해(하) 수준측량은 거리에 관계없이 1구간당 2~3시간 소요되는 것으로 보며, 이에 소요되는 측표, 재료비 및 용선료 등은 별도 계상한다.
⑩ 기지점과 작업지역을 연결하기 위한 측량은 별도 계상한다.
⑪ 본 품의 외업에 동원되는 기술인원에 대한 여비는 국토교통부장관이 고시한 측량용역대가 기준에 따라 별도 계상한다.
⑫ 본 품에서 점검측량 및 성과심사에 소요되는 비용은 별도 계상한다. 다만, 성과심사비는 국토교통부장관이 고시한 측량성과 심사수탁기관의 심사업무 및 지정절차 등에 관한 규정에 따른다.
⑬ 본 품에서 사용되는 측량기기의 상각비·정비비는 별도 계상한다.
⑭ 본 품에는 다음의 성과작성품이 포함되어 있다.
   ㉮ 관측성과표 및 조정성과표   1부
   ㉯ 관측성과 기록데이터   1부
   ㉰ 수준노선도   1부
   ㉱ 계산부   1부
   ㉲ 점의 조서   1부
   ㉳ 기타자료(정확도관리표, 점검측량부, 측량표의 지상사진, 측량표설치위치통지서, 기준점 현황조사서)
⑮ 기본수준측량과 같은 정확도와 방식으로 시행할 때에는 "기본수준측량" 품을 적용하여야 한다.

[계산 예]

1) 25㎞(왕복 50㎞) 측량할 경우
2) 구릉 지형인 경우

[수량계산]

구 분	수 량(T)	단 가	금 액(W_i)
특 급 기 술 자	1.0×25/15×1.10×0.92= 1.68	W_1	W_1= 1.68×w_1
고 급 기 술 자	3.5×25/15×1.10×0.92= 5.90	W_2	W_2= 5.90×w_2
중 급 기 술 자	13.5×25/15×1.10×0.92=22.77	W_3	W_3=22.77×w_3
초 급 기 술 자	10×25/15×1.10×0.92=16.87	W_4	W_4=16.87×w_4
초 급 기 능 사 (측량)	10×25/15×1.10×0.92=16.87	W_5	W_5=16.87×w_5
인 부	10×25/15×1.10×0.92=16.87	W_6	W_6=16.87×w_6
계			ΣW_i

수량(T) 산정식은 다음과 같다.
T = 인원수×표준작업량×K×P
여기서, K는 지형유형에 따른 계수 = 1.10
       P는 작업량에 따른 계수 = 0.92

9-2-3 2급 수준측량

작업구분	일수	인 원 수											비고
		1 일 당						합 계					
		특급기술자	고급기술자	중급기술자	초급기술자	초급기능사(측량)	인부	특급기술자	고급기술자	중급기술자	초급기술자	초급기능사(측량)	인부
계획준비	(1)	(0.5)	(0.25)	(1)	-	-	-	(0.5)	(0.25)	(1)	-	-	-	( )내는 내업을 표시함
답사선점	1	-	-	1	-	-	-	-	-	1	-	-	-	
관 측	8	-	0.25	1	1	1	1	-	2	8	8	8	8	
계 산	(1)	-	(0.25)	(0.5)	-	-	-	-	(0.25)	(0.5)	-	-	-	
정리점검	(1)	(0.5)	(0.5)	(1)	-	-	-	(0.5)	(0.5)	(1)	-	-	-	
계	-	-	-	-	-	-	-	-(1.0)	2(1.0)	9(2.5)	8	8	8	

[주] ① 본 수준측량용 레벨은 기포관감도 40″/2㎜(원형기포관 10′/2㎜) 이상 이어야 한다.
② 수준측량은 직접수준측량방법 또는 도해(하) 수준측량방법에 의한다.
③ 표척의 시준거리는 최대 70m 이내를 기준으로 한 것이며, 표척의 읽음 단위는 1㎜, 읽음 방법은 후시-전시로 한다.
④ 작업방법은 공공측량 작업규정에 의한다.
⑤ 본 품은 시준거리 최대 70m를 유지할 수 있는 지대의 평지를 기준으로 한 것이며, 지형의 유형에 따라 다음의 계수 값 이내를 가산한다.
  ○ 지형유형에 따른 계수(K)

지형구분	계수	비 고
밀집시가지	1.30	·건물 및 도로가 시가지 면적의 90% 이상 지형
시 가 지	1.20	·건물 및 도로가 시가지 면적의 70% 이상 지형
평 지	1.00	·평탄한 평야지형
산 지	1.10	·시가지 주변 및 촌락의 소도시를 포함한 구릉지형
산 악 지	1.30	·수목이 우거진 야산지대 및 교통이 불편한 산지로 된 지형

⑥ 본 품은 15km(왕복 30km)구간을 기준으로 한 것이므로 작업량에 따라 다음의 값을 가산한다.
  ○ 작업량에 따른 계수(P)

작업량(거리 : km)	5	10	15	20	25	30	비고
계 수	1.40	1.10	1.00	0.95	0.92	0.90	

  ○ 작업량계수(P) = $0.8 + \dfrac{3}{작업량(점수)}$
  ○ 작업량이 30km 이상인 경우에도 작업량계수(P)는 0.90으로 적용한다.

㉦ 측량표의 설치 자재운반에 따르는 차량비 등은 실정에 따라 별도 계상한다.
⑧ 보상비, 재료비, 소모품비, 차량비 등은 실정에 따라 별도 계상한다.
⑨ 도해(하)/수준측량은 거리에 관계없이 1구간당 2~3시간 소요되는 것으로 보며, 이에 소요되는 측표 재료비 및 용선료 등은 별도 계산한다.
⑩ 기지점과 작업지역을 연결하기 위한 측량은 별도 계상한다.
⑪ 본 품의 외업에 동원되는 기술인원에 대한 여비는 국토교통부장관이 고시한 측량용역대가기준에 따라 별도 계상한다.
⑫ 본 품에서 점검측량 및 성과심사에 소요되는 비용은 별도 계상한다. 다만, 성과심사비는 국토교통부장관이 고시한 측량성과 심사수탁기관의 심사업무 및 지정절차 등에 관한 규정에 따른다.
⑬ 본 품에서 사용되는 측량기기의 상각비·정비비는 별도 계상한다.
⑭ 본 품에는 다음의 성과작성품이 포함된 것이다.
  ㉮ 관측성과표 및 조정성과표   1부   ㉯ 관측성과 기록데이터   1부
  ㉰ 수준노선부   1부   ㉱ 계산부   1부
  ㉲ 점의 조서   1부
  ㉳ 기타자료(정확도관리표, 점검측량부, 측량표의지상사진, 측량표설치위치통지서, 기준점 현황조사서)
⑮ 기본수준측량과 같은 정확도와 방식으로 시행할 때에는 "기본수준측량" 품을 적용하여야 한다.

[계산 예]

1) 25km(왕복 50km) 측량할 경우
2) 구릉 지형인 경우

[수량계산]

구 분	수 량(T)	단 가	금 액(Wi)
특 급 기 술 자	1.0×25/15×1.10×0.92= 1.68	W_1	W_1= 1.68×w_1
고 급 기 술 자	3.0×25/15×1.10×0.92= 5.06	W_2	W_2= 5.06×w_2
중 급 기 술 자	11.5×25/15×1.10×0.92=19.39	W_3	W_3=19.39×w_3
초 급 기 술 자	8.0×25/15×1.10×0.92=13.49	W_4	W_4=13.49×w_4
초 급 기 능 사(측량)	8.0×25/15×1.10×0.92=13.49	W_5	W_5=13.49×w_5
인 부	8.0×25/15×1.10×0.92=13.49	W_6	W_6=13.49×w_6
계			ΣWi

수량(T) 산정식은 다음과 같다.
T = 인원수×표준작업량×K×P
여기서, K는 지형유형에 따른 계수 = 1.10
       P는 작업량에 따른 계수 = 0.92

9-2-4 3급 GNSS 높이측량('21년 신설)

(10점 기준, 4시간/일, 2일 관측)

작업구분	일수	1일당				합계				비고
		특급기술자	고급기술자	중급기술자	초급기술자	특급기술자	고급기술자	중급기술자	초급기술자	
계획준비	(1)	(0.8)	(0.8)	-	-	(0.8)	(0.8)	-	-	()내는 내업을 표시함
답사선점	1	-	1.2	1.2	1.3	-	1.2	1.2	1.3	
관 측	2	1.9	1.9	1.8	3.15	3.8	3.8	3.6	6.3	
계 산	(2)	(1.05)	(2.05)	(1.05)	-	(2.1)	(4.1)	(2.1)	-	
정리점검	(1)	(1.4)	(0.7)	-	-	(1.4)	(0.7)	-	-	
계	-	-	-	-	-	3.8 (4.3)	5.0 (5.6)	4.8 (2.1)	7.6	

[주] ① 3급 GNSS 높이측량은 수준원점을 기준으로 표고를 알고 있는 수준점 또는 통합기준점으로부터 직접수준측량이 곤란한 지역에 대하여 3급 공공수준점의 표고를 결정하는 간접수준측량 작업을 말한다.
② 작업방법 및 관측용 장비는 공공측량 작업규정에 의한다.
③ 본 품은 평지를 기준으로 한 것이며, 지형의 유형에 따라 다음의 계수 값 이내를 가산한다.
　○ 지형 유형에 따른 계수(K)

지형구분	계수(K)	비　고
평　지	1.00	시가지와 촌락의 소도시를 포함한 구릉지형
산　지	1.20	표고차 200~400m
산 악 지	1.40	표고차 400m이상

④ 기지점 및 미지점에서 GNSS 위성신호의 수신장애가 발생하여 편심점을 설치할 경우 해당 등급의 수준측량을 적용하여 별도의 품으로 계상한다.
⑤ 본 품의 작업은 구하는 점 6점, 주어진 점 4점 또는 주어진 점과 구하는 점을 함한 최대 10점을 1작업단위로 한다.
⑥ 측량표의 설치, 자재운반에 따르는 차량비 등은 별도 계상한다.
⑦ 보상비, 재료비, 소모품비, 차량비 등은 별도 계상한다.
⑧ 본 품의 외업에 동원되는 기술인원에 대한 여비는 국토교통부장관이 고시한 측량대가의 기준에 따라 별도 계상한다.
⑨ 본 품에서 성과심사에 소요되는 비용은 국토지리정보원장이 고시한 측량성과 심사수탁기관의 심사업무 및 지정절차 등에 관한 규정에 따라 별도 계상한다.
⑩ 본 품에서 사용되는 측량기기의 상각비·정비비는 별도 계상한다.
⑪ 본 품은 공공측량 작업규정에 의한 성과작성품이 포함된 것이다.

[계산예]
1) 3cm 정확도의 3급 공공수준점측량
2) 구하는 점 2점, 주어진 점 4점일 경우
3) 산지지형으로 표고차가 300m일 경우

[수량계산]

구 분	수 량(T)	단 가	금 액
특 급 기 술 자	8.1×6/10×1.20=5.83	W_1	W_1=5.83×w_1
고 급 기 술 자	10.6×6/10×1.20=7.63	W_2	W_2=7.63×w_2
중 급 기 술 자	6.9×6/10×1.20=4.97	W_3	W_3=4.97×w_3
초 급 기 술 자	7.6×6/10×1.20=5.47	W_4	W_4=5.47×w_4
계			ΣWi

수량(T) 산정식은 다음과 같다.
T = 3급 GNSS 높이측량 인원수×표준작업량×K
여기서, K는 지형유형에 따른 계수 = 1.20

9-2-5 4급 GNSS 높이측량('21년 신설)

(15점 기준, 2시간/일, 1일 관측)

작업 구분	일수	1일당				합 계				비고
		특급 기술자	고급 기술자	중급 기술자	초급 기술자	특급 기술자	고급 기술자	중급 기술자	초급 기술자	
계 획 준 비	(1)	(1.0)	(1.2)	-	-	(1.0)	(1.2)	-	-	( )내는 내업을 표시함
답 사 선 점	1	-	1.6	1.6	3.2	-	1.6	1.6	3.2	
관 측	1	2.0	2.0	1.5	6.1	2.0	2.0	1.5	6.1	
계 산	(1)	(0.6)	(1.5)	(3.0)	-	(0.6)	(1.5)	(3.0)	-	
정 리 점 검	(1)	(2.1)	(1.0)	-	-	(2.1)	(1.0)	-	-	
계	-	-	-	-	-	2.0 (3.7)	3.6 (3.7)	3.1 (3.0)	9.3	

[주] ① 4급 GNSS 높이측량은 수준원점을 기준으로 표고를 알고 있는 수준점 또는 통합기준점으로부터 직접수준측량이 곤란한 지역에 대하여 4급 공공수준점의 표고를 결정하는 간접수준측량 작업을 말한다.
② 작업방법 및 관측용 장비는 공공측량 작업규정에 의한다.
③ 본 품은 평지를 기준으로 한 것이며, 지형의 유형에 따라 다음의 계수 값 이내를 가산한다.

○ 지형 유형에 따른 계수(K)

지형구분	계수(K)	비 고
평 지	1.00	시가지와 촌락의 소도시를 포함한 구릉 지형
산 지	1.10	표고차 200~400m
산 악 지	1.20	표고차 400m이상

④ 기지점 및 미지점에서 GNSS 위성신호의 수신장애가 발생하여 편심점을 설치할 경우 해당 등급의 수준측량을 적용하여 별도의 품으로 계상한다.
⑤ 본 품의 작업은 구하는 점 10점, 주어진 점 5점 또는 주어진 점과 구하는 점을 합한 최대 15점을 1작업단위로 한다.
⑥ 측량표의 설치, 자재운반에 따르는 차량비 등은 별도 계상한다.
⑦ 보상비, 재료비, 소모품비, 차량비 등은 별도 계상한다.
⑧ 본 품의 외업에 동원되는 기술인원에 대한 여비는 국토교통부장관이 고시한 측량대가의 기준에 따라 별도 계상한다.
⑨ 본 품에서 성과심사에 소요되는 비용은 국토지리정보원장이 고시한 측량성과 심사수탁 기관의 심사업무 및 지정절차 등에 관한 규정에 따라 별도 계상한다.
⑩ 본 품에서 사용되는 측량기기의 상각비·정비비는 별도 계상한다.
⑪ 본 품은 공공측량 작업규정에 의한 성과작성품이 포함된 것이다.

[계산예]

1) 5㎝ 정확도의 4급 공공수준점측량
2) 구하는 점 5점, 주어진 점 4점일 경우
3) 산지지형으로 표고차가 300m일 경우

[수량계산]

구 분	수 량(T)	단 가	금 액
특 급 기 술 자	5.7×9/15×1.10=3.76	W_1	$W_1 = 3.76 \times w_1$
고 급 기 술 자	7.3×9/15×1.10=4.82	W_2	$W_2 = 4.82 \times w_2$
중 급 기 술 자	6.1×9/15×1.10=4.03	W_3	$W_3 = 4.03 \times w_3$
초 급 기 술 자	9.3×9/15×1.10=6.14	W_4	$W_4 = 6.14 \times w_4$
계			ΣW_i

수량(T) 산정식은 다음과 같다.
T = 4급 GNSS 높이측량 인원수×표준작업량×K
여기서, K는 지형유형에 따른 계수 = 1.10

9-3 지형 및 토지측량

9-3-1 지형현황('08년 보완)

작업구분		인 원 수										비고
		알수	1 일 당					합 계				
			고급기술자	중급기술자	초급기술자	초급기능사(측량)	인부	고급기술자	중급기술자	초급기술자	초급기능사(측량)	인부	
지상현황측량	계획준비	(1)	(0.5)	(1)	(1)	-	-	(0.5)	(1)	(1)	-	-	( )내는 내업을 표시함.
	기준점설치	1	-	1	1	-	-	-	1	1	-	-	
	세부측량	7	-	1	1	1	1	-	7	7	7	7	
	편집	(4)	(0.75)	(1)	(1)	-	-	(3)	(4)	(4)	-	-	
	지도원판제작	(2)	-	(0.5)	(0.5)	-	-	-	(1)	(1)	-	-	
	성과등의정리	(1)	(0.75)	(1)	(1)	-	-	(0.75)	(1)	(1)	-	-	
계		-	-	-	-	-	-	(4.25)	8 (7)	8 (7)	7 -	7 -	

[주] ① 본 품은 평지 10만㎡에 대하여 1/500 축척의 지상현황측량을 기준으로 한 것이므로 작업지형과 축척 및 작업량에 따라 다음과 같이 계수를 가산한다.

○ 지형 유형에 따른 계수(K)

지형구분	계수	비 고
밀집시가지	2.80	·건물 및 도로가 시가지 면적의 90% 이상 지형
시 가 지	2.15	·건물 및 도로가 시가지 면적의 70% 이상 지형
평 지	1.00	·평탄한 평야지형
구 릉 지	1.25	·시가지 주변 및 촌락의 소도시를 포함한 구릉 상태의 농지지형
산 악 지	1.30	·수목이 우거진 야산지대 및 교통이 불편한 산지로된 지형

○ 축척에 따른 계수(S)

축 척	1/250	1/500	1:1,000	1:2,500	비 고
계 수	1.60	1.00	0.65	0.54	

○ 작업량에 따른 계수(P)

작업량(면적:㎡)	2만	5만	10만	15만	20만
계 수	1.80	1.20	1.00	0.93	0.90

· 작업량계수(P) = 0.8 + $\dfrac{2}{작업량(면적)}$

· 작업량이 20만㎡ 이상인 경우에도 작업량계수(P)는 0.90으로 적용한다.

○ 작업종류에 따른 계수(T)

작업종류	신규측량	수정측량
계 수	1.0	1.25

· 총 계수 = 표준작업량×K×S×P×T

② 기준점 측량에 필요한 인원 편성은 기준점 각각의 품(1급~4급)을 적용하고 기준점 배점 기준은 다음 표를 기준으로 한다.

〈기준점 배점 기준〉

지역구분		면적구분	10만㎡	30만㎡	60만㎡	150만㎡	비 고
1급기준점		신점간거리	1,000m	1,000m	1,000m	1,000m	- 기지점과 연결을 위한 측량
		기준배점수	-	-	-	-	
2급기준점		신점간거리	500m	500m	500m	500m	〃
		기준배점수	-	-	2점	4점	
3급기준점		신점간거리	200m	200m	200m	200m	- 기지점과 연결 및 현황측량에 필요한 골격 측량
		기준배점수	2점	4점	8점	11점	
4급기준점	밀집시가지	점간평균거리	40m	40m	50m	60m	〃
		선간평균거리	40m	50m	60m	100m	
		기준배점수	63점	150점	200점	250점	
	시가지	점간평균거리	40m	45m	55m	65m	
		선간평균거리	45m	50m	60m	100m	
		기준배점수	56점	133점	182점	230점	
	평지	점간평균거리	45m	45m	60m	75m	
		선간평균거리	45m	60m	70m	100m	
		기준배점수	50점	112점	143점	200점	
	구릉지	점간평균거리	45m	50m	60m	80m	
		선간평균거리	55m	70m	100m	125m	
		기준배점수	41점	86점	100점	150점	
	산지	점간평균거리	30m	40m	50m	60m	
		선간평균거리	60m	55m	75m	100m	
		기준배점수	56점	137점	160점	250점	

③ 지상현황측량을 위한 수준측량은 기준점(1급~4급)들에 대한 표고측량으로서 3급 수준측량의 경우 3급 수준측량의 지형유형 및 작업량에 따른 계수를 각각 적용하고, 4급 수준측량의 경우 4급 수준측량의 지형유형 및 작업량에 따른 계수를 각각 적용한다.

④ 보상비, 측량표의 설치, 재료비, 운반비, 소모품비 등은 실정에 따라 별도 계상한다.
⑤ 기준점 측량 및 수준측량 시 지구외 기준점에 연결하거나, 측량표의 설치가 필요한 경우는 그 점수를 가산하고 품은 별도 계상한다.
⑥ 본 품의 외업에 동원되는 기술인원에 대한 여비는 국토교통부장관이 고시한 측량용역대가기준에 따라 별도 계상한다.
⑦ 본 품에서 점검측량 및 성과심사에 소요되는 비용은 별도 계상한다. 다만, 성과심사비는 국토교통부장관이 고시한 측량성과 심사수탁기관의 심사업무 및 지정절차 등에 관한 규정에 따른다.
⑧ 본 품에서 사용되는 측량기기의 상각비·정비비는 별도 계상한다.
⑨ 본 품에는 다음의 성과 작성품이 포함된 것이다.
   ㉮ 편집원도
   ㉯ 정확도 관리표
   ㉰ 기타자료
⑩ 작업에 필요한 작업량(면적) 산출은 지구외 현황을 파악하기 위해 작업한 구역(주변판독면적)을 포함하는 것으로 한다.
⑪ 종합원도라함은 작업지역 전체에 대한 지형자료(지형, 지적, 지상·지하시설물 등)를 단일원도로 작성하는 것이며 이는 본 품에 포함하지 않는다.
⑫ 측량지역의 특성 또는 작업목적에 따라 평판, TS, GPS 등에 의한 지형측량은 본 품을 준용한다.

[계산예1]

1) 구릉지 지역
2) 면적 150만㎡(신규측량)
3) 기준짐은 2급(4섬), 3납(11점), 4급 점간거리 80m(150점)
4) 수준측량은 [토목부문] 9-2-4의 2급 수준측량

① 작업량비 산출
   ㉮ 기준점 측량

   2급 : $\dfrac{4}{14}$ × 1.00 × 1.50 = 0.43

   3급 : $\dfrac{11}{30}$ × 1.00 × 1.34 = 0.49

   4급 : $\dfrac{150}{150}$ × 1.00 × 1.00 × 0.81 = 0.81

   ㉯ 수준측량
   16.20km/15km × 1.10 × 0.99 = 1.18
   ∴16.20km=(4점 × 500m) + (11점 × 200m) + (150점 × 80m)

   ㉰ 지상현황측량

   $\dfrac{150}{10}$ × 1.25 × 0.54 × 0.90 = 9.11

② 인원산출

작업내용		작업량비	특급기술자		고급기술자		중급기술자		초급기술자		초급기능사 (측량)		보통인부	
			인원	결과	인원	결과	인원	결과	인원	결과	인원	결과	인원	결과
기준점 측 량	1급	-	-	-	-	-	-	-	-	-	-	-	-	-
	2급	0.43	2.0	0.86	17.0	7.31	25.0	10.75	26.0	11.18	28.0	12.04	8.0	3.44
	3급	0.49	-	-	22.0	10.78	27.0	13.23	28.0	13.72	32.0	15.68	4.0	1.96
	4급	0.81	-	-	31.5	25.51	35.0	28.35	37.0	29.97	40.0	32.40	6.0	4.86
수 준 측 량		1.38	1.0	1.18	3.0	3.54	11.5	13.57	8.0	9.44	8.0	9.44	8.0	9.44
지상현황측량		9.11	-	-	4.25	29.61	15.0	136.65	15.0	136.65	7.0	63.77	7.0	63.77
합 계		-	-	2.04	-	76.75	-	202.55	-	200.96	-	133.33	-	83.47

③ 전체금액 = 2.04 × (특급기술자 단가) + 76.75 × (고급기술자 단가) + 202.55 × (중급기술자 단가) + 200.96 × (초급기술자 단가) + 133.33 × (초급기능사(측량)단가) + 83.47 × (보통인부 단가)

[계산예2]
1) 구릉지 지역
2) 면적 60만㎡(수정측량)
3) 기준점은 2급(2점), 3급(8점), 4급 점간거리 60m(100점)
4) 수준측량은 [토목부문] 9-2-4의 2급 수준측량

① 작업량비 산출
  ㉮ 기준점 측량

  $$2급 : \frac{2}{14} \times 1.00 \times 2.2 = 0.31$$

  $$3급 : \frac{8}{30} \times 1.00 \times 1.55 = 0.41$$

  $$4급 : \frac{100}{150} \times 1.00 \times 1.10 \times 0.65 = 0.48$$

  ㉯ 수준측량

  $$\frac{8.60\text{km}}{15\text{km}} \times 1.10 \times 1.15 = 0.73$$

  ∴ 8.60km = (2점 × 500m) + (8점 × 200m) + (100점 × 60m)

  ㉰ 지상현황측량

  $$\frac{60}{10} \times 1.25 \times 0.54 \times 0.90 \times 1.25 = 4.56$$

② 인원산출

작업내용		작업량비	특급기술자		고급기술자		중급기술자		초급기술자		초급기능사 (측량)		보통인부	
			인원	결과	인원	결과	인원	결과	인원	결과	인원	결과	인원	결과
기준점 측 량	1급	-	-	-	-	-	-	-	-	-	-	-	-	-
	2급	0.31	2.0	0.62	17.0	5.27	25.0	7.75	26.0	8.06	28.0	8.68	8.0	2.48
	3급	0.41	-	-	22.0	9.02	27.0	11.07	28.0	11.48	32.0	13.12	4.0	1.64
	4급	0.48	-	-	31.5	15.12	35.0	16.80	37.0	17.76	40.0	19.20	6.0	2.88
수 준 측 량		0.73	1.0	0.73	3.0	2.19	11.5	8.40	8.0	5.84	8.0	5.84	8.0	5.84
지상현황측량		4.56	-	-	4.25	19.38	15.0	68.40	15.0	68.40	7.0	31.92	7.0	31.92
계		-	-	1.35	-	50.98	-	112.42	-	111.54	-	78.76	-	44.76

③ 전체금액 = 1.35 × (특급기술자 단가) + 50.98 × (고급기술자 단가) + 112.42 × (중급기술자 단가) + 111.54 × (초급기술자 단가) + 78.76 × (초급기능사(측량)단가) + 44.76 × (보통인부 단가)

9-3-2 하천측량

1. 진행기준

(1반1일, 10km 당 1반 소요일수)

종 단 측 량			양안왕복 1일 1km, 10km 당 10일					
횡 단 측 량		횡단간격	10km 당 횡단본수	외 업		내 업		
				1일당 본수	10km당 일수	1일당 본수	10km 당 일수	
폭 원	제내 100m 1,000m 제외 800m	200m	50본	1.4본	35일	5.0본	10일	
	제내 100m 700m 제외 500m	200m	50본	1.8본	27.7일	6.3본	7.9일	
	제내 50m 400m 제외 300m	200m	50본	2.5본	20일	9.0본	5.5일	
	제내 50m 200m 제외 100m	100m	100본	4.0본	25일	14.5본	6.8일	
	제내 25m 100m 제외 50m	50m	200본	9.0본	22일	15.0본	13.3일	
	제내 15m 50m 제외 20m	25m	400본	16.0본	25일	20.0본	20.0일	

[주] 본 품에는 다음의 성과 작성품이 포함되었다.
　　㉮ 종단면도 및 동 측량성과　　각 1부
　　㉯ 횡단면도 및 제도원도　　각 1부

㈐ 관측수부 1부
㈑ 평면도 1부

2. 작업별 인원편성

종별	작업량	작업구분	편성일수	1반 1일당 인원수					
				고급기술자	중급기술자	초급기술자	초급기능사(측량)	인부	선박 및 선부
종단측량	10km양안왕복	외업	10	0.2	1	1	1	1	-
		내업	3	0.2	1	1	-	-	-
횡단측량	1,000m	외업	35	0.2	1	2	2	4	0.6
		내업	10	0.1	1	1	2	-	-
	700	외업	28	0.2	1	2	2	4	0.6
		내업	8	0.1	1	1	2	-	-
	400	외업	20	0.2	1	2	2	3	0.6
		내업	5.5	0.1	1	1	2	-	-
	200	외업	25	0.2	1	1	2	3	0.7
		내업	7	0.1	1	1	2	-	-
	100	외업	22	0.2	1	1	2	3	0.5
		내업	13	0.1	1	1	1	-	-
	50	외업	25	0.2	1	1	2	3	-
		내업	20	0.1	1	1	1	-	-

종별	작업량	작업구분	편성일수	인원합계						비고
				고급기술자	중급기술자	초급기술자	초급기능사(측량)	인부	선박 및 인부	
종단측량	10km양안왕복	외업	10	2	10	10	10	10	-	1일양안평균 1km
		내업	3	0.6	3	3	-	-	-	1일양안평균 3.3km
횡단측량	1,000m	외업	35	7	35	70	70	140	21	일평균 1,400m
		내업	10	1	10	10	20	-	-	일평균 5,000m
	700	외업	28	5.6	28	56	56	112	17	일평균 1,250m
		내업	8	0.8	8	8	16	-	-	일평균 4,400m
	400	외업	20	4	20	40	40	60	12	일평균 1,000m
		내업	5.5	0.6	5.5	5.5	11	-	-	일평균 3,600m
	200	외업	25	5	25	25	50	75	18	일평균 800m
		내업	7	0.7	7	7	14	-	-	일평균 2,900m
	100	외업	22	4.4	22	22	44	66	11	일평균 900m
		내업	13	1.3	13	13	13	-	-	일평균 1,500m
	50	외업	25	5	25	25	50	75	-	일평균 800m
		내업	20	2	20	20	20	-	-	일평균 1,000m

[주] ① 본 품은 하천 중류지대의 비교적 평탄한 지대를 기준으로 한 것이다.
② 평판측량에 대하여는 '[토목부문] 9-3-1 지형현황'품을 준용한다.
③ 선박 및 선부는 필요한 경우에만 계상한다.
④ 종단측량에 있어서 도심지, 하천 제방이 없는 하천 등에서는 거리표간을 직선적으로 측량할 수 없는 경우가 많으므로 우회 작업할 경우에는 그 거리만큼 품을 가산한다.
⑤ 횡단측량에 있어서 상류부에서는 일반적으로 급류이며 수면높이와 거리표 높이 와의 비고가 크기 때문에 수심측량, 육지횡단측량 작업이 대단히 곤란할 경우에는 실정에 따라 증가할 수 있다.
⑥ 유수(流水)폭은 제외의 넓이의 1/3정도를 기준으로 하였으므로 유수폭의 대소에 따라 증감할수 있다.
⑦ 음향 측심기를 사용하여야 할 경우에는 기계 및 선박대여료 이외에 소요되는 기술자, 선부 등은 별도 계상한다.
⑧ 지형 상황에 따라 측량작업이 극히 곤란할 경우에는 그 실정에 따라 증가할 수 있다.
⑨ 본 품에서는 수준표(B.M)설치는 포함하지 않았으므로 필요할 때에는 별도 계상한다.
⑩ 본 품의 외업에 동원되는 기술인원에 대한 여비는 국토교통부장관이 고시한 측량용역대가기준에 따라 별도 계상한다.
⑪ 본 품에서 점검측량 및 성과심사에 소요되는 비용은 별도 계상한다. 다만, 성과심사비는 국토교통부장관이 고시한 측량성과 심사수탁기관의 심사업무 및 지정절차 등에 관한 규정에 따른다.
⑫ 본 품에서 사용되는 측량기기의 상각비·정비비는 별도 계상한다.

[계산 예]

종단 10km 당

구분	종별	종단측량	횡 단 측 량					
			1,000m	700m	400m	200m	100m	50m
고 급 기 술 자		2 (0.6)	7 (1)	5.6 (0.8)	4 (0.6)	5 (0.7)	4.4 (1.3)	5 (2)
중 급 기 술 자		10 (3)	35 (10)	20 (8)	20 (5.5)	25 (7)	22 (13)	25 (20)
초 급 기 술 자		10 (3)	70 (20)	56 (8)	40 (5.5)	25 (7)	22 (13)	25 (20)
초 급 기 능 사(측량)		10	70	56 (16)	40 (11)	50 (14)	44 (13)	50 (20)
인 부		10	140	112	60	75	66	75
선 부		-	21	17	12	18	11	-

9-3-3 택지조성측량

1. 촌락지대로서 고저차가 적으며 관측이 용이한 지구

가. 면적 1만㎡, 1/600, 10m 방안(方眼), 등고선간격 0.5m

작 업 구 분		인			원	인 부
		고급 기술자	중급 기술자	초급 기술자	초급기능사 (측량)	
용지측량	공도대장조사	-	1.0	1.0	-	-
	경계입회설정	1.0	1.0	1.0	1.0	-
	면 적 측 량	0.5	0.5	0.5	1.0	-
	내 업	(1.0)	(2.0)	(2.0)	-	-
	소 계	2.5	4.5	4.5	2.0	-
방안측량	방 안 말 박 기	2.5	2.5	2.5	5.0	2.5
	다 각 측 량	0.5	0.5	0.5	1.0	-
	평 판 측 량	-	1.0	1.0	2.0	-
	수 준 측 량	-	1.0	1.0	1.0	-
	내 업	(2.0)	(4.0)	(4.0)	-	-
	소 계	5.0	9.0	9.0	9.0	2.5
계		7.5	13.5	13.5	11.0	2.5

나. 면적 10만㎡, 1/500, 20m 방안(方眼), 등고선간격 0.5m~1m

작 업 구 분		인			원	인 부
		고급 기술자	중급 기술자	초급 기술자	초급기능사 (측량)	
용지측량	공도대장조사	-	6.0	6.0	-	-
	경계입회설정	4.0	4.0	4.0	8.0	2.0
	면 적 측 량	2.0	4.0	4.0	8.0	-
	내 업	(8.0)	(16.0)	(16.0)	-	-
	소 계	14.0	30.0	30.0	16.0	2.0
방안측량	방 안 말 박 기	3.0	6.0	6.0	12.0	6.0
	다 각 측 량	5.0	5.0	5.0	5.0	-
	평 판 측 량	-	10.0	10.0	20.0	-
	수 준 측 량	-	5.0	5.0	5.0	-
	내 업	(11.0)	(33.0)	(33.0)	-	-
	소 계	19.0	59.0	59.0	42.0	6.0
계		33.0	89.0	89.0	58.0	8.0

다. 면적 50만㎡, 1/500, 20m 방안(方眼) 등고선간격 1.0m

작업구분		인 원				
		고급 기술자	중급 기술자	초급 기술자	초급기능사 (측량)	인 부
용지측량	공도대장조사	-	25.0	25.0	-	-
	경계입회설정	16.0	16.0	16.0	32.0	8.0
	면 적 측 량	8.0	16.0	16.0	32.0	-
	내 업	(32.0)	(64.0)	(64.0)	-	-
	소 계	56.0	121.0	121.0	64.0	8.0
방안측량	방 안 말 박 기	25.0	25.0	25.0	50.0	25.0
	다 각 측 량	25.0	25.0	25.0	25.0	-
	평 판 측 량	-	50.0	50.0	100.0	-
	수 준 측 량	-	25.0	25.0	25.0	-
	내 업	50.0	150.0	150.0	-	-
	소 계	100.0	275.0	275.0	200.0	25.0
계		156.0	396.0	396.0	264.0	33.0

2. 구릉지대로서 고저차가 많고 관측이 곤란한 지구

   가. 면적 50만㎡, 1/300, 10m 방안(方眼) 등고선간격 0.5m

작업구분		인 원				
		고급 기술자	중급 기술자	초급 기술자	초급기능사 (측량)	인 부
용지측량	공도대장조사	-	1.0	1.0	-	-
	경계입회설정	1.0	1.0	1.0	1.0	1.0
	면 적 측 량	0.5	0.5	0.5	1.0	1.0
	내 업	(1.0)	(2.0)	(2.0)	-	-
	소 계	2.5	4.5	4.5	2.0	2.0
방안측량	방 안 말 박 기	3.0	3.0	3.0	3.0	6.0
	다 각 측 량	0.7	0.7	0.7	0.7	1.4
	평 판 측 량	-	1.5	1.5	3.0	3.0
	수 준 측 량	-	1.0	1.0	1.0	2.0
	내 업	(2.0)	(4.0)	(4.0)	-	-
	소 계	5.7	10.2	10.2	7.7	12.4
계		8.2	14.7	14.7	9.7	14.4

나. 면적 10만㎡, 1/500, 20m 방안(方眼) 등고선간격 0.5m

작업구분		인 원				
		고급기술자	중급기술자	초급기술자	초급기능사(측량)	인부
용지측량	공도대장조사	-	6.0	6.0	-	-
	경계입회설정	4.0	4.0	4.0	8.0	8.0
	면적측량	5.0	5.0	5.0	10.0	8.0
	내업	(8.0)	(16.0)	(16.0)	-	-
	소계	17.0	31.0	31.0	18.0	16.0
방안측량	방안말박기	7.0	7.0	7.0	14.0	14.0
	다각측량	6.0	6.0	6.0	12.0	12.0
	평판측량	-	11.0	11.0	22.0	22.0
	수준측량	-	8.0	8.0	8.0	8.0
	내업	10.0	20.0	20.0	-	-
	소계	23.0	52.0	52.0	56.0	56.0
계		40.0	83.0	83.0	74.0	72.0

다. 면적 50만㎡, 1/500, 20m 방안(方眼) 등고선간격 1.0m

작업구분		인 원				
		고급기술자	중급기술자	초급기술자	초급기능사(측량)	인부
용지측량	공도대장조사	-	18.0	18.0	-	-
	경계입회설정	18.0	36.0	36.0	72.0	72.0
	면적측량	18.0	36.0	36.0	72.0	72.0
	내업	(40.0)	(80.0)	(80.0)	-	-
	소계	76.0	170.0	170.0	144.0	144.0
방안측량	방안말박기	30.0	30.0	30.0	60.0	60.0
	다각측량	20.0	20.0	20.0	40.0	40.0
	평판측량	-	45.0	45.0	90.0	90.0
	수준측량	-	18.0	18.0	18.0	18.0
	내업	(45.0)	(90.0)	(90.0)	-	-
	소계	95.0	203.0	203.0	208.0	208.0
계		171.0	373.0	373.0	352.0	352.0

[주] ① 경계점 설정시 분쟁 등으로 기준일수를 초과할 때에는 가산할 수 있다.
② 보상비, 재료비 및 소모품은 별도 계상한다.
③ 본 품은 비교적 평탄한 지역인 촌락 구릉지구를 기준으로 한 것이므로 산악 밀림지대로 작업이 극히 곤란한 지역은 실정에 따라 증가할 수 있다.
④ 본 품은 전체의 면적산정 및 토공량 산정작업을 포함한 것이며, 매필지의 면적을 산정할 경우에는 필요한 품을 가산한다.
⑤ 축척의 차이로 인하여 작업량이 현저하게 달라질 경우에는 증감할 수 있다.
⑥ 본 품의 외업에 동원되는 기술인원에 대한 여비는 국토교통부장관이 고시한 측량용역대가기준에 따라 별도 계상한다.
⑦ 본 품의 점검측량 및 성과심사에 소요되는 비용은 별도 계상한다. 다만, 성과심사비는 국토교통부장관이 고시한 측량성과 심사수탁기관의 심사업무 및 지정절차 등에 관한 규정에 따른다.
⑧ 본 품에서 사용되는 측량기기의 상각비·정비비는 별도 계상한다.
⑨ 본 품에는 다음의 성과작성품이 포함되었다.
   ㉮ 용지측량원도 및 등사도   각 1부
   ㉯ 지형원도 및 등사도   각 1부
   ㉰ 계산서   1부

[계산 예]

촌락지대로서 고저차가 적으며 관측(작업)이 용이한 지구
1. 면적 2만㎡   2. 축척 1/500
3. 10m방안   4. 등고선간격 0.5m·1m

구 분	수 량	단 가	금 액
고 급 기 술 자	7.5×2=15	W_1	$W_1=15×W_1$
중 급 기 술 자	13.5×2=27	W_2	$W_2=27×W_2$
초 급 기 술 자	13.5×2=27	W_3	$W_3=27×W_3$
초 급 기 능 사 (측 량)	11.0×2=22	W_4	$W_4=22×W_4$
인 부	2.5×2= 5	W_5	$W_5= 5×W_5$
계			ΣW_i

9-3-4 구획정리 확정측량

1. 능률산정기초

구분 \ 지구별 (산정기준면적)	번화지구 5만㎡	보통지구 10만㎡	촌락지구 30만㎡	정 리
1가구당의 장변과 단변	100m×30m	120m×40m	140m×50m	설계표준에 의함
1가구당의 면적	3,000㎡	4,800㎡	7,000㎡	도로 공공용지를 포함
가 구 수	17	21	43	총면적÷가구면적
1획지당의 면적	120㎡	180㎡	300㎡	설계표준에 의함
획 지 수	(50,000×0.65 ÷120)=270	(100,000×0.7 ÷180)=390	(300,000×0.7 ÷300)=700	공공용지 번화 : 35% 보통 30%, 촌락 : 30%
계획가로연장	2,675m	4,066m	9,396m	아래 그림참조
중 심 점 수	51	68	138	계획가로연장÷중심점평균거리

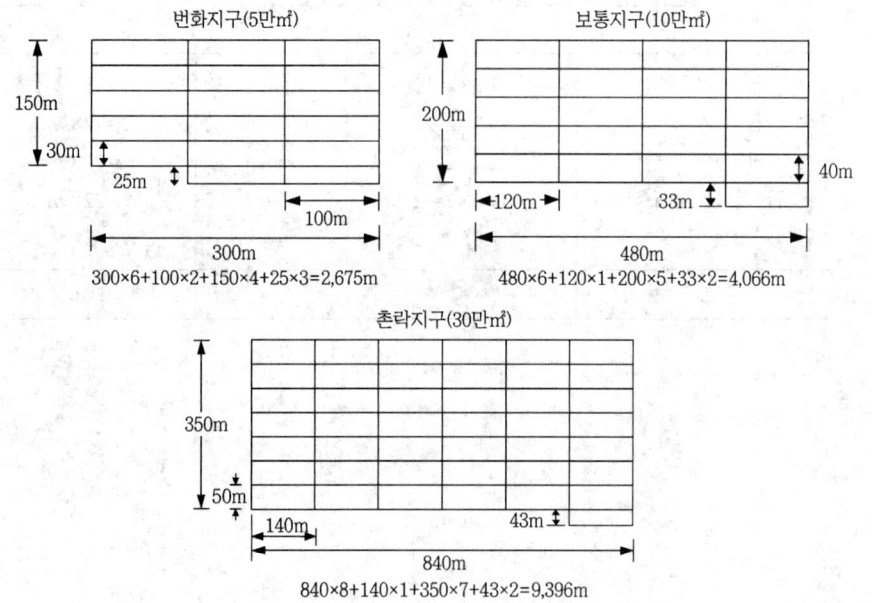

번화지구(5만㎡)
300×6+100×2+150×4+25×3=2,675m

보통지구(10만㎡)
480×6+120×1+200×5+33×2=4,066m

촌락지구(30만㎡)
840×8+140×1+350×7+43×2=9,396m

[주] ① 지구별 조건에는 계획가로 연장, 가구수의 다소(多少) 및 교통량, 구조물 등 측량 작업에 장애되는 요소가 포함된 것이다.
② 중심점간 평균거리는 도로의 교점 및 절점, 곡선부 절점등을 대상으로 고려하여 번화지구 50m, 보통지구 60m, 촌락지구 70m로 산정하였다.

2. 계획가로 가구확정 계산 말박기

종별		지구별 산정기준면적	번 화 지 구 5만㎡		보 통 지 구 10만㎡		촌 락 지 구 30만㎡	
계 산	자료조사현지답사			1일		1일		2일
	작업계획또는준비		보설(補設) 다각측량포함	3일	좌 동	3일	좌 동	4일
	준 거 점 의 위 치 관 측 계 산		214×0.2=42점 1일 10점	4.2일	270×0.2=54점 1일 10점	5.4일	551×0.2=110점 1일 10점	11일
	중 심 점 계 산		51점 1일 8점	6.3일	68점1일8점	8.5일	138점1일8점	17.2일
	가 구 계 산		17가구1일3가구	5.5일	21가구1일3가구	7일	43가구1일3가구	14.3일
	제 도		-	4일	-	5.5일	-	13일
	점 검 정 리		-	1일	-	1.5일	-	3일
말 박 기	자료조사현지답사			1일		1일		2일
	작업계획및준비		보설다각측량포함	3일	좌 동	4.5일	좌 동	6일
	중 심 점 가 구 점 말 박 기 계 산 점		51+163=214점 1일 50점	4.2일	68+202=270점 1일 50점	5.4일	138+413=551점 1일 50점	11일
	중 심 점 가 구 점 말 박 기 작 업		51+163=214점 1일 50점	14.2일	68+202=270점 1일 17점	15.8일	138+413=551점 1일 19점	29일
	말박기도면작성 및점의조서작성		-	2일	-	3일	-	6일
	현 지 인 계		-	1일	-	1일	-	1일
	점 검 정 리		-	1일	-	1일	-	1일

[주] ① 본 표에서 준거점의 위치의 관측 계산에서 점수를 중심점과 가구점수의 합의 20%로 하였다.
② 1일 10점이란 1반당 능률이며 측정 좌표계산을 포함한다.
③ 가구점은 1블록의 모서리점 8점으로 하고 결점을 20% 가산한 것이다.

3. 획지확정 계산 말박기

종별		지구별 산정기준면적	번화지구 5만㎡		보통지구 10만㎡		촌락지구 30만㎡	
계 산		자료조사현지답사	-	1일	-	1일	-	2일
		작업계획도는준비	보설(補設) 다각측량포함	3일	보설(補設) 다각측량포함	3일	보설(補設) 다각측량포함	3일
		준거점의 위치의관측계산	510×0.1=51 점1일 10점	5일	756×0.1=76 점1일10점	7.6일	1,290×0.1=129 점1일 10점	13일
		확정계산	$\frac{270}{16}+\frac{510}{60}$ =25.3일	25.3 일	$\frac{390}{16}+\frac{756}{60}$ =36.9일	37일	$\frac{710}{16}+\frac{1,290}{60}$ =65.8일	65일
		제도	-	7.5일	-	10.6일	-	22일
		점검정리	-	2일	-	3일	-	6일
말 박 기		자료조사현지답사	-	1일	-	1일	-	2일
		작업계획도는준비	보설다각측량포함	3일	보설다각측량포함	4일	보설다각측량포함	5일
		말박기계산	510점1일60점	8.5일	756점1일60점	12.6일	1,290점1일60점	21.5일
		말박기작업	510점1일16점	31.8일	756점1일18점	42일	1,290점1일20점	63일
		말박기도면작성	-	1.5일	-	1.5일	-	2.5일
		현지인계	-	2일	-	2일	-	4일
		점점정리	-	1일	-	1일	-	1일

4. 계획가로 가구확정 계산측량

지구별	번화지구					보통지구					촌락지구				
산정기준면적	5만㎡					10만㎡					30만㎡				
종별 \ 직명	고급기술자	중급기술자	초급기술자	초급기능사(측량)	인부	고급기술자	중급기술자	초급기술자	초급기능사(측량)	인부	고급기술자	중급기술자	초급기술자	초급기능사(측량)	인부
자료조사 및 현지답사	1	1	1	-	-	1	1	1	-	-	2	2	2	-	-
작업계획 또는 준비	-	3	3	2	2	-	3	3	2	2	-	4	4	3	3
준거점의위치의 관측 및 계산	-	4	4	3	3	-	5.5	5.5	4	4	-	11	11	9	9
중심점및계산	1.5	6.5	6.5	-	-	2.5	8.5	8.5	-	-	3	17.5	17.5	-	-
가구계산	0.5	5.5	5.5	-	-	0.5	7	7	-	-	1	14.5	14.5	-	-
제도	-	4	4	-	-	-	5.5	5.5	-	-	-	13	13	-	-
점검정리	1	1	1	-	-	1	1.5	1.5	-	-	2	3	3	-	-
계	4	25	25	5	5	5	32	32	6	6	8	65	65	12	12

5. 계획가로 가구확정 말박기측량

지구별	번화지구					보통지구					촌락지구				
산정기준면적	5만㎡					10만㎡					30만㎡				
종별 \ 직명	고급기술자	중급기술자	초급기술자	초급기능사(측량)	인부	고급기술자	중급기술자	초급기술자	초급기능사(측량)	인부	고급기술자	중급기술자	초급기술자	초급기능사(측량)	인부
자료조사 및 현지답사	1	1	1	-	-	1	1	1	-	-	2	2	2	-	-
작업계획 또는 준비	-	3	3	2	2	-	4.5	4.5	3	3	-	6	6	4	4
중심점가구점 말박기계산	-	4	4	-	-	-	5.5	5.5	-	-	-	11	11	-	-
중심점가구점 말박기작업	1	14	14	14	14	2	16	16	16	16	3	29	29	29	29
말박기도면작성및 점의조서작성	-	2	2	-	-	-	3	3	-	-	-	6	6	-	-
현지인계 점검정리	- / 1	1 / 1	1 / 1	1 / -	- / -	- / 1	1 / 1	1 / 1	1 / -	- / -	1 / 1	1 / 1	1 / 1	1 / -	1 / -
계	3	26	26	17	17	4	32	32	20	20	6	56	56	34	34

6. 획지확정 계산측량

지구별 종별	번화지구 5만㎡					보통지구 10만㎡					촌락지구 30만㎡				
	고급 기술자	중급 기술자	초급 기술자	초급 기능사 (측량)	인 부	고급 기술자	중급 기술자	초급 기술자	초급 기능사 (측량)	인 부	고급 기술자	중급 기술자	초급 기술자	초급 기능사 (측량)	인 부
자료조사 및 현지답사	1	1	1	-	-	1	1	1	-	-	2	2	2	-	-
작업계획 또는 준비	-	3	3	2	2	-	3	3	2	2	-	3	3	2	2
준거점의위치의 관측계산	-	5	5	4	4	-	7.5	7.5	6	6	-	13	13	11	11
확정계산 제 도 점검정리	3 - 1	25.5 7.5 2	25.5 7.5 2	- - -	- - -	4 - 2	37 10.5 3	37 10.5 3	- - -	- - -	7 - 3	65 22 6	65 22 6	- - -	- - -
계	5	44	44	6	6	7	62	62	8	8	12	111	111	13	13

7. 획지확정 말박기측량

지구별 종별	번화지구 5만㎡					보통지구 10만㎡					촌락지구 30만㎡				
	고급 기술자	중급 기술자	초급 기술자	초급 기능사 (측량)	인 부	고급 기술자	중급 기술자	초급 기술자	초급 기능사 (측량)	인 부	고급 기술자	중급 기술자	초급 기술자	초급 기능사 (측량)	인 부
자료조사 및 현지답사	1	1	1	-	-	1	1	1	-	-	2	2	2	-	-
작업계획 또는 준비	-	3	3	2	2	-	4	4	3	3	-	5	5	4	4
말박기계산 말박기작업 말박기도면작성 현지인계 점검정리	- 1 - - 1	8.5 32 1.5 2 1	8.5 32 1.5 2 1	- 32 - 2 -	- 32 - 2 -	- 2 - - 1	12.5 42 1.5 3 1	12.5 42 1.5 3 1	- 42 - 3 -	- 42 - 3 -	- 3 - - 1	21.5 65 2.5 4 1	21.5 65 2.5 4 1	- 65 - 4 -	- 65 - 4 -
계	3	49	49	36	36	4	65	65	48	48	6	101	101	73	73

8. 지구계(공구계)측량

종별 \ 직명	고급 기술자	중급 기술자	초급 기술자	초급 기능사 (측량)	인부	비 고
자 료 조 사	-	0.5	0.5	-	-	다각점성과표, 점의조서 등의 조사. 경계점의 현지입회, 다각점현지확인 보조다각을 포함 좌표, 거리, 방위각, 면적의 계산
현 지 답 사	1	2	2	2	2	
경 계 점 측 정	-	7	7	7	7	
계 산	1	4	4	-	-	
경계점검의 조서작성	-	-	6	2	2	
제 도	0.5	2	2	-	-	
점 검 정 리	0.5	0.5	0.5	-	-	
계	3	16	22	11	11	

[주] ① 가구(街區)확정 측량이란 현황측량 성과 및 사업계획에 의하여 결정한 계획가로 등의 각 조건에 따라 노선의 연장 및 폭원과 가구의 변장, 형상, 면적 등을 확정하고 이를 현지에 표시하는 것이며 다음과 같은 작업을 한다.
  ㉮ 작업준비(자료조사, 확정조건의 수령 및 현지관찰)
  ㉯ 계획가로의 중심점 및 준거점(계획가로 설계상의 조건, 건물, 지물점 등) 의 측정 및 계산
  ㉰ 중심점 좌표, 중심점간 거리, 방위각의 계산
  ㉱ 가구변장, 가구좌표, 가구면적의 계산
  ㉲ 중심점, 결점, 가구점의 설정
  ㉳ 가구확정 원도 작성 및 복사
② 획지(劃地)확정 측량이란 가구의 확정 측량 성과 및 환지설계에서 정한 제조건에 따라 택지의 변장 및 경계점의 위치를 정하고 이를 현지에 표시하여 환지의 위치, 형상, 면적을 확정하는 것으로서 다음과 같은 작업을 한다.
  ㉮ 작업준비(자료조사, 확정조건 수령 및 현지관찰)
  ㉯ 확정계산(획지변장, 협각, 면적계산)
  ㉰ 현시표시
  ㉱ 확정측량 원도작성 및 복사
③ 지구계(地區界)측량이란 사업계획에서 정한 시행지구(공구)의 경계점의 위치를 정하고 그 경계선을 확정하는 것으로서 다음과 같은 작업을 말한다.
  ㉮ 작업준비(자료조사 경계점 입회)
  ㉯ 각의 관측 및 거리측정
  ㉰ 경계점 좌표 경계점간 거리 및 방위각 지구(공구)면적계산
  ㉱ 제도

④ 보상비, 재료비, 소모품비 등은 별도 계상한다.
⑤ 본 품의 외업에 동원되는 기술인원에 대한 여비는 국토교통부장관이 고시한 측량용역대가기준에 따라 별도 계상한다.
⑥ 본 품에서 점검측량 및 성과심사에 소요되는 비용은 별도 계상한다. 다만, 성과심사비는 국토교통부장관이 고시한 측량성과 심사수탁기관의 심사업무 및 지정절차 등에 관한 규정에 따른다.
⑦ 본 품에서 사용되는 측량기기의 상각비·정비비는 별도 계상한다.
⑧ 본 품에는 다음의 성과 작성품이 포함되어야 한다.
  ㉮ 계획가로 가구확정 측량관계
    ㉠ 준거점의 관측수부 및 계산서   각 1부
    ㉡ 중심점 계산서   1부
    ㉢ 중심점 말박기 계산서(부도포함)   1부
    ㉣ 중심점 성과표(망도포함)   1부
    ㉤ 중심점의 점의 조서   1부
    ㉥ 가구 계산서   1부
    ㉦ 가구 원자료   1부
    ㉧ 가구말박기 계산서(부도포함)   1부
  ㉯ 획지확정 측량관계
    ㉠ 획지조검정 관측수부 및 계산서   각 1부
    ㉡ 획지변장 계산서   1부
    ㉢ 획지확부 계산서   1부
    ㉣ 획지말박기 계산서(부도포함)   1부
    ㉤ 획지측량 원도   1부
    ㉥ 동상(同上) 제도 원도   1부
  ㉰ 지구계 측량관계
    ㉠ 지구계점 관측수부 및 계산서   각 1부
    ㉡ 지구면적 계산서   1부
    ㉢ 지구계점 성과표(망도포함)   1부
    ㉣ 지구계점 점의 조서   1부
    ㉤ 지구계 원도   1부
    ㉥ 동상 제도 원도   1부

동시작업일 경우에는 지구계 원도는 가구확정원도 및 확정측량 원도에 전개한다. 「제도」원도도 이에 준한다.

[계산 예]

1. 계획가로 가구확정 측량

구분 \ 지구별	번화지구 5만 ㎡			보통지구 10만 ㎡			촌락지구 30만 ㎡		
	수량	단가	금액	수량	단가	금액	수량	단가	금액
고 급 기 술 자	4	w_1	$W_1= 4 \times w_1$	5	w_1	$W_1= 5 \times w_1$	8	w_1	$W_1= 8 \times w_1$
중 급 기 술 자	25	w_2	$W_2=25 \times w_2$	32	w_2	$W_2=32 \times w_2$	65	w_2	$W_2=65 \times w_2$
초 급 기 술 자	25	w_3	$W_3=25 \times w_3$	32	w_3	$W_3=32 \times w_3$	65	w_3	$W_3=65 \times w_3$
초급기능사(측량)	5	w_4	$W_4= 5 \times w_4$	6	w_4	$W_4= 6 \times w_4$	12	w_4	$W_4=12 \times w_4$
인 부	5	w_5	$W_5= 5 \times w_5$	6	w_5	$W_5= 6 \times w_5$	12	w_5	$W_5=12 \times w_5$
계			Σwi			Σwi			Σwi

2. 계획가로 가구확정 말박기 측량

구분 \ 지구별	번화지구 5만 ㎡			보통지구 10만 ㎡			촌락지구 30만 ㎡		
	수량	단가	금액	수량	단가	금액	수량	단가	금액
고 급 기 술 자	3	w_1	$W_1= 3 \times w_1$	4	w_1	$W_1= 4 \times w_1$	6	w_1	$W_1= 6 \times w_1$
중 급 기 술 자	26	w_2	$W_2=26 \times w_2$	32	w_2	$W_2=32 \times w_2$	56	w_2	$W_2=56 \times w_2$
초 급 기 술 자	26	w_3	$W_3=26 \times w_3$	32	w_3	$W_3=32 \times w_3$	56	w_3	$W_3=56 \times w_3$
초급기능사(측량)	17	w_4	$W_4=17 \times w_4$	20	w_4	$W_4=20 \times w_4$	34	w_4	$W_4=34 \times w_4$
인 부	17	w_5	$W_5=17 \times w_5$	20	w_5	$W_5=20 \times w_5$	34	w_5	$W_5=34 \times w_5$
계			Σwi			Σwi			Σwi

9-3-5 용지측량

지구별 종별	시가지 고급기술자	시가지 중급기술자	시가지 초급기술자	시가지 초급기능사(측량)	평지 고급기술자	평지 중급기술자	평지 초급기술자	평지 초급기능사(측량)	촌락지 고급기술자	촌락지 중급기술자	촌락지 초급기술자	촌락지 초급기능사(측량)	구릉지 고급기술자	구릉지 중급기술자	구릉지 초급기술자	구릉지 초급기능사(측량)
토지등기부 지적도 또는 소유권조사	2	6	12	-	1.5	5	10	-	1	4	8	-	1	3	6	-
공공용지 사정 입회 및 민간인경계입회	5	10	15	15	4	8	12	12	3	6	9	9	2	5	8	8
경계도근측량	-	8	8	16	-	6	6	12	-	4	4	8	-	3	3	7
용지측량 외업	3	15	15	30	2	10	10	20	1	7	7	14	1	6	6	13
용지측량 내업	(20)	(40)	(40)	-	(15)	(30)	(30)	-	(10)	(20)	(20)	-	(9)	(18)	(18)	-
계	30	79	90	61	22.5	59	68	44	15	41	48	31	13	35	41	28

[주] ① 용지측량은 계획노선내의 토지가격 산정, 평가 및 용지매수 등을 목적으로 하는 것이며 대체로 다음과 같은 작업을 한다.
　　㉮ 토지등기부 지적공부 및 권리관계조사를 하며 등기소, 시·군청 등에서 관계 서류를 열람 또는 복사하여 필요사항을 조사한다.
　　㉯ 공공용지 사정 및 경계입회
　　　공공용지 사정은 지주(관리자)의 입회하에 경계를 결정한다.
② 경계도근 측량은 기지 기준점만을 이용하는 것이 불편할 경우 경계점 관측에 편리한 기준점을 설치하는 것이다.
③ 평면도의 축척은 1/300~1/600을 기준으로 하였다.
④ 외업은 결정된 경계점을 관측하여 좌표를 산출하는 방법과 평판측량으로 경계점을 실측도시하는 방법이 있으나 어느 방법이든 간에 본 품을 그대로 적용한다.
⑤ 내업은 좌표를 전개하여 삼사법(구적기 사용 포함)에 의하여 면적을 산출하는 것이며, 경우에 따라 좌표계산법에 의하여 면적을 구하는 방법도 있으나, 이때는 20% 이상 증가할 수 있다.
⑥ 하천의 용지측량은 경계결정이 곤란하므로 20% 이내 증가할 수 있다.
⑦ 본 품은 연장 500m 폭원 50m(도로폭원을 포함) 면적 25,000㎡ 필수(筆數)는 시가지(갑) 240필, 시가지(을) 200필, 교외촌락지 160필, 농지 구릉지 120필을 표준으로 한 것이다.
⑧ 교외지 농지 구릉지에 있어서는 좌표계산법에 의할 때는 20% 이상 증액한다.
⑨ 보상비 및 재료비 소모품비 등은 실정에 따라 별도 계상한다.
⑩ 본 품의 외업에 동원되는 기술인원에 대한 여비는 국토교통부장관이 고시한 측량용역대가기준에 따라 별도 계상한다.
⑪ 본 품에서 점검측량 및 성과심사에 소요되는 비용은 별도 계상한다. 다만, 성과심사비는 국토교통부장관이 고시한 측량성과 심사수탁기관의 심사업무 및 지정절차 등에 관한 규정에 따른다.
⑫ 본 품에서 사용되는 측량기기의 상각기·정비비는 별도 계상한다.

⑬ 본 품에는 다음의 성과작성품이 포함되었다.
  ㉮ 지적도(공도)사본   2부
  ㉯ 용지구적원도   1부
  ㉰ 용지제도원도   2부
  ㉱ 용지평판원도   1부
  ㉲ 용지조서   5부
  ㉳ 차치권계산서   5부
  ㉴ 용지계산서   5부
  ㉵ 필별본필도(등기신청용)실측도 포함   각 2부
  ㉶ 공공용지 경계사정도   2부
  ㉷ 토지대장 및 등기부사본   1부
  ㉸ 경계표점계산서 및 면적계산(좌표계산법의 경우)   1부
  ㉹ 경계다각계산서 및 성과표   각 1부

[계산 예]

1. 축척 1/300, 면적 25,000㎡, 연장 500m, 폭원 50m, 필수 240필인 경우(시가지 갑)

구 분	수량	단가	금 액	비 고
고 급 기 술 자	30	w_1	$W_1=30 \times w_1$	면적이 증감될 때에는 그 비율만큼 증감한다.
중 급 기 술 자	79	w_2	$W_2=79 \times w_2$	
초 급 기 술 자	90	w_3	$W_3=90 \times w_3$	
초 급 기 능 사 (측량)	61	w_4	$W_4=61 \times w_4$	
계			ΣW_i	

2. 축척 1/300, 면적 50,000㎡, 연장 1,000m, 폭원 50m, 필수 400필(시가지 을)인 경우

구 분	수 량	단 가	금 액
고 급 기 술 자	22.5×2= 45	w_1	$W_1= 45 \times w_1$
중 급 기 술 자	59.0×2=118	w_2	$W_2=118 \times w_2$
초 급 기 술 자	68.0×2=136	w_3	$W_3=136 \times w_3$
초 급 기 능 사 (측량)	44.0×2= 88	w_4	$W_4= 88 \times w_4$
계			ΣW_i

9-3-6 도시계획선(인선)

작업별	일수	1일당 지적기사	1일당 지적산업기사	1일당 지적기능사	1일당 인부	합계 지적기사	합계 지적산업기사	합계 지적기능사	합계 인부	비고
자 료 조 사	(0.09)	-	1	-	-	-	(0.09)	-	-	( )는 내업임
계 획 준 비	(0.03)	1	1	-	-	(0.03)	(0.03)	-	-	
지적전산파일변환	(0.13)	-	1	-	-	-	(0.13)	-	-	
성 과 작 성	(0.11)	-	1	-	-	-	(0.11)	-	-	
대 조 수 정	(0.07)	1	-	-	-	(0.07)	-	-	-	
점 검	(0.04)	1	-	-	-	(0.04)	-	-	-	
성 과 인 계	(0.03)	1	-	-	-	(0.03)	-	-	-	
합 계	(0.50)	-	-	-	-	(0.17)	(0.36)	-	-	

[주] ① 등록계수

지적공부 등록지(토지, 임야)별로 다음의 계수를 곱하여 계상한다.

구분 내용	토 지	임 야
계 수	1.00	1.28

② 기타사항
- 본 품은 도시계획선을 프로그램을 이용하여 도면에 선을 연결하는 품이다.
- 본 품은 지적도 크기의 1장을 기준으로 한 것이다.
- 본 품에 사용되는 기계경비 및 재료소모품비는 별도 계상한다.

9-4 노선측량

9-4-1 노선측량(철도, 도로 신설, 시가지)('24년 보완)

1. 진행기준

(1반 1일, 1km 당 1반 소요일수)

구 분	노선선정		노선선점		중심선측량		종단측량		횡단측량		용지경계 말뚝설치	
	진행 기준 (m)	일수	진행 기준 (m)	일수	진행 기준 (m)	일수	진행 기준 (m)	일수	진행 기준 (m)	일수	진행 기준 (m)	일수
보 통 시 가 지	250	4.0	500	2.0	200	5.0	500	2.0	250	4.0	120	8.3
교 외 촌 락 지	250	4.0	1,000	1.0	250	4.0	500	2.0	250	4.0	330	3.0
농 지 , 구 릉 지	500	2.0	2,000	0.5	400	2.5	1,000	1.0	400	2.5	400	2.5
산 림 지	200	5.0	400	2.5	150	6.7	330	3.0	170	6.0	-	-
비 고	-	-	-	-	중심점간격 20m		수준측표 1km마다설치		간격20m 폭원좌우30m		-	-

2. 작업별 인원편성

(1반 1일)

작업별	직 급 별	노선선정	노선선점	중심선측량	종단측량	횡단측량	용지경계 말뚝설치
외업	고 급 기 술 자	2	1	1	-	-	-
	중 급 기 술 자	1	1	1	1	1	1
	초 급 기 술 자	2	2	1	1	1	3
	초급기능사(측량)	-	2	2	2	2	-
내업	고 급 기 술 자	2	0.5	0.5	-	-	0.5
	중 급 기 술 자	1	0.5	0.5	-	-	-
	초 급 기 술 자	-	-	-	1	1	-
	초급기능사(측량)	-	-	-	2	2	-

3. 지역별 소요 인부

(1반 1일)

종 별	노선선정	노선선점	중심선측량	종단측량	횡단측량	용지경계 말뚝설치
보 통 시 가 지	-	2	2	1	1	1
교 외 촌 락 지	2	3	3	1	2	1
농 지 , 구 릉 지	1	2	2	1	1	0.5
산 림 지	2	3	3	1	2	-

[주] ① 중심선측량은 1km간에 곡선이 30%정도 있는 것을 기준으로 한 것이다.
② 기준점측량(평면)은 요구 정확도에 따라 [토목부문] 9-1-4 3급기준점측량, 9-1-5 4급기준점
측량 품을 적용한다.

③ 기준점측량(표고)은 요구 정확도에 따라 [토목부문] 9-2-1 기본 수준측량 품을 적용한다.
④ 지형현황측량을 실시할 경우 [토목부문] 9-3-1 지형현황 품을 적용한다.
⑤ 노선측량이란 노선(도로, 철도 등)을 설계하기 위한 측량으로서 지형, 지질에 따라 적정한 노선을 선정하여야 하므로 충분한 경험과 기술, 창의력을 가진 측량기술자가 실시하여야 한다.
⑥ 지구별 구분은 다음과 같다.
  ㉮ 보통 시가지라 함은 도시 시설물 또는 교통량에 의하여 주간작업에 다소 지장을 주는 군청소재지 및 시 등을 말하며 도청소재지 이상의 도시로서 교통의 장애로 주간작업에 심한 장애를 주는 도시의 시가지 노선측량은 실정에 따라 가산 계상한다.
  ㉯ 교외 및 촌락이라 함은 전항에 미치지 못하는 촌락소도시 또는 대도시의 교외를 말한다.
  ㉰ 농지 또는 구릉지라 함은 작업상의 장애물이 거의 없는 지역을 말한다.
  ㉱ 산림지라 함은 수목 등의 장애물이 있고 경사도가 심한 지역을 말한다.
⑦ 도로노선에 있어 "클로소이드" 완화곡선의 설정이 1km간 연속할 때의 중심선 측량은 지형에 따라 증가할 수 있다.
⑧ 예비측량과 본측량은 구별되며, 이를 일괄하여 위탁받았을 때에는 예비측량에 관한 품은 별도 계상한다.
⑨ 노선측량은 다만 노선의 선형을 정하는 것으로서 기타 공작물의 설계측량, 용지측량, 시공측량, 토공량산정 등에 소요되는 자재 및 품은 별도 계상한다.
⑩ 교량, 터널 등의 설계비용은 포함하지 않았다.
⑪ 보상비, 재료비, 소모품비 등은 실정에 따라 별도 계상한다.
⑫ 본 품의 외업에 동원되는 기술인원에 대한 여비는 국토교통부장관이 고시한 측량용역대가기준에 따라 별도 계상한다.
⑬ 본 품에서 점검측량 및 성과심사에 소요되는 비용은 별도 계상한다. 다만, 성과심사비는 국토교통부장관이 고시한 측량성과 심사수탁기관의 심사업무 및 지정절차 등에 관한 규정에 따른다.
⑭ 본 품에서 사용되는 측량기기의 상각비·정비비는 별도 계상한다.
⑮ 본 품에는 다음의 성과 작성 품이 포함되었다.
  ㉮ 노선 평면 원도 및 제도 원도   각 1부
  ㉯ 종단 원도 및 제도 원도   각 1부
  ㉰ 횡단 원도 및 제도 원도   각 1부

[계산 예]

보통 시가지의 경우(1km 당)

종별	구 분	노선선정	소요일수	소요인원	노선선점	소요일수	소요인원	중심선측량	소요일수	소요인원	종단측량	소요일수	소요인원	횡단측량	소요일수	소요인원	용지경계말뚝설치	소요일수	소요인원
외업	고급기술자	2	4	8	1	2	2	1	5	5	-	-	-	-	-	-	-	-	-
	중급기술자	1	4	4	1	2	2	1	5	5	1	2	2	1	4	4	1	8.3	8.3
	초급기술자	2	4	8	2	2	4	1	5	5	1	2	2	1	4	4	3	8.3	24.9
	초급기능사(측량)	-	-	-	2	2	5	10	2	2	2	4	8	-	-	-	-	-	-
	인 부	-	-	-	2	2	4	2	5	10	2	2	2	1	4	4	1	8.3	8.3
내업	고급기술자	2	4	8	0.5	2	1	0.5	5	2.5	-	-	-	-	-	-	0.5	8.3	4.1
	중급기술자	1	4	4	0.5	2	1	0.5	5	2.5	-	-	-	-	-	-	-	-	-
	초급기술자	-	-	-	-	-	-	-	-	-	1	2	2	1	4	4	-	-	-
	초급기능사(측량)	-	-	-	-	-	-	-	-	-	2	2	4	2	4	8	-	-	-

9-4-2 수도노선측량

1. 진행기준

(1반1일, 1km당 1반 소요일수)

지구별 \ 종별	중심선측량 진행기준	중심선측량 일수	종단측량 진행기준	종단측량 일수	횡단측량 진행기준	횡단측량 일수
번화시가지	400m	2.5일	1,000m	1.0일	500m	2.0일
보통시가지	500	2.0	1,500	0.7	1,000	1.0
교외시가지	1,000	1.0	2,000	0.5	1,500	0.7

2. 작업별 인원편성

구분	직명 \ 작업별	중심선측량	종단측량	횡단측량
외업	고급기술자	1	-	-
외업	중급기술자	1	1	1
외업	초급기술자	1	1	1
외업	초급기능사(측량)	2	2	2
내업	고급기술자	-	-	-
내업	중급기술자	0.5	-	-
내업	초급기술자	0.5	1	1
내업	초급기능사(측량)	-	2	2
합계		6	7	7

3. 소요인부

구분	중심선측량	종단측량	횡단측량
번화시가지	2	2	2
보통시가지	1	1	1
교외시가지	1	1	1

[주] ① 보상비, 재료비, 소모품비등은 실정에 따라 별도 계상한다.
② 이 품은 평탄한 지역을 기준으로 하였으므로 교통이 극히 곤란하며 기복이 심한 지역은 실정에 따라 증가할 수 있다.
③ 본 품의 외업에 동원되는 기술인원에 대한 여비는 국토교통부장관이 고시한 측량용역대가기준에 따라 별도 계상한다.

④ 본 품에서 점검측량 및 성과심사에 소요되는 비용은 별도 계상한다. 다만, 성과심사비는 국토교통부장관이 고시한 측량성과 심사수탁기관의 심사업무 및 지정절차 등에 관한 규정에 따른다.
⑤ 본 품에서 사용되는 측량기기의 상각비·정비비는 별도 계상한다.
⑥ 본 품에는 다음의 성과 작성품이 포함되어 있다.
  ㉮ 노선평면도 및 제도원도 각 1부
  ㉯ 종단원도 및 제도원도 각 1부
  ㉰ 횡단원도 및 제도원도 각 1부
⑦ 수도노선측량은 철도측량 및 도로측량 등과는 다르다.
   즉, 유수의 손실수두를 최소로 하며, 후속되는 공사비도 경제적으로 시행되도록 하기 위하여 적절한 곡률과 구배를 선정하며 지형 지질 등을 충분히 조사하여 결정하여야 한다.
⑧ 중심선측량은 노선 선점 작업도 포함된 것으로 한다.
⑨ 평면측량은 중심선 설정 후에 중심선을 기준으로 하여 좌우 각 15m 정도로 한다.

[계산 예]

번화시가지의 경우

구 분	작업별 인원수			단가	금 액
	중심선측량	종단측량	횡단측량	계		
고 급 기 술 자	1	-	-	1	W_1	$W_1 = 1 \times W_1$
중 급 기 술 자	1.5	1	1	3.5	W_2	$W_2 = 3.5 \times W_2$
초 급 기 술 자	1.5	2	2	5.5	W_3	$W_3 = 5.5 \times W_3$
초 급 기 능 사 (측량)	2	4	4	10	W_4	$W_4 = 10 \times W_4$
인 부	2	2	2	6	W_5	$W_5 = 6 \times W_5$
계	-	-	-	-	-	ΣW_i

9-4-3 디지털 도로대장 작성('25년 보완)

1. MMS측량 자료를 이용하여 작성하는 경우

(10km 당)

작업구분	투입인원				비 고
	특급 기술자	고급 기술자	중급 기술자	초급 기술자	
작업계획 및 준비	(0.5)	(1.1)	-	-	( )내는 내업을 표시함
객체추출 및 묘사	(1.0)	(3.0)	(8.0)	(8.0)	
현황측량 및 조사	-	1.0	6.0	3.0	
정 위 치 편 집	-	(0.8)	(1.2)	(2.0)	
구 조 화 편 집	-	(1.6)	(4.0)	(2.4)	
정 리 및 점 검	(0.2)	(0.8)	(0.6)	-	
계	- (1.7)	1.0 (7.3)	6.0 (13.8)	3.0 (12.4)	

[주] ① MMS측량 자료를 이용하여 도로대장을 작성하는 경우라 함은 MMS에 의해 취득된 점군 데이터를 활용하여 도로대장을 디지털화하는 일련의 작업과정을 의미한다.
② MMS 측량을 직접 시행하는 경우 '작업계획 및 준비' 작업을 제외하고, '[토목부문] 9-5-9 정밀도로지도 구축'의 품을 적용한다.(작업계획, GNSS 기주국 운영, MMS 자료수집, GNSS/INS 통합계산, 기준점 선점, MMS 표준자료 제작, 이미지처리(보안처리) 공종 적용)
㉮ MMS 표준자료 제작을 위한 기준점 측량은 '[토목부문] 9-1-5 4급 기준점 측량'을 적용하며, "지형유형에 따른 계수(K)"는 밀집시가지(1.3)를 적용한다.
③ 지형 구분에 따른 계수(객체추출 및 묘사, 현황측량 및 조사, 정위치편집, 구조화편집 공종에 적용)

지형구분	증감계수	비 고
밀 집 시 가 지	1.7	건물 및 도로가 시가지 면적의 90% 이상인 지형
시 가 지	1.3	건물 및 도로가 시가지 면적의 70% 이상인 지형
그 외 지 역	1.0	밀집시가지 및 시가지 외 지역

④ 본 품은 작업 단위를 10km로 적용하며, 사용되는 기계의 상각비·정비비는 별도 계상한다.
㉮ 객체추출 및 묘사, 정위치편집, 구조화편집의 기계비 산정은 '[토목부문] 9-5-4/2. 수동입력'의 품을 적용한다.
㉯ 현황측량 및 조사의 기계비 산정은 '[토목부문] 9-5-8 상각비 산정'을 적용한다.
⑤ 본 품의 외업에 동원되는 기술인원에 대한 여비는 국토교통부 장관이 고시한 측량용역대가기준에 따라 별도 계상한다.
⑥ 본 품에는 인접부의 접합작업이 포함되어 있다.
⑦ 측량연장이 1km이하인 경우에는 1km 품으로 한다.
⑧ 본 품에서 성과심사에 소요되는 비용은 국토교통부장관이 고시한 측량성과 심사수탁기관의 심사업무 및 지정절차 등에 관한 규정에 따라 별도 계상한다.
⑨ 본 품에는 다음의 성과품 작성이 포함되어야 한다.
㉮ 도로대장 공간정보 레이어(shp)
㉯ 표지(jpg 등)
㉰ 기타 MMS측량과 관련된 성과품은 정밀도로지도의 구축 및 갱신 등에 관한 규정을 따른다.

[설계 예]
① 설계 제원
    ㉮ 도로연장 : 10km
    ㉯ 지형구분 : 그 외 지역
    ㉰ 증감계수 : 1.0
    ㉱ 작업방법 : MMS측량

② 설계
    ㉮ 인건비

(인 당)

구 분	특급 기술자	고급 기술자	중급 기술자	초급 기술자	비 고
작업계획 및 준비	0.5	1.1	-	-	특급 0.5×10 고급 1.1×10
객체추출 및 묘사	1.0	3.0	8.0	8.0	특급 1.0×10×1.0 고급 3.0×10×1.0 중급 8.0×10×1.0 초급 8.0×10×1.0
현황측량 및 조사	-	1.0	6.0	3.0	고급 1.0×10×1.0 중급 6.0×10×1.0 초급 3.0×10×1.0
정 위 치 편 집	-	0.8	1.2	2.0	고급 0.8×10×1.0 중급 1.2×10×1.0 초급 2.0×10×1.0
구 조 화 편 집	-	1.6	4.0	2.4	고급 1.6×10×1.0 중급 4.0×10×1.0 초급 2.4×10×1.0
정 리 및 점 검	0.2	0.8	0.6	-	특급 0.2×10 고급 0.8×10 중급 0.6×10
계	1.7	8.3	19.8	15.4	45.2

    ㉯ 기계비

항 목	장비구분	상각비	정비비
객 체 추 출 및 묘 사	컴퓨터	20일	20일
현 황 측 량 및 조 사	현황측량장비	10일	10일
정 위 치 편 집	컴퓨터	3일	3일
구 조 화 편 집	컴퓨터	8일	8일

2. 현황측량 자료를 이용하여 작성하는 경우

(10km 당)

작업구분	투입인원				비 고
	특급 기술자	고급 기술자	중급 기술자	초급 기술자	
작업계획 및 준비	(0.3)	(0.7)	-	-	( )내는 내업을 표시함
현황측량 및 조사	-	5.0	30.0	15.0	
정 위 치 편 집	-	(2.8)	(4.3)	(7.1)	
구 조 화 편 집	-	(1.6)	(4.0)	(2.4)	
정 리 및 점 검	(0.1)	(0.5)	(0.4)	-	
계	(0.4)	5.0 (5.6)	30.0 (8.7)	15.0 (9.5)	

[주] ① 현황측량 자료를 이용하여 도로대장을 작성하는 경우라 함은 현황측량 및 조사를 통해 도로대장을 디지털화하여 작성하는 일련의 작업과정을 의미한다.
② 지형 구분에 따른 계수(현황측량 및 조사, 정위치편집, 구조화편집, 공종에 적용)

지형구분	증감계수	비 고
밀 집 시 가 지	1.7	건물 및 도로가 시가지 면적의 90% 이상인 지형
시 가 지	1.3	건물 및 도로가 시가지 면적의 70% 이상인 지형
그 외 지 역	1.0	밀집시가지 및 시가지 외 지역

③ 본 품은 작업 단위를 10km로 적용하며, 사용되는 기계의 상각비·정비비는 별도 계상한다.
  ㉮ 정위치편집, 구조화편집의 기계비 산정은 '[토목부문] 9-5-4/2. 수동입력'의 품을 적용한다.
  ㉯ 현황측량 및 조사의 기계비 산정은 '[토목부문] 9-5-8 상각비 산정'을 적용한다.
④ 본 품의 외업에 동원되는 기술인원에 대한 여비는 국토교통부 장관이 고시한 측량용역대가기준에 따라 별도 계상한다.
⑤ 본 품에는 인접부의 접합작업이 포함되어 있다.
⑥ 측량연장이 1km이하인 경우에는 1km 품으로 한다.
⑦ 본 품에서 성과심사에 소요되는 비용은 국토교통부장관이 고시한 측량성과 심사수탁기관의 심사업무 및 지정절차 등에 관한 규정에 따라 별도 계상한다.
⑧ 본 품에는 다음의 성과품 작성이 포함되어야 한다.
  ㉮ 도로대장 공간정보 레이어(shp)
  ㉯ 표지(jpg 등)

[설계 예]
① 설계 제원
  ㉮ 도로연장 : 10km
  ㉯ 지형구분 : 그 외 지역
  ㉰ 증감계수 : 1.0
  ㉱ 작업방법 : 현황측량
② 설계
  ㉮ 인건비

(인 당)

구 분	특급 기술자	고급 기술자	중급 기술자	초급 기술자	비 고
작업계획 및 준비	0.3	0.7	-	-	특급 0.3×10 고급 0.7×10
현황측량 및 조사	-	5.0	30.0	15.0	고급 5.0×10×1.0 중급 30.0×10×1.0 초급 15.0×10×1.0
정 위 치 편 집	-	2.8	4.3	7.1	고급 2.8×10×1.0 중급 4.3×10×1.0 초급 7.1×10×1.0
구 조 화 편 집	-	1.6	4.0	2.4	고급 1.6×10×1.0 중급 4.0×10×1.0 초급 2.4×10×1.0
정 리 및 점 검	0.1	0.5	0.4	-	특급 0.1×10 고급 0.5×10 중급 0.4×10
계	0.4	10.6	38.7	24.5	74.2

⑭ 기계비

작업구분	장비구분	상각비	정비비
현 장 측 량 및 조 사	현장측량장비	40일	40일
정 위 치 편 집	컴퓨터	14.2일	14.2일
구 조 화 편 집	〃	8일	8일

3. 기존 도로대장(종이, PDF, CAD 등)을 이용하여 작성하는 경우

(10km 당)

작업구분	투입인원				비 고
	특급 기술자	고급 기술자	중급 기술자	초급 기술자	
작업계획 및 준비	0.3	0.7	-	-	
정 위 치 편 집	-	0.8	1.2	2.0	
구 조 화 편 집	-	1.6	4.0	2.4	
정 리 및 점 검	0.1	0.5	0.4	-	
계	0.4	3.6	5.6	4.4	

[주] ① 기존 도로대장(종이, PDF, CAD 등)을 활용하여 도로대장을 작성하는 경우라 함은 현행화된 기존 도로대장을 디지털화하여 작성하는 일련의 작업과정을 의미하며, 본 품은 CAD 형태의 기존 도로대장을 이용한 작성을 기준으로 한 것이다.

㉠ 본 품에서 기존 도로대장 형태가 종이일 경우 '[토목부문] 9-5-4/3. 자동입력'의 자동독취, 벡터편집 작업 품을 별도 계상한다.
㉡ 본 품에서 기존 도로대장 형태가 PDF일 경우 '[토목부문] 9-5-4/3. 자동입력'의 벡터편집 작업 품을 별도 계상한다.
② 기존 도로대장 중 CAD 등 정위치편집이 완료된 자료를 이용하는 경우, 본 품의 정위치편집 작업과정은 생략한다.
③ 지형 구분에 따른 계수(정위치편집, 구조화편집 공종에 적용)

지형구분	증감계수	비 고
밀 집 시 가 지	1.7	건물 및 도로가 시가지 면적의 90% 이상인 지형
시 가 지	1.3	건물 및 도로가 시가지 면적의 70% 이상인 지형
그 외 지 역	1.0	밀집시가지 및 시가지 외 지역

④ 본 품은 작업 단위를 10km로 적용하며, 사용되는 기계의 상각비·정비비는 별도 계상한다.
㉠ 정위치편집, 구조화편집 편집의 기계비 산정은 '[토목부문] 9-5-4/2. 수동입력'의 품을 적용한다.
⑤ 본 품에는 인접부의 접합작업이 포함되어 있다.
⑥ 측량연장이 1km이하인 경우에는 1km 품으로 한다.
⑦ 본 품에는 다음의 성과품 작성이 포함되어야 한다.
㉠ 도로대장 공간정보 레이어(shp)
㉡ 표지(jpg 등)

[설계 예]
① 설계 제원
㉠ 도로연장 : 10km
㉡ 지형구분 : 그 외 지역
㉢ 증감계수 : 1.0
㉣ 작업방법 : 기존 도로대장이 정위치편집이 완료된 CAD 일 경우

② 설계
㉠ 인건비

(인 당)

구 분	특급 기술자	고급 기술자	중급 기술자	초급 기술자	비 고
작업계획 및 준비	0.3	0.7	-	-	특급 0.3×10 고급 0.7×10
구 조 화 편 집	-	1.6	4.0	2.4	고급 1.6×10×1.0 중급 4.0×10×1.0 초급 2.4×10×1.0
정 리 및 점 검	0.1	0.5	0.4	-	특급 0.1×10 고급 0.5×10 중급 0.4×10
계	0.4	2.8	4.4	2.4	10

㉡ 기계비

항 목	장비구분	상각비	정비비
구 조 화 편 집	컴퓨터	8일	8일

4. 기존 디지털 도로대장의 형식을 전환하는 경우

(10km 당)

작업구분	투입인원				비 고
	특급 기술자	고급 기술자	중급 기술자	초급 기술자	
작업계획 및 준비	0.3	0.7	-	-	
정 위 치 편 집	-	0.8	1.2	2.0	
구 조 화 편 집	-	1.6	4.0	2.4	
정 리 및 점 검	0.1	0.5	0.4	-	
계	0.4	3.6	5.6	4.4	

[주] ① 기존 디지털 도로대장의 형식을 전환하여 도로대장을 작성하는 경우라 함은 기존 도로대장 디지털 파일(shp)을 도로대장 통합관리체계에 등재할 수 있는 디지털 파일(shp)로 전환하는 경우를 의미한다.
② 지형 구분에 따른 계수(정위치편집, 구조화편집 공종에 적용)

지형구분	증감계수	비 고
밀 집 시 가 지	1.7	건물 및 도로가 시가지 면적의 90% 이상인 지형
시 가 지	1.3	건물 및 도로가 시가지 면적의 70% 이상인 지형
그 외 지 역	1.0	밀집시가지 및 시가지 외 지역

③ 본 품은 작업 단위를 10km로 적용하며, 사용되는 기계의 상각비·정비비는 별도 계상한다.
　㉮ 정위치편집, 구조화편집의 기계비 산정은 '[토목부문] 9-5-4/2. 수동입력'의 품을 적용한다.
④ 본 품에는 인접부의 접합작업이 포함되어 있다.
⑤ 측량연장이 1km이하인 경우에는 1km 품으로 한다.
⑥ 본 품에는 다음의 성과품 작성이 포함되어야 한다.
　㉮ 도로대장 공간정보 레이어(shp)
　㉯ 표지(jpg 등)

[설계 예]
① 설계 제원
　㉮ 도로연장 : 10km
　㉯ 지형구분 : 그 외 지역
　㉰ 증감계수 : 1.0
　㉱ 작업방법 : 기존 디지털 도로대장의 형식을 전환하는 경우

② 설계
  ㉮ 인건비

(인 당)

구 분	특급 기술자	고급 기술자	중급 기술자	초급 기술자	비 고
작업계획 및 준비	0.3	0.7	-	-	특급 0.3×10 고급 0.7×10
정 위 치 편 집	-	0.8	1.2	2.4	고급 0.8×10×1.0 중급 1.2×10×1.0 초급 2.0×10×1.0
구 조 화 편 집	-	1.6	4.0	2.4	고급 1.6×10×1.0 중급 4.0×10×1.0 초급 2.4×10×1.0
정 리 및 점 검	0.1	0.5	0.4	-	특급 0.1×10 고급 0.5×10 중급 0.4×10
계	0.4	3.6	5.6	4.4	14

  ㉯ 기계비

항 목	장비구분	상각비	정비비
정 위 치 편 집	컴퓨터	14.2일	14.2일
구 조 화 편 집	컴퓨터	8일	8일

9-5 지도제작

9-5-1 항공사진촬영('10, '21년 보완)

1. 디지털항공사진 지상표본거리(GSD)별 제원

지상표본거리 (GSD) (cm)	비행 고도(m)	1변 실거리		촬영면적 (km^2)	촬영기 선장 (km)	코스 간격 (km)	스테레오 면적 (km^2)
		종(km)	횡(km)				
8	1,600	1.12	1.34	1.50	0.45	0.94	0.42
10	2,000	1.40	1.68	2.35	0.56	1.17	0.66
12	2,400	1.68	2.012	3.38	0.67	1.41	0.95
15	3,000	2.10	2.52	5.29	0.84	1.76	1.48
20	4,000	2.80	3.35	9.40	1.12	2.35	2.63
25	5,000	3.50	4.19	14.69	1.40	2.93	4.11
42	8,400	5.89	7.043	41.46	2.36	4.93	11.61
80	16,000	11.21	13.41	150.41	4.49	9.39	42.12

※ 초점거리는 11.2㎝ 기준이다.

[주] ① 본 제원은 평탄지역을 촬영기준면으로 한 수직항공 사진촬영을 기준한 것이다.
② "지상표본거리(GSD)"라 함은 각 화소(pixel)가 나타내는 X, Y 지상거리를 말하며, 지상표본거리(GSD)를 기준으로 디지털카메라의 규격에 의하여 제원을 산출하여 사용한다. 단, 라인방식의 디지털카메라인 경우는 그 특성에 맞게 제원을 구할 수 있다.
㉮ 디지털카메라의 규격은 영상크기, CCD크기, 초점거리 등으로 구성된다.
㉯ 비행고도 = 지상표본거리(GSD)×초점거리/CCD크기
㉰ 1변 실거리(종·횡) = 영상크기(종·횡)×지상표본거리(GSD)
㉱ 촬영면적 = 1변 실거리(종)×1변 실거리(횡)
㉲ 촬영기선장 = 1변 실거리(종)×(1-종중복도)
㉳ 코스간격 = 1변 실거리(횡)×(1-횡중복도)
㉴ 스테레오면적 = 촬영기선장×코스간격
③ 사진 중복도는 비행방향으로 60%, 스트립 사이 30%를 기준으로 한 것이다.
④ 항공사진 촬영은 각 촬영 노선마다 양단에서의 여유는 각각 2매 이상으로 하고, 촬영축척이나 지형에 따라 조정하며 촬영구역 경계에 접한 촬영노선에서는 사진 폭의 약 30%를 여유 있게 촬영한다.
⑤ 촬영기준면의 변화 또는 산악지대의 촬영에서 중복도를 변경할 경우에는 별도 계산한다.
⑥ 항공사진축척 및 지상표본거리(GSD)는 최종도면의 축척, 최고비행고도, 등고선 간격, 도화기의 정밀도 및 사진의 사용목적에 따라 결정한다.
⑦ 측량용 카메라의 초점거리는 1/100m단위까지 정밀측정 한다.

[적용 예]
◦ 카메라 제원 1
- 영상 크기 : 14,016×16,768 pixel (종×횡)
- CCD 크기 : 5.6㎛, 초점거리 : 11.2㎝

지상표본거리 (GSD) (cm)	비행 고도(m)	1변 실거리		촬영면적 (㎢)	촬영기 선장 (km)	코스 간격 (km)	스테레오 면적 (㎢)
		종(km)	횡(km)				
8	1,600	1.12	1.34	1.50	0.45	0.94	0.42
10	2,000	1.40	1.68	2.35	0.56	1.17	0.66
12	2,400	1.68	2.01	3.38	0.67	1.41	0.95
15	3,000	2.10	2.52	5.29	0.84	1.76	1.48
20	4,000	2.80	3.35	9.40	1.12	2.35	2.63
25	5,000	3.50	4.19	14.69	1.40	2.93	4.11
42	8,400	5.89	7.04	41.46	2.35	4.93	11.61
80	16,000	11.21	13.41	150.41	4.49	9.39	42.12

◦ 카메라 제원 2
- 영상 크기 : 14,790×23,010pixel (종×횡)
- CCD 크기 : 4.6㎛, 초점거리 : 12㎝

지상표본거리 (GSD) (cm)	비행 고도(m)	1변 실거리		촬영면적 (㎢)	촬영기 선장 (km)	코스 간격 (km)	스테레오 면적 (㎢)
		종(km)	횡(km)				
8	2,087	1.18	1.84	2.18	0.47	1.29	0.61
10	2,609	1.48	2.30	3.40	0.59	1.61	0.95
12	3,130	1.77	2.76	4.90	0.71	1.93	1.37
15	3,913	2.22	3.45	7.66	0.89	2.42	2.14
20	5,217	2.96	4.60	13.61	1.18	3.22	3.81
25	6,522	3.70	5.75	21.27	1.48	4.03	5.96
42	10,957	6.21	9.66	60.03	2.48	6.76	16.81
80	20,870	11.83	18.41	217.80	4.73	12.89	60.98

2. 월별천후표

지역별	1월	2월	3월	4월	5월	6월	7월	8월	9월	10월	11월	12월	계
춘 천	(7)	(5)	6	4	4	2	0	0	2	5	3	(7)	45
강 릉	(11)	(6)	(6)	4	3	2	0	1	1	5	6	(10)	55
서 울	(8)	(6)	6	5	6	2	0	1	4	7	4	(6)	55
인 천	(7)	(6)	7	5	5	1	0	1	3	6	5	(6)	52
울릉도	0	0	(2)	3	3	1	1	0	0	1	0	0	11
수 원	(7)	(5)	6	5	5	2	0	0	4	6	4	(6)	50
청 주	(4)	(4)	6	5	5	1	0	0	2	6	4	(3)	40
추풍령	(5)	(3)	(6)	3	5	3	0	0	1	6	6	(4)	42
포 항	11	6	7	5	5	1	1	1	1	5	7	9	59
대 구	(8)	5	7	5	5	1	0	1	1	5	6	6	50
전 주	(3)	3	6	5	5	1	0	0	2	6	3	(3)	37
울 산	10	5	7	5	5	1	1	2	1	4	6	9	56
광 주	(3)	4	5	4	4	0	0	1	2	6	3	(2)	34
부 산	12	6	7	5	5	1	0	3	2	5	7	9	62
목 포	(2)	(2)	5	4	4	0	0	1	3	5	2	(2)	30
여 수	6	5	7	5	4	0	0	4	2	5	6	6	50
제 주	0	0	3	4	4	0	0	1	0	2	1	0	15
서귀포	(1)	0	3	5	3	0	0	0	2	4	1	0	19
속 초	(11)	(6)	(6)	4	4	2	0	0	2	6	6	(10)	57
철 원	(10)	(4)	6	4	4	2	0	0	4	6	5	(8)	53
원 주	(9)	(4)	5	4	5	1	0	0	3	6	4	(7)	48
서 산	(3)	(3)	(5)	5	4	2	0	0	4	6	2	(3)	37
울 진	(10)	(5)	6	5	4	1	0	1	2	5	7	9	55
대 전	(4)	(4)	6	5	5	1	0	0	3	6	3	(3)	40
안 동	(9)	(6)	7	5	5	1	0	1	1	3	5	(7)	50
군 산	(5)	2	5	4	6	1	2	0	4	6	2	(2)	39
통 영	12	5	7	6	3	0	0	1	3	6	7	9	59
완 도	(4)	3	5	5	5	1	2	1	3	6	3	(3)	41
진 주	8	4	5	3	3	0	0	1	1	4	4	5	38

[주] ① 이 표의 숫자는 쾌청일수를 말하며 단지 구름의 양이 1.0(구름양 10%) 이하를 기준한 기상 통계이므로 사진촬영에 크게 영향을 끼치는 겨울철의 적설, 도심지역의 연무 현상 및 산악지대의 태양각 등의 특수 지상조건을 고려하여 증감할 수 있다.
② 사진축척에 따른 실제 비행고도 및 비행기의 종류를 고려하여 증감할 수 있다.
③ 이 표에서 ( )에 표시된 숫자는 월간 3일 이상 적설이 있는 달의 쾌청일수를 말한다.
④ 이 표의 쾌청일수는 1일 8회의 관측치를 평균한 2008년~2018년의 기상청 통계이며, 운항체류일수의 계산에 활용한다.
⑤ 이 표에 명시되지 않은 지역은 가장 가까운 지역의 자료를 활용할 수 있다.
⑥ 여러 개월에 걸쳐 항공촬영을 행하는 경우 해당 개월의 쾌청일수 산술평균을 적용한다.

3. 운항속도

기지이동 운항속도	지상표본거리(GSD)별 운항속도		비고
	GSD ≤ 65cm	GSD > 65cm	
240km/hr	200km/hr	220km/hr	FMC 사용

[주] 본 제원은 항공사진촬영이 가능한 경비행기를 기준한 것이다.

4. 예비운항시간

예비운항시간				비고
시운전	편류측정	코스진입	이착륙	
25분	15분	5분	20분	

[주] ① 본 편류측정 횟수는 총 코스 연장 100km마다 1회로 하며, 노선측량의 촬영에서는 별도 가산할 수 있다.
② 본 제원은 항공사진촬영이 가능한 경비행기를 기준한 것이다.
③ 항공기의 종류, 최대운항속도 및 기상조건에 따라 조정 적용할 수 있다.
④ 코스진입은 매 코스당 1회, 시운전 및 이착륙은 운항 1일당 1회로 한다.

5. 항공사진 촬영 기준 계산식

  가. 운항체류일수 계산식

  $$(운항소요일수) = \frac{(30일)}{(해당월의\ 평균쾌청일수)} \times (순촬영소요일수) + (기지이동)$$

  나. 순촬영소요일수 계산식

  $$(순촬영소요일수) = \frac{(촬영운항시간) + (천후장애시간) + (보완촬영시간)}{(5시간)}$$

  다. 총 촬영 운항시간 계산식

  총 촬영운항시간 ┌ (기지이동시간) ┬ 계기비행시간
                  │ (촬영운항시간) │ 왕복운항시간
                  │ (천후장애시간) └ 순촬영운항시간
                  └ (보완촬영시간)   예비운항시간

(1) 기지이동시간   ㉮ 기지이동 순항시간
              ㉯ 이착륙 및 시운전시간
(2) 촬영운항시간
   (가) 계기비행시간 : 이착륙시 국토교통부장관이 지정한 코스
   (나) 왕복운항 시간 = $\dfrac{전진기지부터\ 촬영지까지의\ 왕복거리}{운항\ 속도}$
   (다) 순촬영 운항시간 = $\dfrac{(촬영코스\ 순연장)+(여유사진\ 매수연장)}{(축적별\ 운항속도)}$
   (라) 예비운항시간
       ① 시운전 : 운항 1일 당 1회
       ② 편류측정 : 코스 연장 100km 당 1회
       ③ 코스진입 : 매 코스 당 1회
       ④ 이착륙 : 운항 1일 당 기준
       ⑤ 천후장애시간 : 왕복운항 시간의 200%
       ⑥ 보완촬영시간 : 촬영운항 시간의 50%

[주] ① 촬영운항시간은 일반적으로 항공촬영이 가능한 경비행기를 기준으로 하여 5시간으로 한다.
    ② 전진기지를 설치할 수 없을 때에는 원래 기지부터 계산한다.
    ③ 천후장애시간은 사전 기상통보에 의하여 현지에 비행하였으나 구름 및 기류 등의 불가피한 장애가 생겨 되돌아오는 경우를 말한다.
    ④ 보완촬영이란 촬영된 사진이 사업목적에 부적당한 때의 재촬영을 말하며 이는 사진상에 구름의 영상이 나타날 때 또는 사진의 경사각 및 사진 선회각 등이 제한치를 초과할 때 행하게 된다.
    ⑤ 계기비행시간은 국토교통부장관이 계기비행을 지정하는 비행장에 한한다.

6. 항공사진촬영

작 업 구 분	작업 일수				인 원			
	GSD≤25㎝	25㎝<GSD ≤42㎝	42㎝<GSD ≤65㎝	65㎝<GSD	특급 기술자	고급 기술자	중급 기술자	고급 기능사
계획준비	1	1	1	1	1	-	1	-
GNSS/INS 데이터처리	3	3	3	3	-	1	-	-
데이터 전처리	1	1	1	1	-	3.2	3.2	1.6
정리	4	3	2	1	1	-	1	-

[주] ① 촬영거리 200㎞를 1작업 단위로 한다.
② 본 품의 기술자는 항공사진 측량에 관한 전문적인 지식이 있어야 한다.
  ㉮ 특급기술자는 항공사진 측량작업의 계획, 준비, 감독 및 점검을 한다.
  ㉯ 고급기술자는 데이터 전처리 공정의 계획, 준비 및 데이터 전처리 작업을 수행한다.
  ㉰ 중급기술자는 항공사진측량을 수행하고 계획, 준비전반을 보좌 한다.
  ㉱ 고급기능사(항공사진)는 데이터 전처리 공정의 계획, 준비 및 데이터 전처리 작업 전반을 보좌한다.
③ GNSS/INS 데이터 처리는 1일당 50모델을 처리하는 것을 기준으로 한다.
④ 데이터 전처리 작업은 원시영상에서 기하·방사보정, 및 기타 영상처리 등의 작업을 말하며 1일당 약 250매를 처리하는 것을 기준으로 하며, CIR(Color Infra-Red)영상 등 처리시 데이터 전처리 작업을 증가할 수 있다.
⑤ 정리작업은 사진표정도 작성, 사진보안처리 및 사진검사 등을 말하며 1일당 50매를 처리하는 것을 기준으로 한다.
⑥ 운항비 촬영비 및 재료비는 별도 계상한다.
  ㉮ 상각비계상은 장비취득가격의 10%를 잔존가치로 하며, 항공기의 상각년수 6년, 총가동시간 1,200시간으로 하고 카메라 및 GNSS/INS의 상각년수 6년, 총가동시간 1,200시간으로 한다.
  ㉯ 항공기 및 카메라와 GNSS/INS의 가동시간 정비비와 엔진 오버홀비(overhaul)의 계산식은 다음과 같다.

$$(\text{가동시간 정비비}) = \frac{(\text{취득가격})}{(\text{연간가동시간})} \times 0.05$$

$$(\text{가동시간 오버홀비}) = (\text{오버홀비}) \times (\frac{1}{900} - \frac{1}{(\text{총가동시간})})$$

⑦ 본 품의 성과작성품은 관련한 최신 항공사진측량 작업규정을 따른다.

[설계 예]
① 설계제원
  ㉮ 사용항공기 : 항공사진촬영이 가능한 경비행기
  ㉯ 사용카메라 : 디지털 카메라 및 GNSS/INS가 부착된 동종의 카메라
    ○ 디지털카메라 제원
      - 영상 크기 : 14,016×16,768 pixel
      - CCD 크기 : 5.6㎛, 초점거리 : 11.2㎝
  ㉰ 촬영시기 : 9월
  ㉱ 전진기지 : 부산기지(340㎞)
  ㉲ 지상표본거리 : 42㎝
  ㉳ 촬영중복도 : O.L≒60%, S.L≒30%
  ㉴ 촬영면적 : 2,400㎢(40㎞×60㎞)
  ㉵ 운항속도 : 240㎞/hr
  ㉶ 기지부터 촬영지까지 왕복거리 : 140㎞(산출근거 참조 a+b)
  ㉷ 비행기 촬영속도: 200㎞/hr
  ㉸ 촬영방향 : 동-서
  ㉹ 여유사진매수 : 4매 (코스별)
  ㉺ 해당지역평균쾌청일수 : 2일

② 촬영비행시간 산출근거

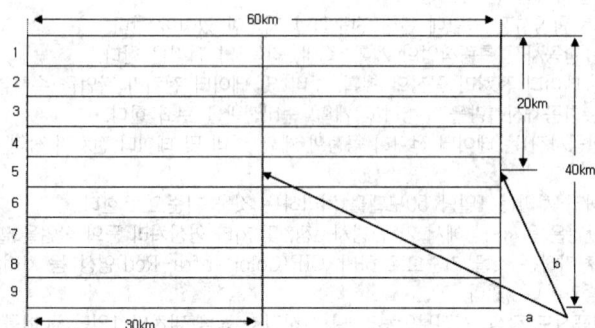

㉮ 기지이동시간 : 4.33hr
  ㉠ 기지이동순항시간 : (340km×2)÷240km/hr=2.83hr
  ㉡ 이착륙 및 시운전시간 : 0.75hr×2=1.5hr
㉯ 촬영운항시간 : 9.37hr (1.75+3.12+4.5)
  ㉠ 계기비행시간 : 부산수영비행장 해당 없음
  ㉡ 왕복운항시간 :140km÷240km/hr×X(3)회=1.75hr
  ㉢ 순촬영시간 : {(60km+9.4km)×9}÷200km/hr=3.12hr

$$순\ 촬영시간 = \frac{((촬영코스\ 순연장)+(여유사진\ 매수연장))\times 코스수}{(축척별\ 운항속도)}$$

※ 여유사진 매수=기선장×여유매수(4매)
㉰ 예비운항시간 : 4.5hr
  - 시운전 : 25분×X(3)회=1.25hr
  - 편류측정 : 15분×6회=1.50hr
  - 코스진입 : 5분×9회=0.75hr
  - 이착륙 : 20분×X(3)회=1hr
  * 촬영소요횟수 산출식 (산출근거)

$$X=\frac{(왕복운항시간+순촬영시간+(편류측정+코스진입시간)+(이착륙+시운전))\times 1.3+왕복운항시간}{5}$$

$$=\frac{(0.58X+3.12+2.25+0.75X)\times 1.3+0.58X}{5}=2.594 ≒ 3회$$

㉱ 천후장애시간 : 1.75hr×2.0=3.5hr
㉲ 보완촬영시간 : 9.37hr×0.5=4.69hr
㉳ 순촬영소요횟수(일수) : (촬영운항시간+천후장애시간+보완촬영시간)/5
  =(9.37hr+3.5hr+4.69hr)÷5hr=3.51회≒4회
㉴ 총촬영운항시간 : 기지이동시간+촬영운항시간+천후장애시간+보완촬영시간
  =4.33hr+9.37hr+3.5hr+4.69hr=21.89hr
㉵ 운항소요일수 :

$$\frac{(30일)}{(해당월의\ 쾌청일수)} \times (순촬영소요일수)+기지이동 = 30일/2일\times 3.51일+1일=54일$$

③ 설계 예

구 분	단 위	수 량	비 고
(1) 작업계획			
㉮ 인건비	-	-	
㉠ 계획준비	-	-	
특급기술자	인/일	3.12	[토목부문] 9-7-1 / 6. [주] ① 참조
중급기술자	〃	3.12	
㉡ GNSS/INS처리	-	-	
고급기술자	인/일	0.06	[토목부문] 9-7-1 / 6. [주] ③ 참조
㉢ 데이터전처리	-	-	
고급기술자	인/일	9.99	[토목부문] 9-7-1 / 6. [주] ④ 참조
중급기술자	〃	9.99	
고급기능사	〃	5.00	
㉣ 정리	-	-	
특급기술자	인/일	6.25	[토목부문] 9-7-1 / 6. [주] ⑤ 참조
중급기술자	〃	6.25	
㉯ 재료비	매	-	계획용지도
(2) 총 촬영비		-	
㉮ 인건비	일	54	조종사, 고급기술자, 정비사
㉯ 운항비	-	-	
㉠ 가솔린	시간	21.89	
㉡ 오일	〃	21.89	
㉢ 상각비	〃	21.89	비행기 상각비
㉣ 오버홀비	〃	21.89	엔진오버홀비
㉤ 정비비	〃	21.89	비행기 정비비
㉰ 촬영비	-	-	
㉠ 정비비	시간	21.89	카메라 정비비
㉡ 상각비	〃	21.89	카메라 상각비
㉱ 체류비	-	-	
㉠ 여비	일	54	조종사, 고급기술자, 정비사
㉡ 비행장사용료	〃	54	
㉲ 보험료	-	-	
㉠ 비행기	일	54	약정에 의한 지불액
㉡ 승무원	〃	54	
㉢ 카메라	〃	54	
㉣ 제3자	〃	54	

7. 항공사진 DB 구축('21년 신설)
작업단계별 소요일수 및 투입인원

(500매 당)

작업공정	일수	인원수					
		1일당			합계		
		고급 기술자	정보처리 기사	중급 기능사 (항공사진)	고급 기술자	정보처리 기사	중급 기능사 (항공사진)
계 획 준 비	2	0.4	0.4	0.4	0.8	0.8	0.8
화면오류 및 파 일 저 장	3	2.4	2.0	3.4	7.2	6	10.2
항공사진촬영 성 과 입 력	3	0.8	0.4	0.8	2.4	1.2	2.4
정 리	2	1.0	-	2	2	-	4
점 검	2	1.0	-	1.0	2	-	2
계	12	-	-	-	14.4	8	19.4

[주] ① 계획준비·정리·점검에 의한 작업량에 따른 증감계수

작업량	50매	200매	500매	1,000매 이상	비고
증감계수	2.0	1.3	1	0.90	

○ 작업량 증감율 (R) = 0.8+100/Q(Q는 실시작업량)
○ 작업량이 1,000장을 초과해도 증감계수는 0.90까지만 적용한다.
② 측량성과데이터 등록은 촬영기록부, 표정도, 촬영코스별검사표 이외의 입력을 필요로 하는 경우는 별도 계상한다.
③ 기계비 및 유지관리비는 별도 계상한다.
  ㉮ 컴퓨터의 상각비 및 유지관리비는 '[토목부문] 9-5-4/2. 수동입력'을 적용한다.
④ 본 품에서 공공측량성과심사에 소요되는 비용은 국토교통부장관이 고시한 측량성과 심사수탁기관의 심사업무 및 지정절차 등에 관한 규정에 따라 별도 계상한다.
⑤ 본 품의 성과작성품은 관련한 최신 항공사진측량 작업규정을 따른다.

[설계 예]
① 설계 제원
 ㉮ 사용재원 : 디지털 컬러 항공사진
 ㉯ 표준해상도 : 25㎝
 ㉰ 사진매수 : 1,200매

② 설계
 ㉮ 인건비

구 분	고급기술자	정보처리기사	중급기능사 (도화)	비 고
계 획 준 비	1.72	1.72	1.72	고급기술자 0.8×1200/500×0.9 정보처리기사 0.8×1200/500×0.9 중급기능사 0.8×1200/500×0.9
화면오류 및 파 일 저 장	17.28	14.4	24.48	고급기술자 7.2×1200/500 정보처리기사 6.0×1200/500 중급기능사 10.2×1200/500
성 과 입 력	5.76	2.88	5.76	고급기술자 2.4×1200/500 정보처리기사 1.2×1200/500 중급기능사 2.4×1200/500
정 리	4.32	-	9.6	고급기술자 2×1200/500×0.9 중급기능사 4×1200/500×0.9
점 검	4.32	-	4.32	고급기술자 2×1200/500×0.9 중급기능사 2×1200/500×0.9
계	33.4	19	45.88	

9-5-2 대공표지('21년 보완)

작업구분	일수	인 원 수									
		1 일 당					합 계				
		고급기술자	중급기술자	초급기술자	초급기능사(측량)	인부	고급기술자	중급기술자	초급기술자	초급기능사(측량)	인부
계 획 준 비	2	0.5	1	-	-	-	1	2	-	-	-
답 사 선 점	10	-	1	-	1	-	-	10	-	10	-
설 치 작 업	10	-	1	-	1	-	-	10	-	10	-
내 업 정 리	5	-	1	-	-	-	-	5	-	-	-
점 검	3	1	1	-	-	-	3	3	-	-	-
계	-	-	-	-	-	-	4	30	-	20	-

[주] ① 본 품은 40점을 1작업단위로 하고, 대공표지설치에 적용한다.
② 대공표지란 도화작업 및 사진기준점 측량에 필요한 기준점을 입체항공사진상에 표시하기 위하여 사진촬영 전에 현지에서 설치하는 표지를 말한다.
③ 대공표지는 사진축척에 따라 사진상에 약 0.03㎜의 모양이 현저하게 나타날 수 있도록 대공표지의 크기, 색조 및 형을 결정한다.
④ 본 품은 점당거리 평균 1㎞를 기준으로 한 것이며, 1㎞ 이상일 경우에는 다음의 계수를 곱하여 계상할 수 있다.

점 간 거 리	1㎞ 이내	2~3㎞	3~4㎞	4㎞ 이상
계 수	1.00	1.30	1.60	2.00

⑤ 보조측량, 벌채 보상비 및 재료비 등은 별도 계상한다.
⑥ 작업지역의 평균표고가 500m~1,000m일 때는 20%, 1,000m 이상일 때는 40%를 가산할 수 있다.
⑦ 간석지 작업시는 간조시간을 고려하여 본 품에 3배까지 가산할 수 있다.
⑧ 본 품의 외업에 동원되는 기술인원에 대한 여비는 국토교통부장관이 고시한 측량용역대가 기준에 따라 별도 계상한다.
⑨ 본 품의 성과작성품은 관련한 최신 항공사진측량 작업규정을 따른다.

9-5-3 사진 기준점 측량('21년 보완)

작업구분	작업일수	인 원		
		특급기술자	고급기술자	중급기술자
계 획 준 비	2	1	-	-
선 점	3	-	1	1
좌 표 측 정	5	-	1	1
계 산	2	-	1	1
정 리 점 검	3	-	1	-
계	-	2	13	10

[주] ① 사진 기준점 측량이란 사진상에 측정된 사진좌표 또는 모델좌표를 지상좌표로 변환하는 과정을 말하며, 수치도화기를 이용하는 것을 기준으로 한다.
② 실제 대상지역을 포괄하는 모델수를 적용하되, 표준모델로 산정하는 경우 아래 산식으로 계산할 수 있다.

$$모델수 = \frac{촬영코스연장(km)}{촬영기선장(km)} \times 1.1(안전율)$$

③ 본 품은 연속된 항공사진 60모델을 1작업 단위로 한 것이다.
④ 기계 경비, 데이터 처리를 위한 프로그램 및 재료비는 별도 계상한다.
⑤ 지상기준점 및 검측점에 대하여 지상측량 또는 대공표지 설치를 할 때는 별도 계상할 수 있다.
⑥ 본 품에서 성과심사에 소요되는 비용은 국토교통부장관이 고시한 측량성과 심사수탁기관의 심사 업무 및 지정절차 등에 관한 규정에 따라 별도 계상한다.
⑦ 본 품의 성과작성품은 관련한 최신 항공사진측량 작업규정을 따른다.

9-5-4 수치지도 작성('21, '22, '24년 보완)

1. 수치도화
   ◦ 인원편성

종별	기술자				기능사(도화)			계
	특급	고급	중급	초급	고급	중급	초급	
참여비율(%)	5	10	15	10	10	30	20	100

   ◦ 사진축척별 작업량

사진축적	1:3,000	1:5,000	1:10,000	1:20,000	1:37,500
1시간당 작업량	0.0018	0.0055	0.0165	0.0482	0.3287

[주] ① 수치도화라 함은 항공사진 또는 위성사진을 수치도화기로 지형지물을 수치형식으로 측정하여 이를 컴퓨터에 수록하는 작업을 말한다.

② 본 품에 기재되어 있지 않은 사진축척에 대하여는 보간법으로 계산하여 적용할 수 있다.
③ 지형 및 도화작업의 종류에 따라 다음의 계수를 곱하여 계상한다.
　㉮ 지형에 따른 계수

지형종류	시가지	교외지	농경지	구릉지	산악지
계수	0.58	0.78	1.00	1.20	1.40

　㉯ 도화작업의 종류에 따른 계수

도화작업의 종류	도화	수정도화
계수	1.0	0.8

④ 수정도화 작업시 사진판독에 따른 시간은 다음과 같이 가산한다.
　{수정면적÷(수치도화시간당작업량×8)}시간
⑤ 정위치 편집작업, 도면제작 편집작업, 도면출력을 실시할 경우에는 별도 계상한다.
⑥ 본 품에서 성과심사에 소요되는 비용은 국토교통부장관이 고시한 측량성과 심사수탁기관의 심사업무 및 지정절차 등에 관한 규정에 따라 별도 계상한다.
⑦ 본 품에서 사용되는 기계의 상각비·정비비는 별도 계상한다.
⑧ 본 품에서 소요되는 재료비는 별도 계상한다.
⑨ 본 품의 성과작성품은 관련한 최신 수치지형도 작성 작업규정을 따른다.

[설계 예]
① 수치도화 작업
　㉮ 설계제원
　　㉠ 사 용 기 계 : 수치도화기
　　㉡ 사 진 축 척 : 1/20,000
　　㉢ 도 화 면 적 : 100㎢
　　㉣ 작 업 구 역 : 농경지
　　㉤ 증 가 계 수 : 지 형 : 1.0
　㉯ 설　계
　　㉠ 인건비

구분			수치도화	비　고
기술자	특	급	259×0.05=12.95인	{100㎢÷(0.0482×1.0)}÷8시간=259인
	고	급	259×0.10=25.9 인	
	중	급	259×0.15=38.85인	
	초	급	259×0.10=25.9 인	
기능사 (도화)	고	급	259×0.10=25.9 인	
	중	급	259×0.30=77.7 인	
	초	급	259×0.20=51.8 인	
계			259	259

ⓒ 기계비

구 분	상각비	정비비	비 고
도화기	259일	259일	

2. 수동입력

◦ 축척별 시간당 작업량

(단위 : ㎢)

축 척	1/500	1/1,200	1:5,000	비 고
1시간당 작업량(㎢)	0.004	0.0064	0.0442	

[주] ① 수동입력이라함은 이미 제작된 지도 또는 측량도면을 수동독취기(디지타이저)에 의해 수치데이터로 입력하는 작업을 말한다.
② 기계비 및 재료비는 별도 계상한다.
　㉮ 상각비계상은 장비취득가격의 10%를 잔존가치로 하며, 컴퓨터의 상각년수는 5년, 가동일수는 278일로 한다.
　㉯ 컴퓨터의 가동일당 유지관리비의 계산식은 다음과 같다.

$$\text{가동일당 유지관리비} = \frac{\text{취득가격}}{278일} \times 0.1$$

③ 지형에 따른 증감에 레이어별 입력의 전체에 대한 비율은 다음과 같이 적용한다.
　㉮ 시형에 따른 계수

지형종류	시가지	교외지	농경지	구릉지	산악지	비 고
계 수	0.64	0.75	1.00	0.95	0.89	

　㉯ 레이어별 작업비율

(단위 : %)

레이어별 \ 지형별	시가지	교외지	산악지	구릉지	농경지	비 고
도로·철도·시설물	23.7	22.4	6.0	10.8	15.6	
하 천	2.7	4.0	3.7	5.8	7.1	
건 물	48.7	34.6	4.5	8.3	11.1	
지 류	6.5	15.2	9.0	17.1	36.5	
지 형	11.3	15.7	73.6	53.2	22.5	
행정경계 및 주기	7.1	8.1	3.2	4.8	7.2	
계	100.0	100.0	100.0	100.0	100.0	

④ 작업의 편성인원은 3인으로 되어 고급기술자 1인, 정보처리기사 1인, 중급기능사(지도제작) 1인으로 하고, 고급기술자 및 정보처리기사는 작업일수의 각 1/10인·일을 초과할 수 없다.
⑤ 본 품에는 작업준비·정리 및 인접부의 접합 작업이 포함되어 있다.
⑥ 본 품에 기재되지 않는 축척에 대하여는 보간법으로 계산하여 적용한다.
⑦ 본 품은 일반지형도를 기준으로 한 것이며, 지형도를 기초로 하여 지하매설물 등을 추가 입력할 경우에는 품을 별도 계상한다.

⑧ 입력에서 제외되는 레이어가 있는 경우에는 당해 레이어의 작업비율을 제외하고 계상한다.
⑨ 본 품에서 성과심사에 소요되는 비용은 국토교통부장관이 고시한 측량성과 심사수탁기관의 심사업무 및 지정절차 등에 관한 규정에 따라 별도 계상한다.
⑩ 본 품의 성과작성품은 관련한 최신 수치지형도 작성 작업규정을 따른다.

[설계 예]
① 설계제원
  ㉮ 입력면적 : 62㎢
  ㉯ 지도축척 : 1:5,000
  ㉰ 입력레이어 : 도로·철도·시설물
  ㉱ 지형구분 : 시가지 20%, 교외지 10%, 농경지 30%, 구릉지 10%, 산악지 30%
② 설 계
  ㉮ 인건비

구 분	고 급 기술자	정보처리 기 사	중급기능사 (지도제작)	비 고
작업관리	3.19인	3.19인	-	62㎢÷(0.0442×8시간)×(0.2×0.237÷0.64 + 0.1×0.224÷0.75+0.3×0.156÷1.0 + 0.1×0.108÷0.95+0.3×0.060÷0.89) = 31.96일
수동입력	-	-	31.96인	

  ㉯ 기계비

구 분	상 각 비	유지관리비	비 고
컴 퓨 터	31.96일	31.96일	디지타이저 포함

3. 자동입력
  가. 자동독취(Scanning)
    (1) 작업 단위별 소요시간

(분/매 당)

작 업 구 분	소 요 시 간	비 고
독 취 (Scanning)	20	
잡 음(노이즈)제 거	20	
좌 표 변 환	10	

[주] ① 자동독취라 함은 이미 제작된 지도 또는 측량도면을 자동독취기(스캐너)에 의해 입력된 래스터 파일을 잡음(노이즈) 제거 및 좌표변환 하는 작업을 말한다. 다만, 다른 성과를 이용하여 래스터 파일을 편집한 경우에는 별도의 품을 계상한다.
② 기계비 및 재료비는 '[토목부문] 9-5-4/2. 수동입력'의 품을 적용한다.
③ 자동독취 작업의 편성인원은 '[토목부문] 9-5-4/2. 수동입력'의 품을 적용한다.

④ 본 품은 1:5,000 지형도 1도엽의 크기와 해상력 400DPI를 기준으로 작성된 품으로써 크기와 해상력이 다른 경우에는 품을 증감할 수 있다.
⑤ 본 품에서 성과심사에 소요되는 비용은 국토교통부장관이 고시한 측량성과 심사수탁기관의 심사 업무 및 지정절차 등에 관한 규정에 따라 별도 계상한다.
⑥ 본 품의 성과작성품은 관련한 최신 수치지형도 작성 작업규정을 따른다.

[설계 예]
① 설계제원
  ㉮ 입력원판 : 1:5,000지형도 4매
  ㉯ 자동독취하여 잡음(노이즈) 제거, 좌표변환 함.
② 설계
  ㉮ 인건비

구 분	고 급 기술자	정보처리 기 사	중급기능사 (지도제작)	비 고
자 동 독 취	0.016인	0.016인	0.166인	4매×20분/60분/8시간=0.166일
잡음(노이즈)제거	0.016인	0.016인	0.166인	4매×20분/60분/8시간=0.166일
좌 표 변 환	0.008인	0.008인	0.083인	4매×10분/60분/8시간=0.083일
계	0.04인	0.04인	0.415인	

  ㉯ 기계비

구 분	상 각 비	유지보수비	비 고
자동독취기(Scanner)	0.166일	0.166일	S/W포함
컴 퓨 터	0.415일	0.415일	S/W포함

나. 벡터편집
(1) 축척별 시간당 작업량

(㎢ 당)

축 척	1:1,000	1:5,000	1:25,000	1/50,000	비 고
1시간당 작업량	0.0084	0.056	1.120	3.423	

[주] ① 벡터편집이라 함은 이미 제작된 지도 또는 측량 도면을 자동독취기(Scanner)에 의해 수치데이터로 입력하여 좌표 변화된 래스터데이터를 벡터데이터로 편집하는 작업을 말한다.
② 기계비 및 재료비는 '[토목부문] 9-5-4/2. 수동입력'의 품을 적용한다.
③ 벡터편집 작업의 편성 인원은 '[토목부문] 9-5-4/2. 수동입력'의 품을 적용한다.
④ 지형에 따른 증감과 레이어별 부분입력의 비율은 다음과 같이 적용한다.
  ㉮ 지형에 따른 계수

지 형 종 류	시가지	교외지	농경지	구릉지	산악지	비 고
계 수	0.65	0.80	1.00	1.13	1.25	

㉴ 레이어별 작업비율(벡터편집)

레이어별＼지형종류	시가지	교외지	농경지	구릉지	산악지	비 고
도로·철도 시설물	34.0	25.1	18.2	15.1	10.2	
하 천	3.1	4.1	6.1	5.7	4.6	
건 물	27.9	20.1	8.7	7.4	5.8	
지 류	9.0	18.9	33.9	19.0	8.0	
지 형	16.5	21.7	25.8	46.0	66.4	
행정경계 및 주기	9.5	10.1	7.3	6.8	5.0	
계	100.0	100.0	100.0	100.0	100.0	

⑤ 자동독취기(Scanner)를 이용한 입력시간은 별도 계상한다.
⑥ 본 품에는 작업준비·정리 및 인접부의 접합 작업이 포함되어 있다.
⑦ 본 품에 기재되지 않은 축척에 대하여는 보간법으로 계산하여 적용할 수 있다.
⑧ 본 품은 일반지형도를 기준으로 한 것이며 지형도를 기초로 하여 지하매설물 등을 추가 입력할 경우에는 품을 별도 계상한다.
⑨ 입력에서 제외되는 레이어가 있는 경우에는 당해 레이어의 작업비율을 제외하고 계상한다.
⑩ 본 품에서 성과심사에 소요되는 비용은 국토교통부장관이 고시한 측량성과 심사수탁기관의 심사업무 및 지정절차 등에 관한 규정에 따라 별도 계상한다.
⑪ 본 품에서 사용되는 기계의 상각비는 별도 계상한다.
⑫ 본 품의 성과작성품은 관련한 최신 수치지형도 작성 작업규정을 따른다.

[설계 예]
① 설계 제원
　㉮ 입력면적 : 155㎢
　㉯ 지도축척 : 1:25,000
　㉰ 지형구분 : 농경지 40%, 산악지 60%
　㉱ 입력레이어 : 도로, 철도, 시설물, 지형
　㉲ 자동독취된 래스터파일
② 설계
　㉮ 인건비

구 분	고급기술자	정보처리기사	중급기능사 (지도제작)	비 고
1. 작업관리	0.94인	0.94인	-	155㎢÷(1.120×8)×{0.4×(0.182+0.258)÷1.0+0.6×(0.102+0.664)÷1.25}=9.40인
2. 벡터편집	-	-	9.40인	
계	0.94인	0.94인	9.40인	

㉯ 기계비

구 분	상각비	유지관리비	비 고
컴 퓨 터	9.40일	9.40일	S/W포함

4. 정위치 편집('14년 보완)
가. 축척별 시간당 작업량

(㎢ 당)

축 척	1/500	1:1,000	1:2,500	1:5,000	1:25,000
1시간당 작업량	0.0048	0.0065	0.0365	0.076	0.755

[주] ① 정위치 편집이라 함은 현지지리조사 및 현지보완 측량에서 얻어진 성과 및 자료를 이용하여 수치도화파일 또는 기존도면입력파일을 수정 보완하는 작업을 말한다.
② 기계비 및 재료비는 '[토목부문] 9-5-4/2. 수동입력'의 품을 적용한다.
③ 지형 및 작업종류에 따라 다음의 계수를 곱하여 계상한다.
㉮ 지형에 따른 계수

지 형 종 류	시가지	교외지	농경지	구릉지	산악지	비 고
기존도면입력	0.50	0.61	0.78	0.92	1.00	
수 치 도 화	0.5	0.7	1.0	1.08	1.1	

㉯ 작업종류에 따른 계수

작 업 종 류	전체도엽 편집	부분 수정편집	비 고
계 수	1.0	0.80	

④ 작업반의 편성은 다음과 같다.

구 분	특급 기술자	고급 기술자	초급 기술자	정보처리 기 사	중급기능사 (지도제작)	계
참여비율(%)	3	15	27	5	50	100

⑤ 본 품에는 작업준비 정리 및 인접부의 접합 작업이 포함되어 있다.
⑥ 본 품에서 성과심사에 소요되는 비용은 국토교통부장관이 고시한 측량성과 심사수탁기관의 심사업무 및 지정절차 등에 관한 규정에 따라 별도 계상한다.
⑦ 본 품에 기재되지 않은 축척에 대하여는 보간법으로 계산하여 적용할 수 있다.
⑧ 본 품은 일반지형도를 기준으로 한 것이며 지형도를 기초로 하여 지하매설물 등을 추가 입력할 경우에는 품을 별도 계상한다.
⑨ 본 품의 성과작성품은 관련 최신 수치지형도 작성 작업규정을 따른다.

[설계 예]
① 설계 제원
㉮ 정위치편집 면적 : 155㎢(기존도면입력파일)
㉯ 지도축척 : 1:25,000
㉰ 지형구분 : 시가지 10%, 교외지 20%, 농경지 30%, 산악지 40%

② 설계
  ㉮ 인건비

구 분	특급 기술자	고급 기술자	초급 기술자	정보처리 기 사	중급기능사 (지도제작)	비 고
1. 작업 및 품질관리	33.68×0.03 =1.01인	33.68×0.15 =5.05인	-	-	-	155㎢÷(0.755㎢/시간 ×8시간)×(0.1÷0.5+ 0.2÷0.61+0.3÷ 0.78+0.4÷1.0) =33.68인
2. 편 집	-	-	33.68×0.27 =9.09인	33.68×0.05 =1.68인	33.68×0.50 =16.84인	

  ㉯ 기계비

구 분	상각비	유지관리비	비 고
컴 퓨 터	33.68일	33.68일	S/W포함

[설계 예]
① 설계 제원
  ㉮ 정위치편집 면적 : 6.1㎢(수치도화)
  ㉯ 지도축척 : 1:5,000
  ㉰ 지형구분 : 시가지 10%, 교외지 20%, 농경지 30%, 산악지 40%
② 설 계
  ㉮ 인건비

구 분	특급 기술자	고급 기술자	초급 기술자	정보처리 기 사	중급기능사 (지도제작)	비 고
1. 작업 및 품질관리	11.53×0.03 =0.35인	11.53×0.15 =1.73인	-	-	-	6.1㎢÷(0.076㎢/시간 ×8시간)×(0.1÷0.5+ 0.2÷0.7+0.3÷1.0+ 0.4÷1.1)=11.53인
2. 편 집	-	-	11.53×0.27 =3.11인	11.53×0.05 =0.58인	11.53×0.50 =5.76인	

  ㉯ 기계비

구 분	상각비	유지관리비	비 고
컴 퓨 터	11.53일	11.53일	S/W 포함

5. 도면제작 편집('10, '14년 보완)
  가. 1 : 1 편집

(단위 : ㎢)

축 척	1:500	1:1,000	1:5,000	1:25,000	비 고
1시간 작업량	0.0056	0.0191	0.0998	0.886	

[주] ① 도면제작 편집이라 함은 지도형식의 도면으로 출력하기 위하여 정위치편집 파일을 지도도식규칙 및 수치지도 작성 작업규칙에 의하여 편집하는 작업을 말한다.

② 기계비 및 재료비는 '[토목부문] 9-5-4/2. 수동입력'의 품을 적용한다.
③ 지형에 따라 다음의 계수를 곱하여 계상한다.

지형종류	시가지	교외지	농경지	구릉지	산악지	비고
계 수	0.71	0.78	1.0	1.06	1.16	

④ 본 품의 성과작성품은 관련한 최신 수치지형도 작성 작업규정을 따른다.
⑤ 원도장성품은 별도 계상한다.
⑥ 작업반의 편성은 다음과 같다.

구 분	고급 기술자	초급 기술자	정보처리 기사	중급기능사 (지도제작)	계
참여비율(%)	20	25	5	50	100

⑦ 본 품에는 작업준비·정리 및 인접부의 접합작업이 포함되어 있다.
⑧ 본 품은 일반지형도를 기준으로 한 것이며, 지형도를 기초로 하여 지하매설물 등을 추가 입력할 경우에는 품을 별도 계상한다.
⑨ 본 품에는 교정 및 수정이 포함된 것이다. 다만, 교정 및 수정을 위한 확인용 도면출력품은 별도 계상한다.
⑩ 본 품에 기재되지 않은 축척에 대하여는 보간법으로 계산하여 적용할 수 있다.
⑪ 본 품에서 성과심사에 소요되는 비용은 국토교통부장관이 고시한 측량성과 심사수탁기관의 심사업무 및 지정절차 등에 관한 규정에 따라 별도 계상한다.
⑫ 현지조사가 필요한 경우 조사품은 '[토목부문] 9-5-6/1. 지리조사'를 적용하며, 기술자의 현지 여비는 국토교통부장관이 고시한 측량대가의 기준에 따라 별도 계상한다.

[설계 예]
① 설계 제원
   ㉮ 도면제작 편집 면적 : 155㎢
   ㉯ 지도축척 : 1:25,000
   ㉰ 지형구분 : 시가지 10%, 교외지 20%, 농경지 30%, 산악지 40%
② 설계
   ㉮ 인건비

구 분	고급 기술자	초급 기술자	정보처리 기사	중급기능사 (지도제작)	비 고
1. 작업 및 품질관리	21.87×0.2 =4.37인	-	-	-	155㎢÷(0.886㎢×8시간)× (0.1/0.71+0.1/0.78+ 0.3/1.0+0.5/1.16) = 21.87인
2. 도면제작편집	-	21.87×0.25 =5.47인	21.87×0.05 =1.09인	21.87×0.5 =10.93인	

   ㉯ 기계비

구 분	상각비	유지관리비	비 고
컴 퓨 터	21.87일	21.87일	S/W포함

[설계 예]
① 설계 제원
  ㉮ 도면제작 편집 면적 : 6.1㎢
  ㉯ 지도축척 : 1:5,000
  ㉰ 지형구분 : 시가지 10%, 교외지 20%, 농경지 30%, 산악지 40%
② 설계
  ㉮ 인건비

구 분	고급 기술자	초급 기술자	정보처리 기 사	중급기능사 (지도제작)	비 고
1. 작업 및 품질관리	7.96×0.2 =1.59인	-	-	-	6.1㎢÷(0.0998㎢×8시간)× (0.1/0.71+0.2/0.78+0.3/ 1.0+0.4/1.16)=7.96인
2. 도면제작편집	-	7.96×0.25 =1.99인	7.96×0.05 =0.40인	7.96×0.5 =3.98인	

  ㉯ 기계비

구 분	상각비	유지관리비	비 고
컴 퓨 터	7.96일	7.96일	S/W포함

나. 축소편집
  (1) 도면제작

(도엽 당)

축 척	1:10,000	1:25,000	1:50,000	비 고
투입인원	9.25	22.45	10.37	

[주] ① 본 품은 1:5,000 수치지도정위치편집 파일을 이용한 1:10,000 도면제작편집과 1:25,000 도면제작편집, 1:25,000 도면제작편집 파일을 이용한 1:50,000 도면제작 편집시 적용한다.
② 본 품에서 사용하는 기계비 및 재료비는 별도 계상한다.
③ 지형에 따라 다음의 계수를 곱하여 계상한다.

지 형 종 류	시가지	교외지	농경지	구릉지	산악지	물
계 수	1.21	1.13	1.0	1.03	0.83	0.43

④ 인쇄원판필름 작성품은 별도 계상한다.
⑤ 본 품에는 작업준비, 정리 및 인접부의 접합 작업 및 난외주기 작성 작업이 포함되어 있다.
⑥ 본 품은 일반지형도를 기준으로 한 것으로 지형도상 표시사항 이외의 사항을 입력, 편집시에는 품을 별도 계상한다.
⑦ 본 품에 기재되지 않은 축척에 대하여 보간법으로 계산하여 적용할 수 없다.
⑧ 본 품에서 성과심사에 소요되는 비용은 국토교통부장관이 고시한 측량성과 심사수탁기관의 심사업무 및 지정절차 등에 관한 규정에 따라 별도 계상한다.
⑨ 본 품의 성과작성품은 관련된 최신 수치지형도 작성 작업규정을 따른다.
⑩ 작업반의 편성은 '[토목부문] 9-5-4/5./가. 1:1 편집'을 적용한다.

[설계 예]
① 설계제원
  ㉮ 도면제작편집 : 1도엽(1:5,000 25도엽)
  ㉯ 지도발행축척 : 1:25,000
  ㉰ 지형구분 : 시가지 10%, 교외지 20%, 농경지 30%, 구릉지 20%, 산악지 10%, 물 10%
② 설계
  ㉮ 인건비

구 분	고급기술자	초급기술자	정보처리기사	중급기능사(지도제작)	비 고
1. 작업 및 품질관리	21.98×0.20 =4.4인	-	-	-	22.45인/도엽×(0.1×1.21 +0.2×1.13+0.3×1.0+0.2 ×1.03+0.1×0.83+0.1×0.43) =21.98인
2. 도면제작편집	-	21.98×0.25 =5.49인	21.98×0.05 =1.10인	21.98×0.50 =10.99인	

  ㉯ 기계비

구 분	상각비	유지관리비	비 고
컴 퓨 터	21.98일	21.87일	S/W포함

(2) 수치지도

(㎢ 당)

축 척	1:5,000	비 고
1시간당 작업량	0.2436	

[주] ① 본 품은 1:2,500 수치지형도정위치, 구조화 편집 파일을 이용하여 1:5,000 정위치, 구조화 편집 파일 편집시 적용한다.
② 본 품에서 사용하는 작업반 편성은 '[토목부문] 9-5-4/5./가. 1:1 편집' 품을 적용하고, 기계비 및 재료비는 별도 계상한다.
③ 지형에 따라 '[토목부문] 9-5-4/5./나./(1) 도면제작'의 지형계수를 곱하여 계상한다.
④ 도면제작을 위한 품은 별도 계상한다.
⑤ 본 품에는 작업준비, 정리 및 인접부의 접합작업이 포함되어 있다.
⑥ 본 품에서 성과심사에 소요되는 비용은 국토교통부장관이 고시한 측량성과 심사수탁기관의 심사업무 및 지정절차 등에 관한 규정에 따라 별도 계상한다.
⑦ 본 품의 성과작성품은 관련한 최신 수치지형도 작성 작업규정을 따른다.

[설계 예]
① 설계 제원
  ㉮ 축소편집 면적 : 156㎢
  ㉯ 지도축적 : 1:5,000
  ㉰ 지형구분 : 시가지 10%, 교외지 20%, 농경지 30%, 산악지 40%

② 설계
  ㉮ 인건비

구 분	고급 기술자	초급 기술자	정보처리 기 사	중급기능사 (지도제작)	비 고
1. 작업 및 품질관리	78.36×0.2 =15.67인	-	-	-	156㎢÷(0.2436㎡/시간×8시간 ×(0.1×1.21+0.2×1.13+0.3 ×1.0+0.4×0.83)=78.36인
2. 도면제작편집	-	78.36×0.25 =19.59인	78.36×0.05 =3.91인	78.36×0.5 =39.18인	

  ㉯ 기계비

구 분	상각비	유지관리비	비 고
컴 퓨 터	78.36일	78.36일	S/W포함

다. 자동 지도제작('05년 신설)
  (1) 축척별시간당 작업량

(㎢ 당)

축 척	1:5,000	비 고
1시간당 작업량	1.27	

[주] ① 자동 지도제작이라 함은 수치지도 Ver 2.0을 이용하여 수치지도 Ver 2.0의 자료형태(NGI Format)를 그대로 유지하면서 도면제작편집 파일을 만드는 작업을 말한다.
② 본 품은 1:5,000 수치지도 Ver 2.0을 이용한 1:5,000 도면제작 편집시 적용한다.
③ 기계비 및 재료비는 '[토목부문] 9-5-4/2. 수동입력'의 품을 적용한다.
④ 지형에 따라 다음의 계수를 곱하여 계상한다.

지형종류	시가지	교외지	농경지	구릉지	산악지	비 고
계 수	1.16	1.11	1.00	1.00	0.80	

⑤ 작업반의 편성은 '[토목부문] 9-5-4/5./가. 1:1 편집'을 적용한다.
⑥ 인쇄원판필름 작성품은 별도 계상한다.
⑦ 본 품에는 작업준비, 정리 및 인접부의 접합 작업 및 난외주기 작성 작업이 포함되어 있다.
⑧ 본 품에서 성과심사에 소요되는 비용은 국토교통부장관이 고시한 측량성과 심사수탁기관의 심사업무 및 지정절차 등에 관한 규정에 따라 별도 계상한다.
⑨ 본 품의 성과작성품은 관련한 최신 수치지형도 작성 작업규정을 따른다.

[설계 예]
① 설계제원
  ㉮ 도면제작편집면적 : 6.1㎢(1:5,000, 1도엽)
  ㉯ 지도발행축척 : 1:5,000 지형도
  ㉰ 지형구분 : 시가지 40%, 교외지 25%, 구릉지 15%, 산악지 20%

② 설계
⠀⠀㉮ 인건비

구 분	고급 기술자	초급 기술자	정보처리 기사	중급기능사 (지도제작)	비 고
1. 작업 및 품질관리	0.63×0.20 =0.12인	-	-	-	6.1㎢/(1.27㎢/시간×8시간) ×(0.4×1.16+0.25×1.11+ 0.15×1.0+0.2×0.8)=0.63인
2. 자동지도제작	-	0.63×0.25 =0.16인	0.63×0.05 =0.03인	0.63×0.50 =0.31인	

⠀⠀㉯ 기계비

구 분	상각비	유지보수비	비 고
컴 퓨 터	0.63일	0.63일	S/W포함

6. 구조화 편집

⠀가. 수치지형도

⠀⠀(1) 축척별 시간당 작업량

(㎢ 당)

축 척	1:1,000	비 고
1시간 당 작업량	0.016	

[주] ① 구조화편집이라 함은 정위치 편집된 파일을 이용하여 데이터간의 상호 상관 관계를 유지하기 위하여 공간 및 속성데이터를 편집하는 작업을 말한다.
② 작업반 편성은 고급기술자 및 엔지니어링 산업진흥법상의 중급기술자와 중급기능사로 한다.
③ 기계비 및 재료비는 '[토목부문] 9-5-4/2. 수동입력'의 품을 적용한다.
④ 지형에 따라 다음의 계수를 곱하여 계상한다.

지형 종류	시가지	교외지	농경지	구릉지	산악지	비 고
계 수	0.3	0.6	1.0	1.5	6.0	

⑤ 작업반의 편성은 다음과 같다.

구 분	고급기술자	중급기술자	중급기능사 (지도제작)	계
참여비율(%)	10	60	30	100

⑥ 본 품에는 작업준비, 속성입력, 위상관계 형성, 속성데이터의 연결 및 정리작업이 포함되어 있다.
⑦ 본 품은 1:1,000축척의 일반 지형도를 기준으로 국가기본도 표준의 지형지물 및 기본속성에 대하여 편집하는 것을 말한다. 다만, 지하시설물을 입력하여 구조화 편집하는 것은 별도의 품을 계상한다.
⑧ 본 품에서 성과심사에 소요되는 비용은 국토교통부장관이 고시한 측량성과 심사수탁기관의 심사업무 및 지정절차 등에 관한 규정에 따라 별도 계상한다.
⑨ 본 품의 성과작성품은 관련한 최신 수치지형도 작성 작업규정을 따른다.

[설계 예]
① 설계제원
   ㉮ 구조화편집 면적 : 0.24㎢
   ㉯ 지도축척 : 1:1,000수치지도
   ㉰ 지형구분 : 시가지 60%, 교외지 5%, 구릉지 15%, 산악지 20%

② 설계
   ㉮ 인건비

구 분	고급기술자	중급기술자	중급기능사	비 고
구조화편집	4.15×0.1 =0.415인	4.15×0.6 =2.49인	4.15×0.3 =1.24인	0.24㎢/(0.016㎢/시간×8시간)× (0.6÷0.3+0.05÷0.6+0.15÷1.5+ 0.2÷6.0)=4.15인

   ㉯ 기계비

구 분	상 각 비	유지보수비	비 고
컴 퓨 터	4.15일	4.15일	S/W포함

나. 수치지형도(Ver 2.0)
   (1) 기존 수치지형도 활용

(㎢ 당)

축 척	1:1,000	1:2,500	1:5,000	비 고
1시간당 작업량	0.0107	0.0373	0.174	

[주] ① 수치지형도 Ver 2.0 이라 함은 정위치 편집된 파일을 이용하여 데이터간의 상호 상관관계를 유지하기 위하여 공간 및 속성 데이터를 편집하는 작업을 말한다.
② 기계비 및 재료비는 '[토목부문] 9-5-4/2. 수동입력'을 적용한다.
③ 지형에 따른 증감계수는 다음과 같다.

지형계수	시가지	교외지	농경지	구릉지	산악지	비 고
증감계수	0.3	0.6	1.0	1.5	6.0	

④ 작업반의 편성은 다음과 같다.

구 분	특급 기술자	고급 기술자	중급 기술자	초급 기술자	정보처리 기사	중급 기능사 (지도제작)	계
참여비율(%)	2	12	40	11	10	25	100

⑤ 본 품에는 작업준비, 속성입력, 위상관계 및 정리 작업이 포함되어 있다.
⑥ 본 품은 1:1,000, 1:2,500, 1:5,000 축척의 수치지형도 명세서에 의한 기본 속성에 대하여 편집하는 것이고 그 외의 속성을 입력하는 경우는 별도의 품을 계상한다.

⑦ 본 품에서 성과심사에 소요되는 비용은 국토교통부장관이 고시한 측량성과 심사수탁기관의 심사업무 및 지정절차 등에 관한 규정에 따라 별도 계상한다.
⑧ 본 품의 성과작성품은 관련한 최신 수치지형도 작성 작업규정을 따른다.

[설계 예]
① 설계제원
　㉮ 구조화편집 면적 : 0.24㎢
　㉯ 지도축척 : 1:1,000 수치지형도
　㉰ 지형구분 : 시가지 60%, 교외지 5%, 구릉지 15%, 산악지 20%
② 설계
　㉮ 인건비

구 분	특 급 기술자	고 급 기술자	중 급 기술자	초 급 기술자	정보처리 기사	중 급 기능사	비 고
1. 작업 및 품질관리	6.21×0.02 =0.12인	6.21×0.12 =0.74인	-	-	-	-	0.24㎢/(0.0107㎢/시간×8시간)×(0.6÷0.3+ 0.05÷0.6+0.15÷1.5+ 0.2÷6.0)=6.21인
2. 편집	-	-	6.21×0.40 =2.49인	6.21×0.11 =0.68인	6.21×0.10 =0.62인	6.21×0.25 =1.551인	

　㉯ 기계비

구 분	상각비	유지관리비	비 고
컴 퓨 터	6.21일	6.21일	S/W포함

(2) 신규작업

(㎢ 당)

축　　　척	1:1,000	1:2,500	비　　고
1시간당 작업량	0.004	0.0327	

[주] ① 본 품은 수치지형도 Ver 2.0 제작시 정위치편집과 구조화편집을 포함한 작업을 말한다.
　② 기계비 및 재료비는 '[토목부문] 9-5-4/2. 수동입력'을 적용한다.
　③ 지형에 따른 증감계수는 "6" 구조화편집 "나" 수치지형도 Ver 2.0(기존 수치지형도 활용)을 적용한다.
　④ 작업반의 편성은 '[토목부문] 9-5-4/6./나./(1) 기존 수치지형도 활용'을 적용한다.
　⑤ 본 품에는 작업준비, 속성입력, 위상관계 및 정리작업이 포함되어 있다.
　⑥ 본 품은 1:1,000 축척의 수치지형도 명세서에 의한 기본 속성에 대하여 편집하는 것이고 그 외의 속성을 입력하는 경우는 별도의 품을 계상한다.
　⑦ 본 품에서 성과심사에 소요되는 비용은 국토교통부장관이 고시한 측량성과 심사수탁기관의 심사업무 및 지정절차 등에 관한 규정에 따라 별도 계상한다.
　⑧ 본 품의 성과작성품은 관련한 최신 수치지형도 작성 작업규정을 따른다.

[설계 예]
① 설계제원
  ㉮ 편집 면적 : 0.24㎢
  ㉯ 지도축척 : 1:1,000 수치지형도
  ㉰ 지형구분 : 시가지 60%, 교외지 5%, 구릉지 15%, 산악지 20%
② 설계
  ㉮ 인건비

구 분	특급 기술자	고급 기술자	중급 기술자	초급 기술자	정보 처리 기사	중급 기능사	비 고
1. 작업 및 품질관리	16.62×0.02 =0.33인	16.62×0.12 =1.99인	-	-	-	-	0.24㎢/(0.004㎢/시간 ×8시간)×(0.6÷0.3+ 0.05÷0.6+0.15÷1.5+ 0.2÷6.0)=16.62인
2. 편집	-	-	16.62×0.40 =6.64인	16.62×0.11 =1.82인	16.62×0.10 =1.66인	16.62×0.25 =4.16인	

  ㉯ 기계비

구 분	상 각 비	유지보수비	비 고
컴 퓨 터	16.62일	16.62일	S/W포함

7. 지하시설물도 작성

가. 지하시설물 조사/탐사

(인, m당)

구분		중급 기술자	초급 기술자	중급기능사 (측량)	초급기능사 (측량)	계	1일 작업량	비고
작 업 계 획		고급기술자로서 총투입인원의 1/10				-	-	
자료수집및작업준비		1	1	-	-	2	1,000	
지하시설물조사편집		1	2	1	-	4	511	
지하시설물 위치측량	매설시설물	1	2	1	3	7	458	
	노출시설물	1	1	-	-	2	86	
지하시설물원도작성		-	2	2	-	4	1,044	
대장조서및속성DB작성		1	2	1	-	4	600	

[주] ① 지하시설물도 작성이란 기존도면을 이용하여 지하시설물과 연관된 지상시설물을 조사하고, 지하에 매설된 각종 시설물의 위치를 탐사하거나 또는 공사 중 시설물의 위치를 육안으로 확인할 수 있는 상태에서 측량하여 도면으로 제작하는 것으로써 지하시설물 대장조서의 작성이 포함되어 있다.
  ㉮ 지하시설물위치측량 중 매설시설물 품은 지하에 매설된 시설물을 조사·탐사하여 시설물 위치를 측량하는 경우에 적용한다.
  ㉯ 지하시설물위치측량 중 노출시설물 품은 관로의 신설, 교체 공사시 시설물이 노출된 상태에서 위치를 조사·측량하는 경우에 적용한다.

② 지하시설물의 위치측량에 사용되는 기준점(평면, 표고) 설치 및 측량을 하는 경우에는 별도의 품을 계상한다.
③ 기계비 및 재료비는 별도 계상한다.
  ㉮ 상각비계상은 장비취득가격의 10%를 잔존가치로 하며, 지하시설물 탐사기의 상각년수는 5년, 가동일수는 278일로 한다.
  ㉯ 지하시설물 탐사기의 가동일당 정비비의 계산식은 다음과 같다.

$$\text{가동일당 정비비} = \frac{\text{취득가격}}{365} \times 0.1$$

④ 지형 및 시설물 종류별로 증감계수는 다음과 같다.
  ㉮ 지형구분에 따른 증감계수

구 분	밀집시가지	시가지	교외지	농경지	구릉지	산 지	비 고
증감계수	1.68	1.00	0.78	0.65	0.65	0.65	

  ㉯ 시설물 종류별 증감계수

구 분	상수도	하수도	가스	전력	통신	난방	송유관	기 타
증감계수	1.1	0.73	1.03	0.85	0.85	1.0	1.0	0.85

  ㉰ 공동구축에 따른 증감 수식
    공동구축시설물의 개수가 2 이상일 경우 다음의 절감률을 적용한다.
    절감률 : 3%×(N-1)   N : 공동구축 시설물 개수
⑤ 본 품은 상수도 50㎜ 이상, 하수도 300㎜ 이상, 가스 75㎜ 이상, 통신 50㎜ 이상의 관경 및 고압전력을 기준으로 작성된 것으로서 관경이 작을 경우에는 품을 증가한다.
⑥ 본 품은 출력된 1/500지형도를 이용하여 지하시설물도를 작성하는 것으로서 지형도가 없을 때에는 품을 별도로 계상한다.
⑦ 본 품의 외업에 동원되는 기술인력에 대한 여비는 측량대가의 기준에 따라 별도 계상한다.
⑧ 점검측량 및 성과심사에 소요되는 비용은 별도 계상한다. 다만, 성과 심사비는 측량성과 심사수탁기관의 심사업무 및 지정절차 등에 관한 규정에 의한다.

나. 지하시설물도 정위치 편집
  ① 지하시설물도의 정위치 편집이라 함은 지하시설물 조사/탐사의 측량성과를 표준코드 등을 이용하여 신규로 제작하거나 기존의 지하시설물도를 수정 보완하는 작업을 말한다.
  ② 지하시설물도 정위치편집의 시간당 작업량은 다음과 같다.

(km 당)

구 분	1:1,000	비고
시간당 작업량	0.10	

  ③ 지형 및 시설물종류별 증감계수는 '[토목부문] 9-5-4/7./가. 지하시설물 조사/탐사'를 적용한다.
  ④ 정위치 편집의 편성인원은 '[토목부문] 9-5-4/2. 수동입력'을 적용한다.

⑤ 기계비 및 재료비는 '[토목부문] 9-5-4/2. 수동입력'을 적용한다.
⑥ 본 품에는 작업준비, 정리, 인접부의 접합작성이 포함되어 있다.
⑦ 본 품의 점검측량 및 성과심사에 소요되는 비용은 별도 계상한다. 다만, 성과심사비는 측량성과 심사수탁기관의 심사업무 및 지정절차 등에 관한 규정에 의한다.

다. 지하시설물도 구조화편집
　(1) 지하시설물도의 구조화편집이라 함은 정위치 편집 된 지하시설물의 상호 상관관계를 유지하기 위하여 공간 및 속성데이터를 편집하는 작업을 말한다.
　(2) 작업반 편성은 고급기술자 1인, 정보처리기사 1인, 중급기능사(지도제작) 1인으로 구분하고, 참여비율은 다음과 같다.

구 분	고급기술자	정보처리기사	중급기능사 (지도제작)	비 고
참여비율(%)	10	60	30	

　(3) 지하시설물도 구조화편집의 작업량은 다음과 같다.

(km 당)

구 분	1:1,000	비 고
시간당 작업량	0.14	

　(4) 기계비 및 재료비는 '[토목부문] 9-5-4/2. 수동입력'을 적용한다.
　(5) 본 품의 점검측량 및 성과심사에 소요되는 비용은 별도 계상한다. 다만, 성과심사비는 측량성과 심사수탁기관의 심사업무 및 지정절차 등에 관한 규정에 의한다.

[설계 예]
1) 매설시설물
① 설계제원
　㉮ 시설물의 종류 : 상수도관 10㎞, 가스관 27㎞, 송유관 20㎞
　㉯ 지형의 구분

(% 당)

구 분	밀집시가지	시가지	교외지	농경지	구릉지	산악지	비 고
상 수 관	40	30	20	0	0	10	
가 스 관	35	40	0	0	15	10	
송 유 관	0	0	40	10	20	30	

　㉰ 출력된 1/500지형도를 이용

② 설계
㉮ 인건비

(인, m 당)

구 분	중급 기술자	초급 기술자	중급 기능사 (측량)	초급 기능사 (측량)	계	비 고
작업계획	고급기술자(2,051.83×1/10=205.18일)				-	
자료수집 및 작업준비	59.14일	59.14일	-	-	118.28일	59.144km×1,000m/km÷ (1,000m/일)×1인
지하시설물 조사편집	115.74일	231.48일	115.74일	-	462.96일	59.144km×1,000m/km÷ (511m/일)×1인
지하시설물 위치측량	121.39일	242.77일	121.39일	364.16일	849.71일	55.595km×1,000m/km÷ (458m/일)×1인
지하시설물 원도작성	-	113.30일	113.30일	-	226.60일	59.144km×1,000m/km÷ (1,044m/일)×1인
대장조서 및 속성DB작성	98.57일	197.14일	98.57일	-	394.28일	59.144km×1,000m/km÷ (600m/일)×1인
계	394.84일	843.83일	449.00일	364.16일	2,051.83일	

지형증감계수 :
상수도=0.40×1.68+0.30×1.0+0.20×0.78+0.1×0.65=1.193
가스관=0.35×1.68+0.40×1.0+0.15×0.65+0.1×0.65=1.150
송유관=0.40×0.78+0.10×0.65+0.20×0.65+0.30×0.65=0.702
탐사 길이=10×1.1×1.193+27×1.03×1.150+20×1.0×0.702=59.144km
공동구축 탐사 길이=탐사길이×{1-0.03×(N-1)}=59.144×(1-0.03×2)=55.595km

○ 정위치 편집

구 분	고급 기술자	정보처리 기사	중급기능사 (지도제작)	비 고
1. 작업관리	7.39일	7.39일	-	
2. 편집	-	-	73.93일	59.144km/(0.10km×8시간) = 73.93일
계	7.39일	7.39일	73.93일	
작업반편성	10%	10%	100%	

○ 구조화 편집

구 분	고급 기술자	정보처리 기사	중급기능사 (지도제작)	비 고
1. 작업관리	5.28일	-	-	
2. 편집	-	31.68일	15.84일	59.144km/(0.14km×8시간)=52.80일
계	5.28일	31.68일	15.84일	
작업반편성	10%	60%	30%	

⑭ 기계비
  ◦ 지하시설물 조사/탐사

구 분	상 각 비	정비비	비 고
지하시설물탐사장비	121.38일	121.38일	55.595km×1,000m/km÷(458m/일)×1인

  ◦ 정위치 편집

구 분	상 각 비	정비비	비 고
컴 퓨 터	73.93일	73.93일	59.144km/(0.10km×8시간) = 73.93일

  ◦ 구조화 편집

구 분	상 각 비	정비비	비 고
컴 퓨 터	46.20일	46.20일	59.144km/(0.16km×8시간) = 46.20일

2) 노출시설물('23년 보완)
① 설계제원
  ㉮ 시설물의 종류: 상수도관 10㎞, 가스관 27㎞, 송유관 20㎞
  ㉯ 지형의 구분

(% 당)

구 분	밀집시가지	시가지	교외지	농경지	구릉지	산악지	비고
상 수 관	40	30	20	0	0	10	
가 스 관	35	40	0	0	15	10	
송 유 관	0	0	40	10	20	30	

  ㉰ 출력된 1/500지형도를 이용
② 설계
  ㉮ 인건비

(인, m 당)

구분	중급 기술자	초급 기술자	중급 기능사 (측량)	초급 기능사 (측량)	계	비 고
작업계획	고급기술자(2,495.03×1/10=249.50일)				-	
자료수집 및 작업준비	59.14일	59.14일	-	-	118.28일	59.144km×1,000m/km ÷(1,000m/일)×1인
지하시설물 조사편집	115.74일	231.48일	115.74일	-	462.96일	59.144km×1,000m/km ÷(511m/일)×1인
지하시설물 위치측량	646.45일	646.45일	-	-	1,292.90일	55.595km×1,000m/km ÷(86m/일)×1인
지하시설물 원도작성	-	113.30일	113.30일	-	226.60일	59.144km×1,000m/km ÷(1,044m/일)×1인
대장조서 및 속성DB작성	98.57일	197.14일	98.57일	-	394.28일	59.144km×1,000m/km ÷(600m/일)×1인
계	919.90일	1,247.51일	327.61일	-	2,495.02일	

지형증감계수 :
상수도=0.40×1.68+0.30×1.0+0.20×0.78+0.1×0.65=1.193
가스관=0.35×1.68+0.40×1.0+0.15×0.65+0.1×0.65=1.150
송유관=0.40×0.78+0.10×0.65+0.20×0.65+0.30×0.65 = 0.702
탐사길이=10×1.1×1.193+27×1.03×1.150+20×1.0×0.702=59.144km
공동구축탐사길이=탐사길이×{1-0.03×(N-1)}=59.144×(1-0.03×2)=55.595km

○ 정위치 편집

구 분	고급 기술자	정보처리 기사	중급기능사 (지도제작)	비 고
1. 작업관리	7.39일	7.39일	-	
2. 편 집	-	-	73.93일	59.144km/(0.10km×8시간)=73.93일
계	7.39일	7.39일	73.93일	
작업반편성	10%	10%	100%	

○ 구조화 편집

구 분	고급 기술자	정보처리 기사	중급기능사 (지도제작)	비 고
1. 작업관리	5.28일	-	-	
2. 편 집	-	31.68일	15.84일	59.144km/(0.14km×8시간)=52.80일
계	5.28일	31.68일	15.84일	
작업반편성	10%	60%	30%	

㉕ 기계비
   ○ 지하시설물 조사/탐사

구 분	상 각 비	정비비	비 고
지하시설물탐사장비	646.45일	646.45일	55.595km×1,000m/km÷(86m/일)×1인

   ○ 정위치 편집

구 분	상 각 비	정비비	비 고
컴 퓨 터	73.93일	73.93일	59.144km/(0.10km×8시간)=73.93일

   ○ 구조화 편집

구 분	상 각 비	정비비	비 고
컴 퓨 터	46.20일	46.20일	59.144km/(0.16 km×8시간)=46.20일

8. 공통주제도 작성

가. 주제도 입력

(㎢ 당)

구 분	축척별 1시간당 작업량		비 고
	1:25,000	1:5,000	
토 지 이 용 현 황 도	2.108	-	
도 시 계 획 도	-	0.6377	
지 번 약 도	-	0.1513	

나. 수정편집

(㎢ 당)

구 분	축척별 1시간당 작업량		비 고
	1:25,000	1:5,000	
토 지 이 용 현 황 도	10.7509	-	
도 시 계 획 도	-	0.9308	
지 번 약 도	-	1.0093	

[주] ① 주제도입력이라 함은 이미 제작된 주제도를 자동독취기(스캐너)에 의해 수치데이터로 입력하여 벡터데이터로 편집하는 작업을 말한다.
② 수정편집이라 함은 주제도를 입력한 파일을 수치지형 데이터에 합성하여 수정 및 편집하는 작업을 말한다.
③ 기계비 및 재료비는 별도 계상한다.
 ㉮ 상각비계상은 장비취득가격의 10%를 잔존가치로 하며, 컴퓨터의 상각년수는 5년 가동일수는 278일로 한다.
 ㉯ 컴퓨터의 가동일당 유지관리비의 계산식은 다음과 같다.

$$가동일당\ 정비비 = \frac{취득가격}{365일} \times 0.1$$

④ 주제도 입력 및 수정편집 작업의 편성인원은 3인으로써 고급기술자 1인, 정보처리기사 1급 1인, 중급기능사(측량) 1인으로 하고 고급기술자 및 정보처리기사 1급은 총 작업일수의 1/10인·일으로 한다.
⑤ 본 품에는 작업준비·정리 및 인접부의 접합 작업이 포함되어 있다.
⑥ 입력된 주제도를 구조화편집하거나 속성을 입력할 때에는 별도의 품을 계상한다.
⑦ 본 품에서 성과심사에 소요되는 비용은 국토교통부장관이 고시한 측량성과 심사수탁기관의 심사업무 및 지정절차 등에 관한 규정에 따라 별도 계상한다.
⑧ 본 품에는 다음의 성과작성품이 포함되어 있다.
 ㉮ 주제도입력 파일(기록 매체 수록)
 ㉯ 수치지도 성과점검 및 관리대장

[설계 예] 토지이용현황도
① 설계 제원
  ㉮ 입력면적 : 153㎢
  ㉯ 지도축척 : 1:25,000 토지이용현황도
② 설계
  ㉮ 인건비

구 분	고급 기술자	정보처리 기 사	중급기능사 (지도제작)	비 고
1. 작업 관리	1.08인	1.08인	-	
2. 토지이용 현황도 입력	-	-	9.07인	153㎢/ 2.108㎢/8시간=9.07일
3. 수정 편집	-	-	1.77인	153㎢/10.7509㎢/8시간=1.77일
계	1.08인	1.08인	10.84인	

  ㉯ 기계비

구 분	상 각 비	정 비 비	비 고
컴 퓨 터	10.84일	10.84일	

[설계 예] 도시계획도
① 설계 제원
  ㉮ 입력면적 : 6㎢
  ㉯ 지도축척 : 1:5,000 도시계획도
② 설계
  ㉮ 인건비

구 분	고급 기술자	정보처리 기 사	중급기능사 (지도제작)	비 고
1. 작업 관리	0.19인	0.19인	-	
2. 도시계획도 입력	-	-	1.17인	6㎢/0.6377㎢/8시간=1.17일
3. 수정 편집	-	-	0.80인	6㎢/0.9308㎢/8시간=0.80일
계	0.19인	0.19인	1.97인	

9. 수치표고모형 구축
가. 항공레이저측량에 의한 방법

(50㎢ 당)

항목	작업일수(일)	투 입 인 원 (1일당)						투 입 인 원 (합계)						비고
		특급기술자	고급기술자	중급기술자	중급기능사(지도)	조종사	정비사	특급기술자	고급기술자	중급기술자	중급기능사(지도)	조종사	정비사	
작업계획 및 준비	3	0.3	0.3	-	-	-	-	0.9	0.9	-	-	-	-	
레이저지형 자료 취득	(8)	(1)	-	-	-	(1)	(1)	(8)	-	-	-	(8)	(8)	( ) 내는 외업을 표시함
자료 처리	3	0.3	0.5	0.5	0.5	-	-	0.9	1.5	1.5	1.5	-	-	
수치표고모형 제작	15	0.2	0.5	0.5	0.5	-	-	3	7.5	7.5	7.5	-	-	
정리 및 점검	3	0.3	0.3	-	0.3	-	-	0.9	0.9	-	0.9	-	-	
합 계	-	-	-	-	-	-	-	(8) 5.7	10.8	9.0	9.9	(8) -	(8) -	

[주] ① 수치표고모형의 간격은 1m, 작업량은 50㎢를 1작업단위로 한다.
　㉮ 작업량에 따른 증감계수

작업량	20㎢이하	50㎢	100㎢	300㎢	600㎢이상	비고
증감계수	1.5	1.0	0.9	0.8	0.7	-

　㉯ 격자간격에 따른 레이저지형자료 취득 작업공정 소요인원에 대한 증감계수

격자간격	0.5m이하	1m	5m	10m이상	비고
증 감 계 수	2.0	1.0	0.4	0.16	-

② 기준점측량에 대한 신규측량이 필요한 경우에는 품을 별도 계상한다.
③ 본 작업을 수행하기 위한 기계비 및 재료비는 별도 계상한다.
④ 레이저 측량장비의 상각비 및 유지관리비 계산식
　㉮ 항공레이저 측량장비의 상각비는 장비취득가격의 10%를 잔존가치로 하며, 상각년수는 5년, 총 가동시간은 3,000시간으로 한다.

㉴ 항공레이저 측량장비의 유지관리비 계산식은 다음과 같다.

$$\text{가동일당 유지관리비} = \frac{(\text{취득가격})}{278} \times 0.05$$

⑤ 컴퓨터와 S/W의 상각비 및 유지관리비는 '[토목부문] 9-5-4/2. 수동입력'을 적용한다.
⑥ 항공레이저 측량장비의 일평균 가동시간은 기상장애와 위성의 배치상태에 따른 위치정확도 저하율을 고려하여 2.5시간을 기준으로 할 수 있다.
⑦ 본 품의 외업에 동원되는 기술인원에 대한 여비는 측량대가의 기준에 따라 별도 계상한다.
⑧ 항공레이저 측량장비 및 승무원, 제3자의 보험료는 별도 계상한다.
⑨ 본 품에서 공공측량성과심사에 소요되는 비용은 국토교통부장관이 고시한 측량성과 심사수탁기관의 심사업무 및 지정절차 등에 관한 규정에 따라 별도 계상한다.
⑩ 본 품의 성과품은 수치표고모형 구축 관련 작업규정을 따른다.
⑪ 본 품에 명시되어 있지 않은 간격 및 작업량에 대하여는 보간법으로 적용할 수 있다.

[계산예]
① 설계 제원
  ㉮ 작업량: 300㎢
  ㉯ 격자간격: 1m
② 설계
  ㉮ 인건비

구 분	특급 기술자	고급 기술자	중급 기술자	중급기능사 (지도)	조종사	정비사
작업계획 및 준비	4.3	4.3	-	-	-	-
레이저지형 자료취득	38.4	-	-	-	38.4	38.4
자료처리	4.3	7.2	7.2	7.2	-	-
수치표고 모형제작	14.4	36	36	36	-	-
정리 및 점검	4.3	4.3	-	4.3	-	-

	비 고
특급기술자	: (300㎢÷50㎢) × (0.8) × (0.9) = 4.3인
고급기술자	: (300㎢÷50㎢) × (0.8) × (0.9) = 4.3인
특급기술자	: (300㎢÷50㎢) × (1.0) × (0.8) × (8) = 38.4인
조 종 사	: (300㎢÷50㎢) × (1.0) × (0.8) × (8) = 38.4인
정 비 사	: (300㎢÷50㎢) × (1.0) × (0.8) × (8) = 38.4인
특급기술자	: (300㎢÷50㎢) × (0.8) × (0.9) = 4.3인
고급기술자	: (300㎢÷50㎢) × (0.8) × (1.5) = 7.2인
중급기술자	: (300㎢÷50㎢) × (0.8) × (1.5) = 7.2인
중급기능사(지도)	: (300㎢÷50㎢) × (0.8) × (1.5) = 7.2인
특급기술자	: (300㎢÷50㎢) × (0.8) × (3.0) = 14.4인
고급기술자	: (300㎢÷50㎢) × (0.8) × (7.5) = 36인
중급기술자	: (300㎢÷50㎢) × (0.8) × (7.5) = 36인
중급기능사(지도)	: (300㎢÷50㎢) × (0.8) × (7.5) = 36인
특급기술자	: (300㎢÷50㎢) × (0.8) × (0.9) = 4.3인
고급기술자	: (300㎢÷50㎢) × (0.8) × (0.9) = 4.3인
중급기능사(지도)	: (300㎢÷50㎢) × (0.8) × (0.9) = 4.3인

④ 기계경비

항 목	장비구분	상 각 비	유지관리비
레이저지형자료취득	레이저측량장비	38.4일	38.4일
자 료 처 리	컴 퓨 터	7.2일	7.2일
수치표고모형제작	컴 퓨 터	36일	36일

나. 수치사진측량장비에 의한 방법

(1도엽 당)

항 목	작업일수(일)	투입인원(1일 당)			투입인원(합계)			비고
		고급기술자	중급기술자	중급기능사(도화)	고급기술자	중급기술자	중급기능사(도화)	
작업계획및준비	1	0.3	-	-	0.3	-	-	
표 정	1	-	0.25	0.5	-	0.25	0.5	
수치표고자료제작	3	-	0.25	0.6	-	0.75	1.8	
품 질 관 리	1	-	0.5	-	-	0.5	-	
정 리 및 점 검	1	0.2	-	-	0.2	-	-	

[주] ① "수치사진측량장비「Digital Photogrammetry Workstation (DPW)」"란 항공사진 및 위성영상데이터를 이용하여 지형지물을 수치형식으로 측정하여 저장하는 장비를 말한다.

② 수치표고자료의 간격은 5m, 작업지역면적은 1:5,000 1도엽(6.1㎢)를 1작업단위로 한다.
  ○ 격자간격에 따른 증감계수

격자 간격	1m	2m	5m	10m	30m	비고
증감 계수	1.09	1.05	1.0	0.96	0.88	

③ 본 작업을 수행하기 위한 기계비 및 재료비는 별도 계상한다.
  ㉮ 수치사진측량장비의 상각비는 장비취득가격의 10%를 잔존가치로 하며, 상각년수는 5년, 년 가동일수는 278일로 한다.
  ㉯ 수치사진측량장비의 유지관리비 계산식은 다음과 같다.

$$\text{가동일당 정비비} = \frac{\text{취득가격}}{278} \times 0.1$$

④ 데이터 처리 작업을 위한 컴퓨터와 S/W의 상각비 및 유지관리비는 '[토목부문] 9-5-4/2. 수동입력'을 적용한다.
⑤ 본 품은 다음의 성과품이 포함된 것이다.
  ㉮ 기준점 선정부
  ㉯ DEM성과
  ㉰ 음영기복도
  ㉱ 성과점검 및 관리파일 : 1식
⑥ 본 품에 명시되어 있지 않은 간격에 대한 증감계수는 보간법으로 적용할 수 있다.

[설계 예]
① 설계제원
  ㉮ 작 업 량 : 100 도엽 (1:5,000)
  ㉯ 격자간격 : 5m

② 설계
  ㉮ 인건비

항 목	고급 기술자	중급 기술자	중급 기능사 (도화)	비 고	
작업계획 및 준비	30	-	-	고급기술자	: (100도엽)×(0.3)×(1.0) = 30인
표 정	-	25	50	중급기술자 중급기능사(도화)	: (100도엽)×(0.25)×(1.0) = 25인 : (100도엽)×(0.5)×(1.0) = 50인
수치표고 자료제작	-	75	180	중급기술자 중급기능사(도화)	: (100도엽)×(0.75)×(1.0) = 75인 : (100도엽)×(1.8)×(1.0) = 180인
품질관리	-	50	-	중급기술자	: (100도엽)×(0.5)×(1.0) = 50인
정리 및 점검	20	-	-	고급기술자	: (100도엽)×(0.2)×(1.0) = 20인

㉮ 기계경비

항 목	장비구분	상 각 비	유지관리비
표 정	수치사진측량기	50일	50일
수치표고자료제작	〃	180일	180일
품 질 관 리	컴퓨터	50일	50일

다. 수치도화기에 의한 방법

(1도엽 당)

항 목	작업일수 (일)	투입인원(1일 당)		투입인원(합계)		비 고
		고 급 기술자	중급기능사 (도화)	고 급 기술자	중급기능사 (도화)	
작 업 계 획 및 준 비	1	1.0	-	1.0	-	
표 정	1	-	0.2	-	0.2	
수 치 표 고 자 료 추 출	40	-	1.0	-	40	
품 질 관 리	1	2.4	-	2.4	-	
정 리 및 점 검	1	1.0	-	1.0	-	
합 계	44	-	-	4.4	40.2	

[주] ① 수치표고자료의 간격은 5m, 작업지역면적은 1:5,000 1도엽(6.1㎢)를 1작업단위로 한다.
　　㉮ 격자간격에 따른 증감계수

격자간격	1m	2m	5m	10m	30m	비고
증감계수	39	6.25	1.0	0.25	0.027	

② 본 작업을 수행하기 위한 기계비 및 재료비는 별도 계상한다.
③ 데이터 취득을 위한 수치도화기의 상각비 및 가동일당 정비비는 '[토목부문] 9-5-5/2. 축척별 작업량'을 적용한다.
④ 데이터 처리 작업을 위한 컴퓨터와 S/W의 상각비 및 유지관리비는 '[토목부문] 9-5-4/2. 수동입력'을 적용한다.
⑤ 본 품은 다음의 성과품이 포함된 것이다.
　㉮ 표정기록부
　㉯ DEM성과
　㉰ 음영 기복도
　㉱ 성과점검 및 관리파일 : 1식
⑥ 본 품에 명시되어 있지 않은 간격에 대한 증감계수는 보간법으로 적용할 수 있다.

[설계 예]
① 설계제원
　㉮ 작 업 량 : 100 도엽 (1:5,000)
　㉯ 격자간격 : 5m

② 설계
㉮ 인건비

항 목	고급기술자	중급기능사(도화)	비 고		
작업계획 및 준비	100	-	고급기술자	: (100도엽) × (1.0) × (1.0)	= 100인
표 정	-	20	중급기능사(도화)	: (100도엽) × (0.2) × (1.0)	= 20인
수치표고자료추출	-	4000	중급기능사(도화)	: (100도엽) × (40) × (1.0)	= 4000인
품 질 관 리	240	-	고급기술자	: (100도엽) × (2.4) × (1.0)	= 240인
정 리 및 점 검	100	-	고급기술자	: (100도엽) × (1.0) × (1.0)	= 100인

㉯ 기계경비

항 목	장비구분	상 각 비	유지관리비
표 정	해석도화기	20일	20일
수 치 표 고 자 료 제 작	〃	4000일	4000일
품 질 관 리	컴퓨터	240일	240일

라. 수치지도를 이용한 방법

(1도엽 당)

항 목	작업일수(일)	투입인원(1일 당)			투입인원(합계)			비고
		고급기술자	중급기술자	중급기능사(도화)	고급기술자	중급기술자	중급기능사(도화)	
작 업 계 획 및 준 비	1	0.05	-	-	0.05	-	-	
지 형 자 료 추 출 및 수 정	1	-	0.09	0.05	-	0.09	0.05	
표 고 자 료 보 완 및 확 인	1	-	0.05	-	-	0.05	-	
추 출 지 형 자 료 편 집	1	-	-	0.1	-	-	0.1	
수 치 표 고 자 료 제 작	1	-	-	0.15	-	-	0.15	
품 질 관 리	1	-	0.06	-	-	0.06	-	
정 리 및 점 검	1	-	0.05	-	-	0.05	-	
합 계	7	0.05	0.25	0.3	0.05	0.25	0.3	

[주] ① 수치표고자료의 간격은 5m, 작업지역면적은 1:5,000 1도엽(6.1㎢)를 1작업단위로 한다.
   ㉮ 격자간격에 따른 증감계수

격자간격	1m	2m	5m	10m	30m	비 고
증감계수	1.09	1.05	1.0	0.96	0.88	

② 건물의 정사보정에 활용하는 수치표고자료는 '[토목부문] 9-5-4/2. 수동입력'의 지형증가계수 중 산악지에 대한 지형계수를 적용할 수 있다.
③ 데이터 처리 작업을 위한 컴퓨터와 S/W의 상각비 및 유지관리비는 '[토목부문] 9-5-4/2. 수동입력'을 적용한다.
④ 본 품은 다음의 성과품이 포함된 것이다.
   ㉮ 수치지도 편집 데이터
   ㉯ DEM성과
   ㉰ 음영기복도
   ㉱ 성과점검 및 관리파일 : 1식
⑤ 본 품에 명시되어 있지 않은 간격에 대한 증감계수는 보간법으로 적용할 수 있다.

[설계 예]
① 설계제원
   ㉮ 작 업 량 : 100 도엽 (1:5,000)
   ㉯ 격자간격 : 5m
② 설계
   ㉮ 인건비

항 목	고급 기술자	중급 기술자	중급 기능사 (도화)	비 고
작업계획 및 준비	0.05	-	-	고급기술자 : (100도엽)×(0.05)×(1.0) = 5인
지형자료추출 및 수정	-	0.09	0.05	중급기술자 : (100도엽)×(0.09)×(1.0) = 9인 중급기능사(도화) : (100도엽)×(0.05)×(1.0) = 5인
표고자료보완 및 확인	-	0.05	-	중급기술자 : (100도엽)×(0.05)×(1.0) = 5인
추출지형자료편집	-	-	0.1	중급기능사(도화) : (100도엽)×(0.1)×(1.0) = 10인
수치표고자료제작	-	-	0.15	중급기능사(도화) : (100도엽)×(0.15)×(1.0) = 15인
품질관리	-	0.06	-	중급기술자 : (100도엽)×(0.06)×(1.0) = 6인
정리 및 점검	-	0.05	-	중급기술자 : (100도엽)×(0.05)×(1.0) = 5인

⑭ 기계경비

항 목	장비구분	상 각 비	유지관리비
지형자료추출및수정	컴퓨터	5일	5일
표고자료보완및확인	〃	5일	5일
추출지형자료편집	〃	10일	10일
수치표고자료제작	〃	15일	15일
품 질 관 리	〃	6일	6일

10. 정사영상 및 영상지도 제작('21, '25년 보완)

○ 작업단계별 소요일수 및 투입인원

(1:25,000매 당 1도엽 당)

| 작업 공정 ||| 일수 | 1일 당 |||||| 합 계 ||||||
대분류	중분류	소분류		특급기술자	고급기술자	정보처리기사	중급기술자	중급기능사(도화)	중급기능사(지도)	특급기술자	고급기술자	정보처리기사	중급기술자	중급기능사(도화)	중급기능사(지도)
정사영상제작	계획준비			1.00	1.00	-	-	0.50	-	-	1.00	-	-	0.50	-	-
	기준점선점	지상기준점선점	1.00	-	-	-	0.50	0.80	-	-	-	-	0.50	0.80	-
		표정	1.00	-	0.60	-	-	0.10	-	-	0.60	-	-	0.10	-
	영상정보제작	수치표고모형제작	1.00	-	-	0.50	-	1.20	-	-	-	0.50	-	1.20	-
		정사편위수정	1.00	-	-	-	0.50	-	-	-	-	-	0.50	-	-
	정사영상집성	색보정	1.00	-	-	0.30	0.30	-	0.50	-	-	0.30	0.30	-	0.50
		영상집성	1.00	-	-	0.50	0.50	-	0.90	-	-	0.50	0.50	-	0.90
		영상편집	1.00	-	-	1.00	1.00	-	1.70	-	-	1.00	1.00	-	1.70
	영상융합			1.00	-	-	0.60	0.70	-	1.40	-	-	0.60	0.70	-	1.40
	정리점검			1.00	-	0.60	-	0.10	-	-	-	0.60	-	0.10	-	-
영상지도제작	레이어추출및일반화			1.00	-	-	0.30	0.30	-	0.50	-	-	0.30	0.30	-	0.50
	영상지도편집			1.00	-	-	0.50	0.50	-	1.00	-	-	0.50	0.50	-	1.00
합 계			12	1	1.2	3.7	4.9	2.1	6	1	1.2	3.7	4.9	2.1	6

[주] ① 정사영상은 중심투영에 의하여 취득된 영상의 지형·지물 등에 대한 정사편위수정을 실시한 영상이며, 영상지도는 정사영상에 색조보정을 실시하여 지형·지물 및 지명, 각종 경계선 등을 표시한 지도를 말한다.
② 계획준비·정리·점검에 의한 작업량에 따른 증감계수

작업량	10도엽	20도엽	50도엽	100도엽	비고
증감계수	1.5	1.3	1.0	0.9	

㉮ 작업량 증감율 (R) = 0.8+10/Q(Q는 실시작업량)
㉯ 작업량이 100도엽을 초과해도 증감계수는 0.90까지만 적용한다.
③ 활용영상에 따른 증감계수

구 분	증 감 계 수	비 고
위 성 영 상	1.0	
항 공 사 진	1.3	

④ 제작하는 정사영상 및 영상지도의 축척에 따른 증감계수

축척별	1:5,000 이상	1:5,000~1:25,000	1:25,000 미만
증감계수	0.1	0.5	1.0

⑤ 제작하는 정사영상 및 영상지도의 지상표본거리(GSD)에 의한 작업단계별 소요일수 및 투입인원 합계에 대한 증감계수

작업공정	GSD ≤ 12cm	25cm ≤ GSD
계 획 준 비	1.00	
지 상 기 준 점 선 점	1.20	
표 정	1.40	
수 치 표 고 모 형 제 작	1.50	
정 사 편 위 수 정	2.30	
색 상 보 정	2.50	1.00
영 상 집 성	1.80	
영 상 편 집	1.90	
영 상 융 합	2.00	
정 리 점 검	1.10	
레 이 어 추 출 및 일 반 화	1.70	
영 상 지 도 편 집	1.20	

⑥ 본 품에 기재되어 있지 않은 지상표본거리에 대하여 보간법으로 계산하여 적용할 수 있다.
⑦ 정사영상 제작을 위해 데이터 취득 비용과 기준점(사진, 지상)측량, 수치표고자료, 수치표면자료와 영상지도 제작을 위해 수치지도를 이용할 수 없는 각종 경계 및 지명 입력 등에 대한 소요비용은 필요한 경우 별도 계상한다.

⑧ 영상융합은 고해상의 전정색영상과, 저해상의 다중분광영상을 융합하는 것이며, 불가피하게 영상의 지형변화지역을 편집할 경우 별도의 품을 계상한다.
⑨ 건물에 대한 정사 보정시 발생하는 폐색 영역의 편집은 영상편집공정을 1회 증가하여 실시한다.
⑩ 작업공정 중 대분류의 영상지도 제작과 중분류의 기준점 선점, 영상융합의 경우 필요시 생략하며 보안지역 처리가 필요한 경우 별도의 품을 계상한다.
⑪ 기계경비, 재료비는 별도 계상한다.
  ㉮ 수치사진측량장비 또는 영상처리가 가능한 장비(HW/SW포함)의 상각비의 계상은 장비 취득가격의 10%를 잔존가치로 하며, 상각년수는 5년, 년 가동일수는 278일로 한다.
  ㉯ 수치사진측량장비 또는 영상처리가 가능한 장비(HW/SW포함)의 유지관리비의 계산식은 다음과 같다.

$$\text{가동일당 유지관리비} = \frac{\text{취득가격}}{278} \times 0.1$$

  ㉰ 컴퓨터의 상각비 및 유지관리비는 '[토목부문] 9-5-4/2. 수동입력'을 적용한다.
⑫ 본 품에서 공공측량성과심사에 소요되는 비용은 국토교통부장관이 고시한 측량성과 심사수탁기관의 심사업무 및 지정절차 등에 관한 규정에 따라 별도 계상한다.
⑬ 본 품의 성과작성품은 관련된 최신 정사영상 제작 작업 및 성과에 관한 규정을 따른다.

[설계 예]
① 설계제원
  ㉮ 작업량 : 25도엽
  ㉯ 정사영상 및 영상지도 제작 축척 : 1:5,000 두곽 기준
  ㉰ 정사영상 및 영상지도 제작 지상표본거리(GSD) 종류 : 25cm, 12cm
  ㉱ 활용영상 : 항공사진
② 설계
  ㉮ 지상표본거리 25cm 제작 시 인건비

작업공정	특급기술자	고급기술자	정보처리기사	중급기술자	중급기능사(도화)	중급기능사(지도)	수 량	
계획준비	3.9	-	-	1.95	-	-	특급기술자	: (1)×(25도엽)×(1.2)×(1.3)×(0.1)=3.9인
							중급기술자	: (0.5)×(25도엽)×(1.2)×(1.3)×(0.1)=1.95인
지상기준점 선점	-	-	-	1.63	2.6	-	중급기술자	: (0.5)×(25도엽)×(1.3)×(0.1)=1.63인
							중급기능사(도화)	: (0.8)×(25도엽)×(1.3)×0.1=2.6인
표정	-	1.95	-	-	0.33	-	고급기술자	: (0.6)×(25도엽)×(1.3)×(0.1)=1.95인
							중급기능사(도화)	: (0.1)×(25도엽)×(1.3)×(0.1)=0.33인
수치표고모형제작	-	-	1.63	-	3.9	-	정보처리기사	: (0.5)×(25도엽)×(1.3)×(0.1)=1.63인
							중급기능사(도화)	: (1.2)×(25도엽)×(1.3)×(0.1)=3.9인
정사편위수정	-	-	-	1.63	-	-	중급기술자	: (0.5)×(25도엽)×(1.3)×(0.1)=1.63인
색상보정	-	-	0.98	0.98	-	1.63	정보처리기사	: (0.3)×(25도엽)×(1.3)×(0.1)=0.98인
							중급기술자	: (0.3)×(25도엽)×(1.3)×(0.1)=0.98인
							중급기능사(지도)	: (0.5)×(25도엽)×(1.3)×(0.1)=1.63인

작업 공정	특급 기술자	고급 기술자	정보 처리 기사	중급 기술자	중급 기능사 (도화)	중급 기능사 (지도)	수 량
영상 집성	-	-	1.63	1.63	-	2.93	정보처리기사 : (0.5) × (25도엽) × (1.3) × (0.1) = 1.63인 중급기술자 : (0.5) × (25도엽) × (1.3) × (0.1) = 1.63인 중급기능사(지도) : (0.9) × (25도엽) × (1.3) × (0.1) = 2.93인
영상 편집	-	-	3.25	3.25	-	5.53	정보처리기사 : (1) × (25도엽) × (1.3) × (0.1) = 3.25인 중급기술자 : (1) × (25도엽) × (1.3) × (0.1) = 3.25인 중급기능사(지도) : (1.7) × (25도엽) × (1.3) × (0.1) = 5.53인
영상 융합	-	-	1.95	2.28	-	4.55	정보처리기사 : (0.6) × (25도엽) × (1.3) × (0.1) = 1.95인 중급기술자 : (0.7) × (25도엽) × (1.3) × (0.1) = 2.28인 중급기능사(지도) : (1.4) × (25도엽) × (1.3) × (0.1) = 4.55인
정리 점검	-	2.34	-	0.39	-	-	고급기술자 : (0.6) × (25도엽) × (1.2) × (1.3) × (0.1) = 2.34인 중급기술자 : (0.1) × (25도엽) × (1.2) × (1.3) × (0.1) = 0.39인
레이어 추출 및 일반화	-	-	0.98	0.98	-	1.63	정보처리기사 : (0.3) × (25도엽) × (1.3) × (0.1) = 0.98인 중급기술자 : (0.3) × (25도엽) × (1.3) × (0.1) = 0.98인 중급기능사(지도) : (0.5) × (25도엽) × (1.3) × (0.1) = 1.63인
영상 지도 편집	-	-	1.63	1.63	-	3.25	정보처리기사 : (0.5) × (25도엽) × (1.3) × (0.1) = 1.63인 중급기술자 : (0.5) × (25도엽) × (1.3) × (0.1) = 1.63인 중급기능사(지도) : (1) × (25도엽) × (1.3) × (0.1) = 3.25인

⑭ 지상표본거리 12㎝ 제작 시 인건비

작업 공정	특급 기술자	고급 기술자	정보 처리 기사	중급 기술자	중급 기능사 (도화)	중급 기능사 (지도)	수 량
계획 준비	3.9	-	-	1.95	-	-	특급기술자 : (1.00) × (1) × (25도엽) × (1.2) × (1.3) × (0.1) = 3.9인 중급기술자 : (1.00) × (0.5) × (25도엽) × (1.2) × (1.3) × (0.1) = 1.95인
지상 기준점 선점	-	-	-	1.95	3.12	-	중급기술자 : (1.20) × (0.5) × (25도엽) × (1.3) × (0.1) = 1.95인 중급기능사(도화) : (1.20) × (0.8) × (25도엽) × (1.3) × 0.1 = 3.12인
표정	-	2.73	-	-	0.46	-	고급기술자 : (1.40) × (0.6) × (25도엽) × (1.3) × (0.1) = 2.73인 중급기능사(도화) : (1.40) × (0.1) × (25도엽) × (1.3) × (0.1) = 0.46인
수치 표고 모형 제작	-	-	2.44	-	5.85	-	정보처리기사 : (1.50) × (0.5) × (25도엽) × (1.3) × (0.1) = 2.44인 중급기능사(도화) : (1.50) × (1.2) × (25도엽) × (1.3) × (0.1) = 5.85인
정사 편위 수정	-	-	-	3.74	-	-	중급기술자 : (2.30) × (0.5) × (25도엽) × (1.3) × (0.1) = 3.74인
색상 보정	-	-	2.44	2.44	-	4.06	정보처리기사 : (2.50) × (0.3) × (25도엽) × (1.3) × (0.1) = 2.44인 중급기술자 : (2.50) × (0.3) × (25도엽) × (1.3) × (0.1) = 2.44인 중급기능사(지도) : (2.50) × (0.5) × (25도엽) × (1.3) × (0.1) = 4.06인
영상 집성	-	-	2.93	2.93	-	5.27	정보처리기사 : (1.80) × (0.5) × (25도엽) × (1.3) × (0.1) = 2.93인 중급기술자 : (1.80) × (0.5) × (25도엽) × (1.3) × (0.1) = 2.93인 중급기능사(지도) : (1.80) × (0.9) × (25도엽) × (1.3) × (0.1) = 5.27인

작업 공정	특급 기술자	고급 기술자	정보 처리 기사	중급 기술자	중급 기능사 (도화)	중급 기능사 (지도)	수 량
영 상 편 집	-	-	6.18	6.18	-	10.5	정보처리기사 : (1.90)×(1)×(25도엽)×(1.3)×(0.1)=6.18인 중급기술자 : (1.90)×(1)×(25도엽)×(1.3)×(0.1)=6.18인 중급기능사(지도) : (1.90)×(1.7)×(25도엽)×(1.3)×(0.1)=10.5인
영 상 융 합	-	-	3.90	4.55	-	9.1	정보처리기사 : (2.00)×(0.6)×(25도엽)×(1.3)×(0.1)=3.9인 중급기술자 : (2.00)×(0.7)×(25도엽)×(1.3)×(0.1)=4.55인 중급기능사(지도) : (2.00)×(1.4)×(25도엽)×(1.3)×(0.1)=9.1인
정 리 점 검	-	2.57	-	0.43	-	-	고급기술자 : (1.10)×(0.6)×(25도엽)×(1.2)×(1.3)×(0.1)=2.57인 중급기술자 : (1.10)×(0.1)×(25도엽)×(1.2)×(1.3)×(0.1)=0.43인
레이어 추출 및 일반화	-	-	1.66	1.66	-	2.76	정보처리기사 : (1.70)×(0.3)×(25도엽)×(1.3)×(0.1)=1.66인 중급기술자 : (1.70)×(0.3)×(25도엽)×(1.3)×(0.1)=1.66인 중급기능사(지도) : (1.70)×(0.5)×(25도엽)×(1.3)×(0.1)=2.76인
영 상 지 도 편 집	-	-	1.95	1.95	-	3.9	정보처리기사 : (1.20)×(0.5)×(25도엽)×(1.3)×(0.1)=1.95인 중급기술자 : (1.20)×(0.5)×(25도엽)×(1.3)×(0.1)=1.95인 중급기능사(지도) : (1.20)×(1)×(25도엽)×(1.3)×(0.1)=3.9인

㉰ 기계경비

작업공정	장비	상각비	유지 관리비	비 고
표 정	수치사진측량장비 또는 영상처리가 가능한 장비 (HW/SW포함)	3.25일	3.25일	1.00×25×1.3×0.1=3.25
수 치 표 고 모 형 제 작	〃	〃	〃	〃
정 사 편 위 수 정	〃	〃	〃	〃
색 상 보 정	〃	〃	〃	〃
영 상 집 성	〃	〃	〃	〃
영 상 편 집	〃	〃	〃	〃
영 상 융 합	〃	〃	〃	〃
레이어추출 및 일반화	컴퓨터	〃	〃	〃
영 상 지 도 편 집	〃	〃	〃	〃

11. 3차원 국토공간정보구축

(1㎢ 당)

작업구분		측량 기술자								정보처리 기사 또는 공간정보 융합산업 기사
		특급 기술자	고급 기술자	중급 기술자	초급 기술자	중급 기능사 (지도) 또는 공간정보 융합 기능사	고급 기능사 (도화)	중급 기능사 (도화)	초급 기능사 (도화)	
계 획 및 작 업 관 리		0.01	0.16	-	-	-	-	-	-	-
기 초 데이터 편 집	3차원입체모형제작 (자동생성/ 수동입체도화)	0.05	0.10	0.20	0.15	-	0.05	0.25	0.20	-
3 차 원 D B 구 축	점군데이터제작	-	-	0.16	-	-	-	0.38	-	-
	도로데이터제작	-	0.11	0.28	0.28	0.06	-	-	-	0.06
	도시시설데이터제작	-	0.10	0.26	0.26	0.08	-	-	-	0.05
	터널데이터제작	-	0.16	0.40	0.40	0.08	-	-	-	0.08
	교량데이터제작	-	0.19	0.48	0.48	0.10	-	-	-	0.10
	건물데이터제작	-	0.16	0.32	0.32	0.08	-	-	-	0.08
	수자원데이터제작	-	0.16	0.24	0.16	0.08	-	-	-	0.08
	품 질 검 사	0.01	0.16	-	-	-	-	-	-	-
가시화 정 보 제 작	계 획 준 비	-	0.08	0.16	-	-	-	-	-	-
	자료취득 및 처리	(0.16)	(0.32)	(0.40)	(0.40)	(0.16)	-	-	-	(0.16)
	가시화데이터작성	0.16	0.40	0.40	0.40	0.16	-	-	-	0.16
	품 질 검 사	0.01	0.16	-	-	-	-	-	-	-
정 리 점 검		0.01	0.16	0.16	-	-	-	-	-	-
계		0.25 (0.16)	2.10 (0.32)	3.06 (0.40)	2.45 (0.40)	0.61 (0.16)	0.05	0.63	0.20	0.61 (0.16)

비 고
( ) 내는 외업을 표시함

[주] ① 3차원 국토공간정보 구축이라 함은 2차원의 X, Y 위치정보에 높이(심도), 색상, 질감 및 Texture정보를 추가하여 현실 세계와 유사하게 표현하는 것뿐만 아니라 입체적인 분석과 의사결정 등을 가능하게 하는 일련의 작업과정을 의미한다.
② 작업방법은 국토교통부에서 정한 「3차원국토공간정보구축 작업규정」에 의한다.
③ 본 품에서 측량기술자의 기술등급에 의한 자격기준은 「공간정보의 구축 및 관리 등에 관한 법률」 제39조와 동법 시행령 제32조 또는 「공간정보산업진흥법」제2조 4항과 동법 시행령 제1조의2에 의한 자격 기준을 말한다.
④ 기초데이터 수집에 대한 신규 측량이 필요한 경우 '9-5-4 9.수치표고모형 구축'의'가.항공레이저측량에 의한 방법'을 적용하고, 본 품의 계수를 적용하여 계상한다.
⑤ 점군데이터 제작은 데이터 편집 및 Mesh 또는 DSM 제작을 의미한다.

⑥ 3차원 DB구축을 위해 지형데이터 편집이 필요한 경우 '9-5-4 9.수치표고모형 구축'의 '라.수치지도를 이용한 방법'을 적용하고, 본 품의 계수를 적용하여 계상한다.
⑦ 본 품은 다음의 계수를 계상하여 적용한다.
  ㉮ 작업량에 따른 증감계수(P)

구 분	20㎢ 미만	20~50㎢ 미만	50~100㎢ 미만	100㎢ 이상	비 고
증 감 계 수	1.40	1.20	1.00	0.80	

※ 작업량에 따라 계획 및 작업관리, 3차원 DB구축(품질검사), 가시화정보제작(계획준비, 자료취득 및 처리, 품질검사), 정리점검 공정에 한하여 증감계수를 적용한다.
  ㉯ 지형 유형에 따른 증감계수(K)

지형구분	증감계수	비 고
시 가 지	1.20	건물 및 도로가 시가지 면적의 70% 이상 지형
교 외 지	1.00	건물 및 도로가 시가지 면적의 70% 미만 지형

※ 지형유형에 따라 기초데이터 편집, 3차원 DB 구축(도로, 도시시설, 터널, 교량, 건물, 수자원, 지형 데이터 제작) 및 가시화정보제작(자료취득 및 처리)공정에 한하여 증감계수를 적용한다.
  ㉰ 기초데이터 편집의 제작 방법 및 구축 세밀도에 따른 증감계수
※ 3차원 입체모형 1시간당 작업량(㎢) : 0.0214 적용(35시간에 0.75㎢ 작업 기준)
  ○ {1㎢÷(3D 입체모형 1시간당 작업량×지형계수)}÷8시간×입체모형 제작 방법 및 세밀도에 따른 증감계수(제작 방법 증감계수×구축 세밀도 증감계수)
※ 제작 방법 및 세밀도에 따라 3차원 입체모형 제작 공정에 한하여 증감계수를 적용
  ○ 제작 방법에 따른 증감계수

구 분	증감계수	비고
자 동 제 작	0.25	입체모형 자동생성 및 편집
수 동 제 작	1.00	입체모형 수동제작 및 편집(수치도화)

※ 자동 제작 방법은 동시촬영을 통해 취득한 항공사진 및 항공LiDAR를 이용하여 자동으로 입체모형을 생성하는 방법
※ 수동 제작 방법은 3차원 모델링 툴을 이용하여 작업자가 수동 입체도화 방법을 이용해 수동으로 입체모형을 생성하는 방법
  ○ 구축 세밀도에 따른 증감계수

구 분	LoD0	LoD1	LoD2	LoD3	비 고
증 가 계 수	-	0.5	0.75	1.0	

※ LoD별 세밀도는 「3차원국토공간정보구축 작업규정」에 의한다.
  ㉱ 3차원 교통레이어 구축 수에 따른 증가계수(L1)

구 분	10 미만	10~20 미만	20 이상	비 고
증 가 계 수	1.00	1.20	1.40	

※ 3차원 DB구축(도로데이터, 도시시설데이터, 터널데이터, 교량데이터 제작) 공정에 한하여 증가계수를 적용한다.
  ㉲ 3차원 건물레이어 구축 수에 따른 증가계수(L2)

구 분	10 미만	10~20 미만	20 이상	비 고
증 가 계 수	0.90	1.00	1.20	

※ 3차원 DB구축(건물데이터 제작) 공정에 한하여 증가계수를 적용한다.
㉛ 3차원 수자원레이어 구축 수에 따른 증가계수(L3)

구 분	5 미만	5 이상	비 고
증 가 계 수	1.00	1.20	

※ 3차원 DB구축(수자원데이터 제작) 공정에 한하여 증가계수를 적용한다.
㉜ 3차원 지형레이어 구축 세밀도에 따른 증감계수

구 분	LoD0	LoD1	LoD2	LoD3	LoD3+	비 고
증 가 계 수	0.96	1.00	1.05	1.09	1.11	

※ 3차원 DB구축을 위한 지형데이터 편집과 DSM 제작 공정에 한하여 증감계수를 적용한다.
※ LoD별 세밀도는 「3차원 국토공간정보구축 작업규정」에 의한다.
㉝ 가시화정보제작을 위한 증가계수(T)
  ○ 가시화정보 구축 레이어수에 따른 증가계수(T1)

구 분	10개 미만	10~20개 미만	20~30개 미만	30개 이상
증 가 계 수	0.8	1.0	1.2	1.4

  ○ 가시화데이터의 세밀도에 따른 증가계수(T2)

구 분	Level 1	Level 2	Level 3	Level 4
증 가 계 수	0.70	1.00	1.30	1.60

  ○ 세밀도란 가시화정보 구축 상태에 따른 단계를 의미하며 4개의 단계로 구분한다.
  ○ 세밀도는 각각 레이어에 속한 3차원 객체들에 제작 형태에 따라 다음과 같이 구분하여 적용한다.
   ㉠ Level 1 단계는 각각의 레이어에 속한 모든 3차원 객체에 대해 한 가지 컬러의 색을 갖는 Texture로 제작하는 것을 말한다.
   ㉡ Level 2 단계는 각각의 레이어에 속한 모든 3차원 객체에 대해 가상의 Texture로 제작 하는 것을 말한다.
   ㉢ Level 3 단계는 각각의 레이어에 속한 3차원 객체들에 대해 가상의 Texture와 실제 Texture를 혼합하여 제작 하는 것을 말한다.
   ㉣ Level 4 단계는 하나의 레이어에 속한 3차원 객체에 대해 가시화정보를 실제와 동일하게 실제의 Texture로 제작하는 것을 말한다.
  ○ 증가계수 T_1와 T_2는 구축 레이어의 수와 세밀도에 따라 다음식에 의해 계산된다.

$$증감계수(T) = \frac{(T_1\ 증가계수 \times T_2\ 증가계수)}{(T_2\ 구분\ 적용항목\ 수)}$$

  예) 레이어 3개는 Level 1, 레이어 10개는 Level 2, 레이어 15개는 Level 3으로 구축할 경우

$$증감계수(T) = \frac{(0.8 \times 0.7)+(1.0 \times 1.0)+(1.2 \times 1.3)}{(3)} = 1.04$$

  ○ 가시화정보제작을 위한 증가계수는 가시화정보제작(자료취득 및 처리, 가시화데이터 작성) 공정에 한하여 적용한다.
㉞ 가시화정보 제작방법에 따른 증감계수

구 분	증감계수	비 고
자 동 제 작	0.25	가시화데이터 자동생성 및 제작
수 동 제 작	1.00	가시화데이터 수동편집 및 제작

○ 가시화정보 제작방법에 따른 증감계수는 가시화정보제작(자료취득 및 처리, 가시화데이터 작성) 공정에 한하여 적용한다.
○ 가시화정보 제작방법에 따른 증감계수는 공정별로 각각 적용할 수 있다.
　예) 자료취득 및 처리 : 자동 제작, 증감계수 0.25 적용
　　　가시화데이터 작성 : 수동 제작, 증감계수 1.00 적용
㉴ 점밀도에 따른 증감계수

구 분	2.5점	10점	25점	50점	100점
증 가 계 수	-	0.5	1.0	1.5	2.0

○ 점밀도에 따른 증감계수는 '9-5-4 9. 수치표고모형구축'의 '가. 항공레이저측량에 의한 방법(레이저지형자료취득, 자료처리, 수치표고모형제작, 정리 및 점검)' 공정에 한하여 적용한다.
⑧ 기계비 및 재료비는 별도 계상한다.
　㉮ 상각비 계상은 장비취득가격의 10%를 잔존가치로 하며, 컴퓨터의 상각년수는 5년, 가동일수는 278일로 한다.
　㉯ 컴퓨터의 가동일당 유지관리비의 계산식은 다음과 같다.
　　　가동일당 유지관리비 = $\dfrac{\text{취득가격}}{278}$ × 0.1
　㉰ 가시화데이터 취득장비의 가동일당 유지관리비의 계산식은 다음과 같다.
　　　가동일당 유지관리비 = $\dfrac{\text{취득가격}}{278}$ × 0.1
⑨ 본 품의 외업에 동원되는 기술인원에 대한 여비는 측량용역대가 기준에 따라 별도 계상한다.
⑩ 본 품에는 다음의 성과품 작성이 포함되어야 한다.
　㉮ 도로데이터 원도(Shape, 3DS, JPEG, CityGML 등)
　㉯ 도시시설데이터 원도(Shape, 3DS, JPEG, CityGML 등)
　㉰ 터널데이터 원도(Shape, 3DS, JPEG, CityGML 등)
　㉱ 교량데이터 원도(Shape, 3DS, JPEG, CityGML 등)
　㉲ 건물데이터 원도(Shape, 3DS, JPEG, CityGML 등)
　㉳ 수자원데이터 원도(Shape, 3DS, JPEG, CityGML 등)
　㉴ 지형데이터 원도(Shape, LAS, GeoTiff 등)
　㉵ 가시화데이터 원도(도로데이터, 도시시설데이터, 터널데이터, 교량데이터, 건물데이터, 수자원데이터 등)
　㉶ 성과점검 및 관리 파일 1식
　㉷ 기타 작업과정에서 획득하거나 사용된 자료일체

[설계예 1]
① 설계 제원
　㉮ 작업량: 도심지 10㎢
　㉯ 데이터 수집 방법 : 기구축 항공LiDAR, 항공영상 수집(점밀도 50pts/㎡, 해상도 5㎝, 중복도 80%×80%)
　㉰ 구축데이터 : 3차원 건물데이터 : 건물(5개 레이어)
　㉱ 작업방법 : LOD2, 자동제작
　㉲ 가시화 데이터 구축대상 : 5개 레이어 전체
　㉳ 가시화 데이터 구축 레벨 : Level 2

㉮ 가시화 데이터 구축방법 : 자동제작
② 설계
  ㉮ 인건비

작업구분		측량 기술자					고급 기능사 (도화)	중급 기능사 (도화)	초급 기능사 (도화)	정보 처리 기사 또는 공간정보 융합 산업기사
		특급 기술자	고급 기술자	중급 기술자	초급 기술자	중급 기능사 (지도) 또는 공간정보 융합 기능사				
계 획 및 작 업 관 리		0.14	2.24	-	-	-	-	-	-	-
기초 데이터 편집	3차원입체모형제작 (자동생성/수동 입체도화)	0.46	0.91	1.83	1.37	-	0.46	2.28	1.83	-
3차원 DB 구축	건물데이터제작	-	1.73	3.46	3.46	0.86	-	-	-	0.86
	품 질 검 사	0.14	2.24	-	-	-	-	-	-	-
가시화 정보 제작	계 획 준 비	-	1.12	2.24	-	-	-	-	-	-
	자료취득및처리	(0.54)	(1.08)	(1.34)	(1.34)	(0.54)	-	-	-	(0.54)
	가 시 화 데 이 터 작 성	0.32	0.8	0.8	0.8	0.32	-	-	-	0.32
	품 질 검 사	0.14	2.24	-	-	-	-	-	-	-
정 리 점 검		0.14	2.24	2.24	-	-	-	-	-	-
계		1.34 (0.54)	13.52 (1.08)	10.56 (1.34)	5.63 (1.34)	1.18 (0.54)	0.46	2.28	1.83	1.18 (0.54)

[비 고]

계 획 및 작 업 관 리		특급기술자 : 10㎢×1.4(㉮)×0.01=0.14인
		고급기술자 : 10㎢×1.4(㉮)×0.16=2.24인
기 초 데이터 편 집	3차원 입체모형제작 (자동생성/ 수동 입체도화)	특급기술자 : 10㎢×{1÷(0.0214×1.2(㉯)}×8×(0.25×0.75)(㉰)×0.05=0.46인
		고급기술자 : 10㎢×{1÷(0.0214×1.2(㉯)}×8×(0.25×0.75)(㉰)×0.10=0.91인
		중급기술자 : 10㎢×{1÷(0.0214×1.2(㉯)}×8×(0.25×0.75)(㉰)×0.20=1.83인
		초급기술자 : 10㎢×{1÷(0.0214×1.2(㉯)}×8×(0.25×0.75)(㉰)×0.15=1.37인
		고급기능사(도화) : 10㎢×{1÷(0.0214×1.2(㉯)}×8×(0.25×0.75)(㉰)×0.05=0.46인
		중급기능사(도화) : 10㎢×{1÷(0.0214×1.2(㉯)}×8×(0.25×0.75)(㉰)×0.25=2.28인
		초급기능사(도화) : 10㎢×{1÷(0.0214×1.2(㉯)}×8×(0.25×0.75)(㉰)×0.20=1.83인
3차원 D B 구 축	건물데이터 제 작	고급기술자 : 10㎢×1.2(㉯)×0.9(㉱)×0.16=1.73인
		중급기술자 : 10㎢×1.2(㉯)×0.9(㉱)×0.32=3.46인
		초급기술자 : 10㎢×1.2(㉯)×0.9(㉱)×0.32=3.46인
		중급기능사(지도) : 10㎢×1.2(㉯)×0.9(㉱)×0.08=0.86인
		정보처리기사 : 10㎢×1.2(㉯)×0.9(㉱)×0.08=0.86인
	품 질 검 사	특급기술자 : 10㎢×1.4(㉮)×0.01=0.14인
		고급기술자 : 10㎢×1.4(㉮)×0.16=2.24인

			비 고
가시화 정보 제작	계 획 준 비	고급기술자	: 10㎢×1.4(㉮)×0.08=1.12인
		중급기술자	: 10㎢×1.4(㉮)×0.16=2.24인
	자료취득 및 처 리	특급기술자	: 10㎢×1.4(㉮)×1.2(㉯)×0.8(㉰)×0.25(㉱)×0.16=0.54인
		고급기술자	: 10㎢×1.4(㉮)×1.2(㉯)×0.8(㉰)×0.25(㉱)×0.32=1.08인
		중급기술자	: 10㎢×1.4(㉮)×1.2(㉯)×0.8(㉰)×0.25(㉱)×0.40=1.34인
		초급기술자	: 10㎢×1.4(㉮)×1.2(㉯)×0.8(㉰)×0.25(㉱)×0.40=1.34인
		중급기능사(지도)	: 10㎢×1.4(㉮)×1.2(㉯)×0.8(㉰)×0.25(㉱)×0.16=0.54인
		정보처리기사	: 10㎢×1.4(㉮)×1.2(㉯)×0.8(㉰)×0.25(㉱)×0.16=0.54인
	가시화데이터 작 성	특급기술자	: 10㎢×0.8(㉰)×0.25(㉱)×0.16=0.32인
		고급기술자	: 10㎢×0.8(㉰)×0.25(㉱)×0.40=0.80인
		중급기술자	: 10㎢×0.8(㉰)×0.25(㉱)×0.40=0.80인
		초급기술자	: 10㎢×0.8(㉰)×0.25(㉱)×0.40=0.80인
		중급기능사(지도)	: 10㎢×0.8(㉰)×0.25(㉱)×0.16=0.32인
		정보처리기사	: 10㎢×0.8(㉰)×0.25(㉱)×0.16=0.32인
	품 질 검 사	특급기술자	: 10㎢×1.4(㉮)×0.01=0.14인
		고급기술자	: 10㎢×1.4(㉮)×0.16=2.24인
정 리 점 검		특급기술자	: 10㎢×1.4(㉮)×0.01=0.14인
		고급기술자	: 10㎢×1.4(㉮)×0.16=2.24인
		중급기술자	: 10㎢×1.4(㉮)×0.16=2.24인

㉯ 기계비
  ○ 컴퓨터

구 분	상각비	유지 관리비	비고
컴 퓨 터	13.52일	13.52일	S/W 포함

  ○ 가시화데이터 취득장비

구 분	상각비	유지 관리비	비고
가시화데이터취득장비	1.34일	1.34일	

[설계예 2]
① 설계 제원
  ㉮ 작업량 : 교외지 100㎢
  ㉯ 데이터 수집 방법 : 기구축데이터 수집(해상도 5㎝, 중복도80%×80%, 항공영상)
  ㉰ 구축데이터 : 3차원 점군데이터(3D Mesh)
  ㉱ 작업방법 : 수치측량시스템, 자동제작

② 설계
　㉮ 인건비

작업구분		측량 기술자								정보 처리 기사 또는 공간정보 융합산업 기사
		특급 기술자	고급 기술자	중급 기술자	초급 기술자	중급 기능사 (지도) 또는 공간정보 융합 기능사	고급 기능사 (도화)	중급 기능사 (도화)	초급 기능사 (지도)	
계 획 및 작 업 관 리		0.80	12.8	-	-	-	-	-	-	-
3차원 DB 구축	점군데이터 제작	-	-	16.00	-	-	-	38.00	-	-
	품 질 검 사	0.80	12.80	-	-	-	-	-	-	-
정　리　점　검		0.80	12.80	12.80	-	-	-	-	-	-
계		2.40	38.40	28.80	-	-	-	38.00	-	-

비　고

계 획 및 작 업 관 리		특급기술자	: 100㎢×0.8(㉮)×0.01= 0.80인
		고급기술자	: 100㎢×0.8(㉮)×0.16=12.80인
3차원 DB 구축	점군데이터 제 작	중급기술자	: 100㎢×0.16=16.00인
		중급기능사(도화)	: 100㎢×0.38=38.00인
	품 질 검 사	특급기술자	: 100㎢×0.8(㉮)×0.01= 0.80인
		고급기술자	: 100㎢×0.8(㉮)×0.16=12.80인
정　리　점　검		특급기술자	: 100㎢×0.8(㉮)×0.01= 0.80인
		고급기술자	: 100㎢×0.8(㉮)×0.16=12.80인
		중급기술자	: 100㎢×0.8(㉮)×0.16=12.80인

　㉯ 기계비
　　ㅇ 컴퓨터

구 분	상각비	유지 관리비	비고
컴　퓨　터	38일	38일	S/W 포함

12. 기본지리정보구축
가. 수치지도를 이용한 기본지리정보구축

(도엽 당)

구축분야	투입 인원				
	특급기술자	고급기술자	중급기술자	초급기술자	중급기능사 (지도제작)
시설물(건물)	0.02	0.08	0.16	0.10	0.09
교 통(도로)	0.02	0.06	0.11	0.09	0.07
수자원(하천)	0.01	0.03	0.06	0.06	0.06
교 통(철도)	0.01	0.01	0.01	0.01	0.01

[주] ① 본 품은 1:5,000 수치지도(Ver 2.0)를 기준으로 작업준비, 도형추출 및 편집, 속성편집, 위상관계 및 정리작업을 포함한다.
② 본 품은 구축 및 수정시 모두 적용가능하며, 수정작업은 지형변화율을 적용한다.
③ 기계비 및 재료비는 '[토목부문] 9-5-4/2. 수동입력'을 적용한다.
④ 지형에 따른 증감계수는 '[토목부문] 9-5-4/6. 구조화편집'을 적용한다.
⑤ 본 품은 다음의 성과품이 포함된 것이다.
 ㉮ 기본지리정보 성과 파일
 ㉯ 기본지리정보 성과점검 및 관리대장

[설계 예]
① 설계제원
 ㉮ 입력 도엽수 : 100도엽
② 설계

구분	특급기술자	고급기술자	중급기술자	초급기술자	중급기능사 (지도제작)	비고
시설물(건물)	2	8	16	10	9	
교 통(도 로)	2	6	11	9	7	
수자원(하천)	1	3	6	6	6	
교 통(철 도)	1	1	1	1	1	

나. 기본지리정보(도로) 데이터 취득·편집

(km 당)

항목	투입 인원						
	특급기술자	고급기술자	중급기술자	초급기술자	중급기능사 (지도)	초급기능사 (측량)
현지측량	0.04	-	0.10	-	-	0.10
현지조사	-	-	0.02	0.02	0.03	-
DB 입력·편집	0.01	0.03	0.01	0.06	0.04	-

[주] ① 본 품은 1:5,000 수치지도수준의 위치정확도로 기본지리정보(도로)를 구축하는 것이며, 작업 기준단위는 측량 할 도로의 연장(편도)을 기준으로 한다.
   ㉮ 현지측량은 기본지리정보(도로)분야 DB구축을 위한 자료취득에 관한 전반적인 측량계획의 수립을 포함하며, 이동가능한 측량기기를 이용하여 이동속도 20km/hr~30km/hr를 유지하면서 도로를 왕복하여 외측선을 측량해야 한다.
   ㉯ 현지조사는 기본지리정보(도로)에 입력되는 속성들을 조사하는 작업을 말하며, DB입력·편집은 현지측량한 도로데이터에 속성입력 및 구조화편집 등의 작업을 포함한다.
② 본 작업을 수행하기 위한 기계비 및 재료비는 별도 계상한다.
   ㉮ 현지측량의 기계비 산정은 '[토목부문] 9-5-8 상각비산정'을 적용
   ㉯ 현지조사 및 DB입력·편집의 기계비 및 재료비 산정은 '[토목부문] 9-5-4/2. 수동입력'을 적용
③ 현지측량 및 현지조사의 증감계수
   ㉮ 작업량에 따른 증감계수

작업량	10km 이상~100km 미만	100km 이상~500km 미만	500km 이상~1,000km 미만	1,000km 이상	비고
증 감 계 수	1.0	0.95	0.90	0.85	

   ㉯ 측량지역수에 따른 증감계수

측량지역수	1개 이상~4개 미만	4개 이상~7개 미만	7개 이상	비고
증 감 계 수	1.0	1.1	1.2	

⑤ 본 품은 다음의 성과품이 포함된 것이다.
   ㉮ 현지측량 성과파일 및 현지 조사 야장
   ㉯ 기본지리정보(도로) 성과 파일
   ㉰ 기본지리정보(도로) 성과점검 및 관리대장

[설계 예]
① 설계제원
   ㉮ 물량 : 1000㎞(4개 지역)
   ㉯ 현지측량 및 조사, DB입력·구축
② 설계

항목	특급 기술자	고급 기술자	중급 기술자	초급 기술자	중급 기능사 (지도)	초급 기능사 (측량)	비고
현지측량	37.4	-	93.5	-	-	93.5	
현지조사	-	-	18.7	18.7	28.05	-	
DB 입력·편집	10	30	10	60	40	-	

9-5-5 건물 및 지상물체 항공사진 「판독작업」

작업지구분 구 분	시가지(갑)	시가지(을)	교외지	촌락지	무가옥지
중급기능사(지도제작)	4인	2.7인	1.5인	0.5인	0.2인

[주] ① 재료비 및 소모품비는 별도 계상한다.
② 본 품은 판독보조도(약식현황도) 1:1,200 지도규격 40㎝×50㎝를 기준으로 산정한다.
③ 본 품에는 판독보조도에 판독된 사항을 편집 제도하고 판독조서에 판독된 건물 및 물체의 면적을 산정하는 품이 포함되어 있다.
④ 작업지 구분은 건물 및 지상물체의 분포상태에 따라 분류한 것이다.
 ㉮ 시가지(갑) : 건물 및 지상물체의 분포상태가 전체 도면의 75%~100%인 경우
 ㉯ 시가지(을) : 건물 및 지상물체의 분포상태가 전체 도면의 50%~75%인 경우
 ㉰ 교외지 : 건물 및 지상물체의 분포상태가 전체 도면의 25%~50%인 경우
 ㉱ 촌락지 : 건물 및 지상물체의 분포상태가 전체 도면의 25% 이하인 경우
 ㉲ 무가옥지 : 건물은 없으나 판독 자체는 필요한 경우 건물 및 지상물체의 분포상태가 위 지정 등급에 미달되어도 판독이 특히 어렵다고 인정되는 지역은 상위 등급으로 할 수 있다.
⑤ 항공사진 축척은 1:5,500~1:700을 기준한 것이다.
⑥ 본 품의 중급기능사(지도제작)는 항공사진 해석에 관한 전문지식을 겸비하여야 한다.
⑦ 본 품의 외임에 동원되는 기술인원에 대한 허비는 국토교통부장관이 고시한 측량용역내가기준에 따라 별도 계상한다.
⑧ 본 품에서 성과심사에 소요되는 비용은 국토교통부장관이 고시한 측량성과 심사수탁기관의 심사업무 및 지정절차 등에 관한 규정에 따라 별도 계상한다.

9-5-6 지도제작(기본도)

1. 지리조사

가. 지형도 제작

(도엽 당)

작 업 구 분	중급기술자	초급기술자	중급기능사 (지도제작)	초급기능사 (지도제작)
신 규 제 작	13	12	8	4
수 정 제 작	9	8	8	4

[주] ① 지형도 제작 및 수정을 위한 현지 조사라 함은 건물, 공지, 도로, 수로, 교량, 산림, 지류, 지명, 경계 등 국토교통부령 지도도식 규정에 준하여 조사함을 말한다.
② 본 품은 1:25,000기본도(55.5㎝×44.5㎝)를 기준으로 한 것이며, 특수 목적용 지도제작을 위한 지리조사는 조사내용에 따라 품을 증감할 수 있다.
③ 재료비 및 소모품비는 별도 계상한다.
④ 현지에서 측량이 필요할 때도 별도 계상한다.

⑤ 축척이 다를 때에는 다음 계수를 곱하여 계상하고 본 품에 기재되지 않은 축척에 대하여는 보간법으로 계상하여 적용한다.

축 척	1:25,000	1:10,000	1:5,000
계 수	1	0.37	0.22

⑥ 본 품은 농경지를 기준으로 한 것이며 지형이 다를 때에는 다음 계수를 곱하여 계상한다.

구 분	시가지	교외지	농경지	구릉지	산악지
계 수	1.50	1.30	1.00	0.90	0.85

⑦ 본 품의 외업에 동원되는 기술인원에 대한 여비는 국토교통부장관이 고시한 측량용역대가기준에 따라 별도 계상한다.

나. 수치지도 제작

(도엽 당)

작업별 \ 구분	중급기술자	초급기술자	중급기능사(지도제작)
신 규 제 작	4	3	3
수 정 제 작	3	2	2

[주] ① 본 품은 1:5,000 수치지도를 기준으로 한 것이며 특수 목적용 수치지도제작을 위한 지리조사는 조사 내용에 따라 품을 증감할 수 있다.
② 재료비 및 소모품비는 별도 계상한다.
③ 현지에서 측량이 필요할 때에는 별도의 품을 계상한다.
④ 축척이 다를 때에는 다음 계수를 곱하여 계상한다. 또한 본 품에 기재되지 않은 축척에 대하여는 보간법으로 계산하여 적용 할 수 있다.

축 척	1:1,000	1:2,500	1:5,000	비 고
계 수	0.6	0.75	1	

⑤ 본 품은 농경지를 기준으로 한 것이며 지형이 다를 때에는 다음 계수를 곱하여 계상한다.

구 분	시가지	교외지	농경지	구릉지	산악지
1:1,000 축척	1.84	1.40	1.00	0.67	0.34
1:5,000 이하의 축척	1.70	1.40	1.00	0.90	0.85

⑥ 1:1,000수치지도를 수정제작하기 위하여 지리조사시는 신규제작과 동일한 품을 적용한다.
⑦ 본 품에는 작업준비 및 정리작업이 포함되어 있다.
⑧ 본 품의 외업에 동원되는 기술인원에 대한 여비는 국토교통부장관이 고시한 측량용역대가기준에 따라 별도 계상한다.
⑨ 수치지도제작을 위한 지리조사라 함은 수치지형도작성작업규정(국토지리정보원 고시)에 의하여 조사함을 말한다.

2. 편집 및 제도

가. 스크라이빙

(도엽 당)

구분 작업별	중급기술자	초급기술자	중급기능사 (지도제작)	초급기능사 (지도제작)	사진제판공	사진식자공
편 집	2	9	14	10	1	-
제 도	-	4	25	21	2	2

나. 착 묵

(도엽 당)

구분 작업별	중급기술자	초급기술자	중급기능사(지도제작)
편 집	2	-	15
제 도	-	2	10

[주] ① 본 품은 1:25,000 기본지형도(55.5㎝×44.5㎝)를 기준으로 한 것이며 특수목적용 지도제작시는 묘사하는 내용에 따라 품을 증감할 수 있다.
② 재료비 및 소모품비는 별도로 계상한다.
③ 축척이 다를 때에는 다음 계수를 곱하여 계상한다.

도면의 축척	1:50,000 미만	1:50,000	1:25,000	1:10,000	1:5,000	1:2,500	1:1,000
보정계수	1.5	1.3	1.0	0.8	0.6	0.45	0.35

④ 본 품은 산지를 기준으로 한 것이며, 지형이 다를 때에는 다음 계수를 곱하여 계상한다.

지 형 별	시 가 지	교 외 지	농 경 지	구 릉 지	산 악 지
보정계수	1.6	1.4	1.2	1.1	1.0

㉮ 시가지라 함은 가로망이 형성되어 있고 취락, 공장, 주택, 아파트 등이 밀집되어 시가지 형태를 이룬 지역을 말한다.
㉯ 교외지라 함은 공장, 주택, 아파트 등의 분포상태가 비교적 치밀한 지역을 말한다.
㉰ 농경지라 함은 농작물 재배지역으로 식생군(논, 밭, 과수원 등)이 분포되어 있는 지역을 말한다.
㉱ 구릉지라 함은 농작물 미재배지역이나 산림의 분포상태가 없는 경사 5°이내의 미개발지역을 말한다.
㉲ 산악지라 함은 산림(침엽수, 활엽수)이 형성된 지역을 말한다.
⑤ 착묵품의 세노에서 사신분석이 필요할 때에는 편집품에 초급기술자 9인, 중급기능사(시도세작) 9인을 본 품에 가산한다.
⑥ 본 품에서 성과심사에 소요되는 비용은 국토교통부장관이 고시한 측량성과 심사수탁기관의 심사업무 및 지정절차 등에 관한 규정에 따라 별도 계상한다.
⑦ 지형에 따른 보정은 지형별 면적비로 구분하여 큰 쪽을 기준으로 산정한다.
⑧ 본 품에는 교정 및 수정이 포함된 것이다.
⑨ 착묵에서 편집이라 함은 지형지물의 착묵과 난외 착묵을 말하며, 제도라 함은 지형과 지물의 착묵을 제외한 기타 지류 및 각종 기호 등의 착묵을 말한다.

9-5-7 토지이용 현황도 제작

1. 지리조사

(1:25,000도엽 당)

작업별 \ 구분	고급기술자	초급기술자	중급기능사(지도제작)
현 지 조 사	10.22	9.17	9.17

[주] ① 차량비, 재료비 및 소모품비는 별도 계상한다.
② 현지 측량이 필요할 때는 별도 계상한다.
③ 본 품은 농경지를 기준으로 한 것이며, 지형이 다를 때에는 다음 계수를 곱하여 계상한다.

지 형 별	시가지	교외지	농경지	구릉지	산악지
계 수	1.5	1.3	1.0	0.9	0.85

④ 본 품의 외업에 동원되는 기술인원에 대한 여비는 국토교통부장관이 고시한 측량용역대가기준에 따라 별도 계상한다.
⑤ 현지 조사라 함은 토지이용 분류를 위한 논, 밭, 수원지, 목초지, 임지, 도시 및 취락 공업지 기타(묘지, 황무지) 등을 조사함을 말하며, 현지에서 조사함을 말한다.

2. 편집 및 제작

(1:25,000도엽 당)

작업별 \ 구분	중급기술자	초급기술자	중급기능사(지도제작)	초급기능사(지도제작)	사진제판공	사진식자공	옵셋인쇄공
편 집	1.5	10	3	-	1	-	-
제 도	1.5	6	30	22.5	5	1	2

[주] ① 재료비 및 소모품비는 별도 계상한다.
② 본 품은 1:25,000 지도규격 55.5㎝×44.5㎝를 기준으로 한 것이며, 도면의 축척이 다를 때에는 '[토목부문] 9-5-6/1./가. 지형도제작 [주] ⑤항'에 의한 계수를 적용한다.
③ 본 품에서 성과심사에 소요되는 비용은 국토교통부장관이 고시한 측량성과 심사수탁기관의 심사업무 및 지정절차 등에 관한 규정에 따라 별도 계상한다.

9-5-8 상각비 산정

품 명	규 격	상각년수	연간가동연수	상각비율	정비비율	연간관리비율	일 당 (10^{-5})			
							상각비계수	정비비계수	관리비계수	계
GPS측량기	1·2 주파수	8년	220	0.9	0.5	0.14	51.1	28.4	38.5	118.0
광파측거의	1-60km	8년	220	0.9	0.5	0.14	51.1	28.4	38.5	118.0
데오드라이트	0.2~10초독	8년	220	0.9	0.3	0.14	51.1	17.0	38.5	106.6
정 밀 레 벨	1·2등용	8년	220	0.9	0.3	0.14	51.1	17.0	38.5	106.6
음향측심기	천해용	5년	160	0.9	0.5	0.14	112.5	62.5	56.0	231.0
지층탐사기	전해용	5년	160	0.9	0.5	0.14	112.5	62.5	56.0	231.0
전자측위기	80km	5년	160	0.9	0.5	0.14	112.5	62.5	56.0	231.0
검 조 위	0~12m	5년	180	0.9	0.5	0.14	100.0	55.5	49.7	205.2
유 속 계	0~3m/sec	5년	180	0.9	0.5	0.14	100.0	55.5	49.7	205.2

[주] 가격은 수입가격에 대하여는 CIF가격에 인정할 수 있는 수입에 따르는 제경비를 포함한 가격으로 하고 국산기계는 표준가격에 의한 표준시가로 한다.

9-5-9 정밀도로지도 구축('19년 신설, '20년 보완)

구 분	특급기술자	고급기술자	중급기술자	초급기술자	정보처리기사	계
작 업 계 획	1	2	-	-	-	3
GNSS기준국운영	-	-	1	-	-	1
MMS자료수집	-	1	2	-	-	3
GNSS/INS 통합계산	0.5	-	1	-	-	1.5
기 준 점 선 점	0.5	-	1	-	-	1.5
MMS표준자료제작	1	5	7	3	-	16
이미지처리(보안처리)	-	-	2	2	-	4
객 체 추 출 및 묘 사	1.125	3.375	9	9	-	22.5
구 조 화 편 집	0.18	0.9	6.3	1.17	0.45	9
성 과 정 리	0.125	0.375	0.75	1.25	-	2.5
합 계	4.43	12.65	30.05	16.42	0.45	64

[주] ① 정밀도로지도 구축이라 함은 MMS에 의해 취득된 점군 데이터와 사진 데이터를 활용하여 정밀도로지도 벡터 데이터를 구축하는 일련의 작업과정을 의미한다.
② 본 품은 1일 작업량을 20km로 적용하며, 사용되는 기계의 상각비·정비비는 별도 계상한다.
　㉮ GNSS/INS 통합계산, MMS 표준자료 제작, 객체추출 및 묘사, 구조화편집의 기계비 산정은 '[토목부문] 9-5-4/2. 수동입력'의 품을 적용한다.
　㉯ MMS 차량의 상각년수는 6년, 연 가동일수는 200일로 적용한다.
③ MMS 표준자료 제작을 위한 기준점 측량은 '[토목부문] 9-1-5 4급 기준점 측량'을 적용하며, "지형유형에 따른 계수(K)"는 밀집시가지(1.3)을 적용한다.
④ 고속국도나 자동차전용도로에서 교통에 지장을 줄 수 있는 작업을 실시하기 위하여 교통차단 차량이나 신호수 등의 안전비용이 발생하는 경우에 실경비를 별도 계상할 수 있다.
⑤ 본 품은 MMS 자료를 교통이 원활한 자동차 전용도로에서 양방향 각 2회 수집하여 작성한 것으로 차로폭, 도로복잡도 등에 따라 계수를 적용하며 도로별 특성에 의해 본 품의 적용이 어려운 경우 계수를 가감할 수 있다.
　㉮ 차로폭에 따른 계수(MMS 자료수집, MMS 표준자료 제작, 이미지처리, 객체 추출 및 묘사, 구조화 편집 공종에 적용)

구 분	4차로 미만(편도)	4차로 이상(편도)
계 수	0.7	1

　㉯ 도로복잡도에 따른 계수(객체 추출 및 묘사, 구조화 편집 공종에 적용)

구 분	자동차 전용도로	시가지 도로
계 수	1	1.6

⑥ 이미지 처리는 왕복 80,000매의 사진 처리를 기준으로 한다.
⑦ 본 품의 외업에 동원되는 기술인원에 대한 여비는 국토교통부장관이 고시한 측량용역대가기준에 따라 별도 계상한다.

9-5-10 무인비행장치 측량('20년 신설)

구분	세부작업	기준단위	기술자 특급	기술자 고급	기술자 중급	기술자 초급	기능사 초급(측량)	기능사 고급(도화)	기능사 중급(도화)	기능사 초급(도화)	기타 중급(지도)	기타 정보처리기사	인부	비고
작업계획 수립	작업계획 및 준비	0.25㎢	(0.5)	(1)	(1)	-	-	-	-	-	-	-	-	
	현지답사	0.25㎢	-	0.5	0.5	-	-	-	-	-	-	-	-	
대공표지 설치 및 지상 기준점 측량	대공표지 설치	7점	-	0.59	-	-	0.59	-	-	-	-	-	-	
	지상기준점 측량 평면	7점	-	0.98 (0.49)	1.05 (0.56)	1.05 (0.63)	1.82 -	-	-	-	-	-	0.28 -	
	지상기준점 측량 표고	2km	- (0.12)	0.26 (0.14)	1.2 (0.32)	1.06 -	1.06 -	-	-	-	-	-	1.06 -	
무인항공 사진 촬영	촬영 준비	0.25㎢	-	1.13	0.5	1.13	-	-	-	-	-	-	-	
	촬영	0.25㎢	-	0.19	0.19	0.19	-	-	-	-	-	-	-	
	촬영영상 점검 및 결과 정리	0.25㎢	-	0.2 (0.2)	-	0.2 (0.2)	-	-	-	-	-	-	-	( )내는 내업을 표시함
항공삼각 측량	항공삼각 측량 및 결과정리	0.25㎢	-	(0.6)	(0.6)	-	-	-	-	-	-	-	-	
정사영상 제작	수치표면 자료 및 정사영상 제작	0.25㎢	-	(1.3)	(1.3)	-	-	-	-	-	-	-	-	
지형지물 묘사	수치도화	0.25㎢	(0.28)	(0.57)	(0.85)	(0.57)	-	(0.57)	(1.7)	(1.14)	-	-	-	
	벡터화	0.25㎢	-	(0.49)	-	-	-	-	-	-	(4.88)	(0.49)	-	
품질관리 및 정리점검	품질관리	0.25㎢	(0.5)	-	-	-	-	-	-	-	-	-	-	
	정리 점검	0.25㎢	-	-	(0.5)	-	-	-	-	-	-	-	-	
합계	정사영상	0.25㎢	- (1.12)	3.85 (3.73)	3.44 (4.28)	3.63 (0.83)	3.47 -	-	-	-	-	-	1.34 -	
	수치도화 (정사영상제외)	0.25㎢	- (1.40)	3.85 (4.30)	3.44 (5.13)	3.63 (1.40)	3.47 -	- (0.57)	- (1.7)	- (1.14)	-	-	1.34 -	
	벡터화	0.25㎢	- (1.12)	3.85 (4.22)	3.44 (4.28)	3.63 (0.83)	3.47 -	-	-	-	- (4.88)	- (0.49)	1.34 -	

[주] ① 본 품은 국토지리정보원의 "무인비행장치 이용 공공측량 작업지침(이하 작업지침)"의 작업방법에 따라, 측량용 무인비행장치를 이용하여 기준면적 0.25㎢의 평지에 대한 정사영상 제작 등을 기준으로 한 것이다.
② 작업계획수립에는 작업계획 수립, 사전 비행 허가, 카메라 검정 및 장비 점검 등의 계획·준비와 무인비행장치 이·착륙 장소 확정, 비행 및 전파 장애요소 확인, 작업지역 확인을 위한 왕복이동 등의 현지답사를 포함한다.
③ 대공표지 설치 및 지상기준점측량에는 대공표지설치, 평면기준점측량, 표고기준점측량을 포함한다.
  ㉮ 대공표지 설치는 면적 0.25㎢에서 점간 거리 0.5km 이하의 간격으로 7점의 대공표지를 설치하는 것을 기준으로 한 것이며, 면적이 증가할 경우 작업지침 제9조 및 제11조의 기준점 및 검사점 총 수량에 비례하여 계상한다. 다만, 대공표지의 설치 등을 위해 벌채 등이 필요한 경우에는 별도로 계상하며, 간석지 작업의 경우는 간조시간을 고려하여 본 품의 3배까지 가산할 수 있다.
  ㉯ 평면기준점측량은 점간 거리 0.5km 이하의 간격으로 배치된 7점(기준점 4점, 검사점 3점)에 대해 "9-1-5 4급 기준점 측량"을 적용한 것으로, 면적이 증가할 경우 작업 지침 제9조 및 제11조의 기준점 및 검사점 총 수량에 비례하여 계상한다.
  ㉰ 표고기준점측량은 수준노선 2km에 대한 "9-2-3 2급 수준측량" 품을 적용한 것으로 수준측량 등급이나 수준측량 길이가 상이한 경우에는 수준측량 길이에 따라 계상한다.
④ 무인항공사진촬영에는 촬영준비(무인비행장치 조립 및 점검, 풍향·풍속 및 지자기 수치 확인, 시험비행, 비행 및 촬영계획 수립, 촬영 대기 및 촬영 준비 등), 비행 및 촬영, 그리고 촬영영상 점검 및 결과 정리 등을 포함한다.
⑤ 항공삼각측량에는 무인비행장치 측량 전용 프로그램을 이용한 프로젝트 생성, 사진 및 지상기준점 성과 입력, 지상기준점 성과의 영상매칭, 외부표정요소 산출, 재관측 및 재조정, 자료작성 및 결과 정리 등을 포함한다.
⑥ 정사영상 제작은 무인비행장치 측량 전용 프로그램을 이용한 수치표면자료 및 정사영상 제작 등을 포함한다.
  ㉮ 수치표면자료의 제작에는 3차원 점자료인 수치표면자료(DSD : Digital Surface Data)의 생성과 수치표면모델(DSM : Digital Surface Model)의 제작을 포함한다. 수치표면 자료나 수치표면모델 등의 수정을 위해 보완측량이 필요한 경우에는 "9-3-1 지형현황" 품을 적용하여 별도로 계상한다.
  ㉯ 정사영상 제작에는 영상집성, 정사영상 제작, 정확도 점검 및 결과 정리 등을 포함한다. 다만, 보안목표시설 등이 포함된 경우 위장처리에 관련된 품은 별도로 계상한다.
⑦ 지형·지물 묘사는 기준면적 0.25㎢에 대한 수치화 또는 벡터화 관련 품을 적용하여 산출한 것으로, 면적이나 지형이 상이한 경우 관련 품의 계수를 적용하여 계상한다.
  ㉮ 수치도화 방법에 의한 지형·지물 묘사는 수치사진측량장비를 이용하여 무인항공사진 등을 3차원으로 입체시한 상태에서 대상물을 묘사하는 것으로, "9-5-4 1. 수치도화" 품 및 관련 계수를 적용한다.
  ㉯ 벡터화 방법에 의한 지형·지물 묘사는 정사영상 등을 기반으로 벡터화를 통하여 2차원으로 지형·지물을 묘사하는 방법으로, "9-5-4 2. 수동입력" 품 및 관련 계수를 적용한다.
⑧ 수치지형도 제작을 위해 지리조사, 정위치 편집, 도면제작 편집, 구조화 편집 등이 필요 한 경우에는 "9-5-4 수치지도 작성"의 4. 정위치 편집 5. 도면제작 편집, 6. 구조화 편집 및 "9-5-6 지도제작(기본도)"의 지리조사 품을 적용한다.
⑨ 본 품은 1:1,000 1도엽에 해당하는 기준면적 0.25㎢에 대해 GSD 5cm의 정사영상 제작을 기준으로 한 것으로 조건에 따라 다음의 증감계수를 곱하여 계상한다.
  ㉮ 본 품은 평지를 기준으로 한 것으로 지형종류에 따라 다음의 계수를 곱하여 계상한다.

○ 작업계획 수립, 표고기준점측량, 촬영, 항공삼각측량, 정사영상 제작, 품질관리 및 정리 점검에 대한 지형계수는 "9-2-3 2급 수준측량"의 지형유형에 따른 계수를 적용하여 계상한다.
○ 대공표지 설치 및 평면기준점은 "9-1-5 4급 기준점 측량"의 지형 유형에 따른 계수를 적용하여 계상한다.
○ 지형·지물의 묘사는 "9-5-4 수치지도 작성"의 관련 1. 수치도화, 2. 수동입력, 3. 자동입력의 지형 유형에 따른 계수를 적용한다.

⑭ 본 품은 GSD 5㎝를 기준으로 한 것으로 GSD에 따라 다음의 계수를 곱하여 계상한다. 다만, 본 품에 기재되지 않은 GSD에 대해서는 보간하여 적용할 수 있다.
○ 작업계획 수립(계획, 현지답사), 촬영, 항공삼각측량, 정사영상 제작, 품질관리 및 정리 점검에 대한 계수

GSD	3㎝	5㎝	비고
계 수	1.07	1	

⑮ 본 품은 0.25㎢를 기준으로 한 것으로 면적이 상이할 경우에는 면적에 따른 증감계수를 곱하여 계상한다.
○ 작업계획 수립(계획, 현지답사), 촬영, 항공삼각측량, 정사영상 제작, 품질관리 및 정리 점검의 면적에 따른 증감계수

면 적	0.25㎢	0.5㎢	1㎢	2㎢	4㎢
작 업 계 획 및 준 비			1		
현 지 답 사	1	1.26	2.12	3.62	6.67
촬 영	1	1.19	1.63	2.47	4.16
항공삼각측량, 정사영상 제작, 품 질 관 리	1	1.26	2.12	3.62	6.67

*단, 4㎢ 초과 시 마다 1씩 증가(4.1㎢ =2.0 등)

○ 대공표지 설치 및 평면기준점측량의 면적에 따른 증감계수

면 적	0.25㎢	0.5㎢	1㎢	2㎢	4㎢	비고
수량(점)	7	9	12	21	39	
계 수	1	1.29	1.71	3.00	5.57	

○ 표고기준점측량의 면적에 따른 증감계수

면 적	0.25k㎡	0.5k㎡	1k㎡	2k㎡	4k㎡	비고
수 준 측 량 길 이 (km)	2	3	4	8	16	
계 수	1	1.5	2	4	8	

○ 지형·지물 묘사의 면적에 따른 증감계수

면 적	0.25k㎡	0.5kk㎡	1k㎡	2k㎡	4k㎡	비고
계 수	1	2	4	8	16	

⑩ 본 품에서 공공측량 성과심사에 소요되는 비용은 국토교통부장관이 고시한 공공측량 성과심사규정에 따라 별도로 계상한다.
⑪ 본 품의 외업에 동원되는 기술인력에 대한 비용은 국토교통부장관이 고시한 측량용역대가기준에 따라 별도 계상한다.
⑫ 기계비 및 재료비는 별도 계상한다.
 ㉮ 무인비행장치 및 카메라의 상각비 계상은 장비취득가격의 10%를 잔존가치로 하며, 상각 년수는 3년, 연간가동연수는 152일로 한다.
 ㉯ 컴퓨터와 S/W의 상각비 및 유지관리비는"9-5-4 2. 수동입력"을 적용한다.
⑬ 본 품에는 다음의 성과 작성품이 포함되어 있다.
 ㉮ 무인항공사진, 촬영기록부 및 촬영코스별 검사표
 ㉯ 항공삼각측량 성과(외부표정요소), 레포트 파일 및 프로젝트 백업파일
 ㉰ 수치표면모델(DSM), 정사영상 및 검사표
 ㉱ 지형·지물 묘사 파일(벡터화 또는 수치도화 파일)
 ㉲ 그 밖의 성과 확인에 필요한 자료

9-6 지적기준점측량

9-6-1 지적삼각측량('05년 보완)

작업별	구분	일수	인원수 1일당 지적기사	지적산업기사	지적기능사	인부	합계 지적기사	지적산업기사	지적기능사	인부	비고
자 료 조 사		(1.48)	1	2	-	-	(1.48)	(2.96)	-	-	
계 획 준 비		(1.13)	1	1	-	-	(1.13)	(1.13)	-	-	
답 사		2.78	-	2	1	-	-	5.56	2.78	-	
선 점		1.57	1	2	-	-	1.57	3.14	-	-	
조 표		3.65	-	2	1	1	-	7.30	3.65	3.65	
관 측		3.74	-	2	1	-	-	7.48	3.74	-	
계 산		(1.65)	-	2	-	-	-	(3.30)	-	-	( )는 내업임
등 사		(1.48)	-	1	-	-	-	(1.48)	-	-	
준비도 작 성		(1.74)	-	-	1	-	-	-	(1.74)	-	
준비도 확 인		(0.26)	1	-	-	-	(0.26)	-	-	-	
기지부합여부확인		3.22	-	2	1	-	-	6.44	3.22	-	
성과 작성 계산부		(1.48)	-	1	-	-	-	(1.48)	-	-	
성과 작성 대 장		(0.70)	-	1	-	-	-	(0.70)	-	-	
점 검		(0.78)	1	-	-	-	(0.78)	-	-	-	
성 과 인 계		(0.44)	-	-	-	-	-	(0.44)	-	-	
소계 외 업		14.96	-	-	-	-	1.57	29.92	13.39	3.65	
소계 내 업		(11.14)	-	-	-	-	(3.65)	(11.49)	(1.74)	-	
합 계		26.10	-	-	-	-	5.22	41.41	15.13	3.65	

[주] ① 본 품은 「공간정보의 구축 및 관리 등에 관한 법률」 시행령 제8조제1항제3호의 규정에 의하여 「지적측량시행규칙」 제8조의 규정에 따라 지적삼각점측량을 경위의 측량방법에 의하여 실시할 경우의 품이다.

② 표고계수
본 품은 작업지역의 표고 500m 미만인 경우를 기준으로 한 것이며, 500m 이상일 때에는 다음의 값 이내를 가산할 수 있다.

표 고 명	가산범위
500m~1,000m	20%
1,000m 초과	40%

③ 성과품
본 품에는 다음의 성과품이 포함되어 있다.
㉮ 관측부   1부
㉯ 지적삼각측량 계산부   1부
㉰ 지적삼각망도   1부
㉱ 점의 조서   1부

④ 기타사항
㉮ 본 품은 축척과 측량지역의 대·소에 불구하고 여점 3점, 구점 5점을 기준으로 한 것이다.
㉯ 지적삼각보조점 측량수수료는 본 품에 의한 측량비의 50%의 값을 적용한다. 다만, 지적법령에 의거 영구표지를 설치하고 지적삼각측량방법에 준하였을 경우에는 지적삼각측량품을 적용한다.
㉰ 벌채보상비, 재료의 소모품비 등은 실정에 따라 별도 계상한다.
㉱ 관측기계는 GPS, 토탈스테이션, 광파거리측거기, 각 관측 장비로 한다.
㉲ 본 품에 사용되는 기계경비 및 재료소모품비는 별도 계상한다.
㉳ 본 품에 있어 매설작업에 따르는 자재대 및 운반비 인부임은 별도로 계상한다.
㉴ 본 품의 외업에 필요한 여비는 공무원여비규정에 의한 국내여행자의 일비를 별도 계상한다.

[계산 예]
사업지구에 지적삼각점측량을 구하는점 10점, 주어진점 3점을 측량할 경우의 기본품(지적삼각점측량)

구 분	수 량	단가	금 액
지 적 기 사	5.22	w_1	$W_1 = 5.22 \times w_1$
지 적 산 업 기 사	41.41	w_2	$W_2 = 41.41 \times w_2$
지 적 기 능 사	15.13	w_3	$W_3 = 15.13 \times w_3$
인 부	3.65	w_4	$W_4 = 3.65 \times w_4$
계			ΣW

[결정단가] = (ΣW + 직접경비 + 간접측량비)/8
[합   계] = [단가] × 13

[주] 측량비 산출단가는 직접경비(현장여비·기계경비·재료소모품비) 및 간접측량비(제경비·기술료)를 별도 계상한다.

9-6-2 지적도근점측량

구분 작업별	일수	인 원 수								비고
		1 일 당				합 계				
		지적기사	지적산업기사	지적기능사	인부	지적기사	지적산업기사	지적기능사	인부	
자 료 조 사	(1.12)	1	1	-	-	(1.12)	(1.12)	-	-	
계 획 준 비	(0.56)	1	2	-	-	(0.56)	(1.12)	-	-	
답 사	0.84	-	2	1	-	-	1.68	0.84	-	
선 점	1.96	1	2	-	1	1.96	3.92	-	1.96	
관 측	3.92	-	2	1	-	-	7.84	3.92	-	
계 산	(1.68)	-	2	-	-	-	(3.36)	-	-	( )는 내업임
지적전산파일변환	(1.12)	-	1	-	-	-	(1.12)	-	-	
준 비 도 작 성	(1.12)	-	-	1	-	-	-	(1.12)	-	
기지부합여부확인	2.24	-	2	1	-	-	4.48	2.24	-	
성 과 작 성	(1.12)	-	2	-	-	-	(2.24)	-	-	
점 검	(0.56)	1	-	-	-	(0.56)	-	-	-	
성 과 인 계	(0.56)	-	1	-	-	-	(0.56)	-	-	
소계 외업	8.96	-	-	-	-	1.96	17.92	7.00	1.96	
소계 내업	(7.84)	-	-	-	-	(2.24)	(9.52)	(1.12)	-	
합 계	16.80	-	-	-	-	4.20	27.44	8.12	1.96	

[주] ① 본 품은 「공간정보의 구축 및 관리 등에 관한 법률시행령」 제8조제1항제3호의 규정에 의하여 「지적측량시행규칙」 제12조 규정에 따라 지적도근측량을 경위의 측량방법에 의해 실시할 경우의 품이다.

② 가산계수
방위각법에 의한 측량방법을 기준으로 하였으며, 배각법에 의하여 측량하였을 경우에는 다음의 계수를 곱하여 계상한다.

구 분	계 수	비 고
방 위 각 법	1.00	
배 각 법	1.37	

③ 성과품
본 품에는 다음의 성과품이 포함되어 있다.
㉮ 관측부   1부
㉯ 도근측량부   1부
㉰ 도근망도   1부

④ 기타사항
㉮ 본 품은 축척과 측량지역의 대·소에 불구하고 도근점 50점을 기준으로 한 것이다.
㉯ 본 품에는 지적도근점측량을 위한 지적삼각측량 품이 포함되지 않았으므로 지적삼각측량비를 별도 계상한다.
㉰ 본 품에는 지적도근점 표시를 하기 위한 재료 표지대는 포함되지 않았다.
㉱ 거리측정 등 관측기계는 GPS, 토탈스테이션, 광파거리측거기, 각 관측 장비로 한다.
㉲ 본 품에 사용되는 기계경비 및 재료소모품비는 별도 계상한다.
㉳ 본 품에 있어 매설작업에 따르는 자재대 및 운반비 인부임은 별도로 계상한다.
㉴ 본 품의 외업에 필요한 여비는 공무원여비규정에 의한 국내여행자의 일비를 별도 계상한다.

[계산 예]
① 기준단가
지구에 지적도근점측량을 배각법에 의하여 300점을 측량할 경우

㉠기본계수 : 1.0 ㉡가산계수 : 0.37 | 합계 : 1.37 = (㉠+㉡)

구 분	수 량	단가	금 액
지 적 기 사	4.20×1.37 = 5.75	W_1	$W_1 = 5.75 \times w_1$
지 적 산 업 기 사	27.44×1.37 = 37.59	W_2	$W_2 = 37.59 \times w_2$
지 적 기 능 사	8.12×1.37 = 11.12	W_3	$W_3 = 11.12 \times w_3$
인 부	1.96×1.37 = 2.69	W_4	$W_4 = 2.69 \times w_4$
계			ΣW

[결정단가] = (ΣW + 직접경비 + 간접측량비)/50
[합   계] = [단가] × 300

9-6-3 지적기준점현황조사('21년 신설)

가. 지적삼각점

| 작업구분 | 일수 | 인 원 수 |||||||| 비고 |
| | | 1일당 |||| 합계 |||| |
		지적기사	지적산업기사	지적기능사	인부	지적기사	지적산업기사	지적기능사	인부	
자료조사	(0.48)	1.00	-	-	-	(0.48)	-	-	-	( )는 내업임
계획준비	(0.27)	1.00	-	-	-	(0.27)	-	-	-	
현지조사	4.33	1.00	1.00	-	-	4.33	4.33	-	-	
조사보고서 작성	(0.34)	1.00	-	-	-	(0.34)	-	-	-	
점검 및 보고	(0.27)	1.00	-	-	-	(0.27)	-	-	-	
소계 외업	4.33	-	-	-	-	4.33	4.33	-	-	
소계 내업	(1.36)	-	-	-	-	(1.36)	-	-	-	
합계	5.69	-	-	-	-	5.69	4.33	-	-	

나. 지적도근점

작업구분		일수	인 원 수								비고
			1일당				합계				
			지적기사	지적산업기사	지적기능사	인부	지적기사	지적산업기사	지적기능사	인부	
자 료 조 사		(0.03)	1.00	-	-	-	(0.03)	-	-	-	( )는 내업임
계 획 준 비		(0.01)	1.00	-	-	-	(0.01)	-	-	-	
현 지 조 사		0.21	1.00	1.00	-	-	0.21	0.21	-	-	
조사보고서 작 성		(0.03)	1.00	-	-	-	(0.03)	-	-	-	
점검 및 보고		(0.02)	1.00	-	-	-	(0.02)	-	-	-	
소계	외 업	0.21	-	-	-	-	0.21	0.21	-	-	
	내 업	(0.09)	-	-	-	-	(0.09)	-	-	-	
합 계		0.30	-	-	-	-	0.30	0.21	-	-	

[주] ① 본 품은 「공간정보의 구축 및 관리 등에 관한 법률」제105조 및 같은 법 시행령 제104조에 따라 위탁된 지적삼각점, 지적삼각보조점, 지적도근점의 정확하고 효율적인 관리를 위해 기준점의 위치, 망실·훼손·시인성 등의 현황을 조사하는 업무를 수행할 경우의 품이다.
② 본 품은 지적기준점 10점을 현황조사하는데 소요되는 품으로 1점의 품셈을 산출하기 위해서는 위의 품의 10분의 1을 적용한다.
③ 지적삼각보조점의 현황조사는 지적도근점 현황조사품을 준용한다. 다만, 지적삼각보조점의 위치가 산악지에 위치한 경우에는 지적삼각점 현황조사품을 준용할 수 있다.
④ 작업상 지적도근점측량 등이 수반되는 경우에는 별도 계상한다.
⑤ 도서지역 등의 조사업무를 위하여 선박 등을 임차할 경우에는 임차료 실비를 별도 계상한다.
⑥ 본 품에는 다음의 성과작성품이 포함되어 있다.
　㉮ 지적기준점 현황조사서　　　　 1부
　㉯ 지적기준점 현황조사 결과 파일　1식

9-7 신규등록측량

9-7-1 신규등록측량(도해)('25년 보완)

작업별 \ 구분	지적 기사	지적 산업 기사	지적 기능사	비고
자 료 조 사	(0.04)	(0.05)	-	
측 량 계 획 및 준 비	(0.04)	(0.03)	-	
측 량 준 비 도 작 성	(0.02)	(0.03)	-	
현 지 측 량 준 비	0.01	0.02	0.01	
현 지 측 량	0.29	0.29	0.29	
성 과 설 명	0.04	-	-	
측 량 결 과 도 등 측 량 성 과 물 작 성	(0.07)	(0.15)	-	( )는 내업임
측량성과관련서류작성	-	(0.02)	-	
측 량 성 과 검 사 요 청	(0.03)	(0.04)	-	
지 적 측 량 성 과 도 교 부	(0.02)	(0.02)	-	
소 계 외 업	0.34	0.31	0.30	
소 계 내 업	(0.22)	(0.34)	-	
합 계	0.56	0.65	0.30	

[주] ① 본 품은 「공간정보의 구축 및 관리 등에 관한 법률」제2조제29호의 규정에 의하여 새로 조성된 토지와 지적공부에 등록되어 있지 아니한 토지를 지적공부에 등록하거나 같은법 제86조 규정의 토지개발사업 이외의 토지를 새로이 지적공부에 수치로 등록하기 위하여 경위의 도해 측량방법으로 실시하는 품이다.

② 면적계수
본 품은 1필지당 토지는 1,500㎡, 임야는 5,000㎡를 기준으로 하였으며, 기준면적 이하는 기준면적을 적용하고, 기준면적을 초과할 때에는 다음의 계수를 곱하여 계상한다.

구 분 \ 가산횟수	0회	1회	2회 이상
계 수	1.0	1.3	1.2+(0.10×n)

※ n은 가산횟수로 (대상면적-기준면적)÷기준면적

③ 등록계수
지적공부 등록지(토지, 임야) 별로 다음의 계수를 곱하여 계상한다.

내용 \ 구 분	토 지	임 야
계 수	1.00	1.2

④ 지역구분계수
본 품은 면지역을 기준으로 하였으며, 행정구역이 다를 경우 다음의 계수를 곱하여 품을 계상한다.

구분 내용	면	읍	동	
			시	구
계수	1.00	1.10	1.30	1.40

⑤ 성과작성품
본 품에는 다음의 성과작성품이 포함되어 있다.
  ㉮ 신규등록 측량결과도   1부
  ㉯ 면적측정부   1부
  ㉰ 이동지조서   1부
  ㉱ 지적공부정리파일   1부
  ㉲ 측량결과부(측량성과도 등)   1부

⑥ 기타사항
  ㉮ 신규등록할 토지의 축척은 1/600, 1/1000, 1/1200, 1/2400, 1/3000, 1/6000로 구분한다.
  ㉯ 본 품에 사용되는 기계경비 및 재료소모품비는 별도 계상한다.
  ㉰ 작업상 지적측량기준점을 설치할 경우에는 지적측량기준점 설치비를 별도 계상한다.
  ㉱ 도서지역 등의 측량을 위하여 선박 등을 임차할 경우에는 임차료 실비를 별도 계상한다.
  ㉲ 본 품의 외업에 필요한 여비는 공무원여비규정에 의한 국내여행자의 일비를 별도 계상한다.

[계산예]
① 기준단가
구지역으로서 1필지의 면적이 7,000㎡인 미등록 토지를 도해측량방법으로 신규등록 할 경우

  ㉠기본계수 : 1.00 ㉡등록계수 : 0.00 ㉢지역구분계수 : 0.40
  ㉣면적계수 : 0.60 합계 2.00 = (㉠+㉡+㉢+㉣)

구분	수량(T)	단가	금액
지 적 기 사	0.56×2.00=1.12	w_1	$W_1 = 1.12 \times w_1$
지 적 산 업 기 사	0.65×2.00=1.30	w_2	$W_2 = 1.30 \times w_2$
지 적 기 능 사	0.30×2.00=0.60	w_3	$W_3 = 0.60 \times w_3$
계			ΣW

[결정단가] = ΣW + 직접경비 + 간접측량비
※ 측량비 산출단가에는 직접경비(현장여비·기계경비·재료소모품비) 및 간접측량비(제경비·기술료)를 별도 계상한다.

9-7-2 신규등록측량(수치)('05년 신설, '25년 보완)

작업별 \ 구분	지적 기사	지적 산업 기사	지적 기능사	비고
자 료 조 사	(0.04)	(0.05)	-	
측 량 계 획 및 준 비	(0.04)	(0.02)	-	
측 량 준 비 도 작 성	(0.01)	(0.04)	-	
현 지 측 량 준 비	0.01	0.02	0.01	
현 지 측 량	0.26	0.26	0.26	
성 과 설 명	0.04	-	-	
측 량 결 과 도 등 측 량 성 과 물 작 성	(0.06)	(0.15)	-	( )는 내업임
측량성과관련서류작성	-	(0.02)	-	
측 량 성 과 검 사 요 청	(0.03)	(0.05)	-	
지 적 측 량 성 과 도 교 부	(0.03)	(0.01)	-	
소 계 — 외 업	0.31	0.28	0.27	
소 계 — 내 업	(0.21)	(0.34)	-	
합 계	0.52	0.62	0.27	

[주] ① 본 품은 「공간정보의 구축 및 관리 등에 관한 법률」 제2조제29호의 규정에 의하여 새로 조성된 토지와 지적공부에 등록되어 있지 아니한 토지를 지적공부에 등록하거나 같은법 제86조 규정의 토지개발사업 이외의 토지를 새로이 지적공부에 수치로 등록하기 위하여 경위의 측량방법으로 실시하는 품이다.

② 면적계수
본 품은 1필지당 1,500㎡를 기준으로 하였으며, 기준면적 이하는 기준면적을 적용하고, 기준면적을 초과할 때에는 다음의 계수를 곱하여 계상한다.

구 분 \ 가산횟수	0회	1회	2회 이상
계 수	1.0	1.3	1.2+(0.10×n)

※ n은 가산횟수로 (대상면적-기준면적)÷기준면적

③ 지역구분계수
본 품은 면지역을 기준으로 하였으며, 행정구역이 다를 경우 다음의 계수를 곱하여 품을 계상한다.

내용 \ 구 분	면	읍	동 — 시	동 — 구
계 수	1.00	1.10	1.30	1.40

④ 성과작성품
　본 품에는 다음의 성과작성품이 포함되어 있다.
　㉮ 신규등록 측량결과도 및 계산부　　　1부
　㉯ 좌표면적 계산부　　　　　　　　　　1부
　㉰ 이동지조서　　　　　　　　　　　　1부
　㉱ 지적공부정리파일　　　　　　　　　1부
　㉲ 측량결과부(측량성과도 등)　　　　　1부
⑤ 기타사항
　㉮ 신규등록할 토지의 축척은 1/500, 1/1000로 구분한다.
　㉯ 본 품에 사용되는 기계경비 및 재료소모품비는 별도 계상한다.
　㉰ 작업상 지적측량기준점을 설치할 경우에는 지적측량기준점 설치비를 별도 계상한다.
　㉱ 도서지역 등의 측량을 위하여 선박 등을 임차할 경우에는 임차료 실비를 별도 계상한다.
　㉲ 본 품의 외업에 필요한 여비는 공무원여비규정에 의한 국내여행자의 일비를 별도 계상한다.

9-7-3 토지구획정리 신규등록 측량(수치)('05년 신설, '11, '25년 보완)

작업별		구분	지적 기사	지적 산업 기사	지적 기능사	비 고
자 료 조 사			-	(4.04)	-	
계 획 준 비			(3.43)	(3.43)	-	
현 장 조 사			3.41	6.82	-	
지적전산파일변환			-	(3.59)	-	
지구계 준비도	작	성	-	(6.20)	-	
	확	인	(0.92)	-	-	
가 구 점	측	량	9.36	18.72	9.36	
	계	산	(10.88)	(10.88)	-	
필 계 점	측		6.50	13.00	6.50	
	계	산	(9.45)	(9.45)	-	
중 심 점 계 산			(8.41)	(8.41)	-	
말 박 기 측 량	계	산	(10.91)	(10.91)	-	( )는 내업임
	측	량	15.14	30.28	15.14	
좌 표 면 적 계 산			(8.44)	(8.44)	-	
결 과 도 작 성			-	(6.20)	-	
성 과 작 성			-	(36.50)	-	
조 서 작 성			-	(11.78)	-	
점 검			(5.02)	-	-	
성 과 인 계			(2.58)	-	-	
소 계	외	업	34.41	68.82	31.00	
	내	업	(60.04)	(119.83)	-	
합 계			94.45	188.65	31.00	

[주] ① 본 품은 「공간정보의 구축 및 관리 등에 관한 법률」 제86조 규정의 도시개발사업 또는 같은법 시행령 제83조의 그 밖에 대통령령이 정하는 토지개발사업(토지구획정리·공업단지 등)과 항만법, 신항만개발촉진법 및 「공유수면매립법」등에 의하여 공유수면을 매립하여 새로이 지적공부에 수치로 등록하기 위하여 경위의 측량방법으로 실시하는 품이다.

② 면적체감계수
   본 품의 기준면적은 1지구 200,000㎡를 기준한 것으로 측량지구면적이 200,000㎡를 초과하는 경우에는 다음의 체감계수를 곱하여 각각 합산한 품으로 한다. 다만, 작업과정이 동일한 방법으로 연속되지 않을 경우에는 체감계수를 적용하지 않는다.

구분 내용	20만㎡ 이하	20만㎡ 초과 50만㎡	50만㎡ 초과 100만㎡	100만㎡ 초과 200만㎡	200만㎡ 초과 300만㎡	300만㎡ 초과
계 수	1.0	0.9	0.8	0.7	0.6	0.5

③ 필지가산계수

본 품은 1지구내의 필지수를 50필지 이하를 기준으로 한 것으로 1지구내의 필지수가 50필지를 초과하는 경우 다음의 계수를 곱하여 계상한다.

필지수	50 이하	51~100	101~200	201~300	301~400	401~500	500 초과시 매100필지마다
계수	1.00	1.05	1.10	1.15	1.20	1.25	1.05×n

④ 성과작성품

본 품에는 다음의 성과작성품이 포함되어 있다.
- ㉮ 지구계점, 가구계점, 필지경계점 측량부   각 1부
- ㉯ 지구계점, 가구계점, 필지경계점 좌표계산부   각 1부
- ㉰ 지구계점, 가구계점, 필지경계점 좌표면적계산부   각 1부
- ㉱ 지구계점, 가구계점, 필지경계점 거리계산부   각 1부
- ㉲ 측량결과도   1부
- ㉳ 측량성과도   1부
- ㉴ 측량종합도   1부
- ㉵ 면적조서   3부
- ㉶ 국유지 증여도   1부
- ㉷ 국유지 증여지조서   1부
- ㉸ 지적도 작성   1부

⑤ 기타사항
- ㉮ 축척은 1/500 또는 1/1000으로 한다.
- ㉯ 측량지구면적이 10,000㎡이하인 경우에는 10,000㎡의 품으로 한다.
- ㉰ 본 품에 의한 면적계산은 좌표를 면적프로그램에 의하여 컴퓨터 계산한 품으로 한다.
- ㉱ 본 품에 의한 좌표점 전개는 프로그램에 의하여 전개하였다.
- ㉲ 본 품에 의한 거리측정은 광파기에 의하여 측정하였다.
- ㉳ 본 품에 의한 결과도 작성은 프로그램에 의한 것이다.
- ㉴ 본 품에는 지구계 분할측량품은 포함되어 있지 않다.
- ㉵ 본 품에 사용되는 기계경비 및 재료소모품비는 별도 계상한다.
- ㉶ 본 품에는 지적기준점측량이 포함되어 있지 않으므로 지적기준점측량을 실시할 경우에는 지적기준점측량비를 별도 계상한다.
- ㉷ 말박기 측량을 수반하지 않을 경우 말박기 측량품을 제외한다.
- ㉸ 본 품의 외업에 필요한 여비는 공무원여비규정에 의한 국내여행자의 일비를 별도 계상한다.

9-7-4 경지구획정리 신규등록 측량(수치)('05년 신설, '11, '25년 보완)

작업별	구분	지적 기사	지적 산업 기사	지적 기능사	비 고
자 료 조 사		-	(6.82)	-	
계 획 준 비		(2.63)	(2.63)	-	
현 장 조 사		2.76	2.76	-	
지 적 전 산 파 일 변 환		-	(12.02)	-	
지 구 계 준 비 도	작 성	(7.84)	(15.68)	(7.84)	
	확 인	(1.05)	-	-	
필 계 점	측 량	15.38	30.76	15.38	
	계 산	(16.73)	(16.73)	-	
좌 표 면 적 계 산		(15.78)	(15.78)	-	( )는 내업임
결 과 도 작 성		(3.03)	(6.06)	(3.03)	
성 과 작 성		(18.16)	(36.32)	(18.16)	
조 서 작 성		-	(11.78)	(5.89)	
점 검		(5.66)	-	-	
성 과 인 계		(1.40)	-	-	
소 계	외 업	18.14	33.52	15.38	
	내 업	(72.28)	(123.82)	(34.92)	
합 계		90.42	157.34	50.30	

[주] ① 본 품은 「공간정보의 구축 및 관리 등에 관한 법률」제86조 규정의 농어촌정비사업 등을 위한 「농어촌정비법」, 「공유수면매립법」 등에 의하여 공유수면을 매립하여 새로이 지적공부에 수치로 등록하기 위하여 경위의 측량방법으로 실시하는 품이다.

② 면적체감계수
측량지구의 면적이 1,000,000㎡를 초과할 경우에는 다음의 체감계수를 곱하여 각각 합산한 품으로 한다. 다만, 작업과정이 동일한 방법으로 연속되지 않을 경우에는 체감계수를 적용하지 않는다.

구분 내용	100만㎡ 이하	100만㎡ 초과 300만㎡	300만㎡ 초과 500만㎡	500만㎡ 초과 800만㎡	800만㎡ 초과 1000만㎡	1000만㎡ 초과
계 수	1.0	0.9	0.8	0.7	0.6	0.5

③ 성과작성품
본 품에는 다음의 성과작성품이 포함되어 있다.
㉮ 지구계점, 필계점 측량부   1부
㉯ 좌표면적계산부   1부
㉰ 측량결과도   1부

㉣ 측량성과도　　　　　　　　1부
㉤ 측량종합도　　　　　　　　1부
㉥ 면적조서　　　　　　　　　1부
㉦ 국유지 증여도　　　　　　　1부
㉧ 국유지 증여지조서　　　　　1부
㉨ 지적도 작성　　　　　　　　1부

④ 기타사항
　㉮ 축척은 1/500 또는 1/1000으로 한다.
　㉯ 측량지구면적이 30,000㎡이하인 경우에는 30,000㎡의 품으로 한다
　㉰ 본 품에 의한 면적계산은 좌표를 면적프로그램에 의하여 컴퓨터로 계산한 품으로 한다.
　㉱ 본 품에 의한 좌표점 전개는 프로그램에 의하여 전개하였다.
　㉲ 본 품에 의한 거리측정은 광파기에 의하여 측정하였다.
　㉳ 본 품에 의한 결과도 작성은 프로그램에 의한 것이다.
　㉴ 본 품에는 지구계 분할측량품은 포함되어 있지 않다.
　㉵ 중심점·가구점, 필계점, 말박기 측량을 필요로 할 경우에는 본 품의 30%의 값을 적용한 품으로 한다.
　㉶ 본 품에 사용되는 기계경비 및 재료소모품비는 별도 계상한다.
　㉷ 본 품에는 지적기준점측량이 포함되어 있지 않으므로 지적기준점측량을 실시할 경우 지적기준점측량비를 별도 계상한다.
　㉸ 본 품의 외업에 필요한 여비는 공무원여비규정에 의한 국내여행자의 일비를 별도 계상한다.

9-8 등록전환 측량

9-8-1 등록전환 측량(도해)('25년 보완)

작업별 \ 구분	지적 기사	지적 산업 기사	지적 기능사	비 고
자 료 조 사	(0.05)	(0.06)	-	
측 량 계 획 및 준 비	(0.05)	(0.02)	-	
측 량 준 비 도 작 성	(0.02)	(0.03)	-	
현 지 측 량 준 비	0.01	0.02	0.01	
현 지 측 량	0.45	0.45	0.45	
성 과 설 명	0.05	-	-	
측 량 결 과 도 등 측 량 성 과 물 작 성	(0.07)	(0.16)	-	( )는 내업임
측량성과관련서류작성	-	(0.02)	-	
측 량 성 과 검 사 요 청	(0.03)	(0.04)	-	
지 적 측 량 성 과 도 교 부	(0.03)	(0.01)	-	
소 계 — 외 업	0.51	0.47	0.46	
소 계 — 내 업	(0.25)	(0.34)	-	
합 계	0.76	0.81	0.46	

[주] ① 본 품은 「공간정보의 구축 및 관리 등에 관한 법률」 제2조 제30호의 규정에 의하여 임야대장 및 임야도에 등록된 토지를 토지대장 및 지적도에 옮겨 등록하기 위하여 실시하는 측량 품이다.
② 면적계수
본 품은 1필지당 토지면적 1,500㎡를 기준으로 하였으며, 기준면적 이하는 기준면적을 적용하고, 기준면적을 초과할 때에는 다음의 계수를 곱하여 계상한다.

구 분 \ 가산횟수	0회	1회	2회 이상
계 수	1.0	1.3	1.2+(0.10×n)

※ n은 가산횟수로 (대상면적-기준면적)÷기준면적
③ 지역구분계수
본 품은 면지역을 기준으로 하였으며, 행정구역이 다를 경우 다음의 계수를 곱하여 품을 계상한다.

내용 \ 구분	면	읍	동 - 시	동 - 구
계 수	1.00	1.10	1.30	1.40

④ 성과작성품
본 품에는 다음의 성과작성품이 포함되어 있다.
- ㉮ 등록전환 측량결과도   1부
- ㉯ 면적측정부   1부
- ㉰ 이동지조서   3부
- ㉱ 지적공부정리파일   1식
- ㉲ 측량결과부(측량성과도 등)   1부

⑤ 기타사항
- ㉮ 등록전환할 토지의 축적은 1/600, 1/1000, 1/1200, 1/2400로 구분한다.
- ㉯ 본 품에 사용되는 기계경비 및 재료소모품비는 별도 계상한다.
- ㉰ 작업상 지적측량기준점을 설치할 경우에는 지적측량기준점 설치비를 별도 계상한다.
- ㉱ 도서지역 등의 측량을 위하여 선박 등을 임차할 경우에는 임차료 실비를 별도 계상한다.
- ㉲ 본 품의 외업에 필요한 여비는 공무원여비규정에 의한 국내여행자의 일비를 별도 계상한다.

[계산예]
① 기준단가
구지역으로서 1필지의 면적이 7,000㎡인 임야를 토지로 도해측량방법으로 등록전환 할 경우

㉠기본계수 : 1.00 ㉡등록계수 : 0.00 ㉢지역구분계수 : 0.40
㉣면적계수 : 0.60 합계 2.00 = (㉠+㉡+㉢+㉣)

구 분	수 량(T)	단 가	금 액
지 적 기 사	0.76×2.00=1.52	W_1	$W_1=1.52×W_1$
지 적 산 업 기 사	0.81×2.00=1.62	W_2	$W_2=1.62×W_2$
지 적 기 능 사	0.46×2.00=0.92	W_3	$W_3=0.92×W_3$
계			ΣW

[결정단가] = ΣW + 직접경비 + 간접측량비
※ 측량비 산출단가에는 직접경비(현장여비·기계경비·재료소모품비) 및 간접측량비(제경비·기술료)를 별도 계상한다.

9-8-2 등록전환 측량(수치)('25년 보완)

작업별 \ 구분	지적 기사	지적 산업 기사	지적 기능사	비 고
자 료 조 사	(0.05)	(0.06)	-	
측 량 계 획 및 준 비	(0.04)	(0.02)	-	
측 량 준 비 도 작 성	(0.02)	(0.03)	-	
현 지 측 량 준 비	0.01	0.02	0.01	
현 지 측 량	0.45	0.45	0.45	
성 과 설 명	0.05	-	-	
측 량 결 과 도 등 측 량 성 과 물 작 성	(0.07)	(0.15)	-	( )는 내업임
측량성과관련서류작성	-	(0.02)	-	
측 량 성 과 검 사 요 청	(0.03)	(0.05)	-	
지 적 측 량 성 과 도 교 부	(0.03)	(0.01)	-	
소 계 외 업	0.51	0.47	0.46	
소 계 내 업	(0.24)	(0.34)	-	
합 계	0.75	0.81	0.46	

[주] ① 본 품은 「공간정보의 구축 및 관리 등에 관한 법률」 제2조 제30호의 규정에 의하여 임야대장 및 임야도에 등록된 토지를 수치로 등록하기 위하여 경위의 측량방법으로 실시하는 측량 품이다.
② 면적계수
  본 품은 1필지당 1,500㎡를 기준으로 하였으며, 기준면적을 적용하고 기준면적을 초과할 때에는 다음의 계수를 곱하여 계상한다.

구 분 \ 가산횟수	0회	1회	2회 이상
계 수	1.0	1.3	1.2+(0.10×n)

※ n은 가산횟수로 (대상면적-기준면적)÷기준면적

③ 지역구분계수
  본 품은 면지역을 기준으로 하였으며, 행정구역이 다를 경우 다음의 계수를 곱하여 품을 계상한다.

내 용 \ 구 분	면	읍	동 시	동 구
계 수	1.00	1.10	1.30	1.40

④ 성과작성품
  본 품에는 다음의 성과작성품이 포함되어 있다.
  ㉮ 등록전환 측량결과도 및 계산부   1부
  ㉯ 좌표면적계산부   1부
  ㉰ 이동지조서   3부
  ㉱ 지적공부정리파일   1식
  ㉲ 측량결과부(측량성과도 등)   1부

⑤ 기타사항
  ㉮ 등록전환할 토지의 축척은 1/500, 1/1000로 구분한다.
  ㉯ 본 품에 사용되는 기계경비 및 재료소모품비는 별도 계상한다.
  ㉰ 작업상 지적측량기준점을 설치할 경우에는 지적측량기준점 설치비를 별도 계상한다.
  ㉱ 도서지역 등의 측량을 위하여 선박 등을 임차할 경우에는 임차료 실비를 별도 계상한다.
  ㉲ 본 품의 외업에 필요한 여비는 공무원여비규정에 의한 국내여행자의 일비를 별도 계상한다.

9-9 분할측량

9-9-1 분할측량(도해)('05, '23, '25년 보완)

작업별 \ 구분	지적 기사	지적 산업 기사	지적 기능사	비 고
자 료 조 사	(0.04)	(0.05)	-	
측 량 계 획 및 준 비	(0.04)	(0.03)	-	
측 량 준 비 도 작 성	(0.02)	(0.03)	-	
현 지 측 량 준 비	0.01	0.02	0.01	
현 지 측 량	0.45	0.45	0.45	
성 과 설 명	0.05	-	-	
측 량 결 과 도 등 측 량 성 과 물 작 성	(0.07)	(0.15)	-	( )는 내업임
측량성과관련서류작성	-	0.02	-	
측 량 성 과 검 사 요 청	(0.03)	(0.04)	-	
지 적 측 량 성 과 도 교 부	(0.02)	(0.02)	-	
소 계 외 업	0.51	0.47	0.46	
내 업	(0.22)	(0.34)	-	
합 계	0.73	0.81	0.46	

[주] ① 본 품은 「공간정보의 구축 및 관리 등에 관한 법률」 제2조 제31호의 규정에 의하여 지적공부에 등록된 도해지역의 1필지를 2필지 이상으로 나누어 등록하기 위한 측량 품이다.
② 면적계수
   본 품은 1필지당 토지는 1,500㎡, 임야는 5,000㎡를 기준으로 하였으며, 기준면적 이하는 기준면적을 적용하고, 기준면적을 초과할 때에는 다음의 계수를 곱하여 계상한다.

구 분 \ 가산횟수	0회	1회	2회 이상
계 수	1.0	1.3	1.2+(0.10×n)

※ n은 가산횟수로 (대상면적-기준면적)÷기준면적
③ 등록계수
   지적공부 등록지(토지, 임야)별로 다음의 계수를 곱하여 계상한다.

내용 \ 구 분	토 지	임 야
계 수	1.00	1.20

④ 지역구분계수
본 품은 면지역을 기준으로 하였으며, 행정구역이 다를 경우 다음의 계수를 곱하여 품을 계상한다.

구 분 내 용	면	읍	동 시	동 구
계 수	1.00	1.10	1.30	1.40

⑤ 성과작성품
본 품에는 다음의 성과작성품이 포함되어 있다.
　㉮ 분할측량결과도　　　　　　　　1부
　㉯ 면적측정부　　　　　　　　　　1부
　㉰ 이동지조서　　　　　　　　　　3부
　㉱ 지적공부정리파일　　　　　　　1식
　㉲ 측량결과부(측량성과도 등)　　　1부

⑥ 기타사항
　㉮ 분할측량할 토지의 축척은 1:600, 1:1,000, 1:1200, 1:2400, 1:3000, 1:6000로 구분한다.
　㉯ 본 품은 분할 후 2필지를 기준으로 하여 1필지단위로 본 산출품에 의한 측량비용을 적용하고, 1필지 추가 될 때마다 본 품에 의한 측량비를 가산한다.
　㉰ 인가·허가 면적 등을 도상에서 맞추어 분할선을 현장에 표시하는 경우에는 본 품에 의한 측량비의 40%를 가산 적용한다.
　㉱ 분할(예정)선을 도상에서 맞추어 현장에 표시하는 지정분할의 경우에는 본 품에 의한 측량비의 30%를 가산 적용한다.
　㉲ 도해지역에서 도시계획시설(도로, 하천, 공원 등)에 편입된 면적을 현장측량을 수반하지 않고 계획도면상으로 면적을 측정하여 성과를 작성하는 시설편입지측량(도해)의 경우 본품의 내업품을 적용한다.
　㉳ 본 품에 사용되는 기계경비 및 재료소모품비는 별도 계상한다.
　㉴ 작업상 지적측량기준점을 설치할 경우에는 지적측량기준점 설치비를 별도 계상한다.
　㉵ 도서지역 등의 측량을 위하여 선박 등을 임차할 경우에는 임차료 실비를 별도 계상한다.
　㉶ 본 품의 외업에 필요한 여비는 공무원여비규정에 의한 국내여행자의 일비를 별도 계상한다.

[계산 예]
① 기준단가
구지역으로서 1필지의 면적이 7,000㎡인 토지를 2필지로 분할측량 할 경우

　㉠기본계수 : 1.00　㉡등록계수 : 0.00　㉢지역구분계수 : 0.40
　㉣면적계수 : 0.60　합계 2.00 = (㉠+㉡+㉢+㉣)

구 분	내 용	수 량(T)	단 가	금 액
지 적 기 사		0.73×2.00=1.46	w_1	$W_1=1.46×w_1$
지 적 산 업 기 사		0.81×2.00=1.62	w_2	$W_2=1.62×w_2$
지 적 기 능 사		0.46×2.00=0.92	w_3	$W_3=0.92×w_3$
계				ΣW

[결정단가] = (ΣW+직접경비+간접측량비)/2
※ 측량비 산출단가에는 직접경비(현장여비·기계경비·재료소모품비) 및 간접측량비(제경비·기술료)를 별도 계상한다.

9-9-2 분할측량(수치)('23, '25년 보완)

작업별 \ 구분	지적 기사	지적 산업 기사	지적 기능사	비 고
자 료 조 사	(0.04)	(0.05)	-	
측 량 계 획 및 준 비	(0.04)	(0.02)	-	
측 량 준 비 도 작 성	(0.01)	(0.04)	-	
현 지 측 량 준 비	0.01	0.02	0.01	
현 지 측 량	0.38	0.38	0.38	
성 과 설 명	0.05	-	-	
측 량 결 과 도 등 측 량 성 과 물 작 성	(0.06)	(0.15)	-	( )는 내업임
측량성과 관련서류작성	-	(0.02)	-	
측 량 성 과 검 사 요 청	(0.03)	(0.05)	-	
지 적 측 량 성 과 도 교 부	(0.03)	(0.01)	-	
소 계 외 업	0.44	0.40	0.39	
내 업	(0.21)	(0.34)	-	
합 계	0.65	0.74	0.39	

[주] ① 본 품은 「공간정보의 구축 및 관리 등에 관한 법률」제2조 제31호의 규정에 의하여 지적공부에 등록된 수치지역의 1필지를 2필지 이상으로 나누어 등록하기 위한 측량 품이다.
② 면적계수
본 품은 1필지당 1,500㎡를 기준으로 하였으며, 기준면적 이하는 기준면적을 적용하고, 기준면적을 초과할 때에는 다음의 계수를 곱하여 계상한다.

구 분 \ 가산횟수	0회	1회	2회 이상
계 수	1.0	1.3	1.2+(0.10×n)

※ n은 가산횟수로 (대상면적-기준면적)÷기준면적
③ 지역구분계수
본 품은 면지역을 기준으로 하였으며, 행정구역이 다를 경우 다음의 계수를 곱하여 품을 계상한다.

내용 \ 구 분	면	읍	동 시	동 구
계 수	1.00	1.10	1.30	1.40

④ 성과작성품
본 품에는 다음의 성과작성품이 포함되어 있다.
㉠ 분할측량결과도 및 계산부　　1부
㉡ 좌표면적계산부　　　　　　　1부
㉢ 이동지조서　　　　　　　　　3부
㉣ 지적공부정리파일　　　　　　1식
㉤ 측량결과부(측량성과도 등)　　1부

⑤ 기타사항
　㉮ 분할 측량할 토지의 축척은 1:500, 1:1,000로 구분한다.
　㉯ 본 품은 분할 후 2필지를 기준으로 하여 1필지단위로 본 산출품에 의한 측량비용을 적용하고, 1필지 추가 될 때마다 본 품에 의한 측량비를 가산한다.
　㉰ 인가·허가 면적 등을 도상에서 맞추어 분할선을 현장에 표시하는 경우에는 본 품에 의한 측량비의 40%를 가산 적용한다.
　㉱ 분할(예정)선을 도상에서 맞추어 현장에 표시하는 지정분할의 경우에는 본 품에 의한 측량비의 30%를 가산 적용한다.
　㉲ 수치지역에서 도시계획시설(도로, 하천, 공원 등)에 편입된 면적을 현장측량을 수반하지 않고 계획도면상으로 면적을 측정하여 성과를 작성하는 시설편입지면적측정(수치)의 경우 본 품의 내업품을 적용한다.
　㉳ 본 품에 사용되는 기계경비 및 재료소모품비는 별도 계상한다.
　㉴ 작업상 지적측량기준점을 설치할 경우에는 지적측량기준점 설치비를 별도 계상한다.
　㉵ 도서지역 등의 측량을 위하여 선박 등을 임차할 경우에는 임차료 실비를 별도 계상한다.
　㉶ 본 품의 외업에 필요한 여비는 공무원여비규정에 의한 국내여행자의 일비를 별도 계상한다.

[계산예]
① 기준단가
　수치지역인 구지역의 1필지의 면적이 7,000㎡인 토지를 2필지로 분할측량 할 경우

　㉠기본계수 : 1.00　㉡등록계수 : 0.00　㉢지역구분계수 : 0.40
　㉣면적계수 : 0.60　합계 1.90 = (㉠+㉡+㉢+㉣)

구 분	내 용	수 량(T)	단 가	금 액
지 적 기 사		0.65×2.00=1.30	W_1	$W_1=1.30 \times w_1$
지 적 산 업 기 사		0.74×2.00=1.48	W_2	$W_2=1.48 \times w_2$
지 적 기 능 사		0.39×2.00=0.78	W_3	$W_3=0.78 \times w_3$
계				ΣW

[결정단가] = (ΣW+직접경비+간접측량비)/2
※ 측량비 산출단가는 직접경비(현장여비·기계경비·재료소모품비) 및 간접측량비(제경비·기술료)를 별도 계상한다.

9-10 축척변경 측량

9-10-1 축척변경 측량(도해지역에서 도해지역으로)('25년 보완)

작업별 \ 구분	지적 기사	지적 산업 기사	지적 기능사	비고
자 료 조 사	(0.04)	(0.05)	-	
측 량 계 획 및 준 비	(0.04)	(0.03)	-	
측 량 준 비 도 작 성	(0.02)	(0.03)	-	
현 지 측 량 준 비	0.01	0.02	0.01	
현 지 측 량	0.40	0.40	0.40	
성 과 설 명	0.06	-	-	
측 량 결 과 도 등 측 량 성 과 물 작 성	(0.07)	(0.15)	-	( )는 내업임
성 과 관 련 서 류 작 성	-	(0.02)	-	
측 량 성 과 검 사 요 청	(0.03)	(0.04)	-	
지 적 측 량 성 과 도 교 부	(0.02)	(0.02)	-	
소 계 · 외 업	0.47	0.42	0.41	
소 계 · 내 업	(0.22)	(0.34)	-	
합 계	0.69	0.76	0.41	

[주] ① 본 품은 「공간정보의 구축 및 관리 등에 관한 법률」 제2조 제34호 규정에 의하여 지적도에 등록된 경계점의 정밀도를 높이기 위하여 작은 축척을 큰축척으로 변경하여 등록하기 위해서 도해측량방법으로 실시하는 측량 품이다.
② 면적계수
본 품은 1필지당 토지는 1,500㎡, 임야는 5,000㎡를 기준으로 하였으며, 기준 면적 이하는 기준 면적을 적용하고, 기준면적을 초과할 때에는 다음의 계수를 곱 하여 계상한다.

구 분	가산횟수 0회	1회	2회 이상
계 수	1.0	1.3	1.2+(0.10×n)

※ n은 가산횟수로 (대상면적-기준면적)÷기준면적
③ 등록계수
지적공부 등록지(토지, 임야)별로 다음의 계수를 곱하여 계상한다.

내용 \ 구 분	토 지	임 야
계 수	1.00	1.20

④ 지역구분계수
  본 품은 면지역을 기준으로 하였으며, 행정구역이 다를 경우 다음의 계수를 곱하여 품을 계상한다.

구분 내용	면	읍	동	
			시	구
계 수	1.00	1.10	1.30	1.40

⑤ 성과작성품
  본 품에는 다음의 성과작성품이 포함되어 있다.
  ㉮ 축척변경 측량결과도   1부
  ㉯ 측량결과부(측량성과도 등)   1부

⑥ 기타사항
  ㉮ 본 품은 도해측량방법에 의하여 도해지역에서 도해지역으로 축척변경 할 경우에 수반되는 측량 품이다.
  ㉯ 축척변경 할 토지의 축척은 1/500, 1/600, 1/1000, 1/1200, 1/2400로 구분한다.
  ㉰ 본 품에 사용되는 기계경비 및 재료소모품비는 별도 계상한다.
  ㉱ 본 품의 외업에 필요한 여비는 공무원여비규정에 의한 국내여행자의 일비를 별도 계상한다.
  ㉲ 작업상 지적측량기준점을 설치할 경우에는 지적측량기준점 설치비를 별도 계상한다.
  ㉳ 도서지역 등의 측량을 위하여 선박 등을 임차할 경우에는 임차료 실비를 별도 계상한다.

9-10-2 축척변경 측량(도해지역에서 수치지역으로)('25년 보완)

작업별 \ 구분	지적 기사	지적 산업 기사	지적 기능사	비고
자 료 조 사	(0.04)	(0.05)	-	
측 량 계 획 및 준 비	(0.04)	(0.02)	-	
측 량 준 비 도 작 성	(0.01)	(0.04)	-	
현 지 측 량 준 비	0.01	0.02	0.01	
현 지 측 량	0.44	0.44	0.44	
성 과 설 명	0.06	-	-	
측 량 결 과 도 등 측 량 성 과 물 작 성	(0.06)	(0.15)	-	( )는 내업임
성 과 관 련 서 류 작 성	-	(0.02)	-	
측 량 성 과 검 사 요 청	(0.03)	(0.05)	-	
지 적 측 량 성 과 도 교 부	(0.03)	(0.01)	-	
소 계 외 업	0.51	0.46	0.45	
내 업	(0.21)	(0.34)	-	
합 계	0.72	0.80	0.45	

[주] ① 본 품은 「공간정보의 구축 및 관리 등에 관한 법률」 제2조 제34호 규정에 의하여 지적도에 등록된 경계점의 정밀도를 높이기 위하여 작은 축척을 큰축척으로 변경하여 수치로 등록하기 위해서 경위의 측량방법으로 실시하는 측량 품이다.

② 면적계수
본 품은 1필지당 1,500㎡를 기준으로 하였으며, 기준면적 이하는 기준면적을 적용하고, 기준면적을 초과할 때에는 다음의 계수를 곱하여 계상한다.

구 분 \ 가산횟수	0회	1회	2회 이상
계 수	1.0	1.3	1.2+(0.10×n)

※ n은 가산횟수로 (대상면적-기준면적)÷기준면적

③ 지역구분계수
본 품은 면지역을 기준으로 하였으며, 행정구역이 다를 경우 다음의 계수를 곱하여 품을 계상한다.

내 용 \ 구 분	면	읍	동	
			시	구
계 수	1.00	1.10	1.30	1.40

④ 성과작성품
본 품에는 다음의 성과작성품이 포함되어 있다.
㉮ 축척변경 측량결과도 및 계산부   1부
㉯ 측량결과부(측량성과도 등)   1부
㉰ 좌표면적계산부   1부

⑤ 기타사항
㉮ 본 품은 경위의측량방법에 의하여 도해지역에서 수치지역으로 축척변경 할 경우에 수반되는 측량 품이다.
㉯ 축척변경 할 토지의 축척은 1/500, 1/1000로 구분한다.
㉰ 본 품에 사용되는 기계경비 및 재료소모품비는 별도 계상한다.
㉱ 작업상 지적측량기준점을 설치할 경우에는 지적측량기준점 설치비를 별도 계상한다.
㉲ 도서지역 등의 측량을 위하여 선박 등을 임차할 경우에는 임차료 실비를 별도 계상한다.
㉳ 본 품의 외업에 필요한 여비는 공무원여비규정에 의한 국내여행자의 일비를 별도 계상한다.

9-11 지적확정측량

9-11-1 토지구획정리 지적확정측량('11, '25년 보완)

작업별	구분		지적 기사	지적 산업 기사	지적 기능사	비 고
계 획 준 비			(3.43)	(3.43)	-	
자 료 조 사			-	(4.04)	-	
현 장 조 사			3.41	6.82	-	
지적전산파일변환			-	(3.59)	-	
지 구 계 준 비 도	작 성		-	(6.20)	-	
	확 인		(0.92)	-	-	
지 구 계	측 량		7.04	14.08	7.04	
	결 과 도 작 성		(6.59)	(6.59)	-	
가 구 점	측 량		9.36	18.72	9.36	
	계 산		(10.88)	(10.88)	-	
필 계 점	측 량		15.14	30.28	15.14	
	계 산		(10.91)	(10.91)	-	( )는 내업임
중 심 점 계 산			(8.41)	(8.41)	-	
말 박 기 측 량	측 량		6.50	13.00	6.50	
	계 산		(9.45)	(9.45)	-	
좌 표 면 적 계 산			(8.44)	(8.44)	-	
결 과 도 작 성			-	(6.20)	-	
성 과 작 성			-	(16.42)	-	
조 서 작 성			-	(11.78)	-	
납 품 도 서 류 작 성			-	(20.08)	-	
점 검			(5.02)	-	-	
성 과 설 명 및 인 계			(2.58)	-	-	
소 계	외 업		41.45	82.90	38.04	
	내 업		(66.63)	(126.42)	-	
합 계			108.08	209.32	38.04	

[주] ① 토지구획정리 지적확정측량이라 함은 「공간정보의 구축 및 관리 등에 관한 법률」 제86조 규정에 의한 도시개발사업 및 같은 법 시행령 제83조의 규정에 의한 토지개발사업에 따른 경계점좌표등록부에 토지의 표시를 새로 등록하기 위하여 실시하는 세부측량을 말한다.

② 면적체감계수
본 품의 기준면적은 1지구 100,000㎡를 기준한 것으로 측량지구면적이 100,000㎡를 초과하는 경우에는 다음의 체감계수를 곱하여 각각 합산한 품으로 하며, 작업과정이 동일한 방법으로 연속되지 않을 경우에는 체감계수를 적용하지 않는다.

구분 내용	10만㎡ 이하	10만㎡ 초과 ~50만㎡	50만㎡ 초과 ~100만㎡	100만㎡ 초과 ~200만㎡	200만㎡ 초과 ~300만㎡	300만㎡ 초과
계 수	1.0	0.9	0.8	0.7	0.6	0.5

③ 성과작성품
본 품에는 다음의 성과작성품이 포함되어 있다.
  ㉮ 지구계점, 가구계점, 필지경계점 측량부   각 1부
  ㉯ 지구계점, 가구계점, 필지경계점 좌표계산부   각 1부
  ㉰ 지구계점, 가구계점, 필지경계점 좌표면적계산부   각 1부
  ㉱ 지구계점, 가구계점, 필지경계점 거리계산부   각 1부
  ㉲ 지구계점 망도   1부
  ㉳ 확정도 사본   1부
  ㉴ 확정 종합도   1부
  ㉵ 지구내 종전도   1부
  ㉶ 신구대조도   1부
  ㉷ 지구계 분할도사   1부
  ㉸ 행정구역 변경도   1부
  ㉹ 국유지 무상양여도   1부
  ㉺ 국유지 증여도   1부
  ㉻ 확정도   1부
    ㉠ 확정지적조서   3부
    ㉡ 행정구역변경조서   1부
    ㉢ 국유지 무상양여조서   1부
    ㉣ 국유지 증여지조서   1부
    ㉤ 지적도 작성   1부

④ 기타사항
  ㉮ 축척은 1/500로 한다. 다만, 측량지역의 규모가 작고 협장하거나 대상지역이 산재하여 1/500의 축척으로 지적도를 비치하는 것이 부적당하다고 인정될 때에는 사전 시·도와 협의하여 인접지의 도면 축척으로 시행할 수 있다.
  ㉯ 본 품에 의한 면적계산은 좌표를 면적프로그램에 의하여 컴퓨터로 계산한 품으로 한다.
  ㉰ 본 품에 의한 좌표점 전개는 프로그램에 의하여 전개하였다.
  ㉱ 본 품에 의한 거리측정 등의 측량기계는 토탈스테이션, 광파측거기, 각 관측 장비로 한다.
  ㉲ 본 품에 의한 지적도 작성은 자동제도기에 의한 것이다.
  ㉳ 본 품에는 지구계 분할측량품은 포함되어 있지 않다.
  ㉴ 측량지구면적이 10,000㎡이하인 경우에는 10,000㎡의 품으로 한다.
  ㉵ 말박기측량을 수반하지 않을 경우 말박기측량 품을 제외한다.
  ㉶ 본 품에 사용되는 기계경비 및 재료소모품비는 별도 계상한다.
  ㉷ 도서지역 등의 측량을 위하여 선박 등을 임차할 경우에는 임차료 실비를 별도 계상한다.
  ㉸ 본 품의 외업에 필요한 여비는 공무원여비규정에 의한 국내여행자의 일비를 별도 계상한다.

㉵ 본 품에 지적기준점측량이 포함되어 있지 않으므로 지적기준점측량을 실시할 경우에는 지적기준점측량비를 별도 계상한다.

[계산 예]
지구의 면적이 500,000㎡인 토지구획정리를 확정측량 할 경우(지적삼각 3점, 지적도근점 200점)

㉠기본계수(10만㎡까지) : 1.0 ㉡기본계수(10만㎡ 초과 50만㎡까지) : 0.9

㉮ 기본단가(10만㎡까지)

구 분	수 량	단 가	금 액
지 적 기 사	108.08×1.0=108.08	W_1	W_1=108.08×w_1
지 적 산 업 기 사	209.32×1.0=209.32	W_2	W_2=209.32×w_2
지 적 기 능 사	38.04×1.0= 38.04	W_3	W_3= 38.04×w_3
계			ΣW

[결정단가] = (ΣW + 직접경비 + 간접측량비)/100,000㎡
[합계ΣW_1] = (단가×100,000)

㉯ 체감계수 적용단가(20만㎡초과 50만㎡까지)

구 분	수 량	단 가	금 액
지 적 기 사	108.08×0.9= 97.27	W_1	W_1= 97.27×w_1
지 적 산 업 기 사	209.32×0.9=188.39	W_2	W_2=188.39×w_2
지 적 기 능 사	38.04×0.9= 34.24	W_3	W_3= 34.24×w_3
계			ΣW

[결정단가] = (ΣW + 직접경비 + 간접측량비)/100,000㎡
[합계ΣW_2] = (단가 × 400,000)
㉰ 지적삼각 측량비 : ΣW_3
㉱ 지적도근 측량비 : ΣW_4
[총 계] = $\Sigma W_1 + \Sigma W_2 + \Sigma W_3 + \Sigma W_4$

[주] ① 측량비 산출단가는 직접경비(현장여비·기계경비·재료소모품비) 및 간접측량비(제경비·기술료)를 별도 계상한다.
② 기준면적이 100,000㎡까지는 1㎡당 기본단가를, 100,000㎡를 초과하는 면적에 대해서는 체감계수가 적용된 단가로 측량비를 산출하여 전체 합산한다.

9-11-2 경지구획정리 지적확정측량('25년 보완)

작업별 \ 구분	지적 기사	지적 산업 기사	지적 기능사	비 고
계 획 준 비	(2.63)	(2.63)	-	
자 료 조 사	-	(6.82)	-	
현 장 조 사	2.76	2.76	-	
지적전산파일변환	-	(12.02)	-	
지구계준비도 - 작성	(7.84)	(15.68)	(7.84)	
지구계준비도 - 확인	(1.05)	-	-	
지구계 - 측량	10.29	20.58	10.29	
지구계 - 결과도작성	(15.50)	(31.00)	(15.50)	
필계점 - 측량	15.38	30.76	15.38	
필계점 - 계산	(16.73)	(16.73)	-	( )는 내업임
좌표면적계산	(15.77)	(15.77)	-	
결 과 도 작 성	(3.03)	(6.06)	(3.03)	
성 과 도 작 성	(9.70)	(19.40)	(9.70)	
조 서 작 성	-	(11.78)	(5.89)	
납 품 도 서 류 작 성	(8.46)	(16.92)	(8.46)	
점 검	(5.66)	-	-	
성 과 설 명 및 인 계	(1.40)	-	-	
소 계 - 외 업	28.43	54.10	25.67	
소 계 - 내 업	(87.77)	(154.81)	(50.42)	
합 계	116.20	208.91	76.09	

[주] ① 경지구획정리 지적확정측량이라 함은 「공간정보의 구축 및 관리 등에 관한 법률」제86조 규정의 농어촌정비사업 중 "경지정리"사업에 수반되는 세부측량을 말한다.
② 면적체감계수
측량지구의 면적이 1,000,000㎡를 초과할 경우에는 다음의 체감계수를 곱하여 각각 합산한 품으로 한다. 단, 작업과정이 동일한 방법으로 연속되지 않을 경우에는 체감계수를 적용하지 않는다.

면적별 구분	100만㎡ 이하	100만㎡ 초과 ~300만㎡	300만㎡ 초과 ~500만㎡	500만㎡ 초과 ~800만㎡	800만㎡ 초과 ~1,000만㎡	1,000만㎡ 초과
계 수	1.0	0.9	0.8	0.7	0.6	0.5

③ 성과작성품
본 품에는 다음의 성과작성품이 포함되어 있다.
㉮ 면적측정부   1부
㉯ 신구대조도   1부
㉰ 행정구역변경도   1부
㉱ 국유지 무상 양여 양수도   1부
㉲ 확정측량 종합도   1부
㉳ 종전도   1부
㉴ 일람도   1부
㉵ 확정지적조서   1부

④ 기타사항
㉮ 경지구획정리의 축척은 1:1,000로 하되 필요한 경우에는 미리 시·도지사의 승인을 얻어 6천분의 1까지 작성할 수 있다.
㉯ 본 품에 의한 면적계산은 좌표를 면적프로그램에 의하여 컴퓨터로 계산한 품으로 한다.
㉰ 본 품에 의한 좌표점 전개는 프로그램을 활용하였다.
㉱ 본 품에 의한 거리측정 기계는 토탈스테이션, 광파측거기, 각 관측 장비로 한다.
㉲ 본 품에는 지구계 분할측량품은 포함되어 있지 않다.
㉳ 본 품에 지적기준점측량이 포함되어 있지 않으므로 지적기준점측량을 실시할 경우에는 지적기준점측량비를 별도 계상한다.
㉴ 본 품의 기준면적은 1지구 1,000,000㎡를 기준으로 한 것이며, 측량지구면적이 30,000㎡이하인 경우에는 30,000㎡의 품으로 한다.
㉵ 중심점·가구점, 필계점, 말뚝기 측량을 필요로 할 경우에는 본 품이 30%이 값을 적용한 품으로 한다.
㉶ 본 품에 사용되는 기계경비 및 재료소모품비는 별도 계상한다.
㉷ 도서지역 등의 측량을 위하여 선박 등을 임차할 경우에는 임차료 실비를 별도 계상한다.
㉸ 본 품의 외업에 필요한 여비는 공무원여비규정에 의한 국내여행자의 일비를 별도 계상한다.

[계산 예]
지구의 면적이 1,700,000㎡인 경지구획정리를 확정측량 할 경우

㉠기본계수(100만㎡까지) : 1.0 ㉡기본계수(100만㎡ 초과 300㎡만까지) : 0.9

㉮ 기본단가(100만㎡까지)

구 분	수 량	단가	금 액
지 적 기 사	116.20×1.0=116.20	w_1	W_1=116.20×w_1
지 적 산 업 기 사	208.91×1.0=208.91	w_2	W_2=208.91×w_2
지 적 기 능 사	76.09×1.0=76.09	w_3	W_3= 76.09×w_3
계			ΣW

[결정단가] = (ΣW + 직접경비 + 간접측량비)/1,000,000㎡
[합계ΣW_1] = (단가 × 1,000,000)

㉴ 체감계수 적용단가 (100만㎡ 초과 300만㎡까지)

구 분	수 량	단가	금 액
지 적 기 사	116.20×0.9=104.58	w_1	$W_1=104.58×w_1$
지 적 산 업 기 사	208.91×0.9=188.02	w_2	$W_2=188.02×w_2$
지 적 기 능 사	76.09×0.9= 68.48	w_3	$W_3= 68.48×w_3$
계			ΣW

[결정단가] = (ΣW + 직접경비 + 간접측량비)/1,000,000㎡
[합계ΣW_2] = (단가 × 700,000)
㉰ 지적삼각 측량비 : ΣW_3
㉱ 지적도근 측량비 : ΣW_4
[총 계] = $\Sigma W_1+\Sigma W_2+\Sigma W_3+\Sigma W_4$

9-12 예정지적좌표도 작성업무

9-12-1 예정지적좌표도 작성업무('11, '25년 보완)

작업별 \ 구분	지적 기사	지적 산업 기사	지적 기능사	비고
계 획 준 비	(0.08)	(0.08)	-	
준 비 도 작 성	-	(0.10)	-	
면 적 측 정 및 계 산	-	(0.03)	-	
결 과 도 작 성	-	(0.13)	-	( )는 내업임
결 과 부 및 조 서 작 성	-	(0.09)	-	
성 과 점 검 및 인 계	-	(0.08)	-	
계	(0.08)	(0.51)		

[주] ① 본 품은 「공간정보의 구축 및 관리 등에 관한 법률」제86조 규정에 의한 도시개발사업 또는 그 밖에 대통령이 정하는 토지개발사업 등을 위하여 실시하는 토지개발사업지구의 지구계점에 대한 예정지적좌표도 작성업무의 품이며, 예정 지적좌표도 1점을 기준으로 한다.
② 성과작성품
본 품에는 다음의 성과작성품이 포함되어 있다.
㉮ 지구계점 예정지적좌표계산부　　　　　　1부
㉯ 좌표면적 및 경계점간 거리계산부　　　　1부
㉰ 지구계 예정도(1/500 또는 1/1000)　　　1부
㉱ 지구계 예정종합도　　　　　　　　　　　1부
※ 본 품에 없는 성과작성 요구시 별도의 품을 가산한다.

③ 기타사항
㉮ 축척은 1/500 또는 1/1000으로 한다.
㉯ 본 품에 의한 면적계산은 좌표를 면적프로그램에 의하여 컴퓨터로 계산한 품으로 한다.
㉰ 본 품에 의한 좌표점 전개는 프로그램에 의하여 전개하였다.
㉱ 본 품에 의한 결과도 작성은 프로그램에 의한 것이다.
㉲ 본 품에는 택지개발예정지적좌표도 지구계점 측량업무 이외의 품은 포함되어 있지 않다.
㉳ 본 품의 외업에 필요한 여비는 공무원여비규정에 의한 국내여행자의 일비를 별도 계상한다.

9-13 지적재조사측량

9-13-1 지적재조사측량('25년 보완)

작업 구분		일수	인 원 수								비고
			1일당				합계				
			지적기사	지적산업기사	지적기능사	인부	지적기사	지적산업기사	지적기능사	인부	
자 료 조 사		(0.06)	1	-	-	-	(0.06)	-	-	-	
계획 준비	현 장 답 사	0.02	1	1	1	-	0.02	0.02	0.02	-	
	사 전 계 획	(0.01)	1	1	-	-	(0.01)	(0.01)	-	-	
사업지구내외측량		0.05	1	1	1	-	0.05	0.05	0.05	-	
일 필 지 측 량		0.16	1	1	1	-	0.16	0.16	0.16	-	
면적측정 및 계산		(0.02)	1	1	-	-	(0.02)	(0.02)	-	-	
토 지 현 황 조 사 서 작 성		(0.02)	-	1	1	-	-	(0.02)	(0.02)	-	
경 계 조 정 협 의		0.34	1	1	1	-	0.34	0.34	0.34	-	
확정경계점표지 설 치		0.05	1	1	1	-	0.05	0.05	0.05	-	
경 계 확 정 측 량		0.04	1	1	1	-	0.04	0.04	0.04	-	
지적확정(예정) 조 서 작 성		(0.03)	-	1	1	-	-	(0.03)	(0.03)	-	
지 상 경 계 점 등 록 부 작 성		(0.04)	1	1	-	-	(0.04)	(0.04)	-	-	
이 의 신 청 처 리 및 성 과 물 작 성		(0.05)	1	1	1	-	(0.05)	(0.05)	(0.05)	-	
소계	외 업	0.66	-	-	-	-	0.66	0.66	0.66	-	
	내 업	(0.23)	-	-	-	-	(0.18)	(0.17)	(0.10)	-	
합 계		0.89	-	-	-	-	0.84	0.83	0.76	-	

[주] ① 본 품은 「지적재조사에 관한 특별법」에 따라 종이에 구현된 지적을 디지털 지적으로 전환함으로써 국토의 효율적 관리를 위한 지적재조사 사업을 실시하 는 경우의 품이다. 다만, 지적재조사 측량·조사의 업무공정비율은 「지적재조사 책임수행기관 운영규정」 제17조에 따른다.
② 지역구분계수
본 품은 군지역을 기준으로 하였으며, 행정구역이 다를 경우 다음의 계수를 곱하여 품을 계상한다.

구 분	군 지 역	시 지 역	구 지 역
계 수	1.00	1.26	1.36

③ 성과작성품
본 품에는 다음의 성과작성품이 포함되어 있다.
 ㉮ 좌표면적 및 경계점간 거리계산부   2부
 ㉯ 일필지경계점간 거리측정부   2부
 ㉰ 재조사측량 계획도   2부
 ㉱ 위성(일필지경계점) 측량부   2부
 ㉲ 네트워크 RTK 위성측량 관측기록부   2부
 ㉳ 경계점(보조점) 관측 및 좌표 계산부   2부
 ㉴ 면적 집계표 및 대비표   2부
 ㉵ 지적확정조서   2부
 ㉶ 종전 지번별 조서   1부
 ㉷ 경계점표지 등록부   1부
 ㉸ 일필지 조사서   1부
④ 기타사항
 ㉮ 본 품에 사용된 거리측정 기계는 Network-RTK, 토털스테이션, 각 관측 장비이다.
 ㉯ 본 품은 지구당 400필지~450필지를 기준으로 조사한 것이며, 필지 수가 증·감되어도 본 품을 적용한다.
 ㉰ 본 품의 외업에 필요한 여비는 공무원여비규정에 의한 국내 여행자의 일부를 별도 계상한다.
 ㉱ 본 품의 적용계수는 지상측량에 의할 경우로 국한한다.
  다만, 드론지적측량규정에 의한 드론측량은 별도의 품에 의한다.
 ㉲ 도서지역 등의 측량을 위하여 선박 등을 임차할 경우에는 임차료 실비를 별도 계상한다.
 ㉳ 본 품에 사용되는 기계경비 및 재료소모품비는 별도 계상한다.
 ㉴ 작업상 드론지적측량 실시할 경우 영상 후처리 사용되는 소프트웨어 비용은 별도 계상한다.
 ㉵ 작업상 필요한 지적기준점을 설치하는 경우에는 지적기준점측량에 따른 비용을 별도 계상한다.
 ㉶ 지적기준점 매설작업에 따르는 자재대, 운반비, 인부임은 별도 계상한다.
 ㉷ 토지소유자 등이 경계점표지를 표석으로 설치를 요청하는 경우 자재대, 운반비, 인부임은 소유자 부담으로 별도 계상한다.

9-14 경계복원 측량

9-14-1 경계복원 측량(도해)('23, '25년 보완)

작업별 \ 구분	지적 기사	지적 산업 기사	지적 기능사	비 고
자 료 조 사	(0.04)	(0.04)	-	
측 량 계 획 및 준 비	(0.04)	(0.03)	-	
측 량 준 비 도 작 성	(0.01)	(0.02)	-	
현 지 측 량 준 비	0.01	0.02	0.01	
현 지 측 량	0.46	0.46	0.46	
성 과 설 명	0.06	-	-	
측 량 결 과 도 등 측 량 성 과 물 작 성	(0.06)	(0.14)	-	( )는 내업임
측량성과관련서류작성	-	(0.02)	-	
측 량 성 과 검 사 요 청	(0.03)	(0.03)	-	
지 적 측 량 성 과 도 교 부	(0.02)	(0.01)	-	
소 계 외 업	0.53	0.48	0.47	
소 계 내 업	(0.2)	(0.29)	-	
합 계	0.73	0.77	0.47	

[주] ① 본 품은 도해지역의 필지를 「공간정보의 구축 및 관리 등에 관한 법률」 제2조 제4호의 규정에 의하여 같은 법률 제2조 제25호에서 말하는 "경계점"을 지상에 복원하는 측량 품이다.
② 면적계수
본 품은 1필지당 토지는 300㎡, 임야는 3,000㎡를 기준으로 하였으며, 기준면적 이하는 기준면적을 적용하고, 기준면적을 초과할 때에는 다음의 계수를 곱하여 계상한다.

구 분 \ 가산횟수	0회	1회	2회 이상
계 수	1.0	1.3	1.2+(0.10×n)

※ n은 가산횟수로 (대상면적-기준면적)÷기준면적
③ 등록계수
지적공부 등록지(토지, 임야) 별로 다음의 계수를 곱하여 계상한다.

내용 \ 구 분	토 지	임 야
계 수	1.00	1.20

④ 지역구분계수
본 품은 면지역을 기준으로 하였으며, 행정구역이 다를 경우 다음의 계수를 곱하여 품을 계상한다.

내용 \ 구분	면	읍	동 시	동 구
계 수	1.00	1.10	1.30	1.40

⑤ 성과작성품
본 품에는 다음의 성과작성품이 포함되어 있다.
  ㉮ 경계복원 측량결과도   1부
  ㉯ 측량결과부(측량성과도 등)   1부
⑥ 기타사항
  ㉮ 경계복원 측량할 토지의 축척은 1/600, 1/1000, 1/1200, 1/2400, 1/3000, 1/6000로 구분한다.
  ㉯ 본 품에 사용되는 기계경비 및 재료소모품비는 별도 계상한다.
  ㉰ 작업상 지적측량기준점을 설치할 경우에는 지적측량기준점 설치비를 별도 계상한다.
  ㉱ 도서지역 등의 측량을 위하여 선박 등을 임차할 경우에는 임차료 실비를 별도 계상한다.
  ㉲ 본 품의 외업에 필요한 여비는 공무원여비규정에 의한 국내여행자의 일비를 별도 계상한다.
  ㉳ 본 품의 측량결과에 대한 설명을 부가한 감정도 및 감정서 발급을 요청할 경우에는 추가 품을 가산 적용할 수 있다.

[계산 예]
① 기준단가
구지역으로서 1필지의 면적이 1,500㎡인 토지를 경계복원 할 경우

㉠기본계수 : 1.0 ㉡등록계수 : 0.00 ㉢지역구분계수 : 0.40 ㉣면적계수 : 0.60
합계 : 2.00 = (㉠+㉡+㉢+㉣)

구분 \ 내용	수량(T)	단가	금액
지 적 기 사	0.73×2.00=1.46	w_1	$W_1=1.46×w_1$
지 적 산 업 기 사	0.77×2.00=1.54	w_2	$W_2=1.54×w_2$
지 적 기 능 사	0.47×2.00=0.94	w_3	$W_3=0.94×w_3$
계			ΣW

[결정단가] = ΣW + 직접경비 + 간접측량비
※ 측량비 산출단가는 직접경비(현장여비·기계경비·재료소모품비) 및 간접측량비(제경비·기술료)를 별도 계상한다.

9-14-2 경계복원 측량(수치)('23, '25년 보완)

구분 작업별	지적 기사	지적 산업 기사	지적 기능사	비고
자 료 조 사	(0.04)	(0.04)	-	
측 량 계 획 및 준 비	(0.04)	(0.02)	-	
측 량 준 비 도 작 성	(0.01)	(0.02)	-	
현 지 측 량 준 비	0.01	0.02	0.01	
현 지 측 량	0.33	0.33	0.33	
성 과 설 명	0.04	-	-	
측 량 결 과 도 등 측 량 성 과 물 작 성	(0.06)	(0.12)	-	( )는 내업임
측량성과관련서류작성	-	(0.02)	-	
측 량 성 과 검 사 요 청	(0.03)	(0.04)	-	
지 적 측 량 성 과 도 교 부	(0.02)	(0.01)	-	
소 계 　외 업	0.38	0.35	0.34	
내 업	(0.20)	(0.27)	-	
합　　　　계	0.58	0.62	0.34	

[주] ① 본 품은 수치지역의 토지를 「공간정보의 구축 및 관리 등에 관한 법률」 제2조 제4호의 규정에 의하여 같은 법률 제2조 제25호에서 말하는 "경계점"을 지상에 복원하는 측량 품이다.
② 면적계수
본 품은 1필지당 300㎡를 기준으로 하였으며, 기준면적 이하는 기준면적을 적용하고, 기준면적을 초과할 때에는 다음의 계수를 곱하여 계상한다.

구분 가산횟수	0회	1회	2회 이상
계 수	1.0	1.3	1.2+(0.10×n)

※ n은 가산횟수로 (대상면적-기준면적)÷기준면적
③ 지역구분계수
본 품은 면지역을 기준으로 하였으며, 행정구역이 다를 경우 다음의 계수를 곱하여 품을 계상한다.

내용 　　구분	면	읍	동	
			시	구
계 수	1.00	1.10	1.30	1.40

④ 성과작성품
본 품에는 다음의 성과작성품이 포함되어 있다.
㉮ 경계복원 측량결과도 및 계산부   1부
㉯ 측량결과부(측량성과도 등)   1부
⑤ 기타사항
㉮ 경계복원 측량할 토지의 축척은 1/500, 1/1000로 구분한다.
㉯ 본 품에 사용되는 기계경비 및 재료소모품비는 별도 계상한다.
㉰ 작업상 지적측량기준점을 설치할 경우에는 지적측량기준점 설치비를 별도 계상한다.
㉱ 도서지역 등의 측량을 위하여 선박 등을 임차할 경우에는 임차료 실비를 별도 계상한다.
㉲ 본 품의 외업에 필요한 여비는 공무원여비규정에 의한 국내여행자의 일비를 별도 계상한다.
㉳ 본 품의 측량결과에 대한 설명을 부가한 감정도 및 감정서 발급을 요청할 경우에는 추가 품을 가산 적용할 수 있다.

[계산 예]
① 기준단가
수치지역인 구지역의 1필지 면적이 1,500㎡인 토지를 경계복원 할 경우

㉠기본계수 : 1.0 ㉡등록계수 : 0.00 ㉢지역구분계수 : 0.40 ㉣면적계수 : 0.60
합계 : 2.00 = (㉠+㉡+㉢+㉣)

구 분	내 용	수 량	단 가	금 액
지 적 기 사		0.58×2.00=1.16	w_1	$W_1=1.16×w_1$
지 적 산 업 기 사		0.62×2.00=1.24	w_2	$W_2=1.24×w_2$
지 적 기 능 사		0.34×2.00=0.68	w_3	$W_3=0.68×w_3$
계				ΣW

[결정단가] = ΣW + 직접경비 + 간접측량비
※ 측량비 산출단가는 직접경비(현장여비·기계경비·재료소모품비) 및 간접측량비(제경비·기술료)를 별도 계상한다.

9-15 지적현황 측량

9-15-1 지적현황 측량(도해)('23, '25년 보완)

작업별 \ 구분	지적 기사	지적 산업 기사	지적 기능사	비 고
자 료 조 사	(0.04)	(0.04)	-	
측 량 계 획 및 준 비	(0.04)	(0.03)	-	
측 량 준 비 도 작 성	(0.01)	(0.02)	-	
현 지 측 량 준 비	0.01	0.02	0.01	
현 지 측 량	0.41	0.41	0.41	
성 과 설 명	0.06	-	-	
측 량 결 과 도 등 측 량 성 과 물 작 성	(0.06)	(0.14)	-	( )는 내업임
측량성과관련서류작성	-	(0.02)	-	
측 량 성 과 검 사 요 청	(0.03)	(0.03)	-	
지 적 측 량 성 과 도 교 부	(0.02)	(0.01)	-	
소 계 외업	0.48	0.43	0.42	
소 계 내업	(0.20)	(0.29)	-	
합 계	0.68	0.72	0.42	

[주] ① 본 품은 도해지역에서 「공간정보의 구축 및 관리 등에 관한 법률」 제18조의 규정에 의한 지상구조물 또는 지형지물이 점유하는 위치현황을 지적도 및 임야도에 등록된 경계와 대비하여 표시하는 데에 필요한 측량 품이다.

② 면적계수
본 품은 1필지당 토지는 1,500㎡, 임야는 5,000㎡를 기준으로 하였으며, 기준면적 이하는 기준면적을 적용하고, 기준면적을 초과할 때에는 다음의 계수를 곱하여 계상한다.

구 분 \ 가산횟수	0회	1회	2회 이상
계 수	1.0	1.3	1.2+(0.10×n)

※ n은 가산횟수로 (대상면적-기준면적)÷기준면적

③ 등록계수
지적공부 등록지(토지, 임야) 별로 다음의 계수를 곱하여 계상한다.

내용 \ 구 분	토 지	임 야
계 수	1.00	1.20

④ 지역구분계수
본 품은 면지역을 기준으로 하였으며, 행정구역이 다를 경우 다음의 계수를 곱하여 품을 계상한다.

내용 \ 구분	면	읍	동 시	동 구
계 수	1.00	1.10	1.30	1.40

⑤ 성과작성품
본 품에는 다음의 성과작성품이 포함되어 있다.
㉮ 지적현황측량결과도   1부
㉯ 측량결과부(측량성과도 등)   1부
㉰ 면적계산부   1부

⑥ 기타사항
㉮ 지적현황측량할 토지의 축척은 1/600, 1/1000, 1/1200, 1/2400, 1/3000, 1/6000로 구분한다.
㉯ 인가·허가 면적 등을 도상에서 맞추어 분할선을 현장에 표시하는 경우에는 본 품에 의한 측량비의 40%를 가산 적용한다.
㉰ 분할(예정)선을 도상에서 맞추어 현장에 표시하는 지정분할의 경우에는 본 품에 의한 측량비의 30%를 가산 적용한다.
㉱ 본 품의 측량결과에 대한 설명을 부가한 감정도 및 감정서 발급을 요청할 경우에는 추가 품을 가산 적용할 수 있다.
㉲ 본 품에 사용되는 기계경비 및 재료소모품비는 별도 계상한다.
㉳ 작업상 지적측량기준점을 설치할 경우에는 지적측량기준점 설치비를 별도 계상한다.
㉴ 도서지역 등의 측량을 위하여 선박 등을 임차할 경우에는 임차료 실비를 별도 계상한다.
㉵ 본 품의 외업에 필요한 여비는 공무원여비규정에 의한 국내여행자의 일비를 별도 계상한다.

[계산 예]
① 기준단가
구지역으로서 1필지의 면적이 7,000㎡인 토지를 2필지로 현황측량 할 경우

㉠기본계수 : 1.0 ㉡등록계수 : 0.00 ㉢지역구분계수 : 0.40 ㉣면적계수 : 0.60
합계 : 2.00 = (㉠+㉡+㉢+㉣)

구분 \ 내용	수량	단가	금액
지 적 기 사	0.68×2.00=1.36	w_1	$W_1=1.36×w_1$
지 적 산 업 기 사	0.72×2.00=1.44	w_2	$W_2=1.44×w_2$
지 적 기 능 사	0.42×2.00=0.84	w_3	$W_3=0.84×w_3$
계			ΣW

[결정단가] = (ΣW + 직접경비 + 간접측량비)/2
※ 측량비 산출단가는 직접경비(현장여비·기계경비·재료소모품비) 및 간접측량비(제경비·기술료)를 별도 계상한다.

9-15-2 지적현황 측량(수치)('23, '25년 보완)

작업별 \ 구분	지적 기사	지적 산업 기사	지적 기능사	비 고
자 료 조 사	(0.04)	(0.04)	-	
측 량 계 획 및 준 비	(0.04)	(0.02)	-	
측 량 준 비 도 작 성	(0.01)	(0.02)	-	
현 지 측 량 준 비	0.01	0.02	0.01	
현 지 측 량	0.36	0.36	0.36	
성 과 설 명	0.04	-	-	
측 량 결 과 도 등 측 량 성 과 물 작 성	(0.06)	(0.12)	-	( )는 내업임
측량성과관련서류작성	-	(0.02)	-	
측 량 성 과 검 사 요 청	(0.03)	(0.04)	-	
지 적 측 량 성 과 도 교 부	(0.02)	(0.01)	-	
소 계 — 외 업	0.41	0.38	0.37	
소 계 — 내 업	(0.20)	(0.27)	-	
합 계	0.61	0.65	0.37	

[주] ① 본 품은 수치지역에서 「공간정보의 구축 및 관리 등에 관한 법률」 제18조의 규정에 의한 지상구조물 또는 지형지물이 점유하는 위치현황을 지적도 또는 임야도에 등록된 경계와 대비하여 표시하는 데에 필요한 측량 품이다.

② 면적계수
본 품은 1필지당 1,500㎡를 기준으로 하였으며, 기준면적 이하는 기준면적을 적용하고, 기준면적을 초과할 때에는 다음의 계수를 곱하여 계상한다.

구 분 \ 가산횟수	0회	1회	2회 이상
계 수	1.0	1.3	1.2+(0.10×n)

※ n은 가산횟수로 (대상면적-기준면적) ÷ 기준면적

③ 지역구분계수
본 품은 면지역을 기준으로 하였으며, 행정구역이 다를 경우 다음의 계수를 곱하여 품을 계상한다.

내 용 \ 구 분	면	읍	동 — 시	동 — 구
계 수	1.00	1.10	1.30	1.40

④ 성과작성품
  본 품에는 다음의 성과작성품이 포함되어 있다.
  ㉮ 지적현황측량결과도 및 계산부   1부
  ㉯ 측량결과부(측량성과도 등)   1부
  ㉰ 좌표면적계산부   1부
⑤ 기타사항
  ㉮ 지적현황측량할 토지의 축척은 1/500, 1/1000로 구분한다.
  ㉯ 인가·허가 면적 등을 도상에서 맞추어 분할선을 현장에 표시하는 경우에는 본 품에 의한 측량비의 40%를 가산 적용한다.
  ㉰ 분할(예정)선을 도상에서 맞추어 현장에 표시하는 지정분할의 경우에는 본 품에 의한 측량비의 30%를 가산 적용한다.
  ㉱ 본 품의 측량결과에 대한 설명을 부가한 감정도 및 감정서 발급을 요청할 경우에는 추가 품을 가산 적용할 수 있다.
  ㉲ 본 품에 사용되는 기계경비 및 재료소모품비는 별도 계상한다.
  ㉳ 작업상 지적기준점측량과 수준측량을 실시할 경우에는 지적기준점측량 및 수준측량 비용을 별도 계상한다.
  ㉴ 도서지역 등의 측량을 위하여 선박 등을 임차할 경우에는 임차료 실비를 별도 계상한다.
  ㉵ 본 품의 외업에 필요한 여비는 공무원여비규정에 의한 국내여행자의 일비를 별도 계상한다.

[계산 예]
① 기준단가
  수치지역인 구지역의 1필지 면적이 7,000㎡인 토지를 2필지로 현황측량 할 경우

  ㉠기본계수 : 1.0 ㉡등록계수 : 0.00 ㉢지역구분계수 : 0.40 ㉣면적계수 : 0.60
  합계 : 2.00 = (㉠+㉡+㉢+㉣)

구 분	내 용	수 량(T)	단 가	금 액
지 적 기 사		0.61×2.00=1.22	w_1	$W_1=1.22×w_1$
지 적 산 업 기 사		0.65×2.00=1.30	w_2	$W_2=1.30×w_2$
지 적 기 능 사		0.37×2.00=0.74	w_3	$W_3=0.74×w_3$
계				ΣW

[결정단가] = (ΣW + 직접경비 + 간접측량비)/2
※ 측량비 산출단가는 직접경비(현장여비·기계경비·재료소모품비) 및 간접측량비(제경비·기술료)를 별도 계상한다.

9-15-3 지적불부합지조사 측량(도해)('25년 보완)

작업별 \ 구분	지적 기사	지적 산업 기사	지적 기능사	비 고
자 료 조 사	(0.04)	(0.05)	-	
측량계획 및 준비	(0.01)	(0.01)	-	
지적전산파일변환	-	(0.06)	-	
측량준비도작성	(0.01)	(0.01)	-	
측량준비도확인	(0.01)	-	-	
실 지 측 량	0.35	0.34	0.34	
측량결과도 등 측량성과물작성	(0.15)	(0.33)	-	( )는 내업임
측량성과관련서류작성	(0.01)	(0.03)	-	
측량성과검사요청	(0.03)	(0.04)	-	
지적측량성과도교부	(0.02)	(0.02)	-	
소계 외업	0.35	0.34	0.34	
소계 내업	(0.28)	(0.55)	-	
합 계	0.63	0.89	0.34	

[주] ① 면적계수
본 품은 1필지당 토지는 1,500㎡, 임야는 5,000㎡를 기준으로 하였으며, 기준 면적 이하는 기준면적을 적용하고, 기준면적을 초과할 때에는 다음의 계수를 곱하여 계상한다.

구 분 \ 가산횟수	0회	1회	2회 이상
계 수	1.0	1.3	1.2+(0.10×n)

※ n은 가산횟수로 (대상면적-기준면적)÷기준면적

② 등록계수
지적공부 등록지(토지, 임야)별로 다음의 계수를 곱하여 계상한다.

내 용 \ 구 분	토 지	임 야
계 수	1.00	1.20

③ 지역구분계수
본 품은 면지역을 기준으로 하였으며, 행정구역이 다를 경우 다음의 계수를 곱 하여 품을 계상한다.

내 용 \ 구 분	면	읍	동 시	동 구
계 수	1.00	1.10	1.30	1.40

④ 성과작성품
　본 품에는 다음의 성과작성품이 포함되어 있다.
　㉮ 불부합지조사 측량결과도　　　　1부
　㉯ 면적측정부　　　　　　　　　　1부
　㉰ 면적조서　　　　　　　　　　　3부
　㉱ 측량결과부(측량성과도 등)　　　1부
⑤ 기타사항
　㉮ 본 품은 도해지역의 불부합지조사 측량시 작업한 품이다.
　㉯ 측량할 토지의 축척은 1:600, 1:1000, 1:1200, 1:2400, 1:3000, 1:6000로 구분한다.
　㉰ 작업상 지적측량기준점을 설치한 경우에는 지적측량기준점 설치비를 별도 계상한다.
　㉱ 도서지역 등의 측량을 위하여 선박 등을 임차할 경우에는 임차료 실비를 별도 계상한다.
　㉲ 본 품에 사용되는 기계경비 및 재료소모품비는 별도 계상한다.
　㉳ 본 품의 외업에 필요한 여비는 공무원여비규정에 의한 국내여행자의 일비를 별도 계상한다.

9-16 도시계획선명시 측량

9-16-1 도시계획선명시 측량(도해)('25년 신설)

작업별 \ 구분	지적 기사	지적 산업 기사	지적 기능사	비고
자 료 조 사	(0.04)	(0.04)	-	
측 량 계 획 및 준 비	(0.04)	(0.03)	-	
측 량 준 비 도 작 성	(0.01)	(0.02)	-	
현 지 측 량 준 비	0.01	0.02	0.01	
현 지 측 량	0.46	0.46	0.46	
성 과 설 명	0.06	-	-	
측 량 결 과 도 등 측 량 성 과 물 작 성	(0.06)	(0.14)	-	( )는 내업임
측량성과관련서류작성	-	(0.02)	-	
측 량 성 과 검 사 요 청	(0.03)	(0.03)	-	
지 적 측 량 성 과 도 교 부	(0.02)	(0.01)	-	
소 계　외 업	0.53	0.48	0.47	
내 업	(0.20)	(0.29)	-	
합　　　　계	0.73	0.77	0.47	

[주] ① 본 품은 도해지역의 필지를 「공간정보의 구축 및 관리 등에 관한 법률」제2조 제4호의 규정에 의하여 같은 법률 제2조 제25호에서 말하는 "경계점"을 지상에 복원하는 측량 품이다

② 면적계수
본 품은 1필지당 토지는 300㎡, 임야는 3,000㎡를 기준으로 하였으며, 기준면 적 이하는 기준면적을 적용하고, 기준면적을 초과할 때에는 다음의 계수를 곱하여 계상한다.

구 분 \ 가산횟수	0회	1회	2회 이상
계 수	1.0	1.3	1.2+(0.10×n)

※ n은 가산횟수로 (대상면적-기준면적) ÷ 기준면적

③ 등록계수
지적공부 등록지(토지, 임야) 별로 다음의 계수를 곱하여 계상한다.

내용 \ 구 분	토 지	임 야
계 수	1.00	1.20

④ 지역구분계수
본 품은 면지역을 기준으로 하였으며, 행정구역이 다를 경우 다음의 계수를 곱하여 품을 계상한다.

내 용 \ 구 분	면	읍	동	
			시	구
계 수	1.00	1.10	1.30	1.40

⑤ 성과작성품
본 품에는 다음의 성과작성품이 포함되어 있다.
  ㉮ 경계복원 측량결과도   1부
  ㉯ 측량결과부(측량성과도 등)   1부

⑥ 기타사항
  ㉮ 경계복원 측량할 토지의 축척은 1/600, 1/1000, 1/1200, 1/2400, 1/3000, 1/6000으로 구분한다.
  ㉯ 도해지역에서 「국토의 계획 및 이용에 관한 법률」제30조제6항 및 같은 법 제32조제4항의 도시관리계획선을 지상에 복원하기 위하여 실시하는 측량 의 경우 본 품을 적용한다.
  ㉰ 본 품에 사용되는 기계경비 및 재료소모품비는 별도 계상한다.
  ㉱ 작업상 지적측량기준점을 설치할 경우에는 지적측량기준점 설치비를 별도 계상한다.
  ㉲ 도서지역 등의 측량을 위하여 선박 등을 임차할 경우에는 임차료 실비를 별도 계상한다.
  ㉳ 본 품의 외업에 필요한 여비는 공무원여비규정에 의한 국내여행자의 일비를 별도 계상한다.
  ㉴ 본 품의 측량결과에 대한 설명을 부가한 감정도 및 감정서 발급을 요청할 경우에는 추가 품을 가산 적용할 수 있다.

[계산예]
① 기준단가
구지역으로서 1필지의 면적이 1,500㎡인 토지를 경계복원 할 경우

> ㉠기본계수 : 1.00 ㉡등록계수 : 0.00 ㉢지역구분계수 : 0.40
> ㉣면적계수 : 0.60 합계 2.00 = (㉠+㉡+㉢+㉣)

구분	내용	수량	단가	금액
지적 기사		0.73×2.00=1.46	W_1	$W_1=1.46×w_1$
지적 산업 기사		0.77×2.00=1.54	W_2	$W_2=1.54×w_2$
지적 기능사		0.47×2.00=0.94	W_3	$W_3=0.94×w_3$
계				$ΣW$

[결정단가] = $ΣW$ + 직접경비 + 간접측량비
※ 측량비 산출단가는 직접경비(현장여비·기계경비·재료소모품비) 및 간접측량비(제경비·기술료)를 별도 계상한다.

9-16-2 도시계획선명시 측량(수치)('25년 신설)

작업별 \ 구분	지적 기사	지적 산업 기사	지적 기능사	비고
자 료 조 사	(0.04)	(0.04)	-	
측 량 계 획 및 준 비	(0.04)	(0.02)	-	
측 량 준 비 도 작 성	(0.01)	(0.02)	-	
현 지 측 량 준 비	0.01	0.02	0.01	
현 지 측 량	0.33	0.33	0.33	
성 과 설 명	0.04	-	-	
측 량 결 과 도 등 측 량 성 과 물 작 성	(0.06)	(0.12)	-	( )는 내업임
측량성과관련서류작성	-	(0.02)	-	
측 량 성 과 검 사 요 청	(0.03)	(0.04)	-	
지 적 측 량 성 과 도 교 부	(0.02)	(0.01)	-	
소 계 외 업	0.38	0.35	0.34	
소 계 내 업	(0.20)	(0.27)	-	
합 계	0.58	0.62	0.34	

[주] ① 본 품은 수치지역의 토지를 「공간정보의 구축 및 관리 등에 관한 법률」제2조 제4호의 규정에 의하여 같은 법률 제2조 제25호에서 말하는 "경계점"을 지상에 복원하는 측량 품이다
② 면적계수
본 품은 1필지당 300㎡를 기준으로 하였으며, 기준면적 이하는 기준면적을 적용하고, 기준면적을 초과할 때에는 다음의 계수를 곱하여 계상한다.

구 분	가산횟수	0회	1회	2회 이상
	계 수	1.0	1.3	1.2+(0.10×n)

※ n은 가산횟수로 (대상면적-기준면적) ÷ 기준면적

③ 지역구분계수
본 품은 면지역을 기준으로 하였으며, 행정구역이 다를 경우 다음의 계수를 곱하여 품을 계상한다.

구 분	면	읍	동	
내 용			시	구
계 수	1.00	1.10	1.30	1.40

④ 성과작성품
본 품에는 다음의 성과작성품이 포함되어 있다.
  ㉮ 경계복원 측량결과도 및 계산부   1부
  ㉯ 측량결과부(측량성과도 등)   1부

⑤ 기타사항
  ㉮ 경계복원 측량할 토지의 축척은 1/500, 1/1000로 구분한다.
  ㉯ 수치지역에서 「국토의 계획 및 이용에 관한 법률」제30조제6항 및 같은 법 제32조제4항의 도시관리계획선을 지상에 복원하기 위하여 실시하는 측 량의 경우 본 품을 적용한다.
  ㉰ 본 품에 사용되는 기계경비 및 재료소모품비는 별도 계상한다.
  ㉱ 작업상 지적측량기준점을 설치할 경우에는 지적측량기준점 설치비를 별도 계상한다.
  ㉲ 도서지역 등의 측량을 위하여 선박 등을 임차할 경우에는 임차료 실비를 별도 계상한다.
  ㉳ 본 품의 외업에 필요한 여비는 공무원여비규정에 의한 국내여행자의 일비를 별도 계상한다.
  ㉴ 본 품의 측량결과에 대한 설명을 부가한 감정도 및 감정서 발급을 요청할 경우에는 추가 품을 가산 적용할 수 있다.

[계산예]
① 기준단가
  수치지역인 구지역의 1필지의 면적이 1,500㎡인 토지를 경계복원 할 경우

  ㉠기본계수 : 1.00 ㉡등록계수 : 0.00 ㉢지역구분계수 : 0.40
  ㉣면적계수 : 0.60 합계 2.00 = (㉠+㉡+㉢+㉣)

구 분	내 용	수 량	단 가	금 액
지 적 기 사		0.58×2.00=1.16	w_1	$W_1=1.16×w_1$
지 적 산 업 기 사		0.62×2.00=1.24	w_2	$W_2=1.24×w_2$
지 적 기 능 사		0.34×2.00=0.68	w_3	$W_3=0.68×w_3$
계				ΣW

[결정단가] = ΣW + 직접경비 + 간접측량비
※ 측량비 산출단가는 직접경비(현장여비·기계경비·재료소모품비) 및 간접측량비(제경비·기술료)를 별도 계상한다.

9-17 도면작성 및 조서작성
9-17-1 자동제도(좌표독취)

구분 작업별	일수	인원수								비고
		1일당				합계				
		지적 기사	지적 산업 기사	지적 기능사	인부	지적 기사	지적 산업 기사	지적 기능사	인부	
자료조사	(0.04)	-	1	-	-	-	(0.04)	-	-	
계획준비	(0.03)	1	1	-	-	(0.03)	(0.03)	-	-	
좌표독취	(0.37)	-	1	-	-	-	(0.37)	-	-	
도면작성편집	(0.15)	-	1	-	-	-	(0.15)	-	-	( )는 내업임
대조수정	(0.09)	1	-	-	-	(0.09)	-	-	-	
성과작성	(0.06)	-	1	-	-	-	(0.06)	-	-	
점검	(0.07)	1	-	-	-	(0.07)	-	-	-	
성과인계	(0.02)	1	-	-	-	(0.02)	-	-	-	
합계	(0.83)	-	-	-	-	(0.21)	(0.65)	-	-	

[주] ① 등록계수
　　　지적공부 등록지(토지, 임야)별로 다음의 계수를 곱하여 계상한다.

내용 \ 구분	토지	임야
계수	1.00	1.28

② 성과품
　㉮ 자동제도기에 의하여 작성된 도면 1부
③ 기타사항
　㉮ 본 품은 좌표를 독취하여 자동제도기에 의해 도면작성 한 것이다.
　㉯ 본 품은 지적도 크기의 1매를 기준으로 한 것이다.
　㉰ 본 품에 사용되는 기계경비 및 재료소모품비는 별도 계상한다.
　㉱ 특수한 용지를 사용할 때에는 실정에 따라 재료비를 별도 계상한다.
　㉲ 기준규격의 1/2 이하의 도면작성시에는 본 품에 의한 도면작성수수료의 50%의 값을 적용한다.

9-17-2 자동제도(좌표입력)

구분 / 작업별	일수	인원수 1일당 지적기사	지적산업기사	지적기능사	인부	합계 지적기사	지적산업기사	지적기능사	인부	비고
자료조사	(0.05)	-	1	-	-	-	(0.05)	-	-	( )는 내업임
계획준비	(0.03)	1	1	-	-	(0.03)	(0.03)	-	-	
좌표입력	(0.31)	-	1	-	-	-	(0.31)	-	-	
도면작성	(0.19)	-	1	-	-	-	(0.19)	-	-	
대조수정	(0.07)	1	-	-	-	(0.07)	-	-	-	
성과작성	(0.05)	-	1	-	-	-	(0.05)	-	-	
점검	(0.03)	1	-	-	-	(0.03)	-	-	-	
성과인계	(0.01)	1	-	-	-	(0.01)	-	-	-	
합계	(0.74)	-	-	-	-	(0.14)	(0.63)	-	-	

[주] ① 등록계수
지적공부 등록지(토지, 임야)별로 다음의 계수를 곱하여 계상한다.

내용 \ 구분	토지	임야
계수	1.00	1.28

② 성과품
㉮ 자동제도기에 의하여 작성된 도면 1부
③ 기타사항
㉮ 본 품은 좌표를 컴퓨터에 입력하여 자동제도기에 의해 도면작성 한 것이다.
㉯ 본 품은 지적도 크기의 1매를 기준으로 한 것이다.
㉰ 본 품에 사용되는 기계경비 및 재료소모품비는 별도 계상한다.
㉱ 특수한 용지를 사용할 때에는 실정에 따라 재료비를 별도 계상한다.
㉲ 기준규격의 1/2 이하의 도면작성시 본 품에 의한 도면작성수수료의 50%의 값을 적용한다.

9-17-3 자동제도(파일제공)

구분 작업별	일수	인 원 수							비고
		1일당				합계				
		지적 기사	지적 산업 기사	지적 기능사	인부	지적 기사	지적 산업 기사	지적 기능사	인부	
자료조사	(0.05)	-	1	-	-	-	(0.05)	-	-	
계획준비	(0.04)	1	1	-	-	(0.04)	(0.04)	-	-	
데이터편집	(0.09)	-	1	-	-	-	(0.09)	-	-	
도면작성	(0.06)	-	1	-	-	-	(0.06)	-	-	( )는 내업임
대조수정	(0.08)	1	-	-	-	(0.08)	-	-	-	
성과작성	(0.07)	-	1	-	-	-	(0.07)	-	-	
점 검	(0.03)	1	-	-	-	(0.03)	-	-	-	
성과인계	(0.03)	-	1	-	-	-	(0.03)	-	-	
합 계	(0.45)	-	-	-	-	(0.15)	(0.34)	-	-	

[주] ① 등록계수
지적공부 등록지(토지, 임야)별로 다음의 계수를 곱하여 계상한다.

구분 내용	토 지	임 야
계 수	1.00	1.28

② 성과품
  ㉠ 자동제도기에 의하여 작성된 도면 1부
③ 기타사항
  ㉠ 본 품은 좌표파일을 제공받아 자동제도기에 의해 도면작성 한 것이다.
  ㉡ 본 품은 지적도 크기의 1매를 기준으로 한 것이다.
  ㉢ 본 품에 사용되는 기계경비 및 재료소모품비는 별도 계상한다.
  ㉣ 특수한 용지를 사용할 때에는 실정에 따라 재료비를 별도 계상한다.
  ㉤ 기준규격의 1/2 이하의 도면작성시 본 품에 의한 도면작성수수료의 50%의 값을 적용한다.

9-17-4 도면작성

구분 작업별	일수	인 원 수							비고
		1일당				합 계			
		지적 기사	지적 산업 기사	지적 기능사	인부	지적 기사	지적 산업 기사	지적 기능사	인부	
지적전산파일변환	(0.25)	-	1	-	-	-	(0.25)	-	-	
제 도	(0.34)	-	1	-	-	-	(0.34)	-	-	
대 조 수 정	(0.03)	-	1	-	-	-	(0.03)	-	-	( )는 내업임
성 과 작 성	(0.13)	-	1	-	-	-	(0.13)	-	-	
점 검	(0.02)	-	1	-	-	-	(0.02)	-	-	
성 과 인 계	(0.01)	-	1	-	-	-	(0.01)	-	-	
합 계	(0.78)	-	-	-	-	-	(0.78)	-	-	

[주] ① 등록계수
지적공부 등록지(토지, 임야)별로 다음의 계수를 곱하여 계상한다.

구분 내용	토 지	임 야
계수	1.00	1.28

② 성과품
본 품에는 다음의 성과작성품이 포함되어 있다.
㉠ 지적도면 사본 1부
③ 기타사항
㉠ 본 품은 지적도 크기의 1장을 기준한 것이다.
㉡ 본 품에 사용되는 기계경비 및 재료소모품비는 별도 계상한다.
㉢ 특수한 용지를 사용할 때에는 실정에 따라 재료비를 별도 계상한다.
㉣ 기준규격의 1/2 이하의 도면작성시에는 본 품에 의한 도면작성수수료의 50%의 값을 적용한다.

9-17-5 조서작성('05년 신설)

구분 작업별	일수	인원수								비고
		1일당				합계				
		지적기사	지적산업기사	지적기능사	인부	지적기사	지적산업기사	지적기능사	인부	
자 료 조 사	(0.01)	-	1	-	-	-	(0.01)	-	-	
조 서 작 성	(0.01)	-	1	-	-	-	(0.01)	-	-	( )는
점 검	(0.01)	-	1	-	-	-	(0.01)	-	-	내업임
성 과 인 계	(0.01)	-	1	-	-	-	(0.01)	-	-	
합 계	(0.04)	-	-	-	-	-	(0.04)	-	-	

[주] ① 성과품
　　　본 품에는 다음의 성과작성품이 포함되어 있다.
　　　㉮ 면적조서 1부
　　② 기타사항
　　　㉮ 본 품은 일단의 토지개발사업지구, 도로편입지, 하천편입지 등에 대한 전필별 조서작성에 따른 작업 품이다.
　　　㉯ 본 품에 사용되는 기계경비 및 재료 소모품비는 별도 계상한다.
　　　㉰ 조서용지는 A4횡 사이즈 10횡(또는 줄)을 기준 서식으로 한다.

2025건설공사 표준품셈

건 축 부 문

제 1 장 · 철골공사
제 2 장 · 조적공사
제 3 장 · 타일공사
제 4 장 · 목공사
제 5 장 · 수장공사
제 6 장 · 방수공사
제 7 장 · 지붕 및 홈통 공사
제 8 장 · 금속공사
제 9 장 · 미장공사
제10장 · 창호 및 유리공사
제11장 · 칠공사

제 1 장 철골공사

1-1 철골 가공 조립(공장생산)

1-1-1 기본철골공수('08, '13년 보완)

강재 총사용량(t)	60 미만	60 이상	100 이상	300 이상	1,000 이상	2,000 이상
기본철골공수 (인·일/t)	2.48	2.31	2.20	1.97	1.75	1.63
비 고	\- 전용접부재(Built Up) 제작을 기준으로 한 공수로써 H형강부재(Rolled Shape) 제작의 경우는 기본 철골공수×0.71로 산정한다.					

[주] ① 기본철골공수에는 비계 및 보조공이 포함되었다.
  ② 공장제작에 따른 제경비는 기본철골공수의 60%이며, 기본철골공수에 포함되지 않았다.
  ③ 산재보험료·기타경비·간접노무비·일반관리비·이윤 등은 공장제작에 따른 제경비에 포함되지 않았다.
  ④ 용접품은 별도 계상한다.

1-1-2 철골공수 산정방법('23년 보완)

철골공수 = 기본철골공수×작업난이도

〈 작업난이도 〉

구조공별	조립공장, 창고 등으로 가공부재종류가 적은 구조	사무청사 등 표준라멘구조	기타 가공부재 종류가 많은 구조
난 이 도	0.8~0.95	1.0	1.05~1.2

〈 소요 부자재량 〉   (ton 당)

재 료	단 위	전용접부재	H형강부재
산 소	m³	7.0	3.5
L. P. G	kg	2.8	1.4
서 비 스 볼 트	본	2.0	1.0
보 조 강 재	kg	6.0	2.0

* 철골제작에서 용접을 제외한 철골가공 조립과정에서 소요되는 부자재량이며, 현장 철골 세우기는 별도 계상함.
* 서비스 볼트는 일반 볼트이며 규격은 설계에 따라 계상함.

1-1-3 기본용접공수

환산용접길이 (m/t)	20 미만	20 이상	30 이상	40 이상	50 이상	60 이상	70 이상	80 이상	90 이상	100 이상
기본용접공수 (인·일/t)	0.22	0.37	0.51	0.63	0.73	0.85	0.95	1.05	1.15	1.24
환산용접길이 (m/t)	110 이상	120 이상	130 이상	140 이상	150 이상	160 이상	170 이상	180 이상	190 이상	200 이상
기본용접공수 (인·일/t)	1.34	1.43	1.51	1.60	1.69	1.77	1.85	1.93	2.02	2.09
비 고	\- 전용접부재(Built up) 제작을 기준으로 한 공수로써 H형강부재(Rolled Shape) 제작의 경우는 기본용접공수×0.73로 산정한다.										

[주] ① 1ton당 필릿 용접 각장 6㎜ 환산수량이다.
② 공장제작에 따른 제경비는 기본용접공수의 60%이며, 기본용접공수에 포함되지 않았다.
③ 산재보험료·기타경비·간접노무비·일반관리비·이윤 등은 공장제작에 따른 제경비에 포함되지 않았다.
④ 환산용접길이는 '용접길이×환산계수'로 산출한다.
⑤ 특수 구조물의 경우, 세부적인 용접과 절단작업에 대하여, 기계설비부문 플랜트용접공사의 세부 항목을 참조할 수 있다.

〈필릿 용접시의 환산계수〉

판두께(㎜)	5	6	7	8	9	10	11	12
환 산 계 수	0.55	0.68	0.81	0.94	1.06	1.17	1.29	1.40
판두께(㎜)	13	14	15	16	17	18	19	20
환 산 계 수	1.50	1.60	1.70	1.79	1.87	2.0	2.04	2.11

〈V, K, X용접시의 환산계수〉

판두께(㎜)	6	7	8	9	10	11	12	13	14	15
환 산 계 수	2.86	2.94	3.03	3.12	3.22	3.32	3.43	3.54	3.66	3.78
판두께(㎜)	16	18	20	22	24	26	28	30	32	34
환 산 계 수	3.90	4.17	4.45	4.75	5.07	5.41	5.77	6.14	6.53	6.95
판두께(㎜)	35	40	45	50	55	60	65	70	75	80
환 산 계 수	7.16	8.29	9.54	10.90	12.58	13.97	15.68	17.50	19.44	21.49

1-1-4 용접공수 산정방법

* 용접공수 = 기본용접공수 × 강재총사용량에 의한 보정계수

〈강재총사용량에 의한 보정계수〉

강재총사용량 (t)	30 미만	30 이상	60 이상	100 이상	200 이상	300 이상	400 이상	500 이상	600 이상	700 이상	800 이상	900 이상	1,000 이상	1,500 이상	2,000 이상
보정계수	1.36	1.31	1.22	1.16	1.08	1.04	1.01	0.99	0.97	0.96	0.94	0.93	0.92	0.89	0.86

〈소요 용접재료량〉

(m 당)

재료	단위	수용접	반자동용접	자동용접
용접봉	kg	0.42	-	-
CO_2 와이어	〃	-	0.23	-
탄산가스	〃	-	0.12	-
잠호용접와이어	〃	-	-	0.21
Flux	〃	-	-	0.21

* 필릿 용접 6㎜ 환산수량으로 반자동용접을 표준으로 함.

1-2 철골 세우기

1-2-1 현장 세우기('08, '18년 보완)

(ton 당)

구분	단위	6층 미만	20층 미만	30층 미만	40층 미만	40층 이상
철골공	인	0.33	0.44	0.52	0.59	0.65
비계공	〃	0.14	0.18	0.22	0.24	0.27
특별인부	〃	0.07	0.09	0.11	0.12	0.14

[주] ① 본 품은 가공이 완료된 상태의 철골을 현장에 설치하는 기준이다.
② 본 품은 철골 세우기, 가조임 및 변형잡기를 포함한다.
③ 타워크레인의 가설·이동·해체에 소요되는 품은 별도 계상한다.
④ 자재의 진출입이 어렵고, 작업공간이 협소한 현장(도심지 등)에서는 본 품의 20%를 할증하여 적용할 수 있다.
⑤ 재료량은 다음을 참고하여 적용한다.

(ton 당)

구분	규격	단위	수량	비고
보통볼트	가조임	본	20.0	손율 4%

⑥ 현장세우기 보정
  ※ 현장조립비=표준단가×K1(보정계수 K1=a×b×c×d)
    a. ㎡당 강재사용량에 따른 보정치·········〈표·a-1〉〈표·a-2〉
    b. 강재총사용량에 따른 보정치 ············〈표·b-1〉〈표·b-2〉
    c. 건물 높이에 따른 보정치 ·················〈표·c〉
    d. 스판평균면적(割面積)에 따른 보정치 ······〈표·d〉
  ※ 발전소, 공항터미널 등과 같은 특수구조물과 50층 이상(또는 150m 이상)의 초고층건물 현장세우기는 별도 계상할 수 있다.

〈표·a-1〉 ㎡당 강재사용에 따른 보정치(6층 미만인 경우)

(1㎡ 당)

강재사용량(kg)	50 미만	50 이상 55 미만	55 이상 60 미만	60 이상 65 미만	65 이상 70 미만	70 이상 80 미만
보정치(a)	1.3	1.26	1.22	1.18	1.14	1.1
강재사용량(kg)	80 이상 90 미만	90 이상 110 미만	110 이상 130 미만	130 이상 150 미만	150 이상 190 미만	190 이상 250 미만
보정치(a)	1.05	1.0	0.95	0.89	0.84	0.77

〈표·a-2〉 ㎡당 강재사용에 따른 보정치(6층 이상인 경우)
  a=1+(60-N)×0.003, N : ㎡당 강재사용량(kg/㎡)

N(kg)	40	50	60	70	80	90	100	110	120	130
보정치(a)	1.06	1.03	1.00	0.97	0.94	0.91	0.88	0.85	0.82	0.79

〈표·b-1〉 강재 총 사용량에 따른 보정치(6층 미만인 경우)

강재총사용량(ton)	10 미만	10 이상 15 미만	15 이상 20 미만	20 이상 30 미만	30 이상 50 미만	50 이상 80 미만	80 이상 150 미만	150 이상 250 미만	250 이상 500 미만	500 이상 1,000 미만	1,000 이상
보정치(b)	1.34	1.3	1.26	1.22	1.18	1.14	1.1	1.05	1.0	0.95	0.89

〈표·b-2〉 강재 총 사용량에 따른 보정치(6층 이상인 경우)
  100ton 이하 b=1.12+7/T, 100ton 이상 b=0.97+15/T, T : 가공총톤수(ton)

T(ton)	40 이하	50	60	70	80	90	100	200	300	400
보정치(b)	1.3	1.26	1.24	1.22	1.21	1.20	1.19	1.045	1.02	1.008
T(ton)	500	600	700	800	900	1,000	1,100	1,200	1,300	1,400
보정치(b)	1.00	0.995	0.991	0.989	0.987	0.985	0.984	0.983	0.982	0.981

〈표·c〉 건물 높이에 따른 보정치(6층 이상인 경우)
  c=1+(0.5H-10)×0.003, H : 건물높이

건물높이(H)	50m	45	40	35	30	25	20	15	10	5
보정치(c)	1.045	1.038	1.030	1.023	1.015	1.008	1.000	0.993	0.985	0.978

〈표·d〉 스판 평균면적에 따른 보정치(6층 이상인 경우)
d=33/S+0.33, S : 스판 평균면적(㎡)

스판평균면적(S)	20㎡ (16-25)	30 (26-35)	40 (36-45)	50 (46-55)	60 (56-65)	70 (66-75)	80 (76-85)
보정치(d)	1.98	1.43	1.16	0.99	0.88	0.80	0.74

* 본 표는 간사이(Span)가 10m 이하인 경우임.

1-2-2 탑다운공법 지하 현장 세우기('23년 신설)

(ton 당)

구 분	단 위	지하 4층 미만	지하 7층 미만	지하 10층 미만	지하 10층 이상
철 골 공	인	0.812	0.878	0.927	0.976
용 접 공	〃	0.382	0.344	0.306	0.268
특 별 인 부	〃	0.171	0.208	0.242	0.276

[주] ① 본 품은 탑다운 공법에 의해 설치되는 1층 바닥 스판을 포함하여 지하층 바닥 스판에 가공이 완료된 상태의 철골을 현장에서 설치하는 기준이다.
② 지하 현장 세우기는 철골 가공 조립(공장 생산)이 완료된 상태로 지하에 철골 자재 반입이 완료된 것을 조립 설치하는 기준으로 지상에서 지하로 자재를 반입하는 작업은 제외되어 있다.
③ 본 품은 철골 세우기, 가조임 및 변형잡기, 고장력 볼트 본조임, 현장용접을 포함한다.
④ 공구손료 및 경장비(전기드릴, 용접기 등)의 기계경비는 인력품의 2%로 계상한다.
⑤ 재료량은 설계수량을 적용한다.

1-2-3 철골세우기 장비의 작업능력('18, '23년 보완)

철골세우기중기	철골건물의 종류	1일 처리능력(ton)
크 레 인(무한궤도/타이어)	창고소규모건물, 공장대규모건물, 트러스, 거더류	15
	기둥, 크레인거더	25
	기타	8
티 워 크 레 인 트럭탑재형크레인	고층건물	15
	소규모건물	10
굴 착 기	탑다운공법 지하 거더류	12

[주] ① 부재의 단위중량에 대한 작업량 및 작업여건에 따라 처리능력을 별도로 결정할 수 있다.
② 철골세우기 장비의 손료산정기준에 적용한다.
③ 장비규격은 작업여건(작업범위, 위치 등)에 따라 변경할 수 있다.

1-2-4 고장력 볼트 본조임('08, '18, '23년 보완)

(강재 ton 당)

구 분	단 위	30본/t 미만	50본/t 미만	70본/t 미만	90본/t 미만	110본/t 미만	110본/t 이상
철 골 공	인	0.43	0.52	0.59	0.66	0.72	0.74
특 별 인 부	〃	0.12	0.14	0.16	0.18	0.20	0.20

[주] ① 본 품은 철골세우기 완료 후 볼트 조임을 완료하는 작업 기준이다.
② 본 품은 고장력 볼트(육각볼트, 토크-전단형볼트)의 본조임 및 조임검사가 포함된 것이다.
③ 공구손료 및 경장비(전기드릴 등)의 기계경비는 인력품의 3%로 계상한다.
④ 본 품은 철골설계수량 300ton 미만을 표준으로 한 것이며 300ton 이상인 고장력 볼트 본조임은 다음의 보정치를 적용한다.
※ 볼트본조임비=표준단가×K
　보정계수 K=a(고장력 볼트조임 보정계수)

〈고장력 볼트조임 보정계수표(a)〉

강재 총사용량 \ 1ton 당 볼트 본수	50본 미만	50본 이상	90본 이상
300t 이상 ~ 500t 미만	0.91	0.92	0.93
500t 이상 ~ 1,000t 미만	0.87	0.88	0.89
1,000t 이상	0.84	0.85	0.86

1-2-5 현장용접('08, '18, '23년 보완)

(각장 6㎜ 환산용접 길이 1m 당)

구 분	단 위	수 량
용 접 공	인	0.04

[주] ① 본 품은 철골부재를 CO_2 용접으로 반자동 용접하는 기준이다.
② 본 품은 용접 준비, 용접 및 정리작업이 포함된 것이다.
③ 공구손료 및 경장비(용접기 등)의 기계경비는 인력품의 4%로 계상한다.
④ 별도의 방풍설비가 필요한 경우 별도로 계상한다.
⑤ 본 품은 용접 준비, 용접 및 정리작업이 포함된 것이다.
⑥ 재료량은 다음을 참고하여 적용한다.

(각장 6㎜ 환산용접 길이 1m 당)

구 분	단 위	수 량
CO_2 와 이 어	kg	0.28
탄 산 가 스	〃	0.14

1-2-6 앵커 볼트 설치('08, '18년 보완)

(개당)

구 분	단위	수 량					
		ø16 이하	ø20 이하	ø24 이하	ø28 이하	ø32 이하	ø40 이하
철 골 공	인	0.05	0.08	0.12	0.16	0.20	0.23
특 별 인 부	〃	0.02	0.03	0.05	0.06	0.07	0.09

[주] ① 본 품은 철골세우기를 위해 앵커볼트 설치를 기준한 것이다.
② 본 품은 설치위치 확인, 앵커볼트 및 틀 설치가 포함된 것이다.
③ 별도의 철제틀이 필요한 경우에는 철물 제작품을 적용한다.
④ 일반철골공사에 적용하고 기계설치에는 적용하지 않는다.
⑤ 공구손료 및 경장비(용접기 등)의 기계경비는 인력품의 2%로 계상한다.
⑥ 콘크리트 독립주 위에서나 기타 비계가 양호치 못한 장소에서는 본 품의 20%까지 가산한다.

1-2-7 철골세우기용 장비의 가설 및 해체이동

(대당)

기 종	공 종 별	비 계 공(인)
타 워 크 레 인	가 설	42.0
	해 체 정 비	42.0
	수 직 이 동 (1회 당)	6.0

[주] ① 타워크레인 규격은 8ton(권상능력)×50m(작업반경)이고 가설높이는 32.5m일 때의 기준이다.
② 타워크레인의 가설이동 해체의 장비와 자재운반(부속자재포함)의 기계경비는 별도 계상한다.
③ 타워크레인의 기초설치 및 철거에 소요되는 재료 및 품은 별도 계상한다.
④ 타워크레인의 가설이동 해체에 소요되는 공구손료는 인력품에 3%로 계상한다.
⑤ 본 품의 타워크레인은 건물 외부 고정식일 경우이며 브레이싱 설치 해체에 대한 재료 및 품은 별도 계상한다.
⑥ 본 품의 타워크레인의 가설·해체정비, 수직 이동품은 특수 비계공이며 이외의 필요한 품(전공 등)은 별도 계상한다.
⑦ 타워크레인의 가설이동 해체 소요일수 표준은 다음과 같다.

구 분	소 요 일 수	비 고
가 설	5~8일	
정 비	100ton시마다 1일	
수 직 이 동	1일	
해 체	4~7일	

1-3 데크플레이트

1-3-1 데크플레이트 가스절단('18년 보완)

(절단길이 10m 당)

구 분	단 위	수 량	
		판 두께 1.6㎜	판 두께 2.3㎜
용 접 공	인	0.17	0.23

[주] ① 본 품에는 공구손료가 포함되어 있다.
② 재료량은 다음을 참고하여 적용한다.

(절단길이 10m 당)

규 격	산소(㎥)	아세틸렌(㎏)	L.P.G(㎏)
판두께 1.6㎜	0.37	0.15	0.12
판두께 2.3㎜	0.42	0.16	0.14

※ 아세틸렌(산소포함) 또는 L.P.G 중 한가지만 선택 사용한다.
※ 산소량은 대기압상태의 기준량이며, 압축산소는 35℃에서 150기압으로 압축용기에 넣어 사용하는 것을 기준으로 한다.

1-3-2 데크플레이트 플라즈마 절단('18년 신설)

(절단길이 10m 당)

구 분	단 위	수 량
철 골 공	인	0.05
특 별 인 부	〃	0.02

[주] ① 본 품은 플라즈마 절단기를 사용하여 데크플레이트를 절단하는 기준으로 일반 데크플레이트와 철근일체형 데크플레이트에 동일하게 적용한다.
② 본 품은 절단위치 확인, 데크플레이트 절단작업이 포함된 것이다.
③ 공구손료 및 경장비(플라즈마 절단기 등)의 기계경비는 인력품의 10%로 계상한다.

1-3-3 데크플레이트 설치('08, '18, '23년 보완)

(㎡당)

구 분	단 위	수 량
철 골 공	인	0.03
용 접 공	〃	0.01
특 별 인 부	〃	0.01
비 고	- 본 품은 10층까지 적용하며, 높이별 인력품의 할증은 11층에서 15층까지는 4%, 16층 이상은 매 5개층 증가마다 1%씩 추가 가산한다.	

[주] ① 본 품은 주문 제작된 데크플레이트를 설치하는 기준으로 일반 데크플레이트와 철근 일체형 데크 플레이트에 동일하게 적용한다.
② 본 품은 데크설치(판개), 고정 및 용접, 마감부 처리, 개구부 막이, 엔드플레이트, 콘크리트 스토 퍼 작업이 포함된 것이다.
③ 소모재료는 설계에 따라 별도 계상한다.
④ 공구손료 및 경장비(용접기 등)의 기계경비는 인력품의 5%로 계상한다.
⑤ 사용재료의 양중은 현장여건에 따라 양중기계를 선정할 수 있으며 기계경비는 별도 계상한다.

■ 데크플레이트 설치공법(무지주공법)

(일반데크, 탈형데크, 단열데크, 폼데크)는 현장 시공 시 별도의 자재할증을 계상한다.

1. 철근콘크리트 구조(RC조)

구 분	슬래브 형상	할증률(%)	비 고
학교-주차장건물	정형화	7	
사 무 실	다소 정형화	7~9	
문화-예술공간	다소 비정형화	10~14	
기 타	비정형화	15 이상	

[주] ① 본 할증은 철골조를 제외한 모든 구조에 동일하게 적용한다.
② 본 제품은 건축물의 구조형태에 따라 할증률을 차등적용하며, 위의 표를 참고하여 산정한다.

2. 철골 구조(S조)

구 분	슬래브 형상	할증률(%)	비 고
학교-주차장건물	정형화	3	
사 무 실	다소 정형화	3~5	
문화-예술공간	다소 비정형화	6~9	
기 타	비정형화	11 이상	

[주] ① 철골조(S조)의 경우 수량산출시 센터라인으로 산출한 수량을 기준으로 한다.
② CON'C STOPPER, ANGLE, FLAT BAR, Z-BAR 등의 철골구조 부자재는 별도 계상한다.
③ 본 제품은 건축물의 구조형태에 따라 할증률을 차등적용하며, 위의 표를 참고하여 산정한다.

1-4 부대공사

1-4-1 부대철골 설치('08, '18년 보완)

(ton 당)

구 분	규 격	단 위	수 량
철 골 공	-	인	1.67
특 별 인 부	-	〃	0.42
크 레 인	50ton	hr	2.50

[주] ① 본 품은 중도리, 띠장, 캐노피 등 철골공사와 병행하여 시공되는 부대철골의 설치를 기준으로 한 것이다.
② 본 품은 현장설치 및 볼트조임 작업이 포함된 것이다.
③ 장비의 규격은 작업여건(작업범위, 위치 등)에 따라 변경할 수 있다.

1-4-2 스터드볼트(Stud bolt) 설치('18, '23년 보완)

(1,000개 당)

구 분	단 위	데크플레이트		지하 철골 기둥	
		자동용접	수동용접	자동용접	수동용접
용 접 공	인	1.52	2.67	0.94	1.65
특 별 인 부	〃	0.90	1.58	0.63	1.11

[주] ① 데크플레이트는 데크플레이트가 설치된 상태에서 스터드볼트를 2열로 용접하는 것을 기준으로 한다.
② 지하 철골 기둥은 탑다운공법에 의해 설치된 지하 철골 기둥에 스터드볼트를 용접하는 것을 기준으로 한다.
③ 자동용접은 스터드볼트 전용용접기를 사용하는 것을 말하며, 수동용접은 아크용접기를 사용하는 것을 말한다.
④ 본 품은 설치위치 확인, 용접 작업이 포함된 것이다.
⑤ 공구손료 및 경장비(용접기 등)는 자동용접인 경우 인력품의 22%, 수동용접인 경우 인력품의 18%로 계상한다.
⑥ 잡재료는 주재료비의 5%로 계상한다.

1-4-3 철골 내화 피복뿜칠('18년 보완)

(mm/100㎡ 당)

구 분	규 격	단 위	수 량
도 장 공	-	인	0.062
특 별 인 부	-	〃	0.056
보 통 인 부	-	〃	0.062
그 라 우 팅 믹 서	390×2(ℓ)	hr	0.180
그 라 우 팅 펌 프	40~125(ℓ/min)	〃	0.180

[주] ① 본 품은 내화 피복 질석계 자재를 습식으로 시공하는 기준이다.
② 본 품은 방진막 설치 및 해체, 뿜칠작업이 포함된 것이다.
③ 철골 바탕면 처리, 청소 및 검사는 별도 계상한다.
④ 소모재료 및 장비의 설치, 해체, 이동에 소요되는 품은 별도 계상한다.
⑤ 공구손료 및 경장비(분사기 등)의 기계경비는 인력품의 5%로 계상한다.
⑥ 철골내화 피복 뿜칠 내화 시간은 국토교통부고시 내화구조의 성능기준에 따른다.
⑦ 재료량은 다음을 참고하여 적용한다.

(mm/100㎡ 당)

구 분	단 위	수 량
질 석	kg	38.8

1-4-4 경량형강철골조 조립설치

(ton 당)

구 분	단 위	수 량		비 고
		내 력 식	비내력식	
철 공	인	15.93	12.54	

[주] ① 본 품은 건축구조용 표면처리 경량형강을 기준한 것이다.
② 본 품은 경량형강 철골세우기로서 내력식은 4층 이하를 기준한 것이다.
③ 지붕트러스는 내력식을 적용한다.
④ 본 품은 소운반, 먹매김, 가공, 조립·설치품이 포함되어 있다.
⑤ 공구손료는 인력품의 3%로 계상한다.
⑥ 경량형강 철골설치에 장비가 필요한 경우 기계경비는 별도 계상한다.
⑦ 외부 비계매기가 필요할 경우 별도 계상한다.
⑧ 주재료(스터드, 트랙, 조이스트 등)는 설계수량에 따라 계상하며, 부자재(스크류, 힐티 등)는 주자재비의 3%를 계상한다.

| 건설신기술 제970호 | 8년 | 원호 형상의 90도로 절곡된 라운드 앵글과 띠철근을 이용한 선조립 합성 |
| 2023. 11. 3 | | 기둥(FAC 기둥) |

· 시공절차 및 주요공정
FAC 기둥 가공 및 조립 → FAC 기둥 설치 → A.C BOLT 설치 → 무수축 모르타르 충전 → FAC 기둥 거푸집 설치 → FAC 기둥 CON`C 타설

1. FAC 기둥 설치

(ton당)

구 분	단 위	수량
철 골 공	인	0.79
특 별 인 부	〃	0.19

[주] ① 본 품은 FAC 기둥 설치 작업을 기준으로 한 것이다.
② FAC 기둥의 가공 및 조립 비용은 별도 계상한다.

2. A.C BOLT 설치
☞ 표준품셈 [건축 1-2-6 앵커 볼트 설치] 참조

3. 무수축 모르타르 충전
☞ 표준품셈 [건축 9-3-3 주각부 무수축 모르타르 충전] 참조

4. FAC 기둥 거푸집 설치
☞ 표준품셈 [공통 6-3-1 합판거푸집 설치 및 해체] 참조

5. FAC 기둥 CON`C 타설
☞ 표준품셈 [공통 6-1-1 레디믹스트콘크리트 타설] 참조

품셈 유권해석

철골공사 용접길이 산정방법

방음벽 지주(H=18.403m) 단부의 Base Plate 환산용접길이(m/t) 산정시 중량 t 을 방음벽 전체 지주 중량이 아닌 용접길이에 해당하는 중량으로 할 수 있는지 문의 드립니다.
1안) 용접길이에 해당하는 방음벽 지주와 Base Plate를 합한 중량 0.2t(용접길이에 해당하는 방음벽 지주 중량 0.03t + Base Plate 중량 0.17t)
2안) 방음벽 전체 지주와 Base Plate를 합한 중량 3ton(방음벽 전체 지주 중량 2.83t + Base Plate 중량 0.17t)

답변내용

→ 표준품셈 건축부문 "1-1-3 기본용접공수"에서 용접길이는 실시공 용접길이이며, 용접환산계수는 환산용접길이를 산출하기 위한 계수입니다.
용적공수 산정 방법 예시
1) 기본용접길이 = 총용접길이(m) / 강재총량(t)
2) 환산용접길이 = 기본용접길이(m/t)×환산계수(용접방법에 따른 환산계수 적용)
3) 기본용접공수 : 환산용접길이를 기준으로 한 품 참조 (인일/t)
4) 용접공수 = 기본용접공수×강재총량에 대한 보정계수
5) 총용접공수 = 용접공수×강재총중량
환산용접길이에 따른 기본용접공수는 표를 참조하시기 바랍니다.
또한 표준품셈 건축부문 "1-1-13 기본용접공수"는 공장생산시 용접공수 산정 품입니다. 당해공사에서 표준품셈의 적용여부 및 판단, 수량산출 등에 관련된 사항은 해당공사의 특성을 고려하시고 표준품셈을 참조하시어 공사관계자가 직접 결정하실 사항임을 양지해 주시면 감사드리겠습니다.

철골 세우기 현장 세우기 인수산정

현장세우기의 비계공과 특별인부가 들어가있는데 철골공은 철골설치에 들어가는 것으로 이해하지만 철골에 다른 비계를 세우지도 않아서 배정이유 유추가 어렵고 특별인부도 신호수를 뜻하는 것인지 등 이해가 어려워 이 작업자들을 배정한 이유와 무슨 역할로서 배정되었는지 궁금합니다.

답변내용

→ 대한건설협회해서 발표하는 직종해설에 따르면 '비계공'은 비계, 운반대, 작업대, 보호망 등의 설치 및 해체작업에 종사하는 사람으로 정의되어 있습니다. 표준품셈 건축부문 "1-2-1 현장세우기"에서 비계공은 비계의 설치 및 해체가 아닌 운반대, 작업대, 보호망 등의 작업을 하는 투입품입니다. 또한 특별인부는 신호수가 아닌 일반작업자를 뜻합니다. 특별인부는 대한건설협회에서 발표하는 직종해설에 따르면 보통 인부보다 다소 높은 기능정도를 요하며, 특수한 작업조건하에서 작업하는 사람을 뜻합니다.

콘크리트 구멍뚫기 단가 포함여부

표준품셈 건축 1-2-6 앵커볼트설치 기준으로 캐메컬앵커 설치 단가를 적용하려고 합니다. 본 품에 콘크리트 구멍뚫기 단가가 포함되어 있는지 문의 드립니다.

답변내용

➡ 표준품셈 건축부문 "1-2-5 앵커볼트 설치"는 철골조 시설물에서 일반적으로 형강류의 기둥을 콘크리트기초 구조물에 연결하기 위해 매립할 경우 적용되는 품이며, 콘크리트 구멍뚫기 작업은 포함하고 있지 않습니다. 표준품셈 건축부분 "1-2-5 앵커볼트 설치"에서는 일반적인 콘크리트 타설전 설치를 기준으로 한 것이며, 천공하여설치하는 케미컬앵커에 대한 품은 제시해 드리고 있지 않습니다.

철골공사 기준으로 총중량 또는 일일중량

표준품셈 1-2-1현장세우기의 표는 부재의 종류에 관계없이 공사의 총 톤수에 대하여 산출하며 투입 인원에 대하여 현장이 협소할 시 산출한 투입인원에 20%를 할증한다."를 파악하였으며 이후 품 계산에 대한 추가질문은 다음과 같습니다.

질의1. 철골공사에 있어 투입인원을 산출할 때 해당 공사의 부재 1개의 최대중량에 해당하는 ton수를 이용하여 하루 투입인원을 구하였습니다.
ex) "6층 미만, 도심지 [기둥 : 2ton], [거더 : 1.5ton]"인 경우 최대 중량인 기둥의 질량 2ton을 사용하여 하루 투입 인원은 철골공 "0.33 x 2 x 1.2=0.792 -〉1명" / 비계공 "0.14 x 2 x 1.2 = 0.336 -〉1명" / 특별인부 "0.07 x 2 x 1.2= 0.168 -〉1명" 으로 집계되었다.
질의2. 철골공사에 있어 투입인원을 산출할 때 일일 사용하는 부재의 총ton을 이용하여 하루 투입인원을 구하였습니다.
ex) "6층 미만, 일일 부재 사용 총 중량이 "48ton"으로 집계 된 경우 48ton을 사용한 하루 투입 인원은 철골공 "0.33 x 48 = 15.84 -〉16명" / 비계공 "0.14 x 48 = 6.72 -〉8명" 특별인부 "0.07 x 48 = 3.36 -〉4명" 으로 집계되었습니다.
이 중 어떤 걸 적용하면 되는지 확인부탁드립니다.

답변내용

➡ 표준품셈에서 단위당 품의 반올림 등 수량의 계산은 표준품셈 공통부문 "1-2-1 수량의 계산, 1-2-2 단위표준"을 참조하시기 바랍니다. 또한 작업조 기반 일당 시공량으로 제시된 품 항목의 경우 시공단위의 품산정은 표준품셈 공통부문 "1-2-8 작업조 구성 및 적용"에서 제시하고 있으니 참조하시기 바랍니다. 당해공사에서 표준품셈의 적용여부 및 판단, 수량산출 등에 관련된 사항은 해당공사의 특성을 고려하시고 표준품셈을 참조하시어 공사관계자가 직접 결정하실 사항임을 양지해 주시면 감사드리겠습니다.

1154 | 건축부문

현장세우기 중 인수 산정

현장 세우기의 표 우측 위의 "ton당"이라는 단위표시는 하루 철골부재량 혹은 공사 ton수 총량에 대해서인지, 타워크레인의 일회 양중시 중량이 가장 큰 부재에 대한 ton인지, 혹은 타워크레인 일 회 양중 시 작은 보 3개의 묶음이 철골 기둥보다 클 경우 작은보 3개에 대한 총 톤수를 말하는 것인지, 철골공사 전체 ton수에 대한 인수 산정인지 궁금합니다.
추가적으로 "자재의 진출입이 어렵고, 작업공간이 협소한 현장(도심지 등)에서는 본 품의 20%를 할증하여 적용할 수 있다."는 작업인원에 드는 총 비용에 대한 20% 할증인지, 노무 비용에 대한 20% 할증인지, 인원수 산정에 만약 2명이 책정되었을 때 20%할증으로 2*1.2=2.4명이 되므로 3명을 현장에 고용하는 것인지 궁금합니다.
고장력 볼트 본조임에 대하여 현장세우기와 결이 비슷한 질문입니다.
"ton당"이라는 단위표시는 거더, 보에 대하여 중량이 가장 큰 부재에 대해서인지, 앞전에 질문한 거더, 보 뿐만이 아닌 기둥을 포함한 중량에 대하여 가장 큰 부재에 대해서인지, 혹은 타워크레인의 일 회 양중 시 중량이 가장 큰 부재 혹은 1회 양중시 가장 큰 중량에 대한 것인지 궁금합니다.
추가적으로 "30본/t 미만"에서 30본은 보의 양 끝의 볼트 전체적인 수를 묻는 것인지, 아니면 좌우 중 한 쪽에만 해당하는 본수인 것인지 궁금합니다.

답변내용

➡ 건축부문 "1-2-1 현장 세우기"에서 ton당은 부재의 종류와 관계없이 톤당 투입되는 품을 뜻합니다. 톤당 투입되는 품에 전체 톤수를 곱하여 투입 공량을 산정하시기 바랍니다. 또한 본 품의 20%할증은 품의 할증으로 투입 인원에 할증을 해주시기 바랍니다.
건축부문 "1-2-4 고장력 볼트 본조임"은 강재 ton당 품으로, 부재의 위치 종류와 관계없이 투입되는 강재의 Ton당 투입되는 품을 뜻합니다. 톤당 투입되는 품에 전체 톤수를 곱하여 투입 공량을 산정하시기 바랍니다.또한 30본/t미만은 1톤에 30본 미만을 뜻하며 보의 양끝, 한쪽을 구분하여 품을 제시하는 것은 아니며 톤당 투입되는 전체 볼트의 수를 산정하시어 결정하시기 바랍니다.

투명방음판(PC판) 비규격으로 시공

건설공사 표준품셈의 적용방법에 의하면 현장여건 등에 따라 할증율을 조정하여 적용하도록 되어있고, 재료의 할증 강재류의 경우에 현장여건상 "절단 및 가공"등이 불필요한 경우에 표준품셈 할증율(5%)를 적용하도록 규정 되어 있으며, 현장여건상 절단 및 가공등이 필요한 경우에는 시공도를 그려서 현장여건을 반영하여 실제 소요되는 물량을 산출하게 되어 있습니다.
그러나 구청에서는 본 표준품셈과 관계없이 실면적기준으로 물량을 산출(물론 원 설계서의 일위대가상 자재 할증 5%적용)하였습니다.
당 현장과 같이 현장여건상 절단 및 가공등이 반듯이 필요한 경우에는 시공도를 그려서 현장여건을 반영하여 실제 소요되는 물량을 근거로 작성한 납품확인서로 수량을 산출하는 것이 맞는 지? 아니면 구청에서 주장하는 바와 같이 실 시공면적만을 산출하는 것이 맞는지에 대하여 귀원의 답변을 부탁 드립니다.

답변내용

→ 표준품셈 공통부문 "1-3-1 재료의 할증 / 7. 강재류"에서 주4 현장 여건상 절단 및 가공 등이 불필요한 경우 상기 할증률을 조정하여 적용할 수 있으며, 절단 및 가공이 필요한 경우 할증률에 대한 구분 기준은 별도로 정하고 있지 않습니다. 표준품셈 "1-3-1 재료의 할증"은 제작 및 설치하는데 따른 재료의 손실분을 보정해 주기 위한 것으로 표준품셈에서는 투명방음판의 재료의 할증기준은 정하고 있지 않습니다. 귀하께서 문의하신 'PC 방음판'의 재료의 할증기준은 표준품셈에서 별도로 정하고 있지는 않으나 할증이 필요 없다는 의미는 아닙니다. 표준품셈에서 정하지 않는 사항은 동품셈 1-1-3의 4항을 참조하시어 적정한 예정가격산정기준을 적의 결정하여 사용하시기 바랍니다.

가설 건축물 천막공사 철골설치

가설 건축물 천막공사와 관련하여 첨부와 같이 품셈 적용 이견이 있어 질의 드립니다
1. 강관 구조용 파이프로 구조체 설치(지붕은 트러스 구조) 표준품셈 건축부분 철골공사 "부대철골 설치"를 적용하여 하여야 하는지 "경량형강 철골조 조립설치" 품셈을 적용 해야 하는지 의견이 있어 질의 드립니다. 건축부문 1-4-1 "부대 철골 설치"의 주기 부분과 건축부문 1-4-4 "경량형강 철골조 조립설치"의 주기 부분을 참고하여 확인 부탁드립니다.
2. 조달청 발주처에서는 최초 계약시 수량 및 단가를 미검토하고 왜 지금 변경하는지 이유를 묻습니다.

답변내용

→ 표준품셈 건축부문 "1-4-4 경량형강철골조 조립설치"는 공장에서 생산된 건축구조용 표면처리 경량형강을 철골세우기(스틸하우스 등) 기준으로 제시된 것이며, 공장에서 제작된 경량철골조를 현장에서 가공, 조립, 설치하는 품으로 여기에서 가공은 일반적으로 현장에서 설치를 위한 금긋기, 절단, 구멍뚫기 등이 포함되어 있습니다. 표준품셈 건축부문 "1-4-1 부대철골 설치"는 건축공사의 중도리, 띠장, 캐노피 등의 부대철골을 가공 및 설치하는 품 기준입니다. 철골공사/잡철물공사/부대철골 공사는 시공 특성, 자재에 맞게 분리하여 제시된 기준입니다. 당해공사에서 표준품셈의 적용여부 및 판단, 수량산출 등에 관련된 사항은 해당공사의 특성을 고려하시고 표준품셈을 참조하시어 공사관계자가 직접 결정하실 사항임을 양지해 주시면 감사드리겠습니다.

경량 형강 철 골조 조립 설치 내 포함 항목

경량 형강 철 골조 조립 설치 내에 주1) 표면처리 경량형강 기준한 것, 주4) 가공, 조립 설치품이 포함되어 있다고 되어 있는데 앵커볼트 설치 품이 포함되어 있는지 질의 드립니다. 또한 형강 표면 처리가 포함되어 있는지 궁금합니다. 미포함이라면 별도 품을 산정하여 계상하여야 하는 사항이라 질의 드립니다.

답변내용

↪ 건축부문 "1-4-4 경량형강철골조 조립설치"는 공장에서 생산된 건축구조용 표면처리 경량형강을 철골세우기(스틸하우스 등) 기준으로 제시된 것이며, 앵커볼트 설치 포함 철골세우기 기준입니다. 또한 공장에서 생산된 표면처리 경량형강을 설치하는 기준으로, 표면처리 작업은 본 품에 포함되어 있지 않습니다.

제 2 장 조적공사

2-1 벽돌

2-1-1 벽돌 쌓기('13, '19, '25년 보완)

(일 당)

구 분		단 위	수 량	시공량(㎡)		
				0.5B	1.0B	1.5B
시공높이 3.6m 이하	조 적 공	인	3	25	15	11
	보통인부	〃	1			
시공높이 3.6m 초과~7.2m 이하	조 적 공	인	3	23	13	10
	보통인부	〃	2			
비 고	\- 공간쌓기를 하는 경우 시공량의 9%를 감한다. \- 비계사용 시 높이 7.2m 초과하는 경우 3.6m마다 시공량(시공높이 3.6m 초과~7.2m 이하)의 3%를 감한다. \- 지게차를 사용하는 경우 보통인부 1인을 제외하고, 지게차 2.5hr을 반영한다.					

[주] ① 본 품은 시멘트 벽돌(19×9×5.7㎝) 쌓기 기준이다.
② 본 품은 먹매김, 규준틀설치, 정착철물 설치(긴결철선, 앵커철물 등), 모르타르 비빔, 벽돌 절단 및 쌓기, 줄눈누르기 및 마무리 작업을 포함한다.
③ 본 품 배합이 완료된 상태의 건조시멘트모르타르 기준이며, 모르타르 배합(시멘트, 모래)이 필요할 경우 '[건축부문] 9-1-1 모르타르 배합'을 따른다.
④ 공구손료 및 경장비(비빔기 등)의 기계경비는 인력품의 2%로 계상한다.

【참 고】 벽돌쌓기 재료량

(㎡ 당)

구 분		단 위	수 량(벽두께)		
			0.5B	1.0B	1.5B
벽 돌(19×9×5.7㎝)		매	75	149	224
모 르 타 르		㎥	0.019	0.049	0.078

※ 모르타르의 재료량은 할증이 포함된 것이며, 배합비는 1:3 이다.

2-1-2 치장쌓기 및 줄눈설치('13, '19, '25년 보완)

(일 당)

구 분		단 위	수 량	시공량(㎡)		
				0.5B	1.0B	1.5B
시공높이 3.6m 이하	조 적 공	인	3	20	13	9
	줄 눈 공	〃	2			
	보 통 인 부	〃	1			
시공높이 3.6m 초과~7.2m 이하	조 적 공	인	3	18	11	8
	줄 눈 공	〃	2			
	보 통 인 부	〃	2			
비 고		- 비계사용 시 높이 7.2m 초과하는 경우 3.6m마다 시공량(시공높이 3.6m 초과~7.2m 이하)의 3%를 감한다. - 지게차를 사용하는 경우 보통인부 1인을 제외하고, 지게차 2.5hr을 반영한다.				

[주] ① 본 품은 치장벽돌(19×9×5.7㎝)의 공간쌓기(한면치장) 기준이다.
② 본 품은 먹매김, 규준틀설치, 정착철물 설치(고정철물, 줄눈보강근, 앵커철물, L형강앵글 등), 모르타르 비빔, 벽돌 절단 및 쌓기, 줄눈파기, 치장줄눈 작업을 포함한다.
③ 본 품 배합이 완료된 상태의 건조시멘트모르타르 기준이며, 모르타르 배합(시멘트, 모래)이 필요할 경우 '[건축부문] 9-1-1 모르타르 배합'을 따른다.
④ 공구손료 및 경장비(비빔기 등)의 기계경비는 인력품의 2%로 계상한다.

【참 고】 치장쌓기 및 줄눈 재료량

(㎡ 당)

구 분		단 위	수 량(벽두께)		
			0.5B	1.0B	1.5B
벽	돌(19×9×5.7㎝)	매	75	149	224
모 르 타 르	쌓 기	㎥	0.019	0.049	0.078
	치 장 줄 눈	〃	0.003	0.003	0.003

※ 모르타르의 재료량은 할증이 포함된 것이며, 배합비는 쌓기 1:3/치장줄눈 1:1 이다.

○ 참고자료

■ 치장벽돌 보강공법(특허 제10-2359500호)
앵커용 케미컬 캡슐 가드 및 앵커용 케미컬 캡슐 가드를 이용한 앵커 시공방법

1. SP앵커시스템 ø10㎜×300㎜
(개소 당)

명 칭	규 격	단위	수량	비고
SP앵커set	ø10㎜×300㎜	개	1	
드릴비트	천공용(TE-CX14/61)	〃	0.01	
〃	천공용(TE-CX16/27)	〃	0.005	
〃	천공용(TE-YX24/32)	〃	0.002	
케미컬앵커	내진주입식몰탈 HIT-HY 200R	〃	0.03	
잡재료	주재료비의 3%	식	1	
특별인부	일반공사 직종	인	0.01	
보통인부	〃	〃	0.009	
공구손료	인력품의 3%	식	1	

[주]장비비는 별도 계상한다.

■ 치장벽돌외벽 창호인방 보강공법
케미컬앵커 및 강판을 이용한 치장벽돌외벽 창호인방 보수보강공법

1. SP인방보강(치장벽돌인방)
(m 당)

명 칭	규 격	단위	수량	비고
SP앵커볼트-M16	ø16㎜×300㎜	개	3	
케미컬앵커	내진주입식몰탈 HIT-HY 200R	〃	0.36	
아연노강판	20×180×200×2.0t	매	0.32	
각종잡철물제작설치	철재, 간단	kg	6.28	
할석공	일반공사 직종	인	0.16	
특별인부	〃	〃	0.15	
보통인부	〃	〃	0.12	
공구손료	인력품의 3%	식	1	

2. SP인방보강(콘크리트인방)
(m 당)

명 칭	규 격	단위	수량	비고
SP앵커볼트-M16	ø16㎜×200㎜	개	3	
케미컬앵커	내진주입식몰탈 HIT-HY 200R	〃	0.24	
아연도강판	20×150×100×2.0t	매	0.22	
각종잡철물제작설치	철재, 간단	kg	4.23	
할석공	일반공사 직종	인	0.16	
특별인부	〃	〃	0.13	
보통인부	〃	〃	0.11	
공구손료	인력품의 3%	식	1	

[주]장비비 및 마감재는 별도 계상한다.

㈜삼풍산업

◆ 치장벽돌외벽 내진보강 · 인방보강
◆ 외벽내진보강용 SP앵커시스템(특허)
◆ 구조보강 · 시설물유지보수
◆ 금속구조물 · 창호 · 판넬
◆ 종합건설 · 리모델링
◆ 건축디자인 · 인테리어
◆ 전기 · 통신공사

본 사 : 경상북도 울진군 근남면 망양정로 1019, 2층
지 사 : 경상북도 칠곡군 석적읍 중지2길 37-1
E-mail : spgs6477@naver.com
TEL. 054)972-6477
FAX. 054)972-6577

■ 적벽돌 보강공법(특허 제10-1681139호)

건물 외부 벽체의 보강 또는 보수용 브라켓 및 이를 이용한 건물 외부 벽체의 보강 또는 보수공법

1. JS앵커 수평줄눈 보강공법(ø8㎜)

(m 당)

비 목	규 격	단위	수량	비고
JS 앵 커	ø8㎜×300㎜	개	4.00	
JS-BAR2	10×8×1000㎜	〃	1.00	
케미컬앵커주액	-	㎖	84.00	
드 릴 비 트	천공용(TE-CX10/61)	개	0.16	
에폭시실링재	에폭시퍼티(G200)	kg	0.10	
잡 재 료 비	재료비의 3%	식	1.00	
공 구 손 료	인건비의 3%	〃	1.00	
줄 눈 공	줄눈보강, 마감	인	0.04	
특 별 인 부	-	〃	0.10	
보 통 인 부	-	〃	0.10	

[주] 장비비는 별도 계상한다.

■ 적벽돌 보강공법(특허 제10-2112096호)

건물 치장벽의 보수보강용 칼블럭 및 이를 이용한 보수보강방법

1. JS-핀 보강공법(ø8㎜)

(개 당)

명 칭	규 격	단위	수량	비고
JS-핀	ø8㎜×300㎜	개	1.0	
드 릴 비 트	천공용(TE-CX10/61)	〃	0.01	
케미컬앵커주액	-	kg	0.01	
잡 재 료 비	재료비의 3%	식	1.00	
공 구 손 료	인건비의 3%	〃	1.00	
특 별 인 부	-	인	0.013	
보 통 인 부	-	〃	0.014	

[주] 장비비는 별도 계상한다.

시설물보수보강 및 내진보강전문기업
- 교량내진보강공사
- 구조물단면보수공법
- JS핀치장벽돌보강공법
- 투명발수우레아보수공법
- 내진 트러스 불연단열재 시공

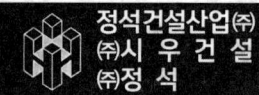

정석건설산업㈜
㈜시 우 건 설
㈜정 석

본　　사 : 경남 창원시 성산구 동산로220번길 29-1 지산빌딩 4층
기술연구소 : 경북 구미시 산동읍 신당4로 68-15 4층
울산사무소 : 울산광역시 울주군 범서읍 구영로82, 501호(이프라원)
TEL : 055-273-0300　FAX : 055-261-5702
www.jeungsuck.co.kr　e-mail : jsci0410@hanmail.net

■ JS투명발수우레아

1. JS투명발수우레아 0.6㎜

(㎡ 당)

명 칭	규 격	단위	수 량	비 고
JS1002 우 레 아	투명발수(연질)	kg	0.79	
잡 재 료 비	재료비의 3%	식	1.00	
공 구 손 료	인건비의 3%	〃	1.00	
도 장 공	-	인	0.020	
특 별 인 부	-	〃	0.015	
보 통 인 부	-	〃	0.020	

[주] 장비비는 별도 계상한다.

■ JS투명방수우레아

2. JS투명방수우레아 1.0㎜

(㎡ 당)

명 칭	규 격	단위	수 량	비 고
JS2002 우 레 아	투명방수(경질)	kg	1.32	
잡 재 료 비	재료비의 3%	식	1.00	
공 구 손 료	인건비의 3%	〃	1.00	
도 장 공	-	인	0.020	
특 별 인 부	-	〃	0.015	
보 통 인 부	-	〃	0.020	

[주] 장비비는 별도 계상한다.

■ 내진단열 일체형 패널 설치

(㎡ 당)

명 칭	규 격	단위	수 량	비고
패 널	각종	㎡	1.00	
L형 앵 글	50㎜×50㎜×50㎜×5T, STS304	개	2.50	
조 정 판	50㎜×150㎜×5T, STS304	〃	2.50	
외 부 용 실 란 트	석재전용	〃	0.25	
세 트 앙 카 볼 트	M10×100㎜	〃	2.50	
니 트/볼 트	M10	〃	2.50	
석 공	-	인	0.23	
보 통 인 부	-	〃	0.15	
공 구 손 료	노무비의	%	3.00	
동적내진트러스설치	-	㎡	1.00	
동적내진프로파일보강지지대	대형, 조적벽용	〃	1.00	
〃	소형	〃	1.00	

■ 동적내진 트러스 설치

(㎡당)

명 칭	규 격	단위	수량	비고
동적내진프로파일(1구)	50㎜×50㎜×2.0T, 아연도금	m	3.90	
L형 앵 글	70㎜×70㎜×70㎜×6T, 아연도금	개	2.50	
세트앙카볼트	M10×100㎜	〃	2.50	
용 접 공	-	인	0.12	
철 공	-	〃	0.06	
공 구 손 료	-	%	3.00	

■ 동적내진 프로파일 보강 지지대(대형, 조적벽용)

(㎡당)

명 칭	규 격	단위	수량	비고
보 강 판	180×250×6T, 아연도금	개	0.25	
소 형 지 지 대	60×90×3T, 아연도금	〃	1.00	
보 강 지 지 대	M8	〃	1.00	
JS 케미컬앵커	M12, 300㎜	〃	1.00	
너트/와샤	M12	〃	2.00	
철 공	-	인	0.04	
보 통 인 부	-	〃	0.02	
공 구 손 료	노무비의	%	3.00	
잡 재 료 비	재료비의	〃	3.00	

■ 동적내진 프로파일 보강 지지대(소형)

(㎡당)

명 칭	규 격	단위	수량	비고
소 형 지 지 대	60×90×3T, 아연도금	개	0.50	
보 강 지 지 대	M8	〃	0.50	
JS 케미컬앵커	M12, 300㎜	〃	0.50	
너트/와샤	M12	〃	0.50	
철 공	-	인	0.05	
보 통 인 부	-	〃	0.03	
공 구 손 료	노무비의	%	3.00	
잡 재 료 비	재료비의	〃	3.00	

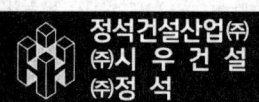

2-1-3 아치쌓기('13년 보완)

(1,000매 당)

구 분	단 위	수 량(벽두께)	
		1.0B	1.5B
조 적 공	인	4.5	3.6
보 통 인 부	〃	2.2	2.0

[주] ① 본 품은 기본벽돌(19×9×5.7㎝)의 아치쌓기 기준이다.
② 모르타르 배합 및 비빔, 먹매김, 아치벽돌쌓기, 줄눈파기 및 마무리작업을 포함한다.
③ 아치용 쌓기에 필요한 가설형틀 및 동바리는 별도 계상한다.
④ 공구손료 및 경장비(비빔기 등)의 기계경비는 인력품의 2%로 계상한다.

2-1-4 아치쌓기 치장줄눈 설치('13년 보완)

(1,000매 당)

구 분	단 위	수 량(벽두께)	
		1.0B	1.5B
줄 눈 공	인	0.4	0.3

[주] ① 본 품은 아치쌓기 구간에 치장줄눈을 채우는 기준이다.
② 모르타르 배합 및 비빔, 치장줄눈설치 및 마무리 작업을 포함한다.

참 고 아치쌓기 및 치장줄눈 재료량

(1,000매 당)

구 분		단 위	수 량(벽두께)	
			1.0B	1.5B
모르타르	쌓 기	㎥	0.31	0.34
	치 장 줄 눈	〃	0.019	0.013

※ 재료량은 할증이 포함된 것이며, 배합비는 쌓기 1:2/치장줄눈 1:1 이다.

2-1-5 인방보 설치('25년 신설)

(m당)

구 분	단 위	수 량			
		벽돌	치장벽돌	블록	ALC블록
조 적 공	인	0.06	0.08	0.08	0.06

[주] ① 본 품은 개구부 상부에 인방보를 설치하는 기준이다.
② 각 유형별 작업범위는 다음과 같다.

구 분	작업범위
벽 돌	- 인방보(기성콘크리트보) 설치, 철근 및 블록메시 보강, 동바리 설치·해체 작업을 포함한다.
치 장 벽 돌	- 정착철물(앵커철물, L형강앵글 등) 설치, 인방보(치장벽돌) 설치 작업을 포함한다.
블 록	- 인방보(U형블록) 설치, 철근 보강, 사춤, 동바리 및 가틀 설치·해체 작업을 포함한다.
ALC블록	- 인방보(ALC인방보) 설치, 철근 보강, 동바리 설치·해체 작업을 포함한다.

③ 인방보를 현장타설 콘크리트로 설치하는 경우 별도 계상한다.

2-2 블록

2-2-1 블록쌓기('13, '19, '25년 보완)

(일 당)

구 분		단위	수량	블록규격 (mm)	시공량(㎡)	
					한면마감	양면마감
시공높이 3.6m 이하	조적공	인	3	390×190×190	20	19
	보통인부	〃	1	390×190×150	24	23
				390×190×100	28	27
시공높이 3.6m 초과~7.2m 이하	조적공	인	3	390×190×190	19	18
	보통인부	〃	2	390×190×150	23	22
				390×190×100	27	25
비 고				- 비계사용 시 높이 7.2m 초과하는 경우 3.6m마다 시공량(시공높이 3.6m 초과~7.2m 이하)의 3%를 감한다. - 지게차를 사용하는 경우 보통인부 1인을 제외하고, 지게차 2.5hr을 반영한다.		

[주] ① 본 품은 콘크리트 블록을 막힌줄눈으로 쌓는 기준이다.
② 본 품은 먹매김, 규준틀설치, 와이어 매쉬 삽입, 모르타르 비빔, 블록 절단 및 쌓기, 줄눈누르기 및 마무리 작업을 포함한다.
③ 본 품 배합이 완료된 상태의 건조시멘트모르타르 기준이며, 모르타르 배합(시멘트, 모래)이 필요할 경우 '[건축부문] 9-1-1 모르타르 배합'을 따른다.
④ 인방보 설치가 필요한 경우 '2-1-5 인방보 설치'를 따른다.
⑤ 공구손료 및 경장비(비빔기 등)의 기계경비는 인력품의 2%로 계상한다.

참 고 블록쌓기 재료량

(㎡ 당)

구 분	단위	수 량(블록규격)		
		390×190×190mm	390×190×150mm	390×190×100mm
모르타르	㎥	0.010	0.009	0.006

※ 재료량은 할증이 포함된 것이며, 배합비는 1:3 이다.

2-2-2 블록 보강쌓기('13, '19, '25년 보완)

(일 당)

구 분		단위	수량	블록규격 (mm)	시공량(㎡)	
					한면마감	양면마감
시공높이 3.6m 이하	조적공 보통인부	인 〃	3 1	390×190×190 390×190×150 390×190×100	18 22 26	17 21 25
시공높이 3.6m 초과~7.2m 이하	조적공 보통인부	인 〃	3 2	390×190×190 390×190×150 390×190×100	17 20 24	16 19 23
비 고	- 블록 매장마다(간격 400㎜) 사춤을 하는 경우 시공량의 5%를 감한다. - 비계사용 시 높이 7.2m초과하는 경우 3.6m마다 시공량(시공높이 3.6m초과~7.2m이하)의 3%를 감한다. - 지게차를 사용하는 경우 보통인부 1인을 제외하고, 지게차 2.5hr을 반영한다.					

[주] ① 본 품은 콘크리트 블록 2장마다(간격 800㎜) 사춤하는 통줄눈 쌓기 기준이다.
② 본 품은 먹매김, 규준틀설치, 모르타르 비빔, 철망 및 고정철물 설치, 철근 절단 및 설치, 블록 절단 및 쌓기, 모르타르 사춤, 줄눈누르기 및 마무리 작업을 포함한다.
③ 본 품 배합이 완료된 상태의 건조시멘트모르타르 기준이며, 모르타르 배합(시멘트, 모래)이 필요할 경우 '[건축부문] 9-1-1 모르타르 배합'을 따른다.
④ 인방보 설치가 필요한 경우 '2-1-5 인방보 설치'를 따른다.
⑤ 공구손료 및 경장비(비빔기 등)의 기계경비는 인력품의 3%로 계상한다.

참 고 블록 보강쌓기 재료량

(㎡ 당)

구 분	단위	수 량 (블록규격)		
		390×190×190㎜	390×190×150㎜	390×190×100㎜
모 르 타 르	㎥	0.027	0.019	0.012

※ 재료량은 할증이 포함된 것이며, 배합비는 1:3 이다.

■ 조적벽체 보강공법

제 1 호표 균열보수(균열벽돌 적출 후 재시공)

(m 당)

명 칭	규 격	단 위	수 량
치 즐	-	개	0.16
적 벽 돌	190× 90× 57	매	15
시 멘 트	대리점	포	0.06216
모 래	서울, 자연사, 도착도	m^3	0.00453
노 무 비	특별인부(철거)	인	0.125
〃	보통인부(철거)	〃	0.125
〃	조적공	〃	0.0435
〃	줄눈공	〃	0.0135
〃	보통인부	〃	0.03128
잡 재 료	주재료비의 5%	식	1
공 구 손 료	인력품의 3%	〃	1

제 2 호표 치장줄눈시공(치장벽돌)

(m^2 당)

명 칭	규 격	단 위	수 량
줄 눈 몰 탈	회색	kg	8.89
잡 재 료	주재료비의 3%	식	0.03
줄 눈 공	줄눈몰탈 바름	인	0.042
보 통 인 부	몰탈 닦기	〃	0.021
〃	몰탈 비빔	〃	0.031

제 3 호표 하이픽스(보강) 350㎜

(개 당)

명 칭	규 격	단 위	수 량
하 이 픽 스	ø8×350㎜	개	1.05
착 암 공	드릴, 압입작업	인	0.031
보 통 인 부	송풍, 압입보조	〃	0.01
잡 재 료	주재료비의 3%	식	0.03
공 구 손 료	인력품의 3%	〃	0.03

제 4 호표 하이픽스(보수) 350㎜

(개 당)

명 칭	규 격	단 위	수 량
하 이 픽 스	ø8×350㎜	개	1.05
착 암 공	드릴, 압입작업	인	0.031
보 통 인 부	송풍, 압입보조	〃	0.01
잡 재 료	주재료비의 3%	식	0.03
공 구 손 료	인력품의 3%	〃	0.03

제 5 호표 하이픽스바(6×1000)

(m 당)

명 칭	규 격	단 위	수 량
하 이 픽 스 바	ø6×1000㎜	개	1.05
그 라 우 팅 주 입 재	GT-33	kg	0.446
다 이 아 몬 드 날	8″×3.2(이화)	개	0.013
줄 눈 몰 탈	-	kg	0.487
특 별 인 부	그라인더작업	인	0.042
보 통 인 부	몰탈 닦음, 비빔, 송풍	〃	0.021
방 수 공	그라우팅작업	〃	0.052
줄 눈 공	몰탈 바름	〃	0.006
잡 재 료	주재료비의 5%	식	0.05
공 구 손 료	인력품의 3%	〃	0.03

제 6 호표 줄눈컷팅

(m 당)

명 칭	규 격	단 위	수 량
컷 팅 날	14″×5	kg	0.009
할 석 공	커팅	인	0.06
보 통 인 부	보조, 집진	〃	0.06
공 구 손 료	인력품의 3%	식	1

[주] ① 부분철거를 위한 컷팅으로 치장벽돌벽 붕괴방지를 위해 600㎜ 간격마다 보수지지대 설치 후 작업진행

제 7 호표 줄눈철거(인력, 치장벽돌)

(㎡ 당)

명 칭	규 격	단 위	수 량
플 렛 치 즐	-	개	0.04
특 별 인 부	줄눈철거	인	0.0625
보 통 인 부	송풍	〃	0.0625
공 구 손 료	인력품의 3%	식	1

제 8 호표 방수지설치(W:500)

(m 당)

명 칭	규 격	단 위	수 량
방 수 지	T=100	m	1.1
방 수 공	방수지도포	인	0.039
보 통 인 부	보조	〃	0.026
잡 재 료	주재료의 3%	식	0.03
공 구 손 료	인력품의 3%	〃	0.03

제 9 호표 앵글(130×100×4.5T)

(m 당)

명 칭	규 격	단 위	수 량
앵 글	130×100×4.5T	m	1
치 장 벽 돌 공	앵글설치	인	0.083

[주] ① 앵글 규격은 공간벽(치장벽돌벽과 내벽사이)두께에 의해 실측 후 제작되므로 현장여건에 따라 변경.

제 10 호표 케미칼앙카(M16)

(조 당)

명 칭	규 격	단 위	수 량
케 미 컬 앙 카	UKA3 M16/125	개	1
앵 커 로 드	M16/190	〃	1.05
착 암 공	드릴, 앵커, 주입, 마감	인	0.104
보 통 인 부	송풍, 압입보조	〃	0.021
공 구 손 료	인력품의 3%	식	0.03

제 11 호표 벽돌벽철거(인력)

(㎡ 당)

명 칭	규 격	단위	수량
할 석 공	철거	인	0.156
보 통 인 부	철거보조, 반출, 정리	〃	1.406
공 구 손 료	인력품의 3%	식	0.03

[주] ① 부분철거이므로 치장벽돌벽 붕괴방지를 위해 600㎜ 간격마다 보수지지대 설치 후 작업진행.

제 12 호표 보수지지대설치

(개 당)

명 칭	규 격	단 위	수 량
앵 커	M16	개	1
지 지 대	150×90×5T	m	1
착 암 공	드릴작업	인	0.042
특 별 인 부	앵커작업	〃	0.021
공 구 손 료	인력품의 3%	식	0.03

[주] ① 지지대 규격은 공간벽(치장벽돌벽과 내벽사이)두께에 의해 실측 후 제작되므로 현장여건에 따라 변경.

제 13 호표 상인방 보강철물

(개 당)

명 칭	규 격	단 위	수 량
상 인 방 보 강 철 물	-	조	1
치 장 벽 돌 공	설치	인	0.031

※ 특허 제10-0628510호, 제10-0623206호

2-3 ALC

2-3-1 ALC블록 쌓기('13, '19, '25년 보완)

(일 당)

구 분		단 위	수 량	블록규격(mm)	시공량(㎡)
시공높이 3.6m 이하	조 적 공	인	3	600×400×100	23
				600×400×125	20
	보 통 인 부	〃	1	600×300×150	18
				600×300×200	17
시공높이 3.6m 초과~7.2m 이하	조 적 공	인	3	600×400×100	22
				600×400×125	19
	보 통 인 부	〃	2	600×300×150	17
				600×300×200	16
비 고				- 비계사용 시 높이 7.2m초과하는 경우 3.6m마다 시공량(시공높이 3.6m초과~7.2m이하)의 3%를 감한다. - 지게차를 사용하는 경우 보통인부 1인을 제외하고, 지게차 2.5hr을 반영한다.	

[주] ① 본 품은 경량기포 콘크리트 블록(ALC블록)의 쌓기 기준이다.
② 먹매김, 규준틀설치, 모르타르 비빔, 고정철물 설치, 블록 절단 및 설치, 줄눈누르기 및 마무리 작업을 포함한다.
③ 본 품 배합이 완료된 상태의 건조시멘트모르타르 기준이며, 모르타르 배합(시멘트, 모래)이 필요할 경우 '[건축부문] 9-1-1 모르타르 배합'을 따른다.
④ 인방보 설치가 필요한 경우 '2-1-5 인방보 설치'를 따른다.
⑤ 공구손료 및 경장비(비빔기 등)의 기계경비는 인력품의 3%로 계상한다.

참 고 경량기포 콘크리트(ALC) 재료량

(㎡ 당)

구 분	단 위	수 량(블록규격 mm)			
		600×400×100	600×400×125	600×300×150	600×300×200
모 르 타 르	kg	6.0	7.0	9.5	12.0

※ 재료량은 할증이 포함된 것이다.

2-3-2 ALC패널 설치('13, '25년 보완)

(일 당)

구 분	단위	수 량	패널두께(㎜)	시공량(㎡)
조 적 공	인	3	75	22
			100	19
			125	16
			150	14
보 통 인 부	〃	1	175	13
			200	11

[주] ① 본 품은 경량콘크리트 패널의 내벽설치 기준이다.
② 본 품은 먹매김, 패널 절단 및 설치, 충전재 주입 및 마무리 작업을 포함한다.
③ 부속철물 설치는 별도 계상한다.
④ 공구손료 및 경장비(절단기 등)의 기계경비는 인력품의 3%를 계상한다.

◎ 참고자료

■ 경량단열블록(eco블록) 쌓기

(㎡당)

구 분	규 격	단 위	높이 3.6m 이하			비 고
			eco블록 100T	eco블록 150T	eco블록 200T	
조 적 용 접 착 제	750㎖	개	0.170	0.255	0.340	
공구손료 및 경장비	노무비의 4%	식	1	1	1	
조 적 공	-	인	0.078	0.098	0.156	
보 통 인 부	-	〃	0.036	0.045	0.072	

구 분	규 격	단 위	높이 3.6m 초과			비 고
			eco블록 100T	eco블록 150T	eco블록 200T	
조 적 용 접 착 제	750㎖	개	0.170	0.255	0.340	
공구손료 및 경장비	노무비의 4%	식	1	1	1	
조 적 공	-	인	0.117	0.147	0.234	
보 통 인 부	-	〃	0.054	0.067	0.080	

[주] ① 본 품은 경량단열블록(eco블록)의 쌓기 기준이며, 재료의 할증은 포함되어 있다.
② 먹매김, 규준틀 설치, 정착물 설치, 블록 절단 및 쌓기, 마무리 작업을 포함한다.
③ 공구손료 및 경장비의 기계경비는 노무비의 4%로 한다.

뛰어난 내화·차음·내진 경량건식벽체

경량단열블록 eco블록

(주)에코지음   공장 : 세종시 부강면 등곡1길 5-28   Tel : 042-472-5592 (010-6449-3217)

품셈 유권해석

블록쌓기마감의 정의

표준품셈 블록쌓기 부분의 한면/양면마감은 어떠한 작업을 의미하는지('마감'의 의미 등)와 '마감'이 한 면도 없는 경우는 없는지 궁금합니다.

답변내용

➥ 표준품셈 건축부문 "2-2-2 블록 보강쌓기"에서 한면마감은 블록을 쌓고 줄눈누르기 및 마무리 작업을 한쪽 면에서만하는 경우에 적용하시기 바라며, 양면마감은 양쪽면에서 줄눈누르기 및 마무리 작업을 하는 경우에 적용하시기 바랍니다. 또한 마감이 없는 기준은 표준품셈에서 정하고 있지 않습니다.

앵글의 공장제작

치장쌓기 및 줄눈 표준품셈을 보면 본 품은 소운반, 모르타르 배합 및 비빔, 먹매김, 규준틀설치, 정착철물 설치, 치장벽돌쌓기, 줄눈파기 및 마무리작업을 포함한다고 적혀있습니다.
치장쌓기 및 줄눈설치 일위대가를 보면 조적공,보통인부,줄눈공,공구손료,모르타르배합(배합품포함) 으로 되어있고, 당 현장에는 아연용융도금 앵글,통배수구 C형고정철물 등 으로 시공하게 되어있습니다. 표준품셈 중 정착철물 설치 이부분의 구체적인 범위를 질의 합니다.
통배수구, 고정철물 등은 정착철물으로 생각되나 아연용융도금앵글 같은경우 기성치수도 아니고 곡선형으로 공장가공이 필요한데 이때 앵글 제작품도 치장벽돌쌓기 품에 포함되는지요?

답변내용

➥ 표준품셈 건축부문 "2-1-2 치장쌓기 및 줄눈설치"는 현장에서 먹매김, 규준틀설치, 정착철물 설치, 모르타르 비빔, 벽돌 절단 및 쌓기, 줄눈파기, 치장줄눈 작업을 포함하고 있으며, 앵글을 공장가공 및 제작하는 품은 포함되어 있지 않습니다.

치장쌓기를 위한 정착철물

치장쌓기 중 정착철물 설치 범위 문의드립니다. 설계도면상 앵글, 상,하단 통,배수구,몰탈네트,블릭타이 C형세트 등 자재비를 제외한 설치품 포함인지 문의드립니다.

답변내용

➥ 표준품셈 건축부문 "2-1-2 치장쌓기 및 줄눈설치"에서는 일반적인 치장쌓기를 위한 정착철물 설치작업(고정클립, 고정철물, 몰탈네트, 조인트, 통풍구, 통배수구 등)이 포함되어 있으며 재료비는 포함되어있지 않습니다

치장쌓기 및 줄눈설치의 수직고

2-1-2 치장쌓기 및 줄눈설치 항목에 벽의 높이 기준을 3.6m 이하 3.6m 초과 구분으로 각각 적용이 되는데 내부 조적의 경우 슬래브가 있어 층고 구분이 되나 외벽의 경우 층고 구분이 되지 아니하여 질의 드립니다. 외부 조적 쌓기 시 GL기준으로 3.6m 초과분을 적용하면 되는지 층고 마다 적용하여 각층바닥에서 3.6m 초과분을 적용하는지 질의드립니다.

답변내용

➡ 표준품셈 건축부문 "2-1-2 치장쌓기 및 줄눈설치"에서 제시하는 높이(3.6m)구분은 높이에 따른 생산성 차이로 실제 작업자가 쌓기를 수행하는 수직고 기준으로 적용하시기 바랍니다.

치장쌓기 부자재 규격 및 기타 인건비

2-1-2 치장쌓기 및 줄눈설치('13, '19년 보완) 하여 질의 드립니다.
질의1. 주기 ②에서 정착철물의 범위가 궁금합니다.
치장쌓기에 사용되는 정착철물의 종류는 아래 (1)~(6) 중 어느 항목이 해당되는지?
(1) 일정간격(가로×세로 0.5×0.5~0.6×0.6)마다 설치하는 연결철물(ㄱ형, C-형, 일자형 등)
(2) 견로방지를 위한 통배수구, 통풍구
(3) 창문(또는 OPEN구간) 상인방 벽돌을 매달수 있는 앵글(공간벽 두께에 따라 규격 다름) 설치
(4) 건물의 외벽이 높을 경우 3~5m마다 벽돌의 하중을 받을 수 있는 앵글설치(건물 전 구간)
(5) 앵글 설치시 앵글 부식 방지 및 수분유입을 방지하기 위한 방수지 설치
* 방수지 설치 시 방수지 고정을 위한 알미늄밴드 및 타정 못(@300)
(6) 수직신축조인트 설치
*수직신축조인트는 코너(1m 이상 2m 이내에 설치) 및 수평간격(9m 이상 14m 이내에 설치)에 설치 및 조인트 설치 시 벽돌의 50%를 절단하게 됨
질의2. 제9호표 앵글(130*100*4.5T) 설치 시 앵글 규격이 변경되어도 노무비는 동일하게 적용하는지 궁금합니다.
당 현장의 경우 앵글(L-230×120×9T) 무게가 27kg/m, 웨지앙카 M16 @400 인데 이 모든 것을 정착철물에 포함시켜 계산하는 것이 맞는지? 별도 계산이라면 제9호표 앵글(130*100*4.5t)에 의하여 계산하는지? 아니면 잡철물설치로 계산해도 되는지? 품셈 유권해석에 보면 앵글 공장가공은 별도라는 언급은 있으나 설치비에 대한 언급이 없어 질문합니다.
질의3. 방수지 설치에 대한 인건비를 별도 계상할 수 있는지 궁금합니다. 제8호표 방수지설치(w:500)를 참고하면 될까요?
질의4. 수직신축조인트를 정착철물에 포함하는지 아니면 별도 계상하는지 궁금합니다.
*수직신축조인트는 코너(1m 이상 2m 이내에 설치) 및 수평간격(9m 이상 14m 이내에 설치)에 설치 및 조인트 설치 시 벽돌의 50%를 절단하게 됨

또한 표준품셈에 수직신축조인트과 벽돌절단에 대한 자료가 없는데 어떤 것을 참고하면 될까요?

> **답변내용**
>
> ➡ 답변1. 표준품셈 건축부문 "2-1-2 치장쌓기 및 줄눈설치"에 포함된 정착철물의 종류는 (1),(2),(5),(6) 에 해당합니다.
> 답변2. 표준품셈 건축부문 "2-1-2 치장쌓기 및 줄눈설치"에서 인방(앵글)은 별도 계상하시기 바랍니다. 내진설계를 위한 인방철물설치 작업은 25년 표준품셈 개정 시 반영될 예정이며, 현재 품셈에는 반영되어 있지 않습니다. 또한 앵글설치에 대한 기준은 정하고 있지 않으며 표준품셈에서 정하지 않는 사항은 동품셈 1-1-3 의 4항을 참조하시어 적정한 예정가격산정기준을 적의 결정하여 사용하시기 바랍니다.
> 답변3. 표준품셈 건축부문 "2-1-2 치장쌓기 및 줄눈설치"에서 조적조 최하단부에 설치되는 메쉬망과 방수지 품은 포함됩니다.
> 답변4. 표준품셈 건축부문 "2-1-2 치장쌓기 및 줄눈설치"에서 균열방지를 위한 신축조인트 및 벽돌절단품은 포함하고 있습니다.

외벽 조적벽의 단열재 공사

외벽에 조적벽을 쌓을때 0.5B 쌓고 단열재를 설치하고 또 0.5B를 쌓을때에는 품셈을 어떤걸로 적용해야하는지 질의 드립니다.
1. 0.5B 공간쌓기 면적 ×2
2. 1.0B 공간쌓기
3. 0.5B 벽돌쌓기 + 0.5B 공간쌓기

만약 2번을 적용해야하는 경우, 0.5B 공간쌓기는 어떤 시공에서 적용해야 하는지 궁금합니다. 또한 공간쌓기 0.5B, 1.0B, 1.5B 어떤 시공방법에 적용하는지 궁금합니다.

> **답변내용**
>
> ➡ 표준품셈 건축부문 "2-1 벽돌"은 해당 쌓기 공법에 대한 품 기준을 제시하고 있으며, 표준품셈 관리기관에서는 공법선정여부에 대해서는 정하고 있지 않습니다. 설계조건을 고려하여 공법을 적용하시기 바라며 이에 관련된 품셈항목을 적용하시기 바랍니다.

중량구조물 설치품

기성품 기초콘크리트 설치를 위한 표준품셈을 검색하다가 중량구조물 설치 품셈이 있어서 적용 가능여부와 24년도 표준품셈에는 찾지 못해서 문의 드립니다. 또한 플륨관 설치 품셈을 적용해도 되는지 문의 드립니다.

답변내용

➡ 2023년 표준품셈 개정시 중량구조물(낙차공, 분수관, L형플륨) 설치항목은 적용실적이 미미하여 개정시 삭제하였습니다. 표준품셈에서 정하지 않는 사항은 동품셈 1-1-3의 4항을 참조하시어 적정한 예정가격산정기준을 적의 결정하여 사용하시기 바랍니다.

보강블럭쌓기 중 방수턱 공사

표준품셈 또는 표준시장단가 보강블럭쌓기에서 단가정의에서 철망 및 고정철물 설치, 철근절단 및 설치로 되어있습니다.
당초 도면에는 앵커철물HD10@800으로 표기된 경우에 관련해 질의 드립니다.
상세도면대로 시공불가 방수턱이 없는 경우와 방수턱이 있는 경우 L형 HD10@800으로 시공하는 것에 어려움이 있어 방수턱 설치 후 천공하여 케미컬약액을 주입 HD10@800 설치 시공했습니다. 이때 앵커철물은 품셈에서 정의한 철물 및 고정철물에 해당이 되는지를 판단하는 거셍대해 질의 드립니다. 고정철물에 해당이 된다면 설치는 쌓기 비용에 포함되는지 아니면 설치비를 별도로 계산하여 반영을 해야하는지 질문 드립니다.

답변내용

➡ 건축부문 "2-2 블록 보강쌓기"에서는 고정철물(앵커 철물, 철근 등) 설치하는 작업을 포함하고 있습니다. 고정철물 설치비용은 포함하고 있으니 별도 계상하실 필요는 없습니다.

제 3 장 타일공사

3-1 공통공사

3-1-1 바탕 고르기('98년 신설, '13, '14, '20, '25년 보완)

(일당)

구 분	단위	수량	시공량(㎡)	
			벽	바닥
미 장 공	인	2	45	62
보 통 인 부	〃	1		

[주] ① 본 품은 타일공사 전 두께 24㎜이하(2회 바름)로 모르타르를 바르는 기준이다.
　　② 본 품은 모르타르 비빔 및 바름, 쇠흙손 마감, 물매 맞추기를 포함한다.
　　③ 본 품 배합이 완료된 상태의 건조시멘트모르타르 기준이며, 모르타르 배합(시멘트, 모래)이 필요할 경우 '[건축부문] 9-1-1 모르타르 배합'을 따른다.
　　④ 공구손료 및 경장비(비빔기 등)의 기계경비는 인력품의 2%로 계상한다.

3-1-2 타일줄눈 설치('98년 신설, '13, '20년 보완)

(㎡ 당)

구 분		단위	수 량		
			0.04~0.10㎡ 이하	0.11~0.20㎡ 이하	0.21~0.40㎡ 이하
바 닥 면	줄 눈 공	인	0.016	0.013	0.011
벽 면	줄 눈 공	〃	0.020	0.017	0.015

[주] ① 본 품은 배합이 완료된 상태의 줄눈재로 타일의 줄눈을 설치(도포)하는 기준이다.
　　② 본 품은 줄눈재 비빔, 줄눈설치 및 마무리 작업을 포함한다.
　　③ 재료량은 다음을 참고한다.

(㎡ 당)

구 분	떠붙이기	압착붙이기
줄 눈 모 르 타 르 량(㎡)	0.005	0.001

※ 배합비 1:1 기준하며, 재료할증은 포함되어 있다.

3-2 타일 붙임

3-2-1 떠붙이기('07, '13, '16, '20, '25년 보완)

(일 당)

구 분	단 위	수 량	타일규격(㎡)	시공량(㎡)
타 일 공	인	2	0.04~0.10 이하	13
			0.11~0.20 이하	15
보 통 인 부	〃	1	0.21~0.40 이하	16
비 고	\multicolumn{4}{l}{- 특수타일(유도타일, 축광타일, 문양을 내기위해 비규칙적으로 절단하여 시공되는 이형타일 등) 붙임은 시공량의 26~33%를 감한다.}

[주] ① 본 품은 모르타르를 사용한 타일의 떠붙이기(벽면) 기준이다.
② 본 품에는 모르타르 비빔, 먹매김, 규준틀설치, 타일붙임, 줄눈파기 및 마무리작업을 포함한다.
③ 특정 모양으로 형상화된 타일(부조타일, 벽화타일)을 붙이는 경우 별도 계상한다.
④ 본 품 배합이 완료된 상태의 건조시멘트모르타르 기준이며, 모르타르 배합(시멘트, 모래)이 필요할 경우 '[건축부문] 9-1-1 모르타르 배합'을 따른다.
⑤ 공구손료 및 경장비(비빔기 등)의 기계경비는 인력품의 3%로 계상한다.
⑥ 붙임 모르타르 재료량은 다음을 참고한다.

(㎡ 당)

구분(바름두께)	붙임 모르타르(벽체, ㎥)
12㎜	0.014
15㎜	0.017
18㎜	0.020
24㎜	0.026

※ 배합비 1:3 기준이며, 재료할증은 포함되어 있다.

3-2-2 압착 붙이기('13, '20, '25년 보완)

(일 당)

구 분	단 위	수 량	타일규격(㎡)	시공량(㎡)	
				바닥면	벽면
타 일 공	인	2	0.04~0.10 이하	18	15
			0.11~0.20 이하	21	16
보 통 인 부	〃	1	0.21~0.40 이하	22	18
비 고	- 모자이크(유니트형) 타일 붙임은 시공량의 20%를 감한다. - 특수타일(유도타일, 축광타일, 문양을 내기위해 비규칙적으로 절단하여 시공되는 이형타일 등) 붙임은 시공량의 26~33%를 감한다.				

[주] ① 본 품은 모르타르를 사용한 타일의 압착 붙이기 기준이다.
② 본 품에는 모르타르 비빔, 먹매김, 규준틀설치, 타일붙임, 줄눈파기 및 마무리작업을 포함한다.
③ 특정 모양으로 형상화된 타일(부조타일, 벽화타일)을 붙이는 경우 별도 계상한다.
④ 본 품 배합이 완료된 상태의 건조시멘트모르타르 기준이며, 모르타르 배합(시멘트, 모래)이 필요할 경우 '[건축부문] 9-1-1 모르타르 배합'을 따른다.
⑤ 공구손료 및 경장비(비빔기 등)의 기계경비는 인력품의 3%로 계상한다.
⑥ 붙임 모르타르 재료량은 다음을 참고한다.

(㎡ 당)

구 분 바름두께	붙임 모르타르(㎡)	
	바닥면	벽면
5㎜	0.005	0.006
6㎜	0.006	0.007
7㎜	0.007	0.008

※ 배합비 1:2 기준하며, 재료할증은 포함되어 있다.

제 3 장 타일공사 | 1181

⊙ 참고자료

■ Nix-Tile-Panel 공법(제조 특허 : 10-1053089호, 공법 특허 : 10-1048752호)

1. 표면처리(바탕면 만들기)

(㎡ 당)

공 종	규 격	단위	바닥	벽	천장
표 면 처 리(그라인딩)	방 수 공	인	0.037	0.041	0.0492
	도 장 공	〃	0.015	0.017	0.0204

[주] ① 타일 압착 전 바탕면에 구도막 제거 및 평탄화 작업시 적용 할 수 있다.
　　② 표면처리(그라인딩)는 기구손료를 노무비의 3%이내로 적용할 수 있다.
　　③ 고압세척작업이 필요한 경우는 별도 계상한다.

2. Nix-Tile-Panel 공법

(㎡ 당)

품 목	규 격	단위	위 치		
			바닥	벽	천장
고광택수색타일(패널)	Nix-Tile-Panel	㎡	1.03	1.03	1.03
수처리용폴리머 (접착용)	Nix-Polymer	kg	8.2	8.2	8.2
〃 (줄눈용)	Nix-Polymer	〃	0.36	0.36	0.36
노 임	타 일 공	인	0.111~0.211	0.133~0.253	0.160~0.304
	보 통 인 부	〃	0.056~0.106	0.067~0.127	0.080~0.152
	줄 눈 공	〃	0.016	0.020	0.024

[주] ① 타일공, 보통인부는 각 현장별 구조물에 따라 할증이 적용된다.
　　② 현장여건과 구조물, 자재 등에 따른 노임부분의 할증은 상기 노임적용 수량의 범위 내에서 적용한다.
　　③ 위험, 분산 고소 등의 기타 할증은 별도로 적용한다.
　　④ 천장면의 재료는 10% 까지 할증하여 적용 할 수 있다.
　　⑤ 기타공종 및 가시설은 별도로 적용한다.

친환경산업의 선두주자! 케이닉스공사 수처리전용타일(패널)

|주|케이닉스공사

- KS, KC 인증제품, 한국수자원공사(K-Water) 등록기술
- 한국수자원공사(K-Water) 성과공유제 검증제품
- 상수도 시설물 내부방식 공법 선정 세부평가 전항목 1등급
- 침전지, 여과지, 배수지 등 수처리전용 구조물 적용

 특허청
· 특허 제10-1053089호
· 특허 제10-1048752호

서울시 마포구 잔다리로 36-1 동강빌딩 3층　www.knix.co.kr　TEL.02-333-2025　FAX.02-322-3348

3-2-3 접착 붙이기('98년 신설, '13, '16, '20, '25년 보완)

(일 당)

구 분	단 위	수 량	타일규격(㎡)	시공량(㎡)
타 일 공	인	2	0.04~0.10 이하	25
			0.11~0.20 이하	26
보 통 인 부	〃	1	0.21~0.40 이하	28
비 고	- 모자이크(유니트형) 타일 붙임은 시공량의 20%를 감한다. - 특수타일(유도타일, 축광타일, 문양을 내기위해 비규칙적으로 절단하여 시공되는 이형타일 등) 붙임은 시공량의 26~33%를 감한다.			

[주] ① 본 품은 유기질접착제를 사용한 타일의 접착붙이기(벽면) 기준이다.
② 본 품에는 먹매김, 규준틀설치, 접착제 비빔, 타일붙임, 줄눈파기 및 마무리작업을 포함한다.
③ 특정 모양으로 형상화된 타일(부조타일, 벽화타일)을 붙이는 경우 별도 계상한다.
④ 공구손료 및 경장비(비빔기 등)의 기계경비는 인력품의 3%로 계상한다.

3-2-4 접착 붙이기(에폭시 접착제)('25년 신설)

(일 당)

구 분	단 위	수 량	타일규격(㎡)	시공량(㎡)
타 일 공	인	2	0.21~0.40 이하	21
보 통 인 부	〃	1		
타 일 공	인	3	0.40~0.75 이하	30
보 통 인 부	〃	1		

[주] ① 본 품은 에폭시 접착제를 사용한 타일의 접착 붙이기(벽면) 기준이다.
② 본 품에는 먹매김, 규준틀설치, 접착제 비빔, 타일붙임, 줄눈파기 및 마무리작업을 포함한다.
③ 특정 모양으로 형상화된 타일(부조타일, 벽화타일)을 붙이는 경우 별도 계상한다.
④ 공구손료 및 경장비(비빔기 등)의 기계경비는 인력품의 3%로 계상한다.

제 4 장 목공사

4-1 구조목공사

4-1-1 먹매김('15년 보완)

(㎡ 당)

구 분	단 위	거푸집 먹매김		구조부 먹매김	
		주택	일반	주택	일반
건 축 목 공	인	0.021	0.012	0.009	0.005

[주] ① 본 품은 바닥면적 기준이다.
　　② 거푸집먹매김은 거푸집을 설치하기 위한 작업이며, 구조부먹매김은 거푸집해체 후 구조부 내부의 기준선을 표시하기 위한 작업이다.
　　③ '일반'은 학교, 공장, 사무소 등으로 '주택'에 비해 공간, 벽이 적은 구조물을 의미한다.

4-1-2 마루틀 설치('24년 보완)

(일 당)

구 분	단 위	수 량	시공량(㎡)
건 축 목 공	인	4	75
보 통 인 부	〃	1	

[주] ① 본 품은 콘크리트 바탕 위 장선목을 사용한 이중바닥틀 설치 기준이다.
　　② 본 품은 PE필름 깔기, 받침목(높이조절용) 설치, 장선목 절단 및 설치 작업이 포함한다.
　　③ 공구손료 및 경장비(절단기, 타정기 등)의 기계경비는 인력품의 4%로 계상한다.

4-1-3 마루바탕 설치('24년 보완)

(일 당)

구 분	단 위	수 량	시공량(㎡)
건 축 목 공	인	4	155
보 통 인 부	〃	1	

[주] ① 본 품은 마루틀 장선 위에 합판 깔기 기준이다.
　　② 공구손료 및 경장비(절단기, 타정기 등)의 기계경비는 인력품의 4%로 계상한다.

4-1-4 마루널 설치('24년 보완)

(일 당)

구 분	단 위	수 량	시공량(㎡)
건 축 목 공	인	4	70
보 통 인 부	〃	1	

[주] ① 본 품은 합판 위에 못을 사용한 마루널 설치 기준이다.
② 마루널은 두께 22㎜, 폭 60㎜를 기준한 것이다.
③ 공구손료 및 경장비(절단기, 타정기 등)의 기계경비는 인력품의 4%로 계상한다.

4-2 수장목공사

4-2-1 벽체틀 설치('24년 보완)

(일 당)

구 분	단 위	수 량	시공량(㎡)
건 축 목 공	인	2	75
보 통 인 부	〃	1	

[주] ① 본 품은 벽체 바탕면에 합판 또는 석고보드 등을 붙이기 위해 목조벽체틀을 설치하는 기준이다.
② 본 품의 틀간격은 450~600㎜를 기준한 것이다.
③ 본 품은 틀 절단 및 설치 작업을 포함한다.
④ 공구손료 및 경장비(절단기, 타정기 등)의 기계경비는 인력품의 2%를 계상한다.

4-2-2 칸막이벽틀 설치('24년 보완)

(일 당)

구 분	단 위	수 량	시공량(㎡)
건 축 목 공	인	2	20
보 통 인 부	〃	1	

[주] ① 본 품은 내부 칸막이벽틀(틀간격 450~600㎜)을 설치하는 기준이다.
② 본 품은 틀 절단 및 설치 작업을 포함한다.
③ 공구손료 및 경장비(절단기, 타정기 등)의 기계경비는 인력품의 3%로 계상한다.
④ 잡재료 및 소모재료(못 등)은 주재료비의 5%로 계상한다.

4-2-3 벽체합판 설치('24년 보완)

(일 당)

구 분	단 위	수 량	시공량(㎡)
건 축 목 공	인	2	40
보 통 인 부	〃	1	

[주] ① 본 품은 벽체틀 바탕에 목재합판을 설치하는 기준이다.
② 본 품은 합판 절단 및 설치 작업을 포함한다.
③ 공구손료 및 경장비(절단기, 타정기 등)의 기계 경비는 인력품의 2%를 계상한다.

4-2-4 수장합판 설치('24년 보완)

(일 당)

구 분	단 위	수 량	시공량(㎡)
건 축 목 공	인	2	37
보 통 인 부	〃	1	

[주] ① 본 품은 바탕합판 위에 수장합판을 설치하는 기준이다.
② 본 품은 합판 절단 및 설치 작업을 포함한다.
③ 공구손료 및 경장비(절단기, 타정기 등)의 기계경비는 인력품의 2%를 계상한다.
④ 재료량은 다음을 참고한다.

(㎡ 당)

구 분	단 위	수 량
접 착 제	kg	0.27

4-2-5 커튼박스 설치

(m 당)

구 분	단 위	수 량
건 축 목 공	인	0.037
보 통 인 부	〃	0.004

[주] ① 본 품은 천장에 목재로 커튼박스를 설치하는 기준이다.
② 본 품은 커튼박스 제작 및 설치 작업이 포함된다.
③ 공구손료 및 경장비(절단기, 타정기 등)의 기계경비는 인력품의 2%를 계상한다.

4-3 부대목공사

4-3-1 토대설치('15년 신설)

(m 당)

구 분	단 위	수 량
건 축 목 공	인	0.073
보 통 인 부	〃	0.025

[주] ① 본 품은 콘크리트 바닥면에 씰실러와 방부목으로 토대를 설치하는 기준이다.
② 본 품은 앵커설치, 씰실러 깔기, 방부목 절단 및 설치작업이 포함된 것이다.
③ 공구손료 및 경장비(절단기, 타정기 등)의 기계경비는 인력품의 2%를 계상한다.

4-3-2 목재데크틀 설치('24년 보완)

(일 당)

구 분		단 위	수 량	시공량(ton)
평 구 조	철 공	인	3	0.40
	용 접 공	〃	1	
	보 통 인 부	〃	1	
계 단 구 조	철 공	인	4	0.32
	용 접 공	〃	1	
	보 통 인 부	〃	2	

[주] ① 본 품은 철물(각관 및 형강)을 사용하여 데크틀(H-Beam 등 철골류 제외)을 설치하는 기준이다.
② 본 품은 수직재 및 수평재(기초철물, 멍에, 장선 등) 제작 및 설치 작업을 포함한다.
③ 평구조는 데크 바탕면을 수평형태로 형성하는 구조이다.
④ 계단구조는 데크 바탕면을 계단형태로 형성하는 구조이다.
⑤ 기초콘크리트 설치는 별도 계상한다.
⑥ 공구손료 및 경장비(절단기, 용접기 등)의 기계경비는 인력품의 4%로 계상한다.

4-3-3 목재데크 설치('24년 보완)

(일 당)

구 분	단 위	수 량	시공량(㎡)
건 축 목 공	인	3	18
보 통 인 부	〃	1	

[주] ① 본 품은 목재데크(평구조, 계단구조)를 볼트로 고정하여 설치하는 기준이다.
② 본 품은 목재데크 절단 및 설치작업을 포함한다.
③ 난간 설치, 오일스테인칠은 별도 계상한다.
④ 공구손료 및 경장비(절단기, 전동드릴, 발전기 등)의 기계경비는 인력품의 2%로 계상한다.
⑤ 잡재료 및 소모재료(데크 연결용 클립, 고정피스 등)는 주재료비의 6%로 계상한다.

품셈 유권해석

수장합판 설치

4-2-4 수장합판 설치 문의 드립니다.
해당 품에 사용되는 재료 물량 접착제 0.27kg이 나와있는데 해당 접착제 물량이 1일 시공량인 37㎡당 0.27kg인지 아니면 1㎡당 0.27kg인지 궁금합니다.
저는 1일 시공량 기준 물량인 것 같긴 한데 1㎡당 0.27kg이라고 말씀하시는 분이 계셔서 확인 부탁드립니다.

답변내용

➡ 건축부문 "4-2-4 수장합판 설치"에서 주4 재료량 0.27kg은 ㎡당 기준입니다. 향후 개정시 단위를 표시하도록 하겠습니다.

제 5 장 수장공사

5-1 바닥

5-1-1 PVC계 바닥재 설치('15, '24년 보완)

(일 당)

구 분	단 위	수 량	시공량(㎡)		
			타일형	시트형 (전면접착 방식)	시트형 (부분접착 방식)
내 장 공 보 통 인 부	인 〃	2 1	40	100	140

[주] ① 본 품은 접착제를 사용한 PVC계 바닥재(타일형, 시트형)를 설치하는 기준이다.
② 본 품은 접착제 바르기, 바닥재 절단 및 붙이기, 보양재 덮기 및 제거 작업을 포함한다.
③ 재료량은 다음을 참고한다.

구 분	단 위	바닥 타일	바닥 시트	
			전면접착 방식	부분접착 방식
접 착 제	kg	0.24~0.45	0.4	0.12

※ 위 재료량은 할증이 포함된 것이다.

5-1-2 카페트 설치('24년 보완)

(일 당)

구 분	단 위	수 량	시공량(㎡)
내 장 공 보 통 인 부	인 〃	2 1	40

[주] ① 본 품은 청소, 바탕처리 등이 포함되어 있다.
② 공구손료는 인력품의 3% 이내에서 계상한다.
③ 재료량은 다음을 참고한다.

구 분	단 위	수 량	비 고
카 페 트 펠 트 접 착 제	㎡ 〃 kg	1.1 1.1 0.1	※ 톱밥, 비닐 등은 필요시 별도 계상

※ 위 재료량은 할증이 포함된 것이다.

5-1-3 플로어링 마루 설치('06년 신설, '15, '24년 보완)

(일 당)

구 분	단 위	수 량	시공량(㎡)
내 장 공	인	2	50
보 통 인 부	〃	1	

[주] ① 본 품은 플로어링류 마루(합판마루, 강화마루, 온돌마루 등)를 설치하는 기준이다.
　② 본 품은 접착제 바르기 또는 바탕시트깔기, 마루 절단 및 설치, 코킹, 모래주머니 누르기, 보양재 덮기 및 제거 작업을 포함한다.
　③ 공구손료 및 경장비(절단기 등)의 기계경비는 인력품의 2%를 계상한다.

5-1-4 이중바닥 설치('22년 신설, '24년 보완)

(일 당)

구 분	단 위	수 량	시공량(㎡)	
			독립지지 다리방식	장선방식
내 장 공	인	2	27	22
보 통 인 부	〃	1		

[주] ① 본 품은 바닥을 이중구조로 이격하여 설치하는 이중바닥(스틸패널, 무기질패널) 기준이다.
　② 독립지지 다리방식은 높이조절용 지지철물 설치, 패널 절단 및 설치, 보양 작업을 포함한다.
　③ 장선방식은 높이조절용 지지철물 및 장선 설치, 패널 절단 및 설치, 보양 작업을 포함한다.
　④ 바닥마감재 설치(PVC계, 카페트 등)는 별도 계상한다.
　⑤ 공구손료 및 경장비(절단기 등)의 기계경비는 인력품의 5%를 계상한다.

5-2 천장

5-2-1 흡음텍스 설치('24년 보완)

(일 당)

구 분	단 위	수 량	시공량(㎡)
내 장 공	인	2	45
보 통 인 부	〃	1	

[주] ① 본 품은 경량천장철골틀(M-BAR)에 흡음텍스(300×600㎜)를 설치하는 기준이다.
　② 본 품은 텍스 절단 및 설치 작업이 포함되어 있다.
　③ 공구손료 및 경장비(전동드릴 등)의 기계경비는 인력품의 3%로 계상한다.
　④ 잡재료 및 소모재료(못 등)는 주재료비의 3%로 계상한다.

5-2-2 열경화성수지천장판 설치('22년 신설, '24년 보완)

(일 당)

구 분	단 위	수 량	시공량(㎡)	
			개당 0.2㎡ 이하	개당 0.4㎡ 이하
내 장 공	인	2	45	55
보 통 인 부	〃	1		

[주] ① 본 품은 경량천장철골틀(Clip-BAR)에 열경화성수지천장판을 설치하는 기준이다.
② 본 품은 천장판 절단 및 설치 작업을 포함한다.
③ 공구손료 및 경장비(절단기, 전동드릴 등)의 기계경비는 인력품의 3%로 계상한다.

5-2-3 석고판 설치(나사고정)('22년 신설, '24년 보완)

(일 당)

구 분	단 위	수 량	시공량(㎡)		
			바탕용(1겹)	바탕용(2겹)	치장용
내 장 공	인	2	45	35	25
보 통 인 부	〃	1			

[주] ① 본 품은 경량천장철골틀에 석고판을 나사로 고정하여 설치하는 기준이다.
② 치장용은 바탕용 석고판(1겹)과 치장용 석고판(1겹) 붙임 기준이다.
③ 본 품은 석고판 절단 및 설치 작업을 포함한다.
④ 공구손료 및 경장비(드릴 등)의 기계경비는 인력품의 1%로 계상한다.

5-3 벽

5-3-1 석고판 설치(나사고정)('15, '24년 보완)

(일 당)

구 분	단 위	수 량	시공량(㎡)		
			바탕용(1겹)	바탕용(2겹)	치장용
내 장 공	인	2	60	45	30
보 통 인 부	〃	1			

[주] ① 본 품은 벽면 바탕틀에 석고판을 설치하는 기준이다.
② 치장용은 바탕용 석고판(1겹)과 치장용 석고판(1겹)붙임 기준이다.
③ 본 품은 석고판 절단 및 설치 작업을 포함한다.
④ 공구손료 및 경장비(드릴 등)의 기계경비는 인력품의 1%를 계상한다.

5-3-2 석고판 설치(접착제 붙임)('24년 보완)

(일당)

구 분	단 위	수 량	시공량(㎡)
내 장 공	인	2	70
보 통 인 부	〃	1	

[주] ① 본 품은 접착제로 석고판 1겹 붙임 기준이다.
② 본 품은 접착제 비빔, 석고판 절단 및 설치, 정리 및 마무리 작업을 포함한다.
③ 공구손료 및 경장비(접착제비빔기 등)의 기계경비는 인력품의 1%를 계상한다.
④ 재료량은 다음을 참고한다.

구 분	단 위	수 량
접 착 제	kg	2.43

※ 위 재료량은 할증이 포함된 것이다
⑤ 내화벽인 경우에는 별도 계상한다.

5-3-3 샌드위치(단열)패널 설치('24년 보완)

(일당)

구 분		단 위	수 량	시공량(㎡)
칸 막 이 벽	내 장 공	인	2	20
	보 통 인 부	〃	1	
지 붕	내 장 공	인	3	80
	보 통 인 부	〃	1	
	크 레 인	대	1	
비 고	- 줄눈재 설치가 필요한 경우 다음을 적용한다. (일당)			
	구 분	단 위	수 량	시공량(m)
	내 장 공	인	1	37

[주] ① 본 품은 샌드위치 패널(두께 50~100㎜) 설치 기준이다.
② 본 품은 패널 절단 및 설치, 코너비드 설치, 실리콘 마감(코킹) 작업을 포함한다.
③ 크레인의 규격은 작업여건(시공높이, 시공위치 등) 및 안전율(적정하중, 작업반경 등)을 고려하여 적합한 규격을 적용한다.
④ 공구손료 및 경장비(절단기, 전동드릴 등)의 기계경비는 인력품의 2%로 계상한다.
⑤ 샌드위치패널 및 부속철물은 별도 계상한다.
⑥ 잡재료 및 소모재료(실리콘 등)는 주재료비의 5%로 계상한다.

5-3-4 흡음판 설치('15, '24년 보완)

(일 당)

구 분	단 위	수 량	시공량(㎡)
내 장 공	인	2	40
보 통 인 부	〃	1	

[주] ① 본 품은 건축물 내부 공조실, 기계실 등에 방음을 위하여 흡음판을 조이너로 고정하여 설치하는 기준이다.
② 공구손료 및 경장비(드릴 등)의 기계경비는 인력품의 1%를 계상한다.
③ 재료량은 다음을 참고한다.

구 분	규 격	단 위	수 량
흡 음 판	1,000×2,000×50㎜	㎡	1.05
조 이 너	P.V.C 50T	m	3.05
접 착 제	-	kg	0.28

※ 위 재료량은 할증이 포함된 것이다.

5-3-5 걸레받이 설치('16, '24년 보완)

(일 당)

구 분		단 위	수 량	시공량(m)
석 재 류	석 공	인	3	25
	보통인부	〃	1	
합 성 수 지 류	내 장 공	인	2	200
	보 통 인 부	〃	1	
중밀도섬유판	내 장 공	인	2	165
	보 통 인 부	〃	1	

[주] ① 본 품은 걸레받이(높이 75~120㎜) 설치 기준이다.
② 본 품은 바탕면 정리, 걸레받이 절단 및 설치작업을 포함한다.
③ 공구손료 및 경장비(절단기 등)의 기계경비는 인력품의 2%로 계상한다.
④ 재료량은 다음을 참고한다.

구 분	단 위	석재류	합성수지류	중밀도섬유판
테 라 조	m	1.0	-	-
합 성 수 지	〃	-	1.04	-
중 밀 도 섬 유 판	〃	-	-	1.04
접 착 제	kg	-	0.022~0.035	0.022~0.035
모 르 타 르	-	별도계상	-	-

5-3-6 마루귀틀 설치('22년 신설)

(m 당)

구 분	단 위	수량
내 장 공	인	0.060
보 통 인 부	〃	0.010

[주] ① 본 품은 현관마루 등 굽이 있는 테두리에 설치하는 마루귀틀 기준이다.
② 본 품은 귀틀 절단 및 설치, 모르타르 사춤 작업을 포함한다.
③ 공구손료 및 경장비(절단기 등)의 기계경비는 인력품의 2%로 계상한다.

5-3-7 도배바름('15, '24년 보완)

(일 당)

구 분	단 위	수 량	시공량(㎡)	
			합판·석고보드면	콘크리트·모르타르면
도 배 공	인	2	85	95
보 통 인 부	〃	1		
비 고	- 천장은 본 시공량의 23%를 감한다.			

[주] ① 본 품은 바탕 벽면에 초배지와 정배지를 바르는 기준이다.
② 도배 방법은 다음과 같다.

바 름	합판·석고보드면	콘크리트·모르타르면
초 배 지	갈램막이 붙임	봉투붙임
정 배 지	전면붙임	

③ 본 품은 풀먹임, 초배 바름, 정배 바름이 포함된 것이다.
④ 재료량은 다음을 참고한다.

구 분	단 위	합판·석고보드면	콘크리트·모르타르면
초 배 지	㎡	0.8	1.2
정 배 지	〃	1.2	1.2
풀	kg	0.3	0.3

※ 위 재료량은 할증이 포함된 것이다.

5-4 단열

5-4-1 단열재 공간넣기('22, '24년 보완)

(일 당)

구 분	단 위	수 량	단열두께(mm)	시공량(㎡)
내장공 보통인부	인 〃	2 1	50 이하 100 이하 200 이하 300 이하	100 90 85 80

[주] ① 본 품은 단열재의 상하좌우 이음면을 접착제로 접착시키며, 벽사이 공간에 단열재를 설치하는 기준이다.
② 본 품은 발포폴리스티렌(비드법, 압출법), 인조광물섬유판(글라스울) 단열재의 1겹 붙임 기준이다.
③ 본 품은 접착제 바름, 단열재 절단 및 설치, 이음부 마감(우레탄폼 충전 등) 작업을 포함한다.
④ 재료량은 다음을 참고한다.

구 분	단 위	수 량
단 열 재	㎡	1.1
접 착 제	kg	0.035

※ 위 재료량은 할증이 포함된 것이며, 벽체와의 고정에 필요한 쐐기 또는 철물은 별도 계상한다.

5-4-2 단열재 접착제 붙이기('22, '24년 보완)

(일 당)

구 분	단 위	수 량	단열두께(mm)	시공량(㎡)	
				벽	천장
내장공 보통인부	인 〃	2 1	50 이하 100 이하 200 이하 300 이하	47 42 40 38	40 35 32 30

[주] ① 본 품은 바탕면에 접착제를 사용하여 단열재를 설치하는 기준이다.
② 본 품은 발포폴리스티렌(비드법, 압출법) 단열재의 1겹 붙임 기준이다.
③ 본 품은 접착제 바름, 단열재 절단 및 설치, 이음부 마감(우레탄폼 충전 등) 작업을 포함한다.
④ 재료량은 다음을 참고한다.

구 분	단 위	수 량
단 열 재	㎡	1.1
접 착 제	kg	0.3~0.35

※ 위 재료량은 할증이 포함된 것이다.

5-4-3 단열재 격자넣기('22, '24년 보완)

(일 당)

구 분	단 위	수 량	단열두께(mm)	시공량(㎡)	
				벽	천장
내 장 공	인	2	50 이하	80	75
보 통 인 부	〃	1	100 이하	75	70
			200 이하	70	65
			300 이하	65	60
비 고	- 발포폴리스티렌(압출법, 비드법) 단열재는 시공량의 17%를 가산한다.				

[주] ① 본 품은 격자를 사이에 단열재를 설치하는 기준이다.
② 본 품은 인조광물섬유판(글라스울) 단열재의 1겹 붙임 기준이다.
③ 본 품은 핀붙이기, 단열재 절단 및 설치, 이음부 마감작업을 포함한다.
④ 재료량은 다음을 참고한다.

구 분	단 위	수 량
단 열 재	㎡	1.1

※ 위 재료량은 할증이 포함된 것이다.

5-4-4 단열재 핀사용 붙이기('22, '24년 보완)

(일 당)

구 분	단 위	수 량	단열두께(mm)	시공량(㎡)
내 장 공	인	2	50 이하	45
보 통 인 부	〃	1	100 이하	42
			200 이하	40
			300 이하	38

[주] ① 본 품은 바탕벽면에 쐐기를 부착 후 단열재를 설치하는 기준이다.
② 본 품은 인조광물섬유판(글라스울) 단열재의 1겹 붙임 기준이다.
③ 본 품은 접착제 바름, 쐐기 부착, 단열재 절단 및 설치, 이음부 마감(우레탄폼 충전 등) 작업을 포함한다.
④ 재료량은 다음을 참고한다.

구 분	단 위	수 량
단 열 재	㎡	1.1
알 루 미 늄 핀	개	6.3
접 착 제	kg	0.03

※ 위 재료량은 할증이 포함된 것이다.

▣ 진공단열재 SUPERVACS

(㎡ 당)

1. 진공단열재 설치(10㎜, 벽체)

구 분	규 격	단 위	수 량	비 고
진공단열재	10㎜	㎡	1	
특 별 인 부	-	인	0.056	
보 통 인 부	-	〃	0.060	

2. 진공단열재 설치(10㎜, 바닥-SLAB하부)

구 분	규 격	단 위	수 량	비 고
진공단열재	10㎜	㎡	1	
특 별 인 부	-	인	0.075	
보 통 인 부	-	〃	0.080	

3. 진공단열재 설치(10㎜, 바닥-SLAB상부)

구 분	규 격	단 위	수 량	비 고
진공단열재	10㎜	㎡	1	
특 별 인 부	-	인	0.035	
보 통 인 부	-	〃	0.040	

4. 진공단열재 설치(10㎜, 천정-SLAB하부(내단열))

구 분	규 격	단 위	수 량	비 고
진공단열재	10㎜	㎡	1	
특 별 인 부	-	인	0.075	
보 통 인 부	-	〃	0.080	

5. 진공단열재 설치(10㎜, 천정-SLAB상부(외단열))

구 분	규 격	단 위	수 량	비 고
진공단열재	10㎜	㎡	1	
특 별 인 부	-	인	0.035	
보 통 인 부	-	〃	0.040	

○ 참고자료

6. 진공단열재 설치(15㎜, 벽체)

구 분	규 격	단 위	수 량	비 고
진공단열재	15㎜	㎡	1	
특별인부	-	인	0.056	
보통인부	-	〃	0.060	

7. 진공단열재 설치(15㎜, 바닥-SLAB하부)

구 분	규 격	단 위	수 량	비 고
진공단열재	15㎜	㎡	1	
특별인부	-	인	0.075	
보통인부	-	〃	0.080	

8. 진공단열재 설치(15㎜, 바닥-SLAB상부)

구 분	규 격	단 위	수 량	비 고
진공단열재	15㎜	㎡	1	
특별인부	-	인	0.035	
보통인부	-	〃	0.040	

9. 진공단열재 설치(15㎜, 천정-SLAB하부(내단열))

구 분	규 격	단 위	수 량	비 고
진공단열재	15㎜	㎡	1	
특별인부	-	인	0.075	
보통인부	-	〃	0.080	

10. 진공단열재 설치(15㎜, 천정-SLAB상부(외단열))

구 분	규 격	단 위	수 량	비 고
진공단열재	15㎜	㎡	1	
특별인부	-	인	0.035	
보통인부	-	〃	0.040	

11. 진공단열재 설치(20㎜, 벽체)

구 분	규 격	단 위	수 량	비 고
진공단열재	20㎜	㎡	1	
특별인부	-	인	0.056	
보통인부	-	〃	0.060	

12. 진공단열재 설치(20㎜, 바닥-SLAB하부)

구 분	규 격	단 위	수 량	비 고
진공단열재	20㎜	㎡	1	
특별인부	-	인	0.075	
보통인부	-	〃	0.080	

13. 진공단열재 설치(20㎜, 바닥-SLAB상부)

구 분	규 격	단 위	수 량	비 고
진공단열재	20㎜	㎡	1	
특별인부	-	인	0.035	
보통인부	-	〃	0.040	

14. 진공단열재 설치(20㎜, 천정-SLAB하부(내단열))

구 분	규 격	단 위	수 량	비 고
진공단열재	20㎜	㎡	1	
특별인부	-	인	0.075	
보통인부	-	〃	0.080	

15. 진공단열재 설치(20㎜, 천정-SLAB상부(외단열))

구 분	규 격	단 위	수 량	비 고
진공단열재	20㎜	㎡	1	
특별인부	-	인	0.035	
보통인부	-	〃	0.040	

○ 참고자료

16. 진공단열재 설치(25㎜, 벽체)

구 분	규 격	단 위	수 량	비 고
진 공 단 열 재	25㎜	㎡	1	
특 별 인 부	-	인	0.056	
보 통 인 부	-	〃	0.060	

17. 진공단열재 설치(25㎜, 바닥-SLAB하부)

구 분	규 격	단 위	수 량	비 고
진 공 단 열 재	25㎜	㎡	1	
특 별 인 부	-	인	0.075	
보 통 인 부	-	〃	0.080	

18. 진공단열재 설치(25㎜, 바닥-SLAB상부)

구 분	규 격	단 위	수 량	비 고
진 공 단 열 재	25㎜	㎡	1	
특 별 인 부	-	인	0.035	
보 통 인 부	-	〃	0.040	

19. 진공단열재 설치(25㎜, 천정-SLAB하부(내단열))

구 분	규 격	단 위	수 량	비 고
진 공 단 열 재	25㎜	㎡	1	
특 별 인 부	-	인	0.075	
보 통 인 부	-	〃	0.080	

20. 진공단열재 설치(25㎜, 천정-SLAB상부(외단열))

구 분	규 격	단 위	수 량	비 고
진 공 단 열 재	25㎜	㎡	1	
특 별 인 부	-	인	0.035	
보 통 인 부	-	〃	0.040	

■ 열전도율 0.0022W/mK이하　　■ 불연자재
■ 진공단열재 제조 및 시공　　■ 공공건축물 및 아파트 납품 및 시공 실적 보유

고성능 불연 진공단열재 SUPERVACS

혁신제품 조달청

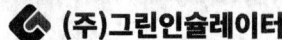
(주)그린인슐레이터

www.supervac.co.kr
제품문의 070-7787-8600

5-4-5 단열재 타정 부착('22년 신설, '24년 보완)

(일 당)

구 분	단 위	수 량	단열두께(mm)	시공량(㎡)	
				벽	천장
내 장 공	인	2	50 이하	50	42
보 통 인 부	〃	1	100 이하	45	38
			200 이하	42	35
			300 이하	40	33

[주] ① 본 품은 화스너로 타정하여 단열재를 설치하는 기준이다.
② 본 품은 경질우레탄폼, 패놀폼(PF) 단열재의 1겹 붙임 기준이다.
③ 본 품은 단열재 절단 및 설치, 이음부 마감(우레탄폼 충전 등) 작업을 포함한다.
④ 공구손료 및 경장비(타정기 등)의 기계경비는 인력품의 2%로 계상한다.

5-4-6 단열재 콘크리트타설 부착('22, '24년 보완)

(일 당)

구 분	단 위	수 량	단열두께(mm)	시공량(㎡)
내 장 공	인	2	50 이하	75
보 통 인 부	〃	1	100 이하	70
			200 이하	65
			300 이하	60

[주] ① 본 품은 거푸집면(벽, 바닥)에 단열재를 설치하는 기준이다.
② 본 품은 발포폴리스티렌(비드법, 압출법), 패놀폼(PF) 단열재의 1겹 붙임 기준이다.
③ 본 품은 단열재 절단 및 설치, 이음부 마감(우레탄폼 충전 등) 작업을 포함한다.
④ 공구손료 및 경장비(타정기 등)의 기계경비는 인력품의 2%로 계상한다.
⑤ 재료량은 다음을 참고한다.

구 분	단 위	수 량
단 열 재	㎡	1.1

※ 위 재료량은 할증이 포함된 것이다.

5-4-7 단열재 슬래브위 깔기('22, '24년 보완)

(일당)

구 분	단 위	수 량	단열두께(mm)	시공량(㎡)
내 장 공	인	2	50 이하	260
			100 이하	220
보 통 인 부	〃	1	200 이하	190
			300 이하	170

[주] ① 본 품은 콘크리트 바닥면에 단열재를 설치하는 기준이다.
② 본 품은 발포폴리스티렌(비드법, 압출법) 단열재의 1겹 붙임 기준이다.
③ 본 품은 단열재 절단 및 설치, 이음부 마감(우레탄폼 충전 등) 작업을 포함한다.
④ 방습층(폴리에틸렌 필름 등) 또는 와이어메시 설치는 별도 계상한다.
⑤ 재료량은 다음을 참고한다.

구 분	단 위	수 량
단 열 재	㎡	1.05
접 착 제	kg	0.35(필요시)

※ 위 재료량은 할증이 포함된 것이다.

5-4-8 방습필름설치('15년 보완)

(㎡당)

구 분	단 위	바 닥	벽
내 장 공	인	0.005	0.007
보 통 인 부	〃	0.001	0.001

[주] ① 본 품은 필름 절단 및 설치 작업이 포함된 것이다.
② 재료량은 다음과 같다.

구 분	단 위	바 닥	벽
방 습 필 름	㎡	1.15	1.15

※ 위 재료량은 할증이 포함되어 있으며, 필름 폭 0.9m를 기준한 것이다.

5-4-9 외벽단열공법('99년 신설, '15, '22년 보완)

(㎡당)

구 분	단 위	단열두께(mm)		
		60mm 이하	100mm 이하	200mm 이하
내 장 공	인	0.060	0.063	0.081
미 장 공	〃	0.038	0.040	0.052
보 통 인 부	〃	0.031	0.033	0.042

비 고
- 하부 충격보강작업이 필요한 경우 다음과 같이 계상한다.

(㎡당)

구 분	단 위	수 량
미 장 공	인	0.076
보 통 인 부	〃	0.025

[주] ① 본 품의 4층 이하의 건축물 외벽에 타정 부착하여 단열재를 설치(화재확산 방지구조)하는 기준이다.
② 본 품은 바탕면 정리, 단열재 절단 및 설치, 우레탄폼 충전, 이음부 마감, 메시 설치 및 미장 작업을 포함한다.
③ 마감재(도장, 스타코 등) 시공은 별도 계상한다.
④ 공구손료 및 경장비(드릴, 접착제 비빔기 등)의 기계경비는 인력품의 1%를 계상한다.

· 참 고 · 외벽단열공법 재료량

(단열두께 50mm 기준)

구 분	단 위	외벽단열	하부보강
단 열 판	㎡	1.10	-
접 착 제	kg	3.84	1.60
시 멘 트	〃	3.84	1.60
표 준 보 강 메 시	㎡	1.44	-
고 강 도 메 시	〃	-	1.21

※ 위 재료량은 할증이 포함된 것이다.

■ 창호 주위 열교차단재(준불연)

1. 열교차단재설치 NF W200-A1, NF W200-B1, NF W200-C1

(m 당)

품 명	규 격	단위	수 량	
			NF W200-A1, NF W200-B1	NF W200-C1
준불연열교차단재 (NF W200-A1, NF W200-B1)	200×130×1000	m	1.05	-
준불연열교차단재 (NF W200-C1)	140×130×1000	〃	-	1.05
내 장 공	일반공사 직종	인	0.0072	0.00504
형 틀 목 공	〃	〃	0.02	0.014
보 통 인 부	〃	〃	0.0074	0.00518
공 구 손 료	인력품의 3%	식	1	1

2. 열교차단재설치 NF W200-A2, B2, C2 "ㄱ"

(개소 당)

품 명	규 격	단위	수 량	비 고
준불연열교차단재 (NF W200-A2, B2, C2"ㄱ")	300×300×130	개	1.05	
내 장 공	일반공사 직종	인	0.00324	
형 틀 목 공	〃	〃	0.009	
보 통 인 부	〃	〃	0.00333	
공 구 손 료	인력품의 3%	식	1	

3. 열교차단재설치 NF W150-A1, NF W150-B1

(m 당)

품 명	규 격	단위	수 량	
			NF W150-A1	NF W150-B1
준불연열교차단재(NF W150-A1)	200×80×1000	m	1.05	-
준불연열교차단재(NF W150-B1)	140×80×1000	〃	-	1.05
내 장 공	일반공사 직종	인	0.007	0.0049
형 틀 목 공	〃	〃	0.02	0.014
보 통 인 부	〃	〃	0.0072	0.00504
공 구 손 료	인력품의 3%	식	1	1

4. 열교차단재설치 NF W150-A2, B2 "ㄱ"

(개소 당)

품 명	규 격	단위	수 량	비 고
준불연열교차단재 (NF W150-A2,B2,"ㄱ")	300×300×80	개	1.05	
내 장 공	일반공사 직종	인	0.00315	
형 틀 목 공	〃	〃	0.009	
보 통 인 부	〃	〃	0.00324	
공 구 손 료	인력품의 3%	식	1	

5. 열교차단재설치 NF D150-A1, NF D200-A1

(m 당)

품 명	규 격	단위	수 량	
			NF D150-A1	NF D200-A1
준불연열교차단재(NF D150-A1)	90× 90×1000	m	1.05	-
준불연열교차단재(NF D200-A1)	90×130×1000	〃	-	1.05
내 장 공	일반공사 직종	인	0.00315	0.00324
형 틀 목 공	〃	〃	0.009	0.009
보 통 인 부	〃	〃	0.00324	0.00333
공 구 손 료	인력품의 3%	식	1	1

6. 열교차단재설치 NF R-75, NF R-100/건축부문 5-4 단열

(m 당)

품 명	규 격	단위	수 량	
			NF R-75	NF R-100
준불연열교차단재(NF R-75)	200× 75×1000	m	1.05	-
준불연열교차단재(NF R-100)	200×100×1000	〃	-	1.05
초 산 비 닐 계 접 착 제	초산비닐계접착제, 스치로폴, 암면	kg	0.065	0.065
내 장 공	일반공사 직종	인	0.0114	0.0114
보 통 인 부	〃	〃	0.002	0.002
단 열 재 화 스 너	100㎜ 이하	개	2.0	2.0
특 별 인 부	-	인	0.01	0.01

7. 열교차단재설치 NF R-135, NF R-190/건축부문 5-4 단열

(m 당)

품 명	규 격	단위	수 량	
			NF R-135	NF R-190
준불연열교차단재(NF R-135)	200×135×1000	m	1.05	-
준불연열교차단재(NF R-190)	200×190×1000	〃	-	1.05
초 산 비 닐 계 접 착 제	초산비닐계접착제, 스치로폴, 암면	kg	0.065	0.065
내 장 공	일반공사 직종	인	0.012	0.012
보 통 인 부	〃	〃	0.0022	0.0022
단 열 재 화 스 너	100㎜ 이하	개	2.0	2.0
특 별 인 부	-	인	0.01	0.01

8. 열교차단재설치 NF R-75 "ㄱ코너", NF R-100 "ㄱ코너"/건축부문 5-4 단열

(m 당)

품 명	규 격	단위	수 량	
			NF R-75 "ㄱ코너"	NF R-100 "ㄱ코너"
준불연열교차단재 (NF R-75 "ㄱ코너")	300×300×75	개	1.05	-
준불연열교차단재 (NF R-100 "ㄱ코너")	300×300×100	〃	-	1.05
초 산 비 닐 계 접 착 제	초산비닐계접착제, 스티로폼, 암면	kg	0.039	0.039
내 장 공	일반공사 직종	인	0.00684	0.00684
보 통 인 부	〃	〃	0.0012	0.0012
단 열 재 화 스 너	100㎜ 이하	개	1.0	1.0
특 별 인 부	-	인	0.005	0.005

9. 열교차단재설치 NF R-135 "ㄱ코너", NF R-190 "ㄱ코너"/건축부문 5-4 단열

(m 당)

품 명	규 격	단위	수 량	
			NF R-135 "ㄱ코너"	NF R-190 "ㄱ코너"
준불연열교차단재 (NF R-135 "ㄱ코너")	300×300×135	개	1.05	-
준불연열교차단재 (NF R-190 "ㄱ코너")	300×300×190	〃	-	1.05
초 산 비 닐 계 접 착 제	초산비닐계접착제, 스티로폼, 암면	kg	0.039	0.039
내 장 공	일반공사 직종	인	0.0072	0.0072
보 통 인 부	〃	〃	0.00132	0.00132
단 열 재 화 스 너	100㎜ 이하	개	1.0	1.0
특 별 인 부	-	인	0.005	0.005

10. 열교차단재설치 NF R-450, NF R-600 / 건축부문 5-4 단열

(m 당)

품 명	규 격	단위	수 량	
			NF R-450	NF R-600
준불연열교차단재(NF R-450)	450×60×1000	m	1.05	-
준불연열교차단재(NF R-600)	600×60×1000	〃	-	1.05
초 산 비 닐 계 접 착 제	초산비닐계접착제, 스치로폼, 암면	kg	0.15	0.2
내 장 공	일반공사 직종	인	0.02565	0.0342
보 통 인 부	〃	〃	0.0045	0.006

▣ STAR 차음이(방바닥 소음잡이)

1. 차음이 설치

(m 당)

품 명	규 격	단위	수 량	비 고
스 타 차 음 이	30×100×1000	m	1.05	
내 장 공	일반공사 직종	인	0.012	
보 통 인 부	〃	〃	0.002	
공 구 손 료	인력품의 2%	식	1	

▣ 내진형 열교차단 브래킷 시스템

1. 열교차단 브래킷(ST100) 설치

(m 당)

품 명	규 격	단위	수 량 기본형	수 량 매립형
열교차단브래킷 ST100	200×300×1219	m	1.05	1.05
철 공	-	인	0.131	0.131
특 별 인 부	-	〃	0.036	0.036
보 통 인 부	-	〃	0.024	0.024
공 구 손 료	노무비의 5%	식	1	1

2. 열교차단 브래킷(ST125) 설치

(m 당)

품 명	규 격	단위	수 량 기본형	수 량 매립형
열교차단브래킷 ST125	225×300×1219	m	1.05	1.05
철 공	-	인	0.141	0.141
특 별 인 부	-	〃	0.038	0.038
보 통 인 부	-	〃	0.026	0.026
공 구 손 료	노무비의 5%	식	1	1

3. 열교차단 브래킷(ST145) 설치

(m 당)

품 명	규 격	단위	수 량	
			기본형	매립형
열교차단브래킷 ST145	245×300×1219	m	1.05	1.05
철 공	-	인	0.149	0.149
특 별 인 부	-	〃	0.041	0.041
보 통 인 부	-	〃	0.027	0.027
공 구 손 료	노무비의 5%	식	1	1

4. 열교차단 브래킷(ST165) 설치

(m 당)

품 명	규 격	단위	수 량	
			기본형	매립형
열교차단브래킷 ST165	265×300×1219	m	1.05	1.05
철 공	-	인	0.157	0.157
특 별 인 부	-	〃	0.043	0.043
보 통 인 부	-	〃	0.028	0.028
공 구 손 료	노무비의 5%	식	1	1

📝 품셈 유권해석

치장용 석고보드의 정의

수장공사 5-2-3 경량천장철골틀 석고판 설치(나사고정)에 대해 질의 드립니다.
재료는 일반 석고보드2겹이니 바탕용 2겹붙임 노임을 적용한다는 의견과 재료가 일반석고보드+치장용 석고보드 일때 치장용(바탕용 석고판 (1겹)+치장용 석고판(1겹)) 노임을 적용한다는 의견으로 나뉩니다. 바탕용 2겹과 치장용 노임이 다른것은치장용 석고판 재료가 있으면 노무비가 달리 적용되어야하는지 궁금합니다. 바탕용 2겹 붙임이든, 치장용이든 마감공사로 칠공사는 모두 합니다.
보통 일반 석고보드 2겹에 치장용 석고판이 아닌데도 치장용으로 노임을 적용하는데 치장용으로 노임을 적용하면, 나사고정 하는 바탕용 붙임과 달리 노임을 더 줘야하는 이유가 있는지 궁금합니다. 치장용 석고판의 정의에대해 궁금합니다.

> **답변내용**
>
> ➥ 표준품셈 건축부문 "5-2-3 석고판 설치(나사고정) " 중 치장용은 석고보드의 표면을 치장가공하여 도장, 도배 등 마감이 없는 치장석고보드를 사용한 2겹붙임(바탕용 1겹), 치장용 석고판1겹)을 기준한 것으로 바탕틀에 나사로 고정하여 설치하는 품을 제시한 것입니다. 일반적으로 바탕용은 치장용 내측면에 시공되며, 치장용은 외측면에 시공되는 형태입니다. "5-2-3 석고판 설치(나사고정"은 현장실사의 결과값으로 제시되고 있음을 참조해 주시기 바라며 당해공사에서 표준품셈의 적용여부 및 판단에 관련된 사항은 해당공사의 특성을 고려하시고 표준품셈을 참조하시어 공사관계자가 직접 결정하실 사항임을 양지해 주시면 감사드리겠습니다.

걸레받이의 절단

표준품셈 건축 5-3-5 걸레받이에는 걸레받이 절단 및 설치작업이 포함되어있다 고 명시되어 있는데 이 절단작업이 중밀도 섬유판 원장을 가지고 재단을 해서 걸레받이로 만드는 절단작업도 포함이 되어 있는겁니까?
제가 상식적으로 생각하기에는 이 절단작업에는 기성 제품을 벽면 길이에 맞춰 절단하는 작업품 이라고 생각하는데요.

> **답변내용**
>
> ➥ 표준품셈 건축부문 "5-3-5 걸레받이 설치"에서 절단작업은 원자재를 가공하여 걸레받이로 제작하는 작업이 아닌 벽면길이에 맞춰 기성 걸레받이를 절단하는 작업입니다.

이중바닥의 지지철물에 따른 구분

질의1. 독립지지 다리방식과 장선방식의 차이점 : 주기 상으로는 장선의 유무 차이로 보이는데, 붙임2와 같이 스트링거(수평대)가 있으면 장선방식인지? 붙임1과 같은 방식이 독립지지 다리방식이 맞는지?
질의2. 보양의 방식 :주기에서 명시하는 보양이란 어떤 보양인지?(예컨데 왁스처리)
질의3. 케이블홀 타공 품의 포함여부 : 주기에서 명시하는 패널 절단 및 설치 등에 패널에 케이블홀 타공을 하는 품도 포함되어 있다고 보는 것이 타당한지?

답변내용

➡ 답변1. 표준품셈 건축부문 "5-1-4 이중바닥 설치"에서 독립다리 지지방식은 높이 조절용(이격높이 약 100~150mm정도) 지지철물을 고정시키고 설치하는 방식으로 일반적인 사무실 등에서 사용됩니다. 장선방식은 높이조절용 지지철물(이격높이 약 300mm 이상) 및 장선을 고정시키고 패널을 설치하는 방식으로 일반적으로 전산실 등 중량물 장소에 적용됩니다. 이중바닥 설치는 OA플로어, 액세스플로어 등으로 지칭되고 있으며 해당되는 방식을 적용하시기 바랍니다.당해공사에서 표준품셈의 적용여부 및 판단, 수량산출 등에 관련된 사항은 해당공사의 특성을 고려하시고 표준품셈을 참조하시어 공사관계자가 직접 결정하실 사항임을 양지해 주시면 감사드리겠습니다.
답변2. 표준품셈 건축부문 "5-1-4 이중바닥 설치"에서 보양작업은 비닐 또는 골판지로 임시보양하는 작업을 뜻합니다.
답변3. 표준품셈 건축부문 "5-1-4 이중바닥 설치"에서는 케이블홀 타공품은 제외되어 있습니다.

샌드위치(단열)패널 설치기준 이상의 적용

건설공사 표준품셈 5-3-3 샌드위치(단열)패널 설치'에서 [주] ① 본 품은 샌드위치 패널(두께 50~100㎜) 설치 기준이다. 라고 명시 되어있는데 실제 설치되는 품목이 두께가 220㎜ 이거나, 155㎜ 일 경우 적용법에 대해 문의 드립니다.

답변내용

➡ 건축부문 "5-3-3 샌드위치(단열)패널 설치"는 두께 50~100㎜ 설치기준으로 100㎜를 초과하는 기준에 대해서는 정하고 있지 않습니다. 표준품셈에서 정하지 않는 사항은 동 품셈 1-1-3의 4항을 참조하시어 적정한 예정가격산정기준을 적의 결정하여 사용하시기 바라며, 당해공사에서 표준품셈의 적용여부 및 판단에 관련된 사항은 해당공사의 특성을 고려하시고 표준품셈을 참조하시어 공사관계자가 직접 결정하실 사항임을 양지해 주시면 감사드리겠습니다.

외부마감재 실리콘마감의 품 적용

외부징크판넬(샌드위치패널)설치에 따른 표준품셈 질의입니다.
표준품셈 5-3-3샌드위치(단열)패널 설치에 있어 주) 2에 표기된 실리콘마감(코킹)작업을 포함한다로 표기됨 에서 샌드위치패널이 아닌 외부마감재 설치공사에도 코킹작업이 포함되는지 질의 드립니다.

답변내용

➡ 표준품셈 건축부문 "5-3-3 샌드위치(단열)패널 설치 시" 꺾임, 코너, 접합부, 볼트구멍 등 취약부위에 코킹하는 마감작업을 포함하고 있으며 미관을 위한 줄눈시공은 포함하고 있지 않습니다.
당해공사에서 표준품셈의 적용여부 및 판단에 관련된 사항은 해당공사의 특성을 고려하시고 표준품셈을 참조하시어 공사관계자가 직접 결정하실 사항임을 양지해 주시면 감사드리겠습니다.

단열재 시공량에 따른 품의 적용기준

5-4 단열 파트에서 단열재 작업의 표준품셈 인력 산정 기준에 대해 문의 드립니다. 표준품셈에 따르면 단열재 작업 시 내장공 2명과 보통 인부 1명이 단열 두께 50mm 이하에서 시공량 47㎡당 필요하다는 기준이 있습니다. 해당 기준이 단순히 47㎡ 작업에 필요한 최소 인력을 의미하는 것인가요? 아니면 시공량이 47㎡를 초과할 경우 47㎡마다 동일하게 내장공 2명과 보통 인부 1명이 추가로 필요함을 뜻하는지 명확히 알고 싶습니다.
예를 들어, 94㎡ 작업 시 내장공 4명과 보통 인부 2명이 필요하게 되는지 여부에 대해 답변 부탁드립니다.

답변내용

➡ 표준품셈 건축부문 "5-4-2 단열재 접착제 붙이기"에서는 단열두께 50 이하 벽인 경우 내장공 2인 보통인부 1인의 작업조가 일47㎡를 시공한다는 뜻입니다.
표준품셈 공통부문 "1-2-8 작업조 구성 및 적용/1. 작업조 구성" '나. 현장여건에 따라 투입자원(인력, 장비 등)의 변경이 필요한 경우 이를 보완할 수 있으며, 산정 근거를 명시하여야 한다' 와 2. 작업조 적용에서 '나. 시설물의 설계조건 및 현장여건에 따라 복수의 작업조를 적용할 수 있다 를 참조하시기 바랍니다.
또한 단위당 품으로 환산하여 적용할 경우 '3. 시공단위의 품 산정'에서 시공단위의 품으로 산정하는 소수자리 정도를 제시하고 있으니 참조하시기 바랍니다.

조적공사 공법에 따른 적용

0.5B 조적+단열재 + 0.5B 조적인 경우에 단열재 설치를 공간넣기로 해야하는지 접착붙임으로 해야 하는지 궁금합니다.
실제 시공할 때에는 0.5B 조적 먼저 쌓고 그 이후 단열재를 설치한 후 마지막으로 다시 0.5B 조적을 쌓는 것으로 알고 있습니다.
만약 위 접착붙임이 맞는 공법이라면 공간넣기는 이미 설치된 벽체 사이에 단열재를 끼워넣을 때 적용하는게 맞는지 질의 드립니다.

답변내용

➡ 벽을 설치하고 그 후에 단열재 설치 후 마지막에 조적을 다시 쌓을 경우에는 표준품셈 접착붙임 항목을 적용하시기 바랍니다. 표준품셈 건축부문 "5-4-1 공간넣기"는 벽사이 공간에 단열재를 설치하는 기준입니다.

제 6 장 방수공사

6-1 공통공사
6-1-1 바탕처리('18, '23년 보완)

(㎡당)

구 분	단 위	보통		불량	
		바닥	수직부	바닥	수직부
방 수 공	인	0.030	0.032	0.036	0.040
보 통 인 부	〃	0.012	0.014	0.015	0.017

[주] ① 본 품은 방수공사를 위한 바탕면(콘크리트)을 정리하는 기준이다.
② 본 품은 들뜸 및 요철 제거, 홈메우기, 불순물 청소, 퍼티 작업을 포함하고 있으며, 들뜸 및 레이턴스 등 과다로 바탕전면에 연마를 수행해야하는 경우 불량을 적용한다.
③ 공구손료 및 경장비(엔진송풍기, 연마기 등)의 기계경비는 인력품의 요율로 다음과 같이 계상한다.

구 분	보 통	불 량
요 율(%)	4	6

④ 바탕처리에 사용되는 재료(퍼티, 방수테이프 등)는 별도 계상한다.

■ 지하밀폐형 구조물 바탕 건조 RPFD공법(Rust Prevent Fast Dry Method, 정·배수지부분 특허 제10-1854085호, 관로부분 특허 제10-2473237호)

1. 적용 범위

구 분	건조면 형상	규 격	비 고
배 수 지, 정 수 지	평면	수직 작업구 1.5m×2.0m	이동대차 진입
원 통 형 관 로	원형곡면	D700mm 이상	선행 작업구 진입

2. 장비운반·조립·해체·반출

(작업구 개소 당)

구 분	규 격	단 위	수 량	비 고
기 계 설 비 공	8hr/일	인	2	노임단가×2인
내 선 전 공	〃	〃	2	〃
특 별 인 부	〃	〃	2	〃
보 통 인 부	〃	〃	4	노임단가×4인
트 럭 크 레 인 기 계 경 비	인력품 100%	회	1	

3. 혼합 건조장비인력, 손료, 재료편성(혼합장비=건조기계+발전기)

명 칭	규 격	단 위	비 고
주 연 료 (경유)	8.7	ℓ/hr	50kW 디젤 발전기
잡 재 료	주연료의 24%	-	
건 설 기 계 운 전 사	1(1)	인	
기 계 설 비 공	〃	〃	
특 별 인 부	〃	〃	
보 통 인 부	3(4)	〃	
혼 합 기 계 손 료	혼합장비가×0.364	원	[예시] 69,320×0.364 (70,220×0.364)
혼 합 기 계 시 간 당 손 료	3,640×10^{-7}	-	

[주] ① 배수지, 정수지
　　② ( )는 원통형 관로(상수도갱생, 신관부설, 터널형배수지)

4. 건조 작업

(㎡ 당)

명 칭	규 격	단 위	수 량	비 고
건 설 기 계 운 전 사	-	인	0.008(0.008)	Q=16.2㎡/hr
기 계 설 비 공	-	〃	0.008(0.008)	(Q=15.8㎡/hr)
특 별 인 부	-	〃	0.008(0.008)	
보 통 인 부	-	〃	0.023(0.032)	
기 계 경 비	-	원	-	(혼합장비가×0.364)÷Q
발전기주연료(경유)	8.7ℓ/hr	〃	-	(8.7ℓ×경유가×8hr)÷Q
잡 재 료	주연료 24%	〃	-	
기 구 경 비	노무비 3%		-	
잡 자 재 및 소 모 품	노무비 6%		-	
인 력 품 할 증	50%(130%)		-	D1,600mm 이하 품할증 50% 추가

o 참고자료

[주] ① 배수지, 정수지부분은 바닥기준 전체 인력품 할증 50%가산(지하밀폐형 진공펌프소음)과 고소작업대차 운전특성상 벽체 15%, 천정 25%를 추가로 가산한다.
② 원통형 관로부분은 작업자 키높이의 관내경 D1,800mm와 작업연장1,000m 이상의 경우 기준이다.
③ 원통형 관로부분 인력품 할증은 130% 가산(진공펌프소음 50%+계속이동 50%+터널 30%) 적용 하였고 D1,600mm 이하 경우는 추가 50% 가산(키높이 이하 협소공간)하여 180% 적용한다.
④ 관로내경별 작업부분 연장이 1,000m 미만의 경우 내경별 연장1,000m 적산가의 90% 적용한다.

5. 건조기계 작업능력, ( )부분은 원통형 관로내경 D1,800mm 키높이 기준임.
  1) 기본식   A = n × q × E
       여기서 A : 시간당 작업량(㎡/hr)
              n : 시간당 작업 cycle수
              E : 작업효율
              q : 1회 작업 cycle당 표준 작업량(㎡), A=1.0m×1.0m=1.0㎡
              n = 60/cm(분) = 360/cm(초)
              cm : 기계의 주행(작업)속도 (1회 cycle)
              E(작업효율) = 작업능력계수 × 실작업시간율
              실작업시간율 = 실작업시간/운전시간 = 450/480 = 0.9
    cm = m. l + t_1 + t_2 + t_3 = 180초 (180초)
    m : 계수 (초/m) … 주행시간   20초 (20초)
    t_1 : 장비조준거치시간(초)   20초 (20초)
    t_2 : 실 제습 건조시간(초)   120초 (120초)
    t_3 : 압력제거 조준시간(초)   20초 (20초)
    l : 편도주행거리(1.0m 표준), 관로 편도주행거리(0.20m) 표준
    E : c`onc 바닥 양호 0.90, 관로 보통 0.8

  2) 작업능력(Q)
    Q   = 3,600×q×E/cm에서
    c`onc 바탕   = 3,600×1.0㎡×0.9×0.9/180=16.2㎡/hr
    관로 D1,800mm = 3,600×1.1㎡×0.9×0.8/180=15.8㎡/hr

결로(結露)습한 바탕면 빠른건조기술 / RPFD공법 / Rust Prevent Fast Dry Method

연암 유한회사
서울특별시 중랑구 동일로964, 4층 4057호(목동)
Mobile. 010-4271-5161 E-mail. ye8229@naver.com

㈜명현토건(전용실시권자), 정·배수지 부분
서울특별시 광진구 면목로34, 401호(군자동,금원빌딩)
Tel. 02-489-1285 Fax. 02-489-1286 E-mail. audgus3690@naver.com

• 특허 제10-1854085호외 5건 등록
• 중소기업기술정보진흥원
  「구매조건부신기술개발」성공기업 S2948229호
• 공법 특징 : 지하밀폐형 구조물 습한바탕면 방수방식공의
             빠른건조, 방식코팅재 분리방지, 품질개선, 공기단축
• 적용분야 : 정수장,배수지,터널형배수지,상하수도갱생,지하구조물

6-1-2 방수프라이머 바름('18년 보완)

(㎡당)

구 분	단 위	수 량
방 수 공	인	0.011
보 통 인 부	〃	0.005

[주] ① 본 품은 프라이머의 롤러 1층(회) 바름을 기준한 것이다.
　　② 본 품은 보조붓칠 작업이 포함된 것이다.
　　③ 공구손료는 인력품의 2%로 계상한다.

6-1-3 방수층보호재 붙임('18년 보완)

(㎡당)

구 분	단 위	PE필름		발포 PE시트	
		바닥	수직부	바닥	수직부
방 수 공	인	0.011	0.013	0.012	0.016
보 통 인 부	〃	0.003	0.004	0.004	0.005

[주] 본 품은 방수층 보호재(PE필름, 발포 PE시트) 붙임을 기준한 것이다.

6-1-4 방수층 누름철물 설치('18년 신설)

(m당)

구 분	단 위	수 량
방 수 공	인	0.011
보 통 인 부	〃	0.011

[주] 본 품은 시트 및 보호재 상부의 누름철물 마감 작업을 기준한 것이다.

6-2 도막방수

6-2-1 도막바름('23년 보완)

(㎡당)

구 분	단 위	바닥	수직부
방 수 공	인	0.015	0.020
보 통 인 부	〃	0.009	0.012

[주] ① 본 품은 우레탄 고무계, 아크릴 고무계, 고무아스팔트계 등 도막 1층(회)을 형성하는 작업을 기준한다.
② 본 품은 치켜올림 부위, 드레인 주위 등에 방수테이프 및 실란트 덧바름 작업을 포함한다.
③ 공구손료는 인력품의 2%로 계상한다.

○ 참고자료

■ 아스팔트 쉬글 탈락 방지 기능을 갖는 방수공법(특허 제10-2184648호)

(㎡ 당)

품 명	규 격	단위	수량	비고
글라스보강메쉬	가장자리, 용마루	㎡	0.1	
탄성무기질도막재	2mm	kg	2.4	
아크릴탄성퍼티	-	〃	0.2	
아스팔트쉬글방수상도	-	〃	1	
공 구 손 료	노무비의 3%	식	1	
방 수 공	-	인	0.06	
보 봉 인 부	-	〃	0.06	

[주] ① 본 품은 직접공사비이며 간접공사비는 별도 계상한다. 공구 손료 및 소운반 품이 포함된 것이다.
② 바탕처리, 가설 및 폐기물 처리비는 별도 계상한다.
③ 국토해양부 제정 건축공사 표준시방서에 따른 방수공사에 준한다.

■ 폴리우레아-우레탄 하이브리드 방수재

1. 폴리우레아방수 SB-A-20 t2㎜(옥상, 주차장)

(㎡당)

구 분	규 격	단 위	수 량
프 라 이 머	SINBO-PRIMER	kg	0.30
고 경 질 바 닥 재	바탕조정제	〃	1.30
폴 리 우 레 아	SINBO-POLYUREA	〃	1.80
고 경 질 상 도	SINBO-TOP	〃	0.30
도 장 공	-	인	0.05
방 수 공	-	〃	0.08
보 통 인 부	-	〃	0.03

2. 폴리우레아방수 SB-A-30 t3㎜(옥상, 주차장)

(㎡당)

구 분	규 격	단 위	수 량
프 라 이 머	SINBO-PRIMER	kg	0.30
고 경 질 바 닥 재	바탕조정제	〃	1.90
폴 리 우 레 아	SINBO-POLYUREA	〃	2.40
고 경 질 상 도	SINBO-TOP	〃	0.30
도 장 공	-	인	0.07
방 수 공	-	〃	0.08
보 통 인 부	-	〃	0.05

3. 폴리우레아방수 SB-C-20 t2㎜(지붕)

(㎡당)

구 분	규 격	단 위	수 량
프 라 이 머	SINBO-PRIMER	kg	0.30
고 경 질 바 닥 재	바탕조정제	〃	1.30
폴 리 우 레 아	SINBO-POLYUREA	〃	2.00
도 장 공	-	인	0.09
방 수 공	-	〃	0.10
보 통 인 부	-	〃	0.06

4. 폴리우레아방수 SB-B-20 t2㎜(저수조, 벽체)

(㎡당)

구 분	규 격	단 위	수 량
프 라 이 머	SINBO-PRIMER	kg	0.30
고 경 질 바 닥 재	바탕조정제	〃	1.30
폴 리 우 레 아	SINBO-POLYUREA	〃	2.00
도 장 공	-	인	0.09
방 수 공	-	〃	0.10
보 통 인 부	-	〃	0.06

5. 폴리우레아방수 SB-B-30 t3㎜(저수조, 벽체)

(㎡당)

구 분	규 격	단 위	수 량
프 라 이 머	SINBO-PRIMER	kg	0.30
고 경 질 바 닥 재	바탕조정제	〃	1.90
폴 리 우 레 아	SINBO-POLYUREA	〃	2.40
도 장 공	-	인	0.10
방 수 공	-	〃	0.10
보 통 인 부	-	〃	0.06

[주] ① 공구손료 및 잡자재비는 재료비의 5%로 계상한다.
② 수직부 바탕처리 및 가설자재 사용시 별도 계상할 수 있다.

○ 참고자료

■ SERA(Self-healing Rubber-modified Asphalt) 교면방수공법(특허 제10-2265535호)
(㎡ 당)

구 분		단위	단일 방수		2층 방수		비 고
			시트	도막	도막+시트복합	도막+도막복합	
SERA 시 트	1.5㎜ 이상	㎡	1.2	-	1.2	-	※ 적용범위
	0.5㎜ 이상	〃	-	1.05	1.05	2.1	1. 교량상판
SERA 코 트	1.5㎜ 이상	kg	-	2.1	2.1	4.2	가. 콘크리트상판
	0.5㎜ 이상	〃	0.7	-	0.7	-	나. 강상판
S M 접 착 제		ℓ	0.3	0.3	0.3	0.3	
방 수 공		인	0.081	0.072	0.106	0.099	
보 통 인 부		〃	0.040	0.033	0.053	0.044	

[주] ① 기구손료는 인력품의 3%로 별도 계상한다.
② 바탕처리, 도막방수 가열 및 용융 공종 등의 비용을 별도 추가할 수 있다.
③ 강상판의 경우 바탕처리(Shot Blasting 또는 Sanding) 별도비용(특별인부 0.05)을 가산한다.
④ 보수교량의 경우 상판표면이 열화현상으로 인해 손상이 심한 경우 상판 표면 보수 비용(특별인부 0.08)을 별도 가산한다.
⑤ 야간 보수시 본 품에 1.5배 계상하며, 심야 작업 시에는 2.5배 계상한다.
⑥ 철도교량의 경우 방수층 두께는 2.0㎜ 이상이며 방수 위에 자갈포설로 인하여 DECK COAT 보호재를 사용할 경우 보호재 1.1㎡와 특별인부 0.02인을 가산한다.

■ 포장식 방수공법

(㎡ 당)

TSMA공법 (특허 제10-2011920호)					샌드매스틱(구스)공법 (특허 제10-2222058호, 특허 제10-2672459호)			
구 분	규격	단위	수 량		구분	규격	단위	수 량
T S M A 포 장 공	-	ton	0.094		샌 드 구 스	-	ton	0.047
	-	인	0.00267		트럭탑재형크레인	5ton	hr	0.0365
보 통 인 부	-	〃	0.00067		바 인 더 쿠 커	5ton	〃	0.0148
아스팔트피니셔	3m	hr	0.00533		매 스 틱 믹 서	10ton	〃	0.0332
머 캐 덤 롤 러	10~12ton	〃	0.00533		매 스 틱 피 니 셔	3m	〃	0.0133
타 이 어 롤 러	8~15ton	〃	0.00533		작 업 반 장	-	인	0.0016
탠 덤 롤 러	10~14t	〃	0.00533		포 장 공	-	〃	0.0066
살 수 차	16,000ℓ	〃	0.00533		보 통 인 부	-	〃	0.0033

[주] ① 본 품은 아스팔트 기층 포설기준으로 포설 및 고르기, 다짐 작업을 포함한다.
② TSMA 포장두께는 4㎝ 기준이며, 재료는 할증을 포함한 수량이다.
③ 기계경비는 공통부문 제8장 건설기계를 참고하여 적용한다.

[주] ① 본 품은 샌드매스틱(구스)의 생산을 위한 재료상차, 소운반, 포설, 면마무리를 위한 인두질 작업을 포함한다.
② 샌드매스틱(구스) 포장두께는 2㎝ 기준이며, 재료는 할증을 포함한 수량이다.
③ 기계경비는 다음기준을 적용한다.

구 분	규격	주연료			잡재료 (주연료의 %)	조종원 (인/일)	시간당계수 (10-7)	가격 (천원)
		경유(ℓ)	등유(ℓ)	프로판가스(kg)				
트럭탑재형크레인	5ton	5.1	-	-	20.0	1	0.2598	38,469
바 인 더 쿠 커	5ton	28.0	20.0	-	37.0	1	0.4350	200,000
매 스 틱 믹 서	10ton	34.0	20.0	-	38.0	1	0.4350	250,000
매 스 틱 피 니 셔	3m	13.0	-	20.0	7.0	1	0.2362	380,000

○ 참고자료

■ 알파복합방수공법(특허 제10-2115242호)
◉ 녹색기술인증(GT-23-01696), 녹색기술제품확인(GTP-23-03700), 환경표지인증(제27717호)

(㎡ 당)

구 분	단위	바 닥	벽체 및 보강부	관통파이프 및 H형강	보호재	비 고
알파복합시트	㎡	1.15	1.15	1.2	-	방수·방근일체형
알파프라이머	ℓ	0.3	0.3	0.2	-	
방수층보호재	㎡	-	-	-	1.05	벽체 및 기타 필요시
방 수 공	인	0.107	0.121	0.15	0.02	
보 통 인 부	〃	0.05	0.062	0.12	0.02	

[주] ① 본 품에는 재료의 할증률 및 소운반품이 포함 되어 있다.
② 특수공정 또는 기타 특이한 공정에는 건설인 품을 본 품에 1.5배 계상한다.
③ 기구손료는 인건비의 3%로 별도 계상한다.
④ 적용범위 : 일반건축물, 지붕층, 지하주차장, 지하차도, 공동구, 지하철, 개착터널, 터널개착부 등

■ URO·MBO터널방수공법(국토교통부 지정 신기술 제987호, 특허 제10-0740781호, 제10-2087620호)

◉ 혁신제품지정 제2021-567호, 녹색기술인증(GT-20-00963), 녹색기술제품확인(GTP-21-02670), 환경표지인증(제31956호)

(㎡ 당)

구 분		규 격	단위	수 량		비 고
				분리형	일체형	
단일방수	URO시트	0.6㎜	㎡	1.15	-	배수재
	MBO시트	1.0㎜	〃	1.15	-	방수막
	URO·MBO시트	1.6㎜	-	-	1.15	URO 0.6㎜+MBO 1.0㎜
		1.8㎜	-	-	1.15	URO 0.6㎜+MBO 1.2㎜
방 수 공			-	0.021	0.0110	
특 별 인 부			-	0.007	-	
보 통 인 부			-	0.007	0.0020	
이중방수	URO·MBO시트 (2중방수형)	1.6㎜	-	-	1.15	URO 0.6㎜+MBO 1.0㎜ 고정날개 포함
방 수 공			-	인	0.0183	
보 통 인 부			-	〃	0.0020	

[주] ① 작업대차는 별도 계상한다.
② 부자재(란넬, 못, 와셔, 카트리지 등)와 기구손료는 별도 계상한다.
③ 면고르기가 필요한 경우는 보통인부 0.05인/㎡를 별도로 계상할 수 있다.
④ 본 품에는 방수시트 설치 후 봉합시험이 포함된 것이다.

- 교면방수 : SERA,CONA
- 방수포장 : TSMA,샌드구스(매스틱)
- 지하방수 : 알파복합,접착성적층필름
- 터널방수 : URO·MBO

주식회사 삼송마그마
www.pine3.co.kr
지반조성·포장·도장·습식·방수·석공사업
INNOBIZ인증 | 건설혁신기업인증 | 벤처기업인증 ISO 9001 | 녹색기술인증 | 건설신기술인증
서울시 송파구 법원로 11길 11, A동 405호 TEL : 02-2008-1700 FAX : 02-2008-1710 E-mail : magma@pine3.co.kr

6-2-2 보강포 붙임('18년 신설)

(㎡당)

구 분	단 위	바닥	수직부
방 수 공	인	0.010	0.015
보 통 인 부	〃	0.004	0.006

[주] 본 품은 방수층 보강에 사용되는 보강포(부직포 등) 1층(회) 붙임을 기준한 것이다.

6-2-3 마감도료(Top-coat) 바름('18년 신설)

(㎡당)

구 분	단 위	바닥	수직부
방 수 공	인	0.012	0.015
보 통 인 부	〃	0.005	0.007

[주] ① 본 품은 노출방수층의 마감도료(Top-Coat) 1층(회) 바름을 기준한 것이다.
　　② 공구손료는 인력품의 2%로 계상한다.

○ 참고자료

■ 옥상 우레탄방수 공법(워터킹 WTK-U)(특허 제10-2509181호)

(㎡당)

품 명	규 격	단 위	수 량	비 고
우 레 탄 실 란 트	-	kg	0.25	
우 레 탄 신 나	-	〃	0.25	
바 탕 정 리	-	㎡	1.00	
워 터 킹 - U	하도	kg	0.25	
워 터 킹 - U	중도	〃	3.00	
워 터 킹 - U	상도	〃	0.50	
방 수 공	-	인	0.06	
보 통 인 부	-	〃	0.05	
공 구 손 료	노무비의 2%	식	1.00	

■ 친환경 에폭시 토탈공사(ICE-D)(특허 제10-2464049호)

(㎡당)

품 명	규 격	단 위	수 량	비 고
코 트 킹 하 도	-	kg	1.00	
코 트 킹 라 이 닝	-	〃	2.00	
코 트 킹 퍼 티	-	〃	0.50	
코 트 킹 상 도	-	〃	1.20	
희 석 제	-	〃	0.40	
도 장 공	-	인	0.04	
특 별 인 부	-	〃	0.04	
공 구 손 료	노무비의 2%	식	1.00	

■ SRU 우레탄(슈퍼마이크로 섬유 강화 우레탄) 방수공사 - 노출형 바닥 3㎜
  (특허 제10-1643519호)

품 명	규 격	단 위	수 량	비 고
SRU 우레탄 하도	-	kg	0.22	
SRU 우레탄 중도(방수재)	3㎜	〃	3.6	
SRU 우레탄 상도	-	〃	0.22	
우 레 탄 퍼 티	-	〃	0.05	
우 레 탄 밴 드	-	m	0.05	
희 석 제	-	kg	0.044	
공 구 손 료	노무비의 3%	식	1	
방 수 공	-	인	0.04	
보 통 인 부	-	〃	0.04	

■ SRU 우레탄(슈퍼마이크로 섬유 강화 우레탄) 방수공사 - 노출형 벽체 0.5㎜
  (특허 제10-1643519호)

품 명	규 격	단 위	수 량	비 고
SRU 우레탄 하도	-	kg	0.22	
SRU 우레탄 중도(방수재)	0.5㎜	〃	0.65	
SRU 우레탄 상도	-	〃	0.22	
우 레 탄 퍼 티	-	〃	0.05	
우 레 탄 밴 드	-	m	0.05	
희 석 제	-	kg	0.01	
공 구 손 료	노무비의 3%	식	1	
방 수 공	-	인	0.04	
보 통 인 부	-	〃	0.04	

[주] ① 본 품은 직접공사비이며 간접공사비는 별도 계상한다. 공구 손료 및 소운반 품이 포함된 것이다.
② 바탕처리, 가설 및 폐기물 처리비는 별도 계상한다.
③ 국토해양부 제정 건축공사 표준시방서에 따른 방수공사에 준한다.

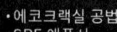

○ 참고자료

■ 옥상 도막방수 성능검사

구 분				단 위	수 량
					성능검사(1회차+2회차)
특	별	인	부	인	0.0137
공	구	손	료	인력품의 %	3

◎ 1 회차
　① 바탕정리 작업 및 청소 상태 확인
　② 함수율(%) 측정
　③ pH 측정

◎ 2 회차
　① 우레탄 도막 / 시트 성능 측정
　② 누수 탐지
　③ 피드백 후 품질보고서 발행

6-3 시트 방수

6-3-1 가열식시트 붙임('18, '23년 보완)

(㎡ 당)

구 분	단 위	바닥	수직부
방 수 공	인	0.060	0.080
보 통 인 부	〃	0.030	0.040

[주] ① 본 품은 토치로 가열하여 접착시키는 시트 1겹 붙임 기준이다.
② 방수시트는 두께 2.5~3.0㎜, 폭 1.0m 기준이다.
③ 본 품은 치켜올림 부위, 드레인 주위, 시트접합부 등에 방수재 덧바름 및 덧붙임 작업을 포함한다.
④ 공구손료 및 경장비(토치 등)의 기계경비는 인력품의 3%로 계상한다.
⑤ 재료량은 다음을 참고하여 적용한다.

(㎡ 당)

구 분	단 위	수 량
시 트	㎡	1.2

※ 재료량은 할증이 포함된 것이며, 연료는 별도 계상한다.

6-3-2 접착식시트 붙임('18, '23년 보완)

(㎡ 당)

구 분	단 위	바닥	수직부
방 수 공	인	0.034	0.046
보 통 인 부	〃	0.020	0.025

[주] ① 본 품은 방수시트를 접착제로 1겹 붙임하는 기준이다.
② 방수시트는 두께 1.0~2.0㎜, 폭 1.0m 기준이다.
③ 본 품은 치켜올림 부위, 드레인 주위, 시트접합부 등에 방수재 덧바름 및 덧붙임 작업을 포함한다.
④ 공구손료는 인력품의 2%로 계상한다.
⑤ 재료량은 '[건축부문] 6-3-1 가열식시트 붙임'을 참고하여 적용한다.

6-3-3 자착식시트 붙임('18년 신설, '23년 보완)

(㎡당)

구 분	단 위	바닥	수직부
방 수 공	인	0.026	0.036
보 통 인 부	〃	0.016	0.020

[주] ① 본 품은 접착 성능을 가진 자착형 방수시트를 1겹 붙임하는 기준이다.
　　② 방수시트는 두께 1.4~3.0㎜, 폭 1.0m 기준이다.
　　③ 본 품은 치켜올림 부위, 드레인 주위, 시트접합부 등에 방수재 덧바름 및 덧붙임 작업을 포함한다.
　　④ 재료량은 '[건축부문] 6-3-1 가열식시트 붙임'을 참고하여 적용한다.

○ 참고자료

■ NATM 터널방수공법(도로, 철도, 지하철 전력구, 통신구 터널방수)
이지픽스 Cell-"T"형 터널방수공법/이지픽스 밀착 "T"형 터널방수공법

(㎡ 당)

품 명	규 격	단위	이지픽스 Cell-T형[Ⅰ]		이지픽스 Cell-T형[Ⅱ]		이지픽스 밀착T형	
이지픽스Cell-T형시트	1.0T	㎡	1.150	-	1.150	-	-	-
〃	1.2T	〃	-	1.150	-	1.150	-	-
이지픽스밀착-T형시트	1.0T	〃	-	-	-	-	1.150	-
〃	1.2T	〃	-	-	-	-	-	1.150
이지픽스밀착-T형고정구 와 셔, 못, 화 약	"T"기능형 22DN37	개 set	0.300 3.700	0.300 3.700	1.100 5.000	1.100 5.000	1.350 5.800	1.350 5.800
인 건 비	방수공 보통인부	인 〃	0.010 0.011	0.010 0.011	0.010 0.013	0.010 0.013	0.010 0.016	0.010 0.016

[주] ① 합성수지 2겹 일체형 터널방수시트는 KS F 4911 기준.
② "국토교통부 표준시방서 충족 공법"으로 천단부 "T"형 고정구 30%보강설치 포함.
③ 방수시트 설치 및 봉합시험 포함.
④ 방수시트와 배수재는 일체형이며 지하수 유량 등 터널 환경에 따라 선택하여 사용할 수 있다.
⑤ 이지픽스 T형 고정구는 여굴, 굴곡 등 터널환경에 따라 0.2~1.5개/㎡ 산정하여 사용할 수 있다.
⑥ 이지픽스 Cell-T형 방수막 규격 1.0T, 1.2T/이지픽스 밀착-T형 방수막 규격 1.0T, 1.2T
⑦ 이지픽스 Cell-T형 배수재 규격 1.8T, 2.2T, 2.4T, 3.0T

■ 터널 개착부 / 토목·건축구조물 외부방수 / 지하차도 외부방수
스타에이스 일체형 점착 복합시트 방수

(㎡ 당)

품 명	규 격	단위	스타에이스 일체형 점착 복합시트			
			벽체	바닥	방근	방수방근
스 타 프 라 이 머	18ℓ	ℓ	0.300	0.300	-	0.300
스타에이스일체형점착복합시트	3.0T	㎡	1.200	1.200	-	-
스타루프쉴드일체형점착방근시트	3.0T	〃	-	-	-	1.200
스 타 보 강 씰	R-500	kg	0.200	0.200	-	-
스 타 루 프 쉴 드 방 근 시 트	1.2T	㎡	-	-	1.070	-
스 타 오 버 랩 플 러 스	1m×20m	m	-	-	1.300	1.300
스 타 조 인 트 링 커	1m×20m	〃	-	-	1.300	1.300
인 건 비	방수공 보통인부	인 〃	0.036 0.020	0.026 0.016	0.040 0.030	0.080 0.050
공 구 손 료	인력품 2%	식	1	1	1	1

선구산업(주) / 선구지오콘(주)   www.sunkoo.com
도로 및 철도, 지하철 터널 / 지하차도 교면 / 건축 / 수처리시설 구조물 방수

이지픽스 Cell-T형 터널방수공법 · 페놀프리 무황변 무용제 에폭시 방수공법

서울시 서초구 효령로 33길 39, 5층(방배동, 더파크908) | TEL : 02)588-8200 | FAX : 02)588-0129

○ 참고자료

■ 수처리장 구조물 수조내부 방수공법(정수장, 배수지, 하수처리장, 폐수처리장 등)

1. 페놀프리 무용제 에폭시 방수방식공법(㎡ 당)

품 명	규 격	단위	1공법	2공법	3공법
SKM-300	바탕조정	kg	2.00	2.00	2.00
SKE-900	무용제에폭시	〃	0.70	0.50	-
SKE-1000	페놀프리에폭시	〃	-	0.20	0.60
SKT-201	희석제	ℓ	0.06	0.06	0.04
인 건 비	방 수 공	인	0.05	0.05	0.05
	보통인부	〃	0.04	0.04	0.04
	도 장 공	〃	0.04	0.04	0.04

에폭시 방수 2공법, 3공법은 자외선 노출수조
적용시 자외선 차단목적 추가코팅 필요없음

2. 세라믹 메탈함유수지계(㎡ 당)

품 명	규 격	단위	1공법	2공법
SKM-300	바탕조정	kg	2.00	2.00
SKC-900	세라믹중도	kg	0.60	0.40
SKC-1000	중, 상도	〃	-	0.20
SKT-201	희석제	ℓ	0.04	0.04
인 건 비	방 수 공	인	0.05	0.05
	보통인부	〃	0.04	0.04
	도 장 공	〃	0.04	0.04

세라믹 방수 2공법은 자외선 노출수조
적용시 자외선 차단목적 추가코팅 필요없음

3. 에폭시 접착제 타일붙임공법 (㎡ 당)

품 명	규 격	단위	바닥	벽체
SKM-300	바탕조정	kg	2.00	2.00
자기질타일	KC인증	㎡	1.03	1.03
SW-500TG	접착제	kg	3.20	3.20
타일줄눈제	줄눈제	〃	0.80	0.80
인 건 비	방 수 공	인	0.140	0.190
	보통인부	〃	0.040	0.050
	도 장 공	〃	0.040	0.050
바탕정리	방수공	인	0.035	0.047
	보통인부	〃	0.012	0.016

4. 기존구조물 표면처리 및 단면복구 (㎡ 당)

품 명	규 격	단위	1T	2T	3T	5T	10T	20T
HBW50	단면복구	kg	2.00	4.00	6.0	10.0	20.0	40.0
인건비	연마공	인	0.02	0.02	0.02	0.02	0.03	0.04
	특별인부	〃	0.01	0.01	0.01	0.02	0.02	0.03
	미장공	〃	0.01	0.01	0.02	0.03	0.04	0.05

[주] 수처리장 구조물 내부방수 1.2.3.항
① 구조물 천장, 벽체(6m 이상)등 특수부위는 인력품의 30%까지 전문기술자와 협의하여 증가할 수 있음.
② 방수공사를 위한 바탕처리비 포함.

■ 규산질계 분말형 도포방수재(모체침투)/콘크리트표면 도포용 흡수방지재(액체침투)

(㎡ 당)

품 명	규 격	단위	모체침투(일반)		모체 침투 2.0T		액체 침투 2회			
			바닥	수직	바닥	수직	바름	뿜칠	바름	뿜칠
THOROSEAL	규산질분말	kg	1.50		4.00		-	-	-	-
ACRYL-60	접착증강제	ℓ	0.12		0.34		-	-	-	-
WATER PLUG	급결지수제	kg	0.05		0.05		-	-	-	-
아쿠아씨란	구조물방수	〃	-	-	-	-	0.300	-	-	-
〃	교면방수	〃	-	-	-	-	-	-	0.400	-
인 건 비	방 수 공	인	0.095	0.105	0.100	0.110	0.057	0.053	0.057	0.053
	보통인부	〃	0.036	0.040	0.036	0.036	0.020	0.019	0.020	0.019
공구손료	인력품 3%	식	1	1	1	1	-	-	-	-

※ THOROSEAL 적용범위(KS F 4918)
 · 수처리구조물 공동구, 기계실 등 비담수부/기타 건축구조물 내·외벽 방수공사
 · 모체침투 방수 한국수자원공사 품은 2.0T 설계기준을 따른다.
※ 아쿠아씨란 적용범위(KS F 4930)
 · 상, 하수 계통구조물 방수 및 강도증진/교면방수/콘크리트 구조물 내·외벽 방수공사
※ 방수공사를 위한 바탕처리 포함.

■ 토목 및 건축 구조물 외부방수

고무아스팔트 도막 방수 및 방근

(㎡당)

품 명	규 격	단위	도막 방수		방수/방근
아 스 팔 트	Primer	kg	0.30	0.30	0.30
고 무 아 스 팔 트	85%	〃	2.10	1.60	2.10
젤 라 스 틱	〃	〃	-	0.50	-
함 침 보 강 재	NP-50	㎡	1.10	1.10	1.10
스타루프쉴드방근시트	1.2T	〃	-	-	1.07
스 타 오 버 랩 플 러 스	1m×20m	m	-	-	1.30
스 타 조 인 트 링 커	1m×20m	〃	-	-	1.30
인 건 비	방수공	인	0.07	0.09	0.09
	보통인부	〃	0.04	0.05	0.06
공 구 손 료	인력품3%	식	1	1	1

■ 구조물 외부방수 보호재

1. 방수층 보호재

(㎡당)

품 명	규 격	단위	수량	
			바닥	수직
SPPE품 (방수층 보호재)	10T	㎡	1.05	
	20T			
	30T			
	방수공	인	0.012	0.016
	보통인부	〃	0.004	0.005

2. 트리플-S 3중 구조 방수층 보호재

(㎡당)

품 명	규 격	단위	수량
트리플보호재	3중 구조	㎡	1.05
글 루 건	핫멜트	kg	0.02
트리플 보호재 두께 7T, 10T, 12T, 15T			
인 건 비	방수공	인	0.015
	보통인부	〃	0.020
공 구 손 료	인력품 3%	식	1

■ 보호재일체형 시트 복합방수

(㎡당)

품 명	규 격	단위	비노출			노출	비 고
			토목	건축	방근	지붕	
아 스 팔 트	프라이머	kg	0.40	0.40	0.40	0.40	
고무아스팔트	점착용도막재	〃	-	-	-	-	※ 고름몰탈, 쇠흙손마감, 바탕처리비 별도
보호재일체형시트	SPA200/250/300	㎡	1.20	1.20	1.20	1.20	※ 벽체시공 시 인건비 30% 할증적용
FRP 마 감	SUPR 500	kg	-	-	1.30	-	※ 노출방수의 규사살포 추가 시공 시 우레탄, 규사, 인건비 추가반영
우 레 탄	중도/상도	〃	-	-	-	2.40	
인 건 비	방수공	인	0.070	0.070	0.060	0.070	※ 비노출공법은 별도의 보호재 시공이 필요 없음.
	보통인부	〃	0.068	0.055	0.120	0.080	
공 구 손 료	인력품 3%	식	1	1	1	1	

○ 참고자료

■ 콘크리트 균열보수 공사(워터킹-I, 습식, 인젝션)(특허 제10-2290009호)

(㎡ 당)

품 명	규 격	단 위	수 량	비 고
습식균열주입제	-	kg	1.00	
습 식 씰 링 제	-	〃	1.00	
팩 카	-	개	5.00	
주 입 기	-	〃	5.00	
특 별 인 부	-	인	0.08	
보 통 인 부	-	〃	0.08	
공 구 손 료	노무비의 2%	식	1.00	

■ 옥상 복합방수 공법(워터킹 WTK-P, 섬유쉬트)(특허 제10-2282177호)

(㎡ 당)

품 명	규 격	단 위	수 량	비 고
워 터 킹 - P	강력제	kg	0.50	
바 탕 정 리	-	㎡	1.00	
장섬유 쉬트 부착	-	〃	1.20	
워 터 킹 - P	하도	kg	0.65	
위 디 킹 - P	중도	〃	1.10	
워 터 킹 - P	상도	〃	0.65	
방 수 공	-	인	0.06	
보 통 인 부	-	〃	0.06	
공 구 손 료	노무비의 2%	식	1.00	

■ 옥상 롤쉰글 쉬트방수 공법(워터킹 WTK-R)(특허 제10-2441491호)

(㎡ 당)

품 명	규 격	단 위	수 량	비 고
워 터 킹 - R	Roll 쉰글	㎡	1.20	
롤 쉰 글 하 도 재	-	kg	1.10	
바 탕 정 리	-	㎡	1.00	
방 수 공	-	인	0.05	
보 통 인 부	-	〃	0.05	
공 구 손 료	노무비의 2%	식	1.00	

건축부문

■ 침투형 콘크리트 중성화 회복 및 반영구 보호재(P2)

품 명	규 격	단 위	수 량	비 고
콘크리트중성화회복제 P2	-	ℓ	0.60	2회 분무 기준
방 수 공	-	인	0.02	
보 통 인 부	-	〃	0.01	
기 구 손 료	노무비의 3%	식	1	

[주] ① 본표는 재료의 할증률 및 소운반품이 포함되어 있다.
② 바탕처리 및 폴리싱비용 별도 계산한다.
③ 작업바닥이 계단일 경우는 품을 20% 가산한다.

6-4 시멘트 모르타르계 방수

6-4-1 시멘트 액체방수 바름('09, '18, '23년 보완)

(㎡당)

구 분	단 위	바 닥	수직부
방 수 공	인	0.075	0.060
보 통 인 부	〃	0.040	0.030

[주] ① 바닥은 "물뿌리기→시멘트페이스트 1차→방수액 침투→시멘트페이스트 2차→모르타르" 기준이다.
② 수직부는 "물뿌리기→바탕접착제→시멘트페이스트→모르타르" 기준이다.
③ 본 품은 모르타르 비빔작업과 치켜올림, 드레인 주위 등에 모르타르 면잡기 작업을 포함한다.
④ 모르타르 배합(시멘트, 모래)은 '[건축부문] 9-1-1 모르타르 배합'을 따른다.
⑤ 양생 후 아스팔트도막 바름은 '6-2-1 도막바름'을 따른다.
⑥ 공구손료 및 경장비(비빔기 등)의 기계경비는 인력품의 3%로 계상한다.

■ 콘크리트 방수·방식 공법(에폭시 수지계)

(㎡당)

구분 공종	품명	규격	단위	무용제계	수용성계	수용성타르에폭시	비고

바탕조정층	프라이머
	에피라멘트
		-
		-
			kg
			〃
				0.2
				2.0
					0.2
					2.0
						0.2
						2.0
							정수장. 배수지. 저수조 하수처리장, 하수관거. 폐수처리장 등
							※ 총 도막 두께
							  1) 바탕면 1,000㎛
							  2) 방식 350~500㎛.
							※ 자외선(노출)구간은 TOP 별도 적용한다.

방수/방식층	무용제에폭시 수용성에폭시 수용성타르에폭시 희석제	NS-200 WS-100HB WST-100 -	kg 〃 〃 〃	0.6 - - 0.2	- 1.0 - -	- - 1.0 0.2	
인 품	견출공 도장공 특별인부 보통인부	- - - -	인 〃 〃 〃	0.04 0.04 0.03 0.02	0.04 0.04 0.03 0.02	0.04 0.04 0.03 0.02	

[주] 기계 손료 및 가설재 설치시 별도 계상한다.

■ 콘크리트 방수·방식 친환경 공법(세라믹메탈·폴리우레아·에피라UW-500)

(㎡당)

구분 공종	품명	단위	세라메탈	폴리우레아	에피라UW-500	비고
바탕조정층	프라이머 에피라멘트	kg 〃	0.2 2.0	0.2 2.0	0.2 2.0	정수장. 배수지. 저수조. 기타 등 하수처리. 하수관거 폐수처리. 발전소 등
방수/방식층	세라메탈 폴리우레아 에피라UW-500	kg 〃 〃	0.6 - -	- 2.2 -	- - 0.6	
인 품	견출공 도장공 특별인부 보통인부	인 〃 〃 〃	0.04 0.04 0.03 0.02	0.04 0.04 0.03 0.02	0.04 0.04 0.03 0.02	※ 자외선(노출)구간은 TOP 별도 적용한다.

[주] 기계기구 및 가설재 설치시 별도 계상한다.

콘크리트 방수/방식 재료 전문 생산 제조 업체

DSC 東西化學工業(株)

세라믹메탈계·폴리우레아 해수용 Modified도료·친환경 공법 제품
무용제·수용성·바닥재 및 각종 방수/방식 재료 전문제조 생산메이커

본사 : 경상북도 포항시 남구 철강로 403(호동)
TEL : 054-278-1597~8   FAX : 054-281-3270

서울사무소 : 서울시 송파구 새말로5길 7 금강공업빌딩 5층
TEL : 02-3471-4121~5   FAX : 02-3471-8022

참고자료

■ 에폭시 바닥재

(㎡당)

공종	구분 품 명	규 격	단위	바닥재 박막형	바닥재 후막형 3㎜	비 고
재 료	프 라 이 머	F/L	kg	0.2	0.2	주차장 바닥 공장 바닥 공동구 바닥 기계실 바닥
	에피라바닥제(박막형)	100T	〃	0.3	-	
	에피라바닥재(후막형)	S F	〃	-	3.9	
	희 석 제	SDC	〃	0.2	0.2	
인 품	도 장 공	-	인	0.06	0.07	
	보 통 인 부	-	〃	0.04	0.04	

■ 세라폭시 방수·방식 공법(속경화성)(특허 제10-1798466호)

공종	구분 품 명	규 격	단위	소요량	비 고
바탕조정층	세라폭시프라이머		kg	0.20	콘크리트 구조물 물이 직접 닿는 부위.
	세라바탕조정재		〃	2.00	
방수/방식층	세 라 폭 시 3회	1.4㎜	kg	0.60	정수장, 배수지, 하수, 오·폐수처리장 등
인 품	견 출 공		인	0.05	총 도막두께 1.4㎜ 이상.
	도 장 공		〃	0.04	
	보 통 인 부		〃	0.03	

[주] ① 공과잡비·기계기구·가설재 설치비·균열보수·골재분리 보수는 별도 계상한다.
　　② 자외선(노출)구간은 TOP 별도 적용한다.

콘크리트 방수/ 방식 재료 전문 생산 제조 업체

DSC 東西化學工業(株)

· 세라믹메탈계·폴리우레아 해수용Modified도료·친환경 공법 제품
· 무용제·수용성·바닥재 및 각종 방수/방식 재료 전문제조 생산메이커

본 사 : 경기도 과천시 과천대로 7다길 60 금강공업빌딩 7층
　　　　TEL : 02-3471-4121~5　FAX : 02-3471-8022
공 장 : 경상북도 포항시 남구 철강로 403(호동)
　　　　TEL : 054-278-1597~8　FAX : 054-281-3270

■ SRE 에폭시(슈퍼마이크로 섬유 강화 에폭시)-지하주차장 통로 1㎜(특허 제10-1643519호)

품 명	규 격	단 위	수 량	비 고
에 폭 시 하 도	-	kg	0.22	
SRE 에 폭 시 라 이 닝	1㎜	〃	1.4	
에 폭 시 퍼 티		〃	0.05	
에 폭 시 밴 드	W=100	m	0.05	
희 석 제	-	kg	0.044	
공 구 손 료	노무비의 3%	식	1	
방 수 공	-	인	0.03	
보 통 인 부	-	〃	0.03	

■ SRE 에폭시(슈퍼마이크로 섬유 강화 에폭시)-지하주차장 주차면 코팅 2회(특허 제10-1643519호)

품 명	규 격	단 위	수 량	비 고
에 폭 시 하 도	-	kg	0.22	
SRE 에 폭 시 코 팅	2회 0.2㎜	〃	0.35	
에 폭 시 퍼 티		〃	0.05	
에 폭 시 밴 드	W=100	m	0.05	
희 석 제	-	kg	0.044	
공 구 손 료	노무비의 3%	식	1	
방 수 공	-	인	0.014	
보 통 인 부	-	〃	0.014	

[주] ① 본 품은 직접공사비이며 간접공사비는 별도 계상한다. 공구 손료 및 소운반 품이 포함된 것이다.
② 바탕처리, 가설 및 폐기물 처리비는 별도 계상한다.
③ 국토해양부 제정 건축공사 표준시방서에 따른 방수공사에 준한다.

○ 참고자료

■ 콘크리트 방수/방식 공법(에코멘트공법)(특허)

(㎡ 당)

구분 공종	품 명	규 격	단위	무용제 에폭시	세라믹 메탈	수용성 에폭시	비 고
바탕면 만들기	에코수계프라이머	-	kg	0.20	0.20	0.20	* 정수장. 배수지. 　하수처리장 * 다기능비점오염저류조 * 폐수처리장. 　분뇨처리장 * 하수처리장(밀폐형) 　하수관거 * 우수저류조
	에 코 멘 트	ECM-63	〃	1.50	1.50	1.50	
재료비	에 코 무 용 재	ECO NS-200	kg	0.60	-	-	
	에 코 세 라 메 탈	ESM-64	〃	-	0.60	-	
	에 코 수 계 에 폭 시	ECO WS-100HB	〃	-	-	0.80	
	희 석 제	-	ℓ	0.20	0.20	0.20	
노무비	미 장 공	-	인	0.04	0.04	0.04	
	도 장 공	-	〃	0.03	0.03	0.03	
	방 수 공	-	〃	0.03	0.03	0.03	
	특 별 인 부	-	〃	0.03	0.03	0.03	

[주] 수직·천정부분 노무비는 30% 할증한다. 2.5m 이상 가설재비는 별도 계산한다.

■ 자착식 비노출 복합 방수공법·비노출 아스팔트 마스틱복합 방수공법(특허)

(㎡ 당)

구분 공종	품 명	규 격	단위	비노출			비 고
				바닥	벽체	보호재	
자착식 비노출 복합 방수공법	프 라 이 머	-	kg	0.2	0.2	-	* 구조물 지하외벽 　(비노출) * 구조물 슬라브층 　(비노출)
	자착식방수시트	ECO-TAM2L(3t)	㎡	1.1	1.1	-	
	〃	ECO-TAM2L(2t)	〃	1.1	1.1	-	
	아스팔트마스틱	#5000	kg	0.5	0.5	-	
아스팔트 마스틱 복합 방수공법	프 라 이 머	-	ℓ	0.4	0.4	-	
	아스팔트마스틱	바닥용 #2000	kg	2.2	-	-	
	〃	벽체용 #3000	〃	-	2.2	-	
	〃	보강용 #5000	〃	0.3	0.3	-	
	아스팔트시트	T1.0㎜	㎡	1.2	1.2	-	
	노 무 비	방수공	인	0.07	0.09	-	
		보통인부	〃	0.05	0.06	-	
	비 고	* 수직 천정 노무비는 30% 할증계산 * 2.5m 이상 높이는 비계설치비 따로 계산한다.					

콘크리트 구조물 내부방식, 외부방수, 노출옥상 방수 전문 업체

(주)동서에코라인
Dong-Seo Ecoline

본사 : 부산광역시 강서구 대저로291(대저1동)
TEL : 051-941-7800, 051-333-9941
FAX : 051-941-5982

■ 내부방식 / 특허 : 에코멘트 방수방식공법
■ 외부방수 / 특허 : 자착식 비노출 복합방수
■ 옥상방수 / 특허 : 노출옥상에 적용되는 복합방수

■ 차열성과 방수성이 우수한 도료 조성물 및 이를 이용한 콘크리트 시공방법
　(특허 제10-2481357호)

(평 당)

구 분	규 격	단 위	수 량
[재료비]			
액 체 방 수	DCF-UT101 (20kg)	통	0.67
방 수 재	DCF-EC2500 (20kg)	〃	2.50
크 랙 보 수 재	DCF-EC2000 (10kg)	〃	0.33
[노무비]			
방 수 공	-	인	0.36

[주] 공구손실료 및 잡재료비는 별도 계상한다.

6-4-2 폴리머 시멘트 모르타르방수 바름('09년 신설, '23년 보완)

(㎡당)

구 분	단 위	1종	2종
방 수 공	인	0.060	0.040
보 통 인 부	〃	0.040	0.020

[주] ① 1종은 모르타르 3층(회) 바름, 2종은 모르타르 2층(회) 바름을 기준이다.
② 본 품은 모르타르 비빔작업과 치켜올림, 드레인 주위 등에 모르타르 면잡기 작업을 포함한다.
③ 모르타르 배합(시멘트, 모래)은 '[건축부문] 9-1-1 모르타르 배합'을 따른다.
④ 양생 후 아스팔트도막 바름은 '6-2-1 도막바름'을 따른다.
⑤ 공구손료 및 경장비(비빔기 등)의 기계경비는 인력품의 3%로 계상한다.

6-4-3 방수모르타르 바름('09, '15, '18년 보완)

(㎡당)

구 분	단 위	10mm 이하	15mm 이하	20mm 이하
미 장 공	인	0.047	0.056	0.073
보 통 인 부	〃	0.035	0.043	0.048

[주] ① 본 품은 벽돌, 콘크리트 바탕에 방수모르타르 바름을 기준한 것이다.
② 본 품은 비빔작업이 포함된 것이며, 모르타르 배합(시멘트, 모래)은 '[건축부문] 9-1-1 모르타르 배합'을 따른다.
③ 외벽은 높이에 따라 다음 할증률에 의한 품을 가산할 수 있으며 19층 이상은 매 3층 증가마다 4%씩 가산할 수 있다.

지하층 및 1~3층	4~6층	7~9층	10~12층	13~15층	16~18층
-	5%	8%	12%	16%	20%

※ 층의 구분을 할 수 없는 건축물인 경우 1개층의 층고를 3.6m로 기준하여 층수를 환산한다.
④ 공구손료 및 경장비(비빔기 등)의 기계경비는 인력품의 2%로 계상한다.

6-4-4 시멘트 혼입 폴리머계 도막방수 바름('09년 신설)

(㎡당)

구 분	단 위	노출 공법	비노출 공법
방 수 공	인	0.100	0.090
보 통 인 부	〃	0.070	0.060

[주] ① 노출공법은 마감도료(Top-Coat)를 포함한 것이다.
② 본 품은 바탕처리, 프라이머바름 및 방수층 보호재 깔기가 제외되어 있다.
③ 공구손료는 인력품의 3%로 계상한다.
④ 재료는 별도 계상하며, 뿜칠 시공시에는 재료량을 10% 가산한다.

6-5 기타방수

6-5-1 규산질계 도포방수 바름('09년 신설, '18년 보완)

(㎡당)

구 분	단 위	바 닥	수직부
방 수 공	인	0.059	0.065
보 통 인 부	〃	0.021	0.023

[주] ① 본 품은 규산질계 도포 방수 2층(회) 바름을 기준한 것이다.
② 본 품은 비빔작업이 포함된 것이며, 모르타르 배합(시멘트, 모래)은 '[건축부문] 9-1-1 모르타르 배합'을 따른다.
③ 공구손료 및 경장비(비빔기 등)의 기계경비는 인력품의 3%로 계상한다.

6-5-2 액상형 흡수방지방수 도포('09, '18년 보완)

(㎡당)

구 분	단위	바름		뿜칠	
		1층(회)	2층(회)	1층(회)	2층(회)
방 수 공	인	0.014	0.021	0.011	0.017
보 통 인 부	〃	0.003	0.005	0.003	0.004

[주] ① 본 품은 구조물 외벽의 발수제 도포를 기준한 것이다.
② 외벽은 높이에 따라 다음 할증률에 의한 품을 가산할 수 있으며 19층 이상은 매 3층 증가마다 4%씩 가산할 수 있다.

외벽층 구분	1, 2, 3층	4, 5, 6층	7, 8, 9층	10, 11, 12층	13, 14, 15층	16, 17, 18층
인 력 품	0	5%	8%	12%	16%	20%

※ 층의 구분을 할 수 없는 건축물은 1개층의 층고를 3.6m로 기준하여 층수를 환산한다.
③ 크레인(고소작업차)을 사용하는 경우 기계경비는 별도 계상한다.
④ 뿜칠 시 공구손료 및 경장비(엔진식 도장기 등)의 기계경비는 인력품의 4%로 계상한다.
⑤ 재료는 별도 계상하며, 뿜칠시공시에는 재료량을 10% 가산한다.

6-5-3 벤토나이트방수 붙임('09, '18년 보완)

(㎡당)

구 분	단위	벤토나이트 매트		벤토나이트 시트	
		바닥	수직부	바닥	수직부
방 수 공	인	0.038	0.043	0.027	0.032
보 통 인 부	〃	0.013	0.014	0.009	0.011

[주] ① 본 품은 지하구조물 외부에 벤토나이트 방수재 붙임을 기준한 것이다.
② 본 품은 벤토나이트 씰 보강, 방수재 절단 및 설치, 조인트 테이프 붙임 작업이 포함된 것이다.
③ 공구손료 및 경장비(에어콤프, 화약총 등)의 기계경비는 인력품의 3%로 계상한다.
④ 재료량은 다음을 참고하여 적용한다.

(㎡당)

구 분	규 격	단위	매트		시트	
			바닥	수직부	바닥	수직부
벤토나이트 방수재	매트 1219×4570×6.4㎜	㎡	1.18	1.20	-	-
〃	시트 1220×6700×4.5㎜	〃	-	-	1.15	1.20
벤토나이트 씰재	-	ℓ	0.45	0.50	0.15	0.42
벤토나이트 알갱이	-	kg	3.38	1.46	0.80	0.80
P E 필름	0.04㎜	㎡	1.20	1.20	0.6	0.8
카 트 리 지	화약	개	10	10	10.5	10.5
콘크리트 못	32㎜	〃	10	10	10.5	10.5
와 셔	-	〃	10	10	10.5	10.5
조인트 테이프	-	m	-	-	1.1	1.1

※ 재료량은 할증이 포함된 것이다.

6-6 부대공사

6-6-1 수밀코킹('18년 보완)

(m 당)

구 분	단 위	수 량
코 킹 공	인	0.025

[주] ① 본 품은 전용건을 사용한 실링마감 작업을 기준한 것이다.
② 본 품은 마스킹테이프 설치 및 제거, 실링재 충전 작업이 포함된 것이다.
③ 재료량은 다음을 참고하여 적용한다.

(m 당)

구 분	단 위	수 량
실 링 재	m	1.2

※ 재료량은 할증이 포함되어 있다.

6-6-2 줄눈 절단('18년 신설)

(m 당)

구 분	규 격	단 위	수 량
방 수 공	-	인	0.005
보 통 인 부	-	〃	0.001
커 터	320~400㎜	hr	0.017

[주] ① 본 품은 옥상 보호콘크리트의 절단을 기준한 것이다.
② 본 품은 먹매김, 콘크리트 절단 작업이 포함된 것이다.
③ 공구손료 및 경장비(청소기 등) 기계경비는 인력품의 2%로 계상한다.

6-6-3 줄눈 설치('18년 신설)

(m 당)

구 분	단 위	수 량
방 수 공	인	0.005
보 통 인 부	〃	0.001

[주] ① 본 품은 옥상 보호콘크리트의 줄눈 설치를 기준한 것이다.
② 본 품은 프라이머 바름, 백업재 주입, 실링마감 작업을 포함한다.

건설신기술 제997호		현장 타설 콘크리트와 일체화 특성을 갖는 재 유동형 복합시트를 활용한 방수공법(NaB Pre-Fab System)
2024. 7. 18	8년	

· 시공절차 및 주요공정
  · 바닥 : 바탕처리 → 프리패브 복합방수시트 포설
  · 벽 : 바탕처리 → 방수보호층 시공 → 프리패브 복합방수시트 포설

1. 바탕처리
   ☞ 표준품셈 [건축 6-1-1 바탕처리] 참조

2. 프리패브 복합방수시트 포설
   ☞ 표준품셈 [건축 6-3-3 자착식시트 붙임] 참조
   [주] ① 벽체부 시공시 필요한 방수보호층 시공은 표준품셈 [건축 6-2-2 보강포 붙임]을 참조하며, 재료량은 다음을 참고한다.

(㎡당)

구 분	규 격	단 위	수 량	비 고
장섬유부직포	300g	㎡	1.15	할증 포함
고 정 부 재	22mm	개	4.0	

② 프리패브 복합방수시트 포설의 재료량은 다음을 참고한다.

(㎡당)

구 분		규 격	단 위	수 량	비 고
바 닥	프리패브복합방수시트	1m×1m(3.0t)	㎡	1.12	할증 포함
벽 체	프리패브복합방수시트(합벽용)	1m×1m(3.0t)	㎡	1.15	할증 포함
	고 정 부 재	22mm	개	4.0	

건설신기술 제976호	PVC보강형 방수시트에 가교폼시트를 결합한 복합방수시트와 접합부에 수
2023. 12. 5 8년	작업형 폴리우레아를 활용한 복합방수 공법 (ALL-IN System)

· 시공절차 및 주요공정
  바탕 처리 → 접착제 시공 → ALL-IN 복합시트 시공 → 탑코트 시공

1. 바탕 처리
   ☞ 표준품셈 [건축 6-1-1 바탕처리] 참조

2. 접착제 시공
   ☞ 표준품셈 [건축 6-1-2 방수프라이머 바름] 참조
[주] 재료량은 다음을 참고한다.

(㎡당)

구 분	규 격	단 위	수 량	비 고
ALLIN-A 접착제	20kg/pail	kg	0.3	할증 포함

3. ALL-IN 복합시트 시공

(㎡당)

구 분	단 위	수 량
방 수 공	인	0.021
보 통 인 부	〃	0.015

[주] ① 본 품은 ALL-IN 복합시트 시공을 기준으로 한 것이다.
    ② 재료량은 다음을 참고한다.

(㎡당)

구 분	규 격	단 위	수 량	비 고
ALL-IN 복합시트	20kg/pail	㎡	0.3	할증 포함
ALLIN-U 접합부 폴리우레아	폴리우레아, 14kg/set	kg	0.12	
ALLIN-S 보강재	30mm 이상	m	1.0	

4. 탑코트 시공
   ☞ 표준품셈 [공통 6-2-3 마감도료(Top-coat) 바름] 참조
[주] 재료량은 다음을 참고한다.

(㎡당)

구 분	규 격	단 위	수 량	비 고
ALLIN-T 탑코트	탑코트, 9ℓ/set	kg	0.2	할증 포함

품셈 유권해석

치장용 석고보드의 정의

가열식 시트 붙임과 관련하여 질의를 하고자 합니다.
6-3-1. 가열식시트붙임 (주) 3. 본 품은 치켜올림 부위, 드레인 주의, 시트접합부 등에 방수재 덧바름 및 덧붙임 작업을 포함한다. 라는 문구의 해석과 관련하여, 갑론을박이 있어 질의드립니다.
치켜올림 부위 등에 방수재 덧바름, 덧붙임 작업을 포함한다는 의미가 바닥면적 산정 후 치켜올림 하여 마감하는 품을 포함한다는 의미인지,
아니면 해당 벽체에는 가열식시트 붙임을 할 필요는 없으나, 마감을 위해서 약 10cm 정도 가열식 시트붙임을 실시하는 부분의 품을 벽체 품으로 산정해 지급하여야 하는지에 대해 질의 드립니다.

답변내용

➡ 표준품셈 건축부문 "6-3-1 가열식 시트 붙임"은 치켜올림 부위, 드레인주위, 시트 접합부 등 방수재 덧바름 및 덧붙임 작업을 포함한 품으로 바닥과 수직부를 구분하여 제시하고 있습니다. 바닥면적의 해당부위 면적만 수량 적용하시기 바랍니다.

설레받이의 절단

질의1. 면잡기 작업이란 어떤 작업인지?(물매를 잡는 작업인지?)
질의2. '시멘트 액체방수 바름'의 품에 방수 전 면정리 작업 품 포함 여부
질의3. 건축부문 6-4-1③"본 품은 ~" 내용과 건축부문 6-1-1 바탕처리에 중복되는 작업이 있는지 여부
질의4. 2005년 건설공사 13-4-1 시멘트 액체방수의 '바탕파쇄'는 어떤 작업인지?

답변내용

➡ 답변 1. 표준품셈 건축부문 "6-4-1 시멘트 액체방수 바름"에서 면잡기작업은 치켜올림, 드레인주위 면의 취약부위 보강을 위해 모르타르 등을 채워서 면을 잡는 작업입니다.
답변 2,3. 표준품셈 건축부문 "6-4-1 시멘트 액체방수 바름"에서는 바탕처리 작업을 포함하고 있지 않으며, 바탕처리 작업은 "6-1-1 바탕처리"를 적용하시기 바랍니다.
답변 4. 2006년 이전 표준품셈은 저희연구원에서 관리하기 이전 건설공사 표준품셈에 있던 내용으로 답변하기가 어려운점 양지하여 주시기 바랍니다.

이중바닥의 지지철물에 따른 구분

현재 수영장 시설개선공사 진행중에 바탕처리 품을 적용했습니다. 현재는 물을 사용해 고압으로 세척도 해야하는데 이 경우 바탕처리품의 불순물 청소에 고압세척도 포함이 되어있다고 봐야하는지 아니면 별도 계상해야 하는것인지 궁금합니다. 여기서 말하는 불순물의 개념도 같이 설명부탁드립니다.

답변내용

➡ 표준품셈 건축부문 "6-1-1 바탕처리"에서 별도의 고압세척 장비를 사용한 물청소는 포함하지 않고 있습니다. 불순물은 방수공사면 시공을 위해 제거되어야할 이물질, 작은 시공부산물 등을 의미합니다.

치장용 석고보드의 정의

해당 항목의 바탕처리가 보통 및 불량으로 구분되게 된 사유가 궁금하여 문의드립니다.

답변내용

➡ 2023년 개정된 표준품셈 건축부문 "6-1-1 바탕처리"는 들뜸 및 요철제거, 홈메우기, 불순물청소, 퍼티 작업을 포함하고 있으며, 들뜸 및 레이턴스 등 과다로 바탕 전면에 연마를 수행해야하는 경우 불량을 적용하도록 하고 있습니다. 바탕면이 들뜸 및 레이턴스 과다로 전면에 연마를 수행해야하는 경우와 그렇지 않은 경우의 현장실태를 반영하여 구분한 결과입니다. 표준품셈은 현장조사를 토대로 품을 제정하고 있습니다.

걸레받이의 절단

당 현장은 도막방수 비노출로써 (중도,하도,프라이머) 이렇게 도막을 3회 형성하고 있습니다. 도막바름에서 "[주] 1) 본 품은 우레탄고무계, 아크릴고무계, 고무아스팔트계 등 도막 1층(회)을 형성하는 작업을 기준한 것이다." 라고 명기가 되어있습니다. 이에 저희 현장도 3회(중도,하도,프라이머)로 형성하는걸로 일위대가를 작성하면 되는지 궁금합니다.

답변내용

➡ 표준품셈 건축부문 "6-2-1 도막바름"은 도막 1층(회)를 기준으로 제시된 품으로 바름두께는 별도로 정하고 있지 않으며, 우레탄 고무계, 아크릴 고무계, 고무아스팔트계 등의 도막층 3회 형성시 동품을 3회 적용하시기 바랍니다. 또한 방수프라이머 바름은 표준품셈 건축부문 "6-1-2 방수프라이머 바름"에서 제시하고 있습니다.

제 6 장 방수공사

이중바닥의 지지철물에 따른 구분

본품은 재방수를 하기 위하여 기존방수층(도막방수)를 제거하고 바탕처리하는 기준으로 설명되어 있는데요(방수층제거, 홈메우기, 불순물청소, 퍼티작업포함) 건축 6-1-1 바탕처리와 차이가 미비한 상황입니다. (보통기준시 방수공 0.007,보통인부 0.003, 불량기준시 방수공 0.001만 차이남-M2당) 만약 바탕처리가 포함되어 있다면 철거품이 너무 적은 것이 아닌가하는 생각이 듭니다. 아니면 기존방수철거후 재방수시에 ①기존방수층 제거 및 바탕처리 후에 ②바탕처리를 하고 방수를 해야하나요? 바탕처리를 제외한 방수철거에대한 인력이 얼만큼 들어가있나요?

답변내용

➡ 답변1. 표준품셈 건축부문 "6-1-1 바탕처리"는 신설 방수공사 바탕처리 현장을 대상으로 조사한 품으로 들뜸 및 요철제거, 홈메우기, 불순물청소, 퍼티 작업을 포함하고 있으며, 불량의 경우 바탕 전면에 연마작업도 포함하고 있습니다. 표준품셈 유지관리부문 "3-2-11 기존방수층 제거 및 바탕처리"는 유지관리 공사시 재방수를 하기위해 기존방수층을 제거하고 바탕처리하는 현장을 대상으로 조사된 품으로 방수층 제거, 홈메우기, 불순물 청소, 퍼티작업을 포함하고 있습니다. 또한 표준품셈은 현장조사를 토대로 품을 제정하고 있습니다. 표준품셈 적용기준 "1-1-3 3. 본 표준품셈은 건설공사 중 대표적이고 보편적이며 일반화된 공종, 공법을 기준한 것이며 현장여건, 기후의 특성 및 조건에 따라 조성하여 적용하되, 예정가격 작성기준 제2조에 의거 부당하게 감액하거나 과잉 계산되지 않도록 한다."에 의해 대표적이고 보편적인 현장조건을 기준으로 조사된 결과입니다.
답변2. 기존방수층 철거후 재방수 시에는 표준품셈 유지관리 부문 "3-2-11 기존방수층 제거 및 바탕처리"를 적용하시기 바랍니다.
답변3. 표준품셈 유지관리 부문 "3-2-11 기존방수층 제거 및 바탕처리"에는 방수철거와 바탕처리 작업을 포함한 작업실태를 반영하고 있으며 방수철거와 바탕처리 작업을 분리한 품기준은 별도로 제시하고 있지 않습니다. 표준품셈에서 정하지 않는 사항은 동품셈 1-1-3의 4항을 참조하시어 적정한 예정가격산정기준을 적의 결정하여 사용하시기 바랍니다.

제 7 장 지붕 및 홈통 공사

7-1 지붕
7-1-1 금속기와 잇기 ('16년 신설, '22년 보완)

(㎡당)

구 분	단 위	개당 면적	
		1.0㎡ 이하	1.0㎡ 초과
지붕잇기공	인	0.050	0.040
보통인부	〃	0.010	0.010
비 고	- 급경사(3/4이상, 35°이상)일 경우 본 품의 20%를 가산한다.		

[주] ① 본 품은 피스로 고정하는 금속기와 지붕재의 설치 기준이다.
 ② 본 품은 금속기와 절단 및 잇기 작업을 포함한다.
 ③ 후레싱 설치는 '[건축부문] 7-1-7 후레싱 설치'를 따른다.
 ④ 가시설물(비계, 안전발판 등)이 필요한 경우 작업여건(경사도 등) 및 「지붕공사 안전보건작업 기술지침」을 고려하여 별도 계상한다.
 ⑤ 공구손료 및 경장비(전동드릴 등)의 기계경비는 인력품의 2%로 계상한다.
 ⑥ 잡재료 및 소모재료(고정철물 등)는 주재료비의 2%로 계상한다.

7-1-2 금속판 평잇기 ('16년 신설)

(㎡당)

구 분	단 위	수 량	
지붕잇기공	인	0.07	
보통인부	〃	0.01	
비 고	- 현장조건에 따라 다음과 같이 가산한다.		
		벽	급경사(3/4 이상, 35° 이상)
		10%	20%

[주] ① 본 품은 금속판(1㎡ 이하)의 평잇기 작업을 기준한 것이다.
 ② 본 품은 금속판 절단, 잇기, 단부마감(거멀접기) 작업이 포함되어 있다.
 ③ 후레싱 설치는 '[건축부문] 7-1-7 후레싱 설치'를 따른다.
 ④ 가시설물(비계, 안전발판 등)이 필요한 경우 작업여건(경사도 등) 및 「지붕공사 안전보건작업 기술지침」을 고려하여 별도 계상한다.
 ⑤ 공구손료 및 경장비(전동드릴 등)의 기계경비는 인력품의 1%로 계상한다.
 ⑥ 잡재료 및 소모재료(고정철물 등)는 주재료비의 5%로 계상한다.

7-1-3 금속판 돌출잇기 현장제작('16년 신설)

(㎡당)

구 분	단 위	수 량
지 붕 잇 기 공	인	0.05
보 통 인 부	〃	0.01

[주] ① 본 품은 돌출잇기(돌출간격 0.3~0.5m)를 위해 금속판(두께 1.0㎜ 이하)을 현장에서 제작하는 기준이다.
② 본 품은 금속판 절단 및 절곡, 거멀접기 작업이 포함되어 있다.
③ 제작대 설치는 별도 계상한다.
④ 공구손료 및 경장비(절곡기 등)의 기계경비는 인력품의 2%로 계상한다.

7-1-4 금속판 돌출잇기

(㎡당)

구 분	단 위	수 량
지 붕 잇 기 공	인	0.06
보 통 인 부	〃	0.01
비 고	\- 현장조건에 따라 다음과 같이 가산한다.	
	벽	급경사(3/4 이상, 35°이상)
	10%	20%

[주] ① 본 품은 금속판(돌출간격 0.3~0.5m)의 돌출잇기 작업을 기준한 것이다.
② 본 품은 금속판 절단, 잇기, 단부마감(거멀접기) 작업이 포함되어 있다.
③ 후레싱 설치는 '[건축부문] 7-1-7 후레싱 설치'를 따른다.
④ 가시설물(비계, 안전발판 등)이 필요한 경우 작업여건(경사도 등) 및 「지붕공사 안전보건작업 기술지침」을 고려하여 별도 계상한다.
⑤ 공구손료 및 경장비(전동드릴 등)의 기계경비는 인력품의 1%로 계상한다.
⑥ 잡재료 및 소모재료(고정철물 등)는 주재료비의 4%로 계상한다.

7-1-5 아스팔트싱글 설치('16년 보완)

(㎡당)

구 분	단 위	수 량
지 붕 잇 기 공	인	0.07
보 통 인 부	〃	0.01
비 고	\- 급경사(3/4 이상)일 경우 본 품의 20%를 가산한다.	

[주] ① 본 품은 아스팔트싱글(336×1,000×3㎜) 설치작업을 기준한 것이다.
② 본 품은 싱글 절단 및 잇기 작업이 포함되어 있다.

③ 후레싱 설치는 '[건축부문] 7-1-7 후레싱 설치'를 따른다.
④ 방수재 깔기 및 아스팔트 프라이머 바름 작업은 별도 계상한다.
⑤ 가시설물(비계, 안전발판 등)이 필요한 경우 작업여건(경사도 등) 및 「지붕공사 안전보건작업 기술지침」을 고려하여 별도 계상한다.
⑥ 재료량은 다음을 참고한다.

구 분	규 격	단 위	수 량
아스팔트싱글	336×1,000×3㎜	매	7.30
잡재료 및 소모재료 (콘크리트 못 등)	주재료비의	%	3

※ 위 재료량은 할증(3%)이 포함되어 있다.
※ 용마루 및 골에 사용하는 싱글의 재료량은 별도계상 한다.

7-1-6 폴리카보네이트 설치('03년 신설, '16년 보완)

(㎡ 당)

구 분	단 위	수 량
지붕잇기공	인	0.15
보통인부	〃	0.03

[주] ① 본 품은 폴리카보네이트(두께 16㎜ 이하) 지붕을 설치하는 기준이다.
② 본 품은 몰딩 설치, 폴리카보테이트 절단 및 설치, 덮개Bar 설치, 실리콘 마감(코킹) 작업을 포함한다.
③ 가시설물(비계, 안전발판 등)이 필요한 경우 작업여건(경사도 등) 및 「지붕공사 안전보건작업 기술지침」을 고려하여 별도 계상한다.
④ 공구손료 및 경장비(전동드릴, 절단기 등)의 기계경비는 인력품의 3%로 계상한다.
⑤ 재료량은 다음을 참고한다.

구 분	규 격	단 위	수 량
폴리카보네이트	-	㎡	1.1
잡재료 및 소모재료 (몰딩, 실리콘, 덮개Bar 등)	주재료비의	%	10

※ 위 재료량은 할증이 포함되어 있다.

7-1-7 후레싱 설치('16년 신설)

(m 당)

구 분	단 위	수 량
지붕잇기공	인	0.02
비 고	- 급경사(3/4 이상, 35° 이상)일 경우 본 품의 20%를 가산한다.	

[주] ① 본 품은 금속재 후레싱(설치폭 0.25m 이하)을 설치하는 기준이다.
② 본 품은 후레싱 현장 절단 및 설치, 실리콘 마감 작업을 포함한다.
③ 가시설물(비계, 안전발판 등)이 필요한 경우 작업여건(경사도 등) 및 「지붕공사 안전보건작업

기술지침」을 고려하여 별도 계상한다
④ 공구손료 및 경장비(전동드릴 등)의 기계경비는 인력품의 5%로 계상한다.
⑤ 재료량은 다음을 참고한다.

구 분	규 격	단 위	수 량
후 레 싱	-	m	1.1
잡재료 및 소모재료 (못, 실리콘 등)	주재료비의	%	3

※ 위 재료량은 할증이 포함되어 있다.

7-2 홈통

7-2-1 금속 처마홈통 설치('16년 보완)

(m 당)

구 분	단 위	수 량
배 관 공	인	0.06
보 통 인 부	〃	0.01

[주] ① 본 품은 금속재 처마홈통(폭 150㎜ 이하)의 설치 기준이다.
　　② 본 품은 홈통걸이 설치, 홈통 절단 및 설치, 실리콘마감 작업을 포함한다.
　　③ 공구손료 및 경장비(전동드릴 등)의 기계경비는 인력품의 2%로 계상한다.

7-2-2 염화비닐 처마홈통 설치

(m 당)

구 분	단 위	수 량
배 관 공	인	0.05
보 통 인 부	〃	0.01

[주] ① 본 품은 염화비닐 처마홈통(폭 150㎜ 이하)의 접착제 부착 작업 기준이다.
　　② 본 품은 홈통걸이 설치, 홈통 절단 및 설치, 실리콘마감 작업을 포함한다.
　　③ 공구손료 및 경장비(전동드릴 등)의 기계경비는 인력품의 2%로 계상한다.

7-2-3 금속 선홈통 설치('18년 보완)

(m 당)

구 분	단 위	수 량
배 관 공	인	0.09
보 통 인 부	〃	0.02

[주] ① 본 품은 금속재 선홈통(ø150㎜, T2.0㎜ 이하)의 설치 기준이다.
　　② 본 품은 홈통걸이 설치, 홈통 절단 및 설치작업을 포함한다.
　　③ 공구손료 및 경장비(전동드릴 등)의 기계경비는 인력품의 2%로 계상한다.

7-2-4 염화비닐 선홈통 설치

(m 당)

구 분	단 위	수 량
배 관 공	인	0.06
보 통 인 부	〃	0.02
비 고	- 공동주택 등 상하층간 연결고정방식은 본 품의 80%를 적용한다.	

[주] ① 본 품은 염화비닐 선홈통(규격 ø150㎜ 이하)의 접착제 부착 작업 기준이다.
② 본 품은 홈통걸이 설치, 홈통 절단 및 설치작업을 포함한다.
③ 공구손료 및 경장비(전동드릴 등)의 기계경비는 인력품의 2%로 계상한다.

7-2-5 물받이홈통 설치('16년 보완)

(개소 당)

구 분	단 위	수 량
배 관 공	인	0.08
보 통 인 부	〃	0.02

[주] ① 본 품은 처마 또는 지붕배수구에 연결하는 물받이홈통의 설치 기준이다.
② 본 품은 홈통 설치, 실리콘 마감 작업을 포함한다.
③ 잡재료 및 소모재료(실리콘 등)는 주재료비의 2%로 계상한다.

7-3 드레인

7-3-1 루프드레인 설치('16년 보완)

(개소 당)

구 분	단 위	수 량
배 관 공	인	0.17
보 통 인 부	〃	0.04

[주] ① 본 품은 루프드레인 규격 ø100㎜~150㎜의 설치 기준이다.
② 본 품은 슬리브 설치, 루프드레인 설치, 방수시멘트 바름 작업을 포함한다.
③ 잡재료 및 소모재료(방수시멘트 등)는 주재료비의 2%로 계상한다.

건설신기술 제977호	침투수 배수기능이 적용된 높이 선택형 집수구와 선시공 앵커를 이용한 안전벨트 걸이형 교량배수시설 설치공법
2023. 12. 11 8년	

· 시공절차 및 주요공정
  교량 집수구 설치 → 매립형 앵커볼트 설치 → 교량 배수시설 설치

1. 교량 집수구 설치
   ☞ 표준품셈 [건축 7-3-1 루프드레인 설치] 참조
[주] 교량 집수구 마감작업은 별도 계상한다.

2. 매립형 앵커볼트 설치
   ☞ 표준품셈 [건축 8-1-4 인서트 설치] 참조

3. 교량 배수시설 설치

(m당)

구 분		규 격	단 위	수 량
인 력	배 관 공	-	인	0.197
	보 통 인 부	-	〃	0.089
장 비	고 소 작 업 차	5ton	hr	0.292

[주] ① 본 품은 안전벨트 걸이형 교량 배수시설 설치를 위한 품이다.
    ② 공구손료는 인력품의 3%를 계상한다.
    ③ 배수관의 규격이 200A이상의 고하중일 경우, 작업여건에 따라 자재운반을 위한 별도의 고소작업차를 추가로 투입할 수 있다.

제 8 장 금속공사

8-1 제품

8-1-1 계단논슬립 설치('07, '18, '24년 보완)

(일 당)

구 분	단 위	수 량	시공량(m)	
			목조계단	콘크리트계단
내 장 공	인	2	145	110
보 통 인 부	〃	1		

[주] ① 본 품에 나사볼트를 사용한 계단논슬립의 설치 기준이다.
② 본 품은 바탕면갈기, 접착제 바름, 논슬립 설치 및 마감 작업을 포함한다.
③ 공구손료 및 경장비(전동드릴, 그라인더 등)의 기계경비는 인력품의 3%로 계상한다.

8-1-2 코너비드 설치('14년 보완)

(10m 당)

구 분	단 위	수 량
미 장 공	인	0.24

[주] 코너비드(Corner Bead)는 기둥·벽 등의 모서리에 대어 미장 바름을 보호하는 철물이다.

8-1-3 와이어메시 바닥깔기('04, '07, '16년 보완)

(㎡ 당)

구 분	단 위	수 량
특 별 인 부	인	0.006

[주] ① 본 품은 와이어메시(크기 1,800×1,800㎜)의 바닥 설치 기준이다.
② 재료량은 다음을 참고한다.

(㎡ 당)

구 분	규 격	단 위	수 량
와 이 어 메 시	1,800×1,800㎜	매	0.36
잡 재 료 및 소 모 재 료 (결속선 등)	주재료비의	%	3

※ 위 재료량은 할증이 포함되어 있다.

8-1-4 인서트(Insert) 설치('16년 보완)

(개 당)

구 분	단 위	설치대상		
		거푸집	데크플레이트	콘크리트
내 장 공	인	0.004	0.007	0.009

[주] ① 본 품의 거푸집은 거푸집에 못으로 고정하며, 데크플레이트와 콘크리트는 구멍을 뚫어 설치하는 기준이다.
② 본 품은 위치측정, 구멍뚫기, 인서트 설치 작업을 포함한다.
③ 공구손료 및 경장비(전동드릴 등)의 기계경비는 다음과 같다.

구 분	데크플레이트	콘크리트
인력품의(%)	4%	4%

④ 재료량은 다음을 참고한다.

(개 당)

구 분	단 위	수 량	비 고
인 서 트	개	1.03	인서트 고정용 못 포함

※ 위 재료량은 할증이 포함되어 있다.

8-1-5 조이너 및 몰딩 설치('16년 보완)

(m 당)

구 분	단 위	조이너	몰딩
내 장 공	인	0.020	0.035

[주] ① 본 품에서 몰딩은 천장갓둘레 설치 기준이다.
② 본 품은 자재 절단 및 설치 작업을 포함한다.
③ 공구손료 및 경장비(전동드릴 등)의 기계경비는 인력품의 4%로 계상한다.
④ 재료량은 다음을 참고한다.

(m 당)

구 분	규 격	단 위	수 량
조 이 너 및 몰 딩	-	m	1.1
잡 재 료 및 소 모 재	주재료비의	%	5

※ 위 재료량은 할증이 포함되어 있다.

8-1-6 천장점검구 설치

(개소 당)

구 분	단 위	규 격(mm)	
		450×450	600×600
내 장 공	인	0.308	0.343
보 통 인 부	〃	0.057	0.063

[주] ① 본 품은 천장점검구(규격 0.6×0.6m 이하)의 설치 기준이다.
② 본 품은 천장타공, 점검구 보강, 점검구 설치 작업을 포함한다.
③ 공구손료 및 경장비(전동드릴 등)의 기계경비는 인력품의 3%로 계상한다.
④ 천장점검구 보강을 위한 천장틀과 천장틀받이재는 별도 계상한다.
⑤ 잡재료 및 소모재료(고정철물 등)는 주재료비의 3%로 계상한다.

8-2 시설물

8-2-1 용접식난간 설치('17, '24년 보완)

(일 당)

구 분		단 위	수 량	시공량(ton)
현장제작설치	용 접 공	인	2	0.22
	철 공	〃	2	
	보 통 인 부	〃	1	
규격철물설치	용 접 공	인	2	0.28
	철 공	〃	1	
	보 통 인 부	〃	1	
비 고	- 경량철물(스테인리스)의 설치는 시공량의 22%를 감한다.			

[주] ① 본 품은 용접을 사용한 철제 난간의 설치 기준이다.
② 현장제작 설치는 형상의 변화가 다양(진입램프 및 계단 등)하여 주자재로 반입되어 현장에서 제작(절단, 가공, 용접 등)하여 설치하는 기준이다.
③ 규격철물 설치는 유사규격이 연속적으로 시공이 가능(외부발코니 등)하여 1차 제작된 자재로 반입되어 현장에서 용접 접합 및 설치하는 기준이다.
④ 용접부위의 갈기 및 재도장이 필요한 경우는 별도 계상한다.
⑤ 난간 설치에 있어 비계매기 또는 장애물처리에 필요한 경우 별도 계상한다.
⑥ 설치용 장비(크레인 등)가 필요한 경우 별도 계상한다.
⑦ 공구손료 및 경장비의 기계경비(용접기, 절단기 등), 잡재료(용접봉 등)비는 인력 품에 다음 요율을 계상한다.

구 분	주자재 제작설치	규격자재 설치
공구손료/경장비기계경비	2%	2%
잡 재 료 비	2%	2%

8-2-2 앵커고정식난간 설치('97년 신설, '07, '16, '24년 보완)

(일 당)

구 분	단 위	수 량	시공량(m)
철 공	인	2	43
보 통 인 부	〃	1	

[주] ① 본 품은 발코니 및 계단에 분체도장된 난간(공장제작)의 조립 설치 기준이다.
② 본 품은 앵커설치, 난간 연결 및 설치 작업을 포함한다.
③ 공구손료 및 경장비(전동드릴 등)의 기계경비는 인력품의 3%로 계상한다.
④ 재료량은 다음을 참고한다.

(m 당)

구 분	규 격	단 위	수 량
앵 커	ø10mm	개	3.3
A L 리 벳	ø4.2mm	〃	0.7

8-2-3 철조망 울타리 설치('02, '18, '24년 보완)

(일 당)

구 분	규 격	단 위	수 량	시공량(m)	
				일자형 지주	Y자형 지주
특 별 인 부	-	인	3	40	30
보 통 인 부	-	〃	1		
굴 착 기	0.2㎥	대	1		

[주] ① 본 품은 철조망 울타리(높이 3m 이하, 경간 2m)의 설치 기준이다.
② Y자형 지주는 상부 원형 철조망 및 가시철선 설치 작업을 포함한다.
③ 본 품은 터파기 및 되메우기, 지주 및 보조기둥 매립, 띠장설치, 철조망 설치 작업을 포함한다.
④ 본 품은 평지 기준으로 지형에 따라서 품을 20%까지 가산할 수 있다.
⑤ 기초콘크리트의 제작 및 타설 작업은 별도 계상한다.
⑥ 공구손료 및 경장비(그라인더, 전동드릴 등)의 기계경비는 인력품의 3%로 계상한다.

8-2-4 경량천장철골틀 설치('02, '07, '16, '22, '24년 보완)

(일 당)

구 분	단 위	수 량	BAR간격	시공량(㎡)
내 장 공 보 통 인 부	인 〃	2 1	300mm 450mm 600mm	60 62 65
비 고	- 톱니형 달대볼트로 시공할 경우에는 시공량의 41%를 가산한다.			

[주] ① 본 품은 경량철골(M-BAR, T-BAR, Clip-BAR)을 사용한 천장틀 설치 기준이다.
② 본 품은 인서트, 달대 및 행거, 천장틀(채널, BAR 등) 설치 작업을 포함한다.
③ 천장마감(텍스류, 석고보드 등) 및 몰딩 설치는 별도 계상한다.
④ 특수구조의 천장(우물천장 등)은 별도 계상할 수 있다.
⑤ 공구손료 및 경장비(절단기, 전동드릴 등)의 기계경비는 인력품의 6%로 계상한다.

8-2-5 경량벽체철골틀 설치('22년 신설, '24년 보완)

(일 당)

구 분	단 위	수 량	시공량(㎡)
내 장 공 보 통 인 부	인 〃	2 1	65

[주] ① 본 품은 경량철골(스터드)을 사용한 벽체틀(폭 150㎜ 이하) 설치 기준이다.
② 본 품은 위치측정, 러너, 스터드 절단 및 설치 작업을 포함한다.
③ 단열재 및 마감재(합판, 석고보드 등) 설치는 별도 계상한다.
④ 공구손료 및 경장비(절단기, 타정기 등)의 기계경비는 인력품의 6%로 계상한다.

8-3 기타공사

8-3-1 잡철물 제작 및 설치('07, '22년 보완)

(ton 당)

구 분	단 위	제품 설치		규격철물 설치		현장제작 설치	
		일반철재	경량철재	일반철재	경량철재	일반철재	경량철재
철 공	인	2.85	3.71	7.05	9.17	12.38	16.09
용 접 공	〃	1.04	1.35	2.57	3.34	3.38	4.39
특 별 인 부	〃	0.78	1.01	1.92	2.50	4.50	5.85
보 통 인 부	〃	0.52	0.68	1.28	1.66	2.25	2.93
비 고	- 관로뚜껑, Sole Plate 등 용접, 부속자재 연결 작업 없이 기성제품을 단순 설치만하는 경우 제품설치 품의 10%를 감한다. - 트러스, 원형, 곡선 등의 부재와 같이 구조나 형태가 복잡한 경우, 또는 절단, 절곡, 용접 개소가 과다하게 발생하는 경우 본 품의 30%를 가산한다.						

[주] ① 본 품은 철판, 앵글, 파이프 등 철재류를 활용한 잡철물의 현장 제작 및 설치에 대한 기준이다.
② 제품 설치는 맨홀사다리 등 제작된 제품을 반입하여 설치하는 기준이다.
③ 규격철물 설치는 일정규격으로 1차 제작된 철물을 반입하여 조립하고 설치하는 기준이다.
④ 현장제작 설치는 구조틀, 배관지지대 등 각관, 형강 등 원자재를 반입하여 현장조건에 맞게 제작하고 설치하는 기준이다.
⑤ 주문제작에 의해 공장가공을 요하는 대형부재(강재거푸집, 라이닝폼 등) 및 특수철물(조형물 등)의 제작·설치는 별도 계상한다.
⑥ 잡철물 설치를 위한 장비(크레인 등) 및 비계매기는 필요한 경우 별도 계상한다.
⑦ 공구손료 및 경장비(절단기, 용접기 등)의 기계경비 및 잡재료비(용접봉, 볼트 등)는 인력품의 요율로 다음을 적용한다.

구 분	일반철재	경량철재
공 구 손 료 및 경 장 비 의 기 계 경 비	5%	4%
잡 재 료 비	3%	2%

■ 알루미늄 교량유지 점검통로

(m 당)

구 분	명 칭	규 격	단위	수량
자재 (통로폭: 800mm 기준)	AL. Main Post	1292×860×150	개	0.7
	AL. Clamp Channel	65×236×2t	m	2.0
	〃	37×256×2t	〃	1.0
	AL. T-Clip Channel	39×60×2t	〃	0.453
	AL. Pipe	ø43mm	〃	1.0
	〃	ø31.8mm	〃	2.0
	AL 보호용실링재	5×150×600	개	0.7
	W/G Anchor	M12×120mm	〃	2.666
	육 각 볼 트	M8×65mm	〃	1.4
	〃	M8×20mm	〃	2.1
인력 (통로폭: 800mm 기준)	기 계 운 전 사	-	인	0.14
	보 통 인 부	-	〃	0.47
	특 별 인 부	-	〃	0.155
	조 력 공	-	〃	0.425
	철 골 공	-	〃	0.944
장비 (통로폭: 800mm 기준)	트 럭 크 레 인	15ton	hr	0.37
	〃	5ton	〃	0.0154
	주 철 관 절 단 기	2"~6"	〃	0.28

[주] ① 본 품은 4차로 교량의 교각부에 설치되는 점검통로의 제작·설치에 따른 절단, 밴딩, 천공, 앵커볼트 설치, 볼트 조이기 및 구조물 설치 등을 기준하였으며, 설계시 교량의 형식 및 형상에 따라 실물량을 직접 적용한다.
② 자재는 재료 할증과 현장 도착 운반비가 포함되어 있다.
③ 자재는 현장 내 소운반품이 포함되어 있다.
④ 수직형 출입사다리 제작설치는 통로 설치와 동일하게 길이(m)를 적용한다.
⑤ 경사형 출입계단 제작 및 설치는 난이도를 적용하여 통로 설치 길이(m)의 50%를 할증 적용한다.
⑥ 출입사다리 및 출입계단 이외의 별도 추가 보강 브라켓의 경우 별도 계상한다.
⑦ 통로 발판 폭이 800mm 이상일 경우 할증 면적을 기준으로 별도 계상한다.
⑧ 잡재료와 기구손료는 공종에 따라 인건비의 5%내에서 별도 계상한다.
⑨ 트럭 크레인 대신 강관비계를 설치할 수 있고, 트럭 크레인 제원은 교량현황에 따라 변경이 가능하다.
⑩ 수직고 10m 이상인 경우에는 설치 인력품에 대하여 5m 증가할 때마다 5%의 할증률을 계상한다.
⑪ 콘크리트 매립식 고정방법은 인력품을 20%의 할증률을 계상한다.
⑫ 수상구간 작업시 인력품 및 장비는 별도로 계상할 수 있다.(바지선 및 예선, 대선 별도 계상한다)
⑬ 일반 작업용 장비 진입이 곤란한 경우 진입 및 작업이 가능한 장비(굴절작업대차, 굴절스카이 및 기타장비)를 적용하여 별도 계상한다.
⑭ 종방향 점검시설은 경간 기준으로 자재 및 인력품, 장비품에 대하여 별도 30% 할증률을 계상한다.

제 8 장 금속공사

◦ 참고자료

■ 알루미늄 교량유지 점검통로

(m 당)

구 분	명 칭	규 격	단 위	수 량
자 재 (통로폭 : 800㎜ 기준)	AL. Main Post	1192×860×150	개	0.7
	AL. Angle	60×60×6t(70×50×5t)	m	2.1
	AL. Channel	62×15×2t(62×15×2t)	〃	0.47
	AL. Flat Bar	60×6t(30×50×3t)	〃	2.03
	AL. Expended Matal	700×5t(700×5t)	〃	1.05
	STS. Set Anchor	M12×120㎜(M14×120)	개	4.12
	AL. Pipe	ø43㎜(59×81)	m	1.05
	〃	ø31.8㎜(ø31.8㎜)	〃	2.1
	〃	(ø15㎜)	〃	7.35
	육 각 볼 트	M10×50㎜	개	8.4
	〃	M 8×30㎜	〃	2.1
인 력 (통로폭 : 800㎜ 기준)	기 계 운 전 사	-	인	0.14
	보 통 인 부	-	〃	0.47
	특 별 인 부	-	〃	0.155
	조 력 공	-	〃	0.425
	철 골 공	-	〃	0.944
장 비 (통로폭 : 800㎜ 기준)	트 럭 크 레 인	15ton	hr	0.37
	〃	5ton	〃	0.0154
	주 철 관 절 단 기	2"~6"	〃	0.28

[주] ① 본 품은 4차로 교량의 교각부에 설치되는 점검통로의 제작·설치에 따른 절단, 밴딩, 천공, 앵커볼트 설치, 볼트 조이기 및 구조물 설치 등을 기준하였으며, 설계시 교량의 형식 및 형상에 따라 실물량을 직접 적용한다.
② 자재는 재료 할증과 현장 도착 운반비가 포함되어 있다.
③ 자재는 현장 내 소운반품이 포함되어 있다.
④ 수직형 출입사다리 제작설치는 통로 설치와 동일하게 길이(m)를 적용한다.
⑤ 경사형 출입계단 제작 및 설치는 난이도를 적용하여 통로 설치 길이(m)의 50%를 할증 적용한다.
⑥ 출입사다리 및 출입계단 이외의 별도 추가 보강 브라켓의 경우 별도 계상한다.
⑦ 통로 발판 폭이 800㎜ 이상일 경우 할증 면적을 기준으로 별도 계상한다.
⑧ 잡재료와 기구손료는 공종에 따라 인건비의 5%내에서 별도 계상한다.
⑨ 트럭 크레인 대신 강관비계를 설치할 수 있고, 트럭 크레인 제원은 교량현황에 따라 변경이 가능하다.
⑩ 수직고 10m 이상인 경우에는 설치 인력품에 대하여 5m 증가할 때마다 5%의 할증률을 계상한다.
⑪ 콘크리트 매립식 고정방법은 인력품을 20%의 할증률을 계상한다.
⑫ 수상구간 작업시 인력품 및 장비는 별도로 계상할 수 있다.(바지선 및 예선, 대선 별도 계상한다)
⑬ 일반 작업용 장비 진입이 곤란한 경우 진입 및 작업이 가능한 장비(굴절작업대차, 굴절스카이 및 기타장비)를 적용하여 별도 계상한다.
⑭ 종방향 점검시설은 경간 기준으로 자재 및 인력품, 장비품에 대하여 별도의 30% 할증률을 계상한다.

품셈 유권해석

잡철물 설치만 하는 경우

잡철물 제작 및 설치가 통합으로 되었는데 설치만 하는 경우 적용 방법에 대해 질의 드립니다.

답변내용

➥ 표준품셈 건축부문 "8-3-1 잡철물 제작 및 설치"에서 제품설치는 제작된 제품을 반입하여 설치하는 기준이며, 규격철물 설치는 계단난간 등 일정규격으로 1차 제작된 철물을 반입하여 조립하고 설치하는 기준이며, 현장제작설치는 구조틀, 배관지지대 등 각관, 형강 등 원자재를 반입하여 현장조건에 맞게 제작하고 설치하는 기준입니다. 제작된 제품을 반입하여 바로 설치할 경우 제품설치를 적용하시기 바라며, 1차제작된 일정규격의 자재가 들어와 시공하는 경우 규격철물설치를 적용하시 바랍니다. 원자재를 반입하여 현장조건에 맞게 제작하고 설치할 경우 현장제작설치를 적용하시기 바랍니다.

잡철물 제작 및 설치 중 셋트 앵커 설치비

8-3-1 잡철물 제작 및 설치에서 경사진(경사도 34도, 폭 1.0m, 열악한현장조건) 콘크리트에 셋트앙카를 천공 후 설치하고 경량용 안전난간을 설치 하려고 합니다. 현장조건이 특수한점을 감안하여, 13-4-2 철골 가공조립에 있는 앵커볼트 설치비 반영이 가능한지 질의 드립니다.

답변내용

➥ 건축부문 "8-3-1 잡철물 제작 및 설치"에서는 목적물을 설치하고 고정하기 위한 부속철물(앵커볼트)이 사용되었다면 이는 잡철물의 설치작업에 포함된 것이며, 앵커볼트 재료량은 별도 계상하시면 됩니다. 다만 현장조건이 특수한 경우, 표준품셈 공통부문 "1-1-3 적용방법 / 3. 본 표준품셈은 건설공사 중 대표적이고 보편적이며 일반화된 공종, 공법을 기준으로 한 것이며 현장여건, 기후의 특성 및 조건에 따라 조정하여 적용하되, 예정가격작성기준 제2조에 의거 부당하게 감액하거나 과잉 계산되지 않도록 한다."를 참조하시기 바랍니다.

잡철물 제작 중 현장상황에 따른 구조틀 제작

당현장에서 잡철물 제작 설치로 실정을 보고 진행시 첨부파일 02. 외부 트러스 하지철물과 03. 내부 건식하지철물 추가 등과 같이 각파이프 ㅁ-100*100*3.2T / ㅁ-100*100*2.0T / ㅁ-100*50*2.0T 등의 각관을 사용하여 현장에 맞춰 구조틀을 설치하는 공사를 진행하고 있습니다.

그에 따라, 품셈에 명시된 현장제작 설치로 품을 풀려고 하나 설계당시 규격철물로 반영이 되어있기에 규격철물 설치로 품을 반영요청이 있어 이에 따라 질의 드립니다.
질의1. 각파이프로 구조틀을 제작하는데 '규격철물 설치'로 적용을 하여야 하는지 '현장제작 설치'로 반영 해야되는지 궁금합니다.
질의2. 잡철물 제작 설치시 비고란의 구조가 복잡한 경우 또는 절단, 절곡, 용접의 개소가 과다하게 많은 경우 본 품의 30%를 가산한다고 되어 있으나 명확한 기준이 없어 복잡함과 과다함의 기준에 대해 질의 드립니다.

답변내용

➡ 답변1. 표준품셈 건축부문 "8-3-1 잡철물 제작 및 설치"에서 제품설치는 제작된 제품을 반입하여 설치하는 기준이며, 규격철물 설치는 계단난간 등 일정규격으로 1차 제작된 철물을 반입하여 조립하고 설치하는 기준이며, 현장제작설치는 구조틀, 배관지지대 등 각관, 형강 등 원자재를 반입하여 현장조건에 맞게 제작하고 설치하는 기준입니다. 제작된 제품을 반입하여 바로 설치할 경우 제품설치를 적용하시기 바라며, 1차 제작된 일정규격의 자재가 들어와 시공하는 경우 규격철물설치를 적용하시 바랍니다. 원자재를 반입하여 현장조건에 맞게 제작하고 설치할 경우 현장제작설치를 적용하시기 바랍니다.

답변2. 표준품셈 건축부문 "8-3-1 잡철물 제작 및 설치" 비고에서 트러스, 원형, 곡선 등의 부재와 같이 구조나 형태가 복잡한 경우, 또는 절단, 절곡 용접개소가 과다하게 발생하는 경우 본 품의 30%를 가산하도록 하고 있습니다. 해당 현장이 트러스, 원형, 곡선 등 부재가 복잡하거나 절단, 용접개소가 과다하게 발생할 경우 30%를 가산하시기 바랍니다. 또한 과다하게 발생하는 경우에 대한 세부 기준은 정하고 있지 않으며 현장여건을 고려하시어 공사관계자가 직접결정하실 사항임을 양지해 주시면 감사드리겠습니다.

제 9 장 미장공사

9-1 모르타르 바름 및 타설

9-1-1 모르타르 배합('14, '19년 보완)

(㎥ 당)

구 분	단 위	수 량	
		모래체가름 포함	모래체가름 제외
보 통 인 부	인	0.66	0.43

[주] ① 본 품은 시멘트와 모래를 배합하는 기준이며, 건조시멘트모르타르를 사용하지 않는 경우 적용한다.
② 배합이 포함된 것이며, 비빔은 제외되어 있다.

【참 고】 모르타르 배합 재료량

(㎥ 당)

배합용적비	수 량	
	시멘트(kg)	모래(㎥)
1:1	1,093	0.78
1:2	680	0.98
1:3	510	1.10
1:4	385	1.10
1:5	320	1.15

※ 위 재료량은 할증이 포함된 것이다.

9-1-2 모르타르 바름('14, '15, '19, '25년 보완)

(일 당)

구 분		단 위	수 량	시공량(㎡)		
				1회	2회	3회
시 공 높 이 3.6m 이하	미장공 보통인부	인 〃	2 1	40	29	20
시 공 높 이 3.6m초과~7.2m이하	미장공 보통인부	인 〃	2 2	37	27	19
비 고	- 바탕의 폭 30㎝이하이거나 원주 바름면일 때에는 시공량의 17%를 감한다. - 비계사용 시 높이 7.2m초과하는 경우 3.6m마다 시공량(시공높이 3.6m초과~7.2m이하)의 3%를 감한다.					

[주] ① 본 품은 벽체에 바름 두께 24㎜ 이하로 모르타르를 바르고 쇠흙손으로 마감하는 기준이다.
② 바름 횟수에 따른 기준은 다음과 같다.

구 분	바름기준
1회	바탕면에 페이스트를 바르고 정벌 바름하여 마무리하는 기준
2회	초벌바름 후 정벌 바름하여 마무리하는 기준
3회	초벌바름 후 재벌하고 정벌 바름하여 마무리하는 기준

③ 바탕 청소(물뿌리기), 페이스트 바르기, 모르타르 비빔 및 바름, 쇠갈퀴 긁기, 고름질, 쇠흙손마감을 포함한다.
④ 본 품 배합이 완료된 상태의 건조시멘트모르타르 기준이며, 모르타르 배합(시멘트, 모래)이 필요할 경우 '[건축부문] 9-1-1 모르타르 배합'을 따른다.
⑤ 공구손료 및 경장비(비빔기 등)의 기계경비는 인력품의 2%로 계상한다.

9-1-3 모르타르 타설('14, '15, '19, '22, '25년 보완)

(일 당)

구 분	단 위	수 량	시공량(㎡)	
			모르타르	경량기포콘크리트
미 장 공	인	2	50	65
기 계 설 비 공	〃	1		
보 통 인 부	〃	2		
모르타르타설장비	대	1		

[주] ① 본 품은 모르타르 타설 장비를 이용한 바닥 모르타르 타설 기준이다.
② 준비작업(바탕청소, 보양 등), 압송관 조립 및 철거, 모르타르 타설 및 고르기 작업을 포함한다.
③ 모르타르 타설 장비의 기계조합은 다음을 기준으로 한다.

구 분	기 계 명	규 격	비 고
모르타르타설장비	모 르 타 르 펌 프	37kW	
	믹 서	0.3㎥	
	양 수 기	1.49kW	
	배 관 파 이 프	ø50-2.6m	

9-1-4 표면 마무리('14, '15, '19년 보완)

(100㎡ 당)

구 분	규 격	단 위	수 량	
			인력마감	기계마감
미 장 공	-	인	0.30	0.22
비 고	- 현장 조건에 따라 작업대기 등이 발생되는 경우, 다음 할증까지 가산하여 적용한다. <table><tr><td>구 분</td><td>인력마감</td><td>기계마감</td></tr><tr><td>할증(인력품의 %)</td><td>55</td><td>75</td></tr></table>			

[주] ① 본 품은 바닥 모르타르 타설 후 표면을 마감하는 것으로 연속적인 작업이 가능하여 대기 시간이 발생되지 않는 기준이다.
② 공구손료 및 경장비(미장기계 등)의 기계경비는 다음을 계상한다.

구 분	규 격	인력마감	기계마감
기 계 경 비	인력품의 %	-	9

9-1-5 라스 붙임('17년 신설)

(10㎡ 당)

구 분	단 위	수 량
미 장 공	인	0.14

[주] 본 품은 미장면 보강을 위해 미장 시 메탈라스 또는 유리섬유메쉬를 붙이는 작업을 기준한 것이다.

9-2 콘크리트면 마무리

9-2-1 콘크리트면 정리('14, '19, '25년 보완)

(10㎡ 당)

구 분	단 위	수 량(높이)	
		3.6m 이하	3.6m 초과~7.2m 이하
견 출 공	인	0.11	0.14
비 고		- 천장은 본 품의 20%를 가산한다. - 비계사용 시 높이 7.2m 초과하는 경우 3.6m 마다 시공량(시공높이 3.6m 초과~7.2m 이하)의 3%를 감한다.	

[주] ① 본 품은 콘크리트 바탕면에 연마기를 사용하여 면정리하는 기준이다.
② 공구손료 및 경장비(연마기 등)의 기계경비는 인력품의 3%로 계상한다.

9-2-2 부분 마감('19년 신설, '25년 보완)

(일 당)

구 분	단 위		수 량	시공량(㎡)
시공높이 3.6m 이하	미 장 공 보통인부	인 〃	2 1	170
시공높이 3.6m 초과~7.2m 이하	미 장 공 보통인부	인 〃	2 2	155
비 고		- 천장은 시공량의 17%를 감한다. - 비계사용 시 높이 7.2m 초과하는 경우 3.6m 마다 시공량(시공높이 3.6m 초과~7.2m 이하)의 3%를 감한다.		

[주] ① 본 품은 콘크리트 바탕 전면에 시멘트페이스트로 부분 마감하는 기준이다.
② 홈메우기, 시멘트페이스트 바름, 붓질 작업을 포함한다.

9-2-3 전면 마감('14, '19, '25년 보완)

(일 당)

구 분		단 위	수 량	시공량(㎡)
시공높이 3.6m 이하	미 장 공 보통인부	인 〃	2 1	120
시공높이 3.6m 초과~7.2m 이하	미 장 공 보통인부	인 〃	2 2	115
비 고		- 천장은 시공량의 17%를 감한다. - 비계사용 시 높이 7.2m 초과하는 경우 3.6m 마다 시공량(시공높이 3.6m 초과~7.2m 이하)의 3%를 감한다.		

[주] ① 본 품은 콘크리트 바탕 전면에 시멘트페이스트로 전면마감하는 기준이다.
② 비계사용 시 7.2m초과 할증은 '[건축부문] 9-2-1 콘크리트면 정리'에 준하여 계상한다.
③ 홈메우기, 시멘트페이스트 바름, 붓칠 및 마무리 작업을 포함한다.

【참 고】 전면 마감 재료량

구 분	단 위	수 량
시 멘 트	kg	14.3
혼 화 제	g	22.7

※ 혼화재는 필요에 따라 사용한다.

9-3 충전

9-3-1 창호주위 모르타르 충전('14, '20년 보완)

(10m 당)

구 분	단 위	수 량
미 장 공	인	0.14
보 통 인 부	〃	0.04

[주] ① 본 품은 창호틀 주위에 모르타르를 사용하여 충전하는 기준이다.
② 본 품은 바탕정리, 모르타르 비빔 및 충전, 마무리작업을 포함한다.
③ 방수 코킹은 '6-6-1 수밀코킹'을 따른다.
④ 공구손료 및 경장비(비빔기 등)의 기계경비는 인력품의 2%로 계상한다.

⑤ 모르타르 재료량은 다음을 참고한다.

구 분	단 위	수 량
시 멘 트	kg	27.3
모 래	m³	0.06

9-3-2 창호주위 발포우레탄 충전('14년 신설, '20년 보완)

(10m 당)

구 분	단 위	수 량
미 장 공	인	0.08
보 통 인 부	〃	0.03

[주] ① 본 품은 창호틀 주위에 발포우레탄을 사용하여 충전하는 기준이다.
② 본 품은 바탕정리, 발포우레탄 충전, 마무리작업을 포함한다.
③ 방수 코킹은 '6-6-1 수밀코킹'을 따른다.

9-3-3 주각부 무수축 모르타르 충전('08, '18년 보완)

(개소 당)

구 분	단 위	400×400(㎜)	500×500(㎜)	600×600(㎜)	700×700(㎜)
미 장 공	인	0.16	0.20	0.23	0.27
보 통 인 부	〃	0.05	0.06	0.07	0.09

[주] ① 본 품은 철골세우기를 위해 기초부에 무수축 모르타르를 타설하는 것으로, 모르타르 두께는 50㎜를 기준한 것이다.
② 본 품은 설치위치 확인, 형틀설치, 모르타르 비빔 및 타설 작업이 포함된 것이다.
③ 재료량은 다음을 참고하여 적용한다.

(개소 당)

구 분	단 위	400×400(㎜)	500×500(㎜)	600×600(㎜)	700×700(㎜)
무 수 축 몰 탈	kg	15.6	24.4	35.1	47.8

9-3-4 우레탄폼 분사 충전('15년 신설, '25년 보완)

(일 당)

구 분	단 위	수 량	시공량(㎡)	
			벽	천장
내 장 공	인	2	22	19
특 별 인 부	〃	2		
우레탄폼 분사용기구	대	1		

[주] ① 본 품은 우레탄폼 분사장비로 바탕면 공간에 단열재를 분사하여 충전하는 기준이다.
② 본 품은 장비 조립 및 해체, 단열재 충전, 시공면 정리작업이 포함된 것이다.
③ 보양 작업은 별도 계상한다.
④ 우레탄폼 분사용기구의 기계경비는 별도 계상한다.

품셈 유권해석

모르타르 배합시 모래체가름

건축 9-1-1 모르타르 배합에 관한 질의입니다. 품에는 모래체가름 포함과 모래체가름 제외 품으로 나뉘는데 이는 모래에 포함된 불순물 및 골재를 걸러내기 위함으로 판단됩니다. 이러한 이유라면 세척사 사용시에는 모래체가름을 제외하는 것이 타당할지 궁금합니다.

답변내용

➡ 모래체가름은 모르타르 배합시 규정된 모래의 입도를 결정하기 위해 하는 시험으로 모래체가름 제외여부는 KS규격 및 시방기준을 참조하시어 결정하시길 바랍니다. 당해공사에서 표준품셈의 적용여부 및 판단에 관련된 사항은 해당공사의 특성을 고려하시고 표준품셈을 참조하시어 공사관계자가 직접 결정하실 사항임을 양지해 주시면 감사드리겠습니다.

제 10 장 창호 및 유리공사

10-1 창호
10-1-1 목재창호 설치('14, '20년 보완)

(개소 당)

구 분		단 위	수 량			
			1.0㎡ 이하	1.0~3.0㎡ 이하	3.0~6.0㎡ 이하	6.0~8.0㎡ 이하
여닫이	창 호 공	인	0.261	0.313	0.431	0.554
	보 통 인 부	〃	0.056	0.064	0.088	0.113
미서기 (단창)	창 호 공	인	0.248	0.297	0.409	0.526
	보 통 인 부	〃	0.054	0.061	0.084	0.108
비 고	- 문선을 설치하는 경우 다음 품을 추가 계상한다. (m 당)					
	구 분	단 위	수 량			
	창 호 공	인	0.010			

[주] ① 본 품은 목재창호의 조립 및 설치 기준이다.
② 본 품은 창호틀(내틀, 스토퍼, 레일 등) 조립 및 설치, 창호짝 설치, 부속철물(경첩, 문 달기) 설치 및 마무리 작업을 포함한다.
③ 공구손료 및 경장비(전동대패, 전동드라이버 등)의 기계경비는 인력품의 3%로 계상한다.

10-1-2 강재창호 설치('14, '20년 보완)

(개소 당)

구 분	단 위	수 량			
		1.0㎡ 이하	1.0~3.0㎡ 이하	3.0~6.0㎡ 이하	6.0~8.0㎡ 이하
창 호 공	인	0.393	0.432	0.560	0.658
보 통 인 부	〃	0.094	0.103	0.134	0.157

[주] ① 본 품은 여닫이 강재창호 설치 기준이다.
② 본 품은 창호틀 설치, 창호짝 설치, 부속철물(경첩) 설치 및 마무리 작업을 포함한다.
③ 공구손료 및 경장비(용접기, 전동드릴, 그라인더 등)의 기계경비는 인력품의 3%로 계상한다.

10-1-3 알루미늄창호 설치('14, '20년 보완)

(개소 당)

구 분	단위	수 량				
		1.0㎡ 이하	1.0~3.0㎡ 이하	3.0~6.0㎡ 이하	6.0~9.0㎡ 이하	9.0~12.0㎡ 이하
창호공	인	0.208	0.283	0.403	0.471	0.512
보통인부	〃	0.047	0.063	0.084	0.108	0.116

[주] ① 본 품은 미서기, 프로젝트창 등 알루미늄창호 설치 기준이다.
② 본 품은 앵커 및 연결철물 설치, 창호(틀, 짝) 설치, 마무리 작업을 포함한다.
③ 공구손료 및 경장비(전동드라이버 등)의 기계경비는 인력품의 2%로 계상한다.

10-1-4 합성수지창호 설치('14년 신설, '20년 보완)

(개소 당)

구 분		단위	수 량				
			1.0㎡ 이하	1.0~3.0㎡ 이하	3.0~6.0㎡ 이하	6.0~9.0㎡ 이하	9.0~12.0㎡ 이하
단 창	창 호 공	인	0.169	0.210	0.337	0.413	0.468
	보통인부	〃	0.037	0.046	0.068	0.091	0.104
이중창	창 호 공	인	0.200	0.247	0.381	0.476	0.542
	보통인부	〃	0.044	0.055	0.085	0.106	0.121

[주] ① 본 품은 미서기 합성수지창호 설치 기준이다.
② 본 품은 앵커 및 연결철물 설치, 창호(틀, 짝) 설치, 마무리 작업을 포함한다.
③ 공구손료 및 경장비(전동드릴 등)의 기계경비는 인력품의 2%로 계상한다.

10-1-5 셔터설치(장치포함)('20년 보완)

(개소 당)

구 분	단위	수 량				
		5㎡ 미만	5~10㎡ 미만	10~15㎡ 미만	15~20㎡ 미만	20~25㎡ 미만
창 호 공	인	2.35	2.94	3.53	4.12	4.71
보통인부	〃	0.79	0.99	1.19	1.39	1.58

[주] ① 본 품은 전동셔터(강재, AL) 설치 기준이다.
② 본 품은 가이드레일, 샤프트, 전동개폐기, 셔터 및 셔터박스 설치 작업을 포함한다.
③ 공구손료 및 경장비(용접기, 전기그라인더 등)의 기계경비는 인력품의 2%로 계상한다.

10-2 부속자재

10-2-1 도어체크 설치('20년 보완)

(10개소 당)

구 분	단 위	수 량
창 호 공	인	0.62
보 통 인 부	〃	0.31

[주] ① 본 품은 여닫이문의 도어체크 설치 기준이다.
　　② 본 품은 도어체크 조립(브라켓, 링크, 바디) 및 설치를 포함한다.
　　③ 공구손료 및 경장비(전동드릴 등)의 기계경비는 인력품의 2%로 계상한다.

10-2-2 플로어힌지 설치('20년 보완)

(10개소 당)

구 분	단 위	수 량
창 호 공	인	0.96
보 통 인 부	〃	0.48

[주] ① 본 품은 강화유리문의 플로어힌지 설치 기준이다.
　　② 본 품은 플로어힌지 및 로트 설치를 포함한다.
　　③ 공구손료 및 경장비(용접기, 전동드릴 등)의 기계경비는 인력품의 2%로 계상한다.

10-2-3 도어록 설치('20년 보완)

(10개소 당)

구 분	단 위	수 량		
		일반도어록		디지털도어록
		목재창호	강재창호	강재창호
창 호 공	인	0.31	0.24	0.43

[주] ① 본 품은 목재 및 강재창호의 도어록 기준이다.
　　② 일반도어록은 레버형, 원형 기준이다.
　　③ 본 품은 손잡이 및 캐치박스 설치를 포함하며, 목재창호는 구멍뚫기를 포함한다.
　　④ 공구손료 및 경장비(전동드릴, 절단기 등)의 기계경비는 다음을 계상한다.

구 분	목재창호	강재창호
인 력 품 의	4%	2%

10-3 유리

10-3-1 창호유리 설치('14, '20년 보완)

(㎡당)

구 분		단위	수 량								
			3mm 이하	5mm 이하	9mm 이하	12mm 이하	16mm 이하	18mm 이하	22mm 이하	24mm 이하	28mm 이하
판유리	유리공	인	0.072	0.083	0.095	0.124	-	-	-	-	-
	보통인부	〃	0.011	0.013	0.015	0.017	-	-	-	-	-
복층유리	유리공	인	-	-	-	0.103	0.113	0.118	0.120	0.124	0.133
	보통인부	〃	-	-	-	0.016	0.017	0.018	0.019	0.020	0.021

[주] ① 본 품은 일반창호의 유리끼우기 기준이다.
② 본 품은 유리끼우기, 누름대 설치, 실링재 도포, 유리닦기 및 마무리 작업을 포함한다.
③ 특수창호 및 특수유리(접합유리, 3중유리 등)인 경우에는 별도 계상한다.

10-3-2 커튼월유리 설치('14, '20년 보완)

(㎡당)

구 분	단위	수 량					
		12mm 이하	16mm 이하	18mm 이하	22mm 이하	24mm 이하	28mm 이하
유리공	인	0.120	0.131	0.137	0.139	0.145	0.155
보통인부	〃	0.020	0.021	0.022	0.023	0.024	0.025

[주] ① 본 품은 커튼월 프레임에 구조용실란트를 사용하여 복층유리를 부착하는 기준이다.
② 본 품은 노튼테이프 설치, 유리 붙이기, 구조실란트 및 방수실링재 도포, 유리닦기 및 마무리 작업을 포함한다.
③ 특수창호 및 특수유리(접합유리, 3중유리 등)인 경우에는 별도 계상한다.
④ 비계매기에 대한 품 또는 고소작업차 기계경비는 별도 계상한다.
⑤ 외벽의 높이에 따라 다음 할증률에 의한 품을 가산할 수 있으며 19층 이상인 경우 매 3층마다 4%씩 가산할 수 있다.

구분 층	1~3층	4~6층	7~9층	10~12층	13~15층	16~18층
할 증 률(%)	0	5	8	12	16	20

10-4 커튼월

10-4-1 알루미늄 프레임 설치('14, '20년 보완)

(10kg 당)

구 분	단 위	수 량	
		현장가공	공장가공
창 호 공	인	0.23	0.20
보 통 인 부	〃	0.08	0.07

[주] ① 본 품은 스틱월방식 커튼월의 알루미늄 프레임을 조립해서 설치하는 기준이다.
② 현장가공은 현장 가공장에서 프레임을 가공, 제작하여 설치하는 기준이다.
③ 공장가공은 공장에서 가공, 제작한 프레임을 반입하여 조립하는 기준이다.
④ 본 품은 먹매김, 앵커설치, 프레임 제작 및 조립, 커튼월 설치를 포함한다.
⑤ 비계매기 또는 고소작업차 비용은 필요시 별도 계상한다.
⑥ 공구손료 및 경장비(절단기, 전동드릴 등)의 기계경비는 3%로 계상한다.
⑦ 외벽의 높이에 따라 다음 할증률에 의한 품을 가산할 수 있으며 19층 이상인 경우 매 3층마다 4%씩 가산할 수 있다.

구분 \ 층	1~3층	4~6층	7~9층	10~12층	13~15층	16~18층
할 증 률(%)	0	5	8	12	16	20

10-4-2 외벽 패널 설치('14, '20년 보완)

(10㎡ 당)

구 분	단 위	수 량			
		트러스 설치		패널 설치	
		벽	천장 및 지붕	벽	천장 및 지붕
용 접 공	인	1.30	1.56	-	-
철 공	〃	0.72	0.86	0.39	0.47
보 통 인 부	〃	-	-	0.24	0.29

[주] ① 본 품은 강재(각관) 트러스 및 AL 패널 설치 기준이다.
② 본 품은 앵커철물 설치, 트러스 절단 및 설치, 패널 설치, 마무리작업이 포함된 것이다.
③ 단열재를 설치하는 경우 '[건축부문] 5-4 단열'을 따른다.
④ 비계매기 또는 고소작업차 비용은 필요시 별도 계상한다.
⑤ 공구손료 및 경장비(절단기, 용접기 등)의 기계경비는 인력품의 3%로 계상한다.

⑥ 외벽의 높이에 따라 다음 할증률에 의한 품을 가산할 수 있으며 19층 이상인 경우 매 3층마다 4%씩 가산할 수 있다.

구분 \ 층	1~3층	4~6층	7~9층	10~12층	13~15층	16~18층
할 증 률(%)	0	5	8	12	16	20

10-4-3 코킹('14년 신설, '20년 보완)

(10m 당)

구 분	단 위	수 량
코 킹 공	인	0.15
보 통 인 부	〃	0.07

[주] ① 본 품은 외벽 패널의 줄눈 및 수밀코킹 기준이다.
② 본 품은 백업재 채움, 마스킹테이프 붙임, 코킹, 보양재 제거 및 마무리 작업을 포함한다.
③ 비계매기 또는 고소작업차 비용은 필요시 별도 계상한다.
④ 외벽의 높이에 따라 다음 할증률에 의한 품을 가산할 수 있으며 19층 이상인 경우 매 3층마다 4%씩 가산할 수 있다.

구분 \ 층	1~3층	4~6층	7~9층	10~12층	13~15층	16~18층
할 증 률(%)	0	5	8	12	16	20

품셈 유권해석

강재창호의 부속자재 설치

제 10장 창호 및 유리공사 10-1-2 강재 창호 설치(2014, 2014년 보완)
(2) 본 품은 창호틀 설치, 창호짝 설치, 부속철물(경첩) 설치 및 마무리 작업을 포함한다.
부속철물(경첩) 설치가 품셈에 적혀 있으니 내역에 포함하지 못한다 의견이 왔습니다.
이에 관련하여, 강재 창호와 일체형으로 되어있지 않은 표준품셈 10-2 부속자재 중 10-2-1 도어체크 설치 / 10-2-2 플로어힌지 설치 / 10-2-3 도어록 설치 와 나비 경첩 등 어떠한 것들도 하드웨어 설치 비용을 받을 수 없나요? 받을 수 없다면, 10-2 부속자재는 품셈에 따로 있는 이유가 궁금합니다. 어떤 작업에 적용되는 것인지 답변 부탁드립니다.

> **답변내용**
>
> ➡ 표준품셈 건축부문 "10-1-2 강재창호 설치/2.강재창호"의 '주2. 본 품은 소운반, 연결철물 설치, 창호설치, 부속철물(문바퀴, 경첩)달기 및 마무리를 포함한다.'에서는 "10-2 창호철물달기"에서 제시한 도어체크, 플로어힌지, 도어록 을 설치하는 작업은 제외되어 있음을 알려드립니다.

창호유리의 노튼테이프 설치

질의1. 건설공사 표준품셈 10-3-1 창호유리 설치건에서 보면 특수창호 및 특수유리(접합유리, 3중유리 등)인 경우에는 별도 계상한다라고 명시되어 있습니다. 여기서 별도 계상한다라는것은 무엇을 의미하는건가요?
질의2. 기존 유리 철거는 품셈에 없는데 어떻게 반영을 하여야 하며, 누튼테이프 품은 어디에 반영해야 하는지 알고 싶습니다.

> **답변내용**
>
> ➡ 답변1. 표준품셈 건축부문 "10-3-1 창호유리 설치"는 일반창호의 유리끼우기 기준이며, 특수창호 및 특수유리인 경우 본 품이 아닌 별도로 계상하시기 바랍니다.
> 답변2. 표준품셈 건축부문 "10-3-1 창호유리 설치"에는 누튼테이프 작업이 미포함되어 있으며, "10-3-2 커튼월유리 설치"에는 노튼테이프 설치 작업이 포함되어 있습니다.
> "10-3-2 커튼월 유리 설치"는 커튼월 프레임에 구조용실란트를 사용하여 복층유리를 부착하는 기준으로, 노튼테이프설치, 유리붙이기, 구조실란트 및 방수실링재 도포, 유리닦기 및 마무리 작업을 포함합니다.

외장판넬 손실분 보정

당현장은 주차장 현장으로서 외벽판넬 수량을 견적단가로 적용했습니다. 공사 중 판넬수량이 변경되어 수량산출을 다시 실시해야하는 상황인데 당초 수량산출서에 판넬 산출근거가 누락되어 있습니다.
시공사 입장은 수량산출시 판넬의 절곡부분(마구리) 즉 하지에 접합하기 위하여 접힌 연결부분(첨부참조)을 수량산출시 반영을 해야 한다는 입장이며, 감리단의 입장은 하지에 접합하기 위에서 접힌 연결부분은 표준품셈 공통부분에 있는 강재류 강판 할증수량에 포함되어 있으므로 전면에서 보이는 부분만 반영해야한다는 입장입니다.
이에 감리단과 이견이 있어 어떻게 적용을 해야하는지 질의 드리오니 답변 부탁드립니다.

답변내용

➡ 표준품셈 "1-3-1 재료의 할증률"에서 제시하는 할증률은 일반적으로 현장에서 시공시 발생되는 손실분을 보정해 주기 위한 것입니다. 또한 표준품셈은 수량산출기준은 아니며 수량산출기준은 설계서 등을 참조하시기 바랍니다.

제 11 장 칠공사

11-1 공통공사

11-1-1 콘크리트·모르타르면 바탕 만들기('15년 보완)

(㎡당)

구 분	단 위	수 량
도 장 공	인	0.010
보 통 인 부	〃	0.001
비 고	- 천장은 본 품의 20%를 가산한다.	

[주] ① 본 품은 하도 바름 전 콘크리트, 모르타르면의 바탕 만들기 기준이다.
② 본 품은 바탕 처리, 퍼티 및 연마 작업이 포함된 것이다.
③ 콘크리트 견출 및 마감미장, 프라이머 바름은 별도 계상한다.
④ 비계사용시 높이에 따라 다음 할증률에 의한 품을 가산할 수 있으며 19층 이상은 매 3층 증가마다 4%씩 가산할 수 있다.

지하층 및 1~3층	4~6층	7~9층	10~12층	13~15층	16~18층
0%	5%	8%	12%	16%	20%

※ 외벽에서 층의 구분을 할 수 없을 때에는 층고를 3.6m로 기준하여 층수를 환산하고 내벽 높이에서도 3.6m를 기준하여 환산 적용한다.
⑥ 공구손료 및 잡재료비(연마지 등)는 인력품의 3%로 계상한다.
⑦ 재료량(퍼티 등)은 도료 종류에 따라 시방서 및 제조사에서 제시하고 있는 수량을 적용한다.

11-1-2 석고보드면 바탕 만들기('06년 신설, '15년 보완)

(㎡당)

구 분	단 위	올 퍼 티	줄 퍼 티
도 장 공	인	0.066	0.035
보 통 인 부	〃	0.018	0.010
비 고	- 천장은 본 품의 20%를 가산한다.		

[주] ① 본 품은 도장 전 석고보드면의 바탕 만들기 기준이다.
② 올퍼티의 작업순서는 "바탕처리 → F-Tape부착 → 줄퍼티1차(필러) → 줄퍼티2차(퍼티) → 올퍼티1차 → 올퍼티2차 → 연마" 기준이다.
③ 줄퍼티의 작업순서는 "바탕처리 → F-Tape부착 → 줄퍼티1차(필러) → 줄퍼티2차(퍼티) → 연마" 기준이다.
④ 공구손료 및 경장비(샌딩머신 등)의 기계경비, 잡재료비(연마지, F-Tape 등)는 인력품의 4%를 계상한다.
⑤ 재료량(퍼티 등)은 도료 종류에 따라 시방서 및 제조사에서 제시하고 있는 수량을 적용한다.

11-1-3 철재면 바탕 만들기('21년 신설)

(㎡당)

구 분	단 위	수 량
도 장 공	인	0.006
보 통 인 부	〃	0.001

[주] ① 본 품은 철재면의 도장 전 먼지, 오염, 용접 등 부착된 불순물을 제거하는 기준으로 필요한 경우 적용한다.
② 인산염처리, 블라스트법을 하는 경우 별도 계상한다.
③ 공구손료 및 잡재료비(브러시 등)는 인력품의 3%로 계상한다.

11-1-4 목재면 바탕 만들기('21년 신설)

(㎡당)

구 분	단 위	불순물 제거	퍼티 및 연마
도 장 공	인	0.006	0.009
보 통 인 부	〃	0.001	0.001

[주] ① 본 품은 목재면의 도장 전 바탕처리 하는 기준으로 필요한 경우 적용한다.
② 불순물 제거는 도장 전 먼지, 오염 등 부착된 불순물을 제거하는 기준이다.
③ 퍼티 및 연마는 합판목재 등 시공 후 이음자리, 못구멍 등에 도장 전 퍼티 및 연마하는 기준이다.
④ 공구손료 및 잡재료비(연마지 등)는 인력품의 3%로 계상한다.
⑤ 재료량(퍼티 등)은 도료 종류에 따라 시방서 및 제조사에서 제시하고 있는 수량을 적용한다.

11-1-5 도장 후 퍼티 및 연마('15년 신설)

(㎡당)

구 분	단 위	수 량
도 장 공	인	0.005
보 통 인 부	〃	0.001
비 고	- 천장은 본 품의 20%를 가산한다.	

[주] ① 본 품은 하도 바름 이후의 퍼티 및 연마를 기준한 것이다.
② 비계 사용시 높이별 품 할증은 '[건축부문] 11-1-1 콘크리트·모르타르면 바탕 만들기'에 준하여 계상한다.
③ 공구손료 및 잡재료비(연마지 등)는 인력품의 3%로 계상한다.
④ 재료량(퍼티 등)은 도료 종류에 따라 시방서 및 제조사에서 제시하고 있는 수량을 적용한다.

11-1-6 비닐 보양('21년 신설)

(보양길이 100m 당)

구 분	규 격	단 위	창호 및 난간류	배관류
보 통 인 부	-	인	0.625	0.912

[주] ① 본 품은 도장 전 창호, 배관 등 시설물의 오염을 방지하기 위해 보양하는 기준이다.
② 보양길이는 비닐보양 테이프의 접착길이를 적용한다.
③ 차량 등 다면으로 보양이 필요한 시설물은 별도 계상한다.
④ 현장여건에 따라 비계 또는 장비가 필요한 경우에는 별도 계상한다.

11-2 페인트

11-2-1 수성페인트 붓칠('15년 보완)

(㎡ 당)

구 분	단 위	수 량
도 장 공	인	0.022
보 통 인 부	〃	0.004
비 고	- 천장은 본 품의 20%를 가산한다.	

[주] ① 본 품은 수성페인트를 1회 칠하는 기준이다.
② 바탕만들기는 "11-1 공통공사"에 준하여 계상한다.
③ 비계사용시 높이별 품 할증은 '[건축부문] 11-1-1 콘크리트·모르타르면 바탕만들기'에 준하여 계상한다.
④ 공구손료 및 잡재료비는 인력품의 2%로 계상한다.
⑤ 재료량(페인트 등)은 도료 종류에 따라 시방서 및 제조사에서 제시하고 있는 수량을 적용한다.

11-2-2 수성페인트 롤러칠('98, '15년 보완)

(㎡ 당)

구 분	단 위	수 량
도 장 공	인	0.012
보 통 인 부	〃	0.002
비 고	- 천장은 본 품의 20%를 가산한다.	

[주] ① 본 품은 수성페인트를 1회 칠하는 기준이다.
② 본 품은 보조 붓칠 작업을 포함한다.

③ 바탕만들기는 '11-1 공통공사'에 준하여 계상한다.
④ 비계사용시 높이별 품 할증은 '[건축부문] 11-1-1 콘크리트·모르타르면 바탕만들기'에 준하여 계상한다.
⑤ 공구손료 및 잡재료비는 인력품의 2%로 계상한다.
⑥ 재료량(페인트 등)은 도료 종류에 따라 시방서 및 제조사에서 제시하고 있는 수량을 적용한다.

11-2-3 수성페인트 뿜칠('15년 보완)

(10㎡ 당)

구 분	단 위	수 량
도 장 공	인	0.027
보 통 인 부	〃	0.013
비 고	- 천장은 본 품의 20%를 가산한다.	

[주] ① 본 품은 수성페인트를 1회 칠하는 기준이다.
② 본 품은 보조 붓칠 작업을 포함한다.
③ 바탕만들기는 '11-1 공통공사'에 준하여 별도 계상한다.
④ 비계사용시 높이별 품 할증은 '[건축부문] 11-1-1 콘크리트·모르타르면 바탕만들기'에 준하여 별도 계상한다.
⑤ 스프레이 도장 시 분진방지용 시설비용은 별도 계상한다.
⑥ 공구손료 및 경장비(엔진식 도장기 등)의 기계경비와 잡재료비는 인력품의 12%로 계상한다.
⑦ 재료량(페인트 등)은 도료 종류에 따라 시방서 및 제조사에서 제시하고 있는 수량을 적용한다.

■ 건강친화형 무기질도료(청초롱)(특허 제10-2446596호)

(㎡당)

품 명	규 격	단위	수 량	비 고
[무기질 도료 작업]				
바 탕 면 정 리	벽면	㎡	0.40	
바 탕 면 보 양	벽면	〃	0.70	
무 기 질 도 료	청초롱	kg	0.65	
소 모 자 재	주재료비의 5%	식	1.00	
연 마 지	#120~180	매	0.65	
도 장 공	특수도장	인	0.04	
보 통 인 부	-	〃	0.03	
도 장 기	4.7hp/min	대	0.01	
공 구 손 료	부품의 10%	식	1.00	

11-2-4 유성페인트 붓칠('02년, '04년, '15년 보완)

(㎡ 당)

구 분		단 위	수 량
바 탕 면	인 력		
철 재 면	도 장 공	인	0.020
	보 통 인 부	〃	0.004
콘크리트·모르타르면 석 고 보 드 면	도 장 공	〃	0.024
	보 통 인 부	〃	0.004
비 고	- 천장은 본 품의 20%를 가산한다.		

[주] ① 본 품은 유성페인트를 1회 칠하는 기준이다.
② 바탕만들기는 '11-1 공통공사'에 준하여 계상한다.
③ 비계사용시 높이별 품 할증은 '[건축부문] 11-1-1 콘크리트·모르타르면 바탕만들기'에 준하여 계상한다.
④ 공구손료 및 잡재료비는 인력품의 2%로 계상한다.
⑤ 재료량(페인트 등)은 도료 종류에 따라 시방서 및 제조사에서 제시하고 있는 수량을 적용한다.

11-2-5 유성페인트 롤러칠('02, '04, '15년 보완)

(㎡ 당)

구 분		단 위	수 량
바탕면	인 력		
철 재 면	도 장 공	인	0.011
	보 통 인 부	〃	0.002
콘크리트·모르타르면 석 고 보 드 면	도 장 공	〃	0.013
	보 통 인 부	〃	0.003
비 고	- 천장은 본 품의 20%를 가산한다.		

[주] ① 본 품은 유성페인트를 1회 칠하는 기준이다.
② 본 품은 보조붓칠 작업을 포함한다.
③ 바탕만들기는 '11-1 공통공사'에 준하여 계상한다.
④ 비계사용시 높이별 품 할증은 '[건축부문] 11-1-1 콘크리트·모르타르면 바탕만들기'에 준하여 계상한다.
⑤ 공구손료 및 잡재료비는 인력품의 2%로 계상한다.
⑥ 재료량(페인트 등)은 도료 종류에 따라 시방서 및 제조사에서 제시하고 있는 수량을 적용한다.

11-2-6 녹막이 페인트칠('15년 보완)

(㎡당)

구 분	단 위	수 량
도 장 공	인	0.015
보 통 인 부	〃	0.003
비 고	- 천장은 본 품의 20%를 가산한다.	

[주] ① 본 품은 철재면에 방청성페인트를 붓으로 1회 칠하는 기준이다.
② 바탕만들기는 '11-1 공통공사'에 준하여 계상한다.
③ 비계사용시 높이별 품 할증은 '[건축부문] 11-1-1 콘크리트·모르타르면 바탕만들기'에 준하여 계상한다.
④ 공구손료 및 잡재료비는 인력품의 2%로 계상한다.
⑤ 재료량(페인트 등)은 도료 종류에 따라 시방서 및 제조사에서 제시하고 있는 수량을 적용한다.

11-2-7 오일스테인칠('17, '21년 보완)

(㎡당)

구 분	단 위	수 량
도 장 공	인	0.019
보 통 인 부	〃	0.003

[주] ① 본 품은 목재면에 오일스테인을 붓으로 1회 칠하는 기준이다.
② 바탕만들기는 '11-1 공통공사'에 준하여 계상한다.
③ 비계사용시 높이별 품 할증은 '[건축부문] 11-1-1 콘크리트·모르타르면 바탕만들기'에 준하여 계상한다.
④ 공구손료 및 잡재료비는 인력품의 2%로 계상한다.
⑤ 재료량(페인트 등)은 도료 종류에 따라 시방서 및 제조사에서 제시하고 있는 수량을 적용한다.

11-2-8 에폭시 페인트칠('01년 신설, '15년 보완)

(㎡당)

구 분	단 위	에폭시 코팅 (롤러칠)	에폭시 라이닝 (레기칠)
도 장 공	인	0.039	0.044
보 통 인 부	〃	0.008	0.023

[주] ① 본 품은 콘크리트 바닥면에 에폭시 페인트를 칠하는 기준이다.

② 본 품은 바닥정리, 보조붓칠 작업을 포함한다.
③ 에폭시 코팅은 하도 1회(롤러)→퍼티 및 연마→에폭시 페인트 2회(롤러) 기준이다.
④ 에폭시 라이닝(도장두께 3㎜ 이하)은 하도 1회(롤러)→퍼티 및 연마→에폭시 페인트 1회(레기)→에폭시 페인트 1회(롤러) 기준이다.
⑤ 공구손료 및 잡재료비는 인력품의 2%로 계상한다.
⑥ 재료량(페인트 등)은 도료 종류에 따라 시방서 및 제조사에서 제시하고 있는 수량을 적용한다.

11-2-9 낙서방지용 페인트칠('02년 신설, '15년 보완)

(㎡당)

구 분	단 위	수 량
도 장 공	인	0.031
보 통 인 부	〃	0.007

[주] ① 본 품은 낙서방지용 페인트를 롤러로 2회 칠하는 기준이다.
② 본 품은 마스킹 테이프 붙이기, 퍼티 및 연마, 보조붓칠 작업을 포함한다.
③ 하도 전 바탕만들기는 '[건축부문] 11-1-1 콘크리트·모르타르면 바탕만들기'에 준하여 별도 계상한다.
④ 공구손료 및 잡재료비(연마지 등)는 인력품의 3%로 계상한다.
⑤ 재료량(페인트 등)은 도료 종류에 따라 시방서 및 제조사에서 제시하고 있는 수량을 적용한다.

11-2-10 걸레받이용 페인트칠('02년 신설, '15년 보완)

(㎡당)

구 분	단 위	수 량
도 장 공	인	0.067
보 통 인 부	〃	0.011

[주] ① 본 품은 걸레받이용 페인트를 붓으로 2회 칠하는 기준이다.
② 본 품은 마스킹 테이프 붙이기, 퍼티 및 연마, 보조붓칠 작업을 포함한다.
③ 하도 전 바탕만들기는 '[건축부문] 11-1-1 콘크리트·모르타르면 바탕만들기'에 준하여 별도 계상한다.
④ 공구손료 및 잡재료비(연마지 등)는 인력품의 2%로 계상한다.
⑤ 재료량(페인트 등)은 도료 종류에 따라 시방서 및 제조사에서 제시하고 있는 수량을 적용한다.

11-3 스프레이

11-3-1 무늬코트칠('15년 보완)

(㎡당)

구 분	단 위	수 량
도 장 공	인	0.056
보 통 인 부	〃	0.011
비 고	- 천장은 본 품의 20%를 가산한다.	

[주] ① 본 품은 콘크리트, 모르타르 벽면에 무늬코트를 뿜칠하는 기준이다.
② 본 품은 하도2회(롤러칠), 퍼티 및 연마, 무늬코트1회(스프레이칠), 상도코팅 1회(롤러칠)칠 기준이며, 보조 붓칠 작업을 포함한다.
③ 하도 전 바탕만들기는 '[건축부문] 11-1-1 콘크리트·모르타르면 바탕만들기'에 준하여 별도 계상한다.
④ 보양작업은 별도 계상한다.
⑤ 공구손료 및 경장비(에어콤프레샤, 스프레이건 등)의 기계경비 및 잡재료(연마지 등)는 인력품의 2%를 계상한다.
⑥ 재료량(페인트 등)은 도료 종류에 따라 시방서 및 제조사에서 제시하고 있는 수량을 적용한다.

11-3-2 탄성코트칠('15년 신설)

(㎡당)

구 분	단 위	수 량
도 장 공	인	0.044
보 통 인 부	〃	0.009
비 고	- 천장은 본 품의 20%를 가산한다.	

[주] ① 본 품은 콘크리트, 모르타르 벽면에 탄성코트를 칠하는 기준이다.
② 본 품은 하도1회(롤러칠), 퍼티 및 연마, 탄성코트1회(스프레이칠), 상도코팅1회(롤러칠)칠 기준이며, 보조 붓칠 작업을 포함한다.
③ 하도 전 바탕만들기는 '[건축부문] 11-1-1 콘크리트·모르타르면 바탕만들기'에 준하여 별도 계상한다.
④ 보양작업은 별도 계상한다.
⑤ 공구손료 및 경장비(에어콤프레샤, 스프레이건 등)의 기계경비는 인력품의 2%를 계상한다.
⑥ 재료량(페인트 등)은 도료 종류에 따라 시방서 및 제조사에서 제시하고 있는 수량을 적용한다.

11-3-3 석재도료칠('14년 신설)

(100㎡ 당)

구 분	규 격	단 위	줄눈무늬(無)	줄눈무늬(有)
도 장 공	-	인	0.620	0.810
보 통 인 부	-	〃	0.100	0.130
고 소 작 업 차	3ton	hr	3.270	4.280

[주] ① 본 품은 석재가 포함된 도료를 1회 뿜칠하는 기준이다.
② 본 품은 도료 배합, 스프레이칠1회, 보조 붓칠, 줄눈테이프 부착 및 제거 작업을 포함한다.
③ 바탕만들기, 페인트칠(하도), 보양작업은 별도 계상한다.
④ 공구손료 및 경장비(에어콤프레샤, 스프레이건 등)의 기계경비는 인력품의 3%를 계상한다.
⑤ 재료량(페인트 등)은 도료 종류에 따라 시방서 및 제조사에서 제시하고 있는 수량을 적용한다.

2025건설공사 표준품셈

기계설비부문

제 1 장 · 배관공사
제 2 장 · 덕트공사
제 3 장 · 보온공사
제 4 장 · 펌프 및 공기설비공사
제 5 장 · 밸브설비공사
제 6 장 · 측정기기공사
제 7 장 · 위생기구설비공사
제 8 장 · 공기조화설비공사
제 9 장 · 기타공사
제10장 · 소방설비공사
제11장 · 가스설비공사
제12장 · 자동제어설비공사
제13장 · 플랜트설비공사

제 1 장   배관공사

1-1 강관

1-1-1 용접접합('93, '13, '15, '19, '25년 보완)

(용접개소 당)

규 격(mm)	용접공(인)	규 격(mm)	용접공(인)
ø 15	0.036	100	0.152
20	0.043	125	0.184
25	0.052	150	0.216
32	0.062	200	0.281
40	0.070	250	0.345
50	0.085	300	0.409
65	0.105	350	0.456
80	0.121	400	0.519
비 고	- 자체 추진 고소작업대(시저형)시공의 경우 20%를 감한다. - TIG용접으로 시공하는 경우 본 품의 10%를 가산한다.		

[주] ① 본 품은 배관용 탄소 강관 및 압력 배관용 탄소 강관을 아크용접으로 접합하는 기준이다.
② 공구손료 및 경장비(절단기, 자체 추진 고소작업대(시저형) 등) 기계경비는 3%를 계상하고 고소작업대(시저형)시공의 경우 13%를 계상한다.
③ 용접접합에 필요한 자재는 별도 계상한다.
④ 자체 추진 고소작업대(시저형)의 이동을 위한 크레인, 지게차 등의 비용은 별도 계상한다.

1-1-2 용접배관('93, '13, '15, '19, '25년 보완)

(일 당)

구 분	단 위	수 량	관규격(mm)	시공량(m)
배 관 공	인	3	ø 15	83
			20	75
			25	60
			32	50
			40	45
			50	37
			65	30
			80	25
보 통 인 부	〃	1	100	18
			125	14
			150	12
배 관 공	인	4	200	10
			250	8.0
			300	6.0
보 통 인 부	〃	1	350	5.0
			400	4.0

비 고	- 자체 추진 고소작업대(시저형)시공의 경우 시공량의 26%를 가산한다. - 시공위치에 따라 다음과 같이 계상한다.

구 분	화장실배관	기계실배관	옥외배관(암거내)
시공량의 요율	-17%	-23%	+11%

[주] ① 본 품은 배관용 탄소 강관 및 압력 배관용 탄소 강관의 옥내일반배관 기준이다.
② 인서트(거푸집용), 지지철물설치, 절단, 배관(가용접), 배관시험을 포함한다.
③ 밸브류 설치품은 '[기계설비부문] 5-1-1 일반밸브 및 콕류 설치'를 적용하고, 관이음부속류의 설치품은 본 품에 포함되어 있다.
④ 현장여건에 따라 콘크리트용 인서트를 사용할 경우 '[건축부문] 8-1-4 인서트(Insert) 설치'를 따른다.
⑤ 단열 지지대 및 관 지지대 설치 시에는 별도 계상한다.
⑥ 공구손료 및 경장비(절단기, 자체 추진 고소작업대(시저형) 등) 기계경비는 2%를 계상하고, 고소작업대(시저형)시공의 경우 10%를 계상한다.
⑦ 자체 추진 고소작업대(시저형)의 이동을 위한 크레인, 지게차 등의 비용은 별도 계상한다.

1-1-3 나사식 접합 및 배관('04, '13, '19, '25년 보완)

(일 당)

구 분	단 위	수 량	관규격(㎜)	시공량(m)
배 관 공	인	3	ø 15	70
			20	62
			25	50
			32	42
보 통 인 부	〃	1	40	38
			50	30

비 고	- 자체 추진 고소작업대(시저형)시공의 경우 시공량의 26%를 가산한다. - 시공위치에 따라 다음과 같이 계상한다.

구 분	화장실배관	기계실배관	옥외배관(암거내)
시공량의 요율	-17%	-23%	+11%

[주] ① 본 품은 배관용 탄소 강관의 옥내일반배관 기준이다.
② 인서트(거푸집용), 지지철물설치, 절단, 나사홈가공, 배관 및 나사접합, 배관시험을 포함한다.
③ 밸브류 설치품은 '[기계설비부문] 5-1-1 일반밸브 및 콕류 설치'를 적용하고, 관이음부속류의 설치품은 본 품에 포함되어 있다.
④ 현장여건에 따라 콘크리트용 인서트를 사용할 경우 '[건축부문] 8-1-4 인서트(Insert) 설치'를 따른다.
⑤ 단열 지지대 및 관 지지대 설치 시에는 별도 계상한다.
⑥ 공구손료 및 경장비(절단기, 자체 추진 고소작업대(시저형) 등) 기계경비는 인력품의 2%(인력시공), 10%(자체 추진 고소작업대(시저형) 시공)를 계상한다.
⑦ 자체 추진 고소작업대(시저형)의 이동을 위한 크레인, 지게차 등의 비용은 별도 계상한다.

1-1-4 그루브조인트식 접합 및 배관('00년 신설, '04, '13, '19, '25년 보완)

(일 당)

구 분	단 위	수 량	관규격(mm)	시공량(m)
배 관 공	인	3	ø 25	54
			32	45
			40	40
			50	30
			65	25
			80	20
보 통 인 부	〃	1	100	14
			125	11
			150	9.5
배 관 공	인	4	200	8.5
			250	7.0
			300	5.5
			350	4.5
			400	3.8
			450	3.5
보 통 인 부	〃	1	500	3.0
			550	2.7
			600	2.5
비 고				

비 고:
- 자체 추진 고소작업대(시저형)시공의 경우 시공량의 26%를 가산한다.
- 시공위치에 따라 다음과 같이 계상한다.

구 분	화장실배관	기계실배관	옥외배관(암거내)
시공량의 요율	-17%	-23%	+11%

[주] ① 본 품은 배관용 탄소 강관 및 압력 배관용 탄소 강관의 옥내일반배관 기준이다.
② 인서트(거푸집용), 지지철물설치, 절단, 그루브 홈가공, 배관 및 그루브 접합, 배관시험을 포함한다.
③ 밸브류 설치품은 '[기계설비부문] 5-1-1 일반밸브 및 콕류 설치'를 적용하고, 관이음부속류의 설치품은 본 품에 포함되어 있다.
④ 현장여건에 따라 콘크리트용 인서트를 사용할 경우 '[건축부문] 8-1-4 인서트(Insert) 설치'를 따른다.
⑤ 단열 지지대 및 관 지지대 설치 시에는 별도 계상한다.
⑥ 공구손료 및 경장비(절단기, 자체 추진 고소작업대(시저형) 등) 기계경비는 2%를 계상하고 고소작업대(시저형)시공의 경우 10%를 계상한다.
⑦ 자체 추진 고소작업대(시저형)의 이동을 위한 크레인, 지게차 등의 비용은 별도 계상한다.

1-2 동관

1-2-1 용접접합('93, '13, '15, '19년 보완)

(용접개소 당)

규 격(mm)	용접공(인)	규 격(mm)	용접공(인)
ø 8	0.014	65	0.089
10	0.018	80	0.105
15	0.022	100	0.137
20	0.030	125	0.169
25	0.038	150	0.201
32	0.045	200	0.265
40	0.053	250	0.329
50	0.067	-	-
비 고	- 자체 추진 고소작업대(시저형)시공의 경우 20%를 감한다.		

[주] ① 본 품은 브레이징(Brazing)용접으로 이음매 없는 구리합금관을 접합하는 기준이다.
② 공구손료 및 경장비(절단기, 자체 추진 고소작업대(시저형) 등) 기계경비는 인력품의 3%(인력시공), 13%(자체 추진 고소작업대(시저형) 시공)를 계상한다.
③ 용접접합에 필요한 자재는 별도 계상한다.
④ 자체 추진 고소작업대(시저형)의 이동을 위한 크레인, 지게차 등의 비용은 별도 계상한다.

참 고 ◦ Brazing 용접 소모재료

(용접개소 당)

규격mm	용접봉(g)	플럭스(g)	산소(ℓ)	아세틸렌(g)
ø6	0.3	0.05	2.5	3.8
8	0.5	0.08	4.0	4.5
10	0.8	0.11	5.4	5.9
15	1.2	0.15	7.5	8.0
16	1.8	0.22	10.8	11.4
20	2.5	0.32	15.8	16.5
25	4.0	0.49	19.0	20.2
32	5.2	0.65	27.2	28.6
40	6.9	0.86	35.0	37.0
50	11.2	1.40	45.8	48.6
65	15.4	1.92	57.9	61.3
80	21.0	2.62	80.8	85.4
100	36.6	4.58	127.8	135.0
125	56.3	7.02	158.8	167.7
150	78.9	9.89	254.0	268.3
200	173.5	13.25	615.7	650.5

※ 산소량은 대기압상태의 기준량이며, 압축산소는 35℃에서 150기압으로 압축용기에 넣어 사용하는 것을 기준한다.

1-2-2 용접배관('93, '13, '15, '19, '25년 보완)

(일당)

구 분	단 위	수 량	관규격(mm)	시공량(m)
배 관 공	인	3	ø 8	132
			10	115
			15	100
			20	85
			25	70
			32	57
			40	50
			50	37
			65	32
보 통 인 부	〃	1	80	25
			100	19
			125	15
			150	12
배 관 공	인	4	200	11
보 통 인 부	〃	1	250	8
비 고	\multicolumn{4}{l}{- 자체 추진 고소작업대(시저형)시공의 경우 시공량의 26%를 가산한다. - 시공위치에 따라 다음과 같이 계상한다.}

구 분	화장실배관	기계실배관	옥외배관(암거내)
시공량의 요율	-17%	-23%	+11%

[주] ① 본 품은 이음매 없는 구리합금관의 옥내일반배관 기준이다.
② 인서트(거푸집용), 지지철물설치, 절단, 배관(가용접), 배관시험을 포함한다.
③ 밸브류 설치품은 '[기계설비부문] 5-1-1 일반밸브 및 콕류 설치'를 적용하고, 관이음부속류의 설치품은 본 품에 포함되어 있다.
④ 현장여건에 따라 콘크리트용 인서트를 사용할 경우 '[건축부문] 8-1-4 인서트(Insert) 설치'를 따른다.
⑤ 단열 지지대 및 관 지지대 설치 시에는 별도 계상한다.
⑥ 공구손료 및 경장비(절단기, 자체 추진 고소작업대(시저형) 등) 기계경비는 인력품의 2%(인력시공), 10%(자체 추진 고소작업대(시저형) 시공)를 계상한다.
⑦ 자체 추진 고소작업대(시저형)의 이동을 위한 크레인, 지게차 등의 비용은 별도 계상한다.

1-3 스테인리스 강관

1-3-1 용접접합('92, '13, '19년 보완)

(용접개소 당)

규 격(mm)	용접공(인)	규 격(mm)	용접공(인)
ø6	0.036	65	0.119
8	0.040	80	0.135
10	0.045	90	0.151
15	0.050	100	0.167
20	0.057	125	0.199
25	0.066	150	0.231
32	0.077	200	0.295
40	0.084	250	0.359
50	0.099	300	0.423
비 고	- 자체 추진 고소작업대(시저형)시공의 경우 20%를 감한다.		

[주] ① 본 품은 TIG용접으로 배관용 스테인리스 강관을 접합하는 기준이다.
② 공구손료 및 경장비(절단기, 자체 추진 고소작업대(시저형) 등) 기계경비는 4%를 계상하고 고소작업대(시저형)시공의 경우 13%를 계상한다.
③ 용접접합에 필요한 자재는 별도 계상한다.
④ 자체 추진 고소작업대(시저형)의 이동을 위한 크레인, 지게차 등의 비용은 별도 계상한다.

〔참 고〕 ◦TIG용접 소모재료

(용접개소 당)

규 격mm	용 접 봉(kg)	Argon(ℓ)
ø15	0.007	64
20	0.013	95
25	0.020	129
40	0.040	191
50	0.055	265
65	0.168	343
80	0.213	430
90	0.257	565
100	0.313	699
125	0.443	1,098
150	0.601	1,285
200	1.007	2,170
250	1.455	3,060
300	2.070	3,945

1-3-2 용접배관('92, '13, '19, '25년 보완)

(일당)

구 분	단 위	수 량	관규격(mm)	시공량(m)
배 관 공	인	3	ø 6	127
			8	123
			10	103
			15	95
			20	82
			25	58
			32	48
			40	45
			50	35
			65	30
보 통 인 부	〃	1	80	25
			90	20
			100	18
			125	14
			150	12
배 관 공	인	4	200	11
보 통 인 부	〃	1	250	8
			300	6
비 고	- 자체 추진 고소작업대(시저형)시공의 경우 시공량의 26%를 가산한다. - 시공위치에 따라 다음과 같이 계상한다. | 구 분 | 화장실배관 | 기계실배관 | 옥외배관(암거내) | |---|---|---|---| | 시공량의 요율 | -17% | -23% | +11% |			

[주] ① 본 품은 배관용 스테인리스 강관의 옥내일반배관 기준이다.
② 인서트(거푸집용), 지지철물설치, 절단, 배관(가용접), 배관시험을 포함한다.
③ 밸브류 설치품은 '[기계설비부문] 5-1-1 일반밸브 및 콕류 설치'를 적용하고, 관이음부속류의 설치품은 본 품에 포함되어 있다.
④ 현장여건에 따라 콘크리트용 인서트를 사용할 경우 '[건축부문] 8-1-4 인서트(Insert) 설치'를 따른다.
⑤ 단열 지지대 및 관 지지대 설치 시에는 별도 계산한다.
⑥ Bending가공이 필요한 경우에는 별도 계상한다.
⑦ 공구손료 및 경장비(절단기, 자체 추진 고소작업대(시저형) 등) 기계경비는 2%를 계상하고 고소작업대(시저형)시공의 경우 10%를 계상한다.
⑧ 자체 추진 고소작업대(시저형)의 이동을 위한 크레인, 지게차 등의 비용은 별도 계상한다.

1-3-3 그루브조인트식 접합 및 배관('25년 신설)

(일 당)

구 분	단 위	수 량	관규격(mm)	시공량(m)
배 관 공	인	3	25	57
			32	45
			40	40
			50	30
			65	26
			80	20
보 통 인 부	〃	1	90	18
			100	15
			125	12
			150	10
배 관 공	인	4	200	9
			250	7
보 통 인 부	〃	1	300	6
비 고	- 자체 추진 고소작업대(시저형)시공의 경우 시공량의 26%를 가산한다. - 시공위치에 따라 다음과 같이 계상한다. <table><tr><td>구 분</td><td>화장실배관</td><td>기계실배관</td><td>옥외배관(암거내)</td></tr><tr><td>시공량의 요율</td><td>-17%</td><td>-23%</td><td>+11%</td></tr></table>			

[주] ① 본 품은 배관용 스테인리스 강관의 옥내일반배관 기준이다.
② 인서트(거푸집용), 지지철물설치, 절단, 그루브 홈가공, 배관 및 그루브 접합, 배관시험을 포함한다.
③ 밸브류 설치품은 '[기계설비부문] 5-1-1 일반밸브 및 콕류 설치'를 적용하고, 관이음부속류의 설치품은 본 품에 포함되어 있다.
④ 현장여건에 따라 콘크리트용 인서트를 사용할 경우 '[건축부문] 8-1-4 인서트(Insert) 설치'를 따른다.
⑤ 단열 지지대 및 관 지지대 설치 시에는 별도 계상한다.
⑥ 공구손료 및 경장비(절단기, 자체 추진 고소작업대(시저형) 등) 기계경비는 2%를 계상하고, 고소작업대(시저형)시공의 경우 10%를 계상한다.
⑦ 자체 추진 고소작업대(시저형)의 이동을 위한 크레인, 지게차 등의 비용은 별도 계상한다.

1-3-4 프레스식 접합 및 배관('92, '13, '15, '19, '25년 보완)

(일 당)

구 분	단 위	수 량	관규격(mm)	시공량(m)
배 관 공	인	3	13SU	80
			20	60
			25	50
			30	40
			40	35
			50	32
			60	25
보 통 인 부	〃	1	75	21
			80	16
			100	14

비 고	- 자체 추진 고소작업대(시저형)시공의 경우 시공량의 26%를 가산한다. - 시공위치에 따라 다음과 같이 계상한다.

구 분	화장실배관	기계실배관	옥외배관(암거내)
시공량의 요율	-17%	-23%	+11%

[주] ① 본 품은 일반 배관용 스테인리스 강관의 옥내일반배관 기준이다.
② 인서트(거푸집용), 지지철물설치, 절단, 배관 및 프레스 접합, 배관시험을 포함한다.
③ 밸브류 설치품은 '[기계설비부문] 5-1-1 일반밸브 및 콕류 설치'를 적용하고, 관이음부속류의 설치품은 본 품에 포함되어 있다.
④ 현장여건에 따라 콘크리트용 인서트를 사용할 경우 '[건축부문] 8-1-4 인서트(Insert) 설치'를 따른다.
⑤ 단열 지지대 및 관 지지대 설치 시에는 별도 계상한다.
⑥ Bending가공이 필요한 경우에는 별도 계상한다.
⑦ 공구손료 및 경장비(절단기, 자체 추진 고소작업대(시저형) 등) 기계경비는 인력품의 2%(인력시공), 10%(자체 추진 고소작업대(시저형) 시공)를 계상한다.
⑧ 자체 추진 고소작업대(시저형)의 이동을 위한 크레인, 지게차 등의 비용은 별도 계상한다.

1-3-5 주름관 접합 및 배관('92, '13, '19, '25년 보완)

(일 당)

구 분	단 위	수 량	시공량(m)	
			ø15㎜	ø20㎜
배 관 공	인	2	50	45
보 통 인 부	〃	1		
비 고	- 자체 추진 고소작업대(시저형)시공의 경우 시공량의 26%를 가산한다.			

[주] ① 본 품은 스테인리스 주름관의 옥내일반배관 기준이다.
② 인서트(거푸집용), 지지철물설치, 절단, 배관 및 접합, 배관시험을 포함한다.
③ 현장여건에 따라 콘크리트용 인서트를 사용할 경우 '[건축부문] 8-1-4 인서트(Insert) 설치'를 따른다.
④ 단열 지지대 및 관 지지대 설치 시에는 별도 계상한다.
⑤ 공구손료 및 경장비(절단기, 자체 추진 고소작업대(시저형) 등) 기계경비는 인력품의 2%(인력시공), 10%(자체 추진 고소작업대(시저형) 시공)를 계상한다.
⑥ 자체 추진 고소작업대(시저형)의 이동을 위한 크레인, 지게차 등의 비용은 별도 계상한다.

1-4 주철관

1-4-1 기계식접합 및 배관('96, '01, '13, '19, '25년 보완)

(일 당)

구 분	단 위	수 량	관규격(㎜)	시공량(접합개소)
배 관 공	인	3	ø 50	18
			65	14
			75	13
			100	10
보 통 인 부	〃	1	125	8.5
			150	7.5
			200	6.0
비 고	- 자체 추진 고소작업대(시저형)시공의 경우 시공량의 26%를 가산한다.			

[주] ① 본 품은 배수용 주철관의 옥내일반배관 기준이다.
② 인서트(거푸집용), 지지철물설치, 절단, 배관 및 접합, 배관시험을 포함한다.
③ 현장여건에 따라 콘크리트용 인서트를 사용할 경우 '[건축부문] 8-1-4 인서트(Insert) 설치'를 따른다.
④ 단열 지지대 및 관 지지대 설치시에는 별도 계상한다.
⑤ 공구손료 및 경장비(절단기, 자체 추진 고소작업대(시저형) 등) 기계경비는 인력품의 2%(인력시공), 10%(자체 추진 고소작업대(시저형) 시공)를 계상한다.
⑥ 자체 추진 고소작업대(시저형)의 이동을 위한 크레인, 지게차 등의 비용은 별도 계상한다.

1-4-2 수밀밴드 접합 및 배관('13년 신설, '19, '25년 보완)

(일 당)

구 분	단 위	수 량	관규격(mm)	시공량(접합개소)
배 관 공	인	3	ø 50	20
			65	16
			75	14
			100	11
보 통 인 부	〃	1	125	9.0
			150	7.7
			200	6.3
비 고	- 자체 추진 고소작업대(시저형)시공의 경우 시공량의 26%를 가산한다.			

[주] ① 본 품은 배수용 주철관의 노허브(no-hub)관을 접합하는 기준이다.
② 인서트(거푸집용), 지지철물설치, 절단, 배관 및 접합, 배관시험을 포함한다.
③ 현장여건에 따라 콘크리트용 인서트를 사용할 경우 '[건축부문] 8-1-4 인서트(Insert) 설치'를 따른다.
④ 단열 지지대 및 관 지지대 설치시에는 별도 계상한다.
⑤ 공구손료 및 경장비(절단기, 자체 추진 고소작업대(시저형) 등) 기계경비는 인력품의 2%(인력시공), 10%(자체 추진 고소작업대(시저형) 시공)를 계상한다.
⑥ 자체 추진 고소작업대(시저형)의 이동을 위한 크레인, 지게차 등의 비용은 별도 계상한다.

1-5 경질관

1-5-1 접착제 접합 및 배관('13, '19, '25년 보완)

(일 당)

구 분	단 위	수 량	관규격(mm)	시공량(m)
배 관 공	인	3	ø 30	45
			35	40
			40	37
			50	31
			65	25
			75	23
			100	18
보 통 인 부	〃	1	125	15
			150	13
			200	11
비 고	- 자체 추진 고소작업대(시저형)시공의 경우 시공량의 26%를 가산한다.			

[주] ① 본 품은 일반용 경질 폴리염화 비닐관의 옥내일반배관 기준이다.

② 인서트(거푸집용), 지지물 설치, 절단, 배관 및 접합, 배관시험을 포함한다.
③ 현장여건에 따라 콘크리트용 인서트를 사용할 경우 '[건축부문] 8-1-4 인서트(Insert) 설치'를 따른다.
④ 단열 지지대 및 관 지지대 설치시에는 별도 계상한다.
⑤ 공구손료 및 경장비(절단기, 자체 추진 고소작업대(시저형) 등) 기계경비는 인력품의 2%(인력시공), 10%(자체 추진 고소작업대(시저형) 시공)를 계상한다.
⑥ 자체 추진 고소작업대(시저형)의 이동을 위한 크레인, 지게차 등의 비용은 별도 계상한다.

1-5-2 고무링 캡조임 접합 및 배관(일반 PVC)('13년 신설, '19, '25년 보완)

(일 당)

구 분	단 위	수 량	관규격(mm)	시공량(m)
배 관 공	인	3	ø 30	105
			35	98
			40	90
			50	80
			65	70
			75	55
			100	42
보 통 인 부	〃	1	125	35
			150	28
			200	23
비 고	- 자체 추진 고소작업대(시저형)시공의 경우 시공량의 26%를 가산한다.			

[주] ① 본 품은 일반용 경질 폴리염화 비닐관의 옥내일반배관 기준이다.
② 인서트(거푸집용), 지지물 설치, 절단, 배관 및 접합, 배관시험을 포함한다.
③ 현장여건에 따라 콘크리트용 인서트를 사용할 경우 '[건축부문] 8-1-4 인서트(Insert) 설치'를 따른다.
④ 단열 지지대 및 관 지지대 설치시에는 별도 계상한다.
⑤ 공구손료 및 경장비(절단기, 자체 추진 고소작업대(시저형) 등) 기계경비는 인력품의 2%(인력시공), 10%(자체 추진 고소작업대(시저형) 시공)를 계상한다.
⑥ 자체 추진 고소작업대(시저형)의 이동을 위한 크레인, 지게차 등의 비용은 별도 계상한다.

1-5-3 고무링 캡조임 접합 및 배관(고강도PVC)('25년 신설)

(일 당)

구 분	단 위	수 량	관규격(mm)	시공량(m)
배 관 공	인	3	50	75
			65	65
			75	50
			100	38
보 통 인 부	〃	1	125	32
			150	25
			200	20
비 고	- 자체 추진 고소작업대(시저형)시공의 경우 시공량의 26%를 가산한다.			

[주] ① 본 품은 고강도 경질 폴리염화비닐관의 옥내일반배관 기준이다.
② 인서트(거푸집용), 지지물 설치, 절단, 배관 및 접합, 이탈방지장치(클램프 등) 설치, 배관시험을 포함한다.
③ 현장여건에 따라 콘크리트용 인서트를 사용할 경우 '[건축부문] 8-1-4 인서트(Insert) 설치'를 따른다.
④ 단열 지지대 및 관 지지대 설치시에는 별도 계상한다.
⑤ 공구손료 및 경장비(절단기, 자체 추진 고소작업대(시저형) 등) 기계경비는 2%를 계상하고, 고소작업대(시저형)시공의 경우 10%를 계상한다.
⑥ 자체 추진 고소작업대(시저형)의 이동을 위한 크레인, 지게차 등의 비용은 별도 계상한다.

1-6 연질관

1-6-1 폴리부틸렌(PB) 일반접합 및 배관('96년 신설, '13, '19년 보완)

(m 당)

구 분	단 위	수 량(규격)	
		ø16mm	ø20mm
배 관 공	인	0.038	0.042
보 통 인 부	〃	0.015	0.017

[주] ① 본 품은 폴리부틸렌(PB)관의 급수, 급탕용 배관 기준이다.
② 절단, 배관 및 고정철물 설치, 접합, 배관시험을 포함한다.
③ 공구손료 및 경장비의 기계경비는 인력품의 1%로 계상한다.

1-6-2 폴리부틸렌(PB) 이중관 접합 및 배관 ('13, '19년 보완)

(m 당)

구 분	단 위	수 량(규격)	
		ø16㎜	ø20㎜
배 관 공	인	0.048	0.053
보 통 인 부	〃	0.021	0.023

[주] ① 본 품은 합성수지제 휨(가요) 전선관 중 CD(Combine Duct)관 내에 폴리부틸렌(PB)관이 삽입된 이중관의 옥내바닥배관 기준이다.
② 절단, 배관 및 고정철물 설치, 접합, 배관시험을 포함한다.
③ 공구손료 및 경장비의 기계경비는 인력품의 1%로 계상한다.

1-6-3 가교화 폴리에틸렌관 접합 및 배관('13, '19년 보완)

(m 당)

구 분	단 위	수 량(규격)	
		ø16㎜	ø20㎜
배 관 공	인	0.029	0.036
보 통 인 부	〃	0.014	0.018

[주] ① 본 품은 가교화 폴리에틸렌(PE-X)관의 옥내난방배관 기준이다.
② 절단, 배관 및 고정철물 설치, 접합, 배관시험을 포함한다.
③ 공구손료 및 경장비의 기계경비는 인력품의 1%로 계상한다.

품셈 유권해석

관이음부속류의 산정요율

1-3-3 프레스식 접합 및 배관 단위같은경우 'm'로 기재되있는데 긴급복구공사, 소규모공사 같은 경우 1m(길이) STS관 작업중 이형관(곡관)을 포함하여 소켓을 3~4개 사용하여 프레스접합을 하였을경우에 품을 어떤식으로 적용 시켜줘야하는지 궁금합니다.
이럴때 소켓1개 = 프레스식 접합 및 배관 1개 이런식으로 하나요?
(소켓 3~4개 사용시 양쪽 면 프레스접합하여 프레스접합 6~8번 작업)

답변내용

➡ 표준품셈 기계설비부문 "1-3-3 프레스식 접합 및 배관" 항목에는 주3에 따라 관이음부속류의 설치품은 포함되어 있으며, 관이음류는 동품셈 공통부문 "1-2-4 재료및 자재의 단가/6.강관배관의 부자재 산정요율"의 [주]에서 엘보, 티, reducer, 유니온, 소켓, 캡, 플러그 등으로 정의하고 있으니 이를 참조하시기 바랍니다.

스테인리스 강관의 규격

2023 표준품셈 668p-스테인리스 강관 용접접합 (1-3-1) 질문드립니다.
질의1. 스테인리스 강관이라 함은 KS D 3576(배관용 스테인리스 강관)가 맞나요?
질의2. 용접접합에 나온 규격은 용접하고자 하는 스테인리스 강관의 직경이고 참고자료의 규격은 TIG 용접봉의 규격이 맞나요?
질의3. 단가산출서를 작성할 때 아르곤 역시 산소처럼 대기압에서 기준으로 작성해야 하는지 알고 싶습니다.

답변내용

➡ 답변1. 표준품셈 기계설비부문 "1-3-1 용접접합"에서 스테인리스강관은 KS규격의 배관용 스테인리스 강관을 뜻합니다.
답변2. 표준품셈 기계설비부문 "1-3-1 용접접합"에서 규격과 참고자료의 규격은 스테인리스 강관의 규격을 뜻합니다.
답변3. 표준품셈 기계설비부문 "1-3-1 용접접합"에서 아르곤가스의 량은 대기압에서 기체상태일때의 기준입니다.

강관배관 용접접합

강관배관을 용접접합하여 설치 할 경우, '용접접합품(단위 : 개소)' 만 사용하면 되는 것인지, '용접배관품(단위 : m)'도 같이 적용하여야 하는 것인지 해석 부탁드리겠습니다.

답변내용

➡ 표준품셈 기계설비부문 "1-1-2 용접배관"에의 '주3 관이음부속류의 설치품은 본품에 포함되어 있으며, 용접접합품은 별도 계상한다'에 대하여, '밸브 및 콕류'를 제외한 엘보 티 등 '관이음부속류'의 설치 품을 포함하고 있으며, 용접품은 기계설비부문 "1-1-1 용접접합"에서 용접접합개소당 품으로 제시하고 있으니 "1-1-1 용접접합"품을 참조하시기 바랍니다.

스테인리스배관 규정규격 초과의 경우

1-3-1 용접접합 및 1-3-2 용접배관 관련입니다.
배관공사 설치공사(스테인리스 배관 규격 400mm) 설계 중에 있습니다.
스테인리스배관 용접접합 및 용접배관설치 규격이 300mm 까지만 산정되어있어서 300㎜를 초과하는 스테인리스배관 용접접합 및 설치 일위대가 산정은 어떤 식으로 산정해야 하는지 질의드립니다.

답변내용

➡ 기계설비부문 "1-3-1 용접접합", "1-3-2 용접배관"은 규격 300㎜까지 제시하고 있으며 300㎜를 초과하는 기준에 대해서는 정하고 있지 않습니다. 표준품셈에서 정하지 않는 사항은 동 품셈 1-1-3의 4항을 참조하시어 적정한 예정가격산정기준을 적의 결정하여 사용하시기 바라며, 당해공사에서 표준품셈의 적용여부 및 판단에 관련된 사항은 해당공사의 특성을 고려하시고 표준품셈을 참조하시어 공사관계자가 직접 결정하실 사항임을 양지해 주시면 감사드리겠습니다.

제 2 장 덕트공사

2-1 덕트

2-1-1 아연도금강판덕트(각형덕트) 설치('15, '16, '21, '24년 보완)

(일 당)

구 분	단 위	수 량	호칭두께(mm)	시공량(㎡)
덕 트 공	인	3	0.5	18
			0.6	20
			0.8	18
보 통 인 부	〃	1	1.0	15
			1.2	13
			1.6	10
비 고	- 자체 추진 고소작업대(시저형) 시공의 경우 시공량의 13%를 가산한다.			

[주] ① 본 품은 제작이 완료된 상태의 덕트를 설치하는 기준이다.
② 본 품은 지지물 설치, 보강재 설치, 덕트의 접합 및 설치 작업을 포함한다.
③ 덕트의 절단 및 가공이 필요한 경우 별도 계상한다.
④ 공구손료 및 경장비(드릴,자체 추진 고소작업대(시저형) 등) 기계경비는 다음과 같이 계상한다.

구 분	인력시공	자체 추진 고소작업대(시저형) 시공
인 력 품 의 요 율	2%	10%

⑤ 벽체통과 구간의 콘크리트 깨기(쪼아내기) 등이 필요한 경우에는 별도 계상한다.
⑥ 자체 추진 고소작업대(시저형)의 이동을 위한 크레인, 지게차 등의 비용은 별도 계상한다.

2-1-2 아연도금강판덕트(스파이럴덕트) 설치('15, '16, '21, '24년 보완)

(일 당)

구 분	단 위	수 량	철판두께(mm)	규격(mm)	시공량(m)
덕 트 공	인	3	0.5	ø80~150	27
				160~200	22
			0.6	225~250	18
				275~300	15
				350~400	12
				450~500	9
보 통 인 부	〃	1		550~600	7
			0.8	650~800	6
			1.0	850~1,000	5
비 고	- 자체 추진 고소작업대(시저형) 시공의 경우 시공량의 13%를 가산한다.				

[주] ① 본 품은 제작이 완료된 상태의 스파이럴덕트를 설치하는 기준이다.
② 본 품은 지지물 설치, 보강재 설치, 덕트의 절단, 접합 및 설치 작업을 포함한다.
③ 공구손료 및 경장비(드릴,자체 추진 고소작업대(시저형) 등) 기계경비는 다음과 같이 계상한다.

구 분	인력시공	자체 추진 고소작업대(시저형) 시공
인력품의 요율	2%	10%

④ 벽체통과 구간의 콘크리트 깨기(쪼아내기) 등이 필요한 경우에는 별도 계상한다.
⑤ 자체 추진 고소작업대(시저형)의 이동을 위한 크레인, 지게차 등의 비용은 별도 계상한다.

2-1-3 스테인리스덕트(각형덕트) 설치('21, '24년 보완)

(일 당)

구 분	단 위	수 량	호칭두께(㎜)	시공량(㎡)
덕 트 공	인	3	0.5	14
			0.6	15
보 통 인 부	〃	1	0.8	13
			1.0	11
비 고	- 자체 추진 고소작업대(시저형) 시공의 경우 시공량의 13%를 가산한다.			

[주] ① 본 품은 제작이 완료된 상태의 덕트를 설치하는 기준이다.
② 본 품은 지지물 설치, 보강재 설치, 덕트의 접합 및 설치 작업을 포함한다.
③ 덕트의 절단 및 가공이 필요한 경우 별도 계상한다.
④ 공구손료 및 경장비(드릴,자체 추진 고소작업대(시저형) 등) 기계경비는 다음과 같이 계상한다.

구 분	인력시공	자체 추진 고소작업대(시저형) 시공
인력품의 요율	2%	10%

⑤ 벽체통과 구간의 콘크리트 깨기(쪼아내기) 등이 필요한 경우에는 별도 계상한다.
⑥ 자체 추진 고소작업대(시저형)의 이동을 위한 크레인, 지게차 등의 비용은 별도 계상한다.

2-1-4 PVC 덕트 설치('24년 보완)

(일 당)

구 분	단 위	수 량	시공량(㎡)
덕 트 공	인	3	15
보 통 인 부	〃	1	

[주] ① 본 품은 제작이 완료된 상태의 PVC덕트(호칭두께 3㎜)를 설치하는 기준이다.
② 본 품은 지지물 설치, 보강재 설치, 덕트의 접합 및 설치 작업이 포함된 것이다.
③ 덕트의 절단, 가공 및 보온은 별도 계상한다.
④ 공구손료 및 경장비(드릴 등)의 기계경비는 인력품의 2%를 계상한다.
⑤ 벽체통과 구간의 콘크리트 깨기(쪼아내기) 등이 필요한 경우에는 별도 계상한다.

2-1-5 세대내 환기덕트 설치('21년 신설, '24년 보완)

(일 당)

구 분	단 위	수 량	시공량(m)
덕 트 공	인	2	100
보 통 인 부	〃	1	

[주] ① 본 품은 세대내 환기덕트(204×60㎜ 이하)를 설치하는 기준이다.
② 본 품은 덕트 절단, 덕트 조립 및 설치, 우레탄 충전 작업을 포함한다.
③ 플렉시블 덕트 및 취출구 설치는 별도 계상한다.
④ 공구손료 및 경장비(드릴 등)의 기계경비는 인력품의 2%를 계상한다.
⑤ 벽체통과 구간의 콘크리트 깨기(쪼아내기) 등이 필요한 경우에는 별도 계상한다.

2-1-6 플렉시블덕트 설치

(개소 당)

규 격(㎜)	덕 트 공 (인)
ø 100㎜	0.050
125	0.060
150	0.080
175	0.090
200	0.100
225	0.110
250	0.120
275	0.140
300	0.170
350	0.210
400	0.250

[주] ① 본 품은 플렉시블 덕트를 일반 덕트에 연결하여 설치하는 기준이다.
② 본 품은 덕트 타공 및 절단, 플렉시블 덕트 접합 및 설치 작업을 포함한다.

2-2 덕트기구
2-2-1 취출구 설치('21년 보완)

(개 당)

구 분	규 격		덕트공 (인)
아네모디퓨저	목 지 름 (mm)	100㎜ 이하	0.368
		200㎜ 이하	0.430
		300㎜ 이하	0.460
		400㎜ 이하	0.490
		500㎜ 이하	0.505
		600㎜ 이하	0.552
유니버설형	단 면 적 (㎡)	0.04㎡ 이하	0.315
		0.06	0.322
		0.08	0.348
		0.10	0.365
		0.15	0.382
		0.20	0.425
		0.25	0.458
		0.30	0.517
		0.35	0.560
		0.40	0.670
펀칭메탈형	길 이 (m)	1m 미만	0.255
		1m 미만(셔터)	0.356
		1m 이상	0.721
		1m 이상(셔디)	1.010
슬릿형	변 길 이 (m)	1m 미만	0.390
		1m 이상	1.102

[주] ① 본 품은 덕트에 연결하여 설치하는 취출구 설치 기준이다.
② 본 품은 덕트 연결, 개스킷 설치, 취출구 설치 및 고정 작업을 포함한다.
③ 타공이 필요한 경우 별도 계상한다.

2-2-2 흡입구 설치

(개 당)

구 분	규 격		덕트공 (인)
그 릴 (도어그릴)	흡입구 장변길이	1m 미만 1m 이상	0.525 0.840
점 검 구	300㎜×300㎜ 이하		0.355
후 드	일반 2중 그리스필터 2중 그리스필터	투영면적 ㎡당 〃 〃 〃	0.800 0.960 0.860 1.000

[주] 본 품은 덕트 타공, 기기의 설치 및 고정 작업을 포함한다.

2-2-3 덕트 플렉시블 조인트 설치

(개소 당)

송풍기 규격 호칭 번호	덕트공 (인)	보통인부 (인)	송풍기 규격 호칭 번호	덕트공 (인)	보통인부 (인)
032(2)	0.205	0.062	080(5⅓)	0.577	0.176
036(2⅓)	0.228	0.069	090(6)	0.682	0.207
040(2⅔)	0.252	0.077	100(6⅔)	0.795	0.242
045(3)	0.285	0.087	112(7½)	0.944	0.287
050(3⅓)	0.320	0.097	125(8⅓)	1.119	0.341
056(3⅔)	0.365	0.111	140(9⅓)	1.341	0.408
063(4)	0.421	0.128	160(10⅔)	1.669	0.508
071(4⅔)	0.492	0.150	180(12)	2.034	0.619

[주] ① 본 품은 송풍기와 덕트를 연결하는 플렉시블 조인트 설치하는 기준이다.
② 플렉시블 조인트의 규격은 송풍기의 호칭번호 기준이다.
③ 본 품은 플렉시블 조인트 연결 및 고정 작업을 포함한다.

2-2-4 일반댐퍼(사각) 설치

(개 당)

구 분	단 위	방화댐퍼	풍량조절댐퍼(수동식)
덕 트 공	인	0.415	0.375
비 고	- 댐퍼면적 0.1㎡이하 기준으로, 0.1㎡ 증마다 다음 품을 가산한다.		
	구 분	방화댐퍼	풍량조절댐퍼(수동식)
	덕 트 공	0.125	0.110

[주] 본 품은 덕트 타공, 기기의 설치 및 고정 작업을 포함한다.

2-2-5 일반댐퍼(원형) 설치('21년 신설)

(개 당)

구 분	규 격	덕트공(인)
방 화 댐 퍼	ø100mm 이하 200mm 이하 300mm 이하	0.292 0.346 0.403
풍량조절댐퍼(수동식)	ø100mm 이하 200mm 이하 300mm 이하	0.264 0.313 0.364

[주] 본 품은 덕트 타공 및 연결, 댐퍼 설치 및 고정 작업을 포함한다.

2-2-6 제연댐퍼 설치('21년 보완)

(㎡ 당)

구 분	단 위	수직덕트 연결방식	승강로 연결방식
덕 트 공	인	2.041	1.216
보 통 인 부	〃	0.588	0.350

[주] ① 본 품은 입상덕트 타공 및 연결, 댐퍼 설치, 제어선 결선, 코킹마감 작업을 포함하고 있으며, 승강로 연결방식은 입상덕트 타공 및 연결 작업이 제외되어 있다.
② 전기배관 및 입선은 별도 계상한다.
③ 공구손료 및 경장비(절단기 등)의 기계경비는 인력품의 2%를 계상한다.

참 고 제연댐퍼 재료량

(㎡ 당)

구 분	규 격	단 위	수 량
앵 커	1/2″	개	20
블라인드리벳	-	〃	75
철 물	D22 철근	kg	12.5
실 리 콘	-	〃	1.25

품셈 유권해석

기계실의 덕트공사 할증

기계실내 공조덕트의 설치품 할증에 대하여 질의 합니다. 리모델링 현장 기존 기계실내 덕트의 철거및 신설에 관한 것입니다. 기계설비 덕트공사 품셈에 할증 적용이 없습니다.
일반사항 품의 할증 고소작업 5M이내이기에 할증 없는데 할증적용 유무, 배관공사엔 기계실 할증을 30% 가산 여부, 철거 및 신설이 기존 타공종의 시설이 있어 작업 여건이 어려운 공사에 해당 되니 할증 가능 여부에 대해 문의드립니다.
상기건의 품 적용을 어떻게 하는게 합리적일까 사료되어 질의하니 답변 부탁 드립니다.

답변내용

➡ 표준품셈 "2-1 덕트"는 일반적인 덕트설치 현장을 대상으로 조사된 평균값이며, 상부 덕트를 설치하기 위한 일반적인 고소작업은 포함되어 있습니다. 덕트공사에서는 별도의 기계실 할증은 정하고 있지 않습니다. 타공종간의 간섭으로 인한 할증 적용 여부는 동 품셈 "품의할증"을 참조하여 적용하시기 바랍니다. 할증의 적용유무는 표준품셈관리기관에서 답변해 드릴수 없는점 양해 부탁드리며, 당해공사에서 표준품셈의 적용여부 및 판단에 관련된 사항은 해당공사의 특성을 고려하시고 표준품셈을 참조하시어 공사관계자가 직접 결정하실 사항임을 양지해 주시면 감사드리겠습니다.

덕트작업의 작업범위

질의1. 덕트와 플렉시블덕트를 연결하는 SPIN-IN 작업과 관련하여, SPIN-IN이 표준품셈 ①'덕트 설치' 항목에 포함된 것인지, ②'플렉시블덕트 설치' 항목에 포함된 것인지, ③어디에도 포함되지 않은 별도 항목인지 문의드립니다.
질의2. 2-1-1. 아연도금강판덕트(각형덕트) 설치 관련입니다. [주] 2. 본 품은 지지물 설치, 보강재 설치, 덕트의 접합 및 설치 작업을 포함한다.
관련하여, 첨부된 덕트지지가대(아연도각관) 설치품작업이 포함된 품인지 질의합니다.

답변내용

➡ 답변1. 표준품셈 기계설비부문 "2-1 덕트"에서 SPIN-IN작업은 덕트에 플렉시블덕트를 연결할시 덕트 접합 작업에 포함됩니다.
답변2. 표준품셈 기계설비부문 "2-1-1 아연도금강판덕트 설치"에는 지지물(달대, 행거 등) 설치 작업이 포함되어 있습니다.

제 3 장 보온공사

3-1 배관보온

3-1-1 일반마감 배관보온('92, '14, '20, '24년 보완)

(일 당)

구 분	단위	수량	배관규격(mm)	시공량(m)					
				고무발포보온재		발포폴리에틸렌보온재		유리면보온재(글라스울)	
				보온두께 25mm이하	보온두께 50mm이하	보온두께 25mm이하	보온두께 50mm이하	보온두께 25mm이하	보온두께 50mm이하
보 온 공	인	2	ø15	77	47	110	66	85	52
			20	68	42	95	58	76	47
			25	62	40	86	56	69	44
			32	53	34	73	48	59	38
			40	45	29	63	41	50	32
			50	38	25	54	35	42	28
			65	33	23	45	33	36	26
			80	27	20	38	29	30	22
			100	23	18	32	25	26	20
보 통 인 부	〃	1	125	19	15	26	21	21	17
			150	16	13	22	18	18	14
			200	12	11	17	15	13	12
			250	10	9	14	13	11	10
			300	9	8	12	12	10	9

비 고
- 기계실은 시공량의 17%를 감한다.
- 그루브조인트식 배관에 보온을 하는 경우 시공량의 9%를 감한다.
- 결로방지를 위해 보온 전에 비닐감기를 수행하는 경우 발포폴리에틸렌보온재 시공량의 13%를 감한다.
- 마감재를 시공하지 않는 경우 시공량의 11%를 가산한다.
- 마감재를 폴리프로필렌 Sheet(APS 또는 TS커버)로 시공할 경우 시공량의 13%를 감한다.

[주] ① 본 품은 고무발포보온재, 발포폴리에틸렌보온재를 사용한 기계설비배관 보온 기준이다.
② 본 품은 보온재 절단 및 설치, PVC보온테이프(매직테이프) 및 알루미늄 밴드마감 작업을 포함한다.

3-1-2 칼라함석마감 배관보온('14, '20, '24년 보완)

(일 당)

구 분	단 위	수 량	보온두께 (mm)	배관규격 (mm)	시공량 (m)
보온공	인	2	25	ø15	33
				20	31
				25	30
				32	28
				40	27
				50	24
보통인부	〃	1	40	65	20
				80	17
				100	15
				125	14
				150	12
			50	200	10
				250	9
				300	8

[주] ① 본 품은 공장에서 가공된 상태의 칼라함석을 사용하여 배관을 보온하는 기준이다.
② 본 품은 보온재의 소운반, 보온재 설치, 마무리 작업을 포함한다.
③ 규격은 본관의 규격을 의미하며, 보온두께는 관보온재 설치두께를 의미한다.

3-2 밸브보온

3-2-1 일반마감 밸브보온('92, '14, '20년 보완)

(개소 당)

구 분		단위	고무발포보온재		발포폴리에틸렌보온재	
규격 (mm)	보온두께 (mm)		보온공	보통인부	보온공	보통인부
ø15	25 이하	인	0.198	0.066	0.149	0.049
	50 이하	〃	0.333	0.111	0.251	0.083
20	25 이하	인	0.204	0.068	0.153	0.051
	50 이하	〃	0.344	0.114	0.259	0.086
25	25 이하	인	0.211	0.070	0.158	0.052
	50 이하	〃	0.355	0.118	0.267	0.089
32	25 이하	인	0.220	0.073	0.165	0.055
	50 이하	〃	0.371	0.123	0.279	0.092
40	25 이하	인	0.230	0.076	0.173	0.057
	50 이하	〃	0.388	0.129	0.292	0.097
50	25 이하	인	0.243	0.081	0.183	0.061
	50 이하	〃	0.410	0.136	0.308	0.102
65	25 이하	인	0.258	0.086	0.194	0.064
	50 이하	〃	0.440	0.146	0.331	0.110
80	25 이하	인	0.288	0.096	0.217	0.072
	50 이하	〃	0.471	0.156	0.354	0.117
100	25 이하	인	0.342	0.113	0.257	0.085
	50 이하	〃	0.531	0.176	0.400	0.132
125	25 이하	인	0.361	0.120	0.271	0.090
	50 이하	〃	0.592	0.196	0.445	0.148
150	25 이하	인	0.383	0.127	0.288	0.096
	50 이하	〃	0.638	0.211	0.479	0.159
200	25 이하	인	0.418	0.138	0.314	0.104
	50 이하	〃	0.653	0.216	0.491	0.163
250	25 이하	인	0.440	0.146	0.331	0.110
	50 이하	〃	0.744	0.247	0.559	0.185
300	25 이하	인	0.516	0.171	0.388	0.129
	50 이하	〃	0.774	0.257	0.582	0.193
비 고	- 기계실은 본 품의 20%를 가산한다.					

[주] ① 본 품은 고무발포보온재, 발포폴리에틸렌보온재를 사용한 기계설비밸브 보온 기준이다.
② 본 품은 보온재 절단 및 설치, PVC보온테이프(매직테이프) 및 알루미늄 밴드마감 작업을 포함한다.
③ 앵글체크밸브, 준비작동식밸브 등 각종부속(자동경종장치, 배수밸브, 작동시험밸브, 압력 스위치, 압력계 등)이 부착되어 있는 밸브에 보온하는 경우 25%까지 가산할 수 있다.

3-2-2 함석마감 밸브보온('92년 신설, '15, '20년 보완)

(개소 당)

규 격 (mm)	단 위	보온공 (인)	보통인부 (인)
ø 50 이하	인	0.206	0.033
65	〃	0.231	0.036
80	〃	0.255	0.040
100	〃	0.288	0.046
125	〃	0.329	0.052
150	〃	0.370	0.058
200	〃	0.452	0.071
250	〃	0.534	0.084
300	〃	0.616	0.097

[주] ① 본 품은 공장에서 가공된 상태의 함석을 사용하여 밸브를 보온하는 기준이다.
② 본 품은 보온재의 설치 및 마무리 작업이 포함을 포함한다.
③ 본 품은 개폐형을 기준으로 한 것이다.

3-3 덕트보온

3-3-1 각형덕트 보온('14, '20, '24년 보완)

(일 당)

구 분	단 위	수 량	보온두께 (mm)	시공량(㎡)	
				고무발포보온재 발포폴리에틸렌보온재	유리면보온재 (글라스울)
보온공	인	2	25 이하	9.5	8.0
보통인부	〃	1	50 이하	8.5	7.0

[주] ① 본 품은 접착제가 부착된 고무발포 보온재, 발포 폴리에틸렌 보온재와 접착제가 부착되지 않은 유리면보온재(글라스울)를 사용한 각형덕트 보온 기준이다.
② 본 품은 보온재의 소운반, 보온재 재단, 보온재 및 알루미늄밴드 설치, 마무리 작업을 포함한다.

3-3-2 원형덕트 보온('14, '20년 보완)

(일 당)

구 분	단 위	수 량	보온두께 (mm)	시공량(㎡)	
				고무발포보온재 발포폴리에틸렌보온재	유리면보온재 (글라스울)
보온공	인	2	25 이하	9.5	8.0
보통인부	〃	1	50 이하	8.5	7.0

[주] ① 본 품은 접착제가 부착된 고무발포 보온재, 발포 폴리에틸렌 보온재와 접착제가 부착되지 않은 유리면보온재(글라스울)를 사용한 원형덕트 보온 기준이다.
　　② 본 품은 보온재의 소운반, 보온재 재단, 보온재 및 알루미늄밴드 설치, 마무리 작업을 포함한다.

3-4 발열선

3-4-1 발열선 설치('06년 신설, '14, '20년 보완)

(m 당)

구 분	단 위	수 량	
		세대내	공용부위
기 계 설 비 공	인	0.015	0.017
보 통 인 부	〃	-	0.006

[주] ① 본 품은 배관의 발열선 설치를 기준한 것이다.
　　② 본 품은 다음을 포함한다.

구 분	세대내	공용부위
발 열 선 설 치	· 발열선 설치 및 고정 　(유리면 접착 테이프 사용) · 분기부 Tee Splice 설치 · 관말 End Seal 설치 · 온도센서 설치 · 발열선 경고판 부착	· 발열선 설치 및 고정 　(유리면 접착 테이프 사용) · 분기부 Tee Splice 설치 · 관말 End Seal 설치 · 온도센서 설치 · 발열선 경고판 부착 · 램프킷트 설치 및 연결 · 파워커넥션킷트 설치 및 연결

　　③ 강제전선관 배관, 전기배선 인입작업은 별도 계상한다.

3-4-2 분전함 설치('06년 신설, '14, '20년 보완)

(개소 당)

구 분	단 위	수 량
기 계 설 비 공	인	0.271
보 통 인 부	〃	0.135

[주] ① 본 품은 발열선의 작동을 위한 분전함(제어부) 설치 기준이다.
　　② 본 품은 분전함 설치 및 고정, 배선 인입부 가공, 분전함 내부 배선 및 결선, 작동시험 및 정리작업을 포함한다.
　　③ 강제전선관 배관, 통신·전기배선 인입 및 결선작업은 별도 계상한다.

품셈 유권해석

마감재 유무에 따른 보온공사

기계설비품셈의 보온공사 중 3-1-1 일반마감 배관보온에서 할증요인을 보면 마감재를 시공하지 않는 경우 -10%로 되어있습니다. '마감재를 시공하지 않은 경우'를 어디까지 적용하는지 여부가 궁금합니다.
보온재를 설치하고 매지테이프 및 알루미늄 밴드마감을 하지 않고 케이블타이 등으로 고정만 시켰을 경우도 할증은 -10%만 보아도 되는지 할증을 더 빼야하는지 여부? 그리고 토목 관로 배관에 적용이 가능한지 여부 질의드립니다.

답변내용

➡ 표준품셈 기계설비부문 "3-1-1 일반마감배관보온"에서 마감재를 시공하지 않는 경우는 PVC보온테이프(매직테이프)와 알루미늄 밴드마감 작업을 하지 않는 경우입니다. 또한 토목 관로 배관은 표준품셈 토목부문 "6장 관부설 및 접합공사"를 참조해주시기 바랍니다.
당해공사에서 표준품셈의 적용여부 및 판단에 관련된 사항은 해당공사의 특성을 고려하시고 표준품셈을 참조하시어 공사관계자가 직접 결정하실 사항임을 양지해 주시면 감사드리겠습니다.

일반 설비공사 밸브보온 중 플랜지 포함 여부

밸브 양끝단 플랜지와 배관 플랜지 연결부의 보온의 경우에 대해 질의드립니다.
밸브 보온 단가에 포함인 것인지 별도의 플랜지 보온으로 적용하여야 하는 것인지요?

답변내용

➡ 표준품셈 기계설비부문 "3-2 밸브보온"에는 밸브에 부착되어 있는 플랜지의 보온 작업이 포함되어 있습니다.

제 4 장 펌프 및 공기설비공사

4-1 펌프

4-1-1 일반펌프 설치('14년 보완)

(대 당)

규 격	단 위	기계설비공	보통인부
0.75 kW 이하	인	0.766	0.254
1.5 kW 이하	〃	0.848	0.281
2.2 kW 이하	〃	0.977	0.324
3.7 kW 이하	〃	1.122	0.372
5.5 kW 이하	〃	1.352	0.448
7.5 kW 이하	〃	1.706	0.565
11 kW 이하	〃	2.144	0.710
15 kW 이하	〃	2.276	0.754
22 kW 이하	〃	3.677	1.218
37 kW 이하	〃	4.748	1.572
55 kW 이하	〃	7.638	2.530
75 kW 이하	〃	9.357	3.099

[주] ① 본 품은 급수 및 소방펌프를 옥내에 인력으로 운반하여 설치하는 기준이다.
② 본 품은 펌프 설치, 자동제어설비와의 결선, 펌프 시운전 및 교정 작업을 포함한다.
③ 펌프 기초 및 방진가대, 전기배선 및 입선, 펌프주위 연결배관은 제외되어 있다.
④ 펌프 압력탱크, 펌프 운영을 위한 자동제어설비의 설치는 제외되어 있다.
⑤ 공구손료 및 경장비(윈치 등)의 기계경비는 인력품의 3%를 계상한다.
⑥ 펌프 설치를 위해 장비(지게차 등)를 사용할 경우 별도 계상한다.

4-1-2 집수정 배수펌프 설치('15년 신설, '25년 보완)

(대 당)

규 격	단 위	기계설비공	보통인부
0.75 kW 이하	인	1.325	0.471
1.5 kW 이하	〃	1.498	0.533
2.2 kW 이하	〃	1.660	0.590
3.7 kW 이하	〃	2.005	0.713
5.5 kW 이하	〃	2.420	0.861
7.5 kW 이하	〃	2.881	1.025

[주] ① 본 품은 집수정에 배수펌프(자동탈착식)를 인력으로 설치하는 기준이다.
② 본 품은 지지대 및 가이드파이프 설치, 펌프 연결 및 고정, 자동제어설비와 결선, 시운전 및 교정 작업을 포함한다.
③ 본 품에는 기초, 전기배선 및 입선, 펌프주위 연결배관, 자동제어설비의 설치는 제외되어 있다.
④ 공구손료 및 경장비(윈치, 용접기 등)의 기계경비는 인력품의 3%를 계상한다.
⑤ 본 품은 인력과 윈치설치 기준이며, 펌프 설치를 위해 장비를 사용할 경우 별도 계상한다.

4-1-3 펌프 방진가대 설치('14년 보완)

(대 당)

규격	단 위	기계설비공	보통인부
0.75kW 이하	인	0.650	0.207
1.5kW 이하	〃	0.675	0.215
2.2kW 이하	〃	0.715	0.228
3.7kW 이하	〃	0.759	0.242
5.5kW 이하	〃	0.830	0.265
7.5kW 이하	〃	0.891	0.284
11kW 이하	〃	0.987	0.315
15kW 이하	〃	1.021	0.326
22kW 이하	〃	1.349	0.430
37kW 이하	〃	1.566	0.499
55kW 이하	〃	1.988	0.634
75kW 이하	〃	2.378	0.758

[주] ① 본 품은 펌프설치를 위한 방진가대를 설치하는 기준이다.
② 본 품은 소운반, 방진가대 및 방진마운트 설치를 포함한다.
③ 방진가대 내에 콘크리트(모르타르) 충전이 필요한 경우 별도 계상한다.

4-2 송풍기 및 환풍기
4-2-1 송풍기 설치('15년 보완)

(대 당)

송풍기 규격 호칭번호	편흡입 기계설비공(인)	편흡입 보통인부(인)	양흡입 기계설비공(인)	양흡입 보통인부(인)
032(2)	1.042	0.309	1.377	0.409
036(2⅓)	1.111	0.330	1.469	0.436
040(2⅔)	1.200	0.356	1.586	0.471
045(3)	1.313	0.390	1.735	0.515
050(3⅓)	1.440	0.428	1.903	0.565
056(3⅔)	1.613	0.479	2.132	0.633
063(4)	1.843	0.547	2.435	0.723
071(4⅔)	2.142	0.636	2.830	0.840
080(5⅓)	2.526	0.750	3.338	0.991
090(6)	3.014	0.895	3.982	1.183
100(6⅔)	3.565	1.059	4.711	1.399
112(7½)	4.177	1.240	5.519	1.639
125(8⅓)	4.606	1.368	6.086	1.807
140(9⅓)	5.165	1.534	6.824	2.027
160(10⅔)	6.760	2.008	8.933	2.653
180(12)	7.682	2.281	10.150	3.014
비 고	- 천장(높이 3.5m)에 행거형으로 송풍기를 설치하는 경우, 본 품의 70%를 가산한다.			

[주] ① 본 품은 다익형 송풍기를 인력으로 운반하여 설치하는 기준이다.
② 송풍기 호칭번호는 임펠러 깃 바깥 지름의 최대 치수(㎜)를 적용한다.
③ 본 품은 송풍기 설치, 자동제어설비와의 결선, 송풍기 시운전 및 교정 작업을 포함한다.
④ 송풍기 기초 및 방진가대, 전기배선 및 입선, 송풍기 주위 연결시설물은 제외되어 있다.
⑤ 공구손료 및 경장비(윈치 등)의 기계경비는 인력품의 3%를 계상한다.
⑥ 산업용 송풍기 설치는 '[기계설비부문] 13-5-7 Fan 설치'를 적용한다.
⑦ 장비(지게차 등)를 사용할 경우 기계경비는 별도 계상한다.

4-2-2 벽걸이 배기팬 설치('16, '21년 보완)

(개 당)

구 분	단 위	200㎜	300㎜	400㎜	600㎜
기계설비공	인	0.30	0.40	0.50	0.80

[주] ① 본 품은 전동기 직결형 배기팬의 벽걸이형 설치작업을 기준한 것이다.
② 형틀 설치가 필요한 경우에는 별도 계상한다.

4-2-3 욕실배기팬 설치('21년 신설)

(개 당)

구 분	단 위	ø100㎜이하	ø200㎜이하
기계설비공	인	0.083	0.111
보통인부	〃	0.042	0.056

[주] ① 본 품은 욕실 천장에 설치하는 원심형 환풍기 기준이다.
② 본 품은 덕트 연결, 환풍기(브라켓 및 커버) 설치, 결선, 작동시험을 포함한다.
③ 플렉시블덕트 및 댐퍼 설치는 별도 계상한다.

4-2-4 무덕트 유인팬 설치('01년 신설, '21년 보완)

(대 당)

구 분	단 위	풍량 1,600㎥/h 이하	풍량 2,400㎥/h 이하
기계설비공	인	0.230	0.246
보통인부	〃	0.170	0.182

[주] ① 본 품은 천장에 무덕트 유인팬을 설치하는 기준이다.
② 본 품에는 앵커설치, 가대조립, 유인팬 설치, 작동시험을 포함한다.

4-2-5 레인지후드 설치('96년 신설, '16년 보완)

(개 당)

구 분	단 위	수 량 700㎜ 이하	수 량 900㎜ 이하
기계설비공	인	0.119	0.142
보통인부	〃	0.038	0.046

[주] ① 본 품은 가정용 주방에 설치하는 레인지후드(최대풍량 6~12㎥/분) 기준이다.
② 본 품에는 플렉시블 덕트의 연결, 후드 설치, 시운전 및 검사를 포함한다.

품셈 유권해석

펌프와 자동제어설비의 결선

4-1-1 일반펌프 설치(14년 보완) (주)3항 펌프 기초 및 방진가대, 전기배선 및 입선, 펌프주위 연결배관은 제외되어 있다 관련 질의드립니다.
질의1. 전기배선 및 입선은 전기공사 기계 공사 중 포지션 위치
질의2. 전동기의 결선 작업은 전기공사인지 아니면 기계설비공사인지
질의3. (주)3항에서 연결배관이란 전기배관인지 기계설비 배관(유체가 통하는 관)인지

답변내용

➡ 답변1,2. 표준품셈 기계설비부문 "4-1-1 일반펌프"의 '주3. 펌프 기총 및 방진가대, 전기배선 및 입선, 펌프주위 연결배관은 제외되어 있다.'는 본 품의 작업범위에 포함되지 않는 내용을 설명하기 위해 제시된 사항으로 품에서 포함하지 않는 '전기배선 및 입선'의 업역에 대해서는 표준품셈관리기관에서 답변드릴 수 없는점 양해부탁드리겠습니다. 더불어, 작업범위에 포함되어 있는 '자동제어설비와의 결선' 작업은 동작제어반(자동제어판넬)과 펌프의 연결을 의미하는 것으로, 전기배선 및 입선 작업이 별도의 작업조에 의해 완료된 상태에서 펌프의 가동을 위한 연결(결선) 작업만이 본 품에 포함되어 있습니다. 기타 전기배선 및 입선은 본 품에서 제외되어 있으므로 별도 계상 하셔야 합니다.
답변3. '주3'에서 설명하는 펌프주위 연결배관은 펌프 흡입구 및 토출구 등을 연결하는 기계배관을 의미합니다.

제 5 장 밸브설비공사

5-1 밸브
5-1-1 일반밸브 및 콕류 설치('07, '13, '19년 보완)

(개 당)

규격(mm)	수 량		규격(mm)	수 량	
	배관공(인)	보통인부(인)		배관공(인)	보통인부(인)
ø15~25	0.050	-	125	0.278	0.121
32~50	0.074	-	150	0.343	0.147
65	0.108	0.073	200	0.471	0.188
80	0.141	0.083	250	0.616	0.230
100	0.214	0.105	300	0.788	0.261

[주] ① 본 품은 설치위치 선정, 설치, 작동시험 및 마무리 작업을 포함한다.
　　② 공구손료 및 경장비(전기드릴 등)의 기계경비는 인력품의 2%로 계상한다.

5-1-2 감압밸브장치 설치('04, '13, '19년 보완)

(조 당)

규격(mm)	수 량		규격(mm)	수 량	
	배관공(인)	보통인부(인)		배관공(인)	보통인부(인)
ø15	2.084	0.212	65	5.477	1.047
20	2.527	0.295	80	6.224	1.297
25	2.934	0.379	100	7.220	1.631
32	3.462	0.496	125	8.465	2.049
40	4.020	0.629	150	9.710	2.466
50	4.668	0.796	200	11.815	3.301

비　　고 - 밸런스 파이프를 필요로 할 경우에는 30% 가산한다.

[주] ① 본 품은 밸런스 파이프를 필요로 하지 않는 기준이다.
　　② 감압밸브, 게이트밸브, 글로브밸브, 스트레이너, 압력계, 안전밸브 등 바이패스 배관조립 및 설치, 배관시험을 포함한다.
　　③ 온도조절장치의 경우 본 품을 준용하여 적용할 수 있다.
　　④ 공구손료 및 경장비(전기드릴 등)의 기계경비는 인력품의 2%로 계상한다.

5-2 증기트랩

5-2-1 스팀트랩 장치 설치('14, '19년 보완)

(조 당)

구 분	단 위	수 량(규격)					
		ø15mm	ø20mm	ø25mm	ø32mm	ø40mm	ø50mm
배 관 공	인	0.632	0.856	1.081	1.396	1.756	2.206
보 통 인 부	〃	0.235	0.319	0.402	0.519	0.653	0.820

[주] ① 본 품은 고압버킷 및 저압벨로스형 트랩을 포함한 기준이다.
② 트랩, 게이트밸브, 글로브밸브, 스트레이너, 바이패스 배관조립 및 설치, 배관시험을 포함한다.
③ 바이패스 구간에 기타 부속품이 추가되는 경우에는 별도 계상한다.
④ 스팀트랩 장치 설치를 위한 지지대 및 가대설치는 별도 계상한다.
⑤ 공구손료 및 경장비(전기드릴 등)의 기계경비는 인력품의 2%로 계상한다.

5-3 플랙시블 이음 및 팽창이음

5-3-1 익스팬션조인트 설치('07, '19년 보완)

(개 당)

규 격(mm)	수 량			
	복식		단식	
	배관공(인)	보통인부(인)	배관공(인)	보통인부(인)
ø20~25	0.219	0.142	0.195	0.122
32	0.344	0.198	0.306	0.169
40	0.459	0.244	0.408	0.209
50	0.611	0.301	0.544	0.258
65	0.857	0.385	0.762	0.330
80	1.119	0.468	0.995	0.401
100	1.490	0.577	1.325	0.494
125	1.985	0.711	1.766	0.609
150	2.510	0.844	2.232	0.723
200	3.633	1.107	3.231	0.948

[주] ① 본 품은 자재 및 공구 설치위치 재단, 플랜지 접합(강관) 또는 동관용접, 벽체 앵커 설치, 고정바 취부, 수압시험, 고정바 및 고정핀 제거, 정리 및 마무리 작업을 포함한다.
② 지지대 설치가 필요한 경우 별도 계상한다.
③ 공구손료 및 경장비(용접기 등)의 기계경비는 인력품의 2%로 계상한다.

5-3-2 플랙시블커넥터 설치('07년 신설, '13, '19년 보완)

(개 당)

규 격	수 량	
	배 관 공(인)	보통인부(인)
ø15~25	0.034	0.025
32~50	0.083	0.046
65	0.191	0.095
80	0.260	0.114
100	0.400	0.151
125	0.560	0.193
150	0.696	0.237
200	0.968	0.315
250	1.250	0.393
300	1.512	0.461

[주] ① 본 품은 진동을 흡수하는 플렉시블커넥터(커넥팅로드 플랜지접합형)를 설치하는 기준이다.
② 수평보기, 콘트롤로드설치, 배관시험을 포함한다.
③ 플랙시블조인트의 경우 본 품을 준용하여 적용할 수 있다.
④ 공구손료 및 경장비(용접기 등)의 기계경비는 인력품의 2%로 계상한다.

5-4 수격방지기

5-4-1 수격방지기 설치('02년 신설, '19년 보완)

(개 당)

규격(mm)	수 량		규격(mm)	수 량	
	배관공(인)	보통인부(인)		배관공(인)	보통인부(인)
ø15~25	0.028	-	100	0.136	0.045
32~50	0.056	-	125	0.181	0.060
65	0.073	0.024	150	0.226	0.075
80	0.100	0.033	200	0.316	0.105

[주] ① 본 품은 나사(삽입)접합식(50㎜ 이하)과 플랜지접합식(65㎜ 이상)의 설치 기준이다.
② 설치위치 선정, 수격방지기 설치, 작동시험 및 마무리 작업을 포함한다.
③ 수격방지기를 설치하기 위하여 벽체 홈파내기가 필요한 경우 별도 계상한다.
④ 공구손료 및 경장비(전기드릴 등)의 기계경비는 인력품의 2%로 계상한다.

품셈 유권해석

펌프와 자동제어설비의 결선

질의1. 일반밸브 및 콕류 설치와 플랙시블커넥터 설치품과 관련하여 버터플라이밸브, 게이트밸브 등과 플랙시블커넥터를 각각 같은 사이즈로 비교하였을 때 일위대가 수량이 플랙시블커넥터가 더 큰 이유는 무엇인가요?

질의2. 플렉시블커넥터와 신축관의 차이는 무엇인가요?

답변내용

➡ 답변1. 표준품셈 기계설비부문 "5-1-1 일반밸브 및 콕류 설치"에서 일반밸브류, 콕류 등은 나사가공이 되어 있으며 표준품셈 기계설비부문 "5-3-2 플랙시블커넥터 설치"에서 플렉시블커넥터는 플랜지 접합, 신축기능, 품질확보 등 정밀한 설치가 요구되는 시공실태를 반영하였습니다.

답변2. 표준품셈 기계설비부문 "5-3-2 플랙시블커넥터 설치"에서 플렉시블커넥터는 신축기능을 가진 진동을 흡수하는 플랙시블커넥터(커넥팅로드_플랜지접합형)설치기준입니다. 문의하신 신축관이 신축기능을 가진 진동을 흡수하는 플랜지접합형의 플랙시블 커넥터 설치라면 본 품을 적용하시기 바랍니다.

제 6 장 측정기기공사

6-1 유량계

6-1-1 직독식 설치('92, '11, '14, '19년 보완)

(개 당)

구 분		단위	수 량(규격 mm)					
			ø13~15	ø20~32	ø40~50	ø65~80	ø100~150	ø200~300
보호통	배 관 공	인	0.148	0.188	0.253	-	-	-
	보통인부	〃	0.148	0.188	0.253	-	-	-
유량계	배 관 공	인	0.094	0.113	0.143	0.446	0.533	0.838
	보통인부	〃	0.094	0.113	0.143	0.446	0.533	0.838
비 고			- 건축물내의 유량계 설치위치·형태가 개소별로 상이하거나 연속작업이 불가능한 경우는 본 품의 20%를 가산한다. - 동일장소에서 수도미터, 온수미터를 병행 설치시에는 단독 설치품에 30%를 가산한다.					

[주] ① 본 품은 수도미터(급수용), 온수미터(급탕용, 난방용)의 옥내배관 설치 기준이다.
② 가배관 철거, 유량계설치, 작동시험 및 마무리 작업을 포함한다.
③ 공구손료 및 경장비의 기계경비는 인력품의 1%로 계상한다.

6-1-2 원격식 설치('14, '19년 보완)

(개 당)

구 분	단 위	수 량(규격)	
		ø13~15mm	ø20~32mm
배 관 공	인	0.112	0.132
보 통 인 부	〃	0.112	0.132

[주] ① 본 품은 원격식 냉수용 수도미터, 원격식 온수미터의 옥내배관 설치 기준이다.
② 가배관 철거, 유량계 설치, 전선관 결선, 시험·점검을 포함한다.
③ 밸브, 스트레이너 및 주위배관 설치는 별도 계상한다.
④ 전선관 배관 및 입선, 지시부 설치는 별도 계상한다.
⑤ 공구손료 및 경장비의 기계경비는 인력품의 1%로 계상한다.

6-2 적산열량계

6-2-1 세대용 설치('03, '04, '14년 보완)

(개 당)

구 분	단 위	수 량(규격)	
		ø13~15㎜	ø20~32㎜
배 관 공	인	0.122	0.142
보 통 인 부	〃	0.122	0.142

[주] ① 본 품은 적산열량계의 옥내배관 설치 기준이다.
　　② 가배관 철거, 적산열량계 및 감온부 설치, 전선관 결선, 시험·점검을 포함한다.
　　③ 밸브, 스트레이너 및 주위배관 설치 품은 별도 계상한다.
　　④ 전선관 배관 및 입선, 지시부 설치는 별도 계상한다.
　　⑤ 공구손료 및 경장비의 기계경비는 인력품의 1%로 계상한다.

6-2-2 건물용 설치('14, '19년 보완)

(개 당)

구 분	단 위	수 량(규격)				
		ø50㎜	ø65㎜	ø80㎜	ø125㎜	ø150㎜
배 관 공	인	0.424	0.478	0.489	0.521	0.634
보 통 인 부	〃	0.424	0.478	0.489	0.521	0.634

[주] ① 본 품은 가배관을 철거하고, 건물입구(지하층 또는 기계실)에 적산열량계를 설치하는 기준이다.
　　② 배관세정작업, 적산열량계 및 온도감지기 설치, 전선관 결선, 시험·점검을 포함한다.
　　③ 밸브, 스트레이너 및 연결배관 조립 품은 별도 계상한다.
　　④ 전선관 배관 및 입선, 지시부 설치는 별도 계상한다.
　　⑤ 공구손료 및 경장비의 기계경비는 인력품의 1%로 계상한다.

6-2-3 산업용 설치('19년 보완)

(대 당)

구 분	단 위	수 량(규격)			
		ø32㎜	ø50㎜	ø100㎜	ø150㎜
플 랜 트 배 관 공	인	0.71	0.75	0.85	0.95
특 별 인 부	〃	0.71	0.75	0.85	0.95
계 장 공	〃	0.71	0.75	0.85	0.95

[주] ① 본 품은 가배관을 철거하고, 지역난방공사와 같이 산업용으로 적산열량계를 설치하는 기준이다.
　　② 배관세정작업, 유량계, 온도감지기, 열량지시계, 단자함 설치, 전기배선 및 결선, 시험을 포함한다.
　　③ 전선관, 밸브, 스트레이너 설치품은 별도 계상한다.
　　④ 열량지시계는 노출기준이며 매립 시는 별도 계상한다.
　　⑤ 공구손료 및 경장비의 기계경비는 인력품의 1%로 계상한다.

📋 품셈 유권해석

유량계설치 및 탈거후 재설치

유량계설치 6-1-1 직독식 설치에 대한 질의입니다.
질의1. 수도미터기가 옥내가 아닌 매립 계량기 보호실에 있어 공간이 협소한 경우에 적용을 어떻게 해야하는지요?
질의2. 교체작업시 주철이형관을 해체후 수도미터기를 교체해야하는데 본품에 주철이형관 해체설치 비용을 포함하는지요?
질의3. 교체작업일 경우 기존계량기 탈거 후 재설치는 어떻게 적용시키면 되는지요?

답변내용

➡ 답변1. 표준품셈 기계설비부문 "6-1-1 직독식 설치"는 옥내배관 설치기준으로 매립 계량기 보호실에 대한 기준은 별도로 정하고 있지 않습니다. 다만 표준품셈 공통부문 "1-4-7 작업환경/3. 기타"에서 작업공간의 협소시 할증 기준에 대해 정하고 있으니 참조하시기 바랍니다.
표준품셈 공통부문 "1-4-7 작업환경/3. 기타"은 동일장소에 수종의 장비가동, 작업장소의 협소, 소음, 진동, 위험 등이 해당되는 경우, 최대 50%까지 부여할 수 있는 기준이며, 일부 조건이 해당될 때 부분 적용은 가능하나 그에 대한 할증량 및 적용여부는 현장 여건을 고려하시어 공사관계자가 판단하시기 바랍니다.
답변2. 표준품셈 유지관리부문 "4-3-1 유량계교체"에는 주철이형관 설치 및 해체작업은 포함하고 있지 않으니 별도 계상하시기 바랍니다.
답변3. 표준품셈 유지관리부문 "4-3-1 유량계교체"에서 유량계 해체 및 재부착, 작동시험 및 마무리작업을 포함하여 제시하고 있으니 참조하시기 바랍니다.

신설수도미터보호통 설치의 포함사항

신설공사 수도미터보호통 설치에 대해 질의 드립니다.
질의1-1. 기계설비부문 6-1-1 직독식 설치 적용하는지?
질의1-2. 개인 가정집에 신설 수도미터보호통 설치시 구분란 보호통으로 적용하는지?
질의1-3. 해당 품은 신설 보호통설치와 유량계설치품이 포함된 사항인지?
주)가배관 철거, 유량계설치, 작동 시험 및 마무리 작업을 포함한다.
기존 설치된 수도미터보호통내 수도미터탈부착만 시행하는 품에 대해 질의 드립니다.
질의2-1. 유지관리 4-3-1 유량계교체로 적용하는지?
질의2-2. 적용한다면 시공량 유량계(일당)으로 적용하면 되는지 궁금합니다.

답변내용

↪ 답변1-1. 표준품셈 기계설비부문 "6-1-1 직독식 설치"는 신설공사 수도미터 설치 시 적용하시기 바랍니다.

답변1-2. 표준품셈 기계설비부문 "6-1-1 직독식 설치"에서 보호통을 설치할 경우 보호통 품을 적용하시면 됩니다.

답변1-3. 표준품셈 기계설비부문 "6-1-1 직독식 설치"에서는 유량계 설치 품과 보호통 설치품을 구분하여 제시하고 있습니다.

답변2-1. 표준품셈 유지관리부문 "4-3-1 유량계 교체"는 수도미터, 온수미터의 옥내배관 교체 기준입니다. 수도미터 옥내배관 교체하신다면 적용하시기 바랍니다.

답변2-2. 표준품셈 유지관리부문 "4-3-1 유량계 교체"는 일당 교체 개수를 제시하고 있으니 참조하시기 바랍니다.

제 7 장 위생기구설비공사

7-1 위생기구류

7-1-1 소변기 설치('14, '22년 보완)

(개 당)

구 분	단위	F.V형 소변기		전자감응기 일체형 소변기		전자감응기 노출형 소변기		전자감응기 벽매립형 소변기	
		거치형	벽걸이형	거치형	벽걸이형	거치형	벽걸이형	거치형	벽걸이형
위생공	인	0.747	0.784	0.796	0.835	0.907	0.952	0.934	0.980
보통인부	〃	0.241	0.253	0.241	0.253	0.241	0.253	0.241	0.253

[주] ① 본 품은 스톨소변기를 설치하는 기준이다.
② 본 품은 연결구 플러그 제거, 앵커 및 지지철물 설치, 플랜지 설치, 니플 및 연결관 설치, 소변기 설치, 시멘트 및 실리콘 마감, 전자감응기 설치 및 결선, 통수시험을 포함한다.
③ 전자감응기 벽매립형 설치에는 슬리브BOX 매립 작업을 포함한다.

7-1-2 대변기 설치('14년 보완)

(개 당)

구 분	단 위	동양식대변기 (F.V형)	서양식대변기 (탱크형)	서양식대변기 (F.V형)
위생공	인	0.605	0.694	0.669
보통인부	〃	0.174	0.200	0.193

[주] 본 품은 연결구 플러그 제거, 플랜지 설치, 앵글밸브 및 연결관 설치, 세척밸브 설치, 양변기 및 시트 설치, 시멘트 및 실리콘 마감, 통수시험을 포함한다.

7-1-3 도기세면기 설치('14년 보완)

(개 당)

구 분	단 위	수 량
위생공	인	0.275
보통인부	〃	0.065

[주] ① 본 품은 벽붙임 도기세면기를 설치하는 기준이다.
② 본 품은 앵커 설치, 세면기 설치, 폽업 및 배수구 연결, 배관커버 설치, 실리콘 마감, 통수시험을 포함한다.

7-1-4 카운터형 세면기 설치(일체형)('14년 보완)

(세면기 개 당)

구 분	단 위	수 량
위 생 공	인	0.240
보 통 인 부	〃	0.094

[주] ① 본 품은 세면기와 세면대가 일체화로 반입된 카운터형 세면기를 설치하는 기준이다.
② 본 품은 앵커 및 브라켓 설치, 세면대 및 세면기 설치, 팝업 및 배수구 연결, 실리콘 마감, 통수시험을 포함한다.

7-1-5 카운터형 세면기 설치(분리형)

(세면기 개 당)

구 분	단 위	수 량
위 생 공	인	0.285
보 통 인 부	〃	0.112

[주] ① 본 품은 세면기와 세면대를 분리하여 반입된 카운터형 세면기를 설치하는 기준이다.
② 본 품은 앵커 및 브라켓 설치, 세면대 및 세면기 설치, 팝업 및 배수구 연결, 실리콘 마감, 통수시험을 포함한다.

7-1-6 욕조 설치('14년 보완)

(개 당)

구 분	단 위	수 량
위 생 공	인	0.634
보 통 인 부	〃	0.203

[주] ① 본 품은 욕조(월풀욕조 제외)를 설치하는 품이다.
② 본 품은 지지대 설치, 배수구연결, 몰탈충전, 욕조설치, 에이프런설치, 코킹작업, 보양재 제거, 통수시험을 포함한다.

7-1-7 청소용 수채 설치('14년 신설)

(개 당)

구 분	단 위	수 량
위 생 공	인	0.250
보 통 인 부	〃	0.096

[주] 본 품은 앵커설치, 배수구 연결, 수채 설치, 실리콘 마감, 통수시험을 포함한다.

7-2 수전

7-2-1 매립형 욕조수전 설치('14년 보완)

(개 당)

구 분	단 위	수 량
위 생 공	인	1.000
보 통 인 부	〃	0.200

[주] ① 본 품은 연결구 플러그 제거, 니플조정, 씰테이프감기, 관자금 설치, 천공 및 목심설치, 호스 및 헤드 연결, 기능시험을 포함한다.
② 욕조혼합수전(매립형)의 품은 매립 배관품이 포함되어 있다.

7-2-2 샤워수전 설치('14, '22년 보완)

(개 당)

구 분	단 위	노출형	선반형
위 생 공	인	0.090	0.093
보 통 인 부	〃	0.018	0.019
비 고	- 샤워헤드걸이를 설치는 다음을 적용하여 가산한다. (개 당) <table><tr><td>구 분</td><td>단 위</td><td>고정식</td><td>높이조절식</td></tr><tr><td>위 생 공</td><td>인</td><td>0.071</td><td>0.099</td></tr></table>		

[주] ① 본 품은 벽붙임 혼합수전을 설치하는 기준이다.
② 본 품은 연결구 플러그 제거, 관이음부속류 설치, 수전 및 샤워헤드 설치, 관자금 설치, 기능시험을 포함한다.

7-2-3 세면기수전 설치('14년 보완)

(개 당)

구 분	단 위	수 량
위 생 공	인	0.139
보 통 인 부	〃	0.028
비 고	- 냉수 또는 온수만 전용으로 하는 수전은 30% 감하여 적용한다.	

[주] ① 본 품은 세면기에 대붙임 혼합수전을 설치하는 기준이다.
② 본 품은 연결구 플러그 제거, 관이음부속류 설치, 연결관 설치, 수전 설치, 관자금 설치, 기능시험을 포함한다.

7-2-4 씽크수전 설치('14년 보완)

(개 당)

구 분	단 위	수 량
위 생 공	인	0.164
보 통 인 부	〃	0.033

[주] ① 본 품은 씽크대에 대붙임 혼합수전을 설치하는 기준이다.
　　② 본 품은 연결구 플러그 제거, 관이음부속류 설치, 연결관 설치, 수전 설치, 하부보강판 및 패킹 설치, 관자금 설치, 기능시험을 포함한다.

7-2-5 손빨래수전 설치('14년 보완)

(개 당)

구 분	단 위	수 량
위 생 공	인	0.087
보 통 인 부	〃	0.017
비 고	고	- 냉수 또는 온수만 전용으로 하는 수전은 30%감하여 적용한다.

[주] ① 본 품은 발코니 등 벽붙임 혼합수전을 설치하는 기준이다.
　　② 본 품은 연결구 플러그 제거, 관이음부속류 설치, 수전 설치, 관자금 설치, 기능시험을 포함한다.

7-3 욕실 부착물

7-3-1 욕실거울 설치('22년 보완)

(개 당)

구 분	단 위	개당 면적(㎡)		
		0.5 미만	1.0 미만	1.5 미만
위 생 공	인	0.180	0.218	0.277
보 통 인 부	〃	0.028	0.034	0.044

[주] ① 본 품은 욕실 벽면에 거울을 설치하는 기준이다.
　　② 본 품은 구멍뚫기, 지지철물 설치, 거울 설치, 실리콘 코킹을 포함한다.

7-3-2 욕실금구류 설치('07년 신설, '14, '22년 보완)

(개 당)

규 격		단 위	위생공
수 건 걸 이	B A R 형	인	0.099
	환 형	〃	0.071
휴 지 걸 이	노 출 형	인	0.071
	매 립 형	〃	0.150
비 누 대 · 컵 대		인	0.071
옷 걸 이		〃	0.071

[주] ① 본 품은 욕실 벽면에 볼트로 고정하는 금구류 기준이다.
② 본 품은 구멍뚫기, 칼블록 설치, 금구류 설치를 포함한다.
③ 휴지걸이 매립형 설치에는 슬리브BOX 매립 작업을 포함한다.

7-3-3 바닥배수구 설치('93년 신설, '07, '14년 보완)

(개소 당)

구 분	단 위	규 격		
		ø 50㎜	ø 75㎜	ø 100㎜
배 관 공	인	0.115	0.151	0.164
보 통 인 부	〃	0.039	0.051	0.055

[주] ① 본 품은 옥내 바닥배수구를 설치하는 기준이다.
② 본 품은 성형슬래브 매립, 트랩 설치, 바닥배수구 설치, 통수시험을 포함한다.

7-3-4 안전손잡이 설치

(개 당)

구 분	단 위	고정단 2개	고정단 3개	고정단 4개	고정단 6개
위 생 공	인	0.100	0.110	0.120	0.130
보 통 인 부	〃	0.011	0.012	0.013	0.014

[주] ① 본 품은 욕실, 화장실 등 볼트로 고정하는 안전손잡이(일자형, L자형, T자형, 소변기용, 세면기용)를 설치하는 기준이다.
② 본 품은 구멍뚫기, 칼블록 설치, 금구류 설치를 포함한다.

품셈 유권해석

화강석 바닥깔기

"7-4-1 습식공법('12, '19년 보완)"의 화강석 바닥깔기 시공 품의 화강석 판재 두께 몇mm를 기준으로 하는 품셈인지?
① 또한, 화강석 판재 깔기 60mm와 80mm의 경우는 시공 품을 어떻게 적용해야 될지 문의드립니다.
이경우 품셈 적용이 어려우면 견적서 적용이 올바른지 문의드립니다.

답변내용

➡ 표준품셈 공통부문 "7-4-1 습식공법"에서 화강석의 두께는 3~6cm 기준으로 제시된 것입니다. 그 외 기준은 별도로 정하고 있지 않으며 표준품셈에서 정하지 않는 사항은 동품셈 1-3의 4항을 참조하시어 적정한 예정가격산정기준을 적의 결정하여 사용하시기 바랍니다.

제 8 장   공기조화설비공사

8-1 냉동기 및 냉각탑
8-1-1 냉동기 반입

작업횟수	1 회						2 회				소운반		가조립	
층별	지하1층		지하2층		지하3층		지하 2층		지하3층		10m거리내		설치기초상	
공종 냉동 U.S. ton	비계공	특별인부	비계공	특별인부	비계공	특별인부	비계공	특별인부	비계공	특별인부	비계공	특별인부	비계공	특별인부
10	3	1	3	2	3	2	6	2	7	2	1	-	2	-
20	4	2	4	3	5	3	7	4	10	4	2	-	3	-
30	5	3	5	4	7	4	10	5	12	7	2	-	4	1
50	7	3	7	4	9	5	14	6	16	8	2	1	4	2
80	10	5	12	7	15	7	23	8	28	10	4	1	7	3
100	14	6	16	8	20	8	30	10	36	12	4	2	7	4
150	20	11	24	14	31	14	46	18	57	20	6	3	13	6
200	29	11	32	16	40	16	60	20	72	24	7	4	16	8
300	40	20	44	28	56	28	80	40	90	54	12	6	24	12
400	50	30	56	40	72	40	100	60	112	80	16	8	34	14
500	60	40	70	50	90	50	120	80	140	100	20	10	40	20
600	70	50	84	60	108	60	140	100	169	120	24	12	48	24

8-1-2 냉동기 설치

(대 당)

규	격	배 관 공	보 통 인 부
왕복동식냉동기	5 냉동톤	2.19	1.09
	7.5 〃	2.80	1.27
	15 〃	3.37	1.70
	20 〃	3.93	1.98
	30 〃	5.04	2.53
	50 〃	5.91	3.80
	80 〃	12.03	5.91

[주] ① 본 품은 현장 반입 후 지하 1층 설치를 기준하였다.
    ② 본 품에는 시운전품이 포함되어 있다.
    ③ 기초 및 소운반은 제외되었다.

8-1-3 냉각탑 설치

1. 2층 건물

구 분		1 회			2 회	
		옥상	탑옥 1층	탑옥 3층	탑옥 1층	탑옥 3층
5	비 계 공	6	6	6	10	10
	특 별 인 부	2	2	3	4	5
10	비 계 공	7	7	8	13	14
	특 별 인 부	3	3	3	5	5
20	비 계 공	8	9	10	14	15
	특 별 인 부	3	3	4	6	6
30	비 계 공	11	12	13	19	20
	특 별 인 부	4	4	5	7	7
50	비 계 공	15	15	17	22	23
	특 별 인 부	5	5	5	8	8
80	비 계 공	23	24	26	37	38
	특 별 인 부	8	8	8	12	12
100	비 계 공	30	30	32	43	44
	특 별 인 부	10	10	10	18	18
150	비 계 공	41	41	44	61	61
	특 별 인 부	15	15	15	24	24
200	비 계 공	57	57	60	78	79
	특 별 인 부	19	19	19	32	32
300	비 계 공	82	82	86	119	120
	특 별 인 부	34	34	34	48	48
400	비 계 공	108	109	112	164	166
	특 별 인 부	48	48	48	60	60
500	비 계 공	131	131	146	192	192
	특 별 인 부	65	65	65	90	90
600	비 계 공	157	157	162	199	199
	특 별 인 부	80	80	80	140	140

2. 5층 건물

구 분		1 회			2 회	
		옥상	탑옥 1층	탑옥 3층	탑옥 1층	탑옥 3층
5	비계공 특별인부	7 3	7 3	8 3	11 6	12 6
10	비계공 특별인부	8 4	8 4	10 4	14 6	15 6
20	비계공 특별인부	9 5	10 5	11 5	15 7	16 7
30	비계공 특별인부	12 6	13 6	14 6	20 8	21 8
50	비계공 특별인부	16 6	17 6	18 6	24 8	25 8
80	비계공 특별인부	24 10	25 10	26 10	38 13	39 13
100	비계공 특별인부	32 11	32 11	33 11	45 18	46 18
150	비계공 특별인부	42 17	43 17	44 17	64 24	65 24
200	비계공 특별인부	55 24	56 24	57 24	79 33	80 33
300	비계공 특별인부	85 35	86 35	87 35	120 49	121 49
400	비계공 특별인부	112 49	113 49	114 49	169 68	170 68
500	비계공 특별인부	139 63	140 63	141 63	192 92	193 92
600	비계공 특별인부	155 88	156 88	157 88	201 140	202 140

3. 9층 건물

구 분		1 회			2 회	
		옥상	탑옥 1층	탑옥 3층	탑옥 1층	탑옥 3층
5	비 계 공 특별인부	8 4	8 4	10 4	12 6	13 6
10	비 계 공 특별인부	10 4	11 4	12 4	14 8	15 8
20	비 계 공 특별인부	11 5	12 5	13 5	15 9	16 9
30	비 계 공 특별인부	14 6	15 6	16 6	21 9	23 9
50	비 계 공 특별인부	17 7	18 7	19 7	23 10	24 10
80	비 계 공 특별인부	28 8	29 8	30 8	38 15	39 15
100	비 계 공 특별인부	35 10	35 10	36 10	47 18	48 18
150	비 계 공 특별인부	43 18	44 18	45 18	65 25	66 25
200	비 계 공 특별인부	57 24	58 24	59 24	81 34	81 34
300	비 계 공 특별인부	86 36	87 36	88 36	121 50	122 50
400	비 계 공 특별인부	113 50	114 50	115 50	161 68	162 68
500	비 계 공 특별인부	142 62	143 62	144 62	193 93	194 93
600	비 계 공 특별인부	163 82	163 82	164 82	201 142	202 142

[주] ① 탑본체, 수조 등 부속기기의 반입 및 설치를 포함한 것이다.
② 반입시 사용되는 장비의 사용료를 포함한 것이다.

8-2 공기조화기

8-2-1 공기가열기, 공기냉각기, 공기여과기 설치

(대 당)

규 격	기계설비공(인)	보통인부(인)
유효길이 610㎜	2.0	0.60
762 〃	2.5	0.75
914 〃	3.0	0.90
1,067 〃	3.5	1.00
1,219 〃	4.0	1.20
1,372 〃	4.5	1.30
1,524 〃	5.0	1.50
1,676 〃	5.5	1.60
1,829 〃	6.0	1.80
1,981 〃	6.5	1.90
2,134 〃	7.0	2.10
2,286 〃	7.5	2.20
2,438 〃	8.0	2.40
2,591 〃	8.5	2.50
2,875 〃	10.0	3.00
3,048 〃	11.0	3.30

[주] ① 직접 팽창식(디스트리뷰터 포함)은 본 품에 30%를 가산한다.
② 헤더 분리형은 본 품에 50%를 가산한다.
③ 연결 케이싱은 납땜 시공한다.
④ 풍압이 특히 높을 경우에는 별도 계상한다.
⑤ 에로핀, 플레이트핀 및 핀피치에 상관없이 핀치수 18본 1~3열을 기준(W254㎜×H737㎜)한 것이다.
⑥ 튜브의 본 수에 의한 증감은 2본 감할 때마다 4%씩 감하고, 2본 증할 때마다 5%씩 가산한다.

8-2-2 패키지형 공기조화기 설치

작업회수		1 회				2 회				1 회					
층별		지하 1층		지하 2층		지하 2층		지하 3층		2 층		5 층		9 층	
출력 (kW)	공종 반입 대수	비계공	특별인부	비계공	특별인부	비계공	특별인부	비계공	특별인부	비계공	특별인부	비계공	특별인부	비계공	특별인부
0.75 이하	15 대분	9.7	4.9	10.3	5.1	11.5	5.7	19.5	9.7	21.2	10.6	9.7	4.9	11.5	5.7	12.9	6.5
1.5	8	9.7	4.9	10.3	5.1	11.5	5.7	19.5	9.7	21.2	10.6	9.7	4.9	11.5	5.7	12.9	6.5
2.2	5	9.7	4.9	10.3	5.1	11.5	5.7	19.5	9.7	21.2	10.6	9.7	4.9	11.5	5.7	12.9	6.5
3.7	4	9.7	4.9	10.3	5.1	11.5	5.7	19.5	9.7	21.2	10.6	9.7	4.9	11.5	5.7	12.9	6.5
5.5	3	8.2	4.1	8.8	4.4	9.7	4.9	16.2	8.1	18.0	9.0	8.2	4.1	9.7	4.9	11.5	5.7
7.5	2	8.2	4.1	8.8	4.4	9.7	4.9	16.2	8.1	18.0	9.0	8.2	4.1	9.7	4.9	11.5	5.7
9.8	1	6.5	3.2	7.1	3.5	8.8	4.4	12.9	6.5	14.7	7.4	6.5	3.2	8.8	4.4	9.7	4.9
15.0	1	7.9	4.0	8.8	4.4	9.7	4.9	16.2	8.1	21.2	10.6	8.2	4.1	9.7	4.9	11.5	5.7
17.0	1	12.9	6.5	13.5	6.8	14.7	7.4	25.9	13.0	26.5	13.3	12.9	6.5	14.7	7.4	16.2	8.1
20.0	1	14.7	7.4	15.3	7.7	16.2	8.1	29.2	14.6	30.9	15.5	14.7	7.4	16.2	8.1	18.0	9.0
37.0	1	25.9	13.0	26.5	13.3	27.7	13.8	51.9	25.9	53.7	26.8	25.9	13.0	27.7	13.8	29.2	14.6

[주] ① 반입 및 설치품을 포함한 것임.
② 반입시 사용되는 장비사용료를 포함한 것임.

8-2-3 공기조화기(Air Handling Unit) 설치

(대당)

규 격		기계설비공(인)	보통인부(인)
1) 수냉식 패키지형 압축기전동기출력	0.75kW 이하	0.5	0.5
	1.1kW 이하	0.6	0.6
	1.5kW 이하	1.0	1.0
	2.2kW 이하	1.3	1.3
	3.7kW 이하	1.5	1.5
	10.8kW 이하	2.0	2.0
	30.0kW 이하	3.0	3.0
	37.0kW 이하	3.5	3.5
2) 공냉식 패키지형 압축기전동기출력	2.2kW 이하	1.0	1.0
	3.7kW 이하	1.3	1.3
	7.5kW 이하	1.5	1.5

(대 당)

규 격		기계설비공(인)	보통인부(인)
3) 핸들링유닛전동기출력	7.5kW 이하	4.0	1.2
〃	15kW 이하	6.0	1.8
〃	15kW 이상	7.0	2.5
4) 팬코일유닛(床置형)풍량	510㎥/hr 이하	1.0	
〃	680㎥/hr 이상	1.0	0.2
팬코일유닛(天井형)	510㎥/hr 이하	1.5	0.5
〃	680㎥/hr 이상	2.0	0.5
5) 윈도우타입	0.4kW 이하	1.0	0.5
〃	0.55kW 이하	1.3	0.5
〃	0.75kW 이하	1.5	1.0

[주] ① 조립 및 부속품 설치품을 포함한다.
② 수배관 전기배관품은 포함하지 않았다.
③ 운반품 및 가대는 별도 계상한다.
④ 핸들링유닛설치에는 가열기 또는 냉각기 설치품이 제외되었다.

8-2-4 천장형 에어컨 설치('20년 신설)

(대 당)

구 분	단 위	수량(냉방능력 kW)		
		실내기	실외기	
		16 이하	6~12 이하	16 이하
기계설비공	인	0.45	1.00	1.33
보통인부	〃	0.22	0.50	0.67
비 고	- 본 품의 실외기는 실내기 1대 연결기준이며, 실내기 추가로 인해 실외기에 배관접합이 추가되는 경우, 실내기 대당 실외기 품의 15%를 가산한다.			

[주] ① 본 품은 천장에 설치하는 에어컨 실내기와 바닥에 상치하는 에어컨 실외기 설치 기준이다.
② 실내기는 위치선정, 앵커 및 달대 설치, 실내기 및 커버 설치, 제어부 결선, 배관접합 작업을 포함한다.
③ 실외기는 위치선정, 실외기 설치, 배관접합, 냉매진공 및 충전, 작동시험을 포함한다.
④ 배관 설치 및 보온, 전기·통신배선 작업은 별도 계상한다.
⑤ 장비(크레인, 냉매가스 충전기 등)는 별도 계상한다.
⑥ 공구손료 및 경장비(전동드릴 등) 기계경비는 인력품의 2%로 계상한다.

8-2-5 전열교환기 설치('20년 신설)

(대 당)

구 분	단 위	수량(풍량 ㎥/h)		
		250 이하	500 이하	800 이하
기 계 설 비 공	인	0.21	0.28	0.36
보 통 인 부	〃	0.12	0.16	0.20

[주] ① 본 품은 천장에 설치하여 덕트와 연결하는 환기시스템(전열교환기) 기준이다.
② 본 품은 앵커 및 달대 설치, 전열교환기 설치, 덕트연결(4구), 제어부 결선, 작동시험을 포함한다.
③ 덕트공사(덕트 설치, 취출구 등) 및 전기·통신배선 작업은 별도 계상한다.
④ 공구손료 및 경장비(전동드릴 등)의 기계경비는 인력품의 2%로 계상한다.

8-3 보일러 및 방열기

8-3-1 보일러 설치

규 격		단 위	보일러공	특 별 인 부
주철제보일러	1호(20~ 60 미만) 1,000㎉/hr	인/절	0.90	0.30
	2호(60~ 135 미만) 〃	〃	1.10	0.30
	3호(135~ 230 미만) 〃	〃	1.10	0.30
	4호(230~ 330 미만) 〃	〃	2.10	0.50
	5호(330~ 640 미만) 〃	〃	3.0	0.70
	6호(640~1,180 미만) 〃	〃	4.5	0.70
강 판 제 보 일 러		인/중량톤	1.2	0.8
패 키 지 형 수 관 식 보 일 러		인/중량톤	6.0	2.0

[주] ① 각 보일러 품은 지면과 동일한 평면에 설치하는 경우이며 운반자동차가 설치위치까지 들어가지 못할 시는 하치장에서의 반입비는 별도 계상한다.
② 조립, 설치, 수압시험 및 시운전 등을 포함한다.
③ 강판제 및 패키지형 보일러는 내화시설품이 포함되었다.
④ 산업용 보일러 설치는 '[기계설비부문] 13-5-1 보일러 설치'를 적용한다.

8-3-2 경유보일러 설치

(대 당)

규 격	배 관 공	보 통 인 부
15,000 ㎉/hr	1.00	0.39

[주] ① 수압시험, 시운전품은 본 품에 포함되어 있다.
② 소운반은 별도 계상한다.

8-3-3 가스보일러(가정용) 설치('92년 신설, '16, '20년 보완)

(대 당)

구 분	단위	수 량				
		13,000kcal/hr	16,000kcal/hr	20,000kcal/hr	25,000kcal/hr	30,000kcal/hr
보일러공	인	0.845	0.952	1.028	1.123	1.218
보통인부	〃	0.164	0.184	0.199	0.217	0.236
비 고	- 바닥설치형은 본 품에 15%를 감한다.					

[주] ① 본 품은 세대내 벽걸이형 가스보일러 설치 기준이다.
② 본 품은 보일러 설치, 연도용 슬리브, 배기팬 설치 및 접속부의 기밀유지, 수압시험 및 시운전을 포함한다.
③ 보일러 하부 마감재(배관 커버 등)가 필요한 경우 별도 계상한다.

8-3-4 온수보일러 설치('98년 신설)

(대 당)

규 격	보일러공	특별인부
70×1,000kcal/hr 이하	1.46	0.58
120 〃	2.06	0.83
150 〃	2.47	0.99
240 〃	3.03	1.22
360 〃	3.85	1.54

[주] ① 본 품은 온수보일러를 조립 및 설치하는 품으로 수압시험이 포함되어 있다.
② 기초공사, 반입 및 시운전은 현장여건에 따라 필요시 별도 계상한다.

8-3-5 전기보일러 설치('03년 신설)

(대 당)

규 격	보일러공	비계공
135,000kcal (30kW)	3.8	2.3

[주] ① 본 품은 축열식심야 전기보일러, 실내온도조절기 설치기준으로 시운전 및 소운반이 포함되어 있다.
② 본 품에는 팽창탱크, 안전핀, 순환펌프 설치가 포함되었으며, 기초공사, 전선관, 전기배선은 별도 계상한다.
③ 사용장비는 다음기준에 따라 적용한다.

장비명	규 격	사용기간
트럭탑재형크레인	5톤	3hr

8-3-6 방열기('07년 보완)

규 격	단 위	배 관 공	보통인부
주철재 바닥설치 20절 이하	인/조	1.10	0.10
21절 이상	〃	1.50	0.10
벽걸이 3절	〃	1.60	0.20
천정달기 3절	〃	2.50	0.50
1m길트	인/본	0.70	0.10
콘백터 길이 1m 미만	인/조	0.80	0.10
1m 이상	〃	1.10	0.10
베이스보드 1단형길이 2m 미만	인/단	1.90	0.20
2m 이상	〃	2.40	0.20
강판제 및 알루미늄제 방열기 1m 미만	인/조	0.44	0.06
1m 이상	〃	0.60	0.06

[주] ① 본체, 밸브, 트랩류(강판제 및 알루미늄 방열기 제외) 등 지지철물 설치, 소운반, 기밀시험 및 공기빼기 품이 포함되어 있다
② 벽걸이 3절 초과하는 경우 매 1절 증가마다 15%씩 가산한다.
③ 콘백터 및 베이스 보드는 1단 증가마다 20%씩 가산한다.
④ 패널 라디에이터(panel radiator)는 콘백터 품을 적용한다.

8-3-7 전기콘벡터 설치('20년 신설)

(대당)

구 분	단 위	수 량
기 계 설 비 공	인	0.09

[주] ① 본 품은 벽걸이형 전기콘벡터(740×440×105㎜) 설치 기준이다.
② 본 품에는 브라켓 설치, 콘백터 설치 작업을 포함한다.
③ 공구손료 및 경장비(전동드릴 등)의 기계경비는 인력품의 3%로 계상한다.

8-4 온수기 및 온수분배기

8-4-1 전기온수기 설치('03년 신설)

(대당)

규 격	보일러공	비계공
350ℓ	2.0	0.3

[주] ① 본 품은 축열식심야 전기온수기 설치기준으로 시운전 및 소운반이 포함되어 있다.
② 본 품에는 안전핀, 감압밸브 설치가 포함되었으며 기초공사, 전선관, 전기배선은 별도 계상한다.

8-4-2 전기온수기(벽걸이형) 설치('20년 신설)

(대 당)

구 분	단 위	수 량		
		15ℓ	30ℓ	50ℓ
보 일 러 공	인	0.17	0.18	0.23
보 통 인 부	〃	0.07	0.08	0.09

[주] ① 본 품은 벽걸이형 전기온수기 설치 기준이다.
② 본 품에는 브라켓 설치, 전기온수기 설치, 시운전 작업을 포함한다.
③ 배관 및 밸브 등 부속 설치, 보온, 지지대 설치는 별도 계상한다.
④ 전선관, 전기배선은 별도 계상한다.
⑤ 공구손료 및 경장비(전동드릴 등)의 기계경비는 인력품의 2%로 계상한다.

8-4-3 온수분배기 설치('13년 보완)

(개 당)

구 분	단 위	수 량(규격)					
		2구	3구	4구	5구	6구	7구
배 관 공	인	0.286	0.339	0.391	0.432	0.471	0.506
보 통 인 부	〃	0.150	0.173	0.194	0.211	0.226	0.239

[주] ① 본 품의 규격은 공급 및 환수 헤더 개수 기준이며 퇴수구는 제외한다.
② 온수분배기의 조립, 설치, 배관연결, 밸브 및 커넥터 설치, 배관시험을 포함한다.
③ 공구손료 및 경장비(전동드릴 등)의 기계경비는 인력품의 2%로 계상하다.

8-5 탱크 및 헤더

8-5-1 오일서비스탱크 설치

탱크용량(ℓ)	배 관 공	보 통 인 부
100	0.75	0.90
200	0.98	1.05
300	1.13	1.28
400	1.50	1.50
500	1.50	1.50
750	2.10	2.10
1,000	2.63	2.63

[주] 본 품에는 가대설치품이 포함되어 있다.

8-6 부수장비

8-6-1 로터리 오일 버너

전동기 전 력 (kW)	로터리오일버너 (수동식)		로터리오일버너 (반자동식)		로터리오일버너 (전자동식) (on/off)		로터리오일버너 (전자동식) (비례)	
	기계설비공 (인)	특별인부 (인)	기계설비공 (인)	특별인부 (인)	기계설비공 (인)	특별인부 (인)	기계설비공 (인)	특별인부 (인)
0.4 이하	2.5~3.0	1.0~1.2	4.2~5.0	1.4~1.7	5.0~6.0	1.7~2.0	5.9~7.1	2.0~2.4
0.55 이하	2.7~3.2	1.2~1.4	4.5~5.0	2.0~2.4	5.4~6.5	2.4~2.9	6.3~7.6	2.8~3.4
0.75 이하	3.0~3.6	1.4~1.7	5.0~6.0	2.3~2.8	6.0~7.2	2.7~3.2	7.0~8.4	3.2~3.8
1.5 이하	3.3~4.0	1.5~1.8	5.5~6.6	2.5~3.0	6.6~7.9	3.0~3.6	7.7~9.2	3.5~4.2

[주] ① 수동식에는 유량조절기, 오일프리히터, 2차공기주입구, 철물 등을 포함한다.
② 반자동식에는 수동의 부속품 조작기, 압력스위치 또는 광전관저수위 스위치 등을 포함한다.
③ 전자동식 ON-OFF에는 반자동의 부속품, 착화장치, 댐퍼컨트롤러 등을 포함하고 비례제어에는 전자동 ON-OFF의 부속품의 모지트릴, 컨트롤, 오요터, 비례압력, 조절기품 등을 포함한다.

8-6-2 건타입 오일버너

(대당)

규 격	보일러공	특별인부
건타입 오일버너 0.75kW	4.2	2.0
1.5	4.6	2.2
(전자동방식) 2.2	5.0	2.5
3.7	6.0	3.0

[주] 조립, 설치, 수압시험 및 시운전 등을 포함한다.

품셈 유권해석

천장형 에어컨의 철거

해당 품셈의 비고란에 "다음 항목의 철거는 신설의 50%(재사용을 고려치 않을 경우)로 계상한다." 로 나와 있습니다. 8-2-4 천장형에어컨 설치를 적용시 비고란을 보면 "본 품의 실외기는 실내기 1대 연결기준이며, 실내기 추가로 인해 실외기에 배관 접합이 추가되는 경우, 실내기 대당 실외기 품의 15%를 가산한다."라고 나와 있습니다. 만약 실외기 1대에 실내기가 2대 연결된 천장형에어컨 철거시 15%를 가산후 설치의 50% 적용하는 것이 맞는지 확인 부탁드립니다.

답변내용

➡ 표준품셈 기계설비부문 "8-2-4 천장형 에어컨 설치"의 비고란에는 철거 기준은 정하고 있지 않습니다. 일반기계설비 철거 및 이설 기준은 표준품셈 유지관리부문 "4-1-7 일반기계설비 철거 및 이설"을 참조하시기 바라며, "4-1-7 일반기계설비 철거 및 이설"에서 제시하는 퍼센트는 주3에 따라 상기의 율은 설치를 100%로 볼 때이므로 설치품에 상기의 율을 적용하시기 바랍니다.

냉난방기(스탠드 및 실외기) 철거

이번에 냉난방기(스탠드 80평형) 교체 공사를 실시하려고 하는데 표준 품셈에 기존 냉난방기 실내기, 실외기 철거에 대한 품셈은 없고 천정형 에어컨 철거 품셈만 있습니다.
혹시 냉난방기 실내기 및 실외기 철거에 대한 품셈은 어떻게 적용하는 것이 맞을지 질의 드립니다.

답변내용

➡ 표준품셈 유지관리부문 "4-1-7 일반기계설비 철거 및 이설"에서 해당품목에 대한 철거시 재사용을 고려할 경우와 재사용을 고려 안할경우, 동일구내(인접장소)이설에 대한 기준을 정하고 있습니다.

제 9 장 기타공사

9-1 지지금구

9-1-1 입상관 방진가대 설치('93년 신설, '19년 보완)

(조 당)

규 격 (㎜)	배 관 공 (인)	용 접 공 (인)
ø50	0.093	0.093
65	0.093	0.093
80	0.109	0.109
100	0.125	0.125
125	0.125	0.125
150	0.140	0.140
200	0.156	0.156
250	0.197	0.197
300	0.239	0.239
350	0.281	0.281

[주] ① 본 품은 옥내기준의 입상관 방진가대를 설치하는 기준이다.
② 볼트체결, 클램프체결, 클램프와 강관이음매의 용접 및 조정 작업을 포함한다.
③ 지지찬넬 가대설치는 별도 계상한다.
④ 공구손료 및 경장비(절단기, 용접기 등)의 기계경비는 인력품의 3%로 계상한다.

9-1-2 잡철물 제작 및 설치('07, '22년 보완)

(ton 당)

구 분	단 위	제품 설치		규격철물 설치		현장제작 설치	
		일반철재	경량철재	일반철재	경량철재	일반철재	경량철재
철 공	인	2.85	3.71	7.05	9.17	12.38	16.09
용 접 공	〃	1.04	1.35	2.57	3.34	3.38	4.39
특별인부	〃	0.78	1.01	1.92	2.50	4.50	5.85
보통인부	〃	0.52	0.68	1.28	1.66	2.25	2.93
비 고		- 관로뚜껑, Sole Plate 등 용접, 부속자재 연결 작업 없이 기성제품을 단순 설치만하는 경우 제품설치 품의 10%를 감한다. - 트러스, 원형, 곡선 등의 부재와 같이 구조나 형태가 복잡한 경우, 또는 절단, 절곡, 용접 개소가 과다하게 발생하는 경우 본 품의 30%를 가산한다.					

[주] ① 본 품은 철판, 앵글, 파이프 등 철재류를 활용한 잡철물의 현장 제작 및 설치에 대한 기준이다.
② 제품 설치는 맨홀사다리 등 제작된 제품을 반입하여 설치하는 기준이다.
③ 규격철물 설치는 계단난간 등 일정규격으로 1차 제작된 철물을 반입하여 조립하고 설치하는 기준이다.
④ 현장제작 설치는 구조틀, 배관지지대 등 각관, 형강 등 원자재를 반입하여 현장조건에 맞게 제작하고 설치하는 기준이다.
⑤ 주문제작에 의해 공장가공을 요하는 대형부재(강재거푸집, 라이닝폼 등) 및 특수철물(조형물 등)의 제작·설치는 별도 계상한다.
⑥ 잡철물 설치를 위한 장비(크레인 등) 및 비계매기는 필요한 경우 별도 계상한다.
⑦ 공구손료 및 경장비(절단기, 용접기 등)의 기계경비 및 잡재료비(용접봉, 볼트 등)는 인력품의 요율로 다음을 적용한다.

구 분	일반철재	경량철재
공구손료 및 경장비의 기계경비	5%	4%
잡 재 료 비	3%	2%

9-2 도장

9-2-1 바탕만들기

(㎡당)

구 분	자 재			인 력	
	규 격	단 위	수 량	도장공	보통인부
Shot Blast	steel shot ø1㎜ 기준	kg -	0.215 0.415	- 0.0375	- 0.0125
Sand Blast	규사함유량 80%	㎥ -	0.0508 -	0.0329 (모래분사공)	0.036 -
Power Tool	동 력 Brush	개 -	0.03 -	0.1	-
Wire Brush	Gasolin Wire Brush	ℓ 개	0.05 0.016	-	0.05

[주] ① 본 품에는 모래의 현장 소운반 shot의 소운반 및 회수가 포함되어 있다.
② 모래 및 shot의 수량은 녹의 정도 및 회수 조건에 따라 조정 적용한다.
③ 모래의 채집, 적사, 운반, 굵기는 채집조건에 따라 별도 계상한다.
④ 장비 및 공구손료 소모재료는 별도 계상한다.
⑤ 소형 형강(100㎜ 미만) 구조일 경우 50% 가산한다.

9-2-2 녹막이페인트 칠('15년 보완)

(m 당)

구 분	단 위	ø50mm 이하	ø100mm 이하	ø200mm 이하	ø300mm 이하
도 장 공	인	0.010	0.015	0.024	0.034
보 통 인 부	〃	0.002	0.003	0.004	0.006

[주] ① 본 품은 기계설비 배관에 방청 페인트를 붓으로 1회 칠하는 기준이다.
② 본 품은 붓칠 및 마무리 작업을 포함한다.
③ 재료량은 도료 종류에 따라 시방서 및 제조사에서 제시하고 있는 수량을 적용한다.
④ 비계사용시에는 높이 6~9m까지는 품을 15% 가산하고 높이 9m를 초과하는 경우 매 3m 증가 마다 품을 5%씩 가산한다.
⑤ 공구손료 및 잡재료비는 인력품의 2%로 계상한다.

9-2-3 유성페인트 칠('03, '15년 보완)

(m 당)

구 분	단 위	ø50mm 이하	ø100mm 이하	ø200mm 이하	ø300mm 이하
도 장 공	인	0.008	0.012	0.021	0.030
보 통 인 부	〃	0.001	0.002	0.004	0.005

[주] ① 본 품은 기계설비 배관에 유성도료를 롤러로 1회 칠하는 기준이다.
② 본 품은 롤러칠, 보조붓칠 및 마무리 작업을 포함한다.
③ 재료량은 도료 종류에 따라 시방서 및 제조사에서 제시하고 있는 수량을 적용한다.
④ 비계사용시에는 높이 6~9m까지는 품을 15% 가산하고 높이 9m를 초과하는 경우 매 3m 증가 마다 품을 5%씩 가산한다.
⑤ 공구손료 및 잡재료비는 인력품의 2%로 계상한다.

9-3 슬리브

9-3-1 슬리브 설치('13년 신설, '19년 보완)

(개소 당)

구 분		단 위	수 량 (슬리브규격 ㎜)				
			ø25~50	ø65~100	ø125~150	ø200~250	ø300~400
바닥	배관공	인	0.043	0.055	0.066	0.077	0.089
	보통인부	〃	0.022	0.029	0.035	0.041	0.047
벽체	배관공	인	0.060	0.069	0.085	0.104	0.124
	보통인부	〃	0.012	0.018	0.029	0.047	0.072
비 고			- 단열재 설치구간에는 본 품의 20% 까지 가산하여 적용한다.				

[주] ① 본 품은 배관 사전작업으로 제작이 완료된 슬리브의 설치 기준이다.
② 먹줄치기, 마킹, 슬리브 설치를 포함한다.
③ 공구손료 및 경장비의 기계경비는 인력품의 1%로 계상한다.
④ 방수층을 관통하는 지수판 부착형 슬리브는 별도 계상한다.

9-3-2 배관을 위한 구멍뚫기('14, '21년 보완)

(개소 당)

구 분		단 위	콘크리트 두께 150㎜		콘크리트 두께 300㎜	
			바닥	벽체	바닥	벽체
25㎜	착 암 공	인	0.096	0.123	0.169	0.216
	보 통 인 부	〃	0.096	0.123	0.169	0.216
50㎜	착 암 공	인	0.119	0.152	0.208	0.266
	보 통 인 부	〃	0.119	0.152	0.208	0.266
75㎜	착 암 공	인	0.142	0.181	0.248	0.317
	보 통 인 부	〃	0.142	0.181	0.248	0.317
100㎜	착 암 공	인	0.165	0.211	0.287	0.368
	보 통 인 부	〃	0.165	0.211	0.287	0.368
150㎜	착 암 공	인	0.210	0.268	0.367	0.469
	보 통 인 부	〃	0.210	0.268	0.367	0.469
200㎜	착 암 공	인	0.252	0.322	0.446	0.570
	보 통 인 부	〃	0.252	0.322	0.446	0.570
250㎜	착 암 공	인	0.295	0.377	0.525	0.671
	보 통 인 부	〃	0.295	0.377	0.525	0.671
300㎜	착 암 공	인	0.339	0.434	0.604	0.772
	보 통 인 부	〃	0.339	0.434	0.604	0.772
350㎜	착 암 공	인	0.384	0.491	0.683	0.874
	보 통 인 부	〃	0.384	0.491	0.683	0.874
400㎜	착 암 공	인	0.426	0.544	0.762	0.975
	보 통 인 부	〃	0.426	0.544	0.762	0.975

[주] ① 본 품은 코아드릴을 사용하여 철근콘크리트 슬래브를 천공하는 기준이다.
② 본 품은 코아드릴 설치 및 해체, 천공 및 마무리 작업을 포함한다.
③ 부산물 처리 및 반출, 철근탐색 및 시험천공작업은 별도 계상한다.
④ 공구손료 및 경장비(코어드릴 등)의 기계경비는 인력품의 2%로 계상한다.
⑤ 재료비(다이아몬드 비트 등)는 별도 계상한다.

9-4 배관관리 및 시험

9-4-1 기밀시험('15, '19년 보완)

(회 당)

구 분	단 위	수 량	
		지상노출관	지하매설관
배 관 공	인	0.14	0.19
보 통 인 부	〃	0.14	0.19

[주] ① 본 품은 자기압력기록계와 공기를 시험재료로 사용한 저압 및 중압의 기밀시험 1회 기준이다.
② 시험준비 및 측정기 설치, 시험재료 투입(1㎥미만), 해체정리 작업과 기밀유지시간(30분 미만)을 포함한다.
③ 시험재료 1㎥이상 투입시에는 별도 계상한다.
④ 기밀유지시간이 30분이상 소요되는 경우 시험관리 인력을 추가 계상한다.
⑤ 기밀시험에 맹관, 맹판 접합 및 해체가 필요한 경우 별도 계상한다.
⑥ 공구손료 및 경장비(콤프레셔, 압력계 등)의 기계경비는 인력품의 8%로 계상하며, 질소를 기밀시험 재료로 사용할 경우 재료비는 별도 계상한다.

9-4-2 시험점화

(호 당)

구 분	배 관 공 (인)	보 통 인 부 (인)
단 독 주 택	0.10	0.10
집 단 아 파 트	0.05	0.05

[주] ① 본 품은 단독주택 10호당 1조 및 집단아파트 20호당 1조를 기준한 품이다.
② 본 품은 관 내부의 공기를 가스로 완전 치환하여 연소기구로서 점화상태를 시험하는데 필요한 품이다.
③ 공구손료는 인력품의(연소기 및 호스) 2%로 계상한다.

9-5 시운전 및 조정

9-5-1 시운전

명 칭	적 용	단위	배관공	덕트공	비고
배관계통	배관, 밸브류의 조정	m	0.026		주관연장
덕트계통 (공조, 환기배연)	풍량조정댐퍼, 방화댐퍼의 조정, 풍량, 풍속, 소음의 측정, 필요개소의 온습도 측정	㎡ m		0.021 0.012	각형덕트 스파이럴덕트
주기계 실내기기	보일러, 냉동기 등의 점검, 조정, 계기측정 기록 기타 건물 연면적 5,000㎡ 이하 6,000~15,000㎡ 16,000~30,000㎡	1식 1식 1식	8.0(4.0) 12.0(6.0) 16.0(8.0)		( )는 온풍난방의 경우
각층기계 실내기기	에어핸들링 유닛의 조정 등	대	1.2		
팬코일 유닛	조정	대	0.08		

[주] ① 본 품은 난방 및 공조계통에 대한 각각의 설비를 완료하고 시운전 및 조정을 실시할 경우 적용한다.
② 배관계통에 있어서 주관이란 시운전 및 조정을 요하는 보일러 또는 냉동기와 에어핸들링 유닛 또는 냉각탑(공냉식 옥외기 포함)을 연결하는 증기, 냉온수 및 냉각수 배관을 말하며 방열기 또는 팬코일 유닛을 설치하는 경우에는 입상관에서의 분기관 또는 수평 주기관에서의 분기관을 제외한다.

9-5-2 건물의 냉난방 및 공조설비 정밀진단(T.A.B)('92년 보완)

정밀진단이 필요한 경우 전체시스템, 공기분배계통, 물분배계통, 소음 및 진동 등의 T.A.B(Testing, Adjusting and Balancing)에 필요한 비용은 별도 계상할 수 있다.

품셈 유권해석

기밀시험의 적용단위

질의1. 공급관도 합쳐진 기밀시험으로, 강관도 합쳐진 기밀시험으로 적용여부
질의2. 세부적으로 나뉘어져있던 품셈이 합쳐진 이유
질의3. 표준품셈 제11장 가스설비공사의 11-1-2 용접식 부설에 보면 배관부설의 인력시공과 기계시공의 관한 품셈이 나와있는데요. 부설이라는 뜻이 조금 애매하다고 느껴져서 질의합니다. 품셈의 내용을 봤을때 용접식 부설이라 함은 지중매립배관의 경우에 그것도 용접식일 경우에만 해당하는것 처럼 보입니다.
맞다면 일반 노출 강관은 일반 기계설비 강관품을 적용하면 되는지 궁금합니다.

답변내용

답변1. 표준품셈 기계설비부문 "9-4-1 기밀시험"에서 본 품은 기밀시험의 회당 투입을 제시하고 있으며, 강관과 공급관을 구분하고 있지 않으며 동일하게 적용하시면 됩니다.
답변2. 표준품셈 기계설비부문 "9-4-1 기밀시험"에서는 현장조사결과에 의해 관종별 품구분없이 시험의 회당 투입기준으로 개정되었습니다.
답변3. 표준품셈 기계설비부문 "11-1-2 용접식 부설"은 용접식 가스용 강관을 지중 부설하는 기준으로, 일반 노출 강관은 주6에 따라 지지철물을 설치하여 시공되는 경우 "기계설비부문 1-1-2 용접배관을 참고하여 계상한다"를 참조하시기 바랍니다.

제 10 장 소방설비공사

10-1 소화함

10-1-1 옥내소화전함 설치('07, '14년 보완)

(조 당)

구 분	규 격	단위	수 량	
			배관공(인)	보통인부(인)
옥내소화전함	매 립 형	인	0.906	0.375
	노 출 형	〃	0.816	0.338

[주] ① 본 품은 소운반, 설비 설치품을 포함한다.
② 옥내소화전함 설치 품에는 호스걸이 및 기타장치 설치품이 포함되어 있다.
③ 소화전 내부 전기설비, 주위배관, 보온은 별도 계상한다.

10-1-2 소화용구 격납상자 설치

(조 당)

구 분	단위	수 량	
		배관공(인)	보통인부(인)
소 화 용 구 격 납 상 자	인	0.625	0.250

[주] 본 품은 소운반, 설비 설치품을 포함한다.

10-2 소방밸브

10-2-1 알람밸브 설치

(조 당)

구 분	규격	배관공(인)	보통인부(인)
알 람 밸 브	ø65	1.230	-
	80	1.510	-
	100	1.660	-
	125	1.820	0.190
	150	2.020	0.190

[주] ① 본 품은 스프링클러 시스템의 설비별 설치 품 기준이다.
② 본 품에는 소운반, 설비별 설치품을 포함한다.
③ 경보밸브장치는 자동경종장치, 배수밸브, 작동시험밸브, 압력스위치, 압력계부착 등을 포함한다.
④ 템퍼스위치결선, 종단저항설치, 주위배관 및 보온은 별도 계상한다.

10-2-2 준비작동식밸브 설치

(조 당)

구 분	규격	배 관 공(인)	보통인부(인)
준 비 작 동 식 밸 브	ø80	1.830	-
	100	2.010	-
	125	2.190	0.190
	150	2.440	0.190

[주] ① 본 품은 스프링클러 시스템의 설비별 설치 품 기준이다.
② 본 품에는 소운반, 설비별 설치품을 포함한다.
③ 경보밸브장치는 자동경종장치, 배수밸브, 작동시험밸브, 압력스위치, 압력계부착 등을 포함한다.
④ 템퍼스위치결선, 종단저항설치, 주위배관 및 보온은 별도 계상한다.

10-2-3 드라이밸브 설치

(조 당)

구 분	규격	배 관 공(인)	보통인부(인)
드 라 이 밸 브	ø100	2.110	-
	150	2.560	0.190

[주] ① 본 품은 스프링클러 시스템의 설비별 설치 품 기준이다.
② 본 품에는 소운반, 설비별 설치품을 포함한다.
③ 경보밸브장치는 자동경종장치, 배수밸브, 작동시험밸브, 압력스위치, 압력계부착 등을 포함한다.
④ 템퍼스위치결선, 종단저항설치, 주위배관 및 보온은 별도 계상한다.

10-2-4 관말시험밸브 설치

(개 당)

구 분	배 관 공	보통인부
관 말 시 험 밸 브	0.356	0.144

10-3 옥외소화전

10-3-1 지하식 설치

(조 당)

구 분	규 격	배 관 공(인)	보통인부(인)
지 하 식	단 구 형	0.500	-
	쌍 구 형	0.600	-

[주] 본 품은 소운반, 설비 설치품을 포함한다.

10-3-2 지상식 설치

(조 당)

구 분	규 격	배 관 공(인)	보통인부(인)
지 상 식	단 구 형	0.620	-
	쌍 구 형	1.500	-

[주] 본 품은 소운반, 설비 설치품을 포함한다.

10-4 송수구

10-4-1 일반송수구 설치

(조 당)

구 분	규 격	배 관 공(인)	보통인부(인)
일 반 송 수 구	단 구 형	0.400	-
	쌍 구 형	0.600	-
	단 구 스 탠 드 형	0.800	-
	쌍 구 스 탠 드 형	1.200	-

[주] 본 품은 소운반, 설비 설치품을 포함한다.

10-4-2 방수구 설치

(조 당)

구 분	규 격	배 관 공(인)	보통인부(인)
방 수 구	40㎜	0.078	-
	65㎜	0.115	-

[주] 본 품은 소운반, 설비 설치품을 포함한다.

10-4-3 연결송수구설치

(대 당)

구 분	배 관 공(인)	보통인부(인)
연 결 송 수 구	0.620	-

[주] ① 본 품은 스프링클러 시스템의 설비별 설치 품 기준이다.
② 본 품에는 소운반, 설비별 설치품을 포함한다.

10-5 탱크

10-5-1 압력공기탱크설치

(개 당)

구 분	배 관 공(인)	보통인부(인)
압 력 공 기 탱 크	1.782	0.718

[주] ① 본 품은 스프링클러 시스템의 설비별 설치 품 기준이다.
② 본 품에는 소운반, 설비별 설치품을 포함한다.

10-5-2 마중물탱크설치

(대 당)

구 분	규격	배 관 공(인)	보통인부(인)
마 중 물 탱 크	100~150ℓ	2.060	-

[주] ① 본 품은 스프링클러 시스템의 설비별 설치 품 기준이다.
　　② 본 품에는 소운반, 설비별 설치품을 포함한다.

10-6 소방용 유량계

10-6-1 유량측정장치설치

(조 당)

구 분	배 관 공(인)	보통인부(인)
유 량 측 정 장 치	1.030	-

[주] ① 본 품은 스프링클러 시스템의 설비별 설치 품 기준이다.
　　② 본 품에는 소운반, 설비별 설치품을 포함한다.

10-7 소화용 헤드

10-7-1 스프링클러 헤드설치

(개 당)

구 분	단 위	배 관 공	보통인부
스 프 링 클 러 헤 드	인	0.092	0.037

[주] ① 본 품은 스프링클러 시스템의 설비별 설치 품 기준이다.
　　② 본 품에는 소운반, 설비별 설치품을 포함한다.

10-7-2 스프링클러 전기설비설치

구 분	규 격	단 위	배 관 공	보통인부
펌 프 기 동 반	7.5kW 이하	면	2.580	-
	11~19kW	〃	2.890	-
	22kW	〃	3.400	-
벨	-	개	0.210	-

[주] ① 본 품은 스프링클러 시스템의 설비별 설치 품 기준이다.
　　② 본 품에는 소운반, 설비별 설치품을 포함한다.
　　③ 템퍼스위치결선, 종단저항설치, 주위배관 및 보온은 별도 계상한다.

10-8 소화기

10-8-1 소화약제 소화설비설치('14년 보완)

구 분		규 격	단 위	배 관 공
기계설비	선 택 밸 브	ø25 이하	인/개	0.52
		32 이하	〃	0.82
		40 이하	〃	0.82
		50 이하	〃	0.82
		65 이하	〃	1.03
		80 이하	〃	1.24
		100 이하	〃	2.06
		125 이하	〃	2.06
		150 이하	〃	2.06
	가 스 분 사 헤 드	노출형	인/개	0.21
		매입형	〃	0.41
	용 기 지 지 대	5본 이하	인/조	1.03
		6~10본	〃	1.55
		11~20본	〃	2.06
	용 기 집 합 함	5본 이하	인/조	0.42
		6~10본	〃	0.72
	기 동 용 기	-	인/조	0.62
	수 동 기 동 함	-	인/개	0.41
	압 력 스 위 치	-	인/개	0.31
	역 지 밸 브	-	인/개	0.10
전기설비	배 전 반	1~3실용	인/면	2.06
		4~6실용	〃	3.09
	단 자 함	대 형	인/면	0.41
		소 형	〃	0.21
	가스방출표시등함	-	인/개	0.41
	모 터 사 이 렌	-	인/개	0.31
	벨	-	인/개	0.21

[주] ① 본 품은 소화약제 소화설비의 설비별 설치 품 기준이다.
　　② 본 품에는 소운반, 설비별 설치품이 포함되어 있다.
　　③ 소화약제 용기설치는 규격별, 약제별로 별도 계상한다.

10-8-2 자동식 소화기 설치('99년 신설, '14년 보완)

(개 당)

구 분	단 위	수 량
기 계 설 비 공	인	0.212
보 통 인 부	〃	0.117

[주] ① 본 품은 세대내 레인지후드에 자동식 소화기를 설치하는 품이다.
　　② 본 품은 소운반, 구멍뚫기, 분사노즐, 탐지부, 조작부, 수신부, 자동식소화기 및 지지철물 설치를 포함한다.
　　③ 본 품은 제어배선의 결선은 포함되어 있으나, 제어배관 및 입선은 별도 계상한다.
　　④ 가스차단 밸브설치품은 별도 계상한다.

10-9 피난기구

10-9-1 완강기 설치('04년 신설, '09, '14년 보완)

(개 당)

구 분	단 위	수 량
기 계 설 비 공	인	0.094
보 통 인 부	〃	0.046

[주] ① 본 품은 피난용 완강기를 설치하는 품이다.
　　② 본 품에는 소운반, 완강기 지지대, 보호함, 안전표시 설치를 포함한다.

제 11 장 가스설비공사

11-1 강관

11-1-1 용접접합('15년 보완)

(용접개소 당)

규 격(㎜)	플랜트용접공(인)	규 격(㎜)	플랜트용접공(인)
ø15	0.044	100	0.159
20	0.049	125	0.191
25	0.058	150	0.223
32	0.069	200	0.287
40	0.076	250	0.351
50	0.091	300	0.415
65	0.111	350	0.462
80	0.127	400	0.526
비 고	- 아크용접으로 가스용 강관을 접합하는 경우는 본 품의 5%를 감한다.		

[주] ① 본 품은 알곤용접으로 가스용 강관을 접합하는 기준이다.
② 용접접합에 필요한 부자재는 별도 계상한다.
③ 공구손료 및 경장비(용접기 등)의 기계경비는 인력품의 3%를 계상한다.

11-1-2 용접식 부설('15년 보완)

(m 당)

규 격(㎜)	인력시공		기계시공		
	배관공(인)	보통인부(인)	배관공(인)	보통인부(인)	크레인(hr)
ø15	0.022	0.005	-	-	-
20	0.024	0.006	-	-	-
25	0.032	0.007	-	-	-
32	0.037	0.008	-	-	-
40	0.043	0.010	-	-	-
50	0.052	0.012	-	-	-
65	0.060	0.014	-	-	-
80	0.072	0.017	-	-	-
100	0.094	0.022	-	-	-
125	0.117	0.027	-	-	-

규 격(mm)	인력시공		기계시공		
	배관공(인)	보통인부(인)	배관공(인)	보통인부(인)	크레인(hr)
150	0.136	0.031	0.051	0.012	0.04
200	0.202	0.047	0.076	0.018	0.06
250	0.266	0.061	0.100	0.023	0.07
300	0.333	0.077	0.126	0.029	0.09
350	0.409	0.094	0.154	0.035	0.11
400	0.482	0.111	0.182	0.042	0.13

[주] ① 본 품은 중압 이하의 가스용 강관을 부설하는 기준이다.
② 절단 및 가공, 부설 및 표시용 비닐 깔기 작업을 포함한다.
③ 강관 부설시 터파기, 되메우기, 기초 및 흙막이, 잔토처리 및 물푸기, 기밀시험은 별도 계상한다.
④ 크레인의 규격은 10톤급 트럭탑재형 크레인을 기준으로 한다.
⑤ 공구손료 및 경장비(절단기 등)의 기계경비는 다음의 요율을 계상한다.

인력시공	기계시공
인력품의 1%	인력품의 3%

⑥ 지지철물을 설치하여 시공되는 경우에는 '[기계설비부문] 1-1-2 용접배관'을 참고하여 계상한다.

11-1-3 나사식 접합 및 배관

(접합개소 당)

규 격(mm)	배관공(인)	보통인부(인)
ø20	0.061	0.017
25	0.087	0.024
32	0.109	0.030
40	0.123	0.034
50	0.168	0.046

[주] ① 본 품은 중압이하의 가스용 강관의 나사식 접합 및 배관 기준이다.
② 절단, 나사홈가공, 배관 및 나사접합 작업을 포함한다.
③ 공구손료 및 경장비(절단기, 나사홈가공기 등)의 기계경비는 인력품의 2%를 계상한다.
④ 재료량은 다음과 같다.

(접합개소 당)

구경(mm)	스레드실테이프(cm)		컴파운드(g)
ø20	13mm	34.3	3.0
25	〃	43.0	4.2
30	〃	53.8	5.8
40	〃	78.7	7.3
50	〃	95.1	10.6

11-2 PE관

11-2-1 버트 융착식 접합 및 부설('15년 보완)

(개소 당)

관 경(㎜)	배 관 공(인)	보통인부(인)
ø25	0.081	0.019
32	0.094	0.022
40	0.108	0.025
50	0.141	0.033
63	0.184	0.043
75	0.210	0.049
90	0.244	0.057
110	0.288	0.067
125	0.322	0.075
140	0.355	0.083
160	0.400	0.094
180	0.444	0.104
200	0.489	0.114
225	0.545	0.127
250	0.601	0.140
280	0.667	0.156
315	0.745	0.174
355	0.835	0.195
400	0.935	0.219

[주] ① 본 품은 가스용 폴리에틸렌(PE)관을 버트융착식으로 접합 및 부설하는 기준이다.
② 전기융착기를 사용하여 전자소켓으로 폴리에틸렌관을 접합 및 부설하는 경우에도 본 품을 적용한다.
③ 절단, 부설 및 접합, 표시용 비닐 깔기 작업을 포함한다.
④ PE관 부설시 터파기, 되메우기, 기초 및 흙마이, 잔토처리 및 물푸기, 기밀시험은 별도 계상한다.
⑤ 공구손료 및 경장비(융착기, 절단기 등)의 기계경비는 인력품의 5%를 계상한다.

11-3 부속기기

11-3-1 분기공 설치('15년 보완)

(개 당)

구 경(㎜)	배관공(인)	보통인부(인)	플랜트용접공(인)
ø20~25	0.193	0.134	0.290
40~50	0.270	0.187	0.406
65	0.317	0.219	0.476
80	0.363	0.252	0.546
100	0.425	0.295	0.639
125	0.503	0.348	0.755
150	0.580	0.402	0.872
200	0.735	0.509	1.105
250	0.890	0.616	1.337
300	1.045	0.724	1.570
350	1.200	0.831	1.803
400	1.354	0.938	2.036

[주] ① 본 품은 기존관 절단 후 T형분기관(개)을 설치하여 분기하는 기준이다.
② 절단 및 가공, T형관 부설 및 접합 작업을 포함한다.
③ 분기공 시공시 터파기, 되메우기, 기초 및 흙막이, 잔토처리 및 물푸기, 기밀시험은 별도 계상한다.
④ 공구손료 및 경장비(절단기, 용접기 등)의 기계경비는 인력품의 1%를 계상한다.

11-3-2 밸브 설치('15년 보완)

(개 당)

명칭 구경	배관공	보통인부	명칭 구경	배관공	보통인부
ø15~25	0.197	0.064	ø150	0.754	0.244
32~50	0.308	0.100	200	0.976	0.316
65	0.375	0.121	250	1.199	0.389
80	0.442	0.143	300	1.422	0.461
100	0.531	0.172	350	1.645	0.533
125	0.642	0.208	400	1.868	0.605

[주] ① 설치위치 선정, 밸브 설치, 작동시험 및 마무리 작업을 포함한다.
② 공구손료 및 경장비(절단기 등)의 기계경비는 인력품의 2%를 계상한다.

11-3-3 직독식 가스미터 설치('15년 보완)

(개소 당)

구 경(mm)	단 위	ø15mm	ø20~25mm
배 관 공	인	0.209	0.250
보 통 인 부	〃	0.052	0.063

[주] ① 본 품은 가스미터를 세대내에 설치하는 기준이다.
　　② 가스미터 설치 및 고정, 작동시험 및 마무리 작업을 포함한다.
　　③ 재료량은 다음과 같다.

구 경(mm)	스레드실테이프(cm)	컴파운드(g)
ø15	45.7cm	4g
ø20~25	68.6cm	6g

11-3-4 원격식 가스미터 설치

(개소 당)

구 분	단 위	ø15mm	ø20~25mm
내 관 공	인	0.230	0.270
보 통 인 부	〃	0.057	0.068

[주] ① 본 품은 원격식 가스미터를 세대내에 설치하는 기준이다.
　　② 가스미터 설치 및 고정, 전선관 결선, 작동시험 및 마무리 작업을 포함한다.
　　③ 전선관 배관 및 입선, 지시부 설치는 별도 계상한다.

제 12 장 자동제어설비공사

12-1 계기반 및 함류

12-1-1 계기반 설치

명 칭	규 격	단위	계장공	보통인부
분 전 반	W800×H500×D300 이하	대	4.2	2.8
조 작 반	W800×H500×D300 이하	대	4.2	2.8
계 기 반(자립개방)	W1200×H2100×D800 이하	면	6.72	4.48
〃 (자립밀폐)	W1200× 2100× 800 〃	〃	8.4	5.6
계 기 반(현장)	W 900× 900× 600 〃	〃	5.88	3.92
〃	W1000× 1800× 600 〃	〃	8.82	5.88
〃	W1300× 2000× 700 〃	〃	9.88	6.58
〃	W1400× 2000× 700 〃	〃	10.64	7.09
계 기 반(발신기수납상)	1대용W(800×1600×900)	대	2.0	1.33
〃	2대용 (1000×1600×900)	〃	2.4	1.60
〃	3대용 (1200×1600×900)	〃	2.8	1.86
〃	4대용 (1400×1600×900)	〃	3.2	2.13
〃	5대용 (1600×1600×900)	〃	3.6	2.39
〃	6대용 (1800×1600×900)	〃	4.0	2.65
비 고	- 본 품은 완제품 설치기준이며, 이면반이 있을 경우 본 품의 150%를 계상한다. - 완제품이 아닐 경우는 본 품의 65%를 적용하고 계기설치는 별도 계상한다. - 완제품인 경우 계기반에 취부된 계기의 시험조정시는 '[기계설비부문] 12-1-2 플랜트 계기 설치"품의 25%를 가산한다.			

[주] ① 포장해체, 청소, 내부결선, 소운반 Channel Base 및 기초공사품이 포함되어 있다.
② 제어 Cable 배선 및 결선은 제외한다.

12-1-2 플랜트 계기 설치

(단위 당)

명 칭	규 격	단위	계장공	비고
파 이 프 스 텐 션	28×1,200~1,600	본	0.37	기초별도
계 기	일반각종	대	0.3	
발 신 기	DPT, PT, TT, LT, FT	〃	0.27	
수 신 기	일반각종	〃	0.22	
Air Set	-	〃	0.22	
변 환 기	J/P, A/D, P/P, MV/I	〃	0.25	
수 동 조 작 기	-	〃	0.2	
비 율 설 정 기	-	〃	0.2	
기 록 계	-	〃	0.75	
현 장 지 시 계	LG	대	0.75	
	LPG, VG	〃	0.4	
	PG	〃	0.22	
	TG	〃	0.15	
후 로 드 식 액 면 계	-	대	1.8	
측 온 계	-	대	0.15	
분 석 계	적외선식, 자기식	대	12.0	
Mono Meter	-	Set	0.3	
Thermocouple	-	대	0.37	
Dispressor	외통식	대	3.0	
스 위 치	일반각종	대	0.22	
전자 Valve	소형	대	0.1	2방변
	대형	〃	0.3	3방변 4방변
강압 Valve	소형	대	0.1	단체용
	대형	〃	0.3	대용량용

명 칭	규 격	단위	계장공	비고
여과기	소형	대	0.1	단체용
	대형	〃	0.3	대용량용
조절 Valve	1B	대	0.8	
	2B	〃	1.0	
	3B	〃	1.2	
	4B	〃	1.5	
Butterfly Valve	200ø	대	1.2	
	300ø	〃	2.5	
	400ø	〃	3.7	
	500ø	〃	5.0	
Orifice	200ø 이하	대	0.5	
	201ø~500ø	〃	0.7	
	501ø 이상	〃	1.0	
출력 Gauge	공기식	대	0.22	
Cylinder Valve	-	대	4.5	
탈 습 장 치	-	대	22.5	after-cooler, separator 포함
탁 도 검 출 기	-	대	0.4	
P-Hmeter 검출기	-	대	0.4	
X-Ray 발생장치	-	Set	15	
α-Ray 발생장치	-	Set	15	
Power Pack	-	Set	3	
현 장 조 절 계	일반각종	대	0.75	
중 성 자 발 생 장 치	〃	〃	15	
FLAME DETECTOR	-	Set	0.25	
비 고	- 방폭공사시는 본 품의 20%를 가산한다. - Loop 시험시는 본 품의 25%를 가산한다.			

12-2 자동제어기기

12-2-1 자동제어기기 설치

구 분	규 격	단위	계장공
실내온도조절기	전 기 전 자 식	개	0.22
	공 기 식	〃	0.29
삽입식온도조절기	덕 트 용	개	0.43
	배 관 용	〃	0.90
습도조절기	전 기 전 자 식	개	0.22
	공 기 식	〃	0.29
	덕 트 용	〃	0.41
댐퍼용모터	-	조	0.48
자동조절밸브용모터		〃	0.22
압력조정기		〃	0.10
스탭컨트롤러		〃	0.48
수동조작기	-	개	0.38
온습도지시계		〃	1.90
기록계		〃	1.90
액면지시계류		〃	1.90
전자식패널		〃	0.95
릴레이류		〃	0.38
현장반	벽붙이형	면	2.85
	스탠드형	〃	6.65
공업용압력발신기	-	개	1.90
공업용차압발신기		〃	1.90

[주] 본 품에는 소운반이 포함되어 있다.

12-2-2 계량기 설치

명 칭	규 격	단위	계장공	보통인부
Hopper Scale	대(30Ton 이상)	대	10.8	7.2
	중(15~29Ton)	〃	9.0	6.0
	소(14Ton 이하)	〃	7.2	4.8
Conveyor Scale	대(500T/H 이상)	대	12.0	8.0
	중(100~400Ton)	〃	9.0	6.0
	소(90Ton 이하)	〃	7.2	4.8
대형개량장치	대(50Ton 이상)	대	15.0	10.0
	중(10~40Ton)	〃	10.8	7.2
	소(9Ton 이하)	〃	7.2	4.8
비 고	- 옥외 노출 공사시 본 품의 10%를 가산한다. - 시험조정(분동시험)시는 HOPPER SCALE 30%를 가산한다. 　CONVEYOR SCALE 20%를 가산한다. 　대형개량장치 25%를 가산한다.			

[주] ① 기계설치는 제외되어 있다.
　　② 분동, TEST CHAIN 운반 및 사용료는 별도 계상한다.
　　③ 관청인가 검정료는 별도 계상한다.

12-2-3 도압배관

명 칭	규 격	단위	계장공	배관공	보통인부	비고
유량(액면)계배관	SGP STPG 38 (SCH40)1/2B	m	0.1	0.1	0.2	SCH80은 10%가산
압력계배관	SGP STPG38 SCH40)1/2B	〃	0.1	0.15	0.2	SUS27은 30%가산
Valve 조립	용접	개		0.1	0.1	
DRAIN POT	1/2B	〃		0.1	0.1	
SEAL POT	〃	〃		0.1	0.1	
CONDENSER POT	〃	〃	0.1		0.1	
3-WAY VALVE	〃	〃		0.2	0.2	
STEAM TRAP	〃	〃		0.1	0.1	
비 고	- Loop 시험(LEAK TEST 포함)은 20%를 가산한다. - 화기사용 금지구역은 본 품의 1.5배를 가산한다.					

[주] ① 본 품에는 관의 절단, 나사내기, 체결, 용접, 구부림 등의 품이 포함되어 있다.
　　② Union, Elbow, Tee 부속품 취부품이 포함되어 있다.

12-2-4 Control Air 배관

(m 당)

명 칭	규 격	Screw형 계장공	용 접 계장공
SGP 및 STPG 38(SCH40)	1/2B	0.18	0.21
	3/4B	0.21	0.26
	1B	0.24	0.29
	1 1/2B	0.36	0.43
	2B	0.48	0.58
Valve(개 당)	각종	0.15	0.20
비 고	- 화기사용 금지구역은 1.5배 가산한다. - Flange 접속, 고압 및 특수강관은 20% 가산한다. - Stainless관은 30% 가산한다. - Loop 시험은 25%를 가산한다.		

[주] ① 도입배관 및 Process 배관에는 적용치 않는다.
② 배관지지물은 별도 계상한다.
③ 관의 절관, 나사내기, 구부림, Union, Elbow, Tee 부속품 설치품은 포함되어 있다.

12-2-5 압축공기 발생장치 및 공기관 배관

명 칭	규 격	단위	계장공	보통인부
압축공기발생장치	5kg/㎠ 이하	조당	1.40	0.40
	10kg/㎠ 이하	〃	2.90	0.90
	30kg/㎠ 이하	〃	8.50	2.50
주공기 Tank	500ℓ 이하	조당	2.60	0.80
	700ℓ 이하	〃	3.0	1.5
	700ℓ 이상	〃	4.5	2.5
유 니 온 엘 보	20~25㎜	개당	0.25	0.05
유 압 Cylinder	60K	대	0.7	
	90K	〃	0.8	-
	130K	〃	1.0	
Oil Pump	0.75kW	대	1.5	
	1.50kW	〃	1.6	
	2.25kW	〃	1.7	-
	3.00kW	〃	1.8	
Air Cylinder	100ø 이하	대	1.0	
	100ø 이상	〃	1.2	-
Air Compressor	소 형	대	1.5	
	대 형	〃	2.0	-
제 습 기	-	대	1.5	
공 기 압 축 기 시 험	-	조당	1.0	1.0
조 작 함(설비물)	분전반, 계기, 스위치 기타	조당	2.0	1.0
비 고	- 시험시 기계 기술자 1인을 가산한다.			

12-3 전선배선

12-3-1 중앙처리장치(CPU) 설치('03년 신설)

공정	단위	기 사	계 장 공
설 치	인/Point	0.061	0.029
통 신 상 태 점 검	인/DDC	-	0.718
점 검 · 시 험	인/Point	0.005	0.019

[주] ① 본 품은 개발되어 있는 프로그램을 중앙처리장치에 설치하고 현장특성에 맞추어 프로그램을 수정·보완하는 것으로 소운반이 포함되어 있다.
② 본 품은 프로그램으로 중앙처리장치와 DDC(Direct Digital Controller)사이를 연결하는 것이다. 다만 Service Module이 설치된 통신상태점검은 DDC에 포함된 것으로 본다.
③ 중앙처리장치와 DDC사이의 전선, 통신선 설치품은 별도 계상한다.
④ 본 품은 중앙처리장치에 Control 등록, 입·출력 Point 등록을 포함한다.
⑤ 그래픽작업은 장비별로, 보고서는 일간, 월간, 연간 각각 작성하는 것을 기준으로 한 것이다.
⑥ 시설물 준공 후, 시스템 운영·관리에 지원이 필요한 경우 다음기준에 따라 별도 가산한다.

기 간	3 개월	6 개월
가 산 율	점검·시험품의 15%	점검·시험품의 30%

12-3-2 입·출력장치(I/O Equipment) 설치('03년 신설)

공정	단위	기 사	계 장 공
설 치	인/Point	0.008	0.042
점 검 · 시 험	〃	0.046	0.080

[주] ① 본 품은 DDC(단자함내의 결선포함)을 설치하고, 점검·시험 및 소운반이 포함되어 있다.
② 본 품은 프로그램으로 DDC와 현장계기 사이를 연결하고, Hardware와 프로그램 Setting 하는 것이다.
③ DDC와 현장계기 사이의 전선, 통신선 설치품과 DDC외함 설치품은 별도 계상한다.
④ 시설물 준공후, 시스템 운영·관리에 지원이 필요한 경우 다음기준에 따라 별도 가산한다.

기 간	3 개월	6 개월
가 산 율	점검·시험품의 20%	점검·시험품의 40%

12-3-3 콘솔(Console) 설치('03년 신설)

공정	단위	기 사	계 장 공
조 립 및 설 치	인/대	-	6.8
시 험 및 조 정	〃	1.9	-

[주] ① 본 품은 Desk를 현장에서 조립·설치하고 P.C, Keyboard, Monitor, Printer를 설치하는 것으로 소운반이 포함되어 있다.
② 본 품은 P.C를 Hard Formatting하고 운영체계를 Hard에 Setup한다.

제 13 장   플랜트설비공사

13-1 플랜트 배관

13-1-1 플랜트 배관 설치('92, '03년 보완)

구 분	규격 mm	외경 mm	두께 mm	단위중량 kg/m	배 옥 내 용접식 플랜트 용접공	배 옥 내 용접식 플랜트 배관공	배 옥 내 용접식 특별인부	배 옥 내 나사식 플랜트 배관공
배관용 탄소강관 KSD3507	6	10.5	2.0	0.419	92.0	46.0	46.0	92.0
	8	13.8	2.3	0.652	68.7	34.3	34.3	68.7
	10	17.3	2.3	0.851	59.8	30.0	30.0	59.8
	15	21.7	2.8	1.31	47.0	23.5	23.5	47.0
	20	27.2	2.8	1.68	42.9	21.4	21.4	42.9
	25	34.0	3.2	2.43	36.5	18.2	18.2	36.5
	32	42.7	3.5	3.38	32.4	16.2	16.2	32.4
	40	48.6	3.5	3.89	31.4	15.7	15.7	31.4
	50	60.5	3.8	5.31	28.9	14.4	14.4	28.9
	65	76.3	4.2	7.47	26.1	13.0	13.0	26.1
	80	89.1	4.2	8.79	25.5	12.8	12.8	25.5
	90	101.6	4.2	10.1	25.1	12.5	12.5	25.1
	100	114.3	4.5	12.2	23.9	11.9	11.9	23.9
	125	139.8	4.5	15.0	23.5	11.7	11.7	23.5
	150	165.2	5.0	19.8	21.9	11.0	11.0	21.9
	175	190.7	5.3	24.2	21.1	10.6	10.6	21.1
	200	216.3	5.8	30.1	20.1	10.0	10.0	20.1
	225	241.8	6.2	36.0	19.3	9.6	9.6	19.3
	250	267.4	6.6	42.4	18.6	9.3	9.3	18.6
	300	318.5	6.9	53.0	17.8	9.3	9.3	17.8

관 구 분			옥 외 배 관						
배 관		인/ton	용 접 식			나 사 식			인/ton
나사식									
플랜트 용접공	특별 인부		플랜트 용접공	플랜트 배관공	특별 인부	플랜트 배관공	플랜트 용접공	특별 인부	
46.0	46.0	184.0	81.3	40.7	40.7	81.3	40.7	40.7	162.2
34.3	34.3	137.3	59.0	29.5	29.5	59.0	29.5	29.5	118.0
30.0	30.0	119.8	50.1	25.1	25.1	50.1	25.1	25.1	100.3
23.5	23.5	94.0	38.3	19.2	19.2	38.3	19.2	19.2	76.7
21.4	21.4	85.7	34.2	17.1	17.1	34.2	17.1	17.1	68.4
18.2	18.2	72.9	28.5	14.2	14.2	28.5	14.2	14.2	56.9
16.2	16.2	64.8	24.8	12.4	12.4	24.8	12.4	12.4	49.6
15.7	15.7	62.8	23.8	11.9	11.9	23.8	11.9	11.9	47.6
14.4	14.4	57.7	21.5	10.8	10.8	21.5	10.8	10.8	43.1
13.0	13.0	52.1	19.2	9.6	9.6	19.2	9.6	9.6	38.4
12.8	12.8	51.1	18.7	9.4	9.4	18.7	9.4	9.4	37.5
12.5	12.5	50.1	18.3	9.1	9.1	18.3	9.1	9.1	36.5
11.9	11.9	47.7	17.3	8.7	8.7	17.3	8.7	8.7	34.7
11.7	11.7	46.9	16.9	8.5	8.5	16.9	8.5	8.5	33.9
11.0	11.0	43.9	15.5	7.7	7.7	15.5	7.7	7.7	30.9
10.6	10.6	42.3	15.1	7.6	7.6	15.1	7.6	7.6	30.3
10.0	10.0	40.1	14.3	7.2	7.2	14.3	7.2	7.2	28.7
9.6	9.6	38.5	13.7	6.9	6.9	13.7	6.9	6.9	27.5
9.3	9.3	37.2	13.2	6.6	6.6	13.2	6.6	6.6	26.4
9.3	9.3	36.4	12.8	6.4	6.4	12.8	6.4	6.4	25.6

구 분	규격 mm	외경 mm	두께 mm	단위중량 kg/m	배옥내 용접식 플랜트용접공	배옥내 용접식 플랜트배관공	배옥내 용접식 특별인부	나사식 플랜트배관공
배관용 탄소강관 KSD3507	350	355.6	6.0	51.7	19.3	9.7	9.7	19.3
	〃	〃	6.4	55.1	18.7	9.3	9.3	18.7
	〃	〃	7.9	67.7	16.8	8.4	8.4	16.8
	400	406.4	6.0	59.2	19.5	9.3	9.3	19.5
	〃	〃	6.4	63.1	19.5	8.4	8.4	19.5
	〃	〃	7.9	77.6	16.7	8.4	8.4	16.7
	450	457.2	6.0	66.8	19.4	9.3	9.3	19.4
	〃	〃	6.4	71.1	19.5	8.3	8.3	19.5
	〃	〃	7.9	87.5	16.7	8.3	8.3	16.7
	500	508.0	6.0	74.3	19.5	9.2	9.2	19.5
	〃	〃	6.4	79.2	19.4	8.3	8.3	19.4
	〃	〃	7.9	97.4	16.6	8.3	8.3	16.6
	〃	〃	8.7	107	16.2	7.6	7.6	16.2
	〃	〃	9.5	117	13.3	9.5	9.5	13.3
	550	558.8	6.0	81.8	19.1	9.5	9.5	19.1
	〃	〃	6.4	87.2	18.5	9.2	9.2	18.5
	〃	〃	7.9	107	16.7	8.3	8.3	16.7
	〃	〃	9.5	129	15.1	7.6	7.6	15.1
	600	609.6	6.0	89.0	19.1	9.5	9.5	19.1
	〃	〃	6.4	95.2	18.4	9.2	9.2	18.4
	〃	〃	7.1	106	17.5	8.7	8.7	17.5
	〃	〃	7.9	117	16.6	8.3	8.3	16.6

관 구 분			옥 외 배 관						
배 관		인/ton	용 접 식			나 사 식			인/ton
나사식									
플랜트 용접공	특별 인부		플랜트 용접공	플랜트 배관공	특별 인부	플랜트 배관공	플랜트 용접공	특별 인부	
9.7	9.7	38.7	13.7	6.8	6.8	13.7	6.8	6.8	27.3
9.3	9.3	37.3	13.2	6.6	6.6	13.2	6.6	6.6	26.4
8.4	8.4	33.6	11.9	6.0	6.0	11.9	6.0	6.0	23.9
9.3	9.3	38.1	13.6	6.8	6.8	13.6	6.8	6.8	27.2
8.4	8.4	36.3	13.1	6.6	6.6	13.1	6.6	6.6	26.3
8.4	8.4	33.5	11.9	5.9	5.9	11.9	5.9	5.9	23.7
9.3	9.3	38.0	13.5	6.8	6.8	13.5	6.8	6.8	27.1
8.3	8.3	36.1	13.1	6.6	6.6	13.1	6.6	6.6	26.3
8.3	8.3	33.3	11.8	5.9	5.9	11.8	5.9	5.9	23.6
9.2	9.2	37.9	13.5	6.7	6.7	13.5	6.7	6.7	26.9
8.3	8.3	36.0	13.1	6.5	6.5	13.1	6.5	6.5	26.1
8.3	8.3	33.2	11.7	5.9	5.9	11.7	5.9	5.9	23.5
7.6	7.6	31.4	11.2	5.6	5.6	11.2	5.6	5.6	22.4
9.5	9.5	32.3	10.7	5.4	5.4	10.7	5.4	5.4	21.5
9.5	9.5	38.1	13.5	6.7	6.7	13.5	6.7	6.7	26.9
9.2	9.2	36.9	13.0	6.5	6.5	13.0	6.5	6.5	26.0
8.3	8.3	33.3	11.7	5.9	5.9	11.7	5.9	5.9	23.5
7.6	7.6	30.3	10.7	5.3	5.3	10.7	5.3	5.3	21.3
9.5	9.5	38.1	13.5	6.7	6.7	13.5	6.7	6.7	26.9
9.2	9.2	36.8	13.0	6.5	6.5	13.0	6.5	6.5	26.0
8.7	8.7	34.9	12.3	6.2	6.2	12.3	6.2	6.2	24.7
8.3	8.3	33.2	11.7	5.9	5.9	11.7	5.9	5.9	23.5

구 분	규격 mm	외경 mm	두께 mm	단위 중량 kg/m	배관 옥내 용접식 플랜트 용접공	배관 옥내 용접식 플랜트 배관공	배관 옥내 용접식 특별 인부	배관 옥내 나사식 플랜트 배관공
배관용 탄소강관 KSD3507	600	609.6	9.5	141	15.1	7.6	7.6	15.1
	〃	〃	10.3	152	14.5	7.3	7.3	14.5
	650	660.4	6.0	96.8	19.0	9.5	9.5	19.0
	〃	〃	6.4	103	18.4	9.2	9.2	18.4
	〃	〃	7.1	114	17.5	8.8	8.8	17.5
	〃	〃	7.9	127	16.6	8.3	8.3	16.6
	〃	〃	11.1	178	14.0	7.0	7.0	14.0
	700	711.2	6.0	104	19.0	9.5	9.5	19.0
	〃	〃	6.4	111	18.4	9.2	9.2	18.4
	〃	〃	7.1	123	17.5	8.7	8.7	17.5
	〃	〃	7.9	137	16.5	8.3	8.3	16.5
	〃	〃	11.9	205	13.5	6.7	6.7	13.5
	750	762.0	6.4	119	18.4	9.2	9.2	18.4
	〃	〃	7.1	132	17.5	8.7	8.7	17.5
	〃	〃	7.9	147	16.5	8.3	8.3	16.5
	〃	〃	11.9	220	13.5	6.7	6.7	13.5
	800	812.8	6.4	127	18.3	9.2	9.2	18.3
	〃	〃	7.1	141	17.4	8.7	8.7	17.4
	〃	〃	7.9	157	16.5	8.2	8.2	16.5
	〃	〃	11.9	235	13.5	6.7	6.7	13.5
	850	863.6	6.4	135	18.3	9.2	9.2	18.3
	〃	〃	7.1	150	17.4	8.7	8.7	17.4

관 구 분			옥 외 배 관							
배 관			용 접 식			나 사 식			인/ton
나사식		인/ton								
플랜트 용접공	특별 인부		플랜트 용접공	플랜트 배관공	특별 인부	플랜트 배관공	플랜트 용접공	특별 인부	
7.6	7.6	30.3	10.7	5.3	5.3	10.7	5.3	5.3	21.3
7.3	7.3	29.1	10.3	5.1	5.1	10.3	5.1	5.1	20.5
9.5	9.5	38.0	13.4	6.7	6.7	13.4	6.7	6.7	26.8
9.2	9.2	36.8	13.1	6.5	6.5	13.1	6.5	6.5	26.1
8.8	8.8	35.1	12.3	6.2	6.2	12.3	6.2	6.2	24.7
8.3	8.3	33.2	11.7	5.8	5.8	11.7	5.8	5.8	23.3
7.0	7.0	28.0	9.9	4.9	4.9	9.9	4.9	4.9	19.7
9.5	9.5	38.0	13.4	6.7	6.7	13.4	6.7	6.7	26.8
9.2	9.2	36.8	13.0	6.5	6.5	13.0	6.5	6.5	26.0
8.7	8.7	34.9	12.3	6.2	6.2	12.3	6.2	6.2	24.7
8.3	8.3	33.1	11.7	5.8	5.8	11.7	5.8	5.8	23.3
6.7	6.7	26.9	9.5	4.7	4.7	9.5	4.7	4.7	19.1
9.2	9.2	36.8	12.9	6.5	6.5	12.9	6.5	6.5	25.9
8.7	8.7	34.9	12.3	6.1	6.1	12.3	6.1	6.1	24.5
8.3	8.3	33.1	11.7	5.8	5.8	11.7	5.8	5.8	23.3
6.7	6.7	26.9	9.5	4.7	4.7	9.5	4.7	4.7	18.9
9.2	9.2	36.7	12.9	6.5	6.5	12.9	6.5	6.5	25.9
8.7	8.7	34.8	12.3	6.1	6.1	12.3	6.1	6.1	24.5
8.2	8.2	32.9	11.6	5.8	5.8	11.6	5.8	5.8	23.2
6.7	6.7	26.9	9.5	4.7	4.7	9.5	4.7	4.7	18.9
9.2	9.2	36.7	12.9	6.5	6.5	12.9	6.5	6.5	25.9
8.7	8.7	34.8	12.3	6.1	6.1	12.3	6.1	6.1	24.5

구 분	규격	외경	두께	단위중량	배			
					옥 내			
					용접식			나사식
	mm	mm	mm	kg/m	플랜트 용접공	플랜트 배관공	특별 인부	플랜트 배관공
배관용 탄소강관 KSD3507	850	863.6	7.9	167	16.5	8.2	8.2	16.5
	〃	〃	9.5	200	15.1	7.5	7.5	15.1
	〃	〃	12.7	266	13.1	6.5	6.5	13.1
	900	914.4	6.4	143	18.3	9.2	9.2	18.3
	〃	〃	7.9	177	16.5	8.2	8.2	16.5
	〃	〃	8.7	194	15.7	7.9	7.9	15.7
	〃	〃	12.7	282	13.0	6.5	6.5	13.0
	1000	1016.0	8.7	216	15.7	7.8	7.8	15.7
	〃	〃	10.3	255	14.5	7.2	7.2	14.5
	1100	1117.6	10.3	281	14.4	7.2	7.2	14.4
	〃	〃	11.1	303	13.8	6.9	6.9	13.8
	1200	1219.2	11.1	331	13.9	6.9	6.9	13.9
	〃	〃	11.9	354	13.4	6.7	6.7	13.4
	1350	1371.6	11.9	399	13.4	6.7	6.7	13.4
	〃	〃	12.7	426	12.9	6.5	6.5	12.9
	〃	〃	13.1	439	12.7	6.4	6.4	12.7
	1500	1574	12.7	473	13.1	6.6	6.6	13.1
	〃	〃	13.1	488	12.9	6.5	6.5	12.9
	〃	〃	15.1	562	12.1	6.0	6.0	12.1
압력배관용 탄소강관 KSD3562 SCH#40	6	10.5	1.7	0.369	101.3	50.7	50.7	101.3
	8	13.8	2.2	0.629	70.7	35.3	35.3	70.7
	10	17.3	2.3	0.851	59.9	29.9	29.9	59.9

관 구 분									
배 관				옥 외 배 관					
나사식		인/ton	용접식			나사식			인/ton
플랜트용접공	특별인부		플랜트용접공	플랜트배관공	특별인부	플랜트배관공	플랜트용접공	특별인부	
8.2	8.2	32.9	11.6	5.8	5.8	11.6	5.8	5.8	23.2
7.5	7.5	30.1	10.6	5.3	5.3	10.6	5.3	5.3	21.2
6.5	6.5	26.1	9.2	4.6	4.6	9.2	4.6	4.6	18.4
9.2	9.2	36.7	12.9	6.5	6.5	12.9	6.5	6.5	25.9
8.2	8.2	32.9	11.6	5.8	5.8	11.6	5.8	5.8	23.2
7.9	7.9	31.5	11.1	5.5	5.5	11.1	5.5	5.5	22.1
6.5	6.5	26.0	9.1	4.6	4.6	9.1	4.6	4.6	18.3
7.8	7.8	31.3	11.1	5.5	5.5	11.1	5.5	5.5	22.1
7.2	7.2	28.9	10.1	5.1	5.1	10.1	5.1	5.1	20.3
7.2	7.2	28.8	10.1	5.1	5.1	10.1	5.1	5.1	20.3
6.9	6.9	27.6	9.7	4.9	4.9	9.7	4.9	4.9	19.5
6.9	6.9	27.7	9.7	4.9	4.9	9.7	4.9	4.9	19.5
6.7	6.7	26.8	9.4	4.7	4.7	9.4	4.7	4.7	18.8
6.7	6.7	26.8	9.3	4.8	4.8	9.3	4.8	4.8	18.9
6.5	6.5	25.9	9.1	4.6	4.6	9.1	4.6	4.6	18.3
6.4	6.4	25.5	8.9	4.5	4.5	8.9	4.5	4.5	17.9
6.6	6.6	26.3	9.3	4.6	4.6	9.3	4.6	4.6	18.5
6.5	6.5	25.9	9.1	4.6	4.6	9.1	4.6	4.6	18.3
6.0	6.0	24.1	8.5	4.2	4.2	8.5	4.2	4.2	16.9
50.7	50.7	202.7	90.0	45.0	45.0	90.0	45.0	45.0	180.0
35.3	35.3	141.3	60.7	30.3	30.3	60.7	30.3	30.3	121.3
29.9	29.9	119.7	50.1	25.1	25.1	50.1	25.1	25.1	100.3

구 분	규격 mm	외경 mm	두께 mm	단위중량 kg/m	배관 옥내 용접식 플랜트용접공	배관 옥내 용접식 플랜트배관공	배관 옥내 용접식 특별인부	배관 옥내 나사식 플랜트배관공
압력배관용	15	21.7	2.8	1.31	47.0	23.5	23.5	47.0
탄소강관	20	27.2	2.9	1.74	41.8	20.9	20.9	41.8
KSD3562	25	34.0	3.4	2.57	35.2	17.6	17.6	35.2
SCH#40	32	42.7	3.6	3.47	32.0	16.0	16.0	32.0
	40	48.6	3.7	4.10	30.4	15.2	15.2	30.4
	50	60.5	3.9	5.44	28.2	14.1	14.1	28.2
	65	76.3	5.2	9.12	23.4	11.7	11.7	23.4
	80	89.1	5.5	11.3	22.2	11.1	11.1	22.2
	90	101.6	5.7	13.5	21.5	10.7	10.7	21.5
	100	114.3	6.0	16.0	20.7	10.3	10.3	20.7
	125	139.8	6.6	21.7	19.3	9.7	9.7	19.3
	150	165.2	7.1	27.7	18.4	9.2	9.2	18.4
	200	216.3	8.2	42.1	16.0	8.0	8.0	16.0
	250	267.4	9.3	59.2	15.7	7.8	7.8	15.7
	300	318.5	10.3	78.3	14.8	7.4	7.4	14.8
	350	355.6	11.1	94.3	14.2	7.1	7.1	14.2
	400	406.4	12.7	123	13.3	6.6	6.6	13.3
	450	457.2	14.3	156	12.5	6.2	6.2	12.5
	500	508.0	15.1	184	12.1	6.0	6.0	12.1

관 구 분									
배 관			옥 외 배 관						
나사식		인/ton	용 접 식			나 사 식			인/ton
플랜트 용접공	특별 인부		플랜트 용접공	플랜트 배관공	특별 인부	플랜트 배관공	플랜트 용접공	특별 인부	
23.5	23.5	94.0	38.3	19.2	19.2	38.3	19.2	19.2	76.7
20.9	20.9	83.6	33.3	16.7	16.7	33.3	16.7	16.7	66.7
17.6	17.6	70.4	27.4	13.7	13.7	27.4	13.7	13.7	54.8
16.0	16.0	64.0	24.4	12.2	12.2	24.4	12.2	12.2	48.8
15.2	15.2	60.8	23.0	11.5	11.5	23.0	11.5	11.5	46.0
14.1	14.1	56.4	21.1	10.5	10.5	21.1	10.5	10.5	42.1
11.7	11.7	46.8	17.1	8.6	8.6	17.1	8.6	8.6	34.3
11.1	11.1	44.4	16.2	8.1	8.1	16.2	8.1	8.1	32.4
10.7	10.7	42.9	15.5	7.8	7.8	15.5	7.8	7.8	31.1
10.3	10.3	41.3	14.9	7.5	7.5	14.9	7.5	7.5	29.9
9.7	9.7	38.7	13.9	6.9	6.9	13.9	6.9	6.9	27.7
9.2	9.2	36.8	13.2	6.6	6.6	13.2	6.6	6.6	26.4
8.0	8.0	32.0	11.4	5.7	5.7	11.4	5.7	5.7	22.8
7.8	7.8	31.3	11.1	5.6	5.6	11.1	5.6	5.6	22.3
7.4	7.4	29.6	10.5	5.2	5.2	10.5	5.2	5.2	20.9
7.1	7.1	28.4	10.0	5.0	5.0	10.0	5.0	5.0	20.0
6.6	6.6	26.5	9.3	4.7	4.7	9.3	4.7	4.7	18.7
6.2	6.2	24.9	8.8	4.4	4.4	8.8	4.4	4.4	17.6
6.0	6.0	24.1	8.5	4.2	4.2	8.5	4.2	4.2	16.9

[주] ('93, '95, '98년, '03년 보완)
① 본 품은 Raw Material 기준으로 한 것이며 소운반, 절단, Edge Cutting, 나사내기, 배열, Fitting재 취부, Valve류 취부, 용접, 나사접합, Hangering, Supporting, Flushing, 기밀시험 (leak test) 및 내압시험(Air, gas, Water test) 등이 포함되어 있다.
② 본 품은 Fitting류, Bracket류, Support류(hanger, shoe, Guide, Clamp, U-Bolt 등) 및 Valve류 등의 중량을 전체배관 설치중량의 30%로 간주하여 배관하는 품으로 10% 증감할 때마다 본 품에 10%씩 가감하고(단, 매설배관은 제외), Fitting류, Bracket류, Support 및 밸브류 등이 공장에서 제작조립된 경우에는 본 품에 30%까지 감하여 적용할 수 있다. 또한 설치중량에는 Fitting류, Bracket류, Support류 및 Valve류 등의 중량을 포함하여야 하며 현장에서 제작·설치되는 PIPE RACK은 SUPPORT류에서 제외하고 별도 계상한다.
③ 배관설치 높이가 지상 4m 초과하는 경우 매 4m 증가마다 3%씩 가산한다.
④ 기계실 옥내 옥외매설의 구분이 명확하지 않은 경우에는 옥내를 적용한다.
⑤ 기계실배관은 옥내배관의 50%가산, 옥외매설관은 옥외배관의 30% 감한다.
여기서 기계실배관이라 함은 보일러실, 터빈실, 펌프실 등과 같이 기계장치의 효율적인 운전 및 보수를 위하여 각종기계장치를 집합적으로 일정한 장소에 모아놓은 곳의 배관중에서, 일반적인 옥내배관보다 단위길이당 연결부위가 현저히 많고, 배관작업시 상호배관간의 간섭 또는 작업방해 등으로 옥내배관보다 작업내용이 복잡하여 단위 품이 현저히 증가되는 배관을 말한다.
⑥ 공구손료, 소모자재작업 및 정밀배관의 Oil Flushing의 품은 별도 계상한다.
⑦ 예열 및 응력제거가 필요한 경우는 별도 계상한다.
⑧ Alloy Steel(합금강)인 경우 용접식은 용접공(플랜트 용접공) 나사식은 배관공(플랜트 배관공) 량에 별표의 할증율을 적용 가산한다.
⑨ 규격이 같고 두께가 다를 경우 단위 중량에 비례 계상한다.
⑩ 외경은 참고 치수이다.
⑪ 고소배관 작업시 중량물 상량을 위한 조치가 필요한 경우에는 특수 비계공을 별도 계상할 수 있다.
⑫ 비파괴검사시 KS 1급 기준인 경우는 본 품에 100%까지 가산할 수 있다.
⑬ 유해가스가 없는 설계압력 5kg/㎠ 미만의 배관공사에는 플랜트 용접공을 용접공으로, 플랜트 배관공을 배관공으로 적용한다.

> **참 고**

규격이 같고 두께가 다른 경우 비례 계산 방법
- A_m : 탄소강관의 톤당품
- A_W : 탄소강관의 단위중량(ton/m)
- A_D : 탄소강관의 m당품($A_m \times A_W$)
- B_m : SCH40의 톤당품
- B_W : SCH40 단위중량(ton/m)
- B_D : SCH40의 m당품($B_W \times B_W$)
- C_W : 구하고자 하는 두께의 단위 중량(ton/m)
- C_D : 구하고자 하는 두께의 m당품
- $C_D = B_D + \dfrac{(B_D - A_D)}{(B_W - A_W)} \times (C_W - B_W)$
- C_m : 구하고자 하는 두께의 톤당품 $\left(\dfrac{C_D}{C_W}\right)$

[별 표]   재질에 따른 배관용접품 할증율

(%)

재질(ASTM기준) \ 구경(㎜)	50 이하	80	100	125	150	200	250	300	350	400	450	500	550	600
Mo합금강(A335-P1) Cr합금강(A335-P2,P3,P11,P12)	25.0	27.5	30.0	31.5	34.5	39.0	42.5	45.0	49.0	52.5	59.0	65.0	69.0	73.0
Cr합금강(A335-P3b,P21,22,P5bc)	33.5	37.0	40.0	42.0	46.0	52.0	57.0	60.0	66.5	70.0	79.0	87.0	92.5	98.0
Cr합금강(A335-P7,P9) Ni합금강(A333-Gr3)	45.0	49.5	54.0	57.0	62.0	70.0	76.5	81.0	88.0	94.5	106.0	117.0	124.0	131.0
스텐레스강(Type304,309,310,316) (L&H Grade포함)	47.5	52.0	57.0	60.0	63.5	72.0	81.0	86.0	93.0	100.0	112.0	123.5	131.0	139.0
동, 황동, Everdur	20.0	23.0	25.0	27.5	30.0	50.0	75.0	80.0	100.0	110.0	115.0	125.0	133.0	140.0
저온용합금강(A333-Gr1, Gr4, Gr9)	58.0	61.0	68.0	73.0	75.0	87.5	95.0	104.0	117.0	128.0	138.0	149.0	154.5	160.0
Hastelloy, Titanium, Ni(99%)	125.0	132.0	135.0	-	140.0	150.0	175.0	200.0	-	-	-	-	-	-
스텐레스강(Type321&347) Cu-Ni, Monel Inconel, Incoloy, Alloy20	54.0	58.0	61.0	63.0	65.0	74.0	85.0	95.0	100.0	115.0	123.0	130.0	139.0	145.0
알루미늄	69.0	76.0	82.5	87.0	95.0	107.0	117.0	124.0	135.0	144.0	162.0	179.0	190.0	201.0

비고 : 탄소강관용접품에 본 비율을 가산함.

13-1-2 관만곡(Pipe Bending) 설치

구경 mm	구분 SCH NO 직종	90°및 90° 이하의 곡관 20~80 플랜트 배관공	90°및 90° 이하의 곡관 20~80 특별 인부	90°및 90° 이하의 곡관 100~160 플랜트 배관공	90°및 90° 이하의 곡관 100~160 특별 인부	91°~180°U-곡관 20~80 플랜트 배관공	91°~180°U-곡관 20~80 특별 인부	91°~180°U-곡관 100~160 플랜트 배관공	91°~180°U-곡관 100~160 특별 인부	편심곡관 20~80 플랜트 배관공	편심곡관 20~80 특별 인부
ø 25		0.035	0.015	0.040	0.020	0.040	0.020	0.050	0.020	0.055	0.020
32		0.040	0.015	0.045	0.020	0.050	0.020	0.055	0.025	0.060	0.025
40		0.045	0.020	0.055	0.020	0.060	0.025	0.065	0.030	0.065	0.030
50		0.050	0.020	0.065	0.025	0.075	0.030	0.075	0.035	0.080	0.035
65		0.060	0.025	0.075	0.030	0.090	0.035	0.100	0.045	0.100	0.040
80		0.070	0.030	0.085	0.035	0.100	0.045	0.120	0.050	0.115	0.045
90		0.085	0.035	0.110	0.045	0.110	0.050	0.135	0.060	0.130	0.055
100		0.100	0.045	0.120	0.050	0.140	0.060	0.160	0.070	0.150	0.065
125		0.130	0.055	0.130	0.060	0.170	0.075	0.200	0.085	0.200	0.080
150		0.160	0.070	0.170	0.075	0.200	0.085	0.240	0.110	0.270	0.095
200		0.200	0.090	0.250	0.110	0.280	0.120	0.320	0.140	0.280	0.120
250		0.280	0.120	0.320	0.140	0.380	0.170	0.460	0.200	0.380	0.160
300		0.380	0.160	0.450	0.190	0.530	0.230	0.630	0.270	0.520	0.220
350		0.480	0.200	0.570	0.240	0.770	0.330	1.000	0.430	0.680	0.290
400		0.630	0.270	0.760	0.320	1.100	0.510	1.400	0.600	0.900	0.380
450		0.810	0.350	0.960	0.420	1.550	0.730	1.750	0.750	1.150	0.490
500		1.000	0.450	1.190	0.520	-	-	-	-	1.460	0.620
600		1.500	0.750	1.700	0.750	-	-	-	-	2.300	0.900

(개 당)

편심곡관 100~160		단편심 90° - 곡관				단편심 U - 곡관			
		20~80		100~160		20~80		100~160	
플랜트 배관공	특별 인부	플랜트 배관공	특별 인부	플랜트 배관공	특별 인부	플랜트 배관공	특별 인부	플랜트 배관공	특별 인부
0.060	0.025	0.065	0.030	0.075	0.035	0.075	0.035	0.090	0.035
0.070	0.030	0.075	0.030	0.085	0.040	0.090	0.040	0.100	0.045
0.080	0.035	0.085	0.035	0.100	0.045	0.100	0.045	0.125	0.055
0.095	0.040	0.100	0.045	0.120	0.050	0.120	0.055	0.155	0.065
0.120	0.050	0.125	0.055	0.150	0.060	0.150	0.065	0.185	0.080
0.135	0.060	0.150	0.055	0.170	0.070	0.180	0.080	0.210	0.095
0.160	0.070	0.170	0.075	0.190	0.080	0.210	0.090	0.280	0.120
0.185	0.080	0.190	0.085	0.230	0.095	0.240	0.100	0.350	0.150
0.220	0.095	0.240	0.100	0.280	0.120	0.300	0.125	0.420	0.180
0.250	0.110	0.290	0.120	0.340	0.145	0.350	0.150	0.600	0.250
0.30	0.125	0.380	0.160	0.440	0.190	0.510	0.170	0.810	0.340
0.46	0.180	0.490	0.210	0.580	0.250	0.690	0.290	1.160	0.490
0.63	0.270	0.700	0.300	0.770	0.330	0.980	0.420	1.660	0.710
0.86	0.370	0.940	0.400	1.100	0.470	1.460	0.630	1.900	0.820
1.11	0.480	1.250	0.530	1.450	0.600	1.820	0.780	-	-
1.14	0.600	-	-	-	-	-	-	-	-
-	-	-	-	-	-	-	-	-	-
-	-	-	-	-	-	-	-	-	-

(개 당)

구경 mm	구분 SCH NO 직종	U곡관 및 팽창형 U곡관				2편심 U - 곡관			
		20~80		100~160		20~80		100~160	
		플랜트 배관공	특별 인부	플랜트 배관공	특별 인부	플랜트 배관공	특별 인부	플랜트 배관공	특별 인부
ø 25		0.075	0.035	0.100	0.040	0.100	0.040	0.120	0.050
32		0.090	0.040	0.120	0.050	0.110	0.050	0.140	0.060
40		0.110	0.045	0.140	0.060	0.130	0.060	0.160	0.070
50		0.130	0.055	0.170	0.070	0.150	0.070	0.190	0.080
65		0.160	0.070	0.200	0.080	0.180	0.080	0.220	0.095
80		0.190	0.080	0.230	0.095	0.220	0.095	0.250	0.110
90		0.230	0.095	0.270	0.110	0.270	0.110	0.290	0.125
100		0.260	0.110	0.310	0.130	0.320	0.125	0.330	0.145
125		0.320	0.130	0.380	0.160	0.380	0.160	0.430	0.190
150		0.380	0.160	0.440	0.190	0.480	0.200	0.540	0.230
200		0.540	0.230	0.560	0.240	0.590	0.250	0.700	0.300
250		0.740	0.310	0.860	0.360	0.840	0.360	0.990	0.420
300		1.000	0.420	1.200	0.510	1.330	0.570	1.400	0.510
350		1.450	0.620	1.660	0.710	1.830	0.830	-	-
400		2.170	0.930	2.200	0.940	-	-	-	-
450		-	-	-	-	-	-	-	-
500		-	-	-	-	-	-	-	-
600		-	-	-	-	-	-	-	-

[주] ① 본 품은 탄소강관을 기준으로 한 것이다.
② 본 품중에는 Pipe절단품이 포함되어 있다.
③ 현장 작업인 경우에는 본 품의 20%를 가산한다.
④ Stainless Steel, Aluminum, Brass 및 Copper의 합금 작업시에는 본 품에 다음표에 있는 할증율을 가산한다.

• 할증율

(%)

구분 \ 구경(mm)	50	80	100	125	150	200	250	300	350	400	450	500	600
Stainless, A1	15	19	22	24	26	30	41	43	46	49	50	52	56
Copper, Brass	6	9	12	-	15	20	22	24	-	-	-	-	-

⑤ 공구손료 및 장비사용료는 별도 계상한다.

13-1-3 밸브 취부

1. Screwed Type

(개 당)

구경(mm) \ 직종	사 용 압 력 (VALVE)									
	10.5kg/㎠		21.0~27.5kg/㎠		42~62kg/㎠		105kg/㎠		176kg/㎠	
	플랜트배관공	특별인부	플랜트배관공	특별인부	플랜트배관공	특별인부	플랜트배관공	특별인부	플랜트배관공	특별인부
ø25 이하	0.066	0.033	0.066	0.033	0.093	0.046	0.093	0.046	0.100	0.050
32	0.066	0.033	0.066	0.033	0.100	0.050	0.110	0.055	0.140	0.070
40	0.086	0.043	0.086	0.043	0.140	0.070	0.150	0.075	0.170	0.085
50	0.093	0.046	0.120	0.060	0.160	0.080	0.170	0.085	0.210	0.105
65	0.133	0.066	0.160	0.080	0.187	0.093	0.230	0.110	0.240	0.120
80	0.166	0.083	0.190	0.095	0.233	0.116	0.270	0.130	0.290	0.140
90	0.187	0.093	0.210	0.105	0.260	0.130	0.290	0.140	0.310	0.150
100	0.220	0.110	0.250	0.125	0.300	0.150	0.340	0.170	0.370	0.180

2. Welder-Back Screwed Type

(개 당)

구경(mm) \ 직종	사 용 압 력 (VALVE)									
	10.5kg/㎠		21~27kg/㎠		42~63kg/㎠		105kg/㎠		176kg/㎠	
	플랜트배관공	특별인부	플랜트배관공	특별인부	플랜트배관공	특별인부	플랜트배관공	특별인부	플랜트배관공	특별인부
ø25 이하	0.107	0.053	0.107	0.053	0.133	0.066	0.134	0.067	0.140	0.066
32	0.133	0.066	0.133	0.066	0.166	0.083	0.180	0.090	0.206	0.103
40	0.153	0.076	0.154	0.077	0.206	0.103	0.220	0.110	0.240	0.120
50	0.186	0.093	0.220	0.110	0.253	0.126	0.266	0.133	0.300	0.150
65	0.240	0.120	0.266	0.133	0.293	0.146	0.333	0.166	0.346	0.173
80	0.300	0.150	0.326	0.163	0.366	0.183	0.400	0.200	0.420	0.210
90	0.360	0.180	0.380	0.190	0.434	0.217	0.466	0.233	0.480	0.240
100	0.406	0.203	0.406	0.203	0.486	0.243	0.526	0.263	0.550	0.270

3. Flange Type

(개 당)

구경 (mm)	직종	사용 압력 (VALVE)									
		10.5kg/㎠		21~27kg/㎠		42kg/㎠		63kg/㎠		105kg/㎠		176kg/㎠	
		플랜트 배관공	특별 인부	플랜트 배관공	특별 인부	플랜트 배관공	특별 인부	플랜트 배관공	특별 인부	플랜트 배관공	특별 인부	플랜트 배관공	특별 인부
ø50		0.100	0.050	0.133	0.067	0.180	0.090	0.198	0.097	0.220	0.110	0.293	0.147
65		0.133	0.066	0.167	0.084	0.207	0.104	0.220	0.110	0.287	0.144	0.340	0.170
80		0.166	0.083	0.200	0.100	0.254	0.127	0.267	0.134	0.327	0.164	0.387	0.194
90		0.220	0.110	0.240	0.120	0.300	0.150	0.320	0.160	0.380	0.190	0.440	0.220
100		0.240	0.120	0.287	0.144	0.347	0.174	0.360	0.180	0.433	0.217	0.520	0.260
125		0.286	0.143	0.334	0.167	0.394	0.197	0.407	0.204	0.487	0.244	0.580	0.290
150		0.313	0.156	0.367	0.184	0.427	0.214	0.447	0.224	0.560	0.280	0.627	0.314
200		0.407	0.203	0.486	0.243	0.574	0.287	0.606	0.303	0.746	0.373	0.900	0.450
250		0.520	0.260	0.606	0.303	0.694	0.347	0.735	0.368	0.954	0.477	1.090	0.550
300		0.646	0.323	0.746	0.373	0.867	0.434	0.920	0.460	1.190	0.600	1.430	0.720
350		0.746	0.373	0.860	0.430	1.010	0.506	1.060	0.530	1.420	0.710	-	-
400		0.860	0.430	1.000	0.500	1.160	0.580	1.230	0.620	1.680	0.840	-	-
450		0.960	0.480	1.130	0.570	1.350	0.630	1.430	0.720	1.950	0.980	-	-
500		1.100	0.550	1.280	0.640	1.550	0.780	1.630	0.820	2.260	1.130	-	-
600		1.260	0.630	1.480	0.740	1.760	0.880	1.810	0.910	2.660	1.330	-	-

[주] ① 본 품에는 Flange형 Valve의 운반조작(Handling) 및 Bolt 결합이 포함되어 있다.
② Valve 결합품에는 Gasket 및 Bolt Stud의 소운반이 포함되어 있다.
③ 공구손료 및 장비사용료는 별도 계상한다.

13-1-4 Fitting 취부

1. Screwed Type

(개 당)

직종	Fitting종류 구경 mm	(2개소결합) Elbow		(3개소결합) Tee		(4개소결합) Cross	
		플랜트 배관공	특별 인부	플랜트 배관공	특별 인부	플랜트 배관공	특별 인부
	ø 25 이하	0.040	0.020	0.060	0.03	0.08	0.040
	32	0.040	0.020	0.060	0.03	0.08	0.040
	40	0.053	0.026	0.080	0.04	0.11	0.055
	50	0.053	0.026	0.080	0.04	0.11	0.055
	65	0.066	0.033	0.100	0.05	0.13	0.060
	80	0.066	0.033	0.100	0.05	0.13	0.060
	90	0.066	0.033	0.100	0.05	0.13	0.060
	100	0.080	0.040	0.120	0.06	0.16	0.080

[주] ① 본 품은 조립품으로 절단 및 Threading등 품은 별도 계상한다.
② 공구손료 및 장비사용료는 별도 계상한다.

2. Flange Type

(개 당)

구분 구경 (mm)	직종	사 용 압 력 범 위 (Fitting)									
		10.5kg/cm²		21~27kg/cm²		42kg/cm²		63kg/cm²		105kg/cm²		176kg/cm²	
		플랜트 배관공	특별 인부	플랜트 배관공	특별 인부	플랜트 배관공	특별 인부	플랜트 배관공	특별 인부	플랜트 배관공	특별 인부	플랜트 배관공	특별 인부
ø50		0.060	0.030	0.060	0.030	0.073	0.036	0.087	0.043	0.10	0.05	0.13	0.06
65		0.066	0.033	0.066	0.033	0.086	0.043	0.100	0.050	0.13	0.06	0.17	0.08
80		0.066	0.033	0.066	0.033	0.086	0.043	0.100	0.050	0.13	0.06	0.17	0.08
90		0.087	0.043	0.087	0.043	0.110	0.055	0.130	0.060	0.15	0.07	0.20	0.10
100		0.100	0.050	0.120	0.060	0.130	0.060	0.140	0.070	0.17	0.08	0.23	0.11
150		0.130	0.060	0.140	0.070	0.150	0.070	0.170	0.080	0.22	0.11	0.29	0.14
200		0.170	0.080	0.200	0.100	0.220	0.110	0.250	0.140	0.31	0.15	0.41	0.20
250		0.230	0.110	0.250	0.120	0.270	0.130	0.310	0.150	0.39	0.19	0.51	0.25
300		0.290	0.140	0.320	0.160	0.340	0.170	0.370	0.190	0.49	0.24	0.64	0.32
350		0.320	0.160	0.360	0.180	0.390	0.190	0.440	0.220	0.54	0.27	-	-
400		0.370	0.180	0.410	0.200	0.430	0.210	0.500	0.250	0.62	0.31	-	-
450		0.400	0.200	0.450	0.220	0.490	0.240	0.560	0.280	0.69	0.34	-	-
500		0.460	0.230	0.520	0.260	0.550	0.270	0.630	0.310	0.77	0.38	-	-
600		0.550	0.270	0.520	0.310	0.660	0.330	0.760	0.380	0.93	0.46	-	-

[주] ① 본 품은 Flange로 된 Fitting 및 Spool의 결합에 필요한 품이다.
② 본 품에는 Bolt, Gasket 등의 소운반품이 포함되어 있다.
③ 공구손료 및 장비사용료는 별도 계상한다.

13-1-5 Flange 취부

1. Screwed Type

(조 당)

구경 (mm)	구분 직종	사용 압력 범위(Flange)			
		10.5kg/㎠ Steel 및 8.8kg/㎠ 주철		21kg/㎠ Steel 및 17.5kg/㎠ 주철	
		플랜트배관공	특별인부	플랜트배관공	특별인부
ø50		0.100	0.050	0.120	0.060
65		0.106	0.053	0.126	0.063
80		0.120	0.060	0.133	0.066
90		0.133	0.066	0.153	0.076
100		0.140	0.070	0.166	0.083
125		0.153	0.076	0.186	0.093
150		0.173	0.086	0.193	0.096
200		0.206	0.103	0.233	0.116
250		0.260	0.130	0.286	0.143
300		0.306	0.153	0.340	0.170
350		0.373	0.186	0.427	0.213
400		0.453	0.226	0.506	0.253
450		0.540	0.270	0.606	0.303
500		0.640	0.320	0.727	0.363
600		0.920	0.460	1.040	0.520

[주] ① 본 품은 주철 및 탄소강을 기준으로 한 것이다.
② 본 품에는 Pipe절단, Threading 및 Flange취부, 면사상 및 조정(Alignment)이 포함되어 있다.
③ 공구손료 및 장비사용료는 별도 계상한다.

2. Seal Welded Screwed Type

(조 당)

구경(mm) \ 구분	압력 범위 (Flange)									
	10.5kg/cm²		21kg/cm²		28kg/cm²		42kg/cm²		63kg/cm²		105kg/cm²
직종	플랜트배관공	특별인부	플랜트배관공	특별인부	플랜트배관공	특별인부	플랜트배관공	특별인부	플랜트배관공	특별인부	플랜트배관공	특별인부
ø50	0.166	0.083	0.186	0.096	0.200	0.100	0.200	0.100	0.260	0.130	0.260	0.130
65	0.186	0.093	0.200	0.100	0.220	0.110	0.220	0.110	0.274	0.137	0.274	0.137
80	0.200	0.100	0.220	0.110	0.240	0.120	0.240	0.120	0.306	0.153	0.306	0.153
90	0.220	0.110	0.240	0.120	0.267	0.133	0.267	0.133	0.360	0.180	0.400	0.200
100	0.240	0.120	0.267	0.133	0.300	0.150	0.320	0.160	0.400	0.200	0.460	0.230
125	0.273	0.137	0.306	0.153	0.340	0.170	0.374	0.187	0.494	0.247	0.530	0.265
150	0.326	0.163	0.366	0.183	0.426	0.213	0.440	0.220	0.606	0.303	0.674	0.337
200	0.400	0.200	0.406	0.230	0.540	0.270	0.553	0.277	-	-	-	-
250	0.520	0.260	0.566	0.283	0.606	0.300	0.666	0.333	-	-	-	-
300	0.593	0.297	0.666	0.333	0.726	0.363	0.774	0.387	-	-	-	-
350	0.706	0.353	0.800	0.400	-	-	-	-	-	-	-	-
400	0.886	0.443	0.974	0.487	-	-	-	-	-	-	-	-
450	1.030	0.515	1.110	0.555	-	-	-	-	-	-	-	-
500	1.104	0.557	1.250	0.625	-	-	-	-	-	-	-	-
600	1.580	0.797	1.700	0.850	-	-	-	-	-	-	-	-

[주] ① 본 품은 탄소강을 기준으로 한 것이다.
② 본 품에는 Pipe절단, Threading 및 Flange취부후 전배면 용접, 면사상(面仕上) 및 조정(Alignment)이 포함되어 있다.
③ 공구손료 및 장비사용료는 별도 계상한다.

3. Slip-on Flange Welded Type

(조 당)

구분 구경 mm	직종	사 용 압 력 (Flange)									
		10.5kg/cm²		21kg/cm²		27kg/cm²		42kg/cm²		63kg/cm²	
		플랜트 배관공	특별 인부	플랜트 배관공	특별 인부	플랜트 배관공	특별 인부	플랜트 배관공	특별 인부	플랜트 배관공	특별 인부
ø25 이하		0.066	0.033	0.087	0.044	0.120	0.060	0.120	0.060	0.133	0.067
32		0.087	0.043	0.100	0.050	0.120	0.060	0.120	0.060	0.153	0.077
40		0.087	0.043	0.107	0.054	0.120	0.060	0.120	0.060	0.153	0.077
50		0.107	0.053	0.120	0.060	0.153	0.077	0.156	0.078	0.200	0.100
65		0.126	0.063	0.140	0.070	0.193	0.097	0.183	0.092	0.254	0.127
80		0.153	0.076	0.173	0.087	0.240	0.120	0.240	0.120	0.300	0.150
90		0.186	0.093	0.200	0.100	0.274	0.137	0.274	0.137	0.342	0.171
100		0.200	0.100	0.220	0.110	0.293	0.147	0.320	0.160	0.400	0.200
125		0.253	0.127	0.273	0.137	0.373	0.187	0.400	0.200	0.506	0.253
150		0.300	0.150	0.326	0.163	0.433	0.217	0.483	0.287	0.600	0.300
200		0.426	0.213	0.453	0.237	0.607	0.304	0.666	0.333	0.660	0.330
250		0.526	0.263	0.566	0.283	0.754	0.377	0.926	0.463	0.960	0.480
300		0.640	0.320	0.694	0.347	0.920	0.460	1.140	0.570	1.270	0.640
350		0.754	0.377	0.834	0.417	1.090	0.550	1.350	0.670	1.470	0.740
400		0.874	0.437	0.940	0.470	1.250	0.630	1.530	0.770	1.670	0.840
450		1.020	0.510	1.130	0.570	1.460	0.730	1.690	0.850	1.970	0.980
500		1.220	0.610	1.330	0.670	1.750	0.830	1.970	0.980	2.290	1.150
600		1.530	0.770	1.670	0.840	2.140	1.070	2.600	1.300	2.900	1.450

[주] ① 본 품은 탄소강을 기준으로 한 것이다.
② 본 품에는 Pipe를 절단하여 Flange활입(滑入)후 전배면을 용접하고 면사상 및 조정(Alignment)이 포함되어 있다.
③ 공구손료 및 장비사용료는 별도 계상한다.

13-1-6 Oil Flushing

(ton 당)

규격 (㎜)	플랜트 배관공	보통 인부	계	규격 (㎜)	플랜트 배관공	보통 인부	계
ø8	7.43	141.19	148.62	ø65	1.05	19.89	20.94
10	6.32	120.00	120.32	80	0.85	16.05	16.90
15	4.94	93.89	98.83	100	0.60	11.33	11.93
20	4.38	83.30	87.68	125	0.44	8.31	8.75
25	3.72	70.59	74.31	150	0.34	6.55	6.89
32	2.75	52.29	55.04	200	0.23	4.30	4.53
40	2.33	44.25	46.58	250	0.16	3.06	3.22
50	1.76	33.35	35.11	300	0.12	2.31	2.43

[주] ① 본 품은 Scale의 조도가 50# 이상인 경우에 한하여 적용한다.
② 본 품은 Scale의 조도가 200#를 기준한 것으로 100#까지 10%, 50#까지 20%를 감한다.
③ 본 품에는 Flushing oil의 Charging 및 Drain, Hammering, 금망의 설치 및 교환 Scale의 Sampling 및 판정이 포함되어 있다.
④ Flushing을 위한 가배관 및 철거품은 별도 계상한다.
⑤ 장비 및 공구손료는 별도 계상한다.

13-1-7 장거리 배관('93년 보완)

(Joint 당)

규격	개당 중량(kg)	보통 인부	플랜트 배관공	특별 인부	플랜트 용접공	크레인 (시간)	비고
ø150	238	0.78	0.60	1.20	0.84	0.80	
175	290	0.82	0.63	1.26	0.89	0.84	
200	361	0.86	0.66	1.32	0.95	0.88	
225	432	0.90	0.69	1.38	1.00	0.92	
250	509	0.94	0.72	1.44	1.06	0.96	
300	636	1.01	0.78	1.56	1.17	1.04	
350	661	1.09	0.84	1.68	1.30	1.12	
400	710	1.17	0.90	1.80	1.44	1.20	
450	802	1.25	0.96	1.92	1.60	1.28	
500	892	1.33	1.02	2.04	1.71	1.34	
550	982	1.40	1.08	2.16	1.83	1.42	
600	1,068	1.48	1.14	2.28	1.94	1.50	
650	1,152	1.56	1.20	2.40	2.05	1.58	

[주] ① 본 품은 직관길이 12m를 기준한 것이며(수중, 터널내 등) 이형관 및 곡관 부설은 별도 계상할 수 있다.

② 본 품은 비파괴검사 KS 2급 기준이며, KS 1급 적용시는 본 품에 100%까지 가산할 수 있다.
③ 본 품은 소운반, 조양, Hangering, Supporting, Alignment, 가점, 본용접 등의 작업이 포함되어 있다.
④ 본 품은 비파괴시험작업, 수압시험작업이 제외되었다.
⑤ 작업 장소에 따른 할증률 및 지세별 할증률은 '[공통부문] 1-4-4 지세/지형'의 해당 할증 항을 적용한다.
⑥ 폴리에틸렌 피복관 배관시는 본 품에 10% 가산한다.
⑦ 타공사와 병행 작업시는 상기 본 품에 20% 가산한다.
⑧ 장비휴지 대기시간이 일일 1시간이상 발생할 경우에는 인건비, 관리비를 별도 계상한다.
⑨ 배관작업구간 내에 가설작업장을 건설치 못할 경우 장비 및 인원이동을 위하여 본 품에 10% 가산한다.
⑩ 본 품은 배관 및 용접 품이므로 별도의 기구 부착 등은 별도 계상한다.
⑪ 기계기구(용접기, 발전기, 지게차, 견인차, 공기압축기 등) 및 잡재료는 필요에 따라 계상한다.
⑫ 부설을 위한 터파기, 되메우기, 기초, 잔토처리, 물푸기 등은 별도 계상한다.

13-1-8 이중보온관 설치

1. 이중보온관 부설

(m당 : 관길이기준)

구분 관경(외경)(mm)	개당중량 (kg) (12m기준)	플랜트 배관공(인)	특별인부 (인)	보통인부 (인)	크레인 (시간)	비고
ø 20(90)	34(17)	0.065	0.065	0.100	-	
25(90)	43(22)	0.066	0.066	0.101	-	
32(110)	60(30)	0.067	0.067	0.102	-	
40(110)	67(34)	0.068	0.068	0.104	-	
50(125)	87(43)	0.070	0.070	0.106	-	
65(140)	122(61)	0.073	0.073	0.109	-	
80(160)	145(72)	0.075	0.075	0.112	-	
100(200)	204(102)	0.078	0.078	0.116	0.100	
ø 125(225)	259	0.082	0.082	0.125	0.105	
150(250)	326	0.086	0.086	0.130	0.110	
200(315)	500	0.095	0.095	0.142	0.121	
250(400)	663	0.103	0.103	0.152	0.132	
300(450)	797	0.105	0.105	0.155	0.134	
350(500)	834	0.108	0.108	0.163	0.136	
400(560)	1,072	0.111	0.111	0.167	0.138	
450(630)	1,250	0.119	0.119	0.178	0.147	

(m당 : 관길이기준)

구분 관경(외경)(mm)	개당중량 (kg) (12m기준)	플랜트 배관공(인)	특별인부 (인)	보통인부 (인)	크레인 (시간)	비 고
500(710)	1,459	0.124	0.124	0.185	0.149	
550(710)	1,882	0.130	0.130	0.192	0.151	
600(800)	2,161	0.136	0.136	0.203	0.153	
650(850)	2,332	0.143	0.143	0.213	0.161	
700(900)	2,559	0.150	0.150	0.222	0.169	
750(950)	2,730	0.157	0.157	0.231	0.177	
800(1,000)	2,970	0.164	0.164	0.240	0.185	
850(1,100)	3,690	0.171	0.171	0.249	0.193	
900(1,100)	3,775	0.178	0.178	0.263	0.201	
1,000(1,200)	4,538	0.192	0.192	0.282	0.217	
1,100(1,300)	5,098	0.206	0.206	0.301	0.233	
1,200(1,400)	5,547	0.220	0.220	0.320	0.249	

[주] ① 본 품은 지역난방용 온수의 공급 및 회수를 위하여 선응력도입법(Prestress Method)을 이용하여 지중에 매설되는 이중보온관의 기계부설에 적용한다.
② 본 품은 직관길이 12m를 기준한 것으로 이형관 및 곡관 등의 부설품은 포함되었으며 접합품은 제외되었다.
③ 개당중량의 ( )안은 6m 기준일때의 중량이다.
④ 본 품에는 소운반 조양, Hangering, Supporting, Alignment 등의 작업이 포함되었다.
⑤ 본 품은 지장물통과, 도로 및 철도횡단, 수중, 터널내 등 특수 부설구간은 별도 계상할 수 있다.
⑥ 본 품에는 비파괴검사 수압시험이 제외되었다.
⑦ 본 품에는 용접부 보온, Foam pad 설치 등은 제외되었다.
⑧ 본 품은 누수감지연결부 취급, 공급 및 회수관 동시배열, 폴리에틸렌 피복관 등 지역난방 열배관 특성이 고려되었다.
⑨ 타 공사와 병행작업시는 본 품에 20%까지 계상할 수 있다.
⑩ 장비 휴지 대기시간이 1일 1시간이상 발생할 경우에는 장비에 대한 노무비, 관리비를 별도 계상할 수 있다.
⑪ 배관작업 구간내에 가설작업장을 건설치 못할 경우 장비 및 인원이동을 위하여 본 품에 10% 가산할 수 있다.
⑫ 본 품에는 관로유지 및 누수감지 연결부, 육접부위 유지관리품이 계상되었다.
⑬ 자재 적치장에서 현장간 이중보온관의 운반비는 별도 계상한다.
⑭ 부설을 위한 터파기, 되메우기, 기초, 잔토처리, 물푸기 등은 별도 계상한다.
⑮ 본 품의 부설장비의 규격은 다음을 기준으로 한다.

관경(mm : 내경기준)	부 설 장 비 규 격	비 고
300A 이하	15ton급 크레인(타이어)	
350~650A	20ton급 크레인(타이어)	
700A 이상	25ton급 크레인(타이어)	

2. 이중보온관 용접

(Joint 당)

구분 관경(외경)(mm)	개당 강관중량(kg) (12m기준)	플랜트 용접공(인)	특별인부(인)	발전기 (50kW)(시간)	용접기 (300Amp) (시간)	용접봉(kg)
ø20(90)	21(10)	0.695	0.557	1.112	2.224	0.006
25(90)	31(15)	0.708	0.564	1.132	2.265	0.012
32(110)	42(21)	0.727	0.574	1.163	2.326	0.018
40(110)	49(25)	0.749	0.586	1.198	2.396	0.036
50(125)	65(33)	0.776	0.601	1.241	2.483	0.049
65(140)	96(48)	0.816	0.622	1.305	2.611	0.130
80(160)	113(56)	0.857	0.644	1.371	2.742	0.155
100(200)	159(79)	0.911	0.674	1.457	2.915	0.230
ø125(225)	203	0.978	0.710	1.564	3.129	0.310
150(250)	260	1.046	0.747	1.673	3.347	0.420
200(315)	397	1.187	0.824	1.899	3.798	0.600
250(400)	494	1.256	0.853	2.009	4.019	0.750
300(450)	591	1.362	0.908	2.179	4.358	0.880
350(500)	661	1.560	1.008	2.496	4.992	1.126
400(560)	757	1.775	1.109	2.840	5.680	1.296
450(630)	853	1.970	1.182	3.152	6.304	1.458
500(710)	950	2.107	1.257	3.371	6.742	1.620
550(710)	1.416	2.600	1.534	4.160	8.320	2.078
600(800)	1.547	2.763	1.623	4.420	8.841	2.235
650(850)	1.677	2.927	1.713	4.683	9.366	2.420
700(900)	1.808	3.081	1.797	4.929	9.859	2.606
750(950)	1.938	3.235	1.951	5.176	10.352	2.793
800(1,000)	2.070	3.389	2.105	5.422	10.844	2.979
850(1,100)	2.600	3.543	2.259	5.668	11.337	3.747
900(1,100)	2.755	3.697	2.413	5.915	11.830	3.968
1,000(1,200)	3.300	4.005	2.721	6.408	12.816	4.751
1,100(1,300)	3.634	4.313	3.029	6.900	13.801	5.226
1,200(1,400)	3.968	4.621	3.337	7.393	14.787	5.701

[주] ① 본 품은 지역난방용 온수의 공급 및 회수를 위하여 선응력 도입법(prestress Method)을 이용하여 지중에 매설되는 이중보온관의 용접에 적용한다.
② 본 품은 12m를 기준한 것이며 지장물 통과, 도로 및 철도 횡단, 수중, 터널내등 특수구간은 별도 계상할 수 있다.
③ 개당 강관중량의 ( )안은 6m 기준일때 중량이다.

④ 본 품은 비파괴시험 2급 기준이며 1급 적용시는 본 품에 100% 가산한다.
⑤ 본 품에는 가접, 본 용접 등의 작업이 포함되어 있다.
⑥ 본 품에는 비파괴시험작업, 수압시험작업이 제외되었다.
⑦ 본 품에는 용접부 보온, Foam pad 설치등이 제외되었다.
⑧ 타 공사와 병행작업시에 본 품에 20%까지 계상할 수 있다.
⑨ 장비 휴지 대기시간이 1일 1시간 이상 발생할 경우에는 장비에 대한 노무비, 관리비는 별도 계상할 수 있다.
⑩ 기계·공구(지게차, 견인차, 공기압축기 등) 및 잡재료는 필요에 따라 별도 계상한다.
⑪ MITER용접시는 본 품에 50%까지 할증을 고려하여 가산할 수 있다.
⑫ MITER용접에 필요한 관절단시 피복관 폴리에틸렌 절단과 폴리우레탄의 제거비는 별도 계상한다.
⑬ 본 품은 공급 및 회수관 동시배열, 폴리에틸렌 피복관등 지역난방 열배관 특성이 고려되었다.

13-2 플랜트 용접

13-2-1 강관절단('18년 보완)

(개소 당)

SCH No. 구경(mm) 직종	20~40		60~80		100~160	
	용접공(인)	특별인부(인)	용접공(인)	특별인부(인)	용접공(인)	특별인부(인)
ø25	0.002	0.001	0.003	0.001	0.004	0.002
32	0.002	0.001	0.003	0.001	0.005	0.002
40	0.003	0.001	0.005	0.002	0.007	0.003
50	0.003	0.001	0.007	0.003	0.008	0.004
65	0.004	0.002	0.010	0.004	0.010	0.004
80	0.005	0.002	0.012	0.005	0.012	0.005
95	0.007	0.003	0.013	0.005	0.014	0.006
100	0.009	0.004	0.014	0.006	0.017	0.007
125	0.010	0.005	0.017	0.007	0.021	0.009
150	0.014	0.006	0.021	0.009	0.024	0.010
200	0.017	0.007	0.028	0.012	0.031	0.013
250	0.021	0.009	0.031	0.013	0.035	0.015
300	0.028	0.012	0.035	0.015	0.052	0.022
350	0.038	0.016	0.052	0.022	0.070	0.030
400	0.049	0.026	0.070	0.030	0.087	0.037
450	0.066	0.028	0.087	0.037	0.105	0.045
500	0.084	0.036	0.105	0.045	0.122	0.052
600	0.105	0.045	0.122	0.052	0.135	0.060

[주] ① 본 품은 산소+LPG를 사용하여 탄소강관을 인력으로 절단하는 기준이다.
② 본 품은 절단위치 확인, 절단 및 절단면 가공(Beveling)작업이 포함된 것이다.
③ Pipe절단은 평면절단을 기준으로 한 품이며 사단일 경우에는 품을 30% 가산한다.
④ 공구손료 및 경장비(절단장비 등)의 기계경비는 인력품의 3%를 계상한다.

⑤ 재료량은 다음을 참고하여 적용한다.

(개소 당)

SCH No. 직종 구경(mm)	20~40		60~80		100~160	
	산소(ℓ)	LPG(kg)	산소	LPG(kg)	산소	LPG(kg)
φ25	2.4	0.002	2.5	0.002	5.2	0.005
32	2.7	0.003	2.9	0.003	6.6	0.006
40	3.2	0.003	3.4	0.003	9.0	0.009
50	3.8	0.004	5.2	0.005	17.2	0.017
65	4.8	0.005	14.2	0.014	26.2	0.026
80	6.2	0.006	19.5	0.019	37.8	0.037
95	7.5	0.007	26.2	0.026	42.0	0.041
100	12.0	0.012	32.2	0.031	56.5	0.055
125	22.0	0.021	50.0	0.049	77.0	0.075
150	34.0	0.033	71.5	0.070	119.0	0.116
200	56.0	0.055	105.0	0.103	179.0	0.175
250	99.0	0.097	149.0	0.146	344.0	0.336
300	129.0	0.126	227.0	0.222	592.0	0.578
350	152.0	0.149	270.0	0.264	730.0	0.713
400	195.0	0.191	345.0	0.337	950.0	0.928
450	242.0	0.236	418.0	0.408	1,060.0	1.036
500	290.0	0.283	527.0	0.515	1,210.0	1.182
600	332.0	0.324	880.0	0.860	1,650.0	1.612

13-2-2 강판절단('18년 보완)

(m 당)

철판두께(mm)	화구경(mm)	산소 압력(kg/cm²)	용접공(인)	특별인부(인)
3	0.5~1.0	1.0~2.2	0.0055~0.0037	0.0027~0.0019
6	0.8~1.5	1.1~1.4	0.0066~0.0042	0.0033~0.0021
9	0.8~1.5	1.2~2.1	0.0075~0.0046	0.0036~0.0023
12	1.0~1.5	1.4~2.2	0.0091~0.0050	0.0045~0.0025
19	1.2~1.5	1.7~2.5	0.0091~0.0054	0.0045~0.0027
25	1.2~1.5	2.0~2.8	0.0120~0.0060	0.0060~0.0030
38	1.5~2.0	2.1~3.2	0.0190~0.0076	0.0095~0.0039
50	1.7~2.0	1.6~3.5	0.0190~0.0084	0.0095~0.0042
75	1.7~2.0	2.3~3.9	0.0280~0.0110	0.0140~0.0060
100	2.1~2.2	3.0~4.0	0.0280~0.0130	0.0140~0.0070
125	2.1~2.2	3.9~4.9	0.0310~0.0170	0.0150~0.0090
150	2.5~2.8	4.5~5.6	0.0370~0.0200	0.0185~0.0100
200	2.5~2.8	4.0~5.4	0.0430~0.0250	0.0220~0.0130
250	2.5~2.8	4.6~6.8	0.0560~0.0350	0.0280~0.0170
300	2.8~3.1	4.1~6.0	0.0790~0.0430	0.0400~0.0220

[주] ① 본 품은 산소+LPG를 사용하여 강판을 인력으로 절단하는 기준이다.
② 본 품은 절단위치 확인, 절단 및 절단면 가공(Beveling)이 포함된 것이다.
③ 공구손료 및 경장비(절단기 등)의 기계경비는 인력품의 3%를 계상한다.
④ 재료량은 다음을 참고하여 적용한다.

(m 당)

철판두께(mm)	산소(ℓ)	LPG(kg)
3	16.5~25.1	0.016~ 0.025
6	39.6~103	0.039~ 0.101
9	56.9~144	0.056~ 0.141
12	104~197	0.102~ 0.192
19	180~244	0.176~ 0.238
25	266~324	0.260~ 0.317
38	479~730	0.468~ 0.713
50	593~743	0.579~ 0.726
75	971~1,380	0.949~ 1.348
100	1,113~1,860	1.087~ 1.817
125	1,469~2,280	1.435~ 2.228
150	2,507~3,580	2.449~ 3.498
200	3,689~4,560	3.604~ 4.455
250	5,813~7,103	5.679~ 6.940
300	9,670~12,410	9.448~12.125

13-2-3 강관용접('18년 보완)

1. 전기아크용접

(개소 당)

SCH No. 구경(㎜)	20 용접공 (인)	30 용접공 (인)	40 플랜트 용접공 (인)	60 플랜트 용접공 (인)	80 플랜트 용접공 (인)	100 플랜트 용접공 (인)	120 플랜트 용접공 (인)	140 플랜트 용접공 (인)	160 플랜트 용접공 (인)
φ15	-	-	0.066	-	0.075	-	-	-	0.087
20	-	-	0.075	-	0.083	-	-	-	0.101
25	-	-	0.083	-	0.094	-	-	-	0.117
40	-	-	0.094	-	0.116	-	-	-	0.154
50	-	-	0.116	-	0.138	-	-	-	0.190
65	-	-	0.138	-	0.150	-	-	-	0.212
80	-	-	0.150	-	0.162	-	-	-	0.250
90	-	-	0.162	-	0.175	-	-	-	0.290
100	-	-	0.175	-	0.200	-	0.325	-	0.350
125	-	-	0.187	-	0.237	-	0.337	-	0.450
150	-	-	0.225	-	0.275	-	0.450	-	0.590
200	0.287	0.287	0.287	0.325	0.362	0.525	0.700	0.800	0.940
250	0.337	0.337	0.337	0.435	0.575	0.790	0.900	1.000	1.160
300	0.387	0.387	0.450	0.575	0.750	0.900	1.090	1.350	1.680
350	0.442	0.462	0.537	0.760	0.940	1.100	1.360	1.740	2.170
400	0.540	0.540	0.725	0.950	1.220	1.660	1.830	2.360	2.710
450	0.640	0.750	0.960	1.290	1.600	1.990	2.300	2.840	3.220
500	0.690	0.940	1.050	1.460	1.820	2.360	2.930	3.560	4.050
600	0.800	1.100	1.230	1.790	2.280	3.180	4.200	5.000	5.560

[주] ① 본 품은 탄소강관의 현장 전기아크 용접을 기준한 것이다.
② 본 품은 접합면의 Beveling 및 손질이 되어 있는 상태에서 용접하는 품이다.
③ 수압시험 및 교정품은 본 품의 5%를 가산한다.

④ 합금강인 경우는 별표의 재질에 따른 배관 용접품 할증률을 가산한다. [별표] '[기계설비부문] 13-1-1 플랜트 배관 설치 [별표]' 참조
⑤ 비파괴검사 KS 1급 적용시에는 본 품에 100%까지 가산할 수 있다.
⑥ 다음과 같은 용접작업인 경우는 본 품을 증감할 수 있다.
　㉮ Back Mirror 용접(극히 협소한 장소) : 30%까지 가산
　㉯ Back Ring 사용시 : 25%까지 가산
　㉰ Nozzle 용접시 : 50%까지 가산
　㉱ Sloping Line 용접시 : 100%까지 가산
　㉲ Mitre 용접시 : 50%까지 가산
　㉳ Socket 용접시 : 40%까지 감
⑦ 예열, 응력제거, Radiographic Test가 필요한 경우는 별도 계상한다.
⑧ Pipe내 Purge Gas(Argon, N2 등)를 사용하여 용접시는 Inert Gas Purge 용접품을 본 품에 별도 계상한다.
⑨ 공구손료 및 경장비(용접기 등)의 기계경비는 인력품의 3%로 계상한다.
⑩ 재료량은 다음을 참고하여 적용한다.

(개소 당)

SCH No. 구경(mm)	20 용접봉 (kg)	30 용접봉 (kg)	40 용접봉 (kg)	60 용접봉 (kg)	80 용접봉 (kg)	100 용접봉 (kg)	120 용접봉 (kg)	140 용접봉 (kg)	160 용접봉 (kg)
φ15	-	-	0.006	-	0.015	-	-	-	0.024
20	-	-	0.012	-	0.021	-	-	-	0.063
25	-	-	0.018	-	0.036	-	-	-	0.092
40	-	-	0.036	-	0.090	-	-	-	0.150
50	-	-	0.049	-	0.130	-	-	-	0.250
65	-	-	0.150	-	0.240	-	-	-	0.370
80	-	-	0.190	-	0.320	-	-	-	0.560
90	-	-	0.230	-	0.410	-	-	-	0.760
100	-	-	0.280	-	0.480	-	0.730	-	1.010
125	-	-	0.400	-	1.010	-	1.130	-	1.650
150	-	-	0.540	-	1.060	-	1.650	-	2.490
200	0.600	0.710	0.900	1.310	1.780	2.360	2.380	2.800	3.200
250	0.750	1.050	1.300	2.200	2.980	4.140	4.200	4.900	5.300
300	0.880	1.310	1.850	3.240	4.700	4.800	5.900	6.400	6.400
350	1.390	1.780	2.210	4.000	6.000	5.700	8.000	10.200	12.500
400	1.600	2.060	3.390	5.470	6.800	8.100	10.600	14.800	17.600
450	1.800	3.020	4.700	7.750	8.400	13.700	15.600	18.020	23.600
500	2.100	4.300	5.750	9.250	10.100	15.300	16.500	25.700	30.600
600	2.440	6.010	7.710	12.100	13.600	20.500	23.600	36.200	42.100

2. TIG(Tungsten Inert Gas) 용접('18년 신설)

(개소 당)

SCH No.	20		30		40		60		80	
구경(mm) \ 직종(인)	플랜트 용접공	특별 인부	플랜트 용접공	특별 인부	플랜트 용접공	특별 인부	플랜트 용접공	특별 인부	플랜트 용접공	특별 인부
15	-	-	-	-	0.065	0.038	-	-	0.067	0.039
20	-	-	-	-	0.067	0.039	-	-	0.070	0.041
25	-	-	-	-	0.072	0.042	-	-	0.076	0.044
32	-	-	-	-	0.077	0.045	-	-	0.083	0.049
40	-	-	-	-	0.080	0.047	-	-	0.088	0.052
50	0.083	0.049	-	-	0.088	0.052	-	-	0.099	0.058
65	0.102	0.060	-	-	0.109	0.064	-	-	0.125	0.073
80	0.110	0.065	-	-	0.121	0.071	-	-	0.143	0.084
95	0.118	0.069	-	-	0.133	0.078	-	-	0.162	0.095
100	0.132	0.077	-	-	0.148	0.086	-	-	0.183	0.107
125	0.153	0.089	-	-	0.179	0.105	-	-	0.229	0.134
150	0.179	0.105	-	-	0.213	0.125	-	-	0.293	0.171
200	0.244	0.143	0.261	0.153	0.294	0.172	0.352	0.206	0.416	0.244
250	0.289	0.169	0.338	0.198	0.390	0.229	0.506	0.296	0.586	0.343
300	0.334	0.196	0.419	0.245	0.498	0.291	0.661	0.387	0.784	0.459
350	0.438	0.257	0.513	0.301	0.588	0.344	0.770	0.451	0.944	0.553
400	0.494	0.289	0.580	0.340	0.751	0.440	0.960	0.562	1.200	0.703
450	0.550	0.322	0.744	0.436	0.936	0.548	1.212	0.710	1.488	0.871
500	0.714	0.418	0.930	0.545	1.090	0.638	1.450	0.849	1.808	1.059
600	0.848	0.497	1.238	0.725	1.494	0.875	2.053	1.202	2.545	1.490

SCH No.	100		120		140		160	
구경(mm) \ 직종(인)	플랜트 용접공	특별 인부	플랜트 용접공	특별 인부	플랜트 용접공	특별 인부	플랜트 용접공	특별 인부
15	-	-	-	-	-	-	0.068	0.040
20	-	-	-	-	-	-	0.074	0.043
25	-	-	-	-	-	-	0.082	0.048
32	-	-	-	-	-	-	0.090	0.052
40	-	-	-	-	-	-	0.098	0.058
50	-	-	-	-	-	-	0.120	0.070
65	-	-	-	-	-	-	0.145	0.085
80	-	-	-	-	-	-	0.177	0.104
95	-	-	-	-	-	-	0.214	0.125
100	-	-	0.216	0.127	-	-	0.246	0.144
125	-	-	0.281	0.165	-	-	0.331	0.194
150	-	-	0.357	0.209	-	-	0.428	0.251
200	0.479	0.280	0.557	0.326	0.617	0.361	0.674	0.395
250	0.686	0.402	0.788	0.461	0.910	0.533	1.005	0.588
300	0.939	0.550	1.090	0.638	1.207	0.707	1.375	0.805
350	1.153	0.675	1.321	0.774	1.485	0.870	1.641	0.961
400	1.439	0.843	1.667	0.976	1.930	1.130	2.113	1.237
450	1.802	1.055	2.101	1.231	2.356	1.380	2.640	1.546
500	2.201	1.289	2.540	1.488	2.912	1.705	3.233	1.894
600	3.136	1.837	3.653	2.139	4.107	2.405	4.597	2.692

[주] ① 본 품은 탄소강관의 현장 TIG 용접을 기준한 것이다.
② 본 품은 접합면의 Beveling 및 손질이 되어 있는 상태에서 용접하는 기준이다.
③ 강관의 사용압력이 100kg/㎠ 이상인 배관 또는 압력용기를 용접하거나, 합금강을 용접하는 경우(난이도 특급수준)에는 플랜트특수용접공을 적용한다.
④ 공구손료 및 경장비(용접기 등)의 기계경비는 인력품의 3%로 계상한다.
⑤ 재료량(용접봉, 보호가스 등)은 별도 계상한다.
⑥ 다음과 같은 용접작업인 경우는 본 품을 증감할 수 있다.
　㉮ Back Mirror 용접(극히 협소한 장소) : 30%까지 가산
　㉯ Back Ring 사용시 : 25%까지 가산
　㉰ Nozzle 용접시 : 50%까지 가산
　㉱ Sloping Line 용접시 : 100%까지 가산
　㉲ Mitre 용접시 : 50%까지 가산
　㉳ Socket 용접시 : 40% 까지 감
⑦ 예열, 응력제거, Radiographic Test가 필요한 경우는 별도 계상한다.
⑧ Pipe내 Purge Gas(Argon, N2 등)를 사용하여 용접시는 Inert Gas Purge 용접품을 본 품에 별도 계상한다.

13-2-4 강판 전기아크용접

1. 전기아크용접(V형)('93년 보완)

(m 당)

두께 (mm)	자세 및 직종	용접봉사용량(kg)			인　력 (인)						소요전력(kWh)		
		하향	횡향	입향	하향		횡향		입향		하향	횡향	입향
					용접공	특별인부	용접공	특별인부	용접공	특별인부			
3		0.17	0.20	0.22	0.030	0.009	0.036	0.011	0.044	0.013	0.60	0.70	0.90
4		0.28	0.30	0.33	0.033	0.010	0.041	0.012	0.050	0.015	1.00	1.20	1.45
5		0.38	0.40	0.45	0.037	0.011	0.046	0.014	0.056	0.017	1.45	1.70	1.95
6		0.58	0.60	0.66	0.042	0.012	0.052	0.016	0.063	0.019	1.85	2.50	2.75
7		0.78	0.80	0.89	0.057	0.014	0.068	0.017	0.079	0.021	2.20	3.20	3.45
8		0.98	1.00	1.08	0.071	0.016	0.084	0.020	0.098	0.023	3.15	4.00	4.40
9		1.15	1.20	1.30	0.080	0.017	0.094	0.023	0.106	0.027	5.00	6.00	6.35
10		1.33	1.40	1.50	0.087	0.020	0.106	0.025	0.121	0.030	7.00	8.00	8.40
11		1.51	1.60	1.75	0.103	0.023	0.120	0.028	0.139	0.034	8.00	9.0	9.50
12		1.71	1.80	1.96	0.116	0.026	0.134	0.032	0.157	0.039	9.00	10.0	10.50
13		1.90	2.00	2.20	0.130	0.029	0.151	0.036	0.181	0.044	10.00	11.5	12.25
14		2.08	2.20	2.43	0.146	0.033	0.169	0.040	0.198	0.049	11.10	13.0	13.75
15		2.25	2.40	2.65	0.162	0.037	0.187	0.044	0.218	0.054	13.50	15.0	15.80

[주] ① 본 품은 철판 두께에 따른 규정에 정해진 층수에 용접하는 품이다.
② 본 품은 Net Arc Time 기준이므로 본 품에 아래 작업효율을 감안하여 계상한다.
　　수동용접 : 40%(공장가공), 30%(현장가공)
　　자동용접 : 45%(공장가공), 35%(현장가공)
③ 본 품에는 Beveling이 포함되어 있다.
④ 공구손료는 별도 계상한다.
⑤ 비파괴시험, Preheating 및 Annealing은 필요한 경우 별도 계상한다.
⑥ 합금강에 대하여는 '[기계설비부문] 13-2-3 강관용접/1.전기아크 용접'과 같이 적용한다.

[계산예]
두께 3㎜의 강판을 하향자세에 의하여 수동용접으로 공장가공하는 경우의
용접공 품 : 0.03÷0.4=0.075인/m

2. 전기아크용접(U형)

(m 당)

두께(㎜) \ 구분 자세 및 직종	용접봉소비량(kg) 하향한면용접용	용접봉소비량(kg) 하향양면용접용	소요전력(kWh) 하향한면용접	소요전력(kWh) 하향양면용접	하향한면용접(인) 용접공	하향한면용접(인) 특별인부	하향양면용접(인) 용접공	하향양면용접(인) 특별인부
15	2.05	2.40	8	9	0.250	0.075	0.275	0.083
20	2.80	3.10	11	12	0.344	0.103	0.362	0.109
25	3.70	4.00	15	16	0.488	0.146	0.525	0.158
30	4.80	5.00	22	24	0.513	0.154	0.550	0.165
35	6.00	6.40	31	34	0.600	0.180	0.638	0.191
40	7.40	7.90	42	45	0.688	0.206	0.750	0.225
45	8.90	9.40	53	57	0.788	0.236	0.844	0.253
50	10.40	11.00	66	71	0.900	0.270	0.962	0.289
55	12.00	12.70	80	86	1.038	0.311	1.060	0.318
60	13.50	15.40	84	100	1.137	0.341	1.200	0.360
65	15.10	16.10	109	116	1.250	0.365	1.310	0.390
70	16.60	17.70	124	131	1.425	0.428	1.485	0.446

[주] ① 본 품은 하향식 용접을 기준으로 한 품이다.
② 본 품은 Beveling 품이 포함되어 있다.
③ 공구손료는 별도 계상한다.
④ 비파괴시험, Preheating 및 Annealing은 필요한 경우 별도로 계상한다.
⑤ 작업효율은 "1. 전기아크용접(V형)"과 같이 적용한다.

3. 전기아크용접(H형)

(m 당)

두께 (mm)	구분 자세 및 직종	용접봉소비량(kg) 하향한면용접	용접봉소비량(kg) 하향양면용접	소요전력(kWh) 하향한면용접	소요전력(kWh) 하향양면용접	하향한면용접(인) 용접공	하향한면용접(인) 특별인부	하향양면용접(인) 용접공	하향양면용접(인) 특별인부
15		1.60	1.70	4	8	0.114	0.034	0.165	0.050
20		1.90	2.40	5	10	0.150	0.045	0.312	0.094
25		2.35	3.30	6	14	0.175	0.053	0.388	0.116
30		2.90	4.30	10	20	0.200	0.060	0.462	0.139
35		3.60	5.40	14	28	0.219	0.066	0.537	0.161
40		4.30	6.70	20	36	0.275	0.083	0.625	0.188
45		5.20	8.00	25	46	0.313	0.093	0.713	0.214
50		6.10	9.40	32	57	0.350	0.105	0.894	0.268
55		7.10	10.90	39	68	0.413	0.124	0.900	0.270
60		8.00	12.40	46	81	0.475	0.143	1.013	0.304
65		9.10	13.90	53	95	0.563	0.169	1.125	0.338
70		10.20	15.30	61	109	0.656	0.197	1.242	0.373

[주] ① 본 품은 하향식 용접을 기준으로 한 품이다.
② 본 품에는 Beveling 품이 포함되어 있다.
③ 공구손료는 별도 계상한다.
④ 비파괴시험, Preheating 및 Annealing은 필요한 경우 별도로 계상한다.
⑤ 작업효율은 '1. 전기아크용접(V형)'과 같이 적용한다.

4. 전기아크용접(X형)

(m 당)

두께 (mm)	구분 자세 및 직종	용접봉소비량(kg) 하향	용접봉소비량(kg) 횡향	용접봉소비량(kg) 입향	인력(인) 하향 용접공	인력(인) 하향 특별인부	인력(인) 횡향 용접공	인력(인) 횡향 특별인부	인력(인) 입향 용접공	인력(인) 입향 특별인부	전력소비량(kWh) 하향	전력소비량(kWh) 횡향	전력소비량(kWh) 입향
16		1.95	1.97	2.10	0.166	0.051	0.200	0.062	0.260	0.076	12.0	12.5	14.0
18		2.10	2.15	2.25	0.192	0.056	0.230	0.068	0.310	0.082	14.0	15.0	17.0
20		2.25	2.30	2.45	0.225	0.062	0.270	0.073	0.340	0.088	17.0	18.0	20.0
22		2.45	2.50	2.65	0.250	0.068	0.310	0.078	0.390	0.094	20.0	22.0	24.0
24		2.60	2.70	2.90	0.290	0.074	0.350	0.084	0.450	0.105	23.5	26.0	28.0
26		2.75	2.90	3.15	0.320	0.079	0.400	0.089	0.510	0.110	27.5	30.6	33.0
28		3.00	3.15	3.40	0.370	0.085	0.450	0.095	0.580	0.116	33.0	36.6	38.0
30		3.25	3.45	3.70	0.413	0.090	0.495	0.105	0.632	0.123	39.5	41.9	43.9

[주] ① 본 품은 철판 두께에 따라 규정에 정해진 층수를 용접하는 품이다.
② 본 품에는 Beveling품이 포함되어 있다.
③ 공구손료는 별도 계상한다.
④ 비파괴시험, Preheating 및 Annealing은 필요한 경우 별도로 계상한다.
⑤ 작업효율 계상은 '1. 전기용접(V형)'과 같이 적용한다.

5. 전기아크용접(Fillet용접)

(m 당)

두께 (mm)	용접봉소비량(kg)				소요전력(kWh)				인 력 (인)							
									하 향		횡 향		상 향		입 향	
자세 및 직종	하향	횡향	상향	입향	하향	횡향	상향	입향	용접 공	특별 인부	용접 공	특별 인부	용접 공	특별 인부	용접 공	특별 인부
5	0.27	0.30	0.33	0.35	1.90	2.20	2.30	2.50	0.010	0.002	0.020	0.006	0.027	0.008	0.031	0.009
6	0.33	0.40	0.42	0.43	2.25	2.65	2.75	2.90	0.014	0.004	0.026	0.008	0.032	0.009	0.036	0.011
7	0.40	0.50	0.53	0.55	2.60	3.10	3.25	3.50	0.021	0.006	0.031	0.009	0.038	0.011	0.042	0.013
8	0.49	0.60	0.61	0.62	3.25	3.75	4.00	4.25	0.027	0.008	0.040	0.012	0.048	0.012	0.052	0.016
9	0.68	0.80	0.82	0.83	3.80	4.50	4.75	5.10	0.033	0.010	0.052	0.015	0.056	0.017	0.063	0.019
10	0.86	1.0	1.01	1.01	4.70	5.25	5.70	6.10	0.048	0.013	0.062	0.017	0.069	0.021	0.073	0.022
11	0.95	1.15	1.18	1.20	5.50	6.20	6.70	7.10	0.057	0.015	0.071	0.021	0.079	0.024	0.083	0.025
12	1.09	1.30	1.33	1.35	6.40	7.10	7.75	8.20	0.066	0.017	0.081	0.024	0.092	0.028	0.096	0.029
13	1.26	1.50	1.55	1.58	7.25	8.10	8.80	9.30	0.075	0.020	0.092	0.028	0.104	0.031	0.110	0.033
14	1.45	1.70	1.73	1.75	8.20	9.10	10.00	10.30	0.083	0.023	0.110	0.031	0.119	0.034	0.125	0.038
15	1.64	1.90	1.94	1.96	9.20	10.25	11.10	11.70	0.089	0.026	0.128	0.036	0.135	0.041	0.142	0.043
16	1.90	2.20	2.25	2.29	10.50	11.50	12.50	13.00	0.096	0.029	0.138	0.039	0.150	0.045	0.160	0.048
17	2.20	2.50	2.56	2.60	11.50	12.50	16.00	14.50	0.108	0.032	0.150	0.044	0.160	0.051	0.175	0.053
18	2.49	2.80	2.88	2.93	13.75	16.00	16.30	17.00	0.110	0.035	0.163	0.049	0.190	0.057	0.196	0.059
19	2.80	3.10	3.20	3.27	15.50	16.80	17.20	19.00	0.129	0.039	0.175	0.053	0.204	0.061	0.216	0.069

[주] ① 본 품에는 Gouging은 제외되어 있다.
② 공구손료는 별도 계상한다.
③ 작업효율은 '1. 전기용접(V형)'과 같이 적용한다.

Arc Air Gouging

Carbon Rod	구 분	Gouging량 (m/분)	작업 속도 (m/hr)	Gouging형상		사용전압 (A)	전압 (V)
				Depth	Width		
6.5ø×305m/m	AC	1.8	36	3(m/m)	8(m/m)	290	35
	DC	2.2	45	3	8	240	40
8.0ø×305m/m	AC	2.1	39	4	9	360	35
	DC	2.6	52	4	9	300	40
9.5ø×305m/m	AC	2.3	31	6	12	400	35
	DC	2.8	36	6	12	330	40

○ 적용범위 : 강판 주강 Stainless철판, 경합금, 황동주철물 등의 Gouging 및 절단 등.

13-2-5 예열(Electric Resistance Heating)('92년 보완)

(개소 당 플랜트 용접공)

Pipe Size (inch)	두께 (inch)									
	0.75 이하	1.00	1.25	1.50	1.75	2.00	2.25	2.50	2.75	3.00
3 이하	0.208	0.250	-	-	-	-	-	-	-	-
4	0.292	0.312	0.375	0.417	-	-	-	-	-	-
5	-	0.396	0.437	0.500	0.521	0.583	-	-	-	-
6	-	0.437	0.521	0.562	0.625	0.667	0.708	-	-	-
8	-	0.625	0.708	0.771	0.771	0.917	0.937	1.000	-	-
10	-	-	0.854	0.917	0.979	1.125	1.208	1.312	1.479	1.583
12	-	-	-	1.271	1.375	1.458	1.542	1.667	1.792	1.896
14	-	-	-	1.521	1.646	1.750	1.896	2.000	2.146	2.271
16	-	-	-	-	1.958	2.083	2.187	2.417	2.562	2.708
18	-	-	-	-	-	2.562	2.708	2.854	3.083	3.292
20	-	-	-	-	-	2.917	3.146	3.312	3.542	3.792
22	-	-	-	-	-	-	-	3.583	3.833	4.125
24	-	-	-	-	-	-	-	3.875	4.125	4.417

[주] ① 본 품은 기구준비, 소정의 온도까지 가열, 가열후 기구철거에 필요한 품이 포함되어 있다.
② 예열품은 합금강의 재질에 따른 할증을 하지 않는다.
③ 예열작업을 위한 비계설치비용 등은 별도 계상한다.
④ Gas Heating의 경우 개소당 0.125인을 적용한다.
⑤ 예열온도는 다음과 같다.

(℃)

P No.	재 질		두께 (inch)			
			½ 이하	1	1½	2 이상
1	탄소강		-	-	-	-
2	단 철		-	-	-	-
3	합 금 강	Cr¾% 이하 합계2% 이하	150	205	260	315
4	〃	Cr¾~2.0% 합계2¾% 이하	205	242	280	315
5	〃	Cr2~3% 합계10% 이하	205	242	280	315
	〃	Cr3~10% 합계10% 이하	260	278	296	315
6	〃	Martensitic Stainless	260	295	333	370

○ 탄소강관은 예열이 필요없으나 외기온도가 5℃ 이하에서는 손으로 따뜻함을 느낄 정도로 예열해야 함.
○ 가열속도는 Pipe내부와 외부의 온도차가 80℃를 초과하지 못하게 서서히 가열함.

13-2-6 응력제거

1. Induction Heating Device

(개소)

P No.	재 질		두 께 (inch)					
			½ 이하	¾	1	1½	2	2½	3
1	탄소강		-	0.72	0.72	0.78	1.03	1.15	1.22
2	단 철		-	-	-	-	-	-	-
3	합 금 강	Cr¾% 이하 합계 2.0% 이하	0.72	0.72	0.72	0.78	1.22	1.28	1.34
4	〃	Cr¾~2.0% 합계2¾% 이하	0.72	0.72	0.72	0.78	1.22	1.28	1.34
5	〃	Cr2~3% 합계10% 이하	0.72	0.72	0.72	0.78	1.22	1.28	1.34
	〃	Cr3~10% 합계10% 이하	0.85	0.85	0.85	0.97	1.47	1.59	1.72
6	〃	Martensitic Stainless	0.85	0.85	0.85	0.97	1.47	1.59	1.72

[주] ① 두께 1½"까지는 시간상 550℃의 가열속도로 가열한다.
② 두께 1½" 이상은 60Cycle로는 시간당 280℃의 가열속도로 400Cycle로는 시간당 220℃의 가열속도로 가열한다.
③ 소정의 온도를 유지후 냉각속도는 가열시의 속도와 같다.
④ Cr 함량 3% 이하의 Low Alloy Steel로서 외경 4" 이하의 Pipe중 두께 ½" 이하는 특별지시가 없는 한 응력제거를 시행하지 않아도 좋다.
⑤ 기타 상세한 것은 해당 Instruction에 의한다.
⑥ 열처리 온도 및 유지시간은 다음과 같다.

P No.	재 질		유지온도℃	유지시간두께 inch당	최소유지 시간
1	탄소강		600~650	1	1
2	단 철		-	-	-
3	합 금 강	Cr¾% 합계 2.0% 이하	690~735	1	1
4	〃	Cr¾~2.0% 합계2¾ 이하	700~760	1	1
5	〃	Cr2~3% 합계10% 이하	700~790	1	1
	〃	Cr3~10% 합계10% 이하	700~770	2	2
6	〃	Martensitic Stainless	760~815	2	2

2. Ring Burner, Electric Resistence Heating Device('92년 보완)

(개소 당 플랜트 용접공)

파이프 규격 (inch)	파 이 프 벽 두 께 (inch)									
	0.75 이하	1.00	1.25	1.50	1.75	2.00	2.25	2.50	2.75	3.00
3 이하	0.64	0.68	-	-	-	-	-	-	-	-
4	0.68	0.74	0.80	0.85	-	-	-	-	-	-
5	-	0.79	0.84	0.90	0.95	1.03	-	-	-	-
6	-	0.84	0.90	0.98	1.03	1.13	1.21	-	-	-
8	-	0.93	0.98	1.05	1.11	1.19	1.26	1.35	-	-
10	-	-	1.01	1.10	1.15	1.23	1.29	1.40	1.49	1.56
12	-	-	-	1.13	1.20	1.29	1.35	1.44	1.54	1.65
14	-	-	-	1.20	1.29	1.40	1.45	1.54	1.65	1.76
16	-	-	-	-	1.35	1.45	1.54	1.64	1.75	1.88
18	-	-	-	-	-	1.54	1.64	1.75	1.88	2.00
20	-	-	-	-	-	1.66	1.79	1.90	2.03	2.18
22	-	-	-	-	-	-	-	2.05	2.18	2.40
24	-	-	-	-	-	-	-	2.21	2.36	2.51

[주] ① 가열시에는 Pipe의 내부와 외부의 온도차가 80℃를 초과하지 않게 서서히 가열한다.
② Pipe를 300℃ 이상에서 가열할 때의 가열속도는 두께 2"까지는 시간당 200℃의 가열속도로 두께 2" 이상은 200℃×2/T의 가열속도로 가열한다.
③ 소정의 온도를 유지후 냉각시킬 때 300℃까지의 냉각속도는 가열속도와 같다.
④ Cr 함량 3% 이하의 Low Alloy Steel로서 외경 4" 이하의 Pipe중 두께 ½" 이하는 특별지시가 없는 한 응력제거를 시행하지 않아도 좋다.
⑤ 기타 자세한 것은 해당 Instruction에 의한다.
⑥ 열처리 온도 및 유지시간은 '[기계설비부문] 13-2-6 1. [주] ⑥'을 적용한다.
⑦ 본 품은 탄소강관 기준이며 합금의 경우 별표의 할증율을 적용한다.

[별 표]

재질에 따른 응력제거품 할증율

(%)

재질(ASTM기준) \ 파이프규격(in)	3 이하	4	5	6	8	10	12	14	16	18	20	22	24
MO합금강 (A335-P1) Cr합금강 (A335-P2,P3,P11,P12)	18.5	20	21	23	26	28.5	30	33	35	39.5	43.5	46	49
Cr합금강 (A335-P3b,P21,22,P5bc)	25	27	28	31	35	38	40	44	47	53	58	62	66
Cr합금강 (A335-P7,P9) Ni합금강 (A333-Gr3)	33	36	38	41.5	47	51	54	59	63	71	78	83	88
스텐레스강 (Type304,309,310,316) (L&H Grade포함)	35	38	40	42.5	48	54	58	62	67	75	83	88	93
동, 황동, Everdur	15	17	18	20	33.5	50	54	67	74	77	84	89	94
저온용합금강 (A333-Gr1,Gr4,Gr9)	41	45.5	49	50	59	64	70	78	86	92	100	103	107
Hastelloy,Titanium,Ni(99%)	88	90.5	-	94	100.5	117	134	-	-	-	-	-	-
스텐레스강 (Type321&347)Cu-Ni,Monel Inconel,Incoloy,Alloy20	39	41	42	43.5	49.5	57	64	67	77	82	87	93	97
알루미늄	51	55	58	64	72	78	83	90	96	108.5	120	127	135

비고 : 탄소강관용접품에 본 비율을 가산함.

13-2-7 아세틸렌량의 환산

일반적으로 아세틸렌의 부피단위(ℓ)를 중량단위(㎏)로의 환산식은 다음과 같다.

아세틸렌(㎏) = 아세틸렌(ℓ) × $\dfrac{26\,g}{22.4\,\ell}$ ÷ 1,000

　26g : 아세틸렌의 1mol당 분자량
　22.4ℓ : 표준상태에서 1mol당량

13-3 배관 및 기기보온

13-3-1 Pipe보온('04년 보완)

1. 보온두께 30mm 이하

Pipe Size (mm)	관(m당)		Fitting (개당)		Hanger (개당)		Valve 및 Flange(개당)		직관의 물량			
	보온공	특별인부	보온공	특별인부	보온공	특별인부	보온공	특별인부	성형물 (m)	철선 (m)	Lagging Sheet (㎡)	Sheet Metal Screw (개)
ø50 이하	0.039	0.057	0.032	0.034	0.009	0.009	0.160	0.160	1	2.240	0.358	10
65	0.048	0.072	0.043	0.047	0.012	0.012	0.170	0.170	1	3.420	0.446	10
80	0.052	0.078	0.056	0.061	0.015	0.015	0.190	0.190	1	3.740	0.488	10
90	0.054	0.080	0.066	0.072	0.015	0.015	0.200	0.200	1	4.050	0.525	10
100	0.063	0.093	0.088	0.096	0.015	0.015	0.225	0.225	1	4.360	0.567	10
125	0.070	0.104	0.126	0.136	0.018	0.018	0.245	0.245	1	5.000	0.648	10
150	0.074	0.112	0.161	0.174	0.018	0.018	0.245	0.245	1	5.640	0.729	10
200	0.091	0.136	0.255	0.285	0.021	0.021	0.275	0.275	1	6.950	0.894	10
250	0.108	0.161	0.382	0.413	0.027	0.027	0.290	0.290	1	8.210	1.053	10
300	0.125	0.186	0.530	0.575	0.030	0.030	0.340	0.340	1	9.500	1.215	10
350	0.141	0.212	0.700	0.760	0.033	0.033	0.405	0.405	1	10.480	1.335	10
400	0.156	0.233	0.882	0.958	0.036	0.036	0.450	0.450	1	11.710	1.525	10
450	0.173	0.258	1.095	1.185	0.039	0.039	0.510	0.510	1	13.000	1.655	10
500	0.189	0.284	1.345	1.455	0.045	0.045	0.565	0.565	1	14.290	1.816	10
600	0.223	0.332	1.900	2.060	0.051	0.051	0.635	0.635	1	16.900	2.143	10
650	0.236	0.356	2.075	2.265	0.056	0.056	0.650	0.650	1	18.100	2.301	10
750	0.271	0.450	2.305	2.495	0.061	0.061	0.770	0.770	1	20.670	2.624	10

비 고	- Prefabricated Sheet로 Lagging할 때는 본 품에 50%를 가산한다. 2매 이상 겹쳐 보온하는 경우에는 전체 두께를 1회 보온하는 품에 50%를 가산한다. - 컬러강판, 아연도강판, 스테인리스 강판, 알루미늄판 등 원자재(Rawmaterial)로 시공할 때는 본 품에 100%를 가산한다. 2매 이상 겹쳐 보온하는 경우에는 전체 두께를 1회 보온하는 품의 100%를 가산한다.

2. 보온두께 31㎜~40㎜

Pipe Size (㎜)	관(m당)		Fitting (개당)		Hanger (개당)		Valve 및 Flange(개당)		직 관 의 물 량			
	보온공	특별인부	보온공	특별인부	보온공	특별인부	보온공	특별인부	성형물 (m)	철선 (m)	Lagging Sheet (㎡)	Sheet Metal Screw (개)
ø50 이하	0.048	0.072	0.038	0.040	0.012	0.012	0.175	0.175	1	3.230	0.424	10
65	0.058	0.086	0.052	0.056	0.018	0.018	0.200	0.200	1	3.930	0.511	10
80	0.067	0.101	0.072	0.079	0.018	0.018	0.225	0.225	1	4.250	0.552	10
90	0.074	0.112	0.094	0.101	0.018	0.018	0.250	0.250	1	4.540	0.589	10
100	0.074	0.112	0.106	0.114	0.021	0.021	0.260	0.260	1	4.870	0.631	10
125	0.082	0.123	0.148	0.160	0.021	0.021	0.275	0.275	1	5.510	0.711	10
150	0.087	0.129	0.187	0.202	0.021	0.021	0.290	0.290	1	6.150	0.792	10
200	0.098	0.148	0.280	0.303	0.024	0.024	0.340	0.340	1	7.450	0.958	10
250	0.120	0.180	0.424	0.460	0.027	0.027	0.405	0.405	1	8.720	1.116	10
300	0.143	0.193	0.571	0.619	0.033	0.033	0.450	0.450	1	10.000	1.279	10
350	0.151	0.227	0.747	0.810	0.039	0.039	0.510	0.510	1	10.950	1.398	10
400	0.168	0.252	0.953	1.032	0.042	0.042	0.570	0.570	1	12.200	1.559	10
450	0.197	0.295	1.280	1.327	0.048	0.048	0.640	0.640	1	13.510	1.723	10
500	0.206	0.310	1.460	1.584	0.051	0.051	0.700	0.700	1	14.780	1.880	10
600	0.240	0.360	1.920	2.079	0.060	0.060	0.810	0.810	1	17.400	2.206	10
650	0.265	0.397	2.110	2.290	0.066	0.066	0.890	0.890	1	18.600	2.365	10
750	0.326	0.490	2.310	2.510	0.070	0.070	0.980	0.980	1	21.900	2.688	10
비 고	- Prefabricated Sheet로 Lagging할 때는 본 품에 50%를 가산한다. 2매 이상 겹쳐 보온하는 경우에는 전체 두께를 1회 보온하는 품에 50%를 가산한다. - 컬러강판, 아연도강판, 스테인리스 강판, 알루미늄판 등 원자재(Rawmaterial)로 시공할 때는 본 품에 100%를 가산한다. 2매 이상 겹쳐 보온하는 경우에는 전체 두께를 1회 보온하는 품의 100%를 가산한다.												

3. 보온두께 41㎜~60㎜

Pipe Size (㎜)	관(m당)		Fitting (개당)		Hanger (개당)		Valve 및 Flange(개당)		직 관 의 물 량			
	보온공	특별인부	보온공	특별인부	보온공	특별인부	보온공	특별인부	성형물 (m)	철선 (m)	Lagging Sheet (㎡)	Sheet Metal Screw (개)
ø50 이하	0.074	0.112	0.063	0.067	0.015	0.015	0.270	0.270	1	4.240	0.551	10
65	0.086	0.130	0.078	0.084	0.018	0.018	0.290	0.290	1	4.940	0.637	10
80	0.094	0.140	0.101	0.111	0.021	0.021	0.310	0.310	1	5.250	0.679	10
90	0.104	0.158	0.138	0.144	0.024	0.024	0.330	0.330	1	5.550	0.716	10
100	0.104	0.158	0.149	0.162	0.024	0.024	0.350	0.350	1	5.870	0.758	10
125	0.115	0.173	0.207	0.225	0.027	0.027	0.390	0.390	1	6.500	0.839	10
150	0.120	0.180	0.259	0.287	0.030	0.030	0.420	0.420	1	7.150	0.919	10
200	0.143	0.212	0.400	0.435	0.033	0.033	0.430	0.430	1	8.460	1.085	10
250	0.160	0.242	0.518	0.562	0.039	0.039	0.490	0.490	1	9.740	1.244	10
300	0.210	0.300	0.870	0.940	0.045	0.045	0.510	0.510	1	11.000	1.406	10
350	0.210	0.300	1.010	1.090	0.051	0.051	0.550	0.550	1	11.950	1.525	10
400	0.214	0.320	1.210	1.310	0.054	0.054	0.560	0.560	1	13.200	1.684	10
450	0.220	0.346	1.470	1.590	0.060	0.060	0.590	0.590	1	14.500	1.941	10
500	0.264	0.396	1.870	2.020	0.066	0.066	0.610	0.610	1	15.800	2.102	10
600	0.305	0.458	2.600	2.820	0.075	0.075	0.620	0.620	1	18.400	2.333	10
650	0.324	0.486	2.840	3.070	0.083	0.083	0.680	0.680	1	19.600	2.492	10
750	0.357	0.537	3.120	3.380	0.091	0.091	0.740	0.740	1	22.200	2.940	10

비 고
- Prefabricated Sheet로 Lagging할 때는 본 품에 50%를 가산한다. 2매 이상 겹쳐 보온하는 경우에는 전체 두께를 1회 보온하는 품에 50%를 가산한다.
- 컬러강판, 아연도강판, 스테인리스 강판, 알루미늄판 등 원자재(Rawmaterial)로 시공할 때는 본 품에 100%를 가산한다. 2매 이상 겹쳐 보온하는 경우에는 전체 두께를 1회 보온하는 품의 100%를 가산한다.

4. 보온두께 61㎜~75㎜

Pipe Size (㎜)	관(m당)		Fitting (개당)		Hanger (개당)		Valve 및 Flange(개당)		직 관 의 물 량			
	보온공	특별인부	보온공	특별인부	보온공	특별인부	보온공	특별인부	성형물 (m)	철선 (m)	Lagging Sheet (㎡)	Sheet Metal Screw (개)
ø50 이하	0.096	0.154	0.087	0.089	0.024	0.024	0.425	0.425	1	4.990	0.646	10
65	0.113	0.169	0.102	0.110	0.027	0.027	0.475	0.475	1	5.690	0.734	10
80	0.120	0.180	0.130	0.140	0.030	0.030	0.510	0.510	1	6.000	0.774	10
90	0.120	0.180	0.151	0.164	0.032	0.032	0.540	0.540	1	6.310	0.811	10
100	0.135	0.201	0.190	0.206	0.036	0.036	0.560	0.560	1	6.640	0.853	10
125	0.142	0.212	0.255	0.277	0.036	0.036	0.590	0.590	1	7.270	0.934	10
150	0.149	0.223	0.325	0.349	0.039	0.039	0.615	0.615	1	7.910	1.014	10
200	0.182	0.272	0.512	0.556	0.042	0.042	0.625	0.625	1	9.240	1.180	10
250	0.206	0.310	0.728	0.788	0.046	0.046	0.695	0.695	1	10.500	1.339	10
300	0.226	0.338	0.955	1.035	0.051	0.051	0.770	0.770	1	11.800	1.501	10
350	0.250	0.374	1.270	1.300	0.054	0.054	0.840	0.840	1	12.700	1.620	10
400	0.274	0.410	1.550	1.670	0.063	0.063	0.925	0.925	1	13.950	1.779	10
450	0.298	0.446	1.890	2.050	0.069	0.069	1.010	1.010	1	15.250	1.941	10
500	0.332	0.482	2.280	2.470	0.075	0.075	1.115	1.115	1	16.600	2.102	10
600	0.370	0.554	3.140	3.400	0.087	0.087	1.230	1.230	1	18.350	2.429	10
650	0.393	0.591	3.460	3.740	0.095	0.095	1.350	1.350	1	20.400	2.587	10
750	0.444	0.666	3.820	4.130	0.125	0.125	1.480	1.480	1	23.000	2.910	10
비 고	- Prefabricated Sheet로 Lagging할 때는 본 품에 50%를 가산한다. 2매 이상 겹쳐 보온하는 경우에는 전체 두께를 1회 보온하는 품에 50%를 가산한다. - 컬러강판, 아연도강판, 스테인리스 강판, 알루미늄판 등 원자재(Rawmaterial)로 시공할 때는 본 품에 100%를 가산한다. 2매 이상 겹쳐 보온하는 경우에는 전체 두께를 1회 보온하는 품의 100%를 가산한다.											

5. 보온두께 76㎜~90㎜

Pipe Size (㎜)	관(m당)		Fitting (개당)		Hanger (개당)		Valve 및 Flange(개당)		직 관 의 물 량			
	보온공	특별인부	보온공	특별인부	보온공	특별인부	보온공	특별인부	성형물 (m)	철선 (m)	Lagging Sheet (㎡)	Sheet Metal Screw (개)
ø50 이하	0.114	0.171	0.097	0.102	0.029	0.029	0.510	0.510	1	5.740	0.741	10
65	0.134	0.196	0.119	0.129	0.032	0.032	0.574	0.574	1	6.450	0.829	10
80	0.151	0.227	0.162	0.176	0.036	0.036	0.633	0.633	1	6.760	0.869	10
90	0.158	0.238	0.196	0.212	0.039	0.039	0.644	0.644	1	7.060	0.906	10
100	0.166	0.248	0.234	0.254	0.042	0.042	0.680	0.680	1	7.400	0.948	10
125	0.173	0.260	0.313	0.339	0.045	0.045	0.700	0.700	1	8.030	1.023	10
150	0.181	0.271	0.392	0.424	0.048	0.048	0.762	0.762	1	8.650	1.108	10
200	0.214	0.320	0.631	0.683	0.057	0.057	0.820	0.820	1	11.250	1.275	10
250	0.240	0.360	0.869	0.941	0.063	0.063	0.940	0.940	1	12.500	1.434	10
300	0.259	0.387	1.130	1.230	0.071	0.071	1.105	1.105	1	12.550	1.596	10
350	0.282	0.425	1.390	1.510	0.077	0.077	1.130	1.130	1	13.500	1.715	10
400	0.307	0.461	1.740	1.880	0.083	0.083	1.160	1.160	1	14.780	1.874	10
450	0.331	0.499	2.090	2.160	0.089	0.089	1.300	1.300	1	16.000	2.035	10
500	0.357	0.536	2.870	3.110	0.102	0.102	1.440	1.440	1	17.300	2.197	10
600	0.431	0.665	3.655	3.965	0.108	0.108	1.520	1.520	1	19.900	2.523	10
650	0.448	0.672	3.890	4.230	0.135	0.135	1.600	1.600	1	21.190	2.682	10
750	0.476	0.714	4.140	4.480	0.170	0.170	1.720	1.720	1	23.700	3.005	10
비 고	- Prefabricated Sheet로 Lagging할 때는 본 품에 50%를 가산한다. 2매 이상 겹쳐 보온하는 경우에는 전체 두께를 1회 보온하는 품에 50%를 가산한다. - 컬러강판, 아연도강판, 스테인리스 강판, 알루미늄판 등 원자재(Rawmaterial)로 시공할 때는 본 품에 100%를 가산한다. 2매 이상 겹쳐 보온하는 경우에는 전체 두께를 1회 보온하는 품의 100%를 가산한다.											

[주] ① 본 품은 플랜트 배관보온에 적용하는 것으로서 성형물로 보온하는 품이며 물량은 정미 수량이다.
② 엘보, 밸브 등은 보온재를 절단 가공해서 보온하는 품이다.
③ 본 품은 보온재 소운반이 포함되어 있다.
④ 2매 이상 겹쳐 보온하는 경우는 각각의 품을 합산한다.
  (예) 파이프 ø100에 보온두께 90㎜를 50㎜+40㎜로, 2회 보온하는 경우 아래의 ㉮+㉯로 함.
    ㉮ 파이프 ø100에 보온두께 50㎜ 보온품
    ㉯ 파이프 ø200에 보온두께 40㎜ 보온품
⑤ 본 품의 Lagging Sheet 물량을 3'×6'Sheet로 환산시는 3'×6'Sheet 1매를 1.35㎡로 보고 환산한다.
⑥ 철선은 Pipe길이 1m에 5회 감는 것으로 한다.
⑦ Cold 보온시공은 Hot 보온품에 적량 할증 가산할 수 있다.

⑧ 본 품은 보온 기본사양(Pipe+성형보온재+철선+PIECE연결)을 기준으로 한 것이므로 이외의 사양에 대하여는 별도 계산할 수 있다.
⑨ 두께 91㎜ 이상 보온은 본 품에 비례하여 적의 적용하되, 관(m당)의 보온공과 특별인부 품은 다음 공식에 의하여 품을 산출 적용한다.

○ 보온공 품 = $(\dfrac{12,000}{X^K} + 200) \times \dfrac{V}{C}$

○ 특별인부 품 = 보온공 품×1.5

여기서 X : 보온두께(㎜)
　　　K : 상수
　　　C : 구경별 상수
　　　V : $\dfrac{\pi}{4}(d_1^2 - d_0^2)$(㎥) : 파이프 1m의 보온부피
　　　d_0 : 파이프의 외경(m)
　　　d_1 : 파이프보온의 외경(m)

〈구경별상수〉

Pipe Size(㎜)	C	K
ø50 이하	102	1.13
65	92	
80	90	
90	90	1.17
100	95	
125	99	
150	107	
200	104	
250	110	1.21
300	112	
350	106	
400	109	
450	111	
500	107	1.28
600	109	
650	113	
700	114	

13-3-2 기기보온

1. Boiler 본체보온('92년 보완)

(㎡ 당)

두께(mm) \ 직종	구분	Attachment 취부 용접공	보온재취부 보온공	Lagging 함석공	소운반 특별인부	계
60 이하		0.01	0.104	0.173	0.02	0.307
50+60		0.01	0.208	0.173	0.03	0.421
50+75		0.01	0.229	0.173	0.035	0.447
75+75		0.01	0.266	0.173	0.04	0.489
100+100		0.01	0.397	0.173	0.05	0.630
240		0.01	0.453	0.173	0.06	0.696
300		0.01	0.567	0.173	0.07	0.820
350		0.01	0.652	0.173	0.072	0.907

비 고	- 본 보온품은 Blanket을 사용하는 품이므로 Block을 사용할 때에는 본 품에 40% 가산한다. - 일반기기 보온은 Duct 보온품에 100% 가산한다. - 원자재(Raw Material)로 Lagging Sheet를 제작하여 시공할 때에는 본 품의 함석공과 특별인부품의 50% 가산한다. - 보일러 본체 보온중 Lagging Sheet를 사용하지 않는 경우 함석공 0.173인, 특별인부 0.008인을 감한다. - 본 품은 보온 기본사양{모재+Pin용접+보온재+Lagging Sheet (Pipe 연결)}을 기준한 것이므로 마감작업(Seal Gasket취부, Hard Cement 충전) 필요시는 특별인부 품의 50%를 가산한다. - 3겹 이상 보온작업시는 보온공 품을 0.04인씩 가산한다.

[주] ① 보온재는 Blanket 형태를 사용하여 보온하는 품이다.
② 옥외형 보일러 외벽 보온작업시 위험할증을 적용한다.

2. Duct보온('92년 보완)

(㎡ 당)

두께(mm) \ 직종	구분	Attachment 취부 용접공	보온재취부 보온공	Lagging 함석공	소운반 특별인부	계
35 이하		0.007	0.104	0.116	0.012	0.239
60		0.007	0.104	0.116	0.020	0.247
50+60		0.007	0.208	0.116	0.030	0.361
40+75		0.007	0.215	0.116	0.031	0.369
70+70		0.007	0.216	0.116	0.033	0.372
75+75		0.007	0.266	0.116	0.034	0.423

[주] '1. Boiler 본체 보온'의 [주]와 같이 적용한다.

13-4 강재 제작 설치

13-4-1 보통 철골재

1. 철골재의 무게산출 표준

(m 당)

건 물 종 별		철골무게 (ton)
종 별	구 조 별	
철 골 조 건 물	연면적에 대하여	0.10~0.15
	목재 중도리	0.04~0.06
철 골 조 지 붕 틀	철골중도리	0.06~0.08
	철근을 구조계산에 가산할 경우	0.08~0.10
철골철근콘크리트조	철근을 구조계산에 가산하지 않을 경우	0.10~0.15

[주] ① 본 표는 주재의 개산치이며 주재란 구조의 주요재 즉, 기둥보, 지붕틀, 계단, 도리, 중도리 등을 말한다.

2. 부속재의 비율('18년 보완)

주 재	부 속 재(%)
작 은 보	15~20
지 붕 틀	10
큰 보	10~15
격 자 기 둥	10~15
강 관 기 둥	10
벽 보	10

[주] ① 본 표는 주재의 중량에 대한 부속재의 개산 비율이며 부속재란 접합강판(Gusset p.Spacer, Splice, p.Cover p), 볼트 등을 말한다.
② 강재의 중량산출은 KSD 3502에 따른다.

13-4-2 철골 가공조립('18년 보완)

1. 강판 구멍뚫기

(1일 작업량)

방 법	강판두께(㎜)	구멍지름(㎜)	철골공(인)	1일작업량(개소)
펀 치 뚫 기	9	21	2	250
송 곳 뚫 기	9	21	1~2	100

[주] ① 본 품은 현장에서 인력으로 강판에 구멍을 뚫는 기준이다.
② 송곳뚫기에서 인력인 경우 구멍지름이 21㎜ 이하일 때는 철골공 1인, 22㎜ 이상일 때는 2인 (1조)을 기준으로 한다.
③ 기름소모량은 100개소당 0.05ℓ이다.
④ 기계손료, 운전경비 및 소모재료는 별도 계상한다.

2. 앵커 볼트 설치

(개 당)

구 분	단위	수 량					
		ø16 이하	ø20 이하	ø24 이하	ø28 이하	ø32 이하	ø40 이하
철 골 공	인	0.05	0.08	0.12	0.16	0.20	0.23
특 별 인 부	〃	0.02	0.03	0.05	0.06	0.07	0.09

[주] ① 본 품은 철골세우기를 위해 앵커볼트 설치를 기준한 것이다.
② 본 품은 설치위치 확인, 앵커볼트 및 틀 설치가 포함된 것이다.
③ 별도의 철제틀이 필요한 경우에는 철물 제작품을 적용한다.
④ 일반철골공사에 적용하고 기계설치에는 적용하지 않는다.
⑤ 공구손료 및 경장비(용접기 등)의 기계경비는 인력품의 2%로 계상한다.
⑥ 콘크리트 독립주 위에서나 기타 비계가 양호치 못한 장소에서는 본 품의 20%까지 가산한다.

13-4-3 Storage Tank

1. 탱크제작

가. Rolling 및 Edge 가공

(매 당)

철판규격 \ 직 종	일반기계운전사 (윈치운전)	플랜트 제관공	특별인부	계
8t×5ft×20ft 이하	0.087	0.328	0.131	0.546
12 ×5 ×20 〃	0.177	0.477	0.191	0.795
16 ×5 ×20 〃	0.211	0.790	0.315	1.316
20 ×5 ×20 〃	0.252	0.972	0.378	1.602
24 ×5 ×20 〃	0.307	1.184	0.461	1.952
28 ×5 ×20 〃	0.361	1.392	0.542	2.295
32 ×5 ×20 〃	0.415	1.602	0.624	2.641
36 ×5 ×20 〃	0.470	1.813	0.706	2.989
40 ×5 ×20 〃	0.524	2.023	0.787	3.334

나. 금긋기 및 절단가공

(ton 당)

작업구분	현 도	괘 서	절 단	계
직 종	플랜트제관공	플랜트제관공	플랜트제관공	
공 량	0.437	1.161	0.318	1.916

다. 운반조작

(ton 당)

직 종	비계공	건설기계운전(조/대)	특별인부	계
공 량	0.073	0.037	0.073	0.183
비 고	- 스테인리스 등 특수재질의 제작인 경우는 40~50%를 가산한다.			

[주] ① 본 품은 Tank 조립용 철판을 가공하는 품이다.
② 본 품에는 철판의 Rolling접합부와 Edge Cutting작업이 포함되어 있다.
③ 본 품에는 기기운전 품이 포함되어 있다.

2. 탱크조립설치

(ton 당)

용량(㎥) 직종별	50 이하	100 이하	300 이하	500 이하	1,500 이하	3,000 이하	5,000 이하	10,000 이하	10,000 이상
건설기계운전공	1.922	1.576	1.476	1.321	1.093	0.911	0.856	0.799	0.702
비 계 공	0.928	0.759	0.711	0.637	0.527	0.439	0.399	0.378	0.357
특 별 인 부	8.475	6.908	6.469	5.790	4.792	3.993	2.499	2.163	2.163
(플랜트 제관공)	3.522	2.889	2.705	2.422	2.004	1.670	1.447	1.040	0.983
(플랜트 용접공)	3.081	2.519	2.359	2.111	1.747	1.456	1.456	1.899	2.041
인 력 운 반 공	0.160	0.131	0.123	0.110	0.091	0.076	0.076	0.076	0.076
보 통 인 부	4.950	4.048	3.791	3.393	2.808	2.340	2.010	1.860	1.720
배 관 공	0.145	0.119	0.118	0.100	0.083	0.069	0.047	0.029	0.025

[주] ① 본 품은 가공된 철판으로 Tank를 조립 설치하는 품이다.
② 본 품은 소재운반, 배열, 가접, 본 용접이 포함되어 있다.
③ 본 품은 소정의 외관검사, Leak Test 및 교정작업이 포함되어 있다.
④ 본 품에는 탱크외부에 실시하는 Sand Blasting 작업은 포함되었으나, Painting 작업은 별도 계상한다.
⑤ 본 품은 열교환기 제작설치, 계단 및 난간설치 작업이 제외되어 있다.
⑥ 본 품은 소화시설, 부대배관 작업이 제외되어 있다.
⑦ 용접공은 용접장의 증감에 따라 조정한다.
⑧ '냉난방 위생설비 공사용 탱크제작'도 본 품을 적용한다.

참고: 탱크의 소요재료

1. 물량 개산치

(대당)

품 명	규 격	단 위	용량별 3,000	5,000	7,000	10,000(㎥)
Steel Plate	4.5t×4´×8´	매	103	147	220	295
〃	6t×5´×20´	〃	94	97	115	149
〃	16t×5´×20´	〃	-	-	15	17
〃	14t×5´×20´	〃	-	-	15	17
〃	12t×5´×20´	〃	-	-	15	17
〃	10t×5´×20´	〃	-	12	15	17
〃	8t×5´×20´	〃	10	-	15	17
〃	11t×5´×20´	〃	-	12	-	-
〃	9t×5´×20´	〃	-	12	-	-
〃	7t×5´×20´	〃	10	12	-	-
Pipe	ø12″	kg	-	4,250	11,280	11,280
〃	ø10″	〃	2,920	-	-	-
Channel	125×65×6	〃	6,040	8,780	14,620	14,620
〃	200×90×5	〃	2,360	2,580	2,350	2,350
Angle	75×75×9	〃	610	740	1,040	1,040
전기용접봉	ø4 ×440	개	4,450	8,359	11,201	12,834
〃	ø3.2×350	〃	6,790	9,960	12,989	18,176
〃	ø2.5×330	〃	1,705	2,660	3,647	4,826
모 래	-	㎥	48	128	170	206
화 목	-	kg	50	100	150	200
광 명 단	외부(1회)	ℓ	109	140	186	225
페 인 트	외부(2회)	〃	134	160	213	258
보 일 유	-	〃	37	45	60	73
산 소	-	〃	28,728	43,092	67,830	80,997
아세틸렌	-	〃	15,048	22,572	35,530	42,427
시 너	-	〃	37	45	60	73

※ 산소량은 대기압상태의 기준량이며, 압축산소는 35℃에서 150기압으로 압축용기에 넣어 사용하는 것을 기준한다.

2. 용접장 개산치

(m/ton)

구 분 \ 두께(mm) \ 용량(㎥)	1,501~3,000 이하	5,000	10,000	10,000 이상
Roof	4.5	35	35	35	35
Wall	6	19	19	25	27
Bottom	6	16	16	16	16

[주] Wall의 용접장은 두께 6㎜의 철판으로 환산하여 산출한 것이다.

• 환산기준

6mm : 1	7mm : 1.30	8mm : 1.62
9mm : 1.81	10mm : 2.04	11mm : 2.31
12mm : 3.10	14mm : 3.25	16mm : 5.71
18mm : 6.07	22mm : 8.00	

3. 사용장비

장 비 명	규 격	단 위	수 량
Truck Crane	20ton	대	1
Truck	4ton	〃	1
Winch	25kW	〃	1
Derrick	20ton	〃	1
A.C.Welder	15kVA	〃	4
Air Compressor	1.5㎥/min	〃	1
Rolling Machine	ø10"×2m	〃	1
Chipping Gun	-	〃	1

4. 탱크설치용 JIG 손료기준

(개/Shell Plate 용접장 m)

종 류	방 향	수 량	손 율(%/회)
Scaffolding Bracket	원 주	1.67	10
Channel Strong Back(Bend Type)	수 직	2.00	-
Channel Strong Back(Straight Type)	원 주	1.00	
Wadge Pin	원 주	2.00	-
	수 직	4.00	
Taper Pin	원 주	1.00	-
	수 직	2.00	
Piece	원 주	1.67	-
Bracket Holder	원 주	1.67	30
Horse Shoe	원 주	2.00	-
	수 직	4.00	
Block	원 주	2.00	-
	수 직	4.00	

[주] ① Fabrication된 철판의 용접 m당 소요수량을 산출한 것이므로 수직방향과 원주방향을 구분하였다.
② 원주방향의 용접장은 다음과 같이 계산한다.
  π×Tank직경×(Tank철판단수-1)

◼ PCS공법 빗물저류·이용시설 제작, 조립, 설치

구분	규격	단위	수량							
			ELRHS-5	ELRHS-8	ELRHS-10	ELRHS-15	ELRHS-20	ELRHS-30	ELRHS-40	ELRHS-50
작업반장		인	4	7	8	10	19	22	22	24
플랜트용접공		〃	7	11	12	16	30	36	36	39
플랜트제관공		〃	8	13	14	18	35	41	41	44
특별인부		〃	21	32	33	44	84	99	100	107
보통인부		〃	12	18	19	26	49	57	58	62
배관공		〃	1	1	1	1	1	1	1	1
건설기계운전	조/대	〃	1	1	1	1	1	1	1	2
방수공		〃	2	3	3	4	9	10	11	12

구분	규격	단위	수량							
			ELRHS-60	ELRHS-70	ELRHS-80	ELRHS-90	ELRHS-100	ELRHS-110	ELRHS-120	ELRHS-130
작업반장		인	33	35	36	38	40	47	48	49
플랜트용접공		〃	53	56	59	61	65	75	78	79
플랜트제관공		〃	61	64	67	70	74	86	89	90
특별인부		〃	148	155	162	168	178	207	214	218
보통인부		〃	86	90	95	98	104	121	125	127
배관공		〃	2	2	2	2	3	3	3	3
건설기계운전	조/대	〃	2	2	3	3	3	3	4	4
방수공		〃	16	16	17	18	19	22	23	23

구분	규격	단위	수량							
			ELRHS-140	ELRHS-150	ELRHS-160	ELRHS-170	ELRHS-180	ELRHS-190	ELRHS-200	ELRHS-250
작업반장		인	50	52	53	56	57	60	71	87
플랜트용접공		〃	81	83	85	90	92	97	114	139
플랜트제관공		〃	92	95	98	103	105	111	130	159
특별인부		〃	223	230	236	248	254	268	314	384
보통인부		〃	130	134	137	145	148	156	183	224
배관공		〃	3	3	4	4	4	4	5	6
건설기계운전	조/대	〃	4	4	4	4	4	5	5	7
방수공		〃	24	25	25	27	27	29	39	42

○ 참고자료

구 분	규 격	단위	수 량							
			ELRHS-300	ELRHS-400	ELRHS-500	ELRHS-600	ELRHS-700	ELRHS-800	ELRHS-900	ELRHS-1000
작업반장		인	96	114	129	141	152	163	171	192
플랜트용접공		〃	154	183	208	232	258	282	308	334
플랜트제관공		〃	176	209	238	264	292	322	348	360
특 별 인 부		〃	425	504	572	621	680	734	790	850
보 통 인 부		〃	248	294	334	369	401	447	481	514
배 관 공		〃	7	8	9	9	9	10	10	11
건설기계운전	조/대	〃	8	9	10	10	10	11	11	12
방 수 공		〃	46	55	62	71	80	88	96	102

[주] ① 본 품은 기타 토목공사(터파기, 되메우기) 제외
② PCS빗물저류·이용시설의 재료는 제외
③ 본 품은 소운반품이 포함되었으며, 공구손료는 인력품의 3%로 계상한다.
④ 충수에 사용되는 용수는 제외
⑤ 본품에 필요한 장비는 별도 계상한다.

13-4-4 강재류 조립설치

(ton 당)

직 종	수 량
기 계 산 업 기 사	0.30
철 골 공	4.98
비 계 공	3.27
기 계 설 비 공	0.82
용 접 공	0.80
비 고	- 본 품은 설치단위 1개의 중량이 1~5톤인 경우를 기준한 것이며 설치단위 1개의 중량에 따라 다음같이 증감한다. 　　0.5ton 미만은 30% 가산 　　0.5~1ton 미만은 15% 가산 　　5ton 이상은 20% 감 - 검사 및 교정이 필요한 경우에 기술 관리를 제외한 본품의 10%를 가산한다. - Steel Stack 등 ton당 용접장(6mm Fillet 환산)이 30m를 초과하는 경우 20%를 가산한다.

[주] ① 본 품은 플랜트용 철구조물에 적용한다. (발전, 화학, 제철, 보일러용 철구조물 등)
　　② 본 품은 Angle, Channel, H-Beam, T형강 등의 소재로 제작된 Deck, Frame가대, Hand Rail 및 기타 가공된 철물철골을 조립 설치하는 품이다.
　　③ 본 품은 기초 Chipping, Grouting은 포함되어 있다.

13-4-5 도장 및 방청공사

'[기계설비부문] 9-2 도장'의 품 적용

13-4-6 기계설비 철거 및 이설공사

'[유지관리부문] 4-1-7 일반기계설비 철거 및 이설'의 품 적용

13-4-7 탱크청소

(바닥면적 ㎡ 당)

구 분		중유(B.C)	휘발유, 경유	물
보통인부	떠 내 기	0.25	0.13	0.03
	오물제거	0.25	0.13	0.07
	녹 제 거	0.02	0.02	0.02
	되 붓 기	0.1	0.07	-
	드럼운반	0.1	0.07	-
	닦아내기	0.05	0.03	0.01
	계	0.77(인)	0.45(인)	0.13(인)
비 고		\- 녹제거는 [주] ①항 작업부분에 대해 심한 녹을 제거하는 품(도장등을 위한 바탕 처리와는 다름)이고, 추가작업 부분 (Shell, Roof 등)에 대해서는 ㎡당 녹제거 품의 80%를 별도 계상한다. \- Clean Out Door가 없는 탱크는 떠내기 및 오물제거에 각각 20%씩 가산한다.		

[주] ① 본 품은 펌프 등을 사용하여 가능한 만큼 유체를 이송 후 작업하는 품이므로 가설펌프 및 가설자재에 관한 비용은 별도 계상한다.
② 닦아내기품은 용접 등을 위하여 표면을 깨끗하게 할 필요가 있을 때만 적용하며 닦아 내기용 소모자재는 별도 계상한다.
③ 잡재료비는 인력품의 3%로 계상한다.
④ 오물제거 및 녹제거작업시 유해가스가 발생할 경우에는 유해가스 할증율도 가산한다.

13-5 화력발전 기계설비

13-5-1 보일러 설치

(기 당)

작 업 구 분	직 종	단 위	수 량
기술관리 Boiler 본체 설비공사 기간중	기 계 기 사	인/일	2.0
포장해체 수송을 위해 포장된 목재를 해체하고 목재를 소정 위치에 정리함	목 공 특 별 인 부	인/㎡ 〃	0.02 0.02
표면손질	특 별 인 부	인/㎡	0.1
용접면손질 용착 효율을 높이기 위하여 용접전에 Grinder 혹은 sand paper로 깨끗이 손질하는 작업 joint당 면적은 2×3.63t(D-t)	특 별 인 부	인/㎡	0.39
소 운 반 Boiler tube용 자재 기타 작업에 필요한 자재를 조양위치까지 운반	비 계 공 건설기계운전조	인/ton 〃	0.445 0.124
Scaffolder 조립설치 및 철거 용접, 검사, 위치조정 등에 필요한 Scaffolder 조립설치(1.5×2.0×1.6m Unit 기준)	일반기계운전사 (윈 치 운 전) 비 계 공 특 별 인 부	인/㎡ 〃 〃	0.0083 0.0083 0.0083
Chain block설치 및 철거 Tube Panel 조립시는 6개 설치 기준 Header, Buck stay 조립시는 4개설치 기준	용 접 공 비 계 공 일반기계운전사 (윈 치 운 전)	인/개 〃 〃	0.021 0.028 0.028
윈치설치 및 철거 조양을 위한 윈치 플리 로프 등의 설치와 사용후 철거까지 포함됨.	기 계 설 비 공 비 계 공 용 접 공 특 별 인 부 건설기계운전조	인/대 〃 〃 〃 조/대	3.3 11.0 3.3 4.95 4.3
조 양 tube 및 header류, 기타 자재 등을 설치 위치까지 조양해서 가고정하는 작업	플랜트기계설치공 비 계 공 플 랜 트 용 접 공 건설기계운전조	인/ton 〃 〃 조/ton	0.63 0.84 0.42 0.56

(기당)

작 업 구 분	직 종	단위	수량
Tube Panel 조립조정 　조양된 Panel을 alignment하고 hangering 　혹은 supporting 후 가고정 해체함	플랜트기계설치공 특 별 인 부 플 랜 트 용 접 공	인/개 〃 〃	2.0 2.0 2.0
Header류 조립조정 　header 및 그에 준하는 것으로서 조양된 　것을 alignment하고 hangering 혹은 　supporting후 가고정 해체함.	플랜트기계설치공 특 별 인 부 플 랜 트 용 접 공	인/개 〃 〃	1.5 1.5 1.5
Buckstay 조립조정 　조양된 buckstay를 alignment하고 tiebar 　취급함.	플랜트기계설치공 특 별 인 부 플 랜 트 용 접 공	인/개 〃 〃	1.5 1.5 1.5
Tube piece 조립조정 　낱개로 되어 있는 tube 및 7개 미만의 　tube set로 된 것으로서 alignment 　hangering 부착물 취부함.	플랜트기계설치공 특 별 인 부 플 랜 트 용 접 공	인/개 〃 〃	0.4 0.4 0.2
Casing 조립 　조작으로 분리된 casing의 소재를 성형 　용접함	플 랜 트 제 관 공 플 랜 트 용 접 공 특 별 인 부 건 설 기 계 운 전 조	인/ton 〃 〃 조/ton	0.82 0.22 0.92 0.61
Casing 설치 　성형된 casing을 운반, 조양 alignment 　후 설치	윈 치 운 전 조 비 계 공 특 별 인 부	〃 인/ton 〃	1.01 2.87 1.33
본용접 　Preheating, 본용접, annealing 작업	※ 각 tube size에 대하여 용접항을 참조 산출		
검사 및 교정 　외관검사, 수압시험후 casing leak test 　교정 작업(비파괴 시험온 제외)	기술관리, 포장해체를 제외한 모든 품의 10%		

[주] 50만㎾ 이상 보일러설치에 있어서 Tube Panel Header류 및 Buckstay 조립조정은 다음을 참고 하여 적용할 수 있다.

참 고

(기 당)

작 업 구 분	직 종	단위	수량
Tube Panel 조립조정 조양된 Panel을 alignment하고 hangering 혹은 supporting 후 가고정 해체함	플랜트기계설치공 특 별 인 부 플 랜 트 용 접 공	인/ton 〃 〃	1.38 1.45 1.16
Header류 조립조정 header 및 그에 준하는 것으로서 조양된 것을 alignment하고 hangering 혹은 supporting후 가고정 해체함.	플랜트기계설치공 특 별 인 부 플 랜 트 용 접 공	인/ton 〃 〃	0.90 1.02 0.78
Buckstay 조립고정 조양된 buckstay를 alignment하 고 tiebar 취급함.	플랜트기계설치공 특 별 인 부 플 랜 트 용 접 공	인/ton 〃 〃	1.61 1.81 1.41

참 고

장 비 명	규 격	단 위	수 량
Truck crane	20ton	대	1
〃	40ton	〃	1
Winch	25kW	〃	4
Truck	4ton	〃	2
A.C. Welder	15kVA	〃	10
Trailer	30ton	〃	1
알곤, 용접기		〃	4

13-5-2 보일러 드럼 설치

(대 당)

작 업 구 분	직 종	단위	중 량 별 수 량					
			50 이하	100	150	200	250	300 (ton)
기술관리 　Drum설치공사기간 중	기 계 기 사	인/일	2.0	2.0	2.0	2.0	2.0	2.0
포장해체 　수송을 위해 포장된 　목재를 해체하고 목재를 　소정 위치에 정리함	목　　공 특 별 인 부	인/㎡ 〃	0.02 0.02	0.02 0.02	0.02 0.02	0.02 0.02	0.02 0.02	0.02 0.02
표면 및 내부손질	특 별 인 부	인/㎡	0.1	0.1	0.1	0.1	0.1	0.1
작업토의 　중량물이므로 작업반에 　대하여 검토하고 　인원배치 등을 토의함	비 계 공 플 랜 트 기계설치공	인/대 〃	0.05 0.05	0.05 0.05	0.05 0.05	0.05 0.05	0.05 0.05	0.05 0.05
보조윈치 설치 및 철거 　윈치 폴리설치 로프 걸기 　및 가설구조 설치와 　사용후 철거까지 포함됨	기계설비공 비 계 공 용 접 공 건설기계운전조 특 별 인 부	인/윈치1대 〃 〃 조/윈치1대 인/윈치1대	0.9 2.4 0.9 2.4 1.8	0.9 2.4 0.9 2.4 1.8	0.9 2.4 0.9 2.4 1.8	0.9 2.4 0.9 2.4 1.8	0.9 2.4 0.9 2.4 1.8	0.9 2.4 0.9 2.4 1.8
주윈치설치 및 철거 　윈치 폴리설치 로프걸기 　및 가설구조를 설치와 　사용후 철거까지 포함됨.	기계설비공 비 계 공 용 접 공 건설기계운전조 특 별 인 부	인/윈치1대 〃 〃 〃 〃	3.3 26.0 12.3 7.4 11.8	3.3 26.0 12.3 7.4 11.8	3.3 26.0 12.3 7.4 11.8	3.3 26.0 12.3 7.4 11.8	3.3 26.0 12.3 7.4 11.8	3.3 26.0 12.3 7.4 11.8
소운반 　drum본체를 제외한 int- 　ernal scaffolder, hanger 　등 잡자재 운반	비 계 공 건설기계운전조	인/ton 조/ton	0.445 0.124	0.445 0.124	0.445 0.124	0.445 0.124	0.445 0.124	0.445 0.124
drum굴림 운반 　적치장으로부터 　설치장소까지 굴림 운반	비 계 공 건설기계운전조	인/대 조/대	38.5 3.8	61.6 6.0	84.7 8.1	107.2 10.3	127.2 12.4	145.3 14.0

(대 당)

작 업 구 분	직 종	단위	중 량 별 수 량					
			50 이하	100	150	200	250	300 (ton)
hanger, support 설치, hanger, Band, Pin, shim, Plate, setting Plate, support 등을 조양설치함.	플랜트 기계설치공	인/대	0.8	1.2	1.6	2.0	2.4	2.7
	비계공	〃	0.5	0.8	1.1	1.3	1.6	1.9
	특별인부	〃	0.8	1.2	1.6	2.0	2.4	2.7
	플랜트용접공	〃	0.4	0.6	0.8	1.0	1.2	1.4
	일반기계운전사 (윈치운전)	〃	0.5	0.8	1.1	1.3	1.6	1.9
조양 drum에 wire를 걸고 준비를 마친후 조양 test하고 정위치까지 올리는 작업	일반기계운전사 (윈치운전)	인/대	4.3	6.9	9.4	12.0	14.2	16.2
	비계공	〃	5.7	8.7	11.9	14.9	17.7	20.3
	플랜트 기계설치공	〃	1.2	1.9	2.5	3.2	3.8	4.4
	특별인부	〃	4.1	6.5	8.9	11.2	13.3	15.2
scaffolder설치 및 제거 1.5×2.0×6m 폭 2m, 높이 1.6m 규격기준	비계공	인/㎡	0.0083	0.0083	0.0083	0.0083	0.0083	0.0083
	특별인부	〃	0.0063	0.0063	0.0063	0.0063	0.0063	0.0063
	일반기계운전사 (윈치운전)	〃	0.0083	0.0083	0.0083	0.0083	0.0083	0.0083
Chain block설치 및 철거 drum위치 조정을 위해서 필요한 Chain block 설치작업	용접공	인/개	0.021	0.021	0.021	0.021	0.021	0.021
	비계공	〃	0.028	0.028	0.028	0.028	0.028	0.028
	일반기계운전사 (윈치운전)	〃	0.028	0.028	0.028	0.028	0.028	0.028
drum위치조정 올려진 drum을 hanger band로 걸고 상하 좌우 조정하는 작업	플랜트 기계설치공	인/대	1.4	2.3	3.2	4.0	4.8	5.4
	비계공	〃	1.9	3.1	4.3	5.3	6.3	7.2
	일반기계운전사 (윈치운전)	〃	4.8	7.7	10.5	13.4	15.4	18.1
	측량사	〃	0.8	1.2	1.6	2.0	2.4	2.7
drum internal 조양 및 조립설치(internal 무게 ton당)	플랜트 기계설치공	인/ton	1.8	1.8	1.8	1.8	1.8	1.8
	특별인부	〃	1.8	1.8	1.8	1.8	1.8	1.8
	용접공	〃	0.9	0.9	0.9	0.9	0.9	0.9
	일반기계운전사 (윈치운전)	〃	0.8	0.8	0.8	0.8	0.8	0.8
	비계공	〃	1.6	1.6	1.6	1.6	1.6	1.6
	도장공	〃	1.2	1.2	1.2	1.2	1.2	1.2
검사 및 교정	기술관리, 포장해체, 작업토의를 제외한 10%							

> **참고** 사용장비

장 비 명	규 격	단 위	수 량
Truck Crane	20 ton	대	1
〃	40 ton	〃	1
Winch	25 kW	〃	1
Winch	50 kW	〃	3
Truck	4 ton	〃	1
전기용접기	15 kVA	〃	2

13-5-3 덕트제작(Air, Gas)

(ton 당)

작 업 구 분	직 종	수 량
본 뜨 기	플 랜 트 제 관 공	0.523
금 굿 기		1.390
절 단		0.380
구 멍 뚫 기		0.475
용 접	플 랜 트 용 접 공	2.550
교 정	플 랜 트 제 관 공	1.660
도 장	도 장 공	1.895
	비 계 공	0.073
운 반 조 작	건 설 기 계 운 전(조)	0.037
	특 별 인 부	0.073
계		9.056

[주] ① 본 품은 Raw Material을 가공제작하는 품이다.
② 본 품에는 소운반이 포함되어 있다.
③ 본 품에는 Sand Blasting 및 Painting 공량이 포함되어 있다.
④ 본 품에는 조립 및 설치 품은 제외되었다.

13-5-4 덕트 설치

작 업 구 분	직 종	단 위	수 량
기술관리 　공사기간 중	기 계 산 업 기 사	인/일	1.0
표면손질	특 별 인 부	인/㎡	0.1
포장해체 　수송을 위한 포장된 목재를 해체하고 　해체된 목재를 소정의 위치에 정돈함.	목　　　　　공 특 별 인 부	인/㎥ 〃	0.02 0.02
현장교정 　수송도중 변형된 것을 바로 잡기	제 　 관 　 공 특 별 인 부	인/ton 〃	0.25 0.25
Duct 조립 　조각으로 분리된 Duct의 소재를 성형 　용접함	플 랜 트 제 관 공 플 랜 트 용 접 공 특 별 인 부 건 설 기 계 운 전 조	〃 〃 〃 조/ton	0.818 1.22 0.92 0.61
Duct 설치 　성형된 Duct를 운반조양 alignment 후 　bolting 및 hangering	일 반 기 계 운 전 사 　(윈 치 운 전) 비 　 계 　 공 특 별 인 부 플 랜 트 용 접 공 플 랜 트 제 관 공	인/ton 〃 〃 〃 〃	1.01 2.87 1.33 0.66 0.56
검사 및 교정 　외관검사 및 Leak test	기술관리, 포장해체를 제외한 모든 품의 10%		

참 고 ▸ 사용장비

장 비 명	규 격	단 위	수 량
Truck Crane	20 ton	대	1
A.C Welder	15 kVA	〃	4
Winch	25kW	〃	4

13-5-5 공기예열기(Preheater) 설치

작 업 구 분	직 종	단 위	수 량
기술관리 　공사기간 중	기 계 산 업 기 사	인/일	1.0
포장해체 　수송을 위해 포장된 목재를 해체 　하고 정위치에 정리	목　　　　　공 특 별 인 부	인/㎡ 인/㎡	0.02 0.02
소운반 및 조양 　적재장에서부터 설치장소까지 운 　반, 조양함	건 설 기 계 운 전 조 비　　계　　공 특 별 인 부	인/ton 〃 〃	0.395 0.915 0.270
표면손질	특 별 인 부	인/㎡	0.1
Casing 조립 설치 　Support Structure, Rotor inner 　casing, Outer Casing 등 　Heating Element를 제외한 모든 　부분의 조립 설치	플랜트기계설치공 플 랜 트 용 접 공 플 랜 트 제 관 공 특 별 인 부 비　　계　　공 Crane 운 전 조	인/ton 〃 〃 〃 〃 조/ton	1.54 0.324 0.648 1.54 1.13 0.35
Heating Element 삽입 　Hot busket, Interbusker, 　Cold busket의 삽입	플랜트기계설치공 특 별 인 부	인/ton 〃	0.84 0.84
Sealing Plate 및 Packing ring 조립 설치	플랜트기계설치공 특 별 인 부	인/ton 〃	13.6 2.9
검사 및 교정	기술관리, 포장해체를 제외한 모든 품의 10%		

[참 고]

장 비 명	규 격	단 위	수 량
TRUCK CRANE	20 ton	대	1
〃	40 ton	〃	1
WINCH	25 kW	〃	2
TRUCK	4 ton	〃	1
A.C WELDER	18 kVA	〃	3
TRAILER	30 ton	〃	1
DERRICK	20 ton	〃	1

13-5-6 Soot Blower

(대당)

작업구분	직종	수량
Rotary soot blower 설치 포장해체, 운반, 조양, 설치, 시운전 및 교정작업	목공 플랜트기계설치공 비계공 특별인부 건설기계운전(조) 플랜트용접공	0.04 1.40 0.68 1.85 0.27 0.50
계		4.74
Retractable soot blower 설치 포장해체, 운반, 조양, 설치 시운전 및 교정작업	목공 플랜트기계설치공 비계공 건설기계운전(조) 특별인부 플랜트용접공	0.12 1.4 0.87 0.34 3.16 0.5
계		6.39

[주] ① 본 품은 Motor와 blower가 assembly로 된 것을 설치하는 품이다.
② Steam line, Drain line의 배관품은 별도 계상한다.
③ 전기배선 품은 포함되지 않았다.

13-5-7 Fan 설치

(대 당)

직종 용량(㎥/min)	목공	플랜트 기계설치공	건설기계 운전공	비계공	특별인부	계
200 이하	0.34	9.6	3.9	3.6	15.0	32.44
201~ 300	0.43	12.1	4.9	4.5	18.9	40.83
301~ 400	0.53	14.2	5.7	5.4	22.3	48.13
401~ 500	0.58	16.4	6.6	6.1	25.7	55.38
501~ 600	0.65	18.2	7.3	6.8	28.4	61.35
601~ 700	0.71	19.9	7.9	7.5	31.2	67.21
701~ 800	0.76	21.3	8.6	8.0	33.4	72.06
801~ 900	0.81	23.1	9.3	8.7	36.2	78.11
901~ 1,000	0.86	24.5	9.9	9.2	38.5	82.96
1,001~ 2,000	1.27	36.2	14.5	13.7	56.9	122.67
2,001~ 3,000	1.55	46.1	18.6	17.3	72.5	156.05
3,001~ 4,000	1.85	55.0	22.2	20.6	86.5	186.15
4,001~ 5,000	2.32	64.3	25.9	23.8	98.8	215.12
5,001~ 6,000	2.58	71.6	28.7	26.6	109.5	238.96
6,001~ 7,000	2.84	78.7	31.6	29.3	122.3	264.74
7,001~ 8,000	3.07	85.2	34.2	31.8	131.1	285.37
8,001~ 9,000	3.29	91.0	36.9	34.0	140.2	305.39
9,001~10,000	3.50	96.4	39.1	36.0	150.1	325.10
10,001~12,000	3.89	106.8	43.4	40.0	165.0	359.09

[주] ① 본 품은 1,000mmAq 이하의 Centrifugal Fan을 기준으로 하였다.
② 본 품에는 포장해체 소운반이 포함되어 있다.
③ 본 품에는 Foundation Chipping 및 Grouting 작업이 포함되어 있다.
④ 본 품에는 Motor 설치 및 Coupling Alignment의 품이 포함되어 있다.
⑤ 본 품에는 시운전 및 교정작업이 표시되어 있다.
⑥ 본 품에는 전기배선, 계장공사가 포함되어 있다.
⑦ 설비용 송풍기 설치는 '[기계설비부문] 4-2-1 송풍기 설치"의 품을 적용한다.

13-5-8 터빈 설치

(기 당)

작 업 구 분	직 종	단위	용 량 별 (MW)							
			50 이하	100	150	200	250	300	350	500
기술관리 공사기간 중	기 계 기 사	인/일	2.0	2.0	2.0	2.0	2.0	2.0	2.0	2.0
포장해체 수송을 위해 포장된 목재를 해체하고 목재 를 정돈함.	목 공 특 별 인 부	인/㎥ 〃	0.02 0.02	0.02 0.02	0.02 0.02	0.02 0.02	0.02 0.02	0.02 0.02	0.02 0.02	0.02 0.02
Foundation Chipping 양질의 Con- crete 표면이 나올 때까 지 2두께 정도 까냄.	특 별 인 부	인/㎡	0.335	0.335	0.335	0.335	0.335	0.335	0.335	0.335
Foundation Marking Anchor bolt 위치 Sole Plate 위치를 결정 표시함. (Turbine shaft 토막당)	플 랜 트 기계설치공 특 별 인 부	인 /Shaft 〃	5.0 2.0	5.0 2.0	5.0 2.0	5.0 2.0	5.0 2.0	5.0 2.0	5.0 2.0	5.0 2.0
Sole Plate 설치 sub-sole Plate 또는 Ram Pad 설치후 Level 조정하고 Sole Plate 설치함.	플 랜 트 기계설치공 비 계 공 건설기계운전조 특 별 인 부	인/매 〃 조/매 인/매	0.96 0.18 0.18 0.61	0.96 0.18 0.18 0.61	0.96 0.18 0.18 0.61	0.96 0.18 0.18 0.61	0.96 0.18 0.18 0.61	0.96 0.18 0.18 0.61	0.96 0.18 0.18 0.61	0.96 0.18 0.18 0.61
Grouting	플 랜 트 기계설치공 특 별 인 부	인/㎡ 〃	0.41 0.26	0.41 0.26	0.41 0.26	0.41 0.26	0.41 0.26	0.41 0.26	0.41 0.26	0.41 0.26
표면손질 Rotor & Nozzle Plate는 별도	특 별 인 부	인/㎡	0.2	0.2	0.2	0.2	0.2	0.2	0.2	0.2
Lower outer casing 설치, 운반, 조양설치하 고 leveling & cent- ering (1회 설치기준)	플 랜 트 기계설치공 비 계 공 건설기계운전조 특 별 인 부	인/개 〃 조/개 인/개	12.4 22.4 3.7 4.6	15.3 28.6 4.7 5.8	18.5 34.8 5.7 7.0	21.0 40.0 6.7 8.0	24.5 46.8 7.7 9.4	27.8 53.2 8.8 10.6	31.0 59.1 9.9 11.8	41.0 78.0 13.1 15.6

(기 당)

작 업 구 분	직 종	단위	용 량 별 (MW)							
			50 이하	100	150	200	250	300	350	500
Lower inner casing 설치운반, 조양, 설치하고 Leveling & Centering (1회 설치기준)	플 랜 트 기계설치공	인/개	1.8	2.2	2.6	3.0	3.5	4.0	4.4	5.8
	비 계 공	〃	1.5	1.9	2.3	2.7	3.2	3.6	4.0	5.3
	건설기계운전조	조/개	0.8	1.0	1.2	1.4	1.6	1.8	2.0	2.7
	특 별 인 부	인/개	0.7	0.8	0.9	1.0	1.2	1.3	1.5	2.0
점검 및 조정(Lower casing) Leveling, Centering Top-on, Top-off 측정	플 랜 트 기계설치공	〃	10.3	12.6	14.9	16.0	18.6	21.2	23.6	31.1
	건설기계운전조	조/개	3.1	4.0	4.7	5.3	6.3	7.1	7.9	10.4
	특 별 인 부	인/개	10.3	12.6	14.9	16.0	18.6	21.2	23.6	31.1
Rotor 표면손질 (Moving blade one circle당) (1회손질기준)	특 별 인 부	인/단	0.96	0.96	0.96	0.96	0.96	0.96	0.96	0.96
Nozzle Plate 표면 손질 (한개는 반원 1회 손질 기준)	특 별 인 부	인/개	0.96	0.96	0.96	0.96	0.96	0.96	0.96	0.96
Nozzle Plate 설치 Labirth seal 조립 포함 (한개는 반원)	플 랜 트 기계설치공	〃	1.0	1.0	1.0	1.0	1.0	1.0	1.0	1.0
	비 계 공	〃	0.6	0.6	0.6	0.6	0.6	0.6	0.6	0.6
	특 별 인 부	〃	0.1	0.1	0.1	0.1	0.1	0.1	0.1	0.1
	건설기계운전조	조/개	0.7	0.7	0.7	0.7	0.7	0.7	0.7	0.7
Rotor 설치 운반, 조양, 설치 (2회 기준)	플 랜 트 기계설치공	인/개	2.3	2.9	3.5	4.0	4.7	5.3	5.9	7.8
	비 계 공	〃	0.8	1.0	1.2	1.4	1.6	1.8	2.0	2.7
	특 별 인 부	〃	1.1	1.4	1.7	2.0	2.3	2.7	3.0	4.0
	건설기계운전조	조/개	1.5	1.9	2.3	2.7	3.1	3.6	4.0	5.3
Rotor clearance 측정 및 교정	플 랜 트 기계설치공	인/개	12.4	15.8	19.2	22.0	25.6	29.9	32.4	42.6
	건설기계운전조	조/개	4.5	5.7	6.9	8.0	9.3	10.6	11.9	15.7
	특 별 인 부	인/개	9.1	11.5	13.9	16.0	18.7	21.2	23.6	31.1

(기 당)

작업구분	직종	단위	용량별 (MW)							
			50 이하	100	150	200	250	300	350	500
Upper inner casing 설치 운반, 조양, 설치 (3회설치기준)	플랜트기계설치공	인/개	35.4	43.8	52.2	60.0	69.8	79.5	88.5	117.0
	비계공	〃	5.1	6.6	8.1	9.3	10.9	12.4	14.2	18.7
	건설기계운전조	조/개	4.2	4.4	4.7	5.3	6.2	7.1	7.9	9.8
	특별인부	인/개	14.2	18.0	21.8	25.0	29.1	33.2	36.9	48.7
Upper Outer Casing 설치 운반, 조양, 설치 (2회 설치기준)	플랜트기계설치공	인/개	21.4	27.2	33.0	38.0	44.3	50.5	56.0	73.9
	비계공	〃	3.1	3.9	4.7	5.3	6.2	7.1	7.9	9.8
	건설기계운전조	조/개	3.1	3.9	4.7	5.3	6.2	7.1	7.9	9.8
	특별인부	인/개	9.1	11.5	13.9	16.0	18.6	21.2	23.6	31.1
Upper casing clearance 측정 및 교정	플랜트기계설치공	인/개	15.3	18.6	21.9	24.0	27.9	31.9	35.4	46.7
	건설기계운전조	조/개	4.7	5.7	6.9	8.0	9.3	10.6	11.9	15.7
	특별인부	인/개	11.2	14.3	17.4	20.0	23.3	26.6	29.5	38.9
Bearing 설치 운반, 조양, 설치	플랜트기계설치공	인/개	6.0	6.0	6.0	6.0	6.0	6.0	6.0	6.0
	건설기계운전조	조/개	1.4	1.4	1.4	1.4	1.4	1.4	1.4	1.4
	특별인부	인/개	4.0	4.0	4.0	4.0	4.0	4.0	4.0	4.0
Turining gear 설치 운반, 조양, 설치	플랜트기계설치공	인/개	8.0	8.0	8.0	8.0	8.0	8.0	8.0	8.0
	건설기계운전조	조/개	1.4	1.4	1.4	1.4	1.4	1.4	1.4	1.4
	비계공	인/개	4.0	4.0	4.0	4.0	4.0	4.0	4.0	4.0
	특별인부	〃	3.0	3.0	3.0	3.0	3.0	3.0	3.0	3.0
Front Pedestal 설치 Lower Part 운반설치 Main oil Pump 및 Thrust bearing 조립 Upper casing 조립 등을 포함한 작업	플랜트기계설치공	인/개	8.0	10.1	12.2	14.0	16.3	18.6	20.6	27.2
	비계공	〃	2.7	3.4	4.1	4.8	5.5	6.3	7.0	9.3
	건설기계운전조	조/개	2.7	3.4	4.1	4.8	5.5	6.3	7.6	9.3
	특별인부	인/개	3.7	4.5	5.3	6.0	7.0	7.9	8.9	11.8

(기 당)

작 업 구 분	직 종	단위	용 량 별 (MW)							
			50 이하	100	150	200	250	300	350	500
Steam chest & Governing valve 조립설치	플 랜 트 기계설치공	인/개	28.1	35.8	43.5	50.0	58.2	66.3	73.8	97.5
	비 계 공	〃	4.5	5.7	6.9	8.0	9.3	10.6	11.9	15.7
	건설기계운전조	조/개	3.1	3.9	4.7	5.3	6.2	7.1	7.9	10.4
	특 별 인 부	인/개	14.2	18.0	21.8	25.0	29.1	33.2	36.9	48.7
Coupling 조정 및 조립	플 랜 트 기계설치공	인/개소	5.7	7.2	8.7	10.0	11.7	13.3	14.8	19.6
	건설기계운전조	조/대	1.5	1.9	2.3	2.7	3.1	3.6	4.0	5.3
	특 별 인 부	인/개소	5.7	7.2	8.7	10.0	11.7	13.3	14.8	19.6
Bolt Beating	플 랜 트 기계설치공	인/개	0.0975	0.0975	0.0975	0.0975	0.0975	0.0975	0.0975	0.0975
	특 별 인 부	〃	0.0975	0.0975	0.0975	0.0975	0.0975	0.0975	0.0975	0.0975
Foundation 침하측정 (공사기간 중)	측 량 사	인/일	0.25	0.25	0.25	0.25	0.25	0.25	0.25	0.25
검사 및 교정	포장해체, 기술관리를 제외한 모든 품의 10%									

[주] ① Turbine 부대기기, Oil Tank, Cooler, 윤활유 정화장치 등의 설치품은 일반 보조기기 품을 적용하여 별도 계상한다.
② Turbine 부대배관 설치품은 일반배관 품산출 기준을 적용하여 별도 계상한다.

참 고 사용장비

장 비 명	규 격	단 위	수 량
Over head crane	-	대	2
Trailer	30 ton	〃	1
Truck crane	60 ton	〃	1
〃	40 ton	〃	1
Winch	25 kW	〃	1
Truck	4 ton	〃	1
Fork lift	-	〃	1

13-5-9 발전기 설치

(기당)

작 업 구 분	직 종	단위	용 량 별 (MW)							
			50 이하	100	150	200	250	300	350	500
기술관리	기계기사	인/일	2.0	2.0	2.0	2.0	2.0	2.0	2.0	2.0
포장해체 수송을 위해 포장된 목재를 해체하여 해체된 목재를 정돈함.	목 공 특 별 인 부	인/㎡ 〃	0.02 0.02	0.02 0.02	0.02 0.02	0.02 0.02	0.02 0.02	0.02 0.02	0.02 0.02	0.02 0.02
표면손질 Foundation chipping concrete 표면을 양질의 concrete가 나올때까지 까냄.	특 별 인 부 특 별 인 부	〃 〃	0.1 0.335	0.1 0.335	0.1 0.335	0.1 0.335	0.1 0.335	0.1 0.335	0.1 0.335	0.1 0.335
Sole Plate 설치 sub-sole Plate 또는 ram Pad 설치 sole Plate leveling & centering	플랜트기계설치공 특 별 인 부 건설기계운전조	인/대 〃 조/대	9.86 9.91 0.4	10.9 11.5 0.5	13.2 13.9 0.6	15.4 16.2 0.7	17.9 19.0 0.8	20.2 21.3 0.9	23.1 24.3 1.0	31.1 32.7 1.4
Grouting	플랜트기계설치공 특 별 인 부	인/㎡ 〃	0.41 0.26	0.41 0.26	0.41 0.26	0.41 0.26	0.41 0.26	0.41 0.26	0.41 0.26	0.41 0.26
Lifting device 설치 Generator 조양설치를 위해 설치하고 완료 후 철거함.	플랜트기계설치공 건설기계운전조 용 접 공 비 계 공 특 별 인 부	인/대 조/대 인/대 〃 〃	80.5 14.4 4.0 121.0 95.5	80.5 14.4 4.0 121.0 95.5	80.5 14.4 4.0 121.0 95.5	80.5 14.4 4.0 121.0 95.5	80.5 14.4 4.0 121.0 95.5	80.5 14.4 4.0 121.0 95.5	80.5 14.4 4.0 121.0 95.5	80.5 14.4 4.0 121.0 95.5
Stator 설치 적재장소부터 운반	플랜트기계설치공 비 계 공	인/대 〃	4.1 36.1	5.2 46.1	6.3 56.3	7.3 65.7	8.5 75.8	9.6 85.0	10.9 98.5	14.7 133.0

(기당)

작 업 구 분	직 종	단위	용 량 별 (MW)							
			50 이하	100	150	200	250	300	350	500
조양설치 Leveling & Centering	플 랜 트 기계설치공 건설기계운전조 특 별 인 부	인/대 조/대 인/대	1.0 5.5 4.0	1.2 7.1 5.2	1.4 8.7 6.4	1.6 10.0 7.5	1.9 11.7 8.8	2.1 13.1 9.9	2.4 15.1 11.3	3.3 20.3 15.2
Rotor 삽입설치 적재장소부터 운반· 조양·삽입함.	플 랜 트 기계설치공 비 계 공 건설기계운전조	〃 〃 조/대	3.4 12.4 2.9	4.4 16.5 3.7	5.4 20.6 4.5	6.3 24.0 5.3	7.4 28.0 6.2	8.3 31.5 6.9	9.4 37.0 7.8	12.7 50.0 10.5
Shaft End 조립 Fan, Fan nozzle 설치 Sealing Plate 조립 Sealing case 조립 Bearing case 조립 Side Plate 조립	플 랜 트 기계설치공 특 별 인 부 비 계 공 건설기계운전조	인/대 〃 〃 조/대	7.7 1.9 2.5 2.5	9.6 2.4 3.3 3.3	11.5 2.9 4.1 4.1	13.4 3.4 4.8 4.8	15.7 4.0 5.6 5.6	17.6 4.5 6.4 6.4	20.1 5.1 7.2 7.2	27.1 6.9 9.7 9.7
Coupling 조립 Coupling alignment 하고 bolt 조립	플 랜 트 기계설치공 건설기계운전조 특 별 인 부	인/대 조/대 인/대	15.0 2.9 9.2	19.5 3.7 11.9	24.0 4.5 14.6	28.0 5.3 17.0	32.7 6.2 19.8	36.8 7.1 22.4	42.0 8.0 25.5	56.6 10.8 34.4
Exciter 설치 Exciter 운반설치 Coupling 조립 전기공사 제외	플 랜 트 기계설치공 건설기계운전조 비 계 공 특 별 인 부	인/대 조/대 인/대 〃	7.4 0.5 1.4 7.8	9.7 0.6 1.7 10.1	12.0 0.7 2.0 12.4	14.0 0.8 2.3 14.5	16.4 0.9 2.7 16.9	18.4 1.1 2.9 19.1	21.0 1.2 3.5 21.8	28.8 1.6 4.7 29.5
Hydrogen cooler 설치	플 랜 트 기계설치공 비 계 공 특 별 인 부 건설기계운전조	〃 〃 〃 조/대	2.6 2.2 2.9 2.0	3.3 2.8 3.7 2.6	4.0 3.4 4.5 3.2	4.7 3.9 5.3 3.7	5.5 4.6 6.2 4.3	6.2 5.1 7.0 4.9	7.1 5.9 8.0 5.6	9.6 8.0 10.8 7.6
검사 및 교정 Gas leak test 포함.			기술관리, 포장해체를 제외한 품의 10%							

[주] 부대기기 및 부대배관 작업의 품은 별도 계상한다.

> **참고**: 사용장비

장비명	규격	단위	수량
Over head crane	-	대	1
Truck crane	60 ton	〃	1
〃	20 ton	〃	1
Truck	4 ton	〃	1
Air Compressor	15㎥/min	〃	1
Winch	50 kW	〃	1

[주] 본 품은 Lifting device로 설치할 때의 품이다.

13-5-10 복수기 설치

작 업 구 분	직 종	단위	수량
기술관리 　공사기간 중	기 계 기 사	인/일	1.0
포장해체 　수송을 위해 포장된 목재를 해체하고 목재를 정리함.	목　　　　공 특 별 인 부	인/㎡ 〃	0.02 0.02
표면손질 　Foundation chipping & Grouting	특 별 인 부 플랜트기계설치공 특 별 인 부	인/㎡ 〃 〃	0.1 0.41 0.595
소운반 　shell의 소재, tube, tube sheet, 　tube supporting plate, Expansion 　joint, Water box 등의 운반	건 설 기 계 운 전 조 비　계　공 특 별 인 부	조/ton 인/ton 〃	0.373 0.138 0.288
body 조립 설치 　body plate 설치 　Lower shell, upper shell 조립설치 　turbine exhaust hood 용접 　Expansion joint 설치 　Front & Rear water box 설치	플 랜 트 제 관 공 플 랜 트 용 접 공 비　계　공 특 별 인 부 Crane 운 전 조	〃 〃 〃 〃 조/대	0.78 1.04 2.05 1.54 0.346

작 업 구 분	직 종	단 위	수 량
Tube 삽입 설치	플랜트기계설치공	인/개	0.0332
Tube sheet support Plate 소재	특 별 인 부	〃	0.0629
tube 삽입, Tube expanding 작업	Crane 운 전 조	조/개	0.0029
Condenser 내부소재 Leak test 교정	기술관리 포장해체를 제외한 품의 15%		

[참고] 사용장비

장 비 명	규 격	단 위	수 량
Over head crane	-	대	1
Truck crane	20 ton	〃	1
Winch	25 kW	〃	1
A.C Welder	15 kVA	〃	4
Truck	4 ton	〃	1

13-5-11 왕복압축기 설치

(대 당)

용량(㎥/hr) \ 직종	목공	플랜트 기계설치공	플랜트 용접공	비계공	플랜트 배관공	특별 인부	계
50 이하	0.13	2.74	0.23	3.96	0.31	8.68	16.05
51~ 100	0.17	3.63	0.31	5.25	0.41	11.49	21.26
101~ 200	0.22	4.81	0.41	6.97	0.54	15.23	18.18
201~ 300	0.26	5.67	0.48	8.20	0.64	17.90	33.15
301~ 400	0.28	6.25	0.53	9.12	0.71	19.77	36.66
401~ 500	0.31	6.85	0.58	9.94	0.78	21.57	40.03
501~ 600	0.33	7.35	0.62	10.67	0.84	23.09	42.90
601~ 700	0.35	7.86	0.66	11.50	0.90	24.65	45.92
701~ 800	0.37	8.21	0.69	12.10	0.94	25.78	48.09
801~ 900	0.38	8.53	0.72	12.40	0.97	26.86	49.86
901~1,000	0.40	8.96	0.75	13.05	1.02	28.14	52.32
1,001~1,500	0.47	10.43	0.88	15.24	1.19	32.88	61.09

(대 당)

용량(㎥/hr) \ 직종	목공	플랜트 기계설치공	플랜트 용접공	비계공	플랜트 배관공	특별 인부	계
1,501~2,000	0.52	11.56	0.98	16.88	1.32	36.63	67.89
2,001~2,500	0.56	12.58	1.06	18.35	1.44	39.73	73.92
2,501~3,000	0.61	13.57	1.14	19.70	1.55	43.05	79.62

[주] ① 본 품은 조립된 압축기를 설치하는 것을 기준하였다.
② 본 품에는 포장해체 및 소운반이 포함되어 있다.
③ 본 품에는 Foundation chipping 및 Grouting 작업이 포함되어 있다.
④ 본 품에는 Motor 설치 coupling alignment 작업이 포함되어 있다.
⑤ 본 품에는 cooler 및 Receiver tank 설치공량이 포함되어 있다.
⑥ 본 품에는 시운전 및 교정작업이 포함되어 있다.
⑦ 본 품에는 air dryer 및 부대 배관작업이 제외되어 있다.
⑧ 본 품에는 전기배선, 계장공사가 제외되어 있다.

13-5-12 펌프 설치

1. 원심펌프(2단)

(대 당)

용량(㎥/hr) \ 직종	목공	플랜트 기계설치공	인력운반공	특별인부	계
50 이하	0.03	0.63	3.66	2.89	7.21
51~ 100	0.04	0.78	4.67	3.49	8.98
101~ 200	0.06	1.04	5.80	5.53	12.43
201~ 300	0.09	1.45	7.66	6.50	15.70
301~ 400	0.13	1.92	9.08	8.92	20.05
401~ 500	0.16	2.76	10.50	11.08	24.50
501~ 600	0.19	3.19	13.74	12.75	29.87
601~ 700	0.21	3.52	15.02	14.18	32.93
701~ 800	0.23	3.92	16.62	15.78	36.55
801~ 900	0.26	4.35	18.50	17.45	40.56
901~1,000	0.28	4.72	20.00	18.82	43.82

2. 원심펌프(2단 대용량)

(대 당)

용량(㎥/hr)	직종 목공	플랜트 기계설치공	특별인부	비계공	건설기계 운전	계
1,001~ 2,000	0.4	12.6	21.3	12.3	3.1	49.7
2,001~ 3,000	0.5	14.6	24.1	14.0	3.5	56.1
3,001~ 4,000	0.5	16.3	26.2	15.4	3.9	62.6
4,001~ 5,000	0.6	17.4	28.5	16.5	4.2	67.2
5,001~ 6,000	0.6	18.4	30.2	17.6	4.4	71.2
6,001~ 7,000	0.6	19.1	31.3	18.3	4.7	74.0
7,001~ 8,000	0.7	19.9	32.7	19.1	5.0	77.4
8,001~ 9,000	0.7	20.7	34.0	19.8	5.1	80.3
9,001~10,000	0.7	21.3	35.0	20.2	5.2	82.4
10,001~12,000	0.7	23.2	37.6	21.9	5.5	88.9
12,001~14,000	0.8	24.1	39.5	23.1	5.7	93.2
14,001~16,000	0.8	25.2	41.4	24.0	6.1	97.5
16,001~18,000	0.9	26.6	43.3	25.2	6.4	102.4
18,001~20,000	0.9	27.9	45.4	26.3	6.8	107.3

3. Rotary Pump, Centrifugal pump(3,4 stage)

(대 당)

용량(㎥/hr)	직종 목공	플랜트 기계설치공	인력운반공	특별인부	계
50 이하	0.04	0.89	5.16	3.86	9.95
51~ 100	0.06	1.10	6.04	5.73	12.93
101~ 200	0.10	1.62	8.47	7.19	17.38
201~ 300	0.15	2.67	10.13	10.69	23.64
301~ 400	0.19	3.19	13.60	12.75	29.73
401~ 500	0.22	3.87	16.50	15.56	36.15
501~ 600	0.27	4.66	19.30	18.27	42.50
601~ 700	0.31	6.55	20.00	20.72	47.58
701~ 800	0.34	8.56	20.60	22.95	52.45
801~ 900	0.37	10.53	20.90	25.10	56.90
901~1,000	0.39	11.94	21.50	26.72	60.55
1,001~2,000	0.56	18.64	22.30	42.00	83.50

[주] ① 본 품은 조립된 Pump를 설치하는 품이다.
② 본 품에는 포장해체 및 소운반이 포함되어 있다.
③ 본 품에는 Foundation chipping 및 Grouting 작업이 포함되어 있다.

④ 본 품에는 Motor 설치 coupling alignment 작업이 포함되어 있다.
⑤ 본 품에는 시운전 및 교정작업이 포함되어 있다.
⑥ 본 품에는 전기배선, 계장공사가 제외되어 있다.
⑦ 본 품은 부대 배관작업이 제외되어 있다.
⑧ 각종 설비용 펌프설치는 '[기계설비부문] 4-1 펌프'의 품을 적용한다.

13-5-13 Boiler Feed Pump 설치

1. Tubine driven type

(대 당)

직종＼용량(ton/hr)	300 이하	400	500	600	700
목　　　　　공	1.9	2.2	2.5	2.8	3.1
플 랜 트 기 계 설 치 공	62.8	71.4	81.6	91.5	98.6
비　　계　　공	23.2	26.4	30.4	34.4	37.3
건 설 기 계 운 전(조/대)	13.2	14.7	16.4	18.0	19.2
특　별　인　부	67.5	77.6	89.4	101.1	109.2
계	168.6	192.3	220.3	247.8	267.4

[주] ① 본 품은 조립된 Pump와 조립된 turbine을 설치하는 품이다.
② 본 품은 Pump의 토출압력 200kg/㎠ 이내를 기준하였다.
③ 본 품에는 포장해체 및 소운반이 포함되어 있다.
④ 본 품에는 Foundation chipping 및 Grouting 작업이 포함되어 있다.
⑤ 본 품에는 Turning geart 설치 및 coupling alignment 작업이 포함되어 있다.
⑥ 본 품에는 시운전 및 교정작업이 포함되어 있다.
⑦ 본 품에는 Oil tank, Oil Pump, Oil cooler 등의 부대기기와 부대배관공사가 제외되어 있다.

2. Motor driven type

(대 당)

직종＼용량(ton/hr)	300 이하	400	500	600	700
목　　　　　공	1.3	1.5	1.7	2.0	2.2
플 랜 트 기 계 설 치 공	43.0	49.6	57.6	65.2	71.0
비　　계　　공	26.3	30.1	34.9	40.0	43.1
건 설 기 계 운 전(조/대)	5.3	6.1	7.1	8.0	8.8
특　별　인　부	50.2	57.9	67.1	76.3	82.6
계	126.1	145.2	168.4	191.5	207.7

[주] ① 본 품은 조립된 Pump의 본체를 설치하는 품이다.
② Pump의 토출압력 200kg/㎠ 이내를 기준으로 하였다.
③ 본 품에는 포장해체 및 소운반이 포함되어 있다.
④ 본 품에는 Foundation chipping 및 grouting 작업이 포함되어 있다.
⑤ 본 품에는 motor 및 증속기설치, coupling alignment 작업이 포함되어 있다.
⑥ 본 품에는 윤활유 탱크 및 윤활유 펌프설치 작업이 포함되어 있다.

⑦ 본 품에는 시운전 및 교정작업이 포함되어 있다.
⑧ 본 품에는 부대배관 작업이 제외되어 있다.
⑨ 본 품에는 전기배선, 계장공사가 제외되어 있다.

참 고 사용장비

장 비 명	규 격	단 위	수 량
Over head crane	-	대	1
Truck crane	60 ton	〃	1
Trailor	30 ton	〃	1
Air compressor	1.5㎥/min	〃	1

13-5-14 Heater 및 Tank 설치

1. 건설기계가 닿는 장소

(대 당)

무게(ton) \ 직종	목공	플랜트 기계설치공	비계공	건설기계운전 (조/대)	특별인부	계
0.5 이하	0.03	0.52	0.06	0.19	2.12	2.92
0.51~1.0	0.05	0.78	0.08	0.28	3.16	4.35
1.01~2.0	0.08	1.04	0.11	0.38	4.92	6.53
2.01~3.0	0.10	1.41	0.15	0.51	6.08	8.25
3.01~4.0	0.12	1.78	0.19	0.64	8.33	11.06
4.01~5.0	0.13	2.13	0.23	0.78	9.91	13.00
5.01~6.0	0.15	2.46	0.27	0.89	11.52	15.29
6.01~7.0	0.17	2.76	0.31	1.00	12.86	17.10
7.01~8.0	0.19	3.08	0.60	1.13	14.15	19.15
8.01~9.0	0.21	3.18	1.15	1.24	15.39	21.17
9.01~10.0	0.23	3.28	1.65	1.35	16.65	23.16
10.1~15.0	0.45	3.45	8.62	2.19	17.41	30.12
15.1~20.0	0.56	4.27	10.70	2.71	19.21	37.45
20.1~25.0	0.65	4.98	12.50	3.15	22.65	43.94
25.1~30.0	0.73	5.62	14.15	3.52	25.31	49.33
30.1~35.0	0.82	6.35	15.52	3.95	28.62	55.26
35.1~40.0	0.89	6.95	17.00	4.31	31.17	60.32
40.1~45.0	0.97	7.58	18.50	4.75	33.95	65.75
45.1~50.0	1.06	8.05	19.62	5.03	36.23	69.99

[주] ① 본 품은 조립된 heater 또는 cooler, 완전히 제작된 tank 또는 vessel을 기초위에 설치하는 품이다.
② 본 품은 건설기계를 사용 설치하는 것으로 보았다.
③ 본 품에는 포장해체 소운반이 포함되어 있다.
④ 본 품에는 Foundation chipping, grouting이 포함되어 있다.

2. 건설기계가 닿지 않는 장소

무게(ton) \ 직종	목공	플랜트기계설치공	비계공	건설기계운전(조/대)	특별인부	계
0.5 이하	0.03	2.22	5.40	0.11	2.36	10.12
0.51~ 1.0	0.05	3.23	7.83	0.16	3.56	14.83
1.01~ 2.0	0.08	4.59	11.12	0.22	5.46	21.47
2.01~ 3.0	0.10	5.88	13.50	0.29	6.63	26.29
3.01~ 4.0	0.12	6.67	15.55	0.38	8.86	31.58
4.01~ 5.0	0.13	7.39	17.27	0.45	10.39	35.63
5.01~ 6.0	0.15	8.03	18.70	0.53	11.92	39.33
6.01~ 7.0	0.17	8.61	20.02	0.61	13.22	42.63
7.01~ 8.0	0.19	8.61	23.00	1.73	13.59	46.62
8.01~ 9.0	0.21	8.61	24.20	1.81	14.94	49.77
9.01~10.0	0.23	8.90	25.23	1.88	16.22	52.46
10.1 ~15.0	0.45	11.38	32.38	2.49	17.47	62.17
15.1~20.0	0.56	12.95	36.60	2.85	19.08	72.04
20.1~25.0	0.65	14.45	40.90	3.19	22.37	81.56
25.1~30.0	0.73	15.93	44.90	3.51	24.94	90.01
30.1~35.0	0.82	17.19	48.50	3.77	28.07	98.35
35.1~40.0	0.89	18.09	51.10	3.97	30.44	104.49
40.1~45.0	0.97	19.13	54.10	4.22	33.04	111.46
45.1~50.0	1.06	20.03	56.60	4.52	35.29	117.50

[주] ① 본 품은 조립된 heater 또는 cooler, 완전히 제작된 tank 또는 vessel을 기초위에 설치하는 품이다.
② 본 품은 건설기계를 사용해서 운반할 수 있는 곳까지 운반하고 다음은 굴림 운반으로 해서 설치하는 것으로 보았다.
③ 본 품에는 포장해체 소운반이 포함되어 있다.
④ 본 품에는 Foundation chipping, grouting이 포함되어 있다.

13-6 수력발전 기계설비
13-6-1 수차 설치
1. 직종별 설치품

(ton 당)

직 종	수 량	직 종	수 량
기 계 기 사	0.500	측 량 사	0.140
목 공	0.041	공 작 기 계 공	0.496
비 계 공	1.433	도 장 공	0.044
플랜트기계설치공	1.540	특 별 인 부	1.313
플 랜 트 제 관 공	0.486	시 험 및 조 정	0.649
플 랜 트 용 접 공	1.119	계	7.751

2. 공정별 설치수량

(ton 당)

공 정 별	직 종	수 량
기술지도(종합공정관리포함)	기 계 기 사	0.50
포 장 해 체	목 공	0.041
	특 별 인 부	0.034
소 운 반	비 계 공	0.385
Draft tube 설치 　가설된 Concrete tube에 이어서 　Leveling & Centering해서 연결	플랜트기계설치공	0.051
	플 랜 트 제 관 공	0.195
	플 랜 트 용 접 공	0.037
	측 량 사	0.035
	비 계 공	0.035
	특 별 인 부	0.042
Speed ring 조립설치 　Speed ring의 위치결정해서 조립 　설치하고 Leveling & Centering 후 　draft tube와 연결	플랜트기계설치공	0.117
	플 랜 트 제 관 공	0.195
	플 랜 트 용 접 공	0.085
	측 량 사	0.021
	비 계 공	0.080
	특 별 인 부	0.109

(ton 당)

공 정 별	직 종	수 량
Casing & cover 조립설치 Casing 용접조립후 X-Ray test, Inner head cover 및 Outer head cover 조립설치	플 랜 트 기 계 설 치 공 플 랜 트 용 접 공 비 계 공 플 랜 트 제 관 공 특 별 인 부	0.479 0.347 0.326 0.048 0.394
수차 Centering Concrete 타설전에 casing centering 하 고 타설도중 움직이지 않게 고정함	플 랜 트 기 계 설 치 공 플 랜 트 용 접 공 비 계 공 측 량 사 특 별 인 부	0.174 0.127 0.119 0.056 0.143
Guide vane 조립조정 Stay vane 및 guide vane 조립설치	플 랜 트 기 계 설 치 공 비 계 공 플 랜 트 용 접 공 특 별 인 부	0.172 0.117 0.125 0.142
Guide ring & Serve-Moter 조립설치 Guide ring, operating rod, Serve motor 등 조립설치	플 랜 트 기 계 설 치 공 비 계 공 플 랜 트 용 접 공 특 별 인 부	0.093 0.063 0.068 0.077
Pit, liner 교정 Liner 취부 Joint 부분 용접보강함	플 랜 트 기 계 설 치 공 플 랜 트 제 관 공 비 계 공 플 랜 트 용 접 공 특 별 인 부	0.008 0.048 0.006 0.006 0.006
Runner 조립 및 삽입	플 랜 트 기 계 설 치 공 비 계 공 플 랜 트 용 접 공 특 별 인 부	0.299 0.203 0.218 0.246
수차본체조립 　수차본체 종합조립하고 각부의 간격 조정하여 Shop data와 일치시킴	플 랜 트 기 계 설 치 공 비 계 공 플 랜 트 용 접 공 측 량 사 특 별 인 부	0.116 0.078 0.084 0.028 0.095

(ton 당)

공 정 별	직 종	수 량
Governor 조립설치	플 랜 트 기 계 설 치 공	0.031
	플 랜 트 용 접 공	0.022
	비 계 공	0.021
	특 별 인 부	0.025
수리공장 운영	공 작 기 계 공	0.496
도장	도 장 공	0.044
시험 및 조정 (기술관리, 포장해체, 도장을 제외한 모든 품의 10%)		0.649
비 고	- 단 Kaplan 수차의 경우는 본 품중 공정별 구분에서 runner 조립 및 삽입과 수차본체 조립의 품을 20% 가산한다.	

[주] ① 본 품은 Kaplan 수차, franses 수차 및 Propeller 수차 설치에 필요한 품이다.

참고 시용장비

장 비 명	규 격	단 위	수 량
Over head crane	150ton	대	1
Truck crane	20ton	〃	1
Trailer	20ton	〃	1
Unloading hoist	40ton/50ton	〃	1
Lathe	182.88cm	〃	1
Drilling machine	2.24kW	〃	1
Shaper	17.90kW	〃	1
Milling machine	17.90kW	〃	1
Grinder	1.12kW	〃	1
Blower	1.12kW	〃	1
AC Welder	30kVA	〃	4
DC Welder	500A	〃	2
Gas cutting machine	중 형	조	3
Air compressor	5-7kg/cm^2 5.9m^3/min	대	1
Winch	22.38kW	〃	1
Gouging machine	중 형	〃	1
Pump	5.1m^3/min	〃	2

> **참고** 소모자재

(ton 당)

물품	규격	단위	수량
산소	6,000ℓ입	Bt	0.360
아세틸렌	4,500ℓ입	〃	0.242
용접봉	4ø~5ø	kg	2.0
코크스		〃	9.0
Sand Paper	각 종	S h	3.125
여과기	14"×14"	〃	3.0
걸레	특상품	kg	2.50
세유	C-3	ℓ	2.20
Grease		kg	0.20
Machine oil		ℓ	0.70
Gasoline		〃	0.240
Galvanized wire	#8~#16	kg	0.50
Grinding wheel	8"ø×25m/m t	개	0.375
비닐세트	0.1t×2m	m	1.0
소창직		〃	0.860
보일유		ℓ	0.008
시너		〃	0.012
광명단		〃	0.062
조합페인트		〃	0.062

※ 산소량 규격은 대기압상태를 기준하며, 단위 '병'은 35℃에서 150기압으로 압축용기에 넣어 사용하는 것을 기준한다.

13-6-2 발전기 설치

1. 직종별 설치품

(ton 당)

직 종	수 량
기 계 기 사	0.500
목 공	0.399
인 력 운 반 공	0.111
비 계 공	0.432
플 랜 트 전 공	1.379
플 랜 트 기 계 설 치 공	2.244
플 랜 트 용 접 공	0.142
측 량 사	0.015
공 작 기 계 공	0.006
플 랜 트 배 관 공	0.017
특 별 인 부	2.118
시 험 및 조 정	0.679
계	8.042

2. 공정별 설치품

(ton 당)

공 정 별	직 종	수 량
기술지도(종합공정관리 포함)	기 계 기 사	0.50
포장해체	목 공	0.034
	특 별 인 부	0.033
소 운 반	비 계 공	0.262
Stator 소립 Frame 조립, coil 삽입 call binding 건조 및 varnish 처리	플 랜 트 전 공	0.490
	비 계 공	0.014
	플 랜 트 기 계 설 치 공	0.311
	플 랜 트 용 접 공	0.022
	인 력 운 반 공	0.087
	목 공	0.125
	특 별 인 부	0.268

(ton 당)

공 정 별	직 종	수 량
Rotor 조립 York & Spider 조립 Rim lamination 자극 및 rotor 부품취부, 건조 및 Varnish 처리	플 랜 트 전 공 플랜트기계설치공 플 랜 트 용 접 공 인 력 운 반 공 목 공 특 별 인 부 비 계 공	0.544 0.587 0.049 0.013 0.179 0.788 0.033
기초 Chipping 및 concrete 타설 Barrel 기초점검, chipping out concrete 타설	플 랜 트 전 공 플랜트기계설치공 비 계 공 목 공 플 랜 트 용 접 공 특 별 인 부 측 량 사	0.024 0.282 0.019 0.033 0.011 0.106 0.006
Stator 설치 Base block 설치, stator 안치, concrete 타설전의 centering Concrete 타설후의 Recentering Knock 치기	플 랜 트 전 공 비 계 공 플랜트기계설치공 특 별 인 부 측 량 사 플 랜 트 용 접 공 공 작 기 계 공 목 공	0.141 0.011 0.227 0.179 0.009 0.011 0.006 0.008
Stator low end 조립설치 Lower bracket 조립 Stator centering을 위한 가조립설치 및 철거 Lower bracker 재설치 Lower Fan shield, lower cover space heater 등 설치	플 랜 트 전 공 비 계 공 플랜트기계설치공 목 공 특 별 인 부 플 랜 트 용 접 공 플 랜 트 배 관 공	0.044 0.022 0.179 0.006 0.131 0.011 0.017
Stator upper end 조립 Upper bracket 조립 Centering을 위한 가설치 및 철거 Rotor 삽입후의 재설치 Air housing upper fan Shield upper cover등 설치	플 랜 트 전 공 비 계 공 플랜트기계설치공 목 공 플 랜 트 용 접 공 특 별 인 부	0.065 0.030 0.179 0.006 0.027 0.210

제 13 장 플랜트설비공사

(ton 당)

공 정 별	직 종	수 량
Thrust bearing 조립설치	플 랜 트 전 공	0.027
Bearing 조립설치	비 계 공	0.030
Thrust tank cover 조립설치	플랜트기계설치공	0.283
Thrust cooler 수압시험 및 설치	플 랜 트 용 접 공	0.011
윤활유여과 및 주입	목 공	0.008
	인 력 운 반 공	0.011
	특 별 인 부	0.176
Rotor 삽입 coupling 조립	플 랜 트 전 공	0.044
shaft deflection 조정	비 계 공	0.011
rotor 삽입, coupling 조립	플랜트기계설치공	0.196
Key setting, upper lower	특 별 인 부	0.227
Bearing 조립조정		
Shost deflection check 및 조정		
시험 및 조정 (기술관리 포장해체를 제외한 품의 10%)		0.679

[참고] 사용장비

장 비 명	규 격	단 위	수 량
Over head crane	150ton	대	1
〃	30ton	〃	1
Winch	5ton 7.46kW	〃	1
Air compressor	15kW 8.5㎥/min	〃	1
Portable drill	1.12kW	〃	3
Portable Grinder	1.12kW	〃	2
A.C Welder	30kVA	〃	1
Gas welder	준형	조	4
Gas cutting machine	〃	〃	2
Truck crane	30ton	대	1
Trailor	50ton	〃	1
D.C Welder	500A	〃	2
Gouging machine	중형	〃	1

> **참 고**   소모자재

(ton)

품 명	규 격	단 위	수 량
세 유	0~3	ℓ	0.730
Gasoline	-	〃	0.730
보 일 유	-	〃	0.069
Machine oil	-	〃	0.365
Grease	-	kg	0.175
시 너	에나멜용	ℓ	0.138
Galvanized wire	#8~#16	kg	0.730
Wire brush	각종 3/8~1.6"	개	0.292
Hack saw blade	12"	〃	0.438
Drill	1.6ø~3.8ø	kg	0.018
Grinder wheel	8"ø~25m/m t	〃	0.022
File	각 종	kg	0.218
Oil stone	각종(황, 중, 세)	Sh	0.055
코 크 스	-	kg	0.328
목 탄	6,000ℓ	〃	0.820
산 소	4,500ℓ	병	0.109
아 세 틸 렌	4ø~5ø	〃	0.084
전 기 용 접 봉	3.2ø	kg	0.365
가 스 용 접 봉	2ø	〃	0.146
신 주 용 접 봉	각 종	〃	0.073
Sand Paper	-	Sh	0.110
광 목	-	m	0.402
소 창 직	-	〃	0.134
걸 레	특상품	kg	0.730
비 닐 시 트	3m×3m	Sh	0.037
방 청 페 인 트	DR-80	ℓ	0.069
페 인 트	노루표	〃	0.040
땜 납	50 : 50	kg	0.055
붕 사	-	〃	0.016
Compound	절연용	〃	0.073
3-Bond	밀착제 No.2	〃	0.007

※ 산소량 규격은 대기압상태를 기준하며, 단위 '병'은 35℃에서 150기압으로 압축용기에 넣어 사용하는 것을 기준한다.

13-6-3 수문 제작

1. Tainter Gate 제작

가. 직종별 제작품

(ton 당)

직 종	수 량
기 계 기 사	0.500
플 랜 트 제 관 공	6.474
플 랜 트 용 접 공	3.570
비 계 공	3.318
플 랜 트 기 계 설 치 공	1.925
도 장 공	1.895
측 량 사	0.172
특 별 인 부	0.372
검 사 및 교 정	1.583
계	19.809

나. 공정별 제작품

(ton 당)

공 정 별	직 종	수 량
기 술 관 리	기 계 기 사	0.500
본 뜨 기	플 랜 트 제 관 공	0.523
금 긋 기	〃	1.390
절 단	〃	0.380
가 공	플 랜 트 제 관 공	1.590
구 멍 뚫 기	〃	0.475
용 접	플 랜 트 용 접 공	2.550
부 품 조 립	비 계 공	1.305
	플 랜 트 기 계 설 치 공	1.305
도 장	도 장 공	1.895
소 운 반 조 작	비 계 공	0.980
가 조 립	비 계 공	1.033
	플 랜 트 제 관 공	2.116
	플 랜 트 용 접 공	1.020
	측 량 사	0.172
	플 랜 트 기 계 설 치 공	0.620
	특 별 인 부	0.372
검 사 및 교 정 (기술관리 및 도장을 제외한 전품의 10%)		1.583

> **참 고** : 장비사용기간

장 비 명	규 격	시간(hr/ton)
Lathe	365.76cm×5.60kW	0.64
Planer	121.92cm×243.84cm	0.72
Boring machine	Horizontal Type 2.24kW	1.72
Union melt welder	5.5kVA	2.856
A.C Welder	10 〃	8.568
Gouging machine	중 형	3.06
Gas cutting machine	Auto 형	1.24
Gas cutting machine	Mannual	1.8
Gas heating touch	중 형	3.984
Over head crane	30 ton	0.759
〃	20 ton	0.759
Hydro Press	300 ton	1.771
Bending roller	701.04cm	1.48
Edge bending roller	701.04cm	1.38
Shearing machine		0.64
Drilling machine	2.24kW	0.368
〃	Radial 3.73kW	0.184
Compressor	5.9㎥/min	3.790
Portable drill	0.73kW	1.532
Tuck crane	30 ton	0.506
Trailer	30 ton	0.506
Fork lift	5 ton	0.506

[주] 본 장비사용기간은 공작공장에서만 적용한다.

2. Roller Gate 제작
  가. 직종별 제작품

(ton 당)

직 종	수 량	직 종	수 량
기계기사	0.50	도장공	1.584
플랜트제관공	5.438	측량사	0.143
플랜트용접공	2.978	특별인부	0.245
비계공	2.772	시험 및 조정	1.318
플랜트기계설치공	1.608	계	16.586

  나. 공정별 제작품

(ton 당)

공정별	직 종	수 량
기술관리	기계기사	0.500
본뜨기	플랜트제관공	0.437
금긋기	-	1.161
절단	-	0.318
가공	-	1.359
구멍뚫기	-	0.397
용접	플랜트용접공	2.125
부품조립	비계공	1.090
	플랜트기계설치공	1.090
도장	도장공	1.584
소운반조작	비계공	0.818
가조립	비계공	0.864
	플랜트제관공	1.766
	플랜트용접공	0.853
	측량사	0.143
	플랜트기계설치공	0.518
	특별인부	0.245
검사 및 교정 (기술관리 및 도장을 제외한 전 품의 10%)		1.318

참 고 장비사용시간

장 비 명	규 격	시간(hr/ton)
Lathe	365.76cm×5.60kW	0.536
Planer	121.92cm×243.84cm	0.076
Boring machine	Horizontal Type 2.24kW	1.436
Union melt welder	5.5kVA	2.72
A.C Welder	10kVA	8.16
Gouging machine	중 형	1.7
Gas cutting machine	Auto 중형	1.016
Gas cutting machine	Mannual	1.016
Gas heating touch	중 형	3.328
Over head crane	30 ton	1.269
Hydro Press	100 ton	1.48
Bending roller	701.04cm	1.088
Shearing machine	-	0.256
Drilling machine	2.24kW	1.632
〃	Radial 3.73kW	0.816
Compressor	5.9㎥/min	3.17
Portable drill	0.373kW	1.221
Truck crane	30 ton	0.423
Trailor	30 ton	0.423
Fork lift	5 ton	0.423

[주] 본 장비사용기간은 공작공장에서만 적용한다.

참 고 소모자재(Tainter Gate, Roller Gate)

(ton 당)

품 명	규 격	단위	수 문 Tainter	수 문 Roller
산 소	6,000ℓ입	병	3.76	3.0
아 세 틸 렌	4,500ℓ입	〃	3.23	2.58
함 석	#31×3'×6'	매	0.71	0.62
용 접 봉	4ø×350ℓ	kg	24.99	20.0
모 래		㎥	0.262	0.242
Nozzle		개	0.5	0.5
광 명 단		ℓ	2.5	2.2
전 력		kWh	370	310

※ 산소량 규격은 대기압상태를 기준하며, 단위 '병'은 35℃에서 150기압으로 압축용기에 넣어 사용하는 것을 기준한다.

13-6-4 수문 설치

1. Tainter Gate 설치

  가. 직종별 설치품

(ton 당)

직 종	수 량
기 계 기 사	0.500
플 랜 트 제 관 공	6.169
비 계 공	4.277
플 랜 트 기 계 설 치 공	0.910
측 량 사	0.410
플 랜 트 용 접 공	0.810
도 장 공	0.635
플 랜 트 전 공	0.310
시 험 및 조 정	1.257
계	15.278

  나. 공정별 설치품

(ton 당)

공 정 별	직 종	수 량
기 술 관 리		
현 장 교 정		
소 업	기 계 기 사	0.500
	플 랜 트 제 관 공	1.034
	비 계 공	0.517
	비 계 공	2.3
조 립 조 정	플 랜 트 기 계 설 치 공	0.91
	비 계 공	1.46
	플 랜 트 제 관 공	4.92
	측 량 사	0.41
용 접	플 랜 트 용 접 공	0.81
	플 랜 트 제 관 공	0.215
도 장	도 장 공	0.635
전 원 배 선	플 랜 트 전 공	0.31
검 사 및 교 정		1.257
(기술관리, 도장, 전원배선을 제외한 모든 품의 10%)		

> **참 고** 장비사용명

(ton 당)

장 비 명	규 격	수량(대/일)
A.C Welder	10kVA	1
D.C Welder	300A 5.5kW	5
Gas Cutting machine	중 형	6
Gas welder	대 형	3
Portable Drill	1.12kW	2
Portable Grinder	0.37kW	6
Air Compressor	5.9㎥/min	2
Winch	37.30kW	2
Truck Crane	50 ton	2
Floating Crane	75 ton	1
Derrick Crane	30 ton	1
Cable Crane	10 ton	1
Tow Crane	186.50kW	1
Truck	5 ton	4
Trailer	20 ton	1
Fork Lift	5 ton	1

2. Roller Gate

가. 직종별 설치품

(ton 당)

직 종	공 량	직 종	수 량
기 계 기 사	0.50	플 랜 트 용 접 공	0.705
제 관 공	3.038	도 장 공	0.552
비 계 공	4.568	플 랜 트 전 공	0.187
플 랜 트 기 계 설 치 공	1.318	검 사 및 교 정	1.188
측 량 사	0.812	-	-
리 베 팅 공	1.447	계	14.315

나. 공정별 설치품

(ton 당)

공 정 별	직 종	수 량
기 술 관 리	기 계 기 사	0.50
현 장 교 정	플 랜 트 제 관 공	0.816
	비 계 공	0.146
소 운 반 제 작	비 계 공	1.992
	플 랜 트 기 계 설 치 공	0.791
조 립 조 정	비 계 공	2.43
	플 랜 트 제 관 공	2.035
	측 량 사	0.812
리 베 팅	리 베 팅 공	1.447
	플 랜 트 기 계 설 치 공	0.527
용 접	플 랜 트 용 접 공	0.705
	플 랜 트 제 관 공	0.187
도 장	도 장 공	0.552
전 원 배 선	플 랜 트 전 공	0.187
검 사 및 교 정 (기술관리, 도장, 전원배선을 제외한 모든 품의 10%)		1.188

[참고] 사용장비

(ton 당)

장 비 명	규 격	수량(대/일)
A.C Welder	10kVA	1
D.C Welder	300A 5.5kW	4
Gas Cutting machine	중 형	4
Gas Welder	대 형	3
Portable Drill	1.12kW	2
Portable Grinder	0.37kW	4
Air Compressor	8.9㎥/min	1
Winch	7.46kW	2
Guy Derrick	10 ton	1
Fork Lift	7 ton	1
Truck Crane	30 ton	2
〃	40 ton	1
Trailer	30 ton	1
Truck	5 ton	4
Riveting Hammer		2

[참고] 소모자재(Tainter Gate, Roller Gate)

(ton 당)

품 명	규 격	단 위	Tainter	Roller
산 소	6,000ℓ입	병	0.53	0.46
아 세 틸 렌	4,500ℓ입	〃	0.45	0.39
용 접 봉	4ø×350ℓ	kg	6.2	5.4
코 크 스	-	〃	-	27
광 명 단	-	ℓ	2.5	2.2
페 인 트	에나멜	〃	5.0	4.4

※ 산소량 규격은 대기압상태를 기준하며, 단위 '병'은 35℃에서 150기압으로 압축용기에 넣어 사용하는 것을 기준한다.

■ 수문시설 설치 공사

문비 및 권양기 제작설치

	1. 문비제작			(ton 당)	2. 문비 설치			(ton 당)
	비 목	규 격	단위	수 량	비 목	규 격	단위	수 량
재료	산소	6,000ℓ	병	3	산소	6,000ℓ	병	0.46
	아세칠렌	4,500ℓ	〃	2.58	아세칠렌	4,500ℓ	〃	0.39
	함석	#31×3×6	매	0.62	용접봉	SS41, ø4	kg	5.4
	용접봉	SS41, ø4	kg	20	트럭크레인	30ton	hr	16
	전력	-	kWh	310				
	트럭크레인	30ton	hr	0.423				
노무	기계기사	기술관리	인	0.5	기계기사	기술관리	인	0.5
	기계산업기사	〃	〃	-	플랜트제관공	구멍뚫기	〃	0.705
	플랜트제관공	본뜨기	〃	0.437	도장공	도장	〃	0.552
	〃	금긋기	〃	1.161	플랜트제관공	현장교정	〃	0.816
	〃	절단	〃	0.318	비계공	〃	〃	0.146
	〃	가공	〃	1.359	비계공	소운반제작	〃	1.992
	〃	구멍뚫기	〃	0.397	플랜트기계설치공	〃	〃	0.791
	플랜트용접공	용접	〃	2.125	비계공	조립, 조정	〃	2.43
	비계공	부품조립	〃	1.09	플랜트제관공	〃	〃	2.035
	플랜트기계설치공	〃	〃	1.09	시공측량사	〃	〃	0.812
	도장공	도장	〃	1.584	리벳공	-	〃	1.447
	비계공	소운반조작	〃	0.818	플랜트기계설치공	용접	〃	0.527
	〃	가조립	〃	0.864	플랜트제관공	〃	〃	0.187
	플랜트제관공	〃	〃	1.766	플랜트전공	전원배선	〃	0.187
	플랜트용접공	〃	〃	0.853	기술관리제외한10%	검사 및 교정	식	1
	플랜트기계설치공	〃	〃	0.143	Truck Crane	30ton	〃	16
	특별인부		〃	0.245				
	기술관리,도장제외10%	검사 및 교정	식	1				
	Over Head Crane	30ton	〃	1.269				
	Fork Lift	5ton	〃	0.423				
경비	Lathe	12FT×7.5HP	hr	0.536	Truck Crane	30ton	hr	16
	Planer	4FT×8FT	〃	0.076	A.C Welder	5kW 130A	〃	8
	Boring M/C	HORI-TYPE-3HP	〃	1.436	Gas Cutting M/C	중형	〃	32
	Unionmelt Welder	5.5kVA	〃	2.72	Portable Drill	0.5HP	〃	16
	A·C Welder	10kWA	〃	8.16	Portable Grinder	〃	〃	32
	Gouging M/C	중형	〃	1.7	공구손료	노무비의 3%	식	1
	Gas Cutting M/C	AUTO형	〃	1.016				
	Gas Cutting M/C	수동	〃	1.016				
	Gas Heating T/C	준형	〃	3.328				
	Over Head Crane	30ton	〃	1.269				
	Hydro Press	100ton	〃	1.48				
	Bending Roller	23FT	〃	1.088				
	Shearing M/C	-	〃	0.256				
	Drilling M/C	3HP	〃	1.632				
	Compressor	7.1m/min	〃	3.17				
	Portable D/R	0.5HP	〃	1.221				
	Truck Crane	30ton	〃	0.423				
	Fork Lift	5ton	〃	0.423				

	3. 문틀 제작		(ton 당)		4. 문틀 설치		(ton 당)	
	비 목	규 격	단위	수 량	비 목	규 격	단위	수 량
재료	산소	6,000ℓ	병	2.3	산소	6,000ℓ	병	0.69
	아세칠렌	4,500ℓ	〃	0.75	아세칠렌	4,500ℓ	〃	0.09
	용접봉	SS41, ø4	kg	27.3	용접봉	SS41, ø4	kg	31.05
	용접봉	STS304.4㎜	〃	27.3				
	전력	-	kWh	550				
노무	기계기사	기술관리	인	2.5	기계기사	기술관리	인	5.33
	제도사	사도	〃	1	창호목공	박스해체	〃	0.34
	현도사(제조)	재료절단현도	〃	0.63	특별인부		〃	0.34
	마킹원	괘서	〃	1.26	플랜트기계설치공	검측	〃	0.17
	철판공	절단	〃	0.33	특별인부		〃	0.17
	플랜트제관공	교정	〃	0.6	플랜트기계설치공	수정 및 교정	〃	0.34
	마킹원	단재가공괘서	〃	1.26	특별인부		〃	0.17
	철판공	절단	〃	0.16	석공	설치준비(Chipping)	〃	1.15
	절단원	EDGE가공	〃	0.17	특별인부		〃	0.86
	플랜트용접공	용접	〃	1.3	플랜트기계설치공	가설장비설치	〃	0.19
	플랜트제관공	교정	〃	0.75	플랜트배관공	〃	〃	0.19
	〃	Holling	〃	0.15	절단원	〃	〃	0.12
	플랜트기계설치공	조립, 조정	〃	3.7	플랜트용접공	〃	〃	0.12
	플랜트용접공	용접	〃	8.4	특별인부	〃	〃	0.51
	철판공	절단	〃	0.1	절단원	앵커바정리작업	〃	0.56
	플랜트제관공	교정	〃	1.75	플랜트기계설치공	〃	〃	0.56
	기계설비공	기계가공	〃	1.26	특별인부		〃	1.12
	연마원(기타)		〃	0.126	특수비계공	조립	〃	0.79
	플랜트기계설치공	가조립, 조립	〃	2	플랜트기계설치공	〃	〃	0.59
	〃	해체	〃	1	절단원	〃	〃	0.29
	특수비계공	소운반조작	〃	5	플랜트기계설치공	〃	〃	0.29
	특별인부	보조	〃	14.4	플랜트용접공	〃	〃	1.6
	인력품의 7%	검사	식	1	특별인부		〃	2.77
					특수비계공	쎈터링	〃	0.79
					플랜트용접공	〃	〃	4.9
					시공측량사	〃	〃	0.59
					절단원	〃	〃	0.59
					플랜트기계설치공	〃	〃	1.48
					특별인부	〃	〃	7.76
					절단원	거푸집앵커설치	〃	0.21
					플랜트용접공	〃	〃	1.6
					특별인부	〃	〃	1.81
					시공측량사	검사기록	〃	0.29
					플랜트기계설치공	〃	〃	0.73
					특별인부	〃	〃	2.29
					특수비계공	뒷정리	〃	0.22
					플랜트기계설치공	〃	〃	0.34
					절단원	〃	〃	0.22
					특별인부	〃	〃	0.56
					플랜트전공	전기설비, 설치유지	〃	4.25
					특별인부	〃	〃	4.25
경비	Compressor	7.1m/min	hr	3.17	A·C Welder	10kVA	hr	8
	Portable D/R	0.5HP	〃	1.221	공구손료	노무비의 3%	식	1
	Truck Crane	30ton	〃	0.423				
	Fork Lift	5ton	〃	0.423				

5. 권양기설치

(ton 당)

	비 목	규 격	단 위	수 량
재료	산소	6,000ℓ	병	0.38
	아세칠렌	4,500ℓ	〃	0.33
	용접봉	SS41, ø4	kg	3
	기어유	GL-4 80W/90	ℓ	3
	기타	상기자재의 10%	식	0.01
	트럭크레인	30ton	hr	8
노무	기계산업기사	기술관리	인	0.5
	플랜트용접공	용접	〃	1.03
	비계공	소운반조작	〃	1.105
	비계공	조립, 조정	〃	1.928
	시공측량사	〃	〃	0.268
	플랜트기계설치공	〃	〃	2.115
	〃	시운전 및 조작	〃	0.36
	플랜트전공	〃	〃	0.413
	비계공	〃	〃	0.9
	기술관리를 제외한 10%	검사 및 교정	식	1
	Truck Crane	30ton	〃	8
경비	D.C Welder	300A 5.5kW	hr	8
	Truck Crane	30ton	〃	8
	Gas Cutting M/C	중형	〃	16
	Portable Grinder	0.5hp	〃	16
	공구손료	노무비의 3%	식	1

13-6-5 Stop-Log 제작

1. 직종별 제작품

(ton 당)

직 종	수 량
기 계 산 업 기 사	0.50
플 랜 트 제 관 공	3.564
플 랜 트 용 접 공	2.968
비 계 공	2.295
플 랜 트 기 계 설 치 공	1.325
도 장 공	1.639
시 험 및 조 정	1.015
계	13.306

2. 공정별 제작품

(ton 당)

공 정 별	직 종	수 량
기 술 관 리	기계산업기사	0.50
본 뜨 기	플랜트제관공	0.523
금 긋 기	〃	1.514
절 단 공	〃	0.414
가 공	〃	0.50
구 멍 뚫 기	〃	0.613
용 접	플 랜 트 용 접 공	2.968
부 품 조 립	비 계 공	1.325
	플랜트기계설치공	1.325
도 장	도 장 공	1.639
소 운 반 조 작	비 계 공	0.97
검 사 및 교 정		1.015
(기술관리, 도장을 제외한 전 품의 10%)		

참고 · 장비사용시간

장 비 명	규 격	시간(hr/ton)
Lathe	365.76cm×5.60kW	0.416
Planer	121.92cm×243.84cm	0.076
Boring machine	Horizontal Type 2.24kW	0.248
Union melt welder	5.5kVA	3.224
A.C Welder	10 〃	9.976
Gouging machine	중 형	3.56
Gas cutting machine	Auto 중형	1.328
〃	Mannual 중형	1.984
Gas heating touch	중 형	3.872
Over Head Crane	30 ton	0.88
〃	20 ton	0.88
Hydro Press	10 ton	1.72
Shearing machine		2.0
Drilling machine	Radial 3.73kW	0.488
〃	2.24kW	0.488
Compressor	5.9㎥/min	3.32
Portable Drill	0.37kW	1.564
Truck Crane	30 ton	0.65
Trailer	30 ton	0.65
Fork Lift	5 ton	0.65

[주] 본 장비사용기간은 공작공장에서만 적용한다.

참고 · 소모자재

(ton 당)

품 명	규 격	단위	수량
산 소	6,000ℓ입	병	0.38
아 세 틸 렌	1,000ℓ입	〃	0.33
용 접 봉	4ø×350ℓ	kg	3.0
코 크 스	-	〃	-
광 명 단	-	〃	2.2
페 인 트	에나멜	〃	4.4

※ 산소량 규격은 대기압상태를 기준하며, 단위 '병'은 35℃에서 150기압으로 압축용기에 넣어 사용하는 것을 기준한다.

13-6-6 Stop-Log 설치

1. 직종별 설치품

(ton 당)

직 종	수 량	직 종	수 량
기계산업기사	0.50	도 장 공	0.550
비 계 공	3.350	플랜트전공	0.063
플랜트제관공	1.190	시험 및 조정	0.601
측 량 사	0.122	-	-
플랜트기계설치공	1.300	계	7.726

2. 공정별 설치품

(ton 당)

공 정 별	직 종	수 량
기 술 관 리	기계산업기사	0.50
운 반 조 작	비 계 공	0.97
조 립 조 정	비 계 공	2.02
	플랜트제관공	1.19
	측 량 사	0.122
	플랜트기계설치공	1.17
설 치	비 계 공	0.36
	플랜트기계설치공	0.13
도 장	도 장 공	0.55
전 원 배 선	플랜트전공	0.063
검사 및 교정 (기술관리, 도장, 전원배선을 제외한 전 품의 10%)		0.601

제 13 장 플랜트설비공사

> **참 고** 사용장비

장 비 명	규 격	수량(대/일)
A.C Welder	10kVA	1
D.C Welder	300A 5.5kW	4
Gas Cutting machine	중 형	4
Gas Welder	중 형	3
Portable Drill	1.12kW	2
Portable Grinder	0.37kW	2
Air Compressor	5.9㎥/min	1
Winch	7.46kW	1
Guy Derrick	10 ton	1
Fork Lift	3 ton	1
Truck Crane	20 ton	1
〃	40 ton	1
Trailer	30 ton	1
Truck	5 ton	2
Angle Griner	0.37kW	2

> **참 고** 소모자재

품 명	규 격	단위	수량
산 소	6,000ℓ입	병	2.3
아 세 틸 렌	4,000ℓ입	〃	1.98
함 석	#31×3×6	대	0.53
용 접 봉	4ø×350ℓ	kg	14.35
모 래	-	㎥	0.242
Nozzle	-	개	0.5
광 명 단	-	ℓ	2.2
전 력	-	kWh	306

※ 산소량 규격은 대기압상태를 기준하며, 단위 '병'은 35℃에서 150기압으로 압축용기에 넣어 사용하는 것을 기준한다.

13-6-7 수문 Hoist 설치

1. 직종별 설치품

(ton 당)

직 종	수 량	직 종	수 량
기계산업기사	0.500	플랜트용접공	1.030
비 계 공	3.933	플랜트전공	0.413
측 량 사	0.268	검사 및 교정	0.644
플랜트기계설치공	2.475	계	9.263

2. 공정별 설치품

(ton 당)

공 정 별	직 종	수 량
기 술 관 리	기계산업기사	0.50
소 운 반 조 작	비 계 공	1.105
조 립 조 정	비 계 공	1.928
	측 량 사	0.268
	플랜트기계설치공	2.115
용 접	플랜트용접공	1.03
시운전 및 조작	플랜트기계설치공	0.36
	플랜트전공	0.413
	비 계 공	0.9
검 사 및 교 정 (기술관리, 시운전 및 조작을 제외한 전 품의 10%)		0.644

제 13 장 플랜트설비공사

· 참 고 · 사용장비

장 비 명	규 격	수량(대/일)
A.C Welder	10kVA	1
D.C Welder	300A 5.5kW	1
Gas Cutting machine	중 형	2
Portable Drill	1.12kW	1
Portable Grinder	0.37kW	2
Winch	7.46kW	2
Guy Derrick	10 ton	1
Truck Crane	30 ton	1
Trailer	30 ton	1
Truck	5 ton	1

· 참 고 · 소모자재

(ton 당)

품 명	규 격	단위	수량
산　　　　　소	6,000ℓ입	병	0.38
아 세 틸 렌	4,500ℓ입	〃	0.33
용　 접　 봉	4ø×350ℓ	kg	3.0
세　　　　　유	-	ℓ	3.0
기　　　　　타	10%	-	-

※ 산소량 규격은 대기압상태를 기준하며, 단위 '병'은 35℃에서 150기압으로 압축용기에 넣어 사용하는 것을 기준한다.

13-6-8 Spiral Casing 설치

1. 공정별 제작품

(ton 당)

공 정 별	직 종	수 량
기 술 관 리	기 계 기 사	3.33
기 초 정 리	특 별 인 부	0.098
Centering	측 량 사	0.038
Marking	마 킹 공	0.077
	석 공	0.047
박 스 해 체 정 리	형 틀 목 공	0.1
청 소	특 별 인 부	0.1
	플 랜 트 기 계 설 치 공	0.2
	특 별 인 부	0.1
진 형 보 완	산 소 절 단 공	0.12
	플 랜 트 기 계 설 치 공	0.12
	특 수 비 계 공	0.335
	특 별 인 부	0.258
Stay ring 조립설치 침목서포트 조작설치	인 력 운 반 공	0.154
	형 틀 목 공	0.058
	특 별 인 부	0.058
마 킹 센 터 링 조 립	특 수 비 계 공	0.167
	플 랜 트 기 계 설 치 공	0.25
	특 별 인 부	0.25
위 치 결 정	측 량 기 사	0.038
	플 랜 트 기 계 설 치 공	0.077
	마 킹 공	0.038
	특 별 인 부	0.078
Bolt joint spider	특 수 비 계 공	0.167
	측 량 사	0.064
	플 랜 트 기 계 설 치 공	0.258
	특 별 인 부	0.258
Casing조립, 케이싱정치 및 가조립작업	특 수 비 계 공	0.67
	측 량 사	0.064
	플 랜 트 기 계 설 치 공	0.516
	특 별 인 부	0.327

(ton 당)

공 정 별	직 종	수 량
Centering 하여 최종으로 부착 조립고정 후 Brace 절단 철거	측 량 사	0.051
	특 수 비 계 공	0.267
	플 랜 트 기 계 설 치 공	0.206
	마 킹 공	0.103
	특 별 인 부	0.154
Casing 원주방향 용접 (용접별도계상)	플 랜 트 기 계 설 치 공	0.038
	특 별 인 부	0.019
Casing Inlet Section부 센터링 부착 조정후 교정하여 용접작업(용접 별도계상)	플 랜 트 기 계 설 치 공	0.285
	특 별 인 부	0.193
	특 수 비 계 공	0.035
	측 량 사	0.032
	마 킹 공	0.129
Main shell 용접전장을 Griding하는 작업	플 랜 트 제 관 공	0.47
	특 별 인 부	0.23
X-Ray 촬영	시 험 사 1 급	1.24
	특 별 인 부	1.24
Pitline 및 scaffold 조립철거	측 량 사	0.04
	특 수 비 계 공	0.47
	플 랜 트 기 계 설 치 공	0.36
	마 킹 공	0.18
	특 별 인 부	0.27
spider 철거 및 stay Ring check	특 수 비 계 공	0.1
	플 랜 트 기 계 설 치 공	0.077
	측 량 사	0.038
	마 킹 공	0.038
수 압 시 험 Bulkhead 부착 및 가압해체	특 별 인 부	0.21
	플 랜 트 기 계 설 치 공	0.140
	특 수 운 전 공	0.073
	특 별 인 부	0.19
Bottom Ring 조 립 설 치(용접 별도계상)	특 수 비 계 공	0.335
	측 량 사	0.032
	마 킹 공	0.129

(ton 당)

공 정 별	직 종	수 량
	플랜트기계설치공	0.258
	특 별 인 부	0.193
콘크리트타설준비	특 수 비 계 공	0.267
(배관 및 완충제 별도)	플랜트기계설치공	0.206
	특 별 인 부	0.206
콘크리트타설		
(2차) (토목시공)	특 수 비 계 공	1.167
철거 및 Finish	플 랜 트 제 관 공	0.129
	특 별 인 부	0.5
도 장	도 장 공	1.029
절 단	산 소 절 단 공	0.16
	특 별 인 부	0.08
용 접	플 랜 트 용 접 공	6.355
	특 별 인 부	3.177
전원 및 유지관리	플 랜 트 전 공	0.66
	특 별 인 부	0.66
검 사 시 험	인 력 품 의 7 %	

참고 2. 소모자재

(ton 당)

공정별	품 명	규 격	수 량
용 접	전 기 용 접	-	9.77kg
	탄 소 봉	-	3.67본
절단 및 진형가공	산 소	6,000ℓ입	0.45병
	아 세 틸 렌	2,100ℓ입	0.32병
Grinding	Grinder	12"ø	0.815개
X-ray	돌	65×305	4.9매
도 장	Film	2회	405kg
동 력	Tar Epoxy		

※ 산소량 규격은 대기압상태를 기준하며, 단위 '병'은 35℃에서 150기압으로 압축용기에 넣어
　사용하는 것을 기준한다.

13-6-9 Steel Penstock 제작

1. Steel Penstock 공장제관

   가. 공정별 제작품

(ton 당)

공 정 별	직 종	수 량
기 술 관 리	기 계 기 사	1.4
현 도	플 랜 트 제 관 공	0.25
괘 서	〃	0.86
절 단	산 소 절 단 공	0.4
	플 랜 트 제 관 공	0.08
Edge Bending	특 수 운 전 공	0.4
	플 랜 트 제 관 공	0.4
Rolling	플 랜 트 기 계 설 치 공	0.4
	특 수 운 전 공	0.4
	플 랜 트 제 관 공	0.4
기 계 가 공	〃	0.95
	비 계 공	0.95
	플 랜 트 용 접 공	0.47
	특 수 운 전 공	0.23
수 정	산 소 절 단 공	0.79
	플 랜 트 제 관 공	0.52
분 해 준 비	〃	0.66
운 반 용 Jig 용 접	플 랜 트 용 접 공	0.2
분 해	특 수 비 계 공	0.26
	플 랜 트 제 관 공	0.52
	산 소 절 단 공	0.26
	특 수 운 전 공	0.13
소 운 반	〃	0.2
	특 수 비 계 공	0.8
동 력 조 작	플 랜 트 전 공	0.4
보 조	특 별 인 부	6.0
검 사 시 험	상 기 인 력 품 의 7%	

참고 나. 소모자재

(ton 당)

공정별	품명	규격	수량
절 단 수 정	산 소	6,000ℓ입	1.89병
	아 세 틸 렌	3,500ℓ입	0.8병
용 접	용 접 봉	-	8kg
현 도	함 석	31×3×6	0.71매

※ 산소량 규격은 대기압상태를 기준하며, 단위 '병'은 35℃에서 150기압으로 압축용기에 넣어 사용하는 것을 기준한다.

2. Steel Penstock 현장제관

가. 공정별 제작품

(ton 당)

공정별	직종	수량
기 술 관 리	기 계 기 사	1.2
조 정	특 수 비 계 공	0.95
	플 랜 트 제 관 공	0.95
	산 소 절 단 공	0.23
	특 수 운 전 공	0.23
전 원 가 공	플 랜 트 기 계 설 치 공	1.57
	플 랜 트 제 관 공	1.05
용 접	플 랜 트 용 접 공	7.98
가 용 접	〃	1.22
가 조 립	특 수 비 계 공	0.22
	플 랜 트 제 관 공	0.44
가 조 립 마 킹	마 킹 공	0.11
분 해	특 수 비 계 공	0.16
	플 랜 트 제 관 공	0.33
	〃	1.93
도 장 준 비	도 장 공	0.42
도 장	특 수 비 계 공	0.8
소 운 반	플 랜 트 전 공	0.4
동 력 조 작		
X - Ray 촬 영	시 험 사 1 급	1.66
보 조	특 별 인 부	9.53
검 사 시 험	상 기 인 력 품 의 7 %	

> **참고** 나. 소요자재

(톤 당)

공정별	품 명	규 격	수 량
전원가공 및 가설물	산 소	6,000ℓ입	1.35병
절 단	아 세 틸 렌	2,500ℓ입	0.57병
용 접	전 기 용 접 봉		1.16kg
	탄 소 봉	8ø×350㎜	6본
도 장	규 사		0.23㎥
	중 유		0.023ℓ
	노 즐		0.38개
	징크프라이머		0.246ℓ
	시 너		0.055ℓ
	탈 에폭시레신		2.05ℓ
	시 너		0.45ℓ
동 력			

※ 산소량 규격은 대기압상태를 기준하며, 단위 '병'은 35℃에서 150기압으로 압축용기에 넣어 사용하는 것을 기준한다.

13-6-10 Steel Penstock 현상설치

1. 공정별 설치품

(ton 당)

공 정 별	직 종	수 량
기 술 관 리	기 계 기 사	1.5
기 준 센 타 및 기 준	측 량 사	0.056
레 벨 표 시 작 업	마 킹 공	0.056
	특 별 인 부	0.035
앵 커 및 Jig 설 치	특 수 비 계 공	0.37
	플 랜 트 제 관 공	0.28
	특 별 인 부	0.28
정 치	특 수 비 계 공	2.6
	플 랜 트 기 계 설 치 공	2.0
	특 별 인 부	2.5
1 차 센 터 링	측 량 사	0.25
	특 수 비 계 공	0.65
	플 랜 트 기 계 설 치 공	0.25
	특 별 인 부	0.6
가 조 립	특 수 비 계 공	0.65
	플 랜 트 기 계 설 치 공	0.5

(ton 당)

공정별	직종	수량
2 차 센 터 링	특 별 인 부	0.5
	측 량 사	0.25
	특 수 비 계 공	0.32
	플랜트기계설치공	0.25
	특 별 인 부	0.37
용 접	플 랜 트 용 접 공	4.61
	특 별 인 부	4.61
절 단	산 소 절 단 공	0.17
	특 별 인 부	0.17
전 원 가 공	플 랜 트 용 접 공	0.25
	플랜트기계설치공	0.25
	특 별 인 부	0.37
사 상 및 Grinding	플 랜 트 제 관 공	2.0
	특 별 인 부	1.0
도 장 공	도 장 공	1.782
	플 랜 트 전 공	0.25
동 력 배 선	특 별 인 부	0.25
	시 험 사 1 급	1.88
X-Ray 촬영	특 별 인 부	1.88
검 사 시 험	상기 인력품의 7%	

참고 2. 소모자재

(톤 당)

공정별	품명	규격	수량
용 접	전 기 용 접 봉		9.81kg
	탄 소 봉	8ø×350mm	3.53본
절단 및 진원가공	산 소	6,000ℓ입	0.55병
	아 세 틸 렌	2,100ℓ입	0.39병
Finishing	그 라 인 더 돌	12"ø	0.5개
X-Ray	Film	65×305	4.8매
도 장	Tar epoxy		1.81 ℓ
	마린B/T(선박도료용)		0.96 ℓ
동 력			

※ 산소량 규격은 대기압상태를 기준하며, 단위 '병'은 35℃에서 150기압으로 압축용기에 넣어 사용하는 것을 기준한다.

13-6-11 Roller Gate Guide Metal 제작

1. 공정별 설치품

(ton 당)

공 정 별	직 종	수 량
기 술 관 리	기 계 기 사	2.5
사 도	제 도 공	1.0
재 료 절 단 현 도	현 도 공	0.63
괘 서	마 킹 공	1.26
절 단	절 단 공	0.33
교 정	플 랜 트 제 관 공	0.6
단 재 가 공 괘 서	마 킹 공	1.26
절 단	절 단 공	0.16
Edge 가 공	산 소 절 단 공	0.17
용 접	플 랜 트 용 접 공	1.3
교 정	플 랜 트 제 관 공	0.75
Holing	〃	0.15
부 분 조 립, 취 부 조 정	플 랜 트 기 계 설 치 공	3.7
용 접	플 랜 트 기 계 용 접 공	8.4
절 단	절 단 공	0.1
교 정	플 랜 트 제 관 공	1.75
기 계 가 공	기 계 설 비 공	1.26
	기 계 연 마 공	0.126
가 조 립 조 립	플 랜 트 기 계 설 치 공	2.0
가 조 립 해 체	〃	1.0
도 장 준 비	플 랜 트 제 관 공	0.124
도 장	도 장 공	0.098
운 반 조 작	특 수 비 계 공	5.0
동 력 조 작	플 랜 트 전 공	1.0
보 조	특 별 인 부	14.4
검 사	인 력 품 의 7 %	

> **참 고** 2. 소모자재

(톤 당)

공정별	품 명	규 격	수 량
절단 및 수정	산소	6,000ℓ입	2.3병
	아세틸렌	2,100ℓ입	1.6병
현용도 접장	함석	#32×3'×6'	1.9매
	용접봉	-	54.6kg
	규사	-	0.018㎥
	중유	-	0.0018D/M
	노즐	-	0.037개
(하도 1회)	Zinc primer	15μ	0.14kg
(상도 3회)	Tar Epoxy	125μ	0.75ℓ
전기		-	550kWh
그라인딩	그라인더돌	12"ø	0.3개

※ 산소량 규격은 대기압상태를 기준하며, 단위 '병'은 35℃에서 150기압으로 압축용기에 넣어 사용하는 것을 기준한다.

13-6-12 Roller Gate Guide Metal 설치

1. 공정별 설치품

(ton 당)

공 정 별	직 종	수 량
기술지도	기계기사	5.33
박스해체	목공	0.34
	특별인부	0.34
검측	플랜트기계설치공	0.17
	특별인부	0.17
수정 및 교정	플랜트기계설치공	0.34
	특별인부	0.17
설치준비 Chipping	석공	1.15
	특별인부	0.86
가설장비설치	플랜트기계설치공	0.19
	플랜트배관공	0.19
	산소절단공	0.12
	플랜트용접공	0.12
	특별인부	0.51
앵커바정리작업	산소절단공	0.56
	플랜트기계설치공	0.56
	특별인부	1.12

공 정 별	직 종	수 량
조 립	특 수 비 계 공	0.79
	플 랜 트 기 계 설 치 공	0.59
	산 소 절 단 공	0.29
	플 랜 트 기 계 설 치 공	0.29
	플 랜 트 용 접 공	1.6
	특 별 인 부	2.77
센 터 링	특 수 비 계 공	0.79
	플 랜 트 용 접 공	4.9
	측 량 사	0.59
	측 량 조 수	0.59
	산 소 절 단 공	0.59
	플 랜 트 기 계 설 치 공	1.48
	특 별 인 부	7.76
거푸집하부용앵커설치	산 소 절 단 공	0.21
	플 랜 트 용 접 공	1.6
	특 별 인 부	1.81
검 사 기 록	측 량 사	0.29
	측 량 조 수	0.29
	플 랜 트 기 계 설 치 공	0.73
	특 별 인 부	2.29
도 장 준 비 도 장	도 장 공	0.067
	특 별 인 부	0.033
뒷 정 리	특 수 비 계 공	0.22
	플 랜 트 기 계 설 치 공	0.34
	산 소 절 단 공	0.22
	특 별 인 부	0.56
전기설비, 설치유지비	플 랜 트 전 공	4.25
철 거	특 별 인 부	4.25

참고 2. 소모자재

(톤 당)

공 정 별	품 명	규 격	수 량
절 단 및 수 정	산 소	6,000ℓ입	0.69병
	아 세 틸 렌	2,100ℓ입	0.2병
전 기 용 접	용 접 봉	-	31.05kg
도 장	Tar Epoxy	2회	0.536ℓ

※ 산소량 규격은 대기압상태를 기준하며, 단위 '병'은 35℃에서 150기압으로 압축용기에 넣어 사용하는 것을 기준한다.

13-6-13 Tainter Gate Guide Metal 제작

1. 공정별 제작품

(ton 당)

공 정 별	직 종	수 량
기 술 관 리	기 계 기 사	8.0
재 료 절 단 사 도	제 도 공	2.0
현 도	현 도 공	1.4
괘 서	마 킹 공	2.8
재 료 절 단	절 단 공	0.52
단 재 가 공 괘 서	마 킹 공	2.8
절 단	산 소 절 단 공	0.26
	플 랜 트 기 계 설 치 공	2.3
Edge	산 소 절 단 공	1.1
용 접	플 랜 트 용 접 공	0.78
교 정	플 랜 트 제 관 공	0.75
Holing	〃	0.62
부 분 조 립 취 부 조 정	플 랜 트 기 계 설 치 공	6.2
용 접	플 랜 트 용 접 공	3.9
교 정	플 랜 트 제 관 공	1.75
기 계 가 공	기 계 설 비 공	10
가 조 립 조 립	플 랜 트 기 계 설 치 공	2.0
해 체	〃	1.0
운 반 조 작	특 수 비 계 공	5.0
동 력 조 작	플 랜 트 전 공	2.0
보 조	특 별 인 부	2.5
검 사	인 력 품 의 7 %	

> 참 고

2. 소모자재

(톤 당)

공정별	품 명	규 격	수 량
절 단 및 수 정	산 소	6,000ℓ입	2.2병
	아 세 틸 렌	2,100ℓ입	1.6병
현 도	함 석	#32×3'×6'	1.7매
용 접	전 기 용 접 봉		22.5kg
전 력			595kWh

※ 산소량 규격은 대기압상태를 기준하며, 단위 '병'은 35℃에서 150기압으로 압축용기에 넣어 사용하는 것을 기준한다.

13-6-14 Tainter Gate Guide Metal 설치

1. 공정별 설치품

(ton 당)

공 정 별	직 종	수 량
기 술 관 리	기 계 기 사	12.882
Box 해 체 검 수	(해 체) 목 공	4.706
검 수	플 랜 트 기 계 설 치 공	4.706
보 조	특 별 인 부	4.706
설 치 준 비 chipping	석 공	3.294
	특 별 인 부	2.470
가 설 비 Jig 및 Support 설 치	플 랜 트 기 계 설 치 공	1.176
배 관	플 랜 트 배 관 공	1.176
절 단	산 소 절 단 공	0.941
용 접	플 랜 트 용 접 공	0.588
보 조	특 별 인 부	4.706
조 립 조 작	특 수 비 계 공	4.706
조 립	플 랜 트 기 계 설 치 공	4.706
교 정	플 랜 트 제 관 공	2.353
측 량	시 공 측 량 기 사	9.412
측 량 조 수	시 공 측 량 조 수	9.412
조 정	플 랜 트 기 계 설 치 공	9.412
검 측	〃	9.412
기 록	〃	4.706
용 접	플 랜 트 용 접 공	4.706
보 조	특 별 인 부	14.118
검 사 및 기 록 측 량	시 공 측 량 기 사	2.353
측 량 조 수	시 공 측 량 조 수	2.353
검 측	플 랜 트 기 계 설 치 공	2.353
도 면 대 조 기 록	〃	2.353
보 조	특 별 인 부	2.353
뒷 정 리		
조 작 거	특 수 비 계 공	0.624
철 거	플 랜 트 기 계 설 치 공	1.412
절 단	산 소 절 단 공	0.948
보 조	특 별 인 부	2.353
전 기 설 비 설 치 유 거		
철 거	플 랜 트 전 공	3.529
보 조	특 별 인 부	3.529

참 고 2. 소모자재

(톤 당)

공정별	품 명	규 격	수 량
수 정 및 교 정	산 소	6,000ℓ입	0.5병
	아 세 틸 렌	2,100ℓ입	0.05병
용 접	용 접 봉	KSE 4301	7kg

※ 산소량 규격은 대기압상태를 기준하며, 단위 '병'은 35℃에서 150기압으로 압축용기에 넣어 사용하는 것을 기준한다.

13-6-15 Trash Rack 제작

1. 공정별 제작품

(ton 당)

공 정 별	직 종	수 량
Holing	플랜트제관공	3.22
Threading	〃	4.3
사	기 계 연 마 공	18.66
현 도	제 도 공	0.3
괘 도	현 도 공	0.086
교 서	마 킹 공	2
절 정	플랜트제관공	0.5
절 단	산 소 절 단 공	0.656
기 술 관 단	플랜트제관공	36.902
제 작 정 리	기 계 기 사	5.2
용 리	플랜트제관공	1.25
교 접	플랜트용접공	4.46
조 정	플랜트제관공	0.75
소 작	특 수 비 계 공	3.3
운반	특 인 부	1
보 조(기능)	특 별 인 부	37.68

참 고 2. 소모자재

(톤 당)

공정별	품 명	규 격	수 량
절 단 및 교 정	산 소	6,000ℓ입	1.805병
	아 세 틸 렌	2,100ℓ입	1.275병
용 접	용 접 봉		20.7kg
현 도	함 석(Template)	#32×3'×6'	0.53매
Grinding	연 마 석	12"ø	1.55개
Holing	drill	1/4"	0.96개
	drill	11/15"	0.96개
Threading	Bite		2.5개
기 계 톱 절 단	톱 날		2.5개
선 반 절 단	Bite		3.2개
동 력			

※ 산소량 규격은 대기압상태를 기준하며, 단위 '병'은 35℃에서 150기압으로 압축용기에 넣어 사용하는 것을 기준한다.

13-6-16 Trash Rack 설치

1. 공정별 설치품

(ton 당)

공정별	직 종	수 량
기 술 관 리	기 계 기 사	1.66
운 반 검 측	플 랜 트 기 계 설 치 공	0.05
	특 별 인 부	0.05
수 정	산 소 절 단 공	0.05
	플 랜 트 기 계 설 치 공	0.05
	특 별 인 부	0.10
설 치 준 비 철 근 정 리	산 소 절 단 공	0.047
	특 별 인 부	0.047
Chipping	석 공	0.1
	특 별 인 부	0.05
Beam 설 치	〃	0.175
Crane 작 업	특 수 비 계 공	0.18
Beam 설 치 crane 작 업	측 량 사	0.14
1 차 센 터 링	측 량 조 수	0.14
	특 수 비 계 공	0.14
	특 별 인 부	0.28
	플 랜 트 기 계 설 치 공	0.14

(ton 당)

공 정 별	직 종	수 량
턴 버 클 용 접	플 랜 트 용 접 공	0.21
	특 별 인 부	0.21
Beam 완 전 고 정	산 소 절 단 공	0.015
	플 랜 트 용 접 공	2.7
	특 별 인 부	2.7
Trash Rack 설 치	〃	0.67
1 차 조 립	특 수 비 계 공	0.59
	플 랜 트 기 계 설 치 공	0.45
2 차 센 터 링	측 량 사	0.087
	측 량 조 수	0.087
	플 랜 트 기 계 설 치 공	0.087
	특 별 인 부	0.166
	플 랜 트 용 접 공	0.79
검 사	플 랜 트 기 계 설 치 공	0.035
	특 별 인 부	0.035
도 장 준 비	플 랜 트 제 관 공	2.98
도 장	도 장 공	2.98
강 재 거 푸 집 철 거	플 랜 트 용 접 공	0.017
	특 별 인 부	0.017
뒷 정 리	플 랜 트 기 계 설 치 공	0.035
	산 소 절 단 공	0.017
	특 별 인 부	0.35
전 원 조 작	플 랜 트 전 공	0.52
	특 별 인 부	0.52

참고 2. 소모자재

(톤당)

공 정 별	품 명	규 격	수 량
수 정 · 절 단	산 소	6,000ℓ입	0.029병
	아 세 틸 렌	2,100ℓ입	0.012병
용 접	용 접 봉		5.95kg
도 장	Tar Epoxy	1회도장	7.06 ℓ
	시 너		1.58 ℓ
동 력			

※ 산소량 규격은 대기압상태를 기준하며, 단위 '병'은 35℃에서 150기압으로 압축용기에 넣어 사용하는 것을 기준한다.

13-6-17 Tainter Gate Anchorage 제관

1. 공정별 제작품

(ton 당)

공 정 별	직 종	수 량
기 술 관 리	기 계 기 사	1.6
재 료 절 단 사 도	제 도 공	0.5
현 도	현 도 공	0.2
괘 서	마 킹 공	1.3
절 단	절 단 공	0.28
교 정	플 랜 트 제 관 공	0.5
단 재 가 공 괘 서	마 킹 공	1.3
절 단	절 단 공	0.14
Edge 가 공	산 소 절 단 공	0.14
용 접	플 랜 트 용 접 공	1.0
교 정	플 랜 트 제 관 공	0.75
Holing	〃	0.37
부 분 조 립 취 부 조 정	플 랜 트 기 계 설 치 공	2.5
용 접	플 랜 트 용 접 공	6.8
절 단	산 소 절 단 공	0.08
부 분 조 립 수 정	플 랜 트 제 관 공	1.75
Grinding	〃	1.5
	연 마 공(기계)	0.13
가 조 립 조 립	플 랜 트 기 계 설 치 공	2.0
해 체	〃	1.0
도 장 준 비	플 랜 트 제 관 공	2.26
도 장	도 장 공	0.49
운 반 조 작	특 수 비 계 공	3.3
동 력 조 작	플 랜 트 전 공	0.66
보 조	특 별 인 부	14.3
검 사	인 력 품 의 7 %	

> 참 고   2. 소모자재

(톤 당)

공정별	품 명	규 격	수 량
절 단 및 수 정	산 소	6,000ℓ입	2.2병
	아 세 틸 렌	2,100ℓ입	1.5병
현 도	함 석	#32×3'×6'	1.2매
용 접	용 접 봉		30.5kg
도 장	규 사		0.19㎥
	중 유		0.019D/M
	노 즐		0.4개
	Zinc primer	15μ	0.36 ℓ
	Tar Epoxy	125μ	3.0 ℓ
전 력			420kWh
Grinding	그 라 인 더 돌	12"ø	0.33개

※ 산소량 규격은 대기압상태를 기준하며, 단위 '병'은 35℃에서 150기압으로 압축용기에 넣어 사용하는 것을 기준한다.

13-7 제철기계설비
13-7-1 고로본체 및 부속기기 설치

(톤 당)

직 종	수 량
기 계 기 사	0.58
플 랜 트 기 계 설 치 공	2.33
플 랜 트 제 관 공	1.58
플 랜 트 용 접 공	2.14
측 량 사	0.11
철 골 공	0.05
비 계 공	1.78
특 별 인 부	3.67

[주] ① 본 품은 로저관 설치부터 Large Bell 설치 가설 Deck까지의 설치 품이며 아래 작업내용이 포함된 품이다.
  ㉮ 로저관 설치
  ㉯ 로저 Ring 조립 설치

㉰ 각 Mantel 조립 설치 및 Double Ring Girder 조립 설치
㉱ 바람구멍(羽口) Mantel 사상, 송풍지관 Setting 및 조립
㉲ 연와 반입로 뚫기 및 복구작업
㉳ large Bell 설치용 Deck 설치 해체 및 철거
㉴ 건조용 풍관설치 및 철거
㉵ Blow Pipe, Tuyere Nozzle Elbow 조립 설치
㉶ 광석 수급물 및 환상관 조립 설치
㉷ 출선구 출제구 및 로저 점검 Deck 설치
㉸ 기타 냉각판 Flange 부착 볼트조임 및 기타 부속기기 설치일체(점화장치, 산수장치, 가스 Sampler 등)
② 본 품은 기기본체 및 부속기기에 붙은 Flange까지의 설치 품이며 본 기기설치중 Tank, Pump, Heater, Fan, Blower 및 배관공사는 제외되어 있다.
③ 용접작업중 Gouging 및 예열 응력제거 Radiographic Test가 필요한 경우에는 별도 계상한다.
④ 본 품중 로제 내외부의 용접용 가설 Deck 설치품은 제외되어 있다.
⑤ 본 품에는 소운반 및 도장품이 제외되어 있다.
⑥ 본 품에는 기초공사인 Foundation chipping, pad 설치 및 기기 설치의 Alignment에 필요한 품이 포함되어 있다.
⑦ 본 품에는 시운전 및 고정작업에 필요한 품이 포함되어 있다.

13-7-2 노정장입 장치 기기 설치

(톤 당)

식 총	수 량
기 계 기 사	0.47
플 랜 트 기 계 설 치 공	3.14
플 랜 트 제 관 공	0.54
플 랜 트 용 접 공	1.10
측 량 사	0.02
철 골 공	0.47
비 계 공	1.26
특 별 인 부	2.96
계	9.96

[주] ① 본 품은 아래 작업내용이 포함된 설치품이다.
㉮ 장입장치(Large 및 small Bell 선회장치 고전롤러) 조립설치
㉯ 장입장치용 구동장치(Large 및 Small Bell Rod 유압펌프, Cylinder, Lever Deck) 조립설치
㉰ 배압기기 및 구동장치 조립설치
㉱ 기타 장입장치에 부수된 계단 Deck 등의 철골류 조립설치
② 본 품에는 유압배관 및 노정에 속하는 부분은 제외되어 있다.
③ 본 품에는 소운반 및 도장품이 제외되어 있다.
④ 본 품에는 기기설치에 Alignment에 필요한 품이 포함되어 있다.
⑤ 본 품에는 시운전 및 고정작업에 필요한 품이 포함되어 있다.

13-7-3 노체 4본주 및 DECK 설치

(ton 당)

직 종	수 량
기 계 기 사	0.42
플 랜 트 기 계 설 치 공	1.50
플 랜 트 제 관 공	1.43
플 랜 트 용 접 공	0.64
철 골 공	0.74
비 계 공	1.78
특 별 인 부	2.13
계	8.64

[주] ① 본 품은 노체 4본주(상하부 및 7상 DECK) 및 각 상의 Main Beam, Floor Deck 보조 Beam 등의 조립설치 품이다.
② 본 품에는 노체 4본주 및 Deck설치시 부속되는 계단 손잡이 등의 철골류 설치가 포함되어 있다.
③ 본 품에는 소운반 및 도장품이 제외되어 있다.
④ 본 품에는 설치물의 Alignment 및 고정작업품이 포함되어 있다.

13-7-4 열풍로 본체 및 부속설비 설치

직 종	수 량
기 계 기 사	0.55
플 랜 트 기 계 설 치 공	1.62
플 랜 트 제 관 공	1.43
플 랜 트 용 접 공	2.22
측 량 사	1.18
철 골 공	0.61
비 계 공	1.84
특 별 인 부	0.21
계	9.66

[주] ① 본 품은 아래 작업내용이 포함된 설치품이다.
　㉮ 열풍로, 철피, Dome, 배관용 Bracket 등 조립설치
　㉯ 연화 수공 Checker, Support 조립 설치
　㉰ 송풍관, 연도관, 열풍관, Burner, 출입구 조립설치
　㉱ 열풍로, 건조장치 조립설치
② 본 품에는 Burner 설치 및 Air Blower, Motor 설치 품이 포함되어 있다.
③ 본 품에는 기밀시험에 필요한 품이 포함되어 있다.
④ 본 품에는 소운반 및 도장품이 제외되어 있다.
⑤ 본 품에는 기기설치의 Alignment에 필요한 품이 포함되어 있다.
⑥ 본 품에는 시운전 및 고정작업에 필요한 품이 포함되어 있다.

⑦ 본 품은 기기에 붙은 Flange까지의 설치품이며 배관공사는 제외되어 있다.
⑧ 용접작업 중 Gouging 및 예열, 응력제거 Radiographic test가 필요한 경우에는 별도 계상한다.

13-7-5 열풍로 DECK 설치

(ton 당)

직 종	수 량
기 계 산 업 기 사	0.38
플 랜 트 기 계 설 치 공	1.80
플 랜 트 제 관 공	1.73
플 랜 트 용 접 공	0.54
비 계 공	1.63
특 별 인 부	1.90
계	7.98

[주] ① 본 품에는 각 Deck, 계단, Hand Rail, 연락교 및 Elevator 철골등의 설치품이다.
② 본 품에는 고정작업에 필요한 품이 포함되어 있다.
③ 본 품에는 소운반 및 도장품이 제외되어 있다.

13-7-6 주선기 본체 및 부속기기 설치

(ton 당)

직 종	수 량
기 계 산 업 기 사	0.55
플 랜 트 기 계 설 치 공	4.11
플 랜 트 제 관 공	0.29
플 랜 트 용 접 공	1.14
철 골 공	1.40
비 계 공	1.74
특 별 인 부	2.48
계	11.71

[주] ① 본 품은 아래 작업내용이 포함된 설치품이다.
　　㉮ 주선기 본체 및 구동장치 조립설치
　　㉯ 냉각수 펌프 및 석회유 장치조립설치
　　㉰ Hoist 및 철골 Support, 계단, Hand rail 등 조립설치
　　㉱ Mould 취부 및 기타 본체에 부수된 기기일체 조립설치
② 본 품에는 기기본체 및 부속기기에 붙은 곳까지의 설치 배관 공사는 제외되어 있다.
③ 본 품에는 소운반 및 도장품이 제외되어 있다.
④ 본 품에는 기초공사인 Foundation Chipping, Grouting 및 기기설치의 Alignment에 필요한 품이 포함되어 있다.
⑤ 본 품에는 시운전 및 고정작업에 필요한 품이 포함되어 있다.

13-7-7 Edge Mill 설치

직 종	수 량
기 계 산 업 기 사	0.62
플 랜 트 기 계 설 치 공	4.71
플 랜 트 제 관 공	0.38
플 랜 트 용 접 공	1.20
철 골 공	0.89
비 계 공	1.58
특 별 인 부	3.51
계	12.89

[주] ① 본 품은 Fret Mill, IMpeller, Breaker, Baby Conveyor, tar 저장 탱크 및 부속장치 등의 설치 품이다.
② 본 품에는 소운반 및 도장품이 제외되어 있다.
③ 본 품에는 기초공사인 Foundation Chipping, Gouging 및 기기설치의 Alignment에 필요한 품이 포함되어 있다.
④ 본 품에는 시운전 및 고정작업에 필요한 품이 포함되어 있다.
⑤ 본 품에는 기기에 붙은 Flange까지의 설치 품이며 배관공사는 제외되어 있다.

13-7-8 제진기 본체 및 부속설비 설치

직 종	수 량
기 계 기 사	0.53
플 랜 트 기 계 설 치 공	0.27
플 랜 트 제 관 공	4.4
플 랜 트 용 접 공	1.4
철 골 공	0.52
비 계 공	1.14
특 별 인 부	2.06
계	10.32

[주] ① 본 품은 본체 및 본체에 부수되는 하부지지용 Structure Deck, 계단 및 본체의 상하부 Cone, 직동부, 내부, 나팔관, Pug Mill, Slide gate, Dumper gate, Bleeder Valve 등의 조립설치 품이다.
② 본 품에는 소운반 및 도장품이 제외되어 있다.
③ 본 품에는 기기설치의 Alignment에 필요한 품이 포함되어 있다.
④ 본 품에는 시운전 및 고정작업에 필요한 품이 포함되어 있다.
⑤ 본 품에는 기기 본체에 붙은 Flange까지의 설치품이며 배관공사는 제외되어 있다.

13-7-9 Ventri Scrubber 본체 및 부속설비 설치

(ton 당)

직 종	수 량
기 계 기 사	0.50
플 랜 트 기 계 설 치 공	0.06
플 랜 트 제 관 공	3.67
플 랜 트 용 접 공	1.35
철 골 공	1.19
비 계 공	1.98
특 별 인 부	1.64
계	10.39

[주] ① 본 품은 본체 및 부속설비 일체의 설치품이며 아래 작업 내용이 포함된 품이다.
    ㉮ 철피 지상 조립설치
    ㉯ Steel Structure, support 및 Deck, 계단 등 조립설치
    ㉰ Throat, Mist Separator, 비상배출 Valve 설치
    ㉱ Throat 및 Sus 철편 조립설치
    ㉲ 본체에 부수되는 펌프 및 모터 조립설치
② 본 품에는 내압시험에 필요한 품이 포함되어 있다.
③ 본 품에는 기기본체 및 부속설비 기기에 붙은 Flange까지의 설치 품이며 배관공사는 제외되어 있다.
④ 본 품에는 소운반 및 도장품이 제외되어 있다.
⑤ 본 품에는 시운전 및 고정작업에 필요한 품이 포함되어 있다.

13-7-10 전등 Mud Gun 설치

(ton 당)

직 종	수 량
기 계 기 사	0.58
플 랜 트 기 계 설 치 공	5.46
플 랜 트 제 관 공	0.44
플 랜 트 용 접 공	1.06
비 계 공	0.63
특 별 인 부	3.18

[주] ① 본 품은 기초공사인 Foundation Chipping, Pad 설치 및 Gouging 품이 포함되어 있다.
② 본 품에는 시운전 및 교정작업에 필요한 품이 포함되어 있다.
③ 본 품에는 기기설치의 Alignment에 필요한 품이 포함되어 있다.
④ 본 품에는 소운반 및 도장품이 제외되어 있다.
⑤ 본 품에는 배관공사는 제외되어 있다.

13-7-11 내화물(제철축로) 쌓기

(톤 당)

노별 \ 직종	제철축로공	특별인부	보통인부	비 고
고 로	1.17	1.32	0.35	관류주선기포함
열 풍 로	1.28	1.23	0.56	연도포함
코 크 스 로	1.28	1.16	0.93	연도포함, 열간작업제외
후 판 가 열 로	1.68	1.25	1.51	
후 판 소 열 로	1.87	0.91	1.82	
열 연 가 열 로	1.69	1.61	2.23	
문 괴 균 열 로	1.58	1.26	1.52	Recuperator
강 편 가 열 로	1.57	1.21	0.98	하부연와석 포함
혼 선 로	2.01	1.34	0.49	
전 로	0.73	0.63	0.97	
Laddle	0.76	0.62	0.95	더밍 Laddle, Charging Laddle 포함
제 강	1.24	1.08	2.15	평대차, 평량기방열관 포함
석 회 소 성 로	1.62	0.93	1.87	Preheater Cooler 포함
용 선 와	1.03	0.40	0.79	
부정형내화물	3.24	2.35	1.08	플라스틱, 캐스터블 충전제
소 결 점 화 로	1.38	1.56	0.93	
비 고	\multicolumn{4}{l}{- 각종 로의 철거품은 설치품의 50%를 적용한다. 단, 전로 및 Laddle 25%}

[주] ① 본 품의 기준은 설치총정미 중량이며 연와 가공 품은 제외되어 있다.
② 본 품에는 소운반은 제외되어 있다.
③ 본 품에는 가설공사가 제외되어 있다.
④ 본 품에는 연도공사는 포함되고 연돌공사는 제외되어 있다.
⑤ 본 품에는 형틀제작은 제외되어 있다.
⑥ 본 품에는 노축조에 부수되는 철물제작 설치는 제외되어 있다.
⑦ 각종 로의 플라스틱, 케스터블, 충진재 시공은 부정형내화물의 품을 적용한다.

13-7-12 Craft 및 Tomlex Spray 공사

(인/㎡)

두께 직종	15	25	40	50	65	80	100
보 온 공	0.06	0.082	0.112	0.132	0.16	0.192	0.232
특 별 인 부	0.12	0.016	0.224	0.264	0.32	0.384	0.464

13-7-13 Castable Spray 공사

(인/㎡)

두께 직종	15	25	40	50	65	80	100
보 온 공	0.18	0.245	0.336	0.396	0.48	0.576	0.656
특 별 인 부	0.36	0.490	0.672	0.632	0.96	1.152	1.312
비고	- 벽, 천정 Spray시는 본 품의 15% 가산한다. - 비계사용시 높이 6~9m까지 15% 가산하고, 9m초과하는 경우 매 3m 증가마다 품의 5%씩 가산한다.							

[주] ① 본품은 기계로 Spray하는 것을 기준한 품이다.
② 공구손료 및 경비는 별도 계상한다.

13-7-14 혼선로 및 진로 본체 조립 실치

(기 당)

작업구분	직 종	단 위	수 량	비 고
기 술 관 리	기 계 기 사	인/일	0.8	
표 면 손 질	특 별 인 부	인/㎡	0.1	
작 업 토 의	비 계 공	인/기	1.6	
	플랜트기계설치공	〃	1.6	
운 반 조 작	〃	〃	2.6	Wing 설치 및 철거
	비 계 공	인/대	8.8	
	플랜트용접공	〃	2.6	
	특 별 인 부	〃	3.96	
	비 계 공	인/ton	0.422	굴림운반
	〃	〃	0.095	조양 및 Setting
	플랜트설치공	〃	0.021	
	특 별 인 부	〃	0.071	

[주] ① 본 품은 아래 작업내용이 포함된 설치품이다.
㉮ Shell의 조립 설치
㉯ Trunnion ring 및 Shaft의 조립설치

② 본 품은 기초 Foundation이 되어 있는 상태에서 조립설치하는 품이다.
③ 포장해체, 도장 품 및 기초작업은 제외되었다.
④ 시운전 품은 제외되었다.
⑤ 설치용 건설기계운전비는 제외되었다.

13-7-15 O₂, N₂ Spherical Gas Holder 조립설치

(기 당)

작업구분	직종	단위	수량
기 술 관 리	기 계 기 사	인/일	1
표 면 손 질	특 별 인 부	인/㎡	0.2
용 접 면 손 질	〃	〃	6.71
SCAFFOLDER 조립설치및철거	비 계 공	〃	0.0066
	특 별 인 부	〃	0.0066
용 접 및 끝 맺 음	플랜트기계설치공	인/ton	0.38
	특 별 인 부	〃	0.11
조 양 및 위 치 조 정	플랜트기계설치공	〃	0.80
	비 계 공	〃	0.54
	특 별 인 부	〃	1.34
검 사 시 험 및 교 정	외관검사, 수압시험, 기밀시험 및 기타 제반검사시험 및 교정기술관리를 제외한 본 품의 10%		

[주] ① 본 품은 Spherical gas holder의 조립설치에 필요한 품이다.
② 본 품은 prefabrication된 가스 홀더를 설치하는 품이다.
③ 기초 Foundation이 되어 있는 상태에서 앵커볼트가 설치된 장소에서의 품이다.
④ 포장해체, 도장품은 제외되었다.
⑤ 약품세척 조품은 별도 계상한다.
⑥ 설치공 각종 JIG류 제작 품은 본 품에서 제외되어 있다.
⑦ 설치용 중장비전공은 제외되었다.
⑧ 본 품 중 용접, 비파괴시험, 자분탐상 및 Color check 등의 시험은 별도 계상한다.
⑨ 현장가공은 별도 계상한다.

13-7-16 가열로 본체 및 Recuperator실 조립설치

(기 당)

작업구분	직종	단위	수량	비고
기 술 관 리	기 계 기 사	인/일	1.40	
조 립 설 치	플랜트기계설치공	인/ton	2.846	지하 10m 설치기준
	철 골 공	〃	2.846	
	비 계 공	〃	2.846	
	특 별 인 부	〃	2.846	
검사 및 교정	기술관리를 제외한 본 품의 10%			

[주] ① 본 품은 아래 기기를 조립 설치하는 품이다.
　　　㉮ 본체 철피
　　　㉯ skid pipe
　　　㉰ recuperator 철피
② 본 품에는 Foundation chipping, marking 및 centering 작업이 제외되어 있다.
③ 본 품에는 포장해체 및 소운반이 제외되어 있다.
④ 본 품에는 시운전 및 교정작업이 포함되어 있다.
⑤ 본 품에는 전기, 계장 및 축로공사는 제외되어 있다.
⑥ 현장가공, 용접품은 별도 계상한다.

13-7-17 균열로 본체 및 Recuperator실 조립설치

(기 당)

작업구분	직 종	단 위	수 량	비 고
기술관리	기계기사	인/일	0.70	
조립설치	플랜트기계설치공	인/ton	2.587	지하 5m 설치기준
	철골공	〃	2.587	
	비계공	〃	2.587	
	특별인부	〃	2.587	
검사 및 교정	기술관리를 제외한 본 품의 10%			

[주] ① 본 품은 아래 기기를 조립 설치하는 품이다.
　　　㉮ 본체 철피
　　　㉯ Down take
　　　㉰ Recuperator 철피
② 본 품에는 포장해체 및 소운반이 제외되어 있다.
③ 본 품에는 Foundation chipping, marking 및 centering 작업이 제외되어 있다.
④ 본 품에는 시운전 및 교정작업이 포함되어 있다.
⑤ 본 품에는 전기 및 계장 축로공사는 제외되어 있다.
⑥ 현장가공, 용접품은 별도 계상한다.

13-7-18 가열로 및 균열로 부속기기 조립설치

(톤 당)

작업구분	직 종	단 위	수 량	비 고
기술관리	기계기사	인/일	0.70	
표면손질	특별인부	인/㎡	0.10	
조립설치	플랜트기계설치공	인/ton	3.245	
	비계공	〃	1.622	
	플랜트용접공	〃	0.541	
	특별인부	〃	1.803	
검사 및 교정	기술관리를 제외한 본 품의 10%			

[주] ① 본 품은 아래 기기를 조립 설치하는 품이다.
　　㉮ Ingot buggy
　　㉯ Slag 대차 및 견인차
　　㉰ Slag 및 로상재 Bucket
　　㉱ Bottom making tool
　　㉲ Cover crane
　　㉳ Burner
　　㉴ 장압 Skid rail
　　㉵ 수정구 Slag door
　　㉶ 활대(滑臺)
② 본 품에는 포장해체 및 소운반이 제외되어 있다.
③ 본 품에는 시운전 및 교정작업이 포함되어 있다.
④ 본 품에는 전기 배선공사는 제외되어 있다.
⑤ 현장가공 품은 별도 계상한다.

13-7-19 Mill Line 기기류 조립설치

(톤 당)

작업구분	직종	단위	수량
기 술 관 리	기 계 기 사	인/일	1.40
표 면 손 질	특 별 인 부	인/㎡	0.10
가조립및해체	플랜트기계설치공	인/ton	0.90
	특 별 인 부	〃	0.324
조 립 설 치	플랜트기계설치공	〃	3.245
	비 계 공	〃	1.622
	플 랜 트 용 접 공	〃	0.541
	특 별 인 부	〃	1.803
시 험 및 교 정	기술관리를 제외한 본 품의 10%		

[주] ① 본 품은 아래 기기를 조립 설치하는 품이다.
　　㉮ Slas depiler
　　㉯ Depiler Pusher
　　㉰ Dumper
　　㉱ Reducer
　　㉲ Down coiler
　　㉳ Down ender
　　㉴ Ingot scale
　　㉵ Finishing mill, Roughing mill
　　㉶ Coil car
　　㉷ Crop shear
② 본 품에는 포장해체 및 소운반이 제외되어 있다.
③ 본 품에는 Foundation chipping, marking 및 Centering 작업이 제외되어 있다.

④ 본 품에는 시운전 및 교정작업이 포함되어 있다.
⑤ 본 품에는 전기 배선공사는 제외되어 있다.
⑥ 현장가공 품은 별도 계상한다.

13-7-20 Roller Table 조립설치

(톤당)

작업구분	직종	단위	수량
기 술 관 리	기 계 기 사	인/ton	0.20
표 면 손 질	특 별 인 부	인/㎡	0.10
가조립 및 해체	플랜트기계설치공	인/ton	0.79
	특 별 인 부	〃	0.263
조 립 설 치	플랜트기계설치공	〃	2.47
	비 계 공	〃	1.05
	특 별 인 부	〃	1.17
검 사 및 교 정	기술관리를 제외한 본 품의 10%		

[주] ① 본 품은 아래 기기를 조립 설치하는 품이다.
  ㉮ Depiler table
  ㉯ Furnace entry table
  ㉰ Furnace delivery table
  ㉱ Reheating table
  ㉲ Delay table
  ㉳ Drop shear approach table
  ㉴ Hot run table
  ㉵ Roughing mill approach table
  ㉶ Front roughing mill table
  ㉷ Rear roughing mill table
② 본 품에는 포장해체 및 소운반이 제외되어 있다.
③ 본 품에는 Foundation chipping, marking 및 Centering 작업이 제외되어 있다.
④ 본 품에는 시운전 및 교정작업이 포함되어 있다.
⑤ 본 품에는 전기 배선공사는 제외되어 있다.
⑥ 현장가공 품은 별도 계상한다.

13-7-21 전기집진기 설치(Electric Precipitator)

작 업 구 분	직 종	단 위	수 량
1. 기술관리(공사기간 중)	기 계 기 사	인/일	0.80
2. 표면손질	특 별 인 부	인/㎡	0.16
3. 본체조립설치			
본체 Frame	철 골 공	인/ton	4.98
Shell Plate	비 계 공	〃	3.27
Hand Rail	기 계 설 비 공	〃	0.82
Stair의 조립	용 접 공	〃	0.80
4. 기계조립설치			
구동기기 Chain,	기 계 설 비 공	인/ton	5.79
Conveyor 및	비 계 공	〃	2.29
Lapping Device 등의	용 접 공	〃	0.76
조립 설치	특 별 인 부	〃	3.12
5. 양극 Plate 설치			
지상교정, 조양, 기기설치,	플 랜 트 제 관 공	인/㎡	0.0479
Leveling 재교정후	비 계 공	〃	0.0198
Setting함.	특 별 인 부	〃	0.0646
	용 접 공	〃	0.0101
6. 음극 Plate 조립 설치,	플 랜 트 제 관 공	인/㎡	0.0618
지상교정 및	비 계 공	〃	0.0315
조립조양, 가조립	용 접 공	〃	0.0045
	특 별 인 부	〃	0.0794
검 사 및 교 정	기술관리를 제외한 본 품의 10%		

[주] ① 본 품은 본체조립 설치로 Duct flange까지이며 Duct는 별도 계상한다.
　② 본 품은 양극 plate 2.25m×14m를 기준으로 한 것이다.
　③ 본 품에는 기초 check, chipping, Grouting이 포함되어 있다.
　④ 본 품에는 현장 소운반이 포함되어 있다.
　⑤ 장비 및 공구손료는 별도 계상한다.
　⑥ 본 품은 전기공사가 제외되어 있다.
　⑦ 양극의 열수는 (음극-1) 열이다.
　⑧ 음극 plate의 단위품은 양극 plate에 대응하는 부분에 대한 품이다.
　⑨ 설치면적 산출은 유체진행 방향과 평행한 투영면적으로 한다.
　⑩ 집진판의 배열이 벌집모양 등으로 공장조립후 현장반입될 경우에는 반입단위를 1열로 본다.

13-7-22 노 기밀 시험

(㎡당)

직 종	수 량	비 고
기 계 기 사	0.023	
특 별 인 부	0.387	

[주] ① 본 품은 Furnace 및 주변 Duct의 Leak Test 품으로 소재준비, Test 기구설치, 비눗물 도포, 누설 Check, Joint부 수정 보완 그리고 정리작업이 포함되어 있다.
② 가설비계틀은 별도 계상한다.
③ 장비 및 공구손료는 별도 계상한다.
④ 누설 Check용 가루비누는 ㎡당 0.04kg 계상한다.

13-8 쓰레기소각 기계설비

본 처리공정은 STOKER식 소각로에 대한 기본적인 공정을 예시한 것으로 추가설비·소각로 형식이 다른 경우, 그 처리공정에 의한다.

처 리 공 정		작 업 내 용
반 입 시 설	쓰 레 기 벙 커	쓰레기 임시저장시설
	이 동 식 크 레 인	쓰레기를 호퍼로 운반하기 위한 크레인
연 소 설 비 (소각로)	투 입 호 퍼	쓰레기를 소각로에 반입하기 위한 시설
	급 진 기	쓰레기를 화격자에 밀어넣는 장치
	화 격 자	쓰레기를 소각시키는 곳
	재 축 출 기	소각재를 모으는 장치
폐 열 보 일 러	Tube Panel	보일러몸체
	Buckstay	열팽창으로부터 보일러를 보호하기 위하여 보일러 몸체에 H빔을 띠 형태로 설치
	보 일 러 드 럼	증기를 저장하는 곳
환 경 설 비	반 건 식 반 응 탑	소석회 슬러지를 분사하여 유해가스를 약품에 흡착시키는 장치
	여 과 집 진 기 (백필터)	반응탑에서 흡착된 유해가스, 중금속을 여괴포에 걸러 제거하는 장치
	탈 질 설 비	촉매 또는 무촉매를 이용하여 질소산화물을 분해 정화하는 장치
	활성탄·반응조제 공 급 설 비	연도(반건식 반응탑과 여과집진기사이)에 활성탄 및 반응조제를 공급하거나 저장하는 시설
	소석회 공급설비	반건식 반응탑에 소석회를 공급하거나, 저장하는 시설

13-8-1 소각로 설치('02년 신설, '03, '05년 보완)
1. 공정별 설치

작 업 구 분	직 종	단위	수 량
○ 기술관리 - 소각로 본체 설치공사	기 계 기 사	인/일	1.45
○ 포장해체 - 수송용 포장목재 해체 및 정리	목 공 특 별 인 부	인/㎥ 〃	0.07 0.33
○ 표면손질	특 별 인 부	인/㎥	0.15

○ 급진기(Fuel Fedder)설치
  - 투입호퍼, Flap Damper 및
    Hanger설치 포함
	플랜트기계설치공
	비 계 공
	특 별 인 부
	플 랜 트 제 관 공
	플 랜 트 용 접 공
		인/ton
		〃
		〃
		〃
		〃
			4.45
			3.35
			3.73
			4.75
			2.96

○ 소각로 모듈(Grate Module)설치 - 하부 호퍼 설치 포함	플랜트기계설치공 비 계 공 플 랜 트 제 관 공 특 별 인 부 플 랜 트 용 접 공	인/ton 〃 〃 〃 〃	3.61 3.05 4.70 3.12 2.38
○ 화격자(Fire-Bar)설치	플랜트기계설치공 플 랜 트 제 관 공 플 랜 트 용 접 공 비 계 공 특 별 인 부	인/ton 〃 〃 〃 〃	4.81 2.16 1.16 3.10 2.39
○ 내화물	제 철 축 조 공 목 공 비 계 공 특 별 인 부 보 통 인 부	인/ton 〃 〃 〃 〃	2.67 0.32 0.17 1.71 2.56
○ 재 축출기 설치 - Wet Scrapper설치 포함	플랜트기계설치공 비 계 공 플 랜 트 제 관 공 특 별 인 부	인/ton 〃 〃 〃	5.47 4.36 3.44 3.37

작 업 구 분	직 종	단 위	수 량

○ 원치 설치 및 철거
- 조양을 위한 원치풀리·로프
  등의 설치와 사용후 철거까지
  포함
	기 계 설 비 공
	비 계 공
	용 접 공
	특 별 인 부
		인/대
		〃
		〃
		〃
			3.30
			11.00
			3.30
			4.95

○ 검사 및 교정 - 외관검사, 교정작업 (비파괴시험은 제외)	기술관리, 포장해체를 제외한 전공량의 10%		

[주] ① 본 품은 급진기, 소각로모듈, 화격자, 내화물, 재 축출기 등 소각로 설비의 조립·설치를 기준으로 소운반을 포함한다.
② 급진기, 소각로모듈, 화격자, 내화물, 재축출기 등에 대한 중량은 공정별로 각각 조립·설치하는 중량을 기준으로 산출한다.
③ 보온이 필요한 경우 별도 계상한다.

2. 사용장비

장 비 명	규 격	단 위	수 량
지 게 차	5ton	대	1
크 레 인	30ton	대	1
	50ton	〃	1
	150ton	〃	1
	200ton	〃	1
타 워 크 레 인	32ton	대	1
윈 치	3ton	대	1
용 접 기	15kVA	대	2

[주] ① 본 장비는 소각로 1대 설치를 기준한 것이다.
② 장비 사용시간은 작업조건, 작업량 등을 감안하여 산정한다.
③ 본 장비는 소각로 조립·설치에 대한 기본적인 장비를 나열한 것으로 현장여건 및 작업조건 등에 따라 필요한 장비를 선택하여 적용할 수 있으며, 본 장비 이외에 필요한 장비가 있을 경우 별도 계상한다.

13-8-2 폐열보일러 설치('02년 신설, '03, '05년 보완)

1. 공정별 설치

작 업 구 분	직 종	단위	수 량
○ 기술관리 　- Boiler본체 설치공사	기 계 기 사	인/일	1.90
○ 포장해체 　- 수송용 포장 목재 해체 및 정리	목　　　공 특 별 인 부	인/㎥ 〃	0.04 0.18
○ 표면손질	특 별 인 부	인/㎡	0.15
○ 용접손질 　- 용접 Joint부위 Grinding	특 별 인 부	인/㎡ 〃	0.04
○ 보일러 드럼 설치 　- Hanger 및 Support설치 포함	플랜트기계설치공 비　계　공 특 별 인 부 플 랜 트 용 접 공	인/ton 〃 〃 〃	1.86 0.92 1.21 1.55
○ Tube Panel 조립 및 설치 　- 절탄기 및 Header류 설치 포함 　- Hanger 및 Support설치 포함	플랜트기계설치공 플 랜 트 제 관 공 플 랜 트 용 접 공 비　계　공 특 별 인 부	인/ton 〃 〃 〃 〃	2.08 1.49 0.89 1.26 1.18
○ Buckstay 조립 및 설치 　- Hanger 및 Support설치 포함	플랜트기계설치공 비　계　공 특 별 인 부 플 랜 트 용 접 공	인/ton 〃 〃 〃	3.01 1.70 2.47 1.39
○ 본 용접(Boiler Tube 용접부 전체) 　- Tube용접용 Support 및 운반 포함	플 랜 트 용 접 공 플 랜 트 제 관 공 특 별 인 부	인/ton 〃 〃	9.36 8.35 0.95
○ Sealing 용접(Boiler 용접부 전체) 　- 용접용 Support설치 및 운반 포함	플 랜 트 용 접 공 플 랜 트 제 관 공 특 별 인 부	인/ton 〃 〃	4.86 9.73 2.63

작 업 구 분	직 종	단 위	수 량
○ 원치 설치 및 철거	기 계 설 비 공	인/대	3.30
- 조양을 위한 원치플리·로프 등의	비 계 공	〃	11.00
설치와 사용후 철거까지 포함	용 접 공	〃	3.30
	특 별 인 부	〃	4.95
○ 검사 및 교정	기술관리, 포장해체를 제외한 전공량의 10%		
- 외관검사, 교정작업(비파괴시험은 제외)			

[주] ① 본 품은 보일러 드럼, Tube Panel, Buckstay 등 폐열보일러의 조립·설치 기준으로 소운반을 포함한다.
② 보일러 드럼, Tube Panel, Buckstay 등에 대한 중량은 공정별로 각각 조립·설치하는 중량을 기준으로 산출한다.
③ 보온이 필요한 경우 별도 계상한다.

2. 사용장비

장 비 명	규 격	단 위	수 량
지 게 차	5ton	대	1
크 레 인	150ton	대	1
	200ton	〃	1
	300ton	〃	1
타 워 크 레 인	30ton	〃	1
윈 치	3ton	대	1
용 접 기	15kVA	대	6

[주] ① 본 장비는 폐열보일러 1대 설치를 기준으로 한 것이다.
② 장비 사용시간은 작업조건, 작업량 등을 감안하여 산정한다.
③ 본 장비는 폐열보일러 조립·설치에 대한 기본적인 장비를 나열한 것으로 현장여건 및 작업조건 등에 따라 필요한 장비를 선택하여 적용할 수 있으며, 본 장비 이외에 필요한 장비가 있을 경우 별도 계상한다.

13-8-3 덕트 제작 및 설치('02년 신설)

'[기계설비부문] 13-5-3 덕트제작 및 13-5-4 덕트설치'의 품 적용

13-8-4 반건식 반응탑 설치('03년 신설, '05년 보완)

1. 공정별 설치

작 업 구 분	직 종	단 위	수 량
○ 기술관리 - 설치공사 기간중	기 계 기 사	인/일	1.03
○ 포장해체 - 수송을 위해 포장된 목재를 해체하고 목재를 정리함	목　　　　공 특 별 인 부	인/㎥ 〃	0.12 0.12
○ 표면손질	특 별 인 부	인/㎥	0.39
○ 현장교정 - 수송도중 변형된 것을 바로잡기	플 랜 트 제 관 공 특 별 인 부	인/ton 〃	0.64 0.29
○ 기초작업 - Chipping 및 Grouting	플랜트기계설치공 특 별 인 부	인/ton 〃	0.03 0.04
○ 소운반 - 작업 위치까지 필요한 자재를 운반	특 별 인 부 건 설 기 계 운 전 조	인/ton 조/ton	0.62 0.20
○ 본체 조립 - 분리 운반된 Body 조립 포함	플 랜 트 제 관 공 플 랜 트 용 접 공 특 별 인 부 건 설 기 계 운 전 조	인/ton 〃 〃 조/ton	0.94 1.25 1.01 1.13
○ Inner Plate 및 Hanger 조립 - Suspention Device 조립 포함	플 랜 트 제 관 공 플 랜 트 용 접 공 특 별 인 부	인/ton 〃 〃	1.49 2.18 2.16
○ 본체 설치 - 반응물 배출장치(Lump Crusher) 및 Rotary Valve 설치 포함 ※ 소석회 분무장치 제외	플랜트기계설치공 플 랜 트 제 관 공 플 랜 트 용 접 공 특 별 인 부 비 계 공 건 설 기 계 운 전 조	인/ton 〃 〃 〃 〃 조/ton	1.78 0.54 0.92 1.53 1.85 0.48
○ 검사 및 교정 - Gas Leak Test 포함	기술관리, 포장해체를 제외한 전공량의 10%		

[주] ① 본 품은 반응탑 본체, Rotary Valve 등 반건식 반응탑의 조립·설치기준으로 소운반이 포함되어 있다.
　　② 공정별 중량은 공정별로 각 각 조립·설치하는 중량을 기준으로 산출한다.
　　③ 보온 및 도장작업이 필요한 경우 별도 계상한다
　　④ 건설기계운전조는 작업조건 및 설치물량 등을 감안하여 편성한다.

2. 사용장비

장비명	규격	단위	수량
크 레 인	250톤	대	1
타 워 크 레 인	30톤	〃	1
지 게 차	7.5톤	〃	1
용 접 기	15kVA	〃	2

[주] ① 본 장비는 반건식 반응탑 조립·설치에 대한 기본적인 장비를 나열한 것으로 현장여건 및 작업조건 등에 따라 필요한 장비를 선택하여 적용할 수 있으며, 본 장비 이외에 필요한 장비가 있을 경우 별도 계상한다.

13-8-5 탈질설비 설치('03년 신설, '05년 보완)

1. 공정별 설치

작업구분	직종	단위	수량
○ 기술관리 - 설치공사 기간중	기 계 기 사	인/일	0.96
○ 포장해체 - 수송을 위해 포장된 목재를 해체하고 목재를 정리함	목 공 특 별 인 부	인/㎥ 〃	0.06 0.14
○ 표면손질	특 별 인 부	인/㎡	0.24
○ 소운반 - 작업 위치까지 필요한 자재를 운반	특 별 인 부 건설기계운전조	인/ton 조/ton	0.66 0.21
○ 기초작업 - Chipping 및 Grouting	플랜트기계설치공 특 별 인 부	인/ton 〃	0.01 0.01
○ 현장교정 - 수송 도중 변형된 것을 바로 잡기	특 별 인 부 플랜트기계설치공	인/ton 〃	2.07 0.04
○ 본체 조립 - 분리 운반된 Body 조립 포함	플 랜 트 제 관 공 플 랜 트 용 접 공 특 별 인 부 건설기계운전조	인/ton 〃 〃 조/ton	1.91 2.04 3.93 1.32

작업구분	직종	단위	수량
○ Inner Plate 및 Hanger 조립 - Suspention Device 조립 포함	플랜트제관공 플랜트용접공 특 별 인 부	인/ton 〃 〃	1.14 3.36 3.37

○ 용접손질
  - 용접 Joint부위 용접효율을 높이기
    위함
	플랜트제관공
	특 별 인 부
		인/ton
		〃
			2.19
			0.07

○ 본체 설치 - Reactor 설치 포함	플랜트기계설치공 플랜트제관공 비 계 공 특 별 인 부 플랜트용접공 건설기계운전조	인/ton 〃 〃 〃 〃 조/ton	4.28 0.54 1.66 2.28 3.97 4.07
○ Sealing 용접 - 용접용 Support설치 및 운반포함	플랜트용접공 플랜트제관공 특 별 인 부	인/ton 〃 〃	14.74 4.99 1.07
○ 검사 및 교정 - Gas Leak Test 포함	기술관리, 포장해체를 제외한 전공량의 10%		

[주] ① 본품은 촉매를 이용하여 질소산화물을 분해 정화하는 장치로서 탈질설비의 조립·설치와 소운반이 포함되어 있다.
② 공정별 중량은 공정별로 각각 조립·설치하는 중량을 기준으로 산출한다.
③ 보온 및 도장작업이 필요한 경우 별도 계상한다.
④ 건설기계운전조는 작업조건 및 설치물량 등을 감안하여 편성한다.

2. 사용장비

장비명	규격	단위	수량
크 레 인	200톤	대	1
지 게 차	5톤	〃	1
용 접 기	15kVA	〃	2

[주] 본 장비는 탈질설비 조립·설치에 대한 기본적인 장비를 나열한 것으로 현장여건 및 작업조건 등에 따라 필요한 장비를 선택하여 적용할 수 있으며, 본 장비 이외에 필요한 장비가 있을 경우 별도 계상한다.

13-8-6 여과집진기 설치(Bag filter)('04년 신설, '05년 보완)

1. 공정별 설치

작업구분	직 종	단 위	수 량
ㅇ 기술관리 - 설치공사 기간중	기 계 기 사	인/일	0.85
ㅇ 포장해체	목　　　　　공	인/㎥	0.12
	특 별 인 부	〃	0.12
ㅇ 기초작업 및 표면손질 - Chipping 및 Grouting 등	플랜트기계설치공	인/ton	0.12
	특 별 인 부	〃	0.37
ㅇ 본체조립·설치 - Frame, Shell Plate 등 설치포함 - 펄스유닛 조립·설치	철　　골　　공	인/ton	3.39
	비　　계　　공	〃	1.89
	플랜트기계설치공	〃	3.28
	플 랜 트 용 접 공	〃	2.43
	특 별 인 부	〃	4.02
	건 설 기 계 운 전 조	조/ton	0.81
ㅇ 비산재 배출장치 조립·장치 - 비산재 사일로, 시멘트 사일로 　 설치 포함	플랜트기계설치공	인/ton	4.61
	비　　계　　공	〃	1.95
	플 랜 트 용 접 공	〃	1.66
	특 별 인 부	〃	3.34
ㅇ 휠터백 및 백케이지 조립·설치 - 지상교정, 조양·기기 설치포함 - Leveling 재교정후 Setting 포함	플 랜 트 제 관 공	인/휠터수	0.05
	비　　계　　공	〃	0.06
	특 별 인 부	〃	0.08
	플 랜 트 용 접 공	〃	0.01
ㅇ 검사 및 교정 - Gas Leak Test 포함	기술관리, 포장해체를 제외한 공량의 10%		

[주] ① 본 품은 여과집진기 휠터백, 펄스유닛 등 여과집진기의 조립·설치 기준으로 소운반이 포함되어 있다.
　　② 보온 및 도장작업이 필요한 경우 별도 계상한다.
　　③ 건설기계운전조는 작업조건 및 설치물량 등을 감안하여 편성한다.

2. 사용장비

장 비 명	규 격	단 위	수 량
지 게 차	5톤	대	1
크 레 인	50톤	〃	1
크 레 인	100톤	〃	1

장비명	규격	단위	수량
크레인	200톤	대	1
타워크레인	30톤	〃	1
용접기	15kVA	〃	3

[주] 본 장비는 여과집진기 조립·설치에 대한 기본적인 장비를 나열한 것으로 현장여건 및 작업조건 등에 따라 필요한 장비를 선택하여 적용할 수 있으며, 본 장비 이외에 필요한 장비가 있을 경우 별도 계상한다.

13-8-7 활성탄·반응조제 및 소석회 공급설비 설치('04년 신설, '05년 보완)

1. 공정별 설치

작업구분	직종	단위	수량
○ 기술관리 - 설치공사 기간중	기계기사	인/일	0.5
○ 포장해체 - 수송을 위해 포장된 목재를 해체하고 목재를 정리함	목공 특별인부	인/㎥ 〃	0.12 0.12
○ 기초작업 및 표면손질 - Chipping 및 Grouting 등	플랜트기계설치공 특별인부	인/ton 〃	0.19 0.39
○ 반응조제 및 탱크류 조립·설치	플랜트제관공 플랜트용접공 플랜트기계설치공 비계공 특별인부 건설기계운전조	인/ton 〃 〃 〃 〃 조/ton	1.93 1.93 0.96 0.96 1.93 0.96
○ 소석회, 활성탄 공급설비 조립·설치	플랜트기계설치공 비계공 플랜트용접공 특별인부 건설기계운전조	인/ton 〃 〃 〃 조/ton	3.47 1.74 1.74 2.6 0.96
○ 혼합기, 이젝터, 로타리밸브 설치	플랜트기계설치공 비계공 플랜트용접공 특별인부	인/ton 〃 〃 〃	2.31 0.57 0.57 1.16
○ 검사 및 교정 - Gas Leak Test 포함	기술관리, 포장해체를 제외한 공량의 10%		

[주] ① 본 품은 활성탄·반응조제 및 소석회 공급설비의 조립·설치기준으로 소운반이 포함되어 있다.
② 보온 및 도장작업이 필요한 경우 별도 계상한다.
③ 건설기계운전조는 작업조건 및 설치물량 등을 감안하여 편성한다.

2. 사용장비

장 비 명	규 격	단 위	수 량
지 게 차	5톤	대	1
크 레 인	70톤	〃	1
용 접 기	15kVA	〃	3

[주] 본 장비는 활성탄·반응조제 및 소석회 공급설비 조립·설치에 대한 기본적인 장비를 나열한 것으로 현장여건 및 작업조건 등에 따라 필요한 장비를 선택하여 적용할 수 있으며, 본 장비 이외에 필요한 장비가 있을 경우 별도 계상한다.

13-9 하수처리 기계설비

13-9-1 수중펌프 설치('03년 신설)

1. 설치품

(대 당)

규 격	기계설비공	배 관 공	보통인부
7.5kW	6.1	2.4	4.1
15kW	7.3	2.6	4.3
30kW	9.7	3.0	4.6

[주] 본 품은 자동탈착식 수중펌프설치로서 앵카볼트, 펌프고정장치, 가이드바, 수중펌프 인양케이블설치와 시험·소운반이 포함되어 있다.

2. 사용장비

(대 당)

장 비 명	규 격	사용시간 (hr)		
		7.5kW	15kW	30kW
크 레 인	30톤	4	4	4
지 게 차	3.5톤	4	4	4
용 접 기	15kVA	32	35	40

[주] 본 장비는 펌프설치시 기본적인 장비이므로 현장여건, 작업조건 등에 따라 필요한 장비를 별도 계상한다.

13-9-2 모노레일 설치('03년 신설)

1. 설치품

(ton 당)

측량사	비계공	기계설비공	용접공	특별인부	계장공
0.5	1.3	3.5	2.6	3.4	0.8

[주] ① 본 품은 레일고정판, 레일, Trolley Bar, 2차측 전선관(전기배선 포함) 설치기준으로 시운전·소운반이 포함되어 있다.
② 본 품의 설치중량은 레일고정판, 레일, Trolley Bar, Bracket류, Support류의 중량으로 한다.
③ 전동기, 철골빔, 1차측 전선관(전기배선 포함) 설치품과 도장작업은 별도 계상한다.

2. 사용장비

(ton 당)

장 비 명	규 격	사용시간(hr)
트럭탑재형크레인	5톤	1.3
용 접 기	15kVA	7.6

[주] 본 장비는 모노레일 설치시 기본적인 장비이므로 현장여건, 작업조건 등에 따라 필요한 장비를 별도 계상한다.

13-9-3 산기장치 설치('04년 신설)

1. 설치품

구 분	단 위	배관공	용접공	보통인부
산 기 분 기 관 제 작	인/개	0.036	0.036	0.036
분 기 관 및 산 기 장 치 설 치	〃	0.036	0.036	0.036

[주] ① 산기 분기관 제작은 배관을 가공하여 제작하는 것으로 소운반이 포함되어 있다.
② 분기관 및 산기장치 설치는 산기 분기관(주배관 제외)을 설치하고, 설치된 산기분기관에 산기장치를 설치하는 것으로 앙카, 배관지지대, 수평레벨작업이 포함된 것이다.
③ 본 품은 시험 및 조정이 포함된 것이다.
④ 경장비 손료는 별도 계상한다.

2. 사용장비

장비명	규격	단위	사용시간(hr)	
			산기 분기관 제작	산기장치 설치
알곤용접기	300Amp	대/개	0.285	0.285
프라즈마절단기	100Amp	〃	0.143	0.143
크 레 인	5톤	〃	-	0.048

[주] 본 장비는 산기 분기관 제작 및 산기장치 설치시 일반적인 장비이므로 현장여건, 작업조건 등에 따라 필요한 장비를 별도 계상한다.

13-9-4 오수처리시설 설치('04년 신설)

1. 설치품

구 분	규 격	단 위	위생공	보통인부	계장공
오수처리시설	20톤/일	인/조	4.13	4.13	-
제 어 함	-	인/개	-	-	3.75

[주] ① 본 품은 생물화학적 산소요구량(BOD) 20ppm을 기준한 것으로 소운반이 포함되어 있다.
② 본 품은 FRP로 제작된 오수처리조를 설치하는 것으로 공기주입배관, 배기배관, 수중펌프 등 부속설비 설치품이 포함되어 있다.
③ 본 품은 제어함(control box)내에 설치되는 전기, 공기펌프 등 부속설비 설치품이 포함되어 있다.
④ 본 품은 물채우기, 물푸기, 시험 및 조정이 포함된 것이다.
⑤ 유입 및 배수배관 설치공사와 터파기, 기초공사, 뒷채우기, 보호공사(조적 및 콘크리트공사)는 별도 계상한다.

2. 사용장비

장 비 명	규 격	단 위	사용시간(hr)
크 레 인	50톤	대/조	8
살 수 차	5,500ℓ	〃	12

[주] 본 장비는 오수처리시설 설치시 일반적인 장비이므로 현장여건, 작업조건 등에 따라 필요한 장비를 별도 계상한다.

13-10 운반기계설비

13-10-1 OPEN BELT CONVEYOR 설치('92년 보완)

Belt 폭과 길이에 따른 Belt Conveyor 설치품은 아래의 산출식에 의한다.

1. Belt conveyor 길이 300M까지
   - 품(인)={0.6+(Belt폭-12")×0.025}×길이(M)+10.5
   (단, Belt 폭 단위는 Inch)
2. Belt conveyor 길이 300M 초과 600M까지
   - 품(인)={0.4+(Belt폭-12")×0.025}×길이(M)+70.5
3. Belt conveyor 길이 600M 초과
   - 품(인)={0.3+(Belt폭-12")×0.025}×길이(M)+130.5

[주] ① 본 품은 Open Belt 표준형을 설치하는 품이다.
② 공종별 품 배분표

공종	플랜트 기계설치공	비계공	철골공	용접공	특별인부	계
비율(%)	37.5	12.5	12.5	12.5	25	100

③ 본 품은 Roller 고정, Roller Frame 품이 포함되고 Support Structure 등의 설치품은 별도 계상한다.
④ Head, Tail Pulley 설치품이 포함되어 있다.
⑤ Guide Roller, Return Roller, Carrier Roller, Idle Roller 등의 설치 품이 포함되어 있다.
⑥ 본 품에는 Belt Endless 작업이 포함되어 있다.
⑦ Belt cover의 제작 및 설치 경우는 별도 계상한다.
⑧ Motor, 구동장치, Tension장치(Weight 제외), 평량기, Chute, Skirt, Liner, 진동장치 등의 설치품은 별도 계상한다.
⑨ Plummer block, Coupling, Pulley를 현장에서 조립할 경우 별도 계상한다.
⑩ Portable Belt conveyor의 설치 경우는 본 품의 50%까지 적용한다.
⑪ 5M 미만은 5M의 품을 적용한다.
⑫ Belt Conveyor의 길이는 Tail Pulley Center에서 Head Pulley Center간의 연 길이를 말한다.
⑬ Belt Endless 작업만이 필요한 경우에는 다음 품을 적용한다.

㉮ 일반내열재

(개소 당)

공종 Belt폭(Inch)	Belt Conveyor 설치공	기계 설비공	비계공	특별인부	저압케이블 전공	계
18" 이하	3.78	1.51	3.02	0.75	0.75	9.81
26"	4.27	1.70	3.41	0.85	0.85	11.08
36"	4.43	1.77	3.55	0.88	0.88	11.51
48"	4.59	1.83	3.67	0.91	0.91	11.91
56"	5.07	2.03	4.06	1.01	1.01	13.18
70"	5.64	2.25	4.51	1.12	1.12	14.64
72"	6.68	2.67	5.34	1.33	1.33	17.35

㉯ Steel재

(개소 당)

공종 Belt폭(Inch)	Belt Conveyor 설치공	기계 설비공	비계공	특별인부	저압케이블 전공	계
36" 이하	8.85	2.21	4.42	2.21	1.10	18.79
48"	9.12	2.28	4.56	2.28	1.14	19.38
56"	10.25	2.56	5.12	2.56	1.28	21.77
70"	12.02	3.00	6.01	3.00	1.50	25.53
72"	14.17	3.55	7.08	3.54	1.77	30.11

13-10-2 OVER HEAD CRANE 설치

1. 직종별 설치품

(ton 당)

직 종	수 량
기 계 산 업 기 사	0.50
비 계 공	2.499
플 랜 트 기 계 설 치 공	2.478
특 별 인 부	2.555
측 량 사	0.250
용 접 공	0.297
시 험 및 조 정	0.807

2. 공정별 설치품

(ton 당)

공정별	직 종	수 량
기 술 관 리	기계산업기사	0.500
소 운 반 및 조 정	비 계 공	0.833
	플랜트기계설치공	0.500
	특 별 인 부	0.666
조 립 준 비	비 계 공	0.833
	플랜트기계설치공	0.500
	특 별 인 부	0.666
조 립 취 부 및 조 정	비 계 공	0.833
	플랜트기계설치공	1.165
	측 량 사	0.250
	특 별 인 부	1.000
현 장 가 공	용 접 공	0.297
	플랜트기계설치공	0.313
(용접, 절단, 구멍 뚫기)	특 별 인 부	0.223
검 사 시 험		0.807
(기술관리를 제외한 품의 10%)		

[주] ① 본 품에는 부품의 교정 파손부분의 수리품 포함되었다.
② 본 품에는 제청, 제유 및 도장이 포함되어 있지 않다.
③ 본 품에는 전원 배선 및 전기기기 설치 품은 제외되어 있다.

참 고

장 비 명	규 격	단 위	수 량	비 고
Truck Crane	20 ton	대	1	
Trailer	20 ton	〃	1	
Truck	4 ton	〃	1	
Compressor	5.9㎥/min	〃	1	Bolt tightening용
전기용접기	30kVA	〃	2	
Guy derrick	5 ton×7.46kW	〃	1	
Winch	5 ton×7.46kW	〃	1	
Portable drill M	0.37kW	〃	1	
Portable electric G	0.37kW	〃	2	
Angle Grinder	0.75kW	〃	1	
Transit	-	〃	1	

참고 소모자재

(ton 당)

품 명	규 격	단 위	수 량
산소	6,000ℓ입	병	0.2
아세틸렌	4,500ℓ입	〃	0.13
전기용접봉	ø4mm×ℓ350	kg	3.5
걸레		〃	2
세유		ℓ	2
Grease		kg	0.2
Machine oil		ℓ	0.7

※ 산소량 규격은 대기압상태를 기준하며, 단위 '병'은 35℃에서 150기압으로 압축용기에 넣어 사용하는 것을 기준한다.

13-10-3 GANTRY CRANE 설치

1. 직종별 설치품

(ton 당)

직 종	수 량
기 계 산 업 기 사	0.50
비 계 공	2.383
플 랜 트 기 계 설 치 공	1.554
특 별 인 부	1.309
제 관 공	1.502
용 접 공	1.311
측 량 사	0.250
도 장 공	0.525
시 험 및 조 정	0.830
계	10.164

2. 공정별 설치공량

(ton 당)

공 정 별	직 종	수 량
기 술 관 리	기 계 산 업 기 사	0.50
운 반 조 작	비 계 공	0.635
	플 랜 트 기 계 설 치 공	0.182

(ton 당)

공정별	직종	수량
조립준비 및 수정교정	특별인부	0.182
	비계공	0.626
	제관공	0.626
	플랜트기계설치공	0.250
	용접공	0.250
조립조정	특별인부	0.250
	비계공	1.122
	제관공	0.876
	플랜트기계설치공	1.122
	측량사	0.250
용접절단	특별인부	0.627
	용접공	1.061
검사시험(기술관리를 제외한 전 품의 10%)	특별인부	0.250
		0.830

[주] ① 본 품에는 제청, 제유 및 페인팅 품이 포함되어 있지 않다.
② 본 품에는 전원 배선 및 전기기기 설치 품은 제외되었다.

참고 사용장비

품명	규격	단위	수량
Truck Crane	20 ton	대	1
〃	30 ton	〃	1
〃	40 ton	〃	1
Trailer	30 ton	〃	2
Truck	4 ton	〃	1
Compressor	5.9㎥/min	〃	1
Fork Lift	2.7 ton	〃	1
전기용접기	30kVA	〃	4
산소절단기	중형	조	4
산소용접기	〃	〃	3
Guy derrick	10 ton	대	1
Winch	5 ton	〃	2
Portable drill	0.37kW	〃	2
Portable Grinder	0.37kW	〃	2

> **참 고** 소모자재

(ton 당)

품 명	규 격	단위	수 량
산 소	6,000ℓ입	병	0.68
아 세 틸 렌	4,500ℓ입	〃	0.58
용 접 봉	ø4mm×ℓ350	kg	14.2
광 명 단	-	ℓ	2.2
페 인 트	유성	〃	4.4

※ 산소량 규격은 대기압상태를 기준하며, 단위 '병'은 35℃에서 150기압으로 압축용기에 넣어 사용하는 것을 기준한다.

13-10-4 천장크레인 레일설치

(한쪽길이 m 당)

구 분	단 위	수 량	비 고
① 소 요 재 료			
레 일	m	1	
레 일 체 결 구	식	1	
② 소 요 품			
○ 준비작업 : 궤 도 공	인	0.014	
목 도	〃	0.007	
보통인부	〃	0.012	
○ 본 작 업 : 궤 도 공	〃	0.013	
목 도	〃	0.007	
보통인부	〃	0.002	
○ 뒷 정 리 : 궤 도 공	〃	0.026	
목 도	〃	0.006	
보통인부	〃	0.013	

[주] ① 구멍뚫기 또는 용접은 별도 계상한다.
② 레일운반용 장비 및 운반비는 별도 계상한다.
③ 레일교환(50kg/m, ℓ=20m)에 준하여 산출된 것이다.

13-11 기타 기계설비
13-11-1 일반기기 설치

(ton 당)

직 종	수 량
기 계 산 업 기 사	0.50
기 계 설 비 공	7.24
비 계 공	2.86
용 접 공	0.95
특 별 인 부	3.90
검 사 및 교 정	기술관리를 제외한 본 품의 10%

비 고	- 본 품은 조립된 기기를 설치하는 품으로 부분 조립작업이 필요할 시는 본 품의 50%를 가산한다.
	- 설치 중량이 0.5ton 미만은 20% 가산한다.
	  0.5ton~1ton 미만은 10% 가산한다.
	  1ton~ 5ton 미만은 0% 가산한다.
	  5ton 이상은 15% 감한다.

[주] ① 일반기기란 본 품셈에 별도로 명시되어 있지 않은 기계류를 말한다.
　② 본 품에는 기초 Check, Chipping, Grouting이 포함되어 있다.
　③ 본 품에는 시운전 및 교정작업이 포함되어 있다.

13-11-2 Cooling Tower 설치

(기 당)

공 정 별	직 종	단 위	수 량
기술관리 : 공사기간 중	기 계 산 업 기 사	인/일	1.0
기초 Check : 기초 Check Chipping 및 Grouting	기 계 설 비 공 특 별 인 부	인/㎡ 〃	0.41 0.595
표면손질 : Eliminator 및 구동부	특 별 인 부	인/㎡	0.2
본체설치 : Distribution box, Distributor, Louver Post 등의 조립설치	철 골 공 비 계 공 특 별 인 부	인/ton 〃 〃	4.18 3.0 0.3
Drift-Eliminator 설치 : 판재로 된 Eliminator를 조립 설치함.	건 축 목 공 보 통 인 부	인/㎡ 〃	3.1 0.698
스레이트 잇기 : Louver side에 스레이트 잇기	스 레 이 트 공 보 통 인 부	인/㎡ 〃	0.05 0.04

(기 당)

공 정 별	직 종	단 위	수 량
충전물충전 : 충진물을 규격별 순서로 충진 작업함	보 통 인 부	인/㎥	0.6
검사 및 교정	기술관리를 제외한 전 품의 10%		

[주] ① 본 품은 강재공냉식 Cooling tower를 기초 Tank 위에 조립 설치하는 품이다.
　　② Drift-Eliminator 설치는 가공된 목재 Eliminator를 설치하는 품으로 가공품은 제외되었다.

13-11-3 Batcher Plant 설치

1. 직종별 설치품

(ton 당)

직 종	수 량	직 종	수 량
기 계 산 업 기 사	0.50	용 접 공	0.882
비 계 공	1.255	기 계 설 비 공	0.882
특 별 인 부	5.270	측 량 사	0.167
제 관 공	1.470	검 사 시 험	0.975

2. 공정별 설치품

(ton 당)

공 정 별	직 종	수 량
기 술 관 리	기 계 산 업 기 사	0.500
소 운 반 조 작	비 계 공	0.667
	특 별 인 부	0.333
표 면 손 질	〃	3.3
현 장 가 공	제 관 공	0.588
	용 접 공	0.588
	특 별 인 부	0.588
조 립 설 치	기 계 설 비 공	0.882
	제 관 공	0.882
	비 계 공	0.588
	용 접 공	0.294
조 립 설 치	특 별 인 부	0.882
	측 량 사	0.167
뒷 정 리	특 별 인 부	0.167
검 사 시 험		0.975
(기술관리 및 뒷정리를 제외한 전 품의 10%)		

3. 직종별 제관수리품

(ton 당)

직 종	수 량
제 도 공	0.785
기 계 설 비 공	1.830
특 별 인 부	2.041
용 접 공	4.972
검 사 및 시 험	0.962
계	10.590

4. 공정별 제관 수리품

(ton 당)

공 정 별	직 종	수 량
사 도 및 현 도	제 관 공	0.785
괘 서	기 계 설 비 공	1.830
	특 별 인 부	0.549
절 단	용 접 공	1.067
	특 별 인 부	0.320
용 접	용 접 공	3.905
	특 별 인 부	1.172
검 사 시 험 및 교 정 (모든 품의 10%)		0.962

[주] ① 본 품은 Batcher Plant 설치시 파손 및 마모부분의 제작 설치에만 적용한다.
② 본 품에는 소재의 소운반이 포함되어 있지 않으므로 소재의 운반품은 Batcher Plant 설치품에서 발췌 적용한다.
③ 본 품에는 전기 배관, 배선 및 도장품은 포함되어 있지 않다.

참고 사용장비

장 비 명	규 격	단 위	수 량
Truck Crane	15 ton	대	1
Trailer	30 ton	〃	1
A.C Welder	30KVA	〃	1
산 소 용 접 기	중형	조	1
산 소 절 단 기	〃	〃	2
Sand Paper		매	3.282
빠 데		kg	0.985
광 명 단		ℓ	6.583
페 인 트	유 성	〃	0.386
개 소 린		〃	1.386
걸 레		kg	1.164
용 접 봉		〃	6.742
산 소	6,000ℓ입	병	0.195
아 세 틸 렌	4,500ℓ입	〃	0.167
Wire Brush		개	1.741
Grease		kg	0.289

※ 산소량 규격은 대기압상태를 기준하며, 단위 '병'은 35℃에서 150기압으로 압축용기에 넣어 사용하는 것을 기준한다.

13-11-4 가설자재 손료율

번호	구 분	손료율(%/월)	비 고
1	IRON WIRE ROPE	4.2	내용년수 2년
2	MANILA ROPE	5.6	1.5년
3	RUBBER HOSE	8.3	1년
4	침목(육송)	3.0	2.7년
5	천막	5.6	1.5년
6	공사용 가설전원		
	가. 1차측(변압기 포함)	3.0	2.7년
	나. 2차측	5.6	1.5년

[주] 동일 공사장에서 내용년수 경과후는 손료를 계상하지 않는다.

13-11-5 공사별 설치 소모자재 [참고]

(ton 당)

품 명	단위	기 기	철 골	배 관	BELT & CONVEYOR	HEATER & TANK	PUMP & FAN	CRANE류
산 소	병	0.109	1.5	(용접식)5.0	1.5	0.10	0.10	0.44
아 세 틸 렌	〃	0.084	1.25	(용접식)3.7	1.25	0.08	0.08	0.355
용 접 봉(전기)	kg	0.365	2.25	(용접식)30.0	2.25	0.36	0.36	0.85
용 접 봉(산소)	〃	0.146	0.22	3.0	0.22	0.15	0.14	0.15
세 유	ℓ	0.73	0.07	0.07	0.20	0.05	0.73	2.00
M/C OIL	〃	0.365	0.04	(나사식)4.6	0.10	0.02	0.36	0.70
Wire Brush	개	0.292	0.15	0.05	0.10	0.10	0.30	0.10
Grinder Wheel	매	0.022	0.05	0.05	0.05	0.05	0.02	0.05
Oil Stone	개	0.055	0.02	0.05	0.02	0.02	0.15	0.02
File	〃	0.218	0.20	0.10	0.10	0.10	0.20	0.10
아 연 도 철 선	kg	0.73	0.73	0.40	0.20	0.20	0.73	0.20
Drill	개	0.018	0.04	0.02	0.02	0.02	0.02	0.02
Grease	kg	0.175	0.05	0.02	0.05	0.05	0.20	0.20
사 포	매	0.110	0.05	0.05	0.05	0.01	0.11	0.05
걸 레	kg	0.730	0.10	0.20	0.30	0.10	0.73	0.73
비 닐 시 드	㎡	0.037	0.02	0.02	0.02	0.02	0.04	0.20
시 너	ℓ	0.138	0.1	0.05	0.05	0.05	0.38	0.05
용 접 장 갑	족	0.05	0.10	0.05	0.05	0.05	0.03	0.05
Compound	kg	0.073	0.05	0.07	0.05	0.05	0.073	0.05
3-Bond	〃	0.007	0.05	0.07	0.05	0.05	0.07	0.05
Seal Tape	통	0.10	0.10	0.87	0.10	0.10	0.10	0.10
백 묵	〃	0.10	0.20	0.10	0.15	0.15	0.15	0.15
석 필	〃	0.20	0.30	0.20	0.20	0.20	0.20	0.20
함 석	매	0.05	0.07	0.05	0.05	0.05	0.05	0.07
흑 Welder Glass	연	0.01	0.05	0.01	0.01	0.01	0.01	0.01
백 Welder Glass	〃	0.10	0.20	0.10	0.10	0.20	0.10	0.20
오 스 터 날	SET	0.05	0.05	0.30	0.05	0.05	0.05	0.05
탭	〃	0.05	0.05	0.05	0.05	0.05	0.05	0.05
다 이 스	개	0.05	0.05	0.05	0.05	0.05	0.05	0.05
정	〃	0.10	0.20	0.05	0.05	0.05	0.10	0.05
용 접 면	〃	0.01	0.02	0.02	0.02	0.02	0.01	0.02
용 접 홀 다	〃	0.01	0.02	0.02	0.02	0.02	0.01	0.02
용 접 앞 치 마	〃	0.01	0.05	0.02	0.05	0.05	0.01	0.05
Center Punch	〃	0.02	0.02	0.02	0.02	0.02	0.02	0.02
써 비 스 볼 트	본	1.0	2.0	1.0	1.0	1.0	1.0	1.0
대 강	kg	0.02	0.10	0.02	0.10	0.10	0.02	0.10
유 지	ℓ	0.07	0.10	0.07	0.07	0.07	0.07	0.07
Washer	매	0.30	0.50	0.30	0.30	0.30	0.30	0.30
페 인 트 (표기용)	ℓ	0.069	0.10	0.5	0.1	0.10	0.07	0.10
페인트붓(표기용)	개	0.05	0.05	0.05	0.05	0.05	0.05	0.05

※ 산소량 규격은 대기압상태를 기준하며, 단위 '병'은 35℃에서 150기압으로 압축용기에 넣어 사용하는 것을 기준한다.

제 13 장 플랜트설비공사

품셈 유권해석

기기보온의 두께 및 보온재 정의

보일러 설비 중 석탄분쇄장치에 Air 를 공급해주는 Duct의 보온을 해체 및 설치하는 공사의 설계를 진행중인데, 품셈을 확인하는 중 몇가지 문의드릴사항이 있어서 연락드립니다.
질의1. 두께의 구분 중 50+60, 40+75 와 같이 +가 붙어있는 경우가 있는데 어떤 경우에 해당 케이스를 적용하는지? 질의2. 작업 구분 중 'Attachment 취부, 보온재 취부, Lagging, 소운반' 등이 있는데 Attachment 취부, Lagging, 소운반 작업이 어떤 작업인지? [덕트 외부에 설치된 철골 구조물 (50x100mm 철판)이 설치되어 있는데 해당 구조물을 철거 및 설치하는게 Attachment에 포함되어 있는거면 해당 품을 적용하여 공사설계를 진행하고자 합니다. 질의3. 해당 품셈 주석에 보온재는 Blanket 형태를 사용하여 보온하는 품이다라는 설명이 있는데 Blanket 형태의 보온재가 글라스울을 뜻하는지 질의드립니다.

답변내용

➥ 답변1. 표준품셈 기계설비부문 "13-3-2 기기보온"에서 100+100은 두께 100mm를 두겹 보온하라는 뜻입니다.
답변2. 표준품셈 기계설비부문 "13-3-2 기기보온"에서 Attachment란 보일러나 덕트에 보온재를 취부하기 위해 보온재 고정핀등을 보일러와 덕트에 용접히여 취부하는 작업입니다 보온재 취부는 덕트에 보온재를 취부하는 작업, Lagging하는 것은 보온 외장재로 보온재를 씌우는 경우를 뜻하며, 소운반 작업은 자재를 운반하는 작업을 뜻합니다.
답변3. 표준품셈 기계설비부문 "13-3-2 기기보온"에서 Blanket형태의 보온재는 글라스울이나 미네랄울 처럼 블랭킷 형태로 보일러, 덕트에 부착되는 보온재를 뜻합니다.

연길이의 정의

표준품셈 Open Belt 설치 관련입니다. 질의1. 주12 품셈에 언급된 연길이는 편도 길이 인가요, 아니면 상하포함 길이인가요? 질의2. 설치품 산출식에서 총길이 820m 포설시 적용 산식은 3번 사항으로 820 적용하는 것인지 아니면 1번 계산식 300m + 2번 계산식 300m + 3번 계산식 220m 합산 하는지 궁금합니다.

답변내용

➥ 답변1. 표준품셈 기계설비부문 "13-10-1 OPEN BELT CONVEYOR 설치"에서 BELT CONVEYOR의 "연 길이"는 Tail Pulley Center와 Head Pulley Center간의 연장길이로 편도길이입니다.
답변2. 표준품셈 기계설비부문 "13-10-1 OPEN BELT CONVEYOR 설치"에서 총길이 820m 는 3번 600m 초과시에 대한 기준을 적용하시기 바랍니다.

전체배관설치중량에 따른 계상

상수도 가압장 배관(STS관)설치공종이며 배관 설치 중량이 직관중량으로만 산정되어있습니다. 품셈 12-1-1 플랜트배관 설치품의 설명 ②의 해석에 대해 질의드립니다.
엘보 및 밸브를 기성품을 구매하여 설치하는 경우 배관 설치 중량에 포함된다는 것인지? 제외된다는 것인지요?

답변내용

➡ 표준품셈 기계설비부문 "13-1-1 플랜트 배관 설치"는 전체배관설치중량(배관중량 + Fitting류, Bracket류, Support류, Valve류 등)에 적용되는 품으로 "전체배관설치중량이 100ton이라 가정하면 이중 배관중량(70%인 70ton), Fitting류, Bracket류, Support류, Valve류 등의 중량(30%인 30ton)을 기준으로 제시된 것입니다."는 Fitting류, Bracket류, Support류, Valve류 등의 중량이 전체 배관중량의 30%임을 설명하기 위해 설명한 예시입니다. 또한, '주2.'에서 "Fitting류, Bracket류, Support류, Valve류 등의 중량이 전체배관설치중량의 30%에서 10%씩 증감할때마다 본품에 10%씩 가감 적용해야 합니다.
또한 표준품셈 기계설비부문 "13-1-1 플랜트 배관 설치"의 '주2. Fitting 류, Bracket, Support 및 밸브류 등이 공장에서 제작조립된 경우에는 본 품에 30%까지 감하여 적용할 수 있다.'는 플랜트 배관의 Fitting 류, Bracket, Support 및 밸브류 등의 조립이 공장에서 이루어져 현장에서 조립과정에 발생되지 않을 경우를 의미하며, 이는 Fitting 류, Bracket, Support 및 밸브류 를 조립하는 비용을 별도로 계상된 경우를 의미합니다.

비파괴검사의 검사비용

품셈 기준이 플랜트 설비공사 중 제1장 공통공사 의 해설중 (12) 비파괴검사시 ks 1급 기준인 경우는 본품에 100%까지 가산한다. 입니다. 현장여건은 현재 진행하고 있는 프로젝트에서 발주처 요청에 따라 기 완료된 배관에 대해 절단 후 기,수압 및 배관 재 연결을 실시하면서 추가로 재 연결한 부위에 대해 기수압 테스트가 어려움에 따라 비파괴 검사를 추가로 진행하였습니다. 비파괴 검사를 실시하는 배관에 대해 노무비 할증을 가산하는 사유에 대해 질의드립니다.

답변내용

➡ 표준품셈 기계설비부문 "13-1-1 플랜트배관설치"의 '주12. 비파괴검사 KS 1급 기준인경우 본 품에 100%까지 가산할 수 있다.'에서 100%할증은 비파괴 검사로 인한 작업지연과 KS1급 기준으로 배관을 설치할 경우 일반용접 및 배관보다 품질을 향상시켜야 하므로 부여되는 플랜트배관품 할증이며, 검사비용은 제외되어 있습니다.

비파괴시험 적용노임

건설공사 표준품셈의 기계설비 플랜트 설비공사에 비파괴시험부분의 인력품에 대하여 문의드립니다. 비파괴시험의 인력품에 직종이 기사로 되어 있는 부분은 어떤 노임을 적용하여야 하는지 궁금합니다. 답변 부탁드립니다.

답변내용

➡ 표준품셈 기계설비비문 "13-2-7 플랜트 용접 개소 비파괴시험"에서 정하고 있는 '기사'는 기술관리 등에 필요한 작업을 수행하는 인원으로 표준품셈에서는 자격요건을 별도로 정하고 있지는 않습니다. 비파괴시험에서 제시하는 기사는 시중노임에서 제시하지않는 직종입니다. 따라서 해당공사의 특성에 따라 자격위주로 판단하신다면 시중노임에 제시되어 있는 타부문의 산업기사 노임을 적용하실 수 있으며, 업무위주로 판단하신다면 해당 업무에 부합되는 직종(예:배관공, 특별인부, 보통인부 등)으로 적용하실 수 있습니다. 귀 현장의 특성에 따라 공사관계자와 협의하여 결정하시기 바랍니다. 또한 노임직종과 관련해서는 노임을 조사 및 발표하는 대한건설협회 또는 엔지니어링협회에 문의하여 주시기 바랍니다.

암면펠트 사용

발전소 현장 공사에 있어 Boiler 본체 외벽 및 Duct에 대해 암면펠트 (500*1000*50t 직사각형 블록모양)을 사용하여 보온 시공을 하고 있습니다.
이러한 경우에 있어 [기계설비부문 13-3-2 기기보온]의 [비고 1항] (Block 사용 시 품 40% 가산)의 적용이 적절한지 문의드립니다. 감사합니다.

답변내용

➡ 표준품셈 "13-3-2 기기보온/ 1. Boiler 본체보온"은 Boiler의 본체를 보온하는 품으로 Block사용시 비고의 본품에 40%를 가산한다'를 참조하시기 바라며, 당해공사에서 표준품셈의 적용여부 및 판단에 관련된 사항은 해당공사의 특성을 고려하시고 표준품셈을 참조하시어 공사관계자가 직접 결정하실 사항임을 양지해 주시면 감사드리겠습니다.

급탕탱크 철거

기계실에 설치되어있는 급탕탱크 2대를 철거하여야 하는데 표준품셈 13-4-3 storage tank (저장탱크)의 2.탱크조립설치, 14-1-7 일반 기계 설비 철거및 이설을 적용시켜야 하는데.
질의1) 탱크의 용량으로 품셈을 적용해야 하는지? 아니면 탱크의 무게로 품셈을 적용해야 하는지요? 표 상단에 보면 (ton당)이란 표기가 있어서
질의2) 탱크의 제작및 설치는 전문 제작업체 선정 설치 해왔던바, 철거도 전문 철거 업체 견적으로 하여도 공식적인 자료로 인정 받을수 있는지요?

답변내용

➡ 답변1. 표준품셈 기계설비부문 "13-4-3 STORAGE TANK"에서는 용량에 따른 단위무게당(TON) 투입품을 제시하고 있습니다. 이는 용량이 커짐에 따라 단위무게(ton)당 투입품은 줄어들기 때문입니다.
답변2. 견적단가 적용 여부관련은 표준품셈관리기관에서 답변드릴 수 없는 사항임을 양지해 주시면 감사드리겠습니다.

반건식 반응탑 설치

표준품셈 기계설비 부문 "13-8-4 반건식 반응탑 설치" 중 건설기계운전조는 없는 직종인데 품셈에 건설기계운전조로 되어있는데 건설기계와 관련된 직종을 모두 포함한건지 궁금합니다.

답변내용

➡ 표준품셈 기계설비 부문 "13-8-4 반건식 반응탑 설치"에서 건설기계운전조'는 각 공정에 투입되는 건설기계들을 운전하기위해 투입되는 인력(운전사)들을 의미합니다. 건설기계운전조는 해당품의 "2.사용장비"에서 사용장비를 제시하고 있으니, 해당공사의 특성에 맞게 사용장비를 선택하여 구성하시고 이에 대한 기계경비를 공통부문 8장 건설기계를 참조하시어 산출하시면 됩니다.

컨베이어 벨트교체

컨베이어 엔드리스 벨트 교체 작업 간 품셈표 적용에 관련해 문의 드립니다.
컨베이어 설치가 아닌 엔드리스 벨트 교체의 경우 별도의 품셈표를 적용하라는 내용으로 품셈은 벨트의 폭에 따른 공종별 공량과 그 물량을 (개소)별로 적용하라고 안내하고 있습니다. 여기서 개소란 무엇을 의미하는지 궁금합니다. 벨트의 길이에 대해 반영된 부분이 없는 상황인데 벨트의 길이와 관계없이 폭과 교체 대상 벨트의 개수만 고려되는 것인가요?
50인치 벨트 1개소를 교체한다는 가정이라면 벨트가 100M건 50M건 같은 품으로 계산되는 것인지 여쭤봅니다.

답변내용

➡ 표준품셈 기계설비부문 "13-10-1 Open belt conveyor 설치"에서는 공종별 품 배분표에 Belt Endless 작업이 포함되어 있음을 명시하고 있으며, Belt Endless 작업만이 필요한 경우 재질별, 벨트폭에 따라 개소당 설치품을 제시하고 있으니 참조하시기 바랍니다. 또한 Belt Endless 작업의 길이당 품 구분은 정하고 있지 않습니다.

비파괴검사시 KS 1급 기준

지역난방 배관 시공 후 용접부위마다 모두 비파괴 검사를 진행하는데 있어 PAUT로 검사를 진행했는데 배관의 규격은 600A, 9.5t 품셈에 13-1-1 플랜트 배관 설치항목에 비파괴검사시 KS 1급 기준인 경우는 본 품에 100%까지 가산할 수 있다. 로 되어있습니다. 질문은 KS 1급기준은 무엇인지 문의 드립니다.

답변내용

➡ 표준품셈 기계설비부문 "13-2-3 강관용접/1.전기아크용접"의 '주5. 비파괴검사 KS 1급 적용시에는 본 품에 100%까지 가산할 수 있다.'에서 100%할증은 비파괴 검사로 인한 작업지연과 일반용접 및 배관보다 품질을 향상시켜야 하므로 부여되는 플랜트배관품 할증이며, 검사비용은 제외되어 있습니다. '주12. 비파괴검사시 KS 1급 기준~"은 검사방법 및 재료 또는 대상에 따라 등급별로 규정한 사항으로서 본 규정은 KS규격을 열람하시기 바랍니다.

Fitting과 Flange 취부의 정의 및 단위

질의1. "13-1-4 Fitting 취부"의 "2. Flange Type" (1) Flange Type으로 기제작된 배관 및 Fitting이 있을 때(즉, 배관 및 Fitting 말단에 Flange가 이미 부착된 상태), 이것들을 Flange와 Flange를 맞대어 볼트 결합하는 품이 맞는지요?
(즉, Elbow는 Flange끼리 볼트로 결합하는 개소가 2개소, Tee는 3개소)
질의2. "13-1-5 Flange 취부"의 "3. Slip-on Flange Welded Type" (1) Flange가 부착되지 않은 배관(또는 Fitting)과 Flange가 있을 때 배관(또는 Fitting) 말단에 Flange를 용접(Welded)으로 부착하는 품이 맞는지요? 아니면 배관(Fitting) 말단에 Flange를 용접 부착하는 품+Flange끼리 맞대어 볼트 결합하는 품의 합산 품인지요? (2) 단위가 "조당"으로 되어있는데요, 배관(또는 Fitting) 말단에 Flange를 용접(Welded)으로 2개 부착하는 품이 맞는지요? 아니면 배관(또는 Fitting) 말단에 Flange를 용접(Welded)으로 2개 부착하는 품 + 부착한 Flange끼리 볼트결합하는 품의 합산 품인지요?

답변내용

➡ 답변1. 기계설비부문 "13-1-4 Fitting 취부"는 Flange로 된 Fitting 및 Spool 결합에 필요한 품으로 Flange 또는 Spool 간(T접합은 3개소, 엘보는 2개소) 결합하는 품입니다.

답변2. 기계설비부문 "13-1-5 Flange 취부/3. Slip on Flange welded type"는 플랜지를 배관에 설치하여 주 배관에 고정시키는 작업이 포함되어 있으며, Pipe를 절단하여 Flange 활입 후 용접하여 플랜지를 취부하는 기준입니다. 전배면 용접은 전면과 배면에 용접하여 취부하는 기준이며, 면사상은 플랜지 취부 용접을 위해 사포나 그라인더 등으로 작업하는 기준입니다. 조정은 플랜지의 위치를 맞추는 작업을 뜻합니다. Flange끼리 맞대어 볼트결합하는 작업은 포함하고 있지 않습니다. 또한 조당은 배관에 플랜지 1개조를 설치하는 품을 뜻합니다.

플랜트 배관 설치 재질에 따른 노임 할증률

배관재질이 스테인리스강인 경우 [별표]의 재질에 따른 배관용접품 할증률 적용에 대해 문의 드립니다. 스테인리스강 할증율을 플랜트용접공, 플랜트배관공, 특별인부 전체에 적용할 수 있는지 질의 드립니다.

답변내용

➡ 기계설비부문 " 13-1-1 플랜트 배관설치"에서 '주.8 Alloy Steel(합금강)인 경우 용접식은 용접공(플랜트 용접공) 나사식은 배관공(플랜트 배관공)량에 별표의 할증률을 적용 가산한다'를 참조하시어 재질에 따른 할증률 기준을 적용하시기 바랍니다. 당해공사에서 표준품셈의 적용여부 및 판단, 수량산출 등에 관련된 사항은 해당공사의 특성을 고려하시고 표준품셈을 참조하시어 공사관계자가 직접 결정하실 사항임을 양지해 주시면 감사드리겠습니다.

예열시간의 정의

기계설비부문 예열시간(13-2-5) 관련 "개소당 플랜트 용접공 Table"의 값에 대해 문의를 드립니다. "개소당 플랜트 용접공" 수가 1을 초과하는 경우, 1명이 예열작업을 한다면 표준작업시간(8시간)동안 예열작업을 끝내지 못하는 것으로 봐도 되는 것인지 궁금합니다.

답변내용

➡ 기계설비부문 "13-2-5 예열"에서는 개소당 플랜트 용접공 수가 1을 초과하는 경우는 1명이상 투입된다는 뜻입니다.

반도체공사의 적용가능 품

반도체 FAB을 건설하는 공사에 대해 기계설비 플랜트품으로 적용하는 것이 맞는 것인지 아니면 일반배관공사로 보는 것이 맞는 것인지 질의 드립니다.

답변내용

➥ 기계설비부문 1장 배관공사는 일반적으로 주거용, 업무용, 공공용 등의 건축시설물 대상이고, 제13장 플랜트설비공사는 플랜트시설물을 대상으로 적용되고 있습니다. 표준품셈 기계설비부문 "13-2 플랜트 용접"은 플랜트시설물의 용접공사를 대상으로 적용되고 있습니다.
플랜트 시설물의 종류는 동품셈 "제13장 플랜트설비공사" 목차에서 화력발전기계설비, 수력발전기계설비, 제철기계설비, 쓰레기소각 기계설비, 하수처리 기계설비, 운반기계설비 등으로 정하고 있으니 이를 참조하시기 바랍니다. 또한 반도체 설비의 플랜트 품, 일반배관 품 적용여부는 현장여건을 고려하시어 공사관계자가 직접 결정하실 사항임을 양지하여 주시기 바랍니다.

알곤용접의 기준

STS 물탱크 누수를 알곤용접으로 보수를 위해 설계 중입니다. 품셈을 보니 알곤 용접은 원통 배관쪽 개소로만 적용 할 수 있지, 판(㎡)은 전혀 없는데 적용가능한 품이 있을지 문의 드립니다.

답변내용

➥ 표준품셈 기계설비부문 "13-2 플랜트 용접"에서는 강판의 아르곤 용접기준은 정하고 있지 않습니다. 표준품셈에서 정하지 않는 사항은 동품셈 1-1-3의 4항을 참조하시어 적정한 예정가격산정기준을 결정하여 사용하시기 바랍니다.

전기아크용접 K형 기준

13-2-4 강판 전기아크용접 관련 용접기호 K형은 표준품셈에서 어느 것을 적용해야 하는지 질의 드립니다.

답변내용

➥ 기계설비부문 "13-2-4 강판 전기아크용접"에서는 K형에 대한 기준은 정하고 있지 않습니다. 표준품셈에서 정하지 않는 사항은 동 품셈 1-1-3의 4항을 참조하시어 적정한 예정가격산정기준을 결정하여 사용하시기 바랍니다. 당해공사에서 표준품셈의 적용여부 및 판단, 수량산출 등에 관련된 사항은 해당공사의 특성을 고려하시고 표준품셈을 참조하시어 공사관계자가 직접 결정하실 사항임을 양지해 주시면 감사드리겠습니다.

Fan 설치 중 직종 정의

직종(인) 중에 건설기계운전공에 대해서 알고 싶습니다.
Fan설치 품에서 건설기계운전공을 어떤 식으로 적용해야 할지 문의 드립니다.
1. 건설기계운전공이란 어떠한 의미인지
2. 건설기계운전공 어느 공정에 사용되는지
3. 건설기계운전공 역할이나 하는 일은 무엇인지

답변내용

➡ 기계설비부문 "13-2-7 Fan 설치"에서 제시하는 건설기계운전공은 시중노임에서 제시하지 않는 직종입니다. 따라서 해당공사의 특성에 따라 자격위주로 판단하신다면 시중노임에 제시되어 있는 타부문의 산업기사 노임을 적용하실 수 있으며, 업무위주로 판단하신다면 해당 업무에 부합되는 직종(예:배관공, 특별인부, 보통인부 등)으로 적용하실 수 있습니다. 건설공사 표준품셈 참고자료 [직종해설] 편에서 각 직종에 대한 해설을 명시하고 있는 바 이를 참고하시어 결정하시기 바랍니다. "건설기계운전사"는 '건설기계관리법'에 따라 건설기계로 분류된 기계의 운전사를 의미하며, "일반기계운전사"는 '건설기계관리법' 및 '자동차관리법' 등에서 규정하지 않은 기계의 운전사를 의미합니다. 또 건설공사 표준품셈 부록 [직종 해설]에서 "건설기계운전사"는 '각종 건설기계의 운전과 조작을 하는 운전사'로, "일반기계운전사"는 '발동기, 발전기, 양수기, 윈치 등 경기계 조종원'으로 명시하고 있습니다. 귀 현장의 특성에 따라 공사관계자와 협의하여 결정하시기 바랍니다. 직종해설과 관련한 자세한 사항은 대한건설협회로 문의하시기 바랍니다. 또 이와 관련한 자세한 사항은 대한건설협회에 문의하시기 바랍니다.

규격 외의 설치품

13-9-1 수중 펌프 설치를 예로 들었을 때, 표준품셈에서는 7.5kW, 15kW, 30kW 세 가지 규격에 관한 설치품만이 존재합니다. 이 경우 11kW와 같은 두 값 사이의 규격은 "엔지니어링사업대가의기준 제 19조"에 따라 직선보간법을 통해 산정하는 것이 맞습니까? 만약 아니라면 어떤 규정에 따라 어떤 방식으로 산정해야합니까? 마찬가지로 0.75kW, 55kW와 같은 범위 외의 펌프 설치품은 어떻게 산정해야합니까?

답변내용

➡ 표준품셈 기계설비부문 "13-9-1 수중펌프 설치"에는 11kW, 0.75kW, 55kW에 대한 설치기준은 정하고 있지 않습니다. 표준품셈에서 정하지 않는 사항은 동품셈 1-1-3의 4항을 참조하시어 적정한 예정가격산정기준을 적의 결정하여 사용하시기 바랍니다.

일반기기 설치시 일부 노임 삭제

일반기기 설치 노임 적용이 '기계산업기사', '기계설비공', '비계공', '용접공', '특별인부', '검사 및 교정' 으로 되어있는데 시장 단가보다 과하게 적용되는 것 같습니다.
실제 일반기기를 설치할 때 비계와 용접을 하지 않을 경우, '비계공'과 '용접공' 노임을 제거하고 품셈을 적용해도 되는지 질의 드립니다.

답변내용

➥ 공통부문 "1-1-3 3. 본 표준품셈은 건설공사 중 대표적이고 보편적이며 일반화된 공종, 공법을 기준한 것이며 현장여건, 기후의 특성 및 조건에 따라 조정하여 적용하되, 예정가격작성기준 제2조에 의거 부당하게 감액하거나 과잉 계산되지 않도록 한다."를 참조하시기 바랍니다. 당해공사에서 표준품셈의 적용여부 및 판단에 관련된 사항은 해당공사의 특성을 고려하시고 표준품셈을 참조하시어 공사관계자가 직접 결정하실 사항임을 양지해 주시면 감사드리겠습니다.

2025건설공사 표준품셈
유지관리부문

제 1 장 · 공통
제 2 장 · 토목
제 3 장 · 건축
제 4 장 · 기계설비

제 1 장 공 통

1-1 토공사

1-1-1 비탈면 보강공('20년 신설, '25년 보완)

1. 공용중인 도로 및 철도, 주거지 등에 인접하여 작업에 영향을 받는 비탈면 보강공사에 적용한다.
2. 장비 조립·해체
   '[공통부문] 3-7-5 비탈면 보강공 / 1.장비 조립·해체'를 적용한다.
3. 인력 및 장비 편성
   '[공통부문] 3-7-5 비탈면 보강공 / 2.인력 및 장비편성'를 적용한다.
4. 일당시공량

(일 당)

구 분	시공량(m)					
	토사	혼합층	풍화암	연암	보통암	경암
크레인작업	36	39	62	45	36	25

[주] ① 본 품의 시공량은 천공구경 105~127㎜의 타격식 기준이다.
② 본 품은 보링장비의 크롤러바퀴가 제거된 상태에서 크레인에서 시공하는 기준이다.
③ 토사층은 케이싱을 활용한 시공을 기준하며, 혼합층은 케이싱을 사용할 수 없는 지반에서 자갈, 전석, 지하수로, 공동 등으로 인해 홀 막힘이 발생되는 경우에 적용한다.
④ 본 품은 작업준비, 마킹, 천공, 보강재 삽입 작업을 포함한다.
⑤ 철근을 보강재로 사용하기 위해 현장에서 가공이 필요한 경우, '[공통부문] 6-2 철근'을 참조하여 적용하며, 보강재 조립(접착판, 스페이서 등 부착)품은 다음과 같다.

(일 당)

구 분	단 위	수 량	시공량(ton)
철 근 공	인	2	3.0
보 통 인 부	〃	1	

5. 그라우팅

(일 당)

구 분	규 격	단 위	수 량	시공량(㎥)
보 링 공	-	인	1	3.0
기 계 설 비 공	-	〃	1	
특 별 인 부	-	〃	2	
그 라 우 팅 믹 서	190×2ℓ	대	1	
그 라 우 팅 펌 프	30~60ℓ/min	〃	1	
고 소 작 업 차	-	〃	1	

[주] ① 본 품은 고소작업차를 활용하여 경사면에 직접 시공하는 기준이다.
② 작업인력이 지반에 위치하여 작업하는 경우 고소작업차를 제외한다.
③ 장비(고소작업차)의 규격은 작업여건(시공높이, 시공위치 등) 및 안전율(적정하중, 작업반경 등)을 고려하여 적합한 규격을 적용한다.
④ 물 공급을 위해 살수차 등의 장비가 필요한 경우 기계경비는 별도 계상한다.
⑤ 공구손료 및 경장비(발전기 등)의 기계경비는 인력품의 11%를 계상한다.
⑥ 소모재료(시멘트, 혼화재, 물)는 별도 계상한다.

1-1-2 지압판블록 설치('20년 신설, '25년 보완)

(일 당)

구 분	규 격	단 위	수 량	시공량(개소)
중급기술자	-	인	1	
보 링 공	-	〃	1	
특 별 인 부	-	〃	2	
보 통 인 부	-	〃	2	9
크 레 인	-	대	1	
고 소 작 업 차	-	〃	1	
강연선인장기	60ton	〃	1	

[주] ① 본 품은 비탈면에 앵커를 사용한 프리캐스트 콘크리트 블록(2ton 이하) 설치 기준이다.
② 공용중인 도로 및 철도, 주거지 등에 인접하여 작업에 영향을 받는 비탈면 보강공사에 적용한다.
③ 비탈경사 1:1.5 이하, 수직고 30m까지 기준이다.
④ 블록 인양 및 설치, 지압판 및 웨지 조립, 인장 작업을 포함한다.
⑤ 장비(크레인, 고소작업차)의 규격은 작업여건(시공높이, 시공위치 등) 및 안전율(적정하중, 작업반경 등)을 고려하여 적합한 규격을 적용한다.
⑥ 공구손료 및 경장비(절단기, 발전기 등)의 기계경비는 인력품의 6%로 계상한다.

1-1-3 비탈면 점검로 설치('02년 신설, '20, '25년 보완)

(일 당)

직 종	단 위	수 량	시공량(점검로 m)
철 공	인	4	7.8
보 통 인 부	〃	1	
비 고	\- 본 품은 수직고 30m까지를 기준한 것이므로, 이를 초과하는 경우 매 10m증가마다 시공량을 9%씩 감한다.		

[주] ① 본 품은 비탈면에 강관파이프 및 발판재(폭 90㎝ 이하)를 사용한 계단식 점검로 설치 기준이다.
② 본 품은 지주 및 보조기둥 설치, 점검로 난간 및 발판 조립을 포함한다.
③ 본 품은 비탈경사 1:1.0 이하를 기준한 것으로, 1:1.0 초과인 경우에는 시공량을 43%까지 가산하여 적용할 수 있다.
④ 기초 터파기 및 콘크리트 타설은 별도 계상한다.
⑤ 현장여건상 크레인이 필요한 경우 별도 계상한다.
⑥ 공구손료 및 경장비(전동드릴, 절단기 등)의 기계경비는 인력품의 3%로 계상한다.

1-2 조경공사

1-2-1 교통통제 및 안전처리('24년 신설)
- 조경유지보수 등 교통통제 및 안전처리를 위한 인력은 각 항목에서 제외되어 있으며, 필요시 배치인원은 현장조건(교통상황, 통제시간 및 범위 등)을 고려하여 별도계상한다.
- 통행안전 및 교통소통을 위해 라바콘, 공사안내판 등 안전시설물을 시공하는 경우 특별인부 2인을 계상하고, 차량 등 장비가 필요한 경우 추가 계상한다.

1-2-2 일반전정('14, '19, '22년 보완)

(일당)

구분			규격	단위	수량	시공량(주) 흉고직경					
						11cm 미만	11~21cm 미만	21~31cm 미만	31~41cm 미만	41~51cm 미만	51~61cm 미만	61cm 초과

구분			규격	단위	수량	11cm 미만	11~21cm 미만	21~31cm 미만	31~41cm 미만	41~51cm 미만	51~61cm 미만	61cm 초과
인력시공	낙엽수	조경공	-	인	2	36	22	13	-	-	-	-
		보통인부	-	〃	1							
	상록수	조경공	-	인	2	42	24	15	-	-	-	-
		보통인부	-	〃	1							
기계시공	낙엽수	조경공	-	인	2	-	48	31	18	13	8	6
		보통인부	-	〃	1							
		고소작업차	3ton	대	1							
	상록수	조경공	-	인	2	-	56	35	22	15	10	7
		보통인부	-	〃	1							
		고소작업차	3ton	대	1							

[주] ① 본 품은 일반 공원 및 녹지대 등에서 수목의 정상적인 생육장애요인의 제거 및 외관적인 수형을 다듬기 위해 수행하는 전정작업 기준이다.
② 본 품은 작업준비, 전정, 뒷정리 작업을 포함한다.
③ 전정 후 외부 운반 및 폐기물처리비는 별도 계상한다.
④ 고소작업차 규격은 작업여건(위치, 높이 등)에 따라 변경할 수 있다.
⑤ 공구손료 및 경장비(전정기 등)의 기계경비는 인력품의 3%로 계상한다.

1-2-3 조형전정('22년 신설)

(일 당)

구 분			규격	단위	수량	시공량(주)					
						흉고직경					
						11cm 미만	11~21cm 미만	21~31cm 미만	31~41cm 미만	41~51cm 미만	51~61cm 미만	61cm 초과
인력시공	낙엽수	조경공	-	인	2	23	14	8	-	-	-	-
		보통인부	-	〃	1							
	상록수	조경공	-	인	2	27	16	10	-	-	-	-
		보통인부	-	〃	1							
기계시공	낙엽수	조경공	-	인	2	-	31	20	12	8	5	4
		보통인부	-	〃	1							
		고소작업차	3ton	대	1							
	상록수	조경공	-	인	2	-	36	23	14	10	7	5
		보통인부	-	〃	1							
		고소작업차	3ton	대	1							

[주] ① 본 품은 일반 공원 및 녹지대 등에서 조형적인 수형을 형성하기 위해 정상적인 생육장애요인의 제거와 미적요소(구형, 반구형 등)를 고려하여 전정가위 등으로 수형을 다듬는 전정작업 기준이다.
② 본 품은 작업준비, 전정, 뒷정리 작업을 포함한다.
③ 특수관리가 필요한 수목(문화재보호수 등), 특수 조형물 형상(예술작품 등) 전정 등은 별도 계상한다.
④ 전정 후 외부 운반 및 폐기물처리비는 별도 계상한다.
⑤ 고소작업차 규격은 작업여건(위치, 높이 등)에 따라 변경할 수 있다.
⑥ 공구손료 및 경장비(전정기 등)의 기계경비는 인력품의 2%로 계상한다.

1-2-4 가로수 전정('03년 신설, '14, '19, '22년 보완)

(일 당)

구 분		규격	단위	수량	시공량(주) 흉고직경					
					11cm 미만	11~21cm 미만	21~31cm 미만	31~41cm 미만	41~51cm 미만	51~61cm 미만	61cm 초과
약전정	조 경 공	-	인	2	31	21	16	12	10	8	7
	보 통 인 부	-	〃	2							
	고 소 작 업 차	3ton	대	1							
강전정	조 경 공	-	인	2	19	14	10	8	7	6	5
	보 통 인 부	-	〃	2							
	고 소 작 업 차	3ton	대	1							
조형전정	조 경 공	-	인	2	17	12	9	7	6	4	3
	보 통 인 부	-	〃	2							
	고 소 작 업 차	3ton	대	1							

[주] ① 본 품은 가로수(낙엽수)를 전정하는 기준이다.
② 작업구분은 수종별, 형상별 등 필요에 따라 다음을 참고하여 적용한다.

구 분	적용기준
약 전 정	- 수관내의 통풍이나 일조 상태의 불량에 대비하여 밀생된 부분을 솎아내거나 도장지 등을 잘라내어 수형을 다듬는 시공
강 전 정	- 굵은 가지 솎아내기 및 장애지 베어내기 등으로 수형을 다듬는 시공
조 형 전 정	- 가로수의 미적인 형태를 살리기 위해 정상적인 생육장애요인의 제거와 미적요소(사각전정 등)를 고려하여 수형을 다듬는 시공

③ 본 품은 작업준비, 전정 및 전정 후 뒷정리 작업을 포함한다.
④ 전정 후 외부 운반 및 폐기물처리비는 별도 계상한다.
⑤ 고소작업차 규격은 작업여건(위치, 높이 등)에 따라 변경할 수 있다.
⑥ 공구손료 및 경장비(전정기 등)의 기계경비는 인력품의 3%로 계상한다.

1-2-5 관목 전정('14년 신설, '19, '22년 보완)

(일 당)

구 분	단위	수량	시공량(식재면적 ㎡) 나무높이	
			0.9m 미만	0.9m 이상
조 경 공	인	2	540	330
보 통 인 부	〃	1		

[주] ① 본 품은 군식으로 식재된 관목의 전정 기준이다.
② 본 품은 작업준비, 전정 및 전정 후 뒷정리 작업을 포함한다.
③ 본 품은 인력에 의한 작업을 기준한 것이며, 고소작업차가 필요한 경우 기계경비는 별도 계상한다.
④ 전정 후 외부 운반 및 폐기물처리비는 별도 계상한다.
⑤ 공구손료 및 경장비(전정기 등)의 기계경비는 인력품의 3.5%를 계상한다.

1-2-6 수간보호('14, '19, '22년 보완)

(일 당)

구 분		단 위	수 량	시공량(주)				
				흉고직경				
				11cm 미만	11~21cm 미만	21~31cm 미만	31~41cm 미만	41~51cm 미만
수간보호 (조형)	조 경 공	인	2	24	13	6	3	2
	보통인부	〃	1					
수간보호 (일반)	조 경 공	인	2	38	24	16	11	8
	보통인부	〃	1					

[주] ① 본 품은 수간보호재로 교목의 줄기를 감싸주는 기준이다.
② 작업구분은 수종별, 형상별 등 필요에 따라 다음을 참고하여 적용한다.

구 분	적용기준
수 간 보 호 (조형)	- 교목의 조형미를 고려하여 줄기(주간, 주지 등)를 수형에 맞게 보호재로 감싸주는 기준이다.
수 간 보 호 (일반)	- 동절기 동해 예방 및 햇볕, 건조에 의하여 발생하는 피소현상을 예방하고 병충해 방제를 목적으로 수간에 녹화마대 등으로 감싸주는 기준으로 지표로부터 1.5m 높이까지 설치 기준이다.

1-2-7 줄기감싸기('22년 신설)

(일 당)

구 분	단 위	수 량	시공량(주)				
			흉고직경				
			11cm 미만	11~21cm 미만	21~31cm 미만	31~41cm 미만	41~51cm 미만
조 경 공	인	2	85	68	54	42	30
보 통 인 부	〃	1					

[주] ① 본 품은 수목의 보온유지 및 해충들의 동면장소 제공을 위해 짚이나 새끼 등으로 나무기둥에 설치하는 기준이다.
② 설치폭은 30㎝~45㎝를 설치하는 기준이다.

1-2-8 인력관수('19, '22년 보완)

(일 당)

구 분	단위	수량	시공량(주) 흉고직경				
			10cm 미만	10~20cm 미만	20~30cm 미만	30~40cm 미만	40cm 이상
보 통 인 부	인	1	33	25	17	13	10

[주] 본 품은 인력에 의한 교목관수 기준이다.

1-2-9 살수차관수('19, '22년 보완)

(일 당)

구 분	규 격	단위	수 량			시공량(식재면적 ㎡)		
			소형 장비	중형 장비	대형 장비	소형 장비	중형 장비	대형 장비
보 통 인 부	-	인	1	1	1	700	1,100	2,200
물탱크(살수차)	1,800ℓ	대	1	-	-			
〃	3,800ℓ	〃	-	1	-			
〃	5,500~6,500ℓ	〃	-	-	1			
비 고	- 이동거리가 5km를 초과하면 5km마다 다음을 가산한다.							
	구 분		1,800ℓ			3,800ℓ	5,500~6,500ℓ	
	물탱크(살수차)		0.07h/100㎡				0.04h/100㎡	

[주] 살수차의 운전시간에는 급수시간 및 1회당 5km까지의 이동시간을 포함한다.

1-2-10 제초('14, '19, '22년 보완)

(일 당)

구 분	단위	수량	시공량(㎡)	
			일반 잔디지역	지장물 지역
조 경 공	인	1	1,400	1,000
보 통 인 부	〃	5		

[주] ① 본 품은 인력으로 잡초를 제거하는 기준이다.
② 지장물 지역은 정기적으로 제초작업이 진행되지 않아 대상지역 잡초의 밀도가 높거나, 지장물(초화류, 관목류 등)이 많은 지역을 의미한다.
③ 제초 및 뒷정리를 포함한다.
④ 외부 운반 및 폐기물처리비는 별도 계상한다.

1-2-11 잔디깎기('14, '19, '22년 보완)

(일당)

구 분		단 위	수 량	시공량(㎡)
배 부 식	특 별 인 부	인	3	3,300
	보 통 인 부	〃	1	
핸드가이드식	특 별 인 부	인	1	4,000
	보 통 인 부	〃	1	

비 고	- 잔디깎기의 연간 시공횟수를 기준으로 다음의 할증을 적용한다.			
	구 분	연1회	연2회	연3회 이상
	시공량할증률	-30%	-20%	-

[주] ① 본 품은 기계를 사용하여 잔디를 연3회 이상 깎는 기준이다.
② 잔디깎기, 풀 모으기 및 적재 작업을 포함한다.
③ 외부 운반 및 폐기물처리비는 별도 계상한다.
④ 공구손료 및 경장비의 기계경비는 다음의 요율을 계상한다.

구 분	배부식 기계	핸드가이드식 기계
공구손료및경장비의기계경비	인력품의 8%	인력품의 7%

1-2-12 예초('13년 신설, '19, '22년 보완)

(일당)

구 분	단 위	수 량	시공량(㎡)
특 별 인 부	인	3	2,500
보 통 인 부	〃	1	

비 고	- 예초의 연간 시공횟수를 기준으로 다음의 할증을 적용한다.		
	구 분	연1회	연2회	연3회 이상
	시공량할증률	-30%	-20%	-
	- 경사구간에서는 다음의 할증을 적용한다.		
	구 분		경사도 25°이상
	시 공 량 할 증 률		-10%

[주] ① 본 품은 배부식기계를 사용하여 연3회 이상 풀을 깎고 제거하는 기준이다.
② 풀 모으기 및 제거는 인력에 의한 풀 모으기 및 적재작업을 기준이다.
③ 외부 운반, 폐기물처리비는 별도 계상한다.
④ 공구손료 및 경장비(예초기 등)의 기계경비는 인력품의 6%로 계상한다.

1-2-13 교목시비(喬木施肥)('14, '22년 보완)

(일 당)

구 분		단위	수량	시공량(주) 근원직경					
				11cm 미만	11~21cm 미만	21~31cm 미만	31~41cm 미만	41~51cm 미만	51cm 이상
환상시비	조경공	인	2	76	61	51	44	38	34
	보통인부	〃	1						
방사형 시 비	조경공	인	2	100	82	69	59	52	46
	보통인부	〃	1						

[주] ① 본 품은 터파기, 비료포설, 되메우기 작업을 포함한다.
② 작업구분은 수종별, 형상별 등 필요에 따라 다음을 참고하여 적용한다.

구 분	적용기준
환 상 시 비	- 뿌리가 손상되지 않도록 뿌리분 둘레를 깊이 0.3m, 가로 0.3m, 세로 0.5m 정도로 흙을 파내고 소요량의 퇴비(부숙된 유기질비료)를 넣은 후 복토한다.
방사형시비	- 1회시에는 수목을 중심으로 2개소에, 2회시에는 1회시비의 중간위치 2개소에 시비후 복토한다.

③ 비료의 종류, 수량은 토양의 상태, 수종, 수세 등을 고려하여 결정한다.

1-2-14 관목시비(灌木施肥)('22년 보완)

(일 당)

구 분	단 위	수 량	시공량(㎡)
조 경 공	인	2	300
보 통 인 부	〃	1	

[주] ① 본 품은 군식 관목 기준이다.
② 비료의 종류, 수량은 토양의 상태, 수종, 수세 등을 고려하여 결정한다.

1-2-15 잔디시비('22년 보완)

(일 당)

구 분	규격	단 위	수 량	시공량(㎡)
조 경 공	-	인	2	22,500
보 통 인 부	-	〃	1	
트 럭	2.5ton	대	1	

[주] ① 본 품은 화학비료의 살포가 300~700kg/10,000㎡인 경우 기준이다.
② 현장조건, 살포조건에 따라 살포량이 다를 때는 본 품의 20%범위 내에서 증감할 수 있다.
② 비료량은 별도 계상한다.

1-2-16 약제살포(기계)('19, '22년 보완)

(일 당)

구 분	규 격	단 위	수 량	시공량(ℓ)
조 경 공	-	인	1	2,600
보 통 인 부	-	〃	1	
동 력 분 무 기	4.85kW	대	1	
덤 프 트 럭	2.5톤	〃	1	

[주] ① 본 품은 배합된 액체형 약제를 동력분무기를 사용하여 수목류에 살포 하는 기준이다.
② 본 품은 약제배합, 살포 및 뒷정리 작업을 포함한다.
③ 약재와 배합되는 물공급은 별도 계상한다.
④ 작업여건(동력분무기의 살포범위를 벗어나는 경우)에 따라 고소작업 차가 필요한 경우에는 기계 경비를 별도 계상한다.

1-2-17 약제살포(인력)('18년 신설, '19, '22년 보완)

(일 당)

구 분	단 위	수 량	시공량(㎡)
조 경 공	인	1	2,000

[주] ① 본 품은 배합된 액체형 약제(100㎡당 20ℓ)를 인력으로 잔디에 살포하는 기준이다.
② 약제배합, 살포 및 뒷정리 작업을 포함한다.
③ 약재와 배합되는 물공급은 별도 계상한다.

1-2-18 방풍벽 설치(거적세우기)('14년 신설, '22년 보완)

(일 당)

구 분	단 위	수 량	시공량(m)	
			설치높이 0.45m	설치높이 0.9m
조 경 공	인	2	350	250
보 통 인 부	〃	1		

[주] ① 본 품은 도로인접구간에 식재된 관목의 염해방지 및 방풍을 위해 거적을 세워 설치하는 기준이다.
② 본 품은 지지대 및 지지철선 설치, 거적 설치, 고정 및 마무리 작업을 포함한다.

1-2-19 은행나무 과실채취('22년 신설)

(일 당)

구 분	규격	단위	수량	시공량(주)					
				흉고직경					
				11cm 미만	11~21cm 미만	21~31cm 미만	31~41cm 미만	41~51cm 미만	51~61cm 미만	61cm 초과

구 분	규격	단위	수량	11cm 미만	11~21cm 미만	21~31cm 미만	31~41cm 미만	41~51cm 미만	51~61cm 미만	61cm 초과
조 경 공	-	인	2							
보 통 인 부	-	〃	4	46	31	23	17	15	14	10
고 소 작 업 차	3ton	대	1							
비 고				- 지속적인 대상수목의 관리(전정작업 등)이 이루어지지 않았거나, 민원발생 등으로 인해 단독 수목을 시공하는 경우에는 본 시공량의 30%를 감하여 적용한다.					

[주] ① 본 품은 지속적인 전정 작업이 수행된 구간의 은행나무 가로수 과실채취 기준이다.
② 본 품은 작업준비, 은행 털어내기, 뒷정리 작업을 포함한다.
③ 과실채취 후 외부 운반 및 폐기물처리비는 별도 계상한다.

1-2-20 가로수 제거('24년 신설)

(일 당)

구 분		단 위	수 량	흉고직경(㎝)	시공량(주)
나 무 베 기	벌 목 부	인	2	11㎝ 미만	48
	보 통 인 부	〃	3	11~21㎝ 미만	32
				21~31㎝ 미만	20
				31~41㎝ 미만	13
	굴착기+부착용집게	대	1	41~51㎝ 미만	8
	고 소 작 업 차	〃	1	51~61㎝ 미만	5
				61㎝ 이상	3
뿌 리 제 거	특 별 인 부	인	2	11㎝ 미만	37
	보 통 인 부	〃	1	11~21㎝ 미만	25
				21~31㎝ 미만	15
				31~41㎝ 미만	10
				41~51㎝ 미만	6
	굴착기+브레이커	대	1	51~61㎝ 미만	4
				61㎝ 이상	3

[주] ① 본 품은 수형 및 생육상태가 불량인 가로수를 제거하는 기준이다.
② 본 품은 작업준비, 나무 베기, 뿌리 절단 및 제거, 되메우기 및 정리 작업을 포함한다.
③ 제거된 수목의 외부 운반 및 폐기물처리비는 별도 계상한다.
④ 보도용 블록 및 가로수분(받침틀)의 설치 및 철거는 별도 계상한다.
⑤ 장비(굴착기, 고소작업차)의 규격은 작업여건(시공높이, 시공위치 등) 및 안전율(적정하중, 작업반경 등)을 고려하여 적합한 규격을 적용한다.
⑥ 공구손료 및 경장비(엔진톱 등)의 기계경비는 다음과 같이 계상한다.

구 분	나무베기	뿌리제거
인 력 품 의 %	3	-

1-3 철근콘크리트공사

1-3-1 콘크리트 균열 보수(표면처리공법)('21년 보완)

(일당)

구 분	단 위	수 량	시공량(m)
미 장 공	인	1	110

[주] ① 본 품은 콘크리트 구조물의 균열에 표면처리재를 사용하여 보수하는 품이다.
② 본 품은 균열부위 청소(와이어브러쉬), 표면처리재 배합, 표면처리 바름을 포함한다.
③ 균열폭은 10㎜ 까지를 기준으로 한 것이며, 균열의 폭이나 형태가 다양하여 본 품에 준할 수 없을 때에는 적의 산출할 수 있다.
④ 공구손료 및 경장비(믹서 등)의 기계경비는 인력품의 2%로 계상한다.
⑤ 주재료(표면처리재)는 설계수량에 따르며, 잡재료 및 소모재료는 주재료의 5%까지 계상한다.
⑥ 현장 여건상 고소작업 등의 인력인상에 장비가 필요할 시 기계경비는 별도 계상한다.

1-3-2 콘크리트 균열 보수(주입공법)('21년 보완)

(일당)

구 분	단 위	수 량	시공량(m)
특 별 인 부	인	2	28
보 통 인 부	〃	1	

[주] ① 본 품은 콘크리트 구조물의 균열에 Epoxy 주입제를 사용하여 보수하는 품이다.
② 본 품은 균열부위 청소(와이어브러쉬), 좌대설치, 주입재 주입, 주입량 확인 및 양생, 좌대 제거 및 마무리 작업을 포함한다.
③ 균열폭은 10㎜ 까지를 기준으로 한 것이며, 균열의 폭이나 형태가 다양하여 본 품에 준 할 수 없을 때에는 적의 산출할 수 있다.
④ 공구손료 및 경장비(주입장치 등)의 기계경비는 인력품의 2%로 계상한다.
⑤ 주재료(Epoxy 주입재)는 설계수량에 따르며, 잡재료 및 소모재료는 주재료의 5%까지 계상한다.
⑥ 현장 여건상 고소작업 등의 인력인상에 장비가 필요할 시 기계경비는 별도 계상한다.

○ 참고자료

■ 탄성 저장관과 스마트밸브가 일체화된 주입포트와 이동식 주입기를 이용한 콘크리트 구조물의 균열보수 주입공법(TPS공법)(건설신기술 제822호, 한국특허 0976846호, 일본특허 4827266호, 미국특허 8043029호)

구 분	규 격	단위	0.3mm 이하 TPS		0.3~0.5mm TPS		0.5~1.0mm TPS		1.0~3.0mm TPS		3.0mm 이상 TPS	
			건식	습식	건식	습식	건식	습식	건식	습식	건식	습식
KPG확인창		개	1	1	1	1	1	1	1	1	1	1
T-포트		〃	5	6	5	6	5	6	5	6	5	6
Pin-포트		〃	5	6	5	6	5	6	5	6	5	6
KPG-40	건식실링제	kg	0.1	-	0.1	-	0.1	-	0.12	-	0.15	-
KPG-50	습식실링제	〃	-	0.1	-	0.1	-	0.1	-	0.12	-	0.15
KPG-102	건식저점도주입재	〃	0.1	-	0.25	-	0.53	-	0.8	-	0.9	-
KPG-103	습식저점도주입재	〃	-	0.1	-	0.3	-	0.5	-	0.53	-	0.6
특별인부	-	인	0.100	0.100	0.100	0.100	0.100	0.100	0.100	0.100	0.100	0.100
보통인부	-	〃	0.050	0.050	0.050	0.050	0.050	0.050	0.050	0.050	0.050	0.050
기구손료	노무비의 3%	식	1	1	1	1	1	1	1	1	1	1

[주] ① 특수장비(고가차량) 및 가설재는 필요 시 별도 계상한다.
② 주입재료 변경 시 공사비는 변동될 수 있다.

1566 | 유지관리부문

■ 에코크랙실 공법-콘크리트 표면 균열보수 고탄성퍼티 2회(층간조인트, 누수균열)
(m 당)

품 명	규 격	단 위	수 량	비 고
ECO-100(고탄성퍼티)	에코크랙실	kg	0.4	2회 퍼티
도 장 공	-	인	0.07	
보 통 인 부	-	〃	0.02	

■ 에코크랙실 공법-콘크리트 표면 균열보수 고탄성퍼티 1회(일반균열 0.2㎜ 이하)
(m 당)

품 명	규 격	단 위	수 량	비 고
ECO-100(고탄성퍼티)	에코크랙실	kg	0.2	
도 장 공	-	인	0.04	
보 통 인 부	-	〃	0.01	

■ 에코크랙실 공법-콘크리트 표면 균열보수(노출 철근 부위 보수)
(m 당)

품 명	규 격	단 위	수 량	비 고
P2(콘크리트중성화회복및보호제)	-	ℓ	0.2	
SM-100(단면보수고강도몰탈)	-	kg	0.7	
ECO-100(고탄성퍼티)	에코크랙실	〃	0.2	
도 장 공	-	인	0.14	
보 통 인 부	-	〃	0.04	

■ 외벽 수성바인더 1회+고내후성페인트 1회
(㎡ 당)

품 명	규 격	단 위	수 량	비 고
수 성 바 인 더	-	ℓ	0.02	
외 부 수 성 페 인 트	듀러블 페인트	〃	0.197	
도 장 공	-	인	0.024	
보 통 인 부	-	〃	0.004	

[주] 콘크리트 방진 및 강화 보호제
① 본 품은 공구 손료 및 소운반 품이 포함된 것이다.
② 본 품은 고탄성퍼티를 2회 도포하는 품이다.
③ 본 품은 콘크리트 표면의 보수는 제외되어 있다. (고압 세척, 연마, 절삭, 커팅, 콘크리트 보수 미장 등)
[적용범위] 아파트, 빌딩 등 콘크리트 수성페인트 마감 부위의 외벽균열보수 공법에 적용한다.

1-3-3 콘크리트 균열 보수(패커주입공법)('21년 신설)

(일 당)

구 분	단 위	수 량	시공량(m)
특 별 인 부	인	3	24
보 통 인 부	〃	1	

[주] ① 본 품은 콘크리트 구조물을 천공하여 패커를 설치하고 지수발포재를 사용하여 보수하는 품이다.
② 본 품은 균열부위 청소(와이어브러쉬), 천공 및 패커설치, 주입재 주입, 주입량 확인 및 양생, 패커 제거 및 마무리 작업을 포함한다.
③ 균열폭은 10㎜ 까지를 기준으로 한 것이며, 균열의 폭이나 형태가 다양하여 본 품에 준 할 수 없을 때에는 적의 산출할 수 있다.
④ 공구손료 및 경장비(천공기, 주입기(인젝터) 등)의 기계경비는 인력품의 3%로 계상한다.
⑤ 주재료(지수발포재)는 설계수량에 따르며, 잡재료 및 소모재료는 주재료의 5%까지 계상한다.
⑥ 현장 여건상 고소작업 등의 인력인상에 장비가 필요할 시 기계경비는 별도 계상한다.

1-3-4 콘크리트 균열 보수(충전공법)('21년 보완)

(일 당)

구 분	단 위	수 량	시공량(m)
특 별 인 부	인	1	23
보 통 인 부	〃	1	

[주] ① 본 품은 각종 콘크리트 구조물의 균열에 U형 또는 V형으로 컷팅한 후 충전재를 사용하여 보수하는 품이다.
② 균열폭은 10㎜ 까지를 기준으로 한 것이며, 균열의 폭이나 형태가 다양하여 본 품에 준 할 수 없을 때에는 적의 산출할 수 있다.
③ 공구손료 및 경장비의 기계경비는 인력품의 3%로 계상한다.
④ 주재료(충전재)는 설계수량에 따르며, 잡재료 및 소모재료는 주재료의 5%까지 계상한다.
⑤ 현장 여건상 인력인상에 장비가 필요할 시 기계경비는 별도 계상한다.

1-3-5 콘크리트 단면처리('21년 신설)

(일 당)

구 분	단 위	수 량	시공량(㎡)
특 별 인 부	인	3	81
보 통 인 부	〃	1	

[주] ① 본 품은 콘크리트 표면의 보수를 위해 콘크리트면을 그라인더로 연마(견출)하고, 표면을 모르타르로 미장하여 마감하는 기준이다.
② 본 품은 보수부위 확인, 보수부위 바탕면 연마(그라인더를 활용한 견출작업), 연마면 와이어 브러쉬 청소, 보수부위 모르타르 바름, 쇠흙손 마감 작업을 포함한다.
③ 콘크리트 표면의 보수(견출) 두께는 10㎜ 이하를 기준하며, 보수 대상 표면의 두께나 형태가 다양하여 본 품에 준할 수 없을 때에는 적의 산출할 수 있다.
④ 공구손료 및 경장비(그라인더, 배합기 등)의 기계경비는 인력품의 3%로 계상한다.
⑤ 현장 여건상 인력 인상에 장비(고소작업차 등)가 필요할 시 기계경비는 별도 계상한다.

1-3-6 콘크리트 단면복구('21년 신설)

(일 당)

구 분	단 위	수 량	시공량(㎡)
특 별 인 부	인	3	9
보 통 인 부	〃	1	

[주] ① 본 품은 콘크리트 단면의 복구를 위해 콘크리트면을 치핑하고, 표면을 모르타르로 미장하여 마감하는 기준이다.
② 본 품은 보수부위 확인, 보수부위 파쇄(콘크리트 단면 치핑), 파쇄면 고압 물세척, 프라이머 바름, 보수부위 모르타르 바름, 바름면 쇠흙손 마감, 복구면 표면 코팅재 바름 작업을 포함한다.
③ 콘크리트 표면의 보수(파쇄) 두께는 50㎜ 이하를 기준하며, 보수 대상 표면의 두께나 형태가 다양하여 본 품에 준할 수 없을 때에는 적의 산출할 수 있다.
④ 공구손료 및 경장비(치핑기, 동력분무기, 배합기 등)의 기계경비는 인력품의 4%로 계상한다.
⑤ 단면의 보강을 위해 보강재(탄소섬유, 철판, 와이어매쉬 등)를 삽입하는 경우는 별도계상한다.
⑥ 현장 여건상 인력 인상에 장비(고소작업차 등)가 필요할 시 기계경비는 별도 계상한다.

○ 참고자료

■ 옥상 우레탄방수 공법(워터킹 WTK-U)(특허 제10-2509181호)

(㎡당)

품 명	규 격	단 위	수 량	비 고
우 레 탄 실 란 트	-	kg	0.25	
우 레 탄 신 나	-	〃	0.25	
바 탕 정 리	-	㎡	1.00	
워 터 킹 - U	하도	kg	0.25	
워 터 킹 - U	중도	〃	3.00	
워 터 킹 - U	상도	〃	0.50	
방 수 공	-	인	0.06	
보 통 인 부	-	〃	0.05	
공 구 손 료	노무비의 2%	식	1.00	

■ 에폭시 균열보수 공사(코트킹 CTK-1000)(특허 제10-2283132호)

(㎡당)

품 명	규 격	단 위	수 량	비 고
코 트 킹 하 도	-	kg	1.00	
코 트 킹 라 이 닝	-	〃	2.00	
코 트 킹 퍼 티	-	〃	0.50	
코 트 킹 상 도	-	〃	1.20	
희 석 제	-	〃	0.40	
도 장 공	-	인	0.04	
특 별 인 부	-	〃	0.04	
공 구 손 료	노무비의 2%	식	1.00	

■ 콘크리트 균열보수 공사(크랙킹 CRK-1000, 퍼티 도포형)(특허 제10-2283133호)

(m당)

품 명	규 격	단 위	수 량	비 고
크 랙 킹(고탄성퍼티)	CRK-1000	kg	1.00	
표 면 처 리	-	㎡	1.00	
도 장 공	-	인	0.04	
보 통 인 부	-	〃	0.02	
공 구 손 료	노무비의 2%	식	1.00	

■ 콘크리트 단면복구 공사(몰탈킹 MTK-1000)(특허 제10-2283131호)

(㎡당)

품 명	규 격	단 위	수 량	비 고
콘 크 리 트 프 라 이 머	-	kg	0.18	
M T K - 1 0 0 0 (몰 탈)	-	〃	10.0	
미 장 공	-	인	0.06	
특 별 인 부	-	〃	0.05	
보 통 인 부	-	〃	0.02	
공 구 손 료	노무비의 2%	식	1.00	

■ 수중 파일 건조 보수보강 공법

○ 참고자료

종별	규격	단위	치핑면처리	고압물세척	섬유패널제작	섬유패널설치	내부물배출	에폭시그라우팅(㎜) 5	10	수중에폭시마감
수중용에폭시그라우트재	M-Poxy	kg	-	-	-	-	-	12	24	-
수중용에폭시계실링제	MT-Seal	〃	-	-	-	2.50	-	-	-	0.75
유리섬유패널2겹(5겹)	MT-Form	㎡	-	-	5.5	-	-	-	-	-
섬유함침용에폭시2겹(5겹)	MT-5	kg	-	-	5.75	-	-	-	-	-
세 트 앵 커(PSC파일)	SUS	개	-	-	-	8	-	-	-	-
주 입 구 (노 즐)	-	〃	-	-	-	5	-	-	-	-
잠 수 부	-	인	0.6	0.10	-	1.80	0.1	0.2	0.4	0.05
특 별 인 부	-	〃	-	-	0.4	0.34	0.1	-	-	-
보 통 인 부	-	〃	-	-	-	0.24	-	0.1	0.2	-
초 급 기 술 자	-	〃	-	-	-	-	-	0.07	0.14	-

■ 수중 구조물 세굴이격 탈락부위 보수 보강공법

종별	규격	단위	고압물세척면정리	섬유거푸집제작	섬유거푸집설치	섬유패널제작	섬유패널설치	수중용그라우트주입	주입구제거 및 마감
수중용그라우트재	M-Mortar I	kg	-	-	-	-	-	2,100	-
섬 유 거 푸 집	1겹 polyester	㎡	-	7	-	-	-	-	-
유 리 섬 유 패 널	6겹 MT-Form	〃	-	-	-	6.6	-	-	-
섬유함침용에폭시	6겹 MT-5	kg	-	-	-	6.9	-	-	-
세 트 앵 커	SUS	개	-	-	-	-	25	-	-
에 폭 시 실 링 제	MT-Seal	kg	-	-	-	-	-	-	0.75
잠 수 부	-	인	0.5	-	0.5	-	1.80	0.95	0.05
특 별 인 부	-	〃	-	0.6	-	0.48	0.34	-	-
보 통 인 부	-	〃	-	-	-	-	0.24	0.7	-
초 급 기 술 자	-	〃	-	-	-	-	-	0.35	-

◦ 참고자료

■ 물배출 앵커를 이용한 구조물 보수보강공법(ARA) (특허 제 10-1389734호), 우산살 앵커를 이용한 구조물 보수보강공법(URA)

공 종	구 분	규 격	단 위	수 량
1. 표면처리	(가) 콘크리트 치핑	특별인부	인	0.07
	(나) 콘크리트 그라인딩	〃	〃	0.05
	(다) 고압 물세척	〃	〃	0.012
	(라) 철근 녹제거	연마공	〃	0.015
2. 철근방청제 도포	철근방청제	-	kg	0.5
	도장공	-	인	0.018
3. 앵커 설치	(가) 전단 앵커	우산살 앵커	개	4
	(나) 물배출 앵커	물배출 앵커	〃	2
4. 표면보수 및 표면코팅	Top 코팅제	M-Coat	kg	0.23
	도장공	-	인	0.015
5. 패널보강	유리섬유 패널설치	에폭시 실링제	MT-Seal	kg	1.93

공 종		구 분	규 격	단 위	수 량
5. 패널보강	유리섬유 패널설치	에폭시 실링제	MT-Seal	kg	1.93
		세트 앵커	SUS	개	10.00
		물배출 앵커	SUS	〃	2.00
		노즐	SUS	〃	2.00
		특별인부	-	인	0.28
	에폭시 그라우팅	그라우팅	M-Poxy	kg	9.20
		특별인부	-	인	0.19
	에폭시마감	에폭시 실링제	MT-Seal	kg	0.69
		특별인부	-	인	0.03

* 단면복구

구 분	규 격	단위	단면복구 깊이(㎜ 당)				
			10	20	30	40	50
고내구성폴리머모르타르	M-Mortar Ⅲ	kg	20	40	60	80	100
수중용팻칭모르타르	M-Mortar Ⅱ	〃	30	60	90	120	150
미 장 공	-	인	0.06	0.12	0.18	0.24	0.30
보 통 인 부	-	〃	0.06	0.12	0.18	0.24	0.30
잠 수 부	-	〃	0.08	0.16	0.24	0.32	0.40

[공통 주] ① 잡재료비는 주재료비의 3%, 기구손료는 노무비의 3%로 계상한다.
② 장비손료 및 기계운전경비는 별도 계상한다.
③ 공사를 위한 가설물의 설치비는 별도 계상한다.
④ 본 품은 벽체에 대한 기준품이므로 천장의 경우에는 재료비 및 노무비의 품을 15% 가산한다.
⑤ ARA, URA의 섬유패널 제작은 수중 파일 건조 보수보강공법을 참조한다.
⑥ 심유패널의 두께는 힌징여믹에 따라 결정된다.
⑦ 기타 일반사항은 건설공사 표준품셈에 준한다.

1-3-7 워터젯 치핑('21년 신설)

(일당)

구 분	규격	단위	수량	시공량(㎡)
특 별 인 부	-	인	3	
보 통 인 부	-	〃	2	
워 터 젯 장 비	-	대	1	110
로 더(타이어)	0.57㎥	〃	1	
살 수 차	16,000ℓ	〃	1	
트 럭	2.5ton	〃	1	
트 럭 탑 재 형 크 레 인	5ton	〃	1	

[주] ① 본 품은 워터젯 치핑장비를 활용한 콘크리트면 치핑작업 기준이다.
② 본 품은 일반 구조물의 보수 필요부위(콘크리트 열화 발생 등)를 워터젯 공법으로 치핑하는 기준으로 파쇄깊이는 3㎝이상에 적용한다.
③ 본 품에는 워터젯 치핑, 청소 및 정리품을 포함한다.
④ 워터젯 장비(파워팩, 워터젯 로봇, 필터프레스 등)의 기계경비는 별도 계상한다.
⑤ 투입장비의 규격은 작업여건에 따라 변경할 수 있다.
⑥ 워터젯 시공으로 인해 발생되는 오염수의 처리는 별도 계상한다.

1-3-8 교량받침 교체('21년 신설)

(일 당)

구 분			단위	교대 및 교각높이					
				20m 이하		40m 이하		40m 초과	
				수량	시공량 (개)	수량	시공량 (개)	수량	시공량 (개)
교량받침 1기당 중량 0.2ton 이하	인력	특별인부	인	2	0.54	2	0.45	2	0.38
		보통인부	〃	1		1		1	
		용접공	〃	1		1		1	
	장비	크레인	대	1		1		1	
		고소작업차	〃	1		1		1	
교량받침 1기당 중량 0.3ton 이하	인력	특별인부	인	2	0.45	2	0.38	2	0.31
		보통인부	〃	1		1		1	
		용접공	〃	1		1		1	
	장비	크레인	대	1		1		1	
		고소작업차	〃	1		1		1	
교량받침 1기당 중량 0.5ton 이하	인력	특별인부	인	3	0.40	3	0.34	3	0.28
		보통인부	〃	1		1		1	
		용접공	〃	1		1		1	
	장비	크레인	대	1		1		1	
		고소작업차	〃	1		1		1	
교량받침 1기당 중량 1.0ton 이하	인력	특별인부	인	3	0.30	3	0.25	3	0.21
		보통인부	〃	1		1		1	
		용접공	〃	1		1		1	
	장비	크레인	대	1		1		1	
		고소작업차	〃	1		1		1	
교량받침 1기당 중량 1.5ton 이하	인력	특별인부	인	4	0.26	4	0.22	4	0.18
		보통인부	〃	1		1		1	
		용접공	〃	1		1		1	
	장비	크레인	대	1		1		1	
		고소작업차	〃	1		1		1	
교량받침 1기당 중량 1.5ton 초과	인력	특별인부	인	4	0.22	4	0.18	4	0.15
		보통인부	〃	1		1		1	
		용접공	〃	1		1		1	
	장비	크레인	대	1		1		1	
		고소작업차	〃	1		1		1	

[주] ① 본 품은 교량의 교대 및 교각의 기존 교량받침(포트받침, 탄성받침)을 철거하고 신규 자재를 재설치하는 기준이다.
② 본 품은 기존 교량받침 철거 작업으로 콘크리트 깨기, 기존 교량받침 및 Sole Plate 철거와 신규 교량받침 설치 작업으로 콘크리트 치핑 및 청소, 용접, 위치확인, 받침설치, 무수축 모르타르 타설 및 양생작업을 포함한다.
③ 기존 교량의 상부 인상 및 인하작업과 교대 및 교각의 코핑부 보강, 비계 및 작업발판, 난간 등의 설치는 별도 계상하며, 교대 및 교각 전체에 비계 및 작업발판을 설치한 경우에는 고소작업차의 투입을 제외한다.
④ 투입장비(크레인, 고소작업차 등)의 규격은 다음을 기준 참고하며, 작업여건에 따라 변경할 수 있다.

장 비	크레인	고소작업차
규 격	25~50ton	3~5ton

⑤ 공구손료 및 경장비(치핑기, 용접기, 발전기, 핸드믹서기 등)의 기계경비는 인력품의 5%로 계상한다.
⑥ 교량받침 설치를 위한 소모재료(무수축 모르타르 등)는 설계수량에 따른다.

1-3-9 교량신축이음 교체('21년 신설)

(일 당)

구 분			규 격	단위	1차로 차단		2차로 차단		3차로 차단	
					수량	시공량(m)	수량	시공량(m)	수량	시공량(m)
절단폭 900㎜ 이하	인력	용 접 공	-	인	2	3.0 ~ 4.0	2	6.0 ~ 8.0	2	9.0 ~ 12.0
		콘크리트공	-	〃	2		2		2	
		특 별 인 부	-	〃	3		3		3	
		보 통 인 부	-	〃	1		2		2	
	장비	굴착기+브레이커	0.2㎥~0.6㎥	대	1		1		1	
		트럭탑재형크레인	5ton	〃	1		1		1	
절단폭 1,200㎜ 이하	인력	용 접 공	-	인	2		2		2	
		콘크리트공	-	〃	2		2		2	
		특 별 인 부	-	〃	3		3		4	
		보 통 인 부	-	〃	1		2		2	
	장비	굴착기+브레이커	0.2㎥~0.6㎥	대	1		1		1	
		트럭탑재형크레인	5ton	〃	1		1		1	
절단폭 1,500㎜ 이하	인력	용 접 공	-	인	2		2		2	
		콘크리트공	-	〃	2		2		2	
		특 별 인 부	-	〃	3		3		4	
		보 통 인 부	-	〃	1		2		2	
	장비	굴착기+브레이커	0.2㎥~0.6㎥	대	2		2		2	
		트럭탑재형크레인	5ton	〃	1		1		1	
절단폭 1,800㎜ 이하	인력	용 접 공	-	인	2		2		2	
		콘크리트공	-	〃	2		2		2	
		특 별 인 부	-	〃	3		3		4	
		보 통 인 부	-	〃	2		2		2	
	장비	굴착기+브레이커	0.2㎥~0.6㎥	대	2		2		2	
		트럭탑재형크레인	5ton	〃	1		1		1	

1576 | 유지관리부문

[주] ① 본 품은 교량에 신축이음장치(모노셀형, 핑거형, 레일형 등)를 철거하고 포장 및 콘크리트 파쇄 후 신규 자재를 설치하는 기준이다.
② 본 품은 기존 포장절단, 콘크리트 깨기, 기존 신축이음 철거, 신규 신축이음장치 설치, 철근가공 조립, 보강철근 용접, 간격재(거푸집) 설치, 무수축 콘크리트 타설 및 양생을 포함한다.
③ 시공량은 운행도로의 교통통제 여건에 따라 차단되어 시공되는 차로의 길이를 적용하며, 1차로 연장이 좁은 갓길 등도 1차로 연장으로 적용한다.
④ 공구손료 및 경장비(소형브레이커, 용접기, 절단기, 공기압축기, 발전기, 믹서 등)의 기계경비는 인력품의 6%로 계상한다.
⑤ 재료량은 설계수량을 적용한다.
⑥ 현장작업조건을 고려하여 장비조합 및 규격을 변경할 수 있다.

1-3-10 플륨관해체('22년 보완)

(일 당)

구 분	규격	단위	수량	본당 중량(kg)						
				50~500 미만	500~700 미만	700~900 미만	900~1,100 미만	1,100~1,300 미만	1,300~1,500 미만	1,500~1,800 미만	1,800~2,100 미만
특 별 인 부	-	인	2							
보 통 인 부	-	〃	1	84	66	57	50	44	34	30	26
크 레 인	10ton	대	1							

[주] ① 본 품은 철근 콘크리트 플륨관 및 벤치 플륨을 유용할 목적으로 해체하는 기준이다.
② 본 품은 플륨관 들어내기 및 정리작업을 포함한다.
③ 터파기, 기초(콘크리트, 자갈, 모래)의 해체, 지반고르기, 되메우기 등은 별도 계상한다.
④ 크레인규격은 작업여건에 따라 변경하여 적용할 수 있다.

건설신기술 제974호	내황산염 모르타르를 활용한 하수처리 콘크리트 구조물 보수공법(슈퍼에스
2023. 12. 5 8년	알공법)

- 시공절차 및 주요공정
  콘크리트 구조물 보수 (콘크리트 면처리 → 철근녹제거 및 철근방청처리 → 몰탈바르기 → 마감재 도포)

□ 콘크리트 구조물 보수
☞ 표준품셈 [유지관리 1-3-6 콘크리트 단면복구] 참조
[주] ① 본 품은 슈퍼에스알공법을 적용하여 하수처리 콘크리트 시설물 단면 보수를 수행하는 품 기준이다.
② 본 품은 콘크리트 면처리, 철근녹제거, 철근방청처리, 보수부위 모르타르 바름, 마감재 도포를 포함한다.
③ 배합 및 비빔은 별도 계상한다.
④ 슈퍼에스알공법 적용 시 장비 및 재료는 다음을 참고한다.

(㎡당)

구 분		규 격	단 위	수량
장 비	혼합·압송 일체형 뿜칠 장비	60ℓ/min(7.5kW)	hr	0.181
	발전기	50kW	〃	0.181
재 료	바코모르타르 (SSR-M100)	내황산염 모르타르	㎥	1
	바코트 (SSR-COAT-P)	콘크리트용 도막재 하도	kg	0.08
	바코트 (SSR-COAT-C)	콘크리트용 도막재 중도	〃	0.16
	바코트 (SSR-COAT-T)	콘크리트용 도막재 상도	〃	0.16
	철근방청제	BA-ARA	〃	0.1168

품셈 유권해석

잔디깎기 시공량의 기준

유지관리부문 1-2-10 잔디깎기 시공횟수에 대한 질의입니다. 본 품은 기계를 사용하여 잔디를 연 3회 이상 깎는 기준이다. 되어 있습니다. 1회 발주시 인부 4명이 일일 시공량 3,300㎡을 연 3번 깎는 것인지, 연 3회 시공할 때 적용하는 기준인지 문의드립니다.

답변내용

➡ 표준품셈 유지관리부문 "1-2-10 잔디깎기"는 연 3회이상 풀을 깎고 제거하는 기준으로 유지보수공사 특성에 맞게 일당시공량 기준으로 개정되었습니다. 배부식의 경우 연 3회시공시 표준작업조(특별인부3인, 보통인부1인)가 일당 3,300㎡를 시공하는 기준입니다. 연 3회 이상 시공시 일당 시공량 3,300㎡를 각 횟수별로 적용하시기 바랍니다.

콘크리트 단면복구 후 코팅재 도포

당 현장에서는 콘크리트 열화부 보수를 위해 아래와 같이 시공하고자 합니다.
- 단면처리 : 콘크리트 단면처리 후 중성화방지제 3회 도포
- 단면복구 : 콘크리트 열화부 폴리머모르타르 단면복구 후 중성화방지제 3회 도포

콘크리트 단면복구시 해석 주) (2)의 보수 부위 확인, 파쇄, 파쇄면 고압 물세척, 프라이머 바름, 보수부위 모르타르 바름, 바름면 쇠흙손 마감, 복구면 표면 코팅재 바름 작업을 포함한다고 되어 있습니다. 이에, 코팅재 바름 작업은 무엇을 의미하는지 질의드립니다. 단면복구 품 8-3-6에 중성화방지제 품이 포함되었다고 보아도 되는지요? 아니면, 중성화방지제 작업은 도포 횟수에 따라 별도 품을 적용하여야 되는지 문의드립니다.

답변내용

➡ 표준품셈 유지관리부문 "1-3-6 콘크리트 단면복구"에서는 단면처리 후 코팅재(중성화, 염해방지 표면처리제 등) 바름 작업을 포함하고 있습니다.

콘크리트 단면처리 후 고압물세척

표준품셈 콘크리트 단면처리(1-3-5)에 대한 질의입니다.
현장 작업순서는 그라인딩 연마 ⇒ 고압세척 ⇒ 볼록조정(곰보자국 평탄하게 메꿈) ⇒ 프라이머 1차도포(롤러칠 2회) ⇒ 바탕조정재 2차도포(모르타르 바름) ⇒ 표면보호재 3차도포(롤러칠 2회)입니다.

질의1. 연마면을 브러쉬 청소대신 고압 물세척으로 바탕면을 청소할 경우 고압 물세척을 별도 계상할 수 있는 건가요?

질의2. 콘크리트 단면처리(1-3-5) 공종 중 중성화 방지재(프라이머, 바탕조정재, 표면보호재) 도포작업의 포함여부 및 포함인 작업이라면 콘크리트 표면을 프라이머 1차도포, 바탕조정재 2차도포, 표면보호재 3차도포로 마감함에 따라 모르타르 미장과 유사한 바탕조정재 도포를 제외 한, 프라이머 도포(1차)와 표면보호재 도포(3차) 품에 대해서는 별도 계상 할 수 있는지요?

답변내용

➡ 답변1. 표준품셈 유지관리부문 "1-3-5 콘크리트 단면처리"에는 고압물세척 작업이 포함되어 있지 않습니다. 고압물세척 작업이 필요하실 경우 별도 계상하시기 바랍니다.

답변2. 표준품셈 유지관리부문 "1-3-5 콘크리트 단면처리"는 중성화 방지재 도포작업이 포함되어 있지 않으며, 중성화 도포재 도포작업이 포함된 단면처리기준은 표준품셈에서 제시하고 있지 않습니다.

표준품셈에서 정하지 않는 사항은 동품셈 1-1-3의 4항을 참조하시어 적정한 예정가격산정기준을 적의 결정하여 사용하시기 바라며, 당해공사에서 표준품셈의 적용여부 및 판단에 관련된 사항은 해당공사의 특성을 고려하시고 표준품셈을 참조하시어 공사관계자가 직접 결정하실 사항임을 양지해 주시면 감사드리겠습니다.

교량받침공사의 용접 및 현장조사

내진보강 사업에서 기존 교량받침 교체시 상부 sole PL를 해체 후 신설할 경우를 예를 들어 질의요청합니다.

교량 상부거더에 매립된 매립판과 sole PL와의 용접부 이음 및 sole PL와 신규받침 상판과의 용접부 이음 이 발생하게 됩니다.

표준품셈 주석 중 [신규 교량받침 설치 작업으로 콘크리트 치핑 및 청소, 용접, 위치확인] 이라는 의미에서 상기에 명기한 용접수량을 전부 포함하고 있다고 생각하면 되는것인지 질의합니다. 그리고 위치확인이라는 부분이 현장에서 기존교량의 받침 설치부를 조사하는 현장조사 내용을 '위치확인'으로 보면 되는 것인지 질의합니다.

답변내용

➡ 표준품셈 유지관리부문"1-3-8 교량받침 교체"에서는 Sole Plate설치(용접)을 포함하고 있습니다. 또한 기존 교량받침 설치부를 사전에 조사하는 현장조사 내용은 제외되어 있습니다. 여기서 위치확인은 신규 교량받침의 시공전 위치를 확인하는 내용입니다.

콘크리트 균열보수

콘크리트 균열 보수(표면처리공법)과 관련하여, 공사 시공 단위 기준이 M로 되어 있어 균열 연장을 적용하면 되는데, 시공 폭을 얼마로 해야 하는지 문의드립니다.
- 첫번째 문의사항 연관으로 정밀안전점검용역 결과 콘크리트 백태나 망상균열부에 표면처리공법을 적용하라는 결과가 도출되었는데, 면적으로 산출되어 있어, 품셈기준(산출기준 : M)과 상이합니다.
콘크리트 균열 보수(표면처리공법)에 균열부위 청소는 와이어브러쉬로 되어 있습니다. 만약 보수 부위에 대한 바탕면 연마(그라인딩)이 필요하다면, 별도로 반영이 가능한지 문의드립니다.

답변내용

➡ 표준품셈 공통부문 "6-8-1 콘크리트 균열보수(표면처리공법)"은 일반적으로 미세균열을 보수하기 위한 공법이나, 균열폭 10mm까지를 기준으로 조사된 품입니다. 표준품셈 공통부문 "6-8-1 콘크리트 균열보수"는 일당 시공량 110m를 보수하기 위한 소요인력을 제시하고 있으며, 균열폭 10mm이하의 표면처리공법으로 보수한 현장을 기준으로 조사되었으며(균열부위 m당), ㎡당 투입 기준은 정하고 있지 않습니다. 또한 "6-8-1 콘크리트 균열보수(표면처리공법)"은 와이어브러쉬를 활용하여 균열부위를 청소하는 기준으로 바탕면을 그라인더로 연마하는 작업은 포함하고 있지 않습니다. 표준품셈에서 정하지 않는 사항은 동품셈 1-1-3의 4항을 참조하시어 적정한 예정가격산정기준을 적의 결정하여 사용하시기 바라며, 당해공사에서 표준품셈의 적용여부 및 판단에 관련된 사항은 해당공사의 특성을 고려하시고 표준품셈을 참조하시어 공사관계자가 직접 결정하실 사항임을 양지해 주시면 감사드리겠습니다.

교량신축이음 교체

6-8-9 교량신축이음 교체 절단폭 관련 질의 드립니다.
"절단폭은 신축이음장치를 설치하기 위해서 절단하는 폭(양쪽 후타재 포함)의 길이를 의미"라고 하는데
절단폭 = 후타콘크리트 + 신축이음장치(유간) + 후타콘크리트
절단폭 = 후타콘크리트 절단 폭만 해당
위 두 경우 중 확인부탁드립니다. 답변의 내용이 모호하여 명확한 의미를 요청합니다.

답변내용

➡ 표준품셈 공통부문 "6-8-9 교량신축이음교체"에서 절단폭은 신축이음장치를 설치하기 위해서 절단하는 폭(양쪽 후타재 포함)의 길이를 의미하며, 이는 양쪽 후타콘크리트와 신축이음장치(유간)을 포함하는 폭입니다.

절단폭의 포함범위

기존 절단폭의 의미는 양쪽 후타콘크리트와 신축이음장치(유간)을 포함하는 폭이라고 답변 받았습니다. 하지만 유간이라 함은 경간장의 길이에 따라 온도변화시 재료온도계수에 따라 변화하는 요소입니다. 그러면 특정 작업장 기온을 예상하고 설계를 해야하는데 이는 예상하기가 상당히 어려울 뿐만 아니라, 많은 물량의 신축이음장치 교체공사 발주설계시 특정온도에 맞추어 단가설계도 할 수 없는 노릇입니다. 또 콘크리트 절단, 콘크리트깨기, 신구접착제 도포, 철근 용접등의 작업은 모두 후타콘크리트 부에서 주 작업합니다.
위의 사항으로 유간으로 포함한다는 내용에 의문이 있습니다.
내용확인하시고 설계단계에서 어떻게 절단폭의 기준으로 단가를 반영하는지 확인해주세요.

> **답변내용**
>
> ➥ 표준품셈 공통부문 "6-8-9 교량신축이음 교체"에서 절단폭은 양쪽 후타콘크리트와 신축이음장치를 포함하는 폭입니다. 신축이음장치 규격에서 유간은 최대, 최소, 중간값을 제시하고 있으며 중간값으로 산정하면 타당하며 당해공사에서 표준품셈의 적용여부 및 판단, 수량산출 등에 관련된 사항은 해당공사의 특성을 고려하시고 표준품셈을 참조하시어 공사관계자가 직접 결정하실 사항임을 양지해 주시면 감사드리겠습니다.

예초 풀 수거 포함 여부

1-2-12 예초 본품은 배부식 기계를 사용하여 연3회 이상 풀을 깎고 제거하는 기준으로 풀 모으기 및 제거는 인력에 의한 풀 모으기 적재작업을 기준입니다.
"외부 운반, 폐기물처리비는 별도 계상한다"와 같이 적혀있는데 품에 예초 후 풀 모으고 수거하는 것이 포함되어 있다고 해석해야 하는지 질의 드립니다.

> **답변내용**
>
> ➥ 유지관리 부문 " 1-2-12 예초"는 현장내에서 인력에 의해 풀을 모으고 적재하는 작업기준으로, 외부로 운반, 폐기하는 비용은 제외되어 있으며, 수거/상차작업은 포함하고 있지 않으며 상차에 대한 기준은 정하고 있지 않으니 별도로 계상하시기 바랍니다.

콘크리트 단면처리 중 그라인딩 할증

1-3-5 콘크리트 단면처리, 1-3-6 콘크리트 단면복구에 대한 질의입니다.
설계사에서 이 원가를 보고 수량/시공량으로 하단에 설명되어있는 모든 공정을 포함하여 산정을 합니다.

그로 인하여 노무비가 턱없이 부족하고 예로 1,000㎡라는 수량을 시공시에 1,000㎡가 한보수부이면 차라리 낫습니다. 하지만 요즘은 안전정밀진단보고서의 토대로 바로 발주를 해버리는 경우가 많아, 교량 천정부를 1,000㎡를 100개소로 나눈다고 보면, 단가는 변함이 없습니다. 이에 따른 보완책이 필요할듯 보이며 1-3-5 콘크리트 단면처리의 경우 설명 1번에 본 품은 콘크리트 표면의 보수를 위해 콘크리트면을 그라인더로 연마(견출)하고 (이하생략) 라고 명시되어있습니다.
예를 들어 콘크리트면에 기존에 보수해놓았던 칠이 있고, 그 보수부를 재보수한다고 하면 기존칠과 재칠의 차이 및 하자를 우려하여, 기존보수재를 완전박락시키는 그라인딩(아주 오랜시간동안)을 해야하는데, 그 시공량만 따져도 1-3-5 콘크리트 단면처리의 산출과 비교하여 많이 부족합니다. 그러한 대가는 따로 없으며 이 그라인더라는 문구로 인하여 큰 손해를 보고 공사를 해야하는 상황이 종종있습니다. 이에 따른 보완책이 필요할 듯 보여 질의 드립니다.

답변내용

➥ 답변1. 유지관리부문 "1-3-5 콘크리트 단면처리"는 특별인부 3인, 보통인부 1인의 작업조가 하루에81㎡를 시공하는 기준입니다. 시공부위가 산재되어 있어 이동으로 인한 작업시간 손실이 1시간을 넘을경우 표준품셈 공통부문 "1-4-7 작업환경/3. 기타" 의, 원거리, 계속이동작업, 분산작업 등 이동시간 과다 발생 품의 할증을 참조하시기 바랍니다. 또한 표준품셈 공통부문 "1-4-6 작업제한 / 2.소규모(작업물량 제한)" 에서 작업시간 제한 발생 또는 1일 작업물량 미만의 소규모 시공 등 일일 작업시간(8시간) 미만의 시공이 발생하는 경우를 대상으로 하는 할증기준을 제시하고 있으며 'A ≤ B/2 일 경우 Q = B/2 , 총시공량(A), 1일시공량(표준품셈)(B), 적용시공량(Q)'로 적용하도록 하고 있습니다. 이는 총 시공량이 1일 시공량에 미치지 못하는 소규모 공사인 경우 시공량을 보존해주기 위한 기준입니다.
답변2. 유지관리부문 "1-3-5 콘크리트 단면처리"에서 콘크리트면을 그라인더로 연마하는것은 표면 보수를 위한 연마작업으로 기존 보수재를 완전 박락시키는 작업은 아닙니다. 본 항목은 귀하의 고견에 따라 향후 개정시 주기사항 등을 검토하도록 하겠습니다.

교량받침 교체 중 협소부 할증

유지관리부문 1-3-8 교량받침 교체 품에서 노무비에 협소부 할증(작업공간의 협소) 50% 해주어야 하는지 아니면 기존에 품 자체가 교체 품이므로 협소부 할증이 이미 적용 되었다고 판단할지 질의 드립니다.

답변내용

➥ 유지관리부문 "1-3-8 교량받침 교체"는 교각위 교량받침 교체현장을 대상으로 조사된 품으로서 '고소할증 및 협소할증'이 기본품에 포함되어 있습니다.

제 2 장 토 목

2-1 도로포장공사

2-1-1 교통통제 및 안전처리('23년 신설)

- 도로의 확포장, 도로시설 유지보수 등 교통통제 및 안전처리를 위한 인력은 각 항목에서 제외되어 있으며, 필요시 배치인원은 현장조건(교통상황, 통제시간 및 범위 등)을 고려하여 별도 계상한다.
- 통행안전 및 교통소통을 위해 라바콘, 공사안내판 등 안전시설물을 시공하는 경우 특별인부 2인을 계상하고, 차량 등 장비가 필요한 경우 추가 계상한다.

2-1-2 포장 절단('21년 보완)

(일 당)

구 분	규 격	단 위	수 량	시공량(m)	
				아스팔트포장	콘크리트포장
특 별 인 부	-	인	1	500	450
보 통 인 부	-	〃	1		
커 터	320~400㎜	대	1		
동 력 분 무 기	4.85kW	〃	0.5		

[주] ① 본 품은 아스팔트 포장 및 콘크리트 포장을 절단하는 기준이다.
② 포장두께는 20㎝이하를 기준한다.
③ 블레이드 및 물 소비량은 별도 계상한다.

2-1-3 아스팔트 포장 절삭 후 아스팔트 덧씌우기(1회 절삭, 1회 포장)('20, '24년 보완)

(일 당)

구 분	규 격	단위	A-Type 수량	A-Type 시공량(㎡)	B-Type 수량	B-Type 시공량(㎡)	C-Type 수량	C-Type 시공량(㎡)
포 장 공	-	인	4		4		4	
보 통 인 부	-	〃	2		2		2	
노 면 파 쇄 기	2m	대	2		2		1	
로더(타이어)+소형노면파쇄기	0.95㎥	〃	1		1		1	
로 더(타이어)	0.57㎥	〃	3	5,000	2	3,400	1	1,800
아 스 팔 트 피 니 셔	3.0m	〃	1		1		1	
머 캐 덤 롤 러	10~12t	〃	1		1		1	
타 이 어 롤 러	8~15t	〃	1		1		1	
탠 덤 롤 러	5~8t	〃	1		1		1	
아 스 팔 트 디 스 트 리 뷰 터	3,800ℓ	〃	1		1		1	
살 수 차	16,000ℓ	〃	1		1		1	

[주] ① 본 품은 아스팔트 포장면을 대형장비로 절삭(밀링깊이 70mm이하, 1회) 후 아스팔트로 1회 재포장하는 기준이다.
② 본 품은 아스팔트 포장 절삭, 유제살포, 포장 및 다짐을 포함한다.
③ 현장 여건별 적용기준은 다음표를 기준한다.

구 분	적 용 기 준
A Type	- 고속도로, 자동차전용도로, 평면교차로가 없는 일반도로 등과 같이 시공구간이 연결되어 있는 경우
B Type	- 평면교차로 등으로 인해 시공구간이 단절되어 일시적인 장비의 이동이 발생하되, 이동을 위한 장비의 운반이 발생되지 않는 경우
C Type	- 평면교차로 등으로 인해 시공구간이 단절되어 작업위치 이동을 위한 장비의 운반이 발생되는 경우

④ 절삭시 1㎡당 팁(날)을 0.69개 계상한다.
⑤ 작업시 공사 시방에 따라 장비 조합을 변경할 수 있다.
⑥ 본 품외의 장비(아스팔트온도조절장비, 진공청소차 등)를 추가 투입하는 경우에 기계경비는 별도 계상한다.

2-1-4 아스팔트 포장 절삭 후 아스팔트 덧씌우기(1회 절삭, 2회 포장)('24년 신설)

(일 당)

구 분	규 격	단위	A-Type 수 량	A-Type 시공량 (㎡)	B-Type 수 량	B-Type 시공량 (㎡)
포 장 공	-	인	4		4	
보 통 인 부	-	〃	2		2	
노 면 파 쇄 기	2m	대	2		2	
로더(타이어)+소형노면파쇄기	0.95㎥	〃	1		1	
로 더(타이어)	0.57㎥	〃	3	2,600	2	1,800
아 스 팔 트 피 니 셔	3.0m	〃	1		1	
머 캐 덤 롤 러	10~12t	〃	1		1	
타 이 어 롤 러	8~15t	〃	1		1	
탠 덤 롤 러	5~8t	〃	1		1	
아스팔트디스트리뷰터	3,800ℓ	〃	1		1	
살 수 차	16,000ℓ	〃	1		1	

[주] ① 본 품은 아스팔트 포장면을 대형장비로 절삭(밀링깊이 100㎜, 1회) 후 아스팔트로 동일 구간을 2회 재포장하는 기준이다.
② 본 품은 아스팔트 포장 절삭, 유제살포, 포장 및 다짐을 포함한다.
③ 현장 여건별 적용기준은 다음표를 기준한다.

구 분	적 용 기 준
A Type	- 고속도로, 자동차전용도로, 평면교차로가 없는 일반도로 등과 같이 시공구간이 연결되어 있는 경우
B Type	- 평면교차로 등으로 인해 시공구간이 단절되어 일시적인 장비의 이동이 발생하되, 이동을 위한 장비의 운반이 발생되지 않는 경우

④ 절삭시 1㎡당 팁(날)을 0.69개 계상한다.
⑤ 작업시 공사 시방에 따라 장비 조합을 변경할 수 있다.
⑥ 본 품외의 장비(아스팔트온도조절장비, 진공청소차 등)를 추가 투입하는 경우에 기계경비는 별도 계상한다.

2-1-5 절삭 후 콘크리트 덧씌우기('20년 보완)

(일당)

구 분	규 격	단위	수량	시공량(㎡)	
				밀링깊이 100㎜	밀링깊이 150㎜
포 장 공	-	인	4	2,500	1,600
특 별 인 부	-	〃	1		
보 통 인 부 (절삭)	-	〃	1		
〃 (청소)	-	〃	1		
〃 (포설)	-	〃	4		
콘크리트페이버	75kW	대	1		
조면마무리기	7.95m	〃	1		
노면파쇄기	2m	〃	1		
로 더(타이어)	0.57㎥	〃	1		

[주] ① 본 품은 아스팔트 포장 절삭 후 콘크리트 덧씌우기의 포장면 절삭 및 청소, 포설, 양생, 조면마무리에 대한 품이다.
② 절삭시 1㎡당 팁(날)을 0.69개 계상한다.
③ 양생제, 마대, 잡품 등 부대 재료비는 별도 계상한다.
④ 포장절단 및 줄눈설치는 '[토목부문] 1-6-6 포장줄눈 절단/1-6-7 포장줄눈 설치'를 참조하며 1차 줄눈컷팅과 줄눈설치를 적용한다.

2-1-6 아스팔트 절삭 및 덧씌우기('14, '20, '24년 보완)

(일 당)

구 분	규 격	단 위	절삭 수 량	절삭 시공량(㎡)	덧씌우기 포장 수 량	덧씌우기 포장 시공량(㎡)
포 장 공	-	인	2		4	
보 통 인 부	-	〃	1		1	
노 면 파 쇄 기	2m	대	1		-	
로더(타이어)+소형노면파쇄기	0.95㎡	〃	1		-	
로 더 (타이어)	0.57㎡	〃	2		1	
아 스 팔 트 피 니 셔	3.0m	〃	-	2,900	1	2,000
머 캐 덤 롤 러	10~12t	〃	-		1	
타 이 어 롤 러	8~15t	〃	-		1	
탠 덤 롤 러	5~8t	〃	-		1	
플 레 이 트 콤 팩 터	1.5ton	〃	-		1	
살 수 차	16,000ℓ	〃	1		1	
아 스 팔 트 스 프 레 이 어	400ℓ	〃	-		1	
비 고	- 덧씌우기 포장 시 개질아스팔트 포장의 경우 10%, 투배수성 포장의 경우 20% 시공량을 감하고, 사용기계에서 타이어롤러 대신 머캐덤 롤러(10~12t) 1대를 추가로 계상한다.					

[주] ① 본 품은 아스팔트 포장면을 절삭(밀링깊이 70㎜이하)하는 작업과 절삭 후 아스팔트로 재포장하는 기준이다.
② 본 품은 단지내 소로, 주택가 도로, 마을길 등의 소규모포장의 경우에 적용한다.
③ 본 품은 아스팔트 포장 절삭, 유제살포, 포장 및 다짐을 포함한다.
④ 작업시 공사 시방에 따라 장비 조합을 변경할 수 있다.

■ 교면포장상태 평가 기술

(km 당)

구 분		단 위	수 량	
			상부포장상태 조사	포장하부 조사
계획준비및기초자료수집	기 술 사	인	0.001	1.3
	특 급 기 술 자	〃	0.004	1.3
	고 급 기 술 자	〃	0.008	1.25
	중 급 기 술 자	〃	0.011	1.25
	초 급 기 술 자	〃	0.006	-
측선설정및현장조사	기 술 사	인	0.002	-
	특 급 기 술 자	〃	0.01	-
	고 급 기 술 자	〃	0.02	0.15
	중 급 기 술 자	〃	0.04	0.15
	초 급 기 술 자	〃	0.03	0.15
	PMS 장 비 손 료	hr	0.4	-
	GPR 장 비 손 료	〃	-	0.4
	조 사 차 량 손 료	〃	0.6	0.6
	경 유	ℓ	1.8	1.8
	잡 재 료	%	주연료의 38%	주연료의 38%
데이터분석및평가	기 술 사	인	0.01	1.5
	특 급 기 술 자	〃	0.07	1.5
	고 급 기 술 자	〃	0.1	3
	중 급 기 술 자	〃	0.14	1.5
	초 급 기 술 자	〃	0.15	-
보고서작성	기 술 사	인	0.012	3
	특 급 기 술 자	〃	0.02	6
	고 급 기 술 자	〃	0.023	4
	중 급 기 술 자	〃	0.02	4
	초 급 기 술 자	〃	0.016	-

[주] 본품에서 향후 AI 자동분석 기술 적용시 데이터 분석 및 평가는 35% 감하여 계상한다.

○ 참고자료

■ 반강성 포장

(㎡)

공 종	규 격	단 위	도로반강성포장 (T=5cm)	교면반강성포장 (T=8cm)	비고
절삭 파쇄면 청소	보통인부	인	0.017	0.017	
	기구손료(노무비의 6%)	식	1	1	
표면처리	특별인부	인	0.05	0.05	
	보통인부	〃	0.06	0.06	
	기구손료(노무비의 2%)	식	1	1	
반강성 밀크혼합 및 주입	1. 재료비				
	테이프	m	4	4	
	pp필름	〃	4	4	
	2. 반강성밀크 혼합				
	모르타르 믹서(0.3㎥)	㎥/hr	30.84	19.29	
	살수차(5,500ℓ)	〃	30.84	19.29	
	발전기(50kW)	〃	30.84	19.29	
	3. 반강성밀크 주입				
	모르타르 펌프(7.46kW)	㎥/hr	30.84	19.29	
	발전기(50kW)	〃	30.84	19.29	
	트럭탑재형크레인(5ton)	〃	30.84	19.29	
	방수공	인	0.06	0.06	
	보통인부	〃	0.044	0.044	
	기구손료(노무비의 3%)	식	1	1	
반강성포장 자재	초속경 시멘트	kg	13.31	21.29	
	폴리머에멀젼	〃	3.47	5.55	

[주] ① 버스전용차로 및 어린이보호구간 등 포장구간의 색상 변화가 요구되는 구간에는 안료를 별도 계상한다.
② 현장여건에 따른 포장두께 조정 시 위품을 준용하여 할증 계상할 수 있다.
③ 교면포장 보수 중 방수층 철거 발생 시 별도 계상 할 수 있다.

■ 구스아스팔트 방수 겸용 포장(콘크리트)

1) 포장준비

(㎡당)

구 분		규 격	단 위	수 량	
				신설	유지보수
포장면 청소	보 통 인 부	-	인	0.001	0.003
	이중고압살수노면청소차	10㎡	hr	0.005	0.010
포장면 건조	프 로 판 가 스	-	kg	-	0.500
	보 통 인 부	-	인	-	0.005
	공 기 압 축 기	7.1㎥/min	hr	-	0.010
	덤 프 트 럭	2.5ton	〃	-	0.010

[주] ① 본 품은 포장면에 대한 물청소 및 건조에 적용하는 것으로 신설포장시 바탕 처리가 제외되어 있다.
② 기계경비(이중고압살수노면청소차)는 다음기준을 적용한다.

규 격	주연료 (경유, ℓ)	잡재료 (주연료의 %)	조종원 (인/일)	시간당계수 (10^{-7})	가격 (천원)
10㎡	27.6	40.0	1	2,413	367,807

③ 공구손료는 노무비의 2%를 적용한다.

2) 프라이머(멀티코트)바름

(㎡당)

구 분	규 격	단 위	수 량	
			신설	유지보수
Guss 프라이머	멀티코트-B	ℓ	0.3	0.3

[주] ① 본 품은 포장면에 프라이머(접착층) 시공을 기준한다.
② 프라이머 바름은 표준품셈 건축 방수프라이머 바름을 참조한다.

◆ 참고자료

3) 구스아스팔트 포설

(㎡ 당)

구 분	규 격	단 위	수 량 신설	수 량 유지보수
구 스 아 스 팔 트	TLA사용	ton	0.0719	0.0719
작 업 반 장	-	인	0.001	0.001
포 장 공	-	〃	0.007	0.010
보 통 인 부	-	〃	0.004	0.006
구 스 아 스 팔 트 피 니 셔	3.0m	hr	0.007	0.010

[주] ① 본 품은 구스아스팔트 포장시 쿠커에서 재료하차, 소운반, 포설, 면마무리를 위한 인두질을 포함한다.
② 구스아스팔트(TLA사용) 포장두께는 3㎝ 기준이며, 재료는 할증을 포함한 수량이다.
③ 기계경비는 다음기준을 적용한다.

규 격	주연료 (경유, ℓ)	주연료 (프로판가스, kg)	잡재료 (주연료의 %)	조종원 (인/일)	시간당계수 (10^{-7})	가격 (천원)
3.0m	13	20.0	7.0	1	2,362	380,000

구스(TLA)·박층구스 아스팔트 포장(방수겸용)·LMC교면포장

태릉건설 주식회사
TAERYUNG CONSTRUCTION CO. LTD.
www.trcon.co.kr

◆ 구스(TLA)·박층구스 아스팔트 포장(방수겸용)
◆ 콘크리트 교면포장(1종, 초속경)
◆ 항만용 아스팔트매트(신기술 905호)

서울시 영등포구 경인로 775(문래동 3가 에이스하이테크시티) 1동 416호
Tel. 02-2671-8857 Fax. 02-2068-0458

2-1-7 콘크리트 포장 절삭 후 아스팔트 덧씌우기('24년 신설)

(일당)

구 분	규 격	단 위	수 량	시공량(㎡)
포 장 공	-	인	4	
보 통 인 부	-	〃	2	
노 면 파 쇄 기	2m	대	2	
로더(타이어)+소형노면파쇄기	0.95㎥	〃	1	
로 더 (타이어)	0.57㎥	〃	3	
아 스 팔 트 피 니 셔	3.0m	〃	1	1,400
머 캐 덤 롤 러	10~12t	〃	1	
타 이 어 롤 러	8~15t	〃	1	
탠 덤 롤 러	5~8t	〃	1	
아 스 팔 트 디 스 트 리 뷰 터	3,800L	〃	1	
살 수 차	16,000ℓ	〃	1	

[주] ① 본 품은 콘크리트 포장면을 대형장비로 절삭(밀링깊이 100㎜, 2회) 후 아스팔트 2회 재포장하는 기준이다.
② 본 품은 시공구간이 연결되어 연속적으로 시공이 가능한 현장 기준이다.
③ 본 품은 콘크리트 포장 절삭, 유제살포, 아스팔트 포장 및 다짐을 포함한다.
④ 작업시 공사 시방에 따라 장비 조합을 변경할 수 있다.
⑤ 본 품외의 장비(아스팔트온도조절장비, 진공청소차 등)를 추가 투입하는 경우에 기계경비는 별도 계상한다.

2-1-8 소파보수(표층)('20년 신설)

(일 당)

구 분	규 격	단위	A-Type 수 량	A-Type 시공량 (㎡)	B-Type 수 량	B-Type 시공량 (㎡)	C-Type 수 량	C-Type 시공량 (㎡)
포 장 공	-	인	3		3		3	
보 통 인 부	-	〃	1		1		1	
로더(타이어)+소형노면파쇄기	0.95㎥	대	1		1		1	
로 더(타이어)	0.57㎥	〃	1	400	1	140	1	50
진 동 롤 러(진동+타이어)	2.5ton	〃	1		1		1	
아 스 팔 트 스 프 레 이 어	400ℓ	〃	1		1		1	
트 럭	2.5ton	〃	2		2		2	

[주] ① 본 품은 대형장비의 투입이 어려운 상황에서 아스팔트 포장면을 소형장비로 절삭(밀링 깊이 70㎜ 이하) 후 아스팔트로 재포장하는 기준이다.
② 본 품은 아스팔트 포장 절삭, 유제살포, 포장 및 다짐을 포함한다.
③ 트럭은 다음의 작업에 적용한다.

구 분	2.5ton	2.5ton
작 업	아스팔트 및 소모자재 운반	공구 및 경장비 운반

④ 현장 여건별 적용기준은 다음표를 기준한다.

구 분	포장 시공시간	적용기준
A Type	7시간 이상	- 보수 개소가 작업구간에 밀집(연결)되어, 운반장비를 활용한 시공 장비의 이동 및 작업대기로 인한 포장 시공시간 손실이 미미한 경우
B Type	5시간 이상	- 보수 개소가 작업구간에 부분적으로 산재하여, 운반장비를 활용한 시공 장비의 이동 및 작업대기가 발생되는 경우
C Type	3시간 이상	- 보수 개소가 작업구간에 산발적으로 발생하여, 운반장비를 활용한 시공 장비의 이동 및 작업대기가 빈번히 발생되는 경우

※ '포장 시공시간'은 작업 준비, 절삭, 포장 및 다짐, 마무리를 포함하며, 작업 중 운반장비에 의한 현장이동(이동준비 및 운반시간), 작업대기(교통상황, 자재수급 지연 등)의 시간을 제외한다.

⑤ 현장별 시공여건에 대한 시공량의 할증은 다음표를 참고하여 적용한다.

구 분	개소별 평균 시공면적				
A-Type	30㎡ 이하	60㎡ 이하	120㎡ 이하	180㎡ 이하	180㎡ 초과
시공량 할증계수	0.79	0.89	1.00	1.12	1.26

구 분	개소별 평균 시공면적				
B-Type	15㎡ 이하	30㎡ 이하	60㎡ 이하	90㎡ 이하	90㎡ 초과
시공량 할증계수	0.79	0.89	1.00	1.12	1.26

구 분	개소별 평균 시공면적				
C-Type	5㎡ 이하	10㎡ 이하	20㎡ 이하	30㎡ 이하	30㎡ 초과
시공량 할증계수	0.79	0.89	1.00	1.12	1.26

⑥ 작업시 공사 시방에 따라 장비 조합을 변경할 수 있다.
⑦ 절삭없이 아스팔트를 덧씌우는 경우에는 포장공 1인, 파쇄기 1대를 제외하고, 시공량은 25%를 증하여 적용한다.

2-1-9 소파보수(포장복구)('08년 신설, '09, '11, '14, '20년 보완)

(일 당)

구 분	규 격	단 위	A-Type 수량	A-Type 시공량(㎡)	B-Type 수량	B-Type 시공량(㎡)	C-Type 수량	C-Type 시공량(㎡)
포 장 공	-	인	3		3		3	
보 통 인 부	-	〃	1		1		1	
굴 착 기	0.18㎥	대	1		1		1	
로 더(타이어)	0.57㎥	〃	1		1		-	
진동롤러(진동+타이어)	2.5ton	〃	1	110	1	45	-	20
진동롤러(핸드가이드식)	0.7ton	〃	-		-		1	
플레이트콤팩터	1.5ton	〃	-		-		1	
아스팔트스프레이어	400ℓ	〃	1		1		1	
트 럭	2.5ton	〃	2		2		2	

[주] ① 본 품은 상하수도 등 공사 후 임시 되메우기한 상태에서 발생되는 일정구간 포장복구와 기존도로

유지보수를 위한 포장복구 기준이다.
② 본 품은 굴착, 골재치환 및 다짐, 유제살포, 기층 및 표층 포설 및 다짐을 포함한다.
③ 트럭은 다음의 작업에 적용한다.

구 분	2.5ton	2.5ton
작 업	아스팔트 및 소모자재 운반	공구 및 경장비 운반

④ 현장 여건별 적용기준은 다음표를 기준한다.

구 분	포장 시공시간	적용기준
A Type	7시간 이상	- 보수 개소가 작업구간에 밀집(연결)되어, 운반장비를 활용한 시공 장비의 이동 및 작업대기로 인한 포장 시공시간 손실이 미미한 경우
B Type	5시간 이상	- 보수 개소가 작업구간에 부분적으로 산재하여, 운반장비를 활용한 시공 장비의 이동 및 작업대기가 발생되는 경우
C Type	3시간 이상	- 보수 개소가 작업구간에 산발적으로 발생하여, 운반장비를 활용한 시공 장비의 이동 및 작업대기가 빈번히 발생되는 경우

※ '포장 시공시간'은 작업 준비, 절삭, 포장 및 다짐, 마무리를 포함하며, 작업 중 운반장비에 의한 현장이동(이동준비 및 운반시간), 작업대기(교통상황, 자재수급 지연 등)의 시간을 제외한다.

⑤ 현장별 시공여건에 대한 시공량의 할증은 다음표를 참고하여 적용한다.

구 분	개소별 평균 시공면적				
A-Type	8㎡ 이하	16㎡ 이하	24㎡ 이하	48㎡ 이하	48㎡ 초과
시공량 할증계수	0.85	0.92	1.00	1.09	1.18

구 분	개소별 평균 시공면적				
B-Type	5㎡ 이하	10㎡ 이하	20㎡ 이하	30㎡ 이하	30㎡ 초과
시공량 할증계수	0.85	0.92	1.00	1.09	1.18

구 분	개소별 평균 시공면적				
C-Type	3㎡ 이하	6㎡ 이하	12㎡ 이하	18㎡ 이하	18㎡ 초과
시공량 할증계수	0.85	0.92	1.00	1.09	1.18

⑥ 작업시 공사 시방에 따라 장비 조합을 변경할 수 있다.

■ 그린팔트 코트 도막방수 공법(특허 제10-1736261호)

(㎡ 당)

구 분	규 격	단 위	수 량		비 고
			그린팔트 코트 도막방수 (보수, 주간)	그린팔트 코트 도막방수 (보수, 야간)	
프라이머	Greenphalt-Coat,A	ℓ	0.30	0.30	
교면방수재	Greenphalt-Coat,T=2㎜	kg	2.20	2.20	
특수부직포	특수부직포	㎡	1.05	1.05	
연 료 비	LPG	kg	0.20	0.20	
공구손료	노무비의3%	식	1.00	1.00	
재 료 비	-	-	-	-	
방 수 공	바탕처리/청소	인	0.036	0.036	
보통인부	〃	〃	0.015	0.015	
방 수 공	방수프라이머바름	〃	0.011	0.011	
보통인부	〃	〃	0.005	0.005	
방 수 공	도막방수	〃	0.015	0.015	
보통인부	〃	〃	0.009	0.009	
방 수 공	부직포설치	〃	0.012	0.012	
보통인부	〃	〃	0.004	0.004	
노 무 비	-	-	-	-	
야간할증	-	식	-	0.875	

[주] 주간공사 품이며, 야간 보수품은 노무비를 할증한다.

2-1-10 소파보수(도로복구)('09년 신설, '20년 보완)

(일당)

구 분	규 격	단위	A-Type 수량	A-Type 시공량(㎡)	B-Type 수량	B-Type 시공량(㎡)	C-Type 수량	C-Type 시공량(㎡)
포 장 공	-	인	4		4		4	
보 통 인 부	-	〃	2		2		2	
굴착기+대형브레이커	0.18㎥	대	1		1		1	
로 더(타이어)	0.57㎥	〃	1		1		1	
커터(콘크리트및아스팔트용)	320~400	〃	1	85	1	35	1	15
진 동 롤 러(진동+타이어)	2.5ton	〃	1		1		-	
진 동 롤 러(핸드가이드식)	0.7ton	〃	-		-		1	
플 레 이 트 콤 팩 터	1.5ton	〃	-		-		1	
아 스 팔 트 스 프 레 이 어	400ℓ	〃	1		1		1	
트 럭	2.5ton	〃	2		2		2	

[주] ① 본 품은 기존 도로 파손에 의한 소규모 도로를 골재층 까지 복구하는 기준이다.
② 본 품은 기존 도로 컷팅, 굴착, 골재치환 및 다짐, 유제살포, 기층 및 표층 포설 및 다짐 을 포함한다.
③ 트럭은 다음의 작업에 적용한다.

구 분	2.5ton	2.5ton
작 업	아스팔트 및 소모자재 운반	공구 및 경장비 운반

④ 현장 여건별 적용기준은 다음표를 기준한다.

구 분	포장 시공시간	적용기준
A Type	7시간 이상	- 보수 개소가 작업구간에 밀집(연결)되어, 운반장비를 활용한 시공 장비의 이동 및 작업대기로 인한 포장 시공시간 손실이 미미한 경우
B Type	5시간 이상	- 보수 개소가 작업구간에 부분적으로 산재하여, 운반장비를 활용한 시공 장비의 이동 및 작업대기가 발생되는 경우
C Type	3시간 이상	- 보수 개소가 작업구간에 산발적으로 발생하여, 운반장비를 활용한 시공 장비의 이동 및 작업대기가 빈번히 발생되는 경우

※ '포장 시공시간'은 작업 준비, 절삭, 포장 및 다짐, 마무리를 포함하며, 작업 중 운반장비에 의한 현장이동(이동준비 및 운반시간), 작업대기(교통상황, 자재수급 지연 등)의 시간을 제외한다.
⑤ 현장별 시공여건에 대한 시공량의 할증은 다음표를 참고하여 적용한다.

구 분	일당 작업 개소별 평균 시공면적				
A-Type	6㎡ 이하	12㎡ 이하	24㎡ 이하	36㎡ 이하	36㎡ 초과
시공량 할증계수	0.89	0.94	1.00	1.06	1.13

구 분	일당 작업 개소별 평균 시공면적				
B-Type	4㎡ 이하	8㎡ 이하	16㎡ 이하	24㎡ 이하	24㎡ 초과
시공량 할증계수	0.89	0.94	1.00	1.06	1.13

구 분	일당 작업 개소별 평균 시공면적				
C-Type	2㎡ 이하	4㎡ 이하	8㎡ 이하	12㎡ 이하	12㎡ 초과
시공량 할증계수	0.89	0.94	1.00	1.06	1.13

⑥ 작업시 공사 시방에 따라 장비 조합을 변경할 수 있다.

2-1-11 맨홀보수('20년 보완)

(일 당)

구 분	규 격	단위	하수도 및 기타 맨홀		상수도 맨홀	
			수량	시공량(개소)	수량	시공량(개소)
포 장 공	-	인	2		2	
특 별 인 부	-	〃	3		3	
보 통 인 부	-	〃	3		3	
커터(콘크리트 및 아스팔트용)	320~400㎜	대	1	6	1	4
소형브레이커(전기식)	1.5kW	〃	2		2	
모르타르믹서	0.3㎥	〃	1		1	
플레이트콤팩터	1.5ton	〃	1		1	
트 럭	2.5ton	〃	3		3	
비 고	\- 인상높이는 기존 맨홀 뚜껑의 상단에서 보수 후 맨홀 뚜껑의 상단까지를 의미하며, 인상높이에 따라 다음의 할증률을 인력품에 가산한다. | 인상높이(㎝)	5 이하	10 이하	15 이하	20 이하 | |---|---|---|---|---| | 할증률(%) | - | 5% | 10% | 15% |					

[주] ① 본 품은 아스팔트를 절삭 및 파쇄하여 맨홀 상단부까지 굴착 후 맨홀을 인상하여 보수 하는 기준이다.
② 본 품은 아스팔트 절단, 굴착, 맨홀인상, 모르타르 주입 및 굴착부위 포장을 포함한다.
③ 트럭은 다음의 작업에 적용한다.

구 분	2.5ton	2.5ton	2.5ton
작 업	모르타르 자재 운반	아스팔트 자재 운반	공구 및 경장비 운반

④ 커터(콘크리트 및 아스팔트용) 이외의 아스팔트 절단을 위한 장비를 투입할 경우는 별도 계상한다.
⑤ 내부미장을 할 경우 품을 별도 계상한다.
⑥ 폐자재 및 잔토 처리비용은 별도 계상한다.
⑦ 공구손료 및 경장비(공기압축기, 발전기 등)의 기계경비는 인력품의 4%로 계상한다.
⑧ 재료량은 설계수량을 적용한다.

PLC 맨홀 보수공법 (특허 제10-1309212호)

(개소 당)

규 격	포장 절단 (m)	거푸집 (㎡)	에폭시 모르타르 (㎡)	트럭 탑재형 크레인 (hr)	모르타르 믹서 (hr)	발전기 (hr)	특별 인부 (인)	보통 인부 (인)
ø 250	1.57	0.033	0.0366	1.6	1.6	1.6	0.4	0.6
ø 648	3.45	0.0942	0.095	1.6	1.6	1.6	0.4	0.6
ø 766	3.83	0.1127	0.1165	1.6	1.6	1.6	0.4	0.6
ø 918	4.31	0.1178	0.1451	1.6	1.6	1.6	0.4	0.6
ø1108	5.22	0.1476	0.2216	2.0	2.0	2.0	0.5	0.75
1080× 580	4.68	0.14	0.134	1.6	1.6	1.6	0.4	0.6
300× 400	2.6	0.06	0.034	1.6	1.6	1.6	0.4	0.6
350× 450	2.8	0.07	0.0373	1.6	1.6	1.6	0.4	0.6
400× 500	3	0.08	0.041	1.6	1.6	1.6	0.4	0.6
500× 500	3.2	0.09	0.0448	1.6	1.6	1.6	0.4	0.6
500× 600	3.4	0.1	0.0483	1.6	1.6	1.6	0.4	0.6
600× 600	3.6	0.11	0.0518	1.6	1.6	1.6	0.4	0.6
650× 650	3.8	0.12	0.0553	1.6	1.6	1.6	0.4	0.6
700× 700	4	0.13	0.0588	1.6	1.6	1.6	0.4	0.6
800× 800	4.4	0.15	0.0658	1.6	1.6	1.6	0.4	0.6
900× 900	4.8	0.17	0.0728	1.6	1.6	1.6	0.4	0.6
1000× 1000	5.2	0.19	0.0798	2.0	2.0	2.0	0.5	0.75
1100× 1100	5.6	0.21	0.0868	2.0	2.0	2.0	0.5	0.75
1200× 1200	6	0.23	0.0938	2.0	2.0	2.0	0.5	0.75
1300× 1300	6.4	0.25	0.1008	2.0	2.0	2.0	0.5	0.75
300× 1000	3.8	0.12	0.0553	1.6	1.6	1.6	0.4	0.6
400× 1000	4	0.13	0.0588	1.6	1.6	1.6	0.4	0.6
400× 2000	6	0.23	0.0938	1.6	1.6	1.6	0.4	0.6
400× 3000	8	0.33	0.1288	1.6	1.6	1.6	0.4	0.6
400× 4000	10	0.43	0.1638	2	2	2	0.5	0.75
400× 5000	12	0.53	0.1988	2	2	2	0.5	0.75
400× 6000	14	0.63	0.2338	2.66	2.66	2.66	0.66	1.00
400× 7000	16	0.73	0.2688	2.66	2.66	2.66	0.66	1.00
400× 8000	18	0.83	0.3038	4.0	4.0	4.0	1.0	1.5
400× 9000	20	0.93	0.3388	4.0	4.0	4.0	1.0	1.5
400×10000	22	1.03	0.3738	4.0	4.0	4.0	1.0	1.5
500× 1000	4.2	0.14	0.0623	1.6	1.6	1.6	0.4	0.6
500× 2000	6.2	0.24	0.0973	1.6	1.6	1.6	0.4	0.6
500× 3000	8.2	0.34	0.1323	1.6	1.6	1.6	0.4	0.6
500× 4000	10.2	0.44	0.1673	2.0	2.0	2.0	0.5	0.75
500× 5000	12.2	0.54	0.2023	2.0	2.0	2.0	0.5	0.75
500× 6000	14.2	0.64	0.2373	2.67	2.67	2.67	0.67	1.00

1600 | 유지관리부문

> 참고자료

(개소 당)

규 격	포장절단 (m)	거푸집 (㎡)	에폭시 모르타르 (㎡)	트럭 탑재형 크레인 (hr)	모르타르 믹서 (hr)	발전기 (hr)	특별인부 (인)	보통인부 (인)
500× 7000	16.2	0.74	0.2723	2.67	2.67	2.67	0.67	1.00
500× 8000	18.2	0.84	0.3073	4.0	4.0	4.0	1.0	1.5
500× 9000	20.2	0.94	0.3423	4.0	4.0	4.0	1.0	1.5
500×10000	22.2	1.04	0.3773	4.0	4.0	4.0	1.0	1.5
600× 1000	4.4	0.15	0.0658	1.6	1.6	1.6	0.4	0.6
600× 2000	6.4	0.25	0.1008	1.6	1.6	1.6	0.4	0.6
600× 3000	8.4	0.35	0.1358	1.6	1.6	1.6	0.4	0.6
600× 4000	10.4	0.45	0.1708	2.0	2.0	2.0	0.5	0.75
600× 5000	12.4	0.55	0.2058	2.0	2.0	2.0	0.5	0.75
600× 6000	14.4	0.65	0.2408	2.66	2.66	2.66	0.66	1.00
600× 7000	16.4	0.75	0.2758	2.66	2.66	2.66	0.66	1.00
600× 8000	18.4	0.85	0.3108	4.0	4.0	4.0	1.0	1.5
600× 9000	20.4	0.95	0.3458	4.0	4.0	4.0	1.0	1.5
600×10000	22.4	1.05	0.3808	4.0	4.0	4.0	1.0	1.5

[주] ① 본품은 맨홀 규격별 1개소당 표준으로 한 것이다.
② 본품은 맨홀 H=5㎝, W=20㎝ 인상을 기준이며, 그 외는 별도 산정한다.
③ 폐기물 처리 및 운반비는 별도 계상한다.
④ 야간 공사는 노무비를 50% 할증한다.
⑤ 특별인부 2인, 작업인부 3인(3인 1조 작업)
⑥ 교통량이 많은 곳은 작업 후방 신호수 1인 산정한다.
⑦ 1㎥ = 1,923kg

고강도 폴리머(레진)콘크리트 공법 시공　맨홀 보수 전문업체[특허 10-1309212호]

무소음 맨홀뚜껑 전문시공
(주)은강건설
Eunkang Construction Co., Ltd.

TEL : 051-853-8778, 8771
FAX : 051-853-7887

2-1-12 차선도색('08, '14, '16, '17, '20, '25년 보완)

1. 차선 밑그림

(일 당)

구 분	규 격	단 위	수 량	시공량(㎡)			
				실선	파선	횡단보도, 주차장	문자, 기호
특 별 인 부	-	인	2	600	300	228	108
보 통 인 부	-	〃	2				
트 럭	2.5ton	대	1				

[주] ① 본 품은 차선도색을 위한 사전 밑그림 작업 기준이다.
② 운행도로 또는 확장공사 등의 노면표시 공사에서 차량의 부분 통제, 신호간섭 등으로 시공에 지장을 받는 경우에 적용한다.
③ 본 품은 먹줄치기, 밑그림 도색 작업을 포함한다.
④ 트럭은 자재, 공구 및 경장비의 현장내 운반 작업에 적용한다.
⑤ 차량우회 및 신호를 위한 인력 및 장비는 현장 여건에 따라 별도 계상한다.
⑥ 사전 청소가 필요한 경우에는 별도 계상한다.
⑦ 운행도로의 노면표시 보수공사에서 차량 전면통제 등으로 작업의 제약이 없이 시공이 가능한 구간은 '[토목부문] 1-8-9 차선도색'을 참고하여 적용한다.

2. 수용성형 페인트 수동식

(일 당)

구 분	규 격	단 위	수 량	시공량(㎡)			
				실선	파선	횡단보도, 주차장	문자, 기호
특 별 인 부	-	인	2	600	300	228	108
보 통 인 부	-	〃	2				
트 럭	4.5ton	대	1				
비 고	- 노면에 표지병 등이 설치되어 작업능률이 저하되는 경우에는 시공량을 10%까지 감하여 적용한다.						

[주] ① 본 품은 핸드가이드식 라인마커를 사용한 작업 기준이다.
② 운행도로 또는 확장공사 등의 노면표시 공사에서 차량의 부분 통제, 신호간섭 등으로 시공에 지장을 받는 경우에 적용한다.
③ 본 품은 차선도색, 유리알 살포 작업을 포함한다.
④ 트럭은 자재, 공구 및 경장비의 현장내 운반 작업에 적용한다.
⑤ 차량우회 및 신호를 위한 인력 및 장비는 현장 여건에 따라 별도 계상한다.
⑥ 사전 청소가 필요한 경우에는 별도 계상한다.
⑦ 운행도로의 노면표시 보수공사에서 차량 전면통제 등으로 작업의 제약이 없이 시공이 가능한 구간은 '[토목부문] 1-8-9 차선도색'을 참고하여 적용한다.

⑧ 공구손료 및 경장비(라인마커 등)의 기계경비는 인력품의 3%로 계상한다.
⑨ 잡재료 및 소모재료는 주재료비의 1%로 계상한다.
⑩ 페인트 재료량 및 유리알 살포량은 별도 계상한다.

3. 수용성형 페인트 기계식

(일 당)

구 분	규 격	단 위	수 량	시공량(㎡)	
				실선	파선
특 별 인 부	-	인	1	4,000	2,000
보 통 인 부	-	〃	1		
라인마커트럭	10km/hr	대	1		
트 럭	2.5ton	〃	1		
비 고		- 노면에 표지병 등이 설치되어 작업능률이 저하되는 경우에는 시공량을 10%까지 감하여 적용한다.

[주] ① 본 품은 라인마커 트럭을 사용한 작업 기준이다.
② 운행도로 또는 확장공사 등의 노면표시 공사에서 차량의 부분 통제, 신호간섭 등으로 시공에 지장을 받는 경우에 적용한다.
③ 본 품은 차선도색, 유리알 살포 작업을 포함한다.
④ 트럭은 자재, 공구 및 경장비의 현장내 운반 작업에 적용한다.
⑤ 차량우회 및 신호를 위한 인력 및 장비는 현장 여건에 따라 별도 계상한다.
⑥ 사전 청소가 필요한 경우에는 별도 계상한다.
⑦ 운행도로의 노면표시 보수공사에서 차량 전면통제 등으로 작업의 제약이 없이 시공이 가능한 구간은 '[토목부문]1-8-9 차선도색'을 참고하여 적용한다.
⑧ 잡재료 및 소모재료는 주재료비의 1%로 계상한다.
⑨ 페인트 재료량 및 유리알 살포량은 별도 계상한다.

4. 융착식 도료 수동식

(일 당)

구 분	규 격	단 위	수 량	시공량(㎡)			
				실선	파선	횡단보도, 주차장	문자, 기호
특 별 인 부	-	인	2	500	250	190	90
보 통 인 부	-	〃	2				
트 럭	4.5ton	대	1				
〃	2.5ton	〃	1				
비 고		- 노면에 표지병 등이 설치되어 작업능률이 저하되는 경우에는 시공량을 10%까지 감하여 적용한다.

[주] ① 본 품은 핸드가이드식 라인마커를 사용한 작업 기준이다.
② 운행도로 또는 확장공사 등의 노면표시 공사에서 차량의 부분 통제, 신호간섭 등으로 시공에 지장을 받는 경우에 적용한다.
③ 본 품은 도료배합, 차선도색, 유리알 살포 작업을 포함한다.
④ 트럭은 다음의 작업에 적용한다.

구 분	4.5ton	2.5ton
작 업	용해기 운반	자재, 공구 및 경장비 운반

⑤ 차량우회 및 신호를 위한 인력 및 장비는 현장 여건에 따라 별도 계상한다.
⑥ 사전 청소가 필요한 경우에는 별도 계상한다.
⑦ 운행도로의 노면표시 보수공사에서 차량 전면통제 등으로 작업의 제약이 없이 시공이 가능한 구간은 '[토목부문] 1-8-9 차선도색'을 참고하여 적용한다.
⑧ 공구손료 및 경장비(라인마커, 용해기 등)의 기계경비는 인력품의 10%로 계상한다.
⑨ 잡재료 및 소모재료는 주재료비의 1%로 계상한다.
⑩ 페인트 재료량 및 유리알 살포량은 별도 계상하고, 기타 자재의 수량은 다음을 참고한다.

(10㎡당)

구 분	단 위	수 량
프 라 이 머	kg	2.0
프 로 판 가 스	〃	2.0

※ 위 재료량은 할증이 포함되어 있다.

5. 상온경화형 플라스틱 도료 구동식

(일 당)

구 분	규 격	단 위	수 량	시공량(㎡)			
				실선	파선	횡단보도, 주차장	문자, 기호
특 별 인 부	-	인	2	520	260	200	95
보 통 인 부	-	〃	2				
트 럭	2.5ton	대	2				
비 고				- 노면에 표지병 등이 설치되어 작업능률이 저하되는 경우에는 시공량을 10%까지 감하여 적용한다.			

[주] ① 본 품은 도로 신설공사의 라인마커(탑승형)를 사용한 상온경화형 플라스틱 도료를 차선도색 기준이다.
② 본 품은 차선도색, 유리알 살포 작업을 포함한다.
③ 트럭은 자재, 공구 및 경장비의 현장내 운반 작업에 적용한다.
④ 사전 청소가 필요한 경우에는 별도 계상한다.
⑤ 공구손료 및 경장비(핸드믹서 등)의 기계경비는 인력품의 2%로 계상하고, 라인마커의 기계경비는 별도계상한다.
⑥ 잡재료 및 소모재료는 주재료비의 1%로 계상한다.
⑦ 페인트 재료량 및 유리알 살포량은 별도 계상한다.

2-1-13 차선도색제거('20년 보완)

(일당)

구 분	규 격	단위	수량	시공량(㎡)
특 별 인 부	-	인	1	
보 통 인 부	-	〃	2	35
차 선 제 거 기	6.7kW	대	1	
트 럭	2.5ton	〃	1	

[주] ① 본 품은 차선도색 제거기를 이용하여 차선을 절삭하여 도색을 제거하는 기준이다.
　　② 트럭은 차선제거 폐기물, 공구 및 경장비의 현장내 운반 작업에 적용한다.
　　③ 표지병 제거비용은 별도 계상한다.
　　④ 차선도색 제거로 인해 발생되는 폐아스콘 처리는 별도 계상한다.

2-1-14 슬러리실

(일당)

배치인원(인)			사용기계(1대)		시공량(㎡)
			명칭	규격	
포 설	포 장 공	2	슬 러 리 실 기 계	3~3.8m	5,000
	보 통 인 부	2	굴 삭 기	0.8㎥	

[주] ① 본 품은 슬러리실에 대한 품이다.
　　② 본 품은 포설두께 6㎜를 기준으로 한다.
　　③ 표면처리기계 경비는 별도 계상한다.
　　④ 택코트 처리 및 골재의 채집 운반적재는 현장여건에 따라 별도 계상할 수 있다.
　　⑤ 본 공종에서 사용되는 재료량은 배합설계에 따른다.
　　⑥ 공종의 특성상 교통통제 및 안전처리(보통인부) 8명을 적용한다.

2-1-15 표면평탄작업

(일당)

배치인원(인)			사용기계(1대)		시공량(㎡)
			명칭	규격	
절삭, 청소	작 업 반 장	1	그 라 인 딩 장 비	W=1.25m	1,100
	보 통 인 부	1	로 우 더 (타이어)	0.57㎥	
			살 수 차	5,500ℓ	

[주] ① 본 품은 표면 평탄작업의 그라인딩, 청소에 대한 품이다.
　　② 작업면적이 10㎡ 이하이고 작업개소가 분산된 소규모 포장 공사일 경우, 일당 시공량의 30%범위 내에서 감하여 적용할 수 있다.
　　③ 그라인딩 장비의 기계경비는 노면파쇄기(2m)의 값을 적용한다.
　　④ 폐자재 수거에 대한 운반비는 별도 계상한다.

2-1-16 현장가열 표층재생공법

(일 당)

사용기계(1대)		시공량(㎡)
명 칭	규 격	
현장가열표층재생기	482kW	
로 우 더(타이어)	0.57㎥	
아스팔트피니셔	3.0m	
머캐덤롤러	10-12t	2,800
타이어롤러	8-15t	
탠덤롤러	5- 8t	
살 수 차	16,000ℓ	

[주] ① 본 품은 현장재활용 포장의 장비가열작업, 포설, 다짐에 대한 품이다.
② 본 품은 본선의 경우 포설두께 5㎝를 기준으로 한 것이다.
③ 다짐시 공사시방에 따라 장비조합을 변경할 수 있다.
④ 재료에 대한 운반비는 별도 계상한다.
⑤ 100㎡당 팁(날) 0.7개를 계상한다.
⑥ 예열연료는 현장노면온도 25℃를 기준한 것으로 온도저하에 따라 50%까지 증가할 수 있다
⑦ 장비운반 및 조립해체비, 기존도로 노면의 청소비는 별도 계상한다
⑧ 신재아스콘을 현장까지 운반하는 비용은 별도 계상하되, 신재아스콘을 호퍼에 투입하고 대기하는 시간을 포함하여 계상한다.

2-1-17 재래난간 철거공

(일 당)

구분	배치인원(인)		시공량(m)	
			규 격	철거
횡재부	용 접 공	3	강재난간	100
	보통인부	6		
	용 접 공	2	경량형강제난간	100
	보통인부	4		
	〃	2	알루미늄합금제난간	10
속주	보통인부	13	강재난간	10
	〃	13	경량형강제난간	10
	〃	10	알루미늄합금제난간	10

[주] ① 횡재부는 입목, 종재 등 1식을 포함한 것을 말한다.
② 속주(束柱)는 지목 콘크리트에 세워 횡재부를 지지하고 있는 부재를 말한다.
③ 발생재 운반비는 개개의 발생량으로 산출한다.
④ 발생된 강재, 알루미늄재의 운반은 지정지로 한다.

⑤ 사용 재료는 다음과 같다.

종 별	횡 재 부(10m당)	
	산소 (㎥)	아세틸렌 (kg)
강 재 난 간	1.8	0.8
경량형강제난간	1.2	0.8
알루미늄합금제난간	1.2	0.8

※ 산소량은 대기압상태의 기준량이며, 압축산소는 35℃에서 150기압으로 압축용기에 넣어 사용하는 것을 기준한다.

2-1-18 교통 안전표지판 철거('20년 보완)

(일 당)

구 분	규 격	단 위	수 량	시공량(개소)
특 별 인 부	-	인	2	
보 통 인 부	-	〃	1	17
트 럭	2.5ton	대	1	

[주] ① 본 품은 교통안전표지(단주식) 철거 기준이다.
② 교통안전표지 지주의 규격은 ±60.5~76.3×3.2×3,000~3,600㎜이며, 안전표지판의 규격은 반사장치부 900×900㎜(삼각형), ø600㎜(원형) 기준이다.
③ 트럭은 자재, 공구 및 경장비의 현장내 운반 작업에 적용한다.
④ 기초제작 및 폐자재 운반은 별도 계상한다.
⑤ 상기 품과 다른 형식 및 규격으로 표지를 철거할 경우 별도 계상할 수 있다.
⑥ 공구손료 및 경장비(드릴, 발전기 등)의 기계경비는 인력품의 2%로 계상한다.

2-1-19 교통 안전표지판 교체('20년 보완)

(일 당)

구 분	규 격	단 위	수 량	시공량(개소)
특 별 인 부	-	인	1	
보 통 인 부	-	〃	1	6
트 럭	2.5ton	대	1	

[주] ① 본 품은 교통안전표지(단주식) 교체 기준이다.
② 교통안전표지 지주의 규격은 ±60.5~76.3×3.2×3,000~3,600㎜이며, 안전표지판의 규격은 반사장치부 900×900㎜(삼각형), ø600㎜(원형) 기준이다.
③ 트럭은 자재, 공구 및 경장비의 현장내 운반 작업에 적용한다.
④ 기초제작 및 폐자재 운반은 별도 계상한다.
⑤ 상기 품과 다른 형식 및 규격으로 표지를 교체할 경우 별도 계상할 수 있다.
⑥ 공구손료 및 경장비(드릴, 발전기 등)의 기계경비는 인력품의 2%로 계상한다.

2-1-20 도로반사경 철거('20년 보완)

(일당)

구 분	규 격	단 위	수 량	시공량(본)	
				1면	2면
특 별 인 부	-	인	1	12	9
보 통 인 부	-	〃	1		
트 럭	2.5ton	대	1		

[주] ① 본 품은 도로반사경과 지주의 철거 기준이다.
② 도로반사경의 규격은 아크릴스테인리스제 ø800~1,000㎜이며, 지주의 규격은 ø76.3×4.2×3,750㎜ 기준한 것이다.
③ 트럭은 자재, 공구 및 경장비의 현장내 운반 작업에 적용한다.
④ 공구손료 및 경장비(전동드릴, 발전기 등)의 기계경비는 인력품의 3%로 계상한다.

2-1-21 도로반사경 교체('20년 보완)

(일당)

구 분	규 격	단 위	수 량	시공량(매)
특 별 인 부	-	인	1	7
보 통 인 부	-	〃	1	
트 럭	2.5ton	대	1	

[주] ① 본 품은 아크릴스테인리스제(ø800~1,000㎜) 도로반사경의 교체 기준이다.
② 트럭은 자재, 공구 및 경장비의 현장내 운반 작업에 적용한다.

2-1-22 도로표지병 제거('20년 보완)

(일당)

구 분	규 격	단 위	수 량	시공량(개소)
보 통 인 부	-	인	2	40
트 럭	2.5ton	대	1	

[주] ① 본 품은 앵커형 표지병 제거 기준이다.
② 트럭은 자재, 공구 및 경장비의 현장내 운반 작업에 적용한다.
③ 공구손료 및 경장비(전동드릴 등)의 기계경비는 인력품의 5%로 계상한다.

2-1-23 시선유도표지 철거('20년 보완)

(일 당)

구 분	규 격	단 위	수 량	시공량(개소)		
				흙속 매설용	가드레일용	옹벽용
특 별 인 부	-	인	1	130	260	130
보 통 인 부	-	〃	1			
트 럭	2.5ton	대	1			

[주] ① 본 품은 시선유도표지 철거 기준이다.
② 흙속 매설용은 지주를 박아서 매설하는 경우 또는 터파기 후 되메우기 하여 매설하는 경우에 적용하는 것이며, 콘크리트 기초를 두어 설치하는 경우에는 별도로 계상한다.
③ 트럭은 자재, 공구 및 경장비의 현장내 운반 작업에 적용한다.
④ 공구손료 및 경장비(전동드릴 등)의 기계경비는 인력품의 3%로 계상한다.

2-1-24 보도용 블록 인력철거('21, '24년 보완)

(일 당)

구 분	규 격	단 위	A-Type		B-Type	
			수량	시공량(㎡)	수량	시공량(㎡)
포 장 공	-	인	2	360	2	260
보 통 인 부	-	〃	2		1	
트 럭	2.5ton	대	1		1	

[주] ① 본 품은 유용할 목적으로 철거하거나 또는 장비를 사용하지 못하는 구간의 철거 작업 기준이다.
② 본 품은 블록 철거, 현장정리 작업을 포함한다.
③ 현장 여건별 적용기준은 다음과 같다.

구 분	적용기준
A-Type	- 공원, 단지·택지조성공사의 보도 등 장비이동 및 적재가 용이한 구간
B-Type	- 차도인접, 주택가 보도 등 장비이동 및 적재 공간이 협소한 구간

④ 폐기물처리는 별도 계상한다.

2-1-25 보도용 블록 장비사용 철거('21년 신설, '24년 보완)

(일 당)

구 분	규 격	단 위	A-Type		B-Type	
			수량	시공량(㎡)	수량	시공량(㎡)
포 장 공	-	인	1	600	1	460
보 통 인 부	-	〃	1		1	
굴 착 기	0.4㎥	대	1		-	
〃	0.2㎥	〃	-		1	
트 럭	2.5ton	〃	1		1	

[주] ① 본 품은 장비를 사용하여 보도용 블록을 철거하는 기준이다.
② 본 품은 블록 철거, 현장정리 작업을 포함한다.
③ 현장 여건별 적용기준은 다음과 같다.

구 분	적용기준
A-Type	- 공원, 단지·택지조성공사의 보도 등 장비이동 및 적재가 용이한 구간
B-Type	- 차도인접, 주택가 보도 등 장비이동 및 적재 공간이 협소한 구간

④ 폐기물처리는 별도 계상한다.

2-1-26 보도용 블록 재설치(소형)('21년 신설, '24년 보완)

(일 당)

구 분	규 격	단 위	A-Type		B-Type	
			수량	시공량(㎡)	수량	시공량(㎡)
포 장 공	-	인	3	260	2	180
특 별 인 부	-	〃	2		2	
보 통 인 부	-	〃	2		1	
굴 착 기	0.4㎥	대	1		-	
〃	0.2㎥	〃	-		1	
플레이트콤팩터	1.5ton	〃	1		1	
트 럭	2.5ton	〃	1		1	
비 고	- 유도·점자블록을 설치하는 경우 시공량의 10%를 감하여 적용한다. - 블록 정밀설난(선동설난기)에 의한 시공이 아닌 경우, 특별인부 1인을 감하여 적용한다.					

[주] ① 본 품은 기존에 설치되었던 블록이 철거된 상태에서 신규블록(규격 0.1㎡이하, 두께 8㎝ 이하)을 재설치하는 기준이다.
② 본 품은 모래 보강, 모래층 다짐 및 고르기, 블록 절단 및 설치, 줄눈채움 및 다짐 작업을 포함한다.
③ 현장 여건별 적용기준은 다음과 같다.

구 분	적용기준
A-Type	- 공원, 단지·택지조성공사의 보도 등 장비이동 및 적재가 용이한 구간
B-Type	- 차도인접, 주택가 보도 등 장비이동 및 적재 공간이 협소한 구간

④ 기층에 콘크리트나 아스팔트 등의 안정처리기층을 사용하거나, 지반침하방지가 필요한 경우 별도 계상한다.
⑤ 공구손료 및 경장비(절단기 등)의 기계경비는 인력품의 5%, 블록 정밀절단(전동절단기)에 의한 시공이 아닌 경우 2%로 계상한다.

2-1-27 보도용 블록 재설치(대형)('24년 신설)

(일 당)

구 분	규 격	단 위	A-Type		B-Type	
			수량	시공량(㎡)	수량	시공량(㎡)
포 장 공	-	인	3	160	2	100
특 별 인 부	-	〃	2		2	
보 통 인 부	-	〃	2		1	
굴 착 기	0.4㎥	대	1		-	
〃	0.2㎥	〃	-		1	
플레이트콤팩터	1.5ton	〃	1		1	
트 럭	2.5ton	〃	1		1	
비 고	\multicolumn{6}{l}{- 유도·점자블록을 설치하는 경우 시공량의 10%를 감하여 적용한다. - 블록 정밀절단(전동절단기)에 의한 시공이 아닌 경우, 특별인부 1인을 감하여 적용한다.}

[주] ① 본 품은 기존에 설치되었던 블록이 철거된 상태에서 신규블록(규격 0.10㎡ 초과 0.25㎡ 이하, 두께 8㎝ 이하)을 재설치하는 기준이다.
② 본 품은 모래 보강, 모래층 다짐 및 고르기, 블록 절단 및 설치, 줄눈채움 및 다짐 작업을 포함한다.
③ 현장 여건별 적용기준은 다음과 같다.

구 분	적용기준
A-Type	- 공원, 단지·택지조성공사의 보도 등 장비이동 및 적재가 용이한 구간
B-Type	- 차도인접, 주택가 보도 등 장비이동 및 적재 공간이 협소한 구간

④ 기층에 콘크리트나 아스팔트 등의 안정처리기층을 사용하거나, 지반침하방지가 필요한 경우 별도 계상한다.
⑤ 공구손료 및 경장비(절단기 등)의 기계경비는 인력품의 5%, 블록 정밀절단(전동절단기)에 의한 시공이 아닌 경우 2%로 계상한다.

2-1-28 보도용 블록 소규모보수('21년 신설, '24년 보완)

(일 당)

구 분	규 격	단 위	수 량	시공량(㎡)
포 장 공	-	인	2	
특 별 인 부	-	〃	1	
보 통 인 부	-	〃	1	
굴 착 기	0.4㎥	대	1	110
플레이트콤팩터	1.5ton	〃	1	
트 럭	2.5ton	〃	1	
비 고	- 유도·점자블록을 설치하는 경우 시공량의 10%를 감하여 적용한다.			

[주] ① 본 품은 보도용 블록포장의 손상으로 인해 소규모로 블록을 보수하는 기준이다.
② 블록의 규격은 0.1 ㎡ 이하, 두께 8㎝이하 기준이다.
③ 본 품은 블록 철거, 모래 보강, 모래층 다짐 및 고르기, 블록 절단 및 설치, 줄눈채움 및 다짐 작업을 포함한다.
④ 공구손료 및 경장비(절단기 등)의 기계경비는 인력품의 2%로 계상한다.
⑤ 보수 블록의 작업구간이 산재하여 발생하는 경우 할증은 다음표를 참고하여 적용한다.

구 분	구간별 평균 시공면적				
	10㎡ 이하	30㎡ 이하	60㎡ 이하	110㎡ 이하	110㎡ 초과
시공량 할증계수	0.65	0.85	0.95	1.00	1.05

2-1-29 보차도 및 도로경계블록 철거('21년 신설, '24년 보완)

(일 당)

구 분		규 격	단 위	수 량	규격 (아래폭+높이㎜)	시공량(m)
A-Type	특별인부	-	인	2	300미만	500
	보통인부	-	〃	1	350미만	420
					400미만	390
	굴 착 기	0.4㎥	대	1	500미만	270
	트 럭	2.5ton	〃	1	500이상	170
B-Type	특별인부	-	인	2	300미만	400
	보통인부	-	〃	1	350미만	335
					400미만	310
	굴 착 기	0.2㎥	대	1	500미만	215
	트 럭	2.5ton	〃	1	500이상	130

[주] ① 본 품은 장비를 사용하여 화강암 및 콘크리트 경계블록을 철거하는 기준이다.
② 본 품은 블록 철거, 현장정리 작업을 포함한다.
③ 현장 여건별 적용기준은 다음과 같다.

구 분	적용기준
A-Type	- 공원, 단지·택지조성공사의 보도 등 장비이동 및 적재가 용이한 구간
B-Type	- 차도인접, 주택가 보도 등 장비이동 및 적재 공간이 협소한 구간

④ 콘크리트 절단 및 깨기, 터파기 및 되메우기, 잔토처리는 현장 여건에 따라 별도 계상한다.
⑤ 폐기물처리는 별도 계상한다.
⑥ 장비의 종류 및 규격은 현장여건에 따라 변경할 수 있다.

2-1-30 보차도 및 도로경계블록 재설치('21년 신설, '24년 보완)

(일 당)

구 분		규 격	단 위	수 량	규 격 (아래폭+높이㎜)	시공량(m) 직선구간	시공량(m) 곡선구간
A-Type	특별인부	-	인	3	300 미만	150	130
	보통인부	-	〃	1	350 미만	120	110
					400 미만	110	95
	굴착기	0.4㎥	대	1	500 미만	80	65
	트럭	2.5ton	〃	1	500 이상	50	45
B-Type	특별인부	-	인	2	300 미만	110	95
	보통인부	-	〃	1	350 미만	85	75
					400 미만	80	70
	굴착기	0.2㎥	대	1	500 미만	55	40
	트럭	2.5ton	〃	1	500 이상	40	30

[주] ① 본 품은 기존에 설치되었던 블록이 철거된 상태에서 신규블록을 재설치하는 기준이다.
② 본 품은 위치확인, 경계블록 절단 및 설치, 이음모르타르 바름 작업을 포함한다.
③ 현장 여건별 적용기준은 다음과 같다.

구 분	적용기준
A-Type	- 공원, 단지·택지조성공사의 보도 등 장비이동 및 적재가 용이한 구간
B-Type	- 차도인접, 주택가 보도 등 장비이동 및 적재 공간이 협소한 구간

④ 기초 콘크리트, 거푸집, 터파기 및 되메우기, 잔토처리는 현장 여건에 따라 별도 계상한다.
⑤ 장비의 종류 및 규격은 현장여건에 따라 변경할 수 있다.
⑥ 공구손료 및 경장비(절단기 등)의 기계경비는 인력품의 2%로 계상한다.

2-1-31 가드레일 철거('20년 신설)

가드레일을 철거하는 경우 '[토목부문] 1-8-10 가드레일 설치' 품의 50%로 계상한다.

2-2 궤도공사

2-2-1 철도안전처리('23년 신설)

- 궤도 유지보수 공사 중 철도운행 안전관리자(열차감시원, 장비유도원, 안전관리자 등)의 인력투입은 각 항목에서 제외되어 있으며, 필요시 배치인원은 현장조건(시공위치, 차단시간 등)을 고려하여 별도 계상한다.
- 궤도 유지보수 공사를 위한 임시신호기(서행신호기, 서행예고신호기, 서행해제신호기, 서행발리스), 서행구역통과측정표지, 선로작업표, 공사알림판 등의 설치는 현장조건에 따라 별도 계상한다.

2-2-2 궤광철거('12, '19, '23년 보완)

(km 당)

구 분		규 격	단 위	수 량(레일규격)	
				37kg/m	50kg/m
목침목	궤 도 공	-	인	41	49
	보 통 인 부	-	〃	9	11
	굴착기 + 부착용집게	0.2㎥	hr	51	61
PCT	궤 도 공	-	인	42	51
	보 통 인 부	-	〃	10	12
	굴착기 + 부착용집게	0.2㎥	hr	54	66
터널 교량	궤 도 공	-	인	50	61
	보 통 인 부	-	〃	12	14
	굴착기 + 부착용집게	0.2㎥	hr	65	78

[주] ① 본 품은 자갈도상 구간의 궤광을 해체, 철거하는 기준이다.
② 철거작업으로 발생된 자재의 상차 및 하화, 정리를 포함한다.
③ 운반은 별도 계상한다.
④ 레일 절단에 소요되는 품은 별도 계상한다.
⑤ 투입장비는 작업여건에 따라 장비조합을 변경하여 적용할 수 있다.

2-2-3 분기기 철거('12, '19, '23년 보완)

(틀 당)

구 분	규 격	단 위	수 량(분기기 종류)			
			#8번 분기기	#10번 분기기	#12번 분기기	#15번 분기기
궤 도 공	-	인	8	9	11	13
보 통 인 부	-	〃	2	2	3	3
굴착기+부착용집게	0.2㎥	hr	6	8	8	11

[주] ① 본 품은 자갈도상 구간의 분기기를 해체, 철거하는 기준이다.
② 철거작업으로 발생된 자재의 상차 및 하차, 정리를 포함한다.
③ 운반은 별도 계상한다.
④ 레일 절단에 소요되는 품은 별도 계상한다.
⑤ 투입장비는 작업여건에 따라 장비조합을 변경하여 적용할 수 있다.

2-2-4 레일교환(인력)('12, '23년 보완)

(km 당)

구 분		단위	수 량											
			3시간 차단						4시간 차단					
			시공구간 30m 이하		시공구간 100m 이하		시공구간 100m 초과		시공구간 30m 이하		시공구간 100m 이하		시공구간 100m 초과	
			50kg	60kg	50kg	60kg	50kg	60kg	50kg	60kg	50kg	60kg	50kg	60kg
목침목 구 간	궤 도 공	인	193	204	161	171	130	138	178	189	149	158	121	128
	보통인부	〃	42	45	35	38	29	30	39	42	33	35	27	28
PCT 구 간	궤 도 공	인	178	196	149	164	121	133	166	183	139	153	112	124
	보통인부	〃	39	43	33	36	27	29	37	40	31	34	25	27
교 량	궤 도 공	인	242	264	202	221	164	179	226	246	188	206	153	167
	보통인부	〃	53	58	44	49	36	39	50	54	42	45	34	37
터 널	궤 도 공	인	255	261	213	218	173	176	237	242	198	202	161	164
	보통인부	〃	56	57	47	48	38	39	52	53	44	44	35	36
비 고			- 한측 레일만 교환하는 경우는 본 품의 65%를 적용한다.											

[주] ① 본 품은 인력으로 양측레일을 교환하는 품이며, 운행선 구간의 야간작업 기준이다.
② 시공구간은 1일 차단시간 내에 시공하는 레일교환 대상물량 기준이다.
③ 체결구 해체, 레일교환, 체결구 체결을 포함한다.
④ 레일의 상차 및 하화, 운반, 레일 절단에 소요되는 품은 별도 계상한다.
⑤ 야간작업 할증, 열차 운행에 따른 지장, 대피 할증을 추가 계상하지 않는다.

2-2-5 레일교환(기계)('12, '19, '23년 보완)

(km 당)

구 분		규 격	단 위	수 량	
				3시간 차단	4시간 차단
목침목구간	궤 도 공	-	인	84	78
	보 통 인 부	-	〃	32	29
	굴착기+부착용집게	0.2㎥	hr	86	82
PCT구간	궤 도 공	-	인	78	72
	보 통 인 부	-	〃	29	29
	굴착기+부착용집게	0.2㎥	hr	80	76
교 량	궤 도 공	-	인	106	98
	보 통 인 부	-	〃	40	37
	굴착기+부착용집게	0.2㎥	hr	108	104
터 널	궤 도 공	-	인	111	103
	보 통 인 부	-	〃	42	39
	굴착기+부착용집게	0.2㎥	hr	114	109
비 고		- 본 품은 양측레일 교환 기준이며, 한측 레일만 교환하는 경우는 본 품의 65%를 적용한다.			

[주] ① 본 품은 운행선 구간의 야간에 장비를 사용하여 레일을 교환하는 기준이다.
② 체결구해체, 레일교환, 체결구체결을 포함한다.
③ 레일의 상차 및 하차, 운반, 레일 절단에 소요되는 품은 별도 계상한다.
④ 야간작업 할증, 열차 운행에 따른 지장, 대피 할증을 추가 계상하지 않는다.
⑤ 투입장비는 작업여건에 따라 장비조합을 변경하여 적용할 수 있다.

2-2-6 침목교환(인력)('12, '23년 보완)

(개 당)

구 분		단 위	수 량			
			3시간 차단		4시간 차단	
			A-Type	B-Type	A-Type	B-Type
목침목 → 목침목	궤 도 공	인	0.283	0.209	0.279	0.206
	보 통 인 부	〃	0.071	0.052	0.070	0.052
목침목 → PCT	궤 도 공	〃	0.662	0.488	0.650	0.479
	보 통 인 부	〃	0.192	0.141	0.189	0.139
PCT → PCT	궤 도 공	〃	0.775	0.571	0.761	0.561
	보 통 인 부	〃	0.224	0.165	0.221	0.163
교량침목교환	궤 도 공	〃	1.005	0.740	0.988	0.728
	보 통 인 부	〃	0.291	0.214	0.287	0.211

[주] ① 본 품은 운행선 구간의 야간에 인력으로 침목을 교환하는 기준이다.
② 체결구해체, 침목교환, 체결구체결을 포함한다.
③ 현장 여건별 적용기준은 다음과 같다.

구 분	적용기준
A-Type	- 교환대상 침목이 산재되어 있어 시공위치별로 1~2개의 침목교환 후 이동이 발생하는 경우
B-Type	- 교환대상 침목이 구간별로 3개 이상 연속적으로 집중되어 있는 경우

④ 교량침목교환은 무도상교량에 적용하며, 교량침목고정장치 설치 또는 해체 품은 별도 계상한다.
⑤ 침목의 상차 및 하화, 운반, 도상임시철거 및 복구, 자갈다지기 및 정리는 별도 계상한다.
⑥ 야간작업 할증, 열차 운행에 따른 지장, 대피 할증을 추가 계상하지 않는다.

2-2-7 침목교환(기계)('12, '19년 보완)

(개 당)

구 분		규 격	단 위	수 량	
				3시간 차단	4시간 차단
목침목 → PCT	궤 도 공	-	인	0.090	0.079
	보 통 인 부	-	〃	0.020	0.018
	굴착기+부착용집게	0.2㎥	hr	0.065	0.053
PCT → PCT	궤 도 공	-	인	0.110	0.097
	보 통 인 부	-	〃	0.025	0.022
	굴착기+부착용집게	0.2㎥	hr	0.105	0.086
교량침목교환	궤 도 공	-	인	0.271	0.240
	보 통 인 부	-	〃	0.061	0.054
	굴착기+부착용집게	0.2㎥	hr	0.214	0.175

[주] ① 본 품은 운행선 구간의 야간에 장비를 사용하여 침목을 교환하는 기준이다.
② 체결구해체, 침목교환, 체결구체결을 포함한다.
③ 교량침목교환은 무도상교량에 적용하며, 교량침목고정장치 설치 또는 해체 품은 별도 계상한다.
④ 침목의 상차 및 하화, 운반, 도상임시철거 및 복구, 자갈다지기 및 정리는 별도 계상한다.
⑤ 야간작업 할증, 열차 운행에 따른 지장, 대피 할증을 추가 계상하지 않는다.
⑥ 투입장비는 작업여건에 따라 장비조합을 변경하여 적용할 수 있다.

2-2-8 분기기교환(인력)('12, '23년 보완)

(틀 당)

구 분		단 위	수 량	
			3시간 차단	4시간 차단
#8 분기기	궤 도 공	인	37	35
	보 통 인 부	〃	17	16
#10 분기기	궤 도 공	〃	42	40
	보 통 인 부	〃	19	18
#12 분기기	궤 도 공	〃	47	45
	보 통 인 부	〃	21	20
#15 분기기	궤 도 공	〃	66	63
	보 통 인 부	〃	29	28

[주] ① 본 품은 인력으로 분해된 상태의 분기기를 재조립하여 교환하는 품이며, 운행선 구간의 야간작업 기준이다.
② 체결구 해체, 분기기교환, 체결구체결을 포함한다.
③ 분기기침목 교환, 도상자갈 철거 및 살포 작업은 제외되어 있다.
④ 분기기의 상차 및 하화, 운반, 도상임시철거 및 복구, 자갈다지기 및 정리는 별도 계상한다.
⑤ 레일 절단에 소요되는 품은 별도 계상한다.
⑥ 야간작업 할증, 열차 운행에 따른 지장, 대피 할증을 추가 계상하지 않는다.

2-2-9 분기기교환(기계)('12, '19년 보완)

(틀 당)

구 분		규격	단위	수량	
				3시간 차단	4시간 차단
#8 분기기	궤 도 공	-	인	21	20
	보 통 인 부	-	〃	7	6
	굴착기+부착용집게	0.2㎥	hr	33	32
#10 분기기	궤 도 공	-	인	25	24
	보 통 인 부	-	〃	8	8
	굴착기+부착용집게	0.2㎥	hr	39	37
#12 분기기	궤 도 공	-	인	27	26
	보 통 인 부	-	〃	9	8
	굴착기+부착용집게	0.2㎥	hr	59	56
#15 분기기	궤 도 공	-	인	36	35
	보 통 인 부	-	〃	12	11
	굴착기+부착용집게	0.2㎥	hr	78	76

[주] ① 본 품은 운행선 구간의 야간에 장비를 사용하여 분해된 상태의 분기기를 재조립하여 교환하는 기준이다.
② 체결구 해체, 분기기교환, 체결구체결을 포함한다.
③ 분기기의 상차 및 하화, 운반, 도상임시철거 및 복구, 자갈다지기 및 정리는 별도 계상한다.
④ 레일 절단에 소요되는 품은 별도 계상한다.
⑤ 야간작업 할증, 열차 운행에 따른 지장, 대피 할증을 추가 계상하지 않는다.
⑥ 투입장비는 작업여건에 따라 장비조합을 변경하여 적용할 수 있다.

2-2-10 도상자갈철거(인력)('11년 신설)

(㎥ 당)

구 분	단위	수량
궤 도 공	인	0.04
특 별 인 부	〃	0.11
보 통 인 부	〃	0.32

[주] ① 본 품은 인력으로 기존 자갈도상의 자갈을 긁어내는 기준이다.
② 자갈도상을 긁어내고 도상을 정리하는 작업을 포함한다.
③ 철거작업으로 발생된 자갈의 상차 및 하화, 운반 및 정리는 별도 계상한다.

2-2-11 도상자갈철거(기계)('19년 신설)

(㎥당)

구 분	규 격	단 위	수 량	
			3시간 차단	4시간 차단
궤 도 공	-	인	0.04	0.04
보 통 인 부	-	〃	0.09	0.08
굴 착 기	0.2㎥	hr	0.12	0.11

[주] ① 본 품은 운행선 구간의 야간에 장비를 사용하여 기존 자갈도상의 자갈을 긁어내는 기준이다.
② 자갈도상을 긁어내고 도상을 정리하는 작업을 포함한다.
③ 철거작업으로 발생된 자갈의 상차 및 하화, 운반 및 정리는 별도 계상한다.
④ 야간작업 할증, 열차 운행에 따른 지장, 대피 할증을 추가 계상하지 않는다.
⑤ 투입장비는 작업여건에 따라 장비조합을 변경하여 적용할 수 있다.

2-2-12 도상갱환('11년 신설)

1. 가받침 설치

(m당)

구 분	단 위	수 량
궤 도 공	인	0.09
특 별 인 부	〃	0.05
보 통 인 부	〃	0.20

[주] ① 본 품은 인력에 의한 지상부의 직선구간 기준이다.
② 자갈철거 이후 열차운행이 가능하도록 하기 위한 가받침설치 및 침목 가조립, 재료반출, 궤도정비 작업을 포함한다.
③ 곡선구간(R=950미만)에서는 가받침 설치품을 5%까지 증할 수 있다.
④ 잡재료비 및 기구손료는 별도 계상한다.

2. 판넬설치

구 분	단 위	수 량	
		판넬설치(개 당)	가받침 해체 및 설치(m 당)
궤 도 공	인	0.05	0.09
특 별 인 부	〃	0.09	0.18
보 통 인 부	〃	0.05	0.09
비 고	- 곡선구간(R=950미만)은 투입품을 5%까지 증하여 적용한다.		

[주] ① 본 품은 지상부의 직선구간 기준이다.

② 본 품은 트랙머신에 의한 판넬설치와 가받침 해체 및 설치 작업으로 구분한다.
③ 판넬설치는 물청소와 트랙머신에 의한 판넬설치를 포함한다.
④ 본 품은 B2S A형 판넬(1,225×2,550㎜)을 기준으로 한 것이다.
⑤ B2S B형 판넬(1,125×2,550㎜)은 동일하게 적용하며, C형 판넬(350×2,550㎜)은 판넬설치 품의 50%를 적용한다.
⑥ 가받침 해체는 판넬설치를 위한 기존 가받침 및 침목 해체를 포함한다.
⑦ 가받침 설치는 판넬설치 후 열차 운행을 위한 체결구 조임, 가받침 재설치 및 재료반출, 궤도정비 공종을 포함한다.
⑧ 잡재료비 및 기계경비는 별도 계상한다.

3. 타설 후 정리작업

(m 당)

구 분	단 위	수 량
궤 도 공	인	0.11
보 통 인 부	〃	0.25
비 고	- 곡선구간(R=950미만)은 투입품을 5%까지 증하여 적용한다	

[주] ① 본 품은 지상부의 직선구간 기준이다.
② 콘크리트 충전 후 열차 운행을 위한 가받침 설치·해체 및 궤도정비 공종을 포함한다.
③ 잡재료비 및 기계경비는 별도 계상한다.

2-2-13 궤도정정 및 이설('12, '19, '23년 보완)

(km 당)

구 분	규 격	단 위	수 량	
			궤도정정	궤도이설
궤 도 공	-	인	47	121
보 통 인 부	-	〃	27	46
굴착기+부착용집게	0.2㎥	hr	53	153
〃	0.6㎥	〃	-	153
양 로 기	11.19kW	〃	-	76

[주] ① 본 품은 궤도정정은 레일의 이동범위 1m미만 기준이며, 궤도이설은 레일의 이동범위 1m~3m 기준이다.
② 자갈제거, 궤도정정 및 이설, 자갈펴넣기, 자갈정리 및 뒷정리 작업을 포함한다.
③ 자갈다지기는 별도 계상한다.

2-2-14 교상가드레일 철거('12, '19년 보완)

(km 당)

구 분	규 격	단 위	수 량
궤 도 공	-	인	30
보 통 인 부	-	〃	11
굴착기+부착용집게	0.2㎥	hr	34.8

[주] ① 본 품은 교상에 가드레일을 철거하는 기준이다.
② 나사 스파이크 뽑기, 가드레일 철거를 포함한다.

2-2-15 목침목 탄성체결장치 철거('12, '19년 보완)

(침목 개소 당)

구 분	단 위	수 량
궤 도 공	인	0.028
보 통 인 부	〃	0.022

[주] ① 본 품은 목침목에 탄성체결장치를 설치 또는 해체하는 기준이다.
② 나사 스파이크 풀기, 레일 들기, 체결장치 철거 품을 포함한다.

2-3 교량공사

2-3-1 강교보수 바탕처리(인력)

(㎡ 당)

구 분	규 격	단 위	수 량 A급	수 량 B급	수 량 C급
도 장 공	-	인	0.23	0.14	0.09
보 통 인 부	-	〃	0.10	0.06	0.04
트럭탑재형크레인	5ton	hr	0.30	0.18	0.12

[주] ① 본 품은 강교의 보수도장 전에 도장면의 바탕처리를 기준한 것으로 대상면의 상태는 다음과 같다.
A급 : 기존 도장의 탈락이 극히 심하고 부식이 심한 기타 부착물을 완전히 연마하여 철판의 전면을 노출시켜야 할 정도

B급 : 재래도장의 탈락이 심하고 부분적으로 부식되어 대부분의 도막 및 기타 부착물의 완전 제거를 요하는 정도이다.
C급 : 재래도장의 부출되어 있는 녹을 제거하고 기타는 와이어 브러쉬로 청소할 정도
② 본 품은 도장면의 연마 및 청소작업이 포함한다.
③ 보수도장 및 바탕처리를 위한 장비는 현장에 따라 다양한 종류(크레인, 굴절차 등)의 적용이 가능하며, 장비의 규격은 작업여건(작업범위, 위치 등)에 따라 변경할 수 있다.
④ 공구손료 및 경장비(그라인더 등)의 기계경비는 인력품의 3%로 계상한다.

2-3-2 강교보수 바탕처리(장비)('21년 신설)

(일당)

구 분		규 격	단 위	수 량	시공량(㎡)
인력	도 장 공	-	인	5	
	특 별 인 부	-	〃	3	
장비	공 기 압 축 기	23.5㎥/min	대	2	240
	믹 싱 기(BLASTUNIT)	600kg/대	〃	4	
	진공흡입기(V/Recovery)	100마력	〃	1	
	발 전 기	250kW	〃	1	
	집 진 기	140㎥/min	〃	2	
	지 게 차	3.0ton	〃	1	
	에어제습장치시스템	1.5ton	〃	1	

[주] ① 본 품은 강교의 보수도장 전에 도장면의 바탕처리를 기준한 것으로 대상면을 블라스트 세정하는 기준이다.
② 본 품은 도장면의 연마 및 청소작업이 포함된 것이다.
③ 강교보수를 위한 장비(믹싱기, 진공흡입기, 집진기, 에어제습장치 시스템)의 기계경비는 별도 계상한다.
④ 보수도장 및 바탕처리를 위한 장비는 현장에 따라 다양한 종류(크레인, 굴절차 등)의 적용이 가능하며, 장비의 규격은 작업여건(작업범위, 위치 등)에 따라 변경할 수 있다.
⑤ 시공을 위한 비계, 방진막 등의 가시설이 필요한 경우는 별도 계상한다.
⑥ 공구손료 및 경장비의 기계경비는 인력품의 3%로 계상한다.

2-4 관부설 및 접합

2-4-1 상수관 세척('18년 신설)

(일 당)

구 분	단 위	수 량	시공량(구간)
배 관 공(수도)	인	1	
보 통 인 부	〃	3	2
시 험 기 구	식	1	

[주] ① 본 품은 양측의 제수밸브와 소화전을 이용한 상수관(300㎜ 이하)의 물세척(플러싱) 작업 기준이다.
② 본 품의 시공량의 "구간"은 양측 제수밸브에 의해 통제되는 구간 기준이다.
③ 본 품은 단수준비(사전홍보 포함), 제수밸브 개폐(양측), 탁도/염도 측정 작업을 포함한다.
④ 측정에 필요한 시험기구의 손료는 별도 계상한다.

2-4-2 하수관 세정('21년 신설, '25년 보완)

(일 당)

구 분	단 위	수 량	시공량(m)	
			A-Type	B-Type
배 관 공(수도)	인	3		
보 통 인 부	〃	1	340	260
진공흡입준설차	대	1		
물 탱 크 (살수차)	〃	1		
비 고	- 준설 작업이 필요하지 않은 경우에는 시공량의 20%를 증가하여 적용한다.			

[주] ① 본 품은 하수관 내부를 고압으로 세정하는 기준이다.
② 본 품은 장비 셋팅, 하수관 내부 세정 및 부분 준설, 정리 및 이동 작업을 포함한다.
③ 본 품은 세정을 기준으로 하며, 하수관내에 발생되는 슬러지의 부분적인 준설을 포함한다.
④ 현장 여건별 적용기준은 다음표를 기준한다.

구 분	적용기준
A Type	- 작업위치(맨홀)가 대로 등 넓고, 작업공간이 확보되어 장비의 이동이 원활한 경우
B Type	- 작업위치(맨홀)가 주택가 도로 등 좁고 협소하여 장비의 이동이 원활하지 못한 경우

⑤ 장비의 규격은 다음을 기준하나, 작업여건을 고려하여 적합한 규격 선정하여 계상한다.

구분	A-Type	B-Type
진공흡입준설차	25톤(7.64㎥적)	13톤(3.00㎥적)
물탱크(살수차)	16,000ℓ	5,500ℓ

2-4-3 관세관(스크레이퍼+워터젯트 병행 방법)('10, '11년 보완)

(m 당)

구 분		규 격	단위	관 경(mm)				
				150~200	250~300	400~500	600~700	800~900
인력	초급기술자	-	인	0.01	0.01	0.01	0.01	0.01
	특별인부	-	〃	0.03	0.03	0.03	0.03	0.03
	보통인부	-	〃	0.04	0.05	0.05	0.05	0.06
	일반기계운전사	-	〃	0.01	0.01	0.01	0.01	0.01
장비	워터젯트	131ps(250kg/㎠)	hr	0.05	0.05	0.06	0.06	0.07
	윈치	싱글자동 3톤	〃	0.06	0.07	0.07	0.08	0.09
	발전기	25kW	〃	0.06	0.07	0.07	0.08	0.09
	물탱크(살수차)	5,500ℓ	〃	0.05	0.05	0.06	0.06	0.07
	트럭탑재형크레인	5톤	〃	-	-	0.01	0.01	0.01
	수중펌프	80mm	〃	0.04	0.05	0.05	0.06	0.07
재료소모율	스크레파 몸통	ø150~900	개	6.7×10^{-4}				
	스프링 날	ø150~900	Set	33.3×10^{-4}				

비고:
- 도복장 강관을 대상으로 할 경우 본 품의 80%를 계상한다.
- 본 품은 녹부착상태가 보통인 경우를 기준한 것이므로 다음에 따라 증감 적용한다.

구분	녹 부 착 상 태	적용(%)
불량	표면전체에 금속성 사태로 두껍게 밀착 생성된 상태	+5
보통	표면전체에 녹이 금속성 상태로 얇게 부착되고 전반적으로 돌기상태로 부착된 상태	0
양호	표면전체에 녹이 형성되고 부분적으로 돌기형성이 되었거나 비교적 녹생성이 적고 라이닝만을 하기 위한 세척작업이 필요한 경우	-5

[주] ① 본 품은 주철관 및 강관에 대한 관 세관(스크레파+워터젯트 병행)품이다.
② 본 품에는 소운반이 포함되어 있다.
③ 터파기, 잔토처리, 되메우기, 관절단은 별도 계상한다.
④ 잡재료는 인력품의 3%를 계상한다.
⑤ 관 내부 검사를 위한 CCTV조사가 필요한 경우 별도 계상한다.
⑥ 현장조건상 트럭탑재형 크레인의 적용이 어려운 경우, 동일한 규격의 크레인(무한궤도, 타이어)을 적용할 수 있다.

2-4-4 하수관 수밀시험('93년 신설, '12, '18, '21년 보완)

(일 당)

구 분	규 격	단 위	수 량	시공량(개소)		
				300㎜ 이하	600㎜ 이하	800㎜ 이하
배관공(수도)	-	인	2	4	3	2
보 통 인 부	-	〃	1			
시 험 기 구	-	식	1			
트 럭	2.5ton	대	1			

[주] ① 본 품은 하수관에 물을 채워 누수를 측정하는 수밀시험 기준이다.
② 본 품은 시험기구 설치, 물채움, 측정, 기구해체 및 이동 작업을 포함한다.
③ 물탱크, 공기압축기, 시험기구의 손료는 별도 계상한다.
④ 용수와 잡재료비는 별도 계상한다.

파손예방 및 누수감지 시스템 구축

공 종 시스템 적용관경(㎜)	PSPS : 스마트 파손예방 및 누수감지 시스템 구축 특허			비 고
	통신 관련 기능사	작업반장	보통인부	
80	0.042	0.042	0.042	
100	0.049	0.049	0.049	
150	0.063	0.063	0.063	
200	0.084	0.084	0.084	
250	0.098	0.098	0.098	
300	0.112	0.112	0.112	
350	0.147	0.147	0.147	
400	0.168	0.168	0.168	
450	0.182	0.182	0.182	
500	0.196	0.196	0.196	
600	0.210	0.210	0.294	
700	0.224	0.224	0.314	
800	0.294	0.294	0.412	
900	0.364	0.364	0.510	
1000	0.434	0.434	0.608	
1100	0.511	0.518	0.724	
1200	0.602	0.602	0.843	
1350	0.602	0.602	0.843	
1400	0.602	0.934	1.024	
1500	0.602	0.934	1.024	
1650	0.602	0.934	1.024	
1700	0.602	0.934	1.024	
1800	0.602	0.934	1.024	
1900	0.602	0.934	1.024	
2000	0.602	0.934	1.024	
2300	0.602	1.024	1.204	
2400	0.602	1.024	1.204	
2500	0.602	1.024	1.204	
2600	0.602	1.024	1.204	
2700	0.602	1.024	1.204	
2800	0.602	1.024	1.204	
2900	0.602	1.024	1.204	
3000	0.602	1.024	1.204	

[주] ① 본 품은 파손예방 및 누수감지 시스템(스마트예방시트/스마트시트/보호커버, 보호장치)의 부설에 관한 것이다.
② 본 품은 택지조성공사 기준에 관한 것이다.
③ 본 품은 직관(6m) 부설 작업을 기준으로 한 것이다.(이형관 및 단관 품은 별도 계상한다.)
④ 야간에 부설할 경우 상기 품에 87.5%를 가산한다.
⑤ 도로구간에 부설할 경우 상기 품에 30%를 가산한다.
⑥ 공구손료 및 잡재료는 인력품의 3%로 계상한다.
⑦ 작업현장에 물푸기를 해야 할 경우 물푸기는 별도 계상한다.

■ 누수감지 시스템 구축

공　　종 시스템 적용관경(㎜)	LSS : 스마트 누수감지 시스템 구축 특허			비고
	통신 관련 기능사	작업반장	보통인부	
80	0.063	0.063	-	
100	0.067	0.067	-	
150	0.071	0.071	-	
200	0.077	0.077	-	
250	0.083	0.083	-	
300	0.091	0.091	-	
350	0.100	0.100	-	
400	0.111	0.111	-	
450	0.125	0.125	-	
500	0.143	0.143	-	
600	0.167	0.167	0.167	
700	0.200	0.200	0.200	
800	0.250	0.250	0.250	
900	0.333	0.333	0.333	
1000	0.500	0.500	0.500	
1100	0.500	0.500	0.500	
1200	0.500	0.500	0.500	
1350	0.500	0.500	0.500	
1400	0.500	0.500	0.500	
1500	0.500	0.500	0.500	
1600	0.500	0.500	0.500	
1700	0.500	0.500	0.500	
1800	0.500	0.500	0.500	
1900	0.500	0.500	0.500	
2000	0.500	0.500	0.500	
2300	0.500	0.500	0.500	
2400	0.500	0.500	0.500	
2500	0.500	0.500	0.500	
2600	0.500	0.500	0.500	
2700	0.500	0.500	0.500	
2800	0.500	0.500	0.500	
2900	0.500	0.500	0.500	
3000	0.500	0.500	0.500	

[주] ① 본 품은 누수감지 시스템(스마트시트/보호커버, 보호장치)의 부설에 관한 것이다
　② 본 품은 택지조성공사 기준에 관한 것이다.
　③ 본 품은 직관(6m) 부설 작업을 기준한 것이다.(이형관 및 단관 품은 별도 계상한다.)
　④ 야간에 부설할 경우 상기 품에 87.5%를 가산한다.
　⑤ 도로구간에 부설할 경우 상기 품에 30%를 가산한다.
　⑥ 공구손료 및 잡재료는 인력품의 3%로 계상한다.
　⑦ 작업현장에 물푸기를 해야 할 경우 물푸기는 별도 계상한다.

■ 지중 동공감지 시스템 구축

공　　종 시스템 적용관경(㎜)	STS : 파손예방 및 지중 동공감지 시스템 구축 특허(2020년 7월 혁신제품 지정)			비고
	통신 관련 기능사	작업반장	보통인부	
80	0.059	0.059	-	
100	0.063	0.063	-	
150	0.067	0.067	-	
200	0.071	0.071	-	
250	0.077	0.077	-	
300	0.083	0.083	-	
350	0.091	0.091	-	
400	0.100	0.100	-	
450	0.111	0.111	-	
500	0.125	0.125	-	
600	0.143	0.143	0.143	
700	0.167	0.167	0.167	
800	0.200	0.200	0.200	
900	0.250	0.250	0.250	
1000	0.333	0.333	0.333	
1100	0.333	0.333	0.333	
1200	0.333	0.333	0.333	
1350	0.333	0.333	0.333	
1400	0.333	0.333	0.333	
1500	0.333	0.333	0.333	
1650	0.333	0.333	0.333	
1700	0.333	0.333	0.333	
1800	0.333	0.333	0.333	
1900	0.333	0.333	0.333	
2000	0.333	0.333	0.333	
2300	0.333	0.333	0.333	
2400	0.333	0.333	0.333	
2500	0.333	0.333	0.333	
2600	0.333	0.333	0.333	
2700	0.333	0.333	0.333	
2800	0.333	0.333	0.333	
2900	0.333	0.333	0.333	
3000	0.333	0.333	0.333	

[주] ① 본 품은 지중 동공감지 시스템(스마트예방시트/싱크트리)의 부설에 관한 것이다
② 본 품은 택지조성공사 기준에 관한 것이다.
③ 본 품은 직관(6m) 부설 작업을 기준한 것이다.(이형관 및 단관 품은 별도 계상한다.)
④ 야간에 부설할 경우 상기 품에 87.5%를 가산한다.
⑤ 도로구간에 부설할 경우 상기 품에 30%를 가산한다.
⑥ 공구손료 및 잡재료는 인력품의 3%로 계상한다.
⑦ 작업현장에 물푸기를 해야 할 경우 물푸기는 별도 계상한다.

○ 참고자료

■ 파손예방 시스템 구축

공 종	BPS : 스마트 파손예방 시스템 구축 특허		비고
시스템 적용관경(mm)	통신 관련 기능사	보통인부	
80	0.053	0.053	
100	0.056	0.056	
150	0.059	0.059	
200	0.063	0.063	
250	0.067	0.067	
300	0.071	0.071	
350	0.077	0.077	
400	0.083	0.083	
450	0.091	0.091	
500	0.100	0.100	
600	0.111	0.111	
700	0.125	0.125	
800	0.143	0.143	
900	0.167	0.167	
1000	0.200	0.200	
1100	0.250	0.250	
1200	0.333	0.333	
1350	0.333	0.333	
1400	0.333	0.333	
1500	0.333	0.333	
1650	0.333	0.333	
1700	0.333	0.333	
1800	0.333	0.333	
1900	0.333	0.333	
2000	0.333	0.333	
2300	0.333	0.333	
2400	0.333	0.333	
2500	0.333	0.333	
2600	0.333	0.333	
2700	0.333	0.333	
2800	0.333	0.333	
2900	0.333	0.333	
3000	0.333	0.333	

[주] ① 본 품은 파손예방 시스템(스마트예방시트)의 부설에 관한 것이다.
② 본 품은 택지조성공사 기준에 관한 것이다.
③ 야간에 부설할 경우 상기 품에 87.5%를 가산한다.
④ 도로구간에 부설할 경우 상기 품에 30%를 가산한다.
⑤ 공구손료 및 잡재료는 인력품의 3%로 계상한다.
⑥ 작업현장에 물푸기를 해야 할 경우 물푸기는 별도 계상한다.

지하매설관 파손예방 및 실시간 누수감지시스템

경기도 수원시 영통구 대학4로 17, 207호(이의동, 에이스광교타워)
TEL : 031-212-5565   FAX : 031-8014-5929
e-mail : cowith1@hanmail.net
www.cowithone.com

2-4-5 하수관 공기압시험('21년 신설)

(일 당)

구 분	규 격	단 위	수 량	시공량(개소)		
				300㎜ 이하	600㎜ 이하	800㎜ 이하
배 관 공(수도)	-	인	2	15	11	8
보 통 인 부	-	〃	1			
시 험 기 구	-	식	1			
트 럭	2.5ton	대	1			

[주] ① 본 품은 하수관에 공기를 주입하여 누수를 측정하는 공기압시험 기준이다.
② 본 품은 시험기구 설치, 공기채움, 측정, 기구해체 및 이동 작업을 포함한다.
③ 물탱크, 공기압축기, 시험기구의 손료는 별도 계상한다.
④ 용수와 잡재료비는 별도 계상한다.

2-4-6 하수관 준설(버킷식)('93년 신설, '12, '18, '21년 보완)

(일 당)

구 분	규 격	단 위	수 량	시공량(㎥)
특 별 인 부	-	인	1	0.8
버 킷 준 설 기	7.46kW	대	2	
트 럭	2.5ton	〃	1	

[주] ① 본 품은 버킷준설기를 이용한 하수관거 준설을 기준한 것이다.
② 본 품은 버킷준설기 셋팅, 준설, 준설토 상차 및 마무리 작업을 포함한다.
③ 준설토의 운반 작업은 제외되어 있다.
④ 버킷준설기는 호퍼식 준설기 기준이다.

2-4-7 하수관 준설(흡입식)('12, '21년 보완)

(일 당)

구 분	규 격	단 위	수 량	시공량(㎥) A-Type	시공량(㎥) B-Type
배 관 공(수도)	-	인	2	8.6	6.4
보 통 인 부	-	〃	1		
진공흡입준설차	-	대	1		
물 탱 크(살수차)	-	〃	1		
비 고	하수관 내부에 폐기물 등으로 인하여 준설차 세정 이외의 추가작업이 필요한 경우에는 시공량을 15% 감하여 적용한다.				

[주] ① 본 품은 흡입준설차를 활용한 하수관 준설작업 기준이다.
② 본 품의 시공량은 하수도 내부의 준설토를 기준한 것이며, 준설을 위해 분사한 세정수(물)는 제외되어 있다.
③ 본 품은 장비셋팅, 하수관 내부세정(집토), 준설토 흡입, 정리 및 이동 작업을 포함한다.
④ 현장 여건별 적용기준은 다음표를 기준한다.

구분		적용기준
하수관	A Type	- 작업위치(맨홀)가 대로 등 넓고, 작업공간이 확보되어 장비의 이동이 원활한 경우
	B Type	- 작업위치(맨홀)가 주택가 도로 등 좁고 협소하여 장비의 이동이 원활하지 못한 경우

⑤ 장비의 규격은 다음을 기준하나, 작업여건을 고려하여 적합한 규격 선정하여 계상한다.

구분	하수관 A-Type	하수관 B-Type
진 공 흡 입 준 설 차	25톤(7.64㎥적)	13톤(3.00㎥적)
물 탱 크(살수차)	16,000ℓ	5,500ℓ

⑥ 준설 작업을 위해 투입되는 세정수(물)의 양은 별도 계상한다.

■ 교량배수시설

1. 자재비(재질 : AL, STS)

품 명	규 격	단위	비 고
집 수 구	250×250(일반형/굴절형), 250×500(일반형/굴절형)	개	
	150×150(일반형/굴절형), 250×250(주문제작형)	〃	
선 배 수	종배수관(Type-1, 2, 3), 선배수배수관(102×50, 132×50), 그레이션유입판(3T), 횡배수관(3T), 종배수관이음부(형식별), 브라켓(3t, 6T, 10T), 유공관(ø10))	m, 개	교량 형식별 별도적용
연 결 배 수 구	4"×6", 6"×8"~24"×26", 26"×28"	개	
직 관	100A~700A	〃	
곡 관	45도, 90도, TEE관(100A~700A)	〃	
유지관리용이음부	150A~700A	〃	탈부착-방식
Hanger, Band	100A~700A	〃	고정 철물
종배수관고정대	AL, STS, 용융아연도금		

2. 교량배수시설 설치품(재질 : AL, STS)

(1) 설치품(점배수)

(m 당)

규 격	형 식	공 종				계
		철판공	특별인부	보통인부	철공	
100A	Type-1	0.14	0.17	0.22	0.12	
	Type-2	0.18	0.22	0.29	0.16	
150A(ø171)	Type-1	0.14	0.17	0.22	0.12	
	Type-2	0.18	0.22	0.29	0.16	
200A(ø220)	Type-1	0.18	0.21	0.26	0.15	
	Type-2	0.24	0.28	0.34	0.20	
250A(ø270)	Type-1	0.29	0.32	0.41	0.24	
	Type-2	0.38	0.42	0.54	0.32	

(2) 설치품(선배수)

(m 당)

규 격	단 위	공 종				비 고
		특별인부	배관공	보통인부	철공	
Type-일반형	인	0.07	0.18	0.15	0.15	
Type-1	〃	0.12	0.25	0.20	0.20	
Type-2	〃	0.14	0.25	0.30	0.25	
Type-3(VAR)	〃	0.22	0.42	0.40	0.40	제작형

[주] ① 본 품은 선배수시설에 대한 제작 및 설치의 일반적인 표준단가로 산출한 것이다.
② 본 품은 육상구간에의 작업을 기준한 것이며, 수중구간 작업 시에는 예선, 대선사용품을 별도 계상한다.
③ 잡재료비는 재료비의 5%를 추가 계상한다.
④ 하천용 배수시설은 현장 여건에 따라 집수구 설치비 및 직관설치비를 별도로 계상할 수 있다.
⑤ 현장여건에 따라 교량의 형식 및 형하고 등을 고려하여 별도의 설치품을 계상할 수 있다.

(3) 장비사용료(Truck Crane)

(150A~700A)

공종	단위(길이"m")	작업일수	비고
15Ton Crane	10~30m	1일(1일 8시간 기준)	자재 인양용
5Ton 작업용 스카이	10~30m	1일(1일 8시간 기준)	작업자 인승용

[주] ① 본 품은 교량배수시설 제작 및 설치 전 공정을 평균단가로 산출한 것이다.
② 본 자재별 할증은 일반적인(강재류) 할증율을 적용한다.
③ 본 품은 교고 15m이하 기준이며, 15m 이상시 별도 규격의 장비비를 계상한다.
④ 본 품은 육상작업에서의 작업을 기준한 것이며, 수중 작업 시에는 예선, 대선사용품을 별도 계상한다.
⑤ 직관류를 제외한 자재의 잡재료비는 재료비의 5%를 계상한다.
⑥ 350A 이상 직관류는 Roll 밴딩 후 용접방식으로 제작한다.

2-4-8 하수도 수로암거 준설(흡입식)('21년 신설)

(일 당)

구 분	규 격	단 위	수 량	시공량(㎡)
배 관 공(수도)	-	인	3	
보 통 인 부	-	〃	1	9.8
진 공 흡 입 준 설 차	25톤(7.64㎥적)	대	1	
물 탱 크(살수차)	5,500ℓ	〃	1	

[주] ① 본 품은 흡입준설차를 활용한 하수도 수로암거 준설작업 기준이다.
② 본 품의 시공량은 수로암거 내부의 준설토를 기준한 것이며, 준설을 위해 분사한 세정수(물)는 제외되어 있다.
③ 본 품은 장비셋팅, 수로암거 내부 준설토 흡입, 정리 및 이동 작업을 포함한다.
④ 현장 여건 적용기준은 다음표를 기준한다.

구 분	적용기준
하수도 수로암거	- 작업대상이 규격 800mm 이상의 수로암거 등으로 작업인력이 준설위치를 이동하면서 흡입 호스로 직접 준설이 가능한 경우

⑤ 장비의 규격은 작업여건을 고려하여 적합한 규격 선정하여 계상한다.
⑥ 현장별 시공여건에 대한 시공량의 할증은 다음표를 참고하여 적용한다.

구 분	하수도 내부의 준설토가 굳어져 있거나, 준설토 외에 폐기물 등이 존재하는 경우	맨홀간의 거리가 가까워(20m 미만) 장비의 이동이 빈번하게 발생되는 경우
시공량 할증계수	-15%	-15%

⑦ 준설 작업을 위해 투입되는 세정수(물)의 양은 별도 계상한다.

2-4-9 빗물받이 준설(인력식)('25년 신설)

(일 당)

구 분	규 격	단 위	수 량	시공량(개소)
특 별 인 부	-	인	1	
보 통 인 부	-	〃	1	16
트 럭	2.5ton	대	1	

[주] ① 본 품은 인력으로 빗물받이 내부를 준설하는 기준이다.
② 본 품은 빗물받이 내부 준설, 준설토 상차 및 마무리 작업을 포함한다.
③ 준설토의 운반 작업은 제외되어 있다.

2-4-10 빗물받이 준설(흡입식)('25년 신설)

(일 당)

구 분	단 위	수 량	시공량(개소)	
			A-Type	B-Type
배 관 공 (수도)	인	1	80	65
보 통 인 부	〃	1		
진 공 흡 입 준 설 차	대	1		

[주] ① 본 품은 흡입준설차를 활용하여 빗물받이를 준설하는 기준이다.
② 본 품은 장비셋팅, 빗물받이 내부준설, 정리 및 이동 작업을 포함한다.
③ 현장 여건별 적용기준은 다음표를 기준한다.

구 분	적용기준
A Type	- 작업위치가 대로 등 넓고, 작업공간이 확보되어 장비의 이동이 원활한 경우
B Type	- 작업위치가 주택가 도로 등 좁고 협소하여 장비의 이동이 원활하지 못한 경우

④ 장비의 규격은 다음을 기준하나, 작업여건을 고려하여 적합한 규격 선정하여 계상한다.

구 분	A-Type	B-Type
진 공 흡 입 준 설 차	25톤(7.64㎥적)	13톤(3.00㎥적)

2-4-11 CCTV조사('12, '18, '21, '22년 보완)

(일 당)

구 분	규 격	단 위	수 량	시공량(m)	
				신설관	기존관
특 별 인 부	-	인	2	520	320
보 통 인 부	-	〃	1		
자주식촬영장치	CCTV	대	1		
적 재 차	9인승 승합차	〃	1		

[수] ① 본 품은 1,000㎜ 미만의 하수관거 CCTV 조사 기준이다.
② 본 품은 CCTV장비 셋팅, 조사, 정리 및 이동 작업을 포함한다.
③ 관로 내외부 지장물(맨홀뚜껑 차폐, 관로내 지장물 등)로 인해 CCTV 촬영이 지연되는 경우 시공량을 감하여 적용할 수 있다.
④ 본 품은 현장에서 CCTV를 활용한 조사 데이터 수집만을 포함하며, 조사 보고서 작성(내업) 등의 기술인력은 제외되어 있다.
⑤ CCTV외 별도의 기구가 필요한 경우 별도 계상한다.
⑥ 장비(자주식 촬영장치, 적재차)의 기계경비는 별도 계상한다.

■ 하수처리장 준설(특허 제10-2140062호-안전성이 확보된 친환경 준설슬러지 탈수처리장치)

1. 하수처리장 준설(소화조, 생물반응조, 저류조, 침전지, 침사지)

(1㎥ 당)

구 분	명 칭	규 격	단 위	수 량		
				소화조, 반응조	저류조, 침전지	침사지
장 비	혼기젯트펌프	150hp	hr	0.16	0.24	0.40
	트럭탑재형크레인	3ton	〃	0.16	0.24	0.40
	드럼스크린	CBDS-1000	〃	0.16	0.24	0.40
	스크류프레스	8㎥	〃	0.16	0.24	0.40
	저류조	2.5×6×2	〃	0.16	0.24	0.40
	양수기	100mm	〃	0.16	0.24	0.40
	덤프트럭	2.5ton	〃	0.16	0.24	0.40
	수중모터펌프	150mm	〃	0.16	0.24	0.40
인 력	화물차운전사	-	인	0.04	0.08	0.12
	보통인부	-	〃	0.08	0.16	0.24

2. 소내운반(상차)

(1ton 당)

구 분	명 칭	규 격	단 위	수 량		
				소화조, 반응조	저류조, 침전지	침사지
장 비	굴삭기	B.H 0.18㎥	hr	0.13	0.13	0.13
인 력	건설기계운전사	-	인	0.08	0.08	0.08

3. 장비 설치 및 해체

(1회 당)

구 분	명 칭	규 격	단 위	수 량		
				소화조, 반응조	저류조, 침전지	침사지
장 비	트럭탑재형크레인	5ton	hr	4	6	8
인 력	화물차운전사	-	인	0.5	0.8	1
	특별인부	-	〃	1	1.5	2
	보통인부	-	〃	1	1.5	2

[주] ① 혼기젯트펌프의 기계경비, 운전경비는 디젤엔진 150hp를 기준으로 계상한다.
② 내산 색션호스, 기구손료 및 잡재료비, 탈취제는 별도 계상한다.
③ 장비이동에 따른 장비운반비는 별도 계상한다.

○ 참고자료

■ 하수처리장 준설(특허 제10-1251568호-환경친화적인 준설슬러지 탈수처리공법 및 그 장치)

1. 하수처리장 준설(소화조, 생물반응조, 저류조, 침전지, 침사지)

(1㎥ 당)

구 분	명 칭	규 격	단 위	수 량		
				소화조, 반응조	저류조, 침전지	침사지
장 비	혼기젯트펌프	150hp	hr	0.16	0.24	0.40
	트럭탑재형크레인	3ton	〃	0.16	0.24	0.40
	슬러지탈수기	50㎥	〃	0.16	0.24	0.40
	원심여과기	50㎥	〃	0.16	0.24	0.40
	저 류 조	2.5×6×2	〃	0.16	0.24	0.40
	양 수 기	100mm	〃	0.16	0.24	0.40
	덤 프 트 럭	2.5ton	〃	0.16	0.24	0.40
	수중모터펌프	150㎜	〃	0.16	0.24	0.40
인 력	화물차운전사	-	인	0.04	0.08	0.12
	보 통 인 부	-	〃	0.08	0.16	0.24

2. 소내운반(상차)

(1ton 당)

구 분	명 칭	규 격	단 위	수 량		
				소화조, 반응조	저류조, 침전지	침사지
장 비	굴 삭 기	B.H 0.18㎥	hr	0.13	0.13	0.13
인 력	건설기계운전사	-	인	0.08	0.08	0.08

3. 장비 설치 및 해체

(1회 당)

구 분	명 칭	규 격	단 위	수 량		
				소화조, 반응조	저류조, 침전지	침사지
장 비	트럭탑재형크레인	5ton	hr	4	6	8
인 력	화물차운전사	-	인	0.5	0.8	1
	특 별 인 부	-	〃	1	1.5	2
	보 통 인 부	-	〃	1	1.5	2

[주] ① 혼기젯트펌프의 기계경비, 운전경비는 디젤엔진 150hp를 기준으로 계상한다.
② 내산 섹션호스, 기구손료 및 잡재료비, 탈취제는 별도 계상한다.
③ 장비이동에 따른 장비운반비는 별도 계상한다.

에이스환경산업(주) 환경친화적인 소화조 준설 전문기업(특허공법 보유업체)

전국하수처리장 실적 다수 보유, 폐기물 처리비용 1/3 절감, 공사기간 단축, 안전한 책임시공

TEL : 02) 3663 - 4309 | FAX : 02) 3663 - 4306 | E-mail : samhyunace@hanmail.net

2-4-12 주철관 철거('22년 신설, '25년 보완)

(일 당)

구 분	단 위	수 량	관경(mm)	수량(본)
배 관 공 (수도)	인	2	100이하	42
보 통 인 부	〃	1	120	36
			150	34
			200	32
			250	30
양 중 장 비	대	1	300	28
			350	26

[주] ① 본 품은 매설되어 있는 주철관을 터파기가 완료된 상태에서 철거하는 기준이다.
② 본 품은 관절단, 기존관 철거(들어내기)를 포함한다.
③ 포장 절단 및 깨기, 터파기, 되메우기, 잔토처리, 물푸기 작업은 제외되어 있다.
④ 양중장비의 규격은 작업여건(시공높이, 시공위치 등) 및 안전율(적정하중, 작업반경 등)을 고려하여 적합한 규격을 적용한다.

2-4-13 원심력철근콘크리트관 철거('22년 신설, '25년 보완)

(일 당)

구 분	단위	수량	관경(mm)	수량(본)
			250	43
			300	39
			350	35
			400	31
배 관 공 (수도)	인	2	450	28
보 통 인 부	〃	1	500	26
			600	22
			700	18
			800	16
			900	13
			1,000	11
			1,100	9
양 중 장 비	대	1	1,200	8
			1,350	6
			1,500	5

[주] ① 본 품은 매설되어 있는 원심력철근콘크리트관을 철거하는 기준이다.
② 본 품은 기존관 관철거(들어내기)를 포함한다.
③ 포장 절단 및 깨기, 터파기, 되메우기, 잔토처리, 물푸기 작업은 제외되어 있다.
④ 양중장비의 규격은 작업여건(시공높이, 시공위치 등) 및 안전율(적정하중, 작업반경 등)을 고려하여 적합한 규격을 적용한다.

| 건설신기술 제998호 | 8년 | 1등급 천연 유색골재와 색차 평가기법을 적용하는 칼라아스팔트 포장 공법 |
| 2024. 7. 29 | | |

· 시공절차 및 주요공정
  칼라 아스팔트 포장 (생산 : 천연 유색골재 칼라 SMA 혼합 및 생산)

□ 아스팔트 포장
  ☞ 표준품셈 [유지관리 2-1-3 아스팔트 포장 후 아스팔트 덧씌우기(1회 절삭, 1회 포장)] 참조

품셈 유권해석

포장절단공사의 물청소

품셈 토목 1-6-6 포장줄눈 절단 부분에 주2 본 품은 포장절단, 절단면 물청소를 포함한다. 라고 되어있습니다. 그와 유사한 유지관리 토목 2-1-2 포장절단 부분에는 절단면 물청소를 포함하는 품인가요?, 제외된 품인가요?

답변내용

↳ 표준품셈 유지관리부문 "2-1-2 포장절단"에는 물청소 작업을 포함하고 있으며, 블레이드 및 물 소비량은 별도계상하시기 바랍니다.

아스팔트 덧씌우기와 표층포설의 시공폭 차이

표준품셈의 도로유지보수 아스팔트 덧씌우기와 1-5-7의 표층포설 시공폭(3m이하의 시공량 차이가 다른 사유가 무엇인지 궁금합니다.
신규포장의 포설 시공량이 유지보수 시공량보다 많은데 기존도로 확장으로 인한 절삭후 표층포설은 덧씌우기 품으로 해야 하는지 표층포설 품으로 해야 하는지 궁금합니다.

답변내용

↳ 표준품셈 유지관리부문 "2-1-5 아스팔트 덧씌우기"는 아스팔트 포장에 아스팔트로 덧씌우기 포장하는 기준이며, 단지내 소로, 주택가도로, 마을길 등 소규모 포장인 경우 적용하도록 되어있습니다.
표준품셈 토목부문 "1-5-7 아스팔트 표층 기계포설(대형장비)"는 대형장비(피니셔)를 사용한 아스팔트 표층 및 중간층 포설기준으로 시공폭 2m 이상 3m 미만은 피니셔를 활용하여 시공이 가능한 길어깨 등을 기준으로 하고 있습니다.
표준품셈 유지관리부문 "2-1-5 아스팔트 덧씌우기"는 도로 유지관리 현장여건을 고려한 기준이며, 표준품셈 토목부문 "1-5-7 아스팔트 표층 기계포설(대형장비)"는 신설공사 현장여건기준입니다.

포장공사 중 절삭 계상

관로 매설 후 포장을 하고 있으며 공정 순서 및 세부사항은 아래와 같습니다. 공정순서는 포장층 파괴 및 굴착, 관로 매설 후 되메우기 및 다짐(포장층 공간처리 깊이(41cm) 제외), 포장 시행(관로매설 품에 포장층 파괴 및 굴착 등이 포함되어 포장은 공간처리만 시행)입니다. 포장 시공시간의 해석을 보면 작업준비, 절삭, 포장 및 다짐, 마무리를 포함하는 것으로 되어있는데 현 공정상 절삭이 빠지게 되는데 소파보수 품이 적용가능한 것인지 궁금합니다.

답변내용

➡ 표준품셈 유지관리부문 "2-1-6 소파보수(표층)는 포장절삭, 유제살포, 포장 및 다짐을 포함하고 있으며, 소파보수(포장복구)는 굴착, 골재치환 및 다짐, 유제살포, 기층 및 표층 포설 및 다짐을 포함하고 있습니다. 소파보수(표층)의 경우 절삭작업이 포함되어 있으며 소파보수(포장복구)에는 절삭작업이 포함되어 있지 않습니다.

아스팔트 포장공사의 대형장비 투입

2023년 표준품셈, 유지관리부문, 제2장(토목) 2-1(도로포장공사)」에서는 아스팔트 포장면을 절삭 후 재포장하는 기준에 대하여 2-1-3(절삭 후 아스팔트 덧씌우기) 와 2-1-6(소파보수)로 분류하고 있습니다.
여기서 두 품의 적용기준을 "대형장비의 투입"으로 분석한 바,
1. 2-1-3(절삭 후 아스팔트 덧씌우기) : 대형장비로 절삭 후 아스팔트로 재포장
2. 2-1-6(소파보수) : 대형장비의 투입이 어려운 상황에서 소형장비로 절삭 후 아스팔트로 재포장 두 품의 적용기준이 되는 "대형장비의 투입이 어려운 상황"에 대한 상세내용을 알고 싶습니다.

답변내용

➡ 표준품셈 유지관리부문 "2-1-6 소파보수(표층)"은 대형장비 투입이 어려운 상황에서 아스팔트 포장면을 소형장비로 절삭(밀링깊이 70mm 이하) 후 아스팔트로 재포장하는 기준으로, 로더(타이어)+소형노면파쇄기, 로더(타이어), 진동롤러(진동+타이어), 아스팔트스프레이어, 트럭(2.5ton)의 장비조합으로 시공되는 현장입니다.
표준품셈 유지관리부문 "2-1-3 절삭 후 아스팔트 덧씌우기"는 아스팔트 포장면을 대형장비로 절삭(밀링깊이 70mm 이하)후 아스팔트로 재포장하는 기준으로, 노면파쇄기, 로더(타이어)+소형노면파쇄기, 로더(타이어), 아스팔트피니셔, 머캐덤롤러, 타이어롤러, 탠덤롤러, 아스팔트 디스트리뷰터, 살수차의 장비조합으로 시공되는 현장입니다.당해 현장이 대형장비로 시공한다면 "절삭 후 아스팔트 덧씌우기"를 적용하시기 바라며, 대형장비 투입이 어려워 소형장비로 시공할 경우 "소파보수(표층)"을 적용하시기 바랍니다.
여기서 대형장비는 노면파쇄기(규격2m), 아스팔트 피니셔(규격 3.0m), 머캐덤롤러, 타이어롤러, 탠덤롤러, 아스팔트 디스트리뷰터(3,800L)를 뜻하며, 대형장비의 투입이 어려운 상황은 이러한 대형장비들이 투입이 어려운 소로, 주택가 등을 뜻합니다.

원상태에 따른 터파기공사품 적용

도로굴착복구 관련 설계내역서를 작성하고있는데 궁금한게 있어서 질문드립니다.
유지관리부문 - 제2장(토목)-1-7 소파보수(포장복구) 관련인데 이 품이 터파기가 포함인건지? 아닌건지가 궁금합니다.
2번에 "본 품은 굴착, 골재치환 ~ 포함한다."라고 적혀있는데 골재치환, 다짐, 포장까지 포함인건 알겠는데 여기서 굴착이 터파기를 말하는건지 질의드립니다.

> **답변내용**
>
> ➡ 표준품셈 유지관리부문 "2-1-7 소파보수(포장복구)"는 상하수도 등 공사 후 임시 되메우기한 상태에서 발생되는 일정구간 포장복구와 기존도로 유지보수를 위한 포장복구 기준입니다. '관로공사 후 임시되메우기한 상태에서의 굴착'은 본 품에 포함되어 있는 사항이나 관로공사 등을 위해 '원상태에서의 포장깨기 및 터파기' 품은 별도로 계상하도록 하고 있습니다.
> 관부설을 위한 터파기공사는 표준품셈 공통부문"8-2-3 굴착기"를 참조하시어 터파기 공사를 반영하시고, 임시되메우기 후 발생되는 포장복구에 "1-11-5 소파보수(포장복구)" 기준을 반영하시기 바랍니다.

하수관 준설공사의 폐기물 운반

2-4-7 하수관 준설(흡입식)('12, '21년 보완)와 관련하여 ③ 본 품은 장비셋팅, 하수관 내부세정(집토), 준설토 흡입, 정리 및 이동 작업을 포함한다. B-TYPE 시공량(㎥) 6.4로 장비규격인 3톤(3.00㎥적) 적용시 2번 이상의 이동이 필요한데 폐기물 처리장까지의 이동도 포함되는 것인지를 문의하고 싶습니다. 포함된다면 몇 KM로 품셈이 적용되어 있는지를 문의하고 싶습니다. 폐기물처리장까지의 거리가 멀면 보완 전 품셈을 적용해도 되는 것인지 묻고싶습니다.

> **답변내용**
>
> ➡ 표준품셈 유지관리부문 "2-4-7 하수관 준설(흡입식)"에서 작업범위는 장비셋팅, 하수관 내부세정(집토), 준설토 흡입, 정리 및 이동이며, '이동한다'는 현장에서 준설한 준설토를 야적장 또는 폐기물처리장으로 운반하는 기준입니다.
> 만약 현장에서 임시야적장에 운반하신다면 현장에서 임시야적장까지 운반하는 작업은 포함되어 있으나 임시야적장에서 폐기물 처리장까지 운반하는 2차 운반에 대해서는 품에서 포함하고 있지 않습니다. 또한 운반시간 및 운반거리 산정을 위한 세부기준은 별도로 정하고 있지 않습니다.
> 당해공사에서 표준품셈의 적용여부 및 판단, 수량산출 등에 관련된 사항은 해당공사의 특성을 고려하시고 표준품셈을 참조하시어 공사관계자가 직접 결정하실 사항임을 양지해 주시면 감사드리겠습니다.

주철관 철거공사의 단위

질의1. 주철관 철거의 품셈 상수도철거에 적용 여부
질의2. 수량이 본으로 되어 있는데 1본당의 연장.
질의3. 품셈 (주)에 절단품 포함한다라고 되어있는데 일당 몇개소 적용인지

답변내용

➡ 답변1. 표준품셈 유지관리부문 "2-4-10 주철관 철거"는 매설되어 있는 주철관을 철거하는 기준으로 주철관으로 된 상수도 철거 시 적용가능합니다.
답변2. 표준품셈 유지관리부문 "2-4-10 주철관 철거"는 본당 철거기준으로 철거하는 주철관 연장길이는 정하고 있지 않으며 본당 철거 기준입니다.
답변3. 표준품셈 유지관리부문 "2-4-10 주철관 철거"는 절단품을 포함하여 관경별 일당 시공량(본)을 제시하고 있으니 참조하시기 바랍니다.

하수관 준설의 세정작업

유지관리 토목 2-4 관부설 및 접합에 2-4-2 하수관 세정이 있고, 2-4-7 하수관 준설이 있습니다. 2-4-7 하수관 준설에 보면 〈주〉③본 품은 장비셋팅, 하수관 내부세정(집토), 준설토 흡입, 정리 및 이동작업을 포함한다.라고 명시되어있습니다. 그렇다면, 2-4-7 하수관 준설품에 2-4-2 하수관 세정품이 포함되어있는건지 질의합니다.

답변내용

➡ 표준품셈 유지관리부문 "2-7-4 하수관준설(흡입식)"에서 내부 세정은 집토를 위한 세정이며, "2-7-2 하수관 세정"은 하수관 준설을 위한 목적이 아닌 하수관 내부 고압 세정을 목적으로 한것입니다. 표준품셈 유지관리 부문 "2-7-4 하수관준설(흡입식)"에는 "2-7-2 하수관 세정"품이 포함되어 있지 않습니다.

포장절단

도로의 일부분을 파내어 도로 아래에 있는 배관을 교체하기 위해 사용합니다.
포장절단〈 이라는 품이 순수하게 필요부위를 설난만 하는 품을 이야기 하는 것인지? 절단후 철거를 포함한 품인지 궁금하며,
절단에만 해당이되는 경우 아스콘 철거는 터파기 수량에 포함하여야하는지 절단한 부위 아스콘 철거를 별도로 계상하여야 하는지?
만약 아스콘 철거를 별도로 계상하여야 한다면 어떤 품셈을 적용하면 되는지?
위 3가지사항이 궁금하여 질의 남겨드립니다. 답변 부탁드리겠습니다.

답변내용

➡ 표준품셈 토목부문 "1-10-1 포장절단"은 아스팔트 포장 및 콘크리트 포장을 절단하는 기준으로, 아스콘 철거 작업은 포함하고 있지 않습니다. 아스콘 헐기의 경우 표준품셈 공통부문 "8-2-15 대형브레이커/2. 작업능력"에서 제시하고 있으니 참조하시기 바랍니다.

소파보수(표층)

표준품셈 토목부문 "1-10-5 소파보수(표층)"에서 덤프트럭(2.5톤) 관련 작업으로 인하여 2대를 기준하고 있으며, 이중 1대는 공구 및 경장비 운반을 위한 장비임을 확인하였으나, 나머지 1대에서 "아스팔트 및 소모자재 운반"으로 기재되어 있는 바 1안과 2안에서 해당되는 사항은 어느 것인지요?
1안) 아스팔트(역청재) 등을 운반하는 목적으로 주자재(아스팔트 콘크리트)의 운반은 제외
2안) 아스팔트 및 아스팔트 콘크리트(주자재 및 소모자재) 모두의 운반 품이 포함

답변내용

➡ 표준품셈 토목부문 "1-10-5 소파보수(표층)"에서 제시하고 있는 2.5ton 트럭은 '포장유지보수'의 경우 작업구역이 산재해 있고 작업중 이동이 빈번히 발생하게 되어 상시적인 공구 및 장비의 운반을 위한 이동장비입니다. 또한 주 3에 따라 아스팔트 및 소모자재 운반, 공구 및 경장비 운반에 활용되고 있으며 아스팔트 운반은 아스팔트 및 아스팔트 콘크리트 운반을 포함합니다.

보도용 블록 재설치

1-10-23 보도용 블록 재설치의 경우 트럭 2.5ton이 들어가 있는데 작업차량의 성격인가요? 이 트럭의 용도는 무엇인가요? 1-10-26 보차도 및 도로경계블록 재설치의 경우 트럭 2.5ton이 들어가있는데 작업차량의 성격인가요? 이 트럭의 용도는 무엇인가요?

답변내용

➡ 표준품셈 토목부문 "1-10-21 보도용 블록 인력철거, 1-10-22 보도용 블록 장비사용 철거, 1-10-23 보도용 블록 설치 재설치, 1-10-24 보도용 블록 소규모보수, 1-20-24 보차도 및 도로경계블록 철거, 1-10-25 보차도 및 도로경계블록 재설치"에 적용된 트럭 2.5톤은 유지보수 특성을 고려한 운반장비에 대한 반영이며 폐기물처리를 위한 차량은 아닙니다.

아스팔트 덧씌우기

A-Type : 고속도로, 자동차전용도로, 평면교차로가 없는 일반도로 등과 같이 시공구간이 연결되어 있는 경우라고 나와 있습니다.
여기서 일반도로 등 이라는게 주차장 같은 시공구간이 연결되어 있는 곳도 포함이 되는건가요? 만약 아니라면 주차장 같은 경우 품 적용을 어떻게 해야하는지 궁금해서 질의합니다.

답변내용

➥ 표준품셈 토목부문 "1-10-2 절삭 후 아스팔트 덧씌우기"에서는 현장여건을 고려하여 Type을 정한 후, 일당시공량을 산정하시기 바랍니다. Type별 일당 시공량은 본 품에서 제시하는 장비 및 인력조합으로 작업하는 평균적인 시공량을 의미하며, 현장여건에 따라 실제 시공에서 시공량(A-Type 5,000m2, B-Type 3,400m2, C-Type 1,800m2) 미만 혹은 초과가 될 수 있습니다.
또한 현장 여건별 적용기준은 주3의 표를 참조하시어 현장여건을 고려하여 Type을 결정하시기 바랍니다. A-Type은 시공구간이 연결되어 있어 장비의 이동없이 연속작업이 가능한 경우를 뜻하며, B-type의 "일시적 장비이동이 발생하되 이동을 위한 장비 운반이 발생되지 않을 경우"는 포장장비가 직접 이동하는 경우를 뜻하며, C-Type의 "작업위치 이동을 위한 장비의 운반이 발생되는 경우"는 포장장비의 작업위치 이동을 위해서 트레일러 등을 이용하여 작업위치 이동을 위한 장비의 운반이 발생하는 경우 입니다. Type 결정 등 당해공사에서 표준품셈의 적용여부 및 판단에 관련된 사항은 해당공사의 특성을 고려하시고 표준품셈을 참조하시어 공사관계자가 직접 결정하실 사항임을 양지해 주시면 감사드리겠습니다.

주철관 철거공사의 단위

질의1. 주철관 철거의 품셈 상수도철거에 적용 여부
질의2. 수량이 본으로 되어 있는데 1본당의 연장.
질의3. 품셈 (주)에 절단품 포함한다라고 되어있는데 일당 몇개소 적용인지 질의 드립니다.

답변내용

➥ 답변1. 표준품셈 유지관리부문 "2-4-10 주철관 철거"는 매설되어 있는 주철관을 철거하는 기준으로 주철관으로 된 상수도 철거 시 적용가능합니다.
답변2. 표준품셈 유지관리부문 "2-4-10 주철관 철거"는 본당 철거기준으로 철거하는 주철관 연장길이는 정하고 있지 않으며 본당 철거 기준입니다.
답변3. 표준품셈 유지관리부문 "2-4-10 주철관 철거"는 절단품을 포함하여 관경별 일당 시공량(본)을 제시하고 있으니 참조하시기 바랍니다.

하수관 준설의 세정작업

유지관리 토목 2-4 관부설 및 접합에 2-4-2 하수관 세정이 있고, 2-4-7 하수관 준설이 있습니다. 2-4-7 하수관 준설에 보면 〈주〉③본 품은 장비셋팅, 하수관 내부세정(집토), 준설토 흡입, 정리 및 이동작업을 포함한다.라고 명시되어있습니다. 그렇다면, 2-4-7 하수관 준설품에 2-4-2 하수관 세정품이 포함되어있는건지 질의합니다.

답변내용

➡ 표준품셈 유지관리부문 "2-7-4 하수관준설(흡입식)"에서 내부 세정은 집토를 위한 세정이며, "2-7-2 하수관 세정"은 하수관 준설을 위한 목적이 아닌 하수관 내부 고압 세정을 목적으로 한것입니다. 표준품셈 유지관리 부문 "2-7-4 하수관준설(흡입식)"에는 "2-7-2 하수관 세정"품이 포함되어 있지 않습니다.

소파보수(표층) 적용여부

교량 아스팔트 절삭후 덧씌우기 공사 입니다.(시공량은 600㎡, 현장여건은 TYPE-B)
질의1. 1일 시공량에 따라 소파보수(표층)과 절삭후 덧씌우기를 구분하여 적용할 수 있는지 여부
질의2. 구분하여 적용 한다면 적정한 1일 시공량의 기준에 대해 질의 드립니다.

답변내용

➡ 표준품셈 유지관리부문 "2-1-8 소파보수(표층)"은 대형장비 투입이 어려운 상황에서 아스팔트 포장면을 소형장비로 절삭(밀링깊이 70mm 이하) 후 아스팔트로 재포장하는 기준으로, 로더(타이어)+소형노면파쇄기, 로더(타이어), 진동롤러(진동+타이어), 아스팔트스프레이어, 트럭(2.5ton)의 장비조합으로 시공되는 현장입니다.
표준품셈 유지관리부문 "2-1-3 아스팔트 포장 절삭 후 아스팔트 덧씌우기"는 아스팔트 포장면을 대형장비로 절삭(밀링깊이 70mm 이하)후 아스팔트로 재포장하는 기준으로, 노면파쇄기, 로더(타이어)+소형노면파쇄기, 로더(타이어), 아스팔트피니셔, 머캐덤롤러, 타이어롤러, 탠덤롤러, 아스팔트 디스트리뷰터, 살수차의 장비조합으로 시공되는 현장입니다.당해 현장이 대형장비로 시공한다면 "절삭 후 아스팔트 덧씌우기"를 적용하시기 바라며, 대형장비 투입이 어려워 소형장비로 시공할 경우 "소파보수(표층)"을 적용하시기 바랍니다.
또한 현장여건을 고려하여 Type을 정한 후, 일당시공량을 산정하시기 바랍니다. Type별 일당 시공량은 본 품에서 제시하는 장비 및 인력조합으로 작업하는 평균적인 시공량을 의미하며, 현장여건에 따라 실제 시공에서 시공량 미만 혹은 초과가 될 수 있습니다.

전용주차구획 도색 적용

유지관리부문 2-1-12 차선도색 품셈관련 적용 질의입니다.
현재 주차장 유지관리 설계 중 장애인 주차구획, 친환경 주차구획 등 전용주차면 바닥 도색 시공을 반영하려 합니다.(KSM6080 노면표지용 도료 자재 적용)
검토 중 해당 품셈이 공종에 적합하다 판단되어 적정여부에 대해 질의 드립니다. 해당품셈 세부내역의 주차장을 적용하여 주차구획도색 적용이 적정한지 또는 일반 벽체 도장 품셈으로 적용가능한지 답변 부탁드리겠습니다.

답변내용

➡ 표준품셈에서는 전용 주차면 바닥 도색 품 기준은 별도로 제시하고 있지 않습니다. 표준품셈 유지관리부문 "2-1-12 차선도색"은 도로포장위에 차선을 도색하는 기준으로 주차장 전면의 바닥 도색과는 시공 방식에 있어서 차이가 있습니다. 표준품셈에서 정하지 않는 사항은 동품셈 1-1-3의 4항을 참조하시어 적정한 예정가격산정기준을 적의 결정하여 사용하시기 바라며, 당해공사에서 표준품셈의 적용 여부 및 판단에 관련된 사항은 해당공사의 특성을 고려하시고 표준품셈을 참조하시어 공사관계자가 직접 결정하실 사항임을 양지해 주시면 감사드리겠습니다.

하수관 준설 및 세정 중복 여부

2-4-7 하수관 준설, 2-4-2 하수관 세정 모두 장비가 진공흡입준설차 및 물탱크(살수차)로 되어 있으며, 2-4-7 하수관 준설에 있는 ③ 본 품은 장비셋팅, 하수관 내부세정(집토), 준설토 흡입, 정리 및 이동 작업을 포함한다가 2-4-2 하수관 세정과 중복되어 하수관 준설과 하수관 내부세정이 각각 내역 적용되어 있으면, 중복적용인지, 2-4-2 하수관 세정에 ③ 본 품은 세정을 기준으로 하며, 하수관내 슬러지의 준설이 필요한 경우는 하수도 준설 항목을 적용한다는 문구는 별도로 하수관 준설 품을 적용하여 준설을 해야한다는 것인지 아니면 하수관 세정 품안에 하수관 준설도 포함되어 있는 것인지 질의 드립니다.

답변내용

➡ 유지관리부문 "2-4-2 하수관 세정"은 슬러지 집토과정 없이 단순히 하수관을 세정하는 작업을 포함하고 있으며 "2-4-7 하수관 준설 흡입식"은 단순 하수관 세정이 아닌 하수관내 슬러지를 집토하고 준설토를 흡입하는 작업을 뜻합니다.
"2-4-2 하수관 세정"내에는 슬러지의 준설 작업이 포함되어 있지 않으며 하수관 준설이 필요하실 경우 "2-4-2 하수관 세정"이 아닌 "2-4-7 하수관 준설(흡입식)"을 적용하시기 바랍니다.

제 3 장 건 축

3-1 구조물 철거공사

3-1-1 콘크리트구조물 헐기(인력)('25년 보완)

(일 당)

구 분	규 격	단 위	수 량	시공량(㎡)	
				무근	철근
착 암 공	-	-	2	2.7	2.3
보 통 인 부	-	-	1		
소형브레이커	1.5kW	대	2		

[주] ① 본 품은 소형브레이커(전기식)를 사용하여 콘크리트구조물을 철거하는 기준이다.
② 본 품은 콘크리트 헐기, 발생재 정리 작업을 포함한다.
③ 장애물 제거(철근, 파이프 등)가 필요한 경우 별도 계상한다.
④ 잡재료비(치즐 등)는 인력품의 1%로 계상한다.

3-1-2 콘크리트구조물 헐기(기계)('21, '25년 보완)

(일 당)

구 분		규 격	단 위	수 량	시공량(㎡)
장애물 미제거	특 별 인 부	-	인	2	50
	보 통 인 부	-	〃	1	
	굴착기+압쇄기	1.0㎥	대	1	
	굴 착 기	0.6㎥	〃	1	
장애물 제 거	용 접 공	-	인	1	45
	특 별 인 부	-	〃	2	
	보 통 인 부	-	〃	1	
	굴착기+압쇄기	1.0㎥	대	1	
	굴 착 기	0.6㎥	〃	1	

[주] ① 본 품은 장비(굴착기+압쇄기)를 사용한 철근콘크리트 구조물을 해체하는 기준이다.
② 본 품은 콘크리트 헐기 및 부수기, 발생재 정리 작업을 포함한다.
③ 본 품은 높이 10m 이하 기준이며, 특수조건(하부구조보강 필요 등)에 대한 비용은 별도 계상한다.
④ 공사장의 보호 및 안전시설 설치비, 폐기물 상차 및 운반, 폐기물 처리비용은 별도 계상한다.
⑤ 장비는 현장여건에 따라 규격을 변경하여 적용할 수 있다.
⑥ 대형브레이커가 필요한 경우 '[공통부문] 8-2-13 대형브레이커'를 참조하여 별도 계상한다.

⑦ 공구손료 및 경장비(살수장비 등)의 기계경비는 인력품의 4%로 계상한다.
⑧ 장애물 제거(철근, 파이프 등) 시 재료량은 다음을 참고한다.

(㎥당)

구 분	단 위	수 량
산소(대기압상태기준)	ℓ	135
아세틸렌	kg	0.05

※ 산소량은 대기압상태의 기준량이며, 압축산소는 35°C에서 150기압으로 압축용기에 넣어 사용하는 것을 기준한다.

3-1-3 철골재 철거(인력)('25년 보완)

(일당)

구 분	단 위	수 량	시공량(ton)
용 접 공	인	3	1.4
보 통 인 부	〃	2	

[주] ① 본 품은 산소용접기를 사용하여 철골재 구조물을 해체하는 기준이다.
② 본 품은 철골재 철거, 발생재 정리 작업을 포함한다.
③ 공사장의 보호 및 안전시설 설치비, 폐기물 상차 및 운반, 폐기물 처리비용은 별도 계상한다.
④ 재료량은 다음을 참고하여 적용한다.

(ton당)

구 분	단 위	수 량
산 소	병	0.7
아 세 틸 렌	kg	2.5
L.P.G	〃	2.0

※ 아세틸렌(산소포함) 또는 L.P.G 중 한가지만 선택 사용한다.
※ 산소량은 대기압상태의 기준량이며, 압축산소는 35°C에서 150기압으로 압축용기에 넣어 사용하는 것을 기준한다.

3-1-4 철골재 철거(기계)('21년 신설, '25년 보완)

(일 당)

구 분	규 격	단 위	수 량	시공량(ton)
특 별 인 부	-	인	2	22
보 통 인 부	-	〃	1	
굴착기+빔커터기	1.0㎥	대	1	
굴 착 기	1.0㎥	〃	1	
크 레 인	-	〃	1	

[주] ① 본 품은 장비(굴착기+빔커터기 등)를 사용하여 철골재 구조물을 해체하는 기준이다.
② 본 품은 철골재 철거, 발생재 정리 작업을 포함한다.
③ 높이 10m이하(지상에서 철거) 기준이며, 특수조건(소형장비 추가투입 등)에 대한 비용은 별도 계상한다.
④ 공사장의 보호 및 안전시설 설치비, 폐기물 상차 및 운반, 폐기물 처리비용은 별도 계상한다.
⑤ 크레인의 규격은 작업여건(시공높이, 시공위치 등) 및 안전율(적정하중, 작업반경 등)을 고려하여 적합한 규격을 적용한다.
⑥ 장비는 현장여건에 따라 규격을 변경하여 적용할 수 있다.
⑦ 공구손료 및 경장비(살수장비 등)의 기계경비는 인력품의 4%로 계상한다.

3-1-5 석축헐기(인력)('22년 보완)

구 분	단 위	할석공(인)	보통인부(인)
메쌓기 뒷길이 45~60㎝	㎡당	-	0.2
메쌓기 뒷길이 60~90㎝	〃	-	0.3
찰 쌓 기	〃	-	0.6
절 석 (마 름 돌) 쌓 기	㎡당	0.1	1.1

[주] ① 본 품은 기준높이 3.6m일 때의 인력헐기를 기준한 것이며, 그 이상일 때의 작업 안전설비 및 특수 조건에 대한 품은 별도 계상한다.
② 발생품을 재사용코자 할 때나 제자리 고르기를 할 경우는 별도 계상한다.
③ 본 품은 부수기내의 장애물 제거(철근, 파이프 등) 및 공구손료가 포함되어 있다.
④ 잡재료는 인력품의 5% 이내에서 계상한다.

3-2 해체공사

3-2-1 금속기와 해체('22년 신설)

(㎡당)

구 분	단 위	수 량
지붕잇기공	인	0.018
보통인부	〃	0.012

[주] ① 본 품은 금속기와 지붕을 재사용하지 아니하는 때의 절단하여 해체하는 기준이다.
② 본 품은 지붕재 및 후레싱 해체 작업을 포함한다.
③ 비산방지, 보호 및 안전시설 등의 설치비는 별도 계상한다.
④ 폐기물 처리비용은 별도 계상한다.
⑤ 공구손료 및 경장비(절단기 등)의 기계경비는 인력품의 3%로 계상한다.

3-2-2 흡음텍스 해체('22년 신설)

(㎡당)

구 분	단 위	수 량
내장공	인	0.016
보통인부	〃	0.011

[주] ① 본 품은 흡음텍스를 재사용하지 아니하는 때의 해체하는 기준이다.
② 비산방지, 보호 및 안전시설 등의 설치비는 별도 계상한다.
③ 폐기물 처리비용은 별도 계상한다.

3-2-3 경량천장철골틀 해체('22년 신설)

(㎡당)

구 분	단 위	수 량
내장공	인	0.018
보통인부	〃	0.012

[주] ① 본 품은 경량천장철골틀을 재사용하지 아니하는 때의 절단하여 해체하는 기준이다.
② 본 품은 천장틀(채널, BAR 등) 해체, 달대 및 행거 해체 작업을 포함한다.
③ 비산방지, 보호 및 안전시설 등의 설치비는 별도 계상한다.
④ 폐기물 처리비용은 별도 계상한다.
⑤ 공구손료 및 경장비(절단기 등)의 기계경비는 인력품의 2%로 계상한다.

3-2-4 조적벽 해체('22년 신설)

(㎡당)

구 분	단 위	수 량
조 적 공	인	0.380
보 통 인 부	〃	0.252

[주] ① 본 품은 조적벽(높이 3.6m 이하)을 재사용하지 아니하는 때의 해체하는 기준이다.
② 본 품은 조적벽 해체, 고정철물 해체 작업을 포함한다.
③ 비산방지, 보호 및 안전시설 등의 설치비는 별도 계상한다.
④ 폐기물 처리비용은 별도 계상한다.
⑤ 공구손료 및 경장비(함마 등)의 기계경비는 인력품의 2%로 계상한다.

3-2-5 경량벽체철골틀 해체('22년 신설)

(㎡당)

구 분	단 위	수 량
내 장 공	인	0.016
보 통 인 부	〃	0.011

[주] ① 본 품은 경량벽체철골틀을 재사용하지 아니하는 때의 절단하여 해체하는 기준이다.
② 본 품은 러너 및 스터드 해체 작업을 포함한다.
③ 비산방지, 보호 및 안전시설 등의 설치비는 별도 계상한다.
④ 폐기물 처리비용은 별도 계상한다.
⑤ 공구손료 및 경장비(절단기 등)의 기계경비는 인력품의 2%로 계상한다.

3-2-6 석고판 해체('22년 신설)

(㎡당)

구 분	단 위	벽	천장
내 장 공	인	0.014	0.016
보 통 인 부	〃	0.010	0.012

[주] ① 본 품은 석고판을 재사용하지 아니하는 때의 절단하여 해체하는 기준이다.
② 비산방지, 보호 및 안전시설 등의 설치비는 별도 계상한다.
③ 폐기물 처리비용은 별도 계상한다.
④ 공구손료 및 경장비(절단기 등)의 기계경비는 인력품의 2%로 계상한다.

3-2-7 도배 해체('22년 신설)

(㎡당)

구 분	단 위	벽	천장
도 배 공	인	0.008	0.010
보 통 인 부	〃	0.005	0.007

[주] ① 본 품은 도배지를 재사용하지 아니하는 때의 해체하는 기준이다.
② 본 품은 정배지 및 초배지 해체 작업을 포함한다.
③ 비산방지, 보호 및 안전시설 등의 설치비는 별도 계상한다.
④ 폐기물 처리비용은 별도 계상한다.

3-2-8 PVC계바닥재 해체('22년 신설)

(㎡당)

구 분	단 위	수 량
내 장 공	인	0.006
보 통 인 부	〃	0.004

[주] ① 본 품은 PVC계 바닥재(시트)를 재사용하지 아니하는 때의 해체하는 기준이다.
② 비산방지, 보호 및 안전시설 등의 설치비는 별도 계상한다.
③ 폐기물 처리비용은 별도 계상한다.

3-2-9 타일 해체('22년 신설)

(㎡당)

구 분	단 위	떠붙이기	압착붙이기, 접착붙이기
타 일 공	인	0.037	0.041
보 통 인 부	〃	0.024	0.027

[주] ① 본 품은 타일을 재사용하지 아니하는 때의 해체하는 기준이다.
② 본 품은 타일 및 접착제 깨기 작업을 포함한다.
③ 비산방지, 보호 및 안전시설 등의 설치비는 별도 계상한다.
④ 폐기물 처리비용은 별도 계상한다.
⑤ 공구손료 및 경장비(절단기 등)의 기계경비는 인력품의 6%로 계상한다.

3-2-10 기존방수층 및 보호층 철거

(㎡당)

구 분	규 격	단 위	수 량
착 암 공	-	인	0.06
보 통 인 부	-	〃	0.22
소 형 브 레 이 커	1.3㎥/min	시간	0.10
공 기 압 축 기	3.5㎥/min	〃	0.05

[주] ① 본 품은 아스팔트 8층 방수를 보수하기 위하여 방수층을 철거하는 품으로 누름 콘크리트층의 파쇄, 방수층 철거, 폐자재 소운반 및 정리품이 포함되어 있다.
② 소규모공사(개소당 작업면적 40㎡ 미만)인 경우는 장비 사용기간 및 품을 40% 범위내에서 가산할 수 있다.
③ 누름 콘크리트 두께 8㎝ 기준이다.

3-2-11 기존방수층 제거 및 바탕처리

(㎡당)

구 분	단 위	바닥	수직부
방 수 공	인	0.037	0.041
보 통 인 부	〃	0.015	0.017

[주] ① 본 품은 재방수를 하기 위하여 기존방수층(도막방수)을 제거하고 바탕처리하는 기준이다.
② 본 품은 방수층 제거, 홈메우기, 불순물 청소, 퍼티 작업을 포함한다.
③ 공구손료 및 경장비(엔진송풍기, 연마기 등)의 기계경비는 인력품의 6%로 계상한다.
④ 바탕처리에 사용되는 재료(퍼티, 방수테이프 등)는 별도 계상한다.

3-2-12 석면건축자재 해체('09년 신설, '11년 보완)

(㎡당)

구 분	단 위	내장재	외장재	뿜칠재
석 면 해 체 공	인	0.120	0.045	0.5
보 통 인 부	〃	0.017	0.011	-

[주] ① 본 품은 석면이 함유된 자재를 해체하는 품으로 적용기준은 다음과 같다.
　　㉮ 내장재는 건축물의 내부 천장재, 내벽체, 칸막이재 철거를 기준한 것이다.
　　㉯ 외장재는 슬레이트 지붕재 해체를 기준한 것이다.
　　㉰ 뿜칠재는 철골내화피복재를 기준으로 한 것으로 철골면의 하부면, 측면부, 상부면 등의 해체 공사와 철재로 시공된 천장면에 부착되어 있는 뿜칠재의 해체를 기준 한 것이다.
② 뿜칠재의 경우, 콘크리트면에 부착된 석면 뿜칠재의 해체는 본품의 20%를 할증하여 적용할수 있다.
③ 본 품은 비닐보양재, 오염제거구역 설치 및 해체가 포함된 것이며, 보양막(외장재) 설치 및 해체 품은 제외되어 있다.
④ 본 품은 일일 작업시간 6시간을 기준한 것이다.
⑤ 석면자재의 해체 작업 시 소요되는 기기경비 및 재료비, 소모품비는 별도 계상한다.
⑥ 실내 고소작업 및 실외 비계설치를 위한 가설재의 설치는 별도 계상한다.

■ 다기능케이지 고소작업차량을 이용한 석면 슬레이트 해체·제거기술
(슬레이터공법, 건설신기술 제985호)

1. 바닥 보양재 설치

품 명	규 격	단 위	수 량	비 고
비 닐 시 트	PE, 0.15mm	㎡	1.1000	
보 통 인 부	보양재 설치	인	0.0030	

2. 슬레이트 해체·제거 및 손료

품 명		규 격	단 위	수 량	비 고
해체·제거	석 면 해 체 공	석면해체·제거	인	0.0426	
	일반기계운전사	슬레이터 조종	〃	0.0071	
	슬 레 이 터	손료	hr	0.0569	
손 료	경 유	저유황	ℓ	11.0000	
	잡 재 료 비	재료비의 20%	식	1.0000	
	일반기계운전사	슬레이터 조종	인	0.2083	
	슬 레 이 터	15ton	hr	0.2598	

3. 폐슬레이터 포장

품 명	규 격	단 위	수 량	비 고
비 닐 시 트	PE, 0.15mm	㎡	0.1329	
밀 봉 테 이 프	PE, 0.08mm×50mm, 노랑	m	0.1773	
견 인 줄	PE, 16mm	〃	0.0738	
석 면 해 체 공	폐슬레이트 포장	인	0.0130	

4. 현장 정리

품 명	규 격	단 위	수 량	비 고
보 통 인 부	-	인	0.0026	

[주] ① 본 품은 용마루 높이 6m를 기준한다.
높이에 따라 10m : 20%, 12m : 40%, 18m : 50%, 24m : 70% 할증하여 계상한다.

· 시공절차 및 주요공정
Slater 세팅 → 각종 표지판 설치(M.S.D.S) → 위생설비 설치 → 바닥비닐보양 및 설치 → 개인보호구 착용
→ 안전교육 → Slater 탑승(안전고리 체결) → 습윤작업 → 슬레이트 해체·제거 → 이동하역 → 밀봉포장
→ 견인줄 설치 → 현장청소

대박기술(주)
E-mail. slater7979@hanmail.net
본사 : 경기도 수원시 권선구 세권로 2, 4층
경기본부 : 경기도 평택시 진위면 청호길 48
www.slater.co.kr
Tel. 031-235-7904 Fax. 031-235-7902

Dae Back Tech
국토교통부 건설신기술 제 985호 지정
한국 농어촌 공사 신기술 지정
석면 슬레이트 및 텍스 해체기술 특허 보유
산업안전보건공단 안전인증 보유
한국도로공사 슬레이트 해체·제거 신기술지정
LH공사 건설신기술 등록
안전보건공단 안전新기술 최우수상 수상

3-3 칠공사

3-3-1 재도장 시 바탕처리(콘크리트·모르타르면)('21년 신설)

(일 당)

구 분	단 위	수 량	시공량(㎡)
도 장 공	인	2	230
보 통 인 부	〃	1	

[주] ① 본 품은 콘크리트·모르타르면 재도장 시 바탕처리하는 기준이다.
② 본 품은 기존 도장면을 제거하지 않고, 곰팡이 등 오염, 균열 부위에 부분적으로 퍼티 및 연마하는 작업 기준이다.
③ 공구손료 및 잡재료비(연마지 등)는 인력품의 3%로 계상한다.

1658 | 유지관리부문

○ 참고자료

■ 탄성무기질 조성물을 이용한 면 처리 시공방법(GB-1800)

(일 당)

구 분	단 위	수량	시공량(㎡)
도 장 공	인	2	230
보 통 인 부	〃	1	

[주] ① 본 품은 [유지관리부문] 3-3-1 재도장시 바탕처리(콘크리트. 모르타르면)에 준하여 계상한다.
　　㉮ 본 품은 콘크리트. 모르타르면 재 도장 시 바탕처리하는 기준이다.
　　㉯ 본 품은 기존 도장면을 제거하지 않고, 곰팡이 등 오염, 균열 부위에 부분적으로 퍼티 및 연마하는 작업 기준이다.
　　㉰ 공구손실료 및 잡재료비(연마지 등)은 인력품의 3%로 계상한다.
② 본 품은 직접공사비이며, 간접공사비는 별도 계상한다.
③ 외부 재 도장 바탕 만들기 고소 작업시 1-4 품의 할증을 적용한다.[8항 나. 고소작업 지상(비계를 불사용)]
④ 내부 재 도장 바탕 만들기시 1-4 품의할증을 적용한다.(10항 가항. 지상층 할증+나항. 지하층 할증)
⑤ 재료소모량은 부위 상태에 따라 시방서 및 제조사에서 제시하고 있는 기준에 적용한다.

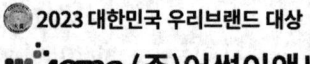

3-3-2 재도장 시 바탕처리(철재면)('21년 신설)

(일 당)

구 분	단 위	수 량	시공량(㎡)	
			A급	B급
도 장 공	인	2	20	60
보 통 인 부	〃	1		

[주] ① 본 품은 철재면 재도장 시 바탕처리하는 기준이다.
② 본 품은 오염(기름때 등) 및 부착물 제거, 도장면 연마 및 청소 작업을 포함한다.
③ 대상면의 상태에 따른 적용기준은 다음과 같다.

구 분	적용기준
A급	- 재래도장의 탈락이 심하고 부분적으로 부식되어 약품을 사용하여 도막 및 기타 부착물의 완전 제거를 요하는 정도
B급	- 재래도장의 부출되어 있는 녹을 제거하고 와이어 브러쉬로 청소할 정도

④ 공구손료 및 잡재료비(연마지 등)는 인력품의 3%로 계상한다.

3-3-3 재도장 시 바탕처리(목재면)('21년 신설)

(일 당)

구 분	단 위	수 량	시공량(㎡)	
			A급	B급
도 장 공	인	2	110	270
보 통 인 부	〃	1		

[주] ① 본 품은 목재면 재도장 시 바탕처리하는 기준이다.
② 본 품은 오염 및 부착물 제거, 틈새 및 구멍 충진, 퍼티 및 연마 작업을 포함한다.
③ 대상면의 상태에 따른 적용기준은 다음과 같다.

구 분	적용기준
A급	- 재래도장의 탈락 및 목재의 손상이 심하여 갈라진틈, 구멍 땜 등을 충진하고, 평탄하게 연마해야하는 정도
B급	- 재래도장의 탈락 및 목재의 손상이 거의 없으며, 부착물 제거, 부분적으로 퍼티 및 연마를 요하는 정도

④ 공구손료 및 잡재료비(연마지 등)는 인력품의 3%로 계상한다.

3-4 수선 및 보수공사

3-4-1 지붕 덧씌우기('22년 신설)

(일 당)

구 분	단 위	수 량	시공량(㎡)
지붕잇기공 보통인부	인 〃	4 2	85
비 고	\- 맞배지붕(경사를 짓는 지붕면이 2개소)은 시공량을 20% 가산하여 적용한다.		

[주] ① 본 품은 기존의 지붕 위에 신규 지붕을 덧씌워 보수하는 기준이다.
② 본 품은 바탕정리, 지붕틀 설치, 지붕재(금속기와) 설치, 용마루 및 후레싱 마감 작업을 포함한다.
③ 홈통 및 빗물받이 설치는 '[건축] 7-2 홈통'를 따른다.
④ 비계매기, 비산방지, 보호 및 안전시설의 설치비는 별도 계상한다.
⑤ 공구손료 및 경장비(에어콤프, 절단기 등)의 기계경비는 인력품의 2%로 계상한다.

3-4-2 지붕 재설치('22년 신설)

(일 당)

구 분	단 위	수 량	시공량(㎡)
지붕잇기공 보통인부	인 〃	6 2	50
비 고	\- 맞배지붕(경사를 짓는 지붕면이 2개소)은 시공량을 20% 가산하여 적용한다.		

[주] ① 본 품은 기존의 지붕재가 철거된 상태에서 신규 지붕을 재설치하는 기준이다.
② 본 품은 바탕정리, 지붕틀 및 바탕합판 설치, 방수시트 및 단열재 설치, 지붕재(금속기와) 설치, 용마루 및 후레싱 마감 작업을 포함한다.
③ 홈통 및 빗물받이 설치는 '[건축] 7-2 홈통'를 따른다.
④ 지붕재 철거는 별도 계상한다.
⑤ 비계매기, 비산방지, 보호 및 안전시설(비계 등)의 설치비는 별도 계상한다.
⑥ 공구손료 및 경장비(에어콤프, 절단기 등)의 기계경비는 인력품의 2%로 계상한다.

◆ 참고자료

■ 노후된 금속기와 지붕 보수공법(특허 제10-2177416호)

(㎡당)

품 명	규 격	단 위	수 량	비 고
에폭시계 방청도료	1회	ℓ	0.08	
표면보강충진재	-	〃	0.01	
UV 우레탄상도	2회	kg	0.18	
논슬립 PE 파우더	-	〃	0.01	
공 구 손 료	노무비의 3%	식	1	
방 수 공	-	인	0.06	
보 통 인 부	-	〃	0.02	

[주] ① 본 품은 직접공사비이며 간접공사비는 별도 계상한다. 공구 손료 및 소운반 품이 포함된 것이다.
② 바탕처리, 가설 및 폐기물 처리비는 별도 계상한다.
③ 국토해양부 제정 건축공사 표준시방서에 따른 방수공사에 준한다.

3-4-3 도배 교체('22년 신설)

(일 당)

구 분	단 위	수 량	시공량(㎡)	
			벽	천장
내 장 공	인	2	46	35
비 고	\- 사용중인 세대로 가구 등의 지장물이 있는 경우 시공량의 15%를 감한다.			

[주] ① 본 품은 도배지를 해체(재사용하지 아니하는 때)하고 재설치하는 기준이다.
② 본 품은 도배지 해체, 바탕정리, 풀먹임, 초배 및 정배 바름 작업을 포함한다.
③ 가구 등 지장물의 운반은 별도 계상한다.

3-4-4 PVC계바닥재 교체('22년 신설)

(일 당)

구 분	단 위	수 량	시공량(㎡)
내 장 공	인	2	61
비 고	\- 사용중인 세대로 가구 등의 지장물이 있는 경우 시공량의 15%를 감한다.		

[주] ① 본 품은 PVC계 바닥재(시트)를 해체(재사용하지 아니하는 때)하고 재설치하는 기준이다.
② 본 품은 바닥재 해체, 바탕정리, 접착제(부분접합 방식) 바름, 바닥재 설치 작업을 포함한다.
③ 가구 등 지장물의 운반은 별도 계상한다.

3-4-5 타일 교체('22년 신설)

(일 당)

구 분	단 위	수 량	시공량(㎡)	
			떠붙이기(벽)	압착붙이기(바닥)
타 일 공	인	2	7	8
비 고	\- 사용중인 세대로 가구 등의 지장물이 있는 경우 시공량의 15%를 감한다.			

[주] ① 본 품은 타일을 해체(재사용하지 아니하는 때)하고 재설치하는 기준이다.
② 본 품은 타일해체, 바탕정리, 모르타르 비빔, 타일 붙임, 줄눈 설치 및 마무리 작업을 포함한다.
③ 방수 작업은 별도 계상한다.
④ 가구 등 지장물의 운반은 별도 계상한다.

품셈 유권해석

장애물 제거 및 분리

표준품셈/유지관리부문/제3장건축/3-1-2 콘크리트구조물 헐기(대형장비) 항목의 "장애물제거" 작업 정의가 명확하지 않아 지장물철거공사 설계내역 작성에 어려움이 있습니다.
질의드리는 사항은 콘크리트구조물 헐기(대형장비) "장애물제거" 품에 대한 ① 장애물제거(철근, 파이프 등) 세부 작업정의와 ② 철근절단, 고철공제, 장애물(철근, 파이프 등) 분리작업 반영여부에 대해 질의드립니다.
국내 지장물 철거공사에 필수적으로 적용되는 품임을 감안하시어 사용자가 예산가격 산정 시, 혼란이 발생하지 않도록 귀 기관의 현장실사자료 등 관련자료의 면밀한 검토를 통해 답변 주시기를 요청드립니다.

답변내용

➥ 표준품셈 유지관리부문 "3-1-2 콘크리트구조물헐기(대형장비)"는 대형장비(굴착기+압쇄기)를 사용하여 철근콘크리트 구조물을 헐기 및 부수기 작업하는 품이며, 철근이나 파이프 등의 제거여부에 따라 장애물 제거 또는 장애물 미제거로 구분되어 집니다. 철근이나 파이프 등을 제거할 경우 장애물 제거를 적용하시기 바라며, 철근절단, 고철공제, 장애물 분리작업 등은 세부적인 작업사항에 대해서는 본 항목에서 정하고 있지 않습니다. 발생재(고재처리)의 처리는 표준품셈 공통부문 "1-2-4 재료 및 자재의 단가/5. 발생재의 처리"를 참조하시기 바랍니다.
당해공사에서 표준품셈의 적용여부 및 판단에 관련된 사항은 해당공사의 특성을 고려하시고 표준품셈을 참조하시어 공사관계자가 직접 결정하실 사항임을 양지해 주시면 감사드리겠습니다.

PVC계 바닥재 종류

[3-2-8 PVC계바닥재 해체], [3-4-4 PVC계바닥재 교체]에서 언급하는 PVC계바닥재(시트)가 단순히 PVC를 원료에 포함하여 제작된 바닥재인가요?
혹은 KS인증(KS M 3802)을 받은 바닥재를 말하는 것인지 문의드립니다. 이와 관련하여 표준품셈에서 기준하는 PVC계 바닥재의 예시로는 어떤 바닥재(륨카펫 등)가 해당되는지 여쭙고 싶습니다.

답변내용

➥ 표준품셈 유지관리부문 "3-2-8 PVC계 바닥재 해체", "3-4-4 PVC계 바닥재 교체"에서 PVC계 바닥재는 일반적으로 롤형비닐계 장판류 등이 해당됩니다.

바닥처리에 사용되는 재료의 계상

저수조 방수공사관련 바닥처리 품셈적용에 대해 문의드립니다. 기존 구도막 제거, 홈메우기(바탕조정제 도포), 불순물 청소를 위하여 바닥처리(6-1-1)의 표준 품셈 적용하고자 합니다.
바탕처리 시 샌딩작업 후 바탕조정제 도포를 바탕처리(6-1-1)로 적용하고 [주]-④에 해석되어 따라 바탕처리에 사용되는 재료(바탕조정제)를 별도 계상하려고 합니다.(바탕조정제: 바탕면의 공극을 메우기 위해 1mm로 도포하는 재료)
바탕조정제도 바탕처리에 사용되는 재료(퍼티, 방수테이프 등)에 포함 및 바탕조정제 도포가 홈메우기, 퍼티 작업 등 바탕처리에 해당 여부 질의드립니다.

> **답변내용**
>
> ➡ 기존 구도막 제거 후 바탕처리는 표준품셈 유지관리부문 "3-2-11 기존방수층 제거 및 바탕처리"를 참조하시기 바랍니다. 여기서 바탕처리에 사용되는 재료(바탕조정제 포함)는 별도로 계상하시기 바랍니다. 또한 "3-2-11 기존방수층 제거 및 바탕처리" 항목에는 홈등을 메우는 홈메우기와 퍼티작업이 포함되어 있으며, 방수면 전면에 도포를 하는 작업은 포함되어 있지 않습니다.

운반 가능한 지장물의 정의

건설공사 표준품셈 [3-4-5 타일교체], [3-4-3 도배 교체], [3-4-4 PVC계바닥재 교체]의 내용에서 '사용중인 세대로 가구 등의 지장물이 있는 경우 시공량의 15%를 감한다' 및 '가구 등 지장물의 운반은 별도 계상된다'라고 언급되어 있습니다.
이는 가구 등 지장물이 있는 경우 시공량을 15% 감하면서도 지장물의 운반을 별도 계상하는 것으로 판단됨에 따라, 지장물의 운반을 별도 계상함에도 시공량을 할감하는 사유에 관해 표준품셈 제정 기관의 의견을 여쭙고 싶습니다.

> **답변내용**
>
> ➡ 표준품셈 유지관리부문 "3-4-3 도배교체, 3-4-4 PVC계 바닥재 교체, 3-4-5 타일교체"의 사용중인 세대로 가구 등의 지장물이 있는 경우는 운반이 가능한 지장물은 사전에 운반(별도계상) 후 해당 작업이 진행되는 것입니다. 다만, 사용중인 세대의 경우 운반이 불가능한 가구나 지장물도 발생이되므로 이에 따른 시공량 할감 15%가 부여되고 있으니 참조하시기 바랍니다.

석면함유 구조물

1. 석면을 함유하는 콘크리트 구조물의 경우 12-1-2 콘크리트구조물 헐기(대형장비)와 12-2-11 석면건축자재 해체를 둘 다 사용하여 전체 용량에 대해 12-1-2를 적용한 뒤 석면함유부분에 대해 12-2-11을 적용하면 되는건지 아니면 12-1-2와 12-2-11을 전부 합쳐서 전체 용량에 적용하는 것인지
2. 12-2-1 금속기와 해체의 경우 지붕 면적만 12-2-1을 적용하고 나머지는 12-1-2를 적용하는지? 아니면 콘크리트 지붕의 경우 12-1-2에 지붕까지 포함된 것인지?
3. 0.8 압쇄기와 0.4 굴착기를 조합하여 사용할 수 있는지?

답변내용

➡ 답변1. 표준품셈 건축부문 "12-1-2 콘크리트구조물 헐기(대형장비)"는 철근콘크리트 구조물의 헐기 및 부수기 작업을 기준으로 한 것이며 ㎡당 기준입니다. 표준품셈 건축부문 "12-2-11 석면건축자재 해체"는 석면이 함유된 자재를 해체하는 품으로 단위는 ㎡당 기준입니다. 석면건축자재 해체와 콘크리트구조물 헐기는 대상 범위와 작업 방식이 다르므로 각각 설계 수량 산출 후 적용하시기 바라며 당해공사에서 표준품셈의 적용여부 및 판단에 관련된 사항은 해당공사의 특성을 고려하시고 표준품셈을 참조하시어 공사관계자가 직접 결정하실 사항임을 양지해 주시면 감사드리겠습니다.

답변2. 표준품셈 건축부문 "12-2-1 금속기와 해체"는 금속기와를 절단하여 해체하는 기준으로 단위는 지붕기와 면적인 ㎡당 기준입니다. 금속기와 해체와 콘크리트구조물 헐기는 대상범위와 작업 방식이 다르므로 각각 설계 수량 산출 후 적용하시기 바라며 당해공사에서 표준품셈의 적용여부 및 판단에 관련된 사항은 해당공사의 특성을 고려하시고 표준품셈을 참조하시어 공사관계자가 직접 결정하실 사항임을 양지해 주시면 감사드리겠습니다. 또한 콘크리트지붕 해체는 별도 기준을 제시하고 있지 않습니다. 표준품셈에서 정하지 않는 사항은 동품셈 1-1-3의 4항을 참조하시어 적정한 예정가격산정기준을 적의 결정하여 사용하시기 바랍니다.

답변3. 표준품셈 건축부문 "12-1-2 콘크리트구조물 헐기(대형장비)"에서는 0.8압쇄기와 0.4 굴착기를 조합한 기준은 제시하고 있지 않습니다. 표준품셈에서 정하지 않는 사항은 동품셈 1-1-3의 4항을 참조하시어 적정한 예정가격산정기준을 적의 결정하여 사용하시기 바랍니다.

재도장시 바탕처리(콘크리트, 모르타르면)

[주] 2번에 본 품은 기존 도장면을 제거하지 않고, 곰팡이 등 오염, 균열 부위에 부분적으로 퍼티 및 연마하는 작업 기준이다. 라고 되어있는데, 현재 저희 공사의 경우 기존 도장면(에폭시 라이닝)을 제거하고, 균열이 발생되어있는 모르타르의 일부를 철거 및 보수를 하여 바탕면을 전체적으로 연삭을 해야하는 상황입니다. 이 경우 어떤 품을 적용시켜야 하는지 답변 부탁드립니다.

답변내용

↪ 표준품셈 건축부문 "12-3-2 재도장 시 바탕처리(콘크리트, 모르타르면)은 기존 도장면을 제거하지 않고 곰팡이 등 오염, 균열 부위에 부분적으로 퍼티 및 연마하는 작업 기준으로, 기존 도장면 제거후 균열이 발생되어 있는 모르타르의 일부 철거 및 보수를 하는 기준은 별도로 정하고 있지 않습니다. 표준품셈에서 정하지 않는 사항은 동품셈 1-1-3의 4항을 참조하시어 적정한 예정가격산정기준을 적의 결정하여 사용하시기 바랍니다.
도장면 제거 이외에 콘크리트 구조물의 균열보수와 단면 보수는 표준품셈 공통부문 "6-8 유지보수"의 항목을 참조하시기 바랍니다.

도배 및 바닥재 교체

2022년 신설된 유지보수 항목중에 12-4-3, 12-4-4 부분의 도배교체, pvc계 바닥재교체 부분에 대한 질의입니다.
항목을 보면 일당으로 나와있지만 면적대비 품셈을 적용했을 때, 그냥 해체품셈+신설품셈을 한 것보다 적게나오는데 따로 적용했을 때보다 합쳐서 적용한 것이 적게나오는 근거가 어떻게 되는지 설명 부탁드리고, 내역서 작성할 때 합쳐서(교체)적용한게 아닌 각각 적용 (해체,신설) 해도 무관한지 궁금합니다.
또한 도배 및 pvc계 타일 붙임도 반드시 바탕면 만들기가 필요합니다.
시대가 바뀐만큼 마감의 질을 우선하기에 제대로된 시방또는 표준품셈 없이는 작업의 어려움이 많습니다.

답변내용

↪ 표준품셈 건축부문 "12-4-3 도배교체"와 "12-4-4 PVC계 바닥재 교체"는 현장실사의 결과값으로 제시되고 있음을 참조해 주시기 바라며, 하루에 타일을 해체하고 재설치하는 기준입니다. "12-4-3 도배교체"와 "12-4-4 PVC계 바닥재 교체"에는 바탕정리가 포함되어 있으며 바탕면 만들기가 필요한 경우 별도계상하시기 바랍니다.

바닥처리에 사용되는 재료의 계상

저수조 방수공사관련 바탕처리 품셈적용에 대해 문의드립니다. 기존 구도막 제거, 홈메우기(바탕조정제 도포), 불순물 청소를 위하여 바탕처리(6-1-1)의 표준 품셈 적용하고자 합니다.
바탕처리 시 센딩작업 후 바탕조정제 도포를 바탕처리(6-1-1)로 적용하고 [주]-④에 해석되어 따라 바탕처리에 사용되는 재료(바탕조정제)를 별도 계상하려고 합니다.(바탕조정제: 바탕면의 공극을 메우기 위해 1mm로 도포하는 재료)
바탕조정제도 바탕처리에 사용되는 재료(퍼티, 방수테이프 등)에 포함 및 바탕조정제 도포가 홈메우기, 퍼티 작업 등 바탕처리에 해당 여부 질의드립니다.

답변내용

➡ 기존 구도막 제거 후 바탕처리는 표준품셈 유지관리부문 "3-2-11 기존방수층 제거 및 바탕처리"를 참조하시기 바랍니다. 여기서 바탕처리에 사용되는 재료(바탕조정제 포함)는 별도로 계상하시기 바랍니다. 또한 "3-2-11 기존방수층 제거 및 바탕처리" 항목에는 홈등을 메우는 홈메우기와 퍼티작업이 포함되어 있으며, 방수면 전면에 도포를 하는 작업은 포함되어 있지 않습니다.

운반 가능한 지장물의 정의

건설공사 표준품셈 [3-4-5 타일교체], [3-4-3 도배 교체], [3-4-4 PVC계바닥재 교체]의 내용에서 '사용중인 세대로 가구 등의 지장물이 있는 경우 시공량의 15%를 감한다' 및 '가구 등 지장물의 운반은 별도 계상된다'라고 언급되어 있습니다.
이는 가구 등 지장물이 있는 경우 시공량을 15% 감하면서도 지장물의 운반을 별도 계상하는 것으로 판단됨에 따라, 지장물의 운반을 별도 계상함에도 시공량을 할감하는 사유에 관해 표준품셈 제정 기관의 의견을 여쭙고 싶습니다.

답변내용

➡ 표준품셈 유지관리부문 "3-4-3 도배교체, 3-4-4 PVC계 바닥재 교체, 3-4-5 타일교체"의 사용중인 세대로 가구 등의 지장물이 있는 경우는 운반이 가능한 지장물은 사전에 운반(별도계상) 후 해당 작업이 진행되는 것입니다. 다만, 사용중인 세대의 경우 운반이 불가능한 가구나 지장물도 발생이되므로 이에 따른 시공량 할감 15%가 부여되고 있으니 참조하시기 바랍니다.

콘크리트구조물 헐기(대형장비) 수량산출

건축 3-1-2 콘크리트구조물 헐기 항목의 정의 중 콘크리트 종류에 따른 적용에 대해 문의드립니다.

질의1. 무근콘크리트 구조물이면 '콘크리트구조물 헐기(소형장비)' 철근콘크리트 구조물이면 '콘크리트구조물 헐기(대형장비)'를 적용하면 되는 것인지 아니면 시공 시, 굴착기를 사용한다면 무근콘크리트 구조물도 '콘크리트구조물 헐기(대형장비)'를 적용해도 되는 것인지 질의 드립니다.
질의2. 콘크리트 구조물 수량산출 부분에 대해 해당 품셈 ㎥ 단위수량에는 순수 콘크리트 체적만 적용하면 되는지 아니면 콘크리트 구조물에 포함된 폐금속, 폐목재, 폐합성수지 등의 체적을 합산하여 적용해야 하는지 궁금합니다.

답변내용

➡ 답변1. 표준품셈 유지관리부문 "3-1-1 콘크리트구조물 헐기(소형장비)"는 소형브레이커를 사용한 콘크리트 구조물 헐기 기준으로, 공압식과 전기식, 무근과 철근 구조물을 구분하여 품을 제시하고 있습니다. 표준품셈 유지관리부문 "3-1-2 콘크리트구조물 헐기(대형장비)"는 대형장비(굴착기+압쇄기, 굴착기+브레이커+압쇄기)를 사용하여 콘크리트 구조물 헐기 및 부수기 작업을 기준으로 한 것으로 장애물 제거 유무로 품을 구분하고 있습니다. 소형장비, 대형장비 사용유무에 따라 품을 적용하시기 바라며 "3-1-2 콘크리트구조물 헐기(대형장비)"의 경우 장애물 제거 유무에 따라 품을 적용하시기바라며 무근/철근에 대한 구분은 하고 있지 않습니다.
답변2. 표준품셈 유지관리부문 "3-1-2 콘크리트구조물 헐기(대형장비)" 콘크리트 물량만 적용하시기 바랍니다.

유지관리 2장 석고판 해체

석고판 해체 벽체 또는 천장 작업시 현재 나와있는 품셈이 1장 기준인가요?
통상 석고판이나, 합판류는 2장이 쳐져 있는데 1장 기준이라면 2장 철거 시 2배를 하면 되는 건가요?

답변내용

➡ 표준품셈 유지관리부문 "3-2-6 석고판 해체"는 석고판 1Ply~2Ply 해체 현장실태를 반영한 기준으로, 1P, 2P에 따른 품구분은 하고 있지 않습니다.

해체한 폐기물의 소운반 비용 포함

해체공사와 관련하여 해체공사의 품에 해체한 폐기물의 운반 차량까지의 소운반비가 포함되어 있는지 여부가 궁금합니다. 만약 소운반비가 포함되지 않았다면, 해체한 장소부터 차량까지의 소운반거리가 20m를 초과할 경우 소운반거리를 해체한 장소부터 차량까지의 거리로 하는지 아니면 그 거리에서 20m를 공제한 거리로 하는지 여부에 대해 질의 드립니다.

답변내용

➡ 소운반은 일반적으로 품에서 포함된 것으로 품에서 포함된 것으로 규정된 소운반 거리는 편도 20m 이내의 거리이며, 20m를 초과하는 경우에는 초과분에 대하여 표준품셈 공통부문 "1-2-7 운반/2.인력운반 기본공식" 등을 활용하여 별도 계상하도록 정하고 있습니다. 품항목과 무관하게 인력운반을 적용하실 경우 전체 운반거리를 적용하시기 바라며, 당해공사에서 표준품셈의 적용여부 및 판단, 수량산출 등에 관련된 사항은 해당공사의 특성을 고려하시고 표준품셈을 참조하시어 공사관계자가 직접 결정하실 사항임을 양지해 주시면 감사드리겠습니다.

옥상시트방수 철거

건물 옥상에 시공되었던 시트방수를 철거함에 있어서, 당현장 일위대가를 표준품셈 유지관리부분 3-2-8 pvc계 바닥재 해체를 적용하여서 철거를 시행하려니 실행 공사비가 5배 정도 차이가 나서 부득이하게 문의를 하게 되었습니다. 품셈 적용이 합당한지 질의 드립니다.

답변내용

➡ 유지관리부문 "3-2-8 pvc계 바닥재 해체"는 건축 바닥재를 해체하는 기준으로 시드빙수 칠거 기준은 아닙니다. 표준품셈에서 정하지 않는 사항은 동 품셈 1-1-3의 4항을 참조하시어 적정한 예정가격산정기준을 적의 결정하여 사용하시기 바라며, 당해공사에서 표준품셈의 적용여부 및 판단에 관련된 사항은 해당공사의 특성을 고려하시고 표준품셈을 참조하시어 공사관계자가 직접 결정하실 사항임을 양지해 주시면 감사드리겠습니다.

타일 형식의 pvc 바닥재 해체

PVC계 바닥제 해체 관련 품셈에 시트라고 되어있고, 22년도 신설품에서는 타일형식의 pvc가 아니라 시트형이라고 하는데 그럼 타일 형식의 pvc해체는 품셈에 없는건지 질의 드립니다.

답변내용

➡ 표준품셈 유지관리부문 "3-2-8 PVC계 바닥재 해체"는 PVC계 바닥재 (시트)를 해체하는 기준입니다. 다만 "3-2-8 PVC계 바닥재 해체"는 시트형 PVC바닥재 해체 기준으로 비닐타일 해체 기준은 아닙니다. 표준품셈에서 정하지 않는 사항은 동품셈 1-1-3의 4항을 참조하시어 적정한 예정가격산정기준을 적의 결정하여 사용하시기 바랍니다. 당해공사에서 표준품셈의 적용여부 및 판단에 관련된 사항은 해당공사의 특성을 고려하시고 표준품셈을 참조하시어 공사관계자가 직접 결정하실 사항임을 양지해 주시면 감사드리겠습니다.

제 4 장   기계설비

4-1 일반기계설비 해체

4-1-1 배관 해체('22년 신설)

(m 당)

규격 (mm)	강관		동관	
	배관공 (인)	보통인부 (인)	배관공 (인)	보통인부 (인)
ø15이하	0.012	0.008	0.010	0.007
20	0.013	0.009	0.012	0.008
25	0.017	0.011	0.015	0.010
32	0.019	0.013	0.018	0.012
40	0.021	0.014	0.020	0.014
50	0.027	0.018	0.027	0.018
65	0.031	0.021	0.031	0.021
80	0.039	0.026	0.039	0.026
100	0.053	0.035	0.053	0.035
125	0.067	0.045	0.066	0.044
150	0.079	0.053	0.078	0.052
200	0.121	0.080	0.116	0.077
250	0.161	0.107	0.153	0.102
300	0.208	0.139	-	-
350	0.250	0.167	-	-
400	0.296	0.197	-	-

[주] ① 본 품은 배관을 재사용하지 아니하는 때의 절단하여 해체하는 기준이다.
② 본 품은 지지철물, 배관 해체를 포함한다.
③ 비산방지, 보호 및 안전시설 등의 설치비는 별도 계상한다.
④ 폐기물 처리비용은 별도 계상한다.
⑤ 공구손료 및 경장비(절단기 등)의 기계경비는 인력품의 2%로 계상한다.

4-1-2 각형덕트 해체('22년 신설)

(㎡ 당)

구 분	단 위	호칭두께(mm)					
		0.5	0.6	0.8	1.0	1.2	1.6
덕 트 공	인	0.064	0.060	0.063	0.077	0.089	0.111
보 통 인 부	〃	0.043	0.040	0.042	0.051	0.059	0.074

[주] ① 본 품은 각형덕트(아연도금강판, 스테인리스)를 재사용하지 아니하는 때의 절단하여 해체하는 기준이다.
② 본 품은 지지철물, 덕트 절단 및 해체를 포함한다.
③ 비산방지, 보호 및 안전시설 등의 설치비는 별도 계상한다.
④ 폐기물 처리비용은 별도 계상한다.
⑤ 공구손료 및 경장비(절단기 등)의 기계경비는 인력품의 2%로 계상한다.

4-1-3 스파이럴덕트 해체('22년 신설)

(m 당)

철판두께 (mm)	규격 (mm)	덕트공 (인)	보통인부 (인)	철판두께 (mm)	규격 (mm)	덕트공 (인)	보통인부 (인)
0.5	ø150이하	0.036	0.024	0.6	300	0.064	0.043
	160	0.037	0.025		350	0.074	0.049
	180	0.041	0.028		400	0.084	0.056
	200	0.045	0.030		450	0.104	0.069
0.6	225	0.050	0.033		500	0.114	0.076
	250	0.055	0.036		550	0.123	0.082
	275	0.059	0.040		600	0.132	0.088

[주] ① 본 품은 스파이럴덕트(아연도금강판)를 재사용하지 아니하는 때의 절단하여 해체하는 기준이다.
② 본 품은 지지철물, 덕트 절단 및 해체를 포함한다.
③ 비산방지, 보호 및 안전시설 등의 설치비는 별도 계상한다.
④ 폐기물 처리비용은 별도 계상한다.
⑤ 공구손료 및 경장비(절단기 등)의 기계경비는 인력품의 2%로 계상한다.

4-1-4 배관보온 해체('22년 신설)

(m 당)

규격 (㎜)	고무발포보온재		발포폴리에틸렌보온재		유리면보온재(글라스울)	
	보온공 (인)	보통인부 (인)	보온공 (인)	보통인부 (인)	보온공 (인)	보통인부 (인)
ø15	0.014	0.010	0.010	0.007	0.016	0.011
20	0.016	0.011	0.012	0.008	0.018	0.012
25	0.017	0.011	0.012	0.008	0.019	0.013
32	0.020	0.013	0.014	0.010	0.023	0.015
40	0.023	0.016	0.017	0.011	0.026	0.017
50	0.027	0.018	0.019	0.013	0.031	0.020
65	0.029	0.020	0.021	0.014	0.033	0.022
80	0.033	0.022	0.024	0.016	0.038	0.025
100	0.038	0.025	0.027	0.018	0.043	0.028
125	0.046	0.030	0.033	0.022	0.051	0.034
150	0.053	0.035	0.038	0.025	0.060	0.040
200	0.064	0.042	0.045	0.030	0.072	0.048
250	0.073	0.049	0.052	0.035	0.082	0.055
300	0.083	0.055	0.059	0.039	0.093	0.062

[주] ① 본 품은 배관보온재(보온두께 50㎜ 이하)를 재사용하지 아니하는 때의 절단하여 해체하는 기준이다.
② 비산방지, 보호 및 안전시설 등의 설치비는 별도 계상한다.
③ 폐기물 처리비용은 별도 계상한다.

4-1-5 덕트보온 해체('22년 신설)

(㎡ 당)

구 분	단 위	고무발포보온재 발포폴리에틸렌보온재	유리면보온재 (글라스울)
보 온 공	인	0.081	0.096
보 통 인 부	〃	0.054	0.064

[주] ① 본 품은 재사용하지 아니하는 때의 보온재를 절단하여 해체하는 기준이다.
② 비산방지, 보호 및 안전시설 등의 설치비는 별도 계상한다.
③ 폐기물 처리비용은 별도 계상한다.

4-1-6 펌프 해체('22년 신설)

(대 당)

규격 (kW)	기계설비공 (인)	보통인부 (인)	규격 (kW)	기계설비공 (인)	보통인부 (인)
0.75 이하	0.245	0.163	11 이하	0.685	0.457
1.5 이하	0.271	0.181	15 이하	0.727	0.485
2.2 이하	0.312	0.208	22 이하	1.175	0.783
3.7 이하	0.359	0.239	37 이하	1.517	1.011
5.5 이하	0.432	0.288	55 이하	2.440	1.627
7.5 이하	0.545	0.363	75 이하	2.989	1.993

[주] ① 본 품은 일반펌프(급수 및 소방펌프)를 재사용하지 아니하는 때의 절단하여 해체하는 기준이다.
② 본 품은 방진가대 해체, 펌프 절단 및 해체를 포함한다.
③ 비산방지, 보호 및 안전시설 등의 설치비는 별도 계상한다.
④ 폐기물 처리비용은 별도 계상한다.
⑤ 공구손료 및 경장비(절단기 등)의 기계경비는 인력품의 2%로 계상한다.

4-1-7 일반기계설비 철거 및 이설('93년 보완)

(단위 : %)

구 분	철 거		동일구내 (인접장소) 이 설
	재사용을 고려할 경우	재사용을 고려 안할 경우	
1. 기 기 류	80	60	160
2. 철 골 류	70	50	150
3. 배 관 류	60	40	140
4. BELT CONVEYOR 류	80	60	160
5. 보 온 재	60	40	140
6. HEATER & TANK 류	70	50	150
7. PUMP & FAN 류	60	40	140
8. CRANE 류	70	50	150

[주] ① '4-1-1 배관 해체~4-1-6 펌프 해체'의 각 항목을 우선 적용하며, 외의 항목은 상기류 유사품목에 적용할 수 있다.
② 공구손료 및 소모재료는 별도 계상한다.
③ 상기의 율은 설치를 100%로 볼 때이다.
④ 특수기기에 대하여는 별도 계상할 수 있다.
⑤ 철거한 설비를 동일구내 또한 인접한 장소가 아닌 곳에 재 설치할 경우에는 설치품+철거품(재사용을 고려할 경우)으로 계상한다.
⑥ 다음 항목의 철거는 신설의 50%(재사용을 고려치 않을 경우)로 계상한다.

항 목	1-4-1 주철관 기계식 접합 및 배관 4-2-1 송풍기 설치 5-1-1 일반밸브 및 콕류 설치 5-1-2 감압밸브장치 설치 5-2-1 스팀트랩 장치 설치 5-3-1 익스팬션조인트 설치 5-3-2 플렉시블커넥터 설치 8-1-2 냉동기 설치 8-1-3 냉각탑 설치 8-2-1 공기가열기, 공기냉각기, 공기여과기 설치 8-2-3 공기조화기(Air Handling Unit) 설치 8-3-6 방열기 설치 10-1-1 옥내소화전함설치 10-1-2 소화용구 격납상자설치 10-3-1 지하식설치 10-3-2 지상식설치 10-4-1 일반송수구설치 10-4-2 방수구설치

4-2 자동제어설비 해체

4-2-1 철거 및 이설

항 목	12-1-1 계기반 설치 12-1-2 플랜트계기 설치 12-2-2 계량기 설치 12-2-3 도압배관 12-2-4 Control Air 배관 12-2-5 압축공기 발생장치 및 공기관 배관
적용내용	- 철거는 본 품의 40%(재사용)를 계상한다. - 이설은 본 품의 140%를 계상한다.

4-3 수선 및 보수공사

4-3-1 유량계 교체('22년 보완)

(일 당)

구 분	단 위	수 량	규격(㎜)	시공량(개)	
				보호통	유량계
배 관 공	인	1	ø13~15	6.0	8.0
			ø20~32	5.0	7.0
			ø40~50	4.0	6.0
보 통 인 부	〃	1	ø65~80	-	2.0
			ø100~150	-	1.5
			ø200~300	-	1.0
비 고	- 동일장소에서 수도미터, 온수미터를 병행 교체 시(해체 후 재부착)에는 유량계 교체 시공량에 30%를 감한다.					

[주] ① 본 품은 수도미터(급수용), 온수미터(급탕용, 난방용)의 옥내배관 교체(해체 후 재부착) 기준이다.
② 보호통·뚜껑철거 및 재설치가 요구되는 경우에 보호통을 적용한다.
③ 본 품은 유량계 해체 및 재부착, 작동시험 및 마무리 작업을 포함한다.
④ 공구손료 및 경장비의 기계경비는 인력품의 1%로 계상한다.

4-3-2 관갱생공

(m 당)

규격(mm)	규사(kg)	에폭시도료(kg)	배관공(인)	특별인부(인)	장비사용시간(시간)
ø 15	0.520	0.060	0.072	0.036	0.053
20	0.590	0.107	0.072	0.036	0.053
25	0.707	0.127	0.072	0.036	0.053
32	0.880	0.173	0.072	0.036	0.053
40	1.083	0.203	0.072	0.036	0.053
50	1.343	0.260	0.072	0.036	0.053
65	1.687	0.330	0.081	0.039	0.064
80	2.083	0.387	0.081	0.039	0.064
100	2.580	0.513	0.081	0.039	0.064
125	3.177	0.647	0.101	0.050	0.080
150	3.977	0.777	0.101	0.050	0.080
200	5.030	1.027	0.101	0.050	0.080
250	6.297	1.277	0.111	0.056	0.089
300	7.610	1.650	0.111	0.056	0.089

[주] ① 본 품은 에어샌드공법을 기준한 것이다.
② 도장두께는 0.3~1㎜일 때를 기준한 것이다.
③ 본 품에는 강관 갱생을 위한 관내부세척, 열풍건조, 관내부 피복코팅 및 소운반 품이 포함되어 있다.
④ 입상관의 경우는 본 품에 30%를 가산한다.
⑤ 검사구 설치, 밸브 및 보온 해체 복구, 가설급수 배관 및 해체에 대한 비용은 별도 계상한다.
⑥ 관세척 공사시 발생되는 폐기물을 폐기물관리법 등의 규정에 따라 적정하게 처리하는데 소요되는 비용은 별도 계상한다.
⑦ 사용장비중 공기압축기는 규격 25.5㎥/min를 기준한 것이며, 라이닝기(1set)에 대한 기계경비는 별도 계상한다.
⑧ 장비조합은 다음을 기준한다.

규 격(mm)	ø15~50	ø65~100	ø125~200	ø250~300
라 이 닝 기	1set	1set	1set	1set
공 기 압 축 기	1 대	2 대	5 대	6 대

4-3-3 배관누수 검사('22년 신설)

(일 당)

구 분	단 위	수 량	시공량(회)
배 관 공	인	2	2.8

[주] ① 본 품은 급수용, 급탕용, 난방용 옥내배관(ø50㎜ 이하)의 누수보수를 위해 배관을 검사하는 기준이다.
② 본 품은 작업준비, 수도검침 및 기록, 미터기 해체 및 재설치, 공기압시험 및 누수탐지, 정리 작업을 포함한다.
③ 누수부위에 대한 해체 및 복구, 누수배관 교체 작업은 별도 계상한다.
④ 공구손료 및 경장비(공기압축기, 압력계 등)의 기계경비는 인력품의 3%로 계상한다.

품셈 유권해석

기계설비 철거공사

14-1-1 배관해체 (22년 신설) 과 14-1-7 일반기계설비 철거 및 이설 기계설비 철거 공사 설계 중 배관철거에 해당하는 부분만 공사설계비용 차이가 많이 나고 있습니다.
탱크, 펌프류 해체의 경우는 공사설계비 차이가 10프로 내외정도이나 배관 해체의 경우 공사설계비가 기존 일반기계설비 철거 및 이설(재사용을 고려안할 경우)에 비하여 3분의 1가격입니다.
배관 해체작업에 대하여 신규품과 차이가 많이 나다보니 어떤 품이 적절한 것인지 고민됩니다.
해당 품에 대한 산출근거 혹은 현장반영 사례에 대한 문의드립니다.

> **답변내용**
>
> ➡ 표준품셈 기계설비부문 "14-1-7 일반기계설비 철거 및 이설"은 주 1에 따라 '14-1-1 배관해체~14-1-6 펌프해체'의 각 항목을 우선 적용하며, 외의 항목은 상기류 유사품목에서 정할 수 있습니다" 를 참조하시기 바랍니다. 당해공사에서 표준품셈의 적용여부 및 판단, 수량산출 등에 관련된 사항은 해당공사의 특성을 고려하시고 표준품셈을 참조하시어 공사관계자가 직접 결정하실 사항임을 양지해 주시면 감사드리겠습니다.

유량계 교체

보호통 및 뚜껑 철거 및 재설치가 요구되는 경우에 보호통을 적용한다. 라고 함은 정확히 어떤 작업에 대한 것인지 궁금합니다. 보호통 및 뚜껑 교체를 한 세트로 묶어서 품을 매기신 것인지, 뚜껑만 교체하는 것도 이 품을 사용하면 되는지 보온재 교체는 어떻게 적용이 되는지 궁금합니다.
보호통 교체를 세트로 묶으셨다면 품이 너무 적은 것 같고 뚜껑교체만 해도 이 품을 적용하게 되면 품이 너무 많은 것 같습니다. 보온재 교체도 품이 없구요.

> **답변내용**
>
> ➡ 답변1. 2022년 표준품셈 "14-3-1 유량계교체"에서 '보호통·뚜껑철거 및 재설치가 요구되는 경우 보호통을 적용한다'는 유량계의 보호통과 뚜껑을 철거 및 재설치하는 경우를 뜻합니다. 뚜껑만 교체하는 품은 별도로 정하고 있지 않습니다.
> 답변2. 표준품셈에서는 유량계 보온재 교체 기준은 별도로 정하고 있지 않습니다. 표준품셈에서 정하지 않는 사항은 동품셈 1-1-3의 4항을 참조하시어 적정한 예정가격산정기준을 적의 결정하여 사용하시기 바라며, 당해공사에서 표준품셈의 적용여부 및 판단에 관련된 사항은 해당공사의 특성을 고려하시고 표준품셈을 참조하시어 공사관계자가 직접 결정하실 사항임을 양지해 주시면 감사드리겠습니다.

배관 회전공사

기존의 배관이 장시간 사용으로 한쪽 면이 마모되어, 전체 배관들을 180도로 회전하는 공사를 계획중에 있습니다. 그래서 2022년 기계설비 표준품셈을 보면서 품셈을 계산중인데
현재 적용하려는 품셈이
1-4-1 기계식 접합 및 배관(주철관, 150mm)
14-1-7 일반기계설비 철거 및 이설인데
Q1. 현재 공사가 배관을 해체하여 동일지역에서 회전 후 다시 결합하는데, 동일구내 이설로 품셈을 적용해도 타당한지 여부를 알고 싶습니다.
Q1-1. 만약 이설을 적용하게 된다면, 배관을 접합하는 품셈은 따로 추가할 필요가 없는지 알고 싶습니다.

답변내용

➡ 표준품셈 "14-1-7 기계설비철거 및 이설 "에서는 해당품목에 대한 철거시 재사용을 고려할 경우와 재사용을 고려 안할경우, 동일구내(인접장소)이설에 대한 기준을 정하고 있습니다. 재사용을 고려하여 기기를 철거하고 바로 인접구내로 설치하는 경우 동 품의 "동일구내(인접장소) 이설"을 참조하시면 됩니다. 같은공간에 철거 후 재설치하는 경우 동일구내 이설을 적용하시기 바랍니다.
또한 동일구내는 또는 인접장소에 대한 정량적인 거리기준은 별도로 정하고 있지 않으며, 현장여건 등을 고려하여 일반적이고 보편적인 기준으로 적용하시기 바랍니다. 인접구내 이설의 경우 신설품에 해당항목에서 제시하는 요율을 적용하시면 되며, 접합 품셈은 따로 추가할 필요 없습니다.
당해공사에서 표준품셈의 적용여부 및 판단, 수량산출 등에 관련된 사항은 해당공사의 특성을 고려하시고 표준품셈을 참조하시어 공사관계자가 직접 결정하실 사항임을 양지해 주시면 감사드리겠습니다.

건조기 철판 교체공사

저희 회사는 음식물류폐기물을 처리하는 곳이고 여기에 2.5ton/hr 처리하는 건조기가 있습니다. 이 건조기 안에 건조물을 교반시키는 철판이 40개 정도가 있는데 부식과 마모가 심하여 선양 교제작업을 신행하고자 합니다.
이때 품셈 적용 시 철거와 설치를 구분하여 적용하는지 아니면 동일구내로 보고 이설 요율로 적용하는지 궁금합니다. 동일구내라면 그 정의가 정확히 어떤 것인지요. 예를 들어 50m 높이 위에 있는 자재를 지상으로 운반하여 진행하는 철거 작업에서도 동일구내가 적용되는지 질의 드립니다.

답변내용

➡ 표준품셈 유지관리부문 "4-1-7 일반기계설비 철거 및 이설"에서 해당품목에 대한 철거시 재사용을 고려할 경우와 재사용을 고려 안할경우, 동일구내(인접장소)이설에 대한 기준을 정하고 있습니다.
재사용을 고려하여 기기를 철거하고 바로 동일구내(인접장소)로 설치하는 경우 동 품의 "동일구내(인접장소) 이설"을 참조하시면 됩니다. 같은공간에 철거 후 재설치하는 경우 동일구내 이설을 적용하시기 바랍니다. 또한 동일구내는 또는 인접장소에 대한 정량적인 거리기준은 별도로 정하고 있지 않으며, 현장여건 등을 고려하여 일반적이고 보편적인 기준으로 적용하시기 바랍니다.

일반기계설비 같은 위치 재설치

재사용을 고려하여 기기를 철거하고 같은 위치에 재설치(이런경우는 전체 기기 부속품 점검때 합니다.) 할 경우 철거 80% 적용+설치 100% 적용인지, 아니면 동일구내(인접장소) 이설 160% 적용인지 궁금합니다.

답변내용

➡ 표준품셈 유지관리부문 "4-1-7 일반기계설비 철거 및 이설"에서 해당품목에 대한 철거시 재사용을 고려할 경우와 재사용을 고려 안할경우, 동일구내(인접장소)이설에 대한 기준을 정하고 있습니다. 재사용을 고려하여 기기를 철거하고 바로 동일구내(인접장소)로 설치하는 경우 동 품의 "동일구내(인접장소) 이설"을 참조하시면 됩니다. 같은공간에 철거 후 재설치하는 경우 동일구내 이설을 적용하시기 바랍니다. 당해공사에서 표준품셈의 적용여부 및 판단에 관련된 사항은 해당공사의 특성을 고려하시고 표준품셈을 참조하시어 공사관계자가 직접 결정하실 사항임을 양지해 주시면 감사드리겠습니다.

2025건설공사 표준품셈

참 고 자 료

- 시중노임
  - I. 조사 개요
  - II. 임금적용 요령
  - III. 개별직종 노임단가
  - IV. 직종 해설

참고자료

시 중 노 임

Ⅰ. 조 사 개 요

1. **조사목적** : 건설부문 시중임금 자료 제공
2. **법적근거** : 통계법 제17조에 의한 지정통계(승인번호 제365004호)
3. **조사연혁**
   ○ 1990.11 통계작성승인 제329-21-04호
   ○ 1993.11 통계작성 승인번호 변경(승인번호 제36504호)
   ○ 1994. 9 표본수 조정(945개 → 1,300개 현장)
   ○ 1998. 5 조사 직종수 조정(173개 → 142개 직종)
   ○ 1998.10 조사 직종수 조정(142개 → 145개 직종)
   ○ 1999.12 지정통계로 변경승인(승인번호 제36504호)
   ○ 2005. 5 표본수 조정(1,300개 → 1,700개 현장)
   ○ 2009. 7 조사 직종수(145개 → 117개 직종) 및 표본수(1,700 → 2,000개 현장) 조정
   ○ 2017. 7 조사 직종수 조정(117개 → 123개 직종)
   ○ 2020. 5 조사 직종수 조정(123개 → 127개 직종)
   ○ 2024. 9 조사 직종수 조정(127개 → 132개 직종)

4. **조사기준**
   가. 조사 기준기간 : 2024. 9. 1 ~ 9. 30
   나. 조사 실시기간 : 2024. 10. 1 ~ 10. 31
   다. 조사범위 : 전국의 2,000개 건설현장
   　 1) 공 사 직 종 : 건설공사업(종합 또는 전문) 등록업체의 현장
   　 2) 전 기 직 종 : 전기공사업 등록업체의 현장
   　 3) 정보 통신 직종 : 정보통신공사업 등록업체의 현장
   　 4) 국가유산 직 종 : 국가유산 보수 시공업체의 현장
   　 5) 원 자 력 직 종 : 원자력공사 시공업체의 현장

5. **조사방법**
   ○ 자계식 우편조사·인터넷 조사와 타계식 현장실사 병행실시

6. 직종별 임금산출 방법

○ 직종별 임금 = $\dfrac{\text{직종별 조사된 총임금}}{\text{직종별 조사된 총인원}}$

- 이상치 처리방법 : 이상치에 대한 가중치 감소 방법 적용
  · 사분위편차*를 활용하여 이상치를 판단하고 이상치에 대한 가중치를 조정하여 영향력을 감소시키는 방법적용
    * 관측값을 순서대로 정렬했을 때 25%에 위치한 값을 1사분위수(Q1), 75%에 위치한 값을 3분위수(Q3)라 하며, 사분위편차(IQR)란 3분위 수와 1분위수의 차이를 의미함. 사분위편차를 이용한 이상치 판단방법에서의 이상치는 1.5×IQR 벗어나는 값임

7. 이용상의 주의사항

가. 통계전반에 걸쳐 사용한 「-」의 기호는 조사되지 않았거나, 비교불능을 나타냄.
나. 직종번호 앞의 「*」 표시는 조사 현장수가 5개 미만인 직종, 「**」 표시는 조사되지 않은 직종이므로 유의하여 적용 (Ⅱ.임금적용 요령 참조)
다. 본 조사임금은 1일 8시간 기준(단, 잠수부는 6시간 기준)금액임.

8시간 환산임금 = $\dfrac{\text{총임금}}{8+(\text{총작업시간}-8-\text{점심시간}-\text{간식시간})\times 1.5*} \times 8$

* 8시간 이상 근무시 적용

8. 평균임금현황

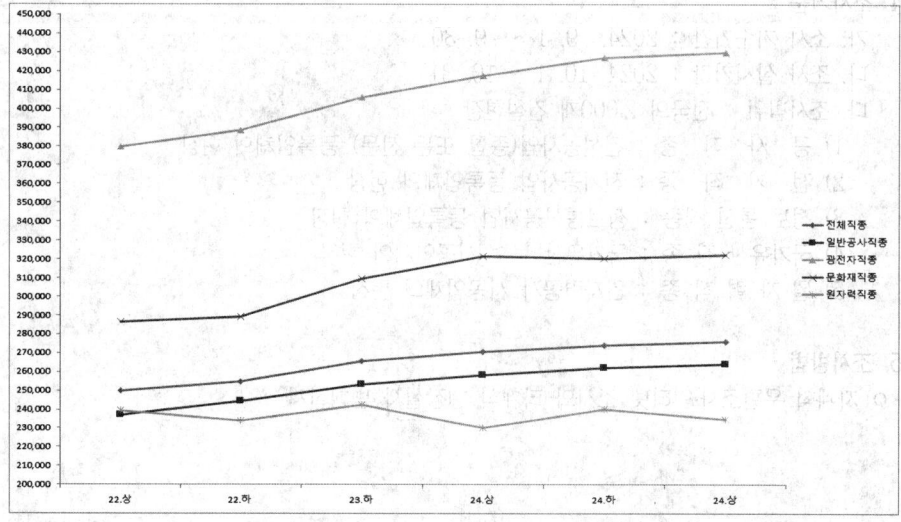

구 분	2023. 1. 1 (2022년 9월)	2023. 9. 1 (2023년 5월)	2024. 1. 1 (2023년 9월)	2024. 9. 1 (2024년 5월)	2025. 1. 1 (2024년 9월)
전체직종(132)					276,011
전체직종(127)	255,426	265,516	270,789	274,286	276,020
일반공사 직종	244,456	253,310	258,359	262,067	264,277
광전자직종	388,623	406,117	417,636	427,059	430,013
국가유산직종(18)	292,142	309,641	321,713	321,129	322,178
원자력직종	234,019	242,393	230,344	240,045	234,847
기타직종(16)					272,223
기타직종(11)	257,558	264,351	264,952	269,511	270,610

[주] ① 2025.1.1 공표 임금부터는 신설된 5개 직종을 포함한 132개 직종으로 조사됨
② 2020.9.1 공표 임금부터는 신설된 4개 직종을 포함한 127개 직종으로 조사됨
③ 2018.1.1 공표 임금부터는 신설된 6개 직종을 포함한 123개 직종으로 조사됨
④ 2010. 1. 1 공표 당시 직종 및 직종수가 조정(145→117개)되어 이전 공표된 평균임금과 차이가 있음
⑤ 따라서, 물가변동으로 인한 계약금액 조정시 다음의 평균임금을 참고하시기 바람

공표일 (조사기준)	전체직종	일반공사 직 종	광 전 자 직 종	문 화 재 직 종	원 자 력 직 종	기 타 직 종
2025. 1. 1 (2024년 9월)	(132)276,011 (127)276,020	264,277	430,013	322,178	234,847	(132)272,223 (127)270,610
2024. 9. 1 (2024년 5월)	274,286	262,067	427,059	321,129	240,045	269,511
2024. 1. 1 (2023년 9월)	270,789	258,359	417,636	321,713	230,344	264,952
2023. 9. 1 (2023년 5월)	265,516	253,310	406,117	309,641	242,393	264,351
2023. 1. 1 (2022년 9월)	255,426	244,456	388,623	292,142	234,019	257,558
2022. 9. 1 (2022년 5월)	248,819	237,006	379,757	286,364	239,564	252,767
2022. 1. 1 (2021년 9월)	242,931	231,044	365,485	283,907	230,632	245,273
2021. 9. 1 (2021년 5월)	235,815	223,499	357,168	276,915	229,990	239,470
2021. 1. 1 (2020년 9월)	(127)230,798 (123)231,779	219,213	348,470	268,825	224,194	(127)234,726 (123)254,205
2020. 9. 1 (2020년 5월)	(127)226,947 (123)227,923	215,178	348,564	264,191	222,691	(127)231,739 (123)251,635
2020. 1. 1 (2019년 9월)	222,803	209,168	335,522	262,914	224,686	247,534
2019. 9. 1 (2019년 5월)	216,770	203,891	330,433	252,022	220,229	242,858
2019. 1. 1 (2018년 9월)	210,195	197,897	316,642	244,131	219,314	231,976
2018. 9. 1 (2018년 5월)	(123)203,332 (117)201,386	190,702	305,604	(123)237,460 (117)235,551	224,152	224,043
2018. 1. 1 (2017년 9월)	(123)193,770 (117)191,599	181,134	282,575	(123)230,322 (117)227,439	222,895	209,344
2017. 9. 1 (2017년 5월)	186,026	175,804	273,471	221,051	222,305	200,653
2017. 1. 1 (2016년 9월)	179,690	169,999	262,656	213,706	214,801	191,745
2016. 9. 1 (2016년 5월)	175,071	165,389	254,913	208,944	216,386	185,041
2016. 1. 1 (2015년 9월)	168,571	159,184	240,606	204,251	209,359	175,270
2015. 9. 1 (2015년 5월)	163,339	154,343	228,408	197,308	211,249	166,795
2015. 1. 1 (2014년 9월)	158,590	149,959	225,312	190,064	202,459	163,185
2014. 9. 1 (2014년 5월)	155,796	147,352	220,954	184,513	205,402	160,079
2014. 1. 1 (2013년 9월)	150,664	142,586	213,715	176,705	206,068	152,362
2013. 9. 1 (2013년 5월)	148,380	140,833	211,106	172,081	198,225	150,490
2013. 1. 1 (2012년 9월)	141,724	134,901	206,053	162,750	179,988	144,950
2012. 9. 1 (2012년 5월)	138,571	132,168	204,110	156,713	175,792	141,355

※ 2009.9.1 이전 공표 평균임금의 변동율은 협회 홈페이지(cak.or.kr, 건설업무〉건설적산기준〉건설임금)를 참고 바람

⑥	일반공사직종 : 직종번호 1001~1091번	광전자직종 : 직종번호 2001~2003번
	국가유산직종 : 직종번호 3001~3018번	원자력직종 : 직종번호 4001~4004번
	기타직종 : 직종번호 5001~5011번	

*직종번호는 「Ⅲ. 개별직종 임금단가」 표 참조

9. 참고사항
  ○ 자료위치 : 대한건설협회(www.cak.or.kr)-건설업무-건설적산기준-건설임금
  ○ 문의사항 : 대한건설협회 정보관리실 02-3485-8332

II. 임금적용요령

1. 시중임금 적용 근거
○ 「국가를 당사자로 하는 계약에 관한 법률 시행규칙」 제7조

> 제7조(원가계산을 할 때 단위당 가격의 기준) ①제6조제1항의 규정에 의한 원가계산을 할 때 단위당 가격은 다음 각 호의 어느 하나에 해당하는 가격을 말하며, 그 적용순서는 다음 각 호의 순서에 의한다.
> 1. 거래실례가격 또는 <u>「통계법」 제15조의 규정에 의한 지정기관이 조사하여 공표한 가격.</u> 다만, 기획재정부장관이 단위당 가격을 별도로 정한 경우 또는 각 중앙관서의 장이 별도로 기획재정부장관과 협의하여 단위당 가격을 조사·공표한 경우에는 당해 가격
> 2. 제10조제1호 내지 제3호의 1의 규정에 의한 가격
>
> ② 각 중앙관서의 장 또는 계약담당공무원은 제1항제1호에 따른 가격을 적용함에 있어 <u>다음 각 호의 어느 하나에 해당하는 경우에는 당해 노임단가에 동 노임단가의 100분의 15 이하에 해당하는 금액을 가산할 수 있다.</u>
> 1. 「국가기술자격법」 제10조에 따른 국가기술자격 검정에 합격한 자로서 기능계 기술자격을 취득한 자를 특별히 사용하고자 하는 경우
> 2. 도서지역(제주도를 포함한다)에서 이루어지는 공사인 경우

○ 「지방자치단체를 당사자로 하는 계약에 관한 법률 시행규칙」 제7조

> 제7조 (원가계산을 할 때 단위당 가격의 기준) ①제6조제1항의 규정에 의한 원가계산을 할 때 단위당 가격은 다음 각 호의 어느 하나의 가격을 말하며, 그 적용순서는 다음 각 호의 순서에 의한다.
> 1. 거래실례가격 또는 <u>「통계법」 제15조의 규정에 의한 지정기관이 조사하여 공표한 가격.</u> 다만, 행정안전부장관이 단위당 가격을 별도로 정한 경우 또는 지방자치단체의 장이 별도로 행정안전부장관과 협의하여 단위당 가격을 조사·공표한 경우에는 당해 가격을 말한다.
> 2. 제10조제1호 내지 제3호의 어느 하나의 규정에 의한 가격
>
> ② 지방자치단체의 장 또는 계약담당자는 제1항 제1호의 규정에 의한 가격을 적용함에 있어 다음 각 호의 어느 하나에 해당하는 경우에는 당해 노임단가에 동 노임단가의 100분의 15이하에 해당하는 금액을 가산할 수 있다.
> 1. 「국가기술자격법」 제10조의 규정에 의한 국가기술자격검정에 합격한 자로서 기능계 기술자격을 취득한 자를 특별히 사용하고자 하는 경우
> 2. 도서지역(제주도를 포함한다)에서 이루어지는 공사인 경우

2. 노무비지수 정의
   ο 조사·공표된 해당직종의 평균치
   ※ 기획재정부 회계예규 "정부입찰·계약집행기준"제68조(지수조정율 및 용어의 정의) 제3호 및 행정안전부 예규 "물가변동 조정률 산출요령"제3조(지수조정률 및 용어의 정의) 제3호

3. 임금 적용 시점
   ο 2025. 1. 1
   ※ 차기 임금공표 예정일 : 2025. 9. 1.

4. 참고사항

□ 원가계산에 의한 예정가격 작성 시 시중임금단가 적용에 참고할 사항
  〈재경원 문서번호 회계 45101-45(1995. 1. 13) 발췌〉
  가. 공표된 시중노임단가는 1일 8시간을 기준으로 한 것이며, 다만 산업안전보건법 제46조 및 동법 시행령 제32조의8에 규정된 작업에 종사하는 직종(잠수부)은 1일 6시간을 기준으로 한 것임.
  나. 공표된 시중노임단가는 사용자가 근로의 대가로 노동자에게 일급으로 지급하는 기본급여액임. 따라서 근로기준법에서 규정하고 있는 제수당, 상여금 및 퇴직급여충당금은 시중노임단가를 기준으로 하여 회계예규인 "원가계산에 의한 예정가격작성준칙"(현 "예정가격작성기준")의 정한 바에 따라 계상하여야 함.
  다. 조사기관이 조사·공표하지 않은 직종은 조사기관이 조사·공표한 유사한 직종의 시중노임단가에 준하여 적용할 수 있음.
  라. 조사기관이 조사·공표한 당해직종의 시중노임단가가 없는 년도(또는 시기)의 경우에는 전후년도(또는 시기)의 당해직종의 시중노임단가에 그간의 전체 평균시중노임단가 증가율을 적용하여 해당년도(또는 시기)의 당해직종의 노임단가를 산정할 수 있음.

□ 2010년 하반기 임금 공표시 직종 통합·폐지 등에 따른 「품목조정률에 의한 계약금액 조정시 물가변동 당시 노임단가산정방법」
  〈기획재정부 문서번호 회계제도과-542(2010. 4. 5) 발췌〉
  가. 통합후 존속하는 19개 직종의 물가변동 당시 노임단가는 "10. 1. 1 이후 당해직종 노임단가" 적용
  나. 통합후 소멸되는 25개 직종의 물가변동 당시 노임단가는 "입찰당시(또는 직전조정일당시)의 당해직종 노임단가 x (1 + '10. 1. 1 이전 당해직종 노임 증감률 +'10. 1. 1 이후 당해 직종부문 전기대비 평균노임 증감률)" 적용
  다. 폐지되는 10개 직종의 물가변동 당시 노임단가는 "입찰당시(또는 직전조정일당

시)의 당해직종 노임단가 × (1 + '10. 1. 1 이전 당해직종 노임 증감률 + '10. 1. 1 이후 당해 직종부문 전기대비 평균노임 증감률)" 적용

라. 명칭이 변경된 13개 직종의 물가변동 당시 노임단가는 "10. 1. 1 이후 명칭이 변경된 당해직종 노임단가" 적용
 - 다만, 노임조사기준도 함께 변경된 시험관련기사, 산업기사, 기능사의 경우는 "입찰당시(또는 직전조정일당시)의 당해직종 노임단가 × (1 + '10. 1. 1 이전 당해직종 노임 증감률 + '10. 1. 1 이후 당해 직종부문 전기대비 평균노임 증감률)" 적용

마. 참고사항
 ① "당해직종 노임단가"란 「건설업 임금실태조사 보고서」 상의 '개별직종 노임단가'를 말함
 ② "당해 직종부문 평균노임"이란 「건설업 임금실태조사 보고서」 상의 일반공사, 광전자, 국가유산, 원자력, 기타부문에 대한 각각의 평균노임을 말함
 ③ 건설직종 명칭·직종수 조정내역
  - 통합후 존속하는 직종(19개 직종) :
   보통인부, 특별인부, 조력공, 비계공, 형틀목공, 철근공, 철공, 철판공, 철골공, 용접공(변경전 : 용접공(일반)), 콘크리트공, 준설선기관사, 조적공, 덕트공, 플랜트배관공, 플랜트제관공, 광케이블설치사, H/W시험사, S/W시험사
  - 통합후 소멸되는 직종(25개 직종) :
   선부, 갱부, 조립인부, 특수비계공, 동발공(터널), 절단공, 용접공(철도), 노즐공, 준설선기관장, 준설선전기사, 보통선원, 고급선원, 치장벽돌공, 함석공, 창호목공, 샷시공, 기계공, 기계설치공, 원자력배관공, 원자력제관공, 특급원자력비파괴시험공, 고급원자력비파괴시험공, 광통신설치사, H/W설치사, CPU시험사

※ 통합 및 명칭변경 직종
ㅇ 통합직종

연번	당 초	통합직종	연번	당 초	통합직종
1	수작업반장+작업반장	작업반장	19	계령공+모래분사공+도장공	도장공
2	선부+검조부+양생공+보통인부	보통인부	20	기와공+슬레이트공	지붕잇기공
3	갱부+특별인부	특별인부	21	함석공+덕트공	덕트공
4	조립인부+조력공	조력공	22	철도궤도공 + 궤도공	궤도공
5	특수비계공+비계공	비계공	23	기계설치공+기계공	기계설비공
6	동발공(터널)+형틀목공	형틀목공	24	준설선기관사+준설선기관장+준설선전기사	준설선기관사
7	철근공+절단공	철근공	25	보통선원+고급선원	선원
8	철공+절단공	철공	26	플랜트배관공+원자력배관공	플랜트배관공
9	철판공+절단공	철판공	27	플랜트제관공+원자력제관공	플랜트제관공
10	절단공+리벳공+철골공	철골공	28	플랜트특별인부+원자력특별인부	플랜트특별인부
11	용접공(일반)+용접공(철도)	용접공	29	플랜트케이블전공+원자력케이블전공	플랜트케이블전공
12	노즐공+바이브레타공+콘크리트공	콘크리트공	30	플랜트계장공+원자력계장공	플랜트계장공
13	우물공 + 보링공	보링공	31	플랜트덕트공+원자력덕트공	플랜트덕트공
14	치장벽돌공+연돌공+조적공	조적공	32	플랜트보온공+원자력보온공	플랜트보온공
15	창호목공+샷시공+셔터공	창호공	33	특급원자력비파괴시험공+고급원자력비파괴시험공	비파괴시험공
16	미장공 + 온돌공	미장공	34	광케이블설치사+광통신설치사	광케이블설치사
17	루핑공 + 방수공	방수공	35	H/W설치사+H/W시험사	H/W시험사
18	아스타일공 + 타일공	타일공	36	S/W시험사+CPU시험사	S/W시험사

※ 밑줄된 직종은 '10. 1. 1공표부터 통합된 직종임

○ 직종명칭 변경 ('10. 1. 1 공표부터)

연번	당 초	변경 명칭	연번	당 초	변경 명칭
1	보링공(지질조사)	보링공	8	원자력계장공	플랜트계장공
2	목도	인력운반공	9	원자력덕트공	플랜트덕트공
3	건설기계운전기사	건설기계운전사	10	원자력보온공	플랜트보온공
4	운전사(운반차)	화물차운전사	11	시험관련기사	특급품질관리원
5	운전사(기계)	일반기계운전사	12	시험관련산업기사	고급품질관리원
6	원자력특별인부	플랜트특별인부	13	시험관련기능사	초급품질관리원
7	원자력케이블전공	플랜트케이블전공	-		

○ 신설직종 ('18. 1. 1 공표부터)

직종번호	직 종 명	직종번호	직 종 명
3013	드잡이공편수	3016	한식단청공편수
3014	한식미장공편수	3017	한식석공조공
3015	한식와공편수	3018	한식미장공조공

○ 신설직종 ('20. 9. 1 공표부터)

직종번호	직 종 명	직종번호	직 종 명
5008	특급품질관리기술인	5010	중급품질관리기술인
5009	고급품질관리기술인	5011	초급품질관리기술인

○ 신설직종 ('25. 1. 1 공표부터)

직종번호	직 종 명	직종번호	직 종 명
5012	플로어링마루시공공	5015	흙막이공
5013	교통정리원	5016	전철전공
5014	철거공		

Ⅲ. 개별 직종 노임단가

(단위 : 원)

번호	직종명	2025. 1. 1	2024. 9. 1	2024. 1. 1	2023. 9. 1
1001	작업반장	213,033	209,949	208,713	204,626
1002	보통인부	169,804	167,081	165,545	161,858
1003	특별인부	221,506	219,321	214,222	208,527
1004	조력공	180,331	178,077	176,618	171,630
*1005	제도사	232,099	230,134	223,779	217,544
1006	비계공	279,433	282,352	280,472	281,721
1007	형틀목공	272,831	275,108	274,978	274,955
1008	철근공	264,104	261,934	260,137	261,936
1009	철공	237,754	237,480	233,754	230,289
1010	철판공	219,236	216,258	211,998	208,846
1011	철골공	250,239	247,269	243,126	238,762
1012	용접공	278,326	270,724	267,021	262,551
1013	콘크리트공	266,361	264,080	261,283	255,373
1014	보링공	225,273	221,816	223,458	220,391
1015	착암공	220,081	212,500	210,152	207,037
1016	화약취급공	258,751	252,322	254,202	246,180
1017	할석공	236,986	233,977	229,326	220,443
*1018	포설공	216,121	211,355	205,982	201,946
1019	포장공	267,989	266,931	258,360	255,303
1020	잠수부	388,892	388,408	379,657	362,612
1021	조적공	266,624	269,836	260,473	250,950
1022	견출공	243,075	247,288	240,918	240,727
1023	건축목공	277,894	279,267	268,058	267,639
1024	창호공	248,350	249,088	248,238	242,050
1025	유리공	248,139	247,778	247,643	241,506

번 호	직 종 명	공표일 2025. 1. 1	2024. 9. 1	2024. 1. 1	2023. 9. 1
1026	방수공	220,722	219,996	212,562	206,323
1027	미장공	272,354	274,502	266,787	256,225
1028	타일공	284,337	279,575	274,325	269,214
1029	도장공	253,409	256,854	250,776	249,977
1030	내장공	252,249	245,524	243,538	236,263
1031	도배공	222,618	221,362	215,675	211,861
**1032	연마공	-	-	201,535	-
1033	석공	266,246	263,972	258,935	249,245
*1034	줄눈공	202,696	200,341	195,370	189,100
1035	판넬조립공	237,854	232,729	226,601	216,928
*1036	지붕잇기공	224,113	229,334	222,346	219,230
*1037	벌목부	248,681	251,041	243,490	237,386
1038	조경공	224,132	222,504	219,533	213,634
1039	배관공	238,145	229,664	229,482	224,209
1040	배관공(수도)	250,572	248,510	243,168	237,446
*1041	보일러공	233,255	230,103	-	216,022
1042	위생공	219,040	214,222	213,253	204,242
1043	덕트공	201,482	207,557	207,048	203,376
1044	보온공	213,722	214,086	204,285	201,180
*1045	인력운반공	180,404	178,347	174,273	166,401
**1046	궤도공	-	213,095	209,325	199,932
*1047	건설기계조장	202,954	200,944	194,091	-
1048	건설기계운전사	273,971	272,996	267,360	255,803
*1049	화물차운전사	237,500	233,960	226,709	218,549
*1050	일반기계운전사	170,920	167,059	161,142	-
1051	기계설비공	237,652	242,281	233,722	232,974
**1052	준설선선장	-	-	-	231,855

번호	직종명	2025. 1. 1	2024. 9. 1	2024. 1. 1	2023. 9. 1
**1053	준설선기관사	-	-	-	204,039
**1054	준설선운전사	-	-	-	198,611
**1055	선원	-	204,255	-	191,869
1056	플랜트배관공	324,130	318,247	310,129	292,829
*1057	플랜트제관공	259,128	253,759	249,947	242,760
1058	플랜트용접공	299,776	289,294	286,083	276,653
**1059	플랜트특수용접공	-	335,294	337,986	330,000
1060	플랜트기계설치공	236,640	238,910	240,652	236,212
1061	플랜트특별인부	218,614	215,290	216,634	207,815
1062	플랜트케이블전공	261,587	268,376	274,097	285,303
*1063	플랜트계장공	202,712	205,259	211,930	209,366
**1064	플랜트덕트공	-	-	210,034	196,957
*1065	플랜트보온공	247,028	244,203	241,557	248,017
**1066	제철축로공	-	349,464	326,780	323,683
1067	비파괴시험공	217,619	215,484	216,221	211,797
**1068	특급품질관리원	-	-	196,399	192,294
**1069	고급품질관리원	-	192,704	189,751	-
*1070	중급품질관리원	172,227	173,658	178,723	175,758
*1071	초급품질관리원	144,810	146,440	147,314	146,453
1072	지적기사	263,991	256,260	256,928	255,175
1073	지적산업기사	236,718	234,723	233,365	231,699
1074	지적기능사	181,822	185,830	192,899	189,226
1075	내선전공	268,915	272,860	270,251	269,968
1076	특고압케이블전공	436,458	414,989	431,830	421,236
1077	고압케이블전공	370,529	354,400	363,241	354,087
1078	저압케이블전공	300,337	301,374	295,784	290,333
1079	송전전공	627,960	621,630	597,707	592,622
1080	송전활선전공	662,709	652,757	636,410	618,655

번호	직종명	2025. 1. 1	2024. 9. 1	2024. 1. 1	2023. 9. 1
1081	배전전공	408,559	402,995	402,085	397,884
1082	배전활선전공	557,881	537,271	563,401	528,123
1083	플랜트전공	266,062	262,536	250,164	259,896
1084	계장공	315,484	310,890	302,065	304,711
1085	철도신호공	297,049	302,209	291,991	290,890
1086	통신내선공	278,565	275,107	267,277	263,371
1087	통신설비공	308,930	305,050	296,882	293,037
1088	통신외선공	405,235	397,952	387,376	380,953
1089	통신케이블공	433,400	423,830	414,944	407,575
*1090	무선안테나공	350,908	347,927	339,642	334,429
*1091	석면해체공	203,923	203,469	196,351	202,830
2001	광케이블설치사	460,429	455,593	444,142	430,849
*2002	H/W시험사	384,609	381,052	375,020	364,183
*2003	S/W시험사	445,000	444,532	433,747	423,318
**3001	도편수	-	506,030	514,479	508,529
**3002	드잡이공	-	-	312,305	301,714
*3003	한식목공	351,481	341,397	325,343	321,528
*3004	한식목공조공	246,154	241,318	235,748	234,248
*3005	한식석공	398,051	394,554	412,988	377,463
*3006	한식미장공	342,548	339,449	322,458	308,123
3007	한식와공	353,051	346,952	362,888	339,525
*3008	한식와공조공	268,333	266,667	279,091	271,844
**3009	목조각공	-	-	-	-
**3010	석조각공	-	-	-	-
**3011	특수화공	-	-	-	-
*3012	화공	311,263	308,505	286,414	271,248
**3013	드잡이공편수	-	-	-	-
**3014	한식미장공편수	-	-	362,214	-
*3015	한식와공편수	457,143	-	464,213	458,667
**3016	한식단청공편수	-	-	280,976	-
*3017	한식석공조공	311,114	309,302	325,281	300,729
*3018	한식미장공조공	249,266	-	257,173	255,320

번호	직종명	2025. 1. 1	2024. 9. 1	2024. 1. 1	2023. 9. 1
4001	원자력플랜트전공	226,275	231,772	223,276	234,603
4002	원자력용접공	215,662	210,448	202,005	209,427
4003	원자력기계설치공	227,074	232,968	225,448	234,810
4004	원자력품질관리사	270,376	284,993	270,646	290,732
*5001	통신관련기사	316,183	315,804	305,806	305,033
*5002	통신관련산업기사	297,137	296,036	294,019	292,400
*5003	통신관련기능사	244,717	243,776	242,587	240,768
5004	전기공사기사	327,381	322,514	316,876	314,544
5005	전기공사산업기사	289,211	287,871	281,837	281,158
5006	변전전공	477,832	474,414	458,700	451,145
5007	코킹공	206,732	204,830	200,603	199,797
*5008	특급품질관리기술인	261,200	260,378	262,005	265,252
5009	고급품질관리기술인	212,471	215,530	212,228	214,819
*5010	중급품질관리기술인	183,944	185,457	185,082	185,766
5011	초급품질관리기술인	159,901	158,008	154,726	157,179
5012	플로어링마루시공공	253,241	-	-	-
5013	교통정리원	170,990	-	-	-
5014	철거공	264,828	-	-	-
5015	흙막이공	278,476	-	-	-
5016	전철전공	411,319	-	-	-

주) 「*」 표시 직종은 조사현장수가 5개미만 직종임
　　「**」 표시 직종은 조사되지 않은 직종이므로 그 적용은 '1688페이지 4.참고사항 라.'를 참고하시기 바람

Ⅳ. 직 종 해 설

직종번호	직 종 명	해 설
1001	작업반장	각 공종별로 인부를 통솔하여 작업을 지휘하는 사람(십장)
1002	보통인부	기능을 요하지 않는 경작업인 일반잡역에 종사하면서 단순육체노동을 하는 사람
1003	특별인부	보통 인부보다 다소 높은 기능정도를 요하며, 특수한 작업조건 하에서 작업하는 사람
1004	조력공	숙련공을 도와서 그의 지시를 받아 작업에 협력하는 사람
1005	제도사	고안된 설계도면에 따라 도면을 깨끗하게 제도하거나 컴퓨터 프로그램으로 도면을 그리는(작업하는)사람
1006	비계공	비계, 운반대, 작업대, 보호망 등의 설치 및 해체작업에 종사하는 사람
1007	형틀목공	콘크리트 타설을 위하여 형틀 및 동바리를 제작, 조립, 설치, 해체작업을 하는 목수
1008	철근공	철근의 절단, 가공, 조립, 해체 등의 작업에 종사하는 사람
1009	철공	철재의 절단, 가공, 조립, 설치 등의 작업에 종사하는 사람
1010	철판공	철판을 주자재로 하여 제작, 가공, 조립 및 해체를 하는 사람
1011	철골공	H빔 BOX빔 등 철골의 절단, 가공, 조립 및 해체 등의 작업에 종사하는 사람
1012	용접공	일반철재, 일반기기 또는 일반배관 등의 용접을 하는 사람 (난이도 일반수준)
1013	콘크리트공	소정의 중량화 및 용적화의 콘크리트를 만들기 위해 시멘트, 모래, 자갈, 물 비비기와 부어넣기 및 바이브레타를 사용하여 다지기거나 숏크리트를 분사하는 사람
1014	보링공	지하수 개발 또는 지질조사나 구조물기초설계를 위한 보링을 전문으로 하는 사람
1015	착암공	착암기를 사용하여 암반의 천공작업을 하는 사람
1016	화약취급공	화약의 저장관리 및 장진 발파작업을 전문으로 하는 사람
1017	할석공	큰 돌을 소정의 규격에 맞도록 깨는 사람
1018	포설공	골재를 포설하는 사람
1019	포장공	도로포장 등 공사에 있어서 표면처리를 하는 사람
1020	잠수부	수중에서 잠수작업을 하는 사람
1021	조적공	벽돌, 치장벽돌 및 블록을 쌓기 및 해체하는 사람
1022	견출공	콘크리트 면을 매끈하게 마감공사를 하는 사람
1023	건축목공	건축물의 축조 및 실내 목구조물의 제작, 설치 또는 해체작업에 종사하는 목수

직종번호	직 종 명	해 설
1024	창호공	건물 등에서 목재, 철재, 샤시 등으로 된 창 및 문짝을 제작 또는 설치하는 사람
1025	유리공	유리를 규격에 맞게 재단하거나 끼우게 하는 사람
1026	방수공	구조물의 바닥, 벽체, 지붕 등의 누수방지작업을 하는 사람
1027	미장공	시멘트, 모르타르나 회반죽, 석고 프라스타 및 기타 미장재료를 이용하여 구조물의 내외표면에 바름 작업을 하는 사람
1028	타일공	타일 또는 아스타일 등 타일류를 구조물의 표면에 부착시키는 사람
1029	도장공	도장을 위한 바탕처리작업 및 페인트류 및 기타 도료를 구조물 등에 칠하는 사람
1030	내장공	건물의 내부에 수장재를 사용하여 마무리하는 사람
1031	도배공	실내의 벽체, 천정, 바닥, 창호 등 실내표면에 종이나 장판지 등 도배재료를 부착시키는 사람
1032	연마공	인조석 및 테라조의 표면을 인력이나 기계로 물갈기 하여 광택 작업을 하는 사람
1033	석공	대할 및 소할 된 석재를 가공하여 형성된 마름돌과 석재를 설치 또는 붙이거나 일반 쌓기를 하여 구조물을 축조하는 사람
1034	줄눈공	석축 및 조적조에 줄눈을 장치하는 사람
1035	판넬조립공	P.C판넬이나 샌드위치 판넬 등에 보온재를 채우거나 자르는 등 가공하여 조립 부착하는 사람
1036	지붕잇기공	기와 잇기 및 슬레이트를 절단·가공하여 지붕, 벽체, 천정 등에 부착작업을 하는 사람
1037	벌목부	나무를 베는 사람
1038	조경공	수목 식재 및 조경작업을 하는 사람
1039	배관공	설계압력 5kg/㎠미만의 배관을 시공 및 보수하는 사람
1040	배관공(수도)	옥외(건물외부)에서 상·하수도, 공업용수로 등의 배관을 시공 및 보수하는 사람
1041	보일러공	보일러 조립·설치 및 정비를 하는 사람
1042	위생공	위생도기의 설치 및 부대작업을 하는 사람
1043	덕트공	금속박판을 가공하여 덕트 등을 가공, 제작, 조립, 설치작업에 종사하는 사람
1044	보온공	기기 및 배관류의 보온시공을 하는 사람
1045	인력운반공	2인 이상이 1조가 되어 인력으로 중량물을 운반하는 작업에 종사하는 사람(**목도 포함**)

직종번호	직 종 명	해 설
1046	궤도공	철도의 궤도부설작업 또는 일반 공사장(사업장)내의 운반수단으로 임시 간이궤도를 부설, 해체, 유지 보수하는 작업에 종사하는 사람
1047	건설기계조장	건설기계 조종원을 통솔, 지휘하는 사람
1048	건설기계운전사	각종 건설기계의 운전과 조작을 하는 운전사(12t이상 트럭 포함)
1049	화물차운전사	운반을 목적으로 하는 화물자동차의 운전사
1050	일반기계운전사	발동기, 발전기, 양수기, 윈치 등 경기계 조종원
1051	기계설비공	일반기계설비 및 기계의 조립설치, 조정, 검사 및 유지보수를 하는 사람
1052	준설선선장	준설기를 장치한 선박의 선장
1053	준설선기관사	준설기를 장치한 선박의 기관사 (**준설선기관장, 준설선전기사 포함**)
1054	준설선운전사	준설기를 장치한 준설기계 운전사
1055	선원	선박의 운항을 위한 각 부서의 선원
1056	플랜트배관공	유해가스 이송관, 플랜트(철강, 석유, 제지, 화학, 원자력 및 발전 등의 에너지시설)배관 또는 설계압력 5kg/㎠이상의 배관을 시공 및 보수하는 사람(원자력배관공 포함)
1057	플랜트제관공	플랜트(철강, 석유, 제지, 화학, 원자력 및 발전 등의 에너지시설) 시설에서 다른 건설공사보다 엄격한 규격 및 품질보증 요구조건에 따라 강제구조물과 압력용기의 가공, 제작시공 및 보수를 하는 사람(**원자력 포함**)
1058	플랜트용접공	유해가스 이송관 및 유해가스 용기를 용접하거나, 플랜트 기기 및 플랜트 배관을 용접하거나, 철재·강관(합금강제외)을 TIG, MIG 등 용접하거나, 각각의 설계압력이 5kg/㎠이상인 기기 또는 배관의 용접을 하는 사람 (난이도 중·고급수준)
1059	플랜트특수용접공	각각의 사용압력이 100kg/㎠이상인 배관 또는 압력용기를 용접하거나, 합금강을 용접 하거나, 합금강을 TIG, MIG 등 용접을 하는 사람 (난이도 특급수준)
1060	플랜트기계실지공	정밀을 요하는 플랜트 기계설비의 조립, 설치, 조정, 검사 및 보수를 하는 사람
1061	플랜트특별인부	플랜트(철강, 석유, 제지, 화학, 원자력 및 발전 등의 에너지시설) 시설에서 다른 건설공사보다 엄격한 규격 및 품질보증 요구조건에 따라 전문작업을 보조해주는 사람(**원자력 포함**)
1062	플랜트케이블전공	플랜트(철강, 석유, 제지, 화학, 원자력 및 발전 등의 에너지시설) 시설에서 다른 건설공사보다 엄격한 규격 및 품질보증 요구조건에 따라 케이블시공 및 보수작업을 하는 사람(**원자력 포함**)

직종번호	직 종 명	해 설
1063	플랜트계장공	플랜트(철강, 석유, 제지, 화학, 원자력 및 발전 등의 에너지시설) 시설에서 다른 건설공사보다 엄격한 규격 및 품질보증 요구조건에 따라 계장작업을 하는 사람(원자력 포함)
1064	플랜트덕트공	플랜트(철강, 석유, 제지, 화학, 원자력 및 발전 등의 에너지시설) 시설에서 다른 건설공사보다 엄격한 규격 및 품질보증 요구조건에 따라 덕트의 제작·설치작업을 하는 사람(원자력 포함)
1065	플랜트보온공	플랜트(철강, 석유, 제지, 화학, 원자력 및 발전 등의 에너지시설) 시설에서 다른 건설공사보다 엄격한 규격 및 품질보증 요구조건에 따라 기기 및 배관류 등의 보온시공을 하는 사람(원자력 포함)
1066	제철축로공	제철용 각종로(1,000°C~1,400°C) 내화물시공(R오차 ±1mm 이내) 및 보수를 하는 사람
1067	비파괴시험공	일반 또는 플랜트(철강, 석유, 제지, 화학, 원자력 및 발전 등의 에너지시설) 등 시설물의 기기 및 배관 등의 용접부위 또는 구조물 주요부위의 비파괴검사를 실시하는 사람(검사자)
1068	특급품질관리원	건설현장에 배치되어 품질관리 업무를 수행하는 건설기술인을 보조하는 기능공으로서, 국토교통부 고시 '건설공사 품질관리 업무지침'에 따른 특급 시험인력
1069	고급품질관리원	건설현장에 배치되어 품질관리 업무를 수행하는 건설기술인을 보조하는 기능공으로서, 국토교통부 고시 '건설공사 품질관리 업무지침'에 따른 고급 시험인력
1070	중급품질관리원	건설현장에 배치되어 품질관리 업무를 수행하는 건설기술인을 보조하는 기능공으로서, 국토교통부 고시 '건설공사 품질관리 업무지침'에 따른 중급 시험인력
1071	초급품질관리원	건설현장에 배치되어 품질관리 업무를 수행하는 건설기술인을 보조하는 기능공으로서, 국토교통부 고시 '건설공사 품질관리 업무지침'에 따른 초급 시험인력
1072	지적기사	지적산업기사가 하는 업무와 지적측량의 종합적 계획수립에 종사하는 사람
1073	지적산업기사	지적기능사가 하는 업무와 지적측량에 종사하는 사람
1074	지적기능사	지적측량의 보조 또는 도면의 정리와 등사, 면적측정 및 도면작성에 종사하는 사람
1075	내선전공	옥내전선관, 배선 및 등기구류 설비의 시공 및 보수에 종사하는 사람
1076	특고압케이블전공	특별고압케이블 설비의 시공 및 보수에 종사하는 사람(7,000V 초과)

직종번호	직종명	해설
1077	고압케이블전공	고압케이블 설비의 시공 및 보수에 종사하는 사람 (교류 600V 초과, 직류 750V초과 7,000V 이하)
1078	저압케이블전공	저압케이블 및 제어용 케이블 설비의 시공 및 보수에 종사하는 사람(교류 600V이하, 직류 750V이하)
1079	송전전공	발전소와 변전소 사이의 송전선의 철탑 및 송전설비의 시공 및 보수에 종사하는 사람
1080	송전활선전공	소정의 활선작업교육을 이수한 숙련 송전전공으로서 전기가 흐르는 상태에서 필수 활선장비를 사용하여 송전설비에 종사하는 사람
1081	배전전공	22.9kv이하의 배전설비의 시공 및 보수에 종사하는 사람으로서 전주를 세우고 완금, 애자 등의 부품과 기계류(변압기, 개폐기 등)를 설치하고 무거운 전선을 가설하는 등의 작업을 하는 사람
1082	배전활선전공	소정의 활선작업교육을 이수한 숙련배전전공으로서 전기가 흐르는 상태에서 필수 활선장비를 사용하여 배전설비에 종사하는 사람
1083	플랜트전공	발전소 중공업설비·플랜트설비의 시공 및 보수에 종사하는 사람
1084	계장공	기계, 급배수, 전기, 가스, 위생, 냉난방 및 기타공사에 있어서 계기(공업제어장치, 공업계측 및 컴퓨터, 자동제어장치 등)를 전문으로 설치, 부착 및 점검하는 사람
1085	철도신호공	철도신호기를 설치 등 신호보안 설비공사 및 보수에 종사하는 사람
1086	통신내선공	구내통신 배관 및 배선, 박스, 단자함 등을 시공 또는 유지보수 업무에 종사하는 사람
1087	통신설비공	무선기기, 반송기기, 영상·음향·정보·제어설비 등의 시공 및 유지보수 업무에 종사하는 사람
1088	통신외선공	전주, PE내관(전선관)포설, 조가선, 나선로 등의 시공 및 보수 업무에 종사하는 사람
1089	통신케이블공	각종 동선케이블의 가설, 포설, 접속, 연공, 시험 및 유지보수 등의 업무에 종사하는 사람
1090	무선안테나공	무선통신설비의 철탑, 안테나, 급전선의 설치와 점검, 보수, 도색 등 유지보수 업무에 종사하는 사람
1091	석면해체공	건축물, 시설물, 설비 등에서 석면이 함유된 자재를 해체 또는 철거하는 작업에 종사하는 사람
2001	광케이블설치사	광케이블의 포설, 접속, 성단, 시험 및 광전송장치(단말장치, 중계기포함)의 설치, 각종시험, 교정 등 유지보수 업무에 종사하는 사람

직종번호	직종명	해설
2002	H/W시험사	전자교환기, 기지국, 컴퓨터시스템의 기계설비(하드웨어 포함)의 설치, 시험, 분석, 운영 시공지도, 유지보수 등의 업무에 종사하는 사람
2003	S/W시험사	전자교환기, 기지국, 컴퓨터시스템(CPU 등 포함)의 소프트웨어 및 프로그램 설계, 작성, 입력, 시험, 분석, 설치, 유지보수 등의 업무에 종사하는 사람
3001	도편수	전통한식 건조물의 신축 또는 보수 시 설계도를 해독하고 한식목공, 한식석공 등을 총괄, 지휘하며 여러 전문 직종의 우두머리가 되는 사람(도석수 포함)
3002	드잡이공	내려앉거나 기울어진 목조건조물, 석조건조물을 바로잡는 일을 하는 사람
3003	한식목공	도편수의 지휘아래 전통한식 기법으로 목재마름질 등 목조건조물의 나무를 치목하여 깎고 다듬어서 기물이나 건물을 짜세우는 일을 전문으로 하는 사람
3004	한식목공조공	전통한식 건조물의 치목, 조립을 하는 사람으로 한식목공을 보조하는 사람
3005	한식석공	도편수(도석수)의 지휘아래 전통한식 기법으로 흑두기 등 석재를 마름질하여 기단, 성곽, 석축 등 석조물 조립·해체를 전문으로 하는 사람
3006	한식미장공	미장 바름재(진흙, 회삼물, 강회 등)를 사용하여 한식벽체·앙벽·온돌·외역기 등을 전통기법대로 시공하는 사람
3007	한식와공	전통한식 건조물의 지붕을 옛 기법대로 기와를 잇거나 보수하는 사람으로 연와공사를 총괄 지휘하는 사람
3008	한식와공조공	한식와공의 지도를 받아 전통한식 건조물의 기와를 잇는 사람으로 한식와공을 보조하는 사람
3009	목조각공	목조불상, 한식건축물의 장식물인 포부재, 화반, 대공 등의 조각을 담당하여 새김질을 하는 사람
3010	석조각공	석조불상, 기단우석, 전통석탑 등 석조건조물의 조각을 하는 사람
3011	특수화공	고유단청을 현장에서 시공하는 사람으로서 안료배합 및 초를 낼 수 있고 벽화를 시공할 수 있는 기능을 가진 사람
3012	화공	고유단청을 현장에서 시공하는 사람으로서 타분, 채색 및 색긋기, 먹긋기, 가칠 등을 전문으로 하는 사람
3013	드잡이공편수	전통한식 건조물의 신축 또는 보수 시 설계도를 해독하고 드잡이공을 총괄, 지휘하는 사람

직종번호	직 종 명	해 설
3014	한식미장공편수	전통한식 건조물의 신축 또는 보수 시 설계도를 해독하고 한식미장공을 총괄, 지휘하는 사람
3015	한식와공편수	전통한식 건조물의 신축 또는 보수 시 설계도를 해독하고 한식와공을 총괄, 지휘하는 사람
3016	한식단청공편수	전통한식 건조물의 신축 또는 보수 시 설계도를 해독하고 화공 및 특수화공을 총괄, 지휘하는 사람
3017	한식석공조공	기단, 성곽, 석축 등 석조물의 치석과 해체, 조립을 하는 사람으로 한식석공을 보조하는 사람
3018	한식미장공조공	전통한식 건조물의 미장을 하는 사람으로 한식미장공을 보조하는 사람
4001	원자력플랜트전공	원자력발전소 건설·보수 시 원전의 안정성 및 신뢰성 확보를 위하여 다른 건설공사에 비해 엄격한 원자력관련 제규정, 규격 및 품질보증 요구조건에 따라 발·변전설비의 시공 및 보수작업을 하는 사람
4002	원자력용접공	원자력발전소 건설·보수 시 원전의 안정성 및 신뢰성 확보를 위하여 다른 건설공사에 비해 엄격한 원자력관련 제규정, 규격 및 품질보증 요구조건에 따라 1차계통의 용접작업을 하는 사람
4003	원자력기계설치공	원자력발전소 건설·보수 시 원전의 안정성 및 신뢰성 확보를 위하여 다른 건설공사에 비해 엄격한 원자력 관련 제규정, 규격 및 품질보증 요구조건에 따라 1차계통의 기계조립, 설치 및 정비를 전문으로 하는 사람
4004	원자력품질관리사	원자력 품질관리규정(10 CFR 50 APP.B)의 요건에 따라 소정의 교육을 이수 후 관리사자격을 취득하고 원자력관련 제규정 및 규격에 관한 지식을 보유하고 동 규정에 따라 품질보증 업무를 하는 사람
5001	통신관련기사	정보통신공사업법상의 통신기술 자격자(기사)로서 전기통신 설비의 시험·측정·조정·유지보수 등에서 종사하는 사람(광단말장치 및 광중계장치 제외)
5002	통신관련산업기사	정보통신공사업법상의 통신기술 자격자(산업기사)로서 전기통신 설비의 시험·측정·조정·유지보수 등에서 종사하는 사람(광단말장치 및 광중계장치 제외)
5003	통신관련기능사	정보통신공사업법상의 통신기술 자격자(기능사)로서 전기통신설비의 유지보수 및 엔지니어링 업무 보조자로 종사하는 사람

직종번호	직 종 명	해 설
5004	전기공사기사	전기공사업법상의 전기기술 자격자(기사)로 전기설비의 설치 및 유지보수에 종사하는 사람
5005	전기공사산업기사	전기공사업법상의 전기기술 자격자(산업기사)로 전기설비의 설치 및 유지보수에 종사하는 사람
5006	변전전공	변전소 설비의 시공 및 보수에 종사하는 사람
5007	코킹공	창틀, 욕조 등의 방수나 고정을 위하여 코킹작업을 하는 사람
5008	특급품질관리기술인	건설현장에 배치되어 품질관리 업무를 수행하는 건설기술인으로서, 국토교통부 고시 '건설기술인 등급인정 및 교육훈련등에 관한 기준'에 따른 기술등급이 특급인 자
5009	고급품질관리기술인	건설현장에 배치되어 품질관리 업무를 수행하는 건설기술인으로서, 국토교통부 고시 '건설기술인 등급인정 및 교육훈련등에 관한 기준'에 따른 기술등급이 고급인 자
5010	중급품질관리기술인	건설현장에 배치되어 품질관리 업무를 수행하는 건설기술인으로서, 국토교통부 고시 '건설기술인 등급인정 및 교육훈련등에 관한 기준'에 따른 기술등급이 중급인 자
5011	초급품질관리기술인	건설현장에 배치되어 품질관리 업무를 수행하는 건설기술인으로서, 국토교통부 고시 '건설기술인 등급인정 및 교육훈련등에 관한 기준'에 따른 기술등급이 초급인 자
5012	플로어링마루시공공	플로어링 마루(합판마루, 강화마루, 온돌마루)를 설치하는 사람
5013	교통정리원	공사중 교통통제 및 보행자 등의 안전을 위해 종사하는 사람
5014	철거공	구조물(아파트, 주택, 지하구조물 및 시설물) 등을 철거하면서 발생되는 모든 폐기물(인목, 건설, 지정, 사업장, 혼합 폐기물)등을 반출(수집, 운반, 처리) 정리 하는 과정을 수행하는 작업에 종사하는 기능공
5015	흙막이공	굴착 공사에서 사면보호 또는 흙의 무너짐 방지를 위하여 지지말뚝, 토류판 설치 등의 작업에 종사하는 기능공
5016	전철전공	교류 27.5kV 및 직류 1500V 전차선로의 시공 및 보수에 종사하는 사람으로 전철주, 빔, 완철, 애자, 가동브래킷 등의 부품과 기계류 등(개폐기, 단로기)을 설치하고 전기차량 운행에 적합하도록 가선, 정밀조정 등의 업무를 수행하는 자

공종별색인

2025
건설공사 표준품셈

공 종 별 색 인

[범 례]
1. 공종별색인은 가나다순에 따라 배열하였다.
2. 공종명이 국·영문 혼용으로 되어 있는 것 중 첫 글자가 한글로 시작되는 공종명은 발음 순서를 따른다.
3. 숫자 및 영문은 색인표 후미에 게재하였다.

가

가교화 폴리에틸렌관 접합 및 배관 ···· 1307
가드레일 설치 ······································· 760
가드레일 철거 ····································· 1612
가로수 전정 ·· 1556
가로수 제거 ·· 1563
가로형 가설방음판 설치 및 해체 ········ 141
가림막 가설휀스 설치 및 해체 ············ 156
가설건축물 ··· 139
가설공사 ··· 125
가설물의 한도 ······································ 125
가설시설물 ··· 134
가설울타리 및 가설방음벽 ·················· 140
가설울타리판 설치 및 해체 ················· 140
가설자재 손료율 ································ 1537
가설휀스(H-Beam기초) 설치 및 해체 ·· 156
가스보일러(가정용) 설치 ··················· 1350
가스설비공사 ····································· 1369
가스압접 ·· 847
가열로 및 균열로 부속기기 조립설치 1511
가열로 본체 및 Recuperator실 조립설치 · 1510
가열식시트 붙임 ································ 1226
각형덕트 보온 ···································· 1320
각형덕트 해체 ···································· 1671

감압밸브장치 설치 ····························· 1328
강관 ······························ 880, 1293, 1369
강관 동바리 설치 및 해체
　(건축 및 기계설비) ························· 144
강관 동바리 설치 및 해체(토목) ········· 143
강관비계 설치 및 해체 ························ 146
강관 조립말비계(이동식)설치 및 해체 · 147
강관 지주 설치 및 해체 ······················ 140
강관압입추진공 ··································· 904
강관용접 ·· 1410
강관절단 ·· 1407
강관제 게이트 제수밸브 부설 및 접합 ·· 917
강관틀 비계 설치 및 해체 ··················· 146
강교 기본제작공수 ······························ 852
강교 제작공수 산정방법 ······················ 857
강교도장 ·· 861
강교보수 바탕처리(인력) ··················· 1621
강교보수 바탕처리(장비) ··················· 1622
강교제작(공장제작) ····························· 852
강구조공사 ·· 852
강재 제작 설치 ·································· 1429
강재거더 가설 ··························· 869, 870
강재거더 지조립 ·································· 869
강재거푸집 설치 및 해체 ····················· 466

공종별색인

강재거푸집 작업용 난간 설치 및 해체 ·· 154
강재류 조립설치 ·················· 1436
강재창호 설치 ···················· 1272
강재트러스 지지공법 ················ 535
강판 전기아크용접 ················ 1413
강판절단 ························ 1408
개간 ····························· 300
개구부 수평보호덮개 설치 및 해체 ····· 154
갱폼 설치 및 해체 ·················· 471
갱폼주위 보호망 설치 및 해체 ········ 151
거적덮기 ························· 311
거푸집 ·························· 461
건물 및 지상물체 항공사진 「판독작업」·1077
건물용 설치 ····················· 1333
건물의 냉난방 및 공조설비 정밀진단(T.A.B) ·1361
건설기계 선정기준 ················· 537
건설기계 ························ 537
건설용리프트 방호선반 설치 및 해체 ·· 155
건설용리프트 설치 및 해체 ·········· 169
건축 ··························· 1648
건축물 현장정리 ··················· 160
건축물보양 ······················· 160
건타입 오일버너 ·················· 1353
걸레받이 설치 ··················· 1192
걸레받이용 페인트칠 ·············· 1287
경계복원 측량(도해) ··············· 1119
경계복원 측량(수치) ··············· 1121
경계복원 측량 ··················· 1119
경량벽체철골틀 설치 ·············· 1258
경량벽체철골틀 해체 ·············· 1652
경량천장철골틀 설치 ·············· 1258
경량천장철골틀 해체 ·············· 1651
경량형강철골조 조립설치 ·········· 1150

경사형 가설 계단 설치 및 해체 ······· 147
경운기 ··························· 576
경유보일러 설치 ·················· 1349
경지구획정리 신규등록 측량(수치) ···· 1099
경지구획정리 지적확정측량 ········· 1114
경질관 ························· 1304
계기반 및 함류 ·················· 1374
계기반 설치 ····················· 1374
계단난간대 설치 및 해체 ············ 152
계단논슬립 설치 ·················· 1254
계량기 설치 ····················· 1378
고로본체 및 부속기기 설치 ········· 1502
고무링 접합 및 부설 ··············· 885
고무링 캡조임 접합 및 배관
 (고강도PVC) ·················· 1306
고무링 캡조임 접합 및 배관
 (일반 PVC) ··················· 1305
고압분사 주입공법 ················· 349
고장력 볼트 본조임 ··············· 1144
골재세척설비 ····················· 573
공구 및 경장비 ···················· 94
공기가열기, 공기냉각기,
 공기여과기 설치 ················ 1346
공기예열기(Preheater) 설치 ········ 1445
공기조화기(Air Handling Unit) 설치1347
공기조화기 ······················ 1346
공기조화설비공사 ················· 1342
공사규모별 표준건설기계 ·········· 538
공사별 설치 소모자재 ············· 1538
공장가공 ························· 460
공통 ···························· 1551
공통공사 ·············· 842, 1178, 1212, 1280
공통사항 ·············· 181, 739, 829, 874

공통장비	169
관 절단	879
관갱생공	1676
관만곡(Pipe Bending) 설치	1394
관말시험밸브 설치	1364
관목 전정	1556
관목	312
관목시비(灌木施肥)	1560
관부설 및 접합	1623
관부설 및 접합공사	874
관세관(스크레이퍼+워터젯트 병행 방법)	1624
교량 가설공	480
교량 낙하물방지망 설치 및 해체	150
교량 방호선반 설치 및 해체	150
교량 부대공	482
교량공사	1621
교량받침 교체	1573
교량받침 설치(수상)	486
교량받침 설치(육상)	482
교량배수시설 설치	499
교량신축이음 교체	1575
교량신축이음장치 설치(도로교)	487
교량신축이음장치 설치(철도교)	488
교량점검시설 점검계단 설치	489
교량점검시설 점검통로 설치	488
교량침목고정장치 설치	851
교목	313
교목시비(喬木施肥)	1560
교상가드레일 설치	851
교상가드레일 철거	1621
교상발판 설치	850
교통 안전표지판 교체	1606
교통 안전표지판 설치	754
교통 안전표지판 철거	1606
교통시설공	754
교통통제 및 안전처리	739, 1554, 1583
구조목공사	1183
구조물 동바리	138
구조물 비계	138
구조물 철거공사	1648
구획정리 확정측량	1000
굴절법 탄성파 탐사	965
굴착(인력/암반)	182
굴착(인력/토사)	182
굴착	182
굴착기	547
굴취(근원직경)	315
굴취(나무높이)	314
굴취	312
궤광거치	844
궤광조립	842, 844
궤광철거	1613
궤도공사	842, 1613
궤도양로	843
궤도용접	847
궤도정정 및 이설	1620
규산질계 도포방수 바름	1240
규준틀	139, 141
균열로 본체 및 Recuperator실 조립설치	1511
그래브 준설선	606, 1296
그루브조인트식 접합 및 배관	1301
금속 선홈통 설치	1251
금속 처마홈통 설치	1251
금속공사	1254
금속기와 잇기	1248

금속기와 해체	1651	기타방수	1240, 1295

나

금속판 돌출잇기 현장제작	1249	나사식 접합 및 배관	1370
금속판 돌출잇기	1249	낙서방지용 페인트칠	1287
금속판 평잇기	1248	낙석방지망 설치	798
기계가격	684	낙석방지책 설치	794
기계경비 용어와 정의	541	낙하물 방지망(비계) 설치 및 해체	148
기계경비 적산요령	542	낙하물 방지망(시스템방호) 설치 및 해체	149
기계굴착의 능력	831		
기계기구 설치	954	낙하물 방지망(플라잉넷) 설치 및 해체	149
기계설비 철거 및 이설공사	1436		
기계설비	1670	내충격PVC수도관 부설 및 접합	902
기계손료	614	내화물(제철축로) 쌓기	1508
기계식접합 및 배관	1303	냉각탑 설치	1343
기계포설 장비조립 및 해체	750	냉동기 및 냉각탑	1342
기계포설(길어깨)	740, 741, 743	냉동기 반입	1342
기계포설(본선)	740, 742, 743	냉동기 설치	1342
기관차	576	노 기밀 시험	1515
기기보온	1428	노선측량(철도, 도로 신설, 시가지)	1011
기밀시험	1360	노선측량	1011
기본 수준측량	980	노임의 할증	105
기본용접공수	1140	노정장입 장치 기기 설치	1503
기본철골공수	1139	노체 4본주 및 DECK 설치	1504
기성말뚝 기초	379	녹막이 페인트칠	1286, 1357
기존방수층 및 보호층 철거	1654		

다

기존방수층 제거 및 바탕처리	1654	다짐말뚝	377
기준점 측량	972	단열	1194
기초공사	323	단열재 격자넣기	1195
기초지정	199	단열재 공간넣기	1194
기타 기계설비	1534	단열재 슬래브위 깔기	1201
기타 부재 설치	873		
기타	114		
기타공사	1259, 1355		
기타관	899		

단열재 접착제 붙이기	1194	도로표지병 제거	1607
단열재 콘크리트타설 부착	1200	도막바름	1216
단열재 타정 부착	1200	도막방수	1216
단열재 핀사용 붙이기	1195	도면작성 및 조서작성	1132
단위표준	83	도면작성	1135
답면고르기	300	도배 교체	1662
대공표지	1032	도배 해체	1653
대구경 보링(지하수개발)	966	도배바름	1193
대변기 설치	1336	도상갱환	1619
대형브레이커	571	도상자갈철거(기계)	1619
덕트	1310	도상자갈철거(인력)	1618
덕트공사	1310	도시계획선(인선)	1010
덕트기구	1313	도시계획선명시 측량	1128
덕트보온 해체	1673	도시계획선명시 측량(도해)	1128
덕트보온	1320	도시계획선명시 측량(수치)	1130
덕트 설치	1444	도압배관	1378
덕트 제작 및 설치	1519	도어록 설치	1274
덕트 플렉시블 조인트 설치	1314	도어체크 설치	1274
덕트제작(Air, Gas)	1443	도장	862, 882, 1356
덤프트럭	556	도장 및 방청공사	1436
데크플레이트	1146	도장재료 사용량	861
데크플레이트 가스절단	1146	도장 후 퍼티 및 연마	1281
데크플레이트 설치	1147	돌공사	530
데크플레이트 플라즈마 절단	1146	돌망태	809
도기세면기 설치	1336	돌망태형옹벽 설치	811
도로 표지판 설치	754	돌붙임	531
도로반사경 교체	1607	돌쌓기	530
도로반사경 설치	755	동관	1297
도로반사경 철거	1607	동바리	143
도로용 목재 수평규준틀 설치 및 철거	142	동상방지층	739
도로용 철재 수평규준틀 설치 및 철거	143	동재하시험	958
도로포장공사	739, 1583	되메우기 및 다짐(대형장비)	198
도로표지병 설치	755	되메우기 및 다짐(소형장비)	198

뒤채움 및 다짐(대형장비) ·················· 197
뒤채움 및 다짐(소형장비) ·················· 197
뒤채움 및 다짐 ································· 298
드라이밸브 설치 ······························ 1364
드레인 ·· 1252
등록전환 측량 ································ 1101
등록전환 측량(도해) ······················· 1101
등록전환 측량(수치) ······················· 1103
디젤 파일 해머 ································· 577
디지털 도로대장 작성 ····················· 1015
떠붙이기 ·· 1179

라

라스 붙임 ······································· 1267
레디믹스트콘크리트 타설 ················· 411
레인지후드 설치 ····························· 1326
레일교환(기계) ······························· 1615
레일교환(인력) ······························· 1614
레일 절단 ··· 849
레일 천공 ··· 849
로더 ·· 550
로터리 오일 버너 ··························· 1353
롤러 ·· 559
루프드레인 설치 ····························· 1252
리퍼(유압식) ····································· 545
린 콘크리트 기층 포설 ····················· 748

마

마감도료(Top-coat) 바름 ·············· 1222
마루귀틀 설치 ································ 1193
마루널 설치 ···································· 1184
마루바탕 설치 ································ 1183

마루틀 설치 ···································· 1183
마스트 설치 및 해체 ························· 169
마중물탱크설치 ······························ 1366
말뚝 ··· 379
말뚝두부정리(강관) ························· 393
말뚝두부정리(콘크리트) ··················· 393
말뚝박기용 천공 ······························ 387
매립설계수량 ·································· 952
매립형 욕조수전 설치 ···················· 1338
매트리스형 돌망태 설치 ················· 809
매트부설 ·· 348
맨홀보수 ·· 1598
머신 가이던스(MG) 굴착기 ············· 300
머신 가이던스(MG) 불도저 ············· 302
머신 컨트롤(MC) 굴착기 ················· 301
머신 컨트롤(MC) 불도우저 ············· 303
먹매김 ·· 1183
메붙임 ··· 531
메쌓기 ··· 530
모노레일 설치 ································ 1526
모듈러 건축 설치 ···························· 511
모르타르 바름 및 타설 ··················· 1264
모르타르 바름 ································ 1265
모르타르 배합 ································ 1264
모르타르 주입 ·································· 511
모르타르 타설 ································ 1266
모터 그레이더 ·································· 554
모터 스크레이퍼 ······························ 552
목적 ··· 81
목공사 ·· 1183
목재데크 설치 ································ 1186
목재데크틀 설치 ···························· 1186
목재면 바탕 만들기 ······················· 1281

목재창호 설치 ······ 1272	방풍벽 설치(거적세우기) ······ 1561
목침목 탄성체결장치 설치 ······ 851	배관 및 기기보온 ······ 1422
목침목 탄성체결장치 철거 ······ 1621	배관 해체 ······ 1670
무늬코트칠 ······ 1288	배관공사 ······ 1293
무덕트 유인팬 설치 ······ 1326	배관관리 및 시험 ······ 1360
무인비행장치 측량 ······ 1083	배관누수 검사 ······ 1677
문양거푸집(판넬) 설치 및 해체 ······ 468	배관보온 ······ 1317
물리탐사 ······ 965	배관보온 해체 ······ 1672
물받이홈통 설치 ······ 1252	배관을 위한 구멍뚫기 ······ 1359
미장공사 ······ 1264	배송관 띄우개(부함) 접합 ······ 950
	배송관 접합 ······ 949
바	배송관 진수 ······ 951
바닥 ······ 1188	배수성·저소음 아스팔트 표층 포설 ······ 748
바닥배수구 설치 ······ 1340	밴드 접합 및 부설 ······ 887
바탕 고르기 ······ 1178	밸브 ······ 916, 1328
바탕만들기 ······ 1356	밸브보온 ······ 1319
바탕처리 ······ 1212	밸브설비공사 ······ 1328
바트융착 접합 및 부설 ······ 888	밸브 설치 ······ 1372
박스형 간이흙막이 설치 및 해체 ······ 159	밸브 취부 ······ 1397
반건식 반응탑 설치 ······ 1520	버트 융착식 접합 및 부설 ······ 1371
발열선 ······ 1321	버팀목 설치·해체 ······ 296
발열선 설치 ······ 1321	벌개제근 ······ 298
발전기 설치 ······ 1452, 1465	벌목 ······ 298
방수공사 ······ 1212	법면다짐기 ······ 573
방수구 설치 ······ 1365	베인전단시험 ······ 956
방수모르타르 바름 ······ 1239	벤토나이트방수 붙임 ······ 1241
방수층 누름철물 설치 ······ 1215	벽 ······ 1190
방수층보호재 붙임 ······ 1215	벽걸이 배기팬 설치 ······ 1326
방수프라이머 바름 ······ 1215	벽돌 ······ 1157
방습필름설치 ······ 1201	벽돌 쌓기 ······ 1157
방열기 ······ 1351	벽체틀 설치 ······ 1184
방음벽 설치 ······ 788	벽체합판 설치 ······ 1185
방진망 설치 및 해체 ······ 158	보강토 옹벽 ······ 275

보강포 붙임	1222	분기공 설치	1372
보도용 블록 설치(대형)	752	분기관 천공 및 접합	889
보도용 블록 설치(소형)	751	분기기	846
보도용 블록 소규모보수	1611	분기기교환(기계)	1618
보도용 블록 인력철거	1608	분기기교환(인력)	1617
보도용 블록 장비사용 철거	1609	분기기 부설	846
보도용 블록 재설치(대형)	1610	분기기 철거	1614
보도용 블록 재설치(소형)	1609	분전함 설치	1321
보링	954	분할측량(도해)	1104
보온공사	1317	분할측량(수치)	1106
보일러 드럼 설치	1441	분할측량	1104
보일러 및 방열기	1349	불도저	543
보일러 설치	1349, 1438	블록	946, 1165
보조기층	741	블록 보강쌓기	1166
보차도 및 도로경계블록 설치	794	블록 붙이기(기계)	823
보차도 및 도로경계블록 재설치	1612	블록 붙이기(인력)	823
보차도 및 도로경계블록 철거	1611	블록설치	283
보통 철골재	1429	블록쌓기	1165
보행자 안전통로 설치 및 해체	155	비계	146
복수기 설치	1454	비계용 브라켓 설치 및 해체	148
볼라드 설치	756	비계주위 보호막 설치 및 해체	157
부단수 천공 분기점 분기	934	비계주위 보호망 설치 및 해체	151
부단수 천공 새들분수전 분기점 분기	935	비닐 보양	1282
부단수 할정자관 부설 및 접합	923	비산먼지 발생 억제를 위한 살수	167
부대공	788, 838	비탈면 보강공	260, 1551
부대공사	849, 1149, 1242	비탈면 보양	159
부대목공사	1186	비탈면 보호공	200
부대철골 설치	1149	비탈면 점검로 설치	1553
부분 마감	1267	빔 가설공	480
부설	880	빗물받이 준설(인력식)	1634
부속기기	1372	빗물받이 준설(흡입식)	1635
부속자재	1274	뿌리돌림	313
부수장비	1353	뿌리뽑기	299

사

사각지대 충돌방지장치 설치 및 해체 ·· 157
사석 ·· 808, 942
사석 고르기 ··· 808
사석부설 ··· 808
사용료 ··· 115
사진 기준점 측량 ··································· 1033
산기장치 설치 ······································· 1526
산업안전보건관리비 ································ 114
산업용 설치 ··· 1333
산업재해보상 보험료 및 기타 ················ 114
살수차관수 ··· 1558
상각비 산정 ··· 1081
상수관 세척 ··· 1623
샌드위치(단열)패널 설치 ······················· 1191
샤워수전 설치 ······································· 1338
석고보드면 바탕 만들기 ························ 1280
석고판 설치(나사고정) ··························· 1190
석고판 설치(접착제 붙임) ····················· 1191
석고판 해체 ··· 1652
석면건축자재 해체 ································ 1654
석재도료칠 ··· 1289
석재판 붙임 ··· 534
석축헐기(인력) ······································· 1650
설계 및 수량 ··· 82
설계기준 ··· 940
선토면 고르기 ··· 200
성토부대공 ··· 200
세대내 환기덕트 설치 ··························· 1312
세대용 설치 ··· 1333
세로형 가설방음판 설치 및 해체 ········ 141
세면기수전 설치 ··································· 1338
셔터설치(장치포함) ······························· 1273

소각로 설치 ··· 1516
소방밸브 ··· 1363
소방설비공사 ··· 1363
소방용 유량계 ······································· 1366
소변기 설치 ··· 1336
소재 표면처리 ··· 861
소켓관 부설 및 접합 ······························ 890
소켓융착 접합 및 부설 ·························· 888
소파보수(도로복구) ······························· 1597
소파보수(포장복구) ······························· 1594
소파보수(표층) ······································ 1593
소파블록 거치 ··· 948
소화기 ··· 1367
소화약제 소화설비설치 ························ 1367
소화용 헤드 ··· 1366
소화용구 격납상자 설치 ······················ 1363
소화함 ··· 1363
손료보정 등 ··· 542
손빨래수전 설치 ··································· 1339
손율 ··· 128
솔 플레이트(Sole Plate) 용접 ············ 481
송수구 ··· 1365
송풍기 및 환풍기 ································· 1325
송풍기 설치 ··· 1325
쇄석 매스틱 아스팔트(SMA) 표층 포설 747
쇄암선(중추식) ······································· 610
수간보호 ··· 1557
수격방지기 ··· 1330
수격방지기 설치 ··································· 1330
수도노선측량 ··· 1013
수량의 계산 ··· 82
수력발전 기계설비 ······························· 1461
수문 Hoist 설치 ··································· 1484

수문 설치	1473	스프링클러 헤드설치	1366
수문 제작	1469	슬러리실	1604
수밀밴드 접합 및 배관	1304	슬러지 제거	168
수밀밴드 접합 및 부설	891	슬리브 설치	1358
수밀코킹	1242	슬리브	1358
수상고르기	944, 1660	슬립폼 공법	469
수선 및 보수공사	1675	습식공법	534
수성페인트 롤러칠	1282	시공능력 산정 기본식	540
수성페인트 붓칠	1282	시공능력	543
수성페인트 뿜칠	1283	시공측량비	116
수장공사	1188	시멘트 모르타르계 방수	1233
수장목공사	1184	시멘트 액체방수 바름	1233
수장합판 설치	1185	시멘트 혼입 폴리머계 도막방수 바름	1239
수전	1338	시선유도표지 설치	755
수준측량	980	시선유도표지 철거	1608
수중고르기	944	시설물	1256
수중공사	940	시스템 동바리 설치 및 해체	145
수중발파	194	시스템비계 설치 및 해체	146
수중펌프 설치	1525	시운전 및 조정	1361
수중펌프	598	시운전	1361
수직형 추락방망 설치 및 해체	152	시트 방수	1226
수차 설치	1461	시험	956
수치지도 작성	1033	시험점화	1360
수평지지로프 설치 및 해체	154	식생매트 설치	821
스마트 토공	300	식재(군식(群植))	313
스터드볼트(Stud bolt) 설치	1149	식재(나무높이)	316
스테이빌라이저(노상안정기)	563	식재(흉고직경)	316
스테인리스 강관	1299	식재	312
스테인리스덕트(각형덕트) 설치	1311	식재면 고르기	200
스팀트랩 장치 설치	1329	신규등록측량	1093
스파이럴덕트 해체	1671	신규등록측량(도해)	1093
스프레이	1288	신규등록측량(수치)(	1095
스프링클러 전기설비설치	1366	신축이음(Expansion Joint) 설치	473

신축이음매 부설	846
쌓기	195
쓰레기소각 기계설비	1515
씽크수전 설치	1339

아

아세틸렌량의 환산	1421
아스콘 포장	744
아스팔트 기층 기계포설(대형장비)	745
아스팔트 기층 기계포설(소형장비)	745
아스팔트 기층 소규모포설	744
아스팔트 절삭 및 덧씌우기	1587
아스팔트 포장 절삭 후 아스팔트 덧씌우기 (1회 절삭, 1회 포장)	1584
아스팔트 포장 절삭 후 아스팔트 덧씌우기 (1회 절삭, 2회 포장)	1585
아스팔트 표층 기계포설(대형장비)	747
아스팔트 표층 기계포설(소형장비)	746
아스팔트 표층 소규모포설	746
아스팔트 플랜트	562
아스팔트싱글 설치	1249
아연도금강판덕트(각형덕트) 설치	1310
아연도금강판덕트(스파이럴덕트) 설치	1310
아치쌓기	1163
아치쌓기 치장줄눈 설치	1163
안전관리비	115
안전난간대 실치 및 해체	152
안전난간대 설치 및 해체(토목)	153
안전손잡이 설치	1340
알람밸브 설치	1363
알루미늄 폼 동바리 설치 및 해체	145
알루미늄 프레임 설치	1276
알루미늄창호 설치	1273

알루미늄폼 설치 및 해체	470
암반청소	199
암발파 및 파쇄	185
암발파(대규모발파 TYPE-Ⅵ)	189
암발파(미진동굴착 TYPE-Ⅰ)	185
암발파(소규모진동제어발파 TYPE-Ⅲ)	188
암발파(소형브레이커)	190
암발파(일반발파 TYPE-Ⅴ)	188
암발파(정밀진동제어발파 TYPE-Ⅱ)	188
암발파(중규모진동제어발파 TYPE-Ⅳ)	188
암쌓기	195
암파쇄(유압식 할암공법)	191
압력공기탱크설치	1365
압쇄기(콘크리트 소할용)	572
압착 붙이기	1180
압축공기 발생장치 및 공기관 배관	1380
액상형 흡수방지제방수 도포	1240
앵커 볼트 설치	1145
앵커고정식난간 설치	1257
앵커지지 공법	534
야자섬유매트포장	320
약제살포(기계)	1561
약제살포(인력)	1561
어스앵커 공법	345
에폭시 페인트칠	1286
에폭시(Epoxy) 콘크리트 접착제 바르기	415
엘리베이터 난간틀 설치 및 해체	153
엘리베이터 추락방호망 설치 및 해체	153
여과집진기 설치(Bag filter)	1523
연결송수구설치	1365
연약지반처리	348
연질관	1306

열경화성수지천장판 설치 ············ 1190	우레탄폼 분사 충전 ················ 1270
열풍로 DECK 설치 ···················· 1505	운반 ······································· 95
열풍로 본체 및 부속설비 설치 ········· 1504	운반기계설비 ······················ 1528
염화비닐 선흠통 설치 ················ 1252	운전경비 산정 ······················ 668
염화비닐 처마흠통 설치 ·············· 1251	운반 및 수송 ······················ 538
예열(Electric Resistance Heating) · 1417	워터젯 치핑 ························ 1572
예인선 조합 ··························· 941	원격식 가스미터 설치 ············ 1373
예정지적좌표도 작성업무 ············ 1116	원격식 설치 ························ 1332
예초 ································· 1559	원심력 철근콘크리트관 ············ 890
오수처리시설 설치 ·················· 1527	원심력철근콘크리트관 철거 ········ 1638
오일서비스탱크 설치 ················ 1352	원형덕트 보온 ······················ 1320
오일스테인칠 ························ 1286	위생기구류 ·························· 1336
옥내소화전함 설치 ·················· 1363	위생기구설비공사 ·················· 1336
옥외소화전 ·························· 1364	위험 ··································· 110
온수기 및 온수분배기 ················ 1351	유도등 설치 및 해체 ················ 157
온수보일러 설치 ···················· 1350	유도선 설치 및 해체 ················ 739
온수분배기 설치 ···················· 1352	유량계 ································ 1332
와이어메시 바닥깔기 ················ 1254	유량계 교체 ························ 1675
완강기 설치 ························ 1368	유량측정장치설치 ·················· 1366
왕복압축기 설치 ···················· 1455	유로폼 설치 및 해체 ················ 467
외벽 패널 설치 ······················ 1276	유리 ································· 1275
외벽단열공법 ······················ 1202	유리섬유복합관 부설 및 접합 ······ 901
욕실 부착물 ························ 1339	유색포장(미끄럼방지) ·············· 771
욕실거울 설치 ······················ 1339	유성페인트 롤러칠 ·················· 1285
욕실금구류 설치 ···················· 1340	유성페인트 붓칠 ···················· 1285
욕실배기팬 설치 ···················· 1326	유성페인트 칠 ······················ 1357
욕조 설치 ·························· 1337	유압 파일 해머 ······················ 582
용접 접합 ···························· 881	유압식 압입 인발기(유압식 압입 인발공) · 595
용접공수 산정방법 ·················· 1141	육상투하 ····························· 944
용접배관 ··············· 1294, 1298, 1300	은행나무 과실채취 ·················· 1562
용접식 부설 ························ 1369	응력제거 ···························· 1418
용접식난간 설치 ···················· 1256	이동식 임목파쇄기 ·················· 611
용접접합 ·········· 1293, 1297, 1299, 1369	이중바닥 설치 ······················ 1189
용지측량 ···························· 1008	이중보온관 설치 ···················· 1404

익스팬션조인트 설치 ·················· 1329
인력 ·· 94
인력관수 ··· 1558
인력식 소규모장비 포설 ······ 739, 741, 742
인방보 설치 ··································· 1164
인서트(Insert) 설치 ······················ 1255
일반기계설비 철거 및 이설 ··········· 1674
일반기계설비 해체 ························ 1670
일반기기 설치 ······························ 1534
일반댐퍼(사각) 설치 ····················· 1314
일반댐퍼(원형) 설치 ····················· 1315
일반마감 배관보온 ························ 1317
일반마감 밸브보온 ························ 1319
일반밸브 및 콕류 설치 ·················· 1328
일반블록 거치 ································· 946
일반사항 ·· 81
일반송수구 설치 ··························· 1365
일반전정 ·· 1554
일반펌프 설치 ······························· 1323
입·출력장치(I/O Equipment) 설치 ··· 1381
입도조정기층 ···································· 742
입상관 방진가대 설치 ··················· 1355
입주청소 ·· 167

자

자갈고르기 ·· 843
자갈궤도 ·· 842
자갈살포 ·· 843
자갈채집 및 운반 ······························ 849
자동세륜기 설치 및 해체 ·················· 168
자동식 소화기 설치 ······················ 1368
자동제도(좌표독취) ······················ 1132
자동제도(좌표입력) ······················ 1133
자동제도(파일제공) ······················ 1134
자동제어기기 ································· 1377
자동제어기기 설치 ························ 1377
자동제어설비 해체 ························ 1675
자동제어설비공사 ·························· 1374
자연시료 채취 ·································· 957
자착식시트 붙임 ··························· 1227
작업대차 조립 및 해체 ··················· 840
작업제한 ·· 112
작업조 구성 및 적용 ·························· 99
작업조 및 품의 변화 ························ 181
작업지연 ·· 107
작업환경 ·· 113
잔디 및 초화류 ································ 310
잔디깎기 ·· 1559
잔디붙임 ·· 310
잔디블록 포장 ·································· 318
잔디시비 ·· 1560
잡철물 제작 및 설치 ············ 1259, 1355
장거리 배관 ·································· 1403
장대레일 설정 ·································· 848
재도장 시 바탕처리(목재면) ········· 1659
재도장 시 바탕처리(철재면) ········· 1659
재도장 시 바탕처리
　　(콘크리트·모르타르면) ············· 1657
재래난간 철거공 ··························· 1605
재료 및 노임의 할증 ························ 100
재료 및 자재의 단가 ·························· 89
재료비 ·· 860
재료의 할증 ······································ 100
잭서포트 설치 및 해체 ···················· 145
저속도로포장 ···································· 751
적산열량계 ···································· 1333
적용기준 ················ 81, 106, 128, 181, 537
적용기준 및 범위 ····························· 874

적용방법	81	조경공사	310, 1554
적용범위	81, 458	조경구조물	317
적재 및 운반	942	조경유용석 쌓기 및 놓기	317
전기보일러 설치	1350	조립식 PC맨홀 설치	507
전기온수기 설치	1351	조립식 간이흙막이 설치 및 해체	159
전기온수기(벽걸이형) 설치	1352	조립식 구조물 설치공	507
전기집진기 설치(Electric Precipitator)	1514	조서작성	1136
전기콘벡터 설치	1351	조이너 및 몰딩 설치	1255
전등 Mud Gun 설치	1507	조임식 접합 및 부설	887
전면 마감	1268	조적공사	1157
전석깔기	533	조적벽 해체	1652
전석쌓기	533	조형전정	1555
전석쌓기 및 깔기	533	종합시운전 및 조정비	116
전선배선	1381	주각부 무수축 모르타르 충전	1269
전열교환기 설치	1349	주름관 접합 및 배관	1303
절단	884, 892	주선기 본체 및 부속기기 설치	1505
절삭 후 콘크리트 덧씌우기	1586	주요자재	129
절토면 고르기	199	주차 블록 설치	756
절토부대공	199	주철관 철거	1638
절토사면 녹화	202	주철관	875, 1303
점멸등 설치 및 해체	157	주철제 게이트 제수밸브 부설 및 접합	916
접착 붙이기	1182	주철제·강관제 버터플라이 제수밸브 부설 및 접합	922
접착 붙이기(에폭시 접착제)	1182		
접착식시트 붙임	1226	준공청소	167
접착제 접합 및 배관	1304	준비작동식밸브 설치	1364
정밀도로지도 구축	1082	준설	949
정원석 쌓기 및 놓기	317	준설선 선단 조합	941
정재하시험	958	준설선 취업시간 및 운전시간	942
제연댐퍼 설치	1315	준설여굴	952
제진기 본체 및 부속설비 설치	1506	줄기감싸기	1557
제철기계설비	1502	줄눈 설치	1242
제초	1558	줄눈 절단	1242
제품	1254	중앙분리대 설치(가드레일식)	769
제품 표면처리	861	중앙분리대 설치(콘크리트 포설식)	771

중앙처리장치(CPU) 설치	1381
증기트랩	1329
지능형 CCTV 설치 및 해체	168
지능형 출입관리 설치 및 해체	169
지도제작(기본도)	1077
지도제작	1022
지반조사	954
지붕	1248
지붕 덧씌우기	1660
지붕 및 홈통 공사	1248
지붕 재설치	1660
지상식 설치	1365
지세/지형	108
지수판 설치('18년 보완)	472
지압판블록 설치	201, 1552
지적기준점측량	1087
지적기준점현황조사	1091
지적도근점측량	1089
지적불부합지조사 측량(도해)	1127
지적삼각측량	1087, 1117
지적재조사측량	1117
지적현황 측량	1111, 1123
지적현황 측량(도해)	1123
지적현황 측량(수치)	1125
지지금구	1355
지하식 설치	1364
지형 및 토지측량	989
지형현황	989
직독식 가스미터 설치	1373
직독식 설치	1332
진동파일 해머	586
진동파일해머(워터제트 병용 압입공)	592
집수정 배수펌프 설치	1323

차

차선규제봉 설치	756
차선도색	757, 1601
차선도색제거	1604
차수	403
차수재공	403
찰붙임	531
찰쌓기	530
창호 및 유리공사	1272
창호	1272
창호유리 설치	1275
창호주위 모르타르 충전	1268
창호주위 발포우레탄 충전	1269
천공 및 접합	893
천공(암반층)	955, 968
천공(토사, 모래, 자갈 및 호박돌층)	966
천공(토사, 자갈 및 호박돌층)	954
천공기계의 천공속도	832
천연섬유사면보호공 설치	201
천장	1189
천장점검구 설치	1256
천장크레인 레일설치	1533
천장형 에어컨 설치	1348
철거 및 이설	1675
철골 가공조립	1429
철골 가공 조립(공장생산)	1139
철골 내화 피복뿜칠	1150
철골 세우기	1141
철골 안전망 설치 및 해체	150
철골공사	1139
철골공수 산정방법	1139
철골세우기 장비의 작업능력	1143

철골세우기용 장비의 가설 및
　해체이동 ·················· 1145
철골재 철거(기계) ············ 1650
철골재 철거(인력) ············ 1649
철근 ························· 458
철근의 기계적 이음 ······· 460, 1564
철근콘크리트공사 ············· 411
철도안전처리 ············ 842, 1613
철재면 바탕 만들기 ··········· 1281
철제조립식 가설건축물 설치 및 해체 ·· 139
철조망 울타리 설치 ··········· 1257
청소용 수채 설치 ············· 1337
초류종자 살포(기계살포) ········ 310
초화류 식재 ·················· 311
추락재해방지시설 ·············· 148
축중계 ······················· 138
축중계 설치 및 해체 ··········· 170
축척변경 측량(도해지역에서 도해지역으로) · 1108
축척변경 측량(도해지역에서 수치지역으로) · 1109
축척변경 측량 ················ 1108
충전 ························ 1268
취출구 설치 ·················· 1313
측량 ························· 972
측정기기공사 ················· 1332
치장쌓기 및 줄눈설치 ·········· 1158
칠공사 ················ 1280, 1657
침목교환(기계) ··············· 1616
침목교환(인력) ··············· 1615
침목천공 ····················· 850

카

카운터형 세면기 설치(분리형) ··· 1337
카운터형 세면기 설치(일체형) ··· 1337
카페트 설치 ·················· 1188
칸막이벽틀 설치 ·············· 1184
칼라함석마감 배관보온 ········· 1318
커튼박스 설치 ················ 1185
커튼월 ······················ 1276
커튼월유리 설치 ·············· 1275
케이슨 거치 ··················· 946
케이슨 진수 ··················· 946
코너비드 설치 ················ 1254
코킹 ························ 1277
콘관입시험 ···················· 965
콘솔(Console) 설치 ·········· 1381
콘크리트 궤도 ················· 844
콘크리트 균열 보수(주입공법) ··· 1564
콘크리트 균열 보수(충전공법) ··· 1567
콘크리트 균열 보수(패커주입공법) ····· 1567
콘크리트 균열 보수(표면처리공법) ····· 1564
콘크리트 단면복구 ············ 1568
콘크리트 단면처리 ············ 1568
콘크리트 믹서 ················· 573
콘크리트 배치 플랜트(강제 혼합식) ···· 574
콘크리트 운반 ················· 574
콘크리트 치핑(Chipping) ······ 458
콘크리트 펌프차 타설 ·········· 412
콘크리트 포장 ················· 748
콘크리트 포장 절삭 후 아스팔트 덧씌우기 · 1592
콘크리트 표층 기계포설(대형장비) ···· 750
콘크리트 표층 기계포설(소형장비) ···· 749
콘크리트·모르타르면 바탕 만들기 ····· 1280
콘크리트 ····················· 411
콘크리트구조물 헐기(기계) ····· 1648
콘크리트구조물 헐기(인력) ····· 1648
콘크리트면 마무리 ············ 1267

콘크리트면 정리 ·················· 1267
콘테이너형 가설건축물 설치 및 해체 ·· 139
크러셔 ·································· 563

타

타설후 정리 ························ 845
타워크레인 방호울타리 설치 및 해체 ·· 154
타워형 가설 계단 설치 및 해체 ········ 148
타원형 돌망태 설치 ················ 809
타이템퍼 다짐 ······················ 850
타이튼 접합 및 부설 ·············· 875
타일 교체 ···························· 1662
타일 붙임 ···························· 1179
타일 해체 ···························· 1653
타일공사 ····························· 1178
타일줄눈 설치 ······················ 1178
탄성코트칠 ·························· 1288
탄성포장재 포설 ··················· 753
탈질설비 설치 ······················ 1521
탑다운공법 지하 현장 세우기 ··· 1143
택지조성측량 ······················· 996
탱크 ···································· 1365
탱크 및 헤더 ······················· 1352
탱크청소 ····························· 1437
터널 굴착시 천공 및 버력처리 장비의 조합 · 833
터널 방수 ···························· 838
터널 여굴(餘掘)량 ················ 830
터널 철재거푸집 설치·해체·이동 ······· 836
터널공사 ····························· 829
터널굴착 ····························· 830
터널굴착 1발파당 싸이클 시간(Cycle Time) · 830
터널굴착 1발파당 작업인원 ····· 834
터널노임 산정식 ··················· 829

터널바닥 암반청소 ················ 840
터널방음문 설치 및 해체 ········ 158
터널전단면 굴착기(TBM) ······· 599
터빈 설치 ···························· 1448
터파기(기계) ························ 184
테르밋 용접 ························· 848
텍코팅 및 프라임 코팅 살포 ···· 744
토공사 ·························· 181, 1551
토공의 비탈규준틀 설치 및 철거 ······· 141
토대설치 ····························· 1186
토목 ···································· 1583
토지구획정리 신규등록 측량(수치) ···· 1097
토지구획정리 지적확정측량 ····· 1111
토지이용 현황도 제작 ············ 1080
토질 ···································· 86
통행안전시설 ······················· 154
투수아스팔트 표층 기계포설(소형장비) ·· 753
투수아스팔트 표층 소규모포설 ········· 753
트랜처 ································· 549

파

파워렌치 조임 및 해체 ··········· 850
파이프 루프공 ······················ 170
파형강관 부설 및 접합 ··········· 900
패널 설치 ···························· 275
패키지형 공기조화기 설치 ······ 1347
펌프 ···································· 1323
펌프 및 공기설비공사 ············ 1323
펌프 방진가대 설치 ··············· 1324
펌프 설치 ···························· 1456
펌프 해체 ···························· 1673
펌프식 준설선 ······················ 600
펌프준설 매립시의 유보율 등 ···· 952

펌프준설 매립시의 유실률	952
페인트	1282
평·귀 규준틀 설치 및 철거	143
평판재하시험	957
폐공 되메우기	970
폐열보일러 설치	1518
포스트텐션(Post Tension) 구조물 제작	474
포장 절단	1583
포장줄눈 설치	751
포장줄눈 절단	751
폴리머 시멘트 모르타르방수 바름	1239
폴리부틸렌(PB) 이중관 접합 및 배관	1307
폴리부틸렌(PB) 일반접합 및 배관	1306
폴리카보네이트 설치	1250
표면 마무리	412, 1266
표면평탄작업	1604
표시못 설치	787
표준관입시험	956
표준품셈 보완실사	116
표층 인력포설	749
품의 할증	106
품질관리비	114
프레스식 접합 및 배관	1302
프리캐스트 콘크리트 블록설치	200
프리캐스트 콘크리트 패널 설치	496
플라스틱 보드 드레인(PBD)	375
플랙시블 이음 및 팽창이음	1329
플랙시블커넥터 설치	1330
플랜지 조인트 접합	936
플랜트 계기 설치	1375
플랜트 배관	1382
플랜트 배관 설치	1382
플랜트 용접	1407
플랜트설비공사	1382
플렉시블덕트 설치	1312
플로어링 마루 설치	1189
플로어힌지 설치	1274
플륨관 설치	507
플륨관해체	1576
피난기구	1368
피해방지시설	157

하

하수관 공기압시험	1630
하수관 세정	1623
하수관 수밀시험	1625
하수관 준설(버킷식)	1630
하수관 준설(흡입식)	1631
하수도 수로암거 준설(흡입식)	1634
하수처리 기계설비	1525
하천골재채취선	612
하천공사	808
하천측량	993
하천호안공	821
할증의 중복가산요령	106
함석마감 밸브보온	1320
합성수지(P.E)원형 맨홀 거푸집 설치 및 해체	469
합성수지창호 설치	1273
합판거푸집 설치 및 해체	461
항공사진촬영	1022
항만공사	940
해상투하	943
해체공사	1651
현장 세우기	1141
현장 타설 콘크리트 라이닝	836
현장가공	459

현장가열 표층재생공법 ·················· 1605
현장관리 ································· 160
현장비빔타설 ··························· 412
현장사무소 등의 규모
　(건축 및 기계설비) ················· 126
현장사무소 등의 규모(토목) ········· 125
현장시공상세도면의 작성 ············ 116
현장용접 ······························· 1144
현장조립 ································ 459
현장타설말뚝 ··························· 394
혼선로 및 전로 본체 조립 설치 ········ 1509
홈통 ··································· 1251
화력발전 기계설비 ··················· 1438
환경관리비 ···························· 114
활성탄·반응조제 및 소석회 공급설비 설치 · 1524
후레싱 설치 ·························· 1250
흙 다지기 ····························· 197
흙깎기(기계) ·························· 182
흙막이 및 물막이 ····················· 323
흙막이판 설치·철거 ··················· 327
흙쌓기 ································· 195
흡음텍스 설치 ························ 1189
흡음텍스 해체 ························ 1651
흡음판 설치 ·························· 1192
흡입구 설치 ·························· 1314

[60]기초공사용 기계 ········ 645, 677, 694
[70]기타기계 ················ 651, 678, 696
[80]스마트 건설장비 ············ 662, 699
[90]해상기계 ······················ 680, 700
[90]해상장비 ······························ 663

1-9

1급 기준점 측량 ······················ 973
1급 수준측량 ·························· 982
2급 기준점 측량 ······················ 975
2급 수준측량 ·························· 984
2차원 전기비저항탐사 ··············· 966
3급 GNSS 높이측량 ················· 986
3급 기준점 측량 ······················ 976
4급 GNSS 높이측량 ················· 987
4급 기준점 측량 ······················ 978

A

ALC ································· 1171
ALC블록 쌓기 ······················ 1171
ALC패널 설치 ····················· 1172

B

Batcher Plant 설치 ················· 1535
Boiler Feed Pump 설치 ············ 1458

0

[00]토공기계 ················ 614, 668, 684
[10]다짐기계 ················ 620, 670, 686
[20]운반 및 하역기계 ······ 623, 671, 687
[30]포장기계 ················ 628, 674, 689
[40]콘크리트기계 ·········· 631, 675, 690
[50]골재생산기계 등 ······· 634, 676, 691

C

Castable Spray 공사 ················ 1509
CCTV조사 ··························· 1635
Control Air 배관 ···················· 1379
Cooling Tower 설치 ················ 1534
Craft 및 Tomlex Spray 공사 ······· 1509

E

Edge Mill 설치 ·· 1506

F

Fan 설치 ··· 1447
Fitting 취부 ·· 1399
Flange 취부 ·· 1400

G

GANTRY CRANE 설치 ···························· 1531
GNSS에 의한 기준점 측량 ······················· 972

H

H-Beam 설치 ··· 324
H-Beam 철거 ··· 325
Heater 및 Tank 설치 ····························· 1459
H형강 지주 설치 및 해체 ······················· 140

K

K.P 메커니컬 접합 및 부설 ···················· 878

L

L형측구 설치(포설식) ······························ 787

M

Mill Line 기기류 조립설치 ···················· 1512

O

O_2, N_2 Spherical Gas Holder 조립설치 · 1510

Oil Flushing ·· 1403
OPEN BELT CONVEYOR 설치 ·············· 1528
OVER HEAD CRANE 설치 ···················· 1529

P

P.E관 ··· 887
P.P마대 및 톤마대 쌓기·헐기 ··············· 323
P.V.C관 ··· 885
PC BOX 설치 ··· 508
PC가설방호벽 설치 및 해체 ·················· 156
PC거더 설치 ··· 510
PC관 부설 및 접합 ································ 899
PC기둥 설치 ··· 509
PC벽체 설치 ··· 509
PC슬래브 설치 ······································· 510
PE가설방호벽 설치 및 해체 ·················· 155
PE가설휀스 설치 및 해체 ······················ 156
PE관 ·· 1371
PE드럼 설치 및 해체 ···························· 155
Pipe보온 ··· 1422
PSC BOX 설치 ······································· 477
PSC빔 제작 ·· 474
PVC 덕트 설치 ···································· 1311
PVC계 바닥재 설치 ······························ 1188
PVC계바닥재 교체 ································ 1662
PVC계바닥재 해체 ································ 1653

R

Roller Gate Guide Metal 설치 ··········· 1494
Roller Gate Guide Metal 제작 ··········· 1493
Roller Table 조립설치 ························· 1513

S

Soot Blower ···································· 1446
Spiral Casing 설치 ························· 1486
Steel Penstock 제작 ······················ 1489
Steel Penstock 현장설치 ················ 1491
Stop-Log 설치 ······························· 1482
Stop-Log 제작 ······························· 1480
Storage Tank ································· 1430

T

T.S 접합 및 부설 ····························· 885
Tainter Gate Anchorage 제관 ······· 1501
Tainter Gate Guide Metal 설치 ···· 1497
Tainter Gate Guide Metal 제작 ···· 1496
Trash Rack 설치 ···························· 1499
Trash Rack 제작 ···························· 1498

V

Ventri Scrubber 본체 및 부속설비 설치 · 1507

2025 건설공사 표준품셈

인쇄일 2025. 1. 7 | 발행일 2025. 1. 13
발행처 **대한건설협회**
제작·보급 **대한경제**

　　　　　주소 서울시 강남구 언주로 711, 12층(논현동, 건설회관)
　　　　　전화 02-515-7320 | 홈페이지 www.dnews.co.kr
　　　　거래가격 (참고자료 내용문의)
　　　　　주소 서울시 중구 세종대로20길 15, 5층(태평로 1가, 건설회관)
　　　　　전화 02-2075-8300 | 홈페이지 www.cmpi.or.kr

도서번호 979-11-93258-19-4-93540 | 정가 62,000원

　　※ 이 책은 저작권법에 의해 보호를 받은 저작물이므로 어떤 형태의 무단전재나 복제를 금합니다.
　　　등록/제2-2호.('62.11.21)